EUROPA LEHRMITTEL

EUROPA-FACHBUCHREIHE
für Kraftfahrzeugtechnik

W0398995

Fachkunde Kraftfahrzeugtechnik

29. neubearbeitete Auflage

Bearbeitet von Gewerbelehrern, Ingenieuren und Meistern

Lektorat: R. Gscheidle, Studiendirektor, Winnenden – Stuttgart

VERLAG EUROPA-LEHRMITTEL · Nourney, Vollmer GmbH & Co. KG
Düsselberger Straße 23 · 42781 Haan-Gruiten

Europa-Nr.: 20108

Autoren der Fachkunde Kraftfahrzeugtechnik:

Fischer, Richard	Studiendirektor	Polling – München
Gscheidle, Rolf	Studiendirektor	Winnenden – Stuttgart
Heider, Uwe	Kfz-Elektriker-Meister, Trainer Audi AG	Neckarsulm – Oedheim
Hohmann, Berthold	Oberstudienrat	Eversberg – Meschede
Keil, Wolfgang	Oberstudiendirektor	München
Mann, Jochen	Dipl.-Gwl., Studienrat	Schorndorf – Stuttgart
Schlögl, Bernd	Dipl.-Gwl., Studiendirektor	Rastatt – Gaggenau
Wimmer, Alois	Oberstudienrat	Stuttgart
Wormer, Günter	Dipl.-Ingenieur	Karlsruhe

Leitung des Arbeitskreises und Lektorat:
Rolf Gscheidle, Studiendirektor, Winnenden – Stuttgart

Bildbearbeitung:
Zeichenbüro des Verlags Europa-Lehrmittel, Ostfildern

Das vorliegende Buch wurde auf der **Grundlage der neuen amtlichen Rechtschreibung** erstellt.

Alle Angaben in diesem Buch erfolgten nach dem Stand der Technik. Alle Prüf-, Mess- oder Instandsetzungsarbeiten an einem konkreten Fahrzeug müssen nach Herstellervorschriften erfolgen. Der Nachvollzug der beschriebenen Arbeiten erfolgt auf eigene Gefahr. Haftungsansprüche gegen die Autoren oder den Verlag sind ausgeschlossen.

29. Auflage 2009
Druck 5 4 3 2
Alle Drucke derselben Auflage sind parallel einsetzbar, da sie bis auf die Behebung von Druckfehlern untereinander unverändert sind.

ISBN 978-3-8085-2239-4

Umschlaggestaltung und Titelbild unter Verwendung von Fotos und Bildern der Firmen Audi AG Ingolstadt – Neckarsulm, Bayerische Motorenwerke AG München, Daimler AG Stuttgart, Volkswagen AG Wolfsburg.

http://www.europa-lehrmittel.de

Satz: Satz+Layout Werkstatt Kluth GmbH, 50374 Erftstadt
Druck: Media-Print Informationstechnologie, 33100 Paderborn

Vorwort zur 29. Auflage

Die Fachkunde Kraftfahrzeugtechnik soll den Auszubildenden des Kraftfahrzeugwesens eine Hilfe beim Verstehen von technischen Vorgängen und Systemzusammenhängen sein. Mit diesem Buch kann das nötige theoretische Fachwissen für die praktischen handwerklichen Fertigkeiten erlernt werden. Die neuesten Normen wurden, soweit erforderlich, eingearbeitet. Verbindlich sind jedoch die DIN-Blätter selbst.

Dem Gesellen, Meister und Techniker des Kraftfahrzeughandwerks, sowie dem Studierenden der Fahrzeugtechnik soll das Buch als Nachschlagewerk, zur Informationsbeschaffung und zur Ergänzung der fachlichen Kenntnisse dienen. Allen an der Kraftfahrzeugtechnik Interessierten soll das Werk eine Erweiterung des Fachwissens durch Selbststudium ermöglichen.

Dieses Standardwerk der Kraftfahrzeugtechnik ist in 22 Kapitel unterteilt. In ihrer Zielsetzung sind die gewählten Lerninhalte auf das Berufsbild des Kraftfahrzeugmechatronikers/der Kraftfahrzeugmechatronikerin ausgerichtet.

Die 29. Auflage wurde aktualisiert und durch neue kraftfahrzeugtechnische Entwicklungen ergänzt, wie z.B. Fahrzeugpflege, Kraftstoffe, Schmierstoffe, Umweltschutz, Kolben, Aufladung, Flüssiggasantriebe, Elektrofahrzeuge, Common-Rail-System, Schadstoffminderung, Direktschaltgetriebe, Alternative Antriebskonzepte, Ausgleichssperren, Achsvermessung, Schwingungsdämpfer, Elektromechanische Parkbremse, Antiblockiersystem, Feldeffekttransistoren, neue Scheinwerfersysteme, Multifunktionsregler, neue Datenbussysteme (LIN, MOST, FlexRay), Komfortsysteme (Einparkhilfe und Spurassistent).

Der Fachkunde ist in der 29. Auflage eine CD-ROM mit allen Bildern des Buches und des Tabellenbuches Kraftfahrzeugtechnik 16. Auflage beigelegt.

Aus der Fülle des Stoffes wurden die Sachgebiete im Umfang und Inhalt so ausgewählt, dass sie den Anforderungen der Neuordnung nach Lernfeldern entsprechen. Die Seiten 4 und 5 geben Hinweise , wie die Fachbuchreihe, insbesonders das Fachkundebuch beim Unterricht nach Lernfeldern eingesetzt werden kann. Die Autoren haben Wert auf eine klare und verständliche Darstellung gelegt, die sich durch zahlreiche mehrfarbige Bilder, Skizzen, Systembilder und Tabellen auszeichnet. Dadurch wird das Erfassen und Durchdringen des komplexen Stoffes der gesamten Kraftfahrzeugtechnik erleichtert.

Die **Fachkunde Kraftfahrzeugtechnik** bildet mit den weiteren Büchern der Fachbuchreihe des Verlages eine Einheit. Die nachfolgend genannten Bücher, Folien und Animationen auf CD sind so aufeinander abgestimmt, dass mit ihnen praxisorientierte Lernsituationen bearbeitet und gelöst werden können.

- Tabellenbuch Kraftfahrzeugtechnik
- Formeln Kraftfahrzeugtechnik
- Arbeitsblätter Kraftfahrzeugtechnik zu den Lernfeldern 1– 4, 5–8, 9–14
- Prüfungsbuch Kraftfahrzeugtechnik
- Prüfungstrainer Kraftfahrzeugtechnik
- Prüfungsvorbereitung Kraftfahrzeugtechnik Teil 1
- Betriebsführung und Management im Kfz-Handwerk
- Technische Kommunikation, Arbeitsplanung, Kraftfahrzeugtechnik
- Bilder und Animationen Kraftfahrzeugtechnik

Das in enger Zusammenarbeit mit Handwerk und Industrie entstandene Werk wurde von einem Team pädagogisch erfahrener Berufsschullehrer, Ingenieure und Meister erstellt. Die Autoren und der Verlag sind für Anregungen und kritische Hinweise dankbar.

Wir danken allen Firmen und Organisationen für ihre freundliche Unterstützung mit Bildern und technischen Unterlagen.

Die Autoren des Arbeitskreises Kraftfahrzeugtechnik — Sommer 2009

Hinweise zur Verwendung der Fachkunde Kraftfahrzeugtechnik bei der Ausbildung zur Kraftfahrzeugmechatronikerin bzw. zum Kraftfahrzeugmechatroniker.

Die Verfasser haben die Inhalte des Fachkundebuches unter sachlogischen Gesichtspunkten strukturiert. Dabei wurden alle Inhalte des Rahmenlehrplans und der Ausbildungsordnung entsprechend dem neuen Berufsbild des Kraftfahrzeugmechatronikers abgedeckt.

Vom Autorenkreis wurde bewusst auf eine methodische Anordnung der Sachgebiete nach Lernfeldern verzichtet, um dem Lehrer, bzw. dem Ausbilder ein Höchstmaß an didaktischer und methodischer Freiheit zu ermöglichen. Außerdem lassen sich dadurch stoffliche Überschneidungen und unnötige Wiederholungen vermeiden.

Die im Buch gewählte Struktur ermöglicht dem Lernenden ein selbstständiges Erarbeiten der in den Lernfeldern geforderten unterschiedlichen fachlichen Inhalte.

Nachfolgende Übersicht zeigt die schwerpunktmäßige Zuordnung der einzelnen Kapitel des Fachbuches zu den Lernfeldern.

Lernfelder		Kapitel im Fachkundebuch																					
		1	2	3	4	5	6	7	8	9	10	11	12	13	14	15	16	17	18	19	20	21	22
1	Warten und Pflegen von Fahrzeugen oder Systemen	●	●	●	●														●				
2	Demontieren, Instandsetzen und Montieren von fahrzeugtechnischen Baugruppen oder Systemen						●	●	●	●	●	●			●			●					
3	Prüfen und Instandsetzen elektrischer und elektronischer Systeme																			●			
4	Prüfen und Instandsetzen von Steuerungs- und Regelungssystemen					●						●											
5	Prüfen und Instandsetzen der Energieversorgungs- und Startsysteme															●				●			
6	Prüfen und Instandsetzen der Motormechanik	●					●				●				●								
7	Diagnostizieren und Instandsetzen von Motormanagementsystemen	●											●	●						●			
8	Durchführen von Service- und Instandsetzungsarbeiten an Abgassystemen												●	●									
9	Instandhalten von Kraftübertragungssystemen																●						
	Schwerpunkt Pkw-Technik																						
10	Instandhalten von Fahrwerks- und Bremssystemen																		●				
11	Nachrüsten und Inbetriebnehmen von Zusatzsystemen																			●			
12	Prüfen und Instandsetzen von vernetzten Systemen																			●			
13	Diagnostizieren und Instandsetzen von Karosserie-, Komfort- und Sicherheitssystemen																	●		●	●		
14	Durchführen von Service- und Instandsetzungsarbeiten für eine gesetzliche Untersuchung	●	●											●					●	●			
Schwerpunkt Nutzfahrzeug-Technik											●						●						●
Schwerpunkt Fahrzeug-Kommunikationstechnik		●									●						●	●	●	●	●		
Schwerpunkt Motorradtechnik											●				●					●	●	●	

Methodische Vorgehensweisen bei der Planung und Durchführung von Unterrichtseinheiten nach Lernfeldern mit der Fachbuchreihe des Verlags Europa-Lehrmittel

Lernsituation erkennen und bearbeiten

Situation: Bei einem Kundenfahrzeug, einem Golf V, Bj. 04/2007, geht die Generatorkontrolllampe während der Fahrt nicht mehr aus.

1. Geben Sie mögliche Folgen an.
   Der Generator liefert nicht genügend elektrische Energie.
   Die Starterbatterie entlädt sich.
2. Welche Fehler können vorliegen?
   Z.B. Keilriemen gerissen, Kabelverbindungen unterbrochen, fehlerhafte

Informationen beschaffen und auswerten

19 Elektrotechnik 539

19.2 Anwendungen der Elektrotechnik

19.2.1 Schaltpläne

Einteilung der Schaltpläne

Ein Schaltplan ist die zeichnerische Darstellung elektrischer Betriebsmittel durch Schaltzeichen, durch Abbildungen oder vereinfachte Konstruktionszeichnungen.

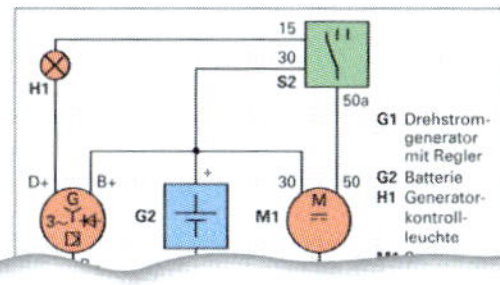

414 Elektrische Anlage **Drehstromgenerator**

Aufgaben und Kenndaten	
Aufgaben	• Versorgung der elektrischen Verbraucher • Laden der Starterbatterie
Kenndaten	• Bauweise (z.B. T für Ständeraußendurchmesser; 1 für Klauenpolläufer) • Drehrichtung (z.B. ↔ für rechts und links) • Generatornennspannung (z.B. 14 V) • Strom bei Leerlaufdrehzahl (z.B. 70 A) • Strom bei Nenndrehzahl (z.B. 140 A)

Generatortypenschild

Erlerntes dokumentieren

32. Welche elektrische Leistung gibt der Generator bei Leerlauf und bei Nenndrehzahl ab?

Geg.: $U = 14\,V$; $I_{nL} = 50\,A$; $I_{nN} = 90\,A$ Ges.: P_{nL}; P_{nN}

$P_{nL} = U \cdot I = 14\,V \cdot 50\,A = 700\,W$ $P_{nN} = U \cdot I = 14\,V \cdot 90\,A = 1260\,W$

33. Berechnen Sie die mechanische Antriebsleistung bei Nenndrehzahl für einen Generatorwirkungsgrad von 65%.

Geg.: $P_{nN} = P_{El} = 1260\,W$; $\eta = 0{,}65$ Ges.: P_{Mech}

$P_{Mech} = \frac{P_{El}}{\eta} = \frac{1260\,W}{0{,}65} = 1938{,}5\,W$

Problem in der Praxis lösen

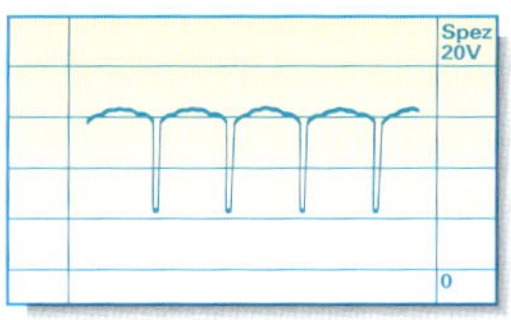

44. Welche Fehler kann man mit dem Oszilloskop noch feststellen?
    Kurzschluss einer Diode und Phasenfehler von Ständerwicklung und Läuferwicklung.

Ergebnisse sichern

Die nachfolgend aufgeführten Firmen haben die Autoren durch fachliche Beratung, durch Informations- und Bildmaterial unterstützt. Es wird ihnen hierfür herzlich gedankt.

Alfa-Romeo-Automobile
Mailand/Italien

Aprilia Motorrad-Vertrieb
Düsseldorf

Aral AG, Bochum

Audatex Deutschland, Minden

Audi AG, Ingolstadt – Neckarsulm

Autokabel, Hausen

Autoliv, Oberschleißheim

G. Auwärter GmbH & Co
(Neoplan) Stuttgart

BBS Kraftfahrzeugtechnik, Schiltach

BEHR GmbH & Co, Stuttgart

Beissbarth GmbH Automobil Servicegeräte
München

BERU, Ludwigsburg

Aug. Bilstein GmbH & Co KG
Ennepetal

Boge GmbH, Eitdorf/Sieg

Robert Bosch GmbH, Stuttgart

Bostik GmbH, Oberursel/Taunus

BLACK HAWK, Kehl

BMW Bayerische Motoren-Werke AG
München/Berlin

CAR-OLINER, Kungsör, Schweden

CAR BENCH INTERNATIONAL.S.P.A.
Massa/Italien

Continental Teves AG & Co, OHG, Frankfurt

Celette GmbH, Kehl

Citroen Deutschland AG, Köln

DaimlerChrysler AG, Stuttgart

Dataliner Richtsysteme, Ahlerstedt

Deutsche BP AG, Hamburg

DUNLOP GmbH & Co KG, Hanau/Main

ESSO AG, Hamburg

FAG Kugelfischer Georg Schäfer KG aA
Ebern

J. Eberspächer, Esslingen

EMM Motoren Service, Lindau

Ford-Werke AG, Köln

Carl Freudenberg
Weinheim/Bergstraße

GKN Löbro, Offenbach / Main

Getrag Getriebe- und Zahnradfarbrik
Ludwigsburg

Girling-Bremsen GmbH, Koblenz

Glasurit GmbH, Münster/Westfalen

Globaljig, Deutschland GmbH
Cloppenburg

Glyco-Metall-Werke B.V. & Co KG
Wiesbaden/Schierstein

Goetze AG, Burscheid

Grau-Bremse, Heidelberg

Gutmann Messtechnik GmbH, Ihringen

Hazet-Werk, Hermann Zerver, Remscheid

HAMEG GmbH, Frankfurt/Main

Hella KG, Hueck & Co, Lippstadt

Hengst Filterwerke, Nienkamp

Fritz Hintermayr, Bing-Vergaser-Fabrik
Nürnberg

HITACHI Sales Europa GmbH
Düsseldorf

HONDA DEUTSCHLAND GMBH
Offenbach/Main

Hunger Maschinenfabrik GmbH
München und Kaufering

IBM Deutschland, Böblingen

IVECO-Magirus AG, Neu-Ulm

ITT Automotive (ATE, VDO,
MOTO-METER, SWF, KONI, Kienzle)
Frankfurt/Main

IXION Maschinenfabrik
Otto Häfner GmbH & Co
Hamburg-Wandsbeck

Jurid-Werke, Essen

Alfred Kärcher GmbH & Co. KG
Winnenden

Kawasaki-Motoren GmbH, Friedrichsdorf

Knecht Filterwerke GmbH, Stuttgart

Knorr-Bremse GmbH, München

Kolbenschmidt AG, Neckarsulm

KS Gleitlager GmbH, St. Leon-Rot

KTM Sportmotorcycles AG
Mattighofen/Österreich

Kühnle, Kopp und Kausch AG
Frankenthal/Pfalz

Lemmerz-Werke, Königswinter

LuK GmbH, Bühl/Baden

MAHLE GmbH, Stuttgart

Mannesmann Sachs AG, Schweinfurt

Mann und Hummel, Filterwerke
Ludwigsburg

MAN Maschinenfabrik
Augsburg-Nürnberg AG
München

Mazda Motors Deutschland GmbH
Leverkusen

MCC – Mikro Compact Car GmbH
Böblingen

Messer-Griesheim GmbH
Frankfurt/Main

Metzeler Reifen GmbH
München

Michelin Reifenwerke KGaA
Karlsruhe

Microsoft GmbH, Unterschleißheim

Mitsubishi Electric Europe B.V.
Ratingen

Mitsubishi MMC, Trebur

MOBIL OIL AG, Hamburg

NGK/NTK, Ratingen

Adam Opel AG, Rüsselsheim

OSRAM AG, München

OMV AG, Wien

Peugeot Deutschland GmbH
Saarbrücken

Pierburg GmbH, Neuss

Pirelli AG, Höchst im Odenwald

Dr. Ing. h.c. F. Porsche AG
Stuttgart-Zuffenhausen

Renault Nissan Deutschland AG
Brühl

Samsung Electronics GmbH, Köln

SATA Farbspritztechnik GmbH & Co
Kornwestheim

SCANIA Deutschland GmbH
Koblenz

SEKURIT SAINT-GOBAIN
Deutschland GmbH, Aachen

Siemens AG, München

SKF Kugellagerfabriken GmbH
Schweinfurt

SOLO Kleinmotoren GmbH
Maichingen

Stahlwille E. Wille
Wuppertal

Steyr-Daimler-Puch AG
Graz/Österreich

Subaru Deutschland GmbH
Friedberg

SUN Elektrik Deutschland
Mettmann

Suzuki GmbH
Oberschleißheim/Heppenheim

Technolit GmbH, Großlüder

Telma Retarder Deutschland GmbH
Ludwigsburg

Temic Elektronik, Nürnberg

TOYOTA Deutschland GmbH, Köln

VARTA Autobatterien GmbH
Hannover

Vereinigte Motor-Verlage GmbH & Co KG
Stuttgart

ViewSonic Central Europe, Willich

Voith GmbH & Co KG, Heidenheim

Volkswagen AG, Wolfsburg

Volvo Deutschland GmbH, Brühl

Wabco Westinghouse GmbH
Hannover

Webasto GmbH, Stockdorf

Yamaha Motor Deutschland GmbH
Neuss

ZF Getriebe GmbH, Saarbrücken

ZF Sachs AG, Schweinfurt

ZF Zahnradfabrik Friedrichshafen AG
Friedrichshafen/Schwäbisch Gmünd

Inhaltsverzeichnis

1 Kraftfahrzeug

1.1 Entwicklung des Kraftfahrzeugs

1860 Der Franzose **Lenoir** baut den ersten lauffähigen, mit Leuchtgas betriebenen Verbrennungsmotor. Wirkungsgrad etwa 3 %.

1867 **Otto und Langen** zeigen auf der Pariser Weltausstellung einen verbesserten Verbrennungsmotor. Wirkungsgrad etwa 9 %.

Daimler Motorrad, 1885
1 Zylinder, Bohrung 58 mm
Hub 100 mm, 0,26 l
0,37 kW bei 600 min^{-1}, 12 km/h

Benz Patent-Motorwagen, 1886
1 Zylinder, Bohrung 91,4 mm
Hub 150 mm, 0,99 l
0,66 kW bei 400 min^{-1}, 15 km/h

Bild 1: Daimler Motorrad und Benz Motorwagen

1876 **Otto** baut den ersten Gasmotor mit Verdichtung in **Viertakt-Arbeitsweise**. Fast gleichzeitig baut der Engländer **Clerk** den ersten **Zweitaktmotor** mit Gasbetrieb.

1883 **Daimler** und **Maybach** entwickeln den ersten schnelllaufenden **Viertakt-Benzinmotor** mit **Glührohrzündung**.

1885 Erstes **motorgetriebenes Zweirad** von **Daimler**. Erster **Dreiradkraftwagen** von **Benz** (1886 patentiert) **(Bild 1)**.

1886 Erste **Vierradkutsche** mit **Benzinmotor** von **Daimler (Bild 2)**.

1887 **Bosch** erfindet die **Abreißzündung**.

1889 Der Engländer **Dunlop** stellt erstmals **pneumatische Reifen** her.

1893 **Maybach** erfindet den **Spritzdüsenvergaser**.

1893 **Diesel** patentiert das Arbeitsverfahren für Schwerölmotoren mit Selbstzündung.

1897 **MAN** stellt den ersten betriebsfähigen Dieselmotor her.

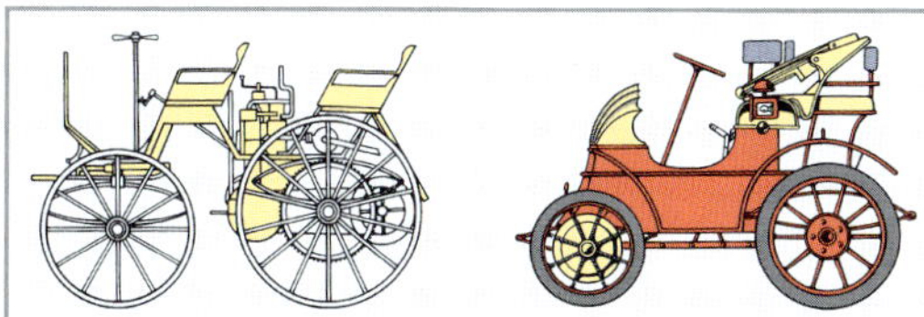

Daimler Motorwagen, 1886
1 Zylinder, Bohrung 70 mm
Hub 120 mm, 0,46 l
0,8 kW bei 600 min^{-1}, 18 km/h

Elektromobil, 1897
System Lohner-Porsche
Transmissionsloser Antrieb
mit Radnaben-Elektromotor

Bild 2: Daimler Motorwagen und 1. Elektromobil

Ford T-Modell, 1908
2,9 l, 15,7 kW bei
1600 min^{-1}, 70 km/h

VW-Käfer, 1938
985 cm^3, 17,3 kW bei
3000 min^{-1}, 100 km/h

Bild 3: Ford T-Modell und VW-Käfer

1897 Erstes **Elektromobil** von **Lohner-Porsche (Bild 2)**.

1899 **Fiatwerke** in Turin gegründet.

1913 Einführung der **Fließbandfertigung** durch **Ford**. Produktion der **Tin-Lizzy** (T-Modell, **Bild 3**). 1925 laufen bereits 9109 Fahrzeuge an einem Tag vom Fließband.

1916 **Bayerische Motorenwerke** gegründet.

1923 Erste **Lastkraftwagen** mit **Dieselmotoren** von **Benz-MAN (Bild 4)**.

1936 **Daimler-Benz** baut serienmäßig Pkw mit **Dieselmotoren**.

1938 Gründung des **VW-Werkes** in Wolfsburg.

1949 Erster **Niederquerschnittsreifen** und erster **Stahlgürtelreifen** von **Michelin**.

1950 Erste **Gasturbine** im Kraftfahrzeug durch **Rover** in England.

1954 **NSU-Wankel** baut den **Kreiskolbenmotor (Bild 4)**.

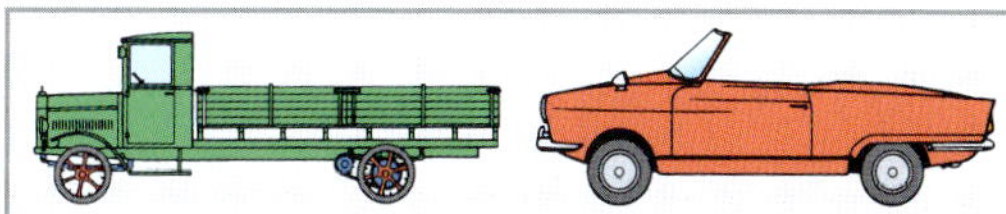

Benz-MAN Lastwagen, 5 K 3
1. Diesel-LKW, 1923

NSU-Spider mit Wankelmotor,
1963, 500 cm^3, 37 kW bei
6000 min^{-1}, 153 km/h

Bild 4: Lastkraftwagen mit Dieselmotor
Pkw mit Wankelmotor

1966 **Elektronisch gesteuerte Benzineinspritzung (D-Jetronic)** von **Bosch** für Serienfahrzeuge.

1970 **Sicherheitsgurte** für Fahrer und Beifahrer.

1978 Das **Anti-Blockiersystem (ABS)** wird bei Pkw-Bremsen erstmalig eingebaut.

1984 Einführung von **Airbag** und **Gurtstraffer**.

1985 Einführung von geregelten **Katalysatoren (Lamdasonde)** für bleifreies Benzin.

1997 Elektronische **Fahrwerk-Regelsysteme**.

1

1.2 Einteilung der Kraftfahrzeuge

Straßenfahrzeuge sind alle Fahrzeuge, die zum Betrieb auf der Straße vorgesehen sind und nicht an Gleise gebunden sind **(Bild 1)**.

Sie werden in zwei Gruppen eingeteilt, die Kraftfahrzeuge und die Anhängefahrzeuge. Kraftfahrzeuge besitzen immer einen maschinellen Antrieb.

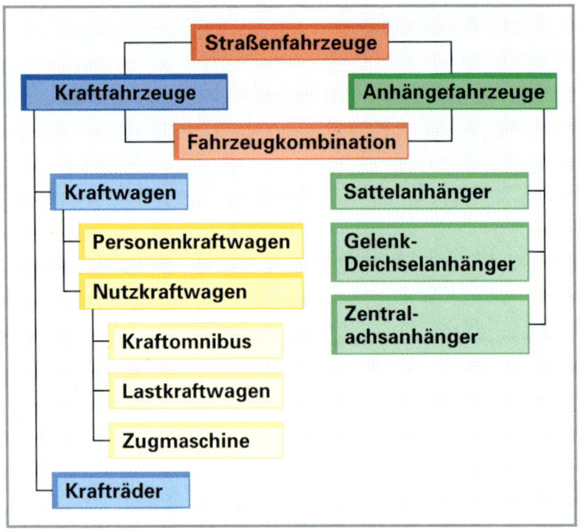

Bild 1: Übersicht Straßenfahrzeuge

Zweispurige Kraftfahrzeuge

Kraftwagen gelten als zwei- oder mehrspurige Kraftfahrzeuge. Dazu zählen:

- **Personenkraftwagen (Pkw).** Sie sind hauptsächlich zum Transport von Personen, deren Gepäck oder von Gütern bestimmt. Sie können auch Anhänger ziehen. Die Zahl der Sitzplätze ist einschließlich Fahrer auf 9 beschränkt.
- **Nutzkraftwagen (Nkw).** Sie sind zum Transport von Personen, Gütern und zum Ziehen von Anhängefahrzeugen bestimmt. Personenkraftwagen sind keine Nutzkraftwagen.

Einspurige Kraftfahrzeuge

Krafträder sind einspurige Kraftfahrzeuge mit 2 Rädern. Sie können einen Beiwagen mitführen, wobei die Eigenschaft als Kraftrad erhalten bleibt, wenn das Leergewicht von 400 kg nicht überschritten wird. Auch das Ziehen eines Anhängers ist möglich. Zu den Krafträdern zählen

- **Motorräder.** Sie sind mit festen Fahrzeugteilen (Kraftstoffbehälter, Motor) im Kniebereich und mit Fußrasten ausgestattet.
- **Motorroller.** Sie verfügen über keine festen Teile im Kniebereich, die Füße stehen auf einem Bodenblech.
- **Fahrräder mit Hilfsmotor.** Sie haben Merkmale von Fahrrädern, z. B. Tretkurbeln (Moped, Mofa).

1.3 Aufbau eines Kraftfahrzeugs

Ein Kraftfahrzeug besteht aus Baugruppen und deren einzelnen Bauteilen.

Die Festlegung der Baugruppen und die Zuordnung von Baugruppen zueinander ist nicht genormt. So kann z.B. der Motor als eigene Baugruppe gelten, oder er wird als Unterbaugruppe dem Triebwerk zugeordnet.

Eine in diesem Buch vorgenommene Möglichkeit ist die Einteilung in die 5 Haupt-Baugruppen Motor, Antriebsstrang, Fahrwerk, Fahrzeugaufbau und elektrische Anlage.

Die Zuordnung der Baugruppen und Bauteile ist im **Bild 2** dargestellt.

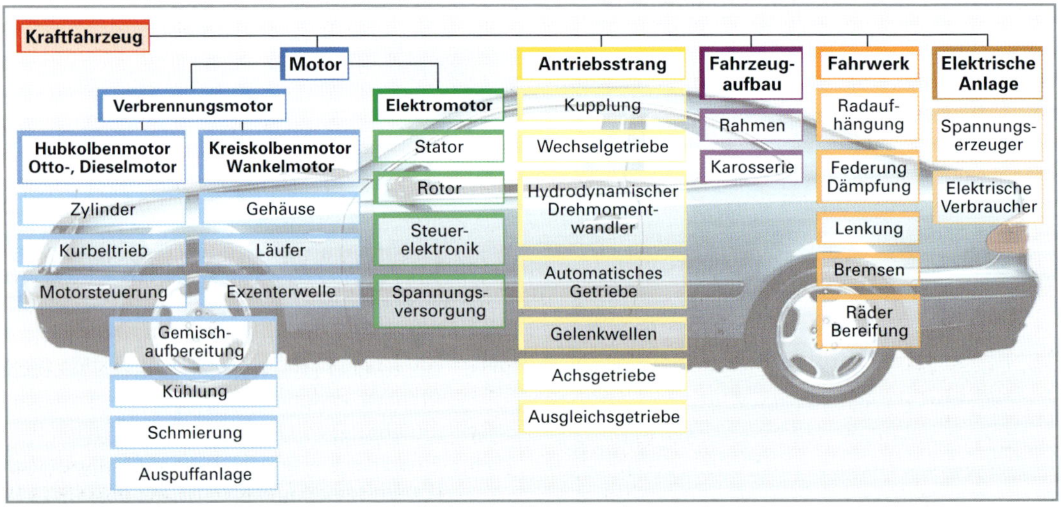

Bild 2: Aufbau eines Kraftfahrzeuges

1.4 Technisches System Kraftfahrzeug

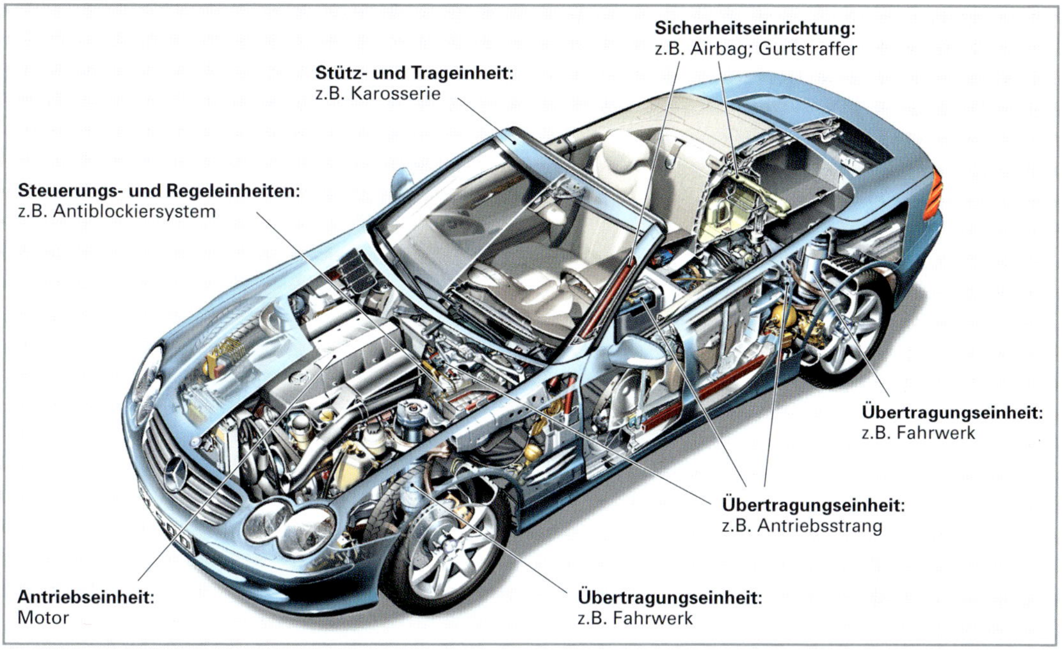

Bild 1: System Kraftfahrzeug mit seinen Funktionseinheiten

1.4.1 Technische Systeme

Jede Maschine bildet ein technisches Gesamtsystem.

Merkmale technischer Systeme:
- Sie sind nach außen abgegrenzt.
- Sie besitzen einen Eingang und Ausgang.
- Von Bedeutung ist nur die Gesamtaufgabe, nicht die Einzelaufgabe, die innerhalb des Systems gelöst wird.

Grafisch stellt man ein technisches System durch ein Rechteck dar **(Bild 2)**.

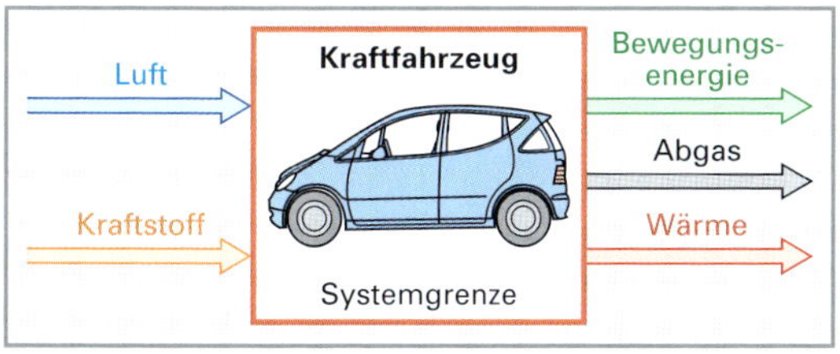

Bild 2: Allgemeine Systemdarstellung am Beispiel eines Kraftfahrzeuges

Die Eingangs- und Ausgangsgrößen werden als Pfeile gekennzeichnet. Die Anzahl der Pfeile hängt von der Anzahl der jeweiligen Eingangs- bzw. Ausgangsgrößen ab.

Das Rechteck bildet die **Systemgrenze** (gedachte Grenze), welche ein technisches System von anderen Systemen und/oder von seiner Umgebung abgrenzt.

Die einzelnen Systeme sind gekennzeichnet durch:
- **E**ingabe (Eingangsgrößen, Input) von außerhalb der Systemgrenze
- **V**erarbeitung innerhalb der Systemgrenzen
- **A**usgabe (Ausgangsgröße, Output), die über die Systemgrenzen an die Umgebung geht **(EVA-Prinzip)**

1.4.2 System Kraftfahrzeug

Das Kraftfahrzeug ist ein komplexes technisches System, bei dem verschiedene Teilsysteme zusammenwirken, um eine bestimmte Gesamtfunktion zu erfüllen.
Die Gesamtfunktion eines Personenkraftwagens ist die Personenbeförderung, die Gesamtfunktion eines Lastkraftwagens ist der Gütertransport.

Funktionseinheiten eines Kfz

Systeme, die einen Funktionsablauf unterstützen sind in Funktionseinheiten zusammengefasst **(Bild 1)**. Durch Kenntnis der Funktionsabläufe in den Funk-

1

tionseinheiten z.B. Motor, Antriebsstrang, kann das Gesamtsystem Kraftfahrzeug im Hinblick auf Wartung, Diagnose und Reparatur besser verstanden werden.

Dieses Prinzip lässt sich auf jedes technische System anwenden. Das Kraftfahrzeug besteht unter anderem aus folgenden **Funktionseinheiten**:

- Antriebseinheit
- Übertragungseinheit
- Stütz- und Trageinheit
- Elektrohydraulische Anlagen (z.B. Steuer- und Regeleinheiten)
- Elektrische, elektronische Anlagen (z.B. Sicherheitseinrichtungen)

Jede Funktionseinheit übernimmt eine bestimmte Teilfunktion.

Funktionseinheit: Antriebseinheit – Motor

Teilfunktion: Stellt Antriebsenergie bereit

Funktionseinheit: Übertragungseinheit z.B. Antriebsstrang

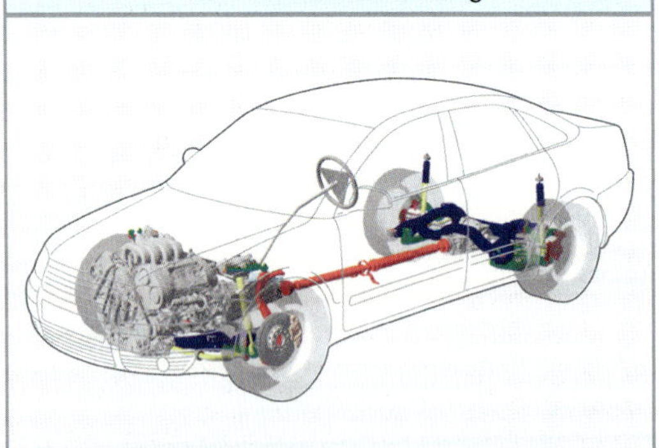

Teilfunktion: Übertragen der mechanischen Energie der Antriebseinheit auf die Antriebsräder

Funktionseinheit: Fahrzeugaufbau als Stütz- und Trageinheit, z.B. Karosserie

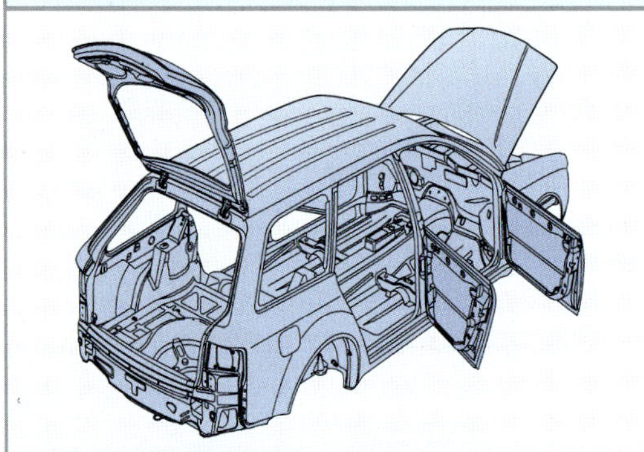

Teilfunktion: Stützen und tragen, Aufnahme aller Teilsysteme

Funktionseinheit: Elektro-hydraulische Anlagen (Steuer- und Regeleinheiten z.B. ABS, ESP usw.

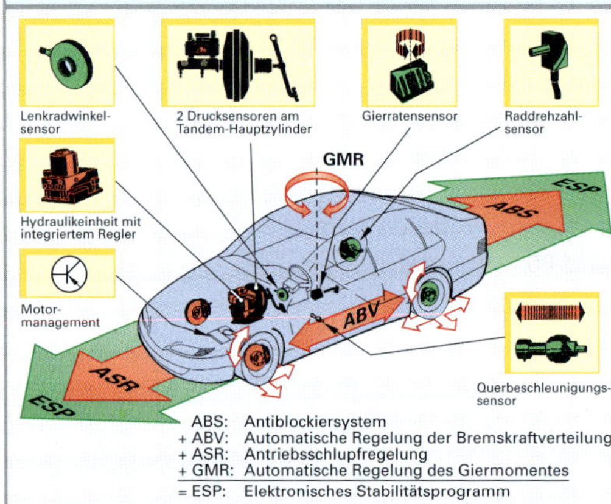

Teilfunktion: Aktiver Schutz der Insassen, Verbesserung der Fahrdynamik

Funktionseinheit: Elektr., elektron. Anlagen (Sicherheitseinrichtungen, wie z.B. Airbag, Gurtstraffer)

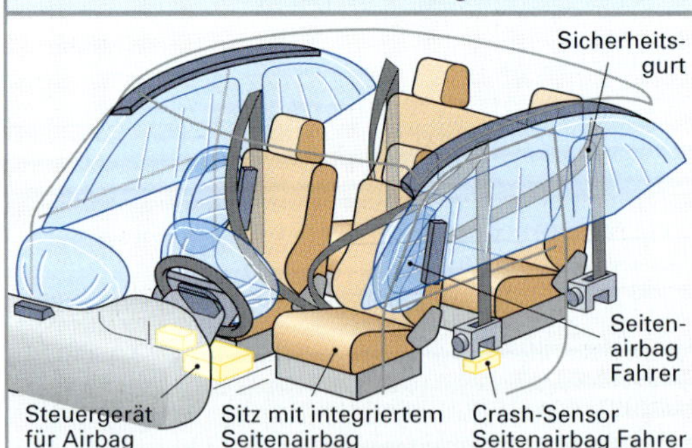

Teilfunktion: Passiver Schutz der Insassen

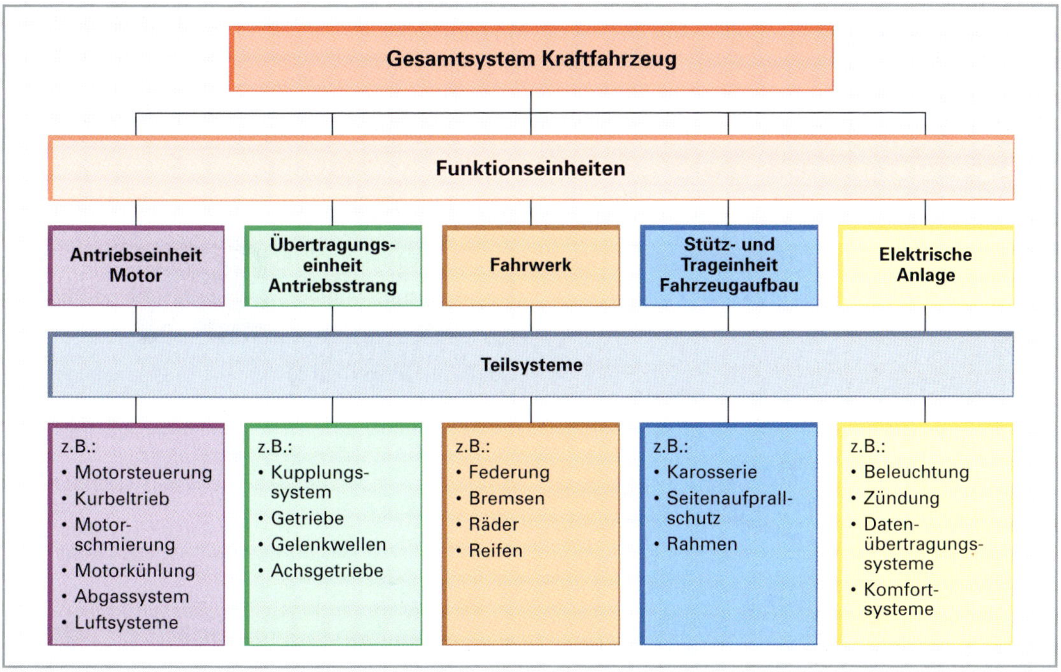

Bild 1: Systemverbund eines Kraftfahrzeugs

Damit ein Kraftfahrzeug seine Hauptfunktionen erfüllen kann, müssen verschiedene Teilsysteme zusammenwirken **(Bild 1)**. Je enger man die Systemgrenze zieht, desto kleiner werden die Teilsysteme bis man schließlich zu den einzelnen Bauteilen gelangt.

Gesamtsystem Kraftfahrzeug

Legt man die Systemgrenze um das Kraftfahrzeug, so grenzt man es in der Systembetrachtung gegen die Umwelt wie Luft und Fahrbahn ab. Eingangsseitig überschreiten nur Luft und Kraftstoff die Systemgrenze und ausgangsseitig nur Abgas-, Bewegungs- sowie Wärmeenergie **(Bild 2, Bild 3)**.

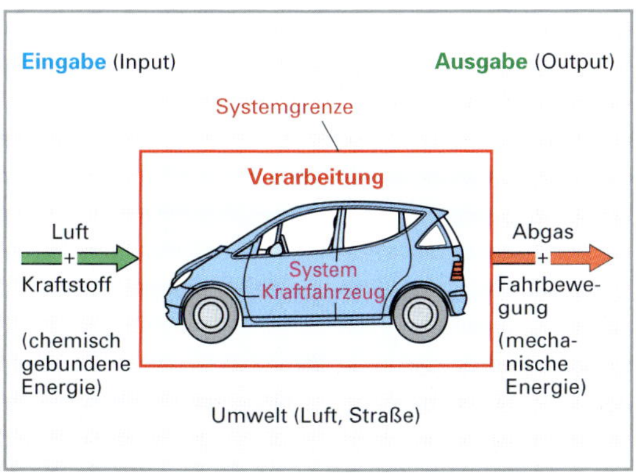

Bild 2: System Kraftfahrzeug

1.4.3 Teilsysteme im Kraftfahrzeug

Für jedes Teilsystem gilt das **EVA**-Prinzip **(Bild 3)**.

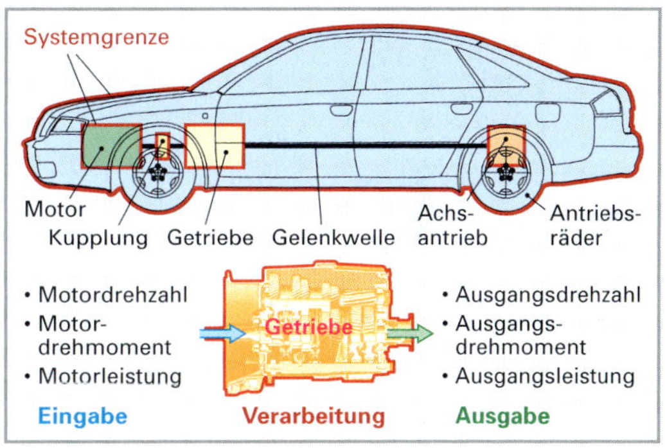

Bild 3: Teilsystem: Getriebe

Eingabe. Auf der Eingangsseite des Getriebes wirken die Motordrehzahl, das Motordrehmoment und die Motorleistung.

Verarbeitung. Im Getriebe werden Drehzahl und Drehmoment gewandelt.

Ausgabe. Auf der Ausgangsseite werden Abtriebsdrehzahl, Abtriebsdrehmoment und Abtriebsleistung, sowie Wärme abgegeben.

Wirkungsgrad. Die Abtriebsleistung ist um die Verluste im Getriebe vermindert.

Das Teilsystem Getriebe ist über weitere Teilsysteme, wie z.B. Gelenkwelle, Achsgetriebe, Antriebswellen mit den Antriebsrädern verkettet.

1

1.4.4 Einteilung technischer Systeme und Teilsysteme nach der Verarbeitung

Technische Systeme **(Bild 1)** werden nach der Art der Verarbeitung innerhalb der Systeme unterschieden:

- Stoffumsetzende Systeme z.B. Kraftstoffförderanlage
- Energieumsetzende Systeme z.B. Verbrennungsmotor
- Informationsumsetzende Systeme z.B. Bordcomputer, Lenkung

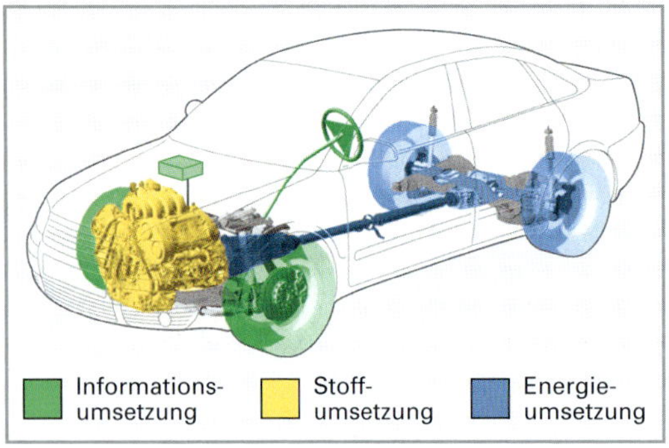

Bild 1: Systeme unterteilt nach Art der Verarbeitung

Stoffumsetzende Systeme

Mit stoffumsetzenden Systemen werden Stoffe so verändert, dass sie eine Form erhalten (Formänderung) oder sie werden von einem Ort zum anderen transportiert (Lageänderung).

Fördermittel oder einfache Maschinen dienen dem Stofftransport. Werkzeugmaschinen übernehmen die Stoffumformung. Beim Stofftransport wird z.B. eine ruhende Flüssigkeit (Benzin im Kraftstoffbehälter) durch eine Pumpe in Bewegung gebracht und zur Einspritzanlage befördert. Um diese Umsetzung durchführen zu können, muss den Arbeitsmaschinen, z.B. Kraftstoffpumpe, elektrische Energie zugeführt werden.

Übersicht über stoffumsetzende Systeme:

Maschinen zur Formänderung sind z.B. Werkzeugmaschinen, wie Bohr-, Fräs- und Drehmaschinen oder Maschinen, die in Gießereien oder Presswerken Verwendung finden, wie Pressen.

Maschinen zur Lageänderung beinhalten alle Förderanlagen und Maschinen, die zum Transport von festen Stoffen (Förderbänder, Gabelstapler, Lkw, Pkw), Flüssigkeiten (Pumpen) oder Gasen (Gebläse, Turbinen) dienen.

Beispiele für stoffumsetzende Systeme in einem Kraftfahrzeug:

- Schmiersystem, dabei sorgt die Ölpumpe für den Stoffumsatz.
- Kühlsystem, hier sorgt die Wasserpumpe für den Stoffumsatz und somit für den Wärmetransport.

Energieumsetzende Systeme

Bei **energieumsetzenden Systemen** wird eine dem System zugeführte Energie in eine andere Energieform umgewandelt.

Zu diesen Systemen zählen alle Kraftmaschinen wie Verbrennungs- und Elektromotoren, Dampf- und Gasmaschinen, sowie Energieanlagen z.B. Heiz- und Photovoltaikanlagen, Brennstoffzellen.
Nach der Art der Energieumsetzung unterscheidet man zwischen:

- **Wärmekraftmaschinen,** wie Otto- und Dieselmotoren oder Gasturbinen
- **Wasserkraftmaschinen,** wie Wasserturbinen
- **Windkraftmaschinen,** wie windgetriebe Generatoren
- **Solaranlagen,** wie Photovoltaikanlagen
- **Brennstoffzellen**

In einem Verbrennungsmotor wird die chemische Energie des Kraftstoffs zunächst in Wärmeenergie und dann in mechanische Bewegungsenergie umgewandelt **(Bild 2)**.

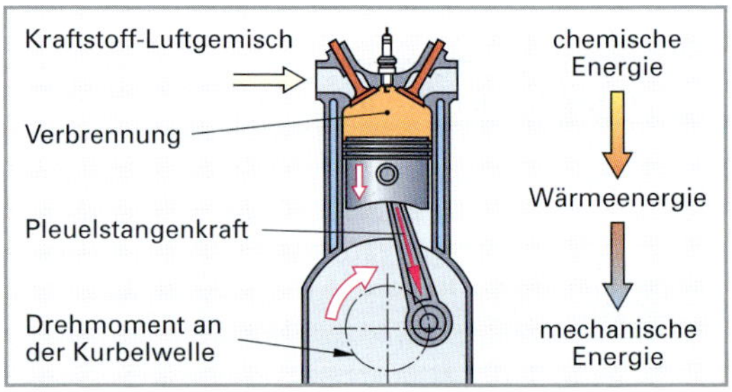

Bild 2: Energieumsetzung eines Ottomotors

Dabei können zusätzliche Stoff- und Informationsflüsse auftreten. Da sie in energieumsetzenden Maschinen eine Nebenfunktion ausüben, werden sie meist nicht aufgeführt.

Der Stofffluss (Eintritt des Kraftstoffes und Austritt der Abgase) sowie der Informationsfluss (Kraftstoff-Luft-Gemisch, Drehzahlregelung, Lenkung etc.) stellen nur Nebenfunktionen dar.

Energieumsetzendes System. Die Umwandlung der chemischen Energie des Kraftstoffes in die zum Antrieb des Kraftfahrzeuges benötigte Bewegungsenergie steht im Vordergrund, deshalb ist der **Verbrennungsmotor** ein energieumsetzendes System.

Informationsumsetzende Systeme

> Sie dienen zur Übermittlung von Informationen, der Verarbeitung und Übertragung von Daten und der Kommunikation.

Informationsumsetzende Systeme und Übertragungssysteme, z.B. Steuergeräte, CAN-Bus-Controller, Diagnosegeräte („Tester"), sind für den Betrieb und die Wartung moderner Fahrzeuge unentbehrlich.

Informationen. Es sind Kenntnisse über Sachverhalte und Vorgänge. In einem Kraftfahrzeug sind z.B. Motortemperatur, Fahrgeschwindigkeit, Lastzustand Informationen, die für den Betrieb des Fahrzeugs erforderlich sind. Die Informationen werden als Daten z.B. von einem Steuergerät zum anderen übertragen. Sie werden aus den Signalen gewonnen.

Signale. Sie sind die physikalische Darstellung von Daten.

Im Kraftfahrzeug werden Signale von Sensoren, z.B. für Drehzahl, Temperatur, Drosselklappenstellung erzeugt.

Beispiel für informationsumsetzende Systeme in einem Kraftfahrzeug:

- **Motorsteuergerät.** Es erfasst und verarbeitet alle relevanten Daten, um den Motor auf die jeweilige Betriebsbedingung optimal anzupassen.
- **Bordcomputer.** Er informiert z.B. den Fahrer über den durchschnittlichen bzw. momentanen Kraftstoffverbrauch, die Reichweite, die Durchschnittsgeschwindigkeit und die Außentemperatur.

1.4.5 Bedienung von technischen Systemen

Für die Bedienung und Instandhaltung von Kraftfahrzeugen sind umfangreiche Systemkenntnisse notwendig. Um einen umweltschonenden und sicheren Betrieb des Fahrzeugs zu gewährleisten wird vom Hersteller eine Betriebsanleitung mitgeliefert.

Betriebsanleitungen enthalten unter anderem:

- Systembeschreibungen
- Erläuterungen zu Funktionen
- Systemdarstellungen
- Funktionsskizzen
- Anleitungen zur sachgerechten Bedienung und Anwendung
- Wartungs- und Inspektionspläne
- Hinweise zu Betriebsstörungen
- Angaben zu zulässigen Betriebsstoffen, z.B. Motoröle
- Technische Daten
- Notdienstadressen

Betrieb. Kraftfahrzeuge und Maschinen dürfen nur von qualifizierten und berechtigten Personen betrieben werden.

Vorgeschrieben ist z.B., dass ...

- ... der Führer eines Personenkraftwagens im öffentlichen Verkehrsraum die erforderliche Fahrerlaubnis der Klasse B besitzt.
- ... eine Hebebühne in der Kfz-Reparaturwerkstatt nur von über 18 Jahre alten Personen bedient werden darf, wenn sie entsprechend unterwiesen und zur Bedienung berechtigt sind.
- ... der Führer eines Lkw´s mit Ladekran im Besitz eines Kranführerausweises ist.

Damit ist gewährleistet, dass der Fahrer eines Lkw's mit Ladekran das Fahrzeug richtig abstützt **(Bild 1)**, die Unfallverhütungsvorschriften (UVV) einhält, im Umgang mit Lastaufnahmemittel geschult ist und den Ladekran sachkundig bedienen kann.

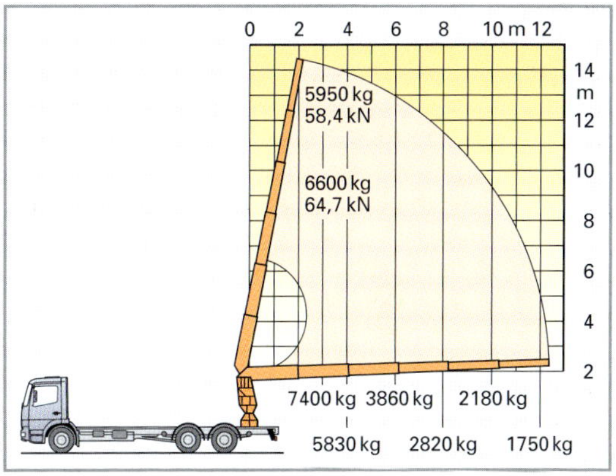

Bild 1: Richtige Belastung eines Ladekrans

Wiederholungsfragen

1. **Durch welche Größen ist ein technisches System gekennzeichnet?**
2. **Was versteht man unter dem EVA-Prinzip?**
3. **Welche Funktionseinheiten kann man bei einem Kfz unterscheiden?**
4. **Nennen Sie drei Teilsysteme eines Kfz, sowie deren Eingangs- und Ausgangsgrößen.**
5. **Welches ist die Hauptfunktion eines energieumsetzenden Systems?**
6. **Welche Daten kann man einer Betriebsanleitung entnehmen?**

1

1.5 Wartung und Instandhaltung

Zur Erhaltung der Betriebssicherheit eines Kraftfahrzeuges und auch zur Wahrung von Gewährleistungsansprüchen ist fachkundige Wartung und Instandhaltung entsprechend den Herstellervorschriften, z.B. durch den Kundendienst, notwendig.

Zur Durchführung werden vom Hersteller **Instandhaltungspläne** und Ersatzteilkataloge bereitgestellt sowie **Reparaturanweisungen** herausgegeben. Diese stehen z.B. als Reparaturhandbuch, Mikrofiche oder als menügesteuerte Computerprogramme für Personalcomputer (PC) zur Verfügung.

Instandhaltung. Instandhaltungsarbeiten beinhalten:

- Inspektion, z.B. Prüfen
- Wartung, z.B. Ölwechsel, Schmieren, Reinigen
- Instandsetzung, z.B. Reparieren, Austauschen

Kundendienst. Fahrzeughersteller und Kfz-Werkstätten bieten einen sachkundigen Kundendienst an. So wird beispielsweise ein neues Kraftfahrzeug ordnungsgemäß zur Erstinbetriebnahme dem Kunden zur Übernahme bereitgestellt. Des weiteren werden durch Fachpersonal Instandhaltungsarbeiten durchgeführt, die der Betreiber nicht selbst erledigen kann. Die zur Funktions- und Werterhaltung notwendigen Maßnahmen sind vom Hersteller in den Instandhaltungsvorschriften festgelegt. Sie sind für Kraftfahrzeuge in Wartungs- und Instandhaltungspläne festgehalten.

Es werden folgende Serviceintervalle unterschieden:

- Feste Serviceintervalle (Wartungsplan)
- Flexible Serviceintervalle
- Neue Servicestrategien

Die Wartungs- und Inspektionsarbeiten sind entsprechend vorgegebener Pläne durchzuführen. Die Ausführung der Arbeiten sind auf dem Inspektionsplan zu kennzeichnen und durch Unterschrift vom ausführenden Mechaniker zu bestätigen.

Wartungsplan

Er gibt Auskunft über die festgelegte Service- bzw. Inspektionszeitpunkte, z.B. soll nach 20.000 km oder nach 12 Monaten Betriebszeit eine Hauptinspektion durchgeführt werden.

Inspektionsplan. Aus ihm ist der vorgeschriebene Umfang der Inspektion zu entnehmen **(Bild 1, Seite 19)**.

Flexible Service-Intervalle

Mit modernen Motormanagementsystemen ist es möglich, entsprechend den Betriebsbedingungen eines Fahrzeugs, die Serviceintervalle anzupassen. Zur Berechnung der verbleibende Fahrstrecke bis zur Inspektion werden neben dem Kilometerstand verschiedene Einflussgrößen aufgezeichnet und in die Berechnung mit einbezogen. Ist der Inspektionstermin erreicht, wird dies dem Fahrer frühzeitig über ein Display mitgeteilt **(Bild 1)**. In der Werkstatt wird die Arbeit dann nach Inspektionsplan **(Bild 1, Seite 19)** ausgeführt.

Ölwechselintervall. Es kann auf zwei Arten ermittelt werden:

- Auf einer virtuellen Datenbasis, d.h. aus der zurückgelegten Wegstrecke, dem dabei verbrauchten Kraftstoff und dem dabei durchlaufenen Temperaturprofil des Öls ergibt sich ein Maß für den Verschleiß des Motoröls.
- Dem tatsächlichen Ölzustand, d.h. der Ölzustandssensor ermittelt Füllhöhe und Qualität welche in Verbindung mit der zurückgelegten Fahrstrecke und der Motorlast berücksichtigt wird.

Verschleißzustand Bremsbeläge. Der Verschleiß der Bremsbeläge wird elektrisch ermittelt. Hat der Bremsbelag die Verschleißgrenze erreicht, wird eine Kontaktschleife im Belag durchtrennt. Aus der Bremshäufigkeit, der Bremsbetätigungszeit sowie den gefahrenen Kilometern wird die theoretisch verbleibende Restfahrstrecke ermittelt, das Wechselintervall festgelegt und dem Fahrer angezeigt.

Verschleißzustand Innenraumfilter. Die Berechnung der verbleibenden Standzeit des Staub- und Pollenfilters erfolgt auf der Datenbasis von Außenlufttemperatursensor, Heizungsnutzung, Umlufteinstellung, Fahrgeschwindigkeit, Lüfterdrehzahl, Kilometerstand und Datum.

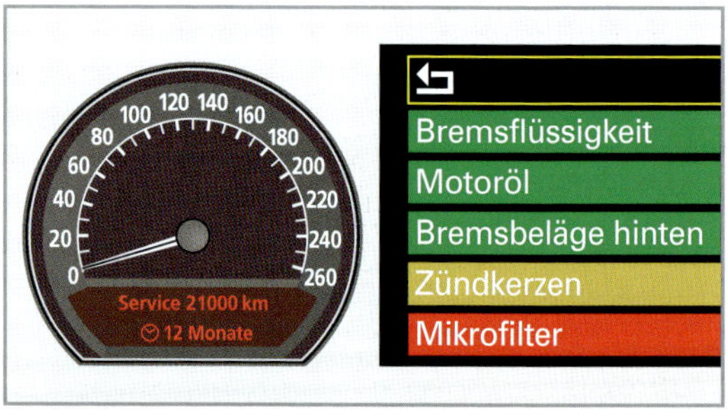

Bild 1: Verschleißanzeigen

Zündkerzen werden weiterhin wegabhängig z.B. nach bis zu 100 000 km ausgetauscht.

Betriebsstoffe wie Kühl- und Bremsflüssigkeit werden nach der Betriebszeit z.B. 2- oder 4- Jahren gewechselt.

Neue Servicestrategien

Auf Basis gesammelter Daten, wie Ist-Zustand der Verschleißteile und Betriebsstoffe sowie der Fahrgewohnheit wird der Servicezeitpunkt errechnet. Nach dieser bedarfsgerechten Servicestrategie wird nur gewartet, wenn ein Bauteil abgenutzt oder ein Betriebsstoff verbraucht ist.

Neu ist, dass der Bordcomputer online die im Schlüssel abgespeicherte Kunden- und Serviceumfangsdaten an die Werkstatt überträgt. Der Kundenberater hat dann genügend Zeit eventuell benötigte Ersatzteile, z.B. Bremsbeläge zu bestellen und mit dem Kunden einen passenden Termin zu vereinbaren.

Ausfallbedingte Reparaturen sollen durch frühe Problemerkennung vermieden werden. Weitere Vorteile sind:

- Exakt geplante Termine
- Keine Wartezeiten
- Keine Informationsverluste
- Flexible Serviceleistungen

Inspektionsplan

Auftrags-Nr.:	Fzg-Type:	Fzg-Halter:
900109	Passat	Hörmann
Km-Stand:	Fzg-Alter:	Zusatzarbeiten z.B. AU:
53.400	3	....

Durchzuführende Wartung	i.O.	n.i.O.	behoben
Elektrik			
Frontbeleuchtung. Funktion prüfen: Standlicht, Abblendlicht, Fernlicht, Nebelscheinwerfer, Blink- und Warnblinkanlage			
Heckbeleuchtung. Funktion prüfen: Bremslicht, Rücklicht, Rückfahrscheinwerfer, Nebelschlussleuchte, Kennzeichenbeleuchtung, Kofferraumbeleuchtung, Standlicht, Blink- u. Warnblinkanlage			
Innenraum- und Handschuhkastenbeleuchtung, Zigarettenanzünder, Signalhorn und Kontrolllampen: Funktion prüfen			
Eigendiagnose: Fehlerspeicher aller Systeme abfragen (Ausdruck hinten in Bordbuchtasche stecken)			
Fahrzeug von außen			
Türfeststeller und Befestigungsbolzen: Schmieren			
Scheibenwisch- /Waschanlage und Scheinwerferreinigungsanlage: Funktion und Spritzdüsen-Einstellung prüfen			
Scheibenwischerblätter: Auf Beschädigung prüfen, Ruhestellung prüfen; bei rubbelnden Wischerblättern: Anstellwinkel prüfen			
Bereifung			
Bereifung: Zustand, Reifenlaufbild, Fülldruck prüfen, Profiltiefe eintragen			
VL ______ mm VR ______ mm			
HL ______ mm HR ______ mm			
Fahrzeug von unten			
Motoröl: Ablassen oder absaugen, Ölfilter ersetzen			
Motor und Bauteile im Motorraum: Sichtprüfung auf Undichtigkeiten und Beschädigungen durchführen			
Keilriemen, Keilrippenriemen: Zustand und Spannung prüfen			
Getriebe, Achsantrieb und Gelenkschutzhüllen: Sichtprüfung auf Undichtigkeiten und Beschädigungen durchführen			
Schaltgetriebe / Achsantrieb: Ölstand prüfen			
Bremsanlage: Sichtprüfung auf Undichtigkeiten und Beschädigungen durchführen			
Bremsbeläge vorn und hinten: Dicke prüfen			
Unterbodenschutz: Sichtprüfung auf Beschädigungen durchführen			
Abgasanlage: Sichtprüfung auf Undichtigkeiten und Beschädigungen durchführen			
Spurstangenköpfe: Spiel, Befestigung und Dichtungsbälge prüfen; Achsgelenke: Sichtprüfung der Dichtungsbälge auf Undichtigkeiten und Beschädigungen durchführen			
Motorraum			
Motoröl: Ölstand prüfen (Beim Inspektionsservice mit Filterwechsel, Ölwechsel durchführen)			
Motor und Bauteile im Motorraum (von oben): Sichtprüfung auf Undichtigkeiten und Beschädigungen durchführen			
Scheibenwisch-/Waschanlage: Flüssigkeit auffüllen			
Kühlsystem: Kühlmittelstand und Frostschutz prüfen; Sollwert: –25 °C			
Istwert (gemessener Wert): ______ °C			
Staub- und Pollenfilter: Filtereinsatz ersetzen (alle 12 Monate oder alle 15000 km)			
Zahnriemen für Nockenwellenantrieb: Zustand und Spannung prüfen			
Luftfilter: Gehäuse reinigen und Filtereinsatz ersetzen			
Kraftstofffilter: Ersetzen			
Servolenkung: Ölstand prüfen			
Bremsflüssigkeitsstand (abhängig vom Belagverschleiß): Prüfen			
Batterie: Prüfen			
Leerlaufdrehzahl: Prüfen			
Scheinwerfereinstellung / Dokumentation / Endkontrolle			
Scheinwerfereinstellung: Prüfen			
Service-Aufkleber: Termin für den nächsten Service (auch Bremsflüssigkeitswechsel) in Aufkleber eintragen und Aufkleber am Türholm (B-Säule) anbringen			
Probefahrt durchführen			
Datum / Unterschrift (Monteur)			
Datum / Unterschrift (Endkontrolle)			

Bild 1: Inspektionsplan

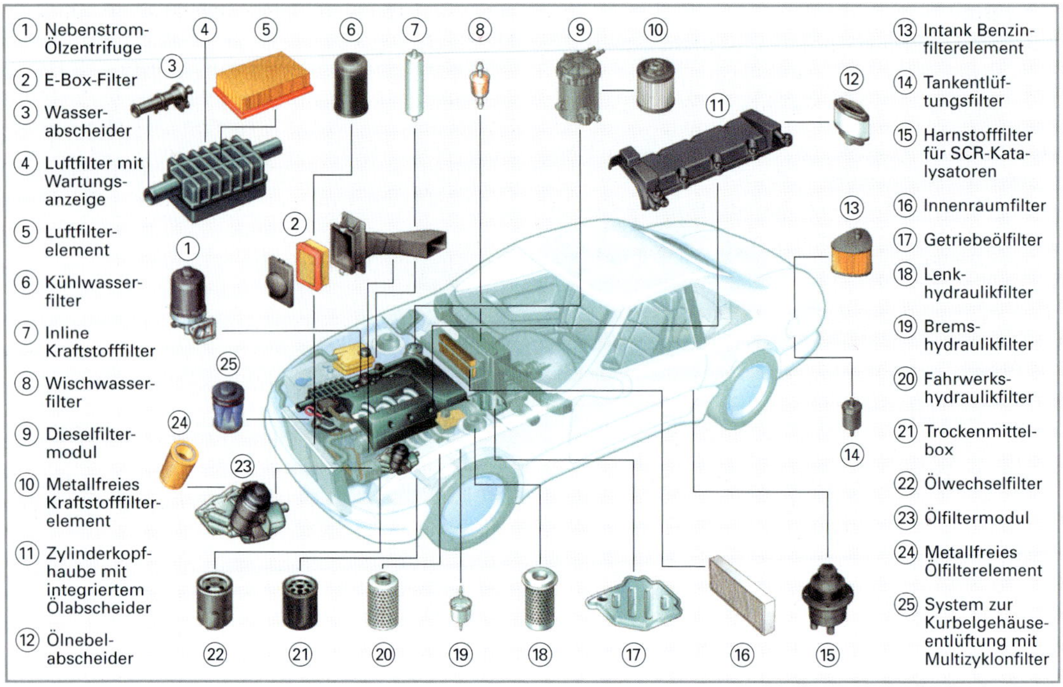

Bild 1: Filter im modernen Kraftfahrzeug

1.6 Filter, Aufbau und Wartung

Die Filter eines Kraftfahrzeugs haben die Aufgabe, Motoren, Bauteile und die Atemluft der Insassen vor Verunreinigungen zu schützen.

Filter im Kfz **(Bild 1)** können nach zwei Kriterien eingeteilt werden. Nach den **Wirkprinzipien** und nach dem zu filternden **Medium**.

Wirkprinzipien. Feste Verunreinigungen werden aus strömenden Medien, wie z.B. Luft, Öl, Kraftstoff und Wasser herausgefiltert durch die:

- Siebwirkung, z.B. Sieb- und Faserfilter
- Haftwirkung, z.B. Nassfilter
- Magnetwirkung, z.B. Magnetabscheider
- Fliehkraftwirkung, z.B. Zentrifugalfilter

Siebfilter. Die Filterwirkung wird dadurch erreicht, dass die Abmessungen der Filtermaschen kleiner als die Verunreinigungen sind **(Bild 2)**.

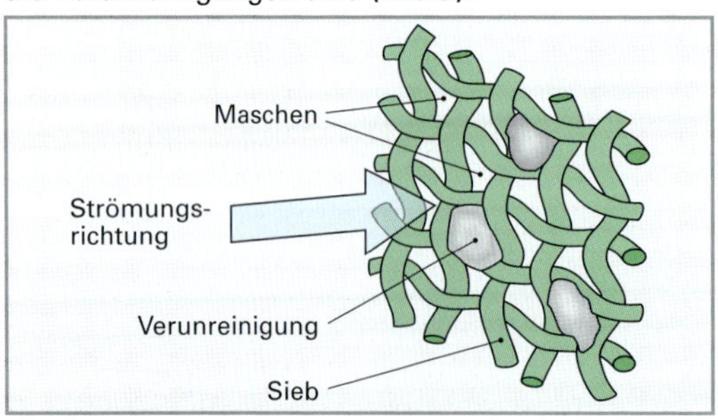

Bild 2: Wirkungsweise eines Siebfilters

Haftfilter. Sind meist Nassluftfilter. Verunreinigungen, wie Staub, kommen mit der ölbenetzten Filterfläche in Berührung und bleiben dort haften.

Magnetfilter. Aus dem vorbeiströmenden Medium werden ferromagnetische Verunreinigungen angezogen, z.B. von der Ölablassschraube.

Zentrifugalfilter. Das zu filternde Medium, z.B. Luft, wird in Rotation versetzt. Verunreinigungen werden durch die Fliehkräfte an die Wand des Filters gedrückt, wo sie sich absetzen.

Filter werden unterschieden nach

- Luft- und Abgasfilter
- Kraftstofffilter
- Schmierölfilter
- Innenraumfilter, z.B. Pollen-, Smog- und Ozonfilter
- Hydraulikfilter, z.B. für ATF-Öle

1.6.1 Luftfilter

Luftfilter sollen die Ansaugluft reinigen und die Ansauggeräusche des Motors dämpfen.

Der Staub in der Luft besteht aus kleinsten Teilchen (0,005 mm bis 0,05 mm). Er führt zum Teil auch Quarz mit sich. Je nach Einsatz des Kraftfahrzeuges (Autobahn, Baustelle) schwankt die Staubmenge. Diese Staubmenge würde mit dem Schmieröl eine Schleifmasse bilden und starken Verschleiß, besonders an Zylinderlaufbahn, Kolben und Ventilführung verursachen.

Filterarten

Folgende Luftfilter kommen zum Einsatz:

- Trockenluftfilter
- Ölbadluftfilter
- Nassluftfilter
- Zyklonvorabscheider

Trockenluftfilter. Bei ihm erfolgt die Staubaufnahme meistens durch auswechselbare Filterelemente aus gefaltetem Papier. Sie gehören heute zur Standardausrüstung bei Pkw und Nkw. Die Lebensdauer der Filterelemente hängt von der Größe der Papierfläche und von dem Staubgehalt der Luft ab. Um den Durchflusswiderstand gering zu halten, sind große Oberflächen erforderlich. Gleichzeitig dämpft der Luftfilter die Ansauggeräusche.

Luftfilter, die nicht rechtzeitig erneuert oder gereinigt werden, haben wegen des zunehmenden Durchströmwiderstandes eine schlechtere Füllung des Zylinders sowie eine geringere Motorleistung zur Folge. Feinstäube, die den Filter passieren, tragen im Motoröl zur Verschlammung bei. Ist das Filter verschmutzt, so muss es erneuert werden.

Nassluftfilter werden teilweise noch in Motorrädern verwendet. Der Filtereinsatz besteht aus einem Gestrick aus Metall oder Kunststoff, das mit Öl benetzt ist. Die durchströmende Luft kommt mit der großen, ölbenetzten Oberfläche in Berührung. Der in der Luft mitgeführte Staub wird festgehalten. Die Standzeit beträgt nur etwa 2500 km. Danach muss er gereinigt und wieder mit Öl benetzt werden.

Ölbadluftfilter. Im Filtergehäuse befindet sich unter dem Filtereinsatz aus Metallgewebe ein Ölbad **(Bild 1).** Die einströmende Luft trifft auf den Ölspiegel und reißt aus dem Ölbad Tropfen mit, die sich im Filtereinsatz absetzen. Von dort tropfen sie ab und nehmen den angesammelten Staub mit in das Ölbad. Wegen dieser Selbstreinigung haben Ölbadluftfilter gegenüber Nassluftfiltern eine höhere Standzeit.

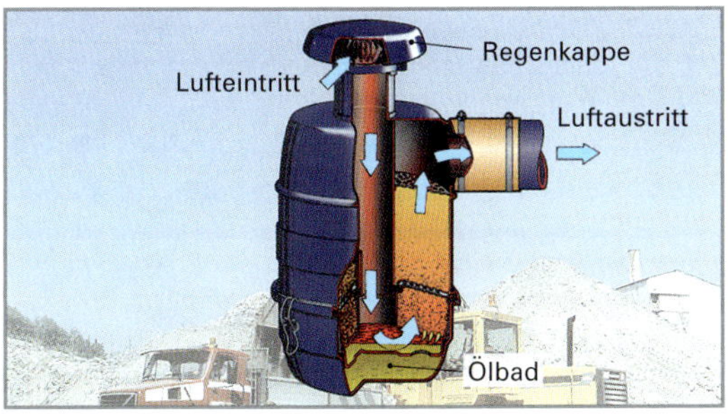

Bild 1: Ölbadluftfilter

Zyklonvorabscheider sind unentbehrlich für Motoren, die ständig in sehr staubhaltiger Luft arbeiten müssen. Die angesaugte Luft wird in rasche Drehung versetzt **(Bild 2)** und der grobe Staub durch die Zentrifugalkraft ausgeschieden (Grobfilter). Der noch in der Ansaugluft enthaltene feine Staub wird anschließend z.B. in einem Trockenluftfilter gefiltert. Die Standzeit dieses Kombinationsfilters wird dadurch verbessert.

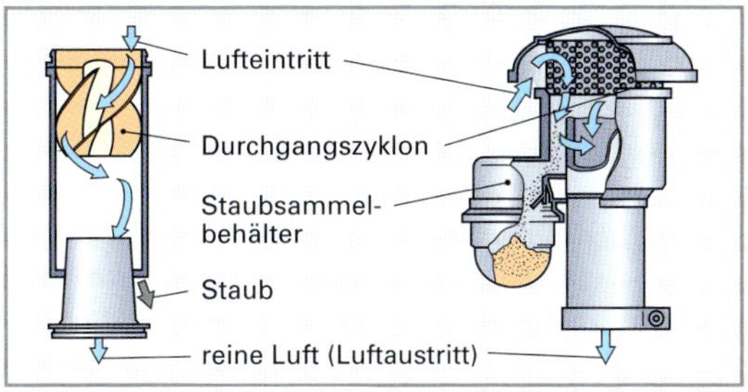

Bild 2: Zyklonluftfilter

1.6.2 Kraftstofffilter

> Sie sollen die Kraftstoffanlage vor Verunreinigungen schützen und gegebenenfalls Wasser abscheiden.

Man unterscheidet:

- Grobfilter
- Filter-Elemente
- Leitungsfilter
- Wechselfilter

Kraftstoffgrobfilter. Sie kommen als Vorfilter z.B. als Saugfilter im Kraftstoffbehälter zum Einsatz. Meist sind sie als Siebfilter mit einer Maschenweite von etwa 0,06 mm ausgeführt und bestehen aus einem engmaschigen Draht- oder Polyamidgeflecht.

Kraftstoffleitungsfilter (In-Line-Filter) dienen zur Feinfilterung. Es werden Papierfilter mit einer Porengröße zwischen 0,002 mm und 0,001 mm verwendet. Sie werden in die Kraftstoffleitung eingebaut und bei der Wartung als Ganzes ausgetauscht.

Kraftstofffilter-Elemente. Sie sind auswechselbar und befinden sich in einem eigenen Gehäuse, das am Motor angebaut ist. Für die Feinfilterung werden Einsätze aus Papier oder Filz verwendet.

Kraftstoff-Wechselfilter (Boxfilter) **(Bild 3).** Sie bestehen aus Gehäuse und Filtereinsatz und werden bei der Wartung als Ganzes ausgetauscht.

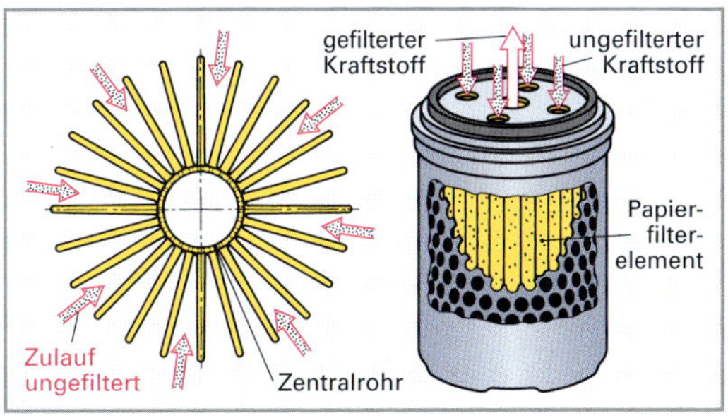

Bild 3: Boxfilter mit Sternfiltereinsatz

Für die Feinfilterung werden ebenfalls Einsätze aus Papier und Filz verwendet. Beim Sternfiltereinsatz ist das sternförmig gefaltete Papier um ein gelochtes

Zentralrohr gelegt. Die Papierfalten sind oben und unten durch Deckscheiben abgeschlossen. Der Kraftstoff durchfließt das Filter von außen nach innen (radial). Die Schmutzteilchen bleiben an der Filteroberfläche hängen und sinken ggf. nach unten ab. Das Wasser kann die feinen Filterporen nicht durchdringen und läuft an der Außenseite des Filterpapiers aufgrund seiner, im Vergleich zum Kraftstoff, höheren Dichte nach unten ab. Es sammelt sich im Wassersammelraum des Filtergehäuses. Der gefilterte Kraftstoff fließt durch die Löcher des Zentralrohres nach innen und dann weiter nach oben ab.

Wasserabscheider. (Bild 1). Sie werden bei Militär-, Baustellen- und Geländefahrzeugen mit Dieselmotor verwendet, um größere Mengen Wasser abzuscheiden. Bei Boxfilter mit Wasserspeicher kann angesammeltes Wasser durch Verwendung einer durchsichtigen Filterkappe angezeigt werden oder von einem eingebauten Wasserstandsensor (elektronische Leitfähigkeitssonde) erkannt und von einer Warnleuchte in der Instrumententafel angezeigt werden. Eine Ablassschraube am Filtergehäuse ermöglicht das Ablassen von angesammelten Wasser.

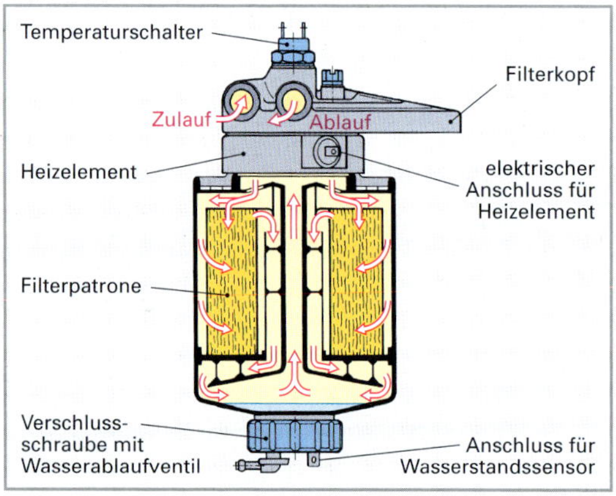

Bild 1: Boxfilter mit Wasserabscheider

1.6.3 Ölfilter

Sie vermeiden eine vorzeitige Schmierölverschlechterung, indem sie die vom Schmieröl aufgenommenen Verunreinigungen herausfiltern.

Der Aufbau und die Funktion des Ölfilters ist wie beim Kraftstoffwechselfilter **(Bild 3, S. 21)**. Die Filtereinsätze entfernen Schmutzteilchen bis etwa 10 µm. Verunreinigungen im Öl, wie z.B. Metallabrieb, Ruß und Staubpartikel verschlechtern die Qualität des Öls und erhöhen damit den Verschleiß. Durch den Ölfilter verlängern sich die Ölwechselintervalle und die Kühlung des Ölstroms wird verbessert . Ölfilter können jedoch keine flüssigen oder im Öl gelösten Verunreinigungen entfernen. Sie haben auch keinen Einfluss auf chemische oder physikalische Veränderungen des Öls im Motorbetrieb, z.B. durch die Alterung.

1.6.4 Hydraulikfilter

Es sind Siebfilter, die zur Reinigung von Hydraulikflüssigkeiten, wie z.B. Bremsflüssigkeit, ATF-Öle in Servolenkungen und Automatikgetrieben dienen.

Kunstoffsiebe werden z.B. bei Ausgleichsbehältern von Hauptzylindern angewandt. Flache Papierwechselfilter finden z.B. bei Automatikgetrieben Verwendung.

1.6.5 Innenraumfilter

Sie filtern die Luft für die Insassen und schützen sie somit vor Staub, Pollen, und schädlichen Gasen, z.B. Smog oder Ozon.

Innenraumfilter (Bild 2) bestehen aus drei bis vier Lagen. Das Vorfilter hält den groben Schmutz zurück. An dem Mikrofaserflies der mittleren Lage, bleiben durch die elektrostatische Aufladung auch kleinste Verunreinigungen der Luft hängen. Die dritte Lage dient als Trägerschicht. Die vierte Lage mit Aktivkohle nimmt gegebenenfalls eindringende gasförmige Schadstoffe wie Ozon und Abgase auf. Geruchintensive Substanzen werden hier ebenfalls weitgehend neutralisiert.

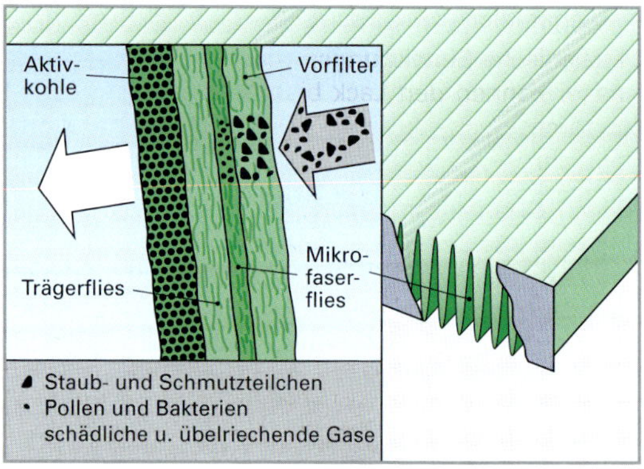

Bild 2: Aufbau eines Innenraumfilters

1.6.6 Wartung

Wartungshinweise

- Filterwechsel nach Herstellerangaben vornehmen (Zeitintervall bzw. Kilometer-Leistung).
- Die Zeit- bzw. Kilometer-Abstände sind in Wartungsplänen, die durchzuführenden Filterwechsel in Inspektionsplänen festgehalten (vgl. Kap.1.5).
- Papierfilter müssen gewechselt werden.
- Schaumstofffilter können ausgewaschen und müssen entgegen der Strömungsrichtung ausgeblasen werden.
- Wasser-Kraftstoff-Gemisch aus dem Kraftstofffilter muss umweltgerecht entsorgt werden.

1.7 Fahrzeugpflege

Die Karosserie ist im Betrieb nicht nur mechanischen Belastungen, sondern auch extremen Witterungseinflüssen ausgesetzt. Deshalb sind neben regelmäßigen Inspektionen auch die Karosserie und der Innenraum zu pflegen.

Bei der Fahrzeugpflege unterscheidet man:

- Außenreinigung
- Innenreinigung
- Unterbodenwäsche
- Motorwäsche

1.7.1 Außenreinigung

Zur Außenreinigung gehören die Oberwäsche der Karosserie mit Lack- und Kunststoffpflege, die Glasreinigung und das Reinigen der Felgen und der Reifen.

Schädigende Einflüsse auf die Lackierung

Durch äußere Einflüsse kann der Decklack geschädigt werden und verliert so seine schützende Wirkung und sein gutes Aussehen. Zu den lackschädigenden Einflüssen zählen:

- Mechanische Einwirkungen
- Wetter- und Umwelteinflüsse
- Aggressive chemische Stoffe
- Pflegefehler

Mechanische Einwirkungen. Steinschlag und große Kratzer können den Lack bis auf das blanke Metall zerstören. Auch die schleifende Wirkung von Staub und Schmutz bei der Fahrzeugwäsche führt zu vielen kleinen Kratzern, die den Glanz der Lackierung verringern und ihn matt und stumpf erscheinen lassen.

Wetter und Umwelteinflüsse. Hitze und Sonne dehnen den Lackfilm und bewirken, dass er mit der Zeit porös wird. In diese feinen Poren dringen Schadstoffe ein und zerstören den Lack auch in den tieferen Schichten. Das Bindemittel an der Oberfläche wird durch die UV-Strahlung des Sonnenlichts abgebaut und der Lack verliert an Glanz.

Aggressive chemische Stoffe. Dies können z.B stark ätzende Ausscheidungen von Vögeln und anderen Tieren z.B. Bienen oder Läusen sein **(Bild 1).** Auch Baumharze, die auf das Fahrzeug fallen, können den Lack bis in die untersten Schichten zerstören.

Tierexkremente, Baumharze und tote Fliegen sind möglichst schnell zu entfernen, da sie bleibende Schäden am Lack verursachen können.

Bild 1: Lackschäden

Pflegefehler. Zu häufiges Waschen der Karosserie mit ungeeigneten Reinigungs- und Pflegemitteln und die Verwendung aggressiver Poliermittel kann die Lackierung stark schädigen **(Bild 2).** Insektenlöser darf man nicht zu lange einwirken lassen, da sonst Verfärbungen im Lack auftreten können.

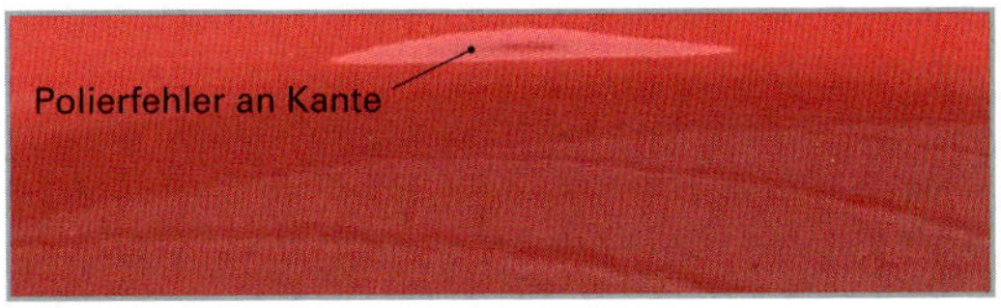

Bild 2: Pflegeschäden

Fahrzeugwäsche

Sie ist die Grundlage für alle weiteren Pflegemaßnahmen. Man unterscheidet:

- Maschinenwäsche in der Waschanlage
- Handwäsche

Maschinenwäsche in der Waschanlage (Bild 3)

Vor der Maschinenwäsche sollte unbedingt eine Vorwäsche mit einem Hochdruckwascher vorgenommen werden. Damit wird vermieden, dass es durch Sand und Schmutz zu Kratzern im Lack kommt. Die Waschanlagen haben rotierende Kunststoffbürsten oder Streifen aus Schaumstoff oder Stoff, die mit Hilfe von viel Wasser das Fahrzeug reinigen. Bei allen Waschanlagen wird nach dem Waschgang mit klarem, enthärtetem und entsalztem Wasser gespült. Je nach Programm wird noch ein Lackkonservierungsmittel (Sprühwachs) aufgesprüht. Danach wird das Fahrzeug mit einem Gebläse trocken geblasen.

Bild 3: Autowaschanlage

Werkstatthinweise

- Abstehende Teile, wie z.B. Spiegel, einklappen.
- Antennen einschieben oder abschrauben.
- Fahrzeugabmessungen (Höhe, Breite, Bodenfreiheit) vor Einfahrt in die Waschanlage beachten.
- Fahrzeug mittig in Waschanlage fahren.
- Zusätzliche Hinweise des Waschanlagenbetreibers sind zu beachten.

1

Handwäsche

Sie ist die arbeitsintensivste Wäsche und kann entweder mit dem Schwamm und viel Wasser oder mit einem Hochdruckreiniger erfolgen.

Schwammwäsche. Bei der Wäsche mit einem Schwamm wird der Lack stark belastet, da Sand und Schmutz, der sich im Schwamm sammelt, den Lack zerkratzen kann.

Deshalb ist folgende Vorgehensweise zu wählen.

- **Vorreinigung.** Der Schmutz wird mit klarem Wasser eingeweicht und mit einem nicht zu scharfen Wasserstrahl vom Fahrzeug abgespült.
- **Schaumwäsche.** Hierbei wird die Oberfläche mit einem Schwamm oder einem Autowaschhandschuh mit Autoshampoo eingeschäumt. Die Reinigungsmittel im Wasser unterwandern den festhaftenden Schmutz und lösen ihn. Oft enthalten diese Reinigungsmittel noch Zusätze, wie Wachse und Silikonöle. Sie geben der Lackoberfläche einige Zeit Schutz vor Witterungseinflüssen und erzeugen zusätzlichen Glanz.
- **Spülen.** Bevor der Schaum antrocknet, muss er mit viel Wasser abgespült werden.
- **Trocknen.** Die nasse Oberfläche ist mit einem angefeuchteten, gut ausgedrückten Leder abzuwischen, da sonst Kalkränder auf dem Lack zurückbleiben. Soll anschließend konserviert oder poliert werden, so sind z.B. Falze und Dichtlippen, in die Wasser eingedrungen sein könnte, mit Druckluft abzublasen.

Werkstatthinweise

Um Schäden vorzubeugen, müssen bei der Handwäsche folgende Regeln beachtet werden:

- Vor der Wäsche Ringe und Uhren ablegen, um Kratzer zu vermeiden.
- Groben Schmutz mit viel Wasser abspülen, damit die Sand- und Staubkörner keine Kratzer erzeugen können.
- Von oben nach unten waschen.
- Schwamm zwischendurch häufig und sorgfältig ausspülen, damit sich keine Sandkörner in den Schwamm setzen und den Lack verkratzen.
- Nicht in der prallen Sonne waschen, es können Flecken entstehen.
- Haushaltsreiniger sind für die Fahrzeugwäsche ungeeignet, da sie die schützende Wachsschicht auflösen und den Lack auslaugen.
- Leder nicht drehend auswringen, da es sonst zerstört wird. Besser ist das Auswringen zwischen zwei Walzen.
- Leder öfter ausspülen, um die Kratzgefahr durch Staub und Schmutz zu verringern.

Fahrzeugwäsche mit dem Hochdruckreiniger

Hierbei erfolgt die Reinigung in mehreren Schritten:

- **Vorreinigung.** Zuerst wird der Schmutz mit dem Hochdruckstrahl aus einer Entfernung von ca. 50 cm gelöst und aufgeweicht. Dann wird der Schmutz gründlich von oben nach unten mit dem Hochdruckstrahl aus kurzer Entfernung abgespritzt.
- **Schaumwäsche mit der Waschbürste.** Die Düse der Lanze wird durch eine Waschbürste ersetzt. Gleichzeitig wird dem Spritzwasser Shampoo zudosiert. Dann wird die Bürste mit leichtem Druck über die Oberfläche geführt und das gesamte Fahrzeug eingeschäumt.
- **Klarspülen.** Der Schaum wird mit dem Hochdruckstrahl von oben nach unten abgespült.
- **Konservieren.** Zum Schutz der Oberflächen kann eine Hartwachskonservierung mit dem Hochdruckstrahl aufgesprüht werden.
- **Glanzspülen.** Das dazu verwendete entmineralisierte Wasser trocknet ohne Flecken zu hinterlassen innerhalb weniger Minuten ab. Dadurch spart man sich das Abledern.

Werkstatthinweise

- Hochdruckwasserstrahl nicht direkt auf empfindliche Teile, wie z.B. Kühllamellen, Reifen, richten.
- Um Beschädigungen durch den Düsenstrahl zu vermeiden, ist ein Abstand von mindestens 30 cm einzuhalten.

Prüfen des Lackzustandes

Nach der Wagenwäsche muss der Lack konserviert werden. Bei stark angegriffenen Lacken ist evtl. eine Lackreinigung oder Polieren notwendig, um den alten Oberflächenglanz und die Farbbrillanz wieder herzustellen. Die Auswahl der richtigen Pflegemittel hängt vom Zustand des Lackes ab.

Der Lackzustand lässt sich mit einfachen Methoden ermitteln.

Wasserprobe (Bild 1). Hierbei wird etwas Wasser auf die Oberfläche geschüttet und beobachtet, wie sich das Wasser verhält. Je runder und perlförmiger die Wassertropfen auf dem Lack liegen bleiben, desto besser ist er gepflegt. Verwitterter Lack lässt Wassertropfen nicht abperlen, sondern flächig zerfließen.

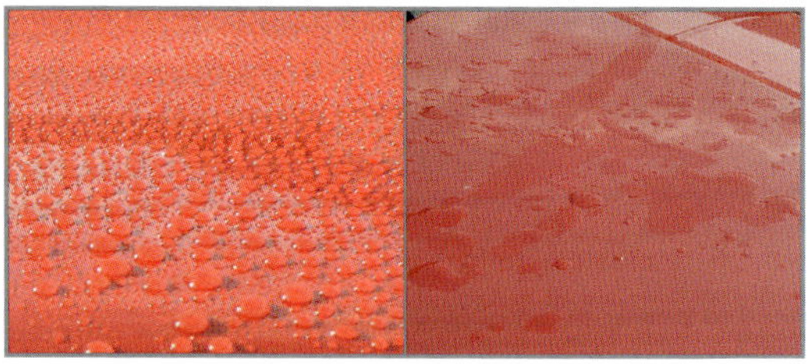

Bild 1: Prüfung des Lackzustandes

Sichtprüfung. Unter Sonnenlicht lässt sich prüfen, inwiefern der Original-Tiefenglanz durch Glanzschleier oder feine Kratzer beeinträchtigt ist. Ein matter und stumpfer Lack muss konserviert und aufpoliert werden.

Fingernagelprobe. Streift man mit dem Rücken des Fingernagels über den Lack, so lässt sich am Widerstand erkennen, ob die Oberfläche glatt und in einem guten Zustand oder rau und pflegebedürftig ist.

Man unterscheidet drei Lackzustände:

- **Neuer bzw. neuwertiger Lack.** Bei ihm ist der anfängliche Hochglanz noch uneingeschränkt oder fast uneingeschränkt vorhanden. Bei der Fingernagelprobe spürt man keinen Widerstand. Wasser bildet auf der Oberfläche Tropfen und perlt ab.
- **Matter Lack.** Es ist nur noch wenig Glanz vorhanden. Bei der Fingernagelprobe spürt man einen leichten Widerstand.
- **Stumpfer und verwitterter Lack.** Es ist kein Glanz mehr festzustellen. Beim Fingernageltest spürt man einen deutlichen Widerstand. Wasser auf der Oberfläche bildet keine Tropfen mehr, sondern verläuft flächig.

Auswahl der Lackpflegemittel

Bei den Lackpflegemitteln unterscheidet man Konservierungsmittel und Polituren **(Bild 1).**

Bild 1: Lackpflegemittel

Konservierungsmittel (Wachse). Die Pflegemittel wirken durch spezielle Wachskombinationen wasserabweisend. Sie erhalten die Elastizität des Lackes und steigern den Glanz. Gleichzeitig werden die Poren und feinen Haarrisse im Lack verschlossen. Dadurch kann Feuchtigkeit nicht in die Lackschicht eindringen und Korrosion verursachen. Handelsübliche Konservierungsmittel enthalten meist Silikone oder natürliche Wachse (Carnaubawachs). Bei hochwertigen Wachsen ist über mehrere Monate ein Oberflächenschutz gewährleistet. Dieser bleibt über mehrere Wagenwäschen erhalten.

Waschkonservierer. Sie werden nach dem Klarspülen aufgesprüht. Sie bieten dem Lack bis zur nächsten Wagenwäsche einen ausreichenden Schutz. Jedoch ist ihre Schutzwirkung sehr viel geringer als bei Konservierungsmitteln (Hartwachsen).

Polituren. Nur matte und unansehnliche Lacke sind zu polieren. Dabei wird mittels sehr kleiner Schleifkörper die oberste Lackschicht abgetragen und die darunter liegende, noch ungeschädigte Schicht freigelegt. Anschließend müssen die Reste der getrockneten Politur mit einem weichen Lappen oder Polierwatte restlos entfernt werden. Das Polieren kann entweder von Hand oder mit Hilfe einer Poliermaschine **(Bild 2)** erfolgen. Danach ist die Oberfläche unbedingt mit Hartwachs zu konservieren.

Anwendung der Pflegemittel

Um eine gute Reinigung und einen dauerhaften Glanz zu erzielen, sind die Pflegemittel entsprechend dem Lackzustand auszuwählen.

Neuer bzw. neuwertiger Lack. Hier werden nur schützende, konservierende Pflegemittel (Wachse) verwendet. Neue Lackierungen haben im Allgemeinen eine wasserabweisende Wirkung. Lässt diese Wirkung mit der Zeit nach, so ist die Schutzschicht zu erneuern, das heißt, sie muss neu konserviert werden.

Matter Lack. Hier hat der Glanz der Oberfläche gelitten. Er kann mit Hilfe eines milden Poliermittels (Polish) wieder hergestellt werden. Deshalb enthält die Politur feinste Polierkörper, die eine minimale abtragende Wirkung haben. Beigemischte Öle und Wachse verleihen dem Lack wieder Glanz.

Stumpfer und verwitterter Lack. Lacke an älteren Fahrzeugen, die starken Witterungs- und Umwelteinflüssen ausgesetzt waren, sind meist stumpf, matt und verwittert. Nach einer gründlichen Vorreinigung ist der Lack zu polieren. Dazu verwendet man aggressive Poliermittel (Lackreiniger). Diese dringen in die Poren der Lackhaut ein und befreien sie vom Schmutz. Die schon stark angegriffene, raue Lackoberfläche wird mit etwas größeren Polierkörpern abgeschliffen. Die veränderten, halb gelösten Lackpartikel werden abgetragen und die gesunde Lackschicht kommt zum Vorschein. Ein Nachkonservieren mit Konservierungsmitteln ist erforderlich.

Bild 2: Polieren von Hand und mit der Maschine

1

Kunststoffteile pflegen

Kunststoffteile, z.B. nicht lackierte Stoßfänger und Stoßleisten, verlieren durch Witterungs- und Umwelteinflüsse, aber auch durch Fahrzeugwäschen an Farbintensität und werden dadurch mit der Zeit grau und unansehnlich. Kunststoffreiniger kräftigen verblasste Farben und schützen den Kunststoff vor dem Brüchigwerden. Die Kunststoffreiniger besitzen folgende Eigenschaften:

- **UV-Schutz.** Er schirmt die aggressiven UV-Strahlen des Sonnenlichts ab und verhindert so ein Ergrauen und Altern des Kunststoffes.
- **Antistatische Wirkung.** Sie verhindert, dass sich die Teile elektrostatisch aufladen und so Staub und Schmutz anziehen.

Werkstatthinweise

- Kunststoffteile am Fahrzeug dürfen keinesfalls mit Lösungsmitteln, wie Nitroverdünner, Kaltreiniger oder Kraftstoff gereinigt werden.
- Lappen mit Kunststoffreiniger tränken und dann auf die Kunststoffteile auftragen.

Leichtmetallfelgen reinigen

Felgen sind im besonderen Maß den verschiedensten Umwelteinflüssen ausgesetzt. Regen, Schnee, Rollsplitt, Streusalz usw. setzen den Leichtmetallfelgen stark zu. Sie sind deshalb mehrfach lackiert. Wird die Lackierung beschädigt, so kommt es zur Korrosion und die Felge sieht innerhalb kurzer Zeit sehr unansehnlich aus und kann sogar ganz unbrauchbar werden. Besonders der heiße Bremsstaub frisst sich in die lackierten Oberflächen und es entstehen kleine Löcher. Die im Bremsstaub enthaltenen Metalle führen zusammen mit Feuchtigkeit zur Kontaktkorrosion. Der Lack wird von der Korrosion unterwandert und es entstehen Flecken und irreparable Schäden. Deshalb sind Leichtmetallfelgen alle zwei bis vier Wochen mit Felgenreiniger zu reinigen.

Man unterscheidet verschiedene Felgenreiniger:

Säurehaltige Felgenreiniger. Die Reiniger sind sehr aggressiv und nicht für die regelmäßige Anwendung geeignet. Auch darf die Lackierung der Felge nicht beschädigt sein, da die Säuren mit dem Metall reagieren. Deshalb verbieten manche Räderhersteller die Anwendung säurehaltiger Felgenreiniger für ihre Leichtmetallfelgen.

Säurefreie Felgenreiniger. Sie sind weniger aggressiv und haben deshalb eine deutlich schlechtere Reinigungswirkung.

1.7.2 Innenreinigung

Die Innenreinigung umfasst folgende Tätigkeiten:

- Fahrzeugboden und Kofferraum aussaugen
- Sitze und Verkleidungen absaugen
- Scheiben innen reinigen
- Kunststoffteile wie z.B. Armaturenbrett, Türverkleidungen etc. mit Kunststoffreiniger für innen einsprühen und mit einem trockenen saugfähigen Lappen abwischen.

Sind an Polstern, Stoffverkleidungen, Teppichboden oder Bodenmatten Flecken vorhanden, so können diese mit speziellen Reinigern, z.B. Polsterreiniger, Seifenlauge oder Trockenschaum beseitigt werden.

1.7.3 Motorwäsche

Im Motorraum kann sich durch Spritzwasser, austretendes Öl oder Kraftstoff zusammen mit Staub ein ölhaltiger Schmutzfilm bilden. Dieser sollte in gewissen Abständen entfernt werden, da er z.B. an der Zündanlage und an der Batterie zu Kriechströmen führen kann.

Vorgehensweise. Zuerst wird der Motorraum mit einem Kaltreiniger eingesprüht. Dieser muss eine gewisse Zeit einwirken, damit er den Schmutz anlöst. Danach wird mit dem Dampfstrahlgerät der Schmutz abgespült. Danach sollte der Motor und der Motorraum mit einem speziellen Konservierungswachs vor Korrosion geschützt werden.

1.7.4 Unterbodenwäsche

Mit der Unterbodenwäsche lassen sich Salz oder verkrusteter Schmutz aus versteckten Winkeln der Karosserie entfernen. Zuerst sollte am angehobenen Fahrzeug der Zustand des Unterbodens begutachtet werden. An feuchten Spuren im Schmutz sieht man, ob z.B. Verschraubungen an Bremsleitungen oder Dichtflächen von Motor und Getriebe undicht sind. Mit dem Hochdruckreiniger kann der Schmutz vom Unterboden entfernt werden. Danach ist die Fahrzeugunterseite nochmals sorgfältig nach Schäden auch am Unterbodenschutz zu untersuchen.

1.7.5 Umweltschutz

Abgespülter Schmutz von Fahrzeugen, oder von Teilen und Reinigungsflüssigkeiten enthalten Öl und Fett. Deshalb darf Waschwasser nicht direkt in die Kanalisation gelangen. Das an Fahrzeugwaschplätzen und Waschanlagen anfallende Schmutzwasser muss durch aufwändige Abscheidersysteme wie Schlammfang, Koaleszensabscheider und Ölabscheider gereinigt werden.

WIEDERHOLUNGSFRAGEN

1. **Warum müssen Baumharze, Tierexkremente oder Fliegen möglichst schnell vom Lack entfernt werden?**
2. **Wie kann der Lackzustand geprüft werden?**
3. **Beschreiben Sie die Vorgehensweise bei der Fahrzeugaußenreinigung.**
4. **Warum ist bei der Reinigung mit dem Hochdruckreiniger besondere Vorsicht geboten?**

1.8 Betriebsstoffe, Hilfsstoffe

Betriebsstoffe im Kraftfahrzeug sind alle Stoffe, die zum Betrieb des Kraftfahrzeuges nötig sind. **Hilfsstoffe** dienen zum Reinigen, Pflegen und Reparieren von Fahrzeugen und Fahrzeugteilen.

Betriebsstoffe:

Flüssige und gasförmige Kraftstoffe, z.B. Benzine, Dieselkraftstoffe, Erdgas, Wasserstoff. Durch ihre Verbrennung im Motor wird Wärmeenergie erzeugt, die in Bewegungsenergie umgewandelt wird.

Schmieröle und Schmierstoffe, z.B. Motorenöle, Schmierfette, Grafit. Sie vermindern Reibung und Verschleiß an gleitenden Teilen.

Kühlmittel und Gefrierschutzmittel, z.B. Wasser, Ethylenglykol, Kältemittel R 134a, Trockeneis, flüssiger Stickstoff. Sie schützen Motoren vor Überhitzung und Frostschäden, oder sie werden für Innenraum- oder Laderaumkühlung eingesetzt.

Bremsflüssigkeiten, z.B. Glykolether. Sie übertragen in hydraulischen Bremsanlagen und bei hydraulischen Kupplungsbetätigungen große Drücke und dürfen bei hohen Temperaturen nicht in den gasförmigen Zustand übergehen.

Flüssigkeiten zur Kraftübertragung, z.B. ATF-Flüssigkeit, Silikonöl, Hydraulikflüssigkeit. Sie werden in hydrodynamischen Drehmomentwandlern, Servolenkungen, Viscokupplungen oder hydraulischen Hubeinrichtungen verwendet.

Hilfsstoffe:

Reinigungsstoffe für Fahrzeugteile, z.B. Waschbenzin, Kaltreiniger, Spiritus, Kunststoffreiniger.

Reinigungs- und Pflegemittel für Fahrzeuge, z.B. Teer- und Insektenentferner, Politur für Lacke, Chrom- und Aluminiumteile, Konservierungsmittel, Scheibenwaschmittel.

1.8.1 Kraftstoffe

Alle zurzeit verwendeten Kraftstoffe bestehen aus einem Gemisch unterschiedlicher Kohlenwasserstoff-Verbindungen **(Bild 1)** oder aus reinem Wasserstoff. Bei ihrer Verbrennung werden Wasserstoff- und Kohlenstoffatome der Kraftstoffmolekühle mit Luftsauerstoff zu H_2O und CO_2 oxidiert. Nur ein Teil der durch diese chemische Reaktion frei werdenden Energie treibt den Motor an. So können zurzeit in Dieselmotoren maximal ca. 46 %, in Ottomotoren maximal ca. 35 % als Antriebsenergie genutzt werden. Dies bedeutet, dass der größte Teil der frei werdenden Energie die Umwelt aufheizt. Das bei der Verbrennung von Kohlenwasserstoffen frei werdende CO_2 verstärkt als so genanntes Treibhausgas das Aufheizen der Atmosphäre. Deshalb werden verstärkt Alternativen zum herkömmlichen Verbrennungsmotor gesucht.

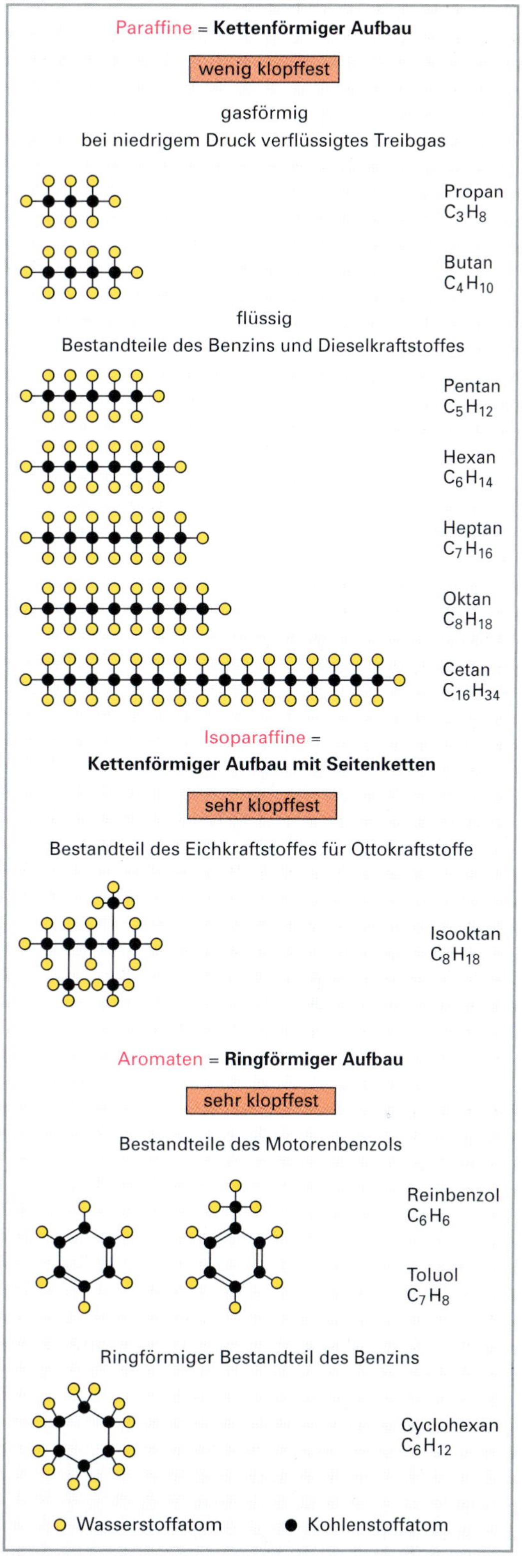

Bild 1: Aufbau der Kohlenwasserstoffmoleküle

Eigenschaften von Kohlenwasserstoffen

Die Eigenschaften der Kohlenwasserstoffmoleküle werden durch die Größe der Moleküle, dem Verhältnis der Anzahl der Kohlenstoffatome zur Anzahl der Wasserstoffatome und durch ihren Aufbau bestimmt **(Bild 1, Seite 27)**.

Während Stoffe, die aus kurzen Ketten bestehen, z.B. Propan C_3H_8, gasförmig vorliegen, sind Stoffe, die aus langen Ketten bestehen, z.B. Cetan $C_{16}H_{34}$, flüssig. Dabei nimmt die Viskosität mit der Anzahl der C-Atome zu.

Der Aufbau der Kohlenwasserstoffmoleküle ist entweder ketten- oder ringförmig.

Paraffine **(Bild 1, Seite 27)** oder Olefine, das sind Paraffine mit einer Zweifachbindung zwischen zwei C-Atomen, sind Moleküle mit einfacher Kettenform. Mit zunehmender Länge dieser Ketten steigt die Zündwilligkeit. Diese Eigenschaft macht sie als Kraftstoff für Dieselmotoren geeignet. Für den Einsatz bei Ottomotoren sind lange Paraffinketten ungeeignet, weil sie eine klopfende Verbrennung auslösen.

Moleküle mit kurzen Seitenketten (Isoparaffine) oder ringförmige Moleküle (Aromate, Cycloparaffine) sind klopffest. Das heißt, sie sind für die Verwendung in Ottomotoren geeignet. Für die Verwendung in Dieselmotoren sind diese Moleküle auf Grund ihrer geringen Zündwilligkeit ungeeignet.

Die extrem klopffesten Aromate, z.B. Benzol C_6H_6, sind krebserregend. Sie dürfen je nach Stoff entweder gar nicht oder nur in begrenzter Menge für den Betrieb von Motoren verwendet werden.

Tabelle 1: Kohlenwasserstoffe

Stoff (in jeweils flüssiger Form)	Dichte g/cm³	Klopffestigkeit ROZ
Butan C_4H_{10}	0,60	93,8
Pentan C_5H_{12}	0,63	61,7
Hexan C_6H_{14}	0,66	24,8
Heptan C_7H_{16}	0,68	0
Benzol C_6H_6	0,88	99,0

Kraftstoffgewinnung aus Erdöl

Der wichtigste Ausgangsstoff für die Kraftstoffgewinnung ist das Erdöl. Dieses besteht aus einer Vielzahl verschiedener Kohlenwasserstoffverbindungen, wobei die Zusammensetzung je nach Herkunft des Erdöls unterschiedlich ist. Auf Grund der Vielfalt der vorhandenen Kohlenwasserstoffe mit völlig unterschiedlichen Eigenschaften müssen die einzelnen Verbindungen voneinander getrennt werden.

Die gewonnenen Zwischenprodukte werden teilweise zu motortauglichen Kraftstoffen weiterverarbeitet. Dies geschieht, weil der Anteil, der ursprünglich im Rohöl enthaltenen hochwertigen Kraftstoffe gering ist.

Bei derVerarbeitung des Erdöls unterscheidet man:

- Trennverfahren, z.B. Filtern, Destillieren, Raffinieren
- Umwandlungsverfahren, z.B. Cracken, Reformieren, Isomerisieren

Filtern

Grobe Verunreinigungen, wie Sand, Wasser und Salze, werden aus dem Rohöl entfernt, bevor die eigentliche Verarbeitung beginnt.

Destillieren

Atmosphärische Destillation (Bild 1). Das Erdöl wird unter Luftabschluss erhitzt. Bereits bei etwa 20 °C scheiden sich Methan und Ethan (**LPG** = **L**iquefied **Pe**troleum **G**as = englische Bezeichnung für Flüssiggas) ab. Die innerhalb eines Siedebereiches bis etwa 180 °C verdampfenden Bestandteile ergeben beim Kondensieren die Leichtkraftstoffe, vorwiegend Benzine. Diese setzen sich aus Normalparaffinen (unverzweigte Ketten) und Cycloparaffinen (ringförmig) zusammen. Der Siedebereich von 180 °C bis etwa 280 °C liefert die mittelschweren Kraftstoffe (Gasturbinenkraftstoff, Kerosin, Petroleum). Im Bereich von 210 °C bis etwa 360 °C werden die Schwerkraftstoffe für Dieselmotoren erzeugt. Die noch verbleibenden Rückstände werden einer Vakuumdestillation zugeführt.

Vakuumdestillation (Bild 1). Bei ihr werden die Rückstände aus der atmosphärischen Destillation nochmals unter Vakuum erhitzt. Durch diese Maßnahme werden die Siedepunkte herabgesetzt. Damit wird verhindert, dass bei weiter steigenden Temperaturen die verbleibenden großen Moleküle unkontrolliert zerfallen. Durch die Vakuumdestillation wird Gasöl gewonnen, das hauptsächlich zu Diesel oder Heizöl weiterverarbeitet wird. Weiterhin werden die Grundöle für die Herstellung verschiedener Schmieröle gewonnen.

Dieses Sammeln der Kraftstoffe nach ihren Siedebereichen nennt man auch fraktionierende Destillation **(Bild 1)**.

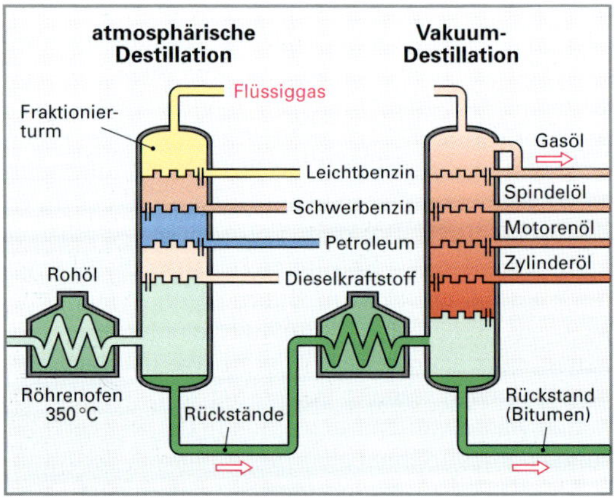

Bild 1: Destillieren von Rohöl

Der bei der Destillation anfallende Anteil an Kraftstoff ist für den heutigen Bedarf viel zu gering.

Durch Crackverfahren kann der Anteil der zur Benzinherstellung tauglichen Grundstoffe erhöht werden **(Tabelle 1)**. Auch sind die gewonnenen Crack-Komponenten mit einer ROZ von 88 ... 92 gegenüber den durch die Destillation gewonnenen Rohbenzinen (ROZ = 62 ... 64) relativ klopffest.

Um motortaugliche Kraftstoffe zu erhalten, werden die erzeugten Zwischenprodukte weiteren speziellen Umwandlungsverfahren unterzogen **(Tabelle 2)**.

Tabelle 1: Ausbeute einer Raffinerie

Erzeugte Produkte	Anteile
Flüssiggas (Propan, Butan)	3%
Rohbenzin, Naphtha	9%
Benzin (Otto-Kraftstoff)	24%
Flugturbinenkraftstoff, Kerosin	4%
Dieselkraftstoff	21%
leichtes Heizöl	21%
schweres Heizöl	11%
Bitumen	3%
Schmierstoffe	2%
sonstige Produkte, Eigenverbrauch, Verluste	2%

Nachbehandlungsverfahren

Die so hergestellten klopffesten Benzine werden durch eine Raffination noch nachbehandelt. Dabei wird die Reinheit des Benzins (Abscheiden von gasförmigen Resten, Schwefel und Harzlösungen) erhöht. Durch Mischen verschiedener Benzine und Zugabe von Additiven werden bestimmte Benzinqualitäten (Super plus, Super, Benzin) erreicht und gezielt die Eigenschaften der Ottokraftstoffe verbessert.

1.8.2 Ottokraftstoffe

Ottokraftstoffe sind leicht siedende Kraftstoffe. Sie gehören der Gefahrenklasse AI an, weil sie hoch entzündlich (F+) sind (Flammpunkt unter 21 °C). Außerdem sind sie giftig (T) und umweltgefährlich (N). Deshalb sind beim Umgang mit ihnen die entsprechenden Hinweise auf besondere Gefahren (R-Sätze) und Sicherheitsratschläge (S-Sätze) unbedingt einzuhalten.

Die für die Verwendung in Motoren wichtigsten Eigenschaften der Ottokraftstoffe werden durch die DIN EN 228 beschrieben und festgelegt.

Siedeverlauf

Beim Ottomotor muss der Kraftstoff leicht und vollständig vergasen, da nur gasförmiger Kraftstoff verbrannt werden kann. Die Vergasbarkeit des Kraftstoffs wird in einer Siedekurve dargestellt **(Bild 1, Seite 30)**.

Kaltstartverhalten

Damit ein kalter bzw. noch nicht betriebswarmer Motor bei niedrigen Temperaturen sicher anspringt und im Leerlauf rund läuft, benötigt er einen Kraftstoff mit niedriger Siedekurve. Dies bedeutet, dass bei niedrigen Temperaturen bereits ein erheblicher Anteil des Kraftstoffs verdampft sein muss.

Tabelle 2: Umwandlungsverfahren zur Kraftstoffgewinnung

Cracken (engl, to crack = zerbrechen)	Abbau von Großmolekülen der höher siedenden Schwerkraftstoffe durch Zerlegen in leichtere und klopffeste Isoparaffine und Olefine (Olefine unterscheiden sich von Paraffinen durch eine Doppelbindung zwischen 2 C-Atomen). Es bleiben schwersiedende Bestandteile übrig, die weiterverarbeitet werden können. Unterschieden werden die Verfahren: Thermisches Cracken, Katalytisches Cracken und Hydrocracken.	ROZ 88 ... 92
Reformieren	Kettenförmige Paraffine aus der Destillation werden mit Katalysatoren (z.B. Platin: Platforming-Verfahren) in klopffeste Isoparaffine und Aromate umgewandelt.	ROZ 93... 98
Polymerisieren	Die beim Cracken und Reformieren entstandenen gasförmigen Kohlenwasserstoffe werden über Katalysatoren zu größeren Molekülen zusammengeballt, hauptsächlich zu Isoparaffinen. Werden geradkettige Paraffine in Isoparaffine umgewandelt, so nennt man diesen Vorgang Isomerisieren.	ROZ 95... 100
Hydrieren	Anlagerung von Wasserstoffatomen an ungesättigte Olefine zu stabilen, klopffesten Isoparaffinen.	ROZ 92 ... 94
Alkylieren	Olefine und Paraffine werden miteinander zur Reaktion gebracht, so dass Isoparaffine mit hoher Klopffestigkeit entstehen.	ROZ 92 ... 94
MTBE (Methyl-Tertiär-Buthylether	Durch Umwandlungsprozesse kann Isobutan erzeugt werden. Durch Hinzufügen von Methanol wird daraus ein Ether (MTBE) gewonnen, der extrem klopffest ist.	ROZ 113 ...

1

Der Anteil des Kraftstoffs, der bei niederen Temperaturen vergast ist, wird entweder durch den **E70-Punkt** (evaporated = verdampfter Anteil bei 70 °C) oder durch den **T10-Punkt** (Temperatur, bei dem 10 % des Kraftstoffs verdampft sind) beschrieben.

Für einen sicheren Kaltstart müssen bei 40 °C ... 50 °C mindestens 10 % des Kraftstoffs verdampft sein.

Heißstartverhalten

Bei einem betriebswarmen oder heißen Motor sowie im Sommer besteht die Gefahr der Dampfblasenbildung im Kraftstoffsystem. Die Kraftstoffe dürfen erst bei höheren Temperaturen zu sieden beginnen. Sie müssen schwerflüchtiger sein, d. h. eine höhere Siedekurve besitzen. Dies erreicht man durch einen bestimmten Anteil an schwersiedenden Kraftstoffen, diese haben zusätzlich einen höheren Energiegehalt.

Die hochsiedenden Anteile werden durch den **E180-Punkt** (verdampfterAnteil bei 180 °C) oder durch den **T90-Punkt** (Temperatur, bei der 90 % des Kraftstoffs verdampft sind) beschrieben.

Ein zu hoher Anteil an schwersiedenden Kraftstoffen führt bei kaltem Motor zu Kraftstoffkondensation an den Zylinderwänden und zu Schmierölverdünnung.

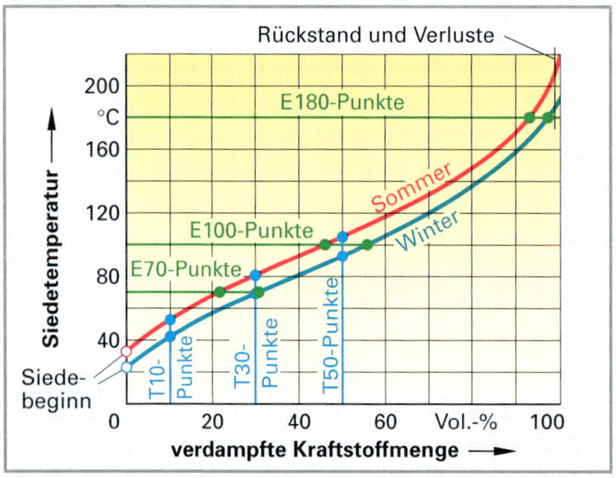

Bild 1: Siedekurven von Ottokraftstoffen

Klopffestigkeit (ROZ, MOZ)

Die geringe Neigung eines Kraftstoffs, sich unter hohen Temperaturen und Drücken selbst zu entzünden, wird als Klopffestigkeit bezeichnet.

Das Maß für die Klopffestigkeit sind die Research-Oktanzahl (ROZ) und die Motor-Oktanzahl (MOZ).

Beide Oktanzahlen werden weltweit in so genannten Einzylinder-CFR-Motoren bestimmt. Der zu prüfende Kraftstoff wird durch Vergleich mit einem Bezugskraftstoff, der aus einer Mischung aus Isooktan (ROZ = 100) und Normalheptan (ROZ = 0) besteht, ermittelt. Ein zu untersuchender Kraftstoff hat z.B. die Oktanzahl 95, wenn seine Klopffestigkeit so groß ist wie die einer Mischung aus 95 % Isooktan und 5 % Normalheptan.

Die MOZ weicht von der ROZ ab, da sie bei höherer Drehzahl und Gemischvorwärmung auf ca. 150 °C ermittelt wird **(Tabelle 1)**.

In der Praxis zeigt es sich, dass für die meisten Serienmotoren beim Beschleunigen mit Vollgas und niedriger Drehzahl (Beschleunigungsklopfen) die ROZ die aussagekräftigere Größe ist. Mit steigender Drehzahl und Volllast (Hochgeschwindigkeitsklopfen) gewinnt die MOZ an Bedeutung.

Tabelle 1: Prüfbedingungen ROZ – MOZ

	Motordrehzahl 1/min.	Ansaugluft-temp. °C	Gemischvorwärmung °C	Zündeinstellung °KW v. OT
ROZ	600	51,7	–	13
MOZ	900	38	140 ... 160	14 ... 26

Da die aus Erdöl gewonnenen Benzine zu geringe Klopffestigkeit besitzen, wird ihre Klopffestigkeit durch Zugabe von Klopfbremsen (Antiklopfmittel) erhöht.

Metallhaltige Klopfbremsen. Sie werden in Deutschland wegen ihrer giftigen Verbrennungsprodukte (Blei, Scavengers = Brom- und Chlorverbindungen) nicht mehr verwendet.

Metallfreie Klopfbremsen. Aromate, wie Benzol, Toluol und Xylol liegen in einem Oktanzahlbereich von ROZ 108 ... 112 und erhöhen durch Beimischen die Gesamtoktanzahl des Kraftstoffes. Benzol ist wegen der krebserzeugenden Wirkung auf 1 Vol.-% begrenzt.

Organische Sauerstoffverbindungen als Klopfbremse. Alkohole (Methanol, Ethanol), Phenole, Ether haben den Nachteil, dass sie im Kraftstoff schlecht löslich sind, durch Geruch belästigen und weniger wirtschaftlich durch ihren geringeren Energieinhalt sind.

MTB (Methyl-Tertiär-Buthylether) als Klopfbremse. Er kann durch seinen hohen Oktanzahlbereich von ROZ 110 ... 115 die Gesamtoktanzahl erheblich beeinflussen. Durch seinen niedrigen Siedepunkt von 55 °C wird die Klopffestigkeit des Kraftstoffes besonders im unteren Siedebereich verbessert. Zumischung ca. 10 % ... 15 % zum Kraftstoff.

1.8.3 Dieselkraftstoffe

Dieselkraftstoffe sind schwersiedende Kraftstoffe. Sie gehören der Gefahrengruppe AIII an (Flammpunkt > 55 °C). Sie sind gesundheitsschädlich (Xn) und umweltschädlich (N).

Dieselkraftstoffe bestehen hauptsächlich aus einem Gemisch von Olefinen und Paraffinen (kettenförmige, gesättigte Kohlenwasserstoffe). Der Siedebereich der einzelnen Verbindungen liegt zwischen 170 °C und 380 °C **(Bild 1, Seite 31)**. Die für die Verwendung in Motoren wichtigsten Eigenschaften der Dieselkraftstoffe werden durch die DIN EN 590 festgelegt.

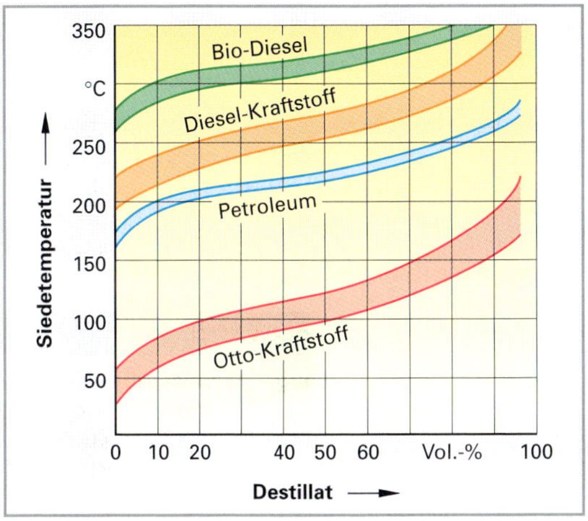

Bild 1: Siedekurven verschiedener Kraftstoffe

Zündwilligkeit

Im Gegensatz zu den Ottokraftstoffen, die klopffest sein sollen, sollen die Dieselkraftstoffe möglichst zündwillig sein. Das Maß für die Zündwilligkeit ist die Cetanzahl CZ. Je mehr kettenförmig aufgebaute Kohlenwasserstoffe ein Dieselkraftstoff enthält und je länger diese Ketten sind, desto zündwilliger ist er. Die Cetanzahl für Dieselkraftstoff muss laut DIN EN 590 mindestens 51 betragen. Hochwertige Kraftstoffe erreichen eine Cetanzahl von bis zu 60.

Die Cetanzahl wird in einem Prüfmotor ermittelt, bei dem die Zeit zwischen Einspritzbeginn und Verbrennungsbeginn (Zündverzug) bestimmt wird. Die Cetanzahl des geprüften Kraftstoffes ergibt sich aus einem Mischungsverhältnis der Vergleichskraftstoffe Cetan ($C_{16}H_{34}$) **(Bild 2)** mit der Cetanzahl 100 und Methylnaphthalin ($C_{10}H_{11}$) (CZ 0). Je höher die Cetanzahl, desto zündwilliger ist der Kraftstoff.

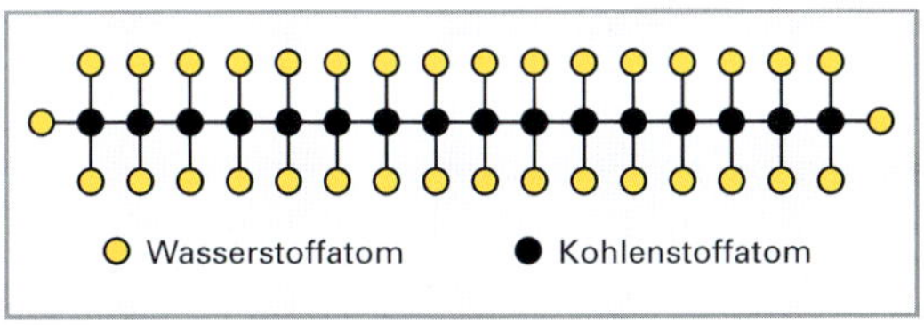

Bild 2: Cetan (n-Hexadecan)

Schwefelgehalt

Um die Schwefeldioxid-Emission bei der Verbrennung von Dieselkraftstoffen zu verbessern, waren seit 2005 nur 50 mg Schwefel pro kg Kraftstoff zulässig. Ab dem Jahr 2009 dürfen nur noch 10 mg Schwefel pro kg Kraftstoff enthalten sein. Auf dem Markt angebotener schwefelarmer Kraftstoff erfüllt diese Norm bereits seit 2003. Neben der Absenkung der SO_2-Emission reduziert sich auf Grund des verringerten Schwefelgehalts auch der Partikelausstoß. Für den Betrieb von NO_x-Speicherkatalysatoren ist es wichtig, dass der Schwefelanteil möglichst gering (unter 10 ppm) ist.

Der durch den geringen Schwefelanteil auftretende Verlust an Schmierfähigkeit muss durch Zugabe von Additiven im Dieselkraftstoff wieder ausgeglichen werden.

Filtrierbarkeit

Dieselkraftstoffe haben die Eigenschaft, bei tiefen Temperaturen Paraffinkristalle auszubilden, die ab einer bestimmten Größe nicht mehr durch das Kraftstofffilter fließen können. Das Filter verstopft, der Motor läuft nicht mehr. Die Filtrierbarkeit wird durch den **Cold Filter Plugging Point** (CFPP) angegeben. Dieser gibt die Temperatur an, bei der der Dieselkraftstoff so große Paraffinkristalle gebildet hat, dass er ein genormtes Prüfsieb nicht mehr in der vorgegebenen Zeit passieren kann.

Winterdieselkraftstoff

Im Winter (in der Zeit vom 16.11. bis 28.02.) muss der Kraftstoff bis zu einerTemperatur von –20 °C filtrierbar sein. Dies wird teilweise dadurch erreicht, dass verkürzte Kohlenwasserstoffketten (Kerosin) zugegeben werden, wodurch aber die Cetanzahl sinkt.

Durch Zugabe von Additiven (Fließverbesserern) kann die Paraffinausscheidung nicht verhindert werden, aber das Kristallwachstum wird eingeschränkt und hinausgezögert. Dadurch ist ein Durchfließen des Filters bei Temperaturen bis unter –20 °C möglich. Treten noch tiefere Temperaturen auf, kann Abhilfe durch Einbau einer Filterheizung oder einer Tankbeheizung geschaffen werden.

Durch Zufuhr von Wärme können Paraffinkristalle aufgelöst und verstopfte Filter wieder durchlässig werden.

Beimischen von Benzin als Fließverbesserer sollte auf jeden Fall unterlassen werden, weil ...

- dafür vom Hersteller in der Regel keine Freigabe erteilt wurde, was zum Ausschluss der Gewährleistung bei Schäden führt.
- die Schmierung der Hochdruck-Einspritzanlage nicht mehr gewährleistet ist.
- durch die Verschlechterung der Zündwilligkeit des Dieselkraftstoffes Motorschäden auftreten können.
- sich der Flammpunkt ändert, das Gemisch feuergefährlich ist und in die Gefahrenklasse AI fällt.

1.8.4 Kraftstoffe aus Pflanzen

Pflanzenöle

Grundsätzlich können die aus Pflanzen, z.B. Raps, Sonnenblumen, Hanf, ... gewonnene Öle zum Betrieb von Dieselmotoren verwendet werden. Allerdings sind für den ausschließlichen Betrieb mit Pflanzenölen umfangreiche Umbauten an den Motoren, Einspritzsystemen, Kraftstoffleitungen und Filtern nötig.

Der Kraftstoff besitzt eine geringere Cetanzahl (CZ = 39) als Diesel und vernebelt auf Grund der hohen Viskosität im Brennraum nur unzureichend. Eine erhöhte Verkokung ist häufig die Folge. Um Abhilfe zu schaffen, sind die Pflanzenöle auf ca. 60 °C ... 95 °C vorzuwärmen. Auf Grund der bei dieser Temperatur immer noch gegenüber Diesel stark erhöhten Viskosität entstehen in den Pumpen hohe Belastungen. Für moderne direkt einspritzende Pkw-Dieselmotoren mit Pumpe-Düse oder Common-Rail-Systemen sind deshalb Pflanzenöle nicht geeignet. Es gibt auch keine Freigaben seitens der Hersteller.

Probleme entstehen auch durch eine starke Verdünnung des Motoröls bei häufigem Kaltstart. Weil Pflanzenöle erst ab ca. 220 °C verdampfen, gelangen größere Mengen des Pflanzenöls in das Motoröl. Dieses neigt durch Reaktion mit Verbrennungsrückständen zur Verklumpung und kann Leitungen und Filter verstopfen. Die Ölwechselintervalle sind deswegen mindestens zu halbieren.

Ein Vorteil ist die gute biologische Abbaubarkeit des Pflanzenöls. Nachteilig sind eine schlechte Alterungsbeständigkeit und eine verschlechterte Lagerfähigkeit. Oxidation, Bakterienbefall und Wasseranreicherung sind die Hauptprobleme. Die Lagerung muss daher kühl (5 °C ... 10 °C), mit geringer Kontaktfläche zum Luftsauerstoff, dunkel und trocken erfolgen.

Um gleichbleibende Qualitätsstandards auf Dauer zu sichern, wird zurzeit eine Norm (siehe Vornorm DIN 51605 – Rapsölkraftstoff) entworfen.

Biodiesel (Rapsölmethylester = RME)

Zur Herstellung von Biodiesel wird Rapsöl unter anderem mit 10 % Methanol versetzt und bei erhöhter Temperatur chemisch umgewandelt. Bei dieser Umwandlung entstehen Fettsäuren, die mit Hilfe des Methanols verestert (verbunden) werden.

Der Überbegriff für alle Methylester auf Pflanzen- oder Tierölbasis ist Fettsäuremethylester (FAME). Je nach Ausgangsstoff können auch Palmölmethylester (PME), Tierfettmethylester (AME), ... gewonnen werden, die ähnliche Eigenschaften wie RME haben.

Biodiesel besitzt eine geringere Viskosität als das Ausgangsprodukt, ist frei von giftigen Aromaten und schwefelarm. Auf Grund seiner Cetanzahl (CZ = 56) und seiner physikalischen Eigenschaften (Heizwert, Siedebereich) kann er als Dieselersatz verwendet werden.

Um gleichbleibende Qualitätsstandards zu gewährleisten, hat das Europäische Komitee für Normung für FAME den Standard EN 14214 festgelegt.

Bei der Verwendung von reinem Biodiesel sollte dennoch bedacht werden, dass:

- der Fahrzeughersteller den Betrieb mit Biodiesel erst freigeben muss (Garantiefall).
- die mit dem Kraftstoff in Berührung kommenden Kunststoffteile, wie z.B. Schläuche und Dichtungen, Kraftstoffbehälter beständig gegenüber Biodiesel sein müssen.
- Kraftstofffilter nach den drei ersten Tankfüllungen mit Biodiesel gewechselt werden sollen, weil alte Ablagerungen aus dem Tank und den Leitungen den Kraftstofffilter verstopfen können.
- Biodiesel eine um bis zu ca. 40 % höhere Kohlenwasserstoff-Emission und eine höhere NO_x-Emission verursacht.
- Biodiesel deutlich die Ruß-Emission (bis zu ca. 50 %) senkt, doch der Gehalt an schädlichen Partikeln vergleichbar mit Mineralöl-Diesel bleibt.
- Fahrzeuge, die wenig bewegt werden, nicht für Biodiesel-Betrieb geeignet sind, weil bei der Lagerung von RME ähnliche Probleme entstehen wie bei Pflanzenölen.
- auf Grund des höheren Siedebereichs sich eine Verdünnung des Motoröls ergibt. Deshalb sind die Ölwechselintervalle zu halbieren.

Während die Verwendung von reinem Biodiesel Probleme verursachen kann, ist die Beimischung von Biodiesel zu mineralischem Diesel in geringen Mengen (seit 2004 bis zu 5 % erlaubt) unproblematisch. Die Europäische Union sieht vor, dass bis 2020 der Anteil von Biokraftstoffen auf 10 % erhöht wird.

Bioethanol

Bioethanol wird bisher hauptsächlich aus zuckerhaltigen Pflanzen, wie Zuckerrohr und stärkehaltigem Getreide hergestellt. Dabei sind einerseits nur begrenzte Erträge möglich, andrerseits werden die Rohstoffe als Nahrungsmittel benötigt. Deshalb wird an der Erzeugung von Ethanol aus cellulosehaltigen Grundstoffen wie Holz oder Chinaschilf gearbeitet (Cellulose-Ethanol).

Ethanol besitzt eine ROZ von 104 und kann, wenn Kraftstofffördersystem, Sauganlage und Motorelektronik an den Kraftstoff angepasst sind, hochkonzentriert in Ottomotoren verwendet werden. In der Diskussion befindet sich ein Kraftstoff E85, der aus 85 % Ethanol besteht. Auf Grund des geringeren Brennwertes ergeben sich allerdings hohe Literverbräuche, was die Reichweite der Fahrzeuge einschränkt.

Als Beimischung zum Benzin sind zurzeit bis zu 5 % Ethanol üblich. In dieser geringen Menge fällt die oktanzahlsteigernde Wirkung von Ethanol kaum ins Gewicht. Eine Erhöhung der allgemeinen, mengenmäßigen Zugabe von Ethanol zum Benzin ist zurzeit nicht möglich, weil Ethanol auch als Lösungsmittel wirkt und in manchen Fahrzeugen Kunststoffe, z.B. Dichtungen, angreift.

Synthetische Kraftstoffe

Bei der Herstellung von Pflanzenölen oder FAME kann nur ein geringer Anteil der Pflanzen genutzt werden. Weil zudem nur bestimmte Pflanzen für die Gewinnung von Kraftstoffen verwendet werden können, arbeitet man daran, aus Biomasse (Holz, Stroh, pflanzliche Abfälle,...) Kraftstoffe zu gewinnen. Diese werden als **BtL** (**B**iomass **t**o **L**iquid) bezeichnet.

Die gewonnenen Kraftstoffe

- haben einen geringfügig kleineren Energiegehalt **(Tabelle 1)** und besitzen eine geringere Viskosität als die aus Mineralöl gewonnenen Produkte.
- sind frei von Aromaten und Schwefel.
- bestehen aus nur wenigen verschiedenen Verbindungen, was zu einer sauberen Verbrennung führt.
- haben eine hohe Oktanzahl (Benzin) bzw. Cetanzahl (Diesel).
- benötigen keine oder nur geringfügige Veränderungen an bestehenden Motoren.

Tabelle 1: Vergleich von Biokraftstoffen

Biokraftstoff	Jahresertrag pro Hektar	Kraftstoff-Äquivalent
Rapsöl	bis 1480 l	1 l = 0,961 l Diesel
Biodiesel	bis 1550 l	1 l = 0,911 l Diesel
Bioethanol	bis 2560 l	1 l = 0,651 l Benzin
BtL-Kraftstoff	bis 4030 l	1 l = 0,971 l Diesel
Bio-Methan	bis 3540 kg	1 kg = 1,40 l Benzin

1.8.5 Gasförmige Kraftstoffe

Sie stehen in Form sehr kurzer Kohlenwasserstoffketten (Methan, Butan, Propan) oder in Form von Wasserstoff zur Verfügung und eignen sich für Motoren mit Fremdzündung.

Erdgas

Erdgas wird nach der Förderung entschwefelt und gereinigt. Es besteht aus bis zu 98 % Methan (CH_4), mit Anteilen von Ethan (C_2H_6), Butan (C_3H_8) und Propan (C_4H_{10}). Auch Stickstoff (N_2) und Kohlendioxid (CO_2) können enthalten sein. Je höher dabei der Anteil von CO_2 und N_2 ist, desto geringer ist sein Heizwert. Entsprechend wird Erdgas mit hohem Heizwert in der Qualität H, bzw. Erdgas mit geringerem Heizwert in der Qualität L angeboten.

Erdgas kann entweder gasförmig bei Umgebungstemperatur und 200 bar (**CNG** = **C**ompressed **N**atural **G**as) oder flüssig bei –160 °C und 2 bar (**LNG** = **L**iquefied **N**atural **G**as) gelagert werden. In CNG-Tankstellen wird das Gas getrocknet , vorverdichtet und in einem Druckspeicher bereitgestellt.

Vorteile bei derVerwendung von Erdgas sind niedrige Rohemissionen (CO, Partikel) und ein gegenüber der Verbrennung von Benzin verringerter Ausstoß von CO_2 (–25 %). Eine hohe Oktanzahl von 115 ... 130 ermöglicht eine Anhebung der Verdichtung auf bis zu $\varepsilon = 13$ und damit eine Erhöhung des Wirkungsgrades. Dies wirkt sich allerdings nur bei Fahrzeugen mit reinem Erdgasantrieb aus. Nachteilig ist die geringere Speicherdichte bei gleichem Tankvolumen, was die Reichweite verringert.

Für den Betrieb mit Erdgas müssen Motorelektronik und Katalysatoren angepasst werden.

Autogas

Autogas wird auch als Flüssiggas oder **LPG** (**L**iquefied **P**etroleum **G**as) bezeichnet. Es besteht überwiegend aus Butan (C_3H_8) und Propan (C_4H_{10}) und wird bei 5 ... 10 bar in flüssiger Form gespeichert. Im Vergleich zu CNG-Gas ist damit die Speicherung im Fahrzeug wesentlich einfacher und eine Umrüstung von Fahrzeugen damit kostengünstiger. Bei der Verbrennung von LPG entstehen ca. 15 % weniger CO_2 als bei der Verbrennung von Benzin.

Wasserstoff

Wasserstoff ist auf Grund seiner unbegrenzten Verfügbarkeit in der Natur, seines Energiegehalts und seiner Verbrennungseigenschaften (reines H_2O als Verbrennungsprodukt) der ideale Kraftstoff. Seine Verwendung scheitert gegenwärtig hauptsächlich an der schwierigen Betankung der Fahrzeuge und an seiner problematischen Lagerung.

Auch die Regelung der Gemischbildung und der noch geringe Wirkungsgrad der Motoren sind bei der heißen Verbrennung nicht ausgereift.

Für den Betrieb von Brennstoffzellen (kalte Verbrennung) und Elektromotoren wird der Wasserstoff zzt. aus Methanol on-board gewonnen, um damit die bisher ungelöste Problematik der Lagerung zu umgehen.

1.8.6 Schmieröle und Schmierstoffe

Gewinnung

Grundöle für Motoren und Getriebe entstehen aus den Rückständen der atmosphärischen Destillation von Rohöl durch Weiterverarbeitung mittels Vakum-Destillation **(Bild 1, Seite 28)**.

Die im Schmieröl enthaltenen langkettigen Kohlenwasserstoffmoleküle sind sehr wärmeempfindlich und können bereits ab 330 °C in kurzkettige Benzinmoleküle zerfallen. Um dies zu verhindern, wird durch Unterdruck die Siedetemperatur herabgesetzt (Vakuumdestillation). Wie in der atmosphärischen Destillation entstehen dabei Destillate mit unterschiedlicher Viskosität (je höher die Siedetemperatur, desto kürzer die Molekülketten).

Um diese Destillate als Grundöle zur Herstellung von Schmierölen einzusetzen, müssen sie durch Raffination nachbehandelt werden **(Tabelle 1)**.

Tabelle 2: Aufgaben der Raffination
Unerwünschte Bestandteile, z.B. Schwefel, entfernen
Alterungsstabilität erhöhen
Viskositätsindex auf ca. 100 einstellen
Stockpunkt durch Entparaffinieren auf – 9 °C ... – 15 °C einstellen

1

Durch Zugabe von speziellen Wirkstoffen (Additive) werden die Grundöle mit noch erforderlichen Spezialeigenschaften versehen, z.B. Korrosionsschutz, Viskositätsverhalten.

Grundöle auf Kohlenwasserstoffbasis

Synthetische Kohlenwasserstoffe bestehen wie die Raffinate aus Kohlenstoff- und Wasserstoffatomen, aber mit einem anderen Molekülaufbau als dem des Erdöles. Das Ausgangsprodukt Rohbenzin wird durch Cracken in reaktionsfreudige Gasmoleküle, wie z.B. Ethen, umgewandelt. Diese Gasmoleküle werden zu Isoparaffinen mit Molekülen einer gewünschten Struktur, den Poly-Alpha-Olefinen (PAO) zusammengesetzt (synthetisiert). Durch diesen Molekülaufbau haben synthetische Kohlenwasserstoffe gegenüber den Raffinaten einen besonders hohen Viskositätsindex, geringere Verdampfungsverluste und ein besseres Tieftemperaturverhalten.

Aufgaben und Eigenschaften der Schmieröle

Schmieren	Reinigen
Kühlen	vor Korrosion schützen
Abdichten	Geräusche dämpfen

Viskosität. Sie ist ein Maß für die Zähflüssigkeit des Öles und entspricht der inneren Reibung. Öl hat eine niedrige Viskosität und damit einen geringeren Verformungswiderstand, wenn es dünnflüssig ist, eine hohe Viskosität, wenn es zähflüssig ist.

Diesen Widerstand, den die Flüssigkeit gegen die Verschiebung zweier benachbarter Schichten entgegensetzt, nennt man auch innere Reibung (Schubspannung). Je nach Ölsorte ist die Viskosität verschieden groß, sie nimmt mit steigender Temperatur ab **(Bild 1)**.

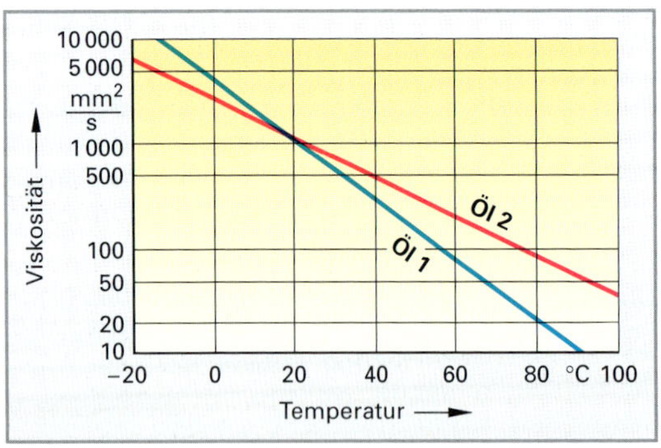

Bild 1: Viskositäts-Temperatur-Diagramm

Kinematische Viskosität. Sie wird im Kapillarviskosimeter **(Bild 2)** ermittelt. Eine bestimmte Ölmenge läuft bei Prüftemperatur durch ein langes, dünnes Rohr. Aus der Auslaufzeit wird die Viskosität in m^2/s oder mm^2/s bestimmt.

Dynamische Viskosität. Sie kann in druckbeaufschlagten Kapillarviskosimetern (besonders für die HTHS-Viskositat) oder im Rotationsviskosimeter **(Bild 2)** für die Tieftemperaturviskosität bestimmt werden. Ein Rotor wird in einem Zylinder mit Prüföl bei Prüftemperatur verdreht. Aus dem für die Verdrehung erforderlichen Drehmoment wird die Viskosität in Pa · s (Pascalsekunde) oder gebräuchlicher mPa · s ermittelt.

HTHS-Viskosität (High Temperature High Shear). SAE, ACEA und verschiedene Fahrzeughersteller schreiben bei einer Öltemperatur von 150 °C und einem Schergefälle von 10^6 s^{-1} bestimmte Mindestviskositäten vor. Dadurch soll erreicht werden, dass auch bei hohen Motordrehzahlen und Motortemperaturen ein tragender Schmierfilm aufgebaut werden kann. Durch niedrigere HTHS kann der Kraftstoffverbrauch abgesenkt werden.

Schergefälle. Darunter versteht man die Geschwindigkeit des bewegten Teiles dividiert durch die Schmierfilmdicke. An einem Schmierspalt wird Öl unterschiedlichen Scherbelastungen ausgesetzt. So bewegt sich ein Kolben bei hohen Motordrehzahlen mit bis zu 36 m/s Geschwindigkeit an der Zylinderwand entlang, während das anhaftende Öl die Geschwindigkeit 0 hat. Das Schergefälle liegt im Leerlauf bei 10^5 s^{-1}, bei max. Drehzahl bei 10^6 s^{-1}. Hierbei liegt die Schmierfilmdicke 3/100 mm bis 4/100 mm.

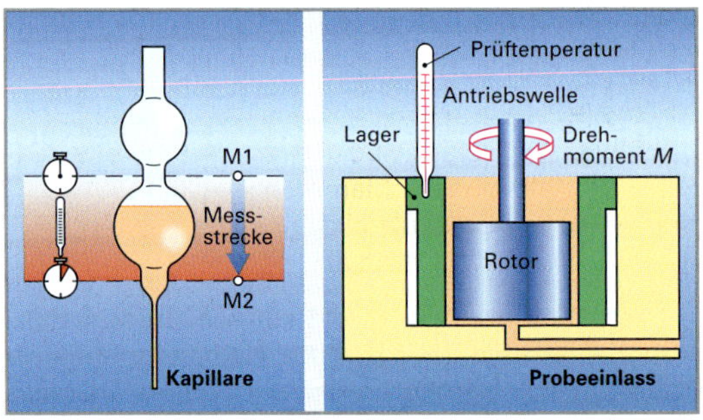

Bild 2: Kapillarviskosimeter, Rotationsviskosimeter

Viskositätsindex. Für einen Motor ist das Öl am besten geeignet, das bei steigender Temperatur seine Viskosität möglichst wenig verändert (Öl 2 in **Bild 1**), da es sowohl einen guten Kaltstart als auch einen tragfesten Schmierfilm bei hohen Öltemperaturen ermöglicht. Der Zahlenwert des Viskositätsindex VI sagt etwas über die Neigung der VT-Geraden (Viskositäts-Temperatur-Gerade) aus. Er ist umso größer, je flacher die Kennlinie im VT-Diagramm verläuft. Gute Mineralöle haben einen Viskositätsindex von 90 ... 100, synthetische Kohlenwasserstoffe erreichen 120 ... 150, wodurch die Anforderungen von Hochleistungsmotoren leichter erfüllt werden können. Der Zahlenwert des Viskositätsindex wird aus der Neigung der Geraden im VT-Diagramm ermittelt.

SAE-Viskositätsklassen. Sie wurden von der amerikanischen **S**ociety of **A**utomotive **E**ngineers (Vereinigung der Automobil-Ingenieure) festgesetzt, um die Auswahl von Motor- und Getriebeölen für die verschiedenen Temperaturbereiche zu erleichtern.

Man unterscheidet Einbereichsöle z.B. SAE 10W, SAE 20W/20 (Winteröle), SAE 30, SAE 50 (Sommeröle) und Mehrbereichsöle wie SAE 15W-50 für den ganzjährigen Betrieb. Die Einteilung in SAE-Viskositatsklassen beginnt bei 0 W und endet bei 50.

Je höher die Kennzahl, desto zähflüssiger das Öl.

Mehrbereichsöle sind Schmieröle, die mehr als eine Viskositätsklasse abdecken; z.B. erfüllt SAE 15 W-50 die Forderungen an SAE 15W bei – 17,8 °C und die Forderungen an SAE 50 bei + 98,9 °C, also Starterleichterung bei Kälte und Temperaturfestigkeit bei hohen Temperaturen.

Additive. Grundöle können die vielfältigen Anforderungen an ein Schmieröl für Motoren und Getriebe nicht erfüllen, deshalb verwendet man chemische Zusätze (Additive). Dadurch werden die Eigenschaften des Öles verbessert oder unerwünschte Eigenschaften unterdrückt **(Tabelle 1).** Additive sind oberflächenaktive Stoffe, die mit Wasser oder Säuren reagieren können, aber auch in Öl löslich sind. Der Anteil von Additiven kann von weniger als 1 % bis zu 25 % betragen.

HD-Öle (HD = Heavy Duty). Sie enthalten **Dispersantadditive,** die Verschmutzungen umhüllen, in der Schwebe halten und Schlammbildung durch Zusammenballen der Schmutzteilchen verhindern. Dispersantadditive sind heute in allen Ölen enthalten.

Der Temperaturbereich, in dem Motorenöle eingesetzt werden können, kann aus **Bild 1** entnommen werden.

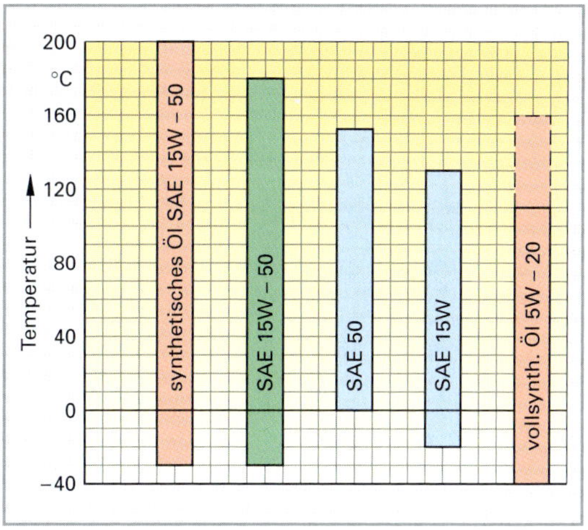

Bild 1: Temperaturbereich von Motorölen

Einteilung der Motorenöle nach API

Vom **A**merican **P**etroleum **I**nstitut **(API)** wurde in fortlaufender Verbesserung in Zusammenarbeit mit SAE und **ASTM** (**A**merican **S**ociety for **T**esting and **Mate**rials) ein Klassifizierungssystem für Motorenöle geschaffen, das ohne Änderung des bisherigen weiter ausgebaut werden kann, d.h. es können nach Bedarf neue Klassen mit noch höheren Anforderungen hinzugefügt werden **(Tabelle 1, Seite 36).**

Unterschieden wird nach S-Klassen (Service-Klassen), die über Tankstellen zum Einsatz kommen. Sie sind für Ottomotoren geeignet. Öle für Dieselmotoren werden den C-Klassen (Commercial-Klassen) zugeordnet.

Tabelle 1: Additive (Auswahl)

Alterungsschutzadditive Antioxidantien	Sie verhindern die Oxidation (Alterung) des Öles unter dem Einfluss von Wärme und Sauerstoff. Durch Bildung eines Schutzfilmes wird auch Korrosion an Metallflächen verhindert.
Extreme Pressure/ Antiwear-Additive (EP/AW)	Hochdruckzusätze, die auf Gleitflächen (Lager, Kolben, Zylinder, Zahnräder) dünne, aber gleitfähige Schichten aufbauen, die den direkten Kontakt von Metallflächen zueinander verhindern.
VI-Verbesserer	Sie bestehen aus langen, fadenförmigen Kohlenwasserstoffmolekülen, die im kalten Öl zusammengeknäuelt und wenig gelöst sind. Wird das Öl erwärmt, so lösen und entknäueln sie sich, nehmen dabei ein größeres Volumen ein, wodurch das Öl verdickt wird. Der Viskositätsindex VI steigt.
Stockpunkterniedriger	Unter dem Stockpunkt (Pourpoint) versteht man die Temperatur eines Öles, bei der es beim Abkühlen unter bestimmten Bedingungen gerade noch fließt. Das Stocken des Öles erfolgt durch Ausscheiden und Verketten von Paraffinkristallen. Die Stockpunkterniedriger verschieben diesen Vorgang zu tieferen Temperaturen.
Reibwertveränderer (Friction-Modifier)	Für die einwandfreie Funktion von Syncrongetrieben, Automatikgetrieben, Sperrdifferenzialen ist ein bestimmter minimaler Reibwert erforderlich. Dies erreicht man durch Zugabe von entsprechenden Friction-Modifiern.

1

Tabelle 1: API-Klassifikationen, Anforderungen	
Ottomotoren	
SJ	Diese Norm berücksichtigt neuere Erkenntnisse der Kraftstoffeinsparung und verschärfte Anforderungen hinsichtlich der Kraftstoffverluste. Der Phosphoranteil ist wegen der besseren Katalysatorverträglichkeit auf 0,1 % begrenzt.
SL	Im Vergleich zu SJ verschärfte Anforderungen bezüglich Ölverbrauch, Motorsauberkeit und Alterungsverhalten. Gültig seit 07/2001.
SM	Übertrifft die Qualitätsanforderungen von API-SL-Motoröl. Verlängerte Ölwechselintervalle sind möglich. HTHS > 3,5 mPa · s. Die Anteile an Sulfatasche, Phosphor und Schwefel sind reduziert, deshalb ist das Öl für Fahrzeugmotoren mit NO_x – Katalysator geeignet. Gültig seit 2004.
Dieselmotoren	
CG-4	Für emissionsarme Nfz-Dieselmotoren im Langstreckenbetrieb geeignet. Kann anstatt von API CD, CE und CF-4 Motorölen verwendet werden.
CH-4	Für extrem lange Ölwechselintervalle, erhöhter Verschleißschutz gegen den Einfluss von Ruß.
CI-4	Für schnelllaufende Dieselmotoren mit Abgasrückführung geeignet.
CJ-4	Für schelllaufende Dieselmotoren mit Partikelfiltersystem und mit den ab 2007 geforderten Abgasgrenzwerten geeignet.

Einteilung der Motoröle nach ACEA

Seit Januar 1996 gelten die neuen ACEA-Spezifikationen **(Tabelle 2)**.

ACEA (**A**ssocation des **C**onstructeurs **E**uropéens de l'**A**utomobile = Vereinigung der europäischen Automobilkonstrukteure) beschreibt Mindestanforderungen für Motoröle, die in Pkw-Otto- und Dieselmotoren, sowie in Nfz-Dieselmotoren verwendet werden. Die Motoröle werden in 4 verschiedenen Leistungsgruppen eingeteilt. Öle für ...

- Pkw-Ottomotoren in ACEA A1, A3 und A5
- Pkw-Dieselmotoren in ACEA B1, B3, B4 und B5
- Pkw-Diesel- und Ottomotoren mit Abgasnachbehandlungssystemen in ACEA C1, C2, C3, C4. Bei diesen Ölen sind die Anteile von **S**ulfat-**A**sche, **P**hosphor und **S**chwefel **(SAPS)** streng limitiert. Je nach Anteilen dieser Stoffe im Öl werden diese Öle als low SAPS (≤ 0,5 %) oder mid SAPS (≤ 0,8 %) bezeichnet.
- Nfz-Dieselmotoren in ACEA E2, E4, E6, E7, E9.

Durch die Ziffern hinter den jeweiligen Buchstaben werden zusätzliche Eigenschaften der Öle im Normblatt festgelegt. An alle Öle werden die gleichen Anforderungen hinsichtlich Schaumverhalten und Dichtungsverträglichkeit gestellt.

> Die von den Herstellern vorgeschriebenen Ölspezifikationen sind unbedingt einzuhalten, um Motorschäden oder Schäden an der Einspritzanlage zu vermeiden.

Tabelle 2: ACEA-Leistungsklassen

Klasse	Anforderungen	Verwendung
A1 B1	Weniger strenge Anforderungen hinsichtlich Scherstabilität und Verdampfungsneigung.	Öle mit einem hohen Potenzial zur Kraftstoffeinsparung (≥ 2,5 %). Wegen der niedrigen HTHS-Viskosität dürfen diese Öle nur in den dafür freigegebenen Motoren verwendet werden.
A3 B3 B4	Besonders scherstabile Öle mit geringer Verdampfungsneigung.	Öle mit sehr hohem Verschleißschutz bei hohen Temperaturen und Drehzahlen. B4-Öle sind für direkteinspritzende Dieselmotoren besonders geeignet.
A5 B5	Scherstabile Öle mit verminderten Verdampfungsverlusten im Vergleich zu A1/B1-Ölen.	Leichtlauföl mit nachgewiesener Kraftstoffersparnis bis 2,5 % im Prüfmotor im Vergleich zu einem 15W-40 Referenzöl.
C1 C2 C3 C4	C1 low SAPS, C2 mid SAPS, C3 mid SAPS, C4 low SAPS C1/C2 verminderte Scherstabilität. C3/C4 erhöhte Scherstabilität.	Für Pkw-Motoren (Euro-IV-Motoren), z.B. mit Partikelfilter, NO_x-Katalysator, 3-Wege-Katalysator empfohlen bzw. vorgeschrieben.
E2 E4 E6 E7 E9	Alle E-Öle erfüllen die gleichen Anforderungen an Scherstabilität, HTHS-Viskosität und Verdampfungsneigung. E6/E9 sind sog. SAPS-Öle. E7 wie E6 jedoch mit einem zulässigen Sulfataschegehalt von ≤ 2 %.	E2 – für mittlere Ölwechselintervalle. E4 – für Ölwechselintervalle bis 100 000 km. E6/E9 für Motoren mit Abgasrückführung, Dieselpartikelfilter und SCR-Katalysatortechnik geeignet. E7 – Für Motoren ohne Dieselpartikelfilter geeignet.

Verdampfungsverluste. Um Ölkohleablagerungen auf Kolben und Ventilen zu begrenzen, dürfen die Verdampfungsverluste bei A1/A-Ölen und B1/B-Ölen nicht mehr als 13 % ... 15 % betragen. Verdampfungsverluste werden über einen Zeitraum von einer Stunde bei einer Öltemperatur von 250 °C ermittelt.

Die Verdampfungsverluste nehmen bei steigender Betriebstemperatur zu und je dünnflüssiger das verwendete Grundöl ist. Dies führt neben Ölkohleablagerungen auch zu einem erhöhten Ölverbrauch.

Getriebeöle

An Getriebeöle werden z.T. andere Anforderungen als an Motorenöle gestellt:

- Verschleißschutz an Zahnflanken und Lagerlaufflächen. Besonders bei Hypoidantrieben kann der Schmierfilm weggequetscht werden, was zu erhöhtem Verschleiß führt.
- Unterschiedliches Reibverhalten. In Synchrongetrieben muss der Ölfilm zwischen Reibkegel und Synchronring abgetragen werden können, um den Synchronisiervorgang zu ermöglichen.
- Alterungsschutz über die gesamte Lebensdauer.
- Dichtungsverträglichkeit, z.B. bei Elastomeren.

Für Getriebeöle kommen neben API-Klassifikationen auch SAE-Klassen zum Einsatz **(Tabelle 1)**. Die SAE-Klassen sind mit denen für Motoröle nicht vergleichbar, die Viskosität eines Getriebeöles SAE 80 entspricht der eines Motoröles SAE 20.

Tabelle 1: Leistungsklassen für Getriebeöle

Schaltgetriebe, Achsgetriebe ohne Achsversatz	API GL4	SAE 75, 80, 90
Schaltgetriebe (unkritisch beim Synchronisieren), Achsgetriebe mit großem Achsversatz	API GL5	SAE 80, 90, 140 SAE 75W SAE 80W-90 SAE 85W-140

Leichtlauf-Getriebeöle. Dünnflüssige Mehrbereichsöle, z.B. SAE 75 W - 90 mit einem hohen Viskositätsindex. Durch Zugabe von Reibwertveränderern wird besonders bei tiefen Temperaturen der Reibwert herabgesetzt, was zu leichterem Schalten und Verbrauchsvorteilen führt.

Öle für Achsgetriebe. Besonders für Hypoidgetriebe sind hochadditivierte Öle mit großem Lasttrageverhalten nötig, damit der Schmierfilm zwischen den Zähnen nicht weggedrückt wird. Bei selbstsperrenden Achsgetrieben verwendet man LS-Öle, die durch Begrenzen des Schlupfes die automatische Sperrwirkung zwischen den druckbeaufschlagten Reiblamellen unterstützen.

Automatikgetriebeöle ATF (**A**utomatic **T**ransmission **F**luid). Gegenüber den Ölen für Schaltgetriebe müssen sie zusätzliche Anforderungen erfüllen:

- Schmieren von Planetenrädern, Freiläufen
- Betätigen von Bremsbändern und Kupplungen
- Drehmomentübertragung vom Pumpen- zum Turbinenrad
- Hoher Viskositätsindex in weiten Temperaturbereichen

ATF-Öle sind Getriebeöle niedriger Viskosität, vergleichbar Getriebeölen SAE 75W aber mit einem hohen Viskositätsindex und einem Stockpunkt, der unter – 40 °C liegt. Die Viskosität wird in den jeweiligen Spezifikationen vorgeschrieben, aber nicht angegeben.

Für ATF - Öle gibt es keine vorgeschriebene Norm, die Mindestanforderungen werden durch die Automobilhersteller in Firmenspezifikationen definiert z.B. Dexron III von GM oder Mercon von Ford.

> Die Freigabe-Vorschriften der Automobilhersteller sind unbedingt zu beachten.

Schmierfette

Schmierfette bestehen aus einem Öl und einem Verdickungsmittel. Beim Verdicken werden schwammartige Strukturen gebildet, in die das Öl eingelagert und wenn nötig auch wieder abgegeben wird.

> Schmierfette sind Aufquellungen von Verdickungsmitteln in Öl.

Aufbau der Schmierfette

Grundöle. Wie bei Motorölen werden einfache Raffinate, Hydrocracköle oder synthetische Kohlenwasserstoffe (PAO) verwendet. Soll das Fett biologisch abbaubar sein, so werden synthetische Ester oder Rapsöle eingesetzt.

Verdickungsmittel. Verwendet werden Seifenverdicker, die auch als Metallseifen bezeichnet werden, wie Lithium-, Kalzium- und Natriumseifen und seifenfreie Verdicker wie Gele oder Bentonit.

Je nach Art des verwendeten Verdickungsmittels, der Temperatur, der Viskosität des Grundöles erhält man Schmierfette unterschiedlicher Konsistenz (Steifigkeit).

Auswahl von Schmierfetten

Sie erfolgt nach der vorgegebenen Betriebstemperatur und der auftretenden Belastung z.B. im Lager. Bei hohen Temperaturen werden manche Fette weich und fließen aus. DerTemperaturpunkt, bei dem sich Fette verflüssigen, ist der Tropfpunkt. Er ist abhängig von der Art der verwendeten Seifenbasis **(Tabelle 2)**.

Tabelle 2: Eigenschaften von Schmierfetten

Seifenbasis	Tropfpunkt °C	wasserfest	Verwendung
Kalzium (Kalkseifenfett)	bis 200	ja	Abschmierfett
Natrium (Natronseifenfett)	120...250	nein	Wälzlagerfett
Lithium (Lithiumseifenfett)	100...200	ja	Mehrzweckfett

Lithiumseifenfett. Häufigste Schmierfettart. Wasserbeständig, thermisch hoch belastbar, Einsatztemperaturbereich – 20 °C ... 130 °C.

Kalziumseifenfett. Wasserbeständig, thermisch gering belastbar, Temperaturbereich – 40 °C ... 60 °C.

Natriumseifenfett. Nicht wasserbeständig, max. Einsatztemperatur 100 °C.

Hochtemperaturfette. Sie sind bei Dauertemperaturen oberhalb 130 °C einsetzbar. Man unterscheidet:

- *Komplexseifenfette,* Basis sind besondere Al-, Ca- oder Li-Metallseifen (Einsatz in Nfz-Achsen)
- *Gelfett, Bentonitfett,* Basis sind seifenfreie Verdicker (Einsatz als Heißlager- oder Zahnradfett)

EP-Schmierfette. Sie können hohen Drücken standhalten, enthalten Schwefel- Phosphor- oder Bleiverbindungen.

EM-Schmierfette. Sie enthalten Molybdändisulfid und sollen bei Schmierfettverlust noch Notlaufeigenschaften gewährleisten.

Konsistenz. Es ist der Widerstand eines Fettes gegen seine Verformung. Die Eindringtiefe eines genormten Kegels in das Fett führt zur Einteilung in die NLGI-Klassen (**N**ational **L**ubricating **G**rease Institute) 000, 00, 0, 1, 2, 3, 4, 5.

Konsistenz	Eigenschaft, Verwendung
000 ... 1	Sehr weich, Fließfette, z.B. Zentralschmieranlagen
2 ... 3	Weich, Abschmierfette für alle übrigen Fettschmierstellen
4 ... 5	Fest, Wasserpumpenfette

Kennzeichnung von Schmierfetten

Beispiel: K PF 2 K – 30

K Schmierfett für Wälzlager (G für Getriebe)
PF P für EP/AW-Zusätze,
F für Festschmierstoffe z.B. MoS_2
2 NLGI-Klasse, 2 = Abschmierfett
K Obere Einsatztemperatur 120 °C
– 30 Untere Einsatztemperatur in °C.

WIEDERHOLUNGSFRAGEN

1. **Wie werden Grundöle für Motoren hergestellt?**
2. **Welche Aufgaben haben Schmieröle?**
3. **Was versteht man unter der Viskosität von Ölen?**
4. **Was versteht man unter einem Mehrbereichsöl?**
5. **Was sind Additive?**
6. **Was versteht man unter HD-Ölen?**
7. **Welche Anforderungen werden an Getriebeöle gestellt?**
8. **Aus welcher Klassifikation stammt ein Motoröl mit der Bezeichnung B3 und wo wird es eingesetzt?**
9. **Welche Schmierfette unterscheidet man nach der Art der Verseifung, und welche Fette sind besonders warmfest?**

1.8.7 Gefrierschutzmittel

Kühlflüssigkeit ist in der Regel ein Gemisch aus möglichst kalkarmem Wasser, Gefrierschutzmittel und Zusätzen für den Korrosionsschutz sowie zur Schmierung, z.B. der Heizungsventile. Die Kühlflüssigkeit soll weitgehend frei von Verunreinigungen sein, da Kalk, Schmutz und Fett die Wärmeleitfähigkeit vermindern und unter Umständen die Leitungen und Kanäle verstopfen.

Vor Einbruch der kalten Jahreszeit muss der Gefrierschutzmittelanteil auf den vorgeschriebenen Wert gebracht werden, damit das Wasser nicht gefriert und dadurch am Motor und Kühler schwere Schäden hervorruft. Die Kühlflüssigkeit enthält ab Werk meist zwischen 40 % und 50 % Gefrierschutzmittel. Das Mischungsverhältnis und damit die Gefriertemperatur lässt sich mit einer Messspindel (Aräometer) oder dem Refraktometer **(Bild 1)** ermitteln.

Die Messung beruht auf der Bestimmung der vom Mischungsverhältnis abhängigen Dichte.

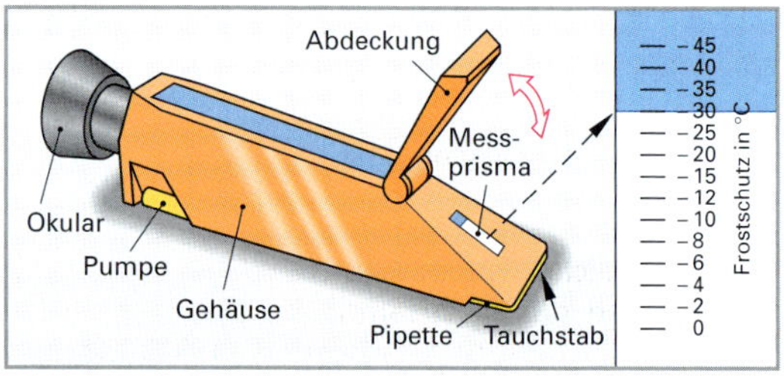

Bild 1: Refraktometer

Gefrierschutzmittel bestehen in der Hauptsache aus Ethylenglykol, das die Gefriertemperatur absenkt. Zum Schutz der im Motor und in der Kühlanlage vorhandenen verschiedenen metallischen Werkstoffe, sind so genannte Korrosionsinhibitoren beigefügt. Diese beeinflussen sich gegenseitig und können zu Schäden an Metallteilen führen. Es empfiehlt sich deshalb, nur die vom Werk freigegebenen Gefrierschutzmittel zu verwenden.

Kühlflüssigkeit ist entsprechend Herstellervorschrift zu wechseln und sortenrein zu sammeln und zu entsorgen.

WIEDERHOLUNGSFRAGEN

1. **Aus welchen Bestandteilen setzt sich die Kühlflüssigkeit zusammen?**
2. **Welche Anforderungen werden an die Kühlflüssigkeit gestellt?**
3. **Mit welchen Messgeräten kann das Mischungsverhältnis und damit die Gefriertemperatur ermittelt werden?**
4. **Woraus bestehen Gefrierschutzmittel in der Hauptsache?**
5. **Was ist bei der Entsorgung von Kühlflüssigkeit zu beachten?**

1.8.8 Kältemittel

Klimaanlagen in Kraftfahrzeugen werden mit Kältemitteln betrieben. Die bisher verwendeten Kältemittel auf Fluorchlorkohlenwasserstoffbasis (FCKW), wie z.B. Frigen (R12), eignen sich besonders gut für Klimaanlagen, da sie geruchlos, nicht brennbar, ungiftig und gasförmig sind. Außerdem greifen sie keine Metalle an. Da das in ihnen enthaltene Chlor aber für die Zerstörung der Ozonschicht verantwortlich gemacht wird, sind Ersatzstoffe wie R134a oder R22 freigegeben worden, die ähnliche physikalische und chemische Eigenschaften wie R12 besitzen.

R22 ist als teilhalogenierter FCKW immer noch ozongefährdend, deshalb wurden Klimaanlagen, die mit FCKW-haltigen Kältemitteln arbeiten, nur bis zum 1. 1. 2000 hergestellt. R134a enthält als Tetrafluormethan kein Chlor mehr und ist dadurch nicht ozonschädigend.

Kältemittelöl. Zur Schmierung der beweglichen Teile des Kompressors ist ein spezielles Kältemittelöl erforderlich. Ein Teil dieses Öles (ca. 25 %) mischt sich mit dem Kältemittel und zirkuliert ständig im Kreislauf. Herkömmliche Kältemittelöle für R12 und R22 beruhen auf Mineralölen, während für R134a synthetische Öle (Polyalkylen-Glykol-Öle, PAG-Öle) entwickelt wurden.

Herkömmliche Kältemittelöle lösen sich nicht in R134a und dürfen zusammen nicht verwendet werden. PAG-Öle sind hygroskopisch. Der Behälter ist immer gut zu verschließen.

Arbeitsregeln

- Berührung mit flüssigen Kältemitteln vermeiden.
- Schutzbrille tragen.
- Gasförmiges Kältemittel darf nicht in die Umwelt entlassen werden.
- Erstickungsgefahr in Montagegruben, da das Gas schwerer als Luft ist.
- Kältemittelflaschen keinen höheren Temperaturen als 45° C aussetzen.

Entleeren eines Kreislaufes

- Die Servicegeräte für R12 und R 134a müssen getrennt benützt werden.
- Kältemittel wird durch Absaugstation oder Rückgewinnungsanlage aufgefangen.
- Absaugstation: Das abgesaugte Kältemittel wird in eine Entsorgungsflasche gepumpt, Entsorgung durch Kältemittelfachhandel.
- Rückgewinnungsanlage: Das Kältemittel wird gereinigt (Öl- und Feuchtigkeitsabscheidung) und in einem Füllzylinder zur Wiederverwendung gesammelt.

1.8.9 Bremsflüssigkeit

Von der Bremsflüssigkeit werden folgende Eigenschaften verlangt:

- Hoher Siedepunkt (bis etwa 300 °C)
- Niedriger Stockpunkt (etwa bei – 65 °C)
- Gleichbleibende Viskosität
- Chemisch neutral gegenüber Metall und Gummi
- Schmierung der beweglichen Teile in Brems- und Radzylinder
- Mischbar mit Vergleichsbremsflüssigkeiten

Die in den **DOT-Normen** (**D**epartment **o**f **T**ransportation, amerikanisches Verkehrsministerium) festgelegten Siedepunkte reichen aus, um Dampfblasenbildung durch die beim Bremsen entstehende Wärme zu verhindern.

Mindestsiedepunkte für Bremsflüssigkeiten:
DOT 3 205 °C, **DOT 4** 230 °C, **DOT 5.1** 260 °C.

Da Bremsflüssigkeit aus Polyglykolverbindungen besteht, ist sie hygroskopisch, d.h. wasseraufnehmend. Je höher der Anteil an Wasser, desto niedriger wird der Siedepunkt. Der sogenannte Nass-Siedepunkt **(Bild 1)** bezeichnet den Siedepunkt bei 3,5 % Wasseranteil.

Bei DOT 3-Bremsflüssigkeiten ist der gefährliche Nass-Siedepunkt bereits bei 140 °C erreicht. Der größte Teil Wasser wird über die Bremsschläuche aufgenommen, nach 2 Jahren sind etwa 3,5 % Wasseranteil und damit der gefährliche Nass-Siedepunkt erreicht. Durch die beim Bremsen auftretende Wärme entstehen Dampfblasen, die den Bremsdruck nicht weiterleiten, die Bremse fällt aus. Spätestens nach 2 Jahren sollte die Bremsflüssigkeit getauscht werden.

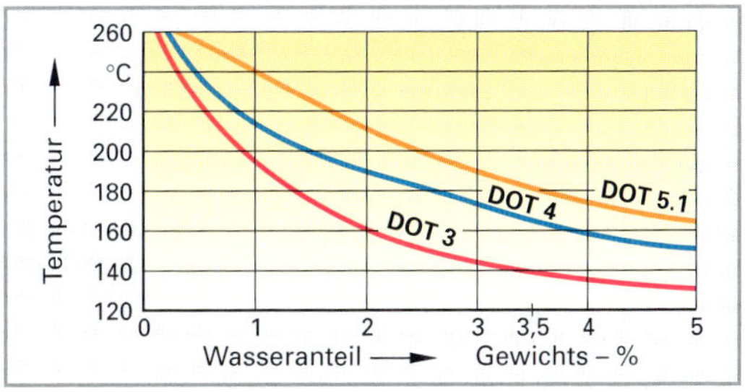

Bild 1: Siedekurven von Bremsflüssigkeiten

Um zu gewährleisten, dass Bremsflüssigkeit auch bei tiefen Temperaturen noch durch die Magnetventile einer ABS-Anlage strömen kann, wird die Viskosität bei – 40 °C gemessen und festgelegt. Bremsflüssigkeit nach DOT 5.1 bietet hinsichtlich Nass-Siedepunkt und Viskosität die größten Sicherheitsreserven

Bremsflüssigkeit ist hochgradig giftig und wirkt auf Lacke wie ein Lösemittel. Beim Mischen und Austauschen von Bremsflüssigkeiten sind die Herstellervorschriften zu beachten.

2 Umweltschutz, Arbeitsschutz im Betrieb

2.1 Umweltschutz im Kfz-Betrieb

2.1.1 Umweltbelastung

Die industrielle Fertigung von Kraftfahrzeugen und der Betrieb von Kraftfahrzeugen belasten durch schadstoffhaltige Abgase, Stäube, chemische Substanzen, Abwässer und Lärm zunehmend unsere Umwelt. Umweltbelastung kann bedeuten:

- Gefährdung der Gesundheit von Mensch und Tier, z.B. durch krebserregende Stoffe
- Schädigung der Pflanzenwelt, z.B. Waldsterben
- Zerstörung von Sachwerten, z.B. Zerfall von Gebäuden aus Sandstein
- Verstärkte Verschmutzung, z.B. durch Rußpartikel
- Beeinträchtigung des Atmosphärengürtels und die damit verbundene Klimaveränderung
- Verbrauch unwiederbringlicher Rohstoffvorräte (sogenannter Ressourcen)

Luftverschmutzung entsteht z.B. bei motorischen Verbrennungsvorgängen. Schadstoffe, die dabei entstehen und die Luft belasten, sind z.B. Kohlenmonoxid (CO), unverbrannte Kohlenwasserstoffe (HC), Stickoxide (NO_X), Schwefeldioxid (SO_2), Rußpartikel und schwermetallhaltige Feinstäube. Geeignete Maßnahmen zur Reinhaltung der Luft sind z.B. Verwendung von bleifreiem Kraftstoff, Einbau von Katalysatoren und der Einsatz von Partikelfiltern bei Dieselmotoren.

Gewässerverschmutzung erfolgt im Wesentlichen durch Einleitung von Abwässern aus Haushalten und Industriebetrieben. Haushaltsabwässer enthalten vorrangig Fäkalien und Waschlaugen. Die Industrieabwässer können z.B. durch giftige Schadstoffe oder Mineralölrückstände verunreinigt sein. Diese Schadstoffe müssen bereits in besonderen Reinigungsanlagen, z.B. Ölabscheider mit vorgeschaltetem Sandfang, Wasseraufbereitungsanlagen bei Fahrzeugwaschanlagen ausgeschieden werden. Diese vorbehandelten Abwässer können zusammen mit den Haushaltsabwässern den öffentlichen Kläranlagen zufließen. Erst dann darf das gereinigte Abwasser einem natürlichen Gewässer wieder zugeleitet werden.

Boden- und Grundwasserverschmutzung entsteht durch Versickern von Mineralölprodukten, z.B. Altöl, chemischen Reinigungsmitteln, Schwermetallen, z.B. Blei, giftigen Chemikalien sowie übermäßigen Gebrauch von Düngemitteln und Pflanzenschutzmitteln.

2.1.2 Entsorgung

Rechtlicher Rahmen des Umweltschutzes

Um die Umweltbelastung durch Schadstoffe möglichst gering zu halten, wurden z.B. zulässige Schadstoffgrenzwerte durch den Gesetzgeber festgelegt z.B. 120 g/dm^3 bei motorischer Verbrennung. Um die Gewässer zu schützen und die Umwelt von der Schadstoffeinbringung zu entlasten, schreibt der Gesetzgeber z.B. für Kfz-Betriebe Öl- und Benzinabscheider und Sandfänge, sowie das sortenreine Sammeln von Wertstoffen vor.

Die folgenden Gesetze und Verordnungen **(Tabelle 1)** bilden im Wesentlichen die Grundlage für den Umweltschutz im Kfz-Betrieb.

Tabelle 1: Umweltrecht

Abfallrecht	Wasserrecht	Chemikalienrecht	Verkehrsrecht	Arbeitsschutzrecht
Kreislaufwirtschafts- und Abfallgesetz (KrW-/AbfG)	Wasserhaushaltsgesetz (WHG)	Chemikaliengesetz (ChemG)	Gefahrgutgesetz (GefahrgG)	Gerätesicherheitsgesetz (GSG)
Altölverordnung (AltölV) Altfahrzeugverordnung (AltfahrzeugV) Abfallverzeichnisverordnung (AVV) Nachweisverordnung (NachwV)	Verordnung über das Lagern wassergefährdender Flüssigkeiten (VLwF) Verordnung über Anlagen zum Umgang mit wassergefährdenden Stoffen (VAwS)	Gefahrstoffverordnung (GefStoffV)	Gefahrgutverordnung Straße (GGVS)	Verordnung über brennbare Flüssigkeiten (VbF)
Technische Anleitung Abfall (TA-Abfall)		Technische Regeln für Gefahrstoffe (TRGS)	Technische Richtlinien (TR)	Technische Regeln für brennbare Flüssigkeiten (TRbF)

Kreislaufwirtschafts- und Abfallgesetz (KrW-/AbfG). Es regelt die ordnungsgemäße Abfall- und Altölentsorgung. Danach sind Abfälle alle beweglichen Sachen, derer sich ihr Besitzer entledigen will oder die zum Schutze der Umwelt ordnungsgemäß entsorgt werden müssen. Nach diesem Gesetz umfasst die Abfallentsorgung sowohl die Verwertung als auch die Beseitigung von Abfällen. Außerdem regeln weiter Gesetze und Verordnungen das Lagern, Einsammeln, Befördern, Behandeln und das Endlagern von Abfällen.

Folgende Grundsätze sind festgelegt **(Bild 1)**:

1. **Abfälle sind zu vermeiden** bzw. zu verringern.
2. **Abfälle sind zu verwerten**, soweit es möglich ist.
3. **Abfälle sind getrennt zu sortieren und zu entsorgen**, wo Vermeidung und Verwertung nicht möglich ist.

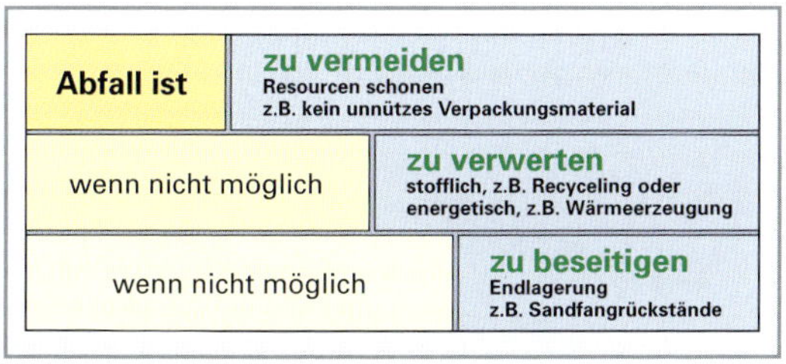

Bild 1: Grundsätze der Abfallgesetzgebung

Das Kreislaufwirtschafts- und Abfallgesetz unterscheidet zwei Abfallarten **(Bild 2)**.

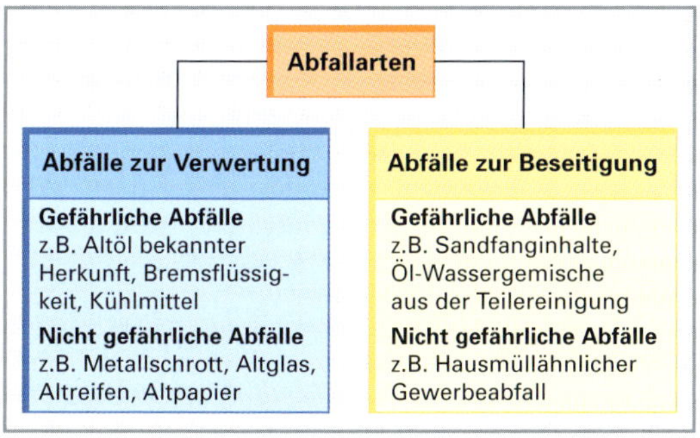

Bild 2: Einteilung der Abfallarten nach dem Abfallgesetz

Abfälle zur Verwertung. Sie sind Abfälle, die wiederverwertet und dadurch in den Wirtschaftskreislauf zurückgeführt werden.

Neben der stofflichen Nutzung durch Recycling bedeutet Verwertung auch energetische Nutzung. Dabei werden die Abfälle gemeinwohlverträglich verbrannt und die entstehende Wärme selbst genutzt oder an Dritte abgegeben.

Abfälle zur Beseitigung. Sie sind Abfälle, die nicht verwertet werden können. Sie müssen gemeinwohlverträglich beseitigt werden.

Die Abfallarten Abfälle zur Verwertung und Abfälle zur Beseitigung werden weiter unterschieden in gefährliche Abfälle und nicht gefährliche Abfälle **(Bild 2)**.

Gefährliche Abfälle (früher: besonders überwachungsbedürftige Abfälle). Sie sind Abfälle, die in der Abfallverzeichnisverordnung (AVV) festgelegt und mit einem (*) gekennzeichnet sind. Gefährliche Abfälle müssen nach den Vorschriften der Nachweisverordnung (NachwV) entsorgt werden.

Nicht gefährliche Abfälle (früher überwachungsbedürftige und nicht überwachungsbedürftige Abfälle). Sie sind alle anderen Abfälle, deren Entsorgung für den Abfallerzeuger und Beförderer nicht nachweispflichtig ist. Der Entsorger kann jedoch durch die zuständige Behörde verpflichtet werden, die ordnungsgemäße Entsorgung in Registern (Nachweisbüchern) zu führen.

Abfallverzeichnisverordnung (AVV)

Diese Verordnung legt für die einzelnen Abfallarten die Abfallbezeichnung mit Hilfe von sechsstelligen Abfallschlüsselnummern europaweit fest. Die gefährlichen Abfälle sind durch ein Sternchen (*) hinter der Abfallschlüsselnummer gekennzeichnet **(Tabelle 1)**.

Tabelle 1: Gefährliche Abfälle und nicht gefährliche Abfälle (Auszug aus AVV)

Abfallschlüssel	Abfallart
130204 *	Motoren- und Getriebeöle (nicht verwertbar)
130502 *	Benzinabscheiderinhalte (Schlämme)
140603 *	Kaltreiniger
160103	Altreifen
160113 *	Bremsflüssigkeiten
160119	Kunststoffe
160601 *	Bleibatterien
160107 *	Ölfilter

Nachweisverordnung (NachwV, Bild 1, Seite 42)

Sie regelt die ordnungsgemäße Entsorgung gefährlicher Abfälle.

Entsorgungsnachweis im Grundverfahren. Er besteht aus

- der **Verantwortlichen Erklärung** des Abfallerzeugers einschließlich der **Deklarationsanalyse**
- der **Annahmeerklärung** des Entsorgers und
- der **Bestätigung der zuständigen Behörde** über die Zulässigkeit des Entsorgungsweges.

Privilegiertes Verfahren. Es ist ein Verfahren, bei dem der Abfallentsorger ein behördlich anerkannter Entsorgungsfachbetrieb ist. Eine Bestätigung der zuständigen Behörde über die ordnungsgemäße Entsorgung entfällt.

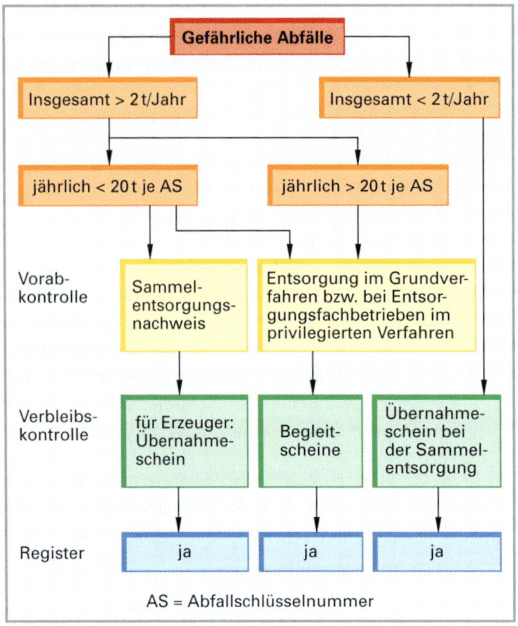

Bild 1: Entsorgungsnachweise nach der Nachweisverordnung (NachwV)

Sammelentsorgungsnachweis. Bei diesem Verfahren muss der Abfallsammler den Sammelentsorgungsnachweis in Form eines Übernahmescheins (gelb) führen. Der Einsammler bescheinigt dem ursprünglichen Abfallerzeuger mit dem Übernahmeschein (weiß), dass er die Abfälle zur weiteren Entsorgung übernommen hat. Allerdings darf bei diesem Verfahren die angefallene Menge 20 t je Abfallschlüssel und Kalenderjahr je Kfz-Betrieb nicht überschreiten.

Begleitscheinverfahren. Es wird für gefährliche Abfälle mit mehr als 20 t pro Jahr je Abfallschlüsselnummer zwingend vorgeschrieben. Bei dessen Durchführung ist vom Abfallerzeuger, Abfallbeförderer und vom Abfallbeseitiger auf einzelnen, farbig gekennzeichneten Formularen u.a. eine Klassifizierung des gefährlichen Abfalls mit Abfallbezeichnung und Abfallschlüssel vorzunehmen und deren Richtigkeit mit der Unterschrift zu bestätigen.

Bestimmte Formulare werden der zuständigen Behörde zugesandt, andere im Register der Beteiligten aufbewahrt.

Register. Sie sind die Sammlung aller schriftlichen Nachweise, wie Übernahmescheine, Begleitscheine, die jeder am Entsorgungsweg Beteiligte 3 Jahre aufbewahren muss. Ab 1.4.2010 müssen die Register elektronisch geführt werden.

Altölverordnung (AltölV).

Altöle bekannter Herkunft sind z.B. Motoren- und Getriebeöle, die beim ordnungsgemäßen Ölwechsel in der Kfz-Werkstatt oder an der Tankstelle anfallen. Sie werden in einem dafür vorgesehenen Behälter vorschriftsmäßig gelagert. Dieses Altöl ist der Gefahrklasse A III zugeordnet (gilt für Flüssigkeiten mit einem Flammpunkt über 55 °C bis 100 °C).

Altöle unbekannter Herkunft sind alle Altöle, die vom Selbstwechsler in der Kfz-Werkstatt, an der Tankstelle oder an allen Altölannahmestellen abgegeben werden. Hier kann nicht ausgeschlossen werden, dass diese Altöle mit Benzin, Lösemittel, Bremsflüssigkeit usw. verunreinigt sind. Sie gehören deshalb zur Gefahrklasse A I (gilt für Flüssigkeiten mit einem Flammpunkt unter 21 °C) **(Bild 3)**.

> Altöle bekannter und unbekannter Herkunft dürfen in keinem Fall gemischt werden.

Die Altölverordnung legt auch fest, welche Altöle wieder aufbereitet werden dürfen. Altöle mit einem PCB-Anteil (Polychlorierte Biphenyle) ab 20 mg je kg oder einem Halogenanteil ab 2 g je kg dürfen nicht aufbereitet werden. Sie werden beseitigt, d.h. ggf. bei hohen Temperaturen gemeinwohlverträglich verbrannt.

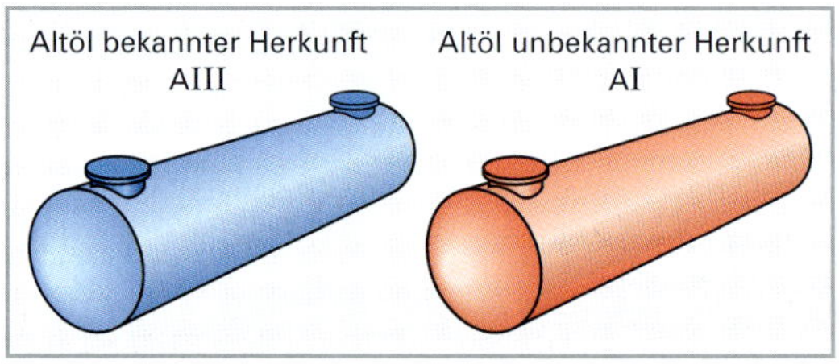

Bild 2: Einteilung der Altöle nach der Altölverordnung

Wasserhaushaltsgesetz (WHG)

Es ist die Grundlage aller Gesetze und Verordnungen zum Schutze des Wassers. Das Wasserhaushaltsgesetz regelt die Benutzung (Bewirtschaftung) von oberirdischen Gewässern, Küstengewässern und des Grundwassers. Wo Abfälle mit gefährlichen Schadstoffen anfallen, müssen diese nach dem Stand der Technik vor ihrer Einleitung in ein öffentliches Gewässer oder in die Kanalisation gereinigt werden.

Wassergefährdende Stoffe

Es sind alle festen, flüssigen und gasförmigen Stoffe, die die physikalische, chemische oder biologische Eigenschaft von Gewässern nachteilig beeinflussen.

Wassergefährdungsklassen (WGK, Tabelle 1)

Sie kennzeichnen, wie stark verschiedene Stoffe das Wasser gefährden.

Tabelle 1: Wassergefährdungsklassen
stark wassergefährdende Stoffe (WGK 3) z.B. Altöl, Schmieröle, Lösemittel, Ottokraftstoffe
wassergefährdende Stoffe (WGK 2) z.B. Bremsflüssigkeit, Dieselkraftstoffe, Heizöl
schwach wassergefährdende Stoffe (WGK 1) z.B. Batteriesäure, Kühlflüssigkeit, Petroleum

Vorschriften für den Kfz-Betrieb. Es müssen spezielle Lagervorschriften eingehalten werden. z.B. müssen alte, gefüllte Batterien in Kunststoffwannen, Altfarben, Altlacke in Metallbehältern oder Spannringfässern, Altöl bekannter Herkunft in doppelwandigen, verschließbaren Behältern aufbewahrt werden.

Anfallendes Abwasser wird in behandlungsbedürftiges und nicht behandlungsbedürftiges Abwasser eingeteilt **(Bild 1)**.

Bild 1: Einteilung der Abwässer

Behandlungsbedürftiges Abwasser kann mit Mineralölen, Kraftstoffen, Reinigungsmitteln und Feststoffen wie Metallspänen, Lackpartikeln, Schmutzteilchen usw. verunreinigt sein. Bevor es in die Kanalisation oder in ein Oberflächengewässer eingeleitet werden darf, muss es gereinigt werden. Dies kann mit Hilfe eines Schlammfangs und Benzinabscheiders **(Bild 2)** erfolgen.

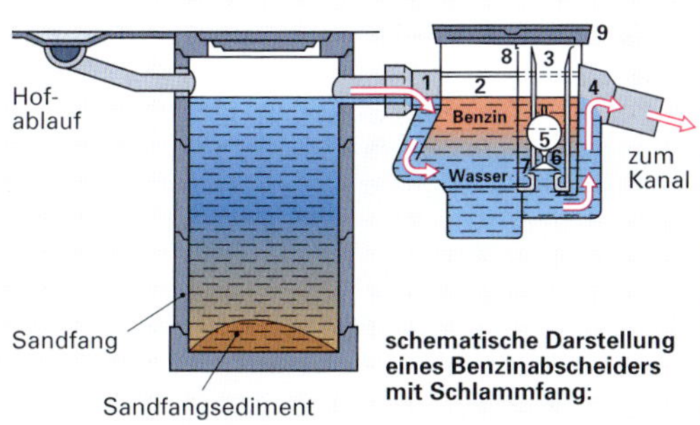

1 Einlauf, 2 Abscheidekammer, 3 Schwimmerkammer, 4 Auslauf, 5 Schwimmer, 6 Ventilteller, 7 Ventilsitz, 8 Schwimmerkammerdeckel, 9 Deckel

Bild 2: Schlammfang und Benzinabscheider

Im Schlammfang sollen sich die im Abwasser enthaltenen Feststoffe absetzen, während im Benzinabscheider die leichteren Flüssigkeiten, wie Öle, Benzine, aufgrund ihrer geringeren Dichte vom Wasser getrennt werden können.

Nicht behandlungsbedürftiges Abwasser
Es kann ohne Vorbehandlung in die Kanalisation oder in ein Oberflächengewässer eingeleitet werden **(Bild 1)**.

Chemikaliengesetz
Es kennzeichnet die Eigenschaften von gefährlichen Stoffen oder Zubereitungen, die geeignet sind, die menschliche Gesundheit und die Umwelt zu gefährden**(Tabelle 1)**.

Tabelle 1: Eigenschaften von gefährlichen Stoffen und Zubereitungen nach dem Chemikaliengesetz

• explosionsgefährlich	• reizend
• brandfördernd	• sensibilisierend
• hochentzündlich	• krebserzeugend
• leichtentzündlich	• fruchtschädigend
• entzündlich	• erbgutverändernd
• sehr giftig	• chronisch schädigende Eigenschaften besitzend
• giftig	• umweltgefährlich
• mindergiftig	
• ätzend	

Gefahrstoffverordnung (GefstoffV)
Sie regelt den Umgang mit gefährlichen Stoffen.

Gefahrstoffe sind z.B. Pinselreiniger, Lösemittel, Kraftstoffe, Säuren.

Beim Umgang mit Gefahrstoffen ist folgendes zu beachten:

- Gefahrstoffe sind zu kennzeichnen.
- Gefahrstoffe sind vorschriftsmäßig zu gebrauchen.
- Gefahrstoffe sind vorschriftsmäßig zu lagern.
- Behältnisse, in denen Gefahrstoffe gelagert werden, dürfen nicht mit Behältnissen für Lebensmittel verwechselt werden können.
- **Kein Lösemittel in Getränkeflaschen aufbewahren.**
- Gefahrstoffe sind für Betriebsfremde und Unbefugte unzugänglich aufzubewahren und unter Verschluss zu halten.

2.1.3 Altautoentsorgung

Altautoverordnung (AltautoV)
Legt ein Fahrzeughalter sein Fahrzeug endgültig still, so muss er gegenüber der Zulassungsstelle nachweisen, was mit dem Fahrzeug geschehen ist. Die dazu erforderlichen Vorschriften sind in der AltautoV festgelegt.

Folgende Inhalte der **Altautoverordnung** sind für die Stillegung wichtig:

- Der Letzthalter muss einen **Verwertungsnachweis** (Formularfarbe rot) bei endgültiger Stilllegung und Verwertung des Altautos der Zulassungsstelle vorlegen **(Bild 1)**.
- Altautos müssen vom Letzthalter bei einer anerkannten Annahmestelle oder bei einem anerkannten Verwertungsbetrieb abgegeben werden. Diese Stellen händigen dem Letzthalter einen Verwertungsnachweis aus.
- Die Annahme von Altautos und Aushändigung des Verwertungsnachweises kann auch durch eine anerkannte Annahmestelle im Auftrag eines Verwertungsbetriebs erfolgen.
- Die Anerkennung von Kfz-Betrieben als Annahmestellen für Altautos wird durch die zuständige Kfz-Innung ausgesprochen.
- Legt der Letzthalter sein Altauto still, ohne es der Verwertung zuzuführen, muss er eine **Verbleibserklärung** (Formularfarbe braun) über das Fahrzeug vorlegen. Dies ist dann erforderlich, wenn der Pkw z.B. als Sammlerstück oder aufgrund einer langwierigen Reparatur im Besitz des Halters verbleibt **(Bild 1)**.

Freiwillige Selbstverpflichtung (FSV)
Sie ist ein Abkommen zwischen dem Gesetzgeber und 16 Wirtschaftsverbänden auf freiwilliger, kooperativer Grundlage, um eine ordnungsgemäße und umweltgerechte Entsorgung der Altautos zu gewährleisten.
Die Freiwillige Selbstverpflichtung beinhaltet neben anderen folgende Punkte:

- Aufbau und Ausbau einer flächendeckenden Infrastruktur zur Rücknahme und Verwertung von Altautos sowie der Altteile aus der Pkw-Reparatur.
- Umweltverträgliche Behandlung der Altautos durch Trockenlegung und Demontage.
- Verminderung der zu beseitigenden Abfälle aus Altautos durch Wiederverwertung und Einsatz recyclebarer Werkstoffe.
- Rücknahme aller Altautos vom jeweiligen Fahrzeughersteller. Sie werden kostenlos zurückgenommen, wenn sie vor dem 1. April 1998 in den Verkehr gebracht wurden und nicht älter als 12 Jahre sind.

Endgültige Stilllegung eines Altautos durch Verwertung. Der Letzthalter übergibt sein Altauto einer anerkannten Annahmestelle bzw. einem Verwertungsbetrieb zur endgültigen Stilllegung. Die Annahmestelle händigt den Verwertungsnachweis im Auftrag und im Namen des nachgeschalteten Verwertungsbetriebs an den Letzthalter aus. Mit diesem Nachweis kann er das Fahrzeug bei der Zulassungsstelle endgültig stilllegen. Das Altauto wird zum Entsorger weitergeleitet **(Bild 1)**.

2.1.4 Recycling

Viele Stoffe, die im Kraftfahrzeug verarbeitet sind, stellen einen großen wirtschaftlichen Wert dar, der in den Produktionskreislauf zurückgeführt werden kann. Dadurch werden die Kosten für die Produktion von neuen Fahrzeugen und für die Abfallentsorgung vermindert **(Tabelle 1, Seite 45)**.

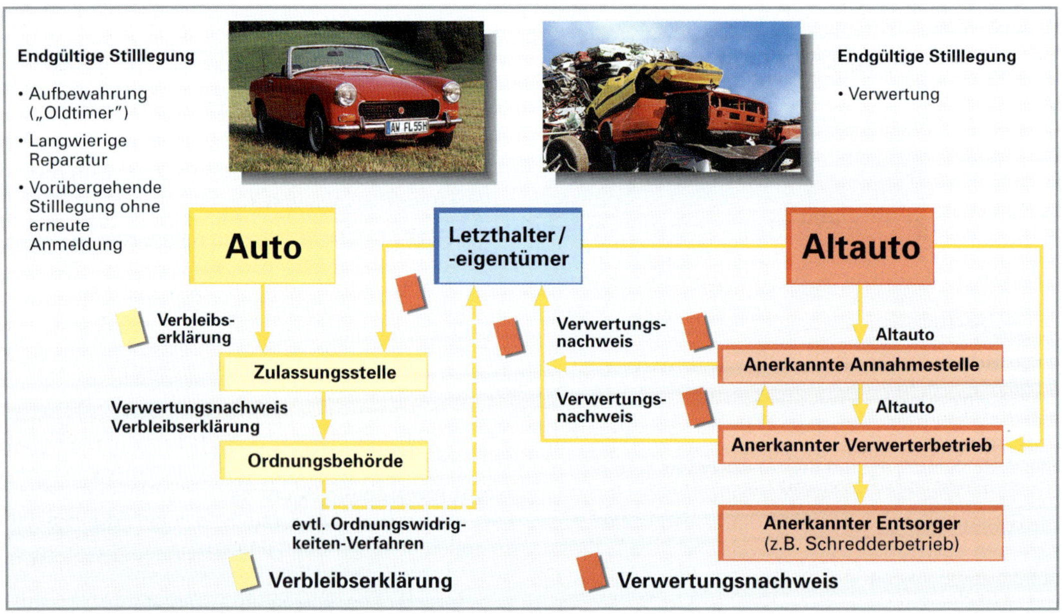

Bild 1: Endgültige Stilllegung eines Altautos

Tabelle 1: Rohstoffquelle Autowrack in Gewichtsprozenten	
Eisen und Stahl	70 %
Gummi	9 %
Kunststoffe	8 %
Glas	3 %
Aluminium	3 %
Kupfer, Zink, Blei	2 %
andere NE-Metalle	1 %
Sonstige	4 %

So werden z.B. Altreifen durch Kalt- bzw. Warmvulkanisieren runderneuert oder sie werden zerkleinert, das Cordgewebe wird zu Lärmschutzmatten, der Gummi zu Straßenbelägen verarbeitet. Kühlflüssigkeit, Bremsflüssigkeit wird gereinigt und wieder aufbereitet. Batteriegehäuse können zu Kunststoffgranulat aufbereitet werden, das dann zu Spritzgussteilen weiterverarbeitet wird. Die Batteriesäure wird gereinigt und wiederverwendet, während aus den Bleiplatten das Metall wiedergewonnen wird. Im Bereich der Abwasserwirtschaft eines Kfz-Betriebs kann Waschwasser für Autowaschstraßen durch eine Recyclinganlage wiederaufbereitet werden und zum größten Teil wieder als Brauchwasser in den Waschprozess zurückgeführt werden.

Beim Kat-Recycling wird der Altkatalysator zunächst entmantelt. Durch Raffination des Keramikkörpers oder Keramikbruchs werden die Edelmetalle (Platin, Rhodium) in hochreiner Form wiedergewonnen. Die Keramikschlacke wird in der Bau- und Hüttenindustrie als Zuschlagsstoff eingesetzt, während der Stahlschrott gesammelt und wieder eingeschmolzen wird.

Kunststoffteile werden von Fahrzeugherstellern gekennzeichnet, damit sie sortenrein gesammelt wiederverwertet werden können **(Bild 1)**.

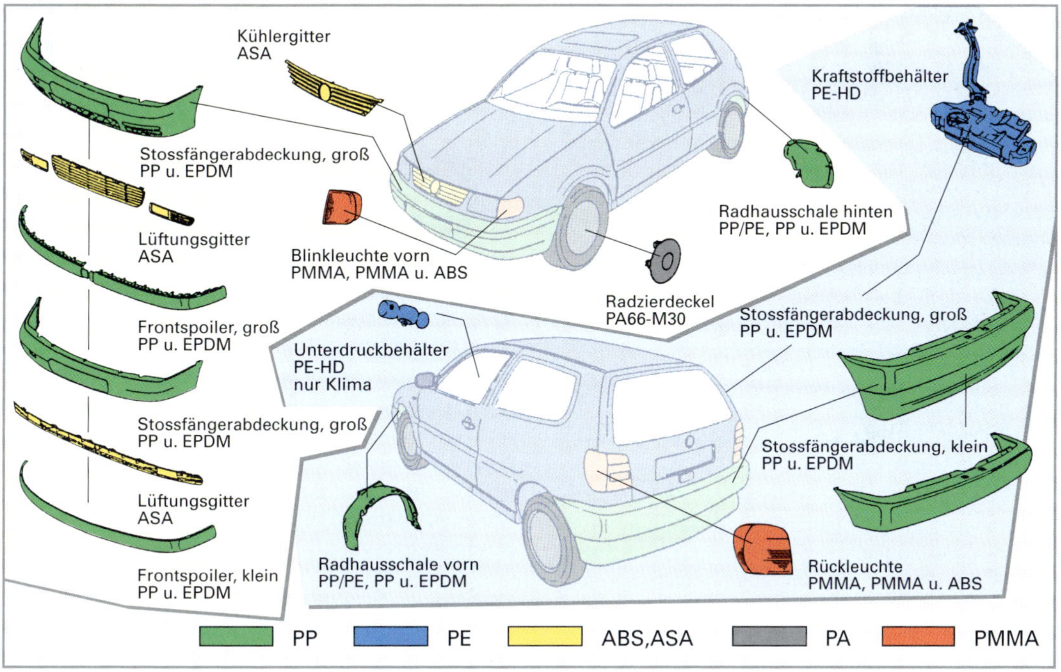

Bild 1: Recyclingfähige Kunststoffteile im Kraftfahrzeug

Wiederholungsfragen

1. **Welche Gesetze beinhaltet das Umweltrecht?**
2. **Welche 3 Abfallarten unterscheidet das Kreislaufwirtschafts- und Abfallgesetz?**
3. **Wodurch wird das sortenreine Sammeln von Kfz-Teilen aus Kunststoff vereinfacht?**
4. **Wodurch sind Sonderabfälle nach der Abfallbestimmungsverordnung gekennzeichnet?**
5. **In welche Wassergefährdungsklassen werden Schadstoffe eingeteilt?**
6. **Welche Inhalte legt die Altautoverordnung fest?**
7. **Welcher Unterschied besteht zwischen einem Verwertungsnachweis und einer Verbleibserklärung?**
8. **Wie wird ein Katalysator verwertet?**

2.2 Arbeitsschutz und Unfallverhütung

Der Betrieb von Maschinen und der Umgang mit technischen Systemen sowie mit Werk- und Hilfsstoffen birgt stets Gefahren in sich.

Unfälle, Berufskrankheiten und arbeitsbedingte Erkrankungen entstehen durch …

- … mangelhafte Sicherheitseinrichtungen und Sicherheitsvorkehrungen, z.B. durch Nichtverwendung geeigneter Arbeitsmittel, wie Tragen einer Schutzbrille beim Schweißen oder Schleifen.
- … unzuträgliche chemische und physikalische Einwirkungen, z.B. durch Kraftstoffdämpfe, Säuredämpfe, Feinstäube beim Schleifen, Lärm.
- … übermäßige körperliche Belastung, z.B. durch schweres Heben.

Nach den Bestimmungen des Arbeitsschutzgesetzes (ArbSchG) und der Betriebssicherheitsverordnung (BetrSichV) ist der Arbeitgeber verpflichtet die Gefährdung der Beschäftigten bei der Arbeit zu ermitteln und geeignete Maßnahmen des Arbeitsschutzes zu treffen.

> Durch unfallverhütende Maßnahmen im Arbeitsbereich werden sowohl der Mensch als auch Einrichtungen, Gebäude und die Umwelt vor Schaden bewahrt.

Bei mehr als 10 Beschäftigten muss der Arbeitgeber oder ein von ihm Beauftragter eine Dokumentation führen. Inhalte der Dokumentation sind

- Gefährdungsbeurteilung
- Maßnahmen des Arbeitsschutzes
- Ergebnis der Überprüfungen

Die Dokumentation ist vom Verantwortlichen zu unterschreiben.

Für den Vollzug des ArbSchG sind die jeweiligen Gewerbeaufsichtsämter zuständig.

Zur Förderung der Arbeitssicherheit und damit zur Verminderung des Unfallrisikos gibt es für jeden Berufszweig verbindliche Unfallverhütungsvorschriften **(UVV)**. Sie werden von den zuständigen Berufsgenossenschaften **(Bild 1)** erlassen.

Bild 1: Zeichen der gewerblichen Berufsgenossenschaften

Die Berufsgenossenschaft Metall ist z.B. für Kfz-Reparaturbetriebe verantwortlich. Die Unfallverhütungsvorschriften müssen in jedem Betrieb gut erkennbar und leicht zugänglich ausgelegt oder aufgehängt sein.

> Jeder Betriebsangehörige ist verpflichtet, die Unfallverhütungsvorschriften genau einzuhalten.

Durch sicherheitswidriges Verhalten können schwere oder gar tödliche Verletzungen entstehen, Krankheiten ausgelöst, sowie hohe Sach- und Umweltschä-den verursacht werden.

2.2.1 Sicherheitszeichen

Sie sollen die Sicherheit am Arbeitsplatz erhöhen. Es werden dazu genormte Gebots-, Verbots-, Warn- und Rettungszeichen verwendet.

Gebotszeichen (Bild 2) sind rund in den Farben blau und weiß. Symbole zeigen die gebotene Schutzmaßnahme als zwingende Verhaltensweise an. So muss z.B. bei Arbeiten mit dem Trennschleifer Augen- und Gehörschutz verwendet werden.

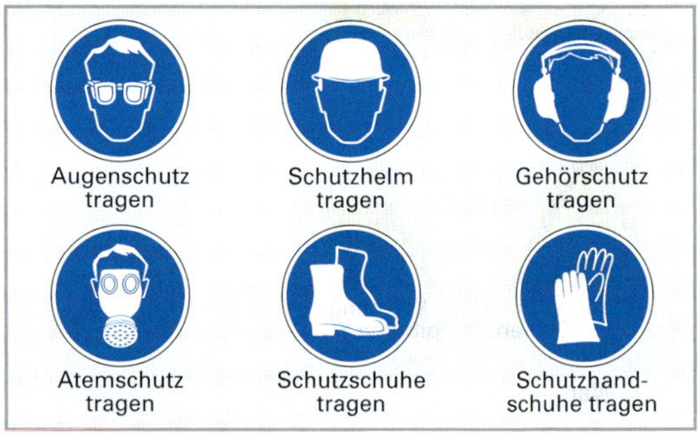

Bild 2: Gebotszeichen

Verbotszeichen (Bild 3) sind runde weißgrundige, Schilder, welche die verbotene Handlung als schwarzes Symbol zeigen. Ein roter Querbalken und rote Umrandung heben die Verbotszeichen hervor. In Räumen, in denen sich hochexplosive Gemische bilden können, z.B. durch Benzin oder brennbare Gase ist Feuer, offenes Licht und Rauchen untersagt.

> Ein entsprechendes Verbotszeichen muss an gut sichtbarer Stelle in dem jeweiligen Raum angebracht sein.

Bild 3: Verbotszeichen

Warnzeichen (Bild 1) sind dreieckige Schilder mit schwarzen Symbolen und schwarzer Umrandung auf gelbem Grund. Mit dem Warnzeichen, das gut sichtbar angebracht sein muss, wird ein Umfeld gekennzeichnet, in dem vor einer bestimmten Gefahr gewarnt wird. Lagerräume, in denen z.B. ätzende Schwefelsäure für Starterbatterien gelagert wird, müssen mit dem entsprechenden Warnzeichen versehen sein.

Bild 1: Warnzeichen

Rettungszeichen (Bild 2) sind rechteckige Schilder mit weißen Symbolen auf grünem Grund. Pfeile weisen auf Stellen hin, an denen sich Rettungsmittel, z.B. Tragen, befinden. Sie kennzeichnen auch Fluchtwege und Fluchtrichtungen, über die Gefahrenbereiche schnell und sicher verlassen werden können.

> Fluchtwege müssen stets frei sein, sie dürfen nie durch Gegenstände blockiert oder durch abgeschlossene oder gegen die Fluchtrichtung öffnende Türen gehemmt sein.

Bild 2: Rettungszeichen

2.2.2 Unfallursachen

Trotz Sorgfalt und umfangreicher Sicherheitsvorkehrungen lassen sich Unfälle nie ganz vermeiden. Ihre Zahl kann durch Untersuchungen und Auswertung der Unfallursachen mit den sich daraus ergebenden Unfallverhütungsvorschriften reduziert werden. Bei den Unfallursachen ist zu unterscheiden:

- **Menschliches Versagen** durch Unkenntnis der Gefahr, Gedankenlosigkeit, Leichtsinn und Bequemlichkeit. Diese Unfallursache kann durch Schulungen, die zu sicherheitsbewusstem Arbeiten erzieht und Einsatz von technischen Sicherheitseinrichtungen, z.B. Schutzgitter, Sicherheitsschalter, entschärft werden.
- **Technisches Versagen,** z.B. durch Werkstoffermüdung oder unvorhersehbare Überlastung. Hier können Unfälle durch technische Sicherheitsvorkehrungen, z.B. Verstärkung des Bauteils, das durch Bruch zu einem Unfall geführt hat, verhindert werden.
- **Höhere Gewalt** durch nicht vorhersehbare Fremdeinwirkung, z.B. abnormaler Witterungseinfluss.

2.2.3 Sicherheitsmaßnahmen

Viele Unfälle können durch vorbeugende Sicherheitsmaßnahmen vermieden oder zumindest in ihren Folgen vermindert werden. Dabei gelten folgende Grundsätze:

> Gefährdung muss verhindert werden.

- Elektrische Geräte, z.B. Handbohrmaschinen mit beschädigten Anschlussleitungen dürfen nicht benutzt werden.
- Gefahren für Augen und Gesicht, z.B. beim Schweißen oder durch Metallsplitter beim Schleifen, sind durch Schutzbrillen, Schutzschirme und Schutzschilder abzuwenden.

> Gefahrenstellen sind abzuschirmen und auffallend zu kennzeichnen.

- Gruben, Bremsenprüfstände, Rädertriebe, Spindeln, Wellen und bewegte ineinander greifende Teile müssen abgeschirmt sein, z.B. durch Schutzgitter oder Abdeckungen.
- Behälter mit Gefahrstoffen z.B. Benzin, Säuren, Brenngase müssen vorschriftsmäßig, mit den entsprechenden Warnzeichen gekennzeichnet und aufgestellt werden **(Bild 1).**

> Gefahren müssen beseitigt werden.

- Maschinen und Werkzeuge mit Sicherheitsmängeln müssen sofort von der Verwendung ausgeschlossen werden. Sie sind umgehend der Instandsetzung oder der Ausmusterung zuzuleiten.
- Scharfe, spitze Werkzeuge dürfen nicht offen, z.B. ohne Schutztasche in der Arbeitskleidung getragen werden.
- Ringe, Uhren, Schmuckstücke sind ggf. vor der Arbeit abzulegen, so dass sie von rotierenden Teilen nicht erfasst werden.
- Verkehrs- und Fluchtwege müssen stets frei von Hindernissen sein.

2.2.4 Sicherer Umgang mit gefährlichen Arbeitsstoffen

Gefährliche Arbeitsstoffe können bei unsachgemäßer Handhabung zu erheblichen Personen- und Sachschäden führen.

Arbeitgeber haben gemäß § 20 der Gefahrstoffverordnung **(GefStoffV)** eine arbeitsbereichs- und stoffbezogene Betriebsanweisung zu erstellen. Inhalt der Betriebsanweisung:

- Gefahrstoffbezeichnung
- Gefahren für Mensch und Umwelt
- Schutzmaßnahmen und Verhaltensregeln
- Verhalten im Gefahrenfall
- Erste Hilfe
- Sachgerechte Entsorgung

Arbeitnehmer sind jährlich anhand von Betriebsanweisungen über Gefahren und Schutzmaßnahmen gegen Unterschrift in verständlicher Sprache zu unterweisen. Die Betriebsanweisung ist an geeigneter Stelle im Betrieb auszuhängen.

Gefahrstoffgebinde werden mit Gefahrensymbolen, Gefahrenhinweisen **(R-Sätze)** und Sicherheitsratschlägen **(S-Sätze)** gekennzeichnet **(Tabelle)**.

Stoffe	Gefahren (Auswahl)	Symbol	Sicherheitsratschläge (Auswahl)
Bremsbeläge, Kupplungsbeläge, Schleifstäube	Gesundheitsgefährdend beim Einatmen der Feinstäube	Reizend	Stäube absaugen, mit geeigneten Mitteln binden und in gut schließenden Behältern lagern.
Lösemittel, Reinigungsmittel für Teile	Stoffe können beim Einatmen und Verschlucken zu Gesundheitsschäden führen.	Mindergiftig, Leicht entzündlich	Direkten Kontakt mit der Haut vermeiden. Hautschutzcreme verwenden. Von Zündquellen fernhalten, nicht rauchen.
Ottokraftstoffe	Explosionsfähig, hochentzündlich. Giftig beim Einatmen, Verschlucken und Berühren mit der Haut. Kann Krebs erzeugen.	Hoch entzündlich, Giftig	Von Zündquellen fernhalten, nicht rauchen. Dämpfe nicht einatmen. Berühren mit Haut oder Augen vermeiden. Hautschutzcreme verwenden. Nie zu Reinigungszwecken verwenden.
Batteriesäure	Wirkt ätzend auf der Haut und an den Augen (Erblindungsgefahr). Beim Einatmen Reizung und Schädigung der Schleimhäute der Atemwege.	Ätzend	Direkten Hautkontakt vermeiden. Transportgefäße geschlossen halten. Nur Originalgefäße verwenden. Handschuhe, Schutzbrille ggf. Gesichtsschutz verwenden. Für gute Be- und Entlüftung sorgen.
Motoröl bekannter und unbekannter Herkunft, Dieselkraftstoff, Getriebeöle.	Längeren wiederholten Hautkontakt vermeiden. Motoröl unbekannter Herkunft ist in die Gefahrklasse AI einzustufen.	Reizend, Leicht entzündlich	Hautschutzcreme verwenden. Bei Berührung Haut und Kleidung gründlich reinigen. Von Zündquellen fernhalten.
Hohlraum-, Unterbodenschutz, Transportkonservierer, Lack, Lackreste, Klebstoffe.	Entzündlich. Beim Einatmen, Reizung und Entzündung von Haut, Schleimhäuten, Augen und Atemwege möglich, sowie betäubende Wirkung.	Leicht entzündlich, Mindergiftig	Von Zündquellen fernhalten. Bei der Arbeit für gute Lüftung sorgen. In dicht geschlossenen Gebinden an gut belüfteten Ort lagern. Hautschutzcreme verwenden. Schutzhandschuhe, ggf. Schutzbrille, tragen.

3 Betriebsorganisation, Kommunikation

3.1 Grundlagen der Betriebsorganisation

Damit ein Betrieb seine Aufgaben bzw. Aufträge fach- und termingerecht erfüllen kann, bedarf es einer betrieblichen Organisation. Diese wird durch Aufgabenteilung und genaue Abgrenzung der Arbeits- bzw. Geschäftsbereiche erreicht.

Die Betriebsorganisation ordnet Personen und Sachmittel so zu, dass eine reibungslose Abwicklung der Aufträge gewährleistet ist. Sie hat das Ziel, mit den eingesetzten Faktoren (Mitarbeiter, Maschinen, Materialien und Zeit) das bestmögliche Ergebnis zu erzielen.

Dabei stehen die folgenden Ziele im Vordergrund:

- Optimaler Kapitalgewinn (wirtschaftliches Ziel)
- Hohe Produktivität (technisches Ziel)
- Hohes Ansehen bei Kunden und Mitbewerbern (politisches Ziel)
- Versorgung der Mitarbeiter (soziales Ziel)

Neben den ökonomischen und sozialen Aspekten müssen auch Gesichtspunkte des Umweltschutzes berücksichtigt werden.

Die Zielerreichung wird in der Regel durch verschiedene Maßnahmen der Qualitätssicherung unterstützt.

Die Betriebsorganisation muss die folgenden Grundsätze beachten:

Zielorientierung. Die Organisation orientiert sich an den von der Geschäftsleitung ausgegebenen Zielen, z.B. die Anzahl der verkauften Neufahrzeuge in einem bestimmten Zeitraum.

Klarheit und Übersichtlichkeit. Alle organisatorischen Regelungen müssen in Sprache und Darstellung klar und übersichtlich sein, z.B. durch Organisationspläne und Stellenbeschreibungen.

Einheitlichkeit der Aufgabenzuordnung. Teilaufgaben müssen nach Kompetenz und Verantwortung eindeutig festgelegt sein, z.B. bei der Durchführung von gesetzlich vorgeschriebenen Prüfungen am Kraftfahrzeug, z.B. Abgasuntersuchung.

Verantwortungszuordnung. Jedem Mitarbeiter muss ein klar umrissener Verantwortungsbereich übertragen werden, z.B. durch die Benennung eines Verantwortlichen für die Arbeitssicherheit.

Koordination der Aufgaben. Geteilte Arbeitsvorgänge müssen koordiniert werden, z.B. durch Regelungen bezüglich der Abwicklung von Reparaturaufträgen.

Kontinuität und Flexibilität. Organisatorische Regelungen müssen den jeweiligen Bedürfnissen angepasst werden, z.B. Regelungen für Notdienste.

Kontrolle. Zur Minimierung von Fehlern müssen Arbeitsvorgänge kontrolliert werden, z.B. durch den Werkstattmeister.

In einem Organisationsbereich wird geregelt...

WER	etwas bearbeitet,
WANN	etwas bearbeitet wird,
WO	etwas bearbeitet wird,
WOMIT	etwas bearbeitet wird,
WAS	bearbeitet wird,
WIE	etwas bearbeitet wird.

3.1.1 Organisation eines Autohauses

Ein Autohaus besteht aus der Geschäftsleitung und eigenständigen Geschäftsbereichen **(Bild 1)**.

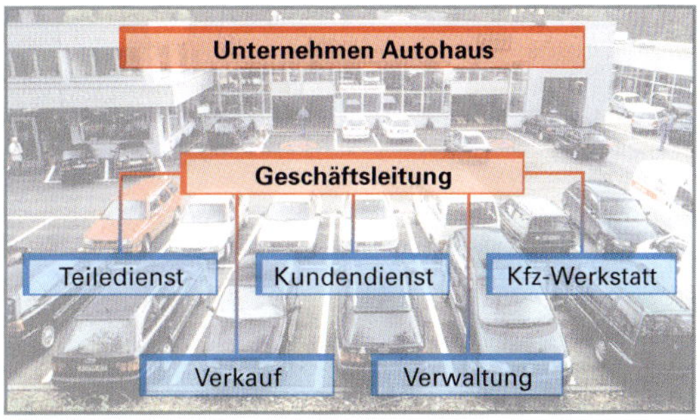

Bild 1: Organisation eines Autohauses

Geschäftsleitung. Sie überwacht die Geschäftsbereiche. Sie legt die Zielsetzung des Unternehmens fest und bestimmt die Geschäftspolitik. Ihre Aufgaben sind die Betriebsführung, die Planung und Organisation des Betriebes sowie die Kontrolle aller anderen Geschäftsbereiche.

Geschäftsbereiche eines Autohauses sind für die Abwicklung unterschiedlicher Aufgaben verantwortlich.

Teiledienst (Lager). Er verwaltet das Ersatzteil- und Zubehörsortiment. Dazu gehören die Bevorratung, Bestellung, Einlagerung und Bestandsüberwachung. Der Teiledienst gibt Ersatzteile und Zubehör an die Werkstatt aus bzw. verkauft diese an Kunden.

Kundendienst. Er bildet die Hauptschnittstelle zwischen den Kunden und der Werkstatt. Er führt die Reparaturannahme sowie die technische Beratung des Kunden durch. Nach der erfolgten Reparatur übergibt er das Fahrzeug an den Kunden. Er übernimmt weiterhin die Abwicklung von Gewährleistungs-, Garantie- und Kulanzfällen.

Kfz-Werkstatt. Sie führt Reparatur-, Karosserie- und Wartungsarbeiten durch.

Verkauf. Er führt den Verkauf von Neu-, Jahres- und Gebrauchtwagen (einschließlich Leasing und Finanzierung) durch und wickelt die Fahrzeugauslieferung und -übergabe ab. Außerdem erfolgt durch diesen Bereich die Bewertung und der Ankauf von Gebrauchtwagen.

Verwaltung. Ihr Auftrag ist die Erledigung der anfallenden kaufmännischen Aufgaben. Dazu gehören beispielsweise die Buchhaltung, die Abwicklung von Geschäften mit Lieferanten und Herstellern, die Personalplanung sowie die Lohn- und Gehaltsabrechnung.

3.1.2 Aspekte der Betriebsorganisation

Kundenorientierung ist die Ausrichtung des Denkens und Handelns der Mitarbeiter auf den Kunden und seine Bedürfnisse.

Informationen über die Wünsche der Kunden können auf unterschiedliche Art und Weise beschafft werden **(Bild 1)**.

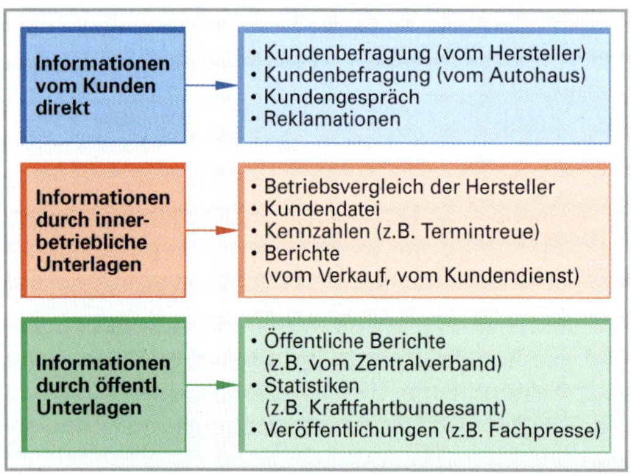

Bild 1: Beschaffung von Informationen über Kundenwünsche

Je nach Kunde sind die Interessen und die Ansprüche an den Betrieb unterschiedlich.

Kundenwünsche können beispielsweise sein:

- Gute und fachgerechte Ausführung von Reparatur- und Wartungsarbeiten
- Sofortige Bearbeitung von Reklamationen
- Einhaltung von vereinbarten Terminen
- Fachgerechte Beratung durch die Mitarbeiter
- Schnelle und reibungslose Auftragsbearbeitung
- Gutes Preis-Leistungs-Verhältnis
- Freundliche Bedienung
- Ausrüstung entspricht dem neuesten Stand der Technik
- Bevorzugte Bedienung bei dringenden Reparaturen
- Beachtung der Umweltschutzregelungen
- Moderner und professioneller Eindruck des Autohauses
- Angenehme Atmosphäre
- Saubere Verkaufs- und Werkstatträume
- Sauberkeit des Fahrzeugs bei der Abholung

Kundenzufriedenheit entsteht, wenn die Qualität der ausgeführten Arbeiten den Erwartungen der Kunden entspricht.

Die Zufriedenheit des Kunden führt zur Treue gegenüber dem Unternehmen (Kundenloyalität). Diese tritt insbesondere dann ein, wenn die Erwartungen des Kunden noch übertroffen werden. Ein zufriedener Kunde wird das Autohaus darüber hinaus im Kreis von Freunden und Bekannten weiterempfehlen.

Unzufriedene Kunden können leicht von Mitbewerbern abgeworben werden, da nicht alle unzufriedenen Kunden reklamieren. Viele Kunden scheuen Zeit, Ärger und Kosten, die mit einer Beschwerde verbunden sind. Aus diesem Grund sollte die Kundenzufriedenheit regelmäßig und systematisch, z.B. durch Kundenbefragungen, untersucht werden. Die Ergebnisse dieser Befragungen bieten Ansatzpunkte zur Optimierung der betrieblichen Organisation.

Die Kundenzufriedenheit wird durch die folgenden Faktoren beeinflusst:

Technische Produktqualität

- Verarbeitung und Reparaturanfälligkeit des Fahrzeugs
- Ausführung von Wartungs- und Reparaturarbeiten

Servicequalität

- Qualität der Beratung durch Automobilverkäufer, Kundendienstberater, Mitarbeiter
- Umgang mit Reklamationen, z.B. schnelle Bearbeitung, Kulanzregelungen
- Einhaltung von Terminen bei Reparaturaufträgen, Lieferungen

Reputationsqualität*

- Ansehen des Automobilherstellers
- „Guter Ruf" des Autohauses
- Kompetenz des Autohauses

Persönliche Beziehungsqualität

- Vertrauen zwischen den Mitarbeitern und dem Kunden
- Umgang zwischen Mitarbeitern und Kunden
- Sympathie zwischen Mitarbeitern und Kunden

Preiswahrnehmung

- Gutes Preis-Leistungs-Verhältnis, z.B. bei Reparaturen, Neu- und Gebrauchtfahrzeugen sowie Ersatzteilen und Zubehör
- Transparente Rechnungsstellung, z.B. durch klaren Aufbau der Rechnung und Erläuterungen zur Rechnung
- Rabattangebote
- Zugaben

Kundenbindung. Ziel aller betrieblichen Maßnahmen ist es, durch die Kundenzufriedenheit eine langfristige Bindung zwischen Kunde und Autohaus zu erreichen, zu sichern und auszubauen. Dazu sind die wirkungsvollsten Faktoren der Kundenzufriedenheit zu ermitteln und auszubauen. Bei geringer oder nicht vorhandener Kundenzufriedenheit ist die Bindung zwischen Kunde und Autohaus gefährdet **(Bild 1)**.

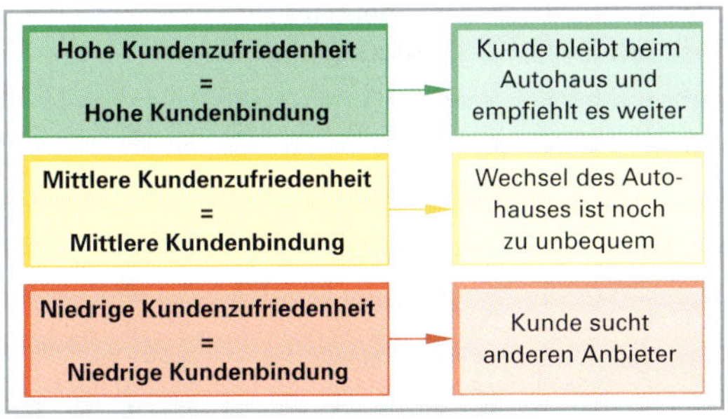

Bild 1: Auswirkungen der Kundenzufriedenheit auf den Betrieb

Darüber hinaus kann insbesondere über Servicekonzepte die Kundenbindung verstärkt werden. Diese können beispielsweise sein:

- Komplette Dienstleistungsangebote, wie z.B. Verkauf, Wartung, Reparatur, Leasing, Versicherungen u.a.
- Zielgruppenprogramme für Privat-, Geschäfts- und Großkunden
- Werbung und spezielle Werbeprogramme
- Garantie und Kulanz
- Mobilitätsgarantie
- Hol- und Bringservice
- Kundenclub

Für den wirtschaftlichen Erfolg des Unternehmens ist es wichtig, die Bedeutung des Kunden für den Betrieb richtig einschätzen zu können. Mit Hilfe dieser Einschätzung wird erwogen, ob eine gezielte Maßnahme für einen bestimmten Kunden aus Sicht des Betriebes sinnvoll ist, z.B. das Angebot umfangreicher Serviceleistungen zu einem günstigen Preis.

Kundenarten

Man unterscheidet die folgenden Arten von Kunden:

- **Laufkunde**
  Dieser Kunde nutzt eine Gelegenheit, befindet sich zufällig in der Nähe des Autohauses oder ist auf der Durchreise. Er wird auch als Zufallskunde oder Verzichtskunde bezeichnet. Der Laufkunde erwartet, dass die Arbeiten schnell und zuverlässig ausgeführt werden, hat aber keine weiteren Ansprüche. Dieser Kunde hat keinerlei Bindung zum Unternehmen. Die zu erwartenden Erträge sind in der Regel gering.

- **Dauerkunde**
  Dieser Kunde hat Bindung zum Unternehmen. Bei günstigen Gelegenheiten, Sonderangeboten oder weiteren Vorteilen nimmt er den Service des Betriebs in Anspruch. Die vermutete Ertragsentwicklung bei diesem Kunden ist nicht besonders hoch. Er wird auch als **Mitnahmekunde** bezeichnet.

- **Stammkunde**
  Dieser Kunde lässt alle anfallenden Arbeiten in der Werkstatt ausführen und legt Wert auf die persönliche Ansprache durch die Mitarbeiter. Er erwartet eine persönliche Betreuung, die seinem Stellenwert entspricht und hat eine hohe Bindung zum Unternehmen. Von diesem Kunden kann Wachstum und ausreichender Gewinn erwartet werden. Er wird auch als **Starkunde** bezeichnet. Zudem ergeben sich hohe Weiterempfehlungschancen für den Betrieb.

- **Großkunde**
  Dieser Kunde lässt seinen gesamten Fuhrpark im Betrieb warten. In den meisten Fällen handelt es sich um einen **Firmen- oder Behördenkunden.** Diesen Kunden wird meist ein Rabatt gewährt. Entscheidend ist die schnelle und gut ausgeführte Arbeit um die Standzeiten zu verringern. Der Betrieb steht in einer gewissen Abhängigkeit zu diesem Kunden.

* Reputation (lat.) Ansehen, Ruf

3.2 Kommunikation

Um die Kundenorientierung und damit den Unternehmenserfolg zu verbessern, bedarf es einer gut funktionierenden Kommunikation zwischen der Geschäftsführung und den einzelnen Geschäftsbereichen, aller Mitarbeiter untereinander sowie insbesondere mit dem Kunden.

> Kommunikation ist der Austausch von Botschaften zwischen Sender und Empfänger.

3.2.1 Grundlagen der Kommunikation

Die zwischenmenschliche Kommunikation kann **verbal** (sprachlich) oder **non-verbal** (nicht-sprachlich) erfolgen.

Die **non-verbale** Kommunikation erfolgt über

- **Gestik** (Ausdruck des Körpers, z.B. Kopfschütteln, Nicken)
- **Mimik** (Ausdruck des Gesichtes, z.B. Stirnrunzeln, Lächeln)
- **Pantomimik** (Körperhaltung, z.B. aufrecht, gebeugt)

Die non-verbale Kommunikation kann die verbale Aussage unterstützen oder ihr widersprechen. Ist die Aussage identisch mit der Pantomimik, wird dadurch Glaubwürdigkeit erzeugt. Ist die Aussage nicht identisch mit der Pantomimik, wird diese unglaubwürdig.

> Der erste Eindruck ist entscheidend für den Verlauf der weiteren Kommunikation.

Der erste Eindruck bildet sich in wenigen Sekunden und wird durch Merkmale wie den Gesichtsausdruck, Gestik, Körperhaltung usw. beeinflusst. Zu Beginn der Kommunikation ist der erste Eindruck sehr stark durch das nonverbale Verhalten geprägt. Es ist deshalb wichtig, die entsprechenden Signale zu erkennen und angemessen zu reagieren **(Tabelle 1)**.

Tabelle 1: Non-verbales Verhalten im Umgang mit Kunden

Situation	Mögliche Reaktion
Der Kunde betritt das Autohaus mit einem suchenden Blick.	• Blickkontakt • Zunicken • Begrüßung des Kunden mit Handschlag • Zuwendung zum Gesprächspartner
Der Kunde betritt das Autohaus wütend und mit rotem Kopf.	• freundliches Zugehen auf den Kunden • Lächeln

Die **Kommunikation zwischen Sender und Empfänger** läuft auf unterschiedlichen Ebenen ab. Ein und dieselbe Nachricht enthält demnach unterschiedliche Botschaften. Der Zuhörer kann eine Nachricht unterschiedlich auffassen. Zur Erklärung wendet man das „4-Ohren-Modell" an **(Bild 1)**.

> Wahr ist nicht, was der Sender sagt, sondern was der Empfänger (Zuhörer) versteht.

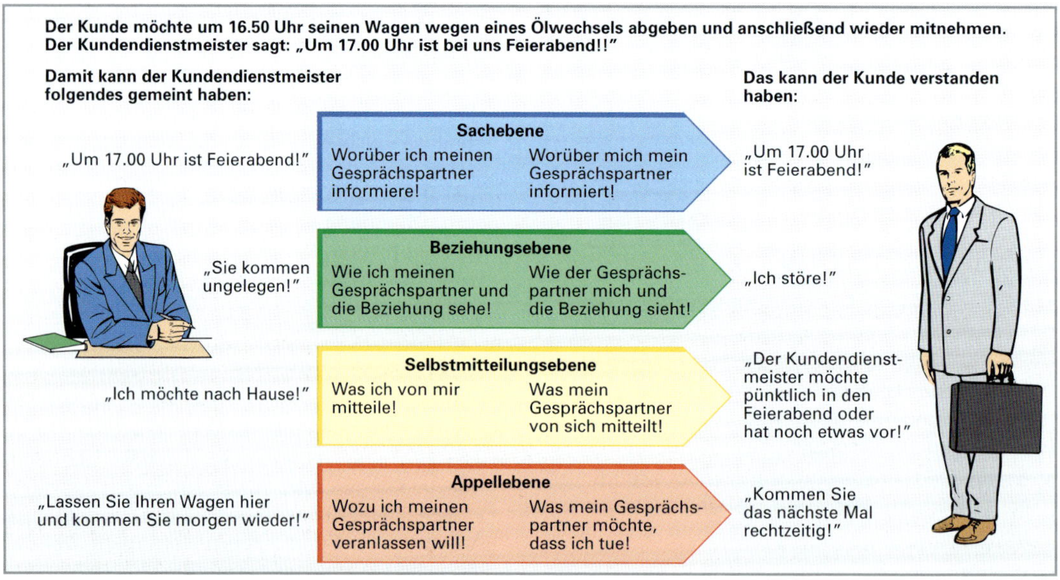

Bild 1: Kommunikationsbeispiel

Der Empfänger (Zuhörer), der in der Lage ist, mit „Vier Ohren" zu hören, besitzt im Verlauf der Kommunikation Vorteile:

- Er hört besser zu („Aktives Zuhören").
- Er versteht seinen Kommunikationspartner besser und kann demzufolge besser auf ihn eingehen.
- Er kann Konfliktsituationen frühzeitig erkennen und entsprechend darauf reagieren.
- Er kommuniziert wirkungsvoller.
- Er kann die wichtige Beziehungsebene stärker berücksichtigen.

Transaktionsanalyse. Sie geht davon aus, dass sich die menschliche Persönlichkeit aus drei Ich-Zuständen zusammensetzt **(Bild 1).** Mit den Ich-Zuständen werden die Verhaltensmuster beschrieben, in denen sich Menschen wie Kinder benehmen („Kind-Ich"), wie ihre eigenen Eltern („Eltern-Ich") oder wie logisch denkende Erwachsene („Erwachsenen-Ich"). Das Vorhandensein aller drei Ich-Zustände macht die menschliche Persönlichkeit aus.

Das Verfahren bildet die Grundlage zur Erklärung kommunikativer Abläufe.

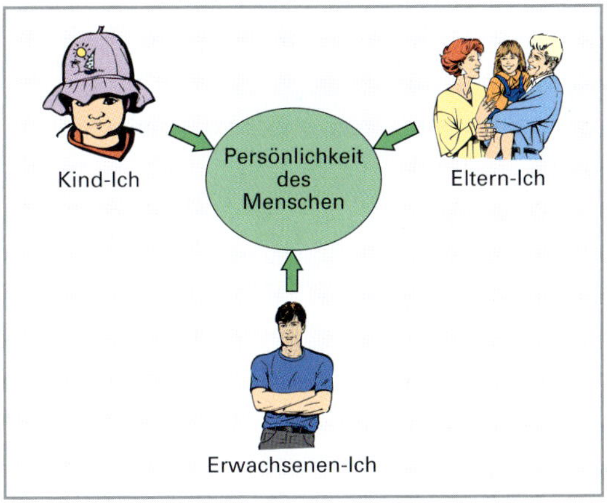

Bild 1: Ich-Zustände der menschlichen Persönlichkeit

Eltern-Ich-Zustand

Wer denkt, handelt und fühlt wie er es an seinen Eltern beobachtet hat, befindet sich in seinem Eltern-Ich-Zustand. Man unterscheidet das „kritische/strenge Eltern-Ich" (Gebote, Verbote, Kritik, Vorurteile) und das „unterstützende Eltern-Ich" (Motivation, Hilfsbereitschaft, Fürsorge).

Beispiele:

Das unterstützende Eltern-Ich:
Ein Meister sagt zu einem Auszubildenden der sich nicht so recht an eine neue Aufgabe heranwagt: „Versuch´ es ruhig, Du schaffst das schon!"

Das kritisch/strenge Eltern-Ich:
Ein Meister sagt zu einem Mitarbeiter in der Werkstatt: „Der Ölwechsel muss heute bis 14.00 Uhr fertig sein!"

Erwachsenen-Ich-Zustand

Wer sich mit der gegenwärtigen Realität auseinandersetzt, Tatsachen sammelt und sie objektiv verarbeitet, befindet sich im Erwachsenen-Ich-Zustand. In diesem Zustand sind sämtliche eigene Erfahrungen die wir bewusst erlebt haben abgespeichert.

Beispiel:
Der Leiter der kaufmännischen Abteilung sagt zum Werkstatt-Meister: „Die letzte Auswertung weist die folgenden Zahlen aus!"

Kind-Ich-Zustand

Wer fühlt, denkt und handelt wie in der Zeit, als er noch ein Kind war, befindet sich in seinem Kind-Ich-Zustand. Man unterscheidet das „angepasste Kind-Ich" , das „rebellische Kind-Ich" und das „freie Kind-Ich" .

Beispiele:

Das angepasste Kind-Ich:
Ein Mechaniker, der vom Vorgesetzten eine neue Aufgabe erhält, sagt: „Selbstverständlich, sehr gerne. Das werde ich sofort erledigen!"

Das rebellische Kind-Ich:
Ein Auszubildender sagt zu einem anderen Auszubildenden: „Der Meister soll seine Arbeit selber machen!"

Das freie Kind-Ich:
Ein Mitarbeiter geht fröhlich pfeifend durch die Werkstatt und sagt: „Ich gehe jetzt rauchen!"

3.2.2 Beratungsgespräch

Der erste Kontakt mit einem Kunden findet in der Regel bei einem Beratungsgespräch statt. Dabei ist der erste Eindruck, den die Gesprächspartner voneinander haben, von großer Bedeutung. Aus diesem Grund sollte der Mitarbeiter möglichst schnell einen guten **persönlichen Kontakt** zum Kunden aufbauen und diesen während der Abwicklung des gesamten Auftrags, von der Beratung über die Ausführung bis zur Abrechnung und Fahrzeugübergabe, aufrecht erhalten.

> Das Beratungsgespräch erfordert die Einstellung des Mitarbeiters auf die Persönlichkeit des Kunden.

3

Ein Beratungsgespräch lässt sich in verschiedene Phasen aufteilen:

1. Kontaktphase

- Aktive Begrüßung:
  Vor- und Zuname nennen, Platz anbieten, Lächeln, Handschlag
- Positives Auftreten gegenüber dem Kunden (Beziehungsebene), positiver erster Eindruck
- Bewusstes Wahrnehmen der verbalen und nonverbalen Signale des Gesprächspartners
- Smalltalk

Ziel: Herstellung einer positiven Atmosphäre! Nicht argumentieren! Nicht informieren!

2. Informationsphase

- Kundenbedürfnis/Kundenwünsche feststellen
- Fragetechniken einsetzen – gezielt fragen
- Aktiv/aufmerksam zuhören

Ziel: Die Wünsche oder Probleme des Kunden durch gezielte Fragen in Erfahrung bringen!

3. Verhandlungsphase

- Vorteile und Nutzen für den Kunden aufzeigen
- Positive Formulierungen – gezielt argumentieren
- Einwände des Kunden beachten und positiv behandeln
- Ergebnisorientierte Gesprächsführung
- Kunden zufriedenstellen / begeistern

Ziel: Argumentation und Ausräumen von möglichen Einwänden des Kunden!

4. Abschlussphase

- Positive Aspekte zusammenfassen (gutes Gefühl mitgeben)
- Weiteres Vorgehen abklären
- Aktive Verabschiedung (als Gesprächspartner anbieten)
- Visitenkarte mitgeben
- Beziehung herstellen für die Zukunft (Smalltalk, gute Wünsche)

Ziel: Positiver zukunftsorientierter Ausklang!

Fragetechniken
In der Informationsphase ist die Fragetechnik von großer Bedeutung. Eine gute Fragetechnik ist in Verbindung mit aufmerksamen Zuhören („Aktives Zuhören") ein wesentlicher Baustein für wirkungsvolle Beratungsgespräche.

Dabei sind verschiedene Arten von Fragen zu unterscheiden:

Die **geschlossene Frage**:

- Die Antwort erfolgt nur mit einem „JA" oder „NEIN".
- Es werden nur Daten oder Fakten abgefragt.
- Das Aneinanderreihen von geschlossenen Fragen hat Verhörcharakter.

Beispiel:
„Sind Sie mit Ihren Winterreifen zufrieden?"

Die **offene Frage**:

- Der Gesprächspartner wird mehr in das Gespräch mit einbezogen.
- Der Fragende gewinnt mehr Informationen durch das zu erwartende Antwortspektrum.
- Die Frage beginnt mit einem Fragewort (welche, wie, worin ...).

Beispiel:
„Welches Fabrikat an Winterreifen bevorzugen Sie?"

Die **Suggestivfrage**:

- In der Frageformulierung gibt der Fragende die erwartete Antwort bereits vor.
- Sie ist erkennbar an den auf Zustimmung zielenden Wörtern wie: „sicher auch", „auch nach Ihrer Meinung".

Beispiel:
„Sie wollen doch auch im Winter sicher fahren?"

Die **Alternativfrage**:

- Der Fragende bietet dem Befragten durch seine Frageformulierung bereits Entscheidungshilfen an.
- Die gewünschte Antwort stellt er in der Frageformulierung an den Schluss.

Beispiel: „Bevorzugen Sie Winterreifen der Marke x oder der Marke y?"

Aktives Zuhören
Um den Kundenwunsch zu ermitteln und Einwände des Kunden zu behandeln ist es wichtig, den Ausführungen des Kunden konzentriert zu folgen. Während der Kunde spricht, soll der Mitarbeiter den Kunden nicht unterbrechen. Die Pause ist ein erprobtes Mittel das Beratungsgespräch interessant zu gestalten, weil der Kunde die Möglichkeit erhält, sich zu öffnen, sich auszusprechen und seine Meinung anzubringen. Aktives Zuhören ermuntert den Gesprächspartner weiterzureden und man gewinnt Aufmerksamkeit und Sympathie.

Merkmale des „Aktiven Zuhörens" sind:

- Mit Bedacht schweigen
- Gesprächspausen aushalten (nicht reden, nur um die Stille zu durchbrechen)
- Emotional belastende Aussagen aushalten (nicht in verbalen Aktionismus verfallen)
- Vorschnelle Äußerungen zurückhalten
- Anteil nehmen, sich einfühlen
- Die Situation des Gesprächspartners akzeptieren
- Wach sein, konzentriert sein, mitdenken
- Die „geheime" Botschaft erkennen
- Dem Gesprächspartner deutlich machen, dass ich ihm zuhöre (durch den Gesichtsausdruck, Kopfnicken u.a.)

Argumentation

Im Rahmen der Verhandlungsphase werden Argumente mit dem Kunden ausgetauscht. Die Argumentation soll den Gesprächspartner von der eigenen Meinung bzw. vom eigenen Standpunkt überzeugen und nicht überreden.

> Argumentation ist der Austausch von Informationen mit dem Ziel, den Gesprächspartner zu überzeugen.

Damit ein Argument überzeugt, müssen zwei Bedingungen erfüllt sein:

- Die innere Bereitschaft zur Änderung des ursprünglich eingenommenen Standpunkts muss vorhanden sein.
- Der persönliche Nutzen zur Befriedigung des eigenen Bedürfnisses muss erkannt werden.

Ein großer Teil der im Rahmen der Argumentation ausgetauschten Nachrichten läuft über die Appellebene.

Bei der Behandlung des Einwandes ist ein Vorgehen in drei Schritten zweckmäßig **(Bild 1)**.

Reaktion auf Kundeneinwände. Die Behandlung von Einwänden kann auch mit verschiedenen Frage-Methoden erfolgen.

Rückfrage. Der Einwand wird als Frage zurückgegeben, um weitere Informationen zu erhalten. Dadurch kann Zeit gewonnen werden.

Beispiele:

- „Wie meinen Sie das?"
- „Wie darf ich das verstehen?"

Ja-aber. Bei dieser Methode sollte nach Möglichkeit das „Ja" durch eine andere Formulierung ersetzt werden. Das Wort „aber" nimmt eine vorher gemachte Aussage zurück bzw. schwächt diese ab, und sollte z.B. durch „jedoch" ersetzt werden.

Beispiele:

- „Ich kann Sie verstehen, jedoch ..."
- „Das stimmt, allerdings ..."

Rhetorische Frage. Der Einwand wird als Frageform wiederholt. Der Gesprächspartner wird damit gleichzeitig motiviert.

Beispiele:

- „Eine gute Frage, die Frage nach dem Preis-Leistungsverhältnis ..."
- „Eine sehr berechtigte Frage: Die Frage nach Aufwand und Ertrag ..."

Umkehrung. Der vermeintliche Nachteil wird in einen Vorteil für den Gesprächspartner umgewandelt. Diese Methode wird auch als Bumerang-Methode bezeichnet.

Beispiele:

- „Gerade weil ..."
- „Gerade deshalb ..."

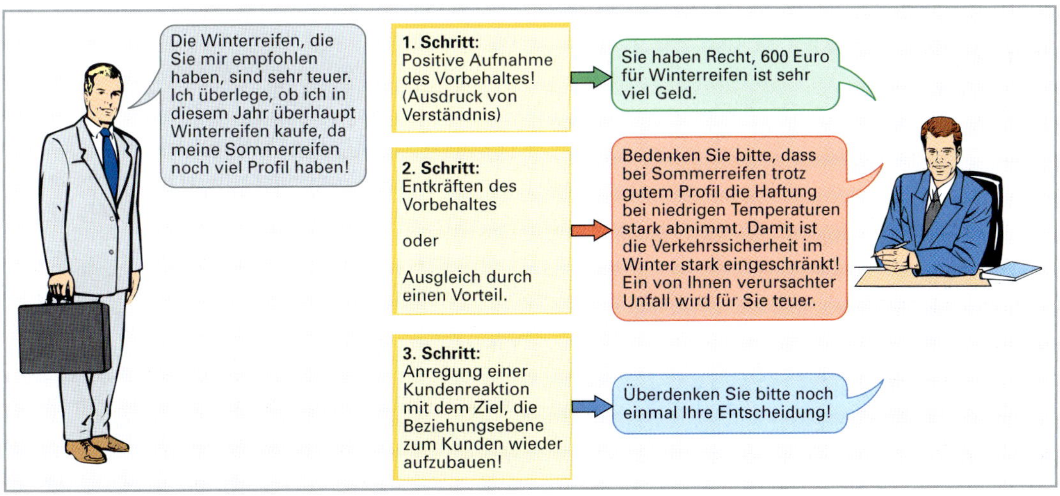

Bild 1: Einwandbehandlung

3.2.3 Reklamationsgespräch

Beschwerden und Reklamationen des Kunden sind eine unerfreuliche Sache. Dabei bietet gerade das Reklamationsgespräch eine gute Gelegenheit, von dem Kunden die Informationen zu erhalten, die für die Verbesserung der Serviceleistung wichtig sind.

Voraussetzung für die Lösung von Problemen ist das Verständnis für den Gesprächspartner.

Hinweise für die Führung und Durchführung von Reklamationsgesprächen:

- **Führen Sie das Gespräch unter vier Augen.** Versuchen Sie das Gespräch nicht vor anderen Kunden zu führen. Nutzen Sie z.B. ein Besprechungszimmer und holen Sie sich im gegebenen Fall Kompetenzverstärkung durch Vorgesetzte.
- **Hören Sie dem Kunden aufmerksam zu** („Aktives Zuhören“).
- **Versuchen Sie den Kunden zu verstehen.** Gehen Sie auf Nummer sicher und fassen Sie die Beschwerde des Kunden nochmals mit eigenen Worten zusammen: „Habe ich Sie richtig verstanden, dass ... ?“.
- **Stellen Sie gezielte Fragen zur Sache.** Nutzen Sie die wichtigsten Fragetechniken (offene Fragen, geschlossene Fragen, Alternativfragen, Suggestivfragen).
- **Bleiben Sie verständlich für den Kunden.** Belehren Sie den Kunden nicht und verzichten Sie auf Fachbegriffe und Fachwörter. Erklären Sie den Sachverhalt möglichst einfach und auch für Laien verständlich.
- **Vertreten Sie Ihre Firma und das Produkt positiv.**
- **Entschuldigen Sie sich für Fehler.** Aber rechtfertigen Sie sich nicht und schieben Sie niemals einen Kollegen als Fehlerverursacher vor.
- **Vermitteln Sie dem Kunden die Gewissheit, dass die Reklamation erledigt wird.**
- **Kümmern Sie sich um die Erledigung der Reklamation.** Suchen Sie mit dem Kunden nach gemeinsam tragfähigen Lösungen. Zeigen Sie ihm, dass Sie sich für ihn einsetzen und die Reklamation bestmöglich behandeln.

Halten Sie Ihre Versprechen unbedingt ein!

3.3 Personalführung

Der organisatorische Aufbau eines Betriebs sagt noch nichts darüber aus, in welcher Art und Weise die Führung der Mitarbeiter erfolgt. Durch Führung sollen stets bestimmte Betriebsziele, z.B. Steigerung der Produktion, Senkung der Kosten u.a. erreicht werden.

Durch die Führung von Mitarbeitern soll deren Verhalten so beeinflusst werden, dass die angestrebten Ziele des Unternehmens erreicht werden.

Unter Führung versteht man die persönliche und zielorientierte Einwirkung auf Menschen. Führung heißt, Menschen von einer Idee zu überzeugen, sie zu motivieren und zu befähigen, diese Überzeugung in eigenes aktives Handeln umzusetzen.

Dabei können verschiedene Führungsstile unterschieden werden.

Autoritärer Stil. Dieser Stil lässt sich dadurch charakterisieren, dass der Vorgesetzte befiehlt bzw. anordnet und der Untergebene Befehle und Anordnungen ausführt. Diese Art des Führens hat heute nur noch sehr geringe Erfolgsaussichten. Qualifizierte Mitarbeiter sind häufig unzufrieden, weil sie wenig Entscheidungsbefugnisse haben und wenig Verantwortung übernehmen dürfen.

Kooperativer Stil. Die in der heutigen Zeit übliche aufgabenbezogene Wahrnehmung von Führungsaufgaben verlangt Beweglichkeit, Kooperation (Mitarbeit/Zusammenarbeit), Delegationsfreudigkeit und die Zusammenarbeit mit und in Gruppen. Der kooperative Führungsstil sieht die Mitarbeiter als Partner, das Handeln ist auf die Unternehmensziele ausgerichtet. Verantwortung wird delegiert (auf andere übertragen) und die Mitarbeiter denken selbstständig und kritisch. Trotzdem gibt es im kooperativen Stil eine Autorität.

Laissez-faire Stil. Der Begriff „laissez-faire“ bedeutet „machen lassen“ und meint die weitgehende Verhaltensfreiheit der Mitarbeiter. Entscheidungen bleiben Einzelnen oder der Gruppe überlassen. Die Führungskräfte sind nur in geringem Maße an Entscheidungen beteiligt.

Situativer Führungsstil. Dieser Führungsstil meint die Anpassung der Führung an die jeweilige Situation. Führung ist nur dann wirksam, wenn eine Situation richtig erkannt und danach gehandelt wird. Der situative Führungsstil ist demnach eine situationsgerechte Anwendung des autoritären, des kooperativen oder des Laissez-faire Stils.

3.4 Verhalten des Mitarbeiters

Ein wichtiger Bestandteil für den beruflichen Erfolg ist die **positive Einstellung** zur Arbeit **(Bild 1)**. Oft ist es nicht der Mangel an Kommunikationsfähigkeit, der den Umgang mit anderen Menschen so schwer macht, sondern es sind negative Einstellungen, Erwartungen und Vorstellungen, die Gespräche und gemeinsame Arbeit scheitern lassen.

> Positives Denken führt zu einer positiven Einstellung zur Arbeit und zum beruflichem Erfolg.

Die positive Einstellung zur Arbeit kann durch die Vorgesetzten und die Mitarbeiter gezielt gefördert werden.

Positive Einstellung zum Beruf. Das Interesse am Beruf ist die grundlegende Voraussetzung für eine positive Einstellung zum Beruf. Die gezielte Förderung der Mitarbeiter seitens der Vorgesetzten, z.B. durch Fortbildungen beeinflusst die Einstellung zum Beruf ebenfalls positiv und erhöht die Qualität der Arbeitsausführung.

Positive Einstellung zum Betrieb. Sie wird insbesondere durch die Identifikation des Mitarbeiters mit den Zielen des Betriebs gefördert. Die Geschäftsführung kann durch einen kooperativen Führungsstil die Einstellung des Mitarbeiters zusätzlich positiv beeinflussen, z.B. durch die Einbindung der Mitarbeiter in Entscheidungsprozesse.

Positive Einstellung zu den Produkten. Jeder Mitarbeiter sollte gründlich über die Produkte des Betriebs informiert sein, z.B. über neue Fahrzeugmodelle oder neue Serviceangebote eines Kfz-Betriebes. Diese erhöht die Identifikation des Mitarbeiters mit den Produkten. So können die Waren und Dienstleistungen des Betriebs durch den Mitarbeiter besser gegenüber den Kunden vertreten werden.

Positive Einstellung zu den Kunden. Die Begegnung mit dem Kunden sollte bewusst gesucht werden. Der Versuch, Begegnungen mit dem Kunden zu vermeiden und deshalb möglichst nicht aufzufallen, zeugt von Unsicherheit und fehlender Kompetenz. Die Zeit für ein Gespräch mit dem Kunden sollte im Betriebsablauf eingeplant sein.

Eine positive Einstellung zeigt sich auch durch die Art und Weise, wie ein Mitarbeiter einem Kunden gegenübertritt, z.B. durch

- Aufrechte Körperhaltung
- Angemessene Gestik und Mimik
- Gepflegtes Äußeres, z.B. saubere Kleidung
- Freundliches Auftreten, z.B. Höflichkeit

Während der Umgang mit sympathischen Kunden keine besondere Herausforderung darstellt, kann das Verhalten im Umgang mit unbequemen Menschen schwierig und anstrengend sein.

Unzumutbares, z.B. beleidigendes Verhalten des Kunden sollte von allen Mitarbeitern freundlich aber bestimmt zurückgewiesen werden. Bei störendem oder ärgerlichem Verhalten der Kunden darf jedoch nicht in gleicher Weise reagiert werden. Versöhnlich oder gar humorvoll zu reagieren beeinflusst den Umgangston mit einem ärgerlichen Kunden positiv. Aus unangenehmen Situationen lassen sich neue Erfahrungen gewinnen und Anregungen zur Verbesserung des eigenen Verhaltens ableiten.

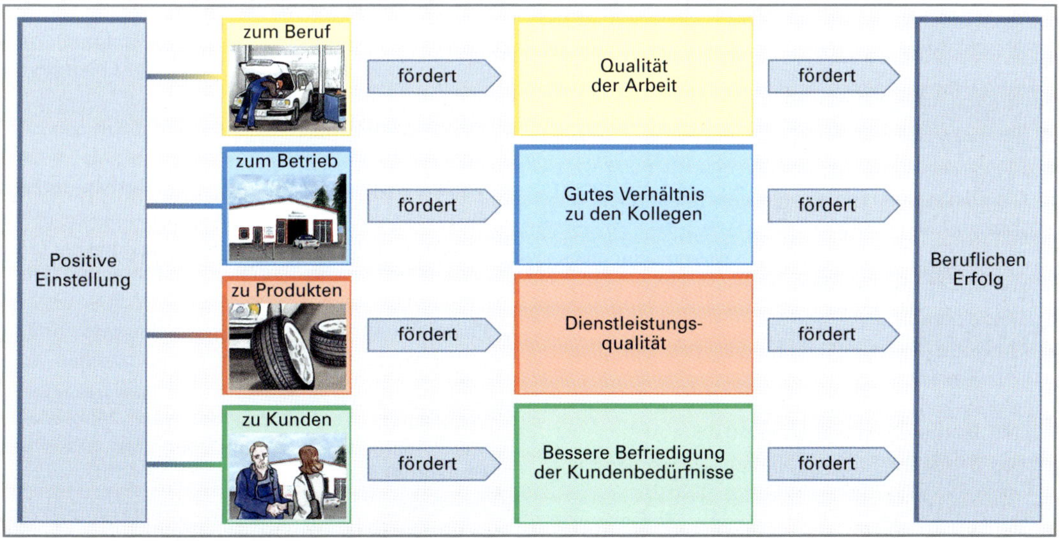

Bild 1: Einstellung zu den Aufgaben eines Mitarbeiters

3

3.5 Teamarbeit

Der Erfolg eines Unternehmens hängt nicht nur davon ab, wie Mitarbeiter mit Kunden umgehen, sondern wie die Mitarbeiter untereinander zusammenarbeiten und kommunizieren.

In vielen Unternehmen hat sich die Teamarbeit, d.h. die Zusammenarbeit mehrerer Mitarbeiter zur Lösung eines Problems durchgesetzt. Dabei ist zu beachten, dass je nach Betrieb die Teamarbeit unterschiedlich organisiert sein kann. Die Mitarbeiter kleinerer Autohäuser bzw. Werkstätten können sich genauso als Team verstehen, wie die Arbeitsgruppen in einem größeren Autohaus, welches teamorientiert strukturiert ist.

Die technische Weiterentwicklung erfordert eine Spezialisierung der Mitarbeiter. Der technische Fortschritt erfordert, dass komplexe Arbeiten, z.B. Diagnosearbeiten an elektronischen Systemen mit mehreren Mitarbeitern gemeinsam gelöst werden können. Das Problemlösungsvermögen zweier Mitarbeiter kann sich mehr als verdoppeln **(Bild 1)**.

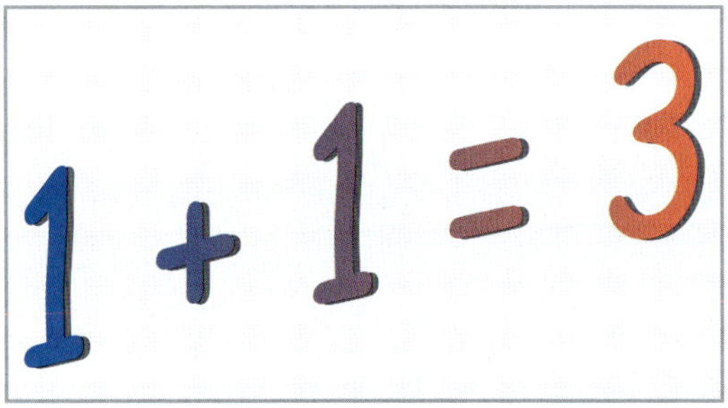

Bild 1: Formel für Gruppendynamik

Die Fähigkeit in einem Team zu arbeiten, erfordert neben den fachlichen Kompetenzen zusätzliche Fähigkeiten von den Beteiligten.

Für die Teamarbeit förderlich sind z.B.:

- Ein gutes Betriebsklima
- Die klare Festlegung der Ziele des Teams
- Die Diskussion von Problemen unter allen Mitgliedern des Teams
- Die Fähigkeit zur Selbstkritik
- Die Herbeiführung von Entscheidungen durch Übereinstimmung
- Ein gutes Vertrauensverhältnis unter den Teammitgliedern

Für die Teamarbeit hinderlich sind z.B.:

- Das Engagement der Kollegen auszunutzen und diese für sich arbeiten zu lassen **(Bild 2)**
- Konkurrenzdenken
- Angst die eigene Meinung zu äußern
- Überheblichkeit (Arroganz) einzelner Teammitglieder
- Mangelhafte Kommunikation untereinander, z.B. das Verschweigen von Konflikten

Bild 2: Falsches Verständnis von Teamarbeit

Konfliktlösung im Team. Konflikte im Team lassen sich dauerhaft nicht vermeiden. Da in den meisten Fällen Emotionen die Hauptrolle spielen, ist es wichtig im Rahmen der Konfliktbewältigung eine ausschließlich sachbezogene Auseinandersetzung anzustreben. Eine Verlagerung oder Verdrängung von Konflikten führt nicht zum Ziel. Autoritäre Standpunkte („Das werden wir schon sehen!") verhindern in der Regel die dauerhafte Bewältigung des Konflikts.

Konfliktursachen können im Alltag eines Betriebes vielfältig sein. Sie sind oftmals in der Persönlichkeitsstruktur von Mitarbeitern bzw. Kunden oder dem Führungsverhalten von Vorgesetzten begründet. Zudem spielen die Organisationsstruktur des Betriebes und das soziale Umfeld eine Rolle.

Strategie für die Bewältigung von Konflikten. Die folgende Vorgehensweise hat sich bei der Lösung von Konflikten im Team bewährt:

1. **Emotionskontrolle.** Aufkommende Wut bzw. Ärger beherrschen.
2. **Vertrauensbildung.** Aufbau einer Beziehung zwischen den Mitgliedern des Teams.
3. **Offene Kommunikation.** Partnerschaftlicher und problemorientierter Umgang zwischen den beteiligten Personen.
4. **Gemeinsame Problemlösung.** Diskussion von Lösungsvorschlägen und Erarbeitung eines Vorschlags.
5. **Treffen von Vereinbarungen.** Nach Möglichkeit schriftliche Verständigung über eine zukünftige Problembehandlung.
6. **Persönliche Verarbeitung.** Der Konflikt wird für beendet erklärt und die Handlungsfähigkeit des Teams wird wiederhergestellt.

3.6 Auftragsabwicklung

Zur Optimierung des Arbeitsablaufes bei der Auftragsabwicklung müssen im Rahmen der betrieblichen Organisation des Autohauses die folgenden Aspekte aufeinander abgestimmt sein (**Bild 1**):

- **Arbeitsinhalt**
  - Was soll bearbeitet werden?
- **Arbeitszeit**
  - Wie lange dauert die Bearbeitung des Auftrages und wann wird er durchgeführt?
- **Arbeitsplanung**
  - Wie soll der Auftrag durchgeführt werden?
  - Welche Ersatzteile und Hilfsmittel werden benötigt?
  - In welche Arbeitsschritte gliedert sich der Auftrag?
- **Arbeitsorte**
  - In welchen Abteilungen laufen die einzelnen Arbeitsschritte ab?

Hinweise für die Auftragsabwicklung in den einzelnen Ablaufschritten:

Kunden- und Fahrzeugdaten erfassen

- Freundliche Begrüßung des Kunden, z.B. bei Neukunden Namen in Erfahrung bringen und den Kunden danach mit Namen anreden.
- Für Stammkunden: Kunden- und Fahrzeugdaten aus der EDV abrufen und gemeinsam mit dem Kunden auf Aktualität und Stimmigkeit überprüfen.
- Für Neukunden: Kunden- und Fahrzeugdaten ermitteln, z.B. Fahrzeugschein, Serviceheft.
- Kilometer-Stand des Fahrzeugs erfragen bzw. ermitteln.
- Termin des letzten Service erfragen bzw. ermitteln sofern nicht in der EDV vorhanden.

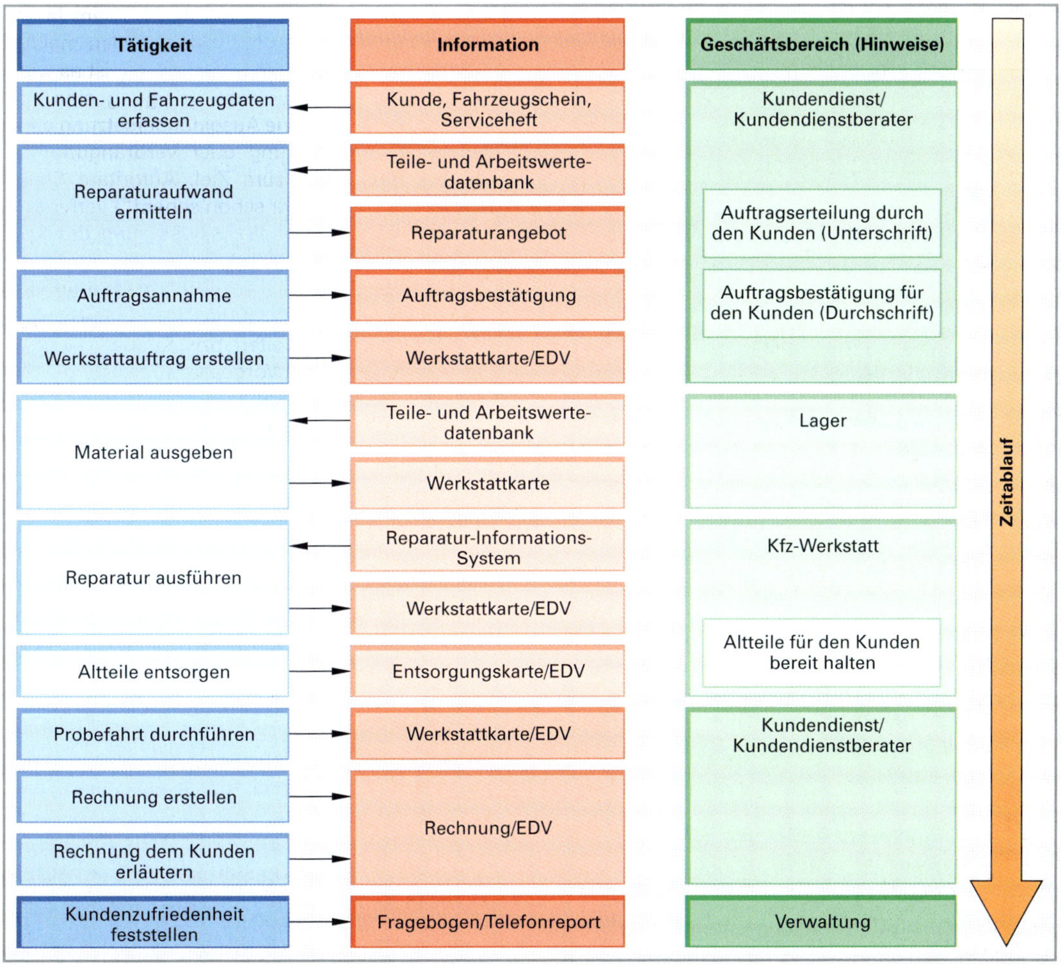

Bild 1: Ablaufplan für einen Reparaturauftrag

Reparaturaufwand ermitteln

- Kundenwunsch bzw. Fahrzeugprobleme/Beanstandungen erfragen, z.B. Inspektionsservice, Reparatur.
- Schlüsselfragen zur Problemeingrenzung verwenden, z.B. „Wann und wie oft tritt das Problem auf?", „Wann trat das Problem zum ersten Mal auf?"
- Fahrzeug systematisch und gründlich untersuchen, z.B. Dialogannahme am Fahrzeug gemeinsam mit dem Kunden.
- Vorhandene Schäden am Fahrzeug dokumentieren, z.B. Kratzer.
- Probefahrt bei Bedarf gemeinsam mit dem Kunden durchführen, bei Problemfällen unter Hinzuziehung eines Technikers oder Spezialisten.
- Zur Problemeingrenzung ggf. weitere Mitarbeiter hinzuziehen, z.B. Spezialisten, Werkstatt-Meister.
- Dem Kunden ggf. den kalkulierten Preis mitteilen. Angebote nur für Festpreis- und Standardaufträge erteilen, bei allen anderen Reparaturen Preisauskunft erst nach ausführlicher Diagnose erteilen.

Auftragsannahme

- Mit dem Kunden die Annahmeart vereinbaren, z.B. Annahme während der Geschäftszeiten, Mobile Annahme, Airport-Service.
- Annahme-Termin vereinbaren.
- Abhol-Termin vorläufig festlegen und dem Kunden mitteilen.
- Ersatzmobilität für den Kunden anbieten, z.B. Mietwagen.
- Ansprechpartner für den Kunden nennen.
- Auftrag mit Termin, Arbeitsumfang usw. im Terminplaner bzw. EDV festhalten.
- Bei Rückruf- und Werkstattaktionen alle vom Hersteller vorgegebenen Maßnahmen einleiten.
- Notwendige Kapazitäten im Betrieb für die Bearbeitung des Auftrags abgleichen, z.B. Verfügbarkeit von Ersatzteilen, Ersatzwagen, Personal, Spezialisten, Fremdleistungen.
- Vermerk über beigestellte (vom Kunden mitgebrachte) Produkte, z.B. Motoröl.
- Unterbreitung aktueller Angebote, z.B. Saisonangebote, Reifenwechsel.
- Kunden an die notwendigen Unterlagen erinnern, z.B. Serviceplan, Kfz-Schein, Radiocode, Felgen- und Fahrzeugschlüssel.
- Zahlungsart mit dem Kunden vereinbaren.
- Auftragsumfang mit dem Kunden abgleichen und die getroffenen Vereinbarungen noch einmal zusammenfassen, Termin nennen.
- Auftragsbestätigung vom Kunden unterschreiben lassen!

Werkstattauftrag erstellen

- Den bereits vorliegenden oder zu eröffnenden Reparaturauftrag durch den Werkstatt-Meister vervollständigen lassen, z.B. Informationen zum Fahrzeug, Service-Arbeitsanweisungen zuordnen.
- Beteiligte Mitarbeiter über den Auftrag informieren, z.B. Monteure, ggf. Spezialisten, Mitarbeiter des Teiledienstes.
- Beteiligte Fremdleistungen planen, z.B. Lackieren.
- Reparaturhistorie prüfen, liegt z.B. eine Wiederholreparatur vor, umfassend über die letzte Reparatur informieren um die Fehlerursachen einzugrenzen.

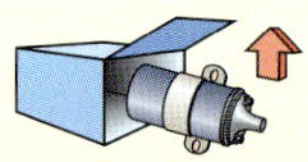

Material ausgeben

- Disponierte Ersatzteile ausgeben.
- Ausgegebene Ersatzteile auf der Werkstatt-Karte bzw. in der EDV vermerken.

Reparatur ausführen

- Alle Auftragspositionen schrittweise, vollständig und exakt abarbeiten.
- Vom Hersteller herausgegebene Unterlagen, z.B. Reparaturleitfäden, Technische Merkblätter, Unterlagen zu Inspektion und Wartung beachten.
- Vom Hersteller vorgeschriebene Spezialwerkzeuge, Messgeräte und Hilfsmittel verwenden.
- Auf dem letzten Werkstatttermin erkannte, aber nicht behobene Mängel prüfen und ggf. instandsetzen.
- Ausgeführte Arbeiten auf der Werkstattkarte bzw. in der EDV vermerken.
- Bei Erweiterung des Reparaturumfangs Rücksprache mit dem Service-Berater nehmen, um die Zusage des Kunden für die Auftragserweiterung einzuholen. Vermerk über die zusätzlich durchgeführter Arbeiten durch den Mechaniker auf der Werkstattkarte eintragen.

Altteile entsorgen

- Altteile fachgerecht entsorgen und auf der Entsorgungskarte dokumentieren. Entsorgungskarte oder ggf. das Austauschteil über das Ersatzteillager an den Hersteller zurücksenden.
- Altteile zur Begutachtung zurückhalten.

Probefahrt durchführen

- Probefahrt entsprechend der Arbeitsanweisung durchführen.
- Bei Service-Arbeiten Probefahrt gemäß den Vorschriften des Herstellers durchführen.
- Km-Stand nach der Probefahrt festhalten.
- Bei festgestellten Mängeln erforderliche Nacharbeiten durchführen lassen, ggf. Information an den Kunden bzgl. Abweichung vom vereinbarten Termin und von den veranschlagten Kosten.

Rechnung erstellen

- Auftragskontrolle: Lohn- und Materialabgleich durchführen, Einhaltung der Kostenschätzung prüfen, Ersatzteile prüfen.
- Rechnung verständlich und kundengerecht formulieren.
- Erkannte, aber nicht behobene Mängel auf der Rechnung ggf. mit Preisangebot vermerken.
- Gliederung der Rechnung nach Arbeitslohn und Material durchführen.
- Service-Berater und ggf. Mechaniker auf der Rechnung ausweisen
- Hinweise auf aktuelle Angebote, Aktionen, Neuvorstellungen, nächsten Service-Termin vermerken.
- Anlagen beifügen, z.B. Inspektions-Service-Formular, Ausleseprotokoll Fehlerspeicher/Fahrzeugelektronik, HU-, AU- und/oder SP -Bescheinigung.
- Zusammenstellung eines Service-Paketes, z.B. gestempelter Service-Plan, Einlegeblatt, Mobilitätsgarantie; ggf. Spiegelanhänger mit Visitenkarte des Mechanikers, Visitenkarte des Service-Beraters, Werbematerial, händlerindividueller Kundenfragebogen.
- Fahrzeugübergabe an den Kunden vorbereiten: Bereithaltung ausgetauschter Teile für Rückfragen, Service-Aufkleber und Sauberkeit des Fahrzeugs kontrollieren.

Rechnung dem Kunden erläutern

- Erläuterung der durchgeführten Arbeiten nach Möglichkeit direkt am Fahrzeug.
- Zusammensetzung der Rechnung erläutern.
- Den Kunden auf festgestellte, aber nicht behobene Mängel und ggf. in nächster Zukunft durchzuführende Reparaturen, z.B. Bremsen, Reifen mit konkretem Terminangebot hinweisen.
- Erläuterung der im Rahmen der Auftragserweiterung durchgeführten Arbeiten.
- Auf Nachfrage dem Kunden die defekten und ausgetauschten Teile zeigen.
- Angebot über den Rückruf des Service-Beraters am nächsten Tag.
- Hinweis auf die Mobilitätsgarantie geben.
- Rücknahme der Ersatzmobilität.
- Einhaltung der bei Annahme vereinbarten Zahlungsart.
- Persönliche Übergabe von Fahrzeugpapieren, Schlüssel und Service-Paket.

Kundenzufriedenheit feststellen

- Durchführung eines Telefonreports (max. 1 Woche nach dem Service-Ereignis) oder Auswertung des händlerindividuellen Kundenfragebogens aus dem Servicepaket.
- Bei Äußerung von Unzufriedenheit Rückruf durch den Service-Berater beim Kunden; Unterbreitung eines Lösungsangebotes und Ergreifen von Maßnahmen zur Umsetzung.
- Dokumentation der Kundenzufriedenheit.

Wiederholungsfragen

1. **Erläutern Sie die Aufgaben der Geschäftsbereiche eines Autohauses.**
2. **Erläutern Sie die Faktoren, welche die Kundenzufriedenheit beeinflussen.**
3. **Was versteht man unter dem Begriff „Kundenbindung"?**
4. **Erläutern Sie die verschiedenen Arten von Kunden und erläutern Sie deren Bedeutung für den Betrieb.**
5. **In welche Phasen lässt sich ein Beratungsgespräch aufteilen?**
6. **Was ist bei der Durchführung von Reklamationsgesprächen zu beachten?**
7. **Nennen Sie die sechs Phasen der Bewältigung von Konflikten im Team.**
8. **Beschreiben Sie den Ablauf eines Reparaturauftrags in Stichworten.**

3

3.7 Datenverarbeitung im Autohaus

Die Geschäftsbereiche des Autohauses werden bei ihrer Arbeit durch die Elektronische Datenverarbeitung (EDV) unterstützt. Neben den in der allgemeinen Bürowirtschaft verwendeten Programmen wie z.B. Textverarbeitung, Tabellenkalkulation, Internetprogramme kommen in der Regel herstellerspezifische Software-Lösungen zum Einsatz. Die einzelnen Bereichssysteme des Autohauses sind in den meisten Fällen vernetzt **(Bild 1)**.

Die Vernetzung vereinfacht den Zugriff auf Datenbanken und sich wiederholende Tätigkeiten.

In den jeweiligen Geschäftsbereichen kann die EDV die Durchführung der folgenden Tätigkeiten bzw. Funktionen unterstützen:

Geschäftsleitung

- Erstellung von Statistiken über Tages-, Monats- und Jahresergebnisse
- Ermittlung betrieblicher Kennzahlen
- Ausübung betriebswirtschaftlicher Kontrollfunktionen

Teiledienst

- Teile- und Zubehörverwaltung
- Bestell- und Inventurwesen
- Verbrauchsstatistik
- Verwaltung von Daten über Kfz-Zulieferfirmen
- Verwaltung von Daten über Einkaufs- und Verkaufspreise

Kundendienst

- Verwaltung der Kunden- und Fahrzeugdatei
- Angebots- und Auftragserstellung
- Kalkulation von Reparatur- und Karosseriearbeiten
- Verwendung der Arbeitswertedatei
- Erstellung der Werkstattkarten
- Rechnungsstellung
- Terminplanung
- Abwicklung von Garantie- und Kulanzfällen
- Durchführung von Werbeaktionen
- Verwaltung der HU-, AU- und SP-Termine der Kunden

Kfz-Werkstatt

- Verwaltung von Reparaturleitfäden, Schaltplänen, technischen Merkblättern

Verkauf

- Kunden- und Fahrzeugkartei
- Neuwagenverkauf
- Gebrauchtwagenverkauf und -bewertung
- Leasing
- Verkaufsförderung

Verwaltung/Planung:

- Finanzwesen und Finanzbuchhaltung
- Mahnwesen
- Personalwesen
- Lohnbuchhaltung

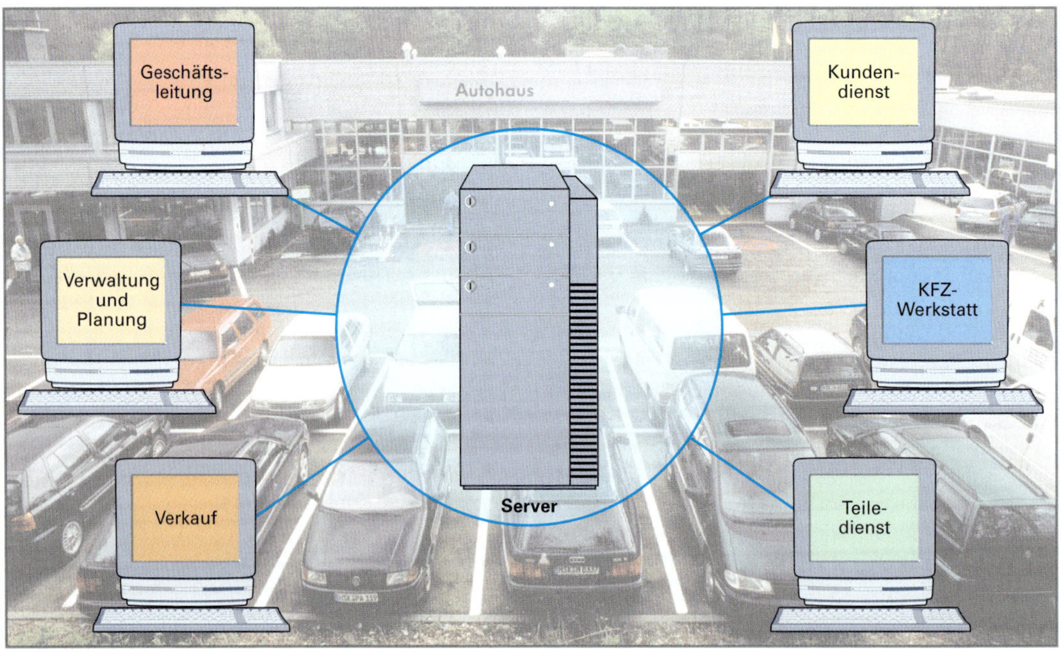

Bild 1: Vernetzung von EDV-Systemen im Autohaus

Auftragsabwicklung mit Hilfe der Datenverarbeitung

1. Erfassung der Kunden- und Fahrzeugdaten:

Durch das Gespräch mit dem Kunden und mit Hilfe des Fahrzeugsscheins werden die Kunden- und Fahrzeugdaten ermittelt. Bei Stammkunden sind diese Daten in der Regel gespeichert und können direkt aus der Datei aufgerufen werden **(Bild 1)**.

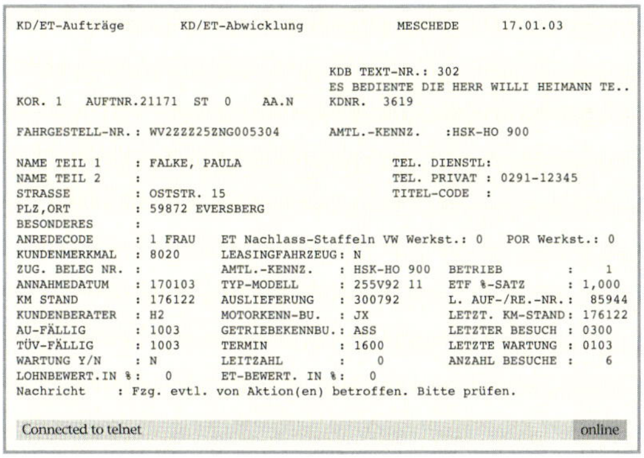

```
KD/ET-Aufträge        KD/ET-Abwicklung             MESCHEDE      17.01.03

                                             KDB TEXT-NR.: 302
                                             ES BEDIENTE DIE HERR WILLI HEIMANN TE..
KOR. 1   AUFTNR.21171  ST  0    AA.N         KDNR.  3619

FAHRGESTELL-NR.: WV2ZZZ25ZNG005304           AMTL.-KENNZ.   :HSK-HO 900

NAME TEIL 1       : FALKE, PAULA                     TEL. DIENSTL:
NAME TEIL 2       :                                  TEL. PRIVAT : 0291-12345
STRASSE           : OSTSTR. 15                       TITEL-CODE  :
PLZ,ORT           : 59872 EVERSBERG
BESONDERES        :
ANREDECODE        : 1 FRAU   ET Nachlass-Staffeln VW Werkst.: 0   POR Werkst.: 0
KUNDENMERKMAL     : 8020     LEASINGFAHRZEUG: N
ZUG. BELEG NR.    :          AMTL.-KENNZ.    : HSK-HO 900   BETRIEB         :    1
ANNAHMEDATUM      : 170103   TYP-MODELL      : 255V92 11    ETF %-SATZ      : 1,000
KM STAND          : 176122   AUSLIEFERUNG    : 300792       L. AUF-/RE.-NR.:  85944
KUNDENBERATER     : H2       MOTORKENN-BU.   : JX           LETZT. KM-STAND: 176122
AU-FÄLLIG         : 1003     GETRIEBEKENNBU.: ASS           LETZTER BESUCH  : 0300
TÜV-FÄLLIG        : 1003     TERMIN          : 1600         LETZTE WARTUNG  : 0103
WARTUNG Y/N       : N        LEITZAHL        :    0         ANZAHL BESUCHE  :    6
LOHNBEWERT.IN %:    0        ET-BEWERT. IN %:    0
Nachricht    : Fzg. evtl. von Aktion(en) betroffen. Bitte prüfen.

Connected to telnet                                                        online
```

Bild 1: Kunden- und Fahrzeugdaten

Zusätzlich kann in der EDV vermerkt sein, ob das Fahrzeug gegebenenfalls von Aktionen des Herstellers z.B. Rückrufaktionen betroffen ist.

2. Auftragsbestätigung

Die Auftragsbestätigung beinhaltet die wichtigsten Kunden- und Fahrzeugdaten sowie die Reparatur bzw. Wartungshinweise **(Bild 2)**. Der Durchschlag der Auftragsbestätigung wird dem Kunden ausgehändigt. Er ist vom Kunden bei der Rückgabe des Wagens vorzulegen.

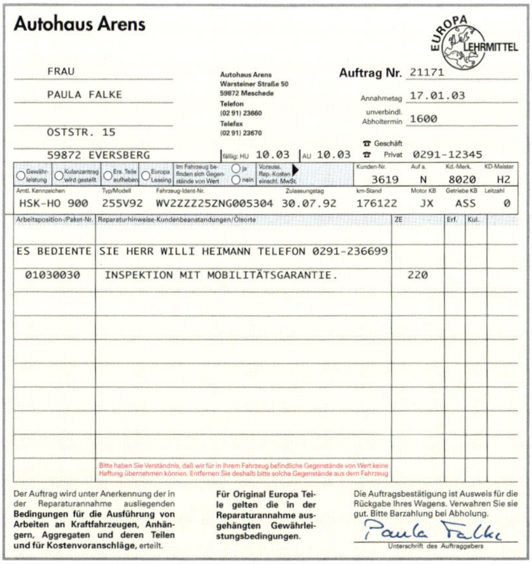

Autohaus Arens

EUROPA LEHRMITTEL

FRAU
PAULA FALKE
OSTSTR. 15
59872 EVERSBERG

Autohaus Arens
Warsteiner Straße 50
59872 Meschede
Telefon
(02 91) 23660
Telefax
(02 91) 23670

Auftrag Nr. 21171
Annahmetag 17.01.03
unverbindl. Abholtermin 1600
☎ Geschäft
☎ Privat 0291-12345

fällig: HU 10.03 | AU 10.03

○ Gewährleistung ○ Kulanzantrag wird gestellt ○ Ers. Teile aufheben ○ Europa Leasing | Im Fahrzeug befinden sich Gegenstände von Wert ○ ja ○ nein | Vorauss. Rep.-Kosten einschl. MwSt.

Kunden-Nr.	Auf a.	Kd.-Merk.	KD-Meister
3619	N	8020	H2

Amtl. Kennzeichen	Typ/Modell	Fahrzeug-Ident-Nr.	Zulassungstag	km-Stand	Motor KB	Getriebe KB	Leitzahl
HSK-HO 900	255V92	WV2ZZZ25ZNG005304	30.07.92	176122	JX	ASS	0

Arbeitsposition-/Paket-Nr.	Reparaturhinweise-Kundenbeanstandungen/Ölsorte	ZE	Erf.	Kul.	
ES BEDIENTE	SIE HERR WILLI HEIMANN TELEFON 0291-236699				
01030030	INSPEKTION MIT MOBILITÄTSGARANTIE.	220			
	Bitte haben Sie Verständnis, daß wir für in Ihrem Fahrzeug befindliche Gegenstände von Wert keine Haftung übernehmen können. Entfernen Sie deshalb bitte solche Gegenstände aus dem Fahrzeug				

Der Auftrag wird unter Anerkennung der in der Reparaturannahme ausliegenden **Bedingungen für die Ausführung von Arbeiten an Kraftfahrzeugen, Anhängern, Aggregaten und deren Teilen und für Kostenvoranschläge,** erteilt.

Für Original Europa Teile gelten die in der Reparaturannahme ausgehängten Gewährleistungsbedingungen.

Die Auftragsbestätigung ist Ausweis für die Rückgabe Ihres Wagens. Verwahren Sie sie gut. Bitte Barzahlung bei Abholung.

Paula Falke
Unterschrift des Auftraggebers

Bild 2: Auftragsbestätigung

3. Erstellung der Ersatzteilliste für den Teiledienst

Das Programm ermittelt aufgrund des Auftrags die benötigten Ersatzteile und legt eine Liste an. Auf Grundlage dieser Liste werden die Ersatzteile vom Teiledienst bereitgestellt **(Bild 3)**.

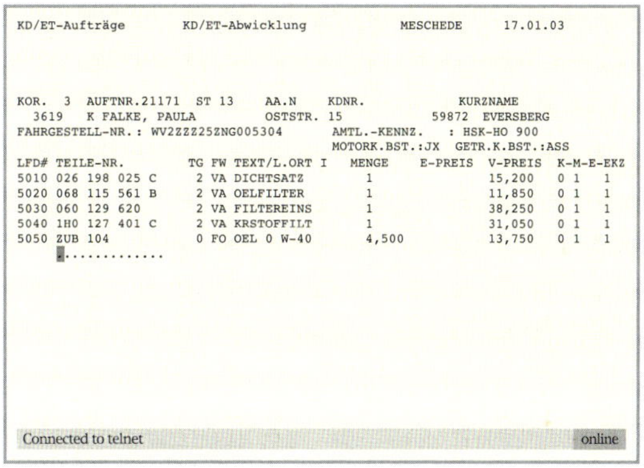

```
KD/ET-Aufträge        KD/ET-Abwicklung             MESCHEDE      17.01.03


KOR.  3  AUFTNR.21171  ST 13    AA.N    KDNR.              KURZNAME
  3619   K FALKE, PAULA         OSTSTR. 15           59872  EVERSBERG
FAHRGESTELL-NR.: WV2ZZZ25ZNG005304      AMTL.-KENNZ.    : HSK-HO 900
                                        MOTORK.BST.:JX  GETR.K.BST.:ASS
LFD# TEILE-NR.          TG FW TEXT/L.ORT I    MENGE     E-PREIS   V-PREIS   K-M-E-EKZ
5010 026 198 025 C       2 VA DICHTSATZ         1                 15,200    0 1   1
5020 068 115 561 B       2 VA OELFILTER         1                 11,850    0 1   1
5030 060 129 620         2 VA FILTEREINS        1                 38,250    0 1   1
5040 1H0 127 401 C       2 VA KRSTOFFILT        1                 31,050    0 1   1
5050 ZUB 104             0 FO OEL 0 W-40        4,500             13,750    0 1   1
     .............

Connected to telnet                                                        online
```

Bild 3: Ersatzteilliste

Zusätzlich kann die Ausbuchung der Teile aus dem Lagerbestand und gegebenenfalls die Neubestellung beim Hersteller erfolgen.

4. Verwendung des Elektronischen Auskunftssystems in der Werkstatt

Das Auskunftssystem der Werkstatt beinhaltet z. B. Reparaturanleitungen, Stromlaufpläne und die Wartungstabellen für den Inspektions-Service sowie eine Anbindung an das Internet **(Bild 4)**.

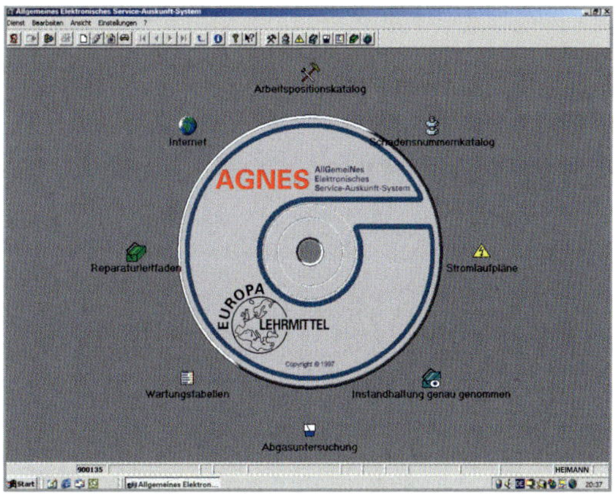

Bild 4: Elektronisches Auskunftssystem

In den meisten Fällen ist das Elektronische Auskunftssystem mit einem Fahrzeugdiagnose-, Mess- und Informationssystem gekoppelt. Dieses System verbindet die Fahrzeug-Eigendiagnose, die Messtechnik und die technische Dokumentation miteinander. Zudem besteht die Möglichkeit der geführten Fehlersuche am Fahrzeug. Des weiteren verfügen diese Geräte über Multimeter- und Oszilloskopfunktionen. Sie können im Rahmen des Fahrzeugservices verschiedene Aufgaben übernehmen, wie z.B. das Abfragen des Fehlerspeichers, die Update-Programmierung von Steuergeräten und das Rücksetzen von Service-Intervall-Anzeigen.

Für den Zugriff auf Service-Informationen lokaler Server oder auf Internet-Daten des Herstellers sind die erforderlichen Schnittstellen vorhanden. Über das Internet können aktuelle Herstellerinformationen z.B. über Rückrufaktionen das Auskunftssystem ergänzen.

Die Wartungstabellen für den Inspektions-Service beinhalten die einzelnen Prüfpunkte, die vom Monteur abzuarbeiten sind **(Bild 1)**.

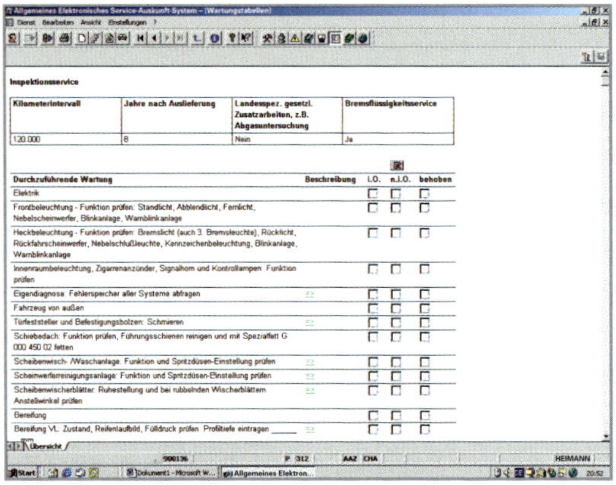

Bild 1: Wartungstabellen

Für die einzelnen Prüfpunkte kann der Monteur detaillierte Arbeitshinweise und Informationen erfragen, z.B. Verschleißgrenzen von Bremsbelägen **(Bild 2)**.

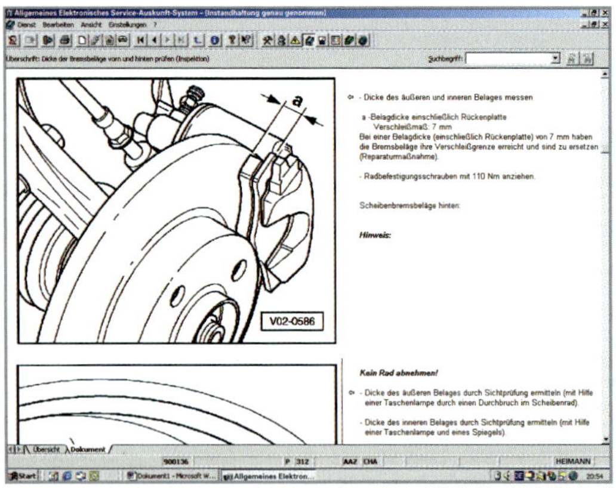

Bild 2: Arbeitshinweis zur Wartung

Für den Fall, dass das Fahrzeugs instandgesetzt werden muss stehen dem Monteur Reparaturanleitungen zur Verfügung, welche die Arbeitsschritte detailliert beschreiben **(Bild 3)**.

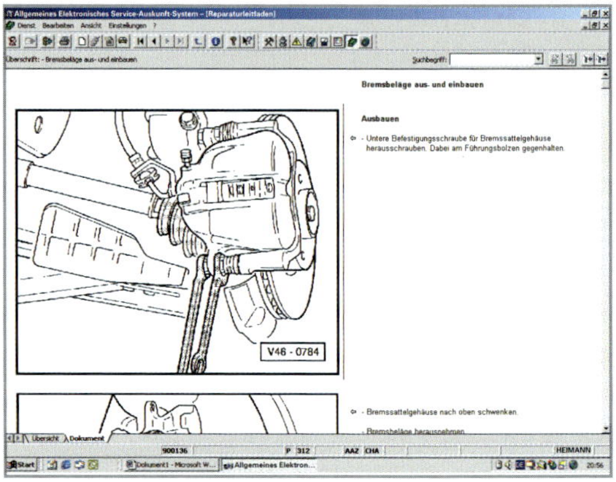

Bild 3: Reparaturanleitung

Das Fahrzeugdiagnose-System verfügt in vielen Fällen über die Möglichkeit der sog. Telediagnose (Ferndiagnose). In problematischen Reparaturfällen kann ein Produktbetreuer des Herstellers parallel zum Monteur in der Werkstatt die Bildschirminformationen verfolgen, den Monteur anleiten und ggf. auch den Tester bedienen.

5. Erstellung der Rechnung (Fakturierung)

Die Rechnungslegung erfolgt auf Basis der Kunden- und Fahrzeugdaten, der Daten aus dem Auftrag und den vom Monteur angegebenen Tätigkeiten bzw. verwendeten Ersatzteilen und Betriebsstoffen **(Bild 4)**.

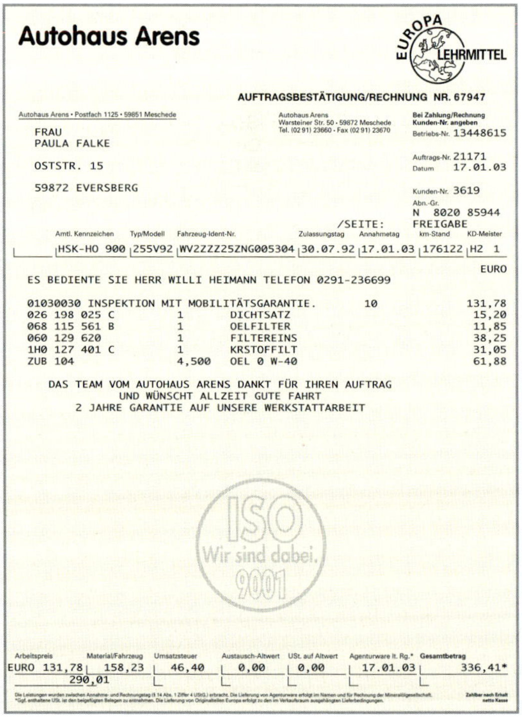

Autohaus Arens

EUROPA LEHRMITTEL

AUFTRAGSBESTÄTIGUNG/RECHNUNG NR. 67947

Autohaus Arens • Postfach 1125 • 59851 Meschede

Autohaus Arens
Warsteiner Str. 50 • 59872 Meschede
Tel. (02 91) 23660 • Fax (02 91) 23670

Bei Zahlung/Rechnung Kunden-Nr. angeben
Betriebs-Nr. 13448615

FRAU
PAULA FALKE

OSTSTR. 15

59872 EVERSBERG

Auftrags-Nr. 21171
Datum 17.01.03

Kunden-Nr. 3619
Abn.-Gr.
N 8020 85944
/SEITE: FREIGABE

Amtl. Kennzeichen	Typ/Modell	Fahrzeug-Ident-Nr.	Zulassungstag	Annahmetag	km-Stand	KD-Meister
HSK-HO 900	255V92	WV2ZZZ25ZNG005304	30.07.92	17.01.03	176122	H2 1

EURO

ES BEDIENTE SIE HERR WILLI HEIMANN TELEFON 0291-236699

01030030	INSPEKTION MIT MOBILITÄTSGARANTIE.		10	131,78
026 198 025 C	1	DICHTSATZ		15,20
068 115 561 B	1	OELFILTER		11,85
060 129 620	1	FILTEREINS		38,25
1H0 127 401 C	1	KRSTOFFILT		31,05
ZUB 104	4,500	OEL 0 W-40		61,88

DAS TEAM VOM AUTOHAUS ARENS DANKT FÜR IHREN AUFTRAG
UND WÜNSCHT ALLZEIT GUTE FAHRT
2 JAHRE GARANTIE AUF UNSERE WERKSTATTARBEIT

ISO Wir sind dabei. 9001

Arbeitspreis	Material/Fahrzeug	Umsatzsteuer	Austausch-Altwert	USt. auf Altwert	Agenturware lt. Rg.*	Gesamtbetrag
EURO 131,78	158,23	46,40	0,00	0,00	17.01.03	336,41*
	290,01					

Bild 4: Rechnung

3.8 Qualitätsmanagement im Kfz-Betrieb

Grundlagen

Das erfolgreiche Führen und Betreiben eines Unternehmens erfordert, dass es in entsprechender Weise gemanagt wird. Dabei versteht man unter Management die Leitung und Lenkung eines Unternehmens. Das Managementsystem ist auf die ständige Leistungsverbesserung des Unternehmens ausgerichtet. Zu diesem System gehört neben anderen Bereichen auch das Qualitätsmanagement.

Qualitätsmanagement (QM). Man versteht darunter alle aufeinander abgestimmte Tätigkeiten zum Leiten und Lenken eines Unternehmens bezüglich der Qualität.

Zum Qualitätsmanagement gehören die Festlegung:

- Der Qualitätspolitik
- Der Qualitätsziele
- Der Qualitätsplanung
- Der Qualitätssicherung
- Der Qualitätsverbesserung

In der DIN EN ISO 9000 ff. aus dem Jahr 2000 **(Bild 1)** werden die verschiedenen Begriffe des Qualitätsmanagements definiert und vereinheitlicht.

DIN EN ISO 9000
Grundlagen und Begriffe zum Qualitätsmanagement

DIN EN ISO 9001
Anforderungen an ein Qualitätsmanagementsystem unter besonderer Berücksichtigung der Wirksamkeit des QM-Systems bei der Erfüllung von Kundenanforderungen

DIN EN ISO 9004
Leitfaden mit Anregungen zum QM-System für Unternehmen, welche über die Anforderungen der DIN EN ISO 9001 hinausgehen wollen

Bild 1: DIN-EN-ISO-Familie

Bedeutung der Abkürzungen in der Normbezeichnung:

- **DIN**: Deutsches Institut für Normung e.V., Berlin
- **EN**: Europäische Normungsorganisation CEN (Comité Européen de Normalisation), Brüssel
- **ISO**: International Organisation for Standardization, Genf (O und S werden in der Abkürzung vertauscht)

Die DIN EN ISO ist eine Europäische Norm, die in eine internationale Norm unverändert übernommen wurde und deren deutsche Fassung den Status einer deutschen Norm hat.

Kundenorientiertes Qualitätsmanagement. Alle Tätigkeiten des Unternehmens werden konsequent kundenorientiert ausgerichtet. Oberstes Ziel des QM ist die Verbesserung der Qualität von Produkten und Dienstleistungen mit der Absicht, die Wünsche des Kunden zu erfüllen oder zu übertreffen.

Der Maßstab für den Grad der Zielerreichung ist die Kundenzufriedenheit in Bezug auf Qualität, Termin und Preis.

Beispiel:
Der Kunde erhält nach einer Inspektion das Fahrzeug gewartet und zusätzlich gereinigt zurück.

Qualitätsmanagement-System. Es umfasst die Organisationsstruktur sowie die Verantwortlichkeiten, Verfahren, Prozesse und erforderlichen Mittel für die Verwirklichung der Qualitätspolitik des Unternehmens. Die Qualitätspolitik wird durch die Unternehmensleitung (Führung) festgelegt. In ihr werden die Absichten und Zielsetzungen eines Unternehmens zur Qualität ausgedrückt.

Grundsätzliche und wichtige Informationen zum Qualitätsmanagementsystem werden im Qualitätsmanagementhandbuch (QM-Handbuch), Detailinformationen in Verfahrensanweisungen, Arbeitsanweisungen und Prüfanweisungen geregelt **(Bild 2)**. Des weiteren werden die Strategie des Unternehmens im Hinblick auf das Qualitätsmanagement sowie die Organisationsstruktur erläutert.

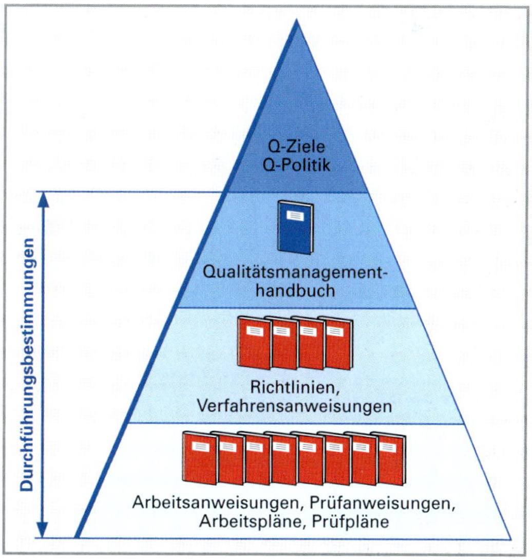

Bild 2: Dokumentationspyramide eines Qualitätsmanagementsystems

3

Qualitätssicherung (QS). Sie ist als Teil des Qualitätsmanagements darauf ausgerichtet, Vertrauen zu erzeugen, dass die Qualitätsanforderungen der Kunden erfüllt werden.

Im Rahmen der Qualitätssicherung werden Betriebsdaten, Betriebsabläufe, Umweltschutzmaßnahmen usw. im Qualitätsmanagementhandbuch dokumentiert.

Ziele des Qualitätsmanagementsystems. Die Erläuterung der übergeordneten Ziele der Qualitätspolitik wird insbesondere im Management-Handbuch des Unternehmens vorgenommen.

Ziele des Qualitätsmanagementsystems sind z.B.:

- Optimale Erfassung und Erfüllung von Kundenwünschen
- Steigerung der Qualität von hergestellten Produkten und Dienstleistungen
- Verbesserung der Betriebsorganisation und der Kostensituation des Betriebs
- Verbesserung des Ausbildungsstandes der Mitarbeiter
- Verbesserung der Umweltschutzmaßnahmen des Betriebs

Prozessorientierter Ansatz. Das Qualitätsmanagement orientiert sich an den **Wertschöpfungsprozessen** eines Unternehmens. Unter **Wertschöpfung** versteht man die durch Tätigkeit (Arbeit) geschaffenen wirtschaftlichen Werte. Typische Prozesse in einem Kfz-Betrieb sind z.B. die Auftragsabwicklung für Reparatur- und Wartungsarbeiten und der Beschaffungsvorgang für das Teilelager.

Im Rahmen des Qualitätsmanagements werden Prozessbeschreibungen entwickelt, die den Zweck und das Ziel haben, den Anwendungsbereich sowie die Vorgehensweise z.B. bei der Auftragsabwicklung zu beschreiben. Alle am Prozess beteiligten Mitarbeiter z.B. Monteure, Mitarbeiter im Teiledienst sind verpflichtet, sich an den einzelnen Punkten der Prozessbeschreibungen zu orientieren. So ist beispielsweise für die Auftragsannahme festgelegt, in welcher Form Fahrzeug- und Kundendaten zu erfassen sind oder welche Punkte bei der Erstellung eines Auftrags zu berücksichtigen sind.

Sogenannte **unterstützende Prozesse** werden im Rahmen des Qualitätsmanagements ebenso beschrieben. Diese können beispielsweise sein:

- Wartung und Instandhaltung von Werkstatteinrichtungen
- Personalauswahl, -einarbeitung und -qualifizierung

Im Prozessmodell sind die wesentlichen Elemente des Qualitätsmanagements miteinander verknüpft **(Bild 1)**. Das Beispiel stellt den Wertschöpfungsprozess „Reparatur eines Kundenfahrzeugs“ bzw. „Beschaffung eines Ersatzteils“ dar. Beide Prozesse sind Bestandteil des Regelkreises Qualitätsmanagement.

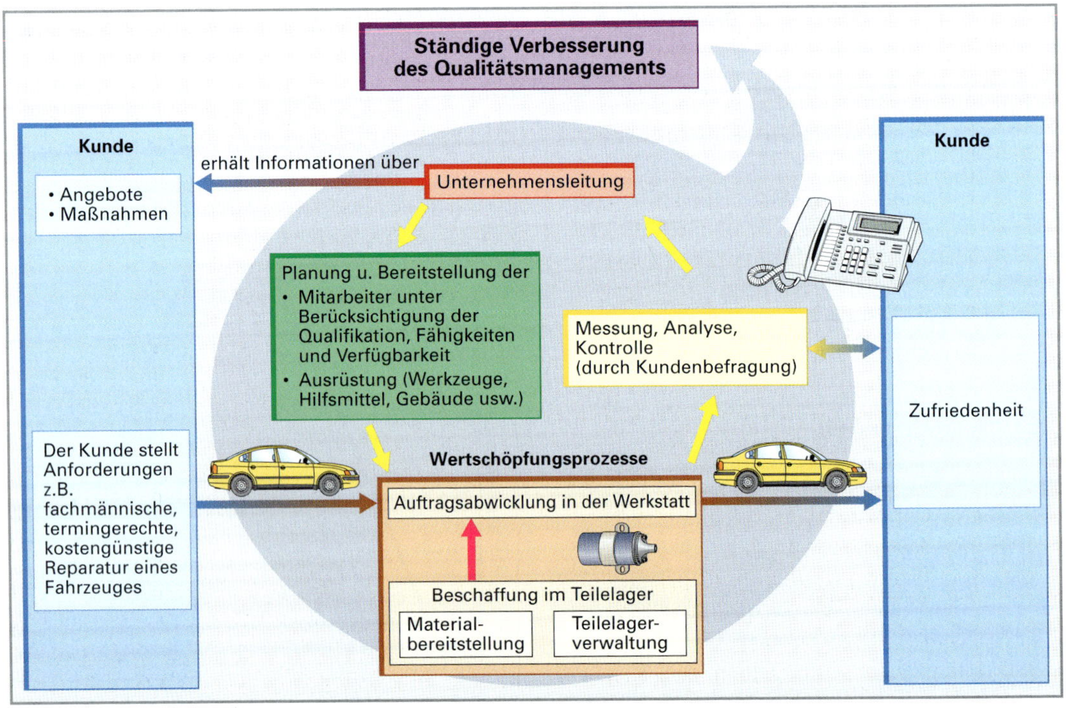

Bild 1: Prozessmodell des Qualitätsmanagements

Kontinuierlicher Verbesserungsprozess (KVP). Er umfasst alle im Unternehmen ergriffenen Maßnahmen zur Erzielung von höherem Nutzen für das Unternehmen und für den Kunden. Funktioniert der Regelkreis des Qualitätsmanagements, ist mit einer ständigen Verbesserung der Unternehmensleistung zu rechnen.

Zertifizierung. Darunter versteht man die Überprüfung der Qualitätsfähigkeit eines Betriebs durch unabhängige Sachverständige.

Im Rahmen eines sog. Audits wird anhand einer Checkliste der Betrieb mit Hilfe eines Punktesystems bewertet. Bei Erreichen einer bestimmten Punktzahl erhält der Betrieb das Zertifikat. Mit dem Zertifikat wird die Erfüllung der Qualitätsanforderungen bestätigt. Der Zertifizierungsvorgang wird in der Regel alle 3 Jahre wiederholt. Um die Qualität auch zwischen den Zertifizierungsterminen zu überprüfen, werden jährlich betriebsinterne Überwachungsaudits durchgeführt.

Für die Betriebe ergeben sich aus der Zertifizierung die folgenden Vorteile:

- **Überprüfung der betrieblichen Abläufe** durch Sachverständige im Hinblick auf die Qualitätsfähigkeit des Unternehmens
- **Steigerung des Qualitätsbewusstseins** der Mitarbeiter
- Nachweis im Rahmen der **Produkthaftung**
- **Erhöhung der Wettbewerbschancen** gegenüber nicht zertifizierten Mitbewerbern
- Möglichkeit der **Beratung** des Betriebs durch die Sachverständigen im Hinblick auf die Feststellung von Schwachpunkten und mögliche Verbesserungen

Ablauf eines Audits. Nach einer Vorabinformation, bei dem der Kfz-Betrieb die Prüfkriterien mitgeteilt bekommt, wird üblicherweise vorher ein Probelauf im zu zertifizierenden Betrieb durchgeführt. Damit können eventuell festgestellte Mängel behoben werden. Im Anschluss daran erfolgt die eigentliche Zertifizierung, wobei der Betrieb innerhalb eines Tages überprüft wird.
Die Überprüfung gliedert sich in vier Bereiche und kann die folgenden Prüfpunkte beinhalten:

1. Erfassung der Betriebsdaten

- Größe des Betriebs
- Verantwortliche Personen, z.B. Geschäftsleitung, Kundendienstleiter, Teiledienstleiter, Verkaufsleiter
- Betriebliche Besonderheiten
- Anzahl der Neu- und Gebrauchtwagenverkäufe pro Jahr
- Anzahl der Servicekontakte pro Tag

2. Erfassung betrieblicher Gegebenheiten

Gesamteindruck des Betriebs

- Entspricht der äußere Eindruck den Ansprüchen, z.B. Sauberkeit in der Werkstatt sowie im Außen- und Kundenbereich?
- Ist die Beschilderung des Betriebs, z.B. Wegweisung zu Kundenparkplätzen, Auftragsannahme, Teile- und Zubehörverkauf eindeutig?
- Sind die Werkstatt- und Betriebsöffnungszeiten veröffentlicht?

Organisation des Betriebes

- Ist ein Organisationsplan mit Stellen- und Funktionsbeschreibungen des Führungspersonals und der Verantwortlichen, z.B. für Werbung, für Umweltschutz, für Arbeitssicherheit und für die Schulung der Mitarbeiter vorhanden?
- Existiert eine ausreichende Anzahl von Serviceberatern?
- Wird die Qualität von Fremdaufträgen, z.B. Lackierarbeiten ermittelt und gesichert?
- Bietet der Betrieb einen Notdienst an?
- Werden Kundenbefragungen und Telefonreports zur Feststellung der Kundenzufriedenheit nach einer Reparatur oder nach einem Kundendienst regelmäßig durchgeführt?
- Erfolgt eine systematische Erfassung von Kundenbeschwerden, die Auswertung der Ergebnisse und die Umsetzung der Maßnahmen?
- Wird der Ausbildungsstand der Mitarbeiter und die Planung betrieblicher Fort- und Weiterbildungsmaßnahmen für die Mitarbeiter dokumentiert?
- In wie weit werden Sicherheitsrichtlinien, Unfallverhütungsvorschriften und Umweltschutz eingehalten? Gibt es verantwortliche Personen für diese Richtlinien und Vorschriften?

Kundenkontaktbereich/Auftragsannahme

- Sind Preise für Waren und Dienstleistungen ausgezeichnet, z.B. Festpreis für Inspektionsservice?
- Hat der Kunde die Möglichkeit der Einsichtnahme in Reparatur-, Gewährleistungs- und Zahlungsbedingungen?
- Bietet der Betrieb einen Hol- und Bringservice an?
- Ist das Angebot an Ersatzwagen ausreichend und sind die Fahrzeuge in einem einwandfreien und sauberem Zustand?
- Liegt für jeden Reparatur- und Serviceauftrag ein schriftlicher Kundenauftrag vor und entspricht die Rechnung dem Auftrag?

3

- Entspricht der Annahmebereich bzw. die Kundenwartezone den Anforderungen bzgl. Ausstattung, Cafeteria, aktueller Produktinformationen, aktueller Zeitschriften und Zeitungen, Sitzgelegenheiten und Kinderspielecke?
- Wird nach der Fahrzeuginstandsetzung bzw. Wartungsarbeit vor Fahrzeugübergabe eine Endprüfung/Probefahrt durchgeführt? Werden die Ergebnisse ausgewertet, Maßnahmen abgeleitet, vereinbart und umgesetzt?
- Sind die Rechnungen für den Kunden verständlich dargestellt und nachvollziehbar?
- Trägt das Personal angemessene/empfohlene Kleidung sowie Namensschilder und besitzt es Visitenkarten?
- Wird ein übersichtliches System zur Terminvereinbarung und Tagesdisposition eingesetzt, z.B. Formulare, Kalender, EDV?
- Werden nach Auftragsannahme systematische Terminvorbereitungen getroffen?
- Ist sichergestellt, dass das Fahrzeug nach einer Reparatur oder Wartung dem Kunden persönlich übergeben und die Rechnung erklärt wird?
- Bietet der Betrieb die Reparatur-Annahme direkt am Fahrzeug an?
- Wird aktuelles Zubehör beworben und im Kundenkontaktbereich ausgestellt und angeboten?

Werkstatt

- Liegt bei einem Inspektions- und Wartungsauftrag das entsprechend gültige Formular bei und wird es nach den Vorgaben abgearbeitet?
- Werden die Kundenfahrzeuge pfleglich behandelt? Werden z.B. Lenkrad- und Sitzschoner verwendet?
- Wie erfolgt die Organisation der Verteilung der anstehenden Arbeiten auf die Mitarbeiter und Monteure?
- Werden die Prüfbücher für Geräte und Werkzeuge exakt geführt und die Prüffristen für technische Geräte und Werkzeuge, wie z.B. Hebebühnen, Kompressoren, Drehmomentschlüssel usw. eingehalten?
- Wie ist der Pflegezustand der verwendeten Werkstatt-Literatur? Haben die Mechaniker Zugang zu den Unterlagen? Ist eine ausreichende Anzahl von EDV-Geräten vorhanden?
- Sind die Sicherheitsauflagen bzgl. Gefahrstoffen und Brandschutz erfüllt?
- Existieren Maßnahmen für die Vermeidung von Abfällen?
- Wie erfolgt die Lagerung und Entsorgung von umweltgefährdenden Stoffen? Welcher Mitarbeiter ist verantwortlich?

Teiledienst

- Werden bei der Reparatur der Fahrzeuge Originalteile und die vom Hersteller vorgeschriebenen Betriebs- und Hilfsstoffe verwendet?
- Werden Wareneingangskontrollen durchgeführt und dokumentiert?
- Werden ausgebaute Teile mit Gewährleistungsansprüchen gesondert behandelt und separat aufbewahrt?
- Werden ausgegebene Ersatzteile einer Prüfung unterzogen?
- Sind alle im Teilelager befindlichen Ersatzteile eindeutig identifizierbar?
- Erfolgt eine qualitätserhaltende Lagerung der Teile?

Neu- und Gebrauchtwagenverkauf

- Befinden sich die Neu- und Gebrauchtwagen in einem einwandfreien Zustand?
- Erfolgt beim Verkauf von Waren und Dienstleistungen eine kundengerechte Erläuterung?
- Werden regelmäßige Werbeaktionen durchgeführt?

3. Auswertung

Nachdem die Punkte überprüft sind, werden die vom Zertifizierer vergebenen Punktzahlen addiert. In Zusammenarbeit mit der Betriebsleitung erfolgt die Bewertung des Ergebnisses. Hat der Betrieb die Mindestpunktzahl erreicht und die geforderten Hauptkriterien erfüllt, so erhält er das Zertifikat. Dieses dokumentiert, dass die Qualitätsfähigkeit des Betriebes nach DIN EN ISO 9001 überprüft wurde und der Norm entspricht.

4. Vereinbarung von Maßnahmen zur Verbesserung der Qualität

Zusammen mit der Betriebsleitung erfolgt die Festlegung weiterer Maßnahmen zur Verbesserung der Qualität. Hat der Betrieb die Mindestpunktzahl nicht erreicht bzw. die geforderten Hauptkriterien nicht erfüllt, müssen die Mängel in einer vorgegebenen Zeit behoben werden. Danach erfolgt eine erneute Überprüfung durch den Zertifizierer.

Wiederholungsfragen

1. **Was versteht man unter Qualitätsmanagement?**
2. **Welche Ziele hat das Qualitätsmanagementsystem?**
3. **Was versteht man unter Zertifizierung?**
4. **Wie wird ein Audit durchgeführt?**
5. **Nennen Sie die wichtigsten Kriterien, nach denen Kfz-Betriebe überprüft werden!**

4 GRUNDLAGEN DER INFORMATIONSTECHNIK

Immer größere Mengen an Informationen und Daten müssen immer schneller verarbeitet werden. Deshalb sind immer leistungsfähigere Systeme für elektronische Datenverarbeitung in Technik, Wissenschaft, Handel und Verwaltung erforderlich. Man unterscheidet

- Einzelplatzrechner z.B. Personalcomputer
- Vernetzte Systeme z.B. Server-Client-Netzwerk

4.1 Hardware und Software

Ein EDV-System besteht aus Hardware und Software.

Hardware umfasst alle elektronischen und mechanischen Bauteile, die sicht- und anfassbar in einer Computergeräteeinheit verbaut bzw. zu einem System von Geräten zusammengefasst sind. Dazu gehören auch alle Verbindungskabel, Stecker sowie Datenträger. Beispiel für die Hardware eines PC-Systems **(Bild 1)**.

- Systemeinheit (Computer, Rechner) für die Verarbeitung von Daten und
- Peripheriegeräte für die
  - Eingabe von Daten z.B. Tastatur, Maus
  - Ausgabe von Daten z.B. Monitor, Drucker
  - externe Speicherung von Daten z.B. Festplatte, Diskettenlaufwerk.

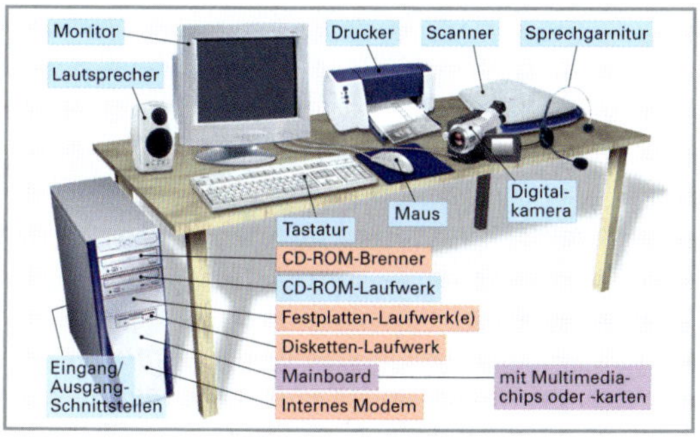

Bild 1: PC-System

Software ist der Oberbegriff für alle Programme und Daten.

Programme bestehen aus einer Folge von Befehlen, die die Arbeitsanweisungen des PC-Anwenders in eine für die Maschine verständliche Sprache übersetzen, Verarbeitungsvorgänge steuern und Ergebnisdaten bereitstellen. Programme können in Systemprogramme und Anwenderprogramme unterschieden werden **(Tabelle 1)**.

Tabelle 1: Programmarten
Systemprogramme
• Betriebssysteme z.B. DOS, Windows XP, Windows NT, UNIX, OS/2 • Utilities (Hilfsprogramme)
Anwenderprogramme
• Standardprogramme z.B. Textverarbeitungsprogramme, Tabellenkalkulationsprogramme, Datenbanken • CAD-Programme • Branchenspezifische Programme z.B. für Buchhaltung, Werkstattabrechnung, Gebrauchtwagenkalkulation • Diagnose-Programme • Spiele • Multimedia-Programme z.B. Movie-Player, MP3-Player • Programmiersprachen z.B. BASIC, Pascal, C++

Daten sind Informationen die vom Computer erfasst, verarbeitet und ausgegeben werden können. Man unterscheidet numerische, alphabetische und grafische Daten **(Bild 2)**. Die Kombination der unterschiedlichen Daten werden Zeichenketten (Strings) genannt.

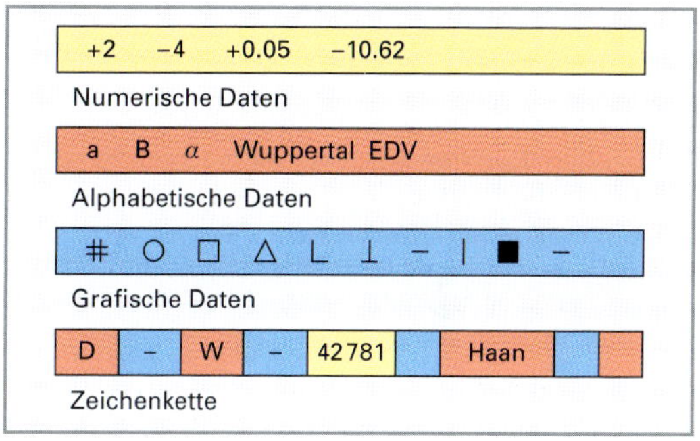

Bild 2: Datenarten

4.2 EVA-Prinzip

Datenverarbeitung im Computer läuft grundsätzlich nach dem EVA-Strukturprinzip **(Bild 3)** ab.

Eingabe	Verarbeitung	Ausgabe
Eingabegeräte z.B. Tastatur	Hauptplatine mit Mikroprozessor, Programme	Ausgabegeräte z.B. Monitor

Bild 3: Arbeitsweise des Computers

Eingabe. Am EDV-Arbeitsplatz werden die Daten z.B. über eine Tastatur eingegeben.

Verarbeitung. Im Mikroprozessor des Computers werden die Daten anhand eines Programmes verarbeitet. Die Ergebnisdaten können im Arbeitsspeicher abgelegt werden.

Ausgabe. Durch eine Programmanweisung können sie auf einem Ausgabegerät, z.B. dem Monitor, erkennbar gemacht werden.

4.3 Rechnerinterne Darstellung von Daten

Im Computer werden Daten durch zwei elektrische Schaltzustände dargestellt. Die elektrischen Schaltzustände sind ein oder aus **(Tabelle 1).** Diese Schaltzustände werden zur Informationsdarstellung im Zweizeichensystem (Binärsystem) verwendet; dabei entspricht die Ziffer 0 dem Schaltzustand aus und die Ziffer 1 dem Schaltzustand ein.

Tabelle 1: Schaltzustände im Binärsystem

Schaltung	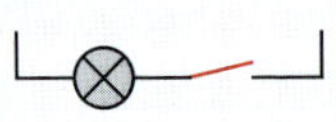	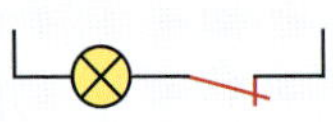
Leuchte	Aus	Ein
Binärzeichen	0	1

Jeder der beiden Schaltzustände ist somit die kleinste Informationseinheit. Diese wird 1 Bit (engl. binary digit = zweiwertiges Zeichen) genannt.

> Ein Bit enthält die Information 0 oder 1

Besteht eine Informationsquelle aus 2 Bit, wie z.B. die beiden Blinkleuchten eines Autos, so kann jedes Bit die Information 0 (Blinker aus) oder die Information 1 (Blinker ein) haben **(Tabelle 2).**

Tabelle 2: Informationen im Binärsystem

Bit	Beispiele	Binärkombinationen	Anzahl der Informationen
1		0 1	$2^1 = 2$
2		00 01 10 11	$2^2 = 4$
3	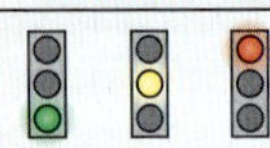	000 001 010 011 100 101 110 111	$2^3 = 8$

Eine Verkehrsampel übermittelt ihre Information an die Verkehrsteilnehmer mit 3 Leuchten. Dies entspricht einem Informationsgehalt von 3 Bit. Daraus ergeben sich 2^3 = (8 mögliche Schaltstellungen; von denen jedoch nur 4 verwendet werden (die Kombination von z.B. Rot und Grün wäre im Falle einer Verkehrsampel unsinnig, **Tabelle 2).**

Damit alle Klein- und Großbuchstaben, alle Ziffern, sowie Sonder- und Steuerzeichen verarbeitet werden können, benötigt man 8 Bit.

> 8 Bit nennt man 1 Byte

Ein Byte ermöglicht die Darstellung von $2^8 = 256$ Schaltstellungen.

4.4 Zahlensysteme

Folgende Zahlensysteme werden in der Datenverarbeitung verwendet

- Dezimalsystem
- Binärsystem
- Hexadezimalsystem

Das Dezimalsystem besteht aus 10, das Binärsystem aus 2 und das Hexadezimalsystem aus 16 Ziffern.

Im Computer werden die Informationen grundsätzlich im Binärsystem verarbeitet. Zur Darstellung der Informationen wird aufgrund der großen Ziffernlänge im Binärsystem häufig das Hexadezimalsystem verwendet.

Bei Bussystemen können zur Darstellung auch eine Kombination aus dem binären und hexadezimalen Zahlensystemen verwendet werden.

In **Tabelle 1, Seite 71** wird z.B. die Zahl 123 in den einzelnen Zahlensystemen dargestellt.

Der Vorteil des Hexadezimalsystems gegenüber dem Dezimal- und Binärsystem ist eine kürzere Schreibweise, z.B.

Dezimal	Binär	Hexadezimal
13	1 1 0 1 $1 \times 2^0 = 1$ $0 \times 2^1 = 0$ $1 \times 2^2 = 4$ $1 \times 2^3 = 8$ 13	D

Speicherkapazität. Die Angaben der Speicherkapazität von internen und externen Speichern erfolgt immer mit dem 8-Bit-Code in Byte.

8 Bit			=	1 Byte
1 KB	=	2^{10} Byte	=	1 024 Byte
1 MB	=	2^{20} Byte	=	1 048 576 Byte
1 GB	=	2^{30} Byte	=	1 073 741 824 Byte

Tabelle 1: Vergleiche der Zahlensysteme

	Dezimal	Binär	Hexadezimal
Basis	10	2	16
Ziffern und Zeichen	0, 1, 2, 3, 4, 5, 6, 7, 8, 9	0, 1	0, 1, 2, 3, 4, 5, 6, 7, 8, 9, A, B, C, D, E, F
Beispiel	1 2 3 $3 \times 10^0 = 3$ $2 \times 10^1 = 20$ $1 \times 10^2 = 100$ 123	1 1 1 1 0 1 1 $2 \times 2^0 = 1$ $1 \times 2^1 = 2$ $0 \times 2^2 = 0$ $1 \times 2^3 = 8$ $1 \times 2^4 = 16$ $1 \times 2^5 = 32$ $1 \times 2^6 = 64$ 123	7 B $11 \times 16^0 = 11$ $7 \times 16^1 = 112$ 123 A ≙ 10 D ≙ 13 B ≙ 11 E ≙ 14 C ≙ 12 F ≙ 15

4.5 Aufbau eines Computersystems

Die Hardware eines Computersystems besteht aus dem Grundgerät mit der Hauptplatine und den angeschlossenen Geräten **(Bild 1)**.

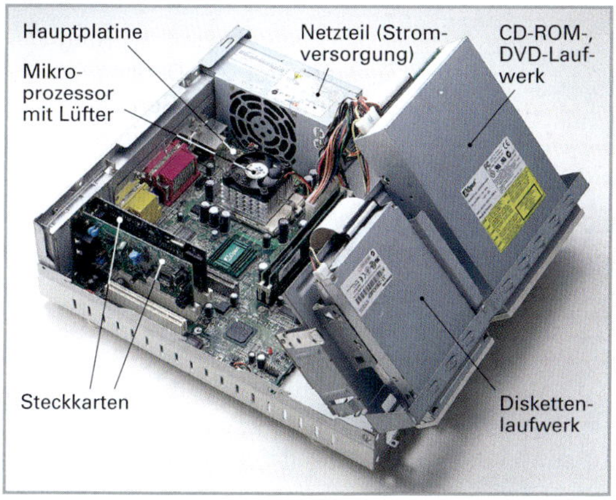

Bild 1: Grundgerät

Hauptplatine (Motherboard). Auf einer Hauptplatine **(Bild 2)** sind folgende Hauptbaugruppen angeordnet:

- Mikroprozessor
- Interner Speicher
- Ein- und Ausgabeeinheit
- Systembus

Mikroprozessor (CPU – Central Processing Unit). In ihm werden die Anweisungen eines Programms schrittweise ausgeführt. Die Taktfrequenz, mit der der Mikroprozessor betrieben wird bestimmt die Arbeitsschritte je Sekunde z.B. bei 4 GHz führt die CPU 4 000 000 000 Arbeitsschritte pro Sekunde aus.

Interner Speicher. Er besteht aus Nur-Lese-Speicher und Arbeitsspeicher.

Nur-Lese-Speicher (ROM – Read Only Memory). In ihm sind unveränderbar Programme und Daten abgelegt, z.B. das Startprogramm für den Computer.

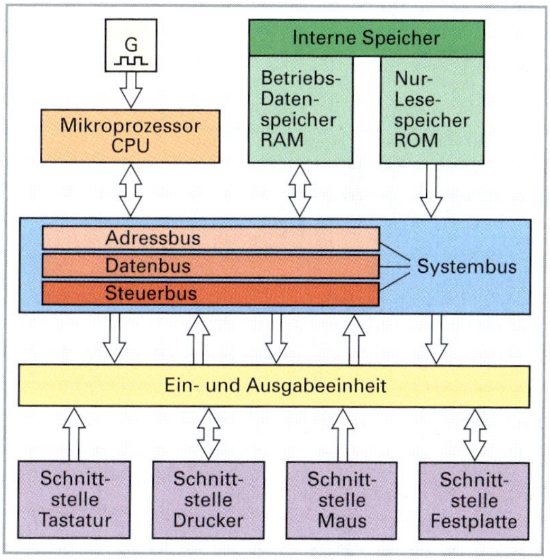

Bild 2: Systembild einer Hauptplatine

Es sorgt nach dem Einschalten des Computers dafür, dass Programme des Betriebssystems vom externen Speicher in den Arbeitsspeicher (RAM) übernommen und gestartet werden. Die im ROM gespeicherten Informationen bleiben auch nach dem Ausschalten des Computers erhalten.

Arbeitsspeicher (RAM – Random Access Memory). In ihm werden Programme und Daten für die aktuelle Nutzung des Computersystems abgelegt. Beim Ausschalten des Computers oder durch Softwarebefehl wird dieser Speicher gelöscht.

Systembus. Er enthält den Steuerbus für Steuersignale, den Adressbus z.B. zum Ansprechen bestimmter Plätze im Speicher und den Datenbus auf dem Daten, Befehle und Adressen übertragen werden.

Ein-/Ausgabeeinheit (EA-Interface). Sie steuert den Datenaustausch zwischen der CPU, dem Arbeitsspeicher und den Peripheriegeräten, z.B. Maus, Tastatur.

Schnittstellen. Sie sind die Stellen, an denen die Übergabe von Signalen von einem System zum andern z.B. vom PC zum Drucker erfolgt. Schnittstellen können als Steckkarten oder als Steckverbindungen **(Bild 1)** ausgebildet sein. Man unterscheidet parallele und serielle Schnittstellen **(Tabelle 1)**.

Parallele Schnittstellen übertragen z.B. 8 Bit gleichzeitig (parallel) über getrennte, 8-adrige Leitungen, z.B. bei einem Druckeranschluss. Dazu verwendet man z.B. auf der Computerseite einen 25-poligen Stecker und auf der Druckerseite einen 36-poligen Stecker (Centronics-Stecker).

Serielle Schnittstellen übertragen die einzelnen Bits nacheinander (seriell) über eine Leitung, z.B. beim Mausanschluss. Diese externe Schnittstelle wird auch als V.24- oder RS 232-Schnittstelle bezeichnet. Die Stecker für diese Schnittstellen sind meist 9-polig.

Vorteile gegenüber der parallelen Schnittstelle:

- Die Kabel für serielle Schnittstellen können wesentlich länger (bis 150 m) sein als für parallele Schnittstellen.
- Sie sind elektrisch unempfindlich, da sie einen hohen Eingangswiderstand haben.

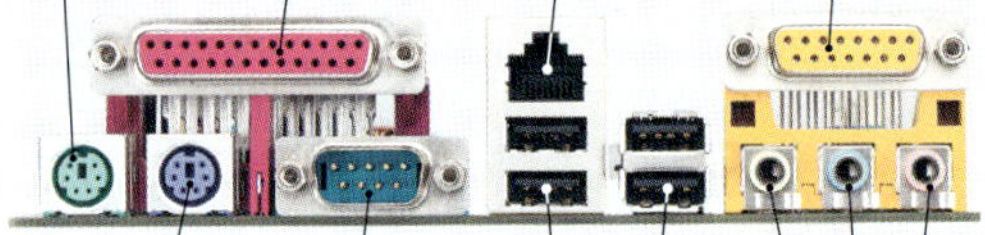

Bild 1: Schnittstellen als Steckverbindungen an einer Computerrückseite

- Es sind weniger Drähte im Kabel erforderlich (bei RS232 sind es nur 2 Leitungen (Senden, Empfangen)).

Übertragsgeschwindigkeit von Schnittstellen. Sie wird meist in MBits/s oder MByte/s angegeben.

1 MByte/s = 8 MBit/s

Tabelle 1: Schnittstellen am Computer

Bezeichnung	Art	Übertragungsgeschwindigkeit	Anwendung
LPT 1	parallel	3 MByte/s	Für Druckeranschluss, Scanner
COM/RS232	seriell	–	Für Modem, serielle Maus
LAN/RJ45	seriell	10/100 Mbit/s	Ethernet, Netzwerke
IrDA	seriell	Bis 14,4 KByte/s	Infrarot-Schnittstelle
PS/2	seriell	–	Für Maus, Tastatur
USB	seriell	1,5 MByte/s	Universelle Schnittstelle für Drucker, Scanner, Speicherstick
IDE, ATA	parallel	Bis 150 MByte/s	Für Festplatten (auf der Hauptplatine)
SCSI	parallel	Bis 160 MByte/s	Für Festplatten im Profibereich, Server
Bluetooth	seriell	1 MBit/s	Drahtlose Kommunikationsschnittstelle (Funk)
Firewire	seriell	Bis 400 MBit/s	Universelle Schnittstelle für Kameras, Handy
AGP	parallel	Über 533 MByte/s	Schnittstelle für Grafikkarte
PCI	parallel	133 MByte/s	Schnittstelle für Steckkarten z.B. Soundkarte

4.6 Datenkommunikation

Mit Hilfe der Datenkommunikation können Informationen in Form von Daten zwischen Computern ausgetauscht werden. Die Verbindung zwischen den einzelnen Computern wird durch Datennetze hergestellt.

Datennetze. Sie sind Datenleitungen, über die Daten, meist als Nachrichtenpakete, übertragen werden. Innerhalb kleinerer Datennetze überträgt man neben Daten auch Steuersignale, wie z.B. im Kraftfahrzeug. Die zu übertragenden Daten werden seriell Bit für Bit übertragen, wobei die Informationen von allen Teilnehmern des Netzes genutzt werden können.

4.6.1 Datenübertragung

Systeme für den Datenaustausch, wie sie z.B. innerhalb eines Unternehmens, im Büro oder im Kraftfahrzeug verwendet werden, nennt man **LAN** (**L**ocal **A**rea **N**etwork) oder lokale Netzwerke. Der Datenaustausch z.B. zwischen den PCs, Minicomputern, Zentralrechnern und allen weiteren Peripheriegeräten erfolgt mit hoher Datenübertragungsgeschwindigkeit (ca. 10 MBit/s ... 100 MBit/s). Dadurch können die Teilnehmer des Netzwerkes auf alle Daten nahezu gleichzeitig zugreifen, um sie z.B. zu bearbeiten oder zu verändern. Die Verbindungselemente zwischen den Computern sind neben der Datenleitung die Verbindungsstecker und Netzwerkkarten, die in die Computer eingesteckt werden.

Netzwerkstrukturen. Je nach Anordnung der Computer, die an eine gemeinsame Datenleitung angeschlossen sind, unterscheidet man

- Sternstruktur
- Ringstruktur
- Busstruktur

Sternstrukturen (Bild 1). Man unterscheidet:

- Aktive Sternstrukturen
- Passive Sternstrukturen

Aktive Sternstruktur: Sie ermöglicht mit geringem Leitungsaufwand die Verbindung einer großen Anzahl von Computern. Dabei ist jede Arbeitsstation an eine Vermittlungsstelle (Knoten), meist einem Server oder einem Hub, angeschlossen. Fällt beim Betrieb des Netzes eine Arbeitsstation aus, treten für die anderen Teilnehmer keine Störungen auf. Fällt jedoch die Vermittlungsstelle aus, arbeitet das gesamte Netzwerk nicht mehr.

Passive Sternstruktur: Alle Arbeitsstationen sind gleichberechtigt. Die Verbindungsstelle zwischen den Computern ist ein Leitungsknoten. Deshalb treten keine Störungen beim Ausfall einer Arbeitsstation auf.

Ringstruktur (Bild 2). Bei ihr sind benachbarte Arbeitsstationen direkt miteinander verbunden. Die Daten werden von einer Station zur nächsten Station in einer Richtung weitergegeben. Dadurch ist eine Erweiterung durch einfaches Einfügen weiterer Computer möglich. Fällt jedoch ein Computer im Ring aus, kann das gesamte Netz blockiert werden.

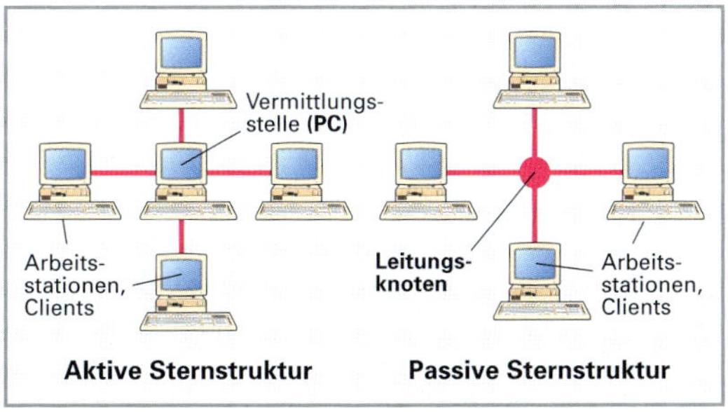

Bild 1: Sternstrukturen eines Netzwerkes

Busstruktur (Bild 2). Sie ermöglicht das Senden und Empfangen von Daten der einzelnen Stationen über ein gemeinsames, durchgehendes Kabel. Da jede Station Daten versenden und empfangen kann, muss der Datenverkehr über ein geeignetes Protokoll geregelt werden. Jeder Arbeitsplatz kann senden, wenn der Bus „frei" ist. Das Netzwerk kann durch Einfügen von weiteren Arbeitsstationen auf einfache Weise erweitert werden. Außerdem behindert der Ausfall einer Station nicht das gesamte Netz. Jedoch können die gesendeten Nachrichten von allen Stationen empfangen bzw. „mitgehört" werden.

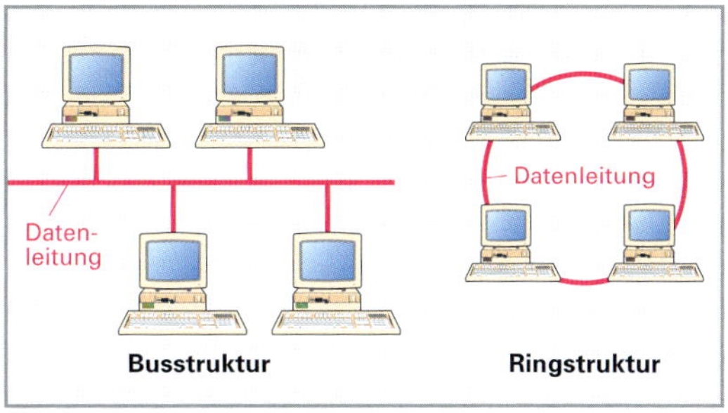

Bild 2: Bus- und Ringstruktur eines Netzwerkes

Peer to Peer Netzwerk. Es ist ein einfaches Netzwerk mit Busstruktur, bei dem alle Computer als gleichberechtigte, eigenständige Arbeitsstationen über eine Datenleitung verbunden sind. Dadurch können Daten z.B. zwischen zwei Rechnern ausgetauscht werden.

Weitere Voraussetzungen für die Datenübertragung:

Protokoll. In ihm sind die Regeln festgelegt, nach denen Daten innerhalb eines Netzwerks übertragen werden.

Gateway. Werden zwei verschiedene Netzwerke mit miteinander verbunden, übersetzt der Gateway das Protokoll des einen Netzwerks in das Protokoll des anderen Netzwerks.

Hub. Er ist eine Verteilerstation in einem Netzwerk mit Sternstruktur. Alle Daten werden an alle angeschlossenen Computer weitergeleitet. Ein passiver Hub verbindet die Netzwerkstränge, während ein aktiver Hub die Signale noch verstärkt.

Switch. Er ist eine Verteilerstation in einem Netzwerk mit Sternstruktur, die die Daten nur an die Netzwerkstränge verteilt, in denen sich die angesprochenen Computer befinden.

Router. Er verbindet zwei oder mehrere Netzwerke miteinander und leitet die Daten intelligent weiter.

Server-Client-Netzwerk

Server (Dienstleister). Er stellt in einem Netzwerk Daten, Programme und Rechenleistung bereit. Der Server kann große Datenmengen speichern und dadurch den Clientrechner entlasten.

Client (Kunde) ist die Bezeichnung für die anderen Computer im Netzwerk. Sie nehmen die Dienste des Servers in Anspruch, indem sie Daten auf dem Server ablegen, Programme ausführen und Rechenleistung in Anspruch nehmen. Diese Netze finden z .B. in großen Autohäusern Anwendung **(Bild 1)**.

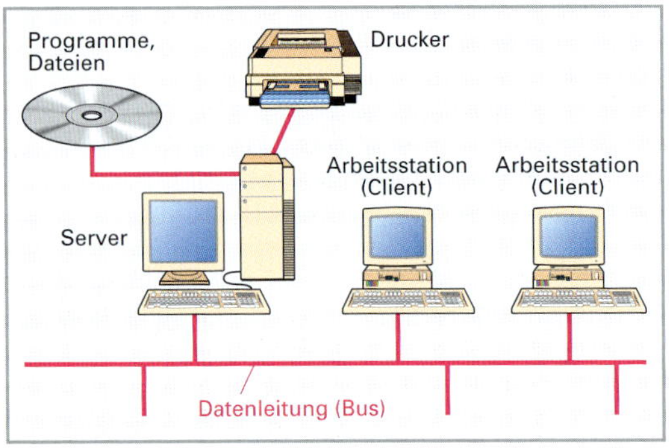

Bild 1: Client-Server-Netzwerk

4.6.2 Datenfernübertragung (DFÜ)

Sie ermöglicht den Informationsaustausch z.B. Sprach-, Bild-, Text- oder Datenkommunikation über Telekommunikationsdienste durch Kabelverbindungen oder Richtfunk zwischen verschiedenen Datennetzen.

WAN (**W**ide **A**rea **N**etworks = weitflächige Datennetze). Sie sind Kommunikationssysteme, die sich über die ganze Welt erstrecken können. In Deutschland stellt z.B. die Telekom ihr Telefonnetz für die Datenfernübertragung zur Verfügung. Für die Anbindung an die Telekommunikationsdienste sind Datenendeinrichtungen und Datenübertragungseinrichtungen erforderlich.

Datenendeinrichtung (DEE). Sie ist für das Senden und Empfangen von Daten erforderlich. Es sind z.B. Personalcomputer, Terminals.

Datenübertragungseinrichtung (DÜE). Sie ist für die Anpassung der Datensignale zwischen Datenendeinrichtung und dem Übertragungsweg notwendig. Dazu verwendet man ISDN-Adapter oder Modems z.B. ADSL-Modems. Durch eine geeignete Kommunikationssoftware kann der Datenaustausch zwischen den Computern über serielle oder parallele Schnittstellen erfolgen.

Modem (**Mo**dulator/**Dem**odulator). Es ist ein Gerät, das die zu übertragenden digitalen Signale eines Computers in analoge Signale umwandelt (moduliert). Anschließend werden die Signale im analogen Telefonnetz übertragen. Nach der Übertragung werden die analogen Signale durch das Modem auf der Empfangsseite wieder in für den Computer verständliche Signale zurückgewandelt (demoduliert). Die Übertragsgeschwindigkeit über das Telefonnetz in Verbindung mit Modems als DÜE beträgt bis 56 kBit/s. Meist verfügen die Geräte über Faxfunktionen und einen Anrufbeantworter.

ADSL (Asymmetrische Digital Subscriber Line = Asymmetrische digitale Anschlussleitung). Es ist ein Verfahren, mit dem über ein Modem und ein geeignetes Protokoll digital und mit großer Geschwindigkeit Daten übertragen werden. Die Übertragungsrate ist ungleich (asymmetrisch) und beträgt beim Empfang (Downstream) bis zu 768 kBit/s, beim Senden (Upstream) 128 kBit/s.

ISDN (Integrated Services Digital Network = Digitales Netz für integrierte Dienste). Die Datenübertragung von ISDN-Adaptern als DÜE erfolgt in digitaler Form. Bekommt ein Personalcomputer eine entsprechende Schnittstelle in Form einer ISDN-Steckkarte, kann er direkt als ISDN-Endgerät verwendet werden. Die Übertragungsgeschwindigkeit innerhalb des digitalen Netzes beträgt je Kanal 64 kBit/s.

Online-Dienste
Sie sind Dienstleistungsunternehmen, die Informationen, wie z.B. Aktienkurse, Nachrichten, firmenspezifische Daten und Informationen, die in Datenbanken abgelegt sind, anbieten und verkaufen. Außerdem bieten sie ihren Kunden vielfältige private und berufliche Kommunikationsmöglichkeiten, wie z.B. Homebanking, Teleshopping, Telelearning, Teleworking an **(Bild 2)**.

Bild 2: Angebot eines Online-Dienstes

Kommunikationsmöglichkeiten in Kfz-Unternehmen
Es sind z.B. Datenübertragung aus Datenbanken vom Fahrzeughersteller, Downloads für Steuergeräte, Tester und Software, Pflege von Fahrzeug-Lebenszyklusdaten, Flash-Aktionen bei Werkstattbesuchen.

4.7 Datensicherung und Datenschutz

Durch die ständig zunehmende Verbreitung der Informationstechnik und die dadurch steigende Datenmenge wächst die Notwendigkeit, diese großen Datenmengen zu sichern und sie vor unberechtigtem Zugriff zu schützen.

Besonders durch die zunehmende Anzahl lokaler und öffentlicher Netze könnten verschiedene Benutzer direkt auf vorhandene Datenbestände zugreifen und sie unberechtigterweise verändern. Deshalb gewinnen die Datensicherung und der Datenschutz immer größere Bedeutung.

4.7.1 Datensicherung

Unter Datensicherung versteht man alle Maßnahmen, Methoden und Einrichtungen, die gegen den Verlust von Daten sowie gegen unzulässige Nutzung oder Verfälschung von Daten schützen sollen.

Zwischenspeicherung und endgültige Speicherung. Während des Arbeitens am Computer können Unterbrechungen, z.B. Fehlbedienung, Stromausfall, Defekte in der Rechenanlage, Systemabstürze, zum Verlust der Daten führen, die sich im Arbeitsspeicher befinden. Deshalb ist es notwendig, Zwischenspeicherungen der Daten und ihre endgültige Sicherung auf externen Speichern, wie z.B. Diskette, Festplatte durchzuführen.

Je häufiger gespeichert wird, desto geringer ist die Gefahr von Datenverlusten.

Sicherungskopien. Sie sind Kopien von wichtigen Dateien z.B. auf CD-Rom, die bei Verlust der Originaldatei verwendet werden können.

Überschreibschutz von Dateien. Er verhindert das versehentliche Überschreiben von Dateien auf externen Speichern. Beim Speichervorgang wird durch das Programm eine Warnung, z.B. **„Vorhandene Datei überschreiben?“** , am Bildschirm ausgegeben, bevor das Abspeichern die ursprüngliche Datei überschreibt.

Passwort-Schutz. Jeder Benutzer einer Datenverarbeitungsanlage besitzt ein Passwort. Dieses muss er bei Beginn seiner Arbeit am Computer eingeben. Kennt der Rechner dieses Passwort, erlaubt er dem Benutzer bestimmte Bereiche des externen Speichers zu benutzen.

Antivirenprogramme. Um den Befall von Viren festzustellen, zu beseitigen oder zu verhindern werden Antivirenprogramme eingesetzt. Auf Aktualität ist zu achten, da immer wieder neue Viren auftauchen können.

4.7.2 Datenschutz

Grundlage des Datenschutzes ist das Bundesdatenschutzgesetz (BDSG).

Aufgabe des Datenschutzes ist es, Daten vor Missbrauch bei ihrer Speicherung, Übermittlung, Veränderung und Löschung zu schützen.

Geschützte Daten im Sinne der Datenschutzgesetze sind z.B. **personenbezogene Daten von natürlichen Personen**, falls diese Daten nicht jedermann frei zugänglich sind, z.B. Telefonbucheintrag.

Personenbezogene Daten sind Angaben über

- **Persönliche Verhältnisse,** z.B. Geburtstag, Alter, Staatsangehörigkeit, Religion, Beruf, Krankheit, Vorstrafen, politische Einstellungen, Zeugnisse, Konsumverhalten.
- **Sachliche Verhältnisse,** z.B. monatliches Einkommen, Vermögen, Schulden, Grundbesitz.

Die Datenspeicherung von personenbezogenen Daten ist jedoch im Hinblick auf schnelle, rationelle Arbeit, z.B. zur Erledigung von Verwaltungsaufgaben heute unumgänglich. Deshalb muss der einzelne bei der Erfassung seiner persönlichen Daten folgende Rechte wahrnehmen können:

- **Recht auf Benachrichtigung,** wenn Daten erfasst und gespeichert werden.
- **Auskunftsrecht über gespeicherte Daten,** die seine Person betreffen.
- **Berichtigungsrecht** bezüglich der Speicherung falscher Daten.
- **Recht auf Löschung von Daten,** deren Speicherung unzulässig war oder bei denen die Berechtigung zur Speicherung weggefallen ist, z.B. nach Tilgung eines Kredits oder Auflösung der Geschäftsverbindungen mit der betreffenden Bank.

Der ordnungsgemäße Datenschutz nach den Datenschutzgesetzen wird vom **Bundesdatenschutzbeauftragten** und in den Bundesländern von den **Landesdatenschutzbeauftragten** sowie von den **Datenschutzbeauftragten in den Gemeinden** überwacht.

5 Steuerungs- und Regelungstechnik

5.1 Grundlagen

Steuerungs- und Regelungssysteme sorgen für das aufgabengemäße Zusammenwirken von Teilsystemen innerhalb eines Gesamtsystems. Außerdem sorgen sie für das aufgabengemäße Wirken der Systeme nach außen. Im Kraftfahrzeug laufen ständig eine Vielzahl von solchen Steuerungs- und Regelungsvorgängen ab.

Beispiele für Steuerungsvorgänge

- Gaswechselsteuerung durch Öffnen und Schließen von Ventilen durch einen Nocken.
- Lenken eines Fahrzeugs durch Einschlagen der Räder.

Beispiele für Regelungsvorgänge

- Regelung des Kraftstoff-Luft-Verhältnisses auf einen bestimmten Wert z.B. auf $\lambda \approx 1$.
- Fahrgeschwindigkeitsregelung (Tempomat).
- Bremskraftregelung durch Antiblockiersystem (ABS).
- Kühlmitteltemperaturregelung durch Thermostat.

5.1.1 Steuern

Das Steuern (oder: die Steuerung) ist der Vorgang in einem System, bei dem eine oder mehrere Eingangsgrößen systembedingt die Ausgangsgrößen beeinflussen. Die Steuerung kontrolliert nicht, ob der Istwert der Ausgangsgröße mit dem Sollwert der Eingangsgröße übereinstimmt. **Kennzeichnend für das Steuern ist der offene Wirkungsablauf längs einer Steuerkette.**

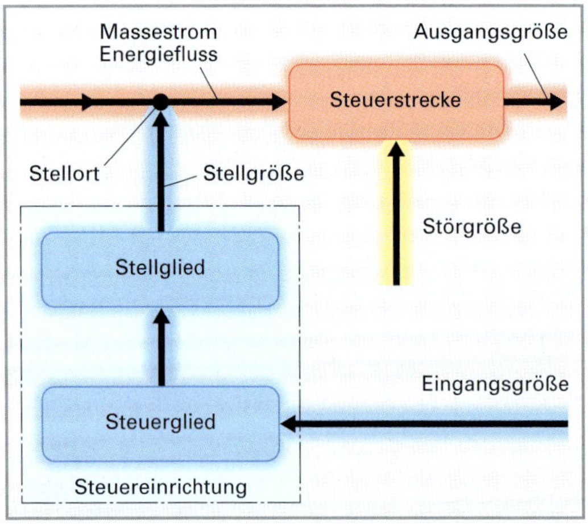

Bild 1: Steuerkette

[1] Der Mensch als möglicher Regler ist bei Betrachtung dieser Steuerungssysteme nicht mit einbezogen.

Steuerkette (Bild 1). Sie wird gebildet von den Baugliedern der Steuerung, die in Kettenstruktur, von Bauglied zu Bauglied, aufeinander wirken. Die Steuerkette wird unterteilt in **Steuereinrichtung** und **Steuerstrecke.**

Beispiel Fahrgeschwindigkeitssteuerung[1] (Bild 2). Ein Pkw mit Ottomotor soll mit gleichbleibender Geschwindigkeit von 80 km/h gefahren werden.

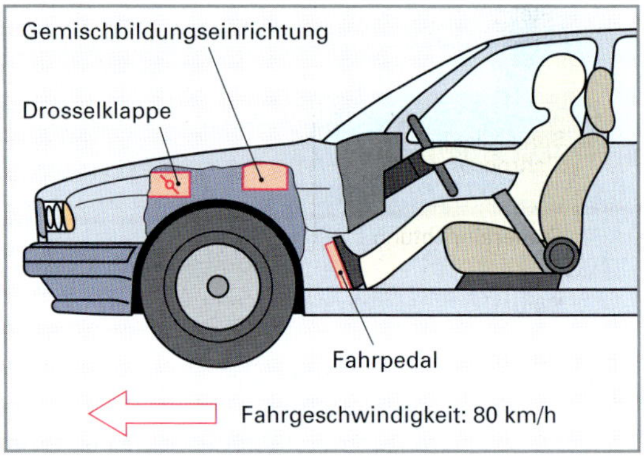

Bild 2: Fahrgeschwindigkeitssteuerung

Steuerungsgrößen (Bild 3)

Die Geschwindigkeit 80 km/h stellt die **Aufgabengröße** dar **(Bild 3).** Um sie unter gegebenen Fahrzuständen zu erreichen, muss dem Motor eine bestimmte Gemischmenge zugeführt werden. Der Fahrer bringt dazu das Fahrpedal in eine entsprechende Stellung. Der Pedalweg ist somit die **Führungsgröße (w)** (Eingangsgröße). Durch das Fahrpedal wird die

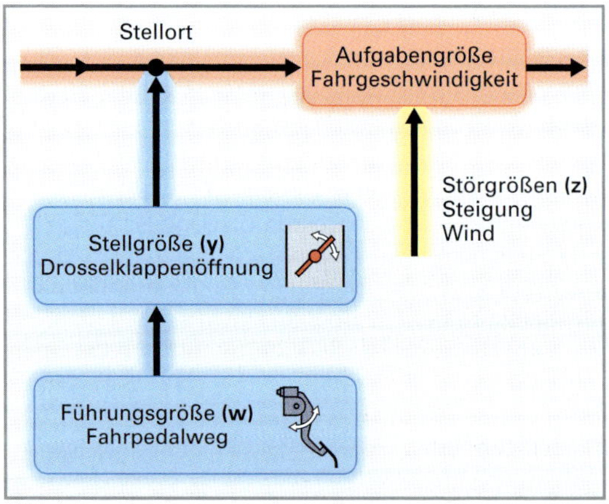

Bild 3: Physikalische Größen bei der Fahrgeschwindigkeitssteuerung

Drosselklappe im Saugrohr in eine bestimmte Stellung gebracht. Die Drosselklappenöffnung ist die **Stellgröße (y)** für die benötigte Gemischmenge.

Steuereinrichtung (Bild 1). Zu ihr gehören **Steuerglied** und **Stellglied.** Dies sind die Bauglieder, die unmittelbar für die aufgabengemäße Beeinflussung der Steuerstrecke erforderlich sind.

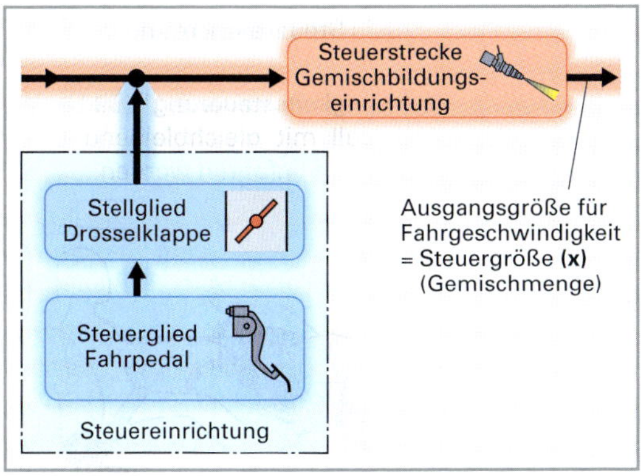

Bild 1: Steuerkette der Fahrgeschwindigkeitssteuerung

Steuerglied ist das Fahrpedal. Stellglied ist die Drosselklappe. Die **Führungsgröße w** (Pedalweg) ist die Eingangsgröße der Steuereinrichtung. Die **Stellgröße y** (Drosselklappenöffnung) ist die Ausgangsgröße der Steuereinrichtung und zugleich Eingangsgröße der Steuerstrecke.

Steuerstrecke. Sie umfasst den Teil der Anlage, der beeinflusst werden muss, um die erforderliche Aufgabengröße, Fahrgeschwindigkeit, zu erreichen. Die Steuerstrecke ist also die Gemischbildungseinrichtung, da sie die erforderliche Gemischmenge für die angesteuerte Geschwindigkeit liefert. Die Ausgangsgröße der Steuerstrecke wird als **Steuergröße x** bezeichnet.

Die Geschwindigkeit 80 km/h wird jedoch nur solange eingehalten, wie keine Störungen auf das System einwirken. Kommt der Pkw z.B. an eine Steigung, so vermindert sich die Geschwindigkeit. Die Steigung stellt steuerungstechnisch eine **Störgröße z** dar. Sie kann von der Steuerung nicht berücksichtigt werden, da die veränderte Aufgabengröße Geschwindigkeit nicht selbsttätig auf die Führungsgröße (Pedalweg) zurückwirkt. Die Steuerung hat also einen offenen Wirkungsablauf. Fällt die Störgröße wieder weg, stellt sich die vorgesehene Geschwindigkeit wieder ein.

Um die Einwirkung der Störgröße (Steigung) zu korrigieren, muss der Fahrer der Steuereinrichtung eine geänderte Führungsgröße (Pedalweg) eingeben. Dadurch wird über das Steuerglied (Fahrpedal) und Stellglied (Drosselklappe) in der Steuerstrecke (Gemischbildungseinrichtung) eine andere Ausgangsgröße (Gemischmenge) bewirkt, welche die Aufgabengröße (Geschwindigkeit = 80 km/h) wiederherstellt.

5.1.2 Regeln

Das Regeln (oder die Regelung) ist ein Vorgang in einem System, bei dem die zu regelnde Größe (Regelgröße) als Istwert fortlaufend erfasst, mit dem Sollwert verglichen und bei Abweichungen vom Sollwert an diesen selbsttätig angeglichen wird.

Kennzeichnend für das Regeln ist der geschlossene Wirkungsablauf (Regelkreis).

Regelkreis (Bild 2). Er wird von den Baugliedern gebildet, die am geschlossenen Wirkungsablauf der Regelung teilnehmen. Der Regelkreis besteht aus **Regeleinrichtung** und **Regelstrecke.**

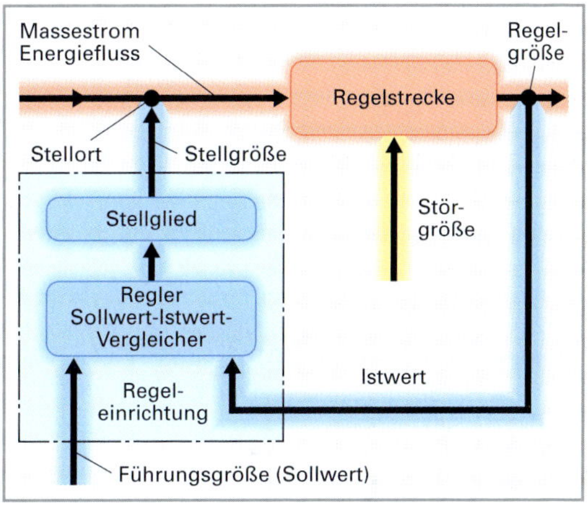

Bild 2: Regelkreis

Am Beispiel der Fahrgeschwindigkeitsregelung werden die Begriffe und Benennungen erklärt.

Ein Pkw mit Ottomotor soll mit einer gleichbleibenden Geschwindigkeit von 80 km/h **(Bild 3)** gefahren werden. Er ist dazu mit einer Fahrgeschwindigkeitsregelung (Tempomat) ausgerüstet.

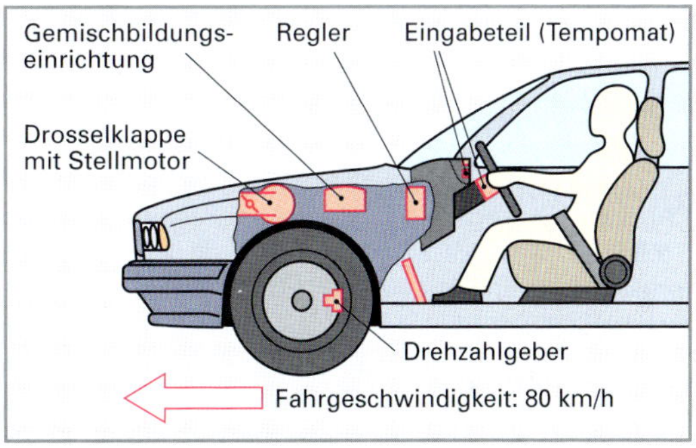

Bild 3: Fahrgeschwindigkeitsregelung

5

Physikalische Größen (Bild 1)

Die Geschwindigkeit des Fahrzeugs ist die **Regelgröße x.** Die Fahrgeschwindigkeitsregelung kann auf verschiedene Art eingeschaltet werden.

Im Normalfall wird der Fahrer den Pkw mit dem Fahrpedal auf die Geschwindigkeit 80 km/h bringen, dann durch Betätigen des entsprechenden Bedienhebels an der Lenksäule die Regelung einschalten und damit zugleich den momentanen Wert der Geschwindigkeit als Sollwert fixieren. Der Sollwert 80 km/h ist die **Führungsgröße w.**

Um diese Geschwindigkeit zu halten, benötigt der Motor eine bestimmte Gemischmenge. Dazu wird die Drosselklappe selbsttätig in eine Stellung gebracht, die der benötigten Gemischmenge entspricht. Die Drosselklappenöffnung ist die **Stellgröße y,** die in der Gemischbildungseinrichtung für die benötigte Gemischmenge sorgt. Damit erreicht der Motor eine bestimmte Leistung und das Fahrzeug die geforderte Geschwindigkeit **(Regelgröße x).**

Störgrößen z. Sie können in Form von Steigung, Gefälle oder Wind auf das Fahrzeug einwirken und seine Geschwindigkeit verändern. Da die jeweilige Geschwindigkeit jedoch dem Regler zum Vergleich mit dem Sollwert zurückgemeldet wird, kann die Regelung dem Einfluss der Störgrößen entgegenwirken.

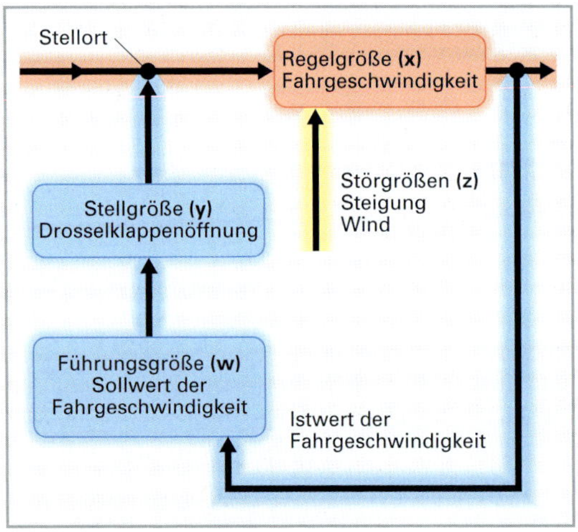

Bild 1: Physikalische Größen bei der Fahrgeschwindigkeitsregelung

Regeleinrichtung (Bild 2). Zu ihr gehören **Regler** und **Stellglied.** Diese Bauglieder sind für die unmittelbare aufgabengemäße Beeinflussung der Regelstrecke erforderlich. Dem Regler wird über das Eingabeteil die Führungsgröße (Sollwert für die Geschwindigkeit) eingegeben. Dem Regler wird außerdem der augenblickliche Istwert der Geschwindigkeit durch einen Drehzahlgeber mitgeteilt. Aus dem Vergleich von Istwert und Sollwert der Geschwindigkeit bestimmt der Regler das Signal für das Stellglied. Das Stellglied besteht aus Stellmotor und Drosselklappe. Je nach Regelabweichung formt das Stellglied eine entsprechende **Stellgröße y** (größere oder kleinere Drosselklappenöffnung).

Die Stellgröße y ist die Ausgangsgröße der Regeleinrichtung und zugleich die Eingangsgröße der Regelstrecke.

Regelstrecke. Sie umfasst den Teil der Anlage, der beeinflusst werden muss, um die erforderliche Gemischmenge für die vorgegebene Fahrgeschwindigkeit 80 km/h zu erhalten. Somit ist die Gemischbildungseinrichtung die Regelstrecke. Die von ihr gelieferte Gemischmenge bewirkt eine bestimmte Motorleistung mit der das Fahrzeug eine bestimmte Geschwindigkeit erreichen kann.

Die Geschwindigkeit ist die Ausgangsgröße der Regelstrecke (Regelgröße x).

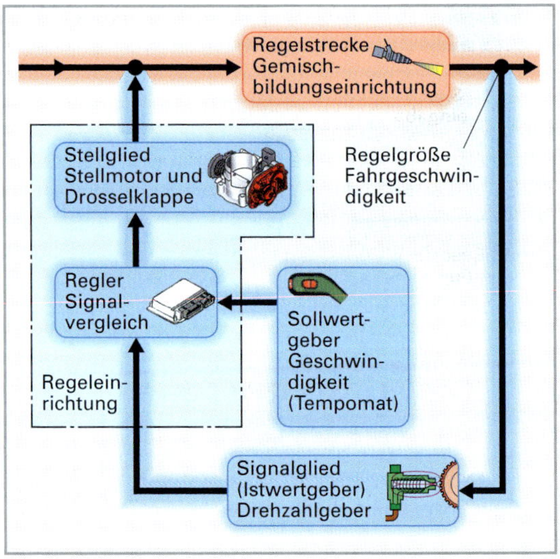

Bild 2: Regelkreis der Fahrgeschwindigkeitsregelung

Regelvorgang. Im Gegensatz zur Steuerung überprüft die Regelung, ob der Istwert der Regelgröße, also die tatsächlich erreichte Fahrgeschwindigkeit, mit dem Sollwert (= vorgegebene Fahrgeschwindigkeit) übereinstimmt. Weicht der Istwert der Geschwindigkeit vom Sollwert ab (= **Regeldifferenz),** leitet der Regler einen neuen Regelvorgang mit geänderter Stellgröße ein. Man spricht daher in der Regelung von einem Regelkreis.

Regelanschlag. Darunter versteht man, dass die Regelung nur innerhalb bestimmter Grenzen möglich ist. So ist z.B. die Fahrgeschwindigkeitsregelung nur in einem vom Hersteller vorgesehenen Bereich möglich z.B. von 30 km/h bis 210 km/h.

5.2 Aufbau und Funktionseinheiten von Steuereinrichtungen

Eine Steuereinrichtung lässt sich gerätetechnisch in folgende Bauglieder aufteilen:

Signalglied, Steuerglied und Stellglied.

So wie die Bauglieder der Steuereinrichtung in der Reihenfolge des Wirkablaufs verkettet sind, übertragen sie in der Wirkrichtung Signale und Befehle nach dem Prinzip

Eingabe → Verarbeitung → Ausgabe.

Diese Folge des Signalflusses wird verkürzt als **„EVA-Prinzip"** bezeichnet. In **Bild 1** wird dieses Prinzip am Beispiel des Gurtstraffers erläutert.

Um bei einem Frontalaufprall eines Fahrzeuges Verletzungen der Fahrzeuginsassen durch Aufprall auf Lenkrad, Instrumententafel oder Frontscheibe zu vermeiden, werden von Fahrzeugherstellern unter anderem pyrotechnische Gurtstraffersysteme eingesetzt.

Signaleingabe. Die Aufprallerkennung erfolgt dabei durch einen Beschleunigungssensor. Dieser erfasst die augenblickliche Geschwindigkeitsänderung und gibt sie in Form eines elektrischen Signals an das Auslösesteuergerät weiter.

Signalverarbeitung. Die Elektronik des Auslösesteuergerätes erkennt, ob ein kritischer Verzögerungswert überschritten wird. Ist dies der Fall, so steuert das Auslösesteuergerät über einen Impuls den Zündkreis des Gurtstraffers an.

Signalausgabe. Die Zündkapsel zündet nun einen Feststofftreibsatz. Dadurch wird von einem Gasgenerator über einen Kolben und einen Seilzug der Sicherheitsgurt gestrafft.

5

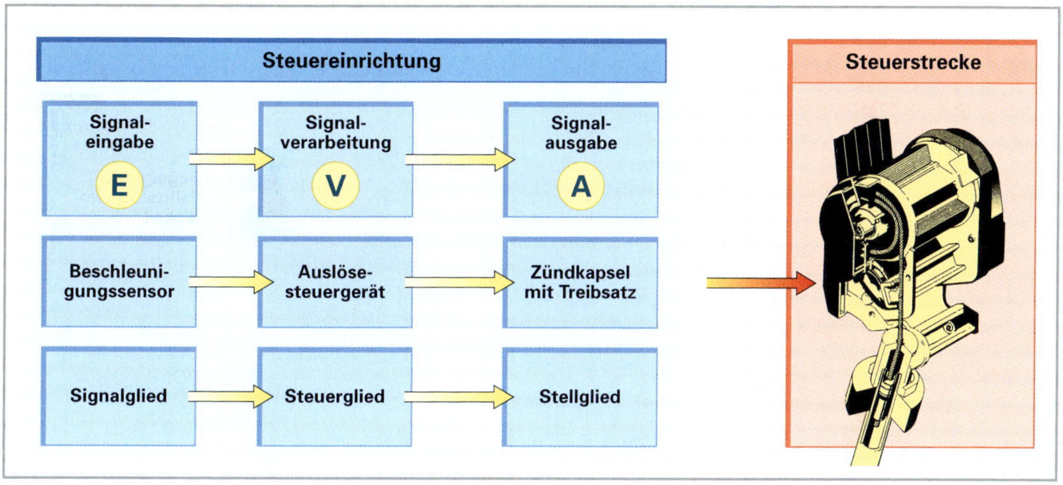

Bild 1: Steuertechnisches Schema eines Gurtstraffersystems

5.2.1 Signalglieder, Signalarten, Signalumformung

Signalglieder bezeichnet man auch als **Sensoren.** Sie nehmen physikalische Größen verschiedener Art auf **(Bild 2),** formen daraus Eingangssignale (z.B. Spannungen) und geben sie an die Steuerglieder weiter.

Die Signale können unterschiedlichen Verlauf haben. Man unterscheidet z.B. analoge, binäre, digitale und pulsweitenmodulierte Signale.

Signalarten

Analoge Signale (Bild 1, Seite 80). Dabei werden Signale stufenlos aufgenommen und übertragen.

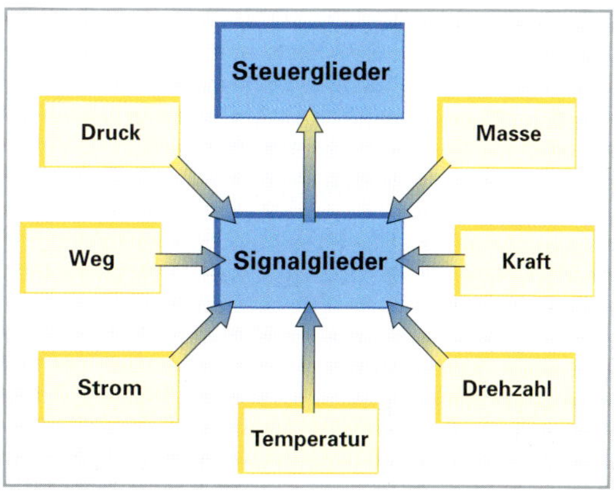

Bild 2: Eingangssignale aus physikalischen Größen

Beispiel: Die Drehzahl einer Handbohrmaschine wird über die Schalttaste stufenlos gesteuert. Die Drehzahl verhält sich gleichartig (analog) zur Stellung der Schalttaste. Zwischen Null und Höchstdrehzahl gibt es beliebig viele Zwischenwerte.

Binäre Signale (Bild 1). Sie liegen vor, wenn nur zwei Signalzustände aufgenommen oder übertragen werden, z.B. **Ein** und **Aus** bzw. 0 und 1.

Beispiel: Eine sich ändernde Drehzahl wird jeweils nur durch zwei Werte angezeigt, z.B. < 400 1/min (Zustand 0) oder > 400 1/min (Zustand 1).

Digitale Signale (Bild 1). Sie stellen eine Sonderform von binären Signalen dar. Dabei werden von analogen Signalen verschiedene Zwischenwerte aufgenommen und übertragen.

Beispiel: Eine sich ändernde Drehzahl wird in festgelegten Schritten, z.B. 100 1/min angezeigt.

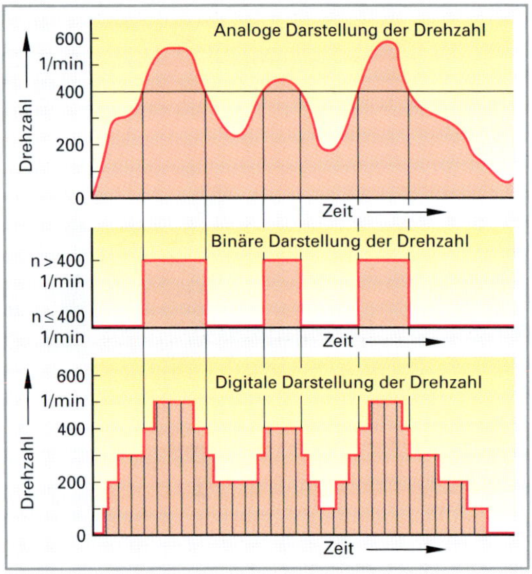

Bild 1: Signalarten – analog, binär, digital

Pulsweiten-Signal (Bild 2). Dabei handelt es sich um getaktete Spannungssignale mit konstanter Frequenz und gleicher Einschaltspannung. Die Impulse haben eine unterschiedlich lange Einschaltdauer. Sie werden z.B. zur stufenlosen Verstellung von Magnetventilen mit variablem Querschnitt verwendet.

Im Bild erfolgt die Messung der Einschaltdauer gegen Masse.

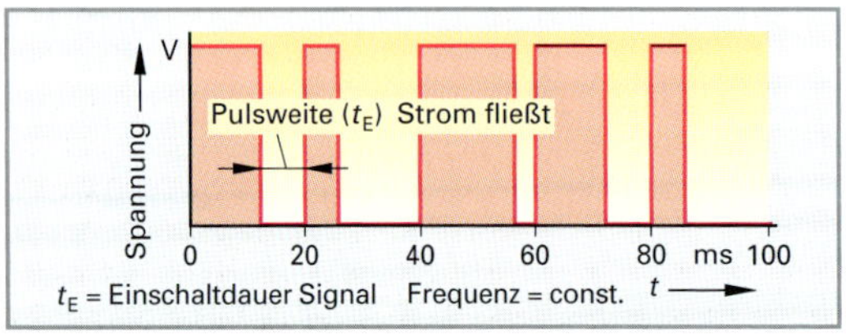

Bild 2: Pulsweiten-Signal

Signal Umformung

Die Messwerte von Sensoren müssen häufig in bestimmte Signalformen umgewandelt werden, damit sie z.B. von Steuergeräten verarbeitet werden können.

Analog-Digital-Wandler (A/D). Diese wandeln analoge Signale in digitale Signale um. Beispiel: Das stetig erfasste Temperatursignal eines NTC-Temperaturfühlers wird durch den A/D-Wandler in ein digitales Signal umgeformt **(Bild 3).**

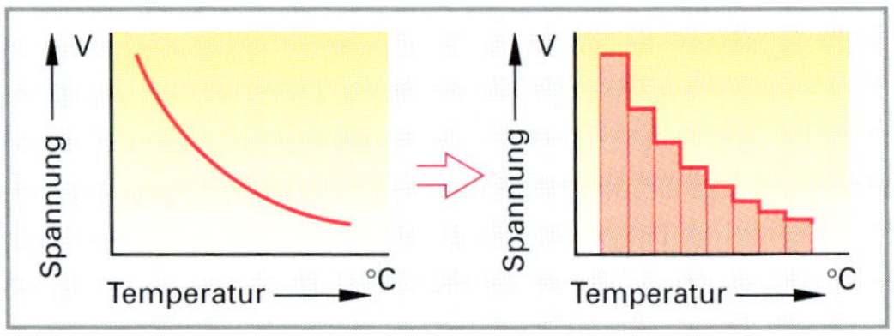

Bild 3: Analog-Digitale Umwandlung eines NTC-Temperatur-Signals

Impulsformer (IF). Sie erzeugen aus beliebig geformten Eingangssignalen Rechtecksignale. Beispiel: Ein analoges Induktivgebersignal einer Zündanlage wird über einen Impulsformer in ein Rechtecksignal zur Zündzeitpunktsteuerung umgewandelt **(Bild 4).**

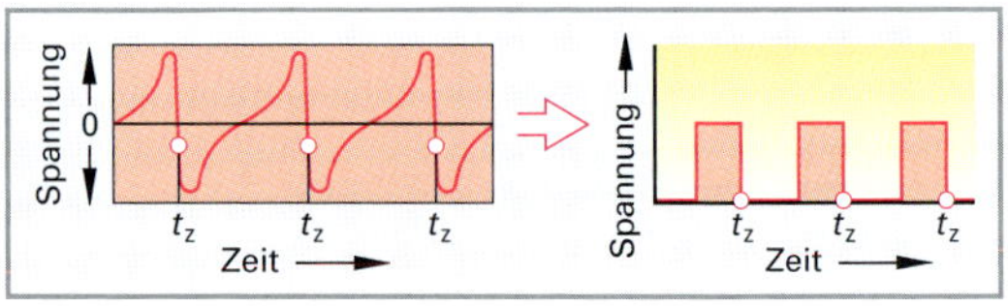

Bild 4: Impulsumformung – Umwandlung eines Induktivgebersignals in ein Rechtecksignal

Signalglieder

Taster und **Schalter** gehören zu den berührenden Signalgliedern.

Taster geben ein Signal nur ab, solange sie betätigt werden. Danach gehen sie meist durch Federkraft in ihre Ruhestellung zurück.

Schalter rasten bei Betätigung ein bzw. bleiben in der Schaltstellung, in die sie gebracht werden. Durch erneutes Betätigen gehen sie in ihre Ausgangsstellung oder in eine weitere Stellung.
Elektrische Schalter, die bei Betätigung einen Stromkreis schließen, bezeichnet man als **Schließer;** Schalter, die einen Stromkreis öffnen, bezeichnet man als **Öffner (Bild 5).**

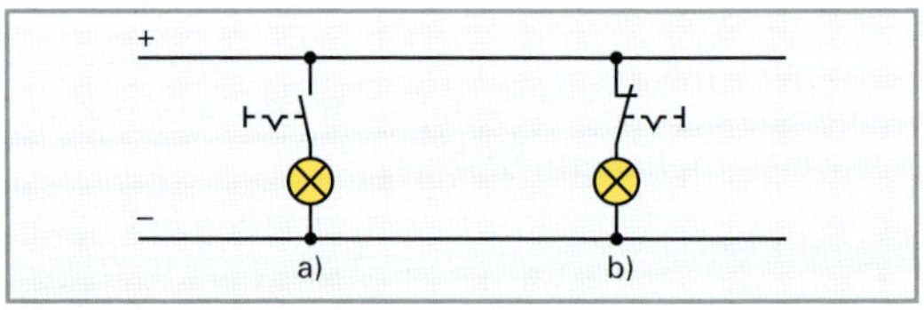

Bild 5: a) Schließer b) Öffner

Wegeventile (Bild 1) werden in pneumatischen und hydraulischen Steuerungen häufig als Schalter oder Taster benutzt.

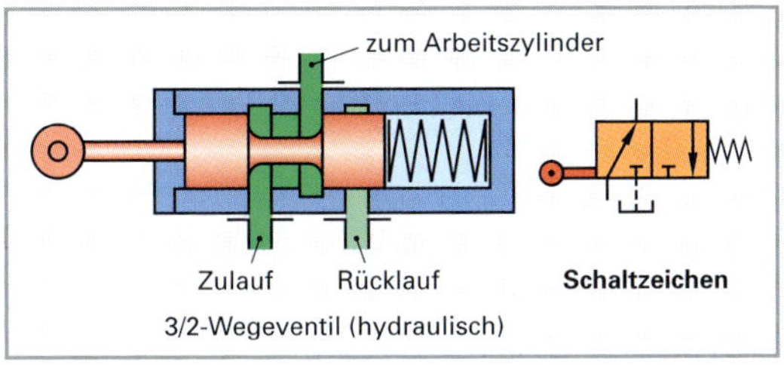

Bild 1: Grenztaster

Berührungslos arbeitende Sensoren

Sie benötigen keine Schalterbetätigung von außen. Sie reagieren selbstständig.

Fotowiderstand (Bild 2). Er reagiert z.B. auf unterschiedlichen Lichteinfall mit einem veränderten Widerstand und kann so für eine Lichtsteuerung verwendet werden.

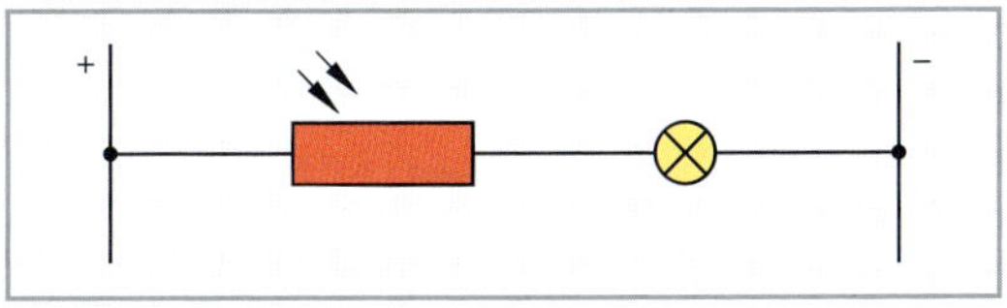

Bild 2: Fotowiderstand zur Lichtsteuerung

Induktive Drehzahlgeber (Bild 3). Sie werden z.B. zum Messen der Motordrehzahl verwendet. Sie bestehen aus einem Dauermagneten und einer Induktionsspule mit Weicheisenkern.

Als Impulsgeber wird ein Zahnkranz am Schwungrad verwendet, dessen Drehzahl zu messen ist. Die Zähne des Zahnkranzes sind nur durch einen Luftspalt vom Drehzahlgeber getrennt. Bei drehendem Schwungrad verursacht jeder Zahn eine Magnetfeldänderung, die in der Spule jeweils eine Induktionsspannung erzeugt.

Die Anzahl der Impulse je Zeiteinheit ist ein Maß für die Drehzahl des Schwungrades.

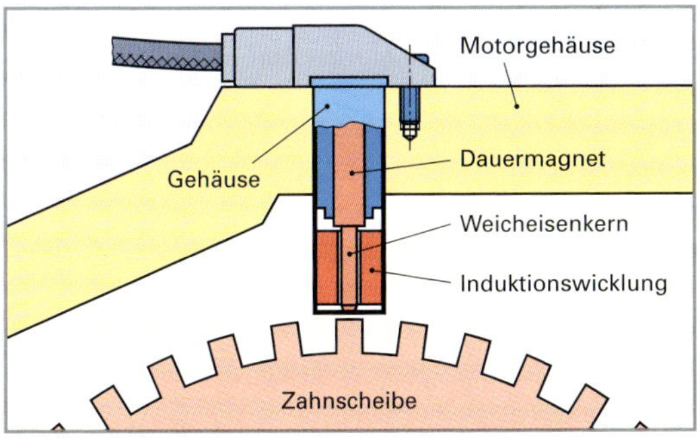

Bild 3: Drehzahlgeber

Temperaturfühler (Bild 4). Sie werden z.B. zum Messen der Kühlflüssigkeitstemperatur verwendet. Wird z.B. ein NTC-Widerstand verwendet, so nimmt dessen Widerstandswert mit steigender Temperatur ab. Der sich ändernde Spannungsabfall ist ein Maß für die Temperaturänderung.

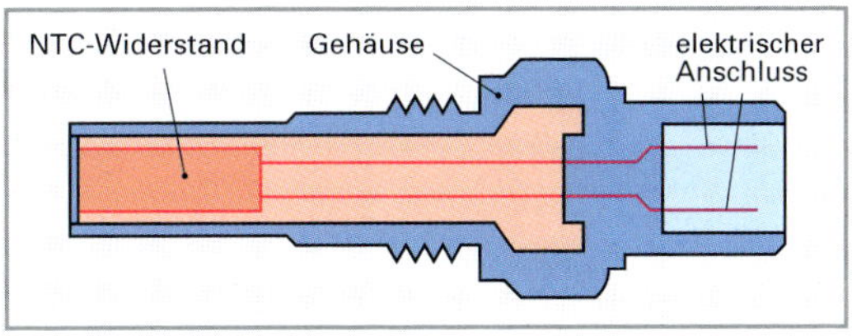

Bild 4: Temperaturfühler

5.2.2 Steuerglieder

Steuerglieder (Steuergeräte) (Bild 5) nehmen die Signale von den Signalgliedern auf, verarbeiten sie und geben sie als Schaltbefehle an Stellglieder weiter.

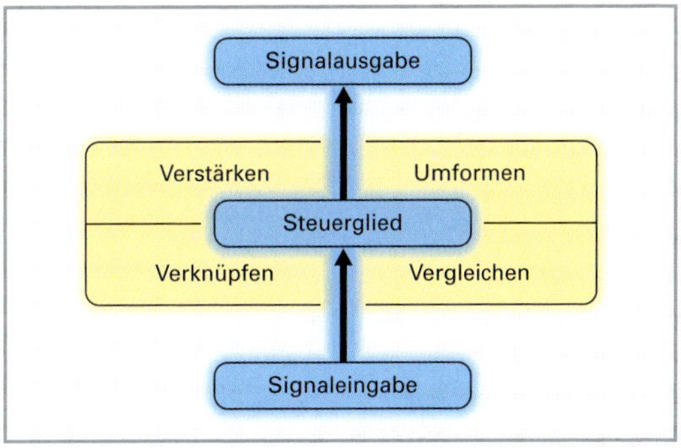

Bild 5: Signalverarbeitung in Steuergliedern

Umformen der Signale. Dies ist erforderlich, wenn die Signale vom Signalglied in der vorliegenden physikalischen Größe vom Steuerglied (Steuergerät) nicht direkt verarbeitet werden können oder die Stellglieder mit speziell geformten Signalen angetaktet werden müssen. So kann es z.B. notwendig sein, dass in einem Steuergerät ein Signal **pulsweitenmoduliert** umgeformt wird, damit ein Schrittmotor stufenlos verstellt werden kann.

Verstärken. Häufig sind Eingangssignale zu schwach oder nicht geeignet, um Steuerungsvorgänge am Stellglied zu bewirken. Die Signale müssen dann innerhalb des Systems verstärkt werden. Die Verstärkung kann z.B. mit Hilfe eines Relais erfolgen. Dabei bewirkt ein kleiner Steuerstrom durch die Spule eines Elektromagneten, dass Schalterkontakte für einen hohen Arbeitsstrom geschlossen werden. Mit dem Arbeitsstrom kann dann z.B. eine Glühlampe angesteuert **(Bild 1, Seite 82)** werden.

Anstelle des Relais kann auch ein Transistor verwendet werden. Hierbei bewirkt ein kleiner Basisstrom (I_B) einen großen Arbeitsstrom (I_C).
In der Technik werden solche Steuerglieder häufig als Verstärker bezeichnet.

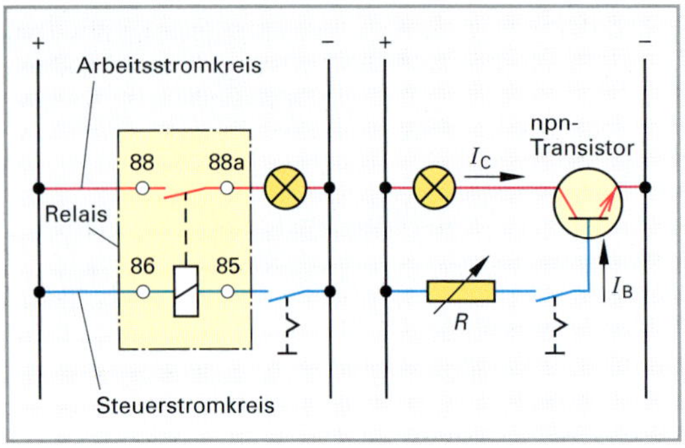

Bild 1: Relais und Transistor als Signalverstärker

Logisches Verknüpfen von Signalen ist erforderlich, wenn aus mehreren Eingangssignalen ein Ausgangssignal gebildet werden soll.

Beispiel: In elektronisch gesteuerten Benzineinspritzanlagen erhält das Steuergerät unter anderem Signale über Lastwunsch, Motortemperatur, Ansauglufttemperatur und Motordrehzahl. Im Steuergerät werden diese Signale logisch verknüpft. Anhand von hinterlegten Kennfeldern werden durch das Steuergerät Schaltbefehle in Form von Spannungsimpulsen an die Einspritzventile gegeben. Die Dauer der Spannungsimpulse hängt dabei von der benötigten Kraftstoffmenge ab.

In pneumatischen und hydraulischen Steuerungen werden häufig

- Wechselventile (ODER-Verknüpfung) bzw.
- Zweidruckventile (UND-Verknüpfung)

zum logischen Verknüpfen von Eingangssignalen verwendet **(Bild 2)**.

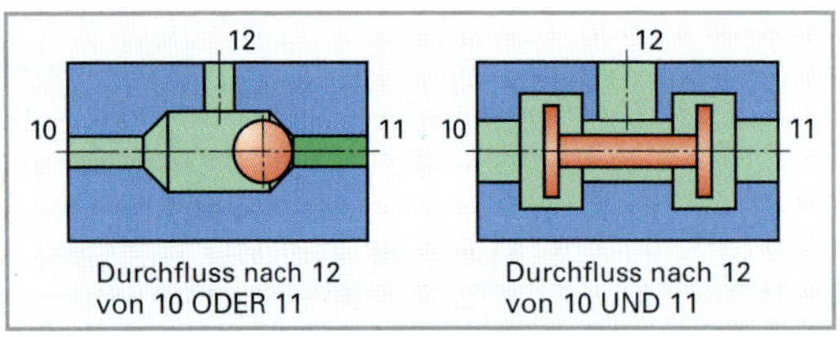

Bild 2: Wechselventil und Zweidruckventil

5.2.3 Stellglieder und Antriebsglieder

Das Stellglied (Aktor) ist das letzte Glied der Steuereinrichtung. Es nimmt den Schaltbefehl des Steuergliedes (Steuergerätes) auf und greift damit am Stellort in den Massestrom oder Energiefluss der Steuerstrecke ein.

Mit dem Eingreifen des Stellgliedes soll die Aufgabengröße am Ende der Steuerstrecke in der vorgesehenen Weise verändert werden.

Als Stellglieder werden z.B. Ventile, Drosselklappen, Zylinder, Relais, Motoren, Magnetventile, Transistoren oder Thyristoren verwendet.

Sind in Steuerungen große Energien zu leiten, wird die Steuereinrichtung häufig in einen **Steuerteil** und einen **Energieteil** geteilt **(Bild 3)**.

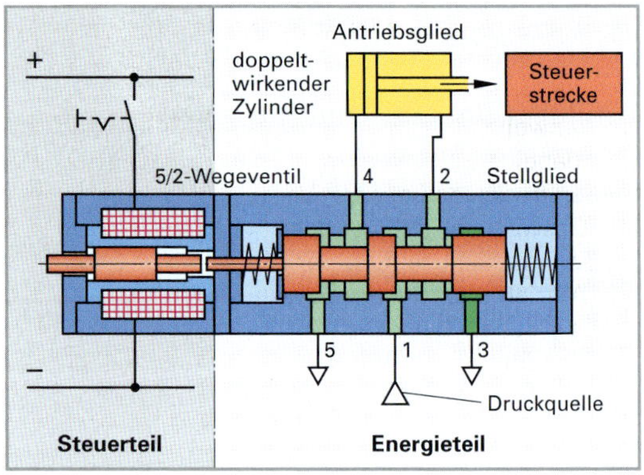

Bild 3: Stellglied mit Antriebsglied

Stellglieder im Steuerteil können mit verhältnismäßig geringer Energie betrieben werden. Die große Energie wird erst am Antriebsglied zugeführt, wo sie zum Eingreifen in die Steuerstrecke benötigt wird. In elektropneumatischen Steuerungen werden dazu häufig elektromagnetisch betätigte Wegeventile als Stellglieder verwendet. Sie steuern z.B. Arbeitszylinder als **Antriebsglieder** zum Eingreifen in die Steuerstrecke an.

Häufig verwendete Antriebsglieder sind z.B. Elektromotoren, Pneumatik- und Hydraulikmotoren und Zylinder.

Wiederholungsfragen

1. **Wodurch unterscheidet sich eine Steuerung von einer Regelung?**
2. **Aus welchen Hauptbaugruppen besteht eine Steuerkette?**
3. **Welche Aufgabe haben Steuerglieder?**
4. **Welche Aufgabe haben Stellglieder?**
5. **Welche Bauglieder gehören zur Steuereinrichtung?**
6. **Welche Aufgaben haben Signalglieder?**
7. **Was versteht man unter dem EVA-Prinzip?**
8. **Was versteht man in einer Steuerung unter Führungs-, Stell- und Steuergröße?**
9. **Welche Signalarten unterscheidet man?**

5.3 Steuerungsarten

5.3.1 Mechanische Steuerungen

Bei diesen Steuerungen werden zur Übertragung der Energie und der Steuersignale mechanische Übertragungsglieder verwendet.

Im Kraftfahrzeug finden rein mechanische Steuerungen z.B. bei der Lenkung (ohne Lenkhilfe), dem handgeschalteten Wechselgetriebe oder der Ventilsteuerung (ohne Hydrostößel) Anwendung.

Ventilsteuerung (Bild 1, Bild 3). Durch sie wird der Ein- und Austritt des Kraftstoff-Luftgemisches gesteuert. **Ausgangs-** bzw. **Steuergröße x** ist der Gaswechsel. Nockenwelle, Nocken, Kipphebel und Ventilfedern bilden dabei die Steuereinrichtung. Das Ventil ist die Steuerstrecke, da über den Ventilöffnungsquerschnitt der Gaswechsel erfolgt (gesteuert wird). **Führungsgröße w** ist die Drehung der Nockenwelle, die durch den Antrieb über die Kurbelwelle bewirkt wird. **Stellgröße y** ist der über den Kipphebel bewirkte Ventilhub und das über die Ventilfeder bewirkte Schließen des Ventils. **Störgrößen z** sind bei dieser Steuerung z.B. Wärmedehnung der Bauteile und mechanisches Spiel zwischen den Baugliedern.

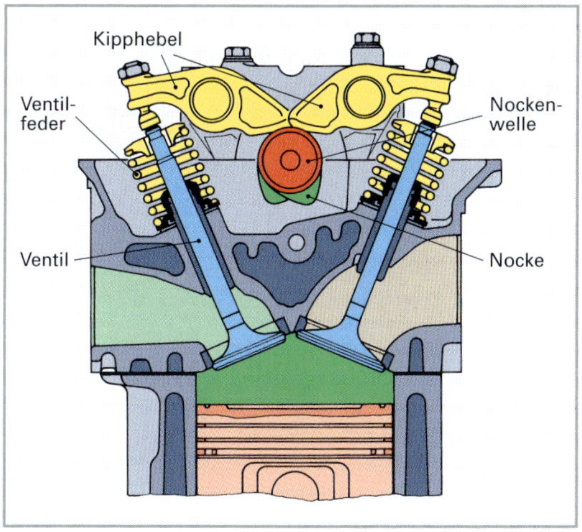

Bild 1: Ventilsteuerung

Fahrzeuglenkung (Bild 2, Bild 3). Sie ermöglicht durch den Fahrer gewollte Richtungsänderungen eines Fahrzeugs.

Ausgangs- bzw. Steuergröße x. Sie wird durch die Schwenkbewegung der Räder bewirkt. Lenkrad, Lenkspindel, Lenkgetriebe, Spurstange und Spurhebel bilden die Steuereinrichtung. Die Räder stellen die Steuerstrecke dar, da durch ihre Schwenkbewegung eine Richtungsänderung des Fahrzeugs bewirkt wird.

Führungsgröße w ist die Drehung des Lenkrades durch den Fahrer. Über eine Lenkspindel wird die Drehbewegung mechanisch auf das Steuerglied, z.B. Zahnstangen-Lenkgetriebe **(Bild 2)** übertragen. Dabei wird die Drehbewegung durch eine Zahnstange in eine geradlinige hin- und hergehende Bewegung umgewandelt. Die Zahnstange überträgt nun über Spurstange und Spurhebel die Lenkbewegung auf die Räder (= Steuerstrecke). **Stellgröße y** ist der über Spurstange und Spurhebel bewirkte Lenkeinschlag der Räder. **Störgrößen z,** die auf die Lenkung wirken, sind z.B. äußere Kräfte.

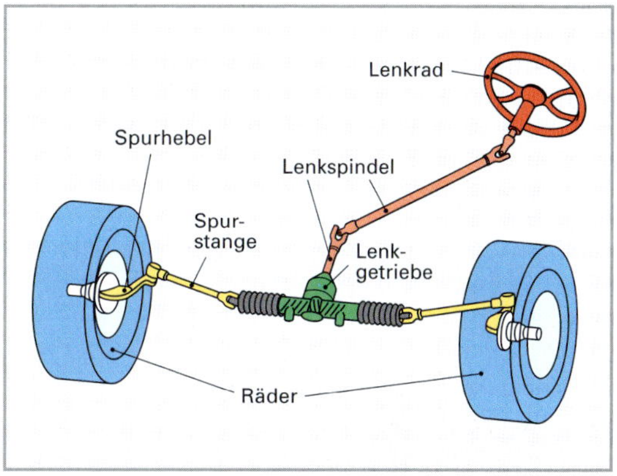

Bild 2: Fahrzeuglenkung

Bild 3 zeigt schematisch die Signalflüsse der Ventilsteuerung und der Fahrzeuglenkung.

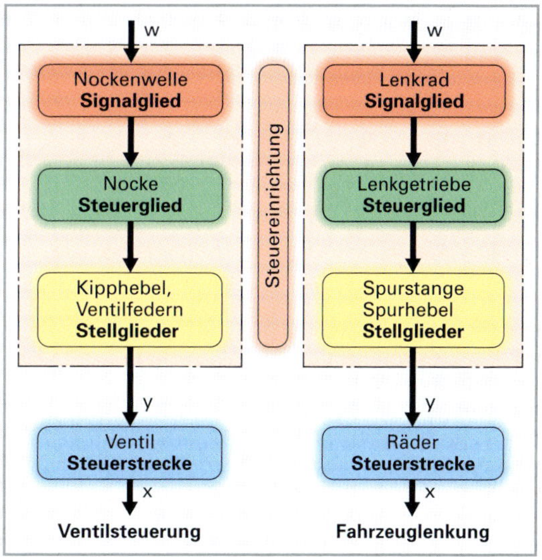

Bild 3: Signalflüsse

Nachteile von mechanischen Steuerungen. Große Übertragungswege sind nur schwer zu überbrücken. Sie unterliegen einem stärkeren Verschleiß als andere Steuerungen. Deshalb werden sie häufig durch pneumatische, hydraulische, elektrische oder elektropneumatische bzw. elektrohydraulische Steuerungen ersetzt.

5.3.2 Pneumatische und hydraulische Steuerungen

Pneumatische Steuerungen. Energieträger ist bei diesen Anlagen Gas, meist Druckluft, seltener Unterdruck.

Hydraulische Steuerungen. Zur Energieübertragung wird Hydraulikflüssigkeit verwendet.

Vorteil beider Energieträger ist, dass über größere Entfernungen Kräfte übertragen werden können, wobei kaum Verluste durch Reibung auftreten. Zusätzlich ist auf einfache Art eine Kraftverstärkung (Übersetzung) möglich. In **Tabelle 1** sind die Vor- und Nachteile von Druckluft im Vergleich zu Hydraulikflüssigkeit aufgelistet.

Tabelle 1: Vor- und Nachteile von Druckluft und Hydraulikflüssigkeit als Energieträger

	Druckluft	Hydraulikflüssigkeit
Vorteile	Kompressibel, leicht speicherbar Einfacher Aufbau der Geräte und Anlagen Hohe Geschwindigkeiten bei Zylindern und hohe Drehzahlen bei Motoren möglich Keine Rücklaufleitungen erforderlich	Inkompressibel Hohe Drücke und Kräfte auf kleinem Raum möglich Anfahren aus dem Stillstand mit voller Belastung möglich Gleichförmige Bewegung der Zylinder
Nachteile	Nur relativ kleine Drücke möglich Geschwindigkeit belastungsabhängig Lärmentwicklung durch ausströmende Luft (Abluft)	Rücklaufleitungen sind erforderlich Größerer Bauaufwand Austretendes Öl ist umweltschädlich

Häufig werden Funktionen elektrisch ausgelöst und pneumatisch oder hydraulisch verknüpft. Dadurch ist es möglich mit Hilfe geringer elektrischer Energien große Energien zur Steuerung entsprechender Baugruppen, z.B. Kupplungen, Zylinder aufzubringen. Diese verknüpften Steuerungen bezeichnet man als elektropneumatische bzw. elektrohydraulische Steuerungen.

Anwendungen im Kraftfahrzeug. Pneumatische Steuerungen, die mit Druckluft arbeiten, werden häufig in Nutzkraftwagen, z.B. bei der Druckluftbremsanlage, Luftfederung, Türöffnungs- und Türschließanlage verwendet. Pneumatische Steuerungen, die mit Unterdruck arbeiten, werden z.B. bei Bremskraftverstärkern im Pkw-Bereich angewendet. Bei Ottomotoren kann dafür der Saugrohrunterdruck verwendet werden, bei Dieselmotoren ist eine eigene Unterdruckpumpe erforderlich. Hydraulische Steuerungen finden im Kraftfahrzeug Anwendung z.B. bei Bremsanlagen, Stoßdämpfern, Servolenkungen, Ausgleichsperren, Ventilsteuerungen mit Hydrostößel und automatischen Getrieben.

Energieerzeugung

Druckerzeugung bei pneumatischen Anlagen. Ein Kompressor, dem ein Druckluftbehälter mit Druckbegrenzungsventil nachgeschaltet ist, erzeugt den Systemdruck. Am Beispiel eines Werkstattkompressors wird der Aufbau einer kompletten Druckluftversorgungsanlage **(Bild 1)** erläutert.

Die Anlage besteht aus Filter, Verdichter, Druckluftbehälter und Wartungseinheit. Ein Kolbenverdichter saugt die Luft über einen Filter an, verdichtet sie und drückt sie in einen Druckluftbehälter. Nach Erreichen des höchsten Arbeitsdrucks, z.B. 10 bar, wird der Verdichtermotor abgeschaltet. Sinkt durch Luftentnahme der Druck auf den Einschaltdruck, so schaltet der Motor wieder ein. Ein Manometer am Druckluftbehälter zeigt den Inhaltsdruck an. Durch ein Druckbegrenzungsventil werden zu hohe Drücke verhindert. Das sich bildende Kondenswasser kann am Entwässerungsventil des Druckluftbehälters abgelassen werden.

An den Druckluftbehälter schließt sich eine Wartungseinheit an. Sie besteht aus Filter und Druckregelventil mit Manometer. Dahinter kann ölfreie Luft z.B. zum Reifenfüllen oder Farbspritzen entnommen werden. Zum Betrieb z.B. von Druckluftwerkzeugen wird die Luft über einen Öler geführt.

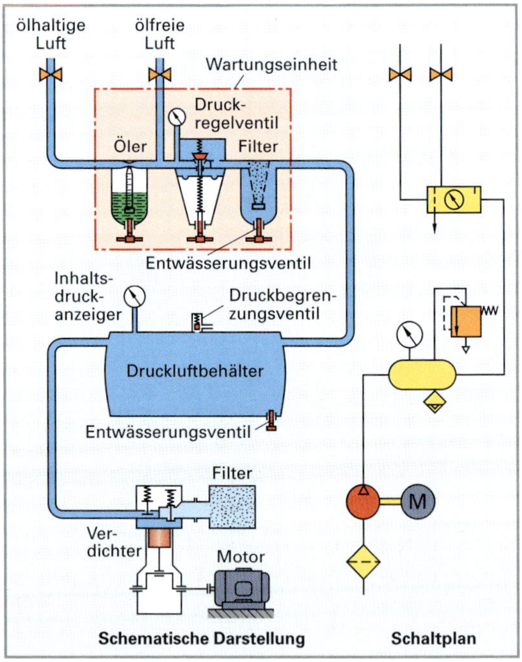

Bild 1: Druckluftversorgungsanlage (Werkstattkompressor)

Druckerzeugung in hydraulischen Steuerungen

(Bild 1). Hierzu verwendet man als Hydraulikpumpe z.B. eine Zahnradpumpe, die von einem Motor angetrieben wird. Sie saugt die Hydraulikflüssigkeit aus einem Vorratsbehälter an und drückt sie in die Druckleitung. Zur Sicherheit ist hinter die Hydraulikpumpe ein Druckbegrenzungsventil geschaltet. Wird ein bestimmter Höchstdruck überschritten, so öffnet das Ventil und Hydraulikflüssigkeit fließt über eine Rücklaufleitung zurück in den Vorratsbehälter. Auch von allen Arbeitsgeräten fließt Hydraulikflüssigkeit über Rücklaufleitungen wieder in den Vorratsbehälter zurück.

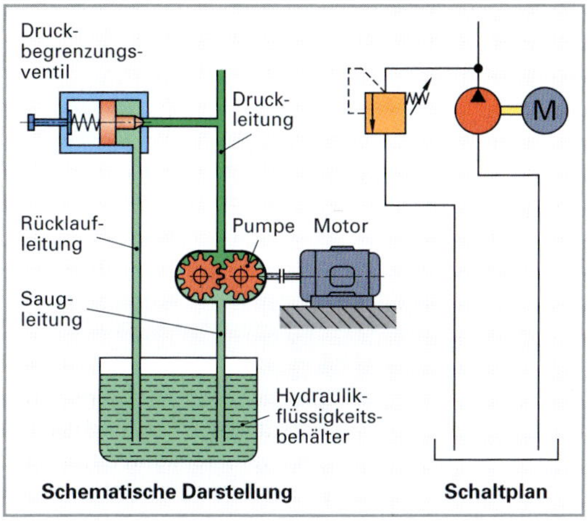

Bild 1: Hydraulikanlage

Arbeitsglieder

Arbeitsglieder pneumatischer und hydraulischer Steuerungen stimmen in Aufbau und Funktion weitgehend überein. Die hydraulischen Elemente sind jedoch wegen der höheren Drücke wesentlich kräftiger gebaut als Elemente der Pneumatik. In Schaltplänen werden für beide Arten gleiche international genormte Schaltzeichen verwendet.

Motoren. Sie formen die in der Druckluft oder der Hydraulikflüssigkeit gespeicherte Energie wieder in Drehbewegung um. Druckluft- oder Hydromotoren werden als Lamellen-, Flügel-, Kolben- oder Zahnradmotoren gebaut.

Zylinder (Bild 2). Sie dienen zur Umformung von pneumatischer oder hydraulischer Energie in mechanische Energie. Sie führen dabei geradlinige hin- und hergehende Bewegungen aus. Beim einfachwirkenden Zylinder mit einem Anschluss, wird der Kolben durch Beaufschlagung mit dem Druck der Luft bzw. der Druckflüssigkeit nur in eine Richtung bewegt. Die Rückführung in die Ruhelage erfolgt durch eine eingebaute Feder. Der doppeltwirkende Zylinder hat zwei Anschlüsse, über die der Kolben durch den Druck des verwendeten Mediums in beide Richtungen bewegt werden kann.

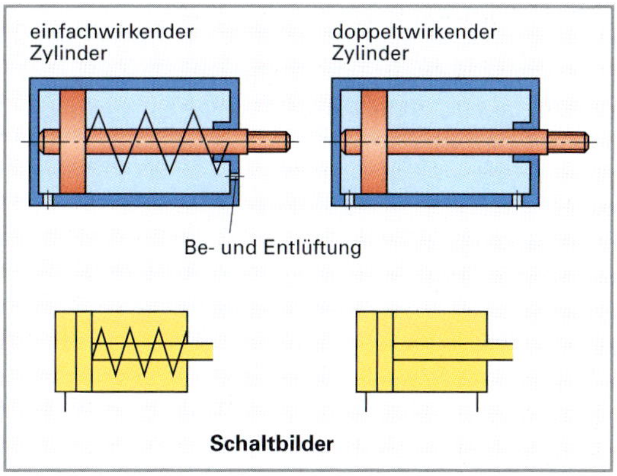

Bild 2: Pneumatische und hydraulische Zylinder

Stell-, Signal- und Steuerglieder

Wegeventile (Bild 3).

> Wegeventile steuern den hydraulischen oder pneumatischen Energiefluss, durch Öffnen und Schließen von Durchflusswegen.

Im Schaltbild wird jede Schaltstellung durch ein Quadrat dargestellt. Die Darstellung der Leitungsanschlüsse erfolgt an das Quadrat, das der Ruhestellung entspricht. Die Durchflusswege und ihre Richtung werden durch Linien mit Pfeilen gekennzeichnet. Die Kennzeichnung für eine Sperrung erfolgt durch ein „T“ . Die Schaltstellungen werden durch kleine Buchstaben, z.B. a, b und 0, kenntlich gemacht.

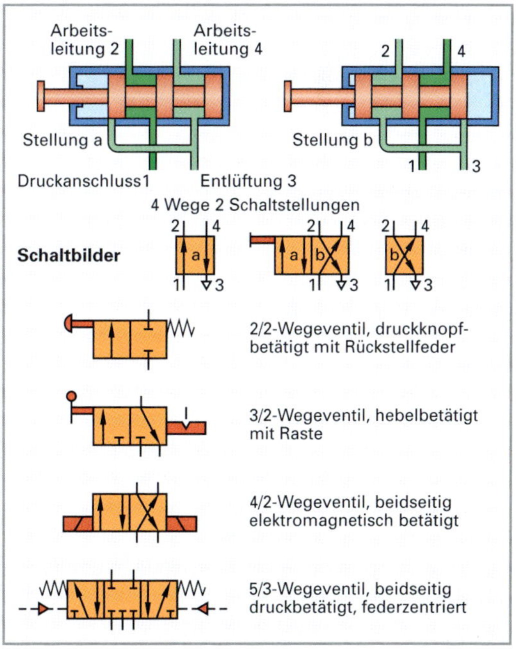

Bild 3: Darstellung von Wegeventilen

Bezeichnung der Wegeventile (Bild 1). Sie erfolgt durch zwei Ziffern, verbunden durch einen Schrägstrich. Die erste Ziffer gibt die Zahl der Anschlüsse an und die zweite Ziffer die Zahl der Schaltstellungen. Z.B. hat ein

4 / 3-Wegeventil

4 Anschlüsse und **3 Schaltstellungen.**

Anschlusskennzeichnung	Neu	Alt
Druckanschluss	1	P
Anschluss der ersten Arbeitsleitung	2	A
Entlüftung, Rücklauf	3	R
Anschluss der zweiten Arbeitsleitung	4	B

Schaltstellungen. In Schaltstellung **a** wird **1 mit 2** und **4 mit 3** verbunden. In Schaltstellung **b** haben **1 mit 4** und **2 mit 3** Verbindung. Dies wird durch Pfeile gekennzeichnet. In der Nullstellung sind die Anschlüsse an das Wegeventil herangeführt.

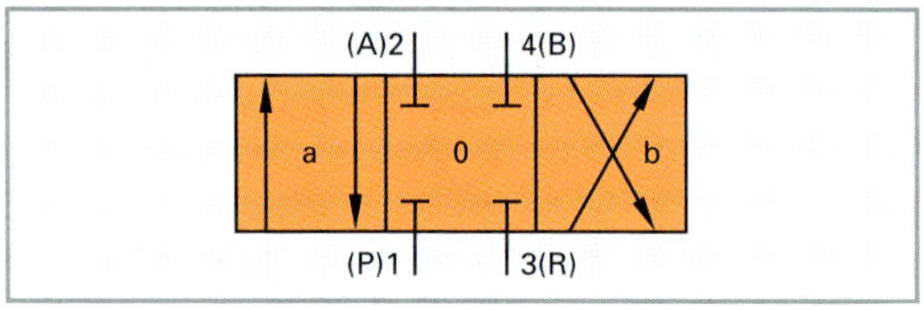

Bild 1: 4/3-Wegeventil

Betätigungsart der Ventile (Bild 2). Die Ventile können von Hand, mit dem Fuß, mechanisch, pneumatisch, hydraulisch oder elektrisch betätigt werden. Die Betätigungsart wird durch ein entsprechendes, waagrecht an das Quadrat anstoßendes Zeichen dargestellt.

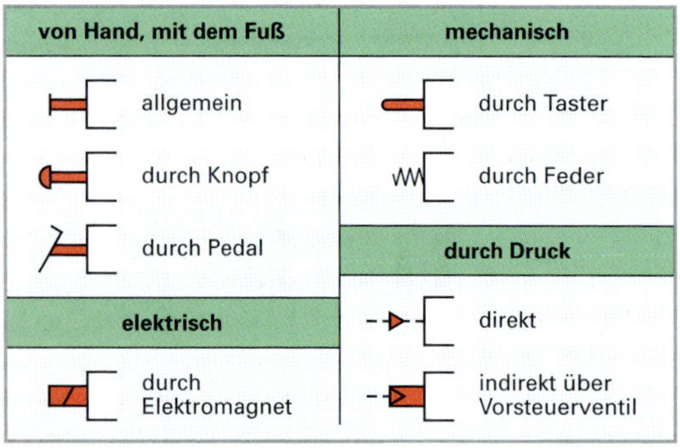

Bild 2: Betätigungsarten von Ventilen (Auswahl)

Sperrventile

Sperrventile verhindern das Durchströmen von Druckluft oder Hydraulikflüssigkeit in eine Richtung oder aus jeweils einer von zwei Richtungen .

Rückschlagventile (Bild 3) haben eine Durchfluss- und eine Sperrrichtung, lassen also Druckluft oder Hydraulikflüssigkeit nur in einer Richtung durchströmen.

Wechselventile (Bild 4) haben zwei Eingänge (10, 11) und einen Ausgang (12). Der Ausgang 12 erhält Druck, wenn **10 oder 11** mit Druck beaufschlagt werden.

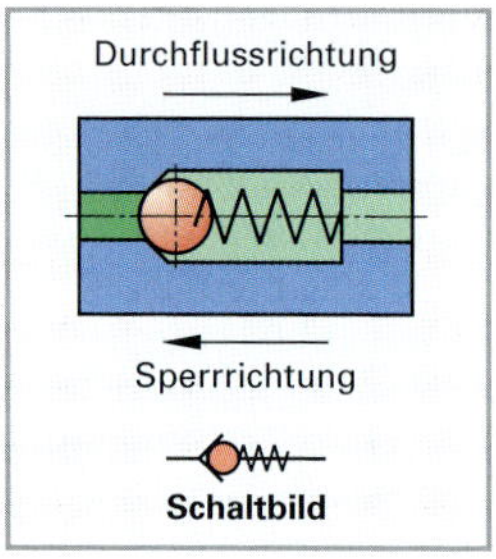

Bild 3: Rückschlagventil

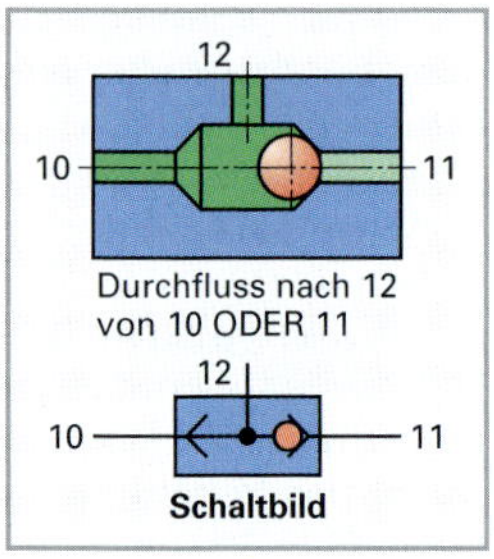

Bild 4: Wechselventil

Zweidruckventile (Bild 5) haben wie Wechselventile ebenfalls zwei Eingänge (10, 11) und einen Ausgang (12). Der Ausgang erhält allerdings nur dann Druck, wenn beide Eingänge **10 und 11** mit Druck beaufschlagt werden.

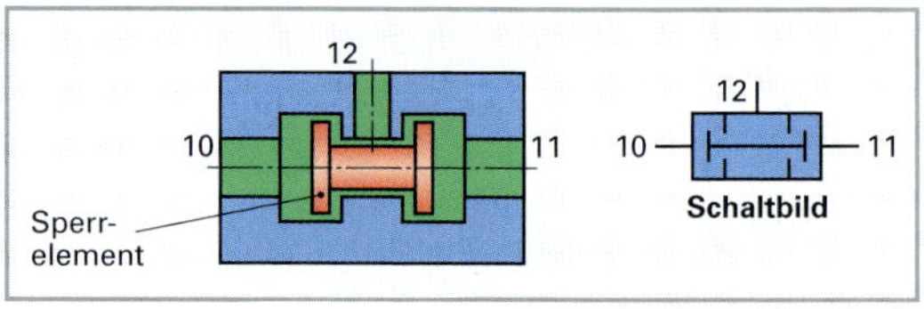

Bild 5: Zweidruckventil

Stromventile

Mit Stromventilen kann man den Strom des Druckmediums in einer Leitung begrenzen oder einstellen.

Drosselventile (Bild 6). Es werden Drosselventile mit fester oder einstellbarer Engstelle verwendet. Mit einem Drosselventil lässt sich z.B. bei einem Zylinder die Bewegungsgeschwindigkeit des Kolbens verringern oder verändern.

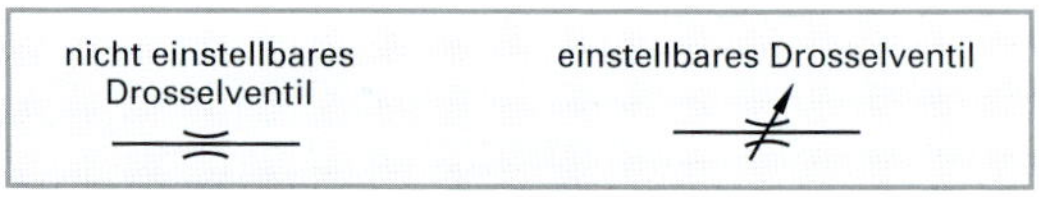

Bild 6: Schaltbilder von Drosselventilen

Drosselrückschlagventile (Bild 7) haben in der einen Richtung freien Durchfluss. In der Gegenrichtung wird der Durchfluss gedrosselt. Die Drosselung ist einstellbar.

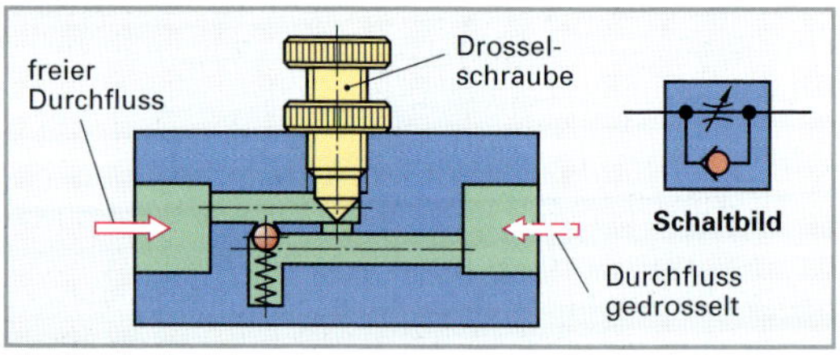

Bild 7: Drosselrückschlagventil – einstellbar

Druckventile

> Druckventile dienen u.a. zur Druckbegrenzung, zum Zu- und Abschalten von Aktoren und zum Konstanthalten des Arbeitsdruckes.

Druckbegrenzungsventil (Bild 1). Es hat die Aufgabe Leitungen, Bauelemente und Druckbehälter, z.B. bei Druckluftbremsanlagen, vor unzulässig hohem Druck zu schützen. Übersteigt der Druck in Leitung **P** einen bestimmten Wert, so ist die Öffnungskraft am Ventilkegel größer, als die Schließkraft der vorgespannten Feder. Das Ventil öffnet und der Druck kann bei hydraulischen Anlagen zum Behälter entweichen. Bei pneumatischen Anlagen entweicht der Druck, z.B. über einen Schalldämpfer ins Freie. Die Strichlinie am Symbol besagt, dass ab einem bestimmten Druck eine Leitungsverbindung zwischen P und T hergestellt wird.

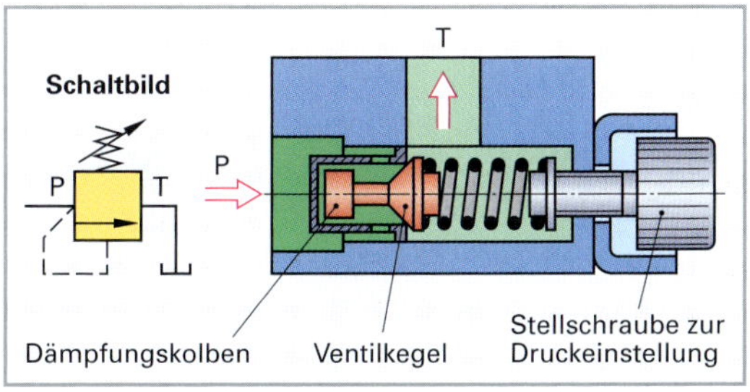

Bild 1: Druckbegrenzungsventil

Vorgesteuertes Druckbegrenzungsventil (Bild 2). Sind große Volumenströme zu steuern, so verwendet man vorgesteuerte Druckbegrenzungsventile. Der Höchstdruck wird am Kegelsitzventil des Vorsteuerventils eingestellt. Wird der Höchstdruck überschritten öffnet das Kegelsitzventil. Durch die Drossel im Hauptventil kommt es zu einem Druckunterschied zwischen Kolbenober- und Kolbenunterseite. Der Kolben wird entgegen der Federkraft nach oben verschoben. Der Volumenstrom wird von **P** nach **T** geleitet.

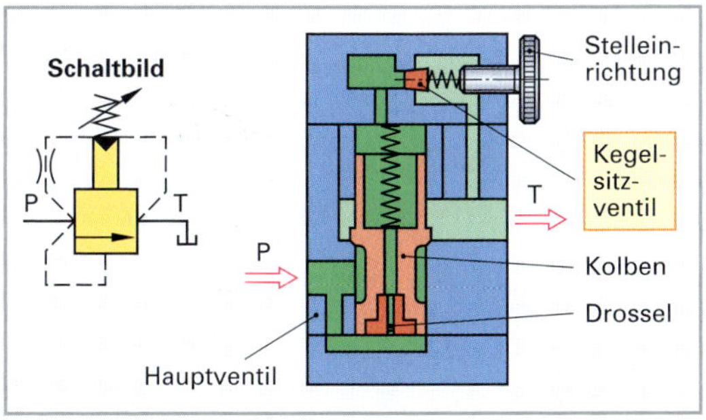

Bild 2: Vorgesteuertes Druckbegrenzungsventil

> **Druckbegrenzungsventile** sind in der Ausgangsstellung geschlossen und öffnen ab einem bestimmten voreingestellten Druck.

> **Druckregelventile (Druckreduzierventile).** Sie sind in Ausgangsstellung geöffnet und bewirken, dass der Ausgangsdruck, auch bei verändertem, aber höherem Eingangsdruck, weitgehend konstant gehalten wird.

Sie werden z.B. benötigt, um Schaltvorgänge in Automatikgetrieben komfortabel ablaufen zu lassen oder den Betriebsdruck in Druckluftbremsanlagen für den Anhänger auf einen bestimmten Wert zu reduzieren.

Druckregelventil mit Entlastungsöffnung (Bild 3). Bei diesem Ventil wird der Druck in Leitung **A** konstant gehalten. Die von **P** einströmende hydraulische Flüssigkeit wird durch den Ringspalt gedrosselt. Dadurch ist der Druck in Leitung **A** kleiner als in Leitung **P**. Sinkt der Druck in Leitung **A**, so verringert sich die über die Steuerleitung wirkende Kraft auf die Unterseite des Hydraulikkolbens. Die Federkraft drückt den Kolben weiter nach links und der Ringspalt vergrößert sich. Steigt der Druck in Leitung **A** verkleinert sich der Ringspalt und gleicht den Druckanstieg aus. Steigt der Druck in **A** so stark an, dass sich der Ringspalt schließt, so wird die Entlastungsöffnung nach **T** frei. Dadurch wird der Druckanstieg am Arbeitsanschluss **A** auf einen maximalen Wert begrenzt.

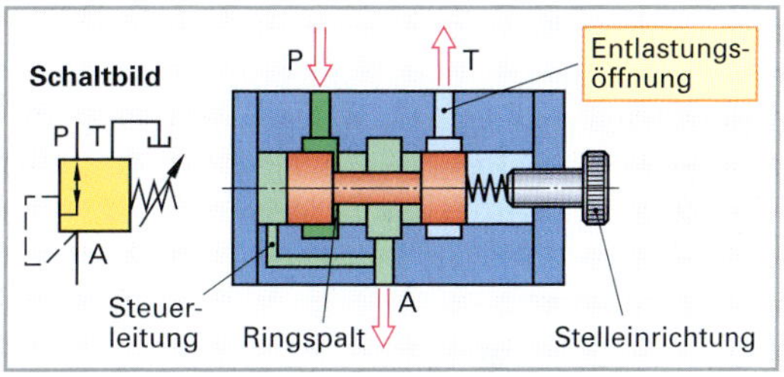

Bild 3: Druckregelventil mit Entlastungsöffnung

Elektrisch geregeltes Drucksteuerventil (Regelmagnetventil, Bild 4). Bei diesem Ventil wird der Druck am Arbeitsanschluss proportional zum Spulenstrom gesteuert. Abhängig von der Höhe des durch die Spule fließenden Stromes wird der Ringspalt zur Entlastungsöffnung **T** geöffnet. Bei Strom Null ist der Ringspalt geschlossen und der Druck an **A** am größten. Steigt der Spulenstrom, so wird der Kolben entgegen der Federkraft stärker angezogen. Der Ringspalt nach **T** vergrößert sich, dadurch sinkt der Druck am Arbeitsanschluss **A**.

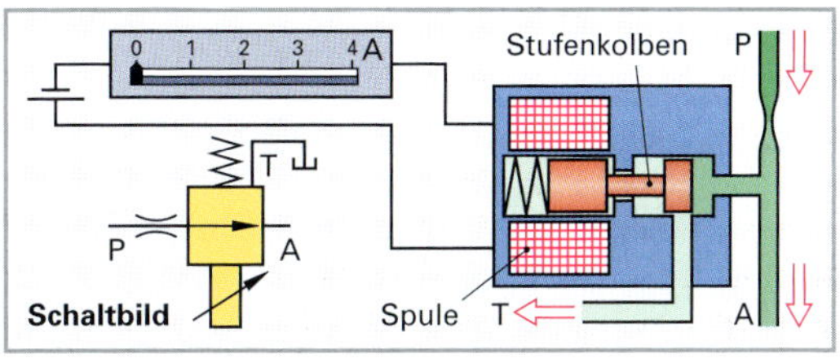

Bild 4: Elektrisch geregeltes Drucksteuerventil

Grundschaltungen

Pneumatische und hydraulische Schaltungen werden in ihrem Aufbau und in ihrer Wirkungsweise durch Schaltpläne übersichtlich dargestellt. Für die Erstellung eines Schaltplanes gilt:

- Elemente von unten nach oben dem Signalfluss folgend anordnen.
- Schaltzeichen waagrecht zeichnen.
- Ventile in Ausgangsstellung darstellen.
- Arbeitsleitungen als Volllinien und Steuerleitungen als Strichlinien zeichnen.
- Zur Vereinfachung Energiequelle als Dreieck einzeichnen.
- Elemente sind mit Schaltkreisnummer, Bauteilkennbuchstaben und fortlaufender Bauteilnummer gekennzeichnet, z.B. 1 V 2.
- Bauteilkennbuchstaben.

P Pumpen und Kompressoren
S Signalaufnehmer **V** Ventile **A** Antriebe
M Antriebsmotore **Z** jedes weitere Bauteil

- Die Kennzeichnungen sind mit Rahmen zu versehen **(Bild 2)**, z.B. **1S2** .
- Versorgungsglieder beginnen vorzugsweise mit der Kennziffer 0.

Direkte Steuerung eines Zylinders

Einfach wirkender Zylinder (Bild 1a). Dieser wird z.B. bei Lkw-Motorbremsen angewendet. Soll der Zylinder ausfahren, so wird das 3/2-Wegeventil durch einen Druckknopf betätigt und schaltet in Stellung **a**. Der einfach wirkende Zylinder wird über die Anschlüsse 1 und 2 des Wegeventils mit Druckluft beaufschlagt. Wenn die Betätigungskraft am Wegeventil entfällt, drückt die Feder das Ventil wieder in seine Ausgangsstellung **b** zurück. Die Druckluftzufuhr zum Zylinder wird gesperrt. Die Rückstellfeder im Zylinder drückt den Kolben zurück, die eingeschlossene Luft entweicht dabei über die Entlüftung 3 am Wegeventil ins Freie. Das 3/2-Wegeventil wirkt in dieser Steuerung als Signal- und Stellglied.

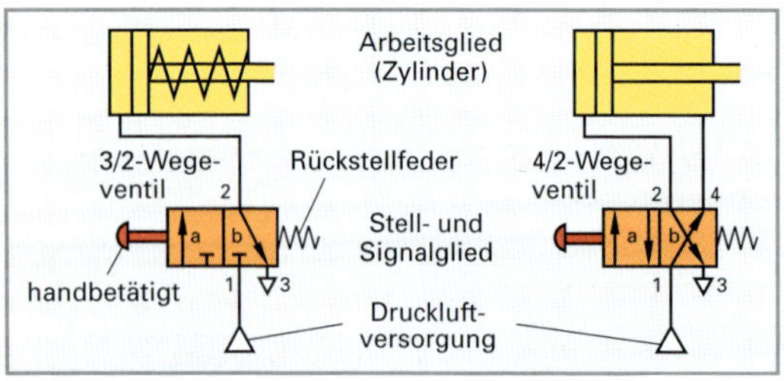

Bild 1: a) Einfachwirkender Zylinder b) Doppeltwirkender Zylinder

Doppeltwirkender Zylinder (Bild 1b). Der Zylinder ist mit zwei Leitungen an ein 4/2-Wegeventil angeschlossen, das hier als Stell- und Signalglied wirkt. In Schaltstellung **b** des Ventils strömt die Druckluft über die Anschlüsse 1 und 4 so zum Zylinder, dass der Kolben eingefahren ist, während auf der anderen Seite des Kolbens die Luft über 2 und 3 ins Freie entweichen kann. Wird das Wegeventil, z.B. über einen Druckknopf in Schaltstellung **a** umgeschaltet, so strömt Druckluft über die Anschlüsse 1 und 2 auf die linke Seite des Kolbens und bewirkt das Ausfahren des Kolbens. Die Luft auf der Kolbenstangenseite entweicht dabei über die Anschlüsse 4 und 3 ins Freie.

Indirekte Steuerung eines Zylinders (Bild 2)

Als Stellglied für den Zylinder **1A** wird dabei ein druckluftgesteuertes 4/2-Wegeventil **1V** verwendet. Zwei druckknopfbetätigte 3/2-Wegeventile **1S1** und **1S2** , die als Signalglieder wirken, steuern das Stellglied **1V** . Wird das Signalventil **1S1** kurz betätigt, so erhält das Wegeventil **1V** einen Druckimpuls (Signal) und schaltet in Stellung **a**. Der Kolben fährt aus. Diese Stellung wird beibehalten, auch dann, wenn das Signalventil **1S1** nicht mehr betätigt wird. Erst durch ein Signal vom Wegeventil **1S2** geht das Stellglied **1V** wieder in seine Ausgangsstellung und der Kolben fährt ein. Das 4/2-Wegeventil **1V** wirkt als Signalspeicher.

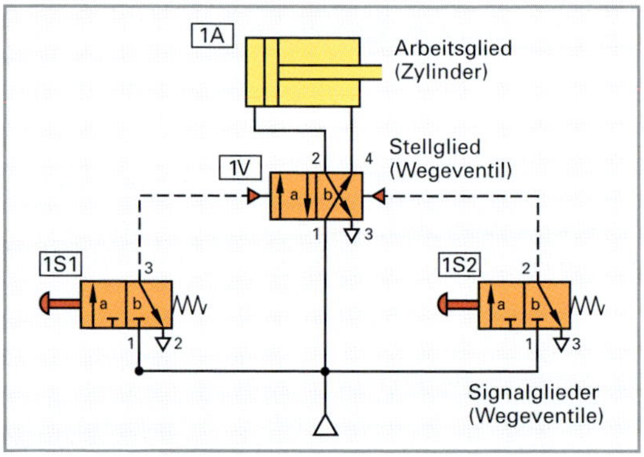

Bild 2: Indirekte Steuerung eines doppeltwirkenden Zylinders

Verknüpfungsschaltungen (Bild 3)

Durch logische Verknüpfung von verschiedenen Ventilen lassen sich in der Hydraulik und Pneumatik häufig benötigte Schaltungen, wie z.B. UND-Schaltungen bzw. ODER-Schaltungen herstellen.

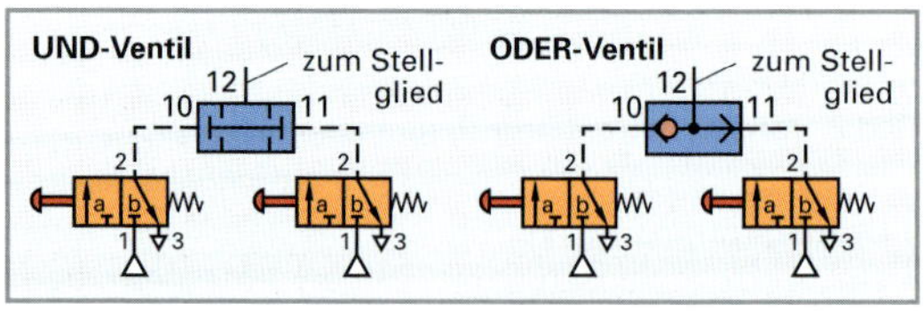

Bild 3: UND-Schaltung ODER-Schaltung

5.3.3 Elektrische Steuerungen

Bei diesen Steuerungen werden Spannungen und Ströme zur Energieübertragung verwendet.

Elektrische Steuerungen lassen sich vor allem bei Vorhandensein niedriger Spannungen sicher und einfach ausführen. Sie können größere Wege ohne großen Aufwand überbrücken. Nachteilig ist, dass die Kräfte, die erzeugt werden können, in ihrer Größe begrenzt sind. Man verwendet deshalb vielfach elektrisch angesteuerte hydraulische oder pneumatische Stellglieder.

Elektrische Betriebsmittel

Elektrische Betriebsmittel sind z.B. Schalter, Taster, Relais, Schütze. Sie werden durch genormte Schaltzeichen dargestellt und mit genormten Kennbuchstaben benannt.

Schalter, Taster (Bild 1). Schalter werden, je nachdem wie sich ihre Kontakte bei der Betätigung verhalten, als Schließer, Öffner oder Wechsler bezeichnet. Sie behalten ihre Schaltstellung auch ohne weitere Betätigung bei, während Taster nach dem Ende der Betätigung wieder in ihre Ausgangslage gehen.

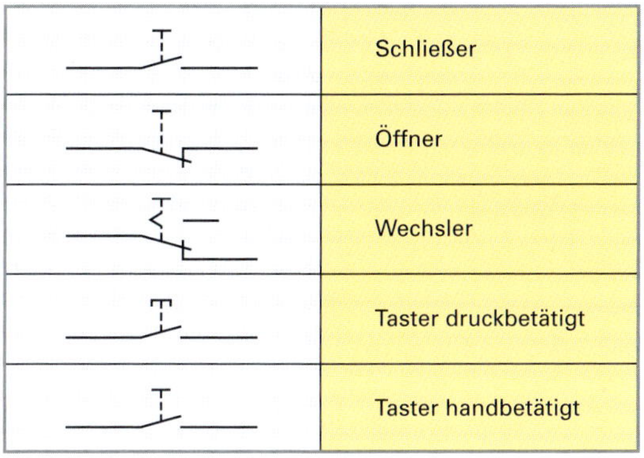

Bild 1: Schaltzeichen Schalter, Taster

Relais (Bild 2). Sie sind Schalter, die elektromagnetisch betätigt werden. Beim Relais wird der Schalter im Arbeitsstromkreis über den Elektromagneten im Steuerstromkreis betätigt.

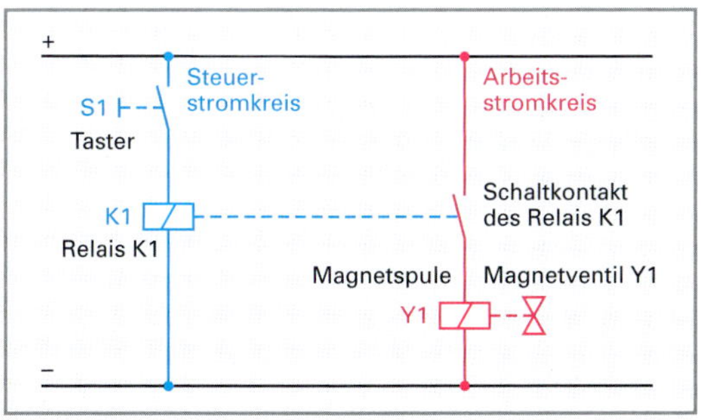

Bild 2: Relais

Bei höheren Leistungen, z.B. über 1 kW, spricht man von Schützen.

Darstellung elektrischer Steuerungen (Bild 2)

Elektrische Steuerungen werden übersichtlich in Stromlaufplänen dargestellt. Zwischen dem Plus-Leiter (+) und dem Minus-Leiter (–) ist für jedes gesteuerte Betriebsmittel der senkrechte Stromweg eingezeichnet. Die Betriebsmittel werden mit Kennbuchstaben benannt z.B. **K** für Relais, **S** für Schalter, **Y** für Magnetventile. Sind mehrere gleichartige Betriebsmittel vorhanden, so werden ihre Kennbuchstaben mit fortlaufenden Ziffern z.B. **S1**, **S2** versehen.

Elektrische Grundschaltungen

Direkte Steuerung (Bild 3) z.B. einer Signallampe. Sie erfolgt über einen Schließer. Die Signallampe H liegt dabei in Reihe mit dem Schließer S.

Indirekte Steuerung (Bild 4). Der Schließer ist durch ein **Relais K,** z.B. mit Öffner (Dunkelschaltung), ersetzt. Die Signallampe H liegt dabei im Arbeitsstromkreis. Wird S betätigt, so wird der Arbeitsstromkreis unterbrochen.

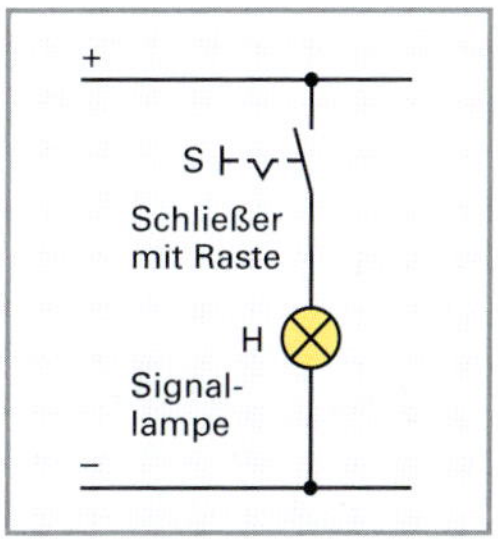

Bild 3: Direkte Glühlampenschaltung

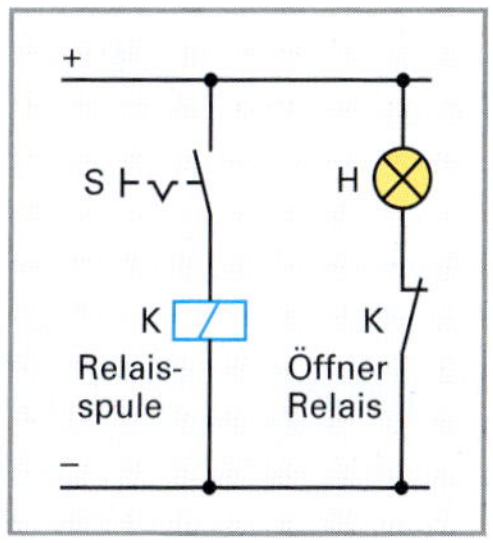

Bild 4: Indirekte Glühlampenschaltung

Selbsthalteschaltung (Bild 5). Sie wird zum Speichern z.B. eines kurzen Tastersignals verwendet. Mit dem Taster S1 wird der Steuerstromkreis des Relais K1 geschlossen. Das Relais hält über einen parallel zum Taster S1 geschalteten Schließerkontakt K1 den Steuerstromkreis auch dann noch geschlossen, wenn der Taster S1 wieder öffnet. Das Signal bleibt dadurch gespeichert. Ein vor Taster S1 und Schließer K1 liegender Taster S2 ermöglicht die Unterbrechung der Selbsthaltung.

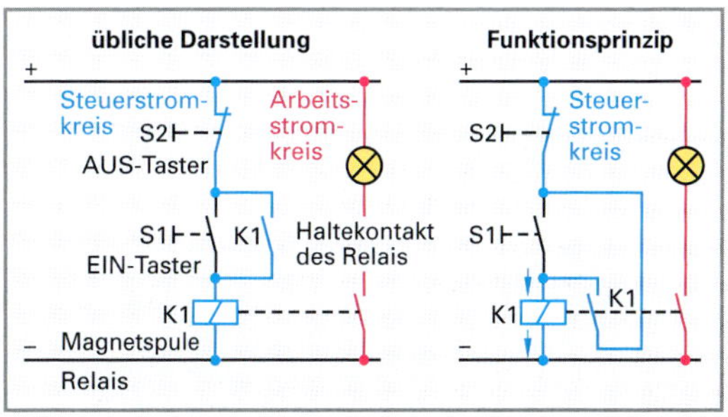

Bild 5: Selbsthalteschaltung

Elektropneumatische Steuerungen (Bild 1)

Elektropneumatische Steuerungen bestehen aus einem elektrischen Steuerteil und einem pneumatischen Arbeitsteil. Die Steuersignale werden im elektrischen Steuerkreis eingegeben und verarbeitet. Mit den elektrischen Steuersignalen wird ein Wegeventil als Stellglied für den pneumatischen Arbeitsteil angesteuert. Dieses Stellglied steuert dann den Arbeitszylinder.

Bei der elektropneumatischen Steuerung werden der elektrische Stromlaufplan und der pneumatische Schaltplan getrennt gezeichnet. Man erreicht dadurch eine bessere Übersichtlichkeit.

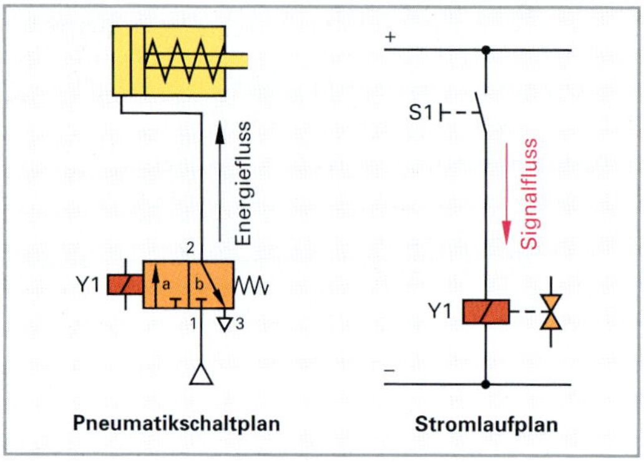

Bild 1: Elektropneumatische Schaltung

Steuerung eines doppeltwirkenden Zylinders

Ein doppeltwirkender pneumatischer Zylinder kann z.B. über ein 4/2-Wegeventil pneumatisch gesteuert werden. Das 4/2-Wegeventil muss mit zwei Elektromagneten Y1 und Y2 oder mit einem Elektromagneten Y1 und einer Rückstellfeder ausgerüstet sein.

4/2-Wegeventil mit zwei Elektromagneten

Das 4/2-Wegeventil mit zwei Elektromagneten **(Bild 2)** arbeitet als Impulsventil, d. h. durch jeweils ein kurzes Signal eines Tasters wird es von einer in die andere Stellung geschaltet. Wird der Taster S1 kurz betätigt, so wird das Ventil durch den Elektromagneten Y1 in die Stellung **a** geschaltet, in der es verharrt. Der Kolben des Zylinders fährt aus.

Durch einen Impuls vom Taster S2 wird das Wegeventil durch den Elektromagneten Y2 wieder in Stellung **b** zurück geschaltet. Der Kolben des Zylinders fährt ein. Dieses 4/2-Wegeventil übernimmt die Signalspeicherung selbst. Es ist daher keine elektrische Selbsthalteschaltung erforderlich.

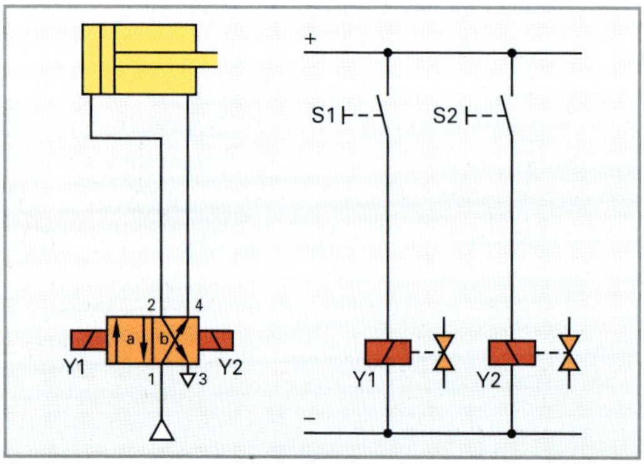

Bild 2: 4/2-Wegeventil mit Elektromagneten

4/2-Wegeventil mit Federrückstellung

Da das 4/2-Wegeventil das Ein-Signal wegen der Feder nicht speichern kann, benötigt man ein Relais mit einer Selbsthalteschaltung **(Bild 3).** Durch die Selbsthalteschaltung wird im Elektromagneten Y1 der Stromfluss durch den geschlossenen Schalter K1 aufrechterhalten. Das Magnetventil bleibt in Schaltstellung **a** und das Signal wird gespeichert bis der Taster S2 betätigt wird. Der Steuerstromkreis des Relais K1 wird dadurch unterbrochen und damit auch der Arbeitsstromkreis des Elektromagneten Y1. Die Feder drückt jetzt das Wegeventil in seine Ausgangsstellung **b** zurück.

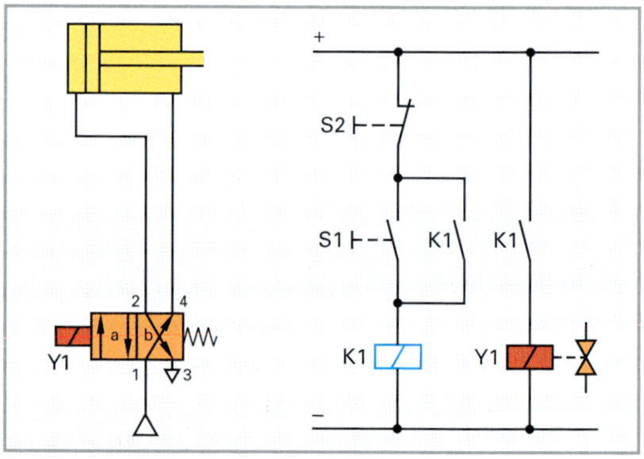

Bild 3: 4/2-Wegeventil mit Federrückstellung

Wiederholungsfragen

1. **Welche Vor- und Nachteile hat Druckluft als Energieträger?**
2. **Wie unterscheiden sich die Arbeitsmittel pneumatischer und hydraulischer Steuerungen?**
3. **Wie ist eine Druckluftversorgungsanlage (Werkstattkompressor) aufgebaut?**
4. **Nennen Sie Bauelemente pneumatischer Steuerungen.**
5. **Erklären Sie die Funktion eines 4/2-Wegeventils.**
6. **Welche Aufgaben haben Stromventile?**
7. **Wie werden Bauelemente in pneumatischen bzw. hydraulischen Steuerungen gekennzeichnet?**
8. **Wie werden elektrische Schaltungen übersichtlich dargestellt?**
9. **Was versteht man unter einem Relais?**
10. **Welche Stromkreise unterscheidet man bei einem Relais?**
11. **Was ist eine elektrohydraulische Steuerung?**

5.3.4 Verknüpfungssteuerungen

In Verknüpfungssteuerungen werden zwei oder mehrere Eingangssignale logisch so miteinander verknüpft, dass die geforderten Ausgangssignale entstehen.

Die drei Grundfunktionen logischer Verknüpfungen sind:

- **UND-Funktion**
- **ODER-Funktion**
- **NICHT-Funktion**

Diese Grundfunktionen lassen sich durch genormte Schaltzeichen darstellen. Um den Funktionsablauf einer Verknüpfungssteuerung zu erkennen und überprüfen zu können, verwendet man die Funktionstabelle **(Tabelle 1 in Bild 1)**.

Die Funktionstabelle besteht z.B. für zwei binäre Eingangssignale mit zwei Schaltzuständen aus $2^2 = 4$ Zeilen, bei drei binären Eingangssignalen aus $2^3 = 8$ Zeilen. Für die Schaltzustände benutzt man die binären Werte 0 und 1.

0 Kein Signal vorhanden **1** Signal vorhanden

UND-Funktion

Bei der UND-Funktion ist dann ein Ausgangssignal vorhanden, wenn alle Eingänge ein Signal führen. In der elektrischen Schaltung wird als Beispiel die Nebellichtschaltung eines Kfz verwendet **(Bild 1)**.

Lichtschalter S1 (Schließer) liegt in Reihe mit dem Nebellichtschalter S2 (Schließer) und den Nebelscheinwerfern E1 und E2. Die Nebelscheinwerfer E1 und E2 leuchten nur dann, wenn die beiden Schalter S1 und S2 geschlossen sind.

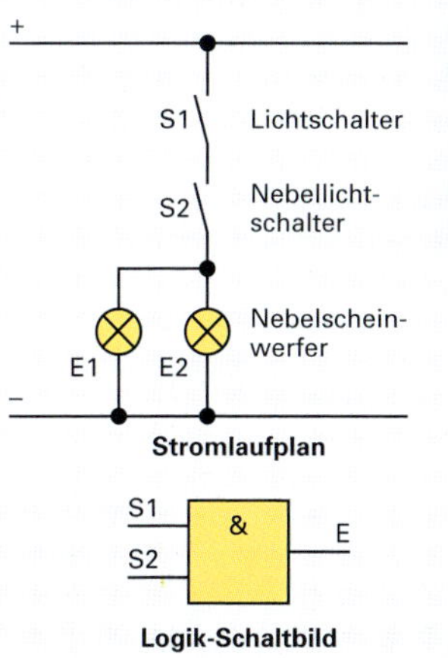

Tabelle 1: UND-Funktion Funktionstabelle

S1	S2	E
0	0	0
1	0	0
0	1	0
1	1	1

Bild 1: UND-Funktion, Stromlaufplan und Logik-Schaltzeichen z.B. Nebellichtschaltung im Kfz

ODER-Funktion

Bei der ODER-Funktion ist ein Ausgangssignal vorhanden, wenn mindestens ein oder mehrere bzw. alle Eingangssignale anliegen **(Tabelle 2 in Bild 2)**. Als Beispiel wird hier die Türkontaktschaltung der Innenbeleuchtung eines Kfz verwendet **(Bild 2)**. Die Lampe E der Innenbeleuchtung wird über zwei parallel geschaltete Türkontaktschalter S1 und S2 geschaltet. Die Lampe E leuchtet, wenn einer der beiden Schalter oder beide Schalter gleichzeitig geschlossen sind.

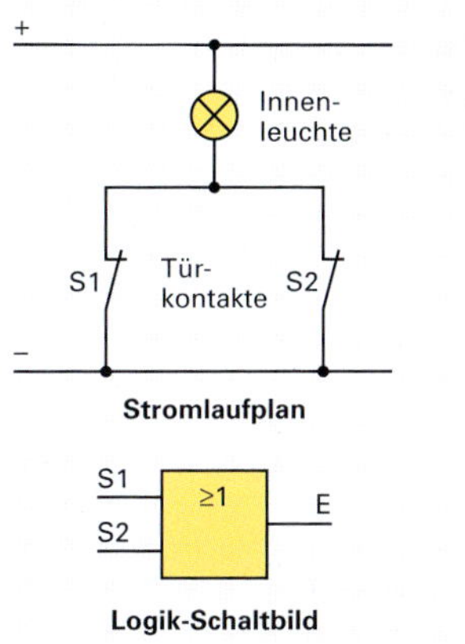

Tabelle 2: ODER-Funktion Funktionstabelle

S1	S2	E
0	0	0
1	0	1
0	1	1
1	1	1

Bild 2: ODER-Funktion, Stromlaufplan und Logik-Schaltzeichen z.B. Türkontaktschaltung im Kfz

NICHT-Funktion

Bei der NICHT- Funktion ist dann ein Ausgangssignal vorhanden, wenn kein Eingangssignal vorhanden ist **(Tabelle 3 in Bild 3)**. Die Nicht-Funktion ist die Negation, gemeint ist die Umkehrung des Signalzustandes. In der elektrischen Steuerung wird z.B. ein Schalter mit Schließer geschaltet. Die Lampe E ist immer eingeschaltet, wenn der Schalter S geöffnet ist **(Bild 3)**.

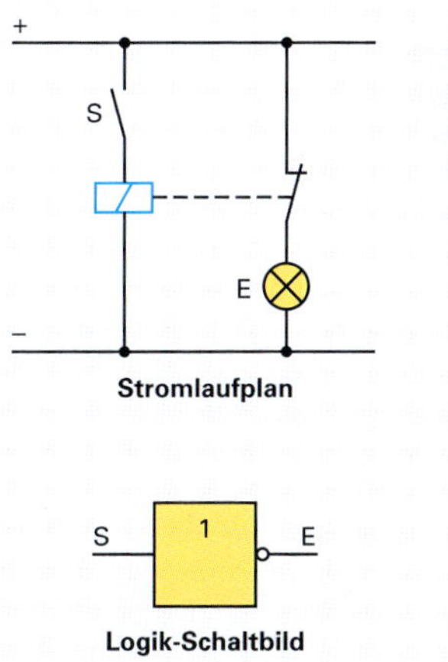

Tabelle 3: NICHT-Funktion Funktionstabelle

S1	E
0	1
1	0

Bild 3: NICHT-Funktion, Stromlaufplan und Logik-Schaltzeichen

5.3.5 Ablaufsteuerungen

In Ablaufsteuerungen folgen die Steuervorgänge schrittweise aufeinander einem vorgegebenen Ablauf. Jeder Folgeschritt wird erst ausgeführt, wenn die Bedingungen zum Weiterschalten erfüllt sind. Das Weiterschalten kann zeitabhängig oder prozessabhängig erfolgen.

Darstellung von Ablaufsteuerungen

Der Steuerungsablauf kann in Funktionsplänen durch Schritt- und Befehlssymbole dargestellt werden **(Bild 1)**.

Das **Schrittsymbol** ist ein in zwei Felder eingeteiltes Rechteck. Das obere Feld enthält die Schrittnummer, das untere die Angabe des Vorganges.

Das Befehlssymbol kann man in drei Felder einteilen. Feld A macht eine Aussage über die Art des Befehls, z.B. bedeutet **S** gespeichert. Im Feld B steht die Wirkung des Befehls. Feld C kennzeichnet die Abbruchstelle eines Befehlsausgangs. Sie wird z.B. durch Nummern in Feld C eingetragen.

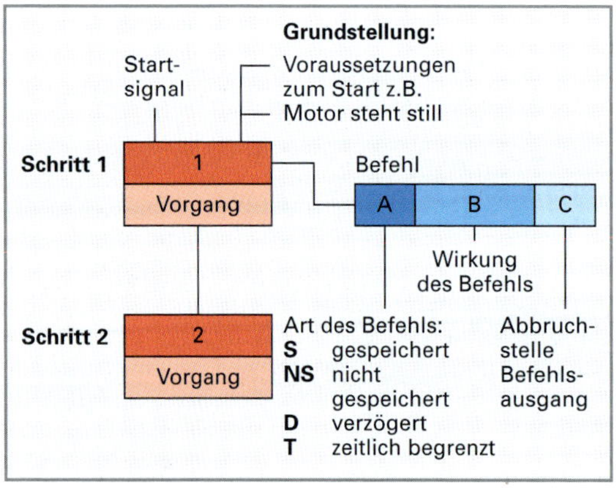

Bild 1: Ablaufplan (Schema) mit Schritt- und Befehlssymbolen

Beispiel einer Ablaufsteuerung

Der Schubschraubtrieb-Starter eines Kfz **(Bild 2)** arbeitet z.B. mit einer Ablaufsteuerung, die im Ablaufplan **(Bild 3)** dargestellt ist.

Schritt 1: Er wird gesetzt, wenn die Steuerung in der Grundstellung steht und das Kommando EIN gegeben wird. Durch Betätigung des Startschalters S1 erhalten Einzugs- und Haltewicklung des Einrückrelais K1 Strom. Der Starter erhält über die Einzugswicklung einen verminderten Strom, wodurch er langsam dreht. Gleichzeitig wird der Relaisanker angezogen und schiebt mit dem Einrückhebel das Starterritzel in den Schwungradkranz des Motors. Der Befehl bleibt gespeichert, bis er durch einen Gegenbefehl aufgehoben wird. Erst wenn der Relaisanker ganz eingezogen ist, schließt der Schalter K1 des Relais. Das ist das Signal für den Schritt 2.

Schritt 2: Er wird gesetzt, wenn der Relaisanker eingezogen ist. Die Erregerwicklung des Starters wird direkt an B+ geschaltet. Der Starter erhält dadurch seine volle Stromstärke und dreht jetzt das Schwungrad des Motors, bis der Motor anspringt. Ein Freilauf verhindert das zu schnelle Drehen des Starters durch den angesprungenen Motor.

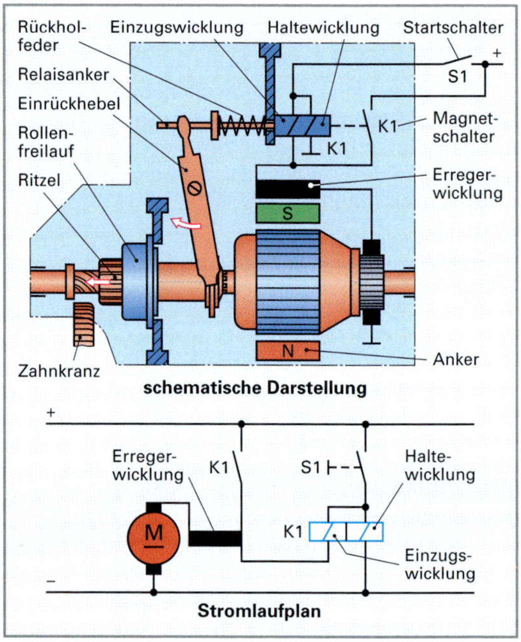

Bild 2: Schubschraubtrieb-Starter, Schaltung

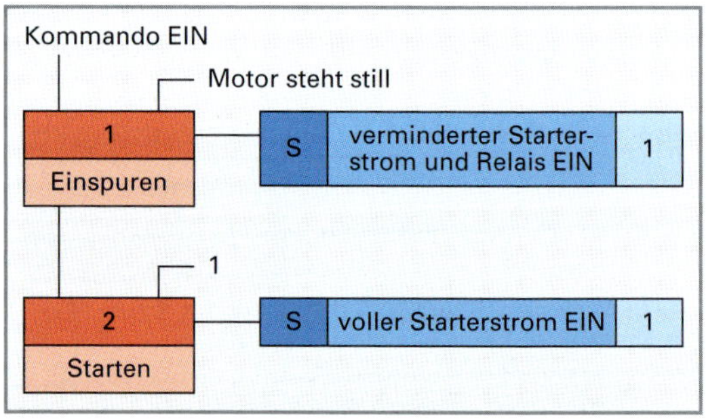

Bild 3: Ablaufplan (Auszug) Schubschraubtrieb-Starter

WIEDERHOLUNGSFRAGEN

1. **Was versteht man unter einer Verknüpfungssteuerung?**
2. **Welches sind die Grundfunktionen logischer Verknüpfungen?**
3. **Welche Merkmale hat eine Ablaufsteuerung?**

6 Prüftechnik

Das Prüfen ist in der Technik die Bedingung für die maßgenaue Fertigung von Werkstücken und die Feststellung von Fehlern bei der Überwachung und Instandhaltung von Maschinen und Geräten.

In der Kraftfahrzeugtechnik wird das Prüfen oft als Testen bezeichnet, z.B. Zündungstest, Abgastest, Bremsentest.

Durch Prüfen wird festgestellt, ob der Gegenstand den geforderten Sollzustand aufweist.

Subjektives Prüfen. Es wird ohne Geräte nur durch Sinneswahrnehmung durchgeführt, z.B. Sichtprüfung, Funktionsprüfung oder Tasten.

Objektives Prüfen. Dieses erfolgt mit Prüfmitteln z.B. durch Messen (Achsvermessung) oder Lehren (Fühlerlehre).

6.1 Grundbegriffe der Längenprüftechnik

6.1.1 Arten des Prüfens (Bild 1)

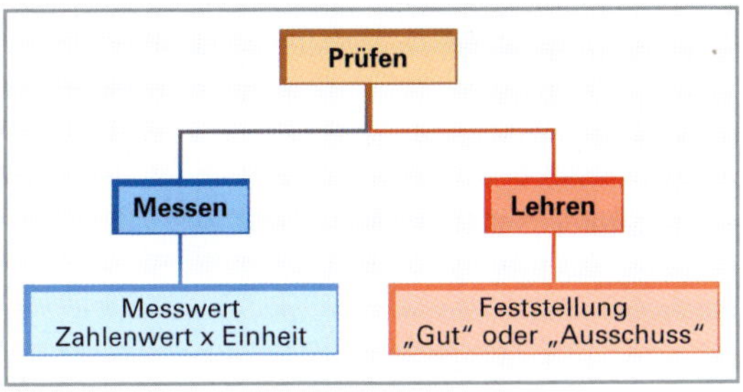

Bild 1: Prüfen in der Längenprüftechnik

Messen ist das Vergleichen einer Messgröße (Länge oder Winkel) mit einem Messgerät. Es wird dabei ein Messwert ermittelt.

Messwert. Es ist der gemessene Istwert der Messgröße. Er wird als Produkt aus Zahlenwert und Einheit angegeben, z.B. 15,00 mm **(Bild 2)**.

Lehren ist ein Vergleichen des Prüfgegenstandes mit einer Lehre. Man erhält keinen Zahlenwert.

Durch Lehren stellt man fest, ob der Prüfgegenstand in Bezug auf Größe und Form eine gegebene Grenze nicht überschreitet, also innerhalb der Toleranz liegt. Das Ergebnis ist nur eine Feststellung, z.B. „Gut" oder „Ausschuss" und kein Zahlenwert.

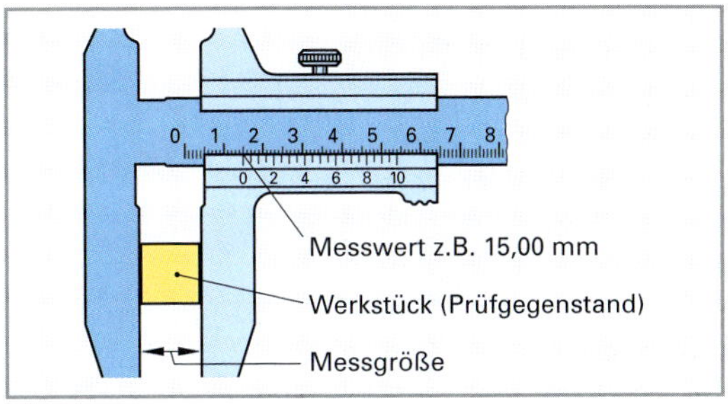

Bild 2: Bezeichnungen beim Messen

6.1.2 Prüfmittel

Als Prüfmittel **(Bild 3)** verwendet man Messgeräte, Lehren und Hilfsmittel.

Messgeräte können Maßverkörperungen oder anzeigende Messgeräte sein.

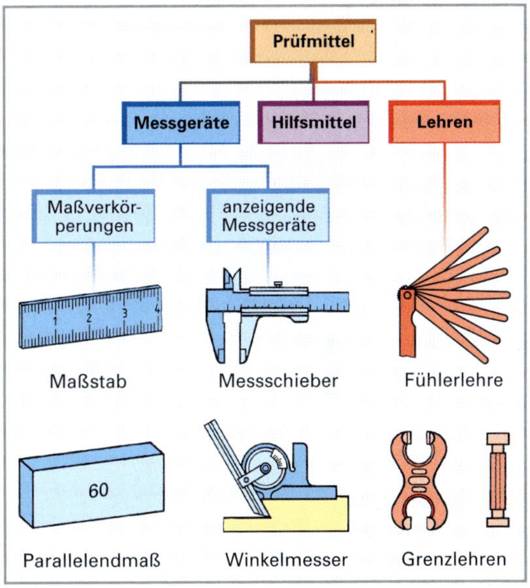

Bild 3: Prüfmittel

Maßverkörperungen. Sie verkörpern die Messgröße durch den festen Abstand von Strichen (Strichmaße), den Abstand von Flächen (Endmaße) oder die Winkellage von Flächen (Winkelmaße).

Anzeigende Messgeräte wie z.B. Messschieber, Messschraube, Messuhr, Winkelmesser zeigen den Messwert bei Skalenanzeige (analog anzeigend) an einer Strichskala durch eine bewegliche Marke oder einen Zeiger an. Bei Zifferanzeige (digital anzeigend) erscheint der Messwert in Ziffern in einem Anzeigefenster.

Hilfsmittel (Bild 1) tragen oder stützen Prüfmittel oder Werkstück beim Prüfen, z.B. Halter, Messständer, Prismen, oder sie übertragen Maße beim indirekten Messen, z.B. Taster.

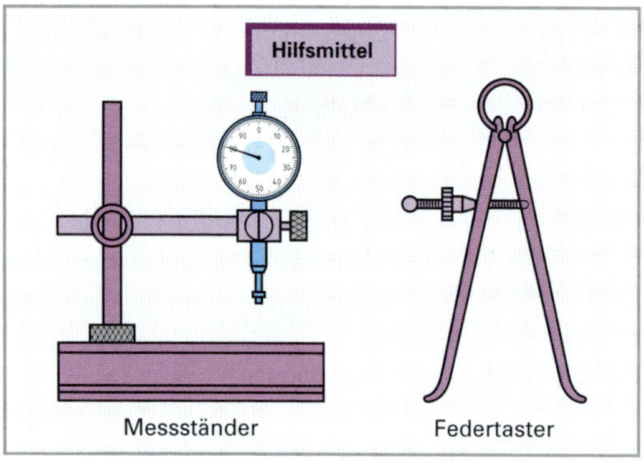

Bild 1: Hilfsmittel beim Messen

6.1.3 Einheiten des Messwertes

Längeneinheiten

Die Basiseinheit der Länge ist das Meter (m).

Das **Meter** ist die Länge der Strecke, die Licht im Vakuum während der Dauer von

$$\frac{1}{299\,792\,458} \text{ Sekunden durchläuft.}$$

1 m = 10 dm = 100 cm
= 1000 mm = 1 000 000 µm (Mikrometer)

Das **Zoll (inch)** wird bei Maßangaben von Rädern, Felgen und Reifen verwendet. Außerdem ist es z.Zt. noch in England und den USA gebräuchlich.

1 Zoll = 1″ = 25,4 mm

Winkeleinheit

Die Winkel werden in Grad (°), Minuten (′) und Sekunden (″) angegeben.

Der Vollkreis hat 360°. Teile des Grades sind Minuten und Sekunden.

1° (Grad) = 60′ (Minuten) = 3600″ (Sekunden)

6.1.4 Messabweichungen

Der bei einem Messvorgang abgelesene Messwert weicht meist vom genauen Wert der Messgröße ab.

Ursachen von Messabweichungen

- Unvollkommenheit des Messgegenstandes
- Falsche Handhabung der Messgeräte
- Unvollkommenheit der Messgeräte
- Umwelteinflüsse.

Unvollkommenheit des Messgegenstandes

Bearbeitungsspuren wie Grate oder Riefen.

Falsche Handhabung des Messgerätes (Bild 2)

Schräges Ansetzen des Messgerätes wie z.B. Durchmesser schräg, Tiefenmaßzunge nicht parallel zur Messfläche oder Werkstück verkantet.

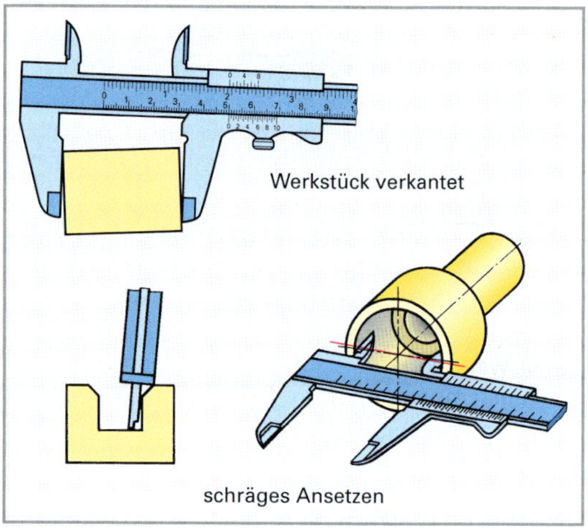

Bild 2: Falsches Ansetzen des Messgerätes

Zu hohe Messkraft (Bild 3). Dadurch können meist elastische dünne Hülsen zusammengedrückt oder das Messgerät elastisch verformt werden.

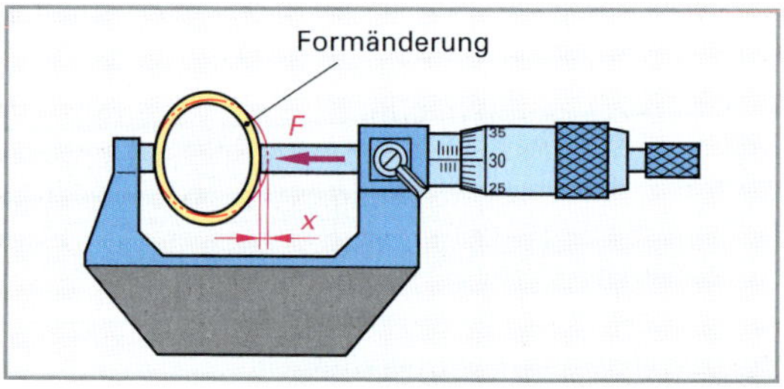

Bild 3: Zu hohe Messkraft

Parallaxe (Bild 4). Eine Messabweichung entsteht, wenn Ablesemarke und Skale nicht in einer Ebene liegen und nicht mit senkrechter Blickrichtung abgelesen wird.

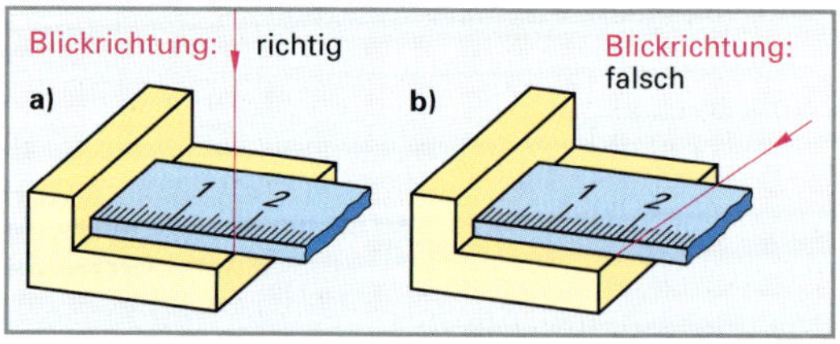

Bild 4: Abweichungen durch Parallaxe beim direkten Messen

Unsauberkeit der Messflächen. Die Messflächen an Messgerät oder Werkstück können mit Schmutz, Spänen oder Fett behaftet sein.

Temperatureinflüsse (Bild 1). Handwärme, Sonneneinstrahlung oder Arbeitswärme können zu Messabweichungen führen.

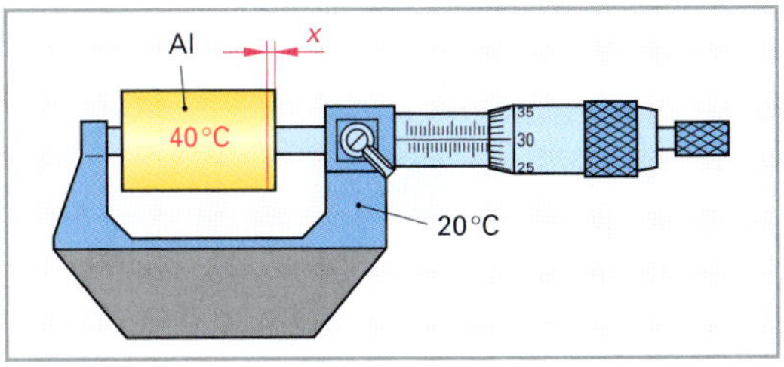

Bild 1: Messabweichungen durch Temperatureinflüsse

> Messwerkzeuge und Werkstücke haben bei der Bezugstemperatur von 20 °C ihre Nennwerte.

Umwelteinflüsse. Luftdruck und Temperatur können, z.B. beim Messen des Reifendrucks, zu Messabweichungen vom vorgeschriebenen Sollwert führen.

Nullpunkteinstellung (Kalibrierung von Messgeräten). Messgeräte müssen vor ihrem Einsatz mit Hilfe eines Endmaßes kalibriert werden, um systematische Messfehler zu vermeiden, z.B. digitale Bügelmessschraube, Manometer.

Arten von Messabweichungen

Dies können systematische Messabweichungen, wie erfassbare Geräteabweichungen sein oder es sind zufällige Messabweichungen, die nicht immer in gleicher Größe und gleichzeitig auftreten.

Systematische Messabweichungen

Dies sind z.B.

- Teilungsabweichungen bei Skalen
- Steigungsabweichungen bei Gewindespindeln
- Unebene Messflächen
- Formänderungen durch andauernd hohe Messkraft
- Gleich bleibende Abweichungen von der Messtemperatur

Diese systematischen Messabweichungen lassen sich berücksichtigen, da sie bei gleichen Messbedingungen immer wieder in gleicher Größe und mit gleichem Vorzeichen + oder – auftreten.

Um den genauen Wert der Messgröße zu erhalten, muss der abgelesene Messwert um die systematische Abweichung korrigiert werden.

Zufällige Messabweichungen

Sie ergeben eine **Messunsicherheit.** Bei Messgeräten mit Skalenanzeige beträgt die Messunsicherheit des Messwertes bis zu 1 Skalenteilungswert.

Die Ursachen für zufällige Messabweichungen können sein:

- Ablesefehler durch Parallaxe
- Ungleiches Anliegen des Messgerätes durch Schmutz oder Grat
- Nicht erfassbare Temperaturschwankungen
- Messkraftschwankungen durch Änderung von Reibung und Spiel
- Kippfehler durch zu großes Spiel und falsche Handhabung
- Schräges Anliegen des Messgerätes durch falsche Handhabung

6

6.1.5 Messverfahren

Direktes Messen oder unmittelbares Messen (Bild 2a). Es wird z.B. die Länge eines Werkstückes mit der Skale eines Längenmessgerätes verglichen. Der Messwert kann direkt abgelesen werden.

Indirektes Messen (Bild 2). Ist die Messstelle an einem Werkstück für ein Messgerät nicht zugänglich, so muss man ein Messhilfsmittel, z.B. Außen- oder Innentaster, verwenden. Damit wird die Messgröße abgenommen und dann mit einem Messgerät gemessen.

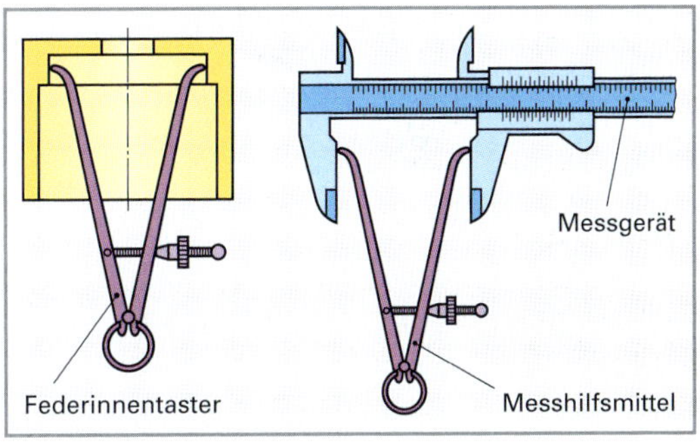

Bild 2: Indirektes Messen

6.2 Messgeräte

Zu den Messgeräten gehören Maßverkörperungen und anzeigende Messgeräte wie z.B. Messschieber, Messschraube, Messuhr, Winkelmesser.

Messbereich. Er umfasst meist den Anzeigebereich des Messgerätes. Seine Größe entspricht der Differenz aus Endwert und Anfangswert. Er muss nicht bei Null beginnen; z.B. bei Messschrauben beträgt die

Messspanne nur 25 mm, damit die Messspindel nicht zu lang wird. Für größere Längen gibt es Bügelmessschrauben mit Messbereichen von z.B. 0 mm bis 25 mm, 25 mm bis 50 mm, 50 mm bis 75 mm.

6.2.1 Maßverkörperungen

Strichmaßstäbe (Bild 1) sind die am meisten verwendeten Maßverkörperungen. Sie besitzen als Maßverkörperung eine einheitliche Strichskale, an der beim Messen die Messwerte direkt abgelesen werden. Es weren Stahlmaßstäbe, Arbeitsmaßstäbe, Rollbandmaße und Gliedermaßstäbe verwendet.

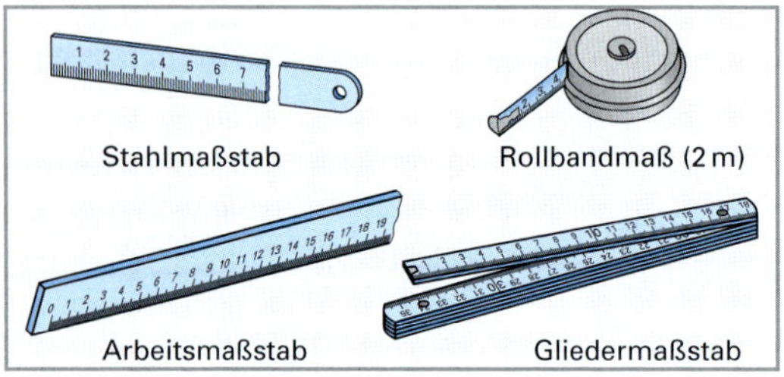

Bild 1: Strichmaßstäbe

Parallelendmaße (Bild 2) verkörpern sehr genau die Längeneinheit durch den Abstand von zwei parallelen Flächen. Sie haben meist rechteckigen, seltener kreisförmigen Querschnitt. Ihre Messflächen haben eine hohe Oberflächengüte und bestehen aus Stahl oder Hartmetall. Man verwendet Endmaße zum Prüfen und Einstellen von Lehren und anzeigenden Messgeräten, zum Messen von Werkstücken und Einstellen von Maschinen. Verschiedene Endmaße lassen sich unter Druck aneinanderreihen (Anschieben) und zu einem gesuchten Maß kombinieren.

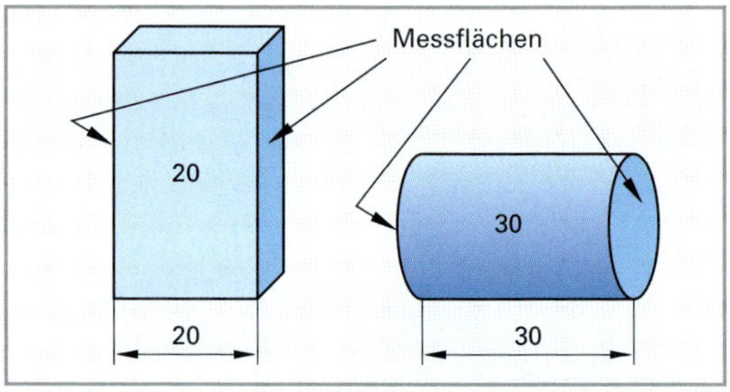

Bild 2: Parallelendmaße

6.2.2 Messschieber

Der Messschieber ist wegen seiner vielseitigen Verwendbarkeit, wie Außen-, Innen- und Tiefenmessungen, das am häufigsten benutzte anzeigende Messgerät mit beweglichen Marken.

Der **Messschieber (Bild 3)** besteht aus einer Schiene, mit der ein Messschenkel und eine Kreuzspitze rechtwinklig verbunden sind. Auf der Schiene befindet sich der Hauptmaßstab. Er trägt eine Millimeterskale und darüber eine Zoll(Inch)-Skale. Ein zweiter Messschenkel, verbunden mit einer Kreuzspitze, lässt sich auf der Schiene verschieben. Man bezeichnet ihn deshalb als Schieber. Er hat beiderseits der Schiene je eine Strichskale, die Nonius genannt wird. Eine mit dem Schieber verbundene Messstange dient als Tiefenmesseinrichtung. Ein Klemmhebel ermöglicht das Feststellen des Schiebers zum sicheren Ablesen.

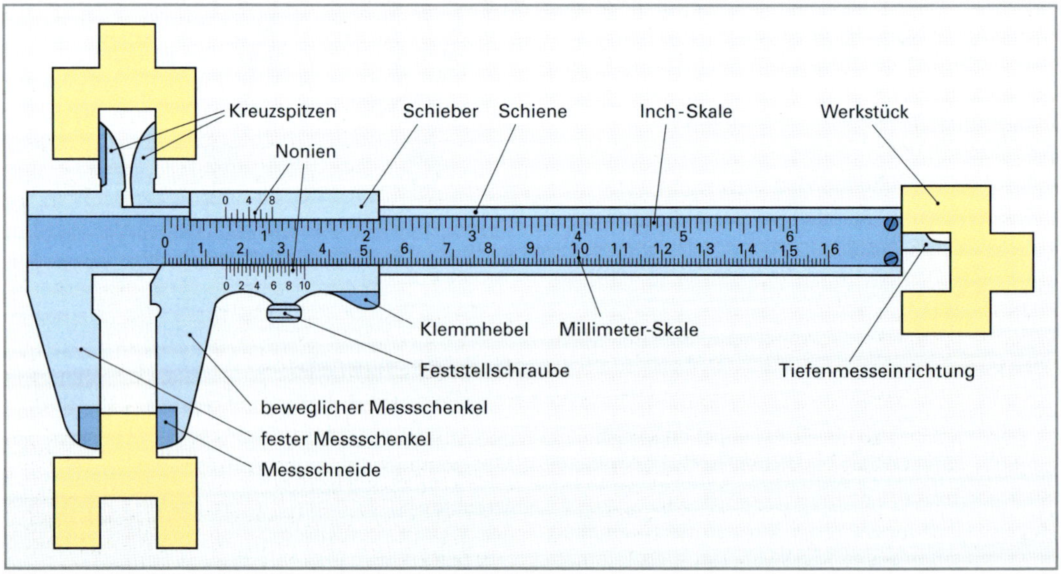

Bild 3: Messschieber

Noniuswert eines Messschiebers. Er bestimmt die Ablesegenauigkeit. Der Messwert kann auf 1/10 mm = 0,1 mm, 1/20 mm = 0,05 mm oder 1/50 mm = 0,02 mm abgelesen werden.

Dazu sind beim 1/10-Nonius **(Bild 1)** 9 mm in 10 Teile geteilt. Ein Noniusteil ist also 9 mm : 10 = 0,9 mm lang, während die Teilung auf der Skale 1 mm beträgt. Es besteht also eine Ablesemöglichkeit bis 1/10 mm.

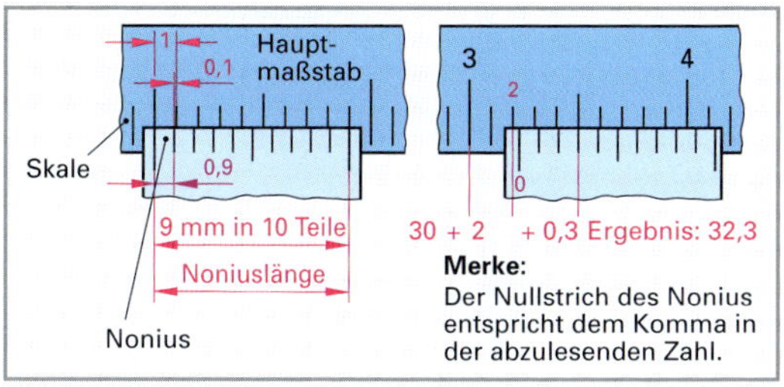

Bild 1: 1/10-Nonius

Ablesen des Messschiebers

Den Nullstrich des Nonius betrachtet man als Komma, das die Ganzen von den Zehnteln trennt.

Man liest zuerst links vom Nullstrich des Nonius auf der Skale die vollen Millimeter ab und sucht dann auf dem Nonius den Teilstrich, der sich mit einem Teilstrich auf der Skale deckt. Dieser Noniusteilstrich gibt die Zehntel an. Der Nullstrich darf dabei nicht mitgezählt werden.

Beim genormten **1/10-Nonius (Bild 2)** ist der Nonius erweitert, d.h., es sind 19 mm in 10 Teile geteilt. Ein Noniusteil ist demnach 19 mm : 10 = 1,9 mm lang und der Noniuswert also 2 mm – 1,9 mm = 0,1 mm = 1/10 mm.

Nonius	Einstellung	Ablesung
$^1/_{10}$	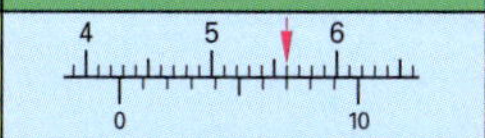	= 42,7
$^1/_{10}$	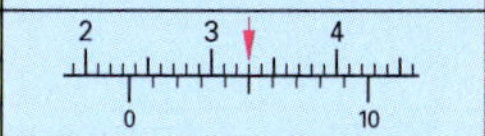	= 23,5
$^1/_{20}$	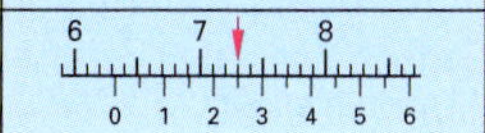	= 63,25

Bild 2: Ablesebeispiele

Beim genormten **1/20-Nonius** sind 39 mm in 20 Teile geteilt. Ein Noniusteil ist in diesem Falle 39 mm : 20 = 1,95 mm lang und der Noniuswert demnach 2 mm – 1,95 mm = 0,05 mm = 1/20 mm.

Messschieber mit elektronischer Ziffernanzeige (Bild 3) haben Ziffernschrittwerte von 1/100 mm. Durch die Anzeige des Messwertes in Ziffern wird einfach, schnell und ohne Fehler abgelesen. Mit der

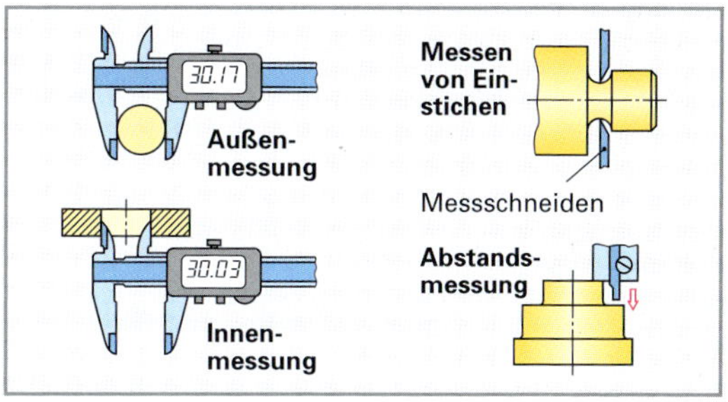

Bild 3: Messen mit dem Messschieber

Nulltaste kann die Anzeige an jeder Stelle auf Null gestellt werden. So können Unterschiedsmessungen durchgeführt werden.

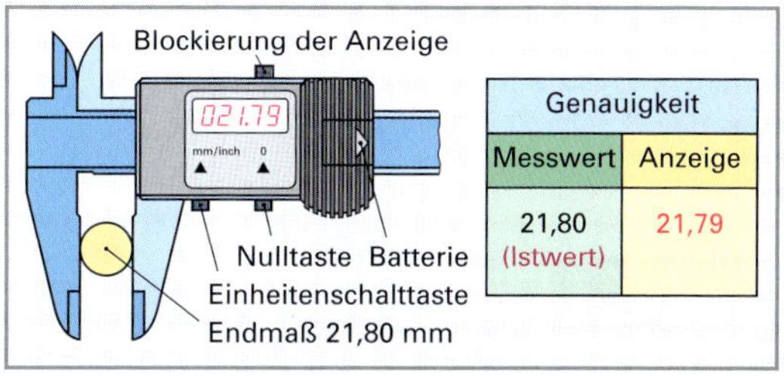

Bild 4: Messschieber mit Ziffernanzeige

Messgenauigkeit und Anzeigegenauigkeit (Bild 4) entsprechen sich nicht aufgrund von Fertigungstoleranzen und Rundungsfehlern in der Elektronik (Toleranz 2/100 – 3/100 mm).

Arbeitsregeln

- **Drehteile** nicht bei laufender Maschine messen, da Unfallgefahr besteht und der Messschieber beschädigt werden kann.
- **Außenmessungen (Bild 3).** Messschenkel weit über das Werkstück führen. Dabei auf saubere Messflächen, richtigen Messdruck und richtiges Halten des Messschiebers achten. Messschneiden nur zum Messen von Einstichen, engen Nuten und Kerndurchmessern benutzen.
- **Innenmessungen** erfolgen mit den Kreuzspitzen. Feste Spitze zuerst in der Bohrung anlegen, dann die bewegliche Spitze gegenüber anschieben.
- Kreuzspitzen nicht zum Anreißen verwenden.
- **Tiefen- und Abstandsmessungen** erfolgen mit der Tiefenmessstange. Schräges Ansetzen vermeiden. Deshalb soll die abgesetzte Seite der Tiefenmessstange am Werkstück anliegen, damit nicht Übergangsradien oder Schmutz das direkte Anliegen behindern.

Tiefenmessschieber (Bild 1). Er hat einen Schieber mit einer Feststelleinrichtung und einer Brücke, die ein gerades Ansetzen erleichtert. Er eignet sich besonders zum Messen von abgesetzten Bohrungen.

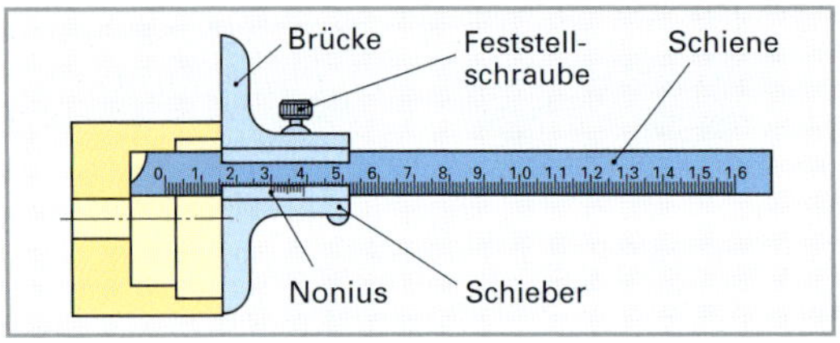

Bild 1: Tiefenmessschieber

6.2.3 Messschrauben

Bei den Messschrauben **(Bild 2)** benutzt man die Steigung eines Gewindes zur Ermittlung der Messgröße. Jede volle Umdrehung der geschliffenen Messspindel verändert den Abstand der Messflächen um die Steigung des Gewindes der Messspindel.

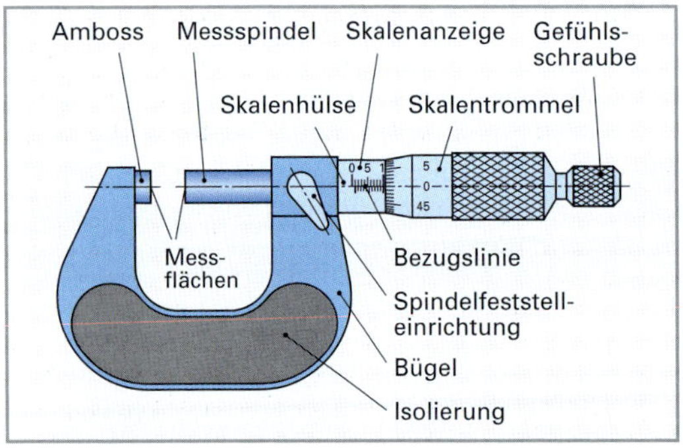

Bild 2: Bügelmessschraube

Die Steigung der Messspindel beträgt meist 0,5 mm. Auf der Skalentrommel (Mantelhülse) sind dabei 50 Teilstriche angebracht.

$$\text{Skalenteilungswert} = \frac{\text{Gewindesteigung Messspindel}}{\text{Teilstriche auf der Skalentrommel}} = \frac{0{,}5\,\text{mm}}{50} = \frac{1}{100\,\text{mm}} = 0{,}01\,\text{mm}$$

Die Skalentrommel ist mit der Messspindel fest verbunden. Die Messspindel ist im Muttergewinde der Skalenhülse verschraubt. Um stets gleichen und nicht, durch die Übersetzung des Gewindes, zu großen Messdruck zu erhalten, ist die Messspindel mit einer Kupplung (Gefühlschraube) versehen, die die Messkraft begrenzt.

Die Messspanne ist meist nur 25 mm groß, damit die Messspindel nicht zu lang wird.

Ablesen der Messschraube (Bild 3)

Die ganzen und die halben Millimeter werden auf der Skalenhülse, die Hundertstel werden auf der Skalentrommel abgelesen. Gibt die Skalentrommel auf der Skalenhülse einen halben Millimeter frei, so muss dieser zu den Hundertsteln hinzugezählt werden.

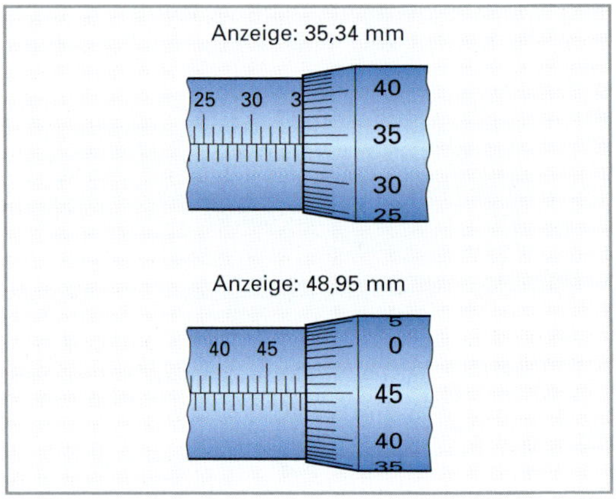

Bild 3: Ablesebeispiele

Bügelmessschraube (Bild 2). Sie wird für Außenmessungen verwendet. Ihre Teile sind: Bügel mit Amboss, Isolierplatte zum Wärmeschutz und Skalenhülse; Messspindel mit Skalentrommel, Kupplung und Feststellvorrichtung. Um den Verschleiß klein zu halten, sind die Messflächen von Spindel und Amboss gehärtet oder mit Hartmetall bestückt.

Elektronische Bügelmessschraube (Bild 4). Sie hat neben der normalen Rundskale mit einem Skalenteilungswert von 1/100 mm noch eine Ziffernanzeige. Der Skalenteilungswert der Ziffernanzeige beträgt 1/1000 mm.

Die Elektronik des Messgerätes ermöglicht es, zur Unterschiedsmessung die Anzeige auf Null zu stellen, Messwerte zu speichern und die Daten an einen Rechner auszugeben.

Beim Messen mit elektronischen Messgeräten ist zu berücksichtigen, dass die Anzeigegenauigkeit nicht der Messgenauigkeit entspricht (siehe Messschieber mit elektronischer Anzeige).

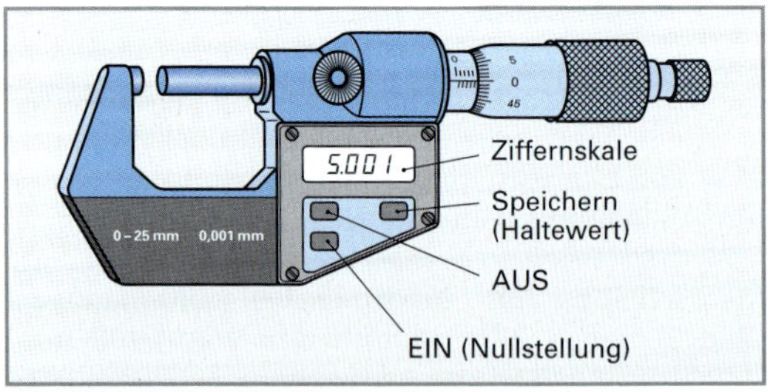

Bild 4: Elektronische Bügelmessschraube

Innenmessschraube (Bild 1). Mit ihr werden Bohrungen mit Durchmessern von 3,5 mm bis 300 mm gemessen. Innenmessschrauben sollen selbstzentrierend sein. Sie haben deshalb meist drei bewegliche Messbolzen oder Messeinsätze damit sie in einer Bohrung zentrisch anliegen (Dreipunktmessung). Zum Messen größerer Bohrungen gibt es Verlängerungen.

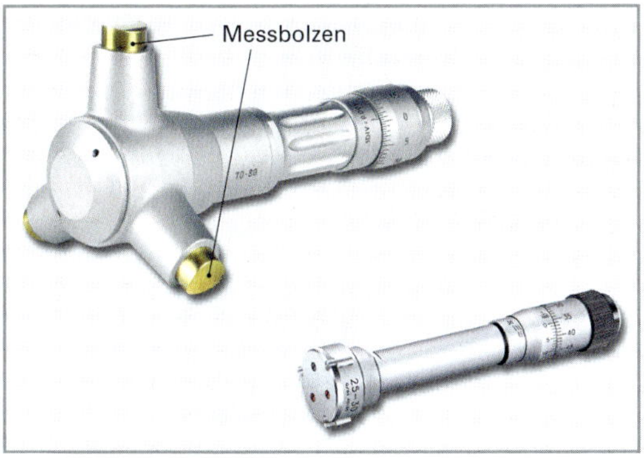

Bild 1: Innenmessschraube

6.2.4 Messuhr

Die Messuhr **(Bild 2)** dient zum Prüfen von Werkstücken auf Rundlauf (z.B. Radlagerspiel, Wellen) oder von Flächen auf Ebenheit (z.B. Planlauf von Bremsscheiben). Zusammen mit einem Innenmessgerät kann man den Zylinderverschleiß beim Motor feststellen.

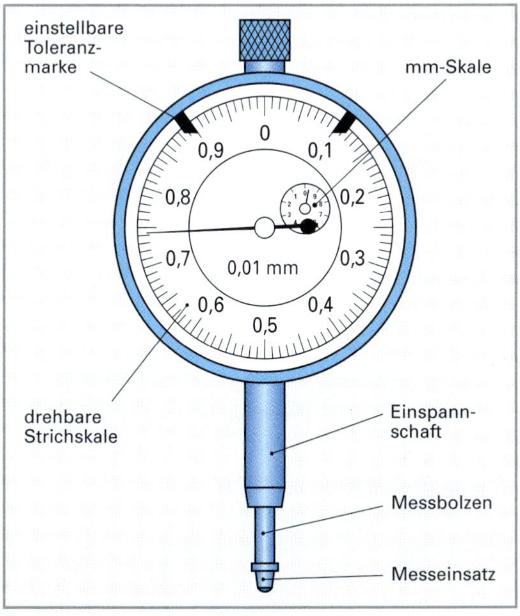

Bild 2: Messuhr

Die Messuhr wird also vornehmlich für Unterschiedsmessungen verwendet. Man misst nicht das Istmaß, sondern die Abweichung von einem eingestellten Istwert.

Der Weg des Messbolzens wird über eine Zahnstange und Zahnradübersetzung durch einen Zeiger auf einer Skale vergrößert angezeigt. Das Skalenblatt ist drehbar und kann somit bei jeder Zeigerstellung auf Null gestellt werden. Zwei einstellbare Toleranzmarken dienen zum Markieren des Kontrollbereichs.

Das Skalenblatt der Messuhr ist in 100 Teile geteilt. Bei einer Zeigerumdrehung bewegt sich der Messbolzen um 1 mm. Der Skalenteilungswert beträgt somit 0,01 mm = 1/100 mm.

Dreht sich beim Messen der Zeiger der Messuhr mehrmals, so wird die Anzahl seiner Umdrehungen auf einer kleinen Millimeter-Skale angezeigt, da jede Zeigerumdrehung einem Messweg von 1 mm entspricht. Es gibt auch Messuhren mit einem Skalenteilungswert von 0,001 mm.

Durch Spiel und Reibung in Zahnstange und Zahnrädern ergeben sich bei der Bewegung des Messbolzens je nach Bewegungsrichtung andere Anzeigen. Die Anzeigen unterscheiden sich um die **Messwertumkehrspanne**, die bis zu 0,005 mm betragen kann.

6.2.5 Winkelmessgeräte

Einfacher Winkelmesser (Bild 3). Er erlaubt eine Messung von Winkeln nach Graden. Sein Messbereich beträgt 180°. Der Anzeigewert entspricht nicht immer dem Messwert. Oft muss der Messwert erst errechnet werden.

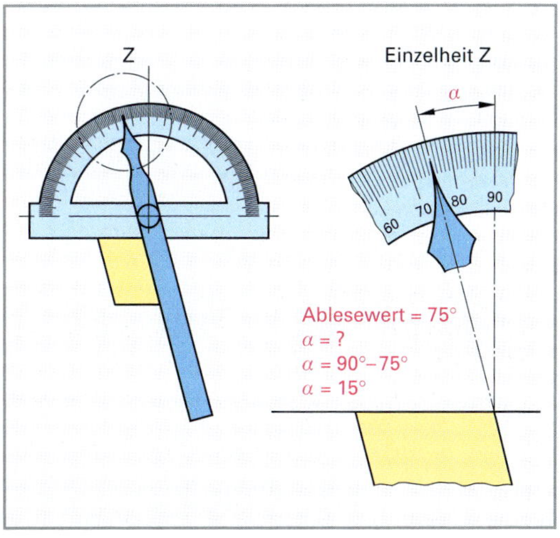

Bild 3: Einfacher Winkelmesser

6.3 Lehren

Lehren sind Prüfmittel, die Maß oder Form, zuweilen auch Maß und Form des zu prüfenden Werkstückes verkörpern. Beim Prüfvorgang werden an den Lehren keine Teile verschoben.

6.3.1 Maßlehren

Maßlehren sind Draht- und Blechlehre, Bohrungslehre, Fühlerlehre **(Bild 1)** und Parallelendmaße.

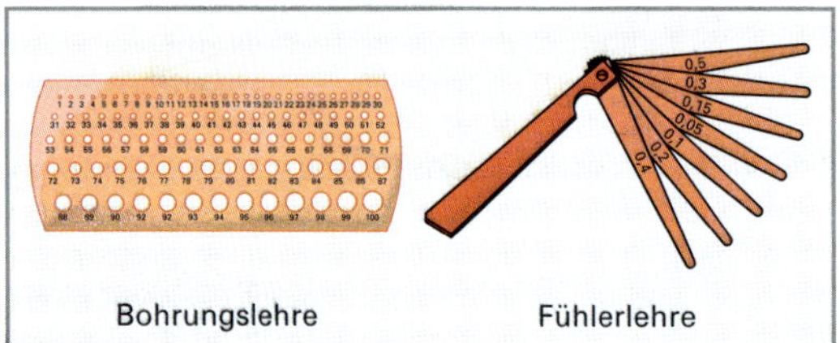

Bild 1: Maßlehren

Fühlerlehre (Bild 1). Sie besitzt mehrere Stahlzungen, die in ihrer Dicke von z.B. 0,05 mm bis 1 mm ansteigen. Jede Stahlzunge ist mit ihrem Nennmaß beschriftet. Man verwendet die Fühlerlehre z.B. zum Prüfen des Spiels bei Lagern, Kolben, Ventilen und Schlittenführungen.

6.3.2 Formlehren

Mit Formlehren wie Radienlehre **(Bild 2)**, Gewindelehren, Gewindeschablone, Winkellehre, Haarlineal **(Bild 2)** prüft man im Lichtspaltverfahren die Form von Radien, Profilen, Winkeln und die Ebenheit von Flächen. Der Lichtspalt soll möglichst klein sein.

Gewindeschablonen verwendet man zum Prüfen von Gewinden an Werkstücken. Sie bestehen meist aus Sätzen von Stahlplättchen mit verschiedenen Gewindeprofilen und Gewindesteigungen.

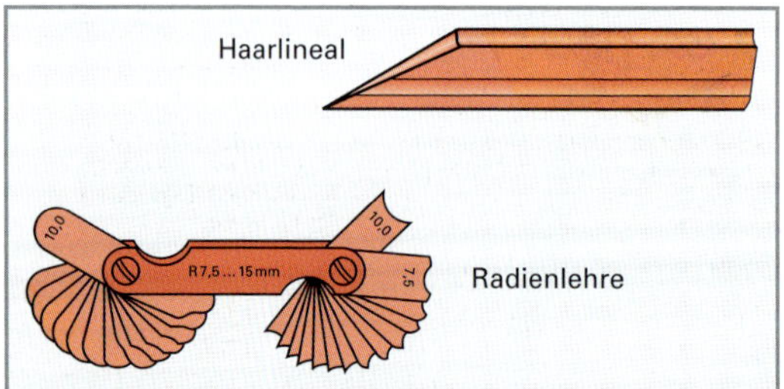

Bild 2: Haarlineal und Radienlehre

Winkellehren. Sie verkörpern die Form eines festen Winkels. Man verwendet Flach-, Anschlag- oder Haarwinkel.

6.3.3 Grenzlehren

Man unterscheidet Grenzlehrdorne und Grenzrachenlehren. Sie haben eine Gut- und eine Ausschussseite; zum besseren Erkennen hat die Ausschussseite einen roten Farbanstrich.

Grenzlehrdorn (Bild 3). Er dient zum Prüfen von Bohrungen. Das Maß der Gutseite entspricht dem Mindestmaß der Bohrung, auf der Ausschussseite ist das Höchstmaß überschritten. Gleichzeitig ist auf der Ausschussseite der Messzylinder etwas kürzer.

Grenzrachenlehre (Bild 3). Mit ihr werden Wellen geprüft. Das Maß der Gutseite entspricht dem Höchstmaß der Welle, auf der Ausschussseite ist das Mindestmaß unterschritten. An der Ausschussseite ist die Lehre angeschrägt, damit beim Prüfen keine Riefen entstehen.

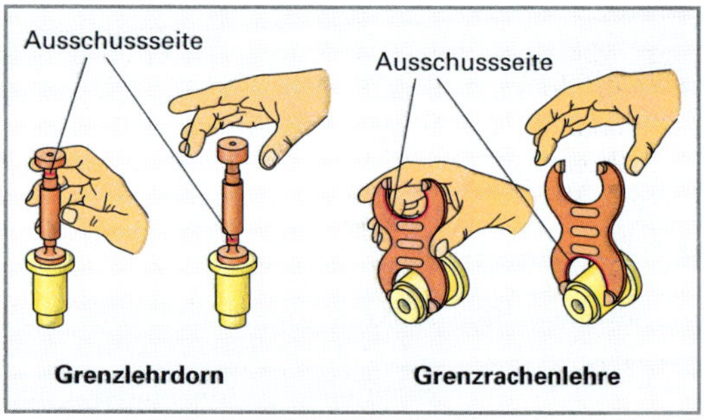

Bild 3: Handhabung von Grenzlehren

Arbeitsregeln

- Lehrdorn niemals in die Bohrung einführen, wenn das Werkstück noch warm ist.
- Rachenlehren bzw. Lehrdorne dürfen nicht über- bzw. in das Werkstück gepresst werden.
- Grenzrachenlehre vorsichtig ansetzen. Sie soll nur durch ihr Gewicht über das Werkstück gleiten.
- Haarlineal **(Bild 2)** beim Prüfen senkrecht zur Oberfläche aufsetzen.

Wiederholungsfragen

1 **Worin unterscheiden sich Messen und Lehren?**
2 **Wodurch können Messabweichungen auftreten?**
3 **Wie können Parallaxefehler entstehen?**
4 **Was ist eine Maßverkörperung?**
5 **Wie liest man den Nonius ab?**
6 **Wie liest man die Messschraube ab?**
7 **Wozu hat die Messschraube eine Kupplung?**
8 **Wozu verwendet man Messuhren?**

6.4 Toleranzen und Passungen

6.4.1 Zweck der Normung

Bei der maschinellen Fertigung von Werkstücken, Normteilen und Halbzeugen ist es aus fertigungstechnischen und wirtschaftlichen Gründen nicht möglich, das in der Zeichnung verlangte Konstruktionsmaß absolut genau einzuhalten. Es gilt für jegliche maschinelle Fertigung:

> Die Genauigkeitsanforderung an das Werkstück soll nur so hoch sein, dass es seine Funktion erfüllen kann.

Um die Funktion des Werkstückes sicherzustellen, muss es so gefertigt werden, dass das tatsächliche Maß zwischen zwei Grenzmaßen, dem Höchstmaß und dem Mindestmaß, liegt. Der Bereich zwischen den beiden Grenzmaßen wird als Toleranzfeld bezeichnet **(Bild 1)**.

Liegt das gefertigte Werkstück innerhalb des Toleranzfeldes, so ist das Werkstück „Gut". Liegt es außerhalb des Toleranzfeldes, so muss geprüft werden, ob es nachgearbeitet werden kann, z.B. durch weitere Spanabnahme; andernfalls ist es „Ausschuss".

6.4.2 Begriffe

Die in ( ) gesetzten Kurzzeichen für die Bezeichnungen sind nicht genormt.

Nennmaß (*N*). Es ist das in der Konstruktionszeichnung angegebene Maß, auf das die Grenzabmaße bezogen werden **(Bild 1)**.

Istmaß (*I*). Es ist das am fertigen Werkstück durch Messung festgestellte Maß **(Bild 1)**.

Grenzmaße. Das **Höchstmaß (*H*)** und das **Mindestmaß (*M*)** an einem Werkstück sind die Grenzmaße. Zwischen den zugelassenen Grenzmaßen muss das **Istmaß (*I*)** liegen **(Bild 1)**.

Nulllinie (*NL*). Sie ist die Bezugslinie für das Nennmaß **(Bild 1)**.

Abmaße. Man versteht darunter die Differenz zwischen den jeweiligen Grenzabmaßen und dem Nennmaß bzw. zwischen dem Istmaß und dem Nennmaß. Grenzmaße sind das obere Abmaß und das untere Abmaß. Die Abmaße für Wellen werden mit den Kleinbuchstaben *es* und *ei* und die Abmaße für Bohrungen mit den Großbuchstaben *ES* und *EI* bezeichnet **(Bild 1)**.

Oberes Abmaß *ES* bzw. *es*.* Es ist die jeweilige Differenz zwischen dem Höchstmaß und dem Nennmaß.

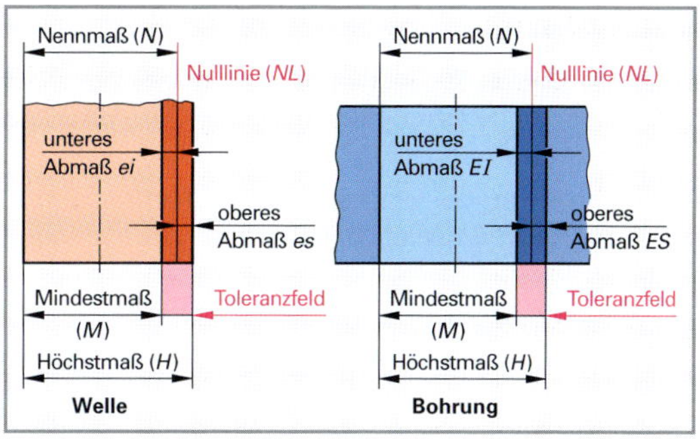

Bild 1: Begriffe

Unteres Abmaß *EI* bzw. *ei***. Es ist die jeweilige Differenz zwischen dem Mindestmaß und dem Nennmaß.

Maßtoleranz, Toleranz (*T*). Sie ist die zulässige Abweichung vom Nennmaß. Man ermittelt sie als Differenz zwischen dem oberen Abmaß *ES*, *es* und dem unteren Abmaß *EI*, *ei*.

Toleranzfeld. Es ist die grafische Darstellung der Toleranz. Es wird gekennzeichnet durch die Größe der Toleranz (Höchst- und Mindestmaß) und deren Lage zur Nulllinie. Dabei ergeben sich vier Möglichkeiten der Lage der Toleranzen zur Nulllinie **(Bild 2a bis 2d)**:

- Beide Grenzabmaße sind positiv (**2a**).
- Beide Grenzabmaße sind negativ (**2b**).
- Die Grenzabmaße haben verschiedene Vorzeichen (**2c**).
- Ein Grenzabmaß ist null, das andere negativ oder positiv (**2d**).

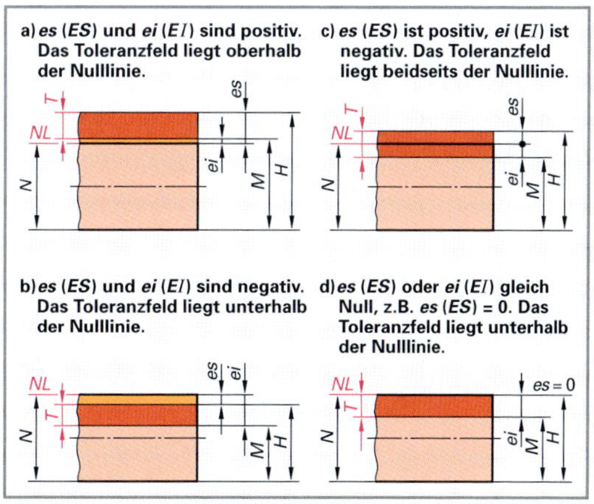

Bild 2: Lage des Toleranzfeldes zur Nulllinie

* *ES* bzw. *es* Ecart **S**upérieur (franz.) Oberes Abmaß

** *EI* bzw. *ei* Ecart **I**nférieur (franz.) Unteres Abmaß

6.4.3 Anwendungsbereiche

Das ISO-System für Grenzmaße und Passungen gilt für folgende Passungsformen an Werkstücken **(Bild 1)**:

- **Flachpassungen**. Es handelt sich um ebene Werkstücke mit parallelen Passflächen, z.B. zwischen Nut und Feder **(Bild 1a)**.
- **Kreiszylinderpassung**. Es handelt sich um zylindrische Werkstücke mit kreisförmigem Querschnitt, z.B. zwischen Welle und Bohrung **(Bild 1 b)**.

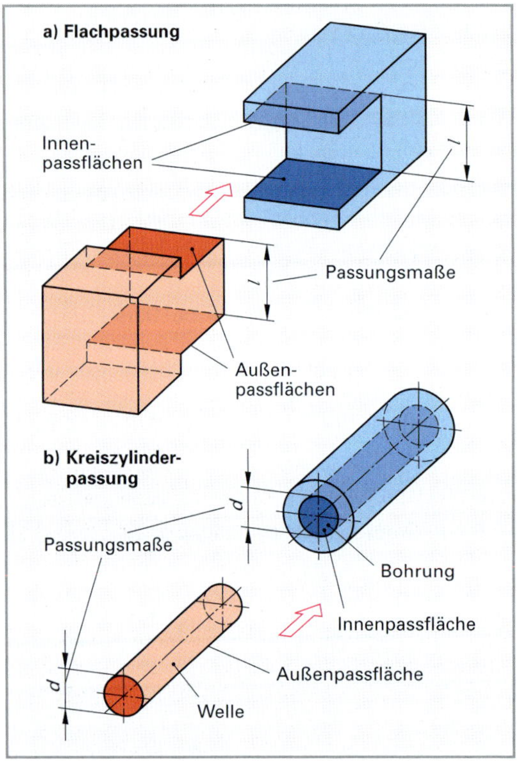

Bild 1: Passungsformen

ISO ist das Kurzzeichen für International Standardization Organisation. Sie ist die internationale Normenorganisation. ISO-Normen sind international gültig.

6.4.4 Passungen

Werden Welle und Bohrung mit gleichem Nennmaß und jeweilig dazugehörigem Toleranzfeld miteinander gefügt, so können aufgrund der Lage der Toleranzfelder folgende Passungen entstehen:

- Spielpassung
- Übermaßpassung
- Übergangspassung

Zwei zu einer Passung gehörende Passteile haben das gleiche Nennmaß.

Als Passung bezeichnet man den Maßunterschied zwischen dem Maß der Innenpassfläche und dem Maß der Außenpassfläche vor dem Fügen.

Spielpassung. Die Bohrung und die Welle haben nach dem Fügen stets ein Spiel. Das Mindestmaß der Bohrung ist größer, im Grenzfall gleich dem Höchstmaß der Welle **(Bild 2)**.

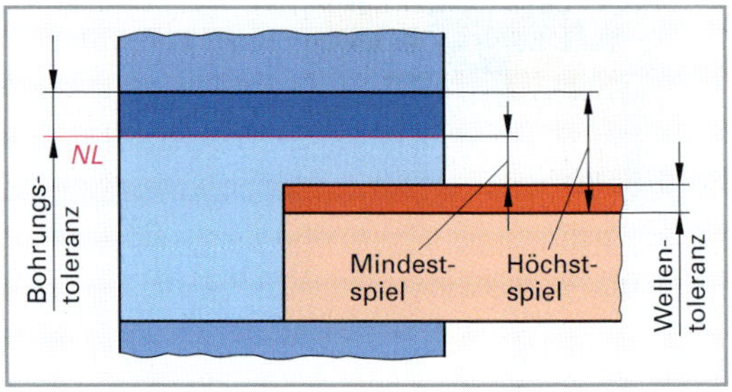

Bild 2: Spielpassungen

Mindestspiel. Es ergibt sich aus der Differenz zwischen dem Mindestmaß der Bohrung und dem Höchstmaß der Welle.

Höchstspiel. Es ergibt sich aus der Differenz zwischen dem Höchstmaß der Bohrung und dem Mindestmaß der Welle.

Eine Spielpassung liegt vor, wenn der Maßunterschied positiv ist.

Übermaßpassung. Beim Fügen von Bohrung und Welle besteht ein Übermaß. Das Höchstmaß der Bohrung ist kleiner oder im Grenzfall gleich dem Mindestmaß der Welle **(Bild 3)**.

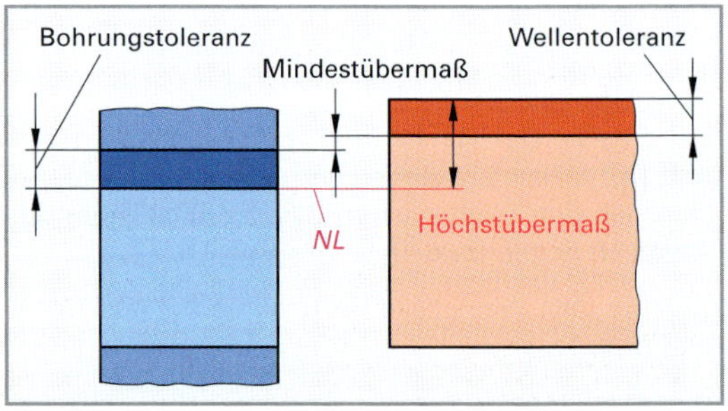

Bild 3: Übermaßpassungen

Mindestübermaß. Es ist die Differenz zwischen dem Höchstmaß der Bohrung und dem Mindestmaß der Welle vor dem Fügen.

Höchstübermaß. Es ist die Differenz zwischen dem Mindestmaß der Bohrung und dem Höchstmaß der Welle vor dem Fügen.

Eine Übermaßpassung liegt vor, wenn der Maßunterschied negativ ist.

Übergangspassung. Bohrung und Welle haben nach dem Fügen innerhalb der Toleranzfelder entweder Spiel oder Übermaß **(Bild 1)**.

> Eine Übergangspassung liegt vor, wenn sowohl eine Spielpassung als auch eine Übermaßpassung auftreten kann.

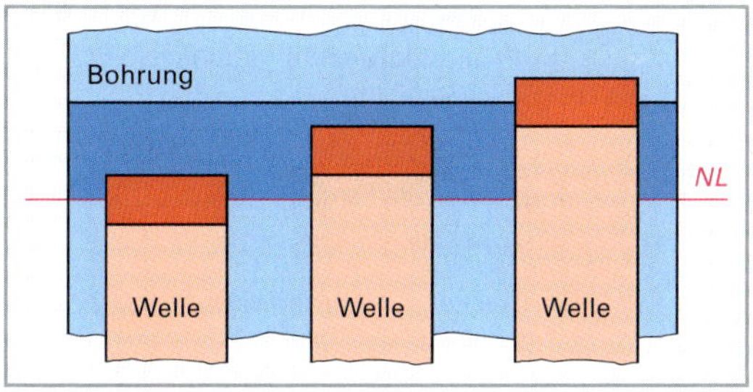

Bild 1: Übergangspassungen

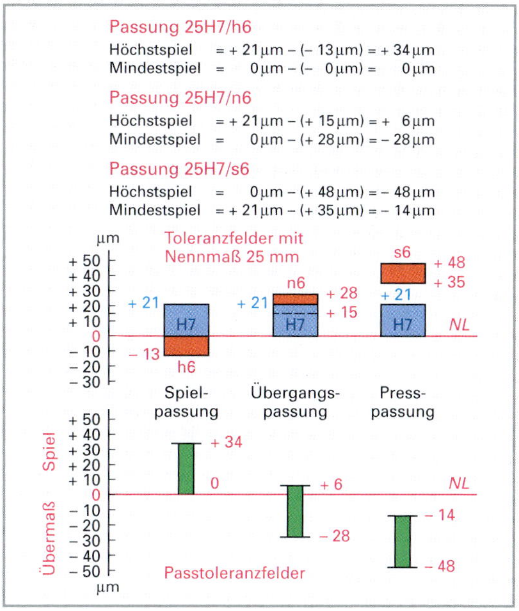

Bild 2: Toleranzfelder

6.4.5 Toleranzangaben

Toleranzangaben durch Grenzabmaße

Toleranzen können frei gewählt werden. Die Abmaße werden in der Konstruktonszeichnung hinter das Nennmaß gesetzt.
Meistens wird das obere Abmaß, ohne Rücksicht auf das Vorzeichen, höher, das untere Abmaß tiefer als das Nennmaß gesetzt, z.B. $80^{+0,6}_{-0,2}$.

Toleranzangabe durch ISO-Toleranzen

> ISO-Toleranzen werden durch Buchstaben und Zahlen gekennzeichnet.

Toleranzfeldlage. Die Lage des Toleranzfeldes zur Nulllinie wird mit einem Großbuchstaben für Bohrungen (A bis ZC) oder mit einem Kleinbuchstaben für Wellen (a bis zc) gekennzeichnet.

> Die Toleranzfelder liegen um so weiter von der Nulllinie weg, je weiter der jeweilige Buchstabe von H bzw. h entfernt ist.

Grundtoleranzgrade. Sie werden mit einer Zahl gekennzeichnet und zwar mit 01, 0, 1...18. Daraus ergeben sich 20 Grundtoleranzgrade. Mit zunehmender Zahl wird das Toleranzfeld größer, d.h. die Anforderung an die Fertigungsgenauigkeit nimmt ab **(Bild 2)**.

> Die Fertigungsgenauigkeit ist um so größer, je kleiner die Zahl für den Grundtoleranzgrad ist.

Die Toleranzangabe besteht aus dem Nennmaß und dem ISO-Kurzzeichen, das aus Buchstaben und Zahlen besteht, z.B. Bohrung 25 H7; Welle 25 n6; Passung 25 H7/n6 oder $25\frac{H7}{n6}$.

6.4.6 Passungssysteme

Es gibt das System der **Einheitsbohrung** und der **Einheitswelle**.

Einheitsbohrung. Das Mindestmaß der Bohrung ist gleich dem Nennmaß, d. h. das untere Abmaß der Bohrung ist Null. Die Wellen sind um die für die verlangte Passung erforderlichen Spiele oder Übermaße kleiner oder größer **(Bild 3)**.

Einheitswelle. Das Höchstmaß der Welle ist gleich dem Nennmaß, d. h. das obere Abmaß der Welle ist Null. Die Bohrungen sind um die für die verlangte Passung erforderlichen Spiele oder Übermaße kleiner oder größer **(Bild 3)**.

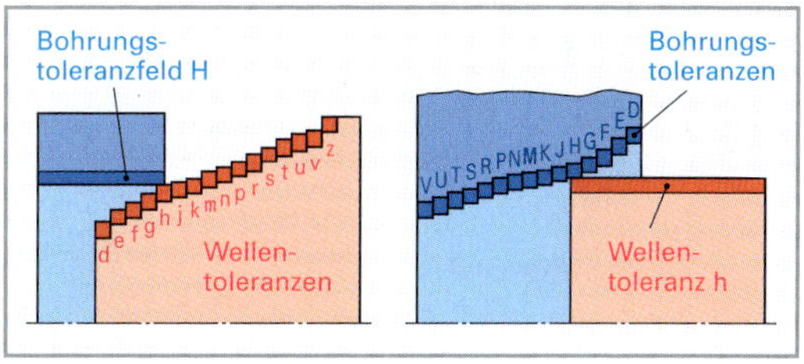

Bild 3: Passungssysteme

Wiederholungsfragen

1. **Was versteht man unter den Begriffen Nennmaß, Nulllinie und Istmaß?**
2. **Erklären Sie die Begriffe Grenzabmaß und Toleranz.**
3. **Wie setzt sich das ISO-Toleranzkurzzeichen zusammen?**
4. **Von welchen Größen ist die Toleranz abhängig?**
5. **Was versteht man unter Spiel und Übermaß?**

6.5 Anreißen

Beim Anreißen werden die Maße der Zeichnung auf das zu bearbeitende Werkstück übertragen.

- Anrisse müssen gut sichtbar sein.
- Maße müssen genau übertragen werden.
- Oberflächen dürfen nicht beschädigt werden.

Die **Reißnadel** aus Stahl oder Messing dient zum Ziehen der Risslinien **(Bild 1)**.

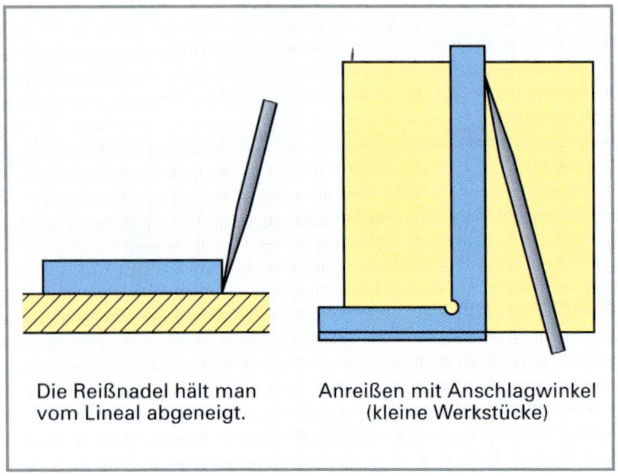

Bild 1: Anreißen mit der Reißnadel

Reißnadeln aus Messing verwendet man zum Anreißen auf verzunderten Blechen, bei sehr harten Werkstoffen und bei Oberflächen, die durch Anrisse nicht beschädigt werden dürfen. Leichtmetallbleche werden an Biegekanten mit dem Bleistift angerissen, um Kerbwirkung zu vermeiden, die beim anschließenden Biegen zum Bruch führen können.

Spitzzirkel (Bild 2) und **Stangenzirkel (Bild 2)** benützt man zum Übertragen von Maßen, zum Anreißen von Kreisen und zum Antragen von gleichen Teilstrecken.

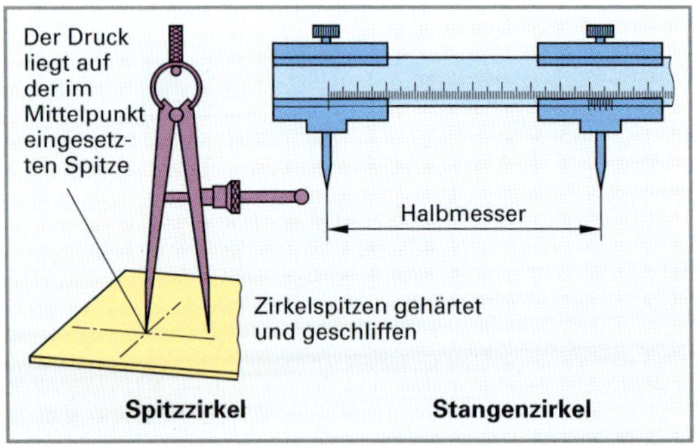

Bild 2: Spitzzirkel und Stangenzirkel

Höhenreißer. Mit ihm können Linien in beliebiger Höhe parallel zur Anreißplatte gezogen werden. Die Höheneinstellung erfolgt am Maßstab mit Feineinstellung **(Bild 3)**.

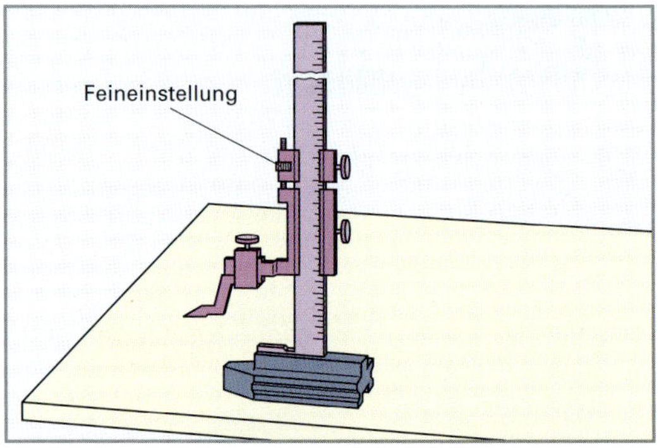

Bild 3: Höhenreißer mit Strichskale

Beim **Parallelreißer** ist zur Höheneinstellung ein zusätzliches Standmaß erforderlich.

Weitere für das Anreißen notwendige Werkzeuge sind **Stahlmaßstäbe, Anschlagwinkel, Gehrungswinkel, Flachwinkel** und **Lineale.** Den Mittelpunkt von runden Scheiben und Wellen bestimmt man mit Zentrierwinkeln oder Zentrierglocken.

Um auf blanken Stahlflächen Risslinien besser sichtbar zu machen kann man sie mit Anreißlack oder Kupfervitriol bestreichen. Dunkle Werkstoffe kann man mit Kreide weißen.

Der Körner **(Bild 4)** wird zum Ankörnen von Mittelpunkten und Risslinien verwendet. Nach der Bearbeitung sollen die Kontrollpunkte noch zur Hälfte sichtbar sein.

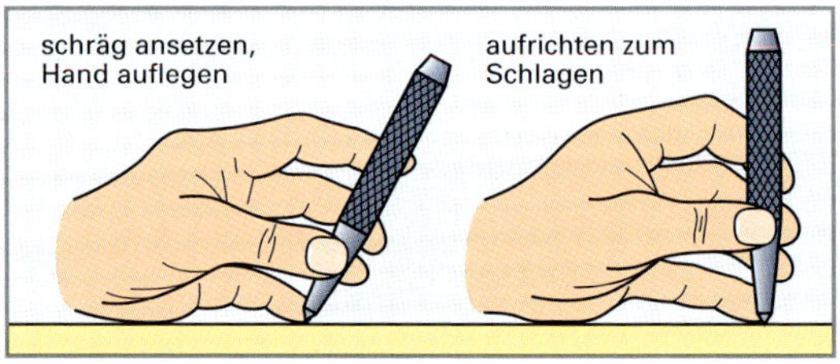

Bild 4: Anwendung des Körners

Arbeitsregeln

- Die Reißnadel ist im Parallelreißer so kurz wie möglich einzuspannen.
- Die Anreißplatte darf nicht zum Richten von Werkstücken verwendet werden.
- Der Körner ist schräg anzusetzen, damit der Mittelpunkt sichtbar wird; beim Ankörnen ist er senkrecht zu stellen.

WIEDERHOLUNGSFRAGEN

1. **Welche Aufgabe hat das Anreißen?**
2. **Welches sind die wichtigsten Werkzeuge zum Anreißen?**
3. **Welchen Vorteil haben Reißnadeln aus Messing?**
4. **Warum darf die Anreißplatte nicht zum Richten von Werkstücken verwendet werden?**

7 Fertigungstechnik

7.1 Einteilung der Fertigungsverfahren

Fertigungstechnische und wirtschaftliche Überlegungen bestimmen die Fertigungsverfahren, die Fertigungsabläufe und Arbeitsgänge bei der Fertigung und Bearbeitung von Werkstücken.

> In der Fertigung sind alle Arbeitsvorgänge zusammengefasst, die ein Werkstück vom Rohzustand in einen planmäßig bestimmten Fertigzustand überführen. Das Werkstück befindet sich vor jedem Arbeitsvorgang im Ausgangszustand, danach im Endzustand.

Mit unterschiedlichen Fertigungsverfahren kann ein für die Herstellung eines Werkstückes erforderlicher Werkstoffzusammenhalt erst geschaffen oder, wenn schon vorhanden, vermindert oder vermehrt werden. Die Form eines Werkstückes oder die Stoffeigenschaften von Werkstoffen können verändert werden.

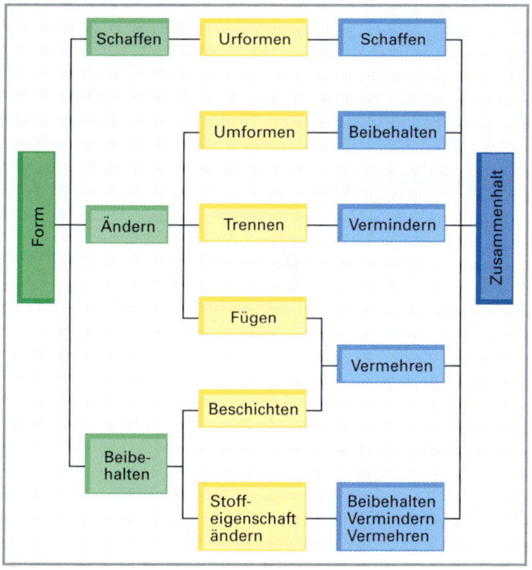

Bild 1: Hauptgruppen der Fertigungstechnik

7.1.1 Hauptgruppen von Fertigungsverfahren

Die Fertigungsverfahren werden in 6 Hauptgruppen eingeteilt **(Bild 1)**.
Bei den einzelnen Fertigungsverfahren können Zusammenhalt (Stoffeigenschaft) und Form des Werkstoffes geschaffen, geändert, beibehalten, vermehrt oder vermindert werden.

- **Zusammenhalt schaffen** bedeutet, dass formlose Stoffe, z.B. Pulver, Flüssigkeiten in geometrisch bestimmte feste Körper urgeformt werden, z.B. durch Pressen, Sintern, Gießen.
- **Zusammenhalt beibehalten** heißt, dass ein bereits geformtes Teil oder Werkstück bei der Fertigung umgeformt wird, z.B. durch Biegen.
- **Zusammenhalt vermindern** heißt, dass Werkstoff oder Werkstückteile in der geometrischen Form getrennt werden, z.B. durch Sägen.
- **Zusammenhalt vermehren** heißt, dass Werkstücke oder Werkstoffe hinzugefügt werden, z.B. durch Schrauben, Auftragsschweißen.

7.1.2 Gliederung der Hauptgruppen

Urformen

Beim Urformen wird aus formlosem Stoff ein fester Körper mit einer bestimmten Form gefertigt **(Bild 2)**.

Die Formgebung kann abgeschlossen sein oder eine Vorstufe für weitere Fertigungsverfahren ergeben.

Der Zusammenhalt wird geschaffen aus dem:

- Flüssigen Zustand, z.B. durch Gießen
- Teigigen oder plastischen Zustand, z.B. durch Extrudieren (Verdrängen), Spritzgießen
- Pulverförmigen oder körnigen Zustand, z.B. durch Pressen und Erwärmen beim Sintern
- Ionisierten Zustand durch elektrolytisches Abscheiden, z.B. durch Galvanoplastik

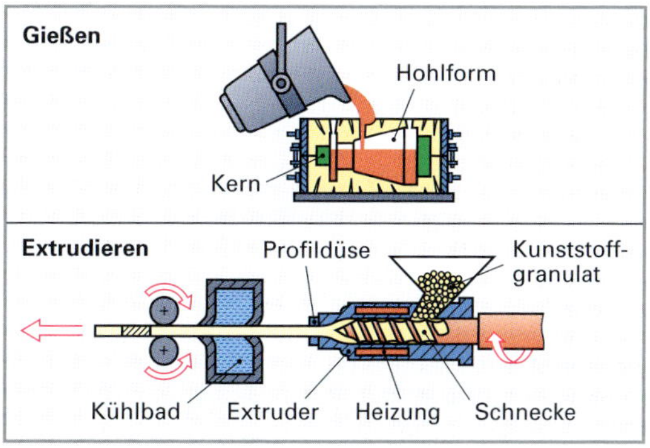

Bild 2: Urformen

Umformen

Beim Umformen werden Masse und Zusammenhalt eines Stoffes beibehalten. Die Form eines festen Körpers (Rohling) wird durch plastisches Umformen verändert **(Bild 1)** wie

- Druckumformen, z.B. Walzen, Gesenkformen
- Zugdruckumformen, z.B. Tiefziehen, Drücken
- Zugumformen, z.B. Weiten, Längen, Tiefen
- Biegeumformen, z.B. Abkanten, Gesenkbiegen
- Schubumformen, z.B. Verdrehen, Verschieben.

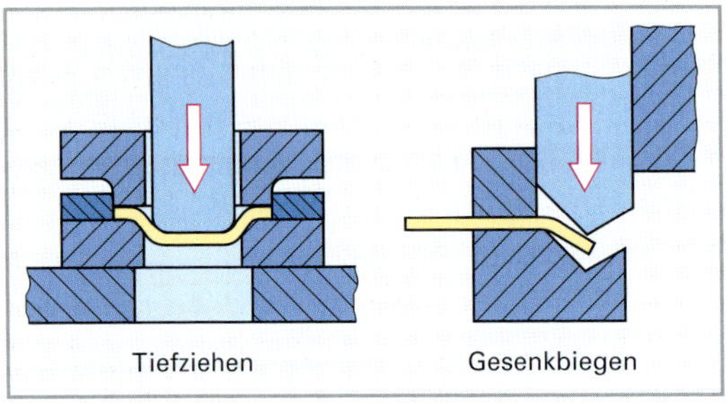

Bild1: Umformen

Trennen

Beim Trennen wird die Form eines festen Körpers geändert **(Bild 2)**. Dabei wird der Zusammenhalt eines Stoffes örtlich aufgehoben durch:

- Zerteilen, z.B. Scherschneiden, Reißen, Brechen
- Spanen, z.B. Drehen, Schleifen, Bohren
- Abtragen, z.B. Brennschneiden, Erodieren
- Zerlegen, z.B. Abschrauben, Auspressen
- Reinigen, z.B. Bürsten, Waschen, Entfetten

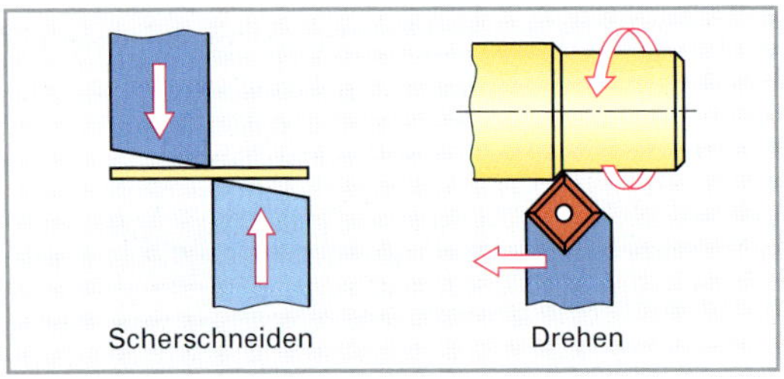

Bild 2: Trennen

Fügen

Beim Fügen werden die Werkstücke verbunden **(Bild 3)** durch:

- Zusammensetzen, z.B. Auflegen, Einhängen
- An- und Einpressen, z.B. Schrauben, Klemmen
- Umformen, z.B. Nieten, Durchsetzfügen
- Schweißen, z.B. Schutzgasschweißen
- Löten, z.B. Weichlöten, Hartlöten
- Kleben, z.B. Kaltkleben, Zweikomponentenkleben

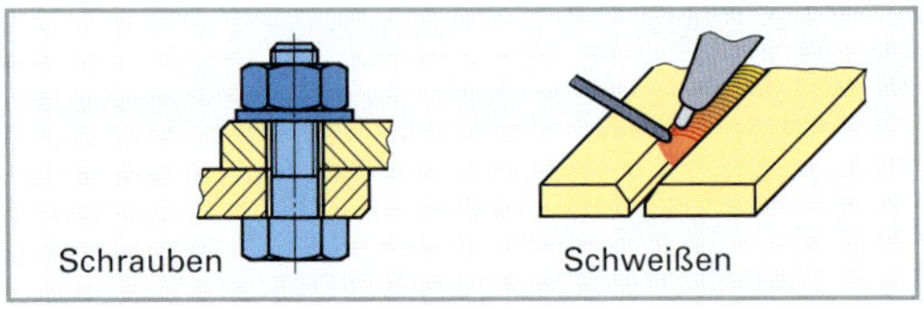

Bild 3: Fügen

Beschichten

Beim Beschichten wird ein formloser Stoff als festhaftende Schicht auf ein Werkstück aufgebracht **(Bild 4)**. Beschichten ...

- ... aus dem flüssigen oder pastenförmigen Zustand, z.B. Spritzlackieren, Auftragsschweißen.
- ... aus dem festen oder pulvrigen Zustand, z.B. thermisches Spritzen.
- ... durch elektrolytisches oder chemisches Abscheiden, z.B. Galvanisieren.
- ... aus dem festen oder körnigen Zustand, z.B. Wirbelsintern.

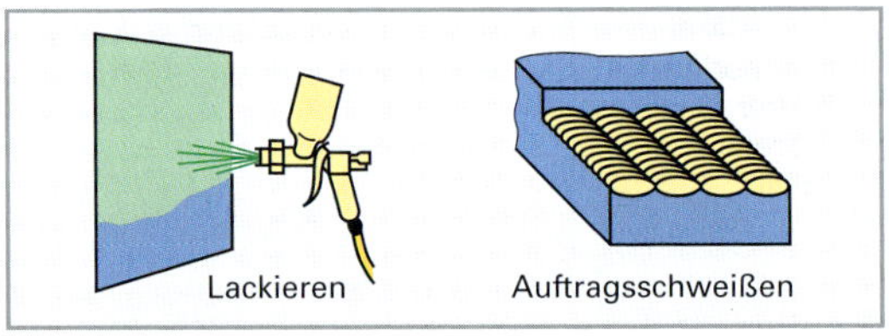

Bild 4: Beschichten

Stoffeigenschaft ändern

Beim Auslagern, Aussondern oder Einbringen von Stoffteilchen werden die Stoffeigenschaften von festen Körpern geändert **(Bild 5)** durch:

- Umlagern von Stoffteilchen, z.B. Härten, Anlassen
- Aussondern von Stoffteilchen, z.B. Entkohlen
- Einbringen von Stoffteilchen, z.B. Aufkohlen, Nitrieren

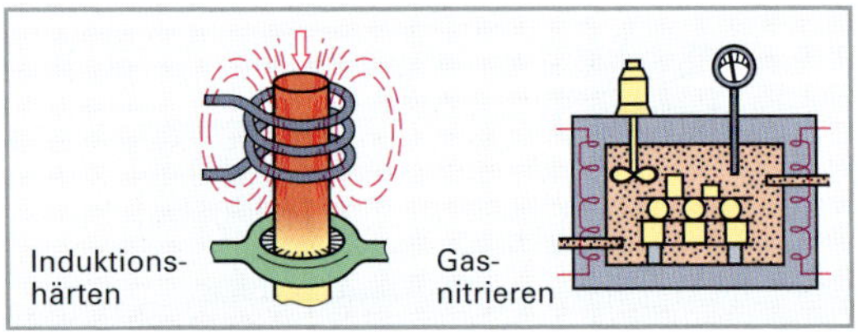

Bild 5: Stoffeigenschaft ändern

WIEDERHOLUNGSFRAGEN

1. **Welche Hauptgruppen der Fertigungsverfahren gibt es?**
2. **Welche Fertigungsverfahren verändern die Form eines Werkstückes?**
3. **Welche Fertigungsverfahren schaffen einen Stoffzusammenhalt?**
4. **Nennen Sie Verfahren zur Änderung der Stoffeigenschaften.**

7.2 Urformen

Urformen ist das Fertigen von festen Körpern aus formlosem Stoff. Zusammenhalt wird geschaf-

Der Stoffzusammenhalt kann aus flüssigem Stoff, z.B. beim Gießen, oder aus festem Stoff, z.B. beim Sintern geschaffen werden.

7.2.1 Gießen

Beim Gießen wird ein geschmolzenes Metall in eine Form gegossen. Die Schmelze füllt die Hohlräume der Form aus. Nach dem Erstarren ist die Urform des Werkstücks geschaffen.

Tabelle 1: Übersicht der Form- und Gießverfahren

Gießen in verlorene Formen mit Schwerkraft	Gießen in Dauerformen mit Schwerkraft	Gießen in Dauerformen mit Druck	Gießen in Dauerformen mit Zentrifugalkraft
Dauermodelle, z.B. Holz, Stahl Verlorene Modelle z.B. Wachs	Kokillenguss, Strangguss	Druckgießen	Schleudergießen

Gießen mit Dauermodell in verlorener Sandform.

Zur Herstellung verlorener Formen werden Modelle **(Bild1)** verwendet. Das Modell dient zum Einformen der Außenkontur des Werkstücks. Unter verlorener Form versteht man eine Gießform, die nach dem Gießen unbrauchbar geworden ist. Da sich Gießmetalle beim Abkühlen zusammenziehen (schwinden) muss das Modell etwa 0,5 % bis 2 % größer hergestellt werden als das Gussstück. Anwendung: z.B. Zylinderkurbelgehäuse aus Gusseisen EN-GJL-200, Kurbelwelle aus Gusseisen mit Kugelgraphit EN-GJS- 700-2.

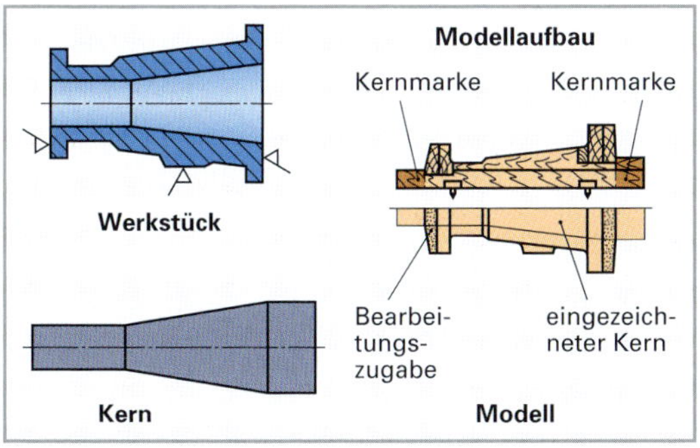

Bild 1: Modell und Kern

Um einen Hohlraum zu erhalten muss in die Form ein Kern eingelegt werden. Zum Einformen **(Bild 2)** des zweiteiligen Modells werden untere Modellhälfte und Unterkasten mit Formsand aufgefüllt. Dieser wird durch Stampfen verdichtet. Nach Umdrehen des Unterkastens wird der Oberkasten aufgesetzt. Anschließend werden Modelle für Einguss und Speiser gelegt, Formsand eingefüllt und festgestampft. Nach Abheben des Oberkastens werden beide Modellhälften und Modellteile entnommen. Danach werden Anschnitte und Lauf in den Formsand eingeschnitten und der Kern eingelegt. Beim Zusammensetzen von Ober- und Unterkasten entsteht ein Hohlraum, der der Form des Werkstückes entspricht.

Das Füllen der Form erfolgt durch den Einguss. Speiser lassen beim Befüllen die Luft entweichen. Durch die großen Speiserquerschnitte kann beim Abkühlen flüssiges Metall in das erstarrende Werkstück nachfließen, dadurch werden Lunker (Hohlräume) vermieden. Nach dem Abkühlen wird die Form zerstört und das Gussstück entnommen.

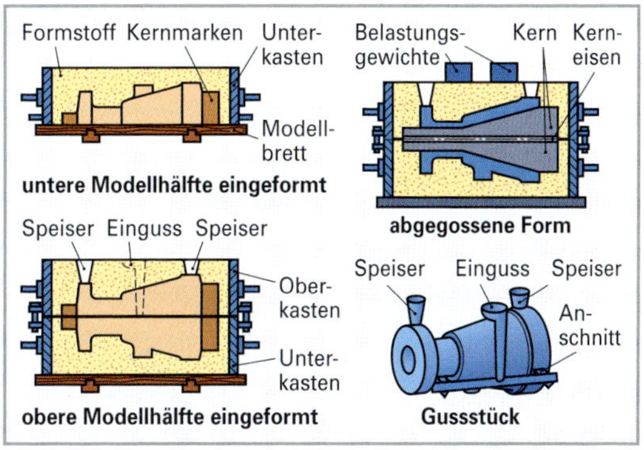

Bild 2: Einformen

Druckgießen

Beim Druckgießen wird Metall in flüssigem oder teigigem Zustand unter hohem Druck schnell in eine Dauerform (Stahlform) gedrückt.

Nichteisen-Schwermetalllegierungen, (z.B. Drosselklappengehäuse aus Zink-Gusslegierungen) und Leichtmetalllegierungen, (z.B. geschmiedete Kolben und Felgen, sowie Gehäuse aus Aluminium- oder Magnesium-Guss-Legierungen) werden oft durch Druckgießen hergestellt **(Bild 3)**.

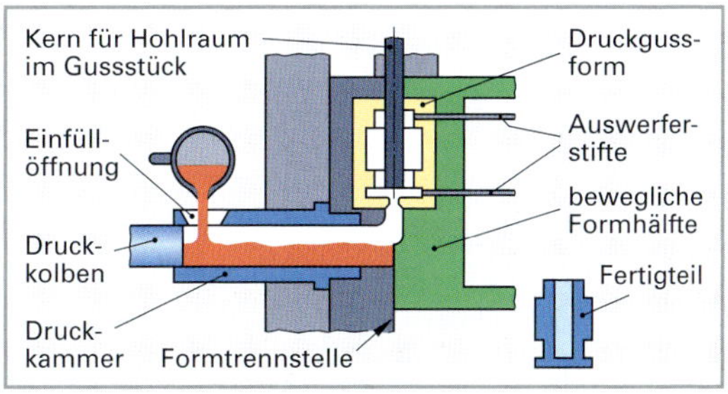

Bild 3: Druckgießen

7

Vorteile des Druckgießens:

- Abgüsse mit größter Maßgenauigkeit.
- Herstellung von Fertigteilen möglich, da Bohrungen und Gewinde eingegossen werden können. Es müssen nur Grate und Einguss entfernt werden.

Feingießen (Modellausschmelzverfahren)

Feingießen ist ein Gießverfahren mit verlorenen (ausgeschmolzenen) Modellen in einer verlorenen einteiligen Form.

Nach einem Muster werden Modelle aus Wachs oder Kunststoff gefertigt und zu einer Modelltraube zusammengesetzt. Die Modelltraube wird mehrmalig in einen Keramikbrei getaucht, mit Keramikpulver bestreut und danach getrocknet. Zur Erhöhung der Festigkeit wird die Gießform gebrannt. Die Modelle schmelzen dabei aus und bilden Hohlräume **(Bild1)** zum Ausgießen. Verwendung z.B. Kolbenringe, Turbinenräder.

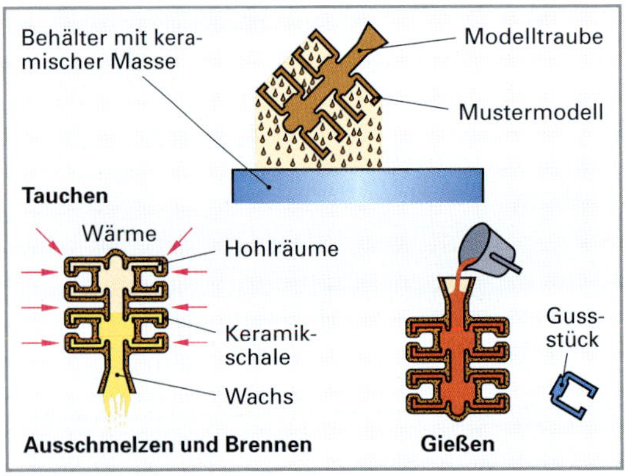

Bild 1: Feingießen

Vorteile des Feingießens:

- Fast alle Werkstoffe vergießbar, auch schwer zerspanbare Metalle.
- Für kleinste Teile und geringe Wandstärken.
- Sehr hohe Maßgenauigkeit.
- Hohe Oberflächengüte, gratfrei.
- Gießen von Fertigteilen möglich, Nacharbeit nur an Passflächen.
- Herstellung komplizierter Teile möglich.

Schleudergießen

Die Schmelze wird in eine schnell umlaufende Dauerform (Kokille) gegossen und durch Zentrifugalkraft an die Innenwände der Form geschleudert, wo sie erstarrt.

Horizontal-Schleudergießen. Es dient, z.B. für die Herstellung von Laufbuchsen und Kolbenringen.

Vertikal-Schleudergießen (Bild 2). Es dient zur Herstellung von flachen Bauteilen wie z.B. Zahnrädern und Riemenscheiben.

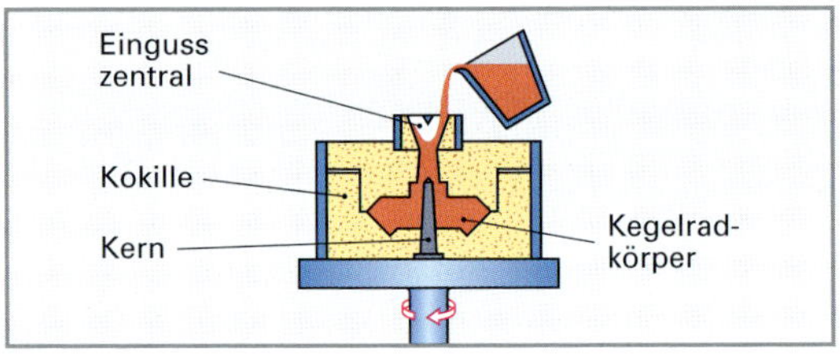

Bild 2: Schleudergießen

Vorteile des Schleudergießens:

- Die Fliehkraft bewirkt ein verdichtetes Gefüge mit erhöhter Festigkeit im Vergleich zum Gießen mit Schwerkraft.
- Gefüge ist frei von Gasblasen, Lunkern und Verunreinigungen, die eine geringere Dichte als die Schmelze haben.

Kokillenguss

Die Schmelze wird mittels Schwerkraft in Metalldauerformen (Kokillen) gegossen.

Gegenüber dem Sandguss ergibt sich durch die Kokille eine erhöhte Oberflächengüte. Die Wärmeabfuhr kann gezielt beeinflusst werden. So kann z.B. beim Gießen einer Nockenwelle durch eingelegte Kokillen an den späteren Lagerstellen die Wärmeabfuhr hier so schnell erfolgen, dass die Oberfläche gehärtet wird. **Verwendung** z.B. Felgen, Zahnräder.

7.2.2 Sintern

Die Herstellung von Sinterteilen ist ein Urformen von Werkstücken aus dem festen Zustand durch Pressen von Pulvern und nachfolgendem Sintern.

Ausgangsstoffe sind pulverisierte Metalle, Metallcarbide (mit Kohlenstoff), Metalloxide oder Kunstharze.

Die Eigenschaften der Sinterteile werden durch die Mischung der einzelnen pulverförmigen oder körnigen Bestandteile bestimmt.

Beim **Pulvermischen (Bild 1, Seite 109)** werden die einzelnen Ausgangsstoffe in der gewünschten Zusammensetzung gemischt.

Durch **Pressen** werden die gemischten Ausgangsstoffe unter hohem Druck (bis zu 6000 bar) zusammengepresst. Die Berührflächen der Pulverteilchen vergrößern sich und die Porenräume verkleinern sich dabei. An den Berührflächen tritt Kaltverfestigung ein. Durch Adhäsion (Anhangskraft) der Pulverteilchen erhält der Pressling seinen Zusammenhalt.

Sintern ist ein Glühen von gepressten Metallpulverteilchen, bei dem durch Diffusion und Rekristallisation ein zusammenhängendes Kristallgefüge entsteht **(Bild 1)**.

Beim Sintern erhält der Pressling seine endgültige Festigkeit durch Glühen der Metallpulverteilchen unter Schutzgaseinfluss oder im Vakuum. Dabei tritt eine Diffusion ein, d.h. die Atome wandern in benachbarte Pulverteilchen. An den kaltverfestigten Berührungsstellen kommt es zu einer Rekristallisation (Kristallneubildung). Die Sintertemperatur liegt etwas unterhalb der Schmelztemperatur des Hauptbestandteils der Pulvermischung. Das Sintern kann auch schon während des Pressens erfolgen (Heißpressen). Werkstücke, die besonders hohe Dichte und Festigkeit haben sollen, werden nach dem Sintern nochmals nachgepresst und nachgesintert (Doppelpressen, Nachsintern).

Kalibrieren (Bild 1) (Nachbehandlung). Bei höheren Ansprüchen an Maßgenauigkeit und Oberflächengüte werden die Sinterteile nach dem Sintern bei einem Druck von etwa 1000 bar nachgepresst (kalibriert).

Arten der Sinterwerkstoffe

Poröse Sinterwerkstoffe werden für Filter und selbstschmierende Gleitlager (Sint A) verwendet. Ausgangsstoffe sind Reinsteisen oder Eisen-Kupfer-Zinn-Legierungen. Sintergleitlager werden mit Öl getränkt oder erhalten eine Schmierstoffreserve durch Fett **(Bild 3)**. Sie sind wartungsfrei und haben gute Lauf- und Notlaufeigenschaften.

Verwendung z.B. Lagerbuchsen von Startern und Wasserpumpen.

Hochporöse Sinterwerkstoffe (Sint AF) werden wegen ihrer niedrigen Raumerfüllung und ihres großen Porenvolumens bis 27 % als Filter verwendet.
Verwendung z.B. Kraftstofffilter, Gasfilter.

Sinterreibstoffe enthalten u. a. CuSn-, Pb- und Grafitbestandteile und mineralische Zusätze. Sie sind verschleißfest und haben eine gute Wärmeleitfähigkeit und Temperaturbeständigkeit.

Verwendung z.B. für Beläge für Kupplungen und Bremsen (J 730).

Sinterwerkstoffe für Formteile haben als Ausgangsstoffe Eisen-, Gusseisen- oder Stahlpulver (Sintereisen, Sinterstahl), zu denen noch Legierungsmetallpulver zugegeben werden können. Eine Wärmebehandlung wird vielfach bei Sintereisen und Sinterstahl durchgeführt. Kohlenstoffhaltige Sinterstähle können gehärtet und eventuell angelassen werden. **Verwendung** z.B. für Zahnriemenräder **(Bild 2)**, Stoßdämpferkolben.

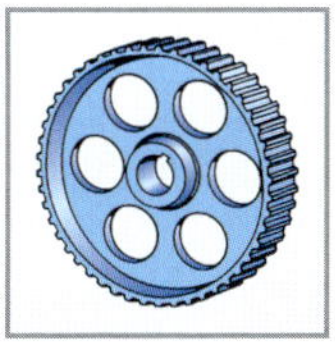

Bild 2: Zahnriemenrad

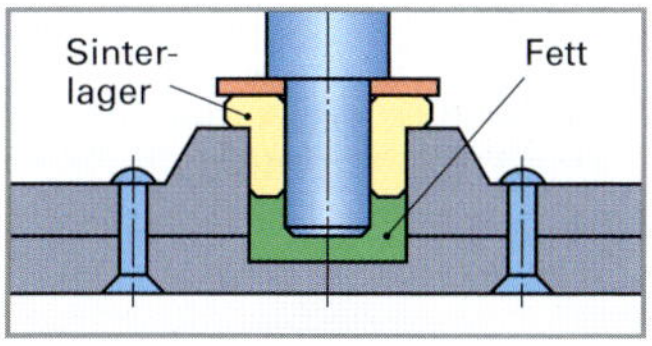

Bild 3: Wartungsfreies Sinterlager

Gesinterte Hartmetalle sind Verbundwerkstoffe. Als Ausgangsstoffe dienen in der Hauptsache Wolfram-, Titan- und Tantalcarbid; als Bindemittel wird wegen seines niedrigen Schmelzpunktes Kobalt zugegeben. Hartmetalle sind meist spröde, stoßempfindlich und bis 900°C schneidhaltig (Schneide bleibt hart).

Verwendung z.B. für Schneidstoffe, Verschleißteile.

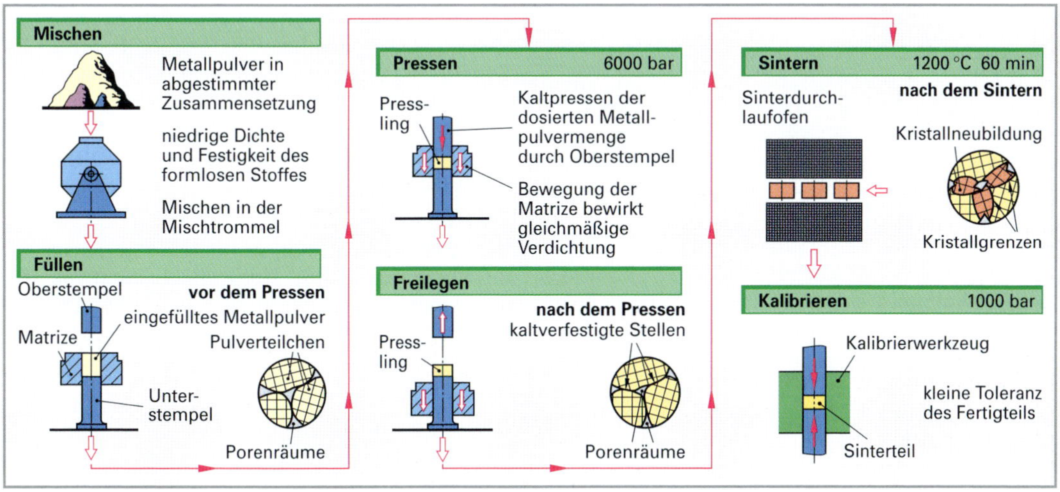

Bild 1: Vorgänge beim Einfachpressen, Sintern und Kalibrieren

Oxidkeramische Verbundwerkstoffe. Sie bestehen hauptsächlich aus Edelkorund (Al_2O_3), Metalloxiden (MgO, ZrO_2, Carbiden (TiC) und keramischen Bindemitteln.

Anwendung z.B. Wendeschneidplättchen **(Bild 1).** Sie ermöglichen wegen ihrer großen Härte und Verschleißfestigkeit die Bearbeitung sehr harter Werkstoffe.

Bild 1: Wendeschneidplatten aus Oxidkeramik

Dauermagnetwerkstoffe werden durch Sintern aus Eisen, Aluminium, Nickel und Kobalt (ALNICO) hergestellt, z.B. für Starter.

Sinterschmiedeteile (Bild 2). Aus legierten Stahlpulvern werden gesinterte Vorformteile im Schmiedewerkzeug in ihre Endform gebracht.

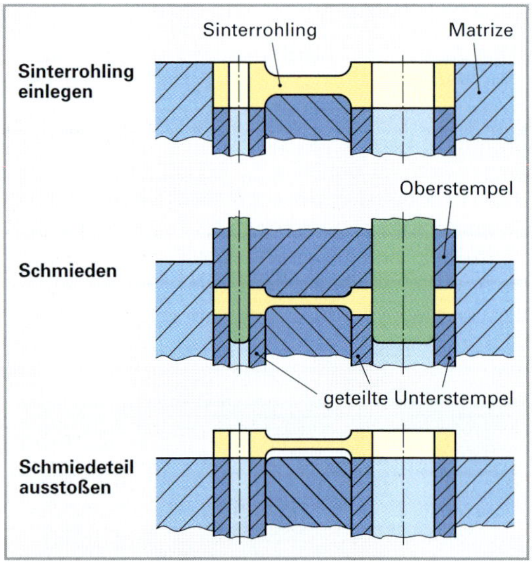

Bild 2: Sinterschmieden einer Pleuelstange

Vorteile von gesinterten Werkstücken:

- Herstellung einbaufertiger Teile mit engen Toleranzen.
- Verbinden von Stoffen, die nicht oder nur schwer legierbar sind.
- Eigenschaften beeinflussbar durch entsprechende Pulvermischung.
- Kostengünstige Herstellung von Massenteilen, da kein Verschleiß an Werkzeugen.

WIEDERHOLUNGSFRAGEN

1. **Was versteht man unter Gießen?**
2. **Welche Vorteile bietet das Schleudergießen?**
3. **Welche Gießverfahren unterscheidet man?**
4. **Wie wird ein Sinterteil hergestellt?**
5. **Welche Vorteile bietet das Druckgießen?**
6. **Welche Vorteile haben gesinterte Gleitlager?**

7.3 Umformen

Umformen ist ein Fertigungsverfahren, bei dem ein plastisch verformbarer fester Körper durch Einwirkung äußerer Kräfte eine neue Form erhält.

Voraussetzung für jedes Umformen ist die plastische Verformbarkeit des Werkstoffes. Durch Einwirkung von äußeren Kräften wird das Werkstück elastisch, bei höheren Kräften plastisch verformt. Die Masse und der Zusammenhalt des Werkstoffes bleiben dabei erhalten, die Form wird jedoch geändert d. h. umgeformt.

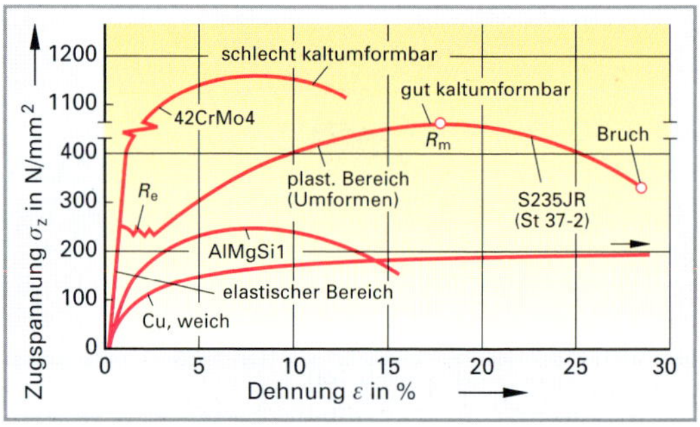

Bild 3: Umformbereiche im Spannungs-Dehnungs-Diagramm

Das Umformen erfolgt in einem Bereich über der Streckgrenze R_e und unterhalb der Zugfestigkeit R_m **(Bild 3).** Dabei tritt eine Gefügeveränderung ein, es wird verformt. Beim Erwärmen des umgeformten Werkstücks bildet sich bei der für jeden Werkstoff charakteristischen Rekristallisationstemperatur ein neues unverformtes Gefüge. Dadurch werden die Spannungen im Werkstück vermindert.

Warmumformen erfolgt oberhalb der Rekristallisationstemperatur. Durch Gefügeneubildung werden Spannungen im Werkstück vermindert. Mit steigender Temperatur nimmt die Festigkeit ab, Dehnung und Verformbarkeit nehmen zu, die Umformkräfte werden kleiner.

Kaltumformen erfolgt unterhalb der Rekristallisationstemperatur, es erfolgt also keine Gefügeneubildung. Durch die teilweise großen Gefügeveränderungen ergibt sich eine Erhöhung der Festigkeit und eine Verminderung der Dehnung (Kaltverfestigung). Die Gefahr einer Rissbildung nimmt zu.

Vorteile des Umformstücks

- Der Faserverlauf **(Bild 1)** bleibt erhalten dadurch wird die Kerbwirkung verringert.
- Die Festigkeit kann sich beim Kaltumformen wesentlich erhöhen.
- Verlustarme Werkstoffverarbeitung, da die Rohteile häufig den Fertigteilen angenähert sind, wenig Abfall.
- Kürzere Fertigungszeiten gegenüber der spanenden Formgebung.
- Möglichkeit zur Herstellung einbaufertiger Teile mit hoher Oberflächengüte und kleinen Maßtoleranzen.

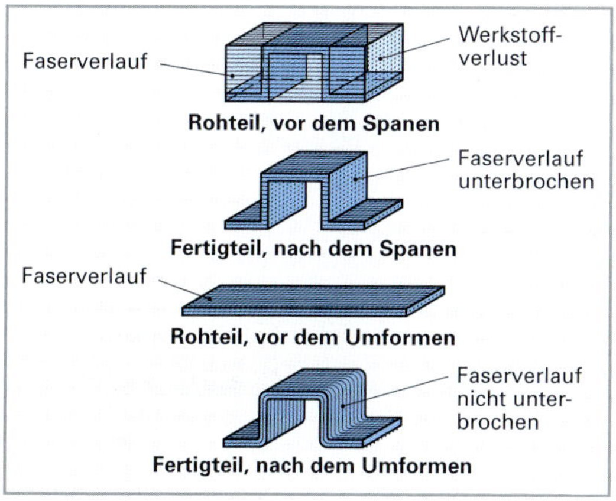

Bild 1: Faserverlauf

Einteilung der Umformverfahren

Die Einteilung kann erfolgen nach der

- Temperatur (Kalt-, Warmumformen)
- Werkstückform (Massiv-, Blechumformen)
- Beanspruchungsart **(Bild 2)** beim Umformen

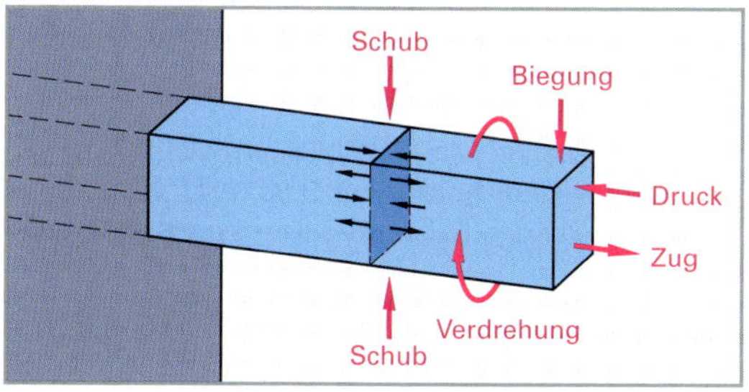

Bild 2: Beanspruchungen im Werkstückquerschnitt

Nach der Beanspruchung des Werkstückquerschnittes unterscheidet man:

- **Biegeumformen,** z.B. Abkanten, Bördeln, Sicken, Profilieren
- **Zugdruckumformen,** z.B. Tiefziehen
- **Zugumformen,** z.B. Streckrichten **(Bild 3)**
- **Schubumformen,** z.B. Verdrehen **(Bild 4)**
- **Druckumformen,** z.B. Schmieden, Walzen

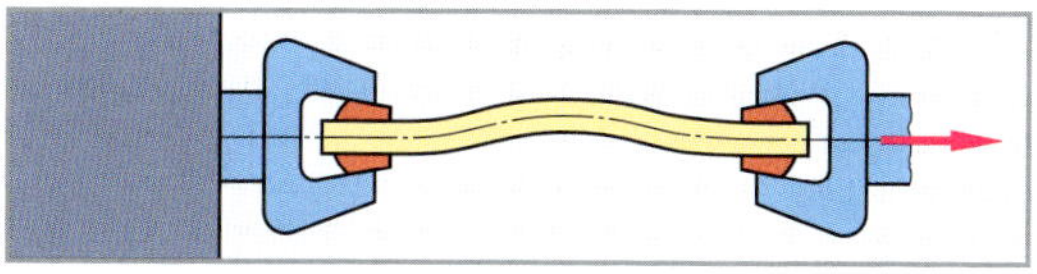

Bild 3: Zugumformen, Streckrichten

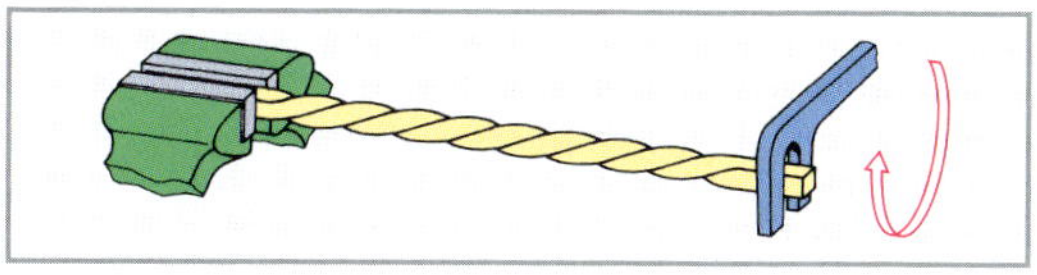

Bild 4: Schubumformen, Verdrehen

7.3.1 Biegeumformen

Biegeumformen (Biegen) ist das Umformen eines festen Körpers, wobei der plastische Zustand im Wesentlichen durch eine Biegebeanspruchung hervorgerufen wird.

Voraussetzungen für das Biegen:

- Werkstoff muss ausreichend dehnbar sein.
- Elastizitätsgrenze des Werkstoffes muss überschritten werden.
- Bruchgrenze des Werkstoffes darf nicht erreicht werden.

Beim Biegen tritt an der Biegestelle eine Veränderung des Werkstückquerschnittes ein. Bestimmte Biegeradien dürfen deshalb nicht unterschritten werden. Der Zusammenhalt des Werkstoffes bleibt erhalten, nur ein Teil des Werkstückes, die Biegezone, wird verformt.

Biegevorgang

Beim Biegen eines Werkstücks werden die äußeren Fasern gestreckt (Zugbeanspruchung), die inneren gestaucht (Druckbeanspruchung). Zwischen beiden befindet sich eine spannungslose, neutrale Faser, deren Länge unverändert bleibt **(Bild 5)**.

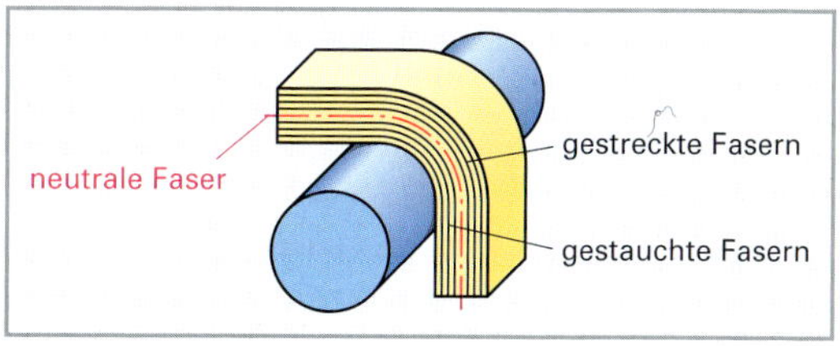

Bild 5: Faserverlauf beim Biegen

In Nähe der neutralen Faser ist die Verformung elastisch. Dadurch federt das Werkstück geringfügig zurück. Diese Rückfederung ist beim Biegen zu berücksichtigen. Beim Biegen von Blech ist wegen Rissgefahr auf die Walzrichtung zu achten **(Bild 1)**.

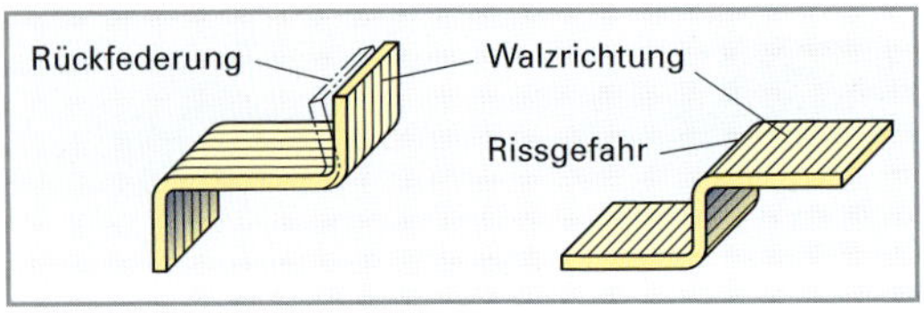

Bild 1: Walzrichtung beim Biegen

Die Biegekraft ist abhängig von:
- Dehnbarkeit und Temperatur des Werkstoffes
- Biegeradius
- Größe und Form des Biegequerschnittes
- Lage der Biegeachse

Biegeverfahren
- **Gesenkbiegen.** Das Werkstück wird mit einem Stempel in das Biegegesenk gedrückt.
- **Schwenkbiegen (Bild 2)** mit Biegemaschine.

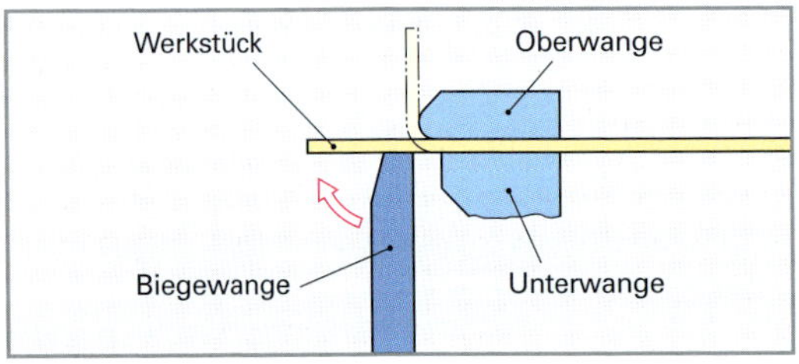

Bild 2: Schwenkbiegen

- **Abkanten (Bild 3)** ergibt kleinen Biegeradius.
- **Rundbiegen** mittels Biegewalzen ergibt einen großen Biegeradius.
- **Bördeln** dient zum Umbiegen eines Randes an Blechen.
- **Sicken** bewirken eine Blechversteifung.
- **Profilieren.** Blechstreifen erhalten beim Walzen ihre Profile.

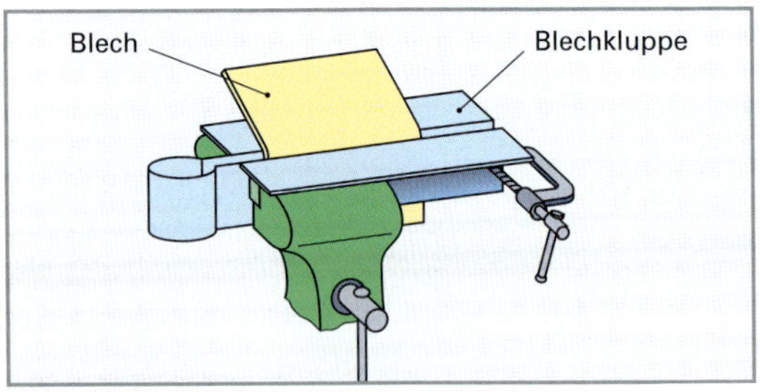

Bild 3: Abkanten

Biegen von Rohren
Beim Biegen von Rohren und anderen Hohlprofilen liegen in den meist dünnwandigen Profilen die gestreckte Zone (Zugbeanspruchung) und die gestauchte Zone (Druckbeanspruchung) sehr nahe beieinander. Durch die Verringerung des Werkstückquerschnitts kann es leicht zum Einknicken kommen. Rohre lassen sich kalt biegen, wenn sie mit trockenem Sand oder einer Schraubenfeder ausgefüllt werden. Die Enden werden verschlossen. Der Biegeradius soll nicht kleiner als der dreifache Rohrdurchmesser sein. Bei längsgeschweißten Rohren muss die Naht immer in die neutrale Zone gelegt werden, da sie sonst aufplatzt. Durch die seitliche Abstützung der Rohre in der Biegevorrichtung **(Bild 4)** entfällt das zeitraubende Ausfüllen der Rohre für den Biegevorgang.

Bild 4: Rohrbiegevorrichtung

7.3.2 Zugdruckumformen

Beim Zugdruckumformen werden Werkstücke gleichzeitig durch Zug- und Druckkräfte umgeformt.

Man unterscheidet:
- Tiefziehen, z.B. von Karosserieblechen
- Drücken, z.B. Drücken über eine rotierende Form
- Durchziehen, z.B. Rohre, Profile, Drahtziehen

Tiefziehen

Tiefziehen ist das Zugdruckumformen eines Blechzuschnittes in einem oder mehreren Arbeitsgängen. Die Blechdicke bleibt dabei annähernd gleich.

Für das Tiefziehen werden fließfähige Werkstoffe wie z.B. Stahltiefziehblech (z.B. DC 03) und Aluminiumbleche verwendet. Es werden Karosserieteile hergestellt.

Tiefziehvorgang
Der ebene Blechzuschnitt **(Ronde, Bild 1, Seite 113)** wird auf die Ziehmatrize gelegt und durch den Niederhalter festgeklemmt. Der Ziehstempel wird nun nach unten gedrückt und zieht die Ronde über die Ziehkante in die Öffnung der Ziehmatrize. Der Werkstoff wird durch die Umformkraft auf Zug und Druck beansprucht. Durch den Niederhalter wird das Blech auf die Ziehmatrize gedrückt und so die Entstehung

von Falten verhindert. Die Breite des Ziehspaltes ist etwas größer als die Blechdicke. Schmierstoffe verringern die Reibung zwischen Blech und Ziehwerkzeug. Nach Beendigung des Tiefziehvorganges gibt der nach oben gehende Ziehstempel das Werkstück frei.

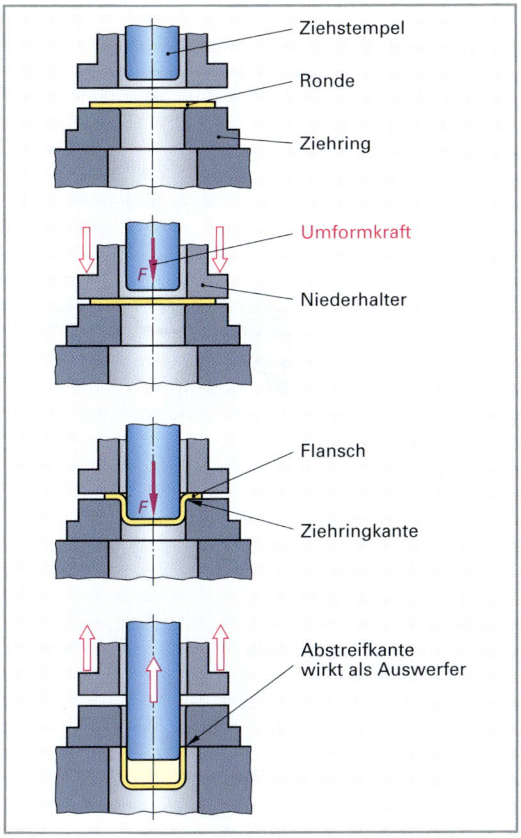

Bild 1: Tiefziehvorgang

7.3.3 Druckumformen

Druckumformen ist das Umformen eines Werkstückes durch Druckkräfte.

Man unterscheidet:

- **Walzen (Bild 2).** Zwischen sich drehenden Walzen werden Profile, Bleche, Rohre und Drähte hergestellt.
- **Durchdrücken.** Beim Strangpressen **(Bild 3)** werden erwärmte Werkstoffe durch eine Matrize gedrückt und zu Profilen geformt. Beim **Fließpressen (Bild 4)** werden Werkstoffe mittels Stempel und Matrize zu Voll- oder Hohlkörpern gepresst.
- **Freiformen** (Schmieden).
- **Gesenkformen** (Gesenkschmieden).

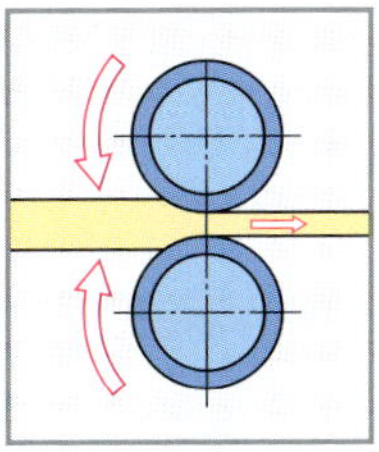

Bild 2: Walzen

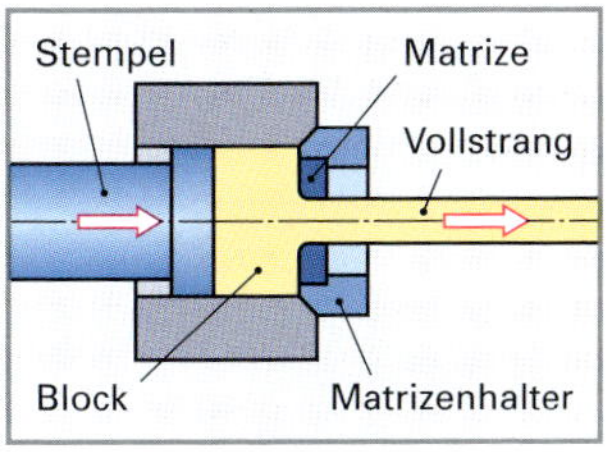

Bild 3: Strangpressen

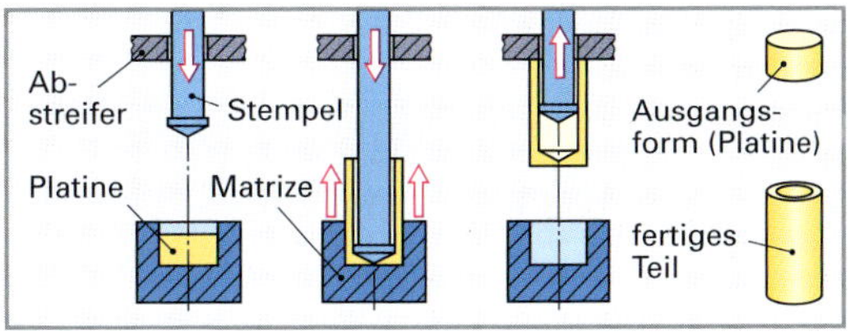

Bild 4: Fließpressen

Schmieden (Freiformen und Gesenkformen)

Schmieden ist Druckumformen von warmen Metallen im plastischen Zustand.

Beim Schmieden formt man Werkstücke meist in glühendem Zustand durch Schlag oder Druck spanlos um. Durch Stauchen und Strecken des Werkstoffs verändert sich das Gefüge wobei der Faserverlauf nicht unterbrochen wird **(Bild 5)**. Durch das dichte Gefüge und den günstigen Faserverlauf erhöht sich die Festigkeit und Belastbarkeit der Schmiedeteile.

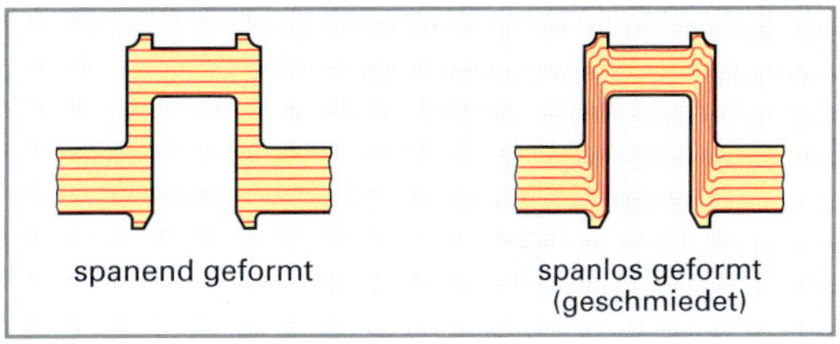

Bild 5 : Faserverlauf

Freiformen

Beim Freiformen kann der Werkstoff zwischen Amboss und Hammer bzw. Presse frei verdrängt werden.

Man unterscheidet:

- **Stauchen (Bild 6),** Höhe wird geringer, Querschnitt größer
- **Absetzen (Bild 7),** Schmieden eines scharfkantigen Absatzes

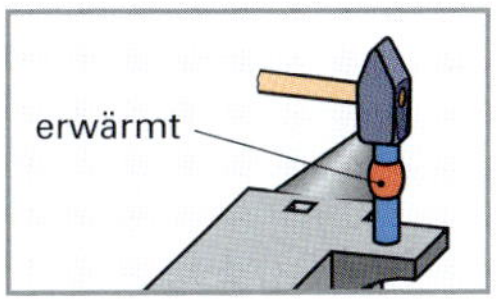

Bild 6: Stauchen

Bild 7: Absetzen

- **Recken** (Strecken, **Bild 1)** Verlängerung durch Querschnittsreduzierung

Bild 1: Recken (Strecken)

Gesenkformen

Beim Gesenkformen wird der warme Rohling in eine Hohlform (Gesenk) geschlagen oder gepresst.

Beim Gesenkformen ist der Werkstoff ganz oder zu einem wesentlichen Teil vom Gesenk umschlossen, während er sich beim Freiformen frei in alle Richtungen verdängen lässt.

Gesenkschmieden. Gesenke **(Bild 2)** bestehen meist aus zwei Hälften, dem Ober- und dem Untergesenk. Die Hohlräume entsprechen der Form des fertigen Gesenkschmiedeteils. Das Werkstück wird durch meist mehrmaliges Schlagen aus dem schmiedewarmen Rohling geformt. Das Volumen des Rohlings ist dabei etwas größer als das Volumen des Fertigteils. Dies garantiert das vollständige Ausfüllen der Hohlform. Der dabei entstehende Grat wirkt als Puffer und verhindert das harte Aufschlagen der Gesenkteile. Die Umformgeschwindigkeit ist groß.

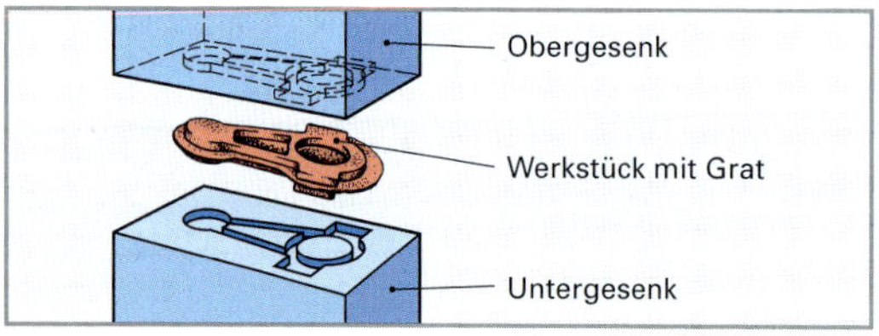

Bild 2: Schmiedegesenk

Gesenkpressen (Bild 3). Die Umformkraft wird durch eine Schmiedepresse aufgebracht. Durch die genaue Führung des Ober- und Unterteils ist die Herstellungsgenauigkeit groß. Die Umformgeschwindigkeit ist materialabhängig. Sie ist z.B. bei Titan niedriger als bei Stahl.
Anwendung: Titanpleuel für Rennsporteinsatz.

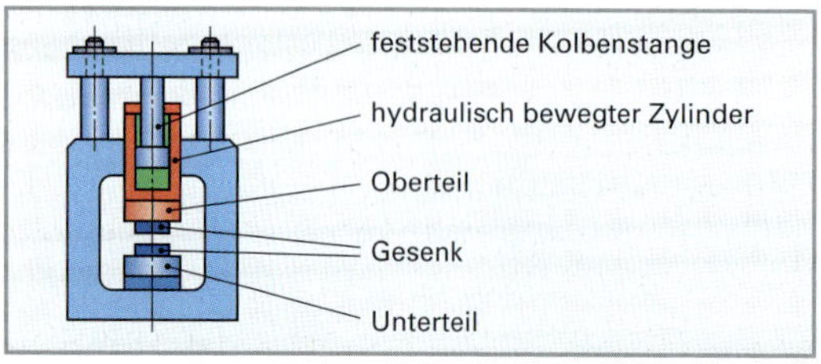

Bild 3: Schmiedepresse

Vorteile des Umformens gegenüber spanender Formgebung:

- Höhere Festigkeit der Werkstücke
- Werkstoffersparnis, da wenig Abfall
- Rationelle Fertigung bei großen Stückzahlen
- Gute Maßhaltigkeit und hohe Oberflächengüte

Innenhochdruckumformen (IHU)

Beim Innenhochdruckumformen wird ein Blechprofil durch hohen Druck von innen gegen eine Hohlform gepresst.

Dieses Verfahren ermöglicht die Herstellung von Hohlprofilen z.B. Dachrahmen einer Leichtmetallkarosserie **(Bild 4)**. Bei der Fertigung wird ein Blechprofil in eine zweiteilige Form eingelegt, durch Zylinder verschlossen und mit einer Flüssigkeit gefüllt. Anschließend wird die Flüssigkeit unter einen Druck von etwa 1700 bar gesetzt. Durch die entstehenden Kräfte passt sich das Profil an die Werkzeugform an.

Vorteile gegenüber stranggepressten Bauteilen:

- Bauteile mit verschiedenen Querschnitten sind in einem Arbeitsschritt herstellbar.
- Geringeres Gewicht der Bauteile.
- Rationellere Fertigung aufwendiger Bauteile in einem Arbeitsschritt.
- Hohe Genauigkeit.

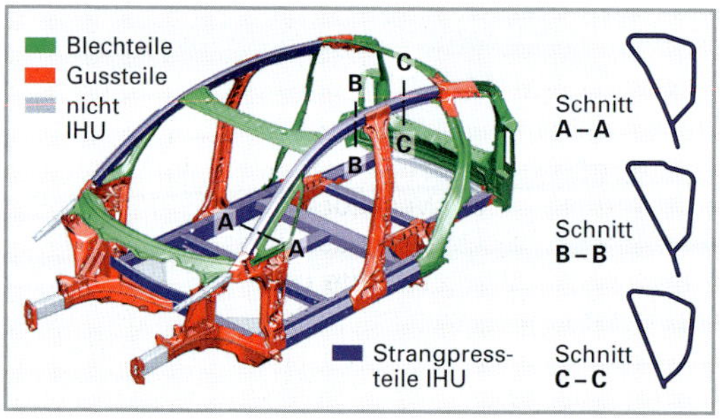

Bild 4: Einsatz innenhochdruckumgeformter Profile

Arbeitsregeln beim Freiformschmieden
- Wärmebehandlungsvorschriften der Werkstofflieferer beachten.
- Vorschlaghammer neben dem Körper führen. Rundschlag verboten.

Wiederholungsfragen

1 **Welche Umformverfahren gibt es?**
2 **Welche Vorteile bietet das Umformen?**
3 **Welche Voraussetzungen müssen für das Biegen vorhanden sein?**
4 **Wie läuft ein Tiefziehvorgang ab?**
5 **Was versteht man unter Schmieden?**
6 **Welche Vorteile hat das Gesenkformen gegenüber der spanenden Formgebung?**

7.3.4 Richten

Richten ist die Beseitigung ungewollter Verformungen zur Wiederherstellung der Sollform von Halbzeugen (z.B. Profilstangen) und Fertigteilen (z.B. Fahrzeugrahmen, Kotflügel).

Voraussetzung für das Richten ist die plastische Verformbarkeit des Werkstoffes. Es kann im kalten oder warmen Zustand vorgenommen werden. Richten erfolgt durch **Umformen** (Biegen, Strecken, Stauchen, Verdrehen) oder durch **Wärmeeinwirkung** (Flammrichten).

Richten durch Umformen

Verbogene Halbzeuge und Werkstücke mit kleineren Querschnitten können auf der Richtplatte gerichtet werden. Sie werden mit ihrer hohlen Seite **(Bild 1)** auf die Richtplatte gelegt und mit dem Hammer in kleinen Abschnitten gerade gerichtet.

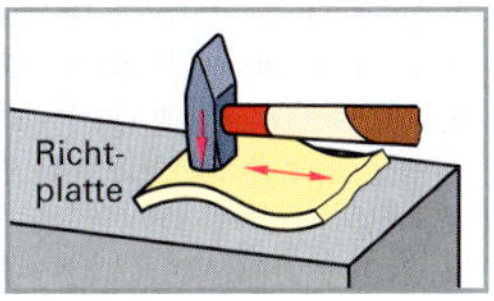

Bild 1: Richten von Flachstahl

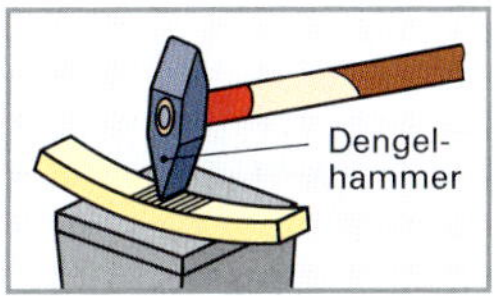

Bild 2: Richten durch Dengeln

Mit dem Hammer wird dabei auf die Wölbung geschlagen. Für dünne Bleche und weichere Werkstoffe verwendet man einen Holz-, Gummi- oder Kunststoffhammer. Werkstücke aus härterem Werkstoff werden durch Dengeln (Strecken, **Bild 2**) gerichtet. Dabei wird das Werkstück durch eng nebeneinandergesetzte Schläge mit der Hammerfinne auf seiner zu kurzen (hohlen) Seite gestreckt. Richten von hochkantig verbogenen Teilen erfolgt ebenfalls durch Streckschläge, um die beim Biegen verkürzte Seite wieder zu verlängern **(Bild 3)**.

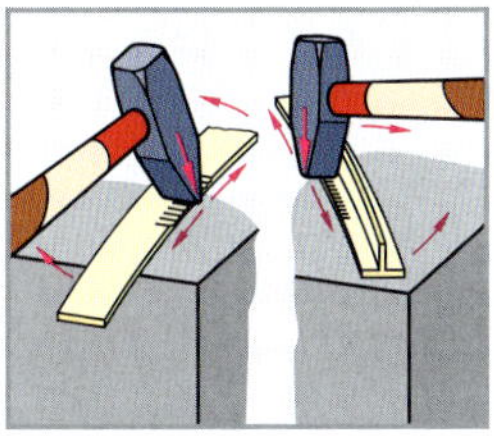

Bild 3: Richten von Profilen

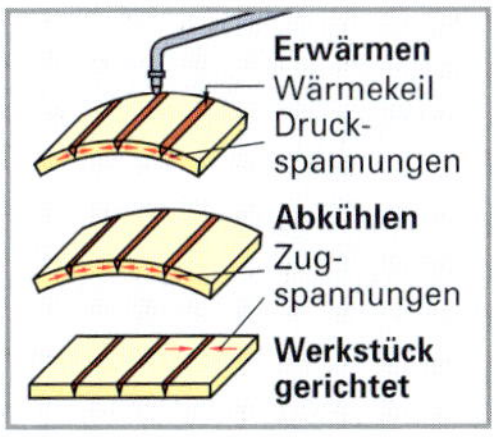

Bild 4: Flammrichten

Richten durch Wärmeeinwirkung

Beim Flammrichten **(Bild 4)** wird die zu lange Seite des Werkstückes durch Wärmekeile noch verlängert. Durch die Ausdehnung des erwärmten Metalls entstehen große Druckspannungen. Das plastisch (teigig) gewordene Metall im Wärmekeil zieht sich bei der Abkühlung zusammen. Die dabei auftretenden Zugspannungen stauchen das Werkstück auf seiner längeren Seite so stark, dass es gerade wird.

Die Wärmebehandlung kann durch Gefügeumwandlung im Blech zu Festigkeitsverlusten führen.

7.3.5 Blechbearbeitungsverfahren

Bleche werden durch Warm- oder Kaltwalzen hergestellt. Die Halbzeuge werden als Band (Blechrollen, Coil) oder als Blechtafeln geliefert.

Bleche werden weiterverarbeitet z.B. durch:

- Zugdruckumformen (Tiefziehen, Drücken)
- Zugumformen (Streckziehen)
- Biegeumformen (Biegen, Gesenkbiegen)

Biegen von Blechen

Walzrichtung. Bleche werden bei der Herstellung durch das Walzen überwiegend in Walzrichtung gestreckt und erhalten dadurch ein faserähnliches Werkstoffgefüge. Beim Biegen parallel zur Walzrichtung besteht die Gefahr einer Rissbildung. Bleche sind deshalb möglichst senkrecht oder schräg zur Walzrichtung zu biegen **(Bild 5)**.

Rückfederung. Nach dem Biegen eines Bleches tritt eine Rückfederung ein, die von Werkstoff, Walzrichtung, Blechdicke, Biegewinkel und Biegeradius abhängig ist. Damit der gewünschte Biegewinkel erreicht wird, muss das Blech zunächst „überbogen" werden. Der Rückfederungswinkel **(Bild 5)** beträgt etwa 1 % ... 3 % des Biegewinkels.

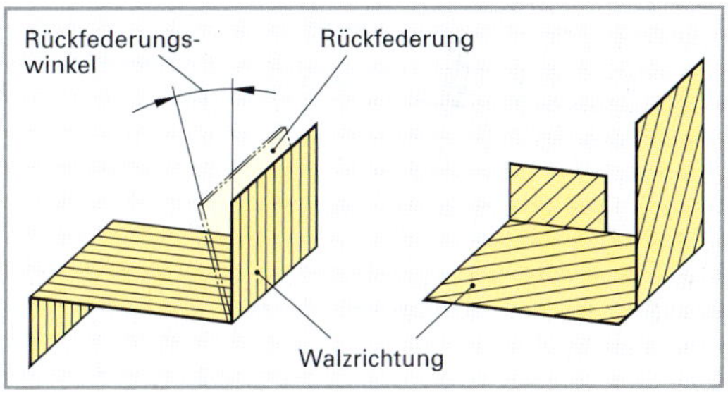

Bild 5: Walzrichtung, Rückfederung

Biegeradius. Beim Biegen von Blechen dürfen die Mindestbiegeradien nicht unterschritten werden, um eine Rissbildung zu vermeiden. Kleine Biegeradien bewirken große Verformungen und dadurch große Spannungen im Blech. Der Mindestbiegeradius ist abhängig von Werkstoff, Walzrichtung und Blechdicke. Die Mindestbiegeradien der wichtigsten Bleche sind genormt.

Zuschnittlängen für Blechbiegeteile werden mittels der neutralen Faser berechnet.

Abkanten

Abkanten (Kanten) ist ein scharfkantiges Biegen eines Bleches längs einer geraden Kante mit sehr kleinem Biegeradius.

Abkanten dient meist zur Herstellung von Profilen. Es kann im Schraubstock, am Amboss, mittels Spannschiene **(Bild 1)** oder mit einer Abkantmaschine durch Schwenkbiegen erfolgen.

Beim Formbiegen im Schraubstock **(Bild 1)** werden die Bleche mittels Biegebeilagen gebogen. Durch die Verwendung von Schonhämmern werden die Bleche vor Beschädigungen geschützt.

7

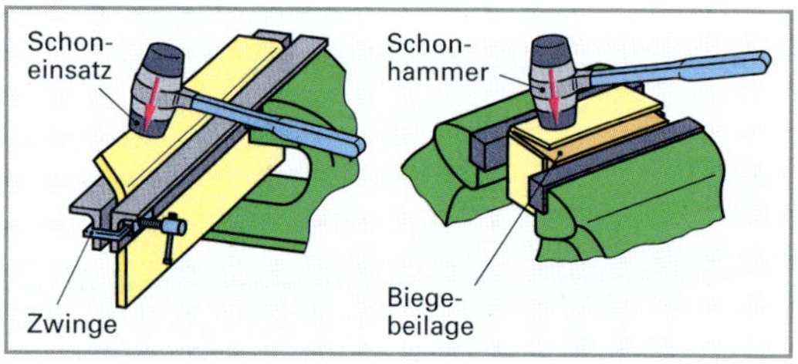

Bild 1: Abkanten mit Spannschiene, Formbiegen

Beim Schwenkbiegen **(Bild 2)** wird das Blech zwischen Ober- und Unterwange festgespannt und mit der schwenkbaren Biegewange gebogen. Biegeradius und Form des gebogenen Bleches ergeben sich durch die Form und Abmessung der eingesetzten Schiene in der Oberwange.

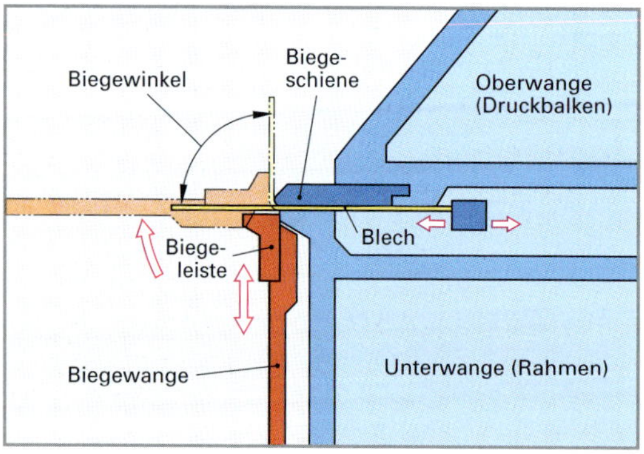

Bild 2: Schwenkbiegen

Runden

Runden ist Biegen eines Bleches längs einer geraden Kante mit einem großen Biegeradius oder mit großen Krümmungen.

Runden von Hand kann im Schraubstock, am Sperrhaken **(Bild 3)**, am Ambosshorn oder über einem Rohr erfolgen.

Bild 3: Runden von Hand

Schweifen (Strecken)

Beim Schweifen werden bestimmte Teile eines Bleches durch gezieltes Hämmern gestreckt (verlängert).

Beim Schweifen wird das Blech am Rand gehämmert und gestreckt. Dabei nimmt die Blechdicke ab und das Blech krümmt sich **(Bild 4)**.

Der Schweifhammer oder die Hammerfinne darf nur den Rand des Bleches treffen und soll immer zum Mittelpunkt der Krümmung zeigen.

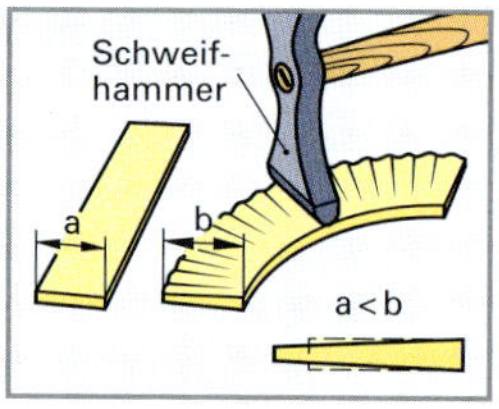

Bild 4: Schweifen

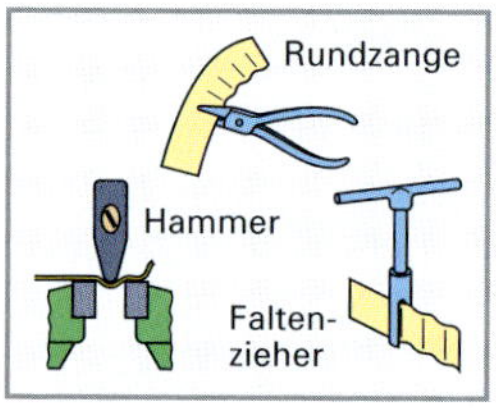

Bild 5: Fertigen von Wellen, Einziehen

Anwendung des Schweifens:

- Herstellung von Außenrändern an runden Teilen
- Runden, Krümmen oder Richten von Profilen
- Aufweiten von Rohren, um Zusammenstecken zu ermöglichen

Einziehen (Stauchen)

Beim Einziehen werden bestimmte Teile eines Bleches verkürzt (eingezogen), wobei der Werkstoff gestaucht wird.

Beim Einziehen werden Bleche am Rand durch Stauchen des Werkstoffes verdickt und damit verkürzt. Der zu verkürzende Blechabschnitt wird in Wellen gelegt, die dann durch gezieltes Hämmern gestaucht werden. Beim Einziehen von Hand werden die Wellen mit der Rundzange, mit einem Faltenzieher oder mittels Schraubstock angefertigt **(Bild 5)**.

Anwendung des Einziehens:

- Herstellung von Innenrändern an runden Teilen
- Runden oder Richten von Profilen (evtl. zusammen mit Schweifen)
- Einziehen von Rohren, um Zusammenstecken zu ermöglichen

Schlichten (Glätten)

Beim Schlichten werden die Oberflächen verformter Bleche geglättet, kleine Unebenheiten beseitigt, sowie Form und Aussehen der Blechteile verbessert.

Schlichtwerkzeuge müssen glatte, riefenfreie und möglichst polierte Flächen haben. Beim Ausschlichten **(Bild 1)** treffen die Hammerschläge die Innenseite einer Wölbung, beim Abschlichten **(Bild 2)** die Außenseite einer Wölbung.

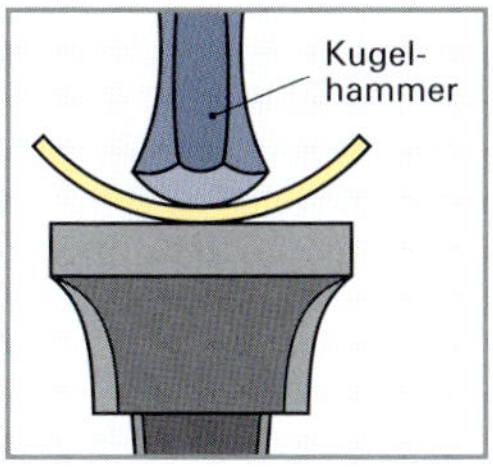

Bild 1: Ausschlichten

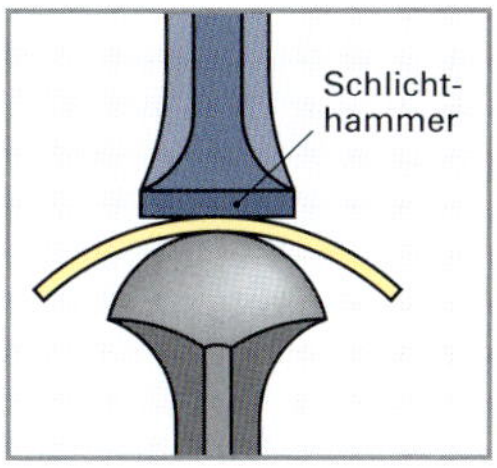

Bild 2: Abschlichten

Treiben

Beim Treiben werden Bleche durch die verschiedenen Blechverformungsverfahren von Hand oder mit Maschinen umgeformt.

Treiben erfolgt in der Hauptsache durch Strecken und Stauchen des Bleches, sowie durch Schlichten und Hämmern. Wird durch das Treiben die Kaltverfestigung des Bleches zu groß, muss sie durch Zwischenglühen (Rekristallisation) aufgehoben werden. Treiben **(Bild 3)** wird zur Anfertigung von Einzelteilen und bei Reparaturarbeiten an Karosserien angewandt.

Spanntreiben. Das Blech wird auf einer harten Unterlage geformt, um flache Wölbungen anzufertigen **(Bild 4)**.

Bild 3: Treiben

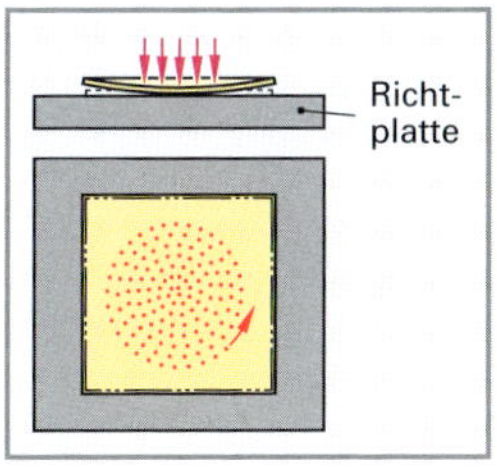

Bild 4: Spanntreiben

Absetzen

Beim Absetzen wird der Randstreifen eines Bleches (meist parallel zum Blechrand) um etwa eine Blechdicke abgesetzt (eingebogen).

Absetzen **(Bild 5)** ist meist eine Vorarbeit, um bei überlappenden Blechen eine fluchtende Außenfläche zu erhalten, z.B. bei Abschnittsreparaturen von Karosserien. Absetzen bewirkt eine Blechversteifung. Das Absetzen eines Bleches von Hand erfolgt mit einer Absetzzange **(Bild 6)**. Mit der abgebildeten Zange lassen sich zusätzlich Löcher für Schweißpunkte stanzen.

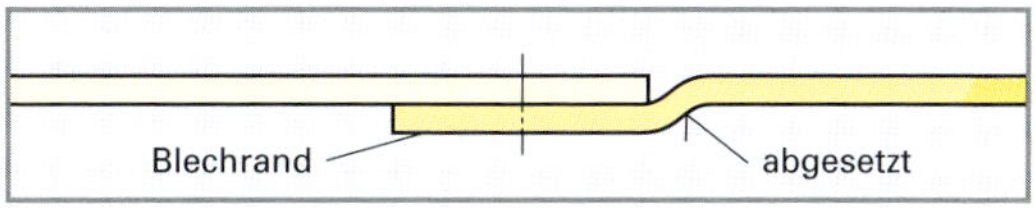

Bild 5: Absetzen

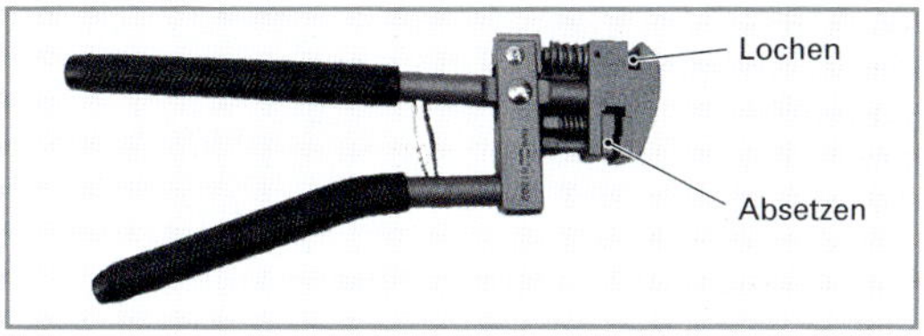

Bild 6: Kombinierte Absetz- / Lochstanzzange

Durchsetzen

Beim Durchsetzen wird innerhalb eines Bleches eine Teilfläche herausgearbeitet, die meist parallel zur Blechebene verläuft.

Durchsetzen **(Bild 7)** bewirkt eine örtliche Versteifung von Blechen z.B. Motorhaube **(Bild 8)**, Heckdeckel, Fahrzeugtüren.

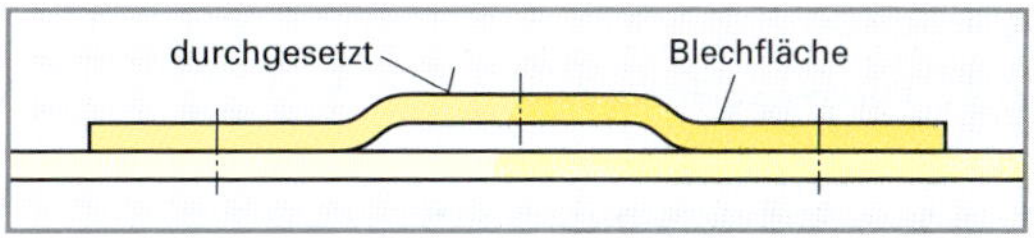

Bild 7: Durchsetzen

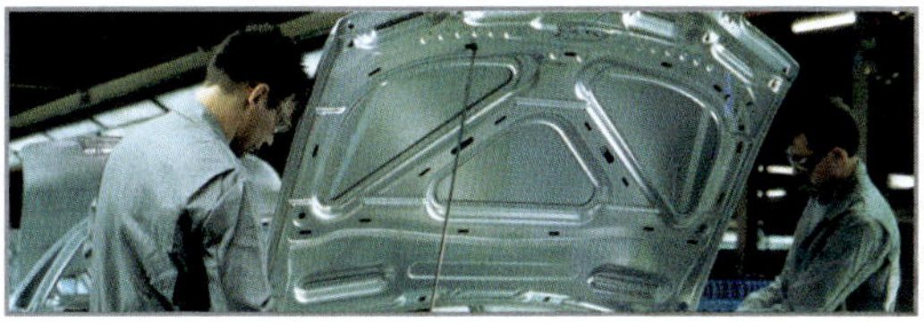

Bild 8: Motorhaube

Bördeln (Randverformung)

Beim Bördeln werden kurvenförmig geschnittene Bleche an ihren Kanten meist im rechten Winkel zu schmalen Rändern aufgestellt (umgebogen). Die Ränder werden als Bördel bezeichnet.

An gerade geschnittenen Blechen erfolgt das Aufstellen von Rändern durch Abkanten. Bördeln ist eine Randverformung von Blechen und dient zur Versteifung oder als Vorarbeit für eine Nahtbildung durch Falzen, Nieten, Löten, Schweißen.

Einbördeln. Beim Einbördeln **(Bild 1)** wird das Blech zu einem Rand nach innen gebogen. Da zu viel Werkstoff vorhanden ist, muss zur Bildung des Innenrandes das Blech gestaucht (eingezogen) werden.

Ausbördeln. Beim Ausbördeln **(Bild 2)** wird das Blech zu einem Rand nach außen gebogen. Da zu wenig Werkstoff vorhanden ist, muss zur Bildung des Außenrandes das Blech gestreckt (geschweift) werden.

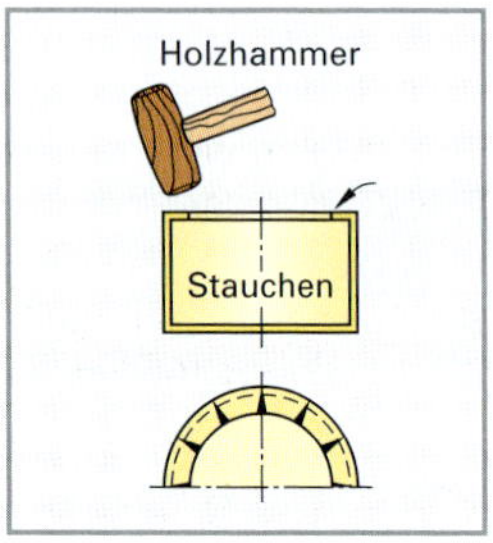

Bild 1: Einbördeln

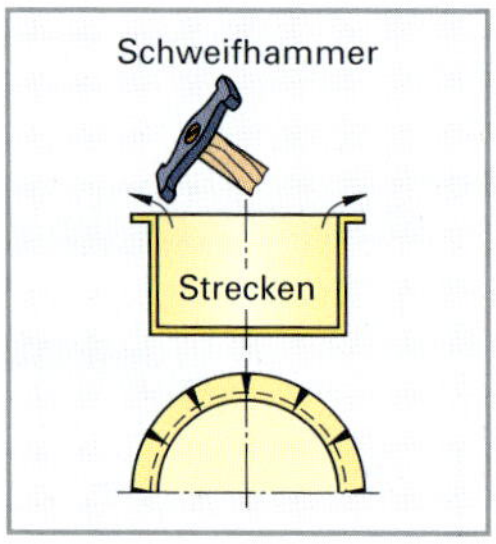

Bild 2: Ausbördeln

Randversteifungen. Durch Randversteifungen **(Bild 3)** wird die Festigkeit von Blechen und Blechrändern erhöht. Die Verletzungsgefahr an scharfen Blechrändern wird verringert.

Umschläge. Der Blechrand wird ein- oder mehrmals umgebogen.

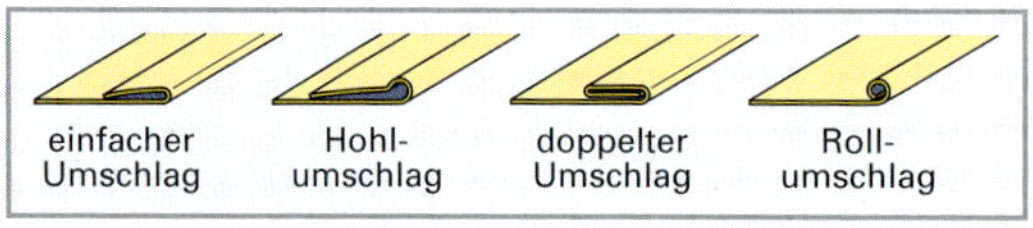

Bild 3: Randversteifungen

Sicken (Blechversteifungen)

Beim Sicken werden meist geradlinige, rinnenförmige Teile eines Bleches aus seiner ebenen Blechfläche herausgeformt.

Sicken **(Bild 4)** dienen zur Versteifung von Blechflächen z.B. Bodenblech oder Dachfläche.

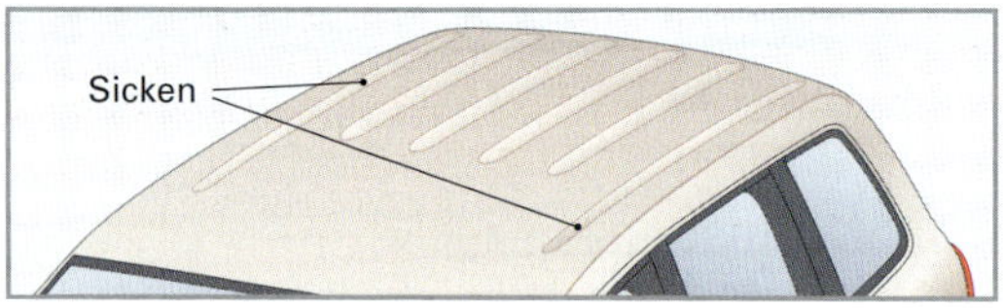

Bild 4: Sicken in der Dachfläche

Falzen

Falzen ist das Zusammenfügen von Blechen durch Zusammenhaken und anschließendes Zusammendrücken der Blechränder.

Falze werden durch Biegen von Hand (Kanten, Bördeln) oder maschinell hergestellt **(Bild 5)**.

Wegen der großen Werkstoffbeanspruchung dürfen zum Falzen nur gut verformbare und zähe Bleche verwendet werden.

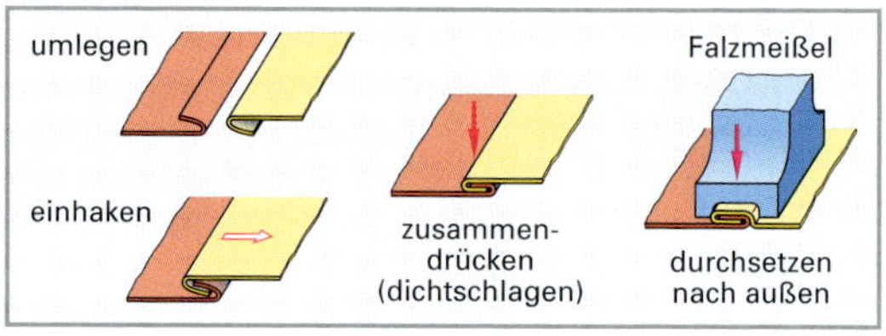

Bild 5: Herstellung einer Falzverbindung

Verlappen ist das Zusammenfügen von Blechen durch Zusammenstecken und anschließendes wechselseitiges Umbiegen oder Verdrehen der Blechzungen (Blechlappen).

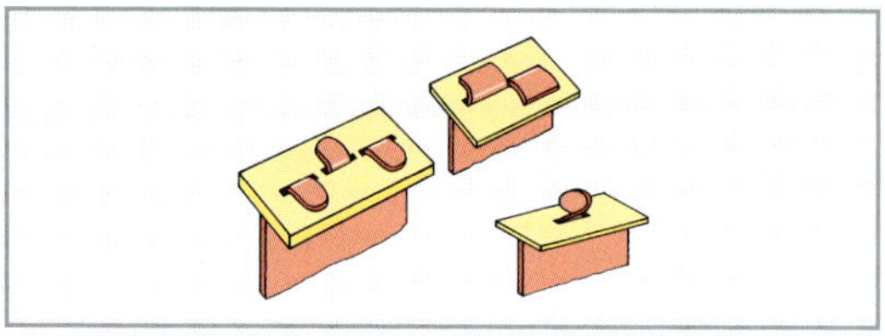

Bild 6: Verlappverbindung

Schlitze und Lappen **(Bild 6)** werden mittels Spezialmaschinen hergestellt. Es wird kein Zusatzwerkstoff für das Fügen benötigt. Die Verbindung wird nur aus gleichwertigem Werkstoff geschaffen.

Arbeitsregeln

- Bei Blecharbeiten müssen die persönlichen Schutzeinrichtungen z.B. Handschuhe, Brille, Gehörschutz, vorhanden sein und verwendet werden.
- Beim Entladen und Transport von Blechtafeln Schutzhandschuhe tragen.
- Vor der Blechbearbeitung Blechkanten entgraten.
- Beim Bohren von Blechen auf Maschinen Bleche unbedingt fest einspannen und gegen Herumreißen durch den Bohrer sichern.
- Beim Bohren keine Handschuhe tragen.

WIEDERHOLUNGSFRAGEN

1. **Worauf muss beim Biegen von Blechen geachtet werden?**
2. **Wovon ist das Rückfedern eines Bleches beim Biegen abhängig?**
3. **Warum darf der Mindestbiegeradius nicht unterschritten werden?**
4. **Welchen Vorteil bietet das Absetzen bei überlappten Blechen?**
5. **Was versteht man unter Durchsetzen?**

7.4 Trennen durch Spanen

> **Spanen** ist das mechanische Abtrennen von Werkstoffteilchen. Der Zusammenhalt eines Werkstoffes wird dabei örtlich aufgehoben.

Die Verfahren zur spanenden Formung werden nach Schnittbewegung und Schneidengeometrie unterschieden. Die Schnittbewegung kann durch das Werkzeug oder das Werkstück ausgeführt werden.

Tabelle 1: Spanende Formung (Auswahl)

Schneidenform	Schnittbewegung geradlinig	Schnittbewegung kreisförmig
● geometrisch bestimmt	Meißeln, Feilen, Schaben, Sägen (Bügelsäge)	Bohren, Senken, Reiben, Sägen (Kreissäge) Drehen
● geometrisch unbestimmt	Bandschleifen, Planläppen	Trennschleifen, Zylinderhonen

Die für die spanende Formung verwendeten Werkzeuge heben mit ihrer Schneide Späne vom Werkstoff ab **(Bild 1)**.

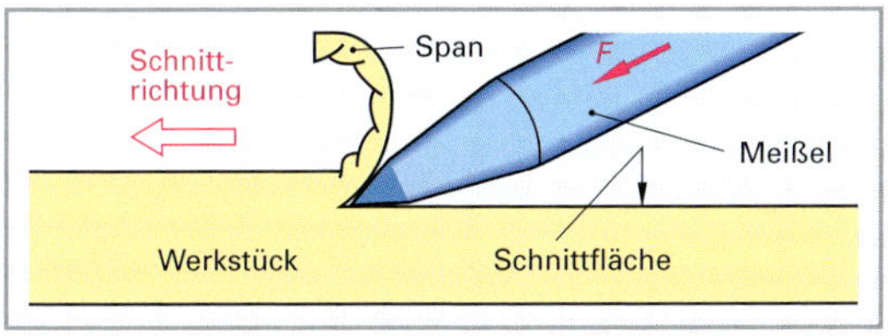

Bild 1: Spanbildung

Folgende vier Grundforderungen sind bei der spanenden Bearbeitung zu erfüllen:

- Die bearbeitete Fläche soll so glatt wie erforderlich werden.
- Die Bearbeitungszeit soll möglichst kurz sein.
- Der Kraftaufwand am Werkzeug soll möglichst klein sein.
- Die Standzeit des Werkzeugs soll möglichst groß sein.

7.4.1 Grundlagen der spanenden Formung

> Grundform der Werkzeugschneide zur spanenden Formung ist der Keil (Schneidkeil).

Flächen und Winkel am Schneidkeil (Bild 2)

Spanfläche ist die Fläche am Schneidkeil, an welcher der Span abläuft.

Freifläche ist die Fläche am Schneidkeil, die der entstehenden Werkstückoberfläche (Schnittfläche) gegenüberliegt.

Freiwinkel α ist der Winkel zwischen Schneidkeil und Werkstückoberfläche. Bei zu kleinem Freiwinkel reibt der Rücken des Schneidkeils auf der Werkstückoberfläche.

Keilwinkel β ist der Winkel des Schneidkeils. Er wird durch Freifläche und Spanfläche am Schneidkeil gebildet.

> Weiche Werkstoffe ermöglichen kleine Keilwinkel.
> Harte Werkstoffe erfordern große Keilwinkel.

Spanwinkel γ ist der Winkel zwischen Spanfläche und einer gedachten Linie senkrecht zur Bearbeitungsrichtung. An ihr gleitet der Span entlang. Der Spanwinkel kann positiv oder negativ sein.

> Spanwinkel positiv: schneidende Wirkung
> Spanwinkel negativ: schabende Wirkung

Bei negativem Spanwinkel ist aufgrund der schabenden Wirkung des Werkzeugs der Werkstoffabtrag sehr gering **(Bild 3)**.

Für Frei-, Keil- und Spanwinkel gilt immer:

$$\alpha + \beta + \gamma = 90°$$

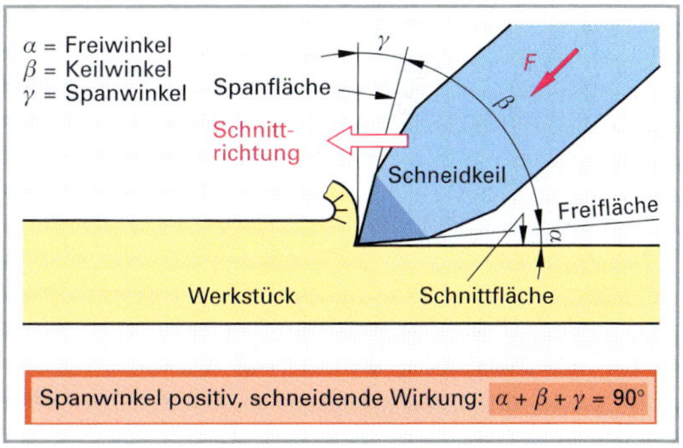

Bild 2: Flächen und Winkel am Schneidkeil

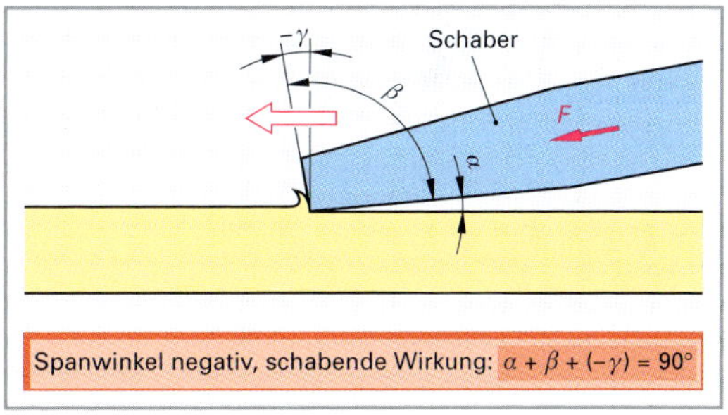

Bild 3: Schabende Werkstoffabtragung

7.4.2 Spanende Formung von Hand

7.4.2.1 Meißeln

> Der Meißel dient zur Spanabnahme und zum Trennen.

Der **Keilwinkel β** der Meißelschneide liegt zwischen 40° und 70°. Zur Bearbeitung von mittelhartem Stahl wählt man etwa 60°.

Man unterscheidet am Meißel Schneide, Kopf und Schaft **(Bild 1)**. Der Meißelschaft ist an den Schmalseiten gerundet oder hat z.B. einen vierkantigen Querschnitt, damit er gut in der Hand liegt. Der Meißelkopf ist verjüngt und ballig.

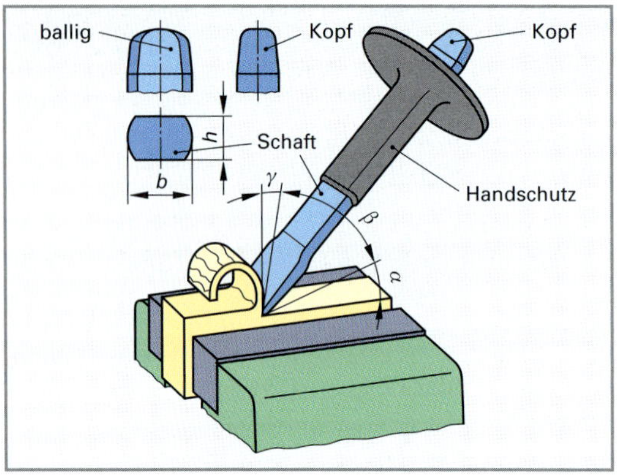

Bild 1: Meißelhaltung

Meißelvorgang (Bild 1)

Span- und Freiwinkel hängen von der Meißelhaltung ab. Eine flache Meißelhaltung ergibt einen kleinen Freiwinkel. Der Meißel neigt dazu aus dem Werkstück herauszutreten. Bei einem größeren Freiwinkel dringt der Meißel tiefer in das Werkstück ein. Der Span wird dicker und die erforderliche Schnittkraft größer.

Bei senkrechter Haltung des Meißels zur Werkstückoberfläche wirkt der Meißel trennend (zerteilend) und nicht spanend. Span und- Freiwinkel sind beim Trennen 0°.

Meißelarten (Auswahl, Bild 2)

- **Flachmeißel** haben eine breite, gerade Schneide und dienen zur Spanabnahme und zum Trennen.
- **Kreuzmeißel,** mit schmaler und quer stehender Schneide zum Meißelschaft, dienen zum Ausmeißeln schmaler Nuten.

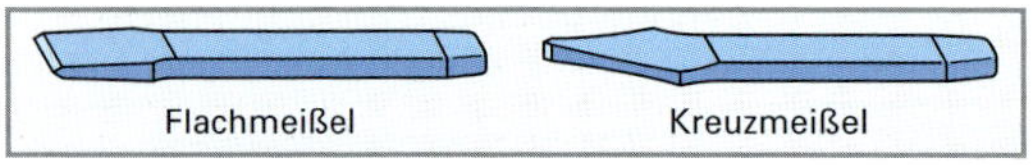

Bild 2: Meißelarten

Meißeleinsätze (Bild 3)

Zum Trennen von Karosserieteilen, Lösen von Punktschweißungen, Schneiden und Trennen von Auspufftöpfen und Anschlüssen, Abscheren von Nieten können Meißeleinsätze in druckluftbetrieben Meißelhämmern verwendet werden.

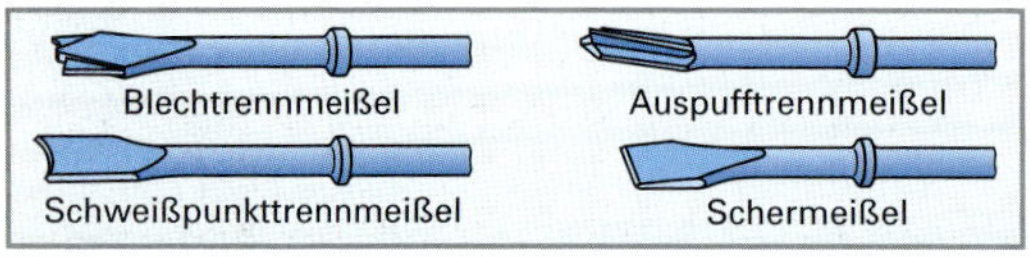

Bild 3: Meißeleinsätze

Arbeitsregeln

- Nur Meißel mit einwandfreier Schneide und einen einwandfreien Hammer verwenden.
- Der Meißelkopf darf keinen Grat (Bart) aufweisen.
- Schutzbrille und Schutzhandschuhe tragen; Schutzschilde gegen abspringende Späne und Splitter verwenden.
- Wenn möglich Meißel mit Handschutz verwenden.
- Beim Meißeln immer auf die Meißelschneide blicken.

WIEDERHOLUNGSFRAGEN

1. **Wie wirkt sich die Meißelhaltung auf Frei- und Spanwinkel aus?**
2. **Wovon hängt der Keilwinkel der Meißelschneide ab?**
3. **Wodurch unterscheiden sich Spanen und Trennen?**
4. **Welche Arbeits- und Sicherheitsregeln sind beim Meißeln zu beachten?**

7.4.2.2 Schaben

Schaben ist Spanen mit einem Schabwerkzeug zur Veränderung der Werkstückoberfläche durch Abtragen kleinster Werkstoffteilchen.

Durch Schaben erzielt man auf Metallwerkstücken eine glatte, riefenfreie und gleichmäßig tragende Oberfläche, wie sie meist für Dichtungs-, Gleit- und Führungsflächen erforderlich ist.

Man verwendet Flach- und Ziehschaber für ebene Flächen und Dreikant- und Löffelschaber für gewölbte Flächen **(Bild 4)**.

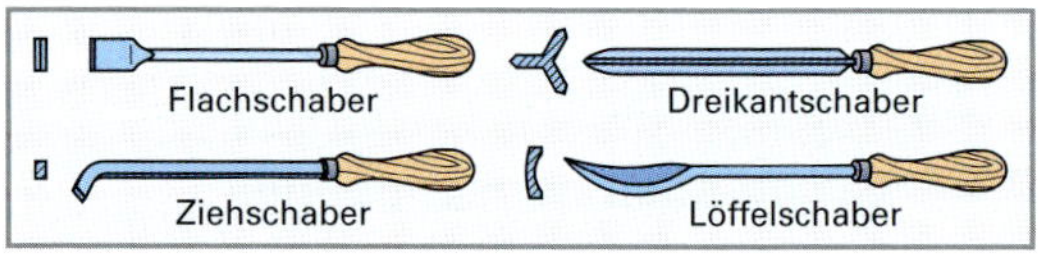

Bild 4: Schaberarten

Durch richtige Schaberhaltung erhält man einen negativen Spanwinkel und damit die schabende Wirkung **(Bild 5)**.

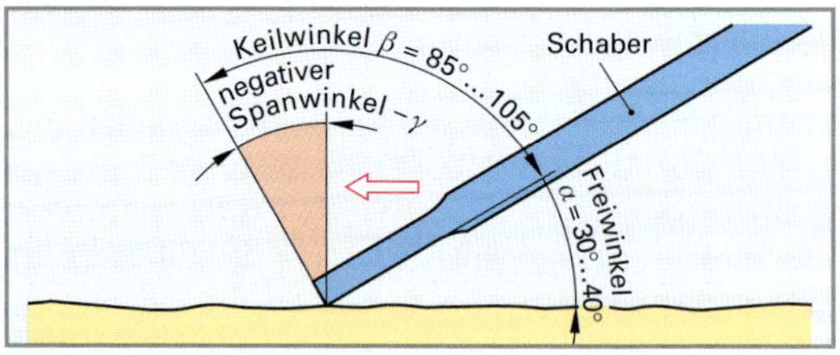

Bild 5: Winkel am Flachschaber – Schaberhaltung

7.4.2.3 Sägen

Sägen ist das Spanen mit einem vielzahnigen Werkzeug geringer Schnittbreite und geometrisch bestimmten Schneidkeilen (Sägezähnen).

Sägen verwendet man zum
- Trennen von Werkstoffen oder Werkstücken
- Einschneiden von Nuten oder Schlitzen.

Wirkungsweise der Säge (Bild 1)

Das Sägeblatt besteht aus vielen hintereinanderliegenden meißelartigen Schneiden, die nacheinander zum Eingriff kommen und kleine Späne abtrennen. Die Spanräume (Zahnlücken) nehmen die Späne auf und transportieren sie aus der Schnittfuge heraus.

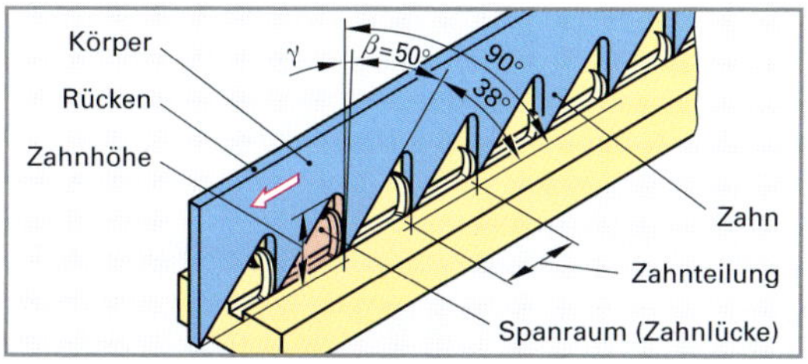

Bild 1: Wirkungsweise der Säge

Damit das Sägeblatt nicht klemmt und sich freischneiden kann, sind die Sägezähne gewellt, geschränkt oder gestaucht **(Bild 2)**.

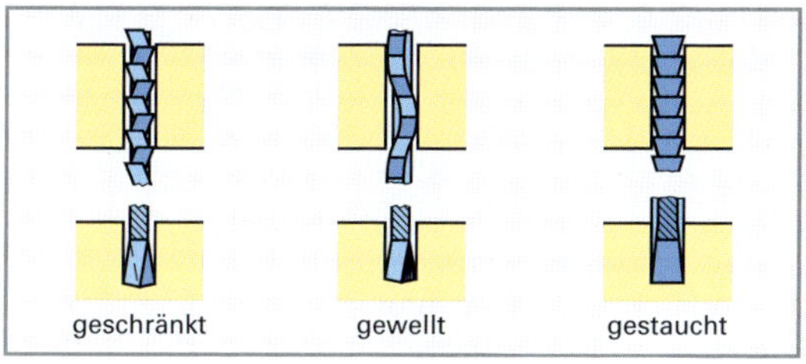

Bild 2: Freischneiden des Sägeblattes

Zahnteilung

Zahnteilung ist der Abstand von Zahnspitze zu Zahnspitze des Sägeblattes.

$$\text{Zahnteilung} = \frac{\text{Zähnezahl}}{\text{Bezugslänge}} = \frac{\text{Zähnezahl}}{1\ \text{Zoll}}$$

1 Zoll = 25,4 mm

Tabelle 1: Zahnteilung

Zahnteilung	$\frac{\text{Zähne}}{\text{Zoll}}$	Anwendung
grob	... 16	Aluminium, Kupfer, Baustahl
mittel	... 22	Baustahl, Gusseisen, Cu-Zn-Legierungen (Messing)
fein	... 32	Dünnwandige Rohre, Bleche, Stahl, Hartguss

Bei weichen Werkstoffen, z.B. Aluminium oder langen Schnittfugen ergibt sich eine große Spanmenge. Man benötigt in diesem Fall ein Sägeblatt mit grober Zahnteilung **(Tabellen 1 und 2)**. Ansonsten hätte die große Spanmenge in den Spanräumen keinen Platz.

Tabelle 2: Sägeblattwahl

Zahnteilung	Werkstoff	Schnittfuge
grob	weich	lang
fein	hart	kurz

Zahnform

Handsägeblätter haben meist Winkelzähne **(Bild 1)**. Die Schneidkeile von Sägeblättern sind durch kleine Spanwinkel und große Freiwinkel bestimmt. Für das Sägen von Stahl beträgt der Keilwinkel eines Zahnes etwa 50°, der Freiwinkel etwa 38°, der Spanwinkel etwa 2°.

Arten von Handsägen

Bügelsäge (Bild 3). Sie besteht aus Spannbogen und Sägeblatt. Die Zahnspitzen des Sägeblattes müssen in Stoßrichtung zeigen.

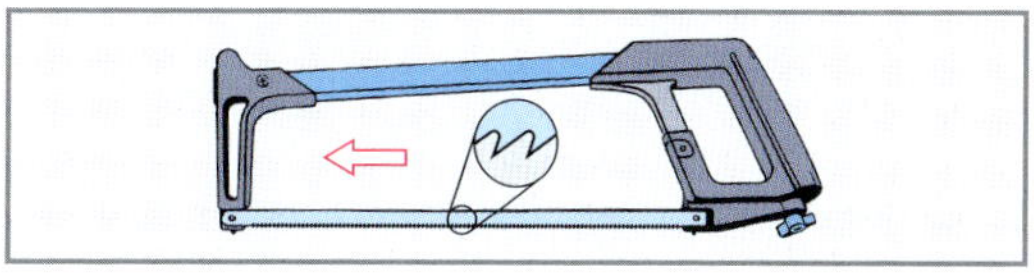

Bild 3: Bügelsäge

Kurzhubsäge (elektrische Handstichsäge Bild 4). Sie eignet sich für gerade und leicht kurvenförmige, verzugfreie Schnitte, z.B. für Karosseriearbeiten zum Austrennen von Blechen an schlecht zugänglichen oder beengten Stellen. Zum Sägen von Blechen verwendet man Sägeblätter mit feiner Zahnteilung, z.B. 32 Zähne/Zoll. Um einen gratfreien Schnitt zu ermöglichen sind Hubzahl und Hubgröße einstellbar.

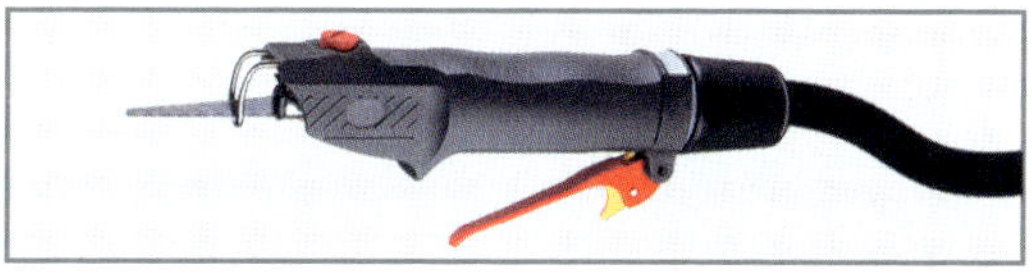

Bild 4: Kurzhubsäge

Arbeitsregeln
- Sägeblatt gerade und straff einspannen, Zähne in Stoßrichtung.
- Zahnteilung entsprechend Werkstoff und Form des Werkstückes auswählen.

WIEDERHOLUNGSFRAGEN

1. **Wozu werden Sägen verwendet?**
2. **Wonach richtet sich die Zahnteilung eines Sägeblattes?**
3. **Wie bestimmt man die Zahnteilung eines Sägeblattes?**

7.4.2.4 Feilen

Feilen ist Spanen durch eine geradlinige wiederholende Schnittbewegung eines vielzahnigen Werkzeugs mit geometrisch bestimmten Schneidkeilen (Feilzähnen).

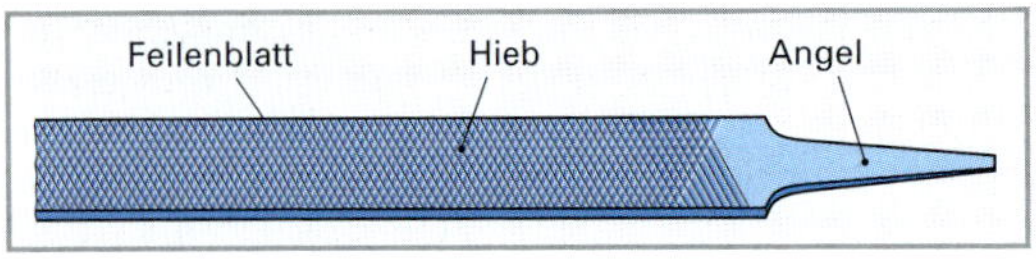

Bild 1: Flachfeile – Aufbau

Aufbau (Bild 1). Feilenkörper (Feilenblatt) mit eingehauenen Hieben oder eingefrästen Zähnen. Angel zur Befestigung des Feilengriffs (Feilenheft).

Unterscheidung der Feilen

- **Größe:** Handfeilen, Schlüsselfeilen, Nadelfeilen
- **Form des Querschnittes und Kennbuchstaben (Bild 2).**

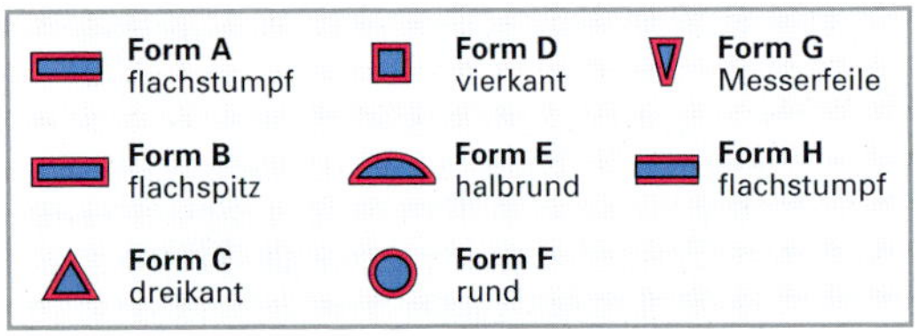

Bild 2: Kennbuchstaben für Feilenquerschnitte

- **Zahnformen (Bild 3) und Herstellungsart**

  Gehauene Feilen haben schabende Wirkung und werden für Werkstoffe mit hoher Festigkeit z.B. Stahl, Grauguss eingesetzt.

  Gefräste Feilen haben schneidende Wirkung und werden für Werkstoffe mit geringerer Festigkeit z.B. Aluminium, Kupfer eingesetzt.

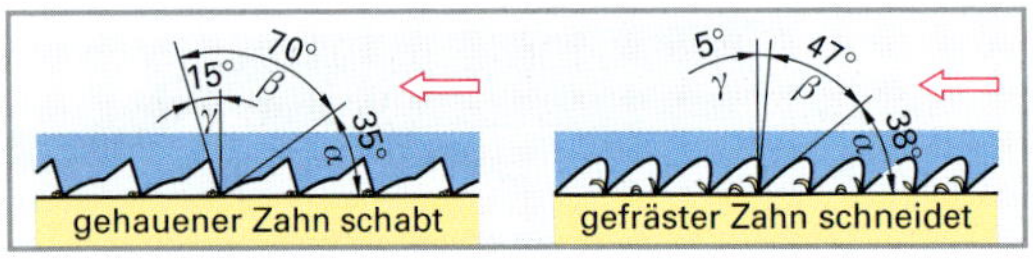

Bild 3: Zahnformen

- **Hiebarten (Bild 4)**

  Einhiebige Feilen dienen besonders zur Bearbeitung weicher Metalle und zum Schärfen von Sägen und anderen Werkzeugen.

  Doppel- oder kreuzhiebige Feilen werden für härtere Metalle verwendet. Winkel und Teilung von Ober- und Unterhieb sind verschieden groß. Dadurch sind die Feilenzähne versetzt im Eingriff und verhindern so eine starke Riefenbildung.

  Feilen mit Raspelhieb (Pockenhieb) sind geeignet zur Bearbeitung von z.B. Holz, Kunststoffen, Leder, Kork, Gummi.

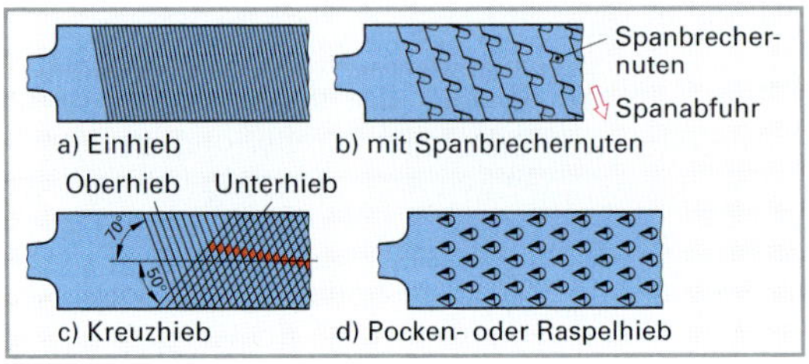

Bild 4: Hiebarten

- **Hiebzahl** ist bei gehauenen Feilen die Anzahl der Einkerbungen auf 1cm Feilenlänge, bei Kreuzhieb bezogen auf den Oberhieb. Bei Raspelhieb entspricht die Hiebzahl der Anzahl der punkförmigen Einkerbungen auf 1 cm^2 der behauenen Raspelfläche.
- **Hiebnummer.** Sie gibt die Feinheit des Hiebes an. Je größer die Hiebnummer ist, desto feiner wird die Hiebteilung (Abstand von Zahn zu Zahn).

Tabelle 1: Hiebnummer und Hiebzahlen für gehauene Feilen (Auswahl)

Hieb-Nr.	Hiebzahl	Feilenname	Verwendung
1	6...17	Bastardfeile	Vorfeilen
2	9...23	Halbschlichtfeile	Vorschlichten
3	13...28	Schlichtfeile	Schlichten
4	16...34	Doppelschlichtfeile	Passarbeiten
5...8	Nicht genormt	Feinschlichtfeile	feinste Passarbeiten

Bei gefrästen Feilen unterscheidet man die Zahnungen 1, 2, 3 für grob, mittel, fein.

Feiltechnik. Die Feilbewegung erfolgt in Richtung der Feilachse, wobei sich die Feile um eine halbe Feilenbreite nach rechts oder links verschieben soll. Nur während des Vorstoßens darf auf die Feile gedrückt werden.

Arbeitsregeln
- Feilen mit Feilenbürste reinigen.
- Stets auf festen Sitz des Feilengriffs achten.

Frässtifte (Umlauf- oder Turbofeilen, **Bild 5)** werden in schlagfreien Spannfuttern eingespannt und elektrisch oder pneumatisch angetrieben. Sie werden unter anderem für Entgrat- und Putzarbeiten z.B. bei Schweißnähten verwendet.

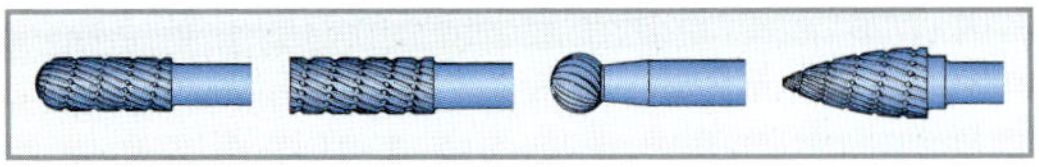

Bild 5: Frässtifte

Wiederholungsfragen

1. **Worin unterscheiden sich gefräste und gehauene Feilen?**
2. **Welche genormten Feilenquerschnitte gibt es?**
3. **Was gibt die Hiebnummer bei Feilen an?**

7.4.2.5 Reiben

Reiben ist Aufbohren mit geringer Spanungsdicke durch ein Werkzeug mit geometrisch bestimmten Schneiden.

Das Reiben dient zum Fertig- und Feinbearbeiten vorgebohrter Bohrungen, z.B. Lagerbuchsen, um die geforderte Maßtoleranz, Formtoleranz und Oberflächengüte (Rauheit) zu erhalten.

Reibvorgang. Die Spanabnahme erfolgt durch die drehende Schnittbewegung und die axiale Vorschubbewegung der Reibahle. Da der Spanwinkel 0° oder negativ ist **(Bild 1)**, erfolgt die Spanabnahme schabend. Die Verwendung von Schneidölen verbessert die Oberflächengüte, vermindert den Werkzeugverschleiß und erhöht so die Standzeit der Reibwerkzeuge. Gusseisen wird trocken gerieben.

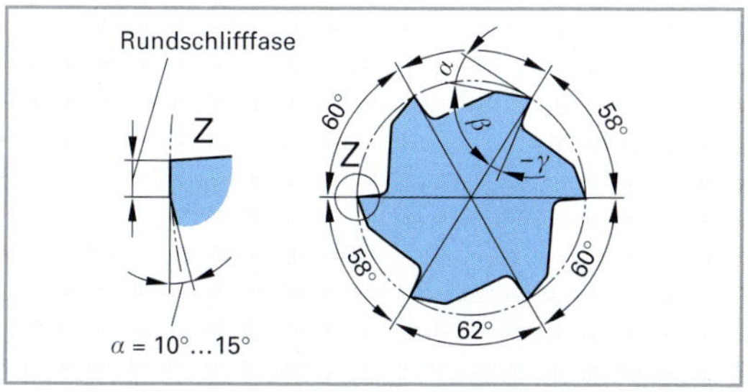

Bild 1: Schneidenwinkel und Zahnteilung bei Reibahlen

Ungleiche Zahnteilungen (Bild 1) vermeiden Rattermarken, da die nachfolgenden Schneiden beim Reibvorgang nicht an der selben Stelle eingreifen.

Zähnezahlen. Sie sind bei verstellbaren Handreibahlen meist geradzahlig, um den Durchmesser der Reibahle einfach mit einer Messschraube messen zu können.

Handreibahle (Bild 2). Der **Anschnitt** (kegelig) bewirkt die Spanabnahme. Der **Führungsteil** führt die Reibahle und glättet die Bohrung durch Rundschlifffasen **(Bild 1)**. Der Schaft mit Vierkant dient zur Aufnahme z.B. in ein Windeisen.

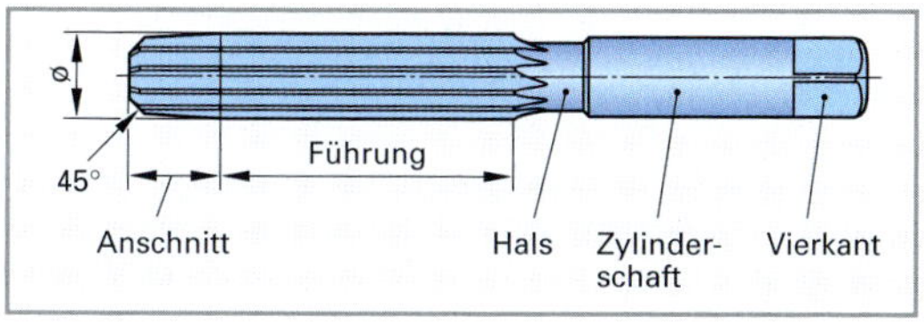

Bild 2: Handreibahle

Maschinenreibahle (Bild 3). Sie hat einen kurzen Anschnitt und einen zylindrischen oder kegeligen Schaft. Durch den kurzen Anschnitt können mit Maschinenreibahlen Sacklöcher bis fast zum Grund aufgerieben werden.

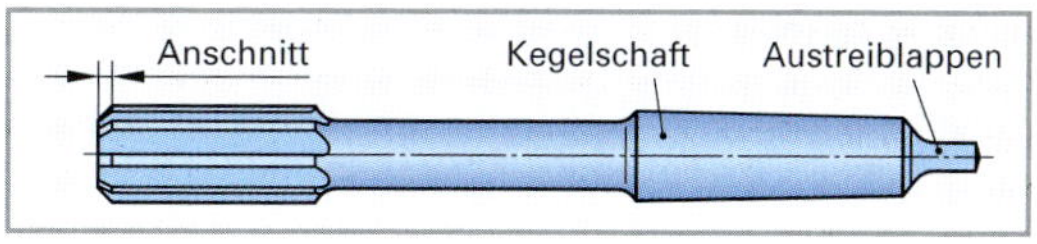

Bild 3: Maschinenreibahle

Zähne. Sie können gerade oder mit Linksdrall angeordnet sein **(Bild 4)**. Der Linksdrall verhindert ein Hineinziehen der Reibahle in die Bohrung oder das Einhaken in eine Längsnut der Bohrung. Gleichzeitig werden die Späne durch den Linksdrall in Vorschubrichtung abgeführt.

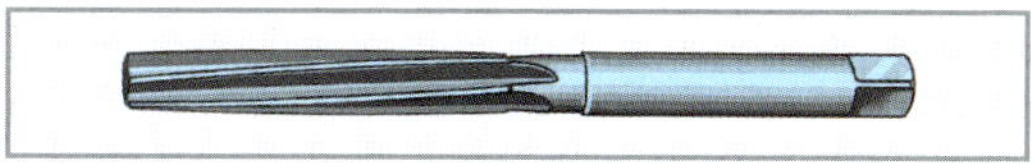

Bild 4: Schraubenförmig verzahnte Handreibahle

Verstellbare Handreibahlen (Bild 5)

Geschlitzte Reibahlen können durch einen kegeligen Stift gespreizt und dadurch in engen Grenzen verstellt werden (≈ 1/100 des Reibahlendurchmessers).

Reibahlen mit eingesetzten Messern haben einen größeren Verstellbereich (1/10 ... 1/5 des Reibahlendurchmessers). Beim Verstellen werden die Messer durch zwei Gewinderinge auf schrägen Flächen nach innen oder außen verschoben.

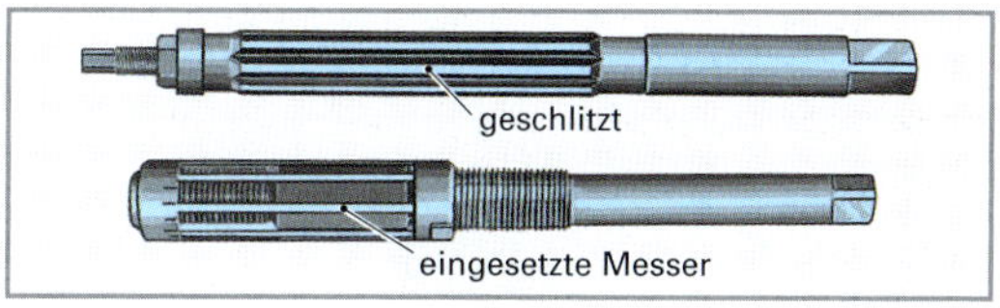

Bild 5: Verstellbare Handreibahlen

Arbeitsregeln

- Reibahle rechtwinklig zum Werkstück einführen und anschneiden. Je nach Werkstoff Schneidöl verwenden.
- Reibahle mit gleichmäßigem Druck im Uhrzeigersinn eindrehen und im Uhrzeigersinn herausdrehen.
- Reibahlen nie entgegen dem Uhrzeigersinn drehen, da es durch eingeklemmte Späne zum Schneidenbruch kommen kann.

WIEDERHOLUNGSFRAGEN

1 **Welche Vorteile bieten verstellbare Reibahlen?**

2 **Weshalb dürfen Reibahlen nicht entgegengesetzt dem Uhrzeigersinn gedreht werden?**

3 **Warum haben schraubenförmig verzahnte Reibahlen Linksdrall?**

7.4.2.6 Gewindeschneiden von Hand

> Beim Gewindeschneiden werden Gewindegänge auf Bolzen oder in Bohrungen mit mehrschneidigen Werkzeugen spanend geformt.

Gewinde **(Bild 1)** können hergestellt werden als

- Innengewinde (Muttergewinde) mit Gewindebohrern
- Außengewinde (Bolzengewinde), z.B. mit Schneideisen.

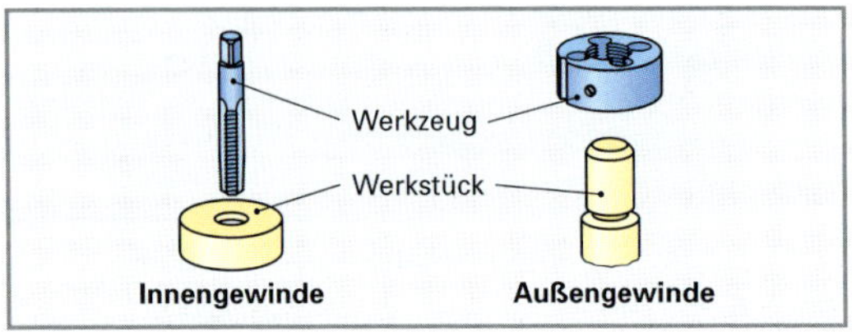

Bild 1: Gewindearten

Innengewinde (Bild 2)

Der Kernlochdurchmesser für das Innengewinde muss etwas größer gebohrt werden als es dem Kerndurchmesser des Innengewindes entspricht. Der Gewindebohrer schneidet den größten Teil der Gewindegänge. Ein Teil des Werkstoffes wird jedoch vom Gewindebohrer nach innen spanlos verdrängt. Dabei wird das Gewinde leicht aufgedrückt und dadurch die Kernlochbohrung verkleinert. Diesen Vorgang nennt man Aufschneiden.

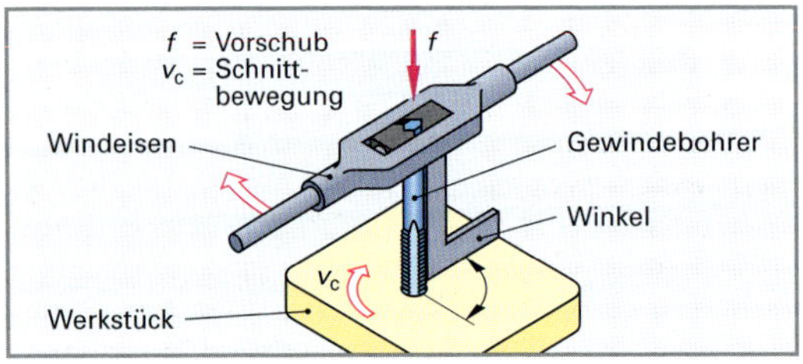

Bild 2: Innengewinde

Ansenken. Grundlochbohrungen werden einseitig, Durchgangsbohrungen beidseitig auf Gewindenenndurchmesser angesenkt. Damit wird erreicht, dass der Gewindebohrer besser anschneidet und die äußeren Gewindegänge nicht aus der Kernlochbohrung herausgedrückt werden.

Gewindeschneidvorgang. Das Ansetzen des Gewindebohrers muss in Richtung Bohrlochachse erfolgen und wird mit einem Winkel geprüft. Die Spanungsbewegung setzt sich aus der Hauptbewegung (Drehung des Gewindebohrers) und der Vorschubbewegung (Axialbewegung) zusammen. Zum Drehen der Gewindebohrer benutzt man Windeisen. Der Gewindebohrer soll während des Schneidens möglichst nicht zurückgedreht werden, da häufiges Abscheren der Späne und Neuanschneiden zu vorzeitiger Abstumpfung der Gewindebohrerschneiden führen. Ausnahme: Bei langspanenden Werkstoffen und größeren Gewinden ist ein wiederholtes Brechen der Späne erforderlich. Dies geschieht durch Zurückdrehen des Gewindebohrers um etwa eine viertel Umdrehung. Zugleich gelangt dadurch frischer Schmierstoff an die Schneidkanten.

Abgebrochene Gewindebohrer dreht man mit einem Gewindebohrerausdreher aus dem Gewindeloch. Man kann sie auch durch leichte Schläge mit Hilfe eines Durchtreibers lockern und mit einer Zange herausdrehen.

Gewindebohrer. Zum Schneiden von Innengewinden verwendet man:

- **3-Satzgewindebohrer (Bild 3)** bestehend aus Vor-, Mittel- und Fertigschneider, die durch 1, 2 und 3 bzw. durch Ringe gekennzeichnet sind. Das Zerspanungsvolumen wird auf die drei Gewindebohrer verteilt (etwa 55 % : 25 % : 20 %). Dadurch werden die Gewindeschneidwerkzeuge nicht zu stark beansprucht und man erhält saubere Gewindegänge.

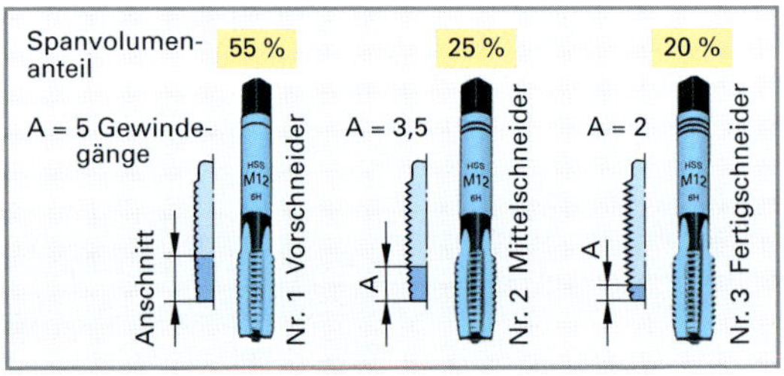

Bild 3: 3-Satzgewindebohrer

- **2-Satzgewindebohrer** (Nr. 1 Vorschneider, Nr. 2 Fertigschneider). Sie werden zum Schneiden von Feingewinden verwendet.
- **Einschnitt-Gewindebohrer (Bild 4)** zum Schneiden von Gewinden in Bleche oder Werkstücke, deren Dicke unter 1,5 × Gewindenenndurchmesser liegt. Durch den Schälanschnitt ist eine geringere Anschnittlänge notwendig.

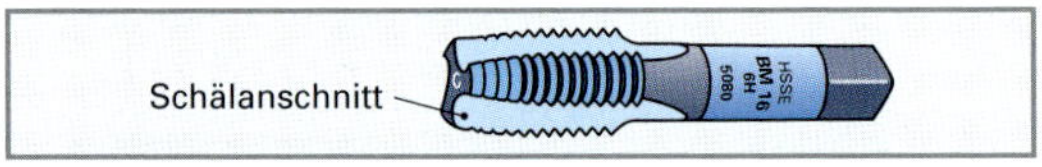

Bild 4: Einschnitt-Gewindebohrer

- **Gewindebohrer für Leichtmetalle (Bild 5).** Sie haben geräumigere Spannuten und größere Spanwinkel.

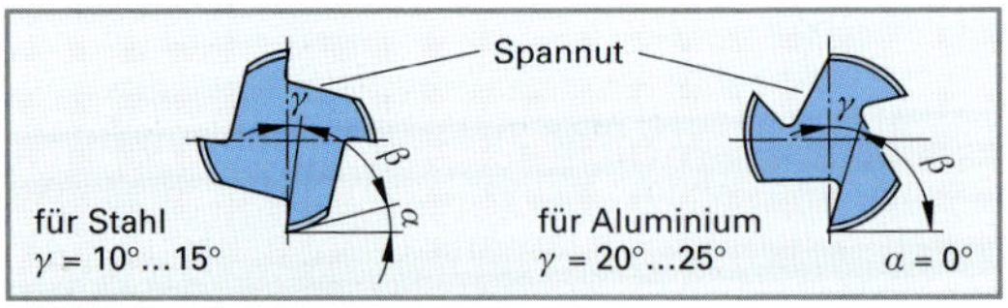

Bild 5: Winkel am Gewindebohrer

Zum Schneiden von Innengewinden müssen die Kernlöcher maßhaltig gebohrt werden. Für metrische ISO-Gewinde (Regel- und Feingewinde) entspricht der Kernlochdurchmesser d_k dem Gewindedurchmesser d minus der Gewindesteigung P **(Tabelle 1)**.

$$d_k = d - P$$

Tabelle 1: Abmessungen in mm für metrische ISO-Gewinde

Gewinde d	M3	M4	M5	M6	M8	M10	M12
Kernloch d_k	2,5	3,3	4,2	5,0	6,8	8,5	10,2
Steigung P	0,5	0,7	0,8	1,0	1,25	1,5	1,75
Bolzen-∅ Außengewinde	2,9	3,9	4,9	5,9	7,9	9,85	11,85

Außengewinde

Beim Schneiden von Außengewinden **(Bild 1)** findet ebenfalls ein Aufschneiden statt. Der Bolzendurchmesser muss deshalb etwas kleiner sein als der Gewindedurchmesser **(Tabelle 1)**.

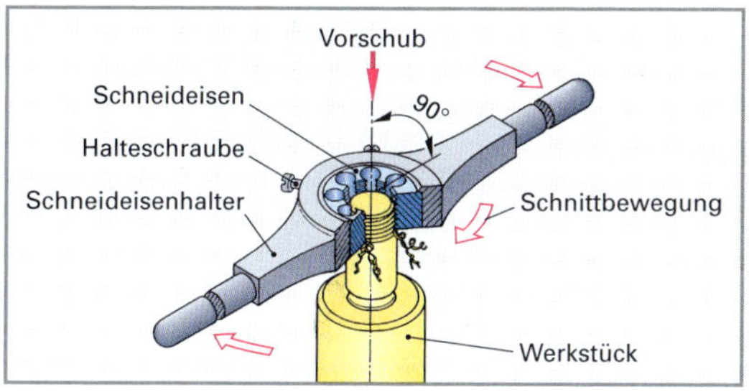

Bild 1: Außengewindeschneiden

Zum geraden Ansetzen des Schneideisens muss der Bolzen mindestens bis auf den Kerndurchmesser angefast werden. Durch die Fase wird gleichzeitig der Gewindeanfang geschützt.

Zum Schneiden von Außengewinden verwendet man:

- **Schneideisen in geschlossener Form (Bild 2)**. Sie schneiden Gewinde in einem Arbeitsgang maßhaltig fertig. Schälanschnitte in Schneideisen erleichtern das Anschneiden und führen die Späne sauber in Arbeitsrichtung ab.
- **Schneideisen in offener, geschlitzter Form (Bild 2)**. Durch Verstellung mittels Spreizschraube oder

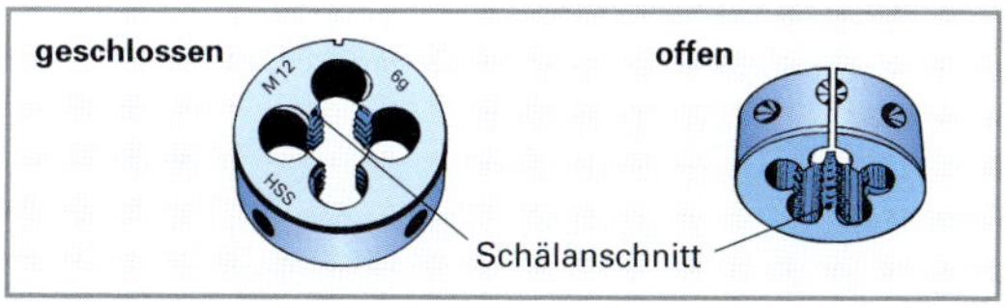

Bild 2: Schneideisen – rund

Druckschraube ist eine Veränderung des Gewindedurchmessers innerhalb enger Toleranzen möglich.

- **Schneideisen in Sechskantform (Bild 3)**. Sie dienen zum Nachschneiden beschädigter Gewinde oder zum Gewindeschneiden an schwer zugänglichen Stellen, da sie mit Schraubenschlüsseln oder Ratschen bewegt werden können.

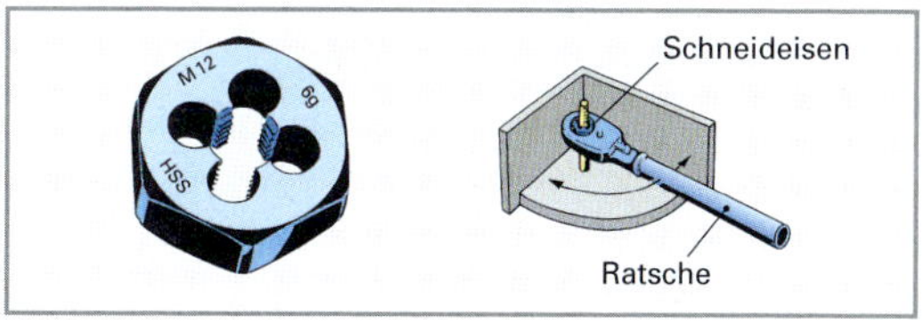

Bild 3: Schneideisen – Sechskant

Schmiermittel beim Gewindeschneiden

(Tabelle 2)

Um die Oberflächengüte der Gewinde zu erhalten, müssen geeignete Schmiermittel verwendet werden.

Tabelle 2: Kühlschmierstoffe für das Gewindeschneiden

Kühlschmierstoffe	Werkstoff (Auswahl)
Schneidöl	Stahl, Ti; Ti-Legierungen
wassermischbare Kühlschmierstoffe	Grauguss, Cu; Cu-Legierungen, Al, Al-Legierungen, Zink

Arbeitsregeln

- Gewindekernloch beidseitig auf Gewindeaußendurchmesser ansenken. Gewindebolzen auf Kerndurchmesser anfasen.
- Gewindeschneidwerkzeuge beim Anschneiden senkrecht ansetzen. Rechtwinkligkeit weiter kontrollieren.
- Nach Möglichkeit Gewindeschneidwerkzeuge nicht zurückdrehen, da häufiges Abscheren der Späne und Neuanschneiden zu vorzeitiger Abstumpfung führen. Werkzeugbruchgefahr!
- Geeigneten Kühlschmierstoff ausreichend verwenden.

WIEDERHOLUNGSFRAGEN

1 **Welche Werkzeuge werden zum Gewindeschneiden benötigt?**

2 **Welche Gewindebohrerarten werden verwendet?**

3 **Was versteht man unter Aufschneiden bei der Gewindeherstellung?**

4 **Wie lässt sich der Kernlochdurchmesser für das Schneiden bei Innengewinden ermitteln?**

5 **Wie muss bei Außengewinden der Bolzendurchmesser im Vergleich zum Gewindedurchmesser sein?**

7.4.3 Grundlagen der spanenden Formung mit Werkzeugmaschinen

Werkzeugmaschinen für spanende Formung können ebene, zylindrische, kegelige und gekrümmte Flächen bearbeiten.

Um eine bestimmte Fläche zu erhalten, sind Werkstück und Werkzeug entsprechend zueinander zu bewegen.

Bewegungen an Werkzeugmaschinen (Bild 1)

Drei verschiedene Bewegungen werden unterschieden:

- Haupt- oder Schnittbewegung
- Vorschubbewegung
- Zustellbewegung.

Haupt- oder Schnittbewegung v_c. Sie wird entweder vom Werkzeug oder vom Werkstück ausgeführt.

Die Schnittgeschwindigkeit v_c ist die Geschwindigkeit mit der die Spanabnahme erfolgt.

Die Schnittgeschwindigkeit wird allgemein in m/min, beim Schleifen jedoch in m/s angegeben.

Vorschubbewegung v_f. Sie kann manuell (von Hand) oder zwangsläufig durch die Maschine erfolgen.

Die Vorschubgeschwindigkeit v_f (mm/min) ist die Geschwindigkeit, mit der sich Werkstück und Werkzeug beim Spanen aufeinander zu bewegen.

Vorschub *f* ist der Weg des Werkzeugs z.B. beim Bohren, Schleifen, Fräsen oder der Weg des Werkzeugs bei einer Umdrehung des Werkstücks, z.B. beim Drehen.

Zustellbewegung a_p, a_e. Sie ist die Bewegung zwischen Werkstück und Werkzeug, welche die Dicke des abzunehmenden Spanes bestimmt.

Schnittgeschwindigkeit, Vorschubgeschwindigkeit und Zustellbewegung hängen ab von ...

- ... dem Arbeitsverfahren und der Bauart der Maschine.
- ... dem zu zerspanenden Werkstoff.
- ... dem Schneidstoff des Werkzeugs.
- ... der geforderten Oberflächengüte.
- ... der Kühlung und Schmierung der Werkzeugschneide.
- ... der geforderten Standzeit des Werkzeugs.

Spanbildung (Bild 2)

Bei jeder spanenenden Formgebung wird durch den eindringenden Schneidkeil der Werkzeugschneide der Werkstoff gestaucht, getrennt und dann als Span über die Spanfläche abgeführt.

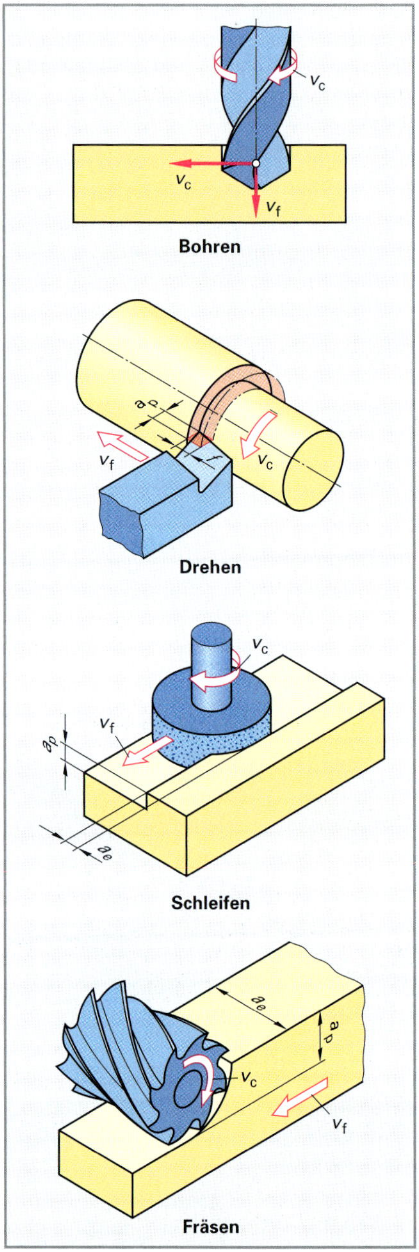

Bild 1: Bewegungen an Werkzeugmaschinen

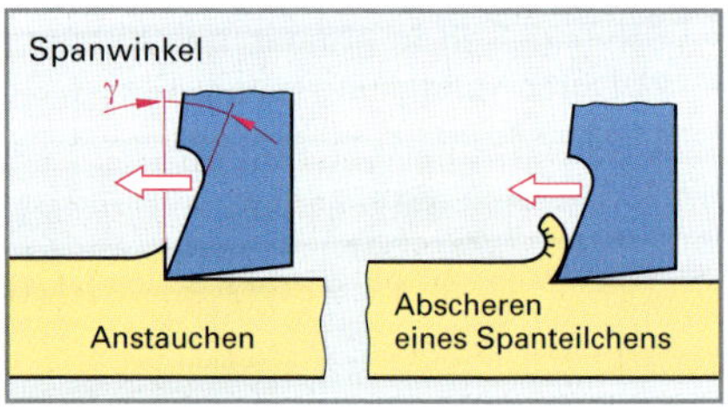

Bild 2: Spanbildung

Spanarten (Bild 1)

Reißspäne entstehen bei spröden Werkstoffen, z.B. Grauguss, kleinen Spanwinkeln, niedrigen Schnittgeschwindigkeiten und großer Schnitttiefe. Die Oberfläche wird dabei rau und nicht maß- und formgenau.

Scherspäne entstehen bei mittlerem Spanwinkel, zähen Werkstoffen und niedrigen Schnittgeschwindigkeiten. Diese Späne bröckeln schuppenartig ab, verschweißen teilweise miteinander und bilden meist kurze Spanlocken. Sie sind für den Arbeitsablauf nicht hinderlich.

Fließspäne entstehen bei großem Spanwinkel, zähen Werkstoffen, großer Schnittgeschwindigkeit und kleiner bis mittlerer Schnitttiefe. Es werden glatte Werkstückoberflächen mit hoher Oberflächengüte erzielt. Sie sind deshalb anzustreben. Lange, zusammenhängende Fließspäne können den Arbeitsablauf z.B. bei Drehautomaten behindern.

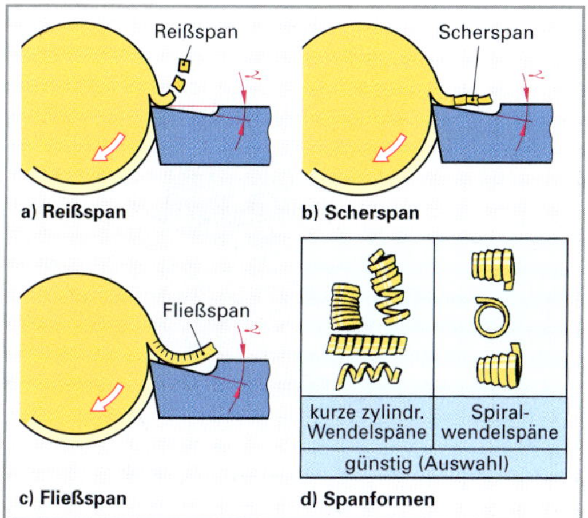

Bild 1: Spanarten, Spanformen

Aufbauschneide (Bild 2). Sie bildet sich beim Spanungsvorgang auf der Spanfläche des Werkzeugs. Die Aufbauschneide kann bei zu kleiner Schnittgeschwindigkeit, ungenügender Kühlschmierung oder zu rauer Spanfläche des Werkzeugs entstehen. Die Ablagerung von Werkstoffteilchen verändert die Winkel am Schneidkeil ungünstig und verursacht eine raue Werkstückoberfläche. An Oxidkeramik- oder Diamantwerkzeugen bildet sich keine Aufbauschneide.

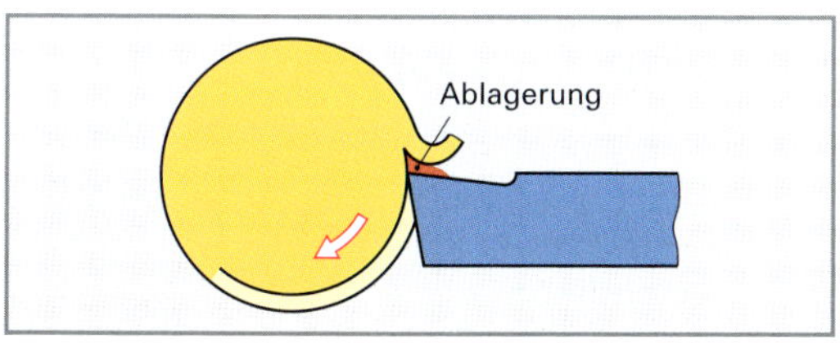

Bild 2: Aufbauschneide

Kühlung und Schmierung beim Spanen

Bei der spanenden Formgebung entsteht an der Werkzeugschneide und in der Werkstückrandzone durch Reibung Wärme. Erfolgt beim Spanen keine ausreichende Kühlschmierung, so können am Werkzeug und in der Randzone des Werkstückes Temperaturen von über 1000 °C entstehen.

Mögliche Folgen aufgrund nicht ausreichender Kühlschmierung:

- Vorzeitiger Werkzeugverschleiß
- Maßabweichungen
- verminderte Oberflächengüte
- Rissbildung in der Werkstückrandzone
- Minderung der Festigkeit.

Bei spanenden Fertigungsverfahren werden u.a. abhängig von der Schnittgeschwindigkeit nichtwassermischbare, z.B. Schneidöle mit Zusätzen, und wassermischbare Kühlschmierstoffe, z.B. Bohröl mit Wasser (Kühlschmieremulsion) verwendet.

Niedrige Schnittgeschwindigkeit → geringe Kühlwirkung erforderlich → nichtwassermischbare Kühlschmierstoffe, z.B. Gewindeschneiden.

Hohe Schnittgeschwindigkeit → große Kühlwirkung erforderlich → wassermischbare Kühlschmierstoffe, z.B. Bohren, Drehen, Fräsen.

Entsorgung. Verbrauchte Kühlschmierstoffe sind als Sondermüll zu behandeln.

Wiederholungsfragen

1. **Welche Bewegungen werden beim Spanen von Werkzeugmaschinen unterschieden?**
2. **Was versteht man unter Schnitt- und Vorschubgeschwindigkeit?**
3. **Welche Folgen kann mangelnde Kühlschmierung beim maschinellen Spanen haben?**

7.4.3.1 Fräsen

Fräsen ist ein maschinell spanendes Fertigungsverfahren mit geometrisch bestimmten Schneiden. Dabei werden mit mehrschneidigen rotierenden Werkzeugen ebene und gekrümmte Flächen hergestellt.

Anwendungen. Z.B. bei Herstellung von: Zahnrädern, Planflächen **(Bild 3)**, räumlichen Flächen (Freiformfräsen) und schraubenförmigen Flächen.

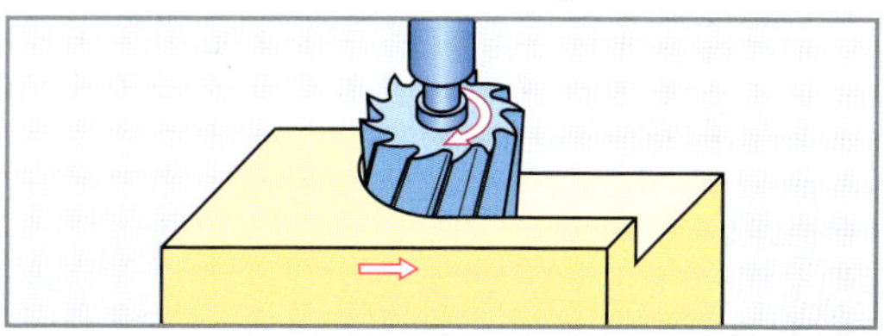

Bild 3: Stirnfräsen mit Walzenstirnfräser

7.4.3.2 Bohren

Bohren ist in der Metalltechnik ein maschinelles Spanen mit geometrisch bestimmten Schneiden und überwiegend mehrschneidigen Werkzeugen zur Herstellung von zylindrischen Löchern (Bohrungen).

Spiralbohrer (Bild 1). Er ist das meist verwendete Bohrwerkzeug. Seine Vorteile sind:

- Günstige Winkel an den Schneiden
- Gute Einspannmöglichkeit
- Gleichbleibender Durchmesser beim Nachschleifen
- Selbsttätige Spanabfuhr
- Gute Zufuhr von Kühlschmierstoff

7

Bohrvorgang. Die Haupt- bzw. Schnittbewegung ist eine Drehbewegung, die meist der Bohrer ausführt. Gleichzeitig wird der Bohrer in axialer Richtung gegen das Werkstück bewegt (Vorschub). Daraus ergibt sich eine kontinuierliche Spanbildung. Die Schnittgeschwindigkeit hängt im Wesentlichen vom Werkstoff des Werkstücks und vom Schneidstoff des Bohrers ab. Der Vorschub ist vom Bohrerdurchmesser, vom zu bearbeitenden Werkstoff und vom Bohrverfahren abhängig.

Schneidengeometrie des Spiralbohrers (Bild 2)

Hauptschneiden. Zwei schraubenförmige Spannuten bilden an der Bohrerspitze die Hauptschneiden. Sie übernehmen die eigentliche Zerspanungsarbeit.

Nebenschneiden. Sie werden durch die Spannuten am Schneidkeil gebildet und glätten die Bohrung.

Querschneide. Sie erschwert den Spanungsvorgang, da sie nicht schneidet, sondern schabt.

Führungsfasen. Sie bewirken eine sichere Führung des Bohrers in der Bohrung. Außerdem vermindern sie die Reibung und somit die Gefahr des Klemmens des Bohrers in der Bohrung.

Spitzenwinkel. Er wird von den Hauptschneiden gebildet und ist abgestimmt auf den zu bearbeitenden Werkstoff. Für die Bearbeitung von Stahl, Stahlguss, Gusseisen, Temperguss beträgt er 118°.

Freiwinkel. Er ergibt sich durch Hinterschleifen der Hauptschneiden. Der Freiwinkel ermöglicht das Eindringen des Bohrers in den Werkstoff. Bei einem Spitzenwinkel von 118° ergibt sich bei richtigem Hinterschliff ein Querschneidenwinkel von 55°. Dies entspricht dem richtigen Freiwinkel für die Bearbeitung von Stahl.

Seitenspanwinkel γ. Es ist der Winkel der Spanflächen (Spannuten) mit der Achse des Bohrers. Der Seitenspanwinkel kann durch Schleifen des Bohrers nicht geändert werden. Bei Spiralbohrern der **Typen N, H, und W (Tabelle 1)** hat der Seitenspanwinkel je nach Bohrerdurchmesser und zu bearbeitendem Werkstoff eine bestimmte Größe. Für die Bearbeitung von z.B. Stahl oder Gusseisen eignet sich ein Seitenspanwinkel von 19° ... 40°.

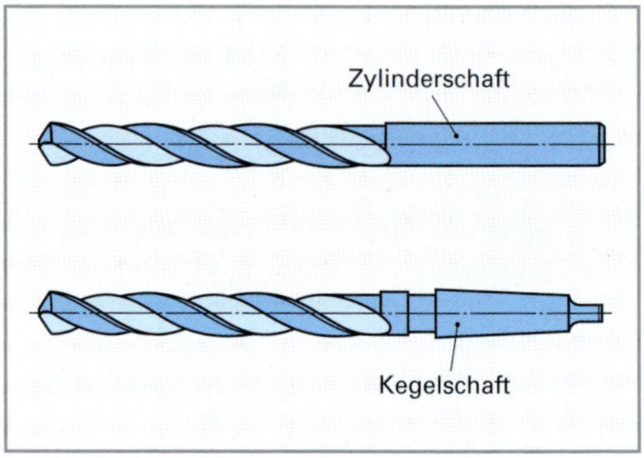

Bild 1: Spiralbohrer mit Zylinder- und Kegelschaft

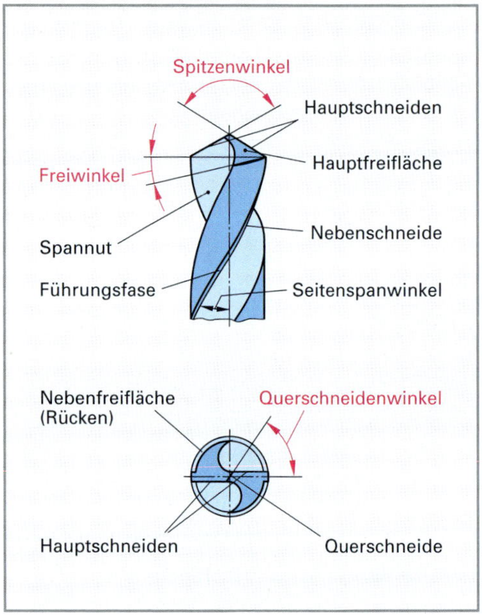

Bild 2: Schneidengeometrie des Spiralbohrers

Tabelle 1: Seitenspanwinkel

Bohrertyp		
N	H	W
118° 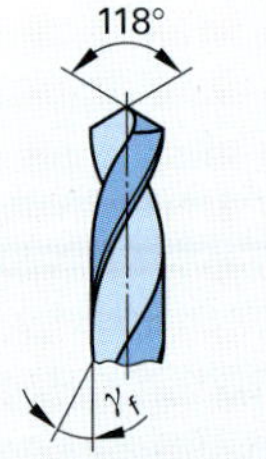 γ = 19°...40°	118° 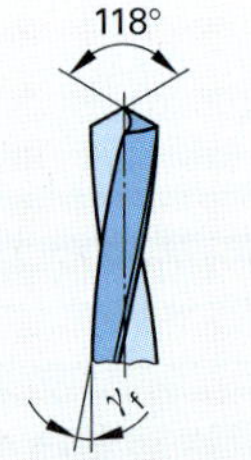 γ = 10°...19°	130° 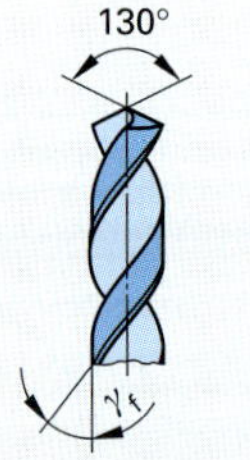 γ = 27°...45°
normalharte	harte und zähharte	weiche und zähe
metallische Werkstoffe		

Schleifen beim Spiralbohrer

Zum genauen Schleifen der Bohrerschneiden verwendet man Bohrer-Schleifvorrichtungen.

Fehler beim Schleifen von Hand (Tabelle 1)

- Schneiden ungleich lang
- Spitzenwinkel ungleich
- Freiwinkel zu groß, zu klein

Folgen dieser Fehler

- Zu große Bohrungsdurchmesser
- Verkürzte Bohrerstandzeit

Um diese Fehler zu vermeiden muss der Anschliff des Bohrers mit der Schleiflehre geprüft werden. Bei zu großem Freiwinkel brechen die Schneidkanten des Bohrers aus, da der Werkzeugkeil geschwächt wird. Bei zu kleinem Freiwinkel ist die Reibung zwischen Bohrerfreifläche und Werkstück zu groß, der Bohrer glüht aus. Bohrungen über 15 mm Durchmesser können ggf. vorgebohrt werden, da aufgrund der Querschneide eine zu große Vorschubkraft erforderlich ist. Aus diesem Grund werden häufig Bohrer ausgespitzt, d. h. die Querschneidenlänge wird auf rd. 1/10 des Bohrerdurchmessers verkürzt.

Bohrmaschinen

Handbohrmaschinen eignen sich für Bohrungen, für die eine geringe Genauigkeit erforderlich ist. Sie sind meist mit einem Dreibackenbohrfutter ausgerüstet.

Elektrische Handbohrmaschinen dürfen nur in einwandfreiem Zustand benutzt werden. Beschädigte Kabel, Stecker oder Gehäuse sind tödliche Gefahren.

Tisch- und Säulenbohrmaschinen **(Bild 1)** eignen sich für Bohrarbeiten mit hoher Genauigkeit und großer Zerspanungsleistung.

Spannen der Bohrer (Bild 2)

Kleine Bohrer bis etwa 12 mm Durchmesser haben meist einen zylindrischen Schaft und werden in Dreibackenbohrfuttern, Spannzangen oder Klemmhülsen gespannt. Größere Bohrer haben in der Regel einen kegeligen Schaft. Sie werden mit dem Innenkegel der Bohrspindel durch axiales Einschieben kraftschlüssig verbunden. Ein Austreiber ist zum Lösen des Bohrers aus der Bohrspindel erforderlich.

Spannen der Werkstücke

Es ist sorgfältig durchzuführen. Dabei ist darauf zu achten, dass die Werkstücke, z. B. Bleche, vom Bohrwerkzeug nicht mitgerissen werden können. Beim Austritt des Bohrers aus der Bohrung hakt dieser leicht ein, dadurch können Unfälle entstehen. Kleinere Werkstücke spannt man in den Maschinenschraubstock **(Bild 1)**.

Tabelle 1: Schleiffehler

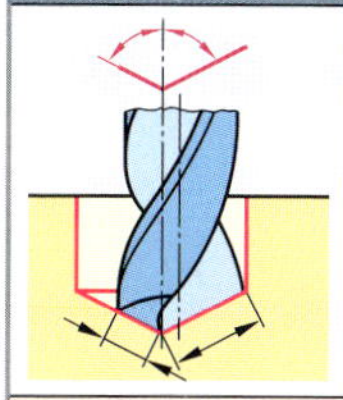	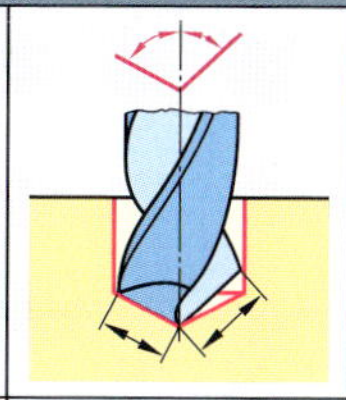	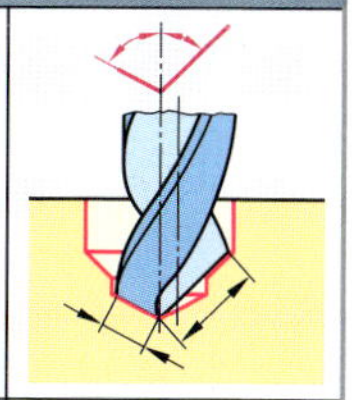
Schneiden ungleich lang	Spitzenwinkel ungleich	Schneiden und Spitzenwinkel ungleich
Bohrung zu groß	Nur eine Schneide schneidet, sie stumpft schnell ab.	Bohrungen zu groß, Schneiden stumpfen schnell ab.

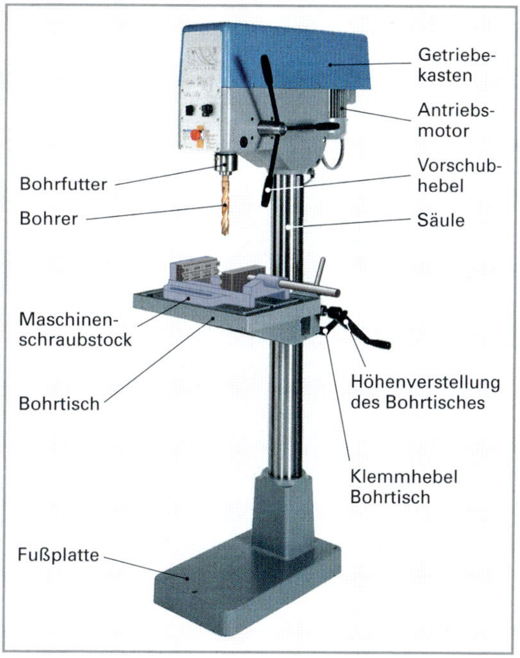

Bild 1: Säulenbohrmaschine

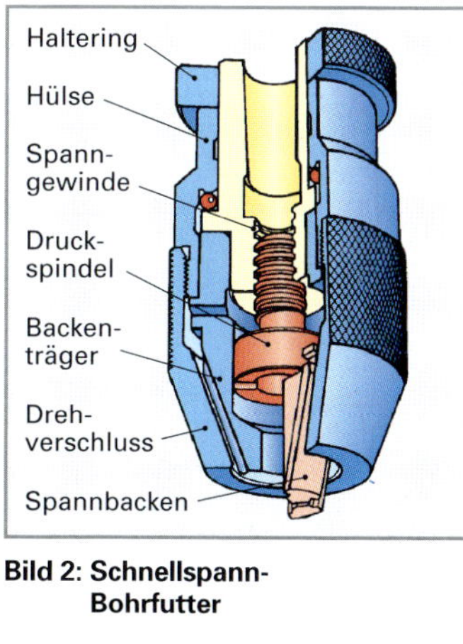

Bild 2: Schnellspann-Bohrfutter

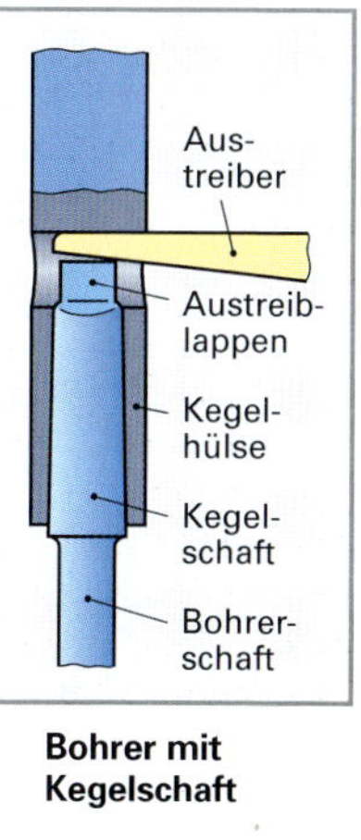

Bohrer mit Kegelschaft

Arbeitsregeln

- Auf größte Sauberkeit bei Aufnahmekegeln, Reduzierhülsen und Bohrerschäften achten.
- Bohrer nicht mit Gewalt in das Bohrfutter zwängen.
- Auf festen Sitz und genauen Rundlauf des Bohrers achten.
- Eingespannte Bohrer nicht durch Schlagen ausrichten.
- Bohrer mit kegeligem Schaft nicht im Bohrfutter spannen.
- Bohrmitte ankörnen, gegebenenfalls vorbohren.
- Beim Bohren für festen Halt des Werkstückes sorgen.
- Richtigen Bohrertyp mit korrektem Anschliff wählen. Auf richtige Schnitt- und Vorschubgeschwindigkeit achten.
- Geeignetes Kühlschmiermittel verwenden.

Unfallverhütung

- Arbeitskleidung tragen, die gut anliegt und enge Ärmel hat.
- Kopfbedeckung bei langen Haaren tragen, z.B. Haarnetz.
- Bohrfutterschlüssel oder Austreiber aus der Bohrspindel sofort nach Gebrauch entfernen.
- Beim Bohren spröder Werkstoffe eine Schutzbrille tragen.
- Werkstücke gegen Mitreißen sichern.
- Alle Schutzvorrichtungen müssen beim Arbeiten angebracht sein.
- Bohrspäne mit einem Pinsel entfernen oder absaugen.
- Riemen dürfen nur beim Stillstand der Maschine umgelegt werden.
- Schäden an der elektrischen Anlage sofort von einem Elektriker instandsetzen lassen (nicht selbst reparieren).

7.4.3.3 Senken

Senken ist ein Sonderbohrverfahren zur Erzeugung von senkrecht zur Drehachse liegenden Planflächen oder Kegelflächen in bereits vorhandenen Bohrungen. Dabei soll die Schnittgeschwindigkeit kleiner als beim Bohren gewählt werden.

Senkerarten und ihre Verwendung

Flachsenker haben einen festen oder auswechselbaren Führungszapfen, um das Werkzeug in der Bohrung zu führen. Flachsenker zum **Planeinsenken (Bild 1)** werden z. B. zur Herstellung von zylindrischen Einsenkungen für Schraubenköpfe mit Innensechskant, TORX oder Kreuzschlitz verwendet.

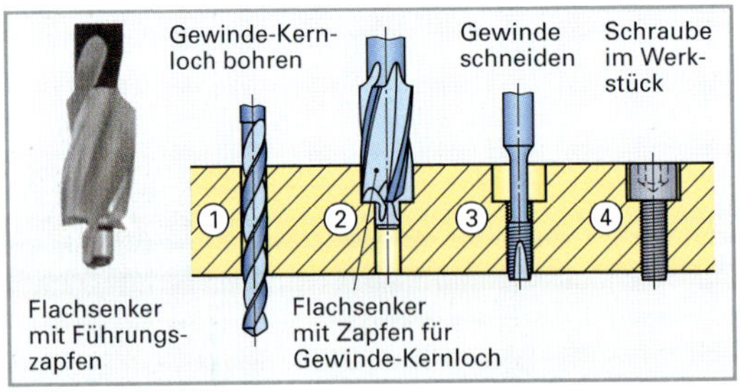

Bild 1: Flachsenker zum Planeinsenken mit Zapfen für Gewindekernloch

Kegelsenker (Bild 2) sind ein-, drei- oder vielschneidig. Es gibt sie mit und ohne Führungszapfen. Diese Senker werden zum Entgraten von Bohrungen und zum Erzeugen kegeliger Profilsenkungen für Niet- und Schraubenköpfe verwendet. Ihre Spitzenwinkel sind genormt, z. B.

- 60° zum Entgraten
- 90° für Senkschrauben und für Innengewinde
- 75° für Nietköpfe
- 120° für Blechniete

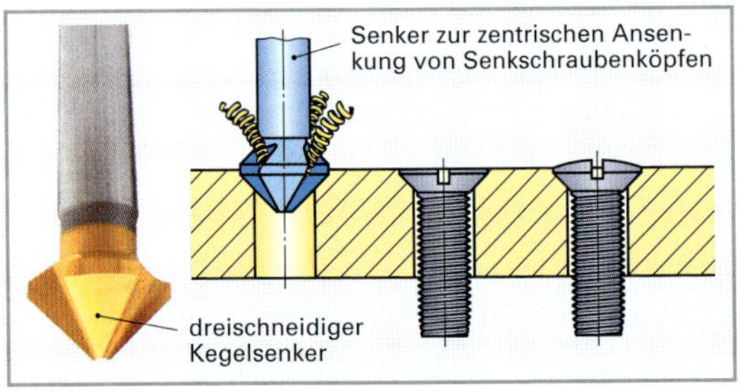

Bild 2: Kegelsenker zum Profilsenken

Wiederholungsfragen

1. **Wie groß sind Spitzen-, Querschneiden- und Seitenspanwinkel für das Bohren von Stahl?**
2. **Welcher Schleiffehler an den Bohrerschneiden bewirkt, dass die Bohrung zu groß wird?**
3. **Geben Sie mögliche Ursachen für das Ausglühen von Bohrern an.**
4. **Worauf ist beim Spannen der Bohrwerkzeuge und Werkstücke zu achten?**
5. **Weshalb muss beim Bohren spröder Werkstoffe eine Schutzbrille getragen werden?**
6. **Welche Winkel haben Kegelsenker?**

7.4.3.4 Drehen

> Drehen ist ein maschinell spanendes Fertigungsverfahren mit geometrisch bestimmter Schneide. Mit einem einschneidigen Werkzeug werden dabei runde oder ebene Flächen hergestellt.

Einteilung der Drehverfahren

Sie erfolgt nach der …

- … Lage der Bearbeitungsflächen in Außen- und Innendrehen **(Bild 1)**.
- … Vorschubrichtung in Längsdrehen (Runddrehen) und Querdrehen (Plandrehen) **(Bild 2)**.
- … erzeugten Fläche in Runddrehen, Plandrehen, Profildrehen, Formdrehen, Gewindedrehen.

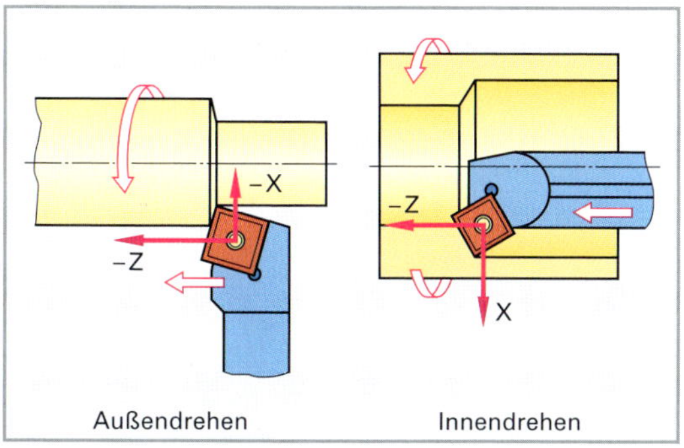

Bild 1: Lage der Bearbeitungsflächen

Bewegungsvorgänge beim Drehen (Bild 2)

Schnittbewegung. Sie erfolgt durch das in der Drehmaschine eingespannte Werkstück, das eine Drehbewegung ausführt. Aus dem Durchmesser und der Drehzahl ergibt sich die Schnittgeschwindigkeit. Bei der Wahl der Schnittgeschwindigkeit sind zu berücksichtigen

- Werkstoff
- Kühlschmierung
- Schneidstoff
- Oberflächengüte

Vorschubbewegung. Sie erfolgt beim Längsdrehen in der Z-Achse (Werkstückachse), beim Querdrehen in X-Achse (quer zur Werkstückachse). Der **Vorschub *f*** wird in mm je Umdrehung angegeben.

Zustellbewegung. Sie erfolgt beim Längsdrehen in der X-Achse, beim Querdrehen in der Z-Achse. Die **Schnitttiefe *a*** entspricht der Zustellung des Drehmeißels.

> Durch das Zusammenwirken von Schnittbewegung und Vorschubbewegung bei vorgegebener Zustellung entsteht ein Span mit dem Spanungsquerschnitt *A*.

Spanungsquerschnitt *A* (Bild 2). Er ist das Produkt aus dem Vorschub *f* und der Schnitttiefe *a*. Bei großen Spanabnahmen muss in mehreren Stufen gedreht werden, z.B. erst Schruppen, dann Schlichten.

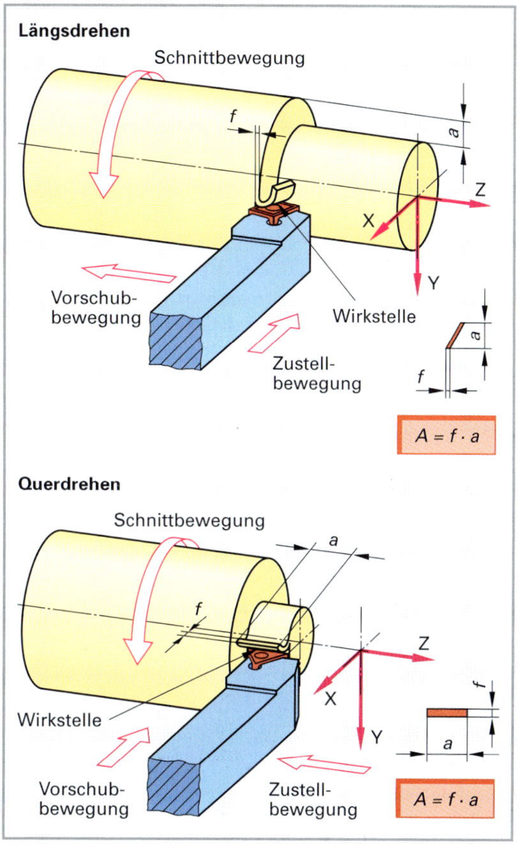

Bild 2: Bewegungsvorgänge beim Drehen

Formen der Drehmeißel (Bild 3). Man unterscheidet nach

- Schneidrichtung (**R** rechtsschneidend, **L** linksschneidend, **N** neutral)
- Lage der Eingriffsstelle – Außen- und Innendrehmeißel **(Bild 1)**

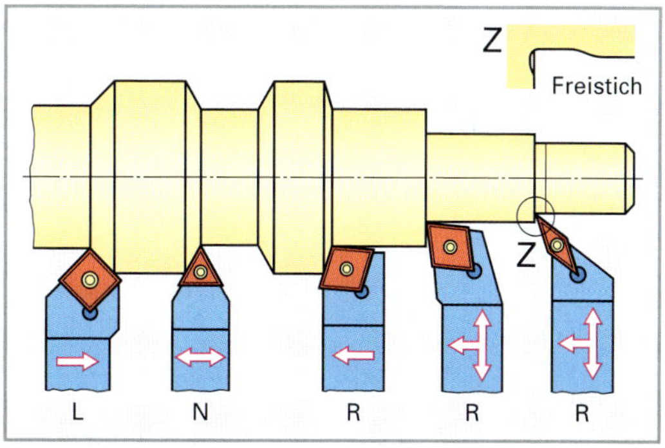

Bild 3: Außendrehmeißel

Schneidengeometrie am Drehmeißel

Winkel und Flächen (Bild 1). Der Drehmeißel entspricht in seiner Grundform einem Keil mit Freiwinkel α, Keilwinkel β und Spanwinkel γ. Der Span wird an der Schnittfläche des Werkstücks durch den Drehmeißel abgenommen.

Haupt- und Nebenschneide. Die Hauptschneide weist zur Vorschubrichtung. Sie bewirkt das eigentliche Spanen. Haupt- und Nebenschneide bilden eine gerundete Schneidenecke. Sie wirkt sich auf die Tiefe der entstehenden Riefen aus.

Freiwinkel α. Er wird durch die Freifläche und die Tangente an die Schnittfläche begrenzt. Seine Größe bestimmt die Reibung bzw. die Flächenpressung zwischen Werkstück und Drehmeißel.

Keilwinkel β. Er wird von der Freifläche und der Spanfläche gebildet. Seine Größe richtet sich nach dem zu bearbeitenden Werkstoff.

Spanwinkel γ. Er wird von einer horizontalen Ebene durch die Drehachse und der Spanfläche gebildet.

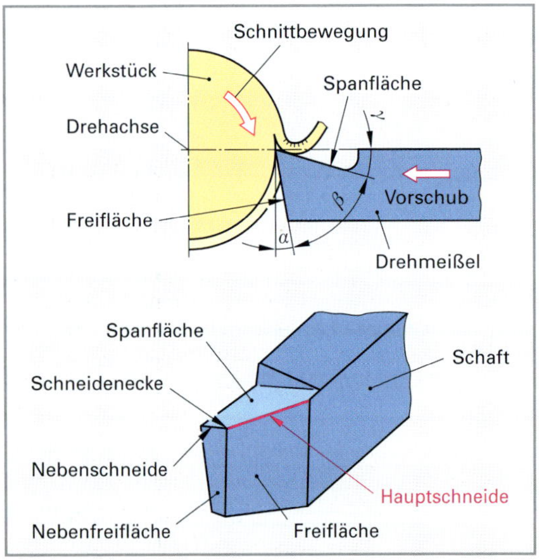

Bild 1: Winkel und Flächen am Drehmeißel

Wendeschneidplatten (Bild 2). Sie besitzen mehrere Schneidkanten, die durch einfaches Drehen bzw. Wenden zum Einsatz gebracht werden können.

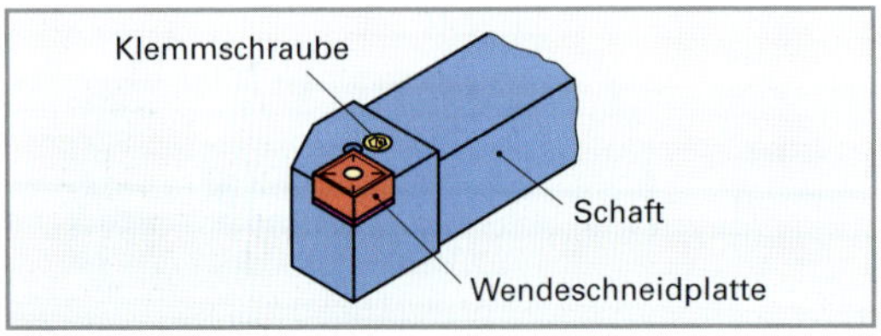

Bild 2: Klemmhalter mit Wendeschneidplatte

Spannen der Drehmeißel

Der Drehmeißel muss möglichst kurz und fest gespannt werden. Die Schneidenecke wird dabei normalerweise auf Werkstückmitte (Höhe der Drehachse) eingestellt. In dieser Einstellung haben Freiwinkel und Spanwinkel ihre richtige Größe.

Spannen der Werkstücke

Drehteile müssen entsprechend ihrer Form auf der Drehmaschine gespannt werden.

Folgende Spannmittel werden dabei verwendet

- Spannfutter
- Spannzange
- Zentrierspitzen
- Planscheibe.

Spannfutter (Bild 3). Es gibt Drei- und Vierbackenfutter. Zylindrische Werkstücke können in beiden Spannfuttern gespannt werden. Mehrkantwerkstücke deren Kantenzahl durch **3** teilbar ist werden im Dreibackenfutter gespannt. Ist die Kantenzahl durch **4** teilbar, so werden sie im Vierbackenfutter gespannt.

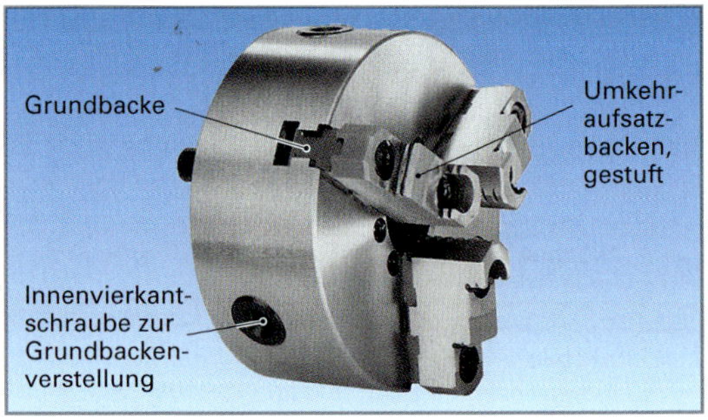

Bild 3: Dreibackenfutter

Arbeitsregeln

- Spannbacken dürfen nicht weit aus dem Spannfutter herausragen.
- Die Spannkraft muss dem Werkstück und der Größe der Zerspankraft angepasst sein.
- Schlüssel des Spannfutters immer sofort abziehen .
- Drehmeißel stets fest, sicher, so kurz wie möglich und auf Werkstückmitte einspannen.
- Der Drehmeißel darf nicht bei laufender Maschine ein- oder ausgespannt werden.

Wiederholungsfragen

1. **Wie ist die Vorschubrichtung beim Längs- und beim Querdrehen?**
2. **Warum soll der Drehmeißel auf Werkstückmitte eingestellt werden?**
3. **Welche Arbeitsregeln sind beim Drehen zu beachten?**

7.4.3.5 Schleifen

Schleifen ist ein spanendes Fertigungsverfahren mit geometrisch unbestimmten Schneiden **(Bild 1)**.

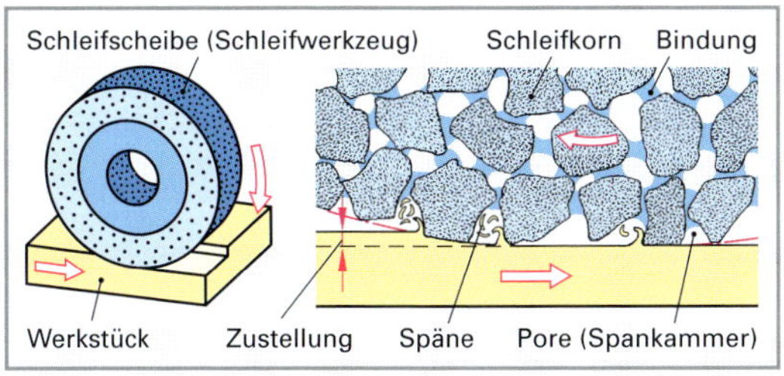

Bild 1: Schleifvorgang

Durch Schleifen lassen sich in der Fertigungstechnik große Maß- und Formgenauigkeit bei hoher Oberflächengüte erreichen. Hauptsächliche Schleifarbeiten im Kraftfahrzeugbereich:

- Trennschleifen, z.B. bei Reparaturarbeiten
- Oberfächenschleifen, z.B. Schwingschleifen
- Planschleifen, z.B. Zylinderkopffläche
- Formschleifen, z.B. Nockenformschleifen
- Scharfschleifen von Werkzeugen, z.B. Spiralbohrer

Schleifkörper. Sie bestehen aus Schleif- und Bindemittel.

Schleifmittel. Die Kennzeichnung erfolgt durch Großbuchstaben. Gebräuchliche Schleifmittel sind: Normalkorund, Halbedelkorund, Edelkorund **(A)**, Siliciumkarbid **(C)**, Bornitrid **(B)** und Diamant **(D)**.

Bindemittel. Man unterscheidet **anorganische** Bindungen, z.B. keramische Bindungen **(V)** und **organische** Bindungen, z.B. Kunstharz **(B)**, Gummi **(R)**, Gummibindung faserstoffverstärkt **(RF)**. Die durch das Bindemittel hervorgerufene Bindung der Schleifkörner wird als Härtegrad bezeichnet. Die Härtegrade werden mit Buchstaben gekennzeichnet (A, B, C, D … X, Y, Z ≙ äußerst weich … äußerst hart).

Für harte Werkstoffe sind Schleifkörper mit weichen Bindungen und für weiche Werkstoffe mit harten Bindungen zu wählen.

Körnungsnummer. Sie entspricht nach US-Norm der Maschenzahl eines Siebes mit 1 Zoll Länge, durch dessen Maschen die Körner gerade noch hindurchfallen. Nach europäischem Standard **(FEPA**-Standard = **F**ederation **E**uropéene de **P**roduits **A**brasifs) wird die Körnung mit **P** und einer **Kennziffer** angegeben.
Beispiel: Körnung zum Feinstschleifen:
P 500 (FEPA-Standard) entspricht einer Körnungsnummer ca. 320...360 nach US-Norm.

Gefügekennziffer (Bild 2). Sie bezeichnet das Verhältnis von Schleifkörnern, Bindung und Porenraum im Schleifkörper. Je größer die Gefügekennziffer, desto offener ist das Gefüge.

Je größer die Spanabnahme, desto offener muss das Gefüge sein.

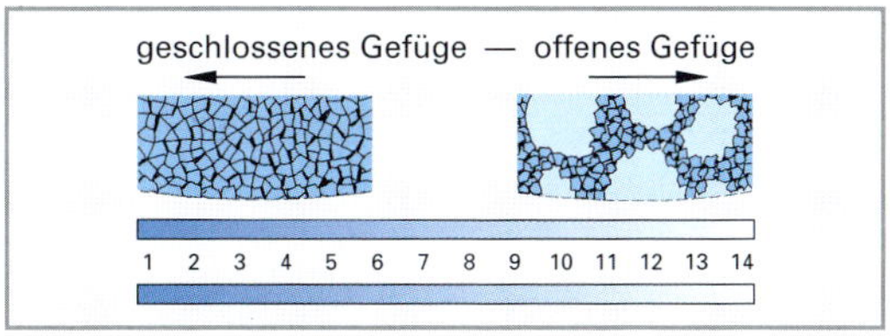

Bild 2: Gefügekennziffer

7.4.3.6 Feinbearbeitung

Bei der Feinbearbeitung von Kfz-Bauteilen können folgende Eigenschaften erreicht werden:

- Geringe Rauigkeiten
- Hoher Traganteil
- Gutes Gleitverhalten
- Hohe Maß-, Form- und Lagegenauigkeit

Die Feinbearbeitung erfolgt mit sehr geringen Vorschüben und geringer Schnitttiefe.

Läppen

Läppen ist eine Feinbearbeitung durch Spanen mit ungebundenen (losen) Schleifkörpern, die geometrisch unbestimmte Schneiden aufweisen.

Beim Läppen wird ein Läppgemisch aus Läppflüssigkeit und Läpp-Pulver (Korund, Silicium- oder Borkarbiden) zwischen Werkstück und Werkzeug gebracht. Unter Druck und ständigem Richtungswechsel werden Werkstück und Werkzeug gegeneinander hin- und herbewegt **(Bild 2)**.

Innenrundläppen (Bild 3). Dabei werden zwei Bauteile bei geringstem Spaltmaß zueinander gepasst, z.B. Pumpenelemente von Einspritzpumpen, Düsenelemente, Schaltventile bei Automatikgetrieben. Die Bauteile können nur paarweise verwendet werden.

Planläppen (Bild 3). Dabei werden Flächen von Bauteilen so fein bearbeitet, dass sie in der Regel ohne zusätzliche Dichtungen ausreichend abdichten, z.B. Zahnradölpumpenfläche.

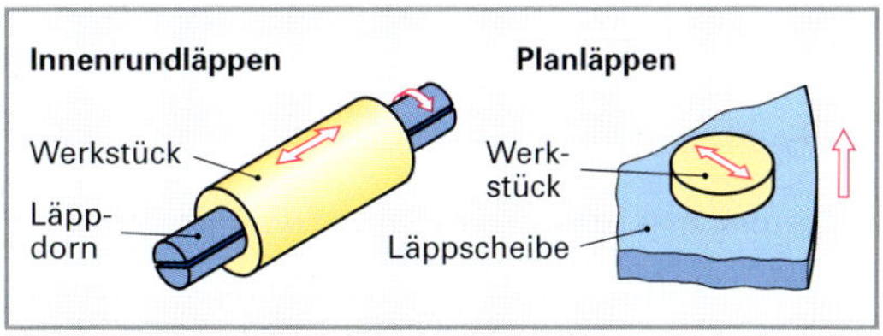

Bild 3: Läppverfahren

Honen (Ziehschleifen)

Honen ist eine Feinbearbeitung durch Spanen mit gebundenen Schleifkörpern, die geometrisch unbestimmte Schneiden aufweisen.

Gehont werden z.B. Hauptzylinder, Radzylinder, Motorzylinder **(Bild1)**. Beim Honen eines Motorzylinders entsteht durch eine Dreh-, Hub-Bewegung des Honwerkzeugs ein Kreuzschliff. Dadurch wird die Haftfähigkeit des Öls an der Zylinderwand verbessert.

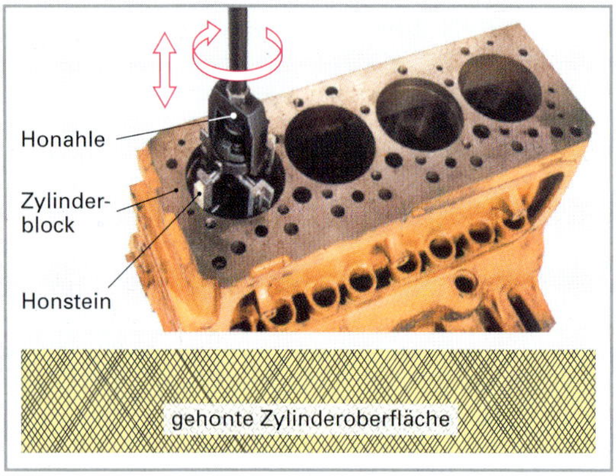

Bild 1: Zylinderhonen

7.4.3.7 Sonderverfahren für die Kraftfahrzeuginstandsetzung

Für die fachgerechte Instandsetzung von Kfz-Teilen werden spezielle Bearbeitungsverfahren mit Sondermaschinen eingesetzt.

Ventilsitzdrehmaschine (Bild 2). Mit ihr können Ventilsitze feingedreht werden. Der Führungsdorn (Pilot) des Ventildrehwerkzeugs muss dazu in der Ventilführung spielfrei und winkelgerecht eingesetzt werden. Mit dem Drehmeißel, der drei Hartmetallschneiden besitzt (Ventilsitzwinkel 45°, Korrekturwinkel 15°, 75°), ist es möglich, mit einer Aufspannung drei Arbeitsgänge auszuführen.

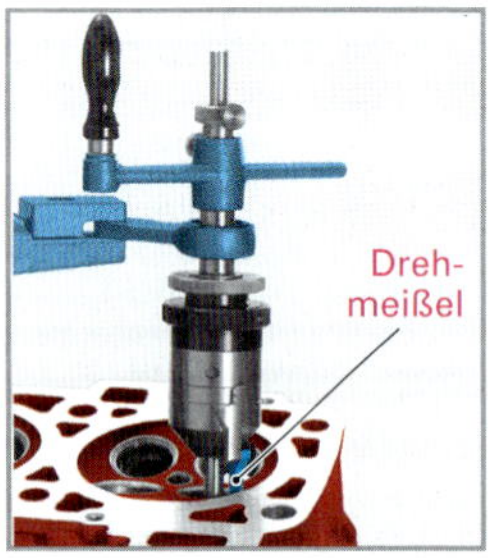

Bild 2: Ventilsitz-drehmaschine

Bild 3: Ventilkegel-drehmaschine

Ventilkegel-Drehmaschine (Bild 3). Mit ihr können Ventilteller feingedreht werden. Das Ventil wird an den federnden Zentrierkegel im Spindelstock gedrückt und gespannt. Die Führung des Ventils erfolgt in einer Lünette. Zustellung und Winkelanstellung erfolgen über den Meißelhalter.

Bremsbelagabdrehmaschine (Bild 4). Mit ihr können Übermaßbremsbeläge in montiertem Zustand auf das gewünschte neue Maß entsprechend dem Bremstrommeldurchmesser rundgedreht werden. Das Gerät wird dazu auf den Achstrichter montiert. Durch das Abdrehen lassen sich folgende Fehler ausgleichen:

- Verzogene Bremsbacken
- Verzug in den Bremsankerblechen
- Abweichungen in der Rundheit der Bremsbeläge

Beim Abdrehen muss der Staub abgesaugt werden.

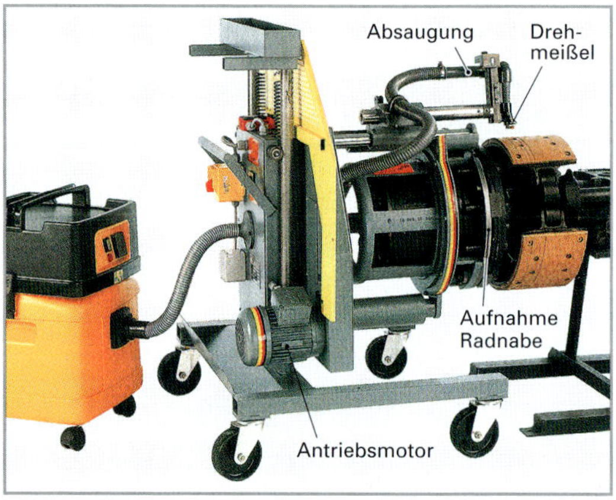

Bild 4: Bremsbelagabdrehmaschine

Zylinderblock- und Zylinderkopf-Schleifmaschine/ Fräsmaschine (Bild 5). Dies sind spezielle Maschinen, die sich zum Bearbeiten von Dichtflächen (Planen) an Zylinderköpfen und Zylinderkurbelgehäusen aus Gusseisen oder Aluminiumlegierung eignen. Eine im Werkzeugkopf eingespannte rotierende Segmentscheibe führt dabei die Schnitt- und Vorschubbewegung aus. Bei Al-Legierungen wird anstelle der Segmentscheibe ein Messerkopf verwendet.

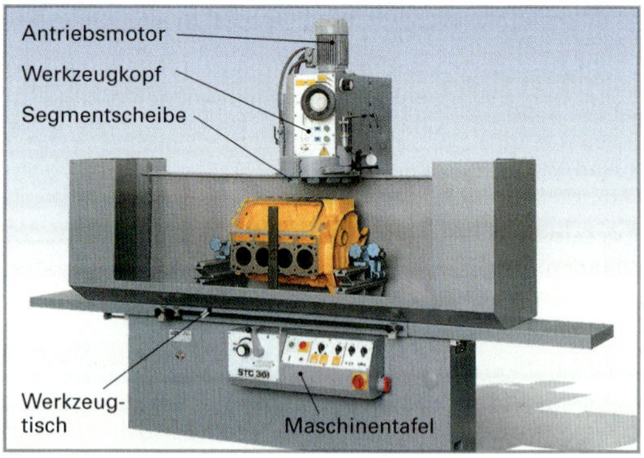

Bild 5: Zylinderblock- und Zylinderkopf-Schleifmaschine/ Fräsmaschine

7.5 Trennen durch Zerteilen

Zerteilen ist ein mechanisches Trennen. Es entsteht dabei ein Werkstückrest in vorher festgelegter Form, ohne dass dabei Späne entstehen. Man unterscheidet dabei Scher- und Keilschneiden.

7.5.1 Scherschneiden

Scherschneiden ist ein spanloses Zerteilen zwischen zwei Schneiden, die sich aneinander vorbei bewegen. Der Werkstoff wird dabei abgeschert.

Scherschneiden wird in Geschlossen-Schneiden und Offen-Schneiden unterteilt.

Geschlossen-Schneiden ergibt eine in sich geschlossene Schnittlinie z.B. bei Herausschneiden (Stanzen) von Bohrungen bei Massenteilen.

Offen-Schneiden ergibt eine offene Schnittlinie. Dabei wird der Werkstoff mit Scheren zerteilt, z.B. beim Abschneiden eines Blechstreifens mit einer Blechschere.

Schneiden mit Scheren

Beim Schneiden mit der Hand- oder der Maschinenschere durchschneiden die Schermesser etwa 7/10 der Werkstoffdicke, der restliche Teil des Querschnittes bricht vollends durch.

Die Schneiden der Schermesser haben einen Spanwinkel von etwa 5°. Dies erleichtert das Eindringen in den Werkstoff. Der Freiwinkel von 1,5° bis 3° verringert die Reibung beim Durchschneiden **(Bild 1)**.

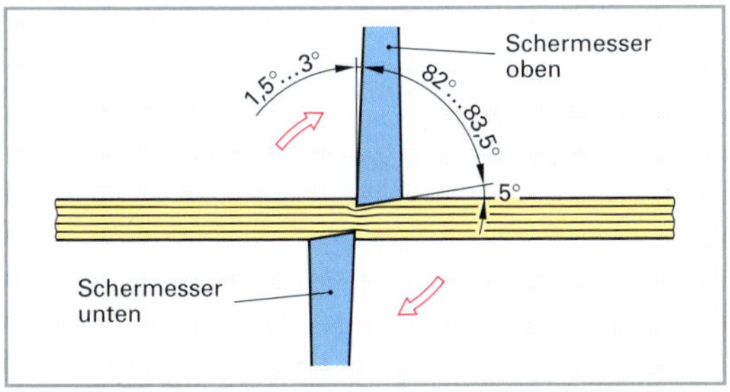

Bild 1: Winkel an den Schermessern

Handblechscheren dienen zum Trennen von Blechen bis maximal 1,8 mm Dicke. Sie werden entsprechend dem Einsatzzweck unterschieden.

Durchlaufblechscheren (Bild 2) werden für lange gerade Schnitte verwendet. Der Drehpunkt der Scherschneiden liegt über dem Blech. Das Blech läuft unterhalb der Hand, es besteht keine Verletzungsgefahr. Zuschnitt und Reststück werden nicht verformt.

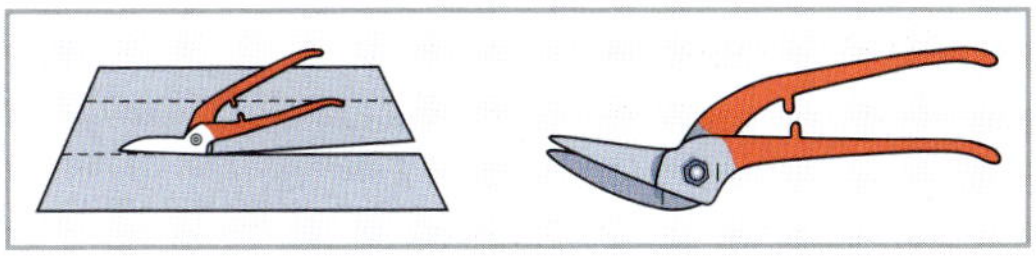

Bild 2: Durchlaufblechschere

Ideal-Blechscheren (Bild 3) werden für Kurvenschnitte und gerade Schnitte verwendet.

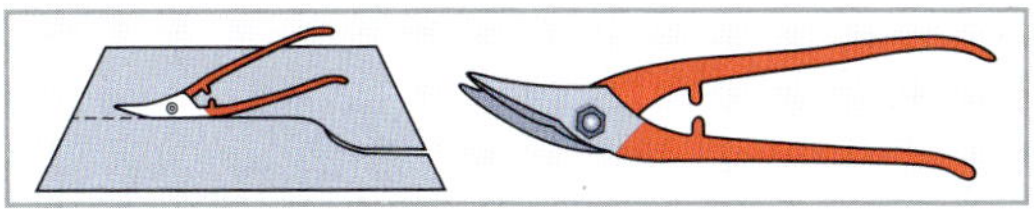

Bild 3: Ideal-Blechschere

Lochblechscheren werden zum Schneiden von Aussparungen verwendet. Das Ausschneiden beginnt meist von einer Bohrung aus.

Knabber-Blechscheren (Bild 4) schneiden dünne Bleche – auch gebogene und gewellte – ohne Deformation der Blechoberfläche. Beim Schneiden entsteht ein schmaler Blechstreifen, der sich spiralenförmig aufrollt. Die Schnittkanten sind sauber und gratfrei. Es lassen sich Figurenschnitte mit engen Radien und rechteckige Ausschnitte ohne Spanbehinderung herausarbeiten.

Bild 4: Knabber-Blechschere

Druckluft-Blechknabber (Bild 5). Er wird in der Karosserie-Instandsetzung für gerade Schnitte und Kurvenschnitte verwendet.

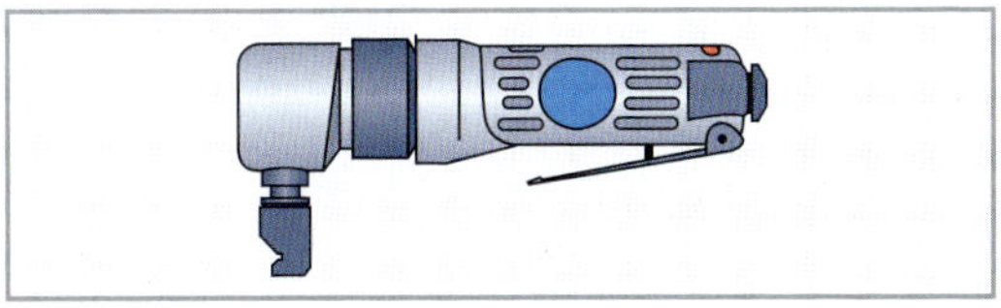

Bild 5: Druckluft-Blechknabber

Hebelblechscheren (Bild 6) schneiden Bleche bis etwa 8 mm Dicke.

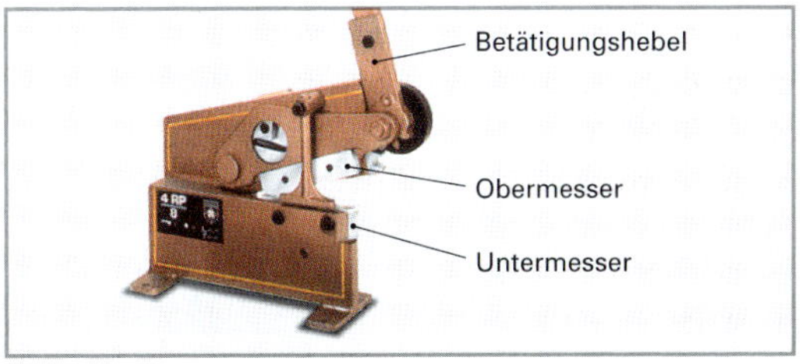

Bild 6: Hebelblechschere

7

7.5.2 Keilschneiden

Keilschneiden ist ein mechanisches, spanloses Zerteilen von Werkstücken mit einer keilförmigen Schneide oder mit zwei keilförmigen Schneiden.

Das Keilschneiden wird unterteilt in
- Messerschneiden mit einer Schneide z.B. mit einem Locheisen
- Beißschneiden mit zwei Schneiden z.B. mit einem Seitenschneider.

Vorgang beim Keilschneiden **(Bild 1)**:
- Vorkerben des Werkstückes durch Eindringen einer oder beider Keilschneiden
- Einkerben und Verdrängen des Werkstoffes
- Auseinanderdrängen und schließlich Zerreißen des Werkstoffes

Der Zerteilvorgang **(Bild 1)** wird allein nur durch den Keilwinkel bestimmt, da immer beide Flächen des Schneidkeils im Eingriff sind. Deshalb ist weder ein Frei- noch ein Spanwinkel vorhanden.

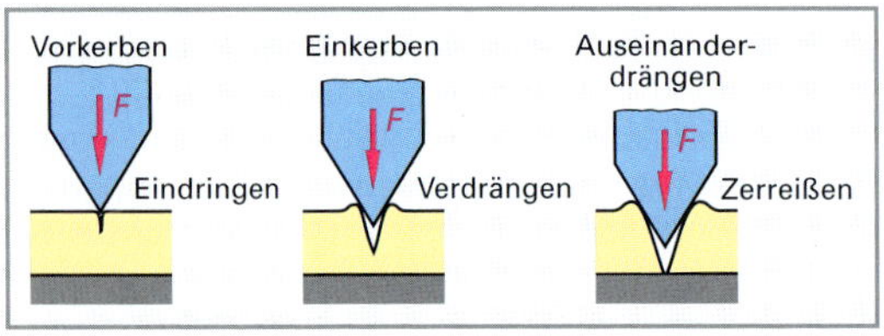

Bild 1: Zerteilvorgang

Für die Keilschneidwerkzeuge gilt:

Keilwinkel	groß	klein
Schlageindringkraft	groß	klein
Trennkraft	klein	groß
Werkzeugstandzeit	groß	klein

Messerschneiden

Einschneidige Werkzeuge zerteilen das Werkstück mit einer keilförmigen Schneide von einer Seite aus. Beim Messerschneiden weicher Werkstoffe wie z.B. Kork dringt die Messerschneide nach dem Zerteilvorgang in die Unterlage ein, deshalb muss die Unterlage aus einer weichen Platte bestehen, damit die Messerschneide nicht beschädigt wird. Einschneidige Zerteilwerkzeuge sind z.B. senkrecht wirkende Flachmeißel und Aushaumeißel, Locheisen, Rohrabschneider **(Bild 2)**.

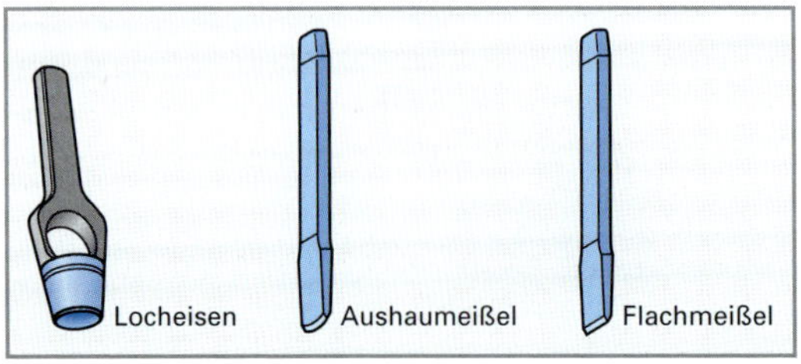

Bild 2: Einschneidige Werkzeuge

Rohrabschneider (Bild 3). Er dient zum rechtwinkligen Abschneiden von Rohren z.B. Bremsleitungen. Beim Drehen der Zustellschraube spannen sich die Tellerfedern, das Schneidrad wird in das Rohr gedrückt. Es zerteilt beim Drehen des Rohrabschneiders durch die Anpresskraft der Tellerfedern das Rohr. Die Regulierung der Federspannung erfolgt über die Zustellschraube.

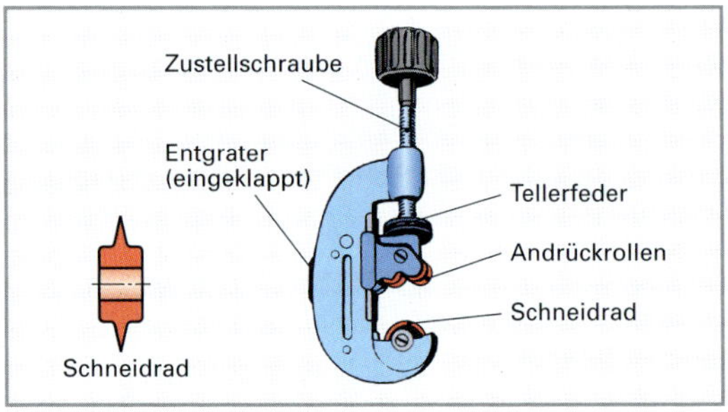

Bild 3: Rohrabschneider

Beißschneiden

Zweischneidige Werkzeuge **(Bild 4)** zerteilen das Werkstück durch die Aufeinanderzubewegung der beiden Keilschneiden. Die Trennung des Werkstückes erfolgt von beiden Seiten aus.

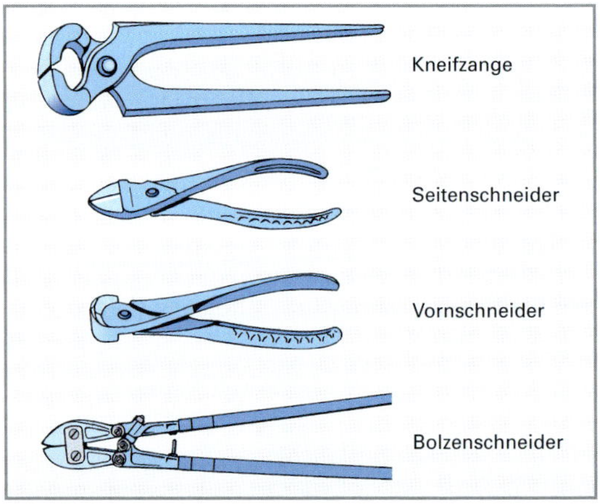

Bild 4: Zweischneidige Werkzeuge

Arbeitsregeln
- Da beim Schneiden von Blechen scharfe Kanten und Grate entstehen, sind Arbeitshandschuhe zu tragen.
- Werkstücke immer entgraten.

WIEDERHOLUNGSFRAGEN
1. **Welcher Unterschied besteht zwischen Scher- und Keilschneiden?**
2. **Für welche Arbeiten werden Durchlaufblechscheren, Ideal-Blechscheren und Knabber-Blechscheren vorwiegend verwendet?**
3. **Welcher Zusammenhang besteht beim Keilschneiden zwischen Keilwinkel und Trennkraft?**

7.6 Fügen

> Fügen ist das Verbinden von zwei oder mehreren Werkstücken miteinander. Dadurch wird der Zusammenhalt an der Verbindungsstelle hergestellt und insgesamt vergrößert.

Bei Kraftfahrzeugen werden je nach den geforderten Eigenschaften Fügeverbindungen wie z.B. Schweiß-, Kleb-, Niet-, Schraub-, Keilwellenverbindungen und Beschichtungen eingesetzt.

7.6.1 Einteilung der Fügeverbindungen

Einteilung nach	Arten, Beispiele
Zusammenhalt	**kraftschlüssig,** z.B. Schraub-, Klemm-, Pressverbindung **formschlüssig,** z.B. Keilwellenverbindung, Passschrauben **vorgespannt formschlüssig,** z.B. Welle –Nabe Verbindung **stoffschlüssig,** z.B. Schweiß-, Klebeverbindung.
Beweglichkeit	**beweglich,** z.B. Schlittenführung **fest,** z.B. Schraub, Schweiß-, Nietverbindung
Lösbarkeit	**lösbar,** z.B. Schraubverbindung **unlösbar,** z.B. Löt-, Niet-Schweißverbindung

Einteilung nach dem Zusammenhalt

Kraftschlüssige Verbindungen sind z.B.

- Schraubverbindungen
- Pressverbindungen
- Klemmverbindungen
- Reibungskupplungen

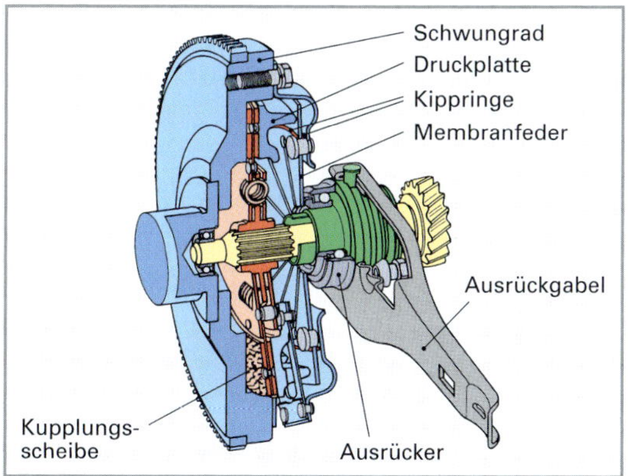

Bild 1: Kraftschlüssige Verbindung

Die Werkstücke werden beim Fügen so aufeinander gepresst, dass die Reibung an den Berührungsflächen ausreicht, um die im Betrieb auftretenden Kräfte zu übertragen. Die Reibungskraft zwischen den Berührungsflächen muss größer sein als die größte im Betrieb auftretende Verschiebekraft.

Beispiel: Einscheibenkupplung (Bild 1). Dabei wird die Kupplungsscheibe von der Kupplungsdruckplatte so gegen das Schwungrad gepresst, dass die Umfangskraft an Schwungrad und Kupplungsdruckplatte sicher auf die Kupplungsscheibe übertragen werden kann.

Formschlüssige Verbindungen sind z.B.

- Stiftverbindungen
- Passfederverbindungen
- Passschraubenverbindungen
- Keilwellenverbindungen

Die Werkstücke werden durch ihre ineinanderpassenden geometrischen Formen so verbunden, dass die auftretenden Kräfte übertragen werden können.

Beispiel: Keilwellenverbindung (Bild 2). Bei dieser Verbindung greifen die Keile des gefrästen Wellenprofils in die Nuten des entsprechenden Nabenprofils und übertragen die Umfangskraft von der Welle auf die Nabe.

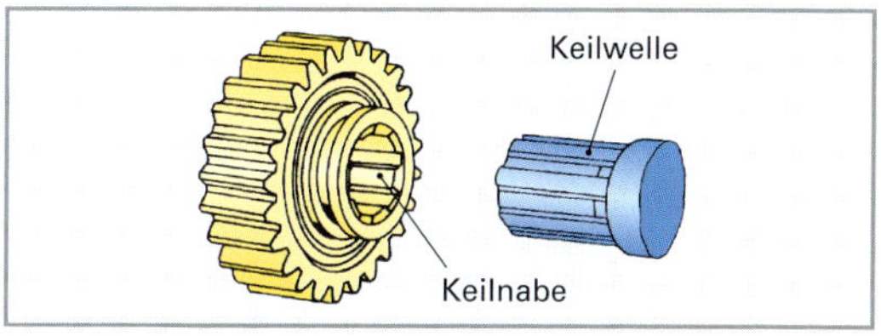

Bild 2: Formschlüssige Verbindung

Vorgespannt formschlüssige Verbindungen sind z.B. eine Wellen-Naben-Verbindung mit Scheibenfedern **(Bild 3).** Hier werden die Teile kraftschlüssig und formschlüssig verbunden. Die auftretenden Kräfte werden zunächst kraftschlüssig durch Reibung an den Berührungsflächen übertragen. Reicht die Haftreibung hierfür nicht mehr aus, ist die Kraftübertragung durch den zusätzlichen Formschluss gewährleistet.

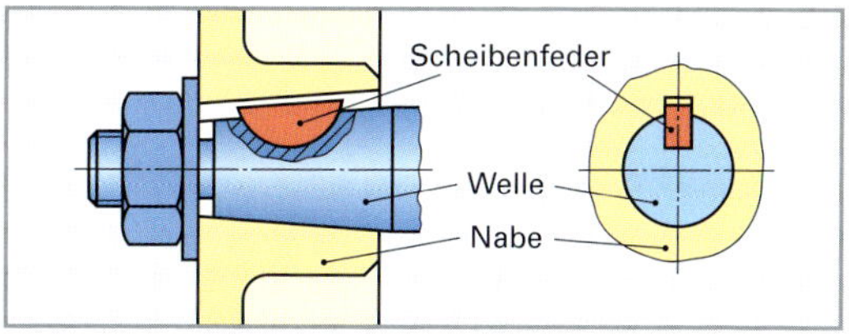

Bild 3: Vorgespannt formschlüssige Welle-Nabe-Verbindung

Stoffschlüssige Verbindungen sind z.B.

- Schweißverbindungen
- Lötverbindungen
- Klebeverbindungen

Die Bauteile sind so verbunden, dass die im Betrieb auftretenden Kräfte durch Kohäsion und Adhäsion übertragen werden.

Kohäsion. Bei Schweißverbindungen sind die Berührungsflächen der gefügten Bauteile miteinander verschmolzen. Bei Lötverbindungen legieren die Fügeflächen der Bauteile mit dem Lot.

Adhäsion. Bei Klebeverbindungen haftet der Kleber an den Fügeflächen der Bauteile.

Einteilung nach der Beweglichkeit

Bewegliche Verbindungen sind z.B.

- Schlittenführungen
- Gewindespindel mit Mutter
- Schiebestück auf Gelenkwelle
- Gelenkgabeln

Dabei können die gefügten Werkstücke ihre Lage zueinander in bestimmten Grenzen verändern **(Bild 1)**.

Feste Verbindungen sind z.B.

- Schraubverbindungen
- Nietverbindungen
- Stiftverbindungen
- Pressverbindungen

Hier können die gefügten Werkstücke ihre Lage zueinander nicht verändern **(Bild 2)**.

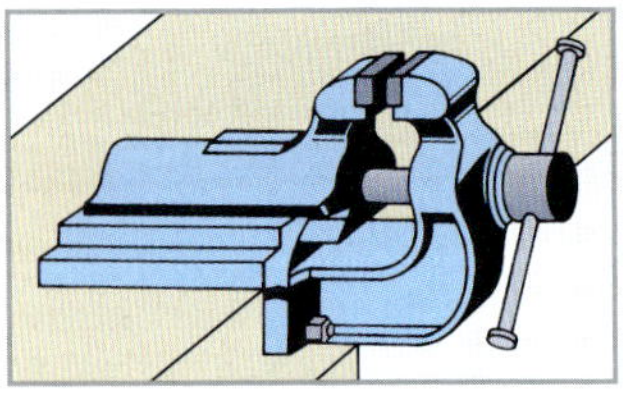

Bild 1: Schlittenführung, als bewegliche Verbindung

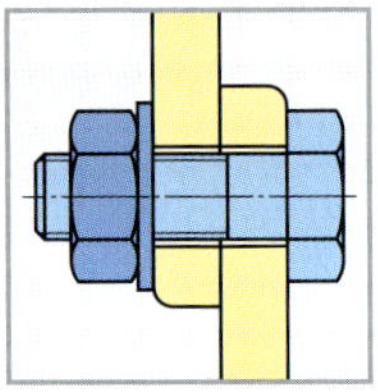

Bild 2: Schraube, als feste Verbindung

Einteilung nach der Lösbarkeit

Lösbare Verbindungen sind z.B.

- Schraubverbindungen
- Klemmverbindungen
- Passfederverbindungen
- Stiftverbindungen

Sie können ohne Zerstörung der verbundenen Bauteile oder des Verbindungselementes zerlegt und wieder zusammengebaut werden **(Bild 3)**.

Unlösbare Verbindungen sind z.B.

- Schweißverbindungen
- Klebverbindungen
- Lötverbindungen
- Nietverbindungen

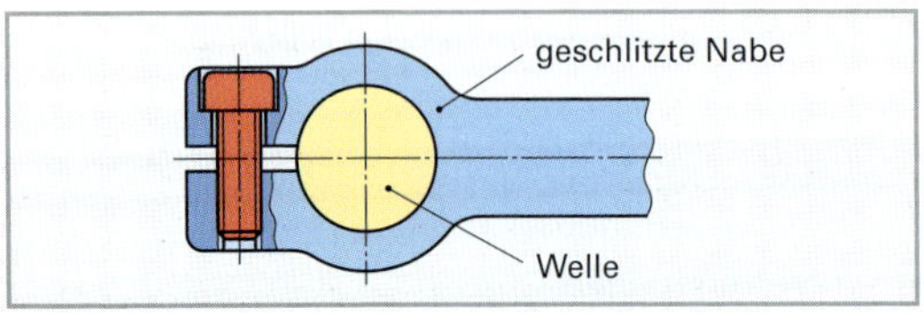

Bild 3: Klemmverbindung als lösbare Verbindung

Sie können nur durch Zerstörung der gefügten Bauteile wieder getrennt oder durch Zerstörung des Verbindungselementes wieder in ihre Einzelteile zerlegt werden.

WIEDERHOLUNGSFRAGEN

1. **Welche Arten von Fügeverbindungen werden unterschieden?**
2. **Was versteht man unter einer kraftschlüssigen Verbindung?**
3. **Welche Art von Verbindung wird durch eine Keilwellenverbindung hergestellt?**
4. **Welche Art von Verbindung wird durch eine Schweißverbindung hergestellt?**

7.6.2 Gewinde

Bauteile werden häufig durch Verschrauben eines Außengewindes mit einem Innengewinde verbunden.

Schraubenlinie. Sie entsteht, wenn eine schiefe Ebene um einen Zylinder gewickelt wird **(Bild 4)**.

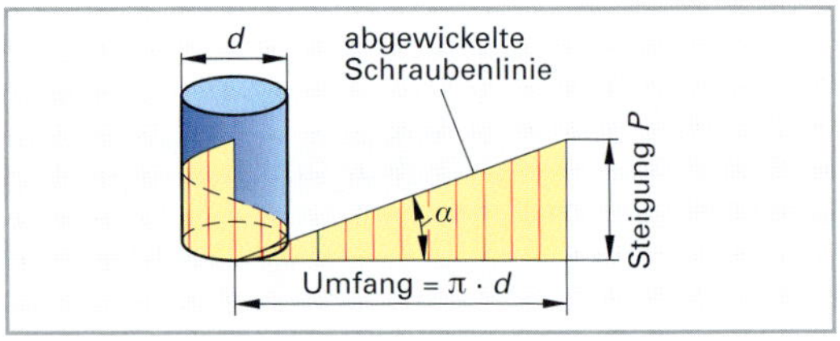

Bild 4: Schraubenlinie

Dabei entspricht die Grundlinie der schiefen Ebene dem Zylinderumfang, die Höhe der schiefen Ebene der Steigung **P** der Schraubenlinie. Die dem rechten Winkel gegenüberliegende Seite entspricht der Länge der Schraubenlinie. Der von der Grundlinie und der Schraubenlinie eingeschlossene Winkel ist der Steigungswinkel α.

Gewindeeinteilung. Gewinde kann man einteilen nach

- Gewindeprofil
- Verwendungszweck
- Gängigkeit
- Gewindeaufbau

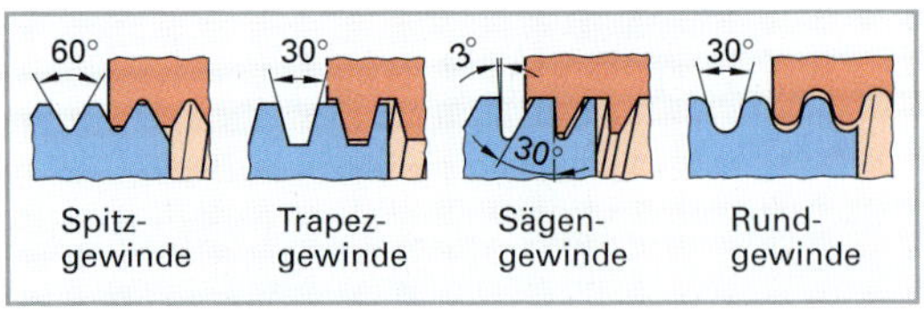

Bild 5: Gewindeprofile

Gewindeprofile (Bild 5). Es gibt Spitz-, Trapez-, Sägen- und Rundgewinde. Blech- und Holzschrauben haben besondere Profile.

Befestigungsgewinde sind vorwiegend Spitzgewinde. Die Reibung an den Gewindeflanken bewirkt, dass eine Selbsthemmung eintritt, d.h. die Schrauben können sich nicht selbst lösen; dies ist der Fall, wenn der Steigungswinkel kleiner als 15° ist.

Bewegungsgewinde sind vorwiegend Trapez-, Sägen- und Rundgewinde. Sie können drehende in geradlinige (z.B. Lenkgetriebe) oder geradlinige in drehende Bewegungen umwandeln.

Gängigkeit (Bild 1). Man unterscheidet ein- und mehrgängige Gewinde. Die Gängigkeit gibt an, wie viele Gewindegänge (Schraubenlinien) um den Zylinder laufen. Sie ist bestimmt durch die Anzahl der Gewindeanfänge. Mehrgängige Gewinde haben eine große Steigung. Man erreicht durch eine kleine Drehung eine große axiale Bewegung bei hoher Tragfähigkeit.

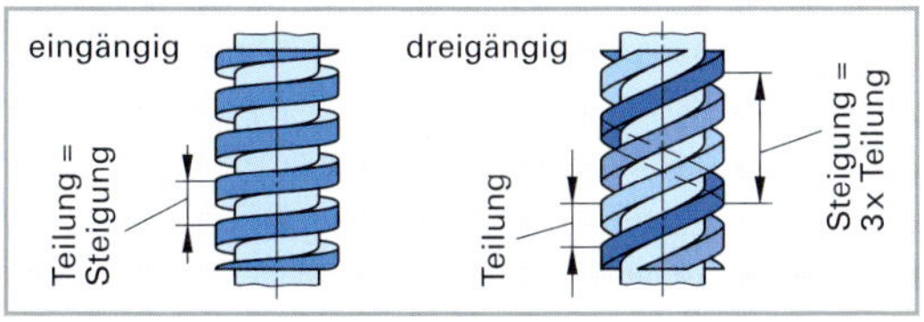

Bild 1: Ein- und mehrgängiges Gewinde

Gewindeaufbau und Normung. Die Normen für Gewindeprofile erfassen u. a. folgende Größen **(Bild 2)**:

- Außendurchmesser
- Kerndurchmesser
- Flankendurchmesser
- Flankenwinkel
- Steigung
- Rundungen, Abflachungen

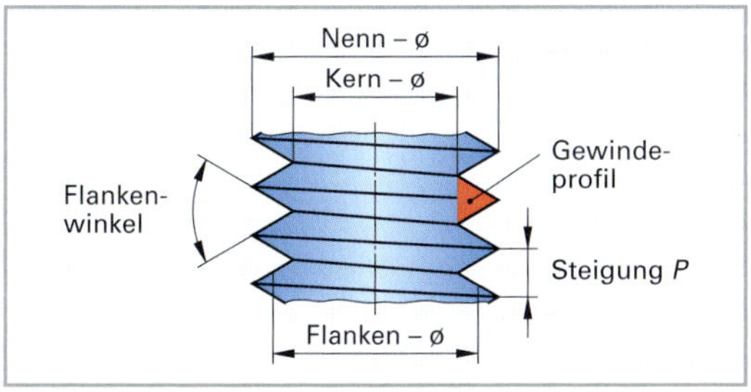

Bild 2: Bezeichnungen am Gewinde

Metrisches ISO-Gewinde, Regelgewinde **(Bild 3).** Der Flankenwinkel beträgt 60°.

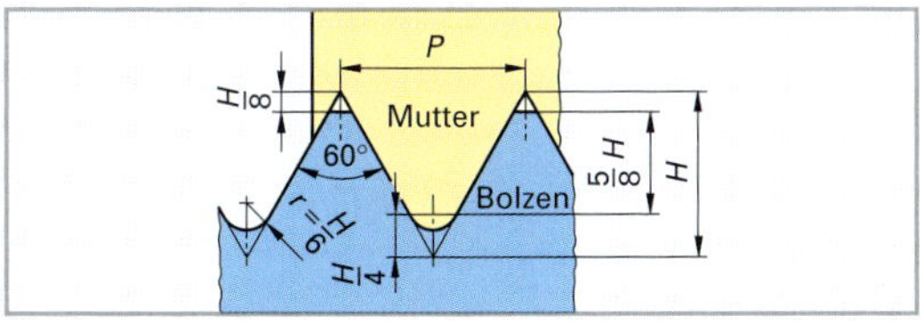

Bild 3: Metrisches ISO-Gewinde

Bezeichnung: **M 42**

- **M**: Metrisches ISO-Gewinde
- **42**: Gewindeaußendurchmesser 42 mm

Metrisches ISO-Feingewinde. Es hat bei gleichem Flankenwinkel wie das Regelgewinde eine kleinere Gewindetiefe. Wegen der kleineren Steigung ergibt sich bei gleichem Anzugsdrehmoment eine größere Vorspannung als bei Regelgewinden.

Bezeichnung: **M 16 × 1,5**

- **M**: Metrisches ISO-Feingewinde
- **16**: Gewindedurchmesser 16 mm
- **1,5**: Steigung 1,5 mm

Vorteile des Feingewindes gegenüber dem Regelgewinde sind:

- Größere Dichtwirkung
- Größere Vorspannkraft und Selbsthemmung bei gleichem Anzugsdrehmoment

WIEDERHOLUNGSFRAGEN

1 **Wie entsteht eine Schraubenlinie?**
2 **Warum verwendet man mehrgängige Gewinde?**
3 **Welches sind die wichtigsten Gewindearten?**
4 **Was versteht man unter Gewindesteigung?**

7.6.3 Schraubverbindungen

Schraubverbindungen sind meist lösbare kraftschlüssige Verbindungen, einige von ihnen sind formschlüssige Verbindungen.

Die verwendeten Schrauben unterscheiden sich vor allem in der Form des Schraubenkopfes und des Schraubenschaftes.

Für eine ausreichende Kraftübertragung muss die Mindesteinschraubtiefe berücksichtigt werden.

Schrauben und Muttern

Sechskantschrauben werden als Durchsteckschrauben **(Bild 4)** mit Muttern verwendet, wenn das Werkstück mit Durchgangslöchern versehen ist.

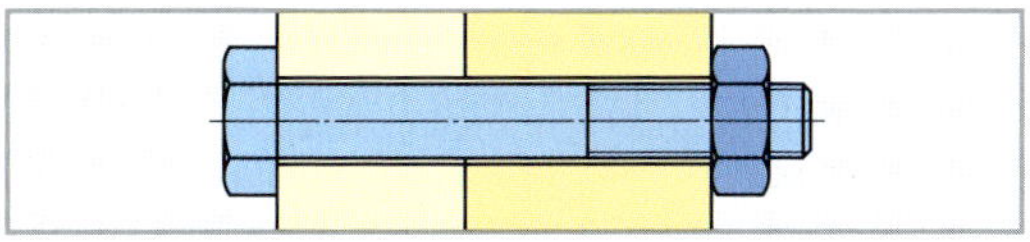

Bild 4: Sechskantschraube als Durchsteckschraube

Sechskantschrauben werden als Einziehschrauben **(Bild 1)** ohne Muttern, verwendet, wenn das Muttergewinde in das Werkstück eingeschnitten ist.

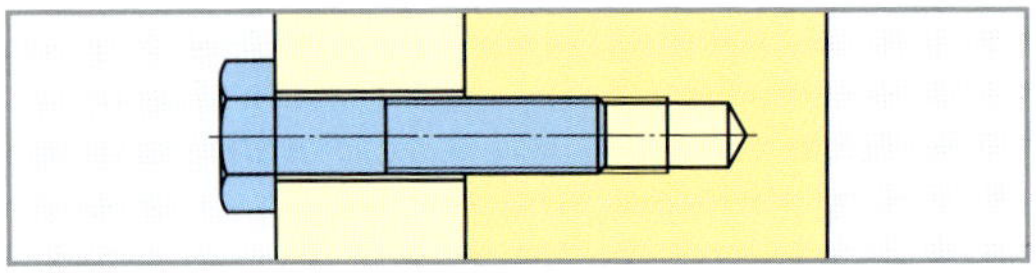

Bild 1: Sechskantschraube als Einziehschraube

Zylinderschrauben mit Innensechskant (Inbusschraube, **Bild 2**) sind platzsparend durch den zylindrischen Schraubenkopf. Dadurch können die Schraubenabstände klein gehalten werden. Der Schraubenkopf wird häufig im Werkstück versenkt. Als Sonderbauformen werden auch Zylinderschrauben mit Innenvielzahnprofil und mit Innenkeilprofil verwendet.

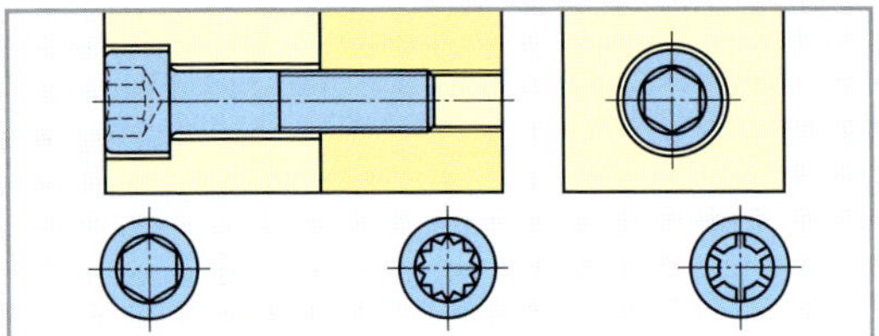

Bild 2: Zylinderschrauben

TORX-Schrauben (Bild 3). Sie haben einen Kopf mit einer sechszahnigen sternförmigen Aussparung (Innen-TORX) oder einem entsprechenden Aufsatz (Außen-TORX) zum Ansetzen der Schraubwerkzeuge. Durch die gerundeten Übergänge im Kopfprofil und die flächige Anlage der Schraubwerkzeuge können große Anzugsdrehmomente ohne Überbeanspruchung von Schraubenkopf und Schraubwerkzeug sicher übertragen werden.

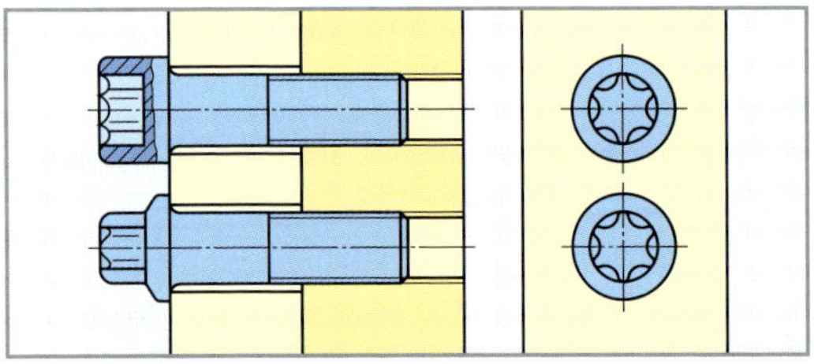

Bild 3: TORX-Schrauben

Stiftschrauben (Bild 4) verwendet man, wenn die Schraubverbindung häufig gelöst werden muss und das Innengewinde im Werkstück durch häufiges Lösen abgenützt würde, z.B. Zylinderkopfschrauben in einem Leichtmetallblock. Die Stiftschraube wird mit dem kurzen Gewindeende in das Innengewinde mit Hilfe eines Stiftsetzers fest eingesetzt und im Allgemeinen nicht mehr herausgeschraubt. Beim Lösen der Verbindung wird nur die Sechskantmutter gelöst.

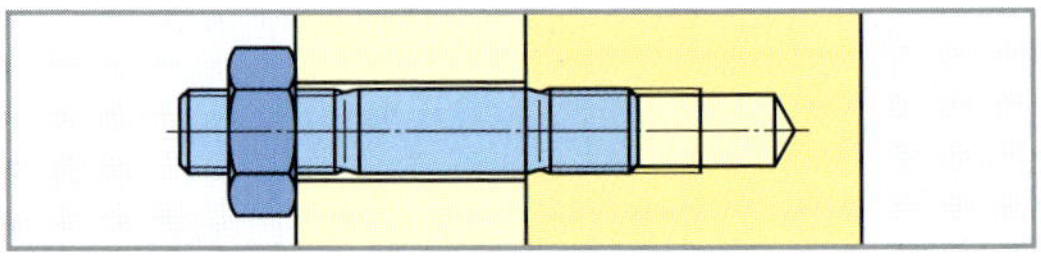

Bild 4: Stiftschraube

Passschrauben (Bild 5) sind mit ihrem geschliffenen Schaft, dessen Durchmesser etwas größer ist als der Gewindedurchmesser, in die geriebene Bohrung der Werkstücke eingepasst. Durch den Schraubenschaft können große Querkräfte zwischen den Werkstücken übertragen werden.

Daneben können mit Passschraubenverbindungen an den Fügeflächen der Werkstücke große Reibungskräfte übertragen werden. Außerdem wird durch eine Passschraubenverbindung die genaue Lage der Werkstücke zueinander gewährleistet.

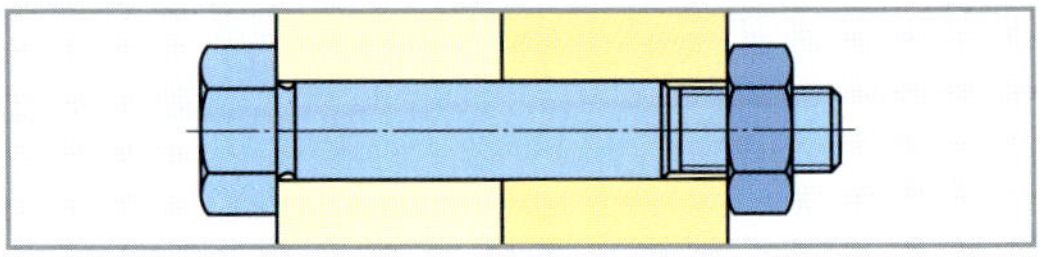

Bild 5: Passschraube

Passdehnschrauben (Bild 6) verwendet man, wenn die Schraubverbindung im Betrieb dauernden Wechselbelastungen ausgesetzt ist, z B. am Pleuelfuß.

Herkömmliche Schaftschrauben würden bei dauernder Wechselbelastung nach einiger Zeit infolge Ermüdung sich lösen oder brechen, auch wenn sie genügend stark ausgeführt sind.

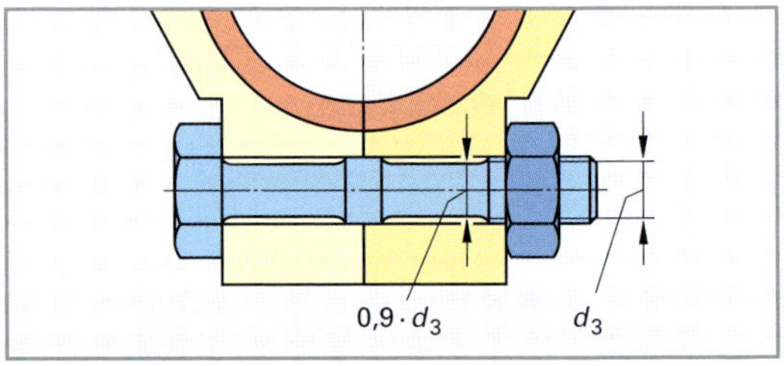

Bild 6: Passdehnschraube

Der Schaftdurchmesser der Passdehnschraube beträgt nur etwa 90 % des Gewindekerndurchmessers, ausgenommen an Stellen, an denen die Passdehnschraube in der Bohrung anliegen soll. Durch den dünnen Schaft wird die Passdehnschraube zu einer formelastischen Schraube.

Die mit dem Drehmomentschlüssel angezogene Dehnschraube (auch Fließschaftschraube) ist mit einer Zugkraft vorgespannt, die über der Streckgrenze liegt. Dadurch wird die Dehnschraube plastisch verformt und kann deshalb nicht wiederverwendet werden.

Dehnschrauben halten ihre Vorspannung selbst und benötigen daher keine Schraubensicherung.

Schlitzschrauben und **Kreuzschlitzschrauben (Bild 1)** können als Zylinder-, Senk-, Linsen- oder Linsensenkschrauben mit Schlitz oder Kreuzschlitz ausgeführt sein. In den Schraubenköpfen mit Kreuzschlitz zentriert sich der Schraubendreher besser und ermöglicht ein festeres Anziehen als bei Schraubenköpfen mit Schlitz.

Bild 1: Schlitzschrauben

Gewindestifte (Bild 2) sind Schrauben mit Gewinde auf der ganzen Länge. Je nach Verwendung sind sie mit verschiedenartigen Enden, z.B. Spitze, Zapfen oder Ringschneide, versehen. Sie dienen zum Befestigen oder Sichern von Naben oder Lagern.

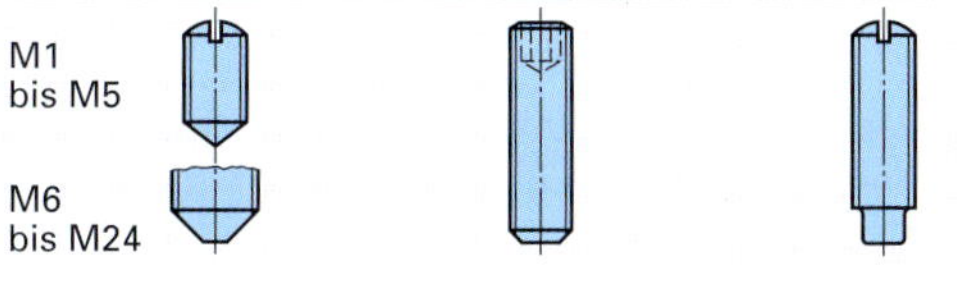

Bild 2: Gewindestifte

Blechschrauben (Bild 3) werden für Verbindungen mit Blechen verwendet. Sie werden hergestellt als Schlitz-, Kreuzschlitz- oder Sechskantschrauben. Sie schneiden sich beim Einschrauben das Muttergewinde selbst. Das vorgebohrte Loch im Blech soll etwa den gleichen Durchmesser wie der Schraubenkern haben.

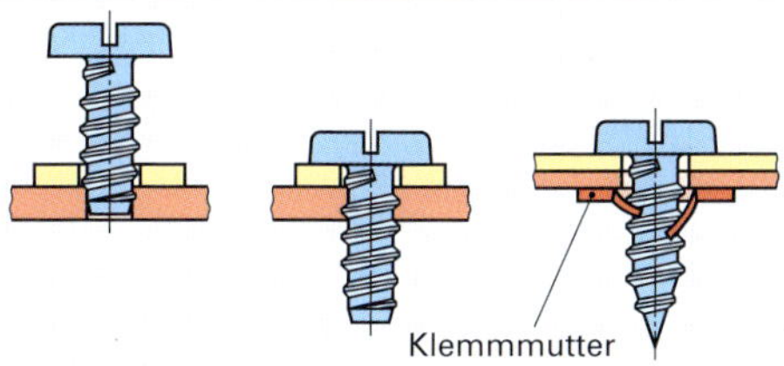

Bild 3: Blechschrauben

Gewindeeinsätze (Bild 4) werden verwendet, wenn das Muttergewinde sonst in einen weichen Werkstoff eingeschnitten werden müsste und die Schraubverbindung wiederholt gelöst werden muss oder wenn das Muttergewinde im Werkstück zerstört ist, z.B. Zündkerzengewinde in einem Leichtmetall-Zylinderkopf.

Solche Gewindeeinsätze sind mit Innen- und Außengewinde versehen und gehärtet. Sie besitzen an ihrem Einschraubende Schneidschlitze oder Schneidbohrungen, mit deren Hilfe das Gewinde im Werkstück beim Eindrehen des Einsatzes selbsttätig geschnitten wird.

Eine andere Bauart von Gewindeeinsätzen besteht aus rhombenförmigem Stahldraht. Der Stahldraht wird zu einer federnden Wendel geformt, wobei ein Innen- und ein Außengewinde entsteht. In das Kernloch des Werkstücks wird mit einem Spezialgewindebohrer ein Gewinde geschnitten und der Gewindeeinsatz mit einem Einbauwerkzeug unter Vorspannung eingedreht.

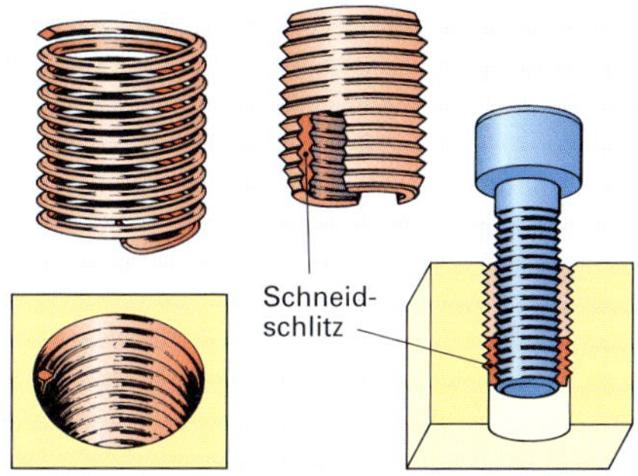

Bild 4: Gewindeeinsätze

Muttern werden, ihrem Verwendungszweck entsprechend, in sehr verschiedenen Formen hergestellt. Man unterscheidet:

Sechskantmuttern (Bild 5) haben eine Höhe von etwa 0,8 × *d* oder 0,5 × *d* (Flachmuttern).

Kronenmuttern mit 6 oder 10 Schlitzen werden verwendet, wenn mit Splinten gesichert werden soll.

Hutmuttern (Bild 1, Seite 142) decken das Gewinde nach außen ab, schützen es vor Beschädigung, geben der Verschraubung ein schönes Aussehen und schützen vor Verletzungen.

Überwurfmutter (Bild 5) verwendet man bei Rohrverschraubungen.

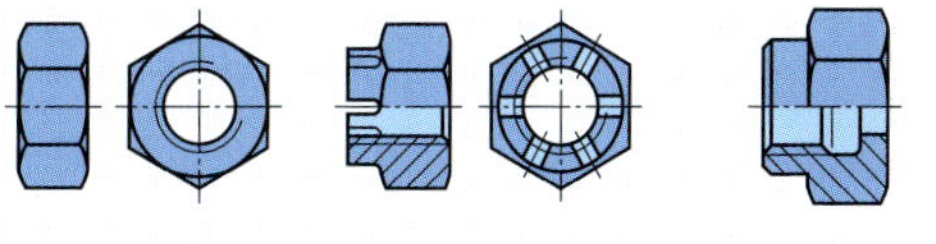

Bild 5: Mutternformen

Flügelmuttern (Bild 1, Seite 142) und Rändelmuttern können ohne Hilfsmittel von Hand angezogen werden.

Nutmuttern (Bild 1, Seite 142) dienen z.B. zum Befestigen von Wälzlagern auf Wellen.

7

Schweißmuttern und **Käfigmuttern (Bild 1)** werden im Karosseriebau verwendet. Schweißmuttern sind meist mit Bund in der Bohrung zentriert und durch Schweißpunkte an der Karosserie befestigt. Käfigmuttern sind in einem Blechkäfig entweder lose eingelegt oder mit Hilfe von Kunststoffscheiben im Blechkäfig beweglich eingehängt. Die Kunststoffscheiben verhindern dabei eine elektrostatische Aufladung der Mutter und damit eine Farbbeschichtung des Gewindes bei der elektrolytischen Tauchbadgrundierung. Der Blechkäfig ist mit der Karosserie verschweißt.

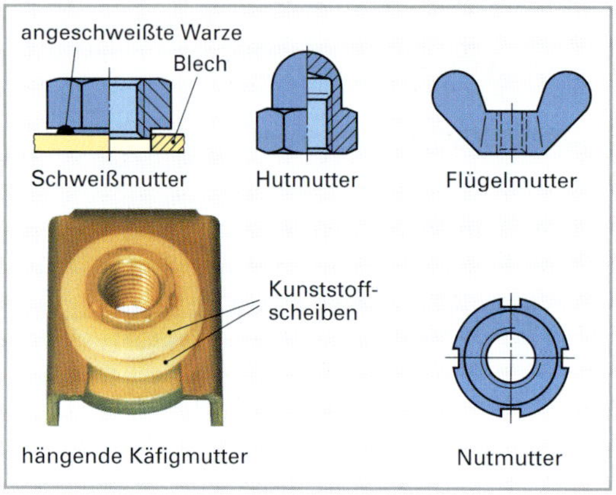

Bild 1: Mutternformen

Festigkeitsklassen von Schrauben und Muttern

Schrauben aus Stahl sind mit Herstellerzeichen und Festigkeitsklasse gekennzeichnet. Die Festigkeitsklasse wird angegeben durch zwei Zahlen, die durch einen Punkt getrennt sind, z.B. 10.9 **(Bild 2)**.

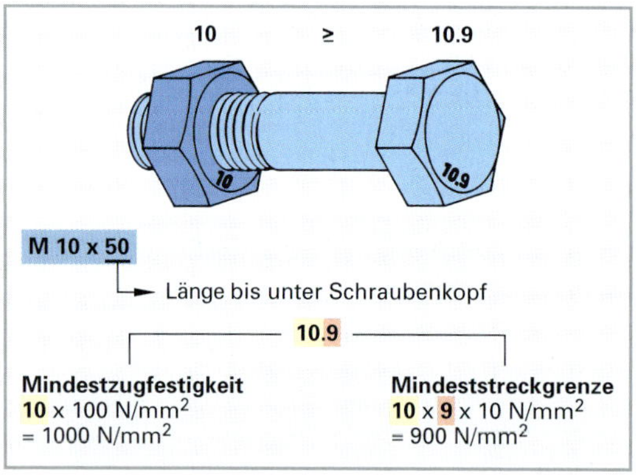

Bild 2: Festigkeitskennzeichnung von Schrauben und Muttern

Die erste Zahl gibt 1/100 der Mindestzugfestigkeit des Schraubenwerkstoffes an. Das Produkt beider Zahlen entspricht 1/10 der Mindeststreckgrenze des Schraubenwerkstoffes. Bei Standardschrauben darf die Mindeststreckgrenze nicht überschritten werden. Deshalb sind die zulässigen Anzugsdrehmomente der Hersteller zu beachten.

In Kraftfahrzeugen werden meist Schrauben mit einer Festigkeit von 8.8 bis 12.9 verwendet.

Muttern aus Stahl sind mit Herstellerzeichen und Festigkeitsklasse gekennzeichnet. Die Festigkeitsklasse gibt 1/100 der Prüfspannung in N/mm² an. So gibt die Zahl 10 an, dass die Mutter mit einer Prüfspannung von 1000 N/mm² belastet werden kann. **(Bild 2)**.

Bei der Paarung von Schraube und Mutter muss darauf geachtet werden, dass die Festigkeitsklasse der Mutter und Schraube zueinander passen. Z.B. Schraube 10.9, Mutter 10. **(Bild 2)**.

Schraubensicherungen

Bei Schraubverbindungen, die ruhender Belastung ausgesetzt sind, reicht die selbsthemmende Wirkung des Gewindes als Sicherung gegen Lösen aus. Wechselbelastungen im Betrieb, Schwingungen, Erschütterungen haben jedoch eine dynamische Beanspruchung der Schraubverbindungen zur Folge. Die meisten dieser Schraubverbindungen müssen gegen unbeabsichtigtes Lösen gesichert werden.

Man unterscheidet:

- Kraftschlüssige Schraubensicherungen
- Formschlüssige Schraubensicherungen
- Stoffschlüssige Schraubensicherungen

Kraftschlüssige Schraubensicherungen (Bild 1, Seite 143) erreichen ihre Wirkung durch Einbau als federnde Elemente unter dem Schraubenkopf bzw. der Mutter oder durch Erhöhen der Gewindereibung.

Als federnde Elemente verwendet man Federringe, Federscheiben, Zahnscheiben, Fächerscheiben. Sie gleichen ein zu starkes Abfallen der Vorspannkraft aus. Diese kann entstehen durch plastische Verformung im Gewinde, durch Kriechen des Werkstoffes bei zu großer Flächenpressung, durch Setzen der Oberflächenrauheiten oder durch Setzen eingelegter Dichtungen.

Zur Erhöhung der Gewindereibung verwendet man gegeneinander verspannte Doppelmuttern (Kontermuttern), Muttern mit eingelegtem Kunststoffring, gequetschte und geschlitzte Muttern. Die große Gewindereibung wirkt als Sicherung gegen Losdrehen.

Muttern mit Kunststoffring und gequetschte Muttern dürfen nur einmal verwendet werden! Federnde Elemente und Sicherungsbleche sind als Schraubensicherungen für Wechselbeanspruchungen bei großen Querkräften nicht mehr zulässig.

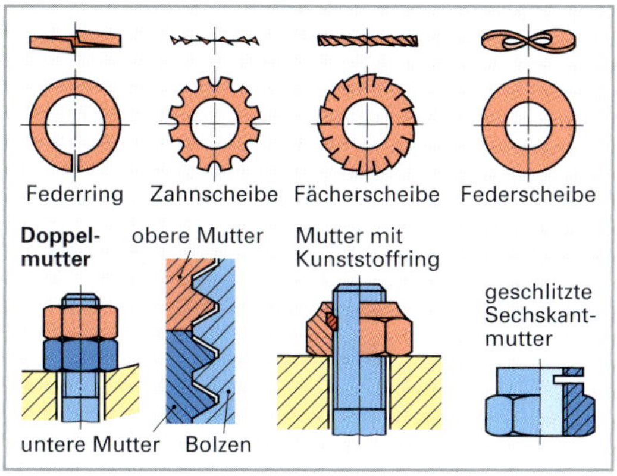

Bild 1: Kraftschlüssige Schraubensicherungen

Formschlüssige Schraubensicherungen (Bild 2) erreichen ihre Wirkung durch die ineinanderpassenden geometrischen Formen, die ein Losdrehen verhindern. Verwendet werden Kronenmutter mit Splint, Sicherungsblech, Sperrzahnschraube bzw. -mutter, Drahtsicherung.

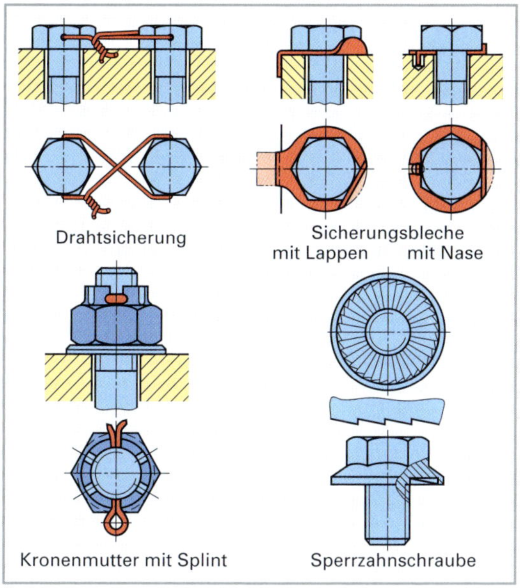

Bild 2: Formschlüssige Schraubensicherungen

Stoffschlüssige Schraubensicherungen (Bild 3) entstehen, wenn die Gewinde miteinander verklebt werden. Dies kann mit einem Einkomponentenklebstoff auf zwei Arten durchgeführt werden.

Im ersten Fall wird der flüssige Klebstoff auf das Schraubengewinde aufgetragen und anschließend die Schraubverbindung hergestellt.

Im zweiten Fall sind die Schrauben bereits vom Hersteller mit einem Klebstoff-Trägermaterial beschichtet, welches sogenannte Mikrokapseln enthält. Beim Einschrauben platzen die Mikrokapseln auf und benetzen das Trägermaterial. In beiden Fällen härtet der Klebstoff bei Metall-Kontakt unter Luftabschluss aus und sichert dadurch die Verschraubung.

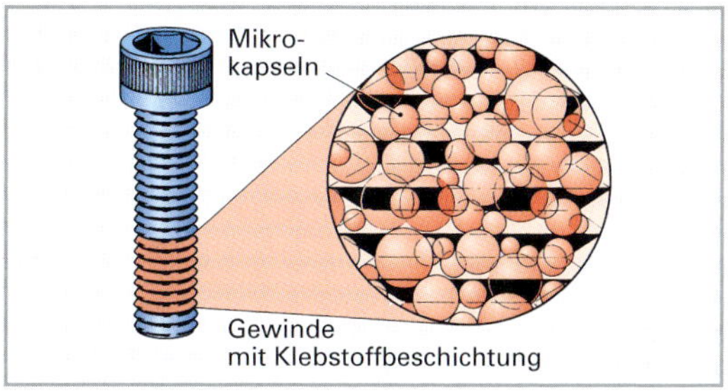

Bild 3: Stoffschlüssige Schraubensicherung

Schraubwerkzeuge (Bild 4; Bild 1, Seite 144)

Schraubenschlüssel müssen zum Kopf der Schraubenverbindung passen. Die Anzugsdrehmomente entsprechend Tabellen oder Herstellervorschriften sind unbedingt zu beachten!

Die Schrauben und Muttern werden auf diese Weise nicht zu fest angezogen, wodurch sie beschädigt werden könnten, andererseits auch nicht zu lose, was eine ungenügende Befestigung zur Folge hätte.

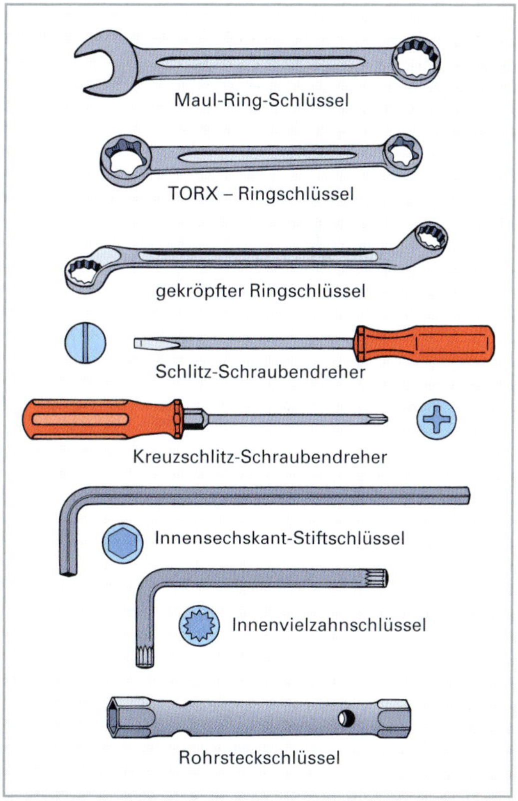

Bild 4: Schraubwerkzeuge

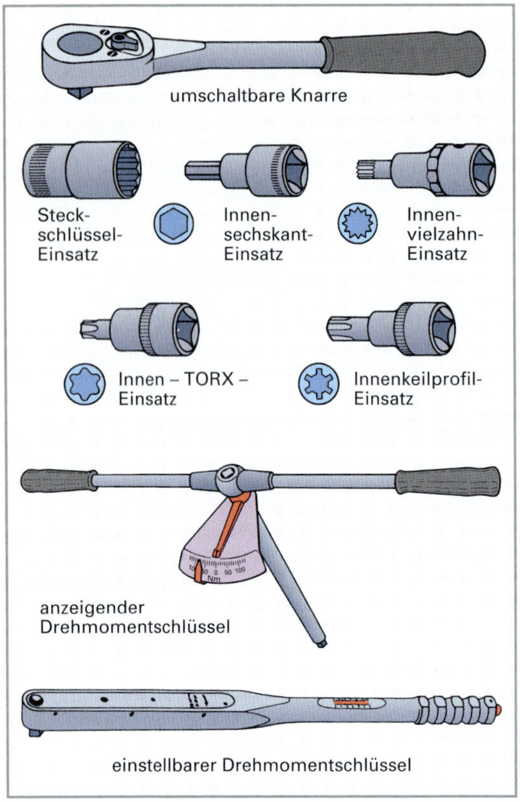

Bild 1: Schraubwerkzeuge

Drehmomentschlüssel (Bild1). Nur mit ihm ist es gewährleistet, dass die Schraubverbindung mit der richtigen Vorspannung angezogen wird. Er zeigt an einer Skale die Größe des Drehmomentes an, mit dem die Schraube angezogen wird, oder es werden Drehmomentschlüssel verwendet, die auf ein bestimmtes Drehmoment eingestellt werden können. Sobald beim Anziehen dieses Drehmoment erreicht wird, rastet der Schlüssel hörbar und fühlbar aus.

Drehmomentschlüssel müssen in regelmäßigen Abständen geeicht werden. Nach Gebrauch sind einstellbare Drehmomentschlüssel auf das kleinste Drehmoment einzustellen. Hierdurch bleibt die Einstellgenauigkeit über einen längeren Zeitraum gewährleistet.

Wiederholungsfragen

1. **Welches sind gebräuchliche Schraubenarten?**
2. **In welchen Fällen werden Stiftschrauben verwendet?**
3. **Was versteht man unter Dehnschrauben?**
4. **Welche Festigkeitswerte werden durch die Zahlen auf dem Schraubenkopf angegeben?**
5. **Welche Arten von Muttern unterscheidet man?**
6. **Welches sind kraftschlüssige Schraubensicherungen?**

7.6.4 Stiftverbindungen

Stiftverbindungen sind formschlüssige lösbare Verbindungen. Entsprechend ihrem Verwendungszweck unterscheidet man Passstifte, Abscherstifte und Befestigungsstifte.

Befestigungsstifte verbinden zwei oder mehrere Werkstücke kraftschlüssig und formschlüssig miteinander. Sie werden mit Übermaß in die Bohrung getrieben und übertragen so die Kräfte.

Passstifte sollen keine Kräfte übertragen, sondern die genaue Lage zweier Werkstücke zueinander festlegen. Sie verhindern ein Verschieben der Werkstücke, vor allem bei der Montage, und erleichtern so den Zusammenbau.

Zylinderstifte (Bild 2) werden hergestellt mit Kegelkuppe oder mit Linsenkuppe. Zylinderstifte mit Kegelkuppe sind gefertigt aus blank gezogenem Rundstahl (Toleranzfeld h8). Sie können meist mit Spiel in die geriebene Bohrung eingesetzt werden. Zylinderstifte mit Linsenkuppe sind geschliffen (Toleranzfeld m6). Sie müssen meist mit Übermaß in die geriebene Bohrung getrieben werden.

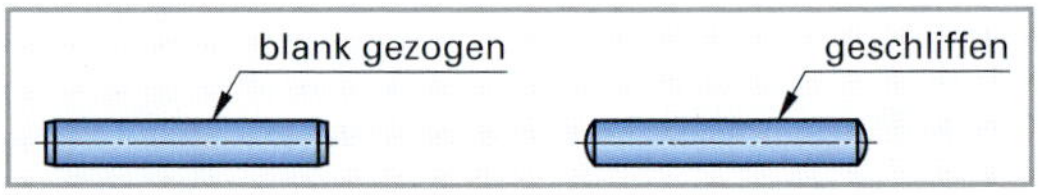

Bild 2: Zylinderstifte

Kegelstifte (Bild 3) haben eine Kegelverjüngung von 1 : 50 und können in geriebenen Bohrungen verwendet werden. Der Kegelstift wird mit dem Hammer eingetrieben, bis die Stiftkuppe bündig mit dem Werkstück abschließt.

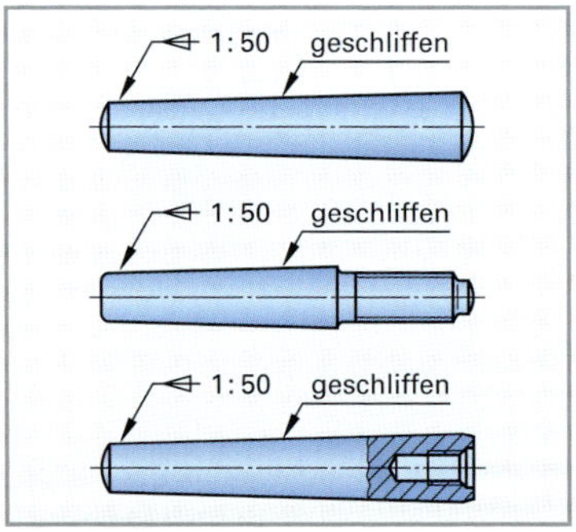

Bild 3: Kegelstifte

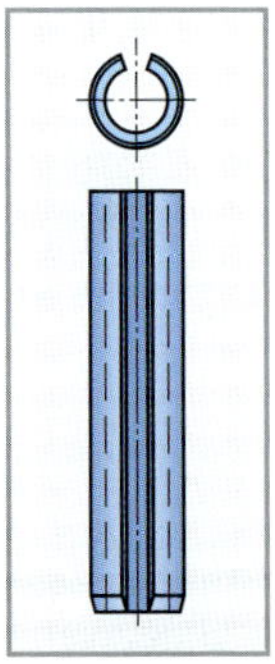

Bild 4: Spannstift

Beim Lösen der Verbindung muss der Kegelstift bei Durchgangsbohrungen von der gegenüberliegenden Seite ausgetrieben werden. Kegelstifte für Grundbohrungen haben einen Gewindezapfen oder ein Innengewinde, mit deren Hilfe sie wieder aus der Bohrung gezogen werden können.

Abscherstifte sichern empfindliche Bauteile vor Überbeanspruchung. Sie übertragen die gesamte Antriebskraft und werden dabei auf Abscheren beansprucht. Der Abscherstift ist die Sollbruchstelle der Verbindung. Bei zu großer Beanspruchung wird er abgeschert und damit die Verbindung unterbrochen.

Nach der Form kann man Stifte einteilen in:

- Zylinderstifte
- Kegelstifte
- Spannstifte (Spannhülsen)
- Kerbstifte

Spannstifte (Spannhülsen, **Bild 4, Seite 144**) sind geschlitzte Hohlzylinder aus Federstahl. Ihr Durchmesser ist 0,2 mm bis 0,5 mm größer als die Bohrung im Werkstück. Beim Eintreiben wird der Spannstift elastisch verformt und erzeugt die notwendige Anpressung.

Kerbstifte (Bild 1) sind zylindrische Stifte, die am Umfang mit drei eingewalzten Kerben versehen sind. Durch unterschiedliches Einwalzen der Kerben lassen sich verschiedene Formen von Kerbstiften herstellen. Beim Eintreiben in die Bohrung drücken sich die Wülste teilweise in die Kerben zurück und ergeben auch in nicht ausgeriebenen Bohrungen einen festen Sitz.

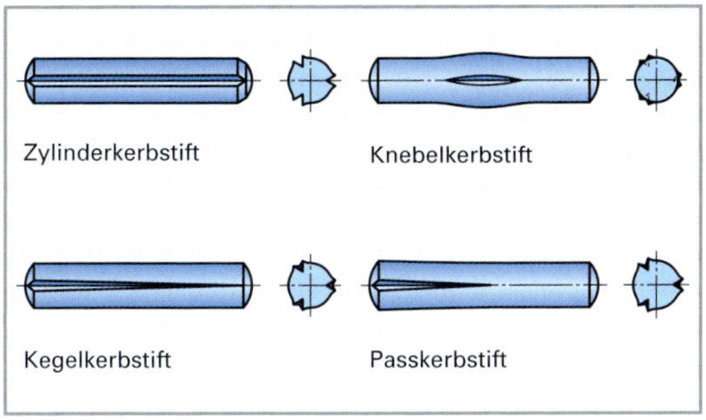

Bild 1: Kerbstifte

7.6.5 Nietverbindungen

Nietverbindungen sind unlösbare Verbindungen. Bei ihrer Herstellung wird der überstehende Nietschaft durch Stauchen oder Bördeln zum Schließkopf umgeformt. Niete können nach Kopf- und Schaftform sowie nach dem Nietverfahren eingeteilt werden.

Nietverbindungen eignen sich besonders für den Leichtmetallbau, da sich beim Schweißen aushärtbarer Aluminiumlegierungen deren Festigkeit verringern würde.

In der Leichtmetallkarosserie z.B. eines Audi A2 werden etwa 1800 Stanznietverbindungen eingesetzt.

Nietwerkstoffe. Der Nietwerkstoff muss sich gut umformen lassen und über eine ausreichende Festigkeit verfügen; er darf beim Bilden des Schließkopfes nicht reißen. Zur Vermeidung von Korrosion sollen die Niete möglichst aus dem gleichen Werkstoff bestehen wie die Werkstücke. Verwendet werden meist Niete aus Stahl, Kupfer, Kupfer-Zink- und Aluminium-Legierungen.

Nietvorgang (Bild 2). Der eingesetzte Niet wird mit dem Setzkopf auf dem Setzstock aufgelegt. Mit dem Nietzieher werden die Werkstücke zusammen gepresst. Der Nietschaft wird angestaucht und angeschrägt. Mit dem Döpper wird der Schließkopf geformt. Zur Bildung des Schließkopfes muss das überstehende Schaftende eine bestimmte Länge haben, z.B. 3 mm bei Hohlnieten mit 4 mm Schaftdurchmesser. Der fertig geschlagene Niet besteht aus Setzkopf, Schaft und Schließkopf.

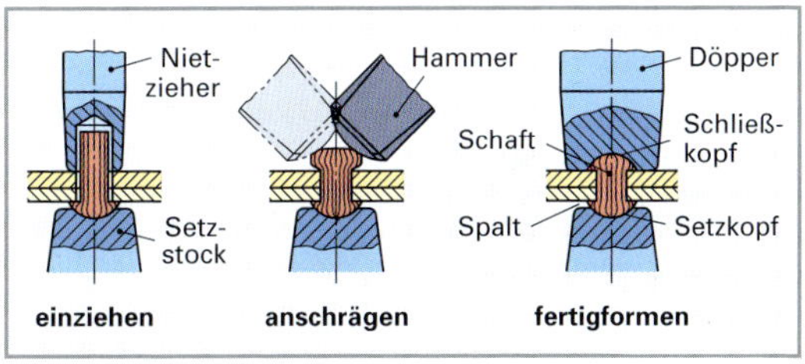

Bild 2: Arbeitsgänge beim Nieten

Nietarten

Niete mit vollem Schaft (Bild 3) werden verwendet, wenn große Kräfte zu übertragen sind. Man verwendet sie z.B. zur Verbindung von tragenden Bauteilen an Rahmen von Nutzfahrzeugen.

Hohlniete (Bild 4) und Niete mit angebohrtem Schaft werden verwendet zum Aufnieten von Kupplungsbelägen und Bremsbelägen. Der Schließkopf wird gebildet durch Umbördeln des Schaftendes.

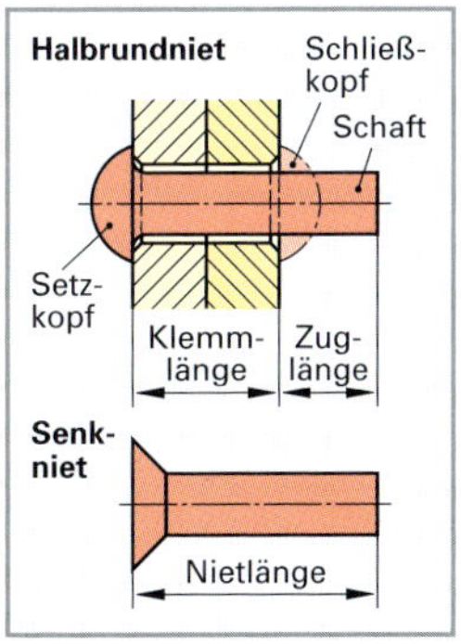

Bild 3: Niete mit vollem Schaft

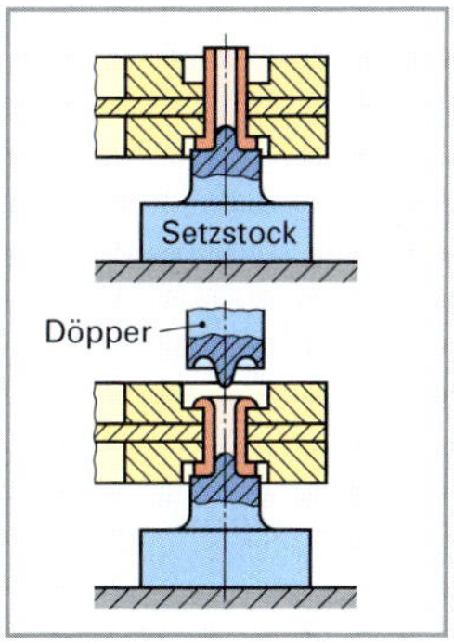

Bild 4: Hohlniet

Nach der **Kopfform** unterscheidet man bei Nieten mit vollem Schaft vor allem Halbrundniete und Senkniete. Hohlniete sind meist mit flachem Kopf ausgeführt.

Blindniete sind z.B. Dornniete, Blindnietmuttern und Spreizniete. Sie werden verwendet, wenn die Nietstelle nur von einer Seite zugänglich ist.

Dornniete (Bild 1) bestehen aus einem Hohlniet mit Dorn. Mit der Nietzange wird durch den Dorn das überstehende Schaftende zum Schließkopf geformt. Der Dorn bricht an der Sollbruchstelle.

Blindnietmuttern (Bild 2). Im Innengewinde der Nietmutter wird ein Gewindedorn eingeschraubt, der beim Nieten mit der Nietzange den überstehenden Nietschaft einzieht und den Schließkopf formt.

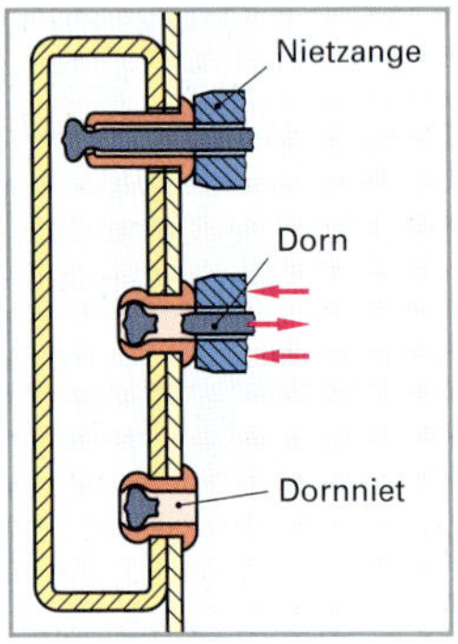

Bild 1: Dornniet

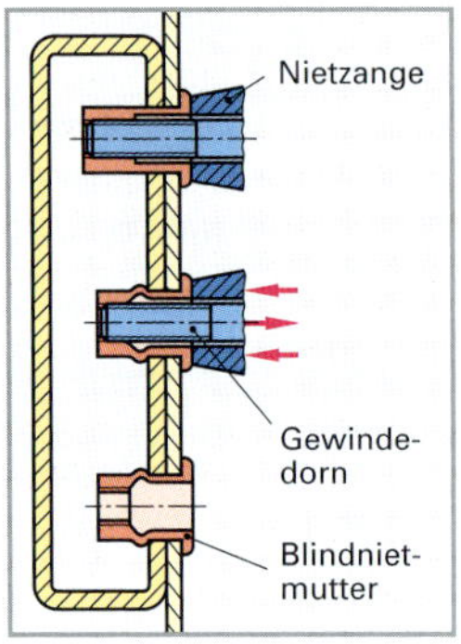

Bild 2: Blindnietmutter

Spreizniete (Bild 3) sind Hohlniete mit geschlitztem Schaftende, in die ein Kerbstift eingesetzt ist. Beim Einschlagen des Kerbstiftes wird das geschlitzte Schaftende aufgeweitet.

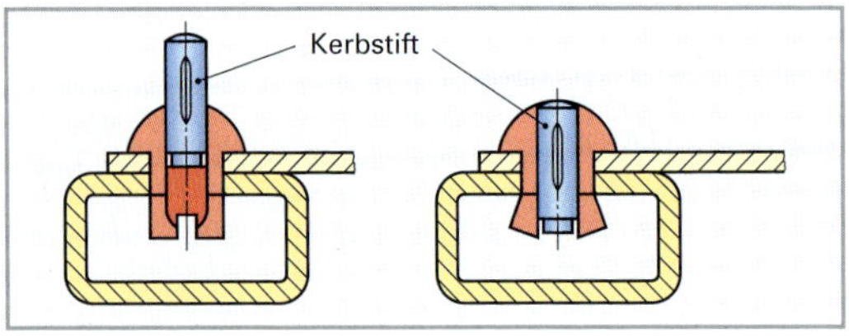

Bild 3: Spreizniet

Stanznieten

Beim Stanznieten **(Bild 4)** wird z.B. ein Halbhohlniet vom Stempel des Nietwerkzeuges durch die stempelseitige Blechlage gedrückt. Die zweite Blechlage wird durch den Niet plastisch verformt ohne von ihm durchdrungen zu werden. Durch die Form der Matrize spreizt sich der Fuß des Halbhohlnietes und bildet einen Schließkopf.

Stahlstanzniete werden zur Vermeidung von Kontaktkorrosion beschichtet.

Vorteile von Stanznietverbindungen sind:

- Kein Vorlochen der Bleche nötig.
- Keine Durchtrennung des unteren Bleches und dadurch eine dichte Verbindung.
- Hohe Festigkeit.
- Geringerer Energiebedarf als beim Punktschweißen.

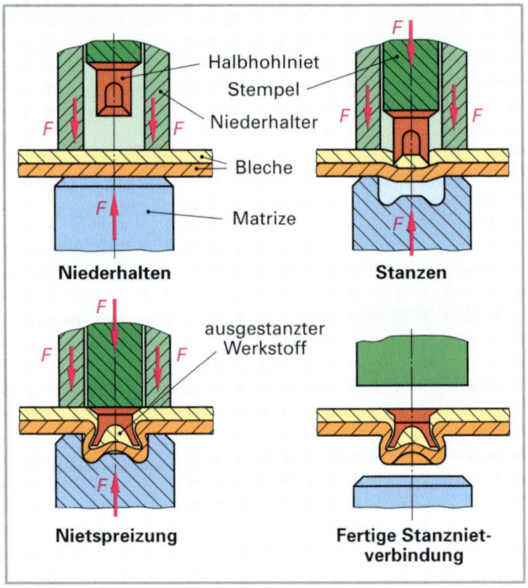

Bild 4: Vorgang des Stanznietens

7.6.6 Durchsetzfügen (Clinchen)

> Durchsetzfügeverbindungen sind unlösbare, kraft- und formschlüssige Verbindungen. Bei ihrer Herstellung werden zwei oder mehr Bleche bzw. Profile durchgesetzt und anschließend gestaucht.

Durchsetzfügen wird im Karosseriebau eingesetzt. Man erhält eine kostengünstige, schnelle und saubere Verbindung für nicht tragende Karosserieteile.

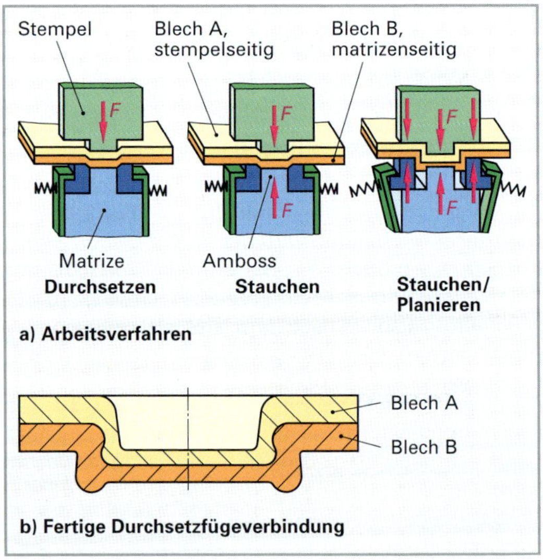

Bild 5: Durchsetzfügen

Durchsetzvorgang. Der Vorgang läuft in drei Stufen ab. Der Stempel **(Bild 5, Seite 146)** presst beim **Durchsetzen** die beiden Bleche in eine Matrize, bis diese den Amboss berühren. Beim **Stauchen** drücken Amboss und Stempel gegeneinander und bewirken eine Kaltverfestigung des Werkstoffs. Im Bereich der Stauchung wird der Werkstoffdurchmesser größer und die Werkstoffdicke geringer. Deshalb müssen die seitlichen Matrizenteile verschiebbar sein.

Durch das **Planieren** wird die Fügestelle weiter gestaucht und gleichzeitig eingeebnet.

WIEDERHOLUNGSFRAGEN

1. **Welche Stifte unterscheidet man nach der Form?**
2. **Welche Aufgaben haben Passstifte?**
3. **In welchen Fällen verwendet man Blindniete?**
4. **Welche Vorteile haben Stanznietverbindungen?**
5. **Für welche Karosserieteile eignet sich das Durchsetzfügen?**

7.6.7 Welle-Nabe-Verbindungen

> Welle-Nabe-Verbindungen sind meist formschlüssige lösbare Verbindungen. Der Formschluss gewährleistet die sichere Übertragung des Drehmomentes; die Lösbarkeit erleichtert die Montage bzw. die Demontage.

Welle-Nabe-Verbindungen dieser Art sind

- Passfeder-Verbindungen
- Kerbzahn-Profile
- Keilwellen-Verbindungen
- Zahnrad-Profile
- Scheibenfeder-Verbindungen

Passfeder-Verbindungen (Bild 1). In die Welle ist eine Längsnut gefräst. Die Nabe hat in ihrer Bohrung eine Längsnut von gleicher Breite. Die in die Wellennut eingelegte Passfeder überträgt mit ihren Seitenflächen die Umfangskraft von der Welle auf die Nabe. Durch die Passfeder entsteht eine Mitnehmerverbindung. Gegen axiales Verschieben der Nabe auf der Welle muss die Passfeder-Verbindung gesichert werden.

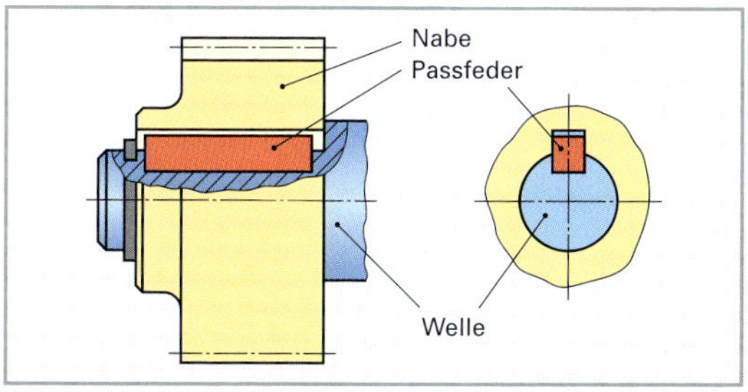

Bild 1: Passfeder-Verbindung

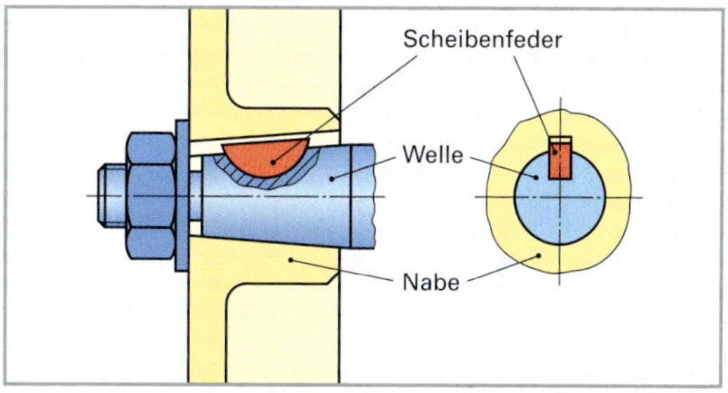

Bild 2: Scheibenfeder-Verbindung

Scheibenfeder-Verbindungen (Bild 2) hierbei wird die Welle durch die tief eingefräste Nut in ihrem Querschnitt stark geschwächt. Solche Verbindungen können nur kleine Drehmomente übertragen. Scheibenfeder-Verbindungen an kegeligen Wellenenden haben vor allem eine Sicherungswirkung. Das Drehmoment wird kraftschlüssig über den Kegelsitz übertragen.

Keilwellen-Verbindungen (Bild 3). Bei stoßartigen Drehmomentbelastungen werden Keilwellen-Verbindungen verwendet, weil das Drehmoment auf mehrere Eingriffe verteilt am Umfang übertragen werden kann. Daneben sind Keilwellen-Verbindungen sehr gut geeignet für bewegliche Welle-Nabe-Verbindungen, z.B. Kupplungsscheibe auf Getriebeantriebswelle oder Schiebestück auf Gelenkwelle.

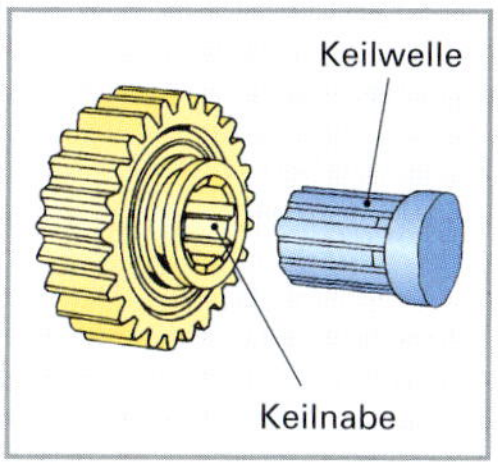

Bild 3: Keilwellen-Profil

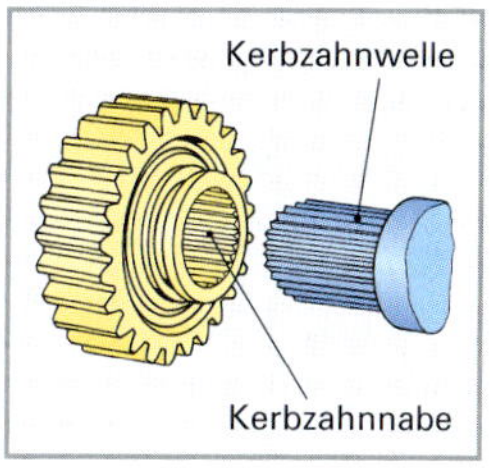

Bild 4: Kerbzahn-Profil

Kerbzahn-Profile (Kerbverzahnungen, **Bild 4)** schwächen mit ihrem feineren Profil Welle und Nabe nicht so sehr durch tiefe Nuten wie das Keilwellen-Profil und verteilen das Drehmoment noch besser auf den Umfang.

Durch die kleinere Teilung kann die Lage von Welle und Nabe einander gut zugeordnet werden, z.B. das Lenkrad auf der Lenkspindel oder der Drehstab in der Federschwinge.

Zahnrad-Profile (Bild 1, Seite 148) verwenden z.B. eine Evolventenverzahnung vor allem zur beweglichen Verbindung von Welle und Nabe. Die Art der Verzahnung ist die gleiche wie die üblicherweise an Zahnrädern verwendete Verzahnung. Evolventenzahn-Profile werden z.B. verwendet bei Viscokupplungen oder Lamellenkupplungen zur Führung der Lamellen und zur Kraftübertragung zwischen Lamellen und Kupplungskorb.

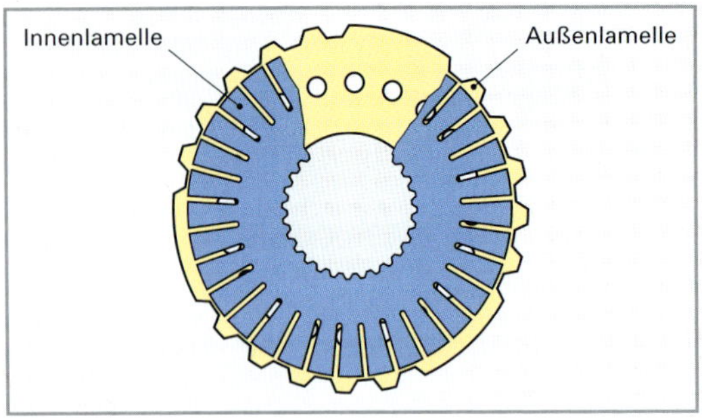

Bild 1: Kupplungslamellen mit Zahnrad-Profil

7.6.8 Pressverbindungen

> Pressverbindungen sind kraftschlüssige Verbindungen. Zwischen Außen- und Innenteil besteht vor dem Fügen Übermaß. Die Kräfte werden durch Haftreibung zwischen den Fügeflächen übertragen.

Pressverbindungen werden z.B. angewendet zum Fügen von Ventilsitzringen, Zahnkränzen, Wälzlagern, Lagerbuchsen. Man unterscheidet:

- Längspressen
- Querpressen

Längspressen (Bild 2). Dabei werden Innen- und Außenteil kalt in axialer Richtung, meist mit Hilfe einer Presse, ineinandergepresst. Die Rauheitsspitzen der Fügeflächen werden etwas eingeebnet. Dadurch wird das Übermaß zwischen Innen- und Außenteil etwas verringert.

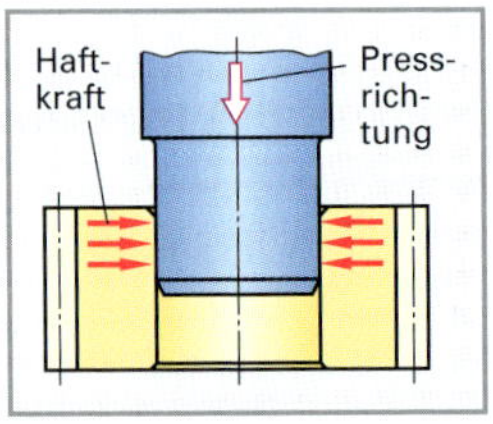

Bild 2: Längspress-verbindung

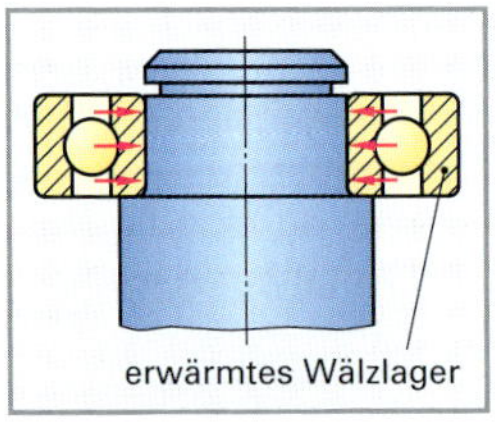

Bild 3: Querpress-ververbindung Außenteil-erwärmung

Querpressen. Dabei wird vor dem Fügen durch Erwärmen des Außenteils bzw. durch Unterkühlen des Innenteils das Übermaß aufgehoben. Außen- und Innenteil können dann mit Spiel ohne Presskräfte gefügt werden. Ein Einebnen der Rauheitsspitzen wie beim Längspressen findet nicht statt.

Arbeitsregeln

- Auf gleichmäßige Erwärmung der Bauteile achten. Z.B. in Ölbad oder auf Heizplatte erwärmen.
- Beim Abkühlen z.B. mit flüssigem Stickstoff oder Trockeneis (festes CO_2, – 78 °C) immer Handschuhe tragen.
- Auf gute Arbeitsvorbereitung z.B. Bereitstellung geeigneter Werkzeuge achten, da das Querpressen innerhalb kürzester Zeit erfolgen muss.

WIEDERHOLUNGSFRAGEN

1. **Welche Welle-Nabe-Verbindungen werden unterschieden?**
2. **Welche Vorteile hat ein Kerbzahnprofil gegenüber einem Keilwellenprofil?**
3. **Wo werden im Kraftfahrzeug Pressverbindungen angewendet?**
4. **Wodurch unterscheidet sich eine Quer- von einer Längspressverbindung?**

7.6.9 Schnappverbindungen

> Schnappverbindungen bilden sich durch elastisches Verformen von mindestens einem der Fügeteile. Es gibt lösbare und unlösbare Schnappverbindungen.

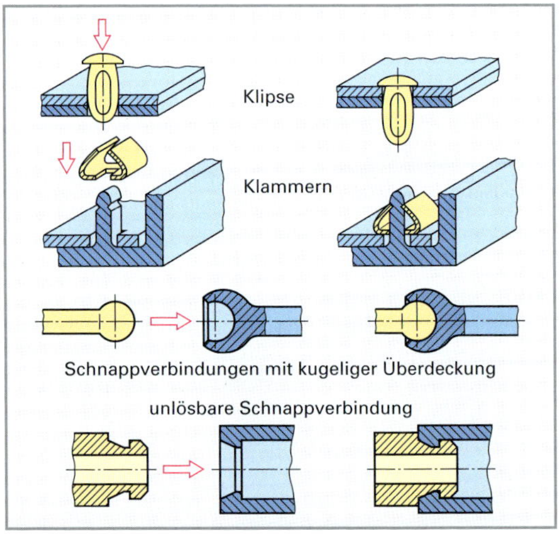

Bild 4: Schnappverbindungen

Schnappverbindungen **(Bild 4)** z.B. Klipse und Klammern sind meist aus Kunststoff oder Federstahl. Sie biegen sich beim Fügen und stellen sich danach wieder auf. Soll eine unlösbare Schnappverbindung hergestellt werden, so wird dies durch eine Hinterschneidung erreicht. Schnappverbindungen werden z.B. für Radkappen, Verkleidungen, Ventilschaftabdichtungen und bewegliche Gestänge eingesetzt.

7.6.10 Löten

Löten ist stoffschlüssiges Verbinden metallischer Werkstücke durch ein geschmolzenes Zusatzmetall (Lot). Die Werkstücke bleiben in festem Zustand. Die Schmelztemperatur des Lotes ist niedriger als die Schmelztemperatur der zu lötenden Werkstücke.

Lötverfahren werden nach der Schmelztemperatur in Weich- und Hartlöten unterschieden.

Lötverfahren	Schmelztemperatur
Weichlöten	unter 450° C
Hartlöten	über 450° C

Vorgänge beim Löten

Die Lötfläche wird auf Löttemperatur erwärmt. Das hinzugefügte Lot schmilzt auf der Lotfläche. Es soll sie dabei flächig benetzen **(Bild 1)**. Dadurch kann das Lot in die Randschicht eindringen und mit dem Werkstoff eine Legierung bilden. Voraussetzung hierfür sind saubere, nichtoxidierte Oberflächen und ein enger Lötspalt **(Bild 2)**.

Zum Lösen von Oxidschichten auf den Lötflächen und zur Verhinderung der Neubildung werden Flussmittel verwendet.

Gebräuchliche Flussmittel sind beim Hartlöten z.B. FH 20 (Vielzweckflussmittel) und beim Weichlöten z.B. F-W 31 (nichtkorrodierend in Pastenform).

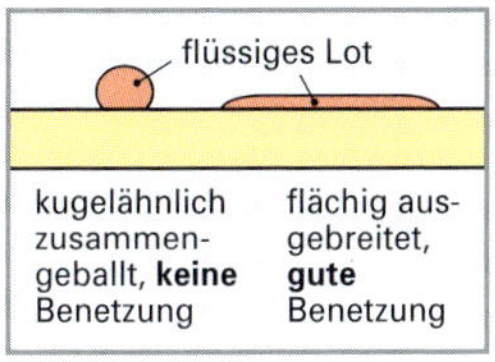

Bild 1: Benetzen der Lötfläche

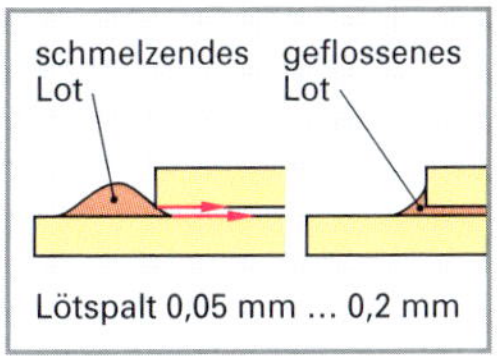

Bild 2: Kapillarwirkung im Lötspalt

Der Lötvorgang läuft in drei Stufen ab:

Benetzen. Das Lot verteilt sich auf der Lötfläche.

Fließen. Flüssiges Lot drängt Flussmittel aus dem Lötspalt.

Binden. Lot dringt in den Werkstoff und bildet eine Legierung.

Weichlöten ($t < 450°$). Weichgelötete Verbindungen eignen sich für

- Verbindungen, die dicht sein müssen, z.B. im Kühlerbau,
- Verbindungen, bei denen ein guter elektrischer Kontakt gefordert wird.

Weichgelötet werden vor allem Verbindungen aus Kupfer, Kupferlegierung und Zink.

Hartlöten ($t > 450°$). Hartgelötete Verbindungen eignen sich wenn ...

- ... hohe Anforderungen an die Festigkeit gestellt werden, z.B. Blechreparaturen.
- ... die Verbindung fest und dicht sein muss, z.B. Behälter.
- ... die Verbindung warmfest sein muss, z.B. Drehmeißel mit Hartmetallplättchen.
- ... wenn Schweißverfahren aufgrund der hohen Temperaturen oder der verwendeten Werkstoffe nicht angewendet werden können.

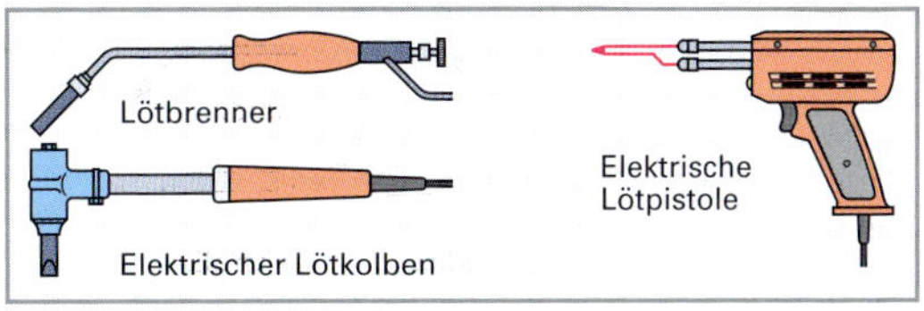

Bild 3: Lötkolben und Lötpistole

Je nach Anwendung müssen z.B. beim Weichlöten Lote mit unterschiedlichen Eigenschaften ausgewählt werden.

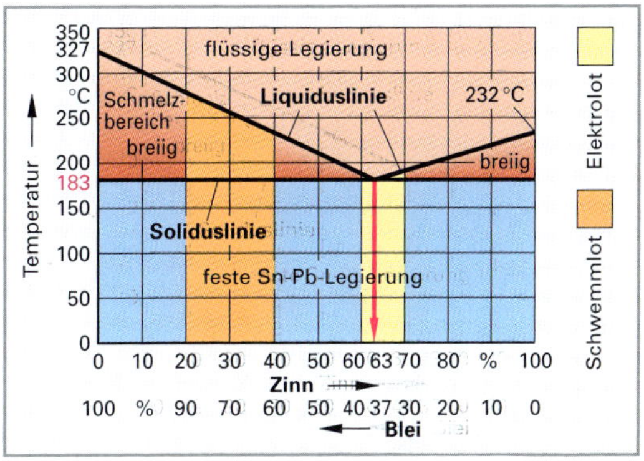

Bild 4: Zinn-Blei-Zustandsschaubild

Elektrolot (Bild 4). Für das Löten elektrischer Bauteile ist eine möglichst geringe Löttemperatur erforderlich, damit die elektronischen Bauteile z.B. Transistoren nicht thermisch überlasten.

Schwemmlot (Schmierlot, **Bild 4**). Beim Verschwemmen von Karosserieblechen ist ein Lot auszuwählen, das über einen großen Temperaturbereich verarbeitbar (teigig) ist.

	Kurzzeichen neu	alt	Verwendung
Weichlot	S-Sn60Pb40	L-PbSn40	Elektronik
	S-Pb98Sn2	L-PbSn2	Kühlerbau
	S-Pb58Sn40Sb2	L-PbSn40Sb	Schmierlot
Hartlot	AG 104	L-Ag45Sn	Stähle, Kupfer, Cu-Leg.
	CU 104	L-SFCu	Stähle

Arbeitsregeln
- Lötstelle vor dem Löten reinigen.
- Vor dem Löten Werkstücke mit dünnem Lötspalt zusammenpassen.
- Werkstück und Lot zügig und gleichmäßig erwärmen.
- Richtige Arbeitstemperatur wählen.
- Lot muss erschütterungsfrei erstarren.
- Korrosive Flussmittelreste nach dem Löten entfernen.
- Hautkontakt mit dem Flussmittel vermeiden.
- Arbeitsplatz ausreichend belüften oder Dämpfe absaugen.

7.6.11 Schweißen

Schweißen ist ein unlösbares stoffschlüssiges Verbinden von meist gleichartigen Werkstoffen. Die Werkstücke werden an der Verbindungsstelle durch Anwendung von Wärme im flüssigem Zustand oder durch Anwendung von Wärme und Druck im teigigem Zustand miteinander verbunden.

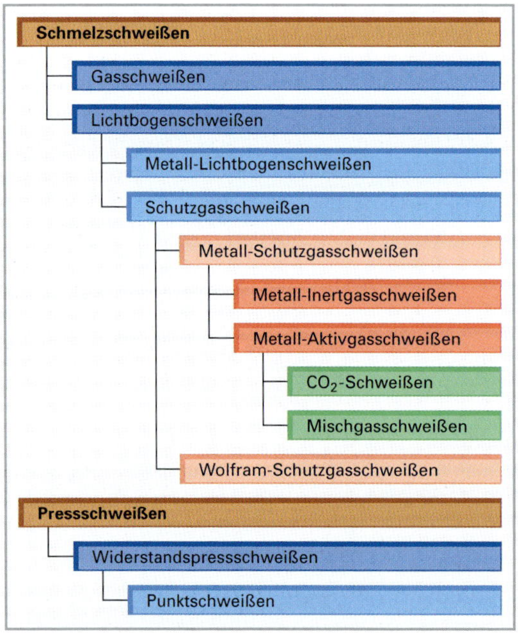

Bild 1: Einteilung der Schweißverfahren

Schweißverbindungen sind die am häufigsten verwendeten stoffschlüssigen Verbindungen. Man unterscheidet **Schmelzschweißen** und **Pressschweißen (Bild 1).**

Beim Schweißen sind je nach Schweißverfahren geeignete Schutzmaßnahmen zu treffen. Der Schweißer hat seine persönliche Schutzausrüstung zu tragen!

Gasschmelzschweißen (Gasschweißen)

Beim Gasschweißen **(Bild 2),** auch Autogenschweißen genannt, wird der Werkstoff durch die Wärme einer Brenngas-Sauerstoff-Flamme zum Schmelzen gebracht und mit Hilfe eines Zusatzwerkstoffes verbunden. Als Brenngas wird meist Acetylen (C_2H_2) verwendet, da mit Acetylen eine hohe Flammentemperatur von etwa 3200 °C erreicht wird.

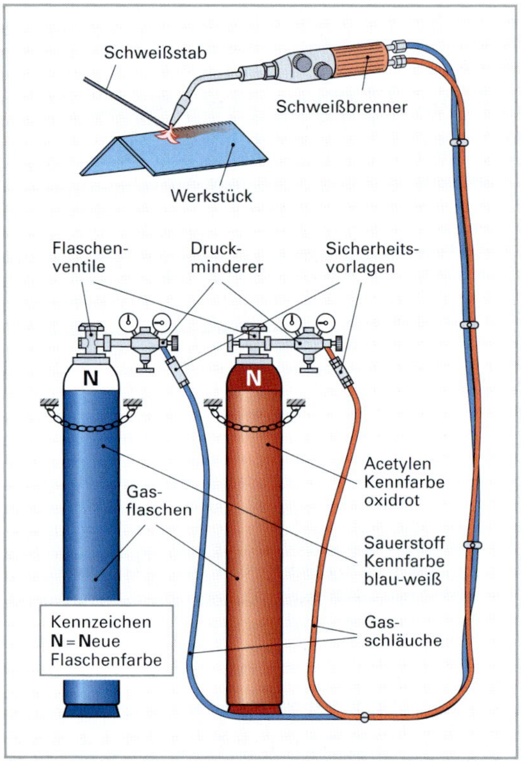

Bild 2: Gasschweißanlage

Sauerstoffflasche. In ihr ist reiner Sauerstoff unter hohem Druck gespeichert. Bei einem Flaschenvolumen von 40 Litern und einem Fülldruck von 150 bar beträgt der Inhalt 150 × 40 l = 6000 l Sauerstoff. Sie hat einen Anschluss von R $^3/_4$ Zoll, die Kennfarbe am Flaschenhals ist Weiß, die Flasche blau.

Das Flaschenventil der Sauerstoffflasche muss von Fett und Öl freigehalten werden. Sonst können Sauerstoff und Wasserstoffverbindungen des Fettes Knallgas bilden. Es besteht Explosionsgefahr.

Acetylenflasche. Acetylen kann nicht unter hohen Druck gesetzt werden, da es sich sonst zersetzt. Beim Einfüllen in Stahlflaschen wird das Acetylen in Aceton gelöst.
In der Acetylenflasche befindet sich eine poröse Masse, deren Poren mit Aceton gefüllt sind; in diesem Aceton ist das Acetylen gelöst. Bei einem Fülldruck

von 18 bar enthält eine Acetylenflasche etwa 6000 l Acetylen. Bei Gasentnahme (Druckabfall) wird das Acetylen wieder frei. Die Acetylenflasche hat einen Bügelverschluss, ihre Kennfarbe ist Oxidrot.

> Beim Schweißen darf die Acetylenflasche nicht liegend verwendet werden, damit kein Aceton mit herausgerissen wird.
> Nie mehr als 1000 l in der Stunde entnehmen; notfalls mehrere Flaschen kuppeln.

Sicherheitsvorlage (Bild 2, Seite 150). Zur Sicherung gegen Flammenrückschlag und Gasrücktritt ist am Acetylenschlauch eine Sicherheitsvorlage zwischen Druckminderer und Schweißbrenner erforderlich. Sie wird als Gebrauchsstellenvorlage am Druckminderer oder als Einzelflaschensicherung am Schweißbrenner angeschlossen. Am Sauerstoffschlauch ist häufig ebenfalls eine Sicherheitsvorlage angeschlossen.

> Vor dem Anschließen des Druckminderers Flaschenventil kurz öffnen, um Schmutzteilchen aus dem Anschluss auszublasen. Einstellschraube des Druckminderers zurückdrehen.

Druckminderer (Bild 1). Der Druckminderer wird am Flaschenventil angeschlossen, er reduziert den hohen Druck in der Flasche auf den jeweiligen Arbeitsdruck. Das Inhaltsmanometer zeigt den Flaschendruck an; das Arbeitsmanometer zeigt den Arbeitsdruck an, der über die Einstellschraube eingestellt wird. Zum Schweißen beträgt der Arbeitsdruck bei Sauerstoff etwa 2,5 bar, bei Acetylen 0,25 bar bis 0,5 bar.

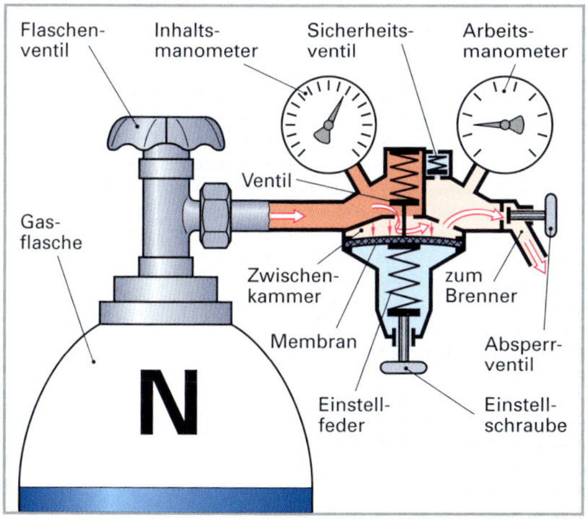

Bild 1: Druckminderer

Schweißbrenner (Bild 2). Zum Schweißen wird vorwiegend der Injektorbrenner verwendet. In ihm wird das Acetylen durch den unter höherem Druck ausströmenden Sauerstoff angesaugt.

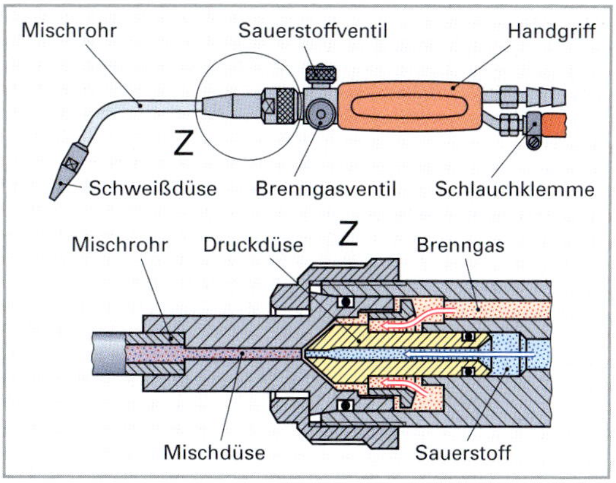

Bild 2: Schweißbrenner

Der Schweißbrenner besteht aus dem Griffstück und dem auswechselbaren Brennereinsatz. Die Teile des Brennereinsatzes sind: Druckdüse (Injektordüse), Mischrohr mit Mischdüse, Schweißdüse, Überwurfmutter. In Mischdüse und Mischrohr werden Acetylen und Sauerstoff gemischt, um vor der Schweißdüse in Form einer Stichflamme zu verbrennen.

Der Schweißbrenner ist mit den Gasflaschen durch Gummischläuche verbunden. Für Acetylen werden rote und für Sauerstoff blaue Schläuche benutzt. Der Sauerstoffschlauch hat bei gleichem Außendurchmesser eine kleinere lichte Weite als der Acetylenschlauch.

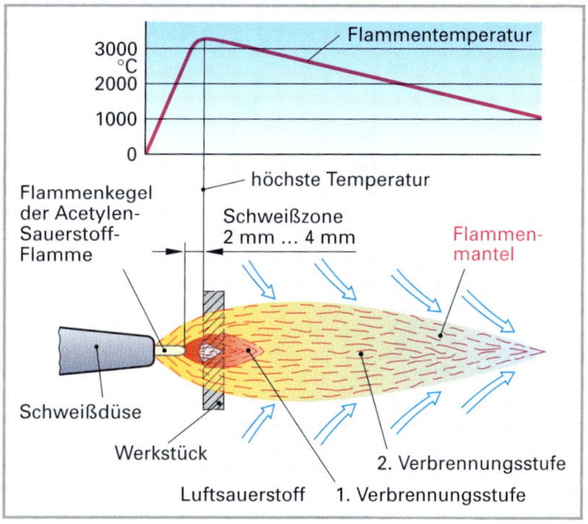

Bild 3: Acetylen-Sauerstoff-Flamme

Acetylen-Sauerstoff-Flamme (Bild 3). Sie wird an den Ventilen des Schweißbrenners eingestellt. Bei normaler Einstellung werden Sauerstoff und Acetylen im Verhältnis 1 : 1 gemischt. Bei diesem Verhältnis reicht jedoch der Sauerstoff zur vollständigen Verbrennung des Acetylens nicht aus; diese wird erst mit dem Sauerstoff der Umgebungsluft erreicht. Dadurch entsteht eine sauerstofffreie Zone vor dem Flammenkegel, welche als Schweißzone bezeichnet wird. Sie wirkt reduzierend (nimmt Sauerstoff auf). In ihr liegt etwa 2 mm bis 4 mm vor dem Flammenkegel die höchste Flammentemperatur von etwa 3200 °C.

Neutrale Einstellung:

Bei einem Mischungsverhältnis von 1 : 1 von Sauerstoff und Acetylen ist der weißleuchtende Flammenkegel scharf begrenzt; man nennt diese Flammeneinstellung „neutral".

Stahl wird mit neutraler Flamme geschweißt.

Bei Acetylenüberschuss zerflattert der Flammenkegel und sieht grünlich aus. Die Flamme führt in diesem Fall freien Kohlenstoff mit, der in die Schweißnaht eindringt. Diese wird durch die Anreicherung mit Kohlenstoff hart.

Bei Sauerstoffüberschuss wird der Flammenkegel kürzer und bläulich. Die Naht nimmt Sauerstoff auf und wird spröde; die Flamme wirkt oxidierend.

Schweißbrenner- und Schweißstabführung.
Es kann sowohl „nach links" als auch „nach rechts" geschweißt werden.

Die **Nachlinksschweißung (Bild 1)** wird angewendet zum Schweißen dünner Bleche bis 3 mm Dicke. Die Schweißflamme zeigt in Schweißrichtung, das Schmelzbad liegt außerhalb der höchsten Flammentemperatur, außerdem wird die Schweißflamme durch den Schweißstab am Durchschmelzen der Nahtwurzel gehindert. Die voreilende Schweißwärme wärmt die Schweißfuge vor und ermöglicht eine hohe Schweißgeschwindigkeit.

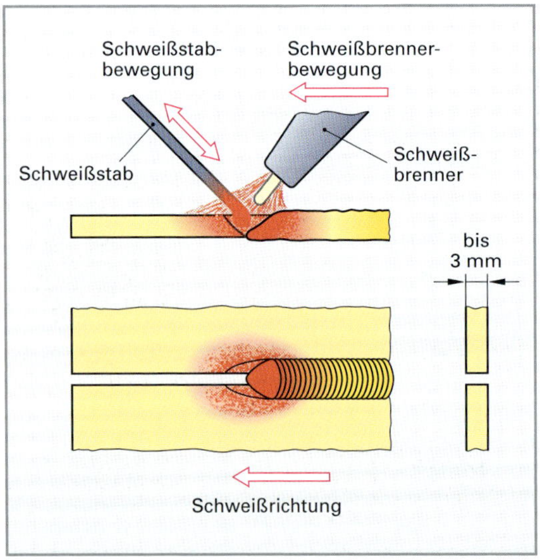

Bild 1: Nachlinksschweißung

Die **Nachrechtsschweißung** wird angewendet zum Schweißen dicker Bleche über 3 mm Dicke.

Gasschweißstäbe für das Verbindungsschweißen sind nach ihrer Zusammensetzung und Eignung für die verschiedenen Stähle in sieben Schweißstabklassen, G I bis G VII, eingeteilt. Für allgemeine Baustähle eignen sich besonders die Schweißstabklassen G II bis G IV.

Die Schweißstabklasse ist auf jedem Schweißstab eingeprägt. Schweißstäbe gibt es in verschiedenen Durchmessern, ihre Verkupferung dient als Korrosionsschutz.

Brennschneiden von Stahl

Beim Brennschneiden wird die Eigenschaft des Stahls, in reinem Sauerstoff zu verbrennen, ausgenutzt. Der **Schneidbrenner (Bild 2)** ist eine Art Schweißbrenner, an dem noch ein Rohr mit einem Ventil angebracht ist, um den Schneidsauerstoff zuzuführen.

Die Anschnittstelle wird durch die Vorwärmflamme des Schneidbrenners auf Zündtemperatur (etwa 1200 °C) angewärmt. Nach Öffnen des Schneidsauerstoffventils trifft der gebündelte Sauerstoffstrahl der Schneiddüse die glühende Stelle. Die Verbrennung des Stahls geht in reinem Sauerstoff sehr rasch vor sich. Durch den Druck des Sauerstoffstrahls wird die Schlacke aus der Schnittfuge geblasen.

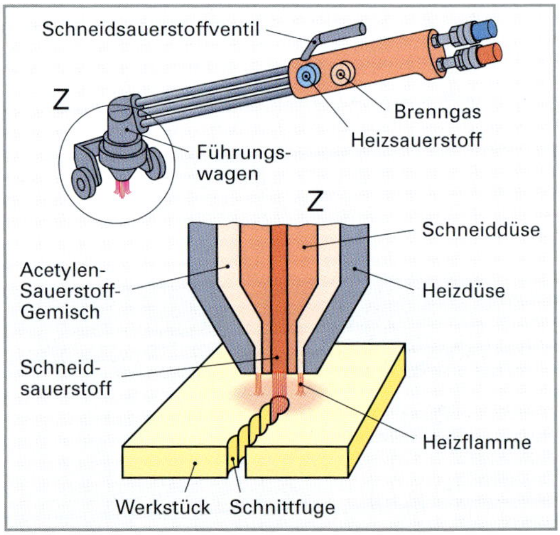

Bild 2: Brennschneiden von Stahl

Metalllichtbogenschweißen

Beim Metalllichtbogenschweißen **(Bild 1, Seite 153)** wird die Wärme des elektrischen Lichtbogens zum Schmelzen der Werkstoffe an der Schweißstelle ausgenützt.

Der Lichtbogen entsteht nach einem kurzzeitigen Kurzschluss zwischen Elektrode und Werkstück und bildet eine elektrisch leitende Gasstrecke hoher Temperatur. Der von der Elektrode abschmelzende Werkstoff bildet mit dem aufgeschmolzenen Werkstoff des Werkstücks die Schweißraupe. Der Lichtbogen soll kurz sein (Lichtbogenlänge ≈ Elektrodendurchmesser), um die Aufnahme von Sauerstoff und Stickstoff in das Schmelzbad gering zu halten.

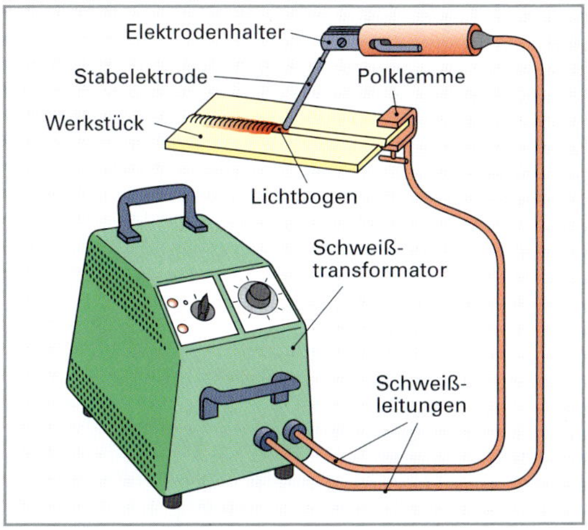

Bild 1: Metalllichtbogenschweißen

Schweißstromquellen. Als Schweißstromquellen werden Schweißtransformatoren zum Schweißen mit Wechselstrom verwendet bzw. Schweißgleichrichter zum Schweißen mit Gleichstrom. In Kfz-Werkstätten wird häufig unter engen räumlichen Verhältnissen oder zwischen elektrisch leitenden Teilen geschweißt. Die Leerlaufspannung darf dort beim Schweißen mit Wechselstrom 48 V und beim Schweißen mit Gleichstrom 113 V nicht überschreiten. Solche Schweißstromquellen sind besonders gekennzeichnet **(Tabelle 1)**.

Tabelle 1: Kennzeichnung von Schweißgeräten für Schweißarbeiten unter erhöhter elektrischer Gefährdung

Schweißgerät	max. Leerlaufspannung	Kennzeichen
Schweißtransformator	48 V	S
Schweißgleichrichter	113 V	S

Stabelektroden (Bild 2) bestehen aus dem Kerndraht und der Umhüllung.

Der abschmelzende **Kerndraht** bildet mit dem aufgeschmolzenen Werkstoff des Werkstücks die Schweißraupe. Die **Umhüllung** schmilzt mit dem Kerndraht ab und bildet auf der Schweißnaht die Schlacke. Durch die Schlacke wird das Abkühlen der

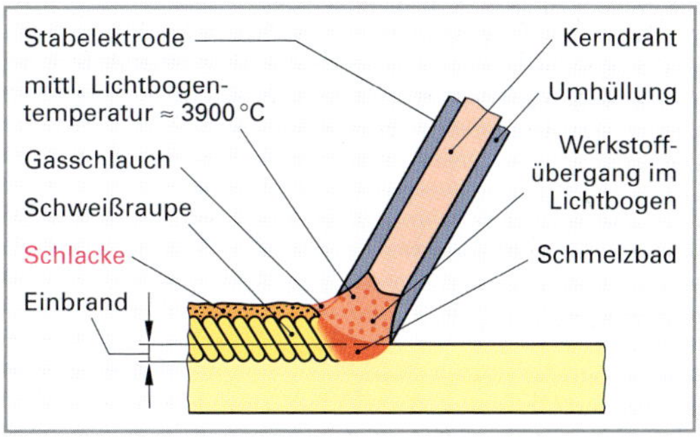

Bild 2: Elektrischer Lichtbogen

Naht verlangsamt. Dadurch werden Schrumpfspannungen vermindert. Ein Teil der Umhüllung vergast beim Abschmelzen und schirmt als Gasmantel den Lichtbogen sowie die Schweißnaht in der Umgebung des Schmelzbades gegen die Umgebungsluft ab und vermindert dadurch den Abbrand von Legierungsbestandteilen. Der elektrisch leitende Gasmantel ermöglicht auch einen gleichförmigen Lichtbogen. Beim Schweißen mit Wechselstrom müsste der Lichtbogen sonst ständig neu gezündet werden, da die Stromrichtung dauernd wechselt.

Schweißwerkzeuge (Bild 3). Im Elektrodenhalter sind zum Schutz vor elektrischer Spannung und vor Verbrennungen Griffstück und Spannvorrichtung, mit Ausnahme der Kontaktfläche für die Elektrode, isoliert. Pickhammer und Drahtbürste dienen zum Entfernen der Schlacke. Der Schweißerschutzschild ist mit dunklen Spezialgläsern (Schweißschutzfilter) versehen, denen meist Klargläser vorgesetzt sind. Stulpenhandschuhe und Schürze, meist aus Leder, schützen gegen Strahlen, Funkenflug und Verbrennungen.

Beim Schweißen ist die persönliche Schutzausrüstung zu tragen !

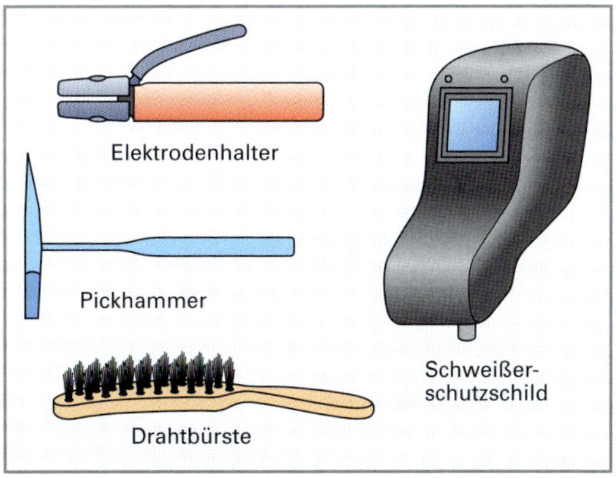

Bild 3: Schweißwerkzeuge

Schutzgasschweißen

Das Schutzgasschweißen ist ein Lichtbogenschweißen, bei dem der Lichtbogen und das Schmelzbad in eine Schutzgasatmosphäre eingehüllt und dadurch gegen die Umgebungsluft abgeschirmt sind. Das Schutzgas wird der Schweißstelle durch den Schweißbrenner zugeführt.

Man unterscheidet das Wolfram-Inertgasschweißen mit einer nichtabschmelzenden Wolframelektrode und das Metall-Schutzgasschweißen mit einer abschmelzenden Drahtelektrode.

> Das jeweils verwendete Schutzgas richtet sich nach dem Schweißverfahren und dem zu schweißenden Werkstoff.

7

Der Schweißbrenner wird von Hand oder vollmechanisiert oder automatisch geführt. Schweißbrenner für die Schweißung dünner Bleche sind luftgekühlt. Für dicke Bleche und große Schweißstromstärken sind die Brenner wassergekühlt.

Die Vorteile des Schutzgasschweißens sind:

- Keine Umgebungsluft im Schmelzbad
- Kein Verbrennen von Legierungsbestandteilen
- Keine Schlackenbildung
- Hohe Schweißgeschwindigkeit
- Schmale Erwärmungszone
- Geringer Verzug

Schweißrichtung. Man unterscheidet „Stechendes" und „Schleppendes" Schweißen **(Bild 1)**.

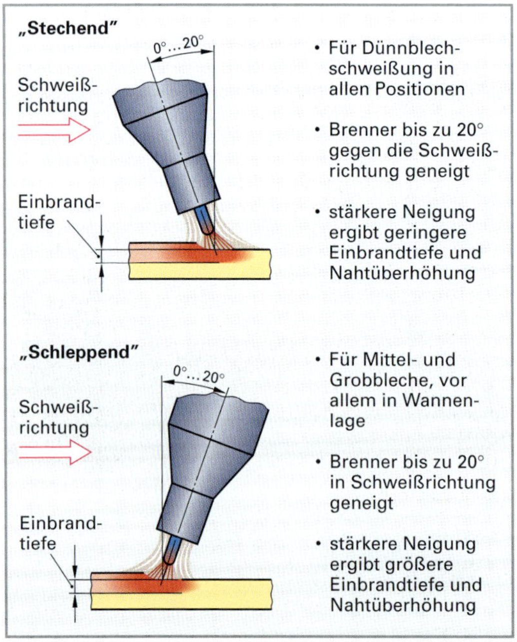

Bild 1: Stechendes und Schleppendes Schweißen

Wolfram-Inertgasschweißen (WIG-Schweißen, Bild 2)

Der Lichtbogen brennt zwischen einer Wolframelektrode, die nicht abbrennt, und dem Werkstück. Der Schweißstab wird von Hand seitlich in das Schmelzbad geführt. Je nach Werkstoff des Werkstücks wird mit Gleichstrom oder mit Wechselstrom geschweißt. Als Schutzgas wird das reaktionsunwillige Edelgas Argon verwendet oder ein Gemisch aus Argon und Helium.

Das WIG-Schweißen eignet sich vor allem zum Schweißen von Blechen, Profilen und Rohren bis etwa 5 mm Dicke aus hitzebeständigen, säurebeständigen oder nichtrostenden Stählen, aus Kupfer oder Kupfer-Legierungen sowie aus Aluminium oder Aluminium-Legierungen.

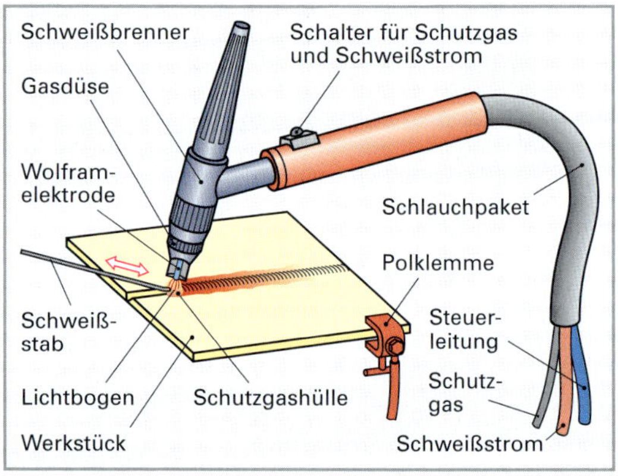

Bild 2: Wolfram-Schutzgasschweißen

Metall-Schutzgasschweißen (MSG, Bild 3 und Bild 1, Seite 155)

Der Lichtbogen brennt zwischen der abschmelzenden Drahtelektrode und dem Werkstück. Die Drahtelektrode ist auf einer Drahtspule aufgewickelt und

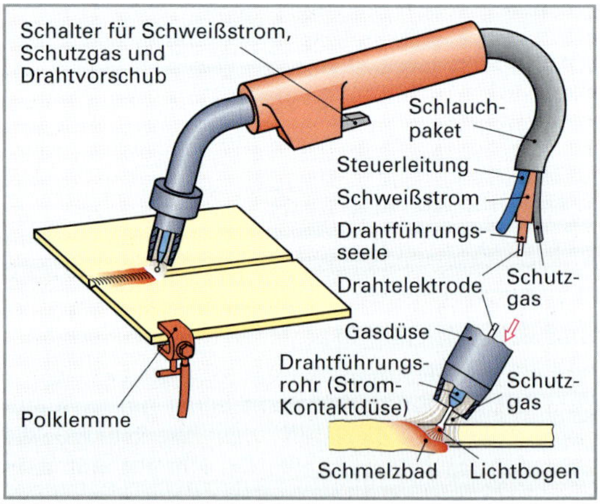

Bild 3: Schweißbrenner für MIG-MAG-Schweißen

wird mit dem Drahtvorschubmotor durch einen biegsamen Schlauch im Schlauchpaket dem Schweißbrenner zugeführt.

Zum MSG-Schweißen wird Gleichstrom verwendet, welcher der Drahtelektrode im Schweißbrenner an der Stromkontaktdüse kurz vor dem Lichtbogen zugeleitet wird. Der Pluspol wird meist an die Drahtelektrode gelegt. Der kleine Elektrodenquerschnitt ermöglicht eine hohe Stromdichte, große Abschmelzleistung, große Schweißgeschwindigkeit und tiefen Einbrand.

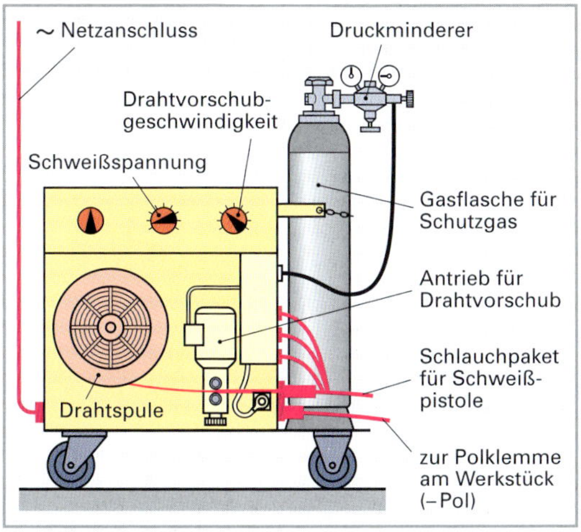

Bild 1: MIG-MAG-Schweißmaschine

Metall-Inertgasschweißen (MIG-Schweißen, Bild 3, Seite 154 und Bild 1)

Dabei werden inerte Schweißgase (z.B. Argon) verwendet, die keine chemischen Reaktionen während des Schweißvorgangs eingehen.

Das MIG-Schweißen eignet sich zum Schweißen dicker Bleche aus hochlegierten Stählen, aus Kupfer oder Cu-Legierungen sowie aus Aluminium oder Al-Legierungen. Bei der Herstellung von Leichtmetall-Karosserien werden auch Dünnbleche aus Al-Legierungen untereinander und mit Druckgussteilen und Strangpressprofilen aus Al-Legierungen MIG-geschweißt.

Metall-Aktivgasschweißen (MAG-Schweißen. Bild 3, Seite 154 und Bild 1)

Dabei werden Gasgemische aus Argon, Kohlendioxid und Sauerstoff als Schutzgas verwendet oder reines Kohlendioxid.

Das MAG-Schweißen ist ein Schutzgasschweißen zum Schweißen von unlegiertem und legiertem Stahl. Die Schutzgase enthalten mit Kohlendioxid und Sauerstoff aktive Bestandteile, die mit dem Schmelzbad reagieren. Die Drahtelektrode enthält deshalb als wichtige Legierungsbestandteile Mangan und Silizium zur Desoxidation des Schmelzbades. Beide Stoffe verbinden sich mit Sauerstoff, der entweder beim Zerfall von Kohlendioxid frei wird oder als Bestandteil des Mischgases vorhanden ist.

Schutzgasschweißarbeiten werden in der Kfz-Werkstatt meist mit nur einem Drahtelektrodendurchmesser durchgeführt; vorwiegend wird die Drahtelektrode 0,8 mm, eventuell 1 mm verwendet.

Laserschweißen

Bei diesem Schweißverfahren wird die zum Aufschmelzen des Werk- und Schweißzusatzstoffes notwendige Wärme durch einen energiereichen Laserstrahl eingebracht.

In einem Laser (**L**ight **A**mplifikation by **S**timulated **E**mission of **R**adiation) wird ein Medium z.B. ein Helium-Neon-Gasgemisch durch „Anstoßen" mit Elektronen auf ein höheres Energieniveau gebracht. Die Energie wird dann in Form einer elektromagnetischen Welle (z.B. als rotes Licht) in stark gebündelter Form wieder abgegeben.

Schweißvorgang: Die Andruckrolle **(Bild 2)** sorgt für die Fixierung der Fügeteile und für die Zufuhr des Schweißzusatzwerkstoffes an die Schweißstelle. Der dünne Laserstrahl ermöglicht eine punktgenaue Schweißnaht. Damit keine Reaktion der Schmelze mit der Umgebungsluft einsetzt, wird die Schmelze durch ein Schutzgas geschützt.

Laserschweißverfahren werden im industriellen Automobilbau für den Karosserierohbau eingesetzt. Schweißbar sind Stahl, Leichtmetalle und Kunststoffe.

Bild 2: Laserschweißen

Merkmale des Laserschweißens:

- Saubere Naht
- Wenig Werkstoffverzug durch geringe Wärmeeinbringung beim Schweißen
- Hohe Produktivität und Steifigkeit

- Gewichtsersparnis durch geringe, bzw. keine Überlappung
- Hohe Festigkeit

Punktschweißen

Punktschweißen ist ein Widerstandspressschweißen. Es entsteht eine unlösbare stoffschlüssige Verbindung dadurch, dass zwei aufeinander liegende Bleche in teigigem Zustand ohne Zusatzwerkstoffe an einzelnen Schweißpunkten durch Wärme und Druck miteinander verbunden werden.

Der benötigte Druck wird über die stiftförmigen Kupferelektroden ausgeübt. Über die Kupferelektroden und die zusammengepressten Bleche fließt kurzzeitig ein großer Strom. Die erforderliche Schweißwärme entsteht sehr schnell durch den großen elektrischen Widerstand an der Verbindungsstelle. Druck, Stromstärke und Schweißzeit müssen aufeinander abgestimmt sein.

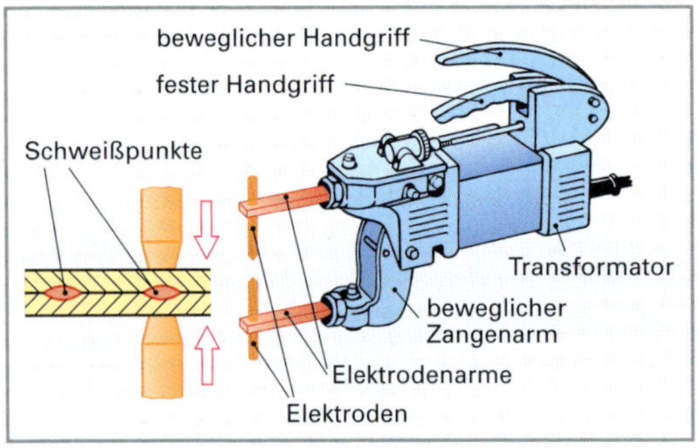

Bild 1: Punktschweißen mit der Schweißzange

Für die Kfz-Instandsetzung gibt es kleine tragbare **Punktschweißzangen (Bild 1)** mit eingebautem Transformator. Die Elektroden werden bei Betätigen des Handhebels zusammengepresst. Elektrodenarme gibt es in verschiedenen Ausführungen, um auch an sonst unzugänglichen Stellen der Karosserie Schweißpunkte setzen zu können. Die Schweißstelle muss jedoch für die Schweißzange immer von beiden Seiten zugänglich sein.

Stoßpunkter (Bild 2). Mit ihm kann gearbeitet werden, wenn die Schweißstelle nur von einer Seite zugänglich ist. Zum Punktschweißen wird die Elektrode der Schweißpistole so gegen die Schweißstelle gepresst, dass sich beide Bleche berühren, und dann der Schweißpunkt gesetzt.

Der Stoßpunkter ist vielseitig einsetzbar:

- Einseitiges Punktschweißen
- Ausbeulen von Blechen (in Verbindung mit dem Ausziehhammer)
- Einziehen von Blechen
- Aufschweißen von Gewindebolzen und Stiften

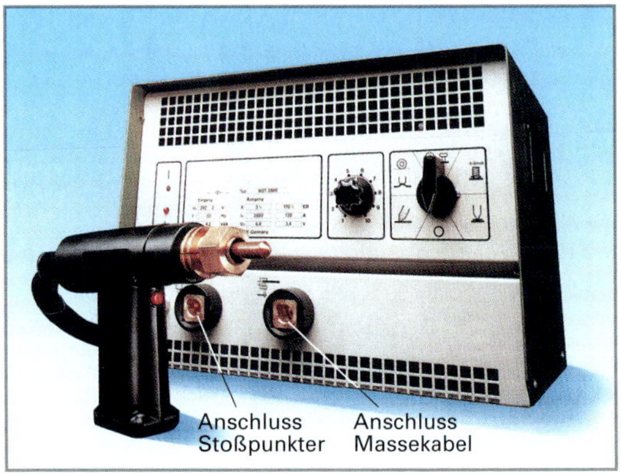

Bild 2: Stoßpunkter

Arbeitsregeln

- Beim Gasschweißen und autogenen Schneiden immer eine Schutzbrille tragen.
- Flaschenventile langsam öffnen.
- Öl und Fett nicht an den Verschluss der Sauerstoffflasche bringen (Explosionsgefahr).
- Gasflaschen vor Stoß und Fall, vor Wärme und Kälte schützen.
- Beim elektrischen Lichtbogenschweißen Schutzschild mit Seitenschutz benutzen.
- Beim Lichtbogenschweißen die Arbeitsstelle so abschirmen, dass Mitarbeiter durch die Strahlung nicht geschädigt werden.
- Geschlossene Arbeitskleidung und Handschuhe tragen. Sie schützen vor Spritzern und vor der Strahlung des Lichtbogens.
- Für gute Entlüftung des Arbeitsplatzes sorgen.

Wiederholungsfragen

1. **Warum dürfen Öl und Fett nicht an Verschlüsse von Sauerstoffflaschen gelangen?**
2. **Woran erkennt man eine Acetylenflasche?**
3. **Welche Messwerte werden am Druckminderer abgelesen?**
4. **Warum wird beim Acetylen-Schweißen von Stahl die Schweißflamme neutral eingestellt?**
5. **Worauf beruht das Brennschneiden?**
6. **Welche Schmelzschweißverfahren unterscheidet man?**
7. **Welche Aufgabe hat die Umhüllung einer Elektrode?**
8. **Welche Schweißrichtungen werden beim Schutzgasschweißen angewendet?**
9. **Welche Vorteile hat das Schutzgasschweißen gegenüber anderen Schweißverfahren?**

7.6.12 Kleben

Kleben ist unlösbares stoffschlüssiges Verbinden von gleichen oder verschiedenartigen Werkstoffen mit Hilfe eines Klebstoffes (nichtmetallischer Stoff).

Beanspruchung und Gestaltung der Klebeverbindung

Die Festigkeit der Verbindung hängt ab von den **Kohäsionskräften** in der Klebstoffschicht sowie von den **Adhäsionskräften** zwischen dem Klebstoff und den Fügeflächen der Werkstücke **(Bild 1).**

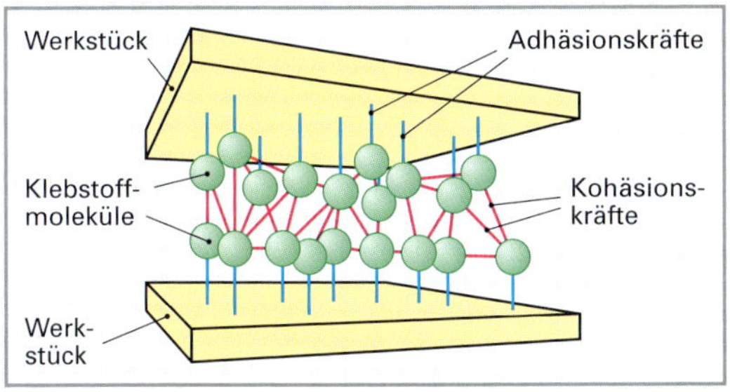

Bild 1: Kräfte in der Klebeverbindung

Während die Kohäsionskräfte in der Klebstoffschicht im wesentlichen von dem verwendeten Klebstoff abhängen, sind die Adhäsionskräfte vor allem davon abhängig, ob die Fügeflächen vor dem Klebstoffauftrag sorgfältig gereinigt wurden, um die Haftkraft des Klebers bestmöglich auszunutzen.

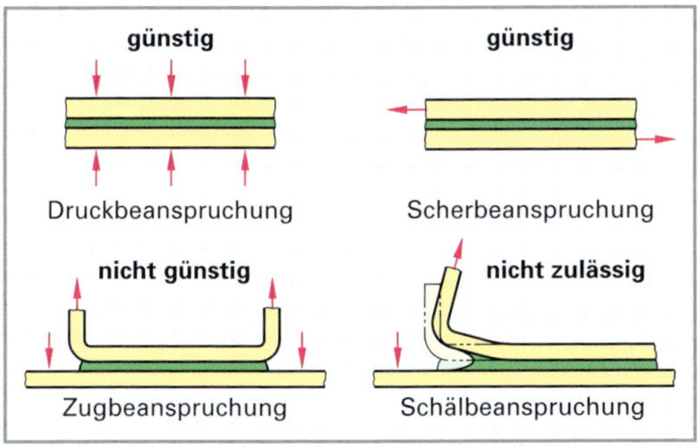

Bild 2: Beanspruchung der Klebeverbindung

Zur Übertragung großer Kräfte sind große Fügeflächen erforderlich. Die Klebeverbindung soll möglichst nur durch Druck- und Scherbeanspruchungen **(Bild 2)** belastet sein. Zugbeanspruchungen sollten nur in geringem Umfang auftreten und Schälbeanspruchungen ganz vermieden werden, da dadurch die Klebeverbindung aufreißen kann.

Klebstoffarten

Reaktionsklebstoffe (Tabelle 1) härten durch chemische Reaktion der Bestandteile aus. Nach der Zusammensetzung unterscheidet man Einkomponentenklebstoffe und Zweikomponentenklebstoffe, nach der Verarbeitungstemperatur unterscheidet man Kaltkleber und Warmkleber.

Einkomponentenklebstoffe enthalten alle zum Kleben erforderlichen Bestandteile. Sie benötigen keinen Härterzusatz.

Zweikomponentenklebstoffe bestehen aus zwei getrennten Bestandteilen, aus Kleber und Härter. Nach dem Mischen setzt das Aushärten des Klebstoffes durch chemische Reaktion in Abhängigkeit von der Temperatur ein. Der Klebstoff muss in einer bestimmten Zeit verarbeitet sein (Topfzeit), weil er sonst zu weit ausgehärtet ist und die Fügeflächen nicht mehr ausreichend benetzen kann.

Kaltkleber härten bei Raumtemperatur aus. Sie werden häufig als Dichtstoffe eingesetzt.

Warmkleber härten bei Temperaturen von etwa 120 °C bis 250 °C aus. Niedrige Temperaturen haben eine lange Aushärtezeit zur Folge.

Die Qualität der Klebeverbindung wird durch äußere Einflüsse z.B. Luftfeuchtigkeit, Temperatur und Staub erheblich beeinflusst. Verarbeitungshinweise sind unbedingt zu beachten.

Tabelle 1: Reaktionsklebstoffe bei Kfz-Instandsetzungen

Klebstoff		Härtung durch	Anwendung
Polyurethan	Einkomponentenkleber	Luftfeuchtigkeit	Karosseriedichtmasse
Anaerobe Kleber	Einkomponentenkleber	Härter	Kleben von Scheiben, Karosserieteilen
Cyanacrylat	Einkomponentenkleber	Luftabschluss + Metallkontakt	Schraubensichern, Abdichten
Polyurethan	Zweikomponentenkleber	Härter	Kleben von Karosserieteilen
Epoxidharz	Zweikomponentenkleber	Luftfeuchtigkeit	Sekundenkleber

Wiederholungsfragen

1. **Welche Kräfte bewirken den Zusammenhalt einer Klebeverbindung?**
2. **Warum haben Klebeverbindungen meist große Fügeflächen?**
3. **Welche Beanspruchungsarten sind günstig für eine Klebeverbindung?**
4. **Was versteht man unter der Topfzeit eines Klebers?**
5. **Geben Sie die Faktoren an, die die Qualität einer Klebeverbindung beeinflussen.**
6. **Wie unterscheiden sich Ein- und Zweikomponentenklebstoff?**

7.7 Beschichten

Beschichten ist das Auftragen einer festhaftenden Schicht aus formlosem Stoff auf ein Werkstück.

Beschichten von Werkstücken bewirkt:

- Schutz gegen Korrosion, z.B. durch Aufspritzen von Zink
- Verbesserung des Aussehens, z.B. durch Anstriche
- Verbesserung der Verschleißfestigkeit von Grundwerkstoffen, z.B. durch Hartverchromen, Panzern von Ventilen
- Isolation gegen Elektrizität, Wärme, Schall

Vor dem Beschichten müssen die Werkstücke gereinigt werden, um einwandfrei haftende Beschichtungen zu erhalten.

Reinigungsverfahren

Reinigen ist das Entfernen von Verunreinigungen oder unerwünschter Schichten von der Oberfläche der Werkstücke.

Tabelle 1: Reinigungsverfahren

mechanisch trocken	Bürsten Schleifen Hämmern	Polieren Strahlen
mechanisch nass	Abwaschen Abspritzen Dampfstrahlen	Ultraschall-reinigen
chemisch	**Entfetten,** z.B. mit Laugen (Verseifungen) mit organischen Lösungsmitteln (Fettlöser)	
	Beizen, z.B. mit verdünnter Schwefelsäure zum Entfernen von Oxid- oder Zunderschichten (anschließend Spülen und Trocknen)	

Mechanische Trockenreinigung. Sie kann erfolgen z.B. durch Bürsten, Polieren, Hämmern, Strahlen (Sandstrahlen), Schleifen.

Mechanische Nassreinigung. Sie kann erfolgen durch Abwaschen, Abspritzen, Dampfstrahlen, Ultraschallreinigen. Beim Ultraschallreinigen wird die Reinigungsflüssigkeit in hochfrequente Schwingungen versetzt, wobei kleinste Vakuumbläschen entstehen (Durchmesser etwa 0,00001 mm). Beim Zerplatzen (Implodieren) der Bläschen entstehen Drücke bis zu 1000 bar, dabei werden auch kleinste Schmutzpartikel aus Poren und Haarrissen entfernt.

Chemisches Reinigen. Es erfolgt z.B. durch Entfetten oder durch Beizen. Beim Entfetten **(Bild 1)** wird das Fett durch organische Lösungsmittel beim Eintauchen oder Besprühen in kleinste Fettteilchen zerlegt (dispergiert). Sie verteilen sich gleichmäßig im Waschwasser (emulgieren) und werden dann mit dem Waschwasser weggeschwemmt. Alkalische Lösungsmittel z.B. Natronlauge, Soda wandeln Schmierstoffe in Seifen um, die dann mit Wasser abgewaschen werden können.

Beim Beizen werden Oxid- und Zunderschichten auf Eisen- und Nichteisenmetallen mit verdünnten Säuren abgebeizt.

Die Entsorgungsrichtlinien gemäß Kreislaufwirtschafts und Abfallgesetz (KrW-/AbfG) für chemische Reinigungsmittel sind einzuhalten.

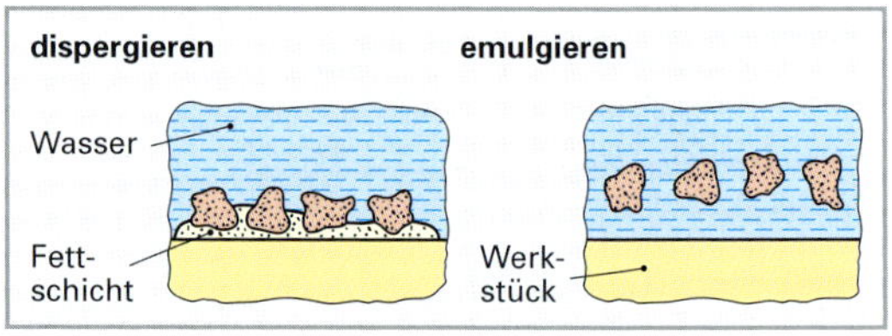

Bild 1: Entfetten

Beschichtungsverfahren

Metallspritzen (thermisches Spritzen)

Beim Metallspritzen wird der Schichtwerkstoff in feinstverteiltem, geschmolzenen Zustand auf die Werkstückoberfläche geschleudert. Dabei wird die Werkstückoberfläche teilweise angeschmolzen.

Tabelle 2: Beschichtungsverfahren

Überzüge	Verfahren
Metallisch	**Metallspritzen** z.B. Flammspritzen, Plasmaspritzen
	Galvanisieren, z.B. Verchromen, Tauchen, z.B. Feuerverzinken von Bodenblechen der Karosserie
Nicht-metallisch anorganisch	**Aufbringen einer Schutzschicht,** z.B. Phosphatieren, Chromatieren, Eloxieren
Nicht-metallisch organisch	**Farbüberzüge, Lacküberzüge, Kunststoffüberzüge,** z.B. Wirbelsintern, Auftragen von Wachsen

Die Beschichtung haftet auf dem Werkstück durch Adhäsion und Kohäsion der einzelnen Metallteilchen.

Beim Metallspritzen unterscheidet man nach der Erschmelzungsart:

- **Schmelzbadspritzen.** Niedrig schmelzende Metalle werden im Schmelzkessel geschmolzen und auf das Werkstück gespritzt.

- **Flammspritzen (Bild 1)**. Metalle mit einem Schmelzpunkt unter 3000 °C werden in einer Brenngas-Sauerstoffflamme geschmolzen und durch Gasdruck auf das Werkstück gespritzt.
- **Lichtbogenspritzen (Bild 2)**. Der Beschichtungsmetalldraht wird bei über 5 000 °C geschmolzen und meist mit Druckluft auf das Werkstück gespritzt.
- **Plasmaspritzen (Bild 3)**. Hochschmelzende Metalle und auch Nichtmetalle (z.B. Aluminiumoxid) werden in Pulverform als Beschichtungsstoff bei 10000 °C ... 20000 °C geschmolzen und mittels Plasmastrahl auf das Werkstück geschleudert.

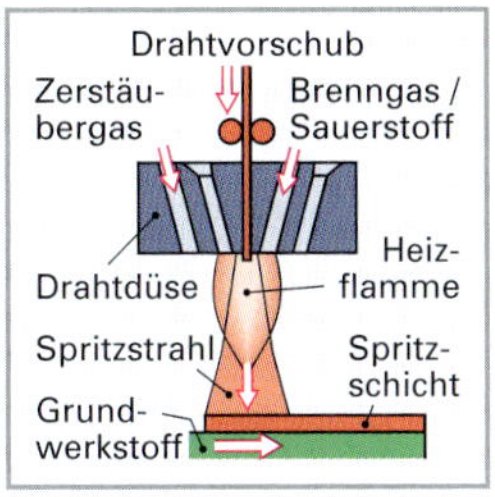

Bild 1: Flammspritzen

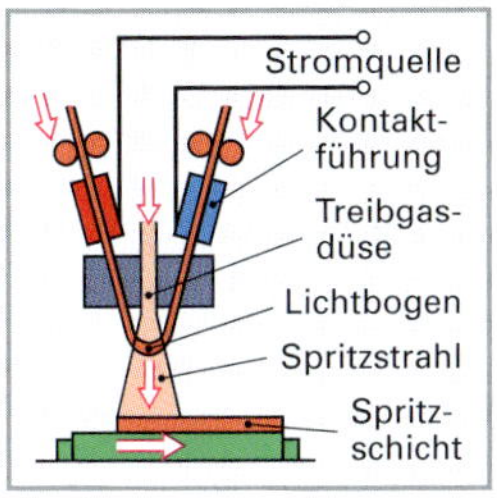

Bild 2: Lichtbogenspritzen

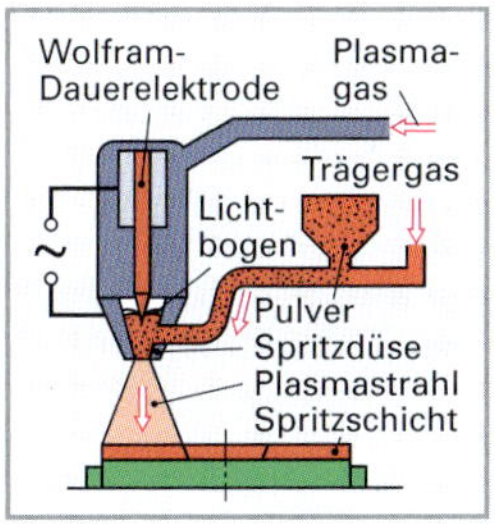

Bild 3: Plasmaspritzen

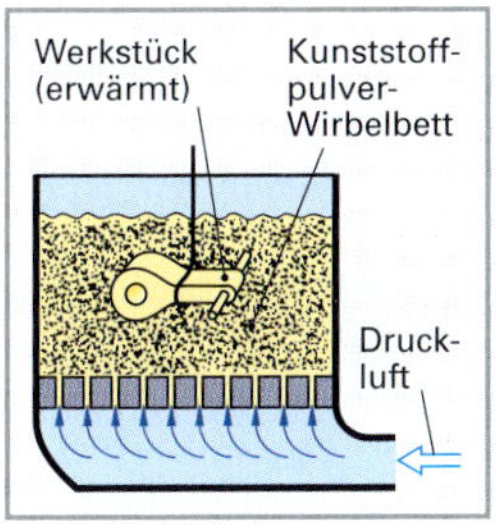

Bild 4: Wirbelsintern

Galvanisieren

Galvanisieren ist ein elektrochemisches Auftragen von Metallen auf metallischen oder elektrisch leitenden Schichten mittels eines Elektrolyten.

Als Korrosionsschutz können Teile eines Kraftfahrzeuges durch Galvanisieren beschichtet werden, z.B. elektrolytisches Verzinken von Karosserieblechen, Verchromen von Zierteilen.

Keramische Beschichtungen

Keramische Stoffe werden auf die Werkstückoberfläche aufgeschleudert und haften nur durch Verzahnung (Formschluss). Keramikbeschichtungen dienen als Wärme-, Korrosions- und Verschleißschutz.

Oxidieren

Beim Oxidieren von Metalloberflächen wird eine künstliche Korrosion hervorgerufen, z.B. durch Eloxieren. Oxidieren bewirkt eine Umwandlung des Grundwerkstoffes an seiner Oberfläche; es erfolgt kein eigentlicher Schichtaufbau. Anwendung: Eloxierte Aluteile, z.B. Räder, Zierteile im Fahrzeuginnenraum.

Kunststoffüberzüge

Kunststoffbeschichtungen sind auf fast allen Werkstoffen möglich, z.B. durch Anstreichen, Spachteln, Tauchen, Folien überziehen, elektrostatische Beschichtungen, Flammspritzen, Wirbelsintern.
Beim Wirbelsintern **(Bild 4)** wird das vorgewärmte Werkstück (bis etwa 300 °C) in das durch Druckluft aufgeschüttelte Kunststoffpulver gehalten. Das Pulver haftet auf dem Werkstoff und ergibt die Beschichtung. Kunststoffüberzüge bewirken Korrosionsschutz, Schall- und Wärmedämmung, elektrische Isolation und dekoratives Aussehen.

Lacküberzüge

Sie sorgen für einen dauerhaften Korrosionsschutz und geben der Karosserie ein gutes Aussehen. Der Lackschutz muss kratzunempfindlich und beständig gegen Witterungseinflüsse wie z.B. starke Sonneneinstrahlung (UV-Licht) und sauren Regen sein. Aggressive Flüssigkeiten z.B. Vogelkot sollen nicht zu Beschädigungen führen. Lackierungen bestehen aus mehreren Schichten **(Bild 5)**. Bei Reparaturlackierungen werden nach der Grundierung zwei (bei Metallic-Lacken drei) äußere Schichten neu aufgetragen.

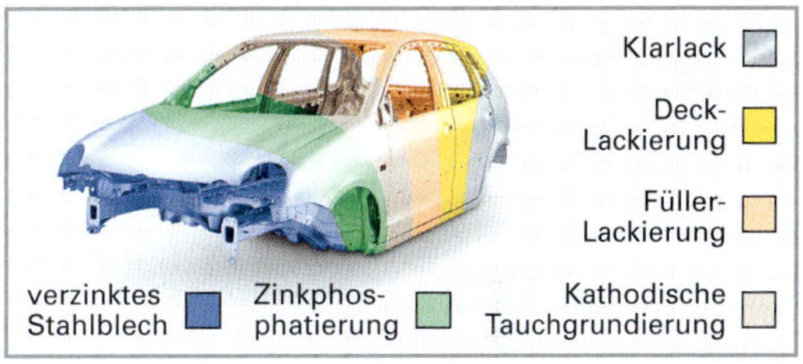

Bild 5: Aufbau einer Fahrzeuglackierung

Wachsüberzüge

Wachshaltige Überzüge werden für Hohlraumversiegelungen und als Unterbodenschutz verwendet. Sie schützen vor Feuchtigkeit und bewirken in Verbindung mit zusätzlichen Korrosionsschutzmitteln (Korrosionsinhibitoren) einen langanhaltenden Korrosionsschutz.

Wiederholungsfragen

1 **Was versteht man unter Beschichten?**
2 **Warum muss vor dem Beschichten das Werkstück gereinigt werden?**
3 **Welche Vorteile bieten Kunststoffüberzüge?**
4 **Was versteht man unter Metallspritzen?**
5 **Wie ist eine Reparaturlackierung bei einem Metallic-Lack aufgebaut?**

8 Werkstofftechnik

8.1 Werkstoffeigenschaften

Die Auswahl der Werkstoffe z.B. für ein Kfz wird durch folgende Bedingungen bestimmt. Sie sollen ...

- ... den Beanspruchungen im Betrieb standhalten.
- ... geringe Werkstoffkosten und Fertigungskosten erzeugen.
- ... umweltverträglich und recyclingfähig sein.

8.1.1 Physikalische Eigenschaften

Physikalische Eigenschaften bewirken keine Stoffänderung; sie kennzeichnen das Verhalten der Werkstoffe.

Wichtige physikalische Eigenschaften sind

- Dichte
- Wärmeausdehnung
- Wärmeleitfähigkeit
- Schmelztemperatur
- Härte
- Elektrische Leitfähigkeit
- Spannung, Festigkeit
- Elastizität, Plastizität
- Zähigkeit
- Sprödigkeit

Dichte ϱ (rho). Sie wird bestimmt durch das Verhältnis von Masse m und Volumen V eines Stoffes **(Bild 1)**.

$$\text{Dichte } \varrho = \frac{\text{Masse}}{\text{Volumen}} = \frac{m}{V}$$

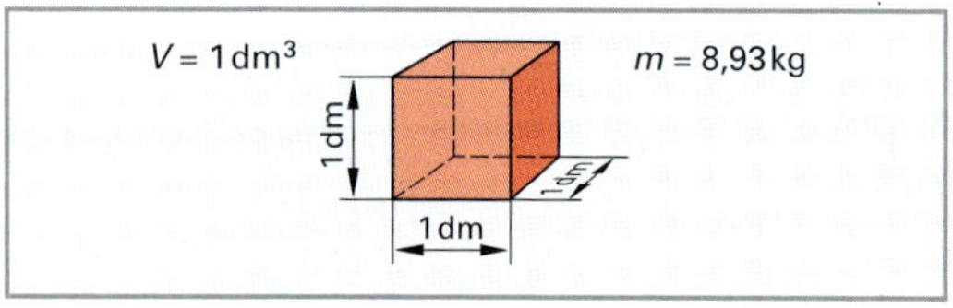

Bild 1: dm³-Würfel aus Kupfer

Tabelle 1: Dichte von Stoffen

Stoff	Dichte kg/dm³	Stoff	Dichte kg/dm³
Wasser	1,00	Titan	4,54
Stahl	7,85	Kupfer	8,93
Gusseisen	7,25	Blei	11,30
Aluminium	2,70	PVC	1,40
Dieselkraftstoff			0,82 ... 0,86
Superbenzin			0,73 ... 0,78
Luft bei 0 °C und 1,013 bar			1,29 kg/m³

Die Dichte wird bei festen und flüssigen Stoffen in kg/dm³, g/cm³ oder t/m³, bei Gasen in kg/m³ angegeben **(Tabelle 1)**.

Wärmeausdehnung. Bei Temperaturerhöhung dehnen sich die Körper allseitig aus. Bei festen Stoffen wird nur die Längenausdehnung in einer Richtung **(Bild 2)** je 1 Kelvin (K) Temperaturerhöhung gemessen und als mittlere Längenausdehnungszahl α (alpha) in 1/K angegeben.
Die Längenausdehnung Δl eines Werkstoffes beim Erwärmen hängt ab von ...

- ... der Länge vor der Erwärmung l_0 in m.
- ... von der Temperaturdifferenz ΔT in K.
- ... von der Längenausdehnungszahl α in 1/K des Werkstoffes **(Tabelle 2)**.

$$\Delta l = l_0 \cdot \alpha \cdot \Delta T$$

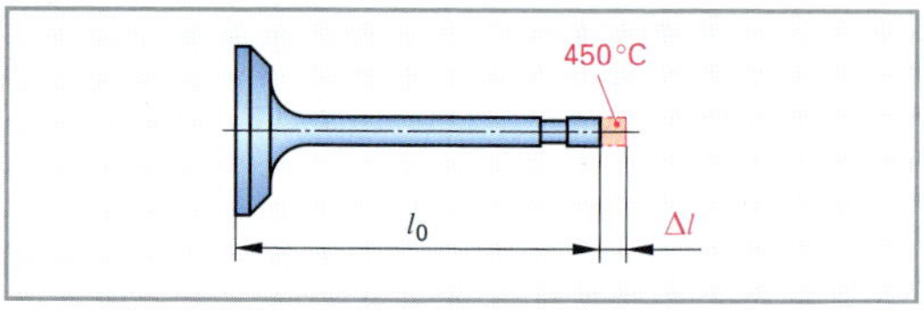

Bild 2: Wärmeausdehnung

Tabelle 2: Längenausdehnungszahl α

Stoff	α in 1/K
Stahl, unlegiert	0,000 011 5
Kupfer	0,000 017
Aluminium	0,000 023 8
Polyvinylchlorid (PVC)	0,000 11

Wärmeleitfähigkeit. Sie ist die Fähigkeit, Wärme unterschiedlich zu leiten. Sie wird gekennzeichnet durch die Wärmeleitzahl.

Gute Wärmeleiter sind Metalle wie z.B. Kupfer und Aluminium.

Schlechte Wärmeleiter sind z.B. Luft, Glas und Kunststoffe.

Zähigkeit. Sie ist die Fähigkeit eines Stoffes, sich durch äußere Kräfte plastisch verformen zu lassen, ohne dabei zu brechen. Der Werkstoff setzt der Verformung einen großen Widerstand entgegen. Zähe Werkstoffe sind z.B. Baustahl, Blei und Kupfer.

Sprödigkeit. Werkstoffe werden als spröde bezeichnet, wenn sie z.B. durch Schlag- oder Stoßkräfte ohne wesentliche Formänderung in Stücke zerspringen. Spröde Werkstoffe sind z.B. Glas, Gusseisen mit Lamellengrafit.

Härte. Sie ist der Widerstand, den ein Werkstoff dem Eindringen eines Körpers, z.B. einer Stahlkugel **(Bild 1)** entgegensetzt. Harte Werkstoffe sind z.B. gehärteter Stahl, Hartmetall, Diamant.

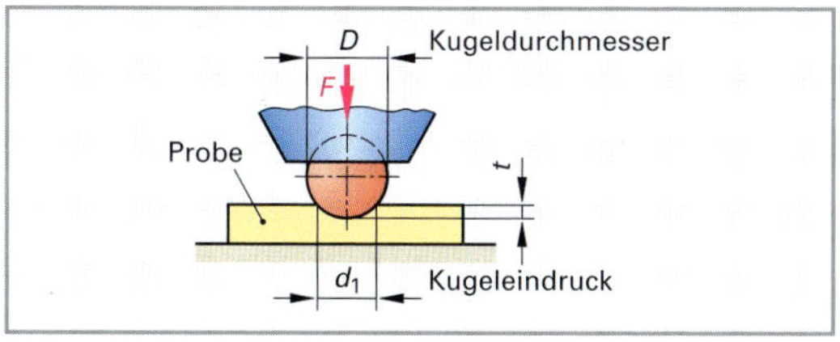

Bild 1: Härteprüfung nach Brinell

Spannung. Wirken auf einen Körper äußere Kräfte ein, so entsteht in ihm eine mechanische Spannung σ (sigma). Diese kann als Verhältnis der äußeren Kraft F zum Querschnitt S ausgedrückt werden **(Bild 2).** Die mechanische Spannung wird meist in N/mm² angegeben.

Je nach Richtung der äußeren Kräfte entsteht eine unterschiedliche Spannung und Beanspruchung wie Zug-, Druck-, Scher-, Biege-, Knick- und Torsionsspannung.

Zugfestigkeit R_m. Sie ist die größte Spannung, die im Werkstoff eines Werkstückes auftritt. Die Zugfestigkeit wird durch den Zugversuch an einem Probestab ermittelt **(Bild 2).**

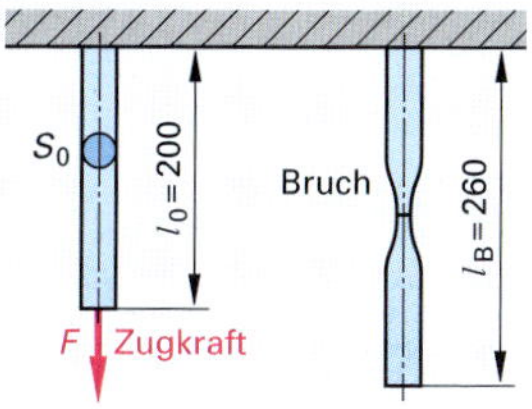

Anfangsquerschnitt $S_0 = 100\ \text{mm}^2$

Spannung $\sigma = \frac{F}{S}$ N/mm²

Zugfestigkeit $R_m = \frac{F_m}{S_0} = \frac{37\,000\ \text{N}}{100\ \text{mm}^2} = 370\ \text{N/mm}^2$

Bild 2: Spannung und Zugfestigkeit

Der Stab wird in die Zerreißmaschine eingespannt und solange belastet bis er reißt. Dabei werden Zugkraft und Dehnung gemessen **(Bild 3).**

Zunächst nimmt die Dehnung im gleichen Verhältnis wie die Zugkraft bis zur Streckgrenze R_e zu. In diesem Bereich verhält sich der Werkstoff elastisch.

Nach Überschreiten der Streckgrenze bleibt bei zunehmender Verlängerung die Zugkraft erstmalig gleich oder fällt sogar ab. Bei weiterer Steigerung der Zugkraft wird dann der Werkstoff plastisch verformt und die bleibende Dehnung nimmt rasch zu. Bei Punkt B ist die Belastbarkeit des Werkstoffes, seine Bruchgrenze, erreicht. Aus diesem Wert wird die Zugfestigkeit R_m errechnet. Sie wird auf den Anfangsquerschnitt S_0 bezogen und in N/mm² angegeben.

$$\text{Zugfestigkeit } R_m = \frac{\text{größte Zugkraft (Bruchkraft)}}{\text{Anfangsquerschnitt}} = \frac{F_m}{S_0}$$

Der Stab schnürt sich an der späteren Bruchstelle stark ein und reißt schließlich ab (Z).

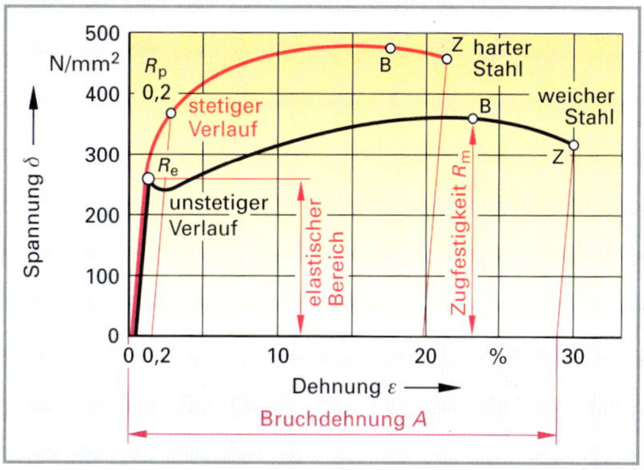

Bild 3: Spannungs-Dehnungs-Diagramm

Elastizität. Ein Werkstoff ist elastisch, wenn er nach Aufhebung einer Belastung seine ursprüngliche Form wieder annimmt. Eine Feder wird z.B. durch Belastung zusammengedrückt; nach Entlastung geht sie wieder in ihre ursprüngliche Form zurück. Stahl **(Bild 3)** verhält sich bei Belastung durch eine Kraft bis zu seiner Streckgrenze (R_e) elastisch.

Plastizität. Behält ein Werkstoff nach seiner Verformung durch eine Kraft die neue Form bei, so bezeichnet man diese Eigenschaft als Plastizität.

Schmelztemperatur. Sie ist die Temperatur in °C, bei der ein Stoff vom festen in den flüssigen Zustand übergeht **(Tabelle 1).** Reine Metalle haben einen ausgeprägten Schmelzpunkt, Metalllegierungen und -gemische haben einen Schmelzbereich.

Tabelle 1: Schmelztemperaturen

Stoff	Schmelzpunkt in °C
Blei	327
Aluminium	660
Gusseisen	1200
Wolfram	3410

Elektrische Leitfähigkeit $\varkappa$ (kappa). Sie gibt an, wie gut bzw. wie schlecht ein Stoff den elektrischen Strom leitet **(Tabelle 1, Seite 162).** Alle Metalle leiten

8

den Strom. Nichtmetalle z.B. Kunststoffe, Porzellan sind Nichtleiter; man verwendet sie als Isolierstoffe.

Tabelle 1: Elektrische Leitfähigkeit

Stoff	$\varkappa$ in $\frac{m}{\Omega \cdot mm^2}$
Silber	60
Kupfer	56
Kunststoffe	$10^{-15} \dots 10^{-20}$

8.1.2 Technologische Eigenschaften

Die technologischen Eigenschaften **(Bild 1)** bestimmen die Eignung eines Werkstoffes für die verschiedenen Fertigungsverfahren.

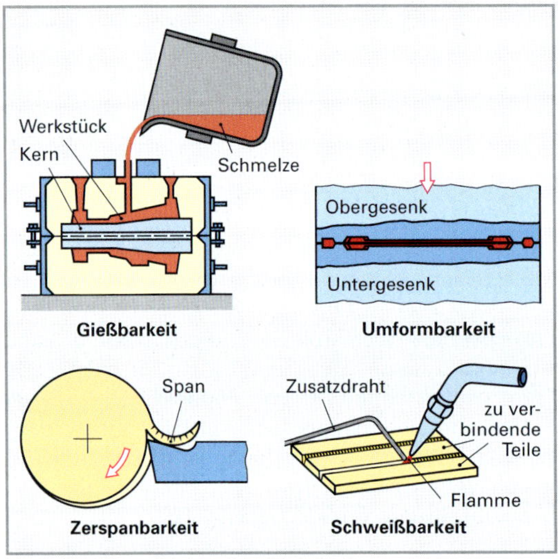

Bild 1: Technologische Eigenschaften

Gießbarkeit. Ein Werkstoff ist gut gießbar, wenn er beim Schmelzen dünnflüssig wird und kaum Gas aufnimmt, keine zu hohe Schmelztemperatur hat und beim Erstarren nicht stark schwindet.

Gut gießbar sind z.B. Gusseisen, Aluminium-, Kupfer-Zink-Gusslegierungen; schwer gießbar sind z.B. unlegiertes Aluminium, Kupfer.

Umformbarkeit. Ein Werkstoff ist umformbar, wenn er sich unter Einwirkung von Kräften zu einem Werkstück plastisch verformen lässt.

Man unterscheidet:

- Kaltumformen wie z.B. Kaltwalzen, Biegen, Tiefziehen
- Warmumformen wie z.B. Warmwalzen, Schmieden

Gut umformbar sind z.B. kohlenstoffarmer Stahl, Blei, sowie Kupfer, Aluminium und deren Knetlegierungen; nicht umformbar sind z.B. Eisen-Gusswerkstoffe, Hartmetalle.

Zerspanbarkeit. Sie ist die Eigenschaft von Werkstoffen, die sich spanend bearbeiten lassen, wie z.B. Drehen, Fräsen, Bohren, Schleifen.

Gut spanbar sind solche Werkstoffe, die geringe Zähigkeit und mittlere Festigkeit haben, wie z.B. unlegierte und niedrig legierte Stähle, Gusseisen, Aluminium und seine Legierungen.

Schweißbarkeit. Sie ist die Eigenschaft von Werkstoffen, sich in flüssigem bzw. teigigem Zustand gut zu Werkstücken verbinden zu lassen. Werkstoffe für den Fahrzeugbau müssen meist gut schweißbar sein wie z.B. Baustähle, Aluminium-Knetlegierungen. Schwer und nur mit Spezialverfahren schweißbar ist z.B. Gusseisen.

WIEDERHOLUNGSFRAGEN

1. **Nach welchen Bedingungen wird der Werkstoff für ein Bauteil ausgewählt?**
2. **Nennen Sie drei physikalische Eigenschaften!**
3. **Wovon hängt die Längenausdehnung eines festen Körpers beim Erwärmen ab?**
4. **Wie unterscheidet sich die Wärmeausdehnung von Stahl und Aluminium?**
5. **Was gibt die Dichte an?**
6. **Was bedeuten die Streckgrenze R_e und die Zugfestigkeit R_m eines Probestabes?**
7. **In welchem Fall ist ein Stoff elastisch?**
8. **Was versteht man unter Härte und Sprödigkeit?**
9. **Nennen Sie technologische Eigenschaften!**
10. **Welche Arten der Umformbarkeit gibt es?**

8.1.3 Chemische Eigenschaften

Unter den chemischen Eigenschaften der Werkstoffe versteht man deren Verhalten bzw. deren Stoffveränderungen beim Einwirken von

- Umwelteinflüssen (z.B. Luftfeuchtigkeit, Wasser)
- Aggressiven Stoffen (z.B. Säuren, Laugen, Salze)
- Wärme (z.B. beim Glühen)

Je nach Verhalten des Werkstoffes beim Einwirken der genannten Faktoren ergeben sich folgende Eigenschaften:

- Korrosionsbeständigkeit
- Wärmebeständigkeit
- Giftigkeit
- Brennbarkeit

Korrosionsbeständigkeit. Es ist die Beständigkeit gegenüber aggressiven Medien (z.B. Säuren, Laugen), deren Einwirkung zu keinen messbaren Veränderungen der Werkstoffoberfläche führen dürfen.

Giftigkeit. Werkstoffe können giftig wirken, wenn sie mit Lebensmitteln in Berührung kommen, z.B. Fruchtsäuren mit Zink. Blei und Cadmium wirken giftig, wenn sie über die Schleimhäute aufgenommen werden.

Wärmebeständigkeit. Die meisten Stähle verzundern beim Glühen über 600 °C in nicht sauerstofffreier Atmosphäre.

Brennbarkeit. Sie ist bei den meisten Metallen gering. Ausnahmen bilden z.B. Kalium, Natrium, Magnesium. Ihre Entzündungstemperatur ist sehr niedrig. Kunststoffe neigen wegen der niedrigen Entzündungstemperatur ebenfalls zum Brennen.

Korrosion. Unter Korrosion versteht man die Reaktion eines metallischen Werkstoffes mit den umgebenden Medien, die eine messbare Veränderung des Werkstoffes bewirken und gleichzeitig zu einer Beeinträchtigung der Funktion des Bauteils führen.

> Umwelteinflüsse und aggressive Stoffe können bei metallischen Werkstoffen Korrosion hervorrufen.

Man unterscheidet elektrochemische Korrosion und chemische Korrosion.

Elektrochemische Korrosion

Sie tritt auf, wenn zwei verschiedene Metalle und ein Elektrolyt (säuren-, laugen- oder salzhaltige Flüssigkeit) zusammentreffen. Es bildet sich ein galvanisches Element. Die Höhe der entstehenden Spannung ist abhängig von der Stellung der Metalle innerhalb der elektrochemischen Spannungsreihe **(Bild 1).**

> Die elektrische Spannung zwischen zwei Metallen ist umso höher, je weiter sie in der Spannungsreihe auseinander liegen.

Die Korrosion wird mit zunehmender Spannung stärker. Das unedlere Metall wird immer zerstört bzw. abgetragen. Die aufgrund der elektrochemischen Vorgänge aus dem unedleren Werkstoff herausgelösten Teilchen können mit dem Elektrolyten chemische Verbindungen eingehen. Außerdem kann der Elektrolyt auch chemisch mit der Werkstoffoberfläche reagieren. Es findet dann gleichzeitig auch eine chemische Korrosion statt.

Chemische Korrosion

Die meisten Metalle werden unter der Einwirkung von Säuren, Laugen, Salzlösungen oder Gasen (z.B. Sauerstoff) von der Oberfläche ausgehend chemisch verändert. An der Oberfläche entsteht eine Schicht aus der chemischen Verbindung des Metalls und des einwirkenden Stoffes.

Ist die entstandene Korrosionsschicht porenfrei, wasserunlöslich und gasundurchlässig, so kann sie das Fortschreiten der chemischen Korrosion unterbinden und als Schutzschicht wirken, z.B. bei Aluminium. Ist die entstandene Korrosionsschicht porös,

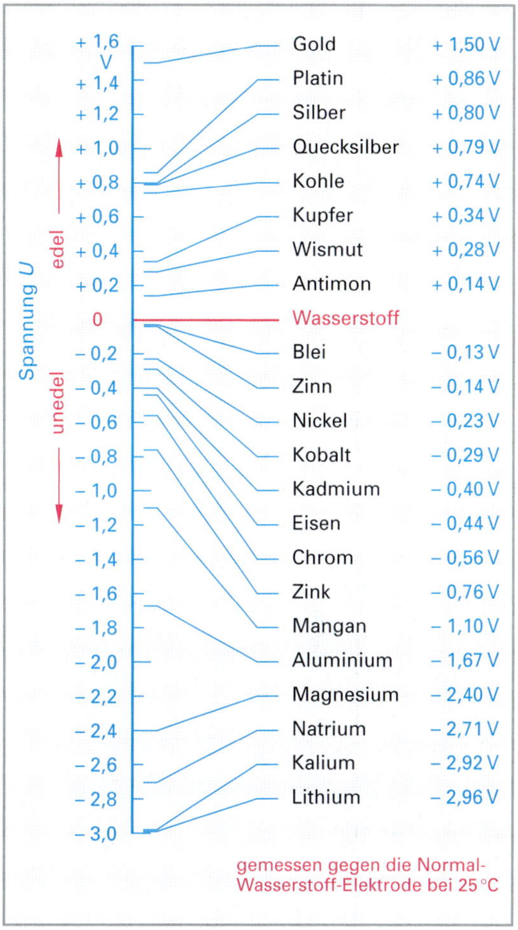

Bild 1: Elektrochemische Spannungsreihe

wasserlöslich oder Wasser anziehend, so geht die Korrosion weiter, bis der Werkstoff zerstört ist, z.B. Rosten von Stahl.

Einflüsse. Die Korrosion des Werkstoffes kann beeinflusst werden, durch …

- … die chemische Zusammensetzung, z.B. durch Legieren bei Edelstählen.
- … den Reinheitsgrad, z.B. durch unerwünschte Legierungsbestandteile bei der Verarbeitung von Schrott.
- … die Oberflächenbeschaffenheit, z.B. durch Polieren der eloxierten Oberfläche von Aluminium.
- … die Zusammensetzung des angreifenden Mittels, z.B. Salz-, Sauerstoff- und Kohlensäuregehalt im Wasser, Anteil von Schwefelstoffen in Flüssigkeiten, Anteil von Staub und festen Bestandteilen in Gasen.
- … den Druck und die Temperatur des angreifenden Mittels.

Korrosionsarten

Gleichmäßige Flächenkorrosion (Bild 1). Das Metall wird überall annähernd parallel zur Oberfläche abgetragen, unabhängig davon, ob sich die Korrosionsgeschwindigkeit ändert. Bei tragenden Stahlkonstruktionen, z.B. bei Brückenkonstruktionen, wird die Festigkeitsabnahme des Teils durch entsprechende Dimensionierung berücksichtigt.

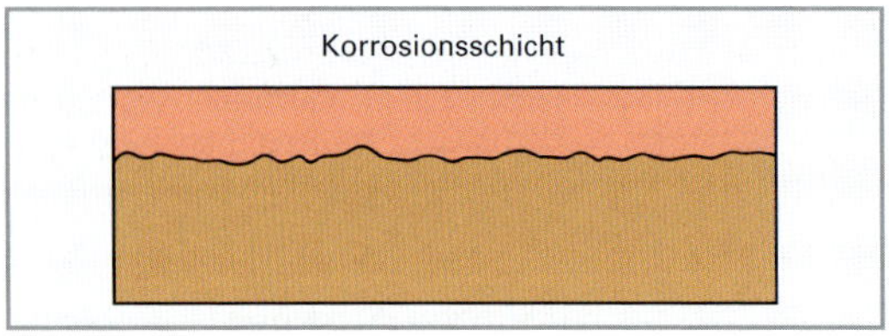

Bild 1: Gleichmäßige Flächenkorrosion

Lochkorrosion (Bild 2). Es ist ein örtlicher Korrosionsvorgang, der zu kraterförmigen oder nadelstichartigen Vertiefungen und im Endzustand zu Durchlöcherungen führt.

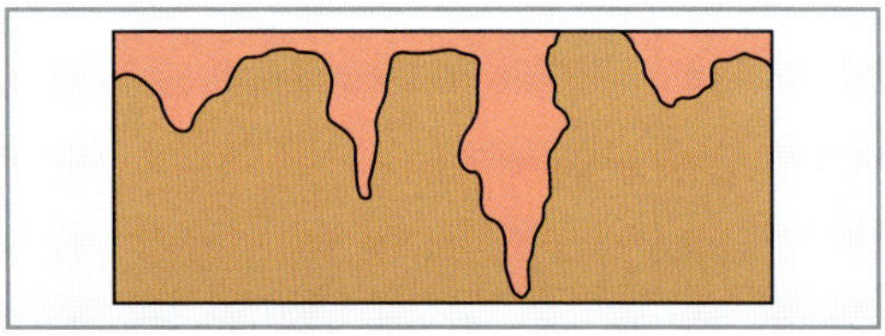

Bild 2: Lochkorrosion

Die Tiefe der Lochfraßstelle ist in der Regel größer als ihr Durchmesser.

Berührungskorrosion (Kontaktkorrosion, **Bild 3**). Sie erfolgt, wenn zwei in der Spannungsreihe weit auseinanderliegende Metalle sich berühren und an der Berührungsstelle ein Elektrolyt hinzutritt, z.B. am Berührungsspalt von zwei Bauteilen. In dem entstehenden galvanischen Element wird das unedle Metall zerstört. Die Elementbildung kann verhindert werden, wenn die Berührungsstelle vor dem Elektrolyten geschützt wird.

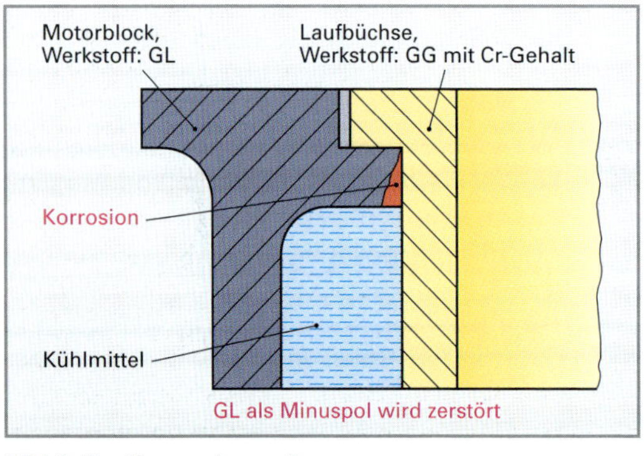

Bild 3: Berührungskorrosion

Interkristalline Korrosion (Korngrenzenkorrosion) **(Bild 4).** Die elektrochemische Korrosion erfolgt bei Legierungen zwischen den unterschiedlichen Metallkristallen entlang den Korngrenzen, wobei feine, nicht sichtbare Haarrisse auftreten.

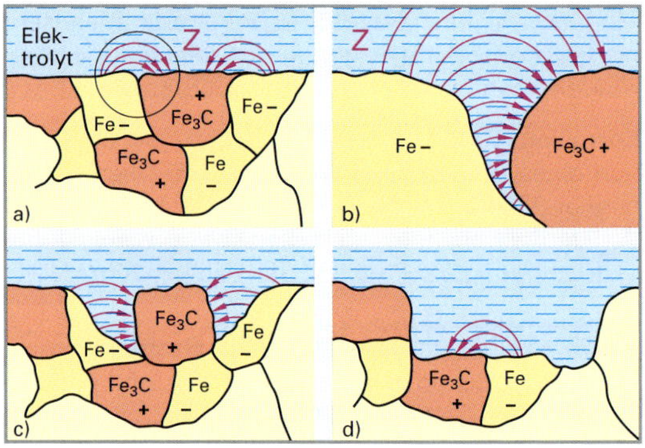

Bild 4: Fortschreitende interkristalline Korrosion

WIEDERHOLUNGSFRAGEN

1 **Was versteht man unter chemischer und elektrochemischer Korrosion?**

2 **Wodurch kommt interkristalline Korrosion zustande?**

3 **Wodurch kann die Korrosion eines Werkstoffes beeinflusst werden?**

8.2 Einteilung der Werkstoffe

Damit man einen Überblick über die große Anzahl der verschiedenen Werkstoffe erhält, teilt man sie nach ihrer Zusammensetzung oder nach gemeinsamen Eigenschaften in die 3 Hauptgruppen Metalle, Nichtmetalle und Verbundwerkstoffe ein **(Bild 1, Seite 165)**. Diese Hauptgruppen lassen sich noch in Untergruppen einteilen.

Eisen-Gusswerkstoffe haben gute Festigkeit und lassen sich leicht in Formen gießen. Sie werden für solche Werkstücke verwendet, die sich am einfachsten durch Gießen formen lassen, z.B. Motorblöcke.

Stähle sind Eisenwerkstoffe mit großer Festigkeit, die sich besonders für ein Umformen durch Walzen, Schmieden oder Trennen durch Spanen eignen. Aus ihnen werden z.B. Profile, Bleche, Wellen und Zahnräder hergestellt.

Schwermetalle (Dichte größer 5 kg/dm³) sind z.B. Kupfer, Zink, Zinn, Blei, Chrom, Nickel. Ihre Verwendung hängt meist von ihren besonderen Eigenschaften ab. Kupfer wird z.B. wegen seiner guten elektrischen Leitfähigkeit für elektrische Leitungen verwendet.

Leichtmetalle (Dichte unter 5 kg/dm^3) sind Aluminium, Magnesium und Titan. Werkstücke aus ihren Legierungen haben geringes Gewicht bei guter Festigkeit. Sie werden deshalb vor allem im Kraftfahrzeug- und Flugzeugbau eingesetzt.

Natürliche Werkstoffe sind Stoffe, die in der Natur vorkommen, wie z.B. Leder, Kork, Faserstoffe. Sie werden in besonderen Fällen eingesetzt, wie z.B. Leder für Polsterungen.

Künstliche Werkstoffe sind Werkstoffe, die künstlich durch verschiedene Verfahren oder durch Umwandlung von Naturstoffen hergestellt werden. Zu ihnen zählen z.B. die Kunststoffe.

Verbundwerkstoffe. Bei ihnen sind verschiedene Werkstoffe miteinander verbunden, um deren Eigenschaften zu kombinieren. Zu ihnen gehören z.B. Bremsbeläge, Glasfaserspachtel, elektrische Leiterplatten.

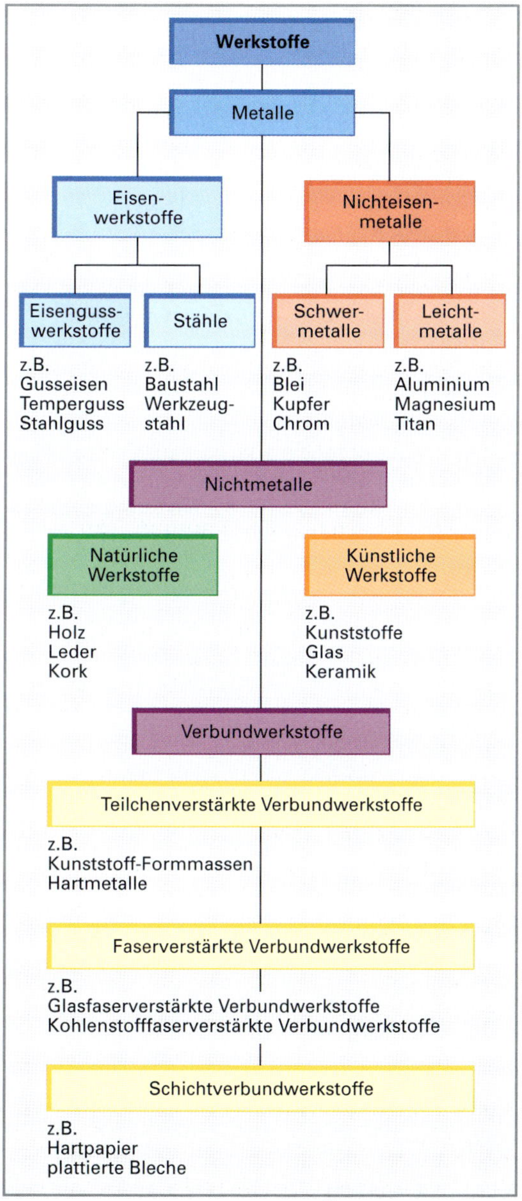

Bild 1: Einteilung der Werkstoffe – Übersicht

Betriebs- und Hilfsstoffe (Bild 2)

Maschinen benötigen zu ihrem Betrieb Betriebsstoffe, z.B. Kraftfahrzeuge brauchen Kraftstoff, Schmierstoff, Kühlflüssigkeit, Bremsflüssigkeit. Ferner erfordert ihre Herstellung und Bearbeitung Hilfsstoffe.

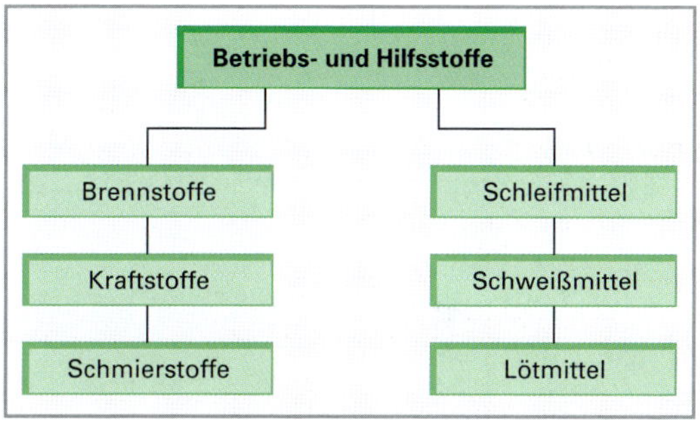

Bild 2: Betriebs- und Hilfsstoffe

8.3 Aufbau der metallischen Werkstoffe

Alle Metalle bilden Kristalle beim Erstarren aus dem schmelzflüssigen Zustand. Dabei nehmen die Atome ihren Platz im Kristall nach bestimmten Regeln ein, die dem jeweiligen Metall eigentümlich sind **(Bild 3)**.

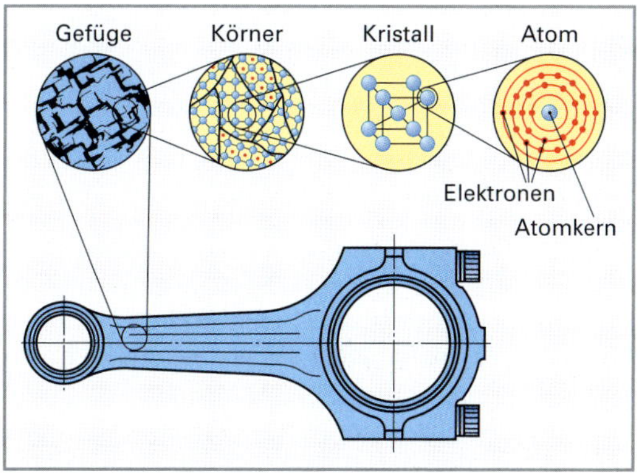

Bild 3: Aufbau der metallischen Werkstoffe

Die Atome der meisten Nichtmetalle ordnen sich dagegen beim Erstarren aus der Schmelze ohne feste Regel (amorph) nebeneinander an.

Metallbindung (Bild 1). Metallatome besitzen an den Atomkern fest gebundene Elektronen und auf der äußeren Elektronenschale ein oder mehrere „freie" Elektronen.

Die elektrischen Anziehungskräfte zwischen den negativ geladenen Elektronen und den positiv geladenen Metallionen bewirken den festen Zusammenhalt und damit die Festigkeit des metallischen Werkstoffes.

Diese Art der Bindung zwischen den Metallionen und den freien Elektronen nennt man Metallbindung, weil sie für alle Metalle kennzeichnend ist.

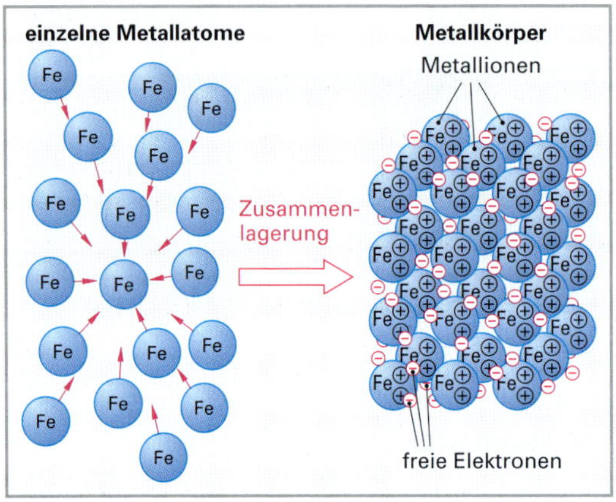

Bild 1: Entstehung der Metallbindung

8.3.1 Kristallgitter der reinen Metalle

Metalle kristallisieren in drei Formen:

- Kubisch raumzentrierter Kristall (krz)
- Kubisch flächenzentrierter Kristall (kfz)
- Hexagonaler Kristall (hex)

Kubisch raumzentrierter Kristall (Tabelle 1)

Der Kristall ist ein Würfel, an dessen Eckpunkten acht Metallionen angeordnet sind. In der Raummitte des Würfels befindet sich ein weiteres Metallion.

Kubisch raumzentrierte Kristalle bilden z.B. Chrom, Molybdän, Vanadium, Wolfram sowie Stahl bei Temperaturen unterhalb etwa 723 °C.

Kubisch flächenzentrierter Kristall (Tabelle 1)

In den acht Eckpunkten des Würfels ist jeweils ein Metallion angeordnet. Zusätzlich befindet sich ein Metallion in jeder Mitte der sechs Seitenflächen.

Kubisch flächenzentrierte Kristalle bilden z.B. Aluminium, Blei, Kupfer, Nickel, Platin, Silber sowie Stahl bei Temperaturen oberhalb etwa 723 °C ... 911 °C.

Hexagonaler Kristall (Tabelle 1)

Bei diesem Kristall bilden die Metallionen ein sechseckiges Prisma mit je einem Metallion in der Mitte

Tabelle 1: Kristallformen der Metalle

Kugelmodell	Strichmodell
Kubisch raumzentrierter Kristall – krz	
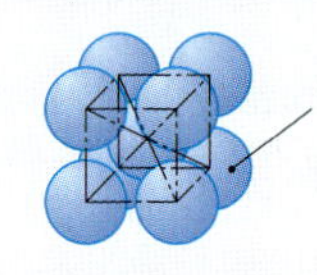 Metall-ionen	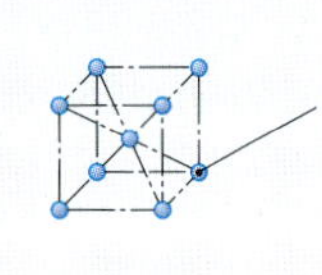 Metall-ionen
Kubisch flächenzentrierter Kristall – kfz	
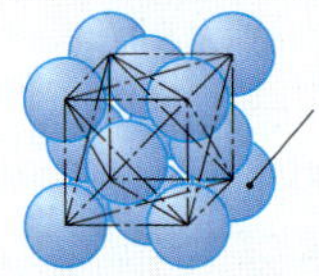 Metall-ionen	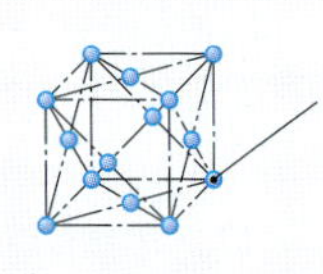 Metall-ionen
Hexagonaler Kristall – hex	
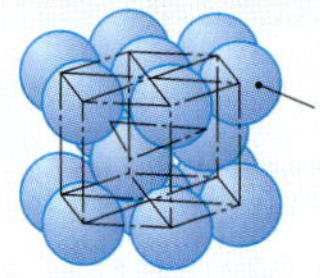 Metall-ionen	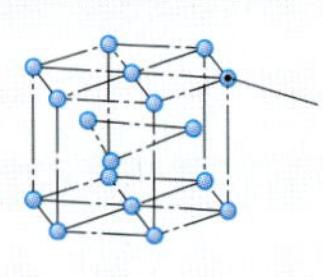 Metall-ionen

der Grundflächen. Zusätzlich enthält der hexagonale Kristall drei Metallionen im Innern des Prismas.

Metalle mit hexagonalen Kristallen sind spröde, z.B. Cadmium, Magnesium, Titan, Zink.

Gefüge des Metall

Es besteht aus unregelmäßig begrenzten Kristalliten oder Körnern. Die Körner bestehen aus Kristallen. Die einzelnen Körner stoßen an den Korngrenzen zusammen. Im Schliffbild einer polierten und geätzten Metallfläche erkennt man unter dem Mikroskop die Körner und die Korngrenzen, die sich als dünne Linien zwischen den Körnern abzeichnen **(Bild 2)**.

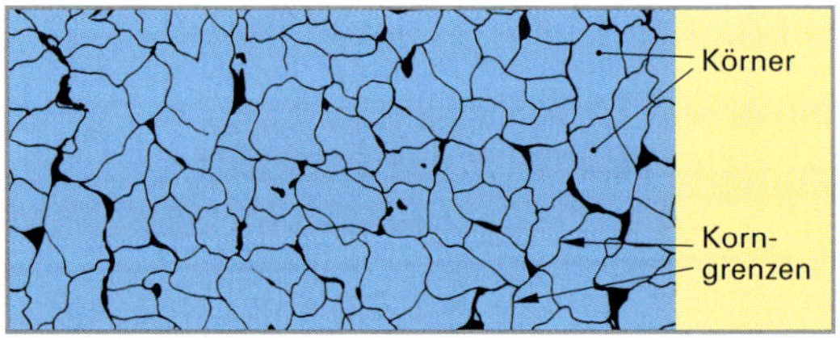

Bild 2: Metallgefüge im Schliffbild

Der Aufbau des Gefüges hat wesentlichen Einfluss auf die Eigenschaften der Metalle, z.B. auf Festigkeit, Härte.

8.3.2 Kristallgitter von Metalllegierungen

> In der Technik werden die meisten Metalle nicht in reiner, sondern in Form von Legierungen verwendet.

Man unterscheidet
Mischkristall- und Kristallgemisch-Legierungen.

Mischkristall-Legierungen entstehen, wenn beim Erstarren die Atome des Legierungselementes gleichmäßig im Kristallgitter des Grundmetalls verteilt bleiben.

Dabei können sich …

- … die Atome des Legierungselementes an Stelle eines Metallions des Grundmetalls anlagern **(Austauschmischkristall, Bild 1)**.

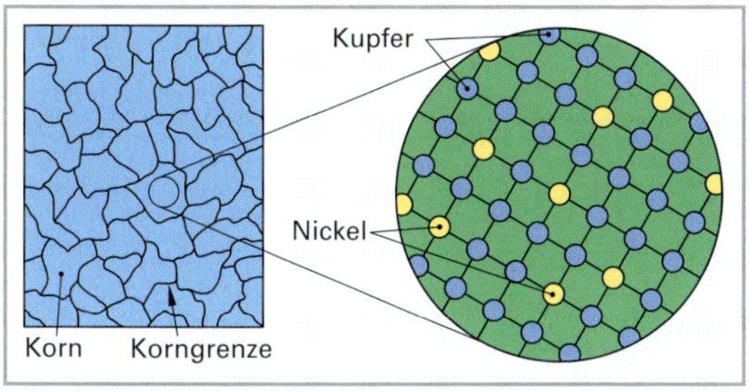

Bild 1: Gefüge des Austauschmischkristalls

- … die Atome des Legierungselementes zwischen den Metallionen anordnen **(Einlagerungsmischkristall, Bild 2)**.

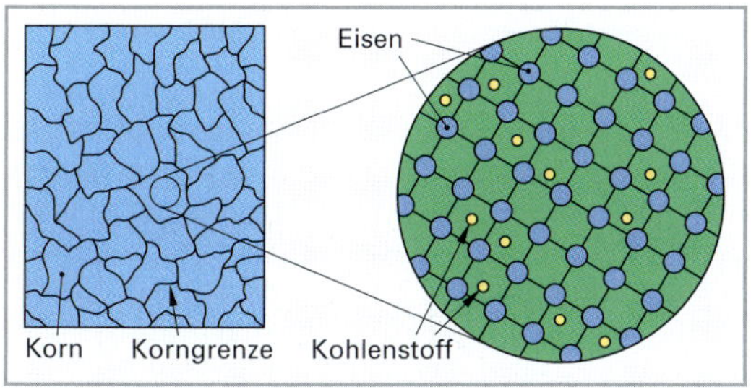

Bild 2: Gefüge des Einlagerungsmischkristalls

Härte und Festigkeit der Mischkristall-Legierung sind wegen der Verspannung des Gitters durch die eingelagerten Legierungsbestandteile größer als die des Grundmetalls. Mischkristall-Legierungen entstehen z.B. beim Legieren von Eisen und Mangan oder von Eisen und Nickel oder von Kupfer und Nickel.

Kristallgemisch-Legierungen entstehen, wenn sich beim Erstarren der Schmelze die Legierungsbestandteile entmischen. Jeder Bestandteil bildet eigene Kristalle **(Bild 3)**.

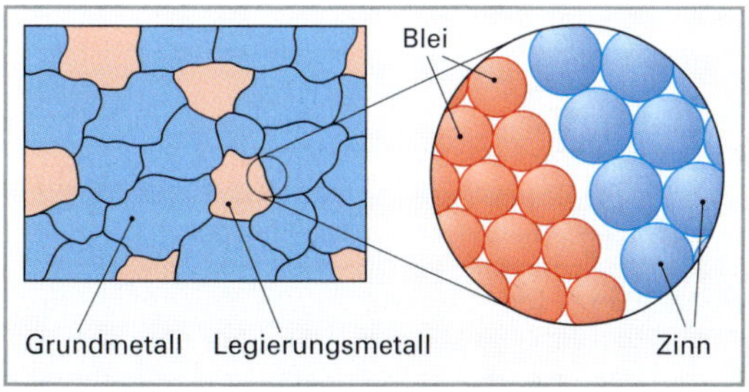

Bild 3: Gefüge des Einlagerungsmischkristalls

Kristallgemisch-Legierungen entstehen z.B. beim Legieren von Blei und Zinn (Lötzinn, Schmierlote).

Wiederholungsfragen

1. **Welche Kristallformen kommen bei den Metallen hauptsächlich vor?**
2. **Was versteht man unter der Metallbindung?**
3. **Wie entstehen die Körner und Korngrenzen eines Metallgefüges?**
4. **In welcher Form werden Metalle in der Technik meistens verwendet?**
5. **Wodurch unterscheiden sich Mischkristalle und Kristallgemische?**

8.4 Eisenwerkstoffe

Sie sind metallische Werkstoffe, deren Eigenschaften durch verschiedene Herstellungsverfahren, durch Legieren oder Warmbehandlungsverfahren je nach Bedarf verändert werden können.

Eisenwerkstoffe haben z.B. hohe Festigkeit, sind gut gießbar, umformbar, spanbar und schweißbar.

Man unterscheidet:

- Stahl
- Eisengusswerkstoffe

8.4.1 Stahl

Im weißen Roheisen werden durch Oxidation der Kohlenstoff-, der Silizium- und der Mangangehalt herabgesetzt. Phosphor und Schwefel werden weitgehend beseitigt, dadurch wird der Eisenwerkstoff schmiedbar.

Stahl ist ohne Nachbehandlung schmiedbarer Eisenwerkstoff.

8.4.2 Eisengusswerkstoffe

Gusseisen mit Lamellengrafit (Grauguss)

Gusseisen mit Lamellengrafit ist Gusseisen, in dem der Grafit lamellenförmig ausgebildet ist.

Gusseisen mit Lamellengrafit

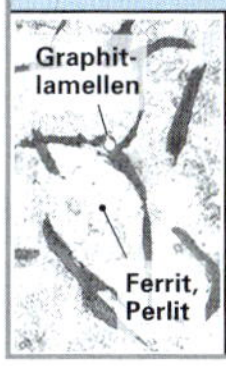

Kurzzeichen	EN–GJL
Dichte	7,25 kg/dm³
Schmelzpunkt	1150 °C … 1250 °C
Gießtemperatur	etwa 1350 °C
Zugfestigkeit	100 N/mm² … 400 N/mm²
Dehnung	fast keine

Herstellung. Gusseisen mit Lamellengrafit wird aus grauem Roheisen, Gussbruch und Stahlschrott erschmolzen. Kühlt die Schmelze nach dem Gießen langsam ab, scheidet sich der Kohlenstoff als Grafit in lamellenförmigen Blättchen aus und lagert sich fein verteilt im Gefüge ein.

Eigenschaften. Grafit verleiht der Bruchfläche die typische graue Farbe, bewirkt gute Gleiteigenschaften, leichte Bearbeitbarkeit und gute Schwingungsdämpfung. Der hohe Kohlenstoffgehalt von 2,8 % bis 3,6 % bewirkt einen niedrigen Schmelzpunkt und gute Gießbarkeit. Die Grafitlamellen im Gusseisen erzeugen eine Kerbwirkung, dadurch werden Zugfestigkeit und Dehnung stark herabgesetzt.

Verwendung z.B. für Zylinderblöcke, Kolbenringe, Gehäuse, Auspuffkrümmer, Bremstrommeln, Bremsscheiben, Kupplungsdeckel, Kupplungsdruckplatten.

Gusseisen mit Kugelgrafit (Kugelgrafitguss)

Gusseisen mit Kugelgrafit ist Gusseisen, in dem der Grafit kugelförmig ausgebildet ist.

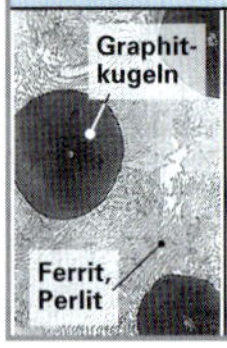

Gusseisen mit Kugelgrafit	
Kurzzeichen	EN–GJS
Dichte	7,1 kg/dm³ ... 7,3 kg/dm³
Schmelzpunkt	1400 °C
Zugfestigkeit	400 N/mm² ... 800 N/mm²
Dehnung	15 % ... 2 %

Herstellung. Wird dem geschmolzenen Gusseisen im Tiegel Magnesium hinzugefügt, so scheidet sich der Grafit beim Abkühlen an den Korngrenzen kugelförmig (globular) aus.

Eigenschaften. Die Grafitkugeln erzeugen im Gegensatz zu Lamellen keine Kerbwirkung, dadurch sind Dehnung, Biege- und Zugfestigkeit höher. Kugelgra fitguss hat hohen Verschleißwiderstand und kann warm behandelt z.B. gehärtet oder vergütet werden. Er ist gut bearbeitbar und lässt sich randschichthärten.

Verwendung z.B. für Kurbelwellen, Nockenwellen, Pleuelstangen, Lenkungsteile, Bremstrommeln, Bremsscheiben, Bremssättel.

Gusseisen mit Vermiculargrafit (EN–GJV)

Sein Gefüge besitzt sowohl feine, wurmförmige (vermiculare) als auch kugelförmige Grafiteinlagerungen. Dadurch sind Zugfestigkeit und Bruchdehnung höher als bei Grauguss. Gusseisen mit Vermiculargrafit wird zur Herstellung von dünnwandigen Kfz-Teilen, z.B. Abgaskrümmer, Bremsscheiben, Getriebegehäuse, Turboladergehäuse, Motorblöcke, verwendet.

Temperguss

Temperguss ist durch Glühbehandlung (Glühfrischen oder Tempern) zäh gewordenes Gusseisen.

Herstellung. Nach dem Gießen werden die Gussstücke einer langandauernden Glühbehandlung unterworfen. Je nach Art der Glühbehandlung unterscheidet man entkohlend und nicht entkohlend geglühten Temperguss.

Entkohlend geglühter Temperguss	
Kurzzeichen	EN–GJMW
Dichte	7,4 kg/dm³
Schmelzpunkt	1300 °C
Zugfestigkeit	350 N/mm² ... 650 N/mm²
Dehnung	1,5 % ... 3 %

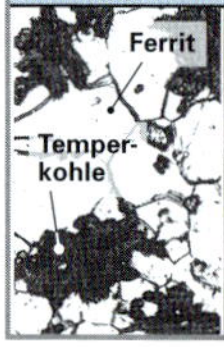

Nicht entkohlend geglühter Temperguss	
Kurzzeichen	EN–GJMB
Dichte	7,4 kg/dm³
Schmelzpunkt	1300 °C
Zugfestigkeit	250 N/mm² ... 700 N/mm²
Dehnung	1 % ... 2 %

Entkohlend geglühter Temperguss EN-GJMW (Weißer Temperguss). Den Gussstücken wird in einer oxidierenden Atmosphäre durch Glühen über mehrere Tage bei etwa 1000 °C Kohlenstoff entzogen. Da die Entkohlung nur in der Randschicht erfolgt (bis etwa 5 mm), eignet sich dieses Verfahren nur für dünnwandige Gussstücke.

Nicht entkohlend geglühter Temperguss EN-GJMB (Schwarzer Temperguss). Die Gussstücke werden mehrere Tage in einer neutralen Atmosphäre unter Luftabschluss geglüht. Dabei zerfällt das Eisencarbid in Ferrit und flockigen Grafit, die sich im Gefüge ablagern. Die Gefügeänderung tritt im gesamten Werkstück auf und nicht nur in der Randschicht.

Eigenschaften. Gussstücke aus Temperguss haben stahlähnliche Eigenschaften. Sie sind gut spanbar, weich- und hartlötbar, vergütbar, randschichthärtbar, schweißbar.

Verwendung im Fahrzeugbau z.B. für Pleuelstangen, Lenksäulen, Schaltgabeln, Rahmenmuffen für Motor- und Fahrräder.

Stahlguss

Stahlguss ist in Formen gegossener Stahl für Gussstücke hoher Festigkeit.

Stahlguss	
Kurzzeichen	GS
Dichte	7,85 kg/dm³
Schmelzpunkt	1300 °C ... 1400 °C
Zugfestigkeit	400 N/mm² ... 800 N/mm²
Dehnung	2,5 % ... 8 %

Herstellung. Die Gussstücke werden nach dem Gießen geglüht, um Gussspannungen zu beseitigen. Die Glühtemperatur liegt je nach Kohlenstoffgehalt zwischen 800 °C und 900 °C.

Eigenschaften. Stahlguss besitzt die Eigenschaften von Stahl wie z.B. Festigkeit und Zähigkeit bei gleichzeitiger Gießbarkeit, so dass sich dadurch auch kompliziert geformte Werkstücke herstellen lassen.

Verwendung z.B. für Bremstrommeln, Bremsscheiben, Bremssättel, Hinterachsgehäuse, Radnaben, Anhängekupplungen für Lkw, Turbinen, Hebel.

8.4.3 Einfluss der Zusatzstoffe auf die Eisenwerkstoffe

Tabelle 1: Der Einfluss von Nichtmetallen und Metallen auf die Eisenwerkstoffe

Element	erhöht	erniedrigt	Beispiel
Nichtmetalle (Eisenbegleiter)			
Kohlenstoff C	Festigkeit, Härte, Härtbarkeit, Gießbarkeit bei Gusseisen	Schmelzpunkt, Zähigkeit, Dehnung, Schweiß- und Schmiedbarkeit	C45
Silizium Si	Zugfestigkeit, Elastizität, Korrosionsbeständigkeit	Schmiedbarkeit, Schweißbarkeit, Zerspanbarkeit	60SiCr7
Phosphor P	Warmfestigkeit, Blaubrüchigkeit, Dünnflüssigkeit bei EN-GJL	Dehnung, Zähigkeit, Schweißbarkeit	
Schwefel S	Spanbrüchigkeit, Rotbrüchigkeit beim Schmieden	Zähigkeit, Schweißbarkeit, Korrosionsbeständigkeit	15S10
Metalle (Legierungselemente)			
Chrom Cr	Zugfestigkeit, Warmfestigkeit, Korrosionsbeständigkeit	Zähigkeit, Schweißbarkeit, Dehnung	X5Cr17
Mangan Mn	Zugfestigkeit, Warmfestigkeit, Korrosionsbeständigkeit	Verschleißfestigkeit, Schweißbarkeit, Zerspanbarkeit	28Mn6
Molybdän Mo	Zugfestigkeit, Warmfestigkeit, Schneidhaltigkeit, Zähigkeit	Schweißbarkeit	20MoCr4
Nickel Ni	Zugfestigkeit, Warmfestigkeit, Korrosionsbeständigkeit	Wärmedehnung, Schweißbarkeit, Zerspanbarkeit	36NiCr 6
Vanadium V	Dauerfestigkeit, Warmfestigkeit, Härte	Schweißbarkeit	115CrV3
Wolfram W	Zugfestigkeit, Härte, Warmfestigkeit, Schneidhaltigkeit	Verschleißfestigkeit, Korrosionsbeständigkeit	105WCr6

8.4.4 Bezeichnung der Eisenwerkstoffe

Die eindeutige Bestimmung eines Eisenwerkstoffes kann erfolgen durch

- Kurznamen z.B. S235JR
- Werkstoffnummern z.B. 1.0037

Kurznamen. Sie machen in Form von Buchstaben und Ziffern Angaben zu Herstellung, Eigenschaften und Behandlung des Werkstoffs.

Werkstoffnummern. Sie erleichtern das Erfassen von Werkstoffen mit Anlagen der elektronischen Datenverarbeitung (EDV) z.B. **S235JR** (Kurznamen) – **1.0037** (Werkstoffnummer).

Bezeichnung der Eisengusswerkstoffe

Die Kurznamen für Gusseisen, Temperguss und Stahlguss können noch nach dem bisherigen Bezeichnungssystem nach DIN gebildet werden.

Angaben zur Herstellung (Tabelle 1). Diese Kurznamen bestehen aus dem Buchstaben G und weiteren Buchstaben, die die Gussart angeben.

Tabelle 2: Kennbuchstaben für Eisengusswerkstoffe

nach DIN	nach DIN-EN	Bezeichnung
G		Gusseisenwerkstoff
GG	EN-GJL	Gusseisen mit Lamellengrafit (Grauguss)
GGG	EN-GJS	Gusseisen mit Kugelgrafit
GS	GS	Stahlguss
GTS	EN-GJMB	Nicht entkohlend geglühter Temperguss
GTW	EN-GJMW	Entkohlend geglühter Temperguss

Angabe der Festigkeit. Sie erfolgt durch eine Kennzahl, die mit 10 (genau mit 9,81) multipliziert die Mindestzugfestigkeit in N/mm^2 angibt, z.B. GG-25 ist Gusseisen mit Lamellengraphit mit 250 N/mm^2 Mindestzugfestigkeit. Bei Temperguss gibt eine mit Bindestrich angehängte Zahl die Bruchdehnung in Prozent an, z.B. **GTS-65-02 (Bild 1, Seite 170).**

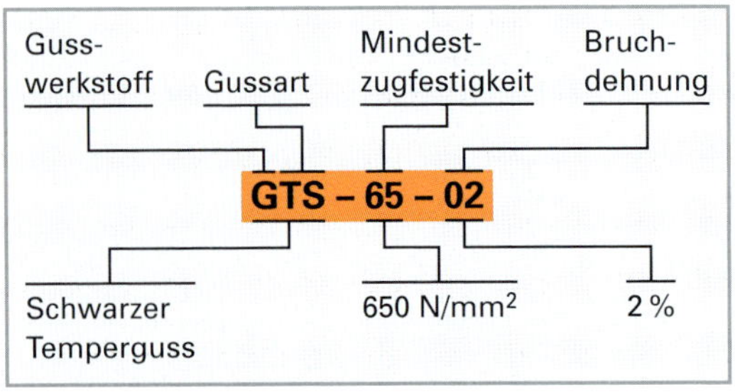

Bild 1: Bezeichnung von Temperguss

Bezeichnungssystem für Stähle nach EN

Die Kurznamen für Stähle und Stahlguss werden nach zwei Hauptgruppen gebildet:

- Hauptgruppe 1
- Hauptgruppe 2

8

Hauptgruppe 1: Kurznamen mit Hinweisen für Verwendung und Eigenschaften

Die Kurznamen beginnen mit einem Kennbuchstaben für den Verwendungszweck der Stähle, danach folgen Angaben über die Eigenschaften. Für die Kfz-Technik kommen in der Hauptsache nur die Maschinenbaustähle (Kennbuchstabe E) und die Stähle für den Stahlbau (S) in Betracht.

Hauptsymbole

Kennbuchstaben geben den Verwendungszweck an. Bei Stahlguss wird der Buchstabe G vorangestellt.

Die dem Kennbuchstaben folgende dreistellige Zahl gibt die Mindeststreckgrenze R_e in N/mm² an, z.B. E350.

Tabelle 1: Zusatzsymbole für Stahlerzeugnisse (Auswahl)

für besondere Anforderungen	
+ C	Grobkornbaustahl
+ F	Feinkornstahl
+ H	Stahl mit besonderer Härte
für die Art des Überzugs	
+ AZ	Mit Al-Zn-Legierung überzogen
+ S	Feuerverzinnt
+ Z	Feuerverzinkt
+ ZE	Elektrolytisch verzinkt
für den Behandlungszustand 1)	
+ A	weichgeglüht
+ C	kaltverfestigt
+ N	normalgeglüht
+ Q	abgeschreckt bzw. gehärtet
+ QT	vergütet
+ U	unbehandelt

1) Um Verwechslungen mit anderen Symbolen zu vermeiden, kann bei den Arten des Überzugs ein S (z.B. +SA) bzw. bei dem Behandlungszustand ein T (z.B. + TA) vorangestellt werden.

Zusatzsymbole

Zusatzsymbole für Stähle sind Buchstaben und Buchstaben mit Ziffern. Man unterteilt in Gruppe 1 und Gruppe 2.

Zusatzsymbole für Stahlerzeugnisse **(Tabelle 1)** können mit einem Pluszeichen (+) an den Kurznamen angehängt werden.

Beispiele für Stähle der Hauptgruppe 1

1. Maschinenbaustähle

Hauptsymbole

Kennbuchstabe: E Maschinenbaustähle

Zahl: Mindeststreckgrenze R_e in N/mm² für die geringste Erzeugnisdicke z.B. R_e = 335 N/mm²

E | 335 | G1 | C

Zusatzsymbole

Gruppe 1	Gruppe 2
G andere Güten, evtl. mit 1 oder 2 Ziffern z.B. G1 unberuhigt vergossen	**C** mit besonderer Kaltumformbarkeit

2. Stähle für den Stahlbau

Hauptsymbole

Kennbuchstabe: S Stähle für den Stahlbau

Zahl: Mindeststreckgrenze R_e in N/mm² für die geringste Erzeugnisdicke z.B. R_e = 235 N/mm²

S | 235 | JRG1 | W

Zusatzsymbole

Gruppe 1:

Kerbschlagarbeit in Joule			Prüftemp.
27J	40J	60J	°C
JR	**KR**	**LR**	+ 20
J0	**K0**	**L0**	0
J2	**L2**	**L2**	– 20

G andere Güten, evtl. mit 1 oder 2 Ziffern z.B. G1 unberuhigt vergossen

Q Vergütet

N Normalgeglüht

Gruppe 2:

C mit besonderer Kaltumformbarkeit

E zum Schmieden

N Normalgeglüht

Q vergütet

W wetterfest

D für Schmelztauchüberzüge

Hauptgruppe 2: Kurzname mit Hinweisen auf die chemische Zusammensetzung **(Tabelle 1, Seite 171).**

Hauptsymbole

Es sind Kennbuchstaben und Kennzahlen. Die Kennbuchstaben sind die Symbole der Legierungselemente; die Kennzahlen geben Auskunft über deren Prozentgehalte.

Zusatzsymbole für Stähle der Hauptgruppe 2 werden nach Gruppe 1 und Gruppe 2 unterteilt. Zusatzsymbole der Gruppe 1 werden nur bei den unlegierten Stählen mit Mn-Gehalt < 1 % verwendet. Sie bestehen aus Buchstaben bzw. Buchstaben mit Ziffern. Zusatzsymbole für Stahlerzeugnisse **(Tabelle 1, Seite 170)** können mit Pluszeichen (+) angehängt werden.

Tabelle 1: Hauptgruppe 2, Multiplikationsfaktoren

Element	Faktor
Cr, Co, Mn, Ni, Si, W	4
Al, Be, Cu, Mo, Nb, Pb, Ta, Ti, V, Zr	10
Ce, N, P, S	100
B	1000

Beispiele für Stähle der Hauptgruppe 2

Unlegierte Stähle mit einem mittleren Mn-Gehalt < 1 %

C 35 E

Hauptsymbole		Zusatzsymbole
Buchstabe	Kennzahl	Gruppe 1 (Auswahl)
C für Kohlenstoff	**C-Gehalt** in $\frac{1}{100}$ % z.B. 0,35 % C	E vorgeschriebener max. S-Gehalt R vorgeschriebener Bereich des S-Gehaltes

Unlegierte Stähle mit ≥ 1 % Mn-Gehalt, unlegierte Automatenstähle, sowie legierte Stähle, wenn der Gehalt der einzelnen Legierungselemente < 5 % ist.

10 CrMo 9-10

Hauptsymbole		Kennzahlen mit Bindestrich
Kennzahl	Buchstabe	
C-Gehalt in $\frac{1}{100}$ % z.B. 0,10 % C	Symbole für Legierungselemente z.B. Cr und Mo	Kennzahl geteilt durch Faktor **(Tabelle 1)** ergibt den Prozentgehalt des Legierungselements. Z.B. Cr: 9/4 = 2,25 % Mo: 10/10 = 1 %

Legierte Stähle, wenn der Gehalt eines Legierungselements ≥ 5 % ist (ohne Schnellarbeitsstähle).

X 5 CrNi 18-10

Hauptsymbole			
Buchstabe	Kennzahl	Buchstaben	Kennzahlen
X Gehalt eines Legierungselements ≥ 5 %	**C-Gehalt** in $\frac{1}{100}$ % z.B. 0,05 % C	Symbole der Legierungselemente, z.B. Cr und Ni	Gehalte der Legierungselemente z.B. Cr: 18 % Ni: 10 %

Schnellarbeitsstähle

HS 10-4-3-10

Hauptsymbole	
Buchstabe	Kennzahlen
HS	Gehalte der Legierungselemente in Prozent in der Reihenfolge W, Mo, V, Co. Z.B. 10 % W, 4 % Mo, 3 % V, 10 % Co

8.4.5 Einteilung und Verwendung der Stähle

Die Stähle werden nach der Zusammensetzung in unlegierte und legierte Stähle und nach der Verwendung in Baustähle und Werkzeugstähle eingeteilt **(Bild 1, Seite 172)**. Die legierten Stähle kann man in niedrig- und hochlegierte Stähle unterteilen. Nach ihrer Reinheit und ihren Gebrauchseigenschaften kann man sie auch als Grundstähle, Qualitätsstähle oder Edelstähle bezeichnen.

Baustähle

Unter Baustählen versteht man Stähle, die zum Bau von Maschinen, Fahrzeugen, Geräten und im Stahlbau verwendet werden.

Unlegierte Baustähle, z.B. S235JR (St 37-2), E335 (St 60)

Für ihre Verwendung ist die Mindeststreckgrenze und die Schweißbarkeit entscheidend. Ihr Kohlenstoffgehalt liegt zwischen 0,17 % und 0,5 %. Es sind Grundstähle und Qualitätsstähle. Sie lassen sich gut spanend bearbeiten und sind schweißbar. Die Qualitätsstähle können mit allen Verfahren geschweißt werden.

Verwendung. Z.B. für Stahlkonstruktionen, Maschinenteile, Bleche, Schrauben, Muttern, Niete.

Einsatzstähle, z. B. C15, 16MnCr5

Sie werden für Bauteile verwendet, die durch Einsatzhärten eine harte und verschleißfeste Randschicht und hohe Festigkeit erhalten sollen, während der Kern weich und zäh bleiben soll. Es können legierte oder unlegierte Qualitäts- oder Edelstähle sein.

Verwendung. Z.B. für Kolbenbolzen, Kurbelwellen, Zahnräder.

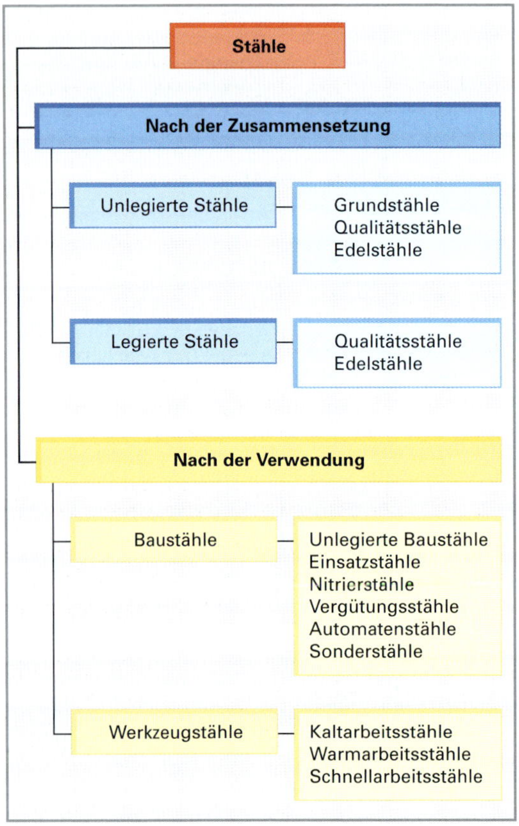

Bild 1: Einteilung der Stähle

Nitrierstähle, z.B. 31CrMoV9

Sie sind mit Cr, Al, Mo oder Ni legiert und werden mit Stickstoff in der Randschicht gehärtet.

Verwendung. Sie werden für Teile verwendet, die sich beim Härten nicht verziehen dürfen und die nicht mehr nachbearbeitet werden, wie z.B. Kolbenbolzen, Kurbelwellen, Zahnräder, Wellen, Messgeräte.

Vergütungsstähle, z.B. C45E, 30CrNiMo8

Es gibt sie unlegiert oder teilweise mit Cr, Mn und Mo, vereinzelt auch mit V und Ni legiert. Durch Vergüten erhalten sie eine hohe Festigkeit bei guter Zähigkeit bis in den Kern. Durch Salzbadnitrieren wird ihre Randschicht verschleißfest.

Verwendung. Für hoch beanspruchte Teile wie z.B. Kurbelwellen, Pleuelstangen, Gelenkwellen, Achsschenkel, Lenkungsteile.

Sonderstähle

Sonderstähle **(Tabelle 1)** sind Stähle mit besonderen Eigenschaften für entsprechende Verwendungszwecke wie z.B. nichtrostende Stähle, warmfeste und hitzebeständige Stähle, Ventilstähle, Federstähle. Es sind meist legierte Edelstähle.

Tabelle 1: Sonderstähle

Kurzname	Verwendung
Nichtrostende Stähle	
X2CrTi12 X2CrNi18-9	Radzierblenden Auspufftöpfe
Warmfeste Stähle	
16CrMo4 X40CrNiCo 13-10	Auspuffrohre Turbinenteile
Ventilstähle	
X45CrSi9-3 X55CrNiMo20-8	Einlassventil Auslassventil
Federstähle	
60SiCr7 X12CrNi17-7	Federn Ventilfedern

Nichtrostende Stähle sind gegen Säure beständig. Sie sind in der Regel tiefziehfähig und schweißbar.

Warmfeste und hitzebeständige Stähle behalten durch Zusatz von Cr, Mo, Ni, V oder Si auch bei hohen Temperaturen ihre Festigkeit und sind bis 1100 °C zunderbeständig.

Ventilstähle müssen bei guter Wärmeleitfähigkeit warm-, abbrand-, zunder- und verschleißfest sowie korrosionsbeständig sein. Sie sind mit Cr, Si, Ni und V legiert.

Federstähle müssen hohe Elastizität und Dauerfestigkeit besitzen. Sie haben meist einen höheren Si-Gehalt. Federstähle werden vergütet bzw. gehärtet.

Werkzeugstähle

Werkzeugstähle sind Stähle mit großer Härte und Festigkeit, aus denen Werkzeuge zum Trennen (Spanen) und Umformen hergestellt werden.

Sie erhalten durch Wärmebehandlung ihre Gebrauchshärte. Man unterscheidet:

- Kalt-, Warm- und Schnellarbeitsstähle
- Unlegierte und legierte Werkzeugstähle

8.4.6 Handelsformen der Stähle

Die Stahlwerke bringen die Stähle meist als Halbzeuge in genormten Formen in den Handel.

Die Handelsformen bzw. Halbzeuge sind

- Formstähle
- Rohre
- Stahldraht
- Stahlbleche
- Feinbleche
- Stabstähle
- Kleinzeug

Formstähle (Bild 1) wie Winkel-, U-, T-, Doppel-T- und Z-Stahl sind meist aus S235J0. Sie werden gewalzt und gezogen in Längen von 3 m bis 15 m hergestellt.

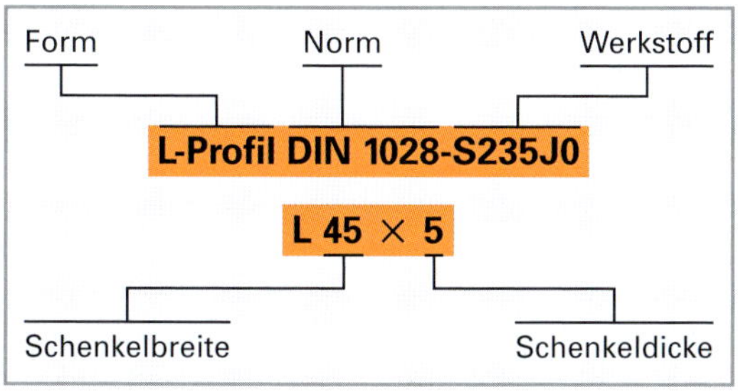

Bild 1: Bezeichnung

Stabstähle wie Rund-, Flach-, Breitflach-, Quadrat-, Sechskant-, Halbrund- und Bandstahl. Sie können blankgezogen, geschliffen und poliert oder warmgewalzt sein.
Als Werkstoffe kommen alle Baustahlsorten infrage, für blankgezogene Rund- und Sechskantstähle vor allem 35S20+C, für blanken Flach- und Quadratstahl meist S235JRG1.

Stahldrähte werden gewalzt und gezogen in Ringen oder auf Spulen geliefert.

Feinbleche sind für Umformungsarbeiten wie Tiefziehen und anschließende Oberflächenbehandlung wie Lackieren oder Galvanisieren bestimmt.

Rohre werden stumpf geschweißt, überlappt geschweißt und nahtlos gezogen hergestellt.

Kleinzeug. Es sind Schrauben, Muttern, Niete, Stifte, Federn, Scheiben, Schraubensicherungen, Splinte, Nägel.

Stahlbleche werden unterteilt nach Feinstblechen und Weißblechen sowie in Fein-, Mittel- und Grobbleche **(Tabelle 1)**. Die Stahlart der Bleche ist abhängig vom Verwendungszweck und der Weiterverarbeitung. Es werden unlegierte Baustähle, Einsatz- und Vergütungsstähle oder auch nichtrostende Stähle verwendet. Stahlbleche kommen als Schwarz-, Riffel-, Wellbleche, verzunderte, dekapierte (entzunderte), gelochte, verzinkte, verbleite und verzinnte Bleche (Weißbleche) in den Handel.

Tabelle 1: Einteilung der Stahlbleche

Blechart	Dicke in mm
Feinstblech	unter 0,5
Feinblech	0,5 bis 3
Mittelblech	3 bis 4,75
Grobblech	über 4,75

WIEDERHOLUNGSFRAGEN

1 **Wie kann man die Stähle einteilen?**
2 **Erklären Sie die Werkstoffbezeichnungen: S275J2G1, C45E, 16MnCr5, X6CrMo17-7.**
3 **Welche besonderen Eigenschaften haben Vergütungsstähle?**
4 **Was versteht man unter Baustahl?**
5 **Wozu werden Einsatzstähle verwendet?**

8.4.7 Wärmebehandlung von Eisenwerkstoffen

Wärmebehandlung von Eisenwerkstoffen ist ein Ändern der Stoffeigenschaften um die Härte, die Festigkeit und die Bearbeitbarkeit zu verbessern.

Diese Eigenschaften hängen von Gefügeaufbau, Kohlenstoffgehalt und den Legierungsbestandteilen ab.

Das **Eisen-Kohlenstoff-Schaubild** zeigt den Gefügezustand des Stahls in Abhängigkeit vom C-Gehalt und der Temperatur **(Bild 1, Seite 174)**.

Stahl mit 0,8 % C (eutektoider Stahl). Das einheitliche Gefüge besteht aus Ferrit-Körnern, die von dünnen Zementit-Streifen durchzogen sind. Man nennt dieses Gefüge wegen des perlmuttartigen Aussehens **Perlit**.

Stahl mit weniger als 0,8 % C (untereutektoider Stahl). Der C-Gehalt reicht zur Bildung eines reinen Perlit-Gefüges nicht aus. Das Gefüge besteht aus Ferrit und Perlit.

Stahl mit mehr als 0,8 % C (übereutektoider Stahl). Der C-Gehalt ist größer als zur Bildung von Perlit notwendig ist. Außer Perlit entsteht noch Zementit.

Gefüge des unlegierten Stahls

Unlegierter Stahl enthält neben reinem Eisen (Ferrit) noch bis zu 2,06 % Kohlenstoff, der sich mit einem Teil des Eisens zu Eisencarbid Fe_3C, (Zementit) chemisch verbunden hat. Zementit ist hart und spröde, reines Eisen weich und zäh.

Erwärmung des Gefüges

Bei Erwärmung über 723 °C wandelt sich das Gefüge des Stahls um, weil sich die Kristallform des Eisens ändert und der Zementit zerfällt. Die kubischraumzentrierten Kristalle **(Bild 1)** des Ferrits klappen zu kubisch-flächenzentrierten Kristallen um. Im leeren Würfelraum des flächenzentrierten Kristalls kann sich ein C-Atom des zerfallenden Zementits einlagern **(Bild 1)**. Da das Einlagern des C-Atoms im Kristall im festen Zustand vor sich geht, spricht man von einer festen Lösung des Kohlenstoffs im Eisen. Die entstehenden Mischkristalle nennt man Austenit.

Die Perlitkörner des Gefüges wandeln sich unmittelbar bei 723 °C in Austenit um. Der daneben je nach C-Gehalt noch vorhandene Ferrit und Zementit wandelt sich bei weiterer Erwärmung bis zur Linie **G-S-E** in Austenit um.

Abkühlen und Abschrecken

Bei **langsamer Abkühlung** bilden sich immer wieder die alten Gefüge zurück. Beim Abschrecken aus dem Temperaturbereich oberhalb der G-S-K-Linie wird jedoch die Perlitbildung unterdrückt. Beim Umklappen des Kristallgitters von der flächenzentrierten in die raumzentrierte Form bleibt den C-Atomen keine Zeit, um mit Eisenatomen Zementit zu bilden. Die C-Atome werden in den raumzentrierten Kristallen eingespannt. Es entsteht ein verzerrtes Kristallgitter, wodurch der Stahl sehr hart und spröde wird. Das entstandene feinnadelige Gefüge wird als Martensit bezeichnet.

Glühen

Glühen ist eine Wärmebehandlung, bei der das Werkstück auf Glühtemperatur erwärmt, zum Durchwärmen auf dieser Temperatur gehalten und danach langsam abgekühlt wird **(Bild 2)**.

Weichglühen wird je nach Kohlenstoffgehalt zwischen 680 °C und 750 °C durchgeführt, um das Werkstück danach besser spanlos oder spanend formen zu können.

Normalglühen wird je nach Kohlenstoffgehalt zwischen 750 °C und 950 °C durchgeführt, um nach dem Walzen oder Schmieden wieder ein gleichmäßiges, feinkörniges Gefüge zu erzielen.

Spannungsarmglühen wird zwischen 550 °C und 650 °C durchgeführt, um innere Spannungen, die durch Walzen, Schmieden, Schweißen entstanden sind, zu beseitigen.

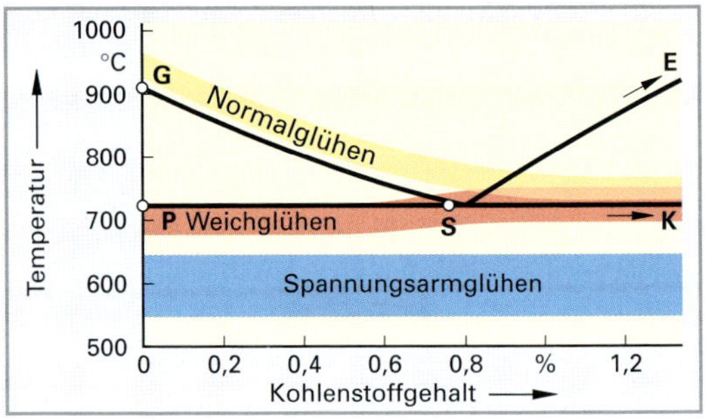

Bild 2: Glühtemperaturen

Härten von Werkzeugstahl

Härten **(Bild 1, Seite 175)** ist eine Wärmebehandlung, bei der das Werkstück auf Härtetemperatur erwärmt, zum Durchwärmen der zu härtenden Zone auf dieser Temperatur gehalten und anschließend abgeschreckt wird. Nach dem Abschrecken wird angelassen.

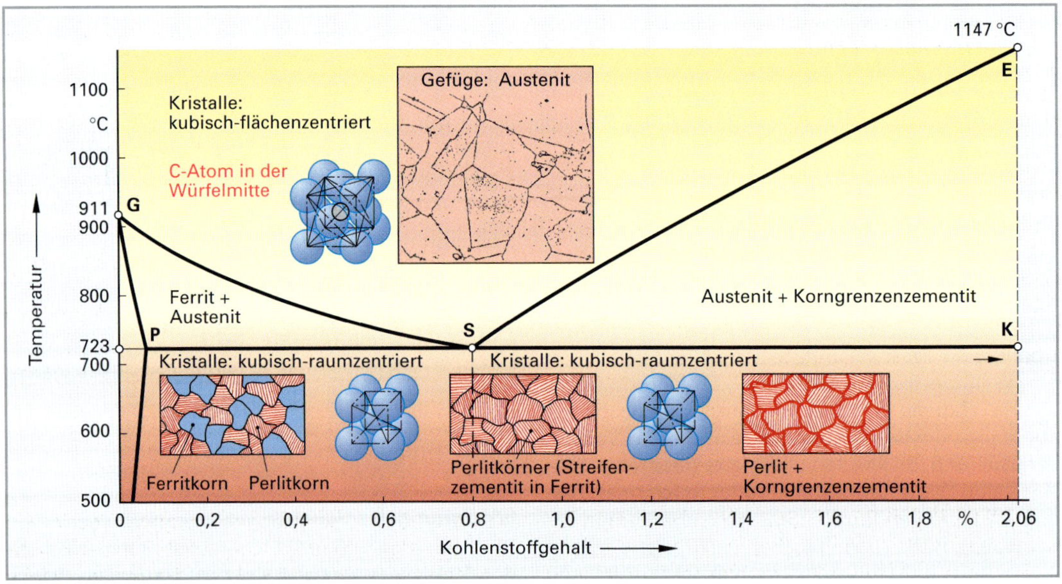

Bild 1: Eisen-Kohlenstoff-Schaubild (Ausschnitt)

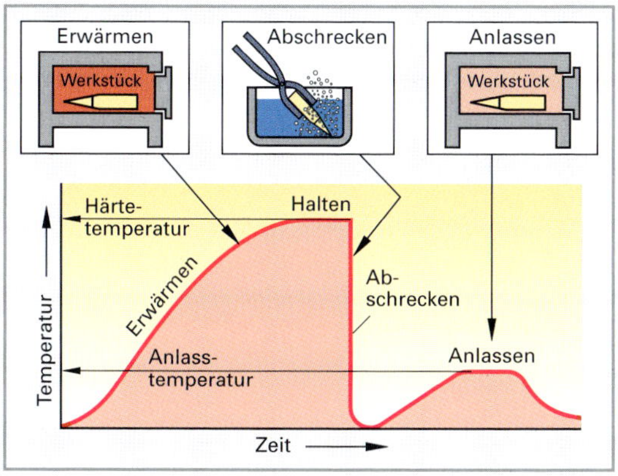

Bild 1: Temperaturverlauf beim Härten

Durch das Härten soll der Stahl hart und verschleißfest gemacht werden. Die Härtetemperatur von unlegiertem Werkzeugstahl liegt zwischen 770 °C und 830 °C. Für niedriglegierte und hochlegierte Werkzeugstähle sind höhere Härtetemperaturen erforderlich.

Je nach Abschreckmittel unterscheidet man:

- Wasserhärtung, vorwiegend für unlegierte Werkzeugstähle.
- Ölhärtung, vorwiegend für niedriglegierte Werkzeugstähle.
- Lufthärtung für hochlegierte Werkzeugstähle.

Anlassen

Anlassen ist das Wiedererwärmen gehärteter Werkstücke mit nachfolgendem Abkühlen.

Nach dem Abschrecken sind die Werkzeuge glashart und spröde geworden. Durch Anlassen z.B. bei Temperaturen zwischen 180 °C und 400 °C wird die Zähigkeit verbessert und die Sprödigkeit vermindert; auch die Härte nimmt etwas ab, der Stahl bekommt seine Gebrauchshärte.

Härte- und Anlasstemperaturen sowie Abschreckmittel sind für die jeweilige Stahlsorte aus den Werkstoffblättern der Stahlhersteller zu entnehmen.

Randschichthärten

Randschichthärten ist eine Wärmebehandlung, bei der die Randschicht des Werkstücks aus härtbarem Stahl schnell auf Härtetemperatur erwärmt und anschließend sofort abgeschreckt wird.

Man unterscheidet:

- Randschichthärten mit ausreichend vorhandenem Kohlenstoff durch Gefügeumwandlung z.B. Flammhärten, Induktionshärten.
- Randschichthärten mit zugeführtem Kohlenstoff durch Gefügeumwandlung z.B. Einsatzhärten.
- Randschichthärten mit zugeführtem Stickstoff durch chemische Verbindungen z.B. Nitrieren, Carbonnitrieren.

Randschichthärten mit vorhandenem Kohlenstoff

Die Werkstücke werden meist aus Vergütungsstahl hergestellt, da dieser den zum Härten notwendigen Kohlenstoff von mindestens 0,45 % bereits enthält. Man unterscheidet Flammhärten und Induktionshärten.

Flammhärten (Bild 2). Die Randschicht des Werkstücks wird mit einer Brennerflamme in kurzer Zeit auf Härtetemperatur erwärmt. Noch bevor die Wärme bis ins Innere des Werkstücks vordringt, wird mit einer Wasserbrause abgeschreckt.

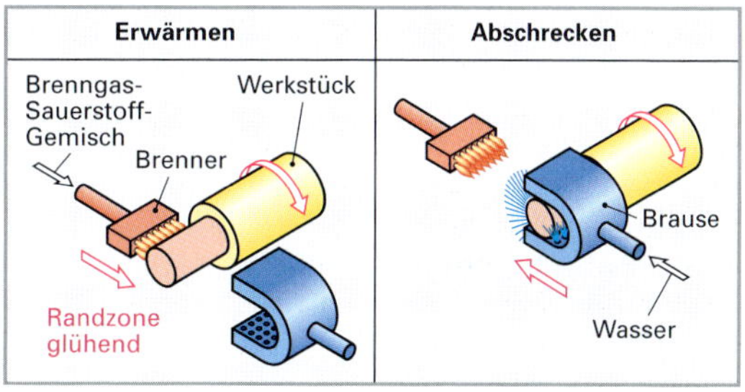

Bild 2: Flammhärten

Induktionshärten (Bild 3). Eine Hochfrequenzspule umgibt das Werkstück in geringem Abstand. Ein hochfrequenter Wechselstrom in der Spule induziert starke Wirbelströme, welche die Randschicht des Werkstücks schnell auf Härtetemperatur erwärmen. Mit einer Wasserbrause wird abgeschreckt, noch bevor die Wärme bis ins Innere vordringt.

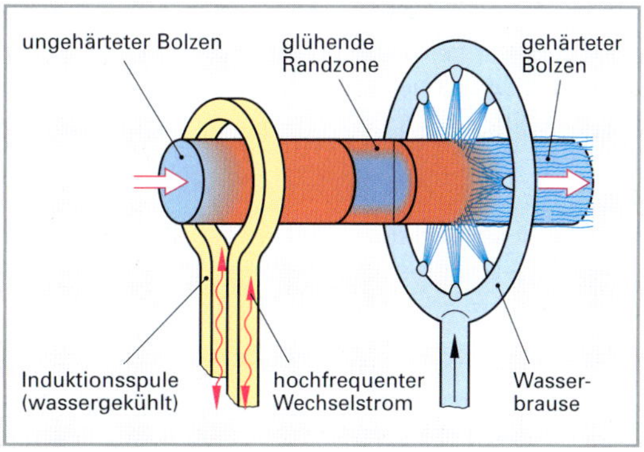

Bild 3: Induktionshärten

Randschichthärten mit zugeführtem Kohlenstoff

Die Werkstücke werden aus Stahl mit geringem Kohlenstoffgehalt < 0,2 % hergestellt. Um das Härten der Randschicht zu ermöglichen, wird der Oberfläche Kohlenstoff zugeführt.

8

Einsatzhärten

Einsatzhärten ist eine Wärmebehandlung, bei der die Randzone des Werkstücks aus kohlenstoffarmem Stahl mit Kohlenstoff angereichert und anschließend gehärtet wird.

Einsatzstähle enthalten bis etwa 0,2 % C. Um die Randzone härtbar zu machen, wird das Werkstück in Kohlenstoff abgebenden Mitteln geglüht.

Diesen Vorgang nennt man Aufkohlen **(Bild 1)**, wobei die Form des Kohlenstoff abgebenden Mittels fest, flüssig oder gasförmig sein kann.

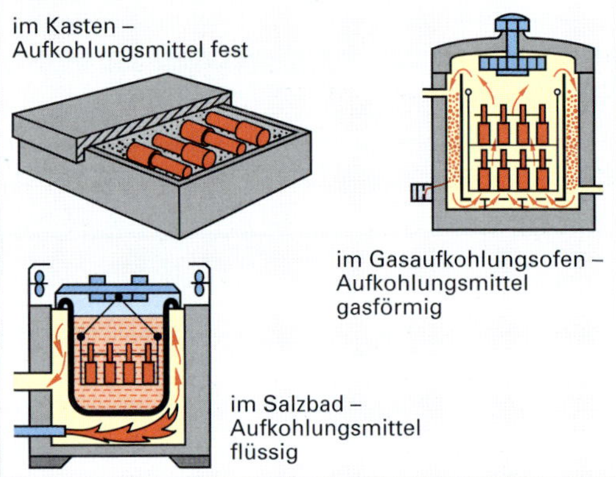

Bild 1: Aufkohlen beim Einsatzhärten

Nach dem Aufkohlen werden die Werkstücke gehärtet. Die aufgekohlte Randzone wird hart, der Kern bleibt ungehärtet und zäh. Danach wird angelassen.

Randschichthärten mit zugeführtem Stickstoff

Die Werkstücke werden aus Stählen hergestellt, die mit Al, Cr, Mo, Ti oder V legiert sind. Durch die Zufuhr von Stickstoff bei höheren Temperaturen bilden diese Legierungselemente sehr harte und stabile Nitride z.B. AlN, CrN.

Nitrieren

Nitrieren ist eine Wärmebehandlung, bei der die Randzone des Werkstücks mit Stickstoff angereichert wird.

Salzbadnitrieren. Den Randzonen des Werkstücks wird Stickstoff in Salzbädern zugeführt.

Gasnitrieren. Den Randzonen der Werkstücke wird Stickstoff in einem Gasofen durch Ammoniakgas zugeführt.

Nitrierstähle erhalten durch das Nitrieren eine dünne, sehr harte, verschleißfeste Randzone. Die Härte entsteht direkt beim Nitrieren durch Bildung der harten Nitride bei Glühtemperaturen bis etwa 550 °C. Es wird nicht abgeschreckt und nicht angelassen, daher tritt kein Verzundern und kein Verziehen der Werkstücke auf, sodass sie vor dem Nitrieren fertig bearbeitet werden können.

Carbonitrieren. Es ist eine Kombination aus Einsatzhärten und Nitrierhärten. In einem Gasofen werden gleichzeitig Kohlenstoff und Stickstoff zugeführt. Durch anschließendes Erwärmen und Abschrecken wird gehärtet. Carbonitrierte Bauteile sind z.B. Nockenwellen, Ventilhebel.

Vergüten

Vergüten ist eine Wärmebehandlung, bei der das Werkstück nach Härten und Abschrecken auf so hohe Temperaturen angelassen wird, dass es an Stelle der Härte große Zugfestigkeit bei guter Dehnung und Zähigkeit erhält **(Bild 2)**.

Beim Härten erhält das Werkstück große Festigkeit und Härte, aber nur geringe Dehnung und Zähigkeit. Beim Anlassen auf Temperaturen von 500 °C bis 670 °C nimmt die Härte stark ab, auch die Festigkeit wird etwas geringer, Zähigkeit und Dehnung nehmen zu.

Beim Anlassen an der unteren Temperaturgrenze ist die Festigkeit größer als an der oberen Temperaturgrenze; Zähigkeit und Dehnung sind dagegen beim Anlassen an der oberen Temperaturgrenze größer.

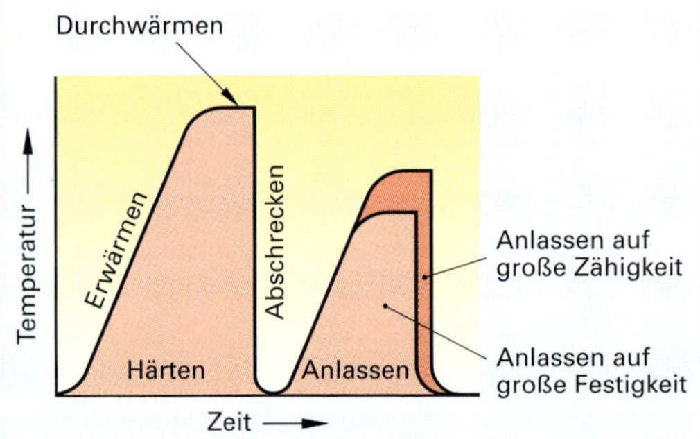

Bild 2: Vergüten

Wiederholungsfragen

1. **Was versteht man unter Härten von Stahl?**
2. **Warum werden Stähle nach dem Abschrecken angelassen?**
3. **Was versteht man unter Einsatzhärten?**
4. **Warum werden Werkstücke, die randschichtgehärtet werden sollen, meist aus Vergütungsstahl hergestellt?**
5. **Warum wird beim Vergüten mit hohen Temperaturen angelassen?**

8.5 Nichteisenmetalle

> Nichteisenmetalle (NE-Metalle) sind alle Metalle und deren Legierungen mit Ausnahme des Eisens.

Man unterteilt die Nichteisenmetalle nach ihrer Dichte in Schwermetalle und Leichtmetalle **(Bild 1)**.

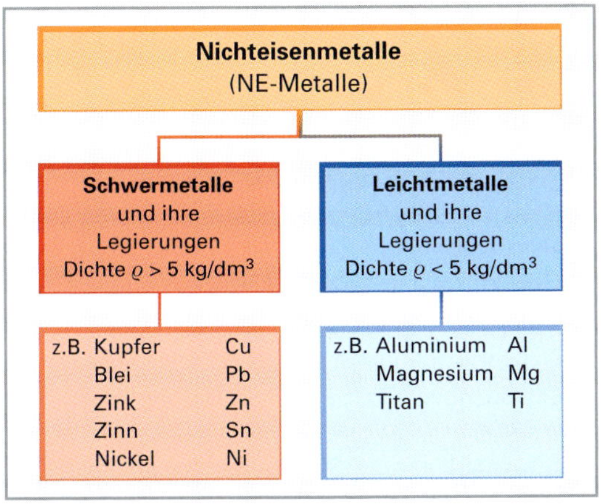

Bild 1: Einteilung der NE-Metalle

Die meisten reinen Metalle, wie z. B. Kupfer, Blei, Aluminium, sind sehr weich und besitzen nur geringe Festigkeit. Durch Legieren lassen sich die Eigenschaften der reinen Metalle verbessern.

> Unter Legieren versteht man das Mischen zweier oder mehrerer Metalle in flüssigem Zustand.

Man unterscheidet Guss- und Knetlegierungen.

Gusslegierungen. Sie lassen sich gut gießen, haben eine höhere Festigkeit und eine größere Zähigkeit als Gusseisen. Verwendung: Z.B. Kurbelgehäuse, Zylinderköpfe.

Knetlegierungen. Bei ihnen können durch entsprechende Legierungsbestandteile und Weiterverarbeitung z.B. durch Schmieden, die Eigenschaften in weiten Grenzen verändert werden. Knetlegierungen werden z.B. als Lenker für Radaufhängungen, Felgen verwendet.

8.5.1 Bezeichnung der NE-Metalle

Bezeichnung der reinen Metalle. Hinter dem chemischen Zeichen des Metalls steht der Reinheitsgrad in Prozent, z.B. Al 99,99.

Bezeichnung der Legierungen. Bei Legierungen werden die chemischen Zeichen ihrer Bestandteile angegeben, wobei das Metall mit dem größten Anteil an erster Stelle genannt wird ohne Angabe des Prozentgehaltes; er wird als Differenz aus der Summe der anderen Legierungszusätze bestimmt. Nach dem Grundmetall folgen die Zeichen der Legierungszusätze jeweils mit der Angabe ihres Prozentgehaltes. Sie sind nach fallenden Prozenten geordnet. Die Prozentangabe entfällt bei geringem Anteil.

Gusslegierungen werden durch Kennbuchstaben für Herstellung und Verwendung **(Tabelle 1)** gekennzeichnet. Diese stehen, durch Bindestrich getrennt, vor der Angabe der Legierung. Hinter ihr können durch Kurzzeichen Angaben für besondere Eigenschaften **(Tabelle 1)** oder den Behandlungszustand gemacht werden oder es wird die Zugfestigkeit in 1/10 N/mm² als Zahlenwert mit vorangestelltem F angegeben.

Tabelle 1: Bezeichnung der NE-Metall-Legierungen (Auswahl)

Kennbuchstabe für Herstellung und Verwendung			
G-	Guss (allgemein)	Gl-	Gleitmetall
GD-	Druckguss	L-	Lot
GK-	Kokillenguss	Lg-	Lagermetall
GZ-	Schleuderguss	V-	Vorlegierung
Kurzzeichen für besondere Eigenschaften, Behandlungszustand, Zugfestigkeit			
a	ausgehärtet	g	geglüht
ka	kalt ausgehärtet	zh	gezogen
F + Kennzahl für Zugfestigkeit in 1/10 N/mm²			

Kurzzeichen für Druckgusslegierungen

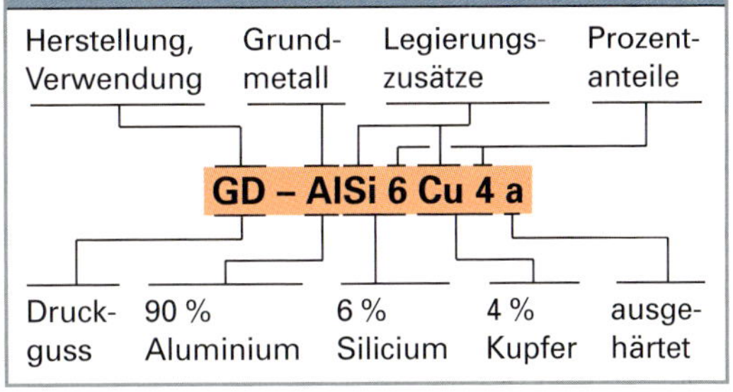

Knetlegierungen haben keine Kennbuchstaben für die Herstellung und Verwendung, außer bei Al-Knetlegierungen.

Kurzzeichen für Knetlegierungen

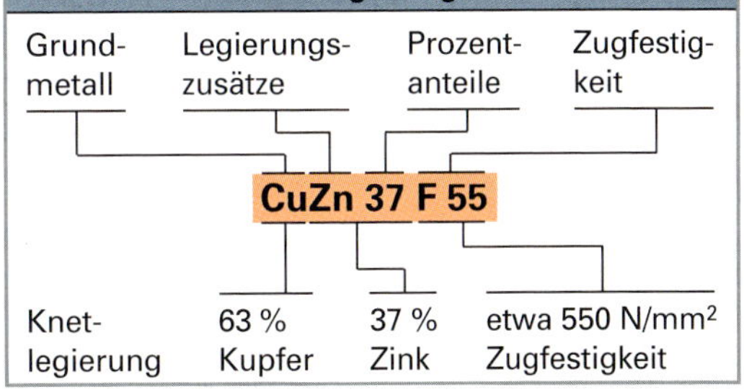

8.5.2 Schwermetalle

Die Einteilung der Schwermetalle zeigt **Tabelle 1**.

Tabelle 1: Einteilung der NE-Schwermetalle

Metall	Chem. Zeichen	Metall	Chem. Zeichen
Gebrauchsmetalle und ihre Legierungen			
Kupfer	Cu	Zink	Zn
Blei	Pb	Zinn	Sn
Nickel	Ni		
Legierungsmetalle			
Molybdän	Mo	Tantal	Ta
Wolfram	W	Chrom	Cr
Kobalt	Co	Mangan	Mn
Vanadium	V	Wismut	Bi
Antimon	Sb		
Edelmetalle			
Silber	Ag	Gold	Au
Platin	Pt		

Kupfer (Cu)

Wesentliche Eigenschaften

- Weich, zäh, dehnbar
- Rotbraune Farbe
- Gute Leitfähigkeit für Elektrizität und Wärme
- Korrosions- und feuerbeständig
- Sehr gut kalt und warm umformbar
- Gut weich- und hartlötbar
- Schweißbar
- Schlecht gießbar
- Gut spanbar durch Werkzeuge mit großem Spanwinkel

Verwendung
Z.B. für elektrische Leitungen, Rohre für Benzin, Öl oder Wasser, Kühler, Dichtungen und Legierungen **(Tabelle 2)**.

Tabelle 2: Kupferlegierungen

Kurzzeichen	Verwendung
Kupfer-Gusslegierungen	
GZ-CuSn 7 ZnPb	Pleuelbuchsen
G-CuPb 10Sn	Mehrschichtlager
G-CuAl 10Fe	Synchronringe, Ritzel
GD-CuZn 38Pb	blanke Gussteile
G-CuZn 33Pb	Sandgussteile
Kupfer-Knetlegierungen	
CuZn 39 Pb 3	Vergaserdüsen
CuZn 37	Kühlerrohre
CuZn 31 Si	Ventilführungen
CuNi 44	Konstantan

8.5.3 Leichtmetalle

Im Fahrzeugbau werden meist folgende Leichtmetalle verwendet: Aluminium (Al), Magnesium (Mg) und Titan (Ti).
Weitere Leichtmetalle wie Beryllium und die Alkalimetalle Lithium, Natrium und Calcium finden in einigen Fällen als Legierungszusätze Verwendung.

Aluminium (Al)

Eigenschaften

- Silberweiß
- Korrosionsbeständig durch Oxidschicht
- Weich, geringe Zugfestigkeit
- Härte und Zugfestigkeit lassen sich durch Legieren steigern
- Gute elektrische Leitfähigkeit
- Gute Wärmeleitfähigkeit
- Gut verformbar und gut legierbar
- Gut spanbar durch Werkzeuge mit großen Spanwinkeln

Verwendung
Reinaluminium z.B. für Folien, Tuben, Dosen, Reflektoren, Zierleisten, Fahrzeugaufbauten (als Baustoff und als Legierungszusatz).

Aluminiumlegierungen

Sie werden unterteilt in Knet- und Gusslegierungen. Es gibt aushärtbare und nicht aushärtbare Legierungen. Sie dürfen nicht erwärmt werden.

Eigenschaften der Legierungen
Aluminium mit Kupfer hat hohe Festigkeit, aber nur geringe Korrosionsbeständigkeit. Aluminium mit Magnesium, Silicium und Mangan hat neben hoher Festigkeit gute Korrosionsbeständigkeit. Aluminium mit Kupfer, Magnesium und Silicium ist aushärtbar und erreicht dadurch höhere Festigkeit. Aluminium mit bestimmtem Anteil von Magnesium, Silicium und Mangan ist nicht aushärtbar, gute Festigkeit ist bereits vorhanden.

Verwendung
Knetlegierungen (Beispiele)

AlCuMg 2: Querlenker, Radnaben, Kurbel- und Nockenwellenräder,
AlMgSi 1: Räder, Profile für Fahrzeugaufbauten,
AlMg 2: Bleche für Karosserieteile,
AlSi 17 CuNi: gepresste Kolben.

Gusslegierungen(Beispiele).

G-AlSi 12: Kurbelgehäuse, Ölwannen, Getriebegehäuse,
G-AlSi 10 Mg: Kurbelgehäuse und wassergekühlte Zylinderköpfe,
GK-AlSi 12 CuNi: gegossene Kolben.

8.6 Kunststoffe

Als Kunststoffe bezeichnet man künstlich (synthetisch) hergestellte Werkstoffe.

Sie werden aus den Rohstoffen Erdöl, Erdgas, Kohle, Kalk, Luft und Wasser gewonnen. Kunststoffe sind organische Stoffe, da sie aus Kohlenstoff- oder Siliziumverbindungen bestehen. Weitere Bestandteile können sein z.B. Sauerstoff (O_2), Wasserstoff (H_2), Stickstoff (N_2), Schwefel (S), Chlor (Cl).

Typische Eigenschaften fast aller Kunststoffe sind:

- Geringe Dichte
- Gut bearbeitbar und formbar, einfärbbar
- Korrosionsfest, beständig gegen Säuren und Laugen
- Elektrisch nicht leitend, geringe Wärmeleitung
- Große Wärmedehnung, geringe Wärmebeständigkeit

Es lassen sich vier Gruppen von Kunststoffen unterscheiden: Thermoplaste, Duroplaste, Elastomere, Verbundwerkstoffe **(Bild 3)**.

8.6.1 Thermoplaste

Thermoplaste bestehen aus ineinander verfilzten, langen Fadenmolekülen, die nicht miteinander vernetzt sind **(Bild 1)**.

Bild 1: Struktur der Thermoplaste

Beim Erwärmen geraten die Moleküle in Wärmeschwingungen, das Gefüge lockert sich, der Stoff schmilzt und wird weich. Thermoplaste sind bei Raumtemperatur hart und kaum elastisch, werden aber bei jedem Erwärmen immer wieder weich. Im erwärmten Zustand lassen sie sich spanlos durch Gießen, Biegen, Schweißen formen. Bei sehr hohen Temperaturen werden sie zerstört. Durch Zusatz von nicht flüchtigen Lösemitteln („Weichmachern") werden sie zäh, lederartig oder elastisch (Thermoelaste).

Beispiele für Thermoplaste

Polyvinylchlorid PVC (Bild 2)

Eigenschaften: Transparent, einfärbbar, kleb- und schweißbar; beständig gegen Öl, Benzin, Laugen; empfindlich gegen Azeton.

Hart-PVC: Hart, zäh, z.B. für Auskleidungen, Einstiegsleisten, Kennzeichenverstärkungen, Leisten an Dachrahmen, Rohre.

Weich-PVC: weich, flexibel, durch Zusätze gummi- oder lederartig, z.B. für Dichtungen, Folien, Fußmatten, Kabelisolierungen, Leder, Kunstleder.

Polycarbonate PC (Bild 2)

Eigenschaften: Glasklar, verzerrungsfrei, lichtecht, zäh, hohe Festigkeit, beständig gegen schwache Säuren und Laugen, kratzfest.

Anwendung: Verglasungen für Scheinwerfer und Leuchten, elektrische Schalter.

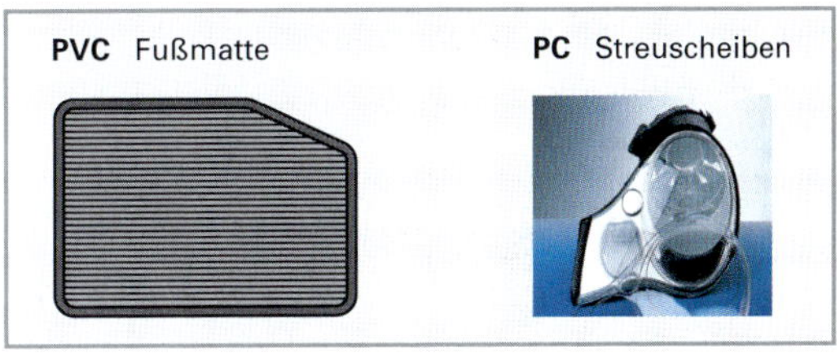

Bild 2: Verwendung von PVC und PC

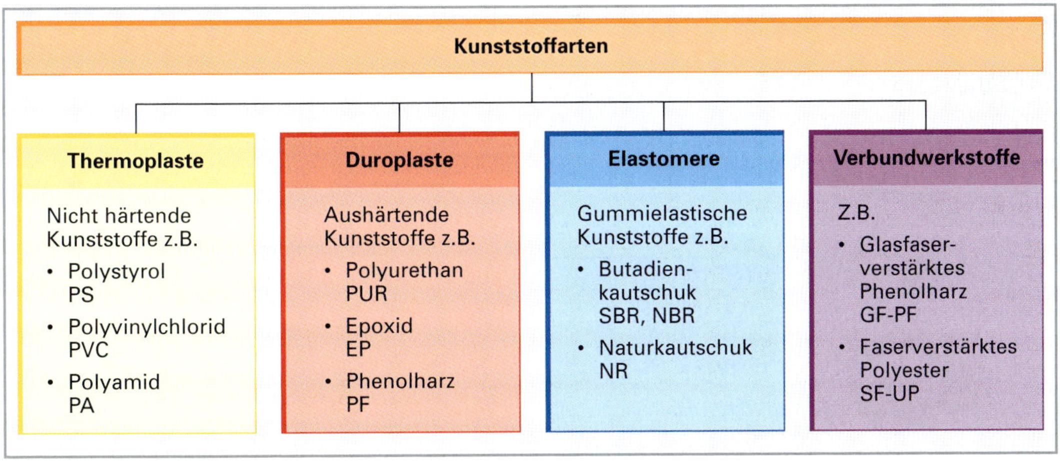

Bild 3: Kunststoffarten

Styrol-Butadien SB (Bild 1)

Eigenschaften: Undurchsichtig, schlagzäh, temperaturbeständig.

Anwendung: Teile der Innenausstattung, Batteriekästen.

Acrylnitril-Butadien-Styrol ABS (Bild 1)

Eigenschaften: Sehr schlagzäh, temperaturbeständig; beständig gegen Säuren und Öl, aber nicht gegen Benzol.

Anwendung: Kühlergrill, Instrumentenrahmen, Stoßfänger.

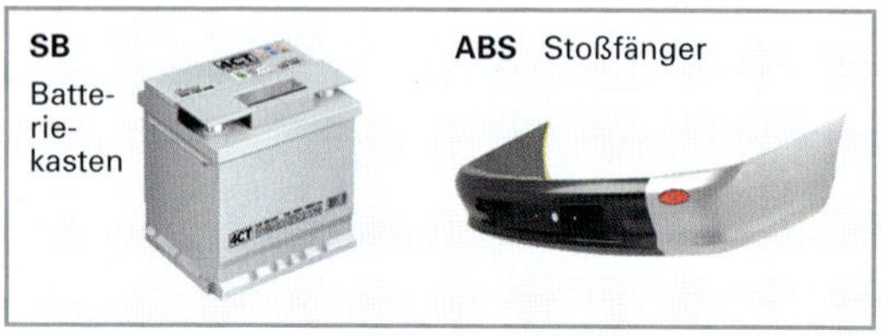

Bild 1: Anwendung für SB und ABS

Polyolefine: Polyethylen PE, Polypropylen PP (Bild 2)

Eigenschaften: Farblos bis milchig weiß, einfärbbar, unzerbrechlich, fühlt sich wachsartig an, schweißbar, nicht klebbar, beständig gegen Säuren, Laugen, Benzin, Benzol.

Anwendung:

Weich-PE: Achsmanschetten, Behälter, Faltenbälge.

Hart-PE: Kraftstoff , Scheibenwaschbehälter, Luftfiltergehäuse.

PE-Schaumstoff: Dachhimmel.

PP: Fahrpedale, Lüfter, Radkappen.

Polymethylmethacrylat (Acrylglas) **PMMA (Bild 2)**

Eigenschaften: Glasklar, polierfähig, hart, elastisch, kleb- und schweißbar; beständig gegen Benzin, Öl, Säuren.

Anwendung: Blink- und Schlussleuchten, Elektroteile, Schutzbrillen, Schutzgläser, Verglasungen.

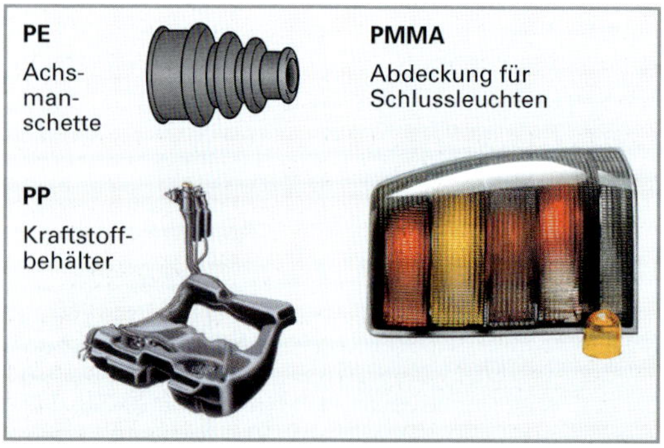

Bild 2: Anwendung von PE, PP, PMMA

Polytetrafluorethylen PTFE (Bild 3)

Eigenschaften: Milchig weiß, fühlt sich wachsartig an, gleitfähig, weich, zäh, abriebfest, nicht klebbar, chemikalienbeständig, bis 280 °C temperaturbeständig.

Verwendung: Beschichtungen, Dichtungen, Faltenbälge, hitzebeständige Kabelisolierungen, wartungsfreie Lager, Membranen.

Polyamid PA (Bild 3)

Eigenschaften: Milchig weiß, hart, zäh, gleitfähig, verschleißfest, beständig gegen Öl, Benzin, Benzol, Lösemittel, als Aramide (aromatische Polyamide) unbrennbar und temperaturfest bis über 260 °C.

Anwendung: Buchsen, Gleitlager, Lüfterräder.

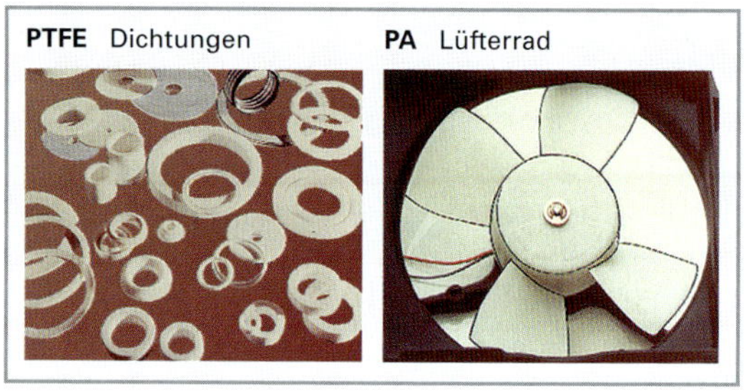

Bild 3: Anwendung von PTFE und PA

8.6.2 Duroplaste

Duroplaste haben fadenförmige Makromoleküle, die nach dem Härten engmaschig miteinander vernetzt sind **(Bild 4)**.

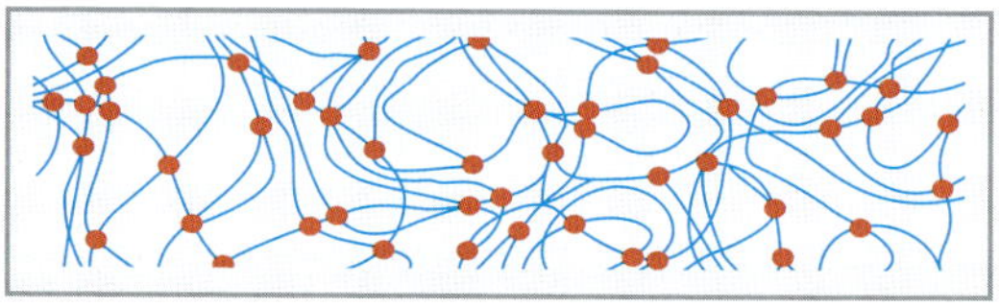

Bild 4: Struktur der Duroplaste

Dadurch können keine Wärmeschwingungen auftreten und sie werden nicht mehr weich. Ihre flüssigen oder schmelzbaren Vorprodukte werden auch Kunstharze genannt. Sie härten durch Pressen bei Temperaturen um 170 °C oder durch Zusatz von Härtern (Gießharze, Klebeharze) aus. In ausgehärtetem Zustand sind sie hart und spröde und werden durch Erwärmen nicht mehr weich. Sie sind in keinem Lösemittel lösbar, nicht schweißbar und nur noch spanend formbar.

Duroplaste werden meist zusammen mit Füllstoffen zu Verbundwerkstoffen verarbeitet. Die Füllstoffe verbessern die Eigenschaften oder dienen als Streckmittel.

Beispiele für Duroplaste

Phenolharz PF (Bild 1)

Eigenschaften: Nur dunkle Farben, hart, spröde, klebbar, nicht lichtecht, wird braun, hat Phenolgeruch.

Anwendung (Bild 1): Mit Füllstoffen als Pressmassen für dunkle Formteile, Schichtpressstoffe, Kunstharzlacke, Gießharze.

Harnstoffharz UF; Melaminharz MF (Bild 1)

Eigenschaften: Glasklar, lichtecht, geruchlos, einfärbbar; hart, spröde, beständig gegen schwache Säuren und Lösemittel.

Anwendung (Bild 1): Mit Füllstoffen als Pressmassen für helle Formteile, Schichtpressstoffe, Kunstharzlacke, Warmleim, Kaltleim.

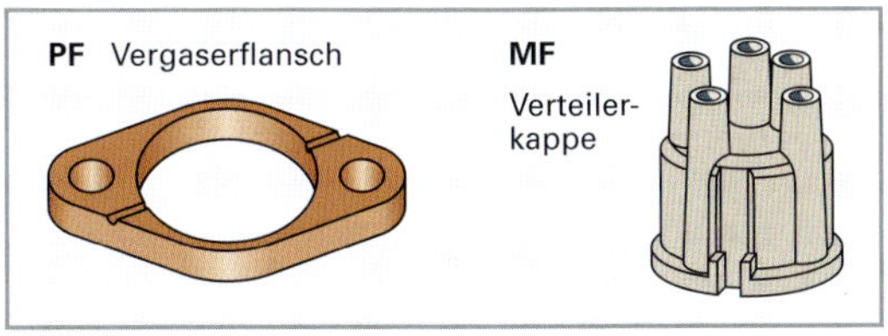

Bild 1: Anwendung für PF und MF

Polyesterharz UP (Bild 2)

Eigenschaften: Glasklar, kann hart, spröde, weich oder elastisch sein, gut gießbar, gute Haftfähigkeit; beständig gegen Öl, Benzin, Lösemittel, schwache Säuren und Laugen.

Anwendung (Bild 2): Metallkleber, Spachtelmassen, Gießharz, glasfaserverstärkte Kunststoffe.

Epoxidharz EP (Bild 2)

Eigenschaften: Farblos bis gelb, hart, schlagzäh, sehr gut gießbar, gut haftfähig.

Anwendung (Bild 2): Klebstoff, umgießen von Teilen der Elektronik, glasfaserverstärkte Kunststoffe.

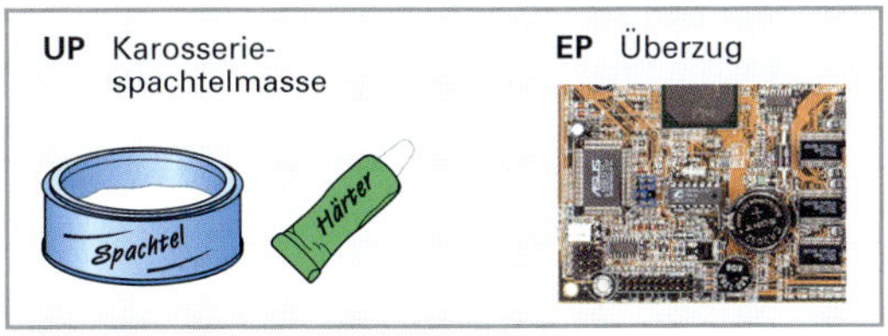

Bild 2: Anwendung für UP und EP

Polyurethanharz PUR (Bild 3)

Eigenschaften: Gelb, transparent, hart, zäh, weich oder gummielastisch, haftfähig, schäumbar.

Anwendung:
Hart-PUR: Lager, Zahnräder;
Mittelhart bis Weich-PUR: Stoßfänger, Kleber
PUR-Schaum: Fahrzeugpolster, Integralschaum für Verkleidungen im Kfz.

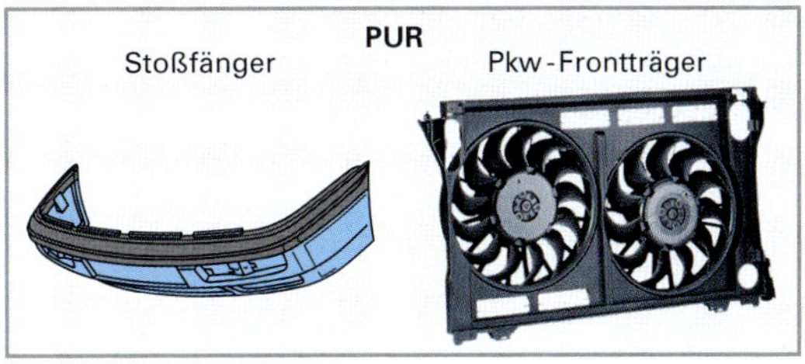

Bild 3: Anwendungen für PUR

8.6.3 Elastomere

Elastomere bestehen aus ungeordneten Fadenmolekülen. Die weitmaschige Vernetzung entsteht bei der Vulkanisation. **(Bild 4).**

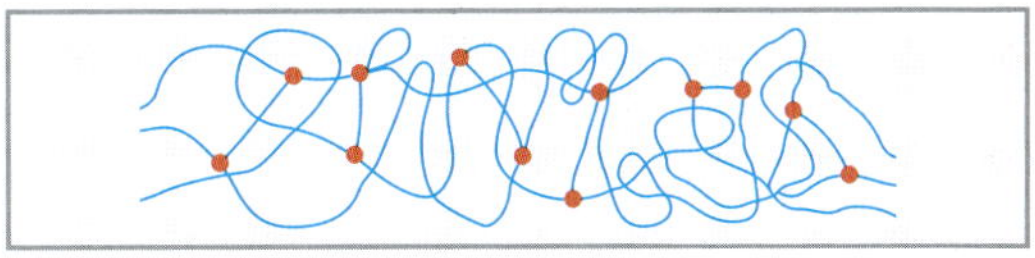

Bild 4: Struktur von Elastomeren

Ihre Vorstufen sind synthetische Kautschuke oder Naturkautschuk. Sie können durch kleine Kräfte gedehnt werden und federn wieder zurück. Bei Temperaturerhöhung schmelzen sie nicht, sondern sie bleiben elastisch bis zu ihrer Zerstörung bei höheren Temperaturen. Sie haben gute Festigkeit bei großer Dehnung und eine große Elastizität. Sie sind nicht schmelzbar, nicht spanlos formbar und nicht schweißbar; sie können quellen, aber sie lassen sich nicht auflösen.

Beispiele für Elastomere (Bild 5)

Gummi (Naturgummi) NR

Eigenschaften: Elastizität nimmt mit zunehmendem Schwefelgehalt ab, nicht beständig gegen Öl, Benzin, Benzol und Alterung.

Anwendung (Bild 5): Beimischung in Reifen, Wasserschläuche, Dichtungen, Keilriemen.

Styrol-Butadien-Kautschuk (Kunstgummi) SBR

Eigenschaften: Ähnlich wie Gummi aber abriebfester, alterungsbeständiger, weniger elastisch; beständig gegen Öl und Benzin.

Anwendung (Bild 5): Beimischung zu Fahrzeugreifen, Manschetten, Schläuchen.

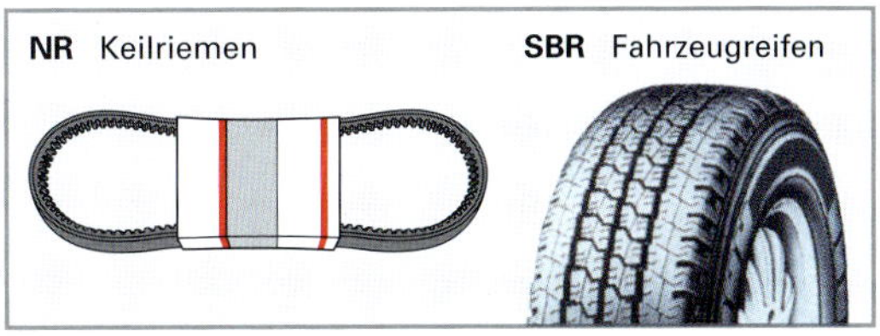

Bild 5: Anwendungen für NR und SBR

8.7 Verbundwerkstoffe

Verbundwerkstoffe sind Stoffe, bei denen zwei oder mehrere Stoffe zu einem neuen Werkstoff verbunden worden sind. Die Einzelstoffe sind meist erkennbar erhalten.

Bei ihnen werden die günstigen Eigenschaften der Werkstoffe, die miteinander kombiniert werden, z.B. hohe Festigkeit, Härte, Zähigkeit oder Elastizität, auf den neuen Werkstoff übertragen.

Bei den glasfaserverstärkten Kunststoffen wird z.B. die geringe Festigkeit des Kunststoffes durch die hohe Festigkeit der Glasfaser erhöht, während die Zähigkeit des Kunststoffes die Sprödigkeit der Glasfasern überdeckt **(Tabelle 1)**.

Tabelle 1: Verbundwerkstoff-Eigenschaften

Glasfaser	+	Kunstharz	→	glasfaserverstärkter Kunststoff
sehr fest		wenig fest		sehr fest
aber		aber		und
spröde		zäh		zäh

Man unterscheidet nach der Form der Einzelstoffe:

- Teilchenverstärkte Verbundwerkstoffe
- Faserverstärkte Verbundwerkstoffe

8.7.1 Teilchenverstärkte Verbundwerkstoffe

Kunststoff-Pressmassen

Es sind mit Füllstoffen gemischte Kunstharze, die zu Formteilen gepresst werden.

Füllstoffe können Gesteins-, Holzmehl oder Ruß, Textilfasern, Papier-, Holz- oder Gewebeschnitzel sein. Sie beieinflussen die Eigenschaften der Formteile wie Festigkeit, Sprödigkeit, Wärmeleitung und Isolierfähigkeit, ferner dienen sie als Streckmittel.

Anwendung z.B. für Lenkräder, Schalthebelgriffe, Brems- und Kupplungsbeläge, elektrische Isolierkörper und Gehäuse.

Sinter-Verbundwerkstoffe. Durch Sintern kann man Stoffe miteinander verbinden, die nur schwer oder überhaupt nicht legiert werden können. Sinter-Verbundwerkstoffe sind z.B. Hartmetalle, oxidkeramische Schneidstoffe, Dauermagnetwerkstoffe und Kohlebürsten, Pleuel.

8.7.2 Faserverstärkte Verbundwerkstoffe

Sie bestehen aus in Kunststoff eingebetteten Fasern wie Glas-, Kohlenstoff- oder Aramidfasern.

Ihre Eigenschaften werden beeinflusst durch die Art und die Anordnung der Fasern sowie die Art des zur Bindung verwendeten Kunstharzes. Sie haben höhere Festigkeiten bei geringerem Gewicht als herkömmliche metallische Werkstoffe.

Glasfaserverstärkte Verbundwerkstoffe (GFK) werden durch verschiedene Verfahren hergestellt; am bekanntesten ist das Handlaminieren, z.B. für Karosserieteile oder Boote. Weitere Anwendung sind z.B. Federblätter, Lüfterräder, Schalensitze, Zahnräder.

Kohlenstofffaserverstärkte Verbundwerkstoffe (CFK). Sie werden wegen ihrer noch hohen Kosten nur vereinzelt im Kraftfahrzeugbau eingesetzt. Ihre Vorteile sind z.B. hohe Festigkeit bei geringem Gewicht, geringe Massenkräfte, geräusch- und vibrationsarm, gute Gleiteigenschaften. Sie können verwendet werden z.B. für Bremsscheiben in Rennfahrzeugen, Karosserieteile, bewegte Motorenteile, wie Pleuelstangen **(Bild 1)**.

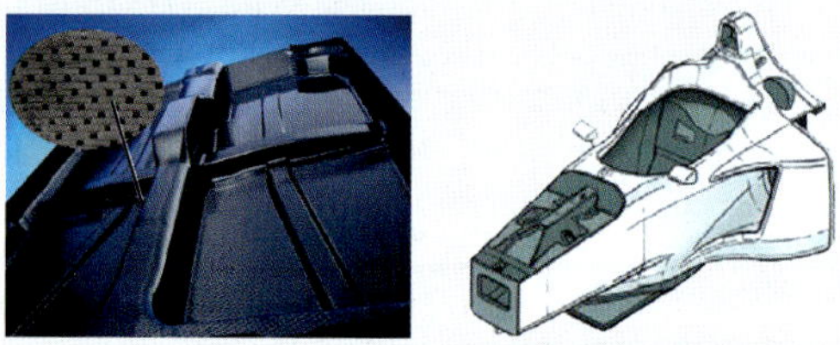

Bild 1: Anwendung von CFK

Wiederholungsfragen

1. **Was sind Kunststoffe?**
2. **Welche typischen Eigenschaften haben Kunststoffe?**
3. **Wie unterscheiden sich Thermo- und Duroplaste?**
4. **Nennen Sie wichtige Thermoplaste.**
5. **Wo werden Thermoplaste im Kfz verwendet?**
6. **Welche Eigenschaften haben Duroplaste?**
7. **Nennen Sie Anwendungsbeispiele von Duroplasten im Kfz.**
8. **Welche besonderen Eigenschaften haben Elastomere?**
9. **Wo werden Elastomere im Kfz verwendet?**
10. **Was sind Verbundwerkstoffe?**
11. **Warum haben Verbundwerkstoffe günstigere Eigenschaften als ihre Ausgangsstoffe?**
12. **Welche Verbundwerkstoffe können unterschieden werden?**

9 Reibung, Schmierung, Lager, Dichtungen

9.1 Reibung

Wird ein Körper auf seiner Unterlage mit der Kraft F verschoben, wirkt der Bewegungsrichtung die Reibungskraft F_R entgegen **(Bild 1)**.

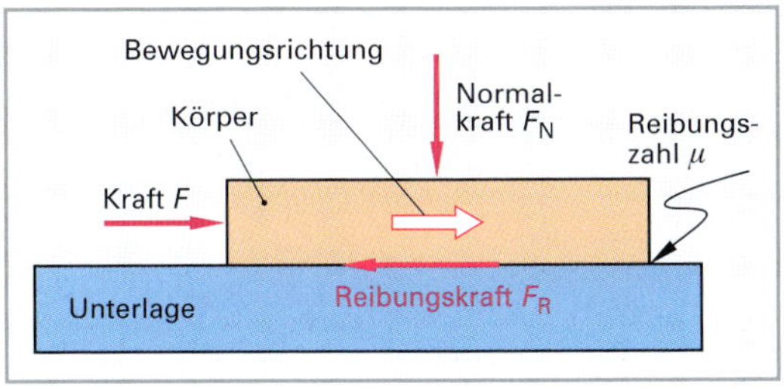

Bild 1: Wirksame Kräfte bei Reibung

> Die Reibungskraft F_R ist der Widerstand gegen das Verschieben eines Körpers auf einem anderen.

Ihre Größe wird bestimmt durch:

- Normalkraft F_N
- Oberflächenbeschaffenheit
- Werkstoffpaarung
- Reibungsart (Haft-, Gleit- od. Rollreibung)
- Schmierzustand
- Temperatur

Normalkraft F_N. Sie wirkt immer senkrecht zur Reibungsfläche.

Die durch Versuche ermittelte Reibungszahl μ (mü) erfasst die übrigen Einflussgrößen. Sie wird als konstanter Wert in die Formel eingesetzt. Es gilt

> Reibungskraft = Normalkraft × Reibungszahl
>
> $$F_R = F_N \times \mu$$

Dadurch ist die Reibungskraft F_R proportional zur Normalkraft F_N. Wird die Normalkraft F_N erhöht, so erhöht sich im gleichen Verhältnis die Reibungskraft F_R.

Reibungsarten

Haftreibung. Sie ist der Widerstand, den ein Körper dem Verschieben auf seiner Unterlage entgegensetzt **(Bild 1)**. Dabei ist die Kraft F kleiner oder gleich groß wie die Reibungskraft F_R. Soll ein Körper bewegt werden, muss die Haftreibung überwunden werden.

Gleitreibung. Sie ist der Widerstand, den ein auf seiner Unterlage gleitender Körper dem Gleiten (Bewegung) entgegensetzt. Die Reibungskraft F_R bei Gleitreibung ist kleiner als bei Haftreibung und wirkt z.B. zwischen Bremsscheibe und Bremsklötzen.

Rollreibung. Sie ist der Widerstand, den ein auf seiner Unterlage rollender Körper seiner Bewegung entgegensetzt. Die Rollreibung ist wesentlich kleiner als die Gleitreibung. Die Größe der Reibungskraft F_R, die durch Rollreibung entsteht, wird bestimmt vom Werkstoff der aufeinander abrollenden Körper und der Form ihrer Berührung. Deshalb ist der Rollwiderstand eines Kugellagers (Punktberührung) kleiner als der eines Wälzlagers (Linienberührung).

Kraftübertragung durch Reibung

Damit die Räder eines Kraftfahrzeugs Umfangskräfte F_U (Antriebs- bzw. Bremskräfte) und Seitenführungskräfte F_S übertragen können, muss zwischen Reifen und Fahrbahn Haftreibung bestehen. Die übertragbare Kraft ist dabei von der Normalkraft F_N (Belastung des Rades) und der Reibungszahl ($\mu_{Trocken} \approx$ 0,9 ... 1; $\mu_{Eis} \approx 0{,}1$) abhängig.

Kommt es z.B. beim Bremsen zum Blockieren der Räder, oder drehen die Räder beim Anfahren durch, so herrscht zwischen Reifen und Fahrbahn Gleitreibung. In diesem Fall können keine Seitenführungskräfte auf die Fahrbahn übertragen werden. Das Fahrzeug ist nicht mehr lenkbar.

Der in **Bild 2** dargestellte Kamm'sche Reibungskreis zeigt diese Grenzbedingung auf. Dabei ist die resultierende Kraft F_{Res} die maximale Kraft, die der Reifen bei Haftreibung übertragen kann. Sie kann in zwei Komponenten zerlegt werden:

- In eine Umfangskraft, z.B. beim Bremsen.
- In eine Seitenführungskraft, z.B. bei Kurvenfahrt.

Erreicht die Umfangskraft ein Maximum, z.B. beim Durchdrehen der Räder, können keine Seitenführungskräfte übertragen werden.

Erreicht die Seitenführungskraft ihr Maximum, können die Reifen keine Umfangskräfte übertragen.

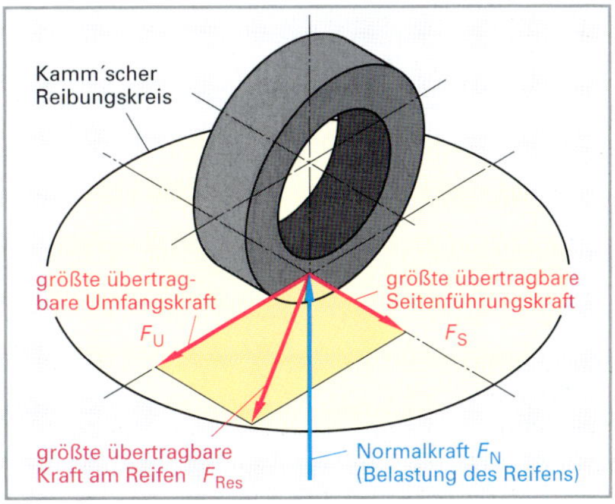

Bild 2: Kamm'scher Reibungskreis

9.2 Schmierung

Aufgaben

Um den Verschleiß zwischen bewegten Teilen möglichst klein zu halten, werden Schmierstoffe eingesetzt. Sie sollen die Berührung der aufeinander gleitenden Oberflächen verhindern.

Außerdem sollen sie

- Reibung vermindern
- Stöße dämpfen
- Vor Korrosion schützen
- Fein abdichten
- Wärme abführen
- Verschleißteilchen abführen
- Geräusche dämpfen

Je nach Schmierzustand unterscheidet man Trockenreibung, Mischreibung und Flüssigkeitsreibung.

Trockenreibung. Die aufeinander gleitenden Oberflächen berühren sich direkt ohne trennenden Schmierstofffilm, z.B. bei Kolbenfressern. Dadurch erhöhen sich Temperatur und Verschleiß an den Reibflächen **(Bild 1).**

Bild 1: Trockenreibung

Mischreibung. Die aufeinander gleitenden Oberflächen berühren sich teilweise, da sie nur unvollkommen durch einen Schmierstofffilm getrennt sind, z.B. Reibung zwischen Kolben und Zylinder beim Kaltstart, Reibung zwischen den Flanken der Zahnräder eines Getriebes. Der Verschleiß und die Neigung zum Fressen nehmen ab **(Bild 2).**

Bild 2: Mischreibung

Flüssigkeitsreibung. Die aufeinander gleitenden Oberflächen berühren sich nicht, da sie vollständig durch einen Schmierstofffilm getrennt sind, z.B. Schmierung der Kurbelwelle im Betrieb. An den Reibflächen entsteht kein Verschleiß. Die Reibung erfolgt im Schmierstoff **(Bild 3).**

Bild 3: Flüssigkeitsreibung

Schmierstoffarten

Als Schmierstoffe können im Kraftfahrzeug flüssige, pastöse und feste Stoffe eingesetzt werden. Je nach Einsatzbedingung wird der geeignete Schmierstoff angewendet.

Flüssige Schmierstoffe sind mit Zusätzen legierte Mineralöle oder synthetische Öle. Weil das Öl an den aufeinander gleitenden Flächen haftet, befindet sich zwischen ihnen ein Ölfilm. In Abhängigkeit von der Gleitgeschwindigkeit entsteht ein Schmierkeil, der die Gleitflächen voneinander abhebt **(Bild 4).**

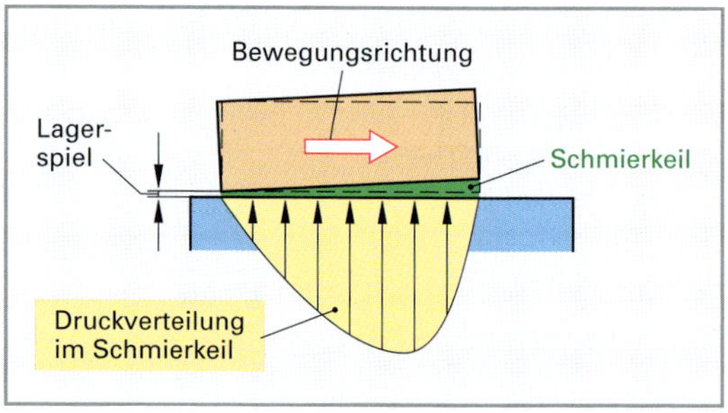

Bild 4: Schmierkeilbildung bei flüssigen Schmierstoffen

Pastöse Schmierstoffe sind Fette, die aus einem Gerüst aus Kalk-, Natrium- oder Lithiumseifen bestehen, in das Mineralöle oder synthetische Öle eingelagert sind **(Bild 5).** Wird das Seifengerüst bewegt, so treten die Öltröpfchen aus und benetzen die zu schmierende Oberfläche.

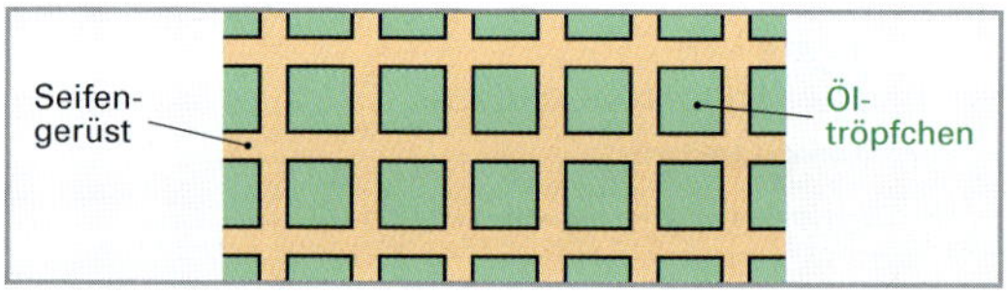

Bild 5: Seifengerüst eines Schmierfettes

Je nach Einsatzbedingung muss das entsprechende Fett ausgewählt werden. Z.B. für die Schmierung von Wälzlagern dürfen nur Wälzlagerfette verwendet werden. Die Abdichtung wird durch das Fett unterstützt. Wegen der auftretenden Walkarbeit und der damit verbundenen Erwärmung dürfen die Gehäusehohlräume nur etwa zur Hälfte mit Fett gefüllt werden.

Feste Schmierstoffe. Sie bestehen aus feinblättrigem, pulverförmigem Grafit oder Molybdändisulfid (MoS_2). Die Reibung wird dadurch vermindert, dass die kleinen gleitfähigen Plättchen im Schmierspalt aufeinander abgleiten **(Bild 6).** Verwendet man Polytetrafluorethylen (PTFE), so vermindern kleinste kugelförmige Teilchen die Reibung.

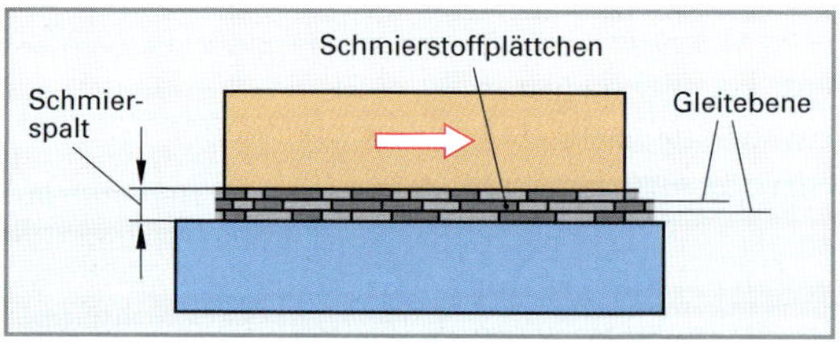

Bild 6: Fester Schmierstoff im Schmierspalt

9.3 Lager

> Lager dienen zum Führen und Abstützen von Wellen und Achsen, wobei möglichst wenig Reibung und Verschleiß in den Lagern auftreten sollen.

Je nach Größe und Richtung der auf das Lager wirkenden Kräfte unterscheidet man

- Radiallager
- Axiallager

Radiallager. Sie nehmen die Kräfte quer zur Bohrungsachse auf. Man bezeichnet sie auch als Querlager oder Traglager **(Bild 1)**.

Axiallager. Sie nehmen die Kräfte in Richtung der Bohrungsachse auf. Man bezeichnet sie auch als Längslager oder Spurlager. Für sämtliche Belastungsfälle gibt es sowohl Gleitlager als auch Wälzlager **(Bild 1)**.

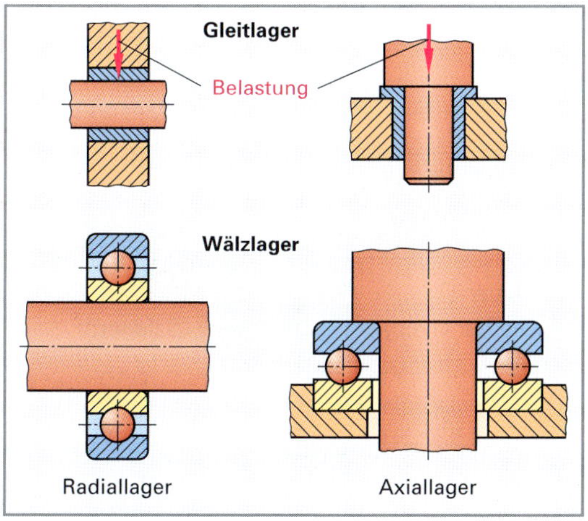

Bild 1: Radiallager und Axiallager

Gleitlager

Beim Gleitlager läuft die Welle in Lagerschalen, Lagerbuchsen oder unmittelbar im Lagerkörper. Unter der Einwirkung der Lagerkraft entsteht eine metallische Berührung zwischen Welle und Lager. Die dabei durch Reibung entstehende Wärme würde zum raschen Fressen und damit zur Zerstörung des Lagers und der Welle führen.

Anforderungen

- Geringe Reibung
- Hohe Tragfähigkeit
- Gute Notlaufeigenschaften
- Hohe Druckfestigkeit
- Gute Gleiteigenschaften
- Hoher Verschleißwiderstand
- Gute Wärmeleitfähigkeit
- Gute Geräuschdämpfung durch Schmierfilm

Die Anforderungen werden durch Schmierung der Gleitlager und den Gleitlagerwerkstoff erfüllt.

Schmierung der Gleitlager. Das Schmieröl hat die Aufgabe, die Reibung zwischen Welle und Lager zu verringern und die entstehende Wärme abzuführen, damit ein Heißlaufen und Fressen des Lagers vermieden wird. Deshalb muss zwischen Welle und Lager ein Schmierölfilm bestehen.

Der Schmierölfilm wird bei hydrodynamisch geschmierten Lagern durch die Drehbewegung des Wellenzapfens erzeugt. Bei Beginn der Drehbewegung sind Zapfen und Lagerschale noch nicht vollständig getrennt (Mischreibung). Steigt die Drehzahl, bildet sich unter dem Wellenzapfen ein Schmierölkeil, der die Welle anhebt. Die Welle schwimmt auf dem Schmierölfilm auf (Flüssigkeitsreibung) **(Bild 2)**. Die Dicke des Schmierölfilms hängt vom Lagerspiel, von der Lagerbelastung, vom Lagerdruck, von der Umfangsgeschwindigkeit und vom Schmierstoff ab.

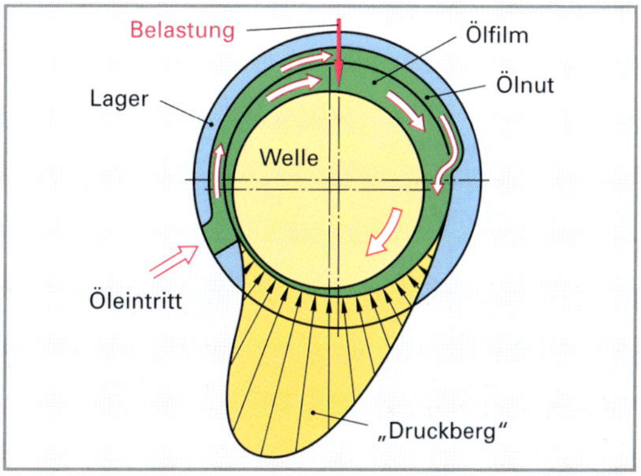

Bild 2: Druckverteilung in einem Gleitlager

Gleitlagerwerkstoffe. Um den Verschleiß des Gleitlagers während des Anlaufvorgangs möglichst gering zu halten, werden von den Lagerwerkstoffen folgende Eigenschaften gefordert:

- Gute Notlaufeigenschaften
- Gute Einbettfähigkeit
- Gute Gleiteigenschaften
- Gute Einlauffähigkeit
- Hohe Verschleißfestigkeit
- Gute Wärmeleitfähigkeit
- Gute Benetzbarkeit

Geeignete Werkstoffe sind

- NE-Metall-Legierungen z.B. Blei-Legierungen, Blei-Zinn-Legierungen (Weißmetall), Kupfer-Zinn- und Kupfer-Zinn-Zink-Legierungen.
- Sintermetalle mit einem Porenanteil von 15 % bis 25 % zur Aufnahme von Schmierstoffen.
- Kunststoffe z.B. Duroplaste (Phenolplaste), Thermoplaste (Polytetrafluorethylen, Polyamid) und Verbundwerkstoffe.

Gleitlagerbauarten

Einschichtlager. Es sind Massivlager, die aus einem Werkstoff, z.B. CuZn-Legierungen, bestehen. Sie werden ausschließlich für Lagerbuchsen, z.B. Pleuelbuchsen, verwendet **(Bild 1)**.

Mehrschichtlager (Tabelle 1). Sie bestehen aus zwei oder mehreren Schichten, z.B. Stützschale, Tragschicht, Gleitschicht **(Bild 1)**. Um eine verbesserte Tragfähigkeit des Lagers zu erreichen, wird auf eine Stützschale aus Stahl durch Walzplattieren oder Sintern eine Tragschicht aufgebracht. Die Gleiteigenschaften des Lagers können durch eine dünne Laufschicht (10 µm bis 30 µm) aus Blei-, Zinn-, Aluminium- oder Kupferlegierungen verbessert werden. Diese werden durch Sintern, Sputtern oder Galvanisieren aufgebracht. Ein Nickeldamm verhindert das Diffundieren von Zinnatomen aus der Gleitschicht in die Tragschicht. Dadurch bleiben die Eigenschaften der Gleitschicht über die gesamte Lebensdauer des Lagers erhalten.

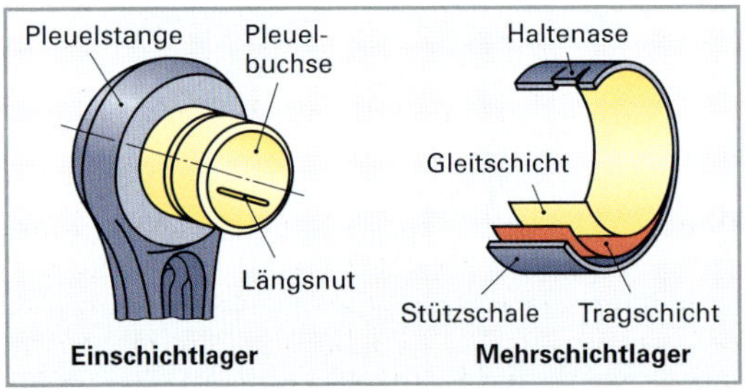

Bild 1: Einschichtlager und Mehrschichtlager

Sputtern. Bei diesem Verfahren werden durch Kathodenzerstäubung feinste Partikel von einem Spenderwerkstück (z.B. Weißmetall AlSn20 Cu) auf die Gleitschicht aufgebracht.

Vorteile des Sputtern:

- Gleichmäßiger Auftrag der Gleitschicht
- Hohe Tragfähigkeit des Lagers

Wartungsarme Gleitlager (Bild 2) ermöglichen große Schmierintervalle, da sie sehr gute Notlaufeigenschaften besitzen.

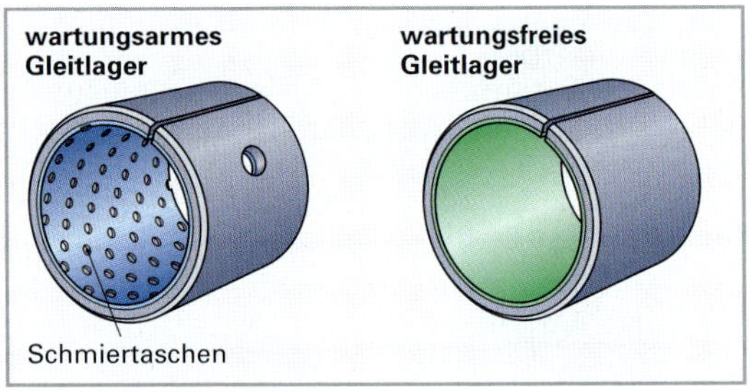

Bild 2: Wartungsarme und wartungsfreie Gleitlager

Wartungsfreie Gleitlager (Bild 2) sind für Trockenlauf konzipiert und brauchen nicht geschmiert zu werden. Flüssigkeiten im Bereich der Lagerstelle, z.B. Öl, Benzin, Wasser, verbessern die Wärmeabfuhr und die Lebensdauer.

Vorteile der Gleitlager gegenüber Wälzlagern:

- Kostengünstiger herstellbar
- Einfacher Aufbau

Tabelle 1: Mehrschichtlagerarten

Mehrschichtlager	Aufbau	Verwendung
Galvanisierte Dreistofflager	Stützschale: 1,5 mm aus Stahl Tragschicht: 200-300 µm aus Bleibronze Trennschicht: Nickeldamm 1 µm Gleitschicht: 12-20 µm aus PbSnCu-Legierung	Kurbelwellen- und Pleuellager für Otto-Motoren sowie für aufgeladene Otto- und Dieselmotoren
Plattierte Aluminiumlager	Stützschale: 1,5 mm aus Stahl Tragschicht: 20-40 µm aus AlZn4,5 SiCuPb Gleitschicht: 200-400 µm aus AlSn 20	
Bonderlager	Stützschale: 1,5 mm aus Stahl Trennschicht: Reinaluminium Gleitschicht: 12-20 µm aus AlZn4,5SiCu Einlaufschicht: Zinkphosphat	
Sputterlager	Stützschale: 1,5 mm aus Stahl Tragschicht: 200-300 µm aus Bleibronze Zwischenschicht: 1-2 µm aus NiSn-Legierung Gleitschicht: 12-20 µm aus AlSn 20 Legierung gesputtert	Kurbelwellenlager für aufgeladene Dieselmotoren (untere Schalenhälfte)
Wartungsarme Gleitlager **(Bild 2)**	Stützschale: 0,5-2 mm aus Stahl Tragschicht: 0,2-0,35 mm aus Bronze Gleitschicht: 0,05-0,1 mm aus Polyvinylidenfluorid (PVDF), Polytetrafluorethylen (PTFE) und Blei (Pb)	Türscharniere, Pedallagerungen, Achsschenkellagerungen
Wartungsfreie Gleitlager **(Bild 2)**	Stützschale: 0,5-2 mm aus Stahl Tragschicht: 0,2-0,35 mm aus Zinn-Bleibronze Gleitschicht: 0,01-0,03 mm aus Polytetrafluorethylen (PTFE) und Blei (Pb)	Scheibenwischer, Einspritzpumpen, Gleitführungen in Schaltgetriebe

Wälzlager

Es besteht in seiner einfachsten Ausführung aus zwei Laufringen (Außen- und Innenring), den Wälzkörpern und dem Wälzkörperkäfig (Käfig). Die Wälzkörper wälzen sich auf den Laufbahnen der Laufringe ab. Dadurch wird die Gleitreibung durch die viel geringere Rollreibung ersetzt. Der Käfig hält die Wälzkörper in einem bestimmten Abstand voneinander. Wälzlager sind nahezu wartungsfrei.

Nach der Grundform der Wälzkörper unterscheidet man **Kugellager** und **Rollenlager (Bild 1)**.

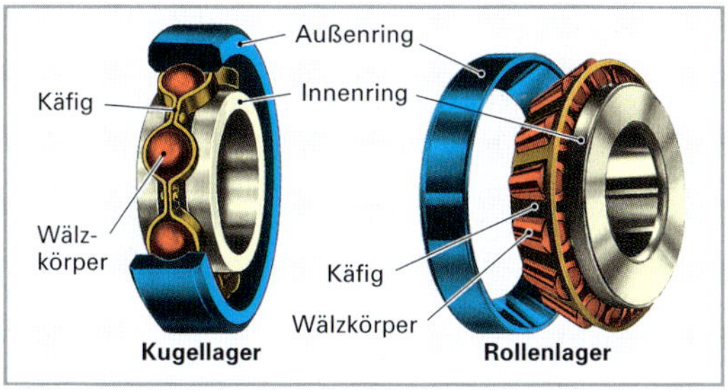

Bild 1: Wälzlager

Kugellager eignen sich für hohe Drehzahlen (Rillenkugellager bis 100 000 1/min). Die Belastbarkeit des Lagers ist gering, da der Lagerdruck in einem Punkt (Punktberührung) übertragen wird **(Bild 3)**.

Rollenlager unterscheidet man nach der Rollenform in z.B. Zylinderrollenlager, Nadellager, Kegelrollenlager, Tonnenlager **(Bild 2)**.

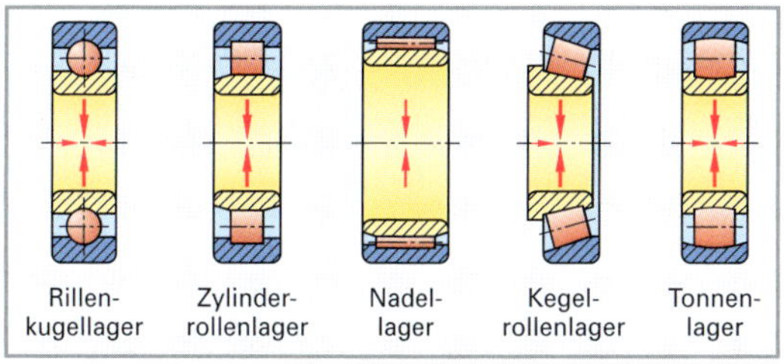

Bild 2: Lagerarten unterschieden nach der Wälzkörperform

Sie übertragen den Lagerdruck nicht in einem Punkt, sondern auf einer Linie **(Bild 3)**. Dadurch ist die Belastbarkeit des Lagers wesentlich größer als bei Kugellagern, wobei gleichzeitig Reibung und Erwärmung des Lagers im Betrieb zunimmt.

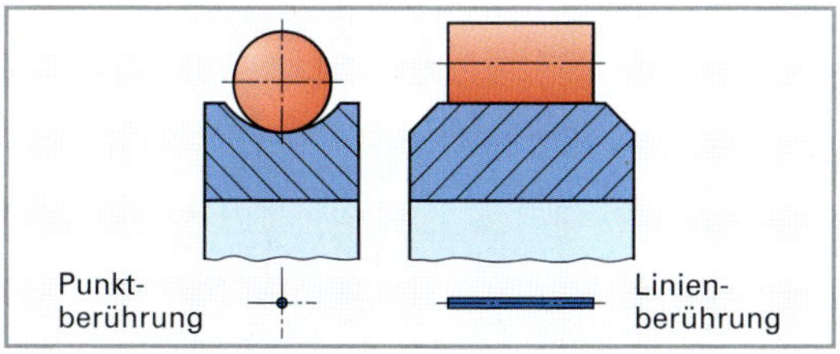

Bild 3: Berührungsformen in Wälzlagern

Lageranordnung. Bei einer mehrfach gelagerten Welle dürfen die axialen Kräfte nur von einem Lager, dem Festlager aufgenommen werden. Das Festlager darf axial nicht verschiebbar sein. Die Fertigungstoleranzen und die unterschiedlich große Wärmedehnung in axialer Richtung von Welle und Gehäuse müssen an den übrigen Lagerstellen, den Loslagern, ausgeglichen werden, um ein Verspannen der Wälzkörper in den Laufringen zu verhindern. Beim Festlager müssen sowohl der Außenring als auch der Innenring im Gehäuse bzw. auf der Welle festsitzen. Beim Loslager darf nur der Innen- oder Außenring festsitzen, d.h. ein Ring muss in axialer Richtung beweglich sein **(Bild 4)**.

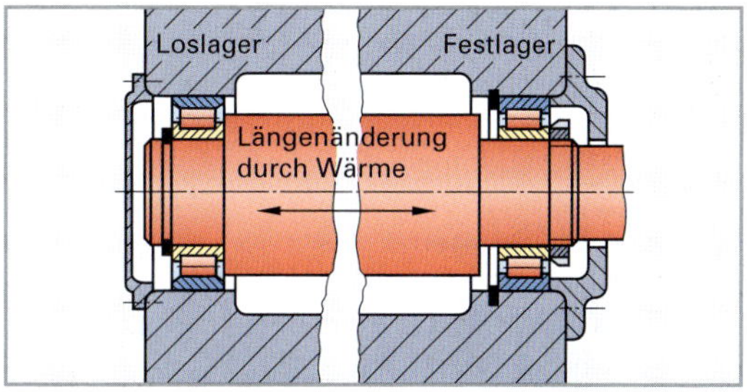

Bild 4: Lageranordnung

Angestellte Lager. Das axiale Spiel kann entsprechend den Forderungen – Spiel, spielfrei oder Vorspannung – bei der Montage eingestellt werden. Dies wird dadurch erreicht, dass bei der O-Anordnung der Innenring, bei der X-Anordnung der Außenring bis zur gewünschten Einstellung verschoben wird. Bei der Verwendung von Schrägkugellagern bzw. Kegelrollenlagern wird dabei auch gleichzeitig das radiale Spiel verringert **(Bild 5)**. Bei der O- oder X-Anordnung von Lagern werden beide Lager als Festlager verbaut. Deshalb können sie axiale Längenänderungen infolge Wärme nicht ausgleichen und sind somit nur für kurze Wellen geeignet.

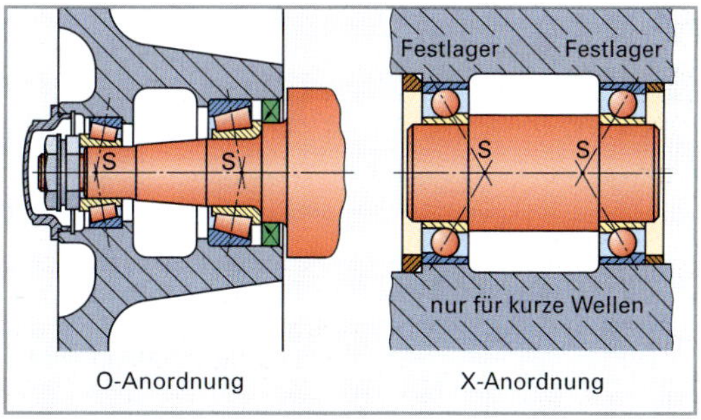

Bild 5: Angestellte Lager

WIEDERHOLUNGSFRAGEN

1. **Wie können Wälzlager nach der Grundform der Wälzkörper unterteilt werden?**
2. **Welche Aufgabe haben Fest- und Loslager?**

9.4 Dichtungen

Dichtungen sind abdichtende Teile an ruhenden oder beweglichen Trennflächen von Maschinen, Apparaten, Rohrleitungen und Behältern.

Aufgaben

- Räume mit verschiedenem Druck gegeneinander abschließen (z.B. Verbrennungsraum und Ölkanäle).
- Räume mit unterschiedlichen Betriebsmitteln voneinander trennen (z.B. Öl- und Kühlmittelkanäle).
- Räume vor dem Eindringen von Fremdkörpern schützen (z.B. Wälzlager vor Staub).
- Maschinen bzw. Anlagen vor Verlusten von Betriebs- und Schmierstoffen schützen (Kraftstoff an der Kraftstoffpumpe).

9

Statische Dichtungen

Abdichtungen an ruhenden Flächen sind möglich durch metallische Abdichtungen, Weichstoffdichtungen, Dichtmassen.

Der Dichtungswerkstoff muss sich durch Pressung den Unebenheiten der Dichtflächen anpassen. Außerdem kann er auch die von den Spanneinrichtungen (z.B. Schrauben, Schnappverschlüssen) ausgehenden Anpresskräfte gleichmäßig verteilen.

Metallische Abdichtung. Sie wird erreicht durch hohe Passgenauigkeit, hohe Oberflächenqualität (geringe Rautiefe) und große Flächenpressung an den Dichtflächen **(Bild 1)**.

Weichstoffdichtung. Aufgrund der Flächenpressung wird der Werkstoff der Dichtung so verformt, dass er sich den zu dichtenden Flächen anpasst **(Bild 1)**, z.B. bei Ventildeckeldichtungen.

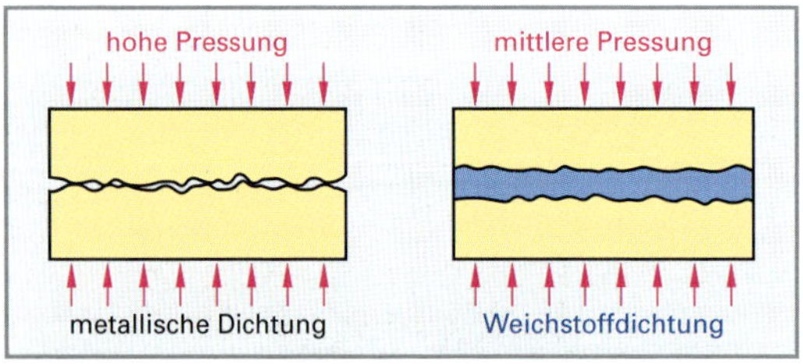

Bild 1: Metallische Dichtung und Weichstoffdichtung

Dichtmassen. Sie bilden unter Einfluss der Anpresskräfte ein sich selbst formendes Dichtelement, entsprechend einer Weichstoffdichtung. Die Unebenheiten und Rautiefen werden durch einen flüssigen oder pastösen Stoff ausgefüllt **(Bild 2)**.

Dichtmassen können auch in Kombination mit Weichstoffdichtungen und Metalldichtungen eingesetzt werden **(Bild 2)**. Es gibt aushärtende und dauerelastische Dichtmassen.

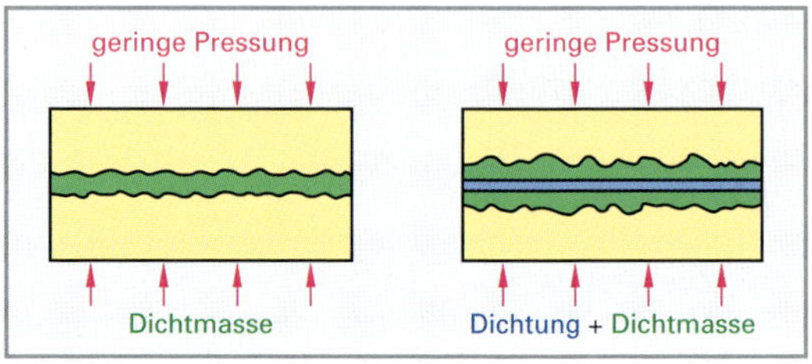

Bild 2: Dichtmasse und Dichtung

Profildichtungen. Die Dichtwirkung entsteht durch Verformung des gummielastischen Dichtwerkstoffs. Das verspannte Profil erzeugt den erforderlichen Anpressdruck an der abzudichtenden Fläche z.B. bei Runddichtungen **(Bild 3)**, Rechteckdichtungen (Gummidichtung am Bremskolben einer Scheibenbremse).

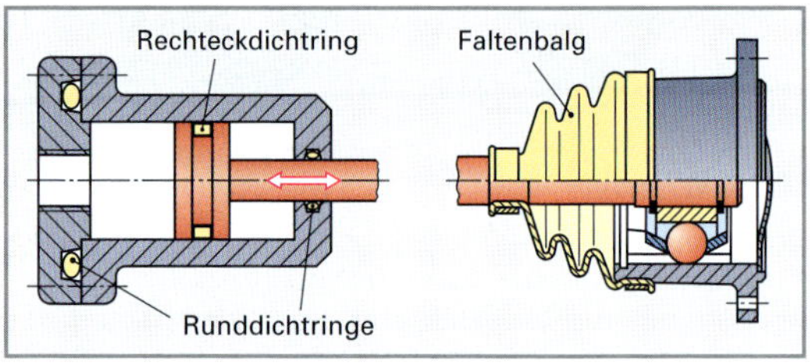

Bild 3: Profildichtungen und Faltenbalg

Faltenbälge. Sie sollen Lagerstellen vor Schmutzeintritt schützen und enthalten oftmals das Schmierfett zur Schmierung der Gelenke **(Bild 3)**.

Dynamische Dichtungen

Der Dichtwerkstoff muss bei sich gegeneinander bewegenden Dichtflächen die unvermeidbare Undichtheit möglichst gering halten.

Radial-Wellendichtringe. Sie eignen sich zum Abdichten von sich drehenden Bauteilen. Die Abdichtung der Welle erfolgt durch Anpressen der Dichtlippe an die Wellenoberfläche. Dies geschieht durch eine Schlauchfeder und die Übermaßpressung (Presssitz) am Außenmantel. Bei drehender Bewegung der Welle entsteht an der Dichtlippe infolge hydrodynamischer Schmierung ein Dichtspalt von etwa 1 µm. Durch diesen Spalt tritt geringfügig Öl hindurch und schmiert die Dichtlippe **(Bild 4)**.

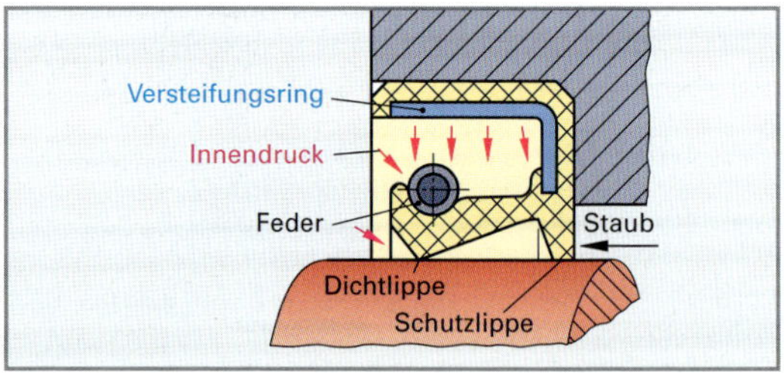

Bild 4: Radial-Wellendichtring

10 Aufbau und Wirkungsweise des Viertaktmotors

Einteilung der Verbrennungsmotoren:

Nach Gemischbildung und Zündung

- **Ottomotoren.** Sie werden vorzugsweise mit Benzin und äußerer, oder auch mit innerer Gemischbildung betrieben. Die Verbrennung wird durch Fremdzündung (Zündkerze) eingeleitet.
- **Dieselmotoren.** Sie haben innere Gemischbildung und werden mit Dieselkraftstoff betrieben. Die Verbrennung im Zylinder wird durch Selbstzündung ausgelöst.

Nach der Arbeitsweise

- **Viertaktmotoren.** Sie haben einen geschlossenen (getrennten) Gaswechsel und benötigen für ein Arbeitsspiel 4 Kolbenhübe bzw. 2 Kurbelwellenumdrehungen.
- **Zweitaktmotoren.** Sie haben einen offenen Gaswechsel und benötigen für ein Arbeitsspiel 2 Kolbenhübe bzw. eine Kurbelwellenumdrehung.

Nach der Zylinderanordnung **(Bild 1)**

- Reihenmotoren
- Boxermotoren
- V-Motoren
- VR-Motoren

Nach der Kolbenbewegung

- Hubkolbenmotoren
- Kreiskolbenmotoren

Nach der Kühlung

- Flüssigkeitsgekühlte Motoren
- Luftgekühlte Motoren

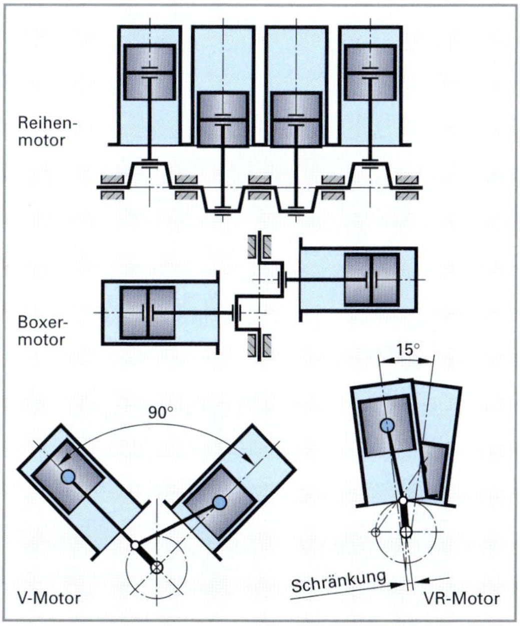

Bild 1: Einteilung nach Art der Zylinderanordnung

10.1 Ottomotor

Der Ottomotor ist eine Verbrennungskraftmaschine, die durch Verbrennung von Kraftstoff chemische Energie in Wärmeenergie und diese über einen Kolben in mechanische Energie umwandelt.

Aufbau

Der Ottomotor **(Bild 2)** besteht im Wesentlichen aus 4 Baugruppen und zusätzlichen Hilfseinrichtungen:

- **Motorgehäuse** Zylinderkopfhaube, Zylinderkopf, Zylinder, Kurbelgehäuse, Ölwanne
- **Kurbeltrieb** Kolben, Pleuelstange, Kurbelwelle
- **Motorsteuerung** Ventile, Ventilfedern, Kipphebel, Kipphebelwelle, Nockenwelle, Steuerräder, Steuerkette oder Zahnriemen
- **Gemischbildungsanlage** Einspritzanlage oder Vergaser, Ansaugrohr
- **Hilfseinrichtungen** Zündanlage, Motorschmierung, Motorkühlung, Auspuffanlage, ggf. Ladesystem

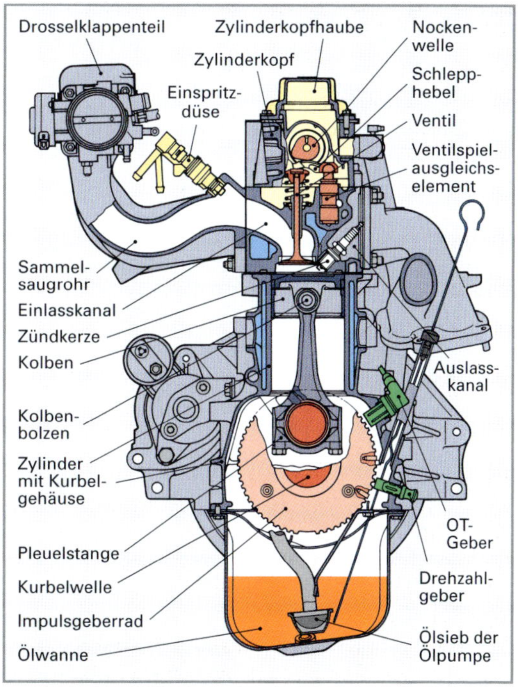

Bild 2: Aufbau eines Otto-Viertaktmotors

10.1.1 Arbeitsweise des Ottomotors

Die 4 Takte des Arbeitsspieles sind Ansaugen, Verdichten, Arbeiten und Ausstoßen **(Bild 1)**. Ein Arbeitsspiel läuft in 2 Kurbelwellenumdrehungen ab (720° Kurbelwinkel).

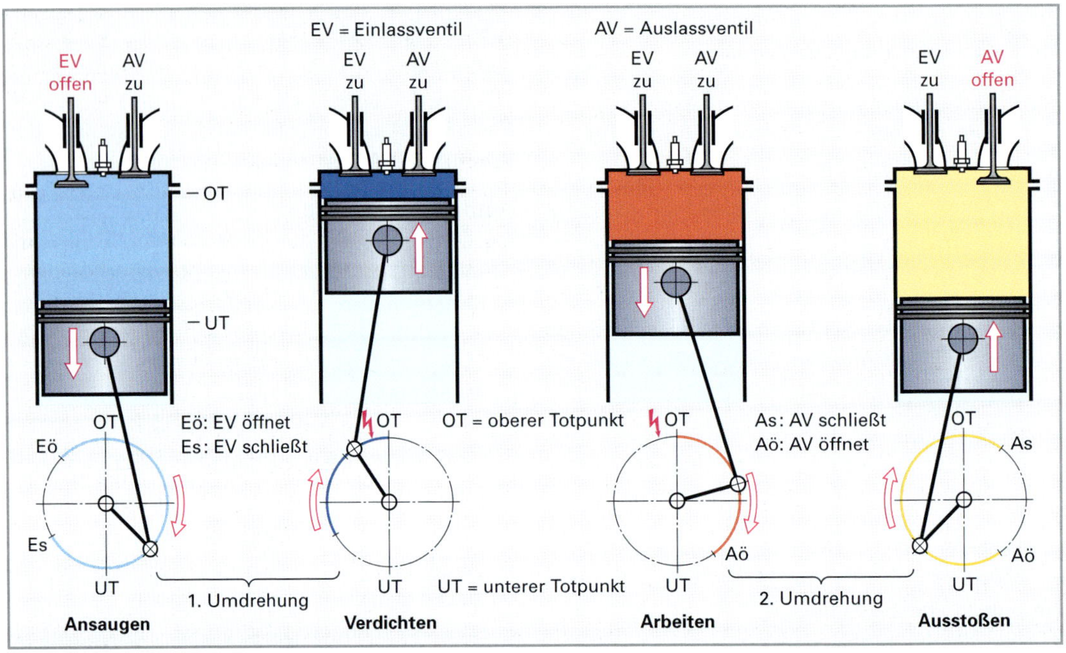

Bild 1: Die 4 Takte eines Arbeitsspieles

1. Takt – Ansaugen	2. Takt – Verdichten	3. Takt – Arbeiten	4. Takt – Ausstoßen
Beim Abwärtsgehen des Kolbens entsteht infolge der Raumvergrößerung im Zylinder eine Druckdifferenz von – 0,1 bar bis – 0,3 bar gegenüber dem Außendruck. Da der Druck außerhalb des Motors größer ist als im Zylinder, wird Luft in das Ansaugsystem gedrückt. Das zündfähige Kraftstoff-Luft-Gemisch wird entweder im Ansaugkanal oder direkt im Zylinder durch Einspritzen von Kraftstoff gebildet. Um möglichst viel Ansaugluft oder Kraftstoff-Luft-Gemisch in den Zylinder zu bekommen, öffnet das Einlassventil (EV) schon bis zu 45° KW vor dem oberen Totpunkt (OT) und schließt erst 35° KW ... 90° KW nach dem unteren Totpunkt (UT).	Beim Aufwärtsgehen des Kolbens wird das Kraftstoff-Luft-Gemisch auf den 7. bis 12. Teil des ursprünglichen Zylinderraumes verdichtet. Bei Direkteinspritzung wird im unteren Drehmoment- und Drehzahlbereich (bis ca. 3000 1/min) reine Luft verdichtet. Der Kraftstoff wird kurz vor dem Zündzeitpunkt eingespritzt. Das Gas erwärmt sich auf 400 °C ... 500 °C. Da es sich bei der hohen Temperatur nicht ausdehnen kann, steigt der Verdichtungsenddruck bis auf 18 bar an. Der hohe Druck fördert die weitere Vergasung des Kraftstoffes und die innige Vermischung mit der Luft. So kann die Verbrennung im 3. Takt rasch und vollkommen ablaufen. Während des Verdichtungstaktes sind Ein- und Auslassventile geschlossen.	Die Verbrennung wird durch das Überspringen des Zündfunkens an den Elektroden der Zündkerze eingeleitet. Die Zeitspanne vom Überspringen des Funkens bis zur vollen Entwicklung der Flammenfront beträgt etwa 1/1000 Sekunde bei einer Verbrennungsgeschwindigkeit von 20 m/s. Aus diesem Grund muss der Zündfunke je nach Motordrehzahl 0° bis etwa 40° vor OT überspringen, damit der nötige Verbrennungshöchstdruck von 30 bar bis 60 bar kurz nach OT (4° KW ... 10° KW) zur Verfügung steht. Die Expansion der bis 2 500 °C heißen Gase treibt den Kolben zum unteren Totpunkt, die Wärmeenergie wird in mechanische Energie umgewandelt.	Das Auslassventil öffnet 40° bis etwa 90° vor UT, dadurch wird die Abgasausströmung begünstigt und der Kurbeltrieb entlastet. Durch den am Ende des Arbeitstaktes noch vorhandenen Druck von 3 bar bis 5 bar puffen die bis zu 900 °C heißen Abgase mit Schallgeschwindigkeit aus dem Zylinder. Der Abgasrest wird beim Aufwärtsgehen des Kolbens mit einem Staudruck von etwa 0,2 bar ausgestoßen. Um das Abströmen der Abgase zu begünstigen, schließt das Auslassventil erst nach OT, während sich das Einlassventil bereits öffnet. Diese Überschneidung der Ventilzeiten fördert die Entleerung und Kühlung des Verbrennungsraumes und verbessert die Füllung.

10.1.2 Merkmale des Ottomotors

- **Betrieb** mit Benzin oder Gas.
- **Gemischbildung**

  Äußere Gemischbildung. Das Kraftstoff-Luft-Gemisch wird im Saugrohr außerhalb des Zylinders gebildet.

  Innere Gemischbildung. Während des Ansaugtaktes gelangt zunächst nur Luft in den Zylinder. Das Kraftstoff-Luft-Gemisch wird durch Einspritzen von Kraftstoff in den Zylinder während des Ansaug- oder Verdichtungstaktes gebildet.
- **Fremdzündung**
- **Gleichraum-Verbrennung**

  Durch die schlagartige Verbrennung des Kraftstoff-Luft-Gemisches findet die Verbrennung in einem nahezu gleichbleibenden Raum statt.
- **Quantitätsregelung**

  Die Menge des Kraftstoff-Luft-Gemisches wird entsprechend der Stellung der Drosselklappe (Lastzustand) verändert.

10.1.3 Verbrennungsablauf Ottomotor

Da zur Verbrennung des Kraftstoff-Luft-Gemisches nur eine sehr kurze Zeitspanne zur Verfügung steht (die Verbrennung ist schon kurz nach OT abgeschlossen), müssen im verdichteten Gemisch Kraftstoff- und Sauerstoffmoleküle nahe bei einander liegen. Der zur Verbrennung nötige Sauerstoff wird aus der angesaugten Luft entnommen. Da in der Luft nur etwa 20 % Sauerstoff enthalten sind, muss dem Kraftstoff verhältnismäßig viel Luft beigemischt werden. Die zur vollkommenen Verbrennung notwendige Mindestluftmenge, der theoretische Luftbedarf, beträgt für 1 kg Benzin etwa 14,8 kg Luft (~ 12 m^3 bei einer Dichte von $\varrho = 1{,}29\ kg/m^3$).

Der im Kraftstoff enthaltene Kohlenstoff verbrennt mit dem Sauerstoff zu Kohlendioxid (CO_2), der enthaltene Wasserstoff verbindet sich mit dem Sauerstoff zu Wasserdampf (H_2O). Der in der Luft enthaltene Stickstoff nimmt an der Verbrennung nicht teil. Bei hohen Drücken und Verbrennungstemperaturen bilden sich jedoch schädliche Stickoxide (NO_x).

Vollkommene Verbrennung:

Die chemische Energie des Kraftstoffes wird in Wärmeenergie umgesetzt.

$$C + O_2 \rightarrow CO_2 + \text{Wärmeenergie}$$
$$2\,H_2 + O_2 \rightarrow 2\,H_2O + \text{Wärmeenergie}$$

Steht für 1 kg Benzin z.B. nur 13 kg Luft zur Verfügung, so ist das Kraftstoff-Luft-Gemisch zu fett (1 : 13). Da zu wenig Sauerstoff zur Verfügung steht, verbrennt ein Teil des Kohlenstoffes nur unvollständig zu Kohlenmonoxid CO, welches giftig ist.

Unvollkommene Verbrennung:

$$2\,C + O_2 \rightarrow 2\,CO + \text{Wärme}$$

Steht für 1 kg Benzin z.B. 16 kg Luft zur Verfügung, so ist das Kraftstoff-Luft-Gemisch zu mager (1 : 16). Es kann zwar eine vollkommene Verbrennung entstehen, aber durch die geringere vorhandene Kraftstoffmenge, die verdampfen kann, wird der Zylinderinnenraum weniger gekühlt, so dass es zu einer Überhitzung des Motors kommen kann.

Klopfende Verbrennung

Ein Ottomotor klopft, wenn sich das Kraftstoff-Luft-Gemisch, neben der durch den Zündfunken eingeleiteten Verbrennung, von selbst entzündet **(Bild 1)**.

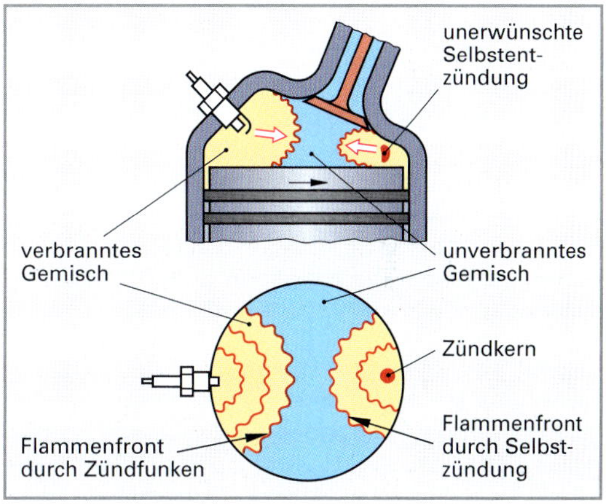

Bild 1: Klopfende Verbrennung

Diese Selbstzündung, die in mehreren Zündkernen gleichzeitig die Entflammung auslöst, führt zu einer überschnellen, schlagartigen Verbrennung, wobei sich die kugelförmigen Flammenfronten aufeinander zubewegen. Es entstehen Verbrennungsgeschwindigkeiten von 300 m/s bis 500 m/s, die zu stark überhöhten Drücken führen **(Bild 2)**.

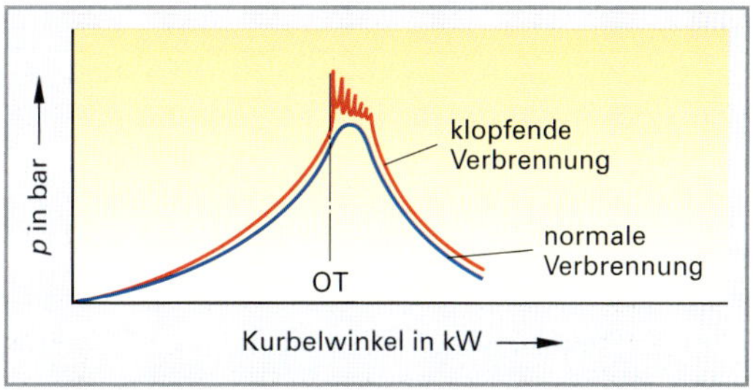

Bild 2: Druckverlauf bei der Verbrennung

Das klopfende oder oft auch klingelnde Geräusch im Motor entsteht durch Stoßwellen, die von den verschiedenen Zündkernen ausgelöst werden und dabei einzelne Motorbauteile in Schwingungen versetzen. Das Klopfen hat eine höhere mechanische und thermische Belastung des Kurbeltriebes sowie Leistungsminderung zur Folge.

Klopfursachen

Außer in der Verwendung ungeeigneter Kraftstoffe kann die Ursache des Klopfens auch sein:

- Zu große Frühzündung.
- Ungleichmäßige Gemischverteilung im Zylinder.
- Schlechte Wärmeabfuhr durch Ölkohleablagerungen oder Fehler im Kühlsystem.
- Zu hohes Verdichtungsverhältnis z.B. durch Verwenden einer dünneren Zylinderkopfdichtung.

Beschleunigungsklopfen

Es tritt hauptsächlich beim Beschleunigen unter Volllast aus niedrigen Motordrehzahlen auf. Ursache ist meist Kraftstoff mit ungenügender Oktanzahl (ROZ) sowie falsche Zündeinstellung.

Hochgeschwindigkeitsklopfen

Es ist ein Klopfen, das meist im oberen Drehzahlbereich bei Volllast auftritt. Ursache ist häufig Kraftstoff mit zu niedriger MOZ bzw. Kraftstoff, bei dem der Unterschied zwischen ROZ und MOZ (= Sensitivity) zu groß ist. Dadurch kann es zur Überhitzung des Motors kommen. Es können Schäden wie durchgebrannte Ventile, Kolbenböden und Zylinderkopfdichtungen sowie Kolbenfresser auftreten.

10

Glühzündungen

Sie werden durch glühende Teile im Verbrennungsraum des Motor ausgelöst, schon bevor die normale Entzündung des Kraftstoff-Luft-Gemisches durch den Zündfunken eintritt (unkontrollierte Frühzündung).

Der Fahrzeugdieselmotor wird als schnell laufender Motor mit Drehzahlen bis etwa 5500 1/min in Personenkraftwagen und leichten Nutzkraftfahrzeugen eingesetzt. Als langsam laufender Motor (Drehzahlen bis etwa 2200 1/min) wird er in schweren Nutzkraftfahrzeugen verwendet.

Dieselmotoren haben einen, im Vergleich zu Ottomotoren, bis zu 30 % niedrigeren Kraftstoffverbrauch. Der Wirkungsgrad kann bis zu 46 % betragen.

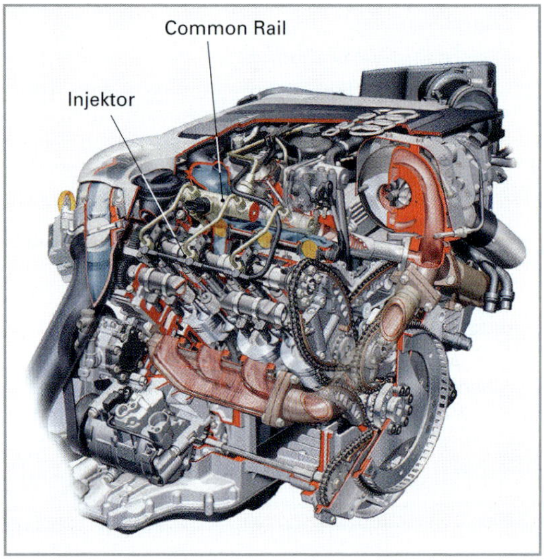

Bild 1: Fahrzeugdieselmotor für PKW

10.2 Dieselmotor

Wie der Ottomotor, ist auch der Dieselmotor eine Verbrennungskraftmaschine.

Aufbau

Der Dieselmotor **(Bild 1)** besteht wie der Ottomotor im Wesentlichen aus 4 Baugruppen und zusätzlichen Hilfseinrichtungen:

- Motorgehäuse
- Kurbeltrieb
- Motorsteuerung
- Kraftstoffanlage mit Einspritzausrüstung, Kraftstoffförderpumpe, Kraftstofffilter, Hochdruckeinspritzanlage z.B.
  - Common-Rail-System
  - Pumpe-Düse-System
- Hilfseinrichtungen
  Motorschmierung, Motorkühlung, Auspuffanlage ggf. Aufladesystem, z.B. mit Abgasturbolader und Ladeluftkühlung, ggf. Kaltstarteinrichtung, z.B. Vorglühanlage

10.2.1 Merkmale des Dieselmotors

- **Betrieb** mit Diesel- oder Biodieselkraftstoff.
- **Innere Gemischbildung**
  Während des Ansaugtaktes gelangt nur Luft in den Zylinder. Das Kraftstoff-Luft-Gemisch wird während des Verdichtungstaktes durch Einspritzen von Kraftstoff unter hohem Druck in den Zylinder gebildet.
- **Selbstzündung**
  Der Kraftstoff entzündet sich sofort nach dem Einspritzen an der durch das Verdichten sehr heiß gewordenen Luft von selbst. Die Verdichtungsendtemperatur liegt über der Zündtemperatur.
- **Qualitätsregelung**
  Der Saugmotor ist ungedrosselt, d.h. vor den Ansaugkanälen befindet sich keine Drosselklappe. Somit wird über den gesamten Drehzahlbereich als Füllung eine weitgehend gleichbleibende Luftmenge zugeführt. Die Laststeuerung erfolgt durch Veränderung der einzuspritzenden Kraftstoffmenge, wodurch sich das Kraftstoff-Luft-Gemisch je nach Betriebszustand verändert.

10.2.2 Arbeitsweise des Dieselmotors

Die 4 Takte des Arbeitsspieles sind wie beim Ottomotor Ansaugen, Verdichten, Arbeiten und Ausstoßen **(Bild 1)**. Ein Arbeitsspiel läuft in 2 Kurbelwellenumdrehungen ab (720° Kurbelwinkel).

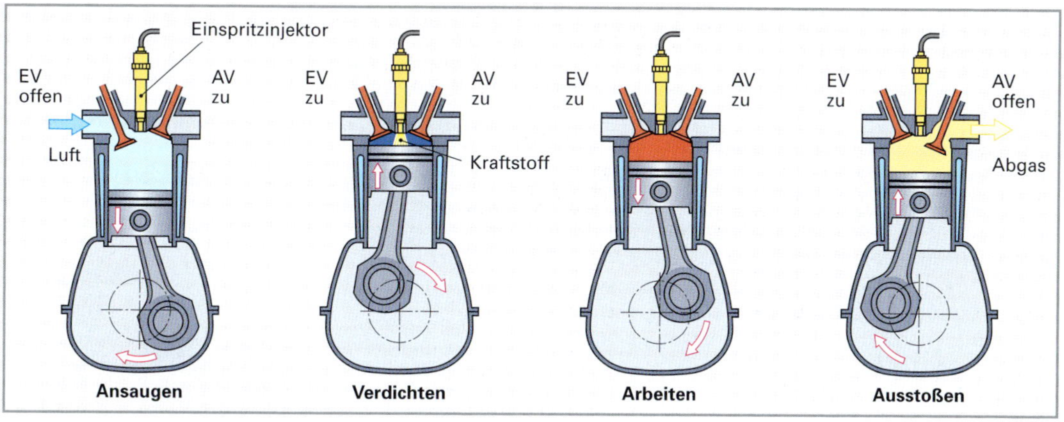

Bild 1: Die 4 Takte eines Arbeitsspieles beim direkteinspritzenden Motor

1. Takt – Ansaugen	2. Takt – Verdichten	3. Takt – Arbeiten	4. Takt – Ausstoßen
Beim Abwärtsgehen des Kolbens entsteht infolge der Raumvergrößerung im Zylinder eine Druckdifferenz p_a von – 0,1 bar ... – 0,3 bar gegenüber dem Außendruck. Durch den größeren Außendruck wird Luft in den Zylinder gedrückt. Das Einströmen der Luft erfolgt ungedrosselt, da eine Drosselklappe fehlt. Um möglichst viel Ansaugluft in den Zylinder zu bekommen, öffnet das Einlassventil bis zu 25° KW vor OT; es schließt erst bis zu 28° KW nach UT, um ein Nachströmen der Ansaugluft zu ermöglichen. Im Zylinder erwärmt sich die Luft auf 70 °C bis 100 °C.	Beim Aufwärtsgehen des Kolbens wird die Luft auf den 14. bis 24. Teil des ursprünglichen Zylinderraumes verdichtet. Dabei erwärmt sich die Luft auf 600 °C ... 900 °C. Da sich die Luft bei der hohen Temperatur nicht ausdehnen kann, steigt der Verdichtungsenddruck auf 30 bar ... 55 bar an. Motoren mit Nebenbrennräumen, wie z.B. einer Wirbelkammer, müssen höher verdichtet werden, da durch die größere Brennraumoberfläche Wärmeverluste entstehen. Während des Verdichtungstaktes sind Einlassventil und Auslassventil geschlossen.	Gegen Ende des Verdichtungstaktes, etwa 15° KW vor OT ... 30° KW vor OT, wird fein zerstäubter Dieselkraftstoff unter hohem Druck (bis 2050 bar) in den Brennraum gespritzt. In der heißen Luft verdampft der Kraftstoff und vermischt sich mit der Luft. Da die Temperatur der verdichteten Luft höher als die Selbstzündungstemperatur des Dieselkraftstoffes von 320 °C ... 380 °C ist, wird die Verbrennung ausgelöst. Die Zeit, die zwischen Einspritzbeginn und Verbrennungsbeginn verstreicht, ist der Zündverzug. Durch den hohen Verbrennungsdruck von bis zu 160 bar bewegt sich der Kolben nach UT. Dabei wird Wärmeenergie in mechanische Arbeit umgewandelt.	Das Auslassventil öffnet 30° bis etwa 60° vor UT, dadurch wird die Abgasausströmung begünstigt und der Kurbeltrieb entlastet. Durch den am Ende des Arbeitstaktes noch vorhandenen Druck von 4 bar ... 6 bar puffen die 550 °C ... 750 °C heißen Abgase aus dem Zylinder. Beim Aufwärtsgehen des Kolbens wird der Abgasrest mit einem Druck von 0,2 bar ... 0,4 bar ausgestoßen. Das Auslassventil schließt etwas vor oder nach OT. Durch die niedrigeren Abgastemperaturen sind die Wärmeverluste niedriger als beim Ottomotor (höherer Wirkungsgrad).

Indirekt einspritzende Motoren (Bild 1, Seite 297)

Der Kraftstoff wird in Nebenbrennräume (Wirbel-, Vorkammer) eingespritzt. Da durch die geteilten Brennräume große Oberflächen entstehen, muss die entsprechend größere Wärmeabgabe während des Verdichtungstaktes durch eine höhere Verdichtung ausgeglichen werden, um die Entzündungstemperatur des Dieselkraftstoffes sicher zu überschreiten. Das Verdichtungsverhältnis ε von indirekt einspritzenden Motoren liegt zwischen 18 und 24.

Direkt einspritzende Motoren (DI-Motoren)

Der Kraftstoff wird direkt in den Verbrennungsraum eingespritzt. Die durch Verdichtung auf bis zu 900 °C erhitzte Luft gibt wenig Wärme an die kompakte Brennraumoberfläche ab, deshalb ist eine niedrigere Verdichtung möglich. Direkteinspritzende Motoren für Pkw haben ein Verdichtungsverhältnis ε, das zwischen 14 und 27 liegt, für Nutzfahrzeuge liegt es zwischen 14 und 19.

10.2.3 Verbrennungsablauf Dieselmotor

> Die Einspritzung erfolgt beim Dieselmotor so, dass die Hauptkraftstoffmenge erst dann in den Verbrennungsraum gelangt, wenn sich dort schon die ersten Teile des Kraftstoffes entzündet haben, so dass der weiter eingespritzte Kraftstoff kontinuierlich abbrennt.

Ablauf der inneren Gemischbildung

Nach beginnender Einspritzung muss der noch flüssige Kraftstoff in ein zündfähiges Gemisch umgewandelt werden. **Tabelle 1** gibt den zeitlichen Ablauf vom Einspritzbeginn bis zur Selbstzündung wieder. Für die innere Gemischbildung wird der heißen Luft Wärme entzogen, so dass diese abkühlt. Die Lufttemperatur muss aber immer über der Selbstzündungstemperatur des Kraftstoffs liegen.

Tabelle 1: Innere Gemischbildung und Verbrennungsauslösung (DM)

Zeitbedarf „Zündverzug“	Wärmeentzug aus der heißen Luft	
↓		Kraftstoff wird nebelfein, aber noch flüssig in die heiße Luft eingespritzt.
↓	↓	Kraftstoffnebel wird auf Siedetemperatur aufgeheizt.
↓	↓	Kraftstoff verdampft bei Siedetemperatur.
↓	↓	Kraftstoffdämpfe vermischen sich mit der heißen Luft.
↓	↓	Kraftstoffdämpfe heizen sich auf Zündtemperatur auf.
↓	↓	Kraftstoff-Luft-Gemisch entzündet sich.
↓	↓	Auslösung der Verbrennung.

Zündverzug beim Dieselmotor

> Die Zeitdauer, die für den Ablauf der inneren Gemischbildung bis zur Auslösung der Verbrennung erforderlich ist, nennt man Zündverzug.

Der Zündverzug beträgt normalerweise bei betriebswarmem Motor etwa 0,001 s (1/1000 s). Er hängt wesentlich ab von …

- … dem Aufbau der Kraftstoffmoleküle (Zündwilligkeit, Cetanzahl).
- … der Temperatur der verdichteten Luft vor Beginn der Einspritzung.
- … dem Grad der Zerstäubung beim Einspritzen (Höhe des Einspritzdruckes, Größe der Kraftstofftropfen).

Je höher Druck, Temperatur und Cetanzahl sind, desto kürzer wird der Zündverzug.

Nageln des Dieselmotors

Ist die Motor- und Ansauglufttemperatur niedrig, z.B. beim Kaltstart des Motors, so verlängert sich die Zeit, die zur Bildung des inneren Gemisches benötigt wird. Der Zündverzug wird zu groß (über 0,002 s) und der angesammelte Kraftstoff verbrennt schlagartig mit einem lauten Geräusch, der Dieselmotor nagelt („klopft“). Ausgelöst wird die schlagartige Verbrennung durch mehrere Zündkerne, die aus angehäuftem Kraftstoff im Verbrennungsraum hervorgehen. Die dadurch entstehenden hohen Druckspitzen können zu Schäden am Kurbeltrieb führen. Das Nageln kann vermindert werden durch Voreinspritzen einer kleinen Kraftstoffmenge.

Zu großer Zündverzug tritt ein bei …

- … kaltem Motor/kalter Ansaugluft
- … schlechter Kompression
- … Kraftstoff mit zu niedriger Cetanzahl
- … tropfenden Einspritzdüsen.

10.3 Merkmale 4-Takt-Motoren

Füllung

> Unter Füllung versteht man die Masse der Gase (Kraftstoff-Luft-Gemisch oder Luft), die während des Ansaugens in den Zylinder einströmt.

Füllungsverbesserung. Um die Füllung und damit die Leistung zu verbessern, werden die Öffnungszeiten der Einlassventile von 180° Kurbelwinkel (entspricht dem Hub des Kolbens) auf bis zu 315° Kurbelwinkel (KW) verlängert. Während des Ausstoßens erzeugen die mit hoher Geschwindigkeit ausströmenden verbrannten Gase einen Sog. Wird das Einlassventil geöffnet, bevor der Kolben den oberen Totpunkt erreicht hat, so kann das Gemisch oder die Ansaugluft gegen die Bewegung des Kolbens durch den Unterdruck in den Zylinder einströmen.

Ventilüberschneidung

> In der Übergangsphase vom Ausstoßtakt zum Ansaugtakt sind sowohl Einlass- als auch Auslassventil geöffnet.

Lässt man das Einlassventil bis weit in den Verdichtungstakt hinein offen, so kann z.B. bei Ottomotoren das beim Ansaugen auf bis zu 100 m/s (360 km/h) beschleunigte Kraftstoff-Luft-Gemisch infolge seiner Massenträgheit weiter in den Zylinder strömen. Dieser Aufladeeffekt ist beendet, wenn der Druck, den der aufwärtsgehende Kolben erzeugt, das einströmende Gemisch abbremst. Spätestens zu diesem Zeitpunkt muss das Einlassventil wieder geschlossen werden.

Trotz Verlängerung der Ansaugzeit erreicht die Füllung des Zylinders bei nicht aufgeladenen Motoren höchstens 80 %.

Liefergrad (Füllungsgrad)

Der Liefergrad ist das Verhältnis von tatsächlich angesaugtem Kraftstoff-Luft-Gemisch in kg zur theoretisch möglichen (vollkommenen) Füllung des Zylinders mit Kraftstoff-Luft-Gemisch in kg.

Bei innerer Gemischbildung ist der Liefergrad das Verhältnis von angesaugter Luftmasse zur theoretisch möglichen Luftfüllung in kg.

Bei Saugmotoren liegt der Liefergrad bei Volllast zwischen 0,6 und 0,9 (Füllung 60 % bis 90 %), während bei aufgeladenen Motoren ein Liefergrad von 1,2 bis 1,6 (Füllung 120 % bis 160 %) möglich ist.

$$\lambda_L = \frac{m_z}{m_{th}}$$

λ_L Liefergrad (Füllungsgrad)
m_z Angesaugte Masse an Frischluft oder Kraftstoff-Luft-Gemisch in kg
m_{th} theoretisch mögliche Masse an Frischluft oder Kraftstoff-Luft-Gemisch in kg

Die Füllung kann zusätzlich durch einen geringeren Strömungswiderstand der Frischgase sowie durch niedrigere Innentemperaturen des Zylinders verbessert werden. Dies wird erreicht durch:

- Optimal gestaltete Ansaugrohre
- günstige Brennraumformen
- große Einlassquerschnitte
- mehrere Einlassventile je Zylinder
- gute Kühlung.

Die Füllung verschlechtert sich durch ...

- den Strömungswiderstand der Drosselklappe
- abnehmende Ventilöffnungszeiten bei höheren Drehzahlen
- niedrigeren Luftdruck, bei 100 m Höhenzunahme sinkt die Motorleistung um etwa 1 %.

Verdichtungsverhältnis

Verbrennungsraum. Er ist der von Zylinder, Zylinderkopf und Kolbenboden umschlossene Raum. Seine Größe ändert sich während eines Hubes fortlaufend. Der Verbrennungsraum ist am größten, wenn sich der Kolben in UT, und am kleinsten, wenn er sich in OT befindet. Der größte Verbrennungsraum setzt sich aus Hubraum und Verdichtungsraum zusammen.

Verdichtungsraum V_c. Er ist der kleinste Verbrennungsraum.

Hubraum V_h. Er ist der Raum zwischen den beiden Totpunkten OT und UT des Kolbens.

Gesamthubraum V_H. Er ergibt sich aus der Summe der Hubräume der einzelnen Zylinder eines Motors.

Vergleicht man den Raum oberhalb des Kolbens vor dem Verdichten (Hubraum V_h + Verdichtungsraum V_c) mit dem Raum oberhalb des Kolbens nach dem Verdichten (Verdichtungsraum V_c), so erhält man das Verdichtungsverhältnis ε **(Bild 1).**

$$\text{Verdichtungsverhältnis} = \frac{\text{Hubraum + Verdichtungsraum}}{\text{Verdichtungsraum}}$$

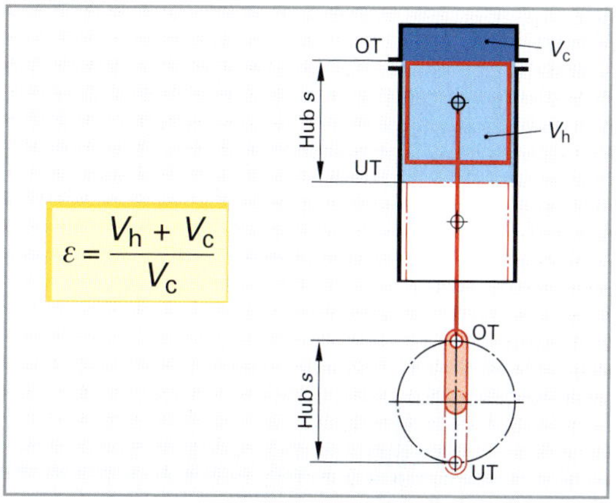

Bild 1: Verdichtungsverhältnis

Tabelle 1: Vergleich von Verdichtungsverhältnissen		
Verdichtungsverhältnis	7	9
Verdichtungsenddruck	~10 bar	~16 bar
Verbrennungshöchstdruck	~30 bar	~42 bar
Druck beim Öffnen des Auslassventils	~ 4 bar	~ 3 bar
Verdichtungsendtemperatur	400 °C	500 °C

Je höher das Verdichtungsverhältnis z.B. eines Ottomotors ist, desto besser ist die Ausnützung der Kraftstoffenergie und damit der Wirkungsgrad des Motors.

Trotz der bei $\varepsilon = 9$ wesentlich vergrößerten Verdichtungsarbeit ergibt die Ausnützung des bedeutend erhöhten Druckgefälles bei gleicher Frischgasfüllung einen Arbeitsgewinn bzw. eine Leistungserhöhung von mehr als 10 % und eine Verringerung des Kraftstoffverbrauches um etwa 10 %.

Gründe für die Leistungserhöhung:

- Bessere Entleerung des kleineren Verdichtungsraumes von verbrannten Gasen.
- Höhere Temperatur beim Verdichten, bessere und vollständigere Vergasung.
- Durch die hohe Verdichtung können sich die verbrannten Gase auf ein größeres Volumen entspannen, die Abgastemperatur nimmt ab, es geht weniger Wärmeenergie durch die Abgase verloren.

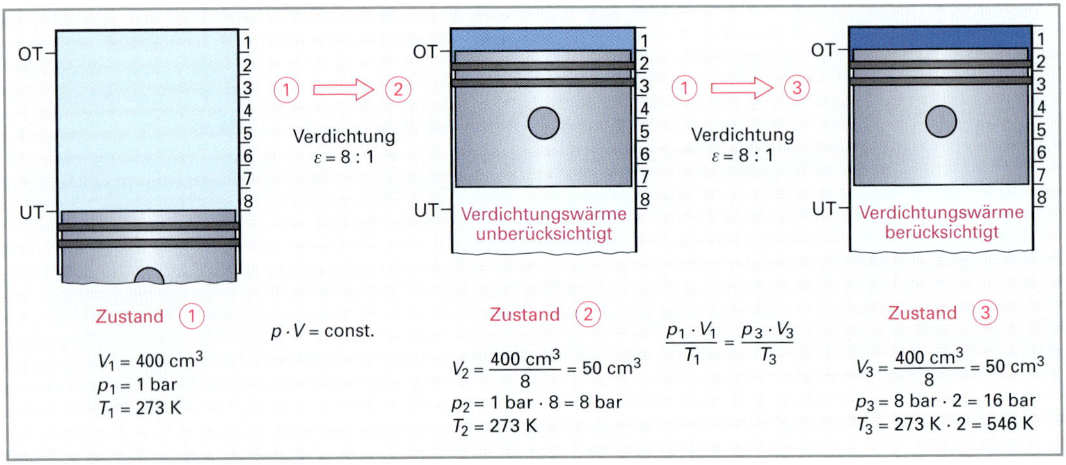

Bild 1: Verhältnis von Druck, Volumen und Temperatur beim Verdichten

Mit zunehmendem Verdichtungsverhältnis steigt die Verdichtungsendtemperatur an **(Tabelle 1)**. Deshalb ist das Verdichtungsverhältnis durch die Selbstzündtemperatur des Kraftstoffes begrenzt.

10

Bei aufgeladenen Motoren ist die Verdichtung geringer, da die Luft hochverdichtet in den Zylinder gelangt.

Gesetz von Boyle-Mariotte

Durch die Auf- und Abbewegung des Kolbens im Zylinder ändert sich mit dem Volumen auch der Druck und die Temperatur.

Schon im 17. Jahrhundert fanden die Physiker Boyle und Mariotte heraus, dass sich bei **gleichbleibender** Temperatur Volumen und Druck im Zylinder im umgekehrten Verhältnis ändern.

Wird z.B. das Volumen auf den 8. Teil verkleinert, so vergrößert sich der Druck auf das 8fache **(Bild 2)**.

> Das Produkt aus Druck und Volumen ist konstant.

Gesetz von Gay-Lussac

Unter Einbeziehung der Temperatur in das Verhältnis von Volumen und Druck fand der französische Physiker Gay-Lussac folgende Gesetzmäßigkeit heraus:

> Wird ein Gas bei gleichbleibendem Druck um 1 K (1 °C) erwärmt, so dehnt es sich um den 273. Teil seines Volumens aus.

Erwärmt man das Gas um 273 K, so dehnt es sich auf das doppelte Volumen aus.

Verhindert man die Ausdehnung, z.B. beim Verdichten **(Bild 1)**, so verdoppelt sich der Druck. Durch die Wärmeabgabe an den Zylinderwänden liegt der Enddruck jedoch niedriger.

10.4 Arbeitsdiagramm (p-V-Diagramm)

Ottomotor

Die Beziehungen zwischen Druck, Volumen und Temperatur von Gasen lassen sich für ein Arbeitsspiel des Otto-Viertaktmotors in ein Druck-Volumen-Diagramm (p-V-Diagramm) übertragen. Nach Boyle-Mariotte und Gay-Lussac entsteht dabei ein ideales Diagramm, in dem sich an den jeweiligen Umkehrpunkten des Kolbens in UT und OT während des Verbrennungsvorganges und des Ausstoßvorganges das Volumen nicht ändert, d.h. konstant bleibt.

> Gleichraumverbrennung: Die schlagartige Verbrennung läuft bei konstantem Volumen ab.

Für die ideale Gleichraumverbrennung, wie im **Bild 1 Seite 197** dargestellt, sind folgende Bedingungen Voraussetzung:

- Der Zylinder enthält nur Frischgase und keine Restgase.
- Vollständige Verbrennung des Kraftstoff-Luft-Gemisches.
- Verlustfreier Ladungswechsel.
- Kein Wärmeübergang am Zylinder.
- Konstantes Volumen während der Verbrennung und des Abkühlvorganges.
- Der Verbrennungsraum muss gasdicht sein (Kolbenringe).

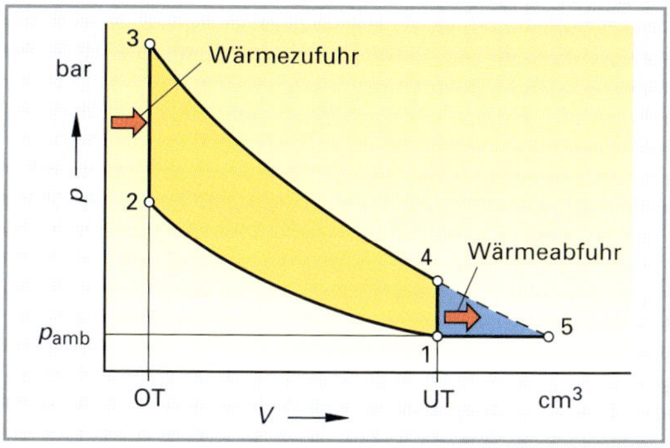

Bild 1: Idealer Gleichraumprozess (*p*-*V*-Diagramm)

Prozessablauf

1 ➠ 2 **Verdichtung** des Kraftstoff-Luft-Gemisches, Drucksteigerung, keine Wärmezufuhr.

2 ➠ 3 **Verbrennung** des Kraftstoff-Luft-Gemisches Drucksteigerung bei konstantem Volumen, d.h. der Kolben verharrt für die kurze Zeit der Verbrennung in OT, Wärmezufuhr.

3 ➠ 4 **Arbeiten (Entspannen).** Das unter hohem Druck stehende Gas dehnt sich aus und bewegt den Kolben zum UT, das Ausgangsvolumen ist erreicht. Keine Wärmeabfuhr.

4 ➠ 1 **Kühlen.** Der Vorgang erfolgt bei konstantem Volumen. Durch Wärmeabfuhr sinkt der Druck ab bis im Punkt 1 der Ausgangsdruck wieder erreicht ist.

Energiegewinn, Energieverlust

Die im Diagramm **(Bild 1)** entstandene Fläche mit den Ecken 1-2-3-4 gibt die während eines Arbeitsspieles gewonnene Arbeit wieder (Fläche +).

Die gewonnene Arbeit könnte größer sein, wenn das Auslassventil nicht schon im Punkt 4 öffnen würde, sondern erst nachdem sich die Gase bis zum Ausgangsdruck im Punkt 5 entspannt haben.

Dies ist in der Praxis jedoch nicht möglich, da die Verlängerung der Expansion mit einer Vergrößerung des Hubes verbunden ist (Langhubmotor). Somit gibt die Fläche 1-4-5 die verlorene Arbeit wieder.
Durch Erhöhung des Verdichtungsverhältnisses lässt sich die gewonnene Arbeit vergrößern.

Dieselmotor

Im Gegensatz zum Ottomotor ändert sich theoretisch der Druck während des Verbrennungsvorganges nicht, man spricht deshalb von Gleichdruckverbrennung. In Wirklichkeit läuft weder der Gleichraum- noch der Gleichdruckprozess so ideal ab, da die Bedingungen nicht eingehalten werden können.

Tatsächliches *p*-*V*-Diagramm

Der Druckverlauf während der 4 Hübe eines Arbeitsspieles lässt sich mit einem piezo-elektrischen Indikator am laufenden Motor aufnehmen und als Kurve auf dem Bildschirm sichtbar machen. Dabei sind deutlich die Unterschiede zum idealen *p*-*V*-Diagramm zu erkennen. In der Praxis unterscheiden sich die Kurvenverläufe von Ottomotor und Dieselmotor nur noch in der Höhe der Drücke **(Bild 2)**.

Durch den wesentlich höheren Verbrennungsdruck beim Dieselmotor und der darauffolgenden Entspannung der verbrannten Gase auf 4 bar ... 6 bar kühlen sich die Abgase stärker ab als beim Ottomotor. Dies führt zur Verringerung der Abgasverluste, wodurch die gewonnene Arbeit und damit der Wirkungsgrad erhöht wird. Die thermische Beanspruchung der Ventile ist niedriger. Allerdings sind moderne Dieselmotoren bei niedrigen Außentemperaturen nicht mehr in der Lage genügend Wärme für die Fahrzeugheizung aufzubringen, so dass Zusatzheizungen nötig werden.

> Aus dem *p*-*V*-Diagramm lässt sich die Nutzarbeit W_{eff} eines Motors ermitteln, wenn man von der erzeugten Arbeit (Fläche +) die Verlustarbeit (Fläche –) abzieht **(Bild 1, Seite 198)**.

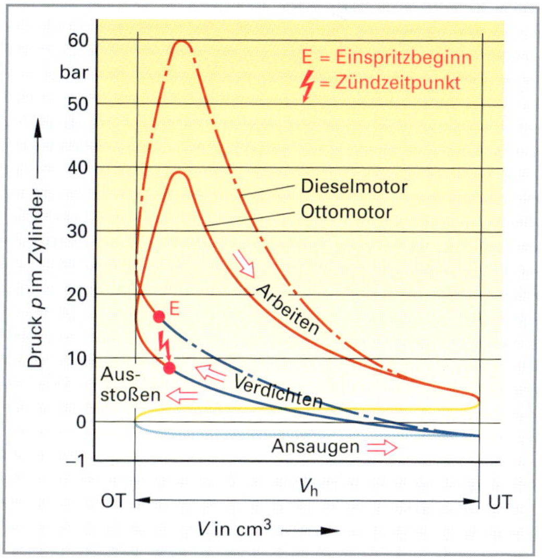

Bild 2: Tatsächliches *p*-*V*-Diagramm

Fehlererkennung im *p*-*V*-Diagramm

Größere Abweichungen vom normalen Druckverlauf lassen Fehler in der Motoreinstellung (Gemischbildung, Zündeinstellung, Kompression) und vor allem durch Klopferscheinungen erkennen **(Bild 1, Seite 198)**.

Zu früher Zündzeitpunkt (Bild 1, Seite 198)

Der höchstmögliche Druck wird schon erreicht, bevor der Kolben am oberen Totpunkt angekommen ist. Die entstehenden hohen Drücke und Temperaturen führen zu einer klopfenden Verbrennung, zu schlechteren Abgaswerten und zu Leistungsverlust, welcher an der kleineren Fläche im Diagramm erkennbar ist.

Zu später Zündzeitpunkt (Bild 1)

Normaler Anstieg der Verdichtungslinie bis zum oberen Totpunkt. Nach kurzem Absinken des Druckes nach OT steigt er wieder an, kann aber den höchstmöglichen Verbrennungsdruck nicht mehr erreichen, da sich der Kolben durch den späten Zündzeitpunkt zu weit in Richtung UT bewegt hat, ehe das Kraftstoff-Luft-Gemisch vollständig verbrannt ist.

Die Folgen sind Leistungsverlust, höherer Kraftstoffverbrauch und Überhitzungsgefahr.

Undichte Ventile oder Kolbenringe (Bild 1)

Kein normaler Druckaufbau möglich, der Anstieg der Verdichtungslinie ist flacher. Auch bei richtigem Zündzeitpunkt kann der höchstmögliche Verbrennungsdruck nicht erreicht werden. Die Folgen sind Leistungsverlust und schlechtere Abgaswerte.

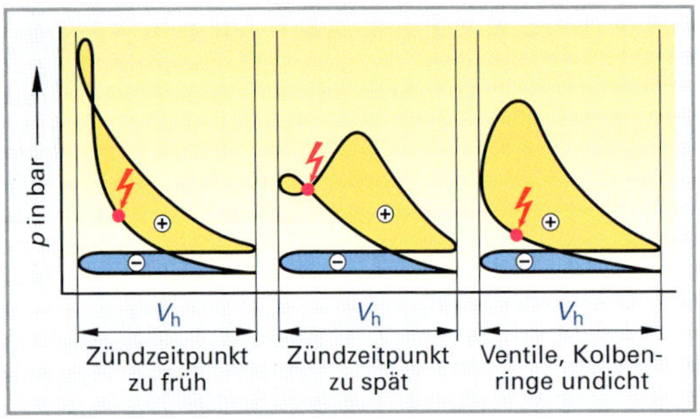

Bild 1: *p*-*V*-Diagramme fehlerhafter Motoren

10.5 Steuerdiagramm

> Es gibt einen Überblick über die Steuerwinkel und die Öffnungswinkel der Ventile sowie die Ventilüberschneidung **(Bild 2)**.

Steuerwinkel. Es ist der Winkel zwischen Totpunkt und dem Öffnen und Schließen des jeweiligen Ventils.

Öffnungswinkel. In diesem Winkelbereich ist das jeweilige Ventil geöffnet.

Ventilüberschneidung. In diesem Winkelbereich sind Einlass- und Auslassventil geöffnet.

Um ein Steuerdiagramm zu zeichnen trägt man die Öffnungswinkel des Einlass- und Auslassventils in Grad der Kurbelwinkel in ein Spiral- oder Kreisdiagramm ein **(Bild 2)**. Die Öffnungswinkel der Ventile und die Form der Steuerungsnocken werden durch Versuche für jeden Bautyp so festgelegt, dass der Motor die bestmögliche Leistung abgibt bei geringst möglichen Abgaswerten. Da dies über den gesamten Drehzahlbereich nicht möglich ist, werden Motoren mit verstellbaren Einlass- und Auslassnockenwellen ausgerüstet. Die Öffnungs- und Schließwinkel der Ventile können dadurch um einen bestimmten Verstellwinkel verändert werden (variable Steuerzeiten).

Symmetrisches Steuerdiagramm. Die Winkel Eö vor OT und As nach OT sind gleich groß, ebenso die Winkel Aö vor UT und Es nach UT.

Unsymmetrisches Steuerdiagramm. Eines der beiden Winkelpaare ist ungleich.

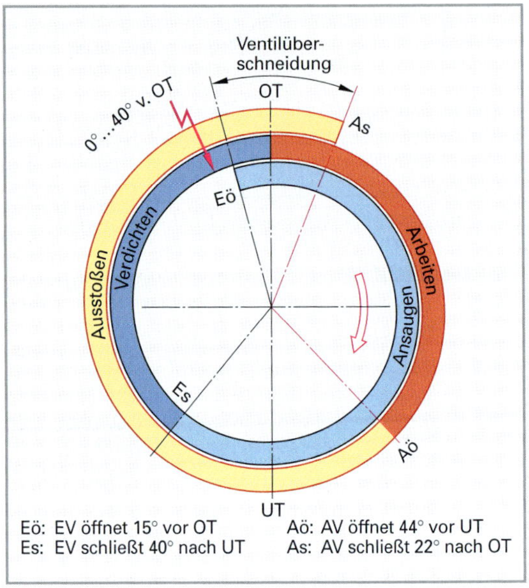

Bild 2: Steuerdiagramm eines Otto-Viertaktmotors

10.6 Zylindernummerierung, Zündfolgen

Zylindernummerierung. Die Bezeichnung der einzelnen Zylinder eines Motors ist genormt. Die Zählung der Zylinder beginnt bei der Seite, die der Kraftabgabeseite gegenüberliegt. Bei V-, VR- und bei Boxermotoren beginnt man mit der linken Zylinderreihe und zählt jede Reihe durch **(Bild 3)**.

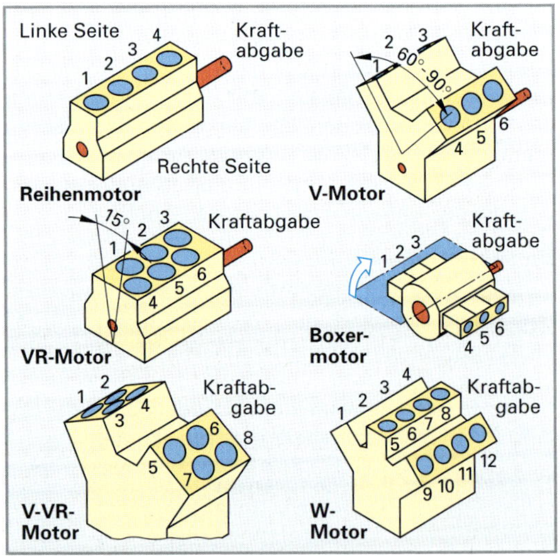

Bild 3: Zylindernummerierung

Zündfolge und Zündabstand bei Mehrzylindermotoren (Bild 1).

Zündfolge. Sie gibt an, in welcher Reihenfolge die Arbeitstakte der einzelnen Zylinder eines Motors aufeinanderfolgen.

Zündabstand. Er gibt an, in welchem Abstand in Grad Kurbelwinkel die Arbeitstakte bzw. die Zündungen der einzelnen Zylinder aufeinander folgen. Je mehr Zylinder, desto kleiner wird der Zündabstand. Der Motorlauf wird ruhiger und das abgegebene Drehmoment gleichmäßiger.

$$\text{Zündabstand} = \frac{720°\ \text{KW}}{\text{Zylinderzahl}}$$

Beispiel: Bei einem 5-Zylinder-Motor errechnet sich der Zündabstand aus 720° KW : 5 = 144° KW. Als Ersatz für die Kurbelwelle wird ein Kurbelstern gezeichnet. Ausgehend vom obersten Zylinder, der mit 1 bezeichnet wird, werden die übrigen Zylinder entsprechend der Zündfolge 1-2-4-5-3 entgegen der Drehrichtung im Abstand von 144° KW angetragen. An jedem Kurbelstern lässt sich so die Zündfolge ablesen.

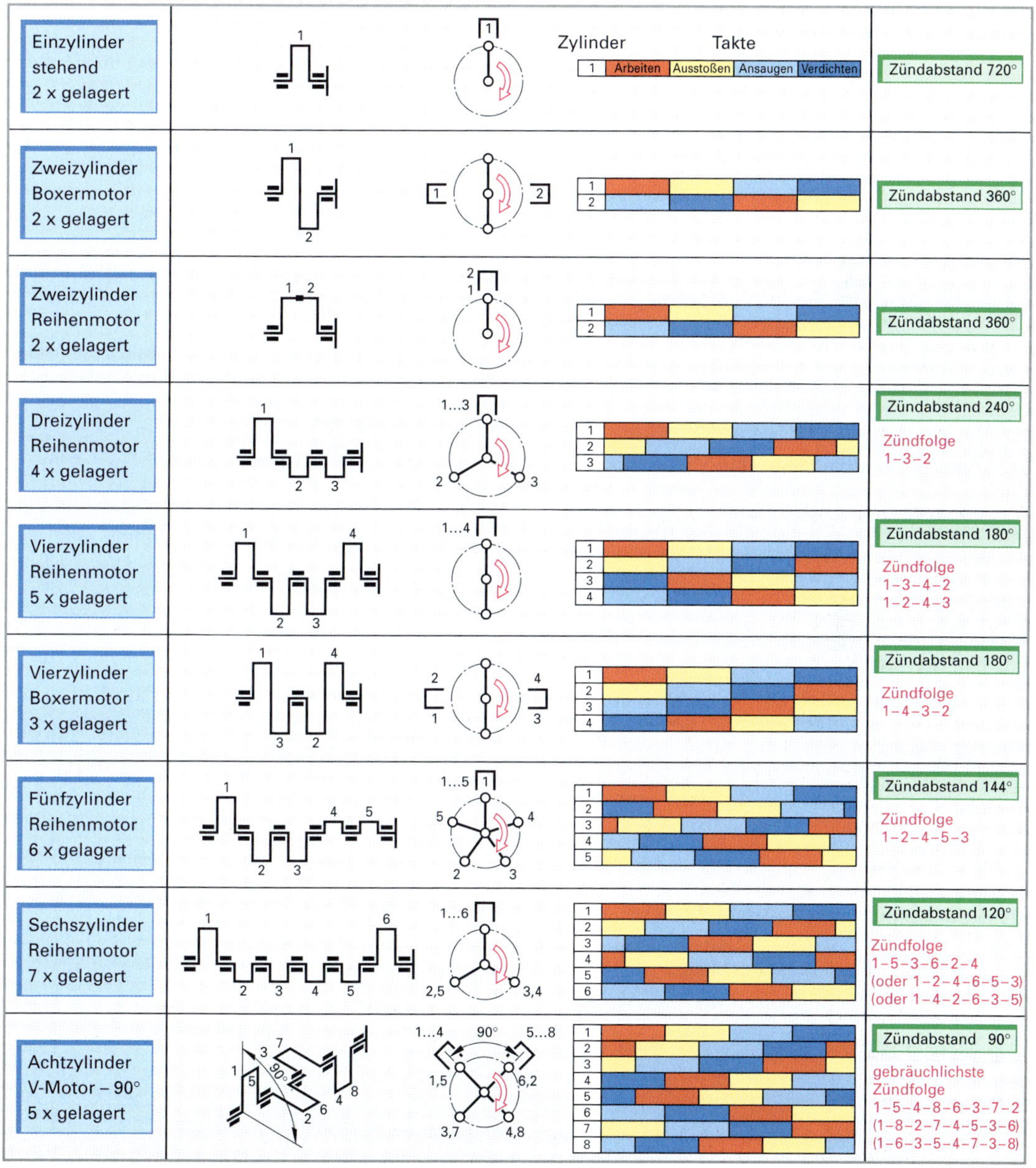

Bild 1: Kurbelwellen-Bauformen, Zünd- und Arbeitstaktfolgen

10.7 Motorkennlinien

Die Charakteristik eines Motors ergibt sich aus den auf dem Prüfstand bei verschiedenen Drehzahlen ermittelten Messwerten für Leistung, Drehmoment und spezifischen Kraftstoffverbrauch.

Trägt man diese Messwerte in ein Diagramm über den Drehzahlen auf, so ergeben die durch die entsprechenden Messpunkte gelegten Kurven die Kennlinien des Motors **(Bild 1)**.

Man unterscheidet Volllastkennlinien und Teillastkennlinien.

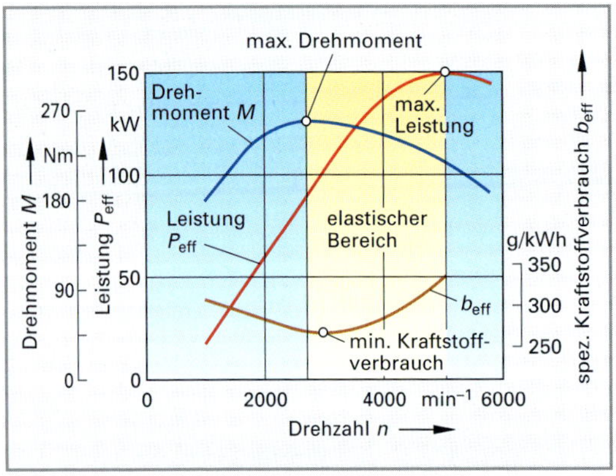

Bild 1: Volllast-Kennlinien eines Otto-Viertaktmotors

Volllastkennlinien. Der betriebswarme Motor wird bei voll geöffneter Drosselklappe auf einem Prüfstand abgebremst.

Unter Volllast versteht man die Belastung, die ein Motor bei der jeweiligen Drehzahl überwinden kann. Die über den gesamten Drehzahlbereich bei gleicher Last ermittelten Werte sind Grundlage für den Kurvenverlauf von Drehmoment, Leistung und spezifischem Kraftstoffverbrauch. Aus diesem Kurvenverlauf lassen sich das maximale Drehmoment, die maximale Leistung und der minimale Kraftstoffverbrauch bei zugeordneter Drehzahl ermitteln.

Teillastkennlinien. Da ein Motor im Alltagsbetrieb selten voll belastet wird, sind Messungen bei Teillast ebenso wichtig. Hierzu werden mehrere Versuchsreihen bei verschiedenen Drehzahlen durchgeführt. Die Drosselklappe wird dabei nur teilweise geöffnet.

Theoretisch müsste im ganzen Drehzahlbereich bei gleicher Stellung der Drosselklappe sowohl der Kraftstoffverbrauch als auch das Drehmoment gleichbleibend sein, da eigentlich immer die gleiche Energiemenge einer Zylinderfüllung die gleiche Drehkraft an der Kurbelwelle liefern müsste. Dementsprechend müsste die Leistung gleichmäßig mit der Drehzahl wachsen.

Nach Erreichen der maximalen Leistung fällt jedoch die Leistungskurve ab, weil bei zunehmender Drehzahl der Verlust an Drehmoment nicht mehr ausgeglichen werden kann.

Ursachen für die Abweichung vom Idealzustand:

- Schwankende Füllung im unteren und oberen Drehzahlbereich
- Luftmangel und schlechte Verwirbelung des Kraftstoff-Luft-Gemisches wegen niedriger Strömungsgeschwindigkeit, dadurch langsamere und unvollständige Verbrennung
- Wärmeverluste
- Reibverluste

Elastischer Bereich. Er liegt zwischen maximalem Drehmoment und maximaler Leistung **(Bild 1)**. Bei abnehmender Drehzahl wird die sinkende Leistung durch ein zunehmendes Drehmoment ausgeglichen. Das maximale Drehmoment sollte möglichst schon vor dem mittleren Drehzahlbereich, die maximale Leistung dagegen weit im oberen Drehzahlbereich liegen. Dadurch ergibt sich ein breiter elastischer Bereich, der sich günstig auf die Getriebeabstimmung auswirkt, da das Drehmomentband größer wird.

Verbrauchskennfeld. Im Diagramm **(Bild 2)** wird das Drehmoment über der Drehzahl bei unterschiedlichem spezifischen Kraftstoffverbrauch dargestellt. Es entstehen Kurven mit konstantem spezifischen Kraftstoffverbrauch, die sich teilweise schließen.

Da die Kurven einer Muschel ähneln, nennt man sie auch **Muschelkurven**. Zusätzlich enthält das Diagramm noch Kurven mit konstanter Nutzleistung, aus denen man ersehen kann, dass der Motor dieselbe Nutzleistung bei völlig unterschiedlichem spezifischen Kraftstoffverbrauch erbringen kann. So kann der Motor im Diagramm die Leistung von 60 kW sowohl bei einem spezifischen Kraftstoffverbrauch von 320 g/kWh abgeben, als auch bei einem von 280 g/kWh und das bei zunehmendem Drehmoment.

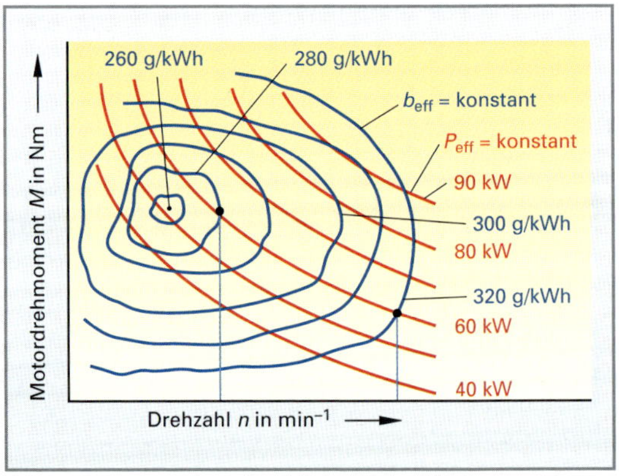

Bild 2: Verbrauchskennfeld, Muschelkurven

10.8 Hubverhältnis, Hubraumleistung, Leistungsgewicht

Hubverhältnis

Es gibt das Verhältnis von Hub zu Bohrung an.

Ist der Hub kleiner als die Bohrung, so ist das Hubverhältnis kleiner als 1. Es ist größer als 1, wenn der Hub größer als die Bohrung ist.

Kurzhubmotoren. Im Interesse einer langen Lebensdauer von Serienmotoren, sollte eine mittlere Kolbengeschwindigkeit von 20 m/s nicht überschritten werden. Um trotzdem hohe Drehzahlen zu erreichen, baut man Kurzhubmotoren. Bei ihnen ist das Hubverhältnis kleiner als 1 (0,9 ... 0,7).

Langhubmotoren. Das Hubverhältnis ist größer als 1 (1,1 ... 1,3). Man verwendet sie vorwiegend zum Antrieb von Nutzkraftwagen und Omnibussen. Durch die niedrigeren Drehzahlen werden hohe Laufleistungen und durch den größeren Kurbelradius größere Drehmomente erzielt.

Hubraumleistung

Die Hubraumleistung gibt die größte Nutzleistung an, welche der Motor je Liter Hubraum hat.

Schnelllaufende Motoren sind um so geeigneter für den Fahrzeugantrieb, je größer ihre Leistung im Verhältnis zum Hubraum und je geringer ihr Baugewicht im Verhältnis zur Leistung ist.

Um die einzelnen Motoren miteinander vergleichen zu können , wurden die Begriffe Hubraumleistung und Leistungsgewicht eingeführt **(Tabelle 1)**.

Das Leistungsgewicht des Motors gibt an, welches Baugewicht der Motor je 1 kW größter Nutzleistung hat.

Das Leistungsgewicht des Fahrzeuges gibt an, welches Gewicht das Fahrzeug je 1 kW größter Nutzleistung hat.

Tabelle 1: Hubraumleistung, Leistungsgewicht

Motorart	Hubraumleistung	Leistungsgewicht des Motors	Leistungsgewicht des Fahrzeuges
	kW/l	kg/kW	kg/kW
Ottomotoren Krafträder	... 155	0,5 ... 3	2 ... 9
Pkw	... 90	1,3 ... 5	4 ... 22
Rennwagen	< 300	1 ... 0,2	1,5 ... 7
Dieselmotoren Pkw	25 ... 30	1,8 ... 5	12 ... 25
Ladermotoren Pkw-Diesel	... 80	1 ... 4	9 ... 20
Ladermotoren Nkw-Diesel	... 30	2 ... 7	50 ... 210

10

Wiederholungsfragen

1 **Von wem wurde der 1. Viertaktmotor und von wem der 1. Zweitaktmotor gebaut?**

2 **In welcher Reihenfolge laufen die Takte eines Viertaktmotors ab?**

3 **Welches Verdichtungsverhältnis haben Otto-Viertaktmotoren?**

4 **In welchen Grenzen liegen die Verdichtungs- und Verbrennungsdrücke von Otto-Viertaktmotoren?**

5 **Wie läuft die innere Gemischbildung beim Dieselmotor ab?**

6 **Was sagt das Gesetz von Gay-Lussac aus?**

7 **Welche Stoffe bilden sich bei der Verbrennung des Kraftstoff-Luft-Gemischs?**

8 **Welche Ursachen hat das Klopfen von Ottomotoren?**

9 **Was versteht man unter dem Zündverzug beim Dieselmotor?**

10 **Was versteht man unter „Nageln" beim Dieselmotor?**

11 **Welche besonderen Merkmale treffen auf den Dieselmotor zu?**

12 **Wie heißen die 4 Baugruppen des Ottomotors bzw. Dieselmotors?**

13 **Welche Fehler lassen sich aus einem Arbeitsdiagramm ablesen?**

14 **Was versteht man unter einem symmetrischen Steuerdiagramm?**

15 **Wodurch unterscheiden sich Kurzhubmotoren von Langhubmotoren?**

16 **Wie lautet eine Zündfolge eines 6-Zylinder-Reihenmotors?**

17 **Wie erfolgt die normgerechte Zylindernummerierung?**

18 **Was gibt die Hubraumleistung an?**

19 **Was gibt das Leistungsgewicht des Motors an?**

20 **Was versteht man unter der größten Nutzleistung eines Motors?**

21 **Was versteht man unter Volllastkennlinien eines Motors?**

22 **Warum ist das Drehmoment eines Ottomotors nicht über den gesamten Drehzahlbereich gleich groß?**

23 **Was versteht man unter dem elastischen Bereich?**

11 Motormechanik

11.1 Zylinder, Zylinderkopf

11.1.1 Aufgaben und Beanspruchung

Aufgaben

- Zusammen mit dem Kolben den Verbrennungsraum bilden.
- Führung des Kolbens durch den Zylinder.

Beanspruchungen

- Hohe Verbrennungsdrücke und Temperaturen.
- Große Wärmespannungen durch schnelle Temperaturwechsel.
- Verschleiß der Zylinderlaufbahn durch Kolbenreibung und Verbrennungsrückstände.
- Erhöhte Reibung beim Kaltstart, unvergaster Kraftstoff wäscht Schmierfilm am Zylinder ab.

Eigenschaften der Werkstoffe

- Große Festigkeit und Formsteifigkeit
- Gute Wärmeleitung
- Geringe Wärmedehnung
- Große Verschleißfestigkeit
- Gute Gleiteigenschaft für die Zylinderlauffläche

11.1.2 Zylinderbauarten

Flüssigkeitsgekühlte Zylinder

Die Zylinder flüssigkeitsgekühlter Motoren sind meist zu einem Block zusammengefasst. Der doppelwandige Zylinderblock wird von Kühlkanälen durchzogen; die Kühlflüssigkeit wird durch die Wasserpumpe zugeführt, kühlt die Zylinderwandungen und fließt durch Kanäle in den Zylinderkopf.

Zylinderkurbelgehäuse (Bild 1). Zylinderblock und Kurbelgehäuseoberteil sind in einem Stück gegossen aus

- **Gusseisen mit Lamellengrafit (Grauguss).** Neben guter Steifigkeit und Festigkeit, gutem Gleit- und Verschleißverhalten hat es geringe Wärmedehnung und gute Geräuschdämpfung.
- **Gusseisen mit Vermikulargrafit.** Beim Erkalten des Gusses scheidet sich der Grafit nicht in Form von Lamellen, sondern in Würmchenform ab. Die Kerbwirkung zwischen den Gefügekristallen ist geringer, wodurch Festigkeit und Steifigkeit stark ansteigen. Dies ermöglicht höhere Zylinderinnendrücke, damit Leistungssteigerung bei dünneren Wandstärken (Gewichtseinsparung).
- **Al-Legierungen.** Vorteilhaft ist besonders die geringe Dichte im Vergleich zum Grauguss sowie die gute Wärmeleitfähigkeit. Zur Verbesserung der Formsteifigkeit sind die Zylinderkurbelgehäuse zusätzlich verrippt. Die Verschleißeigenschaften der Zylinderlaufbahnen müssen durch besondere Herstellungsverfahren verbessert werden oder es werden Zylinderlaufbuchsen eingesetzt.

Closed-Deck-Ausführung (Bild 1). Die Dichtfläche des Zylinderkurbelgehäuses zum Zylinderkopf hin ist um die Zylinderbohrungen herum weitgehend geschlossen, nur die Kanäle für z.B. Kühlflüssigkeit sind vorhanden. Für den Werkstoff Gusseisen wird fast ausschließlich diese Bauform verwendet, für AlSi-Legierungen (z.B. ALUSIL-Zylinder) werden diese Zylinderblöcke im Kokillen- bzw. Niederdruckguss hergestellt.

Open-Deck-Ausführung (Bild 2). Der Wassermantel um die Zylinderbohrungen herum ist zum Zylinderkopf hin offen. Dadurch ist es gießtechnisch möglich, Zylinderblöcke mit Zylinderlaufflächen nach dem LOKASIL-Konzept im Druckgussverfahren zu fertigen. Die geringere Steifigkeit von Open-Deck-Zylinderblöcken erfordert Metall-Zylinderkopfdichtungen statt Weichstoff-Zylinderkopfdichtungen. Diese ermöglichen wegen ihrem geringen Setzverhalten eine niedrige Vorspannkraft der Zylinderkopfverschraubung. Dadurch werden Zylinderverzug und Deckplattenverformung reduziert.

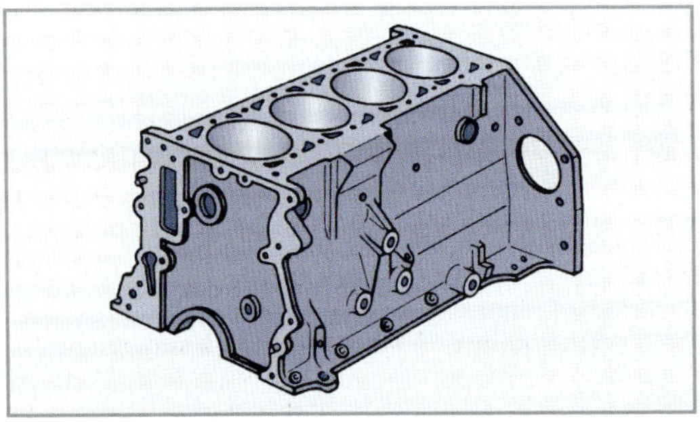

Bild 1: Zylinderkurbelgehäuse

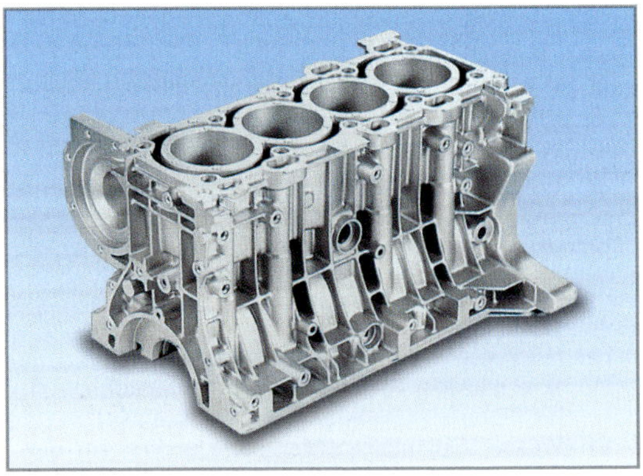

Bild 2: Zylinderkurbelgehäuse in Open-Deck-Ausführung

Zylinderlaufbuchsen

Zylinderlaufbuchsen aus hochwertigem, feinkörnigen Gusseisen (Schleuderguss) werden in Zylinderblöcke aus Gusseisen oder aus Al-Legierung eingezogen. Da sie verschleißfester sind als die Zylinderlaufbahnen gusseiserner Zylinderblöcke, haben sie eine lange Lebensdauer.

Man unterscheidet nasse und trockene Zylinderlaufbuchsen.

Nasse Zylinderlaufbuchsen (Bild 1). Sie werden von der Kühlflüssigkeit direkt umspült. Dadurch ergibt sich eine gute Kühlwirkung. Sie können einzeln ausgewechselt werden. Der Zylinderblock ist jedoch nicht so steif und verzieht sich leichter. Am oberen Ende haben die Laufbuchsen einen Bund. Gegen das Kurbelgehäuse müssen sie durch Dichtungsringe abgedichtet werden, da sonst Kühlflüssigkeit ins Kurbelgehäuse gelangt.

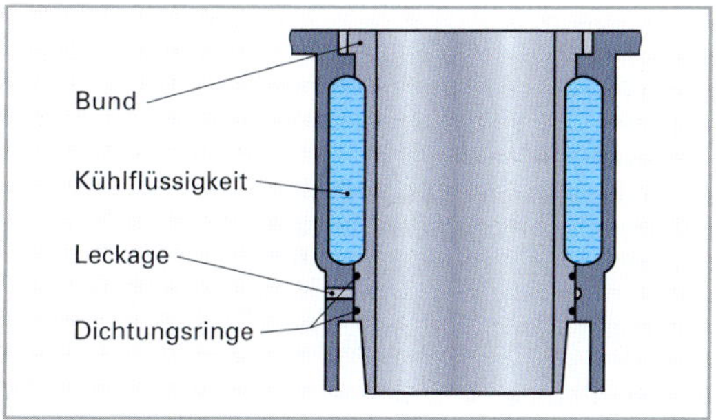

Bild 1: Nasse Zylinderlaufbuchse

Trockene Zylinderlaufbuchsen (Bild 2). Sie werden mit Schiebesitz oder mit Festsitz als dünnwandige Buchsen in den Zylinderblock eingesetzt. Da sie mit der Kühlflüssigkeit nicht in Berührung kommen, ist der Wärmeübergang auf das Kühlmittel weniger gut als bei nassen Laufbuchsen. Zylinderlaufbuchsen mit Schiebesitz werden vor dem Einbau fertig bearbeitet. Laufbuchsen mit Festsitz werden mit vorgebohrter Zylinderbohrung in den Zylinderblock eingepresst. Danach werden sie feingebohrt und gehont.

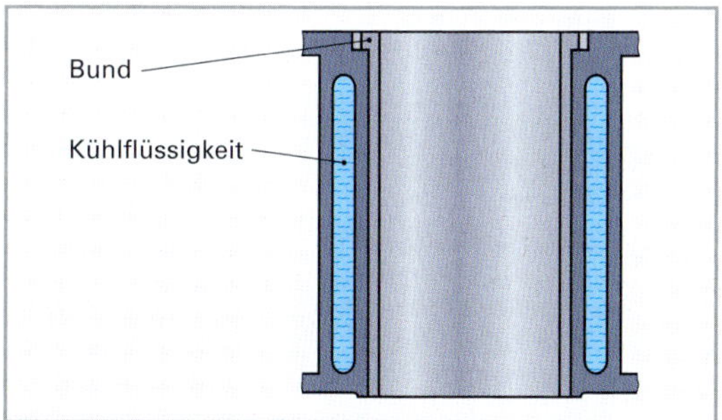

Bild 2: Trockene Zylinderlaufbuchse

Luftgekühlte Zylinder

Luftgekühlte Zylinder sind zur Vergrößerung der Mantelfläche und damit zur Verbesserung der Kühlwirkung mit Kühlrippen versehen. Sie werden als einzeln stehende Rippenzylinder mit dem Kurbelgehäuse verschraubt.

Luftgekühlte Zylinder **(Bild 3)** werden überwiegend aus Al-Legierungen gegossen. Wegen der schlechten Gleit- und Verschleißeigenschaften der Zylinderlaufbahnen müssen sie wie bei flüssigkeitsgekühlten Zylindern aus Al-Legierungen durch besondere Herstellungsverfahren verbessert werden oder es werden Laufbuchsen eingegossen z.B. im Alfin-Verfahren.

Eisen-Aluminium-Verbundgussverfahren (Alfin-Verfahren). Die Laufbuchsen aus Gusseisen mit Lamellengrafit werden außen mit einer Schicht aus Eisenaluminium ($FeAl_3$) überzogen und danach mit der AlSi-Legierung für den Rippenzylinder umgossen. Durch die Alfin-Zwischenschicht wird eine Verbindung mit guter Wärmeleitung zwischen der gusseisernen Laufbuchse und der AlSi-Legierung des Rippenzylinders erzielt.

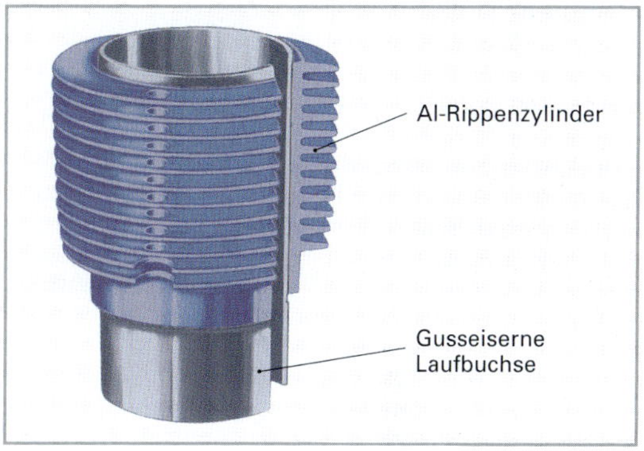

Bild 3: Luftgekühlter Zylinder aus Fe-Al-Verbundguss

Zylinderlaufbahnen von Al-Zylindern

ALUSIL-Verfahren. Der Zylinderblock wird aus einer Al-Legierung mit hohem Silicium-Anteil (bis 18 %) im Kokillenguss oder Niederdruckguss gegossen. Damit die Siliciumkristalle vor allem an den Zylinderlaufflächen entstehen, werden die Gusskerne, die an den Zylindern die Gießform bilden, gekühlt. Nach dem Honen wird durch elektrochemisches Ätzen das weiche Aluminium um die Siliciumkristalle herum abgetragen. So entsteht eine verschleißfeste Trägerlaufbahn für Kolben und Kolbenringe mit Zwischenräumen für das Schmieröl. Zur Verminderung des Kolbenverschleißes werden meist mit Ferrocoat beschichtete Kolben verwendet.

NIKASIL-Verfahren. Die Zylinderlaufbahn aus AlSi-Legierung wird mit einer verschleißfesten Schicht aus Nickel mit eingelagerten Siliciumkarbid-Kristallen galvanisch beschichtet.

LOKASIL-Verfahren. Siliciumkristalle werden mit Hilfe von Formkörpern, auch Preforms genannt, auf die Zylinderlaufbahn gebracht. Preforms **(Bild 1)** sind hochporös und bestehen aus Siliciumkristallen, die mit Wasserglas (in Wasser gelöste Silikate) zusammengebacken sind. Sie werden als Hohlzylinder hergestellt und dort in die Gussform eingesetzt, wo sich die Lauffläche befindet. In einem speziellen Druckgussverfahren, dem Squeeze Casting (squeeze = quetschen) wird die Al-Legierung langsam mit niedrigem Druck von unten in die senkrecht stehende Gussform gepresst. Die Prefoms müssen beim Einsetzen auf 300 °C vorgewärmt sein, damit die Al-Legierung beim Eindringen nicht abkühlen und dabei erstarren kann, bevor es die Preforms vollständig durchdrungen hat. Zum Schluss wird der Druck von 120 bar auf 500 bar gesteigert um alle Poren zu schließen und Lufteinschlüsse zu beseitigen. Durch mehrstufiges Honen werden die Siliciumkristalle reliefartig freigelegt, wodurch eine verschleißfeste Zylinderlaufbahn entsteht. In LOKASIL-Zylindern werden meist mit Ferrocoat beschichtete Kolben verwendet.

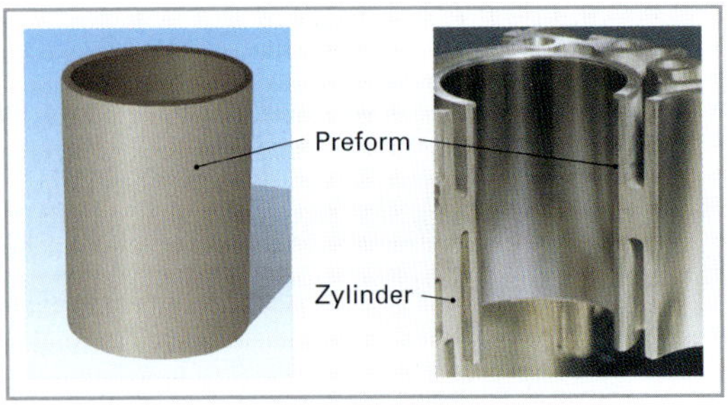

Bild 1: LOKASIL-Verfahren

11.1.3 Zylinderkopf

> Der Zylinderkopf bildet den oberen Abschluss des Verbrennungsraumes. Er ist durch die Zylinderkopfschrauben mit der eingelegten Zylinderkopfdichtung auf dem Zylinderblock befestigt.

Aufbau. Der Zylinderkopf enthält die Frischgas- und die Abgaskanäle mit ihren Ventilsitzen und meistens auch den Verdichtungsraum. Im Zylinderkopf sind die Zündkerzen, bei Direkteinspritzmotoren auch die Einspritzventile, sowie Teile der Motorsteuerung, z.B. die Ventile, untergebracht. Auf dem Zylinderkopf ist häufig die Nockenwelle montiert. Durch Verbrennungsdruck und heiße Verbrennungsgase wird der Zylinderkopf hoch beansprucht und muss deshalb große Formsteifigkeit, gute Wärmeleitung sowie geringe Wärmedehnung aufweisen.

Flüssigkeitsgekühlter Zylinderkopf (Bild 2). Er wird vorwiegend aus Al-Legierungen für jeden Zylinder einzeln oder für den ganzen Block in einem Stück gegossen. Über Durchflusskanäle strömt das Kühlmittel vom Zylinderblock in den Zylinderkopf.

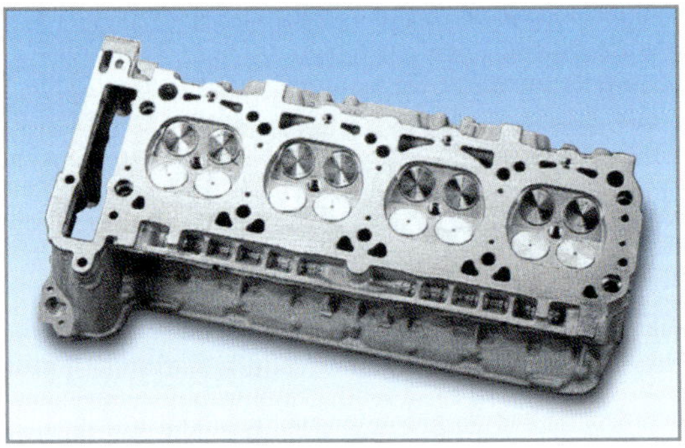

Bild 2: Flüssigkeitsgekühlter Zylinderkopf

Luftgekühlter Zylinderkopf. Er wird ausschließlich aus Al-Legierungen hergestellt und ist mit Kühlrippen versehen. Da der Wärmeübergang an das Kühlmittel Luft schlechter ist als an Kühlflüssigkeit, muss die Kühlfläche durch Kühlrippen vergrößert werden.

Verdichtungsraum

> Der Verdichtungsraum ist der kleinste Verbrennungsraum. Er wird durch die Stellung des Kolbens in OT nach unten abgeschlossen, wobei ein Teil des Verdichtungsraumes im Kolbenboden liegen kann.

Die geometrische Form des Verdichtungsraumes hat großen Einfluss auf das Betriebsverhalten des Motors in Bezug auf

- Gemischverwirbelung
- Verbrennungsablauf
- Kraftstoffverbrauch
- Schadstoffemission
- Klopffestigkeit
- Drehmoment
- Leistung
- Wirkungsgrad.

Der Verdichtungsraum wird bestimmt durch

- Verdichtungsverhältnis
- Verhältnis von Oberfläche zu Volumen
- Lage der Zündkerze oder des Einspritzventils
- Ventilanordnung.

Bei großer Oberfläche nehmen die Wandwärmeverluste zu, es können sich leicht Zonen mit zu kalter Brennraumwand bilden, in deren Bereich die Flamme erlischt. Dadurch kommt es zu erhöhten HC-Emissionen.

Je nach Lage der Zündkerze und des Einspritzventils ergeben sich verschieden lange Brennwege. Den besten Wirkungsgrad würde der Motor bei möglichst kurzen Brennwegen erzielen, d.h. bei zentraler Lage von Zündkerze oder Einspritzventil.

Von einem optimal gestalteten Verdichtungsraum werden folgende Eigenschaften erwartet:

- Große Füllung durch entsprechende Öffnungsquerschnitte der Einlassventile ermöglichen.
- Angesaugte Luft und eingespritzten Kraftstoff mit Hilfe von Quetschzonen verwirbeln und vermischen.
- Verbrannte Gase schnell und möglichst vollständig über die Auslassventile ausströmen lassen.
- Kompakter Raum, nicht zerklüftet und ohne Nischen (kleine Oberfläche).
- Kurze Brennwege durch zentrale Lage von Zündkerze und Einspritzventil.

Die günstigste Form für einen Verdichtungsraum würde die Halbkugelform abgeben, da die Brennwege am kürzesten sind und die Oberfläche am kleinsten ist. Wegen der Anordnung der Ventile muss jedoch von der Idealform abgewichen werden.

Dachförmiger Verdichtungsraum (Bild 1). Er ähnelt der Halbkugelform. Ein- und Auslassventil stehen sich im Querstromzylinderkopf schräg gegenüber. Das Einlassventil hat meist einen größeren Durchmesser als das Auslassventil und ermöglicht dadurch eine verbesserte Füllung.

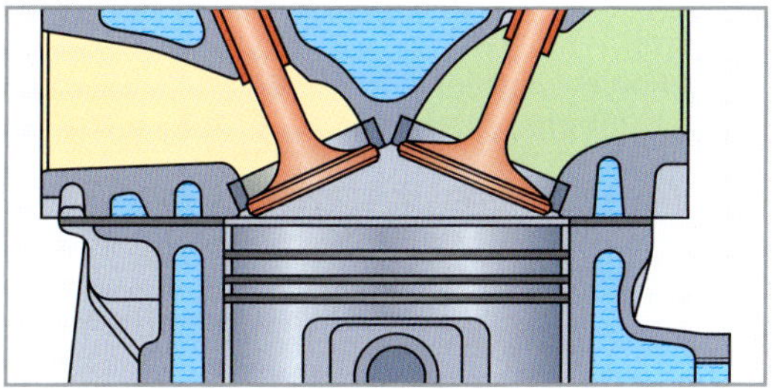

Bild 1: Dachförmiger Verdichtungsraum

Verdichtungsräume mit Quetschzonen (Bild 2). Diese sind meist besonders kompakt und können dachförmig, keilförmig oder auch wannenförmig ausgebildet sein. Kurz vor OT wird die Luft oder das Kraftstoff-Luft-Gemisch aus den Quetschzonen herausgepresst. Die entstehenden Wirbel sorgen für eine intensivere Vermischung des eingespritzten Kraftstoffes mit der Luft, wodurch es zu einer schnellen Verbrennung kommt. Die erforderliche Vorzündung kann verkürzt werden, eine kältere Zündkerze, ein höheres Verdichtungsverhältnis oder auch die Verwendung von Normalbenzin kann ermöglicht werden. Außerdem verringert sich aufgrund einer vollständigen Verbrennung der HC-Anteil im Abgas.

Mehrventil-Zylinderkopf (Bild 2). Bei Verwendung von 2 Einlass- und 2 Auslassventilen ist der Verdichtungsraum dachförmig oder wannenförmig ausgebildet. Zusätzlich sind meist zwei gegenüberliegende Quetschzonen angeordnet. Zündkerze oder Einspritzdüse können zentral angeordnet werden, was zu kurzen Brennwegen und erhöhter Brenngeschwindigkeit führt. Weitere Vorteile sind Leistungssteigerung, geringerer Kraftstoffverbrauch und günstigere Abgaswerte. Bei Verwendung von 5 Ventilen (3 Einlass-, 2 Auslassventilen) wird der Verdichtungsraum kugelförmiger, da der Durchmesser der Ventilteller abnimmt.

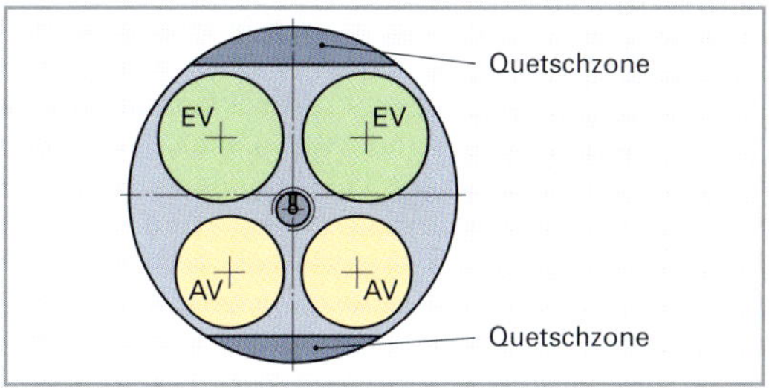

Bild 2: Dachförmiger Verdichtungsraum mit 4 Ventilen und 2 Quetschzonen

11.1.4 Zylinderkopfdichtung

> Die Zylinderkopfdichtung **(Bild 3)** soll den Verbrennungsraum gasdicht abschließen und den Austritt von Kühlmittel oder Motoröl aus den Durchflusskanälen verhindern.

Voraussetzung für gute Abdichtung ist eine ebene Fläche von Zylinderblock und Zylinderkopf.

Beanspruchungen. Kraftstoff, Abgas, Motoröl und Kühlmittel kommen flüssig und gasförmig, in kaltem und in hocherhitztem Zustand, unter hohem Druck und Unterdruck zum Teil mit chemisch aktiven Mitteln versetzt mit der Zylinderkopfdichtung in Berührung. Sie muss deshalb folgenden Anforderungen genügen:

- Elastische Anpassung der Dichtflächen bei allen Betriebszuständen.
- Geringe Neigung zum Setzen, damit eine nachziehfreie Zylinderkopfverspannung möglich ist.
- Kein Ankleben an Dichtflächen, um eine Demontage zu erleichtern.

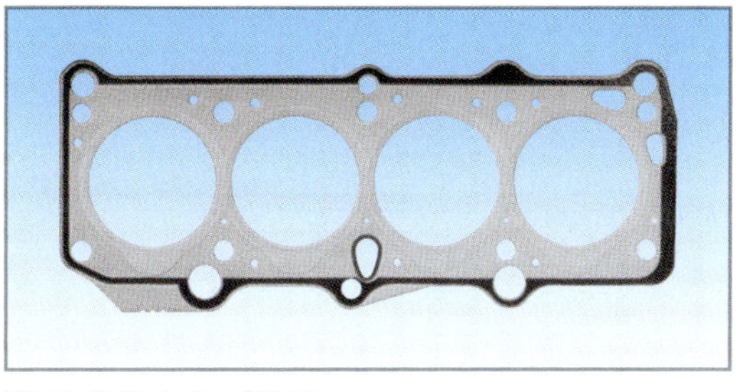

Bild 3: Zylinderkopfdichtung

11

Die vielfältigen Anforderungen sowohl in Otto- als auch in Dieselmotoren erfüllen …

- … Metall-Weichstoff-Zylinderkopfdichtungen, sie werden am meisten verwendet.
- … Metall-Zylinderkopfdichtungen für Hochleistungsdieselmotoren, für Nfz-Dieselmotoren und zunehmend für Ottomotoren.

Metall-Weichstoff-Zylinderkopfdichtung (Bild 1). Ein metallisches Trägerblech von etwa 0,3 mm Dicke ist mit Verklammerungszacken versehen. Diese halten die beidseitig aufgebrachte Weichstofflage. Zur Verbesserung der Beständigkeit gegen die umgebenden Medien ist auf den Weichstoff eine porenfüllende Kunststoffbeschichtung aufgebracht. Die Brennraumdurchgänge werden eingebördelt, z.B. mit einem Aluminium plattierten Stahlblech. Die Abdichtwirkung an Flüssigkeitsdurchgängen kann durch eine Elastomerbeschichtung noch verbessert werden.

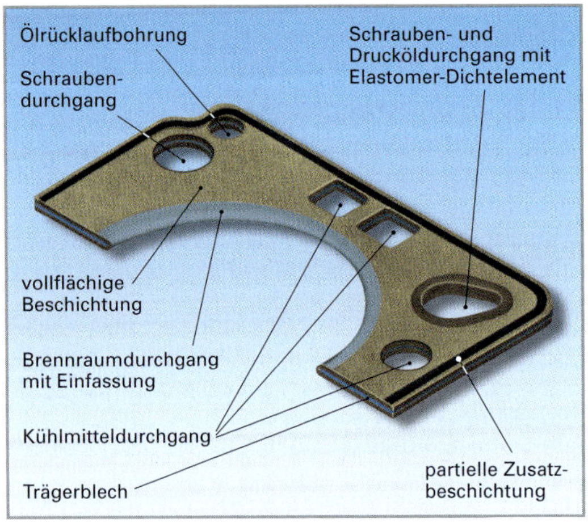

Bild 1: Metall-Weichstoff-Zylinderkopfdichtung

Metall-Zylinderkopfdichtung (Bild 2). Sie wird meist als Mehrlagen-Zylinderkopfdichtung aus Stahlblechen hergestellt. Zur sicheren Gasabdichtung sind zur Erhöhung der örtlichen Pressung Sicken oder Blecheinfassungen erforderlich. An Flüssigkeitsdurchgängen wird die Dichtwirkung auch durch Elastomer-Beschichtungen erhöht.

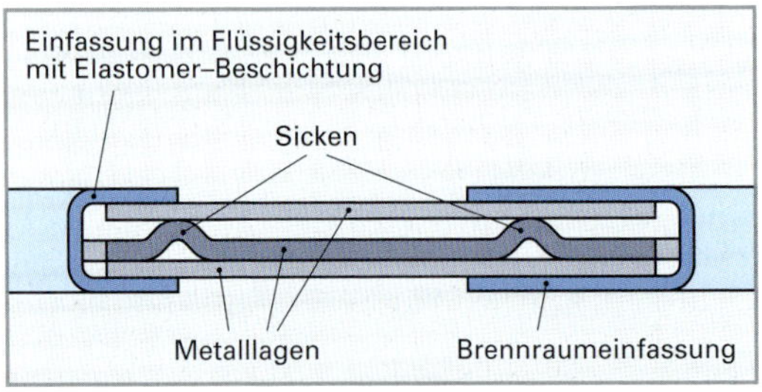

Bild 2: Metall-Zylinderkopfdichtung

11.1.5 Kurbelgehäuse

Das Kurbelgehäuse nimmt die Kurbelwelle auf, gelegentlich auch die Nockenwelle. Mit dem Kurbelgehäuse sind die Zylinder verschraubt.

Aufbau. Das Kurbelgehäuse ist meist in Höhe der Kurbelwellenlager geteilt. Das Oberteil enthält die Lagerstühle für die Kurbelwelle. Die Lagerdeckel werden von unten mit Schrauben befestigt. Diese Anordnung hat den Vorteil, dass die Kurbelwelle leicht ausgebaut werden kann. Das Gehäuseunterteil ist als Ölwanne ausgebildet und wird öldicht mit dem Kurbelgehäuseoberteil verschraubt.

Das Kurbelgehäuse wird aus Gusseisen oder aus Al-Legierungen hergestellt und findet bei luftgekühlten Motoren Anwendung.

Motorblock = Zylinder + Kurbelgehäuse

11.1.6 Motoraufhängung

Motorlager sollen die Übertragung von Schwingungen zwischen Motor und Karosserie dämpfen und die Gewichtskraft des Motors aufnehmen. Zusätzlich müssen sie die durch das Motordrehmoment entstehenden Kräfte bei Schub und Zug abstützen.

Als Motorlager werden Gummi-Metall-Verbindungen (Silentbloc) oder hydraulisch gedämpfte Lager (Hydrolager) verwendet.

Hydrolager (Bild 3). Im Leerlauf wirkt der Druck, der sich durch Motorschwingungen in der Hydraulikflüssigkeit der oberen Kammer aufbaut, nur auf die Gummimembran. Sie verformt sich und dämpft die Schwingungen. Luft entweicht aus dem Luftpolster durch das geöffnete Magnetventil. Im Fahrbetrieb ist das Magnetventil geschlossen. Der Druck in der Hydraulikflüssigkeit wirkt durch den Düsenkanal in der unteren Kammer auf den Gummibalg, verformt ihn und baut dadurch die Schwingungen ab.

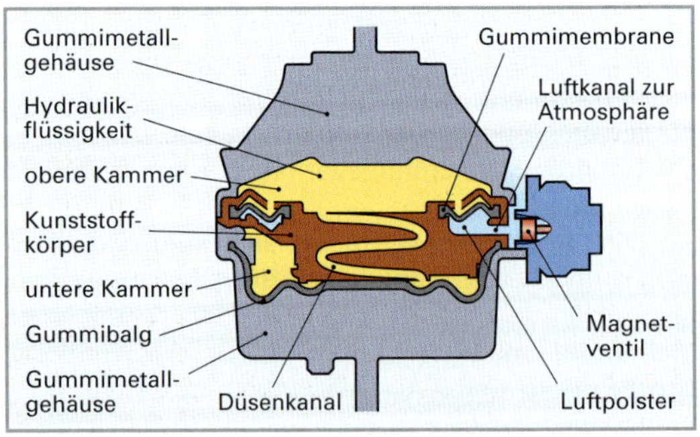

Bild 3: Hydrolager

Werkstatthinweise

Prüfen des Kompressionsdruckes

Mit dem Kompressionsdruckprüfer werden Vergleichsmessungen der Druckverhältnisse in den einzelnen Verbrennungsräumen vorgenommen **(Bild 1)**.

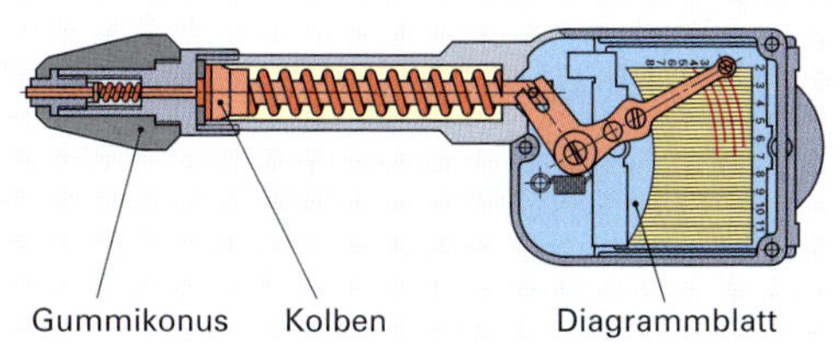

Bild 1: Kompressionsdruckprüfer

Bei der Prüfung ist Folgendes zu beachten:

- Prüfung nur bei Betriebstemperatur des Motors vornehmen.
- Elektronische Zündanlage außer Betrieb setzen (Herstellervorschrift beachten).
- Prüfkarte in Kompressionsdruckschreiber so einlegen, dass der Zeiger auf Zylinder 1 steht.
- Alle Zündkerzen herausschrauben und den Motor mit dem Starter kurz durchdrehen, damit Verbrennungsrückstände entweichen.
- Den Gummikonus des Kompressionsdruckprüfers in die Zündkerzenbohrung drücken, und die Drosselklappe ganz öffnen.
- Den Motor mit dem Starter etwa 10 Umdrehungen durchdrehen.
- Kompressionsdruckschreiber entlüften, bevor die Prüfkarte in die Stellung des Zylinders 2 gebracht wird.

Bei einwandfreiem Zustand der Verbrennungsräume dürfen die in den einzelnen Zylindern gemessenen Kompressionsdrücke nur geringfügig voneinander abweichen (maximal 2 bar).

Rückschlüsse auf Fehlerursachen:

- Wird ein Druck unter 6 bar (12 bar bei Dieselmotoren) in allen Zylindern angezeigt, so liegt ein gleichmäßiger Verschleiß des Motors vor.
- Bei abweichenden Kompressionsdrücken in den einzelnen Zylindern kann durch Einspritzen von etwas Motoröl in den Verbrennungsraum ermittelt werden, wodurch der Druckverlust verursacht wurde. Erhöht sich bei der nachfolgenden Messung der Kompressionsdruck, so liegt Verschleiß an der Zylinderwand bzw. an Kolbenringen vor. Tritt keine Erhöhung des Kompressionsdruckes ein, so können Ventile, Ventilsitze, Ventilführung, Zylinderkopf oder Zylinderkopfdichtung schadhaft sein.
- Wird in zwei nebeneinander liegenden Zylindern ein gleich großer Kompressionsdruck gemessen, der wesentlich kleiner ist als der in den anderen Zylindern, so kann ein Riss im Zylinderkopf bzw. eine undichte Zylinderkopfdichtung zwischen beiden Zylindern vorliegen.

Druckverlustprüfung (Bild 2)

Sie wird dann durchgeführt, wenn nach der Kompressionsdruckprüfung eine Undichtheit im Zylinderraum zu vermuten ist.

Bei der Prüfung des jeweiligen Zylinders ist folgender Ablauf zu beachten:

- Der Kolben muss im OT des Verdichtungshubes stehen.
- Druckverlust-Tester an das Druckluftnetz anschließen (5 bar ... 10 bar) und mittels Rändelschraube eichen.
- Anschließen des Testers über das Zündkerzengewinde des Zylinders.
- Der durch Undichtheit entstehende Druckverlust wird am Manometer in Prozent angezeigt und darf die vom Testgeräte-Hersteller angegebenen Werte nicht überschreiten.
- Bei größeren Undichtheiten können die Fehlerquellen durch Feststellen des Luftaustrittes ermittelt werden.

Rückschlüsse auf Fehlerursachen:

- Blasgeräusche im Sammelsaugrohr oder Auspuffrohr: Ein- oder Auslassventil undicht.
- Blasgeräusche am Öleinfüllstutzen bzw. an der Ölmessstaböffnung: Undichtheiten durch Verschleiß von Kolben, Kolbenringen und Zylinderlaufbahn, defekte Zylinderkopfdichtung.
- Luftblasen im Kühlereinfüllstutzen bzw. Blasgeräusche in der Zündkerzenöffnung des benachbarten Zylinders: Undichte Zylinderkopfdichtung, Risse im Zylinderkopf.

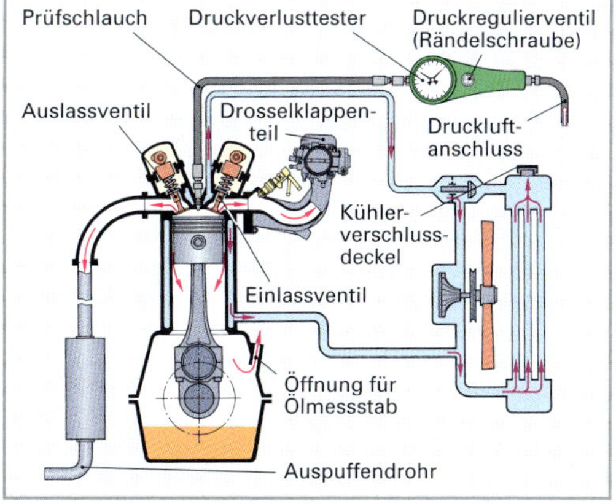

Bild 2: Druckverlust-Prüfung

11

FORTSETZUNG VON SEITE 207

Verschleiß der Zylinderlaufflächen

Bei einem neuen Motor sind die Zylinderlaufflächen genau zylindrisch. Mit zunehmender Betriebsdauer tritt ein merklicher Verschleiß ein, so dass die Kolbenringe den Verbrennungsraum nicht mehr voll abdichten können. Es gelangt dann Motoröl in den Verbrennungsraum (hoher Ölverbrauch) und Kraftstoff in das Kurbelgehäuse (Ölverdünnung). Ferner sinkt die Verdichtung, die Motorleistung fällt ab und der Kraftstoffverbrauch steigt. Außerdem wird der Motorlauf durch das Kolbenkippen geräuschvoller.

Die Zylinderlaufbahn wird zwischen dem oberen und unteren Totpunkt nicht gleichmäßig abgenutzt, weil die Seitenkraft des Kolbens mit dem Verbrennungsdruck nachlässt und weil die Schmierung im Bereich des oberen Totpunktes schlechter ist **(Bild 1a)**.

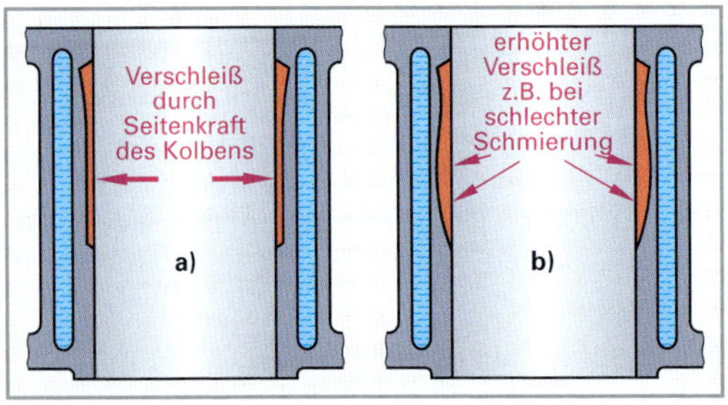

Bild 1: Normale und fehlerhafte Abnutzung der Zylinderlaufbahn

Die Abnutzung ist im Bereich des oberen Totpunktes am größten, die Zylinderbohrung wird konisch.

Bei fehlerhafter Abnutzung, meist durch Versagen der Schmierung hervorgerufen, wird die Bohrung bauchig **(Bild 1b)**. Die Abnutzung erstreckt sich nicht gleichmäßig auf den Zylinderumfang, sondern sie tritt hauptsächlich in Richtung der Seitenkräfte auf, verstärkt durch Kolbenkippen. Der normale Verschleiß beträgt etwa 0,01 mm auf 10 000 km.

Prüfen der Zylinderlauffläche. Die Abnutzung der Zylinderlauffläche wird mit einem Innenmessgerät gemessen, das mit einer Messuhr ausgerüstet ist **(Bild 2)**. Zur Feststellung des Verschleißes müssen Messungen in Richtung der Kolbenbolzenachse und senkrecht dazu durchgeführt werden. Die Messungen werden unter der Oberkante der Zylinderbohrung begonnen und nach unten in mehreren Durchgängen fortgesetzt. Dabei ist das Gerät in Richtung der Pfeile **(Bild 2)** zu schwenken, um Messfehler zu vermeiden. Durch die Messung werden Verschleiß, Unrundheit und konischer Verlauf der Zylinderlauffläche ermittelt.

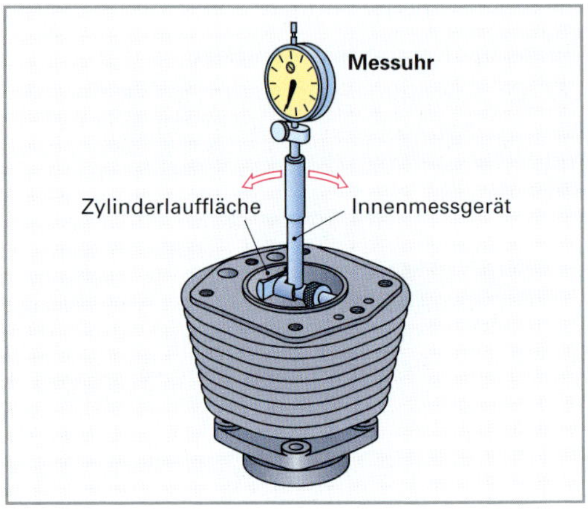

Bild 2: Ausmessen einer Zylinderlauffläche

Bearbeitung der Zylinderlauffläche. Die zylindrische Form muss durch Feinbohren oder Honen wieder hergestellt werden, wenn die Abnutzung im Mittel etwa

- 0,5 mm bei Viertaktmotoren,
- 0,2 mm bei Zweitaktmotoren,
- 0,8 mm bei Nfz-Dieselmotoren beträgt.

Das Feinbohren erfolgt entsprechend der Kolbenübergröße in Stufen von 0,25 mm bzw. 0,5 mm. Das anschließende Honen erfolgt auf einer Honmaschine.

Einbau der Zylinderlaufbuchsen

Trockene Zylinderlaufbuchsen sind meist fertig bearbeitet. Die Passung ist als Schiebesitz ausgebildet, so dass die Buchsen mit geringem Druck eingeschoben werden können. Laufbuchsen, die nur vorgebohrt sind, werden mit Übermaß in die Bohrung eingepresst und im Zylinder fertig bearbeitet. Die eingebaute Zylinderlaufbuchse darf nicht überstehen. Sie soll mit der Deckfläche eben sein oder bis zu 0,1 mm zurückstehen.

Nasse Zylinderlaufbuchsen werden einbaufertig geliefert. Sie lassen sich meist leicht einführen. Die Gummiringe müssen gut abdichten, dürfen aber nicht zu dick sein, damit die Buchse sich unter dem Druck nicht verformt, was zu Kolbenfressern führen kann. Der Bund der Laufbuchse steht im Allgemeinen bis etwa 0,1 mm über **(Bild 1, Seite 209)**.

Die Zylinderkopfdichtung darf dabei keinen zu starken Bördel aufweisen, der Bördel darf nicht auf den inneren Buchsenrand drücken, weil sonst beim Anziehen der Zylinderkopfschrauben der Bund abreißt oder die Buchse sich verzieht.

Keinesfalls darf der Bund zurückstehen, weil sich dann die Buchse bewegen kann.

Fortsetzung von Seite 208

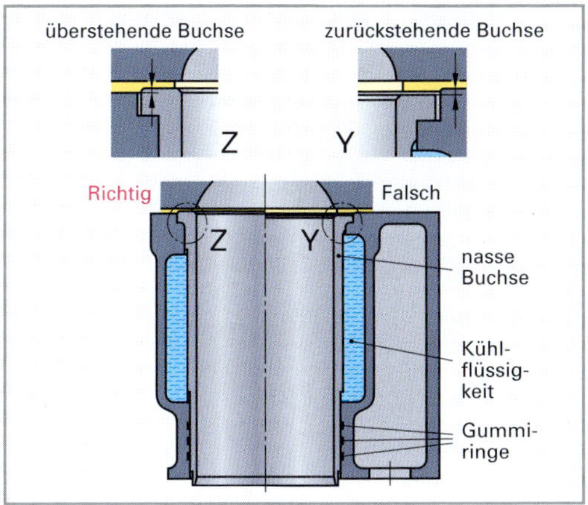

Bild 1: Einbaulagen von Zylinderlaufbuchsen

Auswechseln der Zylinderkopfdichtung

Ist die Abdichtung zwischen Zylinderkopf und Zylinderblock ungenügend, so treten folgende Nachteile ein:

- Leistungsverlust, ein Teil der Gase geht verloren, der Druck im Zylinder fällt ab
- Verbrennen der Zylinderkopfdichtung
- Ölverlust
- Motorschaden durch Eintritt von Kühlflüssigkeit in den Verbrennungsraum

Folgende Punkte sind beim Auswechseln der Zylinderkopfdichtung zu beachten:

- Vor dem Lösen der Zylinderkopfschrauben muss der Motor abgekühlt sein, um ein Verziehen des Zylinderkopfes zu vermeiden.
- Festklebende Reste der Dichtung müssen entfernt werden.
- Die Dichtflächen von Zylinderkopf und Zylinderblock müssen eben sein. Unebenheiten müssen auf einer Flächenschleifmaschine nachgearbeitet werden.
- Die Dicke der Zylinderkopfdichtung muss den Herstellervorschriften entsprechen.
- Die Durchgänge von Kühlflüssigkeit und Motoröl müssen übereinstimmen.
- Verwendung einer dickeren Dichtung, wenn Zylinderkopf und Zylinderblock abgeschliffen wurden, da sich sonst das Verdichtungsverhältnis ändert.
- Brennraumeinfassungen dürfen nicht in den Verbrennungsraum hineinragen, da sonst Glühzündungen die Folge sein können.

Anziehen der Zylinderkopfschrauben

Sie werden in einer bestimmten Reihenfolge angezogen. In den Reparaturanleitungen ist diese stets vorgeschrieben. Abweichungen von der Reihenfolge führen zum Verziehen des Zylinderkopfes und zur Undichtheit.

Im Allgemeinen werden die Zylinderkopfschrauben

- von innen nach außen spiralförmig **(Bild 2)** oder
- von innen nach außen über Kreuz angezogen.

Beim Anziehen muss das vom Hersteller vorgeschriebene Drehmoment ggf. der Drehwinkelanzug eingehalten werden. In der Regel muss ein neuer Schraubensatz verwendet werden.

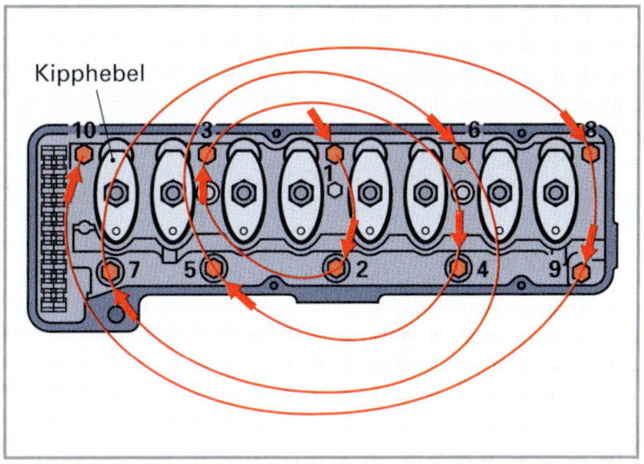

Bild 2: Beispiel für das Anziehen von Zylinderkopfschrauben

11

Wiederholungsfragen

1. **Welche Aufgaben haben Zylinder und Zylinderkopf?**
2. **Welchen Beanspruchungen sind Zylinder und Zylinderkopf ausgesetzt?**
3. **Welche Eigenschaften soll der Zylinder bzw. die Zylinderlaufbahn haben?**
4. **Welcher Unterschied besteht zwischen nassen und trockenen Zylinderlaufbuchsen?**
5. **Welche Vor- und Nachteile haben Zylinder aus Leichtmetalllegierungen?**
6. **Wie können die Laufeigenschaften von Leichtmetallzylindern verbessert werden?**
7. **Welche Vorteile haben Verdichtungsräume mit Quetschzonen?**
8. **Welche Folgen kann eine schadhafte Zylinderkopfdichtung haben?**
9. **Was ist beim Einbau von nassen Zylinderlaufbuchsen zu beachten?**
10. **Wie müssen Zylinderkopfschrauben angezogen werden?**

11.2 Motorkühlsysteme

Das Kühlsystem hat bei Verbrennungsmotoren folgende Aufgaben:

Schnelle Erwärmung des Motors auf optimale Betriebstemperatur und Abführung überschüssiger Wärme während des Betriebs.

Rund ein Drittel der beim Verbrennen erzeugten Wärmeenergie wird von den Bauteilen z.B. Kolben, Ventile, Zylinder, Zylinderkopf, Abgasturbolader und dem Motoröl aufgenommen und muss wegen der begrenzten Hitzebeständigkeit der Werkstoffe bzw. des Schmieröls abgeleitet werden.

Selbst sparsame direkteinspritzende Diesel- und Ottomotoren können somit nur max. 43% der im Kraftstoff gespeicherten Energie für den Antrieb nutzen. Der Rest der Energie geht als Wärme verloren **(Bild 1)**.

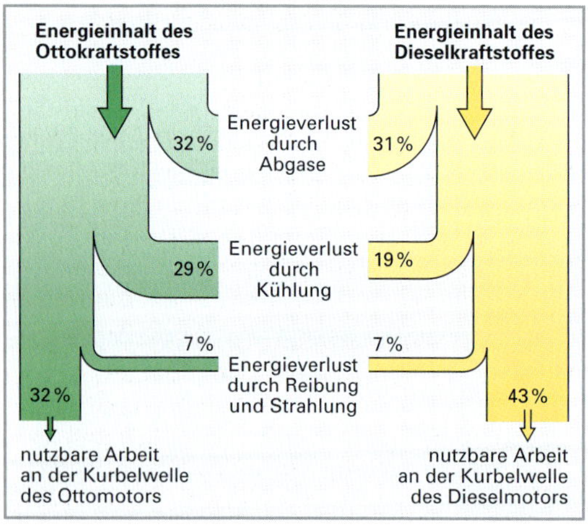

Bild 1: Sankey-Diagramme

Die thermische Energie entsteht dabei nicht allein durch die Verbrennung des Kraftstoffs innerhalb der Zylinder. Auch die Reibung der beweglichen Bauteile in Motor und Antriebsstrang wandeln Teile der gewonnenen mechanischen Energie wieder in thermische Energie um, die nicht mehr als Antriebsenergie genutzt werden kann **(Bild 2)**.

Betriebstemperatur

Beim Kaltstart eines Fahrzeugmotors kann eine optimale Gemischbildung erst ablaufen, wenn der Motor und somit die Motorbauteile eine bestimmte Temperatur erreicht haben.

Die obere Temperaturgrenze (Maximaltemperatur) ist vor allem von der Wärmebelastbarkeit des Motoröls und der Motormaterialien abhängig. Fahrzeugmotoren arbeiten üblicherweise bei einer Kühlmitteltemperatur von 80 °C...90 °C **(Bild 2)**.

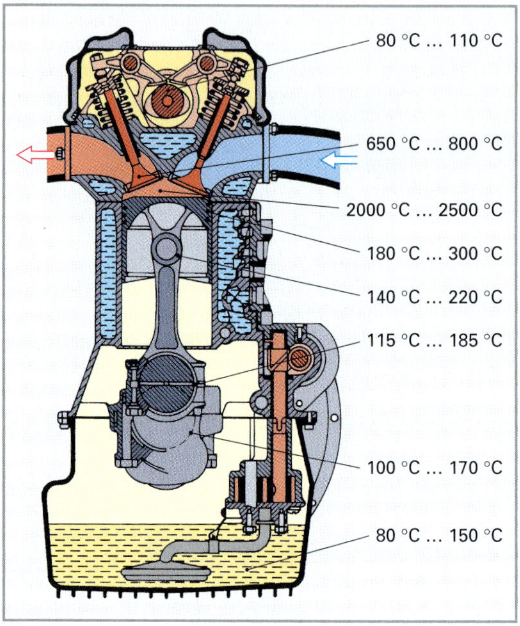

Bild 2: Bauteiltemperaturen bei $T_{Kühlwasser}$ = 90 °C

Neue, kennfeldgesteuerte Kühlsysteme lassen Betriebstemperaturen bis ca. 120 °C zu. Damit kann der Kraftstoffverbrauch gesenkt werden. Ursache hierfür ist die verringerte Reibung und die verbesserte Gemischaufbereitung bei höheren Temperaturen.

Anforderungen an das Kühlsystem:

- Ausreichende Kühlwirkung
- Schnelles Erreichen der Betriebstemperatur
- Geringes Gewicht
- Gleichmäßige Kühlung der Bauteile, um Wärmespannungen zu vermeiden
- Geringer Energiebedarf für den Betrieb des Kühlsystems

Eine gute Kühlung ermöglicht somit

- Verbesserte Zylinderfüllung
- Verminderte Klopfneigung bei Ottomotoren
- Höhere Verdichtung
- Höhere Leistung bei günstigerem Kraftstoffverbrauch
- Gleichmäßigere Betriebstemperaturen

11.2.1 Kühlungsarten

Es werden folgende Kühlungsarten unterschieden:

Luftkühlung:

- Fahrtwindkühlung
- Gebläseluftkühlung

Flüssigkeitskühlung:

- Thermoumlaufkühlung
- Pumpenumlaufkühlung

Innenkühlung des Brennraums durch:

- Verdampfungswärme des Kraftstoffs

Durch die zunehmende Leistung, erhöhte Drehzahlen, den Einbau der Motoren in einen relativ abgeschlossenen Raum und immer kompakteren Abmessungen werden Kühlsysteme meist als Zwangsumlaufkühlung ausgeführt.

Die Luftkühlung findet man heute nur noch vereinzelt bei Motorrad-, Flugzeug- und Stationärmotoren.

11.2.2 Luftkühlung

Bei der Luftkühlung wird die abzuführende Kühlwärme von den Oberflächen der Motorteile direkt an die umströmende Umgebungsluft abgegeben.

Fahrtwindkühlung (Bild 1). Sie ist die einfachste Art der Luftkühlung. Diese wird häufig bei Krafträdern angewandt, da ihre unverkleideten Motoren vom Fahrtwind umströmt werden. Um größtmögliche Kühlung zu erzielen wird der Wärmeübergang an die Umgebungsluft durch Vergrößerung der wirksamen Kühlfläche mit Kühlrippen verbessert. Deshalb sind Zylinder, Zylinderkopf und häufig auch das Motorgehäuse mit Kühlrippen versehen.

Bild 1: Luftgekühlter Motor mit Kühlrippen

Gebläseluftkühlung. Sie ermöglicht eine ausreichende Kühlung von Motoren, die nicht vom Fahrtwind umströmt werden. Ein Gebläse wird über einen Keilriemen vom Motor angetrieben und kühlt die einzelnen Zylinder mit Hilfe von Leitblechen gleichmäßig mit der Kühlluft. Anwendung: z.B. Motorroller.

Vorteile der Luftkühlung:
- Einfacher Aufbau.
- Geringes Leistungsgewicht.
- Keine Kühlflüssigkeit mit Gefrierschutzmittel erforderlich.
- Weitgehende Wartungsfreiheit.

Nachteile der Luftkühlung:
- Größere Schwankungen der Betriebstemperatur.
- Leistungsbedarf des Kühlgebläses ist verhältnismäßig hoch (etwa 3 % ... 4 % der Motorleistung).
- Lautere Geräusche durch das Gebläse wegen des fehlenden Kühlflüssigkeitsmantels.
- Stark verzögerte und ungleichmäßige Fahrzeuginnenraumheizung.
- Schlechterer Wärmeübergang zwischen Kühlrippen und Luft.
- Nicht regelbar.

11.2.3 Flüssigkeitskühlung

Bei der Flüssigkeitskühlung erfolgt der Wärmetransport durch eine Kühlflüssigkeit. Diese nimmt die Bauteilwärme auf und gibt sie durch den Kühler an die Umgebungsluft ab.

Zylinderblock und Zylinderkopf sind bei der Flüssigkeitskühlung doppelwandig ausgeführt bzw. sind von Kühlkanälen durchzogen. In diesen Hohlräumen zirkuliert eine Kühlflüssigkeit und nimmt von den Wänden die abzuführende Wärme auf. Über Schläuche und Leitungen fließt die Kühlflüssigkeit im Kühlkreislauf zu einem von der Luft umströmten Kühler. Über dessen Oberfläche gibt sie die im Motor aufgenommene Wärme an die Umgebungsluft ab. Die somit wieder abgekühlte Kühlflüssigkeit fließt dann zurück zum Motor, um dort erneut Wärme aufzunehmen.

Wird der Strömungsvorgang ausschließlich durch die Dichteänderung der Kühlflüssigkeit erreicht, bezeichnet man das als **Wärmeumlaufkühlung** bzw. Thermosyphonkühlung. Beim Ausschalten eines heißen Motors wird dieser Effekt zur weiteren Kühlung ausgenutzt. Er beruht darauf, dass warmes Wasser eine geringere Dichte als kaltes Wasser hat und somit nach oben steigt. Der Kühlflüssigkeitsumlauf kann ohne Pumpe erfolgen. Für heutige Motoren ist dies Art der Kühlung ungeeignet. Heute werden ausschließlich Kühlsysteme mit Pumpen verwendet, sogenannte **Pumpenumlaufkühlungen**. Dabei wird das Kühlmittel durch eine Pumpe umgewälzt.

Vorteile der Flüssigkeitskühlung:
- Gleichmäßige Kühlwirkung.
- Gute Dämpfung der Verbrennungsgeräusche durch den Kühlmantel.
- Ermöglicht gute Beheizung des Fahrzeuginnenraums.

Nachteile der Flüssigkeitskühlung:
- Verhältnismäßig hohes Gewicht.
- Hoher Wartungsaufwand.
- Längere Warmlaufphase bis zum Erreichen der Betriebstemperatur.

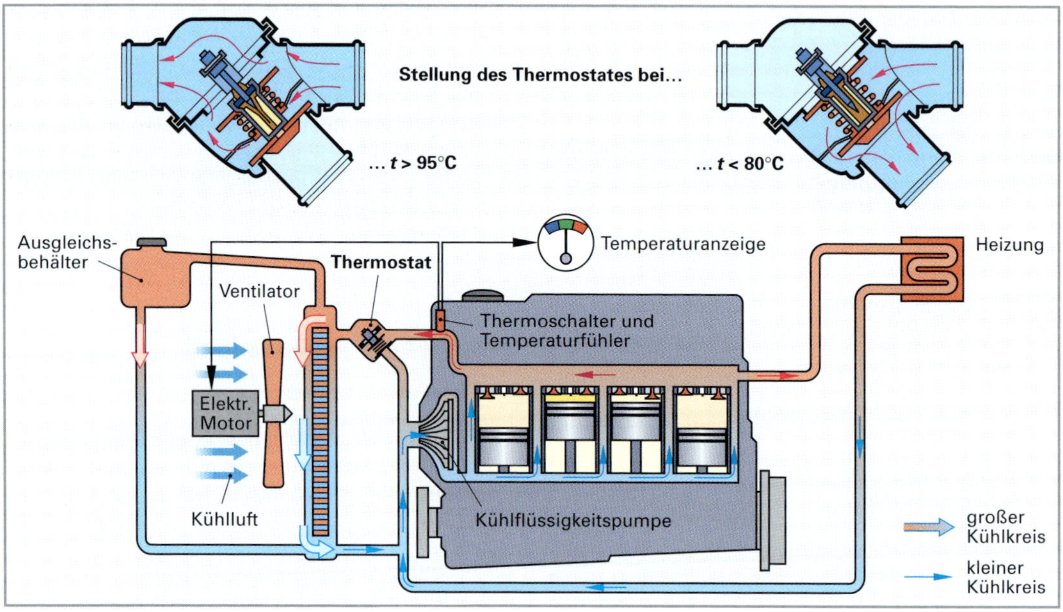

Bild 1: Pumpen- bzw. Zwangsumlaufkühlung mit Dehnstoffthermostat und Doppelventil beim Kaltstart

11

Die Kühlflüssigkeit wird mit Hilfe eines Thermostatventils in einen kleinen oder in einen großen Kühlkreislauf gelenkt.

Kalter Motor. Bei kaltem Motor fördert die Kühlflüssigkeitspumpe das Kühlmittel in den Kühlmantel um die Zylinder, es umspült diese und gelangt über Durchgangsbohrungen zum Zylinderkopf. Von hier fließt es über den noch geschlossenen Thermostat zurück zur Pumpe. Ist die Wagenheizung eingeschaltet, so strömt auch ein Teil der Kühlflüssigkeit, je nach Stellung des Heizregulierventils, über den Wärmetauscher der Heizung zurück zur Pumpe **(kleiner Kühlkreislauf).**

Betriebswarmer Motor. Ist die Betriebstemperatur des Motors erreicht, so wird über den Thermostat der Kühler in den Kreislauf zugeschaltet **(großer Kühlkreislauf).** Die vom Motor erhitzte Kühlflüssigkeit fließt jetzt über den Thermostat zum Kühler und weiter zur Kühlflüssigkeitspumpe. Der Inhalt des Ausgleichsbehälters hält den Flüssigkeitsstand im Kühlsystem konstant.

Kühlflüssigkeitstemperatur. Sie beträgt je nach Betriebszustand des Fahrzeugs und je nach Fahrzeughersteller bei

- Personenkraftwagen etwa 100 °C ... 120 °C
- Nutzkraftwagen etwa 90 °C ... 95 °C

Die maximal zulässigen Überdrücke im Kühlsystem liegen derzeit bei

- Personenkraftwagen etwa 1,3 bar ... 2 bar
- Nutzkraftwagen etwa 0,5 bar ... 1,1 bar

Durch einen höheren Druck im Kühlsystem kann die Kühlflüssigkeitstemperatur angehoben werden, ohne dass die Kühlflüssigkeit siedet. Durch die damit verbundene Erhöhung der Motortemperatur können Leistungssteigerung sowie Verbrauchs- und Emissionssenkungen erreicht werden.
Bei Ottomotoren ist die Temperaturanhebung jedoch durch die damit verbundene Zunahme der Klopfneigung beschränkt.

Kühlflüssigkeit. Sie ist in der Regel ein Gemisch aus kalkarmem Wasser, Gefrierschutzmittel mit Zusätzen für den Korrosionsschutz, welcher auf den jeweiligen Fahrzeugtyp angepasst ist **(vgl. Seite 38, Kap. 1.8.7).**

Die im Kühlkreislauf eingefüllte Kühlflüssigkeitsmenge, die etwa das Vier- bis Sechsfache des Motorhubraums beträgt, wird etwa zehn bis fünfzehn mal je Minute umgewälzt. Je nach Motorleistung werden somit in Personenkraftwagen zwischen 4000 l/h und 18000 l/h und in Nutzkraftwagen zwischen 8000 l/h und 32000 l/h Kühlflüssigkeit umgepumpt. Dadurch wird erreicht, dass bei zügiger Ableitung der Kühlwärme der Temperaturunterschied zwischen Eintritt und Austritt der Kühlflüssigkeit am Motor nur etwa 5 °C ... 7 °C beträgt. Somit werden Wärmespannungen im Motor verhindert.

11.2.4 Bauteile der Pumpenumlaufkühlung

Kühlflüssigkeits-Thermostat (Temperaturregler). Er sorgt durch stufenloses Umschalten zwischen kleinem und großem Kühlkreislauf dafür, dass der Motor rasch seine Betriebstemperatur erreicht und sie während des Betriebs mit möglichst geringen Schwankungen beibehält.

Die Regelung wirkt sich wesentlich aus auf:

- Kraftstoffverbrauch
- Abgaszusammensetzung
- Verschleiß

Der Thermostat kann sowohl in einen Kühlflüssigkeitsstutzen des Motors als auch in die Zufluss- oder Rücklaufleitung eingebaut sein.

Thermostat mit Doppelventil (Bild 1) (Zweiweg-Thermostat). Er ist heute meist eingebaut. Dieser Thermostat schaltet den Kühlflüssigkeitsdurchsatz bei zunehmender Temperatur vom kleinen Kühlkreislauf auf den großen Kühlkreislauf durch den Kühler um. Dabei verschließt er die Kurzschlussleitung zur Kühlflüssigkeitspumpe.

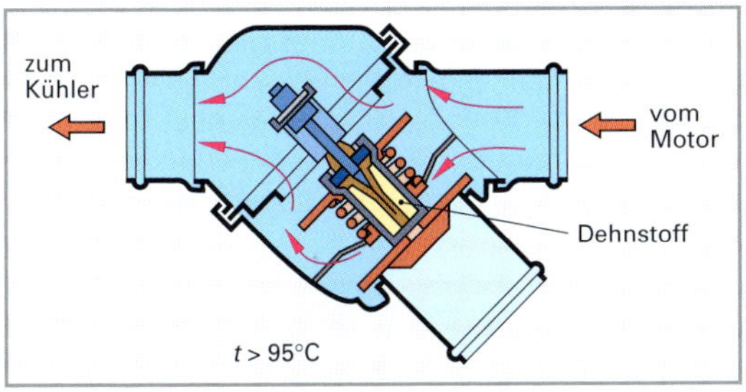

Bild 1: Dehnstoffthermostat mit Doppelventil, bei warmen Motor

Dehnstoff-Thermostat. Bei der heute üblichen Thermostatbauweise öffnet und schließt ein Dehnstoffelement die Steuerventile. Das Dehnstoffelement **(Bild 2)** ist eine druckfeste Metalldose, die mit einem wachsartigen Dehnstoff gefüllt ist. Bei kaltem Motor verschließt der fest am Arbeitskolben angebrachte Ventilteller den Durchfluss zum Kühler.

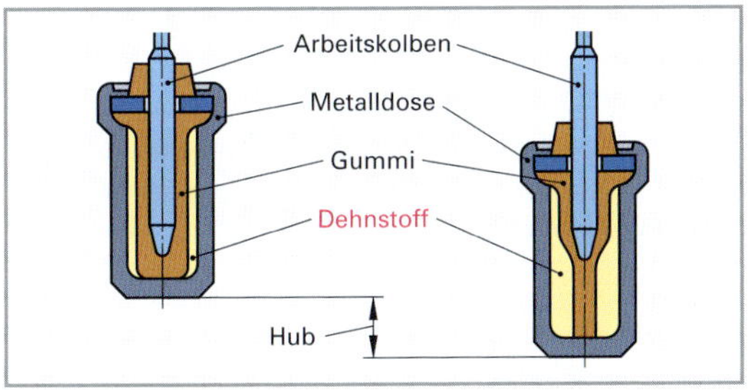

Bild 2: Dehnstoffelement

Durch Temperaturanstieg in der Kühlflüssigkeit auf etwa 80 °C schmilzt die Dehnstofffüllung im Dehnstoffelement. Beim Schmelzvorgang nimmt das Volumen des Dehnstoffs erheblich zu. Dies bewirkt, dass sich die Metalldose auf dem feststehenden Kolben verschiebt und somit das Ventil für den Durchfluss zum Kühler öffnet und gleichzeitig das Ventil in der Kurzschlussleitung schließt. Bei etwa 95 °C Kühlflüssigkeitstemperatur ist der Kühler vollständig zugeschaltet. Sinkt die Temperatur der Kühlflüssigkeit wieder ab, dann drückt eine Feder die Metalldose über den Kolben zurück und schließt somit das Ventil für den Durchfluss zum Kühler. Gleichzeitig wird das Ventil zur Kurzschlussleitung wieder geöffnet.

Durch stetiges Öffnen und Schließen im Wechsel schwankt die Kühlflüssigkeitstemperatur nur in einem sehr schmalen Bereich, die Motortemperatur wird somit weitgehend konstant gehalten. Das Dehnstoffelement arbeitet dabei weitgehend unabhängig vom Druck im Kühlsystem. Es erzielt große Stellkräfte für die Ventilbetätigung.

Kühlflüssigkeitspumpe (Bild 3). Sie ist meist als Kreiselpumpe (Radialpumpe, Strömungspumpe) ausgebildet. Im Pumpengehäuse, das mit Kühlflüssigkeit gefüllt ist, läuft mit hoher Drehzahl ein Flügelrad bzw. Pumpenrad. Dieses erfasst im Zentrum (Saugseite) die Flüssigkeit und drückt sie nach außen (Druckseite). Vom Kühler bzw. vom Thermostat her strömt dem Zentrum des Flügelrades stets abgekühlte Kühlflüssigkeit zu.

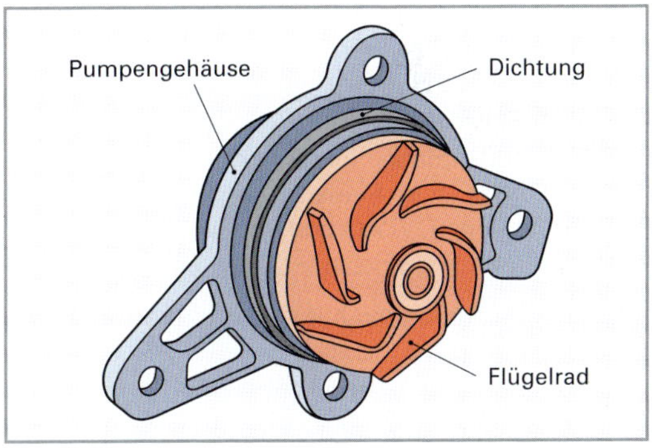

Bild 3: Kühlflüssigkeitspumpe

Der Antrieb der Kühlflüssigkeitspumpe erfolgt in der Regel über einen Keilriemen von der Kurbelwelle aus. Der Antrieb kann auch durch einen Elektromotor erfolgen **(vgl. Kapitel 11.2.5: Kennfeld gesteuerte Kühlsysteme)**. Ein von der Kühlflüssigkeitstemperatur abhängiger, elektronisch kennfeldgeregelter Pumpenantrieb passt durch variable Förderleistung der Pumpe den Kühlmengenbedarf der abzuführenden Wärmemenge an. Die geringere Leistungsaufnahme der Kühlflüssigkeitspumpe führt zu einer Kraftstoff- und Emissionsminderung.

Ventilator. Er hat die Aufgabe, Kühler und Motorraum mit ausreichender Kühlluftmenge zu versorgen, wenn der Fahrtwind nicht ausreicht. z.B. bei langsamer Fahrt oder bei Stillstand des Fahrzeugs.

Starrer Ventilatorantrieb. Der Ventilator kann an der Wasserpumpenwelle angeflanscht sein **(Bild 1, Seite 214)** oder er wird über Keilriemen gemeinsam mit der Wasserpumpe und eventuell anderen Nebenaggregaten von der Kurbelwelle angetrieben.

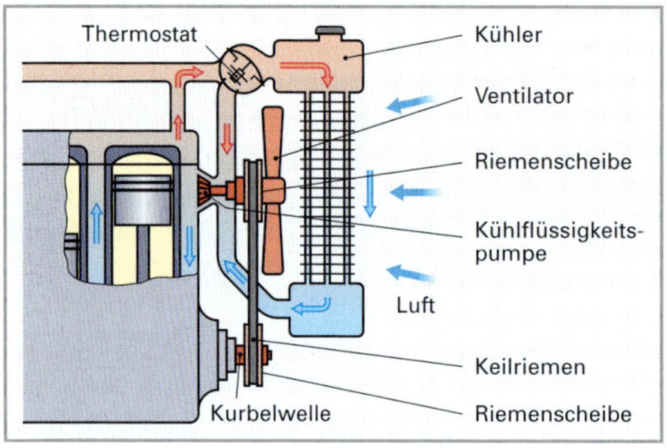

Bild 1: Ventilator mit starrem Antrieb

Variabler Ventilatorantrieb. Er berücksichtigt, dass das erforderliche Fördervolumen je nach Fahrgeschwindigkeit und je nach Betriebszustand des Motors sehr unterschiedlich ist. Um Energie zu sparen (bei Pkw etwa 2 kW...3 kW), wird deshalb bei vielen Motoren ein zuschaltbarer Ventilator oder ein Ventilator mit variabler Drehzahl verwendet.

Als variable Antriebe werden verwendet:

- Temperaturabhängig gesteuerte oder drehzahlgeregelte Elektromotoren
- Keilriemenantriebe mit temperaturabhängigen Kupplungen, z.B. Reibkupplungen, Elektromagnetkupplungen, Viscokupplungen
- Hydraulisch angetriebene Lüfter

Vorteile der Ventilatoren mit variablem Antrieb:

- Verminderung des Kraftstoffverbrauches
- Erhöhung der nutzbaren Antriebsleistung
- Reduzierung des Ventilatorgeräusches
- Rascheres Erreichen der Betriebstemperatur
- Gleichbleibende Betriebstemperatur

Elektrisch angetriebene Ventilatoren (Bild 2). Der Ventilator sitzt in diesem Fall auf der Antriebswelle des Elektromotors.

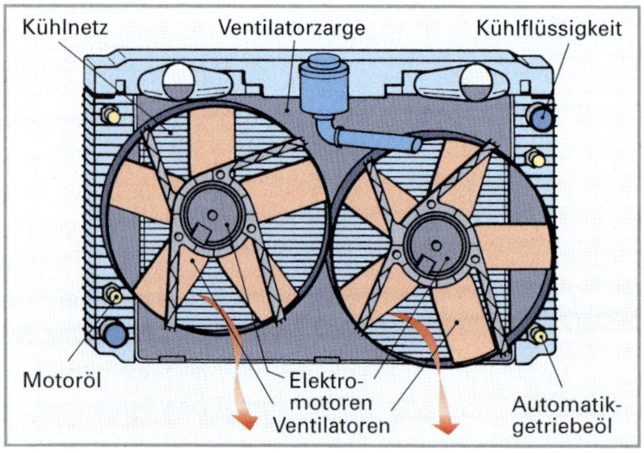

Bild 2: Ventilator mit Elektroantrieb

Der Elektromotor kann von einem von der Kühlflüssigkeit umspülten Thermoschalter ein- und ausgeschaltet werden **(vgl. Schaltplan Seite 540)**. Die Drehzahl des Ventilatormotors kann aber auch, abhängig von der Motortemperatur, mehrstufig schaltbar sein oder auch stufenlos geregelt werden.

Zusätzliche Vorteile des Elektromotorantriebes:

- Kühlluftstrom des Ventilators kann auch nach dem Abstellen des Motors erhalten bleiben, um ein Überhitzen durch Nachheizen zu vermeiden.
- Kühler kann unabhängig von der Lage des Motors eingebaut werden.

Viscokupplung (Bild 3). Sie ist eine weitere, häufig angewandte Bauart des variablen Ventilatorantriebes. Der Ventilator ist bei ihr mit dem Kupplungskörper verschraubt. In der Ventilatornabe der Viscokupplung befinden sich, durch eine Zwischenscheibe getrennt, ein Arbeits- und ein Vorratsraum. Im Arbeitsraum dreht sich die Antriebsscheibe, die mit der vom Keilriemen angetriebenen Antriebswelle verbunden ist. Zur Kraftübertragung dient Silikonöl. Ein bimetallgesteuertes Ventil ermöglicht den Austausch des Silikonöls zwischen dem Vorratsraum und dem Arbeitsraum.

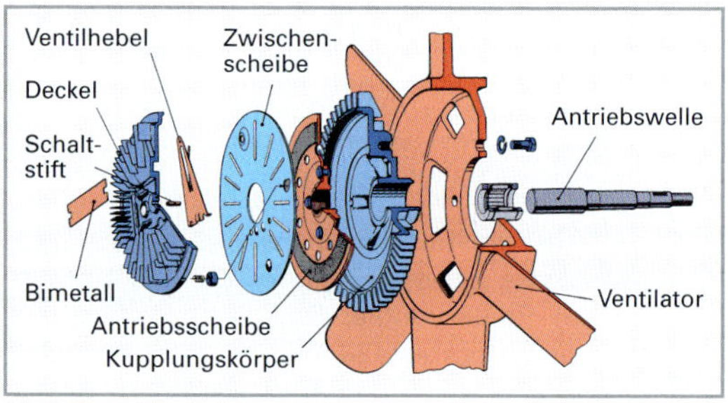

Bild 3: Visco-Ventilatorkupplung

Der an der Zwischenscheibe angebrachte Pumpenkörper sorgt für die Zirkulation vom Arbeitsraum zum Vorratsraum.

Bei kaltem Motor **(Bild 4)** ist die Ventilöffnung in der Zwischenscheibe vom Bimetallventil verschlossen und unterbindet somit die Zirkulation zwischen Vorrats- und Arbeitsraum.

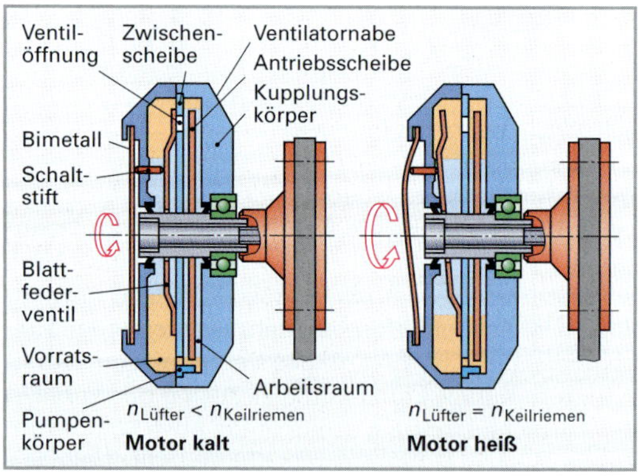

Bild 4: Viscokupplung, Betriebszustände

Das Silikonöl wird somit vom Pumpenkörper aus dem Arbeitsraum und in den Vorratsraum gefördert. Dort nimmt die Füllhöhe trotz der Fliehkräfte zu. Die Antriebsscheibe hat somit keine Verbindung mehr zur Ventilatornabe; der Ventilator ist ausgekuppelt. Er läuft nur noch aufgrund innerer Reibung mit.

Bei zunehmender Erwärmung der durch den Kühler strömenden Luft (Fahrtwind) heizt sich das Bimetallelement an der Frontseite der Viscokupplung auf und öffnet die Ventilöffnung in der Zwischenscheibe. Die Füllhöhen beider Räume gleichen sich an. Durch die zunehmende Reibung des Silikonöls zwischen Antriebsscheibe und Ventilatornabe, wird der Kraftfluss stufenlos hergestellt.

Der Pumpenkörper der Zwischenscheibe bewirkt dabei aufgrund der stets vorhandenen Drehzahldifferenz zwischen Antriebsscheibe (z.B. 2000 1/min) und Kupplungskörper (z.B. 1900 1/min) die Zirkulation des Silikonöls.

Hydroantrieb

Der Lüfter wird durch einen Hydromotor angetrieben **(Bild 1)**. Zur Erzeugung des Öldrucks dient meist eine Tandem-Hydraulikpumpe der Servolenkung.

Eine Pumpe erzeugt den Druck für den Lüfterantrieb, die zweite Pumpe erzeugt den Druck für die Servolenkung. Durch ein vom Motorsteuergerät getaktetes Regelventil kann die Ölmenge je nach Motortemperatur und Fahrzeuggeschwindigkeit auf den Hydromotor des Lüfters geleitet werden. Dadurch ist die Lüfterdrehzahl vom Steuergerät vollvariabel einstellbar.

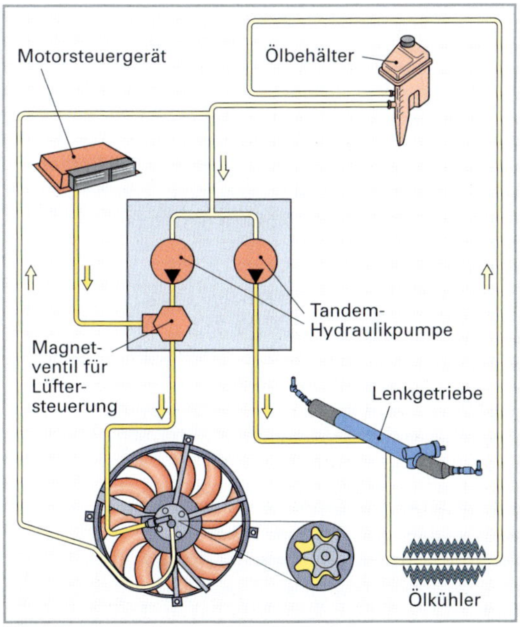

Bild 1: Lüfterantrieb mit Hydromotor

Kühler

> Der Kühler soll die von der Kühlflüssigkeit aufgenommene Wärme an die Luft abführen **(Bild 2)**.

Folgende Kühler kommen zum Einsatz:

- Motorkühler
- Ladeluftkühler
- Automatikölkühler
- Kühler Klimaanlage
- Kraftstoffkühler
- Getriebeölkühler
- AGR-Kühler
- Ölkühler

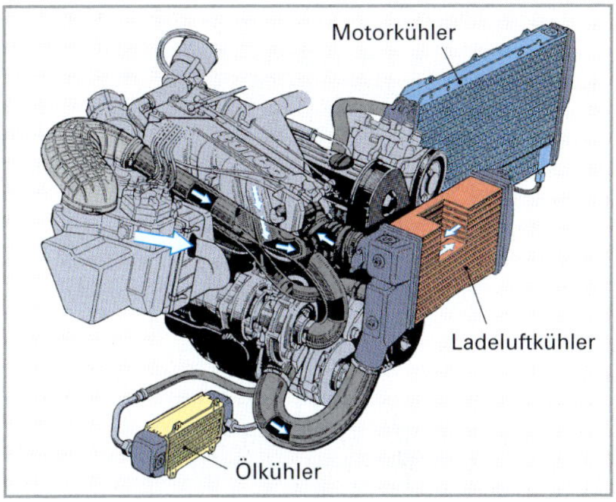

Bild 2: Kühleranordnung

Der Kühler **(Bild 3)** wird direkt von oben nach unten von der Kühlflüssigkeit durchströmt. Er besteht aus einem oberen und einem unteren Kühlflüssigkeitskasten, zwischen denen der Kühlerblock mit dem Kühlernetz angeordnet ist.

Der Kühlerblock wird gebildet von den:

- Kühlflüssigkeitsröhren
- Wellrippen
- Rohrböden
- Seitenteilen

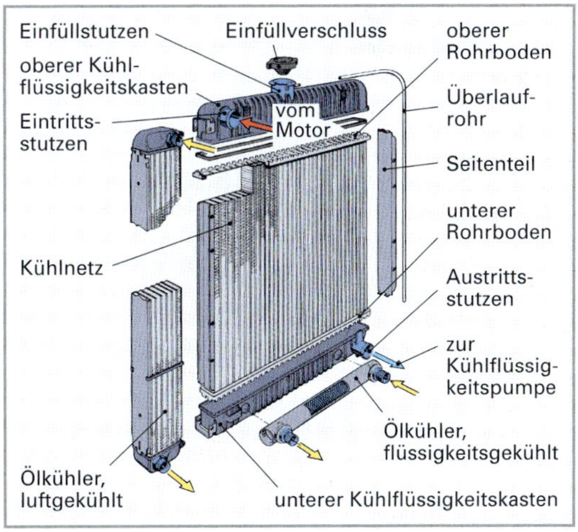

Bild 3: Längsstromkühler

Oberer Kühlflüssigkeitskasten. Hier befindet sich der Eintrittsstutzen für die vom Motor her einströmende Kühlflüssigkeit. Er ist auch häufig mit dem Einfüllstutzen zum Nachfüllen der Kühlflüssigkeit ausgerüstet. In ihn ragt das Überlaufrohr, welches überschüssige Kühlflüssigkeit ableitet und einen unerwünschten Überdruck bzw. auch Unterdruck im Kühlsystem ausgleicht. Das Überlaufrohr kann mit einem Ausgleichsbehälter verbunden sein, so dass die Kühlflüssigkeitsmenge im Kühlsystem stets gewährleistet ist. Der Einfüllstutzen wird durch einen Einfüllverschluss **(Bild 1, Seite 217)** verschlossen.

Unterer Kühlflüssigkeitskasten. An ihm ist der Austrittsstutzen für die zum Motor strömende, abgekühlte Kühlflüssigkeit. Eine Ablassschraube oder ein Ablasshahn kann angebracht sein.

Kühlerkästen sind heute meist aus glasfaserverstärktem Kunststoff hergestellt, sie können aber auch aus Leichtmetall oder Kupfer-Zink-Legierungen hergestellt sein. Zur Abdichtung zwischen dem Rohrboden und dem Kühlflüssigkeitskasten ist eine Elastomerdichtung eingelegt. Der Rohrboden ist durch eine Umbördelung mit dem Kühlflüssigkeitskasten verbunden.

Kühlernetz. Im Kühlernetz des Kühlerblocks wird durch ein System von Rohren und Lamellen eine möglichst große Kühlfläche gebildet, damit die Kühlluft der Kühlflüssigkeit viel Wärme entzieht. Im unteren Kühlflüssigkeitskasten kann, meist bei Fahrzeugen mit Automatikgetriebe, ein Ölkühler für das Getriebeöl eingebaut sein. Gelegentlich wird zusätzlich ein Motorölkühler z.B. als Seitenteil angebracht.

Kühlerschläuche. Der Kühler ist mit dem Motor meist über hitzebeständige Kühlerschläuche mit Gewebeeinlagen elastisch verbunden. Sind größere Abstände zu überbrücken, z.B. Heckmotor und Kühler an der Fahrzeugfront, so kommen auch Metall- oder Kunststoffrohre zum Einsatz.

Kühleraufhängung. Der Kühler muss gegen Stöße und Vibrationen geschützt im Fahrzeug eingebaut sein. Er ist deshalb über Gummi-Metall-Verbindungselemente elastisch am Fahrgestell oder an der Karosserie befestigt.

Querstromkühler

Er ist eine heute häufig verwendete Kühlerbauform, bei der die Kühlflüssigkeitskästen seitlich am Kühlerblock angeordnet sind. Im Querstromkühler strömt die Kühlflüssigkeit horizontal von einer Seite zur anderen **(Bild 1)**.

Querstromkühler mit Hoch- und Niedertemperaturteil

Liegen bei einem Querstromkühler Einlauf und Auslauf auf der gleichen Seite, so ist der Kühlflüssigkeitskasten dieser Seite unterteilt **(Bild 2)**.

Der Kühler wird dann im oberen Teil z.B. nach rechts und im unteren Teil gegenläufig nach links durchströmt.

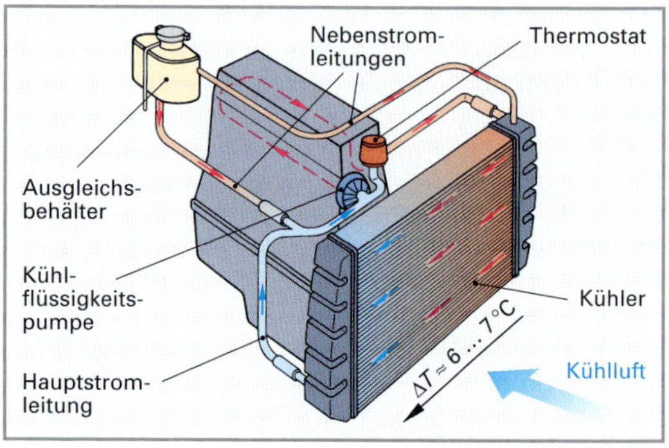

Bild 1: Kühlanlage mit Querstromkühler

Die Kühlflüssigkeit muss den Kühler zweimal in seiner Breite durchströmen. Dadurch wird die Kühlwirkung verbessert. Diese Kühler benötigen außerdem eine geringere Einbauhöhe.

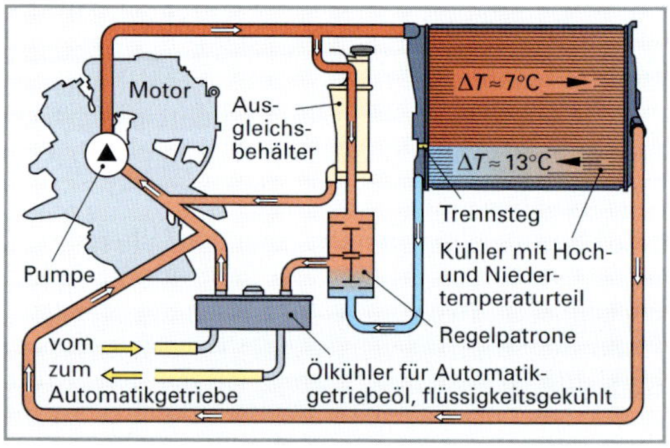

Bild 2: Kühlanlage mit Querstromkühler mit Hoch- und Niedertemperaturteil

Verschieden hoch angeordnete Ausflussstutzen in Verbindung mit dem Einbau eines Trennstegs, ermöglichen zwei unterschiedliche Temperaturzonen. Im oberen Kühlerbereich ergibt sich für die Motorkühlung eine Hochtemperaturzone mit einem Temperaturgefälle von etwa 7 °C. Im unteren Kühlerbereich kann für eine intensive Kühlung des Getriebeöls über einen zusätzlichen Wärmetauscher eine Niedertemperaturzone mit einem Gesamttemperaturgefälle von etwa 20 °C ausgenutzt werden. Eine entsprechende Thermostatregelung bewirkt, dass sich das Getriebeöl durch Kühlflüssigkeitswärme aus dem kleinen Kühlkreislauf über den Ausgleichsbehälter schnell erwärmt. Ist die Betriebstemperatur erreicht, so wird eine intensive Kühlung des Getriebeöls durch Kühlflüssigkeit aus dem Niedertemperaturteil gewährleistet.

Einfüllverschluss

Er ist mit einem Über- und einem Unterdruckventil ausgerüstet **(Bild 1, Seite 217)**.

Überdruckventil. Das Kühlsystem wird hierdurch gasdicht verschlossen. Das Überdruckventil öffnet erst, je nach Auslegung durch den Hersteller, bei einem Überdruck im Kühlsystem von etwa 0,5 bar ... 2 bar.

Durch diesen Überdruck kann die Kühlflüssigkeitstemperatur bis auf etwa 120 °C ansteigen, ohne dass die Kühlflüssigkeit siedet.

Unterdruckventil. Beim Abkühlen der Kühlflüssigkeit tritt durch die damit verbundene Volumenverminderung im Kühlsystem ein Unterdruck auf. Er kann durch das sich öffnende Unterdruckventil ausgeglichen werden. Dadurch wird verhindert, dass sich der Kühler einbeult bzw. die Kühlerschläuche zusammengezogen werden.

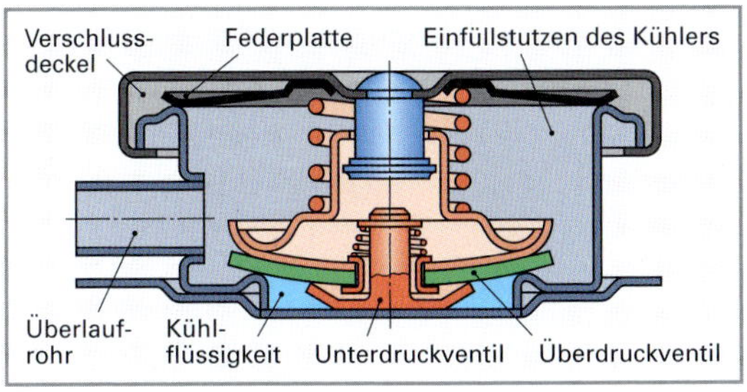

Bild 1: Einfüllverschluss

11.2.5 Kennfeldgesteuerte Kühlssysteme

Durch eine kennfeldgesteuerte Temperaturregelung kommt es zur Verbrauchs- und Emissionsreduzierung ohne die Leistung sowie die Lebensdauer des Motors zu beeinträchtigen. Gleichzeitig wird die Innenraumheizung verbessert und das Gewicht reduziert.

Merkmale dieses Kühlsystems:

- Durch eine schnelle Erwärmung des Motors und des Katalysators, wird die verbrauchs- und emissionsungünstige Kaltlaufphase verkürzt.
- Die Motortemperatur wird bei unkritischen Fahrzuständen z.B. Teillast gezielt auf bis zu 120 °C erhöht. Dadurch ergibt sich durch die verbesserte Viskosität des Motoröls eine verminderte Motorinnenreibung, sowie eine deutlich verbesserte Gemischbildung.
- Die Motortemperatur wird bei kritischen Fahrzuständen z.B. Volllast gesenkt, um eine Überhitzung der Motorbauteile, Spätzündungen durch die Klopfregelung und Füllungsverluste zu vermeiden.

11.2.6 Bauteile der Kennfeldkühlung

Elektronisch geregelter Thermostat (Bild 2).

Ein elektrischer Heizwiderstand verändert die Temperatur im Dehnstoffelement. Der Heizwiderstand wird vom Steuergerät in Abhängikeit der Eingangsgrößen aktiviert. Er beheizt das Dehnstoffelement zusätzlich zur Kühlflüssigkeitswärme. Diese Erwärmung bewirkt einen größeren Hub und dadurch eine größere Öffnung des Thermostats. Somit verringert sich die Kühlmitteltemperatur.

Folgende Eingangsgrößen können berücksichtigt werden:

- Last
- Lufttemperatur
- Kühlmittelvolumen
- Klimaanlage
- Geschwindigkeit
- Kühlmitteltemperatur
- Innenraumheizung

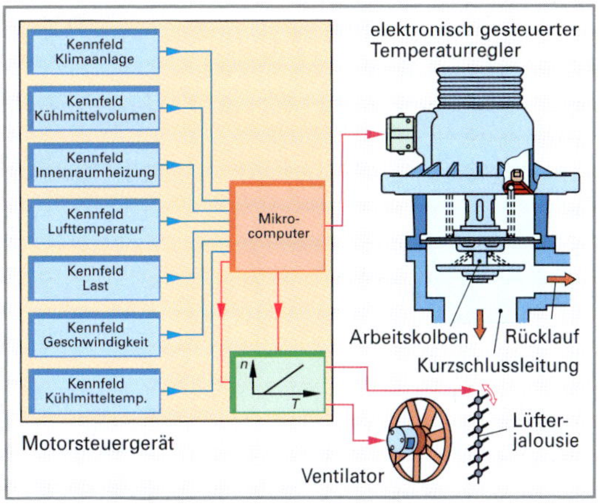

Bild 2: Elektronisch geregelter Thermostat

Lüfterjalousie. Vor dem Lüfter befindet sich eine Jalousie, welche elektrisch bzw. über ein Dehnstoffelement betätigt wird. Bei Kaltstart bleibt die Jalousie geschlossen, so dass es kaum zur Kühlung durch den Fahrtwind kommen kann. Der Motor erreicht somit schneller die Betriebstemperatur. Bei Dieselfahrzeugen dämpft die geschlossene Jalousie zusätzlich die lauten Verbrennungsgeräusche bei Kaltstart. Mit zunehmender Motortemperatur wird die Jalousie geöffnet.

Elektrisch angetriebene Kühlmittelpumpe. Sie haben gegenüber keilriemengetriebenen Pumpen folgende Vorteile:

- Kühlmitteldurchsatz kann unabhängig von Motorlast- und Motordrehzahl geregelt werden.
- Geringe Leistungsaufnahme von durchschnittlich ca. 200 W gegenüber 2 kW einer permanent angetriebenen Pumpe.

WERKSTATTHINWEISE

Störungen, Prüf- und Wartungshinweise

Kühlflüssigkeit zu heiß. Ursache kann Kühlflüssigkeitsverlust durch Undichtigkeiten, z.B. an Kühler, Schläuchen oder Wasserpumpe sein. Ein defekter oder nicht ausreichend gespannter Keilriemen führt dazu, dass die Wasserpumpe zu wenig oder keine Kühlflüssigkeit fördert. Ein defekter Thermostat oder ein stark verschmutzter Kühler, sowie ein defekter Lüfter haben ebenfalls eine erhöhte Kühlflüssigkeitstemperatur zur Folge.

Um den Fehler einzugrenzen, sollte man nach Fehlersuchplan vorgehen **(Bild 1, Seite 218)**.

11

FORTSETZUNG VON SEITE 217

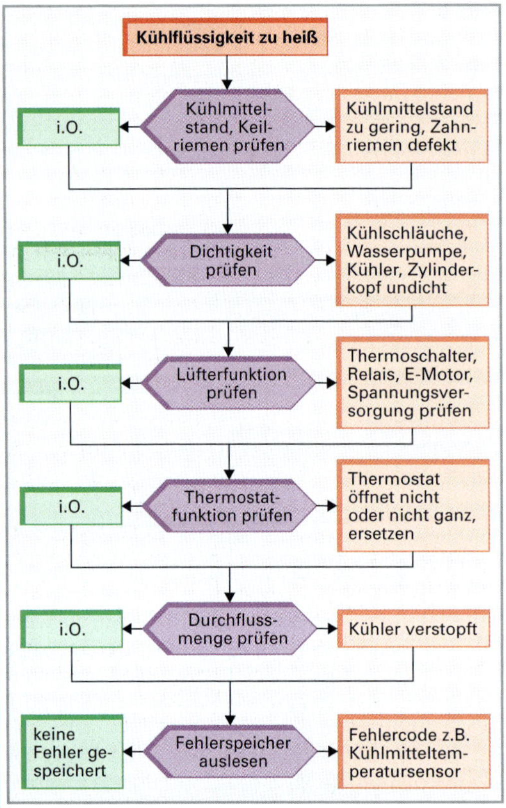

Bild 1: Fehlersuchplan Kühlsystem

Undichte Kühler müssen sofort instand gesetzt werden, weil sich die schadhafte Stelle erweitert und somit der Kühlflüssigkeitsverlust zunimmt. Nur ältere Messingkühler können durch Löten instand gesetzt werden. Bei Aluminiumkühler und geringfügigen Undichtheiten können der Kühlflüssigkeit Dichtmittel zugesetzt werden. Die sehr feinen Dichtmittelteilchen werden vom Flüssigkeitsstrom an die undichte Stelle geschwemmt und lagern sich dort an. Nach der Instandsetzung sollte die Kühlflüssigkeit zunächst auf Betriebstemperatur gebracht werden.

Nachfüllen von Kühlflüssigkeit. Es ist zu beachten, dass kalte Flüssigkeit nur dann in den heißen Motor gefüllt werden darf, wenn der Motor läuft. Die kalte Flüssigkeit ist langsam einzugießen, damit gefährliche Spannungen im Motorblock und im Zylinderkopf vermieden werden.

Frostsicherheit des Kühlmittels überprüfen. Mit einem Messgerät (Refraktometer) kann die Frostschutzgrenze ermittelt werden. Sie sollte unter – 25 °C liegen. Beim Nachfüllen nur das vom Hersteller empfohlene Gefrierschutzmittel verwenden.

Dichtheitsprüfung. Zur Prüfung gehört eine Sichtprüfung auf Dichtheit, sowie auf Porosität, Brüchigkeit und Marderbiss der Schläuche. Für die Dichtheitsprüfung mit dem Druckprüfgerät **(Bild 2)**, muss der Motor betriebswarm sein. Nur so werden kleine Undichtigkeiten, die infolge der Wärmedehnung entstehen, sichtbar.

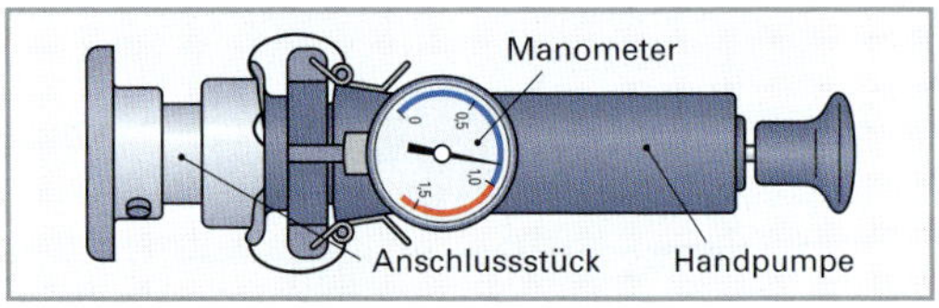

Bild 2: Druckprüfgerät

Das Prüfgerät wird anstelle des Verschlussdeckels aufgeschraubt. Durch die Handpumpe wird ein Überdruck erzeugt, der über einen Zeitraum von zwei Minuten gehalten werden muss. Fällt der Druck ab, so ist das ein Hinweis auf eine Undichtigkeit, die gefunden und beseitigt werden muss. Mit demselben Gerät kann der Öffnungsdruck des Verschlussdeckels überprüft werden.

CO-Testgerät. Damit wird Luft aus dem Kühlsystem angesaugt. Verfärbt sich die blaue Testflüssigkeit gelb, so ist der Zylinderkopf bzw. die Zylinderkopfdichtung undicht.

Thermostat. Er wird im ausgebauten Zustand im Wasserbad auf Funktion geprüft. Das Wasser wird langsam erhitzt. Mit einem Thermometer wird der Öffnungsbeginn des Thermostaten überprüft.

Kennfeldgeregelte Thermostaten. Sie werden im ausgebauten Zustand über eine Stellglieddiagnose mit dem Systemtester überprüft.

Verstopfte Kühler müssen gereinigt werden. Die Verwendung von Leitungswasser mit hohem Kalkanteil führt zum Ansatz von Kesselstein, vor allem im Kühler. Der Kesselstein behindert den Durchfluss der Kühlflüssigkeit und beeinträchtigt die Wärmeabfuhr. Zur Reinigung wird meist ein chemisches Reinigungsmittel eingefüllt und der Kühler anschließend gründlich durchgespült.

Lüfter mit Viskokupplung. Sie dürfen nach der Demontage nur stehend gelagert werden.

WIEDERHOLUNGSFRAGEN

1. **Welche Vor- und Nachteile hat die Luft- bzw. die Flüssigkeitskühlung?**
2. **Wie können zuschaltbare Ventilatoren angetrieben werden?**
3. **Welche Kühlerbauarten werden verwendet?**
4. **Nennen Sie die Vorteile eines kennfeldgeregelten Thermostaten.**

11.3 Kurbeltrieb

11.3.1 Kolben

Aufgaben:

- Verbrennungsraum gegen das Kurbelgehäuse beweglich abdichten.
- Den bei der Verbrennung entstehenden Gasdruck aufnehmen und über die Pleuelstange als Drehkraft an die Kurbelwelle weitergeben.
- Die von den Verbrennungsgasen an den Kolbenboden abgegebene Wärme zum größten Teil an die Zylinderwand weiterleiten.
- Gaswechselsteuerung bei Zweitaktmotoren.

Beanspruchung

Kolbenkraft. Der bei Ottomotoren auf den Kolbenboden wirkende Verbrennungsdruck von bis zu 60 bar ergibt bei einem Kolbendurchmesser von 80 mm eine Kolbenkraft von bis zu 30 000 N. Die Bolzennaben werden vom Kolbenbolzen mit einer Flächenpressung bis zu 60 N/mm² beansprucht.

Seitenkraft. Der Kolben wird wechselseitig an die Zylinderwand gedrückt. Auf den Kolbenschaft wirkt dabei ein Seitendruck bis zu 0,8 N/mm². Dieses Kolbenkippen verursacht Geräusche. Vermindert wird es durch kleines Kolbenspiel, große Schaftlänge und Desachsierung des Kolbenbolzens.

Desachsierung. Bei ihr ist die Kolbenbolzenachse um 0,5 mm bis 1,5 mm aus der Kolbenmitte zur druckbelasteten Seite versetzt **(Bild 1)**. Der Kolben wechselt dadurch seine Anlageseite in 2 Phasen. Zuerst wird der untere Kolbenschaft schon vor OT an die Druckseite angelegt. Im OT wechselt auch der obere Kolbenteil zur Druckseite. Die Kolben sind mit einer Einbaumarkierung versehen. Auch die Kurbelwelle kann aus der Mitte versetzt sein.

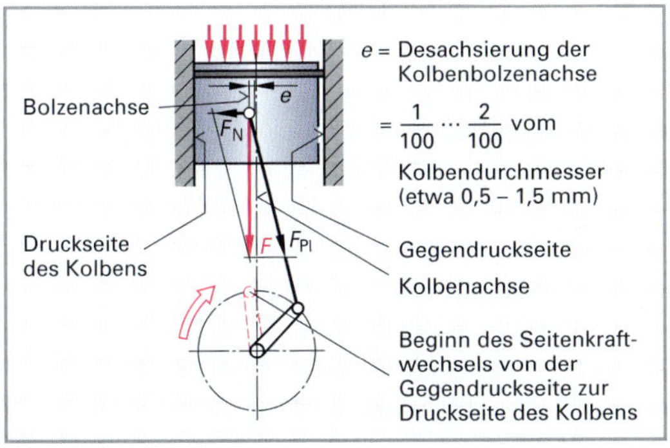

Bild 1: Kräfte am Kolben mit desachsiertem Bolzen

Reibungskraft. Kolbenschaft, Kolbenringnuten und Bolzennaben werden durch Reibung beansprucht. Reibung und Verschleiß können durch entsprechende Werkstoffauswahl, sorgfältige Bearbeitung der Gleitflächen und ausreichende Schmierung verringert werden.

Deformation des Kolbens. Die am Kolben wirkenden Kräfte erzeugen Verformungen. Der Kolbenboden wird unter der Wirkung des Gasdruckes durchgebogen. Da sich die Bolzenaugen im Bereich des Schaftes auf den Kolbenbolzen abstützen, wird der Kolben auf der Druck- und Gegendruckseite nach unten durchgebogen. Sein Durchmesser wird dabei in der Druck- und Gegendruckrichtung kleiner. Durch die Seitenkraft wird er an die Zylinderwand gedrückt, wodurch sich gleichzeitig der Durchmesser in der Kolbenbolzenachse vergrößert. Beim Verbrennungshöchstdruck ergeben sich am unteren Schaftende Durchmesserveränderungen in der Größenordnung der Einbauspiele. Sie betragen bei Ottomotoren bis zu 0,15 % und bei Dieselmotoren bis zu 0,07 %.

Wärme. Durch die Verbrennung des Kraftstoff-Luft-Gemisches entstehen im Zylinder Temperaturen bis zu 2 500 °C. Ein großer Teil der Wärme wird über den Kolbenboden, die Kolbenringzone und die Kolbenringe an den gekühlten Zylinder abgegeben. Auch das Schmieröl führt Wärme ab. Trotzdem beträgt bei Leichtmetallkolben die Betriebstemperatur am Kolbenboden noch 250 °C bis 350 °C und am Kolbenschaft bis 150 °C **(Bild 2)**.

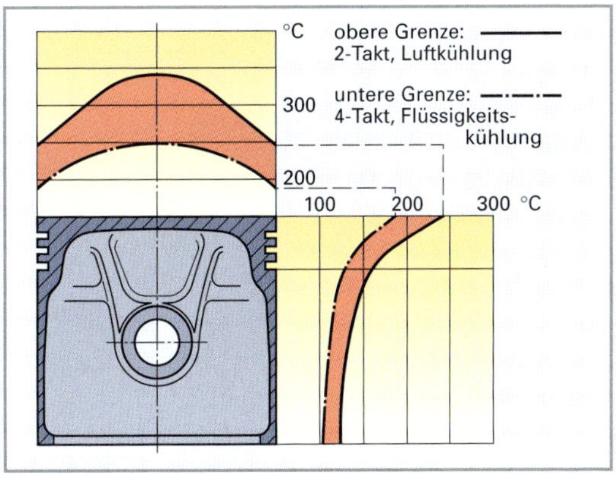

Bild 2: Betriebstemperaturen am Kolben

Formgebung. Um ein definiertes Kolbenspiel und eine zylindrische Form des Kolbens im Betriebszustand zu erreichen, werden 3 Maßnahmen durchgeführt **(Bild 1, Seite 220)**.

Ovalität. Der Durchmesser in der Druck- und Gegendruckrichtung ist größer als in Richtung der Bolzenachse. Die Deformationen des Kolbens durch die auf ihn wirkenden Kräfte werden ausgeglichen.

Balligkeit. Durch sie ist der Kolben oben schmäler und die unterschiedlichen Wärmeausdehnungen werden ausgeglichen.

Wanddickenvariation. Durch unterschiedliche Wanddicken wird eine Lenkung der Spannungen und der Wärme erreicht, die die zylindrische Form des Kolbens im Betrieb unterstützt.

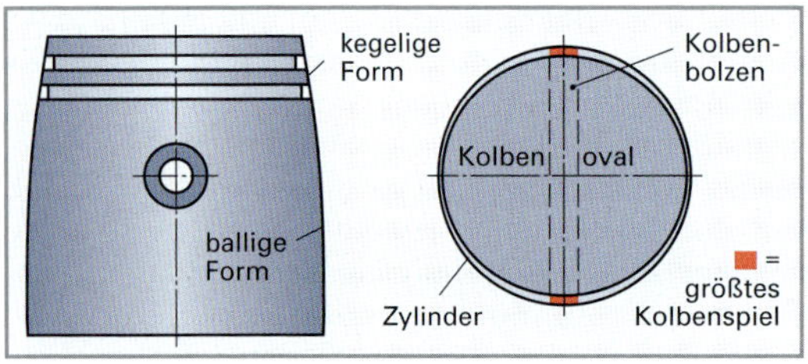

Bild 1: Kolbenform in kaltem Zustand

Kaltspiel. Bild 2 zeigt die Kolbenform in kaltem Zustand. Das Spiel zwischen Kolben und Zylinder ist unterschiedlich groß.

Der Kolben hat in der Bolzenachse durch die Ovalität größeres Spiel als in der Kippebene. Z.B. am Schaft 0,088 mm in der Bolzenachse und 0,04 mm quer zu dieser. Dieses kleinste Spiel ist das Einbauspiel, da der Kolben hier seinen größten Durchmesser (Nenndurchmesser) hat. Nach oben wird der Kolben in beiden Ebenen schmäler (ballig).

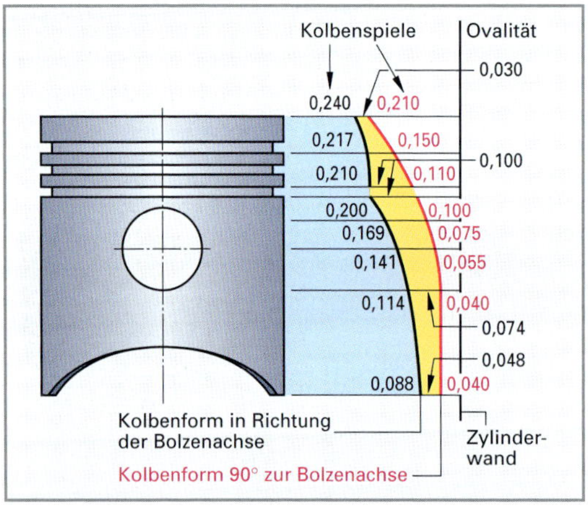

Bild 2: Kolbenform mit Einbauspielen

Einbauspiel: Differenz zwischen Zylinderdurchmesser und größtem Kolbendurchmesser.

Kolbenwerkstoffe.

Durch die verschiedenen Arten der Beanspruchung werden folgende Eigenschaften verlangt:

- Geringe Dichte (kleinere Beschleunigungskräfte)
- Hohe Festigkeit (auch bei höheren Temperaturen)
- Gute Wärmeleitfähigkeit
- Geringe Wärmedehnung
- Geringer Reibungswiderstand
- Großer Verschleißwiderstand

Wegen der geringen Dichte ($\varrho \approx 2{,}7$ kg/dm^3) und der hohen Wärmeleitfähigkeit verwendet man Kolben aus Aluminium-Silicium-Legierungen. Je höher der Siliciumgehalt ist, desto geringer werden Wärmedehnung und Verschleiß. Meist werden die Kolben aus AlSi12CuN im Kokillenguss gefertigt. Bei hoher thermischer Belastung kommen AlSi18CuNi oder AlSi25CuNi zum Einsatz. Kolben, die sehr hohe Drücke auszuhalten haben, werden gepresst (geschmiedet).

Aufbau und Abmessungen (Bild 3 und Bild 4)

Kolbenboden. Er ist eben oder leicht nach innen bzw. außen gewölbt. Durch Formung einer Verbrennungsmulde in den Kolbenboden kann der Verdichtungsraum in den Kolben verlagert werden.
Seine Form wird auch von der Form des Verdichtungsraumes und der Anordnung der Ventile (Ventiltaschen im Kolbenboden) beeinflusst.

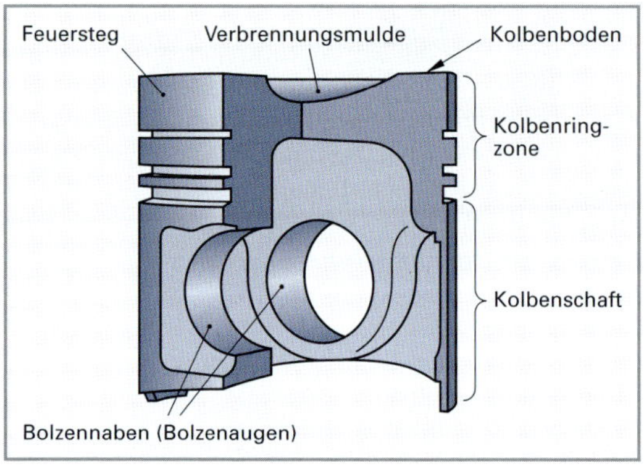

Bild 3: Aufbau des Kolbens

Kolbenringzone. Sie führt die Kolbenringe in den Kolbenringnuten und dichtet den Verbrennungsraum gegen den Kurbelraum ab. Sie führt etwa 50 % der im Kolben anfallenden Wärme ab.

Feuersteg. Er schützt den ersten Kolbenring vor zu großer Erwärmung.

Kolbenschaft. Er dient zur Geradführung des Kolbens im Zylinder und überträgt die Seitenkraft auf die Zylinderwand. Eine große Schaftlänge verringert die Geräusche beim Anlagewechsel.

Bolzennaben. Sie übertragen die Kolbenkraft auf den Kolbenbolzen.

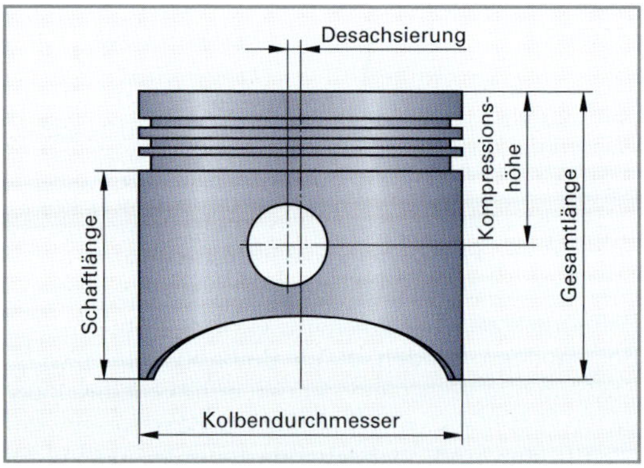

Bild 4: Kolbenabmessungen

Kolbenbauarten

Vollschaftkolben. Es sind gegossene oder gepresste Kolben für Otto- und Dieselmotoren und Kolben für Zweitaktmotoren **(Bild 1)**, die nur aus einem Werkstoff z.B. AlSi-Legierung bestehen. Bei hohen Verbrennungsdrücken, z.B. beim Dieselmotor, werden Kolbenboden, Kolbenringzone und der Übergang zum Schaft stärker ausgeführt.

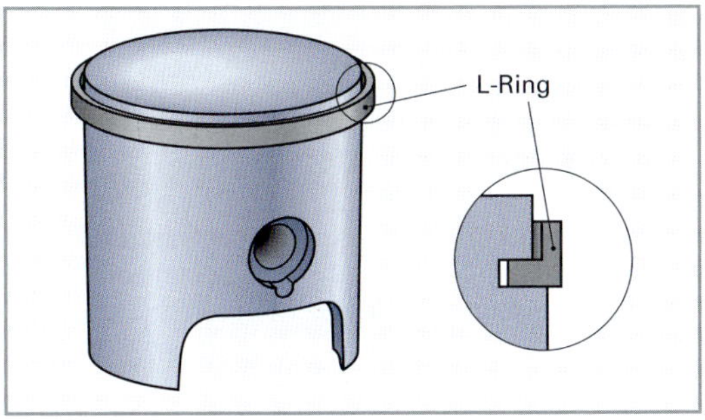

Bild 1: Vollschaftkolben

Kastenkolben. Bei ihm wird die Schaftform nur noch auf eine schmale Schaftfläche in Druck- und Gegendruckseite reduziert **(Bild 2)**. Gleichzeitig wird die Schaftlänge gekürzt.

Zusätzlich ist die Kompressionshöhe des Kolbens und die Dicke der Kolbenringe verringert.

Dadurch ergibt sich eine Gewichtsreduzierung.

Bild 2: Kastenkolben

Geschmiedete Kolben (Bild 3). Sie haben bei gleicher Legierung eine höhere Festigkeit und ein feineres Gefüge als gegossene Kolben. Es können geringere Wandstärken hergestellt werden. Sie werden aus gegossenem, auf Schmiedetemperatur gebrachtem Stangenmaterial mit einem Pressstempel in einem Gesenk zu einem Rohling gepresst. Sie kommen im Rennsport und bei hochdrehenden Serienmotoren zum Einsatz.

Regelkolben. Sie haben Einlagen aus Stahl im Leichtmetall eingegossen. Das bewirkt bei in Grau- oder Stahlgusszylindern verwendeten Aluminiumkolben ein geringes Kolbenlaufspiel bei allen Temperaturen.

Bild 3: Geschmiedeter Kolben

Ringträgerkolben mit Kühlkanal (Bild 4). Wegen der größeren Wärme- und Druckbelastung, besonders im Bereich des Feuersteges, wird für den ersten Kolbenring ein Ringträger eingegossen, wodurch der Verschleiß durch Ausschlagen der Nut herabgesetzt wird. Zusätzliches Eloxieren der Nuten erhöht ebenfalls den Verschleißschutz. Über einen eingegossenen Kühlkanal, der durch eine Zulaufbohrung mit Öl versorgt wird, kann zusätzlich Wärme abgeführt werden. Eine Messingbuchse verstärkt das Bolzenauge.

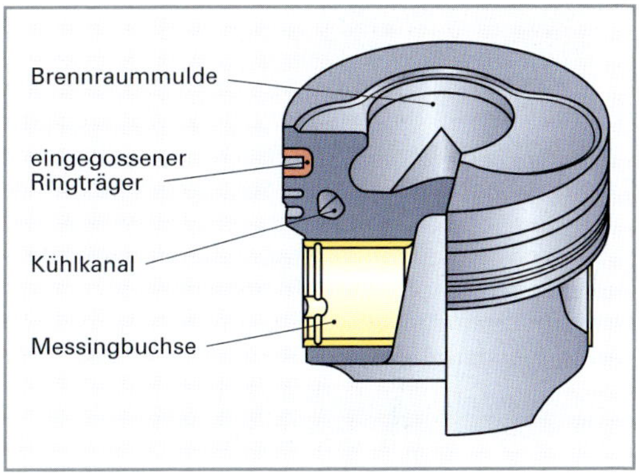

Bild 4: Ringträgerkolben mit Kühlkanal

Laufflächenbeschichtung

Sie bewirkt geringere Reibung und verminderten Verschleiß zwischen Kolben und Zylinder und dient als Notlaufschutz bei mangelhafter Schmierung. Sie wird am Schaft aufgebracht.

Eisenschicht. Ferro-coat. Sie wird verwendet, wenn die Zylinderlaufflächen aus Aluminium bestehen. Das Eisen wird durch ein galvanisches Verfahren aufgetragen. Eine dünne Zinnschicht über der Eisenschicht dient als Korrosionsschutz.

Grafitschicht. Sie wird verwendet bei Guss oder Stahlzylindern. Sie erlaubt geringe Einbauspiele, was die Kolbengeräusche vermindert. Der Grafit ist in einem Kunstharz gebunden.

In Sonderfällen kann eine **Molybdänbeschichtung** oder eine **Hartanodisierung** zum Einsatz kommen.

11

Kolbenringe

Man unterscheidet zwischen Verdichtungs- (Kompressionsringen) und Ölabstreifringen **(Tabelle 1)**.

Verdichtungsringe. Sie übernehmen die ...

- ... Feinabdichtung des Kolbens im Zylinder gegenüber dem Kurbelgehäuse.
- ... Wärmeableitung vom Kolben zum gekühlten Zylinder.

Ölabstreifringe. Sie übernehmen das ...

- ... Abstreifen des überschüssigen Schmieröles von der Zylinderwand.
- ... Rückführen dieses Schmieröles in die Ölwanne.

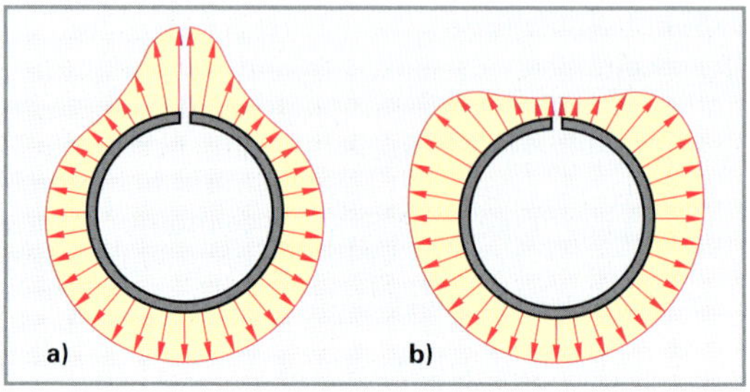

Bild 1: Anpressdruck von Kolbenringen

Eigenschaften

Kolbenringe müssen elastisch sein und dürfen beim Überstreifen über den Kolben sowie beim Zusammendrücken auf das Nennmaß ihre Form nicht bleibend verändern. Der Anpressdruck an die Zylinderwand wird während des Betriebes zusätzlich durch die Gaskräfte hinter den Ringen verstärkt.

Anpressdruck

Er wird vom Kolbenring durch die elastische Verformung selbst aufgebracht. Man unterscheidet zwei Formen.

Viertakt-Charakteristik (Bild 1a). Der Anpressdruck ist im Bereich der Stoßenden erhöht. Dies vermindert die Neigung zur Flatterbewegung der Ringe, die meist von den Stoßenden ausgeht.

Zweitakt-Charakteristik (Bild 1b). Der Anpressdruck ist im Bereich der Stoßenden vermindert. Dies verhindert das Einfedern der Stoßenden in die Schlitze des Zweitaktmotors. Diese Ringe kommen auch bei Dieselmotoren zum Einsatz, um den Verschleiß an den Stoßenden zu senken.

Werkstoffe

Normale Kolbenringe bestehen aus Gusseisen und vergütetem Gusseisen, hochbeanspruchte aus Gusseisen mit Kugelgrafit oder hochlegiertem Stahl.

Schutzschichten

Phosphat oder **Zinn** verbessern die Gleiteigenschaften und erleichtern das Einlaufen.

Molybdän wird als ganzflächiger Überzug auf die Kolbenringlauffläche aufgetragen. Durch die gute Wärmeleitfähigkeit, den hohen Schmelzpunkt von 2620 °C und die guten Notlaufeigenschaften verhindert die Molybdänschicht weitgehend das Fressen der Ringe.

Verchromte Ringe. Sie widerstehen Korrosion und Verschleiß. Einsatz meist als oberster Kolbenring, da dieser am schlechtesten geschmiert ist.

Um die Reibungswiderstände zu vermindern, verwendet man bei kleinen Zweitaktmotoren häufig nur einen Kolbenring, z.B. einen L-Ring.

Tabelle 1: Kolbenringe

Kolbenringform: Querschnitt	Kolbenringform: Bezeichnung	Kurzzeichen	Einbauvorschrift	Zweck der Form
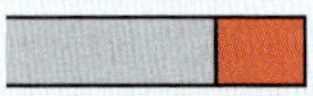	Rechteckring (Kompressionsring)	R	In beiden Richtungen möglich	Einfache Herstellung
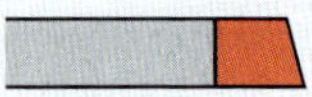	Minutenring	M	Mit „Top" bezeichnete Ringflanke in Richtung Kolbenboden	Beschleunigung des Einlaufvorganges (meist in der obersten Nut)
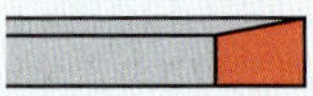	Trapezring (einseitig)	Tr	Konische Ringflanke in Richtung Kolbenboden	Verhinderung des Festwerdens in der Nut
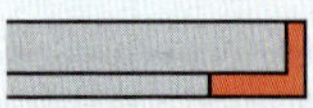	L-Ring	LR	Großer innerer Ring-∅ in Richtung Kolbenboden bzw. Ringoberkante = Kolbenbodenkante	Verstärkter Anpressdruck durch Verbrennungsgase
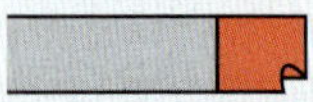	Nasenring	N	Ausgedrehter Winkel in Richtung Schaftende	Zusätzliche Ölabstreifwirkung
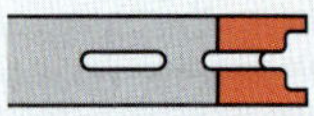	Ölschlitzring (normal)	O	In beiden Richtungen möglich	Abstreifwirkung mit Öldurchlass zum Kolbeninneren
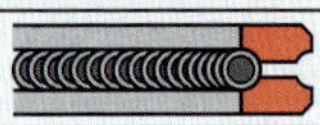	Schlauchfeder-Ölring (Dachfasenring)	SF	In beiden Richtungen möglich	Höherer Anpressdruck, bessere Abstreifwirkung

Kolbenbolzen und Kolbenbolzen-Sicherung

Kolbenbolzen. Er verbindet Kolben und Pleuelstange. Seine schnelle Hin- und Herbewegung mit dem Kolben zusammen erfordert eine geringe Masse.

Um die Beschleunigungskräfte zu vermindern, werden Kolbenbolzen mit einer Bohrung versehen. Die schlagartig wechselnde Belastung macht eine hohe Wechselfestigkeit und Zähigkeit des Bolzenwerkstoffes erforderlich. Das geringe Spiel in den Bolzennaben und im Pleuelauge erfordert große Oberflächengüte und Formgenauigkeit. Die schlechten Schmierbedingen erfordern eine große Randschichthärte, um den Verschleiß zu vermindern.

Wichtige Bauformen von Kolbenbolzen **(Bild 1)** sind

- Bolzen mit durchgehender zylindrischer Bohrung (Normalform)
- Bolzen mit kegelig aufgeweiteten Bohrungsenden (Gewichtsreduzierung)
- Bolzen mit in der Mitte oder an einem Ende geschlossener Bohrung zur Vermeidung von Spülverlusten bei Zweitakt-Motoren

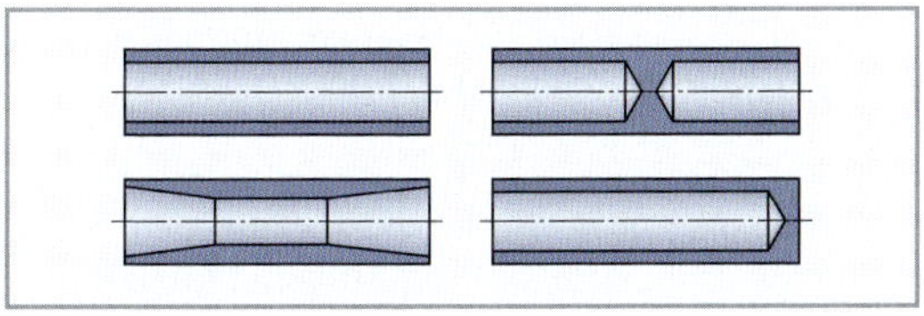

Bild 1: Bauformen von Kolbenbolzen

Werkstoffe für Kolbenbolzen sind Einsatz- und Nitrierstähle.

Für normale Beanspruchung genügt die Verwendung des Einsatzstahles C 15 E, für höher beanspruchte Otto- und Dieselmotoren verwendet man die Einsatzstähle 17Cr3, 16MnCr5 und 31CrMo12.

Für höchste Beanspruchung und größte Randschichthärte kommen Nitrierstähle wie 31CrMo12 und 31CrMoV9 zum Einsatz.

Kolbenbolzen-Sicherungen (Bild 2). Bei schwimmender Lagerung des Kolbenbolzens in den Naben des Kolbens sollen die Sicherungen verhindern, dass sich der Bolzen verschiebt und die Zylinderwand beschädigt.

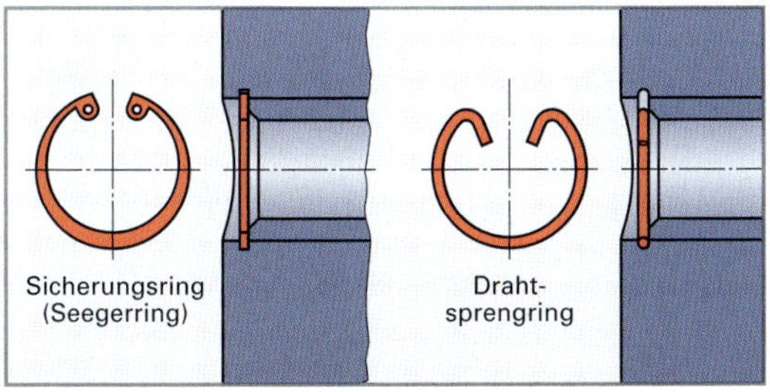

Bild 2: Kolbenbolzensicherungen

Die Sicherungen bestehen aus radial federnden Stahlringen (Seegerring, Drahtsprengring), die in die entsprechenden Rillen der Bolzennaben eingesetzt werden. Zur leichteren Montage sind bei den Seegerringen Augen mit Bohrungen für die Montagezange angebracht, während bei den Drahtsprengringen die Enden hakenförmig umgebogen sind.

Kolbenschäden

Kolbenschäden können durch unsachgemäße Behandlung der Kolben beim Zusammenbau und beim Einbau in den Motor entstehen, z.B. Zylinderverzug durch ungleichmäßig angezogene Zylinderkopfschrauben, zu enge Passung des Kolbenbolzens im Pleuelauge, Unebenheiten an Zylinderbuchsen.
Kolbenschäden können außerdem folgende Ursachen haben:

- Glühzündungen: Verwendung von Kraftstoff mit zu geringer Oktanzahl, Zündkerzen mit falschem Wärmewert.
- Klopfende Verbrennung: Ungeeigneter Kraftstoff, zu hohes Verdichtungsverhältnis durch Verwendung einer falschen Zylinderkopfdichtung, zu früher Zündzeitpunkt, zu mageres Gemisch, Motorüberhitzung.
- Verbrennungsstörungen bei Dieselmotoren durch Zündverzug, unvollkommene Verbrennung und nachtropfende Düsen.
- Ungenügende oder fehlende Schmierung.
- Überhitzung durch mangelhafte Motorkühlung, Spätzündung und übermäßige Kraftstoffzufuhr.

Ausgewählte Schadensbilder

1. Kolbenfresser (Trockenlauffresser, **Bild 3**) mit Schwerpunkt am Kolbenschaft. Der Kolbenschaft hat ringsum gefressen, die Fressstellen sind an der dunklen Färbung erkennbar, die Ringzone kann durch hochgeschmiertes Kolbenmaterial beschädigt werden.
Ursachen: Der Schmierfilm zwischen Kolben und Zylinder ist durch starke Überhitzung des Motors abgerissen.

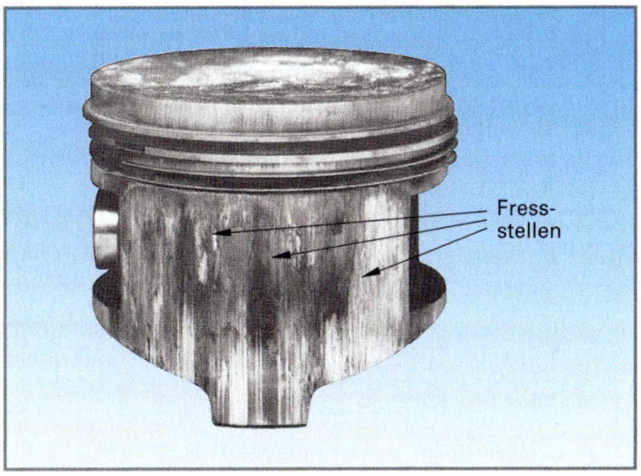

Bild 3: Trockenlauffresser am Kolbenschaft

Dies kann zurückgeführt werden auf Störungen im Kühlsystem (Kühlflüssigkeitsverlust, Ablagerungen in den Kühlkanälen, fehlerhafter Thermostat), Spätzündung, falsche Ölqualität oder zu wenig Öl.

2. Loch im Kolbenboden (Bild 1). Ein Teil des Materials ist herauschmolzen, ein größerer Teil ist trichterförmig nach unten erweitert durchgebrochen (erkennbar an der Unterseite des Kolbenbodens). Der Schaft und die Ringzone sind meist unbeschädigt (keine Fressspuren).

Ursachen: Innerhalb weniger Sekunden heizt sich der Kolbenboden durch Glühzündung örtlich bis zum Schmelzpunkt auf. Die Verbrennungsgase tragen die weichgewordene Masse ab, die Festigkeit an dieser Stelle nimmt ab, so dass der Verbrennungsdruck den restlichen Boden trichterförmig nach innen durchdrückt.

Bild 1: Loch im Kolbenboden

WERKSTATTHINWEISE

Überprüfen von Kolbendurchmesser und Einbauspiel

Die Kolbenfirmen liefern einbaufertige Kolben, auf deren Kolbenboden der größte Schaftdurchmesser (Kolbendurchmesser) in mm, z.B. 84,00, angegeben ist **(Bild 2)**. Er wird am Schaftende, senkrecht zur Bolzenachse, gemessen.

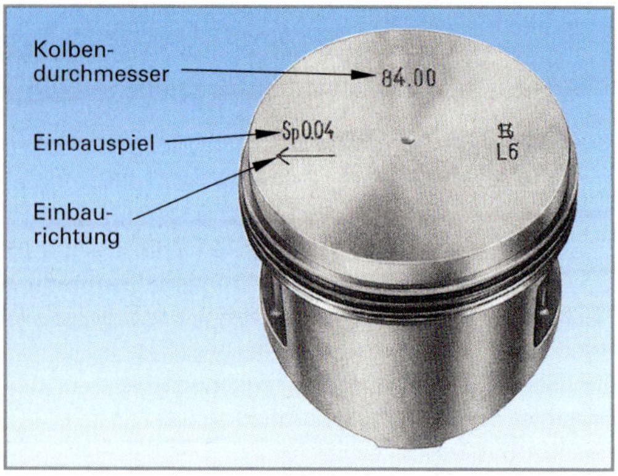

Bild 2: Einbauhinweise am Kolbenboden

Das Einbauspiel, das ebenfalls auf dem Kolbenboden eingeschlagen ist, z.B. 0,04, gibt die Differenz zwischen Zylinder- und Kolbendurchmesser in mm bei 20 °C an.

Kolbendurchmesser + Einbauspiel = Zylinderdurchmesser

Als Ausschleifmaße für Zylinder werden je nach Bauart vier Übermaße von 0,5 mm zu 0,5 mm steigend (bei Mopedzylindern von 0,25 mm zu 0,25 mm steigend) für jeden Zylinderdurchmesser festgelegt. Entsprechend gibt es 4 Übermaßkolben.

Montage der Kolbenringe

Kolbenringe werden im Kolben eingebaut geliefert. Sollen einzelne Kolbenringe eingesetzt werden, so ist auf den richtigen Ringtyp zu achten und dass die mit „Top" oder „oben" bezeichnete Ringflanke gegen den Kolbenboden zeigt. Immer eine Kolbenringzange benützen **(Bild 3)**.

Axiales Spiel in den Ringnuten, größer als 0,025 mm bis 0,04 mm je nach Kolbenart, kann zum Verkanten und „Pumpen" der Kolbenringe führen, d.h. die Ringe wirken bei stark ausgeschlagener Ringnut wie Pumpen, die das Öl in den Verbrennungsraum fördern. Kolbenringe sollen auch bei eingebautem Kolben noch ein Stoßspiel von 0,2 mm bis 0,3 mm haben, da sie sonst in ihrer Federwirkung behindert sind und brechen könnten. Ist das Spiel zu groß, so treten Gasverluste auf. Das Spiel kann mit einer Lehre geprüft werden, wenn man die Ringe ohne Kolben probeweise in eine Zylinderbohrung einlegt.

Bild 3: Kolbenringmontage mit Spezialzange

Die Montage des Kolbenbolzens ist im Kapitel „Pleuelstange" beschrieben.

FORTSETZUNG VON SEITE 224

Montage der Kolbenbolzen-Sicherungen

Kolbenbolzen-Sicherungen dürfen nur mit Montagezangen eingebaut werden, damit keine Beschädigung der Bolzenbohrung stattfindet. Beim Zusammendrücken der Sicherungsringe muss vorsichtig vorgegangen werden, damit sich diese nicht bleibend verformen und ihre Vorspannung und festen Sitz verlieren. Die Sicherungsringe sind richtig eingebaut, wenn ihre offene Stelle genau oben oder genau unten in der Kolbenbolzennabe steht. Um den festen Sitz der Ringe in der Nut zu prüfen, wird eine Verdrehprobe mit einem Schraubendreher gemacht, wobei ein erheblicher Widerstand zu spüren sein muss. Alte, ausgebaute Sicherungsringe nicht mehr verwenden.

Einbau des Kolbens

Kolben, wenn nötig, mit eingebauten Ringen gründlich mit sauberem Waschbenzin reinigen, mit Druckluft trocknen und danach alle Gleitflächen gut einölen. Durch Schmutz können Kolbenschäden entstehen! Auf ausreichendes Spiel zwischen Kolbenbolzennaben und Pleuelauge achten, damit der Kolben nicht einseitig an die Zylinderwand angedrückt wird.

Pleuelauge und Pleuellager müssen achsparallel sein. Zylinderblock bzw. Zylinder sorgfältig reinigen, bevor die Kolben eingebaut werden. Beim Einführen des gut geölten Kolbens in den Zylinder sind die Kolbenringe mit einer Ringmanschette **(Bild 1)** zusammenzudrücken, um sie vor Beschädigung zu schützen.

Vorher werden die Ringstöße um jeweils 180° auf dem Kolbenumfang versetzt angeordnet.

Bei richtigem Einbau des Kolbens muss sich am Kolbenboden in Bolzenrichtung zwischen Kolben und Zylinder auf beiden Seiten der gleiche Zwischenraum ergeben. Die Nachprüfung erfolgt mit einer Fühlerlehre, zugleich als Kontrolle für das richtige Auswinkeln des Pleuels.

Bild 1: Einsetzen des Kolbens in den Zylinder

Einbaurichtung des Kolbens

Kolben mit aus der Mitte versetzter Bolzenachse müssen so eingebaut werden, dass der Kolbenbolzen auf die Druckseite versetzt ist. Bei diesen Kolben und auch bei Kolben mit besonderen Kolbenbodenformen wird zur Anzeige der Einbaurichtung ein Pfeilzeichen im Kolbenboden angebacht, das meist in Fahrtrichtung weist **(Bild 2, Seite 224)**. Das Pfeilzeichen wird auch ersetzt durch die Bezeichnung „vorn", „Front" oder ein Kurbelwellensymbol (bei quer eingebauten Motoren oder bei Heckmotoren).

11

WIEDERHOLUNGSFRAGEN

1 **Welche Beanspruchungen hat ein Kolben beim Betrieb auszuhalten?**

2 **Wodurch wird Kolbenkippen vermindert?**

3 **Welche Anforderungen werden an einen Kolbenwerkstoff gestellt?**

4 **Welche Form hat ein Kolben in kaltem Zustand?**

5 **Warum werden Kolbenlaufflächen mit Schutzschichten versehen?**

6 **Welche Schutzschichten können für Kolbenringe verwendet werden?**

7 **Warum werden Kolbenbolzen in der Randschicht gehärtet?**

8 **Wie wird der Kolbendurchmesser ermittelt?**

9 **Was versteht man unter dem Einbauspiel?**

10 **Worauf ist beim Einsetzen einzelner Kolbenringe zu achten?**

11 **Was bedeutet „Pumpen" von Kolbenringen?**

12 **Welche Vorteile besitzt ein L-Ring und wo wird er eingebaut?**

13 **Welche Aufgaben haben Kolbenbolzen-Sicherungen?**

14 **Welche Ursachen können Kolbenschäden haben?**

15 **Worauf ist beim Einführen des Kolbens in den Zylinder zu achten?**

16 **Warum muss zwischen Kolbenbolzennaben und Pleuelauge ausreichendes Spiel sein?**

17 **Worauf ist beim Einbau von Kolben mit versetzter Bolzenachse zu achten?**

18 **Was versteht man beim Kolben unter der Kompressionshöhe?**

19 **Welche Besonderheiten haben Kolben für Dieselmotoren?**

20 **Wie kann das Stoßspiel von Kolbenringen überprüft werden?**

11.3.2 Pleuelstange

Aufgaben

- Kolben mit der Kurbelwelle verbinden
- Geradlinige Bewegung des Kolbens in eine Drehbewegung der Kurbelwelle umwandeln
- Kolbenkraft auf die Kurbelwelle übertragen und dort ein Drehmoment bewirken

Beanspruchungen

- Druckkräfte in Längsrichtung infolge des Gasdrucks auf den Kolbenboden
- Beschleunigungskräfte in Form von Zug- und Druckkräften in Längsrichtung infolge dauernd wechselnder Kolbengeschwindigkeit
- Biegekräfte im Pleuelschaft infolge dauernder Pendelbewegung um die Kolbenbolzenachse
- Beanspruchung auf Knickung durch die großen Druckkräfte

Um die Massenkräfte klein zu halten, soll die Masse der Pleuelstange möglichst klein sein.

Pleuelstangenwerkstoffe

11

Pleuelstangen (Bild 1) werden vorwiegend aus legiertem Vergütungsstahl, der im Gesenk geschmiedet wird, oder aus legiertem Stahlpulver als Sinterschmiedeteil **(Bild 2)** hergestellt.

Sintergeschmiedete Pleuelstangen haben bessere mechanische Eigenschaften als gesenkgeschmiedete Pleuelstangen. Ihre Querschnitte können daher kleiner sein und ihr Gewicht dadurch geringer. Gewichtstoleranzen treten praktisch nicht auf. Der Fuß erhält bereits während der Fertigung seine endgültige Form. Er wird nicht durchsägt, sondern erst mit dem Laser angeritzt und danach mittels Keil gecrackt. Pleuel und Pleueldeckel haben die gleiche körnige Bruchfläche und gewährleisten bei der Montage einen präzisen Sitz des Pleueldeckels auf dem Pleuelfuß. Passschrauben sind nicht mehr nötig.

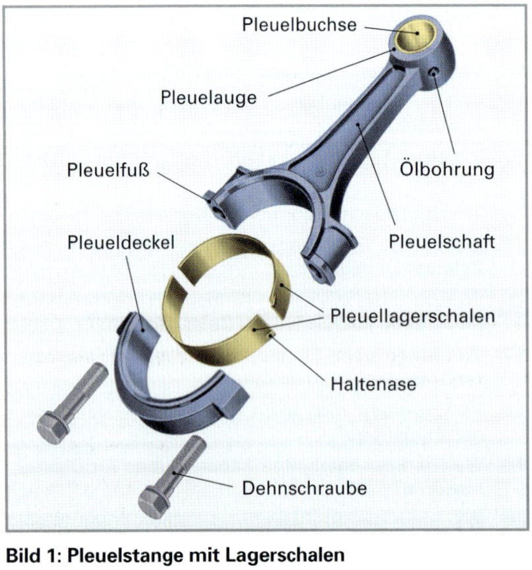

Bild 1: Pleuelstange mit Lagerschalen

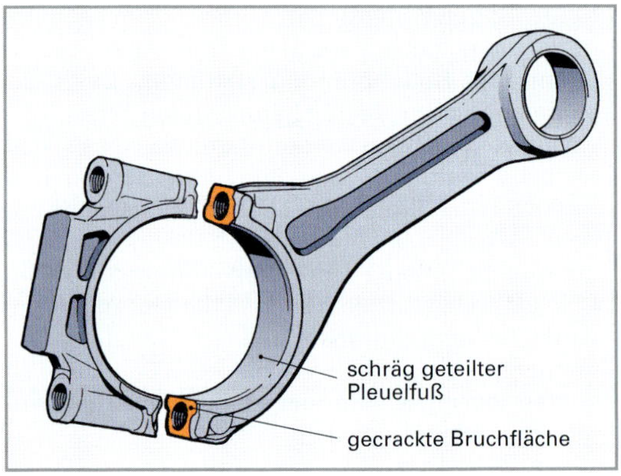

Bild 2: Gecrackte Pleuelstange, schräg geteilt

Aufbau

Pleuelauge. Es nimmt den Kolbenbolzen auf. Bei schwimmender Lagerung ist in das Pleuelauge eine Buchse, meist aus einer Kupferlegierung (CuPbSn), eingepresst. Soll der Kolbenbolzen mit Schrumpfsitz im Pleuelauge festsitzen, so wird er unmittelbar in das Pleuelauge eingeschrumpft.

Pleuelschaft. Er verbindet das Pleuelauge mit dem Pleuelfuß. Zur Erhöhung der Knickfestigkeit hat der Querschnitt meist ein Doppel-T-Profil.

Pleuelfuß. Zusammen mit dem Pleueldeckel umschließt er das Pleuellager, welches als geteiltes Gleitlager ausgebildet ist. Der Pleueldeckel ist meist mit Dehnschrauben auf dem Pleuelfuß befestigt.

Lagerung der Pleuelstange auf der Kurbelwelle. Sie erfolgt, wie die Lagerung der Kurbelwelle im Kurbelgehäuse, in Mehrschichtlagerschalen **(Bild 1, Seite 230)**. Durch Haltenasen sind sie gegen Verschieben und Verdrehen gesichert.

Lagerspiel. Es wird vom Hersteller vorgeschrieben. und kann durch Ausmessen von Pleuellager und Kurbelzapfen bestimmt werden. Bei Verwendung von Plastigage **(Bild 2, Seite 230)** muss jedes Lager einzeln vermessen werden.

Sonderbauformen von Pleuelstangen

Trapezpleuel. Die untere Hälfte des Pleuelauges, die den hohen Verbrennungsdruck aufnehmen muss, wird breiter ausgeführt, die obere Hälfte bleibt wegen der geringeren Beanspruchung schmaler, So entsteht eine Trapezform des Pleuelauges.

Schräg geteilte Pleuel. Wegen der höheren Drücke bei Dieselmotoren muss der Pleuelfuß häufig kräftiger ausgeführt werden, so dass sein Maß den Zylinderdurchmesser überschreitet. Ein Ausbau durch den Zylinder ist nur durch einen schräg geteilten Pleuelfuß möglich.

Ungeteilte Pleuelstangen. Bei Zweitakt-Einzylindermotoren wird der Pleuelfuß oftmals nicht geteilt, deshalb muss die Kurbelwelle aus einzelnen Teilen zusammengebaut werden. Anstelle von Gleitlagern können Wälzlager verwendet werden.

Schmierung. Für das Pleuellager erfolgt sie durch Motoröl, welches dem Kurbelzapfen vom Wellenzapfen der Kurbelwelle durch eine Bohrung zugeführt wird. Die Pleuelbuchse mit Kolbenbolzen wird meist durch Spritzöl ausreichend geschmiert (Ölbohrung am Pleuelauge, **Bild 1, Seite 226**).

WERKSTATTHINWEISE

Kontrolle der Gewichtstoleranz. Werden Pleuelstangen bzw. Kolben ausgewechselt, muss darauf geachtet werden, dass die Ersatzteile gleiches Gewicht haben, damit nicht unausgeglichene Massenkräfte den Motorlauf stören. Die zulässige Gewichtstoleranz der Teilsätze (Kolben + Pleuelstange) ist vom Hersteller vorgeschrieben. Geringfügige Übergewichte werden am Pleuelfuß abgeschliffen.

Zusammenbau von Kolben und Pleuelstange

Schwimmende Lagerung. Ist der Kolbenbolzen in der Pleuelbuchse und im Kolben schwimmend gelagert, muss auf die richtige Montage der Kolbenbolzen-Sicherung geachtet werden (siehe Seite 225).

Schiebe- oder Festsitz. Soll der Kolbenbolzen im Kolben einen Schiebe- oder Festsitz erhalten, so wird der Kolben vor dem Zusammenbau z.B. im Ölbad auf etwa 80 °C erwärmt. Zum Einführen des geölten, kalten Bolzens in den Kolben werden Bolzenaugen und Pleuelbuchse durch einen Führungsbolzen zentriert, damit der Kolbenbolzen zügig eingeschoben wird und nicht frühzeitig im Kolben festsitzt.

Schrumpfsitz. Soll der Kolbenbolzen im Pleuel mit Schrumpfsitz eingebaut werden, wird folgendermaßen vorgegangen **(Bild 1)**:

- Pleuelstange auf etwa 280 °C bis 320 °C erwärmen (Temperaturkontrolle erforderlich).
- Kolbenbolzen zur Erleichterung der Montage mit Kohlensäureschnee oder in der Tiefkühltruhe unterkühlen und damit im Durchmesser verkleinern.
- Kolben sorgfältig zentriert auf Formunterlage mit Anschlagdorn auflegen.
- Erwärmtes Pleuel gut zentriert auf das untere Bolzenauge legen.
- Kalten Kolbenbolzen durch das obere Bolzenloch bis an die Pleuelstange einführen.
- Bolzen rasch in einem Zug bis zum Anschlag (Endstellung) am Anschlagdorn einschieben.

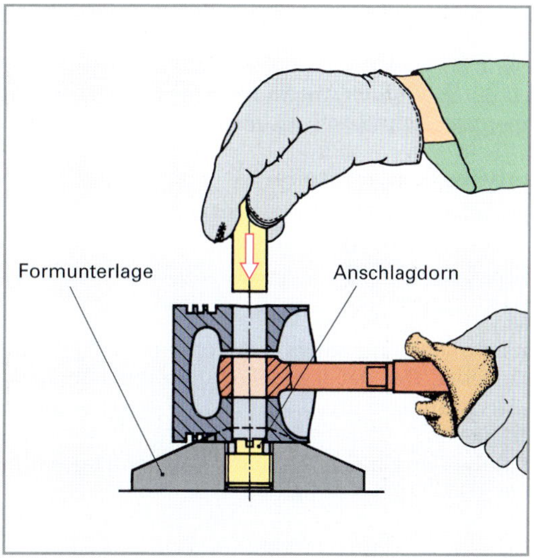

Bild 1: Kolbenmontage mit Schrumpfsitz des Kolbenbolzens in der Pleuelstange

Zusammenbau von Pleuelstange und Kurbelwelle. Die Pleuelstange muss auf dem Kurbelzapfen seitliches Spiel haben, damit sich Unterschiede in der Wärmedehnung von Kurbelwelle und Zylinderkurbelgehäuse ausgleichen können. Die Pleuelschrauben, im allgemeinen Dehnschrauben, werden mit einem Drehmomentschlüssel mit dem vom Hersteller vorgeschriebenen Drehmoment angezogen.

WIEDERHOLUNGSFRAGEN

1 **Welchen Beanspruchungen ist die Pleuelstange ausgesetzt?**

2 **Welche Aufgaben haben Pleuelstangen?**

3 **Welche Vorteile bietet die Bruchtechnik bei sintergeschmiedeten Pleuelstangen?**

4 **Wie ist die Pleuelstange auf der Kurbelwelle gelagert, und wie erfolgt die Schmierung?**

5 **Was versteht man unter einem Trapezpleuel?**

6 **Wie erfolgt die Lagerung des Kolbenbolzens im Pleuelauge?**

7 **Warum soll die Gewichtstoleranz der Teilsätze (Kolben + Pleuelstange) nicht überschritten werden?**

8 **Warum soll beim Zusammenbau von Kolben und Pleuelstange ein Führungsbolzen verwendet werden?**

11.3.3 Kurbelwelle

Aufgaben

- Aus der Pleuelstangenkraft eine Drehkraft und damit ein Drehmoment erzeugen.
- Einen Teil des Drehmomentes über das Schwungrad an die Kupplung weiterleiten.
- Mit dem anderen Teil des Drehmomentes Nebenaggregate des Motors antreiben.

Beanspruchungen

Pleuelstangen und Kolben müssen bei jedem Hub von der Kurbelwelle beschleunigt und wieder verzögert werden. Dadurch treten große Beschleunigungskräfte auf. Außerdem wirken an der Kurbelwelle große Fliehkräfte. Durch die auftretenden Kräfte wird die Kurbelwelle auf Verdrehung, auf Biegung und durch Drehschwingungen beansprucht, an den Lagerstellen zusätzlich auf Verschleiß.

Kurbelwellenwerkstoffe

Die Kurbelwelle wird hergestellt aus

- Legiertem Vergütungsstahl
- Nitrierstahl
- Gusseisen mit Kugelgrafit

Kurbelwellen aus Stahl werden im Gesenk geschmiedet. Der dabei erzielte zusammenhängende Faserverlauf und das dichte Gefüge ergeben große Festigkeit.
Kurbelwellen aus Gusseisen mit Kugelgrafit besitzen gute Schwingungsdämpfung.

Aufbau

Kurbelzapfen, Wellenzapfen. Jede Kurbelwelle **(Bild 1)** besitzt die in einer Achse liegenden Wellenzapfen für die Lagerung im Kurbelgehäuse und die Kurbelzapfen zur Aufnahme der Pleuellager. Die Zapfen sind in der Randschicht gehärtet und geschliffen.

Kurbelwangen. Wellenzapfen und Kurbelzapfen sind jeweils durch Kurbelwangen miteinander verbunden. Durch Kurbelzapfen und Kurbelwangen ergibt sich eine ungleiche Massenverteilung. Diese wird durch Gegengewichte jeweils auf der gegenüberliegenden Seite eines Kurbelzapfens ausgeglichen. Von den Wellenzapfen führen Ölbohrungen durch die Kurbelwangen zu den Kurbelzapfen.

Kurbelwellen müssen dynamisch ausgewuchtet werden. Eine Werkstoffanhäufung an bestimmten Stellen kann durch Wuchtbohrungen behoben werden.

Passlager. Einer der Wellenzapfen ist mit seitlichen Anlaufflächen ausgestattet. An diesem Wellenzapfen wird das Passlager (Führungslager) zur axialen Fixierung der Kurbelwelle montiert. Dieses Festlager verhindert z.B. die Verschiebung der Kurbelwelle beim Betätigen der Kupplung.

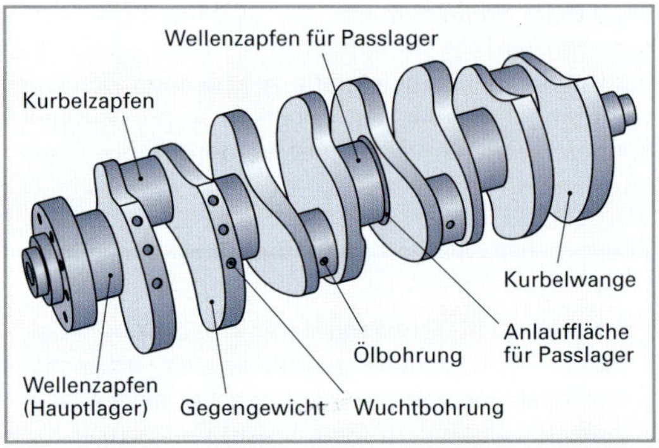

Bild 1: Bezeichnungen an der Kurbelwelle

Auf der Abtriebsseite der Kurbelwelle ist das Schwungrad befestigt, an dem meistens die Kupplung angebracht wird. Auf der gegenüberliegenden Seite der Kurbelwelle sind Zahnrad, Kettenrad oder Zahnriemenrad (Antrieb für Nockenwelle, Ölpumpe, usw.), die Riemenscheibe und gegebenenfalls ein Schwingungsdämpfer angebracht.

Die Form der Kurbelwelle wird bestimmt durch
- Zylinderzahl
- Anzahl der Kurbelwellenlager
- Größe des Hubes
- Zündfolge
- Anordnung der Zylinder

Kurbelkröpfung. Sie besteht aus dem Wellenzapfen und den beiden Kurbelwangen. So liegen z.B. bei Vierzylinder-Reihenmotoren alle Kurbelkröpfungen der Kurbelwelle in einer Ebene, bei Sechszylinder-Reihenmotoren dagegen sind die Kurbelkröpfungen um 120° zueinander versetzt. Kurbelkröpfungen für Parallelzylinder sind immer gleichgerichtet. Parallelzylinder nennt man solche Zylinder, deren Kolben im Ablauf eines Arbeitsspiels um 360° Kurbelwinkel gegeneinander versetzt sind.

Schwungrad

Ein Schwungrad kann Energie (Arbeitsvermögen) während des Arbeitstaktes speichern und später wieder abgeben. Mit dieser Energie des Schwungrades werden die „Leertakte" und Totpunkte im Arbeitsspiel überwunden und Drehzahlschwankungen ausgeglichen. Am Umfang des Schwungrades ist meistens der Zahnkranz aufgeschrumpft oder angeschraubt, in den das Ritzel zum Starten des Motors einspurt. Vom Schwungrad überträgt die Kupplung das Drehmoment des Motors an das Getriebe.

Das Schwungrad besteht aus Stahl oder Sondergusseisen. Schwungrad und Kurbelwelle werden meist zusammen dynamisch ausgewuchtet, damit bei hohen Drehzahlen keine große Unwucht entstehen kann. Die Kurbelwelle würde unruhig laufen und Kurbelwelle und Lager stark belasten.

Ausgleichswellen

Sie sollen die Massenkräfte, die durch die Bauteile des Kurbeltriebes verursacht werden und den Motor in Schwingungen versetzen können, ausgleichen.

Massenkräfte als Fliehkräfte. Sie entstehen an den rotierenden Teilen des Kurbeltriebes und werden durch gleichmäßige Verteilung der Kurbelkröpfungen, durch Gegengewichte und durch sorgfältiges Auswuchten ausgeglichen. Unausgeglichen würden sie die Kurbelwellenlager zusätzlich belasten und den Motor in Schwingungen versetzen.

Massenkräfte von hin- und hergehenden Teilen des Kurbeltriebes. Sie können je nach Bauart des Motors nur unvollkommen ausgeglichen werden. Während z.B. bei Sechszylinder-Reihenmotoren die Massenkräfte von hin- und hergehenden Teilen des Kurbeltriebes sich innerhalb des Motors gegenseitig ausgleichen, ist dies bei Vierzylinder-Reihenmotoren nicht der Fall. Es treten Massenkräfte in Richtung der Zylinderachse auf, die auch durch Gegengewichte nicht aufgehoben werden können. Um diesen Nachteil auszugleichen, können Vierzylinder-Reihenmotoren mit zwei Ausgleichswellen versehen werden.

Ausgleichswellen. Sie werden auf beiden Seiten der Kurbelwelle angeordnet **(Bild 1)**. Sie sind mit bestimmten Unwuchten versehen, deren Unwuchtkräfte den unausgeglichenen Massenkräften des Kurbeltriebes entgegengerichtet sind.
Da die zu dämpfenden Schwingungen die doppelte Frequenz der Kurbelwellendrehzahl haben, werden die Ausgleichswellen mit doppelter Kurbelwellendrehzahl angetrieben. Eine Ausgleichswelle dreht im Drehsinn der Kurbelwelle und die andere gegenläufig.
Durch diese Maßnahmen kann ein Vierzylinder-Reihenmotor so ruhig laufen wie ein Sechszylindermotor.

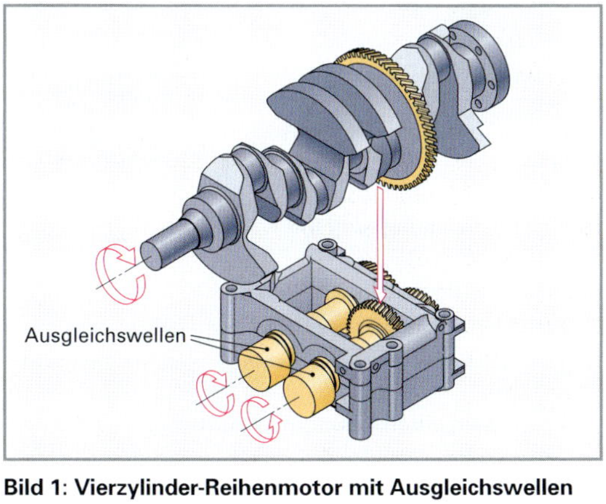

Bild 1: Vierzylinder-Reihenmotor mit Ausgleichswellen

Schwingungsdämpfer

Sie sollen den Drehschwingungen der Kurbelwelle, die durch die Verbrennungsstöße in den einzelnen Zylindern entstehen, entgegenwirken.

Erfolgen die Drehschwingungen bei bestimmten Drehzahlen im Rhythmus der Eigenschwingungen der Kurbelwelle, also bei den kritischen Drehzahlen, so können die Schwingungen derart aufgeschaukelt werden, dass sie zum Bruch der Kurbelwelle führen.

Aufbau. Die Dämpfungsmassen des Schwingungsdämpfers **(Bild 2)** sind durch den Dämpfungsgummi elastisch mit der Treibscheibe verbunden. Die Treibscheibe ist drehfest auf der Kurbelwelle befestigt. Gerät die Kurbelwelle in Drehschwingungen, dann werden diese durch die Trägheit der Dämpfungsmassen gedämpft, wobei sich der Dämpfungsgummi elastisch verformt.

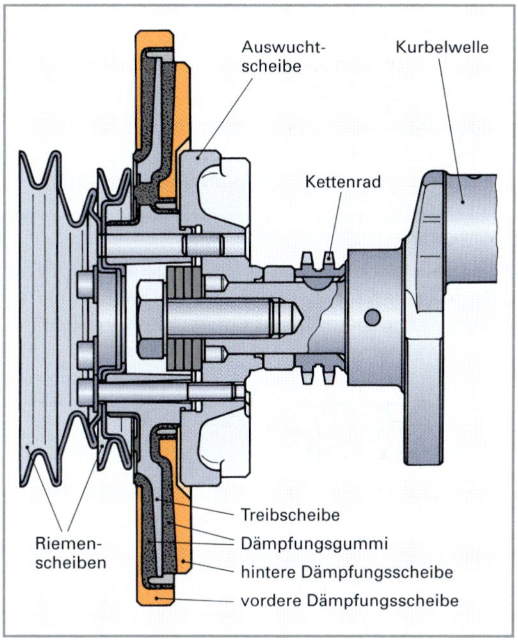

Bild 2: Schwingungsdämpfer

Kurbelwellenlager

Hauptlager. Die Kurbelwellenlager sollen die Kurbelwelle im Kurbelgehäuse abstützen und führen. Dabei soll in den Lagern möglichst wenig Reibung und Verschleiß auftreten. Die Kurbelwellenlager sind meist als geteilte Gleitlager ausgeführt. Der Lagerstuhl ist ein Teil des Kurbelgehäuses, auf ihn wird der Lagerdeckel aufgeschraubt. Lagerstuhl und Lagerdeckel bilden zusammen die Grundbohrung, in welche die Lagerschalen eingelegt werden. Alle Grundbohrungen des Kurbelgehäuses müssen genau fluchten.

Zur Sicherung gegen Verschieben und Verdrehen sind die Lagerschalen mit Haltenasen versehen.

Passlager. Eines der Kurbelwellenlager ist zur axialen Fixierung der Kurbelwelle als Passlager (Führungslager) mit beidseitigem Bund **(Bild 1)** oder mit Anlaufscheiben ausgeführt. Zur Aufnahme der Anlaufscheiben erhält die Grundbohrung beidseitig eine entsprechende Aussparung.

Dreistofflager. Sie bestehen aus der Stahlstützschale (1,5 mm dick), einer dünnen Tragschicht aus Lagerwerkstoff (meist PbSnCu-Legierung) von 0,2 mm bis 0,3 mm, die aufplattiert oder aufgesintert ist, und der eigentlichen Gleitschicht. Trotz der geringen Schichtdicke von 0,012 mm bis 0,020 mm soll die Gleitschicht möglichst über die Gesamtlaufzeit des Motors erhalten bleiben. Je nach Gleitschicht unterscheidet man

- **Galvanik-Dreistofflager** für mittlere bis hohe Belastungen. Sie besitzen eine aufgalvanisierte Gleitschicht, meist aus einer PbSnCu-Legierung. Die Gleitschicht hat gute Einbettfähigkeit für Abriebteilchen. Ein Nickeldamm als Trennschicht zwischen Gleitschicht und Tragschicht verhindert, dass Zinn aus der Gleitschicht in die Tragschicht diffundiert.
- **Sputter-Dreistofflager*** mit großem Verschleißwiderstand auch bei besonders hohen Lagerbelastungen in direkteinspritzenden Dieselmotoren.

Durch Kathodenstrahlzerstäubung wird von einem Spenderwerkstoff (z.B. AlSn20Cu) aus die Gleitschicht in feinster Verteilung auf die Tragschicht aufgebracht (gesputtert). Eine NiCr-Zwischenschicht dient zur Bindung zwischen Gleitschicht und Tragschicht.

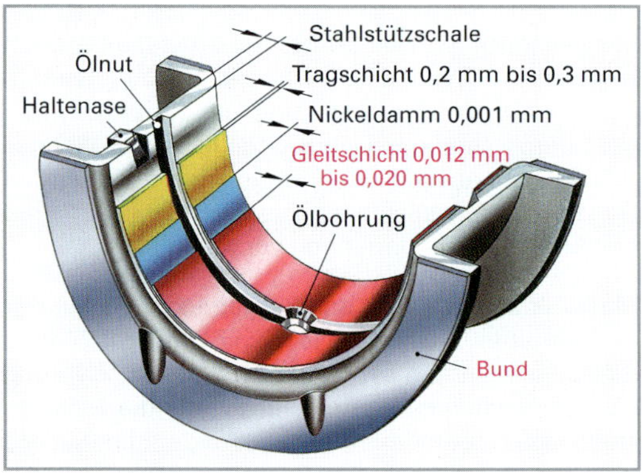

Bild 1: Dreistoff-Passlager

Schmierung der Lager. Sie erfolgt durch Motoröl, das von der Ölpumpe über Ölkanäle durch eine Ölbohrung dem Kurbelwellenlager zugeführt wird. Die Lagerschalen sind meist noch mit einer Ringnut und einer weiteren Ölbohrung versehen **(Bild 1)**, durch die das Öl zu den Pleuellagern weitergeleitet wird.

WERKSTATTHINWEISE

Kontrolle der Kurbelwelle. Die Kurbelwelle wird mit der Messuhr auf Rundlauf und die Zapfen mit der Messschraube auf Maß geprüft. Für Kurbelwellen, die auf vorgeschriebenes Untermaß nachgeschliffen wurden, liefern die Hersteller meist entsprechende Lagerschalen.

Prüfen des Lagerspiels

Axialspiel. Es wird mit der Fühlerlehre am Passlager oder mit der Messuhr geprüft.

Radialspiel. Es kann durch Ausmessen von Lager und Zapfen mit Innenmessgerät und Messschraube oder auch mit Plastigage bestimmt werden.

Der Plastigage-Kunststofffaden wird axial auf den Wellenzapfen gelegt **(Bild 2)**. Nach Auflegen des Lagerdeckels werden die Dehnschrauben im elastischen Bereich mit dem vorgegebenen niedrigen Drehmoment angezogen und danach wieder herausgedreht. Der gequetschte Faden wird mit der auf der Tüte aufgedruckten Skale verglichen; z.B. zeigt TYPE PG-1 ein Lagerspiel von 0,051 mm an. Jedes Lager muss einzeln vermessen werden. Bei der Montage werden Dehnschrauben endgültig mit dem vorgeschriebenen Drehmoment angezogen.

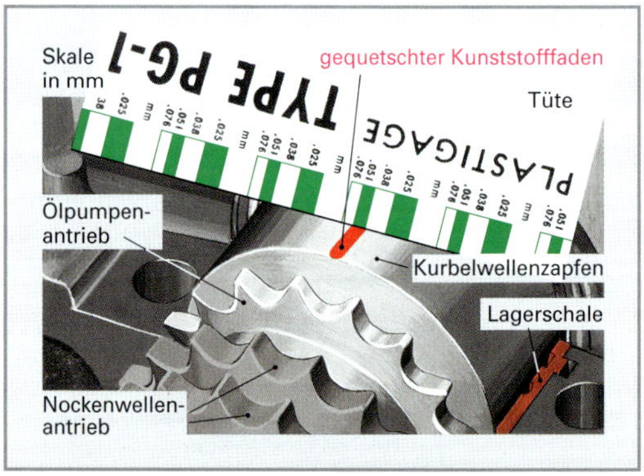

Bild 2: Lagerspielmessung mit Plastigage

WIEDERHOLUNGSFRAGEN

1. **Welche Aufgaben hat die Kurbelwelle?**
2. **Welchen Beanspruchungen ist die Kurbelwelle ausgesetzt?**
3. **Aus welchen Werkstoffen bestehen Kurbelwellen?**
4. **Welche Aufgabe hat das Passlager?**
5. **Welche Aufgabe hat der Schwingungsdämpfer?**
6. **Wie kann das Kurbelwellenlagerspiel nachgeprüft werden?**
7. **Wozu wird ein Schwungrad benötigt?**

* to sputter (engl.) = sprudeln, spritzen

11.4 Zweimassenschwungrad

> Es soll Drehschwingungen, die durch den periodischen Ablauf der 4 Takte und die Zündfolge in Kurbelwelle und konventionellem Schwungrad entstehen, dämpfen.

Die Drehschwingungen können bei bestimmten Drehzahlen zu Getriebegeräuschen (Getrieberasseln) und zum Karosseriedröhnen führen.

Die konventionelle Schwungmasse eines Verbrennungsmotors besteht aus den Teilen des Kurbeltriebs, dem Schwungrad und der Kupplung.

Im Diagramm **(Bild 1)** sind für Volllast die Drehzahlschwankungen des Motors und des Getriebes über der Zeit aufgetragen.

Die Schwingungen von Motorausgang und Getriebeeingang haben fast gleichgroße Schwingungsweiten und Frequenzen. Dies führt bei Überlagerung (Resonanzbereich) zu Getriebegeräuschen und Karosseriedröhnen.

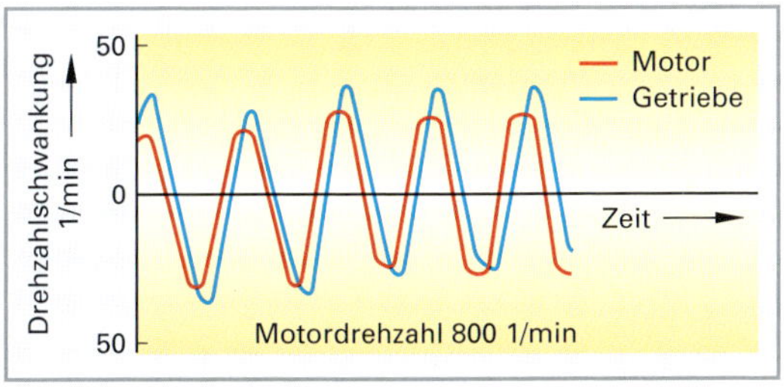

Bild 1: Schwingungslinien für eine konventionelle Schwungmasse

Aufbau (Bild 2)

Die konventionelle Schwungmasse wird aufgeteilt in die **Primärschwungmasse** (Kurbeltrieb, Primärschwungrad) und die **Sekundärschwungmasse** (Sekundärschwungrad, Kupplung).

Ein Drehschwingungsdämpfer verbindet die beiden Schwungmassen. Er hat die Aufgabe, das Schwungmassensystem des Motors vom Getriebe und Antriebsstrang zu entkoppeln. Daher kann für die Kupplung eine Kupplungsscheibe ohne Torsionsdämpfer verwendet werden.

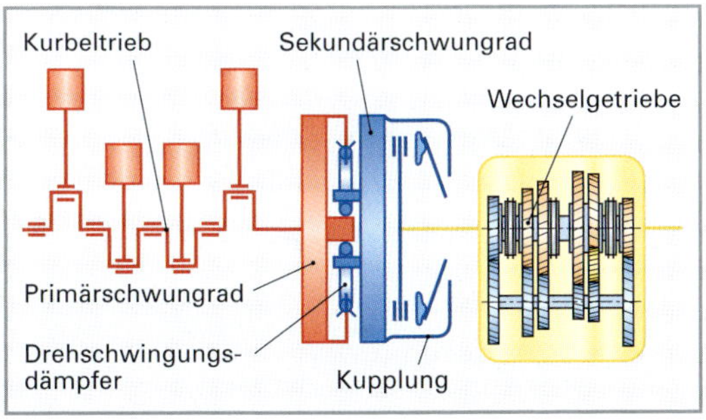

Bild 2: Zweimassen-Schwingungssystem

Das Zweimassenschwungrad **(Bild 3)** besteht aus

- Primärschwungrad
- Sekundärschwungrad
- Innendämpfer
- Außendämpfer

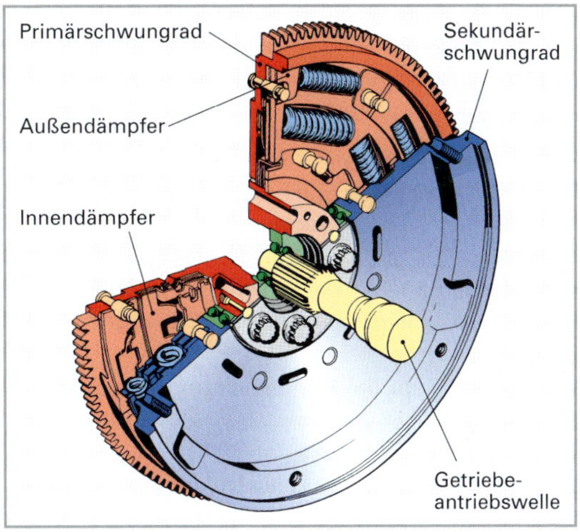

Bild 3: Zweimassenschwungrad

Wirkungsweise

Durch die Aufteilung in die Primärschwungmasse auf der Motorseite und die Sekundärschwungmasse auf der Getriebeseite wird das Massenträgheitsmoment der drehenden Getriebeteile erhöht. Dadurch liegt der Resonanzbereich unter der Leerlaufdrehzahl des Motors und damit nicht im Betriebsbereich des Motors.

Im Diagramm **(Bild 4)** ist zu erkennen, dass die Schwingungslinien von Motor und Getriebeeingang deutlich auseinanderliegen.

Dadurch werden die vom Motor erzeugten Drehschwingungen vom Getriebe ferngehalten, das Getrieberasseln und Karosseriedröhnen tritt nicht mehr auf.

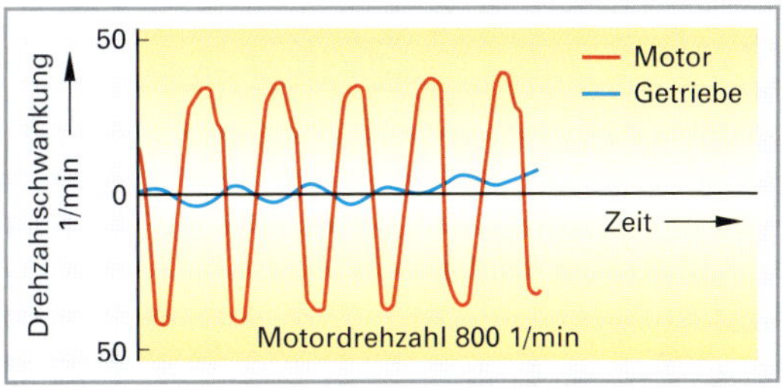

Bild 4: Schwingungslinien eines Zweimassenschwingungssystems

Vorteile

- Verminderung von Getriebe- und Karosseriegeräuschen (Rasseln, Klappern, Dröhnen).
- Schonung von Triebwerksteilen.
- Geringerer Verschleiß der Synchronisierung.
- Kupplungsscheibe benötigt keinen Torsionsdämpfer.

11.5 Motorschmiersysteme

Das Motorschmiersystem muss die Motorbauteile mit ausreichender Menge Schmieröl versorgen. Dabei muss der richtige Druck sichergestellt sein.

Aufgaben

- **Schmieren,** um Energieverluste und Verschleiß verursachende Reibung zwischen den aufeinander gleitenden Teilen zu vermindern.
- **Kühlen,** um die Motorteile vor Überhitzung zu schützen, da diese die Wärme nicht direkt an die Kühlflüssigkeit oder an die Kühlluft abgeben können.
- **Abdichten,** um die Feinabdichtung zwischen aufeinander gleitenden Teilen (z.B. Kolbenring gegen Zylinderwand) zu gewährleisten.
- **Reinigen,** um Abrieb, Ablagerungen und Verbrennungsrückstände abzuführen oder für den Motor unschädlich im Öl zu binden.
- **Vor Korrosion schützen.**
- **Motorgeräusche dämpfen,** da der Schmierfilm geräusch- und schwingungsdämpfend wirkt.

11

Beanspruchung des Schmieröls

Das Schmieröl ist im Motor hohen thermischen chemischen und mechanischen Beanspruchungen ausgesetzt **(Bild 2, Seite 210).**

Mechanische Verunreinigungen durch Staub, Metallabrieb und Verbrennungsrückstände können durch geeignete Filter weitestgehend beseitigt werden. Gründe für regelmäßige Ölwechsel:

Ölalterung. Zwischen Kolben und Zylinder dringen Luft und Verbrennungsgase (Blow by Gase) in das Kurbelgehäuse ein. Das Öl oxidiert (altert). Es können sich dabei Säuren bilden.

Ölverschlammung. Abgespaltene Ölharze sowie Straßenstaub, metallischer Abrieb und gelöste Verbrennungsrückstände verschlammen das Öl. Schlammbildung wird durch Kondenswasser und ggf. Kühlflüssigkeit noch gefördert. Der Ölkreislauf kann dadurch behindert werden.

Ölverdünnung. Die schwersiedenden Bestandteile des Kraftstoffs, die besonders bei kaltem Motor in das Öl gelangen, führen zur Ölverdünnung.

Ölverdickung. Starke Oxidation des Öls verbunden mit der Ablagerung von Rußpartikel, führen vorwiegend bei Dieselmotoren gelegentlich zu einer Ölverdickung.

Ölverbrauch. Jeder Motor hat einen gewissen normalen Ölverbrauch, der ausgeglichen werden muss. Er ergibt sich, weil das Öl in den Verbrennungsraum gelangt (z.B. Ölfilm auf der Zylinderwand, Ventilführungen) und dort verbrennt.

Deshalb sind regelmäßige Kontrollen des Ölstandes erforderlich, ggf. ist Öl nachzufüllen. Ölwechsel sind im Rahmen der Fahrzeuginstandhaltung nach Herstellervorschriften bzw. nach der flexiblen Intervallanzeige durchzuführen.

Schmiersysteme. Man unterscheidet bei Viertaktmotoren zwischen:

- Druckumlaufschmierung
- Trockensumpfschmierung

Bei Zweitaktmotoren:

- Mischungsschmierung
- Frischölschmierung

Schmierstellen. Beim Motor müssen vom Schmiersystem folgende Bauteile mit Öl versorgt werden: Z.B. Kurbelwellenlager, Pleuellager, Kolbenbolzenlager, Stößel, Nockenwellenlager, Nockenlaufbahnen, Kipp- bzw. Schwinghebel, Steuerkette, Kettenspanner, Zylinderlaufbahn und Abgasturbolader **(Bild 1).**

11.5.1 Druckumlaufschmierung

Sie wird am häufigsten angewendet. Eine Pumpe saugt über ein Ölsieb das Öl aus dem Ölvorrat der Ölwanne an und drückt es über die Leitungen und Schmierkanäle zu den Schmierstellen des Motors. Bei modernen Motoren können mehrere Öl-Druck- sowie Öl-Absaugpumpen eingebaut sein. Filter und gelegentlich auch Ölkühler sind dazwischen geschaltet **(Bild 1).**

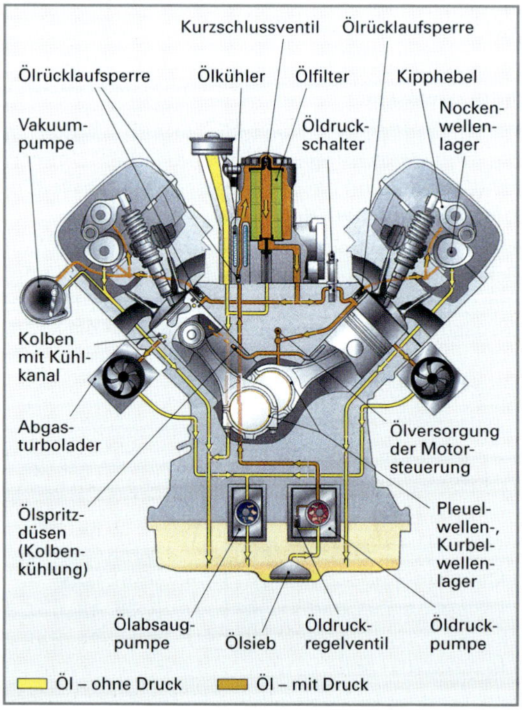

Bild 1: Druckumlaufschmierung

Von den Schmierstellen tropft das Öl ab und fließt in die Ölwanne zurück. Mit einem Ölmessstab kann der Ölvorrat überprüft werden. Zunehmend werden auch elektrische Ölsensoren eingebaut, die eine Füllhöhe, sowie eine Ölqualitätsanzeige in der Instrumententafel ermöglichen.

Trockensumpfschmierung (Bild 1). Sie ist eine Sonderbauart der Druckumlaufschmierung.

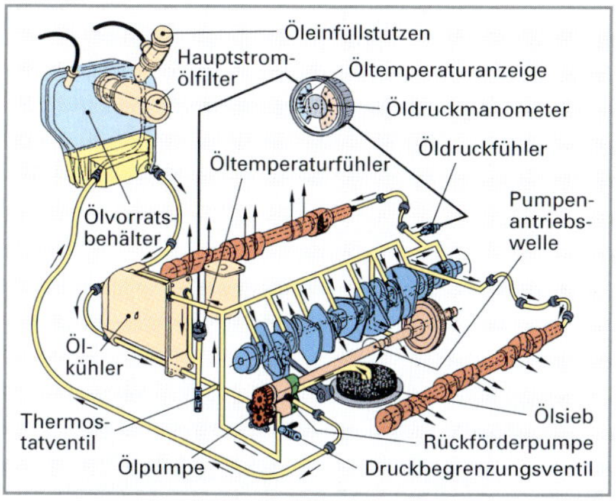

Bild 1: Trockensumpfschmierung

Bei diesem Schmiersystem wird das in die Ölwanne zurückfließende Öl von einer Absaugpumpe in einen gesonderten Ölvorratsbehälter gefördert. Von dort saugt die Druckölförderpumpe das Öl ab und drückt es über Filter und ggf. Ölkühler zu den Schmierstellen.

Vorteile der Trockensumpfschmierung:

- Durch die flache Ölwanne verringert sich die Bauhöhe des Motors und somit der Schwerpunkt des Fahrzeugs.
- Bei großen Schräglagen des Motors, z.B. Geländefahrzeuge und Motorräder, oder bei schnell durchfahrenen Kurven, z.B. bei Sportwagen, ist eine einwandfreie Schmierung gewährleistet.
- Es wird eine bessere Kühlung des Öls erzielt, da der Ölvorratsbehälter vom Motor und somit von der Motorwärme entkoppelt ist.

Da die Trockensumpfschmierung gegenüber der Druckumlaufschmierung kostenaufwändiger ist, kommt sie meist nur in flachen Sportwagen, Geländefahrzeugen und Motorrädern zum Einsatz.

11.5.2 Bauteile der Motorschmierungen

- Ölwanne
- Druckbegrenzungsventil
- Öldruckmanometer
- Überströmventil
- Ölpumpe
- Ölfilter
- Entlüftung
- Ölkühler

Ölwanne. Sie nimmt den Ölvorrat des Motors auf. Häufig sind an der tiefsten Stelle in der Ölwanne Schlingerwände (Schwallbleche) vorhanden, die ein Wegfließen des Öls von der Ansaugstelle bei Kurvenfahrt, beim Beschleunigen und beim Bremsen verhindern. Die Oberfläche der Ölwanne dient auch als Kühlfläche für den Ölvorrat. Bei kleinen Motoren werden zunehmend die aus Leichtmetalllegierung gegossenen Ölwannen mit Kühlrippen durch noch leichtere und preiswert herzustellende Kunststoffölwannen ersetzt. Die Abdichtung erfolgt durch Flachdichtungen oder vermehrt durch Flüssigdichtung mit Silikon.

Zweiteilige Kurbelgehäuse (Bild 2). Sie ermöglichen es, den Kurbelraum nach unten zur Ölwanne zu schließen. Somit bilden sich unter den Kolben veränderliche geschlossen Volumen, die über spezielle Ölrücklauföffnungen mit dem Öl der Ölwanne verbunden sind.

Vorteile:

- Steiferes Kurbelgehäuse. Der Verbund aus geschlossener Ölwanne und Motorblock versteift den Motor, was eine weitere Gewichtsreduzierung begünstigt.
- Geringeres Kolbenkippen. In dem geschlossenen Kurbelraum unter dem Kolben entsteht bei der Abwärtsbewegung des Kolbens ein Überdruck, der bei der Aufwärtsbewegung wieder expandiert und somit den Kolben stabilisiert.
- Geringere Aufschäumung des Motoröls, verursacht durch sogenannte Blow-by-Gase.

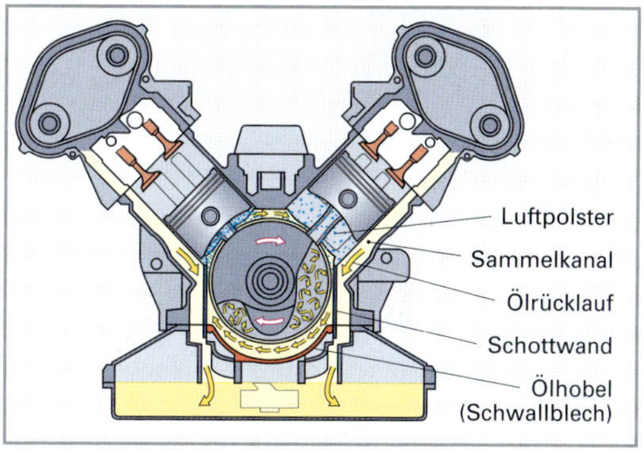

Bild 2: Zweiteiliges Kurbelgehäuse

Ölpumpen

Sie müssen bei einem hohen Förderstrom (etwa 250 l/h bis 350 l/h) einen ausreichenden Öldruck sicherstellen. Sie fördern das Öl, z.B. in Zahnlücken, von der Saugseite zur Druckseite.

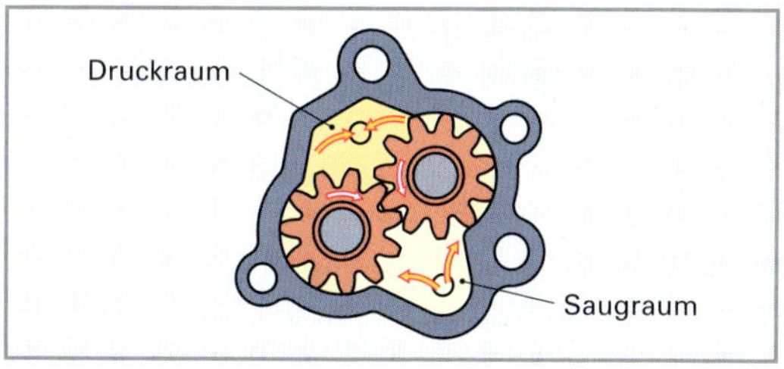

Bild 3: Zahnradpumpe

Zahnradpumpe (Bild 3, Seite 233)

Bei ihr wird das Öl in den Zahnlücken mitgenommen und entlang der Pumpeninnenwandung auf die andere Seite gefördert. Der Eingriff der Zähne beider Zahnräder verhindert das Zurückfließen des Öls.

Es entsteht auf der Saugseite ein Unterdruck und auf der Druckseite ein Überdruck.

Sichelpumpe (Bild 1). Sie ist eine Sonderbauform der Zahnradpumpe. Ihr Innenzahnrad sitzt meist direkt auf der Kurbelwelle des Motors. Zum Innenrad ist ein im Pumpengehäuse gelagertes Außenzahnrad exzentrisch angeordnet. Dadurch entsteht ein Saug- und ein Druckraum, die ein sichelförmiger Körper voneinander trennt. Das Öl wird in den Zahnlücken sowohl entlang der Oberseite als auch entlang der Unterseite der Sichel gefördert.

Vorteil der Sichelpumpe gegenüber der herkömmlichen Zahnradpumpe:

- Höhere Förderleistung, insbesondere bei niederer Motordrehzahl

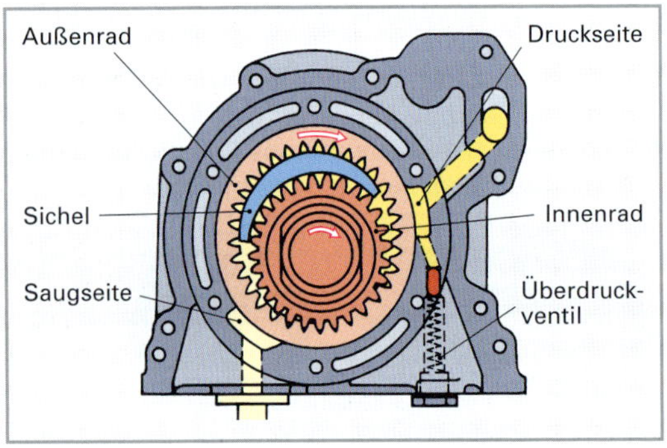

Bild 1: Sichelpumpe

Rotorpumpe (Bild 2). Sie besteht aus einem innenverzahnten Außenrotor und einem außenverzahnten Innenrotor. Der Innenrotor hat einen Zahn weniger als der Außenrotor und ist mit der Antriebswelle verbunden.

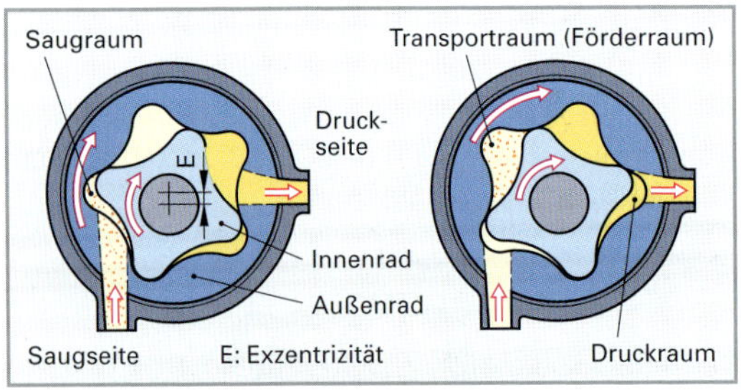

Bild 2: Funktionsweise Rotorpumpe

Die Verzahnung des Innenrotors ist so geformt, dass jeder Zahn den Außenrotor berührt und die entstehenden Räume weitgehend abdichtet. Bei der Drehbewegung der Rotoren werden auf der Saugseite die Pumpenräume laufend vergrößert, die Pumpe saugt an. Auf der Druckseite verkleinern sich die Räume und das Öl wird in die Druckleitung gepresst.

Von mehreren sich verengenden Pumpenzellen wird das Öl gleichzeitig in die Druckleitung gefördert, so dass die Rotorpumpe gleichmäßig arbeitet. Sie kann bei hohem Förderstrom hohe Drücke erzeugen.

Geregelte Rotorpumpe

Aufbau. Sie hat einen zusätzlichen Regelring zwischen Rotorring und Pumpengehäuse, der abhängig von Öldruck und Regelfeder verdreht wird **(Bild 3)**. Mit ihr ist es möglich den Öldruck unabhängig von den Motorbetriebsbedingungen konstant zu halten. Dies führt zu gleichbleibenden Schmierbedingungen an allen Schmierstellen.

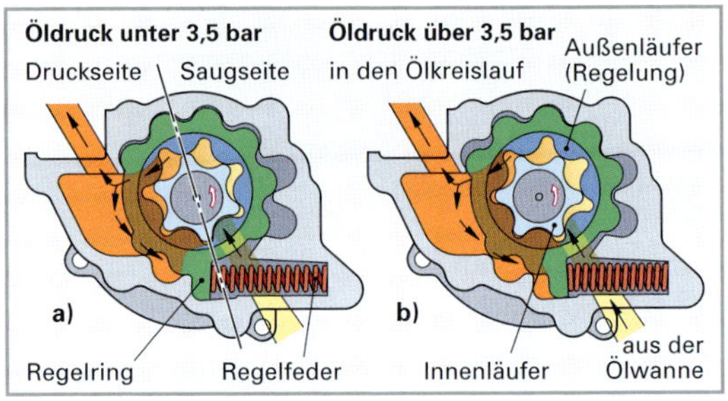

Bild 3: Geregelte Rotorpumpe

Öldruck zu nieder. Fällt der Öldruck unter den Grenzdruck von beispielsweise 3,5 bar, so kann die Regelfeder den Regelring gegen den Öldruck verdrehen **(Bild 3a)**. Es entsteht eine Raumvergrößerung zwischen Innen- und Außenläufer. Dadurch wird mehr Öl von der Saug- zur Druckseite transportiert, somit steigt der Öldruck.

Öldruck zu hoch. Steigt der Öldruck über den Grenzwert, so drückt der Öldruck gegen den Regelring und die Regelfeder wird zusammengedrückt **(Bild 3b)**. Es entsteht eine Raumverkleinerung zwischen Innen- und Außenläufer. Somit wird weniger Öl von der Saug- zur Druckseite transportiert und der Öldruck fällt ab.

Öldruckmanometer, Öldruckkontrollleuchte

Sie dienen der Überwachung des Öldrucks. Beide Bauteile sind zwischen Ölpumpe und Lagerstellen eingebaut.

Ölmanometer. Es ermöglicht das direkte Ablesen des momentanen Öldrucks. Zur Druckmessung ist ein Drucksensor in der Druckleitung hinter der Ölpumpe erforderlich.

Öldruckkontrollleuchte. Sie erlischt bei Motorbetrieb und zeigt dem Fahrer an, ob ausreichend Öldruck im System vorhanden ist. Drückt Öl aus der Druckleitung auf den Schaltkontaktkörper, so wird der Massekontakt für die Öldruckkontrollleuchte unterbrochen; sie erlischt **(Bild 1, Seite 235)**.

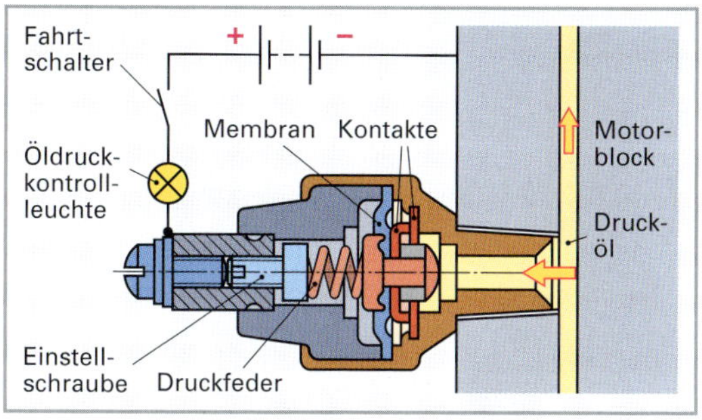

Bild 1: Öldruckschalter für Ölkontrollleuchte

Druckbegrenzungsventil

Es ist der Ölpumpe nachgeschaltet und verhindert einen zu hohen Öldruck (> etwa 5 bar). Ein hoher Öldruck ist nicht immer Beweis für gute Schmierung. Bei kaltem Motor ist z.B. trotz hohem Öldruck die Schmierung schlechter als bei geringerem Öldruck des betriebswarmen Motors. Auch bei verstopfter Ölleitung oder verstopftem Filter ist der Öldruck zwar hoch, aber die Schmierung schlecht. Ein zu hoher Öldruck gefährdet Dichtungen, Ölleitungen, Ölschläuche zum Ölkühler und Ölfilter.

Ölfilter

Sie werden eingebaut, um eine vorzeitige Schmierölverschlechterung durch feste Fremdstoffe, z.B. Metallabrieb, Ruß, Staubpartikel zu vermeiden **(vgl. Kap. 1.6)**. Ölfilter können jedoch keine flüssigen oder im Öl gelösten Verunreinigungen entfernen. Sie haben auch keinen Einfluss auf chemische oder physikalische Veränderungen des Öls im Motorbetrieb, z.B. durch die Alterung. Man unterscheidet aufgrund ihrer Anordnung im Ölstrom zwischen Haupt- und Nebenstromölfilter.

Hauptstromölfilter (Bild 2). Die Hauptstromölfilterung gewährleistet, dass kein Öl ungefiltert zu den Schmierstellen gelangen kann. Um einen ausreichenden Öldurchsatz zu ermöglichen, darf der Durchgangswiderstand des Filters (Porengröße) nicht zu hoch sein. Dadurch ist die Filterwirkung begrenzt. Kleinste Verunreinigungen werden aus dem Öl nicht herausgefiltert.

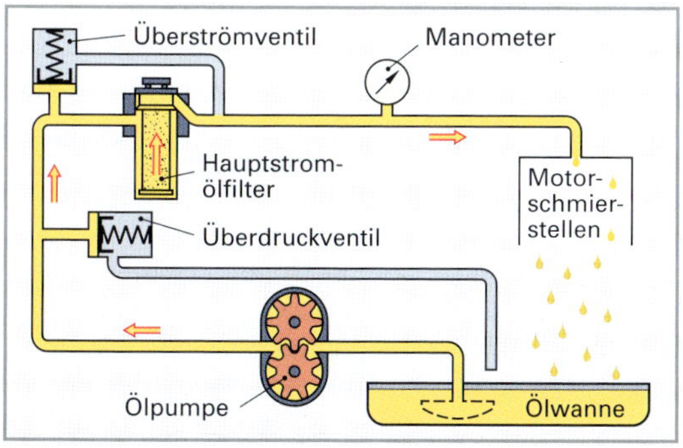

Bild 2: Ölfilter im Hauptstrom

Überströmventil (Bild 3). Ist das Filter verstopft, kann das Öl über das Überströmventil ungefiltert am Filter vorbei zu den Schmierstellen fließen.

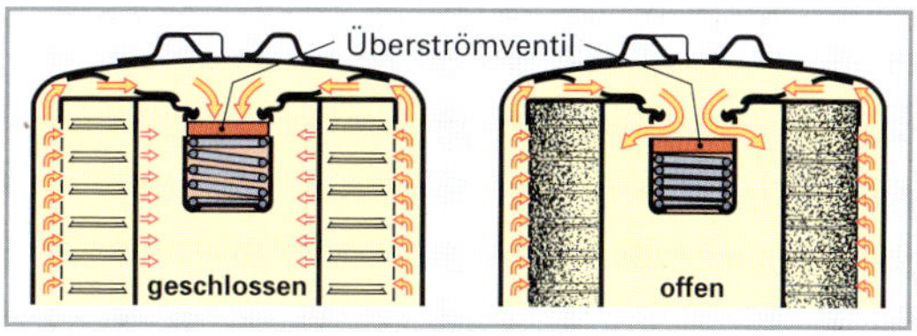

Bild 3: Überströmventil

Rücklaufsperrventile (Bild 4). Sie können noch zusätzlich in der Zu- und Ablaufleitung des Filters eingebaut sein um zu verhindern, dass bei abgestelltem Motor das Hauptstromölfilter leer läuft.

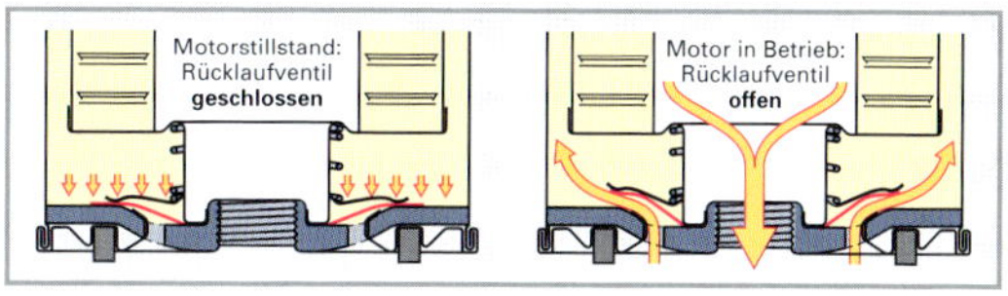

Bild 4: Rücklaufsperrventil

Nebenstromölfilter (Bild 5). Das Filter ist in einem parallel zum Hauptstrom verlaufenden Zweig (Nebenstrom) angeordnet. Dadurch wird es jeweils nur von einem Teil der Ölfördermenge (5% bis 10%) durchströmt. Somit gelangt nur teilweise gereinigtes Öl zu den Schmierstellen. Die Porengröße des Filters kann soweit reduziert werden, dass auch kleinste Verunreinigungen aus dem Nebenstrom gefiltert werden können.

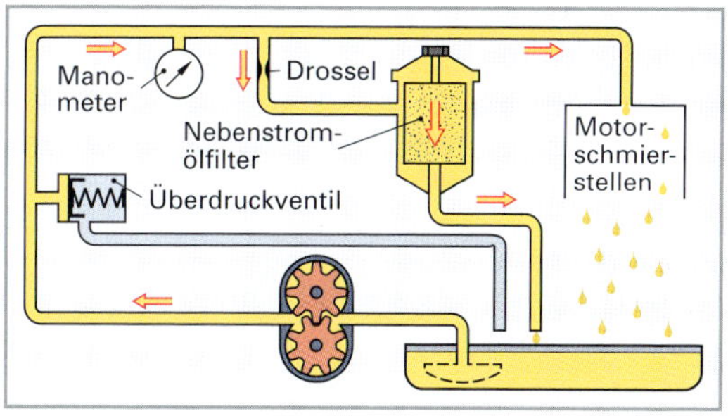

Bild 5: Nebenstromölfilter

Kombination aus Haupt- und Nebenstromfilter. Mit ihr wird die beste Filterwirkung erreicht. Sie kommen z.B. bei Baustellenfahrzeugen zum Einsatz. Aus Kostengründen werden bei Pkws jedoch überwiegend Hauptstromölfilter eingesetzt.

Kurbelgehäuseentlüftung. Bei Ottomotoren und besonders bei aufgeladenen Dieselmotoren kommt es zu Blow-by-Gasen, die aus dem Brennraum in das Kurbelgehäuse gelangen. Dieses Gas, das durch feinste Öltröpfchen, Kraftstoffreste, Wasserdampf und Ruß verschmutzt ist, wird über einen Ölabscheider der Ansaugluft des Motors erneut zugeführt.

11

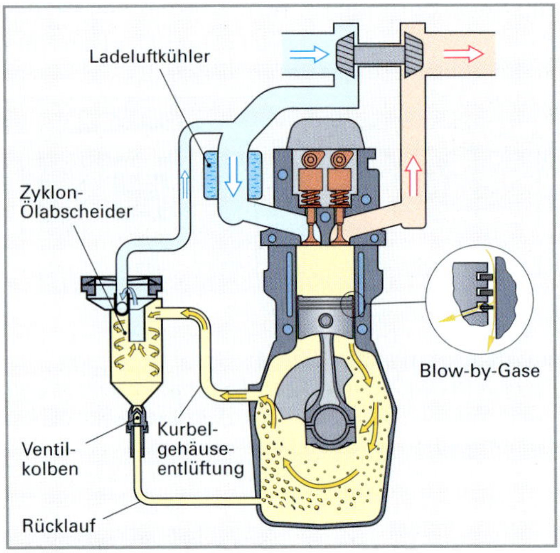

Bild 1: Kurbelgehäuseentlüftung

Um den Ölverbrauch zu senken, empfindliche Motorbauteile vor Verschmutzung zu schützen und damit Emissionen zu senken, muss dieses Gas vor der Rückführung gereinigt werden. Dies geschieht über Ölabscheider, z.B. Labyrinth-, Zyklon- oder Zentrifugenölabscheider **(Bild 1)**.

Ölsensor. Zur genauen Erfassung von Motorölstand, Öltemperatur und Motorölzustand kann ein Sensor in der Ölwanne eingebaut sein **(Bild 2)**.

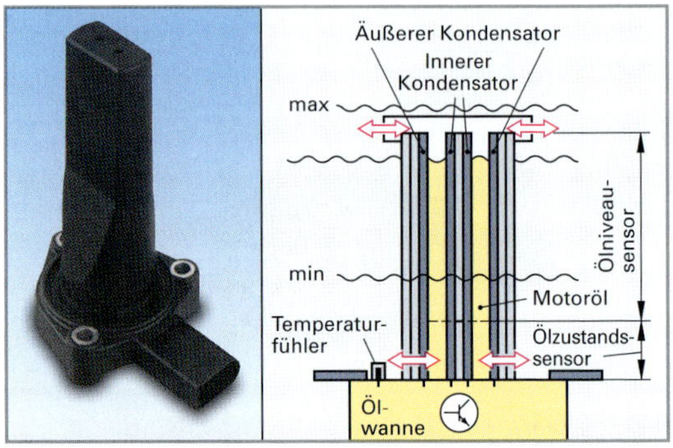

Bild 2: Ölsensor

Der Sensor besteht aus zwei übereinander angeordneten Zylinderkondensatoren. Im unteren Teil wird die Ölqualität ausgewertet, im oberen Teil der Motorölstand festgestellt.

Messprinzip: Verändert sich der Zustand des Öls, durch Verschleiß und Abbau der Additive, so verändert sich die Kapazität des mit Öl gefüllten Kondensators. Der Kapazitätswert wird in der integrierten Auswerteelektronik zu einem digitalen Signal verarbeitet und an das Motorsteuergerät übermittelt. Dort wird es zur Berechnung des nächsten Ölwechselservice verarbeitet. Die Ölfüllhöhe wird dem Fahrer über ein Display mitgeteilt.

Öltemperatur. Zur Messung der Öltemperatur ist ein Temperaturfühler (NTC) im Ölsensor integriert.

WERKSTATTHINWEISE

Ölstandskontrolle und Ölwechsel

Ölstandskontrolle mit dem Ölmessstab. Hierbei sollte sich der Füllstand zwischen der Max.- und der Min.-Markierung des Ölmessstabes befinden **(Bild 3).** Das Fahrzeug muss dabei waagerecht stehen.

Bild 3: Ölmessstab

Ölstand zu niedrig: Öl muss nachgefüllt werden. Dabei ist darauf zu achten, dass die Max.-Markierung des Ölpeilstabs nicht überschritten wird. Die Füllmengendifferenz zwischen beiden Markierungen beträgt bei Pkw meist 1 Liter.

Ölstand zu hoch: Bei Fahrzeugen, die häufig für Kurzstrecken genutzt werden, kann es zu einer Ölverdünnung und infolgedessen, zu einem zu hohen Ölstand kommen. Hierbei ist die Messung nach längerem Betrieb des Fahrzeuges mit betriebswarmem Motor zu wiederholen. Wird bei erneuter Messung weiterhin ein zu hoher Füllstand gemessen, muss Öl abgelassen bzw. abgesaugt werden.

Ölstandskontrolle über Fahrzeugdisplay: Verfügt das Fahrzeug über einen Ölsensor, so muss die momentane Füllhöhe im Display, unter dem Menüpunkt „Motoröl“ ermittelt werden. Dort findet man auch die verbleibende Fahrstrecke bis zum nächsten vorgeschriebenen Ölwechsel.

Ölverbrauch

Normaler Ölverbrauch.

Er liegt dann vor, wenn nicht mehr als 0,1 … 1,0 l Öl auf 1000 km Fahrstrecke verbraucht werden. Bei Neufahrzeugen kann es durch das Einlaufen zu höherem Ölverbrauch kommen.

Erhöhter Ölverbrauch.

Wird dauerhaft ein erhöhter Ölverbrauch festgestellt, so muss ein mechanischer Fehler vorliegen:

- **Ventilschaftdichtungen defekt.** Hierbei kommt Öl in den Ansaug- bzw. Auslasskanal. Bei der Verbrennung des Öls ensteht Blaurauch.
- **Axialspiel zwischen Kolbenring und -ringnut.** Durch Verschleiß kann sich das Spiel zwischen beiden Bauteilen erhöhen. Dadurch wird bei der Auf- und Abwärtsbewegung des Kolbens der Kolbenring in der Ringnut des Kolbens hin und her bewegt. Dieser Anlagewechsel, führt dazu, dass Öl in den Brennraum „gepumpt" wird **(Bild 1, Seite 237)**.

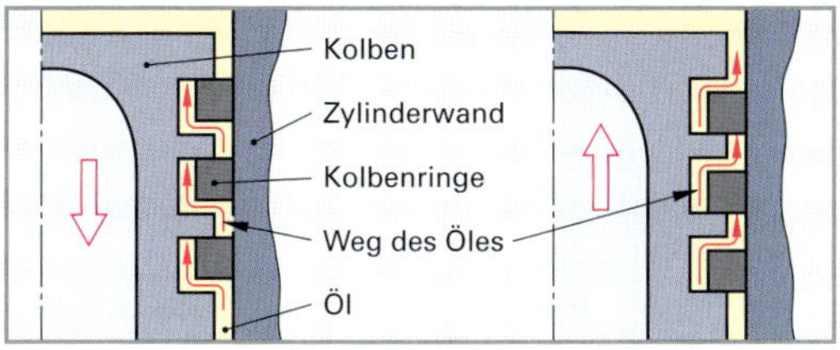

Bild 1: „Pumpende" Kolbenringe

Das Öl gelangt in den Brennraum und verbrennt dort. Durch Verkoken der Kolbenringnuten gehen die Kolbenringe fest. Starke Blaurauchbildung ist die Folge.

Beschädigte Motordichtungen. Diese führen auch bei abgestelltem Motor zu Ölverlust. Ölstellen am Boden bzw. Ölverunreinigungen am Motor deuten darauf hin.

Ölwechsel

Die Fahrzeughersteller schreiben einen Ölwechsel in bestimmten Intervallen vor. Dieser Wechsel kann durch Ablassen oder Absaugen des Motoröls bei betriebswarmem Motor vorgenommen werden.

Ablassen des Motoröls. Hierbei läuft das Öl fast restlos aus der Ölablaufbohrung der Ölwanne in den Ölauffangbehäter. Die Dichtung der Ölablaufschraube ist zu erneuern. Ist in die Ölablassschraube eine Magnetabscheider integriert, so ist der daran haftende Metallabrieb zu entfernen.

Absaugen des Motoröls. Hierbei wird eine Saugsonde in die Ölwanne geführt, welche das Öl innerhalb 5 … 10 min. absaugt. Es bleibt ein Ölrest von ca. 0,5 Liter des alten Öls in der Ölwanne zurück. Dies muss beim Einfüllen der vorgeschriebenen Menge neuen Öls berücksichtigt werden, da sonst der Ölstand zu hoch wird. Gelangt die Sonde nicht an die tiefste Stelle der Ölwanne, werden die sich dort ansammelnden Verunreinigungen nicht mit abgesaugt.

Ölfilterwechsel. Wie der Ölwechsel, so ist auch der Ölfilterwechsel vom Fahrzeughersteller in bestimmten Intervallen vorgeschrieben.

Box-Ölfilter. Diese müssen mit Hilfe spezieller Ölfilterschlüssel gelöst werden **(Bild 2)**. Beim Einbau der Boxfilter ist auf Folgendes zu achten:

- O-Ringdichtung des neuen Ölfilters leicht einölen, damit bei späterer Demontage der O-Ring an der Dichtfläche nicht anklebt.
- Boxfilter von Hand anziehen.

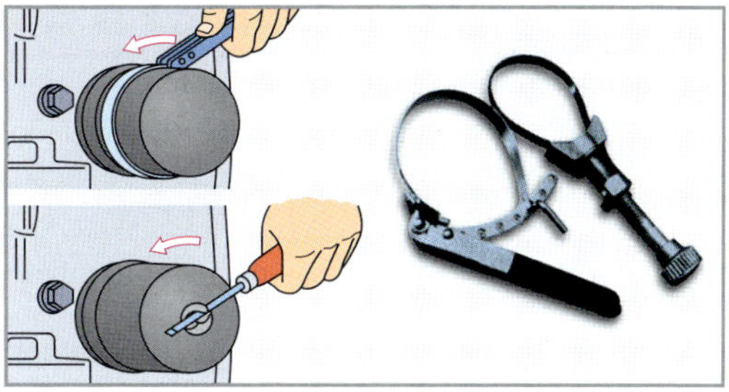

Bild 2: Lösen eines Boxfilters; Spannbänder

Wechselölfilter. Hierbei muss der Deckel des Filtermoduls geöffnet werden. Beim Einsetzen der neuen Filterpatrone ist auf den richtigen Sitz zu achten. Der O-Ring des Filtermoduldeckels muss ersetzt werden.

Ölbefüllung. Nur die vom Hersteller freigegebenen Ölsorten verwenden. Nach dem Einfüllen der vorgeschrieben Ölmenge ist eine Ölstandskontrolle durchzuführen. Die Dichtheit ist bei laufendem Motor zu prüfen.

Altöl und Altfilter. Diese sind umweltgerecht zu lagern und zu entsoren.

Öldruckprüfung

Hierbei wird die Funktion des Öldruckschalters und der Öldruck bei einer bestimmten Drehzahl geprüft. Der Öldruckschalter wird in einen Prüfadapter eingeschraubt. Dieser wird anstelle des Öldruckschalters eingeschraubt. Zwischen Öldruckschalter und Batterie wird eine Prüflampe geschaltet **(Bild 3)**.

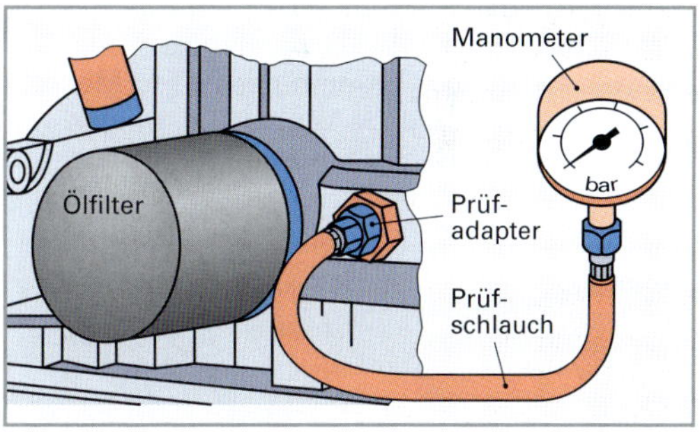

Bild 3: Prüfen von Öldruckschalter und Öldruck

Bei stehendem Motor muss die Lampe aufleuchten. Sie soll erlöschen, wenn das Manometer bei laufendem Motor einen Öldruck von 0,3 … 0,6 bar anzeigt. Bei negativem Ergebnis ist der Öldruckschalter auszutauschen. Bei einer Motordrehzahl von 2000 1/min und einer Öltemperatur von 80 °C soll der Öldruck mindestens 2 bar betragen.

Wiederholungsfragen

1. **Nennen Sie die Vorteile einer Trockensumpfschmierung.**
2. **Welche Ölpumpen werden unterschieden?**
3. **Nenne zwei Vorteile geregelter Ölpumpen.**
4. **Welche Ölfilter werden unterschieden?**
5. **Welche Messwerte kann ein Ölsensor erfassen? Erklären Sie die Funktionsweise.**

11

11.6 Motorsteuerung

> Die Motorsteuerung steuert den Zeitpunkt und die Dauer des Ansaugens der Frischgase und den Zeitpunkt und die Dauer des Ausstoßens der Abgase.

Die Zeitpunkte werden als Öffnungs- und Schließpunkte der Ventile in Grad Kurbelwinkel angegeben, z.B. Eö 15° vOT, Es 42° nUT (siehe Steuerdiagramm, **Seite 198**).

11.6.1 Aufbau der Motorsteuerung

Der Antrieb der Motorsteuerung erfolgt von der Kurbelwelle über Zahnriemen, Rollenkette oder Zahnräder zur Nockenwelle. Die Nocken der Nockenwelle öffnen über Übertragungsorgane, z.B. Stößel, gegen die Federkraft der Ventilfedern die Ein- und Auslassventile. Durch die Federkraft der Ventilfedern werden die Ventile wieder geschlossen.

Da sich ein Arbeitsspiel über vier Takte, also zwei Kurbelwellenumdrehungen erstreckt und die Ventile dabei nur einmal betätigt werden, muss die Nockenwelle mit der halben Drehzahl der Kurbelwelle laufen. Das Kurbelwellenrad besitzt halb so viele Zähne wie das Nockenwellenrad.

11

> Das Drehzahlverhältnis zwischen Kurbelwelle und Nockenwelle beträgt 2 : 1.

Anordnung der Ventile. Man unterscheidet

- **Untengesteuerter Motor (Bild 1), sv**-Motor (engl. **s**ide **v**alves). Die Schließbewegung der Ventile erfolgt in Richtung UT. Unten gesteuerte Motoren haben seitlich stehende Ventile. Sie werden wegen ihrer ungünstigen Brennraumform nicht im Kraftfahrzeug verwendet.

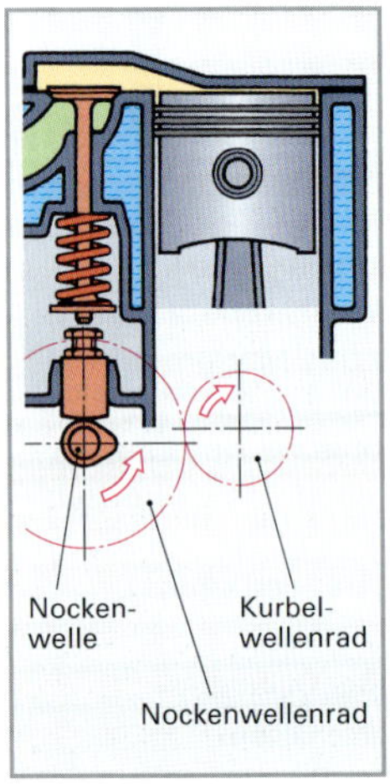

Bild 1: Untengesteuerter Motor

Bild 2: Obengesteuerter Motor

- **Obengesteuerter Motor (Bild 2 bis Bild 5).** Die Schließbewegung der Ventile erfolgt in Richtung OT. Obengesteuerte Motoren haben hängende Ventile.

Anordnung der Nockenwelle. Man unterscheidet bei obengesteuerten Motoren

- **ohv**-Motor (engl. **o**ver**h**ead **v**alves): Überkopfventile, im Zylinderkopf hängende Ventile; die Nockenwelle ist im Zylinderblock oder im Kurbelgehäuse angeordnet **(Bild 2)**.
- **ohc**-Motor (engl. **o**ver**h**ead **c**amshaft): Überkopfnockenwelle; die Nockenwelle ist über dem Zylinderkopf angeordnet **(Bild 3)**.

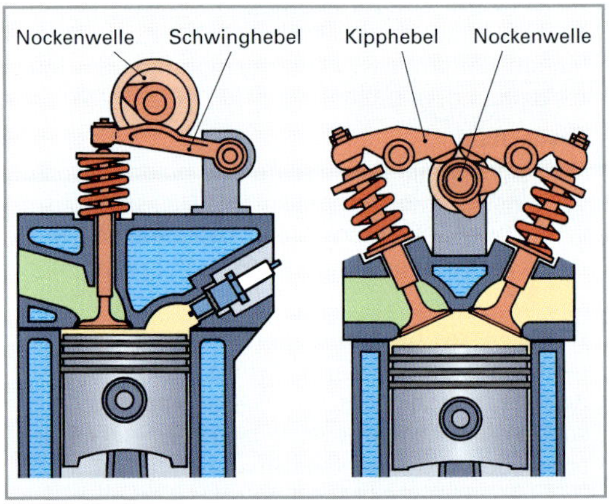

Bild 3: ohc-Motor

- **dohc**-Motor (engl. **d**ouble **o**verhead **c**amshaft): Doppel-Überkopf-Nockenwelle; zwei Nockenwellen sind über dem Zylinderkopf angeordnet **(Bild 4)**.
- **cih**-Motor (engl. **c**amshaft **i**n **h**ead). Nockenwelle ist im Zylinderkopf angeordnet **(Bild 5)**.

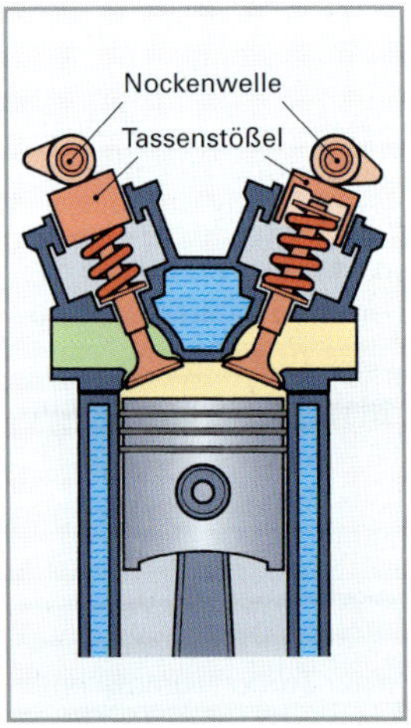

Bild 4: dohc-Motor

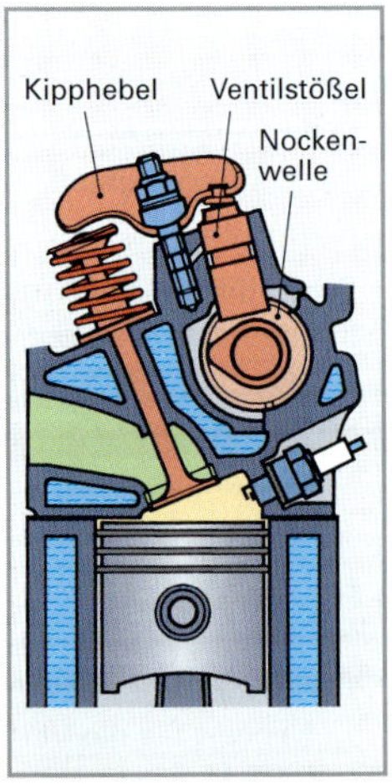

Bild 5: cih-Motor

11.6.2 Mehrventiltechnik

Um den Gaswechsel im Zylinder noch zu verbessern, werden Motoren auch mit zwei oder drei Einlassventilen bei ein oder zwei Auslassventilen ausgestattet.

Dreiventiler (Bild 1). Zwei Einlassventilen liegt ein vergrößertes Auslassventil gegenüber. Wenn eine mittige Lage der Zündkerze nicht möglich ist, wird eine Doppelzündung mit zwei außermittig angeordneten Zündkerzen angewendet. Dadurch wird auch ein besseres Durchbrennen des Gemisches in der Nähe der Kolbenkante und am Feuersteg erreicht. Eine gemeinsame Nockenwelle steuert die Ventile.

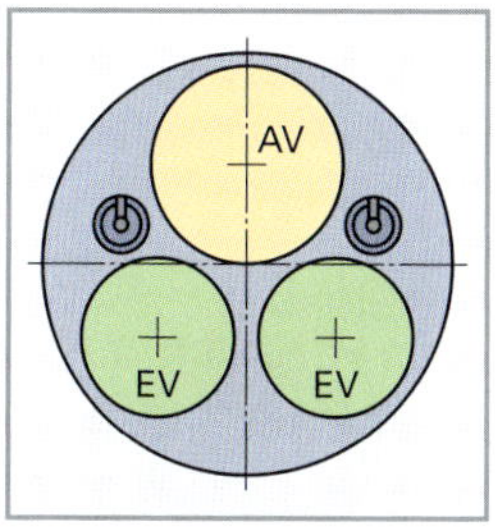

Bild 1: Dreiventiler

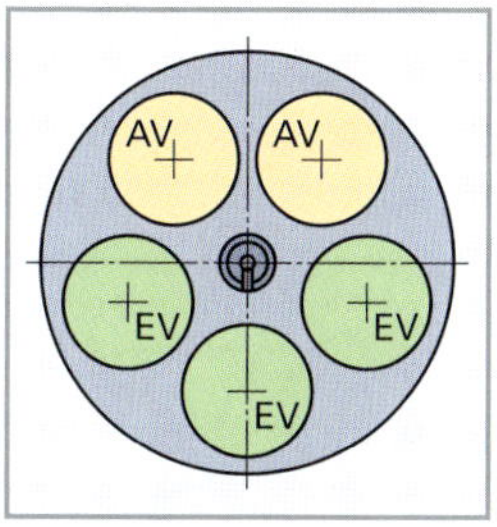

Bild 2: Fünfventiler

Vierventiler (Bild 3) sind die am meisten gebauten Motoren in Mehrventiltechnik. Zwei häufig vergrößerte Einlassventile liegen zwei Auslassventilen gegenüber. Die Zündkerze kann nahezu mittig angeordnet werden. Für die Einlass- und für die Auslassventile ist je eine Nockenwelle erforderlich.

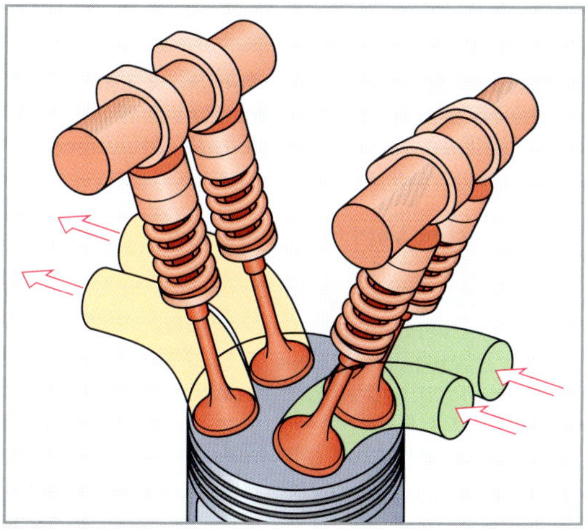

Bild 3: Vierventiler

Fünfventiler (Bild 2). Drei Einlassventile und zwei Auslassventile bieten ein Maximum an Durchflussquerschnitt. Die Zündkerze kann meist mittig angeordnet werden. Die Einlassnockenwelle betätigt die drei Einlassventile und eine Auslassnockenwelle die zwei Auslassventile.

11.6.3 Bauteile der Motorsteuerung

Ventile

Man unterscheidet **Einlass-** und **Auslassventile**. Die Durchmesser der Ventilteller und der Ventilhub müssen so groß sein, dass der Gaswechsel möglichst ungehindert vonstatten gehen kann. Das Auslassventil hat oft einen kleineren Durchmesser als das Einlassventil, da durch den noch hohen Druck der Abgase beim Öffnen des Auslassventils eine schnelle Entleerung des Verbrennungsraumes gewährleistet ist.

Aufbau (Bild 4). Ein Ventil besteht aus dem Ventilteller und dem Ventilschaft. Der Ventilteller muss in Verbindung mit dem Ventilsitz im Zylinderkopf den Verbrennungsraum gasdicht abschließen. Das Ende des Ventilschaftes besitzt einen Einstich bzw. eine oder mehrere Rillen, in welche die Ventilkegelstücke eingreifen. Die Ventilkegelstücke werden durch den Ventilfederteller in den Einstich bzw. in die Rillen des Ventilschaftes gedrückt.

Beanspruchung. Die Ventile sind sehr starker Beanspruchung ausgesetzt. Sie werden in der Minute bis etwa 4000mal angehoben und von den Ventilfedern wieder auf die Ventilsitze geschlagen. An Ventilschaft und Schaftende werden sie auf Verschleiß durch Reibung beansprucht.

Einlassventile (Bild 4) werden durch die Frischgase zwar ständig gekühlt, trotzdem können sie Temperaturen bis etwa 500 °C annehmen.

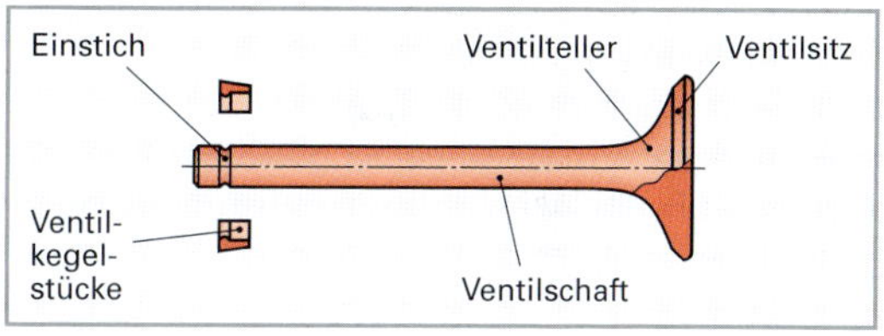

Bild 4: Einlassventil

Einlassventile sind meist Einmetallventile. Zur Verschleißminderung können Ventilsitz, Ventilschaft, Einstich für die Ventilkegelstücke und Planfläche am Schaftende gehärtet sein.

Auslassventile (Bild 1, Seite 240). Sie werden durch die heißen Verbrennungsgase thermisch (am Ventilteller bis etwa 900 °C) und durch chemische Korrosion beansprucht. Deshalb werden Auslassventile meist als Bimetallventile hergestellt. Für den Ventilteller und den unteren Teil des Ventilschaftes, die den Verbrennungsgasen vor allem ausgesetzt sind, wird warmfester, korrosions- und zunderbeständiger Stahl verwendet. Solche Stähle sind nicht härtbar, besitzen schlechte Gleiteigenschaften, neigen in der Ventilführung zum Fressen und leiten Wärme schlecht.

Der obere Teil des Schaftes besteht aus härtbarem Stahl mit guter Wärmeleitfähigkeit. Beide Teile werden, z.B. durch Reibschweißen, miteinander verbunden.

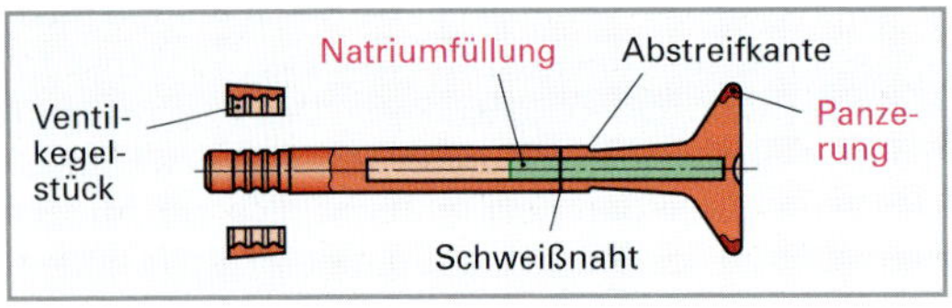

Bild 1: Auslassventil

Hohlventile (Bild 1). Sie sind Auslassventile, die zur Verbesserung der Wärmeabfuhr einen Hohlraum besitzen, der zu etwa 60% mit Natrium gefüllt ist. Natrium schmilzt bei etwa 97 °C und hat gute Wärmeleitfähigkeit. Durch das Hin- und Herschleudern des flüssigen Natriums wird die Wärme schneller vom Ventilteller zum Ventilschaft abgeführt und dadurch die Temperatur des Ventiltellers um etwa 100 °C gesenkt. Am Ventilsitz sind die Ventile häufig gepanzert **(Bild 1)**, z.B. mit Hartmetall, um den Verschleiß zu verringern und das Einschlagen des Sitzes am Ventilteller zu vermeiden.

11

Ventilspiel.
Einlass- und Auslassventile dehnen sich im Betrieb je nach Temperatursteigerung und Werkstoff aus. Außerdem treten an den Übertragungsteilen der Motorsteuerung Längenänderungen durch Verschleiß auf. Damit die Einlass- und Auslassventile in allen Betriebszuständen einwandfrei schließen können, wird zwischen den Übertragungssteilen Spiel vorgesehen. Bei kaltem Motor ist das Ventilspiel im allgemeinen größer als bei warmem Motor.
Das Spiel der Auslassventile ist gewöhnlich größer als das der Einlassventile, da diese wärmer werden.

Ventilspiel zu klein. Das Ventil öffnet früher und schließt später.
Dadurch kann das Auslassventil zu heiß werden, weil durch die verkürzte Schließzeit nicht genügend Wärme vom Ventilteller an den Ventilsitz abgegeben werden kann. Außerdem besteht bei zu kleinem Ventilspiel die Gefahr, dass das Auslassventil oder das Einlassventil bei warmem Motor nicht mehr schließt. Durch den Spalt am Auslassventil wird dann Abgas angesaugt, durch den Spalt am Einlassventil schlagen die Flammen zurück. Es treten Gasverluste und Leistungsverluste auf. Die Ventile werden durch die ständig vorbei strömenden heißen Abgase überhitzt, wodurch Ventilteller und Ventilsitze verbrennen.

Ventilspiel zu groß. Das Ventil öffnet zu spät und schließt zu früh. Dadurch ergeben sich kürzere Öffnungszeiten und kleinere Öffnungsquerschnitte, wodurch Füllung und Leistung verschlechtert werden. Die mechanische Beanspruchung des Ventils und die Ventilgeräusche nehmen zu.

Einstellung des Ventilspiels. Je nach Motorart und Fabrikat ist die Einstellung des Ventilspiels verschieden. Sie kann bei kaltem oder auch bei warmem Motor, bei stehendem oder auch bei langsam laufendem Motor vorgeschrieben sein.
Bei oben liegender Nockenwelle und Kipphebeln oder Schlepphebeln kann das Ventilspiel mit Stellschraube und Gegenmutter eingestellt werden oder wie in **Bild 2** durch Verstellen des Kugeldruckbolzens im selbstsichernden Gewinde am Auflager des Schwinghebels. Das Ventilspiel wird geprüft am Spalt zwischen Nockengrundkreis und Schwinghebel.
Bei oben liegender Nockenwelle und Tassenstößeln **(Bild 2)** werden gehärtete Einstellscheiben verschiedener Dicke in den Stößel eingelegt, um das richtige Ventilspiel einzustellen, welches unmittelbar am Spalt zwischen Nockengrundkreis und Einstellscheibe geprüft werden kann.

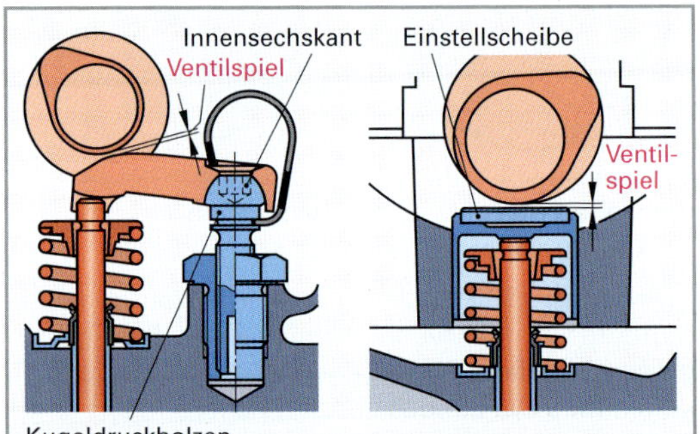

Bild 2: Einstellen des Ventilspiels

Je nach Vorschrift des Herstellers beträgt das Ventilspiel etwa 0,1 mm bis 0,3 mm. Wird es nicht richtig eingestellt, so verschieben sich die Öffnungs- und Schließzeiten der Ventile.

Hydraulischer Ventilspielausgleich

Bei Motoren, die mit einem hydraulischen Ventilspielausgleich ausgestattet sind, ist das Einstellen des Ventilspiels nicht mehr erforderlich. Der Ventilspielausgleich gleicht Längenänderungen der Bauteile durch hydraulisch betätigte Übertragungselemente aus. Dadurch wird das Ventilspiel bei laufendem Motor auf Null gehalten.

Aufbau. Das Spielausgleichselement befindet sich im Tassenstößel. Die Ventile werden direkt von der darüberliegenden Nockenwelle über Tassenstößel **(Bild 1, Seite 241)** betätigt.
Der hydraulische Tassenstößel **(Bild 1, Seite 241)** ist an den Ölkreislauf des Motors angeschlossen. Der Ölzulauf erfolgt über eine seitliche Bohrung im Stößel in den Ventilstößelraum und von dort über die Aussparung im Stößelboden in den Vorratsraum über dem Druckbolzen.

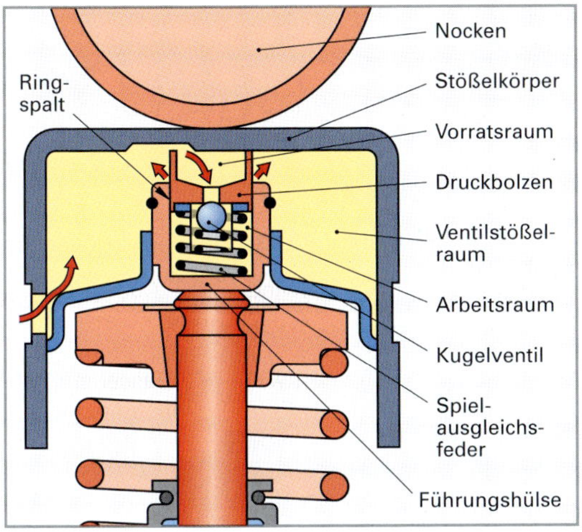

Bild 1: Tassenstößel mit hydraulischem Ventilspielausgleich

Wirkungsweise

Ablaufender Nocken. Der Druckbolzen wird entlastet. Die Spielausgleichsfeder drückt den Druckbolzen nach oben, bis der Tassenstößel am Nocken bzw. Nockengrundkreis anliegt. Durch Raumvergrößerung unter dem Druckbolzen strömt Öl aus dem Vorratsraum durch das Kugelventil in den Arbeitsraum.

Auflaufender Nocken. Der Druckbolzen wird belastet, das Kugelventil schließt und die Ölfüllung im Arbeitsraum wirkt wie eine „starre Verbindung". Über die Führungshülse wird das Einlass- bzw. Auslassventil geöffnet. Durch den Ringspalt zwischen Druckbolzen und Führungshülse kann überschüssiges Öl entweichen, z.B. bei Wärmeausdehnung der Steuerungsteile.

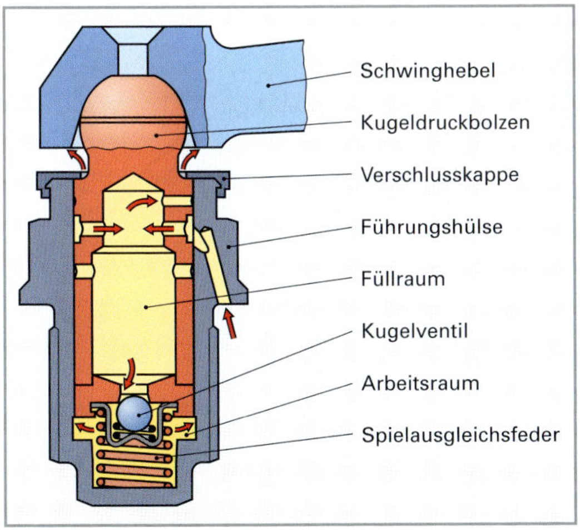

Bild 2: Schwinghebelauflager mit hydraulischem Ventilspielausgleich

Werden dagegen die Ventile von der Nockenwelle über Schwinghebel betätigt, dann ist das Spielausgleichselement im Schwinghebelauflager eingebaut **(Bild 2)**. Die Wirkungsweise ist die gleiche wie im Tassenstößel.

Ventilführung (Bild 3)

In Zylinderköpfen aus Al-Legierungen werden besondere Ventilführungen mit guten Gleiteigenschaften eingepresst. Sie bestehen meist aus Gussbronze oder aus Sondergusseisen. Die Ventilschaftabdichtung am oberen Ende der Ventilführung muss einen ausreichenden Ölfilm in der Ventilführung gewährleisten; sie muss jedoch verhindern, dass Motoröl durch die Ventilführung in den Ansaug- oder Auslasskanal gelangt. Hoher Ölverbrauch und Ölkohleansatz am Ventilschaft wären die Folgen, auch kann die Wirkung des Katalysators beeinträchtigt werden.

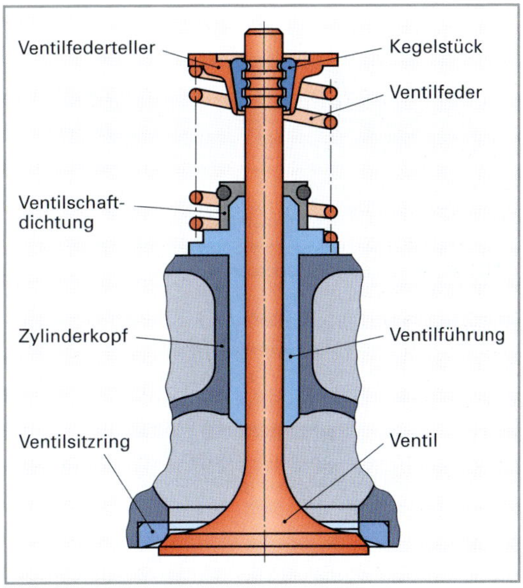

Bild 3: Ventilführung

Tabelle 1: Mögliche Störungen bei hydraulischem Ventilspielausgleich.
Klappernde Geräusche durch zu großes Ventilspiel • Ausgleichselement läuft leer, da der Verschleiß am Ringspalt zu groß ist. • Ölrückhalteventil im Schmierölkreislauf defekt.
Kein Ventilspielausgleich • Defektes Ventilspielausgleichselement. • Luft im Ventilspielausgleichselement durch aufgeschäumtes Öl aufgrund eines zu hohen Ölstandes.

Ventilsitz im Zylinderkopf

Die Ventilsitze im Zylinderkopf **(Bild 1)** haben meist den gleichen Kegelwinkel wie die Ventilteller. Der Sitzwinkel beträgt 45°.

Korrekturwinkel. Sie betragen 15° und 75°. Die Korrekturwinkel verbessern die Strömungsverhältnisse und dienen zur Korrektur der Ventilsitzbreite.

Ventilsitzbreite. Sie sorgt für eine gute Abdichtung des Verbrennungsraums. Beim Einlassventil beträgt sie etwa 1,5 mm, beim Auslassventil etwa 2 mm, um die Wärmeabfuhr zu verbessern. Gelegentlich werden auch die Sitzwinkel am Ventilteller und im Zylinderkopf etwas unterschiedlich gewählt, z.B. am Ventilteller 44° und im Zylinderkopf 45°. Dadurch wird zum Verbrennungsraum hin eine schmale Dichtkante gebildet, die sich während der Laufzeit zur normalen Sitzbreite vergrößert.

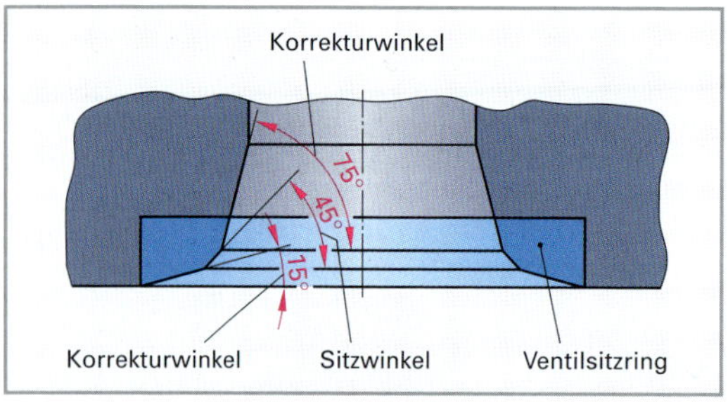

Bild 1: Ventilsitz im Zylinderkopf

Ventilsitzringe. Sie erhöhen die Festigkeit der Ventilsitze in Zylinderköpfen aus Al-Legierungen und gelegentlich bei Gusseisen. Ventilsitzringe sind warmfest, verschleißfest und zunderbeständig und bestehen aus hochlegierten Stählen oder Sondergusseisen. Sie sind in den Zylinderkopf eingepresst oder eingeschrumpft.

Ventilfeder

Sie schließt zum Ende des Ansaug- bzw. Ausstoßtaktes das Ventil. Als Ventilfedern werden Schraubenfedern verwendet. Um bei hohen Motordrehzahlen einen Federbruch durch Eigenschwingung zu vermeiden, können Ventilfedern mit veränderlicher Steigung, in kegeliger Form oder mit abnehmenden Drahtdurchmesser gewickelt sein. Gelegentlich sind auch zwei Ventilfedern ineinander angeordnet.

Nockenwelle

Sie muss die Hubbewegung der Ventile zum richtigen Zeitpunkt und in richtiger Reihenfolge durchführen und das Schließen durch die Ventilfedern ermöglichen.

Gegossene Nockenwellen (Bild 2). Sie werden aus legiertem Gusseisen mit Lamellengrafit oder Kugelgrafit als Schalenhartguss hergestellt.

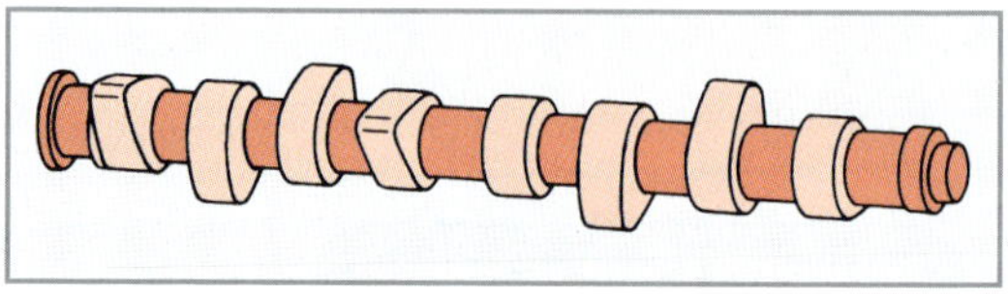

Bild 2: Gegossene Nockenwelle

Gebaute Nockenwelle (Bild 3). Bei ihnen werden die Nocken einzeln aus Einsatz-, Vergütungs- oder Nitrierstahl hergestellt. Anschließend schrumpft man die Nocken auf ein Stahlrohr auf.

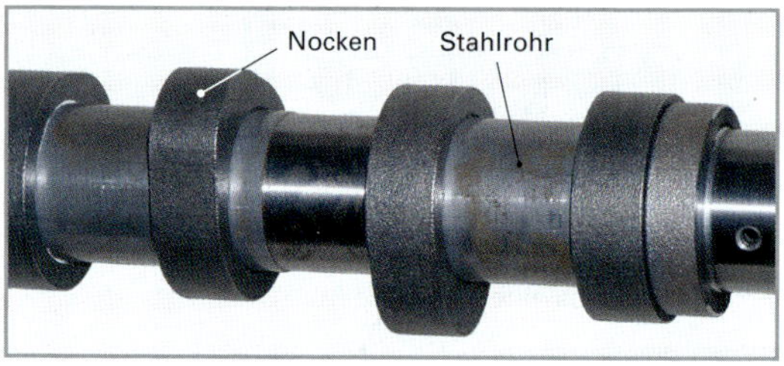

Bild 3: Gebaute Nockenwelle

Nockenformen (Bild 4). Sie bestimmen beim Öffnen und Schließen der Ventile

- Öffnungsdauer
- Hubgeschwindigkeit
- Höhe des Ventilhubs
- Bewegungsablauf.

Spitzer Nocken. Das Ventil wird langsam angehoben und geschlossen und bleibt nur kurze Zeit voll geöffnet.

Unsymmetrischer Nocken. Die flachere auflaufende Bahn am Nocken bewirkt ein langsameres Öffnen, die steilere ablaufende Bahn ermöglicht ein längeres Offenhalten des Ventil und ein schnelleres Schließen.

Steiler (scharfer) Nocken. Das Ventil wird schnell geöffnet und geschlossen und bleibt längere Zeit voll geöffnet.

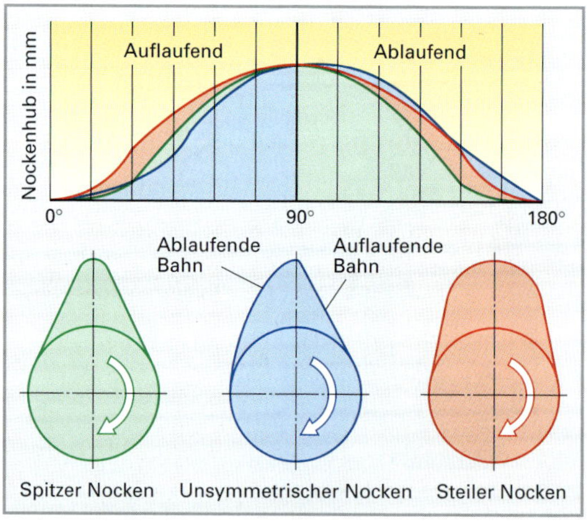

Bild 4: Nockenformen und Nockenhub

Nockenwellenantriebe

<table>
<tr><th>Zahnriemenantrieb</th><th>Kettenantrieb</th><th>Stirnradantrieb</th></tr>
<tr>
<td>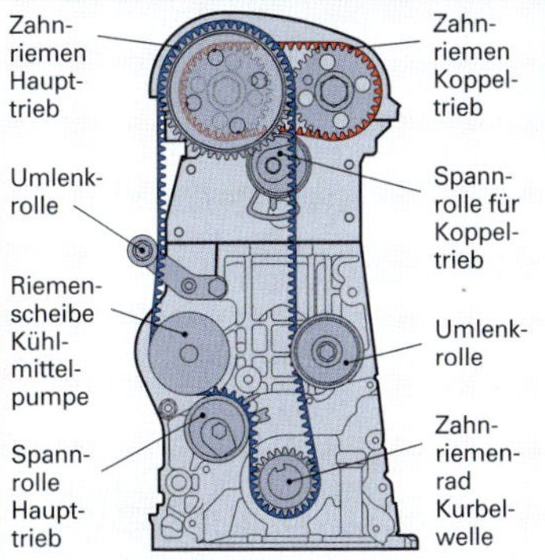
</td>
<td>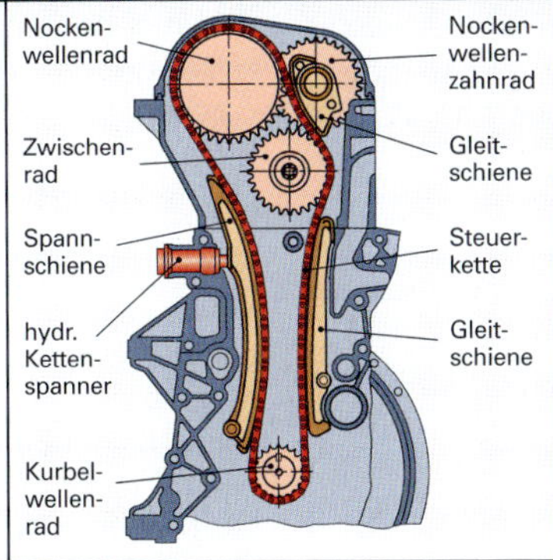
</td>
<td>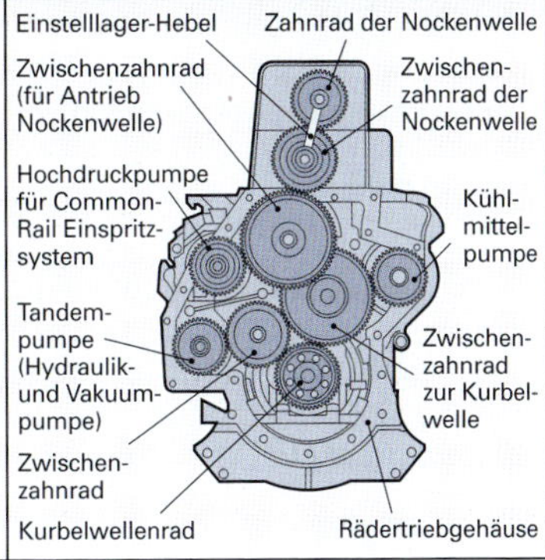
</td>
</tr>
<tr>
<td>Man verwendet Kunststoffriemen. Der Zugstrang im Riemenrücken besteht meist aus einer Glascord-Einlage. Sie überträgt die Zugkräfte und begrenzt die Dehnung. Der Zahnriemen wird auf der Zahnriemenscheibe durch ein Führungsbord am seitlichen Ablaufen gehindert.</td>
<td>Er wird verwendet, wenn größere Kräfte zu übertragen sind und die Steuerzeiten exakt eingehalten werden müssen. Durch einen Kettenspanner wird eine gleichbleibende Kettenspannung erreicht. Zur Dämpfung von Kettengeräuschen wird die Kette in Gleitschienen aus Kunststoff geführt, das Kurbelwellenrad kann zusätzlich gummiert sein.</td>
<td>Die Drehbewegung der Kurbelwelle wird über einen Zahnradsatz zu der im Zylinderkopf angeordneten Nockenwelle übertragen. Zur Geräuschdämpfung sind die Zahnräder schrägverzahnt.
Vorteile: Hohe Antriebsmomente lassen sich sehr präzise übertragen und die Baulänge durch schmale Zahnräder verringern.</td>
</tr>
</table>

Merkmale des Zahnriemens

- Geringe Masse.
- Geräuscharmer Lauf.
- Geringe Herstellungskosten.
- Benötigt nur geringe Vorspannung.
- Braucht keine Schmierung.
- Muss ölfrei gehalten werden.
- Darf nicht geknickt werden.
- Beim Wechsel Herstellerangaben beachten.

Schlepphebel, Kipphebel

Wenn die Ventile nicht direkt von der Nockenwelle über Tassenstößel betätigt werden, dann werden sie von der Nockenwelle über Schlepphebel oder Kipphebel geöffnet.

Schlepphebel (Schwinghebel) sind einarmige Hebel, die an einem Ende auf einem Kugelbolzen aufliegen. Am anderen Ende übertragen sie die Hubbewegung des Nockens auf das Ventil. Die Reibung zwischen Nocken und Schlepphebel kann durch die Verwendung eines Rollenschlepphebels **(Bild 1)** stark vermindert werden.

Kipphebel sind zweiarmige Hebel. Die Nockenwelle ist unter dem Kipphebel angeordnet. Die Hubbewegung der Nockenwelle wird vom Kipphebel auf den Ventilschaft umgelenkt. Die Reibung zwischen Nocken und Kipphebel kann, ähnlich wie beim Rollenschlepphebel, durch Verwendung eines Rollenkipphebels vermindert werden.

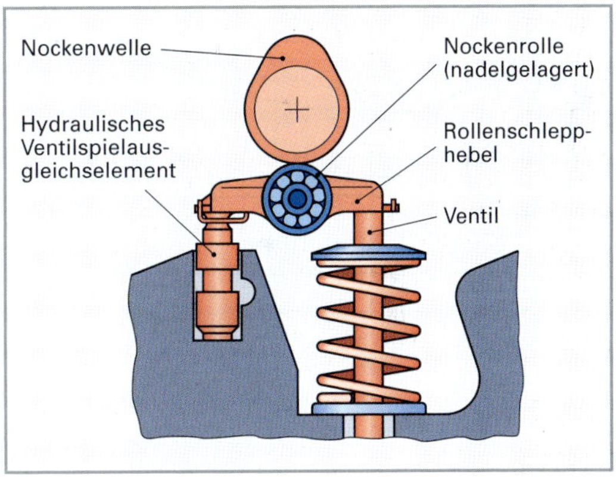

Bild 1: Rollenschlepphebel

WIEDERHOLUNGSFRAGEN

1. **Was versteht man unter einem obengesteuerten Motor?**
2. **Welche Aufgabe haben Nockenwellen?**
3. **Warum ist die Drehzahl der Nockenwelle nur halb so groß wie die der Kurbelwelle?**
4. **Warum sind die Nocken der Nockenwelle häufig unsymmetrisch?**
5. **Welche Nockenwellenantriebe unterscheidet man?**
6. **Welche Störungen können bei zu kleinem Ventilspiel auftreten?**
7. **Wodurch wird eine spielfreie und selbst nachstellende Ventilsteuerung erreicht?**

11.7 Füllungsoptimierung

Bei der Füllungsoptimierung wird die Füllung der Zylinder mit Frischgasen durch variable Motorsteuerung und/oder Aufladung in einem möglichst großen Drehzahlbereich verbessert.

Vorteile (Bild 1)

- Höhere Leistung
- Verbesserter Drehmomentverlauf über einen bestimmten Drehzahlbereich
- Verringerte Schadstoffe im Abgas
- Geringerer Kraftstoffverbrauch durch eine bessere Gemischbildung

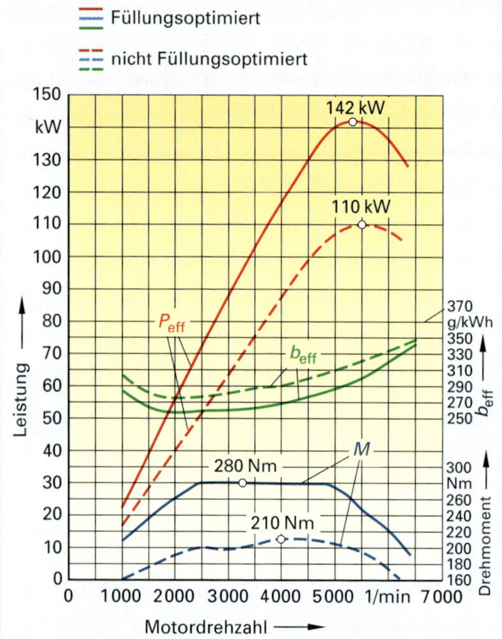

Bild 1: Motorkennlinien

11.7.1 Variable Motorsteuerung

Die Füllung des Zylinders ist bei Verbrennungsmotoren mit herkömmlichem Ventiltrieb nur in einem bestimmten Drehzahlbereich optimal. In diesem Drehzahlbereich gibt der Motor sein größtes Drehmoment ab. Wird die Drehzahl weiter erhöht steigt zwar die Leistung bis zu einem Höchstwert, das Drehmoment nimmt aber durch die schlechter werdende Zylinderfüllung ab.

Verlängert man die Öffnungszeit des Einlassventils, so verbessert sich die Zylinderfüllung bei hohen Drehzahlen. Drehmoment und Leistung nehmen zu. Bei niedrigen Drehzahlen ergeben sich durch die große Ventilüberschneidung große Spülverluste und meist ein unruhiger Motorlauf. Außerdem nehmen die Schadstoffe im Abgas zu. Durch variable Motorsteuerung können diese Nachteile verhindert werden.

Folgende Systeme werden unterschieden:

- Nockenwellenverstellung (Änderung der Steuerzeiten)
- Variabler Ventiltrieb (Änderung von Steuerzeiten, Ventilhub und Ventilöffnungsgeschwindigkeit)

Nockenwellenverstellung

Mit ihr kann die Position der Einlassnockenwelle und ggf. der Auslassnockenwelle zur Kurbelwelle verändert werden.

In **Bild 2** werden die Öffnungs- und Schließzeiten der Ventile eines Motors mit Nockenwellenverstellung dargestellt. Je nach Verschiebung der Öffnungs- und Schließzeiten gegenüber der Kurbelwelle ergibt sich eine veränderte Ventilüberschneidung.

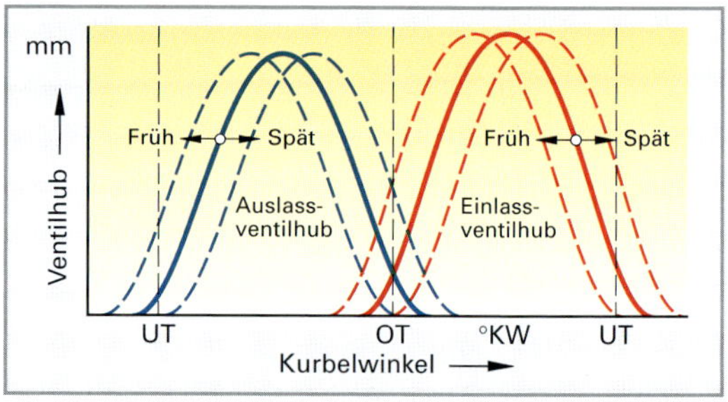

Bild 2: Ventilerhebungskurve

Kennfeldgesteuerte Nockenwellenverstellung

Die Verstellung der Nockenwellen erfolgt in Abhängigkeit von Last und Drehzahl anhand von Kennfeldern, die im Motorsteuergerät hinterlegt sind. Als Korrekturgröße kann z.B. die Motortemperatur verwendet werden. **(Bild 3, Tabelle 1, Seite 245)**. So ist z.B. bei einer mittleren Drehzahl je nach Last eine Früh- oder Spätverstellung möglich.

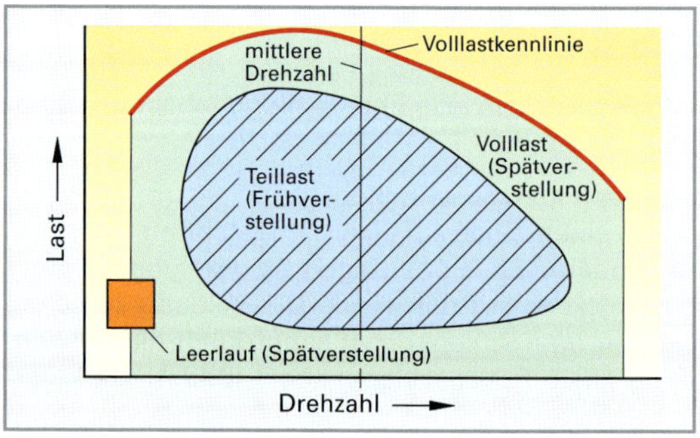

Bild 3: Betriebszustände bei Früh- und Spätverstellung der Einlassnockenwelle

Die Verstellung der Nockenwellen kann auf verschiedene Arten erfolgen z.B. durch …

- … verstellbaren Kettenspanner z.B. VarioCam.
- … variable Nockenwellensteuerung z.B. Vanos, Flügelzellenversteller (VaneCam).

Tabelle 1: Verstellung der Einlassnockenwelle in Abhängigkeit vom Betriebszustand Bild 3, Seite 244

Betriebsbereich	Öffnungszeit EV	Wirkung
Leerlauf	Spät	Ventilüberschneidung klein, EV schließt weit nach UT ▶ kein Überströmen von Frischgasen in den Auslasskanal und Abgasen in den Einlasskanal, besserer Verbrennungsverlauf ▶ höheres Drehmoment im Leerlauf, Leerlaufdrehzahl kann gesenkt werden.
Teillast	Früh	Ventilüberschneidung groß, EV schließt kurz nach UT ▶ Frischgase werden nicht in den Einlasskanal zurückgeschoben, Abgase strömen in den Einlasskanal und werden mit den Frischgasen angesaugt, Temperatur des Verbrennungsvorgangs sinkt ▶ NO_x-Anteil sinkt.
Volllast	Spät	Ventilüberschneidung klein, EV schließt weit nach UT, Frischgase strömen trotz aufwärts gehendem Kolben in den Zylinder nach ▶ Nachladeeffekt verbessert Zylinderfüllung und Drehmoment.

Verstellbarer Kettenspanner (VarioCam, Bild 1). Die Auslassnockenwelle treibt über einen Kettentrieb die Einlassnockenwelle.

Kettenspannung. Sie wird durch Federkraft erzeugt.

Nockenwellenverstellung. In der Grundstellung steht der Hydraulikzylinder des Kettenspanners in der oberen Lage und die Einlassnockenwelle in Spätstellung. Für die Frühstellung wird der Hydraulikkolben in die untere Lage geschoben; der untere Kettenstrang wird verlängert, der obere verkürzt wodurch die Einlassnockenwelle in Frühstellung gedreht wird.

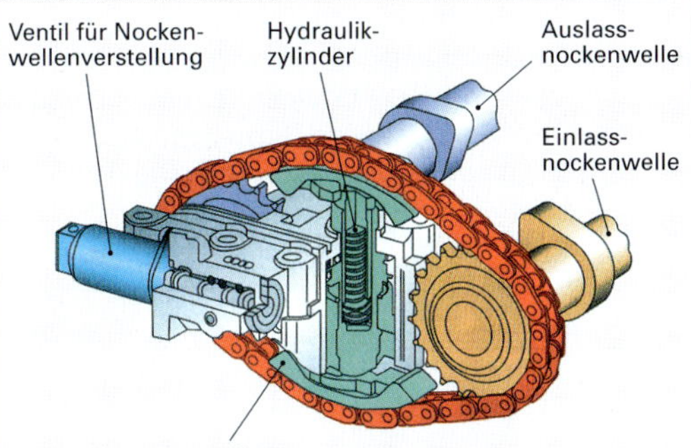

Bild 1: Verstellbarer Kettenspanner

Variable Nockenwellensteuerung (Vanos, Bild 2). Das System besteht aus folgenden Komponenten:

- Hydraulische Verstelleinheit
- Mechanische Verstelleinheit
- Magnetventil zur hydraulischen Ansteuerung

Wirkungsweise. Bei diesem System wird die Einlassnockenwelle gegenüber dem Nockenwellenrad verdreht. Der Hydraulikkolben wird je nach Schaltstellung des Magnetventils entweder nach links oder rechts verstellt. Die axiale Bewegung des Hydraulikkolbens bewirkt in der mechanischen Verstelleinheit durch die Schrägverzahnung eine Verstellung der Nockenwelle in Richtung „Früh" oder „Spät". Die Verstellung kann stufenlos erfolgen.

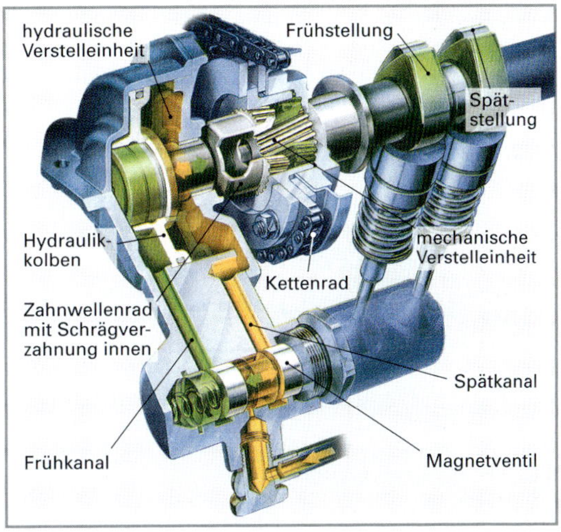

Bild 2: Aufbau einer Nockenwellenverstellung

Verstellung der Einlassnockenwelle in Richtung „Früh" (Bild 3). Dabei wird der Öldruck des Motors durch den Frühkanal geleitet. Der Hydraulikkolben in der hydraulischen Verstelleinheit wird axial nach rechts verschoben. Das Zahnwellenrad, das im Hydraulikkolben drehbar gelagert ist, verdreht die Einlassnockenwelle in Richtung „Früh" gegenüber dem Kettenrad.

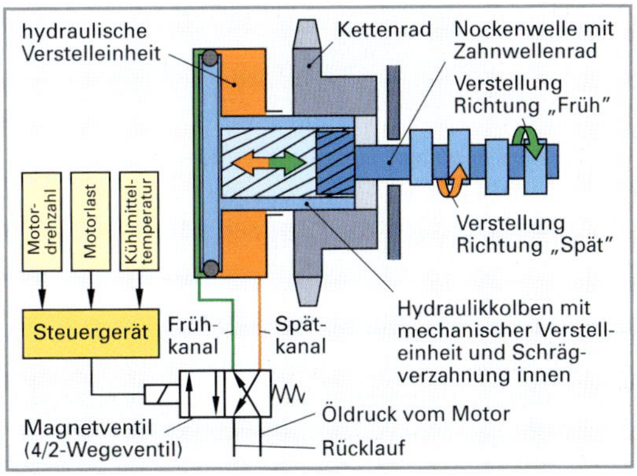

Bild 3: Verstellung der Nockenwelle

Systeme mit Verstellung der Einlass- und Auslassnockenwelle

Doppelvanos. Durch die zusätzliche Verstellung der Auslassnockenwelle wird neben der Steigerung des Drehmoments im mittleren bis oberen Drehzahlbereich auch eine Steigerung des Drehmoments im unteren bis mittleren Drehzahlbereich erreicht.

Flügelzellenversteller (VaneCam, Bild 1). Der Außenrotor ist mit dem Kettenrad, der Innenrotor ist mit der Nockenwelle fest verbunden. Der Außenrotor und der Innenrotor sind gegeneinander verdrehbar. Über die Hydraulikventile wird der Öldruck im jeweiligen Ölraum variabel gesteuert. Dadurch werden die Nockenwellen verstellt. Der maximale Verdrehwinkel des Innenrotors zum Außenrotor beträgt z.B. bei der Einlassnockenwelle 52 °KW, bei der Auslassnockenwelle 22 °KW.

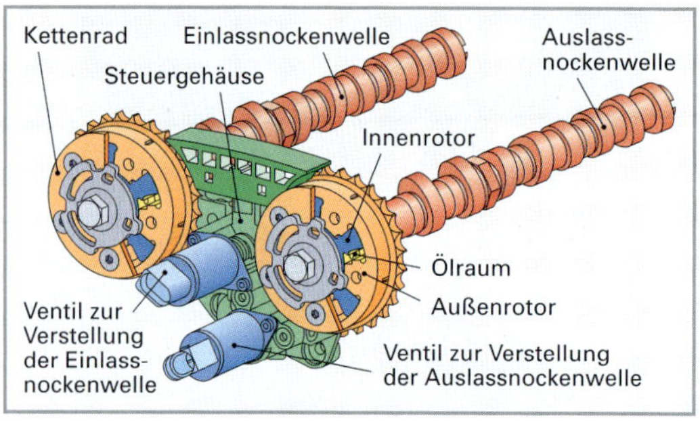

Bild 1: Flügelzellenversteller

Variabler Ventiltrieb

Ventilöffnungszeiten und Ventilöffnungsquerschnitt werden dem Betriebszustand des Motors angepasst.

Die Ventilöffnungszeit wird durch die Form des Nockens, der Ventilöffnungsquerschnitt durch die Höhe der Nocke verändert **(Bild 2).**

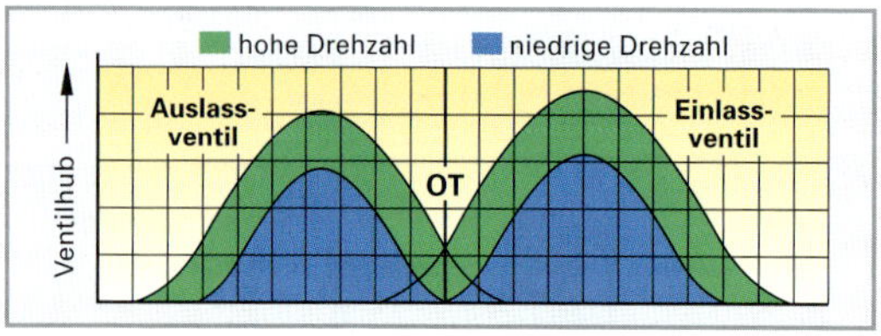

Bild 2: Ventilhebungskurven bei niedrigen und hohen Drehzahlen

Das Umschalten von einer Nockenform zu anderen kann z.B. durch Verblocken der Schlepphebel erfolgen.

Verblocken der Schlepphebel (VTec)

Auf der Einlass- und auf der Auslassseite sind drei Schlepphebel angeordnet. Jeder Schlepphebel wird über einen separaten Nocken gesteuert **(Bild 3).**
Das Nockenprofil, das die beiden äußeren Schlepphebel betätigt unterscheidet sich von dem, das den inneren Schlepphebel betätigt. Dadurch können am Ventiltrieb folgende Größen variiert werden:

- Ventilüberschneidung
- Ventilöffnungsdauer
- Öffnungsgeschwindigkeit
- Ventilhub

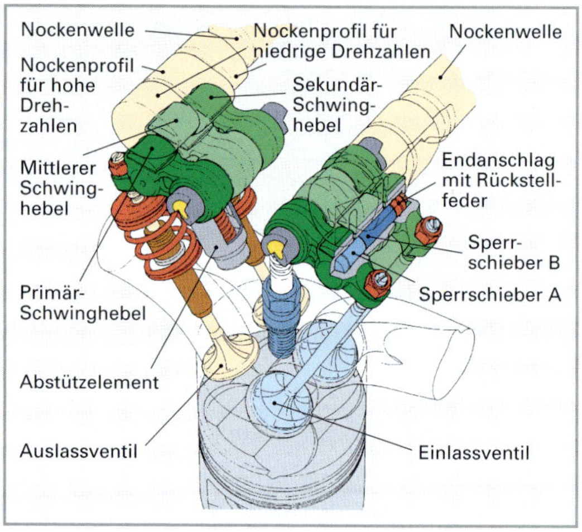

Bild 3: Aufbau eines variablen Ventiltriebs

Ventilbetätigung (Bild 4)

Schaltstellung 1. Die Schlepphebel sind entriegelt. Die Rückstellfeder hält die beiden Sperrschieber A und B in entriegelter Position. Die Ventile werden durch die beiden äußeren Schlepphebel betätigt. Dadurch ergeben sich ein kleiner Ventilhub und eine kürzere Ventilöffnungsdauer. Diese Schaltstellung ist für kleine bis niedrige Drehzahlen günstig.

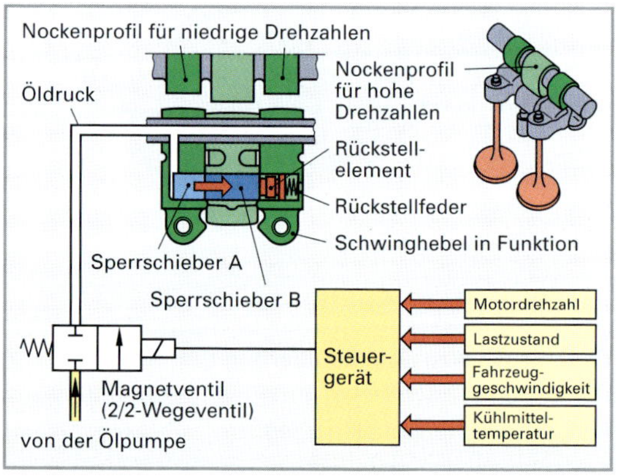

Bild 4: Umschaltung von einer Nockenform zur anderen

Schaltstellung 2. Beim Umschaltpunkt öffnet das Magnetventil durch ein Signal vom Motorsteuergerät. Der Motoröldruck wirkt auf den Sperrschieber A. Dadurch werden beide Sperrschieber A und B gegen die Rückstellfederkraft nach rechts verschoben und verriegeln formschlüssig die drei Schlepphebel miteinander. Die Ventile werden in dieser Position durch den mittleren Nocken mit dem größten Ventilhub und der längsten Ventilöffnungszeit betätigt.

Vollvariabler elektromechanischer Ventiltrieb

Ventilhub und Ventilöffnungswinkel werden stufenlos verändert.

Die Nockenwelle wirkt auf den Zwischenhebel. Die schräge Unterseite des Zwischenhebels betätigt den Schlepphebel, der das Ventil öffnet. Der Zwischenhebel pendelt beim Drehen der Nockenwelle zwischen Nocken und Rückstellfeder. Die Lage des Drehpunkts bestimmt die Größe der Pendelbewegung und somit die Größe des Ventilhubs **(Bild 1)**.

Pendelbewegung groß ⇒ **Ventilhub groß**
Pendelbewegung klein ⇒ **Ventilhub klein**
Verstellbereich: 0,3 mm bis 9,85 mm

Vorteil. Die Füllungsregelung erfolgt über den Ventilöffnungsquerschnitt. Auf eine Drosselklappe kann verzichtet werden. Somit ergeben sich keine durch die Drosselklappe verursachten Drosselverluste. Der Ventilöffnungszeitpunkt wird über Vanos gesteuert.

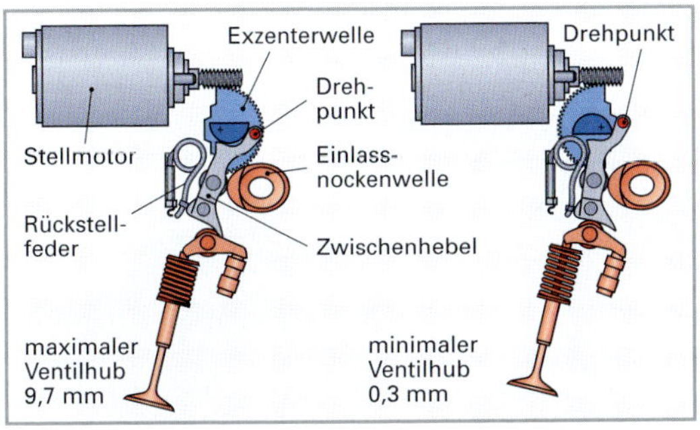

Bild 1: Vollvariabler elektromechanischer Ventiltrieb

11.7.2 Aufladung (Füllungsregelung)

Die Höhe der Leistung und das Drehmoment eines Motors werden wesentlich vom Frischgasanteil einer Zylinderfüllung beim Ansaugen bestimmt. Dieser wird durch den Liefergrad ausgedrückt.

Der Liefergrad gibt das Verhältnis zwischen der im Zylinder vorhandenen Frischgasfüllung und der theoretisch möglichen Frischgasfüllung eines Zylinders je Arbeitsspiel an.

Tabelle 1: Liefergrade von Saugmotoren und aufgeladenen Motoren

Motorart	Liefergrad
Saugmotoren, Viertaktverfahren	0,7 bis 0,9
Saugmotoren, Zweitaktverfahren	0,5 bis 0,7
Aufgeladene Motoren	1,2 bis 1,6

Mit Hilfe von Aufladungssystemen kann der Liefergrad erhöht werden. Dadurch gelangt eine größere Luftmasse in den Verbrennungsraum, so dass mehr Kraftstoff verbrannt werden kann.

Grenzen der Aufladung

Ottomotoren. Ein zu hoher Liefergrad führt bei aufgeladenen Ottomotoren zu einem zu hohen Verdichtungsenddruck und zu klopfender Verbrennung. Dadurch können Schäden z.B. an Kolben und Lagern auftreten. Deshalb haben aufgeladene Ottomotoren niedrigere geometrische Verdichtungsverhältnisse als saugende Ottomotoren.

Dieselmotoren. Bei ihnen können durch zu hohe Verbrennungsenddrücke aufgrund des hohen Frischluftanteils und der damit möglichen größeren Einspritzmenge so hohe mechanische Belastungen auftreten, dass der Motor zerstört wird.

Man unterscheidet bei Verbrennungsmotoren ein geometrisches und ein effektives Verdichtungsverhältnis. Dabei dürfen bestimmte Grenzwerte nicht überschritten werden, um Motorschäden zu vermeiden. Deshalb sind bei aufgeladenen Motoren Ladedruckbegrenzungen erforderlich.

Geometrisches Verdichtungsverhältnis ε_{geo}. Es ist das Verhältnis von größtem Verbrennungsraum zum kleinsten Verbrennungsraum.

$$\varepsilon_{geo} = \frac{V_h + V_C}{V_C}$$

Effektives Verdichtungsverhältnis ε_{eff}. Es lässt sich aus dem geometrischen Verdichtungsverhältnis und dem Liefergrad bestimmen.

$$\varepsilon_{eff} \approx \varepsilon_{geo} \cdot \text{Liefergrad}$$

Aufladungssysteme

Es können unterschieden werden:

- Dynamische Aufladung
- Fremdaufladung.

11.7.2.1 Dynamische Aufladung

Die im Saugrohr strömenden Frischgase besitzen Bewegungsenergie. Durch das Öffnen des Einlassventils, wird eine zurücklaufende Druckwelle ausgelöst. Die Frischgase strömen mit Schallgeschwindigkeit zurück und treffen am offenen Ende des Saugrohrs auf die ruhende Luft. Dort wird die Druckwelle wieder reflektiert und läuft zurück in Richtung Einlassventil. Erreicht die zurücklaufende Druckwelle das Einlassventil, wenn dieses gerade offen ist, bewirkt dies eine Verbesserung der Zylinderfüllung. Es entsteht ein Aufladeeffekt. Die Frequenz der entstehenden Schwingung hängt ab von Saugrohrlänge, Saugrohrquerschnitt und Motordrehzahl.

Man unterscheidet je nach Gestaltung des Saugrohrs und der damit verbundenen Aufladung:

- Schwingsaugrohr-Aufladung
- Resonanz-Aufladung

Beide Systeme können miteinander kombiniert werden.

Schwingsaugrohr-Aufladung. Jeder Zylinder hat ein Saugrohr mit bestimmter Länge. Die Gasschwingung wird durch die Saugarbeit des Kolbens angeregt. Durch geeignete Wahl der Saugrohrlänge wird die Schwingung so beeinflusst, dass die Druckwelle durch das geöffnete Einlassventil läuft und eine bessere Füllung bewirkt. Im unteren Drehzahlbereich sind lange Saugrohre mit kleinem Querschnitt günstig, im oberen Drehzahlbereich kurze Saugrohre mit großem Querschnitt **(Bild 1).**

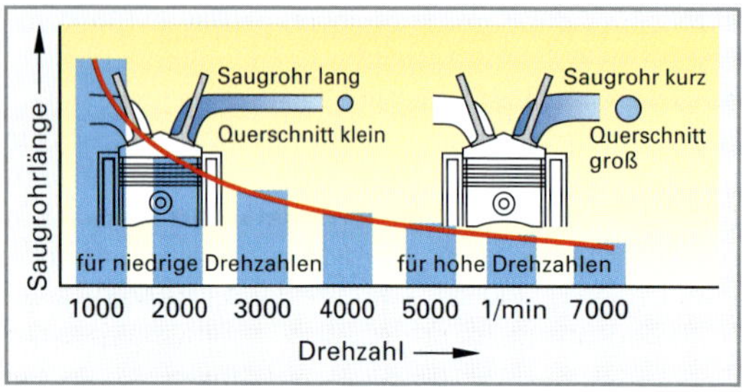

Bild 1: Zusammenhang zwischen Schwingsaugrohrlänge und Drehzahl

Schwingsaugrohrsysteme

Es können folgende Saugrohrsysteme unterschieden werden:

- Schaltsaugrohre
- Stufenlose Sauganlagen

Schaltsaugrohre (Bild 2). Hier werden kurze und lange Saugrohre kombiniert. Im unteren Drehzahlbereich strömt die Luft durch lange Schwingsaugrohre. Die kurzen Saugwege sind durch Klappen oder durch Drehschieber verschlossen.

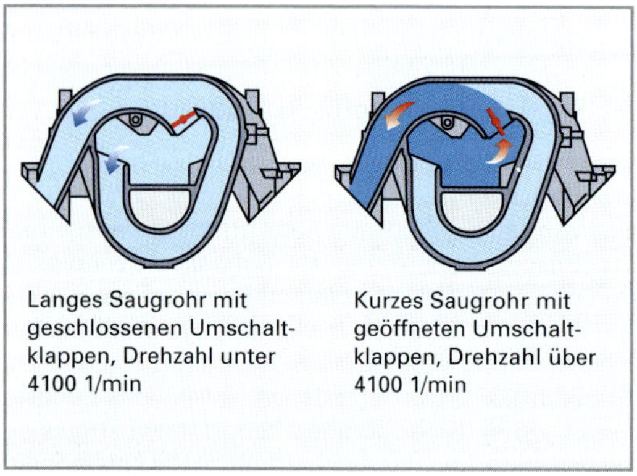

Bild 2: Schwingsaugrohrsysteme

Bei hohen Drehzahlen werden die Klappen elektropneumatisch oder elektrisch geöffnet; alle Zylinder saugen somit durch kurze Saugrohre.

Bild 3 zeigt, dass im Drehzahlbereich bis 4100 1/min bei einem Motor mit Schaltsaugrohr ein höheres und gleichmäßigeres Drehmoment verbunden mit höherer Leistung erzielt wird.

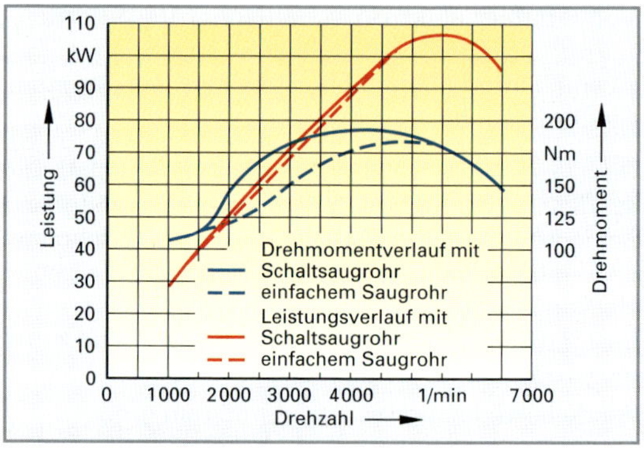

Bild 3: Drehmoment und Motorleistung in Abhängigkeit von der Saugrohrlänge

Stufenlos regelbare Sauganlage (Bild 4). Ein Läuferring, der die Öffnung eines Sammlervolumens verändert wird drehzahlabhängig verdreht und damit die wirksame Saugrohrlänge der Drehzahl angepasst. Die Verdrehung erfolgt über einen Schrittmotor.

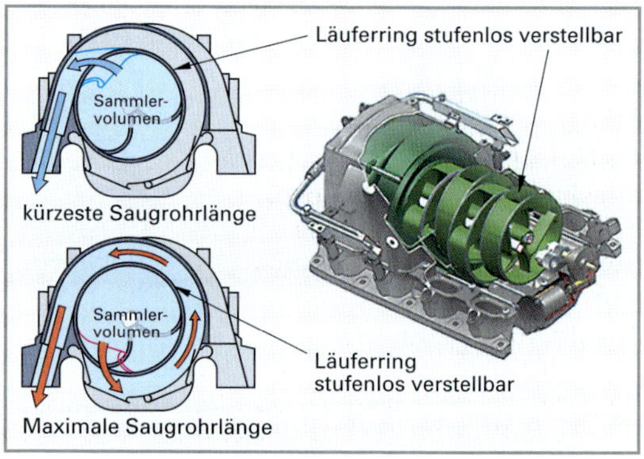

Bild 4: Stufenlos regelbare Sauganlage

Resonanz-Aufladung. Durch die Ventilöffnungsfrequenz wird die Frequenz der schwingenden Gassäule beeinflusst **(Tabelle 1).**

Tabelle 1: Ventilöffnungsfrequenz und die Frequenz der schwingenden Gassäule

Drehzahl	Ventilöffnungsfrequenz	Frequenz der Gassäule
Hoch	Hoch	Hoch
Niedrig	Niedrig	Niedrig

Wenn die Ventilöffnungsfrequenz der Motorsteuerung mit der Frequenz der Gasschwingungen übereinstimmen, kommt es zur Resonanz.

Resonanz. Sie ist die verstärkte Eigenschwingung eines schwingungsfähigen Systems.

Die Eigenschwingung eines Systems hängt von der Größe seiner schwingenden Masse ab. Große Massen bewirken lange Schwingungen mit kleiner Frequenz, kleine Massen bewirken kurze Schwingungen mit hoher Frequenz.

Wird der schwingenden Gassäule in einem Saugrohr eine weitere Masse zugeschaltet durch das Öffnen einer Resonanzklappe **(Bild 1)**, vergrößert sich deren schwingende Masse und die Frequenz sinkt. Dies bewirkt bei niedriger Drehzahl durch die Resonanzschwingung eine Aufladung und damit eine bessere Füllung.

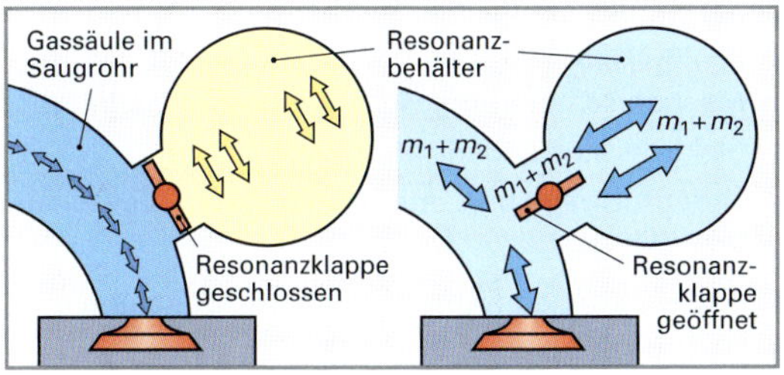

Bild 1: Resonanzaufladung

Resonanz- und Schwingsaugrohrsystem (Bild 2). Um die Aufladeeffekte der einzelnen Systeme ausnützen zu können, werden Resonanzaufladesysteme und Schwingsaugrohrsysteme miteinander kombiniert. Eine Füllungsverbesserung erfolgt z.B. im unteren bis mittleren Drehzahlbereich durch Resonanzaufladung, im oberen Drehzahlbereich durch Schwingsaugrohraufladung **(Bild 3)**. Dazu wird im Saugrohrsystem eine Klappe elektrisch oder elektropneumatisch je nach Drehzahl geöffnet oder geschlossen.

Beispiel: Resonanzaufladung im unteren bis mittleren Drehzahlbereich, Umschaltklappe geschlossen. Saugt z.B. der 2. Zylinder an, so wirkt der Raum der Zylindergruppe 4, 5, 6 als zusätzlicher Resonanzraum. Dadurch wird die Frequenz der schwingenden Masse abgesenkt und der Ventilöffnungsfrequenz angepasst.

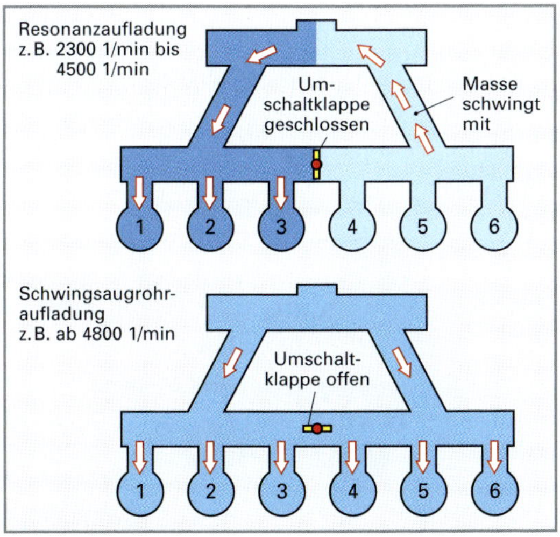

Bild 2: Resonanz- und Schwingsaugrohrsystem

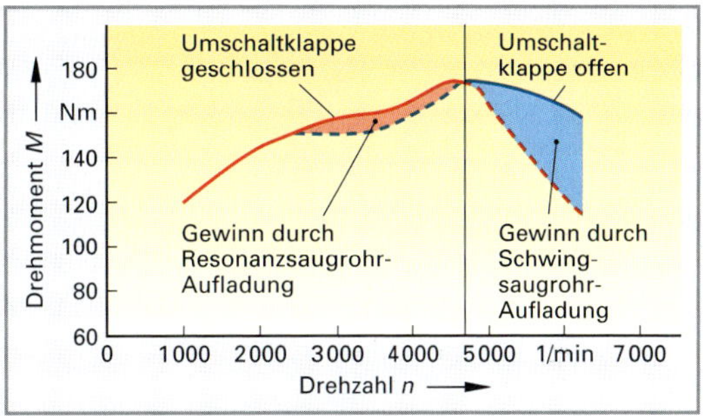

Bild 3: Drehmoment bei kombinierter Resonanz-Schwingsaugrohraufladung

11.7.2.2 Fremdaufladung

Während des Ansaugtaktes wird eine möglichst große Frischgasmenge durch einen Lader (Ladegerät) in den Zylinder gefördert. Außerdem wird das Kraftstoff-Luft-Gemisch oder die Luft ganz oder teilweise außerhalb des Zylinders vorverdichtet. Man unterscheidet

- Lader ohne mechanischen Antrieb, z.B. Abgasturbolader **(Bild 4)**, Bi-Turbo, Twin-Turbo
- Lader mit mechanischem Antrieb, z.B. Rootslader, Kompressor, Spirallader, Flügelzellenlader
- Kombination von Abgasturbolader und Schraubenverdichter

11

Lader ohne mechanischen Antrieb

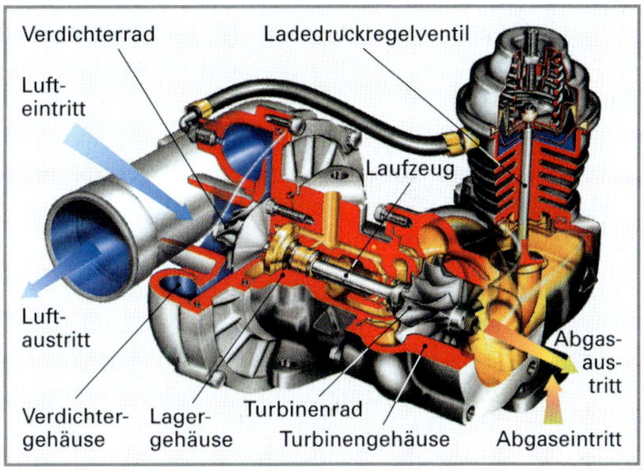

Bild 4: Aufbau eines Abgasturboladers

Abgasturbolader.

Bei ihm wird die Energie des Abgases dazu verwendet, um die Frischgase in die Zylinder zu fördern **(Bild 4, Bild 1, Seite 250)**.

Eine deutliche Ladewirkung wird erst bei mittleren bis hohen Drehzahlen erreicht. Außerdem reagieren diese Lader mit einer leichten Verzögerung auf schnelle Veränderungen der Fahrpedalstellung, da die Abgase aufgrund von Massenträgheit schnellen Lastwechseln nicht folgen können (Turboloch). Die Lader arbeiten nahezu verlustfrei, da sie keine Antriebsleistung von der Kurbelwelle benötigen.

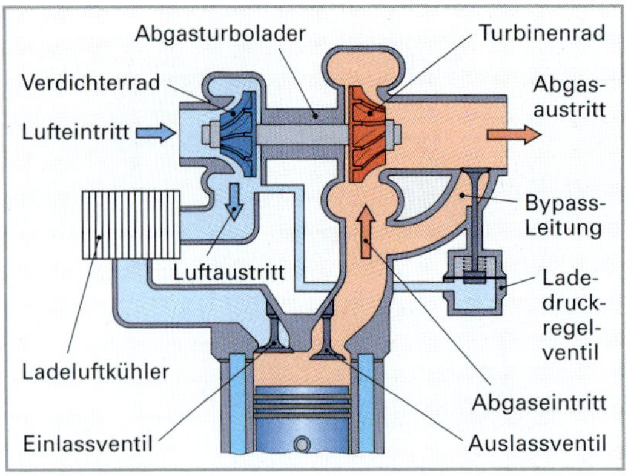

Bild 1: Schema eines Motors mit Abgasturbolader

Laufzeug (Bild 2). Es besteht aus Turbinenrad mit Welle und Verdichterrad.

Es erreicht je nach Ausführung des Laders Dauerdrehzahlen von 50 000 1/min bis 400 000 1/min.

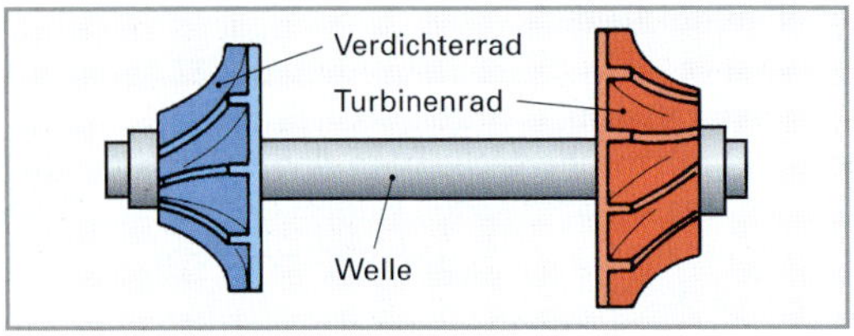

Bild 2: Laufzeug eines Abgasturboladers

Wirkungsweise. Die Abgase des Motors treiben das Turbinenrad in der Turbine an und diese über die Welle das Verdichterrad.

Der Verdichter übernimmt das Ansaugen der Frischgase und liefert dem Motor eine vorverdichtete Frischgasladung. Durch die Vorverdichtung erwärmt sich die Ladeluft um bis zu 180 °C.

Ladeluftkühlung und Ladedrücke. Die vom Lader vorverdichtete, aufgeheizte Luft kann durch eine Ladeluftkühlung vor Eintritt in die Zylinder abgekühlt werden. Dadurch wird die Luftdichte der Frischgasfüllung erhöht. Die größere Luftmasse ermöglicht, dass eine größere Kraftstoffmenge eingespritzt werden kann. Die Leistung des Motors wird gesteigert. In **Tabelle 1** sind die Ladedrücke mit und ohne Ladeluftkühlung angegeben.

Tabelle 1: Ladedrücke in Abhängigkeit von der Ladeluftkühlung

Lademotoren	Überdruck in bar
Ohne Ladeluftkühlung	0,2 bis 1,8
Mit Ladeluftkühlung	0,5 bis 2,2

Die Ladedrücke eines durch einen Abgasturbolader aufgeladenen Motor dürfen die vom Hersteller festgelegten Ladedrücke nicht überschreiten, da sonst der Motor zerstört würde.

Ladedruckregelung. Neben der Gefahr der Zerstörung des Motors durch zu hohe Ladedrücke ist die Baugröße des Turboladers so festgelegt, dass ein Aufladeeffekt auch bei mittleren Drehzahlen und geringeren Abgasströmen erzielt wird. Dies hat zur Folge, dass bei hohen Motordrehzahlen und großen Abgasmengen entweder der Ladedruck des Turboladers unzulässig hoch wird oder der Lader in unzulässig hohen Drehzahlbereichen betrieben wird. Deshalb muss der Ladedruck geregelt werden.

Man unterscheidet:

- Mechanisch-pneumatische Ladedruckregelung
- Elektronische Ladedruckregelung
- Ladedruckregelung mit verstellbaren Leitschaufeln

Mechanisch-pneumatische Ladedruckregelung (Bild 1).

Bei ihr wird im Ladedruckregelventil **(Bild 3)** eine mit einer Schraubenfeder vorgespannte Membran mit dem Ladedruck beaufschlagt. Sobald die Vorspannung der Feder durch den Ladedruck überwunden ist, öffnet sich das Ventil. Die Abgase strömen in der Bypass-Leitung um die Turbine herum in den Auspuff.

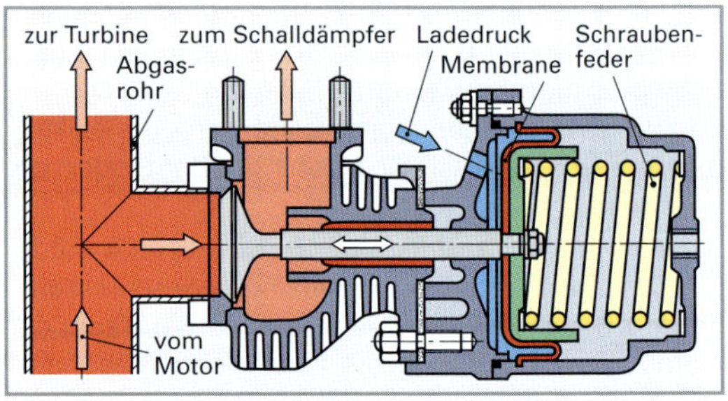

Bild 3: Ladedruckregelventil

Das Ladedruckregelventil kann an jeder beliebigen Stelle im Abgassystem vor der Abgasturbine angebracht sein. Anstelle des Ladedruckregelventils kann auch die Bypass-Klappe treten **(Bild 4)**.

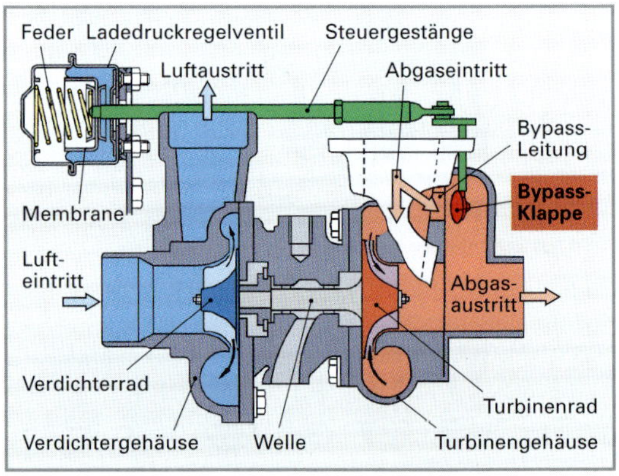

Bild 4: Ladedruckregelung mit Bypass-Klappe

Dabei ist die Klappe, die den Bypass öffnet und schließt durch ein Gestänge mit der Steuerdose, die meist am Verdichter befestigt ist, verbunden. Durch den größeren Abstand der Steuerdose zu den heißen Bauteilen des Laders ist die Wärmebelastung der Kunststoffmembran nicht so groß und dadurch die Ausfallgefahr gering.

Im Schiebebetrieb und geschlossener Drosselklappe entsteht am Verdichter ein hoher Staudruck. Dieser bremst das Verdichterrad ab, so dass bei plötzlichem Lastwechsel eine Verzögerung auftritt. Um ein ungehindertes Weiterlaufen des Verdichterrades im Schiebebetrieb zu ermöglichen, können Ladedruckregelanlagen mit einem Saugrohrdruck gesteuerten Umluftventil (Abblaseventil, Wastegate, **Bild 1**) ausgestattet sein. Es ermöglicht bei geschlossener Drosselklappe ein Umpumpen der vorverdichteten Luft von der Verdichterseite zur Ansaugseite des Verdichters.

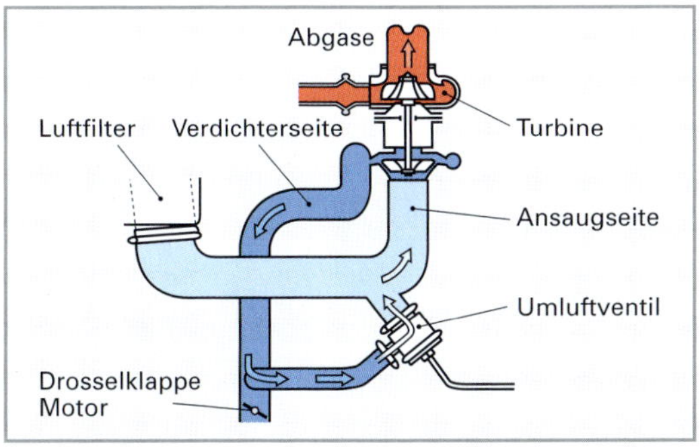

Bild 1: Umluftventil

Elektronische Ladedruckregelung (Bild 2). Der optimale Ladedruck wird über ein Ladedrucksteuergerät abhängig von Drosselklappenstellung und Klopfneigung berechnet. Als Korrekturgrößen dienen z.B. Ansauglufttemperatur, Motortemperatur, Drehzahl. Luftdruckschwankungen z.B. bei Gebirgsfahrten werden kompensiert, da ein Höhengeber im Motorsteuergerät ständig den Umgebungsluftdruck misst und ihn bei der Berechnung des Ladedrucks berücksichtigt.

Wirkungsweise

Ein Drucksensor erfasst den Ladedruck und das Ladedrucksteuergerät steuert ein Taktventil **(Bild 2)** an. Das Taktverhältnis steuert den Öffnungsquerschnitt.

Ladedruck gering (Bild 2). Das Taktventil öffnet die Verbindung zwischen Druckrohr und Saugseite. Auf das Ladedruckregelventil wirkt ein geringer Ladedruck. Es bleibt geschlossen. Die Turbine wird vom gesamten Abgasstrom angetrieben.

Ladedruck hoch (Bild 3). Der Ladedrucksensor meldet dem Steuergerät für die Ladedruckregelung einen zu hohen Ladedruck. Das Taktventil schließt die Verbindung zwischen Druckrohr und Saugrohr. Der Ladedruck in der Steuerleitung steigt. Das Ladedruckregelventil öffnet und der Abgasstrom zur Turbine wird geringer.

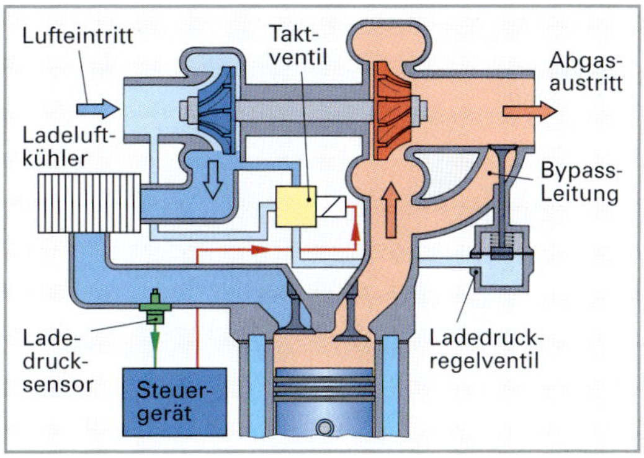

Bild 2: Elektronische Ladedruckregelung – Ladedruck gering

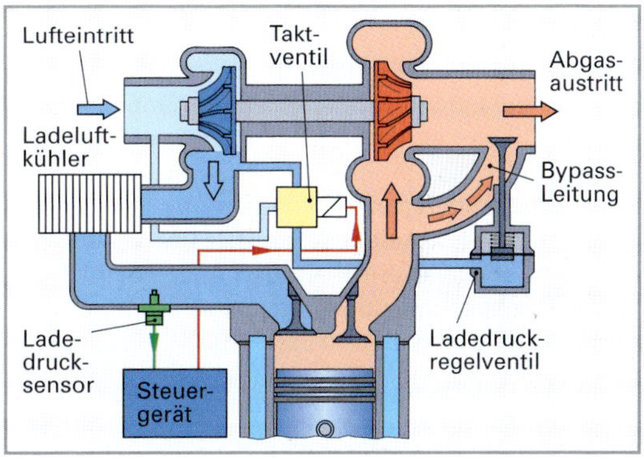

Bild 3: Elektronische Ladedruckregelung – Ladedruck zu hoch

„Overboost“ (engl. Überförderung). Darunter versteht man eine kurzzeitige Überhöhung des Ladedrucks zum Beschleunigen. Wird das Fahrpedal schnell durchgedrückt (kick down) wird über das Taktventil das Ladedruckregelventil geschlossen. Der gesamte Abgasstrom wird über die Turbine geleitet, der Ladedruck steigt schlagartig an. Nach Erreichen der gewünschten Fahrgeschwindigkeit setzt der übliche Regelvorgang wieder ein.

Vorteile der elektronischen Ladedruckregelung im Vergleich mit der mechanisch-pneumatischen Ladedruckregelung:

- Besseres Ansprechverhalten.
- Konstante Leistung, da luftdruckunabhängig (Absolutdruckregelung).
- Variabler Ladedruck, der bis zur Klopfgrenze gesteigert werden kann.

Ladedruckregelung mit verstellbarer Turbinen-Geometrie (VTG) (Bild 1, Seite 252)

Bei diesem Lader wird der Ladedruck durch verstellbare Leitschaufeln geregelt. Die Regelung erfolgt unabhängig von dem durch die Motordrehzahl bestimmten Abgasstrom.

11

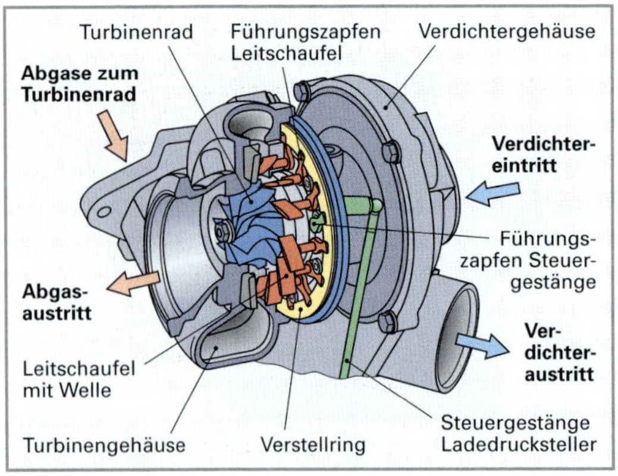

Bild 1: Ladedruckregelung mit VTG

Wirkungsweise

Motordrehzahl niedrig (Bild 2). Um auch bei niedrigen Drehzahlen ein großes Drehmoment zur Verfügung zu haben ist ein hoher Ladedruck erwünscht. Dazu werden die Leitschaufeln auf einen engen Eintrittsquerschnitt gestellt. Die Verengung bewirkt eine hohe Geschwindigkeit des Abgasstromes. Gleichzeitig wirkt der Abgasstrom auf den Außenbereich der Turbinenschaufeln (großer Hebelarm). Dadurch steigen Turbinendrehzahl und Ladedruck.

Motordrehzahl hoch. Die Leitschaufeln geben einen größeren Eintrittsquerschnitt frei, um die große Abgasmenge bei hohen Drehzahlen aufnehmen zu können. Damit wird der benötigte Ladedruck erreicht aber nicht überschritten. Der Abgasstrom wirkt auf den mittleren Bereich der Turbinenschaufeln.

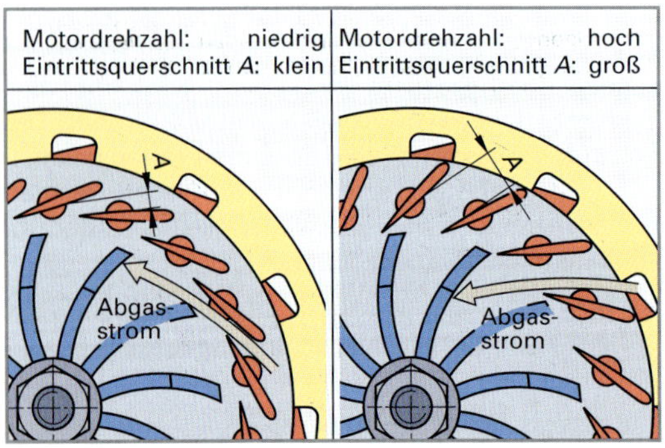

Bild 2: Leitschaufelstellung

Die Veränderung des Eintrittsquerschnittes kann genutzt werden, um z.B. bei hohen Drehzahlen eine zusätzliche, kurzfristige Steigerung des Ladedrucks zu erreichen (Overboost). Da für jeden Betriebszustand der optimale Ladedruck durch Verstellung der Leitschaufeln eingestellt werden kann, entfällt der Bypass. Meldet das Steuergerät Notlaufbetrieb des Motors, werden die Leitschaufeln so gesteuert, dass sie den größten Eintrittsquerschnitt freigeben, Ladedruck und Motorleistung sinken.

Leitschaufelverstellung (Bild 1)

Sie erfolgt über ein Steuergestänge, dessen Führungszapfen in den Verstellring eingreift. Dadurch kann der Verstellring verdreht werden. Diese Drehbewegung wird über Führungszapfen und Welle an die Leitschaufeln übertragen. Alle im Trägerring gelagerten Leitschaufeln werden gleichzeitig und gleichmäßig in die gewünschte Stellung verdreht. Die Verstellung der Leitschaufeln erfolgt elektropneumatisch.

Elektro-pneumatische Verstellung (Bild 3)

Eine Vakuumpumpe erzeugt den Unterdruck. Über einen elektrisch-pneumatischen Druckwandler (EPW) wird der Steuerdruck in die Unterdruckdose eingesteuert. Der in der Unterdruckdose wirkende Differenzdruck zwischen Steuerdruck und Atmosphärendruck verstellt über ein Gestänge die Leitschaufeln variabel.

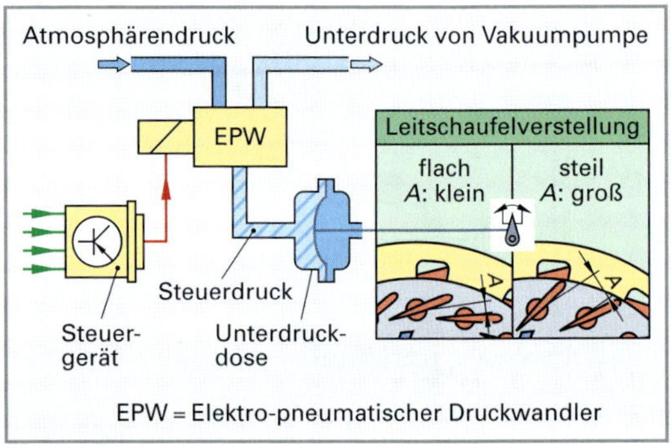

Bild 3: Elektro-pneumatische Verstellung

Elektrische Verstellung der Leitschaufeln

Anstelle der elektro-pneumatischen Verstellung betätigt ein Elektromotor mit Getriebe das Gestänge zur Verstellung der Leitschaufeln. Damit ist eine höhere Verstellgeschwindigkeit und bessere Verstellgenauigkeit erreichbar. Die Ladedruckregelung arbeitet mit dem elektrischen Steller erheblich schneller und präziser als mit der pneumatischen Betätigung. Dies bringt Vorteile im Ansprechverhalten und bei den Abgasemissionen. Ab EURO 4 sind elektrische Steller in Verwendung.

Doppelaufladung (Bild 1, Seite 253)

Bei ihr kann die Aufladung durch zwei gleich große parallel geschaltete Abgasturbolader (Bi-Turbo) erfolgen. Im unteren Drehzahlbereich arbeitet nur ein Abgasturbolader, während der zweite Turbolader, je nach Leistungsbedarf und Ladedruck, zwischen 2600 1/min und 3200 1/min zugeschaltet wird. Im oberen Drehzahlbereich arbeiten beide Abgasturbolader.

Der zweite Turbolader wird durch pneumatisch betätigte Ventile (Absperrventile und Rückführventil) zu- bzw. abgeschaltet. Der erforderliche Unterdruck wird durch eine Vakuumpumpe erzeugt.

Wirkungsweise

Drehzahlen bis 2600 1/min. Die Absperrventile 1 und 2 sind geschlossen. Das Rückführventil ist geöffnet. Der Turbolader 1 fördert Frischluft in den Ansaugkanal.

Drehzahlen zwischen 2600 1/min und 2750 1/min. Das Absperrventil 1 und das Rückführventil sind geöffnet. Der Turbolader 2 läuft an und fördert Frischluft in den Ansaugkanal vor den Turbolader 1.

Drehzahlen ab 2750 1/min. Die Absperrventile 1+2 sind geöffnet und das Rückförderventil geschlossen. Beide Turbolader arbeiten.

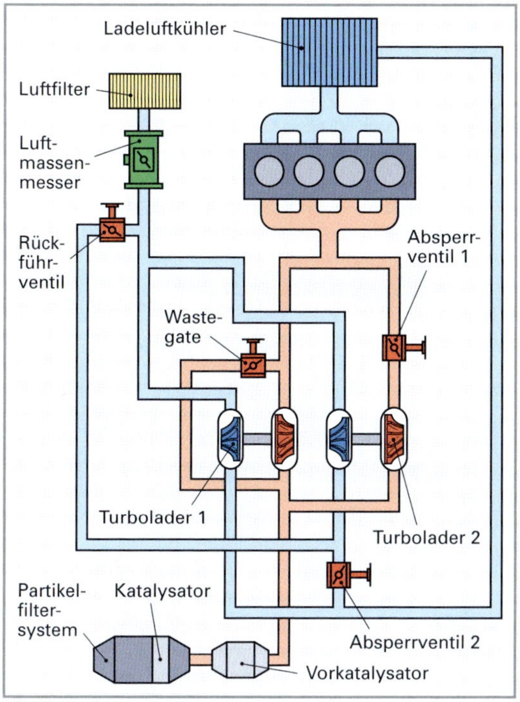

Bild 1: Doppelaufladung

Wastegate. Bei einem Ladedruck von z.B. 1,6 bar öffnet das Wastegate und schützt die Lader vor Überdruck und zu hohen Drehzahlen.

Leistungsreduzierung. Wird die Leistung gedrosselt, z.B. im Schiebebetrieb, öffnet das Rückführventil und das Absperrventil 2 wird geschlossen. Der Turbolader 2 läuft aus.

Merkmale

- die Steuerung der Zu- und Abschaltung des zweiten Turboladers erfolgt über das Motormanagement.
- schnelles Ansprechverhalten durch geringe Massen; die Massenträgheit von zwei kleinen Turboladern, die je nach Lastzustand einzeln oder gemeinsam arbeiten, ist geringer als die eines einzelnen großen Turboladers.

Registeraufladung (Twin-Turbo, Bild 2)

Bei ihr sind ein großer und ein kleiner Turbolader hintereinander geschaltet. Durch Steuerklappen werden die Luft- und Abgasströme geschaltet. Dies ermöglicht ein schnelles Ansprechen des Motors auf Drehzahl- und Lastwechsel. Im Vergleich zu herkömmlichen Turboladern baut sich der Ladedruck im unteren Drehzahlbereich viel schneller auf, da ein kleiner Lader mit kleinen Luftschaufeln durch die geringere Masse schneller auf hohe Drehzahlen kommt. Der große Lader gewährleistet bei höheren Motordrehzahlen einen größeren Luftdurchsatz.

Vorteile

- Schnelles Ansprechen auf Drehzahl- und Lastwechsel
- Schneller Ladedruckaufbau
- hoher Luftdurchsatz bei hohen Drehzahlen

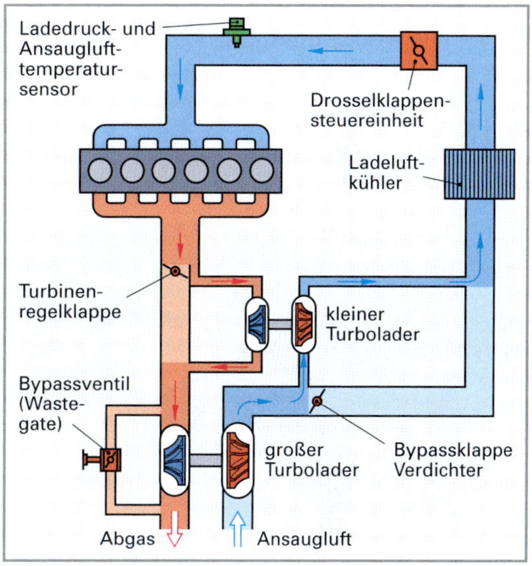

Bild 2: Registeraufladung

Wirkungsweise

Drehzahlen zwischen 800 1/min und 1500 1/min

Abgasseitig. Die Turbinenregelklappe und das Bypassventil sind geschlossen. Der Abgasstrom treibt den kleinen Turbolader an. Er reicht jedoch nicht aus, um den großen Turbolader anzutreiben.

Luftseitig. Die Bypassklappe Verdichter ist geschlossen. Die Ansaugluft durchströmt den großen Turbolader und wird im kleinen Turbolader verdichtet.

Drehzahlen zwischen1500 1/min und 2500 1/min

Abgasseitig. Die Turbinenregelklappe ist leicht geöffnet, das Bypassventil ist geschlossen. Der stärker werdende Abgasstrom treibt sowohl den großen als auch den kleinen Turbolader an.

Luftseitig. Die Bypassklappe Verdichter ist geschlossen. Im großen Turbolader wird die Ansaugluft vorverdichtet und im kleinen Turbolader hoch verdichtet.

Drehzahlen zwischen 2500 1/min und 4000 1/min
Abgasseitig. Die Turbinenregelklappe ist offen, das Bypassventil ist geschlossen. Das gesamte Abgas strömt durch den großen Turbolader.

Luftseitig. Die Bypassklappe Verdichter ist geöffnet. Die Ansaugluft wird ausschließlich vom großen Turbolader verdichtet.

Drehzahlen ab 4000 1/min
Abgasseitig. Die Turbinenregelklappe ist geöffnet. Der Abgasstrom treibt den großen Turbolader an. Wird der Ladedruck zu hoch, öffnet das Bypassventil und leitet einen Teil des Abgases am großen Turbolader vorbei. **Luftseitig.** Die Bypassklappe Verdichter ist geöffnet. Die Ansaugluft wird ausschließlich vom großen Turbolader verdichtet.

Lader mit mechanischem Antrieb

Schraubenkompressor (Rootslader). Er kann aus zwei vierflügeligen Rotoren bestehen, die um 160° verdrillt sind **(Bild 1).** Die Rotoren werden vom Motor über einen Keilriemen permanent angetrieben. Der mechanische Lader läuft über den gesamten Drehzahlbereich mit.

Die Lastregelung erfolgt über die Hauptdrosselklappe und die elektrisch angesteuerte Bypassklappe.

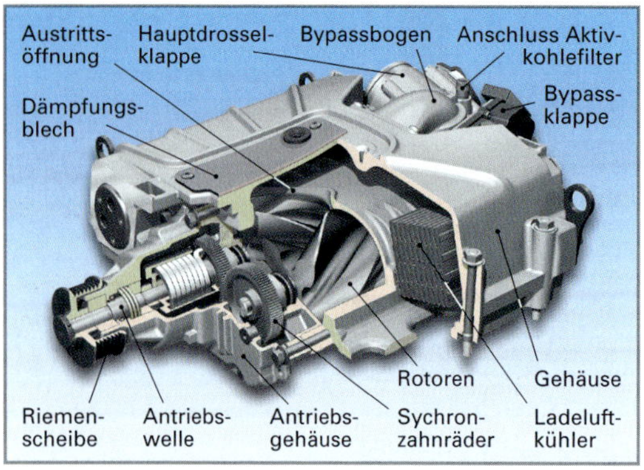

Bild 1: Rootslader

Wirkungsweise

Saugbetrieb/Teillastbetrieb (Bild 2). Bei ihm ist die Bypassklappe vollständig (drosselfrei) geöffnet. Über die Stellung der Hauptdrosselklappe, die der Fahrer über das Gaspedal betätigt werden die Lastzustände gesteuert. Dabei wird ein Teil der vom Kompressor geförderten Luft über den offenen Bypass rückgeführt und erneut vom Kompressor angesaugt. In diesen Lastbereichen erfolgt keine Aufladung durch den Kompressor, da der Motor die von ihm benötigte Luftmenge ansaugt. Während des Teillastbetriebs herrscht im gesamten Ansaugrohr einschließlich der Rotorengruppe Unterdruck.

Ladebetrieb/Volllastbetrieb (Bild 3). Bei ihm ist die Hauptdrosselklappe nahezu vollständig geöffnet. Die Lastregelung erfolgt durch die elektrisch betätigte Bypassklappe. Die Stellung der Bypassklappe wird durch ein im Steuergerät hinterlegtes Kennfeld bestimmt.

Öffnet der Fahrer z.B. beim Beschleunigen über das Gaspedal die Hauptdrosselklappe vollständig, wird gleichzeitig die Bypassklappe geschlossen **(Bild 3).** Dadurch steht sofort der vollständige Ladedruck zur Verfügung. Das Fahrzeug beschleunigt ohne nennenswerte Verzögerung.

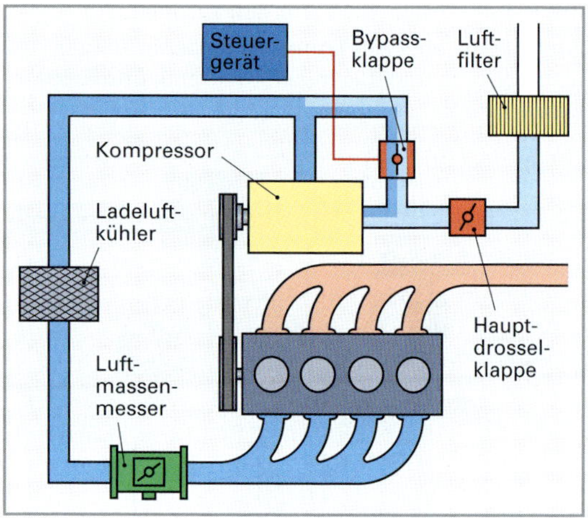

Bild 2: Bypassklappe geöffnet – Saugbetrieb

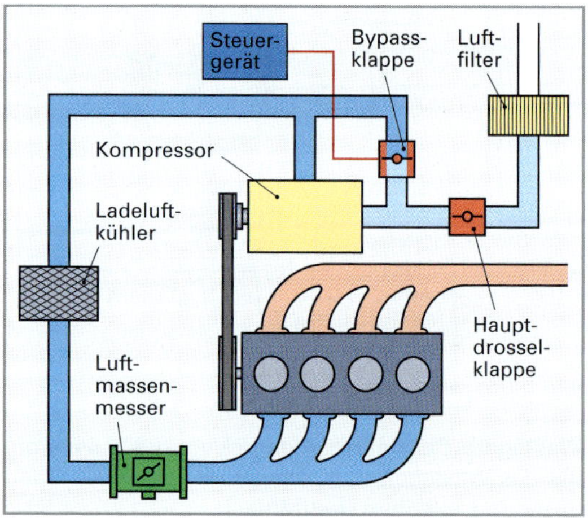

Bild 3: Bypassklappe geschlossen – Ladebetrieb

Vorteile und Nachteile gegenüber dem Abgasturbolader. Durch einen schnellen Aufbau des Ladedrucks ergibt sich schon bei niedrigen Drehzahlen ein hohes Drehmoment und ein gutes Ansprechverhalten. Außerdem erfolgt bei der Aufladung kein Eingriff in das Abgassystem des Motors.

Allerdings muss ein Teil der zusätzlich gewonnenen Motorleistung (ca. 1 % bis 5 %) für den Antrieb des Laders, abhängig von Ladedruck und Drehzahl, aufgewendet werden. Dadurch ergibt sich für diese Motoren ein erhöhter Kraftstoffverbrauch im Vergleich zu Motoren mit Abgasturboladern.

Kombination von Abgasturbolader und Kompressor (Bild 1)

Die Aufladung erfolgt durch einen Kompressor und einen Abgasturbolader. Beide Aggregate sind in Reihe geschaltet. Je nach Lastzustand und Drehzahlbereich berechnet das Motorsteuergerät die Luftmenge und den Ladedruck für das erforderliche Drehmoment. Es entscheidet, ob der Ladedruck vom Abgasturbolader alleine oder durch Zuschalten des Kompressors erzeugt werden soll. Die Zuschaltung des Kompressors erfolgt über eine Magnetkupplung.

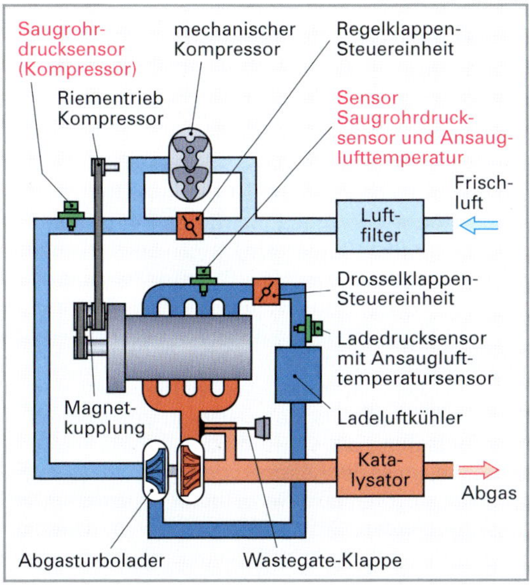

Bild 1: Kombination von Kompressor und Abgasturbolader

Wirkungsweise (Bild 2)

Permanenter Betrieb des Kompressors bei Drehzahlen zwischen 500 1/min und 2400 1/min. Im Leerlauf- und Teillastbereich arbeitet der Motor im Saugbetrieb. Dabei ist die Regelklappe vollständig geöffnet. Der Kompressor wird über den Riementrieb permanent angetrieben. Je nach Lastzustand kann der Ladedruck des Kompressors durch Schließen der Regelklappe zugeführt werden.

Dynamische Zuschaltung des Kompressors bei Drehzahlen zwischen 2400 1/min und 3500 1/min. In diesem Bereich wird der Kompressor bei Bedarf über die Magnetkupplung zugeschaltet. Ist es erforderlich, dass stark beschleunigt werden muss, z.B. bei Überholvorgängen, wird der Kompressor zugeschaltet, um den für den Lastzustand erforderlichen Ladedruck schnellstmöglich zu erreichen. Müsste der Turbolader in diesem Drehzahlbereich alleine den Ladedruck aufbauen, würde es aufgrund der Trägheit des Turboladers (Turboloch) zu einer verzögerten Beschleunigung kommen.

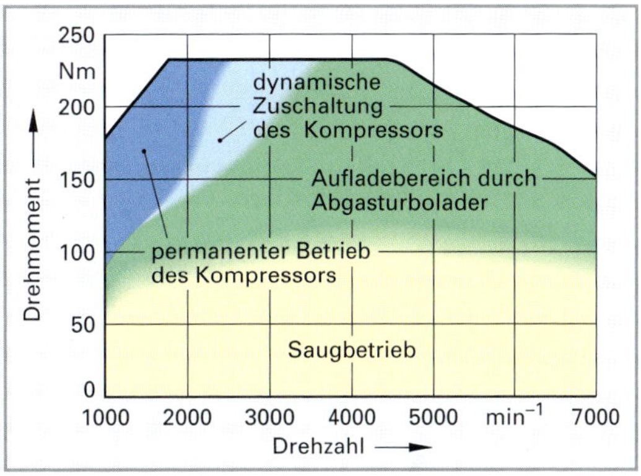

Bild 2: Drehmomentverlauf bei der Aufladung durch Kompressor und Abgasturbolader

Aufladebereich durch den Turbolader alleine bei Drehzahlen ab 3500 1/min. In diesem Bereich ist die Regelklappe vollständig geöffnet. Der Turbolader arbeitet alleine, da er für höhere Drehzahlen optimal ausgelegt ist. Die Abgasenergie reicht für alle Lastzustände aus, um den erforderlichen Ladedruck zu erzeugen. Der Ladedruck wird auf 1 bar Überdruck durch die Wastegateklappe begrenzt.

Merkmale

- Kurze Ansprechzeit, auch bei niedrigen Drehzahlen.
- Hohes Drehmoment ab Leerlaufdrehzahl.
- Beim Beschleunigen kein Turboloch, da der Kompressor zugeschaltet wird.
- Abgasturbolader ist für den oberen Drehzahlbereich optimal ausgelegt.

Downsizing. Man versteht darunter alle Maßnahmen an Motoren, mit denen der Kraftstoffverbrauch gesenkt und zugleich die Leistung der Motoren beibehalten oder erhöht wird. Dies wird durch Maßnahmen erreicht, die bei einem Motor die Literleistung erhöhen und gleichzeitig den Wirkungsgrad verbessern.

Wiederholungsfragen

1 **Welche Vorteile haben aufgeladene Motoren im Vergleich zu Saugmotoren?**
2 **Welche Aufladesysteme unterscheidet man?**
3 **Wie arbeitet die dynamische Aufladung?**
4 **Wie erfolgt die Aufladung bei Schwingsaugrohrsystemen?**
5 **Welche Laderbauarten unterscheidet man?**
6 **Aus welchen Hauptbauteilen besteht ein Abgasturbolader?**
7 **Wie arbeitet der Abgasturbolader?**
8 **Warum werden Ladeluftkühler verwendet?**
9 **Welche Arten der Laderduckregelung finden Anwendung?**
10 **Was versteht man unter „Overboost"?**
11 **Erklären Sie die Doppelaufladung.**
12 **Erklären Sie die Registeraufladung.**
13 **Wie arbeitet ein Rootslader?**
14 **Erklären Sie die Kombination von Kompressor und Abgasturbolader.**

12 Gemischbildung

12.1 Kraftstoffversorgungsanlagen bei Ottomotoren

12.1.1 Aufgaben der Anlagen

Die Kraftstoffversorgungsanlage **(Bild 1)** soll das Gemischaufbereitungssystem des Motors in allen Betriebszuständen ausreichend mit Kraftstoff versorgen.

Dazu muss die Anlage ...
- ... Kraftstoff im Kraftstoffbehälter speichern.
- ... Kraftstoff blasenfrei fördern.
- ... Kraftstoff filtern.
- ... Kraftstoffdruck erzeugen und konstant halten.
- ... überschüssigen Kraftstoff zurückfördern.
- ... Austritt von Kraftstoffdämpfen verhindern.

12.1.2 Aufbau der Anlagen (Bild 1)

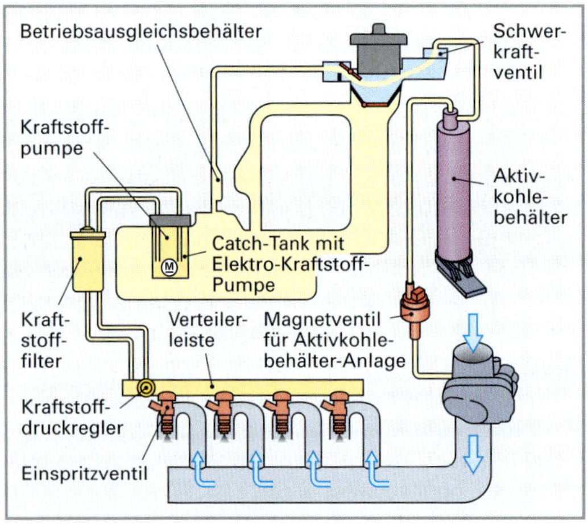

Bild 1: Aufbau einer Kraftstoffversorgungsanlage

Der Kraftstoff wird im Kraftstoffbehälter gespeichert. Von dort wird er unter Druck durch eine Kraftstoffpumpe zu den Einspritzventilen gefördert. Um Verunreinigungen zurückzuhalten, ist der Kraftstoffpumpe ein Kraftstofffilter nachgeschaltet. Durch einen Druckregler wird der Kraftstoffdruck konstant gehalten bzw. auf den Saugrohrdruck angepasst. Um in allen Betriebszuständen genügend Kraftstoff bereitstellen zu können, fördert die Anlage immer mehr Kraftstoff, als gerade benötigt wird. Der zu viel geförderte Kraftstoff fließt vom Druckregler zum Kraftstoffbehälter zurück.
Weil weder Kraftstoff noch Kraftstoffdämpfe in die Umwelt gelangen dürfen und im Behälter ein Druckausgleich geschaffen werden muss, ist ein aufwendiges Be- und Entlüftungssystem notwendig. Im Aktivkohlebehälter des Regeneriersystems werden die Kraftstoffdämpfe zwischengespeichert und der Verbrennung über das Regenerierventil gezielt zugeführt. Mit in Kraft treten der On-Board-Diagnose II (OBD II) ist die Dichtigkeit des Kraftstoffbehälters zu überwachen.

12.1.3 Bauteile der Anlagen

Kraftstoffbehälter

Für Nutzkraftwagen werden auf Grund der einfachen Bauform und der damit problemlosen Fertigung meist Kraftstoffbehälter aus Stahlblech verwendet. Sie werden innen und außen mit einer Korrosionsschutzschicht überzogen. Bei großen und teilweise gefüllten Kraftstoffbehältern können bei Kurvenfahrt plötzlich starke Gewichtsverlagerungen auftreten. Durch gelochte Trennwände, die den Behälter in mehrere kleine Räume aufteilen, kann dies verhindert werden.
Auch für Personenkraftwagen werden zunehmend Kraftstoffbehälter aus Stahl gefertigt. Um in den USA eine Einstufung als Low-Emission Vehicle (LEV) zu erreichen, muss der Ausstoß von Kohlen-Wasserstoffen, dazu gehören auch verdampfte Kraftstoffe, stark begrenzt werden. (Nach OBD II dürfen die Verdunstungsverluste im Kraftstoffsystem 2 g/Tag nicht überschreiten). Diese Vorgaben können durch die Verwendung von Stahl als Werkstoff leichter erreicht werden als durch den Einsatz von Kunststoffbehältern.

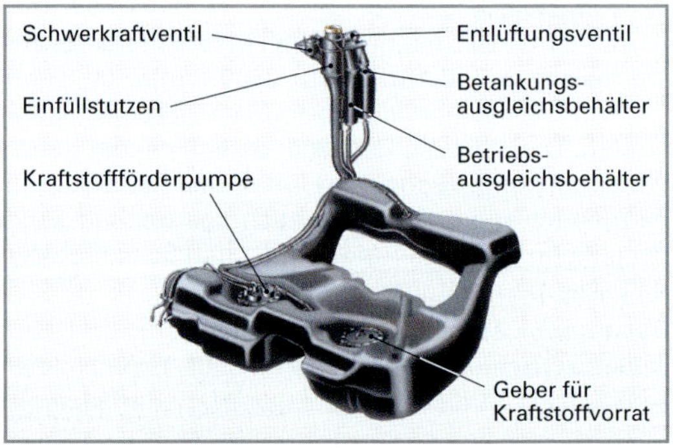

Bild 2: Kraftstoffbehälter aus PE für Pkw

Für komplizierte Kraftstoffbehälterformen, wie sie in Personenkraftwagen üblich sind, werden die Behälter vorwiegend aus Kunststoff, z.B. PE hergestellt. Sie bieten hohe Sicherheit gegen Bersten. (Die Behälter müssen einem Crash bei 80 km/h standhalten.) Allerdings besteht die Gefahr der plastischen Verformung bei hohen Kraftstofftemperaturen (mehr als 120°C bei Dieseleinspritzanlagen) und das Problem starker Diffusion der Kraftstoffdämpfe.

Bei extremer Kurvenfahrt oder Fahrten im steilen Gelände und nur noch geringfügig gefülltem Kraftstoffbehälter verlagert sich der Kraftstoff auf eine Seite. Um eine Versorgung der Kraftstoffförderpumpe mit Kraftstoff sicherzustellen und um alle verzweigten Räume des Behälters leeren zu können, werden Catch-Tanks **(Bild 1, Seite 259)** eingesetzt. Dabei handelt es sich um Tanks innerhalb des Kraftstoffbehälters. Sie werden durch Saugstrahlpumpen gefüllt. In den Catch-Tanks sind auch die Kraftstoffförderpumpen untergebracht (siehe auch Kraftstoffördermodul).

Kraftstoffförderpumpen

Für moderne Einspritzanlagen werden ausschließlich Elektro-Kraftstoffpumpen zur Kraftstoffförderung verwendet. Ihre Fördermengen liegen bei Nennspannung zwischen 60 l/h und 200 l/h. Dabei muss ein Druck von 3 bar ... 7 bar (als Vorförderpumpe bei Direkteinspritzsystemen) bei 50 % ... 60 % der Batterienennspannung erreicht werden. Da diese Forderung bei Nennspannung dazu führt, dass bei Leerlauf und Teillast ein Mehrfaches der benötigten Kraftstoffmenge gefördert wird, geht man dazu über, die Elektrokraftstoffpumpen durch das Steuergerät mit pulsweiten-modulierten Signalen anzusteuern. Dadurch kann die Fördermenge den Betriebsbedingungen angepasst werden, wodurch Antriebsleistung eingespart, eine unnötige Aufheizung des Kraftstoffs vermieden und die Lebensdauer der Pumpen verlängert werden kann.

Die Pumpen bestehen aus dem

- Anschlussdeckel mit den elektrischen Anschlüssen, dem Rückschlagventil und dem Pumpenausgang
- Elektromotor mit Anker und Permanentmagneten
- Pumpenteil

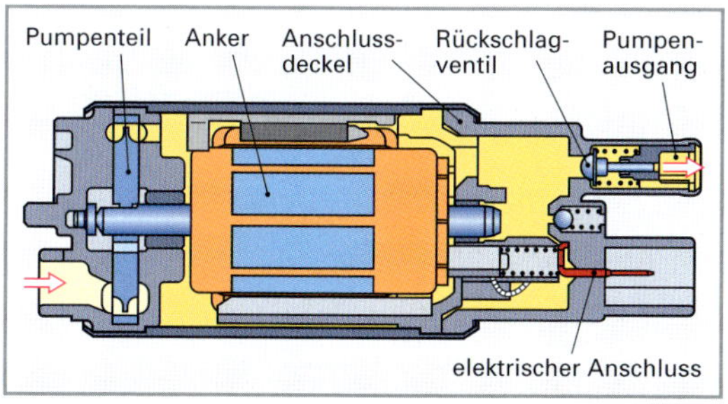

Bild 1: Aufbau einer Elektrokraftstoffpumpe

Je nach Einbauort unterscheidet man In-Line-Pumpen oder In-Tank-Pumpen.

In-Line-Pumpen. Sie können an einer beliebigen Stelle in die Kraftstoffleitung eingebaut werden. Dadurch ist der Austausch einer defekten Pumpe einfacher als bei In-Tank-Pumpen. Allerdings sind sie und besonders die elektrischen Anschlüsse bei Einbau unter dem Fahrzeugboden erhöhter Korrosion ausgesetzt.

In-Tank-Pumpen. Sie sind meist Bestandteil von Kraftstofffördermodulen, die in die Kraftstoffbehälter eingebaut sind. In-Tank-Pumpen sind im Kraftstoffbehälter weitgehend gegen Korrosion geschützt. Außerdem werden die durch die Pumpe erzeugten Geräusche im Tank gedämpft.

Je nach Wirkungsweise werden die Pumpen in Verdränger- und Strömungspumpen unterschieden.

Verdrängerpumpen (Bild 2). Sie werden als Rollenzellenpumpen oder Innenzahnradpumpen ausgeführt. In Verdrängerpumpen wird der Kraftstoff angesaugt und in einem abgeschlossenen Raum, der sich verkleinert, zur Hochdruckseite gefördert. Verdrängerpumpen ermöglichen Systemdrücke von mehr als 4 bar und besitzen auch bei niederen Spannungen eine hohe Förderleistung. Allerdings verursachen sie relativ starke Pulsationsgeräusche. Außerdem verzeichnen sie einen starken Leistungsabfall, wenn sich im heißen Ottokraftstoff Dampfblasen bilden. Deshalb besitzen diese Pumpen meist eine Strömungspumpe als Vorstufe zur Entgasung.

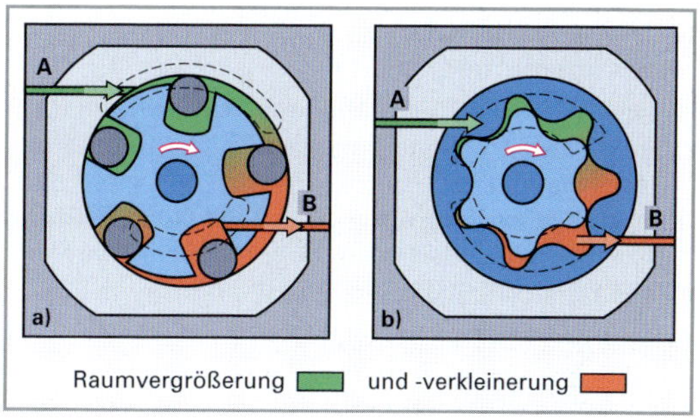

Bild 2: Rollenzellen- (a) und Innenzahnradpumpe (b)

Strömungspumpen (Bild 3). Sie werden als Peripheral- oder Seitenkanalpumpen ausgeführt. In Strömungspumpen wird der Kraftstoff durch eine Vielzahl von Laufradschaufeln beschleunigt und Druck durch einen ständigen Impulsaustausch aufgebaut. Strömungspumpen sind geräuscharm, da der Druckaufbau nahezu pulsationsfrei und kontinuierlich erfolgt.

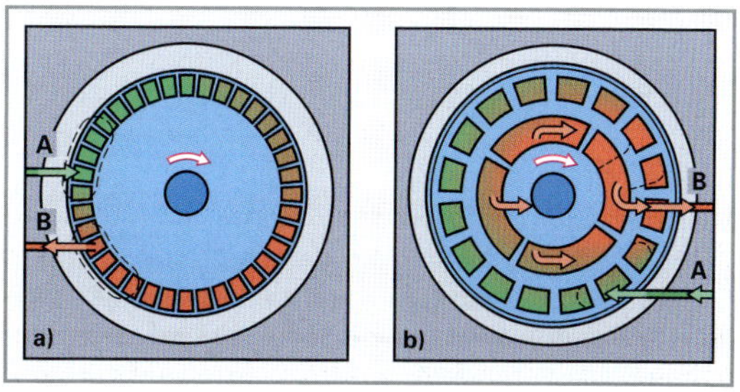

Bild 3: Peripheral- (a) und Seitenkanalpumpe (b)

Außerdem sind sie unempfindlich gegen Dampfblasenbildung, da über eine Entgasungsbohrung dampfförmiger Kraftstoff ausgeschieden werden kann. Allerdings erreichen diese Pumpen nur Systemdrücke von max. 4 bar.

Zweistufige Elektrokraftstoffpumpen (Bild 1). Sind hohe Systemdrücke erforderlich, werden zweistufige Elektro-Kraftstoffpumpen verwendet. Um Dampfblasenbildung in der Pumpe zu vermeiden, wird eine Peripheralpumpe vorgeschaltet. Sie übernimmt die Kraftstoffvorförderung und scheidet Dampfblasen aus. Die nachgeschaltete Verdrängerpumpe dient dem Aufbau des Systemdrucks.

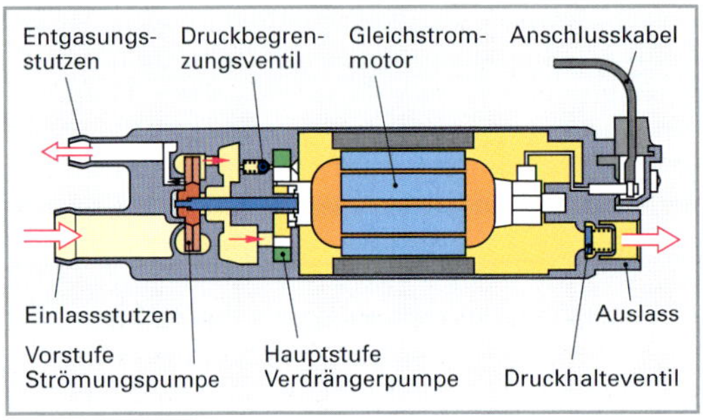

Bild 1: Zweistufige In-Line-Kraftstoffpumpe

12

Saugstrahlpumpen (Bild 2)

Es sind hydraulisch angetriebene Pumpen, die dazu dienen, Kraftstoff innerhalb des Kraftstoffbehälters umzupumpen. Durch den Kraftstoffstrom einer elektrischen Kraftstoffpumpe wird an der Düsenöffnung einer Saugstrahlpumpe z.B. aus der Seitenkammer eines Kraftstoffbehälters Kraftstoff angesaugt. Dieser wird dann zum Catch-Tank gefördert.

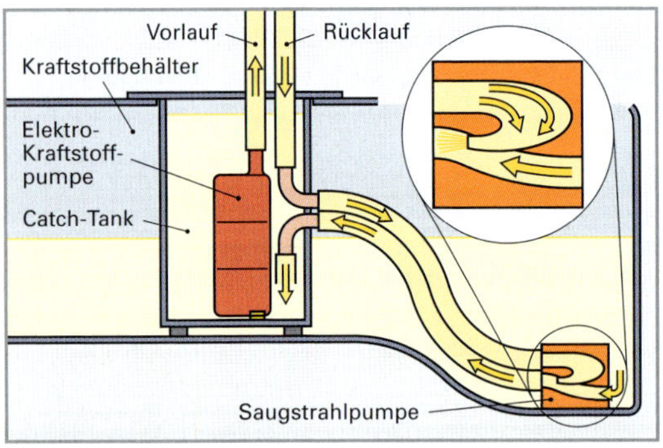

Bild 2: Saugstrahlpumpen

Kraftstoffleitungen

Als Kraftstoffleitungen werden Rohre aus Stahl oder Schläuche aus schwer brennbarem, kraftstofffestem Gummi oder Kunststoff verwendet. Da Gummi- und Kunststoffschläuche sich bei längerer Nutzungsdauer chemisch verändern (altern), werden sie hart und porös. Dies kann zu Undichtigkeiten führen.

Beim Verlegen von Kraftstoffleitungen muss darauf geachtet werden, dass ...

- ... sie den Verwindungen des Fahrzeuges und den Bewegungen des Motors standhalten.
- ... sie gegen mechanische Beschädigungen geschützt sind.
- ... die Leitungen nicht an heißen Teilen vorbeigeführt werden, um Dampfblasenbildung zu vermeiden.
- ... sie möglichst stetig steigend verlegt werden, um Dampfblasen schnell aus dem System entfernen zu können.
- ... sich bei Undichtigkeiten keine Kraftstoffdämpfe im Fahrzeug sammeln können.

Kraftstofffilter

Sie sollen die Kraftstoffanlage vor Verunreinigungen schützen, da z.B. die Einspritzventile einer Benzineinspritzanlage selbst durch kleinste Schmutzpartikel zerstört werden können.

Kraftstoffdruckregler (Zweileitungssystem)

Der Kraftstoffdruckregler muss im Zweileitungssystem den Kraftstoffdifferenzdruck unter allen Bedingungen konstant halten.

Der membrangesteuerte Kraftstoffdruckregler **(Bild 3)** mit Saugrohranschluss befindet sich bei Zwei-Leitungs-Systemen am Verteilerrohr. Er besteht aus zwei Räumen, die durch eine Membran geteilt sind: einer Federkammer zur Aufnahme der Feder, die auf die Membran wirkt, und einer Kammer für den Kraftstoff. Bei Überschreiten des voreingestellten Kraftstoffsystemdrucks gibt ein von der Membran betätigtes Ventil die Öffnung für die Rücklaufleitung frei, wodurch der überschüssige Kraftstoff zum Kraftstoffbehälter zurückfließen kann.

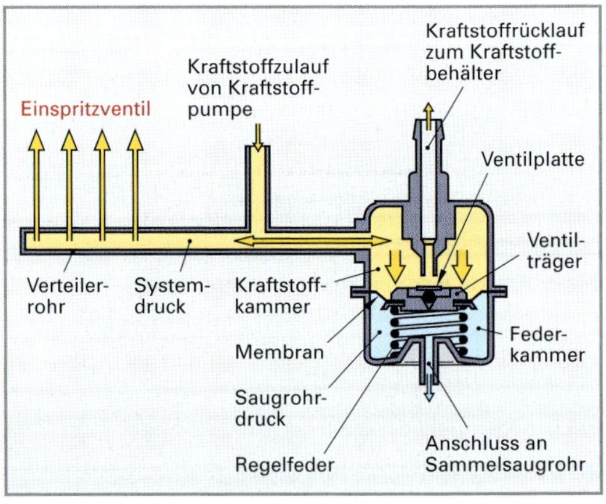

Bild 3: Kraftstoff-Druckregler

Da die Federkammer über eine Leitung mit dem Saugrohr kurz hinter der Drosselklappe verbunden ist, wird die Membrane nicht nur durch den Kraftstoffdruck sondern zusätzlich durch den im Saugrohr wirkenden Unterdruck verformt. Dadurch verändert der Kraftstoffdruckregler den Systemdruck im Verteilerrohr bzw. an den Einspritzventilen so, dass der Differenzdruck zwischen Saugrohr und Kraftstoffsystem konstant bleibt.

Differenzdruck = Systemdruck – Saugrohrdruck

Herrscht z.B. im Saugrohr ein Unterdruck von – 0,6 bar, so wird die Ventilmembran durch Kraftstoff- und Saugrohrdruck entgegen der Federkraft so weit geöffnet, dass der Systemdruck z.B. auf 3,4 bar sinkt. Der Differenzdruck Δp beträgt somit 3,4 bar – (– 0,6) bar = 4,0 bar.

Tabelle 1: Beispiele für Kraftstoffdrücke

	Differenzdruck	Systemdruck	Saugrohrdruck
Leerlauf	4,0 bar	3,4 bar	– 0,6 bar
Teillast	4,0 bar	3,7 bar	– 0,3 bar
Volllast	4,0 bar	3,9 bar	– 0,1 bar

Bei **R**ück-**L**auf-**F**reien **S**ystemen (**RLFS**) befindet sich der nahezu identisch aufgebaute Druckregler im Kraftstoffbehälter **(Bild 1)**. Der Kraftstoffsystemdruck wird nur durch die Feder und die Membran konstant gehalten. Der Saugrohranschluss ist nicht vorhanden. Der überschüssige Kraftstoff fließt direkt in den Kraftstoffbehälter zurück, weswegen die Rücklaufleitung vom Saugrohr entfällt.

Da sich mit veränderten Saugrohrdrücken die Einspritzmengen verändern, muss das Steuergerät die Einspritzdauer in Abhängigkeit vom Saugrohrdruck anpassen. Die Information über den Saugrohrdruck erhält es durch einen Saugrohr-Drucksensor.

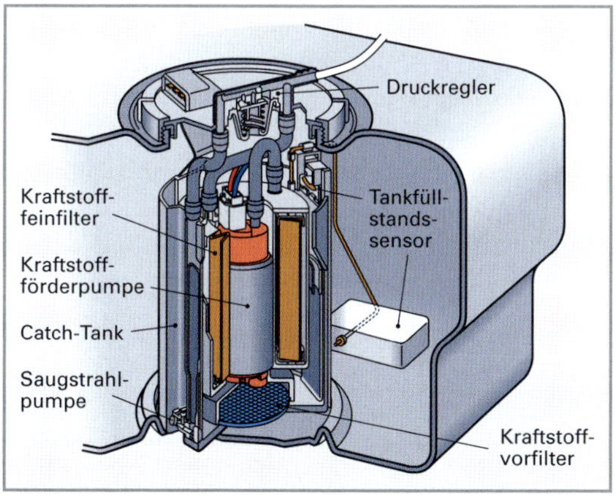

Bild 1: Kraftstofffördermodul

Kraftstofffördermodule (Bild 1)

Die Bauteile der Kraftstoffförderung werden in Kraftstofffördermodulen, die im Kraftstoffbehälter eingebaut sind, zusammengefasst.

Kraftstoffvorratsanzeiger. Zur Anzeige des Kraftstoffvorrats werden meist Hebelgeber oder Tauchrohrgeber verwendet. Sie greifen über ein Gestänge die Leiterbahnen eines Potentiometers ab. Der Spannungsabfall am Widerstand ist das Maß für die Kraftstoffmenge im Kraftstoffbehälter.

Kraftstoffverbrauchsmessung. Der Kraftstoffverbrauch wird aus der Ventilöffnungszeit multipliziert mit einer Ventilkonstanten berechnet. Diese gibt an, wie viel Kraftstoff bei einem festen Differenzdruck pro Zeiteinheit aus der Düse strömt.

12.1.4 Be- und Entlüftung des Kraftstoffbehälters

Die Be-und Entlüftung des Kraftstoffbehälters ist notwendig, um im Behälter einen Druckausgleich schaffen zu können und ein Betanken des Fahrzeugs störungsfrei zu ermöglichen. So muss bei Wärmeeinwirkung dafür gesorgt werden, dass sich ausdehnender Kraftstoff und der dadurch erhöhte Gasdruck in Ausgleichsbehältern aufgenommen werden kann. Andererseits muss der Kraftstoffbehälter belüftet werden, wenn bei Betrieb des Fahrzeugs Kraftstoff verbraucht wird. Keinesfalls dürfen Kraftstoffdämpfe in die Umwelt gelangen. Das Be- und Entlüftungssystem besteht aus folgenden Komponenten: **(Bild 2)**.

Betriebsausgleichsbehälter. Er nimmt den durch Wärme sich ausdehnenden Kraftstoff auf. Das Volumen beträgt je nach Größe des Kraftstoffbehälters 2 l … 5 l. Der Ausgleichsbehälter ist über eine Entlüftungsleitung mit dem Aktivkohle-Filter (AKF) verbunden.

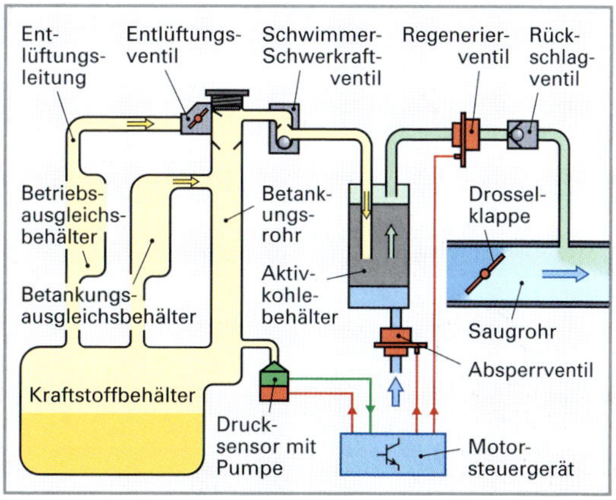

Bild 2: Be- und Entlüftungsanlage

Betankungsausgleichsbehälter. Er hat die Aufgabe Gase, die sich im Kraftstoffbehälter befinden und beim Betanken des Kraftstoffbehälters verdrängt werden, kurzfristig aufzunehmen und über eine Entlüftungsleitung an das Betankungsrohr weiterzuleiten. Dort werden diese Dämpfe von der Saugeinrichtung der Zapfpistole abgesaugt.

Entlüftungsventil. Es verhindert, dass Kraftstoffdämpfe aus dem Betriebsausgleichsbehälter in die Umwelt gelangen oder abgesaugt werden. Beim Betanken wird das Ventil geschlossen.

Schwimmer-Schwerkraft-Ventil (Bild 1) (Roll-Over-Ventil, Sicherheits-Ventil). Bei extrem gefülltem Tank und Fahrzeugschräglage oder einem Überschlag könnte Kraftstoff über den Aktivkohle-Behälter ins Freie gelangen. Um dies zu verhindern, wird die Leitung zum Aktivkohlefilter in solch einem Fall durch das Ventil geschlossen.

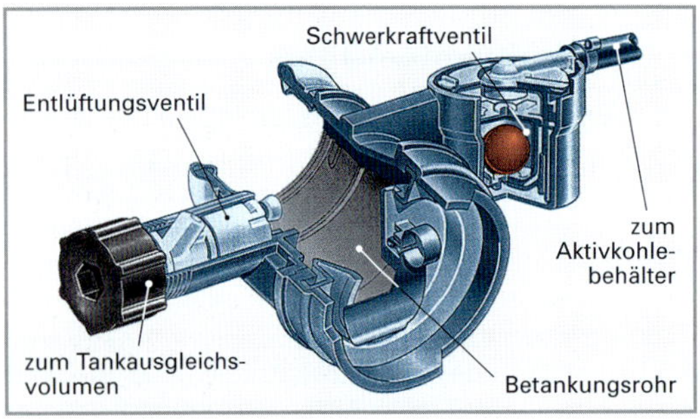

Bild 1: Schwerkraft- und Entlüftungsventil

Aktivkohle-Filter. Er speichert gasförmige Kohlenwasserstoffe durch Anlagerung an die Aktivkohle solange, bis sie bei geöffnetem Regenerierventil vom im Saugrohr herrschenden Unterdruck angesaugt und der Verbrennung im Zylinder zugeführt werden.

Absperrventil (ab OBD II). Bei stehendem Motor muss die Leitung für Zuluft zum AKF verschlossen sein, um zu verhindern, dass Kraftstoffdämpfe ins Freie gelangen. Soll die Aktivkohle regeneriert und die gespeicherten Kraftstoffdämpfe der Verbrennung zugeleitet werden, wird das Magnetventil vom Motorsteuergerät parallel zum Regenerierventil angetaktet und geöffnet.

Regenerierventil. Dieses Magnetventil wird vom Motorsteuergerät je nach Betriebszustand angetaktet. Wenn es öffnet, werden die im AKF gespeicherten Kraftstoffteilchen bei ebenfalls geöffnetem Absperrventil durch Frischluft ausgespült und durch den Saugrohrunterdruck angesaugt.

Diagnosepumpe für Kraftstoffsystem, Drucksensor. Nach OBD II muss die Dichtigkeit des Kraftstoffsystems überprüft werden. Dazu kann der Kraftstoffbehälter mit einem durch eine Diagnose-Pumpe erzeugten Druck beaufschlagt werden. Ein Drucksensor übermittelt dem Motorsteuergerät den Druckverlauf. Aus diesem wird geschlossen, ob das System die Anforderungen bezüglich Dichtheit erfüllt.

WERKSTATTHINWEISE

Wartungshinweise:
- Regelmäßiger Wechsel der Kraftstofffilter (Herstellerangabe beachten).
- Sichtprüfung auf Dichtigkeit des Systems.
- Sichtprüfung der elektrischen Anschlüsse (Korrosion, Beschädigung).

Fehler und mögliche Ursachen:
- Motor springt nicht an:
  - Kein Kraftstoff im Tank
  - Pumpe läuft nicht
- Zu geringe Motorleistung
  - Zu geringes Fördervolumen
  - Zu geringer Förderdruck durch geknickte oder gequetschte Kraftstoffleitung, mangelnde Stromversorgung der Pumpe, verschmutzte Filter, defekte Pumpe (Verschleiß), Dampfblasenbildung

Diagnosemöglichkeiten:
- Prüfung des Fördervolumens: Messung am Druckregler (in der Rücklaufleitung).
- Prüfung des Förderdrucks: Messung am Verteilerrohr (in der Vorlaufleitung).
- Stromversorgung der Pumpe: Fehler in der Elektrik werden i. A. von der Eigendiagnose erkannt. Deshalb ist der Fehlerspeicher auszulesen oder eine Stellglieddiagnose durchzuführen. Eine Überprüfung der Plus- und Minus-Versorgung kann mit einem Multimeter erfolgen.

  Fehlerursachen: **(Bild 1, Seite 261)**
  - Defekte Sicherung der Kraftstoffförderpumpe (Durchgang prüfen)
  - Defektes Kraftstoffpumpenrelais (zur Prüfung Kl. 30 – Kl. 87 überbrücken)
  - Beschädigte Leitungen und korrodierte Kontakte (Spannungsabfall messen)

Neben einer fehlerhaften Stromversorgung gibt es u.a. folgende Gründe für eine nicht laufende Kraftstoffförderpumpe:
- Kraftstoffförderpumpe ist defekt.
- Motorsteuergerät erhält kein Drehzahlsignal nach dem Einschalten der Zündung.
- Motorsteuergerät erhält keine Freigabe von der Wegfahrsperre.
- Motorsteuergerät erhält Meldung eines Crash-Falls von einem eingebauten Crash-Erkennungssystem (Airbag).

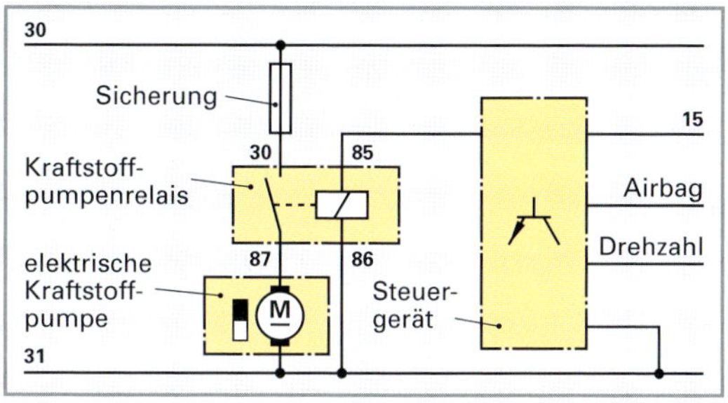

Bild 1: Schaltplan der Kraftstoffförderpumpe

Sicherheitshinweise

Ottokraftstoffe besitzen einen Flammpunkt < 21 °C und fallen damit nach der Verordnung über brennbare Flüssigkeiten unter die Gefahrklasse AI.

Sie sind leicht entzündlich. Deswegen sind die Sicherheitsvorkehrungen beim Schweißen, Löten oder Schleifen zu beachten.

Kraftstoffdämpfe sind schwerer als Luft. Sie können deswegen in Gruben oder Entwässerungsschächten gefährliche Gemische bilden.

Kraftstoffe enthalten Benzol, Methanol, Toluole und Xylole. Diese Stoffe sind giftig und dürfen nicht eingeatmet werden. Kontakt mit der Haut und den Schleimhäuten ist zu vermeiden. Deshalb sollen Ottokraftstoffe nie zu Reinigungszwecken benutzt werden.

Wiederholungsfragen

1 **Welche Bauteile gehören zur Kraftstoffversorgungsanlage?**

2 **Welche Arten von Kraftstoffpumpen werden im Kraftfahrzeug eingebaut? Wie unterscheiden sie sich?**

3 **Welche Aufgabe hat der Kraftstoff-Druckregler im 2-Leitungs-System?**

4 **Warum benötigen 1-Leitungs-Systeme einen Saugrohrdrucksensor?**

3 **Welche Aufgaben hat der Saugrohrdrucksensor?**

6 **Was versteht man unter einem Kraftstoffördermodul?**

7 **Worauf muss bein Verlegen von Kraftstoffleitungen geachtet werden?**

8 **Welche Bauteile gehören zum Be- und Entlüftungssystem einer Kraftstoffversorgungsanlage?**

9 **Welche Aufgabe hat der Betriebsausgleichsbehälter?**

10 **Wozu wird ein Schwimmer-Schwerkraftventil benötigt?**

11 **Warum dürfen die Kraftsoffe nicht zu Reinigungszwecken benutzt werden?**

12.2 Gemischbildung bei Ottomotoren

12.2.1 Grundlagen

Ottomotoren können mit Benzin, Methanol oder Autogas betrieben werden. Das verdichtete Kraftstoff-Luft-Gemisch wird am Ende des Verdichtungstaktes durch eine Fremdzündanlage entzündet.

Aufgabe der Gemischbildungssysteme

Sie sollen für jeden Betriebszustand des Motors ein Kraftstoff-Luft-Gemisch herstellen, das in der Menge ausreichend ist und im Motor möglichst vollständig verbrannt wird.

Vollständige Verbrennung eines Kraftstoff-Luft-Gemisches

Darunter versteht man, dass alle Kohlenstoffatome und alle Wasserstoffatome des Kraftstoffs durch den Sauerstoff der Luft zu Kohlendioxid (CO_2) bzw. Wasser (H_2O) unter Abgabe von Wärme oxidiert werden.

Da Kraftstoffe je nach Aufbau und Größe ihrer Moleküle verschieden viele Kohlenstoff- und Wasserstoffatome besitzen, wird zur vollständigen Verbrennung des Kraftstoffs eine ganz spezifische Luftmasse benötigt. Mit zunehmendem Luftmangel bzw. Luftüberschuss wird die Verbrennung schlechter. Der Kraftstoff verbrennt nur noch unvollständig. Werden bestimmte Grenzwerte für das Mischungsverhältnis (Zündgrenzen) unter- bzw. überschritten, findet keine Verbrennung mehr statt.

Mischungsverhältnis

Das Mischungsverhältnis beschreibt die Zusammensetzung des Kraftstoff-Luft-Gemisches. Man unterscheidet ein theoretisches und ein praktisches Mischungsverhältnis.

Theoretisches Mischungsverhältnis (stöchiometrisches Verhältnis = theoretischer Luftbedarf). Es gibt an wie viel kg Luft zur vollständigen Verbrennung von 1 kg Kraftstoff benötigt werden. Zur Verbrennung von 1 kg Benzin sind dies etwa 14,8 kg bzw. 10300 l Luft.

Praktisches Mischungsverhältnis. Es weicht je nach Betriebszustand des Motors vom theoretischen ab. Bei einem größeren Kraftstoffanteil, z.B. 1 : 13, spricht man von einem „fetten“ Gemisch (Luftmangel). Bei einem geringeren Kraftstoffanteil, z.B. 1 : 16, liegt ein „mageres“ Gemisch vor (Luftüberschuss).

12

Luftverhältnis (λ = Lambda)

Das Luftverhältnis λ ist das Verhältnis zwischen der tatsächlich der Verbrennung zugeführten Luftmasse und der zur vollständigen Verbrennung theoretisch erforderlichen Luftmasse.

$$\text{Luftverhältnis } \lambda = \frac{\text{zugeführte Luftmasse in kg}}{\text{theoretischer Luftbedarf in kg}}$$

Beim theoretischen Mischungsverhältnis 1 : 14,8 ist für Benzin das Luftverhältnis $\lambda = 1$. Hierbei erhält der Motor genau so viel Luft, wie er für die vollständige Verbrennung des Kraftstoffs benötigt. Werden dagegen bei der Verbrennung von 1 kg Kraftstoff 16 kg Luft zugeführt, so ist das Luftverhältnis

$$\lambda = \frac{16{,}0 \text{ kg Luft}}{14{,}8 \text{ kg Luft}} = 1{,}08$$

d.h., es wird ein mageres Kraftstoff-Luft-Gemisch gebildet, das mehr Luft enthält, als zur vollständigen Verbrennung notwendig ist. Der Luftüberschuss beträgt dabei 8 %.

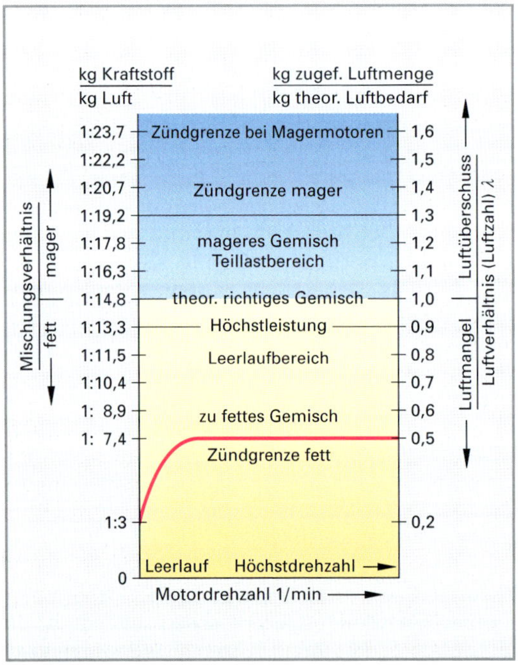

Bild 1: Mischungsverhältnisse, Luftverhältnisse für Benzin

Im jeweiligen Betriebszustand des Ottomotors sind Verbrauch, Leistung und Abgasverhalten vom Luftverhältnis abhängig.

Der prinzipielle Zusammenhang zwischen Luftverhältnis, Drehmoment und spezifischem Kraftstoffverbrauch wird in **Bild 2** gezeigt.

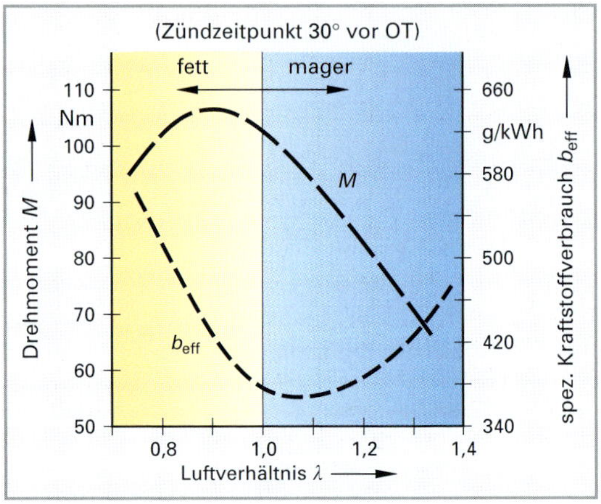

Bild 2: Einfluss des Luftverhältnisses

Sollen Motoren mit Saugrohreinspritzung mit einem Abgaskatalysator betrieben werden, muss ein Luftverhältnis von $\lambda = 1$ möglichst genau eingehalten werden, um günstige Abgaswerte zu erhalten.

Gemischzusammensetzung

Homogenes Gemisch. Im gesamten Brennraum ist die Gemischzusammensetzung gleich. Um eine homogene Gemischzusammensetzung zu erreichen, muss genügend Zeit für eine gleichmäßige Durchmischung des Kraftstoff-Luft-Gemisches zur Verfügung stehen. Dies wird durch einen frühen Einspritzzeitpunkt während des Ansaugens bzw. durch Einspritzung in das Saugrohr erreicht.

Heterogenes Gemisch. Im Brennraum gibt es Bereiche unterschiedlicher Gemischzusammensetzung (Schichtladung). Eine späte Einspritzung während des Verdichtungstaktes in den Zylinder und genau abgestimmte Luftverwirbelungen ermöglichen eine ungleichmäßige Gemischzusammensetzung. Zur sicheren Entflammung des Gemisches muss bei Otto-Motoren im Bereich der Zündkerze ein Luftverhältnis von λ annähernd gleich 1 vorliegen. In den Randbereichen des Brennraumes ist das Gemisch mager.

Gemischbildung

Bild 3: Äußere Gemischbildung

Äußere Gemischbildung (Bild 3, Seite 262). Bei ihr erfolgt die Einspritzung in das Saugrohr kurz vor das bei Einspritzbeginn noch geschlossene Einlassventil des Motors. Durch den Einströmvorgang während des Ansaug-Taktes und die folgende Verdichtung des Kraftstoff-Luft-Gemisches bleibt genügend Zeit, ein homogenes Gemisch im Brennraum zu erzeugen.

Innere Gemischbildung (Bild 1). Bei Motoren mit innerer Gemischbildung wird der Kraftstoff direkt in den Brennraum eingespritzt. Erfolgt dies kurz vor der Entzündung des Kraftstoff-Luft-Gemisches, kann sich Kraftstoff und Luft nicht gleichmäßig vermischen. Das Gemisch ist heterogen.

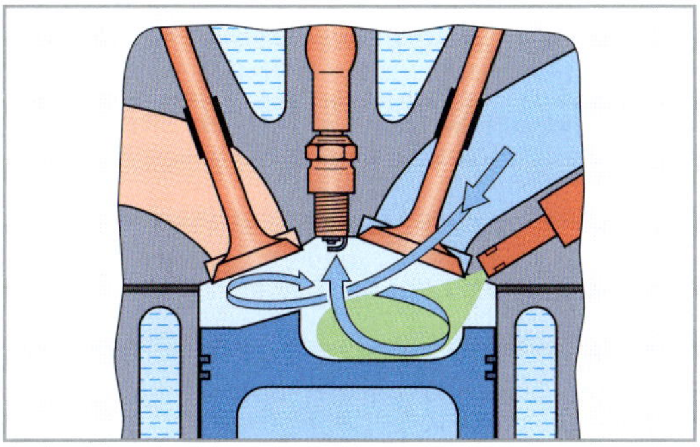

Bild 1: Innere Gemischbildung

Leistungsregelung

Quantitätsregelung. Bei Motoren mit äußerer Gemischbildung und homogenem Gemisch erfolgt die Leistungsregelung dadurch, dass je nach Lastzustand die Drosselklappe mehr oder weniger weit geöffnet wird. Dadurch verändert sich die angesaugte Luftmenge (Quantität). Die Zusammensetzung des Gemisches muss dabei nahezu gleich bleiben ($\lambda = 1$).

Qualitätsregelung. Bei Motoren mit Innerer Gemischbildung und heterogenem Gemisch erfolgt die Leistungsregelung dadurch, dass bei geöffneter Drosselkappe verschieden viel Kraftstoff eingespritzt wird. Die angesaugte Luftmenge bleibt dabei nahezu gleich. Die Zusammensetzung (Qualität) des Gemisches im Brennraum ändert sich somit je nach Lastzustand.

12.2.2 Anpassung des Gemisches an die Betriebszustände

Je nach Betriebszustand benötigen Motoren ganz bestimmte Gemischmengen (Quantität) und Gemischzusammensetzungen (Qualität).

Kaltstart: In einem kalten Motor verdampfen nur die niedrig siedenden Kraftstoffbestandteile. Ein großer Teil des Kraftstoffs kondensiert an den kalten Saugrohr- und Zylinderwänden. Damit können diese Kraftstoffanteile nicht oder nur unvollständig verbrannt werden. Um dennoch im Brennraum ein zündfähiges Gemisch zu erzeugen, muss sehr viel Kraftstoff eingespritzt werden (bis $\lambda = 0{,}3$). Die einzuspritzende Kraftstoffmenge ist dabei abhängig von der Motortemperatur.

Da die Reibungswiderstände bei kaltem Motor z.B. durch kaltes Motoröl, sehr hoch sind, muss mehr Leistung erzeugt werden. Dies wird durch eine größere Gemischmenge erreicht.

Warmlauf. Darunter versteht man den Zeitraum vom Starten des Motors bis zum Erreichen der Betriebstemperatur. Beim Warmlauf wird die Kraftstoffmenge temperaturabhängig verringert. Die Anfettung des Gemisches wird stufenweise zurückgenommen, da sich die Kondensationsverluste im Saugrohr und an den Zylinderwänden mit sich erwärmendem Motor verringern.

Übergang, Beschleunigung. Beim Öffnen der Drosselklappe magert das Gemisch kurzzeitig ab. Um einen momentanen Leistungseinbruch zu vermeiden, muss kurzzeitig mehr Kraftstoff eingespritzt werden.

Volllast. Ist die Drosselklappe voll geöffnet, spricht man von Volllast. Um in diesem Betriebszustand die maximale Motorleistung zu erreichen, wird das Gemisch meist auf $\lambda = 0{,}85 \ldots 0{,}95$ angereichert **(Bild 2, Seite 262)**.

Schubabschaltung. Dabei ist die Drosselklappe geschlossen und der Motor läuft mit erhöhter Drehzahl. Dies geschieht, z.B. beim Bergabfahren oder dann, wenn der Fahrer bei höherer Geschwindigkeit vom Gaspedal geht (Schubbetrieb). Um Kraftstoff zu sparen, wird solange kein Benzin eingespritzt, bis entweder eine einprogrammierte Motordrehzahl unterschritten oder die Drosselklappe wieder geöffnet wird.

Wiederholungsfragen

1 **Was versteht man unter dem theoretischen Mischungsverhältnis?**

2 **Erklären sie das Luftverhältnis λ.**

3 **Welche Folgen haben jeweils ein mageres, ein fettes oder ein stöchiometrisches Gemisch?**

4 **Bis zu welchem Mischungsverhältnis bzw. Luftverhältnis ist ein Benzin-Luft-Gemisch zündfähig?**

5 **Was kennzeichnet eine Innere Gemischbildung?**

6 **Was versteht man unter einem homogenen / heterogenen Gemisch?**

7 **Was kennzeichnet die Äußere Gemischbildung?**

8 **Warum muss das Gemisch bei Kaltstart stark angefettet werden?**

12.3 Vergaser

Der Vergaser soll den Kraftstoff zerstäuben und im richtigen Verhältnis mit Luft mischen. Er muss die benötigte Gemischmenge dem jeweiligen Betriebszustand des Motors anpassen.

12.3.1 Grundsätzliche Wirkungsweise

Im Vergaser wird der Luftstrom während des Ansaugtaktes vom Motorkolben angesaugt. Durch die Querschnittsverengung des stromlinienförmig ausgebildeten Lufttrichters (Venturi-Rohr, **Bild 1**) wird die Geschwindigkeit des Luftstromes erhöht. An der engsten Stelle herrscht die höchste Strömungsgeschwindigkeit und der größte Unterdruck (Sog), daher befindet sich an dieser Stelle das Kraftstoffaustrittsrohr. Der Kraftstoff wird vom Luftstrom mitgerissen, zerstäubt und im Bereich der Mischkammer mit dem Luftstrom vermischt. Eine feine Zerstäubung wird erreicht, indem man den Kraftstoff durch Luftzufuhr über die Luftdüse unterhalb des Kraftstoffspiegels zu einem Kraftstoff-Luft-Gemisch (Vorgemisch) verschäumt. Mit der Drosselklappe wird die Kraftstoff-Luft-Gemischmenge gesteuert (Quantitätssteuerung) und damit die Motorleistung und Drehzahl verändert.

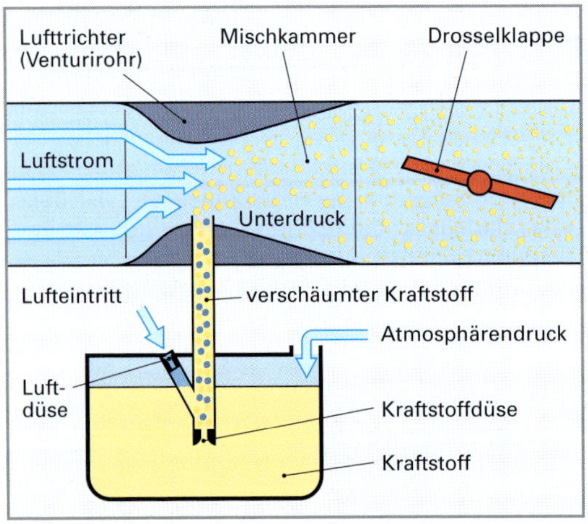

Bild 1: Wirkungsweise des Vergasers

12.3.2 Vergaserbauarten

Nach der Anordnung des Ansaugrohres am Motor und der Richtung des Saugstromes im Vergaser unterscheidet man: **Fallstrom-, Flachstrom-** und **Schrägstromvergaser**.

Fallstromvergaser werden meistens verwendet, da bei diesen das Kraftstoff-Luft-Gemisch in Richtung der Schwerkraft in den Zylinder fällt. Sie sind oberhalb des Zylinderkopfes eingebaut.

Flachstrom- und Schrägstromvergaser ermöglichen sehr kurze Ansaugwege. Sie werden auch bei niedriger Einbauhöhe verwendet und sind unterhalb des Zylinderkopfes eingebaut.

Nach der Anzahl und der Funktion der Mischkammerbohrungen unterscheidet man:

- **Einfachvergaser (Bild 2)** und **Registervergaser (Bild 3)** (Stufenvergaser mit nacheinander öffnenden Stufen) für ein Ansaugrohr

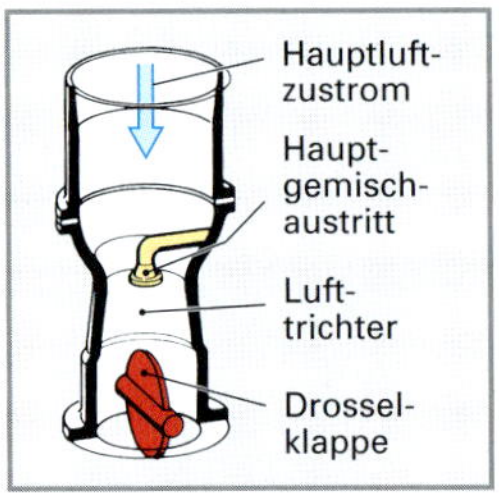

Bild 2: Einfachvergaser

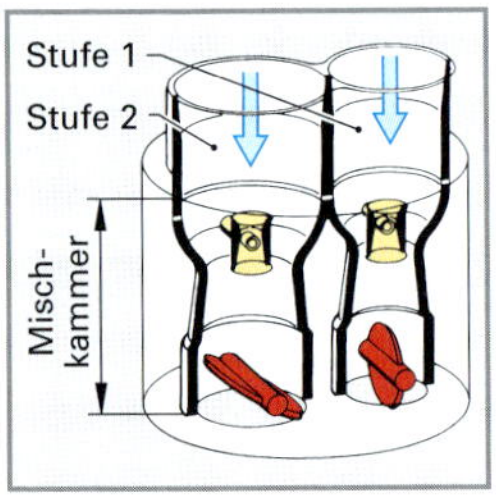

Bild 3: Registervergaser

- **Doppelregistervergaser (Bild 4)**
- **Doppelvergaser** (Zweifachvergaser, **Bild 5**)
- **Mehrfachvergaser** werden für getrennte Ansaugrohre verwendet

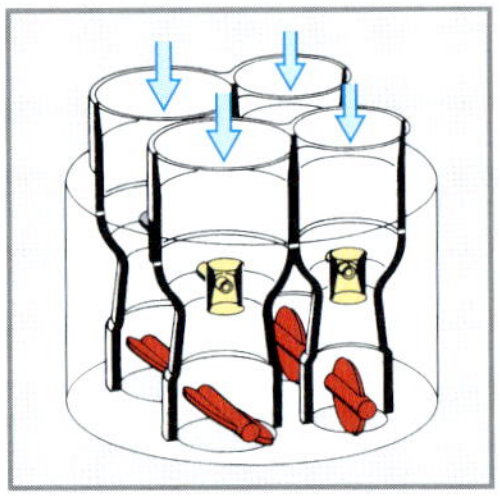

Bild 4: Doppelregistervergaser

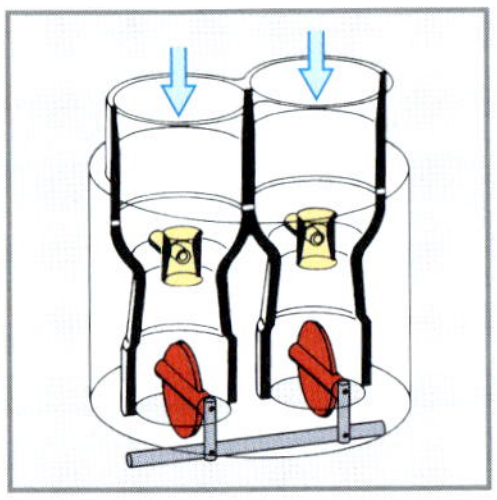

Bild 5: Doppelvergaser

- **Gleichdruckvergaser (Bild 6)** arbeiten bei veränderlichem Lufttrichterquerschnitt mit nahezu gleichbleibendem Unterdruck
- **Schiebervergaser (Bild 7)** werden als Kraftradvergaser verwendet

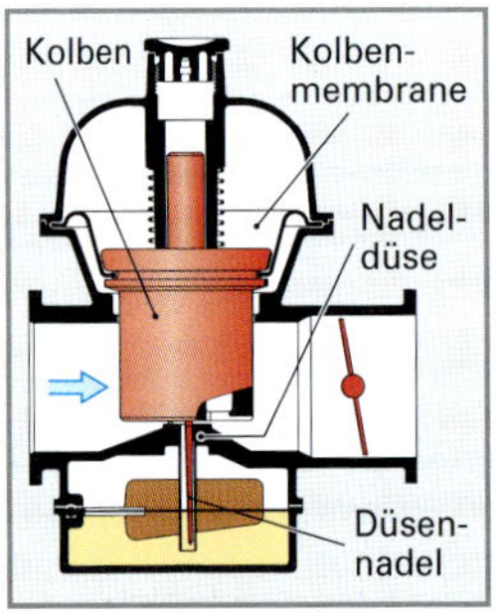

Bild 6: Gleichdruckvergaser

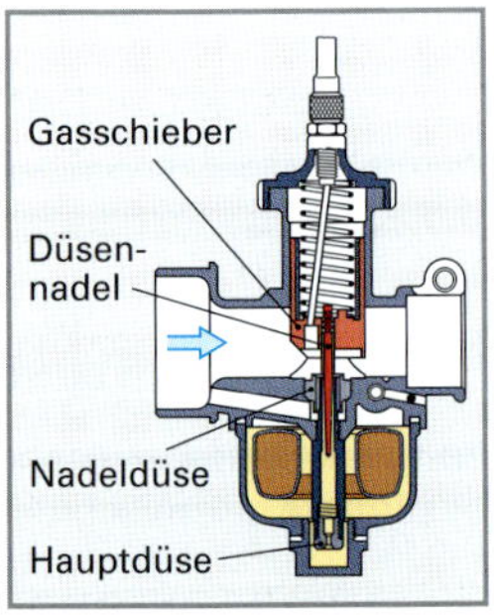

Bild 7: Schiebervergaser

12.4 Benzineinspritzung

12.4.1 Grundlagen der Benzineinspritzung

Aufgaben der Benzineinspritzanlagen

Benzineinspritzanlagen haben die Aufgabe, Kraftstoff fein zerstäubt in die angesaugte Luft einzuspritzen. Dabei ist die jeweils erforderliche Gemischmenge und das Mischungsverhältnis genau dem jeweiligen Betriebszustand anzupassen.

Bei Einspritzanlagen wird der Kraftstoff mit Hilfe von Düsen und des von der Kraftstoffpumpe aufgebauten Drucks fein zerstäubt in die Luft eingespritzt. Hierdurch vergrößert sich die Oberfläche des eingespritzten Kraftstoffs. Dies bewirkt, dass der Kraftstoff schneller vergast, was zu einer verbesserten Vermischung mit Luft, einer vollständigeren Verbrennung und günstigeren Abgaswerten führt.

Bei der indirekten Einspritzung (Äußere Gemischbildung) sind die Einspritzventile so angebracht, dass sie in das Saugrohr oder in das Drosselklappengehäuse einspritzen. Bei der direkten Einspritzung (Innere Gemischbildung) sind die Einspritzventile so angeordnet, dass sie in den Brennraum einspritzen.

Die elektronische Regelung der Anlagen soll das Kraftstoff-Luft-Verhältnis (Qualität) und die Menge des erzeugten Gemisches (Quantität) dem jeweiligen Betriebszustand des Motors optimal anpassen.

Folgende Ziele sollen erreicht werden:

- Hohes Motordrehmoment
- Hohe Motorleistung
- Günstiger Verlauf der Motorkennlinien
- Niedriger Kraftstoffverbrauch
- Günstige Abgaswerte

Arten der Einspritzung

Indirekte Einspritzung

Bei dieser Art der Einspritzung wird die Vermischung von Kraftstoff und Luft bereits außerhalb des Brennraumes begonnen. Während des Ansaug- und Verdichtungstaktes soll ein im ganzen Brennraum gleichmäßig verteiltes, homogenes Kraftstoff-Luft-Gemisch entstehen.

Man unterscheidet

- **Einzelpunkteinspritzung** (SPI = Single Point Injection) und
- **Mehrpunkteinspritzung** (MPI = Multi Point Injection)

Einzelpunkteinspritzung (Bild 1). Bei ihr erfolgt die Einspritzung zentral in das Drosselklappengehäuse vor die Drosselklappe. Die Zerstäubung im Drosselklappenspalt und die Verdampfung an heißen Saugrohrwänden bzw. zusätzlichen Heizelementen verbessern die Aufbereitung des Kraftstoff-Luft-Gemisches. Durch verschieden lange Wege und Rohrverzweigungen wird der Kraftstoff nicht gleichmäßig auf alle Zylinder verteilt. Randverwirbelungen und Wandfilmbenetzungen besonders bei kalten Motoren führen zu ungleichen Gemischzusammensetzungen. Sie wirken sich negativ auf die Gemischbildung aus. Einzelpunkteinspritzungen sind im Aufbau wesentlich einfacher als Mehrpunkteinspritzanlagen.

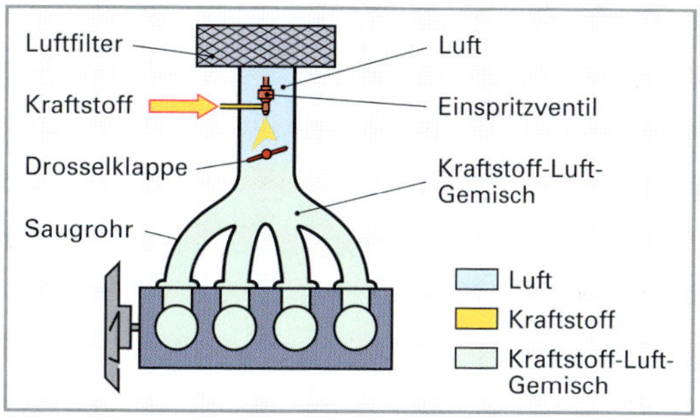

Bild 1: Einzelpunkteinspritzung

Mehrpunkteinspritzung (Bild 2). Jedem Zylinder ist ein Einspritzventil zugeordnet. Diese sind im Ansaugrohr meist unmittelbar vor den Einlassventilen angeordnet. Dadurch ergeben sich für das Gemisch gleich lange Ansaugwege und eine gleichmäßige Verteilung. Eine Anordnung nahe den Einlassventilen verringert die Wandfilmbildung bei kaltem Motor und reduziert die Bildung schädlicher Abgase.

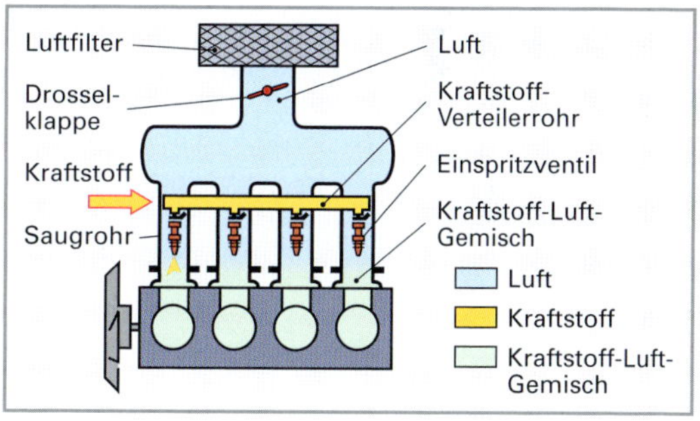

Bild 2: Mehrpunkteinspritzung

Direkte Einspritzung (Bild 1, Seite 266)

Bei Anlagen mit direkter Einspritzung handelt es sich immer um Multi Point Anlagen. Der Kraftstoff wird von den elektrisch angesteuerten Düsen unter hohem Druck (bis zu 120 bar) direkt in den Brennraum eingespritzt (Innere Gemischbildung). Dort wird mit der angesaugten Luft je nach Auslegung des Motors und je nach Betriebszustand ein homogenes oder heterogenes Gemisch gebildet.

12

Durch die direkte Einspritzung entfallen störende Einflüsse wie Wandfilmbildung oder ungleiche Kraftstoffverteilung. Allerdings werden bei diesem Verfahren sehr hohe Anforderungen an die elektronische Regelung der Einspritzanlagen gestellt.

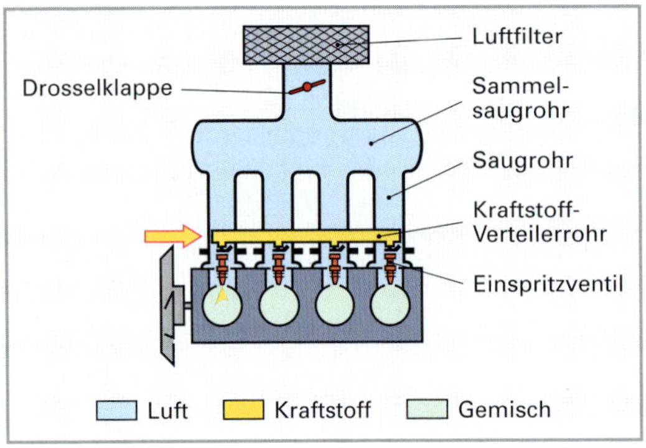

Bild 1: Direkte Einspritzung

Öffnung der Einspritzventile

Die Einspritzventile werden hydraulisch durch den Kraftstoffdruck oder elektromagnetisch geöffnet.

Kontinuierliche Einspritzung (siehe KE-Jetronic). Die Ventile werden durch den Kraftstoffdruck aufgestoßen und bleiben während des gesamten Motorlaufes geöffnet. Sie spritzen andauernd (kontinuierlich) ein. Die Zumessung des Kraftstoffs erfolgt durch einen veränderbaren Systemdruck.

Intermittierende Einspritzung. Die Ventile werden nur kurzzeitig elektromagnetisch geöffnet und, nachdem die berechnete Einspritzmenge eingespritzt wurde, wieder geschlossen. Sie sind also nur zeitweilig (intermittierend) geöffnet. Die Zumessung des Kraftstoffs erfolgt durch eine veränderbare Öffnungsdauer der Einspritzventile.

Je nach Ansteuerung der Einspritzventile durch das Steuergerät werden bei der Intermittierenden Einspritzung vier verschiedene Einspritzarten unterschieden:

- Simultane Einspritzung
- Gruppeneinspritzung
- Sequentielle Einspritzung
- Zylinderselektive Einspritzung

Simultane Einspritzung (Bild 2)

Alle Einspritzventile des Motors werden gleichzeitig betätigt. Die für die Verdampfung des Kraftstoffs vorhandene Zeit variiert sehr stark für die einzelnen Zylinder. Um trotzdem eine möglichst gleichmäßige Gemischzusammensetzung und eine gute Verbrennung zu erreichen, wird je Kurbelwellenumdrehung jeweils die Hälfte der für die Verbrennung notwendigen Kraftstoffmenge eingespritzt.

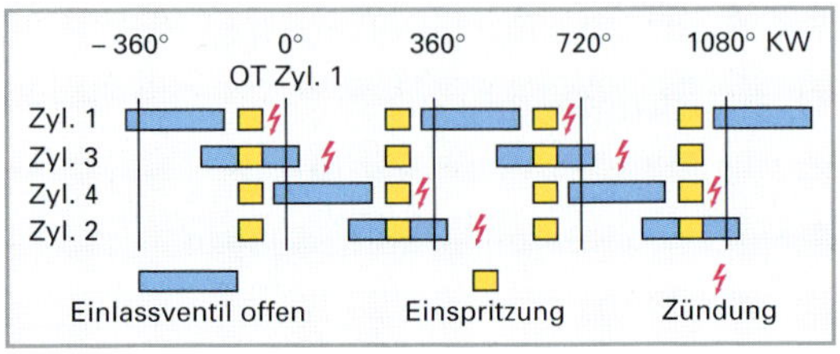

Bild 2: Simultane Einspritzung

Gruppeneinspritzung (Bild 3)

Die Einspritzventile von Zylinder 1 und Zylinder 3, sowie von Zylinder 2 und Zylinder 4 werden einmal pro Arbeitsspiel geöffnet. Es wird vor die geschlossenen Einlassventile jeweils die gesamte Kraftstoffmenge eingespritzt. Die Zeiten für die Verdampfung des Kraftstoffs sind unterschiedlich lang.

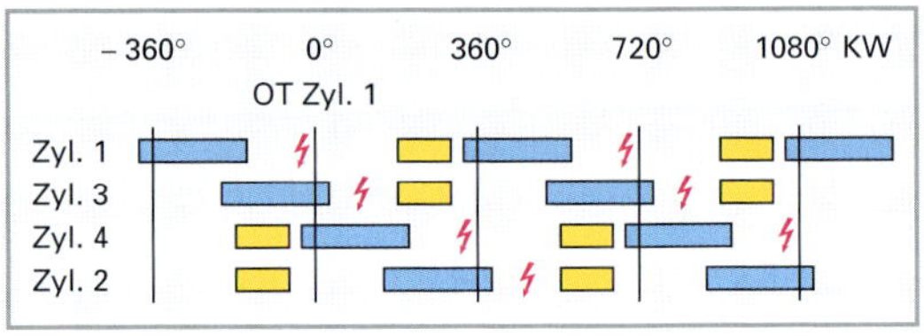

Bild 3: Gruppeneinspritzung

Sequentielle Einspritzung (Bild 4)

Die Einspritzventile spritzen nacheinander in der Zündreihenfolge unmittelbar vor Beginn des Ansaugtaktes in das Saugrohr die gleiche gesamte Kraftstoffbedarfsmenge ein. Eine optimale Kraftstoff-Luft-Gemischbildung wird begünstigt und die Innenkühlung verbessert.

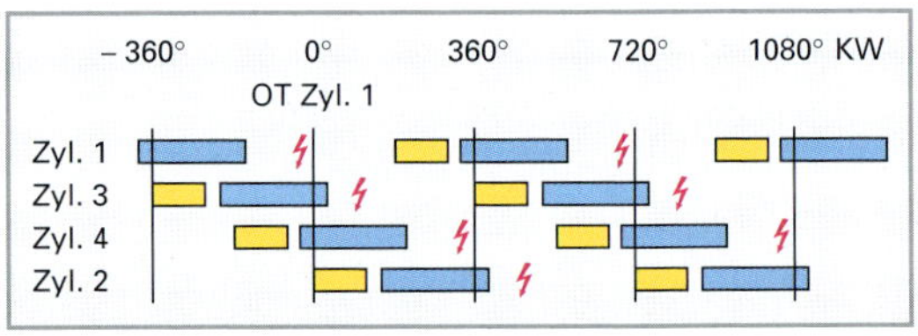

Bild 4: Sequentielle Einspritzung

Zylinderselektive Einspritzung (Bild 5)

Bei dieser Einspritzung handelt es sich um eine Sequentielle Einspritzung. Durch eine verbesserte Sensorik und erhöhten Aufwand in der Regelung, ist das Steuergerät in der Lage jedem einzelnen Zylinder eine spezifische Kraftstoffmenge zuzumessen.

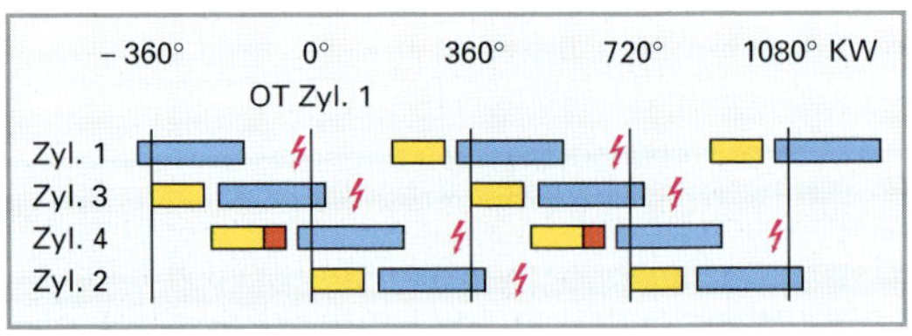

Bild 5: Zylinderselektive Einspritzung

Tabelle 1 zeigt die Einteilung der Elektronischen Einspritzanlagen mit intermittierender Einspritzung

Tabelle 1: Unterscheidungsmerkmale elektronsicher Einspritzanlagen

Anlage	Zentral-einspritzung	L-Jetronic	LH-Jetronic	Saugrohrdruck geführte Einspritzung	Direkteinspritzung
Äußere Kennzeichen	Zentrales Einspritzaggregat	Verteilerrohr mit elektrisch betätigten Einspritzventilen und			Kraftstoff-Hochdruckpumpe, Drucksensor u. -steller
		Luftmengen-messer	Luftmassen-messer	Saugrohr-druckfühler	
	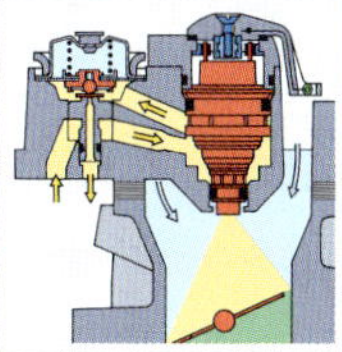	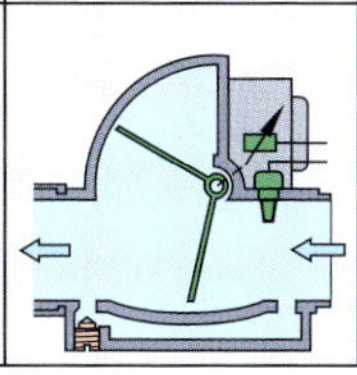	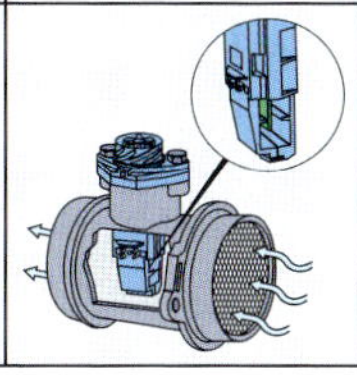	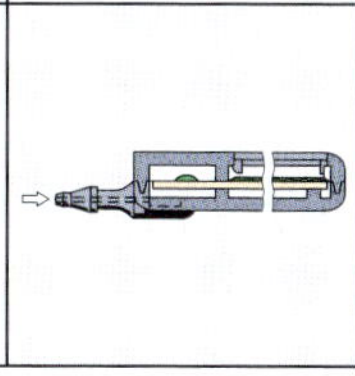	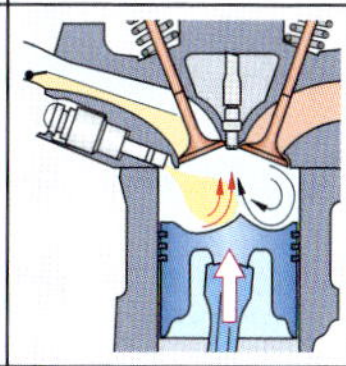
Einspritzart	indirekte Einspritzung				direkte Einspritzung
Einspritzort	vor die Drosselklappe	vor das Einlassventil			Zylinder
Anzahl der Einspritzventile	ein Einspritzventil Single-Point	entsprechend der Zylinderzahl, Multi-Point			
Intermittierende Einspritzung	getaktet	simultan oder Gruppen-einspritzung	sequenziell oder zylinderselektiv	sequenziell	zylinderselektiv
Hauptsteuer-größen	• Drossel-klappenwinkel • Drehzahl	• Luftmenge • Drehzahl	• Luftmasse • Drehzahl	• Saugrohrdruck • Drehzahl	gefordertes Drehmoment (Luftmasse, Drehzahl)

12.4.2 Aufbau und Funktion der elektronischen Benzineinspritzung

Elektronische Benzineinspritzsysteme **(Bild 1, Seite 268)** bestehen aus mindestens drei Teilsystemen:

- **Ansaugsystem.**
  Luftfilter, Sammelsaugrohr, Drosselklappe, Einzelsaugrohre
- **Kraftstoffsystem.**
  Kraftstoffbehälter, Kraftstoffpumpe, Kraftstofffilter, Druckregler, Einspritzventil
- **Steuerungs- und Regelungssystem**
  - Sensoren, z.B. Temperaturfühler
  - Steuergerät und
  - Aktoren, z.B. Kraftstoffpumpen-Relais

Das Steuerungs- und Regelungssystem arbeitet nach dem **EVA**-Prinzip. Dies bedeutet:

Eingabe: Sensoren erfassen Informationen und geben sie in Form von elektrischen Spannungssignalen an das Steuergerät weiter.

Verarbeitung: Das Steuergerät verarbeitet die in den Spannungssignalen enthaltenen Informationen und vergleicht die ermittelten Ist-Werte mit meist in Kennfeldern abgespeicherten Soll-Werten. Es berechnet die Ansteuerung der entsprechenden Aktoren.

Ausgabe: Die jeweiligen Aktoren z.B. die Einspritzventile werden vom Steuergerät bestromt. Der erwünschte Betriebszustand des Systems wird hergestellt.

Im Falle der elektronischen Benzineinspritzung ergibt sich folgender Ablauf (Funktion):

Bei Systemen mit homogener Gemischbildung saugt der Motor eine im Luftfilter gereinigte und von der Drosselklappe regulierte Luftmenge an. Diese Luftmenge wird elektronisch durch einen Sensor erfasst. Aus der **Motordrehzahl** und der **Luftmenge (Hauptsteuergrößen)** berechnet das Steuergerät mit Hilfe hinterlegter Kennfelder die **Grundeinspritzmenge**.

Ist eine Gemischanpassung an spezielle Betriebszustände, z.B. Kaltstart, nötig, müssen die Gegebenheiten **(Korrekturgrößen)** von zusätzlichen Sensoren erfasst und dem Steuergerät wiederum in Form elektrischer Signale übermittelt werden. Dieses passt die Öffnungsdauer der Einspritzventile den veränderten Betriebsbedingungen an und bestromt die Ventile für die berechnete Zeitspanne.

Die elektromagnetischen Einspritzventile öffnen und der Kraftstoff wird mit dem durch den Druckregler eingestellten Druck eingespritzt. Beendet das Steuergerät die Bestromung, werden die Ventile durch die Schließfeder geschlossen. Der Einspritzvorgang ist beendet.

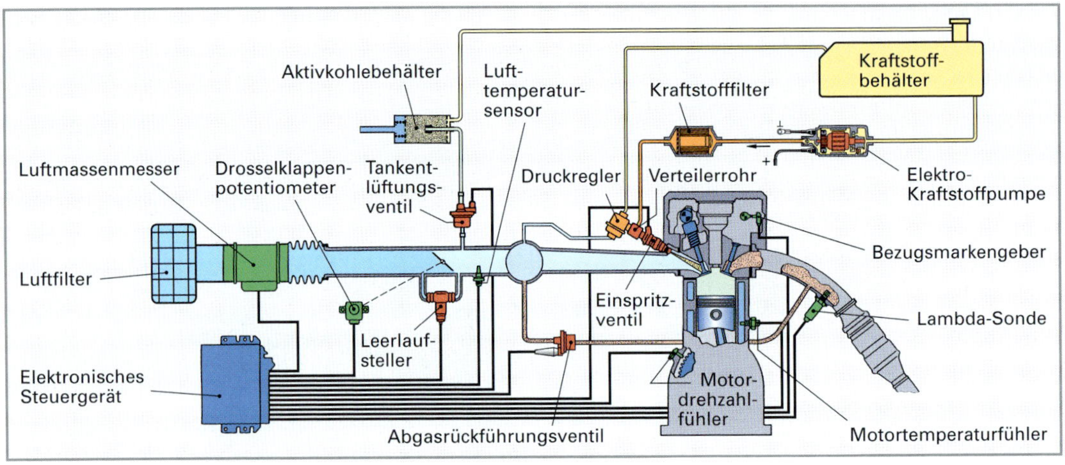

Bild 1: Aufbau eines elektronischen Benzineinspritzsystems

WIEDERHOLUNGSFRAGEN

1. **Welche Aufgabe hat die Benzineinspritzung?**
2. **Was kennzeichnet die Indirekte Einspritzung, was die Direkte Einspritzung?**
3. **Beschreiben Sie die Intermittierende und die Kontinuierliche Einspritzung.**
4. **Wie unterscheidet sich eine Simultane von einer Sequentiellen Einspritzung?**
5. **Aus welchen Teilsystemen besteht ein elektronisches Benzineinspritzsystem? Nennen Sie die Hauptbauteile.**
6. **Was versteht man unter den Hauptsteuergrößen bei der elektronischen Benzineinspritzung?**
7. **Was versteht man unter den Korrekturgrößen einer Elektronischen Benzineinspritzung?**
8. **Wie kann das Steuergerät die Einspritzmenge bei der Intermittierenden Einspritzung verändern?**

12

12.4.3 Betriebsdatenerfassung

Zur korrekten Ansteuerung der im Einspritzsystem enthaltenen Aktoren, benötigt das Steuergerät die Informationen verschiedener Sensoren.

Für die Bildung der Grundeinspritzmenge werden Last und Drehzahl herangezogen. Man bezeichnet diese Größen als **Hauptsteuergrößen.** Für die Anpassung des Gemisches an die jeweiligen Betriebszustände werden die Signale weiterer Sensoren benötigt. Diese werden als Korrekturgrößen bezeichnet.

Hauptsteuergrößen

Lasterfassung. Sie kann durch verschiedene Sensoren erfolgen:

- Luftmengenmesser
- Hitzdraht-Luftmassenmesser
- Heißfilm-Luftmassenmesser
- Heißfilm-Luftmassenmesser mit Rückstromerkennung
- Saugrohrdrucksensor
- Drosselklappenpotentiometer

Luftmengenmesser (Bild 2). In ihm befindet sich die Stauklappe, die unter Federspannung einer Spiralfeder steht. Die Stauklappe wird durch die Luftströmung beim Ansaugen gegen die Federkraft ausgelenkt und in eine bestimmte Winkelstellung gebracht. Diese wird auf ein Potentiometer übertragen. Durch den Spannungsabfall am Widerstand erkennt das Steuergerät die Stauklappenstellung und berechnet mit Hilfe eingespeicherter Kennwerte die angesaugte Luftmenge. Die mit der Stauklappe fest verbundene Kompensationsklappe gleicht im Zusammenwirken mit dem Luftpolster der Dämpfungskammer von außen einwirkende mechanische Schwingungen aus.

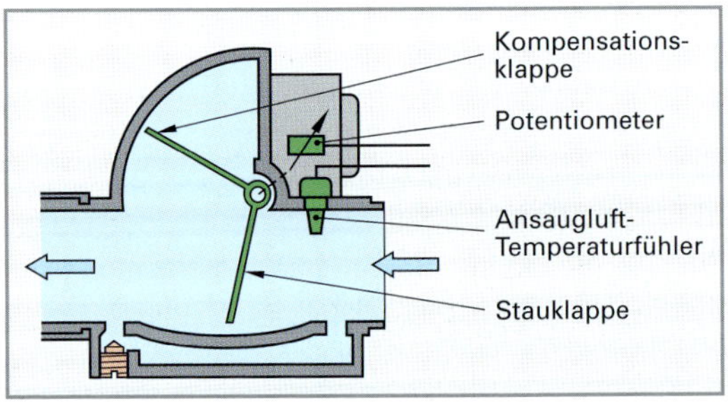

Bild 2: Luftmengenmesser

Hitzdraht-Luftmassenmesser (Bild 1, Seite 269). Als Sensor dient ein im Luftkanal gespannter Hitzdraht.

Dieser wird durch elektrischen Strom auf einer konstanten Temperatur von 100 °C über der Ansauglufttemperatur gehalten. Bei unterschiedlichen Fahrzuständen wird mehr oder weniger Luftmasse angesaugt. Diese kühlt den Hitzdraht ab. Die an die Luft abgegebene Wärme muss durch den Heizstrom ausgeglichen werden. Die Größe des benötigten Heizstromes wird durch die entsprechende Spannung geregelt. Damit ist der Heizstrom bzw. die für den Heizstrom nötige Spannung das Maß für die Luftmasse. Die Luftmassenmessung erfolgt ca. 1000-mal pro Sekunde. Bei Bruch des Hitzdrahtes schaltet das Steuergerät auf Notlauf. Das Fahrzeug bleibt eingeschränkt fahrbereit.

Da der Hitzdraht im Ansaugkanal sitzt, können sich Ablagerungen bilden, die das Messergebnis verfälschen. Nach jedem Abstellen des Motors wird durch ein Signal vom Steuergerät deshalb der Hitzdraht kurzzeitig auf ca. 1 000 °C erwärmt und so von Ablagerungen freigebrannt.

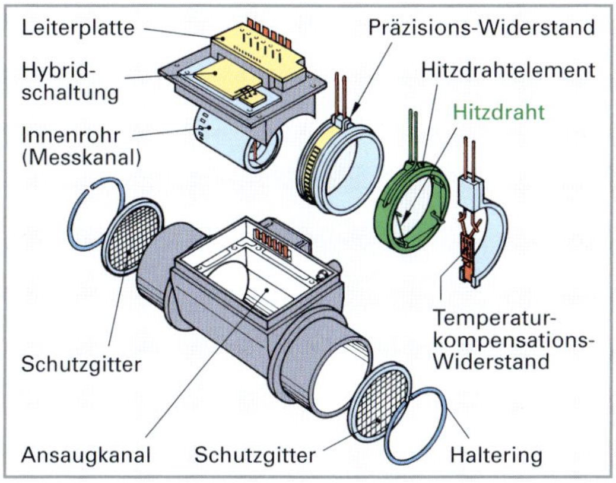

Bild 1: Hitzdraht-Luftmassenmesser

Heißfilm-Luftmassenmesser (Bild 2). In einem im Ansaugkanal liegenden Messkanal ist ein Heißfilmsensor eingebaut.

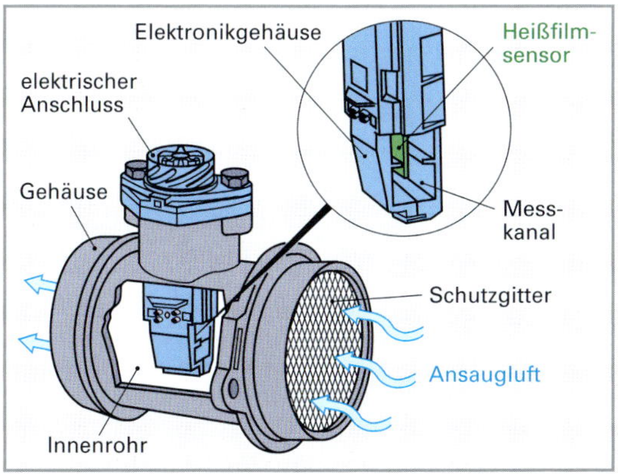

Bild 2: Heißfilm-Luftmassenmesser

Dieser besteht aus drei elektrischen Widerständen (NTC) **(Bild 3)**.

- Heizwiderstand R_H (Platinfilmwiderstand)
- Sensorwiderstand R_S
- Temperaturwiderstand R_L (Ansaugluft)

Die zu einer elektrischen Brückenschaltung verbundenen Widerstände sind jeweils als dünner Film auf einer Keramikschicht aufgebracht.

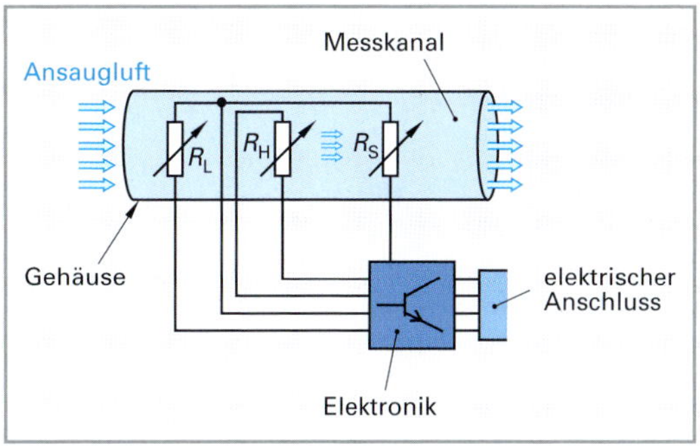

Bild 3: Brückenschaltung des Heißfilm-Sensors

Die Elektronik im Heißfilm-Luftmassenmesser regelt über eine veränderliche Spannung die Temperatur des Heizwiderstandes R_H so, dass sie 160 °C über der Ansaugluft liegt. Dazu wird die Ansauglufttemperatur vom Temperaturwiderstand R_L erfasst. Die Temperatur des Heizwiderstandes R_H wird vom Sensorwiderstand R_S ermittelt. Bei erhöhtem oder verringertem Luftmassendurchsatz wird der Heizwiderstand mehr oder weniger abgekühlt. Die Elektronik regelt durch einen Vergleich von Sensorwiderstand R_S und Temperaturwiderstand R_L die Spannung am Heizwiderstand nach, um die Temperaturdifferenz von 160 °C wieder zu erreichen. Aus dieser Regelspannung erzeugt die Elektronik ein Signal für die angesaugte Luftmasse (Luftdurchsatz).

Da der Sensor weitgehend unempfindlich gegen Verschmutzungen ist, ist ein Freibrennen wie bei der Hitzdraht-Luftmassenmessung nicht nötig.

Heißfilm-Luftmassenmessung mit Rückstromerkennung (Bild 1, Seite 270). Um Fehler durch die pulsierende Luftsäule im Saugrohr zu minimieren, werden Heißfilm-Luftmassenmesser mit Rückstromerkennung eingebaut. Diese Sensoren verhindern, dass das Messergebnis durch Rückströmung verfälscht wird. Damit kann die Zumessung des Kraftstoffes genauer erfolgen (Fehler max. +/– 0,5 %).

Die Sensoren enthalten eine Heizzone, welche die vorbeiströmende angesaugte Luft erwärmt. Somit wird an Messzelle *M2* eine höhere Temperatur gemessen als an Messzelle *M1*. Strömt Luft von der Motorseite zurück, wird die Messzelle *M2* abgekühlt und der Messpunkt *M1* aufgeheizt. Beide Strömun-

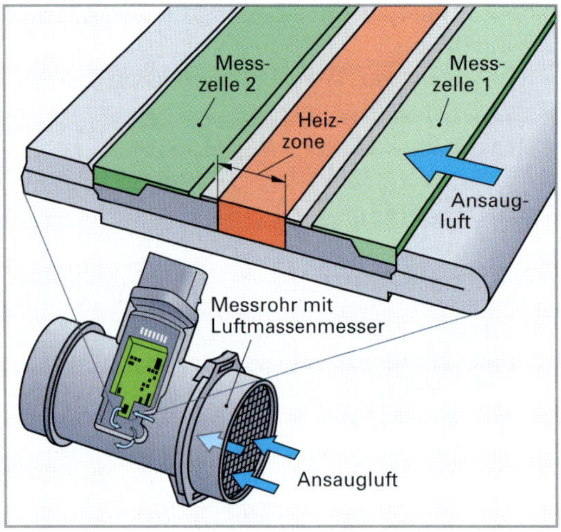

Bild 1: Signalbildung Heißfilm-Luftmassenmesser

gen, Saugströmung und Rückströmung, wirken sich damit auf die Temperaturen der Messzelle aus. Die Temperaturdifferenz ΔT wird in der Auswerteschaltung in eine Spannung umgewandelt, aus der das Steuergerät die angesaugte Luftmasse ermittelt.

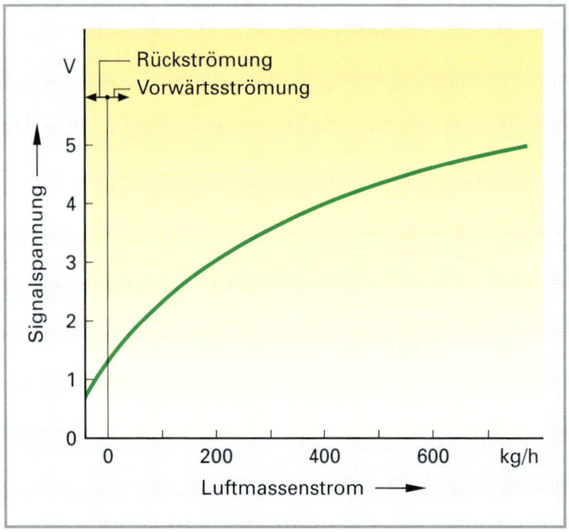

Bild 2: Kennlinie Heißfilm-Luftmassenmesser mit Rückstromerkennung

Aus dem Diagramm **(Bild 2)** ist zu entnehmen, dass sich die Signalspannung lastabhängig zwischen ca. 1 V (Leerlauf) und 5 V (Volllast) ändert.

Saugrohrdrucksensor (Bild 3). Der Sensor hat die Aufgabe, den Druck im Saugrohr zu erfassen. Er kann direkt am Saugrohr befestigt oder im Steuergerät untergebracht sein. Im letzteren Fall ist er über eine Schlauchleitung mit dem Saugrohr verbunden. Der Sensor enthält eine Auswerteschaltung und eine Druckzelle mit zwei Sensorelementen.

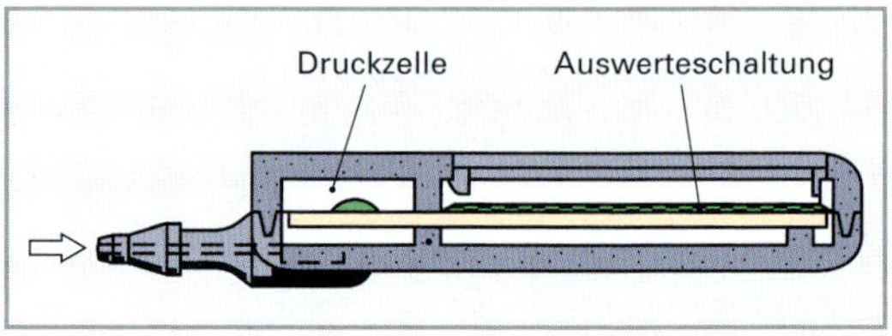

Bild 3: Saugrohrdrucksensor

Das Sensorelement besteht aus einer Membran, die eine Referenzdruckkammer mit bestimmtem Innendruck einschließt. Auf der Membran befinden sich Widerstände, deren Leitfähigkeit sich druckabhängig ändert, wenn sie durch Verformung der Membran mechanischen Spannungen ausgesetzt sind.

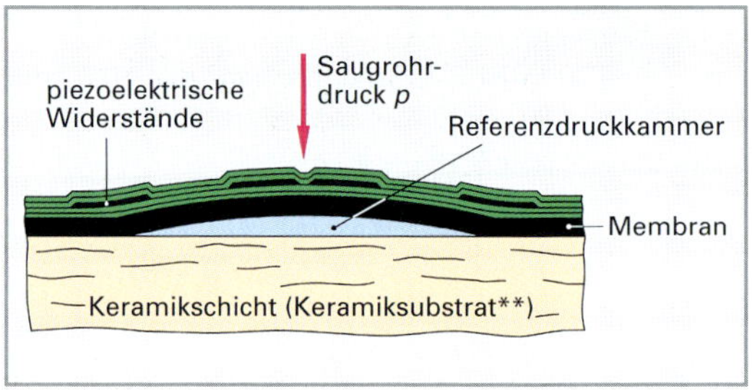

Bild 4: Sensorzelle des Saugrohrdrucksensors

Die Auswerteschaltung hat die Aufgaben:

- Die durch die Widerstandsänderung erzeugte Spannungsänderung zu verstärken
- Temperatureinflüsse zu kompensieren
- Eine möglichst lineare Kennlinie zu erzeugen

Aus der Spannungsänderung **(Bild 5)** wird über den Saugrohrdruck die angesaugte Luftmenge ermittelt.

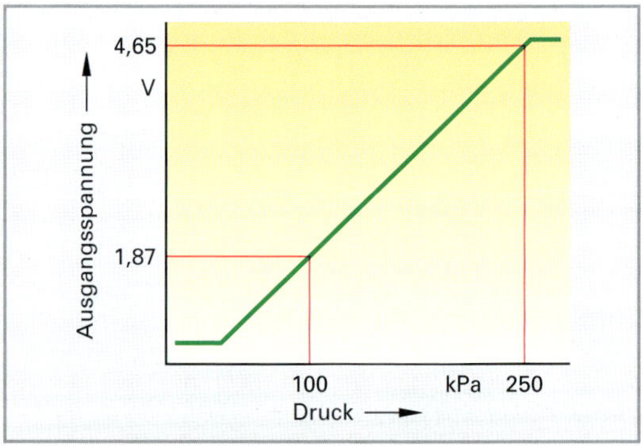

Bild 5: Kennlinie des Saugrohrdruckfühlers

Drosselklappenpotentiometer (Bild 1, Seite 271). Der Geber hat die Aufgabe, die Stellung der Drosselklappe zu erfassen. Wird die Drosselklappe geöffnet, bewegt die Drosselklappenwelle die Schleifarme, die die Widerstandsbahnen abtasten. Durch die Änderung des Spannungsabfalls an den Widerstandsbahnen, ist das Steuergerät in der Lage, die Stellung der Drosselklappe zu bestimmen. Zusammen mit der Drehzahl und der Ansauglufttemperatur kann aus der Drosselklappenstellung die angesaugte Luftmenge bestimmt werden.

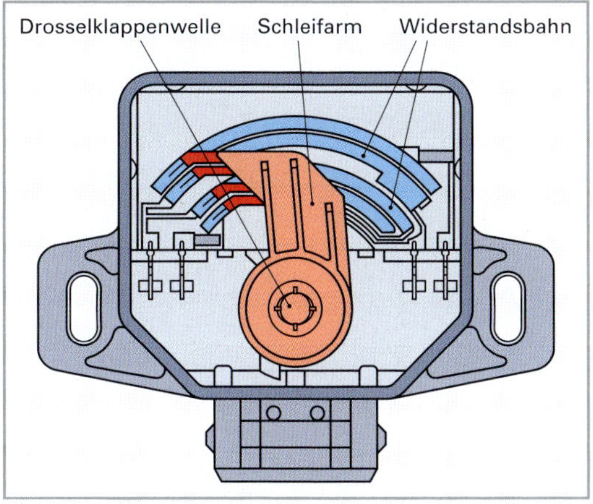

Bild 1: Drosselklappenpotentiometer

Soll das Drosselklappensignal als Hauptlastsignal verwendet werden, werden die Potentiometer mit doppelten Widerstandsbahnen und zwei Schleifarmen verwendet. Dies erhöht die Genauigkeit und die Sicherheit des Systems. Die an den zwei Potentiometern abfallenden Spannungen sind dann meist gegenläufig **(Bild 2)**.

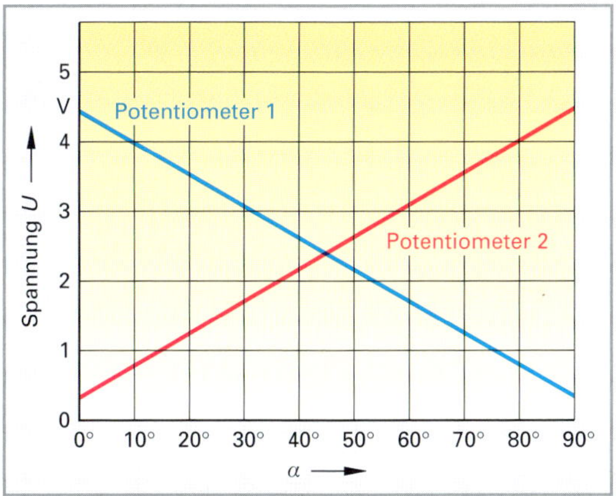

Bild 2: Signalspannungen bei doppelten Potentiometern

Wird die Last durch andere Sensoren als durch das Drosselklappenpotentiometer ermittelt, so dient es als Geber für die Dynamikfunktion (Öffnungsgeschwindigkeit der Drosselklappe), zur Bereichserkennung (Leerlauf, Teillast, Volllast) und als Notlaufsignal bei Ausfall des Hauptlastsensors.

Häufig befindet sich im Sensorgehäuse ein zusätzlicher Schalter zur Erkennung der Leerlaufposition.

Drehzahlerfassung: Sie kann durch verschiedene Sensoren erfolgen:

- Induktiver Drehzahlfühler an der Kurbelwelle
- Hallgeber im Verteiler (mit Blendenrotor)
- Hallgeber an der Nockenwelle (mit Magnet)
- Hallgeber an der Kurbelwelle (mit Impulsgeberrad)

Induktiver Drehzahlfühler (Bild 3). An der Kurbelwelle ist ein ferro-magnetisches Geberrad angebracht. Ein induktiver Drehzahlsensor, der aus einem Weicheisenkern mit Kupferwicklung (Geberspule) und einem Dauermagneten besteht, tastet die Zahnfolge ab. Bei Drehung der Kurbelwelle erzeugen die Zähne des Geberrades magnetische Flussänderungen in der Geberspule, wodurch eine Wechselspannung **(Bild 4)** induziert wird. Aus der Frequenz der induzierten Wechselspannung kann das Steuergerät die Motordrehzahl ermitteln.

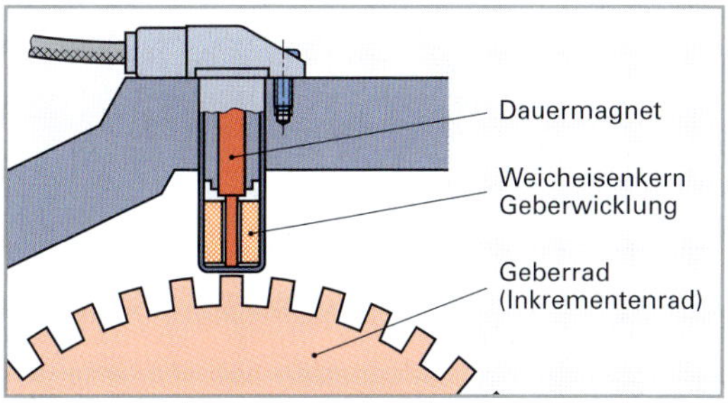

Bild 3: Induktiver Drehzahlfühler mit Geberrad

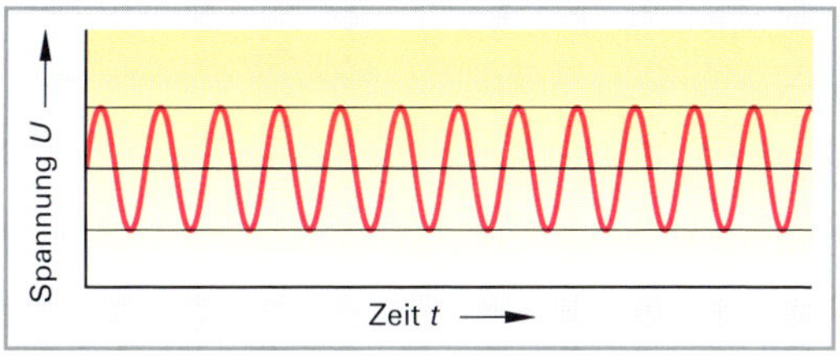

Bild 4: Drehzahlsignal

Soll von diesem Sensor zugleich die Kurbelwellenstellung erfasst werden, wird am Geberrad eine größere Lücke als Bezugsmarke angebracht **(Bild 5)**.

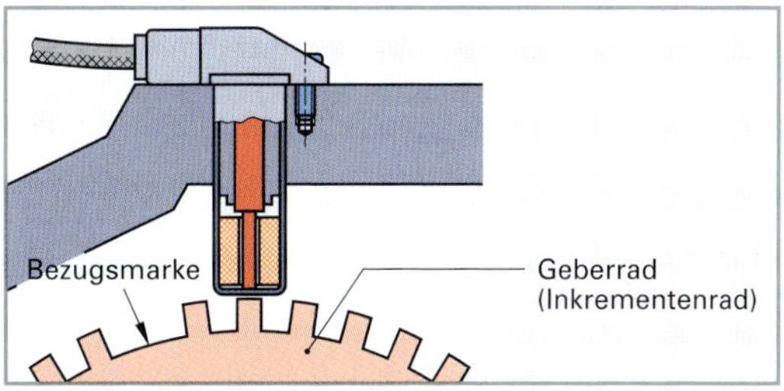

Bild 5: Drehzahl und Bezugsmarkengeber

12

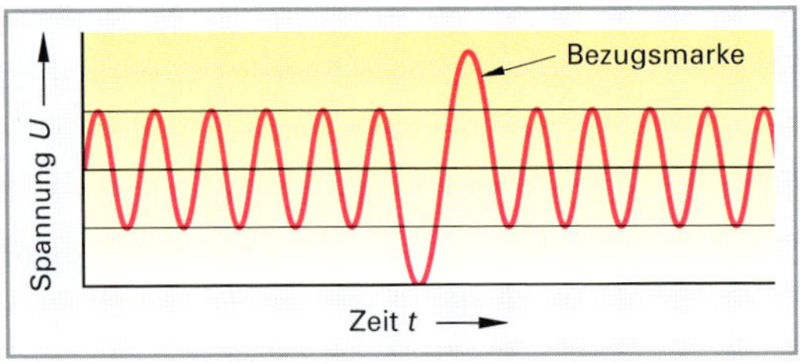

Bild 1: Drehzahlsignal mit Bezugsmarke

Beim Vorbeidrehen der Lücke am Induktivgeber wird wegen der größeren magnetischen Flussänderung eine höhere Spannung induziert **(Bild 1).** Dieser Spannungsimpuls hat zudem eine geringere Frequenz als die für die Drehzahlerfassung erzeugten Impulse. Er ist die Information für eine bestimmte Kurbelwellenstellung. Die Bezugsmarke gibt an, dass sich der Kolben des 1. Zylinders z.B. 108° KW vor OT befindet.

Hallgeber haben gegenüber induktiven Drehzahlsensoren den Vorteil, dass die Höhe ihrer Signalspannung unabhängig von der Drehzahl ist. Dadurch können auch sehr niedrige Drehzahlen erfasst werden.

Hauptbauteil eines Sensors ist der Hall-Generator **(Bild 2),** der aus einer Halbleiterschicht besteht, die vom Versorgungsstrom I_V durchflossen wird.

12

Ist senkrecht zur Halbleiterschicht ein Magnetfeld (B) vorhanden, so werden die freien Elektronen im Halbleiter durch das Magnetfeld auf eine Seite verdrängt; es entsteht die Hallspannung U_H. Die Größe der erzeugten Hallspannung ist von der Stärke des Magnetfeldes abhängig.

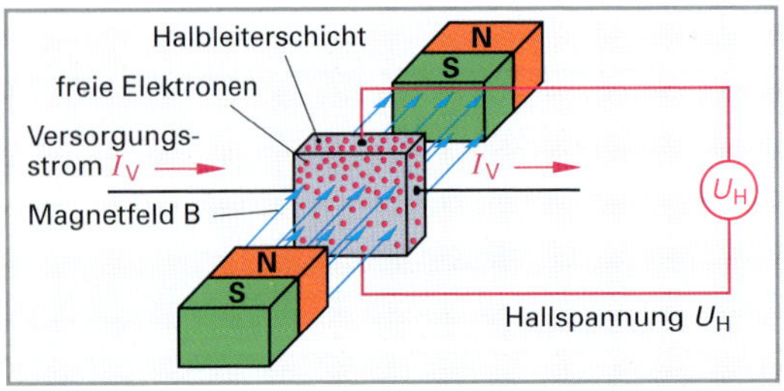

Bild 2: Hallgenerator

Das Hallprinzip findet auf verschiedene Weise Anwendung.

Hallgeber im Verteiler mit Blendenrotor (Bild 3)
Er besteht aus dem Hallgenerator, dem Dauermagneten und der Integrierten Schaltung, die die Hallspannung verstärkt und in ein Rechtecksignal (Geberspannung U_G) umwandelt. Der Verteilerläufer ist als Blendenrotor ausgebildet, der sich im Luftspalt zwischen Hall-IC und Magnetschranke bewegt. Schiebt sich eine Blende zwischen Hall-IC und Dauermagnet, so wird das Magnetfeld abgeschirmt, die Hallspannung U_H ist Null **(Bild 4).**

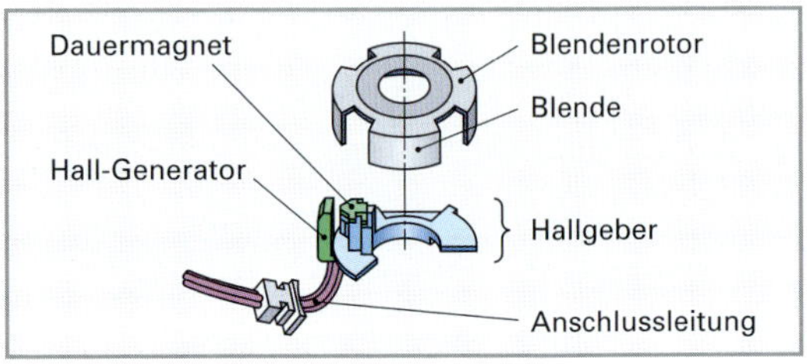

Bild 3: Hallgeber mit Blendenrotor

Dreht der Blendenrotor weiter, kann das Magnetfeld den Hall-IC durchdringen und die Hallspannung entsteht. Da die Anzahl der Blenden im Steuergerät hinterlegt ist, kann das Steuergerät aus der Anzahl der Spannungswechsel die Drehzahl berechnen.

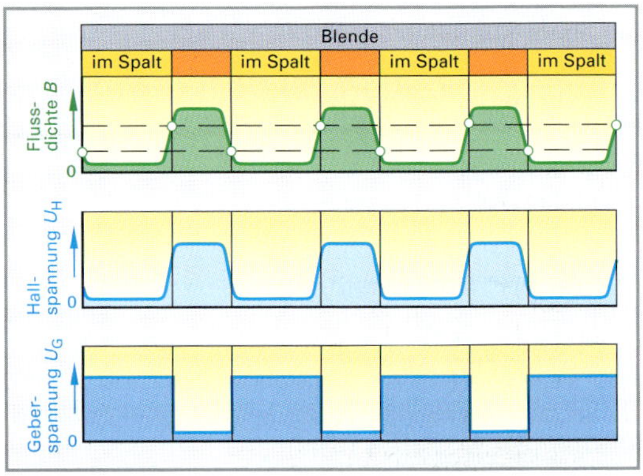

Bild 4: Impulsverlauf des Hallgebers mit Blendenrotor.

Hallgeber an der Nockenwelle (Bild 5). Der Sensor besteht aus dem Hallgenerator und der Integrierten Schaltung zur Signalaufbereitung. Das Magnetfeld zur Bildung der Hallspannung U_H wird durch ein an der Nockenwelle angebrachtes Magnetplättchen erzeugt. Bewegt sich das Magnetplättchen durch Drehung der Nockenwelle am Geber vorbei, entsteht die Hallspannung U_H.

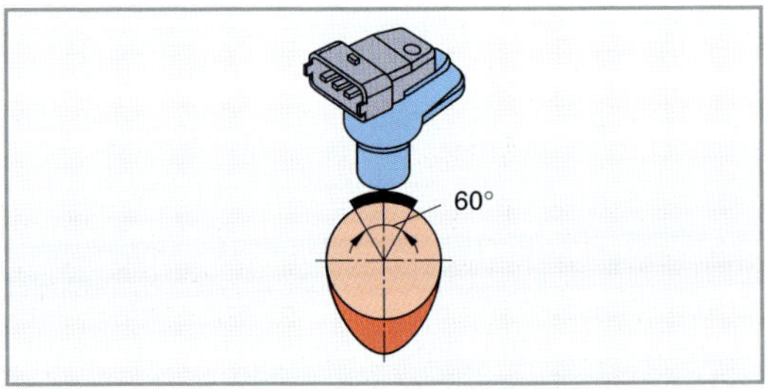

Bild 5: Hallgeber an der Nockenwelle

Das Signal **(Bild 1, Seite 273)** dieses Gebers wird nur im Notlauf bei Ausfall des Motordrehzahlgebers zur Drehzahlberechnung herangezogen. Allerdings benötigt das Motorsteuergerät bei Verwendung von

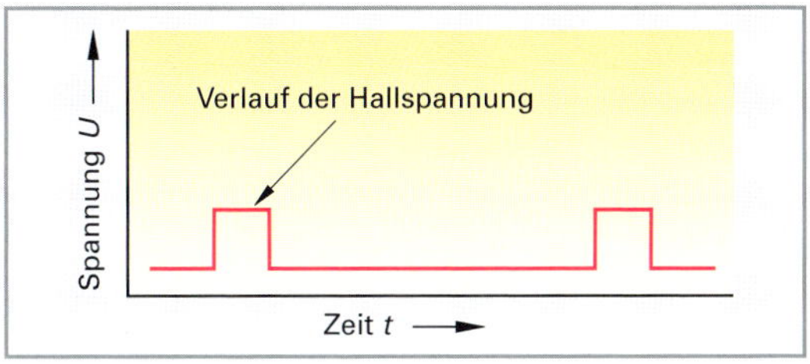

Bild 1: Hallspannung durch Geber an der NW

Einzelfunken-Zündspulen oder bei selektiver Benzin-Einspritzung die eindeutige Bestimmung des Zünd-OT des 1. Zylinders, um die richtige Zündspule bzw. das richtige Einspritzventil anzusteuern. Zu diesem Zweck werden die Signale des Motordrehzahlgebers an der Kurbelwelle und das Signal des Nockenwellengebers kombiniert **(Bild 2)**. Treffen die Bezugsmarken von OT-Geber und Drehzahlgeber zusammen, handelt es sich bei dem folgenden OT des 1. Zylinders um den Zünd-OT. Tritt nur die Bezugsmarke des Drehzahlgebers auf, liegt der folgende OT zwischen dem Ausstoß- und Ansaugtakt.

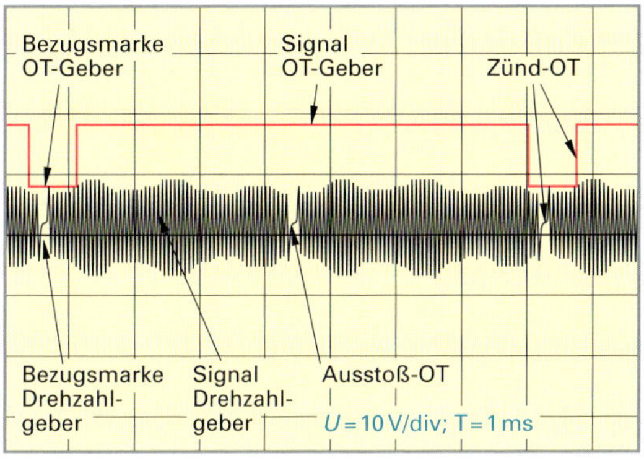

Bild 2: Bestimmung des Zünd-OT

Hallgeber an der Kurbelwelle mit Impulsgeberrad. Der Sensor besteht aus zwei Hall-Generatoren, einem Dauermagneten und der Auswerteelektronik, die die Hallspannungen der beiden Hallgeneratoren auswertet und zur Geberspannung verstärkt. Er ist wie der induktive Motordrehzahlgeber an der Kurbelwelle angebracht und tastet ein Geberrad ab, das als Lochblende ausgeführt ist. Dreht eine Blende am Sensor vorbei, wird das Magnetfeld je nach Position der Blende unterschiedlich verstärkt. Damit sind die Magnetfelder, die auf die Hallgeneratoren wirken, zeitweise verschieden stark, was unterschiedliche Hallspannungen hervorruft **(Bild 3)**. Aus den jeweils entstehenden Hallspannungen U_H erzeugt die Auswerteschaltung die Geberspannung U_G **(Bild 4)**. Ähnlich wie beim induktiven Motordrehzahlgeber kann auch hier ein Bezugsmarkensignal durch eine vergrößerte Öffnung in der Lochblende erzeugt werden.

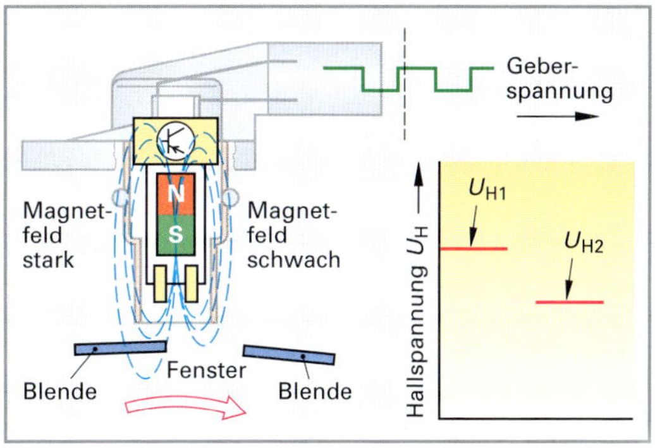

Bild 3: Magnetfeldänderung durch Lochblenden

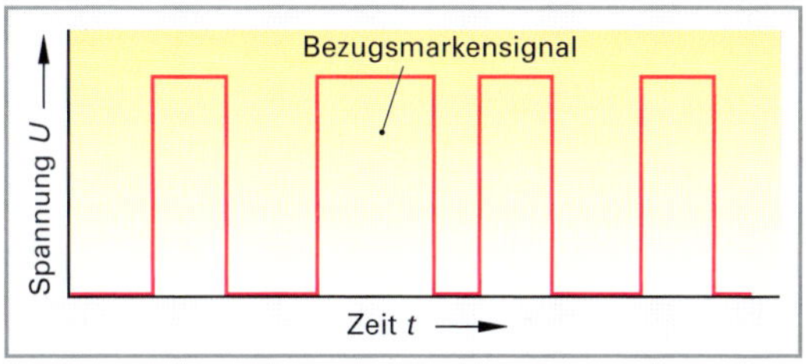

Bild 4: Geberspannung U_G

Das Signal des Hallgebers an der Kurbelwelle kann wie das Signal eines induktiven Motordrehzahlgebers mit dem Hallgeber an der Nockenwelle zur Bestimmung des Zünd-OT kombiniert werden.

Korrekturgrößen

Zur Erfassung der benötigten Korrekturgrößen verwendet man:

- Temperaturfühler (NTC) für z.B. Motortemperatur, Ansauglufttemperatur
- Druckfühler (Piezo-Sensoren) für z.B. Umgebungsdruck, Saugrohrdruck.
- Lambdasonden **(siehe Seite 328)**

Wiederholungsfragen

1. **Welche Sensoren werden zur Bestimmung der Last verwendet?**
2. **Welche Signale erzeugen die jeweiligen Sensoren?**
3. **Welche Sensoren zur Erfassung der Drehzahl werden eingesetzt?**
4. **Welche Signale werden durch die jeweiligen Sensoren erzeugt?**
5. **Wie erkennt das Steuergerät bei selektiver Einspritzung, welches Einspritzventil anzusteuern ist?**
6. **Welche Sensoren werden zur Erfassung der Korrekturgrößen hauptsächlich verwendet?**
7. **Warum werden verstärkt Hall-Sensoren anstatt induktiver Sensoren verwendet?**

12.4.4 Zentraleinspritzung

Bei der Zentraleinspritzung werden alle Zylinder eines Motors durch ein zentral angeordnetes Einspritzventil mit Kraftstoff versorgt.

Zentraleinspritzsysteme sind elektronisch geregelte Benzineinspritzsysteme mit einem einzigen elektromagnetisch betätigten Einspritzventil (**SPI** = **S**ingle **P**oint **I**njection). Dieses wird vom Steuergerät bei jedem Arbeitsspiel entsprechend der Zylinderzahl des Motors geöffnet. (Siehe auch Indirekte Einspritzung, Einzelpunkteinspritzung). Die Einspritzung des Kraftstoffs erfolgt dabei vor die Drosselklappe.

12.4.4.1 Teilsysteme der Zentraleinspritzung

Ansaugsystem. Die angesaugte und im Luftfilter gereinigte Luft durchströmt das Einspritzaggregat. Dort wird ihre Temperatur vom Ansaugluftfühler erfasst, der sie in Form einer elektrischen Spannung dem Steuergerät übermittelt. Der ebenfalls im Einspritzaggregat angebrachte Drosselklappenansteller reguliert im Leerlauf die benötigte Luftmenge so, dass eine gespeicherte Soll-Leerlaufdrehzahl eingehalten werden kann. Noch vor der Drosselklappe wird in die angesaugte Luft Kraftstoff eingespritzt (Äußere Gemischbildung). Das von der Drosselklappe in der Menge regulierte Gemisch durchströmt auf Grund des in den Zylindern wirkenden Unterdrucks das Saugrohr. Um bei kalten Motoren einer übermäßigen Kondensatbildung an den Saugrohrwänden entgegenzuwirken, werden die Saugrohrwände bzw. das angesaugte Gemisch beheizt. Durch die geöffneten Einlassventile gelangt es schließlich in den Zylinder.

Kraftstoffsystem. Durch eine Elektro-Kraftstoff-Pumpe wird der Kraftstoff vom Kraftstoffbehälter über einen Kraftstofffilter zum Einspritzaggregat gefördert. Der dort im Rücklauf eingebaute Druckregler hält den Kraftstoffdruck auf annähernd 1 bar konstant (Niederdrucksystem). Wird das elektromagnetische Einspritzventil bestromt, wird Kraftstoff vor der Drosselklappe in die angesaugte Luft eingespritzt.

Regeneriersystem. (Vgl. S. 259) Die im Aktivkohlebehälter zwischengespeicherten Kohlenwasserstoffe müssen bei geeignetem Betriebszustand, z.B. Teillast, der Verbrennung zugeführt werden. Dazu wird das Regenerierventil vom Motorsteuergerät angetaktet, so dass durch den im Saugrohr wirkenden Unterdruck Luft und Kohlenwasserstoffe angesaugt werden können.

Betriebsdatenerfassung. Die Hauptinformationen über den Betriebszustand des Motors liefern Drosselklappenwinkel α und Motordrehzahl $\boldsymbol{n}$ (Hauptsteuergrößen, **α-n-System**). Aus ihnen kann im Steuergerät die Grundeinspritzmenge (Quantität) und damit die Grundeinspritzzeit berechnet werden. Zur Bestimmung der genauen Kraftstoffmenge (Qualität) muss das Steuergerät noch weitere Informationen erhalten, z.B. Lufttemperatur, Motortemperatur und Gemischzusammensetzung durch die Lambda-Sonde.

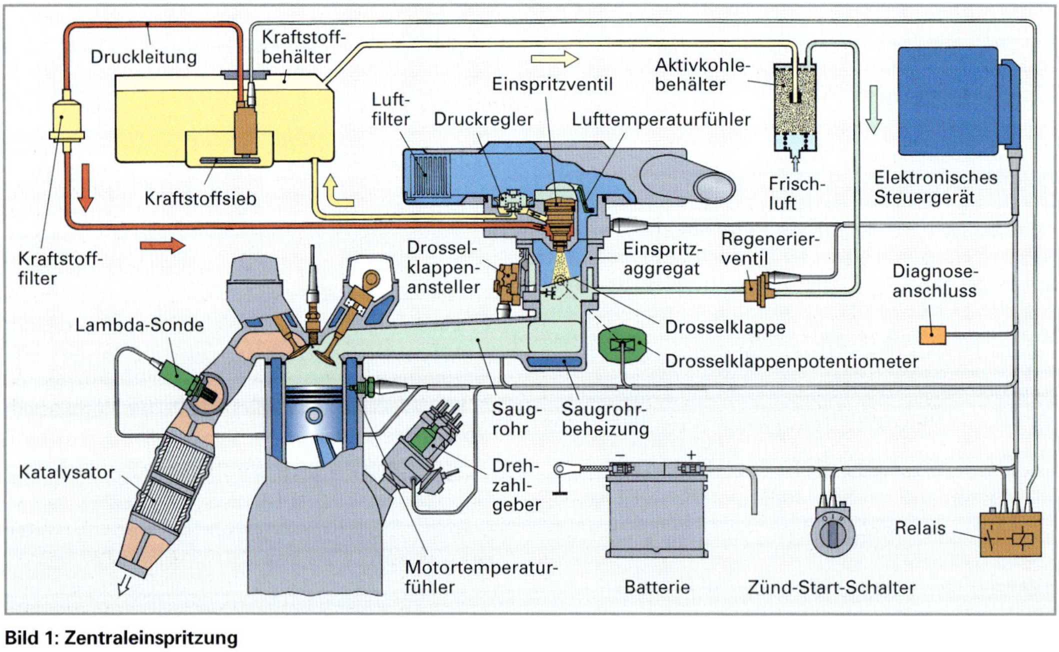

Bild 1: Zentraleinspritzung

12.4.4.2 Bauteile der Zentraleinspritzung

Einspritzaggregat (Bild 1). Es besteht aus:

- Hydraulikteil mit Kraftstoffzulauf, -rücklauf, Einspritzventil, Druckregler, Lufttemperaturfühler
- Drosselklappenteil mit Drosselklappe, Drosselklappenpotentiometer, Drosselklappenansteller.

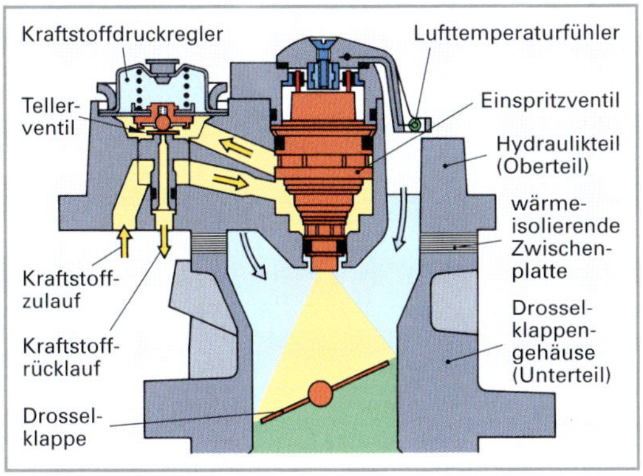

Bild 1: Einspritzaggregat

Kraftstoffdruckregler (Bild 1). Er hält den Systemdruck konstant auf 1 bar. Die eingespritzte Kraftstoffmenge hängt deshalb nur von der Öffnungsdauer des Einspritzventils ab. Übersteigt der Kraftstoffpumpendruck den Systemdruck, öffnet das federbelastete Tellerventil und gibt den Kraftstoffrücklauf frei. Der zum Druckregler fließende Kraftstoff durchströmt und umspült vorher das Einspritzventil zur Kühlung. Dadurch wird ein gutes Heißstartverhalten erreicht.

Drosselklappenansteller (Bild 2). Er dient zur Leerlaufregelung auf ein niederes Drehzahlniveau und stabilisiert die Leerlaufdrehzahl z.B. auch beim Einschalten der Klimaanlage. Das Steuergerät liefert dem Gleichstrommotor in Abhängigkeit von Motordrehzahl und Motortemperatur das Stellsignal zum Verstellen der Drosselklappe. Über ein Schraubgewinde wird der Betätigungsstößel, der auf die Drosselklappe wirkt, aus- oder eingefahren.

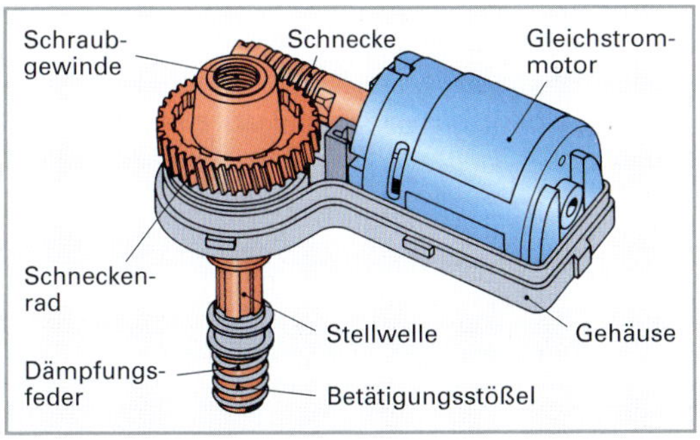

Bild 2: Drosselklappenansteller

Zentraleinspritzventil (Bild 3). Es besteht aus Ventilgehäuse und Ventilgruppe. Im Ventilgehäuse befindet sich die Magnetwicklung mit dem elektrischen Anschluss. Die Ventilgruppe besteht aus dem Ventilkörper und der darin geführten Ventilnadel mit Magnetanker. Die Schraubenfeder drückt mit Unterstützung des Systemdrucks die Ventilnadel in ihren Dichtsitz. Bei Erregung der Magnetwicklung hebt sich das Zapfenventil um etwa 0,06 mm von seinem Dichtsitz, so dass Kraftstoff aus dem Ringspalt austreten kann. Die Form des Spritzzapfens sorgt dabei für eine gute Zerstäubung bei einem kegelförmigen Einspritzstrahl. Die Auslösung des Einspritzventils erfolgt im Takt der Zündimpulse.

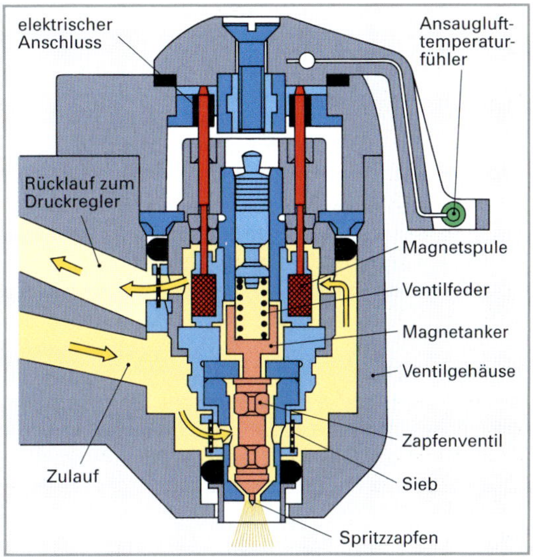

Bild 3: Zentraleinspritzventil

12.4.4.3 Elektronische Regelung der Zentraleinspritzung

Die elektronische Regelung des Zentraleinspritzsystems erfolgt nach dem EVA-Prinzip. Dies bedeutet, dass die verschiedenen Betriebszustände von Sensoren erfasst und dem Steuergerät in Form elektrischer Signale übermittelt werden. Dieses berechnet mit Hilfe verschiedener gespeicherter Kennfelder die benötigten Ausgangswerte und steuert die entsprechenden Aktoren durch elektrische Signale an (siehe Blockschaltbild, **Bild 1, Seite 276** und Schaltplan, **Bild 1, Seite 277**).

So weist das Steuergerät der Zentraleinspritzung folgende Funktionen auf: Start-, Warmlauf-, Beschleunigungs-, Volllastanreicherung, Schubabschaltung, Lambda-Regelung, Heißstartsteuerung, Drehzahlbegrenzung, adaptive Leerlaufdrehzahlregelung, Kraftstoffpumpenrelaisansteuerung, Regenerierventilansteuerung, Notlauffunktion, Eigendiagnose.

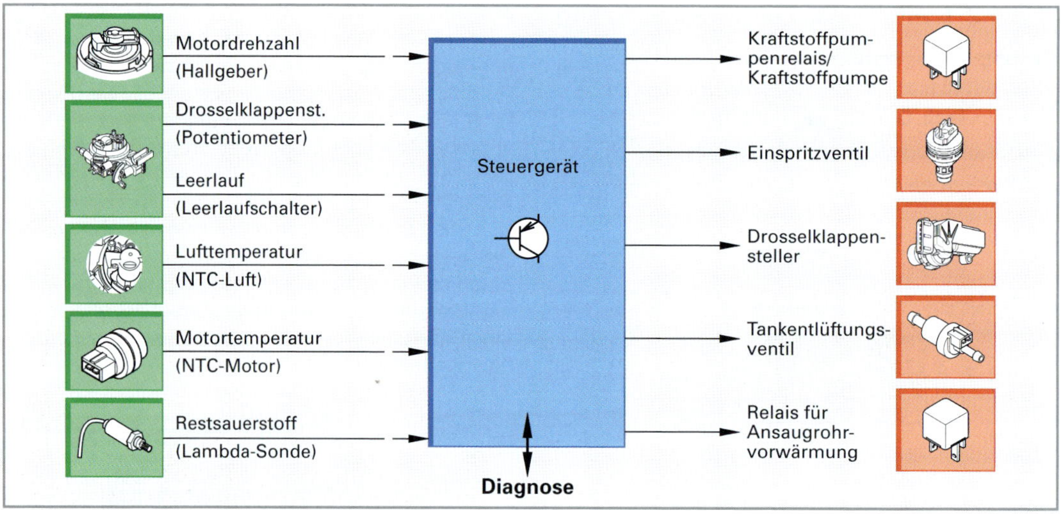

Bild 1: Blockschaltbild der Zentraleinspritzung

Motordrehzahl. Sie wird von einem im Verteiler untergebrachten Hall-Geber dem Steuergerät übermittelt. Zusammen mit der Drosselklappenstellung berechnet das Steuergerät aus den beiden Werten die Dauer der Bestromung des Einspritzventils und damit die einzuspritzende Kraftstoffgrundmenge. Fällt der Geber **B5** aus, ist kein Motorbetrieb mehr möglich, da das Steuergerät weder die benötigte Einspritzmenge noch die Anzahl der Einspritzvorgänge berechnen kann. **B5** kann an PIN 26 (Klemme 7), PIN 27 (Klemme 8h) des Steuergerätes und Klemme 31 (Klemme 31d) überprüft werden.

12

Drosselklappenstellung. Sie wird von dem im Einspritzaggregat untergebrachten Drosselklappenpotentiometer erfasst und dem Steuergerät in Form elektrischer Spannungen übermittelt. Aus der Höhe der Spannungen kann das Steuergerät mit Hilfe gespeicherter Kennfelder den Öffnungswinkel und zusammen mit der Drehzahl die angesaugte Luftmenge berechnen. Nehmen die Spannungen Extremwerte an, erkennt das Steuergerät daraus Volllast. In diesem Fall wird die Lambda-Regelung außer Kraft gesetzt und das zu bildende Gemisch angefettet. Aus der Spannungsänderung pro Zeiteinheit kann das Steuergerät den Beschleunigungswunsch des Fahrers erkennen. Wird ein gespeicherter Wert überschritten, blendet es die Lambda-Regelung aus und fettet das Gemisch an. Bei Ausfall des Gebers **B3** kann unter Umständen ein Notlaufbetrieb durch die Lambda-Sonde aufrecht erhalten werden. Die Überprüfung von **B3** erfolgt an PIN 7, PIN 8, PIN 18 des Steuergerätes und Klemme 31.

Leerlaufstellung. Diese Information erhält das Steuergerät vom Leerlaufschalter **Y2,** der am Drosselklappenansteller angebracht ist. Befindet sich die Drosselklappe in der Leerlaufstellung, wird die Leerlaufdrehzahlregelung bzw. die Schubabschaltung in Kraft gesetzt. Fällt das Signal aus, ist keine Leerlaufdrehzahlregelung bzw. Schubabschaltung möglich, weil die Leerlaufstellung nicht mehr erkannt wird. Bauteilprüfung **Y2:** PIN 3, Klemme 31M.

Ansauglufttemperatur. Sie wird von einem im Einspritzaggregat angebrachten NTC **B1** erfasst. Der Spannungsabfall am Widerstand wird mit zunehmender Temperatur kleiner. Das Signal wird benötigt, um bei niederen Temperaturen mehr Kraftstoff (bis 20%) einzuspritzen. Bei erhöhten Übergangswiderständen an z.B. korrodierten Steckverbindungen kann dies zu einer fehlerhaften Gemischbildung führen. Fällt das Signal durch Leitungsunterbrechung oder Kurzschluss ganz aus, kann das Steuergerät auf einen eingespeicherten Ersatzwert umschalten. Das Signal von **B1** kann an PIN 14 und Klemme 31 überprüft werden.

Motortemperatur. Das Signal des Motortemperaturfühlers (NTC) wird benötigt, um bei kaltem Motor die Kraftstoffmenge in Abhängigkeit von der Motortemperatur anzupassen (Korrekturgröße). Durch eine Verlängerung der Einspritzdauer um bis zu 70% wird verhindert, dass das Gemisch durch Kondensationsverluste im Saugrohr und Zylinder stark abmagert. Wie beim Lufttemperaturfühler kann auch hier ein erhöhter Übergangswiderstand an einer Steckverbindung zu einer fehlerhaften Gemischbildung führen. Bei Leitungsunterbrechung oder Kurzschluss kann das Steuergerät auf einen gespeicherten Ersatzwert umschalten. Bauteilüberprüfung **B2:** PIN 2, Klemme 31M.

Kraftstoffpumpenrelais. Es hat die Aufgabe, die Elektro-Kraftstoffpumpe mit Strom zu versorgen. Schaltet das Steuergerät PIN 17 auf Masse durch, fließt der Steuerstrom des Relais. Dadurch kann der Arbeits-

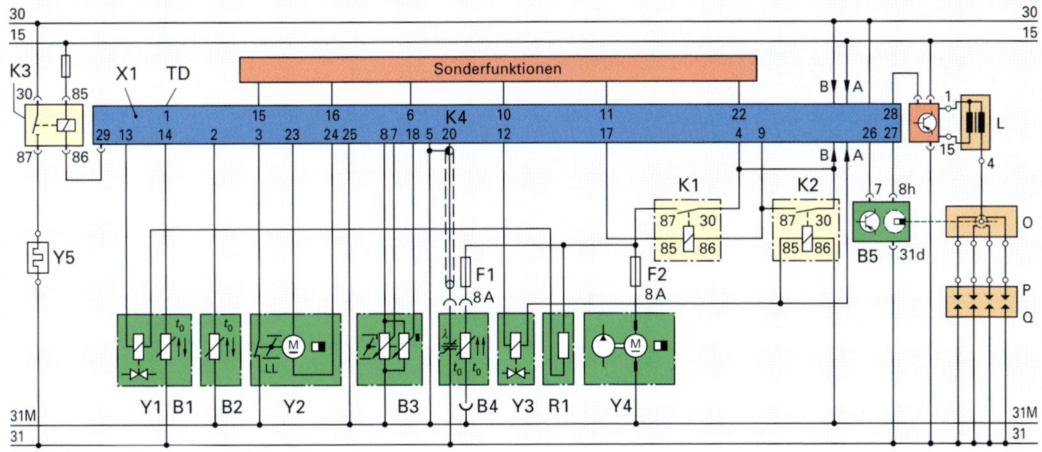

B1 Lufttemperaturfühler	B5 Hallgeber	K3 Relais für Saugrohrvorwärmung	Y2 Drosselklappensteller mit Leerlaufkontaktschalter
B2 Motortemperaturfühler	F1 Sicherung 8A	K4 elektronisches Steuergerät	Y3 Regenerierventil
B3 Drosselklappenpotentiometer	F2 Sicherung 8A	R1 Vorwiderstand	Y4 Kraftstoffpumpe
B4 beheizte Lamba-Sonde	K1 Kraftstoffpumpenrelais	Y1 Einspritzventil	Y5 Saugrohrheizung
	K2 Hauptrelais		

Bild 1: Schaltplan der Zentraleinspritzung

strom für die Kraftstoffförderpumpe von Klemme 30 zur Pumpe fließen. Erhält das Steuergerät drei Sekunden lang kein Signal vom Motordrehzahlgeber, unterbricht es den Steuerstrom des Relais, wodurch die Pumpe abgeschaltet wird. Dies soll verhindern, dass bei stehendem Motor und geöffnetem Einspritzventil Kraftstoff in den Motor oder in die Umwelt gelangt (Sicherheitsabschaltung).

Einspritzventil. Durch das Einspritzventil wird der Kraftstoff fein zerstäubt vor die Drosselklappe gespritzt. Bei jeweils zwei Kurbelwellenumdrehungen wird entsprechend der Zylinderzahl des Motors eingespritzt. Das Ventil öffnet, wenn …

- … das Kraftstoffpumpenrelais K1 geschlossen ist und Strom von Klemme 30 über das Relais und den Vorwiderstand zum Ventil fließt.
- … das Steuergerät PIN 13 auf Masse schaltet.

Die Dauer der Bestromung bestimmt die eingespritzte Kraftstoffmenge.

Drosselklappensteller. Durch ihn regelt das Steuergerät die Leerlaufdrehzahl so, dass ein von der Motortemperatur abhängiger Soll-Wert eingehalten wird. Erkennt das Steuergerät die Leerlaufstellung, steuert es den Drosselklappensteller über PIN 23 und PIN 24 so an, dass die Drosselklappe je nach Ist-Wert weiter geöffnet oder geschlossen wird. Zur korrekten Leerlaufregelung benötigt das Steuergerät die Signale vom Hallgeber **B5,** vom Motortemperaturfühler **B2** und Leerlaufkontaktschalter im Drosselklappensteller **Y2.**

Saugrohrheizung. Sie hat die Aufgabe, bei kaltem Motor die Saugrohrwände anzuwärmen. Dadurch soll die Kondensation des Kraftstoffs an den kalten Saugrohrwänden verringert bzw. verhindert werden. Schaltet das Steuergerät PIN 29 auf Masse durch, schließt das Relais für die Saugrohrheizung. Damit kann Strom von Klemme 30 über das Relais **K3** zur Saugrohrheizung fließen (Plusversorgung). Masse erhält die Heizung von Klemme 31.

12.4.4.4 Diagnose

Während bei älteren Systemen die gespeicherten Fehler über Blinkcode ausgelesen wurden, können bei neueren Systemen abgelegte Fehler über Fehlerauslesegeräte (Motortester) ausgelesen werden. Außerdem ist eine Stellglieddiagnose für den Drosselklappenansteller, für das Relais für Saugrohrvorwärmung und für das Regenerierventil möglich.

Wiederholungsfragen

1. **Geben Sie die wesentlichen Merkmale einer Zentraleinspritzung an.**
2. **Beschreiben Sie das Kraftstoffsystem der Zentraleinspritzung.**
3. **Aus welchen Baugruppen besteht das Einspritzaggregat? Beschreiben Sie deren Aufgaben und Wirkung.**
4. **Welche Sensoren benötigt die Zentraleinspritzung? Welche Größen werden durch sie erfasst?**
5. **Welche Aktoren werden vom Steuergerät angesteuert?**
6. **Beschreiben Sie die Aufgabe des Drosselklappenanstellers.**

12.4.5 LH-Motronic

Das Einspritzsystem der LH-Motronic ist ein elektronisch geregeltes Einspritzsystem mit Mehrpunkteinspritzung, bei dem die Luftmasse als eine der Hauptsteuergrößen verwendet wird.

Die LH-Motronic ist eine weiterentwickelte Variante der L-Jetronic. Die elektromagnetischen Einspritzventile werden vom Steuergerät sequenziell angesteuert. Die Einspritzung erfolgt in das Saugrohr kurz vor die Einlassventile des Motors, die bei Einspritzbeginn noch geschlossen sind. Als Hauptsteuergrößen werden die Motordrehzahl und die angesaugte Luftmasse verwendet (m/n-System). Diese wird durch einen Hitzdraht- oder Heißfilm-Luftmassenmesser ermittelt, der auch das äußere Kennzeichen der LH-Motronic sind.

12.4.5.1 Teilsysteme der LH-Jetronic (Bild 1)

Ansaugsystem. Die vom Luftfilter gereinigte und vom Motor angesaugte Luft strömt in das Saugrohr. Dort wird die Luftmasse vom Luftmassenmesser erfasst und in Form eines Spannungssignals dem Steuergerät übermittelt. Als Lufttemperatursensor wird ein NTC, der auch im Luftmassenmesser integriert sein kann, verwendet. Der Spannungsabfall am temperaturabhängigen Widerstand ist das Maß für die Ansauglufttemperatur.

Kraftstoffsystem. Bei der LH-Jetronic werden meist Zwei-Leitungs-Systeme verwendet. Eine Elektrokraftstoffpumpe, die entweder im Kraftstoffbehälter (In-Tank-Pumpe) oder am Fahrzeugunterboden (In-Line-Pumpe) angebracht ist, fördert den Kraftstoff vom Kraftstoffbehälter über einen Kraftstofffilter zum Verteilerrohr. Von diesem werden alle Einspritzventile mit Kraftstoff versorgt. Am Ende des Verteilerrohres befindet sich der Druckregler, der den Differenzdruck auf ca. 3,5 bar konstant hält. Vom Druckregler fließt der zu viel geförderte Kraftstoff zurück zum Kraftstoffbehälter.

Regeneriersystem. Die im Aktivkohlebehälter zwischengespeicherten Kohlenwasserstoffe müssen bei geeignetem Betriebszustand, z.B. Teillast der Verbrennung zugeführt werden. Dazu wird das Regenerierventil (Tankentlüftungsventil) vom Motorsteuergerät angetaktet, so dass durch den im Saugrohr wirkenden Unterdruck Luft und Kohlenwasserstoffe angesaugt werden können.

Abgasrückführung. Zur Verbesserung der Abgaswerte kann ein Abgasrückführungs-System verwendet werden.

Leerlaufdrehzahlregelung

Sie hat die Aufgabe, die Motordrehzahl bei geschlossener Drosselklappe auf einem von der Motortemperatur abhängigen Sollwert konstant zu halten.

Bei kaltem Motor sind die inneren Widerstände des Motors aufgrund des zähflüssigen Motoröls und vermehrter Reibung größer als bei warmem Motor. Um diese zu überwinden und stabile Leerlaufdrehzahlen zu ermöglichen, muss vom Motor mehr Leistung erzeugt werden. Dies wird durch eine vermehrte Gemischmenge erreicht. Außerdem müssen Leerlaufdrehzahlschwankungen durch ein belastetes Bordnetz oder durch einen zugeschalteten Klimakompressor ausgeglichen werden.

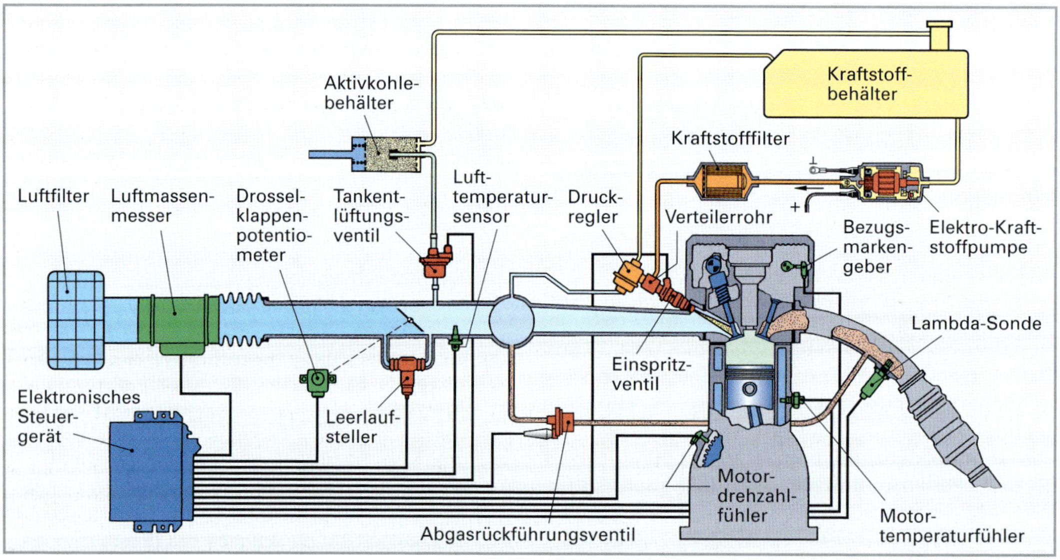

Bild 1: LH-Jetronic

Zur Leerlaufdrehzahlregelung benötigt das Steuergerät die Signale folgender Sensoren:

- Motordrehzahlgeber (Ist-Drehzahl)
- Motortemperaturfühler (Bestimmung der Soll-Drehzahl)

Zur Drehzahlregelung wird einer der folgenden Aktoren eingesetzt.

Leerlaufsteller (Bild 1). Er lässt zusätzliche Luft je nach Bedarf in einem Bypass um die geschlossene Drosselklappe strömen. Dazu wird er vom Steuergerät durch **P**uls-**W**eiten-**M**odulierte Signale angesteuert, wodurch der Luftkanal mehr oder weniger weit geöffnet wird.

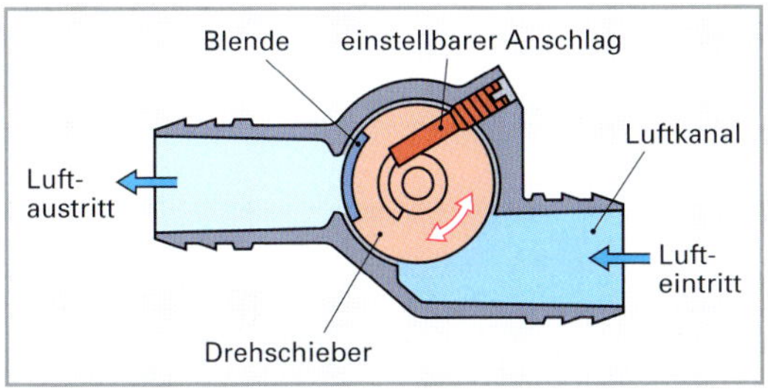

Bild 1: Leerlaufsteller (Drehsteller)

Drosselklappensteller (Bild 2). Diese Baugruppe besteht aus einem Elektromotor, einem Getriebe und der Drosselklappe. Im Leerlauf wird der Elektromotor vom Motorsteuergerät so angesteuert, dass er die Drosselklappe je nach Ist-Drehzahl öffnet oder schließt, so dass eine vorgegebene Soll-Drehzahl eingehalten wird.

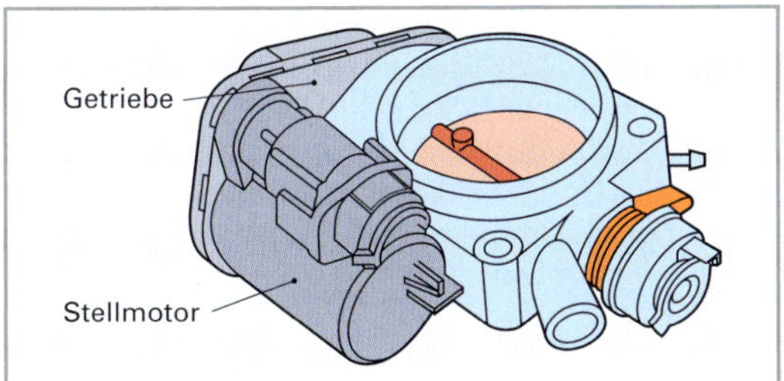

Bild 2: Drosselklappensteller

Schubabschaltung

Bei aktiver Schubabschaltung wird kein Kraftstoff eingespritzt.

Läuft der Motor mit erhöhter Drehzahl bei geschlossener Drosselklappe (Schubbetrieb z.B. bei Bergabfahrt), verhindert die Schubabschaltung, dass Kraftstoff eingespritzt wird. Beim Öffnen der Drosselklappe oder beim Unterschreiten einer eingespeicherten Motordrehzahl z.B. 1200 1/min., setzt die Einspritzung des Kraftstoffs wieder ein.

Zur Schubabschaltung benötigt das Steuergerät folgende Informationen:

- Drosselklappenstellung vom Drosselklappenschalter oder Drosselklappenpotentiometer
- Drehzahl vom Motordrehzahlgeber

Beschleunigungs-, Volllastanreicherung

Um eine maximale Leistungsabgabe des Motors zu ermöglichen, wird das Gemisch angefettet.

Motoren mit 3-Wege-Katalysatoren werden wegen der Abgasvorschriften möglichst im Bereich $\lambda = 1$ betrieben. Um die maximale Motorleistung abgeben zu können, wird das angesaugte Gemisch je nach Motor auf Lambda 0,85 bis 0,95 angefettet. Dazu muss die Lambda-Regelung ausgeblendet werden. Die Anreicherung setzt ein, wenn das Drosselklappenpotentiometer dem Steuergerät Volllast meldet oder die Spannungsänderung pro Zeiteinheit am Potentiometer einen bestimmten eingespeicherten Wert überschreitet. Extrem leistungsstarke Motoren benötigen nicht zwingend eine Volllastanreicherung.

Höhenanpassung

Auf eine gesonderte Höhenanpassung kann bei nicht aufgeladenen Motoren verzichtet werden, da durch den Luftmassenmesser eine verringerte Luftdichte, z.B. bei großer Höhe, berücksichtigt wird.

Drehzahlbegrenzung

Sie hat die Aufgabe, ein Überdrehen des Motors zu verhindern.

Erhält das Steuergerät vom Motordrehzahlfühler ein Signal, aus dem es erkennt, dass die eingespeicherte Höchstdrehzahl erreicht ist, tritt die Drehzahlbegrenzung in Kraft. Zur Begrenzung der Leistung und damit der Höchstdrehzahl und auch der Höchstgeschwindigkeit wird der Zündzeitpunkt in Richtung spät verstellt. Nur in Ausnahmefällen wird die Einspritzung des Kraftstoffs ausgeblendet.

Die LH-Jetronic als Motronic

Alle LH-Jetronic-Anlagen (Einspritzsysteme) werden grundsätzlich als Motronic ausgeführt. D.h. dass sowohl die Gemischbildung als auch die Entzündung des Kraftstoff-Luft-Gemisches durch ein gemeinsames Motorsteuergerät geregelt werden. Dabei können je nach Herstellerwunsch und Baujahr verschiedene Zündanlagen mit der LH-Jetronic kombiniert sein. Durch den Einsatz von Motronic-Systemen kann der konstruktive Aufwand verringert, die Betriebssicherheit erhöht und die Effektivität der Anlagen verbessert werden.

12.4.5.2 Einspritzventile der LH-Motronic

Bei der LH-Jetronic ist jedem Zylinder ein elektromagnetisch betätigtes Einspritzventil **(Bild 1)** zugeordnet, aus dem Kraftstoff sequenziell in das Saugrohr eingespritzt wird.

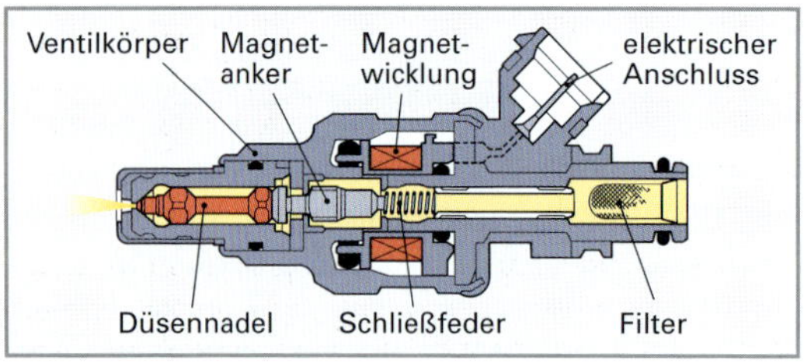

Bild 1: Einspritzventil

Funktion. Wird die Magnetwicklung des Ventils durch das Steuergerät bestromt, entsteht in ihr ein Magnetfeld, das den Magnetanker anzieht. Dadurch kann die Düsennadel anheben und der Kraftstoff wird eingespritzt. Der Nadelhub beträgt je nach Ausführung des Ventils 0,05 mm...0,1 mm. Beendet das Steuergerät in Abhängigkeit vom Betriebszustand (nach 1,5 ms...18 ms) die Bestromung, bricht das Magnetfeld zusammen und die Schließfeder drückt die Düsennadel in ihren Sitz. Die Einspritzung ist beendet. Die Masse des eingespritzten Kraftstoffs hängt ab von ...

- ... der Öffnungsdauer des Ventils.
- ... der Einspritzmenge pro Zeiteinheit (Ventilkonstante).
- ... der Kraftstoffdichte.
- ... dem Kraftstoffdruck.

Bestromung der Ventile. Die Einspritzventile werden vom Steuergerät mit Minus geschaltet. Dadurch kann bei einem Masseschluss das Steuergerät vor Zerstörung durch den Kurzschlussstrom geschützt werden. Die Plus-Versorgung erfolgt über ein vom Steuergerät geschaltetes Relais von Klemme 15. Durch die Darstellung des Einspritzvorgangs am Oszilloskop

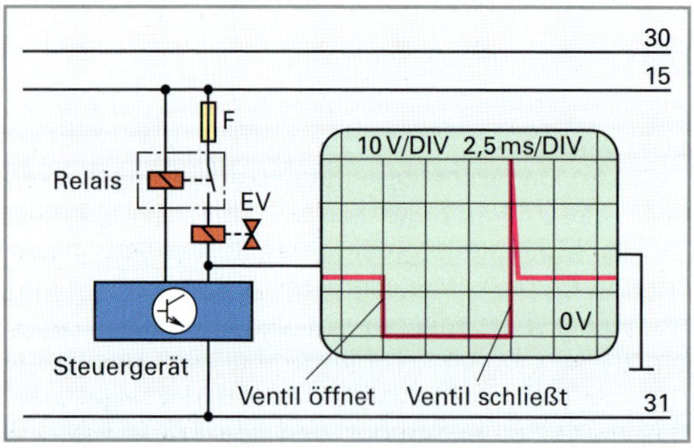

Bild 2: Bestromung des Einspritzventils

(Bild 2) kann die Öffnungsdauer des Ventils ermittelt werden. Die Spannungsspitze beim Schließvorgang entsteht durch die Ausschaltinduktion der Magnetwicklung.

Bauarten. Bei der LH-Motronic werden für Motoren mit Zwei- oder Mehr-Ventiltechnik verschiedene Einspritzventile verwendet. Sie unterscheiden sich in der Form des Kraftstoffstrahls und im Winkel, in dem der Kraftstoff von der Düse eingespritzt wird **(Bild 3)**.

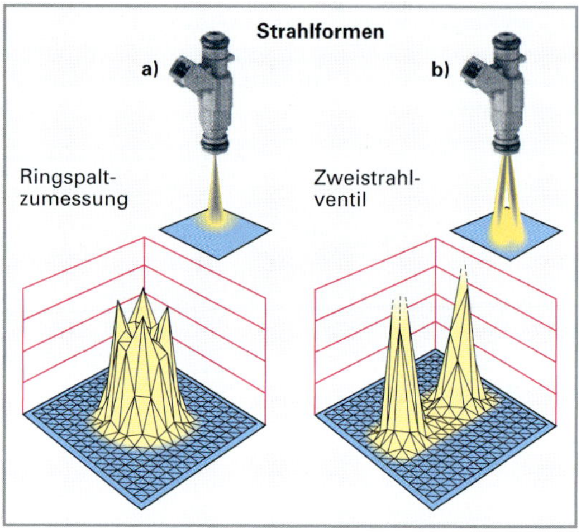

Bild 3: Einspritzventile für Zwei-Ventil-Technik (a) und Mehr-Ventil-Technik (b)

Zur feineren Zerstäubung des Kraftstoffs und zur besseren Vermischung mit Luft, werden Luft umfasste Einspritzventile eingesetzt **(Bild 4)**. Hierzu wird vor der Drosselklappe Luft entnommen und über eine Leitung in das Ventil geführt. Im engen Luftspalt des Ventils wird die Luft durch die bei Teillast im Saugrohr wirkende Druckdifferenz stark beschleunigt. Die mit hoher Geschwindigkeit austretende Luft wird dem eingespritzten Kraftstoff beigemischt, wodurch dieser feinst zerstäubt wird.

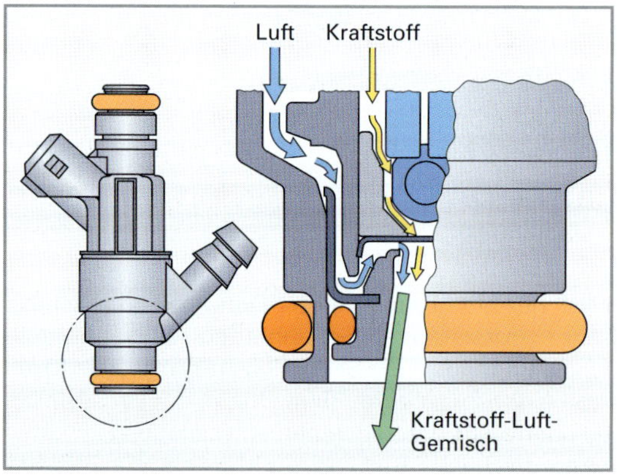

Bild 4: Luft umfasste Einspritzventile

Werden die Einspritzventile vom Verteilerrohr mit Kraftstoff versorgt, erfolgt die Zuführung des Kraftstoffs von oben (top-feed – engl. „oben gefüttert"). Das Ventil steckt mit dem oberen Ende, abgedichtet durch einen O-Ring, im Verteilerrohr, mit dem unteren, ebenfalls abgedichtet durch einen O-Ring, im Saugrohr. Um Bauhöhe zu sparen, werden die Einspritzventile häufig in Verteilermodulen integriert. Man verwendet dann sogenannte Bottom-Feed-Einspritzventile (bottom-feed – engl. „unten gefüttert"). Der Kraftstoffzulauf befindet sich bei diesen Ventilen seitlich. Sie besitzen eine gute Kraftstoffkühlung und damit ein gutes Heißstartverhalten.

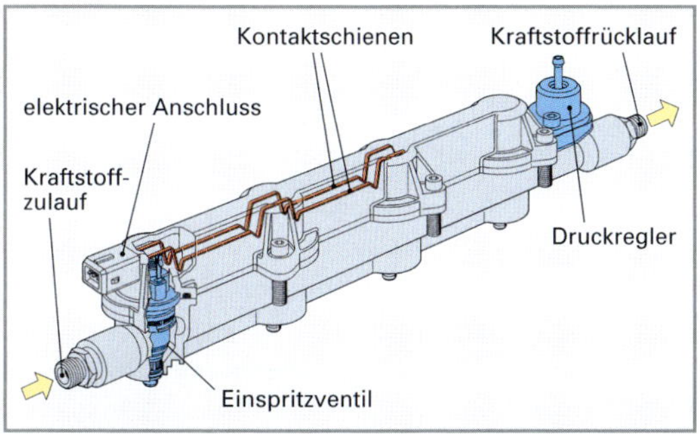

Bild 1: Verteilermodul mit Bottom-Feed-Ventilen

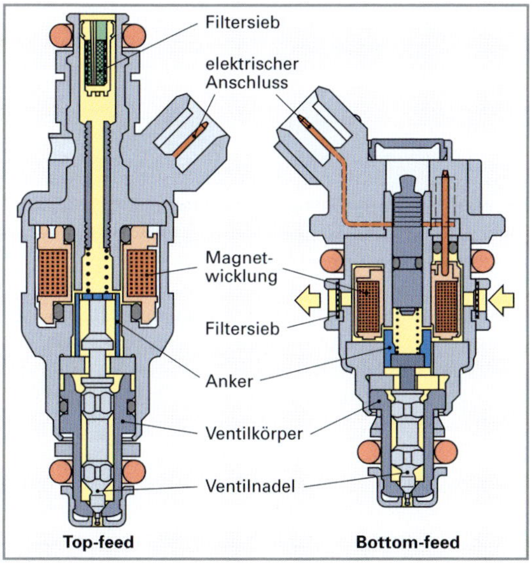

Bild 2: Top-Feed- und Bottom-Feed-Einspritzventile

12.3.5.3 Elektronische Regelung der LH-Jetronic

Das Blockschaltbild von **Seite 282** und der Schaltplan von **Seite 283** zeigen vereinfacht den Aufbau einer elektronischen Regelung der LH-Motronic. Dabei werden folgende Sensoren und Aktoren verwendet.

Heißfilm-Luftmassenmesser B3. Er ermittelt die angesaugte Luftmasse und meldet sie in Form eines Spannungssignals dem Steuergerät, das daraus zusammen mit der Motordrehzahl die Grundeinspritzmenge (Quantität) ermittelt. Fällt der Sensor aus, kann das System aus der Stellung der Drosselklappe ein Ersatzsignal bilden. Das Fahrzeug bleibt eingeschränkt fahrbereit (Notlauf). Der Luftmassenmesser wird von PIN 10 mit Spannung versorgt. Masse erhält er von Klemme 31. Das dem Steuergerät übermittelte Spannungssignal kann an den PIN 10 und 12 abgenommen werden.

Motordrehzahlfühler B1. Sein Signal dient in erster Linie dazu, zusammen mit dem des Luftmassenmessers, die Grundeinspritzmenge zu berechnen. Verwendet werden induktive Drehzahlfühler, die im Bereich der Kurbelwelle untergebracht sind und ein besonderes Geberrad abtasten. Meist liefern diese Geber auch die Bezugsmarke, die zur Bestimmung des genauen OT des ersten Zylinders notwendig ist. Bei Ausfall des Sensors ist kein Motorlauf möglich. Das Signal wird auch für die Leerlaufdrehzahlregelung, die Schubabschaltung und die Drehzahlbegrenzung benötigt. Es kann an PIN 6 und PIN 7 oszilloskopiert werden.

Drosselklappenpotentiometer B4. Es befindet sich an der Drosselklappe und dient der Erfassung sowohl der Drosselklappenstellung als auch der Öffnungsgeschwindigkeit. Der integrierte Leerlaufschalter signalisiert dem Steuergerät die geschlossene Drosselklappe. Bei Ausfall des Sensors wird ein im Steuergerät eingespeicherter Ersatzwert für die Mindestdrehzahl zugrunde gelegt. Dies äußert sich meist in einer erhöhten Leerlaufdrehzahl. Eine Leerlaufdrehzahlregelung, Schubabschaltung, Volllast- und Beschleunigungsanreicherung ist nicht mehr möglich. Das Signal des Potentiometers kann an den PIN 13 und 14 bzw. 12 abgenommen werden. Der Drosselklappenschalter wird an PIN 15 gegen Klemme 31 überprüft.

Manche Systeme verwenden, besonders bei Einsatz eines Drosselklappenstellers, aus Sicherheits- und Genauigkeitsgründen ein doppeltes Potentiometer.

Ansauglufttemperaturfühler B7. Hierbei handelt es sich um einen NTC, der die Aufgabe hat, die Temperatur der Ansaugluft zu erfassen. Er ist im Saugrohr untergebracht. Das Steuergerät benötigt das Signal zur Anpassung der Kraftstoffmenge. Die Einspritzdauer kann bei sehr kalter Luft um bis zu 20 % verlängert werden. Fällt das Signal aus, kann auf einen eingespeicherten Ersatzwert umgeschaltet werden. Der Widerstand des Gebers kann an PIN 18 und PIN 19 überprüft werden.

12

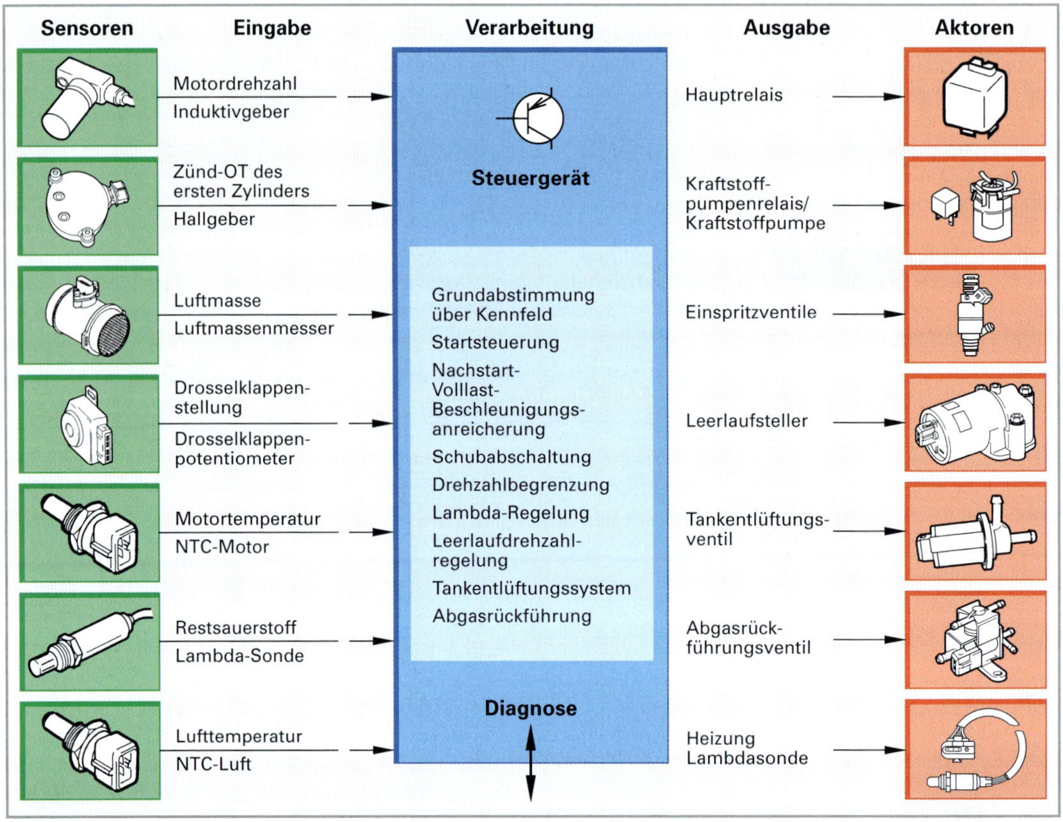

Bild 1: Sensoren und Aktoren der LH-Jetronic im Blockschaltbild

Motortemperaturfühler B5. Dieser NTC erfasst die Motortemperatur. Je nach Spannungsabfall am Widerstand passt das Motorsteuergerät temperaturabhängig die Einspritzmenge dem Betriebszustand an. So wird die Einspritzdauer bei kaltem Motor um bis zu 70% verlängert. Außerdem werden Zündzeitpunkt, Leerlaufdrehzahl, Abgasrückführung und Klopfregelung bei kaltem Motor verändert. Bei Signalunterbrechung oder Kurzschluss kann das Steuergerät auf einen Ersatzwert umschalten. Ein erhöhter Widerstand z.B. an einer Steckverbindung wird jedoch nicht erkannt. Dieser Fehler führt zur Anfettung des Gemisches und damit unter anderem zu einem erhöhten CO-Ausstoß. Der Widerstand des NTCs kann am Steuergerätestecker an PIN 12 und PIN 16 überprüft werden.

Bezugsmarkengeber B2. Zur eindeutigen Identifizierung des Zünd-OT wird sowohl das Signal des induktiven Bezugsmarkengebers an der Kurbelwelle als auch das des an der Nockenwelle angebrachten Hallgebers benötigt. Aus beiden Signalen berechnet das Steuergerät zusammen mit der Motordrehzahl den richtigen Zeitpunkt für die Einspritzung in den jeweiligen Zylinder und die entsprechenden Zündwinkel. Das Gebersignal kann an PIN 8 und PIN 5 oszilloskopiert werden. Klemmen am Geber: 7 (1) = Signal plus; 31d (31d) = Masseversorgung. Die Stromversorgung erfolgt über PIN 9 = Klemme 8h (2).

Lambdasonde (Spannungssprungsonde) B6. Sie registriert den Restsauerstoff im Abgas und ermöglicht durch die Rückmeldung in Form eines Spannungssignals an das Steuergerät eine Regelung der Einspritzmenge auf $\lambda = 1$. Da die Sonde erst bei ca. 250 °C bis 300 °C arbeitet, wird sie elektrisch beheizt, um ein möglichst schnelles Ansprechen zu erreichen. Fällt die Sonde aus, ist keine λ-Regelung mehr möglich. Der Ausfall wird vom Steuergerät erkannt. Die Gemischbildungsanlage arbeitet dann als Steuerung. Das Sondensignal kann an PIN 17 und Klemme 31 oszilloskopiert werden. Die Heizung der Sonde erhält Plus von Klemme 87 von K2 und Minus von Klemme 31.

Hauptrelais K1. Wird die Zündung eingeschaltet, erhält das Hauptrelais Plus auf Klemme 85 von Klemme 15 und Minus auf Klemme 86 vom Steuergerät PIN 3. Dadurch schließt der Arbeitsstromkreis des Relais und das Steuergerät wird auf PIN 4 mit Span-

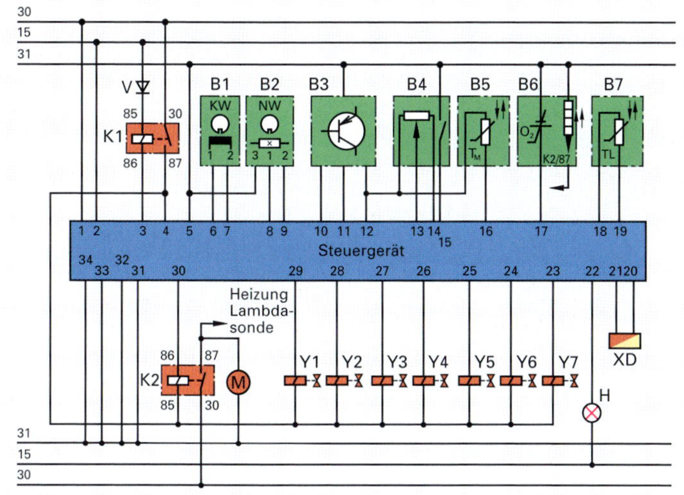

K1	Hauptrelais
V	Verpolschutzdiode
K2	Kraftstoffpumpenrelais
M	Kraftstoffpumpe
B1	Drehzahl- und Bezugsmarkengeber
B2	Nockenwellengeber
B3	Luftmassenmesser
B4	Drosselklappen-potentiometer
B5	Motortemperaturfühler
B6	beheizte Lambdasonde
B7	Lufttemperaturfühler
H	Kontrolllampe/ Fehlerlampe
Y1...Y4	Einspritzventile
Y5	Leerlaufsteller
Y6	Tankentlüftungsventil
Y7	Abgasrückführungsventil
XD	Diagnoseanschluss
(grün)	Sensoren
(rot)	Aktoren

Bild 1: Schaltplan der LH-Jetronic

nung versorgt. Ebenso werden die Magnetventile Y1 bis Y7 und der Steuerstromkreis von K2 auf Klemme 85 bestromt.

Kraftstoffpumpenrelais K2. Das Relais schließt, wenn das Hauptrelais K1 Klemme 85 mit Plus und das Steuergerät Klemme 86 mit Masse versorgt. Um die Masseverbindung herzustellen, muss PIN 30 auf Masse durchgeschaltet werden. Der Arbeitsstromkreis versorgt die Kraftstoffpumpe M und die Lambdasondenheizung mit Spannung. Die Spannungsversorgung wird unterbrochen, wenn das Drehzahlsignal des Motordrehzahlgebers ausfällt.

Einspritzventile Y1 bis Y4. Sie erhalten wie das Kraftstoffpumpenrelais K2 Spannung vom Hauptrelais K1. Sollen die Einspritzventile öffnen, muss das Steuergerät jeweils die PIN 26, 27, 28, 29 auf Masse durchschalten.

Leerlaufsteller Y5. Durch ihn regelt das Steuergerät die Leerlaufdrehzahl in Abhängigkeit von Motortemperatur. Er wird von K1 Klemme 87 mit Plus versorgt. Um ein stufenloses Öffnen und Schließen des Bypass-Querschnitts zu ermöglichen, wird der Steller vom Steuergerät durch **P**uls-**W**eiten-**M**odulierte-**S**ignale mit Minus angetaktet.

Tankentlüftungsventil Y6. Das Magnetventil öffnet und schließt die Verbindungsleitung zwischen Saugrohr und Aktivkohlebehälter. Es wird durch **P**uls-**W**eiten-**M**odulierte-**S**ignale geöffnet, wobei die Versorgung mit Plus von Klemme 87 K1 und die Minusversorgung vom Steuergerät über PIN 24 erfolgt. Bei Ausfall des Signals bleibt das Ventil geschlossen.

Abgasrückführungsventil Y7. Das Magnetventil für die Abgasrückführung öffnet und schließt die Verbindungsleitung zwischen Auspuffkrümmer und Saugrohr. Es wird durch ein **P**uls-**W**eiten-**M**oduliertes Signal geöffnet, wobei es Plus von Klemme 87 K1 und Minus vom Steuergerät PIN 23 erhält. Bei Ausfall des Signals schließt das Ventil.

Wiederholungsfragen

1. **Aus welchen Signalen wird die Grundeinspritzmenge bei der LH-Motronic berechnet?**
2. **Welche Teilsysteme enthält die LH-Motronic?**
3. **Beschreiben Sie die verschiedenen Möglichkeiten der Leerlaufdrehzahlregelung.**
4. **Welche Sensoren benötigt das Steuergerät für eine Schubabschaltung?**
5. **Erklären Sie den Begriff „Motronic".**
6. **Durch welche Merkmale unterscheiden sich Einspritzventile der LH-Jetronic?**
7. **Welchen Vorteil bieten Luft umfasste Einspritzventile gegenüber herkömmlichen Ventilen?**
8. **Welche Sensoren benötigt eine LH-Motronic und wozu werden deren Signale jeweils verwendet?**
9. **Welche Aktoren werden von der LH-Motronic angesteuert?**
10. **Wie wird das Kraftstoffpumpen-Relais angesteuert?**
11. **Erklären Sie den Begriff „Puls-Weiten-Moduliertes-Signal".**

12.4.6 ME-Motronic

Die ME-Motronic **(Bild 1)** ist eine Weiterentwicklung der LH-Motronic. Als wesentliche Neuerung wurde die Regelung der Gemischbildung durch eine sogenannte Drehmomentenführung ersetzt. Dies machte den Einsatz eines elektronischen Gaspedals (E-Gas-Funktion) notwendig. Außerdem wurde in das System die EOBD integriert.

In bisherigen Systemen öffnete und schloss der Fahrer durch Betätigung des Fahrpedals die Drosselklappe. Die angesaugte Luftmasse und die entsprechend eingespritzte Kraftstoffmenge bestimmten zusammen mit der Drehzahl (Hauptsteuergrößen) das vom Fahrer geforderte Drehmoment. Zusätzliche Drehmomentanforderungen z.B. durch den Klimakompressor traten als Störgrößen auf und mussten vom System z.B. durch die Leerlaufregelung nachgeregelt werden. Durch die Drehmomentführung ist nicht mehr allein die Fahrpedalstellung für das zu erzeugende Drehmoment maßgeblich. Alle Systeme und Komponenten, die das Antriebsdrehmoment beeinflussen, z.B. Automatikgetriebe, Klimakompressor, Katalysator-Heizen, ASR, ESP, werden zur Berechnung des zu erzeugenden Motordrehmomentes herangezogen. Die Motronic bildet eine Ersatzgröße, in die die Anforderungen der einzelnen Systeme mit unterschiedlicher Priorität eingehen. Schaltet z.B. der Klimakompressor ein, so würde das Antriebsdrehmoment verringert. Um dies zu vermeiden, erhält das Steuergerät vor dem Zuschalten des Klimakompressors ein Signal. Dieses bewirkt, dass durch Öffnen der Drosselklappe, vermehrte Kraftstoffeinspritzung und in anderen Fällen auch durch veränderten Zündwinkel das zu erzeugende Drehmoment um den benötigten Betrag verändert wird. Um dies zu ermöglichen, muss die Drosselklappenstellung von der Fahrpedalstellung entkoppelt werden, was durch eine E-Gas-Funktion erreicht wird. Das heißt auch, dass die Fahrpedalstellung nur noch als Fahrwunsch anzusehen ist, z.B. bei einem ASR-Eingriff.

12.4.6.1 Teilsystem der ME-Motronic

Ansaugsystem. Ein wesentlicher, sichtbarer Unterschied zur LH-Jetronic liegt in der Einführung der sogenannten **E-Gas-Funktion.** Dazu wird über ein Fahrpedalmodul der Fahrerwunsch erfasst. Dies erfolgt aus Sicherheitsgründen durch zwei redundante Potentiometer oder Hallgeber, die im Modul integriert sind. Die Position und die Bewegungsgeschwindigkeit des Fahrpedals wird durch die erzeugten Spannungssignale dem Motorsteuergerät übermittelt. Dieses berechnet über hinterlegte Kennfelder das nötige und sinnvolle Drehmoment und stellt die Drosselklappe mittels eines Stellmotors auf eine entsprechende Stellung ein. Sie wird durch zwei Potentiometer überwacht. Damit besteht zwischen Gaspedal und Drosselklappe keinerlei mechanische Verbindung mehr (Drive by wire). Bei Störungen innerhalb des Systems durch unklare Sensorsignale wird die Drosselklappe in eine Notlaufposition gebracht.

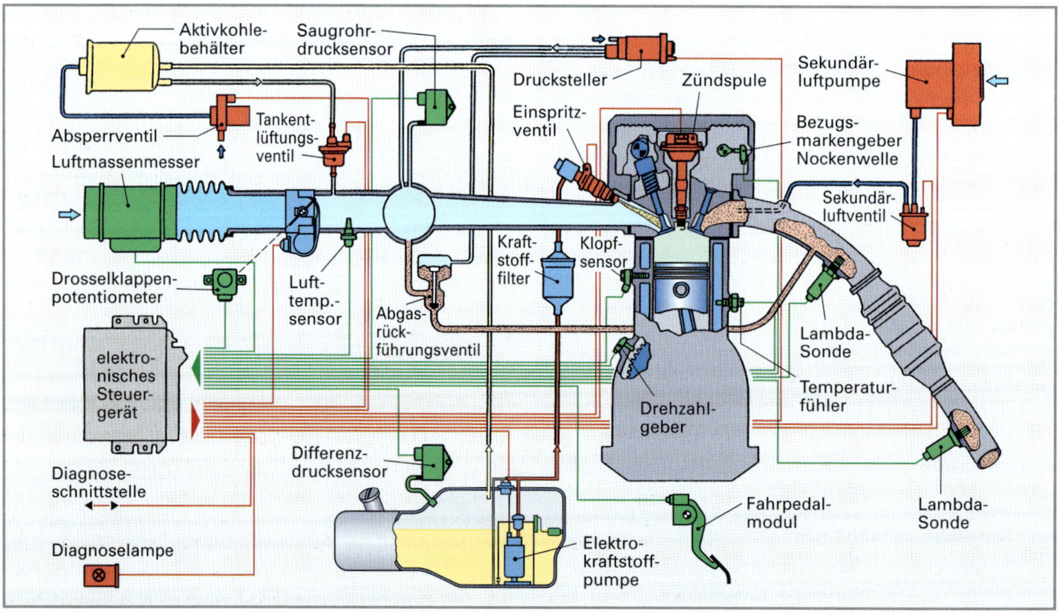

Bild 1: ME-Motronic

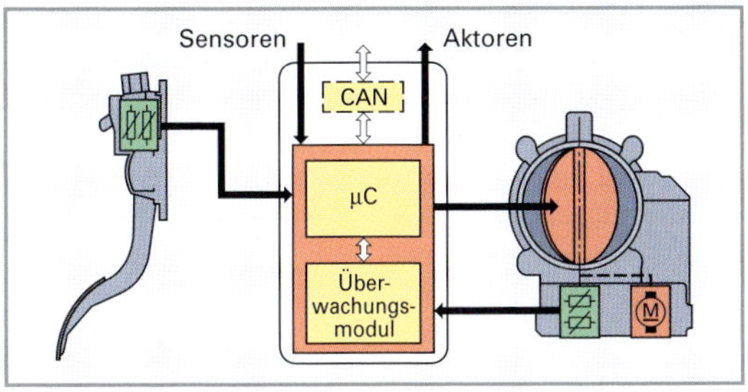

Bild 1: E-Gas-System

Kraftstoffsystem. Die Kraftstoffversorgung wird zunehmend über Ein-Leitungs-Systeme und in den Tank integrierte Fördermodule gewährleistet. Werden Einleitungssysteme (**R**ücklauf **F**reie **S**ysteme) verwendet, wird der Kraftstoffversorgungsdruck üblicherweise auf 3 bar gegenüber dem Umgebungsdruck konstant gehalten. Mit wechselndem Saugrohrdruck ändert sich damit der Differenzdruck am Einspritzventil, was zu unterschiedlichen Einspritzmengen führt. Durch eine Kompensationsfunktion wird dieser Fehler korrigiert. Dazu wird der Saugrohrdruck durch einen Saugrohrdruckfühler erfasst und die Einspritzdauer vom Steuergerät entsprechend verlängert oder verkürzt.

Systeme zur Schadstoffreduzierung

Durch die im Laufe der Jahre wesentlich verschärfte Gesetzgebung bezüglich des Umweltschutzes müssen bestehende Teilsysteme zur Schadstoffreduzierung erweitert und verbessert werden.

Gemischbildungssystem. Eine genauere Erfassung der angesaugten Luftmasse durch Heißfilm-Luftmassenmesser mit Rückstrom-Erkennung ermöglicht den Betrieb des Motors in einem engeren Lambda-Fenster.

Die Erfassung des Lambda-Wertes durch Breitband-Lambdasonden läßt eine genauere Regelung des Lambda-Wertes zu, als es bisher mit Spannungssprungsonden möglich war.

Durch den Einsatz von Schnellstart-Geberrädern an der Nockenwelle ist eine frühere Erkennung der Zünd-OT-Position und damit ein früherer Start des Motors möglich.

Tankentlüftungssystem. Die Kraftstoffförderanlage ist luftdicht nach außen abgeschlossen. Durch ein Absperrventil, das parallel zum Regenerierventil geschaltet wird, ist die Belüftung des Aktivkohlebehälters möglich.

Abgasrückführung. Durch Kühlung der in den Brennraum rückgeführten Abgase lässt sich die NO_x-Reduzierung verbessern. Dazu wird ein Abgasrückführungs-Kühler eingebaut.

Sekundärluftsystem. Es besteht aus Sekundärluftpumpe und –Ventil. Das System wird in der Kaltstartphase dazu verwendet CO und HC zu reduzieren. Außerdem heizt es den Katalysator sehr schnell auf Betriebstemperatur auf (Kat-Heizen).

Einführung der OBD. Die Überwachung aller Komponenten, die bei Ausfall oder Schädigung zu einem veränderten Abgasverhalten führen können, muss gewährleistet sein. Aufgetretene Fehler müssen gespeichert und angezeigt werden.

12.4.6.2 Elektronische Regelung der ME-Motronic

Zusätzlich zu den in der LH-Motronic verwendeten Sensoren und Aktoren werden folgende Bauteile verwendet (siehe Blockschaltbild **Seite 286** und Schaltplan **Seite 287**).

Saugrohrdrucksensor B9. Sein Signal wird benötigt, um den Saugrohrdruck zu erfassen und den unterschiedlichen Differenzdruck am Einspritzventil durch Anpassung der Einspritzdauer auszugleichen. Zusätzlich verwendet man das Signal zur Berechnung des Spülstromes des Aktivkohlefilters. Bei Ausfall des Luftmassenmessers kann über den Saugrohrdruckfühler ein annähernd genaues Ersatzsignal für die angesaugte Luftmasse gebildet werden. Der Sensor ist über PIN 49, 50 und 53 (Masse) mit dem Steuergerät verbunden.

Differenzdrucksensor B10. Zur Überprüfung der Dichtheit des Kraftstoffbehälters wird dessen Innendruck durch die Eigendiagnose überwacht. Über PIN 51, 52 und 53 (Masse) ist der Sensor mit dem Steuergerät verbunden.

Lambdasonde II B11. Die Nach-Kat-Sonde dient der Überwachung der Katalysatorfunktion. Zusätzlich erfolgt über sie eine Adaption der Vor-Kat-Sonde. Fällt die Sonde aus, wird der Fehler von der OBD erkannt und gespeichert. Eine Lambda-Regelung ist weiterhin durch die Lambda-Sonde I möglich, allerdings wird die Katalysatorfunktion nicht mehr überwacht. Das Sondensignal kann an den PIN 10 und PIN 11 oszilloskopiert werden. Die Heizung der Sonde erfolgt über PIN 9 (Masse) und K1 (Plus).

Geber für Fahrpedalstellung B12. Bei einem elektronischen Gaspedal wird der Fahrerwunsch durch die Stellung und die Bewegungsgeschwindigkeit des Fahrpedals ermittelt. Das nötige Signal für das Steuergerät wird durch zwei redundante Potentiometer im Fahrpedalmodul erzeugt. Über die PIN 37, 38, 39 ist das Potentiometer 1, über die PIN 40, 41 und 42 ist das Potentiometer 2 mit dem Steuergerät verbunden.

12

Geber für Drosselklappenstellung B4. Die Stellung der Drosselklappe muss vom Steuergerät für den Ist-Soll-Vergleich genau erfasst werden. Aus Sicherheits- und Genauigkeitsgründen werden auch hier wie beim Geber für die Fahrpedalstellung zwei redundante Potentiometer verwendet. Ergibt die Plausibilitätsprüfung der vier Potentiometer durch das E-Gas-Überwachungssystem eine Abweichung vom Sollzustand, so wird zunächst auf Ersatzsignale zurückgegriffen. Bei Notsituationen z.B. zwei Potentiometer an der Drosselklappe liefern unterschiedliche Signale, wird die Drosselklappe so weit geschlossen, dass nur noch eine niedrige Motordrehzahl möglich ist. Die Sensoren können an den PIN 31, 32, 33 (Potentiometer 1) und an den PIN 31, 33, 34 (Potentiometer 2) des Steuergerätesteckers überprüft werden.

E-Gas-Stellmotor B4. Über PIN 35 und PIN 36 wird der Drosselklappenstellmotor vom Steuergerät angesteuert. Die jeweilige Drosselklappenstellung wird dadurch berechnet, dass das Steuergerät das Soll-Drehmoment bestimmt. Dieses kann durch eine spezifische Füllung erzeugt werden, wozu wiederum eine ganz bestimmte Drosselklappenstellung nötig ist. Bei Ausfall des Motors wird die Drosselklappe in eine Notlaufposition gestellt, die nur noch eine niedrige Motordrehzahl zulässt.

Sekundärluftpumpe M1. Sie pumpt in Abhängigkeit von der Motortemperatur zeitlich begrenzt Frischluft kurz hinter dem Auslassventil des Motors in den Abgaskrümmer. Sie wird über das Relais K3 mit Spannung versorgt, wobei die Plusversorgung durch K1 und die Minusversorgung über Klemme 31 erfolgt. Die Funktion der Pumpe wird durch die Eigendiagnose überwacht.

Sekundärluftventil Y9. Das Ventil schützt die Sekundärluftpumpe und verhindert, dass bei stehender Pumpe heiße Abgase in die Pumpe einströmen. Es wird durch Plus von K1 und Minus vom Steuergerät PIN 19 geöffnet.

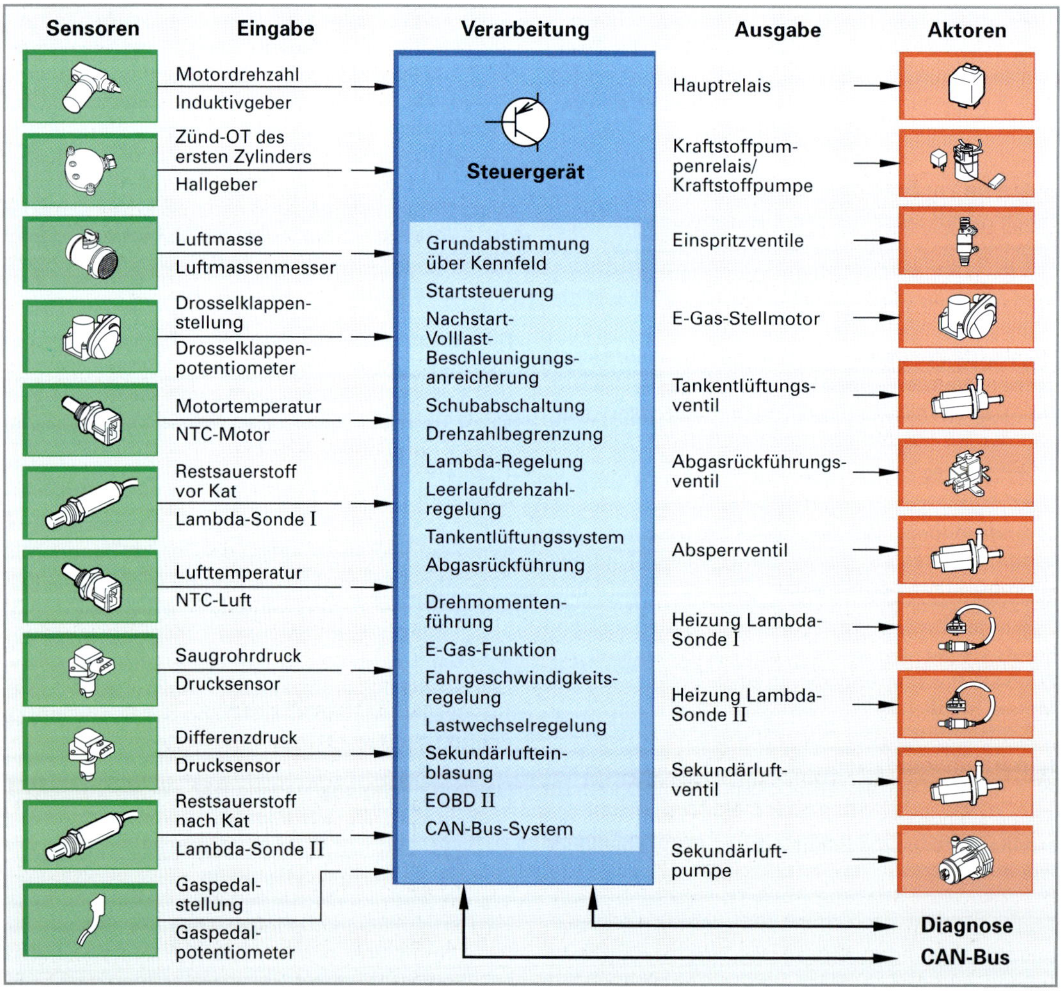

Bild 1: Blockschaltbild der ME-Motronic

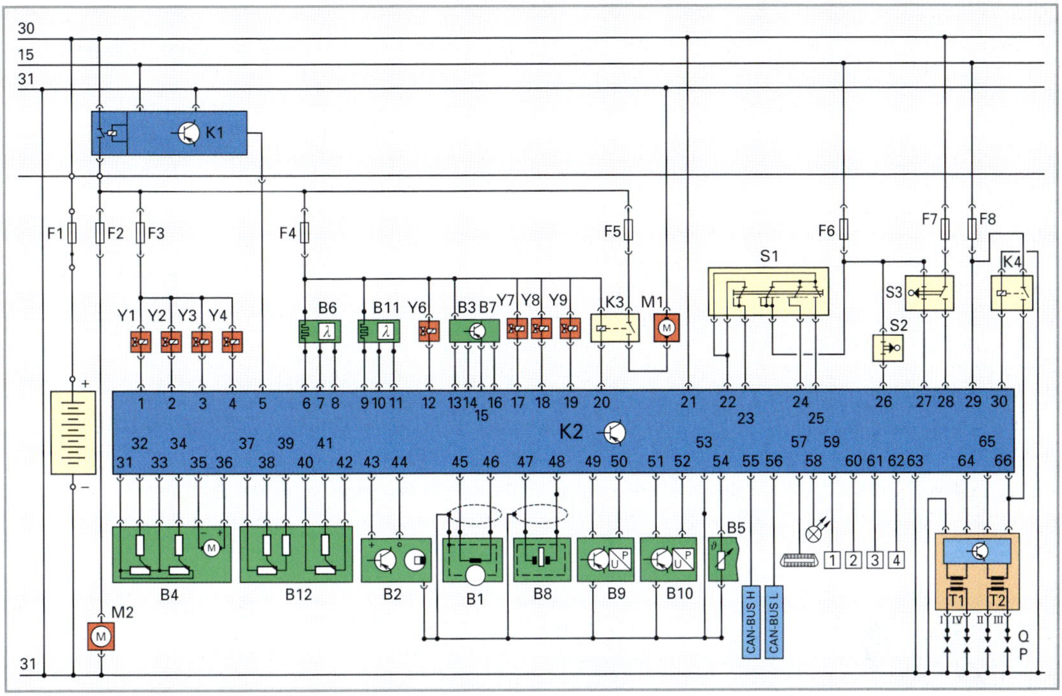

Bild 1: Schaltplan der ME-Motronic

Legende zum Schaltplan

B1 Drehzahlgeber Kurbelwelle
B2 OT-Geber Nockenwelle
B3 Luftmassenmesser
B4 Geber für Drosselklappenstellung mit E-Gas-Stellmotor
B5 Motortemperaturfühler
B6 beheizte Lambdasonde I
B7 Ansaugluft-Temperaturfühler
B8 Klopfsensor
B9 Saugrohrdrucksensor
B10 Differenzdrucksensor
B11 beheizte Lambdasonde II
B12 Geber für Gaspedalstellung
F1…F8 Sicherungen
K1 Kraftstoffpumpenrelais
A Steuergerät ME-Motronic
K3 Relais Sekundärluftpumpe
K4 Relais Endstufe Zündanlage
M1 Sekundärluftpumpe
M2 Elektrokraftstoffpumpe
S1 Schalter für GRA*
S2 Kupplungspedalschalter
S3 Bremspedalschalter GRA*
T1, T2 Doppelfunkenzündspulen
Y1…Y4 Einspritzventile
Y6 Regenerierventil
Y7 Abgasrückführungsventil
Y8 Absperrventil
Y9 Sekundärluftventil
1…4 Ein- und Ausgänge anderer Systeme

* Geschwindigkeitsregelanlage

Absperrventil Y8. Das Ventil hat die Aufgabe bei abgeschalteter Regenerierung die Luftzufuhr zum Aktivkohlefilter zu verschließen. Das Absperrventil wird durch Plus von K1 und Minus vom Steuergerät, PIN 18 parallel mit dem Tankentlüftungsventil geöffnet.

Verbindung des Motronic-Steuergerätes mit anderen System durch CAN-Bus.

Alle Daten, die für eine genaue Gemischbildung bei jedem Betriebszustand und in jeder Betriebssituation nötig sind, müssen dem Motorsteuergerät bereitgestellt werden. Dazu werden alle Steuergeräte, die den Fahrzeugantrieb beeinflussen können, mittels eines Hochgeschwindigkeits-Bussystems (CAN-Bus) miteinander verbunden.

Wiederholungsfragen

1 **Welche Sensoren und Aktoren werden bei der ME-Motronic verwendet?**

2 **An welchen PIN können die Sensoren B4, B9, B10, B11 und B12 geprüft werden?**

3 **Beschreiben Sie den Aufbau und die Wirkungsweise eines E-Gas-Systems.**

4 **Welche Systeme und Maßnahmen zur Schonung der Umwelt findet man bei einer ME-Motronic?**

5 **An welchen PIN können die Aktoren M1, Y9 und M2 geprüft werden?**

6 **Welches Zündsystem wird bei der im Systembild dargestellten Anlage verwendet?**

7 **Was geschieht, wenn K1 schließt?**

12.4.7 MED-Motronic

Die MED-Motronic (D = Direkteinspritzung) ist eine Motronic, die aus der ME-Motronic abgeleitet und an die besonderen Gegebenheiten und Anforderungen der Direkteinspritzung angepasst ist **(Bild 1)**.

Die Entwicklung der Benzin-Direkteinspritzung wurde von nahezu allen Herstellern aufgenommen, weil man sich gegenüber der Indirekten Einspritzung folgende Vorteile verspricht:

- Da der flüssige Kraftstoff direkt in den Brennraum eingespritzt wird, verdampft der flüssige Kraftstoff nur im Brennraum, was zu einer guten Innenkühlung und mehr Motorleistung führt.
- Durch Schichtladungsbetrieb lässt der Motor wesentlich höhere Abgasrückführungsquoten zu.
- Bei Teillast werden auf Grund der Qualitätsregelung sehr viel höhere wirksame Innendrücke erreicht. Die Drosselverluste werden bei Schichtladungsbetrieb durch die voll geöffnete Drosselklappe reduziert. Dies führt zu einem höheren Wirkungsgrad, mehr Leistung und zu einem geringeren Kraftstoffverbrauch.
- Bei der Direkteinspritzung muss bei Kaltstart oder Beschleunigung das Gemisch weniger angefettet werden als bei der Indirekten Benzineinspritzung. Dadurch ergeben sich günstigere Abgaswerte und ein geringerer Verbrauch.

12

Dem stehen folgende Nachteile gegenüber:

- Der wesentlich höhere Aufwand bezüglich Konstruktion und Regelung.
- Der erhöhte Ausstoß von NO_x durch ein mageres Gemisch im Schichtladungsbetrieb, das im 3-Wege-Katalysator nicht reduziert werden kann. Dies macht den Einsatz eines NO_x-Speicherkatalysators notwendig, der in bestimmten Abständen regeneriert werden muss. Außerdem verringert der im Kraftstoff vorhandene Schwefel die Wirksamkeit des Katalysators.

12.4.7.1 Betriebsarten bei der Benzin-Direkteinspritzung.

Bei der Benzin-Direkteinspritzung können folgende Betriebsarten verwendet werden:

- Schichtbetrieb
- Homogenbetrieb
- Homogen-Mager-Betrieb
- Homogen-Schicht-Betrieb
- Homogen-Klopfschutz-Betrieb
- Schicht-Katheizen

Diese Betriebsarten sind darauf abgestimmt, bei jedem Betriebszustand die optimale Gemischbildung und Verbrennung zu ermöglichen. Durch die Regelung muss sichergestellt sein, dass im Fahrbetrieb weder Leistungs- noch Drehmomentsprünge beim Umschalten von einem Betriebszustand auf den anderen fühlbar sind.

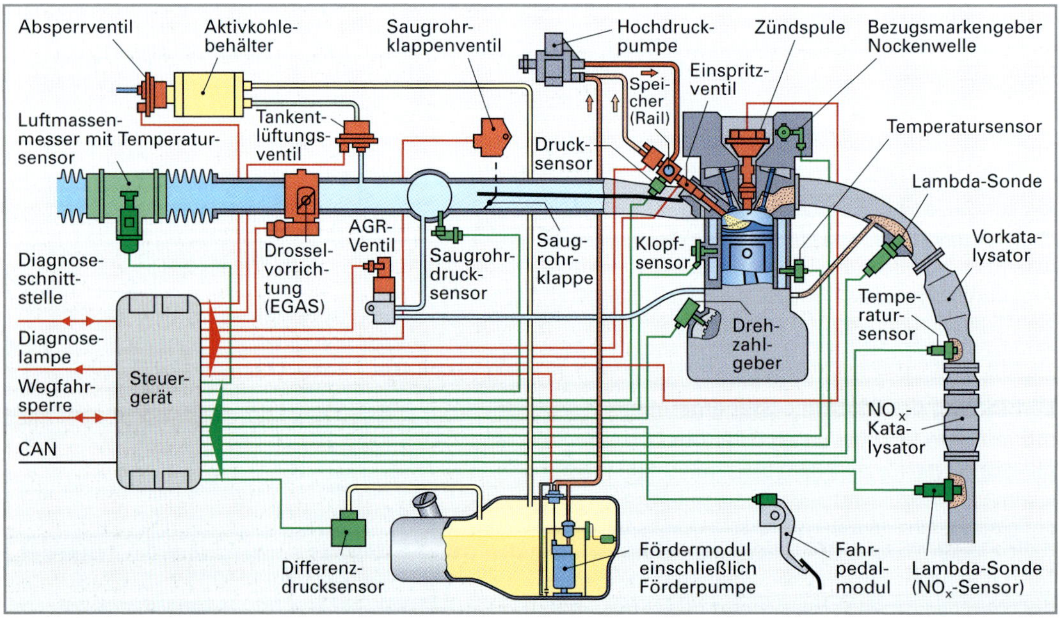

Bild 1: MED-Motronic

Schichtbetrieb. Im unteren Drehmoment- und Drehzahlbereich bis ca. 3000 1/min, ist der Schichtbetrieb möglich. Dabei wird der Kraftstoff während des Verdichtungstaktes kurz vor dem Zündzeitpunkt in den Brennraum eingespritzt. Aufgrund der bis zur Entzündung kurzen Zeitspanne, kann sich der Kraftstoff nicht gleichmäßig mit der im Brennraum vorhandenen Luft vermischen.

Durch einen im Brennraum herrschenden Luftdrall wird der eingespritzte Kraftstoff in einer Wolke zur Zündkerze transportiert **(Bild 1).** In der Gemischwolke beträgt das Mischungsverhältnis ca. 0,95...1. Außerhalb der Wolke ist das Gemisch sehr mager. Um die Entstehung von NO_x durch das insgesamt magere Gemisch zu reduzieren, wird viel Abgas in den Brennraum rückgeführt.

Da die Drosselklappe im Schichtbetrieb voll geöffnet wird, erfolgt die Bildung des Drehmoments beim Schichtbetrieb durch eine Qualitätsregelung.

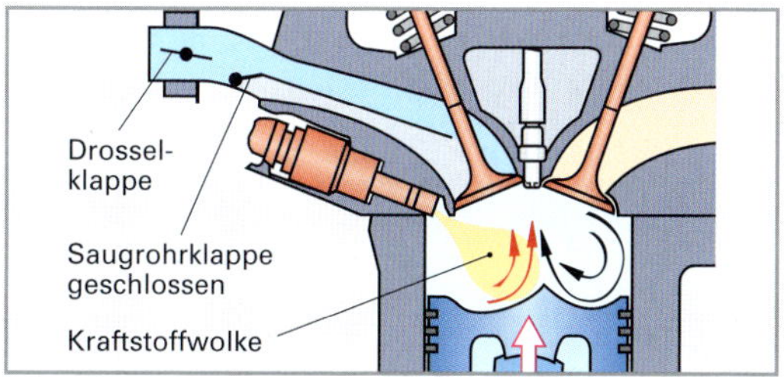

Bild 1: Schichtbetrieb

Wird in diesem Betriebszustand die Anforderung bezüglich des Drehmomentes zu hoch, würden sich durch die vermehrte Einspritzung Partikel bilden. Bei einer zu hohen Drehzahl entstehen Turbulenzen im Brennraum, die eine ausgebildete Gemischwolke mit $\lambda = 1$ nicht mehr zulassen. Folge: Mangelhafte Verbrennung, Zündaussetzer.

Homogenbetrieb. Bei hohem Drehmoment oder hoher Drehzahl wird der Motor mit einem homogenen Gemisch von $\lambda = 1$ oder, um maximale Leistung zu erhalten mit $\lambda < 1$ betrieben. Dazu wird der Beginn der Einspritzung in den Ansaugtakt verlegt. Die damit bis zur Entzündung des Kraftstoff-Luft-Gemisches zur Verfügung stehende Zeitspanne ermöglicht eine gute Vermischung des Kraftstoffes mit der angesaugten Luft und eine gleichmäßige Verteilung im Brennraum. Bei Homogenbetrieb erfolgt die Erzeugung des Drehmomentes durch eine Quantitätsregelung. Das heißt, dass die Menge der angesaugten Luft durch die Drosselklappe geregelt wird. Die Gemischbildung und Verbrennung erfolgt demnach wie bei der Saugrohreinspritzung.

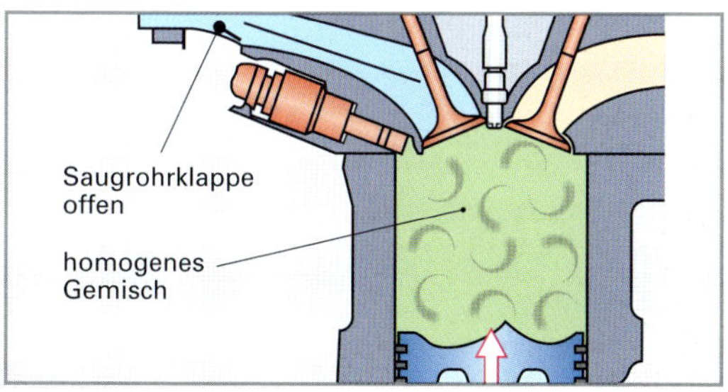

Bild 2: Homogenbetrieb

Homogen-Mager-Betrieb. In einem Übergangsbereich zwischen Schicht- und Homogenbetrieb kann der Motor mit einem homogenen mageren Gemisch betrieben werden. Bei einem Betrieb mit $1 < \lambda < 1{,}2$ wird der Kraftstoffverbrauch gegenüber dem Homogenbetrieb mit $\lambda = 1$ reduziert.

Homogen-Schicht-Betrieb. In dieser Betriebsart wird ein homogenes mageres Gemisch im Brennraum durch frühe Einspritzung (ca. 75 % des Kraftstoffes) im Ansaugtakt hergestellt. Im Verdichtungstakt erfolgt eine zweite Einspritzung (Doppeleinspritzung), wodurch eine Zone mit fetterem Gemisch im Bereich um die Zündkerze entsteht. Dieses Gemisch ist gut entflammbar und sorgt für eine vollständige Verbrennung im Brennraum. Diese Betriebsart wird gewählt, um beim Umschaltvorgang von Homogen- auf Schichtbetrieb das Drehmoment besser einstellen zu können.

Homogen-Klopfschutz-Betrieb. Durch Doppeleinspritzung bei Volllast kann auf die Spätverstellung des Zündzeitpunktes zur Vermeidung von Klopfen verzichtet werden. Die Ladungsschichtung verhindert die gefährliche Selbstentzündung des Kraftstoffs.

Schicht-Katheizen. Eine weitere Art der Doppeleinspritzung ermöglicht das schnelle Aufheizen des Katalysators. Dabei wird wie im Schichtbetrieb ein mageres Gemisch hergestellt. Nach der Entzündung des Kraftstoffs wird noch einmal im Arbeitstakt eingespritzt. Dieser Kraftstoffanteil verbrennt sehr spät und heizt den Abgasstrang stark auf.

12.4.7.2 Brennverfahren der Direkteinspritzung

Bei der Direkteinspritzung wird unterschieden, wie Luft und Kraftstoff im Brennraum zusammengeführt werden. Dabei unterscheidet man grundsätzlich zwei verschiedene Verfahren:

- Strahlgeführtes Verfahren
- Wandgeführte Verfahren
  - Swirl-Strömung
  - Tumble-Strömung

Strahlgeführtes Verfahren (Bild 1, Seite 290). Dieses Verfahren ist dadurch gekennzeichnet, dass der Kraftstoff durch die Einspritzdüse unmittelbar in die Umgebung der Zündkerze eingespritzt wird und dort verdampft.

12

Problem: Wird die Zündkerze von Kraftstoffteilchen benetzt, ist sie einer sehr hohen Wärmebelastung ausgesetzt. Kraftstoffteilchen, die sich an die Brennraumoberfläche anlagern, verbrennen nicht oder nur unvollständig.

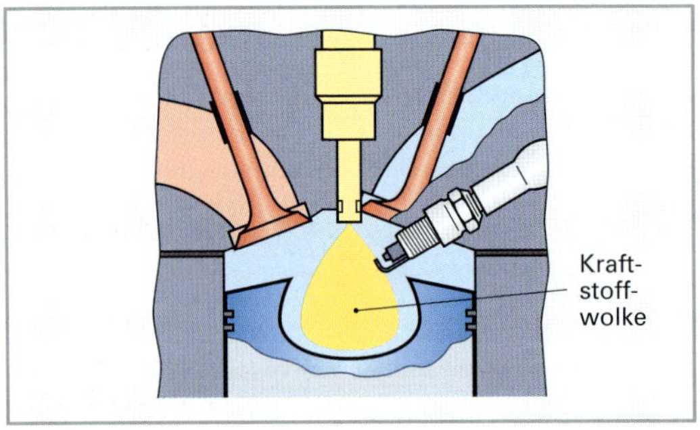

Bild 1: Strahlgeführtes Verfahren

Wandgeführte Brennverfahren (Bild 2). Bei diesem Verfahren wird durch eine gezielte Luftströmung eine räumlich abgegrenzte Kraftstoffwolke mit $\lambda = 1$ erzeugt, die sich auf die Zündkerze zu bewegt.

Der erforderliche Drall im Brennraum kann auf zweierlei Arten erzeugt werden:

Swirl-Strömung. Durch einen spiralförmig gestalteten Einlasskanal (Drallkanal) strömt die Luft in den Zylinder und dreht im Brennraum um eine Hochachse. Häufig wird der Ansaugkanal dabei zweiflutig ausgeführt. Der zweite Kanal (Füllungskanal) ist bei Schichtbetrieb durch eine Saugrohrklappe geschlossen. Für den Homogenbetrieb wird die Saugrohrklappe geöffnet, um eine maximale Füllung des Brennraumes mit Luft und damit höchste Leistung zu erreichen.

Tumble-Strömung. Bei diesem Verfahren entsteht eine walzenförmige Luftströmung. Die Luft, die von oben in den Brennraum strömt, wird durch eine ausgeprägte Kolbenmulde umgelenkt, so dass sie sich wieder Richtung Zündkerze bewegt.

In der Praxis werden häufig verschiedene Maßnahmen zur Strömungsbildung kombiniert.

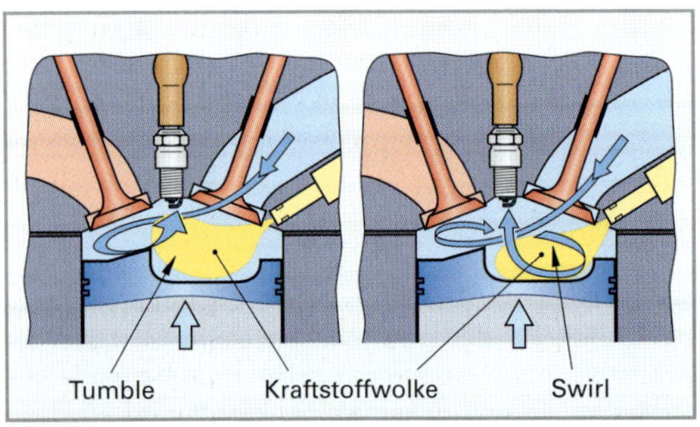

Bild 2: Tumble- und Swirl-Strömung

12.4.7.3 Das Kraftstofffördersystem der MED-Motronic

Das Kraftstofffördersystem der MED-Motronic **(Bild 3)** kann unterteilt werden in einen

- Niederdruckkreis und einen
- Hochdruckkreis

Der **Niederdruckkreis** bei der Direkteinspritzung entspricht im Wesentlichen der Kraftstoffförderung bei der Saugrohreinspritzung. Als Kraftstoffförderpumpen werden meist Verdrängerpumpen verwendet, weil sie den geforderten Vorförderdruck von 3 bar...5 bar leichter erzeugen. Das integrierte Absperrventil sorgt dafür, dass z.B. bei Heißstart der Druck kurzfristig auf 5 bar erhöht werden kann.

Im **Hochdruckkreis** wird der Kraftstoffdruck durch eine Kraftstoff-Hochdruckpumpe auf 50 bar...120 bar erhöht. Durch den Druckregler regelt das Steuergerät den Druck auf den Sollwert. Der Regelkreis wird durch den Drucksensor geschlossen, der dem Steuergerät den Istwert übermittelt.

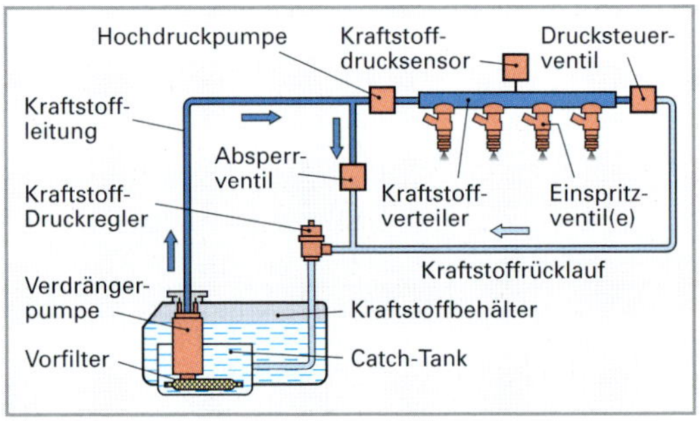

Bild 3: Kraftstofffördersystem der MED-Motronic

12.4.7.4 Bauteile der MED-Motronic

Hochdruckpumpe. Sie hat die Aufgabe, den von der Elektro-Kraftstoffpumpe mit ca. 3 bar...5 bar geförderten Kraftstoff mit einem Druck von 50 bar... 120 bar in das Rail zu pumpen. Verwendet werden da-

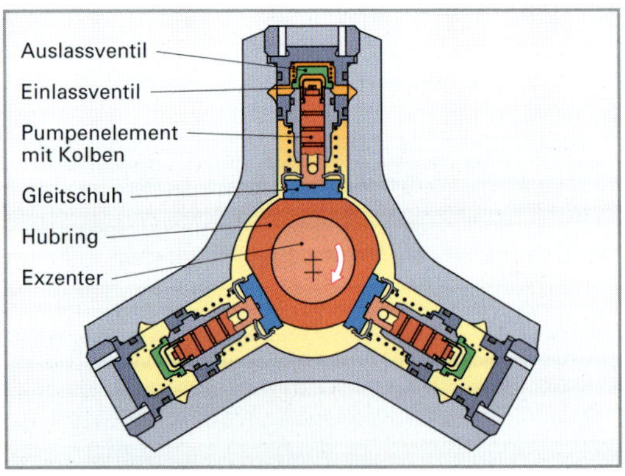

Bild 4: Dreizylinder-Hochdruckpumpe

zu Dreizylinderpumpen, die einen ähnlichen Aufbau wie die Pumpen der Common-Rail-Systeme besitzen. Für kleinere Fördermengen werden auch Pumpen mit nur einem Zylinder eingesetzt.

Rail. Es hat die Aufgabe, den von der Hochdruckpumpe geförderten Kraftstoff aufzunehmen und an die Einspritzventile zu verteilen. Das Volumen muss dabei so groß sein, dass die durch die Pumpe verursachten Druckpulsationen weitgehend ausgeglichen werden.

Am Rail befindet sich der Hochdrucksensor sowie das Drucksteuerventil.

Drucksteuerventil (Bild 1). Das Ventil stellt den gewünschten Druck im Rail dadurch her, dass der Durchflussquerschnitt zum Niederdruckkreislauf je nach Bedarf verändert wird. Das Drucksteuerventil ist stromlos geschlossen. Es wird vom Steuergerät durch Ansteuerung mittels **P**uls-**W**eiten-**M**odulierter Signale variabel geöffnet. Zum Schutz der Anlage ist eine Druckbegrenzungsfunktion integriert.

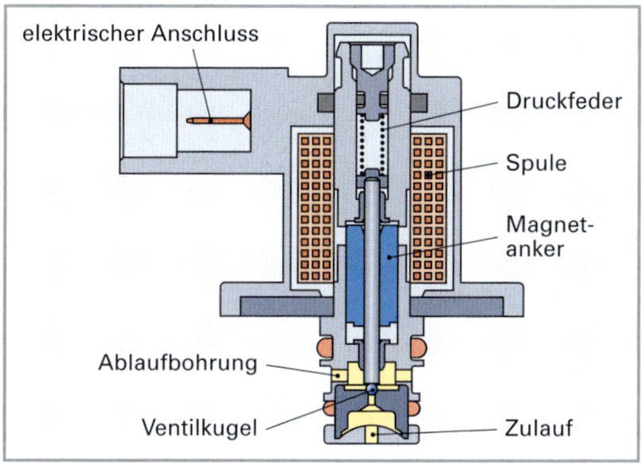

Bild 1: Druckbegrenzungsventil

Hochdruck-Einspritzventil. Das Hochdruck-Einspritzventil entspricht in seiner Funktion dem der Saugrohreinspritzung. Durch die völlig anderen Gegebenheiten der Direkteinspritzung werden an das Ventil erhöhte Anforderungen gestellt. Der Einspritzdruck von bis zu 120 bar und die Einspritzung in den Brennraum erfordern hohe Festigkeit und Wärmebeständigkeit. Da die Zeit, die für die Einspritzung zur Verfügung steht, wesentlich verkürzt ist, muss der Einspritzvorgang innerhalb von 0,4 ms bei Leerlauf bis 5 ms bei Volllast abgeschlossen sein. Fehler durch eine verzögerte Ventilöffnung wirken sich deshalb sehr viel stärker aus als bei der Saugrohreinspritzung. Um die Ventile schnell zu öffnen, werden die Magnetwicklungen über Hochleistungskondensatoren mit bis zu 90 V angesteuert.

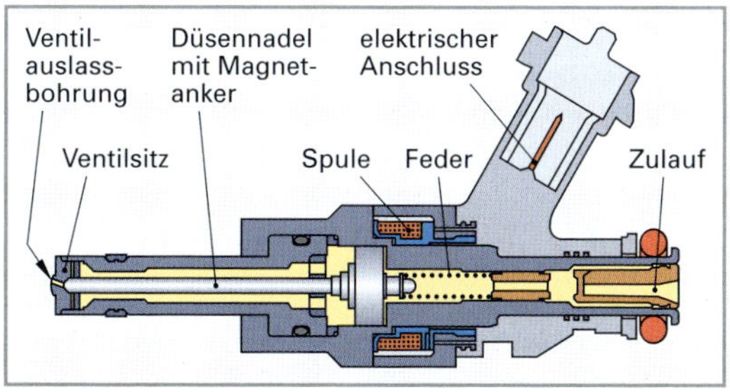

Bild 2: Hochdruck-Einspritzventil

12.4.7.5 Die elektronische Regelung der MED-Motronic

Das Regelsystem der MED-Motronic enthält zusätzlich zu den Sensoren der ME-Motronic folgende Sensoren und Aktoren (siehe Blockschaltbild **Seite 292** und Schaltplan **Seite 293**).

NO_x-Sensor B14. Der Sensor hat die Aufgabe, die Funktion des NO_x-Speicherkatalysators zu überwachen und sowohl den NO_x- als auch den Sauerstoffanteil im Abgas zu erfassen. Das Signal wird vom Steuergerät des NO_x-Sensors (K6) ausgewertet, das bei Bedarf die Regenerierung des Speicherkatalysators durch Umschalten auf Homogen-Fettbetrieb einleitet.

Abgastemperatursensor B15. Durch den Sensor wird die Abgastemperatur erfasst. Der wirksame Arbeitsbereich des NO_x-Speicherkatalysators liegt zwischen 250° C und 500° C. Deshalb darf nur in den Schichtladebetrieb geschaltet werden, wenn sich die Abgastemperatur innerhalb dieser Grenzen befindet. Der Sensor ist mit dem Steuergerät über PIN 57 und PIN 49 verbunden.

Breitband-Lambda-Sonde B13. Sie wird zur Bestimmung des Sauerstoffanteils im Abgas über einen weiten λ-Bereich verwendet. Weicht der von der Sonde erzeugte Ist-Wert von dem in einem Kennfeld gespeicherten Sollwert ab, wird die Einspritzdauer korrigiert. Die Sonde ist durch die PIN 24, 25, 26 und 27 mit dem Steuergerät verbunden. Die Heizung der Sonde erhält Plus von K5 und Minus von PIN 28.

Geber für Saugrohrklappenstellung B16. Er erfasst durch ein Potentiometer die Stellung der Saugrohrklappe, die bei Schicht-Betrieb zur Erzeugung des Dralls geschlossen, bei Homogenbetrieb geöffnet ist. Da sich die Position der Klappe auch auf Zündung und Abgasrückführung auswirkt, muss die Stellung der Klappe ebenfalls durch die On-Board-Diagnose überwacht werden. Das Potentiometer kann über die PIN 49, 52 und 54 überprüft werden.

Kraftstoffdrucksensor B17. Er erfasst den im Rail herrschenden Kraftstoffdruck. Die Information wird in Form eines Spannungssignals an das Steuergerät gesandt, das daraufhin über das Kraftstoffdruck-Regelventil den geforderten Kraftstoffdruck einstellt.

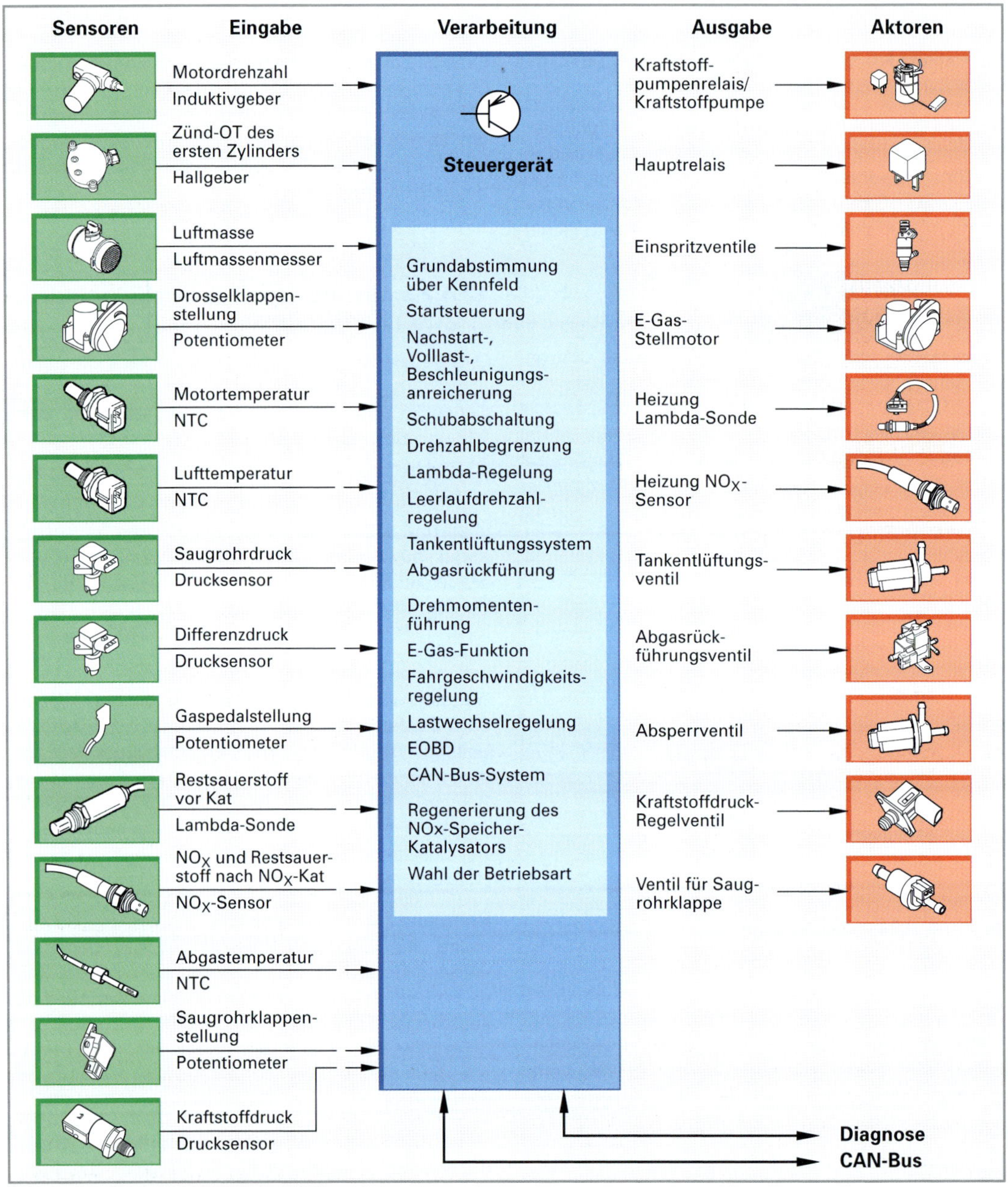

Bild 1: Blockschaltbild der MED-Motronic

Der Sensor erhält Plus von PIN 12 und Minus von PIN 22. Das Signal wird über PIN 13 übertragen.

Außerdem benötigt das System der MED-Motronic folgende zusätzliche Aktoren:

Kraftstoffdruck-Regelventil Y11. Es regelt den Kraftstoffdruck im Rail je nach Betriebszustand auf 50 bar bis 120 bar. Dazu wird es vom Steuergerät mit Masse auf PIN 33 angetaktet. Die Plusversorgung erfolgt durch K5.

Ventil für Saugrohr-Klappe Y10. Die Saugrohrklappe gibt im Homogenbetrieb den vollen Querschnitt des Saugrohres frei, um eine maximale Luftfüllung des Brennraumes zu erreichen. Im Schichtbetrieb schließt sie einen Kanal des Saugrohrs, wodurch die Strömungsgeschwindigkeit erhöht und der Drall im Brennraum zur Ausbildung der Kraftstoffwolke verstärkt wird. Das Ventil wird vom Steuergerät über Minus von PIN 32 geschaltet. Die Plus-Versorgung erfolgt durch K5.

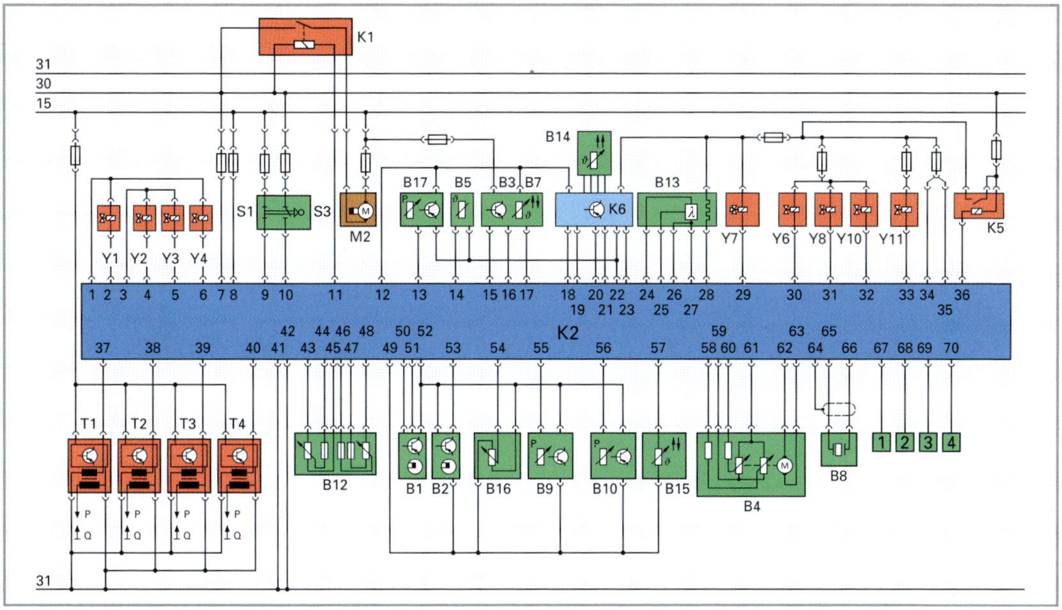

Bild 1: Schaltplan der MED-Motronic

Legende zum Schaltplan

B1 Drehzahlgeber Kurbelwelle
B2 OT-Geber Nockenwelle
B3 Luftmassenmesser
B4 Geber für Drosselklappenstellung mit E-Gas-Stellmotor
B5 Motortemperaturfühler
B7 Ansaugluft-Temperaturfühler
B8 Klopfsensor
B9 Saugrohrdrucksensor
B10 Differenzdrucksensor
B12 Geber für Gaspedalstellung
B13 Breitband-λ-Sonde
B14 NO_x-Sensor
B15 Abgastemperaturfühler
B16 Saugrohrklappenpotentiometer
B17 Kraftstoffdrucksensor
F1…F12 Sicherungen
K1 Kraftstoffpumpenrelais
K2 Steuergerät MED-Motronic
K5 Relais Stromversorgung Motronic
K6 Steuergerät NO_x-Sensor
M2 Elektrokraftstoffpumpe
S1 Schalter GRA
S3 Bremspedalschalter GRA
T1…T4 Einzelfunkenzündspulen
Y1…Y4 Einspritzventile
Y6 Tankentlüftungsventil
Y7 Abgasrückführungsventil
Y8 Absperrventil
Y10 Ventil für Saugrohrklappe
Y11 Kraftstoffdruckregelventil
1…4 Ein- und Ausgänge anderer Systeme

Wiederholungsfragen

1 **Welche Gründe sprechen für die Einführung der Direkteinspritzung bei Benzinmotoren?**

2 **Welche Nachteile gegenüber der Saugrohreinspritzung treten bei der Benzindirekteinspritzung auf?**

3 **Beschreiben Sie die einzelnen Betriebsarten der Benzindirekteinspritzung.**

4 **Welche Brennverfahren werden bei der Benzindirekteinspritzung verwendet.**

5 **Beschreiben Sie die Kraftstoffförderung der Benzindirekteinspritzung.**

6 **Welche Bauteile der Benzindirekteinspritzung sind gegenüber der Saugrohreinspritzung verändert oder zusätzlich vorhanden? Erklären Sie deren Aufgabe und Funktion.**

7 **Welche Sensorbauarten werden bei der Benzindirekteinspritzung verwendet.**

8 **Welche Aktoren werden bei der Direkteinspritzung vom Steuergerät angesteuert?**

9 **Warum wird als λ-Sonde eine Breitband-λ-Sonde verwendet und keine Spannungssprungsonde?**

10 **Welche Bauteile versorgt das Kraftstoffpumpenrelais mit Strom?**

11 **Welche Aufgabe hat das Relais K5? Welche Bedingungen müssen erfüllt sein, damit der Arbeitsstrom fließen kann?**

12 **Wozu wird der NO_x-Sensor benötigt?**

13 **Wie werden die Einspritzventile der dargestellten MED-Motronic geschaltet?**

14 **Welche Bauteile der MED-Motronic müssen von der OBD überwacht werden?**

15 **Welche Zündanlage wird bei der dargestellten Motronic eingesetzt?**

12.4.8 KE-Jetronic

Bei der KE-Jetronic sind die Einspritzventile kontinuierlich geöffnet. Die Bildung der Grundeinspritzmenge erfolgt mechanisch-hydraulisch. Die Anpassung des Gemisches an verschiedene Betriebszustände wird **elektronisch** geregelt. KE = kontinuierliche Benzineinspritzung mit elektronischer Regelung.

Da die Einspritzventile der Anlage dauernd geöffnet sind, kann die Einspritzmenge nicht, wie z.B. bei der LH-Motronic über die Öffnungsdauer geregelt werden. Bei der KE-Jetronic erfolgt die Regelung der Einspritzmenge über den Einspritzdruck.

12.4.8.1 Teilsysteme der KE-Jetronic

Luftsystem

Die vom Luftfilter gereinigte, vom Motor angesaugte und von der Drosselklappe regulierte Luft strömt in das Saugrohr. Dabei wird die Stauscheibe, die als Schwebekörper ausgebildet ist, je nach Luftströmung angehoben. Die Auslenkung der Stauscheibe ist ein Maß für die angesaugte Luftmenge. Über ein Hebelsystem wird die Auslenkung als Hub auf den Steuerkolben des Kraftstoffmengenteilers übertragen.

12

Kraftstoffsystem

Eine Elektro-Kraftstoffpumpe erzeugt den Systemdruck und fördert den Kraftstoff vom Kraftstoffbehälter zum Kraftstoffmengenteiler. Der Pumpe nachgeschaltet sind ein Kraftstofffilter und ein Kraftstoffspeicher.

Dieser soll einerseits die Pulsationsgeräusche der Rollenzellenpumpe, die als Kraftstoffpumpe meist verwendet wird, mindern. Andererseits soll er, wenn der Motor abgestellt ist, einen Restdruck im Kraftstoffsystem aufrecht erhalten, um Dampfblasenbildung zu vermeiden und die Heißstartfähigkeit zu verbessern. Der eingesetzte Systemdruckregler begrenzt den Systemdruck je nach Ausführung auf 4,8 bar bis 5,6 bar und leitet den zuviel geförderten Kraftstoff zurück zum Kraftstoffbehälter.

12.4.8.2 Der Gemischregler der KE-Jetronic

Er besteht aus **(Bild 1)**:

- Luftmengenmesser
- Kraftstoffmengenteiler
- Elektro-hydraulischem Drucksteller

Luftmengenmesser. Durch ihn wird die vom Motor angesaugte Luftmenge ermittelt. Die strömende Ansaugluft hebt die Stauscheibe an. Durch einen Hebelmechanismus wird der Steuerkolben im Kraftstoff-

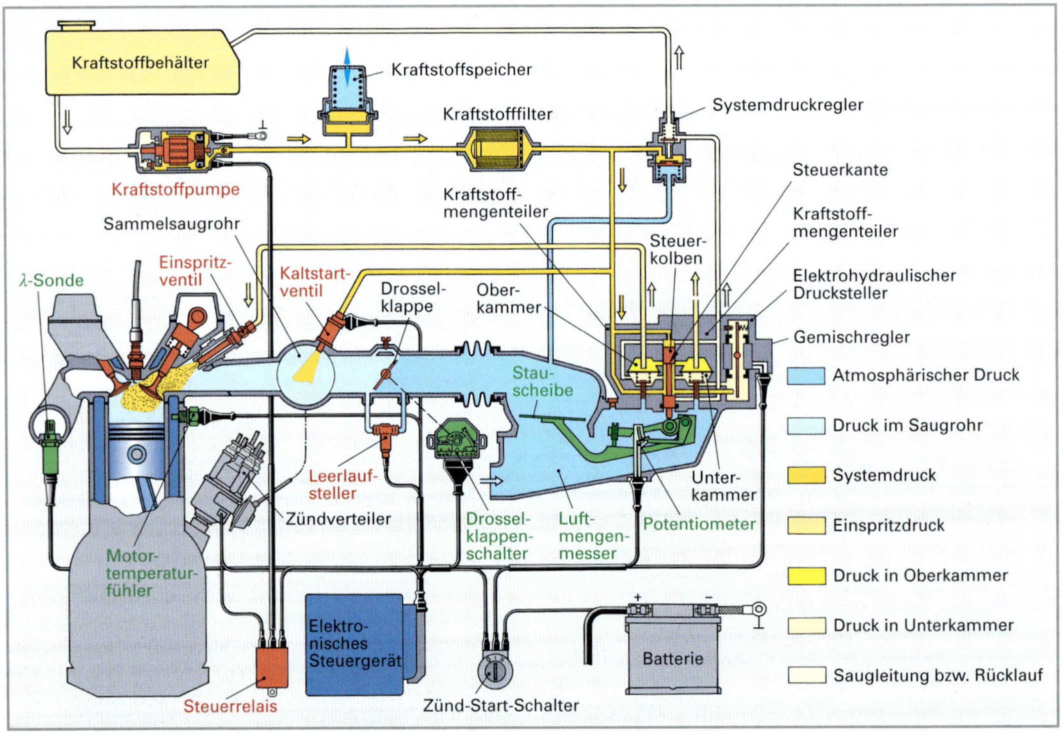

Bild 1: Systembild KE-Jetronic

mengenteiler proportional zu ihrer Auslenkung verschoben. Ein am Hebelsystem angebrachtes Potentiometer erfasst den Hub der Stauscheibe elektronisch und gibt ihn in Form eines Spannungssignals an das Steuergerät weiter.

Kraftstoffmengenteiler. Er teilt entsprechend der Stauscheibenstellung die Kraftstoffgrundmenge den einzelnen Zylindern zu. Je nach Stellung des Steuerkolbens, die von der Stellung der Stauscheibe abhängt, gibt die Steuerkante des Steuerkolbens einen z.B. bei Leerlauf kleinen Abströmquerschnitt im Schlitzträger frei. Damit kann nur wenig Kraftstoff in die Oberkammer einströmen. Bei erhöhter Last, wird der Kolben nach oben verschoben und der Abströmquerschnitt wird vergrößert, was vermehrten Kraftstoffzulauf in die Oberkammer ermöglicht **(Bild 1)**.

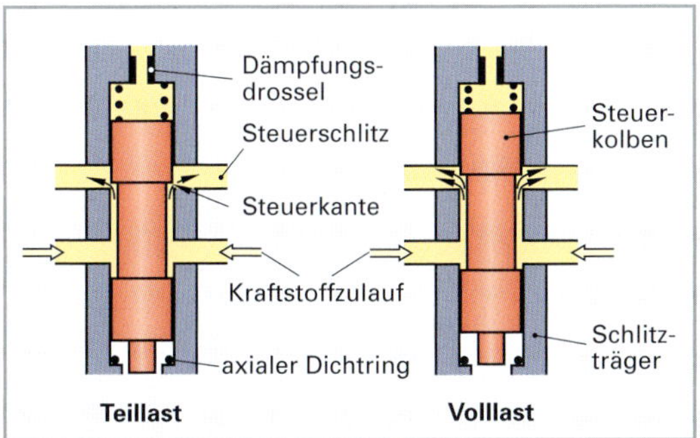

Bild 1: Schlitzträger mit Steuerkolben

Jeder Zylinder des Motors besitzt eine eigene Ober- und Unterkammer. Die Oberkammern sind durch eine Stahlmembran von den Unterkammern getrennt. Sie werden als Differenzdruckventile bezeichnet, weil sie so eingestellt sind, dass die Druckdifferenz zwischen Ober- und Unterkammer immer 0,2 bar beträgt. Steigt der Druck in der Oberkammer durch vermehrten Kraftstoffzulauf, verformt sich die Stahlmembran entgegen dem Federdruck und dem Kraftstoffdruck in der Unterkammer nach unten. Dadurch wird der Austrittsquerschnitt zum Einspritzventil vergrößert und mehr Kraftstoff kann zu den Einspritzventilen fließen **(Bild 2)**. Diese werden, sobald der Druck am Ventil 3,3 bar überschreitet, hydraulisch geöffnet und schließen erst beim Abstellen des Motors oder bei Schubabschaltung.

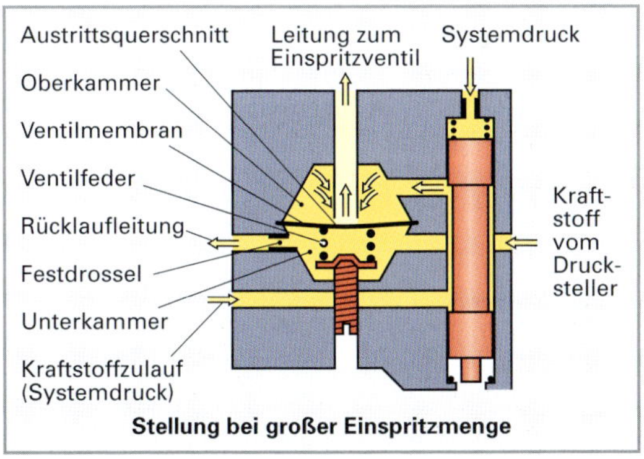

Bild 2: Differenzdruckventil

Elektro-hydraulischer Drucksteller (Bild 3). Durch ihn kann das elektronische Steuergerät das Gemisch den jeweiligen Betriebszuständen anpassen. Seine drehbar gelagerte Prallplatte kann je nach Bestromung der Magnetspule durch das Steuergerät ausgelenkt werden.

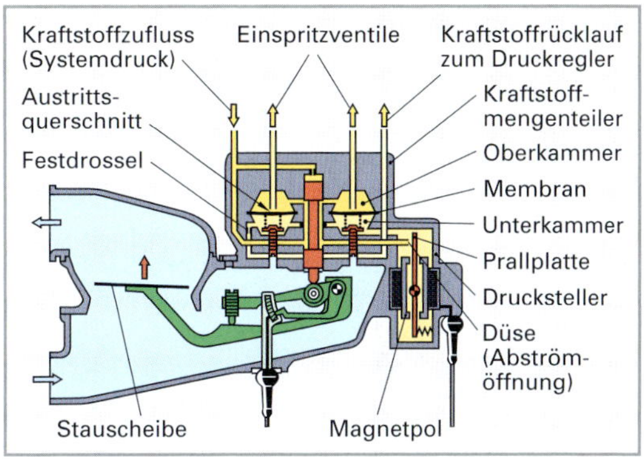

Bild 3: Elektro-hydraulischer Drucksteller

Wird die Abströmöffnung der Düse dadurch vergrößert, dass die Prallplatte sich von der Düsenöffnung weg bewegt, kann vermehrt Kraftstoff in den Drucksteller fließen. Damit steigt der Druck in den Unterkammern der Differenzdruckventile, die mit dem Drucksteller verbunden sind. Dies wiederum bewirkt, dass sich die Stahlmembran geringfügig nach oben wölbt und der Abströmquerschnitt in den Oberkammern verkleinert. Damit gelangt weniger Kraftstoff zu den Einspritzventilen, das Gemisch magert ab. Wird die Magnetspule so bestromt, dass sich die Prallplatte zur Düsenöffnung bewegt, wird das Gemisch angefettet.

Zur Anpassung des Gemisches benötigt das Steuergerät folgende Signale:

- Drosselklappenschalter → Leerlauf, Volllast
- Drehzahlsensor → Motordrehzahl
- Zünd-Start-Schalter → Start
- Motortemperatursensor → Kühlmitteltemperatur
- Lambda-Sonde → Gemischzusammensetzung

Bei Ausfall der elektronischen Regelung kann die Grundeinspritzmenge weiterhin durch die mechanisch-hydraulische Steuerung gebildet werden. Das Fahrzeug bleibt somit fahrbereit. Allerdings kann das Gemisch nicht mehr angepasst werden.

12.5 Gemischbildung bei Dieselmotoren

Dieselmotoren besitzen im Gegensatz zu Ottomotoren mit herkömmlicher Saugrohreinspritzung eine innere Gemischbildung. D.h. dass der Kraftstoff unter hohem Druck in flüssiger Form in den Brennraum eingespritzt wird, um dort mit der vorverdichteten Luft zu verbrennen.

12.5.1 Verbrennungsablauf beim Dieselmotor

Vollständige Verbrennung

Der flüssige Kraftstoff wird unter sehr hohem Druck, je nach Einspritzsystem und Last mit 180 bar bis zu 2200 bar, in den Brennraum eingespritzt. Die durch hohen Druck und sehr kleine Düsenöffnungen (ca. 0,15 mm) feinst vernebelten Kraftstofftröpfchen werden durch die ca. 800 °C heiße Luft erhitzt und beginnen zuerst an ihrer Oberfläche zu verdampfen. Der Kraftstoffdampf vermischt sich mit der heißen Luft, heizt sich weiter auf und verbrennt mit dem Luftsauerstoff.

Durch die einsetzende Verbrennung in der Gemischzone steigt die Temperatur weiter an. Dadurch ergibt sich eine schnellere weitere Verdampfung, Vermischung und im Idealfall eine Verbrennung im inneren Bereich des Kraftstofftröpfchens.

12

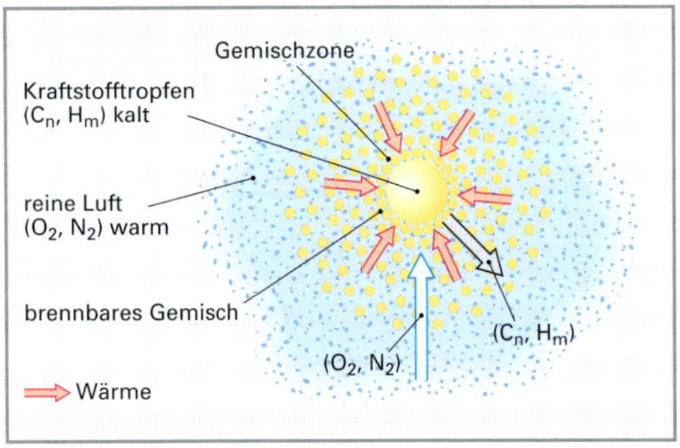

Bild 1: Vollständige Verbrennung am Kraftstofftröpfchen

12.5.2 Störungen des Verbrennungsablaufs

Unvollständige Verbrennung

Da die äußere Gemischzone am Kraftstofftröpfchen mit dem umgebenden Luftsauerstoff reagiert, während der Kern des Tröpfchens die Selbstentzündungstemperatur noch nicht erreicht hat, entsteht im Inneren des verdampften Kraftstofftröpfchens Sauerstoffmangel. Die Verbrennung kann dort nur unvollständig erfolgen. Je größer die Kraftstofftröpfchen sind, desto größer ist der Bereich, in dem Luftmangel herrscht und desto mehr Kohlenwasserstoffmoleküle werden nur unvollständig verbrannt.

Partikelbildung. Durch die unvollständige Verbrennung entsteht ein Rußkern, an den sich weitere Verbrennungsrückstände z.B. Sulfatpartikel und Kohlenwasserstoffe anlagern **(Bild 2)**. Man spricht von Rußpartikeln. Mit Hilfe moderner Einspritzanlagen konnte der Ausstoß dieser Partikel im Laufe der letzten Jahre um ca. 90 % reduziert werden.

Allerdings sind die jetzt erzeugten Partikel so klein, dass sie, wenn sie eingeatmet werden, Zellgewebe durchdringen können. Sie können Ursache für Krebs- und Kreislauferkrankungen sein.

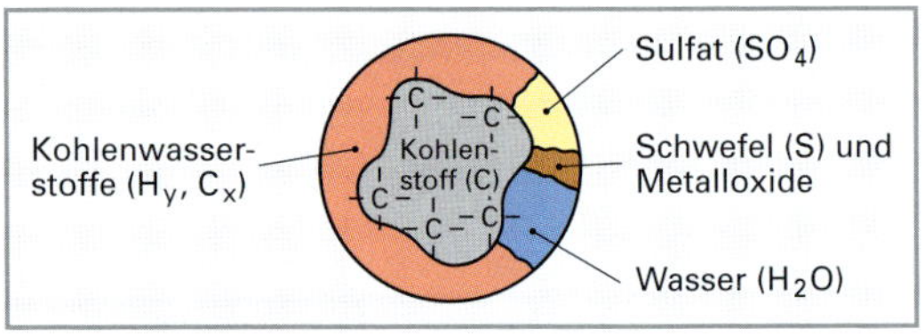

Bild 2: Rußpartikel

Zu starker Partikelausstoß (Rußbildung) hat häufig unter anderem folgende Ursachen:

- Motor im Kaltstart oder Warmlauf
- Motor im Volllastbetrieb
- Verstopfter Luftfilter
- Defekte Einspritzdüse
- Defekte im Brennraum oder im Einlasssystem

Zündverzug. Die Zeitspanne vom Austritt des ersten Kraftstoffteilchens aus der Düsenöffnung bis zum Brennbeginn wird als Zündverzug bezeichnet.

Vergeht eine zu große Zeitspanne vom Austritt des ersten Kraftstofftröpfchens bis zu seiner Entzündung (mehr als 1 ms), so spricht man von erhöhtem Zündverzug.

Durch zu großen Zündverzug sammelt sich viel Kraftstoff im Brennraum, der durch die verspätet einsetzende Verbrennung schnell aufgeheizt wird und schlagartig verbrennt. Die große und explosionsartig abbrennende Kraftstoffmenge lässt den Druck im Brennraum rapide ansteigen. Dies führt zu einer sehr hohen Belastung der Bauteile (ähnlich der klopfenden Verbrennung im Ottomotor) und Leistungsverlust.

Die hart einsetzende Verbrennung ist durch das nagelnde Verbrennungsgeräusch deutlich hörbar.

Zu großer Zündverzug hat unter anderem häufig folgende Ursachen:

- Kalter Motor und dadurch hohe Wärmeverluste
- Zu früher Einspritzbeginn

- Schlechte Kraftstoffqualität (zu niedrige Cetanzahl)
- Mangelhafte Kompression
- Nachtropfende Einspritzdüsen

Maßnahmen zur Verbesserung der Gemischbildung

Die Gemischbildung wird im Wesentlichen durch den Grad der Luftverwirbelung im Verbrennungsraum und von der Höhe des Einspritzdruckes bestimmt. Im Einzelnen werden folgende Maßnahmen ergriffen:

- Betrieb des Dieselmotors unter Luftüberschuss (bis $\lambda \approx 8$) und Begrenzung der maximalen Einspritzmenge auf $\lambda \approx 1{,}3$ um Luftmangel im Brennraum zu vermeiden.
- Luftverwirbelung durch Drallkanäle **(siehe Einlasskanalsteuerung, S. 298)** und Kolbenform (direkte Einspritzung) sowie Drallbildung in den Nebenbrennräumen (indirekte Einspritzung) zur besseren Durchmischung von Luft und Kraftstoff.
- Optimierung der Brennraumgeometrie zur Verbesserung des Verbrennungsvorgangs.
- Kraftstoffvorwärmung zur feineren Vernebelung und schnelleren Verdampfung des Kraftstoffs.
- Glühzeitregelung (Vor- und Nachglühen) zum Anwärmen des Brennraumes und zur Verringerung der Wärmeverluste.
- Voreinspritzung einer kleinen Kraftstoffmenge zum Aufheizen der angesaugten Luft um den Zündverzug zu verringern und um einen sanfteren Druckanstieg zu erreichen.
- Hohe Einspritzdrücke um kleinere und dadurch schneller und vollständiger verbrennende Kraftstofftröpfchen zu erzeugen.
- Nacheinspritzung zur Nachverbrennung unverbrannter Partikel.

12.5.3 Vergleich der Einspritzverfahren

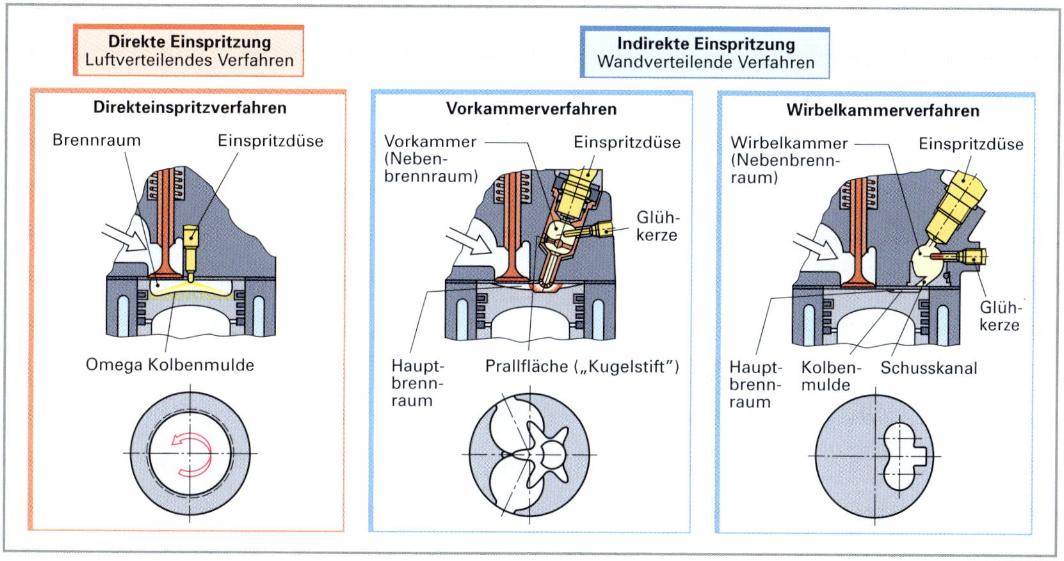

Bild 1: Diesel-Einspritzverfahren

Bei Dieselmotoren unterscheidet man grundsätzlich zwei verschiedene Einspritzverfahren:

- **Direkte Einspritzung** in einen ungeteilten Brennraum (**DI** = direct injection)
- **Indirekte Einspritzung** in die Nebenkammer eines geteilten Brennraums (**IDI** = indirect injection)

Indirekt einspritzende Dieselmotoren

Man unterscheidet auf Grund der Form der Nebenkammer **Vorkammer-** und **Wirbelkammerverfahren.**

Die Nebenkammer ist im Zylinderkopf angeordnet und nimmt den Düsenhalter mit Einspritzdüse und die Glühkerze auf. Durch einen Schusskanal (Wirbelkammer) bzw. durch Strahlkanäle (Vorkammer) sind die Nebenkammern mit den Hauptbrennräumen verbunden **(Bild 1).**

Beim Verdichten wird Luft über die Kanäle in die Vorkammern gepresst, wodurch sie in Rotation gerät. In diesen Luftwirbel wird aus Zapfendüsen Kraftstoff mit einem Druck von 180 bar bis 450 bar eingespritzt. Ein wesentlicher Teil des Kraftstoffs lagert sich dabei zunächst an der Kammeroberfläche an **(wandverteilendes Verfahren).**

Der in der Luft verteilte Kraftstoff entzündet sich. Die durch die Verbrennung entstehende Wärme lässt den an der Wand angelagerten Kraftstoff von der Brennraumoberfläche verdampfen. Er heizt sich auf und beginnt ebenfalls zu brennen.

Durch den Verbrennungsdruck in der Nebenkammer wird das brennende Gemisch in den Hauptbrennraum geblasen und dort vollständig verbrannt. Es entsteht eine verzögerte und damit weiche zweistufige Verbrennung.

Die große Brennraumoberfläche bei Kammermotoren sorgt für einen hohen Wärmeverlust. Daraus ergibt sich im Vergleich zu Direkteinspritzern ein schlechterer thermischer Wirkungsgrad.

Bei Kaltstart bewirken die Wärmeverluste eine ungenügende Gemischaufbereitung und zu großen Zündverzug. Dies führt bei niedrigen Außentemperaturen zu Startschwierigkeiten, weshalb eine Starthilfsanlage eingebaut sein muss.

Direkt einspritzende Dieselmotoren

Bei ihnen wird der Kraftstoff über Lochdüsen mit einem Druck von bis zu 2200 bar in die heiße Luft des Brennraumes eingespritzt **(luftverteilendes Verfahren)**. Dieser wird im Wesentlichen durch die im Kolben befindliche Brennraummulde (Omega-Kolben) und den abgeflachten Zylinderkopf gebildet. Die zur vollständigen Verbrennung nötige Luftverwirbelung wird durch Drallkanäle und die Kolbenform erzeugt.

12

Um einen sanfteren Druckanstieg und damit ruhigeren Motorlauf zu erreichen, wird eine kleine Kraftstoffmenge vor der Hauptmenge eingespritzt (Voreinspritzung).

Durch die im Vergleich zu Kammermotoren kleinere Brennraumoberfläche werden die Wärmeverluste verringert. Dies führt zu einem höheren thermischen Wirkungsgrad. Eine Kaltstarteinrichtung ist nur bei sehr niedrigen Außentemperaturen erforderlich.

Allerdings wird sie zur Reduzierung der Schadstoffe bei Kaltstart und Warmlauf eingebaut.

Der Hauptvorteil der Direkteinspritzer gegenüber den Kammermotoren liegt in einem bis zu 20% günstigerem Kraftstoffverbrauch. Der ursprünglich raue Motorlauf (nagelndes Verbrennungsgeräusch) kann weitgehend durch eine Voreinspritzung beseitigt werden. Durch diese Vorteile besitzen Direkteinspritzer heute einen Marktanteil von nahezu 100 %.

12.5.4 Einlasskanalsteuerung (Bild 1)

Die Füllungseinlasskanäle werden durch Klappen geschlossen bzw. geöffnet. Die Steuerung geschieht kennfeldabhängig durch ein Steuergerät. Mit einem PWM-Signal wird ein Stellmotor angetaktet, der über ein Gestänge alle Klappen bewegt.

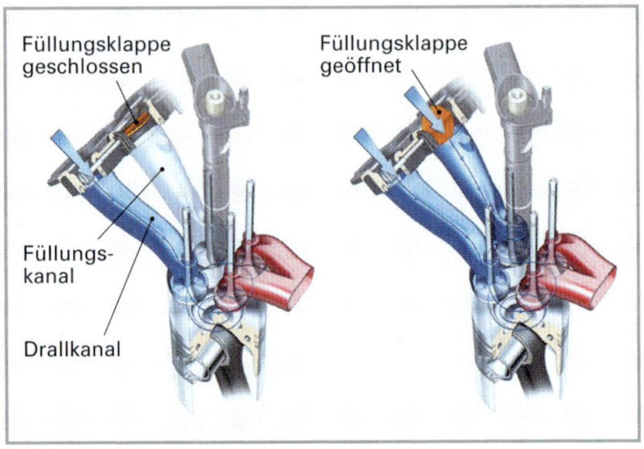

Bild 1: Einlasskanalsteuerung

Unterer Drehzahl- und Lastbereich. Hier werden alle Füllungsklappen verschlossen. Die gesamte Luftmasse strömt ausschließlich über die Drallkanäle ein. Die hieraus resultierende hohe Luftverwirbelung sorgt für eine optimale Vermischung des Kraftstoffs mit der Luft und somit für eine bessere Verbrennung. Die Partikelbildung wird reduziert.

Oberer Drehzahl und Lastbereich. Hier werden die Füllungseinlasskanäle kontinuierlich geöffnet, so dass für jeden Motorbetriebspunkt das bestmögliche Verhältnis zwischen Luftverwirbelung und Luftmasse zur Verfügung steht. Damit wird das Abgasverhalten und die Motorleistung optimiert.

12.5.5 Starthilfsanlagen

Sie haben die Aufgabe das Anspringen des kalten Dieselmotors zu erleichtern, für einen runden und stabilen Leerlauf zu sorgen und die Schadstoffemission zu senken.

Die Startwilligkeit von Dieselmotoren nimmt mit sinkenden Temperaturen ab. Verringerte Kompressionsdrücke sowie Wärmeverluste durch die kalte Brennraumwand senken die Verdichtungsendtemperatur. Dadurch ist ein Start ohne zusätzliche Starthilfseinrichtung unter Umständen nicht mehr möglich. Des Weiteren besteht die Gefahr, dass erhöhte Schadstoffbildung auftritt (Weiß- und Schwarzrauchbildung).

Als Starthilfsanlagen werden im Pkw-Bereich Glühstiftkerzen verwendet. Bei direkt einspritzenden Motoren können im Saugrohr zusätzlich Glühwendel oder Heizflansche eingebaut werden.

Glühstiftkerzen

Man unterscheidet zwei Arten von Glühstiftkerzen:

- Selbstregelnde Glühstiftkerzen
- Elektronisch geregelte Glühstiftkerzen

Selbstregelnde Glühstiftkerze (Bild 1)

Aufbau. Sie besteht aus einer in Reihe geschalteten Regel- und Heizwendel aus Nickeldraht. Beide Wendeln haben positive aber verschieden hohe Temperaturkoeffizienten (PTC-Verhalten).

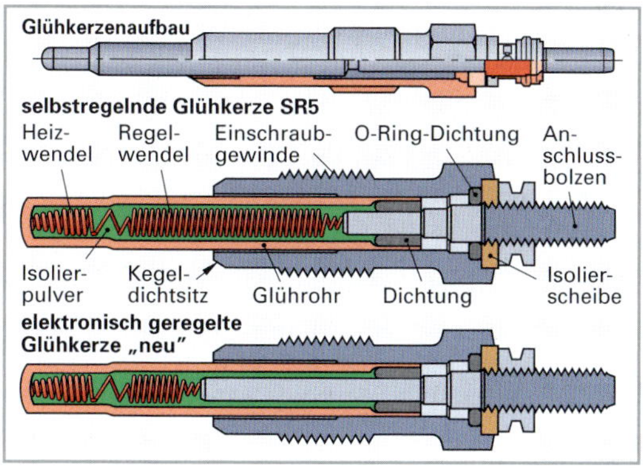

Bild 1: Aufbau der Glühstiftkerzen

Selbstregelung. Beim Vorglühen fließt anfangs ein hoher Strom über den Anschlussbolzen und die Regelwendel zur Heizwendel. Diese erhitzt sich schnell und bringt die Heizzone zum Glühen. Durch die sich ausbreitende Wärme steigt der elektrische Widerstand in der Regelwendel an. Der Strom wird dadurch so weit reduziert, dass der Glühstift nicht überhitzt.

Selbstregelnde Glühstiftkerzen arbeiten meist mit einer Nennspannung von 11,5 V. Sie erreichen bereits nach 2 bis 7 Sekunden die zur Zündauslösung erforderliche Glühtemperatur von 850 °C. Anschließend glühen sie durch das PTC-Verhalten der Regelwendel mit einer niedrigeren Beharrungstemperatur weiter. Die Leistungsaufnahme beträgt 100 W … 120 W.

Glühzeitsteuerung (Bild 2)

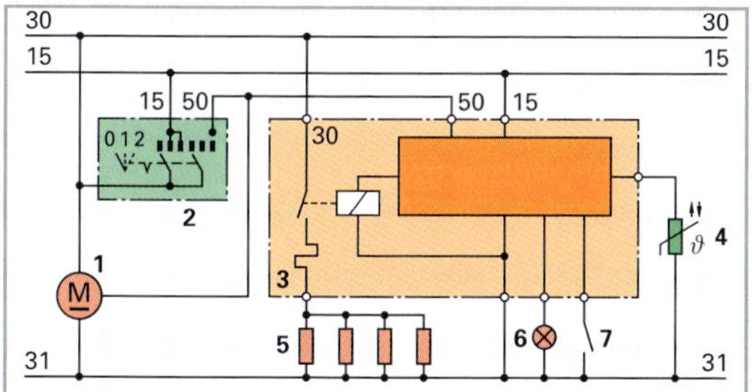

1 Starter, 2 Glüh-Start-Schalter, 3 Glühzeitsteuergerät, 4 Kühlflüssigkeits-Temperatursensor, 5 Glühstiftkerzen, 6 Start-Kontrollleuchte, 7 Schalter Pedalwertgeber.

Bild 2: Glüh-Startanlage mit Glühzeitsteuerung

Sie wird verwendet, um die parallel geschalteten selbstregelnden Glühstiftkerzen so zu schalten, dass die Gemischbildung durch die Vorglühanlage optimal unterstützt wird.

Aufbau. Die Anlage besteht im Wesentlichen aus einer Elektronik zur Steuerung des Glühverlaufs, der Anzeige der Startbereitschaft und dem Leistungsrelais zum Schalten der Glühkerzenströme.

Wirkungsweise. Der Glühvorgang erfolgt in drei Phasen **(Bild 3)**.

- Vorglühen
- Startglühen
- Nachglühen

Vorglühen. Wird das Zündschloss in Stellung **1** geschaltet (Klemme 15), errechnet das Glühzeitsteuergerät über den Kühlmitteltemperatursensor die Vorglühzeit. Bei Temperaturen über 60 °C wird nicht vorgeglüht.

Startglühen. Nach Erlöschen der Vorglühkontrollleuchte wird für weitere 5 Sekunden vorgeglüht. In dieser Zeit sollte gestartet werden. Der Anschluss über Klemme 50 gewährleistet ein Glühen über die gesamte Dauer des Startvorgangs.

Nachglühen. Nach dem Kaltstart beginnt das Nachglühen. Wird der Leerlaufschalter geöffnet und damit Motorlast erkannt, wird der Nachglühvorgang unterbrochen. Bei Rückkehr in den Leerlauf wird weiter nachgeglüht. Das Nachglühen wird bei Temperaturen über 60 °C oder bei einer Nachglühzeit von mehr als 180 Sekunden unterbrochen.

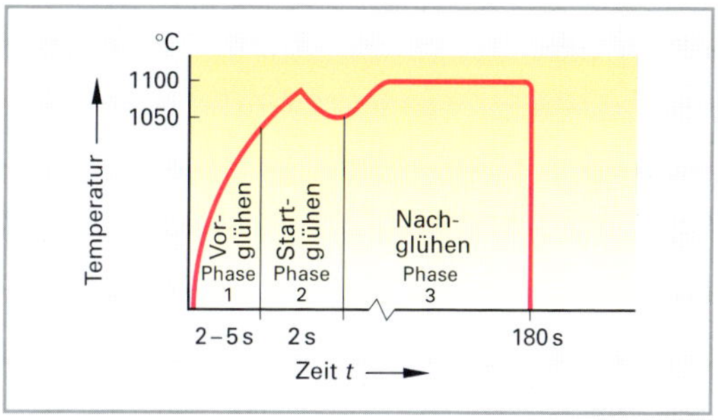

Bild 3: Glühverlauf

Elektronisch geregelte Glühstiftkerzen

Um eine minimale Aufheizzeit zu erreichen, ist die Regelwendel verkürzt. Die für 5 Volt … 8 Volt Nennspannung ausgelegten Glühstifte werden kurzzeitig pulsweitenmoduliert mit einer Überspannung bis zu 11 Volt beaufschlagt. Somit werden in 1 – 2 Sekunden Temperaturen von 1000 °C erreicht. Dies macht einen komfortablen Schlüsselstart (= Starten ohne Vorglühverzögerung) auch bei extrem niederen Temperaturen möglich. Im Steuergerät werden zur Ansteuerung der Glühkerzen Leistungshalbleiter eingesetzt, welche das herkömmliche elektromagnetische Relais ersetzen. Jede Glühkerze kann somit einzeln angesteuert, überwacht und diagnostiziert werden **(Bild 3)**.

Glühwendel und Heizflansch.

Sie werden in das Sammelansaugrohr eingebaut und bestehen aus einem Heizelement. Die selbstregelnde PTC-Heizelemente erreichen bei einer elektrischen Leistung von etwa 600 W eine Temperatur von 900 °C bis 1100 °C zur Ansaugluftvorwärmung.

WERKSTATTHINWEISE

Ausbau der Glühstiftkerzen.

- Auf vorgeschriebene Löse- und Anzugsdrehmomente achten! Da es zwischen Glühstab und Zylinderkopf zu Ablagerungen kommen kann, welche bei den hohen Verbrennungsdrücken verzundern, kann die Glühstabkerze bei der Demontage abgedreht werden.
- Lassen sich die Glühstabkerzen mit dem vorgeschriebenen Drehmoment nicht lösen, muss der Motor warm gefahren werden. Anschließend können die Glühstiftkerzen demontiert werden.

Einbau der Glühstiftkerzen.

- Vor der Montage neuer Glühstiftkerzen ist der Glühkanal mittels Spezialreibahle zu reinigen.

Funktionstest.

- Glühstiftkerzen dürfen nur mit der angegebenen Spannung betrieben werden. Im demontierten Zustand aber nur 1–3 Sekunden, da sie keine Wärme an den Zylinderkopf abgeben können und so nach kurzer Zeit durchbrennen.

12

12.5.6 Düsenhalterkombination (Bild 1)

Der Düsenköper der jeweiligen Einspritzdüse wird in einer sogenannten Düsenhalterkombination in den Zylinderkopf des Motors eingebaut. Man unterscheidet: Ein- und Zweifederdüsenhalterkombinationen.

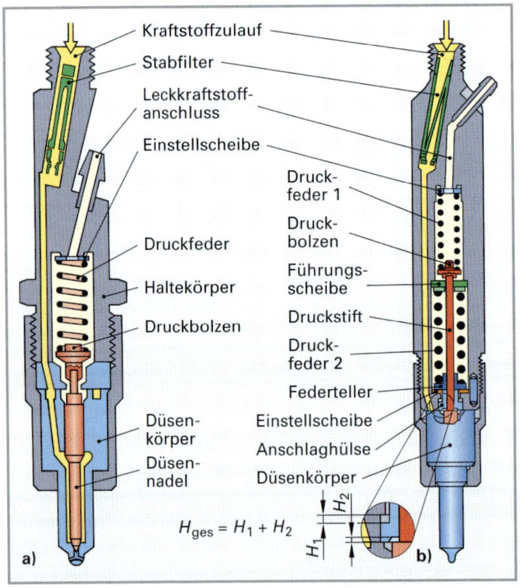

Bild 1: Ein- und Zweifederdüsenhalterkombination

Einfederdüsenhalter (Bild 1a). Der von der Einspritzpumpe geförderte Kraftstoff gelangt über die Hochdruckleitung in den Düsenhalterzulauf. Der Düsenhalter ist mit einem wartungsfreien Stabfilter ausgerüstet, der fest im Haltekörper eingepresst ist. Von dort gelangt der Kraftstoff in die Druckkammer der Einspritzdüse wo er auf die Druckschulter drückt. Ist die resultierende Kraft des Kraftstoffdrucks auf die Druckschulter größer als die Federkraft der Druckfeder, wird die Düsennadel von ihrem Kegelsitz gehoben und es wird eingespritzt. An der Düsennadel vorbei entweicht bei jeden Hub eine geringe Menge Kraftstoff, der für die Kühlung und Schmierung der Düsennadel zuständig ist. Dieser fließt über Rücklaufleitung wieder zurück in den Kraftstoffbehälter.

Fällt der Druck in der Einspritzleitung ab, wird die Federkraft wieder größer als die resultierende Kraft auf die Druckschulter. Somit drückt die Federkraft die Düsennadel wieder in den Kegelsitz, das Einspritzventil schließt.

Zweifederdüsenhalter (Bild 1b). Er ist mit zwei Druckfedern unterschiedlicher Härte ausgerüstet. Diese sind so aufeinander abgestimmt, dass zunächst bei geringem Kraftstoffdruck (ca. 180 bar), die Düsennadel nur gegen die Kraft der ersten weicheren Feder angehoben wird, bis sie den Anschlag der härteren zweiten Feder erreicht (Hub H_2). Die Düsennadel öffnet nur wenig und somit wird zuerst eine geringe Menge Kraftstoff in den Brennraum eingespritzt **(Voreinspritzung)**.

Mit steigendem Kraftstoffdruck (ca. 300 bar) wird nun auch die zweite, härtere Feder zusammengedrückt (Haupteinspritzung) und dadurch der Düsennadelhub vergrößert ($H_{ges} = H_2 + H_1$). Durch die Voreinspritzung entsteht aus der sonst sehr schnell und hart ablaufenden Verbrennung eine insgesamt weichere Verbrennung. Daraus folgen:

- Geringere Verbrennungsgeräusche
- Stabile Leerlaufdrehzahl
- Verminderte Schadstoffbildung

Wärmeschutz für Einspritzdüsen. Die Temperatur an den Düsenkuppen kann auf über 250 °C ansteigen. Dadurch lässt insbesondere im Dauerbetrieb die Werkstoffhärte an den Düsen nach, was eine geringere Lebensdauer zur Folge hat. Mit Hilfe von Wärmeschutzhülsen bzw. Plättchen **(Bild 2)** kann die Temperatur abgeführt und dadurch um ca. 50 °C gesenkt werden. Die Dichtscheibe dichtet den Brennraum ab.

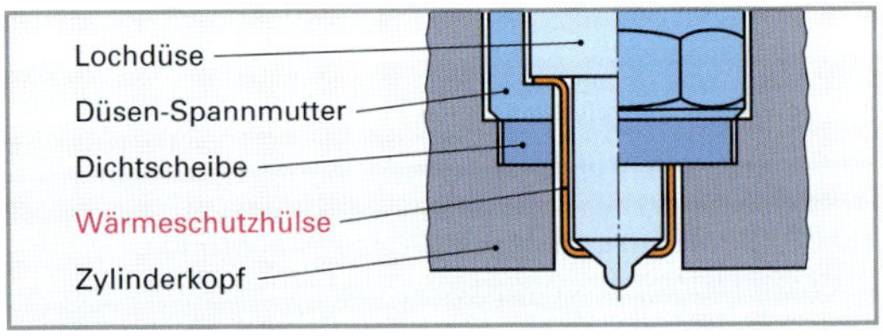

Bild 2: Wärmeschutzhülse

Einspritzdüsen

Sie sollen den Kraftstoff so in den Brennraum einspritzen, dass eine für die jeweilige Brennraumgeometrie optimale Gemischbildung erfolgt.

Der Einspritzdruck, der Grad der Zerstäubung sowie die Form der abgespritzten Kraftstoffstrahlen muss optimal auf die Brennraumform abgestimmt sein. Die Einspritzdüsen beeinflussen:

- Gemischbildung und Verbrennungsablauf
- Motorleistung
- Abgasverhalten
- Verbrennungsgeräusche

Aufbau. Einspritzdüsen bestehen aus dem Düsenkörper und der Düsennadel **(Bild 1).** Sie sind aus hochwertigem Stahl hergestellt und eingeläppt. Die Toleranzen liegen bei 0,002 bis 0,003 mm. Sie dürfen daher nur zusammen ausgetauscht werden.

Funktion. Die Düsennadel wird von einer bzw. von zwei Druckfedern des Düsenhalters **(vgl. Düsenhalterkombination, S. 300)** in den Sitz gedrückt. Durch den Kraftstoffdruck auf die Druckschulter der Düsennadel entsteht eine senkrecht wirkende Hubkraft F_H. Ist sie größer als die Federkraft F_D, wird die Düsennadel nach oben gedrückt. Kraftstoff wird eingespritzt. Fällt der Druck ab, dann ist die Druckfederkraft F_D wieder größer als die Hubkraft F_H. Die Düse schließt.

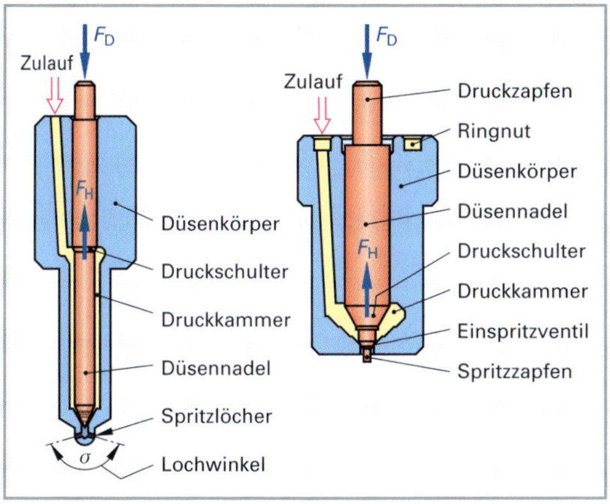

Bild 1: Loch- und Zapfendüse

Bauarten. Man unterscheidet:

- Lochdüse
- Zapfendüse.

Lochdüse

Lochdüsen kommen ausschließlich bei direkt einspritzenden Verfahren zum Einsatz.

Es gibt zwei Arten von Lochdüsen **(Bild 2)**:

- Sacklochdüse
- Sitzlochdüse

Sie haben bis zu 8 symmetrisch angeordnete Spritzlöcher.

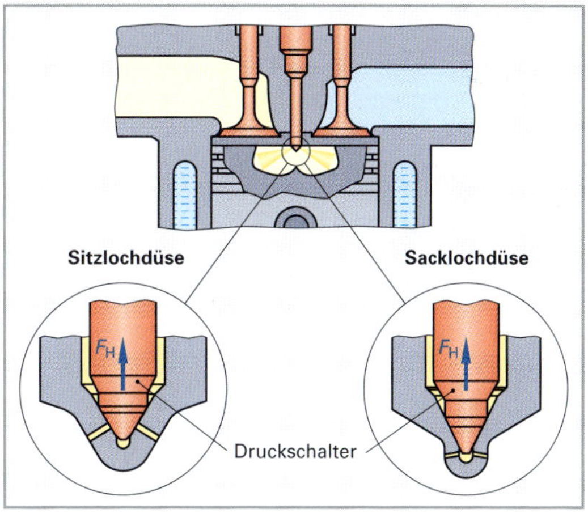

Bild 2: Sitz- und Sackmehrlochdüse

Entsprechend der Einspritzmenge je Arbeitstakt werden verschiedene Größen verwendet. Der Spritzlochdurchmesser liegt zwischen 0,15 mm (Pkw) bis 0,4 mm (Nkw).

Merkmale. Für eine niedrige Emission von unverbrannten Kohlenwasserstoffen ist es wichtig, dass das Restvolumen unterhalb des Düsensitzes so klein wie möglich ist. Dies wird am besten mit der Sitzlochdüse erreicht.

Düsenöffnungsdrücke. Sie liegen je nach Hersteller zwischen 200 bar und 300 bar. Er ist jedoch nicht zu verwechseln mit dem maximalen Einspritzdruck. Dieser liegt mit zunehmender Last und Drehzahl deutlich höher. Während des maximalen Pumpenkolbenhubs, kann der Einspritzdruck bis auf ca. 2000 bar ansteigen, je nach Einspritzsystem.

Zapfendüse (Bild 3).

Sie wird bei Motoren mit Vorkammer oder Wirbelkammer verwendet.

Der Düsenöffnungsdruck liegt dabei meist zwischen 80 bar und 125 bar. Die Düsennadel hat an ihrem unteren Ende einen besonders ausgebildeten Spritzzapfen, der in das Spritzloch des Düsenkörpers hineinragt.

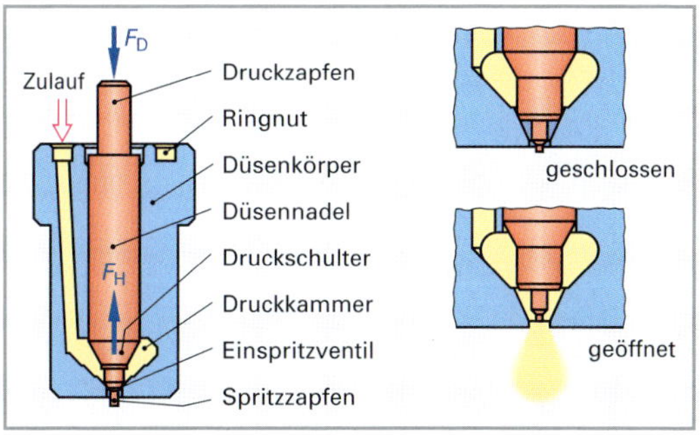

Bild 3: Zapfendüse

Werkstatthinweise

- **Einspritzdüsenprüfstand (Bild 1).** Er dient zur Prüfung ausgebauter Düsenhalterkombinationen auf Dichtheit, Öffnungsdruck und Strahlform.
- **Prüfvoraussetzungen.** Für eine exakte Düsenprüfung ist die Düse vorher zu reinigen und eine Gleitprüfung durchzuführen.
- **Gleitprüfung.** Die Düsennadel muss selbsttätig durch ihr Eigengewicht in den Düsenkörper hineingleiten. Dabei darf die Düsennadel nur am Druckzapfen angefasst werden. Korrosionsgefahr!
- **Dichtheitsprüfung.** Eine Düse ist dicht, wenn innerhalb von 10 Sekunden, bei einem Druck 20 bar unterhalb des Düsenöffnungsdrucks, kein Kraftstofftropfen abfällt.
- **Einstellung Düsenöffnungsdruck.** Die Schließkraft der Druckfeder bestimmt den Öffnungsdruck der Düse. Der richtige Öffnungsdruck des Düsenhalters wird durch Einlegen von Einstellscheiben unter die Druckfeder eingestellt.
- **Schnarrprüfung.** Beim Einstellen des jeweiligen Düsenöffnungsdrucks (je nach Hersteller verschieden) wird gleichzeitig das Strahlbild kontrolliert, sowie auf das Schnarrgeräusch beim Öffnen der Düsennadel geachtet. Während des Öffnens der Einspritzdüse fällt der Druck ab, so dass die Düsennadel zurück in den Sitz gedrückt wird. Da weiter Kraftstoff gefördert wird, steigt der Druck weiter an und die Düsennadel hebt wieder ab. Dieses Öffnen und Schließen führt zum typischen Schnarren. Ist es nicht deutlich zu hören ist die Düsenführung verschlissen.

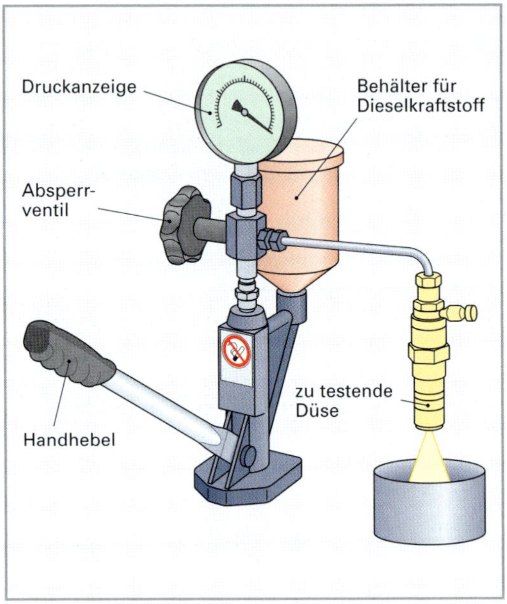

Bild 1: Einspritzdüsenprüfstand

Unfallverhütung.

- Die Berührung des Kraftstoffstrahls ist auf Grund des hohen Drucks gefährlich, da dieser tief ins Hautgewebe eindringen kann. Es besteht die Gefahr der Blutvergiftung.
- Bei allen Prüfarbeiten ist eine Schutzbrille zu tragen. Der Einsatz einer Absauganlage ist vorgeschrieben, da Kraftstoffdämpfe gesundheitsschädliche Wirkungen haben.

12.5.7 Einspritzanlagen für Pkw-Dieselmotoren

Sie haben folgende Aufgaben zu erfüllen:

- Den erforderlichen Druck bereitstellen.
- Die erforderliche Kraftstoffmenge einspritzen (Mengenregelung).
- Den erforderlichen Einspritzbeginn einstellen (Spritzbeginnregelung).

Um die schärferen Emissionsgrenzwerte bei Dieselmotoren einzuhalten, spritzen moderne Einspritzsysteme mit immer höheren Drücken und immer präziser ein. Mechanisch geregelte Reihen- und Verteilereinspritzpumpe können die gestellten Anforderungen nicht erfüllen. Sie sind deshalb fast völlig vom Markt verschwunden.

Folgende Systeme werden unterschieden:

- Axialkolben-Verteilereinspritzpumpe
- Radialkolben-Verteilereinspritzpumpe
- Pumpe-Düse-Element
- Common Rail

12.5.7.1 Axialkolben-Verteilereinspritzpumpe mit mechanischer Steuerung

Sie eignet sich besonders für Pkw-Dieselmotoren mit 3, 4 und 6 Zylindern. Besondere Merkmale sind:

- Geringes Gewicht
- Kompakte Bauweise
- Lageunabhängiger Einbau möglich
- Unabhängig vom Schmierölkreislauf
- Nur ein Hochdruck-Pumpenelement nötig
- Günstige Eingriffsmöglichkeiten für elektronische Regelung

Aufbau. Die Verteilereinspritzpumpe besteht aus folgenden Baugruppen **(Bild 1, S. 303):**

- Antriebswelle
- Flügelzellenkraftstoffpumpe
- Hub-Dreheinrichtung zum Antrieb des Pumpenkolbens
- Hochdruck-Pumpenelement
- Regelhebelsystem mit Regelschieber zur Kraftstoffmengenzumessung
- Fliehkraft-Drehzahlregler
- Hydraulischer Spritzversteller zur Förderbeginnverstellung

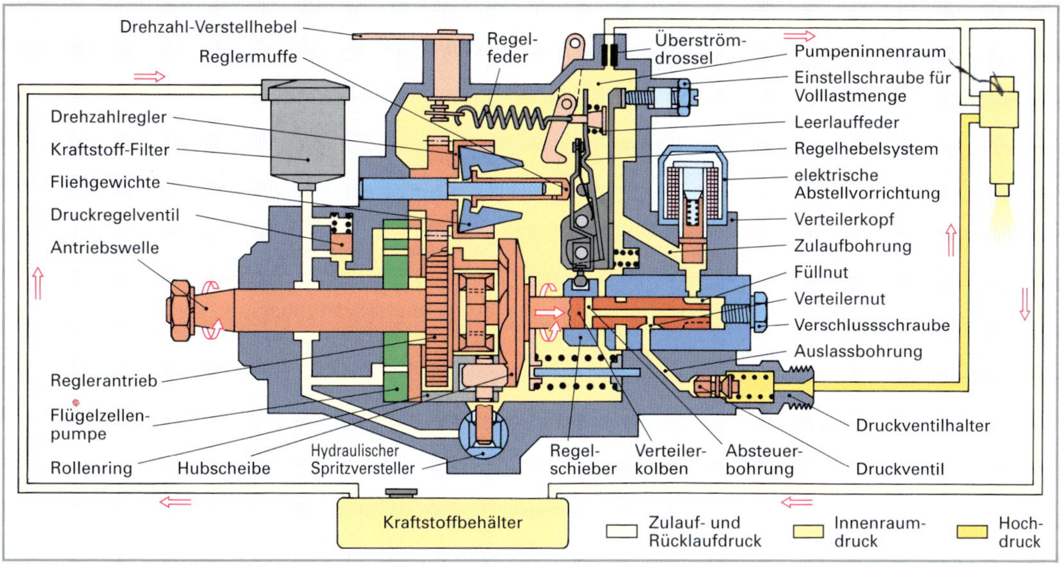

Bild 1: Axialkolben-Verteilereinspritzpumpe (VE)

Die Antriebswelle der Verteilereinspritzpumpe ist im Pumpengehäuse gelagert. Auf der Antriebswelle sind die Flügelzellenpumpe (Kraftstoffförderpumpe), der Reglerantrieb (Zahnrad) und die Hubscheibe, die sich auf dem Rollenring abstützt, angeordnet.

Im Verteilerkopf befindet sich das Hochdruck-Pumpenelement mit dem Regelschieber. Weiterhin sind in ihm die elektrische Abstellvorrichtung und die Druckventilhalter mit den Druckventilen eingeschraubt.

Flügelzellenpumpe (Bild 2). Sie fördert je Umdrehung eine gleichbleibende Kraftstoffmenge vom Kraftstoffbehälter in den Pumpeninnenraum. Die Fördermenge (etwa 100 l/h ... 180 l/h) reicht aus, um das Hochdruck-Pumpenelement mit Kraftstoff zum Einspritzen zu versorgen und um die Einspritzpumpe zu kühlen und zu schmieren.

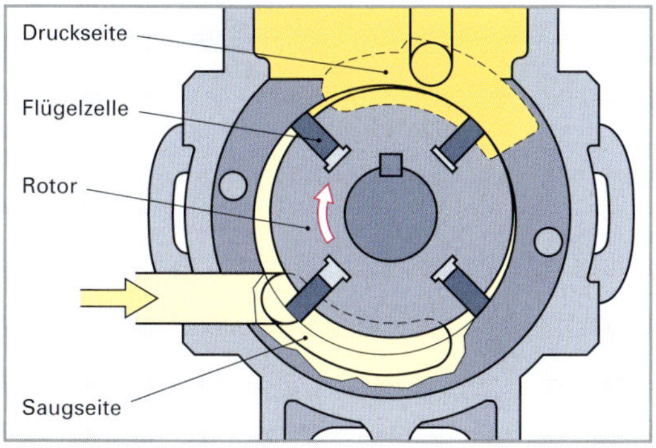

Bild 2: Flügelzellenpumpe

Funktion. Das Pumpengehäuse der Flügelzellenpumpe ist exzentrisch um das Flügelrad angeordnet. Somit ergibt sich ein Saugraum, der sich in Drehrichtung vergrößert und ein Druckraum, welcher sich verkleinert. Der Kraftstoff wird so in den Pumpeninnenraum gefördert. Mit steigender Drehzahl steigt der Kraftstoffdruck im Pumpeninnenraum an.

Druckregelventil (Bild 3). Es bewirkt, dass der Pumpeninnenraumdruck im Verhältnis zur Drehzahl gleichmäßig ansteigt. Der Höchstdruck wird auf 12 bar begrenzt. Steigt der Kraftstoffdruck über diesen Wert an, öffnet der Ventilkolben und Kraftstoff kann aus dem Pumpeninnenraum zurück zur Saugseite der Flügelzellenpumpe fließen.

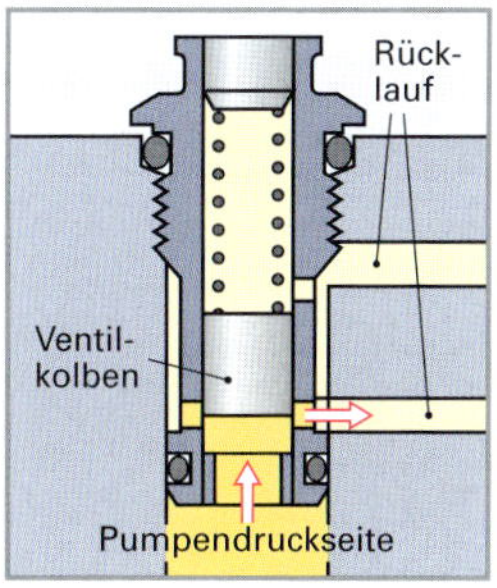

Bild 3: Druckregelventil

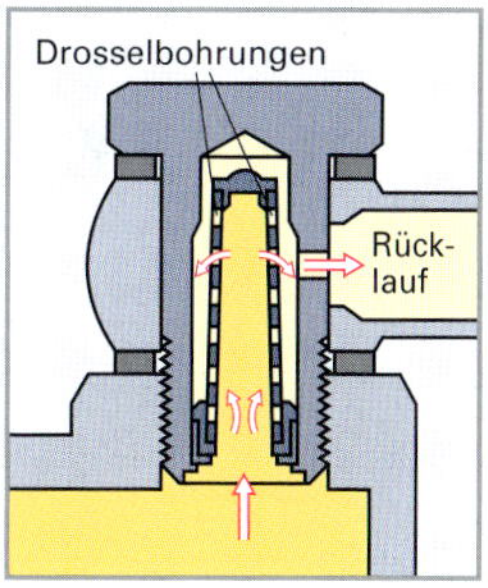

Bild 4: Überströmdrossel

Überströmdrossel (Bild 4). Die Überströmdrossel (Out-Schraube) lässt über eine kleine Bohrung eine variable Menge Kraftstoff zum Kraftstoffbehälter zurückfließen.

Durch das Druckregelventil und die Überströmdrossel stellen sich folgende Pumpeninnendrücke ein:

- Bei Leerlaufdrehzahl ca. 3 bar
- Bei Nenndrehzahl bis ca. 8 bar

Hochdruck-Pumpenelement. Aus dem Pumpeninnenraum gelangt der Kraftstoff über die Zulaufbohrung und über die Füllnut im Verteilerkolben in den

Hochdruckraum der Pumpe **(Bild 1a)**. Der Verteilerkolben wird von der Antriebswelle in eine Drehbewegung versetzt. Zusätzlich erhält er durch die Hubscheibe eine Hubbewegung. Die von der Antriebswelle angetriebene Hubscheibe hat soviel Nockenerhebungen wie der Motor Zylinder. Diese Nocken laufen auf radial angeordneten Rollen eines verdrehbaren Rollenringes ab und bewirken die axiale Bewegung der Hubscheibe. Durch die Drehbewegung des Verteilerkolbens öffnen und schließen seine Steuerschlitze und stellen eine Verbindung zur jeweiligen Steuerbohrung im Verteilerkopf her.

Druckerzeugung (Bild 1b). Sie erfolgt nach Verschließen der Zulaufbohrung durch die Hubbewegung des Verteilerkolbens.

Kraftstoffförderung (Bild 1b). Sie beginnt, sobald die Verteilernut die jeweilige Auslassbohrung erreicht. Mit dem erzeugten Hochdruck werden die Druckventile von ihrem Sitz abgehoben und der Kraftstoff wird über die Einspritzleitungen zu den Einspritzdüsen gefördert.

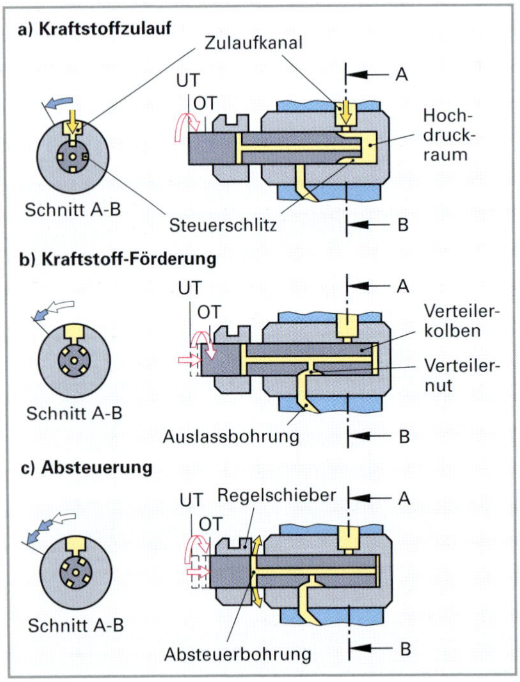

Bild 1: Wirkungsweise des Pumpenelements

Förderende (Bild 1c). Es ist erreicht, wenn der Regelschieber die Querbohrung des Verteilerkolbens freigibt. Der Kraftstoff fließt während des restlichen Hubes in den Pumpeninnenraum zurück. Nach Erreichen von OT bewegt sich der Verteilerkolben wieder Richtung UT und verschließt die Absteuerbohrung durch den Regelschieber. Der Hochdruckraum wird wieder über den in Drehrichtung nächsten Steuerschlitz gefüllt.

Mechanischer Einspritzmengenregler

Aufbau. Er ist als Fliehkraftregler ausgeführt und besteht aus den Fliehgewichten und der Reglermuffe. Sie werden über ein Zahnradpaar mit einer Übersetzung ins Schnelle angetrieben.

Aufgaben des Drehzahlreglers:

- **Leerlaufregelung.** Ein Unterschreiten der Leerlaufdrehzahl wird verhindert.
- **Enddrehzahlregelung.** Die max. Drehzahl muss bei Lastwegnahme begrenzt werden.
- **Zwischendrehzahlregelung.** Vom Fahrer gewünschte Drehzahlen zwischen Leerlauf und Enddrehzahl werden auch bei Laständerungen konstant gehalten.

Funktion des Drehzahlreglers (Bild 2).

Fliehgewichte verschieben über ein Gestänge den Regelschieber. Dadurch werden je nach Last und Drehzahl die Absteuerbohrungen freigegeben und somit die Fördermenge begrenzt.

Start/Leerlauf. Hier arbeiten die Fliehgewichte gegen die Spannkraft der Start/Leerlauffeder. Die Leerlaufdrehzahl wird somit konstant gehalten.

Höchstdrehzahl. Bei höheren Drehzahlen arbeiten die Fliehgewichte gegen die Regelfeder. Sie verhindert ein Überschreiten der zulässigen Höchstdrehzahl.

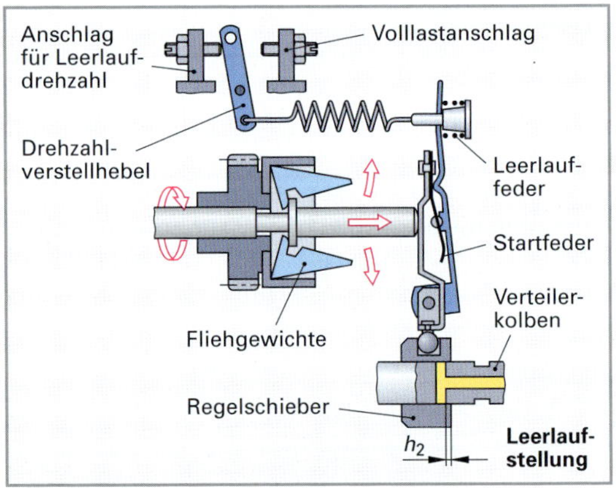

Bild 2: Wirkungsweise des Fliehkraftreglers

Hydraulischer Spritzversteller (Bild 1, S. 305).

Er passt den Einspritzzeitpunkt dem jeweiligen Betriebszustand des Dieselmotors an und verstellt ihn mit zunehmender Drehzahl in Richtung „Früh". Dies bewirkt optimale Leistung, günstigen Verbrauch, geringe Schadstoffmengen im Abgas.

Aufbau. Der hydraulische Spritzversteller ist an der Unterseite der Pumpe quer eingebaut und besteht aus einem Arbeitszylinder mit einem federbelasteten Hydraulikkolben. Dieser ist über einen Bolzen mit dem Rollenring verbunden.

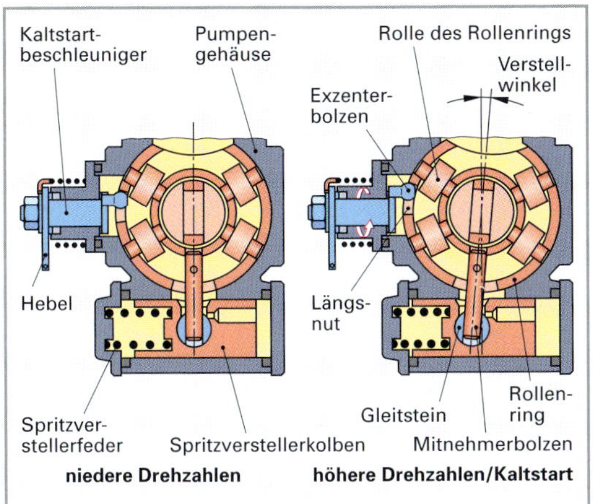

Bild 1: Hydraulischer Spritzversteller mit Kaltstartbeschleuniger

Wirkungsweise. Bei Motorstillstand wird der Spritzverstellerkolben von der vorgespannten Spritzverstellerfeder in der Ausgangsstellung gehalten. Bei Motorbetrieb überwindet der drehzahlabhängige Innenraumdruck die Federkraft und verschiebt den Spritzverstellerkolben. Die axiale Kolbenbewegung wird auf den drehbar gelagerten Rollenring übertragen. Er verdreht sich dadurch zur Frühverstellung gegen die Drehrichtung des Pumpenkolbens. Die Hubscheibe wird von den Rollen des Rollenrings früher angehoben; ein früherer Einspritzzeitpunkt wird erreicht.

Zusatzeinrichtungen

Ladedruckabhängiger Volllastanschlag. Er ist ein Membransteller für aufgeladene Motoren, um ladedruckabhängig die Volllasteinspritzmenge zu verändern. Da mit zunehmender Drehzahl der Ladedruck ansteigt, kann mehr Kraftstoff eingespritzt und rauchfrei verbrannt werden, um eine höhere Motorleistung zu erzielen.

Kaltstartbeschleuniger (Bild 1). Er hat die Aufgabe, bei kaltem Motor den Einspritzbeginn um einen bestimmten Betrag in Richtung „Früh" zu verstellen. Dadurch steht bei kaltem Motor mit erhöhtem Zündverzug mehr Zeit für die Gemischbildung zur Verfügung. Die Geräuschbildung (Nageln) sowie der Schadstoffausstoß werden reduziert. Die Verstellung erfolgt entweder manuell über einen Seilzug oder automatisch durch eine temperaturabhängige Steuervorrichtung.

Elektrisches Abstellventil (ELAB). Es besteht aus einem Magnetventil, das beim Abschalten des Fahrtschalters zum Abstellen des Motors die Zulaufbohrung zum Hochdruckraum des Verteilerkolbens verschließt. Es ist ebenfalls als Wegfahrsperre nutzbar.

Werkstatthinweise

Aus- und Einbau der Verteilereinspritzpumpe

Beim Ausbau der Einspritzpumpe wird zuerst der 1. Zylinder auf Zünd-OT-Stellung gebracht. Nun kann die Einspritzpumpe demontiert werden. Der Einbau geschieht in umgekehrter Reihenfolge, wobei die Grundeinstellung des Motors zur Pumpe mit Hilfe der OT-Markierungen zu beachten ist. Der Förderbeginn muss überprüft werden.

Einstellung des Förderbeginns

Der Förderbeginn wird bei der Verteilereinspritzpumpe mit der Messuhr eingestellt. Dabei darf der Kaltstartbeschleuniger nicht betätigt sein. Die Kurbelwelle wird so gedreht, dass sich der Kolben des 1. Zylinders in OT-Stellung befindet. Die OT-Markierung am Schwungrad und am Kupplungsgehäuse müssen fluchten. Danach wird die Verschlussschraube **(siehe Bild 1, Seite 303)** entfernt und eine Messuhr mit dem passenden Adapter **(Bild 2)** eingesetzt. Nun wird die Kurbelwelle entgegen der Motordrehrichtung gedreht. Bleibt der Zeiger der Messuhr stehen, befindet sich der Pumpenkolben in UT-Stellung. Jetzt ist die Messuhr auf „Null" zu stellen. Anschließend wird der Motor in Drehrichtung bis zur Bezugsmarke gedreht. Nun muss die Messuhr ein vom Hersteller bestimmtes Maß in mm für den Hub des Pumpenkolbens anzeigen. Ist dies nicht der Fall, muss der Pumpenflansch gelöst und das Pumpengehäuse entsprechend gedreht werden.

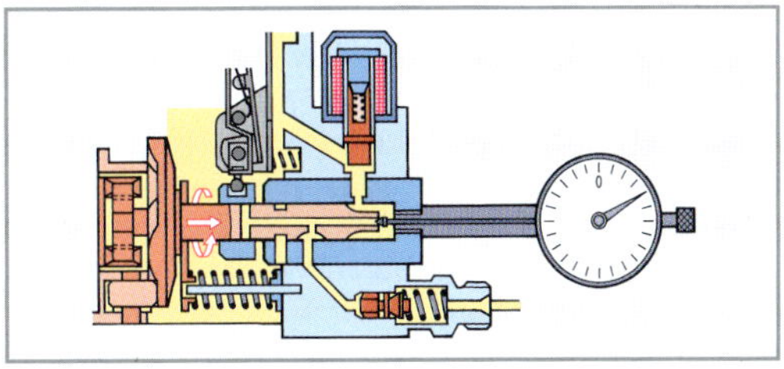

Bild 2: Förderbeginneinstellung

Leerlauf- und Höchstdrehzahl-Einstellung. Sie können an den entsprechenden Einstellschrauben bei betriebswarmem Motor korrigiert werden. Der Kaltstartbeschleuniger darf dabei nicht betätigt sein.

Wiederholungsfragen

1 **Erklären Sie die Spritzbeginn- sowie die Einspritzmengenregelung der Verteilereinspritzpumpe.**

2 **Nennen Sie die Vorteile eines Zweifederdüsenhalters gegenüber einem Einfederdüsenhalter.**

3 **Erstellen Sie einen Arbeitsplan für die Einstellung des Düsenöffnungsdrucks. Welche UVV ist dabei unbedingt einzuhalten?**

12.5.7.2 Elektronische Dieselregelung (EDC)

Sie ist ein kennfeldgeregeltes elektronisches Einspritzsystem (**EDC** = **E**lectronic **D**iesel **C**ontrol). Dadurch wird eine exakte Regelung des Einspritzbeginns, verbunden mit einer äußerst genauen Kraftstoffmengenzumessung erreicht.

Vorteile einer Dieseleinspritzanlage mit EDC:
- Einhaltung verschärfter Abgasgrenzwerte
- Verminderter Kraftstoffverbrauch
- Optimierung von Drehmoment und Leistung
- Verbesserung des Ansprechverhaltens
- Verminderung des Motorgeräusches
- Optimierung der Laufruhe
- Problemlose Ausrüstung des Fahrzeugs mit einem Tempomat
- Vereinfachte Anpassung eines Motortyps an unterschiedliche Fahrzeuge

Aufbau. Die EDC besteht aus:

- **Sensoren.** Sie erfassen die Betriebsdaten, wie z.B. Last, Drehzahl, Motortemperatur, Ladedruck, sowie Umgebungsbedingungen, z.B. Ansauglufttemperatur und Luftdruck.
- **Elektronisches Steuergerät.** Es ist ein Mikrocomputer, der aus den Betriebsdaten, den Umgebungsinformationen und unter Berücksichtigung der in Kennfeldern gespeicherten Sollwerte, die Einspritzmenge, den Einspritzbeginn festlegt und ggf. die Abgasrückführmenge und den Ladedruck regelt.
- **Aktoren (Steller).** Sie ermöglichen den Eingriff in die Einspritzanlage, ggf. in das Abgasrückführungs- und das Aufladesystem.

Funktion einer Kennfeldregelung

Hauptsteuergrößen. Aus den zwei Hauptsteuergrößen Last und Drehzahl wird im Steuergerät anhand der Kennfelder ein Grundeinspritzbeginn sowie eine Grundeinspritzmenge ermittelt. Das Lastsignal wird über einen Fahrpedalwertsensor, die Drehzahl über den Drehzahlsensor der Kurbelwelle aufgenommen.

Korrektursteuergrößen. Sie passen die Grundeinspritzzeiten auf die jeweilige Fahrsituation und Umgebungsbedingungen optimal an. Für jede Korrektursteuergröße sind im Steuergerät weitere Kennfelder abgelegt. So z.B. für:

- Motortemperatur
- Ladedruck
- Kraftstofftemperatur
- Ansauglufttemperatur

Soll-Istwerte-Abgleich. Sensoren informieren das Steuergerät ob der Regeleingriff ausreichend war. Das Steuergerät bewirkt gegebenenfalls eine Nachregelung der jeweiligen Aktoren.

Besonderheiten. Zusätzlich können folgende weitere Funktionen über die EDC an das jeweilige Fahrzeug angepasst (= appliziert) werden:

- **Leerlaufregelung.** Aus Emissions- und Verbrauchsgründen wird die Leerlaufdrehzahl so nieder wie möglich gehalten, unabhängig von Drehmomentanforderungen, z.B. durch Klimakompressor und Generator.
- **Laufruheregelung.** Nicht alle Zylinder eines Motors erzeugen bei gleicher Einspritzmenge das gleiche Drehmoment. Verschleiß und Fertigungstoleranzen der Bauteile sind mögliche Ursachen. Daraus folgt ein unrunder Motorlauf und eine Emissionserhöhung. Die Laufruheregelung erkennt dies anhand der Kurbelwellenbeschleunigung mit Hilfe des Drehzahlgebers und gleicht sie durch gezielte Anpassung der Einspritzmenge des jeweiligen Zylinders aus.
- **Schubabschaltung.** Im Schubbetrieb, z.B. Bergabfahrt, wird die Einspritzmenge auf Null reduziert.
- **Aktive Ruckeldämpfung.** Bei plötzlichem Lastwechsel regt die Drehmomentänderung des Motors den Fahrzeugantriebsstrang zu Ruckelschwingungen an. Diese Schwingungen werden anhand des Drehzahlsignals erkannt und über eine aktive Regelung gedämpft. Bei ansteigender Drehzahl wird die Einspritzmenge reduziert, bei fallender Drehzahl wird sie erhöht, um so den Drehzahlschwingungen entgegenzuwirken.
- **Externer Momenteneingriff.** Die Einspritzzeit wird von anderen Steuergeräten z.B. Getriebesteuerung, ASR, ESP beeinflusst. Unabhängig vom Fahrerwunsch teilen sie über Datenbus dem Motorsteuergerät mit, ob und um wie viel das Drehmoment des Motors geändert werden soll.
- **Elektronische Wegfahrsperre.** Um unbefugtes Wegfahren zu verhindern, kann der Motor nur gestartet werden, wenn das Motorsteuergerät freischaltet.
- **Tempomat.** Er regelt die Geschwindigkeit des Fahrzeugs auf den gewünschten Wert ein. Die Einspritzmenge wird so lange erhöht oder verringert, bis die gemessene Ist-Geschwindigkeit der eingestellten Soll-Geschwindigkeit entspricht.
- **Diagnosefähigkeit.** Eingangs- und Ausgangssignale werden überprüft. Erkannte Fehler werden im Steuergerät gespeichert und ggf. über eine Anzeige dem Fahrer mitgeteilt.
- **Notlauffunktion.** Je nach Fehler, schaltet das Steuergerät ein entsprechendes Notfahrprogramm. Man unterscheidet:
  - ⇒ **30%-ige Leistungsreduzierung,** z.B. bei fehlenden Korrektursteuergrößen
  - ⇒ **Erhöhte Leerlaufdrehzahl,** z.B. bei fehlenden Hauptsteuergrößen
  - ⇒ **Notaus,** z.B. bei drohendem Motorschaden

12

12.5.7.3 Elektronisch geregelte Axialkolben-Verteilereinspritzpumpe (VE-EDC)

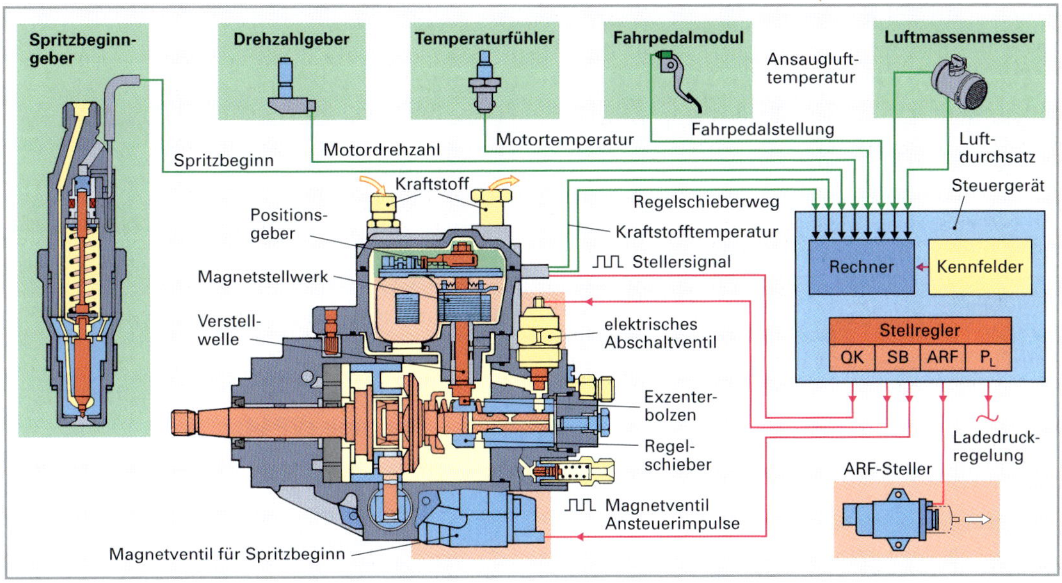

Bild 1: Axialkolben-Verteilereinspritzpumpe mit EDC

> Sie ist eine mechanische Axialkolben-Verteilereinspritzpumpe mit Magnetstellwerk für den Regelschieber. Am hydraulischen Spritzversteller ist ein Magnetventil zur Förderbeginnkorrektur angebracht **(Bild 1)**.

Regelung des Spritzbeginns (SB). Der hydraulische Spritzversteller **(Bild 2)** wird durch ein getaktetes Magnetventil beeinflusst (PWM-Signal).

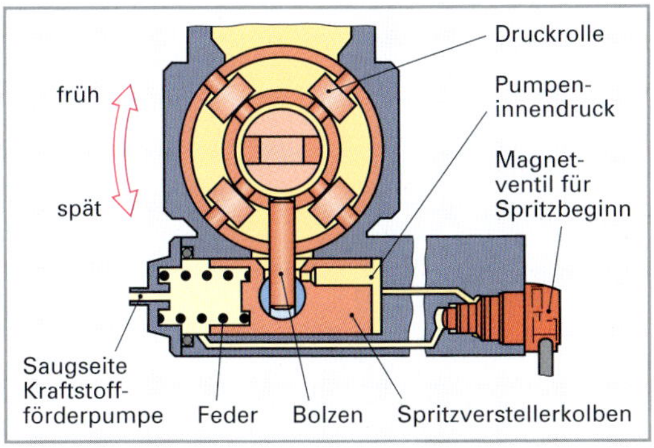

Bild 2: Magnetventil Spritzverstellerkolben

Spätverstellung. Bei dauernd geöffnetem Ventil wird der am Spritzverstellerkolben anliegende Pumpeninnendruck abgesenkt und der Rollenring verdreht sich nach „Spät".

Frühverstellung. Ist das Magnetventil geschlossen, wirkt ein höherer Pumpeninnendruck und der Rollenring wird in Richtung „Früh" verdreht.

Soll-Einspritzbeginn. Er hängt von der jeweiligen Motordrehzahl und verschiedenen Korrekturgrößen ab.

Ist-Einspritzbeginn. Er wird vom Nadelhubsensor erfasst und dem Steuergerät zum Soll-Istwerte-Vergleich übermittelt. Stimmen beide Werte nicht überein, wird durch das stetige Öffnen und Schließen des Magnetventils der Einspritzbeginn korrigiert.

Signalausfall. Wird das Magnetventil des Spritzverstellers nicht mehr angesteuert, wird der Einspritzbeginn weiterhin über den drehzahlabhängigen Pumpeninnendruck verändert. Ein Fehler wird abgelegt und die Motorleistung um 30% verringert (Notlauf).

Nadelhubsensor (Bild 1). Er sitzt im Spritzbeginngeber und ist meist an einer der mittleren Einspritzdüsen eingebaut. Er erfasst das Öffnen und Schließen der Einspritzdüse. Einspritzbeginn und Einspritzende sind somit vom Steuergerät erkennbar.

Funktion. Beim Öffnen bzw. Schließen der Einspritzdüse erzeugt die sich bewegende Düsennadel in der Spule eine Magnetfeldänderung und somit eine Induktionsspannung. Das Überschreiten einer Schwellenspannung dient dem Steuergerät als Signal für den Spritzbeginn **(Bild 3)**.

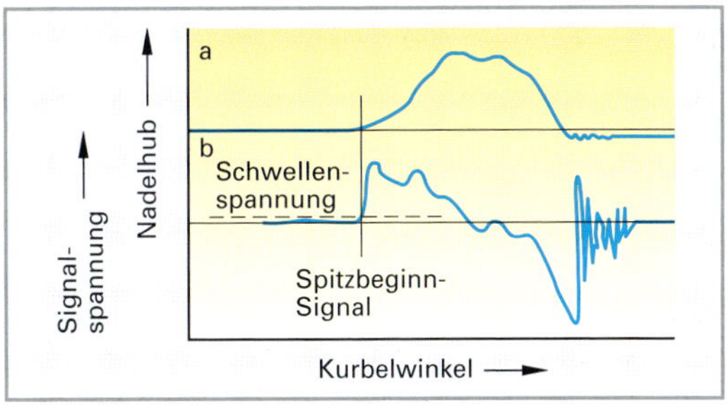

Bild 3: Signal des Nadelbewegungsfühlers

Regelung der Einspritzmenge (QK). Aus Fahrpedalstellung, Motordrehzahl und den Korrektursteuergrößen wird die im Kennfeld abgelegte Soll-Einspritzmenge ermittelt. Das Magnetstellwerk **(Bild 1, S. 307)** wird über ein PWM-Signal angesteuert. Aufgrund des Magnetfelds verdreht sich die Welle mit dem exzentrischen Bolzen. Dieser verstellt den Regelschieber auf dem Verteilerkolben.

Dadurch wird die Absteuerbohrung früher oder später freigegeben und die Einspritzmenge geregelt. Dies kann bis zu mittleren Drehzahlen so schnell erfolgen, dass von einer zur anderen Einspritzung in den Zylinder die Kraftstoffmenge von Hub zu Hub verändert wird. Die Regelschieberposition, wird über den Positionsgeber an das Steuergerät übertragen und abgeglichen, ggf. nachgeregelt.

Positionsgeber. Man unterscheidet:

- **Schleifringpotentiometer** (Drehwiderstand). Sie bestehen aus Schleifer und Leiterbahn. Verändert der Schleifer seine Position, verändert sich der Widerstand. Sie unterliegen mechanischem Verschleiß.
- **Halb-Differenzial-Kurzschluss-Ringgeber (HDK) (Bild 1).** Sie bestehen aus einem Weicheisenkern, einer Mess- und einer Referenzspule sowie aus dem verdrehbaren Kurzschlussring. Verdreht sich dieser, verändert sich der magnetische Fluss und damit die Messspulenspannung U_A. Er arbeitet sehr genau und ist verschleißfrei, da er berührungslos arbeitet.

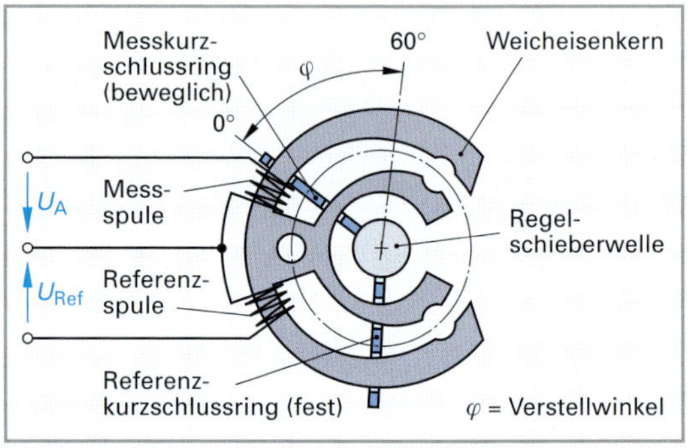

Bild 1: Halb-Differenzial-Kurzschluss-Ringgeber

12.5.7.4 Radialkolben-Verteilereinspritzpumpe (VP44)

Sie ist eine elektronisch regelbare Einspritzpumpe (EDC) mit einem im Pumpengehäuse integriertem Pumpensteuergerät. Sie erzeugt Einspritzdrücke bis 1900 bar und kann lageunabhängig eingebaut werden **(Bild 2).**

Wirkungsweise. Die Antriebswelle treibt mit Nockenwellendrehzahl die Verteilerwelle mit den Hochdruckzylindern an. Die Rollenstößel der Hochdruckkolben wälzen sich bei dieser Drehbewegung auf der Nockenbahn des Nockenrings ab und betätigen dabei die Kolben.

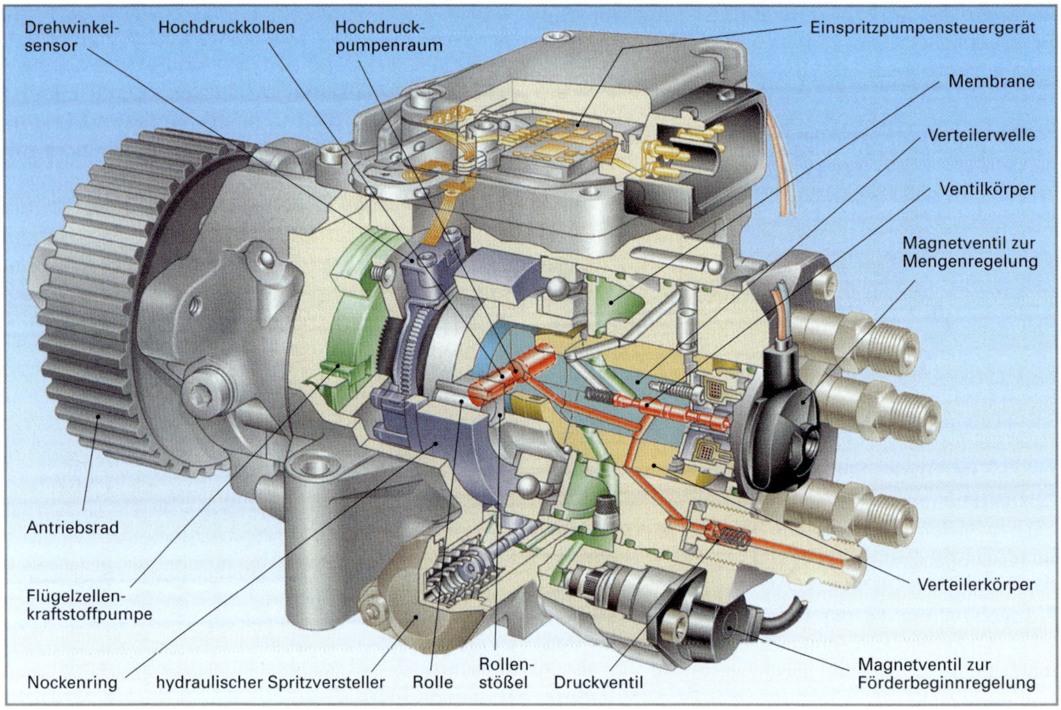

Bild 2: Radialkolben-Verteilereinspritzpumpe (VP44)

> Das Hochdruckmagnetventil steuert den tatsächlichen Einspritzbeginn und die Einspritzmenge.
>
> Das Magnetventil des hydraulischen Spritzverstellers sorgt dafür, dass zum richtigen Zeitpunkt Hochdruck vorhanden ist. Dies geschieht durch Verdrehen des Nockenrings. Anschließend kann das Magnetventil den exakten Einspritzbeginn und die Einspritzmenge steuern.

Aufgaben. Die VP44 übernimmt die:

- Kraftstoffförderung
- Hochdruckerzeugung und Verteilung
- Spritzbeginnregelung
- Einspritzmengenregelung

Kraftstoffförderung. Über eine Flügelzellenpumpe, welche durch die Antriebswelle angetrieben wird, wird der Kraftstoff vom Tank ins Pumpeninnere gefördert **(Bild 1)**. Anders als bei der Axialkolben-Verteilereinspritzpumpe ist nicht der gesamte Pumpeninnenraum gefüllt, sondern nur der hinter einer Membran liegende Speicherraum. Dies ermöglicht höhere Drücke zum Befüllen der Pumpe. Je nach Pumpendrehzahl stellen sich folgende Pumpeninnendrücke ein:

- Leerlauf ca. 3 bis 4 bar
- Teillast zwischen 4 bis 15 bar
- Volllastdrehzahl ca. 15 bis 20 bar

Der Druck wird über das Druckregelventil und das Überströmdrosselventil begrenzt.

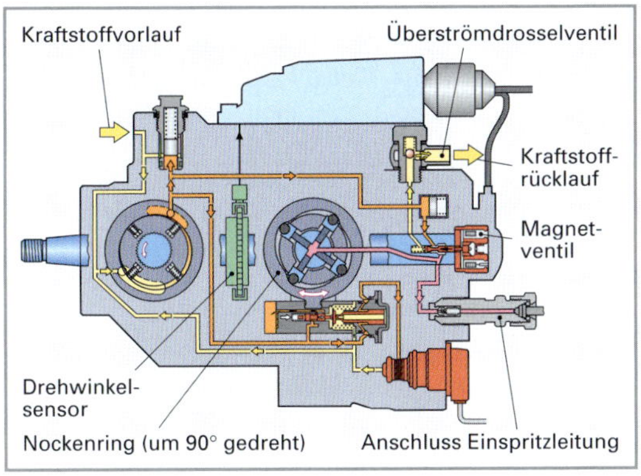

Bild 1: Kraftstoffverlauf in einer VP44

Spritzversteller (Bild 2). Durch Verdrehen des Nockenrings laufen die Rollenstößel früher bzw. später auf die Nocken auf und die Hochdruckkolben bewegen sich nach innen. Ist das Hochdruckmagnetventil geschlossen, wird Hochdruck erzeugt und eingespritzt. Bleibt es geöffnet, wird der Kraftstoff wieder in Zu- und Rücklauf gedrückt.

> Die Stellung des Nockenrings gibt das Zeitfenster vor, in dem eingespritzt werden kann.

Funktion. Die höheren Einspritzdrücke der VP44 erfordern größere Verschiebekräfte am Nockenring als bei der Axialkolben-Verteilerpumpe. Durch die hydraulische Übersetzung im Spritzverstellerkolben können schnelle und präzise Verstellungen durchgeführt werden.

Spritzverstellung nach „Früh“. In Ruhestellung wird der Spritzverstellerkolben durch die Rückstellfeder in „Spätlage“ gehalten. Wird das Magnetventil durch ein PWM-Signal geschlossen, wirkt der Pumpeninnendruck auf den Steuerkolben. Dieser bewegt sich mit dem Regelschieber nach rechts. Der Regelschieber gibt dabei eine Zulaufbohrung frei und der Kraftstoff kann unter Druck in den Arbeitsraum des Spritzverstellerkolbens fließen und ihn nach „Früh“ verschieben.

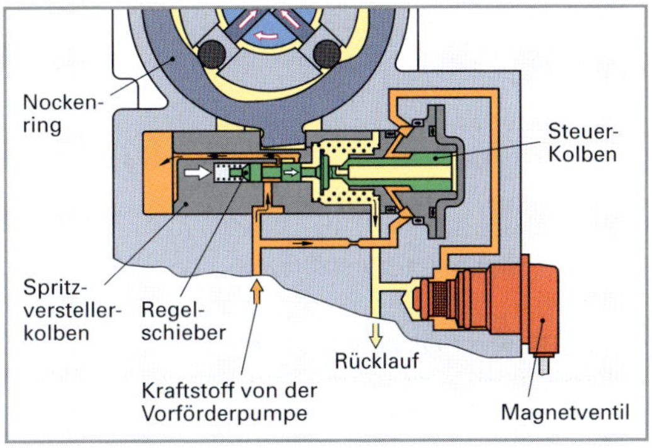

Bild 2: Spritzverstellung nach „Früh“

Spritzverstellung nach „Spät“. Das Magnetventil wird angetaktet und somit geöffnet. Der Kraftstoffdruck auf den Steuerkolben wird abgebaut. Durch die Federkraft wird der Steuerkolben mit dem Regelschieber nach links bewegt. Die Rücklaufbohrung wird freigegeben und der Kraftstoffdruck auf den Spritzverstellerkolben wird in den Rücklauf abgebaut. Die Rückstellfeder bewegt den Spritzverstellerkolben nach „Spät“.

Förderphasen

Füllphase (Bild 3). Die Rollenstößel laufen von den Nocken ab. Dabei werden die Kolben durch den Kraftstoffdruck und die Fliehkräfte nach außen gedrückt. Das Hochdruckmagnetventil ist geöffnet, somit nicht bestromt.

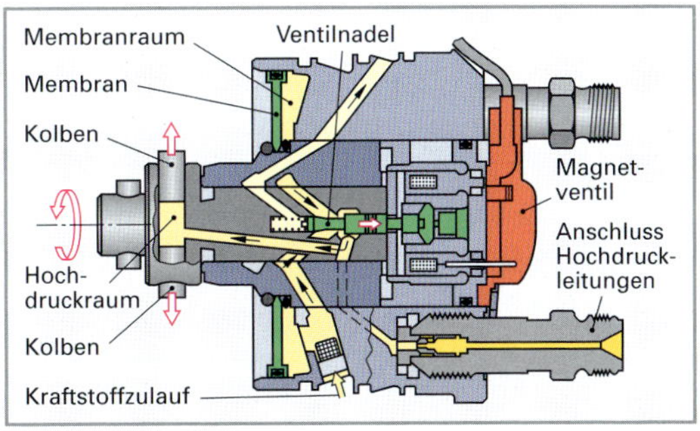

Bild 3: Füllphase des Hochdruckraums

Förderphase / Einspritzbeginn (Bild 1). Das Hochdruckmagnetventil verschließt den Zulauf über einen Stromimpuls vom Pumpensteuergerät (Einschaltstrom = 20 Ampere; Haltestrom = 13 Ampere). Der Hochdruckraum ist nun verschlossen. Sobald der Kraftstoffdruck bei Beginn des Nockenanstiegs den Düsenöffnungsdruck überschritten hat, wird eingespritzt.

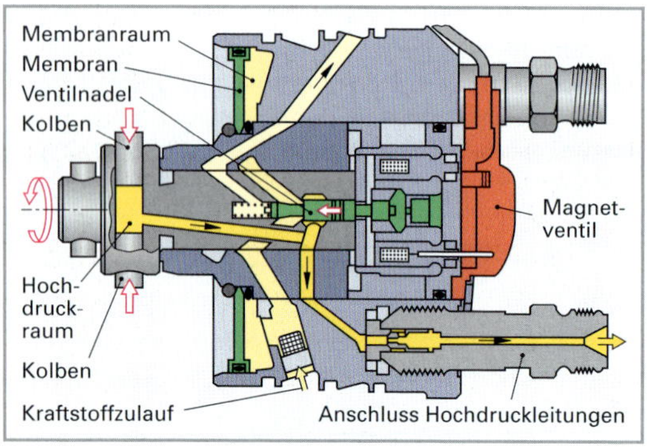

Bild 1: Förderphase / Einspritzbeginn

Einspritzende. Ist die gewünschte Einspritzmenge erreicht, unterbricht das Pumpensteuergerät die Stromzufuhr zum Magnetventil. Es öffnet und der Hochdruck wird in den Rücklauf und den Membranraum abgesteuert. Die hohen Druckspitzen, die dabei auf die Flügelzellenpumpe wirken, werden durch die Membrane gedämpft, der erneute Füllvorgang durch sie beschleunigt.

Im **Bild 2** wird das Schema der möglichen Mengen, der tatsächlichen Mengen- und der Spritzbeginnregelung gezeigt. Fällt ein Sensor aus, so wird aus dem betroffenen Regelkreis ein Steuervorgang und das Fahrzeug geht in ein Notlaufprogramm.

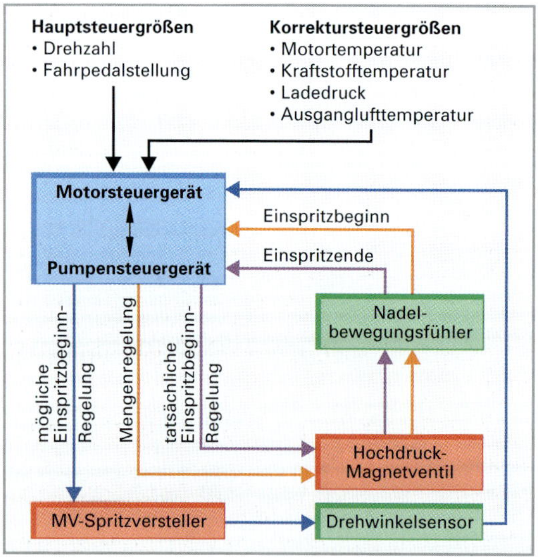

Bild 2: Steuer- und Regelkreise einer VP44

12.5.7.5 Pumpe-Düse-System

Es ist ein elektronisch geregeltes Einspritzsystem bei dem jeder Motorzylinder im Zylinderkopf jeweils ein **P**umpe-**D**üse-**E**lement **(PDE) (Bild 3)** hat. Diese Einspritzelemente ermöglichen höchste Einspritzdrücke bis zu 2200 bar.

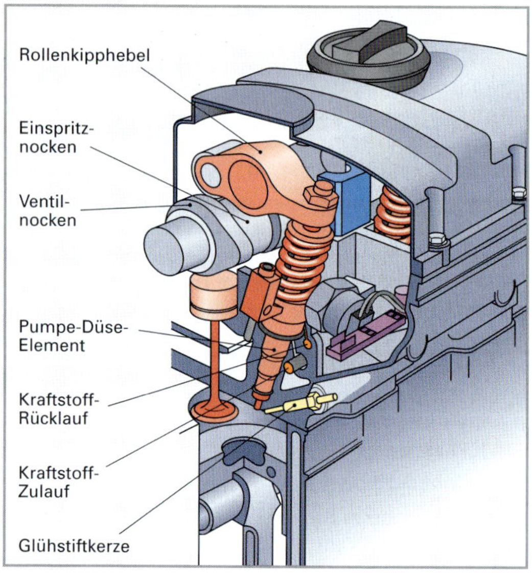

Bild 3: Pumpe-Düse-Element

Antrieb. Die Motornockenwelle hat für jedes Pumpe-Düse-Element einen Einspritznocken. Der Nockenhub wird über einen Rollenkipphebel auf den Pumpenkolben übertragen. Der Einspritznocken hat eine steile auflaufende Flanke, die den Pumpenkolben mit hoher Geschwindigkeit nach unten drückt. Somit erzielt man sehr schnell einen hohen Einspritzdruck. Die ablaufende Flanke des Einspritznockens ist flach. Der Pumpenkolben wird langsam und gleichmäßig durch die Federkraft nach oben gedrückt.

Kraftstoffversorgung. Eine von der Motornockenwelle angetriebene Kraftstoffpumpe fördert den Kraftstoff zu den PDE-Elementen **(Bild 4)**.

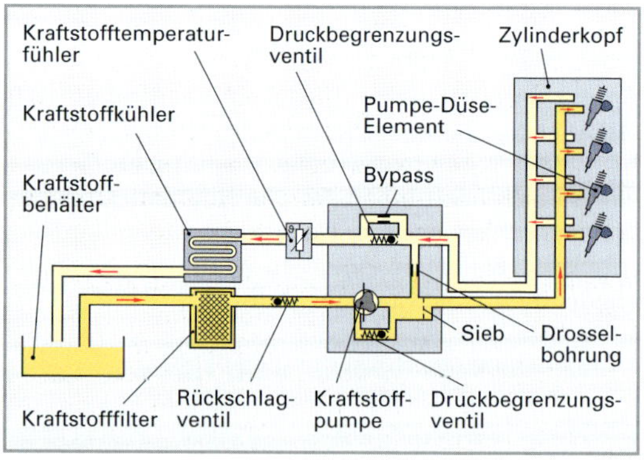

Bild 4: Kraftstoffversorgung

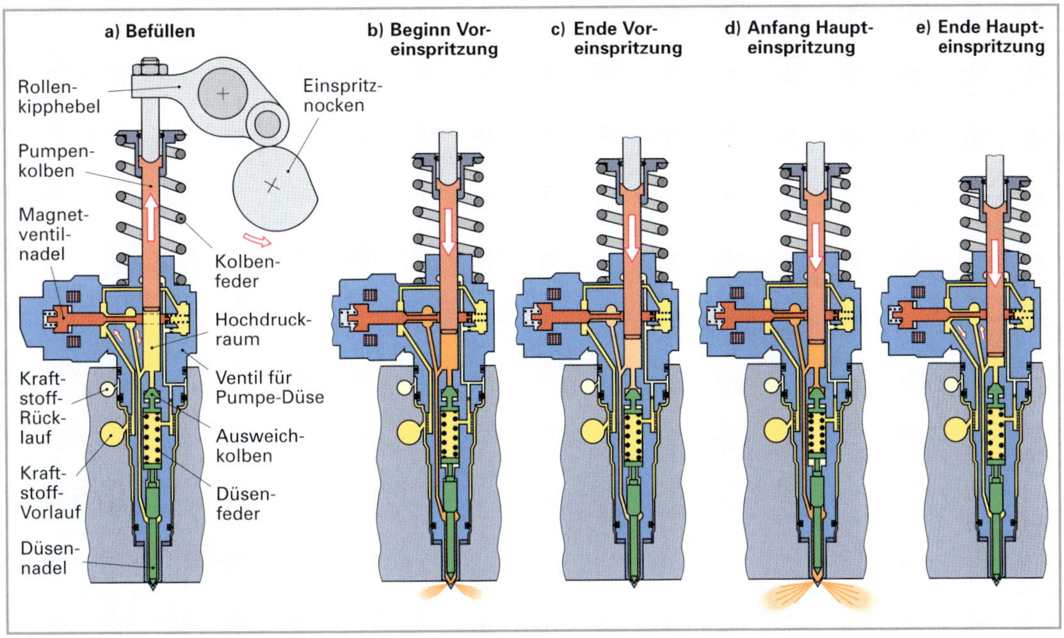

Bild 1: Phasen der Einspritzung eines Pumpe-Düse-Elements

Der nicht zum Einspritzen benötigte Kraftstoff kühlt die PDE-Elemente. Er fließt über die Rücklaufleitung aus dem Zylinderkopf, an einem Temperaturfühler vorbei, über einen Kraftstoffkühler zurück zum Kraftstoffbehälter.

Füllvorgang. a) Der Pumpenkolben bewegt sich durch die Kraft der Kolbenfeder nach oben und vergrößert dadurch das Volumen des Hochdruckraumes. Das Magnetventil ist nicht angesteuert. Die Magnetventilnadel befindet sich in Ruhelage und gibt den Weg vom Kraftstoffvorlauf zum Hochdruckraum frei. Durch den Kraftstoffdruck im Vorlauf strömt der Kraftstoff in den Hochdruckraum.

Voreinspritzung beginnt. b) Der Pumpenkolben wird vom auflaufenden Rollenkipphebel nach unten gedrückt und verdrängt dadurch den Kraftstoff aus dem Hochdruckraum in den Kraftstoff-Vorlauf. Der Einspritzvorgang wird vom Steuergerät eingeleitet. Dazu steuert es das Magnetventil an. Die Magnetventilnadel wird dabei in den Sitz gedrückt und verschließt den Weg vom Hochdruckraum zum Kraftstoffvorlauf. Dadurch beginnt der Druckaufbau im Hochdruckraum. Bei 180 bar ist der Druck größer als die Kraft der Düsenfeder. Die Düsennadel wird angehoben und die Voreinspritzung beginnt.

Voreinspritzung endet. c) Unmittelbar nach dem Öffnen der Düsennadel endet die Voreinspritzung. Durch den ansteigenden Druck bewegt sich der Ausweichkolben nach unten und vergrößert damit das Volumen des Hochdruckraumes. Der Druck fällt dadurch für einen kurzen Augenblick ab und die Düsennadel schließt. Die Voreinspritzung ist zu Ende.

Durch die Abwärtsbewegung des Ausweichkolbens ist die Düsenfeder stärker vorgespannt. Zum erneuten Öffnen der Düsennadel bei der nachfolgenden Haupteinspritzung ist daher ein größerer Kraftstoffdruck nötig als bei der Voreinspritzung.

Haupteinspritzung beginnt. d) Kurz nach dem Schließen der Düsennadel steigt der Druck im Hochdruckraum wieder an. Das Magnetventil ist weiterhin geschlossen und der Pumpenkolben bewegt sich abwärts. Bei ca. 300 bar ist der Kraftstoffdruck größer als die Kraft der vorgespannten Düsenfeder. Die Düsennadel wird erneut angehoben. Der Druck steigt dabei auf bis zu 2200 bar an, weil im Hochdruckraum mehr Kraftstoff verdrängt wird als durch die Düsenlöcher entweichen kann.

Haupteinspritzung endet. e) Das Einspritzende ist erreicht, wenn das Motorsteuergerät das Magnetventil nicht mehr ansteuert.

Die Magnetventilnadel öffnet durch die Magnetventilfeder das Ventil. Der Kraftstoffdruck kann in den Kraftstoffvorlauf und Rücklauf entweichen. Der Druck baut sich ab. Die Düsennadel schließt und der Ausweichkolben wird von der Düsenfeder in seine Ausgangslage gedrückt. Die Haupteinspritzung ist beendet.

Elektronische Einspritzmengen- und Einspritzbeginnregelung.

Über die Ansteuerung des Magnetventils durch das Steuergerät wird der Einspritzbeginn und die Einspritzmenge (Einspritzdauer) geregelt.

12.5.7.6 Common-Rail-Systeme

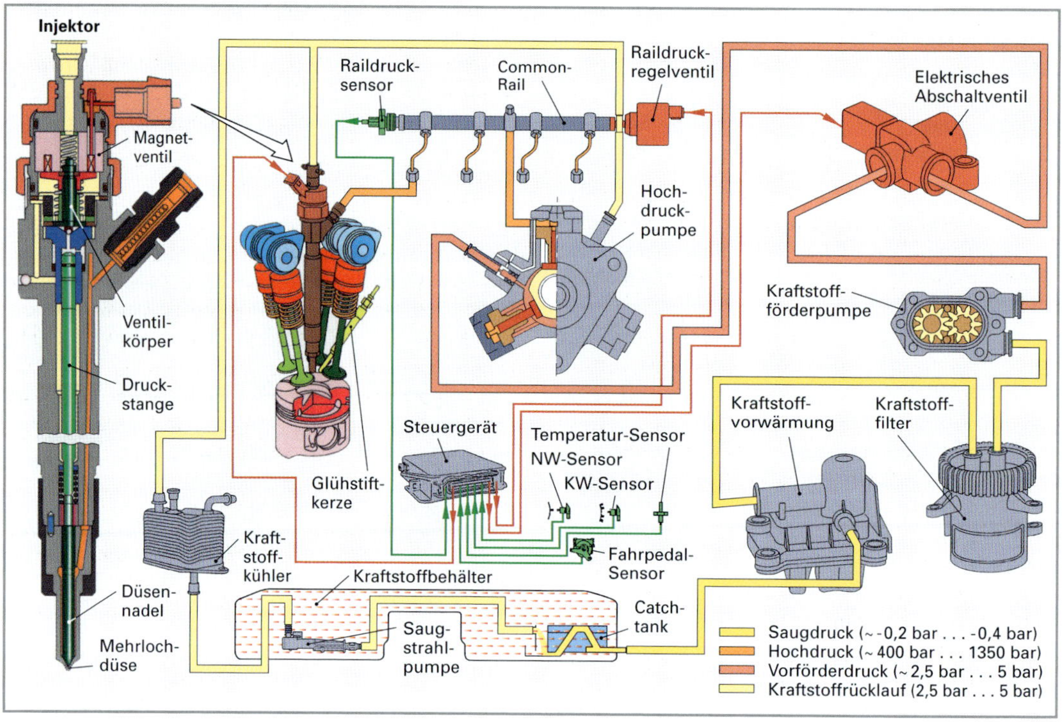

Bild 1: Common-Rail-Einspritzanlage 1. Generation

Beim Common-Rail-System wird der Kraftstoff im Rail (engl. Verteilerrohr) unter Hochdruck gespeichert und über Injektoren kennfeldgesteuert in die Brennräume eingespritzt.

Aufbau. Die Einspritzausrüstung der Common-Rail-Anlage 1. Generation **(Bild 1)** besteht aus:

- **Niederdruckkreis.** Er gliedert sich in den Saugdruckbereich, den Vorförderdruckbereich und den Kraftstoffrücklauf. Enthalten sind Kraftstoffbehälter, Kraftstoffvorwärmung, Kraftstofffilter, Kraftstoffförderpumpe, elektrisches Abschaltventil und Kraftstoffkühler.
- **Hochdruckbereich.** Er besteht aus der Hochdruckpumpe, den Hochdruckleitungen, dem Rail und einem Injektor je Zylinder.
- **Elektronische Steuerung.** Sie umfasst das Steuergerät, die Sensorausrüstung, das Raildruckregelventil, die Magnetventile der Injektoren und das Abschaltventil.

Wirkungsweise. Der Kraftstoff wird von der Kraftstoffförderpumpe aus dem Tank über die Kraftstoffvorwärmung, den Kraftstofffilter und das elektrische Abschaltventil zur Hochdruckpumpe gefördert. Abhängig von Last und Drehzahl wird der Raildruck über das Druckregelventil kennfeldgesteuert geregelt. Die Injektoren spritzen den Kraftstoff direkt in den Brennraum ein. Durch das Speichervolumen des Rail ist die Druckerzeugung von der Einspritzung unabhängig. Damit kann unabhängig von der Kolbenstellung des Motors eingespritzt werden.

Abhängig von der Motordrehzahl und der Motorlast wird der Raildruck entsprechend dem Kennfeld eingestellt **(Bild 2)**.

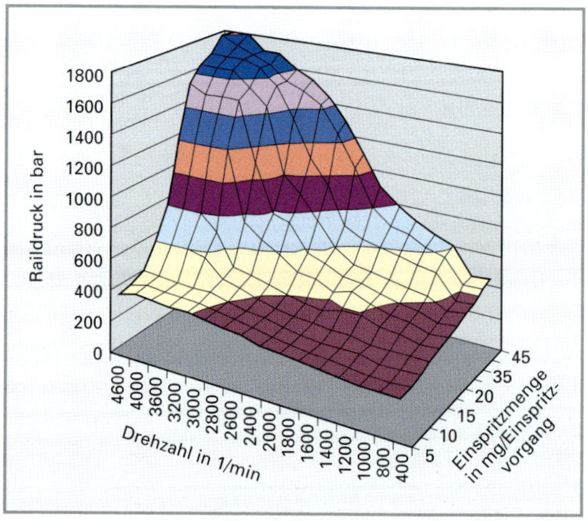

Bild 2: Kennfeld Raildrucksollwerte

Das EDC-Steuergerät berechnet je nach Betriebs- und Umgebungssituation die Einspritzgrößen:

- Einspritzbeginn
- Einspritzmenge
- Raildruck
- Zeitlicher Verlauf der Einspritzung z.B. Vor- Haupt- und Nacheinspritzung

Ein Kennfeld für die Raildrucksollwerte ist im **Bild 2, Seite 312** dargestellt. So wird z.B. bei einem Gasstoß im Stand (ohne Last), nach Kennfeld nur der Raildruck erhöht, die Einspritzdauer bleibt annähernd konstant.

Bei steigender Last und niederen Drehzahlen wird die Einspritzdauer erhöht, der Raildruck bleibt nahezu konstant.

Der maximale Einspritzdruck von ca. 2000 bar wird nur bei hoher Last und hoher Drehzahl benötigt, um die gesamte Einspritzmenge in kurzer Zeit einspritzen zu können.

Druckregelung

Man unterscheidet bei Common-Rail-Systemen folgende Regelungsarten:

- **Einsteller-Regelung** (hochdruck- **oder** saugseitig). Hierbei wird über einen Aktor der Druck geregelt. Dieser ist entweder auf der Druck- oder der Saugseite eingebaut.
- **Zweisteller-Regelung** (hochdruck- **und** saugseitig). Hierbei erfolgt über zwei Aktoren die Druckregelung. Diese sind auf der Druck- und auf der Saugseite eingebaut.

Einsteller-Regelung, hochdruckseitig (Bild 1)

Funktion. Die Hochdruckpumpe fördert unabhängig vom Kraftstoffbedarf die maximale Fördermenge. Der Raildruck wird über ein Druckregelventil hochdruckseitig geregelt (Hochdruckregelung). Der nicht für die Einspritzung benötigte Kraftstoff fließt über das Druckregelventil in den Niederdruckkreis zurück in den Tank.

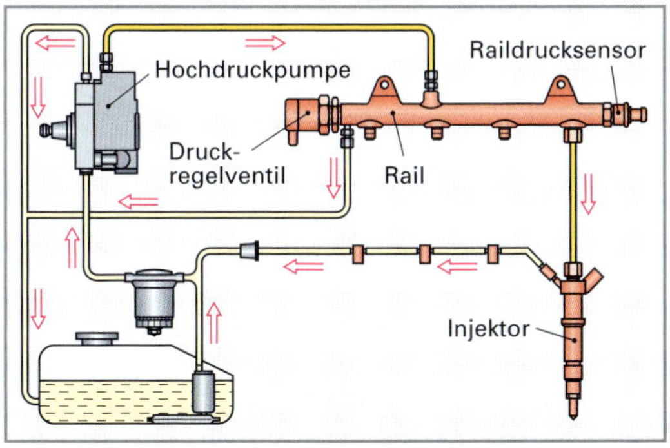

Bild 1: Einsteller-Regelung. Hochdruckseitige Druckregelung durch ein Druckregelventil

Das Druckregelventil ist meist am Rail, bei einzelnen Fahrzeugherstellern auch direkt an der Pumpe eingebaut.

Durch die hochdruckseitige Druckregelung wird eine schnelle dynamische Anpassung des Raildrucks z.B. bei schnellen Lastwechseln ermöglicht.

Funktion. Der Raildruck wird über die Zumesseinheit saugseitig geregelt (Niederdruckregelung). Die Zumesseinheit ist an der Hochdruckpumpe angebracht. Sie lässt nur so viel Kraftstoff zur Hochdruckpumpe, wie zur Einspritzung benötigt wird (Bedarfsregelung). Ein Druckbegrenzungsventil verhindert bei Ausfall der Zumesseinheit einen zu hohen Raildruck.

Durch die saugseitige Druckregelung ist die unter Druck gesetzte Kraftstoffmenge kleiner. Dadurch werden die Kraftstofftemperatur und die Leistungsaufnahme der Hochdruckpumpe gesenkt.

Einsteller-Regelung, saugseitig (Bild 2)

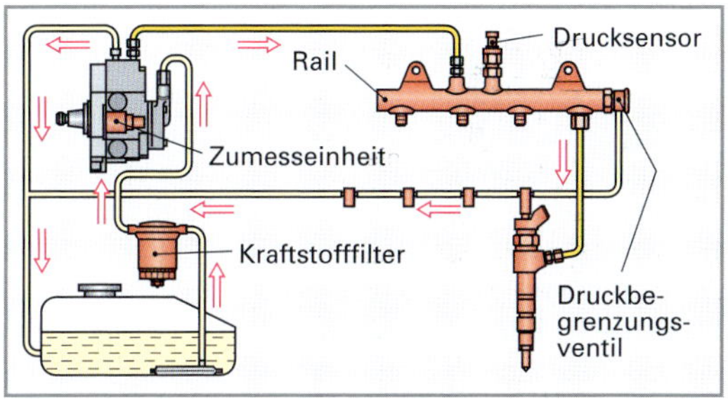

Bild 2: Saugseitige Druckregelung durch eine Zumesseinheit

Zweisteller-Regelung (Bild 3)

Bei dieser Regelungsart ist eine Zumesseinheit an der Pumpe und ein Druckregelventil am Rail eingebaut **(Bild 3)**. Die Ventile werden, je nach Betriebsbedingung des Motors einzeln oder gemeinsam angesteuert **(Bild 1, Seite 314)**.

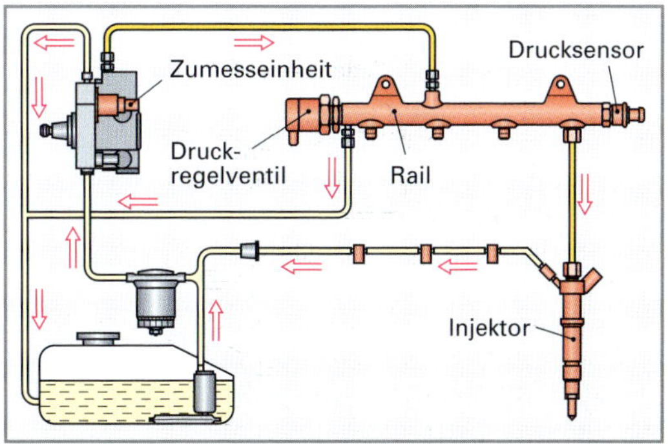

Bild 3: Zweisteller-Regelung. Kombination aus saugseitiger und hochdruckseitiger Druckregelung

Betriebsarten:

Start. Bei Motorstart arbeitet das System nur mit dem Druckregelventil hochdruckseitig. Dies führt zu schnellem Druckaufbau. Die Pumpe setzt dabei mehr Kraftstoff als eingespritzt wird unter Druck. Dadurch erwärmt sich der Kraftstoff und es kann ggf. auf eine Kraftstoffheizung verzichtet werden.

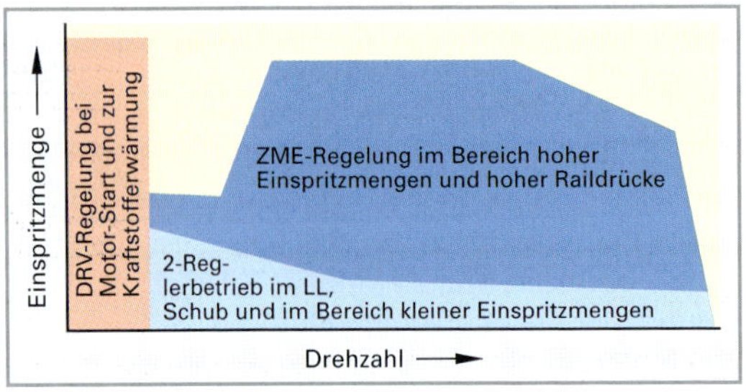

Bild 1: Kennfeld einer Zweisteller-Reglung

Leerlauf, Teillastbereich. Im Leerlauf, im Schubbetrieb und bei kleinen Einspritzmengen wird der Kraftstoffdruck durch beide Ventile gleichzeitig geregelt. Dadurch wird die genaueste Regelung erreicht. Die Leerlaufqualität und der Übergang in den Schubbetrieb wird verbessert. Die Pumpenleistung wird dabei gleichzeitig geringfügig reduziert.

Mittlerer bis hoher Lastbereich. Bei hohen Einspritzmengen und hohen Raildrücken wird der Kraftstoffdruck nur durch die Zumesseinheit geregelt. Durch die bedarfsgerechte Regelung des Kraftstoffdruckes wird die Leistungsaufnahme der Hochdruckpumpe reduziert und eine zu starke Kraftstofferwärmung vermieden.

Bauteile

Vorförderpumpe. Sie versorgt die Hochdruckpumpe mit Kraftstoff. Es kommen Elektrokraftstoffpumpen, Zahnradpumpen und eine Kombination von beiden zum Einsatz.

Elektrokraftstoffpumpe. Sie ist meist als Bestandteil des Tankmoduls im Kraftstoffbehälter (Intank) oder in der Kraftstoffleitung (Inline) verbaut. Um einen schnellen Druckaufbau zwischen 3 ... 7 bar im Niederdruckkreis zu gewährleisten, startet die Pumpe schon beim Öffnen der Fahrertür bzw. Betätigen der Zündung. Sie fördern je nach Bauart zwischen 40 l/h ... 500 l/h und sind selbst entlüftend.

Zahnradpumpen werden meist von der Nockenwelle angetrieben. Die Fördermenge steigt proportional zur Motordrehzahl. Der Druck wird durch ein Überströmventil auf der Druckseite auf z.B. 7 bar konstant gehalten. Die Förderleistung beträgt bis zu 250 l/h. Bei heißem und damit dünnflüssigem Kraftstoff und niederen Pumpen- bzw. Motordrehzahlen verringert sich die Förderleistung der Zahnradpumpen stark.

Kombinierte Systeme. Sie bestehen aus Zahnrad- und Elektrokraftstoffpumpe und sorgen insbesondere bei Heißstart für ein verbessertes Startverhalten.

Hochdruckpumpe (Bild 2). Sie fördert den Kraftstoff unter einem Druck von bis zu 2000 bar in das Rail. Sie ist meist als Radialkolbenpumpe ausgeführt. Die Antriebswelle bewegt über den Exzenternocken die drei Pumpenkolben der Pumpenelemente auf und ab. Die Antriebswelle kann über Zahnriemen bzw. Zahnrad oder direkt von der Motornockenwelle angetrieben werden.

Bild 2: Hochdruckpumpe CP 3 mit Zumesseinheit und Zahnrad-Vorförderpumpe

Saughub (Bild 3). Überschreitet der Förderdruck den Öffnungsdruck des Einlassventils, strömt Kraftstoff in den Elementenraum, bei dem sich der Pumpenkolben nach unten bewegt.

Förderhub (Bild 3). Wird der untere Totpunkt des Pumpenkolbens überschritten, so schließt das Einlassventil und der Kraftstoff kann nicht mehr entweichen. Der nach außen gehende Pumpenkolben setzt den Kraftstoff so lange unter Druck, bis der Raildruck überschritten wird. Dann öffnet das Auslassventil und der Kraftstoff gelangt in das Rail.

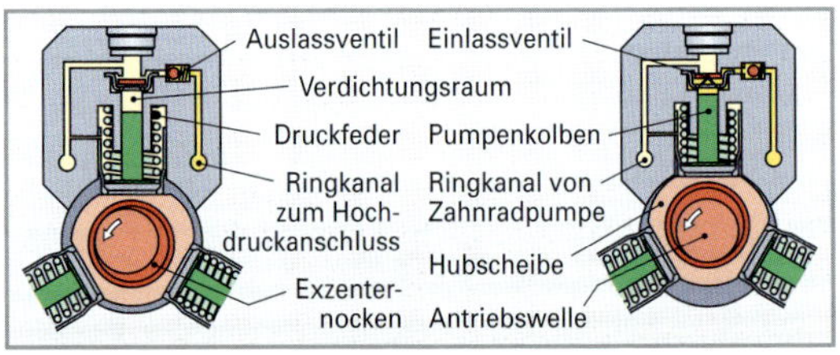

Bild 3: Saug- und Förderhub

Hochdruckpumpe – Zweikolbenpumpe (Bild 1, Seite 315)

Um verschärfte Emissionsgrenzwerte einhalten zu können, werden Ein- oder Zweikolbenpumpen verbaut. Diese Hochdruckpumpen ermöglichen eine gleichmäßige Einspritzmenge für alle Zylinder. Dazu werden die Injektoren bei gleichem Druckniveau geöffnet. Um dies zu erreichen werden die Pumpenhübe synchron mit den Kolbenhüben des Motors gesteuert. Dabei bewegen sich Pumpenkolben und Motorkolben gleichzeitig nach oben bzw. nach unten.

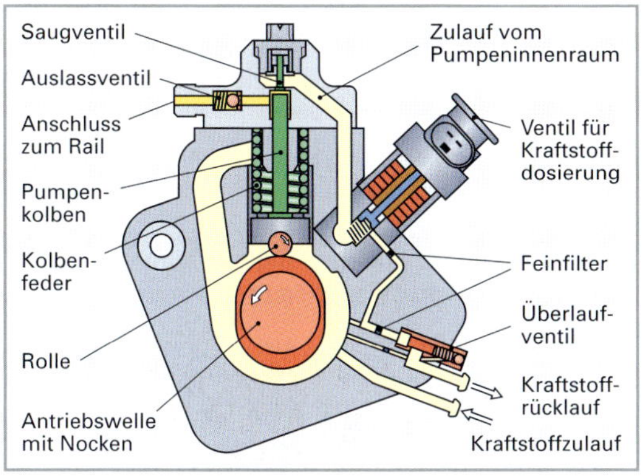

Bild 1: Hochdruckpumpe CP4 mit Zumesseinheit

Die CP4-Hochdruckpumpe besteht aus einem Aluminiumgehäuse, was zu einer deutlichen Gewichtsreduzierung führt. Nur die Pumpenelemente mit den hochdruckfesten Zylinderköpfen sind aus Stahl gefertigt.

Das Nockentriebwerk mit Rollenstößel verringert durch die geringere Reibung die Verlustleistung erheblich, was zu einer Verbrauchsreduzierung führt.

Zumesseinheit ZME (Bild 1).

Die Zumesseinheit ist in der Hochdruckpumpe integriert.

Sie regelt die Kraftstoffmenge, die zur Hochdruckerzeugung benötigt wird.

Funktion. Im stromlosen Zustand ist die Zumesseinheit geöffnet. Um die Zulaufmenge zum Verdichtungsraum zu verringern, wird das Ventil vom Motorsteuergerät mit einem PWM-Signal angesteuert. Je nach Tastverhältnis ändert sich die Stellung des Sperrkolbens und somit die Zulaufmenge des Kraftstoffes in den Verdichtungsraum der Hochdruckpumpe.

Druckregelventil (Bild 2). Es kann an der Rail oder an der Hochdruckpumpe angebaut sein.

Es stellt abhängig vom Lastzustand und den Betriebsbedingungen des Motors den Raildruck ein und hält ihn konstant.

Funktion. Über die Ventilfeder wird das Magnetventil in den Sitz gedrückt und dichtet so die Hochdruckseite (Rail) gegen die Niederdruckseite (Rücklauf) ab.

Die Feder ist so ausgelegt, dass sich ein Druck von ca. 100 bar einstellt, wenn das Druckregelventil nicht angesteuert wird. Um den Druck im Rail zu erhöhen, muss zusätzlich zur Federkraft eine magnetische Kraft aufgebaut werden. Über ein PWM-Signal wird der Raildruck im Leerlauf auf 400 bar und bei Volllast auf etwa 2000 bar eingestellt.

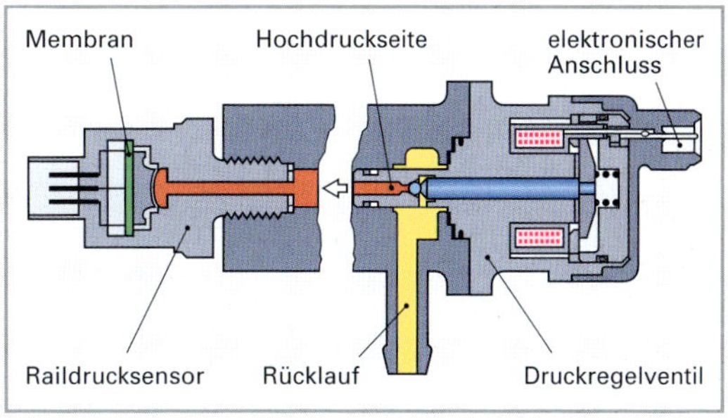

Bild 2: Drucksensor und Druckregelventil am Rail

Da das Speichervolumen im Rail wesentlich größer ist als die Einspritzmenge bzw. Pumpenförderung, bleibt der Raildruck nahezu konstant.

Die Taktfrequenz ist mit 1 kHz so hoch, dass keine störenden Ankerbewegungen und somit Druckschwankungen entstehen können. Bei Ausfall des Druckregelventils ist kein Motorlauf möglich, da kein ausreichend hoher Kraftstoffdruck für die Einspritzung aufgebaut wird.

Raildrucksensor (Bild 2). Er sitzt am Rail und informiert das Steuergerät über den jeweiligen Raildruck. Der Druck wird vom Sensorelement erfasst und über die integrierte Auswerteelektronik als Spannungssignal dem Steuergerät übermittelt. Die Versorgungsspannung des Sensors beträgt dabei 5 V. Die Signalspannung ist bei hohem Raildruck ca. 4,5 V, bei niedrigerem Raildruck ca. 0,5 V. Bei Signalausfall wird das Druckregelventil mit einem festen Wert angesteuert und eine Notlauffunktion (erhöhte Leerlaufdrehzahl) geschaltet.

Druckbegrenzungsventil

Es kommt bei Common-Rail-Systemen mit Einsteller-Zumesseinheit an der Hochdruckpumpe zum Einsatz. Bei Fehlfunktion der Zumesseinheit begrenzt es den Raildruck, indem es eine Ablaufbohrung freigibt. Ein gewisser Druck z.B. 400 bar, bleibt im Rail erhalten, um eine Notfahrfunktion und somit eine eingeschränkte Weiterfahrt zu ermöglichen.

Rail (engl. = Schiene bzw. Verteilerrohr). Es ist ein dickwandiges Stahlrohr mit Anschlüssen für die Kraftstoffleitungen, Drucksensor und ggf. für das Druckregelventil.

Das Rail hat die Aufgabe den Kraftstoff unter hohem Druck zu speichern und Druckschwankungen auszugleichen.

Injektor mit Magnetventil

> Der Injektor ermöglicht die genaue Regelung von Einspritzbeginn und Einspritzmenge sowie eine Vor- und Nacheinspritzung.

Aufbau. Der Injektor besteht aus folgenden Bauteilen:

- Magnetventil
- Ventilsteuerkolben
- Ventilsteuerraum
- Einspritzdüse

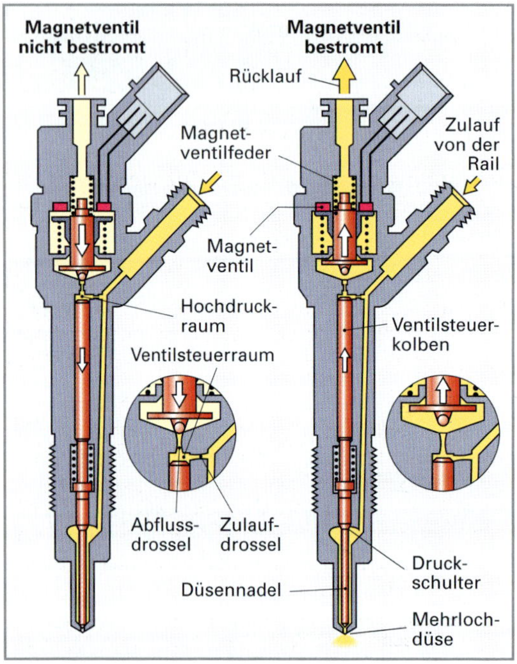

Bild 2: Wirkungsweise des Injektors

Funktion

Injektor geschlossen (Ruhezustand). Über den Kraftstoffzulauf gelangt der Kraftstoff in den Ventilsteuerraum und zur Druckschulter der Einspritzdüse. Die Abflussdrossel ist durch die Ventilkugel verschlossen. Durch den Druck oberhalb des Ventilsteuerkolbens im Ventilsteuerraum entsteht eine Kraft, die größer ist als die entgegengerichtete Kraft, welche auf die Druckschulter der Düsennadel wirkt. Die Düsennadel bleibt somit geschlossen, unabhängig davon, welcher Raildruck am Injektor anliegt.

Injektor öffnet (Einspritzbeginn). Wird das Magnetventil vom Steuergerät angesteuert wird der Anker angezogen, wodurch die Ventilkugel die Abflussdrossel frei gibt. Durch die Abflussdrossel entweicht jetzt mehr Kraftstoff, als durch die Zulaufdrossel zufließt. Somit kommt es zu einem Druckabfall im Ventilsteuerraum. Jetzt wird die Düsennadel durch die Kraft, die an ihrer Druckschulter wirkt, angehoben. Die Düsennadel öffnet, es wird eingespritzt.

Injektor schließt (Einspritzende). Wird über das Steuergerät das Magnetventil nicht mehr bestromt, drückt die Ventilfeder die Ventilkugel in den Sitz. Dadurch ist die Rücklaufdrossel verschlossen und im Ventilsteuerraum baut sich schlagartig wieder der Raildruck auf. Die Kraft auf den Ventilsteuerkolben und die Kraft der Düsenfeder, die von oben wirkt, überschreiten die Kraft auf die Druckschulter der Düsennadel, welche von unten wirkt. Somit schließt die Düsennadel.

Die Düsennadel wird somit durch den Systemdruck geöffnet und auch geschlossen. Diese hydraulische Zwangssteuerung ist nötig, weil die zum schnellen Öffnen der Düsennadel benötigten Kräfte mit einem Magnetventil nicht erzeugt werden können.

Injektorsteuerung. Um die Einspritzung in bis zu drei Sequenzen (vor Haupt- und Nacheinspritzung) unterteilen zu können, benötigt man schnell schaltende Magnetventile.

Anzugsstromphase. Zum Öffnen des Magnetventils, muss der Strom in einer steilen, genau definierten Flanke auf ca. 20 A ansteigen, um eine geringe Toleranz und eine hohe Reproduzierbarkeit (Wiederholgenauigkeit) der Einspritzmenge zu erzielen. Dies erreicht man mit einer Boosterspannung von bis zu 100 V. Diese Boosterspannung wird mit Hilfe der Induktion beim Ausschalten der Magnetventile erzeugt und in Kondensatoren im Steuergerät gespeichert.

Haltestromphase. In dieser Zeit wird der Strom durch Takten auf ca. 13 A abgesenkt, um die Verlustleistung im Steuergerät und im Injektor zu verringern. Dabei liegt Batteriespannung an.

Ausschalten. Wird der Stromfluss unterbrochen, entsteht durch die Magnetfeldänderung in der Injektorspule eine Induktionsspannung, mit welcher der Boosterkondensator im Steuergerät aufgeladen wird **(Bild 2)**.

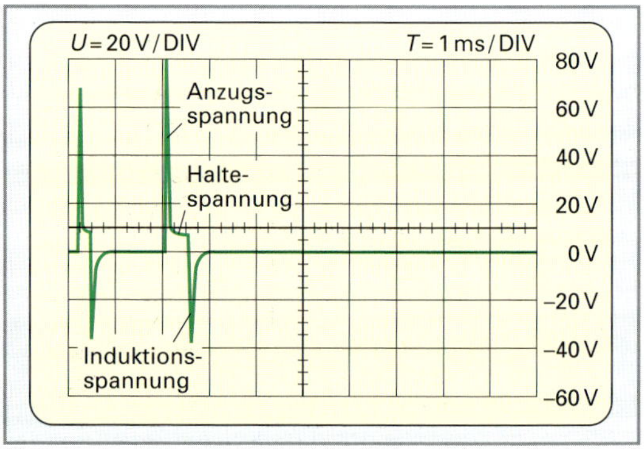

Bild 2: Strom-Spannungsverlauf MV-Injektor

Nachladen des Kondensators (Boostern). Fällt die Kondensatorenergie unter einen Grenzwert ab, wird eine Injektorspule so kurzzeitig mit Batteriespannung angetaktet, dass der Injektor nicht öffnet. Die beim Ausschalten induzierte Spannung lädt den Kondensator nach **(Bild 1).**

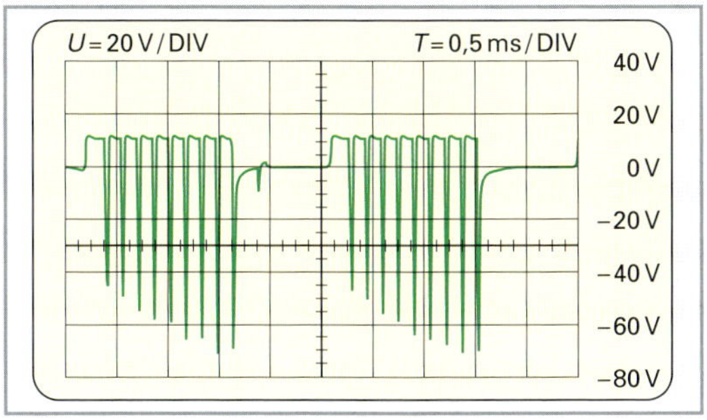

Bild 1: Nachladen des Kondensators (Boostern)

Piezo-Inline-Injektoren (Bild 2)

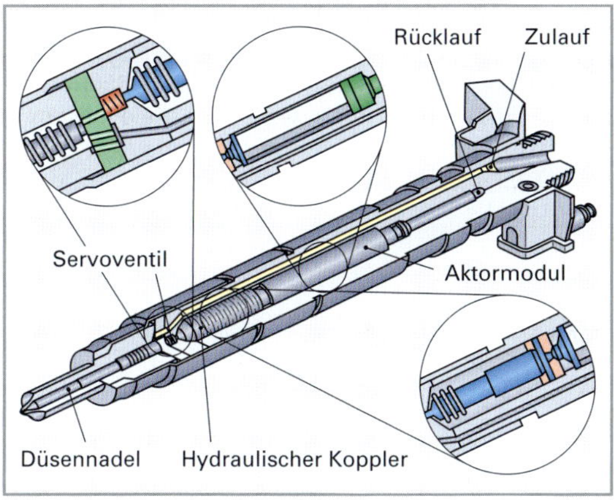

Bild 2: Piezo-Inline-Injektoren

Aufbau. Der Piezo-Inline-Injektor besteht aus folgenden Baugruppen:

- Aktormodul
- Servoventil
- hydraulischer Koppler
- Düsenmodul

Aktormodul. Es besteht aus mehreren hundert in Reihe geschalteten Piezo-Keramikplättchen. Durch eine angelegte Spannung dehnen sich je nach Polung die Kristalle aus oder ziehen sich zusammen. Dabei wird ein maximaler Hub von 0,065 mm erreicht.

Hydraulischer Koppler. Durch ihn wird der Weg des Aktormoduls (Piezo-Keramikblättchen) auf das Schaltventil vergrößert. Außerdem wird die Längenänderung durch Wärmeausdehnung und Alterung des Piezomoduls ausgeglichen. Für die Funktion des Kopplers ist ein Rücklaufdruck von ca. 10 bar nötig. Dieser Druck wird durch ein Druckhalteventil in der Rücklaufleitung gehalten.

Servoventil (Bild 3). Im nicht angesteuerten Zustand des Aktormoduls ist das Servoventil geschlossen.

Durch die Ansteuerung des Aktormoduls dehnt sich dieses aus. Die Längenänderung wird über den hydraulischen Koppler auf das Servoventil übertragen. Dadurch kann durch die Rücklaufdrossel mehr Kraftstoff abfließen, als durch die Zulaufdrossel nachfließen kann. Es kommt zu einem Druckabfall. Die Düsennadel wird angehoben.

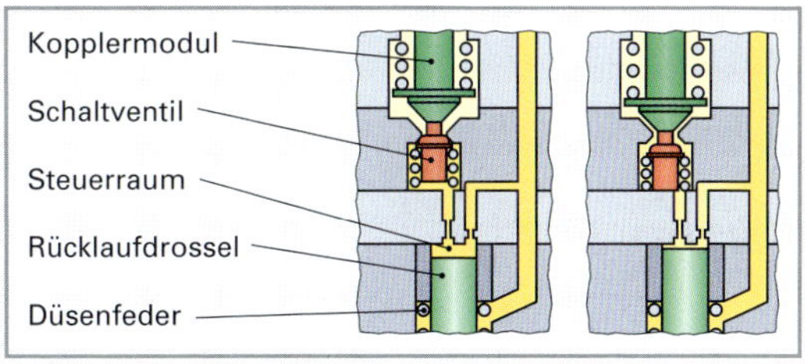

Bild 3: Servoventil geschlossen, offen

Ansteuerung (Bild 4)

1-2 Das Piezoaktormodul wird vom Steuergerät über einen Boosterkondensator mit einer Spannung zwischen 110 V ... 150 V und ca. 13 A angesteuert.

2-3 Das Piezoaktormodul dehnt sich aus und verhält sich dabei wie ein Kondensator (ca. 4 µF), der geladen wird.

3 Die Piezokristalle haben sich ausgedehnt, der Injektor ist geöffnet. Das Piezoaktormodul entspricht jetzt einem geladenen Kondensator. Die Stromaufnahme ist null.

3-4 Um ein schnelles Schließen des Piezoaktormoduls zu erreichen, muss es sich möglichst schnell entladen. Das SG schaltet die Spannung ab und schließt den Stromkreis über einen definierten Widerstand kurz. Somit entlädt sich das Piezoaktormodul über das SG und zieht sich wieder zusammen.

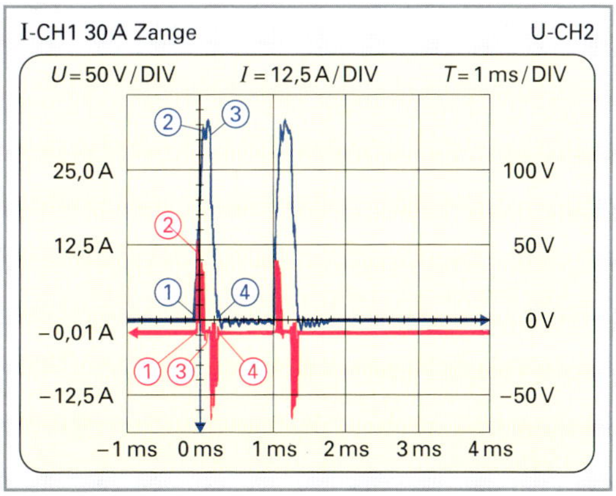

Bild 4: Spannungs- und Stromverlauf eines Piezo-Inline-Injektors

12

Sensoren und Aktoren einer EDC mit Common-Rail-System (Bild 1 und Bild 2) 1. Generation

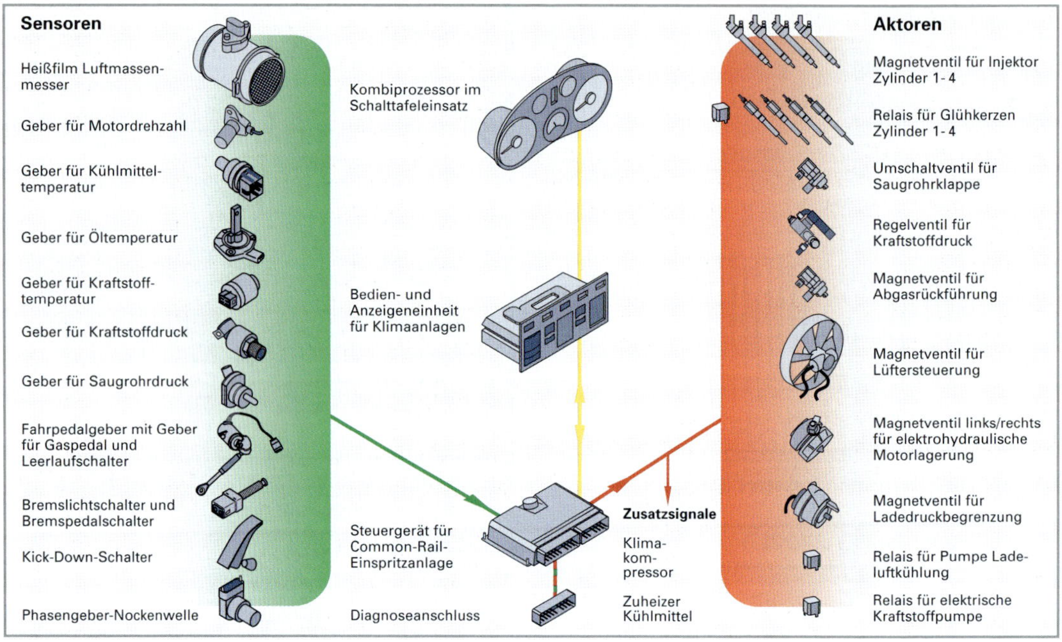

Bild 1: Blockschaltbild einer EDC mit Common-Rail-System

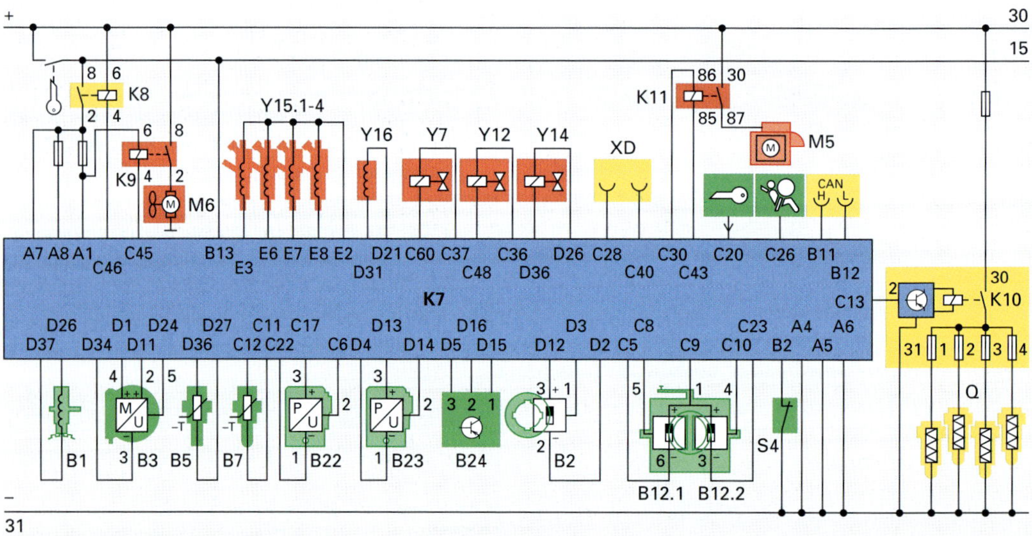

B1 Drehzahlgeber Kurbelwelle
B2 Nockenwellensensor
B3 Luftmassenmesser
B5 Motortemperaturfühler
B7 Geber für Saugrohrtemperatur
B12 Geber für Fahrpedalstellung
B22 Ladedrucksensor
B23 Raildrucksensor
B24 Sensor für Öldruck, -menge und -temperatur
K7 Steuergerät für Common-Rail-Einspritzung
K8 Hauptrelais
K9 Relais für Lüfter
K10 Glühzeit-Steuergerät
K11 Relais für Starter
M5 Starter
M6 Lüftermotor
Q Glühkerzen
S4 Kupplungspedalschalter
Y7 Magnetventil für Abgasrückführung
Y12 Magnetventil für Ladedruckregelung
Y14 Elektro-Abschalt-Ventil
Y15.1 … Y15.4 Injektoren
Y16 Raildruck-Regelventil
XD Diagnoseanschluss

Bild 2: Stromlaufplan Common-Rail

Schaltplanbeispiel einer Common-Rail-Anlage

1. Generation, Bild 2, Seite 318)

Spannungsversorgung. Bei Betätigung des Zündschlüssels wird das Steuergerät über Pin B13 und A7, A8, A1 mit Spannung versorgt.

Fahrpedalsensor B12. Der Sensor erfasst die Fahrpedalstellung (*1. Hauptsteuergröße*) zur Berechnung der Kraftstoffmenge. Die unabhängig voneinander arbeitenden Hallgeber werden über den Pin C9 mit Plus und über die Pin C5, C23 mit Masse versorgt. Die Signalspannungen liegen an den Pin C8 und C10 an. Bei Defekt läuft der Motor mit erhöhter Leerlaufdrehzahl. Die Fehlerlampe leuchtet und ein Fehler wird im Fehlerspeicher abgelegt.

Nockenwellensensor B2. Der Hallsensor meldet dem Steuergerät die Position des ersten Zylinders im Verdichtungstakt, sowie die Motordrehzahl *(2. Hauptsteuergröße)*. Das Signal wird benötigt, um zur richtigen Zeit in den richtigen Zylinder einzuspritzen. Bei Signalausfall bleibt der Motor unter Umständen fahrbereit, kann aber nicht wieder gestartet werden. Er wird über die Pins D12 und D2 mit Spannung versorgt. Die Signalspannung liegt auf Pin D3.

Raildrucksensor B23. Er signalisiert dem Steuergerät den aktuellen Kraftstoffdruck im Rail. Wird ein zu kleiner bzw. ein zu großer Raildruck ermittelt, erkennt das Steuergerät einen Defekt im System und schaltet den Motor ab (Notaus). Die Signalspannung liegt auf Pin D13. Spannungsversorgung von Plus auf D14 und Masse auf D4.

Raildruckregelventil Y16. Es sorgt für den kennfeldgesteuerten Druck im Rail. Das PWM-Signal wird vom Steuergerät über Pin D31 und D21 aufgeschaltet.

Injektoren Y15.1-Y15.4. Sie sorgen dafür, dass die richtige Einspritzmenge zum richtigen Einspritzzeitpunkt eingespritzt wird. Sie werden vom Steuergerät jeweils über Pin E2 und die Pins E3, E6, E7, und E8 angesteuert.

Heißfilm-Luftmassenmesser B3. Er bestimmt die angesaugte Luftmasse. Mit diesem Wert wird vorrangig die AGR-Rate aus einem Kennfeld bestimmt. Spannung wird über die Pins D34 und D1, D11 angelegt. Die Signalspannung liegt am Pin D24.

Elektroabschaltventil Y14. Es wird vom Steuergerät über Pin D26 und D36 geschaltet. Bei schwerwiegendem Systemfehlern schließt das Ventil und die Kraftstoffversorgung wird unterbrochen (Notaus).

Magnetventil für die Laderdruckregelung Y12. Es ermöglicht über ein PWM-Signal des Steuergeräts eine stufenlose Regelung des Ladedrucks eines VTG-Laders. Es wird über die Pins C36 und C48 angesteuert.

WERKSTATTHINWEISE

Ein Fahrzeug mit Common-Rail-Einspritzanlage springt nicht an, obwohl alle Fehler aus dem Fehlerspeicher beseitigt und gelöscht wurden. Der Prüfplan zeigt die weitere Vorgehensweise:

Prüfplan „Motor springt nicht an"

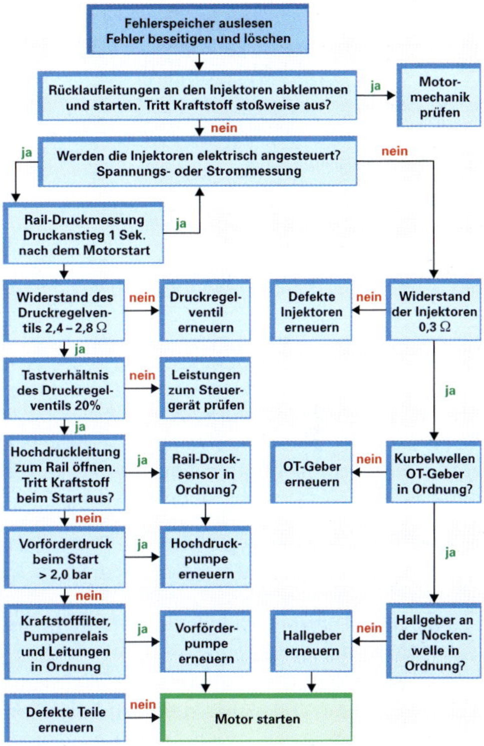

Injektortausch. Wird ein Injektor ersetzt, muss das EDC-Steuergerät angepasst werden. Dies geschieht durch den Injektor-Mengen-Abgleich (IMA) in der geführten Fehlersuche **(Bild 1)**.

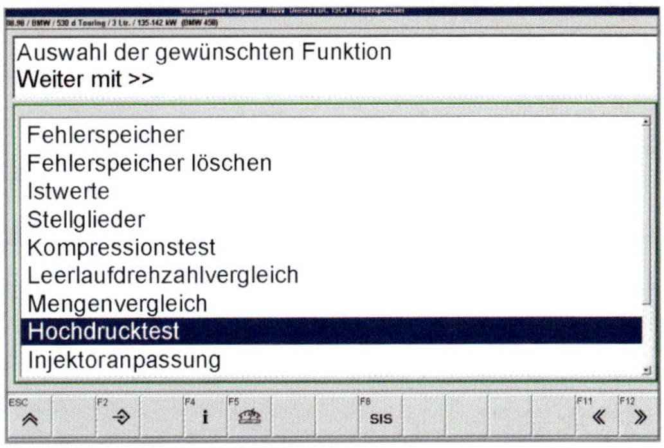

Bild 1: Geführte Fehlersuche

Auf jedem Injektor ist ein 6- bzw. 7-stelliger Anpasswert aufgedruckt **(Bild 1, Seite 320)**. Dieser kann aus Buchstaben und/oder Zahlen bestehen.

12

Der IMA-Wert wird bei der Fertigung des Injektors ermittelt. Er beschreibt das Einspritzverhalten des Injektors bei unterschiedlicher Last und Drehzahl. Mit dem IMA-Wert kann das EDC-Steuergerät die erforderlichen Ansteuerzeiten für die Einspritzung jedes einzelnen Injektors genau berechnen und somit die Mengenzumessgenauigkeit erhöhen.

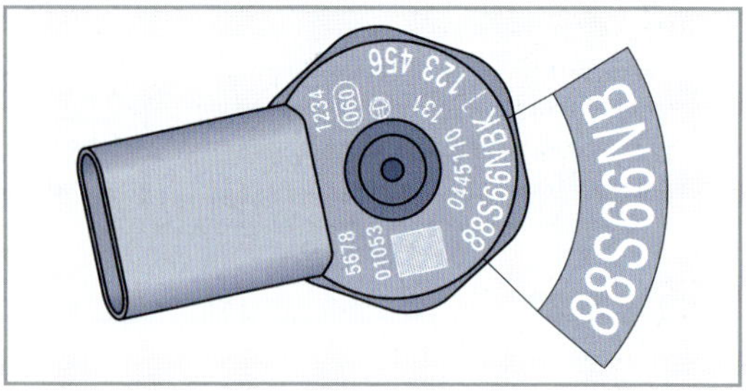

Bild 1: Injektorcode (IMA) Besonderheit

Besonderheit beim Piezoinjektor

> Piezoinjektoren sind immer stehend zu lagern, um ein Leerlaufen des hydraulischen Kopplers zu verhindern. Der hydraulische Koppler kann mit Werkstattmitteln nicht mehr gefüllt werden. Dadurch ist der Injektor nicht mehr einsetzbar.

Die elektrische Verbindung zwischen Piezoinjektor und Motorsteuergerät darf bei laufendem Motor keinesfalls unterbrochen werden, da die Gefahr eines Motorschadens besteht, weil der Injektor im offenen Zustand stehenbleiben könnte.

Hochdrucktest (Bild 2). Damit können die Förderleistung, der Druckauf- und -abbau der Hochdruckpumpe auf korrekte Arbeitsweise sowie die interne und externe Dichtheit des Kraftstoffhochdrucksystems überprüft werden. Mit dieser Funktion wird durch gezieltes Ansteuern von Zumesseinheit und Druckregelventil bei einer manuell eingestellten Motordrehzahl von ca. 3500 1/min der maximale Systemdruck aufgebaut.

Mögliche Fehler:

- Druckaufbau zu langsam, Hochdruckpumpe Kraftstofffilter und Elektrokraftstoffpumpe prüfen
- Druckabbau zu langsam, Zumesseinheit prüfen
- Druckabbau zu schnell, Druckregelventil prüfen, Rücklaufmenge prüfen

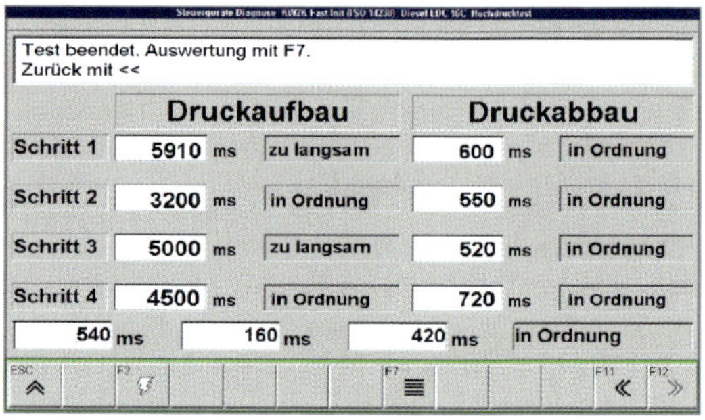

Bild 2: Ergebnis des Hochdrucktests

Dynamischer Kompressionstest. Während des dynamischen Kompressionstests wird ein Anspringen des Motors durch Abschalten der Einspritzung verhindert. Dabei wird über die Starterstromaufnahme oder eine Drehzahlmessung die Kompression der einzelnen Zylinder verglichen.

Mengenvergleich. Es werden bei aktivierter Laufruheregelung die spezifischen Korrekturmengen der einzelnen Zylinder angegeben, um einen möglichst runden Motorlauf zu erzeugen **(Bild 3).**

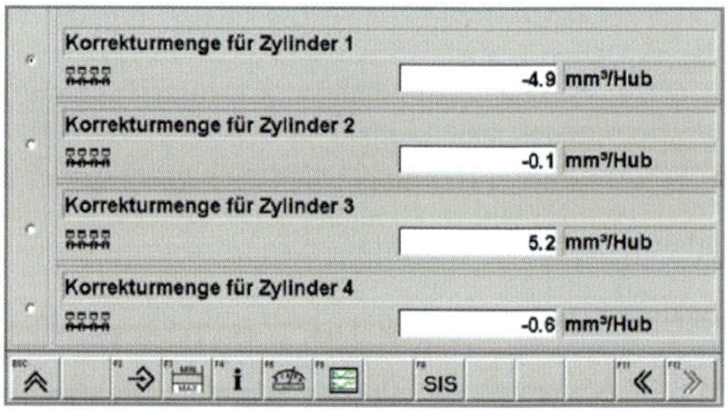

Bild 3: Mengenvergleich

Positive Mengenkorrektur. Z.B. bei zu geringer Kompression an einem Zylinder (Leistungsverlust) oder Injektor ist verschmutzt (Düsenlöcher sind „verstopft").

Negative Mengenkorrektur. Z.B. Injektor hat Leckage (Injektor ist undicht, tropft nach, Düse ist ausgewaschen).

Wiederholungsfragen

1. **Beschreiben Sie die elektronische Spritzverstellung der Axialkolbenverteilerpumpe.**
2. **Welche Aufgabe hat der Drehwinkelsensor einer Radialkolbenpumpe?**
3. **Erläutern Sie Wirkungsweise und Funktion des Nadelbewegungsfühlers einer EDC.**
4. **Welche Unfallverhütungsmaßnahmen sind am Einspritzdüsenprüfstand zu beachten?**
5. **Wie wird das PDE angetrieben?**
6. **Nennen Sie drei Merkmale des Pumpe-Düse-Systems.**
7. **Wie wird beim PDE die Voreinspritzung realisiert und von welcher Größe ist die Dauer der Voreinspritzung abhängig?**
8. **Nennen und erklären Sie die Funktion von 5 Bauteilen eines Common-Rail-Systems.**
9. **Wie wird bei einem Common-Rail-System der Einspritzdruck gesteuert?**
10. **Vergleichen Sie das Common-Rail-System mit dem PDE. Wo liegen die Vorteile? Begründung.**

13 Schadstoffminderung

13.1 Abgasanlage

Aufgaben

- Die aus dem Verbrennungsraum mit starken Impulsen (Knall) austretenden Abgase so dämpfen und entspannen, dass ein bestimmter Geräuschpegel nicht überschritten wird.
- Abgase gefahrlos ableiten, so dass ein Eindringen in den Innenraum verhindert wird.
- Schadstoffe im Abgas durch Katalysator auf die vorgeschriebenen Grenzwerte vermindern.
- Abgasstrom während der Geräuschdämpfung so beeinflussen, dass der Leistungsverlust des Motors möglichst gering ist.
- Ein dem Fahrzeug entsprechendes Soundgeräusch erzeugen (Sound design).

Schallpegel (Tabelle 1). Beim Öffnen des Auslassventils stehen die Abgase im Zylinder noch unter einem Überdruck von 3 bar bis 5 bar. Die Abgase würden ohne Schalldämpfer mit lautem Knall ins Freie auspuffen. Ein Maß für die Geräuschstärke ist der Schallpegel, er wird gemessen in Dezibel (A) = dB(A), wobei (A) die Messmethode beschreibt. Der menschlichen Hörschwelle entspricht ein Schallpegel von 0 dB (A). Eine Erhöhung von 3 dB (A) entspricht einer Verdopplung der subjektiven Lautstärke. Geräusche ab 120 dB (A) empfinden wir als schmerzhaft. Anhaltender Lärm über 130 dB (A) kann tödlich wirken.

Tabelle 1: Schallpegel	
Presslufthammer	130 dB (A)
Schmerzgrenze	120 dB (A)
Diskothek	110 dB (A)
Motor ohne Schalldämpfer	100 dB (A)
Maschinenhalle	90 dB (A)
Verkehrsreiche Straße	80 dB (A)
Zul. Fahrgeräusch eines Pkw	74 dB (A)
Unterhaltungssprache	70 dB (A)
Wohnraum	50 dB (A)
Schlafraum	30 dB (A)
Sehr leises Blätterrauschen	10 dB (A)
Hörschwelle (0 Dezibel)	0 dB (A)

Fahrgeräusch. Das Auspuffgeräusch ist ein wesentlicher Bestandteil des Fahrgeräusches eines Kraftfahrzeuges. Andere Teilgeräusche sind z.B. Triebwerksgeräusche, Abrollgeräusche, Karosserie- und Windgeräusche. Das Fahrgeräusch darf das zugelassene Maß nicht überschreiten. In der StVZO und in EG-Richtlinien sind Grenzwerte für die Geräuschentwicklung der einzelnen Kraftfahrzeuge festgelegt **(Tabelle 2)**. Diese Grenzwerte wurden in den vergangenen Jahren mehrfach gesenkt.

Tabelle 2: Fahrgeräusche von Kfz (Grenzwerte)	
Mofa	70 dB (A)
Moped, Mokick	72 dB (A)
Leichtkraftrad	75 dB (A)
Kraftrad bis 80 cm³ bis 175 cm³ über 175 cm³	75 dB (A) 77 dB (A) 80 dB (A)
Pkw mit Otto- oder Dieselmotor mit Direkteinspritzer-Dieselmotor	74 dB (A) 75 dB (A)
Omnibus, Lkw bis 3,5 t mit Direkteinspritzer-Dieselmotor	76 dB (A) 77 dB (A)
Lkw bis 75 kW	77 dB (A)
Omnibus, Lkw bis 150 kW über 150 kW	78 dB (A) 80 dB (A)

Beanspruchungen

- Hohe Temperaturen und große Temperaturwechsel vor allem im vorderen Teil der Abgasanlage.
- Außenkorrosion auf der ganzen Länge der Abgasanlage durch Witterungseinflüsse und Streusalz im Winter.
- Innenkorrosion durch kondensierte Verbrennungsgase (Wasser, schweflige Säure) besonders an den hinteren, kälteren Bauteilen.
- Starke mechanische Beanspruchungen der Abgasanlage durch Steinschlag, Karosseriebewegungen und Motorschwingungen.

Um diesen Beanspruchungen standzuhalten, werden die einzelnen Bauteile aus verschiedenen Werkstoffen hergestellt. Die vorderen Teile der Abgasanlage werden wegen der hohen Betriebstemperaturen vorwiegend aus rostfreiem warmfesten und zunderbeständigen Edelstahl gefertigt, der auch beständig ist gegen Heißkorrosion. Schalldämpfer werden meist doppelwandig in Sandwichbauweise hergestellt. Bei ihnen besteht der innere Blechmantel wegen der aggressiven Kondensate der Verbrennungsgase aus rostfreiem Edelstahl und der äußere Blechmantel aus unlegiertem Stahl, der jedoch zum Schutz gegen die Außenkorrosion Al-beschichtet ist. Die Abgasrohre im hinteren Teil der Abgasanlage sind ebenfalls Al-beschichtet.

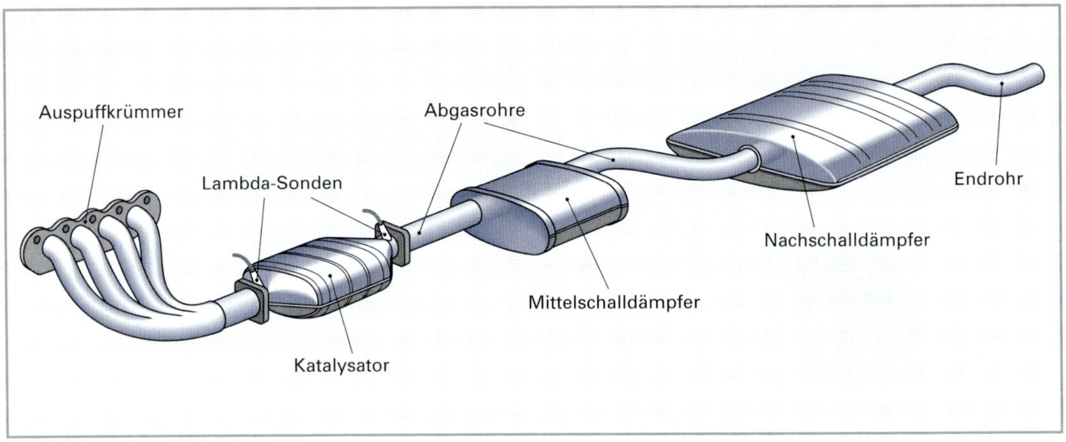

Bild 1: Aufbau einer Abgasanlage

Aufbau der Abgasanlage

Die Abgasanlage **(Bild 1)** besteht aus den Abgasrohren, dem Katalysator und einem oder mehreren Schalldämpfern, z.B. Mittelschalldämpfer und Nachschalldämpfer. Das vordere Abgasrohr ist am Auspuffkrümmer angeflanscht und mündet in den Katalysator. Dieser ist über Verbindungsrohre mit den Schalldämpfern verbunden. Von dort wird das Abgas durch das Endrohr ins Freie geführt.

Die Abgasanlage muss auf der ganzen Länge gasdicht sein, damit Verbrennungsgase nicht in den Innenraum des Kfz eindringen können und damit die Geräuschdämpfung nicht beeinträchtigt wird.

13

Bauart und Anordnung der Schalldämpfer sowie Länge und Querschnitt der Verbindungsrohre sind vom Hersteller sorgfältig aufeinander abgestimmt. Dadurch wird der Geräuschpegel der Verbrennungsgase auf das erforderliche Maß gesenkt. Andererseits wird dadurch auch der Durchflusswiderstand der Abgasanlage gering gehalten, weil durch den entstehenden Abgasgegendruck die Motorleistung beeinträchtigt wird.

Das Auspuffgeräusch entsteht durch den pulsierenden Gasausstoß aus den Zylindern. Seine Schallenergie kann durch Reflexion und durch Absorption gedämpft werden.

Reflexion. Bei der Schalldämpfung durch Reflexion werden den Schallwellen Hindernisse in den Weg gestellt. Die Schallwellen werden dadurch zurückgeworfen und umgelenkt. Sie löschen sich dabei zum Teil wie ein abklingendes Echo gegenseitig. Auch plötzliche Querschnittsänderungen in Rohrleitungen und Kammern erzeugen Reflexion.

Reflexionsschalldämpfer (Bild 2). Verschieden große Kammern sind durch beiderseits offene Rohre, die versetzt angeordnet sind, miteinander verbunden. Dadurch wird die Umlenkung des Gasstromes im Schalldämpfer erzwungen.

Die Rohre können auch perforiert sein. Bei einer Vielzahl von Querschnittssprüngen werden die Schallwellen reflektiert und dabei gedämpft. Reflexionsschalldämpfer in der Abgasanlage eignen sich besonders zur Dämpfung mittlerer und tiefer Frequenzen.

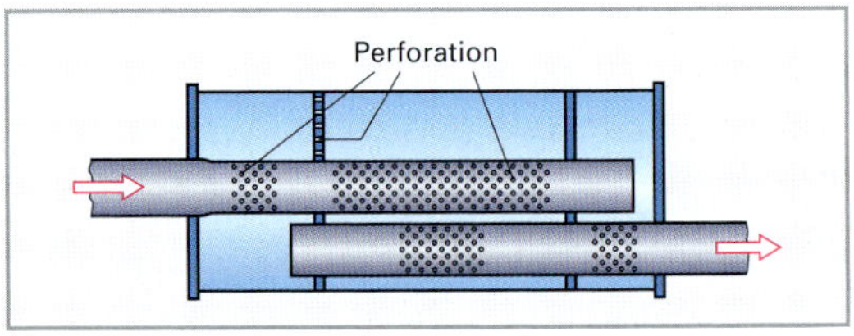

Bild 2: Reflexionsschalldämpfer

Resonanzeffekt. Zwischen den Querschnittsänderungen laufen die Schallwellen mehrfach hin und her und erzeugen unter Umständen Resonanz. Je nachdem ob die Resonanzschwingungen im Hauptstrang oder in einem Abzweig erzeugt werden, spricht man von einem Reihenresonator oder von einem Abzweigresonator **(Bild 1, Seite 323).** Mit solchen Resonatoren lässt sich eine starke Dämpfung bestimmter Frequenzen erreichen.

Interferenzeffekt (Bild 3). Teilt man den Abgasstrom im Schalldämpfer auf und führt dann anschließend die Schallwellen nach verschiedenen langen Wegen wieder zusammen, so überlagern sich die Schallwellen und löschen sich beim Zusammentreffen teilweise gegenseitig aus.

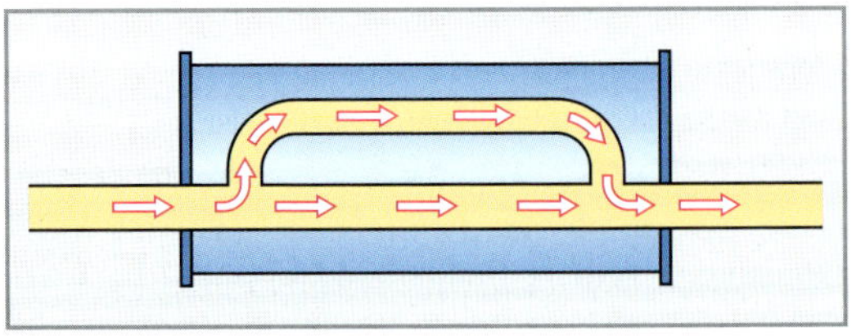

Bild 3: Interferenzeffekt

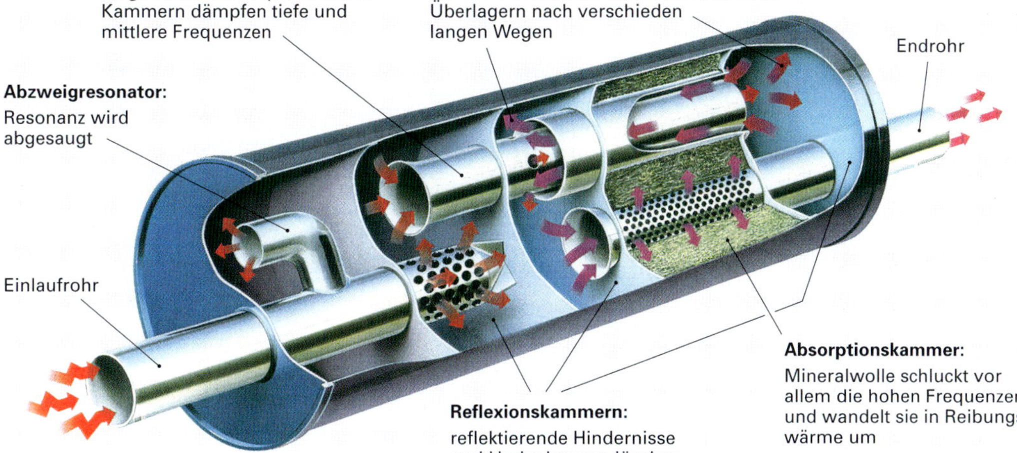

Bild 1: Kombinierter Reflexions-Absorptions-Schalldämpfer

Absorption. Bei der Schalldämpfung durch Absorption werden die Schallwellen in ein poröses Material geleitet. Die Schallenergie wird praktisch „geschluckt", dabei wird sie durch Reibung in Wärme umgewandelt.

Absorptionsschalldämpfer (Bild 2) bestehen aus einer oder mehreren Kammern, die mit Steinwolle oder Glasfaser als Schallschluckstoff gefüllt sind. Der Abgasstrom wird durch ein perforiertes Rohr hindurchgeleitet, er kann den Dämpfer fast ungehindert durchströmen. Die Schallwellen jedoch dringen durch die Perforation in die Mineralwolle, die vor allem höhere Frequenzen schluckt. Absorptionsschalldämpfer werden meist als Nachschalldämpfer verwendet.

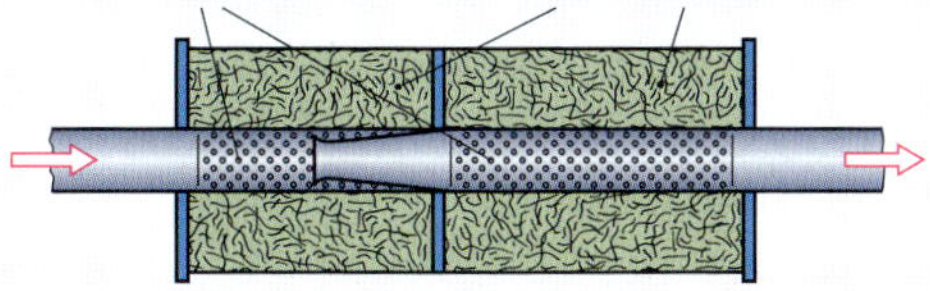

Bild 2: Absorptionsschalldämpfer

Kombinierter Reflexions-Absorptions-Schalldämpfer (Bild 1). Reflexionsschalldämpfer können gut auf tiefe Frequenzen abgestimmt werden. Absorptionsschalldämpfer wirken erst im oberen Frequenzbereich. Meist werden daher beide Dämpfer gleichzeitig verwendet, teils in getrennten Schalldämpfern mit beiden Dämpfungsarten.

Alle Teile der Abgasanlage sind aufeinander abgestimmt, sie dürfen nicht verändert werden. Bei Einbau von nicht genehmigten Teilen erlischt die Betriebserlaubnis des Fahrzeugs.

Arbeitsregeln

- Abgasanlage bei jeder Inspektion auf Dichtheit prüfen. Rußspuren sind Zeichen für undichte oder schadhafte Stellen.
- Wärmeschutzbleche überprüfen.
- Durchgerostete Teile erneuern.
- Aufhängungen der Abgasanlage überprüfen.

WIEDERHOLUNGSFRAGEN

1 **Welche Aufgaben hat die Abgasanlage?**

2 **In welcher Einheit wird der Schallpegel angegeben?**

3 **Warum darf das Schalldämpfersystem eines Kraftfahrzeuges nicht verändert werden?**

4 **Wie hoch darf das Fahrgeräusch eines Pkw sein?**

5 **Wie hoch darf das Fahrgeräusch eines Leichtkraftrades sein?**

6 **Welchen Beanspruchungen ist die Abgasanlage ausgesetzt?**

7 **Aus welchen Teilen besteht eine Abgasanlage?**

8 **Warum muss eine Abgasanlage gasdicht sein?**

13.2 Schadstoffminderung beim Ottomotor

13.2.1 Abgaszusammensetzung

Aufgrund der hohen Schadstoffbelastungen der Luft durch Abgase aus dem Straßenverkehr schreibt der Gesetzgeber eine Verringerung der im Abgas enthaltenen Schadstoffe vor. Kraftstoffe bestehen vor allem aus Kohlenwasserstoff-Verbindungen. Bei vollkommener Verbrennung entstehen Kohlendioxid, Wasserdampf, Stickstoff und Edelgase. Kohlendioxid in großen Mengen ist für eine Klimaveränderung mitverantwortlich (Treibhauseffekt).

Wegen der unvollständigen Verbrennung des Kraftstoffes im Motor entstehen neben Kohlendioxid, Wasserdampf, Stickstoff und Edelgasen:

- Kohlenmonoxid, CO
- Unverbrannte Kohlenwasserstoffe, HC
- Stickoxide, NO_x
- Feststoffe

Bei betriebswarmem Ottomotor beträgt der Anteil von CO, HC und NO_x vor dem Katalysator bei mittlerer Belastung und Drehzahl etwa 1 % der gesamten Abgasmenge **(Bild 1)**.

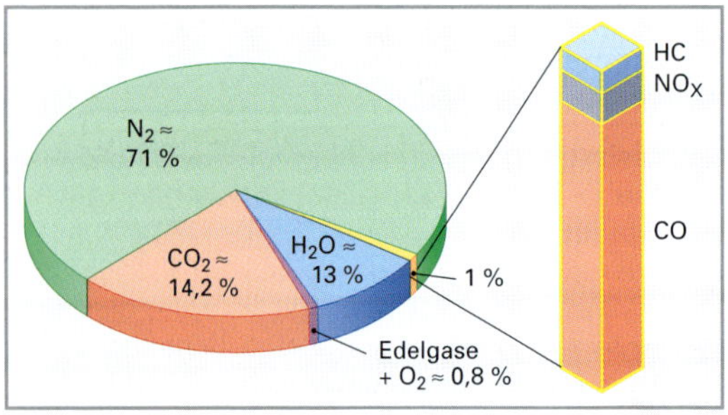

Bild 1: Zusammensetzung des Abgases vor Katalysator

Schadstoffe in Abhängigkeit vom Luftverhältnis

> Der Anteil der einzelnen Schadstoffe im Abgas wird stark beeinflusst durch das Luftverhältnis λ (Lambda) **(Bild 2)**.

Bei 5 % ... 10 % Luftmangel ($\lambda = 0{,}95 \dots 0{,}90$; fettes Gemisch) erreichen Ottomotoren ihre größte Leistung **(Bild 3)**. Der Kraftstoff wird bei Luftmangel nicht vollständig ausgenutzt. Der spezifische Kraftstoffverbrauch steigt an. Ebenso nehmen die schädlichen Abgasbestandteile Kohlenmonoxid und unverbrannte Kohlenwasserstoffe zu.

Bei 5 % ... 10 % Luftüberschuss ($\lambda = 1{,}05 \dots 1{,}1$; mageres Gemisch) erreichen Ottomotoren ihren niedrigsten Kraftstoffverbrauch. Die Motorleistung ist jedoch geringer und die Motorspitzentemperatur wegen der unter anderem fehlenden kühlenden Wirkung von verdampfendem Kraftstoff höher. Die Anteile an Kohlenmonoxid und an unverbrannten Kohlenwasserstoffen sind gering, jedoch sind die Anteile an Stickoxiden im Abgas sehr hoch.

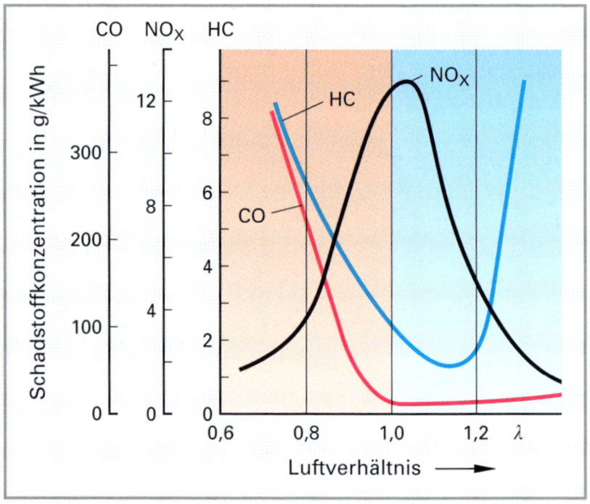

Bild 2: Schadstoffe im Abgas bei verschiedenen Luftverhältnissen

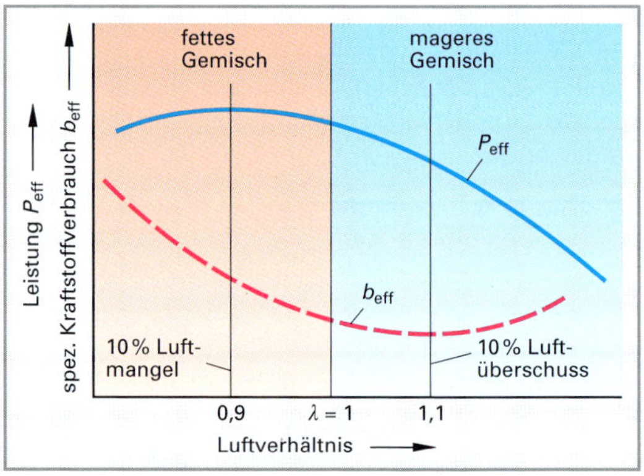

Bild 3: Leistung und Kraftstoffverbrauch bei verschiedenen Luftverhältnissen

Eigenschaften der schädlichen Abgasbestandteile

Kohlenmonoxid CO. Kohlenmonoxid ist ein farb- und geruchloses Gas. Eingeatmet blockiert es den Sauerstofftransport im Blut. Geringere Konzentrationen führen zu Kopfschmerzen, Müdigkeit und Beeinträchtigung der Sinnesleistung. Bei höherer Konzentration als 0,3 Vol.-% und längerer Einwirkdauer wirkt es tödlich. Kohlenmonoxid entsteht bei unvollkommener Verbrennung des Kraftstoffes infolge von Luftmangel. Der Anteil an Kohlenmonoxid im Abgas ist umso größer, je fetter das Kraftstoff-Luft-Gemisch ist. Auch bei Luftüberschuss kann sich CO in geringem Maße bilden, wenn die Vermischung von Kraftstoff und Luft nicht homogen ist. Im Verbrennungsraum sind dann Bereiche mit fettem und magerem Gemisch vorhanden.

Unverbrannte Kohlenwasserstoffe, HC-Verbindungen (englisch: Hydrocarbon). Sie bestehen aus einer Vielzahl unterschiedlicher Verbindungen von Kohlenstoff und Wasserstoff. Kohlenwasserstoffe reizen die Schleimhäute, sind geruchsbelästigend und gelten zum Teil als krebserregend. In Verbindung mit Stickoxiden, Sauerstoff und Sonneneinstrahlung führen fotochemische Reaktionen unter anderem zur Bildung von Ozon (O_3) und bewirken so die schädigende Wirkung des sogenannten Sommersmogs. Unverbrannte HC-Verbindungen entstehen bei unvollkommener Verbrennung des Kraftstoff-Luft-Gemisches infolge von Luftmangel ($\lambda < 1$) bzw. bei sehr magerem Gemisch ($\lambda > 1{,}2$). Außerdem entstehen unverbrannte HC-Verbindungen in den Teilen des Verbrennungsraumes, die von der Flamme nicht voll erfasst werden, z.B. Spalt am Feuersteg zwischen Kolben und Zylinder.

Stickoxide, NO_x. Der Sammelbegriff Stickoxide wird für die verschiedenen Oxide des Stickstoffs verwendet (Stickstoffmonoxid NO, Stickstoffdioxid NO_2, Distickstoffoxid N_2O). Stickoxide können je nach Verbindung farb- und geruchlos sein oder rötlichbraun mit stechend riechendem Charakter. Stickoxide reizen die Atemwege, führen in hohen Konzentrationen zur Zerstörung des Lungengewebes, sind mitverantwortlich für Ozonbildung und Waldschäden. Stickoxide entstehen vor allem bei hohen Brennraumspitzentemperaturen.

Feststoffe. Sie entstehen bei unvollständiger Verbrennung in Form von Partikeln (Kohlenstoffkern/Rußkern mit Anlagerungen). Die Anlagerungen von HC-Verbindungen an den Kohlenstoffkern werden als krebserregend eingestuft. Bei der Typzulassung von Fahrzeugen darf die Partikelmasse **(PM)** bestimmte Grenzwerte nicht überschreiten.

Gesetze zur Begrenzung der schädlichen Bestandteile im Abgas bei Ottomotoren

Der Gesetzgeber schreibt maximale Abgasgrenzwerte sowohl bei der Typprüfung **(Tabelle 1)** zur Erteilung der allgemeinen Betriebserlaubnis vor, als auch bei nachträglichen Überprüfungen der Schadstoffemissionen (Abgasuntersuchung; OBD).

Tabelle 1: Abgasgrenzwerte für Pkw / Kombi (M1) mit Ottomotor in Europa in g/km

M1 (≤ 2,5 t ≤ 6 Sitze)	CO	HC	NO_x	PM
Euro III seit 2000	2,30	0,20	0,15	–
Euro IV seit 2005	1,00	0,10	0,08	–
Euro V seit 2009	1,00	0,10	0,06	0,005
Euro VI ab 2014	1,00	0,10	0,06	0,005

Ermittlung der Abgaswerte

Die Abgaswerte für die Typprüfung von Kraftfahrzeugen werden auf Rollenprüfständen ermittelt. Dabei werden repräsentative Fahrprogramme nachgeahmt und die dabei ermittelten Schadstoffe analysiert.

Europa-Test (Europäischer Fahrzyklus, Bild 1) für Pkw bis 2500 kg zulässigem Gesamtgewicht und Leicht-Lkw bis 3,5 t. Der erste Teil entspricht einer Fahrt im innerstädtischen Verkehr mit einer Geschwindigkeit von 0 km/h bis 50 km/h. Das Programm wird in 13 Minuten viermal ohne Pause durchfahren, wobei der Motorstart ab EURO III bei Umgebungslufttemperatur (20 °C) erfolgt. Der anschließende zweite Teil entspricht einer 7-minütigen Fahrt im außerstädtischen Verkehr, wobei die Geschwindigkeit maximal 120 km/h beträgt. Während des gesamten Tests werden die Abgase nach festgelegten Bedingungen gesammelt und danach die Schadstoffe analysiert. Die Grenzwerte in g/km dürfen unabhängig vom Hubraum nicht überschritten werden. Ab 2002 wird die Abgasprüfung bei Fahrzeugen mit Ottomotor, Typklasse M1, durch eine Niedrigtemperaturprüfung ergänzt. Der Motorstart erfolgt bei –7 °C, dabei müssen HC < 1,8 g/km und CO < 15 g/km sein.

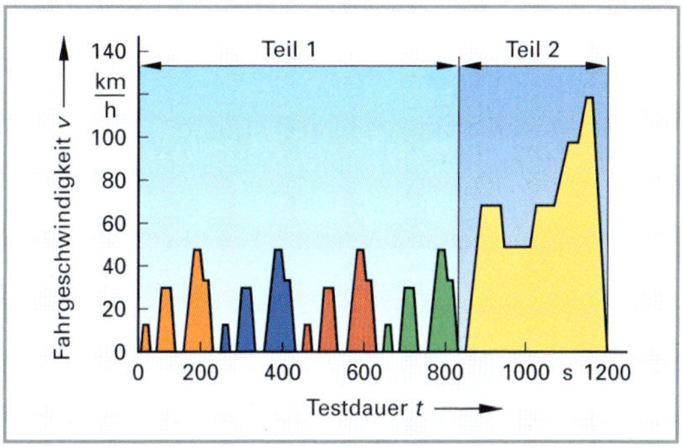

Bild 1: Europa-Test (Europäischer Fahrzyklus)

Abgasuntersuchung (AU). Sie ist bei bereits im Verkehr befindlichen Kraftfahrzeugen in bestimmten zeitlichen Abständen vorgeschrieben. Dabei werden im Stand bei laufendem Motor, abhängig von verschiedenen Betriebsparametern (Betriebstemperatur, Motordrehzahl), die Werte für CO überprüft. Zusätzlich sind noch weitere Sicht- und Funktionsprüfungen durchzuführen, z.B.

- Prüfung schadstoffrelevanter Bauteile
- Prüfung verengter Tankeinfüllstutzen
- Regelkreisprüfung
- Zündzeitpunktprüfung (soweit darstellbar)

On-Board-Diagnose (OBD). Die On-Board-Diagnose schreibt eine Überwachung aller abgasrelevanten Bauteile vor. Z.B. Katalysatorfunktion, Lambdasondenfunktion, Funktion von Sekundärluftsystem und Abgasrückführsystem. Auftretende Fehler werden im Steuergerät gespeichert. Durch eine Kontrollleuchte im Fahrzeuginnenraum wird der Fahrer auf Fehlfunktionen, die zu wesentlichen Emissionserhöhungen führen, aufmerksam gemacht. Die Fehlfunktionen sind umgehend zu beheben.

13.2.2 Verfahren zur Schadstoffminderung

Die Schadstoffanteile in den Abgasen können durch geeigneten Kraftstoff (schwefelarm, unverbleit) durch Maßnahmen am Motor oder durch Nachbehandlung der Abgase (Sekundärluftsystem, Katalysator) vermindert werden.

Maßnahmen am Motor. Durch eine möglichst vollständige Verbrennung des Kraftstoff-Luft-Gemisches und eine Reduzierung des Kraftstoffverbrauches wird eine Verminderung der Schadstoffe (Rohemission) erreicht. Folgende Maßnahmen am Motor können die Abgasqualität verbessern:

- **Geeignete Motorkonstruktion**: Optimieren von Brennraum und Verdichtungsverhältnis; variable Saugrohre (in Länge und Querschnitt); variable Ventilsteuerungen bzgl. Öffnungszeit und Hub; Entdrosselung des Ansaugvorgangs.
- **Art und Qualität der Gemischbildung**: Äußere, innere Gemischbildung, homogenes Gemisch; Schichtladung.
- **Abgasrückführung:** Innere durch Ventilüberschneidung; äußere durch Abgasrückführungssystem.
- **Motormanagementsystem**: Kennfeldgesteuerte Zündung und Einspritzung, Schubabschaltung; Ladedruckregelung; selektive Zylinderabschaltung; Kontrolle der abgasrelevanten Bauteile auf Funktion, z.B. Lambdasonden, Katalysator.
- **Lader mit Ladeluftkühlung**: Steigerung der Hubraumleistung bei gleichzeitiger Verminderung der Brennraumspitzentemperatur. Dadurch wird die Bildung von NO_x vermindert.

Äußere Abgasrückführung (AGR, Bild 1).

Bei der äußeren Abgasrückführung wird ein Teil des Abgases kurz hinter dem Auspuffkrümmer entnommen und dem Kraftstoff-Luft-Gemisch im Ansaugrohr wieder beigemischt.

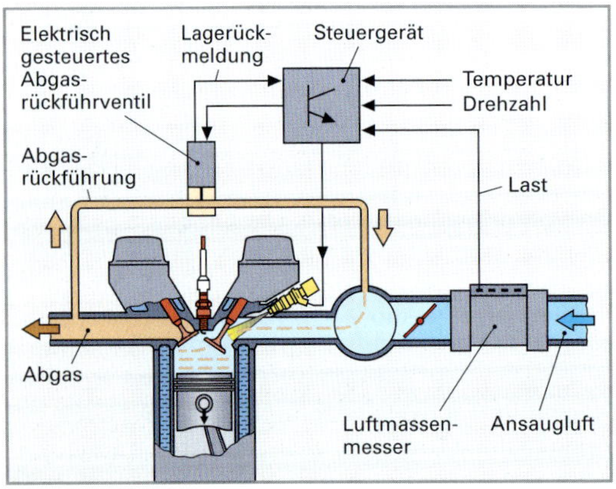

Bild 1: Abgasrückführung

Durch die Abgasrückführung erhalten die Zylinder eine geringere Füllung mit Kraftstoff-Luft-Gemisch. Da die zurückgeführten Abgasbestandteile an der Verbrennung nicht mehr teilnehmen können, wird die Verbrennungstemperatur herabgesetzt. Dadurch entstehen bei der Verbrennung deutlich weniger Stickoxide (bis zu 40%). Mit zunehmender Abgasrückführungsrate steigt sowohl der Gehalt an unverbrannten HC-Verbindungen als auch der Kraftstoffverbrauch an. Diese beiden Faktoren bestimmen die obere Grenze der Abgasrückführungsrate (maximal 20%). Bei zu hoher Abgasrückführungsrate verschlechtert sich außerdem die Laufruhe des Motors. Die Abgasrückführung wird bei betriebswarmem Motor im Teillastbereich und $\lambda \approx 1$ eingesetzt. Sie wird abgeschaltet, wenn fette Kraftstoff-Luft-Gemische verbrannt werden, bei denen wenig NO_x entsteht, z.B. Kaltstart, Warmlauf, Beschleunigung, Volllast. Im Leerlauf wird die Abgasrückführung wegen der Laufruhe des Motors abgeschaltet. Zur Steuerung der Abgasrückführung ist in die Abgasrückführungsleitung zwischen Auspuffkrümmer und Ansaugrohr ein Abgasrückführventil eingebaut. Abhängig von Motortemperatur, Last und Motordrehzahl wird die Abgasrückführungsrate gesteuert.

Nachbehandlung der Abgase im Katalysator

Eine Nachbehandlung der Abgase wird durchgeführt, um die bei der Verbrennung entstandenen Schadstoffe nach Verlassen des Verbrennungsraumes ganz oder teilweise in unschädliche Stoffe umzuwandeln.

Das derzeit wirksamste Verfahren hierzu ist die Abgasnachbehandlung in einem Katalysator. Der Katalysator bewirkt die chemische Umwandlung der Schadstoffe in ungiftige Stoffe, ohne sich dabei selbst zu verbrauchen.

Aufbau des Katalysators. Die wesentlichen Bestandteile des Katalysators **(Bild 1, Seite 327)** sind:

- Keramikträger (Aluminium-Magnesium-Silikat) oder Metallträger
- Zwischenschicht (wash-coat)
- Katalytisch aktive Schicht

Der Träger besteht aus mehreren tausend feinen Kanälen, durch die das Abgas strömt. Die Kanäle der Keramik- bzw. der Metallträger sind mit einer sehr porösen Zwischenschicht versehen. Dadurch wird die wirksame Oberfläche des Katalysators um etwa das 7000-fache vergrößert. Auf diese Zwischenschicht wird die katalytisch wirksame Schicht aufgebracht. Diese ist abhängig von den Schadstoffanteilen, die je nach Motorenkonzept und der damit verbundenen Gemischzusammensetzung ($\lambda \approx 1$; $\lambda \gg 1$) entstehen.

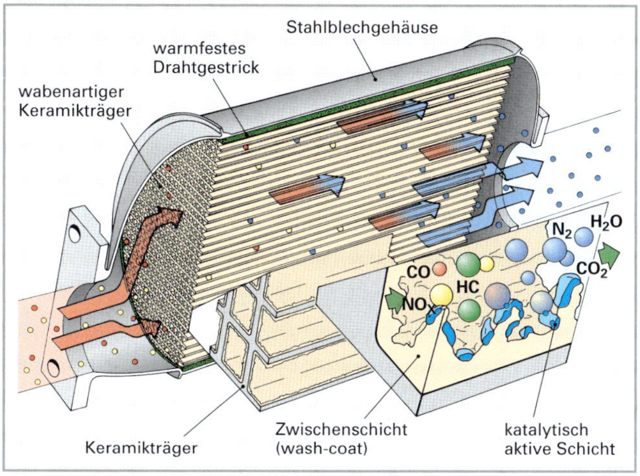

Bild 1: Aufbau und Wirkungsweise eine Katalysators mit Keramikträger

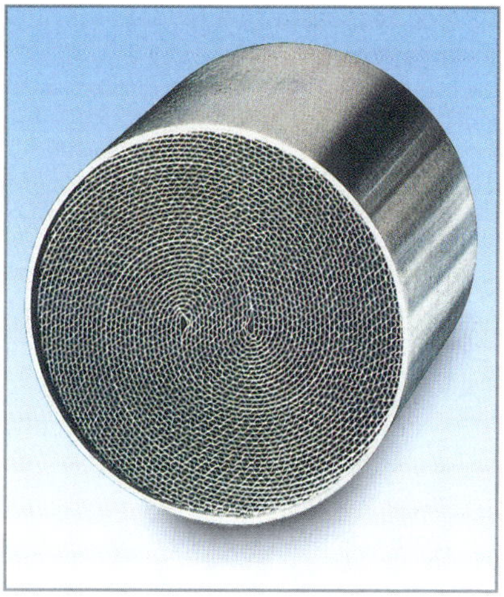

Bild 2: Katalysator mit Metallträger

Vor- und Nachteile des Keramikträgers gegenüber dem Metallträger (Bild 1, Bild 2)

Vorteile: Er hat eine gleichbleibendere Betriebstemperatur. Außerdem lässt sich die Edelmetallbeschichtung einfacher zurückgewinnen als beim Metallträger.

Nachteile: Der Keramikträger ist empfindlich gegen Stöße und Erschütterungen. Deshalb ist eine Einbettung in ein warmfestes Drahtgestrick erforderlich, das von einem Stahlblechgehäuse umgeben ist. Zusätzlich ist bei Standardkatalysatoren [Zelldichte: 400 cpsi (cells per square inch)], die Aufheizzeit länger und der Gegendruck in der Abgasanlage größer. Dadurch ergibt sich kurz nach Motorstart eine verminderte Abgaskonvertierung, sowie eine Leistungsminderung des Motors. Ultradünnwandsubstrate mit einer Zelldichte von 600 cpsi … 1200 cpsi beseitigen diese Nachteile.

Wirkungsweise des Einbett-Dreiwege-Katalysators (Bild 1)

Der Einbett-Dreiwege-Katalysator hat eine katalytisch aktive Schicht aus Platin (Pt), Rhodium (Rd) und Palladium (Pd). Die Bezeichnung Einbett-Dreiwege-Katalysator besagt, dass drei chemische Umwandlungen in einem Gehäuse gleichzeitig nebeneinander ablaufen. Abhängig von seiner Betriebstemperatur wandelt der Katalysator NO_x, CO und HC im Bereich $\lambda = 0{,}995 \dots 1{,}005$ (Lambdafenster) bis zu 98 % in CO_2, H_2O und N_2 um.

- NO_x wird zu Stickstoff reduziert (Sauerstoff O_2 wird frei).
- CO wird zu CO_2 oxidiert (Sauerstoff wird verbraucht).
- HC-Verbindungen werden zu CO_2 und H_2O oxidiert (Sauerstoff wird verbraucht).

Nur beim Luftverhältnis $\lambda \approx 1$ ergibt sich eine Abgaszusammensetzung, in welcher der bei der Reduktion der Stickoxide freiwerdende Sauerstoff ausreicht, um die HC-und CO-Anteile im Abgas fast vollständig zu CO_2 und H_2O zu oxidieren. Ein fetteres Gemisch ($\lambda < 0{,}995$) hat einen Anstieg der CO- und HC-Anteile im Abgas zur Folge. Ein mageres Gemisch ($\lambda > 1{,}005$) führt zu einem Anstieg der Stickoxide **(Bild 3)**. Für Motoren, die in bestimmten Betriebsbereichen mit $\lambda \gg 1$ arbeiten, z.B. Direkteinspritzer, sind deshalb Katalysatoren erforderlich, die NO_x zwischenspeichern können.

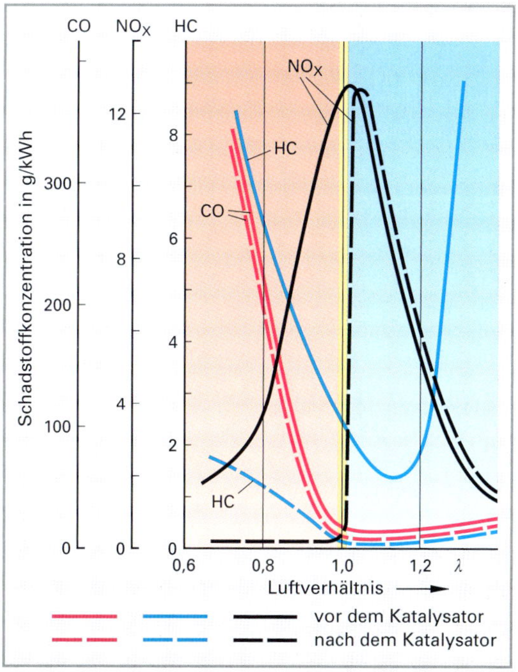

Bild 3: Schadstoffe in Abhängigkeit von Lambda

13

Betriebsbedingungen für den Einbett-Dreiwege-Katalysator

Der optimale Arbeits- bzw. Temperaturbereich des Katalysators liegt zwischen 400 °C...800 °C.

Erst ab Temperaturen die größer als 300 °C sind, hat der Katalysator eine Konvertierungsrate (Umwandlungsrate) von mehr als 50% („light off"-Punkt / Anspringtemperatur). Das Erreichen dieser Temperatur nach dem Kaltstart kann durch motornahen Einbau, Katalysatorheizung, luftspaltisolierte Abgaskrümmer, starke Zurücknahme des Zündzeitpunktes (bis zu 15°) und Sekundärlufteinblasung deutlich verkürzt werden. Oberhalb von etwa 800 °C setzt eine thermische Alterung der katalytisch aktiven Schicht ein. Werden im Katalysator Temperaturen von mehr als 1000 °C erreicht, so wird er thermisch zerstört **(Bild 1)**. Dies kann z.B. infolge von Zündaussetzern passieren. Hierbei gelangen unverbrannte Kohlenwasserstoffe in den Katalysator und verbrennen dort mit dem gespeicherten Restsauerstoff.

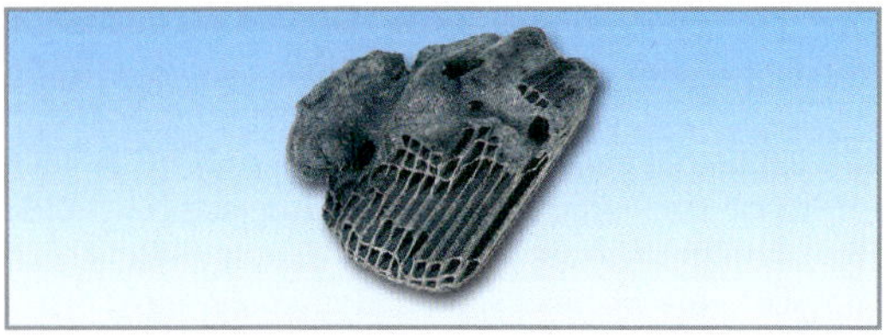

Bild 1: Geschmolzener Katalysator

Damit die katalytisch aktive Schicht durch Ablagerungen nicht unwirksam („vergiftet") wird, darf nur bleifreies Benzin getankt werden. Auch Verbrennungsrückstände von Motoröl, z.B. bei defekten Kolbenringen oder Zylinderverschleiß, lagern sich auf der katalytisch aktiven Schicht ab und verringern so die Wirksamkeit des Katalysators.

Katalysator mit geregeltem Gemischbildungssystem (geregelter Katalysator)

Hierbei überwacht eine Lambdasonde durch den im Abgas enthaltenen Restsauerstoff die Gemischzusammensetzung innerhalb enger Toleranzen $\lambda = 1 \pm 0{,}005$ (λ-Fenster).

Während durch geregelte Gemischbildungssysteme im Katalysator Konvertierungsraten von 94 %...98 % erreicht werden, ist bei älteren Fahrzeugen mit ungeregelten Gemischbildungssystemen im Mittel eine Konvertierungsrate von 60% möglich.

Lambda (λ)-Regelkreis (Bild 2). Die λ-Sonde ist als Messfühler (Sensor, Signalglied) vor dem Katalysator eingebaut. Je nach Restsauerstoffgehalt im Abgas gibt die λ-Sonde ein entsprechendes Spannungssignal an den Regler im Steuergerät. Dieser bewirkt bei geringem Anteil von Restsauerstoff im Abgas (fettes Gemisch), eine Verkürzung der Einspritzzeit. Ist der Anteil an Restsauerstoff im Abgas hoch (mageres Gemisch) wird die Einspritzzeit entsprechend verlängert. Die Regelung wiederholt sich in einer vorgegebenen Frequenz, so dass der Motorrundlauf nicht beeinflusst wird.

Bedingung für die λ-Regelung:
- Sondentemperatur größer als 300 °C
- Motor im Leerlauf- oder Teillastbereich
- Motortemperatur höher als 40 °C

Eine zweite λ-Sonde (Monitorsonde), die hinter dem Katalysator eingebaut ist, dient zur Überwachung der Katalysatorfunktion.

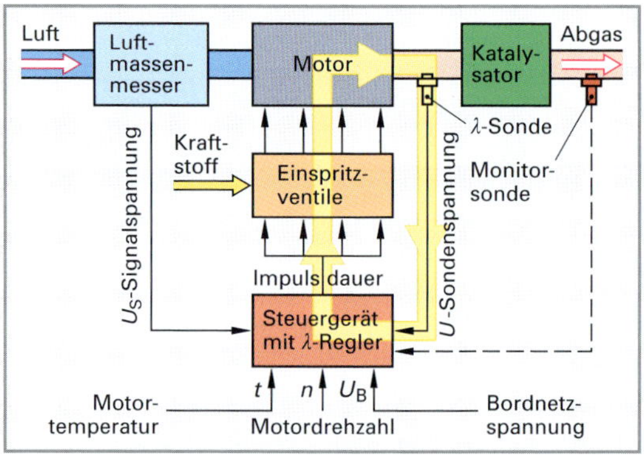

Bild 2: Funktionsschema einer intermittierend arbeitenden Einspritzanlage mit λ-Regelung

Adaptive Lambdaregelung. Ist z.B. der Restsauerstoffwert in einem bestimmten Lastbereich ständig zu gering, also das Gemisch zu fett, wird für diesen Lastbereich die Grundeinspritzmenge verringert und als Vorsteuerwert im Steuergerät abgespeichert. Dadurch können Störgrößen wie z.B. falscher Kraftstoffsystemdruck, nicht korrekte Temperaturwerte, Motoralterung, Falschluft innerhalb eines bestimmten Regelbereiches korrigiert werden. Zugleich wird die Ansprechzeit der λ-Regelung verkürzt und die Abgasqualität verbessert.

Bauarten von λ-Sonden

Spannungssprungsonde (Bild 1, Seite 329)

Aufbau. Die λ-Sonde besteht aus einem Keramikkörper, z.B. Zirkondioxid, der innen und außen mit einer dünnen mikroporösen Platinschicht überzogen ist.

Damit die Sonde möglichst schnell ihre Anspringtemperatur erreicht, wird sie beheizt. Die Außenfläche der Sonde ist dem Abgasstrom ausgesetzt. Sie ist über die Platinschicht mit dem Sondengehäuse verbunden und bildet den Minuspol **(–)**. Die Innenseite der Sonde steht mit der atmosphärischen Luft in Verbindung. Sie ist über ihre Platinschicht mit dem nach außen geführten Anschluss verbunden und bildet den Pluspol **(+)**.

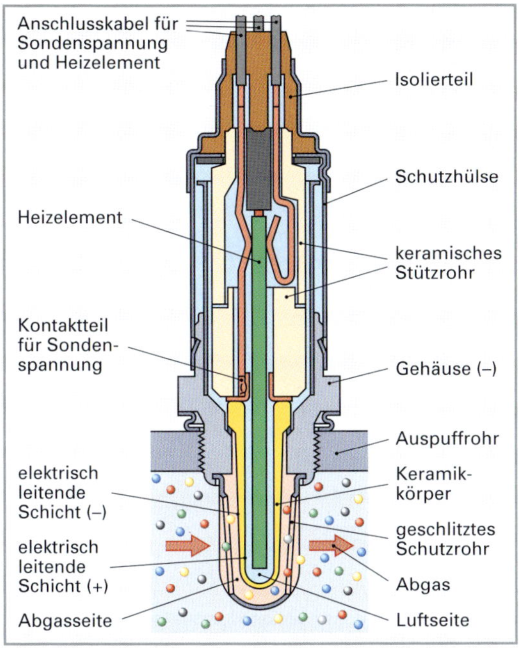

Bild 1: Aufbau der Zirkondioxidsonde

Wirkungsweise (Bild 2). Der Keramikwerkstoff der λ-Sonde wird ab etwa 300 °C für Sauerstoffionen leitend. Durch den Sauerstoffanteil an der Luftseite und den verschieden großen Restsauerstoffanteilen an der Abgasseite der Sonde ergibt sich bei $\lambda \approx 1$ ein Spannungssprung zwischen 100 mV (mageres Gemisch) und 800 mV (fettes Gemisch). Bei $\lambda = 1$ beträgt die elektrische Spannung ≈ 450 mV…500 mV. Die höchste Sondentemperatur soll 850 °C…900 °C nicht überschreiten.

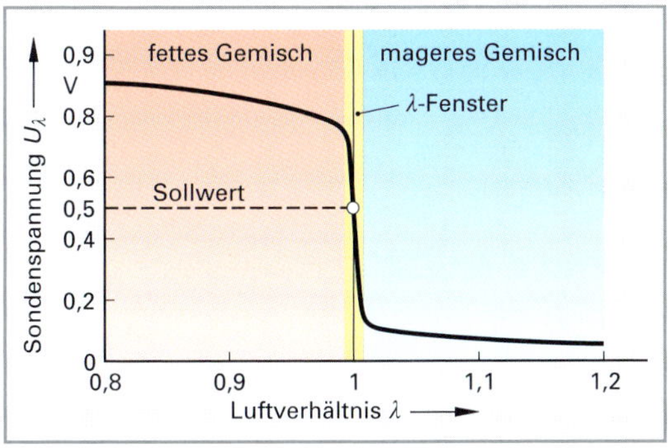

Bild 2: Spannungskennlinie der Zirkondioxidsonde in Abhängigkeit von λ

Regelfrequenz. Sie ist bei intakter Sonde bei erhöhter Motorleerlaufdrehzahl (≈ 2000 1/min) i.d.R. größer als 1 Hz. D.h. das Spannungssignal muss zwischen 0,1 Volt (mageres Gemisch) und 0,9 Volt (fettes Gemisch) mindestens ein mal in einer Sekunde pendeln.

Widerstandssprungsonde (Bild 3).
Der Keramikkörper der Sonde besteht aus Titandioxid, der mit porösen Platinelektroden beschichtet ist.

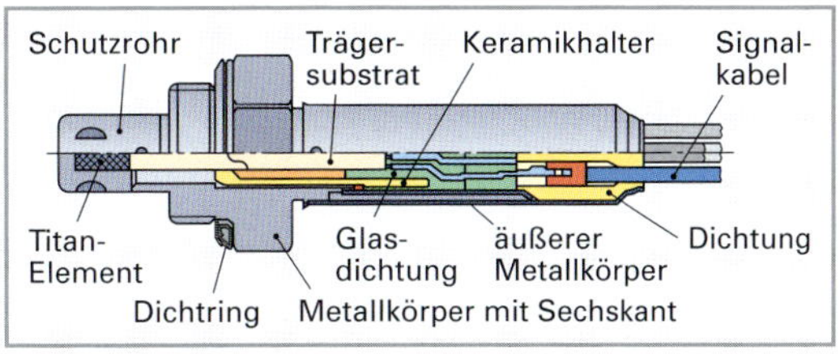

Bild 3: Titandioxidsonde

Wirkungsweise (Bild 4). Abhängig von der Sauerstoffkonzentration im Abgas und der Keramikkörpertemperatur ändert Titandioxid seine Leitfähigkeit. Bei magerem Gemisch ($\lambda > 1$) ist das Titandioxid weniger leitfähig als bei fettem Gemisch ($\lambda < 1$).

> Bei der Titandioxidsonde ändert sich der Widerstandswert sprunghaft bei $\lambda \approx 1$ zwischen 1 kΩ (fettes Gemisch) und 1 MΩ (mageres Gemisch).

Im Steuergerät wird ein Messwiderstand zum Sondenelement in Reihe geschaltet. Der Spannungsabfall am Messwiderstand ändert sich aufgrund der Widerstandsänderung des Titankeramikkörpers in Abhängigkeit der Sauerstoffkonzentration im Abgas zwischen 0,4 V (mageres Gemisch) und 3,9 V…5 V (fettes Gemisch). Im Gegensatz zur Zirkondioxidsonde ist eine Referenzluft nicht erforderlich. Die Regelfrequenz ist bei intakter Sonde größer als 1 Hz. Zwischen 600 °C…700 °C liegt die optimale Arbeitstemperatur. Zur Einhaltung dieser Temperatur ist eine regelbare Sondenheizung erforderlich. Ab 200 °C ist die Sonde betriebsbereit, wobei die Regelfrequenz für eine genaue Korrektur des Gemisches noch zu gering ist. Bei Temperaturen, die größer als 850 °C sind, kann die Sonde zerstört werden.

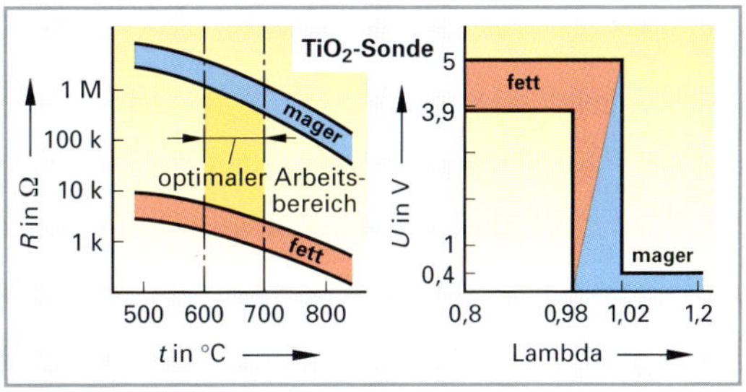

Bild 4: Kennlinien der Titandioxidsonde

Breitbandlambdasonde

> Mit der Breitbandlambdasonde können λ-Werte größer > 0,7 stufenlos gemessen werden. Sie eignet sich deshalb auch zur stetigen λ-Regelung für Ottomotoren mit Magerkonzept, Dieselmotoren und Gasmotoren.

13

Die optimale Betriebstemperatur dieser Sonde liegt zwischen 700 °C...800 °C.

Aufbau (Bild 1). Die Sonde besteht aus zwei Spannungssprungsonden aus Zirkondioxid, wobei die eine als Messzelle (Sensorzelle) und die andere als Pumpzelle dient. Beide Zellen sind so angeordnet, dass zwischen ihnen ein minimaler Diffusionsspalt (10 µm...50 µm) entsteht. Der Diffusionsspalt dient als Messraum und ist über eine Einlassöffnung mit dem Abgas verbunden. In der Messzelle befindet sich ein Referenzluftkanal, der mit der Außenluft in Verbindung steht.

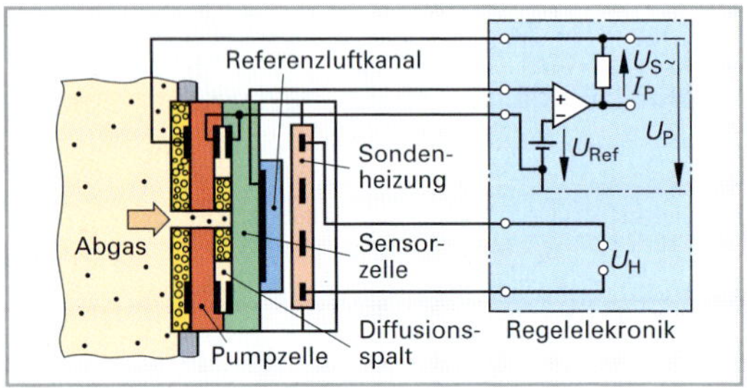

Bild 1: Breitbandlambdasonde

Wirkungsweise Pumpzelle. Durch Bestromung des Festkörperelektrolyten der Spannungssprungsonde ist es möglich, ab einer bestimmten Temperatur eine Sauerstoffionenbewegung zu erzeugen (= Pumpstrom). Die Richtung der Sauerstoffionenbewegung ist dabei abhängig von der Polarität **(+/–)** der angelegten Spannung.

Zusammenwirken Messzelle – Pumpzelle. Durch die Messzelle (Sensorzelle), die nach dem Prinzip der Spannungssprungsonde arbeitet, wird der Restsauerstoffgehalt im Abgas bestimmt. Ist das Gemisch z.B. mager ($\lambda > 1 \rightarrow U_\lambda < 300$ mV), legt die Regelelektronik eine Spannung so an die Pumpzelle an ($U_{Abgasseite}$ + ; $U_{Messzelle}$ –), dass sich die Sauerstoffionen aus dem Diffusionsspalt über den porösen Festelektrolyten Richtung Abgasseite bewegen („herausgepumpt werden"). Dies geschieht solange bis in der Messzelle $\lambda = 1$ ist. Der erforderliche Pumpstrom ist dabei proportional der Restsauerstoffkonzentration im Abgas **(Bild 2)**. Der Pumpstrom dient somit als Messgröße für den augenblicklichen Lambdawert. Dadurch kann das Motorsteuergerät abhängig vom gespeicherten Kennfeld stetig jedes gewünschte Mischungsverhältnis herstellen.

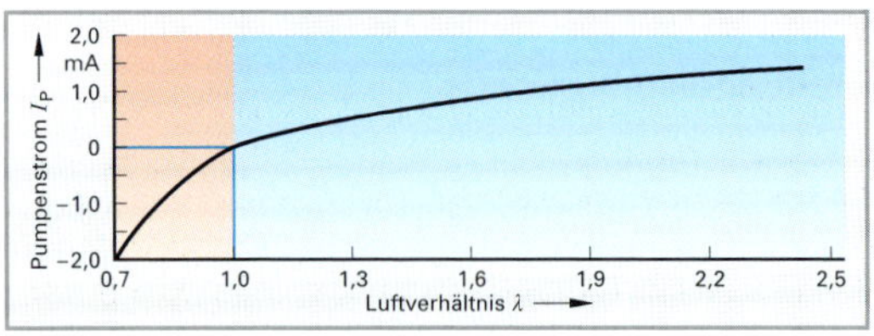

Bild 2: Kennlinie Breitbandlambdasonde

NO_x-Speicher-, Reduktionskatalysator

Bei direkteinspritzenden Ottomotoren, die in bestimmten Betriebsbereichen mit Ladungsschichtung und $\lambda > 1$ betrieben werden, ist, wegen des Luftüberschusses eine Reduktion der Stickoxide bei diesen Lastzuständen durch einen Dreiwegekatalysator nicht möglich. Neben dem motornah eingebauten Dreiwegekatalysator wird zur Nachbehandlung der Stickoxide ein spezieller NO_x-Katalysator als Unterbodenkatalysator eingesetzt **(Bild 3)**.

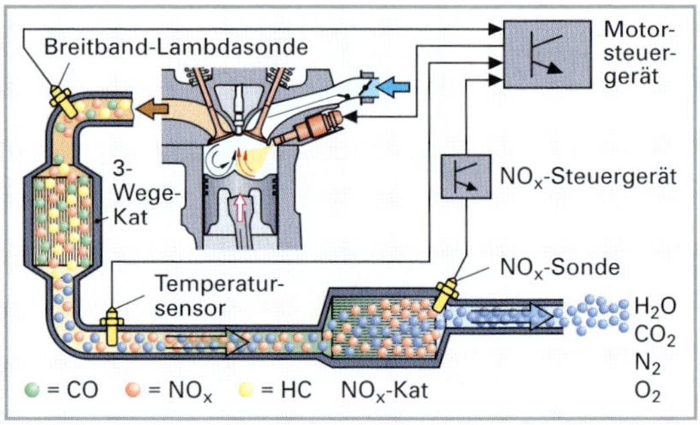

Bild 3: Abgasreinigungsanlage für direkteinspritzenden Ottomotor mit λ > 1

Aufbau. Auf einem Träger aus Keramik wird eine Zwischenschicht aufgebracht. Diese wird mit Bariumoxid (BaO) oder Kaliumoxid (KO) als Speichermaterial beschichtet.

Wirkungsweise (Bild 4). NO_x-Speicherung. Während des Magerbetriebes sind die Speichermaterialien in der Lage die Stickoxide zu binden (adsorbieren). Ist die Speicherfähigkeit erschöpft, wird dies durch den NO_x-Sensor erkannt. **NO_x-Reduktion.** Durch periodisches Anfetten (1...5 Sekunden) werden die Stickoxide wieder frei und mit Hilfe der unverbrannten Abgaskomponenten HC und CO durch das Edelmetall Rhodium zu Stickstoff reduziert.

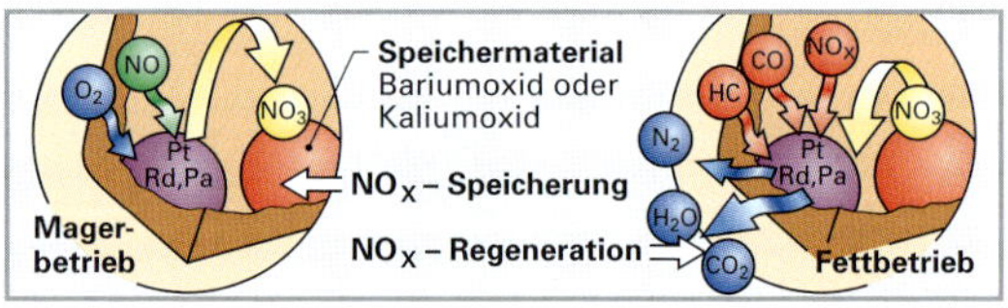

Bild 4: NO_x-Speicherung und Regeneration

Betriebsbedingungen für den NO_x-Adsorber.

Bei Arbeitstemperaturen zwischen 250 °C und 500 °C werden 80%...90% der Stickoxide reduziert.

Bei Temperaturen von über 500 °C kommt es zu einer Hochtemperaturalterung des Katalysators, deshalb sind die Abgase ggf. zu kühlen, z.B. über Bypassleitungen. Der Schwefelanteil im Kraftstoff soll kleiner als 0,050 mg (< 0,050 ppm) sein. Ansonsten wird die Speicherfähigkeit deutlich verringert („Schwefelvergiftung").

Sekundärluftsystem (SLS, Bild 1).

Durch Sekundärlufteinblasung werden HC- und CO-Schadstoffwerte beim Kaltstart und in der Warmlaufphase des Motors ($\lambda < 1$) durch thermische Nachverbrennung vermindert.

In diesen Motorbetriebszuständen ist der geregelte Dreiwegekatalysator noch nicht voll betriebsbereit. Bei der Sekundärlufteinblasung wird Luft dem Abgaskrümmer vor dem Katalysator zugeführt.

Vorteile:

- Der Katalysator erreicht nach dem Kaltstart schneller seine Betriebsbereitschaft.
- Der Katalysator kann in größerem Abstand zum Auslasskanal eingebaut werden, um seine Standzeit zu erhöhen.

Wirkungsweise (Bild 1). Bei diesem System wird, abhängig von der Motortemperatur, ein Sekundärluftgebläse und ein elektropneumatisches Umschaltventil durch das Steuergerät angesteuert. Über ein Abschaltventil und ein Rückschlagventil wird Luft vor dem Katalysator dem Abgas zugeführt. Das Abschaltventil wird durch das elektropneumatische Umschaltventil angesteuert. Das Rückschlagventil sorgt dafür, dass das Gebläse nicht mit Abgasdruck beaufschlagt werden kann und beschädigt wird. Zusätzlich verhindert das Rückschlagventil eine Abgasrückführung.

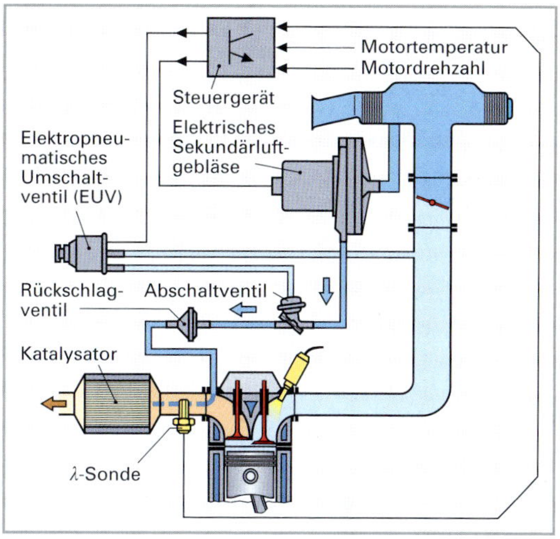

Bild 1: Schema Sekundärluftsystem

13.2.3 Diagnose und Wartung (AU)

Allgemeines. Bei Fahrzeugen mit Ottomotor (Fremdzündungsmotor) oder Dieselmotor (Kompressionszündungsmotor) ist in festgelegten Zeitabständen eine Überprüfung des Abgasverhaltens durchzuführen. Ab 2010 erfolgt die Überprüfung des Abgasverhaltens zum gleichen Zeitpunkt wie die Hauptuntersuchung **HU**. Die Untersuchung des Abgasverhaltens stellt dabei einen eigenständigen Teil der Hauptuntersuchung dar. Sie kann von dafür anerkannten Kfz-Werkstätten durchgeführt und bescheinigt werden.

Abgasuntersuchung AU bei Fahrzeugen mit Fremdzündungsmotor

Je Typzulassung und technischer Ausführung unterscheidet man bei den anzuwendenden Prüfverfahren Fahrzeuge ohne geregeltes Gemischbildungssystem **(UKAT),** Fahrzeuge mit geregeltem Gemischbildungssystem **(GKAT)** und Fahrzeuge mit geregeltem Gemischbildungssystem und On-Board-Diagnose-System **(GKAT+OBD).**

a) **Vorbereitende Arbeiten** (gilt für alle Prüfabläufe)
   - Fahrzeugdokumente auf Übereinstimmung mit dem Fahrzeug prüfen
   - Anzuwendendes Untersuchungsverfahren auswählen (UKAT, GKAT, GKAT+OBD)
   - Erfassen der Fahrzeug-Identdaten: Amtliches Kennzeichen, Kilometerstand, Erstzulassung, Fahrzeughersteller, Typ und Ausführung, Fahrzeug-Identnummer, Kraftstoffart (z.B. Benzin, Erdgas)

b) **Durchführung der AU**

   Beispiel: Fahrzeug mit geregeltem Gemischbildungssystem **(GKAT)**

   Nach entsprechender Konditionierung des Motors (Motortemperatur mind. 60 °C) werden mit Hilfe zugelassener Prüfgeräte und Prüfverfahren folgende Istwerte auf Übereinstimmung mit den Sollwerten geprüft:
   - Schadstoffrelevante Einstelldaten wie Zündzeitpunkt (soweit darstellbar) und Leerlaufdrehzahl
   - Abgasprüfung von CO bei Leerlaufdrehzahl und erhöhter Leerlaufdrehzahl
   - Lambdawert bei erhöhter Leerlaufdrehzahl
   - Regelkreisprüfung

Regelkreisprüfung. Sie erfolgt mittels vom Fahrzeughersteller definierter Störgrößenaufschaltung (Grundverfahren), Ersatzverfahren oder Alternativverfahren. Voraussetzung für die Prüfung ist, dass der Motor die richtige Betriebstemperatur hat. Am Beispiel des Grundverfahrens wird die Regelkreisprüfung mit zwei Halbwellen beschrieben **(Bild 1, Seite 332)**. Bei λ-geregeltem Motorbetrieb, muss der λ-Wert zwischen den gesetzlichen Grenzwerten $\lambda = 1{,}03$ und $\lambda = 0{,}97$ liegen. Zur Berechnung des Lambdawertes werden die Konzentrationen der vier Abgaskomponenten CO, CO_2, HC und O_2 vom AU-Messgerät fortlaufend am Auspuffende erfasst. Nachdem stabile Abgaswerte bei vorgeschriebener

Drehzahl, beispielsweise Leerlaufdrehzahl, erreicht sind, wird der durch das Testgerät gemessene Lambdawert, z.B. 0,997, abgespeichert. Dieser Wert ist die Bezugsgröße für die Regelkreisprüfung.

Störgrößenaufschaltung. Z.B. durch Falschluft. Dabei wird das Gemisch abgemagert. Dies kann z.B. durch Abziehen eines Schlauches hinter der Drosselklappe erfolgen (Herstellervorschrift beachten). Durch das Aufschalten der Störgröße Falschluft muss jetzt zunächst der obere festgelegte λ-Grenzwert 1,03 kurzzeitig überschritten werden. Innerhalb von 60 Sekunden nach Störgrößenaufschaltung muss der λ-Wert wieder die Bezugsgröße λ = 0,997 ± 0,01 erreichen.

Störgrößenrücknahme. Wird der Schlauch wieder aufgesteckt, so wird die Störgröße zurückgenommen und das Gemisch angefettet. Dabei muss der untere λ-Grenzwert 0,97 kurzzeitig unterschritten werden. Innerhalb von 60 Sekunden nach Rücknahme der Störgröße muss der λ-Wert wieder auf die Bezugsgröße λ = 0,997 ± 0,01 ausgeregelt sein. Die Regelkreisfunktion wäre somit entsprechend den gesetzlichen Vorschriften in Ordnung.

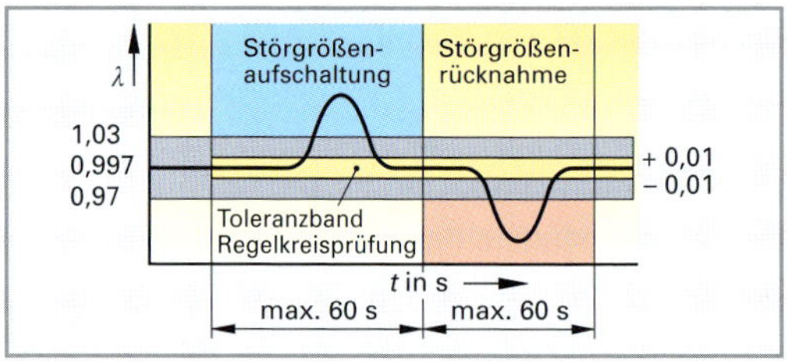

Bild 1: Veränderung des λ-Wertes bei der Regelkreisprüfung.

Ersatzverfahren/Alternativverfahren. Diese Verfahren kommen zur Anwendung, wenn eine Regelkreisprüfung mittels Störgrößenaufschaltung nicht möglich ist. Dabei wird die Funktionsfähigkeit des Regelkreises entsprechend Herstellervorschrift z.B. mit einem Diagnosetester auf Funktion überprüft.

13.2.4 Europäische On board Diagnose (EOBD)

Es ist eine im Motormanagement integrierte Diagnose. Dabei werden abgasbeeinflussende Systeme während des gesamten Fahrbetriebes überwacht. Eventuell auftretende Fehler werden im Steuergerät gespeichert und sind über eine genormte Schnittstelle abzufragen. Zusätzlich wird dem Fahrer über eine Kontrollleuchte im Fahrzeuginnenraum eine Fehlermeldung gegeben.

Fehleranzeige (**MIL** = **M**alfunction **I**ndikator **L**amp)

Fehler, die zu einer erheblichen Erhöhung der Abgaswerte führen **(Tabelle 1)** oder Fehler, die beim Selbsttest von Motor- bzw. Getriebesteuergerät auftreten, werden z.B. durch eine gelbe, dauernd leuchtende Warnlampe dem Fahrer angezeigt. Fehler, welche den Katalysator in seiner Funktion schädigen können, z.B. Verbrennungsaussetzer, bewirken, dass die MI-Lampe blinkt.

Fehler, die zum Aufleuchten der MIL -Lampe führen, sind umgehend zu beheben. Die Fahrtstrecke nach Aufleuchten der Warnlampe wird gespeichert.

Tabelle 1: EOBD-Grenzwerte für Pkw Klasse M

$m_{zul} \leq$ 2 500 kg; ≤ 6 Sitzplätze	CO	HC	NO_x	PM[1)]
Euro-5-Ottomotor	1,90	0,25	0,30	0,05
Euro-5-Dieselmotor	1,90	0,25	0,54	0,05

[1)] Particulates matter = Partikel

Systemüberwachung

Folgende Teilsysteme und Sensoren werden, soweit vorhanden, permanent oder einmal je Fahrzyklus überwacht:

- Katalysatorfunktion, Katalysatorheizung
- Funktion der Lambdasonden
- Verbrennungsaussetzer
- Funktion der Abgasrückführung
- Funktion des Sekundärluftsystems
- Kraftstoffbehälterentlüftungssystem
- Alle Stromkreise für abgasrelevante Bauteile
- Ggf. Tankdeckel, falls nicht unverlierbar

Ein Fahrzyklus besteht aus Motorstart, Fahrt mit bestimmten Drehzahlen und Geschwindigkeiten sowie einer Schubphase und Motorhalt. Erforderliche Kühlmitteltemperaturänderung: Mindestens 22 °C auf > 70 °C.

Katalysatorüberwachung

Eine zweite λ-Sonde **(Bild 2)** nach dem Katalysator dient zur Überwachung der Katalysatorfunktion. Das Motorsteuergerät vergleicht die Signale der beiden λ-Sonden. Die λ-Regelung mit der ersten Sonde be-

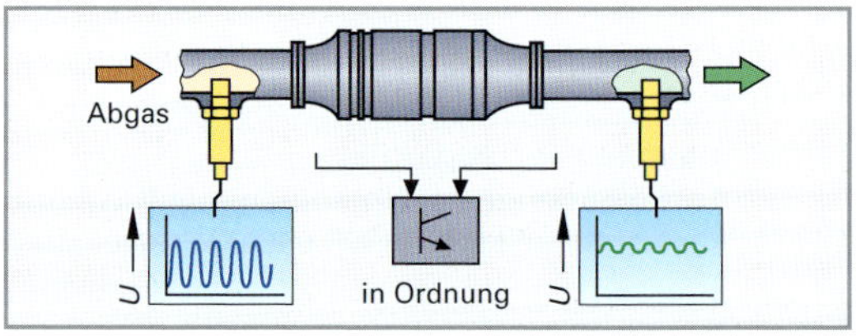

Bild 2: Sondensignale bei einem Katalysator mit hohem Wirkungsgrad

wirkt eine Fett-Mager-Schwingung. Durch die Sauerstoffspeicherfähigkeit eines Katalysators mit hohem Wirkungsgrad pendelt die Sondenspannung der zweiten Sonde um einen Mittelwert.

Durch Alterung verliert der Katalysator seine Sauerstoffspeicherfähigkeit und kann weniger CO und HC oxidieren. Dadurch sind die Regelschwingungen der λ-Sonde nach dem Katalysator ähnlich den Regelschwingungen der Vor-Kat-Sonde **(Bild 1)**. Das Steuergerät erkennt die zu geringe Wirkung des Katalysators, speichert den Fehler und gibt eine Fehlermeldung an die OBD-Warnleuchte.

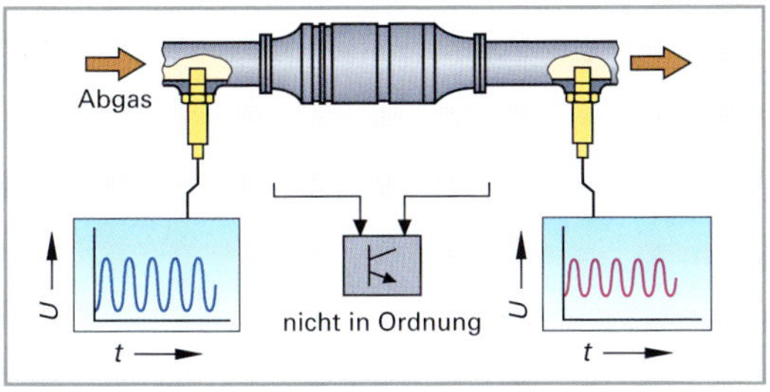

Bild 1: Sondensignale bei einem Katalysator mit geringem Wirkungsgrad

Sondenüberwachung

Bei einer gealterten defekten Vor-Kat-Sonde vermindert sich die Regelfrequenz. Zusätzlich kann sich die Amplitudenhöhe verringern, so dass eine Fett-Magererkennung nicht mehr möglich ist. Werden im Motorsteuergerät hinterlegte Grenzwerte überschritten, so erfolgt eine Fehlermeldung. Zusätzlich kann durch die Höhe der Spannung erkannt werden, ob Kurzschlüsse nach Plus, nach Masse oder Leitungsunterbrechungen vorhanden sind. Die Lambdasondenheizung kann durch Messung des Spannungsabfalls an einem in Reihe geschalteten Widerstand im Sondenheizkreis auf Funktion geprüft werden.

Verbrennungsaussetzerüberwachung

Jede einzelne Verbrennung erzeugt an der Schwungmasse eine definierte Beschleunigung. Zur Überwachung dient ein an der Kurbelwelle befestigtes Inkrementenrad (Zahnrad mit am Umfang verteilten Segmenten) und ein Geber, der die Signale dem Motorsteuergerät zur Auswertung zuleitet. Ist die Verbrennung in allen Zylindern in Ordnung, ist der Zündabstand aller Segmente gleich. Durch Verbrennungsaussetzer kommt es zu Drehmomentschwankungen, die eine Laufunruhe des Motors bewirken **(Bild 2)**. Dadurch dreht sich die Schwungmasse und somit das Inkrementenrad des betreffenden Zylinders bis zur nächsten Zündung etwas langsamer. D.h. der Zeitabstand verlängert sich um den Bruchteil einer Sekunde. Überschreiten die Verbrennungsaussetzer einen bestimmten Grenzwert, so wird die Fehlerlampe aktiviert. Besteht die Gefahr, dass der Katalysator geschädigt wird, wird die Einspritzung des betreffenden Zylinders abgeschaltet.

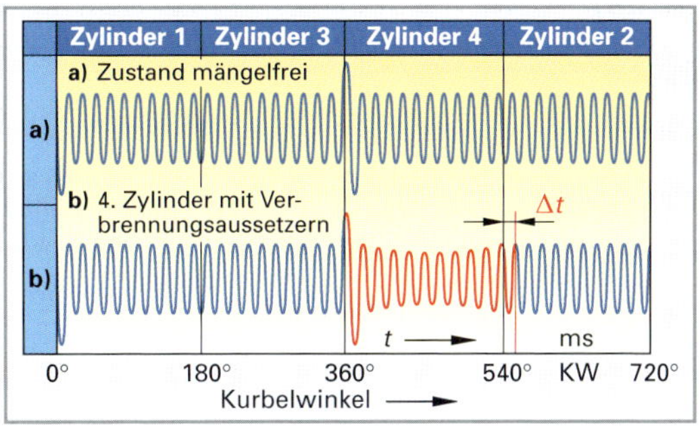

Bild 2: Verbrennungsaussetzererkennung bei einem Vierzylindermotor

Funktionsüberwachung Sekundärluftsystem

Über die λ-Sondenspannung kann das Sekundärluftsystem überwacht werden. Bei kaltem Motor und während der Warmlaufphase des Motors wird die Sekundärluftpumpe abhängig von Last und Motordrehzahl eingeschaltet. Bei einwandfreier Lufteinblasung liegt die λ-Sondenspannung im mageren Bereich (≈ 300 mV ... 100 mV). Diese Messung wird in der Kaltstartphase (ca. 90 ... 150 Sekunden) in regelmäßigen Abständen wiederholt. Wird dabei eine ausreichende Anzahl an niedrigen Spannungswerten der λ-Sonde durch das Steuergerät festgestellt, so gilt das Sekundärluftsystem als funktionsfähig.

Funktionsüberwachung Abgasrückführung

Dies kann durch Ansteuern (Öffnen) des Abgasrückführventils während der Schubphase und Messung des Saugrohrdrucks erfolgen. Ist die Abgasrückführungsanlage in Ordnung, muss sich eine Änderung des Saugrohrdruckes ergeben, da die Verbindung zwischen Abgaskrümmer und Saugrohr offen ist. Andernfalls kommt es zur Fehlermeldung.

Überwachung Tankentlüftungssystem

Über die λ-Sondenspannung ist eine Prüfung des Tankentlüftungssystems möglich. Dies geschieht meist im Leerlauf. Zunächst wird das Tankentlüftungsventil geschlossen und der λ-Wert bestimmt. Anschließend wird das Tankentlüftungsventil geöffnet. Bei gefülltem Aktivkohlebehälter fettet das Kraftstoff-Luft-Gemisch an (U_λ = 800 mV ... 900 mV). Sind im Aktivkohlebehälter keine Kohlenwasserstoffe des Benzins gespeichert, so magert das Kraftstoff-Luft-Gemisch ab (U_λ = 300 mV ... 100 mV). Das Steuergerät registriert diese Werte. Diese Funktionsprüfung wird mehrmals wiederholt. Ergibt sich über eine bestimmte Anzahl von wiederholenden Funktionsprüfungen ein plausibler Wert, so wird das Tankentlüftungssystem als funktionsfähig bewertet.

Je nach Hersteller werden nur elektrische Prüfungen des Sekundärluftsystems, des Abgasrückführventils und des Tankentlüftungsventils durchgeführt.

Werkstatthinweise – EOBD, Fehlersuche bei der Lambdaregelung

Fehlerspeicher – EOBD

- Fehler, die einmalig auftreten, werden beim nächsten Fahrzyklus gelöscht.
- Wiederholt sich der Fehler, so wird er mit seinen Umgebungsdaten, z.B. Motordrehzahl, Motortemperatur, gespeichert („freeze frame").
- War der Fehler bereits gespeichert, so leuchtet die MIL-Lampe auf.
- Tritt der Fehler bei 3 weiteren Fahrzyklen nicht mehr auf, so erlischt die Kontrolllampe wieder.
- Fehler, die nach 40 Fahrzyklen nicht mehr auftreten, werden gelöscht.

Fehler auslesen – OBD

Zum Auslesen der abgasrelevanten Fehler sind Schnittstelle, Diagnoseprotokoll und Diagnoseaussagen einheitlich festgelegt.

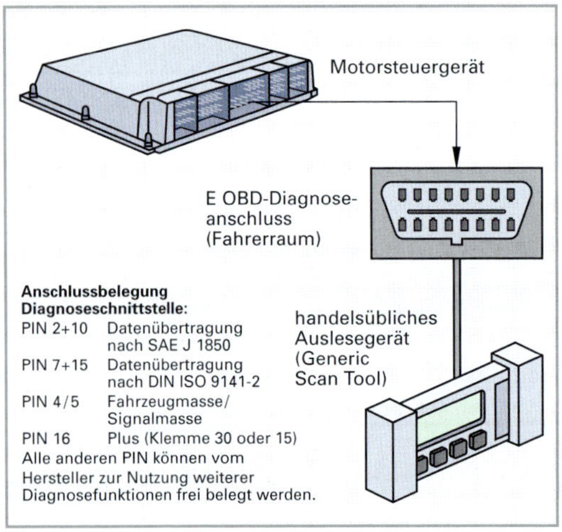

Bild 1: EOBD Fehler auslesen

Mit dem Auslesegerät können verschiedene Prüfmodi ausgewählt werden.

Prüfmodus	Diagnosefunktion
1	Auslesen der abgasrelevanten Ist-Werte
2	Auslesen der Fehlerumgebungsdaten, die beim Abspeichern der abgasrelevanten Fehler vorlagen („freeze frame")
3	Abgasrelevante Fehler, die in zwei aufeinanderfolgenden Fahrzyklen aufgetreten sind (entprellte Fehler)
4	Löschen der abgasrelevanten Fehlercodes
5	Messwerte der Lambdasonden
6	Messwerte der nicht permanent überwachten Systeme, z.B. Sekundärlufteinblasung
7	Auslesen von sporadischen abgasrelevanten Fehlern
8	Statusanzeige, ob System- oder Bauteilprüfungen, abgeschlossen sind (Readiness-Code: ja = 0; nein = 1)
9	Anzeige von Fahrzeug- und Systeminformationen

Fehlercodes. Dabei handelt es sich um 5-stellige alphanumerische Codes, z.B. P 0 150.

P 0 150 — **P:** Powertrain (Antrieb)

P **0** 150 — **0:** Codes sind herstellerunabhängig genormt
(**1:** Code wird vom Hersteller festgelegt.)

P 0 **1** 50 — **1:** Baugruppe, in welcher der Fehler auftritt

- **1/2** Kraftstoff und Luftzumessung
- **3** Zündsystem oder Verbrennungssaussetzer
- **4** zusätzliche Systeme zur Emissionsminderung
- **5** Geschwindigkeits- und Leerlaufregelsysteme
- **6** Computer und Ausgangssignale
- **7** Getriebe

P 0 1 **50** — Bauteil, welches die Störung verursacht

50 O_2-Sonde vor KAT

Fehlersuche bei der Lambda-Regelung

Wird während der Regelkreisprüfung bei der Messung der Abgaskomponenten festgestellt, dass die λ-Regelung nicht in Ordnung ist, kann der Fehler sowohl im elektrischen Regelkreis als auch am Katalysator liegen. Um einen möglichen elektrischen Fehler im Regelkreis einzugrenzen, gibt es Prüfmöglichkeiten, die weitgehend typunabhängig durchgeführt werden können.

Elektrische Überprüfung der λ-Regelung im geschlossenen Regelkreis bei einer Spannungssprungsonde (Bild 2)

Bei ausgeschalteter Zündung wird ein Spannungsmesser oder ein Oszilloskop parallel zur Signalspannung der λ-Sonde angeschlossen. Nach dem Starten des kalten Motors wird eine feststehende Spannung von 0,4 V...0,6 V angezeigt (herstellerabhängig). Sind Motor und λ-Sonde betriebswarm, so schwankt die Spannung zwischen 0,1 V...0,8 V.

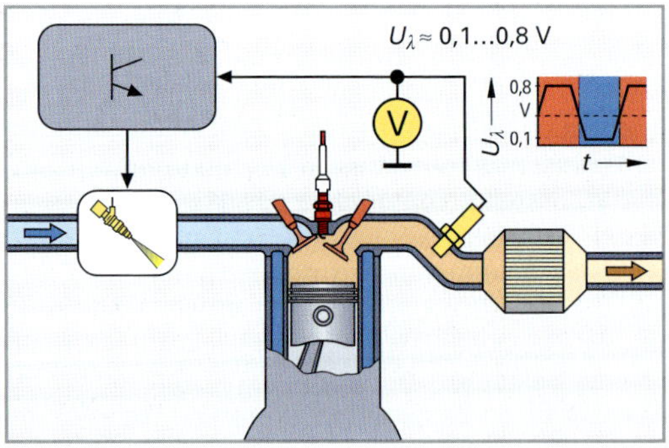

Bild 2: Elektrische Prüfung der λ-Regelung im geschlossenen Regelkreis

Werkstatthinweise Fortsetzung von Seite 334

Ergibt sich ein Fehler, so dass die Sondenspannung immer einen festen Wert anzeigt, z.B. ~0,1 V; ~0,5 V oder ~0,8 V, ist zunächst zu prüfen, ob z.B. Motortemperatur, Sondentemperatur, Temperaturfühler und Kabelverbindungen in Ordnung sind. Ist dies der Fall, kann der Fehler durch Unterbrechung des Regelkreises und elektrische Störgrößenaufschaltung weiter eingegrenzt werden.

Elektrische Überprüfung der λ-Regelung im unterbrochenen Regelkreis (Bild 1)

Voraussetzung: Motor und λ-Sonde haben Betriebstemperatur, Sondenheizung funktioniert. Kupplungsstecker zwischen Lambdasonde und Steuergerät lösen und Adapterstecker dazwischen stecken. Messgerät anschließen.

Simulation: Fettes Gemisch

Über ein Testgerät wird der entsprechende PIN des Steuergerätes mit einer Spannung von ca. 0,8 V … 0,9 V beaufschlagt. Sind Steuergerät und Zuleitung in Ordnung, so magert das Gemisch ab. Der Motorrundlauf wird schlechter (Motor ruckelt). Bei intakter λ-Sonde sinkt die Sondenspannung auf ca. 0,1 V. Ist dies nicht der Fall, können folgende Fehler vorliegen: Motortemperaturfühler defekt, Fehler im Kabelbaum oder Steuergerät. Erfolgt eine Abmagerung durch das Steuergerät, aber die Sondenspannung sinkt nicht, so liegt der Fehler im Bereich der λ-Sonde (Massefehler; Sondenheizung defekt; Sonde gealtert / defekt).

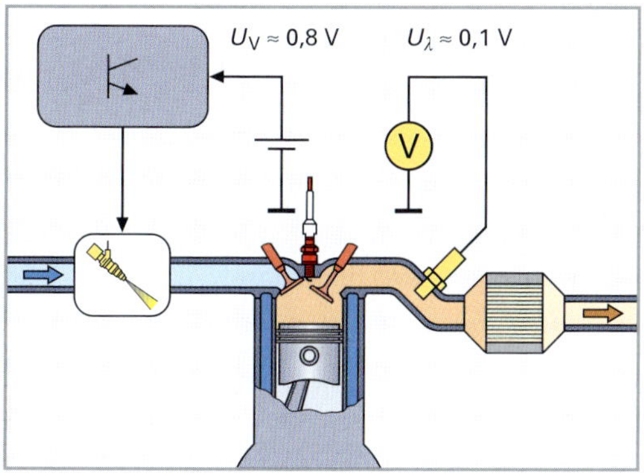

Bild 1: Elektrische Überprüfung der λ-Regelung im unterbrochenen Regelkreis

Simulation: Mageres Gemisch

Hierbei wird auf den entsprechenden PIN des Steuergerätes eine Spannung von ca. 0,1 V gegeben. Die Motordrehzahl müsste aufgrund der durch das Steuergerät bewirkten Gemischanfettung kurzzeitig etwas ansteigen. Die λ-Sondenspannung müsste 0,8 V … 0,9 V annehmen. Ist dies nicht der Fall, können die gleichen Fehler vorliegen, wie bereits bei Simulation Gemischanfettung beschrieben, oder aufgrund von Undichtigkeiten wird Falschluft angesaugt.

Achtung. Bei Titandioxidsonden pendeln die Spannungswerte zwischen kleiner 0,3 V und größer 3,9 V bei intakter Sonde.

Prüfen Lambdasondenheizung. Sie lässt sich durch Widerstandsmessung prüfen. Übliche Werte bei Raumtemperatur: 2 Ω … 14 Ω, bei Werten über 30 Ω ist die Sonde defekt. Mögliche Folgen: Schlechte Motorleistung, erhöhter Verbrauch oder Motorruckeln.

Prüfen Breitbandlambdasonde. Diese werden mit Hilfe von Fahrzeugtestern auf Funktion geprüft.

Wiederholungsfragen

1 **Welche Schadstoffe entstehen bei der nicht vollständigen Verbrennung des Kraftstoffes im Motor?**
2 **Wie wirken sich Luftmangel bzw. Luftüberschuss auf die Abgaszusammensetzung aus?**
3 **Welche grundsätzlichen Verfahren zur Senkung der Schadstoffe gibt es?**
4 **Durch welche Maßnahmen am Motor wird die Schadstoffbildung vermindert?**
5 **Erklären Sie den Aufbau und die Wirkungsweise einer Abgasrückführungsanlage?**
6 **Was versteht man unter einem Einbett-Dreiwege-Katalysator?**
7 **Wie ist ein Keramikträgerkatalysator aufgebaut?**
8 **Welche chemischen Umwandlungen finden in einem Dreiwegekatalysator statt?**
9 **Warum soll bei Abgasanlagen mit Dreiwegekatalysator λ = 1 sein?**
10 **Erklären Sie den λ-Regelkreis.**
11 **Was misst die λ-Sonde?**
12 **Zwischen welchen Werten bewegt sich der Spannungssprung einer Titandioxidsonde?**
13 **Wie wird bei einer Breitbandlambdasonde der λ-Wert bestimmt?**
14 **Welche Aufgabe hat der NO_x-Katalysator?**
15 **Erklären Sie, bei welchen Motorkonzepten ggf. ein NO_x-Katalysator erforderlich ist.**
16 **Erklären Sie Aufbau und Wirkungsweise des Sekundärluftsystems.**
17 **Wie wird bei der AU die Regelkreisprüfung durchgeführt?**
18 **Wie wird bei der OBD der Katalysator auf Funktion überwacht?**
19 **Unter welchen Bedingungen leuchtet die MIL-Lampe?**
20 **Wie werden Verbrennungsaussetzer festgestellt?**
21 **Unter welchen Bedingungen wird der Fehlercode bei der EOBD selbsttätig gelöscht?**
22 **Wie kann die Lambdasondenheizung geprüft werden?**

13.3 Schadstoffminderung beim Dieselmotor

13.3.1 Abgaszusammensetzung

Das Abgas eines Dieselmotors enthält neben Stickstoff N_2 und Sauerstoff O_2 als Komponenten der restlichen Luft verschiedene Reaktionsprodukte aus Kohlenstoff C Wasserstoff H, Sauerstoff O, Stickstoff N.

Vollständige Verbrennung. Unter optimalen Bedingungen (mit motorischer Verbrennung nicht erreichbar) verbrennen Kohlenwasserstoffverbindungen (HC-Verbindungen) zu Kohlendioxid (CO_2) und Wasser (H_2O).

Unvollständige Verbrennung. Der Dieselmotor arbeitet je nach Motorbelastung mit unterschiedlichem Luftüberschuss ($\lambda > 1$). Bei Volllast mit einem leichten Luftüberschuss bis $\lambda \geq 1{,}3$. Im Teillastbereich und im Leerlauf mit einem großen Luftüberschuss bis $\lambda \leq 18$. Trotz Luftüberschuss wird der Kraftstoff punktuell nur teilweise verbrannt.

Es entstehen folgende Schadstoffzusammensetzungen: Kohlenmonoxid (CO), unverbrannte Kohlenwasserstoffe (HC) sowie Partikel (PM = engl. particulate matter). Sie bestehen aus Rußkern mit angelagerten Verunreinigungen wie z.B. Metalloxiden (vgl. S. 296).

Hinzu kommen Stoffe, die aus Verunreinigungen oder Zusätzen im Kraft- oder Schmierstoff resultieren, wie z.B. Metall- und Schwefelverbindungen.

Stickoxide NO_X (wie Stickstoffmonoxid NO und Stickstoffdioxid NO_2) entstehen bei hohen Verbrennungsspitzentemperaturen, hohen Verbrennungsdrücken und großen Flammgeschwindigkeiten. Aufgrund des Luftüberschusses in Leerlauf und Teillast kommt es in diesen Lastzuständen verstärkt zur NO_x-Emission.

Abgasgrenzwerte für Pkw-Dieselmotoren

Trotz der Emissionsbeschränkungen seit Mitte der 70er Jahre gehen die Fahrzeugemissionen aufgrund steigender Zulassungen nur langsam zurück. Hieraus resultieren immer schärfer werdende Abgasgrenzwerte.

Tabelle 1 zeigt die Europäischen Abgasgrenzwerte für neue Diesel-Pkw.

Tabelle 1: Abgasgrenzwerte für Pkw/Kombi mit Dieselmotor in Europa in g/km

	CO	HC + NO_X	NO_X	Partikel
Euro 3 seit 2000	0,64	0,56	0,5	0,05
Euro 4 seit 2005	0,5	0,30	0,25	0,025
Euro 5 seit 2009	0,5	0,23	0,18	0,005
Euro 6 ab 2014	0,5	0,17	0,08	0,005

13.3.2 Verfahren zur Schadstoffminderung

Um die Emissionsgrenzwerte der Euro 4- und der Euro 5-Norm zu erreichen, müssen innen- und außenmotorische Maßnahmen optimal aufeinander abgestimmt sein.

Innenmotorische Maßnahmen. Sie bestehen beispielsweise aus:

- Brennraumoptimierung
- Größerer Einspritzdruck
- Einlasskanalsteuerung
- Glühzeitsteuerung
- Mehrventiltechnik
- Ladedruckregelung
- Optimierung von Einspritzbeginn und -menge

Außenmotorische Maßnahmen. Folgende Systeme kommen zum Einsatz:

- Oxidationskatalysator
- Abgasrückführung
- NO_x-Speicherkat
- Partikelfilter
- SCR -Katalysator
- DPNR-Filter (**D**iesel **P**articulate and **NO**$_x$ **R**eduction System)

Oxidationskatalysator

Er entspricht in seinem Aufbau einem 3-Wege-Katalysator. Auf einem Keramik- bzw. Metallträger ist zur Vergrößerung der wirksamen Oberfläche eine Beschichtung aus Aluminiumoxid aufgebracht. Auf dieser sogenannten „wash-coat-Schicht" befindet sich der eigentliche Katalysator, bestehend aus 1 ... 2 g Platin, Palladium und Rhodium.

Die Edelmetalle als Katalysator stoßen die Oxidationsvorgänge an, ohne sich dabei zu verbrauchen.

Die wesentlichen Funktionen des Dieseloxidationskatalysators sind:

Senkung von HC und CO-Emissionen. Am Oxikat werden Kohlenmonoxid (CO) und Kohlenwasserstoffe (HC) zu Kohlendioxid (CO_2) und Wasserdampf (H_2O) oxidiert. Die Oxidation erfolgt ab einer gewissen Grenztemperatur (Light-off-Temperatur). Sie liegt je nach Abgaszusammensetzung, Strömungsgeschwindigkeit und Katalysatordotierung bei 170 °C ... 200 °C. Ab dieser Temperatur steigt die Oxidationsrate auf über 90 %.

Reduktion der Partikelmasse. Die vom Dieselmotor emittierten Partikel bestehen zum Teil aus Kohlenwasserstoffen, die sich bei steigenden Temperaturen vom Partikelkern abspalten. Durch Oxidation dieser Kohlenwasserstoffe kann die Partikelmasse (PM) um 15 %...30 % reduziert werden.

Oxidation von NO und NO_2. Der NO_2-Anteil am NO_x im motorischen Abgas beträgt in den meisten Betriebspunkten nur etwa 10 %. Der Oxikat sorgt schon bei niedrigen Temperaturen für eine Erhöhung des

Verhältnisses von NO_2 : NO. Ein hoher NO_2-Anteil am NO_x ist für die Funktion nachgelagerter Komponenten wie dem Dieselpartikelfilter bzw. dem SCR-Kat wichtig, um z.B. die Partikelabbrenntemperatur abzusenken.

Katalytische Heizkomponente (Katalytischer Brenner)
Der Katalytische Brenner wird zur Anhebung der Abgastemperatur bei der Partikelfilterregeneration eingesetzt. Die CO- und HC-Emissionen werden zu diesem Zweck über eine motorische Nacheinspritzung oder über ein nachmotorisches Einspritzventil gezielt erhöht. Dabei wird die bei der Oxidation von CO und HC frei werdende Reaktionswärme zur Erhöhung der Abgastemperatur genutzt.

Abgasrückführung (AGR, Bild 1)
Die Abgasrückführung dient dazu, die NO_x-Emission zu senken. Durch die Beimischung von Abgas in die Ansaugluft wird der zugeführte Sauerstoffanteil verkleinert. Die Abgasbestandteile nehmen nicht mehr an der Verbrennung teil und nehmen zusätzlich Wärme auf. Somit sinkt die Verbrennungsspitzentemperatur und damit die Stickoxid-Emission (NO_x) bis ca. 60 %, Die Abgasrückführungsrate kann bis zu 40 Vol.-% betragen.

Steigt die Abgasrückführungsrate über diesen Wert, sinkt einerseits die NO_x-Emission weiter ab, andererseits verbrennt der Dieselkraftstoff nicht mehr vollständig. Somit steigt der Anteil unverbrannter Kohlenwasserstoffe (HC) und der Partikel (PM) aufgrund von Sauerstoffmangel wieder stark an.

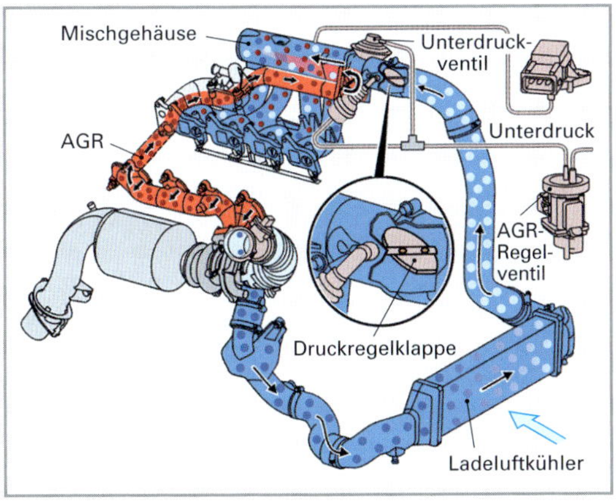

Bild 1: Abgasrückführung mit zusätzlicher Regelklappe

Regelung der AGR-Rate. Sie wird vom Steuergerät über ein Unterdruckventil oder einen elektrischen Stellmotor gesteuert. Sie ist abhängig von:

- Motortemperatur
- Ansauglufttemperatur
- Ladedruck
- Last/Drehzahl.

> Die Abgasrückführung wird bei warmem Dieselmotor im Leerlauf- und Teillastbetrieb aktiviert. Bei aktivierter Abgasrückführung wird weniger Luft angesaugt. Das Signal des Heißfilm-Luftmassenmessers (HFM) dient zur Berechnung der AGR-Menge.

AGR-Rate. Sie kann durch eine Kühlung der rückgeführten Abgase erhöht werden. Damit bei aufgeladenen Motoren eine ausreichende AGR-Rate erzielt wird, können Druckregelklappen im Mischgehäuse eingebaut sein **(Bild 1).** Die Druckregelklappe sorgt für ein Druckgefälle vom Auslasskanal zum Ansaugkanal. So wird z.B. durch Schließen der Druckregelklappe ein größeres Druckgefälle zwischen Ansaugrohr und Auslasskanal hergestellt und somit die AGR-Rate erhöht.

Um volle Leistung und volles Drehmoment zur Verfügung zu haben, ist die Abgasrückführung bei höheren Drehzahlen und bei Volllast abgeschaltet. Zusätzlich würde der Partikelausstoß durch den Luftmangel zu groß werden. Die Verschlechterung der Laufruhe bei Abgasrückführungsraten im Leerlauf können Systeme mit Leerlaufregelung ausgleichen.

NO_x Speicherkatalysator
Er ist in Aufbau und Funktion wie der für Ottomotoren **(vgl. S. 330).**

> Der NO_x-Speicherkatalysator lagert NO_x an der Katalysatorfläche an. Ist der Katalysator voll, muss er regeneriert werden. Dabei werden die Stickoxide (NO_x) zu Stickstoff (N_2) und Wasser (H_2O) reduziert.

Aufbau. Auf einem Träger aus Keramik wird eine Zwischenschicht (wash coat) aufgebracht. Diese ist z.B. mit Bariumoxid (BaO) als Speichermaterial und mit Platin, Rhodium und Palladium als katalytisch aktive Schicht beschichtet. Er baut die Stickoxide in zwei Schritten ab **(Bild 2).**

- **Beladungsphase** (30 s ... 300 s). Kontinuierliche NO_x-Einspeicherung an die Speicherkomponenten des Katalysators. Platin bewirkt, dass die Stickoxide mit dem Sauerstoff zu NO_2 oxidieren. NO_2 reagiert mit der Bariumoxidbeschichtung und lagert sich als Nitrat (NO_3) an der Oberfläche an.

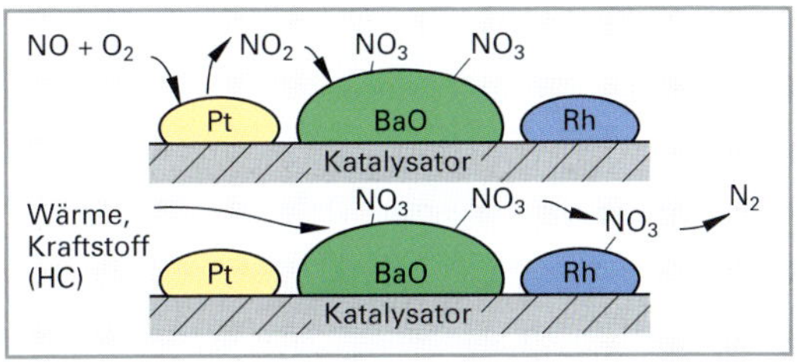

Bild 2: Beladung- und Regenerationsphase eines Diesel-NO_x-Speicherkatalysators

- **Regeneration** (2 s ... 10 s). Durch periodisches Anfetten werden die Stickoxide frei (Ausspeicherung) und mit den unverbrannten Abgaskomponenten (HC, CO) zu Stickstoff N_2 reduziert.
- **Schwefelregeneration.** Da das Bariumoxid zu Sulfat (SO_2) eine sehr große Bindungsstärke hat, wird Schwefel noch effektiver aus dem Abgas entfernt als NO_x. Um eine ausreichende NO_x-Speicherfähigkeit zu gewährleisten, muss deshalb regelmäßig eine Schwefelregenerierung durchgeführt werden. Bei schwefelfreiem Kraftstoff ($\leq$ 10 ppm) wird diese nach etwa 5000 km Fahrstrecke erforderlich. Hierzu wird der Katalysator für eine Dauer von mehr als 5 Minuten auf über 650 °C aufgeheizt und mit fettem Abgas ($\lambda < 1$) beaufschlagt, was zu einem erhöhten Kraftstoffverbrauch führt. Zur Temperaturerhöhung werden die gleichen Maßnahmen wie zur Regeneration des Dieselpartikelfilters eingesetzt.

SCR-Katalysator (Bluetec)

Mit dem kontinuierlich arbeitenden SCR-Verfahren (Selective Catalytic Reduction) werden mit Ammoniak als Reduktionsmittel bis zu 80 % der Stickoxide im Abgas zu Stickstoff und Wasser umgewandelt.

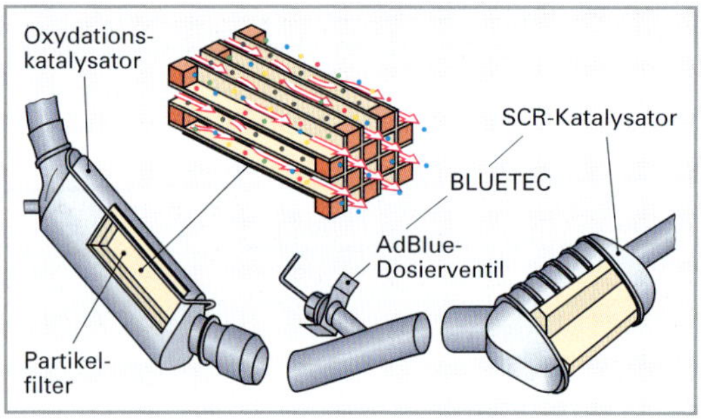

Bild 1: SCR-Katalysator (Bluetec)

Aufbau. Das SCR-Bluetec-System **(Bild 1)** besteht aus einem SCR-Katalysator mit vorgeschalteter Dosiereinrichtung, sowie einem Oxidationskatalysator und Partikelfilter. Die Dosiereinrichtung spritzt das Reduktionsmittel fein zerstäubt je nach Motorlast und Drehzahl vor den SCR-Kat ein.

Reduktionsmittel. Der für die SCR-Reaktion benötigte Ammoniak wird nicht direkt, d.h. in reiner Form, verwendet, sondern in Form einer wässrigen Harnstofflösung, von der Industrie einheitlich mit AdBlue bezeichnet. Die Zusammensetzung ist in der DIN 70070 geregelt. Aus der Harnstoff-Wasser-Lösung entstehen Ammoniak (NH_3) und CO_2. Der so erzeugte Ammoniak kann in einem mit Titanium beschichteten SCR-Katalysator ab ca. 170 °C zu Stickstoff (N_2) und Wasser (H_2O) reagieren. Der Verbrauch von AdBlue beträgt etwa 0,1 Liter pro 100 Kilometer oder ca. 1 % ... 3 % des Dieselverbrauchs. Es muss deshalb ein entsprechendes Tankvolumen mitgeführt werden. Dieser wird zu den Wartungsintervallen im Rahmen des Kundendienstes nachgefüllt.

Dieselpartikelfilter

Nachrüstfilter (Bild 2, Nebenstrompartikelfilter). In der Nachrüstung kommen hauptsächlich katalytisch beschichtete Sintermetallkörper (Nebenstromfilter) zum Einsatz **(Bild 2)**, die je nach Betriebsbedingung nur 30 % bis max. 70 % des Abgasstromes filtern. Die Regeneration des Filters findet ohne Eingriff in die Motorsteuerung (EDC) katalytisch statt.

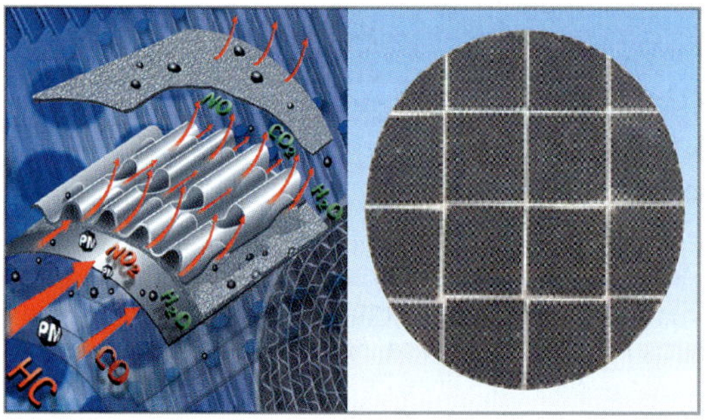

Bild 2: Nebenstrom- und Hauptstrompartikelfilter

Funktion. Durch schaufelartige Einschnitte in einer gewellten Metallfolie wird ein Teilstrom des Abgases z.B. in ein Sintermetallvlies gelenkt. In der Mikrostruktur des Metallfaservlieses werden die Partikel zurückgehalten. Die Regeneration erfolgt kontinuierlich durch die Oxidation von Kohlenstoff mit Stickstoffdioxid (NO_2). Für die Regeneration ist ein erhöhter Anteil von NO_2 im Abgas erforderlich. Dieser lässt sich aus dem im Abgas enthaltenen Stickstoffoxid (NO) erzeugen. Dazu ist eine Temperatur von ca. 200 °C ... 280 °C auf der katalytischen Oberfläche des Partikelfilters erforderlich. Wird diese Abgastemperatur nicht erreicht, füllen sich die Filtertaschen mit Partikeln, und das Abgas kann durch die normalen Längskanäle ungefiltert den Partikelfilter durchströmen.

Erstausrüstungsfilter (Bild 2, Hauptstrompartikelfilter). Sie bestehen meist aus einem keramischen Wabenfilterkörper aus Siliciumcarbid (SiC). Bei diesen Filtern wird 100 % des Abgasstromes gefiltert (Hauptstromfilter). Zur Regeneration ist ein Eingriff in die Motorsteuerung (EDC) notwendig.

Funktion. Die Kanäle des Partikelfilters sind wechselseitig verschlossen **(Bild 1)**. Dadurch muss das Abgas durch die porösen Filterwände strömen. Die Partikel bleiben hängen und setzen die Poren der Filterwände langsam zu. Der Abgasgegendruck steigt somit allmählich an. Dies bewirkt eine Erhöhung des Kraftstoffverbrauchs und eine verminderte Leistung. Der Filter muss regeneriert werden.

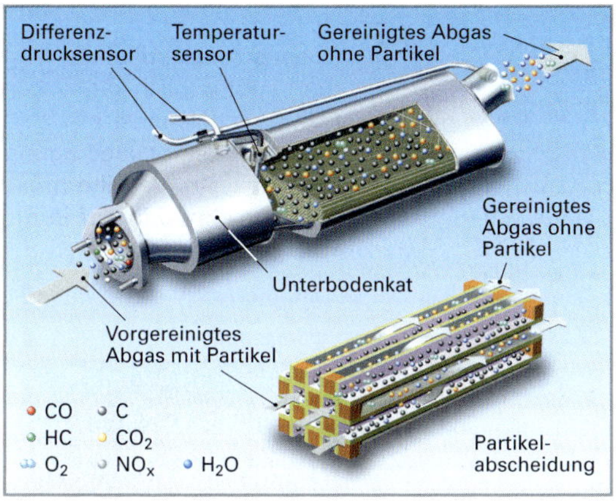

Bild 1: Dieselpartikelfilter

Regeneration allgemein. Der Kohlenstoffanteil der Partikel kann mit dem im Abgas vorhandenen Sauerstoff oberhalb von ca. 600 °C zu CO_2 oxidiert (verbrannt) werden. Diese Temperaturen liegen nur bei Volllastbetrieb des Motors vor. Im Teillastbetrieb kann die Temperatur auf unter 200 °C absinken.

Daher müssen Maßnahmen ergriffen werden, um die Partikelabbrenntemperatur zu senken und/oder die Abgastemperatur zu erhöhen.

- **Absenkung der Partikelabbrenntemperatur.** Dies geschieht durch Zugabe eines Additivs (z.B. Cer- oder Eisenverbindungen) in den Kraftstoff. Es wird dem Kraftstoff im Tank über eine Dosiereinheit zugemischt. Damit kann die Partikelabbrenntemperatur auf ca. 450 °C ... 500 °C abgesenkt werden. Durch eine katalytische Beschichtung des Filters mit Edelmetallen kann ebenfalls der Abbrand der Partikel verbessert werden. Der Effekt ist hier jedoch deutlich geringer als beim Einsatz eines Additivs.

- **Erhöhung der Abgastemperatur.** Durch eine gezielte Nacheinspritzung bzw. eine Erhöhung der Drehmomentanforderung z.B. durch Klimakompressor und Generator, wird die Abgastemperatur erhöht.

Regelung des Regenerationsprozesses. Der Differenzdrucksensor erfasst den Druckunterschied vor und nach dem Partikelfilter. Ist der Partikelfilter voll, wird ein entsprechend großer Druckunterschied gemessen **(Bild 2)**. Der Filter ist regenerierungsbedürftig und die aktive Regeneration wird eingeleitet. Die Temperatur während der Regeneration wird vom Temperaturfühler erfasst und darf 700 °C nicht übersteigen.

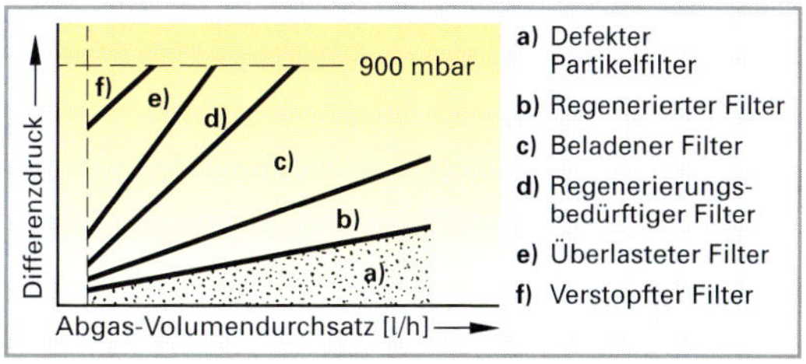

Bild 2: Differenzdruckverlauf

Aschebildung. Das dem Kraftstoff zugegebene Additiv bleibt nach der Verbrennung als Rückstand (Asche) im Filter zurück. Diese Asche, wie auch Asche aus Motoröl- oder Kraftstoffrückständen, setzt den Filter allmählich zu und erhöht den Abgasgegendruck **(Bild 2)**. Je nach System und Fahrweise geschieht das zwischen 120 000 km und 240 000 km. Ist ein Kundendienst erforderlich, wird dies dem Fahrer über eine Kontrollleuchte angezeigt.

DPNR-Filter

> Das DPNR-System (**D**iesel **P**articulate and **N**O_x **R**eduction System) reduziert zugleich Rußpartikel und Stickoxide ohne den Zusatz von Reduktionsmittel. Außerdem ist es wartungsfrei.

Aufbau. Das DPNR-Abgassystem besteht aus Speicherkatalysator für NO_x und Partikel und einem nachfolgenden Oxidationskatalysator. Zusätzlich ist ein Einspritzventil im Abgaskrümmer zur Regeneration eingebaut. Um niedrige Verbrennungstemperaturen zu ermöglichen, ist bei diesem System die Abgasrückführung wassergekühlt. Damit werden geringere NO_x-Anteile im Abgas erreicht.

Funktion. Die Stickoxide NO_x im Abgas werden an der Oberfläche des Katalysators zu Stickstoffdioxid NO_2 oxidiert und anschließend im Speichermedium als Bariumnitrat $Ba[NO_3]_2$ zwischengespeichert. Bei dieser Reaktion bildet sich aktiver Sauerstoff, der einen Teil der Partikel verbrennt. Überschüssige Partikel verbleiben zunächst im Filter. Sensoren erkennen den Beladungszustand des Partikelfilters und leiten automatisch eine Regeneration ein.

Regeneration. Sie erfolgt durch zusätzliche Kraftstoffeinspritzung in den Abgaskrümmer durch das EPI-Einspritzventil (**E**xhaust **P**ort **I**njection). Die Abgastemperatur wird damit auf ca. 600 °C im Partikelfilter erhöht, um den vollständigen Partikelabbrand einzuleiten.

14 Otto-Zweitaktmotor, Kreiskolbenmotor

14.1 Zweitaktmotor

Ein Arbeitsspiel läuft beim Zweitaktmotor während einer Kurbelwellenumdrehung ab (360°).

14.1.1 Aufbau

Der Otto-Zweitaktmotor **(Bild 1)** besteht aus:

- **Motorgehäuse** Zylinderkopf, Zylinder, Kurbelgehäuse
- **Kurbeltrieb** Kolben, Pleuelstange, Kurbelwelle
- **Gemischbildung** Vergaser oder Einspritzanlage, Ansaugrohr
- **Hilfseinrichtungen** Zündanlage, Motorkühlung, Auspuffanlage und Schmieröldosierpumpe bei Frischölschmierung (Getrenntschmierung)

Da der Gaswechsel meist durch den Kolben und über die Schlitze in der Zylinderwand gesteuert wird, können alle Bauteile der Motorsteuerung, wie sie beim Viertaktmotor verwendet werden, entfallen.

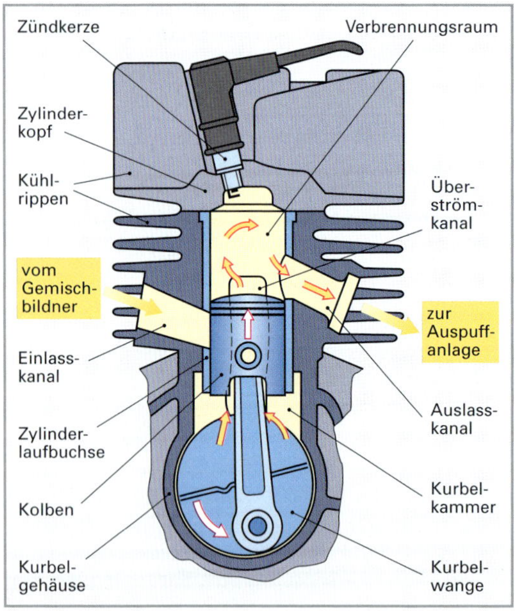

Bild 1: Aufbau eines Otto-Zweitaktmotors

14.1.2 Arbeitsweise

Das Arbeitsspiel eines Zweitaktmotors besteht wie beim Viertaktmotor aus **Ansaugen, Verdichten, Arbeiten, Ausstoßen.** Dagegen ist der Ablauf der einzelnen Vorgänge **(Tabelle 1)** örtlich und zeitlich verschieden.

Um beim Zweitaktmotor das Arbeitsspiel auf zwei Kolbenhübe bzw. auf eine Kurbelwellenumdrehung zu beschränken, müssen die Vorgänge des Arbeitsspiels sowohl im Zylinder als auch in der Kurbelkammer ablaufen. Die Kurbelkammer bildet zusammen mit dem unteren Teil des Zylinders und der Unterseite des Kolbens eine Pumpe. Daher muss auch die Kurbelkammer gasdicht sein.

Tabelle 1: Vorgänge im Zweitaktmotor

Vorgänge im Zylinder (über dem Kolben)	Überströmen (Spülen) Verdichten Arbeiten Ausstoßen
Vorgänge in Kurbelkammer (unter dem Kolben)	Voransaugen Ansaugen Vorverdichten Überströmen (Spülen)

Dreikanal-Zweitaktmotor (Bild 1). Er besitzt zur Gassteuerung drei Arten von Kanälen: Je einen Einlass- und Auslasskanal und zwei Überströmkanäle, die sich gegenüberliegen.

Einlasskanal Er verbindet Vergaser und Kurbelkammer.

Überströmkanal Er verbindet die Kurbelkammer mit dem Verbrennungsraum.

Auslasskanal Er verbindet Verbrennungsraum und Auspuffanlage.

Der Zweitaktmotor besitzt einen offenen Gaswechsel.

Das bedeutet, dass Auslass- und Überströmkanal über einen großen Bereich des Gaswechsels gleichzeitig geöffnet sind. Es ist demnach beim Zweitaktmotor unvermeidlich, dass einerseits eine Vermischung zwischen Frisch- und Abgasen und andererseits Frischgasverluste auftreten.

Arbeitsweise (Dreikanal-Zweitaktmotor)

1. Hub, Kurbelwinkel 0°...180°

Kolben bewegt sich von UT nach OT **(Bild 1, Seite 341)**

Vorgänge in der Kurbelkammer

Voransaugen. Nachdem der Kolben den Überströmkanal geschlossen hat, entsteht in der Kurbelkammer durch die Raumvergrößerung ein Unterdruck von 0,2 bar ... 0,4 bar. Diesen Vorgang nennt man Voransaugen.

Ansaugtakt. Gibt schließlich der Kolben den Einlasskanal frei, so beginnt das eigentliche Ansaugen des Kraftstoff-Luft-Gemisches in die Kurbelkammer.

Vorgänge im Verbrennungsraum

Verdichtungstakt. Nachdem der Kolben den Auslasskanal geschlossen hat, beginnt im Zylinder die Verdichtung des Kraftstoff-Luft-Gemisches. Kurz vor OT erfolgt die Zündung.

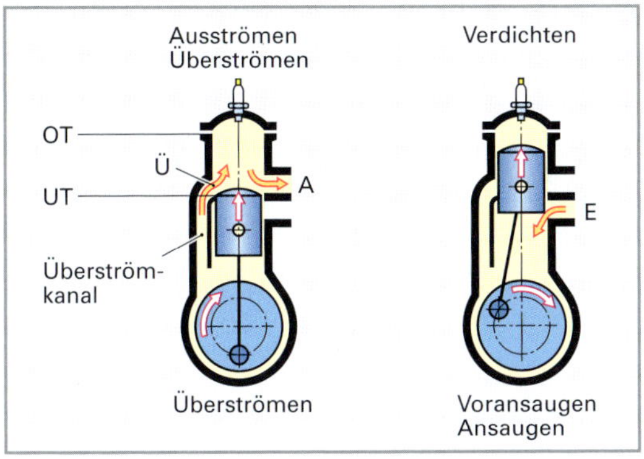

Bild 1: 1. Takt

> **2. Hub, Kurbelwinkel 180°...360°**
> Kolben bewegt sich von OT nach UT
> **(Bild 2)**

Vorgänge im Verbrennungsraum

Arbeitstakt. Beim Arbeiten bewegt der Druck der Verbrennungsgase den Kolben von OT nach UT.

Vorgänge in der Kurbelkammer

Nachdem der Kolben den Einlasskanal geschlossen hat, beginnt die Vorverdichtung des Kraftstoff-Luft-Gemisches auf etwa 0,3 bar...0,8 bar Überdruck.

Gaswechselvorgang

(Vorgänge unter und über dem Kolben)
Beim Übergang zum nächsten Arbeitsspiel findet der Gaswechsel statt.

Ausstoßtakt. Die Kolbenoberkante gibt den etwas höher liegenden Auslasskanal frei und die Abgase strömen aus. Danach gibt sie den Überströmkanal frei und das vorverdichtete Kraftstoff-Luft-Gemisch übernimmt beim Überströmen von der Kurbelkammer das Spülen des Zylinders und das Ausstoßen der Restgase. Durch den anfänglichen Staudruck in der Auspuffleitung drücken die Restgase beim Öffnen des Überströmkanals zunächst zurück in die Kurbelkammer. Dadurch erhöht sich der Vorverdichtungsdruck von 0,3 bar auf den Spüldruck von etwa 0,8 bar. Dieser bewirkt dann das Überströmen der Frischgase. Hat der Kolben auf seinem Weg nach OT den Überströmschlitz und danach den Auslassschlitz geschlossen, ist der Spülvorgang beendet.

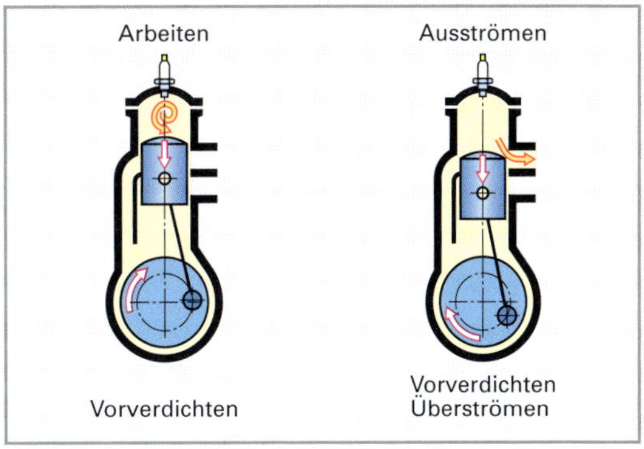

Bild 2: 2. Takt

Tabelle 1: Gasdrücke in bar

Ansaugen	Verdichten	Arbeiten	Ausströmen
– 0,4 ... – 0,6	8 ... 12	25 ... 40	3 ... 0,1
Voransaugen	Vorverdichten		Überströmen
– 0,2 ... – 0,4	0,3 ... 0,8		1,3 ... 1,6

Spülverfahren (Umkehrspülung)

Bei der üblichen Umkehrspülung nach Schnürle (Adolf Schnürle, dt. Ingenieur, 1896 – 1951) liegt je ein Überströmkanal rechts und links des Auslasskanals **(Bild 3)**. Ein Kolbenfenster steuert den Einlasskanal. Diese Spülung wird auch „Dreistromspülung" genannt.

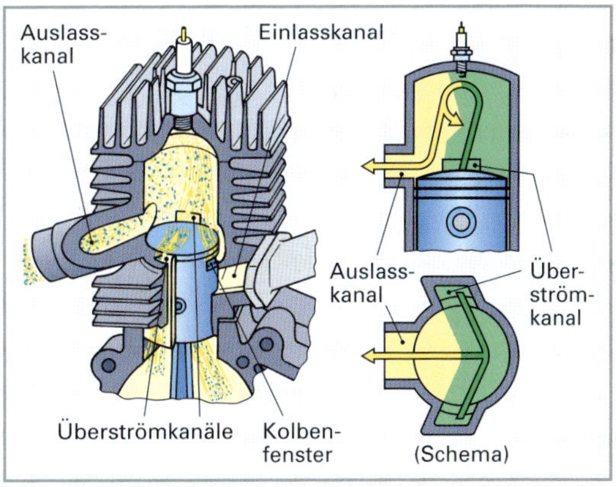

Bild 3: Umkehrspülung

Die Spülströme werden von den schräg zur Zylinderachse liegenden Spülkanälen an die dem Auslass gegenüberliegende Zylinderwand geleitet. Dort richten sie sich aneinander auf und schieben die Restgase, der Zylinderwand folgend, zum Auslassschlitz hinaus. Die Spülströme kehren also im Zylinder um. Es können auch drei oder mehr Überströmkanäle dem oder den Auslasskanälen gegenüber vorhanden sein. Bei der 4-Kanal-Umkehrspülung **(Bild 1, Seite 342)** treffen sich die beiden Hauptspülströme gegenüber dem Auslasskanal und werden nach oben abgelenkt. Nach ihrer Umlenkung, begünstigt durch die Form des Zylinderkopfes, spülen sie den größten Teil des Abgases zum Auslasskanal hinaus. Die beiden Hilfsspülströme sind so gelenkt, dass sie den noch im „toten Bereich" des Zylinders befindlichen Abgaskern zum Auslasskanal schieben und ausspülen.

Die Schleifenbildung der Hauptspülströme und die Führung der Hilfsspülströme verringern Spülverluste, spülen den Abgaskern aus und verbessern den Füllungsgrad.

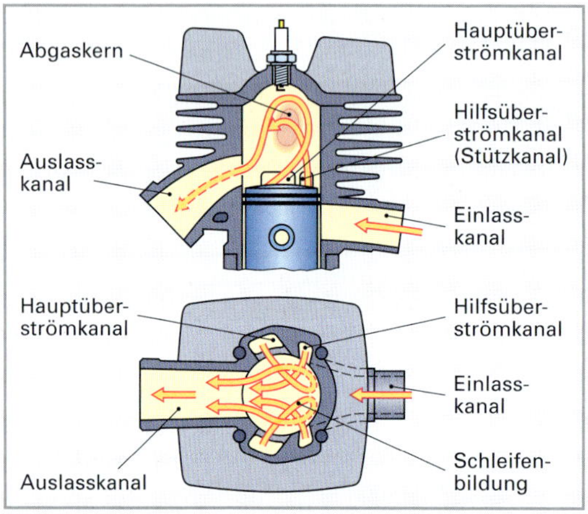

Bild 1: Mehrkanal-Umkehrspülung (Schleifenspülung)

Schwingungsvorgänge beim Gaswechsel

Zweitaktmotoren mit symmetrischem Steuerdiagramm arbeiten mit großer Überschneidung der Steuerzeiten bzw. der Gaswechselvorgänge. Durch die stoßartigen Gaswechselvorgänge entstehen Schwingungen in den Gassäulen. Zur Verringerung von Frischgasverlusten müssen diese Schwingungen aufeinander abgestimmt sein.

Einlassvorgang

Die Frischgassäule schwingt zwischen Ansaugsystem, Einlasskanal und Kurbelkammer. Bei richtiger Abstimmung muss der Kolben den Einlasskanal schließen, wenn die Frischgassäule zur Kurbelkammer zurückschwingt. Das Frischgas kann nicht mehr zurückströmen, der Verdichtungsdruck erhöht sich.

Auslass- und Spülvorgang

Die Gassäulen schwingen zwischen Auspuffanlage, Zylinder und Kurbelkammer. Das unter Überdruck ausströmende Abgas erzeugt eine Druckwelle, die von einer Prallwand im Vorschalldämpfer reflektiert wird. Dadurch wird das Nachströmen von Frischgas in den Auslasskanal vermindert. Wegen dieser Schwingungsvorgänge müssen Auspuffleitung mit Schalldämpfer und Ansaugleitung mit Luftfilter genau aufeinander abgestimmt sein, um Füllungsverluste zu vermeiden. Unsachgemäße Nacharbeiten führen zu Leistungsverlusten und höherem spezifischen Kraftstoffverbrauch.

Symmetrisches Steuerdiagramm (Bild 2).

Beim Zweitaktmotor mit Gaswechselsteuerung durch den Kolben werden Einlass-, Auslass- und Überströmkanal genau so viele Grade vor OT bzw. UT geöffnet, wie sie geschlossen werden. Öffnet z.B. der nach OT gehende Kolben den Einlasskanal 55° vor OT, so wird er auch 55° nach OT wieder verschlossen. Es ergibt sich deshalb ein symmetrisches Steuerdiagramm. **Bild 2** zeigt die Vorgänge im Verbrennungsraum im äußeren, die Vorgänge in der Kurbelkammer im inneren Kreisring.

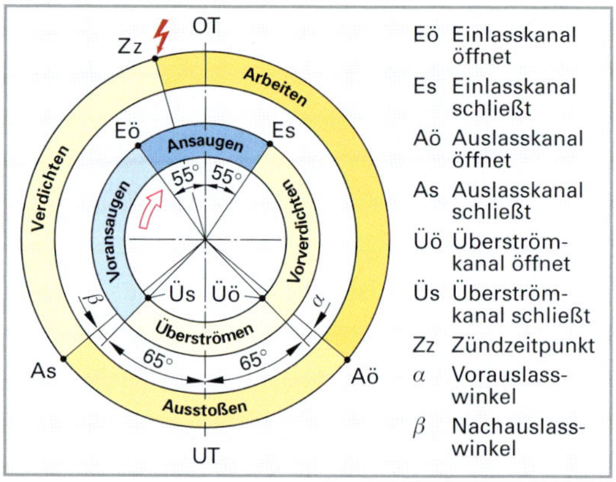

Bild 2: Symmetrisches Steuerdiagramm

Günstiger Vorauslass. Der nach UT gehende Kolben öffnet zuerst den Auslassschlitz und dann den Überströmschlitz. Beim Öffnen des Auslassschlitzes tritt ein starker Druckabfall ein, so dass die restlichen Abgase nicht so stark in die Kurbelkammer zurückschlagen und sich dort mit dem vorverdichteten Frischgas vermischen.

Schädlicher Nachauslass. Der nach OT gehende Kolben schließt zuerst den Überströmschlitz und danach den Auslassschlitz. Dabei können Frischgase zum Auslasskanal hinausgedrängt werden.

Füllungsverlust. Für die Spülung hat der Zweitaktmotor nur etwa 130° Kurbelwinkel zur Verfügung, dies entspricht etwa einem Drittel der Gaswechselzeit des Viertaktmotors.

Wegen dieser Nachteile verwendet man Einlasssteuerungen und/oder Auslasssteuerungen. Dabei ergeben sich unsymmetrische Steuerdiagramme.

Unsymmetrisches Steuerdiagramm

Beim unsymmetrischen Steuerdiagramm **(Bild 1, Seite 343)** können die Öffnungs- und Schließwinkel für die einzelnen Kanäle verschieden groß und damit nicht mehr symmetrisch zu OT bzw. UT sein.

Unsymmetrische Steuerdiagramme für Ein- und Auslasssteuerungen können nicht durch kolbenabhängige Schlitzsteuerungen erreicht werden.

Nützliches Nachladen. Bei Zweitaktmotoren mit unsymmetrischem Steuerdiagramm kann der Überströmkanal nach dem Auslasskanal geschlossen werden; die Füllung wird durch die Massenträgheit der Frischgase verbessert.

Das „Nützliche Nachladen" ist nur mit einem großen Bauaufwand zu erreichen, z.B. durch Einlasssteuerung mittels Schieber und Auslasssteuerung mittels nockengesteuerten Auslassventilen.

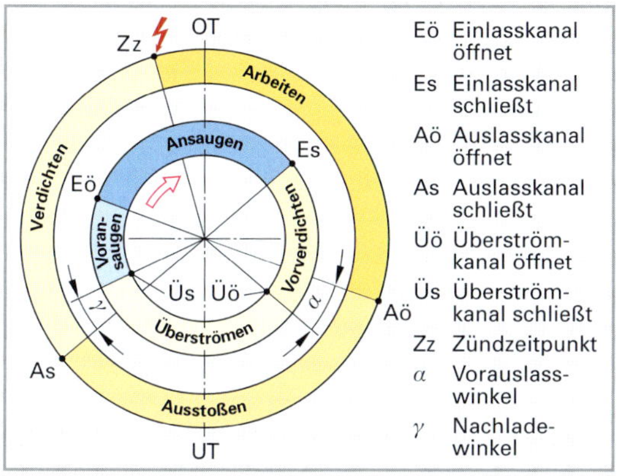

Bild 1: Unsymmetrisches Steuerdiagramm

Die Verschiebung der Öffnungs- oder/und Schließwinkel nach „früher" oder „später" für den Einlassvorgang kann mittels Membran- oder Drehschiebersteuerung erfolgen.

14.1.3 Steuerungsarten

Einlasssteuerung

Membransteuerung (Bild 2). Die Zuführung des Frischgases wird über ein Membranventil im Einlasskanal gesteuert. Bewegt sich der Kolben nach OT (Voransaugen), entsteht ein Unterdruck in der Kurbelkammer. Das Membranventil wird durch den Differenzdruck von Kurbelkammer- und Atmosphärendruck geöffnet. Das Frischgas kann beim Ansaugen solange in die Kurbelkammer strömen, bis der durch den Druck des abwärtsgehenden Kolbens erzeugte Vorverdichtungsdruck und die vorgespannte Membran den Einlasskanal schließen. Das Membranventil verhindert so das Zurückströmen des angesaugten Frischgases in das Ansaugsystem. Dadurch wird eine bessere Frischgasfüllung erreicht.

Aufbau des Membranventils (Bild 2). Die Membranstreifen bestehen aus hochelastischem dünnen Federstahl, die sich schon bei geringstem Differenzdruck öffnen. Der Membranstopper begrenzt die Ventilbewegung der Membranstreifen und verhindert deren Aufschwingen.

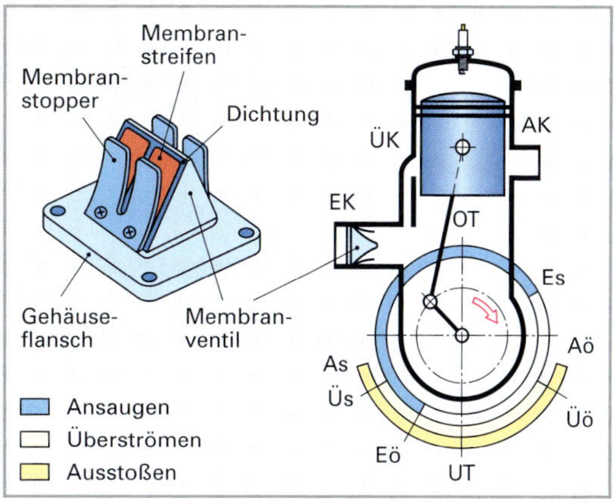

Bild 2: Membransteuerung

Drehschiebersteuerung (Bild 3)

Die Steuerung des Einlasskanals erfolgt durch Walzen- oder Plattendrehschieber. Die Steuerwinkel können sich im Gegensatz zur Membransteuerung nicht verändern. Die Mündung der Einlassöffnung in die Kurbelkammer wird durch einen Plattendrehschieber geöffnet und verschlossen. Der Drehschieber rotiert mit Kurbelwellendrehzahl. Durch die Form seiner Aussparung und der Lage zur Kurbelwelle bestimmt der Drehschieber den Einlasswinkel und damit die Einlasszeit.

Auch Kurbelwangen mit Aussparungen können als Drehschieber verwendet werden.

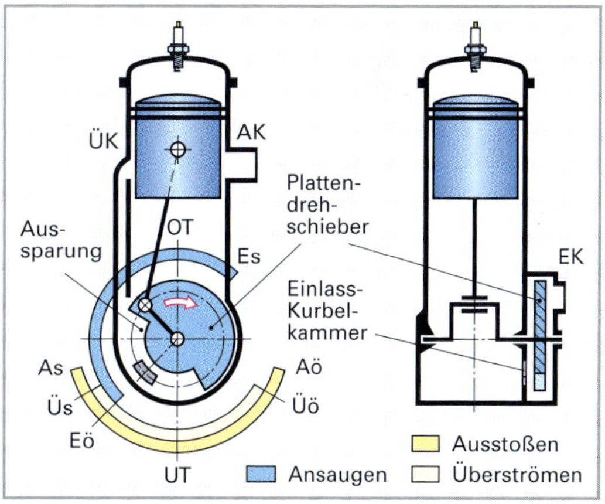

Bild 3: Drehschiebersteuerung

Merkmale der Einlasssteuerung

- Unsymmetrisches Steuerdiagramm.
- Steuerwinkel für „Einlasskanal öffnen" und „Einlasskanal schließen" sind verschieden groß – Steuerwinkel für Überströmen und Ausstoßen sind symmetrisch zu UT.

- Veränderlicher Einlasswinkel bei Membransteuerung ist abhängig von Kurbelkammerunterdruck.
- Konstanter Einlasswinkel bei Drehschiebersteuerung.
- Verbesserte Kurbelkammerfüllung und damit höheres Drehmoment, hohe Hubraumleistung.

Auslasssteuerung

Auslasssteuerungen werden verwendet, um den schädlichen Nachauslass zu verringern oder zu vermeiden. Dadurch ergibt sich auch eine Verbesserung des Füllungsgrades.

Bei zu niedrigem Abgasgegendruck entweicht zu viel Frischgas in die Auspuffanlage, bei zu hohem gelangt zu wenig in den Zylinder.

Die Abgasanlage kann konstruktiv so ausgelegt werden, dass bei hohen Drehzahlen ein hoher Abgasgegendruck entsteht, der aber bei niederen Drehzahlen nicht erreicht wird. In einem sehr engen Drehzahlbereich (Resonanzdrehzahl) können die Gasschwingungen so abgestimmt werden, dass die Spülverluste verringert werden und der Füllungsgrad verbessert wird.

Auslasssteuerung mit Steuerwalze (Bild 1).

Die Auslasssteuerung erfolgt mit einer Steuerwalze (Power Valve System). Die zum Auslasskanal querliegende Steuerwalze hat einen segmentförmigen Ausschnitt mit einer scharfen Steuerkante. Drehzahlabhängig wird durch Verdrehen der Steuerwalze der Auslasskanalquerschnitt verkleinert.

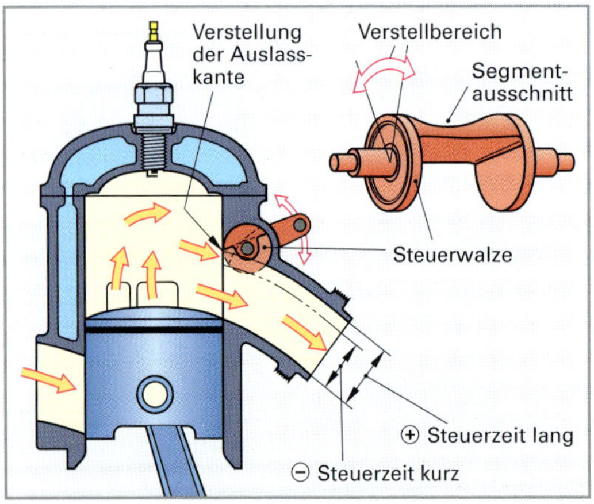

Bild 1: Auslasssteuerung mit Steuerwalze

Bei niederen und mittleren Drehzahlen wird die Oberkante (Steuerkante) des Auslasskanals durch Verdrehen der Steuerwalze nach unten verschoben und der Auslasskanalquerschnitt in der Höhe verkleinert. Dadurch werden der Auslasssteuerwinkel und die Auslasssteuerzeit verkürzt und so das Einströmen von Frischgas in den Auslasskanal verhindert. Dabei vergrößern sich der Nutzhub des Kolbens und das effektive Verdichtungsverhältnis. Kurz vor Erreichen der Höchstdrehzahl wird die Steuerwalze gedreht, damit der gesamte Auslasskanalquerschnitt frei wird. So werden ein größerer Auslasssteuerwinkel und eine längere Auslasssteuerzeit erreicht.

Die Verstellung der Steuerwalze kann fliehkraftabhängig oder mittels Stellmotor erfolgen. Der Stellmotor nimmt die Anzahl der Zündimpulse als Bezugsgröße auf.

Merkmale der Auslasssteuerung

- Auslasssteuerungen durch Steuerwalzen haben symmetrische Steuerdiagramme.
- Verringerte Frischgasverluste beim Spülen.
- Hohes Drehmoment und hohe Leistung bei niederen und mittleren Drehzahlen.
- Steuerwalze thermisch hoch beansprucht, empfindlich gegen Ölkohleablagerungen.
- Schlechtere Kühlung der Zylinderwand im Auslassbereich.

14.1.4 Bauliche Besonderheiten

Kurbelgehäuse

Die im Kurbelgehäuse liegende Kurbelkammer muss nach außen druckfest abgedichtet und engräumig ausgeführt werden, damit der notwendige Vorverdichtungsdruck zustande kommt.

Als Kurbelwellenabdichtung werden Radialwellendichtringe verwendet. Bei Mehrzylindermotoren muss die Kurbelwelle auch an den Zwischenlagern abgedichtet werden. Dadurch werden Gaswechselvorgänge zwischen den verschiedenen Zylindern und Kurbelkammern verhindert.

Schmierung

Weil die Kurbelkammer zum Vorverdichten des Kraftstoff-Luft-Gemisches dient und somit nicht mit einer Druckumlaufschmierung ausgestattet werden kann, verfügen fast alle Zweitaktmotoren über eine Mischungs- oder Getrenntschmierung.

Mischungsschmierung. Das Schmieröl wird dem Kraftstoff beigemischt (Mischungsverhältnis zwischen 1 : 25 und 1 : 100 meist aber 1 : 50). Im betriebswarmen Motor verdampft der Kraftstoff und das Schmieröl schlägt sich an den Lagerstellen und der Zylinderwand nieder.

Frischölschmierung (Bild 1, Seite 345). Kraftstoff und Öl werden getrennt voneinander in Behältern untergebracht (Getrenntschmierung). Vom Ölbehälter wird durch eine Dosierpumpe das Öl entweder dem Kraftstoff beigemischt oder in den Ansaugkanal gefördert und dort von dem Kraftstoff-Luft-Gemisch mitgerissen. Zusätzlich können auch die Kurbelwellenlager direkt mit Öl versorgt werden.

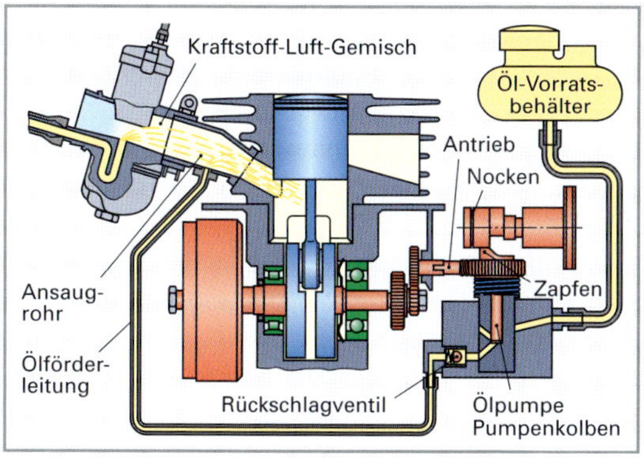

Bild 1: Frischölschmierung mit Dosierpumpe

Das Pumpenelement mit Pumpenkolben wird von der Kurbelwelle in Rotation versetzt, dadurch erfolgt die Ölförderung drehzahlabhängig. Die Schraubenfeder drückt den Kolben über den Zapfen an den wirkenden Nocken.

Über den Gasdrehgriff wird die Nockenstellung verändert, die Ölförderung erfolgt lastabhängig. Durch die drehzahl- und lastabhängige Dosierung wird eine große Ölersparnis erreicht (Mischungsverhältnis 1 : 100 und magerer).

Kurbelwelle und Pleuelstange

Zur Lagerung der Kurbelwelle und des Pleuels werden Wälzlager verwendet.

Bei Verwendung der üblichen ungeteilten Wälzlager (Nadel- oder Rollenlager) muss die Kurbelwelle aus Einzelteilen zusammengebaut sein.

Kolben mit Zubehör

Beim Zweitaktmotor kann der Kolben infolge der doppelten Arbeitstaktzahl und der Steuerung des Auslassschlitzes heißer werden als beim Viertaktmotor. Die größere Wärmedehnung wird durch größere Einbauspiele für Kolben, Kolbenbolzen und Kolbenringe ausgeglichen. Zweitaktkolben haben infolge höherer Beanspruchung höheren Verschleiß.

Fenster im Kolbenschaft **(Bild 2)** übernehmen teilweise die Steuerung der Zylinderkanäle. Sie verringern jedoch die Formsteifigkeit.

Für besonders hoch drehende Zweitaktmotoren werden extrem leichte Kolben verwendet. Dadurch können die im Betrieb auftretenden Massenkräfte klein gehalten werden.

Geschlossene Kolbenbolzen verwendet man dort, wo hohle Kolbenbolzen eine Kurzschlussverbindung der Kanäle im Zylinder und damit Spülverluste hervorrufen würden.

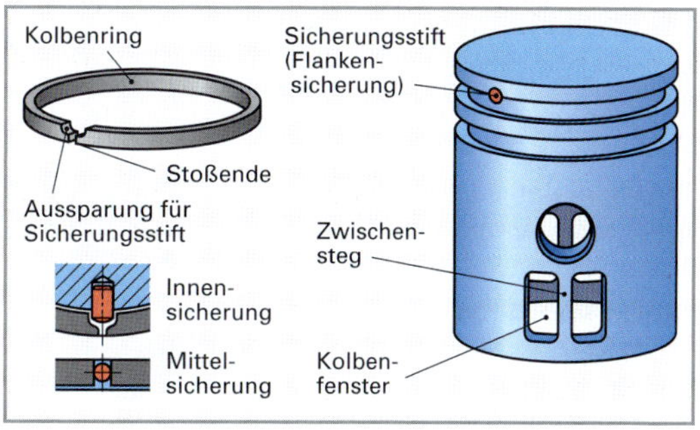

Bild 2: Einmetallkolben mit Fenstern

Zur axialen Kolbenbolzensicherung werden teilweise Drahtsprengringe ohne Hakenenden (Aushängehaken) verwendet. Die Haken könnten bei hochdrehenden Zweitaktmotoren (bis 16.000 1/min) durch ihre Massenträgheit ein Abheben bewirken und den sicheren Sitz in der Nut gefährden.

Kolbenringe. Meist werden Rechteckringe verwendet. Kleine Zweitaktmotoren haben zur Verringerung der Reibleistung häufig nur einen Kolbenring, wobei dieser als L-Ring ausgeführt ist. Er dichtet durch den Anpressdruck der Verbrennungsgase besonders gut ab. Zweitaktkolben haben wegen des geringen Ölanteils bei der Mischungsschmierung keinen Ölabstreifring. In jeder Kolbenringnut befindet sich ein Sicherungsstift **(Bild 2)** als Verdrehsicherung.

Die Stoßenden der Kolbenringe könnten sich sonst so verdrehen, dass sie in die Zylinderkanäle ragen, in diese ausfedern und Schaden anrichten.

Zylinder

Durch die Zylinderwände führen Gaskanäle, deren Mündungen als „rechteckige" Schlitze ausgebildet sind. Über die waagerechten, bogenförmig ausgeführten Schlitzkanten können Kolbenringe und Kolben ohne stoßartige Beanspruchungen hinweggleiten.

Damit der geschlossene Kolbenringteil nicht zu weit ausfedern kann, werden breite Schlitze durch Zwischenstege unterbrochen. Durch Ölkohleansatz können sich vor allem die Auslassschlitze verengen. Die schlechte Spülung bewirkt dann, dass erst nach jedem zweiten Spülvorgang ein zündfähiges Kraftstoff-Luft-Gemisch entsteht. Es kommt zu Zündaussetzern und somit zu Leistungsverlusten.

Auspuffanlage

Der Spülvorgang ist ein Schwingungsvorgang. Deshalb sind Auspuffleitung mit Schalldämpfer und Ansaugleitung mit Luftfilter genau aufeinander abgestimmt.

Veränderungen an der Auspuffanlage verstoßen gegen die gesetzlichen Bestimmungen und führen zum Erlöschen der Betriebserlaubnis.

14.1.5 Einsatz von Zweitaktmotoren

Durch die ständige Verschärfung der Abgasvorschriften geht der Einsatz von Zweitaktmotoren immer weiter zurück. Selbst moderne Zweitaktmotoren wie der abgebildete 50 cm³ Motor mit Direkteinspritzung **(Bild 1)** erreichen aufgrund von hohen HC-Emissionen höchstens Euro 2-Einstufungen.

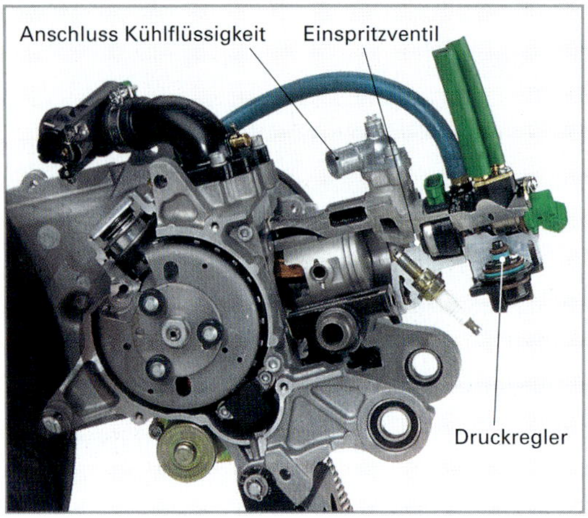

Bild 1: Direkteinspritzender Zweitaktmotor

Der Einsatz von Zweitaktmotoren wird zukünftig auf Rennmaschinen mit geringen Stückzahlen begrenzt sein.

Vorteile gegenüber dem Viertaktmotor:

- Einfacher Aufbau. Weniger bewegliche Teile (Kolben, Pleuelstange, Kurbelwelle)
- Gleichförmigeres Drehmoment, keine Leertakte
- Vibrationsärmerer, ruhigerer Lauf bei gleicher Zylinderzahl
- Kompakte Bauweise, geringeres Baugewicht
- Niedriges Leistungsgewicht des Motors, hohe Hubraumleistung
- Niedrige Herstellungskosten

Nachteile gegenüber dem Viertaktmotor:

- Schlechtere Füllung
- Abgasemission, hohe HC-Werte
- Höhere Wärmebelastung, Leertakte fehlen
- Geringere mittlere Kolbendrücke wegen schlechterer Zylinderfüllung
- Schlechteres Leerlaufverhalten wegen Abgasresten im Motor
- Höherer spez. Kraftstoff- und Ölverbrauch

WERKSTATTARBEITEN

- Spezial-Zweitaktöle (Selbstmischöl) nur nach Herstellerangaben im vorgegebenen Mischungsverhältnis verwenden.
- Rechtzeitig Luftfilter reinigen.
- Ölkohleablagerungen nicht mit scharfkantigen Werkzeugen entfernen, Kratzerbildung vermeiden.
- Kolbenboden zur Reinigung nicht blank schleifen oder abschmirgeln, da Überhitzung und erhöhter Ölkohleansatz eintreten können. Kolbenkanten nicht beschädigen, da sonst Steuerzeiten verändert werden.

Störungen

Nachlassende Motorleistung durch z.B.

- Verschmutzung des Luftfilters; Ölkohleansätze bzw. Ölkohleablagerungen.
- Fehlerhafte Belüftung des Kraftstoffbehälters.
- Zu geringe Kraftstoffzufuhr.
- Zündkerze verölt, verkokt oder falscher Wärmewert.
- Falsche Einstellung des Zündzeitpunktes.
- Schlechte Kompression.
- Undichte Kurbelkammer.

Zu heißer Motor durch z.B.

- Verschmutzung der Kühlrippen.
- Störung im Kühlsystem.
- Verwendung von zu magerem Kraftstoff-Luft-Gemisch durch fehlerhafte Vergasereinstellung.
- Falsches Mischungsverhältnis von Kraftstoff und Zweitaktöl. Verwendung von falschem Öl.
- Auftreten von Glühzündungen durch falsche Zündkerzen oder Ölkohleablagerungen.
- Zu hohe Wärmeaufnahme durch geschliffenen oder abgeschmirgelten Kolbenboden.

WIEDERHOLUNGSFRAGEN

1. **Worin unterscheiden sich Otto-Zweitaktmotor und Otto-Viertaktmotor?**
2. **Weshalb ist die Umkehrspülung das verbreiteteste Spülverfahren?**
3. **Wie arbeitet eine Frischölschmierung?**
4. **Was versteht man unter einem unsymmetrischen Steuerdiagramm?**
5. **Welche Vorteile bietet eine unsymmetrische Einlasssteuerung?**
6. **Warum befinden sich in den Kolbenringnuten von Zweitaktmotoren Sicherungsstifte?**
7. **Warum darf an der Ansaug- und Auspuffanlage nichts verändert werden?**
8. **Welche Vor- und Nachteile hat der Otto-Zweitaktmotor gegenüber dem Otto-Viertaktmotor?**

14.2 Kreiskolbenmotor* (KKM)

Bei Hubkolbenmotoren führt der Kolben eine hin- und hergehende Bewegung aus, die über die Pleuelstange in Verbindung mit der Kurbelwelle erst in eine Drehbewegung verwandelt werden muss. Beim Kreiskolbenmotor dreht sich der Kolben und erzeugt beim Ausdehnungsvorgang unmittelbar Dreharbeit. Dabei beschreibt der Schwerpunkt des gleichförmig rotierenden Kolbens eine Kreisbahn. Durch den Wegfall von Beschleunigung und Verzögerung der hin- und hergehenden Massen wird bei gleichem Motorgewicht eine größere Leistung erzielt.

Der Kreiskolbenmotor arbeitet nach dem

- **Viertaktprinzip,** da ein geschlossener Gaswechsel vorhanden ist.
- **Zweitaktprinzip,** da der Kreiskolben den Gaswechsel über Schlitze in der Mantellaufbahn steuert und eine Exzenterwellenumdrehung einem Arbeitsspiel entspricht.

14.2.1 Aufbau

Der Mantel **(Bild 1)** hat eine Epitrochoidenform. Konzentrisch zur Mantelmitte befindet sich das fest mit einem Seitenteil verbundene Ritzel.

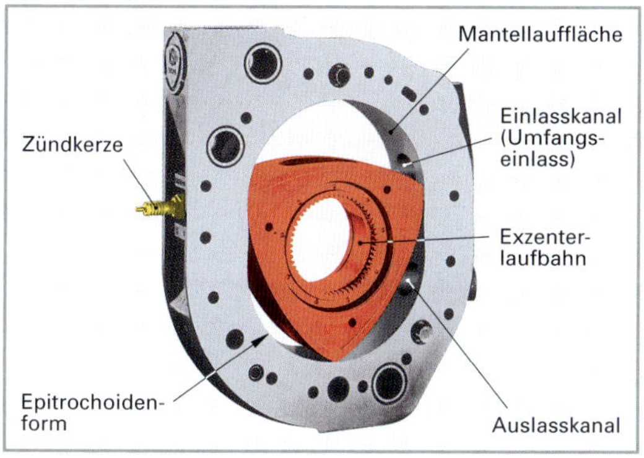

Bild 1: Mantel mit Kolben

Durch die Mitten der Mantelseitenteile geht die Exzenterwelle **(Bild 2),** auf deren Exzentern sich die Kolben (Läufer, Scheiben) drehen. Durch Dichtelemente ist der Kolben **(Bild 3)** an allen Berührungsflächen abgedichtet.

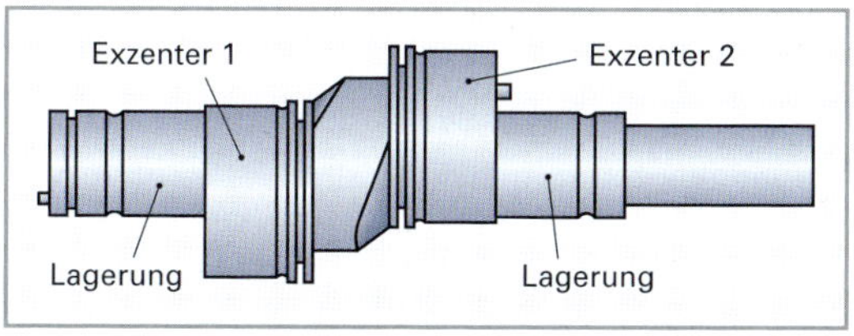

Bild 2: Exzenterwelle des Zweischeibenmotors

* Erfinder Felix Wankel, 1954

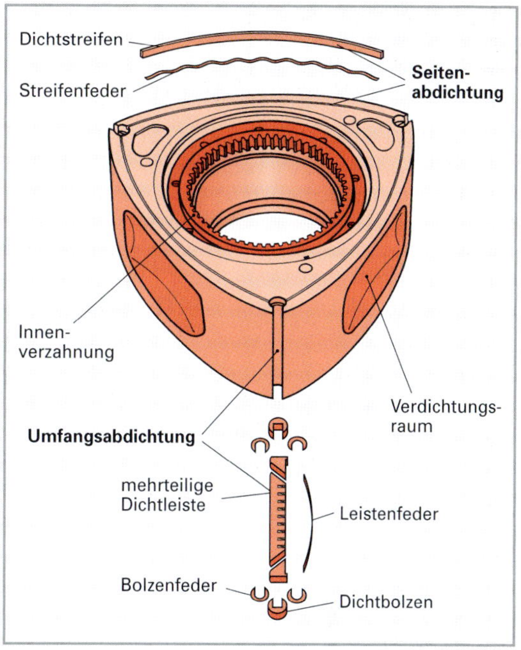

Bild 3: Kolben mit Dichtelementen

Auf einer Seite hat der Kolben eine Innenverzahnung, die sich auf dem feststehenden Ritzel des Seitenteils abstützt und abwälzt. Durch diese Verzahnung erfolgt beim Abwälzen keine Kraftübertragung, sondern nur die Steuerung des Kolbens, der sich dadurch immer in der richtigen Bewegungsphase zu den Umdrehungen der Exzenterwelle und zum Umlauf im Mantel dreht.

Die Zähnezahlen des feststehenden Ritzels und der Innenverzahnung des Kolbens verhalten sich wie 2:3. Kolben und Exzenterwelle drehen sich in gleicher Richtung, jedoch bleibt der Kolben gegenüber der Exzenterwelle zurück.

Merkmale des Kreiskolbenmotors gegenüber einem Hubkolbenmotor:

- Große Laufruhe, da nur rotierende Hauptbauteile (Kolben und Exzenterwelle), vollkommener Massenausgleich
- Keine Bauteile für Motorsteuerung
- Unverengte Gaskanalquerschnitte
- Weniger Bauteile, geringeres Gewicht
- Niedriger Oktanzahlbedarf
- Gut geeignet für Betrieb mit Wasserstoff
- Ungünstige Form des Verbrennungsraumes, lange Brennwege
- Höherer Kraftstoff- und Ölverbrauch
- Hohe HC-Abgaswerte
- Aufwendige Abdichtung am Kreiskolben
- Höhere Herstellkosten

14.2.2 Wirkungsweise

Der **Kreiskolbenmotor (Bild 1)** ist eine Dreikammermaschine, deren Kammern mit 1, 2 und 3 bezeichnet sind. Während der Kolbenbewegung werden die Kammern vergrößert oder verkleinert. In allen drei Kammern vollzieht sich nacheinander bei 3 Umdrehungen der Exzenterwelle je ein Arbeitsspiel in der Viertaktarbeitsweise: Ansaugen, Verdichten, Arbeiten und Ausstoßen. Wenn sich der Kolben linksherum dreht, findet in Kammer 1 das Ansaugen des Kraftstoff-Luft-Gemisches statt (a, b, c, d).
In Kammer 2 vollzieht sich gleichzeitig das Verdichten (a, b, c).

Am Ende der Verdichtung erfolgt die Zündung (c). Dann arbeiten die sich ausdehnenden Gase in Kammer 2, indem sie den exzentrisch gelagerten Kolben linksherum drehen (c, d). Dabei stützt sich der Kolben mit seiner Innenverzahnung an dem fest mit dem Seitenteil verbundenen Ritzel ab und übt eine Drehkraft auf die Exzenterwelle aus. Die Exzenterwelle übernimmt also beim Kreiskolbenmotor die Aufgabe der Kurbelwelle des Hubkolbenmotors. Statt auf dem Umweg über die Pleuelstange wirkt die Kolbenkraft (Kolbendrehkraft) direkt auf die Exzenterwelle. In Kammer 3 vollzieht sich gleichzeitig das Arbeiten (a); dann findet das Ausstoßen (b, c, d) statt. Während sich der Exzenter-Mittelpunkt (⊕) 270° linksherum dreht (Winkel α), bewegt sich die Kolbenseite A-B nur 90° in der Drehrichtung (Winkel β). Auf 3 Umdrehungen der Exzenterwelle kommt also nur eine Kolbenumdrehung mit 3 Arbeitstakten.

Das bedeutet, dass der Kolben nur mit einem Drittel der Exzenterwellendrehzahl im Mantel vorwärts läuft und dementsprechend um zwei Drittel hinter der Exzenterwellendrehzahl zurückbleibt. Dadurch wird trotz der hohen Drehzahlen der Exzenterwelle der Verschleiß der Dichtelemente, des Mantels und der Seitenteile gering gehalten. Als Motordrehzahl wird die Drehzahl der Exzenterwelle angegeben.

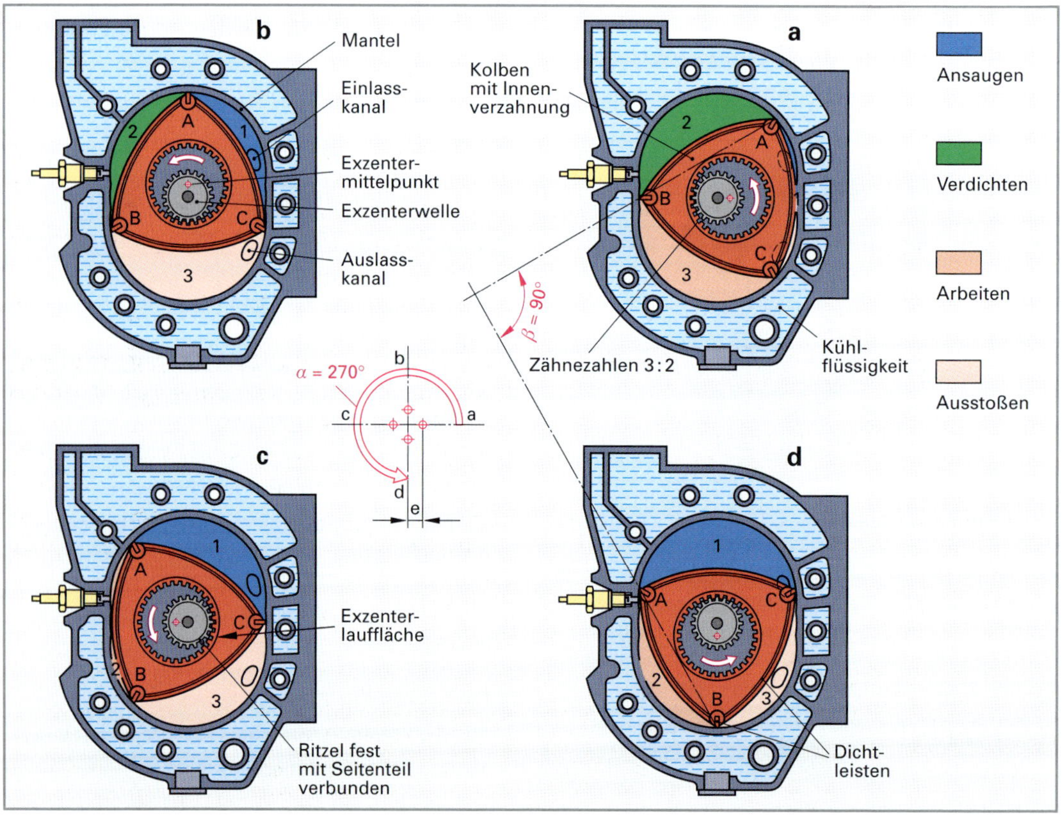

Bild 1: Arbeitsweise des Kreiskolbenmotors

Wiederholungsfragen

1. **Welche Vorteile hat der Kreiskolbenmotor?**
2. **Worin unterscheidet sich der Kreiskolbenmotor vom Hubkolbenmotor?**
3. **Mit welchen Motorbauarten ist der Kreiskolbenmotor vergleichbar hinsichtlich eines Arbeitsspiels und des Gaswechselvorganges?**

15 Alternative Antriebskonzepte

Als alternative Antriebskonzepte werden Antriebe bezeichnet, welche

- den Betrieb von alternativen Kraftstoffen, z.B. Biodiesel (Rapsölmethylester RME), Erdgas oder Wasserstoff in herkömmlichen Verbrennungsmotoren ermöglichen oder
- alternative Antriebsarten, z.B. Brennstoffzellenantriebe, vorsehen.

Alternative Antriebskonzepte haben das Ziel, den Verbrauch an fossilen Energieträgern zu verringern sowie Schadstoff- und Geräuschemissionen zu minimieren.

15.1 Alternative Energieträger

Sie bestehen aus erschöpflichen und/oder erneuerbaren Energien **(Bild 1)**.

Neben den aus erschöpflichen Energien hergestellten Kraftstoffen Benzin und Diesel können die folgenden alternativen Kraftstoffe bzw. Energien verwendet werden:

- Erdgas
- Methanol
- Elektrische Energie
- Wasserstoff
- Treibstoffe aus Biomasse

Erdgas kann außerdem zur Erzeugung von synthetischen Dieselkraftstoffen dienen. Diese Kraftstoffe verfügen über einen reduzierten Anteil an Schwefel und Aromaten. Die Abgasqualität der Dieselmotoren wird positiv beeinflusst, da sowohl Partikelmasse als auch NO_x-Emissionen verringert werden.

15.2 Erdgasantriebe

Erdgas ist ein fossiler Energieträger, der im Wesentlichen aus Methan (CH_4) besteht. Der Methananteil liegt je nach Förderregion bei 80 bis 99 %. Der Rest besteht aus Kohlendioxid, Stickstoff und minderwertigen Kohlenwasserstoffen.

Erdgas kann sowohl flüssig bei –162 °C als **LNG** (**L**iquified **N**atural **G**as) oder komprimiert bei Drücken von bis zu 200 bar als **CNG** (**C**ompressed **N**atural **G**as) im Fahrzeug gespeichert werden. Wegen des hohen Aufwands der Flüssiggasspeicherung wird Erdgas in der Regel in komprimierter Form verwendet.

Die hohe Klopffestigkeit von Erdgas (ca. 140 ROZ) ermöglicht eine Verdichtung von ca. 13 : 1. Dieser Vorteil kann bei bivalenten Antrieben, d.h. bei einer Kombination von Benzin- und Erdgasantrieben, jedoch nicht genutzt werden, da das Verdichtungsverhältnis auf den Benzinbetrieb abgestimmt sein muss.

Vorteile des Erdgasantriebs gegenüber Benzin und Diesel:

- sehr gute Verbrennungseigenschaften und niedrige Emissionen an CO_2, NO_x, CO sowie nahezu keine Ruß- und Schwefelemissionen
- geringere Verrußung der Zündkerzen und reduzierte Verunreinigung des Motoröls.

Nachteile des Erdgasantriebs gegenüber Benzin und Diesel:

- das stöchiometrische Verhältnis von 17,2 : 1 bewirkt eine geringere Kraftstoffmasse und damit eine niedrigere Motorleistung
- aufwändige Speicherung des Erdgases notwendig
- geringere Reichweite bei gleichem Tankvolumen
- erweiterte Sicherheitsvorschriften bezüglich Betrieb, Wartung und Reparatur von Erdgasfahrzeugen.

15

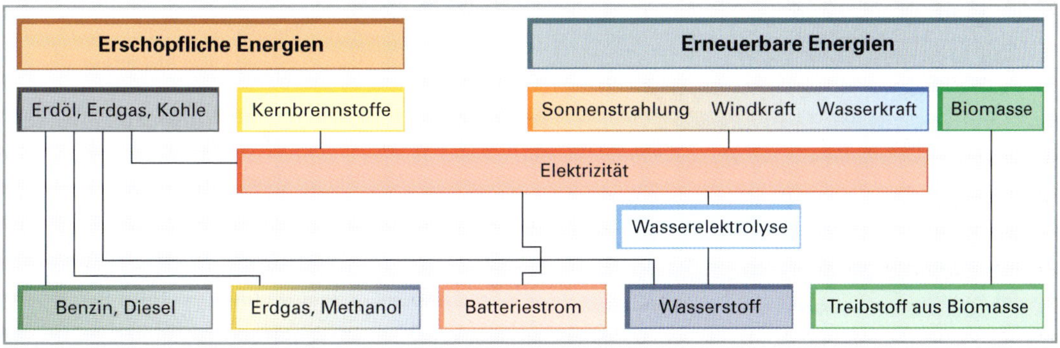

Bild 1: Energien für den Antrieb von Fahrzeugen

Aufbau. Erdgasantriebe werden in der Regel in Kombination mit dem Benzinbetrieb in Ottomotoren eingesetzt (sog. bivalente Antriebe). Zu diesem Zweck müssen unterschiedliche Komponenten zusätzlich im Fahrzeug verbaut werden **(Bild 1)**.

Wirkungsweise. Das im Erdgasbehälter unter ca. 200 bar Druck gespeicherte Erdgas gelangt zum Gasdruckregler. Dieser regelt in mehreren Reduzierstufen den Gasdruck auf ca. 9 bar. Die Gaseinblasventile im Saugrohr werden durch das Steuergerät bedarfsgerecht bestromt und damit geöffnet. Das Gas vermischt sich mit der angesaugten Luft und gelangt nachfolgend als Gas-Luft-Gemisch in den Verbrennungsraum.

Sicherheitsmaßnahmen. Beim Erdgasantrieb ergeben sich prinzipbedingte Gefahren für die Umwelt, z.B. durch das unkontrollierte Ausströmen von Gas oder die Explosionsgefahr durch Druckanstieg. Aus diesem Grund verfügt die Anlage über verschiedene Sicherheitsmaßnahmen.

- **Rückschlagventile.** Sie befinden sich im Befüllanschluss und an den Tankabsperrventilen und verhindern das Rückströmen des Gases über das Tankventil.
- **Gasdichte Umhüllung.** Sie umschließt die innerhalb des Fahrzeugs verlegten Leitungen und Bauteile.
- **Schraubverbindungen.** Sie sind als Doppelklemmring-Verschraubungen ausgeführt.
- **Erdgasbehälter.** Sie bestehen aus Stahl- oder CFK. Jeder Behälter ist durch zwei Halterungen mit dem Fahrzeug verbunden. Die Berstdrücke liegen bei ca. 400 bar (Stahl) bzw. ca. 500 bar (CFK).
- **Schmelzlot- und Thermosicherung am Erdgastank.** Sie verhindern im Brandfall einen übermäßigen Druckanstieg und damit das Explodieren des Tanks.
- **Durchflussmengenbegrenzer.** Er verhindert ein plötzliches Entleeren des Erdgastanks beim Bruch einer Leitung.
- **Elektromagnetische Absperrventile.** Das am Erdgastank angebrachte Ventil schließt beim Wechsel in den Benzinbetrieb, bei Stromausfall, bei Motorstillstand oder Unfall. Ein weiteres Ventil befindet sich am Druckregler.
- **Flexible Gasleitungen.** Sie verhindern Schwingungsbrüche auf der Niederdruckseite, d.h. zwischen Druckregler und Gaseinblasventilen.
- **Überdruckregler.** Er ist am Druckregler angebracht und schützt die Niederdruckseite vor zu hohem Druck.

WERKSTATTHINWEISE

Nach Einbau einer Gasanlage ist eine **Gassystemeinbauprüfung (GSP)** durchzuführen. Werkstätten dürfen die GSP nur dann durchführen, wenn sie das System selbst eingebaut haben.

Eine **wiederkehrende Gasanlagenprüfung (GAP)** ist nach besonderen Ereignissen, welche die Sicherheit der Gasanlage beeinträchtigen können, z.B. Unfall, sowie wiederkehrend im Zusammenhang mit der Hauptuntersuchung nach § 29 StVZO durchzuführen. Dabei werden die Bauteile einer Sicht-, Funktions- und Dichtheitsprüfung unterzogen.

15

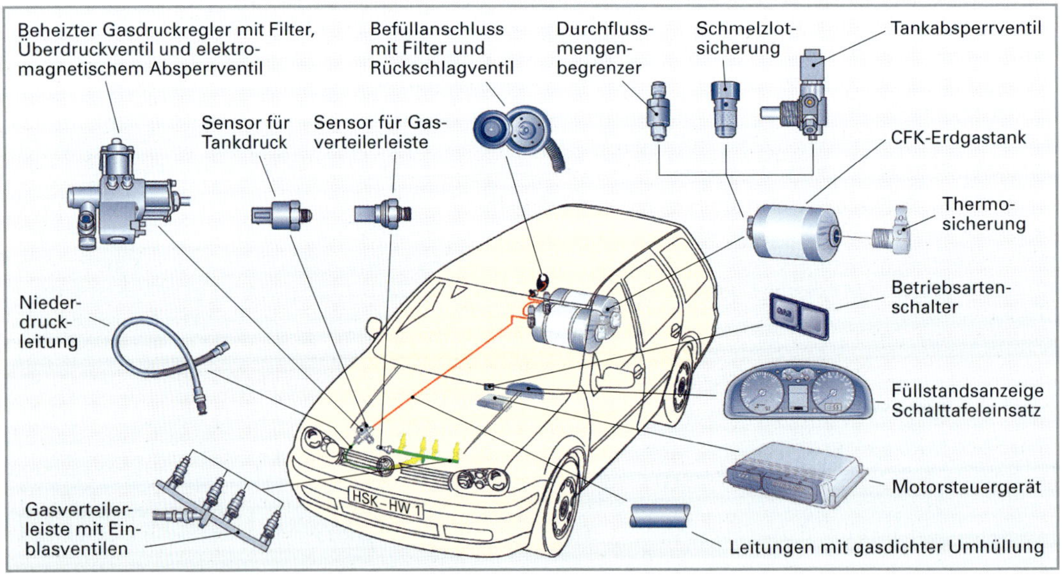

Bild 1: Komponenten für den Ergasbetrieb

15.3 Flüssiggasantriebe

Flüssiggas bzw. LPG (Liquified Petroleum Gas) ist ein Gemisch aus Propan und Butan. Flüssiggas wird auch als Autogas bezeichnet. Fahrzeuge mit Ottomotoren können durch entsprechende Umbauten mit Autogas betrieben werden.

Ähnlich wie Erdgas verfügt Flüssiggas über gute Verbrennungseigenschaften bei niedrigen Schadstoffemissionen. Nachteilig ist der in der Praxis höhere Kraftstoffverbrauch von ca. 10–20 % gegenüber dem Betrieb mit Ottokraftstoff.

Aufbau. Flüssiggasantriebe werden in der Regel in Kombination mit dem Benzinbetrieb in Ottomotoren eingesetzt (sog. bivalente Antriebe). Zu diesem Zweck müssen unterschiedliche Komponenten zusätzlich im Fahrzeug eingebaut werden. Die Umrüstung von Ottomotoren auf Flüssiggasantrieb ist grundsätzlich möglich.

Wirkungsweise. Das im Flüssiggasbehälter unter Druck gespeicherte Flüssiggas gelangt über den Verdampfer zum Gasmengenverteiler **(Bild 1)**. Die Gasdüsen im Saugrohr werden durch das Steuergerät bedarfsgerecht bestromt und damit geöffnet. Das Gas vermischt sich mit der angesaugten Luft und gelangt nachfolgend als Gas-Luft-Gemisch in den Verbrennungsraum.

Flüssiggastank. Das Flüssiggas wird unter einem Druck von ca. 10 bar gespeichert. Der mechanische Füllstandssensor beendet den Tankvorgang selbstständig, wenn ein Füllstand von ca. 80 % erreicht ist. Das verbleibende Volumen im Gastank wird als Gaspolster benötigt, um die Ausdehnung des Autogases bei Temperaturschwankungen auszugleichen. Bei nachgerüsteten Flüssiggasanlagen wird der Tank in der Regel in der Reserveradmulde eingebaut. Im oberen Bereich des Tanks ist ein Sicherheitsventil verbaut, welches bei ca. 30 bar öffnet.

Elektronisches Steuergerät. Es verarbeitet die folgenden Informationen:

- Temperatur Verdampfer/Druckregler
- Druck Saugrohrdruck/Gasdruck
- Temperatur Gasmengenteiler
- Einspritzzeit Einspritzventile Benzin
- Signal Lambda-Sonde
- Drehzahl
- Umschalter Benzin/Gas
- Tankanzeige

Das elektronische Steuergerät steuert die Magnetventile in Abhängigkeit der Sensorsignale an. Hauptsteuergröße sind die vom Motorsteuergerät vorgegebenen Einspritzzeitpunkte und -zeiten für die Benzineinspritzung. Dazu werden die Steuer- bzw. Signalleitungen zu den Einspritzventilen durch das

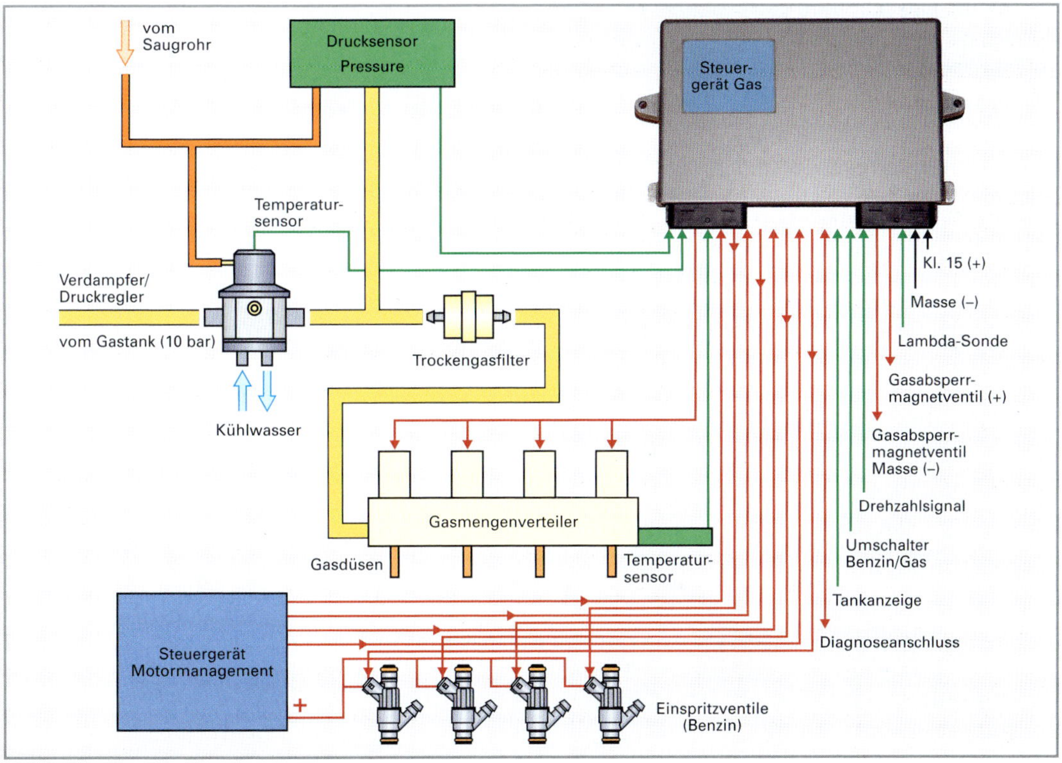

Bild 1: Bauteile des Flüssiggasantriebes

Gassteuergerät geführt. Dieses berechnet auf der Grundlage der vom Motorsteuergerät bestimmten Einspritzzeitpunkte und -zeiten die entsprechenden Werte für die Ansteuerung der Gasdüsen. Das Steuergerät für die Gasanlage ist diagnosefähig.

Drucksensor. Er übermittelt dem Gassteuergerät den Druckunterschied zwischen dem Saugrohrunterdruck und dem Gasdruck. Damit ist eine genaue Zumessung der Gasmenge möglich.

Gasmengenverteiler (Bild 1). Er verteilt das unter Druck stehende Gas auf die Magnetventile. Diese werden für die einzelnen Zylinder vom Steuergerät für die Gasanlage angesteuert. Das Gas verlässt den Gasmengenverteiler über kalibrierte Düsen in den Ansaugtrakt des Motors.

Bild 1: Gasmengenverteiler

15

Verdampfer/Druckregler (Bild 2). Der Verdampfer hat die Aufgabe, das unter Druck stehende Gas vom flüssigen in den gasförmigen Zustand umzuwandeln. Damit der Verdampfer nicht vereist, muss er erwärmt werden. Das erfolgt in der Regel durch die Motorwärme über einen Anschluss zum Kühlsystem. In einigen Systemen wird eine elektrische Heizung verwendet.

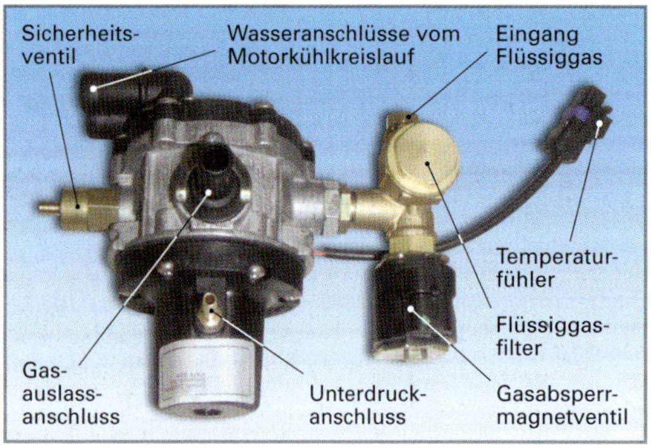

Bild 2: Verdampfer/Druckregler

Über den Druckregler werden die Gasdüsen mit einem konstanten Druck von ca. 1 bar versorgt. Er verfügt über einen Unterdruckanschluss vom Saugrohr, damit die Druckdifferenz an den Gasdüsen gegenüber dem Saugrohrdruck konstant gehalten werden kann.

Trockengasfilter. Er reinigt das expandierte Gas von Verunreinigungen und ist zwischen Verdampfer/ Druckregler und Gasmengenverteiler eingebaut.

Umrüstung von Fahrzeugen mit direkteinspritzenden Ottomotoren. Direkteinspritzende Ottomotoren sind für die Umrüstung auf Autogasbetrieb grundsätzlich nicht geeignet. Die fehlende Kühlung der Benzineinspritzventile während des Autogasbetriebes führt zu Schäden an den Einspritzventilen. In der Entwicklung befindliche Systeme für direkteinspritzende Ottomotoren sehen ein sporadisches Einspritzen von Benzin während des Autogasbetriebes bzw. die Einspritzung von flüssigem Autogas über die herkömmlichen Einspritzventile vor.

Für Autogassysteme existieren in Deutschland, Italien und den Niederlanden unterschiedliche Tankanschlüsse. Bei Fahrten ins Ausland sind entsprechende Adapter mitzuführen.

WERKSTATTHINWEISE

Auswirkung auf die Motormechanik durch Umrüstung auf Autogas

Die Ventilsitze (Auslassventile) bestimmter Motoren benötigen die dem Ottokraftstoff beigemischten Kraftstoffadditive. Beim Betrieb mit Autogas arbeiten sich die Ventile in die Sitze hinein. Im Zweifel müssen die Ventilsitzringe vor der Umrüstung gegen geeignete Ringe getauscht werden.

Anpassung an das Gemischbildungssystem

Nachgerüstete Autogasanlagen sind mit Hilfe einer herstellerspezifischen Software auf den Gasbetrieb anzupassen.

Prüfung der Dichtheit

Die Anlage ist nach Einbau mit Hilfe eines Gasspürgerätes bzw. Lecksuchsprays auf Dichtheit zu überprüfen.

Abgasgutachten

Wenn ein Fahrzeug auf Autogas umgerüstet wird, muss für den speziellen Fahrzeugtyp ein entsprechendes Abgasgutachten vorliegen. Ansonsten ist nach dem Umbau von einem amtlich anerkannten Sachverständigen ein Einzelgutachten zu erstellen.

Gassystemeinbauprüfung (GSP)

Nach Einbau der Anlage muss nach § 41a StVZO von einer anerkannten Werkstatt bzw. einer Prüforganisation die GSP durchgeführt werden.

Werkstatthinweise

Sonstige wiederkehrende Gasanlagenprüfung (GAP)

Nach besonderen Ereignissen, welche die Sicherheit der Anlage beeinflussen können, sowie wiederkehrend im Zusammenhang mit der Hauptuntersuchung nach § 29 StVZO muss eine GAP durchgeführt werden.

Hinweise für die Montage des Gasmengenverteilers und der Gaseinspritzdüsen

- Der Gasmengenverteiler sollte möglichst nah am Saugrohr eingebaut werden, da die abstrahlende Wärme des Motors gegen Vereisung schützt. Um die Übertragung von Geräuschen zu verhindern, sollte er nicht an der Karosserie befestigt werden.
- Die Düsen sollten möglichst nah an die vorhandenen Einspritzventile gesetzt werden.
- Die Düsen müssen in Strömungsrichtung des Gases sowie in möglichst gleichem Winkel und Abstand zum Brennraum angebracht werden.
- Die Bohrungen müssen mit einem Gewinde M6 hergestellt werden.
- Vor dem Herstellen der Bohrungen muss auf die anschließende Verlegungsmöglichkeit der Verbindungsschläuche geachtet werden.
- Die Verbindungsschläuche zum Gasmengenverteiler sollten möglichst kurz sein und die gleiche Länge aufweisen.
- Bei Ansaugkrümmern aus Metall muss der Ansaugkrümmer zum Bohren ausgebaut werden. Im Saugrohr befindliche Späne können sonst Schäden am Motor hervorrufen.
- Die Abdichtung der Gaseinspritzdüsen erfolgt mit Hilfe einer stoffschlüssigen Schraubensicherung.

Wartung

Die Filterpatrone des Trockengasfilters ist nach 20 000 km zu tauschen.

15.4 Hybridantriebe

Als Hybridantriebe bezeichnet man Fahrzeugantriebe, die mehr als eine Antriebsquelle besitzen.

In der Regel werden in Hybridantrieben Verbrennungs- und Elektromotor miteinander kombiniert.

15.4.1 Einteilung von Hybridantrieben

Die Systeme Micro-, Mild- bzw. Medium- und Vollhybrid unterscheiden sich anhand der Leistung bzw. Spannung des elektrischen Antriebssystems sowie der Funktionen Start–Stopp, Regeneratives Bremsen, Drehmomentunterstützung und Elektrisches Fahren **(Bild 1)**.

Start-Stopp-Funktion. Der Fahrzeug Motor wird automatisch gestoppt, sobald das Fahrzeug zum Stehen kommt. Beim Betätigen des Gaspedals bzw. beim Lösen der Bremse wird der Motor wieder angelassen. Das Starten wird von einem integrierten Starter-Generator (ISG) durchgeführt, der entweder über einen Riementrieb mit dem Motor verbunden oder im Antriebsstrang verbaut ist. Für die Start-Stopp-Funktion kann auch ein herkömmlich angeordneter Starter verwendet werden.

Regeneratives Bremsen. Beim Bremsvorgang wird die frei werdende kinetische Energie in elektrische Energie umgewandelt und der Batterie zugeführt. Ein integrierter Starter-Generator **(ISG)** wird während des Bremsvorganges als Generator betrieben.

Einige Hersteller verwenden einen Generator in herkömmlicher Anordnung, der mit Hilfe einer entsprechenden Regelung (**IGR**: **I**ntelligente **G**enerator-**R**egelung) und oberhalb eines festgelegten Ladezustandes nur beim Bremsen bzw. im Schubbetrieb arbeitet. In Antriebsphasen wird der Generator nicht erregt. Somit wird in diesen Phasen keine Energie bzw. kein Kraftstoff benötigt, um elektrische Energie zu erzeugen.

Micro-Hybrid (elektrische) Leistung: 3 bis 5 kW Spannung: ca. 14 V	**Mild- bzw. Medium-Hybrid** (elektrische) Leistung: 10 bis 15 kW Spannung: ca. 42 – 150 V	**Voll-Hybrid** (elektrische) Leistung: 30 bis 170 kW Spannung: ca. 150 – 650 V
Start-Stopp	Start-Stopp	Start-Stopp
	Regeneratives Bremsen	Regeneratives Bremsen
	Drehmomentunterstützung	Drehmomentunterstützung
		Elektrisches Fahren

Bild 1: Hybridantriebe

Die Regelung benötigt wegen der notwendigen Zyklenfestigkeit der Batterie die AGM-Bauweise (Absorbing Glas Mat) bzw. Vlies-Technologie. Die Batterie verfügt zudem über eine größere Kapazität. Der Ladezustand der Batterie wird mit Hilfe eines Batteriesensors ständig überwacht. Der Sensor ist mit dem Motorsteuergerät und dem Generator vernetzt.

Die Intelligente Generator-Regelung definiert für die Batterie zwei Ladezustände (**SOC**: **S**tate **O**f **C**harge). Je nach Ladezustand der Batterie erfolgt der Regelvorgang auf unterschiedliche Weise (**Tabelle 1**).

Tabelle 1: IGR-Regelvorgänge

Batteriezustand	Regelvorgang
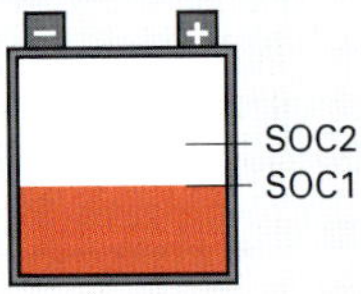	Unterhalb des Ladezustandes SOC1 wird die Batterie sowohl in Schub- bzw. Bremsphasen als auch in Antriebsphasen geladen.
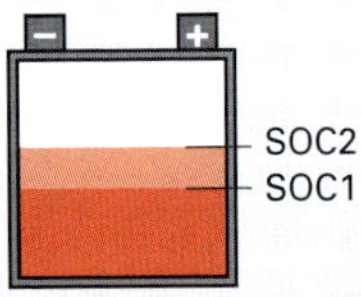	Befindet sich die Batterie zwischen dem Ladezustand SOC1 und SOC2, wird sie während der Schub- bzw. Bremsphase mit einer erhöhten Generatorspannung geladen. In der Antriebsphase stellt der Generator nur noch Energie für das Bordnetz zur Verfügung. Die Batterie wird nicht mehr geladen.
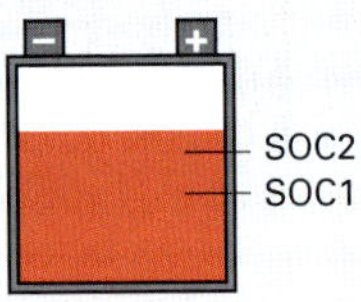	Oberhalb SOC2 wird die Batterie während der Schub- und Bremsphasen geladen. In den Antriebsphasen wird der Generator völlig entlastet. Das Bordnetz des Fahrzeugs entnimmt die elektrische Energie ausschließlich der Batterie.
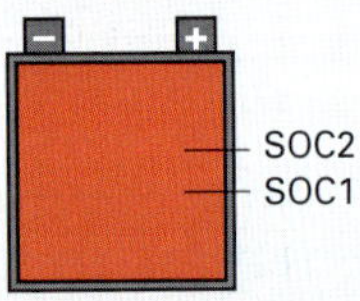	Bei steigender Schubphasenzahl kann der Ladezustand der Batterie 100 % erreichen. Die Batterie wird in keiner Phase mehr geladen.

WERKSTATTHINWEISE

Bei einer Generatorprüfung muss die Intelligente Generator Regelung mit Hilfe eines Diagnosegerätes deaktiviert werden.

Drehmomentunterstützung. Das Drehmoment des Verbrennungsmotors kann in bestimmten Betriebszuständen, z.B. Anfahren oder Volllast, durch Elektromotoren unterstützt werden. Vor allem für das Anfahren sind Elektromotore gut geeignet, da sie bei geringer Drehzahl über ein großes Drehmoment verfügen. Für eine wirksame Drehmomentunterstützung sind leistungsfähige Speichersysteme für die elektrische Energie notwendig, z.B. Nickel-Hydrid- oder Lithium-Ionen-Akkumulatoren sowie eine höhere Spannung. Mit dem höheren elektrischen Leistungspegel lässt sich auch der Betrag an rückgewinnbarer Bremsenergie erhöhen. Die integrierten Starter-Generatoren sind im Antriebsstrang verbaut. Der Mild-Hybrid unterstützt den Verbrennungsmotor im unteren Drehzahlbereich, während Medium-Hybride auch im höheren Drehzahlbereich arbeiten können.

Elektrisches Fahren. Beim Fahren mit elektrischer Energie erfolgt der Antrieb ausschließlich durch einen Elektromotor. Diese Funktion ist nur bei Voll-Hybrid-Antrieben bis zu einer Geschwindigkeit von ca. 50 km/h möglich.

15.4.2 Voll-Hybrid-Antriebe

Bei Hybridantrieben wird zwischen Seriellen und Parallelen Hybrid-Systemen unterschieden.

Serielles Hybrid-System. Ein Verbrennungsmotor treibt einen Generator an. Die dadurch erzeugte elektrische Energie wird von einem Elektromotor als Antrieb verwendet. Die überschüssige elektrische Energie wird in Batterien gespeichert und kann bei Bedarf, z.B. beim ausschließlich elektrischen Antrieb, wieder abgerufen werden. Ein Inverter wandelt die im Generator als Wechselstrom erzeugte elektrische Energie in Gleichstrom um, damit dieser in der Batterie gespeichert werden kann. Für den Betrieb des Elektromotors wandelt der Inverter den Strom in Wechselstrom um.

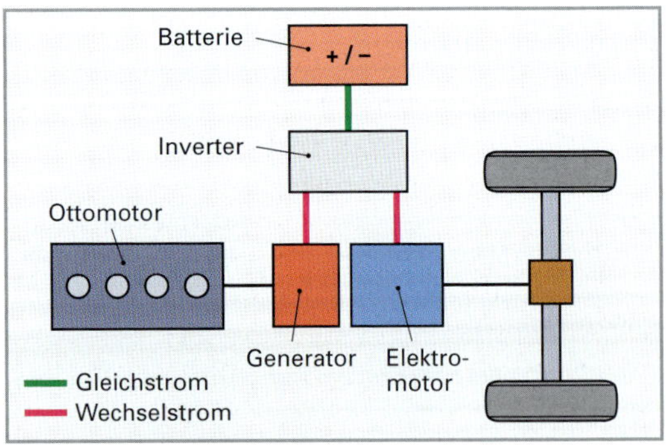

Bild 1: Serielles Hybrid-System (Prinzip)

Paralleles Hybrid-System. Ein Verbrennungsmotor und ein Elektromotor treiben gemeinsam die Räder an. Der Elektromotor bezieht die elektrische Energie aus einer Batterie. Die Batterie wird von dem Elektromotor aufgeladen, indem er während der Fahrt mit Verbrennungsmotor oder beim Bremsen umgeschaltet wird und als Generator arbeitet **(Bild 1).**

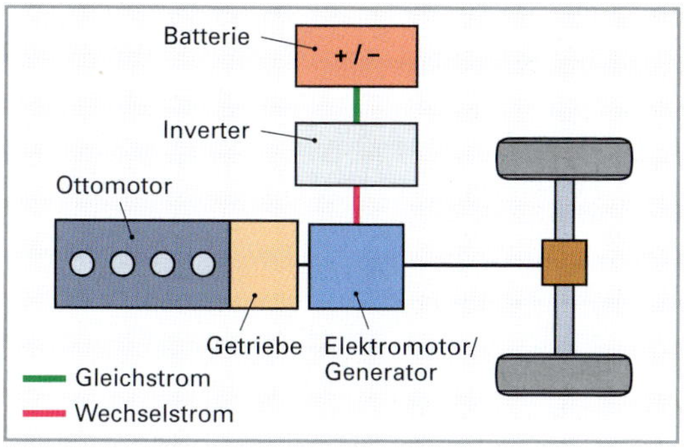

Bild 1: Paralleles Hybrid-System (Prinzip)

Aufbau (Bild 2). Übliche Hybridantriebe stellen eine Kombination aus seriellem und parallelem System dar. Der Hybridantrieb besteht aus einem Ottomotor und zwei Drehstrom-Synchronmotoren mit Dauermagnet, die auch als Generatoren geschaltet werden können (Motorgeneratoren MG1 bzw. MG2). Der Ottomotor und die beiden Elektromotoren sind über das Planetengetriebe mechanisch miteinander verbunden. MG2 und das Differenzialgetriebe für die Antriebsräder sind über eine Antriebskette und Zahnräder zusammengeschlossen.

Zur Stromversorgung wird eine versiegelte Nickel-Metallhydrid-Batterie (Ni-MH) verwendet, die aus mehreren zu Modulen zusammengefassten Zellen mit je 1,2 V Spannung besteht. Je nach Ausführung verfügt die HV-Batterie über eine Nennspannung von 200 bis 300 Volt (HV: Hybrid Vehicle). Sie wird von einem Gebläse gekühlt, damit die bei den Lade- und Entladevorgängen entstehende Wärme abgeführt werden kann.

Der Inverter wandelt den Wechselstrom in Gleichstrom und umgekehrt. Er verfügt über eine separate Flüssigkeitskühlung.

Batterie, Inverter und beide Elektromotoren sind mit einem Starkstrom-Zuleitungskabel verbunden.

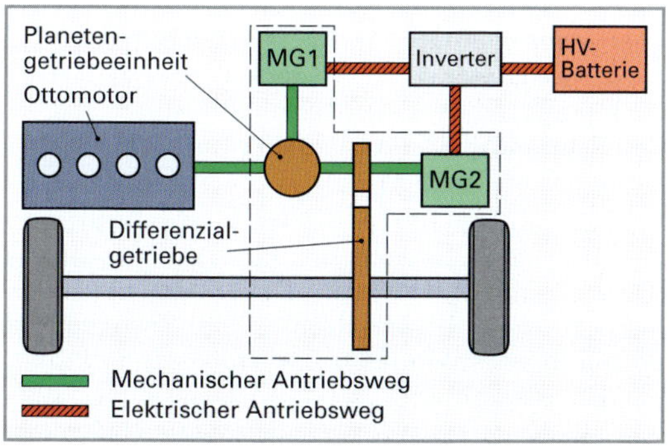

Bild 2: Aufbau des Hybridantriebs

Wirkungsweise. Das Steuergerät erkennt über den Fahrpedalsensor den Fahrwunsch des Fahrers. Weiterhin erhält es Informationen über die Fahrgeschwindigkeit und die Schaltposition. Anhand dieser Informationen bestimmt es die Fahrbedingungen des Fahrzeugs und regelt die Antriebskräfte von MG1, MG2 und dem Ottomotor.

Anfahren (Bild 3). Wenn das Fahrzeug anfährt, wird die Antriebskraft ausschließlich von MG2 zur Verfügung gestellt. Der Ottomotor bleibt abgeschaltet und MG1 dreht sich in entgegengesetzter Richtung, ohne elektrische Energie zu erzeugen.

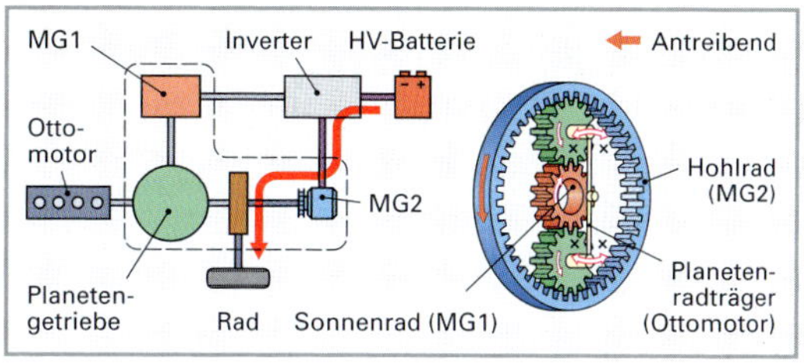

Bild 3: Anfahren

Anlassen des Ottomotors (Bild 4). Wenn das zum Fahren erforderliche Drehmoment ansteigt, während der Antrieb nur von MG2 erfolgt, wird MG1 aktiviert, um den Ottomotor anzulassen. Der Ottomotor wird ebenfalls angelassen, wenn z.B. der Ladezustand der Batterie oder die Batterietemperatur vom vorgeschriebenen Niveau abweichen.

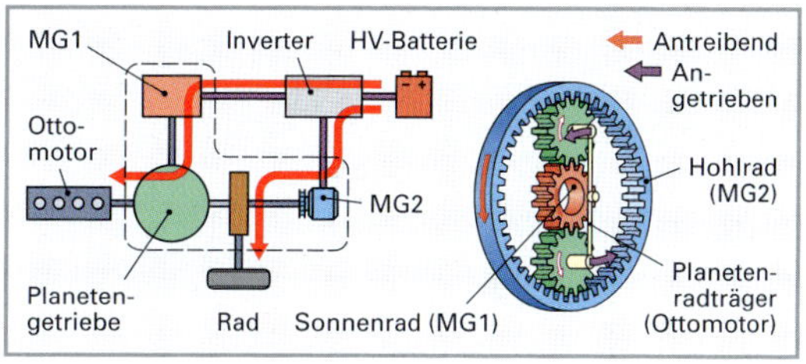

Bild 4: Anlassen des Ottomotors

15

Nachdem der Ottomotor angelassen wurde, betreibt dieser MG1 als Generator. MG1 liefert die notwendige elektrische Energie über den Inverter zur HV-Batterie.

Fahren mit geringer Belastung (Bild 5). Das Planetengetriebe teilt die Antriebskraft des Ottomotors auf. Ein Teil wird auf die Antriebsräder ausgegeben und der verbleibende Teil wird dazu benutzt, mit Hilfe von MG1 elektrische Energie zu erzeugen.

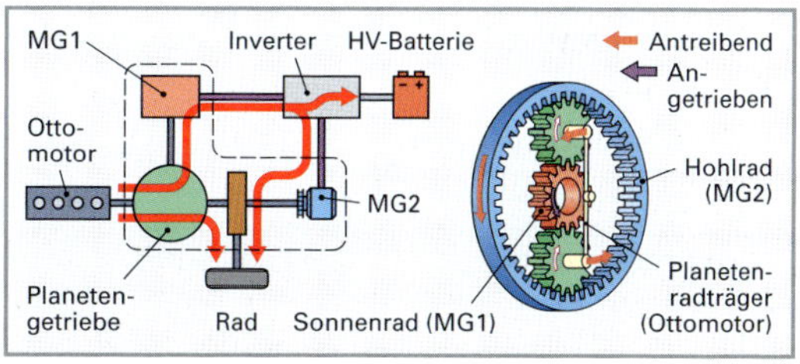

Bild 5: Fahren mit geringer Belastung

Beschleunigung mit Vollgas (Bild 1). Wenn das Fahrzeug eine hohe Antriebsleistung benötigt, erhöht das System die Antriebskraft von MG2 durch zusätzliche elektrische Energie aus der HV-Batterie.

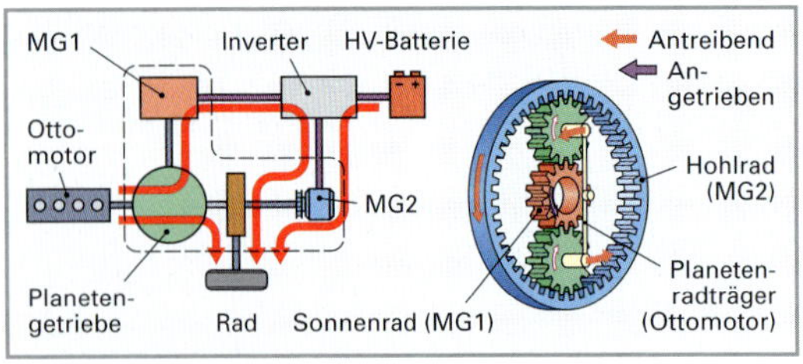

Bild 1: Beschleunigung mit Vollgas

Verzögerung (Bild 2). Wenn das Fahrzeug abbremst, schaltet sich der Ottomotor aus. Die Antriebsräder treiben nun MG2 an, welcher jetzt als Generator arbeitet und die HV-Batterie lädt.

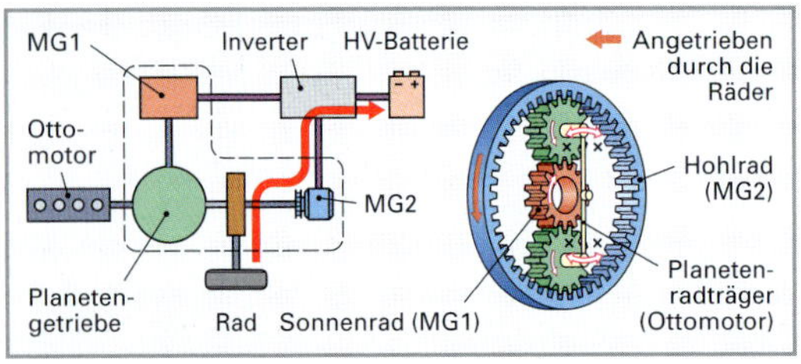

Bild 2: Verzögerung

Wenn das Fahrzeug aus einer höheren Geschwindigkeit verzögert wird, behält der Ottomotor eine vorher bestimmte Drehzahl bei, um das Planetengetriebe zu schützen.

15

Rückwärtsfahrt. Wenn das Fahrzeug rückwärts gefahren wird, erfolgt der Antrieb ausschließlich durch MG2.

WERKSTATTHINWEISE

Wartung

Im Rahmen der Fahrzeuginspektion muss der Ladezustand und die Ladungsdifferenz der einzelnen Module der HV-Batterie überprüft werden. Eine zu hohe Ladungsdifferenz der Batterie-Module kann mit Hilfe eines speziellen Wartungsgerätes ausgeglichen werden.

Das Kühlmittel für das Kühlsystem des Inverters muss in regelmäßigen Abständen gewechselt werden.

Sicherheitsmaßnahmen

Der Hochspannungsschaltkreis des Hybridsystems kann bei fahrlässiger Handhabung schwere bzw. tödliche Verletzungen verursachen.

Bei Arbeiten an Hybridfahrzeugen sind die Sicherheitshinweise des Herstellers zu beachten!

Vorteile des Hybridsystems gegenüber Benzin und Diesel:

- Das hohe Anfangsdrehmoment von Elektromotoren gleicht die Nachteile der bei niedrigen Drehzahlen drehmomentschwachen Verbrennungsmotoren beim Anfahren aus.
- Der Elektromotor unterstützt beim Beschleunigen den Verbrennungsmotor, der damit kleiner und verbrauchsgünstiger ausgelegt werden kann.
- Die kinetische Energie des Fahrzeugs kann beim Bremsvorgang in speicherbare elektrische Energie umgewandelt werden.
- Durch die Möglichkeit des Elektrischen Fahrens bei niedrigen Geschwindigkeiten werden Geräuschemissionen im Stadtverkehr gesenkt.

15.5 Elektrofahrzeuge

Fahrzeuge mit ausschließlich elektrischem Antrieb befinden sich in der Entwicklung bzw. werden in Kleinserien gebaut. Elektroautos selbst verursachen keine klimaschädlichen Emissionen und arbeiten zumeist leise. Zu berücksichtigen sind jedoch die Emissionen, die bei der Stromerzeugung entstehen können.

Aufbau. Elektromotoren stellen im Gegensatz zu Verbrennungsmotoren über einen weiten Drehzahlbereich ein gleichmäßiges Drehmoment stufenlos zur Verfügung, so dass weder ein manuell betätigtes Schaltgetriebe noch ein Automatikgetriebe oder eine Kupplung erforderlich sind. Auch das Rückwärtsfahren ist ohne Schaltgetriebe möglich. Elektromotoren laufen selbstständig an und benötigen somit keine Starteinrichtung.

Der Antrieb eines Elektrofahrzeugs kann mit Hilfe von Radnaben-Motoren erfolgen. An den Antriebsachsen sind dabei die Räder mit je einem eigenen Motor innerhalb des Rades ausgestattet. Bei dieser Art des Antriebes entfallen z.B. der Motorraum und viele Teile des konventionellen Antriebsstranges und vereinfachen so den Aufbau.

Energiespeicherung. Für die Energiespeicherung bei Elektroautos gibt es neben dem Akkumulator auch die Möglichkeit der Energieerzeugung mit Hilfe einer Brennstoffzelle, die die Energie in Form von Wasserstoff mitführt.

Reichweiten von 300 bis 500 km werden erst durch den Einsatz von Akkumulatoren auf Lithiumbasis (Lithium-Ionen-Akku bzw. Lithium-Polymer-Akku) möglich, die eine wesentlich höhere Energiedichte bei gleichzeitig reduziertem Gewicht haben.

Lithium-Titanat-Akkumulatoren verfügen über eine Reichweite von 400 km bei einer Ladezeit von weniger als 10 Minuten.

15.6 Antriebe mit Brennstoffzellen

Aufbau. Die Brennstoffzelle besteht im Kern aus einer protonenleitenden Kunststoffmembran (PEM: proton exchange membrane). Diese ist beidseitig mit einem Platinkatalysator und Elektroden aus Grafitpapier beschichtet (Bipolarplatten). In die Bipolarplatten sind feine Gaskanäle eingefräst, durch die auf der einen Seite Wasserstoff und auf der anderen Seite Luft bzw. Sauerstoff zugeführt wird.

Wirkungsweise (Bild 1). Auf einer Seite der Brennstoffzelle (Kathode) wird Wasserstoff (H_2) durch einen Katalysator in Protonen und Elektronen zerlegt. Durch die Kunststoffmembran (PEM: proton exchange membrane) können nur Protonen auf die andere Seite der Zelle (Anode) gelangen. Für die Elektronen ist die Membran unpassierbar. Verbindet man Kathode und Anode, bewegen sich die negativ geladenen Elektronen zur positiv geladenen Seite. Es fließt Strom, der einen Verbraucher, z.B. einen Elektromotor, antreiben kann. An der Anode verbinden sich Protonen, Elektronen und Sauerstoff zu Wasser.

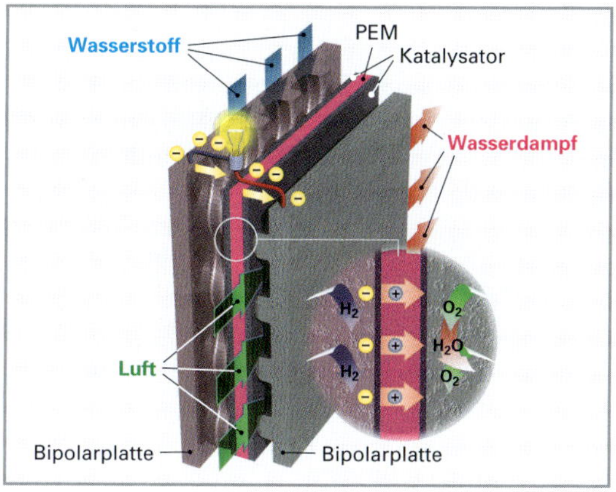

Bild 1: Aufbau und Wirkungsweise einer Brennstoffzelle

Wasserstofferzeugung. Die Wasserstoffherstellung kann durch Elektrolyse außerhalb des Fahrzeugs oder durch chemische Prozesse an Bord des Fahrzeugs erfolgen.

Elektrolyse. Dabei wird Wasser mit Hilfe von Gleichstrom in Wasserstoff und Sauerstoff zerlegt. Reiner Wasserstoff muss in speziellen Behältern an Bord des Fahrzeugs mitgeführt werden.

Wasserstofferzeugung an Bord des Fahrzeugs. Dazu muss das Fahrzeug mit flüssigem Methanol (CH_3OH) betankt werden. Das Methanol wird mit salzfreiem Wasser vermischt, bei 250 °C verdampft und in einem Reformer mit katalytischem Brenner in Wasserstoff und CO_2 umgewandelt. Das gereinigte Wasserstoffgas wird dann der Brennstoffzelle zugeführt. Bei der Gasreinigung entstehen geringe Mengen CO_2.

15.7 Verbrennungsmotoren mit Wasserstoffbetrieb

Aufbau. Der Betrieb von Ottomotoren mit Wasserstoff ist grundsätzlich möglich. Dazu wird ein spezielles Gemischbildungssystem verwendet, welches die Wasserstoffzumessung und den Ladungswechsel aufeinander abstimmt.

Wasserstoff hat einen geringeren volumenspezifischen Heizwert als Benzin. Um möglichst viel Wasserstoff im Fahrzeug mitführen zu können, wird Wasserstoff verflüssigt und bei ca. –250 °C in einem isolierten Kraftstoffvorratsbehälter gespeichert.

Wasserstofftanks und Rohrleitungen müssen aufgrund des gegenüber z.B. Erdgas bzw. Propan/Butan geringeren Moleküldurchmessers wesentlich besser abgedichtet sein.

Wirkungsweise. Der Wasserstoff gelangt über Filter, Druckminderer, Abschaltventile und Mengenteiler zu den Einblasventilen der einzelnen Zylinder. Die Verbrennung erfolgt grundsätzlich mit Luftüberschuss. Die zusätzliche Luft im Brennraum nimmt Wärme auf und senkt damit die Flammentemperatur unter die kritische Grenze, oberhalb derer sich das Gemisch selbst entzünden kann. Die niedrige Verbrennungstemperatur verhindert zudem die Entstehung von Stickstoffoxiden (NO_x). Der Wasserstoffmotor arbeitet nahezu emissionsfrei.

Die Stromversorgung des Bordnetzes kann bei diesen Fahrzeugen mit Hilfe einer Brennstoffzelle erfolgen.

15

15.8 Verbrennungsmotoren mit Pflanzenölbetrieb

Pflanzenöl. Die Verwendung von Pflanzenöl, z.B. Rapsöl, ist in Fahrzeugen mit Dieselmotoren grundsätzlich möglich. Der ausschließliche Einsatz von Pflanzenöl erfordert jedoch aufwändige Umbaumaßnahmen am Motor, da der Kraftstoff eine geringere Cetanzahl als Dieselkraftstoff aufweist und zähflüssiger ist. Zusätzlich zum Einbau einer Kraftstoffvorwärmung und einem elektrisch beheizten Zusatzfilter müssen je nach Motortyp auch Bauteile der Einspritzanlage verändert werden.

Biodiesel (RME). Durch die Umesterung von Rapsöl mit Hilfe von Methanol entsteht Rapsöl-Methyl-Ester (RME). Dieser als Biodiesel bezeichnete Kraftstoff verfügt bezüglich der Cetanzahl über ähnliche Eigenschaften wie herkömmlicher Dieselkraftstoff und ist ebenso dünnflüssig. Biodiesel verhält sich aggressiv gegenüber Kunststoffen in Dichtungen, Leitungen und Einspritzpumpen. Er darf daher nur für vom Hersteller für Biodiesel freigegebene Motoren verwendet werden.

16 Antriebsstrang

Zum Antriebsstrang eines Kraftfahrzeuges zählen Kupplung, Getriebe, Gelenkwelle, Achsgetriebe mit Ausgleichsgetriebe sowie die Antriebswellen der Räder **(Bild 1)**. Sie werden auch unter dem Begriff Kraftübertragung zusammengefasst.

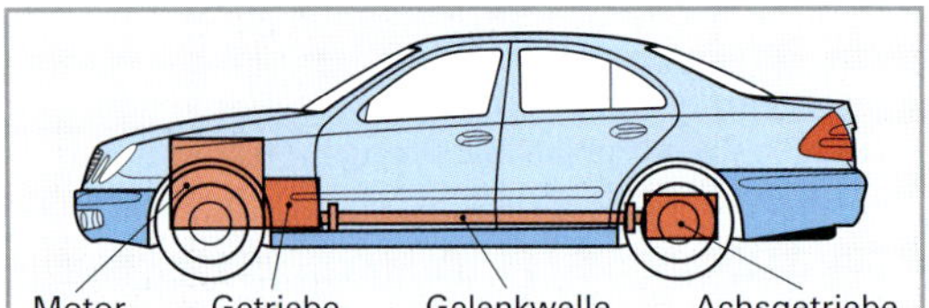

Bild 1: Antriebsstrang eines Pkw mit Frontmotorantrieb

Aufgaben

- Wandeln von Motordrehmoment und Drehzahl
- Übertragen des Drehmomentes auf die Antriebsräder

Es lassen sich dabei Übertragungsverluste nicht vermeiden, so dass die Leistung an den Antriebsrädern stets kleiner als die Motorleistung ist (Gesamtwirkungsgrad des Antriebsstranges beträgt zwischen 92 % ... 95 %).

16.1 Antriebsarten

Bei Personen- und Nutzkraftwagen unterscheidet man Hinterradantrieb, Vorderradantrieb und Allradantrieb.

16.1.1 Hinterradantrieb

Frontmotor-Antrieb

Der Motor ist meist über der Vorderachse oder unmittelbar hinter der Vorderachse **(Bild 1)**, seltener vor der Vorderachse (Überhangmotor) angeordnet. Der Antrieb erfolgt über eine Gelenkwelle auf die Hinterräder. Durch die Anordnung des Achsgetriebes an der Hinterachse ergibt sich eine günstige Gewichtsverteilung zwischen Vorder- und Hinterachse. Das Kurvenverhalten ist leicht untersteuernd. Durch die Gelenkwelle zwischen Wechselgetriebe und Achsantrieb muss im Innenraum ein Gelenkwellentunnel in Kauf genommen werden.

Transaxle-Antrieb

Er ist eine Besonderheit des Frontmotor-Antriebes, bei dem das Getriebe an der Hinterachse angeordnet wird. Man erreicht dadurch eine gleichmäßige Gewichtsverteilung auf beide Achsen (50 % : 50 %) und ein neutrales Kurvenverhalten.

Heckmotor-Antrieb

Heckmotoren sind über oder hinter der angetriebenen Hinterachse angeordnet **(Bild 2)**.

Bei Verwendung eines Boxermotors wird vom Innenraum nur wenig Platz für Motor und Getriebe beansprucht. Wegen der begrenzten Kofferraumgröße, der problematischen Unterbringung des Kraftstoffbehälters, der Seitenwindempfindlichkeit und der Neigung zum Übersteuern bei Kurvenfahrt wird der Heckmotor selten verwendet.

Bild 2: Heckmotor-Antrieb

Mittelmotor-Antrieb

Er wird bei Sport- und Rennwagen verwendet. Der Motor befindet sich vor der Hinterachse **(Bild 3)**. Dadurch ergibt sich eine bessere Gewichtsverteilung auf beide Achsen und eine günstige Schwerpunktlage, was wiederum zu einem neutralen Kurvenverhalten beiträgt. Nachteilig wirkt sich aus, dass der Motor schwer zugänglich ist und die Anzahl der Sitzplätze beschränkt ist.

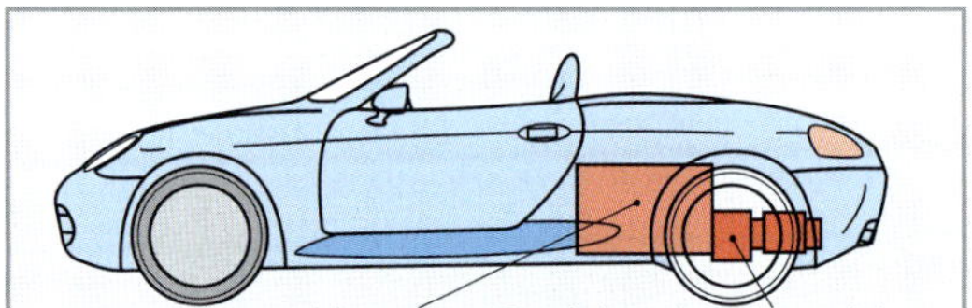

Bild 3: Mittelmotor-Antrieb

Unterflurmotor-Antrieb

Er eignet sich besonders für Omnibusse und Lastkraftwagen **(Bild 4)**. Der etwa in der Fahrzeugmitte tiefliegende Motor trägt zu einem günstigen Schwerpunkt und einer gleichmäßigen Achslastverteilung bei. Vorteilhaft ist auch die gute Ausnutzung des Innenraumes bei Omnibussen, sowie die Zugänglichkeit des Motors von unten.

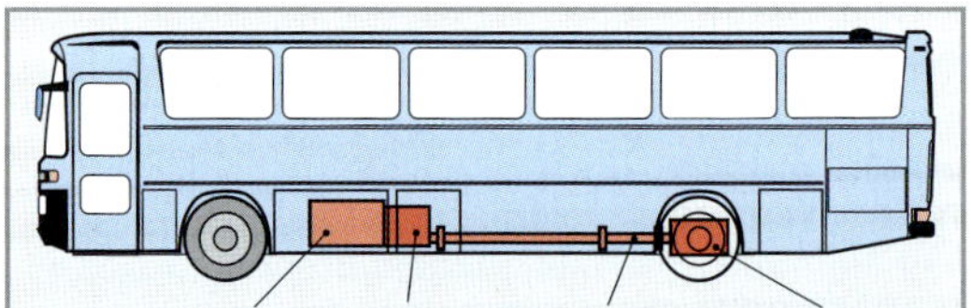

Bild 4: Unterflurmotor-Antrieb

16.1.2 Vorderradantrieb

Beim Vorderradantrieb, auch Frontantrieb genannt, liegt der Motor entweder vor, über oder hinter der Vorderachse **(Bild 1)**.

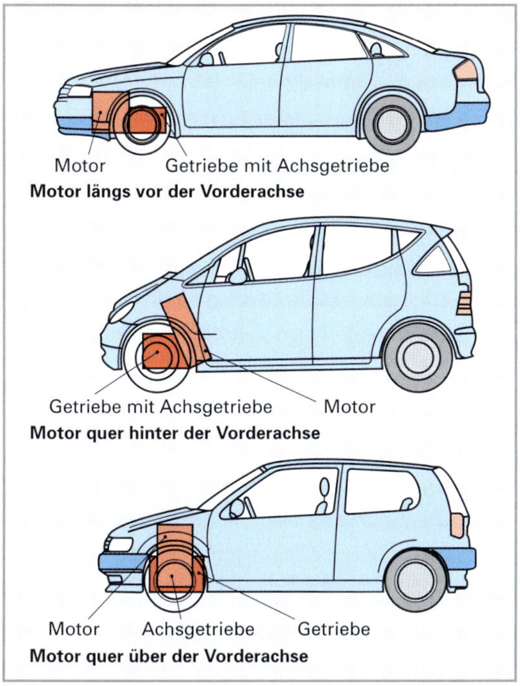

Bild 1: Vorderradantrieb

Motor, Kupplung, Wechselgetriebe, Achsgetriebe und Ausgleichsgetriebe sind zu einem Block (Front-Triebsatz) zusammengefasst.

Vorteile:

- Geringeres Fahrzeuggewicht.
- Kürzester Weg des Drehmomentes vom Motor zu den Antriebsrädern.
- Kein Gelenkwellentunnel.
- Großer Kofferraum.
- Bei Quereinbau des Motors einfaches Achsgetriebe (Stirnräder), kleinerer vorderer Überhang und großer nutzbarer Fußraum.
- Guter Geradeauslauf, da das Fahrzeug gezogen und nicht geschoben wird.

Nachteile:

- Untersteuernd bei schneller Kurvenfahrt.
- Ungünstige Gewichtsverteilung zwischen Vorder- und Hinterachse.
- Höherer Reifenverschleiß an den Antriebsrädern.

Fahrzeuge mit untersteuerndem Lenkverhalten durchfahren Kurven mit einem größeren Radius, als es dem Lenkeinschlag entspricht.

16.1.3 Allradantrieb

Permanenter Allradantrieb

Es werden beide Achsen ständig angetrieben. Beim Pkw mit Frontantrieb wird das Achsgetriebe der Hinterachse über ein Verteilergetriebe durch eine Gelenkwelle angetrieben. Ein zentrales Ausgleichsgetriebe gleicht Drehzahlunterschiede zwischen Vorderachse und Hinterachse aus. Dadurch werden Verspannungen im Antriebsstrang, sowie Verschleiß im Antrieb und an den Rädern verhindert.

Zuschaltbarer Allradantrieb

Über ein Verteilergetriebe, das am Wechselgetriebe angeflanscht ist, führt je eine Gelenkwelle nach vorn und hinten zu den Achsgetrieben **(Bild 2)**. In der Regel ist die Hinterachse angetrieben und die Vorderachse wird bei Bedarf zugeschaltet. Die Ausgleichsgetriebe können zusätzlich mit Ausgleichssperren ausgerüstet sein. Bei fehlendem zentralen Ausgleichsgetriebe darf der Allradantrieb auf trockener Straße nicht eingeschaltet werden. Freilaufnaben an den Vorderrädern verhindern ein Mitdrehen der Antriebs- und Gelenkwellen bei abgeschalteter Achse.

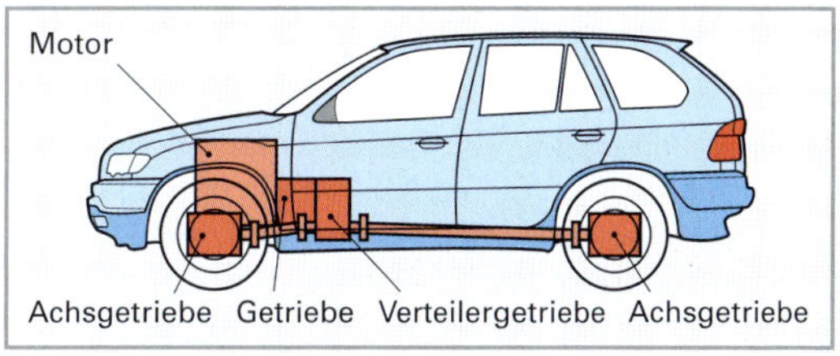

Bild 2: Geländewagen mit Allradantrieb

16.1.4 Hybridantrieb

Beim Hybridantrieb* übernehmen in einem Fahrzeug zwei unterschiedliche Motoren den Antrieb, z.B. ein Dieselmotor für die Überlandfahrt und ein Elektromotor für die emissionsfreie Stadtfahrt **(Bild 3)**. Für den Betrieb des Elektromotors stehen Batterien zur Verfügung, die über das 220V-Netz aufgeladen werden oder zum Teil während der Fahrt mit dem Dieselmotor. Dabei wirkt der Elektromotor wie ein Generator. Ein Wechsel der Antriebsarten ist auch während der Fahrt problemlos möglich.

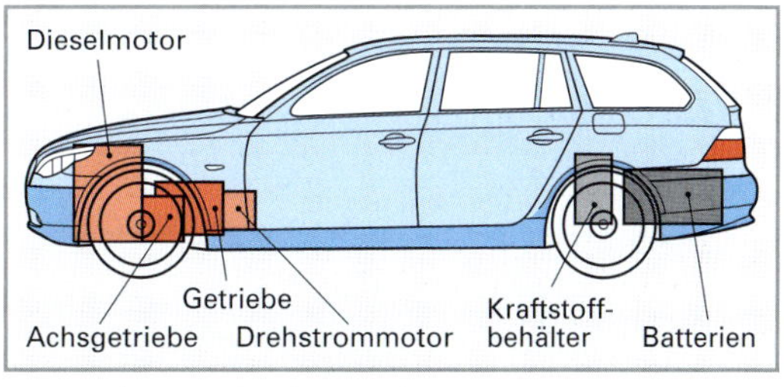

Bild 3: Pkw mit Hybridantrieb

* hybrid (griech.-lat.) = Mischbildung

16.2 Kupplung

Die Kupplung ist im Antriebsstrang eines Kraftfahrzeuges als lösbares Bindeglied zwischen Motor und Wechselgetriebe angeordnet.

Aufgaben

- **Motordrehmoment auf das Wechselgetriebe übertragen.** Über den gesamten nutzbaren Drehzahlbereich des Motors muss dem Wechselgetriebe für alle Fahrsituationen das erforderliche Drehmoment zugeleitet werden.
- **Weiches und ruckfreies Anfahren ermöglichen.** Beim Anfahren wird eine Drehzahlangleichung zwischen drehendem Schwungrad und stillstehender Getriebeantriebswelle durch Gleitreibung (Schlupf) durchgeführt.
- **Schnelles und störungsfreies Schalten ermöglichen.** Um den Gleichlauf der zu schaltenden Getriebeteile herzustellen, muss der Kraftschluss zwischen Motor und Schaltgetriebe unterbrochen werden.
- **Drehschwingungen dämpfen.** Durch die rhythmische Folge der Leertakte des Motors entstehen an der Kurbelwelle Drehschwingungen. Die Dämpfungseinrichtung in der Kupplungsscheibe dämpft diese Schwingungen. Dadurch werden Getriebegeräusche wie z.B. Getrieberasseln minimiert.
- **Motor und Kraftübertragungsteile vor Überlastung schützen.** Die Übertragung zu hoher Drehmomente, die z.B. beim Blockieren des Motors entstehen, wird durch Schlupf verhindert.

Im Kraftfahrzeug werden folgende Kupplungen als Anfahr- und Trennkupplungen verwendet:

- **Anfahr- und Trennkupplungen**
  - Reibungskupplung
    - Schraubenfederkupplung
      - Einscheibenkupplung
      - Lamellenkupplung
    - Membranfederkupplung
      - Einscheibenkupplung
      - Zweischeibenkupplung
      - Doppelkupplung
      - Lamellenkupplung
    - Fliehkraftkupplung
  - Magnetpulverkupplung

16.2.1 Reibungskupplung

Reibungskupplungen übertragen das Motordrehmoment kraftschlüssig durch Reibungskräfte vom Motor auf die Antriebswelle des Wechselgetriebes.

Das übertragbare Kupplungsdrehmoment ist abhängig von den Anpresskräften. Diese können erzeugt werden durch ...

- ... eine zentrale Membranfeder (Tellerfeder).
- ... zylindrische Schraubenfedern (z.B. 6 oder 9).
- ... mehrere Fliehgewichte.

Einscheiben-Membranfederkupplung

Sie werden sowohl in Personen- als auch in Nutzkraftwagen eingebaut und haben die Schraubenfederkupplung fast vollständig verdrängt.

Sie besteht aus folgenden Hauptteilen **(Bild 1)**:

- **Kupplungsdeckel** (Gehäuse) mit

  Druckplatte, Membranfeder, Distanzbolzen, Kippringen, Tangentialblattfedern.

  Die Druckplatte ist über Tangentialblattfedern mit dem Kupplungsdeckel verbunden.

  Die Membranfeder stützt sich auf 2 Kippringen ab, die von mehreren Distanzbolzen gehalten werden. Sie wirkt wie ein zweiseitiger Hebel mit den Kippringen als Auflager.
- **Kupplungsscheibe** mit Kupplungsbelägen (2 Reibbelagringen), Belagträger und Nabe.
- **Ausrücker** mit Ausrücklager.

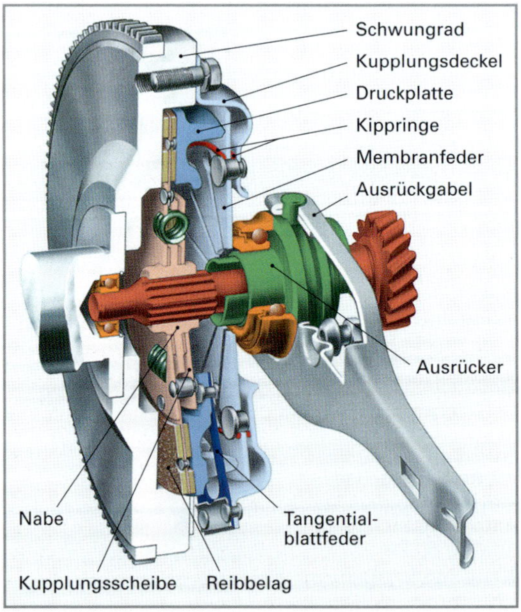

Bild 1: Einscheiben-Membranfederkupplung

Wirkungsweise

Kupplung eingekuppelt. Die Membranfeder ist gespannt und drückt die Reibbeläge der Kupplungsscheibe auf die Schwungrad-Reibfläche.

Die erzeugten Reibkräfte bewirken am mittleren Drehkrafthalbmesser ein Drehmoment, das über die Nabe der Kupplungsscheibe an die Getriebeeingangswelle abgegeben wird.

Das übertragbare Drehmoment ist abhängig von

- Anpresskraft der Membranfeder
- Reibungszahl der Reibpaarung
- Wirksamem Drehkrafthalbmesser
- Anzahl der Reibbeläge

Kupplung ausgekuppelt (Bild 1). Beim Auskuppeln wird der Ausrücker durch den Ausrückhebel gegen den Innenrand der Zungen der Membranfeder gedrückt. Dadurch wird die Membranfeder zwischen den Kippringen gekippt und die Druckplatte entlastet. Die Tangentialblattfedern, die Druckplatte und Kupplungsdeckel miteinander verbinden, bewirken das Abheben der Druckplatte vom Belag. Der Kraftfluss ist unterbrochen und es entsteht ein Lüftspiel zwischen Belägen und Auflageflächen.

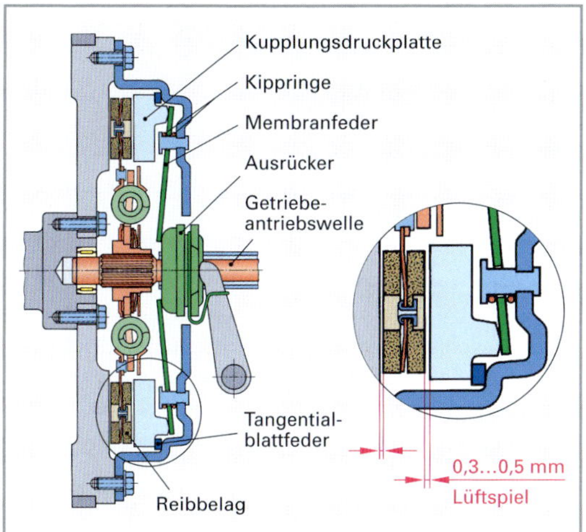

Bild 1: Membranfederkupplung mit gedrückter Ausrückung

Gedrückte Ausrückung (Bild 2). Bei Pedalbetätigung werden die Membranfederzungen vom Ausrücker in Richtung Schwungrad **gedrückt.** Durch den zweiseitigen Hebel zwischen den Kippringen wird der äußere Durchmesserbereich der Membranfeder in entgegengesetzter Richtung zum Schwungrad hin bewegt.

Gezogene Ausrückung (Bild 2). Die Membranfederzungen greifen in eine umlaufende Nut des Ausrückers und werden von diesem in Richtung Getriebe **gezogen.** Durch den einseitigen Hebel ergibt sich ein größeres Hebelverhältnis a:b an der Membranfeder und dadurch eine kleinere Ausrückkraft.

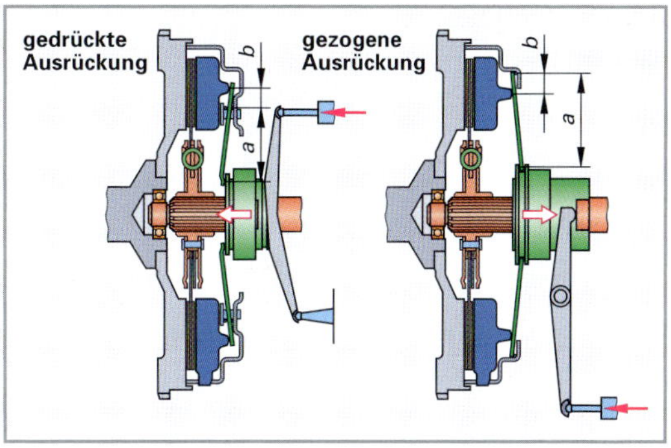

Bild 2: Gedrückte und gezogene Ausrückung

Kennlinien von Schraubenfeder- und Membranfederkupplungen

Im Diagramm **(Bild 3)** ist ...

- ... die Anpresskraft der Druckplatte über dem Druckplattenweg für den eingekuppelten Zustand aufgetragen.
- ... die Ausrückkraft am Ausrücklager über dem Ausrückweg dargestellt.

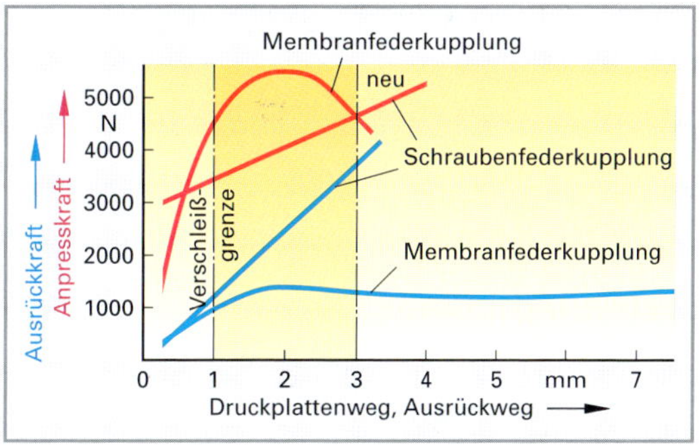

Bild 3: Anpresskraft, Ausrückkraft

Schraubenfederkupplung

Anpresskraft. Sie nimmt mit zunehmendem Belagverschleiß linear ab.

Ausrückkraft. Sie steigt mit zunehmendem Ausrückweg linear an.

Membranfederkupplung

Anpresskraft. Sie steigt bei Belagverschleiß zunächst auf ein Maximum an und fällt dann kontinuierlich ab. Ab der Verscheißgrenze ist ein starker Abfall der Anpresskraft zu beobachten.

Ausrückkraft. Der Kraftbedarf zum Ausrücken der Kupplung steigt zunächst wie bei der Schraubenfederkupplung linear an. Nach dem „Kippen" der Membranfeder wird die Ausrückkraft geringer.

Merkmale der Membranfederkupplung

- Einfacher Aufbau
- Geringe Betätigungskräfte
- Anpresskraft fast unabhängig vom Belagverschleiß

Kupplungsscheiben

Aufgaben

- Übertragung des Motordrehmoments vom Schwungrad auf die Getriebeeingangswelle.
- Weiches und ruckfreies Anfahren ermöglichen.
- Drehschwingungen dämpfen.

Aufbau

Kupplungsscheiben bestehen im Wesentlichen aus folgenden Teilen **(Bild 1)**:

- Mitnehmerscheibe als Belagträger
- Belagfederung
- Nabe mit Flansch
- Kupplungsbelag
- Torsionsdämpfer

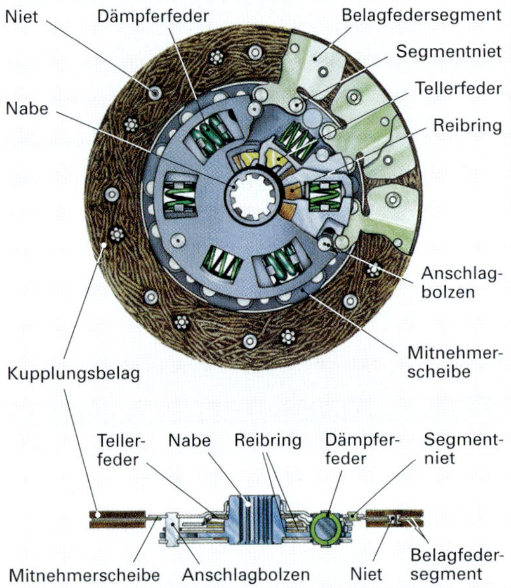

Bild 1: Aufbau einer Kupplungsscheibe

Kupplungsbeläge

Sie werden als Reibpartner zwischen den Reibflächen von Schwungrad und Druckplatte eingesetzt.

Folgende Anforderungen werden gestellt:

- Gute Hitzebeständigkeit.
- Hohe Verschleißfestigkeit.
- Hohe Reibungszahl, die über einen möglichst großen Temperaturbereich konstant bleibt.

Arten von Kupplungsbelägen

Organische Reibbeläge. Sie bestehen aus

- Glasfasern, bzw. Aramid- oder Carbonfasern
- Einlagen, z.B. Kupfer- oder Messingdrähte
- Bindemittel, z. B Phenolharze
- Füllstoffen, z.B. Ruß, Glaskügelchen, Bariumsulfat

Diese organischen Beläge werden für Trockenkupplungen von Pkw und Nkw verwendet.

Papierreibbeläge (Nasslaufpapier). Sie bestehen aus Holz- oder Baumwollfasern, Carbon- und Glasfasern, die durch Kunstharz (meist Epoxid oder Phenol) miteinander verbunden sind. Anwendung: Nasslaufende Lamellenkupplungen von Motorrädern.

Sintermetall-Reibbeläge. Sie bestehen aus verschiedenen Metallen (Kupfer, Eisen) oder Metall-Legierungen (Bronze, Messing). Als Zuschlagstoffe werden harte Reibkomponenten (z.B. Metall-Oxide) und Grafit eingesetzt.

Eigenschaften: Hervorragende Temperaturbeständigkeit, gute Notlaufeigenschaften und gute Verschleißfestigkeit.

Anwendung: Nass-Kupplungen, z.B. Lamellenkupplungen von Motorrädern und Automatik-Getrieben.

Sinterpads (Bild 2) sind Reibbeläge aus Sintermetall mit hohem Keramikanteil z. B. Al-Oxid.

Anwendung: Trockenkupplungen von Spezialfahrzeugen, z.B. Kettenfahrzeuge und Wettbewerbsfahrzeuge im Motorsport.

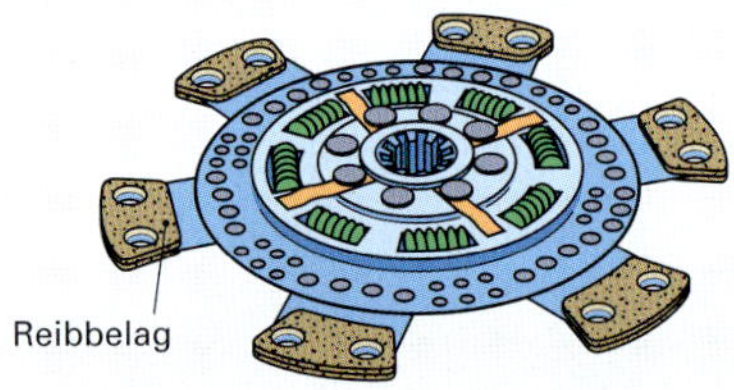

Bild 2: Kupplungsscheibe mit Sinterpads

Torsionsdämpfer

> Sie sollen die vom Motor kommenden Drehschwingungen dämpfen.

Dadurch sollen Getriebegeräusche z.B. „Getrieberasseln" und Zahnradschäden vermieden werden.

Torsionsdämpfer bestehen aus

- Torsionsfederung
- Reibeinrichtung

Aufbau (Bild 1). Die Nabe ist drehbar gelagert und stützt sich über den Nabenflansch und mehrere Dämpferfedern gegenüber der Mitnehmerscheibe und der Gegenscheibe federnd ab.

Unter Last ist eine begrenzte Verdrehung zwischen Nabe und belagtragendem Scheibenteil möglich.

Das über die Dämpferfedern bestimmte Drehmoment muss größer sein als das maximale Motordrehmoment, damit ein Anschlagen des Nabenflansches an die Anschlagbolzen verhindert wird.

Reibeinrichtung. Sie ist im Nabenteil untergebracht und besteht aus Reibringen, Tellerfeder, Federscheibe und Stützscheibe (siehe **Bild 1**).

Die Reibeinrichtung dämpft bei Verdrehung die auftretenden Drehschwingungen durch Reibung. Die für die Reibung notwendige axiale Anpresskraft wird durch die Tellerfeder erreicht.

Belagfederung

Sie ermöglicht ein weiches und ruckfreies Anfahren und ist zwischen den Reibbelägen angeordnet.

Die axiale Federung ist so ausgelegt, dass die Beläge beim Anfahren weich greifen und im voll eingekuppelten Zustand plan anliegen.

Ausrücker

Er hat die Aufgabe, den Kraftfluss zwischen Motor und Getriebe über Kupplungspedal, Seilzug bzw. hydraulische Betätigung zu unterbrechen.

Man unterscheidet zentral geführte mechanische und hydraulische Ausrücker.

Zentral geführter mechanischer Ausrücker. Er wird durch die zentral am Getriebe befestigte Führungshülse zentral auf der Getriebeantriebswelle geführt **(Bild 1)**.

Das Ausrücklager ist ein gekapseltes Kugellager mit feststehendem Außenring und mitlaufendem Innenring, der an den Membranfederzungen anliegt.

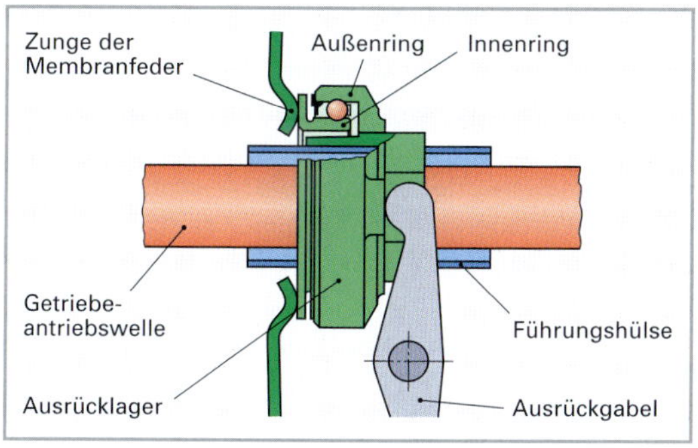

Bild 1: Zentral geführter mechanischer Ausrücker

Zentral geführter hydraulischer Ausrücker

Er ist mit dem Nehmerzylinder einer hydraulischen Kupplungsbetätigung zu einer Baueinheit zusammengefasst und ist innen am Kupplungsgehäuse befestigt **(Bild 2)**.

Wirkungsweise

Der Druckkolben wird über die Dichtmanschette und den Zwischenring durch den vom Geberzylinder kommenden Flüssigkeitsdruck beaufschlagt und auf der Führungshülse verschoben.

Dadurch werden Ausrücklager und Druckring gegen die Membranfederzungen gedrückt. Die Membranfeder kippt und die Druckplatte hebt ab, die Kupplung ist ausgekuppelt.

Bei nicht betätigter Kupplung (kein Flüssigkeitsdruck) beaufschlagt die Vorlastfeder das Ausrücklager mit einer Vorspannung. Dadurch liegt das Ausrücklager an den Membranfederzungen an und gleicht das Kupplungsspiel aus.

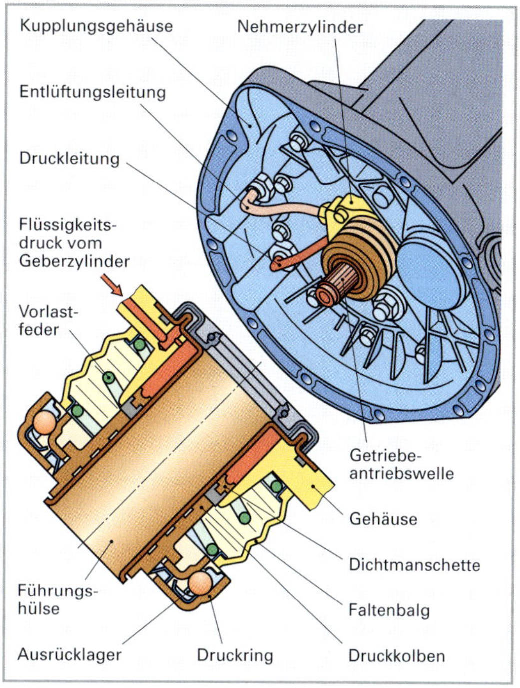

Bild 2: Zentral geführter hydraulischer Ausrücker

Kupplungsbetätigung

Die Kupplungsbetätigung hat die Aufgabe, die vom Fahrer aufgebrachte Pedalkraft zu verstärken und auf den Ausrücker zu übertragen.

Kupplungen können mechanisch oder hydraulisch betätigt werden.

Mechanische Kupplungsbetätigung

Die Fußkraft wird über Kupplungspedal, Seilzug bzw. Gestänge und Ausrückhebel auf den Ausrücker übertragen **(Bild 1, Seite 364)**.

Die Hebelübersetzungen im Kupplungspedal und der Ausrückhebel sind so ausgelegt, dass die zum Auskuppeln notwendige Fußkraft nicht zu groß und der Pedalweg nicht zu lang wird.

Mechanische Kupplungsbetätigung ohne Selbstnachstellung

Bei dieser Kupplungsbetätigung ist zwischen Ausrücker und Membranfederzungen ein Spiel von 1 mm … 3 mm und am Kupplungspedal ein Spiel von 10 mm … 30 mm vorhanden.

Nutzt sich der Belag ab, so verschiebt sich die Druckplatte in Richtung Schwungrad. Die Membranfederzungen der als zweiseitiger Hebel wirkenden Membranfeder wandern nach außen in Richtung Ausrücker. Dadurch wird das Spiel am Ausrücker und am Kupplungspedal kleiner.

16

Das Spiel muss rechtzeitig nachgestellt werden, da es mit zunehmender Belagabnutzung vollständig verschwindet und die Membranfederzungen auf den Ausrücker auflaufen würden.

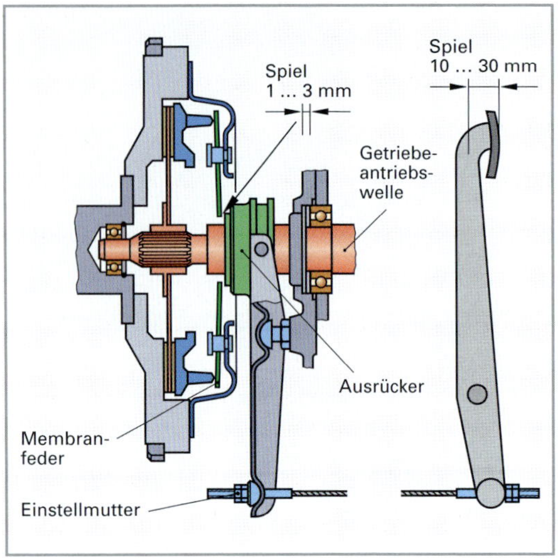

Bild 1: Mechanische Kupplungsbetätigung

Auswirkungen von zu kleinem Kupplungsspiel:

- Rutschen der Kupplung wegen geringer Anpresskraft der Membranfeder
- Überhitzung der Kupplungsbeläge
- Ausglühen der Membranfeder
- Einlaufen der Membranfederspitzen
- Punktuelle Überhitzung der Reibfläche am Schwungrad

Die Einstellung des Spiels erfolgt entweder am Ausrückhebel oder am Kupplungspedal durch Verdrehen einer Einstellmutter.

16

Mechanische Kupplungsbetätigung mit selbsttätiger Seilzugnachstellung

> Bei Belagverschleiß wird durch eine Nachstelleinrichtung im Kupplungszug das Kupplungsspiel zwischen Ausrücker und Membranfederzungen selbsttätig auf Null nachgestellt.

Die Seilzug-Nachstelleinrichtung ist im Kupplungszug zwischen Pedal und Ausrücker angeordnet.

Pkw-Membranfederkupplung mit selbsttätiger Nachstellung (SAC) (Bild 2)

> Die **SAC**-Kupplung (**S**elf **A**djusting **C**lutch) stellt sich bei Belagverschleiß selbsttätig nach.

Im Gegensatz zur herkömmlichen Membranfederkupplung bleiben Ausrückkräfte, Pedalkräfte und Anpresskräfte über einen größeren Verschleißweg der Kupplungsbeläge gleich. Dadurch ist eine längere Lebensdauer der Kupplung möglich.

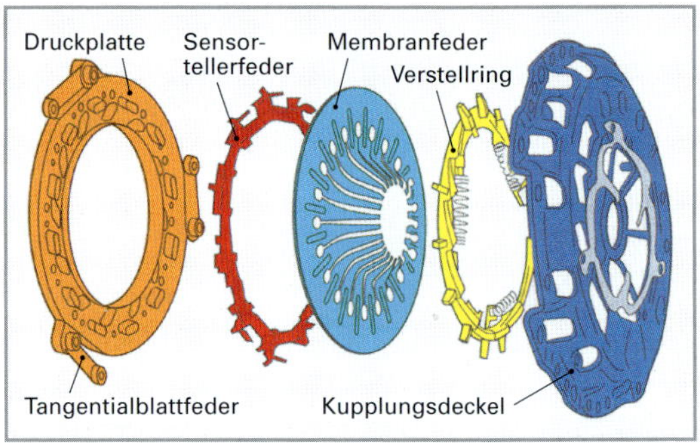

Bild 2: Bauteile der selbstnachstellenden Kupplung SAC

Besonderheit: Die Lagerung der Membranfeder ist nicht fest am Kupplungsdeckel angenietet, sondern drehbar über die Sensortellerfeder und den Verstellring abgestützt.

Wirkungsweise der SAC (Bild 3)

Bei Abnutzung des Belages bewegt sich die Druckplatte in Richtung Schwungrad.

Wird die Haltekraft am Lagerpunkt der Sensortellerfeder beim Auskuppeln überschritten, weicht sie in Richtung Schwungrad aus, bis Ausrückkraft und Sensortellerfederkraft wieder gleich sind. Der entstehende Ringspalt wird durch den Verstellring ausgeglichen.

Wird bei Instandsetzung einer schadhaften SAC-Kupplung nur die Kupplungsscheibe ausgetauscht, muss der Verstellring mit Hilfe einer Vorrichtung zurückgedreht werden, damit die vorgeschriebene Anpresskraft wieder erreicht wird.

Bei neuen SAC-Kupplungen ist der Verstellring bereits zurückgedreht.

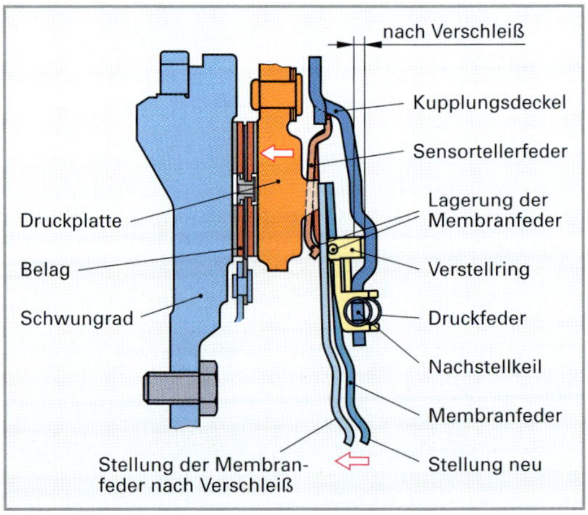

Bild 3: Selbstnachstellende Kupplung SAC

Hydraulische Kupplungsbetätigung

Sie soll die übersetzte Pedalkraft über Geberzylinder und Nehmerzylinder hydraulisch übersetzen (verstärken) und an den Ausrücker weiterleiten.

Der hydraulische Teil besteht aus:

- Geberzylinder
- Rohrleitung
- Schlauchleitung
- Nehmerzylinder
- Hydraulikflüssigkeit

Wirkungsweise

Auskuppeln. Die Fußkraft wird über Kupplungspedal und Gestänge auf den Kolben des Geberzylinders übertragen. Die Fußkraft kann dabei ab einem bestimmten Pedalweg von einer Übertotpunktfeder unterstützt werden.

Der im Druckraum des Geberzylinders erzeugte Flüssigkeitsdruck pflanzt sich in der Rohrleitung und im Verbindungsschlauch fort. Er bewirkt am Kolben des Nehmerzylinders eine Kraft, die über einen Stößel und einen Hebel den Ausrücker betätigt und die Kupplung auskuppelt.

Einkuppeln. Die Membranfeder drückt über Ausrücklager, Ausrückhebel und Stößel die Kolben von Nehmerzylinder und Geberzylinder in die Ausgangsstellungen zurück.

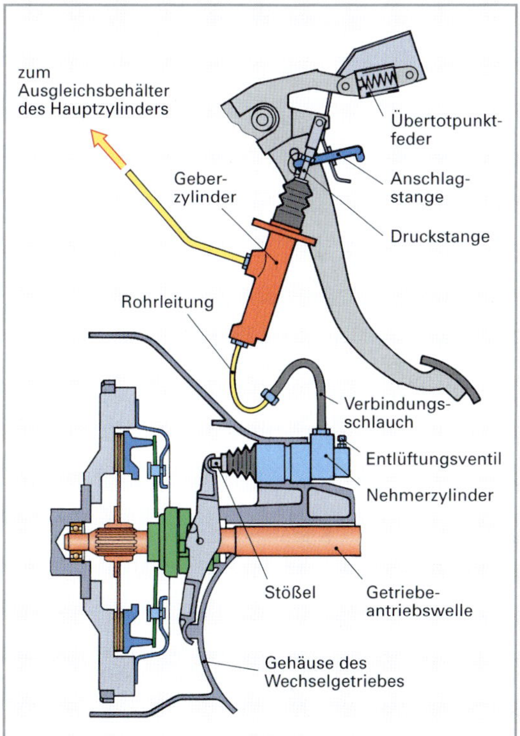

Bild 1: Hydraulische Kupplungsbetätigung

Vorteile der hydraulischen Kupplungsbetätigung gegenüber der mechanischen

- Überbrückung von großen Entfernungen zwischen Pedal und Kupplung einfacher
- Verstärkung der Pedalkraft durch hydraulische Übersetzung möglich
- Nahezu verlustfreie Kraftübertragung

Geberzylinder (Bild 2)

Er hat die Aufgabe, den Flüssigkeitsdruck für das hydraulische System zu erzeugen.

Der Kolben ist als Doppelkolben mit Primärmanschette und Sekundärmanschette ausgeführt.

Die Primärmanschette schließt den Druckraum ab, die Sekundärmanschette dichtet nach außen ab. Der Raum zwischen den beiden Manschetten ist durch die Ausgleichsbohrung mit dem Ausgleichsbehälter verbunden.

In Ruhestellung des Kolbens ist ein Volumenausgleich zwischen Druckraum und Ausgleichsbehälter über die Ausgleichsbohrung möglich.

Sobald der Kolben die Ausgleichsbohrung überfährt, wird im Druckraum der Flüssigkeitsdruck aufgebaut.

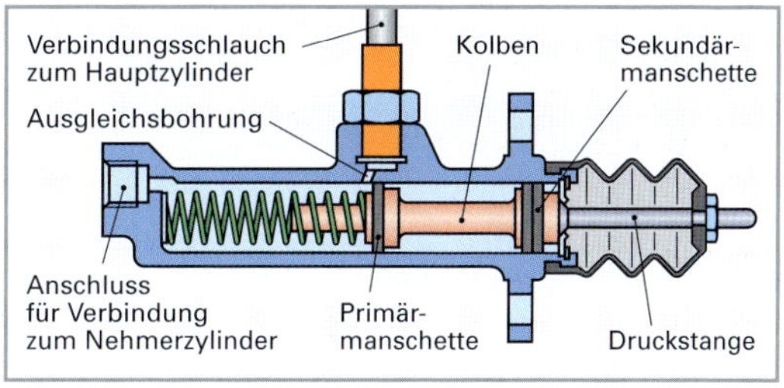

Bild 2: Geberzylinder

Nehmerzylinder (Bild 3)

Er hat die Aufgabe, den im Geberzylinder erzeugten Flüssigkeitsdruck als Kraft zum Betätigen des Ausrückers zu übertragen.

Er besteht aus

- Gehäuse
- Entlüftungsventil
- Kolben mit Manschette
- Druckstange

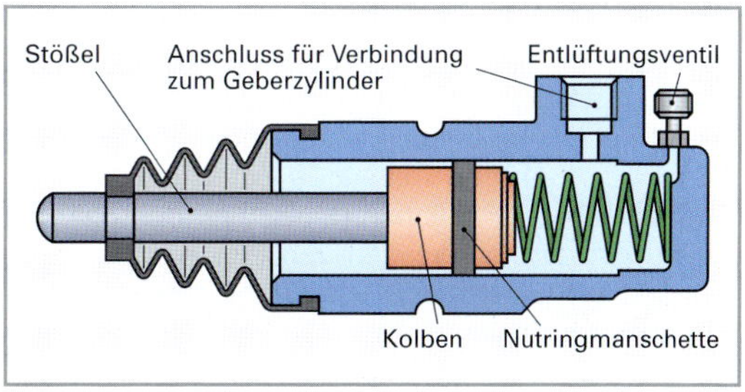

Bild 3: Nehmerzylinder

16.2.2 Zweischeibenkupplung

Eine Zweischeibenkupplung kann bei gleich großer Anpresskraft und gleichen Belagdurchmessern ein doppelt so großes Drehmoment übertragen wie eine Einscheibenkupplung.

Aufbau (Bild 1)

Die Zweischeibenkupplung besteht aus zwei hintereinander angeordneten Kupplungsscheiben, einer Treibscheibe, einer Membranfeder und einer Ausrückeinrichtung.

Beide Kupplungsscheiben sind über ihre verzahnten Naben drehfest mit der Getriebeantriebswelle verbunden.

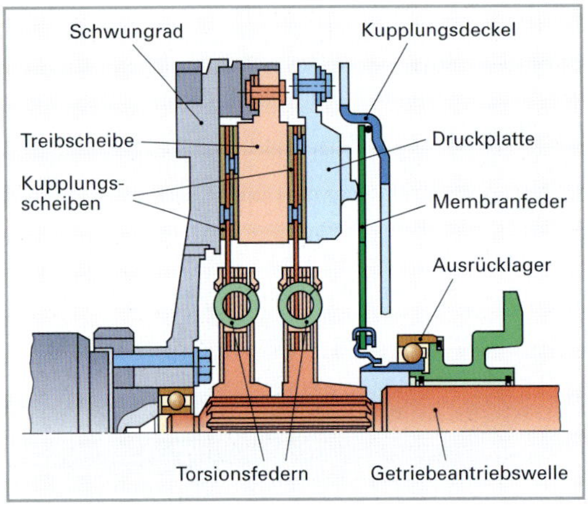

Bild 1: Zweischeibenkupplung

Wirkungsweise

Kupplung eingekuppelt (Bild 1). Die Anpresskraft der gespannten Membranfeder presst die Reibflächen von Druckplatte, getriebeseitiger Kupplungsscheibe, Treibscheibe, motorseitiger Kupplungsscheibe und Schwungrad aufeinander.
Die Gesamttreibkraft bewirkt die Übertragung des Drehmoments.

Kraftfluss. Das Motordrehmoment wird über Schwungrad, Kupplungsdeckel, Druckplatte und Treibscheibe zu den Reibbelägen der beiden Kupplungsscheiben und über deren Naben zur gemeinsamen Getriebeantriebswelle geführt.

Kupplung ausgekuppelt. Beim Durchtreten des Kupplungspedals wird das Ausrücklager von der Nabe der Kupplungsscheibe weggezogen. Dabei wirkt die Ausrückkraft der Spannkraft der Membranfeder entgegen. Die Reibflächen der Kupplungsscheiben heben von den Reibflächen von Druckplatte, Treibscheibe und Schwungrad ab. Der Kraftfluss ist dadurch unterbrochen.

Zweischeibenkupplungen werden bei schweren Nutzfahrzeugen verwendet.

16.2.3 Doppelkupplung

Eine Doppelkupplung ermöglicht bei automatisierten Schaltgetrieben, z.B. beim Direktschaltgetriebe (DSG), schnelles Schalten ohne Zugkraftunterbrechung.

Aufbau (Bild 2)

Die Doppelkupplung besteht aus zwei getrennt voneinander arbeitenden Einzelkupplungen **K1** und **K2,** die in einem Gehäuse untergebracht sind. Die Naben der Kupplungsscheiben von **K1** und **K2** sind mit zwei Getriebeantriebswellen AW1 und AW2 verbunden.

Auf AW1 sitzen die Festräder der Gänge 1, 3, 5, auf AW2 die Festräder der Gänge 2, 4, 6.

Auf der Getriebeabtriebswelle laufen die Losräder der einzelnen Gänge, die durch Schaltmuffen geschaltet werden.

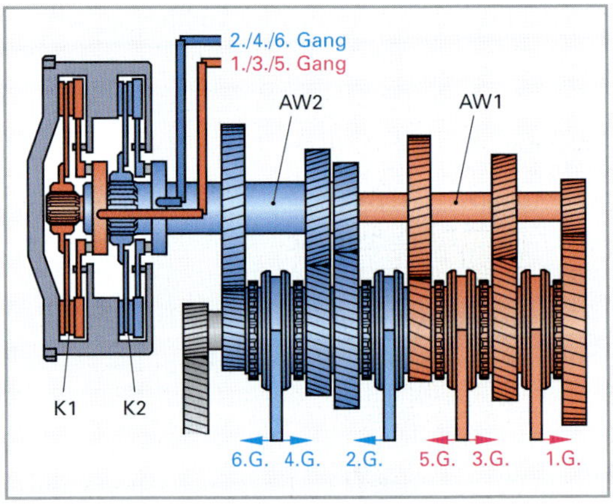

Bild 2: Doppelkupplung, Direktschaltgetriebe

Wirkungsweise

Je nach Fahrsituation wird durch die im Steuergerät hinterlegte Getriebesoftware bestimmt

- mit welchem Gang das Fahrzeug gefahren wird,
- welcher Gang vorgewählt wird,
- wann in den vorgewählten Gang geschaltet wird.

Die Kupplung für den gefahrenen Gang ist geschlossen (eingekuppelt), die für den vorgewählten Gang ist offen (ausgekuppelt).

Entscheidet die Getriebesoftware z.B. auf Gangwechsel von 1. in den 2. Gang, so wird die für den 1. Gang zuständige Kupplung K1 ausgekuppelt und gleichzeitig die für den vorgewählten 2. Gang zuständige Kupplung K2 eingekuppelt.

Die Kuppelvorgänge werden so gesteuert, dass ohne Zugkraftunterbrechung gleichzeitig aus- und eingekuppelt wird (Überschneidungssteuerung).

Die Ausrückeinrichtungen für die Kuppelvorgänge und die Betätigungen der Schaltmuffen können hydraulisch oder elektrisch gesteuert werden.

16

16.2.4 Lamellenkupplung

Lamellenkupplungen sind Mehrscheibenkupplungen, die z.B. im Ölbad laufen (Nasskupplung). Sie werden u.a. bei Krafträdern und automatischen Getrieben verwendet.

Aufbau (Bild 1)

Mehrere Kupplungsscheiben (Lamellen) sind hintereinander im Wechsel als treibende außenverzahnte Scheiben (Reiblamellen) und getriebene innenverzahnte Scheiben (Stahllamellen) angeordnet. Sie laufen meist im Ölbad.

Die außenverzahnten Lamellen greifen in die Nuten des Korbs, die innenverzahnten in die Außenverzahnung der Nabe. Die Druckplatte nimmt mehrere Druckfedern auf und ist über die Nabe mit der Getriebeantriebswelle verbunden.

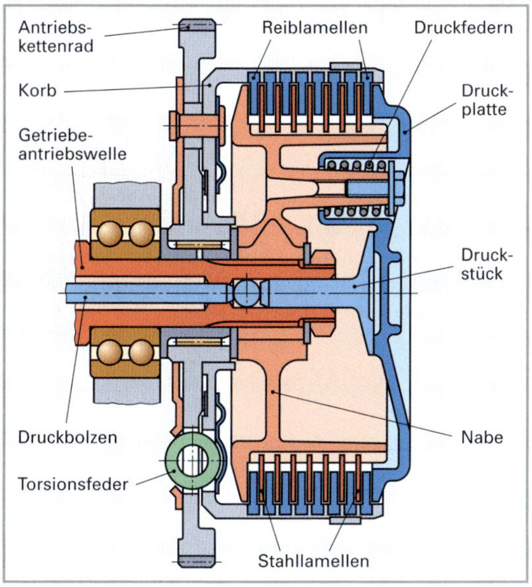

Bild 1: Lamellenkupplung

Eingekuppelt. Die Druckfedern pressen Druckplatte, außenverzahnte Lamellen und innenverzahnte Lamellen kraftschlüssig zusammen.
Die außenverzahnten Reiblamellen nehmen durch Reibung die innenverzahnten Stahllamellen mit. Kupplungskorb und Kupplungsnabe sind dadurch miteinander verbunden.

Kraftfluss. Das Motordrehmoment wird über Kupplungskorb, außenverzahnte Reiblamellen, innenverzahnte Stahllamellen, Druckplatte und Nabe auf die Getriebeantriebswelle übertragen.

Auskuppeln. Der Ausrücker drückt über den Druckbolzen und das Kupplungsdruckstück gegen die Druckplatte. Diese wird gegen die Kraft der Druckfedern von den Kupplungsscheiben abgehoben. Der Kraftfluss ist unterbrochen.

16.2.5 Magnetpulverkupplung

Magnetpulverkupplungen werden bei stufenlosen automatischen CVT-Getrieben (z.B. Schubgliederband Automatik) in Personenkraftwagen mit geringer Leistung als Anfahrkupplung verwendet.

Aufbau (Bild 2)

In der Kupplungsscheibe ist eine Magnetspule angeordnet, die an den Generatorstromkreis angeschlossen ist.

Im Ringspalt zwischen der Innenseite der Mitnehmerscheibe (Außenrotor) und den Ringnuten am äußeren Umfang der Kupplungsscheibe (Innenrotor) befindet sich feines Eisenpulver.

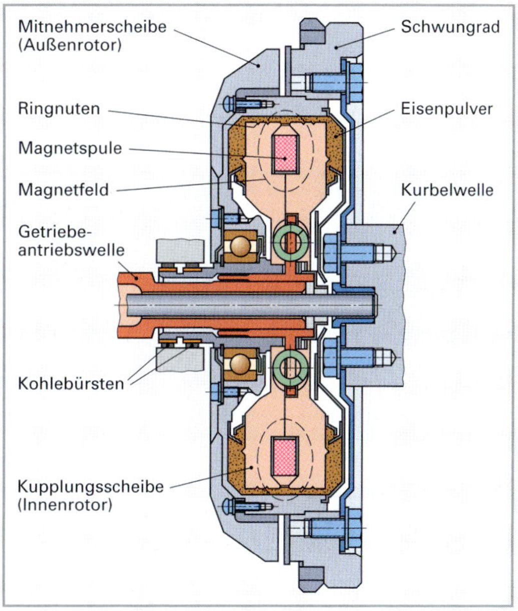

Bild 2: Magnetpulverkupplung

Wirkungsweise

Um eine kraftschlüssige Verbindung zwischen Innenrotor und Außenrotor herzustellen, wird der Magnetspule Strom zugeführt. Die Höhe des zugeführten Stromes wird elektronisch von einer Steuereinheit in Abhängigkeit von Motordrehzahl, Fahrgeschwindigkeit und Fahrpedalstellung gesteuert.

Das von der Magnetpulverkupplung übertragene Drehmoment ist von der Stärke des elektromagnetischen Feldes zwischen Kupplungsscheibe (Innenrotor) und Mitnehmerscheibe (Außenrotor) abhängig. Die Stärke des Feldes wird vom zugeführten Strom bestimmt.

Kraftfluss. Er verläuft vom Schwungrad über Mitnehmerscheibe, Eisenpulver, Kupplungsscheibe zu der Getriebeantriebswelle.

16.2.6 Automatisches Kupplungssystem AKS

Es ist ein selbsttätiges Kupplungssystem, bei dem das Öffnen der Kupplung (Auskuppeln) und Schließen der Kupplung (Einkuppeln) durch Sensorsignale ausgelöst wird.

Der Kuppelvorgang durch den Fahrer entfällt, ein Kupplungspedal ist nicht mehr notwendig.

Sensorsignale, die den Steuerungsvorgang beeinflussen sind:

- Zündschalter
- Motordrehzahl
- Gangerkennung
- Schaltabsichtserkennung
- Ausrückweg
- Fahrpedalstellung
- Fahrgeschwindigkeit
- ABS/ASR-Signale
- Ausrückgeschwindigkeit

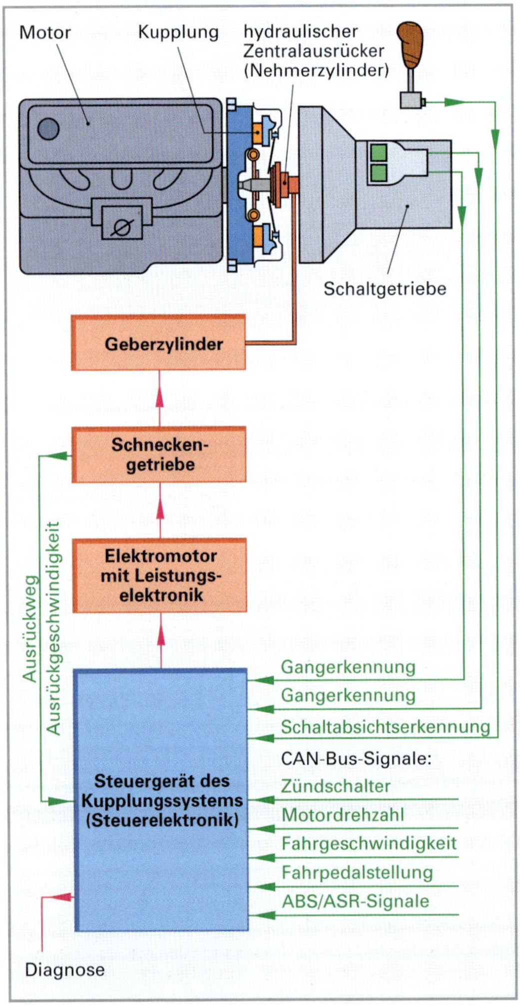

Bild 1: Blockschaltbild des Automatischen Kupplungssystems AKS

Aufbau (Bild 1)

Komponenten des Kupplungssystems

- **Kupplung**: Selbstnachstellende Membranfederkupplung (SAC) mit hydraulischem Zentralausrücker
- **Sensoren** für Schaltabsichtserkennung, Gangerkennung, Ausrückweg und Ausrückgeschwindigkeit
- **Steuergerät des Kupplungssystems**
- **Aktoren (Stellglieder)**
  - Elektromotor und Schneckengetriebe
  - Geberzylinder, hydraulischer Zentralausrücker (Nehmerzylinder)

Schaltabsichtserkennung. Sie wird durch einen Sensor (Drehpotentiometer) am Schalthebel erfasst.

Gangerkennung. Sie wird durch zwei berührungslose Drehwinkelsensoren am Schaltgestänge im Getriebe erfasst. Zusätzlich zu den Sensorsignalen für Schaltabsicht und Gangerkennung erhält das Steuergerät noch Signale über den CAN-Bus von den Steuergeräten der Motorsteuerung und der ABS/ASR-Steuerung.

Wirkungsweise

Zur Erfassung des jeweiligen Systemzustands erhält das Steuergerät von den Sensoren Eingangssignale, die es durch eine Kupplungs-Software verarbeitet und als Ausgangssignale an die Betätigungseinrichtungen (Stellglieder) übermittelt.

Die Kupplung wird entsprechend den Signalen für die Stellglieder geöffnet oder geschlossen.

Anfahren. Aus verschiedenen Eingangssignalen wie z.B. Raddrehzahl, Motordrehzahl und Getriebedrehzahl errechnet das Steuergerät den optimalen Schlupf für den Anfahrvorgang.

Gangwechsel. Der Sensor am Schalthebel meldet die Schaltabsicht des Fahrers. Das Steuergerät bewirkt über einen Elektromotor mit Schneckengetriebe Druckerzeugung im Geberzylinder. Dieser Druck öffnet über den hydraulischen Zentralausrücker (Nehmerzylinder) die Kupplung. Nach dem Schalten melden die Gangerkennungssensoren welcher Gang geschaltet wurde.

Nun gibt das Steuergerät ein Signal an den Elektromotor, wodurch das Schließen der Kupplung mit einem definierten Schlupf bewirkt wird.

Das Fahrpedal muss beim Schalten nicht unbedingt zurückgenommen werden. Die Einspritzmenge wird automatisch reduziert und danach wieder erhöht.

Normaler Fahrbetrieb. Um Drehschwingungen zu dämpfen, errechnet das Steuergerät aus den Signalen für die Motordrehzahl und Getriebeeingangsdrehzahl die Differenz, so dass bei Bedarf ein kontrollierter Schlupf eingestellt wird.

Lastwechsel. Beim ruckartigen Betätigen des Fahrpedals wird das Aufschaukeln des Fahrzeugs (Bonanza-Effekt) in Grenzen gehalten, da die Kupplung kurzzeitig geöffnet wird. Es kann dadurch ruckfrei beschleunigt werden.

Zurückschalten auf glatter Fahrbahn. Das Signal der blockierenden Antriebsräder wird vom Steuergerät so verarbeitet, dass die Kupplung bei Blockierbeginn öffnet und die Räder freigibt.

Merkmale

- Kein Kupplungspedal notwendig.
- Günstiges Verschleißverhalten für Kupplungsbelag und Ausrücklager.
- Kein Abwürgen des Motors beim Anfahren und Bremsen.
- Drehschwingungen des Motors werden durch Schlupf in der Kupplung gedämpft.
- Keine störenden Lastwechsel-Reaktionen.

Beispiele für elektronische Kupplungssysteme:

EKS **E**lektronisches **K**upplungs-**S**ystem
EKM **E**lektronisches **K**upplungs-**M**anagement
AKS **A**utomatisches **K**upplungs-**S**ystem

16.2.7 Funktionsprüfungen an Reibungskupplungen

Vor den Funktionsprüfungen sollte während einer Probefahrt mehrmals gekuppelt werden, um die Kupplung in einen betriebswarmen Zustand zu bringen. Die Kupplung darf wegen Überhitzungsgefahr nicht im Stand durch Schleifenlassen erwärmt werden.

Prüfung auf Rutschen beim Anfahren

1. Bei stehendem Fahrzeug 1. Gang einlegen.
2. Motordrehzahl auf doppelte Leerlaufdrehzahl erhöhen.
3. Gleichzeitig zügig einkuppeln.

Das Fahrzeug muss dabei weich und ruckfrei beschleunigen. Ist dies nicht der Fall, rutscht die Kupplung.

Prüfung auf Rutschen bei angezogener Handbremse

1. Kupplungspedal treten, höchsten Vorwärtsgang einlegen.
2. Motordrehzahl bis zum Drehmomentmaximum erhöhen.
3. Kupplung schnell einkuppeln, gleichzeitig Vollgas geben.

Der Motor muss dabei abgewürgt werden. Rutscht die Kupplung oder erfolgt ein Drehzahlanstieg, so ist die Übertragungsfähigkeit der Kupplung nicht in Ordnung.

Prüfung des Trennverhaltens

1. Kupplungspedal durchtreten.
2. Ungefähr 3 bis 4 Sekunden warten.
3. Gang einlegen und dabei auf Geräusche achten.

Es dürfen keine Geräusche auftreten, ansonsten ist das Trennverhalten der Kupplung nicht in Ordnung.

Oder

1. Antriebsachse anheben.
2. Kuppeln und Gang einlegen.

Die Antriebsräder dürfen sich nicht drehen.

16

Wiederholungsfragen

1 **Welche 5 Aufgaben muss die Kupplung im Kraftfahrzeug erfüllen?**

2 **Warum muss in Kraftfahrzeugen, die mit Schaltgetrieben ausgerüstet sind, der Kraftfluss zum Schalten unterbrochen werden?**

3 **Aus welchen 3 Hauptteilen besteht eine Einscheiben-Reibungskupplung?**

4 **Welche Aufgabe haben Ausrücker?**

5 **Erklären Sie den Aufbau eines zentral geführten hydraulischen Ausrückers.**

6 **Von welchen vier Größen ist das übertragbare Drehmoment einer Membranfederkupplung abhängig?**

7 **Erklären Sie die Wirkungsweise einer Membranfederkupplung beim Auskuppeln.**

8 **Was versteht man unter dem Lüftungsspiel einer Reibungskupplung?**

9 **Welche Vorteile hat die Membranfederkupplung gegenüber der Schraubenfederkupplung?**

10 **Welchen Vorteil bezüglich der Drehmomentübertragung besitzt die Zweischeibenkupplung gegenüber der Einscheibenkupplung?**

11 **Erklären Sie den Aufbau einer Kupplungsscheibe.**

12 **Welche Anforderungen werden an Kupplungsbeläge gestellt?**

13 **Woraus bestehen Kupplungsbeläge?**

14 **Wie ist die hydraulische Kupplungsbetätigung aufgebaut?**

15 **Welche Vorteile besitzt die hydraulische Kupplungsbetätigung?**

16 **Wie erfolgt die Drehmomentübertragung bei einer Magnetpulverkupplung?**

17 **Welche Funktionsprüfungen werden bei Pkw-Reibungskupplungen durchgeführt?**

18 **Welche Merkmale besitzt ein automatisches Kupplungssystem?**

16.3 Wechselgetriebe

Das Wechselgetriebe ist im Antriebsstrang eines Kraftfahrzeugs zwischen Kupplung und Achsgetriebe angeordnet und übersetzt Motordrehmomente und Motordrehzahlen.

Aufgaben

- Motordrehmoment wandeln und übertragen.
- Motordrehzahl wandeln.
- Leerlauf des Motors bei stehendem Fahrzeug ermöglichen.
- Umkehr des Drehsinns für Rückwärtsfahrt ermöglichen.

Jeder Verbrennungsmotor arbeitet zwischen einer Mindest- und Höchstdrehzahl und kann in diesem leistungsfähigen Drehzahlbereich nur ein begrenztes Drehmoment abgeben **(Bild 1)**.

Der Drehzahlbereich zwischen maximalem Motordrehmoment und maximaler Motorleistung wird **elastischer Bereich** genannt.

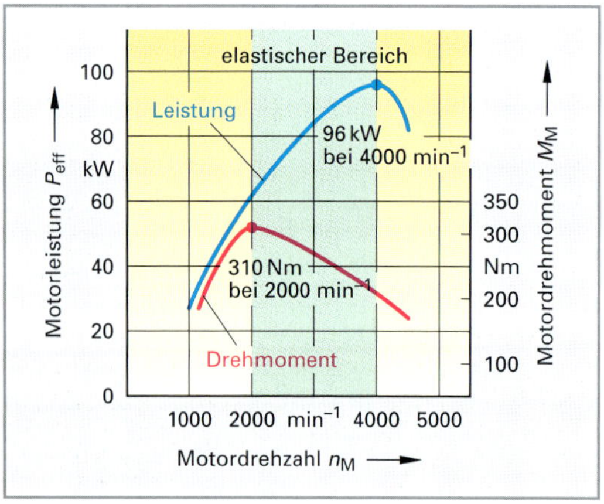

Bild 1: Leistungs- und Drehmomentkennlinie eines Verbrennungsmotors

Damit die vom Motor im leistungsfähigen Drehzahlbereich abgegebenen Drehmomente und Drehzahlen für den Fahrbetrieb eines Kraftfahrzeugs genutzt werden können, werden sie gewandelt.

Durch die verschiedenen Übersetzungsstufen im Getriebe werden über ein zwischengeschaltetes Achsgetriebe an den Antriebsrädern die gewünschten Antriebsdrehzahlen und Drehmomente erreicht.

Drehmoment-Drehzahlwandlung

Sie wird bei Wechselgetrieben mit Hilfe von Zahnrädern **(Bild 2)** bewirkt.

Bei einer Zahnradpaarung wirkt am größeren Zahnrad (größerer Hebelarm, mehr Zähne) immer das größere Drehmoment und die kleinere Drehzahl.

Das Hebelverhältnis r_2/r_1 entspricht dem Verhältnis der Zähnezahlen z_2 des getriebenen Zahnrades zum treibenden Zahnrad z_1 bzw. dem Verhältnis der treibenden Drehzahl n_1 zur getriebenen Drehzahl n_2.

Dieses Verhältnis wird **Übersetzungsverhältnis *i*** bzw. **Übersetzung** genannt und drückt den Grad der Drehmoment- und Drehzahlwandlung aus.

Bei einer **Übersetzung $i > 1$** erfolgt eine Erhöhung des Drehmoments und eine Absenkung der Drehzahl, eine **Übersetzung $i < 1$** bewirkt eine Drehmomentabsenkung und eine Drehzahlerhöhung.

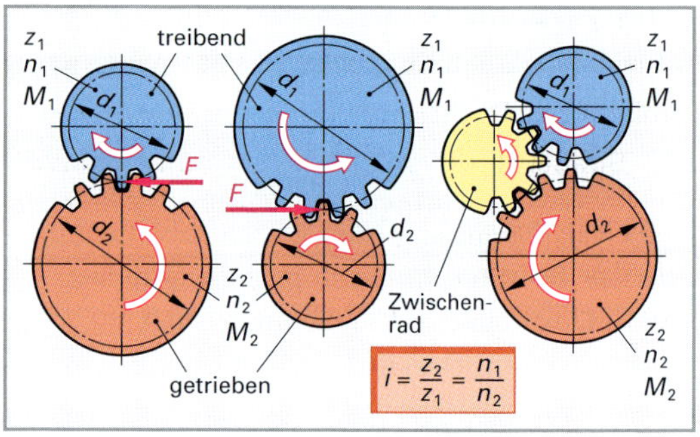

Bild 2: Drehmoment- und Drehzahlwandlung

Getriebeausgangskennlinien (Bild 3)
Durch verschiedene Übersetzungen lassen sich unterschiedliche Ausgangsdrehmomente und Ausgangsdrehzahlen erzielen. Daraus werden die Getriebeausgangskennlinien erstellt.

Die Kurvenpunkte werden aus den Werten der Drehmomentkennlinie des Motors und den Übersetzungen der Getriebegänge berechnet.

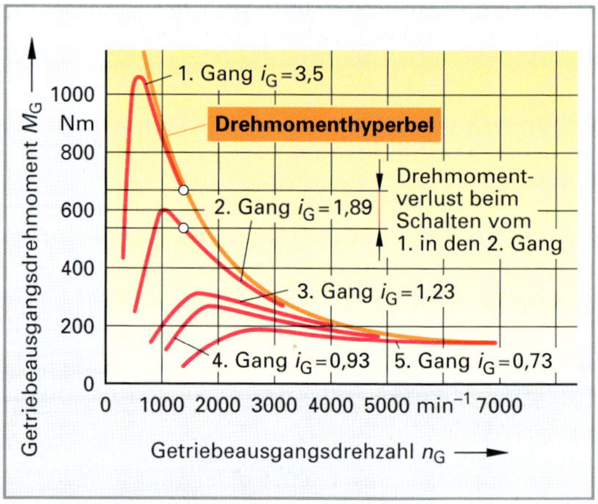

Bild 3: Getriebeausgangskennlinien

Drehmomenthyperbel (Bild 3). Die für die Fortbewegung eines Fahrzeugs notwendigen Getriebeausgangsdrehmomente werden über den Getriebeausgangsdrehzahlen aufgetragen.

Soll ein Fahrzeug z.B. aus dem Stand beschleunigt werden, ist ein hohes Antriebsdrehmoment erforderlich. Dies ist z.B. durch die Übersetzung des 1. Ganges möglich.
Um beim Gangwechsel einen möglichst geringen Drehmomentverlust zu haben, sollen sich die Getriebeausgangskennlinien der Drehmomenthyperbel annähern. Dies ist ein Merkmal für die günstige Abstufung eines Getriebes.

Zugkrafthyperbel. Werden anstelle der Ausgangsdrehmomente die Zugkräfte über der Fahrgeschwindigkeit aufgetragen, so erhält man als Fahrschaubild des Fahrzeugs eine Zugkrafthyperbel.

Leerlaufstellung

Sie bewirkt die Unterbrechung des Kraftflusses.

Umkehr des Drehsinns

Die Straßenverkehrs-Zulassungs-Ordnung StVZO schreibt für Kraftfahrzeuge mit mehr als 400 kg zulässigem Gesamtgewicht eine Einrichtung für die Umkehr des Drehsinns zum Rückwärtsfahren vor.

Sie wird durch ein Zwischenrad erreicht.

16.4 Handgeschaltete Wechselgetriebe

Man unterscheidet nach ...

... dem Kraftfluss-Verlauf im Getriebe **(Bild 1)**:
- Gleichachsige Schaltgetriebe
- Ungleichachsige Schaltgetriebe

... der Einbaulage im Fahrzeug:
- Längsgetriebe (= gleichachsig)
- Quergetriebe (= ungleichachsig)

... den Bauteilen, welche die Schalträder (Losräder) mit ihren Wellen drehfest verbinden:
- Schaltmuffengetriebe
- Schaltklauengetriebe

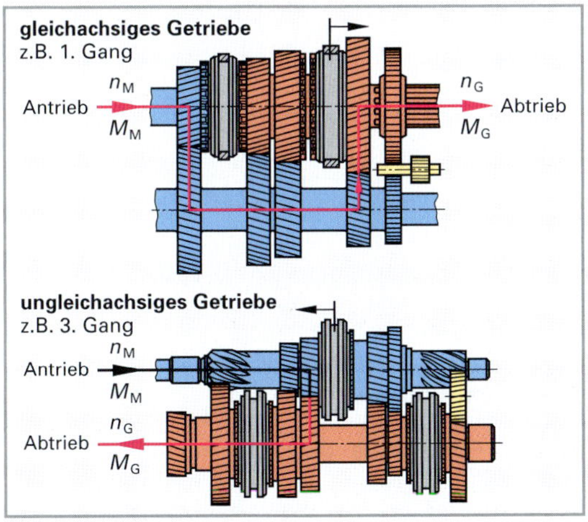

Bild 1: Gleich- und ungleichachsiges Getriebe

16.4.1 Schaltmuffengetriebe

> Der Kraftfluss zwischen Schaltrad (Losrad) und Getriebewelle wird über eine Schaltmuffe hergestellt, die z.B. über einen Synchronkörper drehfest mit der Getriebewelle verbunden ist **(Bild 2)**.

Alle Zahnradpaarungen für die Vorwärtsgänge sind schrägverzahnt und ständig miteinander im Eingriff. Dies ist nur möglich, wenn bei jeder nicht geschalteten Zahnradpaarung ein Zahnrad als Losrad frei auf der Welle drehbar ist.

Schaltvorgang. Eine Schaltmuffe wird so verschoben, dass das entsprechende Schaltrad (Losrad) drehfest mit der Welle verbunden wird. Dabei werden die Innenklauen der Schaltmuffe über die Schaltverzahnung des Schaltrades geschoben.

Ungleichachsige Schaltmuffengetriebe

> Bei ungleichachsigen Getrieben werden die Übersetzungen über je eine Zahnradpaarung erreicht.

Sie werden z.B. in Fahrzeugen mit quer zur Fahrtrichtung eingebautem Motor verwendet.

Antriebswelle und Abtriebswelle liegen auf verschiedenen (ungleichen) Ebenen **(Bild 2)** Die Abtriebswelle wird auch als Hauptwelle bezeichnet.

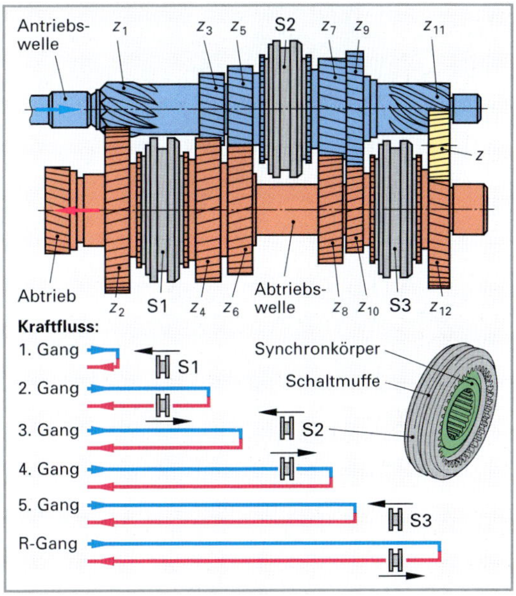

Bild 2: Ungleichachsiges 5-Ganggetriebe

Beispiel (Schaltung 3. Gang): Die Schaltmuffe S2 wird nach links auf die Schaltverzahnung des Schaltrades z_5 geschoben.

Kraftfluss 3. Gang: Antriebswelle → Synchronkörper → Schaltmuffe S2 → Schaltverzahnung von z_5 → Zahnrad z_5 → Zahnrad z_6 → Abtriebswelle.

6-Gang-Schaltgetriebe in Kurzbauweise

Es ist ungleichachsig und wird für Quereinbau bei Vorderradantrieb und Allradantrieb verwendet.

Aufbau (Bild 1):

- 1 Antriebswelle **An** mit 5 Gangrädern (Festräder).
- 2 Abtriebswellen **Ab1** und **Ab2** mit Schalträdern und 2 Abtriebszahnrädern z_{ab1}, z_{ab2}, die auf ein gemeinsames Achsgetriebe-Stirnrad wirken.
- 4 Schaltmuffen S1, ... S4, 2 je Abtriebswelle.

Gangräder: z_1, z_3, z_5, z_7, z_9 sitzen als Festräder auf der Antriebswelle An.

Schalträder: z_2, z_4, z_6, z_8 für die Gänge 1 bis 4 sitzen als Losräder auf der Abtriebswelle Ab1.

Die Schalträder z_{10}, z_{12}, z_{16}, für den 5., 6. und R-Gang sind auf der Abtriebswelle Ab2 gelagert.

Schaltmuffen: S1, S2, S3, und S4 für die Vorwärtsgänge stellen die drehfeste Verbindung der Schalträder mit den Abtriebswellen **Ab1** und **Ab2** her.

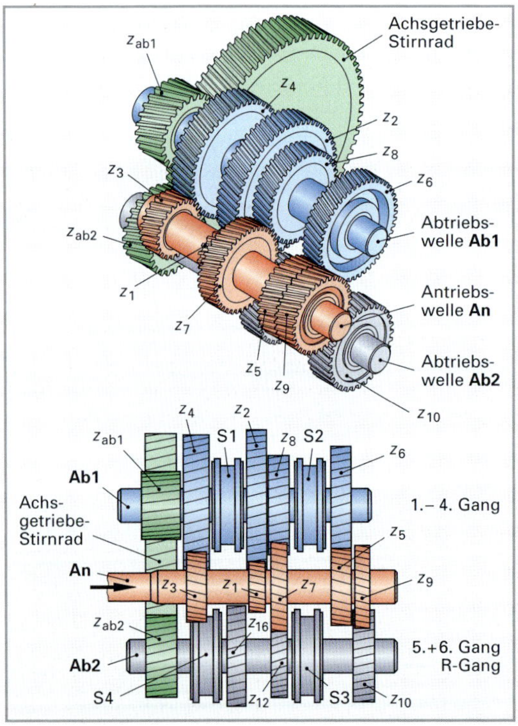

Bild 1: 6-Gangetriebe für Quereinbau

Kraftfluss:

1. Gang: **An** $\rightarrow z_1 \rightarrow z_2 \rightarrow$ S1 $\rightarrow$ **Ab1** $\rightarrow z_{ab1}$
2. Gang: **An** $\rightarrow z_3 \rightarrow z_4 \rightarrow$ S1 $\rightarrow$ **Ab1** $\rightarrow z_{ab1}$
3. Gang: **An** $\rightarrow z_5 \rightarrow z_6 \rightarrow$ S2 $\rightarrow$ **Ab1** $\rightarrow z_{ab1}$
4. Gang: **An** $\rightarrow z_7 \rightarrow z_8 \rightarrow$ S2 $\rightarrow$ **Ab1** $\rightarrow z_{ab1}$
5. Gang: **An** $\rightarrow z_9 \rightarrow z_{10} \rightarrow$ S3 $\rightarrow$ **Ab2** $\rightarrow z_{ab2}$
6. Gang: **An** $\rightarrow z_7 \rightarrow z_{12} \rightarrow$ S3 $\rightarrow$ **Ab2** $\rightarrow z_{ab2}$

Gleichachsige Schaltmuffengetriebe

Bei gleichachsigen Getrieben liegen Antriebswelle und Abtriebswelle in der gleichen Ebene **(Bild 2)**.

Sie werden in Fahrzeuge mit in Fahrtrichtung eingebautem Frontmotor und Hinterradantrieb eingebaut und auch als „3-Wellengetriebe" bezeichnet (Antriebswelle, Vorgelegewelle, Abtriebswelle).

Antriebswelle. Sie ist mit der Kupplungsscheibe verbunden und treibt über z_1 die Vorgelegewelle.

Vorgelegewelle. Sie bildet mit den Zahnrädern z_2, z_3, z_5, z_7, z_9 und z_{11} einen Zahnradblock.

Abtriebswelle (Hauptwelle). Auf ihr befinden sich die Schalträder (Losräder) z_4, z_6, z_8, z_{10}, z_{12}.

Zum Schalten der Gänge werden die Schaltmuffen S1, S2 und S3 nach links oder rechts verschoben. Dadurch wird jeweils ein Schaltrad (Losrad) über den Synchronkörper drehfest mit der Abtriebswelle verbunden.

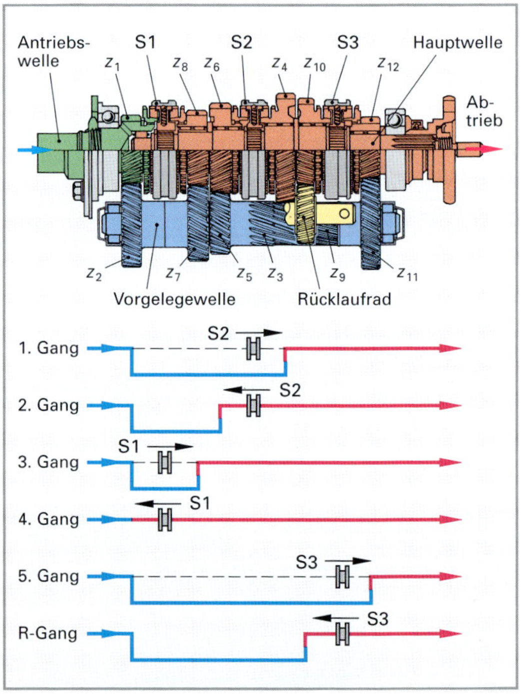

Bild 2: Gleichachsiges 5-Ganggetriebe

Die Übersetzungen i_G der einzelnen Gänge werden, außer im direkten Gang, jeweils über zwei Zahnradpaarungen erreicht. Dabei ist immer die Zahnradpaarung z_1/z_2 wirksam.

Direkter Gang (4.Gang): Die Schaltmuffe S1 wird nach links verschoben und die Antriebswelle drehfest mit der Antriebswelle verbunden. Hier erfolgt keine Drehmoment- und Drehzahländerung.

16.4.2 Synchronisiereinrichtungen von Schaltmuffengetrieben

Synchronisiereinrichtungen sollen Gleichlauf zwischen Schaltmuffe und Schaltrad (Losrad) herstellen und geräuschloses und schnelles Schalten ermöglichen.

Die Angleichung bei unterschiedlichen Drehzahlen erfolgt durch Gleitreibung zwischen den konischen Reibflächen von Synchronring und Gangrad.

Den Angleichvorgang nennt man Synchronisieren.

Bauarten

- Einfache Synchronisiereinrichtungen (1 Reibkonus) mit Innen- oder Außensynchronisation
- Mehrfache Synchronisiereinrichtungen (2 bzw. 3 Reibkonen)

Einfache Synchronisiereinrichtung mit Innensynchronisation (System Borg-Warner)

Aufbau

Die Synchronisiereinrichtung **(Bild 1)** besteht aus Schaltmuffe, Synchronkörper, 3 Druckstücken, 2 Haltefedern, Synchronring und Schaltrad.

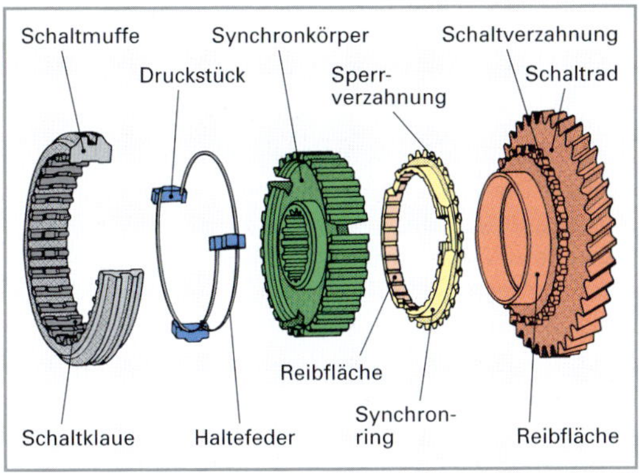

Bild 1: Einfache Sperrsynchronisiereinrichtung mit Innensynchronisation (System Borg-Warner)

Schaltmuffe. Sie trägt an der Innenseite Schaltklauen, die in die äußeren Aussparungen des Synchronkörpers eingreifen. Die 3 Druckstücke werden vom Synchronkörper geführt und durch 2 Haltefedern gegen die Schaltklauen der Schaltmuffe gepresst. Dadurch wird die Schaltmuffe mittig auf dem Synchronkörper gehalten.

Synchronkörper. Er ist drehfest mit der Welle des Schaltrades (Gangrades) verbunden.

Synchronring. Er hat innen eine kegelförmige Reibfläche und außen eine Sperrverzahnung.
3 Aussparungen im Synchronring beschränken dessen Verdrehen gegenüber den Druckstücken.

Schaltrad. Es hat auf der dem Synchronring zugekehrten Seite außen eine kegelförmige Reibfläche, dahinter sitzt die Schaltverzahnung.

Wirkungsweise

Neutrale Stellung (Bild 2). Bei nicht geschaltetem Gang wird die Schaltmuffe durch die Druckstücke auf dem Synchronkörper gehalten.
Das Schaltrad läuft lose auf der Welle.

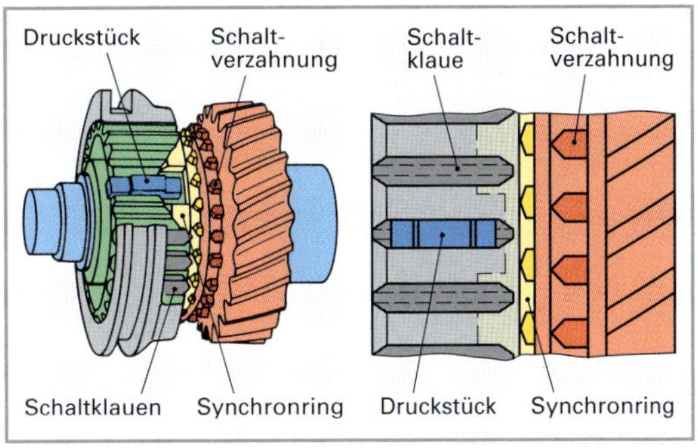

Bild 2: Neutrale Stellung

Sperr- und Synchronisierstellung (Bild 3). Beim Schalten wird über die Schaltgabel die Schaltmuffe in Richtung des zu schaltenden Ganges geschoben.

Die 3 Druckstücke werden gegen den Synchronring gedrückt. Dadurch verschieben sie diesen axial und drücken ihn gegen die konische Reibfläche des Schaltrades.

Solange sich Schaltmuffe und Schaltrad mit unterschiedlicher Drehzahl drehen, entsteht ein Reibmoment, das den Synchronring so weit verdreht, bis seine Aussparungen an den Druckstücken anliegen. Dadurch liegen die Sperrzähne jetzt vor den Schaltklauen der Schaltmuffe und sperren das Verschieben der Schaltmuffe.

Durch die Reibung zwischen den Reibflächen von Synchronring und Schaltrad wird das Schaltrad beschleunigt bzw. abgebremst und so der Gleichlauf zwischen Schaltrad, Schaltmuffe und Welle hergestellt.

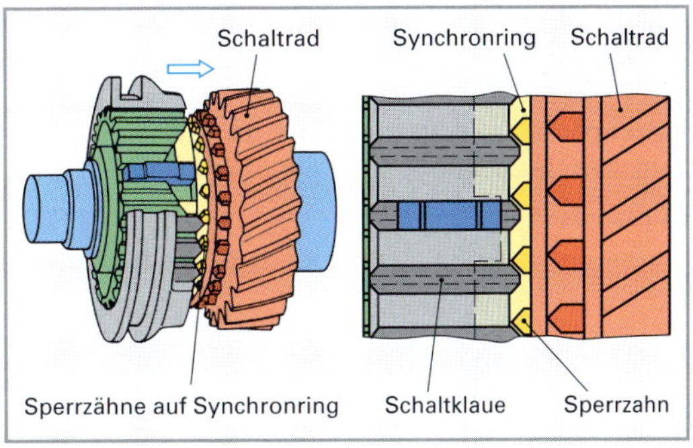

Bild 3: Sperr- und Synchronisierstellung

Gang geschaltet (Bild 1, S. 374). Nachdem Gleichlauf zwischen Schaltrad und Schaltmuffe hergestellt ist, wirkt kein Reibmoment mehr auf den Synchronring. Er lässt sich durch die Anschrägungen der Schalt-

16

klauen zurückdrehen. Damit ist die Schaltmuffe nicht mehr gesperrt und kann über die Schaltverzahnung des Schaltrades geschoben werden.

Die Verbindung zwischen Getriebewelle und Schaltrad ist hergestellt.

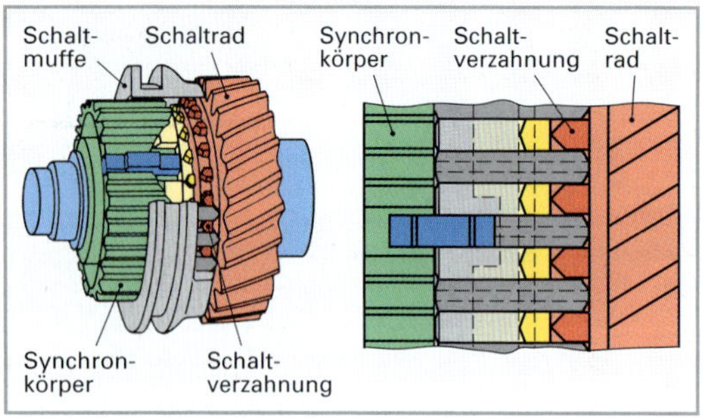

Bild 1: Gang geschaltet

Synchronisiereinrichtungen mit mehrfacher Synchronisation

Sie werden meist für das Schalten von niedrigen Gängen eingesetzt. Hier sind die Drehzahldifferenzen zwischen Schaltmuffe und dem lose laufenden Schaltrad größer als in den hohen Gängen. Zum Angleichen der Drehzahlen (Beschleunigen oder Abbremsen der Zahnräder) sind größere Reibkräfte erforderlich als in den höheren Gangstufen.

Bei modernen Schaltgetrieben von Personenkraftwagen verwendet man z.B. bei 6-Gang-Schaltgetrieben als Synchronisiereinrichtung für den

1. und 2. Gang eine Dreikonen-Synchronisation,
3. und 4. Gang eine doppelte Synchronisation,
5., 6. Gang und Rückwärtsgang eine einfache Synchronisation.

Vorteile der Mehrfach-Synchronisation

- Bei gleicher Schaltkraft größere Reibkraft.
- Schnelleres und leichteres Schalten.
- Geringerer Verschleiß der Reibkonen, da die Flächenpressung an den Reibflächen geringer ist.

Synchronisiereinrichtung mit doppelter Synchronisation

Aufbau (Bild 2)

- Innerer Synchronring
- Äußerer Synchronring
- Zwischenring
- Schaltmuffe
- Synchronkörper
- Schaltrad

Der Zwischenring ist drehfest mit dem Schaltrad, der innere Synchronring drehfest mit dem äußeren Synchronring verbunden.

Bei der doppelten Synchronisation sind 2 Reibpaarungen (innerer Synchronring/Zwischenring und Zwischenring/äußerer Synchronring) vorhanden. Dadurch wird die Gesamtreibfläche fast doppelt so groß wie bei der einfachen Synchronisation.

Wirkungsweise. Beim Synchronisieren wird durch die Schaltmuffe der äußere Synchronring auf den Zwischenring und dieser auf den inneren Synchronring geschoben.

Durch die Reibung werden der äußere und der innere Synchronring so weit verdreht, dass die Sperrzähne des äußeren Synchronrings das weitere Verschieben der Schaltmuffe so lange verhindern bis Gleichlauf erreicht ist.

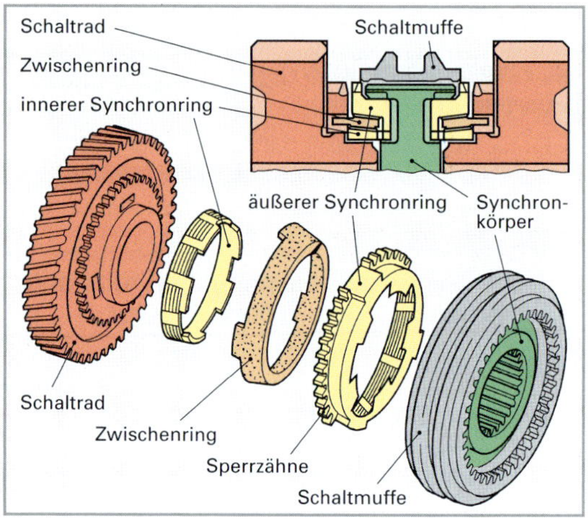

Bild 2: Doppelte Synchronisierung

Außenkonussynchronisiereinrichtung (Bild 3)

Aufbau. Die konischen Reibflächen befinden sich an der Außenseite des Synchronringes und an der Innenseite der Schaltmuffe. Die Sperrung wird durch die 3 angeschrägten Nasen am Synchronring bewirkt. Die Innenfedern halten den Synchronring am Schaltrad.

Sperrvorgang: Bei unterschiedlicher Drehzahl wird der Synchronring so weit verdreht, dass die Nasen ein Weiterschalten der Schaltmuffe verhindern. Ist Gleichlauf erreicht, wirkt kein Reibmoment mehr und die Nasen können in die Nuten der Schaltverzahnung gedrückt werden. Somit kann die Schaltmuffe in die Schaltverzahnung geschoben werden. Infolge des größeren Reibhalbmessers ist ein leichteres und schnelleres Schalten möglich.

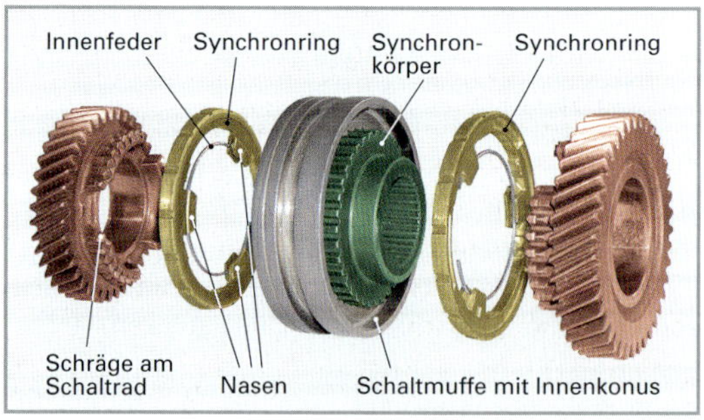

Bild 3: Außenkonussynchronisiereinrichtung

16.4.3 Wartungsarbeiten und Fehlersuche an Schaltgetrieben

Wesentliche Wartungsarbeiten

- Ölstand prüfen, ggf. richtigstellen.
- Schaltung auf Leichtgängigkeit und Funktion prüfen.
- Ölwechsel, soweit vorgeschrieben, nach Herstellervorschrift durchführen.
- Getriebegehäuse auf Dichtheit prüfen.

Prüfungen zur Lokalisierung von Fehlern und Störungen

- Sichtprüfungen, z.B. an Getriebeaufhängung und Schaltgestänge.
- Geräuschprüfungen, z.B. Zahn- und Lagergeräusche bei Leerlauf und Lastwechsel.
- Funktionsprüfungen, z.B. Synchronisierung beim Gangwechsel.

Fehlersuche

Fehler/Störung	Ursache	Abhilfe
Schaltung hakt	Schaltgestänge verbogen Getriebeaufhängung defekt Falsche Einstellung	Defekte Bauteile ersetzen Einstellung korrigieren
Gang springt heraus	Schaltgabel verbogen Schaltverzahnung abgenutzt Schaltarretierung defekt Motor- oder Getriebeaufhängung schadhaft	Schaltgabel ersetzen Zahnräder ersetzen Aufhängungsteile erneuern
Getriebe synchronisiert schlecht	Synchronring verschlissen Falsches Getriebeöl eingefüllt	Synchronringe ersetzen Vorgeschriebenes Getriebeöl verwenden
Getriebegeräusche beim Fahren unter Last	Getriebelager defekt Verzahnung schadhaft	Getriebelager ersetzen Zahnräder ersetzen
Undichtheit am Gehäuse	Dichtringe, Dichtungen undicht	Defekte Teile ersetzen

WIEDERHOLUNGSFRAGEN

1 **Warum ist in einem Fahrzeug mit Verbrennungsmotor ein Wechselgetriebe notwendig?**

2 **Welche Aufgaben hat das Wechselgetriebe im Kraftfahrzeug?**

3 **Was versteht man unter dem elastischen Bereich eines Verbrennungsmotors?**

4 **Erklären Sie den Begriff Übersetzungsverhältnis am Beispiel einer einfachen Zahnradpaarung.**

5 **Wie wirkt sich eine Übersetzung $i > 1$ auf die Drehmomentwandlung und Drehzahlwandlung in einem Getriebe aus?**

6 **Wie unterscheiden sich gleichachsige und ungleichachsige Getriebe?**

7 **Ein Schaltgetriebe hat im 1. Gang eine Übersetzung von $i = 3{,}5$ und im 5. Gang eine von $i = 0{,}73$. Wie werden durch diese Übersetzungen ein Motordrehmoment von 100 Nm und eine Motordrehzahl von 1000 1/min gewandelt?**

8 **Nach welchen Gesichtspunkten unterscheidet man handgeschaltete Wechselgetriebe?**

9 **Unter welcher Bedingung ist es möglich, dass in einem Getriebe mehrere Zahnradpaarungen ständig miteinander laufen?**

10 **Wie wird bei Schaltmuffengetriebe der Kraftfluss zwischen Schaltrad und Getriebewelle hergestellt?**

11 **Über wie viele Zahnradpaarungen verläuft der Kraftfluss in einem gleichachsigen, über wieviele in einem ungleichachsigen Wechselgetriebe?**

12 **Welche Aufgaben haben Synchronisiereinrichtungen in Schaltmuffengetrieben?**

13 **Nennen Sie die Bauteile der einfachen Konus-Synchronisierung (Borg-Warner).**

14 **Erklären Sie die Synchronisiervorgänge und Sperrvorgänge bei der einfachen Konus-Synchronisierung (System Borg-Warner).**

15 **Welche Vorteile hat die Mehrfach-Synchronisierung gegenüber der Einfach-Synchronisierung?**

16 **Erklären Sie den Aufbau einer Synchronisiereinrichtung mit doppelter Synchronisierung?**

17 **In welchen Gängen werden die Einfach-, die Doppelte-, und die 3-Konen-Synchronisation verwendet?**

18 **Welche Wartungsarbeiten sind an Wechselgetrieben durchzuführen?**

19 **Wie können Fehler an Wechselgetrieben lokalisiert werden?**

20 **Welche Fehler können vorliegen, wenn ein Gang rausspringt?**

21 **Ein Getriebe synchronisiert schlecht. Geben sie mögliche Ursachen an.**

16.5 Automatische Getriebe

Man unterscheidet teilautomatische Getriebe und vollautomatische Getriebe:

Teilautomatische Getriebe

- Der Kraftfluss wird durch selbsttätiges Auskuppeln unterbrochen und durch Einkuppeln zugeschaltet, z.B. Automatisches Kupplungssystem AKS.
- Das Schalten der Gänge zum Ändern der Übersetzungen und Drehrichtung wird manuell durch Betätigung eines Schalthebels durchgeführt.

Vollautomatische Getriebe

- Der Kraftfluss wird je nach Bedarfsfall selbsttätig unterbrochen oder zugeschaltet.
- Das Schalten der Gänge zum Ändern der Übersetzungen wird selbsttätig, elektro-hydraulisch oder elektro-pneumatisch gesteuert durchgeführt.

Vollautomatische Getriebe

Automatisierte Schaltgetriebe mit

- Membranfederkupplung
- Stirnrad-Getriebe

Die Übersetzungsänderung erfolgt gestuft.

Z.B. Automatisiertes Schaltgetriebe ASG, Easytronic, Direkt-Schalt-Getriebe DSG.

Wandler-Automatik mit

- hydrodynamischem Drehmomentwandler
- Planetenradsatz

Die Übersetzungsänderung erfolgt gestuft.

Z.B. 5-, 6-, 7-Gang Wandlerautomatik.

CVT-Automatik-Getriebe mit

- Primär- und Sekundär-Kegelscheibe
- Stahlschub-Gliederband oder Laschenkette

Die Übersetzungsänderung erfolgt stufenlos.

Z.B. Ecotronic, Multitronic.
(CVT = Continously Variable Transmission = stufenlose Übersetzungsänderungen).

16.5.1 Automatisierte Schaltgetriebe

Automatisierte Schaltgetriebe sind vollautomatische Getriebe, bei denen konventionelle 5- oder 6-Gang-Schaltgetriebe mit Kupplung selbsttätig geschaltet werden.

Bei dem in **Bild 1** dargestellten Automatisierten Schaltgetriebe erfolgt die Betätigung der Kupplung und das Schalten der Gänge elektro-hydraulisch.
Das Schalten der Gänge kann auch manuell z.B. durch Betätigen von Lenkrad-Schaltwippen oder durch den Wählhebel in Tiptronicfunktion erfolgen.

Automatisiertes Schaltgetriebe ASG

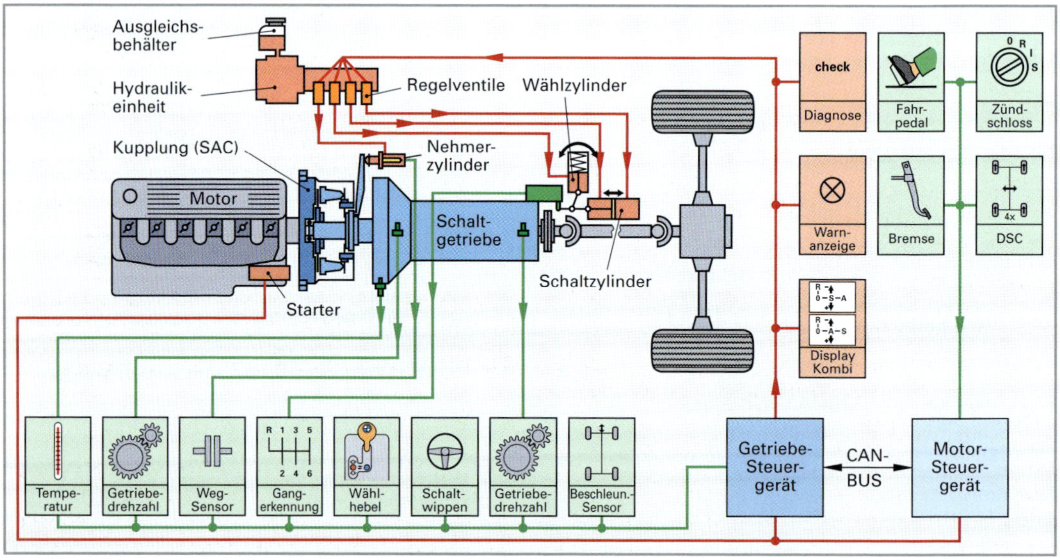

Bild 1: Automatisiertes Schaltgetriebe ASG mit Hydraulikeinheit

Hauptsteuergrößen für den automatisierten Schaltablauf sind: Fahrgeschwindigkeit, Wählhebelstellung, gewähltes Fahrprogramm und Fahrpedalstellung. Über den Tiptronic-Hebel oder Lenkrad-Schaltwippen kann manuell eingegriffen werden.

Zur Durchführung eines schlupfgeregelten optimalen Ein- und Auskuppelvorgangs werden Sensoren zum Erfassen von Motordrehzahl, Getriebeeingangsdrehzahl und Kupplungsweg eingesetzt.

Zur Erkennung von Steigung und Gefälle, sowie zum Erfassen von Beschleunigung oder Verzögerung, dient der Längsbeschleunigungs-Sensor.

Das Einlegen der Gänge erfolgt durch Wählzylinder und Schaltzylinder, deren Positionen durch Sensoren erfasst werden. Durch den Getriebeöl-Temperatursensor werden die Schaltzeitpunkte beeinflusst.

Systemsteuerung. Das ASG-Steuergerät wertet die Eingangssignale der Sensoren mit einer Getriebe-/Kupplungssoftware aus. Es ermittelt anhand von hinterlegten Kennfeldern die Ausgangssignale zum Ansteuern des Kupplungs-Nehmerzylinders, des Wählzylinders und des Schaltzyinders.

Der Schaltablauf gliedert sich in 3 Phasen:

- Auskuppeln
- Schalten
- Einkuppeln.

Um einen möglichst guten Schaltkomfort und kurze Schaltzeiten zu realisieren, werden die 3 Phasen entsprechend der jeweiligen Fahrsituation variiert.

Als Sicherheitseinrichtungen sind z.B. Sensoren an Bremspedal und Türkontakten vorhanden.

Die Schaltvorgänge laufen sequenziell ab, d.h. es kann nur jeweils um einen Gang hoch- oder zurückgeschaltet werden. Deswegen bezeichnet man diese Getriebe auch als sequenzielle Getriebe

Kupplung und Kupplungsaktor. Als Kupplung wird eine selbstnachstellende Kupplung (**SAC**) verwendet. Der Kupplungsaktor besteht aus dem Nehmerzylinder mit Weg-Sensor.

Schaltgetriebe und Getriebeaktoren. Als Getriebe wird z.B. ein 6-Gang-Handschaltgetriebe verwendet, an das ein Wählzylinder und ein Schaltzylinder angebaut sind (Add-On-System). Sie werden hydraulisch betätigt und führen die Bewegungen von Schaltwelle und Schaltgabel aus, die zum Gangwechsel erforderlich sind.

Hydraulikeinheit. Durch die Ölpumpe wird der Arbeitsdruck erzeugt. Elektro-hydraulisch betätigte Ventile steuern den Druck entsprechend den im Steuergerät hinterlegten Kennfeldern zu Wähl- und Schaltzylinder und Kupplungs-Nehmer-Zylinder.

Systemverknüpfung. Das Getriebesteuergerät AGS wird über CAN mit anderen im Fahrzeug verbauten Systemen wie z.B. Motorsteuerung und Fahrdynamik-Regelsystemen verknüpft.

Direktschaltgetriebe DSG

Das Direktschaltgetriebe DSG ist ein automatisiertes Getriebe, bei dem ein 6-Gang-Schaltgetriebe mit Doppelkupplung sebsttätig von elektrischen Aktoren geschaltet wird.

Das DSG kann sowohl im Automatikmodus als auch manuell im Tiptronic-Modus betrieben werden.

Merkmale

- 6-Gang-Schaltgetriebe
- Doppelkupplung zum Anfahren und Schalten
- Ölpumpe, Ölkühler, Ölfilter
- Elektro-hydraulische Getriebesteuerung
- Sensoren zur Erfassung der Eingangssignale
- Elektrische Aktoren zur Betätigung der Kupplungen K1 und K2 und zum Schalten der Gänge
- 2 Eingangswellen

Aufbau (Bild 1). Das Getriebe besteht aus zwei Teilgetrieben. Die Grundanordnung entspricht einem 6-Gang-Schaltgetriebe in Kurzbauweise. Auf der Eingangswelle 1 (Vollwelle) sind die ungeraden Gänge 1, 3, 5 und der Rückwärtsgang zugeordnet. Der Eingangswelle 2 (Hohlwelle) die geraden Gänge 2, 4 und 6. Der Eingangswelle 1 ist die Kupplung K1 zugeordnet. Der Eingangswelle 2 ist die Kupplung K2 zugeordnet.

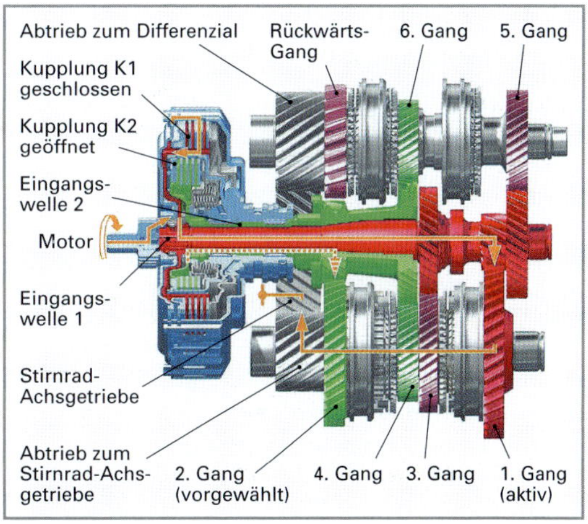

Bild 1: Direktschaltgetriebe DSG (1. Gang geschaltet)

Schaltvorgang. Beim Gangwechsel sind zwei Gänge eingelegt. Der aktiv geschaltete und der bereits vorgewählte nächste Gang. Damit ist ein schneller Gangwechsel ohne Zugkraftunterbrechung möglich.

Wird zum Beispiel vom 1. in den 2. Gang geschaltet ist die Kupplung K1 geschlossen. Der 2. Gang ist ebenfalls eingelegt und die Kupplung K2 ist geöffnet **(Bild 1, Seite 377).**

Anhand der Eingangssignale erkennt die Getriebesteuerung den idealen Schaltzeitpunkt. Der Gangwechsel wird eingeleitet. Die für den 1. Gang zuständige Kupplung K1 ist die abschaltende Kupplung. Sie wird geöffnet. Die für den 2. Gang zuständige Kupplung K2 ist die zuschaltende Kupplung. Sie wird geschlossen **(Bild 1).**

Es kommt zur Überschneidung zwischen der abschaltenden Kupplung K1 und der zuschaltenden Kupplung K2. Der gesamte Schaltvorgang wird innerhalb von 3/100 Sekunden ... 4/100 Sekunden durchgeführt.

Während des Schaltvorgangs wird das Motordrehmoment reduziert um ihn komfortabler und schonender zu machen.

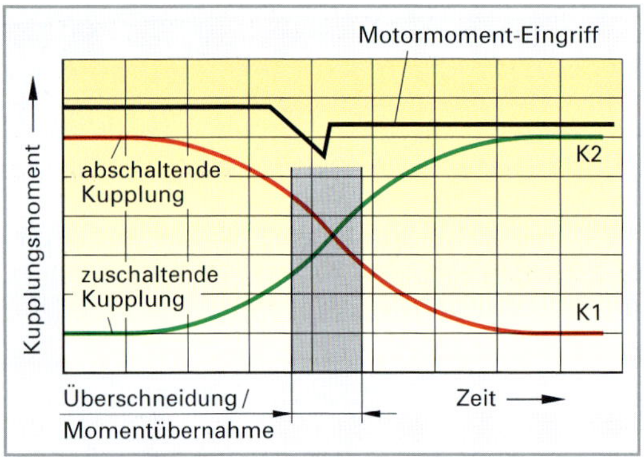

Bild 1: Schaltvorgang

Systemsteuerung. Die zentrale Steuereinheit zum Schalten der Gänge ist das Mechatronik-Modul **(Bild 2).** Es ist im Getriebe untergebracht. Das Mechatronik-Modul vereinigt die Elektronik des Getriebesteuergerätes und die elektrohydraulische Steuereinheit, mit Drehzahl-, Weg- und Temperatursensoren und Aktoren. Die zum Schalten der Gänge erforderlichen externen Signale laufen über den Datenbus CAN-Antrieb in das Mechatronik-Modul. Bei einem Defekt innerhalb der Mechatronik muss diese komplett ausgetauscht werden.

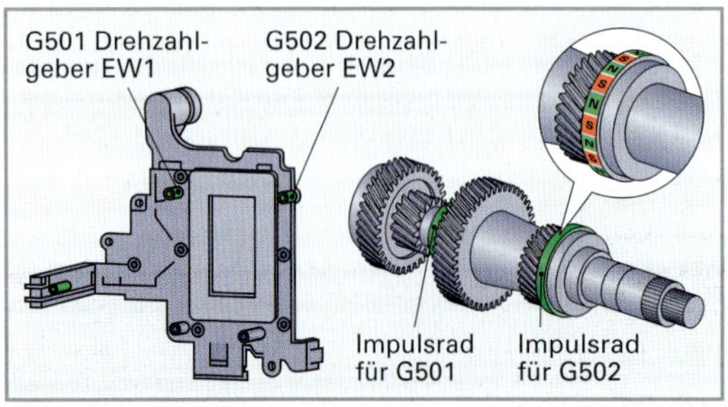

Bild 2: Mechatronik-Modul und Antriebswellen

Sensoren und Aktoren. Hallgeber ermitteln die Drehzahlen der Getriebeeingangswellen und der Ausgangswelle, sowie der Kupplungen. Auf den Wellen sind Impulsräder angebracht, über deren Umfang sich Magnete mit unterschiedlicher Polung abwechseln **(Bild 2).**

Das Steuergerät vergleicht die Drehzahlsignale der Eingangswellen mit dem Drehzahlsignal des Motors und errechnet daraus den Schlupf der Kupplungen K1 und K2. Anhand des Schlupfes erkennt das Steuergerät den Öffnungs- und Schließzustand der Kupplungen.

Drucksensoren ermitteln die Arbeitsdrücke der Kupplungen. Über Druckregelventile werden die Kupplungen dosiert zu- und abgeschaltet **(Bild 3).** Mit den Wegsensoren werden die Gangsteller für die Schaltgabeln überwacht. Temperatursensoren überwachen die Getriebeöltemperatur, um eine Überlastung zu verhindern.

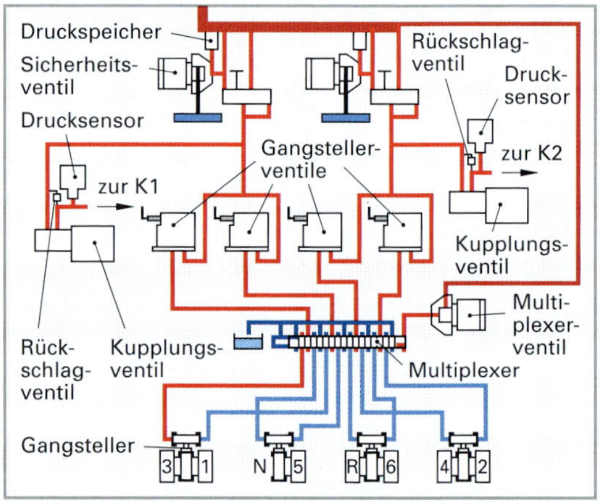

Bild 3: Gangstellerventile und Gangsteller

Notlaufprogramm. Im Notlauf kann ein Teilgetriebe über das Sicherheitsventil abgeschaltet werden. Fällt, z.B. der Drehzahlgeber 502 aus **(Bild 3)** kann nur im 2. Gang gefahren werden.

Creep-Regelung. Ein langsames Fahren zum Beispiel beim Einparken wird ermöglicht ohne das Fahrpedal zu betätigen. Dabei ist der 1. oder der Rückwärtsgang eingelegt und die Kupplung auf einen bestimmten Wert eingestellt.

Hillholder-Funktion. Damit ein Fahrzeug am Berg nicht zurückrollt wird bei eingelegtem Gang der Kupplungsdruck selbsttätig erhöht, um es im Stand zu halten. Wenn notwendig wird das Motordrehmoment erhöht.

Hinweis: Beim Abschleppen darf eine bestimmte Geschwindigkeit laut Herstellervorschrift nicht überschritten werden.

Die Impulsräder dürfen nicht in der Nähe von Magneten gelagert werden.

16.5.2 Gestufte Automatik-Getriebe mit hydrodynamischem Wandler

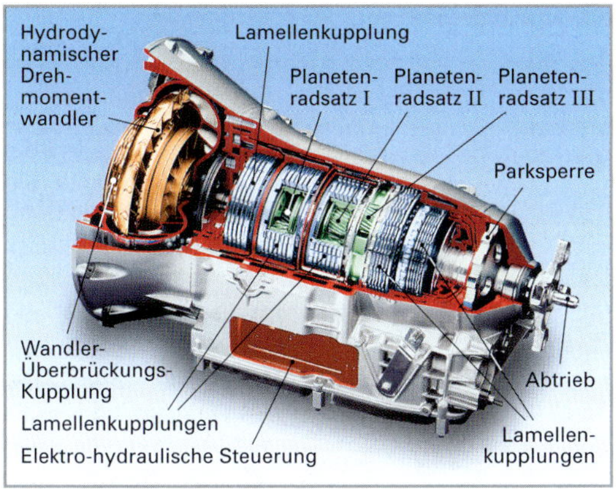

Bild 1: 5-Gang-Automatik mit Wilson-Planetenradsatz

Getriebekomponenten

- **Hydrodynamischer Drehmomentwandler.** Er dient als Anfahrkupplung und verstärkt im Wandlungsbereich das Drehmoment.
- **Planetengetriebe.** Es wird dem hydrodynamischen Drehmomentwandler nachgeschaltet, übersetzt Drehmomente und Drehzahlen und bewirkt die Drehsinnumkehr für den Rückwärtsgang.

Als Planetengetriebe werden verwendet:

- Ravigneaux-Satz
- Simpson-Satz
- Wilson-Satz
- Lepelletier-Satz

Einem Ravigneaux-Satz oder Simpson-Satz kann auch ein einfacher Planetenradsatz vor- oder nachgeschaltet werden.

- **Elektro-hydraulische Steuerung.** Sie hat die Aufgabe, das selbsttätige Hoch- und Zurückschalten der einzelnen Gänge im richtigen Zeitpunkt zu bewirken.

Hauptsteuergrößen sind:

- **Wählhebelstellung**
- **Fahrgeschwindigkeit**
- **Motorbelastung** (Fahrpedalstellung)

Moderne Automatik-Getriebe sind mit einer adaptiven selbstlernenden Getriebesteuerung (**AGS**) ausgerüstet. Diese sorgt dafür, dass das selbsttätige Schalten des Getriebes dem Fahrstil des Fahrers und den Fahrbedingungen angepasst werden.

Hydrodynamischer Drehmomentwandler

Aufgaben

- Motordrehmoment wandeln und übertragen
- weiches und komfortables Anfahren ermöglichen
- Drehschwingungen des Motors dämpfen

Aufbau

Der hydrodynamische Drehmomentwandler **(Bild 2)** besteht aus:

- Pumpenrad
- Leitrad mit Freilauf
- Turbinenrad
- Überbrückungskupplung

Pumpenrad, Turbinenrad und Leitrad sind als gekrümmte Schaufelräder ausgebildet und laufen in einem mit Hydrauliköl gefüllten geschlossenen Gehäuse.

Das Pumpenrad wird vom Schwungrad über das Wandlergehäuse mit Motordrehzahl angetrieben.

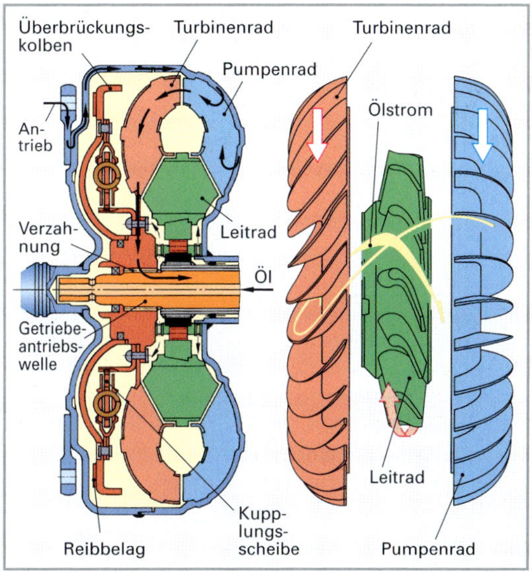

Bild 2: Hydrodynamischer Drehmomentwandler

Ölkreislauf (Bild 3)

Durch das Pumpenrad des Drehmomentwandlers wird eine Ölpumpe angetrieben. Sie sorgt dafür, dass im Wandler ein Fülldruck von meist 3 bar bis 4 bar aufgebaut wird und das Hydrauliköl über eine Drossel, einen Ölkühler und einen Ölvorratsbehälter im Ölkreislauf umgewälzt wird.

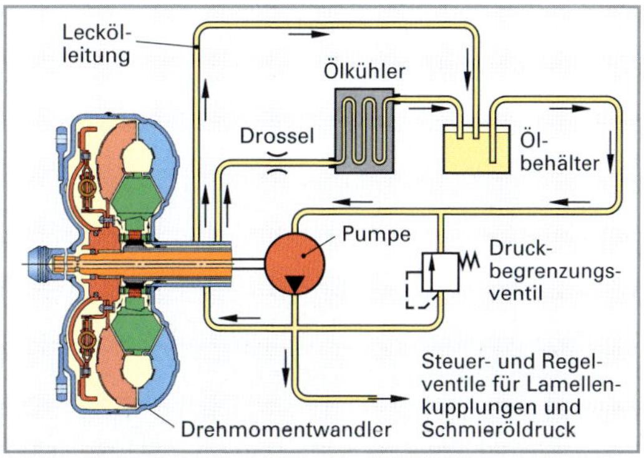

Bild 3: Ölkreislauf

16

Der Fülldruck im hydrodynamischen Drehmomentwandler verhindert Kavitation (Bläschenbildung), die den Wirkungsgrad verschlechtert.

Wirkungsweise

Wandlungsbereich (Bild 1). Beim Anfahren dreht sich das Pumpenrad mit Motordrehzahl, das Turbinenrad und das Leitrad stehen still.

Das Öl strömt vom Pumpenrad zum Turbinenrad, gibt seine Energie an dieses ab und wird dabei umgelenkt **(Bild 2, Seite 379)**.

Das Turbinenrad beginnt sich zu drehen, wenn das Drehmoment am Turbinenrad größer ist als das Widerstandsmoment an der Getriebeantriebswelle. Der aus dem Turbinenrad austretende Ölstrom trifft auf die Schaufeln des Leitrads und versucht diese entgegen der Drehrichtung von Pumpenrad und Turbinenrad zu drehen. Diese Drehrichtung ist durch den Freilauf blockiert. Das Öl stützt sich an den um etwa 90° gekrümmten Schaufeln des Leitrades ab und bewirkt dabei einen starken Rückstau, der an den Schaufeln des Turbinenrades eine Vergrößerung der Drehkraft zur Folge hat.

Durch die Erhöhung der Drehkraft ist das Drehmoment an der Turbinenradwelle (Getriebeantriebswelle) größer als das in den Drehmomentwandler eingeleitete Motordrehmoment.

Das Leitrad leitet den Ölstrom in einem günstigen Winkel auf die Schaufeln des Pumpenrades. Damit ist der Ölkreislauf in sich geschlossen.

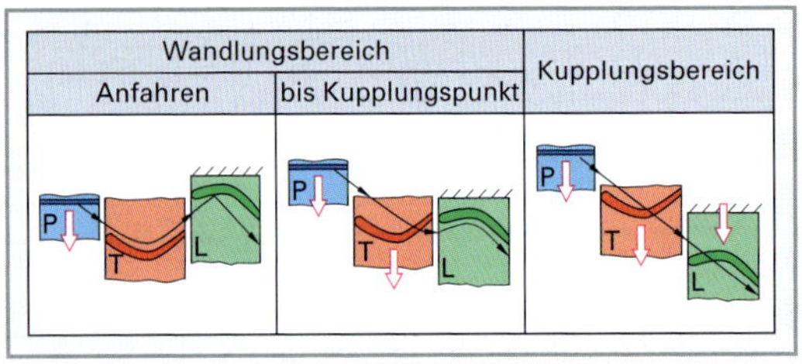

Bild 1: Strömungsverläufe

Mit zunehmender Drehzahl des Turbinenrades wird der Drehzahlunterschied zwischen Pumpenrad und Turbinenrad geringer. Der Ölstrom erfährt weniger Ablenkung und trifft unter einem kleineren Winkel auf die Schaufeln des Leitrades **(Bild 1)**. Dadurch verringert sich die Abstützkraft und damit die zusätzliche Kraft auf die Schaufeln des Turbinenrades. Die Drehmomentverstärkung wird geringer.

Kupplungsbereich. Haben Pumpenrad und Turbinenrad annähernd gleiche Drehzahl (bei Drehzahlverhältnis $n_T/n_p \approx 0{,}85 \dots 0{,}9$), so wird das Leitrad von seiner Rückseite her angeströmt, der Freilauf löst sich und das Leitrad beginnt sich zu drehen.

Ab diesem Punkt wirkt keine Rückstaukraft mehr am Turbinenrad und somit ergibt sich auch keine Drehmomentverstärkung. Diesen Punkt bezeichnet man als **Kupplungspunkt.**

Kennlinien des hydrodynamischen Drehmomentwandlers. In **Bild 2** sind Wandlerkennlinien für ein Antriebsdrehmoment M_P am Pumpenrad von z.B. 200 Nm in einem Diagramm dargestellt.

Aus dem Verlauf der Kennlinie des Drehmomentes M_T am Turbinenrad (= Getriebeeingangsdrehmoment) ist zu erkennen, dass im Anfahrpunkt das Drehmoment am größten ist.

Im gewählten Beispiel beträgt bei einer Verstärkung von $M_T/M_P = 2{,}5$ das Turbinenraddrehmoment 500 Nm.

Mit zunehmender Turbinenraddrehzahl nimmt die Verstärkung M_T/M_P ab.

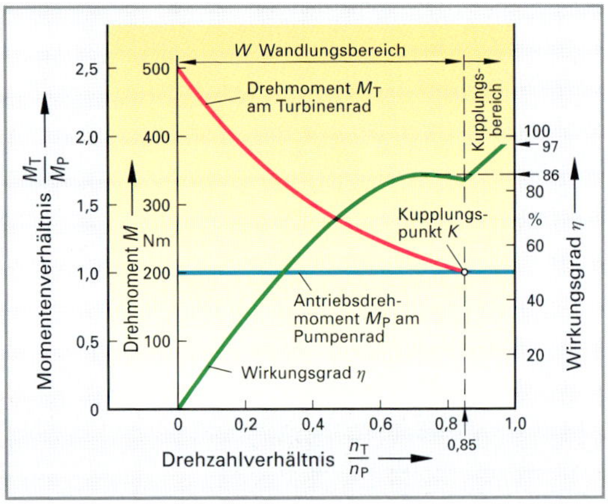

Bild 2: Kennlinien eines Drehrnomentwandlers

Wirkungsgrad η. Er beträgt beim hydrodynamischen Drehmomentwandler oberhalb des Kupplungspunktes bei hohen Drehzahlen etwa 97 %. Dabei stellt sich ein Schlupf von ca. 3 % ein.

Als Schlupf bezeichnet man den Drehzahlunterschied zwischen Pumpenrad und Turbinenrad.

Eine Verbesserung des Wirkungsgrades wird erreicht, wenn die Strömungsverluste durch eine mechanische Überbrückungskupplung im Drehmomentwandler ausgeschaltet werden.

Merkmale des hydrodynamischen Drehmomentwandlers

- Kein mechanischer Verschleiß.
- Weicher komfortabler Anfahrvorgang.
- Motor kann beim Anfahren nicht abgewürgt werden.
- Drehmomentverstärkung passt sich selbsttätig und stufenlos der jeweiligen Fahrsituation an.
- Beim Anfahrvorgang ist die Drehmomentverstärkung am größten.
- Drehmomentstöße und Drehschwingungen des Motors werden durch das Hydrauliköl gedämpft.
- Geräuscharmer Lauf.

Wandler-Überbrückungskupplung

Sie soll Strömungsverluste des hydrodynamischen Drehmomentwandlers im Kupplungsbereich vermeiden, um Kraftstoff zu sparen.

Die Zuschaltung der Wandler-Überbrückungskupplung erfolgt nach Überschreitung des Kupplungspunktes des Wandlers.

Aufbau (Bild 1)
Der Außenlamellenträger ist mit dem Pumpenrad (Wandlergehäuse) verbunden, der Innenlamellenträger mit dem Turbinenrad. Die Lamellenkupplung wird, durch Öldruck gesteuert, vom Überbrückungskolben ein- und ausgekuppelt.

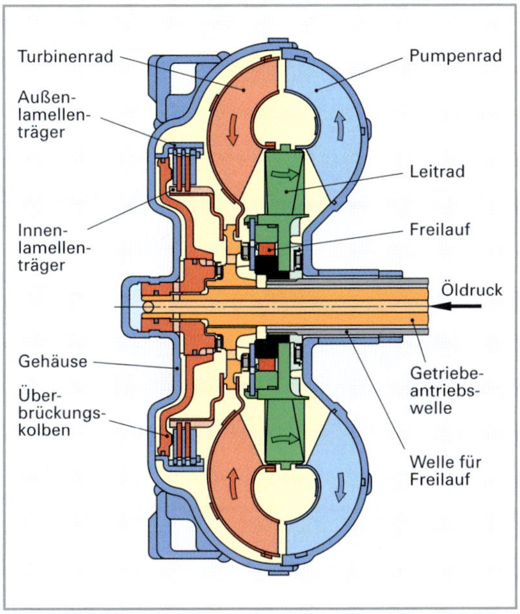

Bild 1: Wandlerüberbrückungskupplung mit Lamellenkupplung

Wirkungsweise

Überbrückungskupplung offen. Das Öl strömt über eine Bohrung der Antriebswelle auf die rechte Seite des Überbrückungskolbens und drückt diesen nach links. Die Lamellenkupplung wird dadurch ausgekuppelt (geöffnet).

Überbrückungskupplung geschlossen. Das Öl strömt auf die linke Seite des Überbrückungskolbens. Er wird nach rechts verschoben und drückt das Lamellenpaket zusammen. Die Lamellenkupplung wird eingekuppelt (geschlossen).

Pumpenrad und Turbinenrad sind jetzt kraftschlüssig und schlupffrei miteinander verbunden.

Wandler-Überbrückungskupplungen werden, abhängig von Motorlast und Fahrgeschwindigkeit z.B. im 3., 4. und 5. Gang selbsttätig zugeschaltet.

Vor dem Schalten muss die Betriebstemperatur erreicht sein. Im Schubbetrieb und beim Bremsen wird die Überbrückungskupplung geöffnet.

Regelbare Wandler-Überbrückungskupplung

Bei dieser Überbrückungskupplung sind 3 Betriebszustände möglich:

- Offen
- Schlupfend
- Geschlossen

Wirkungsweise
Bei schlupfgeregelten Wandler-Überbrückungskupplungen wird in bestimmten Motorbetriebszuständen ein begrenzter Schlupf zwischen Pumpenrad und Turbinenrad durch im Steuergerät hinterlegte Kennfelder ermöglicht.

Dieser Schlupf verhindert, dass Drehschwingungen vom Motor auf das Getriebe übertragen werden. Bei solchen Systemen entfallen die Torsionsdämpfer der Kupplungsscheibe.

Folgende Einflussgrößen werden z.B. in den Kennfeldern der Steuersoftware berücksichtigt:

- Fahrpedalstellung
- Steigung/Gefälle
- Getriebeschaltfunktion
- Motortemperatur
- Getriebeöftemperatur

Wiederholungsfragen

1 **Welche 3 Guppen von vollautomatischen Getrieben unterscheidet rnan?**

2 **Wie ist ein automatisiertes Getriebe aufgebaut?**

3 **Wie werden automatisierte Getriebe geschaltet?**

4 **Aus welchen Komponenten besteht eine Wandler-Autornatik?**

5 **Erklären Sie die Wirkungsweise des Direktschaltgetriebes DSG beim Schalten eines Ganges.**

6 **Welche Aufgaben hat der hydrodynamische Drehmomentwandler?**

7 **Aus welchen Bauteilen besteht ein hydrodynamischer Drehmomentwandler?**

8 **Erklären Sie die Drehmomentwandlung des hydrodynamischen Wandlers beim Anfahren.**

9 **Was versteht rnan unter dem Kupplungspunkt eines Drehmomentwandlers?**

10 **In welchem Bereich liegt die Verstärkung des Motordrehmoments bei einem hydrodynamischen Drehmomentwandler?**

11 **Welche Merkmale besitzt der hydrodynamische Drehmomentwandler?**

12 **Welche Aufgabe hat die Wandler-Überbrückungskupplung?**

13 **Erklären Sie die Wirkungsweise der Überbrückungskupplung im geschlossenen Zustand.**

14 **Welche Einflussgrößen werden in den Kennfeldern der Steuersoftware einer Wandlerüberbrückungskupplung berücksichtigt?**

Planetengetriebe

Ein einfacher Planetenradsatz **(Bild 1)** besteht aus

- Sonnenrad
- Planetenrädern
- Hohlrad
- Planetenradträger

Die Planetenräder sind mit ihren Achsen im Planetenradträger gelagert. Sie wälzen sich auf der Innenverzahnung des Hohlrades und auf der Außenverzahnung des Sonnenrades ab.

Alle Zahnräder sind ständig im Eingriff. Sonnenrad, Hohlrad oder Planetenradträger können sowohl angetrieben als auch festgebremst werden. Der Abtrieb erfolgt entweder über das Hohlrad oder über den Planetenradträger.

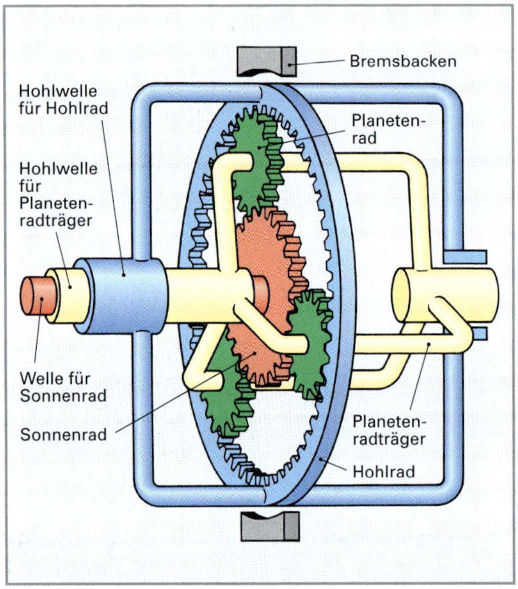

Bild 1: Einfacher Planetenradsatz

Wirkungsweise

Die verschiedenen Übersetzungen werden erreicht, indem entweder Sonnenrad, Hohlrad oder Planetenradträger angetrieben werden. Dabei muss jeweils ein nicht angetriebenes Teil festgebremst werden. Der Abtrieb erfolgt über das Bauteil, das weder angetrieben noch festgebremst wird.

Übersetzungsstufen. Für das dargestellte Planetengetriebe sind 4 Übersetzungsstufen in gleicher und eine in umgekehrter Drehrichtung möglich.

Antrieb. Dazu wird ein Bauteil des Planetenradsatzes über eine Lamellenkupplung (Treibkupplung) angetrieben und in Drehung versetzt.

Festbremsen. Das entsprechende Bauteil wird über eine Lamellenkupplung (Bremskupplung) oder ein Bremsband mit dem Getriebegehäuse verbunden.

Beispiel eines 3-Gang-Planetengetriebes

1. Gang (Bild 2). Das Sonnenrad ist treibendes Rad, das Hohlrad wird festgebremst. Die Planetenräder wälzen sich auf der Innenverzahnung des Hohlrades ab. Der Planetenradträger und die mit ihm fest verbundene Antriebswelle besitzen den gleichen Drehsinn wie das angetriebene Sonnenrad. Es erfolgt eine große Übersetzung ins Langsame.

2. Gang (Bild 2). Das Hohlrad ist treibendes Rad, das Sonnenrad wird festgebremst. Die Planetenräder wälzen sich auf der Außenverzahnung des Sonnenrades ab. Planetenradträger und Abtriebswelle drehen im gleichen Drehsinn wie das angetriebene Hohlrad.

Es erfolgt eine kleinere Übersetzung ins Langsame.

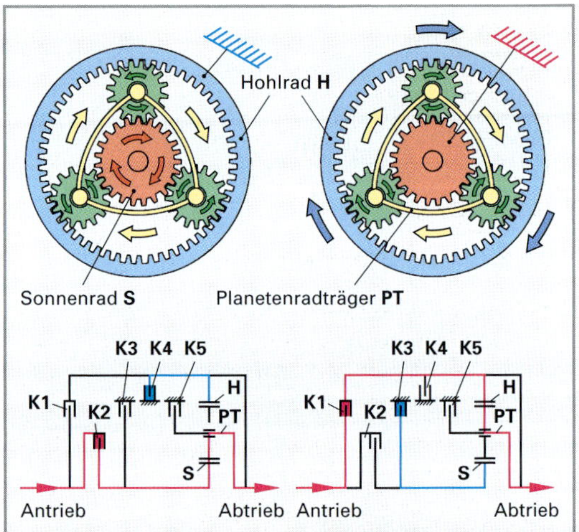

1. Gang		2. Gang
Sonnenrad **S** über **K2**	Antrieb	Hohlrad **H** über **K1**
Hohlrad **H** über **K4**	festgebremst	Sonnenrad **S** über **K3**
Planetenradträger **PT**	Abtrieb	Planetenradträger **PT**

Bild 2: 1. Gang und 2. Gang

3. Gang (Bild 1, Seite 383). Durch Antrieb von Sonnenrad und Hohlrad erfolgt eine Verblockung des Planetenradsatzes. Die Planetenräder wälzen sich nicht mehr ab und wirken als Mitnehmer. Der Abtrieb hat die gleiche Drehrichtung wie der Antrieb und kann in diesem Fall über den Planetenradträger erfolgen.

Rückwärtsgang (Bild 1, Seite 383). Das Sonnenrad ist treibendes Rad, der Planetenradträger wird festgebremst. Die Planetenräder bewirken eine Drehrichtungsumkehr des Hohlrads gegenüber dem Antrieb.

Es wird eine große Übersetzung ins Langsame erreicht.

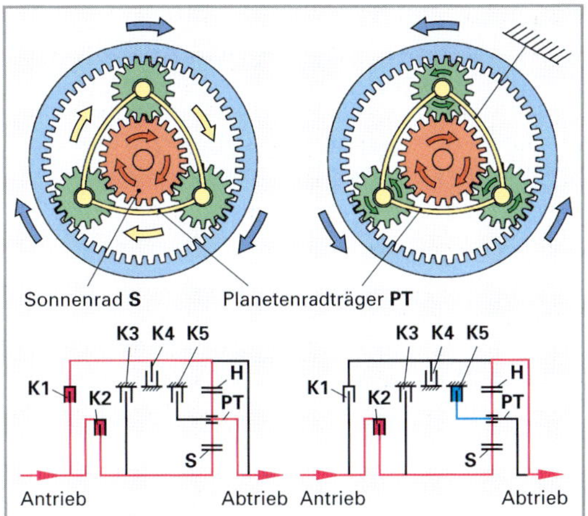

3. Gang		R-Gang
Sonnenrad **S** über **K2** Hohlrad **H** über **K1**	Antrieb	Sonnenrad **S** über **K2**
—	festgebremst	Planetenrad-träger **PT** über **K5**
Planetenradträger **PT**	Abtrieb	Hohlrad **H**

Bild 1: 3. Gang und Rückwärtsgang

Schaltlogik. Sie zeigt über welche Bauteile des Planetengetriebes Antrieb und Abtrieb erfolgen und welche Kupplungen und Freiläufe wirksam sind.

Tabelle 1 zeigt die Schaltlogik für einen einfachen Planetenradsatz mit 3 Vorwärtsgängen und einem Rückwärtsgang.

Tabelle 1: Schaltlogik 3-Gang-Planetengetriebe

Gang	Antrieb	festgebremst	Abtrieb
1. Gang	S	H	PT
2. Gang	H	S	PT
3. Gang	S + H	–	PT
R-Gang	S	PT	H

S Sonnenrad **H** Hohlrad **PT** Planetenradträger

Ein einfacher Planetenradsatz ist für automatische Getriebe nicht anwendbar, weil er nicht genügend in der Praxis einsetzbare Übersetzungen liefert und 2 Abtriebswellen notwendig sind.
Deshalb schaltet man 2 oder 3 einfache Planetenradsätze hintereinander.

Ravigneaux-Satz (Bild 2). Er besteht aus

- einem gemeinsamen Hohlrad,
- einem gemeinsamen Planetenradträger,
- zwei verschieden großen Sonnenrädern und
- kurzen und langen Planetenrädern.

Die verschiedenen Übersetzungsstufen werden wie beim einfachen Planetenradsatz durch Antreiben und Festbremsen bestimmter Teile oder durch Verblockung des gesamten Planetenradsatzes erreicht.

Der Abtrieb kann entweder über das Hohlrad oder über den Planetenradträger geführt werden.

Der in **Bild 2** dargestellte Ravigneaux-Satz ermöglicht 3 Vorwärtsgänge und 1 Rückwärtsgang.

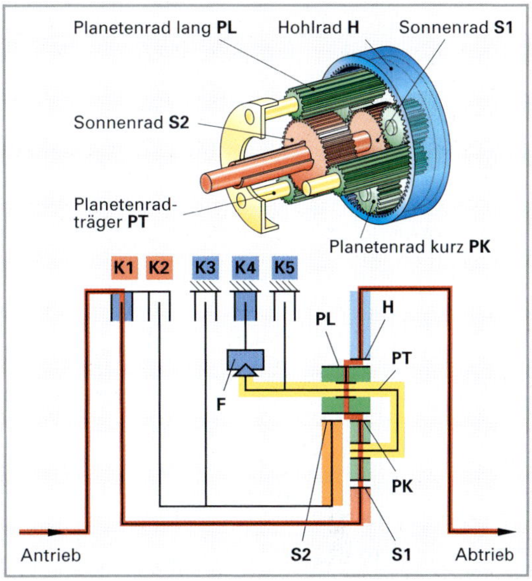

Bild 2: Ravigneaux-Satz, 1. Gang geschaltet

K1 Treibkupplung – treibt kleines Sonnenrad **S1**
K2 Treibkupplung – treibt großes Sonnenrad **S2**
K3 Bremskupplung – bremst Sonnenrad **S2** fest
K4 Bremskupplung – bremst Freilauf **F**
K5 Bremskupplung – bremst Planetenradträger **PT**
F Freilauf – stützt Planetenradträger **PT**

Tabelle 2: Schaltlogik Ravigneaux-Satz

Gang	K1	K2	K3	K4	K5	F
1. Gang	●			●		●
2. Gang	●		●			
3. Gang	●	●				
R-Gang		●			●	

Beispiel für 1. Gang:

K1 und K4 sind geschaltet. K4 hält über den Freilauf F den Planetenradträger in einer Drehrichtung fest.

Kraftflussverlauf:
Antrieb ⇒ K1 ⇒ S1 ⇒ PK ⇒ PL ⇒ H ⇒ Abtrieb.

Simpson-Satz (Bild 1, Seite 384). Er besteht aus

- einem gemeinsamen Sonnenrad,
- zwei Hohlrädern mit gleich großen Durchmessern und
- zwei Planetenradträgern mit Planetenrädern.

Der Abtrieb erfolgt über das äußere Hohlrad (H1).
Der Simpson-Satz wird z.B. in 4-Gang-Automatikgetrieben in Verbindung mit einem einfachen Planetenradsatz verwendet.

16

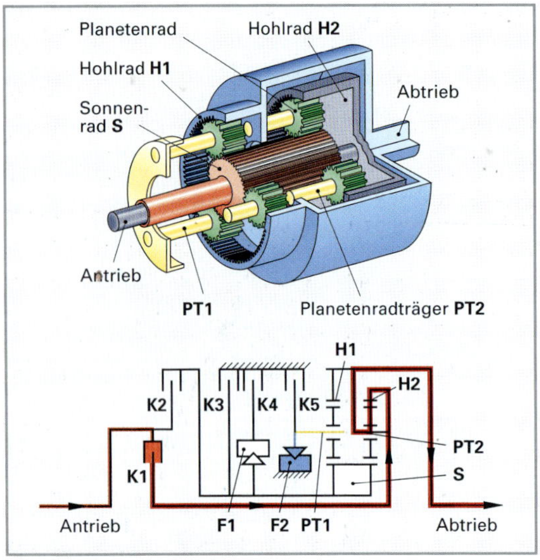

Bild 1: Simpson-Satz (1. Gang geschaltet)

S	gemeinsames Sonnenrad
H1, H2	2 Hohlräder (äußeres u. inneres Hohlrad)
PT1, PT2	2 Planetenradträger
P1, P2	Planetenräder (gleiche Abmessungen)
K1, K2	Treibkupplungen, **K1** treibt H2, **K2** treibt S
K3, K4, K5	Bremskupplungen, **K3** bremst S, **K4** bremst F1, **K5** bremst PT1
F1, F2	Freiläufe, F1 stützt S, wenn K4 geschaltet ist. F2 stützt PT

Tabelle 1: Schaltlogik Simpson-Satz

Gang	K1	K2	K3	K4	K5	F1	F2
1. Gang	●						●
2. Gang	●		●[1]	●		●	
3. Gang	●	●		●			
R-Gang		●			●		

● kraftschlüssig für Wählhebelstellung D

[1] in Wählhebelstellung 2 ist K3 geschaltet, S ist drehfest

Koppelung von Planetenradsätzen

Durch die Kombination von Planetenradsätzen z.B. Ravigneaux-Satz mit einem nachgeschalteten einfachen Planetenradsatz oder Simpson-Satz mit einem nachgeschalteten einfachen Planetenradsatz ist die Verwirklichung von 4- und 5-Gang-Automatikgetrieben möglich.

Wilson-Satz (Bild 2)

Der Wilson-Satz besteht aus 3 einfachen Planetenradsätzen, die hintereinander angeordnet sind. Der Abtrieb erfolgt in allen Gängen über den Planetenradträger des hinteren Radsatzes.

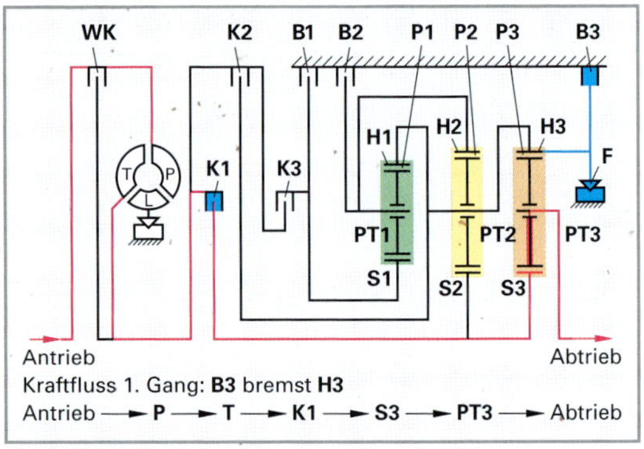

Bild 2: Wilson-Satz, 1. Gang geschaltet

S1, S2, S3	Sonnenräder	**F**	Freilauf
H1, H2, H3	Hohlräder		
PT1 … PT3	Planetenradträger		
K1, K2, K3	Antriebskupplungen		
B1, B2, B3	Bremskupplungen		
WK	Wandler-Überbrückungskupplung		

Gänge	Schaltorgane in Tätigkeit[1]									
	K1	K2	K3	B1	B2	B3	F	WK	i_G	i_S[4]
Neutral						●			–	4,46
1. Gang	●					●[2]	●		3,57	
2. Gang	●				●			●[3]	2,20	
3. Gang	●			●				●[3]	1,51	
4. Gang	●	●						●[3]	1,00	
5. Gang	●		●			●	●	●[3]	0,80	
R-Gang			●			●			– 4,10	

● kraftschlüssig [1] Wählhebelstellung D [4] Spreizung

[2] muss für Schubbetrieb geschaltet sein $i_s = \frac{i_{G1}}{i_{G5}}$

[3] Schaltung erfolgt schlupfgeregelt

Lepelletier-Satz

Er besteht aus einem einfachen vorgeschalteten Planetenradsatz und einem nachgeschalteten Ravigneaux-Satz. Damit können 6 im Kfz anwendbare Gänge geschaltet werden.

Merkmale von Planetengetrieben

- Gänge ohne Kraftflussunterbrechnung schaltbar.
- Geringere Zahnkräfte, da das Drehmoment über mehrere Zahneingriffe gleitet wird.
- Geräuscharmer Lauf.

Wiederholungsfragen

1. **Aus welchen Bauteilen besteht ein einfacher Planetenradsatz?**
2. **Wie werden die verschiedenen Übersetzungsstufen im einfachen Planetenradsatz erreicht?**
3. **Wie wird der 1. Gang und wie der Rückwärtsgang bei einem einfachen Planetenradsatz erreicht?**
4. **Wie unterscheiden sich Ravigneaux-Satz und Simpson-Satz im Aufbau?**
5. **Wie ist ein Wilson-Satz aufgebaut?**
6. **Welche Bauteile treiben bei Planetengetrieben Sonnenrad, Hohlrad und Planetenradträger an und welche bremsen sie ab?**

16.5.3 Elektro-hydraulische Getriebesteuerung

Bei der elektro-hydraulischen Getriebesteuerung erfassen Sensoren bestimmte Betriebszustände. Diese werden durch das elektronische Getriebesteuergerät verarbeitet. Abhängig von der Fahrsituation werden Magnetventile elektrisch angesteuert. Diese betätigen hydraulische Ventile, die den hydraulischen Druck zu den jeweiligen Schaltelementen steuern. Durch Antreiben und Festbremsen von unterschiedlichen Schaltelementen wird der Gangwechsel im Automatikgetriebe bewirkt **(Bild 1)**.

Merkmale:

- Hoher Schaltkomfort.
- Kurze Schaltzeiten.
- Gemeinsame Nutzung von Sensoren.
- Optimierung von Abgasemission und Verbrauch.
- Schaltkennlinienauswahl möglich, z.B. Economic, Sport, Winter, Manuell (Tiptronic, Steptronic).
- Schaltprogrammabstimmung auf Fahrertyp möglich (**AGS** – adaptive Getriebesteuerung bzw. **DSP** – Dynamische Schaltprogammauswahl).
- Einfache Verwirklichung von verschiedenen Sicherheitsfunktionen, z.B. Wählhebelsperre.

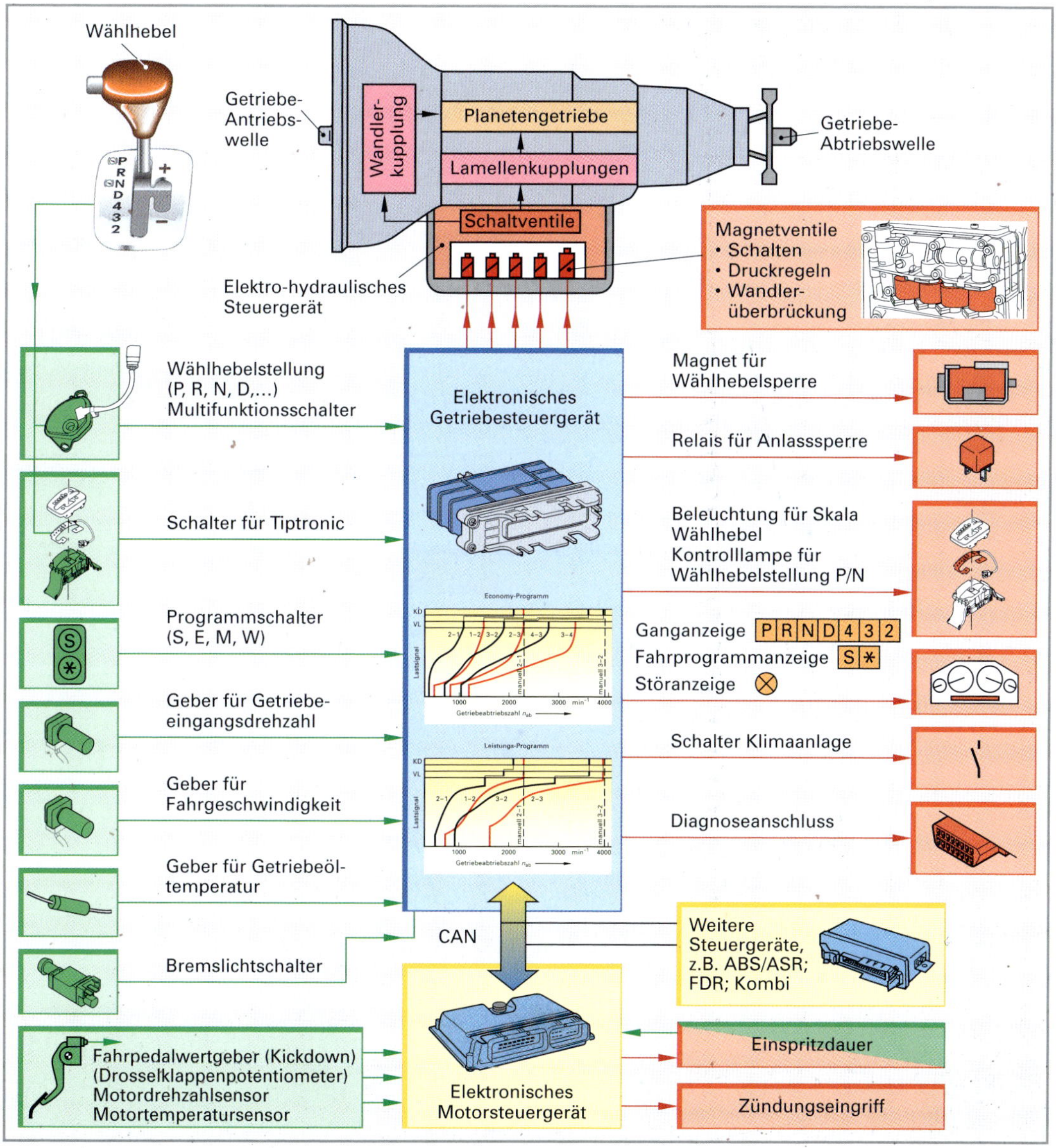

Bild 1: Systembild – Elektronische/ Elektro-hydraulische Getriebesteuerung

16

Aufbau des Steuerungssystems (Bild 1, Seite 385)

Das Steuerungssystem besteht aus

- Sensoren, z.B. Wählhebel mit Multifunktionsschalter, Fahrpedalwertgeber (Lastsignal), Geschwindigkeitssensor. Diese Sensoren bilden die Hauptsteuergrößen.
- Elektronischem Getriebesteuergerät, das u.a. über den CAN-Bus mit anderen Steuergeräten, z.B. Motorsteuergerät kommuniziert
- Elektrohydraulischem Steuergerät mit Magnetventilen und hydraulischen Schalt- und Regelventilen
- Schaltelementen, z.B. Lamellenkupplungen, Bandbremsen, Freiläufe

Grundsätzliche Wirkungsweise

Elektronisches Getriebesteuergerät (EGS). Es verarbeitet die Eingangssignale der verschiedenen Sensoren, Schalter sowie Signale von anderen Steuergeräten über CAN-Bus.

Fahrzeugseitige Signale:

- Wählhebel: P Parken, R Rückwärts, N Leerlauf, D Drive (alle Vorwärtsgänge), 4 1. ... 4. Gang, 3 1. ...3. Gang, 2 1/2 Gang
- Tiptronic-Funktion = manuelles Schalten
- Programmschalter: S Sport, E Economic, W/* Winter – Anfahren z.B. im 2. Gang
- Bremslichtschalter
- Signale von anderen Fahrzeugsystemen, z.B. ABS/ASR, ESP, Tempomat

Getriebeseitige Signale:

- Getriebeeingangsdrehzahl
- Getriebeausgangsdrehzahl/Fahrgeschwindigkeit
- Getriebeöltemperatur

Motorseitige Signale:

- Fahrpedalstellung mit Kickdown (Drosselklappenstellung)
- Motorlast (Einspritzzeit)
- Motordrehzahl
- Kühlmitteltemperatur

Die Schaltabläufe werden anhand von hinterlegten Kennfeldern im EGS entsprechend dem augenblicklichen Betriebszustand des Fahrzeugs ausgewählt. Der jeweilige Schaltvorgang, sowie die Regelung der Wandlerüberbrückungskupplung wird, durch elektrische Ansteuerung von Magnetventilen im **elektrohydraulischen Steuergerät** bewirkt.

Zusätzliche Funktionen des EGS

Ansteuerung des Display im Kombiinstrument. Gang -, Programm – und Störungsanzeige.

Motoreingriff. Um die Schaltqualität zu verbessern und die Standzeit der Schaltelemente (Lamellenkupplungen) zu verlängern wird durch kurzzeitiges Spätverstellen der Zündung bei Ottomotoren das Motormoment während der Schaltvorgänge reduziert. Bei Dieselmotoren wird kurzzeitig die Einspritzmenge vermindert.

Rückschaltsicherung. Wählhebelrückschaltungen werden nur ausgeführt, wenn dadurch keine zu hohen Motordrehzahlen auftreten.

Wählhebelsperre – Shift-Lock. Erst nach Einschalten der Zündung kann der Wählhebel bei betätigter Bremse aus der Position P oder N in eine neue Position bewegt werden, damit das Fahrzeug nicht unbeabsichtigt losfährt. Dazu wird ein Stellmagnet vom EGS angesteuert.

R/P-Sperre. Der Wählhebel kann bei Geschwindigkeiten von in der Regel größer als 10 km/h nicht von R nach P bewegt werden. Dadurch werden mechanische Getriebeschäden verhindert.

Anlasssperre. Um den Motor zu starten, muss der Wählhebel in Position P oder N stehen und das Bremspedal betätigt werden. Ansonsten wird das Startsprerrrelais von der EGS nicht angesteuert.

Elektro-hydraulisches System (Bild 1).

Das elektro-hydraulische System besteht aus:

- Ölpumpe für die Druckerzeugung
- Druckregelventil zur Arbeitsdruckregelung
- Handwählschieber zur Verteilung des Ölstromes zu den jeweiligen Ventilen
- Schaltventilen zum Steuern der Lamellenkupplungen, Bandbremsen und Wandlerkupplung
- Regelventilen für Schaltdruckregelung

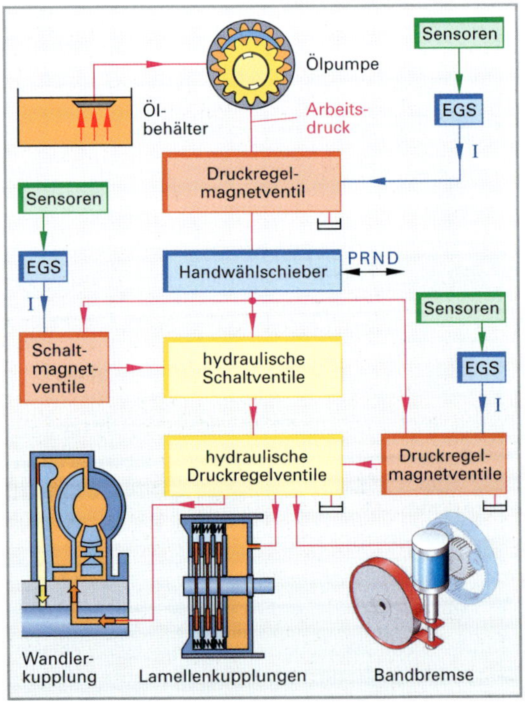

Bild 1: Blockschaltbild elektro-hydraulisches System

Schaltpunktsteuerung. Magnetventile im elektrohydraulischen Steuergerät steuern hydraulische Wegeventile zum Schalten der Gänge.

Schaltqualitätssteuerung. Hierzu wird über Druckregelventile der Schaltdruck abhängig von verschiedenen Betriebsparametern, z.B. Last, Drehzahl, gesteuert, um ein komfortables Schalten zu gewährleisten.

Steuerung der Wandlerüberbrückungskupplung. Kennfeldabhängig steuern pulsweitenmodulierte Magnetventile hydraulische Regelventile, welche die Wandlerkupplung zu- bzw. abschalten. Die Wandlerkupplung kann auch schlupfgeregelt betrieben werden, um vom Motor erzeugte Drehschwingungen zu dämpfen.

Druckerzeugung (Bild 1, Seite 386)

Ölpumpe. Sie wird durch das Pumpenrad des Drehmomentwandlers angetrieben und erzeugt den Arbeitsdruck (Hauptdruck).

> Der Arbeitsdruck ist der höchste Druck im hydraulischen System (bis zu 25 bar). Von ihm werden alle weiteren Drücke abgezweigt, wie Schaltdrücke, Regeldrücke, Wandler-Fülldruck und Schmieröldruck.

Schmieröldruck. Mit ihm durchströmt das Öl den Drehmomentwandler und den Ölkühler und schmiert die Lagerstellen des Wandlers und des Planetengetriebes.

Handwählschieber (Bild 1). Er ist im elektrohydraulischen Steuergehäuse untergebracht und wird über den Wählhebel vom Fahrer betätigt. An ihm liegt der Arbeitsdruck an. Abhängig von seiner Stellung steuert er den geregelten Arbeitsdruck zu den entsprechenden Ventilen durch. In Schaltstellung **D** können alle Vorwärtsgänge geschaltet werden.

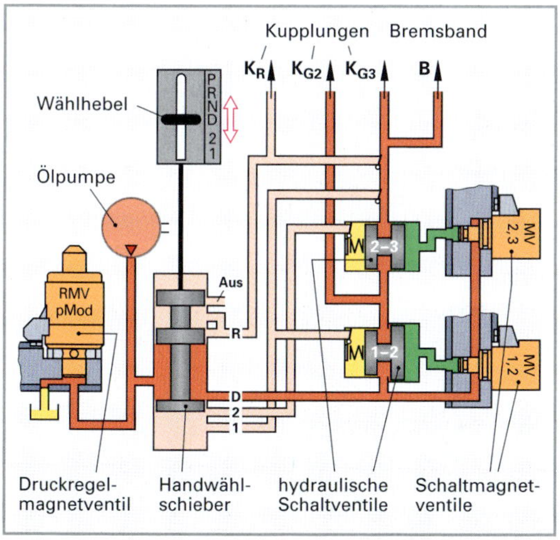

Bild 1: Handwählschieber im elektro-hydraulischen System

Parksperre. In Schaltstellung **P** wird die Abtriebswelle des Automatikgetriebes durch eine Parksperrklinke mechanisch arretiert und das Fahrzeug gegen Wegrollen gesichert **(Bild 2)**.

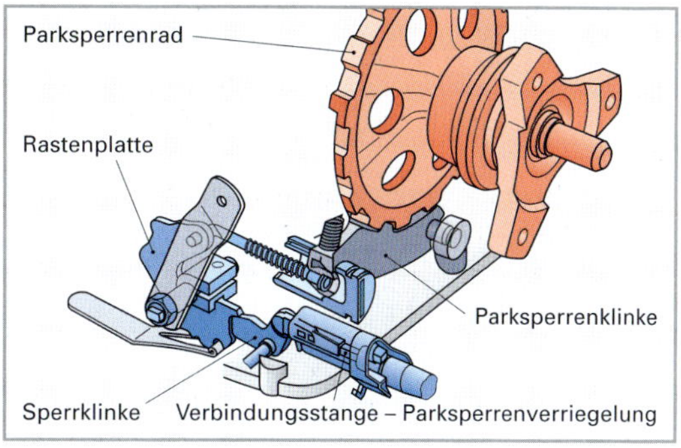

Bild 2: Parksperrenmechanik

Schaltventile. Sie werden von Schaltmagnetventilen angesteuert und steuern den geregelten Arbeitsdruck zu den Schaltelementen (Lamellenkupplungen, Bandbremsen) durch.

Druckregelventile. Sie steuern …

- … den Arbeitsdruck abhängig von der Motorlast.
- … einen variablen Schaltdruck (6…12 bar) zum komfortablen Gangwechsel.
- … das Zu- und Abschalten von z.B. zwei Lamellenkupplungen, durch Schaltdruckregelung, um eine Überschneidungssteuerung verwirklichen zu können.

Schaltelemente

> Sie verbinden bzw. bremsen entsprechende Bauteile des Planetenradsatzes.

Man unterscheidet:

- Antriebskupplungen (Lamellenkupplungen)
- Bremskupplungen bzw. Bandbremsen
- Freiläufe

Antriebskupplung (Bild 1, Seite 388)

Kupplung geschlossen. Der Arbeitsdruck wird vom Schaltventil durchgesteuert und wirkt auf den Kolben. Dieser betätigt die Tellerfeder, die das Lamellenpaket zusammendrückt. Der Kraftschluss ist hergestellt.

Kupplung gelöst. Es wirkt kein Arbeitsdruck; der Kolben wird durch die Tellerfeder zurückgedrückt. Der Kraftfluss ist unterbrochen.
Durch entsprechende Steuerung des Schaltdrucks kann die Kupplung sowohl voll geschlossen als auch schlupfend betrieben werden. Dadurch kann die Schaltqualität verbessert werden.
Am Ende des Schaltvorganges wird der Schaltdruck durch den Arbeitsdruck ersetzt.

16

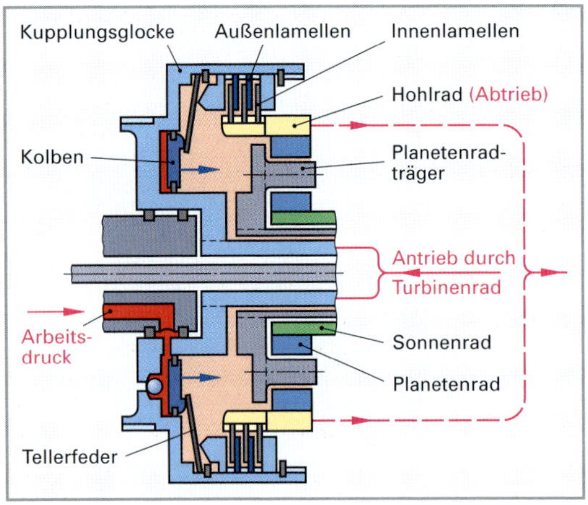

Bild 1: Lamellenkupplung

Freilauf. Er hat die Aufgabe, bestimmte Teile des Planetenradsatzes in einer Drehrichtung miteinander zu verbinden.
Der in **Bild 2** dargestellte Klemmkörperfreilauf besteht aus Außenring, Innenring und den in einem Käfig gelagerten Klemmkörpern.
Dreht sich bei festgebremstem Innenring der Außenring nach rechts, stellen sich die Klemmkörper auf und stellen die drehfeste Verbindung her.
In Drehrichtung nach links wird die Verbindung gelöst.

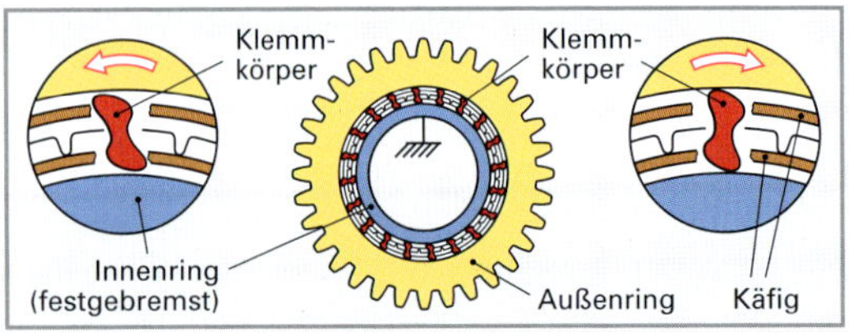

Bild 2: Klemmkörperfreilauf

Bandbremse (Bild 3). Sie besteht aus Stahlband, Reibbelag, Kolbenstange, Kolben, Gehäuse, Feder und Nachstelleinrichtung.

Wirkungsweise. Drückt der Arbeitsdruck von rechts auf die Kolbenfläche, so zieht die Kolbenstange das Bremsband an und bremst die Bremstrommel fest.

Zum Lösen des Bremsbandes wirkt der Arbeitsdruck von links auf die Kolbenfläche.

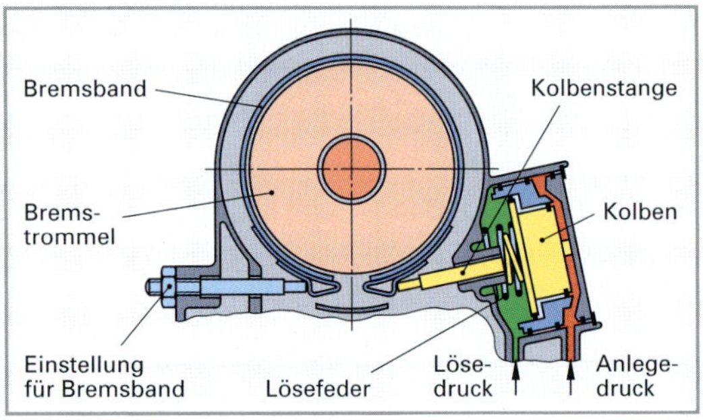

Bild 3: Bandbremse

3-Gang-Automatik mit Ravigneaux-Satz (Bild 4)
Aus der Schaltlogik **(Tabelle 1)** kann erkannt werden, welche Schaltglieder (Kupplungen, Bandbremse, Freilauf) in den verschiedenen Gängen geschaltet sind und welche Teile des Planetenradsatzes durch sie angetrieben bzw. festgebremst werden.

Tabelle 1: Schaltlogik

Gang	Antrieb	fest	Abtrieb	B	K_{G2}	K_{G3}	F	K_R
1.	S1	S2	PT	●			●	
2.	H	S2	PT	●	●			
3.	S1 + H	–	PT		●	●		
R.	S1	H	PT			●		●

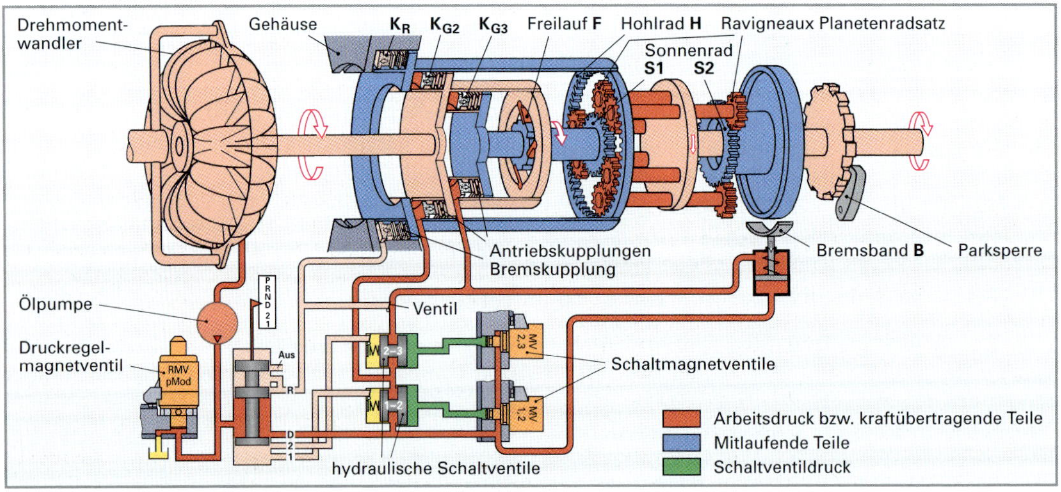

Bild 4: Systembild 3-Gang-Automatik mit elektro-hydraulischer Steuerung – Wählhebelstellung D, 3. Gang

Einfluss verschiedener Betriebsparameter auf Schaltprogramm und Schaltpunktsteuerung

Das Grundschaltprogramm mit Hoch- und Rückschaltpunkten ist von den Hauptsteuergrößen Wählhebelstellung, Fahrpedalstellung und Fahrgeschwindigkeit abhängig.

Das Schaltprogramm/Schaltkennlinienauswahl kann an verschiedene Betriebsparameter adaptiert werden, z.B. Getriebeöltemperatur, Kühlmitteltemperatur, Programmschalterstellung, Kickdown, Fahrweise, Steigung/Gefälle, Anhängerbetrieb, Tempomatbetrieb, Fahrbahnzustand.

Lastsignal und Fahrgeschwindigkeit. Diese beiden Hauptsteuergrößen bestimmen im Wesentlichen die Schaltpunkte. Je weiter z. B. das Fahrpedal durchgetreten ist, desto höher ist die Fahrgeschwindigkeit bei der geschaltet wird. Die Rückschaltungen erfolgen generell bei niedrigeren Fahrgeschwindigkeiten als die Hochschaltungen. Damit wird ein ständiges Hin- und Herschalten (Pendelschaltung) zwischen zwei Gängen vermieden.

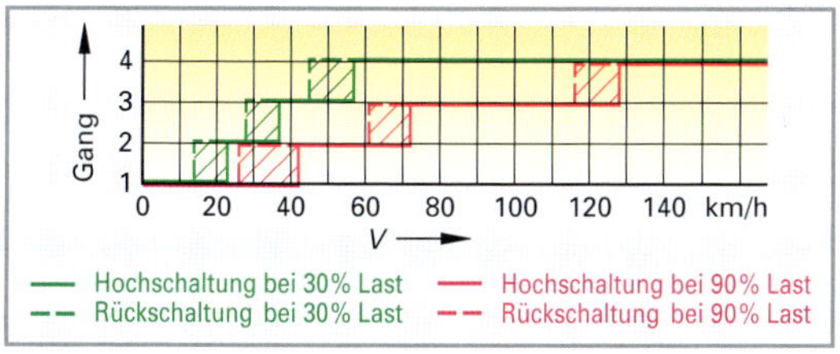

Bild 1: Schaltdiagramm – Wählhebelstellung D

Programmschalter (Economy, Sport, Winter, Manuell). Bei Sport wird im Vergleich zu Economy erst bei höheren Fahrgeschwindigkeiten hochgeschaltet. Dadurch hat das Fahrzeug ein besseres Beschleunigungsverhalten, wobei jedoch der Kraftstoffverbrauch steigt. Im Winterprogramm wird in einem höheren Gang, z.B. 2. Gang, angefahren, um das Antriebsdrehmoment zu reduzieren und damit ein Durchdrehen der Räder zu verhindern. Bei Manuell kann der Fahrer über eine gesonderte Wählhebelgasse, durch Antippen des Wählhebels herauf- **(M+)** und herunterschalten **(M-)**. Es wird nicht automatisch geschaltet.

Kickdown (Übergas). Bei vollständigem Durchtreten des Fahrpedals wird entweder ein Kick-Down-Schalter betätigt, oder das Signal durch den Fahrpedalwertgeber ermittelt. Es erfolgt, soweit möglich, eine Rückschaltung um ein oder zwei Gänge. Die geschalteten Gänge werden dann jeweils bis zur Motorhöchstdrehzahl ausgefahren, um das Beschleunigungsverhalten des Fahrzeugs zu verbessern.

Getriebeöltemperatur. Wird eine bestimmte kritische Öltemperatur erreicht, so wird erst bei höheren Motordrehzahlen geschaltet. Dadurch erhöht sich die umgepumpte Ölmenge.

Hydraulisches Schema zur Schaltdruckregelung – Schaltqualitätssteuerung

Damit kein Schaltruck (Schaltstoß) entsteht, werden Lamellenkupplungen und Wandlerüberbrückungskupplung über Regelmagnetventile mit einem lastabhängigen dosierten Schaltdruck angesteuert.

In **Bild 2** ist in einem vereinfachten elektro-hydraulischen Schaltplan schematisch die Schaltdruckregelung dargestellt. Zum Schaltzeitpunkt wird das 3/2-Schaltmagnetventil vom EGS elektrisch angesteuert. Das hydraulische 3/2-Schaltventil wird dann mit Schaltventildruck beaufschlagt und schaltet durch. Es bewirkt die Betätigung eines Arbeitszylinders, der z.B. die Lamellenkupplungen betätigt. Damit der Arbeitszylinder nicht sofort mit vollem Arbeitsdruck beaufschlagt wird, reduziert ein durch das EGS angesteuertes Regelmagnetventil den Schaltdruck während der Schaltphase. Die Höhe des Arbeitsdruckes wird dann lastabhängig auf den höchsten aktuell erforderlichen Druck eingestellt. Dazu wird vom EGS ein Regelmagnetventil mit einem vorgeschalteten Druckbegrenzungsventil angesteuert.

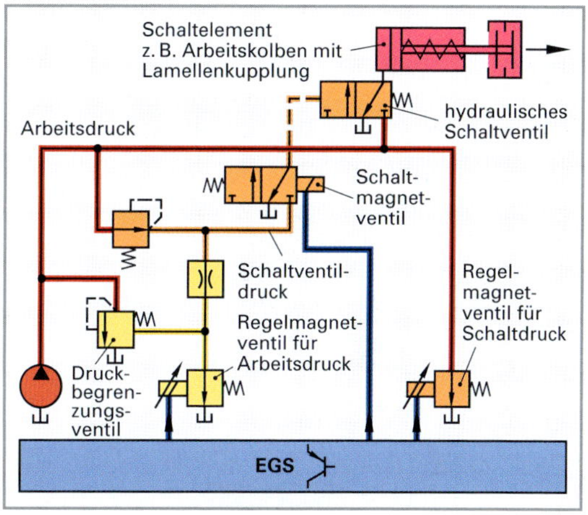

Bild 2: Schema für die Schaltdruckregelung

Überschneidungssteuerung (Bild 3)

Dabei wird der Druck in der geschalteten Kupplung **K1** abgebaut und zeitgleich in der zu schaltenden Kupplung **K2** aufgebaut. Es kann schlupfend ohne Kraftflussunterbrechung geschaltet werden.

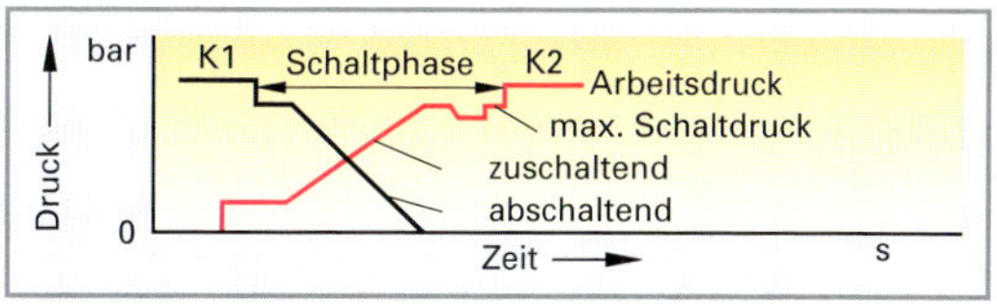

Bild 3: Druckregelung bei Überschneidungssteuerung

Betriebsparameter zur Steuerung der Wandlerüberbrückungskupplung

> Sie wird abhängig von Getriebeabtriebsdrehzahl (Fahrgeschwindigkeit), Motordrehzahl, Getriebeeingangsdrehzahl, Bremslichtschalter und Motortemperatur durch ein Magnetventil angesteuert.

Die Wandlerkupplung ist in der Regel geöffnet, um …

- … in niedrigen Gängen ein hohes Anfahrdrehmoment zu erzielen.
- … bei kaltem Motor und niedrigen Fahrzeuggeschwindigkeiten, Schwingungen im Antriebsstrang zu vermeiden.
- … bei Bremspedalbetätigung, ein Abwürgen des Motors beim Bremsen zu verhindern.

Mit Hilfe der elektro-hydraulischen Getriebesteuerung ist es möglich Wandlerkupplungen schlupfgeregelt zu betreiben. Damit werden bei verbessertem Wandlerwirkungsgrad Schwingungen im Antriebsstrang vermieden.

Sonderfunktionen

Interlock (Keylock). Dabei kann der Zündschlüssel nur dann aus dem Zündschloss abgezogen werden, wenn sich der Wählhebel in Position **P** befindet. Dies wird z.B. mechanisch über einen Seilzug bewirkt. Damit wird ein Wegrollen des Fahrzeugs nach Abzug des Zündschlüssels verhindert.

Adaptive Getriebesteuerung (AGS) Sie wählt anhand von verschiedenen Kriterien aus mehreren unterschiedlichen Schaltprogrammen selbsttätig ein passendes aus, z.B. verbrauchsoptimiert oder sportlich.

Schaltplanbeispiel einer elektronischen Automatikgetriebesteuerung (Bild 1).

Der Stromlaufplan zeigt ein vereinfachtes Beispiel einer elektronischen 4-Gang-Automatikgetriebesteuerung ohne CAN-BUS mit zwei Schaltmagnetventilen, einer Wandlerkupplungs-Überbrückungssteuerung und einer Druckregelsteuerung für den Arbeitsdruck.

Stromversorgung. Über Pin 18 wird das Steuergerät von Klemme 30 mit Dauerplus und über Pin 17 von Klemme 15 (+) mit Spannung versorgt. Pin 22 und 35 sind mit Klemme 31 (Masse} verbunden.

Startvorgang. Das Starten des Fahrzeugs kann nur in Wählhebelposition **P** oder **N** erfolgen. Dabei wird das Startsperrrelais über die Klemmen J und K angesteuert. Gleichzeitig muss der Bremslichtschalter **S4** durch die Fußbremse betätigt werden. Über Pin 11 wird dabei das Steuergerät mit Plus angesteuert. Damit wird ein unbeabsichtigtes Anfahren des Fahrzeugs verhindert.

Wählhebelstellung (Tabelle 1). Der Wählhebelpositionsschalter **S1** ist über Pin 9, 10, 27, 28 mit dem Steuergerät verbunden. Abhängig von seiner jeweiligen Stellung wird Plus über die Klemmen A, B, C, E auf die jeweiligen Pin geschaltet. Die Logik ist im Schaltplan vorgegeben.

Tabelle 1: Pinansteuerung mit Plus ⊕

PIN	P	R	N	D	3	2	1
9	⊕	⊕			⊕	⊕	
10		⊕	⊕	⊕	⊕		
27	⊕		⊕		⊕		⊕
28				⊕	⊕	⊕	⊕

16

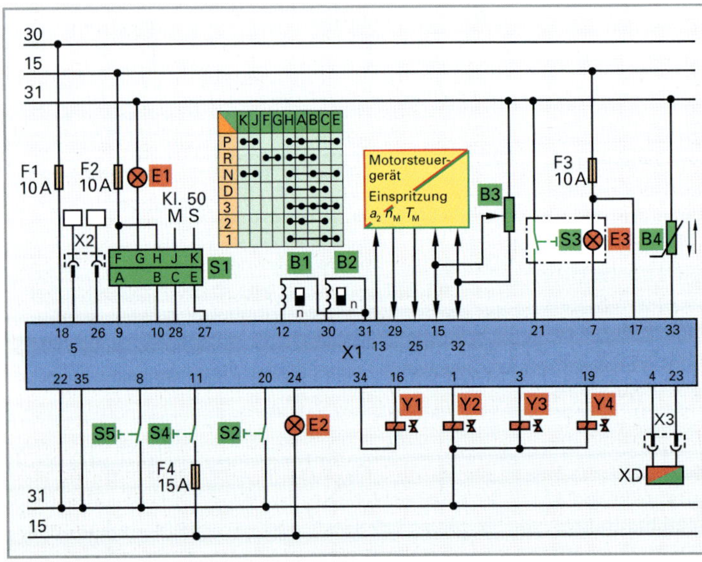

B1 Induktivgeber Getriebeeingangsdrehzahl
B2 Induktivgeber Getriebeausgangsdrehzahl
B3 Drosselklappenpotentiometer
B4 Getriebeöltemperaturfühler
E1 Rückfahrscheinwerfer
E2 Wählhebelleuchte für S-Programm
E3 Anfahrhilfenleuchte
F1…F4 Sicherungen
S1 Wählhebelpositionsschalter
S2 Taster Sport-, Economy-Programm
S3 Taster Anfahrhilfe/Winterprogramm
S4 Bremslichtschalter
S5 Kick-Down-Schalter
Y1 Magnetventil-Arbeitsdruckregelung
Y2 Schaltmagnetventil 1-2/3-4
Y3 Schaltmagnetventil 2-3
Y4 Magnetventil Wandlerkupplung
X1 Stecker Getriebesteuergerät
X2 Steckverbindung Instrumententafel
X3 Steckverbindung Diagnose
XD Diagnosestecker

Bild 1: Schaltplan elektronische Getriebesteuerung (vereinfacht)

Lastsignal vom Drosselklappenpotentiometer B3. Pin 32 wird mit Plus angesteuert. Dadurch ergibt sich zwischen Kl. 31 und Pin 32 ein konstanter Spannungsabfall. Über Pin 15 wird ein von der Drosselklappenstellung abhängiges Spannungssignal an die Steuergeräte gegeben.

Kick-Down-Schalter S5. Bei Betätigen von **S5** wird über Pin 8 ein Stromkreis im Steuergerät masseseitig geschlossen.

Sport/Economy-Taster S2. Wird **S2** betätigt, so wird über Pin 20 eine Selbsthalteschaltung für Sport- oder Economy-Programm ausgelöst. Bei geschaltetem Sportprogramm wird Pin 24 mit Minus angesteuert; E2 leuchtet.

Anfahrhilfe/Winterprogramm-Taster S3. Durch Betätigen von **S3** wird die Anfahrhilfe über Pin 21 eingeschaltet. Entsprechend leuchtet E3. Das Getriebesteuergerät bewirkt dann die Ansteuerung der Schaltmagnetventile Y2 und Y3, so dass in einem höheren Gang, z.B. 2.Gang, angefahren wird.

Drehzahlsignale (B1, B2, n_M). Über Pin 12, 30, 31 und 29 erhält das Steuergerät von Induktivgebern Wechselspannungssignale mit unterschiedlicher Frequenz.

Getriebeöltemperaturfühler B4 (NTC). Mit steigender Getriebeöltemperatur nimmt aufgrund des sinkenden Widerstandes von B4 der Spannungsabfall zwischen Kl. 31 und Pin 33 (Plus) ab.

Motortemperatursignal (t_M). Das ESG wird dazu über Pin 25 vom Motorsteuergerät angesteuert.

Ausgangssignale. Abhängig von den Eingangssignalen werden vom Getriebesteuergerät, Ausgangssignale berechnet und über Leistungsendstufen jeweils die entsprechenden Pin mit Plus oder Minus angetaktet. Z.B.

- Schaltmagnetventile **Y2** (Pin 1) und **Y3** (Pin 3)
- Arbeitsdruckregel-Magnetventil **Y1** (Pin 16/34)
- Magnetventil Wandlerkupplung **Y4** (Pin 19)

Prüfung. An den Anschlüssen des Steuergerätesteckers können mit Hilfe einer Pinbox und einem Multimeter beispielsweise folgende Bauteile geprüft werden:

Y1: Pin 16 – Pin 34	**B1**: Pin 12 – Pin 31
Y2: Pin 1 – Pin 22/35	**B2**: Pin 30 – Pin 31
Y3: Pin 3 – Pin 22/35	**S2**: Pin 20 – Pin 22/35
Y4: Pin 19 – Pin 22/35	**S3**: Pin 21 – Pin 35

Über die Steckverbindung X3 können mit Hilfe eines Diagnosetesters Fehler ausgelesen und eine Stellglieddiagnose durchgeführt werden.

WERKSTATTHINWEISE

Notlauf aufgrund von elektrischen Fehlern.
Z.B. Kabelunterbrechungen, Schaltmagnetventile defekt, fehlende Sensorsignale, Getriebeelektronik fällt aus. Das Fahrzeug lässt sich in Wählhebelstellung D nur in einem Gang, z.B. 2. Gang und in R weiter bewegen. Sicherheitsfunktionen wie z.B. Wählhebelsperre sind ggf. nicht mehr aktiv. Bei Neustart kann eventuell keine Wählhebelposition mehr eingelegt werden. Die Fehler werden in der Eigendiagnose gespeichert und sind nach erfolgter Reparatur zu löschen.

Notlauf aufgrund von mechanisch-hydraulischen Fehlern (Getriebeelektronik ist i.O.).
Z.B. Lammellenkupplung rutscht wegen zu geringem Druckaufbau, Lamellenkupplung verschlissen. Dies wird anhand von Drehzahldifferenzen erkannt, wenn diese z.B. größer als 3% sind. Der zuletzt als gut erkannte Gang bleibt geschaltet. Der Rückwärtsgang kann eingelegt werden. Die Wählhebelsperre ist aktiv. Bei Neustart wird der Fehler zurückgesetzt. Je nach Hersteller werden diese Fehler nicht in der Eigendiagnose des Steuergerätes abgelegt.

Abschleppen. Beim Abschleppen von Fahrzeugen mit Automatikgetrieben sind die Herstellervorschriften genau zu befolgen, da die Ölpumpe nicht angetrieben wird. Deshalb ist keine ausreichende Schmierung im Getriebe gegeben. Der Wählhebel muss in Position **N** stehen. Bei Fahrzeugen mit elektromagnetisch betätigter Parksperre muss diese mechanisch entriegelt werden. Schleppgeschwindigkeit i.d.R. ≤ 50 km/h; Abschleppstrecke ≤ 50 km.

Fehlerdiagnose. Zur sicheren Diagnose von Fehlern im Automatikgetriebe sollten vor einem Ausbau folgende Überprüfungen durchgeführt werden:

- Ölstand. Ein zu hoher Ölstand führt zu harten Schaltungen und evtl. Undichtigkeiten. Ein zu geringer Ölstand zu ungenügendem Kraftschluss und damit zu schleifenden Schaltpunkten. **Beim Nachfüllen auf richtige ATF-Ölsorte achten!**
- Ölqualität. Verbrannt riechendes Öl, deutet auf Verschleiß von Lamellenkupplungen und/oder Bremsbändern hin.
- Überprüfen der Selbstdiagnose mit Tester.
- Nachvollziehen der Hoch- und Rückschaltpunkte in Abhängigkeit von Wählhebelstellung, Last und Fahrgeschwindigkeit.
- Überprüfen der Wählhebeleinstellung.
- Bei älteren Automatikgetrieben – Überprüfen der Drosselklappenzugeinstellung.
- Überprüfen der Hydraulikdrücke.
- Gegebenfalls Ölsieb im Schaltschiebergehäuse auf Verschmutzung prüfen.
- Festbremsdrehzahl prüfen (stall speed). Bei dieser Prüfung sind die Herstellervorschriften genau zu beachten. Aufgrund sehr starker Ölerwärmung besteht die Gefahr von Getriebeschädigungen, z.B. Undichtheiten, Kupplungsverschleiß.

16.5.4 Adaptive Getriebesteuerung

Die adaptive Getriebesteuerung (AGS) wählt z.B. sportliche, verbrauchsoptimierte Schaltprogramme anhand von unterschiedlich gewichteten Parametern selbsttätig aus **(Bild 1)**. Sie kann prinzipiell in allen vollautomatisierten elektronisch gesteuerten Getrieben verwirklicht werden.

Schaltprogrammauswahl

Sie ist im Wesentlichen abhängig von der Fahrertypbewertung, der Umwelterkennung und der Fahrsituationserkennung. Zusätzlich wird die Schaltprogrammauswahl durch manuelle Fahrereingriffserkennung beeinflusst, z.B. durch Programmwahlschalter (soweit vorhanden) oder Wahl der manuellen Schaltgasse.

Fahrertypbewertung. Dabei wird das Fahrverhalten des Fahrers mit einer Dynamikkennzahl bewertet und daraus ein geeignetes Schaltkennfeld ausgewählt. Zur Ermittlung der Dynamikkennzahl werden folgende Merkmale herangezogen:

- **Bewertung des Anfahrvorgangs.** Beim ersten Gasgeben, z.B. moderat oder forciert, wird ein entsprechendes Schaltprogramm ausgewählt.
- **Kick-Fast-Bewertung.** Es wird bewertet mit welcher Geschwindigkeit das Fahrpedal bewegt wird. Bei schnellem Niedertreten des Fahrpedals wird, z.B. von einem verbrauchsoptimierten Schaltprogramm, in ein sportliches gewechselt.
- **Kickdown-Bewertung.** Bei vollständigem Durchtreten des Fahrpedals wird ein sportliches Schaltprogramm ausgewählt, und soweit möglich, um ein oder zwei Gangstufen zurückgeschaltet.
- **Fahrbetriebsbewertung.** Bei Konstantfahrt wird innerhalb kurzer Zeit, z.B. von einem sportlichen Schaltprogramm in ein verbrauchsoptimiertes Schaltprogramm gewechselt und in den höchstmöglichen Gang geschaltet.
- **Bremsbewertung.** Es wird die durch das Bremsen bewirkte Geschwindigkeitsreduzierung bewertet. Dadurch werden die Rückschaltpunkte beeinflusst.

16

Umwelterkennung. Z.B. Wintererkennung. Dabei wird zunächst ein fahrleistungsreduziertes Schaltprogramm ausgewählt und zusätzlich in einer höheren Gangstufe angefahren. Durch Vergleich der Raddrehzahlen der angetriebenen Achse mit den Raddrehzahlen der nicht angetriebenen Achse wird dies erkannt.

Fahrsituationserkennung. Z.B. Bergauffahrt, Anhängerbetrieb. Es werden drehmomentoptimierte Schaltprogramme ausgewählt, um Pendelschaltungen zwischen zwei Gängen zu vermeiden.

Gangwahl

Neben der Schaltprogrammauswahl wirken einige Parameter direkt auf die Gangwahl. Z.B. :

- **Kurvenfahrterkennung.** Bei schneller Kurvenfahrt wird z. B. nicht rück- bzw. hochgeschaltet, um Lastwechselreaktionen zu vermeiden.
- **Bergabfahrterkennung.** Dabei werden Hochschaltungen vermieden, damit die Motorbremswirkung besser genutzt werden kann.
- **Fast-Off-Erkennung** (Gasrücknahme durch den Fahrer). Bei schneller Gasrücknahme wird der Gang gehalten. Dadurch kann die Motorbremswirkung besser genutzt werden.
- **Manuelle Fahrereingriffserkennung** (Tiptronic/ Steptronic M+ / M-). Eine automatische Hoch- bzw. Rückschaltung findet nicht mehr statt.
- **ABS/ASR/ESP-Erkennung.** Bei Regeleingriffen durch diese Systeme werden keine Schaltvorgänge durchgeführt, die negative Auswirkungen auf die Traktionsregelung haben.
- **Stop- and Go-Erkennung.** Es wird nicht in den 1. Gang zurückgeschaltet, wodurch der Kraftstoffverbrauch gesenkt wird.

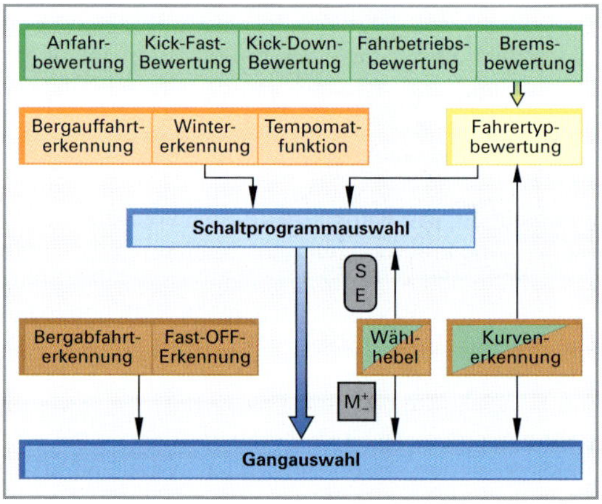

Bild 1: Programmstruktur einer adaptiven Getriebesteuerung

WIEDERHOLUNGSFRAGEN

1. **Aus welchen Komponenten besteht das Steuerungssystem eines Automatikgetriebes mit elektrohydraulischer Steuerung?**
2. **Welche Signale verarbeitet das EGS?**
3. **Welche Aufgaben haben Ölpumpe, Handwählschieber, Schaltventile, Druckregelventile und Schaltelemente im Automatikgetriebe?**
4. **Welche Hauptsteuergrößen bewirken die Schaltpunkte im Automatikgetriebe?**
5. **Was versteht man unter einer Überschneidungssteuerung?**
6. **Von welchen Parametern ist die Ansteuerung der Wandlerüberbrückungskupplung abhängig?**
7. **Was versteht man unter Shift-Lock, Inter-Lock?**
8. **Von welchen Parametern hängt die Schaltprogrammauswahl bei der adaptiven Getriebesteuerung ab?**

16.5.5 Stufenlose Automatik-Getriebe mit Schubgliederband oder Laschenkette

Die Änderung der Übersetzungen erfolgt stufenlos über den gesamten Fahrbereich durch das Primär- und Sekundärkegelscheibenpaar **(Variator).**

Stufenlose Getriebe werden auch **CVT-Getriebe** genannt (**C**ontinously **V**ariable **T**ransmission).

Aufbau (Bild 1)

- Primär-Kegelscheibe
- Sekundär-Kegelscheibe
- Schubgliederband
- Lamellenkupplungen
- Druckzylinder
- Planetenradsatz

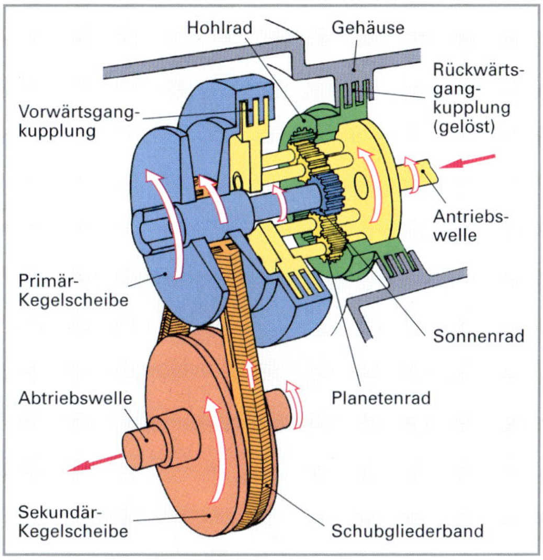

Bild 1: CVT-Automatik mit Schubgliederband

Wirkungsweise. Die Primär-Kegelscheibe wird bei geschalteter Vorwärts- oder Rückwärtsgangkupplung vom Planetengetriebe angetrieben. Über ein Schubgliederband bzw. eine Laschenkette **(Bild 2)** treibt sie die Sekundärkegelscheibe an.

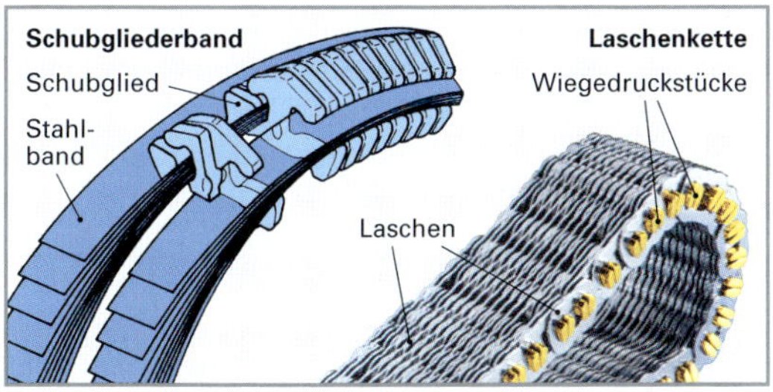

Bild 2: Schubgliederband, Laschenkette

Die Übersetzungsänderung wird durch axiale Verschiebung je einer diagonal gegenüberliegenden Scheibenhälfte erreicht. Dadurch werden die wirksamen Hebelarme r_{w1} und r_{w2} **stufenlos** gegenläufig verändert, d.h. größer bzw. kleiner **(Bild 3).** Das Verschieben der Scheibenhälften erfolgt durch die beiden druckgesteuerten Primär- und Sekundärzylinder.

Das größte Übersetzungsverhältnis wird erreicht, wenn das Gliederband am kleinsten wirksamen Hebelarm r_{w1} der Primärscheibe und am größten Hebelarm r_{w2} der Sekundärscheibe angreift.

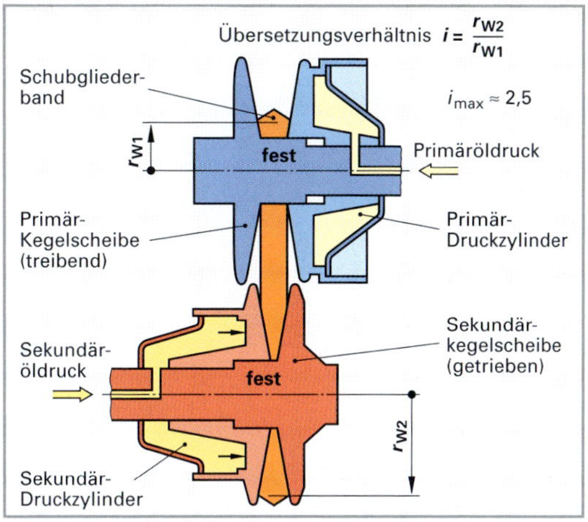

Bild 3: Scheibenstellung bei größter Übersetzung

Das jeweils wirksame Übersetzungsverhältnis i wird durch das Verhältnis der Hebelarme der Sekundärscheibe r_{w2} zur Primärscheibe r_{w1} gebildet.

Wählhebelstellung N (Neutral) und P (Parken). Beide Kupplungen sind gelöst. Es findet keine Kraftübertragung statt. In Stellung **P** wird die Sekundär-Kegelscheibe durch die Parksperre blockiert.

Wählhebelstellung D (Vorwärtsfahrt) und L (Last). Die Vorwärtsgangkupplung ist geschlossen, die Rückwärtsgangkupplung gelöst. Planetenradträger, Planetenräder, Hohlrad und Sonnenrad laufen als Block um und treiben über Primär-Kegelscheibe und Schubgliederband bzw. Laschenkette die Sekundär-Kegelscheibe an. Diese leitet das Drehmoment an die Abtriebswelle weiter.
Antriebswelle, Primär- und Sekundär-Kegelscheibe und Abtriebswelle haben gleiche Drehrichtung.

Wählhebelstellung R (Rückwärtsgang). Die Vorwärtsgangkupplung ist gelöst, die Rückwärtsgangkupplung geschlossen. Sie bremst das Hohlrad am Getriebegehäuse fest. Die über den Planetenradträger angetriebenen Planetenradpaare kehren den Drehsinn um und übersetzen ins Langsame.

Steuerung. Sie erfolgt elektro-hydraulisch in Abhängigkeit von Wählhebel-, Fahrpedalstellung und Fahrgeschwindigkeit.
Zum Anfahren dient z.B. eine Magnetpulverkupplung, ein hydrodynamischer Drehmomentwandler oder eine schlupfgeregelte Lamellenkupplung.

Stufenlose Automatik Ecotronic

Es ist eine Automatik mit 2 Kegelscheibenpaaren (Variatoren) und Laschenkette, bei der die Übersetzungen stufenlos verändert werden.

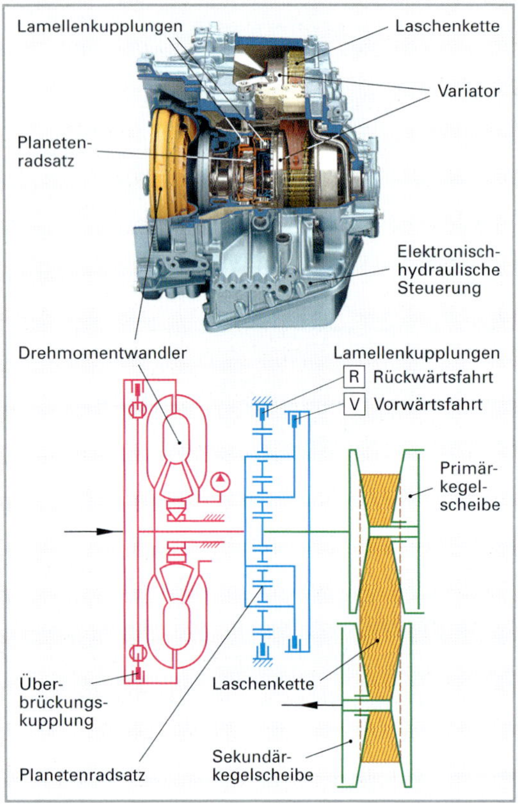

Bild 1: CVT-Getriebe Ecotronic

Wirkungsweise

Kraftübertragung. Sie führt von der Primärkegelscheibe über eine Laschenkette auf die Sekundärkegelscheibe. Im Gegensatz zum Schubgliederband wird bei der Laschenkette die Kraft nicht durch Druck (Schub), sondern durch Zug übertragen.

Übersetzungsänderung. Sie erfolgt stufenlos durch axiale Verschiebung der gegenüberliegenden Scheibenhälfte der Variatoren. Dabei werden die wirksamen Hebelarme gegenläufig größer und kleiner.

Getriebesteuerung. Sie erfolgt elektro-hydraulisch und steuert die hydraulischen Drücke, die das axiale Verschieben der Scheibenhälften bewirken. Hauptsteuergrößen sind: Wählhebelstellung, gewähltes Fahrprogramm, Fahrgeschwindigkeit und Fahrpedalstellung (Last).
Die Getriebesteuerung ist adaptiv . Die richtige Übersetzung wird selbstlernend gewählt.

Anfahren. Hierzu wird ein Wandler mit Überbrückungskupplung eingesetzt.

Stufenlose Automatik Multitronic

Bei der Multitronic wird eine Laschenkette mit Wiegedruckstücken zwischen den Variatoren zur Kraftübertragung verwendet.

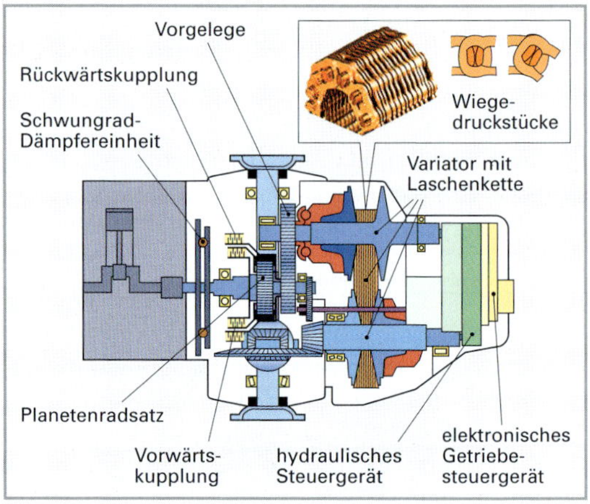

Bild 2: Aufbau der Multitronic, Laschenkette

Kraftübertragung. Das Motordrehmoment wird über Schwungrad-Dämpfereinheit, Lamellenkupplung, Planetenradsatz und Vorgelegestufe auf die Primärkegelscheibe übertragen **(Bild 2)**.
Über eine Laschenkette mit Wiegedruckstücken erfolgt eine fast verlustfreie Drehmomentübertragung auf die Sekundärkegelscheibe.

Übersetzungsänderung. Sie erfolgt stufenlos durch axiale Verschiebung von 2 diagonal gegenüberliegenden Scheibenhälften der Variatoren.

Getriebesteuerung. Sie wird elektro-hydraulisch durchgeführt und wählt adaptiv (selbstlernend) die richtige Übersetzung aus dem Kennfeld.

Getriebediagramm (Bild 3). Zwischen der ökonomischsten und der sportlichsten Kennlinie befindet sich im Regelkennfeld der Bereich für alle möglichen Übersetzungen des stufenlosen Automatikgetriebes. Für die manuell mit der Tiptronic geschalteten Gänge mit gestuften Übersetzungen stehen hier die 6 Kennlinien der Gänge zur Verfügung.

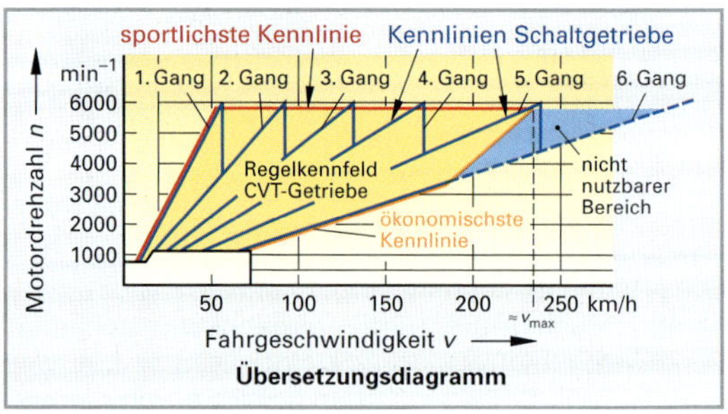

Bild 3: Getriebediagramm der Multitronic

16.6 Gelenkwellen, Antriebswellen, Gelenke

Aufgaben

- Drehmomente übertragen
- Winkeländerungen ermöglichen
- Längenänderung (axiale Verschiebungen) zulassen
- Drehschwingungen dämpfen

Das vom Wechselgetriebe gewandelte Drehmoment wird auf das Achsgetriebe und die Antriebsräder übertragen.

Beispiel für Hinterradantrieb rnit Frontmotor:

Der Kraftfluss verläuft im Antriebsstrang **(Bild 1)** vom Wechselgetriebe über die Gelenkwelle (Kardanwelle) zum Achsgetriebe und weiter über die Achswellen und Gleichlaufgelenke zu den Antriebsrädern.

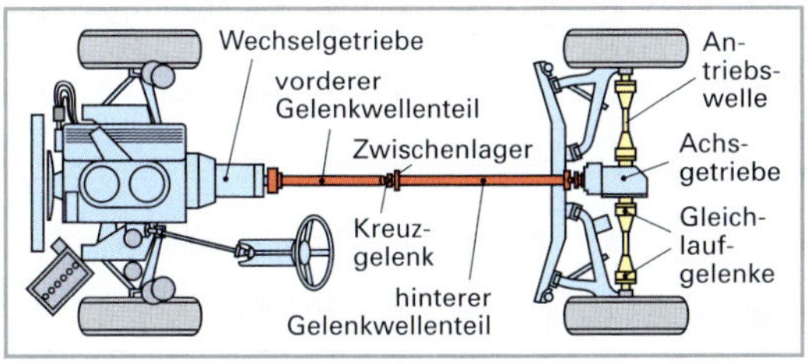

Bild 1: Antriebsstrang Hinterradantrieb mit Frontmotor

Beispiel für Vorderradantrieb mit Frontmotor und Hinterradantrieb mit Heckmotor:

Der Kraftfluss verläuft im Antriebsstrang vom Wechselgetriebe über Achsgetriebe, Gleichlaufgelenke und Antriebswellen zu den Antriebsrädern.

Hier ist keine Kardanwelle erforderlich.

Wechselgetriebe und Achsgetriebe sind in einem Gehäuse untergebracht.

16.6.1 Gelenkwellen

Sie sind bei Fahrzeugen mit Frontmotor und Hinterradantrieb zwischen Wechselgetriebe und Achsgetriebe in Fahrzeuglängsrichtung angeordnet.

Gelenkwellen bestehen aus dem Gelenkwellenrohr mit Schiebestück und Gelenken z.B. zwei Kreuzgelenken **(Bild 2)**.

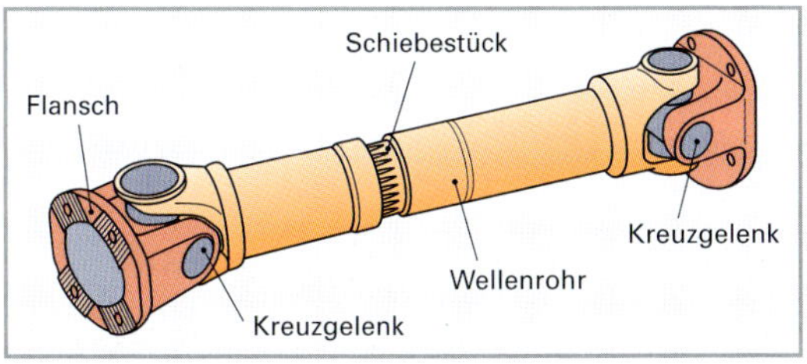

Bild 2: Gelenkwelle mit zwei Kreuzgelenken

Ist bei Fahrzeugen mit Einzelradaufhängung zwischen Wechselgetriebe und Achsgetriebe ein großer Abstand zu überwinden, so wird eine zweiteilige Gelenkwelle verwendet die durch ein Zwischenlager abgestützt **(Bild 3)** wird.

Um zwischen Wechselgetriebe und Achsgetriebe einen Achsversatz zu ermöglichen, werden Kreuzgelenke eingebaut. Die Trockengelenke dienen zur Schwingungsdämpfung.

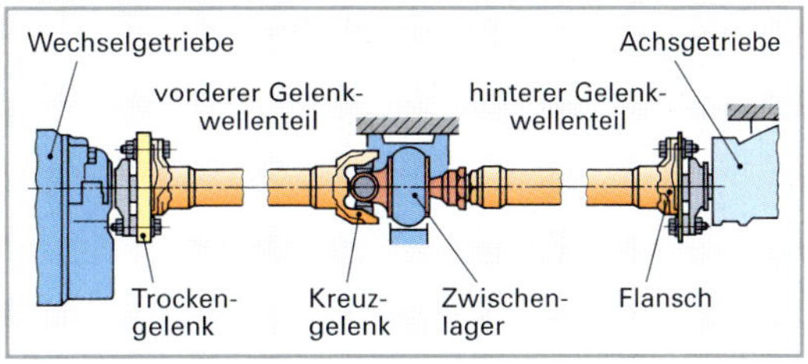

Bild 3: Zweiteilige Gelenkwelle

Zwischenlager (Bild 3). Hier ist die geteilte Gelenkwelle elastisch gelagert.

Das Zwischenlager ist durch einen Lagerbock am Fahrzeugboden befestigt. Es enthält ein Kugellager, das in Gummi eingebettet ist.

Durch die Teilung der Gelenkwelle wird ein schwingungsarmer und ruhiger Lauf erreicht sowie Dröhngeräusche vermieden.

16.6.2 Antriebswellen (Achswellen)

Sie sind im Antriebsstrang zwischen Achsgetriebe und Antriebsrädern angeordnet.

Die Antriebswellen können achsgetriebeseitig z.B. mit einem Tripodegelenk und radseitig mit einem Kugelgelenk ausgestattet sein.

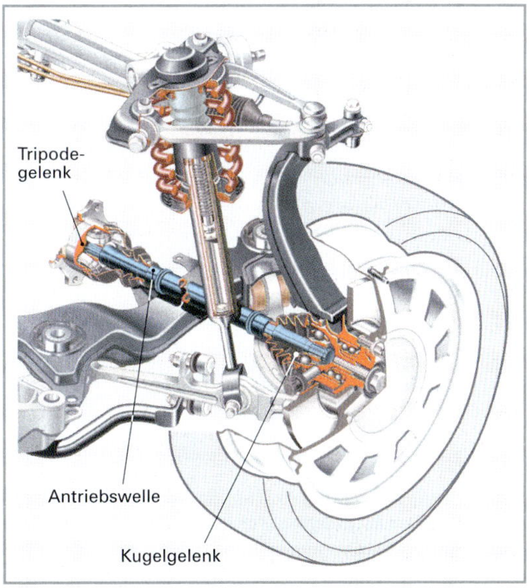

Bild 4: Antriebswelle bei Vorderradantrieb

16

16.6.3 Gelenke

Man verwendet
- Trockengelenke
- Tripodegelenke
- Kreuzgelenke
- Kugelgelenke
- Doppelgelenke

Kreuzgelenke (Bild 1). Die Gelenkgabeln sind durch die im Zapfenkreuz angeordneten Gelenkzapfen gelenkig miteinander verbunden. Die Gelenkzapfen sind in den Gelenkgabeln meist in vollgekapselten Nadellagern wartungsfrei gelagert.

In Kraftfahrzeugen werden Kreuzgelenke für Beugungswinkel bis 8° angewendet.

Sonderausführungen, z. B. für Nebenantriebe, lassen größere Beugungswinkel zu.

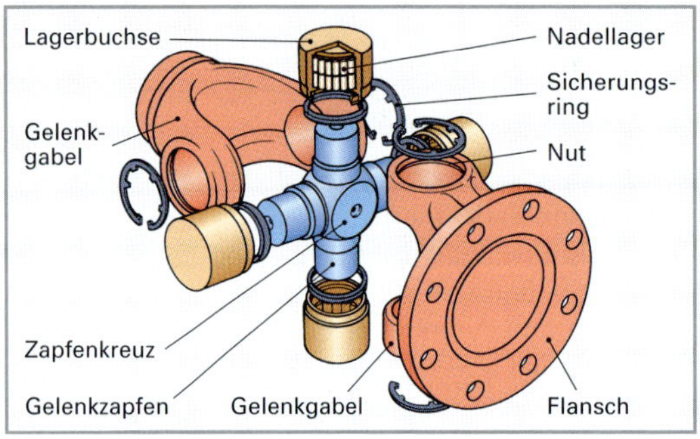

Bild 1: Kreuzgelenk

Bei Verwendung eines abgewinkelten Kreuzgelenks entsteht an der Abtriebsseite eine ungleichförmige Bewegung.

Besteht zwischen Antrieb und Abtrieb eines Kreuzgelenks ein Beugungswinkel β **(Bild 2)**, so führt die Abtriebswelle bei gleichförmiger Drehgeschwindigkeit ω_1 der Antriebswelle eine ungleichförmige Bewegung mit sinusförmig wechselnder Drehgeschwindigkeit ω_2 aus.

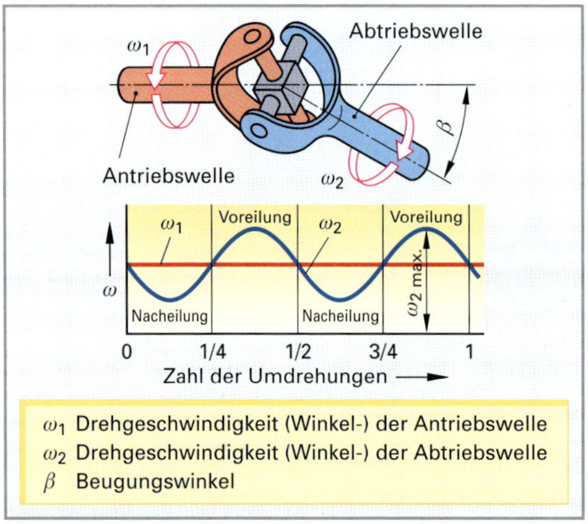

Bild 2: Kreuzgelenk mit Beugungswinkel

Kardanfehler. Bei 1 Umdrehung der Antriebswelle treten an der Abtriebswelle zwei Voreilungen und zwei Nacheilungen auf (Kardanfehler), **(Bild 2).**

Eine Gelenk- oder Antriebswelle mit **einem Kreuzgelenk** darf nur verwendet werden, wenn **kleine Beugungswinkel β** auftreten. Treten größere Beugungswinkel auf, z.B. bei Fahrzeugen mit Starrachsen, so muss die Gelenk- oder Antriebwelle mit **zwei Kreuzgelenken** ausgerüstet werden **(Bild 3).**

Dadurch wird der so genannte „Kardanfehler" des Gelenks A durch einen gleich großen aber entgegengesetzten „Kardanfehler" des Gelenks B ausgeglichen (ω-Ausgleich).

Bedingungen für den Ausgleich des „Kardanfehlers":

- Die Beugungswinkel β_1 von Gelenk A und β_2 von Gelenk B müssen gleich groß sein.
- Die Gelenkgabeln der Verbindungswelle müssen in der gleichen Ebene liegen. Dies ist besonders beim Zusammenbau der Zwischenwelle (Schiebestück) zu beachten.

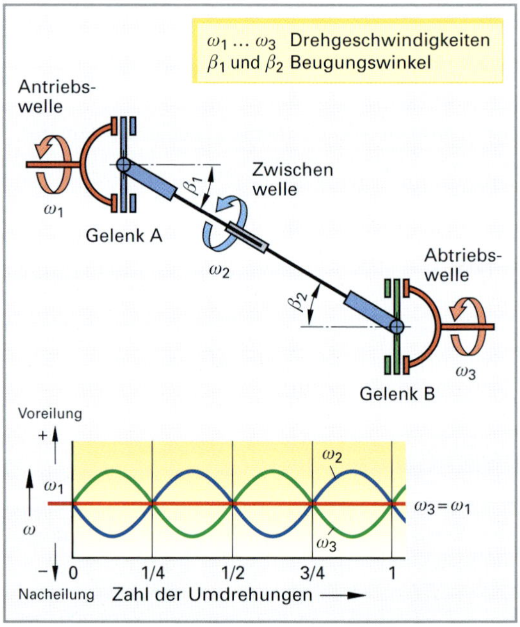

Bild 3: Gelenkwelle mit zwei gebeugten Kreuzgelenken

Die beim Ein- und Ausfedern auftretenden Abstandsänderungen (Längenänderungen) zwischen den Kreuzgelenken werden durch ein **Schiebestück** ausgeglichen.

Kreuzgelenke werden z.B. bei Gelenkwellen zwischen Wechselgetriebe und Achsgetriebe verwendet, bei Nutzkraftwagen werden sie auch bei Achswellen eingesetzt.

16

Gleichlaufgelenke

Gleichlaufgelenke (homokinetische Gelenke) übertragen auch bei größeren Beugungswinkeln die Drehbewegung gleichförmig.

Gleichlauf-Verschiebegelenke

Tripodegelenke (Bild 1). Sie können bei Einzelradaufhängung sowohl bei angetriebenen Vorderachsen (Vorderradantrieb) als auch bei angetriebenen Hinterachsen (Hinterradantrieb) verwendet werden.

Tripodegelenke ermöglichen Beugungswinkel bis 26° und axiale Verschiebungen bis 55 mm.

Der Tripodestern ist immer der Achsgetriebeseite zugekehrt.

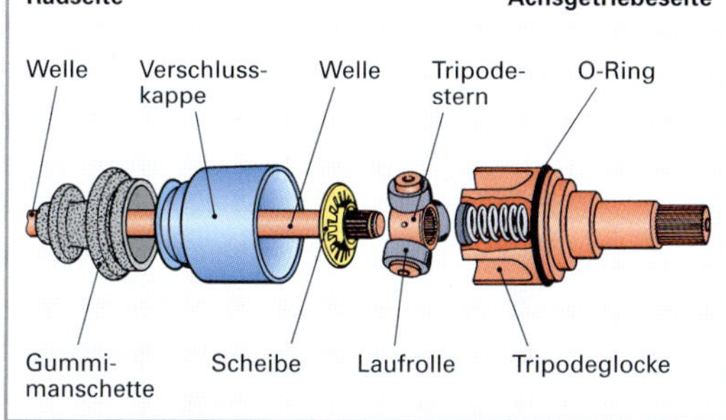

Bild 1: Tripodegelenk

Topfgelenke (Bild 2). Es sind Kugelgelenke, deren Kugeln durch einen Käfig geführt werden und auf **geraden Bahnen** des Kugelsterns und der Kugelschale laufen.

Topfgelenke ermöglichen Beugungswinkel bis 22° und axiale Verschiebungen bis 45 mm.

Topfgelenke sind achsgetriebeseitig angeordnet.

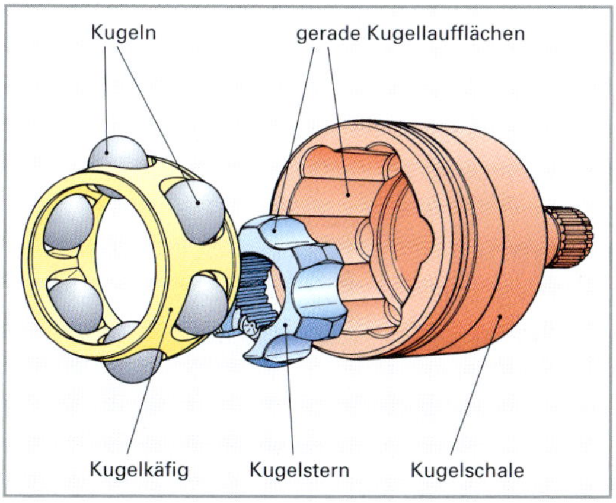

Bild 2: Topfgelenk

Gleichlauf-Festgelenke

Kugelgelenke

Sie bestehen aus Kugelstern, Kugelschale, Kugelkäfig und Kugeln **(Bild 3)**.
Kugelschale und Kugelstern haben gekrümmte Laufbahnen, auf denen die Kugeln laufen.

Kugelgelenke ermöglichen Beugungswinkel in Normlausführung bis 38° und in Sonderausführung bis 47°. Sie lassen keine axialen Verschiebungen zu.

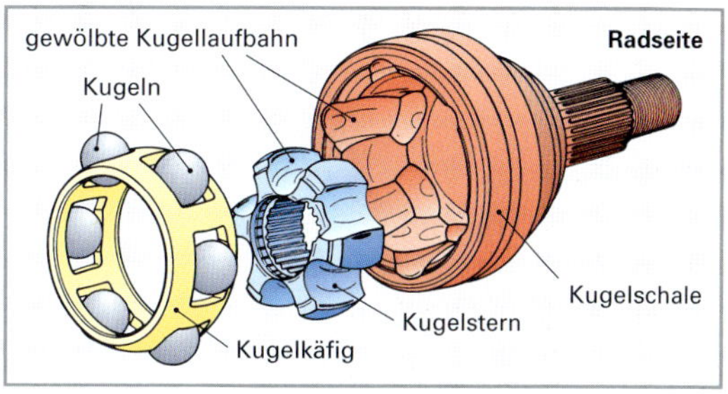

Bild 3: Kugelgelenk als Gleichlauf-Festgelenk

Doppelgelenke

Zwei Kreuzgelenke sind zu einem Gelenk zusammengefasst **(Bild 4)**. Damit ein einwandfreier Lauf gewährleistet ist, sind die zu verbindenden Wellenenden im Innern des Gelenkes zentriert.
Sie werden bei Nutzkraftwagen verwendet.

Doppelgelenke ermöglichen Beugungswinkel bis 50°. Sie lassen keine axialen Verschiebungen zu.

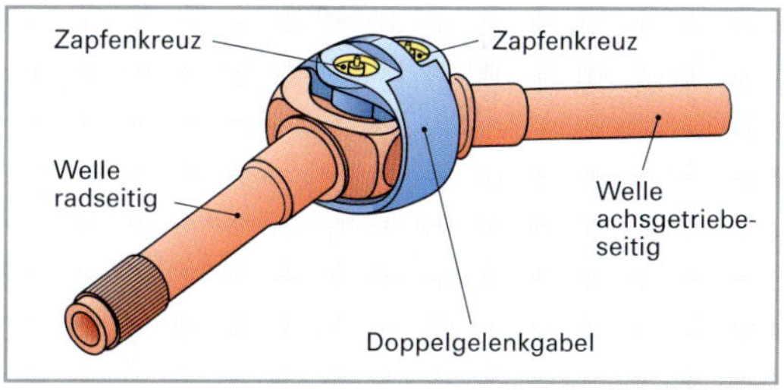

Bild 4: Doppelgelenk

Trockengelenke

Trockengelenke sind elastische wartungsfreie Gelenke. Sie lassen nur geringe Beugungswinkel und Längenänderungen zu. Sie werden im Antriebsstrang hauptsächlich als elastische Glieder eingebaut, um auftretende Vibrationen und Geräusche zu dämpfen. Trockengelenke werden bei Fahrzeugen verwendet, deren Achsgetriebe fest mit dem Aufbau oder Rahmen verbunden sind.

Man unterscheidet:

- Gewebescheibengelenke
- Silentblocgelenke

Gewebescheibengelenke (Bild 1)

Mehrere Stahlbüchsen, z.B. 6, sind durch Textilschnüre so umschlungen, dass um jeweils zwei nebeneinander liegende Büchsen ein Wickelpaket verläuft. Textilschnüre und Stahlbüchsen werden in Gummi einvulkanisiert.

Gewebescheibengelenke (Hardyscheiben) dienen im Antriebsstrang als elastische Zwischenglieder z.B. bei zweiteiligen Gelenkwellen.

Gewebescheibengelenke ermöglichen Beugungswinkel bis 5° und axiale Verschiebungen bis 1,5 mm.

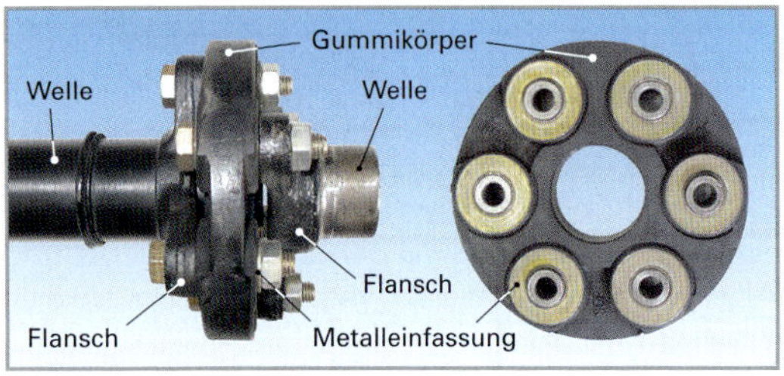

Bild 1: Gewebescheibengelenk

Silentblocgelenke (Bild 2). Mehrere Silentblöcke, z.B. 6, bestehend aus Gummikörpern mit Hülsenführungen, sind in einem Blechmantel zusammengefasst und auf beiden Seiten mit dreiarmigen Flanschen verschraubt. Je nach Gelenkwellenanschluss kann das Mittelstück fliegend oder zentriert angeordnet sein.

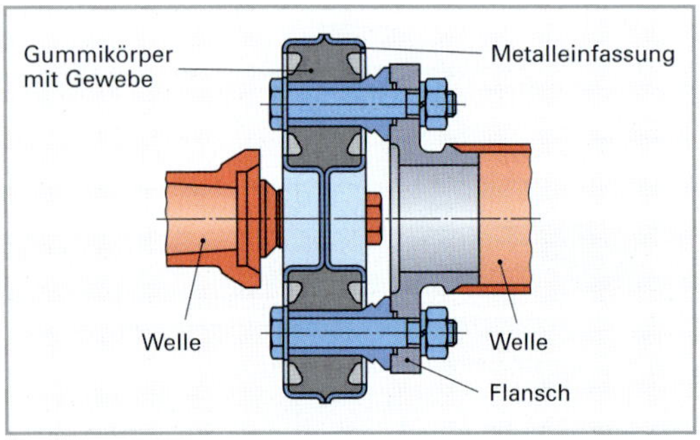

Bild 2: Silentblocgelenk

WIEDERHOLUNGSFRAGEN

1 **Welche Aufgaben haben Gelenkwellen?**

2 **In welche Gruppen werden Gelenke eingeteilt?**

3 **Welche Gleichlaufgelenke werden irn Fahrzeugbau verwendet?**

4 **Welche Aufgabe hat das Schiebestück einer Gelenkwelle?**

5 **Welche Aufgaben haben Trockengelenke?**

16.7 Achsgetriebe

Aufgaben

- **Drehmoment übertragen und vergrößern.** Das vom Wechselgetriebe gewandelte Drehmoment muss im Achsgetriebe vergrößert werden, damit für alle Fahrzustände an den Antriebsrädern ausreichende Drehmomente zur Verfügung stehen.
- **Drehzahlen ins Langsame übersetzen.** Die vom Getriebe gewandelten Drehzahlen werden durch die konstante Übersetzung des Achsgetriebes ins Langsame übersetzt.
- **Kraftfluss, falls erforderlich, umlenken.** Ist der Motor in Richtung der Fahrzeuglängsachse angeordnet, muss der Kraftfluss durch ein Kegelrad-Achsgetriebe um 90° umgelenkt werden, da die Antriebswellen immer quer zur Längsachse des Fahrzeugs liegen **(Bild 3).**

  Bei Fahrzeugen mit quer zur Fahrzeuglängsachse angeordneten Motoren muss die Richtung des Kraftflusses nicht umgelenkt werden. Hier verwendet man Stirnrad-Achsgetriebe.

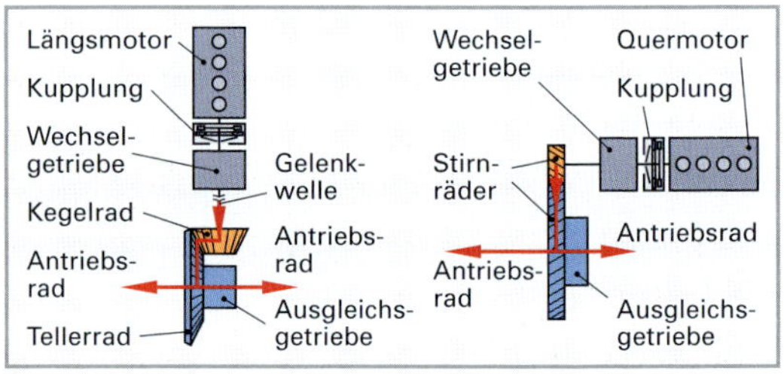

Bild 3: Kegelrad-Achsgetriebe, Stirnrad-Achsgetriebe

16.7.1 Kegelrad-Achsgetriebe

Das Kegelrad-Achsgetriebe besteht aus dem Antriebskegelrad (Triebling) und dem Tellerrad.

Man unterscheidet **(Bild 4)** Kegelrad-Achsgetriebe

- mit **nicht versetzten Achsen** und
- mit **versetzten Achsen** (Hypoidantrieb).

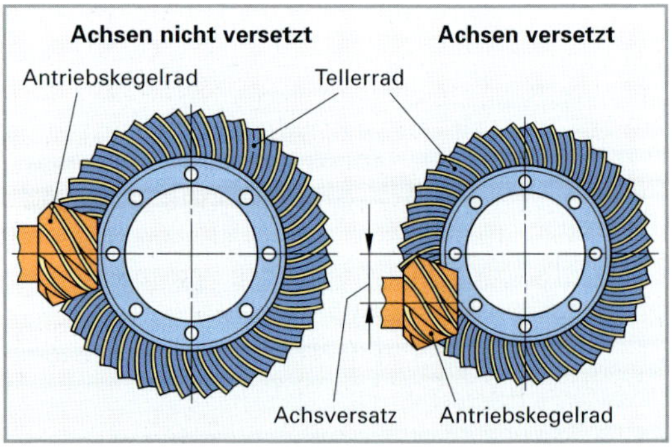

Bild 4: Achsgetriebe mit versetzten und nicht versetzten Achsen (Hypoidantrieb)

16

Vorteile des Hypoidantriebs

- **Größere Laufruhe,** da eine größere Anzahl von Zähnen miteinander im Eingriff sind.
- **Höhere Belastbarkeit,** da der Durchmesser und die Zahnbreiten des Antriebskegelrades größer sind.
- **Weniger Platzbedarf,** da das Tellerrad bei gleicher Beanspruchung einen kleineren Durchmesser besitzt. Dadurch kann bei Fahrzeugen mit Frontmotor und Hinterradantrieb die Gelenkwelle tiefer gelegt werden. Der Gelenkwellentunnel wird niedriger und der Schwerpunkt liegt tiefer.

Als Folge der Achsversetzung treten beim Abwälzen stärkere Gleitbewegungen zwischen den sich berührenden Zahnflanken auf als bei nicht versetzten Achsen. Dies macht die Verwendung von besonders druckfesten Hypoidölen erforderlich.

Als Verzahnungsarten verwendet man Gleasonverzahnung oder Klingelnbergverzahnung.

Gleasonverzahnung (Bild 1)

- Die Zahnflanken der Zähne des Tellerrades sind Teile eines Kreisbogens.
- Die Zahnrücken werden von außen nach innen schmaler.
- Die Zahnhöhen werden nach innen kleiner.

Klingelnbergverzahnung (Bild 1)

- Die Zahnflanke ist ein Stück einer Spirale.
- Die Zahnrücken haben von außen nach innen eine konstante Breite.

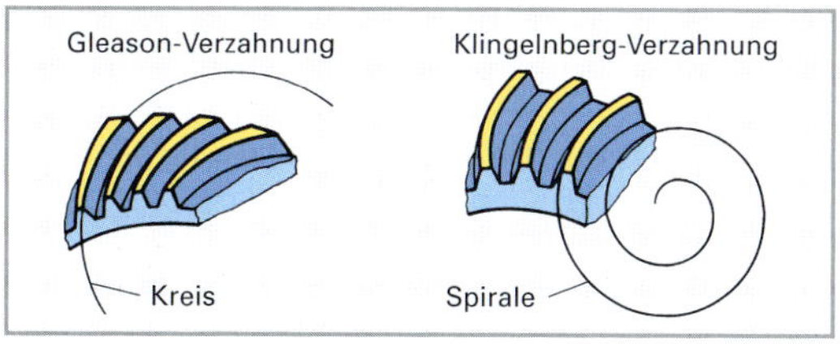

Bild 1: Gleason- und Klingelnbergverzahnung

16.7.2 Stirnrad-Achsgetriebe (Bild 2)

Es besteht aus dem kleinen Antriebsstirnrad und dem großen Abtriebsstirnrad. Beide Zahnräder besitzen Schrägverzahnung, die kostengünstiger als die Bogenverzahnungen herzustellen ist.

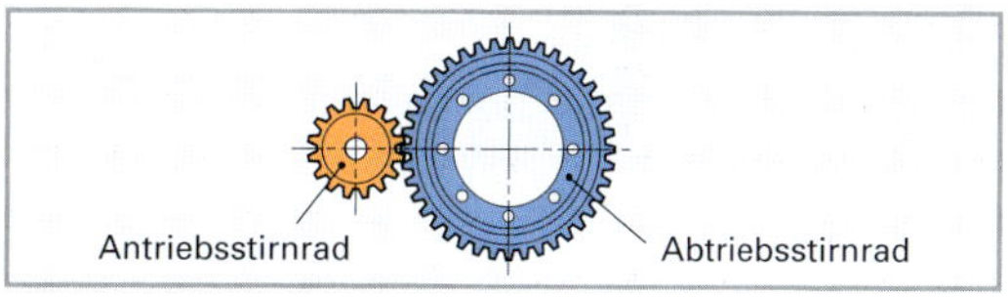

Bild 2: Stirnrad-Achsgetriebe

WERKSTATTHINWEISE

Das richtige Zusammenarbeiten von Antriebskegelrad und Tellerrad ist Voraussetzung für geräuscharmen Lauf und eine lange Lebensdauer des Achsgetriebes. Da Antriebskegelrad und Tellerrad paarweise zueinander auf einwandfreien Lauf abgestimmt sind, werden sie von den Herstellerfirmen gezeichnet **(Bild 3).** Sie erhalten eine Paarungsnummer p, welche beim Kegelrad auf der Stirnseite und beim Tellerrad oben auf der Flanschseite angegeben ist.
R und T sind Konstruktionsmaße.

Die Abmaße r und t von diesen Konstruktionsmaßen werden vom Hersteller beim Einlaufen der Räder ermittelt. Bei diesen Abweichungen laufen die Räder am ruhigsten miteinander. Deshalb sind bei der Einstellung von Kegelrad und Tellerrad diese Abmaße r und t zu berücksichtigen.

Auf dem Tellerrad sind Abmaß t und Zahnflankenspiel z angegeben. Das Abmaß r ist auf der Stirnseite des Antriebskegelrades angegeben.

Die Zähne von Kegelrad und Tellerrad, zwischen denen das angegebene Zahnflankenspiel gemessen wurde, werden gekennzeichnet.

Kegelrad und Tellerrad dürfen nur paarweise ausgewechselt werden.

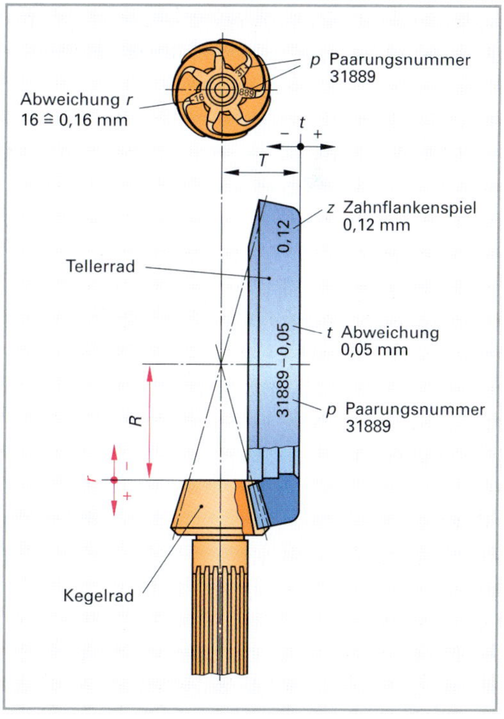

Bild 3: Antriebskegelrad und Tellerrad

Werkstatthinweise

Jede Veränderung des Abstandes zwischen Tellerrad und Kegelrad hat eine Veränderung des Zahnflankenspiels zur Folge. Dadurch wälzen sich Kegel- und Tellerrad nicht mehr einwandfrei ab. Dies führt geschwindigkeits- und lastabhängig zu singenden Geräuschen und zu erhöhten Zahnbelastungen.

Vorgehensweise Zahnflankenspielermittlung

- Öl ablassen,
- Gehäusedeckel entfernen,
- Tellerrad reinigen und einen Zahn kennzeichnen.
- Messuhr ansetzen, Kegelrad fixieren und Zahnflankenspiel durch Hin- und Herbewegen des Tellerrades ermitteln.
- Dieser Vorgang ist an mind. 4 Stellen des Tellerrades (alle 90°) durchzuführen **(Bild 1)**.

Bild 1: Ermittlung des Zahnflankenspiels

Auswertung. Der Unterschied zwischen höchstem und geringstem Zahnflankenspiel darf 0,04 mm (4/100 mm) nicht überschreiten. Liegen die gemessenen Werte innerhalb der Toleranz, so ist Planlauf gewährleistet. Liegen sie außerhalb, ist ein Seiten- oder Höhenschlag vorhanden. Es kann aber nicht beurteilt werden, ob das Tellerrad, Kegelrad oder der Flansch des Achskorbes einen Schlag hat.

16

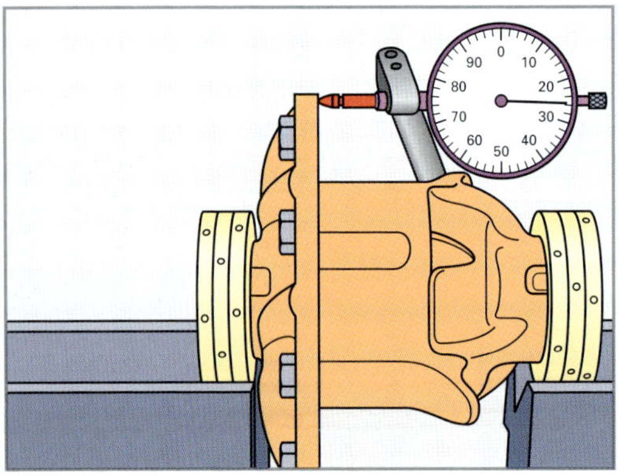

Bild 2: Prüfen des Flansches auf Planlauf

Prüfen des Flansches auf Planlauf. Ist der Unterschied bei den 4 Messergebnissen größer als 0,4 mm, so ist der Flansch auf Planlauf zu prüfen **(Bild 2)**. Dazu muss das Tellerrad demontiert werden. Die Toleranz beträgt max. 0,01 mm (1/100 mm).

Liegt der Wert außerhalb der Toleranz, ist der Achskorb zu erneuern oder evtl. die komplette Achse zu tauschen. Liegt der Wert innerhalb, so sind Kegel- und Tellerrad neu einzustellen.

Einstellen des Kegelrades. Ist das Zahnflankenspiel zu groß, werden Kegel- und Tellerrad neu gelagert oder gewechselt, so ist eine Neueinstellung vorzunehmen. Das Kegelrad muss für jede Paarung auf ein bestimmtes, vom Hersteller angegebenes Einstellmaß **(Bild 3, Seite 399)** eingestellt werden.

Messvorgang.

- Kegelrad mit vorhandener Scheibe einsetzen und mit vorgeschriebenem Drehmoment oder Reibwert anziehen.
- Meister- bzw. Messdorn in Telleradlagerung einsetzen und vorgeschriebenen Messzylinder aufsetzen.
- Messbrücke mit Messuhr am Achsgehäuse auflegen.
- Messuhr am Meisterdorn auf Null stellen. Messung A und Messung B mit Scheibe (Abstand Messzylinder zum Nullmaß) ermitteln.
- Kontrollmessung C muss 0,16 mm anzeigen.

Ermittlung der richtigen Scheibendicke.

Die Messung zwischen A und B ergibt z.B. eine Differenz von 0,22 mm. Vom Unterschiedsmaß zwischen Messzylinder und Messdorn ist das Abmaß z.B. **r = + 0,16 mm** abzuziehen. Es ergibt sich somit eine einzustellende Scheibendicke von **s = 0,22 mm – (+ 0,16 mm) = 0,06 mm.**

Als Grundscheibendicke wurde z.B. eine Scheibe mit **s = 3,38 mm** gewählt. Somit beträgt die neue Scheibendicke **s = 3,38 mm + 0,06 mm = 3,44 mm**

Nach dem fachgerechten Einbau der neuen Scheibe ist eine Kontrollmessung durchzuführen. Bei der Kontrollmessung C muss **0,16 mm** angezeigt werden.

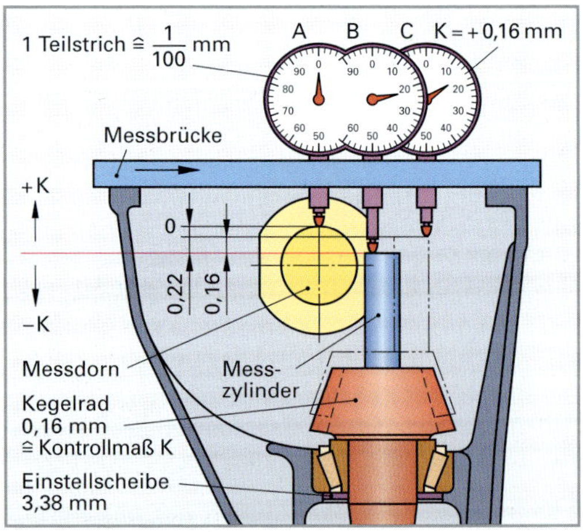

Bild 3: Ermittlung der Scheibendicke am Kegelrad

WERKSTATTHINWEISE

Einstellung des Tellerrades

Eine Korrektur der Einstellung des Tellerrades kann folgendermaßen erfolgen:

- Einlegen von Ausgleichsscheiben
- Tauschen von Ausgleichsscheiben links und rechts
- Verdrehen von Einstellmuttern oder Einstellringen.

Die korrekte Einstellung kann durch Messung des Zahnflankenspiels überprüft werden.

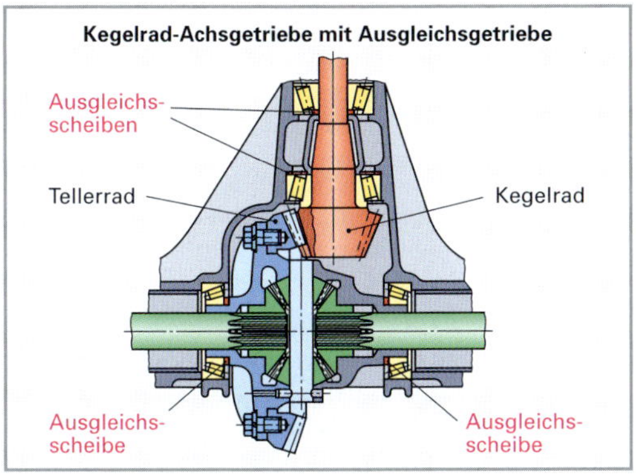

Bild 1: Einstellung mit Einstellscheiben

Tragbildbeurteilung

Mit Hilfe einer Tragbildprüfung kann die korrekte Einstellung von Kegel- und Tellerrad überprüft werden.

Tragbildbeurteilung von Gleasonverzahnungen

Beispiele fehlerhafter Tragbilder (Bild 2)

Kopfkontakt

Das Tragbild liegt im Bereich des Zahnkopfes. Zur Korrektur muss das Kegelrad durch eine dickere Ausgleichsscheibe höher gesetzt werden.

Fußkontakt

Das Tragbild liegt im Bereich des Zahnfußes. Zur Korrektur muss das Kegelrad durch eine dünnere Ausgleichsscheibe tiefergesetzt werden.

Fersenkontakt

Das Tragbild liegt im Bereich der Zahnferse. Zur Korrektur muss das Tellerrad näher zum Kegelrad hin verschoben werden.

Zehenkontakt

Das Tragbild liegt im Bereich der Zahnzehe. Zur Korrektur muss das Tellerrad weiter vom Kegelrad weg verschoben werden.

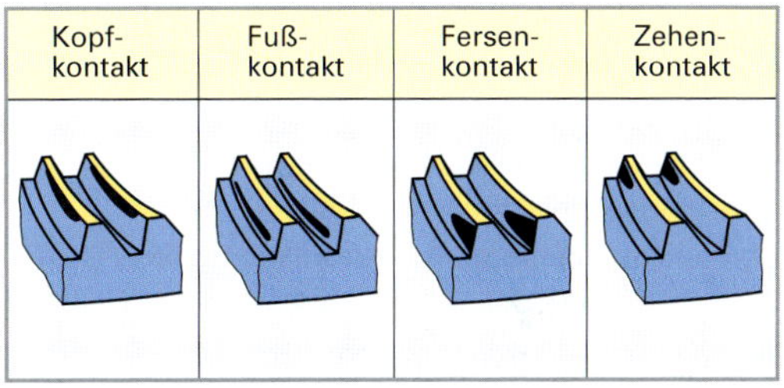

Bild 2: Fehlerhafte Tragbilder

Beispiel: Korrektes Tragbild

Es hat eine längliche ballige Form im Bereich der Druckflankenmitte **(Bild 3)**.

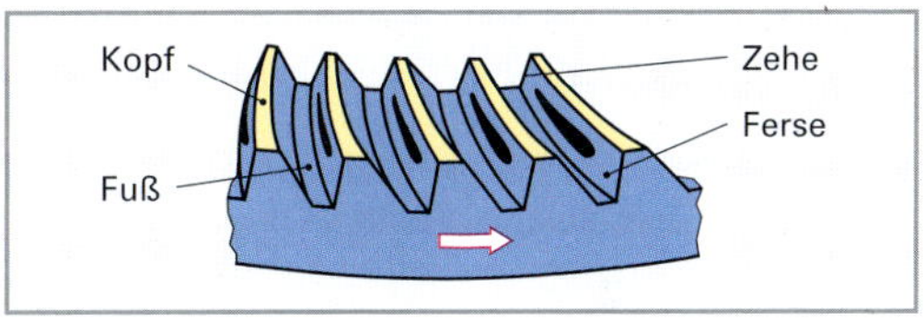

Bild 3: Korrektes Tragbild

16.8 Ausgleichsgetriebe

Aufgaben

- Drehzahlunterschiede der Antriebsräder ausgleichen.
- Drehmomente zu gleichen Teilen an die Antriebsräder verteilen.

Drehzahlunterschiede der Antriebsräder ausgleichen. Beim Befahren einer Kurve müssen die kurvenäußeren Räder eines Kraftwagens einen größeren Weg zurücklegen als die kurveninneren. Auch unterschiedliche Straßenoberflächen rufen Wegunterschiede hervor. Deshalb ergeben sich für die Räder einer Achse unterschiedliche Raddrehzahlen.

Das Ausgleichsgetriebe gleicht die Drehzahldifferenzen der Antriebsräder aus. Das kurvenäußere Antriebsrad dreht um soviel schneller wie das kurveninnere langsamer dreht.

Drehmomente zu gleichen Teilen an die Antriebsräder verteilen. Das Ausgleichsgetriebe überträgt auf beide Antriebsräder gleich große Drehmomente, auch wenn sich z.B. bei Kurvenfahrt das eine Antriebsrad schneller dreht als das andere.

Die Größe des übertragenen Drehmoments wird dabei durch das Antriebsrad bestimmt, das die schlechtere Haftung mit der Fahrbahn hat.

Bauarten

- **Kegelrad-Ausgleichsgetriebe.** Sie sind zusammen mit dem Achsgetriebe in einem Gehäuse (Differenzial) untergebracht.
- **Schneckenrad-Ausgleichsgetriebe (Torsen-Differenzial).** Sie werden z.B. in Allrad-Fahrzeugen als Verteilergetriebe zwischen den Antriebsachsen eingesetzt und besitzen eine selbsttätige Sperrwirkung.

Kegelrad-Ausgleichsgetriebe

Aufbau (Bild 1)

Das Antriebskegelrad ist z.B. mit der Gelenkwelle verbunden und treibt das Tellerrad, welches mit dem Ausgleichsgehäuse verschraubt ist. Im Ausgleichsgehäuse sind die Ausgleichskegelräder drehbar gelagert. Die Ausgleichskegelräder stehen mit den Achswellenrädern im Eingriff, die mit den Achswellen verbunden sind.

Wirkungsweise

Geradeausfahrt. Beide Antriebsräder und Achswellenräder drehen gleich schnell. Die Ausgleichskegelräder drehen sich nicht. Sie wirken als Mitnehmer und übertragen die Antriebsdrehmomente zu gleichen Teilen auf das linke und rechte Achswellenrad.

Ein Rad dreht durch, das andere steht still. Das Achswellenrad des durchdrehenden Rades bewirkt das Drehen der Ausgleichskegelräder, die sich auf dem stillstehenden Achswellenrad abwälzen.

Der Drehzahlunterschied wird ausgeglichen, indem das durchdrehende Rad doppelt so schnell dreht wie das Tellerrad.

Die Drehmomentverteilung erfolgt zu gleichen Teilen an die Achswellenräder und richtet sich nach dem schlechter haftenden Antriebsrad. Ein Vortrieb des Fahrzeugs ist nicht möglich.

Kurvenfahrt (Beispiel Linkskurve, Bild 1). Die kurvenäußeren Antriebsräder legen einen größeren Weg zurück und drehen sich schneller als die kurveninneren Räder.

Dies wird durch die Ausgleichskegelräder ermöglicht, welche Drehzahlunterschiede zwischen dem linken und rechten Achswellenrad ausgleichen.

Dabei drehen sich die Ausgleichsräder, die im Ausgleichsgehäuse gelagert sind, um ihre Achsen.

Bild 1 zeigt die Drehrichtungen der Wellen und Kegelräder beim Befahren einer Linkskurve.

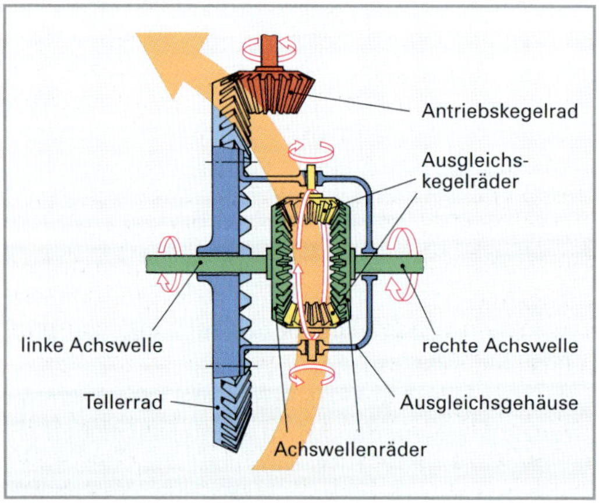

Bild 1: Kegelrad-Ausgleichsgetriebe

Das kurveninnere linke Antriebsrad läuft um soviel langsamer, wie das kurvenäußere rechte Antriebsrad schneller läuft. Der Drehzahlunterschied wird durch die Ausgleichskegelräder ausgeglichen.
Jedes Antriebsrad erhält gleichviel Drehmoment.

16.9 Ausgleichssperren

Man unterscheidet
- Quersperren und
- Längssperren

Quersperre. Sie sperrt den Drehzahlausgleich zwischen den Antriebsrädern einer Achse.

> Eine Quersperre teilt dem Antriebsrad einer Achse, das die bessere Bodenhaftung (Traktion) besitzt, mehr Drehmoment zu.

Beispiel: Dreht z.B. ein Antriebsrad auf eisglatter Fahrbahn oder weichem Untergrund durch, so überträgt dieses Rad zu wenig Antriebskraft auf die Fahrbahn, um das Fahrzeug zu bewegen.

Das Ausgleichsgetriebe wirkt sich hier nachteilig aus, da das andere Antriebsrad mit der guten Fahrbahnhaftung das gleiche Drehmoment zugeteilt bekommt. Durch die Ausgleichssperre wird dem Antriebsrad mit der besseren Bodenhaftung mehr Drehmoment zugeteilt. Das zugeteilte Drehmoment ist abhängig von der Traktion und dem Sperrwert der eingebauten Ausgleichssperre.

Sperrwert

> Der Sperrwert **S** gibt an, wieviel Drehmomentunterschied zwischen dem linken und rechten Antriebsrad einer Antriebsachse bzw. zwischen 2 Achsgetrieben der Vorder- und Hinterachse von Allradfahrzeugen möglich ist.

$$S = \frac{\text{Differenz Drehmonente}}{\text{Summe Drehmomente}} \cdot 100\ \%$$

Der Sperrwert **S** wird in % angegeben. Er bezieht sich z.B. auf das am Tellerrad anliegende Lastmoment.

Beispiel Sperrwert 40 %: Dabei kann das Antriebsrad mit der besseren Traktion 40% mehr Drehmoment übertragen als das andere.

Längssperre. Sie sperrt den Drehzahlausgleich zwischen den Rädern zweier Antriebsachsen.

> Eine Längssperre teilt den Antriebsrädern der Achse, welche die bessere Bodenhaftung (Traktion) haben, mehr Drehmoment zu.

Beispiel: Drehen, z.B. bei einem Allradfahrzeug, die Räder einer Antriebsachse durch, so wird den Rädern der Antriebsachse mit der besseren Traktion entsprechend dem Sperrwert der eingebauten Ausgleichssperre, mehr Drehmoment zugeleitet.

16

16.9.1 Schaltbare Ausgleichsperren

Die im **Bild 1** dargestellte Ausgleichssperre besteht aus der Schaltbetätigung und der Klauenkupplung. Das Schalten kann z.B. mechanisch von Hand oder pneumatisch erfolgen.

Wirkungsweise. Im eingerückten Zustand verbindet die Klauenkupplung die rechte Achswelle drehfest mit Ausgleichsgehäuse und Tellerrad.
Über die Innenverzahnung der Schaltmuffe und die Außenverzahnung auf der rechten Seite des Ausgleichsgehäuses wird eine formschlüssige und drehfeste Verbindung zwischen der rechten Achswelle und dem Ausgleichsgehäuse erreicht. Dadurch können die Ausgleichsräder nicht auf den Achswellenrädern abrollen. Sie wirken nur als Mitnehmer. Der Ausgleich ist zu 100% gesperrt.
Schaltbare Ausgleichssperren müssen bei normaler Bodenhaftung der Antriebsräder gelöst werden, um Schäden an der Klauenkupplung und den Zahnrädern zu vermeiden.

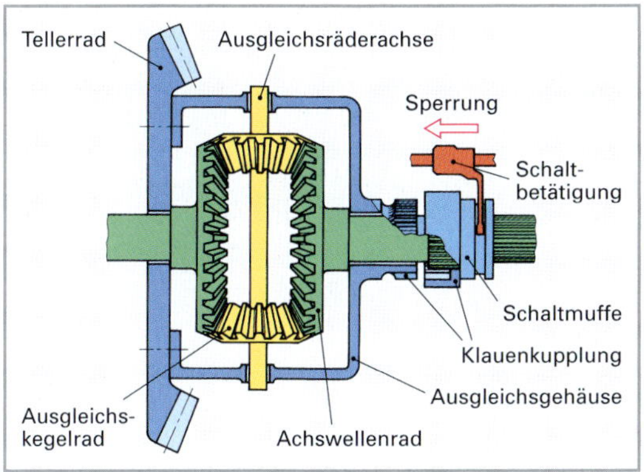

Bild 1: Schaltbare Ausgleichssperre

16.9.2 Selbsttätige Ausgleichssperren

> Sie bewirken, dass der Drehzahlausgleich, z.B. zwischen den Antriebsrädern einer Achse, selbsttätig gesperrt wird. Dem Antriebsrad mit den besseren Haftverhältnissen wird mehr Drehmoment zugeführt.

Übliche Sperrwerte liegen zwischen 25 % und 70 %.

Bauarten

- Ausgleichssperre mit Lamellenkupplungen
- Torsen-Differenzial
- Visco-Kupplung
- Elektronische Differenzialsperre (EDS)
- Aktive Sperrdifferenziale
- Haldex-Kupplung

Ausgleichssperre mit Larnellenkupplungen

Aufbau (Bild 2)

Zu den üblichen Bauteilen eines Ausgleichsgetriebes kommen zusätzlich zwei Druckringe und zwei Lamellenkupplungen.

Die Druckringe haben auf ihren Mantelflächen Mitnehmer, die in Längsnuten des Ausgleichsgehäuses eingreifen. Sie sind drehfest mit dem Ausgleichsgehäuse verbunden, in ihm jedoch axial verschiebbar.

Zwischen den außenliegenden Stirnflächen der Druckringe und den Stirnflächen des Ausgleichsgehäuses sind die Lamellen angeordnet.

Die außenverzahnten Lamellen greifen in die Längsnuten des Ausgleichsgehäuses, die innenverzahnten Lamellen in die Außenverzahnung der Achswellen.

Die zwei Druckringe besitzen an den innenliegenden Stirnflächen 4 Ausfräsungen, in denen die Achsen der Ausgleichskegelräder gelagert sind. Zur Vorspannung der Lamellen werden Tellerfedern eingebaut.

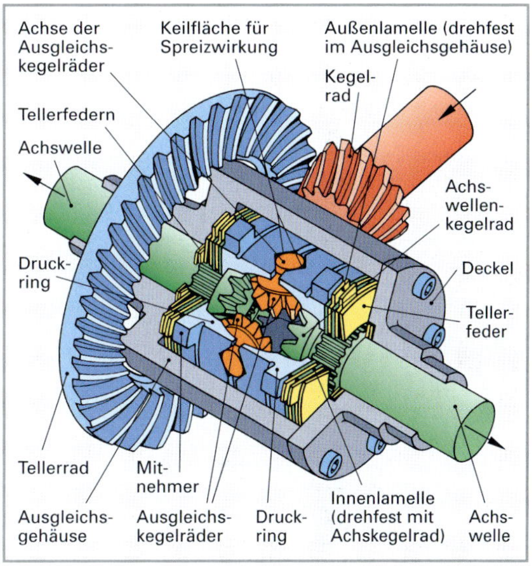

Bild 2: Ausgleichssperre mit Lamellenkupplungen

Wirkungsweise

Das vom Wechselgetriebe kommende Drehmoment wird durch die Übersetzung im Achsgetriebe verstärkt und über Tellerrad und Ausgleichsgehäuse auf die Druckringe übertragen.

Gleich gute Bodenhaftung. Von jedem Antriebsrad werden 50 % des Drehmomentes übertragen.

Das Drehmoment wird über das Tellerrad zum Ausgleichsgehäuse und über die Druckringe, die axial verschoben werden können, zu den Lamellenkupplungen auf die verzahnten Achswellen übertragen.

Unterschiedliche Bodenhaftung. Dreht z.B. das rechte Antriebsrad durch, so drehen sich die Ausgleichskegelräder. Ihre Achsen drücken die Druckringe gegen die beiden Lamellenpakete.

Durch die Anpresskraft wird zwischen den schneller drehenden innenverzahnten Lamellen und den außenverzahnten Lamellen des rechten Lamellenpaketes ein lastabhängiges Reibmoment erzeugt.

Dieses Reibmoment wird über Ausgleichsgehäuse, linkes Lamellenpaket, Verzahnung der linken Achswelle zum linken Antriebsrad geführt.

Hier wirkt es zusätzlich zum normalen Antriebsmoment der rechten Antriebsseite.

Torsen-Differenzial

Das Grundprinzip des Torsen-Differenzials beruht auf der Selbsthemmung zwischen Schneckenrad und Schnecke eines Schneckengetriebes.

Die Größe der Selbsthemmung ist abhängig vom Steigungswinkel der Verzahnung von Schnecke und Schneckenrad.

Die Selbsthemmung wird aufgehoben, wenn die Schnecke das Schneckenrad treibt.

Das Torsen-Differenzial (Torsen = torque sensing = drehmomentfühlend) verteilt das vom Wechselgetriebe kommende Drehmoment traktionsabhängig. Es kann als Quersperre im Achsdifferenzial und als Längssperre im Mittendifferenzial von Allradfahrzeugen eingesetzt werden.

Aufbau (Bild 1)

Ein Torsen-Differenzial besteht aus zwei Schneckentrieben. Die Stirnräder verbinden die beiden Schneckentriebe über die Schneckenräder formschlüssig miteinander. Sie sind im Ausgleichsgehäuse drehbar gelagert.

16

Jede Schnecke ist mit einer Antriebswelle drehfest verbunden. Das Differenzialgehäuse ist mit dem Tellerrad des Achsgetriebes verschraubt.

Wirkungsweise

Kraftfluss im Torsen-Differenzial

Das Antriebsdrehmoment kommt vom Kegelrad über das Tellerrad und wird vom Ausgleichsgehäuse und den Schneckenrädern auf die Schnecken der beiden Antriebswellen übertragen.

Gleich gute Bodenhaftung. Haben bei Geradeausfahrt die Antriebsräder gleiche Drehzahlen, so drehen sich die Schneckenräder mit den seitlichen Stirnrädern nicht und wirken als Mitnehmer.

Die Drehmomentverteilung erfolgt zu gleichen Teilen an die beiden Antriebswellen.

Unterschiedliche Bodenhaftung, Kurvenfahrt. Der Drehzahlausgleich erfolgt über die drehenden Stirnräder und Schneckenräder, wobei Selbsthemmung auftritt.

Dreht z.B. das linke Antriebsrad schneller, so treibt die linke Schnecke ihre Schneckenräder an.

Die Stirnräder der linken Seite übertragen die Drehbewegung auf die Stirn- und Schneckenräder der rechten Seite. Zwischen Schneckenrad und Schnecke tritt eine dem Sperrwert entsprechende Selbsthemmung ein.

Dem Rad mit der besseren Bodenhaftung bzw. der geringeren Drehzahl, hier dem rechten Rad, wird mehr Drehmoment zugeteilt.

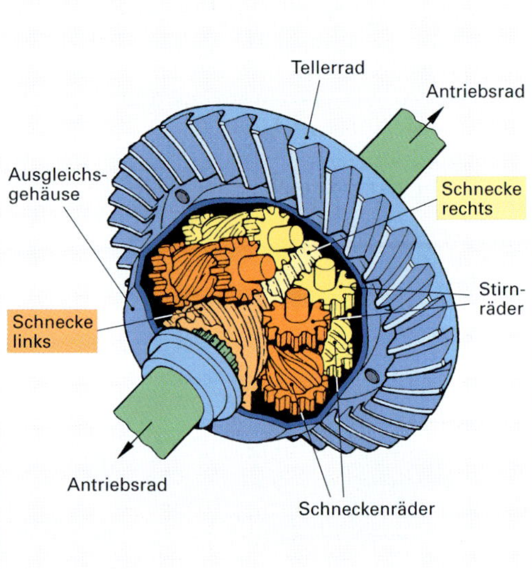

Bild 1: Torsen-Differenzial als Quersperre

Elektronisches Sperrdifferenzial

Das Elektronische Sperrdifferenzial (ESD/EDS) ist im ABS/ESP-System integriert und wird als Anfahrhilfe eingesetzt. Die Sperrwirkung wird durch Bremseneingriff am durchdrehenden Antriebsrad erzeugt. Bei Allradantrieben werden die durchdrehenden Räder gebremst.

Merkmale

- Verbesserung der Traktion bei schlechten Fahrbahnverhältnissen
- Erhöhung der Fahrstabilität und Verhindern des Ausbrechens des Fahrzeugs beim Beschleunigen.
- Erhöhter Bremsbelagverschleiß
- Wegen thermischer Überlastung für Off-road-Einsatz nur bedingt geeignet.

Aufbau

Das ESD/EDS-System ist in einer ABS/ESP-Einheit integriert und umfasst folgende Baugruppen:

Hydraulikeinheit (Bild 1) mit Hydraulikpumpe, integriertem Steuergerät, Saug- und Druckventilen, Ein- und Auslassventilen, hydraulischen Umschalt- und Sperrventilen mit Druckbegrenzungsventilen.

Elektrische Anlage. Sie besteht aus dem in der Hydraulikeinheit integrierten ABS/ESP/EDS-Steuergerät und den Drehzahlsensoren der Räder.

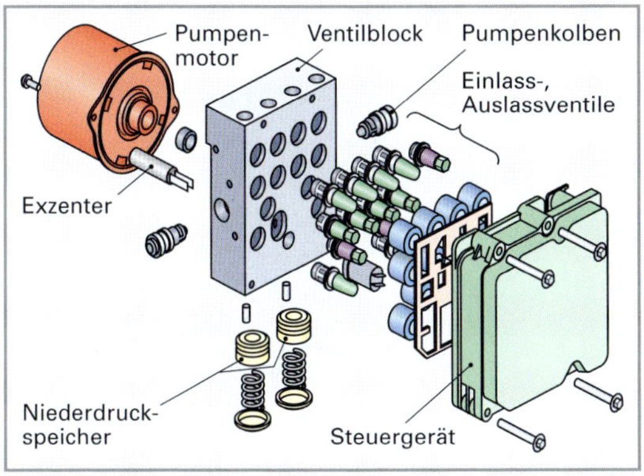

Bild 1: ESD/EDS-Hydraulikeinheit

Wirkungsweise

Eigendiagnose, Fehlerspeicherung. Beim Einschalten der Zündung wird ein Selbsttest durchgeführt. Die Kontrolllampe erlischt bei fehlerfreiem System. Tritt z.B. ein elektrischer Fehler auf, wird dieser im Fehlerspeicher abgelegt und das System wird abgeschaltet. Der Fahrer wird durch das Aufleuchten der Kontrolllampe informiert.

Fahrstellung (Bild 2). Beim Fahren oder Bremsen sind alle Ventile stromlos und der Bremsdruck kann beim Betätigen der Bremse über die geöffneten Sperr- und Einlassventile zur Radbremse strömen. Das hydraulische Umschaltventil wird durch den Bremsdruck in der Steuerleitung geschlossen.

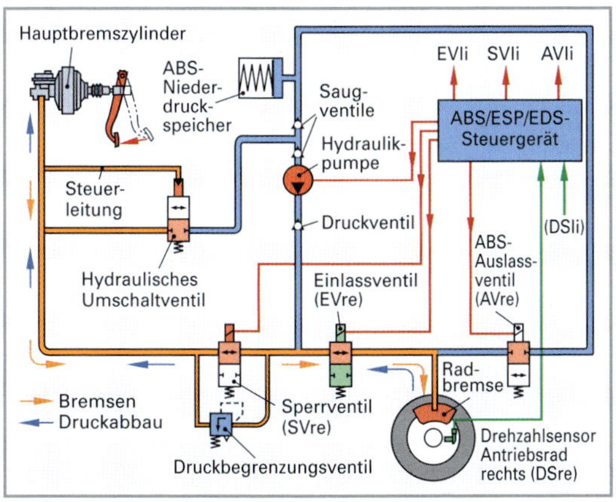

Bild 2: EDS-Bremskreis eines Antriebsrades

Druckaufbau (Bild 3). Mit Hilfe der Drehzahlfühler erkennt das Steuergerät ein durchdrehendes Rad. Es steuert das Sperrventil und die selbstansaugende Hydraulikpumpe an. Diese saugt über das hydraulische Umschaltventil die Bremsflüssigkeit an und bremst das durchdrehende Rad ab, bis Gleichlauf erreicht ist. Durch dieses Abbremsen wird die fehlende Bodenhaftung simuliert und eine Sperrwirkung des Differenzials erreicht.

Druckhalten (Bild 3). Bei dieser Regelphase wird das Einlassventil bestromt und somit geschlossen. Der eingesteuerte Bremsdruck bleibt konstant.

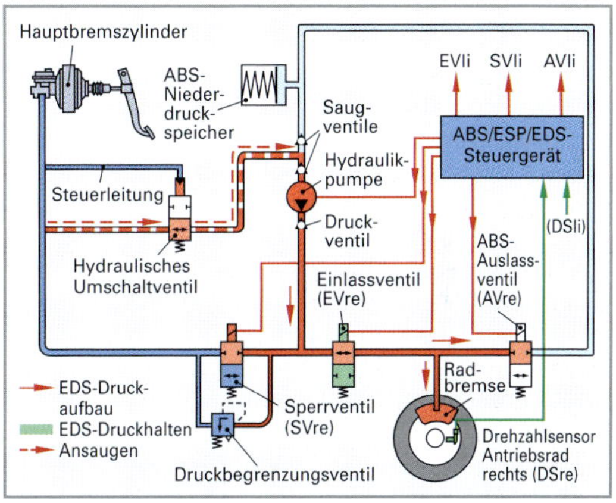

Bild 3: Druckaufbau, Druckhalten im EDS-System

Druckabbau (Bild 2). Neigt das Rad nicht mehr zum Durchdrehen, oder wird Bodenhaftung erkannt, so wird der Bremsdruck abgebaut. Die Ventile werden stromlos geschaltet. Der Bremsdruck strömt über das geöffnete Einlass- und Sperrventil zum Hauptbremszylinder.

Elektromechanisch betätigtes Sperrdifferenzial mit Lamellenkupplung

Es ist ein vollautomatisch wirkendes Sperrdifferenzial, welches über einen Elektromotor mit Übersetzungsgetriebe das Hinterachsdifferenzial zu 100 % sperrt.

Aufbau (Bild 1, 2, Seite 406)

Das Hinterachsgehäuse mit Antriebskegel- und Tellerrad hat zusätzlich

- eine Lamellenkupplung im Differenzialgehäuse
- eine mechanische Druckeinrichtung mit Kugelpfannen
- einen Elektromotor mit Übersetzungsgetriebe zur Betätigung der Sperre.

16

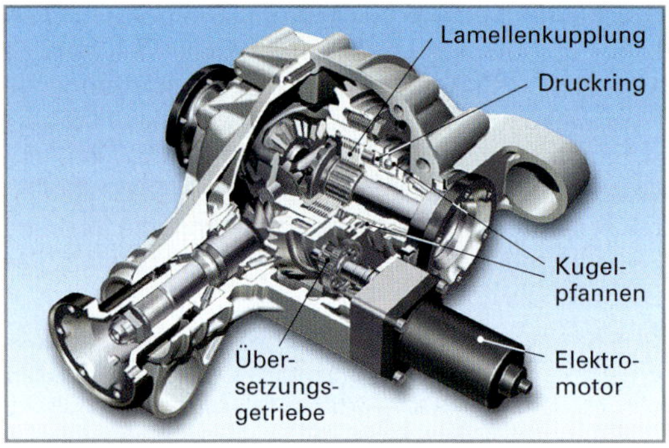

Bild 1: Elektrisch betätigtes Sperrdifferenzial

Wirkungsweise (Bild 2)

Dreht ein Antriebsrad durch, so wird der Elektromotor bestromt. Über das Übersetzungsgetriebe verdreht sich der Zahnradabschnitt mit den rampenförmig ausgebildeten Kugelpfannen. Dadurch führt der Druckring eine axiale Bewegung aus und presst über den Druckring die mit der Achswelle verbundenen Innenlamellen und mit dem Ausgleichskorb verbundenen Außenlamellen zusammen. Das Ausgleichsgetriebe wird 100 % gesperrt. Ist der Elektromotor stromlos, drücken die Federn den Druckring zurück, die Kupplung ist wieder geöffnet.

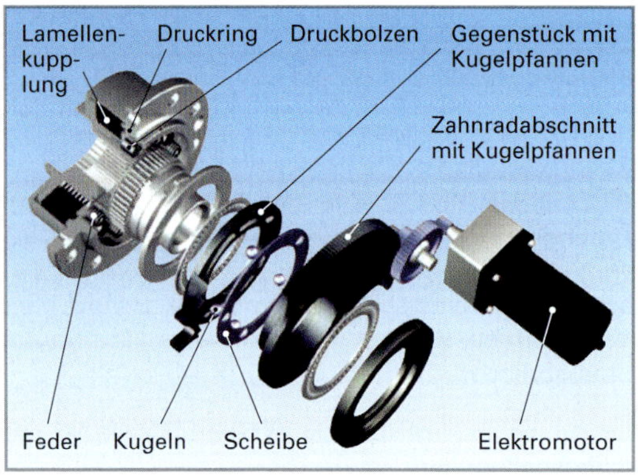

Bild 2: Bauteile Sperrdifferenzial

Aktives Sperrdifferenzial

Es ist ein vollautomatisches Sperrdifferenzial, welches die Antriebskraft abhängig von der Fahrsituation stufenlos und variabel auf die einzelnen Hinterräder verteilen kann.

Merkmale

- Verbesserung der Traktion bei unterschiedlicher Bodenhaftung (max. Sperrwert 30 % ... 40 %).
- Höhere Fahrstabilität bei Kurvenfahrt durch Erzeugung eines Giermoments.

Aufbau (Bild 3, 4)

Das Hinterachsgehäuse mit Antriebskegel- und Tellerrad hat folgende Bauteile integriert:

- Pro Seite je ein Überlagerungsgetriebe mit einem Sonnenrad und einem Hohlrad, die über Lamellenkupplungen verbunden werden können.
- Eine elektrohydraulische Steuerung zum Betätigen der Lamellenkupplungen.

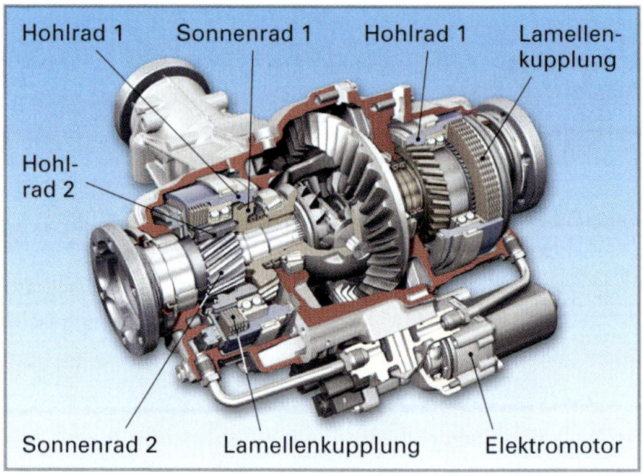

Bild 3: Aktives Sperrdifferenzial

Wirkungsweise

Abhängig von Fahrgeschwindigkeit, Lenkwinkel und Giermoment wird über das Betätigen der Lamellenkupplung an den Antriebsrädern ein unterschiedliches Antriebsmoment zugeteilt. Dadurch kann das Eigenlenkverhalten des Fahrzeugs gezielt beeinflusst werden. Ist am Antriebsrad eine Drehmomenterhöhung erwünscht, so schließt die Lamellenkupplung und verbindet S_1–H_1 mit H_2–S_2 **(Bild 4)**. Durch die unterschiedlich wirkenden Übersetzungen wird am Sonnenrad S_2 eine Drehmomenterhöhung erzeugt. Bei Geradeausfahrt sind die Kupplungen gelöst und das Antriebsmoment wird gleichmäßig auf die Räder verteilt.

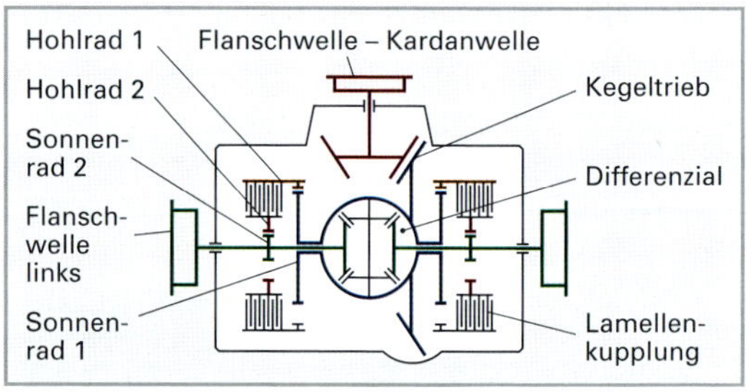

Bild 4: Prinzip aktives Sperrdifferenzial

WIEDERHOLUNGSFRAGEN

1. **Welche Aufgaben haben Achsgetriebe?**
2. **Welche Vorteile hat ein Hypoidantrieb?**
3. **Welche Aufgaben hat das Ausgleichsgetriebe?**
4. **Aus welchen Komponenten besteht ein EDS?**
5. **Wie funktioniert ein elektrisches Sperrdifferenzial?**
6. **Welche Merkmale hat ein Aktives Sperrdifferenzial?**

16.10 Allradantrieb

Ein Antriebsrad eines Kraftfahrzeugs kann nur soviel Antriebskraft F_A übertragen wie es die Reibungskraft zwischen Reifen und Fahrbahn zulässt.

Geht man bei dem im Bild dargestellten Fahrzeug von z.B. 2800 kg Gesamtgewicht aus, so wird bei gleicher Gewichtsverteilung jedes Rad mit 700 kg belastet. Dies entspricht einer Radlast von 7000 N. Auf eisglatter Fahrbahn kann z.B. jedes Rad maximal $F_A = F_N \times \mu_H = 7000\ \text{N} \times 0{,}1 = 700\ \text{N}$ Antriebskraft übertragen.

Dies ergibt für

Zweiradantrieb $F_{A\,ges} = 2 \times 700\ \text{N} = 1400\ \text{N}$

Vierradantrieb $F_{A\,ges} = 4 \times 700\ \text{N} = 2800\ \text{N}$

Ein Allradfahrzeug mit 4 angetriebenen Rädern kann bei gleicher Antriebsleistung und Gewichtsverteilung doppelt so viel Antriebskraft übertragen wie ein Fahrzeug mit 2 Antriebsrädern.

Man unterscheidet folgende Allradsysteme:

- **Zuschaltbarer Allradantrieb**
  Hier werden die Räder einer Antriebsachse immer angetrieben, die anderen Räder im Bedarfsfall zugeschaltet.
- **Permanenter Allradantrieb**
  Alle Räder werden ständig angetrieben.
  Ein Mittendifferenzial zum Ausgleich unterschiedlicher Raddrehzahlen zwischen Vorder- und Hinterachse ist erforderlich.

Aufbau

Bei Fahrzeugen mit permanentem Allradantrieb werden folgende Aggregate verwendet **(Bild 1)**:

- Verteilergetriebe mit Mittendifferenzial (zentrales Ausgleichsgetriebe) und Längssperre
- Vorderes Achsgetriebe mit Ausgleichsgetriebe
- Hinteres Achsgetriebe mit Ausgleichsgetriebe und Quersperre

Verteilergetriebe. Es verteilt das vom Wechselgetriebe kommende Drehmoment z.B. zu 50 % an das vordere und zu 50% an das hintere Achsgetriebe.

Mittendifferenzial. Es gleicht unterschiedliche Drehzahlen, z.B. bei Kurvenfahrt, aus. Verspannungen im Antriebsstrang werden vermieden.

Drehen die Antriebsräder einer Achse durch, so kann über eine Längssperre das Mittendifferenzial gesperrt werden. Dadurch wird den Rädern der Achse mit der besseren Bodenhaftung mehr Drehmoment zugeteilt.

Vorderes und hinteres Ausgleichsgetriebe

Sie gleichen unterschiedliche Raddrehzahlen aus und verteilen das Drehmoment zu gleichen Anteilen an die Antriebsräder einer Achse.

Dreht ein Rad durch, so kann durch eine **Quersperre** der Ausgleich gesperrt werden und dem Rad mit der besseren Bodenhaftung mehr Drehmoment zugeteilt werden.

Um mit einem Allradfahrzeug ein maximales Drehmoment unter allen Fahrbedingungen übertragen zu können sind 1 Längssperre und 2 Quersperren erforderlich.

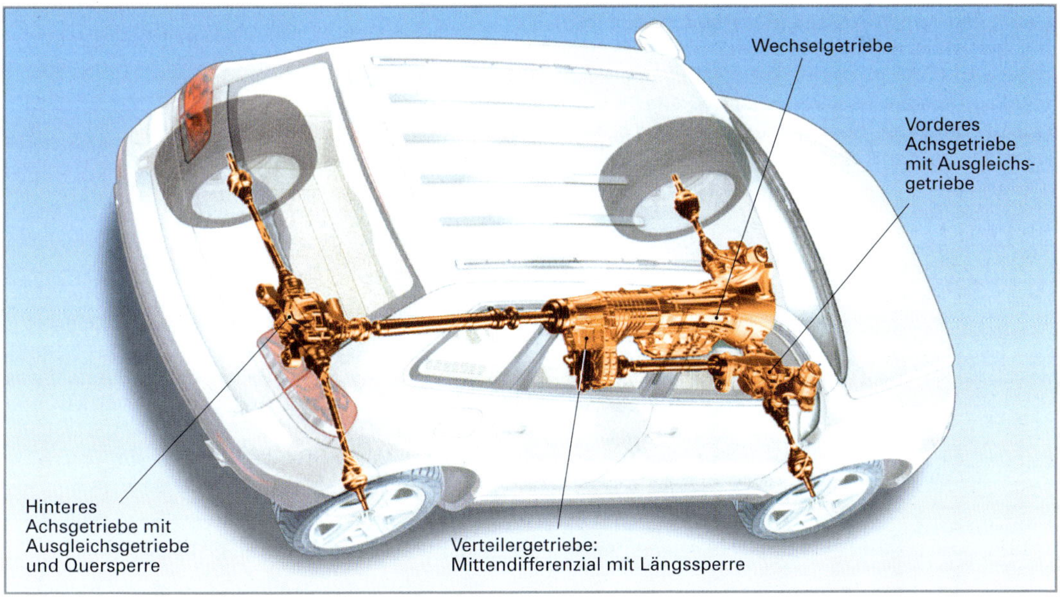

Bild 1: Allradfahrzeug mit permanentem Allradantrieb

Mittendifferenzial und Verteilergetriebe

Sie sind meist in einer Baueinheit zusammengefasst. Man unterscheidet folgende Bauarten:

- Kegelrad-Differenzial
- Torsen-Differenzial
- Planetengetriebe
- Visco-Kupplung
- Haldex-Kupplung

In **Bild 1** werden die möglichen Drehmomentverteilungen an Vorder- und Hinterachse gezeigt.

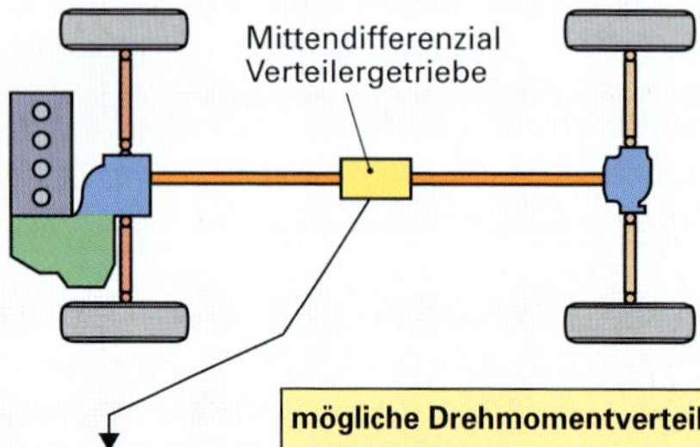

Bauart	mögliche Drehmomentverteilung Vorderachse	Hinterachse
Kegelrad-Differenzial	50 %	50 %
Planetengetriebe	z.B. 35 %	65 %
Visco-Kupplung	98 % 2 %	2 % 98 %
Torsen-Differenzial	22 % 78 %	78 % 22 %
Haldex-Kupplung	100 % 0 %	0 % 100 %

Bild 1: Drehmomentverteilung bei Verteilergetrieben

Kegelrad-Mittendifferenzial (Bild 2). Es gleicht unterschiedliche Drehzahlen der Antriebsräder aus und verteilt das vom Wechselgetriebe kommende Drehmoment konstant mit 50% an das hintere Achsgetriebe und 50% an das vordere Achsgetriebe. Ein Kegelrad-Differenzial kann z.B. mit einer Klauenkupplung manuell oder mit einer Visco-Kupplung selbsttätig gesperrt werden.

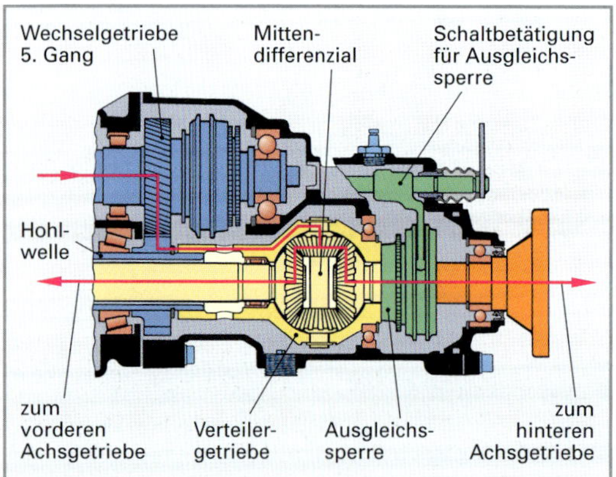

Bild 2: Kegelrad-Mittendifferenzial

Planetengetriebe als Mittendifferenzial (Bild 3). Es gleicht unterschiedliche Drehzahlen der Vorder- und Hinterräder aus und verteilt das Drehmoment mit einem konstanten Verhältnis an die Achsgetriebe der Vorder- und Hinterachse.

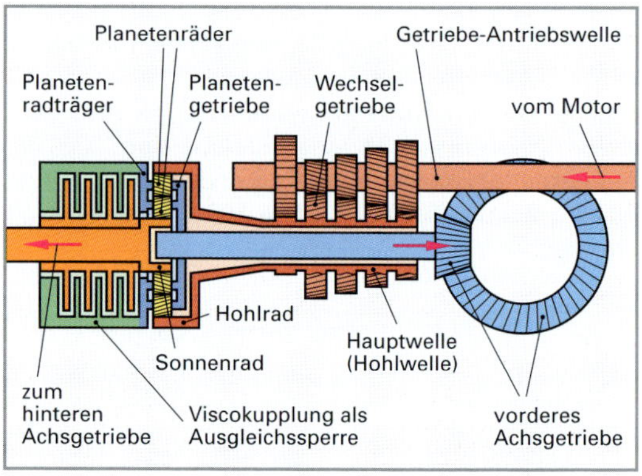

Bild 3: Planetengetriebe als Mittendifferenzial

Das Drehmoment kommt vom Wechselgetriebe über die Hohlwelle (Hauptwelle) zum Hohlrad des Planetengetriebes. Von hier wird es durch den Planetenradträger an das vordere Achsgetriebe und durch das Sonnenrad an das hintere Achsgetriebe verteilt. Die Drehmomentverteilung erfolgt aufgrund der unterschiedlichen Hebelarme von Planetenradträger und Sonnenrad **(Bild 4)** zu ungleichen Teilen (asymmetrisch), z.B. 65% an das vordere und 35% an das hintere Achsgetriebe. Bei Schlupf an Vorder- oder Hinterrädern sperrt eine Visco-Kupplung traktionsabhängig und teilt der Antriebsseite mit der besseren Bodenhaftung mehr Drehmoment zu.

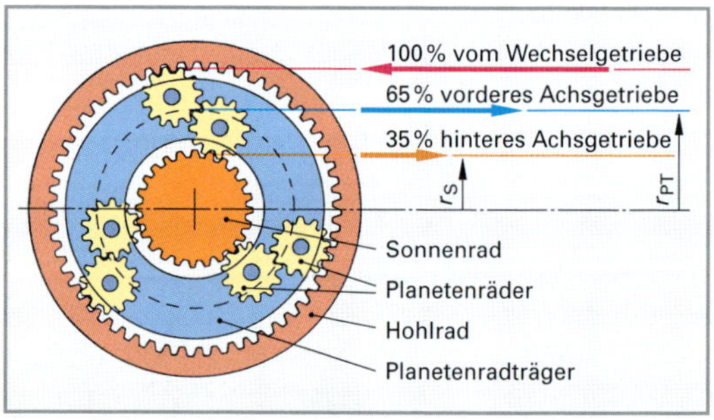

Bild 4: Drehmomentverteilung durch Planetengetriebe

Visco-Kupplung (Bild 1, Seite 409). Sie verteilt das Drehmoment schlupfabhängig an das vordere und hintere Achsgetriebe, gleicht unterschiedliche Achsgetriebedrehzahlen (Raddrehzahlen) aus und wirkt traktionsabhängig selbsttätig als Ausgleichssperre.

Die Visco-Kupplung besteht aus

- dem mit Siliconöl befüllten Gehäuse,
- gelochten außenverzahnten Stahllamellen und
- geschlitzten innenverzahnten Stahllamellen.

Die Außenlamellen greifen in die Innenverzahnung des Gehäuses, die Innenlamellen in die Außenverzahnung der Nabe.

Die Sperrwirkung bei Drehzahldifferenzen zwischen den Antriebsrädern wird durch die Scherwirkung zwischen Lamellen und Silikonflüssigkeit erreicht.

Bei normaler Bodenhaftung wird dem vorderen Achsgetriebe der Hauptteil (ca. 98 %) des Antriebsdrehmomentes zugeteilt. Sobald an den vorderen Antriebsrädern Schlupf auftritt, sperrt die Visco-Kupplung den Drehzahlausgleich und teilt den hinteren Antriebsrädern mehr Drehmoment zu.

Der Sperrwert einer Visco-Kupplung ist variabel, er kann zwischen 2 % und 98 % betragen.

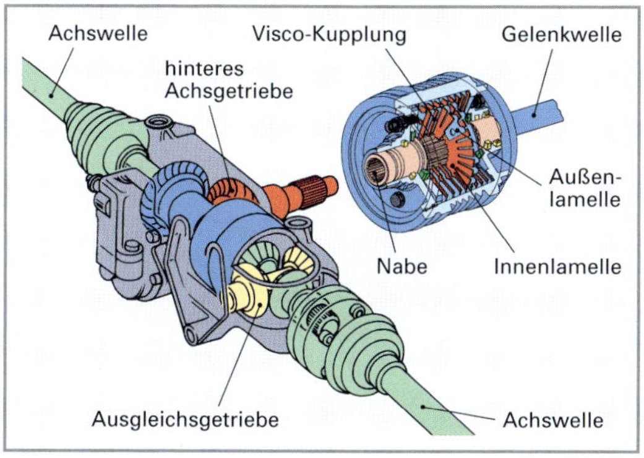

Bild 1: Visco-Kupplung

Torsen-Differenzial. Es ist z.B. im Wechselgetriebe integriert **(Bild 2)** und verteilt das Drehmoment auf trockener Fahrbahn zu gleichen Teilen an die Antriebsräder der Vorderachse (50%) und Hinterachse (50%). Als Mittendifferenzial gleicht das Torsen-Differenzial unterschiedliche Drehzahlen des vorderen und hinteren Achsgetriebes aus.

Tritt an den Rädern einer Antriebsachse Schlupf auf, wirkt es traktionsabhängig als selbsttätige Ausgleichssperre.

Es teilt den Rädern der Antriebsachse mit der besseren Bodenhaftung mehr Drehmoment zu.
Der Sperrwert kann bis zu 56% betragen.

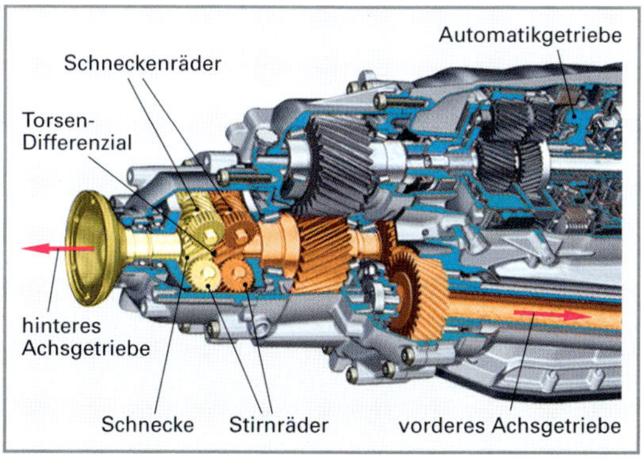

Bild 2: Torsen-Differenzial

Haldex-Kupplung (Bild 3). Sie ist am hinteren Achsgetriebe angeflanscht und wirkt als Längssperre.

Im Normalfall, z.B. bei ausreichender Traktion, erhält die Vorderachse 100% und die Hinterachse 0% des Antriebsdrehmoments.

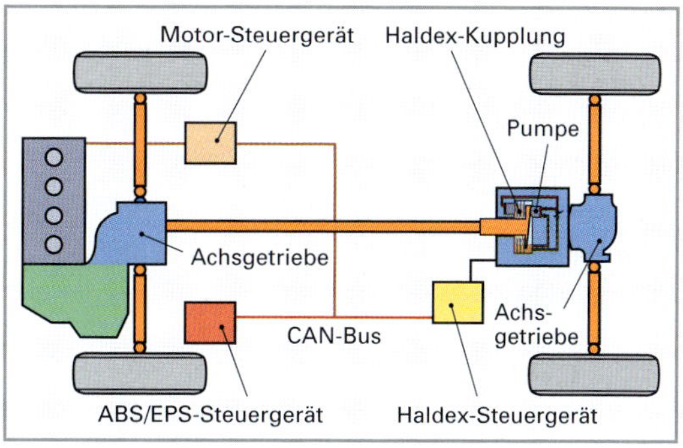

Bild 3: Allradsystem mit Haldex-Kupplung

Wirkungsweise (Bild 4). Bei Drehzahlunterschieden zwischen vorderem und hinterem Achsgetriebe wird die Ringkolbenpumpe durch die Nockenscheibe betätigt und erzeugt einen Flüssigkeitsdruck. Dieser wirkt auf den Arbeitskolben, der die außen- und innenverzahnten Lamellen des Lamellenpakets gegeneinander drückt.

Die elektronische Steuereinheit steuert anhand von Kennfeldern das Regelventil an und damit den Druck für das Zusammenpressen der Lamellen.

Der Sperrwert der Haldex-Kupplung kann zwischen 0% und 100% liegen.

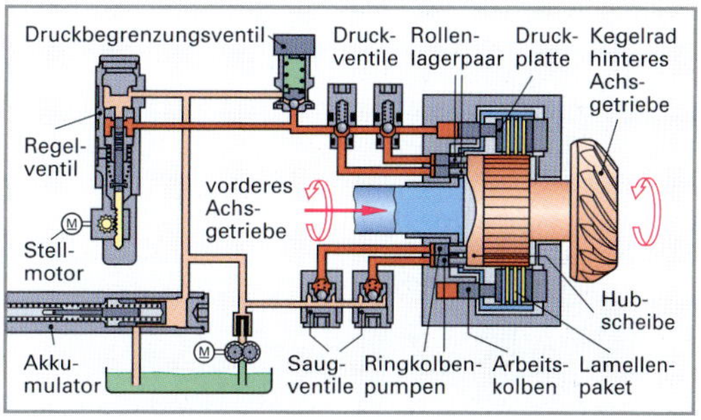

Bild 4: Haldex-Kupplung

Wiederholungsfragen

1. **Welche Vorteile hat ein Allradantrieb mit 4 Antriebsrädern gegenüber dem Zweiradantrieb?**
2. **Nennen Sie die Komponenten von Fahrzeugen mit permanentem Allradantrieb.**
3. **Welche Aufgaben hat das Verteilergetriebe mit integriertem Mittendifferenzial?**
4. **Wie reagiert eine Visco-Kupplung bei auftretendem Schlupf an den vorderen Antriebsrädern?**
5. **Wie verteilt ein Torsen-Differenzial das Drehmoment auf trockener Fahrbahn?**
6. **Wie funktioniert die Haldex-Kupplung?**

16

17 Fahrzeugaufbau

17.1 Fahrzeugaufbau/Karosserie

Der Fahrzeugaufbau dient dem Schutz von Insassen und Gütern vor Umwelteinflüssen und bei Unfällen. Außerdem übernimmt er die Tragfunktion für Fahrwerks- und Antriebsbaugruppen sowie für Insassen und Nutzlast.

Karosseriebauformen. Man unterscheidet z.B im Pkw-Bereich zwischen

- Limousine
- Kabrio-Limousine
- Coupe
- Pullman-Limousine
- Kombi
- Kabriolett
- Mehrzweck-Pkw
- Spezial-Pkw, z.B. Wohnmobil

Karosseriebauweisen. Bezüglich des Fahrzeugaufbaus wird unterschieden in:

- Getrennte Bauweise
- Mittragende Bauweise
- Selbsttragende Bauweise

17. 1.1 Getrennte Bauweise

Dabei wird der Fahrzeugaufbau auf einen Rahmen **(Bild 1)** montiert. Die weiteren Fahrwerksgruppen wie Achsen, Lenkung usw. werden ebenfalls am Rahmen befestigt. Diese Bauweise findet aufgrund ihrer Flexibilität heute fast ausschließlich im Nutzkraftfahrzeugbau, bei Geländewagen und im Anhängerbau Anwendung.

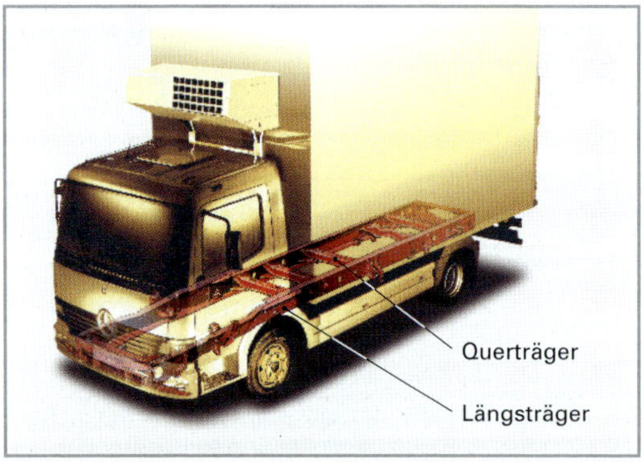

Bild 1: Rahmenbauweise

Als Rahmenbauform wird überwiegend der Leiterrahmen verwendet. Zwei Längsträger sind dabei mit mehreren Querträgern (Traversen) vernietet, verschraubt oder verschweißt. Die verwendeten Stahlträger mit offenem Profil (U-Profil, L-Profil) oder geschlossenem Profil (Rund-, Rechteckprofil) ergeben einen Rahmen mit großer Biegesteifigkeit, großer Verwindungselastizität und hoher Tragkraft.

17.1.2 Mittragende Bauweise

Bei der mittragenden Bauweise wird meist ein Vorder- und ein Hinterrahmen mit einer im mittleren Teil selbsttragenden Karosserie verschraubt **(Bild 2)**. Im Vergleich zur selbsttragenden Bauweise ist eine einfachere Verwirklichung verschiedener Karosserieaufbauvarianten möglich.

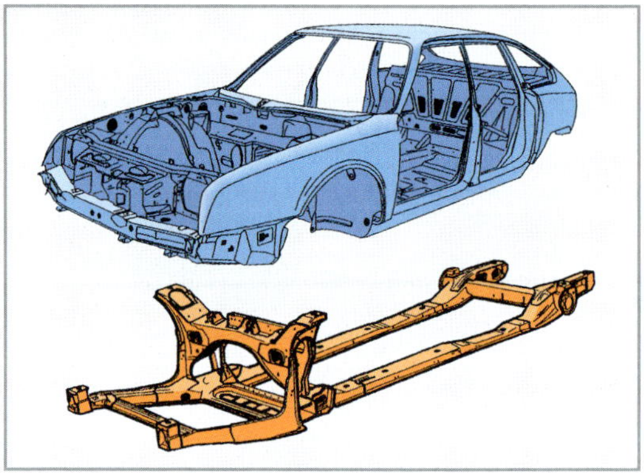

Bild 2: Mittragende Bauweise

17.1.3 Selbsttragende Bauweise

Die selbsttragende Bauweise wird bei Personenkraftwagen und bei Omnibussen verwendet.
Bei Personenkraftwagen wird der Rahmen durch eine Bodengruppe ersetzt **(Bild 3),** die neben den tragenden Teilen wie Motorträger, Längsträger, Querträger auch Kofferraumboden und Radkästen enthält.

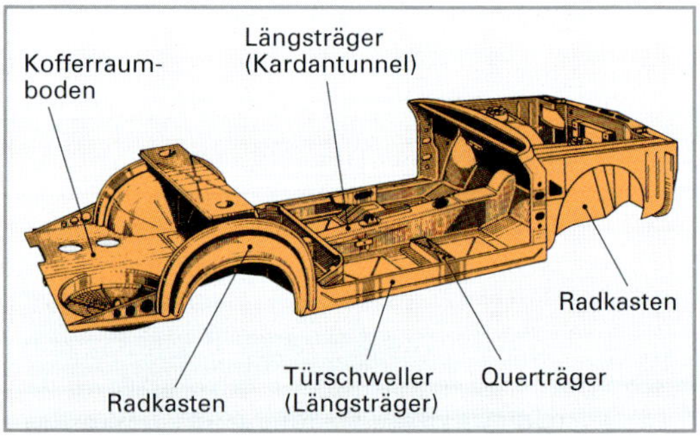

Bild 3: Bodengruppe

Durch weitere mit der Bodengruppe verschweißte Blechteile wie A-, B-, C-, D-Säulen, Dachrahmen, Dach, Kotflügel und eingeklebte Front- und Heckscheiben ergibt sich eine selbsttragende Karosserie in Schalenbauweise **(Bild 1, Seite 411)**. Dabei wird die Karosserie durch Sicken, Absetzungen, geschlossene Profile und Außenflächen stabilisiert.

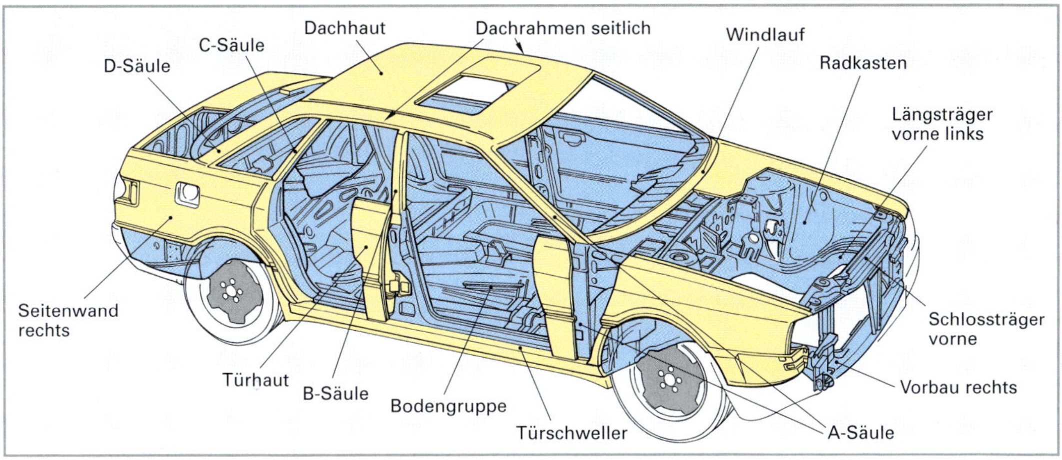

Bild 1: Selbsttragende Karosserie in Schalenbauweise

Neben der Schalenbauweise findet auch die Gerippebauweise Anwendung.

Gerippebauweise. Sie wird häufig auch als Gitterrahmenbauweise bezeichnet. Ein fachwerkartiges Stabsystem bildet dabei die primär tragende Funktion der Karosserie. Die Außenflächen können mittragende Funktion haben. Diese Bauweise wird z.B. bei Pkw-Konstruktionen **(Bild 2)** mit Aluminiumkarosserie verwendet. Verschieden geformte Strangpress- und Aluminiumblechprofile bilden dabei die Rahmenstruktur, die durch Gussknoten an hoch beanspruchten Stellen verbunden werden.

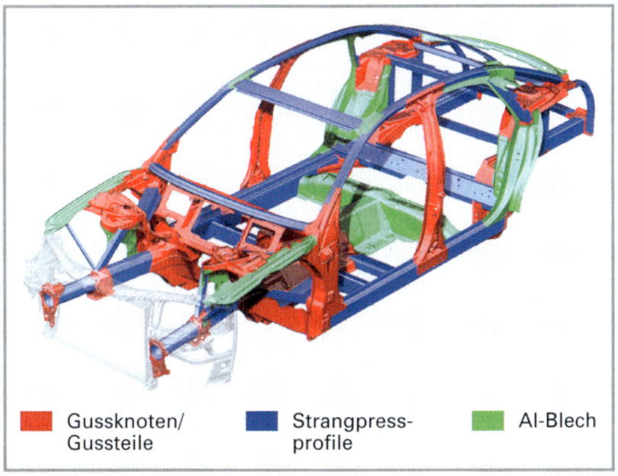

Bild 2: Gitterrahmen („Space-frame") einer Pkw Karosserie aus Aluminium

Bei Reparaturen an selbsttragenden Karosserien sind die Herstellervorschriften genau einzuhalten. Durch Verwendung falscher Materialien, falscher Reparaturmethoden, durch Hinzufügen oder Weglassen von Bauteilen wird die Stabilität der Karosserie verändert und damit die Fahrzeugsicherheit bei Unfällen vermindert.

17.1.4 Werkstoffe im Karosseriebau

Als Werkstoffe werden vorwiegend Stahlbleche, verzinkte Stahlbleche, Aluminiumbleche, sowie Profile aus diesen Werkstoffen und Kunststoffe verwendet.

Stahlblech

Selbsttragende Fahrzeugkarosserien werden überwiegend aus höherfesten und hochfesten Stahlblechformteilen hergestellt **(Bild 3)**. Höherfeste Karosseriebleche haben eine Streckgrenze bis ca. 400 N/mm^2, während bei normalen Karosserieblechen der Wert bei 120 N/mm^2 ... 180 N/mm^2 liegt. Die Blechdicken variieren von 0,5 mm bis zu 2 mm.

Tailored Blanks. Dies sind Blechzuschnitte unterschiedlicher Festigkeit und Dicke. Sie werden entsprechend den Anforderungen zu Platinen (= komplettes Karosserieteil, z. B. Seitenteil), verschweißt.

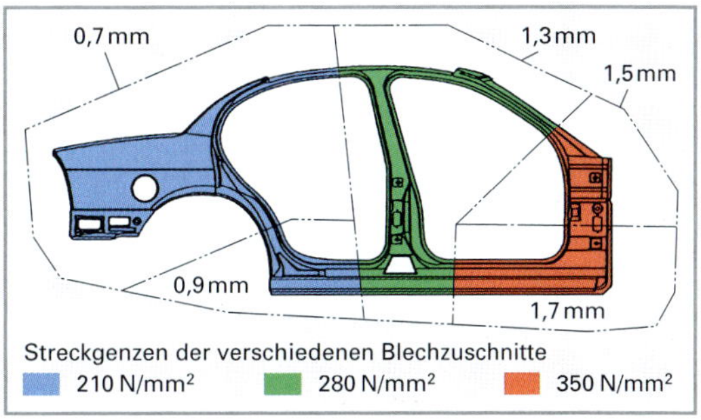

Bild 3: Verwendung von höherfesten Stahlblechen an einem Karosserieseitenteil

Rückverformen höherfester Stahlbleche. Sie lassen sich schwerer rückverformen und haben ein stärkeres Rückfederverhalten. Beim Übergang vom normalfesten Stahlblech zum höherfesten Stahlblech sind beim Rückverformen zusätzliche Verankerungen an den normalfesten Stahlblechen erforderlich, um unerwünschte Verformungen zu vermeiden.

Höherfeste Stahlbleche dürfen nicht warm gerichtet werden, da sie zum Teil schon ab 400 °C mehr als 50 % ihrer Festigkeit verlieren.

Rückverformen normalfester Stahlbleche

Normalerweise sollen sie kalt rückverformt werden. Besteht jedoch die Gefahr der Rissbildung, dürfen sie bis maximal 700 °C erwärmt werden.

Hochfeste Stahlbleche

Sie haben eine Streckgrenze > 400 N/mm² ... 950 N/mm². Sie dürfen weder kalt noch warm rückverformt werden. Je nach Hersteller kommen sie z.B. im Bereich der A- und B-Säule zum Einsatz und tragen hier zu einer erheblichen Karosserieversteifung bei geringem Gewicht bei.

Um im Reparaturfall die Wärmeeinbringung möglichst gering zu halten, wird als Verbindungstechnik häufig das MIG-Löten angewendet.

Verzinktes Stahlblech

Aus Korrosionsschutzgründen können Karosseriebleche verzinkt werden. Bodenbleche werden feuerverzinkt. Bei Blechen für die Karosserieaußenhaut wird das galvanische Verzinken, wegen der höheren Oberflächengüte, angewendet.

WERKSTATTHINWEISE

- Beim Schweißen von Zink muss das giftige Zinkoxid abgesaugt werden.
- Widerstandspunktschweißverfahren sind anderen Verfahren vorzuziehen, da sich um den Schweißpunkt wieder ein schützender Zinkring bildet.
- Überlappungsbereiche sind vor dem Schweißen mit zinkhaltigen Farben (Zinkstaubfarbe) anzustreichen.
- Bei Neuteilen ist darauf zu achten, dass die Zinkschicht nicht zerstört wird.

17

Aluminium

Aluminium wird nur als Legierung im Karosseriebau angewendet (Legierungsbestandteile sind hauptsächlich Silizium und Magnesium). Je nach Formgebung und Beanspruchung werden bei Aluminium-Karosserieteilen folgende Herstellungsverfahren angewendet:

- Pressen, z.B. Dachhaut, Motorhaube, Kotflügel
- Strangpressen, z.B. Gitterrahmen
- Druckgießen, z.B. Federbeinaufnahme, Gussknoten

Während Pressteile und Strangpressprofile zum Teil durch Rückverformen repariert werden können, ist dies bei Druckgussteilen nicht möglich.

Eigenschaften. Aluminiumlegierungen verlieren ab ca. 180 °C Erwärmung deutlich an Festigkeit. Kommen sie mit anderen Materialien in Verbindung, z.B. Stahl, so kommt es beim Vorhandensein eines Elektrolyten zur elektrochemischen Korrosion. Die Oberfläche von Aluminium bildet eine dichte Oxidschicht, die einen hohen elektrischen Widerstand hat. Aluminium ist deshalb mit werkstattüblichen Widerstandspunkschweissgeräten nicht zu schweißen. Mit WIG- oder MIG-Schutzgas-Schweißverfahren (Schutzgas: 100% Argon oder Argon-Helium-Gemisch) lassen sich Al-Legierungen gut schweißen.

WERKSTATTHINWEISE

- Wegen der möglichen Kontaktkorrosion dürfen
  - Bearbeitungswerkzeuge für die Aluminiumkarosserie nicht für andere Metalle verwendet werden,
  - Drahtbürsten nur aus Edelstahl sein,
  - bei verschiedenen Fügetechniken, z.B. Schrauben, Nieten, nur die vom Hersteller freigegebenen Verbindungselemente verwendet werden.
- Karosserieteile sollen beim Richten nicht über 120 °C erwärmt werden, um Festigkeitsverluste auszuschließen.
- Schweiß- und Richtarbeiten dürfen nur von speziell geschultem Personal durchgeführt werden.
- Aluminiumbleche dürfen nicht verzinnt werden, da sich aufgrund elektrochemischer Reaktionen Risse bilden können.
- Wegen Gesundheitsgefährdung und Verpuffungsgefahr ist Al-Schleifstaub sofort abzusaugen.

Aluminium-Stahl- Mischbauweise

Bei dieser Bauweise wird z.B. der Fahrzeugvorbau aus Al-Legierungen im Bereich der A-Säulen mit der Stahlkarosserie verbunden. Wegen der möglichen elektrochemischen Korrosion zwischen Aluminium und Stahl werden isolierende Klebstofffüllungen zwischen den aneinanderstoßenden Teilen verwendet.

Kunststoff

Aus folgenden Gründen werden Kunststoffe im Karosseriebau eingesetzt:

- Geringes spezifisches Gewicht und damit erhebliche Gewichtseinsparung.
- Korrosionsbeständigkeit.
- Weitreichende Gestaltungsfreiheit bei der Formgebung.
- Stoßunempfindlich.
- Herstellung von Bauteilen ohne Nacharbeit.
- Sie sind im Schadensfalle bei entsprechender Kenntnis mit geringem Aufwand reparierbar.

Einige Einsatzmöglichkeiten von Kunststoffen im Karosseriebau zeigt **Bild 1** auf Seite 413.

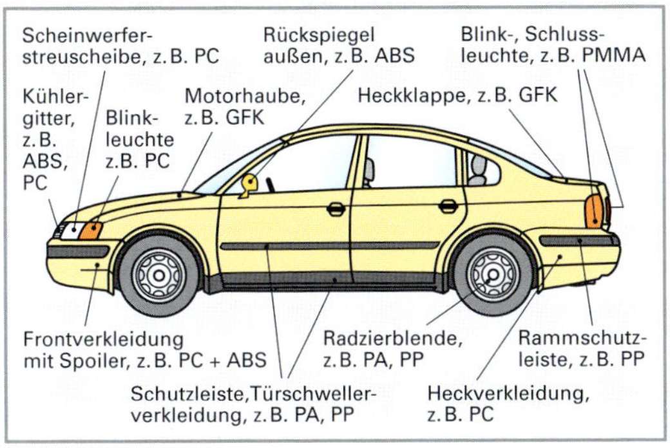

Bild 1: Beispiele für Karosserieteile aus Kunststoff

Reparatur von Kunststoff

Kunststoffteile können durch Schweißen, Laminieren oder Kleben mit 2-Komponenten Reparaturmaterialien instandgesetzt werden.

Schweißen. Dieses Verfahren ist nur bei thermoplastischen Kunststoffen anwendbar wie z.B. PA, PC, PE, PP, ABS, ABS/PC (Begriffserklärungen siehe Kapitel 8.6.1, Seite 179).

Laminieren (Bild 2). Dabei werden z. B. Löcher mit Hilfe von Glasfasermatten (GFK) und Harz (Polyester-Harz; Epoxid-Harz) mit Härter repariert. Die Schadstelle ist dabei so anzuschrägen, dass zwischen jeder Glasfasermattenlage und dem Originalteil eine Verbindung entstehen kann. Gegebenenfalls ist die Schadstelle vor dem Laminieren mit einer Verstärkerlage zu versehen.

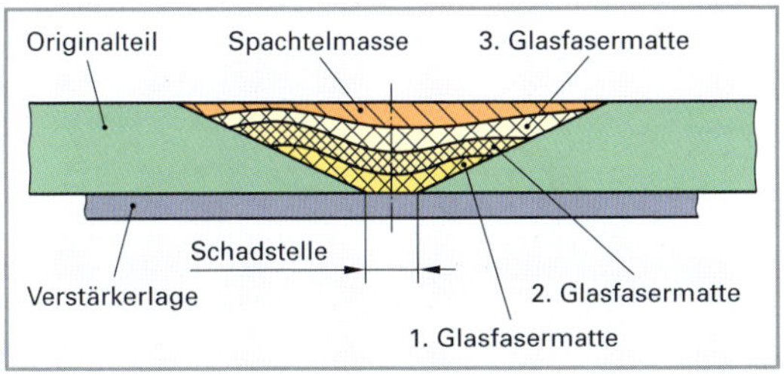

Bild 2: Aufbau einer GFK-Reparaturstelle mit Verstärkerlage

Kleben mit 2-Komponenten-Reparaturmaterialien. Je nach verwendetem Reparaturmaterial, können ohne Identifizierung des zu reparierenden Kunststoffes Löcher, Risse und Schrammen ausgebessert werden. Die Basis bildet dabei z. B. ein 2-Komponenten-Polyurethankleber in einer Doppelkartusche, der über ein Zwangsmischrohr im richtigen Verhältnis gemischt wird. Der Kleber wird auf die gereinigte und vorbereitete Schadstelle aufgetragen. Anschließend kann die Klebestelle mit einem Heizstrahler erwärmt werden. Sie härtet dadurch schneller aus. Danach erfolgt die Weiterbehandlung der Reparaturstelle durch Schleifen und Lackaufbau.

17.1.5 Sicherheit im Fahrzeugbau

Konstruktive Maßnahmen im Fahrzeugbau sollen Unfallrisiken möglichst klein halten. Man unterscheidet dabei zwischen aktiver und die passiver Sicherheit.

Aktive Sicherheit

Unter aktiver Sicherheit versteht man die konstruktiven Maßnahmen am Fahrzeug, die helfen, Unfälle zu vermeiden.

Die aktive Sicherheit lässt sich in vier Bereiche gliedern.

Fahrsicherheit, z.B. durch:

- Neutrales Fahrverhalten in Kurven.
- Stabiler Geradeauslauf des Fahrzeugs.
- Leichtgängige und präzise Lenkung.
- Größtmögliche Bremsverzögerung ohne Blockieren der Räder (ABS).
- Eine mit der Radaufhängung optimal abgestimmte Federung und Dämpfung.
- Antriebsschlupfregelung (ASR, FDR, ESP).

Wahrnehmungssicherheit, z.B. durch:

- Große Scheiben, abblendbaren Rückspiegel.
- Scheinwerfer, die für eine gute Fahrbahnausleuchtung sorgen.
- Akustische Warneinrichtungen.
- Heizbare Scheiben und Außenspiegel.

Konditionssicherheit, z. B. durch:

- Ergonomische Fahrersitzgestaltung.
- Komfortable Federung.
- Gute Innenraumbelüftung, Klimaanlage.
- Geräuschdämmung.

Bedienungssicherheit, z. B. durch:

- Übersichtliche Anordnung von Schaltern, Kontrollleuchten und Instrumenten.
- Fahrergerecht gestaltetes Pedalwerk.

17

Passive Sicherheit

Unter passiver Sicherheit versteht man die konstruktiven Maßnahmen am Fahrzeug, die bei einem Unfall das Verletzungs- und das Tötungsrisiko (Unfallfolgen) für die Verkehrsteilnehmer möglichst gering halten.

Man unterscheidet dabei innere und äußere Sicherheit.

Innere Sicherheit

Sie umfasst im wesentlichen Maßnahmen bezüglich

- des Deformationsverhaltens der Karosserie,
- der Festigkeit der Fahrgastzelle,
- der Aufprallschutzmaßnahmen (Sicherheitsgurt, Airbag),
- des Brandschutzes und
- der Insassenbefreiung.

Aus Unfallanalysen **(Bild 1)** ergibt sich, dass Frontalunfälle mit 60 % ... 65 % und Seitenaufprallunfälle mit 20 % ... 25 % die häufigste Ursache bei Personenverletzungen darstellen.

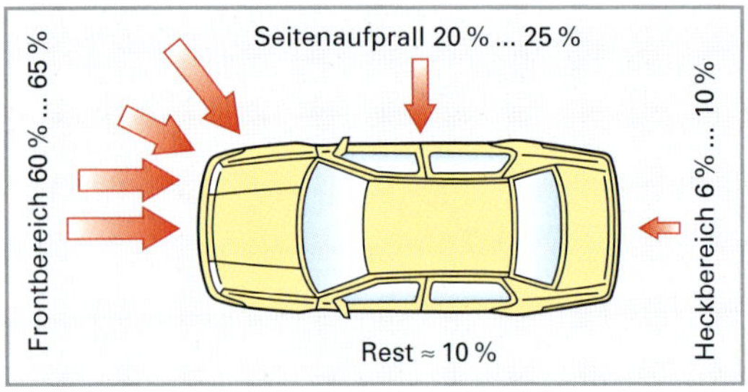

Bild 1: Unfallverteilung auf Kollisionsarten mit Personenverletzungen

Aufgrund der Unfallanalysen werden durch Computerberechnungen und definierte Crashversuche **(Bild 2)** das Verhalten der Karosserie und die Auswirkungen auf die Unfallbeteiligten untersucht. Aus den Ergebnissen wird so der günstigste Fahrzeugaufbau ermittelt. Ein standardisierter Test ist z. B. der Frontalaufprall eines Fahrzeugs mit rund 50 km/h auf ein feststehendes Hindernis. Damit die Fahrzeuginsassen dabei keinen zu kritischen Verzögerungswerten ausgesetzt werden, wird die Bewegungsenergie (kinetische Energie) über Knautschzonen in eine gezielte Formänderung (Verformungsenergie) umgewandelt.

Bild 2: Seitlich versetzter Frontalzusammenstoß (≈ 50 % Überdeckung, Offset)

Sicherheitskarosserie (Bild 3). Sie besteht aus einer stabilen Fahrgastzelle und Knautschzonen im Front- und Heckbereich. Auch bei schweren Unfällen behält die Fahrgastzelle ihre Form und ermöglicht so ein Überleben der Insassen.

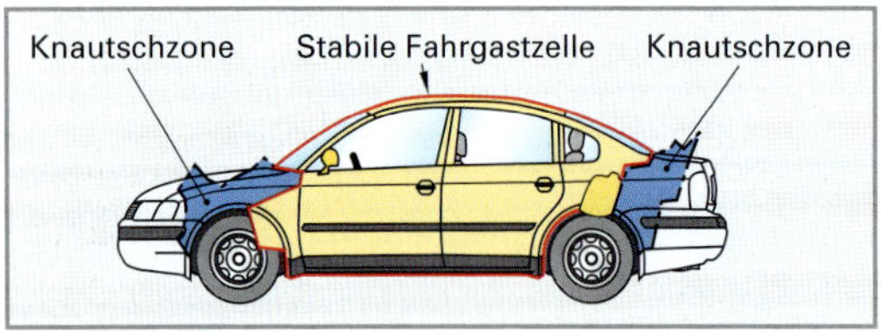

Bild 3: Sicherheitskarosserie

Im Bereich der **Knautschzonen** werden Längs- oder Seitenträger eingesetzt, die sich z. B. bei Frontalunfällen zunächst im vorderen unteren Karosseriebereich durch vorbestimmtes Falten verformen **(Bild 4)**. Erst bei schweren Unfällen werden auch die hinteren Bereiche der Karosserie zur Energieumwandlung verwendet.

Bild 4: Knautschverhalten eines vorderen Längsträgers

Gürtellinie (Bild 5). Bei Fahrzeugen, bei denen die herkömmlichen Bereiche der Knautschzone zur Energieumwandlung bei Frontalunfällen nicht ausreichen, werden auch Teile, die im Bereich der Gürtellinie liegen, zur definierten Verformung herangezogen. Damit wird verhindert, dass die Fahrgastzelle im vorderen Bereich zu stark deformiert wird. Die Gürtellinie verläuft vom Frontblech über die obere Kotflügelaufnahme, die A-Säule, die Türverstärkungsleiste, B-Säule und je nach Konstruktion zur C-Säule. Durch diese konstruktiven Maßnahmen zeigen sich nach einem Unfall oberhalb der Bodengruppe deutlich mehr Verformungen.

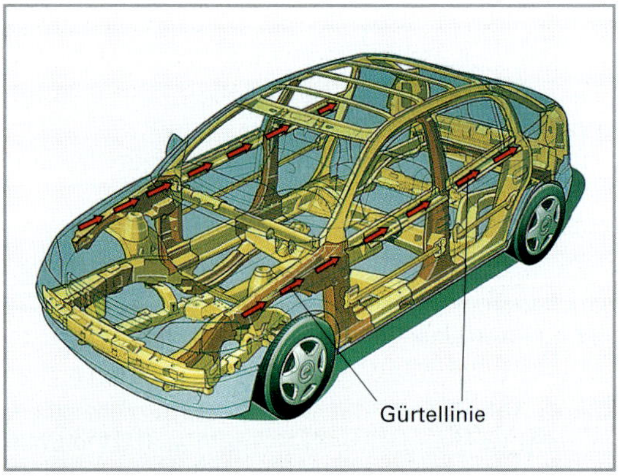

Bild 5: Verformungsweg im Bereich der Gürtellinie

Seitenaufprallschutz (Bild 1, Seite 415). Durch Verstrebungen im Türbereich, Querträger zwischen den beiden A-Säulen in Höhe der Instrumententafel, Versteifungen des Türschwellers, der B- und der C-Säule und Querträger im Bodenbereich lässt sich das Deformationsverhalten der Karosserie bei Seitenunfällen so beeinflussen, dass die Insassen besser vor Verletzungen geschützt sind.

17

Bild 1: Trägerstruktur mit Kraftverlauf bei Seitenaufprall

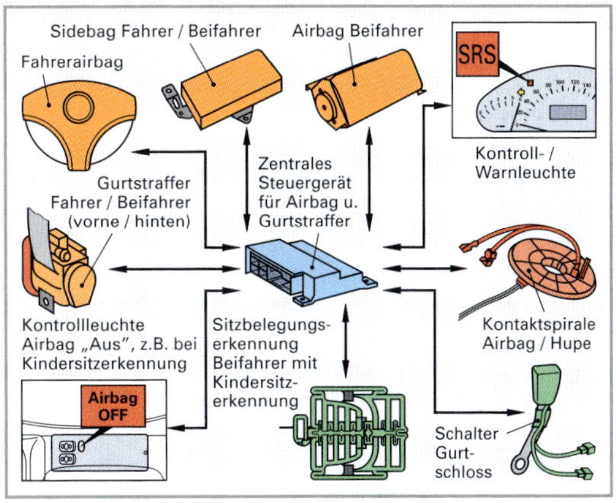

Bild 3: Sicherheitsrückhaltsysteme (SRS) – Vernetzung der Bauteile

Türen und Türschlösser. Sie sollen sich nach dem Unfall ohne Werkzeug von innen und außen öffnen lassen, während des Aufpralls dürfen sie sich jedoch nicht öffnen.

Kraftstoffbehälter. Er wird stoßgesichert meist über der Hinterachse eingebaut. Einfüllstutzen und Kraftstoffleitungen sind so verlegt, dass bei schweren Unfällen und Überschlägen des Fahrzeugs der Kraftstoff nicht auslaufen kann.

Innere Sicherheitszone

Sie vermindert das Verletzungsrisiko im Innenraum der Fahrgastzelle durch Rückhaltesysteme und Aufprallschutzmaßnahmen.

Um einen optimalen Schutz der Fahrzeuginsassen zu gewährleisten, kommen bei neueren Fahrzeugen sogenannte Mehrfachrückhaltesysteme zum Einsatz. Dabei werden im Falle eines Crash durch ein zentrales Steuergerät z.B. Fahrer-, Beifahrerairbag, Seitenairbag, Kopfairbag/Windowbag und Gurtstraffer angesteuert **(Bild 2)**.

Bild 2: Anordnung von Airbags im Fahrzeug

Die Ansteuerung zur Auslösung der verschiedenen Rückhaltesysteme erfolgt dabei unabhängig voneinander durch ein zentrales Steuergerät. Dieses steuert die einzelnen Zündkreise der Systeme u.a. abhängig von Art und Schwere des Unfalls an **(Bild 3)**.

Auslösekriterien. Die Fahrzeugbeschleunigung in Längs- und Querrichtung wird durch Beschleunigungssensoren kontinuierlich erfasst. Das zentrale Steuergerät wertet die Spannungssignale fortlaufend aus. In Crash- und Fahrversuchen werden abhängig vom Fahrzeugtyp Auslöseschwellen für die jeweiligen Rückhaltesysteme ermittelt und in Kennfeldern im zentralen Steuergerät hinterlegt.

Frontalaufprall. Wird die Auslöseschwelle erreicht oder überschritten und dies durch einen im Steuergerät verbauten Sicherheitssensor (Saving-Sensor) bestätigt, so werden die jeweiligen Zündkreise Gurtstraffer und ggf. des Fahrer- und Beifahrerairbag angesteuert. Zusätzlich kann bei verbauten Sitzbelegungsmatten **(Bild 3)** im Beifahrersitz über Drucksensoren erkannt werden, ob der Sitz durch eine erwachsene Person oder einen Kindersitz belegt ist. Ist der Beifahrersitz nicht oder durch einen Kindersitz belegt, wird der Beifahrerairbag nicht ausgelöst.

Gurtschlosssensierung. Durch Mikroschalter oder Hallsensoren im Gurtschloss ist es möglich festzustellen, ob die Fahrzeuginsassen angegurtet sind. Ist dies nicht der Fall, so wird die Auslöseschwelle für den Airbag herabgesetzt.

Die Auslösung von Frontairbags und Gurtstraffern erfolgt bei Frontalunfällen bis ± 30° zur Fahrzeuglängsachse **(Bild 4)**.

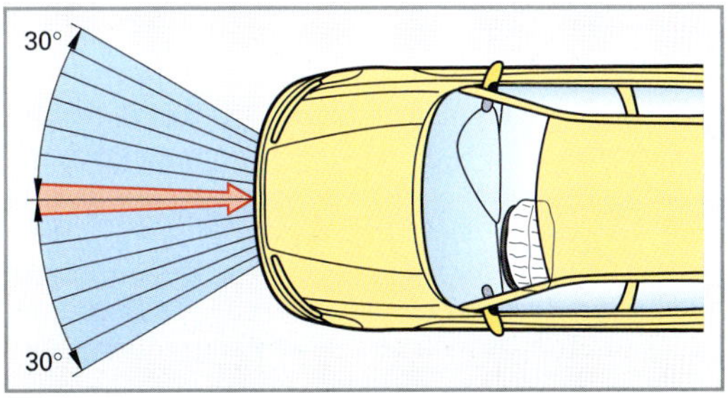

Bild 4: Wirkungsbereich Frontairbag und Gurtstraffer

Seitencrash. Bei Unfällen mit Seitenaufprall (rd. 20% ... 25%) werden aufgrund der verminderten Knautschzone erheblich mehr Fahrzeuginsassen schwer verletzt (ca. 36%). Deshalb sind in den Querträgern, die zu der B-Säule verlaufen, Beschleunigungssensoren in Querrichtung verbaut. Wird bei einem Seitenaufprall die Auslöseschwelle für den Seitenairbag überschritten, so wird der im Sitz oder in der Türverkleidung verbaute Airbag, sowie der Kopfairbag oder Windowbag gezündet. Kopfairbags und Windowbags entleeren sich langsamer als die anderen Airbags, um beim Überschlagen des Fahrzeugs ausreichend Schutz zu bieten.

Heckcrash. Bei einem Heckcrash wird bei Überschreitung der Auslöseschwelle der Gurtstraffer angesteuert. Sind in einem Fahrzeug zusätzlich aktive Kopfstützen verbaut, so werden diese in Fahrzeuglängsrichtung nach vorne geneigt. Dadurch wirken sie Schleudertraumaverletzungen entgegen.

Crashsensoren. Sie befinden sich entweder im Steuergerät oder sind separat verbaut und funktionieren nur einwandfrei, wenn sie korrekt ausgerichtet sind. In Verbindung mit einem in Reihe geschalteten Sicherheitssensor, z.B. Reed-Kontakt, wird ein versehentliches Auslösen der Systeme verhindert.

Steuergerät. Das zentrale Steuergerät ist mit Selbstdiagnosefunktion ausgestattet. Werden Fehler in Sicherheitsrückhaltesystemen **(SRS)** festgestellt, so werden die Fehler gespeichert und die SRS-Kontrollleuchte angesteuert.

Sicherheitsgurte und Gurtstraffer. Um bei einem Unfall das Verletzungsrisiko gering zu halten, müssen Fahrzeuginsassen angegurtet sein. So wirkt auf die Fahrzeuginsassen bei einem Frontalaufprall aus 50 km/h, trotz Knautschzone, eine Verzögerung 30 g ... 50 g (1 g = 9,81 m/s²). Dies würde bei einer 70 kg schweren Person eine Abstützkraft von ca. 30 kN erfordern. Sind die Fahrzeuginsassen nicht angegurtet, so prallen sie auf den abgebremsten Innenraum (Lenkrad, Instrumententafel, Frontscheibe). Voraussetzung für eine gute Wirksamkeit des Gurtes ist, dass die Gurtkräfte vom Brustbein und vom Becken aufgenommen werden können. Dabei muss der Gurt so fest wie möglich anliegen. Dies wird z.B. durch Dreipunktgurte mit Gurtstraffer erreicht.

17

Gurtstraffer (Bild 1). Er bewirkt ein optimales Anliegen des Gurtes und verhindert die sogenannte Gurtlose. Darunter versteht man den Weg des Gurtbandes bis dieses fest am Körper anliegt. Bei Auslösung eines Gurtstraffersystems wird das Gurtband bis ca. 150 mm innerhalb von 15 ms angezogen. Gurtstraffer arbeiten pyrotechnisch mit Explosivstoffen oder bei älteren Systemen mechanisch.

Wirkungsweise (Bild 1). Bei pyrotechnisch arbeitenden Gurtstraffern werden durch Beschleunigungssensoren die Verzögerungswerte erfasst. Ist bei einem Frontalaufprall die Verzögerung über der Auslöseschwelle, z.B. Verzögerung größer 2 g und Fahrzeuggeschwindigkeit größer 15 km/h, erkennt das Steuergerät kritische Verzögerungswerte und bewirkt über einen elektrischen Impuls die Zündung eines Treibsatzes (Gasgenerator) durch eine Zündpille. Der Gasgenerator wirkt je nach Bauart des Gurtstraffers

- auf einen Kolben in einem Zylinder,
- auf Stahlkugeln oder
- einen Wankelrotor.

Gurtstraffer mit Wankelrotor haben drei Treibsätze, die nacheinander gezündet werden. Die Gurtstraffer sind jeweils über eine Aufrollvorrichtung mit dem Sicherheitsgurt verbunden. Durch Verdrehen der Aufrollvorrichtung wird der Gurt gespannt.

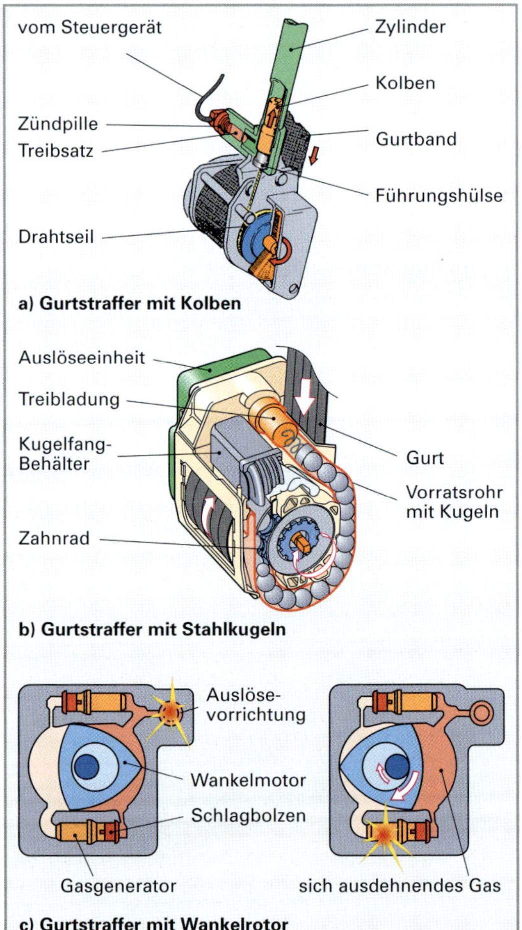

Bild 1: Pyrotechnisch arbeitende Gurtstraffer

Gurtstraffsysteme sind nach Auslösung unwirksam und müssen ausgetauscht werden.

Bei der Fahrzeugentsorgung müssen pyrotechnisch arbeitende Gurtstraffer entsprechend der Herstellervorschrift von fachlich qualifiziertem Personal ausgelöst und somit unwirksam gemacht werden.

Mechanisch arbeitender Gurtstraffer (Bild 1). Bei diesem System befindet sich eine vorgespannte Feder im Gurtschloss. Bei einem Frontalcrash kann sich die Feder durch einen Ausklinkmechanismus entspannen und bewirkt über einen Seilzug die Gurtstraffung.

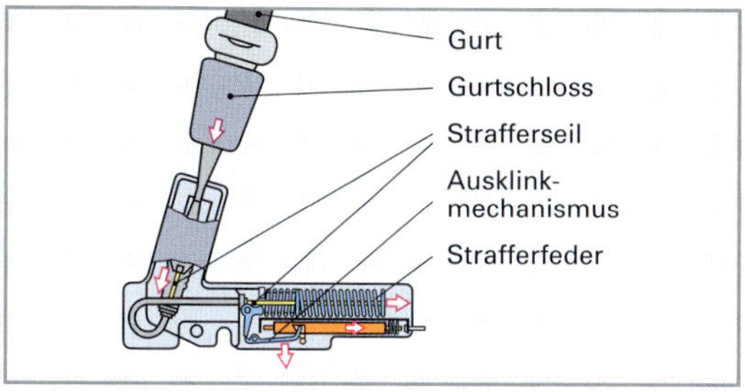

Bild 1: Mechanisch arbeitender Gurtstraffer

Gurtkraftbegrenzer. Die durch den Gurtstraffer wirkende Kraft kann zu Verletzungen im Brustkorb- und Schulterbereich führen. Deshalb werden u.a. Gurtkraftbegrenzer verbaut. Dabei wird ab einer bestimmten Krafteinwirkung auf das Gurtband z.B. im Aufrollautomaten ein Torsionsstab verdreht und damit die Gurtkraft auf einen maximalen Wert begrenzt.

Airbag (Bild 2)

Aufbau Frontairbag. Der Airbag besteht aus einem beschichteten Stoffgewebe. Er liegt eng gefaltet hinter einer Abdeckkappe mit Sollreißnaht. Der Treibsatz im Gasgenerator (Topfgenerator) wird bei Auslösung über eine Zündpille entzündet. Der Treibstoff wird in Gas umgewandelt (hauptsächlich Stickstoff und Kohlendioxid) das durch einen Filter in den Airbag gelangt und diesen füllt.

Über Auslassöffnungen, die sich von der Insassenseite abgewandt befinden, strömt das Gas dann ins Freie. Die elektrische Verbindung zwischen Gasgenerator und Steuergerät wird in der Lenkradeinheit durch eine Wickelfeder in der Kontakteinheit hergestellt.

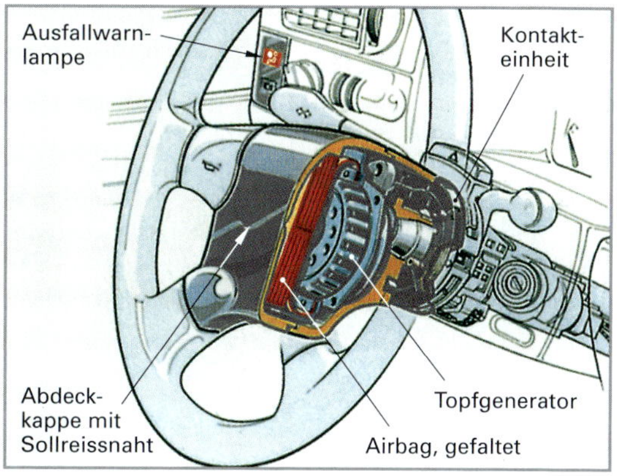

Bild 2: Fahrerairbagsystem im Teilschnitt

Wirkungsweise: Beschleunigungssensoren geben je nach Unfall Spannungssignale an das Auslösesteuergerät. Werden bestimmte Verzögerungswerte erreicht, so zündet ein vom Steuergerät ausgelöster elektrischer Impuls die Treibsätze der entsprechenden Airbags.

In **Bild 3** ist bei einem Frontalcrash der zeitliche Ablauf der Funktion eines Fahrerairbags in Verbindung mit einem Dreipunktgurt dargestellt. Der gesamte Vorgang von Unfallbeginn, Airbagzündung, Airbagentfaltung und Entweichen des komprimierten Gasgemisches nimmt eine Zeit von rund 150 ms in Anspruch. Wird das Airbagsystem bei einem Unfall vom Bordnetz getrennt, so sorgt ein Pufferkondensator für den Zündimpuls. Der Airbag bläst sich innerhalb von 45 ms bis 50 ms voll auf. Um eine ausreichende Schutzwirkung bei Frontalunfällen zu haben, müssen jedoch die Fahrzeuginsassen unbedingt angegurtet sein.

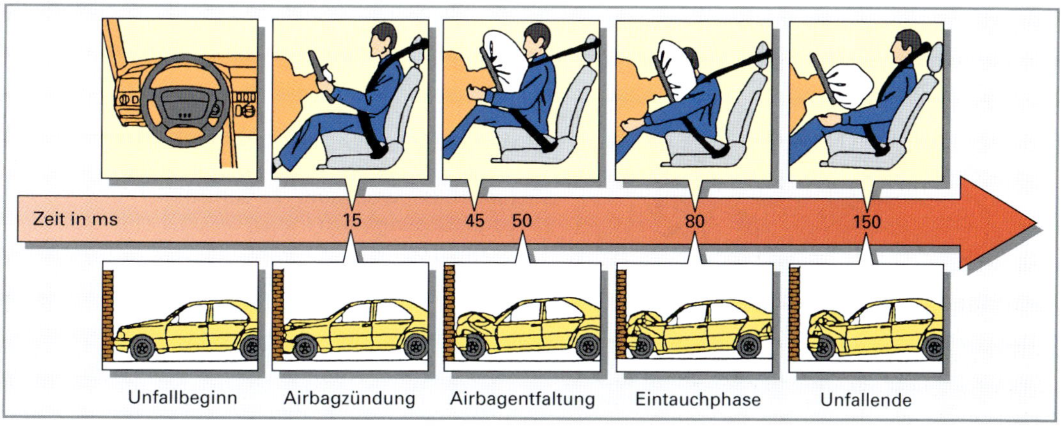

Bild 3: Zeitlicher Ablauf einer Airbagfunktion bei einem Frontcrash

Kopfairbag, Windowbag, Seitenairbag. Bei einem Seitencrash muss innerhalb von maximal 20 ms der Airbag voll wirksam sein. Dies wird dadurch erreicht, dass Hybridgeneratoren Anwendung finden, die den Airbag in sehr kurzer Zeit befüllen können. Außerdem haben diese Airbags im Vergleich zu Frontairbags ein kleineres Volumen von 10 l ... 15 l (Frontairbags haben auf der Fahrerseite 30 l ... 75 l und auf der Beifahrerseite 60 l ... 180 l Füllvolumen).

Hybridgenerator

Aufbau (Bild 1). Er besteht aus Anzündereinheit (Zündpille), einer geringen Menge Festbrenntreibstoff und einer Druckgasflasche, die mit Edelgas gefüllt ist. Als Edelgas wird in der Regel Argon und Helium verwendet, das mit einem Druck von 200 bar ... 500 bar vorverdichtet ist.

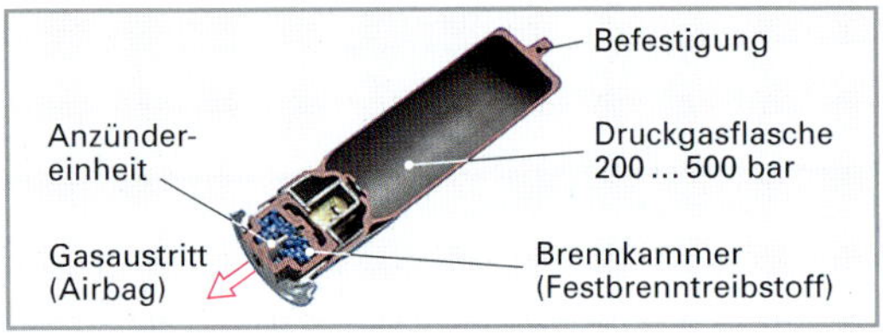

Bild 1: Hybridgenerator

Wirkungsweise. Endstufen im Steuergerät zünden durch einen elektrischen Impuls eine kleine Menge Treibstoff (Zündpille). Dadurch wird eine größere Menge Festbrenntreibstoff gezündet. Dies bewirkt, dass die Austrittsöffnung der Druckgasflasche geöffnet wird und eine Mischung aus heißem pyrotechnisch erzeugtem Gas und kaltem Edelgas den Luftsack (Bag) innerhalb kürzester Zeit füllt.

Integrierte Rückhaltesysteme – Pre-Safe (Bild 2)

Darunter versteht man Maßnahmen, die Sicherheitssysteme bereits vor einem Crash aktivieren, z.B. Sitz in richtige Position bringen, Gurt straffen und ggf. Schiebedach schließen.

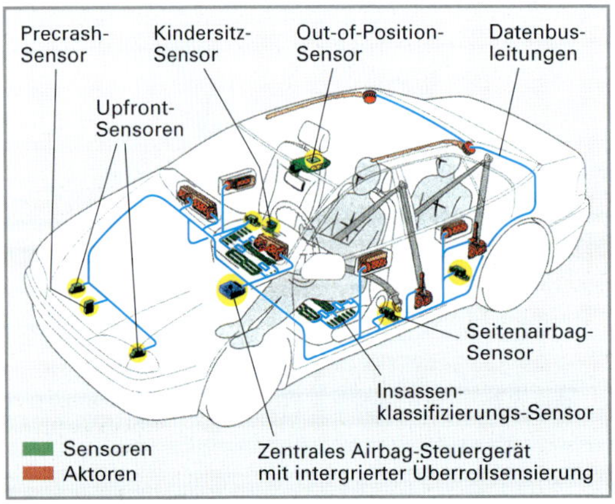

Bild 2: Integrierte Rückhaltesysteme

Um dies zu realisieren ist das Pre-Safe-System mit dem Antiblockiersystem (ABS), dem Bremsassistenten (BAS) und dem Elektronischen Stabilitätsprogramm (ESP) vernetzt. Außerdem benötigen diese Fahrzeuge Precrash-Sensoren und Out-of-Position-Sensoren, die vor einem eventuellen Crash geeignete Daten bereitstellen.

Precrash-Sensoren messen mittels Radartechnik den Abstand und den Winkel zu einem möglichen Hindernis. Diese Sensoren bilden einen virtuellen Sicherheitsgürtel von ≤ 14 m um das Fahrzeug. Die Radarsignale werden auch als **S**hort **R**ange **R**adar **(SRR)** bezeichnet. Zusätzlich können diese Signale dafür verwendet werden, den Fahrer vor bestimmten Gefahrensituationen zu warnen, z.B. wenn sich ein Fahrzeug nähert, das sich im toten Winkel befindet.

Out-of-Position-Sensoren erkennen mittels Ultraschall oder Videoüberwachung, ob eine Person im richtigen Abstand und Winkel zum Airbag sitzt. Mittels starker Elektromotoren kann der Sitz bereits vor einem Unfall ggf. in die richtige Position gebracht werden.

Wirkungsweise. Gefährliche Fahrmanöver, z.B. Notbremsung, Schleudern werden mit Hilfe von Sensoren durch ABS-, BAS- und/oder ESP-Steuergerät erkannt und über den CAN-BUS an das zentrale Airbag-Steuergerät gemeldet. Eine sehr schnelle Verringerung des Abstandes zu einem Hindernis, z.B. vorausfahrendes Fahrzeug, wird durch die Auswertung der von den Precrash-Sensoren gelieferten Signale durch ein Rechenprogramm im zentralen Airbag-Steuergerät erkannt. Das zentrale Airbag-Steuergerät bewirkt dann bereits vor einer möglichen Kollision, dass ...

- ... die Sicherheitsgurte von Fahrer und Beifahrer durch reversible Gurtstraffer mit Hilfe eines Elektromotors vorgespannt werden.
- ... Fahrer- und Beifahrersitz hinsichtlich ihrer Längsposition, ihrer Kissen und Lehnenneigung in eine günstigere Position gebracht werden.
- ... das Schiebedach bei Schleudergefahr automatisch geschlossen wird.

Up-Front Sensorik

Kommt es zur Kollision, kann durch **Up-Front Sensoren** die Schwere des Unfalls präziser analysiert werden als durch den Crash-Sensor auf dem Mitteltunnel. Dadurch kann die Gurtstraffer- und die Airbagauslösung noch früher, genauer und bedarfsgerechter abgestimmt werden. Bei zweistufig arbeitenden Airbag-Gasgeneratoren wird z.B. bei einem leichten Aufprall nur die erste Stufe des Gasgenerators gezündet und der Airbag füllt sich mit geringerem Innendruck. Wird ein schwerer Frontalaufprall erkannt, wird mit einer Zeitverzögerung von rund 15 ms die zweite Kammer des Gasgenerators aktiviert und der Airbag füllt sich mit höherem Druck.

WERKSTATTHINWEISE

Sicherheitsvorschriften für Airbag- und pyrotechnisch arbeitende Gurtstraffersysteme

- Prüf- und Montagearbeiten dürfen nur von qualifiziertem Personal durchgeführt werden.
- **Deaktivieren.** Bei Arbeiten am Airbag- und Gurtstraffersystem ist die Zündung auszuschalten, der Minuspol der Batterie abzuklemmen und zu isolieren. Evtl. ist zur Entladung eines Pufferkondensators 5 Minuten … 20 Minuten, je nach Herstellervorschrift, zu warten.
- Bei Arbeitsunterbrechung dürfen Airbag- und Gurtstraffereinheiten nicht unbeaufsichtigt bleiben.
- Ausgebaute Airbageinheiten sind stets so zu lagern, dass die Austrittsfläche des Airbags nach oben zeigt.
- Es dürfen keine Reparaturen an Einzelkomponenten durchgeführt werden.
- Airbag- und Gurtstraffereinheiten dürfen keinen Temperaturen über 100 °C ausgesetzt werden und müssen, z.B. bei Karosseriereparaturen, vor Funkenflug geschützt werden.
- Airbag- und Gurtstraffereinheiten, die aus größeren Höhen (ca. 0,5 m) heruntergefallen sind, dürfen nicht in ein Fahrzeug montiert werden.
- Airbag- und Gurtstraffereinheiten sind nach Auslösung unwirksam und müssen erneuert werden.
- Teile dürfen nicht mit Fett, Öl oder Reinigungsmittel in Berührung kommen.
- Die Systeme dürfen nur im eingebauten Zustand ohne Personen im Fahrzeuginnenraum elektrisch geprüft werden. Widerstands-Messungen und Messungen mit der Prüflampe sind verboten.
- Wird ein Fahrzeug verschrottet, sind die Airbag- und Gurtstraffer-Gasgeneratoren bei geschlossenen Fahrzeugtüren mit einer vom jeweiligen Hersteller vorgeschriebenen Zündvorrichtung von außen zu zünden. Dabei ist ein vorgeschriebener Sicherheitsabstand (ca. 10 m) einzuhalten.

Fehlersuchplan – Airbag

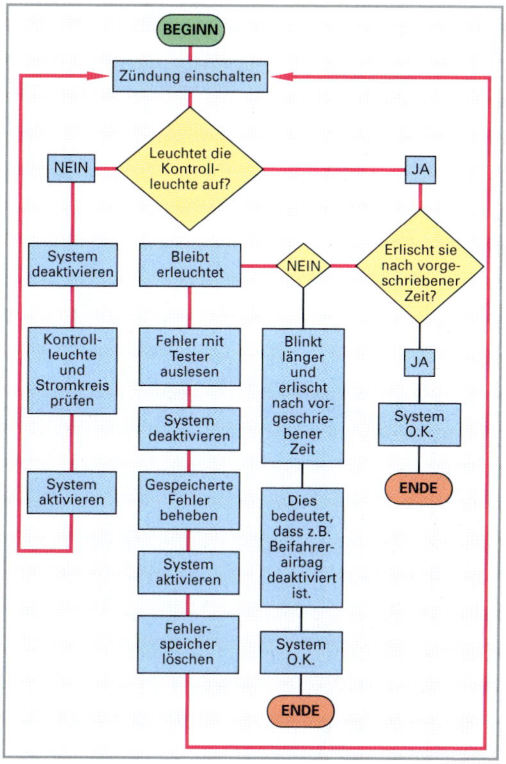

Sicherheitsglas. Man unterscheidet das Einscheiben-Sicherheitsglas **(ESG)** und das Verbund-Sicherheitsglas **(VSG)**.

Einscheiben-Sicherheitsglas. Diese Verglasung wird für Seitenscheiben und teilweise für Heckscheiben verwendet. Aufgrund der Vorspannung des Glases, die durch schnelle Abkühlung erreicht wurde, entstehen bei Bruch stumpfkantige Glaskrümel. Das Glas zerbricht in seiner gesamten Fläche, wodurch es als Frontscheibenverglasung aus folgenden Gründen ungeeignet ist:

- Bei Bruch ist die Fahrersicht extrem beeinträchtigt.
- Bei Unfällen können die mit hoher Energie in den Fahrzeuginnenraum eindringenden Glaskrümel die Fahrzeuginsassen verletzen.

Verbund-Sicherheitsglas (Bild 1). Es wird für die Frontscheibenverglasung und häufig für die Heckscheibenverglasung verwendet. Dabei werden zwei oder mehrere nicht vorgespannte Glasscheiben mit in der Mitte liegenden Kunststoffzwischenschichten verklebt. Bei Bruch bilden sich spinnenartige Sprünge, wobei jedoch ein Großteil des Sichtfeldes erhalten bleibt. Kleine Schäden, z.B. durch Steinschlag, können repariert werden.

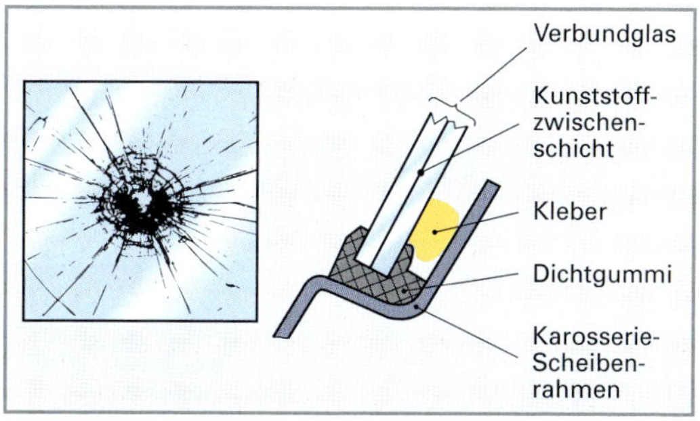

Bild 1: Bruchstruktur und Aufbau von Verbund-Sicherheitsglas

Sicherheitslenksäule (Bild 1, Bild 2). Sie soll bei Frontalunfällen ein Eindringen der Lenksäule in den Fahrzeuginnenraum verhindern. Sicherheitslenksäulen sind so aufgebaut, dass sie sich bei Unfällen verformen, abknicken oder ineinanderschieben.

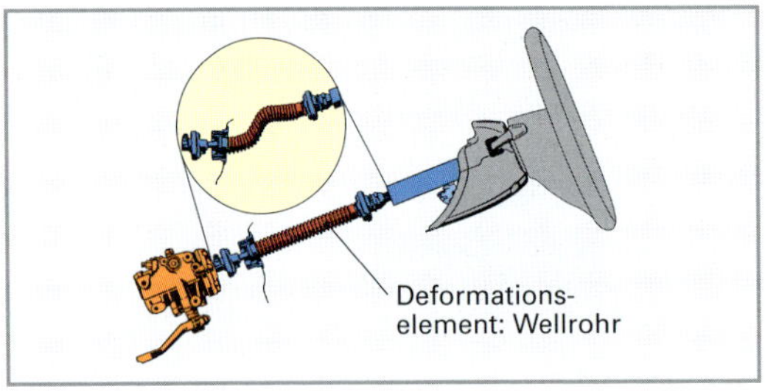

Bild 1: Sicherheitslenksäule mit Wellrohr

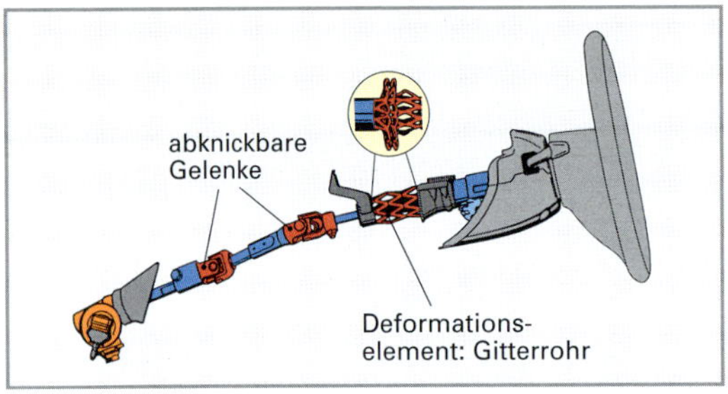

Bild 2: Sicherheitslenksäule mit Gitterrohr und abknickbaren Gelenken

Äußere Sicherheit

Darunter versteht man konstruktive Maßnahmen am Fahrzeug, die bei einem Unfall das Verletzungsrisiko der Verkehrsteilnehmer außerhalb des Fahrzeugs reduzieren.

Beispiele:

- Schutz von Fußgängern und Zweiradfahrern durch verformbares Material im Frontbereich (soft face), gerundete Außenkanten, versenkte Scheibenwischer, Unterfahrschutz bei Nutzfahrzeugen.
- Schutz von Insassen anderer, insbesondere kleinerer Kraftfahrzeuge, durch abgestimmtes Deformationsverhalten der Karosserie **(Bild 3).**

Bild 3: Wirkung eines energieabsorbierenden Frontunterfahrschutzes bei einem Lkw

17

WIEDERHOLUNGSFRAGEN

1. **Welche Bauweisen hinsichtlich des Fahrzeugaufbaus unterscheidet man?**
2. **Was ist beim Bearbeiten von höherfesten Stählen, vezinktem Stahlblech und Aluminium jeweils zu beachten?**
3. **Was versteht man unter aktiver und passiver Sicherheit?**
4. **Welche Maßnahmen im Fahrzeugbau verbessern die aktive und die passive Sicherheit?**
5. **Wie funktionieren Gurtstraffer und Airbag?**
6. **Welche Maßnahmen am Fahrzeug umfassen die innere und die äußere Sicherheit?**

17.1.6 Schadensbeurteilung und Vermessen

Bei Unfallschäden werden Karosseriebleche und Rahmenteile unterschiedlich beansprucht, z. B. durch Stauchung, Streckung, Biegung, Verdrehung oder Knickung des Materials. Je nach Art des Zusammenstoßes sind folgende Verformungen von Rahmen, Bodengruppe oder Karosserie möglich:

- **Versenkung (Bild 4),** z.B. bei Front- oder Heckaufprall
- **Aufwärtsdrückung (Bild 5),** z.B. bei Frontalzusammenstoß
- **Seitenverzug (Bananenschaden) (Bild 6),** z.B. bei seitlichen Unfällen
- **Verdrehung (Bild 7),** z.B. bei Fahrzeugüberschlag

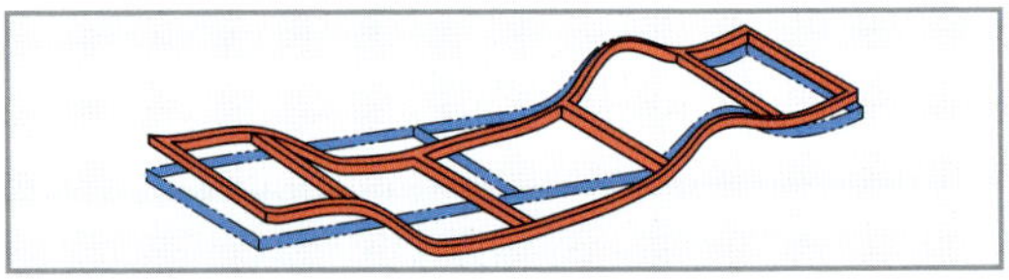

Bild 4: Versenkung

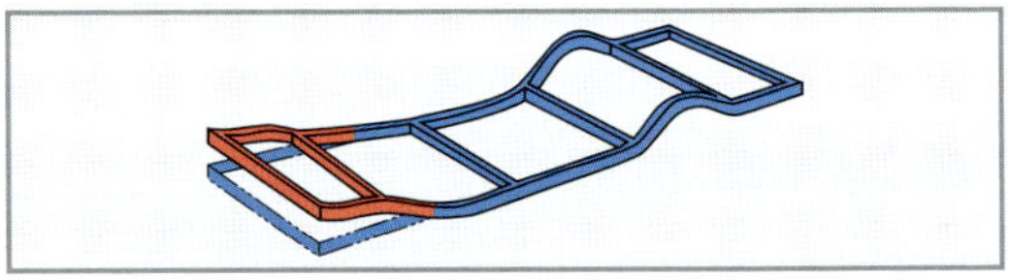

Bild 5: Aufwärtsdrückung

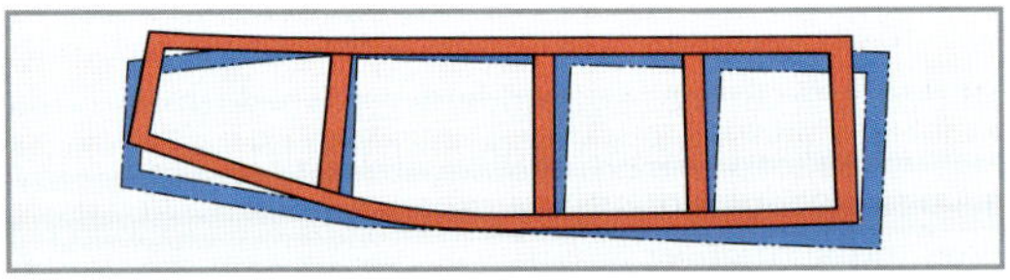

Bild 6: Seitenverzug

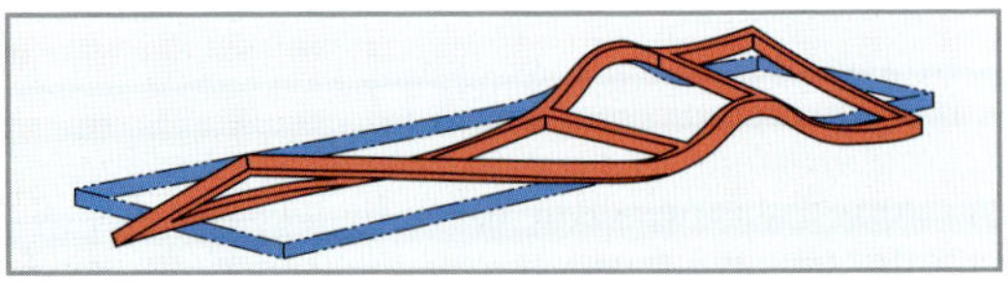

Bild 7: Verdrehung

Zusätzlich können die Materialien Brüche oder Risse aufweisen.

Um Unfallschäden exakt zu beurteilen, ist eine Sichtprüfung und, je nach Schwere des Unfalls, ein Vermessen der Karosserie erforderlich.

Schadensbeurteilung durch Sichtprüfung, Reparaturwegbestimmung und Vermessen der Karosserie

Sichtprüfung

Dabei wird festgestellt, welche Schäden vorliegen, ob eine Vermessung des Fahrzeugs erforderlich ist und welche Reparaturarbeiten durchgeführt werden müssen.

Je nach Schwere des Unfalls ist das Fahrzeug in verschiedenen Bereichen nach Schäden zu untersuchen.

Außenschäden. Bei einer Rundumbesichtigung des Fahrzeugs ist folgendes zu prüfen:

- Deformationsschäden.
- Spaltmaße **(Bild 1)** z.B. an Türen, Stoßfängern, Motorhaube, Kofferraum. Veränderte Spaltmaße deuten auf einen Verzug der Karosserie hin und machen evtl. eine Vermessung erforderlich.
- Leichte Verzüge, z.B. Beulen, Einknickungen an größeren Flächen; dies ist durch unterschiedliche Lichtreflexionen erkennbar.
- Glasschäden, Lackschäden, Rissbildungen, aufgeweitete Falze.

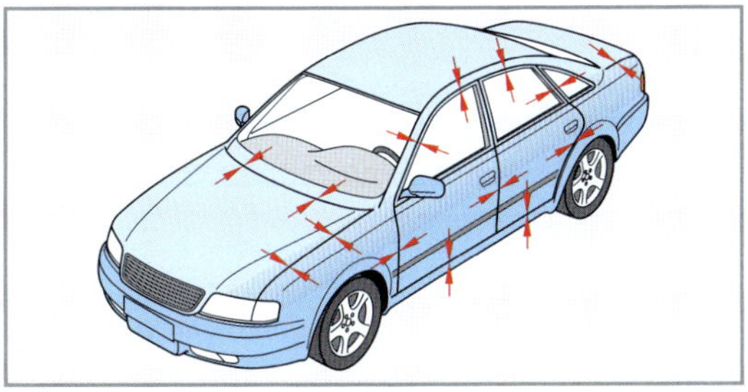

Bild 1: Sichtprüfung: Spaltmaße

Bodengruppenschäden. Sind Stauchungen, Knickstellen, Verdrehungen oder Symmetrieabweichungen erkennbar, ist das Fahrzeug zu vermessen.

Innenschäden. Feststellbar sind:

- Knickungen, Stauchungen (Häufig müssen dazu Verkleidungen abgebaut werden.)
- Gurtstrafferauslösung
- Airbagauslösung
- Brandschäden
- Verschmutzungen

Sekundärschäden. Dabei ist zu prüfen, ob aufgrund des Unfalls weitere Bauteile beschädigt wurden, z.B. Kühler, Wellen, Motor, Getriebe, Achsen, Achsaufhängung, Lenkung, Steuergeräte, elektrische Kabel.

Reparaturwegbestimmung.

Die bei der Sichtprüfung ermittelten Schäden werden in Form von alphanumerischen Codes verschlüsselt in Datenblätter **(Bild 2)** eingetragen. Dabei wird die notwendige Reparatur, wie z.B. Erneuerung, Abschnittsreparatur, Teilersatz, Vermessen, Lackieren festgelegt. Die Daten werden anschließend mit Hilfe von EDV-Kalkulationsprogrammen verarbeitet. Es wird festgestellt, in welchem Verhältnis die Reparaturkosten zum Fahrzeugzeitwert stehen.

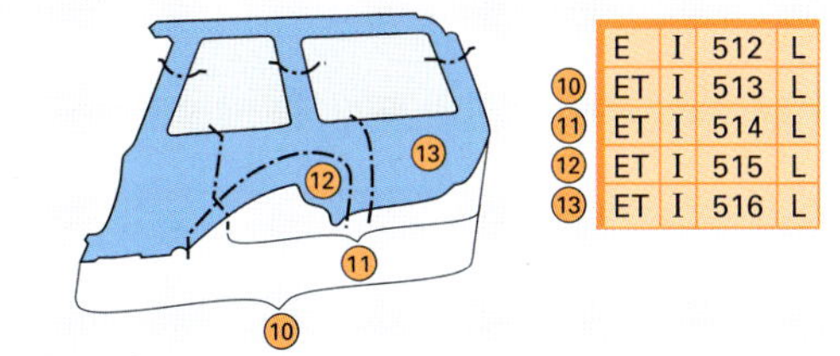

z. B. bedeuten:

E 512 L = Oberflächenlack
= Code für Arbeitsaufwand und Ersatzteilpreis
= ersetzen des beschädigten Teils
ET = teilweise ersetzen I = instandsetzen

Bild 2: Ausschnitt aus Datenblatt zur Kostenkalkulation bei einem Unfallschaden

Vermessen der Karosserie

Um festzustellen, ob sich Rahmen oder Bodengruppe verzogen haben, muss ein Fahrzeug vermessen werden. Als Hilfsmittel dienen z.B. Stechmaß (Stechzirkel), Zentrierlehren, mechanische, optische oder elektronische Messsysteme. Grundlage sind Maßtabellen oder Messblätter **(Bild 3)** der Fahrzeughersteller.

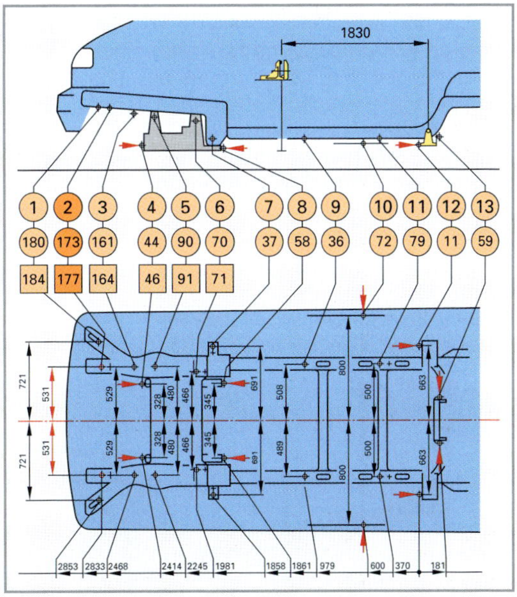

Bild 3: Ausschnitt aus einem Messblatt für eine Bodengruppenvermessung

Erläuterung zu Bild 3, Seite 421. Für die verschiedenen Messpunkte sind Symmetriemaße und Höhenmaße angegeben. Bei den Höhenmaßen werden häufig zwei Werte angegeben:

- Mit eingebauten Aggregaten
- Ohne Aggregate

So hat z.B. der Messpunkt **2** die Symmetriemaße 531 mm und die Höhenmaße 173 mm (mit eingebauten Aggregaten) und 177 mm (ohne Aggregate). Aufgrund der Karosserie-Elastizität ergeben sich diese unterschiedlichen Höhenmaße.

Zweidimensionale Vermessung der Karosserie (Bild 1).

Mit der zweidimensionalen Karosserievermessung sind Abstandsmessungen in Länge, Breite und Symmetrie möglich. Sie eignet sich nur für die überschlägige Vermessung einer Karosserie.

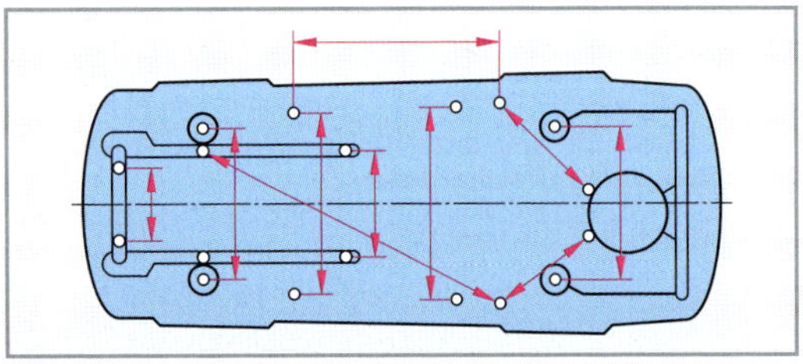

Bild 1: Bodengruppe mit Maßbezugspunkten für die zweidimensionale Vermessung

Stechmaß, Stechzirkel. Damit können Längen-, Breiten- und Diagonalmaße ermittelt werden. Stellt man z.B. bei der Diagonalvermessung von der rechten vorderen Achsaufhängung zur linken hinteren Maßabweichungen fest, so kann dies auf eine Verdrehung der Bodengruppe hinweisen.

Zentrierlehren (Bild 2). Sie bestehen meist aus drei Messstäben, die an bestimmten Messpunkten der Bodengruppe angebracht werden. Auf den Messstäben sitzen Visierstifte, über die man peilen kann. Rahmen und Bodengruppe sind in Ordnung, wenn sich die Visierstifte beim Darüberpeilen über die gesamte Länge der Karosserie decken.

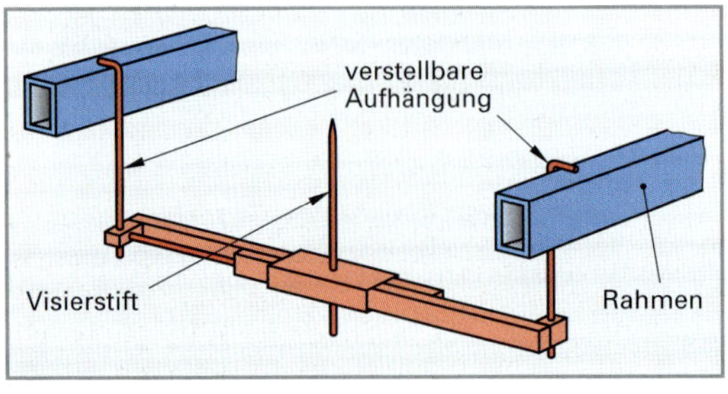

Bild 2: Zentrierlehre

Im **Bild 3** decken sich die Visierstifte nicht, das Fahrzeug ist in der Mitte nach links verschoben (Banane).

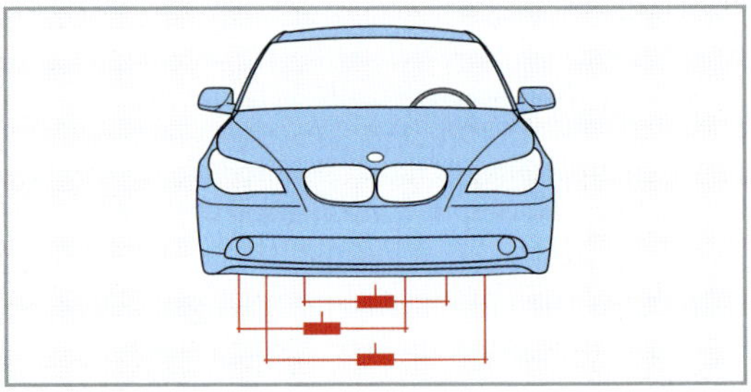

Bild 3: Einsatz von Zentrierlehren

Dreidimensionale Vermessung der Karosserie (Bild 4).

Mit der dreidimensionalen Karosserievermessung können die Karosseriepunkte in Länge, Breite und Höhe bestimmt werden. Sie eignet sich für eine exakte Karosserievermessung.

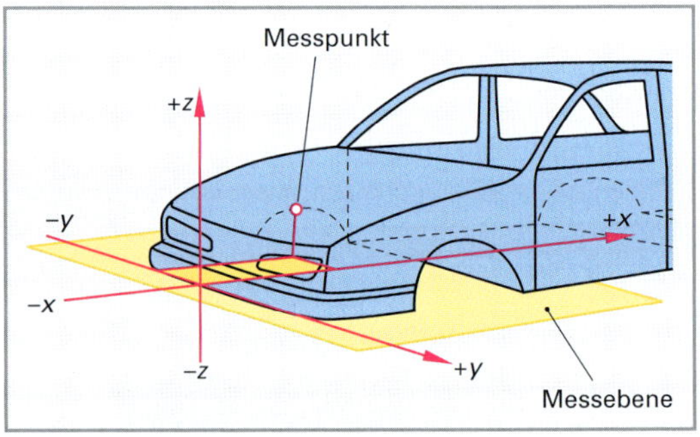

Bild 4: Dreidimensionales Messprinzip

Richtbank mit mechanischem Universal-Messsystem (Bild 1, Seite 423).

Dabei wird das beschädigte Fahrzeug mit Karosserieklemmen, die am Türschwellerfalz angebracht werden, auf der Richtbank befestigt. Anschließend wird die Messbrücke unter das Fahrzeug geschoben und ausgerichtet. Dazu sind drei unbeschädige Karosseriemesspunkte auszuwählen, zwei davon parallel zur Fahrzeuglängsachse. Der dritte Messpunkt soll möglichst weit entfernt sein.

Auf der Messbrücke sind Messschlitten angebracht, die auf die einzelnen Messpunkte genau eingestellt werden können, um die Längen- und Breitenmaße zu bestimmen. Jeder Messschlitten ist mit teleskopartigen Messhülsen versehen, auf die geeignete Messspitzen aufgesteckt werden.

Durch Ausfahren der Messspitzen werden diese in die Messpunkte der Karosserie geschoben, wodurch sich zusätzlich das Höhenmaß exakt ermitteln lässt.

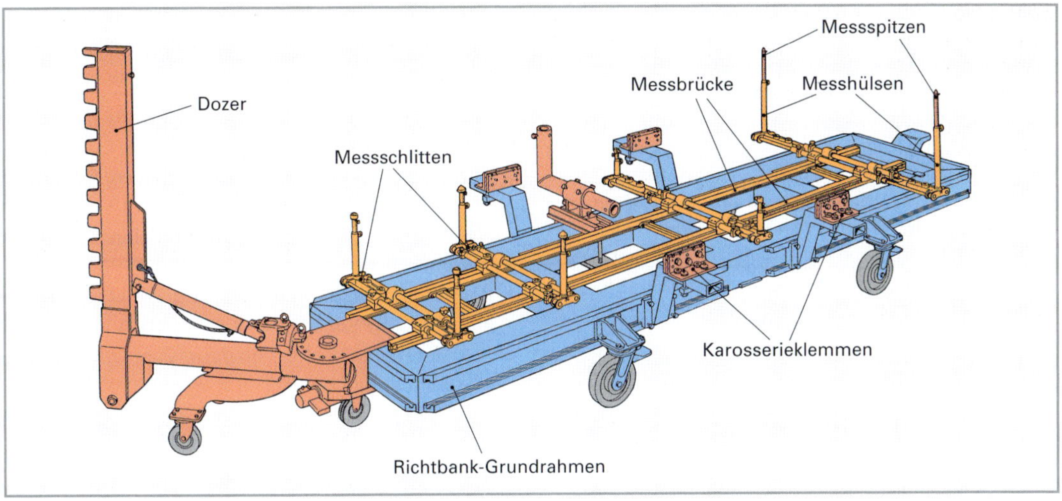

Bild 1: Richtbank mit mechanischem Messsystem

Oberbauvermessung (Bild 2). Dazu wird z.B. an der Messbrücke, die auf einem Richtbankgrundrahmen befestigt ist, ein Portalrahmen mit Messeinrichtung angebracht. Damit kann der Oberbau entsprechend den Messblättern abschnittweise an festgelegten Punkten vermessen werden.

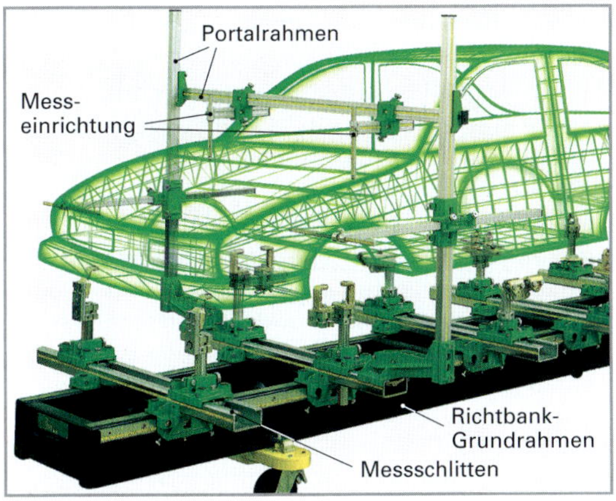

Bild 2: Mechanische Oberbauvermessung

Mechanische Messsysteme sind auf dem Richtbank-Grundrahmen angebracht und können deshalb das Anbringen von Richtwerkzeugen erschweren. Außerdem sind sie Schweißspritzern, Staub und mechanischen Einflüssen ausgesetzt und können dabei beschädigt werden.

Optisches Messsystem (Bild 3)

Bei der optischen Vermessung der Karosserie mit Hilfe von Lichtstrahlen wird das Messsystem außerhalb des Richtbankgrundrahmens angebracht. Auch ohne Richtbankgrundrahmen ist eine Vermessung möglich, wenn das Fahrzeug auf Böcke gestellt wird oder durch eine Hebebühne angehoben wird.

Zur Vermessung verwendet man zwei Messschienen, die rechtwinklig zueinander um das Fahrzeug aufgestellt werden. Sie nehmen eine Lasereinheit, einen Strahlteiler, sowie mehrere Prismeneinheiten auf. Die Lasereinheit erzeugt kleine Lichtbündel, deren Strahlen parallel ausgesendet werden. Sie sind so lange unsichtbar, bis sie auf einen Widerstand auftreffen. Der Strahlteiler lenkt den Laserstrahl rechtwinklig zur kurzen Messschiene und lässt ihn zugleich in gerader Richtung weiterlaufen. Die Prismeneinheiten leiten den Lichtstrahl rechtwinklig unter den Fahrzeugboden.

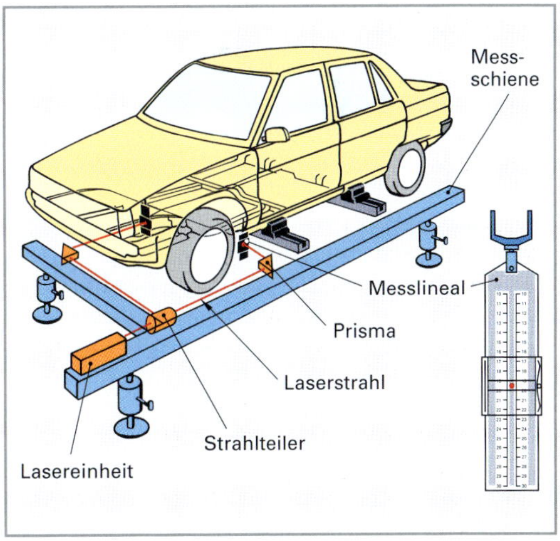

Bild 3: Optisches Messsystem

An mindestens drei unbeschädigten Karosseriemesspunkten werden entsprechend dem Messblatt Messlineale aus durchsichtigem Kunststoff mit den dazugehörigen Verbindungsstücken aufgehängt und eingestellt. Nach Einschalten der Lasereinheit werden die Messschienen soweit verändert, bis der Licht-

17

strahl den eingestellten Bereich auf den Messlinealen trifft. Dies ist an einem roten Punkt an den Messlinealen erkennbar. Dadurch ist sichergestellt, dass der Laserstrahl parallel zum Fahrzeugboden verläuft. Zur Ermittlung der weiteren Höhenmaße der Karosserie werden an verschiedenen Messpunkten des Fahrzeugunterbodens weitere Messlineale angebracht. Durch Verschieben der Prismeneinheiten können nun die Höhenmaße an den Messlinealen und die Längenmaße an den Messschienen abgelesen und mit dem Messblatt verglichen werden.

Elektronisches Messsystem (Bild 1)

Bei diesem Messsystem werden über einen Messarm, der auf einer Messleiter läuft und geeignete Messspitzen hat, die jeweils zu vermessenden Karosseriepunkte ausgewählt. Mit dem im Messarm eingebauten Computer wird die exakte Position der Messpunkte errechnet. Die Messwerte werden kabellos per Funk auf den Messcomputer übertragen.

Messvorgang. Zunächst sind mit der Messspitze drei unbeschädigte Karosseriepunkte auszuwählen, um die Grundposition des Fahrzeugs festzulegen. Anschließend ist die Messspitze an den gewünschten Messpunkten anzusetzen. Die gemessenen Istwerte werden mit den im Programm des Messcomputers hinterlegten Sollwerten verglichen. Bei Maßabweichungen erfolgt eine Fehlermeldung bzw. eine automatische Eintragung in das Messprotokoll.

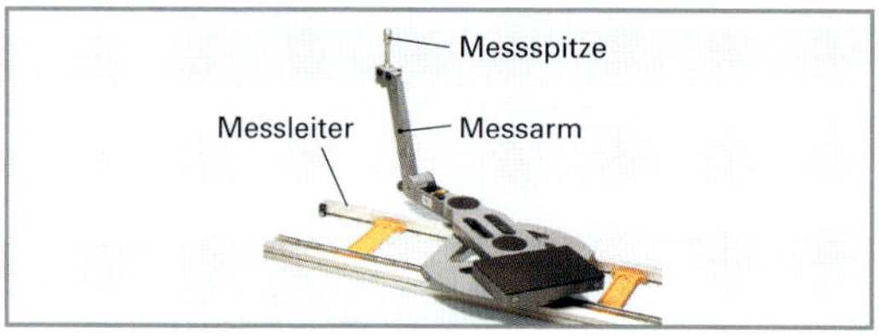

Bild 1: Elektronisches Messsystem

Merkmale von universellen Messsystemen

- Die Karosseriepunkte können mit und ohne Aggregatausbau vermessen werden.
- Eingeklebte Fahrzeugscheiben, auch gebrochene, dürfen vor der Fahrzeugvermessung nicht ausgebaut werden, da sie bis zu 30% der Verwindungskräfte der Karosserie aufnehmen.
- Für jeden Fahrzeugtyp gibt es abhängig vom Messsystem spezielle Messblätter.
- Die Messsysteme können weder das Fahrzeuggewicht tragen, noch sind sie in der Lage Rückverformungskräfte aufzunehmen.
- Sind Karosserieneuteile einzuschweißen, so sind spezielle Teilehalter erforderlich, die z.B. am Richtbankgrundrahmen befestigt werden.
- Bei Messsystemen mit Laserstrahl, darf nicht direkt in den Laserstrahl geschaut werden.
- Universalmesssysteme arbeiten i.d.R. als rechnergestützte Anlagen.

Weitere Systeme zur Karosserievermessung

- Richtwinkelsysteme **(Bild 2)** mit einteiligen, zweigeteilten und mehrfach geteilten Richtwinkeln.
- Schweißlehrensysteme.

Merkmale von Richtwinkelsystemen

- Zur Karosserievermessung ist in der Regel ein Aggregatausbau erforderlich.
- Neue Karosserieteile können zum Einschweißen maßgenau an den Richtwinkeln befestigt werden.
- Richtwinkel tragen das Fahrzeuggewicht, nehmen aber nur geringe Rückverformungskräfte auf.
- Für unterschiedliche Fahrzeugtypen sind unterschiedliche Richtwinkelsätze erforderlich.

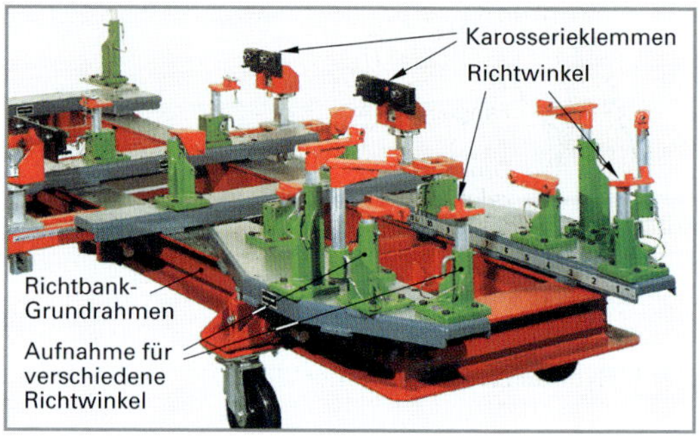

Bild 2: Richtbank mit Richtwinkeln

17.1.7 Unfallschadensreparatur an selbsttragenden Aufbauten

Richten

Eine Karosserie kann bei einem Unfall große Energien durch Verformen von Karosserieblechen umwandeln. Zum Richten der Karosserie sind entsprechend große Zug- und Druckkräfte erforderlich, die durch hydraulische Zieh- und Druckwerkzeuge aufgebracht werden.

> Die Rückverformungskraft soll in entgegengesetzter Richtung wie die Verformungskraft liegen.

Hydraulische Richtwerkzeuge (Bild 3). Sie bestehen aus einer Presse und einem Zylinder, die durch einen Hochdruckschlauch verbunden sind. Beim Presszylinder wird die Kolbenstange durch hohen Druck ausgefahren, beim Ziehzylinder fährt sie ein. Während sich beim Pressen die Enden von Zylinder und Kolbenstange gut abstützen lassen, müssen beim Ziehen Zugklemmen verwendet werden oder es werden Zugbleche auf das zu ziehende Teil aufgeschweißt.

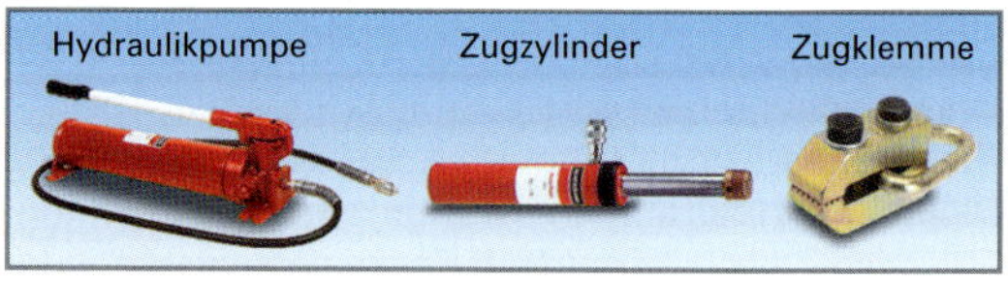

Bild 3: Hydraulische Richtwerkzeuge

Hydraulischer Ziehrichter (Dozer, Bild 1). Er besteht aus einem waagerechten Balken und einer am Ende drehbar gelagerten Säule, die durch einen Druckzylinder bewegt werden kann. Das Richtgerät kann unabhängig von Richtbänken für kleinere bis mittlere Karosserieschäden, bei denen keine großen Zugkräfte erforderlich sind, verwendet werden.

Die Karosserie muss dazu aber an den vom Hersteller bestimmten Punkten mit Hilfe von Fahrgestellklemmen und Stützrohren am waagerechten Balken befestigt werden.

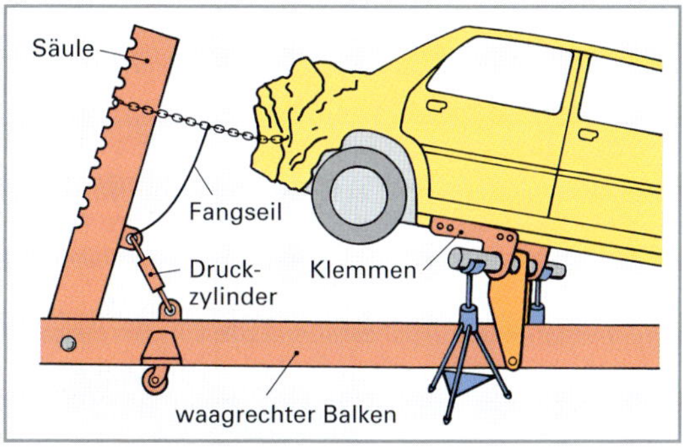

Bild 1: Hydraulischer Ziehrichter (Dozer)

Richtbank mit hydraulischem Richtgerät (Bild 2). Die Richtbank besteht aus einem stabilen Rahmen, der die Richtkräfte aufnimmt. Auf ihm werden die Fahrzeuge an der Unterkante der Türschwellenträger mit Karosserieklemmen festgeschraubt. Das hydraulische Richtgerät kann an jeder Stelle der Richtbank schnell befestigt werden.

Auch schwere Karosserieschäden können mit Richtbänken repariert werden. Auf diese Weise ist es leichter als mit einem Dozer mit waagerechtem Balken möglich, dass die Rückverformung der Karosserie in genau entgegengesetzter Richtung zur Verformung erfolgen kann. Außerdem können hydraulische Richtwerkzeuge verwendet werden, die nach dem Vektorprinzip arbeiten. Darunter versteht man Richtwerkzeuge, die eine verformte Karosseriepartie in beliebiger räumlicher Richtung ziehen oder drücken können.

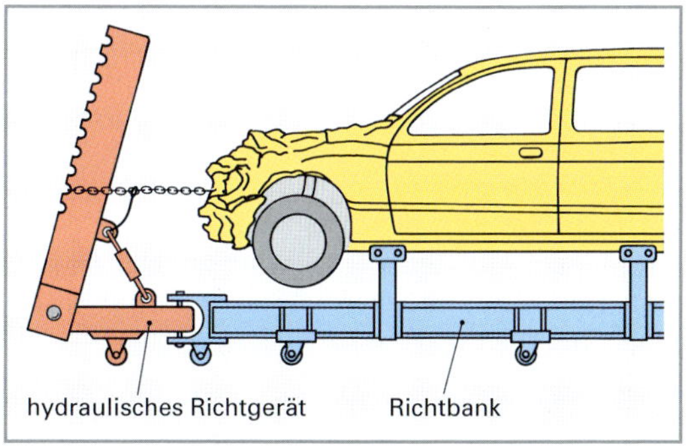

Bild 2: Richtbank mit hydraulischem Richtgerät

Umlenken der Rückformkraft (Bild 3). Hat sich z.B. bei einem Unfall die Karosserie zusätzlich zur waagrechten Verformung nach oben verschoben, muss die Rückverformung durch das Richtgerät mittels einer Umlenkrolle erfolgen. Die Zugkraft wirkt so entgegengesetzt zur ursprünglichen Verformungskraft. Die Karosserie wird z.B. in Bild 3 sowohl nach unten, als auch nach vorne gezogen.

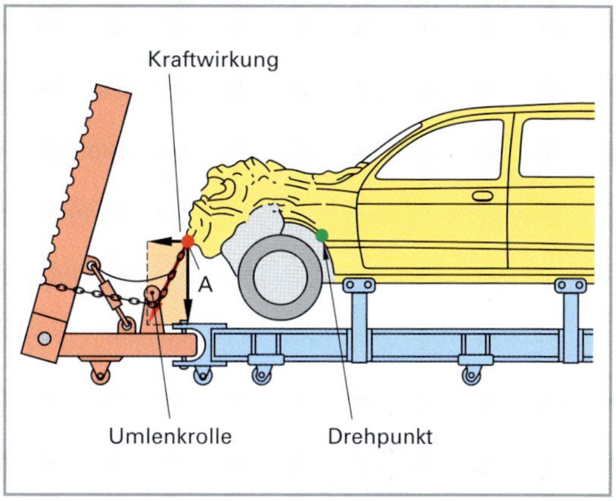

Bild 3: Zuganordnung bei einer waagrecht und nach oben verschobenen Karosseriepartie

WERKSTATTHINWEISE

- Richtarbeiten sind durchzuführen, bevor nicht mehr reparierbare Karosserieteile abgetrennt werden.
- Ist Richten möglich, so versucht man den ursprünglichen Zustand durch Kaltrückformen zu erreichen.
- Ist Kaltrückformen ohne Rissgefahr nicht möglich, so kann bei normalfesten Karosserieblechen der verformte Bereich z.B. mit einem Autogenschweißbrenner großflächig erwärmt werden. Dabei dürfen 700 °C (dunkelrote Farbe) wegen möglicher Gefügeveränderung nicht überschritten werden. Bei hochfesten Blechen und Aluminium sind die Herstellervorschriften exakt zu beachten.
- Nach jedem Richtvorgang ist die Lage der Messpunkte zu prüfen.
- Damit Rahmenteile spannungfrei das genaue Karosseriemaß erreichen, müssen sie wegen des Rückfederverhaltens der Karosseriebleche ein Stück über das Sollmaß gezogen werden.
- Tragende Teile, die gerissen oder geknickt sind, müssen aus Sicherheitsgründen ausgetauscht werden.
- Zugketten sind durch Fangseile zu sichern.

Teilersatz und Abschnittsreparatur (Bild 1)

Ist bei stark deformierten Blechteilen eine Reparatur nicht möglich, zu aufwändig oder nicht zulässig, so kann entsprechend den Herstellervorschriften ein Teilersatz oder eine Abschnittsreparatur erfolgen. Beim Teilersatz wird ein Karosserieteil, z.B. das linke hintere Seitenteil, komplett ersetzt.

Bei der Abschnittsreparatur wird z.B. nur der beschädigte Karosseriebereich herausgeschnitten. Die Schnittlinien sind vom Hersteller vorgegeben. Sie sind in der Regel möglichst kurz und dürfen normalerweise nicht durch Verstärkungsbleche führen, die sich auf der Rückseite des auszutrennenden Blechteils befinden, z.B. bei Türscharnieren und Sicherheitsgurtbefestigungen. Das Reparaturblech ist passend zuzuschneiden, abzusetzen und einzufügen. Bei Karosserieblechen aus Stahl verwendet man vorwiegend das MAG-Schutzgasschweißen. Das Blech erwärmt sich dabei nicht sehr stark, wodurch der Verzug und die Nacharbeit gering bleiben.

Bei Aluminium und bei nichttragenden Teilen kommt ebenso Kleben und Nieten zur Anwendung. Muss Aluminium geschweißt werden, kommt das MIG- oder WIG-Schutzgasschweißen zur Anwendung.

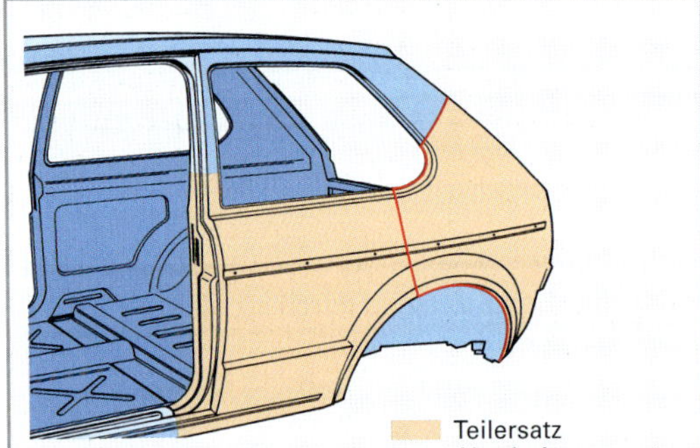

Bild 1: Trennlinien bei Teilersatz und Abschnittsreparatur

Metallkleben im Karosseriebau.

Die Vorteile des Klebens gegenüber dem Schweißen sind:

- Nur ein Minimum an Nacharbeiten.
- Brennbare Materialien müssen bei der Reparatur nicht ausgebaut werden, z.B. Kraftstoffbehälter.
- Keine Kontaktkorrosion und gute Korrosionsschutzwirkung im Reparaturbereich.
- Materialien werden beim Fügen keiner Wärmebelastung ausgesetzt, z.B. Al-Teile.
- Verbinden unterschiedlichster Materialien möglich.

WERKSTATTHINWEISE

- Klebezonen metallisch blank schleifen.
- Alt- und Neuteil müssen sich mindestens 20 mm überdecken, damit eine ausreichende Klebefläche entsteht, die späteren Belastungen standhält **(Bild 2)**.
- Das außenliegende Blech ist anzuschrägen (30 °, **Bild 2),** damit beim anschließenden Lackaufbau keine Haarrisse entstehen.
- Beide Seiten des Bleches mit Kleber bestreichen. Auf richtige Arbeitstemperatur (in der Regel Raumtemperatur, 20 °C), Topfzeit des Klebers (maximale Verarbeitungszeit) und Ablüftzeit achten.
- Blech fixieren und anpressen, z.B. durch vorbereitete Nietverbindungen oder Spezialklammern. Sollen Schweißpunkte gesetzt werden, darf im Schweißbereich kein Kleber aufgetragen werden.
- Während des Aushärtens dürfen keine Bewegungen in der Klebefläche stattfinden, z.B. durch Karosseriearbeiten.

Klebeverbindungen dürfen nur an Stellen eingesetzt werden, an denen keine Schälbeanspruchung auftritt.

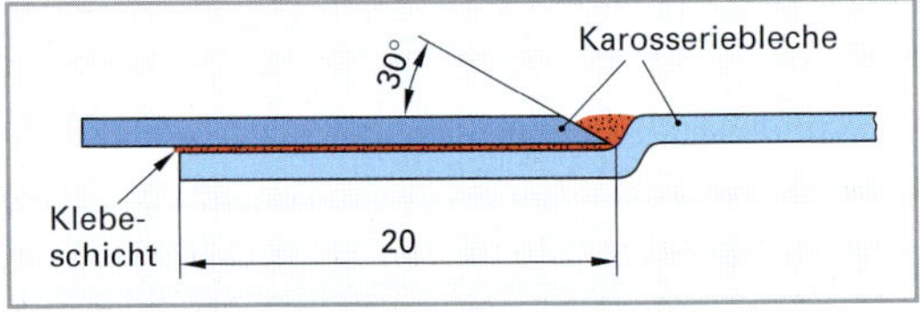

Bild 2: Klebeverbindung von zwei Blechen

Erneuern von geklebten Fahrzeugscheiben. Geklebte Scheiben tragen erheblich zur Stabilität der Fahrgastzelle bei. Deshalb ist der Aus- und Einbau mit großer Sorgfalt durchzuführen.

WERKSTATTHINWEISE – SCHEIBENAUSBAU

- Klebeschicht zwischen Karosserie und der alten Scheibe z.B. mit oszillierendem Messer mechanisch lösen. Falls der Lack vor Beschädigungen geschützt werden muss, ist der Scheibenrand abzukleben.
- Scheibe mit Saughebern herausheben.
- Falls die alte Kleberaupe in Ordnung ist, ist sie bis auf den Rest von ca. 1 mm bis 2 mm glatt abzuschneiden. Ansonsten ist sie vollständig zu entfernen.
- Kleberand des Fahrzeugrahmens mit Spezialreiniger säubern.

WERKSTATTHINWEISE – SCHEIBENEINBAU

- Neue Scheibe am Kleberand reinigen.
- Mit Saughebern ohne Kleber Scheibe in Fahrzeugrahmen einpassen. Korrekte Lage z.B. mit Klebestreifen markieren.
- Fahrzeugrahmen und Scheibenrand sorgfältig mit Haftgrund streichen (primern). Dadurch haftet die Kleberaupe besser. Primern des Fahrzeugrahmens entfällt, bei vorhandener alter Kleberaupe.
- Ablüftzeit vom Primer abwarten. Auftragen einer ausreichend dicken Kleberaupe auf den Scheibenrand oder den Fahrzeugrahmen.
- Scheibe mit Saughebern in Fahrzeugrahmen einsetzen, ausrichten und anpressen.
- Warten bis Kleber ausgehärtet ist.

Beim Einkleben von Front- oder Heckscheiben sind die Seitenscheiben zu öffnen, damit nicht durch Zuschlagen der Türen ein Überdruck im Fahrzeuginnenraum entsteht und bei noch nicht ausgehärteter Klebeverbindung die Scheibe herausgedrückt wird.

Oberflächenbearbeitung

Ausbeulen von Blechteilen.

Je nach Größe, Zugänglichkeit und Art der Beule werden verschiedene Methoden zum Ausbeulen angewendet, z.B.

- Ausbeulen mit Hammer und Gegenhalter
- Herausdrücken von Beulen nach sogenannten MAGLOC-Verfahren oder mit Hebeleisen
- Herausziehen von Beulen mit dem Zughammer-Verfahren
- Beseitigen von Beulen durch Wärmetechnik

Ausbeulen mit Hammer und Gegenhalter (Bild 1). Dazu muss die Beule von beiden Seiten gut zugänglich sein. Als Gegenhalter werden Ausbeulfäuste verwendet. An schwer zugänglichen Stellen sind Richtlöffel erforderlich. Mit Richtlöffeln können kleinere Beulen auch direkt herausgedrückt werden.

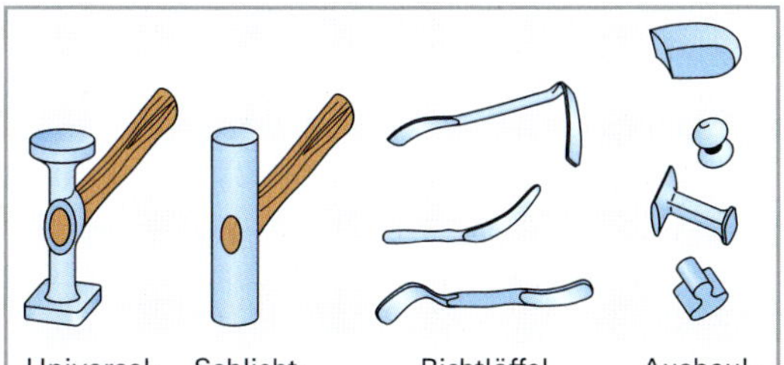

Bild 1: Ausbeulwerkzeuge

Arbeitsvorgang (Bild 2). Bei mittleren und größeren Beulen wird vom Beulenrand beginnend spiralenförmig zur Mitte hin gehämmert. Bei Stahlblech muss der Gegenhalter immer weiter vom Zentrum entfernt sein als der Hammer gerade trifft. Das restliche Glätten der Oberfläche kann durch direktes Hämmern (Gegenhalter und Hammer liegen auf einer Achse) mit einem Schlichthammer erfolgen.

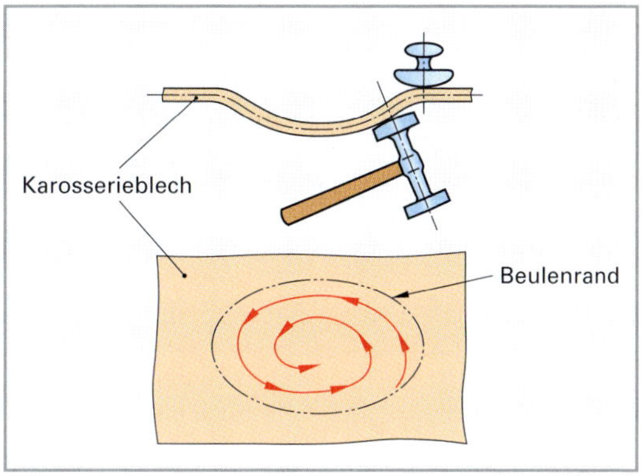

Bild 2: Ausbeulvorgang

MAGLOC-Verfahren (Bild 3). Damit können kleine Beulen (Dellen) z.B. bei Hagelschäden, ohne Lackbeschädigungen beseitigt werden. Ein Druckwerkzeug mit Magnetkopf wird auf der Innenseite des Karosseriebleches angesetzt. Um die jeweilige Beulenmitte genau zu orten, wird eine kleine Stahlkugel von außen auf das Karosserieblech gesetzt. Durch den Magnetkopf des Druckwerkzeugs wird die Stahlkugel angezogen. Nach Zentrierung der Kugel in der Beulenmitte kann diese herausgedrückt werden.

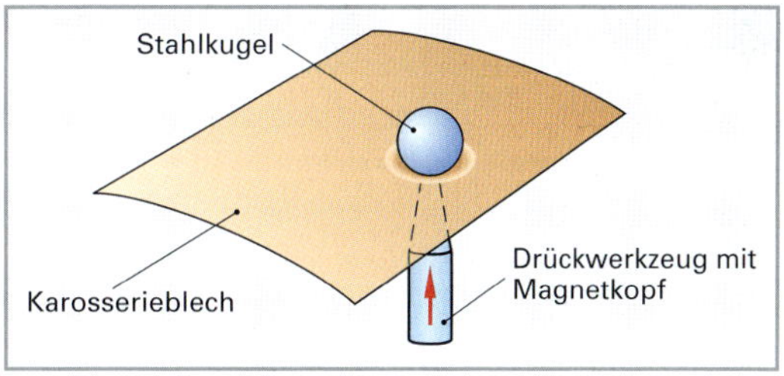

Bild 3: MAGLOC-Verfahren

Herausdrücken von Beulen mit Hebeleisen (Bild 4). Mit diesem Verfahren können an schlecht zugänglichen Stellen kleinere Beulen ohne Lackbeschädigung herausgedrückt werden.

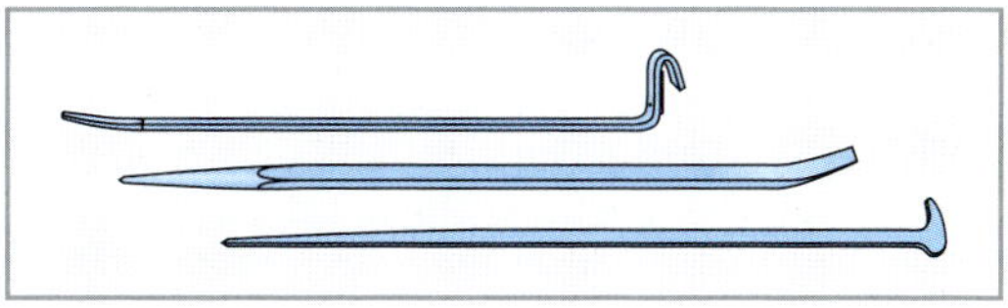

Bild 4: Hebeleisen

Beseitigen von Beulen mit Hilfe eines Zughammers (Bild 1). Dieses Verfahren wird angewendet, wenn Beulen nur von einer Seite zugänglich sind, z.B. bei doppelwandigen Blechen. Dabei werden auf der auszubeulenden Oberfläche z.B. Lochscheiben aufgeschweißt (Multispot). Eine Stange mit Griffstück und Schlaggewicht wird in die Lochscheibe eingehakt. Durch Bewegen des Schlaggewichtes in Richtung Griffstück wird die Beule herausgezogen.

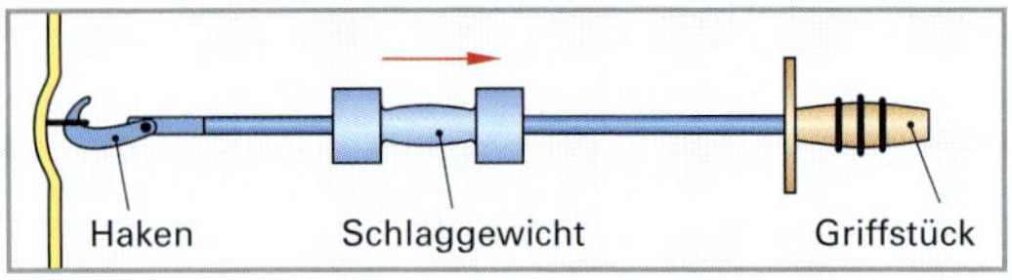

Bild 1: Beulenbeseitigung mit Zughammer

Beseitigung von Beulen durch Wärmetechnik (Bild 2). Beulen mittlerer Größe werden dazu von außen nach innen mit einer weichen Flamme spiralförmig erwärmt **(Bild 2, a, b)**. Dadurch hebt sich die Beule gegenüber ihrem Umfeld und es entsteht eine kleine ringförmige Erhebung. Die Wärme kann nun mit Hilfe einer kalten Karosseriefeile von der Erhebung abgeführt werden **(Bild 2, c)**. Das Blech zieht sich an diesen Stellen zusammen und wird weitgehend geglättet **(Bild 2, d)**. Bei Beulen im Bereich von Verstrebungen, Sicken und Schweißpunkten ist dieses Verfahren nicht anwendbar.

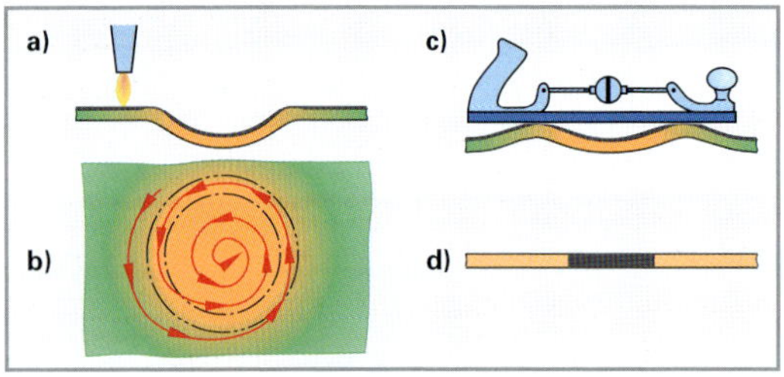

Bild 2: Beulenbeseitigung durch Wärmetechnik

Verzinnen

Bleiben nach dem Ausbeulen größere Unebenheiten zurück, so können sie durch Verzinnen ausgeglichen und durch Nacharbeiten geglättet werden.

WERKSTATTHINWEISE

- Der entsprechende Karosseriebereich ist metallisch blank zu schleifen.
- Verzinnungspaste mit Pinsel auf blankes Karosserieblech auftragen.
- Verzinnungspaste mit offener Flamme erwärmen, bis sie sich verfärbt (Farbumschlag ins Braune). Die überschüssigen Zinnpastenreste werden mit einem sauberen Lappen abgewischt.
- Schwemmzinn, z.B. S-Pb74Sn25Sb1, auf die zu bearbeitende Oberfläche mit Hilfe einer offenen Flamme auftragen und glätten, z.B. mit einem in Bienenwachs eingetauchten speziell geformten Holzstück (Lötholz).
- Nach Abkühlen der Bearbeitungsflächen wird dieser Bereich mit einer Karosseriefeile geglättet.

Wegen des hohen Bleigehalts im Schwemmzinn entstehen beim Verzinnen giftige Dämpfe, die abgesaugt werden müssen.

Verspachteln

Kleinere Unebenheiten können verspachtelt werden. Verwendung finden z.B. Zweikomponentenspachtel aus Polyester- oder Epoxidharz. Größere Unebenheiten sind durch Verzinnen auszugleichen, da sich bei zu dickem Spachtelmassenauftrag folgende Probleme ergeben können:

- Abplatzen des Spachtelmaterials von der Blechoberfläche, wegen der unterschiedlichen Ausdehnung der Materialien.
- Bildung von Rissen
  a) beim Aushärten, wegen unterschiedlicher Wärmezonen innerhalb der Spachtelmasse.
  b) da die Spachtelmasse nicht so elastisch ist wie das Karosserieblech.

Schleifstaub muss wegen Haut- und Atemwegbelastungen abgesaugt werden.

WIEDERHOLUNGSFRAGEN

1. **Wie erfolgt eine Schadensbeurteilung durch Sichtprüfung?**
2. **Welche Maße können bei der zweidimensionalen Vermessung der Karosserie ermittelt werden?**
3. **Wie erfolgt das dreidimensionale Vermessen einer Karosserie mit mechanischen Messsystemen?**
4. **Wie erfolgt das Vermessen der Karosserie mit einem optischen Messsystem?**
5. **Wie erfolgt das elektronische Vermessen einer Karosserie?**
6. **Welche Merkmale haben Richtwinkelsysteme?**
7. **Worauf ist beim Richten durch Rückverformung zu achten?**
8. **Was ist beim Metallkleben zu beachten?**
9. **Welche Arbeitsregeln sind beim Erneuern einer geklebten Fahrzeugscheibe zu beachten?**
10. **Mit welchen Verfahren können kleinere und größere Beulen gerichtet werden?**
11. **Wie können größere und kleinere Unebenheiten, z.B. nach dem Ausbeulen, beseitigt werden?**
12. **Warum darf der Spachtelauftrag nicht zu dick sein?**

17.2 Korrosionsschutz an Kraftfahrzeugen

Man unterscheidet zwischen aktivem und passivem Korrosionsschutz.

17.2.1 Aktiver Korrosionsschutz

Er kann erfolgen:

- Am Werkstoff, z.B. entsprechende Legierungen bei Edelstählen.
- Am angreifenden Mittel, z.B. durch Feuchtigkeitsentzug der Luft.
- Durch Fremdspannung, z.B. wird ein Stahltank an den Pluspol einer Batterie angelegt (Katodischer Korrosionsschutz).

17.2.2 Passiver Korrosionsschutz

Er kann erfolgen durch Konservierung, z.B. metallische und nichtmetallische Überzüge.

Konservierungsverfahren

Sie werden beim Kraftfahrzeug bei Unterbodenschutz und Hohlraumversiegelung angewendet.

Unterbodenschutz. Er hat folgende Aufgaben:

- Feuchtigkeit vom Unterboden fernhalten
- Gegen Steinschlag unempfindlich sein
- Elastisch bleiben
- Eigenvibration der Bleche verhindern (Antidröhnwirkung)

Verwendet werden Konservierungsmittel auf Wachs-, Kunststoff- und Bitumenbasis.

Hohlraumkonservierung. Das Konservierungsmittel besteht aus filmbildenden Ölen, Wachsen, Lösungsmitteln und Rosthemmern. An vom Fahrzeughersteller genau festgelegten Stellen wird das Hohlraumkonservierungsmittel unter einem Druck von etwa 70 bar durch Öffnungen eingespritzt oder Hohlräume werden geflutet, die anschließend mit Kunststoffstopfen verschlossen werden. Rosthemmer verhindern die Rostbildung.

Metallische Überzüge

Sie bilden nur einen dauerhaften Korrosionsschutz, wenn sie porenfrei, wasserunlöslich und gasundurchlässig sind. Besteht die Schutzschicht aus einem unedleren Werkstoff als das Werkstück, z.B. Zink auf Stahl **(Bild 1)**, so entsteht bei Verletzung der Schutzschicht ein lokales galvanisches Element, das zur allmählichen Zerstörung der Schutzschicht führt, das Werkstück rostet vorerst nicht. Besteht jedoch die Schutzschicht aus einem edleren Werkstoff als das Werkstück, z. B. Nickel auf Stahl, wird das Werkstück bei Verletzung der Schutzschicht zerstört, da es rostet. Die Schutzschicht bleibt erhalten **(Bild 2)**.

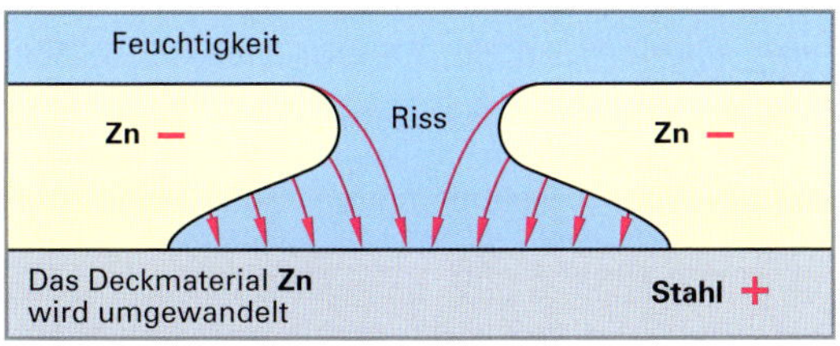

Bild 1: Echter Schutzstoff

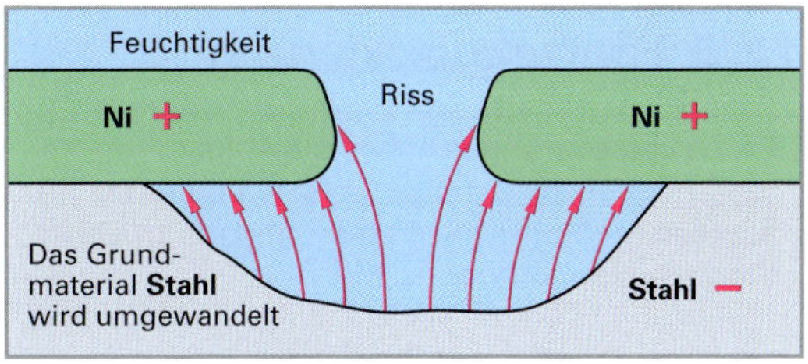

Bild 2: Unechter Schutzstoff

Echter Schutzstoff	▶ Das Überzugsmetall ist unedler als das Grundmetall.
Unechter Schutzstoff	▶ Das Überzugsmetall ist edler als das Grundmetall.

Überziehen im Schmelzfluss (Feuervermetallen). Beim Feuerverzinken wird das fertige Karosserieteil oder das Rohblech nach entsprechender Vorbehandlung in ein Bad mit flüssigem Zink eingetaucht.

Galvanisieren. Galvanisch verzinkte Bleche werden als Tiefziehbleche im Karosseriebau verwendet. Die Schichtdicke ist sehr gleichmäßig; sie beträgt etwa 7,5 µm. Die Oberfläche ist glatt. Dies ermöglicht eine gleichmäßige Decklackierung ohne aufwendige Oberflächenbearbeitung.

Nichtmetallische Überzüge

Phosphatieren (Bondern, Atramentieren). Das Werkstück wird in eine wässerige Phosphatlösung eingetaucht. An der Oberfläche entsteht eine poröse Schutzschicht aus Eisenphosphat. Sie bildet den Haftgrund für Lacke.

Kunststoff Überzüge. An Falzen und Kanten können mit Hilfe von dauerelastischen Kunststoffen, z.B. PVC, Abdichtungen vorgenommen werden. Dabei lassen sich auch unterschiedliche Metalle ohne Korrosionsbildung miteinander verbinden, z.B. Aluminiumbeplankung auf Stahlrahmen **(Bild 3)**.

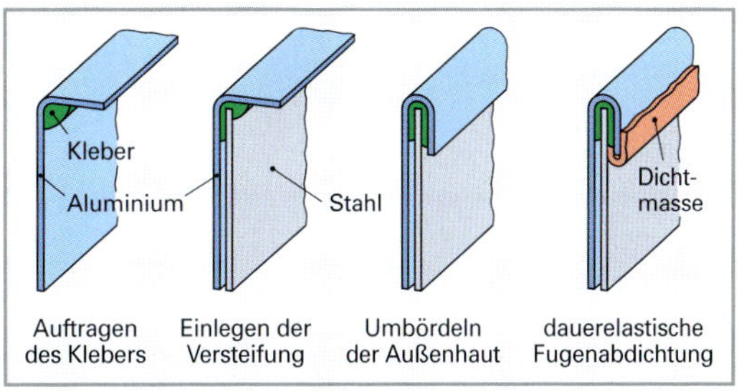

Bild 3: Korrosionsschutz am Falz

17

Eloxieren. Die Oberfläche von Werkstücken aus Aluminium kann elektrolytisch oxidiert werden. Dabei entstehen Schichtdicken von 5 µm, wobei sich Form und Volumen des Werkstücks nicht ändern. Die entstehende korrosionsfeste Oberfläche kann eingefärbt werden.

17.3 Fahrzeuglackierung

Fahrzeuglackierungen haben die Aufgabe, die Karosserieoberfläche gegen äußere Einflüsse, z.B. aggressive Stoffe in Wasser und Luft, gegen Steinschlag zu schützen.

Außerdem soll die Fahrzeuglackierung ...
- ... einen dichten und zusammenhängenden Schutzfilm bilden.
- ... hart und gleichzeitig elastisch sein.
- ... lichtecht sein.
- ... Signalwirkung erzeugen.
- ... sich leicht reinigen und pflegen lassen.

Auftragsverfahren

Das Auftragen der Lacke kann durch Spritzen, Tauchen oder elektrische Spritzverfahren erfolgen.

Spritzen. Spritzpistolen **(Bild 1)** arbeiten meistens mit Druckluft. Dabei wird nach dem Injektorprinzip der Lack von der am Injektor vorbeiströmenden Luft angesaugt und zur Düse transportiert. Beim Austritt aus der Düse entsteht ein Farbnebel, der sich auf der Oberfläche niederschlägt.

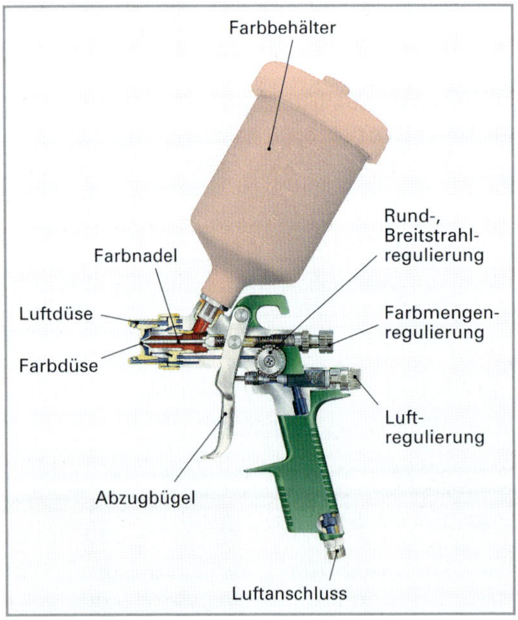

Bild 1: Farbspritzpistole

Man unterscheidet Kalt- und Heißspritzen.

Kaltspritzen. Der Lack wird durch Lösemittel so weit verdünnt (Änderung der Viskosität), bis er gut spritzbar wird. Nach dem Lackieren verdunstet das Lösemittel. Bei zu schneller Verdunstung des Lösemittels kann eine Schrumpfung der Lackoberfläche eintreten.

Heißspritzen. Der Lack wird mittels einer Heizvorrichtung im Farbbecher auf 50 °C bis 120 °C vorgeheizt. Dadurch verringert sich die Viskosität des Lackes so, dass er ohne Lösemittel spritzbar ist.

Spritzen mit elektrostatischer Aufladung. Das elektrostatische Spritzverfahren wird in der Serienfertigung angewendet. An die Karosserie wird der Pluspol, an die Farbspritzdüsen der Minuspol einer Gleichspannungsquelle angelegt. Die Spannung kann bis zu 200 000 V betragen. Die negativ aufgeladenen Farbnebel werden von der positiv aufgeladenen Karosserie angezogen. Der Farbverlust wird dadurch verringert.

Anstelle von Spritzpistolen kann der Lack durch Hochrotationsglocken im elektrostatischen Spritzverfahren aufgebracht werden **(Bild 2)**. Mit Spritzrobotern werden die Bereiche der Karosserie lackiert, die durch den Farbnebel der Hochrotationsglocken nicht erreicht werden.

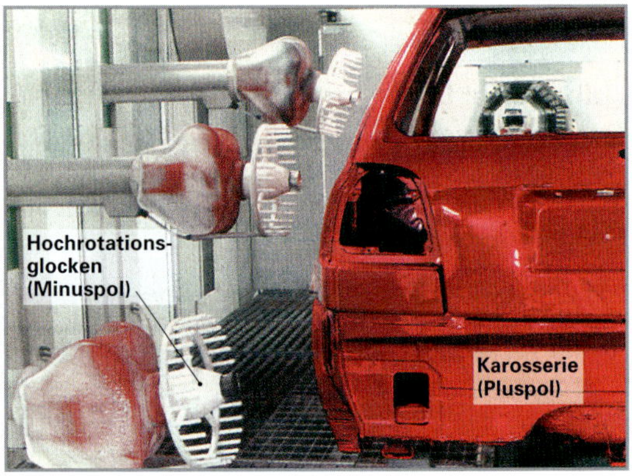

Bild 2: Elektrostatisches Spritzverfahren

Airless-Spritzen (Hochdruckspritzen). Das Lackmaterial wird unter hohen hydrostatischen Druck (100 bar bis 200 bar) gesetzt. Es zerstäubt beim Entspannen am Austritt der Spritzdüse. Airless-Spritzen ermöglicht eine feinneblige Zerstäubung auch zähflüssiger Beschichtungsstoffe. Um mit einem geringeren hydrostatischen Druck (40 bar bis 60 bar) arbeiten zu können, ist es möglich, die Zerstäubung des Lackmaterials mit Druckluft zu unterstützen. Diese Verfahren werden hauptsächlich zum Auftragen von Unterboden- und Korrosionsschutz eingesetzt.

Tauchen. In der Serienfertigung kann die Grundierung durch Tauchen der Karosserie in eine mit Grundierlack gefüllte Wanne hergestellt werden. Überschüssiger Lack an der Karosserie kann durch Hängelage und Ablaufbohrungen beseitigt werden.

Elektrophorese-Verfahren (Bild 1). Die in einem Elektrolyt schwebenden Lackteilchen z.B. einer Wasser-Kunstharz-Emulsion werden elektrisch aufgeladen und zur entgegengesetzt geladenen Karosserie bewegt, auf der sie eine gleichmäßige Lackschicht bilden. Der Vorgang dauert so lange, bis die letzte blanke Stelle mit Lack bedeckt, d. h. isoliert ist. Dieses Verfahren ist nur für den ersten Lackauftrag, die Grundierung, geeignet. Die bei der Wasserzerlegung durch Elektrolyse erzeugten positiven Wasserstoffionen wandern zur negativ geladenen Karosserie und verhindern dort während des Beschichtungsvorgangs eine Oxidbildung auf dem Blech.

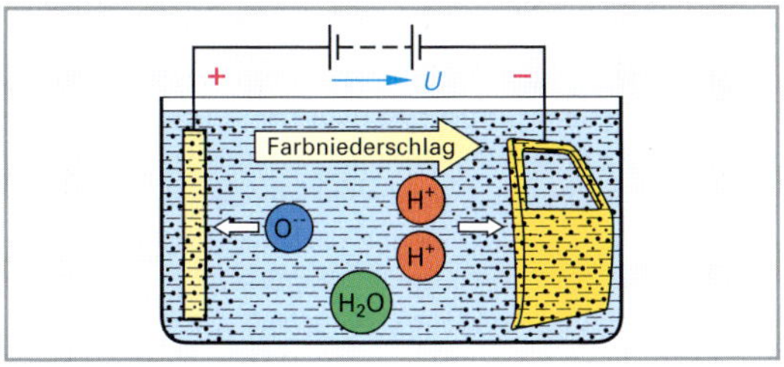

Bild 1: Kataphorese

Aufbau einer Lackierung

Eine Kraftfahrzeuglackierung **(Bild 2)** besteht aus folgenden Schichten:

- Phosphatschicht
- Elektrotauchgrundierung
- Steinschlagzwischengrund
- Füller (Spritzgrund)
- Decklackierung (Uni- oder Metallic-Lackierung)

Bevor die erforderlichen Schichten für den Lackaufbau aufgetragen werden können, muss die Karosserie vorbehandelt werden. Dazu muss sie gereinigt, entfettet und anschließend mit einer Phosphatschicht versehen werden.

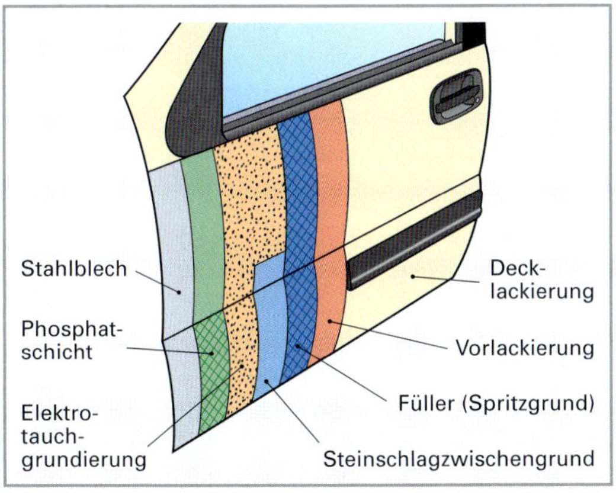

Bild 2: Schichtaufbau einer Lackierung am Beispiel einer Fahrzeugtür

Phosphatschicht. Durch Phosphatieren wird eine poröse Eisenphosphatschicht auf der Blechoberfläche erzeugt. Sie ist die Voraussetzung für eine gute Haftung der nachfolgenden Schichten und ein sehr guter Korrosionsschutz.

Grundierung. Sie ergibt eine Haftschicht für den Steinschlagzwischengrund, den Füller und den Decklack. Der Auftrag der Grundierung erfolgt meist im Tauch- oder Elektrophoreseverfahren.

Steinschlagzwischengrund. Er kann an besonders Steinschlag gefährdeten Außenhautflächen der Karosserie z.B. die seitlichen Flächen der Karosserie bis zu den Unterkanten der Fensterausschnitte sowie der Motorhaube aufgetragen werden.

Füller (Spritzgrund). Er dient dazu, um kleinere Unebenheiten, Schleifrillen und Poren an der Oberfläche auszugleichen. Der Füller wird meist maschinell durch elektrostatisches Spritzen aufgetragen. Er bildet den Untergrund für die Vor- und Decklackierung. Wird auf die Füllerschicht direkt der Decklack aufgetragen, übernimmt der Füller auch die Aufgabe des Vorlacks.

Decklackierung

Man unterscheidet zwischen Uni-Lackierung und Metallic-Lackierung.

Uni-Lackierung

Vierschicht-Lackaufbau. Neben Grundierschicht und Füllerschicht werden zwei weitere Schichten durch elektrostatisches Spritzen aufgetragen.

- Aufspritzen des Vorlacks und Trocknen bei ca. 140 °C.
- Aufspritzen des Decklacks und Trocknen bei ca. 130 °C.

Dreischicht-Lackaufbau. Er besteht aus Grundierung, Füller und Decklackierung. Dabei wird auf die Füllerschicht sofort der Decklack nass in nass aufgespritzt und anschließend getrocknet. Der Vorteil des Vierschicht-Lackaufbau gegenüber dem Dreischicht-Lackaufbau ist, dass die Gesamtdicke der Lackschicht über die gesamte Karosserieoberfläche sehr gleichmäßig wird, da die Vorlackschicht und die Decklackschicht gleich dick sind.

Metallic-Lackierung

Im Gegensatz zur Uni-Lackierung werden bei der Metallic-Lackierung ein Metallic-Basislack als farb- und effektgebende Schicht und ein Klarlack als glanzgebende und schützende Schicht aufgetragen. Der Metallic-Basislack wird durch Luftzerstäubung, der Klarlack im elektrostatischen Spritzverfahren aufgetragen. Die Verarbeitung erfolgt im „Nass in Nass-Verfahren", d.h. dass auf den Basislack ohne Zwischentrocknung der Klarlack aufgespritzt wird. Anschließend werden beide Lackschichten bei ca. 130 °C getrocknet.

Lacke

Sie bestehen aus nicht flüchtigen Bestandteilen und flüchtigen Bestandteilen **(Tabelle 1)**.

Tabelle 1: Lackbestandteile

Nicht flüchtige Bestandteile	
Bindemittel	Harze, Filmbildner
Pigmente	Unlösliche Farbteilchen
Zusatzstoffe	Katalysatoren, Antioxidationsmittel, Füllstoffe, Rostschutzmittel
Flüchtige Bestandteile	
Lösemittel	Verdünnungsmittel, Reaktionsprodukte

Bindemittel. Es bildet nach dem Beschichtungs- und Trocknungsvorgang den Lackfilm. Dabei werden die Farbpigmente durch die Harze miteinander verbunden. Filmbildner beschleunigen den Schichtbildungsprozess und verbessern die Verarbeitbarkeit des Lackes.

Pigmente. Sie geben der Beschichtung das gewünschte farbliche Aussehen. Pigmente sind Farbteilchen, die in unlöslich fester Form im Lack vorliegen.

Zusatzstoffe. Katalysatoren beschleunigen den Aushärt- und Trocknungsvorgang. Antioxidationsmittel vermeiden Hautbildung und Gelieren des Lackes. Die Füllstoffe verbessern Glanz und die Filmbildung des Lackes. Die Schutzeigenschaften des Lackes werden durch Rostschutzmittel verbessert.

Lösemittel. Es löst die festen und zähflüssigen Bestandteile des Lackes auf und stellt die für die Verarbeitung notwendige Viskosität her. Lösemittel und Reaktionsprodukte verdunsten bei der Verarbeitung und beim Trocknungsvorgang des Lackfilms. Reaktionsprodukte entstehen beim Trocknungsvorgang im Ofen und beim Filmbildungsvorgang z.B. Wasserabspaltung durch Polykondensation.

Lackarten

17

Man unterscheidet:

- Nitrolacke
- Effektlacke
- High-Solid-Lacke
- Kunstharzlacke
- Wasserlacke
- Pulverlacke

Nitrolacke (CN-Lacke). Sie werden heute üblicherweise in der Fahrzeuglackierung nicht mehr verwendet. Nitrolacke erhärten schnell durch das Verdunsten des Lösemittels. Sie sind leicht brennbar, unbeständig gegen Kraftstoffe und erfordern eine regelmäßige Pflege, damit die hochglänzende Oberfläche erhalten bleibt. CN-Lacke werden meist bei Oldtimer-Lackierungen verwendet.

Kunstharzlacke (KH-Lacke). Bei ihnen werden als Bindemittel z.B. Duroplaste (Alkydharze, Melaminharze) verwendet. Diese Lacke härten unter Einwirkung von Luftsauerstoff aus. Man bezeichnet dies als oxidative Aushärtung. Verwendung: Decklackierung.

Acrylharzlacke. Bei ihnen werden als Bindemittel Acrylharze (Thermoplaste) verwendet. Diese härten durch physikalische Trocknung, d.h. durch Verdunstung der Lösemittel aus. Mit Hilfe von Lösemitteln können diese Lacke wieder gelöst werden, sie sind reversibel. Für hitzebeständige Lacke werden als Bindemittel Silikonharze verwendet. Verwendung: Sie werden sowohl als Grundlackierung als auch Decklackierung an Fahrzeugen eingesetzt. Man unterscheidet bei Acrylharzlacken

- Einkomponentenlacke (1K-Lacke)
- Zweikomponentenlacke (2K-Lacke).

Einkomponentenlacke (1K-Lacke). Sie härten meist unter Einwirkung des Luftsauerstoffs durch Vernetzung der Moleküle (Polymerisation) aus. Dabei verdunsten Lösemittel und Reaktionsprodukte. Es entsteht eine hochglänzende Lackschicht. Die endgültige Härte der Lackschicht entsteht meist erst nach mehreren Wochen. Der Aushärtevorgang kann durch Ofentrocknung bei Temperaturen zwischen 100 °C bis 140 °C beschleunigt werden.

Zweikomponentenlacke (2K-Lacke). Sie bestehen aus Binder und Härter. In der Serienlackierung erfolgt das Mischen im richtigen Verhältnis meist in der Spritzpistole. Zwischen beiden Komponenten setzt eine chemische Reaktion (Polyaddition) ein, die den aufgetragenen Lackfilm ohne Reaktionsprodukte auch bei Raumtemperatur allmählich aushärtet.

Der Aushärtevorgang kann bei Temperaturen bis ca. 130 °C beschleunigt werden. Acrylharzlacke sind chemikalienfest, kratzfest und witterungsbeständig.

Effektlacke (Metallic-Lacke). Sie enthalten neben den Farbpigmenten, Glimmer oder Blättchen aus Aluminium im Basislack. Da diese Zusätze das einfallende Licht reflektieren, entsteht ein metallischer Effekt an der Oberfläche. Nach dem Auftrag des Basislacks wird Nass in Nass eine zweite Schicht aus Klarlack zum Schutz des Basislacks aufgespritzt.

Wasserlacke (Hydrolacke). Als Bindemittel dienen Harze auf Kunststoffbasis. Bei Füller und Basislacken werden die organischen Lösemittelanteile nahezu vollständig durch Wasser ersetzt. Nur bei Klarlack beträgt der Anteil organischer Lösemittel ca. 10 %, der Wasseranteil als Lösemittel bis zu 80 %.

Man unterscheidet:

Echte Wasserlacke. Die Harzmoleküle sind in Wasser gelöst.

Wasserverdünnbare Lacke (Dispersion). Die Harzteilchen sind im Wasser fein verteilt.

Nach dem Auftrag werden Wasser und Lösemittel der Lackschicht in Trocknungsanlagen verdunstet. Es bildet sich eine dichte, wasser- und chemikalienbeständige Lackschicht. Durch den geringen Lösemittelanteil dauert jedoch der Trocknungsvorgang länger. Die

Umweltbelastung durch Lösemittelemission ist jedoch geringer.

High-Solid-Lacke (HS-Lacke) und **Medium-Solid-Lacke** (MS-Lacke). Sie sind Lacke, die einen hohen Anteil von nicht flüchtigen Bestandteilen (Festkörperanteil bis 70 %) enthalten. Dagegen ist der Lösemittelanteil (20 % bis 30 %) aus Umweltschutzgründen stark reduziert. Diese Lacke werden vorwiegend im Reparaturbereich eingesetzt. Sie zeichnen sich durch sehr gute Deckung, schnelle Durchtrocknung und hohen Glanz aus. Außerdem wird durch die große Schichtdicke, die je Arbeitsgang möglich ist, der Arbeitsaufwand stark verringert.

Pulverlacke. Als Bindemittel wird ein Kunststoff verwendet, der zu Pulver mit einer Korngröße von 20 µm bis 60 µm verarbeitet wird. Anschließend wird das Pulver mit speziellen Sprühpistolen auf das kalte oder warme zu beschichtende Werkstück gespritzt. Bei kalten Werkstoffen haftet das Lackpulver elektrostatisch, bei warmen Werkstücken durch Aufschmelzen. Anschließend muss der Lackfilm auf den beschichteten Teilen hergestellt werden. Durch Einbrennen z.B. mittels Infrarotstrahlern bei ca. 120 °C oder im Einbrennofen bei Temperaturen über 130 °C schmilzt das Pulver und die Makromoleküle des Bindemittels vernetzen (Polyaddition). Beim Abkühlen bildet sich eine dichte, schlagfeste, chemikalienbeständige Lackschicht mit einer Dicke bis 120 µm. Der Vorteil dieses Verfahrens liegt darin, dass keine Emission von Lösemitteln entsteht. Außerdem entstehen keine Sprühverluste, da der nicht haftende Pulverlack (Overspray) dem Produktionsprozess wieder zugeführt werden kann.

WERKSTATTHINWEISE

Hinweis: Bei der Reparaturlackierung ist es wichtig, dass die Bestandteile des Reparaturlacksystems zusammenpassen. Deshalb soll ein komplettes System eines Herstellers verwendet werden, anstatt Produkte verschiedener Hersteller. Die Anweisungen des Herstellers sind genau zu befolgen, um ein optimales Ergebnis zu erzielen.

Vorbehandlung. Zuerst wird die Schadensstelle von Schmutz, Rost, Fett, alten Farbresten und Silikonresten gereinigt. Anschließend werden die Silikonreste mit Silikonentferner beseitig. Die Schadensstelle muss angeschliffen und alte Lackierungen bis auf die gesunden Schichten abgeschliffen werden.

Spachteln. In mehreren Arbeitsgängen können durch Spachteln Unebenheiten ausgeglichen und Beschädigungen aufgefüllt werden. Dazu werden 2K-Polyester-Spachtelmassen verwendet.

Es gibt

- Feinspachtel für kleinste Unebenheiten und somit für eine glatte porenfreie Oberfläche.
- Füll- und Ziehspachtel für größere Unebenheiten.
- Spachtelmassen, die sowohl als Zieh- als auch als Feinspachtel eingesetzt werden können. Sie sind für alle Untergründe geeignet, z.B. auch auf verzinkten Stahlblechen. Sie haben eine gute Haftfähigkeit.

Grundierung. Die gesamte Reparaturstelle wird nach dem Schleifen mit einem Grundierfüller in mehreren Arbeitsgängen überlackiert. Bei der Füllerwahl ist es entscheidend, auf welche Weise im gewählten Lacksystem die Nacharbeit und die Decklackierung erfolgt.

Folgende Füllarten können unterschieden werden

- Tönfüller für gute Farbergebnisse
- Maschinenschlifffüller für anschließendes Nachschleifen mit der Schleifmaschine
- Handschlifffüller für anschließendes Nachschleifen von Hand
- Nass in Nass Füller für die sich sofort anschließende Decklackierung

Decklackierung. Nach dem Trocknen und Feinschleifen der Reparaturstelle kann der Decklack mit dem gewünschten Farbton aufgetragen werden. Als Uni-Lackierung in ein oder zwei Schichten, als Metallic-Lackierung in zwei Schichten. Bei Decklackierungen sind die Angaben des Herstellers genau zu beachten um Lackierfehler zu vermeiden.

Unfallverhütungsvorschriften

Bei Schleifarbeiten grundsätzlich Schutzbrille tragen. Wenn möglich, immer mit Staubabsaugung arbeiten. Lacke und Zusatzstoffe enthalten gefährliche Bestandteile, deshalb ist bei Lackierarbeiten Schutzkleidung und Atemschutzmaske zu tragen.

Werden Lacke und Lösemittel, deren Flammpunkt unter 21 °C liegt, verarbeitet, so sind die Lackierräume explosionsgefährdet. In solchen Räumen müssen zwei gut gekennzeichnete Ausgänge vorhanden sein, die nicht versperrt werden dürfen.

In einem Umkreis von 5 m von der Lackierstelle dürfen sich keine Feuerstellen oder funkenreißende Maschinen oder Geräte befinden.

Es sind genügend Handfeuerlöscher und Löschdecken bereit zu halten.

Beim Arbeiten in gut belüfteten Spritzkabinen, müssen Frischluft-Atemschutzgeräte getragen werden.

WIEDERHOLUNGSFRAGEN

1 **Welche Aufgaben haben Lackierungen?**
2 **Welche Lackarten werden unterschieden?**
3 **Was sind Pulverlacke?**
4 **Welche Möglichkeiten des Lackauftrages werden am Kraftfahrzeug angewendet?**

18 Fahrwerk

Zum Fahrwerk eines Kraftfahrzeugs gehören:

- Radaufhängung
- Lenkung
- Federung
- Bremsen
- Räder mit Bereifung

Sie sind verantwortlich für Fahrdynamik und Fahrsicherheit des Fahrzeugs.

18.1 Fahrdynamik

Die Fahrdynamik befasst sich mit der Wirkung der am Fahrzeug angreifenden Kräfte beim Fahren und den sich daraus ergebenden Bewegungen des Fahrzeugs.

Die Bewegungen erfolgen um die Längsachse, Querachse und Hochachse **(Bild 1)**.

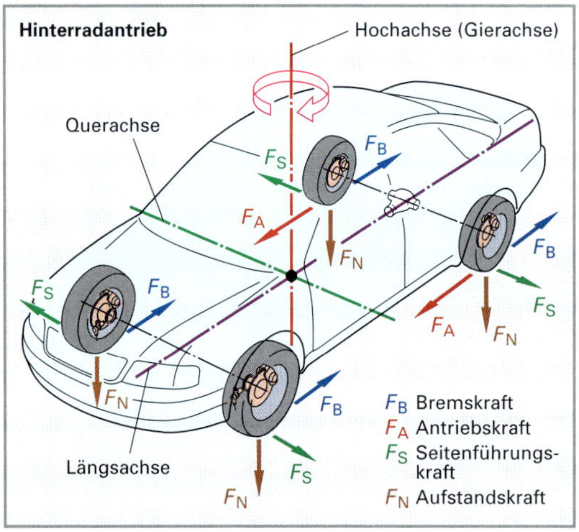

Bild 1: Kräfte und Achsen am Fahrzeug

Man unterscheidet:

- Kräfte in Richtung der Längsachse: Antriebskraft, Bremskraft, Reibungskraft
- Kräfte in Richtung der Querachse: Fliehkraft, Windkraft, Seitenführungskraft
- Kräfte in Richtung der Hochachse: Radlast, Kräfte durch Fahrbahnstöße

Die Bewegungen, die sich beim Zusammenwirken aller Kräfte ergeben, drücken sich im Fahrverhalten des Fahrzeugs aus.

Einflüsse auf das Fahrverhalten haben

- Lage von Schwerpunkt, Wankzentrum, Wankachse, Fahrachse
- Antriebsart und Anordnung der Triebwerksaggregate
- Radaufhängung und Radstellungen
- Federung und Schwingungsdämpfung
- Radregelsysteme wie z.B. ABS, ASR, ESP

Wankzentrum (Momentanzentrum, **Bild 2**). Es ist der Punkt (**W**) auf einer in Achsmitte gedachten Senkrechten, um den sich der Fahrzeugaufbau unter Einwirkung von Seitenkräften F_s dreht.
Das Wankzentrum einer Fahrzeugachse liegt von vorne gesehen in der Mitte des Fahrzeugs. Seine Höhenlage ist von der Radaufhängung abhängig.

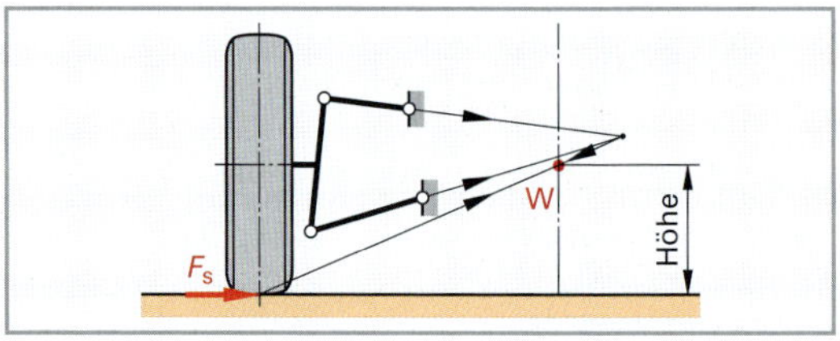

Bild 2: Wankzentrum

Wankachse. Sie wird durch Verbinden der Wankzentren von Vorderachse $\mathbf{W_v}$ und Hinterachse $\mathbf{W_H}$ gebildet **(Bild 3)**. Sie verläuft meist nach vorne abfallend, da bei den vorderen Radaufhängungen das Wankzentrum tiefer liegt als bei den hinteren.
Je näher der Schwerpunkt **S** bei der Wankachse liegt, desto weniger neigt sich das Fahrzeug bei Kurvenfahrt.

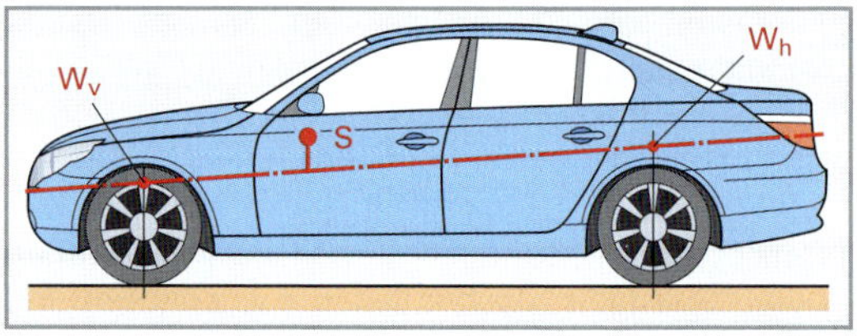

Bild 3: Wankachse

Symmetrieachse. Sie verläuft in Längsrichtung des Fahrzeugs durch die Mitten von Vorderachse und Hinterachse **(Bild 4)**.

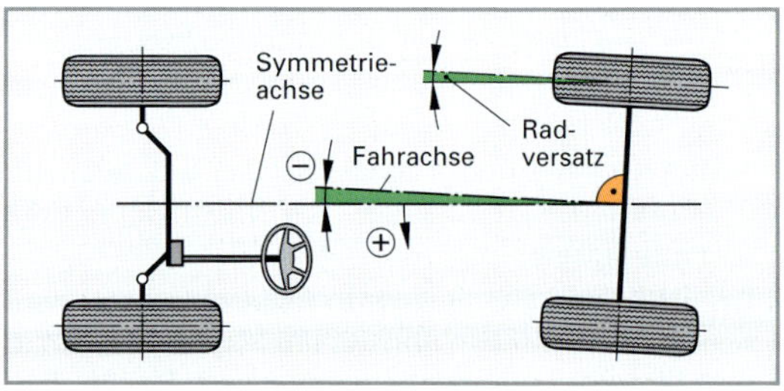

Bild 4: Symmetrieachse, Fahrachse

Geometrische Fahrachse. Sie wird durch die Stellung der Hinterräder gebildet und ist die Winkelhalbierende der Gesamtspur der Hinterräder **(Bild 4)**.

Radversatz ist der Winkel, um den z.B. die beiden Hinterräder gegeneinander nach vorn (+) oder nach hinten (–) versetzt sind **(Bild 4)**.

Schräglaufwinkel. Greift an einem rollenden Fahrzeug eine seitliche Störkraft (z.B. Windkraft, Fliehkraft) an, so wirken in den Aufstandsflächen aller vier Reifen Seitenführungskräfte F_S. Erfolgt keine Lenkkorrektur, so ändern die Räder ihre Fahrtrichtung, sie laufen um den Winkel α schräg zur ursprünglichen Fahrtrichtung **(Bild 1).**

> Der Schräglaufwinkel α ist der Winkel zwischen der Radebene und der tatsächlichen Bewegungsrichtung des Rades.

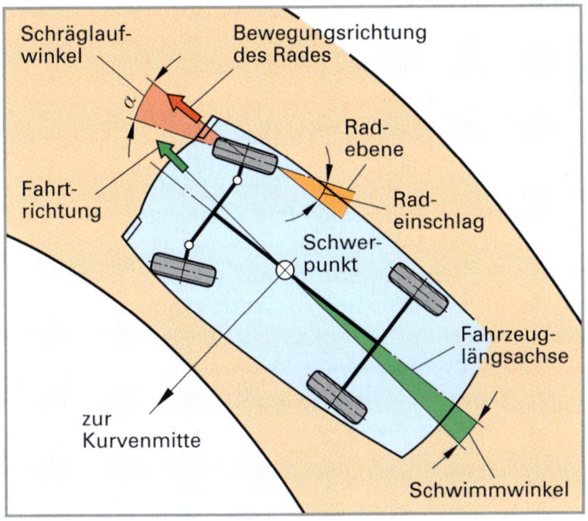

Bild 1: Schräglaufwinkel und Schwimmwinkel

Schwimmwinkel. Er bezieht sich auf das gesamte Fahrzeug **(Bild 1).**

> Der Schwimmwinkel ist der Winkel zwischen der Fahrtrichtung (Bewegungsrichtung des Fahrzeugs) und der Fahrzeuglängsachse.

Eigenlenkverhalten

Zur Beurteilung des Fahrverhaltens werden genormte Fahrmanöver, z.B. die stationäre Kreisfahrt durchgeführt und das Eigenlenkverhalten eines Kraftfahrzeugs ermittelt.

Bis zur Kurvengrenzgeschwindigkeit reicht der Kraftschluss zwischen Reifen und Fahrbahn aus, um die notwendigen Seitenkräfte aufzubauen.

Wird die Kurve schneller durchfahren, so entsteht an Vorderrädern oder Hinterrädern oder an allen Rädern Querschlupf.

Man unterscheidet

- **Untersteuern (Bild 2).** Die Schräglaufwinkel α_V der Vorderräder sind größer als die der Hinterräder α_H. Das Fahrzeug will einen größeren Kurvenradius fahren als dies den eingeschlagenen Vorderrädern entspricht und schiebt über die Vorderräder nach außen.
- **Übersteuern (Bild 3).** Die Schräglaufwinkel der Hinterräder α_H sind größer als die der Vorderräder α_V. Das Fahrzeug will einen kleineren Kurvenradius fahren als dies den eingeschlagenen Vorderrädern entspricht und bricht mit dem Heck aus.
- **Neutrales Fahrverhalten.** Die Schräglaufwinkel der Vorder- und Hinterräder sind gleich groß. Das Fahrzeug schiebt (driftet) gleichmäßig über alle Räder.

Fahrzeuge mit

- Frontmotorantrieb neigen zum Untersteuern
- Heckmotor und Hinterradantrieb neigen zum Übersteuern
- Allradantrieb neigen zu neutralem Fahrverhalten

Angestrebt wird ein neutrales oder leicht untersteuerndes Fahrverhalten (Ausnahme Sportfahrzeuge).

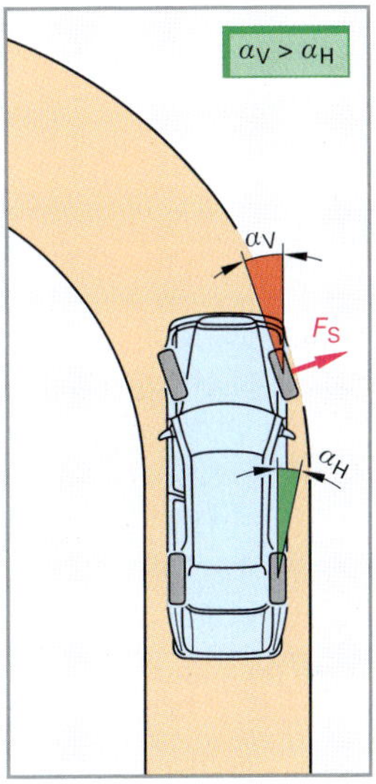

Bild 2: Untersteuern

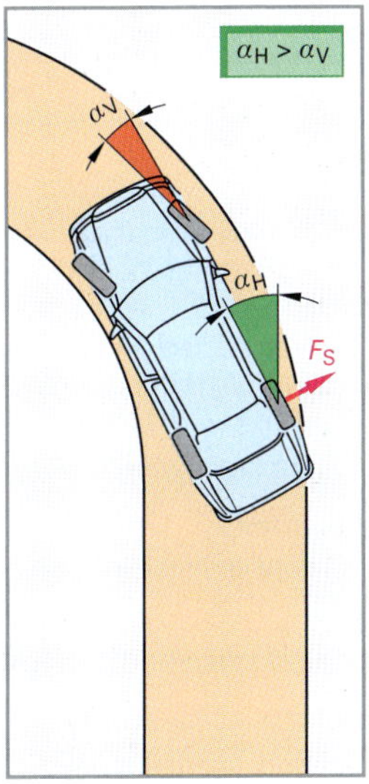

Bild 3: Übersteuern

Gieren ist die Drehbewegung des Fahrzeugs um seine Hochachse (Gierachse) **(Bild 1, Seite 434).** Die Giergeschwindigkeit wird bei Fahrzeugen mit ESP durch Giersensoren gemessen.

Wanken ist die Kippbewegung um die Wankachse **(Bild 3, Seite 434).**

Nicken ist die Drehbewegung eines Fahrzeugs um seine Querachse **(Bild 1, Seite 434).**

Wiederholungsfragen

1. **Wie heißen die 3 Raumachsen eines Fahrzeugs und wie nennt man die Bewegungen urn sie?**
2. **Was versteht man unter dem Wankzentrurn (Momentanzentrurn)?**
3. **Wie wird die Wankachse eines Fahrzeugs gebildet?**
4. **Was versteht man unter dem Schräglaufwinkel?**
5. **Erklären Sie die Begriffe Untersteuern, Übersteuern und neutrales Fahrverhalten.**

18.2 Grundlagen der Lenkung

Hauptteile der Lenkung im Kraftfahrzeug **(Bild 1)**:

- Lenkrad
- Lenkgetriebe
- Spurstangenhebel
- Lenkspindel
- Spurstange

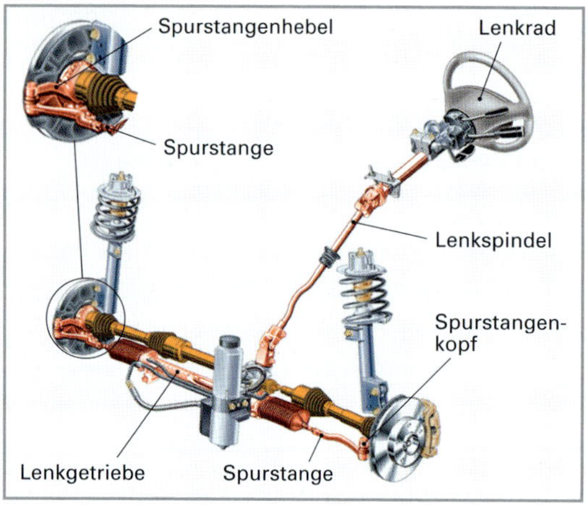

Bild 1: Hauptteile der Lenkung

Aufgaben

- Einschlagen (Schwenken) der Vorderräder.
- Ermöglichen unterschiedlicher Einschlagwinkel.
- Verstärken (Übersetzen) des durch Handkraft am Lenkrad erzeugten Drehmoments.

Bauarten

- Drehschemellenkung
- Achsschenkellenkung

18.2.1 Drehschemellenkung

Die Räder der Lenkachse werden beim Einschlagen um eine gemeinsame Drehachse geschwenkt (Lenkdrehachse). Durch die Verkleinerung der Standfläche wird die Kippneigung größer. Die Drehschemellenkung wird bei zweiachsigen Anhängern verwendet. Sie besitzt gute Rangierfähigkeit.

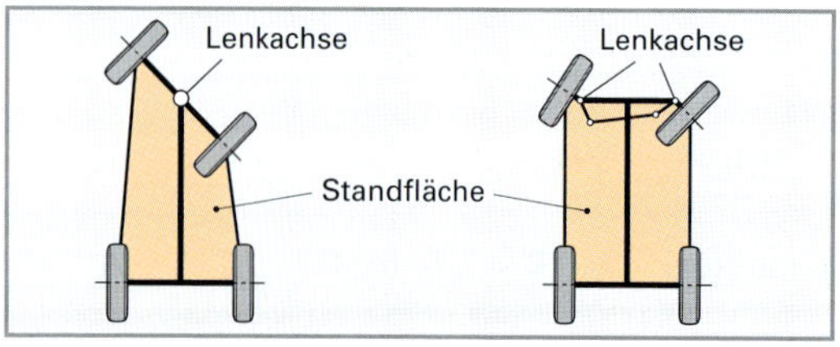

Bild 2: Drehschemellenkung, Achsschenkellenkung

18.2.2 Achsschenkellenkung

Jedes Rad wird um eine eigene Achse, die Lenkachse, geschwenkt. Sie wird durch die Verbindung des oberen und unteren Anlenkpunktes der Radaufhängung **(Bild 2, Seite 438)** oder durch die Längsverbindung der Achsschenkelbolzen gebildet.

Die Achsschenkellenkung wird bei allen zweispurigen Kraftfahrzeugen verwendet. Beim Einschlagen der Räder um die Lenkachse bleibt die Standfläche annähernd gleich groß.

Abrollen der Räder bei Kurvenfahrt

Damit die Räder beim Befahren einer Kurve einwandfrei abrollen können, muss jedes gelenkte Rad entsprechend dem Kurvenradius eingeschlagen werden. Für einen kleinen Kurvenradius wird ein größerer Radeinschlag benötigt als für einen großen.

Da bei zweispurigen Fahrzeugen die kurveninneren Räder einen kleineren Kurvenradius befahren als die kurvenäußeren, müssen sie stärker eingeschlagen werden als die kurvenäußeren.

Das unterschiedliche Einschlagen wird durch das Lenktrapez erreicht.

Ackermann-Prinzip. Die Räder müssen so eingeschlagen werden, dass sich die verlängerten Mittellinien der Achszapfen des kurveninneren und kurvenäußeren Rades auf der verlängerten Mittellinie der Hinterachse treffen. Die von den Vorder- und Hinterrädern durchfahrenen Kreisbahnen haben dann einen gemeinsamen Mittelpunkt **(Bild 3)**.

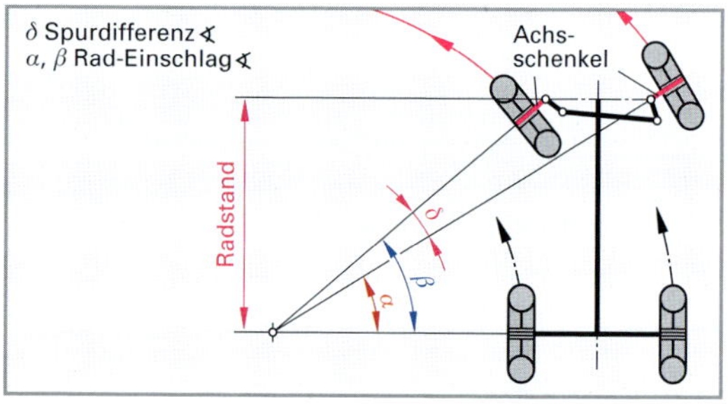

Bild 3: Achsschenkellenkung, Spurdifferenzwinkel

Lenktrapez

Es wird bei Geradeausstellung der Vorderräder durch die Spurstange, die beiden Spurstangenhebel und die Verbindungslinie durch die beiden Lenkachsen gebildet **(Bild 4)**.

> Das Lenktrapez ermöglicht unterschiedliche Einschlagwinkel der Vorderräder, wobei das kurveninnere Rad stärker eingeschlagen wird als das kurvenäußere.

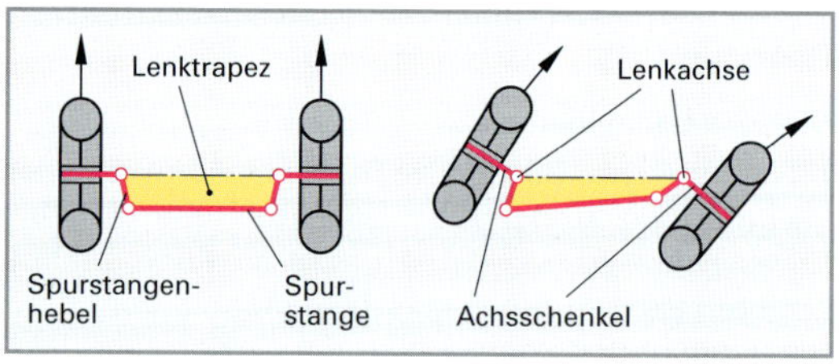

Bild 4: Lenktrapez

18.2.3 Lenkgestänge

Aufgaben

- Übertragung der vom Lenkgetriebe erzeugten Lenkbewegung auf die Vorderräder.
- Führung der Räder in einer bestimmten Spurstellung zueinander.

Hauptteile

Spurstange(n), Spurstangengelenke, Spurstangenhebel, evtl. Zwischenhebel und Lenkstange.

Starre Vorderachse. Bei Nkw werden als Lenkgetriebe meist Kugelumlauf-Lenkgetriebe verwendet. Vom Lenkstockhebel des Lenkgetriebes wird die Bewegung über die Lenkstange auf Zwischenhebel und Spurhebel (Spurstangenhebel) übertragen. Dieser ist durch ein Spurstangengelenk mit der einteiligen Spurstange und dem Spurhebel der anderen Achsseite verbunden **(Bild 1).**

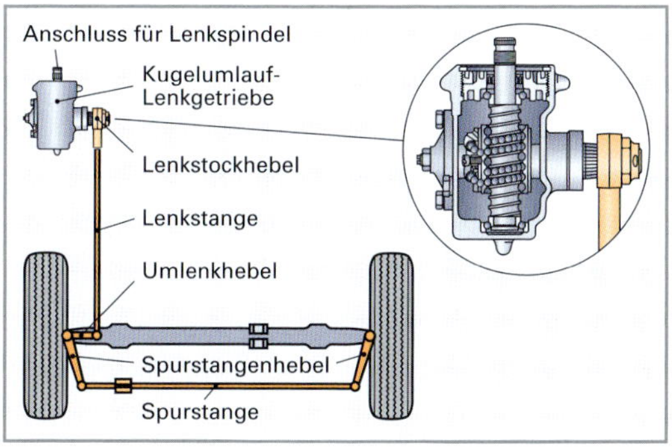

Bild 1: Starrachse mit einteiliger Spurstange

18.3 Radstellungen

Radstand

Der Radstand ist der Abstand zwischen den Radmitten der Vorderräder und der Hinterräder **(Bild 2).**

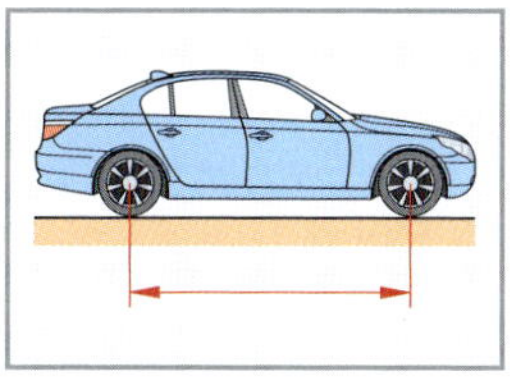

Bild 2: Radstand

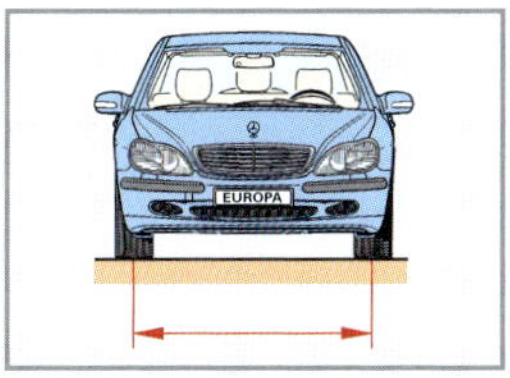

Bild 3: Spurweite

Spurweite

Die Spurweite ist der Abstand der Räder einer Achse von Reifenmitte zu Reifenmitte, gemessen auf der Standebene **(Bild 3).**

Radstand mal Spurweite ergeben die Radaufstandsfläche.

Spur

Die Spur ist die Längendifferenz $l_2 - l_1$, um welche die Räder bei Geradeausfahrt vorn oder hinten auseinanderstehen.

Die Spur wird in Höhe der Radmitten von Felgenhorn zu Felgenhorn gemessen und kann als Gesamtspur (für beide Räder) sowohl in Millimeter als auch in Grad (°) angegeben werden.

Man unterscheidet:
- **Vorspur**
- **Spur Null**
- **Nachspur**

Vorspur ($l_2 - l_1$) > 0 (Bild 4)
Sie wird angewandt bei Hinterradantrieb und positivem Lenkrollhalbmesser. Hierbei werden die Räder durch die Rollwiderstandskraft vorne nach außen geschwenkt.

Spur Null ($l_2 - l_1$) = 0

Nachspur ($l_2 - l_1$) < 0 (Bild 5)
Sie wird bei Vorderradantrieb mit positivem Lenkrollhalbmesser angewandt. Die Räder werden durch die an der Reifenaufstandsfläche wirkende Antriebskraft nach innen geschwenkt.

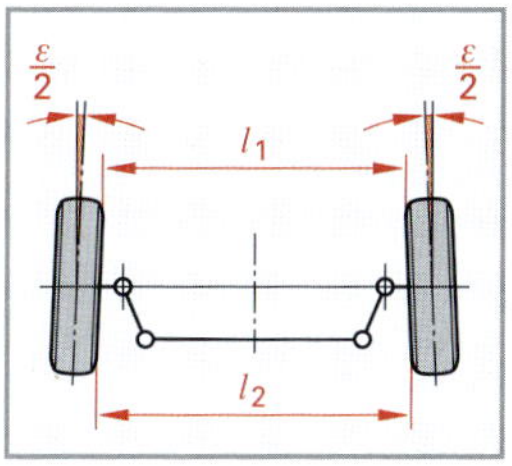

Bild 4: Vorspur

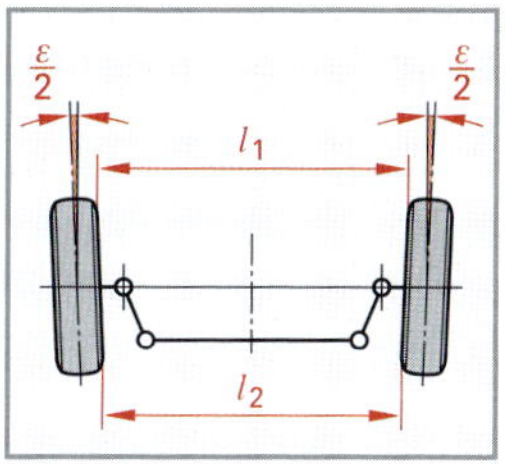

Bild 5: Nachspur

Spur, Sturz, Spreizung, Lenkrollhalbmesser und Nachlauf werden so aufeinander abgestimmt, dass folgende Ziele erreicht werden:

- Geringes und günstiges Eigenlenkverhalten
- Guter Geradeauslauf
- Geringer Reifenverschleiß
- Spielausgleich in den Radführungen
- Keine bzw. geringe Flatterneigung der Räder

Spurdifferenzwinkel

Der Spurdifferenzwinkel δ ist der Winkel, um den das kurveninnere Rad stärker eingeschlagen ist als das kurvenäußere Rad **(Bild 3, Seite 436).**

Der Spurdifferenzwinkel wird bei einem Einschlagwinkel von 20° des kurveninneren Rades ermittelt.
Er wird bei der Überprüfung des Lenktrapezes auf Fehler, z.B. bei verbogenen Spurhebeln oder Spurstangen benötigt.

18

Um die Fahreigenschafen eines Fahrzeugs bezüglich Eigenlenkverhalten, Geradeauslauf, Spurstabilität und Flatterneigung der Räder zu optimieren, werden die verschiedenen Radstellungen wie **Sturz, Spreizung, Lenkrollhalbmesser, Nachlauf und Spur** aufeinander abgestimmt. Dabei wird möglichst geringer Reifenverschleiß angestrebt.

Sturz

Als Sturz bezeichnet man die Neigung der Radebene zu einer im Aufstandspunkt errichteten Senkrechten quer zur Fahrzeuglängsachse **(Bild 1)**.

Der Sturzwinkel γ wird in Grad und Minuten angegeben. Man unterscheidet:

- Positiven Sturz
- Negativen Sturz

Positiver Sturz. Die Radebene ist oben nach außen geneigt. Positiver Sturz bewirkt einen Kegelabrolleffekt. Dadurch neigt das Rad dazu, nach außen einzuschlagen (einzuschwenken).
Je größer der positive Sturz, desto geringer werden die Seitenführungskräfte bei Kurvenfahrt.

Negativer Sturz. Die Radebene ist oben nach innen geneigt. Durch den Kegelabrolleffekt neigt das Rad dazu, nach innen einzuschlagen.
Negativer Sturz verbessert die Seitenführung bei Kurvenfahrt, bewirkt jedoch stärkeren Reifenverschleiß auf der Innenseite der Lauffläche.
Die meisten Fahrzeuge haben an den gelenkten Vorderrädern bei Geradeausstellung der Räder einen Sturz von – 60′ bis + 30′. Abweichungen von ± 30′ sind zulässig.
An den Hinterrädern wird in der Regel ein negativer Sturz von – 30′ bis – 2° verwendet.

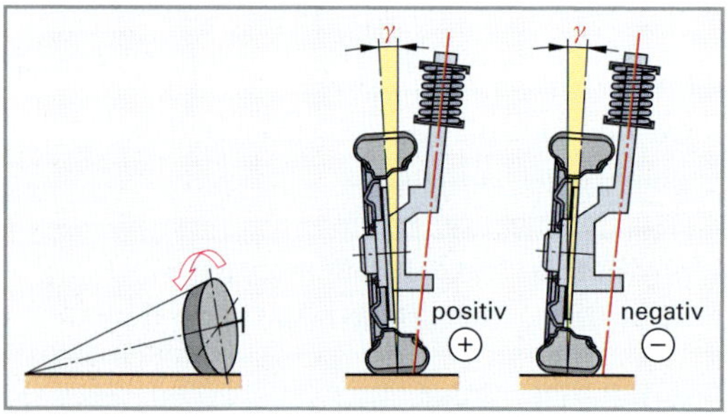

Bild 1: Positiver und negativer Sturz

Spreizung

Als Spreizung bezeichnet man die Schrägstellung der Lenkachse bzw. des Achsschenkelbolzens quer zur Fahrzeuglängsachse gegenüber einer Senkrechten zur Fahrbahn **(Bild 2)**.

Die Lenkachse verläuft z.B. durch den oberen und unteren Punkt der Radaufhängung.

Der Spreizwinkel δ wird in Grad und Minuten angegeben. Üblich sind Spreizwinkel von 5° bis 10°.

Spreizung und Sturz bilden zusammen einen Winkel, der in seiner Größe beim Ein- und Ausfedern gleich bleibt. Wird der Spreizwinkel δ kleiner, so wird der Sturzwinkel größer und umgekehrt.

Die Spreizung bewirkt bei positivem Lenkrollhalbmesser, dass das Fahrzeug beim Einschlagen der Räder vorne angehoben wird.

Durch die Gewichtskraft des Fahrzeugs entsteht ein Moment, das die selbstständige Rückstellung der Räder für die Geradeausfahrt bewirkt.

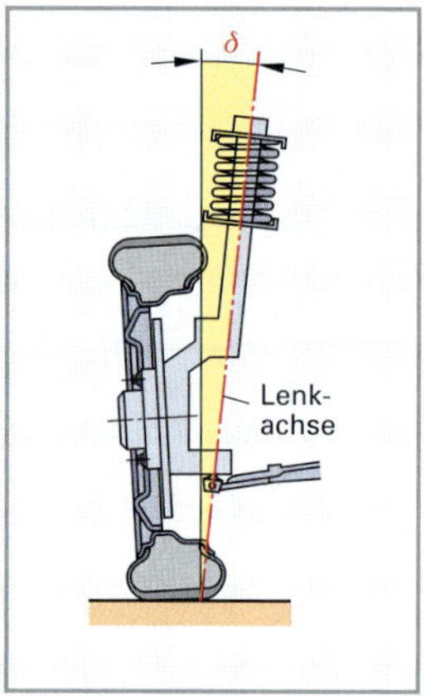

Bild 2: Spreizung

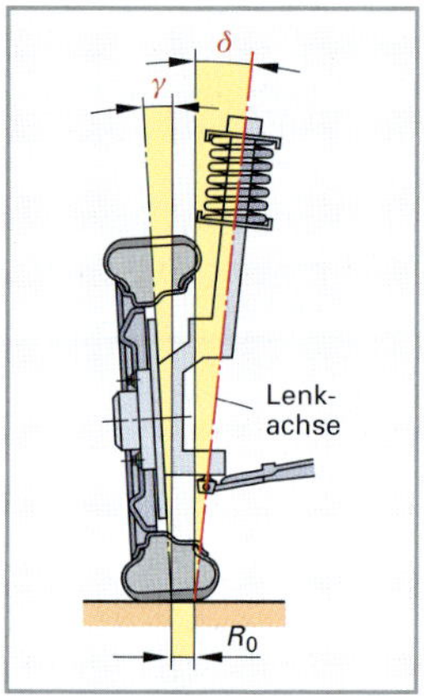

Bild 3: Positiver Lenkrollhalbmesser

Lenkrollhalbmesser

Der Lenkrollhalbmesser R_0 ist der Hebelarm, an dem die zwischen Reifen und Fahrbahn auftretenden Reibungskräfte angreifen **(Bild 3)**. Er wird zwischen der Mitte der Reifenaufstandsfläche und dem Durchstoßpunkt der verlängerten Lenkdrehachse durch die Fahrbahn gemessen.

Spreizung und Sturz beeinflussen gemeinsam den Lenkrollhalbmesser. Man unterscheidet:

- Positiven Lenkrollhalbmesser
- Lenkrollhalbmesser Null
- Negativen Lenkrollhalbmesser

Positiver Lenkrollhalbmesser (Bild 3)

Die verlängerte Lenkachse trifft die Fahrbahn außerhalb der Mitte der Reifenaufstandsfläche zur Reifeninnenseite hin.

Greift z.B. eine Bremskraft am Reifen an, so schwenkt das Rad nach außen. Bei unterschiedlicher Haftung der Räder wird das besser haftende Rad mehr nach außen geschwenkt, das Fahrzeug zieht schief. Es wird ein kleiner Lenkrollhalbmesser angestrebt, um die Beeinflussung der Lenkung durch äußere Kräfte gering zu halten.

Negativer Lenkrollhalbmesser

Die verlängerte Lenkdrehachse trifft die Fahrbahn außerhalb der Mitte der Reifenaufstandsfläche zur Reifenaußenseite hin **(Bild 1)**.

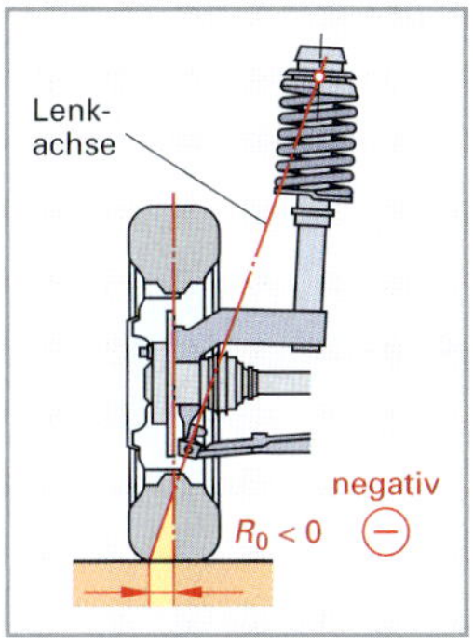

Bild 1: Negativer Lenkrollhalbmesser

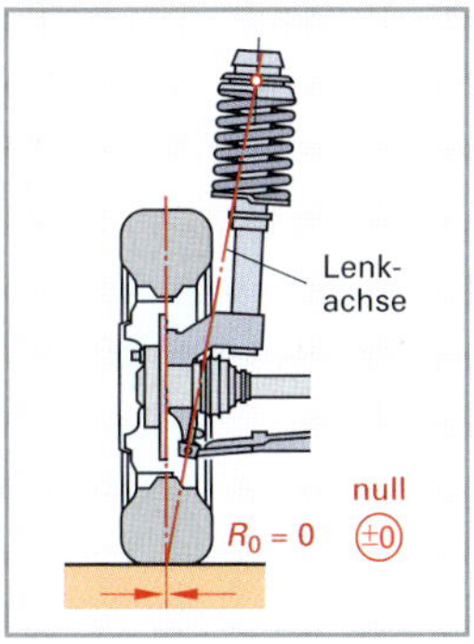

Bild 2: Lenkrollhalbmesser Null

Negativer Lenkrollhalbmesser wird z.B. durch die Verwendung von tiefen Radschüsseln und Faustsattel-Scheibenbremsen ermöglicht.

Die an einem Rad angreifenden Bremskräfte ergeben ein Drehmoment, welches das Rad vorne zur Innenseite schwenkt, da der Drehpunkt auf der Reifenaußenseite liegt. Treten z.B. beim Bremsen unterschiedliche Haftverhältnisse auf (ein Rad auf trockener, das andere auf vereister Fahrbahn oder bei Reifendefekt), so wird das Rad mit der größeren Haftwirkung stärker nach innen geschwenkt. Dadurch entsteht ein selbsttätiges Gegenlenken, welches dem Bestreben eines Fahrzeugs, zur Seite des stärker gebremsten Rades hinzuziehen, entgegenwirkt **(Bild 3)**.

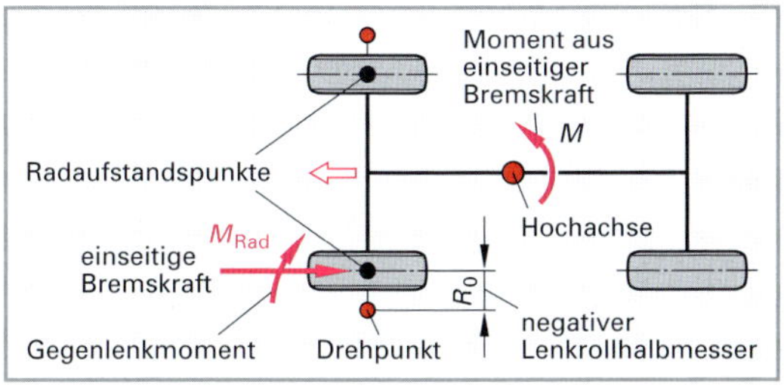

Bild 3: Wirkung des negativen Lenkrollhalbmessers

Lenkrollhalbmesser Null

Die verlängerte Lenkachse trifft die Fahrbahn genau in der Mitte der Reifenaufstandsfläche **(Bild 2)**.

Merkmale

- Geringer Einfluss von Störkräften beim Fahren auf die Lenkung.
- Bei stehendem Fahrzeug schwenkt das Rad bei Lenkeinschlag auf der Stelle.

Nachlauf

Der Nachlauf entsteht durch die Schrägstellung der Lenkdrehachse bzw. des Achsschenkelbolzens in Richtung der Fahrzeug-Längsachse gegenüber einer Senkrechten zur Fahrbahn **(Bild 4)**.

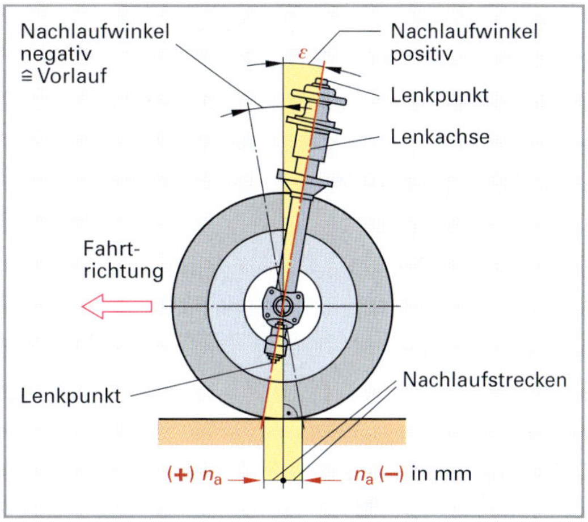

Bild 4: Nachlauf

Der Nachlauf wird meist als Winkel ε in Grad und Minuten angegeben. Nachlauf kann auch als Strecke n_a in mm angegeben werden.

Positiver Nachlauf. Der Radaufstandspunkt befindet sich hinter dem Durchstoßpunkt der Lenkachse auf der Fahrbahn.

Durch positiven Nachlauf werden die Räder gezogen. Dies wird bei Hinterradantrieb angewandt.Dadurch ergibt sich eine Stabilisierung der gelenkten Räder.

Bei positivem Nachlaufwinkel wird beim Einschlagen der Räder das kurveninnere Rad abgesenkt und das kurvenäußere Rad angehoben. Dadurch ergibt sich ein Rückstellmoment der Lenkung nach der Kurvenfahrt. Zusätzlich wird ein negativer Sturz am kurvenäußeren Rad bewirkt.

Negativer Nachlauf. Der Radaufstandspunkt befindet sich vor dem Durchstoßpunkt der Lenkachse auf der Fahrbahn.

Bei Fahrzeugen mit Vorderradantrieb kann Nachlauf Null oder kleiner negativer Nachlauf eingesetzt werden. Dies bewirkt eine Verkleinerung der Rückstellkräfte und verhindert ein zu schnelles Zurückdrehen der Räder nach Kurvenfahrt in die Geradeausstellung.

Nachlauf, Spreizung und Lenkrollhalbmesser beeinflussen gemeinsam die Rückstellkräfte an den eingeschlagenen Rädern. Sie wirken sich stabilisierend auf die Lenkung aus.

18.4 Computer-Achsvermessung

Bei der Computer-Achsvermessung werden die Radeinstellgrößen von Kraftfahrzeugen elektronisch erfasst. Ein Rechner mit Vermessungssoftware informiert über Soll- und Istwerte.

Aufbau. Eine Achsmesseinrichtung **(Bild 1)** besteht aus folgenden Bauteilen:

- **Mobiler Achsmesscomputer** mit Bildschirm, integrierter Vermessungssoftware und Tastatur bzw. Maus zur Bedienung.
- **4 Spanneinheiten** zur Aufnahme der Messwertaufnehmer.
- **4 Messwertaufnehmer** zum Erfassen der Radeinstellgrößen. Diese werden mit Hilfe von Infrarotstrahl und einer eingebauten Kamera ermittelt und dem Achsmesscomputer übertragen.
- **2 Drehuntersätze** für Vorderräder zum leichten Verdrehen der gelenkten Räder.
- **2 Verschiebeuntersätze** für Hinterräder zum leichten Verschieben der Hinterräder.

Messgrößen. Folgende Fahrwerksdaten können mit dem Achsmesscomputer ermittelt werden:

- **An der Vorderachse**
  Einzel- und Gesamtspur, Sturz, Radversatz, Nachlauf, Spreizung und Spurdifferenzwinkel.
- **An der Hinterachse**
  Einzel- und Gesamtspur, Fahrachswinkel, Sturz.
- **Am Fahrwerk**
  Radversatz hinten, Radstandsdifferenz, Seitenversatz rechts und links, Spurweitendifferenz, Achsversatz.

Messverfahren. Alle Messgrößen werden über die Messung der Eckwinkel **(Bild 2)** ermittelt. Ist kein Fehler vorhanden, sind alle Eckwinkel 90°. Im **Bild 3** sind mögliche Fehler am Fahrwerk dargestellt.

Spurweite. Sie wird von den Messwertaufnehmern durch die Messung der Winkelabweichung **(Bild 1 Seite 441)** ermittelt.

Sturzwerte. Sie werden durch die Winkelabweichung zur Senkrechten im Messwertaufnehmer gemessen und dem Computer digital übertragen.

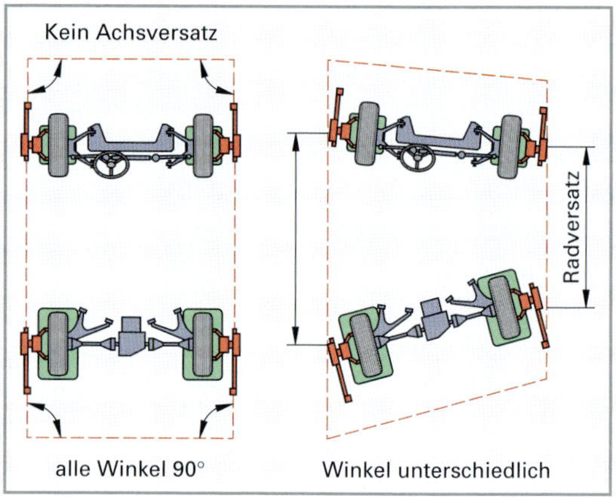

Bild 2: Messverfahren, Fehlermöglichkeiten am Fahrwerk

Eine Achsvermessung kann nur auf ebenen Flächen besser auf Hebebühnen oder über Arbeitsgruben vorgenommen werden. Mit dieser Achsmesseinrichtung kann das Fahrwerk und die Achsgeometrie eines Fahrzeugs sehr genau überprüft und eingestellt werden. Die einzelnen Messgrößen können mit einer Genauigkeit von ±5′ bis ±10′ ermittelt werden. Hierzu müssen die Messeinrichtungen wie z.B. Dreh- und Schiebeuntersätze auf einer horizontalen Ebene liegen. Ebenfalls müssen die Radaufstandsflächen des Messplatzes waagrecht sein. Es sind Höhenabweichungen in der Diagonalen von maximal 1 ... 2 mm zulässig.

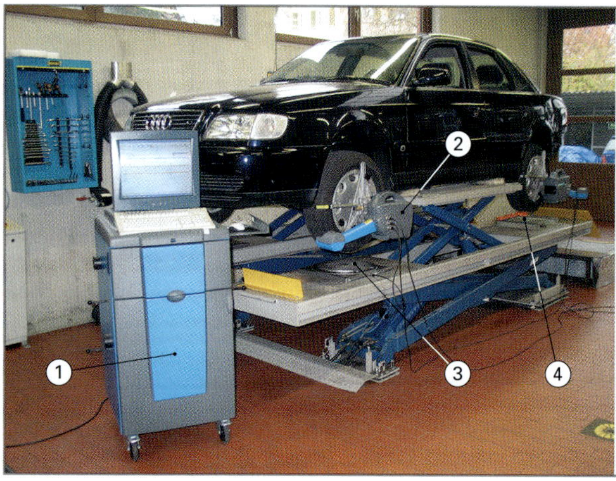

(1) Mobiler Achsmesscomputer mit Tastatur und Bildschirm
(2) Messwertaufnehmer mit Spannvorrichtung
(3) Drehuntersätze für Vorderräder
(4) Schiebeuntersätze für Hinterräder

Bild 1: Achsmesseinrichtung

Bei der Computer-Achsvermessung wird die geometrische Fahrachse automatisch vom System als Bezugsachse verwendet.

Im **Bild 1** ist der systematische Aufbau bei einer Computer-Achsvermessung dargestellt. Die geometrische Fahrachse wird durch die Stellung der Hinterräder gebildet. Die Hinterachse ist somit die spurführende Achse. Stimmen die Einzelvorspurwinkel der Hinterräder nicht überein, so läuft das Fahrzeug schief bzw. das Fahrzeug hat einen Dackelgang.

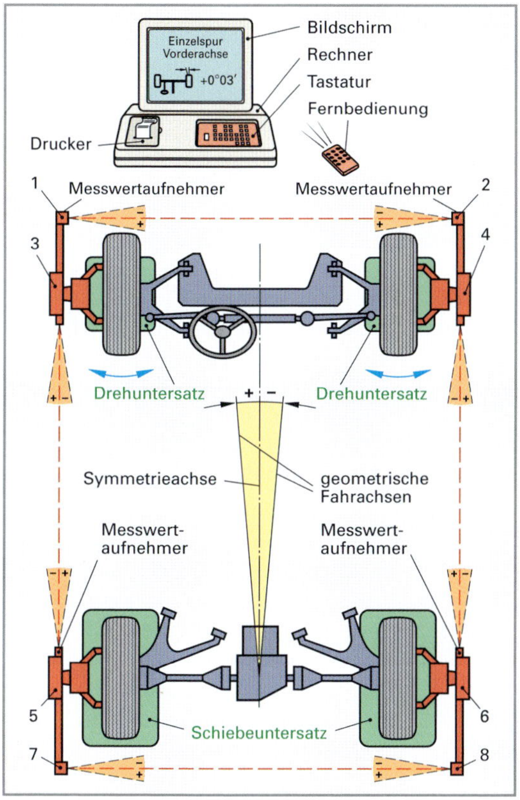

Bild 1: Computer-Achsvermessung

1. Vorbereitende Arbeiten zur Vermessung

- Fahrzeug auf waagrechte Fläche oder Hebebühne stellen.
- Reifenverschleißbild, Reifen- und Felgengröße, Luftdruck, Radlager, Spurstangengelenke und Radaufhängungsteile auf Spiel und Beschädigung prüfen.
- Beladungszustand nach Herstellervorschriften herstellen.
- Fahrzeug anheben und unter die Vorderräder Drehuntersätze, unter die Hinterräder Schiebeuntersätze legen. Fahrzeug aufsetzen und Arretierungen an den Untersätzen lösen.
- Fahrzeug mehrmals durchfedern.
- Spannvorrichtungen an den Rädern befestigen und Messwertaufnehmer anbringen **(Bild 2)**.

Bild 2: Anbringen der Messwertaufnehmer

- Rechner einschalten und Kommunikation mit Messwertaufnehmer herstellen.
- Fahrzeugdaten in Rechner eingeben.
- Felgenschlagkompensation durch Drehen der Räder bei waagrechten Messwertaufnehmern durchführen. Die Räder langsam eine Umdrehung drehen, bis entsprechendes Rad grün unterlegt ist.
- Einsetzen eines Bremsenspanners/ Pedalstütze.

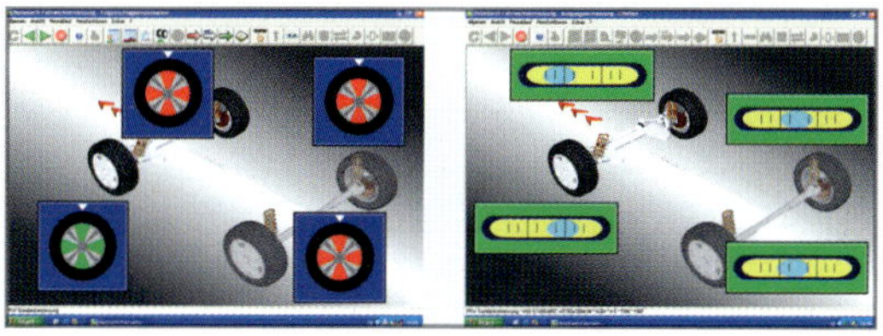

Bild 3: Felgenschlagkompensation

2. Eingangsvermessung

- Messwerte des Fahrzeugs mit Hilfe des menügeführten Programms durchführen.
- **Spurwerte ermitteln.** Hierbei muss das Lenkrad in Geradeausstellung gedreht und zur Ermittlung der Einstellwerte entsprechend den Vorgaben des Programms gedreht werden.

Bild 4: Ermittlung der Spurwerte

3. Dokumentation und Einstellung

- Messprotokoll ausdrucken. Werte, die außerhalb der Toleranz liegen, werden rot unterlegt.
- Soll-Istwert-Vergleich durchführen und notwendige Einstellarbeiten vornehmen.
- Nach den Einstellarbeiten eine Kontrollmessung durchführen.
- Ergebnisprotokoll zur Dokumentation ausdrucken.

Alle vom Messcomputer in der Eingangsvermessung ermittelten Werte können zur Dokumentation für den Kunden als Messprotokoll **(Bild 1)** ausgedruckt werden.

Messprotokoll. In der Spalte Eingangsvermessung sind Werte, die in der Toleranz liegen in Grün, einzustellende Werte in Rot, Sollwerte mit Toleranzen werden in Schwarz dargestellt.

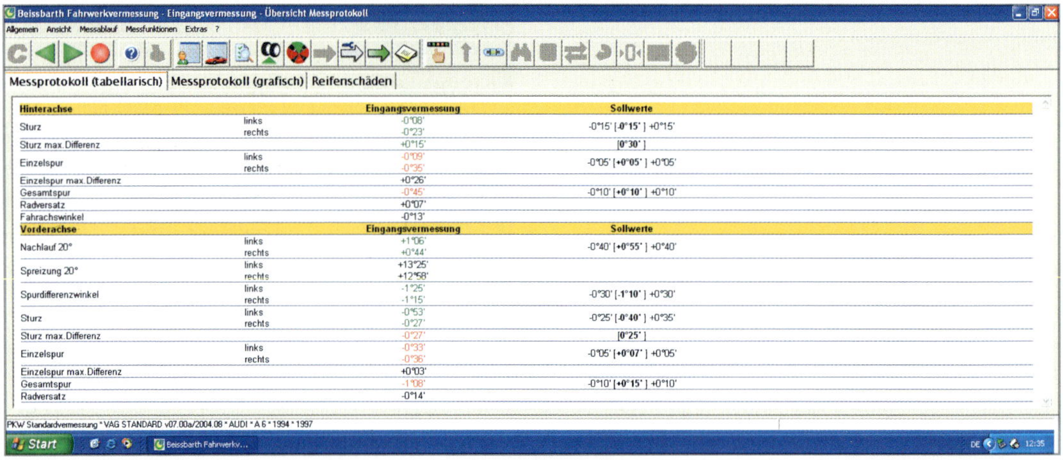

Bild 1: Messprotokoll eines Achsmesscomputers

In **Tabelle 1** sind Fehler bei Radeinstellgrößen und ihre möglichen Auswirkungen an der Fahrwerksgeometrie dargestellt.

Tabelle 1: Fehler und Auswirkungen mangelhafter Radeinstellgrößen

Radeinstellgröße	Auswirkungen
Spurfehler (zu große Vorspur oder zu große Nachspur)	Erhöhter Reifenverschleiß (Sägezahnbildung)
Zu großer negativer Sturz	Reifenverschleiß innen
Zu großer positiver Sturz	Reifenverschleiß außen
Sturzdifferenz zu groß	Evtl. Schiefziehen
Falscher Spurdifferenzwinkel	Erhöhter Reifenverschleiß außen durch unterschiedliche Einschlagwinkel bei Kurvenfahrt.
Spreizung zu groß	Hohe Lenk- und Haltekräfte
Spreizung zu gering	Schlechte Lenkrückstellung
Spreizung unterschiedlich	Evtl. Schiefziehen
Nachlauf zu groß	Hohe Lenk- und Haltekräfte
Nachlauf zu gering	Schlechte Lenkrückstellung, Flattern der Räder
Nachlauf unterschiedlich	Anfällig auf Schiefziehen

Wiederholungsfragen

1 **Welche Aufgaben hat die Lenkung?**

2 **Erklären Sie das Abrollen der Vorderräder einer Achsschenkellenkung bei Kurvenfahrt.**

3 **Wie wird das Lenktrapez gebildet?**

4 **Welche Aufgabe hat das Lenktrapez?**

5 **Welche Aufgaben hat das Lenkgestänge?**

6 **Erklären Sie die Begriffe Spur und Sturz.**

7 **Was versteht man unter dem Begriff Spurdifferenzwinkel?**

8 **Wie verläuft die Lenkachse eines Rades?**

9 **Welche Radstellungen unterscheidet man?**

10 **Was versteht man unter positivem Sturz und negativem Sturz?**

11 **Erklären Sie den Begriff Spreizung.**

12 **Welchen Einfluss auf das Fahrzeug hat die Spreizung beim Einschlagen der Vorderräder?**

13 **Erklären Sie den Begriff Lenkrollhalbmesser.**

14 **Welche Wirkung hat negativer Lenkrollhalbmesser beim Bremsen mit einseitig wirkender Bremskraft an den Vorderrädern?**

15 **Wie wird der Spurdifferenzwinkel gemessen?**

16 **Erklären Sie einen Vermessungsablauf.**

18.5 Lenkgetriebe

Aufgaben

- Umwandlung der Drehbewegung des Lenkrades in ein Verschieben der Zahnstange bzw. ein Schwenken des Lenkstockhebels.
- Vergrößerung (Übersetzung) des durch Handkraft erzeugten Drehmoments am Lenkrad.

Die Übersetzung im Lenkgetriebe muss so ausgelegt sein, dass die maximale Betätigungskraft am Lenkrad, z.B. 200 N für Fahrzeugklasse M3, nicht übersteigt.

Die Übersetzung beträgt bei Personenkraftwagen bis etwa $i = 19$, bei Nutzkraftwagen bis etwa $i = 36$.

Bei Personenkraftwagen werden heute fast ausschließlich Zahnstangen-Lenkgetriebe **(Bild 1)** verwendet, bei Nutzkraftwagen meist Kugelumlauf-Lenkgetriebe.

Zahnstangen-Lenkgetriebe (mechanisch)

Aufbau. Ein Ritzel, das im Lenkgehäuse gelagert ist und auf der Lenkspindel sitzt, greift über eine Schrägverzahnung in die Verzahnung der Zahnstange ein. Die Zahnstange wird in Büchsen geführt und ständig über ein Druckstück durch Tellerfedern spielfrei an das Ritzel gedrückt **(Bild 1)**.

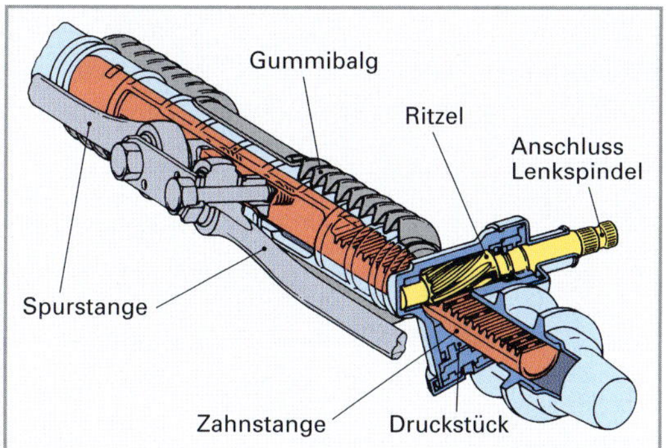

Bild 1: Mechanisches Zahnstangen-Lenkgetriebe

Wirkungsweise. Dreht man am Lenkrad, so wird die Zahnstange durch die Drehbewegung des Ritzels axial verschoben und schwenkt über Spurstangen, Spurstangenhebel und Achsschenkel die Räder.

Zahnstangen-Lenkgetriebe zeichnen sich durch direkte Übersetzung, leichte Rückstellung und flache Bauweise aus.

Konstante Übersetzung. Die Zahnteilung ist über die gesamte Zahnstange gleich groß.

Variable Übersetzung. Bei rein mechanischen Lenkgetrieben ohne hydraulische Servowirkung wird die Übersetzung so ausgelegt, dass die Lenkung im Bereich kleiner Ausschläge (Mittenbereich) direkter wirkt als bei großen Ausschlägen im Außenbereich **(Bild 2)**.

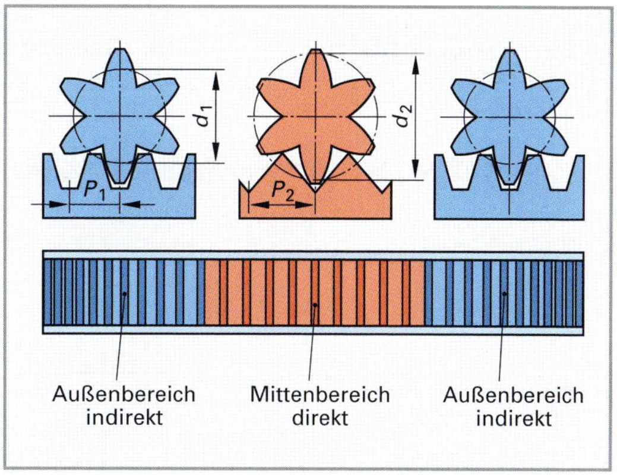

Bild 2: Variable Übersetzung bei mechanischen Zahnstangen-Lenkgetrieben

Vorteile der variablen Übersetzung:

- Direktere Lenkung für schnelle Geradeausfahrt.
- Geringerer Kraftaufwand bei großen Lenkeinschlägen, z.B. beim Einparken.

18.6 Lenksysteme

Man unterscheidet Lenkgetriebe mit

- hydraulischer Unterstützung, z.B. Zahnstangen-Hydrolenkung und Kugelumlauf-Hydrolenkung,
- elektro-hydraulischer Unterstützung (Servowirkung), z.B. Servotronic und Aktivlenkung und
- elektrischer Unterstützung, z.B. Servolectric und Aktivlenkung.

18.6.1 Zahnstangen-Hydrolenkung

Aufbau (Bild 1, Seite 444). Sie besteht aus:

- Mechanischem Zahnstangen-Lenkgetriebe
- Hydraulischem Arbeitszylinder mit Arbeitskolben
- Drehschieber als Steuerventil
- Ölpumpe, Druckbegrenzungsventil, Ölbehälter

Der Antrieb der Zahnstange erfolgt über das Ritzel, der Abtrieb zu den Spurstangen ist zweiseitig als Seitenabtrieb ausgeführt.

Das Gehäuse, in dem die Zahnstange untergebracht ist, bildet den Arbeitszylinder, der durch einen Kolben in zwei Arbeitsräume unterteilt wird.

Als Steuerventil werden Drehschieberventile **(Bild 1, Seite 444)** oder Drehkolbenventile verwendet.

Der Drehstab ist durch 2 Stifte an einem Ende mit der Steuerbüchse und dem Antriebsritzel, am anderen Ende mit der Lenkspindel und dem Drehschieber drehfest verbunden.

Drehschieber und Steuerbüchse bilden das Drehschieberventil. Sie besitzen auf ihren Mantelflächen Steuernuten. Die Nuten der Steuerbüchse münden in Gehäusekanälen, die zu den beiden Arbeitsräumen, zur Flügelzellenpumpe und zum Ölbehälter führen.

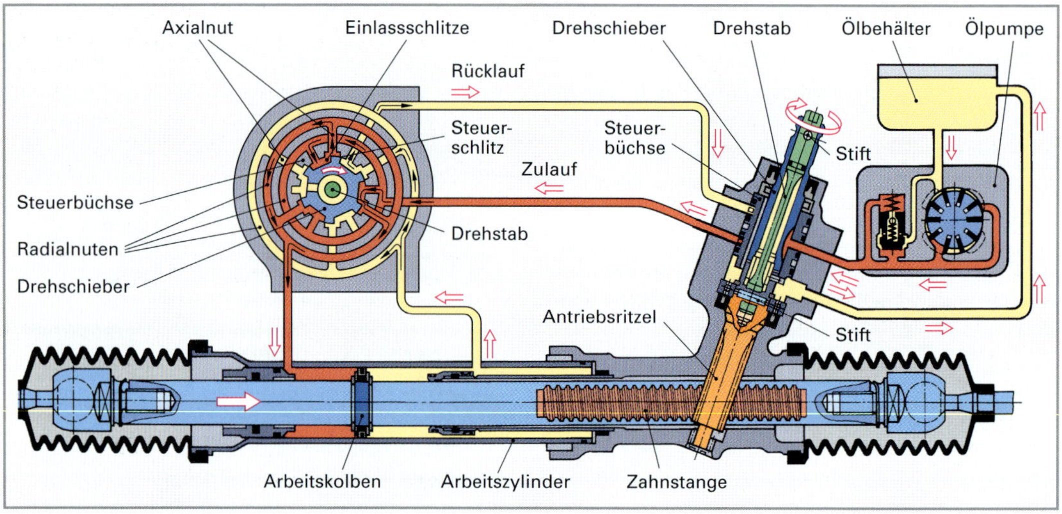

Bild 1: Zahnstangen-Hydrolenkung mit Drehschieberventil bei Rechtseinschlag des Lenkrades

Wirkungsweise. Wird das Lenkrad eingeschlagen, so wird die manuell aufgebrachte Lenkkraft über den Drehstab auf das Antriebsritzel übertragen. Dabei wird der Drehstab entsprechend der Gegenkraft auf Torsion beansprucht und geringfügig verdreht. Dies bewirkt ein Verdrehen des Drehschiebers gegenüber der ihn umschließenden Steuerbüchse. Dadurch werden die Stellungen der Steuernuten zueinander verändert. Die Einlassschlitze werden für den Druckölzulauf geöffnet. Das von der Ölpumpe kommende Drucköl fließt durch die Einlassschlitze in die untere Radialnut der Steuerbüchse und wird in den entsprechenden Arbeitsraum geleitet.

Der Flüssigkeitsdruck wirkt entweder auf die rechte oder linke Seite des Arbeitskolbens und erzeugt hier die hydraulische Unterstützungskraft. Sie wirkt zusätzlich zu der vom Ritzel mechanisch auf die Zahnstange übertragenen Lenkkraft.

Wird das Lenkrad nicht mehr weiter verdreht, so gehen Drehstab und Drehschieberventil in die Neutralstellung zurück. Die Steuerschlitze zu den Arbeitsräumen werden geschlossen, die Steuerschlitze für den Rücklauf geöffnet.

Das Öl fließt von der Ölpumpe über das Steuerventil zurück zum Vorratsbehälter.

18.6.2 Elektro-hydraulische Servolenkung Servotronic

Die Servotronic ist eine elektronisch gesteuerte Zahnstangen-Hydrolenkung, bei der die hydraulischen Unterstützungskräfte über die Fahrgeschwindigkeit beeinflusst werden.

Bei geringer Fahrgeschwindigkeit wirkt die volle Unterstützungskraft der Zahnstangen-Hydrolenkung. Mit zunehmender Fahrgeschwindigkeit wird die hydraulische Unterstützungskraft reduziert.

Aufbau (Bild 2). Die Servotronic besteht aus:

- Elektronischem Tachometer
- Zahnstangen-Hydrolenkung
- Elektro-hydraulischem Wandler
- Steuergerät
- Ölbehälter
- Ölpumpe

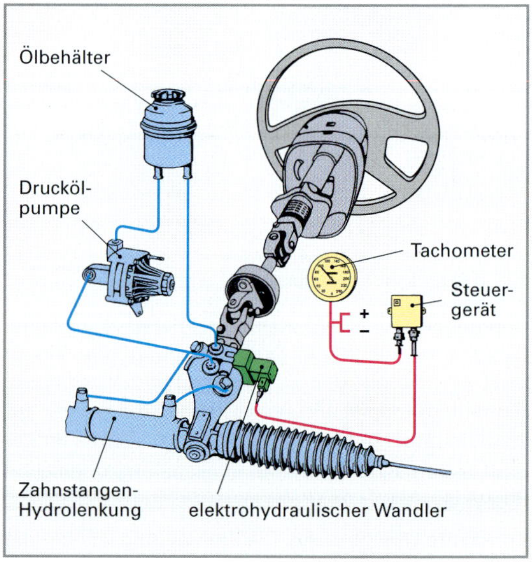

Bild 2: Servotronic mit Zahnstangen-Hydrolenkung

Wirkungsweise. Bei Geschwindigkeiten unter 20 km/h bleibt das vom Steuergerät beeinflusste Magnetventil geschlossen.

Bei zunehmender Geschwindigkeit wird das Magnetventil schrittweise geöffnet.

Rechtseinschlag bei niedriger Geschwindigkeit. Wird die Lenkspindel im Uhrzeigersinn gedreht, so wird über den Drehstab und den daran befestigten Hebel der rechte Ventilkolben (6) nach unten gedrückt. Das Drucköl strömt in den Arbeitsraum (12), wirkt auf den Arbeitskolben und unterstützt dadurch die Lenkkraft.
Gleichzeitig strömt das Öl über das geöffnete Rückschlagventil (8) in die Räume (4) und (5).

Rechtseinschlag bei hoher Geschwindigkeit. Das Magnetventil ist ganz geöffnet. Das Drucköl fließt vom Arbeitsraum (12) über das geöffnete Rückschlagventil (8), die Drossel (10) und das geöffnete Magnetventil zum Rücklauf
Aufgrund des durch das Rückschlagventil (8) nachströmenden Öls und durch die Drosselwirkung der Drossel (10) ist der Druck in Raum (4) größer als der in Raum (5). Dadurch wird der Hebel vom Kolben (6) nach oben gedrückt und bewirkt ein Rückwirkungsmoment auf Drehstab und Lenkspindel.
Die Lenkkraftunterstützung nimmt dadurch ab, der Fahrer muss mehr Lenkkraft am Lenkrad aufbringen, die Lenkung wirkt direkter.

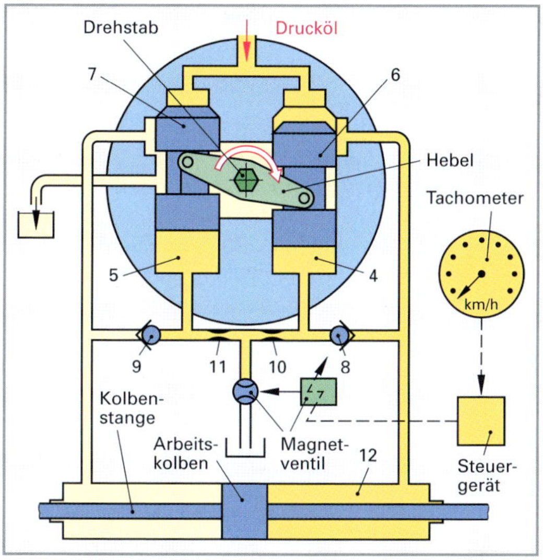

Bild 1: Hydraulisches System der Servotronic bei Rechtseinschlag und $v < 20$ km/h

18.6.3 Elektrische Servolenkung (Servolectric)

Bei der Servolectric **(Bild 2)** wird die Unterstützungskraft durch einen elektronisch gesteuerten Elektromotor erzeugt. Der Elektromotor wird nur im Bedarfsfall zugeschaltet.

Wirkungsweise. Das vom Fahrer aufgebrachte Lenkdrehmoment wird über einen Torsionsstab mit Drehmomentsensor erfasst, außerdem wird die Geschwindigkeit über einen Drehzahlsensor erfasst. Beide Signale werden dem Steuergerät zugeleitet. Das Steuergerät berechnet anhand hinterlegter Kennfelder das benötigte Drehmoment und dessen Wirkrichtung und sendet entsprechende Ausgangssignale an den Elektromotor. Dieser erzeugt ein Unterstützungsmoment, das durch ein Schneckengetriebe übersetzt wird und über die Lenkspindel auf das Zahnstangen-Lenkgetriebe übertragen wird.

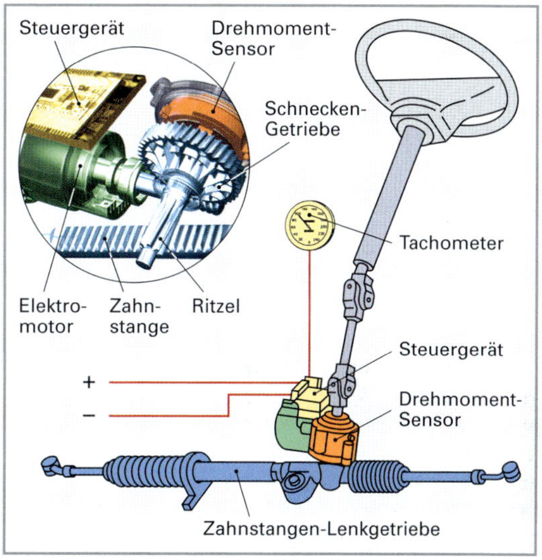

Bild 2: Elektrische Servolenkung Servolectric

18.6.4 Aktivlenkung

Die **Aktivlenkung** ermöglicht einen fahrerunabhängigen Lenkeingriff.

Das System besteht im Wesentlichen aus
- Zahnstangen-Hydrolenkung
- Elektromotor
- Planetengetriebe
- Steuergerät
- Sensoren

18

Wiederholungsfragen

1. **Nennen Sie die Aufgaben von Lenkgetrieben.**
2. **Was versteht man bei einem Zahnstangen-Lenkgetriebe unter einer variablen Übersetzung?**
3. **Welche Lenksysteme unterscheidet man?**
4. **Wie ist eine Zahnstangen-Hydrolenkung aufgebaut?**
5. **Erklären Sie die Wirkungsweise einer Zahnstangen-Hydrolenkung.**
6. **Wie ist die elektro-hydraulische Servolenkung Servotronic aufgebaut?**
7. **Wie unterscheidet sich die elekto-hydraulische Servolenkung Servotronic von der elektrischen Servolenkung Servolectric?**

18.7 Radaufhängung

Radaufhängungen haben die Aufgabe, eine Verbindung zwischen Fahrzeugaufbau und Rädern herzustellen. Sie müssen hohe statische Kräfte (Zuladung) und dynamische Kräfte (Antriebs-, Brems- und Seitenkräfte) aufnehmen.

Die Radgeometrie soll sich beim Durchfedern der Achsen wenig oder in der gewünschten Weise ändern, um hohe Fahrsicherheit und Komfort bei geringem Reifenverschleiss zu erreichen. Man unterscheidet

- Starrachsen
- Halbstarrachsen
- Einzelradaufhängung

Starrachsen

Beide Räder sind durch eine starre Achse miteinander verbunden und gegen die Karosserie abgefedert.

Bei Starrachsen tritt bei gleichmäßigem Ein- und Ausfedern keine Änderung von Spur und Sturz ein, was den Reifenabrieb vermindert.

Beim Überfahren eines einseitigen Hindernisses wird jeweils die ganze Achse schräggestellt und der Sturz der Räder verändert.

Starrachse mit integriertem Antrieb. Die Achse ist meist als Gehäuse für den Achsantrieb mit Ausgleichsgetriebe und die Achswellen ausgebildet. Da das Gehäuse in der Regel aus Stahlguss besteht, ergeben sich verhältnismäßig große ungefederte Massen, wodurch sich Fahrkomfort und Fahrsicherheit vermindern. Bei Nutzfahrzeugen erfolgt die Befestigung am Rahmen oder an der Karosserie am einfachsten durch die Blattfedern. Diese können neben der Federung auch Radführung in Längs- oder Querrichtung übernehmen. Bei Verwendung von Schraubenfedern oder Luftfedern übertragen

- Schubstreben (Längslenker) die Radkräfte in Längsrichtung und
- Querstreben (Panhardstab) die Seitenkräfte **(Bild 1)**.

18

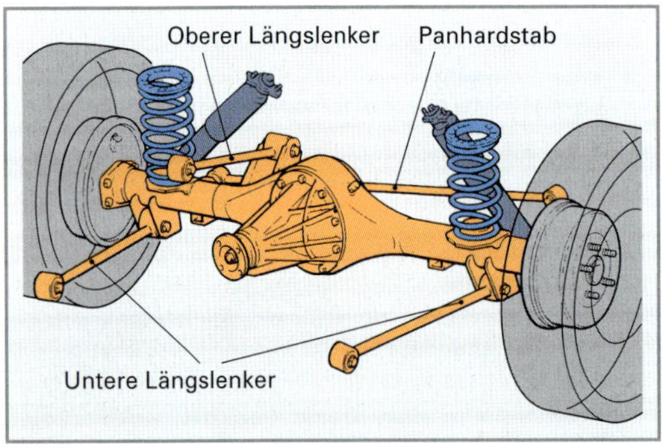

Bild 1: Starrachse mit integriertem Antrieb

Durch Verwendung mehrerer Längslenker kann das Eintauchen beim Bremsen und das Absinken des Hecks beim Beschleunigen vermindert werden.

Starrachse mit getrenntem Antrieb (De Dion-Achse). Um die großen ungefederten Massen der angetriebenen Achse zu vermindern, wird der Achsantrieb von der Achse getrennt und am Aufbau befestigt. Die Kraftübertragung erfolgt über Gelenkwellen mit je 2 homokinetischen Gelenken mit zusätzlichem Längenausgleich. Die Seitenführung des starren U-förmig gebogenen Hinterachsrohres kann erfolgen durch:

- Zwei Querstreben **(Bild 2)**
- Ein Wattgestänge
- Einen Panhardstab

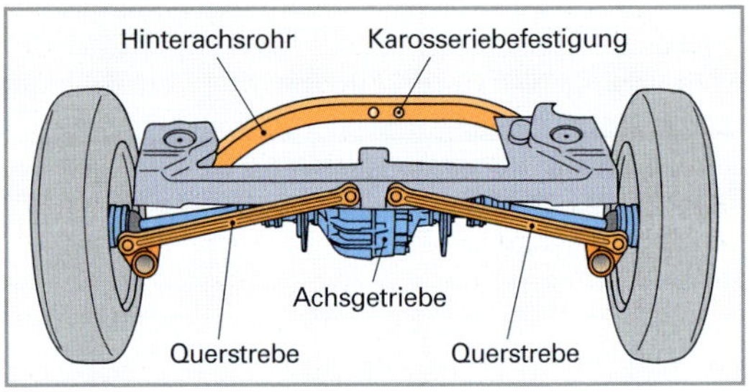

Bild 2: De Dion-Achse

Starrachse als Lenkachse. Sie besteht meist aus einem vergüteten Schmiedestück mit I-förmigem Querschnitt. Damit der Motor Platz hat, ist die Achse nach unten durchgebogen **(Bild 3)**. Zur Aufnahme der Achsschenkel ist eine Faust – **Faustachse** – oder eine Gabel – **Gabelachse** – angeschmiedet **(Bild 4)**.

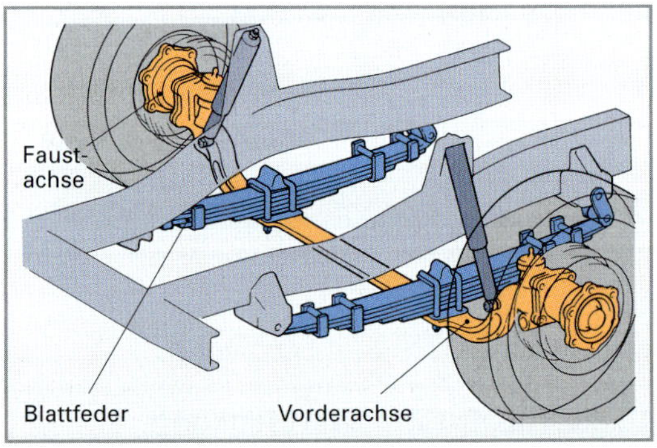

Bild 3: Starrachse als Lenkachse

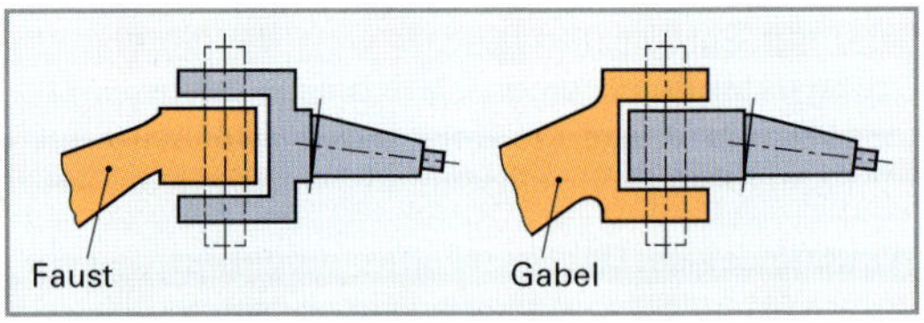

Bild 4: Faustachse, Gabelachse

Halbstarrachsen

Bei Halbstarrachsen sind die Räder durch Achsträger starr miteinander verbunden. Durch die Elastizität der Achsträger ist eine gewisse unabhängige Bewegung der Räder zueinander möglich.

Halbstarrachsen werden bevorzugt bei Fahrzeugen mit Vorderradantrieb eingesetzt, die Hinterachse kann einfach gestaltet werden, so dass die ungefederten Massen gering bleiben.

Halbstarrachsen verhalten sich bei gleichmäßigem Einfedern wie Starrachsen, bei ungleichmäßigem Einfedern wie Einzelradaufhängungen.

Verbundlenkerachse. Die Hinterräder sind an Längslenkern aufgehängt, die mit einem Querträger aus Federstahl verschweißt sind **(Bild 1)**. Der Querträger selbst ist mit Gummi-Metall-Lagern an der Karosserie angeschraubt. Federn beide Räder z.B. bei Beladung gleichmäßig ein, so wird der ganze Achskörper in den Gummi-Metall-Lagern gleichmäßig geschwenkt. Federt nur ein Rad ein, so wird der Querträger in sich verdreht und wirkt wie ein Stabilisator. Es treten nur geringe Spur- und Sturzänderungen auf.

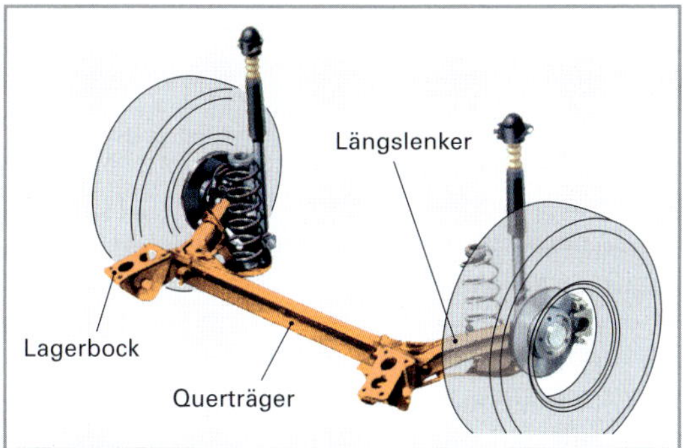

Bild 1: Verbundlenkerachse

Einzelradaufhängung

Bei der Einzelradaufhängung kann die Masse der ungefederten Teile klein gehalten werden. Beim Ein- oder Ausfedern beeinflussen sich die Räder gegenseitig nicht.

Für die Aufhängung der Vorderräder verwendet man

- Doppelquerlenker
- Mehrlenker
- McPherson-Federbein mit Querlenker

Hinterräder werden vorwiegend geführt an

- Längslenker
- Schräglenker
- Mehrlenker

Radaufhängung an Doppelquerlenkern. Zwei übereinanderliegende Querlenker sind über je ein Kugelgelenk mit dem Achsschenkel verbunden. Durch die Länge der einzelnen Lenker können Sturz- und Spuränderungen beim Federn beeinflusst werden.

Querlenker sind meist als Dreieckslenker ausgeführt, um die Steifheit in der Fahrtrichtung zu erhöhen. Sie sind am Fahrgestell mit zwei Lagern befestigt.

Radaufhängung an ungleich langen Querlenkern (Trapezform, Bild 2). Der oben liegende Querlenker ist immer kürzer als der untere. Beim Ein- und Ausfedern ergibt sich dadurch ein negativer Sturz und eine geringe Spuränderung, wodurch die Kurvenstabilität verbessert wird.

Radaufhängung an gleich langen Querlenkern (Parallelogrammform). Beim Einfedern und Ausfedern ändert sich der Sturz nicht, jedoch tritt eine Spuränderung auf.

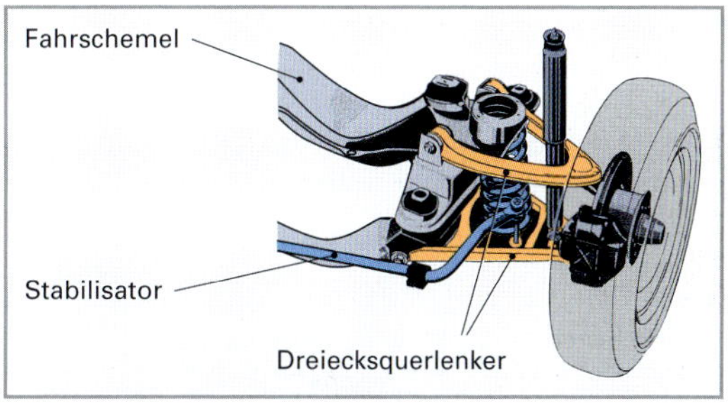

Bild 2: Radaufhängung an Doppelquerlenkern

Radaufhängung mit Federbein und Querlenker (McPherson-Achse). Die McPherson-Achse **(Bild 3)** ist aus der Doppelquerlenkerachse entstanden. Der obere Querlenker wurde durch ein Schwingungsdämpferrohr, an dem ein Achsschenkel befestigt ist, ersetzt. Die Kolbenstange des Dämpfers ist am Fahrzeugaufbau in einem elastischen Gummilager befestigt. Zwischen diesem Befestigungspunkt und dem Federteller am Dämpferrohr befindet sich eine Schraubenfeder. Wegen der großen Brems-, Beschleunigungs- und Seitenführungskräfte sind Kolbenstange und Kolbenstangenführung besonders

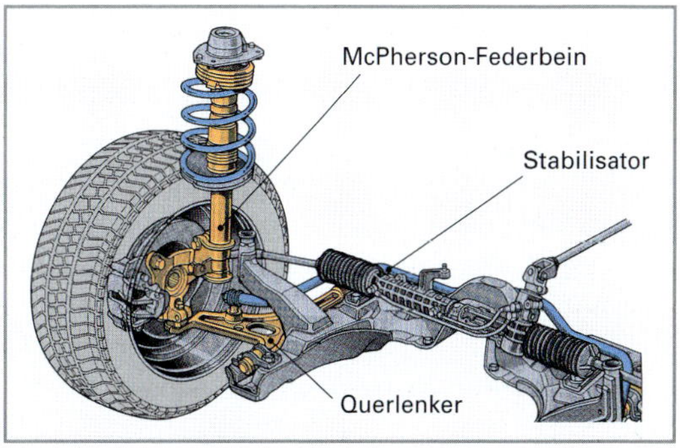

Bild 3: McPherson-Achse

kräftig ausgeführt. Das Gummilager muss große axiale Kräfte aufnehmen und große Verdrehwinkel bei Lenkachsen ermöglichen. Der Radkasten ist am oberen Befestigungspunkt verstärkt.

Radaufhängung an Längslenkern. Sie eignet sich besonders bei Fahrzeugen mit Frontantrieb, da der Kofferraumboden zwischen den Hinterrädern tiefergelegt werden kann. Bei waagrecht liegender Lenkerdrehachse ändern sich Spurweite, Vorspur und Sturz beim Ein- und Ausfedern der Räder nicht.

Fahrschemel (Bild 1). Um Geräusche und Schwingungen besser von der Karosserie fernhalten zu können, werden Lenker nicht direkt an der Karosserie befestigt, sondern an einen Fahrschemel. Er besteht aus 2 Aufnahmearmen, die mit einem Querrohr verbunden sind. Über 4 Gummilager wird er mit der Karosserie verschraubt, wobei die vorderen Gummilager als Hydrolager ausgebildet sind. Die beiden Längslenker sind über Kegelrollenlager am Fahrschemel befestigt. Um Spuränderungen durch die bei Kurvenfahrt auftretenden Seitenkräfte zu minimieren, ist der Längslenker mit einem Zuganker versehen. Beide zusammen bilden ein Gelenkviereck.

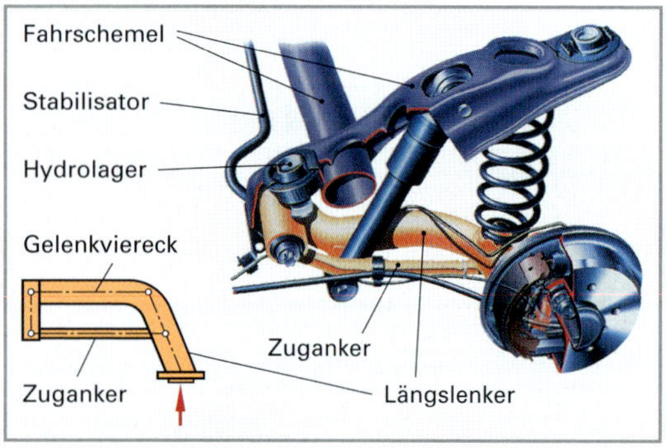

Bild 1: Radaufhängung am Längslenker

Radaufhängung an Schräglenkern. Schräglenkerachsen **(Bild 2** und **Bild 3)** bestehen aus 2 Dreieckslenkern, bei denen die Drehachse der beiden Anlenklager schräg zur Querachse des Fahrzeuges (α = 10° bis 20°) und horizontal oder leicht zur Fahrzeugmitte geneigt (β) verläuft.

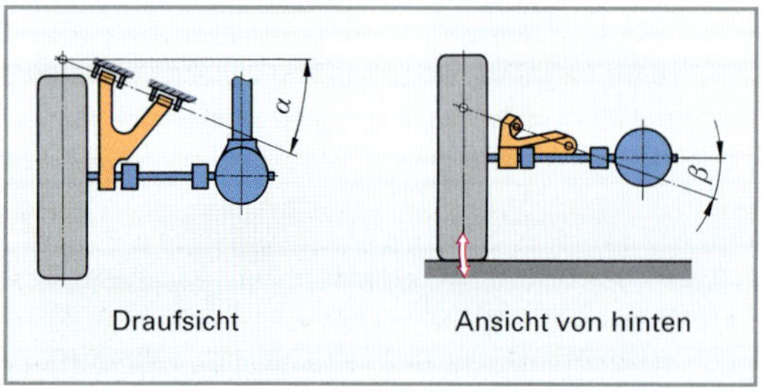

Bild 2: Neigungswinkel an Schräglenkern

Die Spur- und Sturzänderungen beim Ein- und Ausfedern sind von der Schräglage und Neigung der Schräglenker abhängig. Vergrößert man die Winkel α und β, so bekommen die Räder beim Einfedern stärkeren negativen Sturz, wodurch sich die Seitenführungskraft bei Kurvenfahrt erhöht.

Bei dieser Radaufhängung ergeben sich beim Ein- und Ausfedern Längenänderungen an den Antriebswellen, wodurch auf jeder Seite 2 Gleichlauf-Gelenke mit je einem Längenausgleich nötig werden.

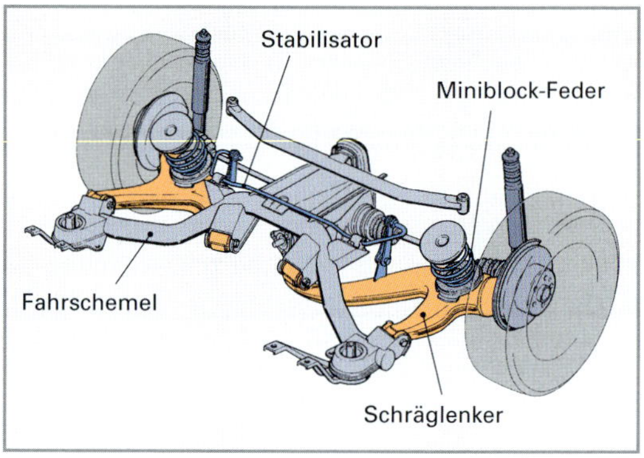

Bild 3: Hinterradaufhängung an Schräglenkern

Mehrlenkerachsen. Alle bisherigen Radaufhängungen lassen auf Grund der elastischen Lagerung an Karosserie, Fahrschemel oder Radträger während der Fahrt unerwünschte Lenkbewegungen zu. Lenkbewegungen entstehen, wenn Kräfte auf das Rad einwirken und es aus der Fahrtrichtung um einen Lenkwinkel in Richtung Vorspur oder Nachspur bewegen. Dies kann, z.B. bei Seitenwind, zu erheblichen Kursabweichungen des Fahrzeuges führen.

Art und Wirkung von Kräften auf die Räder:

- **Antriebskräfte** wirken in Radmitte in Fahrzeuglängsrichtung und drehen das Rad in Richtung Vorspur.
- **Bremskräfte** wirken in der Mitte des Reifen-Latsches in Fahrzeuglängsrichtung und drehen das Rad in Richtung Nachspur.
- **Seitenkräfte** wirken knapp hinter der Mitte des Reifen-Latsches quer zur Fahrzeuglängsachse. Bei Kurvenfahrt wird das kurvenäußere Rad in Richtung Nachspur gelenkt, was die Kurvensicherheit vermindert. Bei scharfer Kurvenfahrt wird die Lauffläche des Reifens durch die Wankbewegung der Karosserie und durch die Seitenkraft verformt, wodurch die zur Verfügung stehenden Haftreserven des Reifens vermindert werden.
- **Vertikale Kräfte** wirken in Richtung der Fahrzeughochachse. Sie treten bei Fahrbahnunebenheiten oder bei Beladungen auf und führen zu geringen Spur- und Sturzänderungen.

Elastischer Lenkfehler. Im **Bild 1** ist der durch die Antriebskraft entstandene Lenkwinkel dargestellt. Während der hintere Stablenker auf Zug beansprucht wird und sich durch die elastische Aufhängung etwas verlängert, wird der vordere Stablenker auf Druck beansprucht, was zu geringer Verkürzung führt. Das Rad wird aus der Fahrtrichtung herausgedreht.

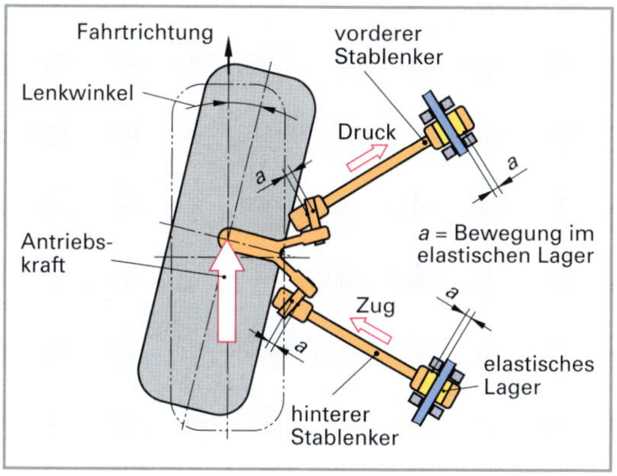

Bild 1: Entstehung eines Lenkwinkels

Raumlenkerachse. Sie gleicht elastische Lenkfehler aus. Entwickelt wurde sie aus der Doppelquerlenkerachse mit Stabilisator. Die ursprünglich starr verbundenen Lenker sind in 5 einzelne Stablenker aufgelöst worden, die in genau festgelegter Position zueinander im Raum liegen und das Rad führen **(Bild 2)**.

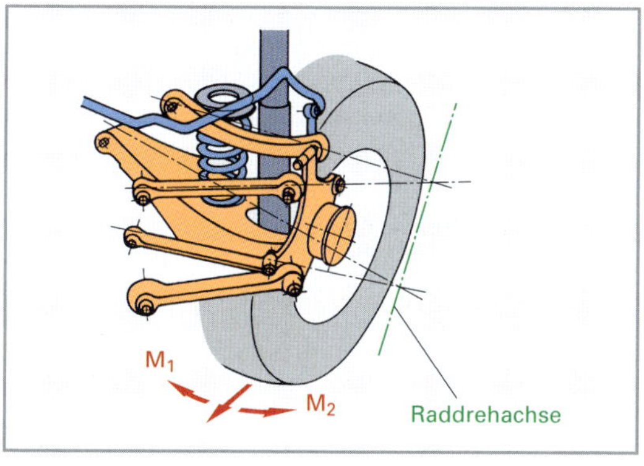

Bild 2: Raumlenkerachse

Der Schnittpunkt der Lenkermittellinien liegt außerhalb der Rad-Mittelebene, so dass das Rad z.B. bei Einfluss von Antriebskräften gerade so viel nach außen lenkt (M_2), wie durch den elastischen Fehler nach innen gelenkt wird (M_1).

Kinematik der Raumlenkerachse. Entscheidend für das Fahrverhalten sind hauptsächtich die Änderungen von Vorspur und Sturz, da durch sie das Eigenlenkverhalten des Fahrzeugs bestimmt wird. Werden auf unebener Fahrbahn Änderungen des Spurwinkels erzeugt, so entsteht eine Seitenkraft, die den Geradeauslauf stört. Im **Bild 3** ist zu erkennen, dass die Spurwinkeländerung beim Ein- oder Ausfedern fast Null ist. Sturzänderungen sollen im mittleren Bereich der Kurve (Geradeausfahrt) möglichst klein sein, um keine großen Seitenkräfte zu erzeugen. Beim Kurvenfahren ergibt sich durch Einfedern ein negativer Sturz, wodurch die Seitenführung verbessert wird.

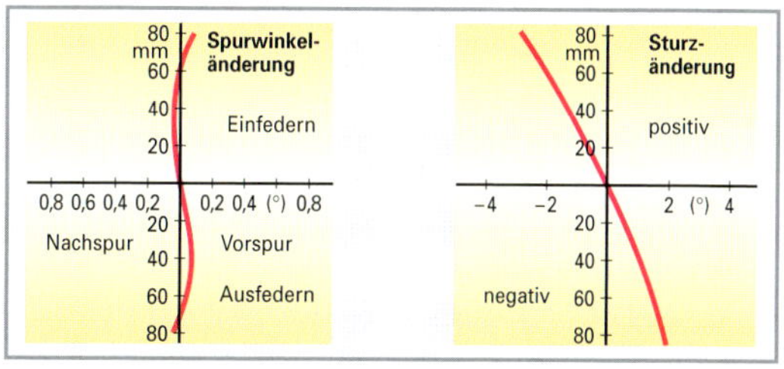

Bild 3: Spurwinkel- und Sturzänderung

Wankzentrum (Momentanzentrum). Es ist der Punkt, um den die durch Federn mit dem Fahrwerk verbundene Karosserie unter dem Einfluss einer Seitenkraft kippt. Momentan bedeutet, dass sich dieser Punkt nur für einen Augenblick in dieser Lage befindet.

Je höher das Wankzentrum liegt, desto geringer wird der Abstand zum Schwerpunkt des Fahrzeuges, d.h., der Hebelarm, an dem die Fliehkraft angreift, wird kleiner, die Seitenneigung nimmt ab. Nachteilig wirkt sich aber die größere Spurweitenänderung mit unruhigem Geradeauslauf aus. Die Verbindungslinie durch die Wankzentren von Vorder- und Hinterachse ergibt die Wankachse (Rollachse). Ihr Abstand zum Schwerpunkt bestimmt die Seitenneigung der Karosserie.

Wiederholungsfragen

1 **Welche Vor-und Nachteile haben Starrachsen?**

2 **Was versteht man unter Halbstarrachsen?**

3 **Nennen Sie die wichtigsten Arten von Einzelradaufhängungen.**

4 **Welchen Vorteil hat die Radaufhängung an Doppelquerlenkern?**

5 **Was versteht man unter einem elastischen Lenkfehler?**

6 **Was ist ein Fahrschemel?**

7 **Wie ist eine Mc Pherson-Achse aufgebaut?**

8 **Welche Kräfte wirken während der Fahrt auf das Rad, und wie reagiert es darauf?**

9 **Was sind Schräglenker?**

10 **Wie ist eine Raumlenkerachse aufgebaut und welche Vorteile hat sie?**

11 **Was versteht man unter dem Wankzentrum?**

12 **Wie wirkt sich ein hochliegendes Wankzentrum auf die Neigung der Karosserie aus?**

18.8 Federung

18.8.1 Aufgabe der Federung

Durch die Unebenheiten einer Fahrbahn müssen die Räder eines Fahrzeuges neben ihrer Drehbewegung Auf- und Abwärtsbewegungen ausführen. Bei schneller Fahrt erfolgen diese Bewegungen in sehr kurzer Zeit, wodurch Beschleunigungen und Verzögerungen senkrecht zur Fahrbahn entstehen, die ein Vielfaches der Erdbeschleunigung betragen. Dadurch wirken große, stoßartige Kräfte auf das Fahrzeug, die umso größer sind, je größer die bewegte Masse ist.

Die Federung hat die Aufgabe in Zusammenarbeit mit der Dämpfung die Fahrbahnstöße aufzufangen und in Schwingungen umzuwandeln.

Federung und Dämpfung sind maßgebend für

- **Fahrkomfort.** Durch das Schwingen der Karosserie werden die unangenehmen, gesundheitsschädlichen Stöße auf die Insassen abgemildert, empfindliches Ladegut wird geschützt.
- **Fahrsicherheit.** Bei großen Unebenheiten kann der Fahrbahnkontakt verloren gehen; Räder, die sich in der Luft befinden, können keine Kräfte übertragen, z.B. Antriebskräfte, Bremskräfte.
- **Kurvenverhalten.** Bei schneller Kurvenfahrt bewirkt die geringere Bodenhaftung der kurveninneren Räder eine Verringerung der Seitenführungskraft. Um zu verhindern, dass das Fahrzeug aus der Kurve getragen wird, muss die Federung mit Stoßdämpfer und Stabilisator die ständige Bodenhaftung der Räder gewährleisten.

Die Federn sind zwischen den Radaufhängungen und der Karosserie eingebaut. Ihre Wirkung wird durch die Bereifung unterstützt. Eine zusätzliche Federung, die jedoch nur den Insassen zugute kommt, ist die Sitzfederung **(Bild 1)**.

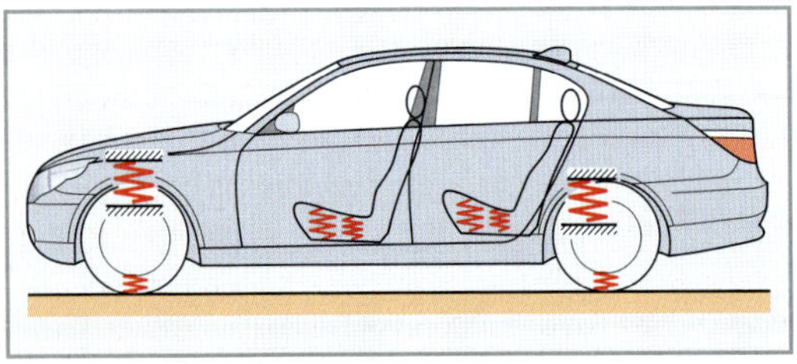

Bild 1: Federung eines Pkw

Querfederung. Neben den senkrechten treten auch geringere seitliche Fahrbahnstöße auf. Deshalb muss die Federung auch in dieser Richtung wirksam sein. Zum Teil kann die Querfederung zusätzlich von den Reifen übernommen werden und durch die Gummilager, die zur Befestigung und Führung von Radaufhängungselementen dienen.

18.8.2 Wirkungsweise der Federung

Durch die Federung wird das Kraftfahrzeug zu einem schwingungsfähigen Gebilde mit einer vom Wagengewicht und von der Feder bestimmten Eigenschwingungszahl (Karosserieschwingzahl).

Zu den Fahrbahnstößen wirken noch weitere Kräfte (Antriebskräfte, Bremskräfte, Fliehkräfte) auf das Fahrzeug ein. So können Bewegungen und Schwingungen in Richtung der 3 Raumachsen auftreten **(Bild 2)**.

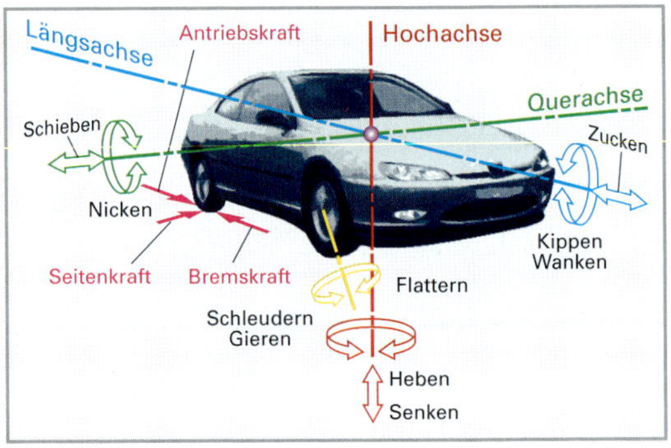

Bild 2: Schwingungsarten am Kraftfahrzeug

Schwingungen

Überfährt das Rad eines Kraftfahrzeuges ein Hindernis, so gerät sowohl die Karosserie, als auch das Rad in Schwingungen. Durch die Bewegung des Rades nach oben wird die Schraubenfeder gespannt, die Federkraft beschleunigt die Karosserie nach oben. Die bei der Ausdehnung der Feder entstehende Federkraft bremst die Karosserie wieder ab, der obere Umkehrpunkt ist erreicht. Durch die Gewichtskraft wird die Karosserie nach unten beschleunigt, über die Ruhelage hinaus. Dabei wird die Feder zusammen gedrückt (gespannt), die entstehende Federkraft bremst die Bewegung der Karosserie bis zum unteren Umkehrpunkt ab.

Den Weg vom oberen zum unteren Umkehrpunkt einer Schwingung nennt man Amplitude oder Schwingungsweite.

Dieser Bewegungsablauf wiederholt sich, bis die Bewegungsenergie durch Feder- und Luftreibung in Wärme umgewandelt ist **(Bild 3)**.

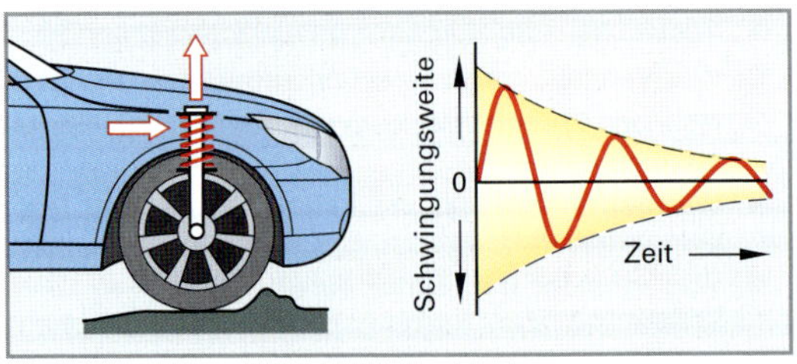

Bild 3: Gedämpfte Schwingung

Resonanz. Die Schwingung wird aufgeschaukelt, wenn die Karosserie im Rhythmus der Eigenschwingung angestoßen wird, z.B. beim Überfahren von Bodenunebenheiten, die in gleichen Abständen aufeinander folgen **(Bild 1)**.

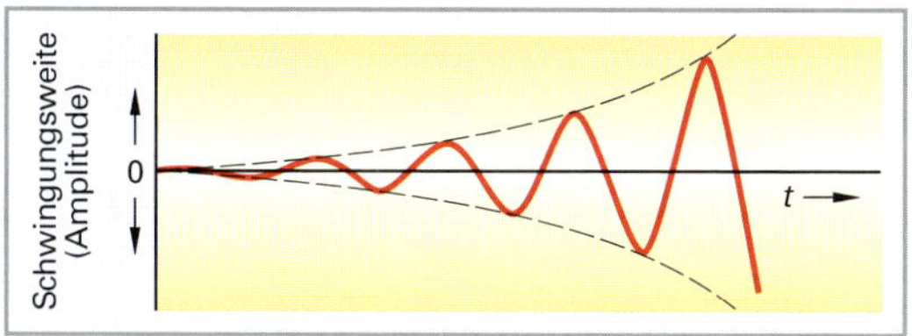

Bild 1: Aufgeschaukelte Schwingung

Frequenz. Sie ist die Anzahl der Schwingungen in einer Sekunde. Da eine Karosserie nicht sehr schnell schwingt, gibt man die Anzahl der Schwingungen auch je Minute an (Schwingungszahl, Karosserie-Schwingzahl).

> Große Masse und weiche Feder ergeben kleine Frequenz (Schwingungszahl) und großen Federweg.

Federrate. Sie gibt die Federeigenschaften (hart, weich) an. Zur Prüfung oder zum Vergleich von Federn werden diese belastet und die entstandenen Einfederungen gemessen. Das Verhältnis der Kraft F zum Weg s nennt man Federrate c in N/m.

Federkennlinien. Ist die Federrate über den ganzen Federweg gleich groß (konstant), wie z.B. bei einer normalen Schraubenfeder, so hat die Feder eine lineare Kennlinie **(Bild 2)**.

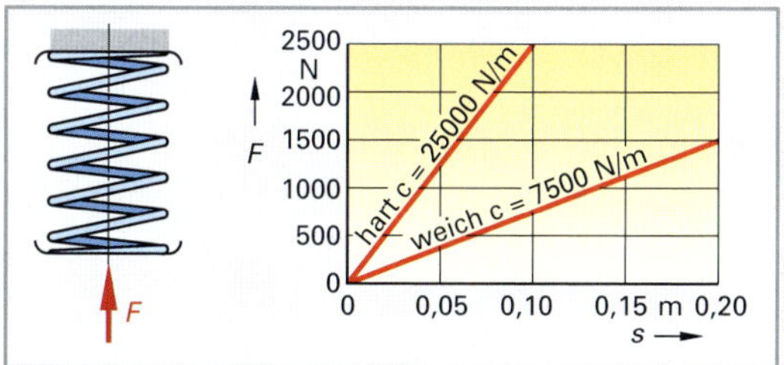

Bild 2: Lineare Federkennlinien

Wird die Federrate größer mit zunehmendem Federweg, z.B. bei geschichteten Blattfedern oder kegeligen Schraubenfedern, so verläuft die Kennlinie gekrümmt. Die Feder hat eine progressive Kennlinie **(Bild 3)**.

Gefederte Massen, ungefederte Massen

Beim Kraftfahrzeug unterscheidet man gefederte Massen (Karosserie mit Beladung) und ungefederte Massen (Räder mit Trommel- bzw. Scheibenbremsen,

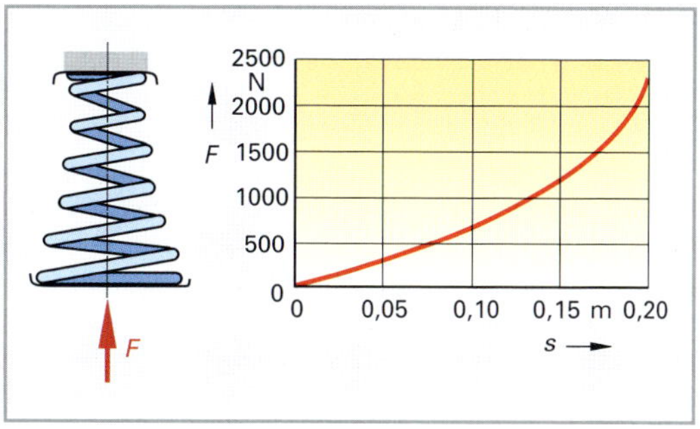

Bild 3: Progressive Federkennlinie

Anteile der Radaufhängung). Diese verschiedenen Massen sind durch die Federn miteinander verbunden (gekoppelt). Es erfolgen dadurch Rückwirkungen aufeinander, so dass die beiden Massen unabhängig voneinander in verschiedenen Frequenzbereichen schwingen **(Bild 4)**. Baut man einen Schwingungsdämpfer (Stoßdämpfer) zwischen die beiden Massen ein, so wird die Schwingungsweite kleiner, die Schwingung klingt schneller ab.

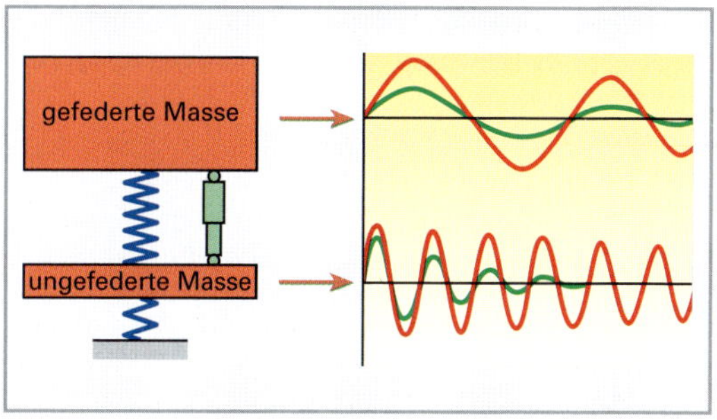

Bild 4: Bewegungsablauf beim Überfahren einer Bodenunebenheit

Überrollt ein Fahrzeug mit hoher Geschwindigkeit eine Bodenwelle, so bleibt die Karosserie infolge der großen Masse zunächst in Ruhe. Das Rad wird mit seiner im Verhältnis zur Karosserie kleinen Masse sehr schnell nach oben beschleunigt, wobei die Feder zusammengedrückt wird. Auf die Karosserie wirkt nur die Kraft, die diesem Federweg entspricht.

Hinter der Bodenwelle wird das Rad durch die vorgespannte Feder nach unten beschleunigt. Auf die Karosserie wirkt nur die der Unebenheit entsprechende Entlastung der Feder.

Ist die vom Rad ausgehende Kraft größer als die Vorspannung der Feder, so verliert das Rad für kurze Zeit den Kraftschluss mit der Fahrbahn, da die Federvorspannung nicht ausreicht das Rad schnell genug abwärts zu bewegen.

> Um hohe Fahrsicherheit bei größtmöglichem Komfort zu erreichen, sollen die ungefederten Massen möglichst klein sein.

Karosserie-Schwingzahlen

Sie können durch Schwingenlassen des Fahrzeugbugs oder Hecks ermittelt werden. Eine volle Schwingung besteht aus dem Einfederungs- und dem Ausfederungsvorgang. Die Anzahl der Schwingungen je Minute ergibt dann die Karosserie-Schwingzahl. Schwingungsdämpfer beeinflussen die Schwingungszahl nicht, durch den größeren Widerstand wird die Schwingungsweite herabgesetzt. Dagegen spielt die Masse eine große Rolle. Je schwerer das Fahrzeug oder je größer die Zuladung, desto niedriger werden die Schwingungszahlen.

Weiche Federung: 60 und weniger Schwingungen je Minute können zu Übelkeit führen. Dieser Zustand kann durch eine stärkere Dämpfung beseitigt werden.

Harte Federung: 90 und mehr Schwingungen je Minute erschüttern die Wirbelsäule. Harte Federn sind jedoch für hohe Zuladungen an der Hinterachse oft nötig, wodurch in unbeladenem Zustand ein mäßiger Fahrkomfort erreicht wird. Dies trifft besonders für Kleinwagen zu, die auf Grund des ungünstigen Verhältnisses von Eigengewicht zu maximaler Beladung mit tragfähigen, also harten Federn ausgerüstet werden müssen.

18.8.3 Federarten

18.8.3.1 Stahlfedern

Die meisten Kraftfahrzeuge werden mit Stahlfedern ausgerüstet, dies sind

- Blattfedern
- Schraubenfedem
- Drehstabfedem
- Stabilisatoren

Die Federwirkung entsteht durch die elastische Verformung von federhartem Stahl (z.B. Chrom-Vanadium-Federstahl) unterhalb der Streckgrenze. Die Federkennlinie verläuft linear; durch bauliche Maßnahmen kann sie progressiv gestaltet werden.

Blattfedern

Sie spielen im Pkw nur noch eine untergeordnete Rolle. In schwereren Fahrzeugen ist sie dagegen die meist verwendete Feder (siehe Kapitel Nutzfahrzeugtechnik).

Schraubenfedern

Sie finden vorwiegend im Pkw als Druckfedern Verwendung.

Vorteile: Niedriges Gewicht, kleiner Raumbedarf

Nachteile: Fast dämpfungsfrei, keine Übertragung von Radkräften (Längs- und Querkräfte).

Normalerweise haben Schraubenfedern eine lineare Federkennlinie. Weiche Schraubenfedern unterscheiden sich von harten durch:

- Kleineren Drahtdurchmesser
- Größeren Feder-Innendurchmesser
- Kleineren Windungsabstand

Um größere Zuladung bei ausreichendem Komfort in unbeladenem Zustand zu ermöglichen, müssen Schraubenfedern mit progressiver Kennlinie eingebaut werden. Dies erreicht man durch:

- Unterschiedliche Größe des Innendurchmessers z.B. Kegelform, Tonnenform, Taillenform
- Unterschiedlichen Drahtdurchmesser **(Bild 1)**

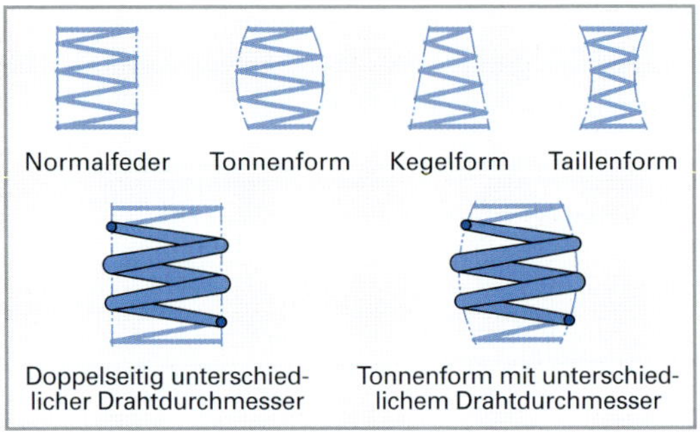

Bild 1: Arten von Schraubenfedern

Die tonnenförmig gewickelte Miniblock-Feder hat gegenüber der zylindrischen Schraubenfeder den Vorteil, dass sich die Federwindungen im Fahrbetrieb beim Einfedern nicht berühren können, da sich jede Windung spiralenförmig in die größere legt **(Bild 2)**. Das ergibt eine geringe Bauhöhe der Feder, ohne Verzicht auf lange Federwege bei hoherTragfähigkeit. In der Miniblockfeder lassen sich alle Möglichkeiten einer progressiven Feder vereinigen.

Bild 2: Miniblock-Feder

Schraubenfedern können keine Radführungskräfte übertragen.

Sie finden daher nur bei solchen Achskonstruktionen Verwendung, bei denen die Antriebs-, Brems- und Seitenkräfte durch andere Elemente übertragen werden (Quer- und Längslenker, McPherson-Federbein). Schwingungsdämpfer werden heute wegen des zeitraubenden Ein- und Ausbaus nur noch selten im Inneren der Schraubenfeder angeordnet (Bild 2).

Drehstabfeder
Bei der Drehstabfeder wird ein Stab aus Federstahl **(Bild 1)** durch einen Hebel, an dem das Rad befestigt ist, auf Verdrehung beansprucht.

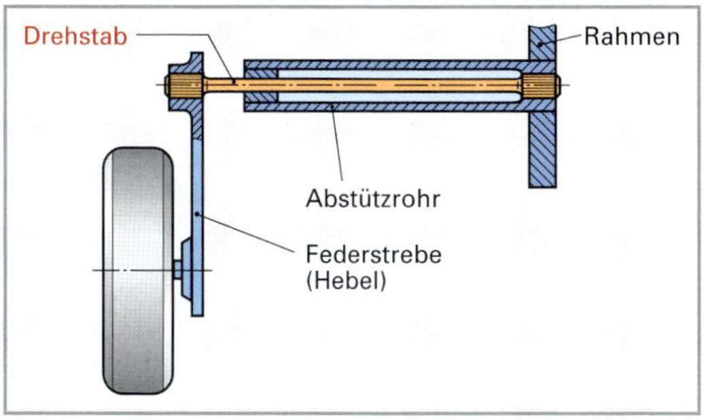

Bild 1: Drehstabfederung

Als Drehstäbe finden meist Rundstangen, Vierkantstäbe und Pakete von Flachstäben Verwendung. Sie können längs und quer angeordnet werden. Bei Längsanordnung sind größere Längen und damit größere Verdrehwinkel möglich. Die Feder wird weicher und lässt längere Federwege zu.

Drehstäbe können nicht auf Biegung beansprucht werden. Sie werden deshalb oft in einem Rohr gelagert, das gegen Verbiegung abstützt und gleichzeitig als Schutzrohr dient.

Die Einspannköpfe sind meist verzahnt. Mit Hilfe der Verzahnung lässt sich die Vorspannung verändern und für alle Räder gleichmäßig einstellen.

Stabilisator
Er ist ein Federelement, das zur Verbesserung der Straßenlage beiträgt. Meistens werden Drehstäbe in U-Form verwendet **(Bild 2)**.

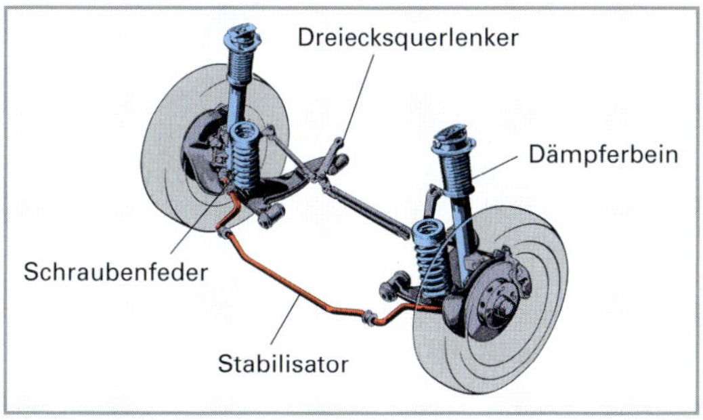

Bild 2: Stabilisator

Der Mittelteil des Stabilisators ist drehbar an der Karosserie, die beiden Hebel sind über Gummielemente an den Radaufhängungen, z.B. Querlenkern, angebracht.

Beim Anheben eines Rades (Einfedern) wird über die Verdrehung des Stabilisators das andere Rad auch angehoben, beim Absenken ebenso abgesenkt.

Bei Kurvenfahrt wird dem übermäßigen Wanken (seitliches Neigen) der Karosserie entgegengewirkt. Bei gleichzeitigem Einfedern beider Räder tritt der Stabilisator nicht in Aktion.

18.8.3.2 Gummifeder

Natur- und Kunstgummi sind sehr elastisch und haben eine hohe Eigendämpfung. Die Gummifeder **(Bild 3)** wird in vielen Arten hergestellt, zur eigentlichen Fahrzeugfeder aber nicht verwendet. Man nützt die hohe Eigendämpfung des Gummis in Verbindung mit der großen Elastizität zum Abfangen von Rüttelbewegungen mit hoher Frequenz und zur Geräuschdämpfung aus. Man lagert dazu die eigentlichen Fahrzeugfedern oder die Aufhängungen, z.B. Querlenker, in Gummikissen. Auf diese Weise wird auch eine Verbesserung der Querfederung erreicht.

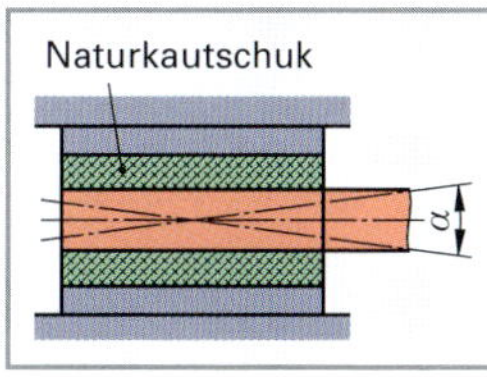

Bild 3: Gummifeder

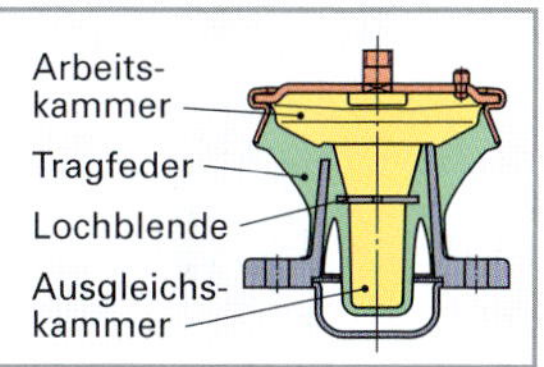

Bild 4: Hydrolager

Um die Übertragung von Schwingungen unterschiedlicher Frequenzen vom Motor auf die Karosserie weitgehend zu unterdrücken, verwendet man anstelle einfacher Gummifedem hydraulisch gedämpfte Elastomerlager **(Hydrolager, Bild 4)**. Sie bestehen aus einer elastischen Tragfeder aus Naturkautschuk, die die mechanische Verbindung zwischen Motor und Karosserie übernimmt und einem hydraulischen Teil, der aus einer Arbeits- und Ausgleichskammer besteht und mit Hydraulikflüssigkeit befüllt ist. Eine Lochblende zwischen beiden Kammem behindert den Flüssigkeitsstrom in die Ausgleichskammer und sorgt für eine Dämpfung der eingeleiteten Schwingung (siehe auch Kapitel Motormechanik, Motoraufhängung).

18.8.3.3 Gasfeder

Bei der Gasfeder wird das elastische Verhalten einer eingeschlossenen Gasmenge (Luft oder Stickstoff) zur Federung ausgenutzt.

Luftfeder
Sie wird am meisten gebaut, benötigt aber eine Druckerzeugungsanlage und wird deshalb vorzugsweise in Omnibussen und Nutzkraftwagen verwendet, die bereits eine solche Anlage für die Bremsen besitzen (siehe Kapitel Nutzfahrzeugtechnik).

Die Luftfeder hat eine progressive Kennlinie und bietet als Vorteile, dass sich durch Änderung des Luftdrucks die Federwege der Belastung anpassen lassen und außerdem die Lade- oder Einstiegshöhe eingestellt oder durch Niveauregelung gleichbleibend gehalten werden kann.

Beim Pkw wird zusätzlich ein geschwindigkeitsabhängiges Heben und Senken der Karosserie ermöglicht. Die Neigung der Karosserie beim Befahren von Kurven kann durch regelungstechnische Eingriffe erheblich verringert werden.

Zur Vermeidung von Druckverlusten erfolgt die Abdichtung der eingeschlossenen Luftmenge in einem eingespannten Gummibalg. Dieser kann in Form eines Rollbalges oder Faltenbalges **(Bild 1)** ausgeführt sein.

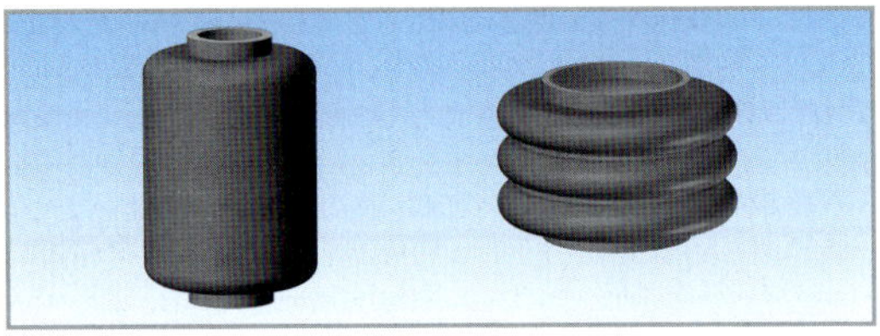

Bild 1: Rollbalg und Faltenbalg

Luft hat nur eine geringe Eigendämpfung. Deshalb müssen zusätzlich Schwingungsdämpfer eingebaut werden, oder es wird ein Federbein verwendet, das aus einer Kombination von Gummibalg und Gasdruckdämpfer besteht.

Luftfedern können keine Radkräfte übertragen, sie werden deshalb zwischen Lenkern oder Achsen, z.B. Verbundlenkerachsen **(Bild 2)**, und der Karosserie eingebaut

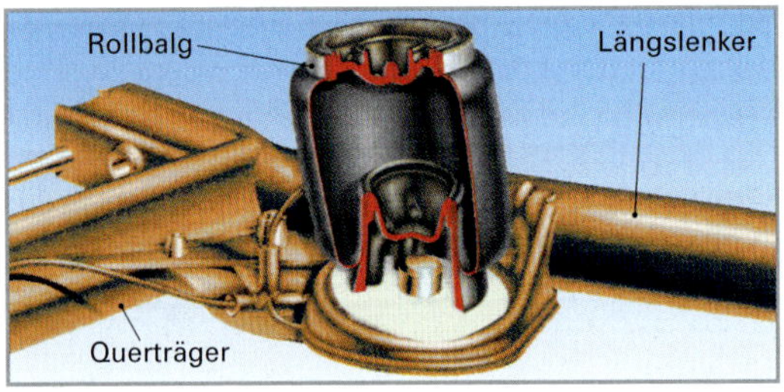

Bild 2: Verbundlenkerachse mit Rollbalg

Hydropneumatische Feder

Die hydropneumatische Feder **(Bild 3)** ist im Prinzip eine Gasdruckfeder kombiniert mit einem Arbeitszylinder. Sie hat die Wirkung einer Federung und eines Stoßdämpfers in einem. In einer Federkugel wird eine unveränderliche Gasmenge (meist Stickstoff) durch Einpumpen oder Ablassen von Hydrauliköl mehr oder weniger verdichtet. Die Trennung von Gas und Öl erfolgt durch eine Membrane. Gas und Öl haben den gleichen Druck. Er wird durch eine Hochdruckpumpe erzeugt und liegt bei etwa 180 bar.

Aus Platzgründen kann die Federkugel seitlich neben dem Arbeitszylinder oder ganz getrennt davon, angeordnet werden.

Die Ventile zwischen Arbeitszylinder und Federkugel drosseln den Ölstrom in beiden Richtungen und wirken wie ein Schwingungsdämpfer.

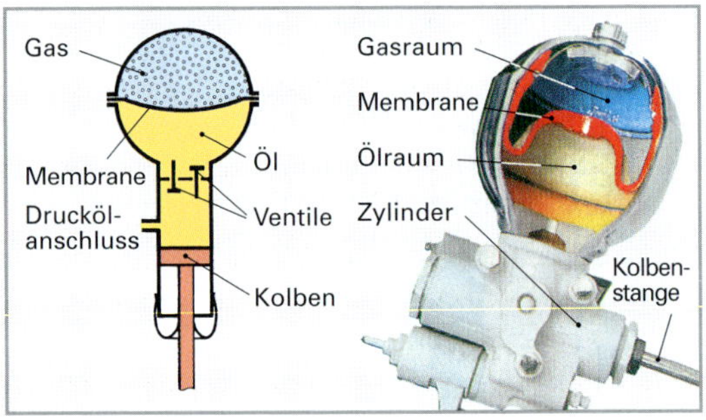

Bild 3: Hydropneumatische Federelemente

Alle Federelemente sind durch ein Leitungsnetz miteinander verbunden. Die Kolbenstange des Hydraulikzylinders ist am Längslenker oder am Querlenker der Radaufhängung befestigt.

Niveauausgleich. Über ein handbetätigtes Niveauregelventil kann die Bodenfreiheit der Karosserie z.B. für schwierige Wegstrecken oder zum Radwechsel verändert werden. Ein automatischer Niveauausgleich für alle Beladungszustände erfolgt durch ein Gestänge, das fest mit dem Längslenker verbunden ist und auf den Kolben des Höhenreglers wirkt **(Bild 4)**. Bei starker Beladung sinkt das Heck ab, die Kolbenstange im Zylinder fährt ein. Zugleich wird über Längslenker und Gestänge der Kolben im Höhenregler verschoben, wodurch der Zulauf des Drucköles freigegeben wird. Die Kolbenstange im Zylinder fährt solange aus, bis das alte Niveau erreicht ist und der Zulauf des Öles im Höhenregler wieder verschlossen ist.

Die Zunahme der Beladung führt zu einer Zunahme des Öldruckes im Zylinder und auch der Druck in der Stickstofffüllung nimmt in gleicher Weise zu. Die Feder wird härter und da auch die Schwingzahl der Karosserie zunimmt, wird das Federungsverhalten unkomfortabler.

Durch Einbau einer dritten Federkugel je Achse vergrößert sich das Gas- und damit das Federvolumen; das Fahrwerk wird für Geradeausfahrt komfortabler.

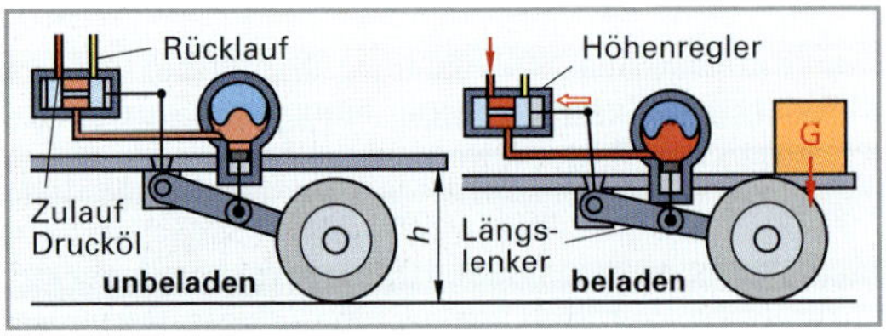

Bild 4: Hydropneumatische Federung

Hydractives Fahrwerk

Aufbau: Das hydropneumatische Federungssystem wird durch zusätzliche Bauteile zu einem Fahrwerk, das in der Lage ist ...

- ... die Seitenneigung der Karosserie bei Kurvenfahrt zu verringern.
- ... dem Eintauchen des Fahrzeugbugs beim Bremsen und dem Einsinken des Fahrzeughecks beim Beschleunigen entgegenzuwirken.
- ... den Federungskomfort zwischen weich und hart zu verändern, unabhängig von der Wahl der Komfort- oder Sportabstimmung.

Als zusätzliche Bauteile werden benötigt **(Bild 1):**

- 2 Querstabilisatoren mit je 2 Federzylindern für Vorder- und Hinterachse
- Je 1 mittlere Federkugel mit Härteregler für Vorder- und Hinterachse
- Hydraulikblock
- Höhensensoren für Vorder- und Hinterachse
- Lenkwinkel-, Fahrpedal- und Bremspedalsensor

Beim Durchfahren von Kurven oder plötzlichen Ausweichmanövern können problematische Fahrzustände entstehen. Durch die Neigung der Karosserie werden die kurveninneren Räder entlastet, so dass geringere Kräfte auf die Fahrbahn übertragen werden können, was zum Ausbrechen oder Umkippen des Fahrzeuges führen kann. Die Kurvengeschwindigkeit und der Abstand der Rollachse vom Fahrzeugschwerpunkt bestimmen die Seitenneigung der Karosserie.

Durch Einbau von Stabilisatoren kann die Neigung verringert werden. Bei unterschiedlichem Einfedern der Räder werden die Stabilisatoren verdreht, sie wirken wie zusätzliche Drehstabfedern, die Federung wird insgesamt härter und unkomfortabler.

Aufbau. Beim hydractiven Fahrwerk werden die vorderen senkrecht stehenden Federzylinder über Koppelstangen mit dem Stabilisator verbunden, die hinteren Federzylinder sind liegend angeordnet. Je nach eingespeistem hydraulischen Druck in die Federzylinder können zusätzliche Kräfte auf den Stabilisator wirken und zu einer härteren Federwirkung führen.

Zwischen den Federzylindern jeder Achse befindet sich eine dritte Federkugel sowie ein Höhensensor. Federbewegungen führen am Stabilisator zu einer Verdrehung, die vom Höhensensor als Änderung der Karosserielage an das Steuergerät gemeldet wird.

Alle Federzylinder und Federkugeln sind über den Hydraulikblock miteinander verbunden.

Hydraulikblock. Er besteht aus der Hydraulikpumpe mit Elektromotor, 4 Magnetventilen und dem elektronischen Steuergerät. Über die Hydraulikpumpe werden die Federkugeln mit Hydraulikflüssigkeit versorgt. Der Betriebsdruck des Systems liegt zwischen 80 bar und 140 bar. Je 2 Magnetventile für die Vorder- und Hinterachse regeln den Zulauf bzw. den Rücklauf der Hydraulikflüssigkeit. Der Vorderwagen kann somit unabhängig vom Fahrzeugheck angehoben oder abgesenkt werden und umgekehrt.

Wirkungsweise des hydractiven Fahrwerks. Durch die Wahl des Fahrprogrammes „Komfort“ oder „Sport“ kann sich der Fahrer für eine weiche oder harte Federung entscheiden.

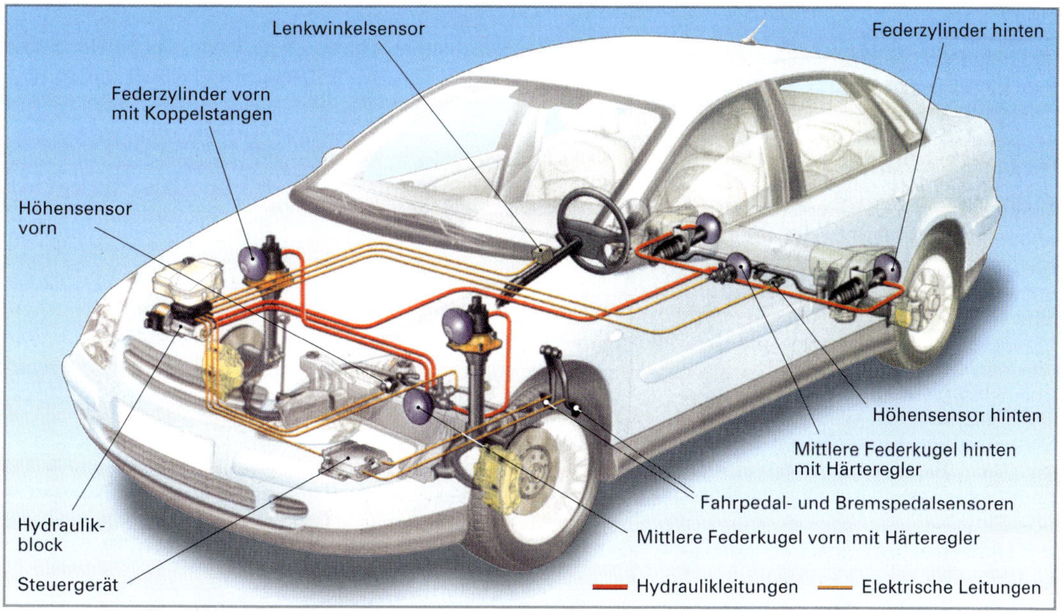

Bild 1: Bauteile und System des hydractiven Fahrwerks

Je nach Fahrbedingung und Fahrstil (z.B. rasante Kurvenfahrt) schaltet das Steuergerät auch im Fahrprogramm „Komfort" die Federung in Richtung hart.

Fahrprogramm „Komfort" . Die drei Federkugeln jeder Achse sind miteinander verbunden. Beim Einfedern kann das durch die einfahrenden Kolbenstangen der Federzylinder verdrängte Hydrauliköl in die Federkugeln strömen und über die Membranen das Stickstoffpolster verdichten. Durch die 3. Federkugel steht ein zusätzliches Gaspolster zur Verfügung, wodurch eine weiche Federwirkung zustande kommt **(Bild 1).**

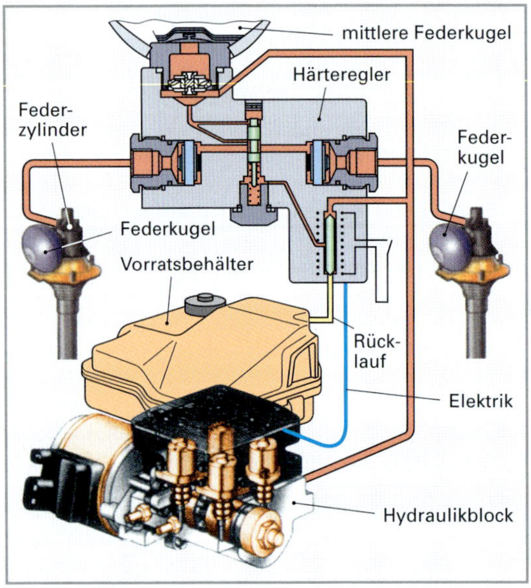

Bild 1: Hydractives Fahrwerk in Komfortstellung

Fahrprogramm „Sport" . Wird über das Steuergerät das Magnetventil des Härtereglers an der mittleren Federkugel betätigt, so wird der Durchfluss zu den Federzylindern gesperrt, es steht nur noch das Gasvolumen der beiden Federzylinder zur Verfügung, die Federung wird härter.

18

Funktion des Härtereglers im Fahrprogramm „Sport" (Bild 2). Das Magnetventil wird bestromt, der Rücklauf zum Hydraulikbehälter ist geöffnet, die Unterseite des Steuerschiebers wird drucklos. Da an der Oberseite weiterhin der Federungsdruck anliegt, wird der Steuerschieber nach unten geschoben. Dadurch wird die Verbindung der Federelemente untereinander und auch zur Federkugel unterbrochen.

Vorgänge beim Kurvenfahren, Beschleunigen, Bremsen. Beim Befahren einer Kurve erhält das Steuergerät über den Lenkwinkelsensor Informationen über Einschlaggeschwindigkeit und Einschlagwinkel des Lenkrades. Um einer entstehenden Wankbewegung der Karosserie entgegenzuwirken, wird das Magnetventil bestromt, die Verbindung der Federkugeln geschlossen.

Die Federung wird härter, der Karosserie-Neigungswinkel geringer. Ohne diese Maßnahme würde die Karosserie an den kurvenäußeren Rädern eintauchen und die Hydraulikflüssigkeit würde in die Federelemente der entlasteten Seite strömen. Um beim Beschleunigen dem Einsinken des Fahrzeughecks entgegen zu wirken, schaltet das Steuergerät nach Informationen des Fahrpedalsensors die mittlere Federkugel der Hinterachse ab.

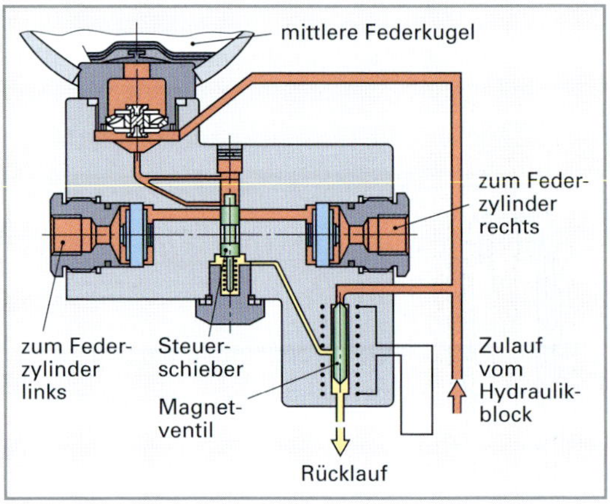

Bild 2: Härteregler in Sportstellung

18.8.4 Schwingungsdämpfer

Schwingungsdämpfer (Stoßdämpfer) lassen die Schwingungen von Karosserie und Rädern schneller abklingen und erhöhen dadurch Sicherheit und Fahrkomfort.

Eingebaut werden sie zwischen der Radaufhängung und der Karosserie. Die Schwingungen der Räder und der Karosserie haben verschiedene Frequenzen. Ein guter Dämpfer muss so eingestellt sein, dass er für beide Schwingungen wirksam ist.

Man verwendet heute fast ausschließlich hydraulische Schwingungsdämpfer. Bei diesen bewegt sich ein Kolben in einem Zylinder und verdrängt dabei Öl durch kleine Bohrungen oder Ventile (Drosselstellen).

Zugstufe. Das Rad bewegt sich nach unten (Ausfedern) und zieht den Schwingungsdämpfer teleskopartig auseinander (Teleskopstoßdämpfer).

Druckstufe. Das Rad bewegt sich nach oben (Einfedern). Dabei wird der Schwingungsdämpfer wieder zusammengeschoben.

Durch Verändern des Durchströmungswiderstandes für das Öl beim Hin- und Herbewegen des Kolbens ist eine Anpassung an die Fahrzeugeigenschaften möglich.

Durch Schwingungsdämpfer wird die Bewegungsenergie in Wärmeenergie umgewandelt.

18.8.4.1 Zweirohr-Schwingungsdämpfer

Hydraulische Schwingungsdämpfer bestehen grundsätzlich aus einem Zylinder, in dem sich ein Kolben mit Kolbenstange auf- und abbewegen kann.

Beim Zweirohr-Schwingungsdämpfer **(Bild 1)** ist die Kolbenstange mit Schutzrohr an der Karosserie befestigt, der Zylinder dagegen an der Radaufhängung.

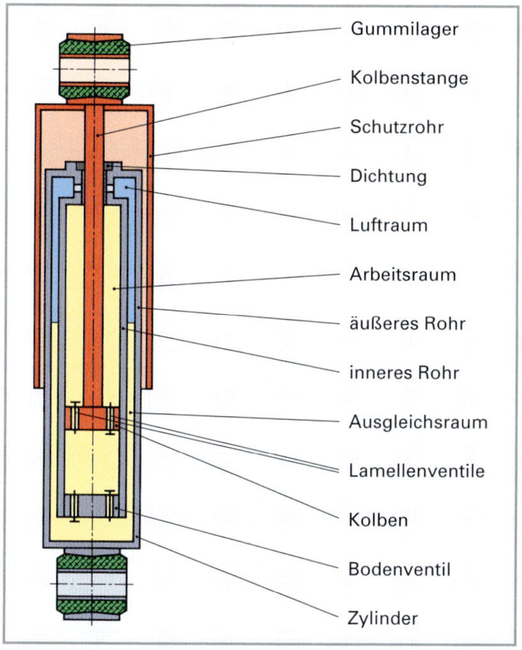

Bild 1: Zweirohr-Schwingungsdämpfer

Der Zylinder besteht aus einem inneren und einem äußeren Rohr. Im inneren Rohr befindet sich der Arbeitsraum, in dem sich der Kolben bewegt. Er ist vollständig mit Öl gefüllt.

Zwischen innerem und äußerem Rohr befindet sich der Ausgleichsraum; er ist nur teilweise mit Öl gefüllt und soll beim Einfahren der Kolbenstange das aus dem Arbeitsraum verdrängte Öl aufnehmen.

Im Kolben und im Arbeitsraum sind Ventile eingebaut, die den Ölstrom unterschiedlich stark drosseln.

In der Zugstufe findet die stärkere Dämpfung statt. Beim Hochbewegen des Kolbens muss das Öl durch feine Öffnungen des Lamellenventiles im Kolben gepresst werden. Während dieser Bewegung wird gleichzeitig Öl aus dem Ausgleichsraum über das Bodenventil nachgesaugt.

Einbau nur mit der Kolbenstange nach oben, da sonst aus dem Ausgleichsraum Luft angesaugt würde, was zum Verschäumen des Öles und zum Ausfall der Dämpfung führen würde.

18.8.4.2 Einrohr-Gasdruckdämpfer

Der Einrohr-Gasdruckdämpfer **(Bild 2)** verhält sich beim Aufwärts- und Abwärtshub genau wie der Zweirohr-Schwingungsdämpfer. Für den Ausgleich des Kolbenstangenvolumens wird aber kein besonderer Ausgleichsraum benötigt, so dass das äußere Rohr entfällt.

Der Ausgleich erfolgt durch ein Gaspolster aus Stickstoff, das meist durch einen beweglichen Kolben vom Ölraum getrennt ist. Das unter einem Druck von 20 bar bis 30 bar stehende Gaspolster wird beim Abwärtsgehen des Arbeitskolbens durch das von der Kolbenstange verdrängte Öl zusammengepresst und höher verdichtet. Gaspolster und Öl stehen stets unter Druck, wodurch ein Schäumen des Öles und damit ein Nachlassen der Dämpfungswirkung vermieden wird.

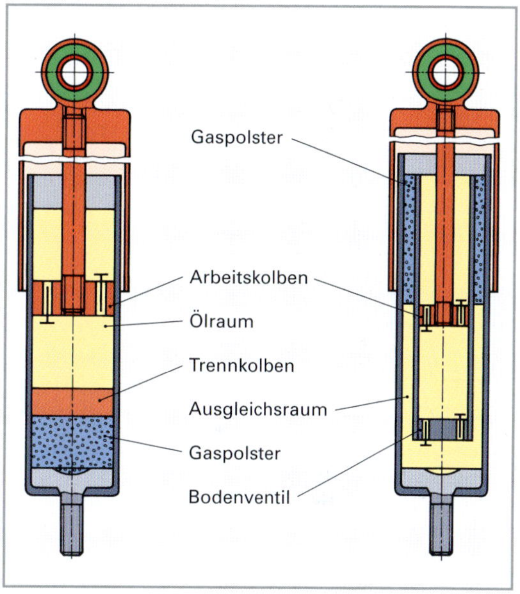

Bild 2: Einrohr-Gasdruckdämpfer **Bild 3: Zweirohr-Gasdruckdämpfer**

Einrohr-Gasdruckdämpfer mit Trennkolben können in jeder Lage eingebaut werden. Bei Ausführung mit einer Prallscheibe muss die Kolbenstange immer unten liegen.

18.8.4.3 Zweirohr-Gasdruckdämpfer

Der Zweirohr-Gasdruckdämpfer **(Bild 3)** entspricht im Aufbau dem Zweirohr-Schwingungsdämpfer. Im ringförmigen Ausgleichsraum befindet sich eine Gasfüllung aus Stickstoff mit einer Druckvorspannung von 3 bar bis 8 bar. Damit wird bei schnellen Bewegungen des Schwingungsdämpfers Gasblasenbildung vermindert. Die Dämpfungskräfte werden in nahezu allen Schwingungsbereichen verbessert.

Zweirohr-Gasdruckdämpfer mit variabler Dämpfung
Die Anpassung eines Stoßdämpfers an unterschiedliche Beladungszustände eines Fahrzeuges war bisher kaum möglich. Fahrzeuge mit großen Ladungen (z.B. Lkw mit Anhänger) benötigen eine starke Dämpfung, was aber im unbeladenen Zustand beim Überfahren von Bodenunebenheiten zu unangenehmem Rütteln und Springen führt.

Beim Zweirohr-Gasdruckdämpfer **(Bild 1)** wird durch eine oder mehrere Nuten in der Zylinderwand die gewünschte variable Dämpfungscharakteristik erreicht.

Geringe Beladung. DerArbeitskolben bewegt sich im Bereich zwischen den beiden Nuten. Das Öl kann nicht nur die Kolbenventile, sondern auch die Nuten durchströmen. Durch diesen zusätzlichen Bypass wird die Dämpfungskraft vermindert, was zu einem Komfortgewinn führt.

Starke Beladung. Der Arbeitskolben bewegt sich unterhalb des Nutbereiches, so dass der zusätzliche Durchströmungsquerschnitt fehlt. Die Dämpfungskraft ist am größten.

Durch die Anzahl und Länge der Nuten, sowie deren Höhenversatz zueinander lässt sich die Dämpfungskraft nicht nur an die Last anpassen, sondern auch an sämtliche verwendete Federungssysteme.

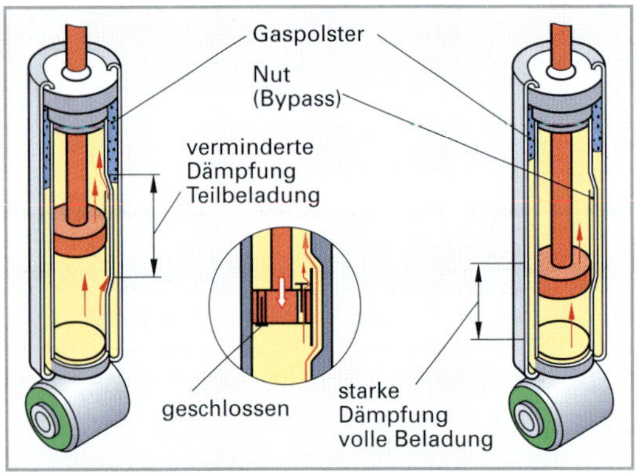

Bild 1: Zweirohr-Gasdruckdämpfer mit variabler Dämpfung

18.8.4.4 Schwingungsdämpfer mit stufenlos elektronisch verstellbarer Dämpfung. Continious-Damping-Control (CDC).

Mit Hilfe der elektronischen Dämpfungsregelung kann die Charakteristik der Dämpfung in Abhängigkeit vom Fahrerwunsch und der Fahrsituation stufenlos eingestellt werden.

Merkmale
- Erhöhung der Fahrsicherheit durch bessere Bodenhaftung der Räder.
- Geringe Wankbewegung und geringe Seitenneigung des Fahrzeugaufbaus bei Kurvenfahrt.
- Wahl einer sportlichen oder komfortablen Dämpfereinstellung per Tastendruck.

Aufbau. Diese Systeme bestehen grundsätzlich aus ...
- Schwingungsdämpfern mit elektronisch verstellbarem Dämpfungsgrad.
- Sensoren für Lenkwinkel, Radbewegung und Querbeschleunigung der Karosserie.
- Sensoren für Fahrgeschwindigkeit.
- Winkelsensoren für das Fahrzeugniveau an jeder Achsseite.
- Steuergerät für die Dämpfungsregelung.

Wirkungsweise: Die Dämpferkraft wird bei jeder Aus- und Einfederbewegung der Fahrsituation angepasst. Die Verstellung erfolgt durch die variable Bestromung der elektrischen Magnetventile im Dämpfer **(Bild 2)**. Abhängig von Sensorsignalen berechnet das Steuergerät den erforderlichen Strom für die Dämpfungsmagnetventile für jeden einzelnen Stoßdämpfer. Die Dämpfungskraft kann in einem weiten Bereich innerhalb von 2 ... 4 Millisekunden verändert werden.

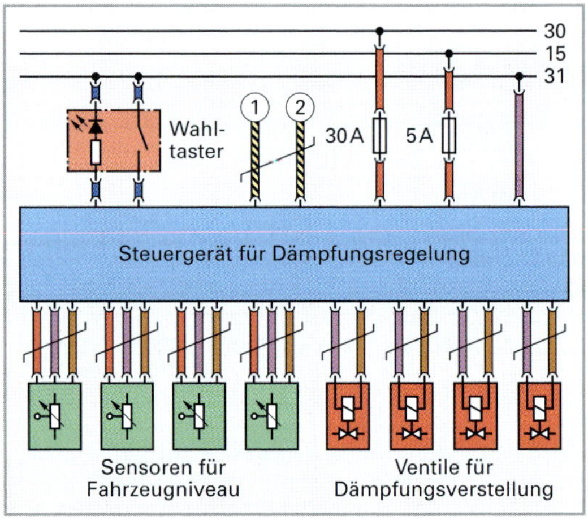

Bild 2: Schaltbild der elektronischen Dämpfung

Man unterscheidet folgende Bauarten:

Zweirohrgasdruckdämpfer mit Proportionalventil (Bild 1 Seite 459): Die Dämpfungskraft wird durch Bestromung des Magnetventils geregelt. Ist eine größere Dämpfungskraft erforderlich, so muss der Durchflusswiderstand des Ölstromes vergrößert werden **(Bild 1 Seite 459, links)**. Wird die Spule bestromt, wird das Proportionalventil entgegen der Federkraft bewegt und der Drosselquerschnitt vergrößert **(Bild 1 Seite 459, rechts)**. Die Dämpferkraft verringert sich. Der Drosselquerschnitt lässt sich so abhängig von der Bestromung der Magnetspule stufenlos verstellen.

18

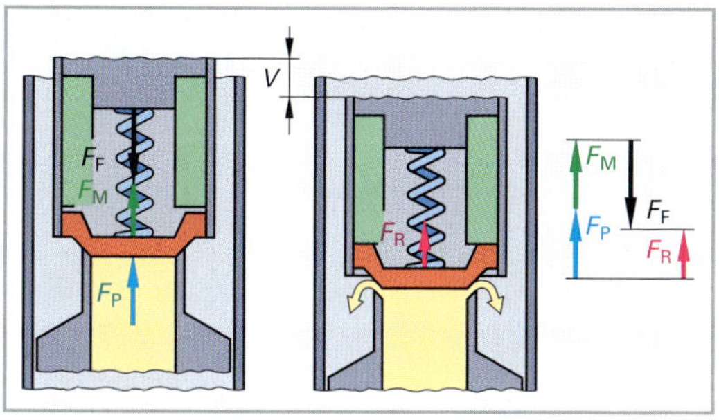

Bild 1: Dämpfer mit Proportionalventil

Einrohrgasdruckdämpfer mit magnetorheologischem Effekt. Magnetic-Ride (Bild 2). Die Regelung der Dämpfer basiert auf dem magnetorheologischen Effekt. Dazu werden Eisenpartikel mit einem Durchmesser von 3 µm … 10 µm im Dämpferöl (Synthetiköl) eingebunden. Findet keine elektrische Ansteuerung der Magnetspule statt, befinden sich die magnetischen Partikel ungeordnet im Dämpferöl. Bei einer Bewegung des Kolbens werden die einzelnen Partikel mit dem Öl ohne großen Widerstand durch die Kolbenbohrungen gedrückt.

Bei elektrischer Ansteuerung der Magnetspule bilden sich Partikelketten, und das Dämpferöl wird zähflüssiger. Der Widerstand zum Durchfließen der Kolbenbohrung wird größer. Die Dämpferkraft vergrößert sich.

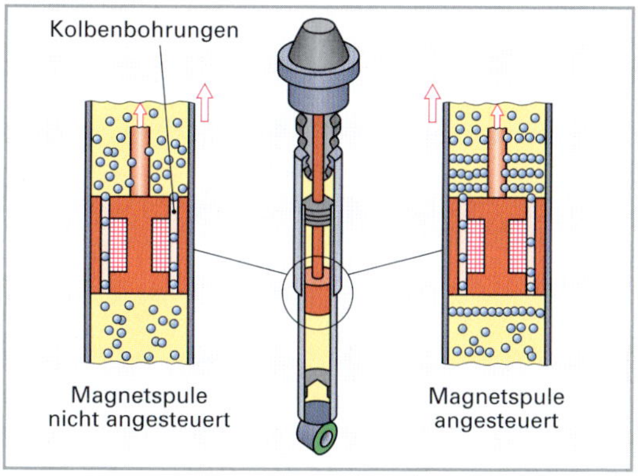

Bild 2: Dämpfer mit magnetorheologischem Effekt

18.8.4.5 Prüfdiagramme

Schwingungsdämpfer ausgebaut. Um die Kennlinien eines Schwingungsdämpfers zu erhalten, benötigt man eine Prüfvorrichtung, in die der Dämpfer eingespannt wird. Durch einen Kurbeltrieb wird der Dämpfer in Bewegung versetzt. Die über dem Kolbenweg auftretenden Dämpfungskräfte werden gemessen und in ein Diagramm eingetragen. Es entstehen geschlossene Kurven für einen konstanten Zug- und Druckhub **(Bild 3).** Durch Vergrößerung des Kurbelradius an der Prüfvorrichtung wird auch der Zug- und Druckhub des Dämpfers vergrößert und es entstehen weitere geschlossene Kurven. Die Dämpfungskraft nimmt zu, da bei konstanter Drehzahl des Kurbeltriebes die Kolbengeschwindigkeit im Dämpfer zunimmt.

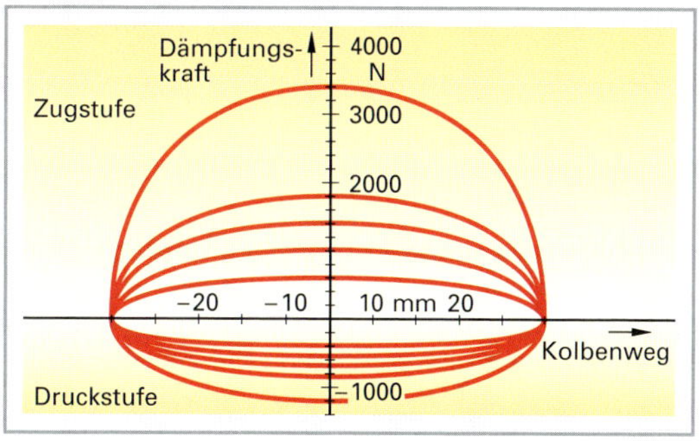

Bild 3: Prüfdiagramm eines Gasdruckdämpfers

Durch Einbau von Ventilen mit verschieden großem Durchströmungsquerschnitt im Kolben erreicht man unterschiedliche Dämpfungskräfte in der Zug- und Druckstufe. Das Verhältnis der Dämpfungskräfte von Zugstufe zu Druckstufe liegt zwischen 2 und 5.

Schwingungsdämpfer eingebaut. Auf einem Shocktester werden die Dämpfer einer Achse gleichzeitig geprüft. Die auf einer Platte stehenden Räder werden durch je einen Elektromotor über einen Exzenter und eine Druckfeder in schwingende Bewegung versetzt. Nach dem Abschalten des Motors wird der gesamte Frequenzbereich der Schwingung bis zum Stillstand durchlaufen und in einem Messgerät auf einer Scheibe aufgezeichnet **(Bild 4).**

An der Resonanzstelle erfolgt der größte Ausschlag (große Amplitude). Er gibt Aufschluss über das Dämpfungsvermögen des jeweiligen Dämpfers. Ist der gemessene Resonanzausschlag größer oder gleich dem angegebenen Grenzwert, so ist der Dämpfer defekt. Über ein Scheibendiagramm können die Schwingungen der Dämpfer einer Fahrzeugseite angegeben werden.

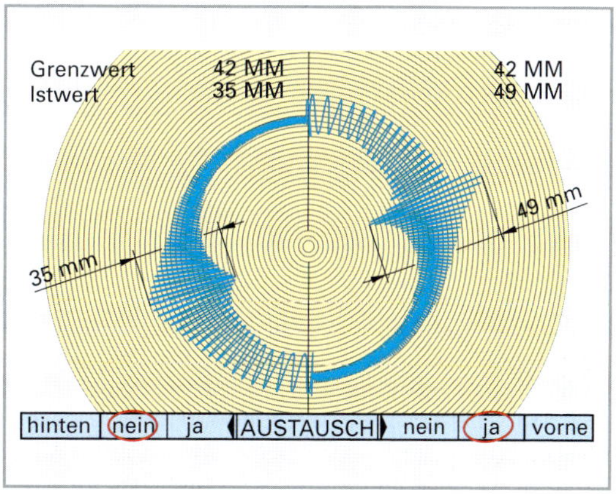

Bild 4: Schwingungsbilder von 2 Dämpfern

18

18.8.4.6 Schwingungsdämpfer im Verbundbau

Federbein

Die Verbindung eines Schwingungsdämpfers in verstärkter Bauweise mit einer Feder, meist einer Schraubenfeder, bezeichnet man als Federbein.

Federbeine können auch als Radaufhängung verwendet werden, wenn sie mit einem zusätzlichen Achsschenkel versehen werden **(Bild 1).** Um bei einem defekten Schwingungsdämpfer nicht das ganze Federbein auswechseln zu müssen, verwendet man Schwingungsdämpferpatronen. Bei nachlassender Dämpfkraft kann die Patrone durch Öffnen einer Verschraubung am oberen Teil des Behälterrohres gewechselt werden.

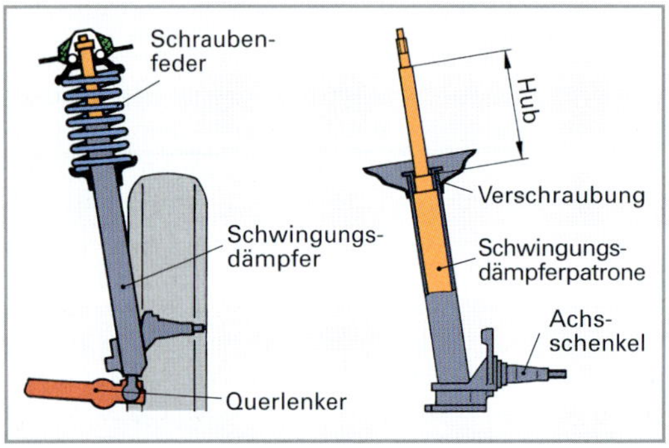

Bild 1: Federbein

Schwingungsdämpfer mit Niveauregulierung

Die Federung im Pkw ist meist so ausgelegt, dass sich bei mittlerer Beladung die beste Straßenlage ergibt. Bei maximaler Zuladung sinkt das Fahrzeugheck stark ab, Bodenfreiheit und Federweg werden verkleinert, die Straßenlage verschlechtert sich. Dazu kommt oft unkontrolliertes Lenkverhalten, Seitenwindempfindlichkeit und Blendung des Gegenverkehrs bei Nachtfahrten. Der Fahrkomfort verschlechtert sich, da bei Stahlfedern mit zunehmender Beladung eine Veränderung der Schwingungsfrequenz eintritt. Eine bei allen Beladungszuständen gleichbleibende Eigenfrequenz von 1 Hertz (entspricht der Schwingzahl 60) lässt sich nur durch eine Niveau geregelte Gasfeder erreichen. Die Standhöhe des Fahrzeuges wird bei allen Beladungszuständen automatisch konstant gehalten, auch bei Anhängerbetrieb. Man unterscheidet rein pneumatische oder hydropneumatische Systeme.

Pneumatische Niveauregulierung. Die Anlage besteht aus einem Kompressor, einem Steuergerät und zwei Luftfederdämpfern mit je einem Induktionssensor. Die Luft-Federdämpfer bestehen aus einer Kombination von Einrohr-Gasdruckdämpfer mit Luftfeder **(Bild 2).** Sie tragen die gesamte Achslast.

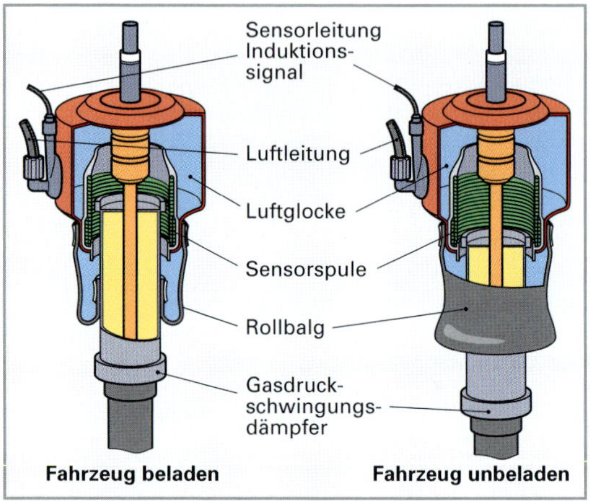

Bild 2: Luftfederdämpfer

Die Luftfeder, die über dem Gasdruckdämpfer angebracht ist, besteht aus einer Luftglocke und einem Rollbalg. Vergrößert sich die Beladung, so taucht das Dämpferrohr weiter in die in der Luftglocke integrierte Sensorspule ein und erzeugt eine Induktionsspannung, die als Signal an das Steuergerät geleitet wird. Das Steuergerät lässt über den Kompressor so lange Luft einströmen, bis die vorgegebene Standhöhe wieder erreicht ist. Der Druck im Luftbalg liegt je nach Beladung zwischen 5 bar und 11 bar.

Hydropneumatische Niveauregulierung. Die Anlage besteht aus:

- Federbeinen und Federspeichern **(Bild 3)**
- Druckölanlage mit Radialkolbenpumpe und Ölbehälter
- Steuerungseinrichtung mit Niveauregler und Betätigungsgestänge

Die Federspeicher arbeiten wie eine hydropneumatische Zusatzfeder. Bei abgesunkenem Fahrzeugheck wird das Federelement über das Niveauregelventil so lange mit Drucköl versorgt, bis das Normalniveau wieder erreicht ist. Das Öl wird danach durch die Pumpe fast drucklos zum Behälter zurückgeführt.

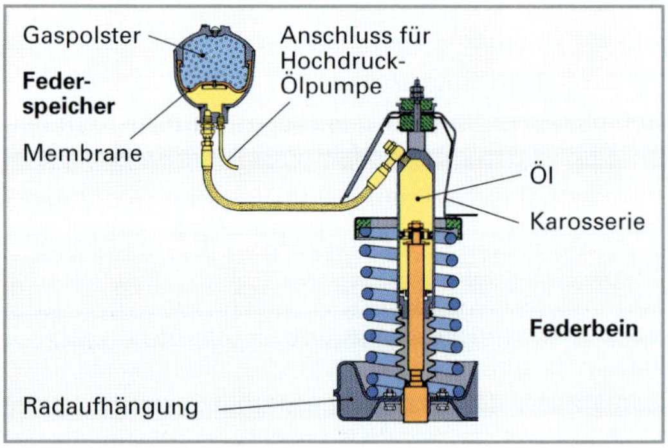

Bild 3: Federbein mit Federspeicher

18

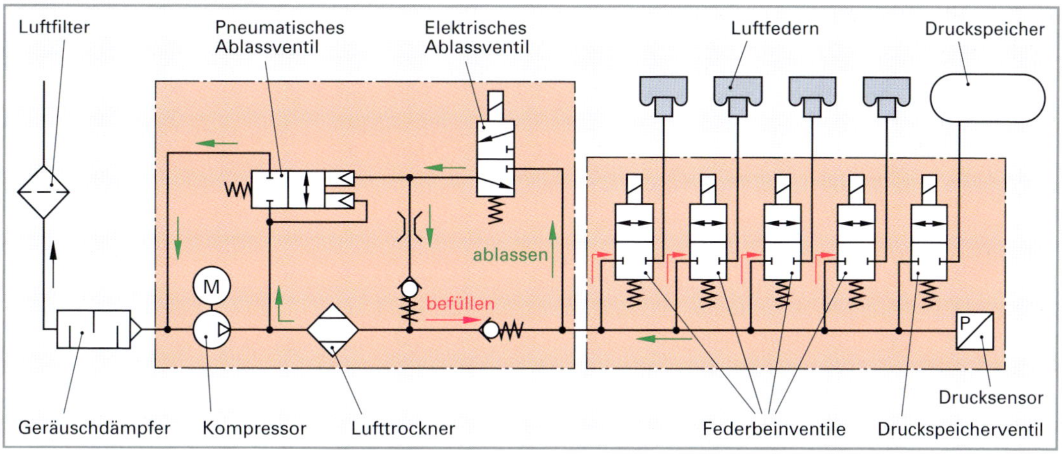

Bild 1: Pneumatischer Schaltplan der Luftfederung

Luftfederung mit geregelter Dämpfung

Bei der Luftfederung mit geregelter Dämpfung handelt es sich um ein niveaugeregeltes Fahrwerk mit volltragender Luftfeder und kontinuierlich verstellbaren Schwingungsdämpfern.

Merkmale

- Erhöhung von Fahrsicherheit und Komfort.
- Das Fahrzeug wird ladungsunabhängig immer auf einem bestimmten Niveau über der Fahrbahn gehalten.

Luftfederung. Die Höhenniveaus werden entweder vom Fahrer gewählt oder stellen sich automatisch ein.

- **Normalniveau.** Es ist nach dem Start des Fahrzeuges eingestellt.
- **Hochniveau.** Es ist vom Fahrer wählbar, z.B. für Geländefahrten oder schlechte Straßen.
- **Tiefniveau.** Es stellt sich automatisch bei schneller Fahrt ein.

Aufbau (Bild 1). Die Luftfederung besteht aus

- 4 Luftfederbeinen mit integrierten elektronisch verstellbaren Schwingungsdämpfern.
- Kompressor (Maximaldruck 16 bar) mit Lufttrockner.
- Magnetventilblock mit vier Federbeinventilen und Druckspeicherventil.
- Elektrisches und pneumatisches Ablassventil.
- Druckspeicher mit Druckspeicherventil und einem integrierten Drucksensor.
- Winkelsensoren für das Fahrzeugniveau an jeder Achsseite.
- Beschleunigungsgeber zur Messung der Vertikalbewegung der Karosserie (Messbereich: 1,3 g).
- Beschleunigungsgeber zur Ein- und Ausfederbewegung der Räder (Messbereich: 13 g).
- Steuergerät für Niveau- und Dämpfungsregelung.

Systemsteuerung der Niveauregelung. Das Steuergerät legt entsprechend den Signalen der Winkelsensoren das Fahrzeugniveau gegenüber dem Rad fest.

Fahrzeug anheben. Hierzu muss die Luftfeder mit Druckluft befüllt werden. Der benötigte Druck wird durch einen Kompressor erzeugt. Die Federbeinventile werden vom Steuergerät meist paarweise angesteuert und geöffnet. Die verdichtete Luft gelangt in die Federn. Gleichzeitig wird der Druckspeicher über das geöffnete Ventil befüllt. Die Ablassventile sind geschlossen.

Fahrzeugniveau halten. Die Federbeinventile sind geschlossen.

Fahrzeug senken. Hierzu muss die Luft aus der Feder gelangen. Die Federbeinventile und das elektrische Ablassventil werden geöffnet. Die verdichtete Luft strömt durch die Federbeinventile und das elektrische Ablassventil. Dadurch öffnet das pneumatische Ablassventil. Über den Lufttrockner, den Geräuschdämpfer und den Luftfilter gelangt die Luft ins Freie.

Werkstatthinweis

Vor dem Anheben oder Absenken z.B. mit der Hebebühne oder dem Wagenheber müssen die entsprechenden Luftfedern mit Hilfe des Diagnosetesters befüllt werden. Luftfedern dürfen im drucklosen Zustand nicht bewegt werden, da der Schlauchrollbalg nicht auf dem Abrollkolben abrollen kann und beschädigt wird.

Dämpfungsregelung. Die in den Luftfederbeinen integrierten Schwingungsdämpfer besitzen ein elektronisch verstellbares Dämpfungssystem. Die Verstellung erfolgt in Abhängigkeit von der Vertikalbeschleunigung der Räder und des Fahrzeugaufbaues durch das Steuergerät.

18.8.5 Active Body Control (ABC)

Active Body Control (ABC) ist ein elektro-hydraulisches aktives Fahrwerkssystem, das neben der Federungs- und Dämpfungsfunktion eine automatische Niveau-Regulierung während des Fahrens ermöglicht. Diese hält den Fahrzeugaufbau an Vorder- und Hinterachse beim Bremsen, beim Beschleunigen, bei Fahrbahnunebenheiten und in Kurven auf annähernd gleichem Niveau.

Aufbau

Jedes Rad ist an einem Federbein aufgehängt, das aus einem Plunger, einem Schwingungsdämpfer und einer Schraubenfeder besteht.

Der Plunger ist ein dynamisch verstellbarer Hydraulikzylinder, der in der Lage ist, Kräfte zu erzeugen, die den Rad- oder Karosseriebewegungen entgegenwirken. Der Plunger verstellt dabei den Fußpunkt der Schraubenfeder und ändert die Vorspannung. So werden Karosseriebewegungen in Richtung der 3 Fahrzeugachsen verringert.

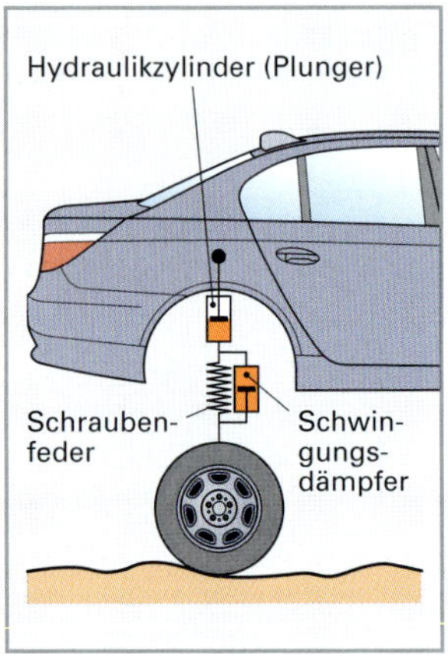

Bild 1: Federbein mit Plunger

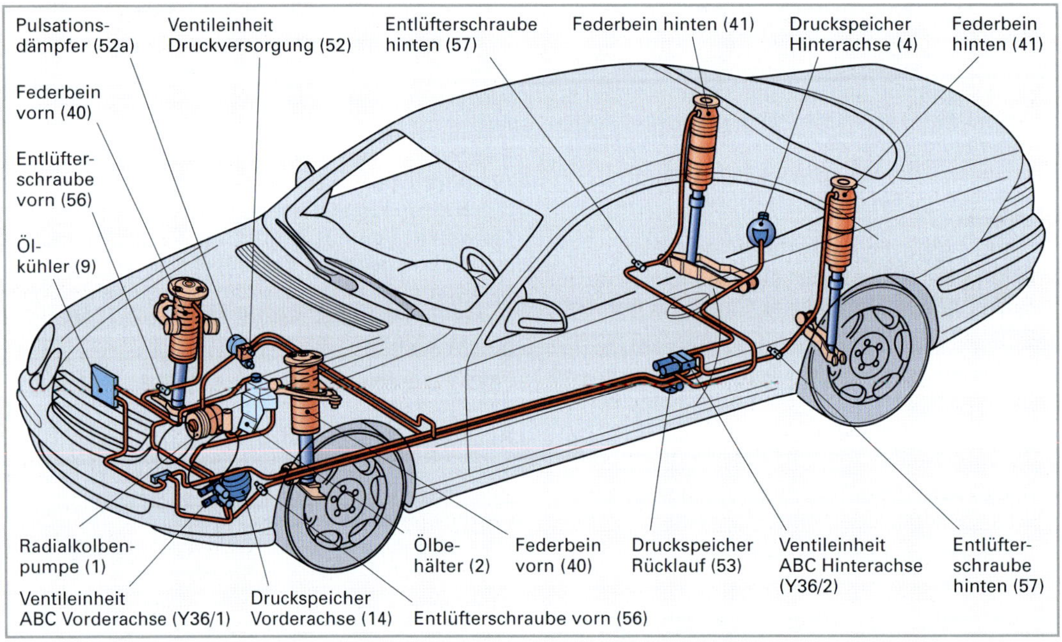

Bild 2: Active Body Control (Lageplan)

18

Legende zu den ABC-Plänen

a	Saugleitung	53	Druckspeicher Rücklauf	B24/12	Querbeschleunigungssensor
b	Arbeitsdruck	56	Entlüfterschraube vorn	B24/14	Längsbeschleunigungssensor
c	Regeldruck	57	Entlüfterschraube hinten	B24/3	Beschleunigungssensor Aufbau v.l.
d	Rücklauf	F1	Sicherung 1	B24/4	Beschleunigungssensor Aufbau v.r.
		F2	Sicherung 2	B24/6	Beschleunigungssensor Aufbau h.
1	Radialkolbenpumpe	N51/2	Steuergerät ABC	Y36/1	Ventileinheit ABC Vorderachse
2	Ölbehälter	N10/6	Steuergerät SAM	y1	Regelventil Federbein v.l.
2a	Ölfilter	B4/5	Drucksensor ABC	y2	Sperrventil Federbein v.l.
9	Ölkühler	B22/1	Plungerwegsensor h.l.	y3	Regelventil Federbein v.r.
4	Druckspeicher Hinterachse	B22/4	Plungerwegsensor v.l.	y4	Sperrventil Federbein v.r.
14	Druckspeicher Vorderachse	B22/5	Plungerwegsensor v.r.	y36/2	Ventileinheit ABC Hinterachse
40	Federbein vorn	B22/6	Plungerwegsensor h.r.	y1	Regelventil Federbein h.l.
41	Federbein hinten	B22/7	Niveausensor h.l.	y2	Sperrventil Federbein h.l.
52	Ventileinheit Druckversorgung	B22/8	Niveausensor v.l.	y3	Regelventil Federbein h.r.
52a	Pulsationsdämpfer	B22/9	Niveausensor v.r.	y4	Sperrventil Federbein h.r.
52b	Druckbegrenzungsventil	B22/10	Niveausensor h.r.	y86/1	Saugdrosselventil ABC
		B40/1	Öltemperaturfühler ABC		

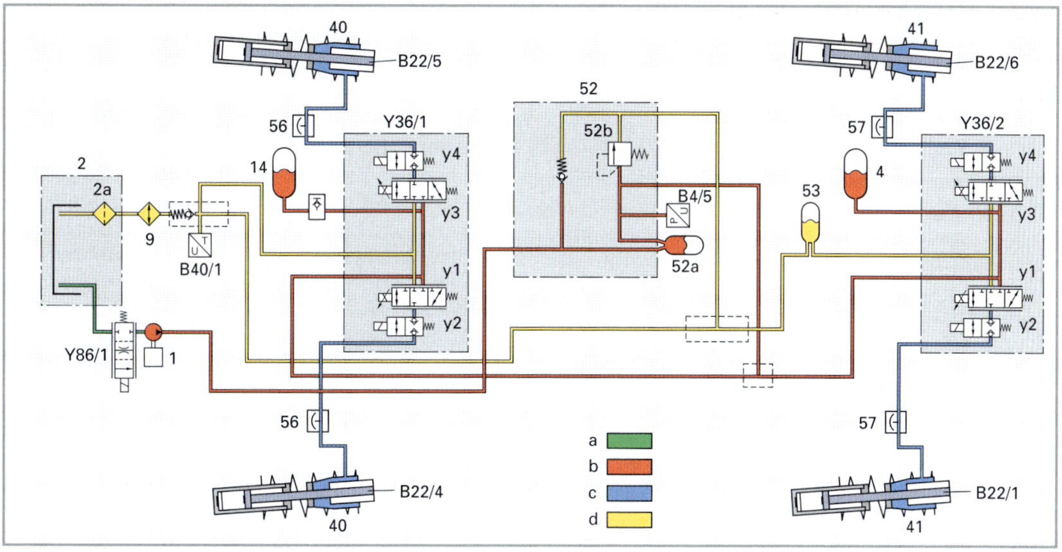

Bild 1: Hydraulikplan ABC

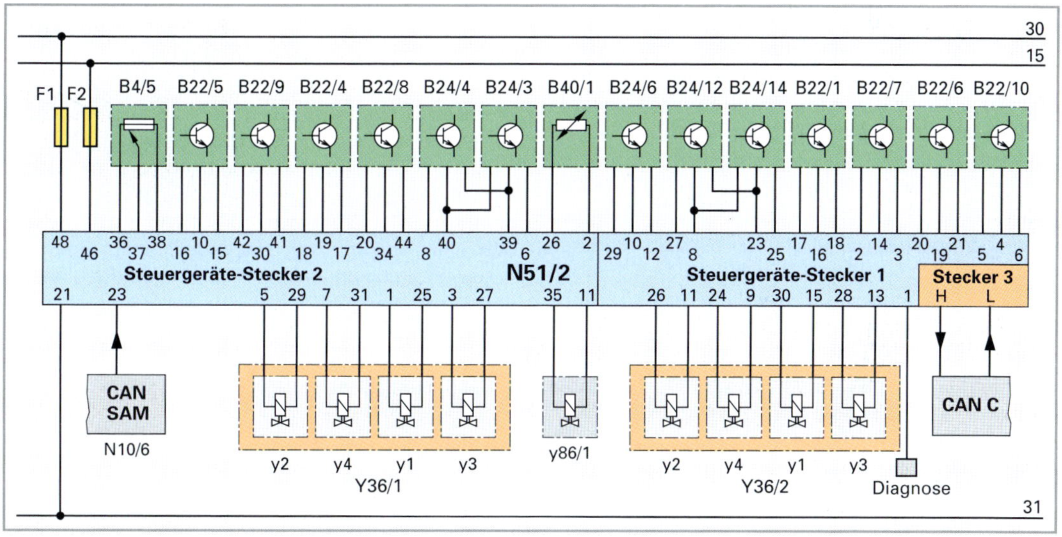

Bild 2: Stromlaufplan ABC

Aufgabe und Funktion der Sensoren

Drucksensor B4/5 meldet dem Steuergerät über PIN 36, PIN 37 Stecker 2 den jeweiligen Hydraulikdruck. Dieser wird über das Saugdrosselventil **y86/1** auf 180 bar bis 200 bar geregelt.

Öltemperatursensor B40/1 misst die Hydrauliköltemperatur im Rücklauf PIN 26, PIN 2 (Stecker 2).

Wegsensoren im Hydraulikzylinder (Plunger) B22/6; B22/1; B22/4; B22/5 übermitteln dem Steuergerät die jeweilige Ist-Position der Stellzylinder im Federbein PIN 20; PIN 17 (Stecker 1), PIN 18, PIN 16 (Stecker 2).

Niveausensoren B22/7, B22/10, B22/8, B22/9 erfassen über die jeweilige Querlenkerstellung das Niveau des Fahrzeugaufbaus PIN 2; PIN 5 (Stecker 1), PIN 20; PIN 42 (Stecker 2).

Aufbau-Beschleunigungssensoren B24/3, B24/4, B24/6 dienen zur Messung der Vertikalbeschleunigung des Fahrzeugaufbaus. Sie bestehen aus elektronischen Schwingungsbausteinen, die ihre Signale über PIN 6, PIN 8 (Stecker 2), PIN 29 (Stecker 1) an das Steuergerät senden. Sie werden benötigt um Hubbewegungen des Aufbaus erfassen zu können.

Quer- und Längsbeschleunigungssensor B24/12, B24/14 ermitteln die Quer- und Längsdynamik des Fahrzeugs PIN 27, PIN 25 (Stecker 1) und werden zur Kompensation von Wank- und Nickbewegungen benötigt.

Signalerfass- und Ansteuer-Modul SAM aktiviert das Steuergerät über PIN 23 (Stecker 2) durch die Fernbedienung, die Türkontaktschalter oder die Kofferraumbeleuchtung. Das Steuergerät überprüft das Fahrzeugniveau, um es gegebenenfalls auf das vorgewählte Niveau abzusenken.

Steuergerät ABC N51/2 bewirkt anhand von eingehenden Sensor-Signalen und Informationen, die von anderen Systemen über CAN-Bus übertragen werden, einen Vergleich mit hinterlegten und vorgewählten Kennfeldern (Sport/Komfort) die Ansteuerung der Aktoren.

Aufgabe und Funktion der Aktoren

Das **Saugdrosselventil y86/1** reguliert die von der Ölpumpe angesaugte Ölmenge, so dass ein Öldruck von 180 bar bis 200 bar im ABC-System aufgebaut und gehalten werden kann. Im stromlosen Zustand ist das Ventil geschlossen, um den Druck im System zu halten.

Regelventile y1, y3. Durch Ansteuerung der Regelventile werden die Stellzylinder bewegt. Dadurch senkt bzw. hebt sich der Aufbau am entsprechenden Rad. Hierdurch kann die Anpresskraft der Räder kurzzeitig erhöht werden.

Sperrventile y2, y4 werden bei stehendem Motor, Stillstand des Fahrzeugs und auftretenden Fehlern geschlossen, um Druckverlust zu vermeiden. Damit wird auch z. B. beim Radwechsel oder bei Arbeiten auf der Hebebühne ein Auseinanderziehen der Stellzylinder verhindert.

18

Regelvorgänge

Starten. Beim Öffnen der Fahrzeugtür wird über das Signal- und Ansteuer-Modul PIN 23 (Stecker 2) das ABC-Steuergerät aktiviert. Über die Niveausensoren **B22/7 ... 22/10** wird das Ist-Niveau mit dem Soll-Niveau verglichen. Ist das Ist-Niveau höher als das Soll-Niveau, werden die Regelventile **y1, y3** angesteuert und das Fahrzeug auf Soll-Niveau abgesenkt. Um diesen Regelvorgang auszuführen wird das Steuergerät über PIN 48 mit Batterie + und über PIN 21 mit Batterie – versorgt. Nach dem Einschalten der Zündung erfolgt eine zusätzliche Stromversorgung über PIN 46 Stecker 2.

Kurvenfahrt. Bei Kurvenfahrt registriert der Querbeschleunigungssensor **B24/12** Fliehkräfte. Das entsprechende Signal wird über PIN 27 Stecker 1 an das Steuergerät übermittelt. Aus den Raddrehzahlen vorne rechts und vorne links von CAN-C erkennt das Steuergerät, ob es sich um eine Links- oder Rechtskurve handelt. Bei einer Linkskurve steuert das Steuergerät **N51/2** die Regelventile **y3** über PIN 3, PIN 27 (Stecker 2) und PIN 28, PIN 13 (Stecker 1) so an, dass der Plunger ausfährt und das Fahrzeug auf der Außenseite angehoben wird. Gleichzeitig werden die Regelventile **y1** über PIN 1, PIN 25 (Stecker 2) und PIN 30, PIN 15 (Stecker 1) so geschaltet, dass die Plunger auf der Fahrzeuginnenseite druckentlastet werden. Die Fahrzeuginnenseite wird abgesenkt. Über die Niveausensoren **22/7 ... 22/10** wird Ist-Niveau mit Soll-Niveau verglichen.

Beschleunigung. Beim Beschleunigen registriert der Längsbeschleunigungssensor **B24/14** Beschleunigungskräfte in Fahrzeuglängsrichtung. Das Signal wird auf PIN 25 Stecker 1 dem Steuergerät übermittelt, das daraufhin die Regelventile so ansteuert, dass der Fahrzeugaufbau an der Vorderachse abgesenkt und an der Hinterachse angehoben wird.

Bremsen. Beim Bremsen erhält das Steuergerät vom schließenden Bremslichtschalter über CAN-C die Information über einen eingeleiteten Bremsvorgang. Der Längsbeschleunigungssensor gibt dem Steuergerät über PIN 25 Stecker 1 die Information über die Stärke der Verzögerung. Das Steuergerät steuert die Regelventile so an, dass der Fahrzeugaufbau an der Vorderachse angehoben und an der Hinterachse abgesenkt wird.

Geradeausfahrt. Bei Geradeausfahrt erhält das Steuergerät über CAN-C die Information der Fahrzeuggeschwindigkeit. Automatisch wird das Fahrzeugniveau durch Ansteuerung der Regelventile durch das Steuergerät je nach vorgewähltem Kennfeld abgesenkt. Durch Fahrerwunsch (Betätigen des Niveauschalters (CAN-C)) kann das Fahrzeug um 25 mm bzw. 50 mm angehoben werden.

Vertikalschwingungen. Schwingt das Fahrzeug auf Grund von Fahrbahnunebenheiten in Richtung Hochachse, werden diese Bewegungen von den Aufbau-Beschleunigungssensoren **B24/3, B24/4, B24/6** über PIN 6, PIN 8 (Stecker 2) und PIN 29 (Stecker 1) dem Steuergerät übermittelt. Die Niveausensoren **B22/7, B22/8, B22/9** PIN 42, **B22/10** melden den Ausschlag über PIN 20 Stecker 2 und PIN 2, PIN 5 (Stecker 1). Das Steuergerät steuert die Regelventile je nach vorgewähltem Kennfeld (Sport/Komfort) so an, dass die Schwingungen des Aufbaus gedämpft und ausgeglichen werden.

18.9 Räder und Reifen

18.9.1 Räder

Anforderungen an die Räder

- Geringe Masse
- Großer Durchmesser für große Bremsscheiben
- Hohe Formfestigkeit und Elastizität
- Gute Wärmeableitung (Reibungswärme)
- Einfaches Auswechseln von Reifen und Rädern bei Schäden

Aufbau des Rades

Das Rad besteht aus der Felge und der Radschüssel mit Mittelbohrung und Bolzenlöchern. Anstelle einer Radschüssel (Radscheibe) kann auch ein Radstern verwendet werden, oder die Felge wird mit der Nabe durch Stahlspeichen verbunden. Das Rad wird auf dem Flansch der Radnabe **(Bild 1),** die auf dem Achsschenkelzapfen drehbar gelagert ist, mit Radmuttern oder Radschrauben befestigt. Außerdem ist noch die Bremstrommel bzw. die Bremsscheibe fest mit dem Flansch der Radnabe verschraubt. Bei offen liegenden Lagern übernimmt ein Nabendeckel den Schutz der Lager und ist zugleich Depot für den Fettvorrat.

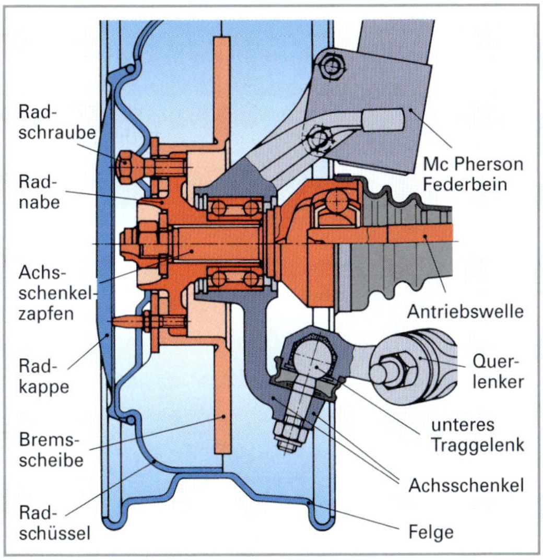

Bild 1: Pkw-Rad mit Radnabe verschraubt

Felgen

Es gibt fest mit der Radschüssel verbundene Felgen und abnehmbare Felgen. Außerdem unterscheidet man ungeteilte Felgen (Tiefbettfelgen) und mehrteilige Felgen, die bei Nutzfahrzeugen Verwendung finden (siehe Kapitel Nutzfahrzeugtechnik).

Tiefbettfelgen. Für Personenwagen werden fast nur ungeteilte Tiefbettfelgen verwendet. Sie sind fest mit der Radschüssel oder dem Radstern vernietet, verschweißt oder verschraubt bzw. mit der Radschüssel als ein Stück aus Leichtmetall gegossen oder geschmiedet **(Bild 2).** Der Felgenquerschnitt kann symmetrisch oder unsymmetrisch sein.

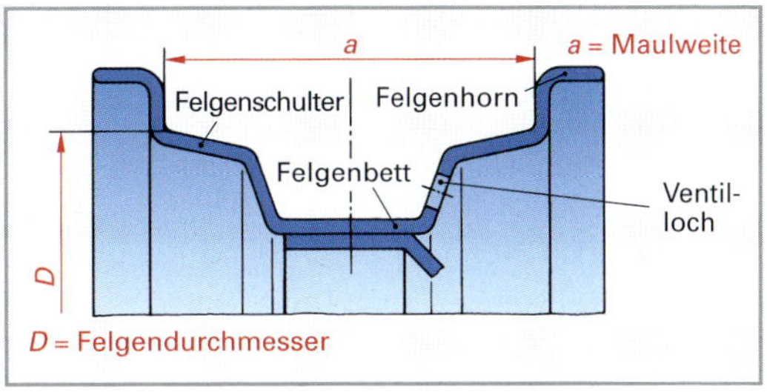

Bild 2: Ungeteilte, symmetrische Tiefbettfelge

Humpfelge. Bei Verwendung von schlauchlosen Gürtelreifen müssen Tiefbettfelgen verwendet werden, die auf der Felgenschulter, nahe demTiefbett, eine rundum laufende Erhöhung = Hump (H) besitzen **(Bild 3).**

Ist die Erhöhung nicht rund ausgeführt, sondem abgeflacht, so spricht man von einem Flat-Hump (FH). Beide sollen verhindern, dass der Reifenwulst bei schneller Kurvenfahrt durch die großen Seitenkräfte von der Felgenschulter ins Tiefbett gedrückt wird. Bei schlauchlosen Reifen entweicht die Luft schlagartig, so dass schwere Unfälle die Folge sein können.

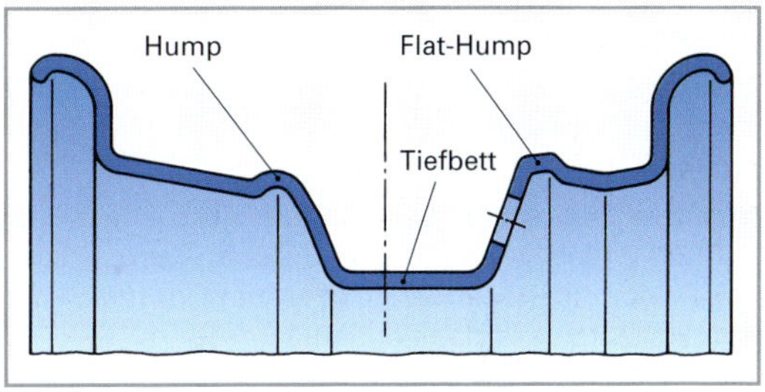

Bild 3: Unsymmetrische Hump-Felge

Abmessungen und Bezeichnungen an Felgen

Diese Angaben sind genormt. Die Felgenbezeichnung wird vom Hersteller in jedes Rad eingeschlagen. Sie besteht grundsätzlich aus 2 Maßen, der Maulweite *a* in Zoll und dem Felgendurchmesser *D* in Zoll **(Bild 2).** Beide Maße werden bei Tiefbettfelgen durch ein „x" getrennt. Kennbuchstaben nach der Maulweite bezeichnen die Form des Felgenhornes, Kennbuchstaben nach dem Felgendurchmesser geben Auskunft über die Felgenart.

Beispiel: **6 $^1/_2$ J x 15 H ET 35**

6$^1/_2$	Maulweite in Zoll
J	Kennbuchstabe für die Abmessungen des Felgenhornes
x	ungeteilte Felge (Tiefbettfelge)
15	Felgendurchmesser in Zoll
H	ein Hump auf derAußenschulter
ET 35	Einpresstiefe 35 mm

18

Weitere Felgenbezeichnungen:

H2 beidseitiger Hump

FH Flat Hump auf der Außenschulter

FH2 beidseitiger Flat-Hump

CH Combination Hump: Flat Hump auf der Außenschulter und Hump auf der Innenschulter

EH Extended Hump (erhöhter Hump)

SDC Halbtiefbettfelge (Semi-Drop-Center)

TD Spezielle Felge mit reduzierter Hornhöhe, dadurch verbesserter Federungskomfort des Reifens. Eine Rille in der Felgenschulter nimmt den Reifenwulst auf, so dass ein Abspringen des Wulstes bei drucklosem Reifen nicht möglich ist. Angabe von Maulweite und Felgendurchmesser in mm.

Einpresstiefe

Sie ist das Maß von der Felgenmitte bis zur inneren Anlagefläche (Radbefestigungsebene) des Scheibenrades **(Bild 1)**.

Durch Wahl eines Rades mit anderer Einpresstiefe kann die Spurweite verändert werden.

Hinweis für Umrüstungen: Mit der Veränderung der Spurweite ändern sich weitere geometrische Größen wie Lenkrollhalbmesser und Sturz.

Positive Einpresstiefe. Die innere Anlagefläche, bezogen auf die Felgenmitte, ist zur Radaußenseite verschoben.

Negative Einpresstiefe. Die innere Anlagefläche ist zur Radinnenseite verschoben. Durch Verwendung von Felgen mit negativer Einpresstiefe lässt sich die Spurweite von Kraftfahrzeugen vergrößern.

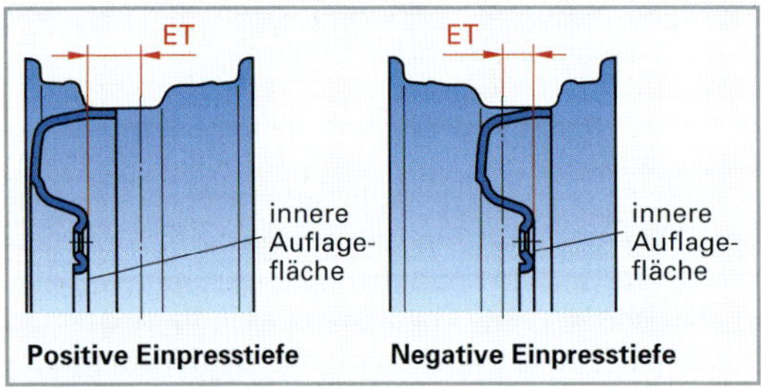

Bild 1: Einpresstiefe von Felgen

Räderarten

Scheibenräder sind aus Stahlblech gepresst oder aus Leichtmetall-Legierungen z.B.GK-AlSi 10 Mg gegossen oder geschmiedet. Räder aus Leichtmetall-Legierungen haben i.d.R. folgende Vorteile:

- Geringeres Gewicht (kleine ungefederte Masse)
- Wirksamere Bremsbelüftung und Wärmeableitung.

Leichtbauräder aus neu entwickelten Stählen, z.B. DP 600, ermöglichen kleinere Wandstärken und sind gegenüber den bisherigen Stahlrädern aus S 235 JR um bis zu 40 % leichter geworden.

18.9.2 Reifen

Anforderung an die Bereifung

- Aufnahme der Gewichtskraft des Fahrzeuges
- Auffangen und dämpfen von Fahrbahnstößen
- Übertragen von Antriebs-, Brems- und Seitenführungskräften
- Geringer Rollwiderstand
- Ausreichende Lebensdauer
- Geräusch- und vibrationsarmes Abrollen

Aufbau

Zur Bereifung zählt man den Luftschlauch mit Ventil, den Reifen und das Felgenband. Letzteres wird nur noch bei Mopeds und Krafträdern mit Drahtspeichenrädern verwendet, um den Schlauch gegen Beschädigungen durch die Nippelköpfe der Drahtspeichen zu schützen. Der Luftschlauch muss der Reifengröße entsprechen. Der Luftschlauch ist beim Austausch der Reifen immer mit zu erneuern.

Der schlauchlose **Reifen (Bild 2)** besteht aus

- **Karkasse** (Gewebeunterbau),
- **Zwischenbau** mit Lauffläche (Protektor)
- **Gürtel** (bei Radialreifen),
- **Seitenwand**
- **Wülsten** mit eingelegten Stahldrahtkernen
- **luftdichter Gummischicht**

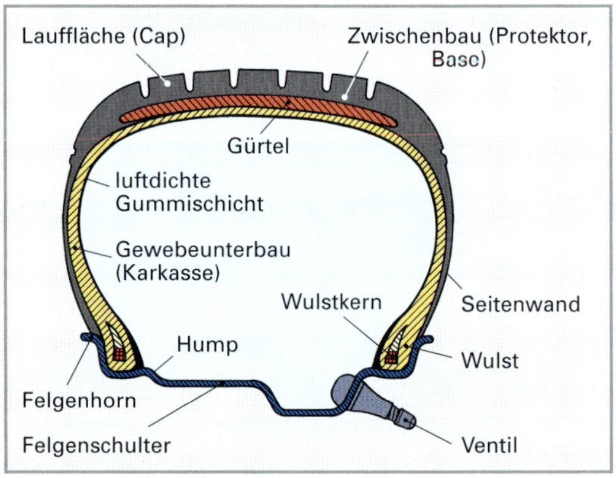

Bild 2: Aufbau des Reifens

Karkasse. Sie ist aus gummierten Cordfäden aufgebaut, die aus Nylon, Rayon, Stahl, Polyester oder Aramid hergestellt sind. Die Fäden werden in Lagen übereinandergelegt und zwar entweder radial – im rechten Winkel zur Fahrtrichtung, oder diagonal – im spitzen Winkel zur Fahrtrichtung. Beim Wickeln werden die Fäden um zwei Stahlringe (Wulstkerne) herumgelegt und durch Einvulkanisieren fest verankert.

Zwischenbau (Base). Er besteht aus einer härteren Gummischicht. Sie vermindert die Eigenbewegung der Laufflächenprofilblöcke, dämpft Stöße und schützt die Karkasse.

Gürtel. Er besteht aus mehreren Lagen in Gummi eingebetteter Stahldrähte, Textil- oder Aramidfasern. Der Gürtel liegt über der Karkasse und ist so gefertigt, dass sich die Drähte oder Fasern kreuzen. Bei Hochgeschwindigkeitsreifen befindet sich ein 0°-Gürtel über dem gekreuzten Gürtel, z.B. aus Nylon. Dadurch dehnt sich der Reifen bei hohen Geschwindigkeiten nicht so stark aus und der Mittenabrieb wird reduziert **(Bild 1)**.

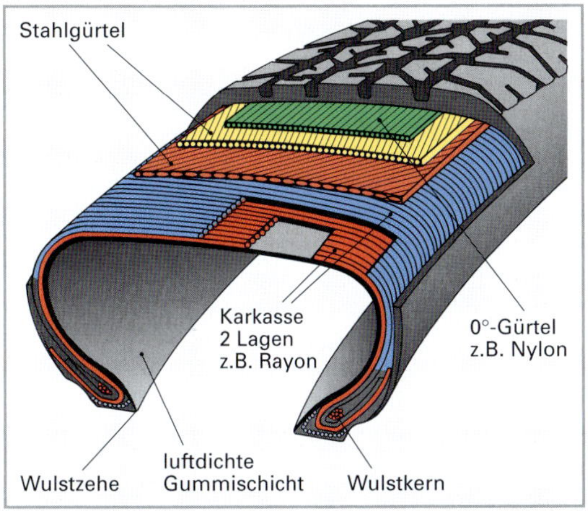

Bild 1: Anordnung von Karkasse und Gürtel im Reifen

Lauffläche (Cap). Sie ist mit einem Profil versehen. Das Längsrillenprofil gibt dem Reifen Seitenführung, das Querrillenprofil überträgt Antriebskräfte. Die Profilgestaltung hat wesentlichen Einfluss auf Aquaplaningverhalten, Rollwiderstand und Geräuschverhalten der Reifen.

Bei hohen Geschwindigkeiten kann sich auf nasser Fahrbahn zwischen Reifen und Straßenoberfläche ein Wasserkeil bilden, der die Bodenhaftung aufhebt und das Fahrzeug lenkunfähig macht. Um das Wasser schnell abzuleiten, müssen die Profilnuten eine bestimmte Form und ausreichende Tiefe haben.

Die gesetzlich vorgeschriebene Mindestprofiltiefe von 1,6 mm reicht zur Vermeidung der Aquaplaninggefahr in vielen Fällen nicht aus.

Seitenwand. Durch niedrige Seitenwände wird die Steifigkeit des Reifens erhöht, was zu einer Verbesserung der Lenkpräzision bei vermindertem Federungskomfort führt.

Wulst. Er hat die Aufgabe, den Reifen fest auf der Felge zu halten, damit die Übertragung von Brems-, Antriebs- und Seitenkräften gewährleistet ist. Er ist deshalb besonders fest ausgeführt durch Verwendung von Kabeln aus Stahldraht (Wulstkern). Eine zusätzliche Aufgabe ist bei schlauchlosen Reifen die Abdichtung der Luft zur Felge.

Abmessungen und Bezeichnungen am Reifen

Reifengröße. Sie erfolgt durch Angabe von 2 Maßen: Reifenbreite in Zoll oder mm; Felgendurchmesser in Zoll oder mm.

Die angegebenen Zahlenwerte stimmen aber mit den wirklichen Größen nicht überein. Genaue Werte müssen deshalb aus Normtabellen entnommen werden. Alle Maße gelten für den mit Normdruck aufgepumpten aber unbelasteten Reifen **(Bild 2)**.

Querschnittsverhältnis. Um unterschiedliche Reifengattungen, z.B. Ballonreifen, Niederquerschnittreifen, unterscheiden zu können, wird das Verhältnis aus Reifenhöhe *H* und Reifenbreite *B* gebildet. Bei Reifenbezeichnungen wird es in Prozent angegeben.

Heutige Reifen haben eine größere Breite als Höhe. Beträgt die Höhe des Reifens z.B. 80 % der Breite, so ist das Verhältnis $H : B = 0{,}8 : 1$. Da in der Reifenbezeichnung der Prozentwert übernommen wird, spricht man von einem 80er-Reifen.

Wirksamer Halbmesser. Ein senkrecht stehender, belasteter Reifen hat einen kleineren Halbmesser (Abstand von der Radmitte zur Straßenoberfläche) als ein unbelasteter Reifen. Man bezeichnet ihn als statischen Halbmesser r_{stat} **(Bild 3)**.

Bei fahrendem Fahrzeug wird die Einfederung des Reifens durch die Fliehkraft teilweise wieder aufgehoben, der wirksame Halbmesser wird wieder größer. Man bezeichnet ihn als dynamischen Halbmesser $r_{dyn.}$

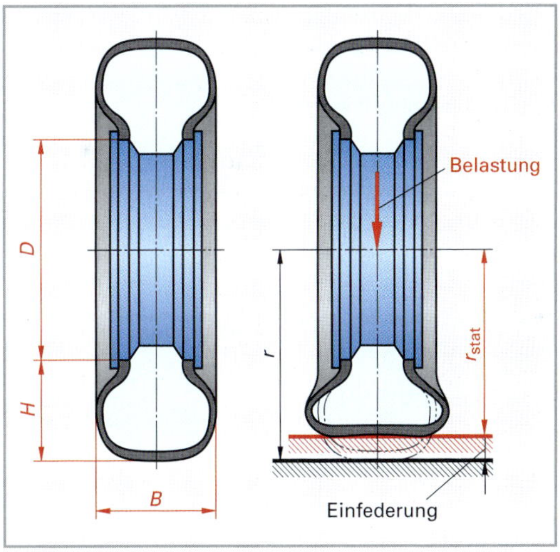

Bild 2: Maße am Reifen **Bild 3: Belasteter Reifen**

Dynamischer Abrollumfang U_{dyn}. Er gibt die Wegstrecke an, die der Reifen je Umdrehung bei einer Geschwindigkeit von 60 km/h zurücklegt, wenn er mit der in der Norm festgelegten Tragfähigkeit belastet und dem vorgeschriebenen Luftdruck aufgepumpt wurde. Die Genauigkeit der Tachometeranzeige hängt vom Abrollumfang ab. Der statische Halbmesser und der dynamische Abrollumfang werden in Reifentabellen angegeben.

Reifen-Geschwindigkeitskategorie. Sie unterscheidet Reifen nach ihrer zulässigen Höchstgeschwindigkeit. Jeder Höchstgeschwindigkeit wird ein Kennbuchstabe zugeordnet. Auswahl in **Tabelle 1.**

Tabelle 1: Geschwindigkeitskategorien

Reifen-Höchstgeschwindigkeit in km/h	Geschwindigkeitssymbol	Reifen-Höchstgeschwindigkeit in km/h	Geschwindigkeitssymbol
100	J	210	H
120	L	240	V
160	Q	270	W
180	S	300	Y
190	T	über 240	ZR

Reifen-Tragfähigkeit (Tabelle 2). Sie wird durch den Load Index (LI) angegeben. Dieser ist eine Code-Zahl und gibt die Höchsttragfähigkeit des Reifens bei Normluftdruck an.

Bei einigen Reifen für Nkw wird als zusätzliche Angabe die Kennzeichnung PR = Ply Rating benützt. So bedeutet die Angabe 8 PR, dass ein Reifen auf Grund der Festigkeit seiner Karkasse ebenso belastet werden kann, wie ein Reifen mit 8 Lagen Baumwollcord, obwohl weniger Lagen vorhanden sind.

Die Reifen-Tragfähigkeit ist abhängig von Reifenbauart, Höchstgeschwindigkeit, Reifendruck, Reifenvolumen und Sturz. Sie muss auf das Fahrzeug abgestimmt sein.

Bei Reifen mit der Bezeichnung Reinforced oder Extra Load ist der Unterbau der Reifen verstärkt. Deshalb können sie bei erhöhtem Luftdruck höhere Lasten aufnehmen. Der Load Index ist bei diesen Reifen höher.

Tabelle 2: Reifen-Tragfähigkeit LI (Auswahl)

Reifengröße				Reinforced (Extra Load)		
	LI	kg	bar	Li	kg	bar
135/80 R 13	70	335	2,4	74	375	2,8
185/70 R 14	88	560	2,5	92	630	2,9
195/65 R 15	91	615	2,5	95	690	2,9
205/50 R 16	87	545	2,5	91	615	2,9

Beispiele für Reifenbezeichnungen

195 / 60 R 15 88 H

R = Radialreifen
195 = Reifennennbreite 195 mm;
60 = Querschnittsverhältnis 60 %;
15 = Felgendurchmesser 15″
88 = Tragfähigkeit 560 kg
H = Höchstgeschwindigkeit 210 km/h.

335 / 30 ZR 18 (102 W)

Der Reifen hat für die Geschwindigkeit eine Doppel-Kennzeichnung. Der Klammerausdruck bedeutet, dass dem Reifen bei einem Load Index von 102 eine Höchstgeschwindigkeit von 270 km/h (W) zugeordnet ist. Ist das Fahrzeug für höhere Geschwindigkeiten zugelassen, muss der Fahrzeughersteller eine Freigabe erteilen, in der die zulässige Tragfähigkeit und Geschwindigkeit festgelegt wird.

Hinweis: Die Reifentragfähigkeit wird bei diesen Reifen ab 240 km/h je 10 km/h um 5 % reduziert.

Reifenbezeichnungen (Bild 1). Nach der ECE-Regelung Nr. 20 (ECE = Economic Comission for Europe) müssen die im **Bild 1** aufgeführten Angaben zur Bezeichnung eines Reifens verwendet werden. Ab Oktober 2009 müssen alle Reifen mit dem Zusatz S für Sound gekennzeichnet sein. Die ausführliche Reifenkennzeichnung ist dem Tabellenbuch Krafffahrzeugtechnik zu entnehmen.

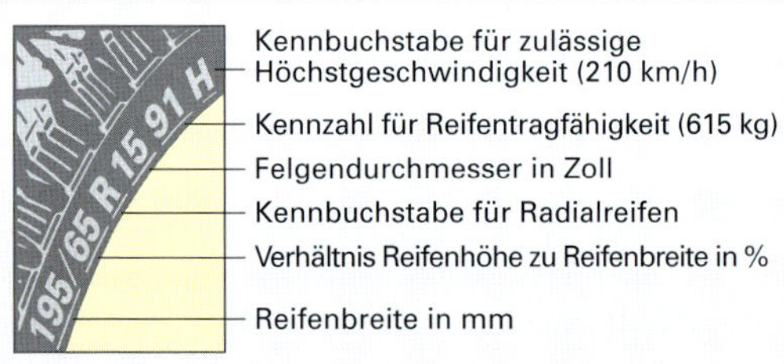

Bild 1: ECE-Reifenbezeichnung

Reifengattung

Nach dem Querschnittsverhältnis der Reifen unterscheidet man Ballonreifen, Super-Ballon-Reifen, Niederquerschnittreifen, Super-Niederquerschnitt-Reifen, 70er, 60er-, 50er, 40er, 35er-Reifen usw. **(Bild 2).** Bei den einzelnen Formen ist das Verhältnis von Reifenhöhe zu Reifenbreite verschieden, was wiederum ein unterschiedliches Fahrverhalten zur Folge hat. Die Entwicklung ging vom beinahe kreisrunden Profil (Ballon) immer mehr in Richtung des flacheren und breiteren Querschnitts. Breitere Laufflächen und niedrigere Flanken haben größere Fahrsicherheit zur Folge, was bei den zunehmenden Geschwindigkeiten von großer Bedeutung ist.

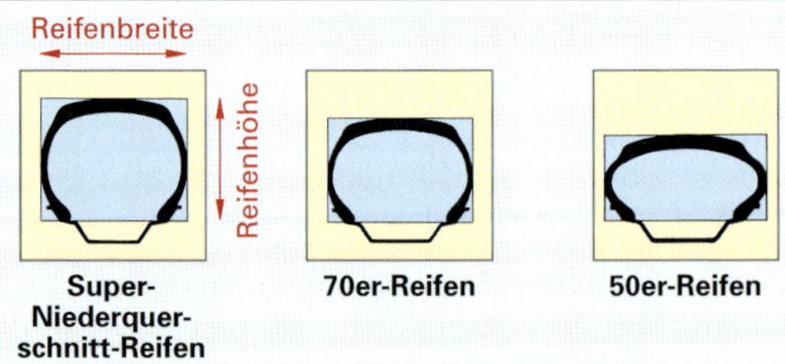

Bild 2: Querschnittsformen der Reifen (Auswahl)

Ballon-Reifen (Höhe zu Breite = 0,98 : 1) z.B. 4.50-16, haben infolge ihrer großen Reifenhöhe eine gute Federung aber eine schlechte Seitenführung.

Super-Ballon-Reifen (H : B = 0,95 : 1) z.B. 5.60-15, unterscheiden sich durch breitere Form und kleinerem Innendurchmesser (bis 15") von Ballon-Reifen.

Niederquerschnitt-Reifen (H : B = 0,88 : 1) z.B. 6.00-14, haben Breitenmaße, die auf 1/2" abgestuft sind. Sie können zusätzlich mit dem Buchstaben L (Low; Niederquerschnitt = Lowsection) gekennzeichnet sein.

Super-Niederquerschnittreifen (H : B ~ 0,82) z.B. 165 R 13, wurden als Diagonalreifen und zum ersten Mal 1964 als Gürtelreifen gefertigt (80er-Reifen).

70er-Reifen (H : B = 0,70 : 1) haben eine Höhe, die 70 % der Breite beträgt. Aus dieser Tatsache ergab sich die Bezeichnung dieser Reifen. Vorteile sind die größere Reifenaufstandsfläche auf der Fahrbahn und das spurtreue Verhalten. Die höheren Seitenführungskräfte erlauben größere Kurvengeschwindigkeiten.

50er-Reifen (H : B = 0,5 : 1) z.B. 225/50 R 16, haben eine Höhe, die nur noch 50 % der Breite beträgt. Da der Abrollumfang der Reifen im Vergleich zu Reifen der Dimension 195/65 R 15 gleich bleibt, vergrößert sich der Felgendurchmesser.

Vorteile:

- Einbau von größeren und leistungsfähigeren Bremsscheiben mit besserer Belüftung möglich.
- Unempfindlicher gegen seitliche Verformung durch den niedrigen, flachen Querschnitt.
- Hohe Seitenstabilität beim Anlenken von Kurven; Aufbau von großen Seitenkräften schon bei kleinen Schräglaufwinkeln, dadurch hohe Kurvengeschwindigkeiten möglich.
- Größerer Widerstand gegen seitliches Verdrehen.
- Präziseres Ansprechen auf Lenkbewegungen.

Nachteile:

- Geringere Eigenfederung, Komforteinbuße
- Größerer Kraftaufwand beim Lenken

Reifenaufstandsfläche (Latsch, Positivprofil)

Mit wachsender Reifenbreite vergrößert sich die Aufstandsfläche des Reifens auf dem Boden **(Bild 1)**. Durch die größere Auflagefläche vergrößert sich die Reibungskraft, so dass die Haftung des Reifens bei schneller Kurvenfahrt beim Bremsen und Beschleunigen erhöht wird. Das Coulomb'sche Gesetz, wonach die Reibungskraft nur von der Normalkraft (senkrechte Belastung) und der Reibungszahl abhängt, gilt für Reifen nur mit Einschränkung. Bei Reibung von gummielastischen Stoffen auf rauen Oberflächen (Straßen) spielt die Größe der aufeinander reibenden Flächen auf Grund der Verzahnung eine Rolle.

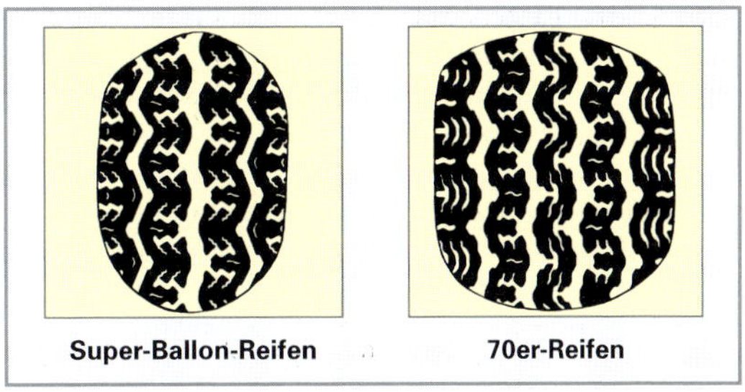

Bild 1: Reifenaufstandsflächen

Negativ-Profil. Darunter versteht man die zwischen den einzelnen Profilstollen liegenden Quer-, Längs- und Schrägrillen. Bei großen Aufstandsflächen muss der Anteil an Negativ-Volumen in Bezug zur Aufstandsfläche erhöht werden, um durch mehr Wasseraufnahme ein Aufschwimmen der Reifen zu verhindern. Durch den höheren Bodendruck verbessern sich auch die Wintereigenschaften.

Air-Pumping-Effekt. Durch die Verformung der Reifenaufstandsfläche während der Fahrt entstehen je nach Ausführung des Negativprofiles abgeschlossene Hohlräume, die sich beim Ein- und Auslauf der Aufstandsfläche schlagartig mit Luft füllen und wieder leeren (Luftverdrängungsvorgänge). Dies führt zu erheblichen Fahrgeräuschen.

Reifenbauarten

Nach dem Aufbau der Karkasse eines Reifens unterscheidet man Diagonalreifen und Radialreifen (Gürtelreifen).

Diagonalreifen. Die Gewebelagen werden so diagonal übereinandergelegt, dass die Cordfäden mit der Fahrtrichtung des Reifens jeweils einen spitzen Winkel (Fadenwinkel) von 26° bis 40° bilden **(Bild 2).** Mit kleiner werdendem Fadenwinkel wird der Reifen härter, die Seitenstabilitat steigt, größere Höchstgeschwindigkeiten sind möglich. Diagonalreifen finden vor allem noch im Motorradreifenbau Anwendung (siehe Kapitel Zweiradtechnik).

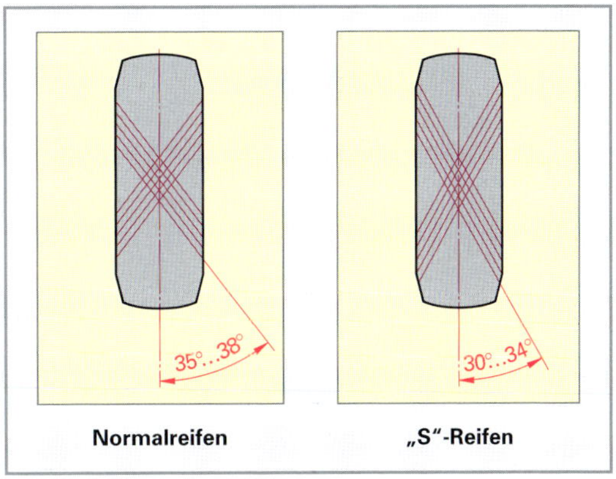

Bild 2: Fadenwinkel bei Diagonalreifen

Radialreifen (Bild 1 und 2). Alle Cordfäden der Karkasse liegen nebeneinander und verlaufen radial, d.h. 90° zur Fahrtrichtung. Zwischen der Karkasse und der Lauffläche des Reifens ist ein Gürtel aus mehreren Lagen Textil- oder Stahlcord oder Aramid im Winkel von etwa 20° zur Fahrtrichtung angeordnet, so dass sich die Lauffläche beim Abrollvorgang nur sehr wenig verformt. Im **Bild 1** sind 2 gekreuzte Stahlcord- und 2 umlaufende 0°-Nylongürtel dargestellt. Durch den 0°-Gürtel aus Nylon wird der Reifen hochgeschwindigkeitsfest.

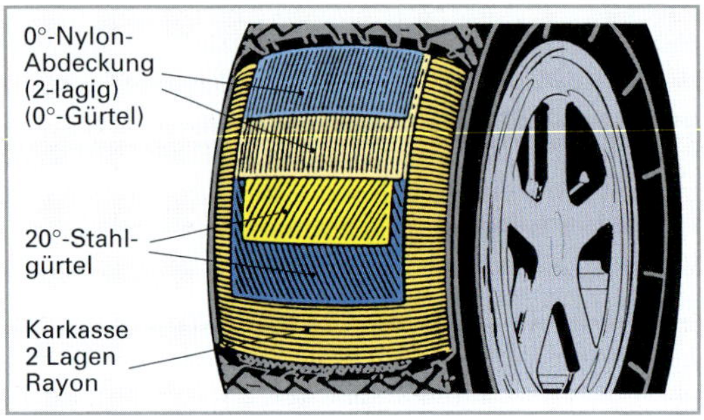

Bild 1: Aufbau eines Radialreifens

Radialreifen federn an der Flanke ein, die Verformung wird hauptsächlich auf die Walkzone begrenzt.

Bei kleineren Geschwindigkeiten laufen Radialreifen durch den versteifenden Gürtel härter ab als Diagonalreifen. Bei größeren und hohen Geschwindigkeiten kommt das Federungsvermögen der weichen Karkasse zur Geltung, so dass der Radialreifen mehr Laufruhe aufweist als der Diagonalreifen. Zusätzlich bewirkt der Gürtel eine gute Seitenstabilitat und somit hohe Seitenführungskräfte.

Schlauchlose Reifen (Bild 2). Eine luftdichte Gummischicht aus Butyl verhindert das Entweichen der Luft. Trotzdem entsteht durch Diffusion der Sauerstoffmoleküle im Laufe der Zeit Druckverlust. Deshalb ist der Reifendruck regelmäßig zu kontrollieren.

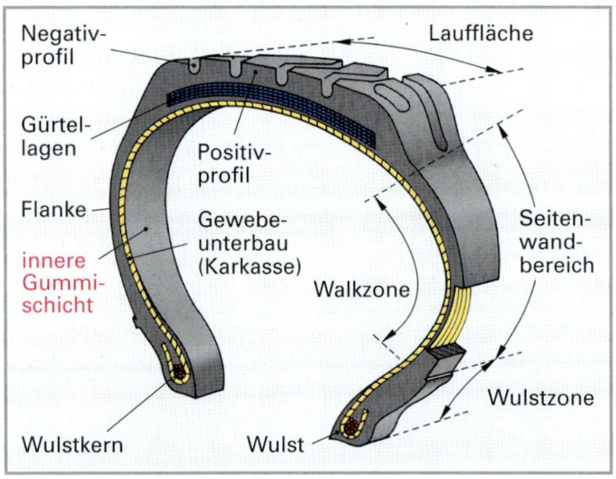

Bild 2: Schlauchloser Radialreifen

Füllt man statt Luft Stickstoffgas ein, so hält der Reifendruck länger, da Stickstoffmoleküle größer sind als Sauerstoffmoleküle. Auch das in die Felge eingesetzte Gummiventil muss einwandfrei abdichten. Schlauchlose Reifen tragen die Aufschrift „Tubeless" oder „TL".

Vorteile schlauchloser Reifen:

- Geringere Wärmeentwicklung, da die Reibung zwischen Reifen und Schlauch wegfällt.
- Geringeres Gewicht und einfachere Montage.

Schräglaufwinkel

Greifen an einem rollenden Fahrzeug Störkräfte (Windkraft, Fliehkraft) an, so stellt sich ein Schräglaufwinkel ein, und die in den Aufstandsflächen der Reifen wirkenden Seitenkräfte stehen im Gleichgewicht mit den Störkräften.

> Den Winkel, der sich zwischen tatsächlicher Bewegungsrichtung und der Felgenebene (Felgenlängsrichtung) einstellt, nennt man Schräglaufwinkel α **(Bild 3).**

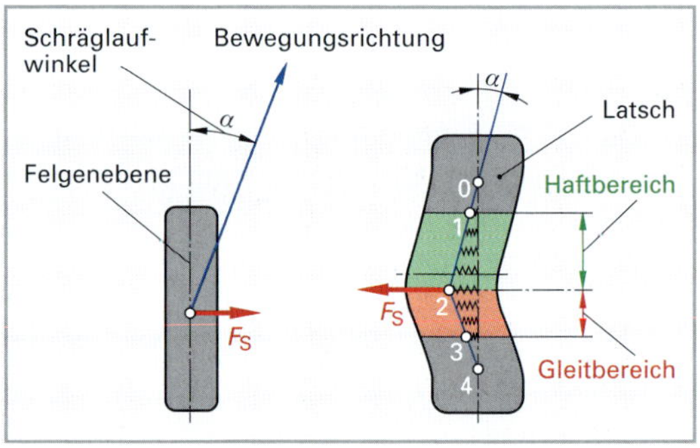

Bild 3: Schräglaufwinkel α

Der Aufbau der Seitenkraft im Reifen erfolgt durch die Verformung des Latsches z.B. bei Kurvenfahrt. Sobald sich ein Schräglaufwinkel einstellt, bewegt sich das Reifenprofil, das normalerweise beim Auftreffen auf die Fahrbahn auf der Reifenmittellinie liegt, immer weiter von dieser weg **(Bild 3).**

Dabei tritt eine Verspannung im Reifen auf, die umso größer ist, je weiter das Profil von der Mittellinie entfernt ist. Die Summe der Spannkräfte ergibt die Seitenkraft, sie wirkt im Schwerpunkt der verformten Latschfläche.

Bei weiter ansteigendem Schräglaufwinkel kommt es im hinteren Bereich des Reifens zu Gleitreibung und die Spannkraft lässt nach. Trotzdem nimmt die Seitenkraft noch zu, da der Haftbereich noch größer ist als der Gleitbereich. Nimmt der Schräglaufwinkel weiter zu, so wird der Gleitbereich größer als der Haftbereich, die Seitenkraft nimmt ab.

Bei Kurvenfahrt kommt es an den kurvenäußeren Rädern einer Achse zu einer Erhöhung der Radlast wogegen die kurveninneren Räder entlastet werden. Je höher die Radlast wird, desto größer wird der Aufbau der Seitenkraft im Reifen. Breitreifen sind in der Lage auch bei hohen Radlasten und Querbeschleunigungen große Seitenführungskräfte aufzubauen und damit die Kurvensicherheit zu erhöhen, während bei Super-Niederquerschnitt-Reifen z.B. 165/80 R 13 sogar ein Abbau der Seitenführungskraft eintritt **(Bild 1)**.

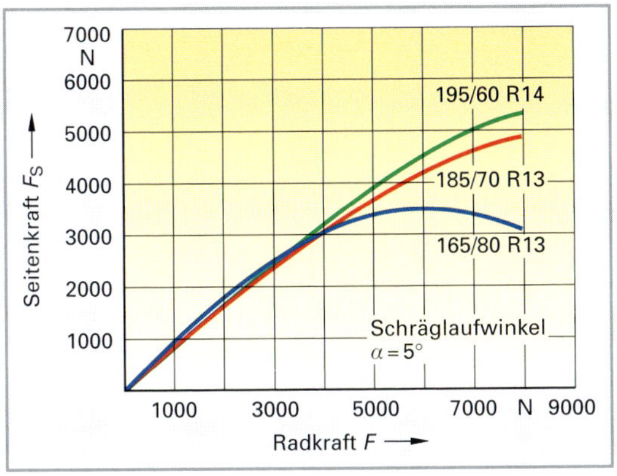

Bild 1: Seitenkraftaufbau für Radialreifen

Winterreifen (M+S-Reifen). Im Gegensatz zu den früheren grobstolligen Profilen werden heute kleinere Profilrillen mit vielen feinen Lamellen verwendet. Durch die feinen Lamellen verzahnt sich der Reifen mit dem Schnee- oder Matschbelag bei winterlicher Fahrbahn besser. Um den Laufflächengummi bei tieferen Temperaturen ab ≤ 7 °C elastisch zu halten, wird Kieselsäure (Silica) oder Naturkautschuk beigemischt. Die Vorteile sind:

- Bessere Haftung zwischen Reifen und Belag
- Geringerer Rollwiderstand
- Gute Haltbarkeit des Profiles (geringere Eigenerwärmung)

Winterreifen sind bei einer Profiltiefe von weniger als 4 mm nicht mehr ausreichend wintertüchtig.

Abrieb-Indikatoren (Bild 2). Sie sind Erhebungen im Profilgrund. Wird das Profil auf die gesetzlich vorgeschriebene Mindestprofiltiefe von 1,6 mm Höhe abgefahren, so sind die Abrieb-Indikatoren mit dem Profil höhengleich. Die Lage der Indikatoren im Reifenprofil ist an der Reifenflanke durch die Buchstaben TWI (Treadwear indicator) oder durch ein Dreieck gekennzeichnet.

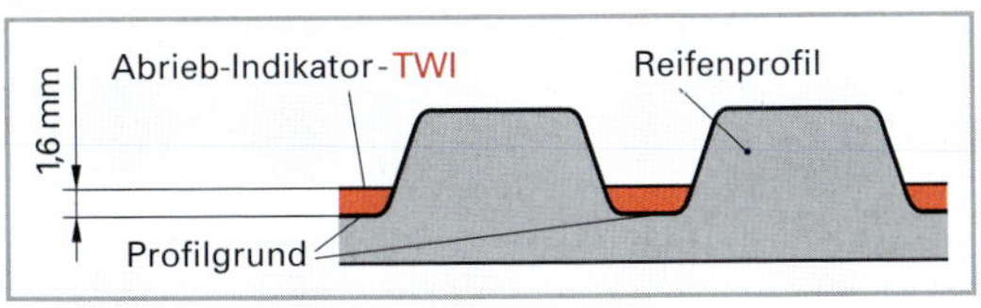

Bild 2: Abrieb-Indikator

Wegen der großen Aquaplaning-Gefahr besonders bei hohen Geschwindigkeiten und des zunehmenden Bremsweges auf nassen Straßen bei geringen Profilfiefen **(Tabelle 1)** ist es ratsam den Reifen zu wechseln, bevor die Abrieb-Indikatoren Fahrbahnkontakt bekommen.

Tabelle 1: Bremswerg beim Abbremsen von 100 km/h auf 60 km/h

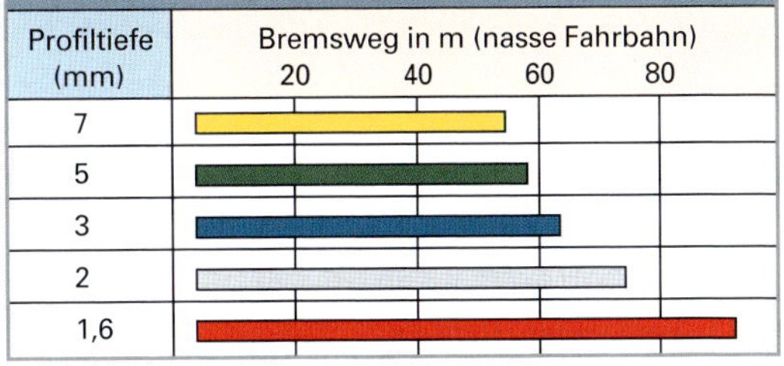

Auswuchten

Die Masse eines sich drehenden Rades ist nie völlig gleichmäßig über den ganzen Umfang verteilt. An den Stellen mit größerer Masse tritt Unwucht auf, d.h. es entstehen Fliehkräfte, die umso größer sind, je größer die Masse ist und je höher die Drehzahlen sind **(Bild 3)**.

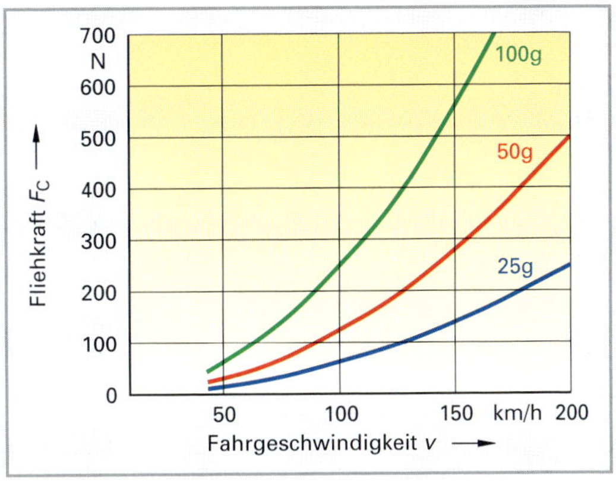

Bild 3: Fliehkräfte an einem Reifen 195/65 R 15

Statische Unwucht. Wird z.B. durch blockierende Bremsen an einer Stelle der Lauffläche Gummi abgerieben, so entsteht an der gegenüberliegenden Stelle durch die größere Masse eine Fliehkraft, die bei höheren Drehzahlen zum Springen des Rades auf der Fahrbahn führen kann. Der Fehler kann durch Auspendeln des Rades sichtbar gemacht werden, die schwerste Stelle des Rades kommt unten zur Ruhe.

Damit das Rad beim Auspendeln in jeder Lage stehenbleibt, muss die Summe aller Momente um die Drehachse des Rades gleich null sein.

$$M_1 = M_2 \qquad G_1 \cdot r_1 = G_2 \cdot r_2$$

18

Gegenüber der schwersten Stelle des Rades muss eine Ausgleichsmasse m_2 mit der Gewichtskraft G_2 an der Felge befestigt werden, die so groß ist, dass das entstehende Drehmoment M_2 dem Drehmoment M_1 entspricht. Das Rad ist statisch ausgewuchtet **(Bild 1)**.

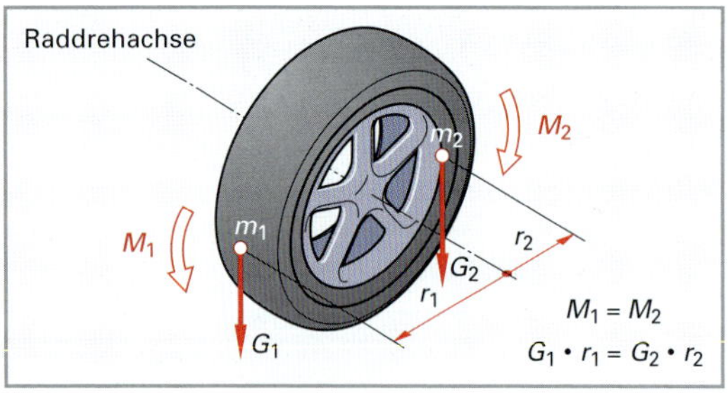

Bild 1: Auswuchten (statisch)

Dynamische Unwucht. Bei einem Rad liegt die Unwuchtmasse m_1 selten in der gleichen Ebene wie die an der Felge angebrachte Ausgleichsmasse m_2. Das Rad ist zwar statisch ausgewuchtet, bei höheren Drehzahlen bewirken die Fliehkräfte an m_1 und m_2 ein Drehmoment quer zur Achse und bringen das Rad zum Taumeln. Es hat in diesem Fall eine dynamische Unwucht. Liegt die Unwuchtmasse m_1 in der Radbefestigungsebene, so wirkt nur das Drehmoment M_{C2} **(Bild 2)**.

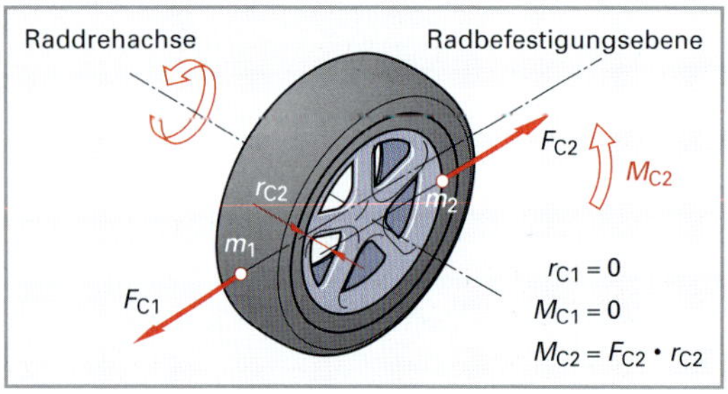

Bild 2: Dynamische Unwucht

Durch Anbringen einer zweiten Ausgleichsmasse m_3 an der Innenseite der Felge, kann das entstehende Drehmoment M_{C3} das Drehmoment M_{C2} ausgleichen, das Rad ist dynamisch ausgewuchtet **(Bild 3)**. Größe und Lage der Ausgleichsmassen m_2 und m_3 werden an Auswuchtmaschinen ermittelt.

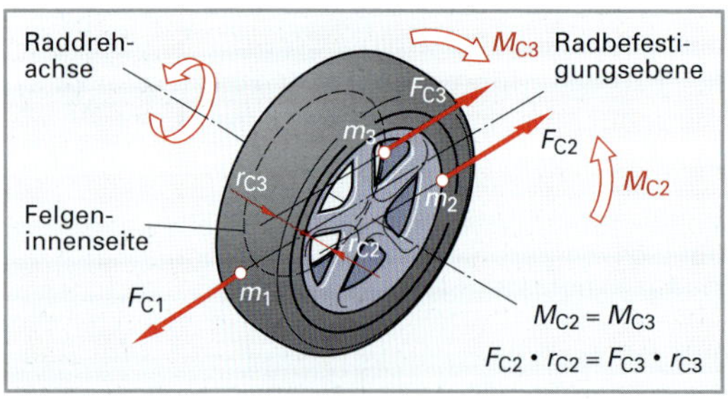

Bild 3: Auswuchten (dynamisch)

Läuft ein Rad trotz Auswuchten unrund, so kann ein Höhenschlag vorliegen. Überschreitet der Höhenschlag 1 mm an der Lauffläche, so muss versucht werden, den Höhenschlag durch Verdrehen des Reifens auf der Felge (Matchen) zu reduzieren.

18.9.3 Pannenlaufsysteme

Pannenlaufsysteme können kritische Fahrsituationen, die durch plötzlichen Luftverlust im Reifen besonders bei hohen Geschwindigkeiten entstehen, entschärfen oder verhindern. In der Regel kann die nächste Werkstatt ohne Reifenwechsel erreicht werden.

Pannenlaufsysteme sind Rad/Reifensysteme mit Notlaufeigenschaften (Run Flat Systems).

Man unterscheidet 2 Anwendungsmöglichkeiten:

- Systeme, die mit konventionellen Felgen einsetzbar sind.
- Systeme, die aus speziellen Felgen und dazu passenden Reifen bestehen.

Bei beiden Systemen ist der Einsatz von Luftdrucküberwachungssystemen zwingend vorgeschrieben. Der Fahrer muss über den Druckverlust im Reifen informiert werden, um mit angepasster Geschwindigkeit weiterfahren zu können.

Systeme mit konventionellen Felgen

Conti Support Ring (CSR). Ein leichter Metallring mit flexibler Lagerung wird auf die Felge montiert **(Bild 4)**. Bei Luftverlust stützt sich der Reifen auf dem Ring ab ohne dass sich die Flanken innen berühren und durch Reibungswärme den Reifen zerstören. Eine Weiterfahrt ist bis ca. 200 km bei reduzierter Geschwindigkeit möglich. Das Mehrgewicht je Rad beträgt etwa 5 kg. Geeignet sind Reifen mit einem Verhältnis von H/B > 60, da sie sonst nicht montierbar sind.

Self Supporting Runflat Tires (SSR, DSST*). Die Seitenwände dieser Reifen sind durch mehr Gummi verstärkt **(Bild 5)**. In drucklosem Zustand kann sich der Reifen noch auf seinem Wulst abstützen, so dass dieser nicht ins Tiefbett abrutscht. Eine Weiterfahrt ist bis ca. 200 km bei einer Geschwindigkeit bis 80 km/h möglich. Durch die Flankenverstärkung ergibt sich eine Komforteinbuße durch stärkere Übertragung von Fahrbahnstößen.

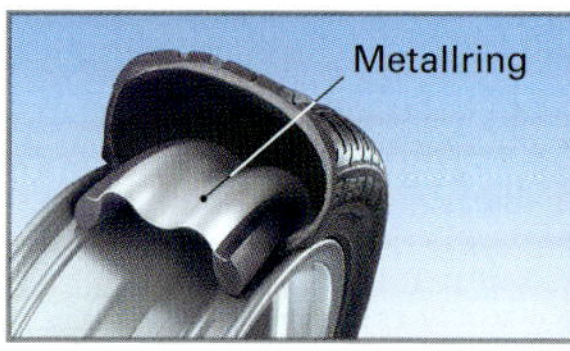

Bild 4: CSR-System

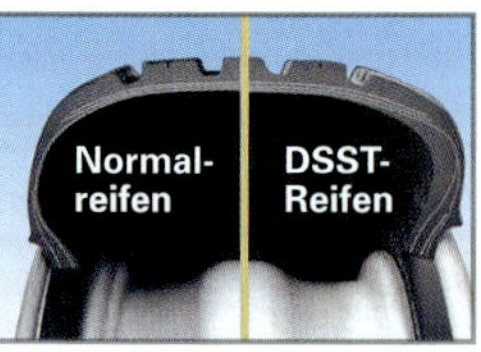

Bild 5: DSST-System

* DSST Dunlop Self Supporting Technology

Systeme mit speziellen Felgen und Reifen

PAX-System. Es besteht aus einer speziellen Felge mit einer flexiblen Einlage und dem dazu gehörenden Reifen mit vertikaler Verankerung auf der Felge **(Bild 1)**.

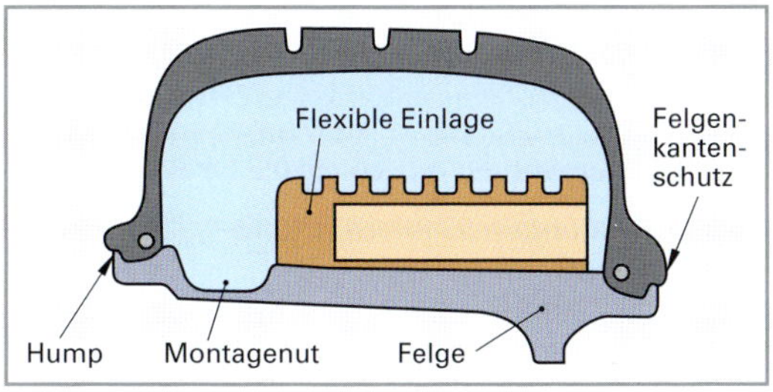

Bild 1: Pax-System

Felge. Sie ist sehr flach und besitzt anstelle des Tiefbettes nur eine kleine Montagenut. Felgenhörner sind nicht vorhanden, die beiden Humps liegen außen an der Felge. Durch die flache Form der Felge lassen sich Felgendurchmesser für große Bremsscheiben verwirklichen.

Reifen. Seine Flanken sind kürzer, was die Steifigkeit erhöht. Auftretende Seitenkräfte können die Aufstandsfläche weniger verformen, wodurch die Straßenhaftung verbessert und der Rollwiderstand reduziert wird.
Der Reifenwulst liegt in einer Nut außen an den Humps an. Alle auf den Reifen wirkenden Kräfte erzeugen eine Zugspannung in der Karkasse, so dass der Wulst immer in die Nut gedrückt wird **(Bild 2)**. Diese vertikale Verankerung sorgt dafür, dass der Wulst auch bei drucklosem Reifen nicht von der Felge rutschen kann.

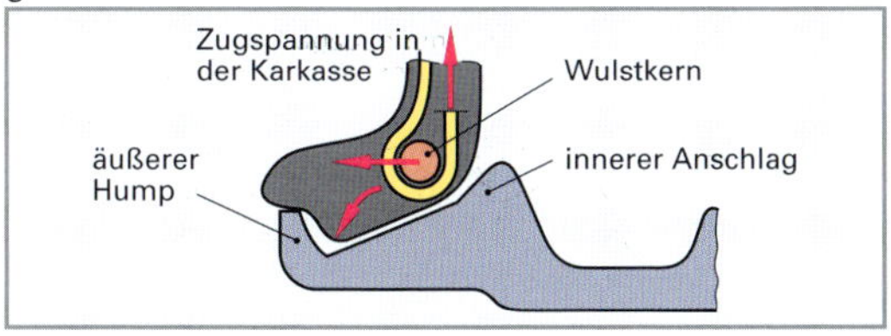

Bild 2: Vertikale Verankerung des Reifenwulstes

Flexible Einlage. Sie ist ein Elastomer-Ring, der auf die Felge geschoben wird. Durch seine hohe Tragfähigkeit stützt er den Reifen bei Druckverlust ab, so dass bei einer Geschwindigkeit von 80 km/h noch ca. 200 km zurückgelegt werden können.

Größenbezeichnungen beim Pax-System

205/650 R 440 A

205	Reifenbreite in mm
650	Außendurchmesser des Reifens in mm
R	Radialbauweise
440	mittlerer Felgensitzdurchmesser in mm
A	asymmetrischer Sitz

18.9.4 Luftdrucküberwachungssysteme

Luftdrucküberwachungssysteme sollen den Luftverlust im Reifen erkennen und den Fahrer rechtzeitig warnen.

Im Kraftfahrzeug werden folgende Arten von Luftdrucküberwachungssystemen eingesetzt:

- Indirekt messende Systeme
- Direkt messende Systeme

Indirekt messende Systeme

Bei Druckverlust verringert sich der Abrollumfang des Reifens, wodurch sich die Drehzahl gegenüber den anderen Reifen erhöht. Die Drehzahlen werden über die Sensoren des ABS oder ESP ermittelt. Eine Warnung des Fahrers erfolgt aber erst, wenn zwischen den Reifen ein Luftdruckunterschied von mehr als 30 % entstanden ist.

Direkt messende Systeme

Der Druck wird durch Sensoren im Reifen direkt erfasst. Folgende Aufgaben werden erfüllt:

- Ständige Überwachung des Reifendruckes während der Fahrt und im Stand.
- Frühzeitige Warnung des Fahrers vor Druckverlust, Minderdruck und Reifenpanne.
- Automatische Eigenraderkennung und Ortung der Räder.
- Diagnose von System und Komponenten in der Werkstatt.

Das System besteht aus

- 1 Sensor für Reifendruck je Rad
- Antennen für Reifendrucküberwachung
- Kombiinstrument mit Display
- Steuergerät für Reifendrucküberwachung
- Funktionswahlschalter

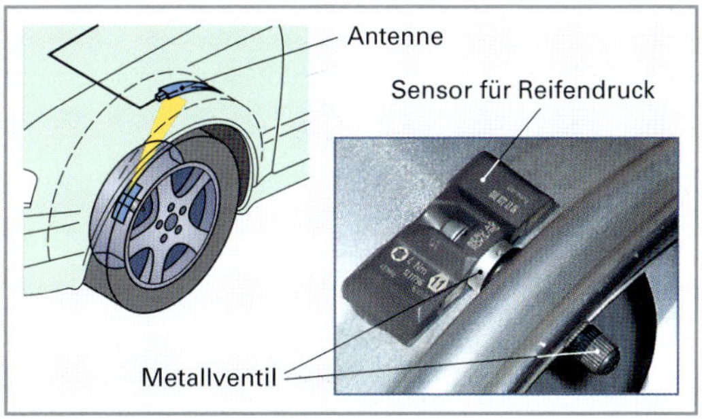

Bild 3: Sensor für Reifendruck und Antenne

Sensor für Reifendruck. Er ist mit dem Metallventil verschraubt **(Bild 3)** und ist bei Reifen- oder Felgentausch wieder verwendbar. Zusätzlich sind ein Temperatursensor, eine Sendeantenne, Mess- und Steuerelektronik sowie eine Batterie mit einer etwa 7-jährigen Lebensdauer integriert. Da sich die Fülldrücke durch Temperatureinflüsse ändern, werden im Steuergerät die erfassten Drücke und Temperaturen auf eine Temperatur von 20 °C normiert.

> Um den Sensor bei einem Reifenwechsel nicht zu zerstören, muss der Reifen auf der Seite, die dem Ventil gegenüberliegt, abgedrückt werden.

Steuergerät. Es erhält von der Sendeantenne folgende Informationen:

- Individuelle Identifizierungsnummer (ID-Code), sie dient zur Eigenraderkennung.
- Aktueller Reifenfülldruck und aktuelle Temperatur.
- Zustand der Lithium-Batterie.

Das Steuergerät wertet die von den Antennen für Reifendrucküberwachung ankommenden Signale aus und gibt die Informationen für den Fahrer, je nach Priorität, auf dem Display aus. Werden am Fahrzeug Räder gewechselt z.B. von der Vorderachse zur Hinterachse und umgekehrt, so muss das Steuergerät mit den veränderten Drücken neu codiert werden.

Eigenraderkennung. Die zum Fahrzeug gehörenden Sensoren werden vom Steuergerät erkannt und abgespeichert. Die Erkennung erfolgt während der Fahrt, um Beeinflussung durch Sensoren von in der Nähe geparkten Fahrzeugen zu vermeiden.

Systemmeldungen 1. Priorität (Bild 1). Sie sind vorgesehen, wenn die Fahrsicherheit nicht mehr gewährleistet ist. Sie werden dem Fahrer angezeigt, wenn z.B. …

- … die Meldeschwelle 2 unterschritten wird (0,4 bar unter dem eingespeicherten Soll-Reifendruck von 2,3 bar).
- … die Meldeschwelle 3 unterschritten wird (Mindestdruck-Grenzwert, im Diagramm 1,7 bar).
- … ein Druckverlust größer als 0,2 bar/Minute ist.

Systemmeldungen 2. Priorität (Bild 1). Sie werden dem Fahrer angezeigt, wenn z.B. …

- … die Meldeschwelle 1 unterschritten wird (0,2 bar unter dem eingespeicherten Soll-Reifendruck von 2,3 bar).
- … der Druckunterschied 0,4 bar an den Rädern einer Achse ist.
- … das System abgeschaltet oder gestört ist.

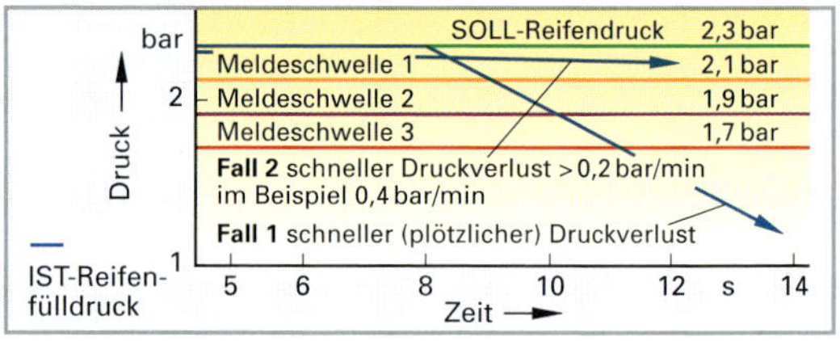

Bild 1: Diagramm Systemmeldungen

Werkstatthinweise

- Kraftfahrzeug vor dem Abmontieren der Räder gegen Wegrollen sichern.
- Benützen Sie nur Felgen, die dem verwendeten Reifen zugeordnet sind (Fahrzeugschein).
- Felge auf Risse kontrollieren und Rostansatz beseitigen.
- Radmuttern über Kreuz mit dem vorgeschriebenen Drehmoment anziehen.
- Auf vorgeschriebenen Luftdruck achten, um Verlust an Lebensdauer zu vermeiden.
- Mischbereifung zwischen Diagonalreifen und Radialreifen ist für Pkw nicht erlaubt.
- Auf einer Achse nur in Bauart und Profil gleiche Reifen verwenden.
- Nach der Demontage Räder kennzeichnen und in einem kühlen, trockenen und dunklen Raum lagern.
- Räder nicht stellen und nicht mehr als 4 Reifen übereinanderlegen.

Wiederholungsfragen

1 **Aus welchen Teilen ist ein Rad aufgebaut?**
2 **Welche Arten von Felgen gibt es?**
3 **Warum verwendet man Hump-Felgen?**
4 **Welche Vorteile haben Räder aus Leichtmetall-Legierungen?**
5 **Aus welchen Teilen besteht die Bereifung?**
6 **Was versteht man unter dem dynamischen Abrollumfang eines Reifens?**
7 **Welche Vor- und Nachteile hat ein Reifen der Serie 50?**
8 **Wie sind Gürtelreifen aufgebaut?**
9 **Was versteht man unter einem „Latsch"?**
10 **Erklären Sie die Reifenbezeichnung 195/65 R 15 86 T M + S.**
11 **Was ist ein Abrieb-Indikator und wie ist seine Lage am Reifen gekennzeichnet?**
12 **Was versteht man unter dem Schräglaufwinkel?**
13 **Warum müssen Räder ausgewuchtet werden?**
14 **Was versteht man unter dynamischer Unwucht?**
15 **Wie kann ein Höhenschlag beseitigt werden?**
16 **Was sind Pannenlaufsysteme?**
17 **Wie ist das PAX-System aufgebaut?**
18 **Welche Aufgaben haben Luftdrucküberwachungssysteme, wo müssen sie eingebaut sein?**
19 **Welche Vorteile haben direktmessende Luftdrucküberwachungssysteme gegenüber indirektmessenden?**

18.10 Bremsen

Bremsen dienen bei einem Kraftfahrzeug zum Verzögern, zum Abbremsen bis zum Stillstand und zum Sichern gegen Wegrollen. Beim Bremsen wird Bewegungsenergie in Wärme umgewandelt.

Bremsanlagen

Betriebsbremsanlage (BBA). Sie ermöglicht die Verringerung der Geschwindigkeit, gegebenenfalls bis zum Stillstand des Fahrzeugs. Das Fahrzeug soll dabei seine Spur beibehalten. Die Betriebsbremse wird stufenlos mit dem Fuß betätigt (Fußbremse) und wirkt auf alle Räder.

Hilfsbremsanlage (HBA). Sie soll bei Störungen der Betriebsbremsanlage deren Aufgaben, eventuell mit verminderter Wirkung, erfüllen. Sie muss keine unabhängige dritte Bremse sein, sondern es genügt der intakte Kreis einer zweikreisigen Betriebsbremsanlage oder eine abstufbare Feststellbremsanlage.

Feststellbremsanlage (FBA). Sie soll ein haltendes oder abgestelltes Fahrzeug gegen Wegrollen, auch bei geneigter Fahrbahn, sichern. Ihre Bauteile müssen aus Sicherheitsgründen mechanisch wirken. Sie wird bei Pkw meist durch einen Handhebel (Handbremse) oder ein Fußpedal abstufbar über Gestänge und Seilzüge betätigt. Sie wirkt auf die Räder nur einer Achse.

Dauerbremsanlage (DBA). Sie soll bei einer Talfahrt die Geschwindigkeit des Fahrzeugs auf einem vorgeschriebenen Wert halten (Dritte Bremse). Sie ist für Kraftomnibusse m_{zul} > 5,5 t und andere Fahrzeuge m_{zul} > 9 t vorgeschrieben.

Antiblockiersystem (ABS), auch automatischer Blockierverhinderer ABV. Durch ABS wird während des Bremsens selbsttätig der Schlupf der Räder gemessen, der Bremsdruck geregelt und somit ein Blockieren verhindert. ABS ist bei Fahrzeugen m_{zul} > 3,5 t vorgeschrieben.

Aufbau einer Bremsanlage (Bild 1)

Eine Bremsanlage besteht aus:

- Energieversorgungseinrichtung
- Betätigungseinrichtung
- Übertragungseinrichtung
- Eventuell Zusatzeinrichtung für Anhängefahrzeuge, z.B. Anhängersteuereinrichtung
- Feststellbremse
- Betriebsbremse
- Eventuell Bremskraftregelung wie z. B. ABS
- Radbremse an Vorderachse und Hinterachse

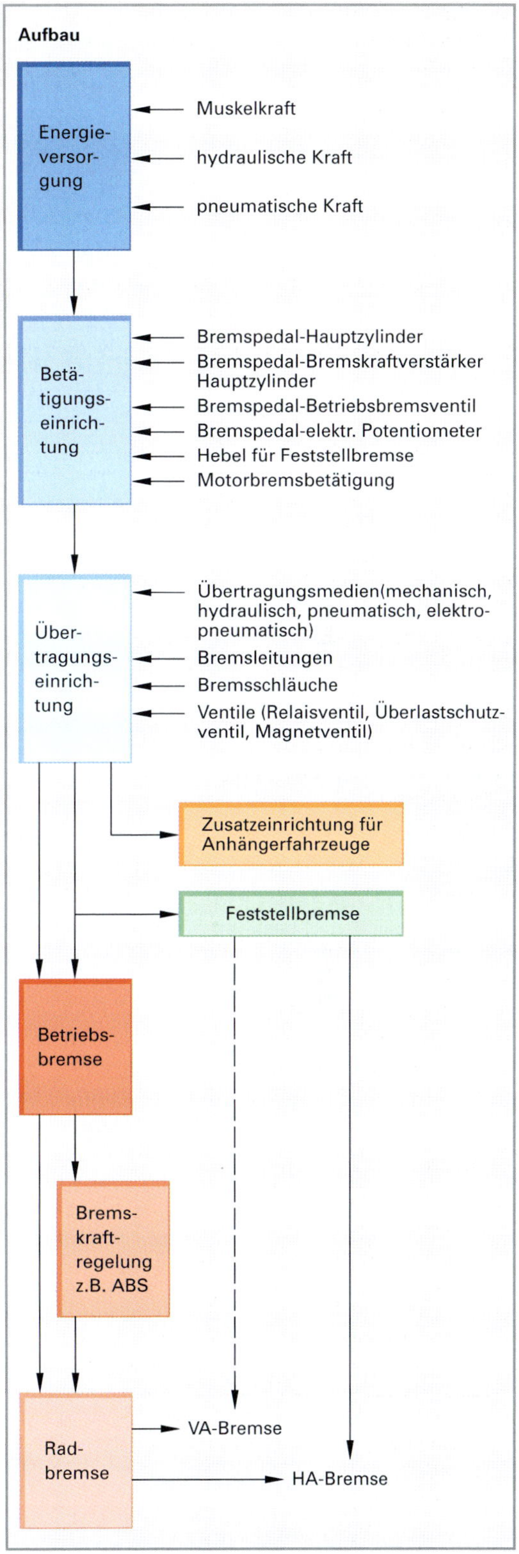

Bild 1: Aufbau einer Bremsanlage

Gesetzliche Vorschriften (Auszüge)

Die gesetzlichen Vorschriften für die Bremsen der Kraftfahrzeuge sind in der StVZO, den EG-Richtlinien und den ECE-Regelungen festgelegt.

Tabelle 1: Klasseneinteilung der Kraftfahrzeuge (Auszüge)

L	Krafträder und Dreiräder	
M	M_1	Pkw mit bis zu 9 Sitzplätzen inkl. Fahrer
	M_2	KOM mit > 9 Sitzpl. bis 5 t Gesamtgew.
	M_3	KOM mit > 9 Sitzpl. und > 5 t Gesamtgew.
N	N_1	Lkw bis 3,5 t Gesamtgewicht
	N_2	Lkw > 3,5 t bis 12 t Gesamtgewicht
	N_3	Lkw > 12 t Gesamtgewicht
O	Anhänger und Sattelanhänger	

Vorgeschriebene Bremsanlagen (§ 41 StVZO)

Kraftfahrzeuge der Klassen M und N müssen zwei voneinander unabhängige Bremsanlagen (BBA, FBA) haben oder eine Bremsanlage mit zwei voneinander unabhängigen Bedienungseinrichtungen. Jede der Bedienungseinrichtungen muss auch dann wirken können, wenn die andere ausfällt.

Eine der beiden Bremsanlagen muss mechanisch wirken und zur Verhinderung des Abrollens feststellbar sein (FBA). Wenn mehr als zwei Räder gebremst werden können, so dürfen gemeinsame Bremsflächen und gemeinsame mechanische Übertragungseinrichtungen benutzt werden.

Kraftfahrzeuge der Klassen $M_{2/3}$ und $N_{2/3}$ und mit einer durch die Bauart bestimmten Höchstgeschwindigkeit über 60 km/h müssen mit ABS ausgerüstet sein.

Dauerbremswirkung (RREG 71/320 EG)

Kraftfahrzeuge der Klasse M_3 ab 5,5 t Gesamtgewicht (außer Stadtbusse) und Fahrzeuge der Klasse $N_{2,3}$ ab 9 t zulässigem Gesamtgewicht müssen für lange Gefällstrecken eine Dauerbremswirkung (Dauerbremse) haben. Sie muss so ausgelegt sein, dass sie das voll beladene Fahrzeug beim Befahren eines Gefälles von 7% und 6 km Länge auf eine Geschwindigkeit von 30 km/h begrenzt.

Bremsleuchten (§ 53 StVZO)

Die Betätigung der Betriebsbremse muss bei Kraftfahrzeugen der Klasse L (v_{max} > 50 km/h), M, N und O nach rückwärts durch zwei Bremsleuchten mit rotem Licht sichtbar gemacht werden. Fahrzeuge der Klasse M_1 dürfen seit 18.3.93 hinten in der Mitte eine so genannte dritte Bremsleuchte haben. Bei allen Fahrzeugen mit Erstzulassung nach 1.1.2000 ist sie Pflicht.

Untersuchung der Kraftfahrzeuge und Anhänger (§ 29 StVZO)

Die Halter von Kraftfahrzeugen und Anhängern haben auf ihre Kosten in festgelegten Zeitabständen feststellen zu lassen, ob die Fahrzeuge den Vorschriften entsprechen. Man unterscheidet hierbei

Hauptuntersuchungen HU: Die Verkehrssicherheit nach StVZO § 29 (Anl. VIII) wird überprüft.

Sicherheitsprüfungen SP: Die Bauteile des Fahrgestells und Fahrwerks werden einer umfassenden Sicht-, Wirkungs- und Funktionsprüfung unterzogen. (Z.B. Bremse, Lenkung, Reifen).

Tabelle 2: Art und Zeitabstand von Untersuchungen (Auszüge)

Fahrzeugklasse	Zeitabstand HU	Monate SP
L	24	–
M_1 M_1 Personenbeförderung (z.B. Taxi, Mietwagen)	24 (36) 12	– –
M_2, M_3 im 1.Jahr im 2. und 3. Jahr ab 4.Jahr	12 12 12	– 6 3
N_1 N_2, N_3	24 12	– 6
O bis 750 kg O > 750 kg bis 3,5 t O > 3,5 t bis 10 t O > 10 t	24 (36) 24 12 12	– – – 6

Werte in ( ) gelten für die erste Untersuchung nach Erstzulassung des Fahrzeugs.

Mindestabbremsung § 29 StVZO (HU-Richtlinie) **(Tabelle 3).** Die Mindestabbremsung kann aus den an Bremsenprüfständen ermittelten Messwerten errechnet werden. Formel:

$$z = \frac{\text{Summe der Radbremskräfte}}{\text{Fahrzeuggewichtskraft}} \times 100\,\%$$

Tabelle 3: Mindestabbremsung *z* in %

Fahrzeugklasse	BBA	FBA
M_1 Pkw	50	16
M_2, M_3 KOM	50	16
N_1 Lkw bis 3,5 t Gsgwt.	50	16
N_2, N_3 Lkw > 3,5 t Gsgwt.	45	16

Arten der Bremsanlagen nach der Energieversorgung

Muskelkraftbremse. Die Bremskraft wird vom Fahrer aufgebracht und durch mechanische sowie hydraulische Übersetzung vergrößert.

18

Hilfskraftbremse (Servobremse). Zusätzlich zur Muskelkraftbremsanlage wird die Bremskraft durch andere Energiequellen vergrößert (Unterdruck, Hydraulischer Speicherdruck, Druckluft)

Fremdkraftbremse (Druckluftbremse). Der Fahrer steuert die Bremskraft. Die Bremsenergie (Druckluft) wird nicht vom Fahrer erzeugt.

Auflaufbremse. Beim Abbremsen des Zugfahrzeugs nähert sich der Anhänger aufgrund seiner Trägheit an (Auflaufen). Über Gestänge wird an der Radbremse des Anhängers Bremsenergie erzeugt.

Arten der Energieübertragung

Mechanische Übertragung durch z.B. Pedale, Hebel, Gestänge und Seilzüge bei z.B. Feststellbremse Pkw, Auflaufbremse Anhänger.

Hydraulische Übertragung durch Flüssigkeitsdruck in der Bremsleitung z.B. bei Pkw Betriebsbremse.

Pneumatische Übertragung durch komprimierte Luft in der Bremsleitung z.B. bei Nfz Betriebsbremse.

Elektrische Übertragung durch z.B. elektrische Leitungen, Magnetfeld einer Wirbelstrombremse z.B. bei Nfz Dauerbremsanlage.

18.10.1 Bremsvorgang

Bremsdauer

> Beim Bremsen setzt die Bremswirkung nach dem Erkennen eines Hindernisses erst verzögert ein. Die Gesamtdauer (Anhaltezeit t_A) für einen Bremsvorgang ergibt sich aus Reaktionszeit t_R und Bremszeit t **(Bild 1)**.

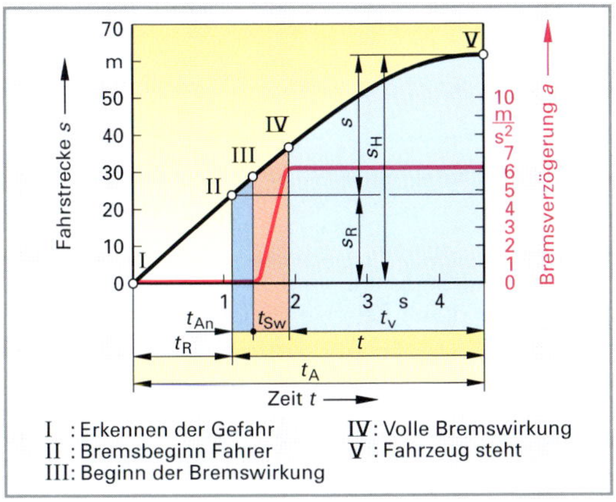

Bild 1: Bremsvorgang

Reaktionszeit t_R. Sie ist die Zeit, die der Fahrer vom Erkennen einer Gefahr bis zur Betätigung des Bremspedals (Reaktion) benötigt. Sie ist stark vom körperlichen und geistigen Zustand des Fahrers abhängig. Durch Alkoholgenuss, Drogenkonsum aber auch Müdigkeit wird sie erheblich verlängert.

Bremszeit t. Die Summe aus Ansprech-, Schwell- und Verzögerungszeit wird als Bremszeit t bezeichnet.

Ansprechzeit t_{An}. Sie entsteht durch Spiel in der Bremsanlage z.B. Pedalleerweg, Lüftspiele.

Schwellzeit t_{Sw}. Während der Schwellzeit steigt der Druck im Bremssystem an und die gewünschte Bremsverzögerung wird erreicht.

Verzögerungszeit t_V. Die Bremsverzögerung bleibt konstant bis zum Stillstand des Fahrzeugs.

Bremsweg

> Der Bremsweg ist hauptsächlich von der Fahrgeschwindigkeit abhängig. Eine Verdopplung der Geschwindigkeit verursacht unter sonst gleichen Bedingungen eine Vervierfachung des Bremsweges.

Weitere Einflussgrößen auf den Bremsweg sind:

- Fahrbahnzustand, z.B. trocken, nass, vereist
- Reifenzustand, z.B. Profiltiefe, Reifendruck
- Zustand der Bremse, z.B. ausgeschlagen, schwergängig, beschädigt, korrodiert
- Belagzustand, z.B. nass, verglast, verölt
- Bauart der Bremse, z.B. Trommel- oder Scheibenbremse, Druckluftbremse, SBC
- Gewicht des Fahrzeugs, Gewichtsverteilung, z.B. bei Anhängerbetrieb
- Zustand der Stoßdämpfer

18.10.2 Hydraulische Bremse

Aufbau

Die hydraulische Bremsanlage **(Bild 2)** besteht aus Bremspedal, Tandem-Hauptzylinder mit Bremskraftverstärker, Leitungssystem evtl. mit Bremsdruckminderer, Bremszylindern mit Radbremsen.

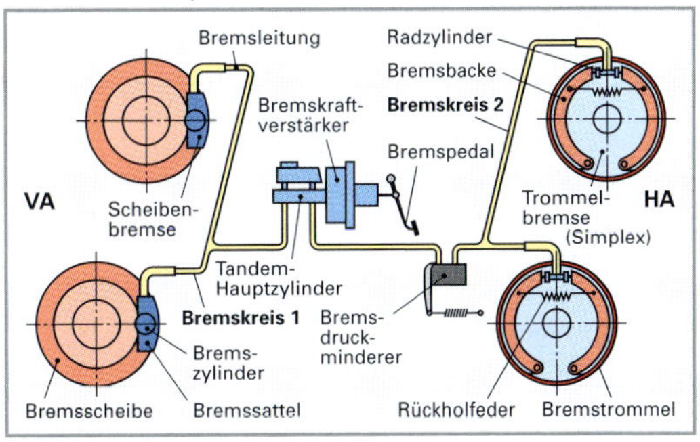

Bild 2: Hydraulische Bremsanlage

Radbremsen. Meist haben alle Räder Scheibenbremsen, bei älteren und kleinen Fahrzeugen finden sich an den Hinterrädern Trommelbremsen. Aus Sicherheitsgründen ist eine Zweikreisbremsanlage mit einem Tandem-Hauptzylinder vorgeschrieben. Wenn ein Bremskreis ausfällt, kann man mit dem anderen Bremskreis das Fahrzeug noch abbremsen.

Wirkungsweise

Die Wirkungsweise der hydraulischen Bremse beruht auf dem **Pascalschen Gesetz**:

> Der Druck auf eine allseitig eingeschlossene Flüssigkeit wirkt gleichmäßig nach allen Seiten.

Die Kraft, mit der das Bremspedal auf den Kolben im Hauptzylinder drückt, erzeugt den Flüssigkeitsdruck. Dieser wirkt über die Bremsleitungen und erzeugt die Spannkräfte (Anpresskräfte).

Mit der hydraulischen Kraftübertragung ist meist eine Kraftübersetzung verbunden **(Bild 1)**.

Die Kräfte verhalten sich zueinander wie die Kolbenflächen, d.h. an der größeren Fläche entsteht die größere Kraft. Die Kolbenwege dagegen verhalten sich umgekehrt wie die Kräfte. So bewirkt z.B. eine Betätigungskraft von 1000 N bei einem Kolbenweg von 8 mm am Hauptzylinder an den vier Radzylindern eine Gesamtkraft von 4000 N und einen Kolbenweg von jeweils 2 mm.

Die geleistete Arbeit (W= F · s) ist somit am Hauptzylinder und an den Radzylindern gleich.

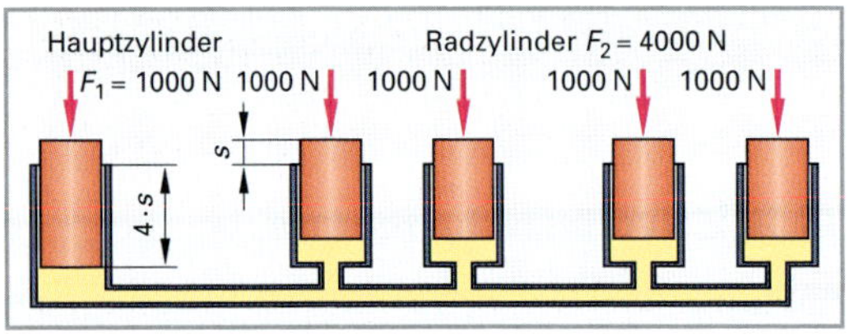

Bild 1: Schema einer hydraulischen Bremse

Die hydraulische Bremse kann mit hohen Drücken bis etwa 180 bar arbeiten. Dies ergibt kleine Abmessungen der hydraulischen Bauelemente. Sie ist über einen längeren Zeitraum wartungsfrei. Da sich Bremsflüssigkeit so gut wie nicht komprimieren lässt und die Lüftspiele klein sind, werden nur geringe Flüssigkeitsmengen bewegt. Der Druckanstieg erfolgt rasch und die Bremsen sprechen schnell an.

18.10.3 Bremskreisaufteilung

Hydraulische Betriebsbremsanlagen sind in 2 Kreise aufgeteilt. Hierdurch wird bei Ausfall eines Kreises noch eine ausreichende Bremswirkung erzielt. Man unterscheidet 5 Ausführungen **(Tabelle1)**.

Bei Fahrzeugen mit ABS-Regelsystemen werden meist die Bremskreisaufteilungen II (schwarz-weiß) und X (diagonal) verwendet.

Tabelle 1: Bremskreisaufteilungen

Kurzzeichen	Bauart	Bemerkung Verwendung
II (TT)	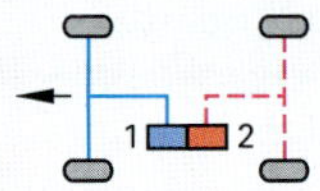	Vorder- /Hinterachsaufteilung. Jeder Kreis wirkt auf eine Achse. Bei Hinterradantrieb mit ABS. (schwarz-weiß)
X	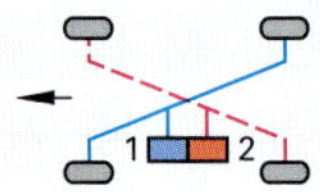	Diagonale Aufteilung. Jeder Kreis wirkt auf ein Vorder- und das diagonal gegenüberliegende Hinterrad. Allrad und Fronttrieb mit ABS und negativem Lenkrollhalbmesser.
HI (HT)	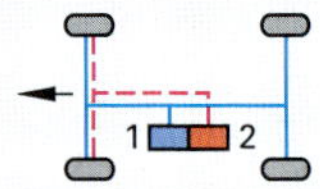	Der eine Bremskreis wirkt auf die Vorder- und Hinterachse, der andere nur auf die Vorderachse. Selten eingesetzt (4-2)
LL	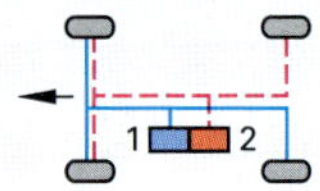	Jeder Bremskreis wirkt auf die Vorderachse und ein Hinterrad. (Dreieck) Selten eingesetzt.
HH	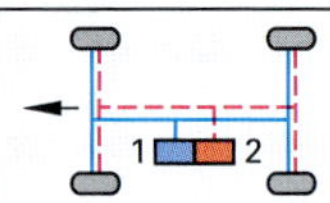	Jeder Bremskreis wirkt auf die Vorder- und Hinterachse. Selten eingesetzt.

18.10.4. Hauptzylinder

> Es werden ausschließlich Tandem-Hauptzylinder verwendet, da zwei voneinander unabhängige Bremskreise vorgeschrieben sind. Er wird vom Bremspedal über den Bremskraftverstärker betätigt.

Aufgaben

- Rascher Druckaufbau in jedem Bremskreis.
- Rascher Druckabbau zum schnellen Lösen der Bremsen.
- Volumenausgleich für die Bremsflüssigkeit bei Temperaturänderung und bei Vergrößerung des Lüftspiels durch Belagabnützung.

Aufbau

Der Tandem-Hauptzylinder **(Bild 1, Seite 479)** enthält zwei hintereinander angeordnete Kolben, den Druckstangenkolben und den schwimmend gelagerten Zwischenkolben. Sie bilden in einem Gehäuse zwei getrennte Druckräume. Beide Kolben sind als Doppelkolben ausgeführt, d.h. zwischen dem vorderen und hinteren abdichtenden Kolbenteil liegt jeweils ein ringförmiger Nachlaufraum. Dieser ist über die Nachlaufbohrung stets mit Bremsflüssigkeit gefüllt. Die Primärmanschette sitzt vorne an jedem Kolben und dichtet den Druckraum ab.

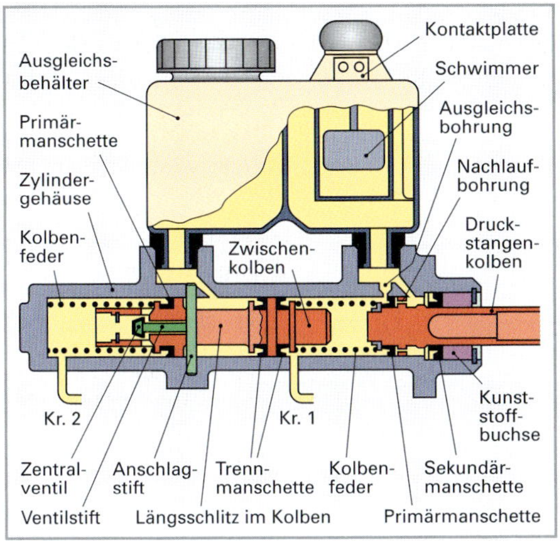

Bild 1: Tandem-Hauptzylinder

Der Druckstangenkolben wird hinten von der Sekundärmanschette abgedichtet. Trennmanschetten dichten den Zwischenkolben gegen den Druckstangenkreis ab. Er hat einen Längsschlitz, in dem von vorne eine Zentralbohrung mündet. In dieser Bohrung sitzt das Zentralventil. Ein Anschlagstift, der durch den Längsschlitz des Zwischenkolbens geht, hält diesen im Zylinder und bildet den vorderen und hinteren Anschlag.

Zentralventil. Es wird bei Fahrzeugen mit ABS verwendet und übernimmt die Funktion der Ausgleichsbohrung. Es gibt auch Tandem-Hauptzylinder, die an beiden Kolben ein Zentralventil haben.

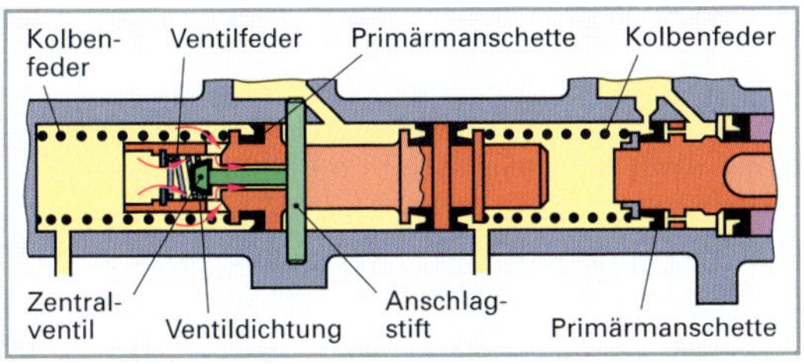

Bild 2: Ruhestellung

Wirkungsweise

Ruhestellung. Die Kolbenfedern drücken die Kolben gegen ihren Anschlag. Die Primärmanschette am Druckstangenkolben gibt die Ausgleichsbohrung frei und der Zwischenkolben liegt vorne am Anschlagstift an. Dadurch ist das Zentralventil **(Bild 2)** durch den ebenfalls anliegenden Ventilstift geöffnet und übernimmt die Funktion der Ausgleichsbohrung. Beide Druckräume sind jetzt mit dem Ausgleichsbehälter verbunden. Der Volumenausgleich der Bremsflüssigkeit z.B. bei Temperaturänderung kann erfolgen.

Ist die Ausgleichsbohrung durch falsche Ruhestellung des Druckstangenkolbens oder durch Verschmutzung verschlossen, so ist kein Ausgleich der Bremsflüssigkeit möglich. Bei ihrer Ausdehnung durch Erwärmung kommt es zu zunehmender bzw. selbsttätiger Bremswirkung.

Bremsbetätigung. Beim Bremsen überfährt die Primärmanschette **(Bild 3)** am Druckstangenkolben die Ausgleichsbohrung und dichtet den Druckraum ab. Die Füllscheibe verhindert dabei ihr Eindrücken in die Füllbohrungen und somit ihre Beschädigung. Der Zwischenkolben wird jetzt durch die Bremsflüssigkeit etwas verschoben. Der Anschlagstift gibt den Ventilstift frei und das Zentralventil schließt. In beiden Bremskreisen baut sich Druck auf.

Vorteile des Zentralventils

- Höhere Lebensdauer der Primärmanschette, da die Dichtlippe durch die Ausgleichsbohrung nicht beschädigt werden kann.
- Bei ABS-Systemen würden im ABS-Regelfall Druckspitzen beim Rückfördern die Primärmanschette in die Ausgleichsbohrungen drücken und somit beschädigen.

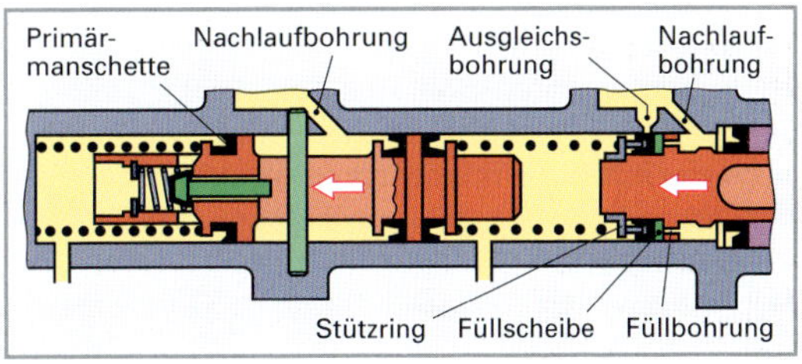

Bild 3: Bremsstellung

Lösen der Bremse. Der Kolben wird durch den Flüssigkeitsdruck und die Kolbenfedern zurückgedrückt. Die Primärmanschette am Druckstangenkolben klappt um, die Füllscheibe hebt ab und Bremsflüssigkeit fließt aus dem Nachlaufraum durch die Füllbohrungen in den sich vergrößernden Druckraum **(Bild 4)**. Der Zwischenkolben geht zurück. Die Druckräume werden durch das Zentralventil und die Ausgleichsbohrung mit dem Ausgleichsbehälter verbunden. Der Druck baut sich ab und die Bremsen werden frei.

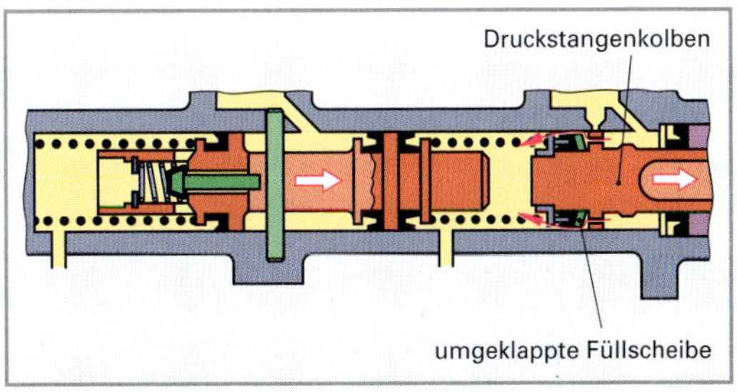

Bild 4: Lösestellung

Ausfall von Kreis 1 (Bild 1)
Der Druckstangenkolben wird bis zum Anschlag auf den Zwischenkolben aufgeschoben. Die Betätigungskraft wirkt jetzt direkt auf den Kolben des intakten Kreises 2 und erzeugt dort den Bremsdruck.

Ausfall von Kreis 2 (Bild 1)
Der Zwischenkolben wird durch den Flüssigkeitsdruck in Kreis 1 bis zu seinem Anschlag vorgeschoben. Er dichtet den intakten Kreis 1 zum undichten Kreis 2 hin ab. In Kreis 1 erfolgt nun der Druckaufbau.

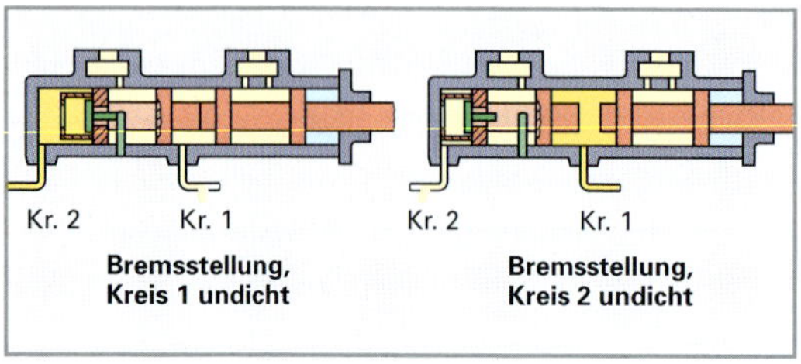

Bild 1: Ausfall eines Bremskreises

Gestufter Tandem-Hauptzylinder (Bild 2)
Dieser Hauptzylinder wurde für II Anlagen (TT, schwarz-weiß) mit Vorderachs-Hinterachs-Bremskreisaufteilung entwickelt. Die Zylinderdurchmesser sind gestuft, d.h. der Durchmesser des Zwischenkolbens, der auf den Hinterachsbremskreis wirkt, ist kleiner als der des Druckstangenkolbens. Bei intakten Bremskreisen herrscht beim Bremsen in beiden Kreisen der gleiche Druck. Durch den größeren Durchmesser des Druckstangenkolbens im Vorderachsbremskreis wird beim Bremsen mehr Flüssigkeitsvolumen verschoben, wodurch die Bremsen schneller ansprechen. Bei Ausfall des Vorderachsbremskreises wird beim Bremsen der Druckstangenkolben auf den Zwischenkolben aufgeschoben und die Kolbenstangenkraft wirkt jetzt direkt auf ihn. Der Pedalweg wird verlängert und im Hinterachsbremskreis entsteht durch den kleineren Durchmesser des Zwischenkolbens ohne Pedalkrafterhöhung ein höherer Druck. Bei Ausfall des Vorderachskreises erreicht man somit eine noch ausreichende Bremswirkung mit den Hinterachsbremsen.

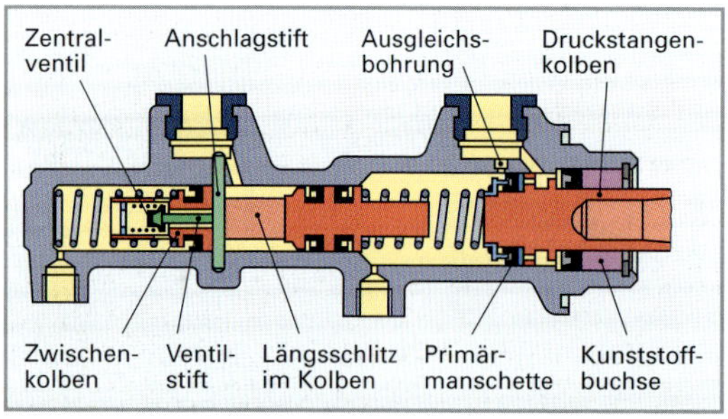

Bild 2: Gestufter Tandem-Hauptzylinder mit Zentralventil

Tandem-Hauptzylinder mit gefesselter Kolbenfeder
Die durch eine Schraube gefesselte Druckfeder hält den Zwischen- und Druckstangenkolben im Ruhezustand auf gleichem Abstand **(Bild 3)**.

Dadurch baut sich der Druck beim Betätigen der Bremse in beiden Bremskreisen gleichzeitig auf. Mit steigendem Bremsdruck wird der Zwischenkolben nicht mehr durch die Kolbenfeder sondern durch den Druck der Bremsflüssigkeit bewegt.

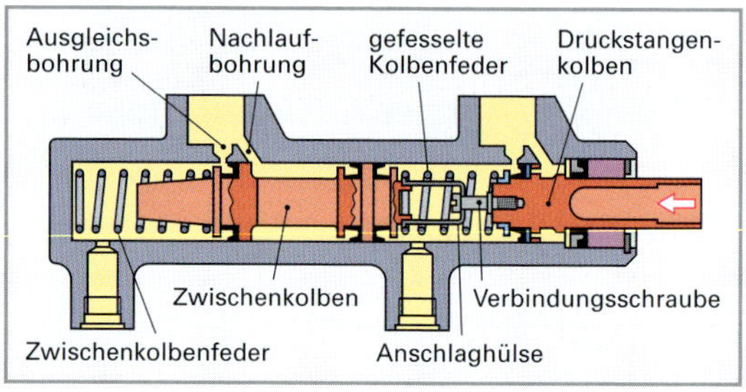

Bild 3: Tandemhauptzylinder mit gefesselter Kolbenfeder

18.10.5 Trommelbremse

Trommelbremsen **(Bild 4)** werden heute vorwiegend als Bremsen für Hinterräder von Pkw oder in Nutzfahrzeugen verwendet.

Aufbau und Wirkungsweise

Die Bremstrommel sitzt fest auf der Radnabe. Die Bremsbacken und die Teile zur Erzeugung der Spannkraft sitzen auf dem Bremsträger. Dieser ist an der Radaufhängung befestigt. Beim Bremsen werden die Bremsbacken mit ihren Belägen durch die Spannvorrichtung gegen die Bremstrommel gedrückt und erzeugen so die notwendige Reibung. Die Spannkraft kann hydraulisch durch Radzylinder (Betriebsbremse) oder mechanisch durch Seilzug und Spann-, Spreizhebel oder Spreizschloss (Feststellbremse) erzeugt werden.

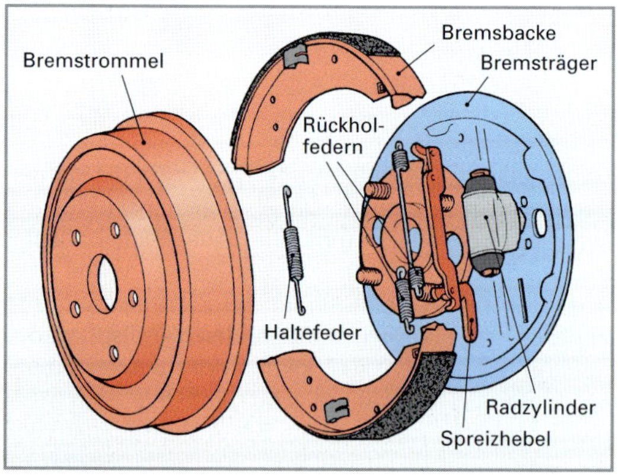

Bild 4: Teile der Trommelbremse

Eigenschaften

- Selbstverstärkung
- Schmutzgeschützter Aufbau
- Feststellbremse einfacher auszuführen
- Standzeit der Bremsbeläge groß
- Belagwechsel und Wartung sind aufwändig
- Wärmeabfuhr schlecht
- Neigung zum Fading

Bauarten

Nach Art der Betätigung und Abstützung der Bremsbacken unterscheidet man z.B.:

- Simplex-Bremse
- Duo-Servo-Bremse

Simplex-Bremse (Bild 2). Sie hat **eine auflaufende** und **eine ablaufende Bremsbacke.** Zum Spannen der Bremsbacken dient z.B. ein **doppelt wirkender Radzylinder,** Spreizschloss, S-Nocken, Spreizkeil oder Spreizhebel. Jede Bremsbacke hat einen festen Dreh- oder Abstützpunkt, z.B. Stützlager.

Simplexbremsen haben bei Vorwärts- und Rückwärtsfahrt gleichmäßige Wirkung, aber nur geringe Selbstverstärkung **(Bild 1).** Die Belagabnutzung an der auflaufenden Bremsbacke ist größer. Eine Feststellbremse ist einfach auszuführen.

Duo-Servo-Bremse (Bild 3). Die Selbstverstärkung der auflaufenden Bremsbacke wird zur Anpressung der zweiten auch auflaufenden Bremsbacke ausgenützt. Das **Stützlager** ist **schwimmend.** Die Abstützung erfolgt am **doppelt wirkenden Radzylinder.** Die Bremswirkung ist bei Vorwärts- und Rückwärtsfahrt gleich. Sie dient häufig als Feststellbremse in Topfscheiben **(Bild 6).** Anstelle des Radzylinders tritt dann ein seilzugbetätigtes Spreizschloss.

Selbstverstärkung (Bild 4). Die Reibung erzeugt ein Drehmoment, das die auflaufende Backe in die Trommel hineinzieht und die Bremswirkung verstärkt. Die Verstärkung wird durch den Bremsenkennwert C **(Bild 1)** ausgedrückt. Die Anpressung der ablaufenden Backe verringert sich.

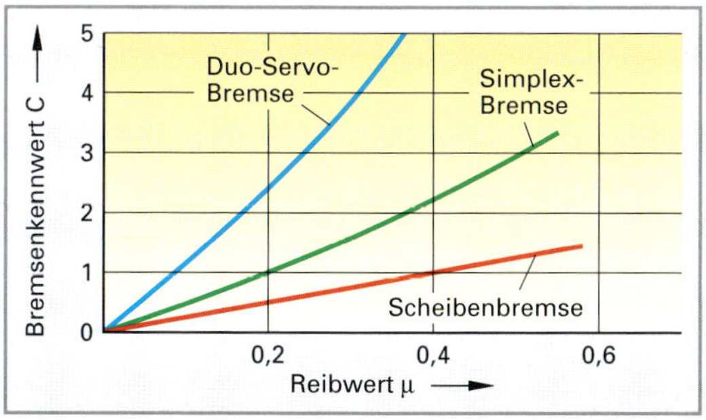

Bild 1: Bremsenkennwert C

Fading. Dies ist ein Nachlassen der Bremswirkung durch Überhitzung, z.B. bei einer Dauerbremsung. Die Reibungszahl des Belags nimmt bei hoher Temperatur oder großer Gleitgeschwindigkeit ab. Auch kann sich die Bremstrommel kegelförmig verformen, weil die Wärme zur Radnabe hin besser abgeleitet wird. Die Bremsfläche wird dann kleiner.

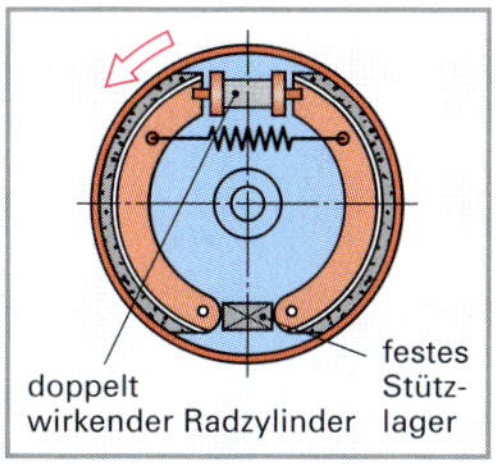

Bild 2: Simplex-Bremse

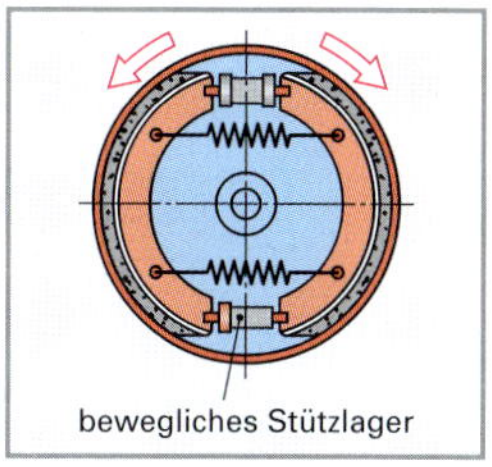

Bild 3: Duo-Servo-Bremse

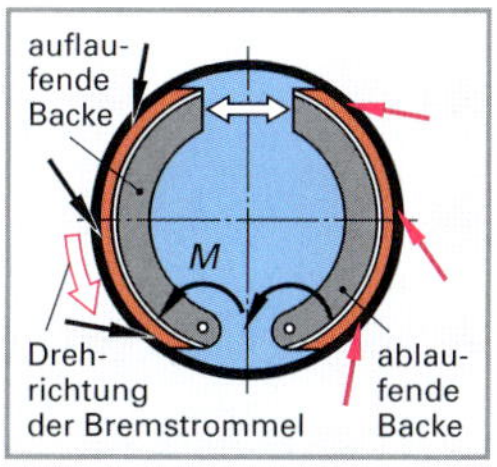

Bild 4: Selbstverstärkung der Trommelbremse

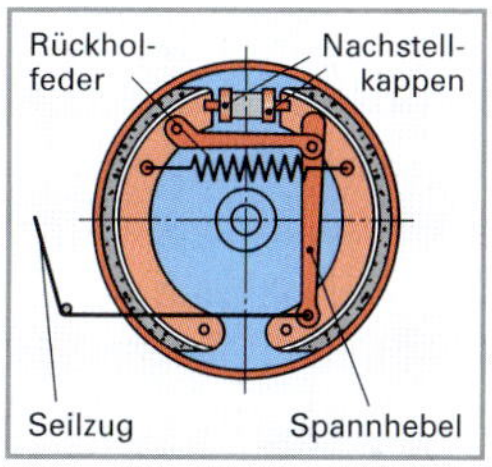

Bild 5: Spannvorrichtung für Feststellbremse

Spannvorrichtungen

Sie sollen beim Bremsen die Bremsbacken spannen bzw. spreizen und an die Bremstrommel anpressen. Man verwendet bei hydraulischen Bremsen meist Radzylinder **(Bild 1, Seite 482).** Bei mechanisch betätigten Feststellbremsen einen Spannhebel **(Bild 5)** oder ein Spreizschloss **(Bild 6).**

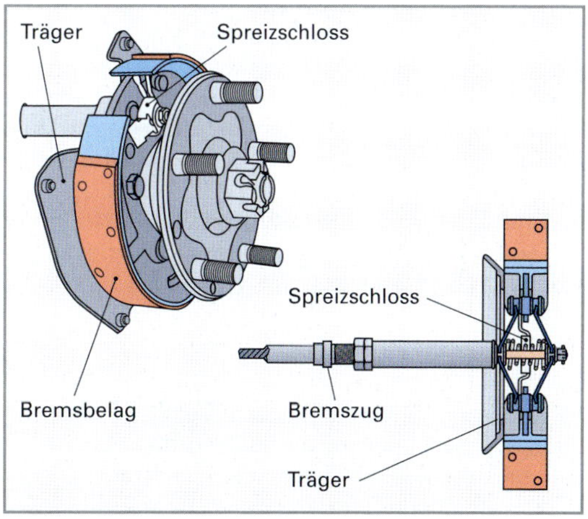

Bild 6: Feststellbremse in Topfscheibe integriert

18

Radzylinder

Im doppelt wirkenden Radzylinder **(Bild 1)** wirkt der im Hauptzylinder erzeugte Druck auf die Kolben und erzeugt die Spannkraft. Die Kolben sind durch Gummimanschetten abgedichtet. Staubkappen verhindern das Eindringen von Schmutz. Auf der Rückseite des Radzylinders befinden sich Gewindebohrungen für seine Befestigung am Bremsträger und der Bremsleitungsanschluss. An der höchsten Stelle ist ein Entlüftungsventil eingeschraubt.

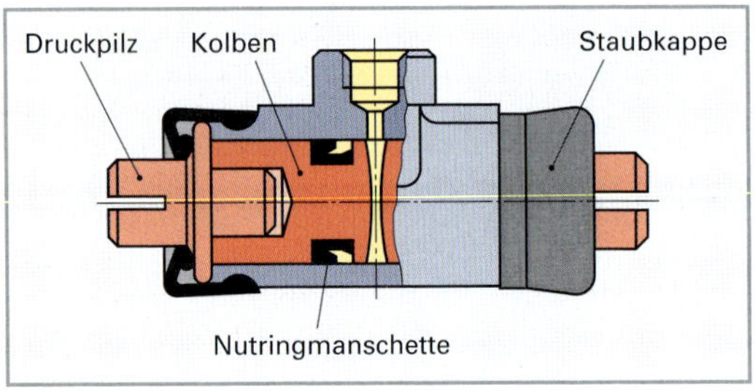

Bild 1: Doppelt wirkender Radzylinder

Bremstrommel (Bild 4, Seite 480)

Eigenschaften

- Große Verschleißfestigkeit
- Formsteifigkeit
- Gute Wärmeleitung

Werkstoffe

- Gusseisen mit Lamellengrafit
- Temperguss
- Gusseisen mit Kugelgrafit
- Stahlguss
- Verbundguss von Leichtmetall mit Gusseisen

Die Bremstrommel muss zentrisch und schlagfrei laufen. Die Bremsfläche ist feingedreht oder geschliffen.

Bremsbacken (Bild 4, Seite 480)

Sie erhalten ihre Steifigkeit durch ein T-Profil und werden aus einer Leichtmetalllegierung gegossen oder aus Stahlblech geschweißt. An einem Ende haben sie eine Anlagefläche für den meist geschlitzten Druckbolzen des Radzylinders. Das andere Ende ist in einem Bolzen gelagert oder es liegt gleitend am festen Stützlager an. Die Backen können sich so in der Trommel zentrieren. Sie liegen besser an und die Belagabnutzung wird gleichmäßiger.

Nachstellvorrichtungen

Durch den Belagverschleiß vergrößert sich das Lüftspiel zwischen Bremsbelag und Bremstrommel. Dadurch wird der Leerweg am Pedal größer. Die Bremsen müssen deshalb regelmäßig von Hand oder durch selbsttätige (automatische) Nachstellvorrichtungen nachgestellt werden.

18

WIEDERHOLUNGSFRAGEN

1. **Wozu dienen Bremsen?**
2. **Welche Arten von Bremsanlagen unterscheidet man nach der Verwendung?**
3. **Erklären Sie den Aufbau einer hydraulischen Bremsanlage.**
4. **Welche Bremsanlagen sind in den Fahrzeugklassen M und N vorgeschrieben?**
5. **Wie unterscheidet man die Bremsanlagen nach der Betätigung?**
6. **Welche Aufgaben hat der Hauptzylinder?**
7. **Wie wirkt die Primärmanschette?**
8. **Welche Aufgaben hat das Zentralventil?**
9. **Wie arbeitet der Tandem-Hauptzylinder bei Ausfall von jeweils einem Bremskreis?**
10. **Welchen Vorteil haben gestufte Hauptzylinder?**
11. **Welche Bremskreisaufteilungen gibt es?**
12. **Welche Eigenschaften haben Trommelbremsen?**
13. **Geben Sie die Unterscheidungsmerkmale von Trommelbremsenarten an.**
14. **Was versteht man unter Fading?**

18.10.6 Scheibenbremse

Scheibenbremsen werden als **Festsattel-** oder **Faustsattelbremse** ausgeführt **(Bild 1)**. Im Bremssattel sind die Bremskolben untergebracht. Diese drücken beim Bremsen die Beläge gegen die Bremsscheibe.

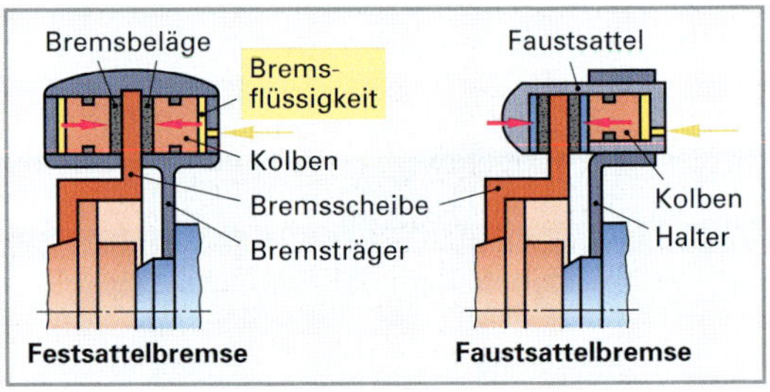

Bild 2: Scheibenbremsen

Eigenschaften

- Keine Selbstverstärkung wegen der ebenen Bremsflächen. Dies erfordert größere Anpresskräfte, daher sind Bremszylinder mit größerem Durchmesser (40 mm bis 50 mm) als bei den Radzylindern der Trommelbremse und zusätzliche Bremskraftverstärker erforderlich.
- Gute Dosierbarkeit der Bremskraft, da durch die fehlende Selbstverstärkung und die nur geringen Reibungszahl-Änderungen kaum Bremskraftschwankungen auftreten.
- Gute Kühlung.
- Geringe Neigung zum Fading.
- Höherer Belagverschleiß durch die hohen Anpresskräfte.

- Wartung und Belagwechsel einfach.
- Selbsttätige Nachstellung des Lüftspiels.
- Stärkere Erwärmung der Bremsflüssigkeit, da Beläge dicht am Bremskolben anliegen. Gefahr der Dampfblasenbildung.
- Gute Selbstreinigung durch die Fliehkraft.
- Neigung zur Dampfblasenbildung, weil die Bremskolben dicht am Bremsbelag anliegen.
- Feststellbremse aufwändig.

Bauarten

Festsattel-Scheibenbremse. Meist werden Zwei- und Vierzylinder-Festsattelscheibenbremsen **(Bild 1)** verwendet.

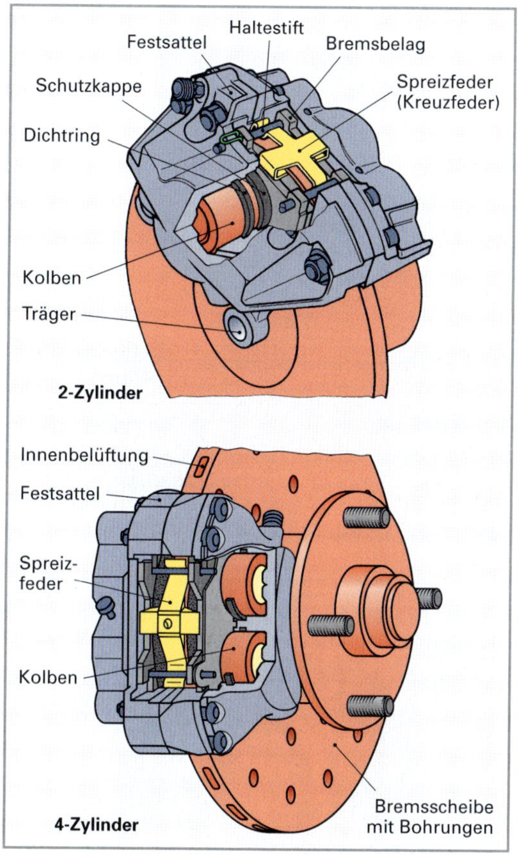

Bild 1: Festsattel-Scheibenbremse

Der feststehende Träger der Bremszylinder (Festsattel) ist mit der Radaufhängung verschraubt. Er greift zangenförmig um die Bremsscheibe herum. Er besteht aus einem zweiteiligen Gehäuse. Jedes Gehäuseteil enthält Bremszylinder, die sich paarweise gegenüberliegen. Sie enthalten die Bremskolben mit Dichtring, Schutzkappe und Klemmring. Die Bremszylinder sind durch Kanäle verbunden. Oben am Gehäuse sitzt das Entlüfterventil.

Beim Bremsen drücken die Kolben die Bremszylinder gegen die Bremsbeläge. Diese werden dadurch beiderseits gegen die Bremsscheibe gedrückt.

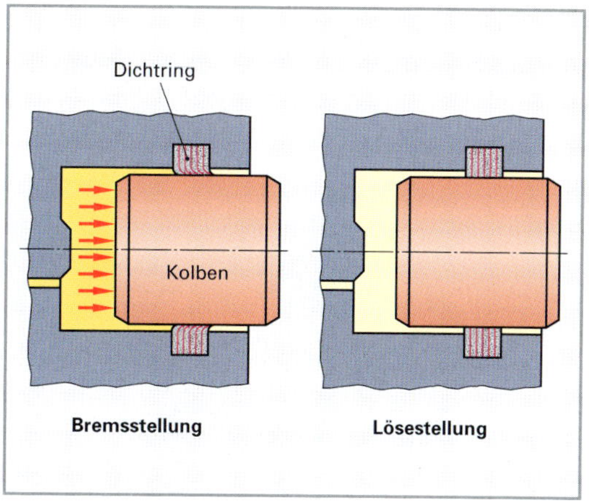

Bild 2: Kolbenrückstellung

Kolbenrückstellung (Bild 2)

In einer Nut im Bremszylinder befindet sich ein rechteckiger Gummidichtring, der den Kolben abdichtet. Der Innendurchmesser des Dichtrings ist etwas kleiner als der Kolbendurchmesser. Er umfasst daher den Kolben mit Vorspannung.

Bei der Bremsbewegung des Kolbens wird der Dichtring durch seine Haftreibung und die Kolbenbewegung elastisch verformt. Beim Abfall des Druckes in der Bremsflüssigkeit geht der Dichtring wieder in seine Ausgangsform bzw. -stellung zurück. Hierdurch wird auch der Kolben um das Lüftspiel von etwa 0,15 mm zurückgenommen und die Bremsscheibe wird frei. Dies ist nur bei vollständigem Druckabbau im Leitungssystem und Leichtgängigkeit der Kolben und Beläge möglich.

Spreizfeder. Sie legt die Bremsbeläge an die Kolben an und vermeidet damit ein Schlagen und Klappern der Beläge.

Faustsattel-Scheibenbremse (Bild 1, Seite 484)

Sie besteht aus zwei Hauptbauteilen, dem Halter und dem Gehäuse oder Faustsattel und hat folgende Merkmale:

- Geringes Gewicht.
- Kleine Baugröße.
- Gute Wärmeableitung.
- Große Belagflächen.
- Geringerer Platzbedarf.
- Geringe Neigung zur Dampfblasenbildung, da nur ein bzw. zwei Bremszylinder auf der Halterseite.
- Wartungsfreie Gehäuseführungen, daher unempfindlich gegen Schmutz und Korrosion.

Halter. Er ist an der Radaufhängung befestigt. In ihm wird das Gehäuse geführt. Man verwendet Faustsattel-Scheibenbremsen mit unterschiedlichen Führungen, wie z. B.

- Zahnführung
- Bolzenführung
- Bolzen- und Zahnführung kombiniert
- Bolzenführung mit aufklappbarem Faustsattel

Bei der Zahnführung stützt sich der innere Belag direkt am Halter, der äußere am Gehäuse gegen die Umfangskraft ab.

Bei der Bolzenführung stützen sich beide Bremsbeläge am Gehäuse ab. Beim Lösen der Bremse sorgt die Rückstellkraft des Dichtrings mit Unterstützung durch die Spreizfeder für die Wiederherstellung des Lüftspiels.

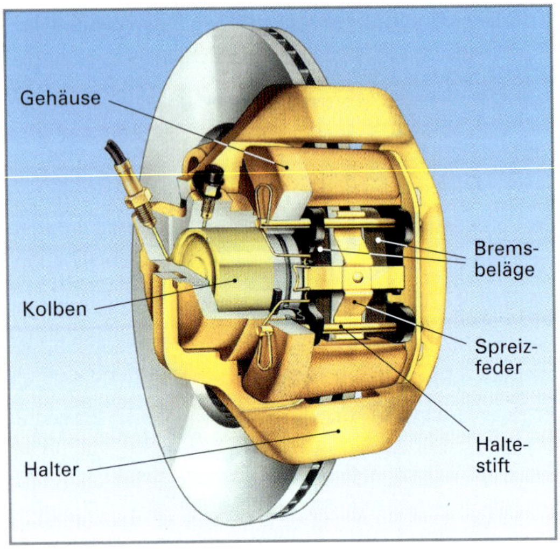

Bild 1: Faustsattel-Scheibenbremse mit Zahnführung

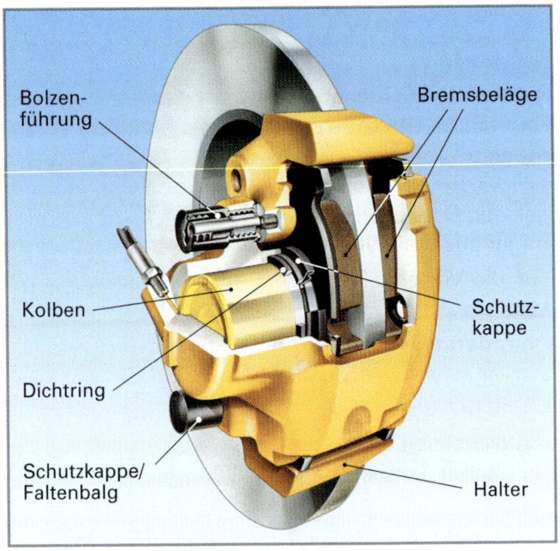

Bild 2: Faustsattel-Scheibenbremse mit Bolzenführung

Faustsattel-Scheibenbremse mit Zahnführung (Bild 1)

Halter. Er hat an beiden Seiten je zwei Zähne.

Gehäuse. Es ist mit seinen zwei halbrunden Nuten in der Zahnführung des Halters verschiebbar gelagert.

Führungsfeder. Sie drückt das Gehäuse an die Zähne des Halters, damit keine Klappergeräusche entstehen.

18

Faustsattel-Scheibenbremse mit Bolzenführung (Bild 2)

Bei ihr sind auf der Zylinderseite des Halters zwei Führungsbolzen am Gehäuse angeschraubt. Der Halter hat zwei Bohrungen, die Gleiteinsätze aus z.B. Teflon enthalten. In diesen Bohrungen ist das Gehäuse mit den Führungsbolzen verschiebbar gelagert.

Bremsvorgang. Der Kolben im Gehäuse drückt den inneren Bremsbelag nach Überwindung des Lüftspiels gegen die Bremsscheibe. Durch die Reaktionskraft wird das Gehäuse darauf in entgegengesetzter Richtung verschoben. Nach Überwindung des weiteren Lüftspiels wird jetzt auch der äußere Bremsbelag gegen die Bremsscheibe gepresst. Beide Bremsbeläge befinden sich im Gehäuseschacht.

Bremsscheibe

Sie ist meist topfförmig gestaltet und besteht aus Gusseisen, Temperguss oder Stahlguss. Bei Sportfahrzeugen auch aus kohlefaserverstärkten oder Keramik-Carbon-Verbundwerkstoffen **(Bild 3)**.

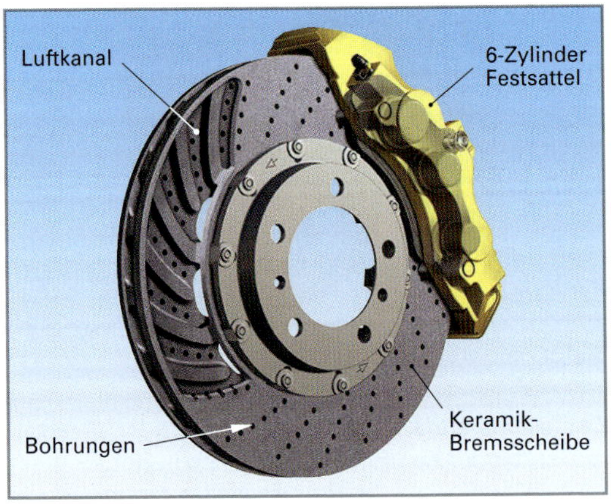

Bild 3: Innenbelüftete Bremsscheibe aus Keramik

Innenbelüftete Bremsscheiben. Sie werden bei hoher Beanspruchung eingesetzt. Sie enthalten radial angeordnete Luftkanäle, die so gestaltet sind, dass bei der Drehung eine Ventilatorwirkung entsteht.

Man erreicht damit eine bessere Kühlwirkung. Teilweise enthält die Bremsfläche auch noch Bohrungen und evtl. auch ovale Nuten. Dadurch wird beim Bremsen mit nassen Scheiben eine schnellere Abfuhr des Wassers erreicht. Die Bremsen sprechen gleichmäßig an, die Fadinggefahr ist gering. Die Bohrungen bringen gleichzeitig noch eine Gewichtserleichterung.

18.10.7 Bremsbeläge

Der Reibwerkstoff erzeugt durch die Bremskraft eine große Reibung mit der Bremsscheibe oder -trommel. Hierdurch wird die Bewegungsenergie des Fahrzeugs in Wärme umgewandelt. Bei Trommelbremsen wird er auf die Bremsbacke aufgenietet oder aufgeklebt. Bei Scheibenbremsen ist er mit dem Belagträger aus Stahl verklebt.

Für die Verschleißanzeige werden elektrische Kontakte verwendet.

Anforderungen an den Reibbelag:

- Große Warmfestigkeit, mechanische Festigkeit und hohe Standzeit
- gleichbleibende hohe Reibungszahl auch bei höheren Temperaturen und Gleitgeschwindigkeiten
- unempfindlich gegen Wasser und Schmutz
- kein Verglasen bei hoher thermischer Belastung, gute Wärmeleitung.

18.10.8 Feststellbremssysteme

Je nach Bauart werden mechanische und elektromechanische Systeme unterschieden. Sie wirken hand- oder fußbetätigt auf die Trommel- oder Scheibenbremsen der Hinterachse.

Kombinierter Faustsattel (Bild 1). Die Betätigung der Betriebsbremse erfolgt hydraulisch. Die Feststellbremse wird mechanisch über einen Bowdenzug betätigt. Hierbei drückt der vom Exzenter des Handbremshebels betätigte Druckstößel auf die Druckstange. Die Druckstange stützt sich über die Nachstellvorrichtung auf dem Bremskolben ab und erzielt so die Bremswirkung. Der Belagverschleiß wird durch die Nachstellvorrichtung ausgeglichen. Diese dreht sich mit zunehmendem Verschleiß auf der Spindel Richtung Bremskolben.

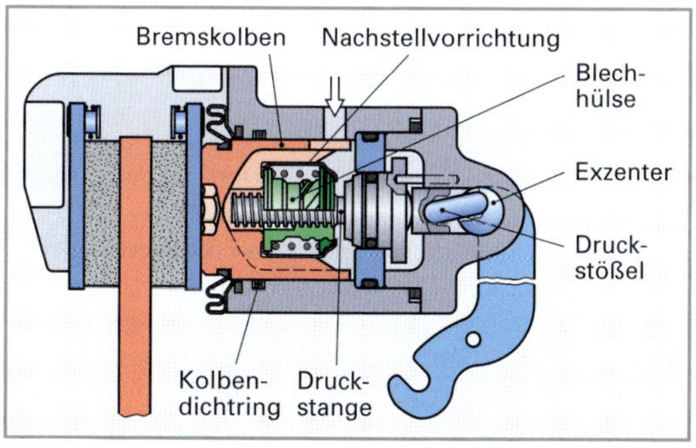

Bild 1: Kombinierter Faustsattel

Arbeitsregeln

- Beim Wechseln der Bremsbeläge ist der Kolben durch ein Spezialwerkzeug zurückzudrehen.
- Der Gebrauch einer Kolbenrücksetzzange führt zur Zerstörung der Nachstellvorrichtung und ist deshalb verboten.

Elektromechanische Parkbremse (EPB)

Bei diesen Systemen wird die Feststellbremse elektrisch betätigt. Man unterscheidet Faustsattelfeststellbremsen mit angeflanschten Elektromotoren und elektromechanisch betätigte Aktoren. Die mechanische Betätigung der Feststellbremse wird durch einen Schalter ersetzt. Man unterscheidet:

Elektromechanische Feststellbremse (Bild 2). Das vom Elektromotor erzeugte Drehmoment wird über einen Zahnriemen (i = 3) und durch ein Planeten- oder Taumelscheibengetriebe (i = 50) verstärkt. Die Kraft wirkt über Spindel und Druckmutter auf den Bremskolben und erzeugt die Reibkraft an den Belägen. Liegen die Beläge mit ausreichender Spannkraft an, wird der Motor abgeschaltet. Das System erkennt dies über die Stromaufnahme von z.B. I_{max} = 16 A. Durch die große Übersetzung (i = 150) ergibt sich im unbestromten Zustand eine ausreichende Selbsthemmung. Zum Lösen der Feststellbremse wird der Motor mit entgegengesetzter Polarität bestromt.

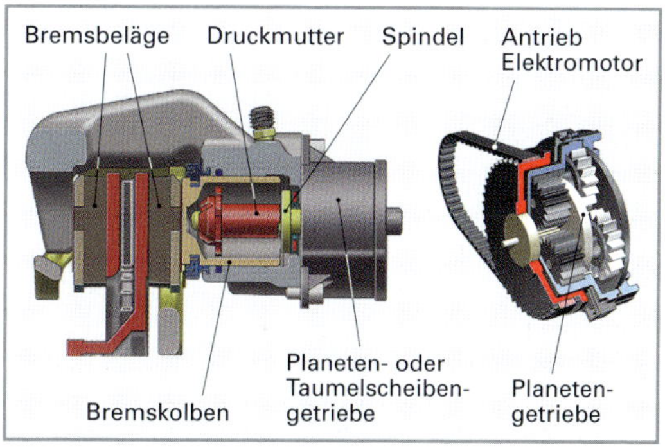

Bild 2: Elektromechanische Feststellbremse

Elektromechanischer Aktor (Bild 1, Seite 486). Der Aktor ist zentral zwischen den Rädern der Hinterachse angeordnet. Über Bowdenzüge wird die Feststellbremse der konventionellen Trommel- oder Scheibenbremsen betätigt. In stromlosem Zustand bleibt der Aktor blockiert.

18

Bild 1: Elektromechanischer Aktor

Um bei sich abkühlenden Bremsen eine gleichbleibende Bremswirkung zu erreichen, wird nach einer Zeit von z.B. 5 min die EPB nachgespannt.

Parkbremssysteme ermöglichen zusätzlichen Komfort und Sicherheitssysteme wie z.B.:

- Automatische Betätigung der elektrischen Parkbremse beim Fahrzeugstopp.
- Hillholderfunktion als Anfahrhilfe am Berg.
- Notbremsfunktion. Durch Betätigen des Schalters kann eine Notbremsfunktion ausgelöst werden. Der Druckaufbau erfolgt hierbei über das ESP.
- Erhöhung der Diebstahlsicherheit durch Koppelung mit der Wegfahrsperre.

18.10.9 Diagnose und Wartung an der hydraulischen Bremsanlage

Sichtprüfung. Überwachung des Bremsflüssigkeitsstandes im Ausgleichsbehälter; Suche nach feuchten dunklen Flecken an Bremszylindern und Verbindungsstellen und nach Korrosion an Bremsleitungen, bzw. Zustand der Bremsschläuche (Scheuerstellen, Blasen, Marderbisse, Alter, Verdrehung).

Funktionsprüfung. Sie besteht aus Überprüfung des Pedalwegs durch Betätigen der Betriebsbremsanlage. Wird der Pedalweg langsam größer, so könnte eine undichte Primärmanschette oder ein undichtes Zentralventil die Ursache sein. Ist der Pedalweg zu groß oder Druckaufbau nur durch Pumpen möglich, so könnten Lufteinschlüsse oder zu große Lüftspiele die Ursache sein.

Dichtheitsprüfungen (Bild 2). Man benötigt dazu ein Druckprüfgerät und einen Pedalfeststeller. Vor den Prüfungen müssen die Bremsanlage und das mit Bremsflüssigkeit gefüllte Druckprüfgerät entlüftet werden.

Niederdruckprüfung. Am Entlüftungsventil einer Radbremse wird die Nieder-/Hochdruckmanometer-Kombination des Druckprüfgerätes angeschlossen. Ein Überdruck von 20 bar wird kurzzeitig erzeugt und dann mit dem Pedalfeststeller auf 2 bis 5 bar reduziert. Dieser Druck soll 5 Minuten gehalten werden. Die gesamte Anlage muss dabei in Ruhe bleiben. Fällt der Druck ab, so liegt eine Undichtheit vor.

18

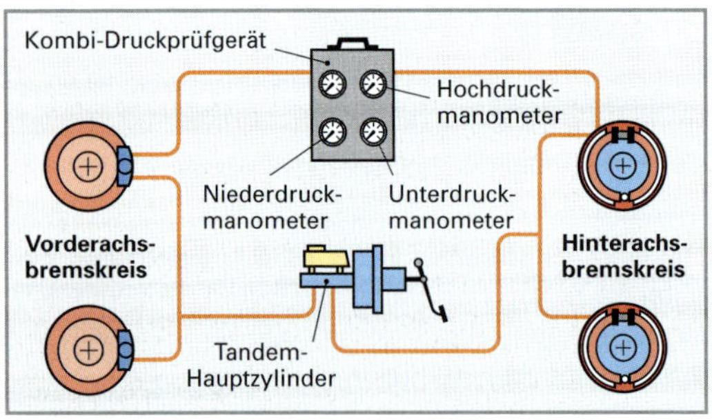

Bild 2: Dichtheitsprüfung

Hochdruckprüfung. Mit dem Pedalfeststeller wird der Bremsdruck auf einen Wert zwischen 50 bar und 100 bar gebracht. Dieser eingestellte Druck darf innerhalb von 10 Minuten höchstens um 10 % abfallen. Bei einem größeren Druckabfall ist eine Undichtheit vorhanden.

Füllen und Entlüften der Bremsanlage (Bild 3). Diese Arbeiten können mit einem Füll- und Entlüftergerät von einer Person durchgeführt werden. Als Hilfsmittel benötigt man einen Entlüfterstutzen und einen durchsichtigen Entlüfterschlauch mit Auffangflasche. Bei Fahrzeugen mit ABS Entlüftungsvorschriften beachten.

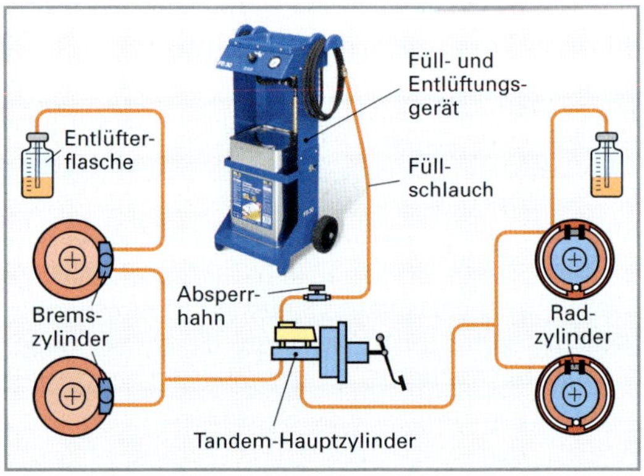

Bild 3: Entlüften mit Gerät

Das Füll- und Entlüftergerät mit dem Entlüfterstutzen am Ausgleichsbehälter anschließen und an einem Entlüfterventil den Entlüfterschlauch der Auffangflasche aufstecken. Jetzt den Absperrhahn am Füllschlauch des Geräts und dann das Entlüfterventil öffnen, bis neue klare Bremsflüssigkeit blasenfrei ausströmt. Dann das Entlüfterventil schließen. Den Vorgang an allen Entlüfterventilen wiederholen. Zum Schluss den Absperrhahn schließen. Vor Abbau des Entlüfterstutzens ein Entlüfterventil kurz öffnen und den Druck ablassen.

Arbeiten an den Radbremsen

Bremstrommeln und Bremsscheiben. Sie müssen bei einer Kontrolle der Bremsen auf Riefen, Unrundheit oder Schlag untersucht werden. Bremsscheiben mit zu großem Seitenschlag müssen erneuert werden. Die Scheibenbremsbeläge, der Schwimm- und der Faustsattel müssen leichtgängig sein. Unrunde oder mit Riefen versehene Bremstrommeln sowie Bremsscheiben müssen aus- bzw. abgedreht werden. Das maximale Ausdrehmaß bzw. die minimale Scheibenstärke ist zu beachten, gegebenenfalls sind die Bremsscheiben bzw. Bremstrommeln durch neue zu ersetzen. Bremstrommeln oder Bremsscheiben mit Rissen bzw. beschädigte Bremssättel sind zu tauschen.

Bremsbeläge. Sie sind auf ihre Stärke und Verölung zu prüfen und gegebenenfalls zu wechseln.

Bremsenprüfung

Die Überprüfungen der Bremsen erfolgt meist auf Bremsenprüfständen.

Für jedes Rad werden gemessen:

- Bremskraft
- Rollwiderstand
- Schwankung der Bremskraft z.B. bei unrunder Trommel
- Eintritt der Blockierneigung

Rollenbremsenprüfstand (Bild 1). Er hat zwei gleiche Rollensätze, damit auf ihm die Bremsen der beiden Räder einer Achse gleichzeitig geprüft werden können. Diese treiben jeweils ein abgebremstes Rad bei der Prüfung an. Die Antriebsrollen einer Seite werden jeweils gemeinsam angetrieben. Die dritte Rolle ist eine Tastrolle. Sie schaltet automatisch den Prüfstand und den Blockierschutz. Gemessen wird an jedem Rad die Bremskraft (Umfangskraft).

Bild 1: Rollenbremsenprüfstand

Bestimmt wird meist die **Abbremsung *z* in Prozent (siehe Seite 476).** Der Bremskraftunterschied (bei BBA) an einer Achse darf nicht mehr als 25 % betragen. Bei Kraftfahrzeugen mit permanentem Allradantrieb und variabler Motormomentenverteilung müssen spezielle Prüfhinweise beachtet werden.

WERKSTATTHINWEISE

- Bei jeder Kontrolle Flüssigkeitsstand im Ausgleichsbehälter prüfen. Bei Scheibenbremsen kann der abgesunkene Flüssigkeitsstand ein Merkmal für starken Belagverschleiß sein.
- Die Dicke der Trommelbremsbeläge kann an Schaulöchern kontrolliert werden.
- Zur Kontrolle der Bremstrommel diese abziehen; dabei die Bremse von Abtrieb reinigen. Den Abrieb absaugen, nicht ausblasen.
- Die Erneuerung von Bremsbelägen muss an den Bremsen einer Achse gleichzeitig erfolgen.
- Die Bremsflüssigkeit nach Firmenvorschrift erneuern, z. B. jährlich.
- Abgelassene Bremsflüssigkeit nicht mehr verwenden; in gekennzeichnetem Behälter lagern und durch Entsorgungs- oder Wiederaufbereitungsfirma beseitigen lassen.
- Fette, Öle von den Bremsenteilen fernhalten.
- Zum Nachfüllen nur die vorgeschriebene Bremsflüssigkeit verwenden.
- Zum Reinigen nur Bremsenreiniger, evtl. Alkohol (Spiritus) verwenden.

WIEDERHOLUNGSFRAGEN

1 **Welche Eigenschaften haben Scheibenbremsen?**

2 **Wie ist eine Festsattel-Scheibenbremse aufgebaut?**

3 **Wie stellt sich bei Scheibenbremsen das Lüftspiel ein?**

4 **Welche Faustsattel-Scheibenbremsen unterscheidet man nach der Sattelführung?**

5 **Wie wird die Abbremsung ermittelt?**

6 **Beschreiben Sie den Bremsvorgang bei der Faustsattel-Scheibenbremse.**

7 **Welche Anforderungen werden an Bremsbeläge gestellt.**

8 **Welche Prüfungen werden an der hydraulischen Bremse durchgeführt?**

9 **Wie kann das Füllen und Entlüften der hydraulischen Bremse erfolgen?**

10 **Welche Messungen ermöglicht der Rollenbremsenprüfstand?**

18.10.9 Hilfskraftbremse

Zur Erzeugung der Hilfskraft (Servokraft) wird dem Hauptzylinder der hydraulischen Bremse ein Unterdruck- oder ein hydraulischer Bremskraftverstärker vorgeschaltet.

Unterdruck-Bremskraftverstärker

Bei Fahrzeugen mit Ottomotor kann der Unterdruck in der Regel dem Ansaugrohr entnommen werden. Die geringe Druckdifferenz zwischen Luftdruck und Saugrohrdruck von etwa 0,8 bar erfordert große Flächen des Arbeitskolbens, um die Druckstangenkraft bis z.B. auf das 4-fache zu verstärken.

Bei Dieselmotoren wird die Druckdifferenz durch eine vom Motor angetriebene Vakuumpumpe erzeugt.

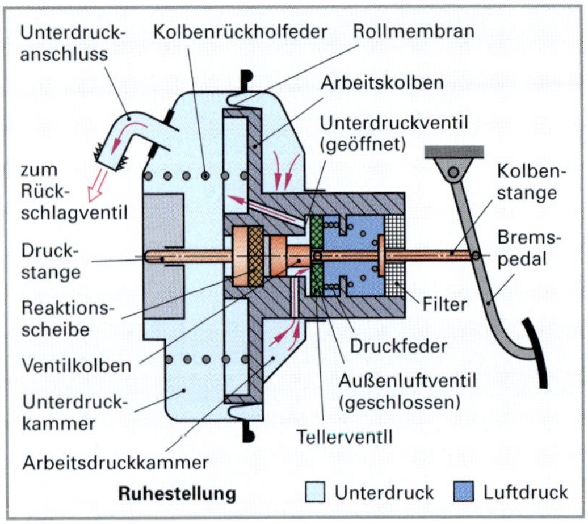

Bild 1: Unterdruck-Bremskraftverstärker

Aufbau (Bild 1). Der Hauptzylinder ist meist an das Verstärkergehäuse angeflanscht. Der Arbeitskolben unterteilt das Gehäuse in Unterdruckkammer und Arbeitskammer. Die Arbeitskammer wird wechselweise über ein Unterdruck- und Außenluftventil mit der Außenluft oder mit der Unterdruckkammer verbunden. Das Doppelventil wird vom Bremspedal über die Kolbenstange betätigt. Diese drückt auch über Ventilkolben und Reaktionsscheibe aus Gummi auf die Druckstange des Hauptzylinders. Auf sie wirkt auch der Arbeitskolben mit seiner Verstärkerkraft.

18

Wirkungsweise

Lösestellung (Bild 1). Das Außenluftventil ist geschlossen, die Arbeitskammer ist über das geöffnete Unterdruckventil mit der Unterdruckkammer verbunden. Beiderseits des Arbeitskolbens herrscht somit der gleiche Druck von etwa p_{abs} = 0,2 bar.

Teilbremsstellung (Bild 2). Beim Bremsen wird die Druckstange vorgeschoben, das Unterdruckventil geschlossen. Die Reaktionsscheibe wird vom Ventilkolben zusammengedrückt und das Außenluftventil geöffnet. Die in der Arbeitskammer entstehende Druckdifferenz zur Unterdruckkammer wirkt als Verstärkerkraft auf den Arbeitskolben. Dieser wird mit Steuergehäuse und Druckstange so lange vorgeschoben, bis die vom Hauptzylinder wirkende Reaktionskraft gleich groß ist. Bei stillstehender Druckstange dehnt sich nun die Reaktionsscheibe wieder aus und drückt auf den Ventilkolben. Dadurch schließt das Außenluftventil. Die Verstärkerkraft auf Arbeitskolben und Druckstange bleibt konstant.

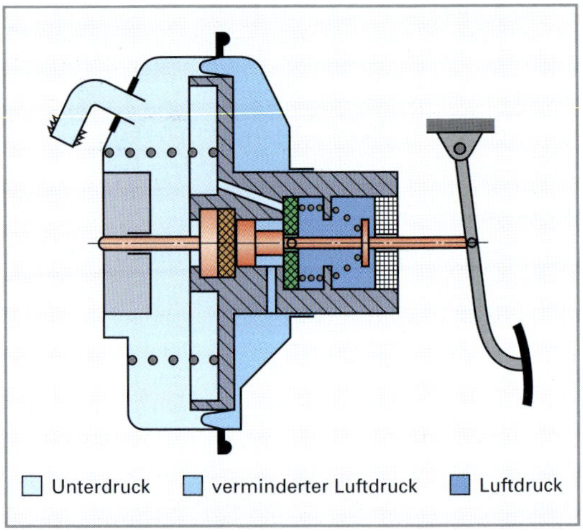

Bild 2: Teilbremsstellung

Vollbremsung (Bild 3). Bei voller Pedalkraft wird durch die Kolbenstange und die Gegenkraft von der Druckstange die Reaktionsscheibe dauernd zusammengedrückt, wodurch das Außenluftventil ständig geöffnet bleibt. Es herrscht die größtmögliche Druckdifferenz (Δp = 0,8 bar) zwischen beiden Kammern und damit wirkt die größte Verstärkerkraft auf Arbeitskolben und Druckstange.

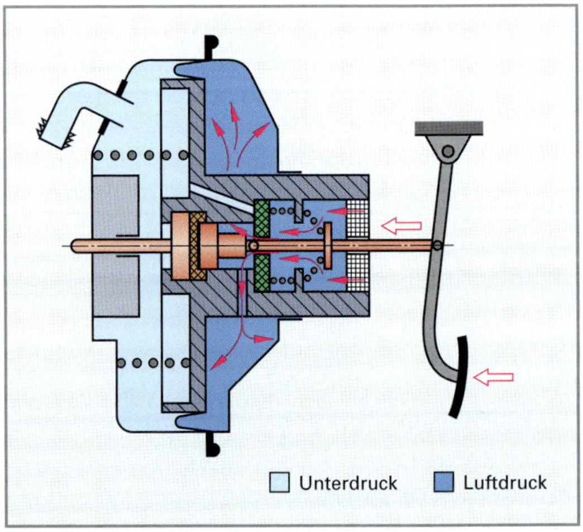

Bild 3: Vollbremsstellung

Hydraulischer Bremskraftverstärker (Bild 2)

Die Anlage **(Bild 1)** besteht aus der Hochdruckölpumpe der Servolenkung, dem Hydrospeicher, dem druckgesteuerten Ölstromregler und dem hydraulischen Bremskraftverstärker mit Tandem-Hauptzylinder sowie dem Ölvorratsbehälter.

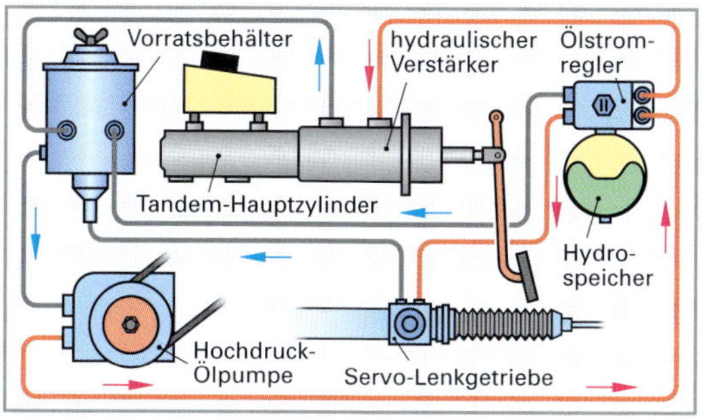

Bild 1: Hydraulische Bremskraftverstärkeranlage

Wirkungsweise

Die Hochdruckölpumpe fördert Öl in den Hydrospeicher. Das Öl presst darin den Stickstoff über eine Membran zusammen und lädt den Speicher mit einem Druck von bis zu 150 bar. Der Bremskraftverstärker und der Druckölraum des Hydrospeichers sind durch eine Leitung verbunden.

Bremsstellung. Beim Betätigen der Bremse wird der Steuerkolben **(Bild 2)** des Bremskraftverstärkers verschoben. Er verschließt die Rücklaufbohrung und gibt die Zulaufbohrung frei. Der Arbeitsraum wird mit Drucköl beaufschlagt und erzeugt dadurch am Arbeitskolben eine Hilfskraft. Der sich verschiebende Arbeitskolben verschließt die Zulaufbohrung und ermöglicht so eine stufenlose Verstärkung in Abhängigkeit von der Pedalkraft.

Lösestellung. Bei nachlassender Pedalkraft verschließt der Steuerkolben die Zulaufbohrung und gibt die Rücklaufbohrung frei. Die Hydraulikflüssigkeit kann zum Vorratsbehälter zurückströmen. Die Rückstellfeder drückt den Arbeitskolben in die Ausgangslage. Bei Ausfall des Motors ist noch Drucköl für etwa 10 Bremsungen gespeichert.

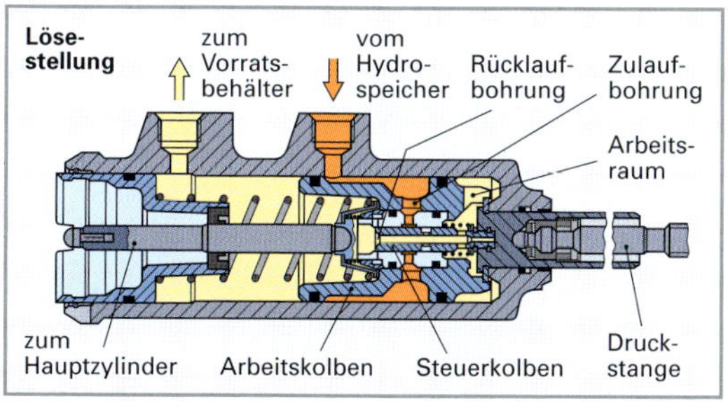

Bild 2: Hydraulischer Bremskraftverstärker

Pneumatischer Bremskraftverstärker

Bei Fahrzeugen mit kombinierter Druckluft-Hydraulik-Bremsanlage können pneumatische Bremskraftverstärker **(Bild 3)** verbaut werden. Durch den Arbeitsdruck von etwa 7 bar lassen sich große Verstärkungskräfte bei kleiner Baugröße realisieren.

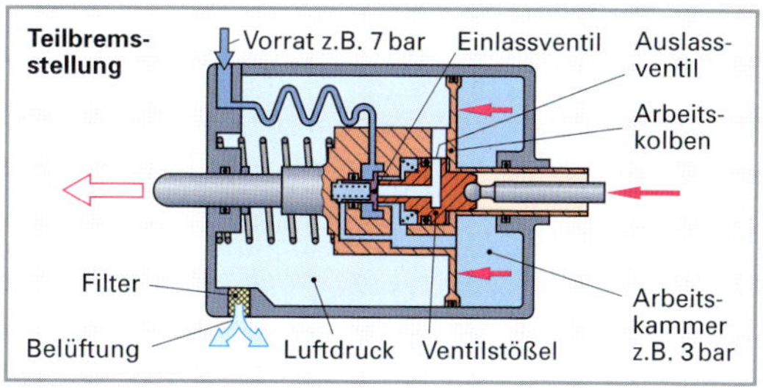

Bild 3: Pneumatischer Bremskraftverstärker

Funktion. Beim Betätigen der Bremse wird der Ventilstößel durch die Kolbenstange verschoben. Der Ventilstößel trifft auf den Ventilteller und verschließt so das Auslassventil. Gleichzeitig wird der Ventilteller angehoben und somit das Einlassventil geöffnet. Der Vorratsdruck strömt in die Arbeitskammer und bewirkt am Arbeitskolben eine Verstärkungskraft. Der sich verschiebende Arbeitskolben schließt das Einlassventil wieder. Hierdurch wird eine stufenlose Verstärkungskraft in Abhängigkeit von der Pedalkraft erreicht. Bei nachlassender Pedalkraft verschließt der Ventilstößel das Einlassventil und öffnet das Auslassventil. Der Druck in der Arbeitskammer entweicht und der Arbeitskolben wird durch die Rückstellfeder in die Ausgangslage zurückgeschoben.

18.10.10 Bremskraftverteilung

Die beim Bremsen eintretende Achslastverschiebung hängt ab von der Größe der Bremsverzögerung, der Belastung, der Verteilung der Last auf dem Fahrzeug und der Höhe seines Schwerpunktes. Beim Bremsen bei gerader Fahrt werden die Vorderräder belastet und die Hinterräder entlastet. Beim Bremsen in der Kurve werden die kurvenäußeren Räder zusätzlich belastet. Die Bremsen sind meist so ausgelegt, dass sich für die mittlere Verzögerung und die mittlere Belastung das beste Verhalten beim Bremsen ergibt. Bei starkem Bremsen können aber die Hinterräder blockieren und das Fahrzeug schleudern. Diese Gefahr beseitigen Bremsdruckminderer, die bei Kfz ohne ABS verwendet werden.

18

Bremsdruckminderer (Bild 1, Seite 490). Er steuert in der Bremsleitung den Bremsdruck der Hinterräder. Sie werden ab einem bestimmten Umschaltdruck nur noch mit vermindert ansteigendem Druck abgebremst.

Druckverlauf im Bremssystem ohne Bremsdruckregelung. Die blaue Linie zeigt den Verlauf der Bremsdrücke bei einem realen Bremsvorgang. An der Vorder- und Hinterachse wirkt bis zum Umschaltpunkt (z.B. 40 bar) der gleiche Bremsdruck. Ab dem Umschaltpunkt wird der weitere Anstieg des Bremsdrucks an der Hinterachse gemindert. Ein Blockieren der Hinterachse wird verhindert.

Eine optimale Abbremsung ergibt sich, wenn der Bremsdruck an der Hinterachse am Beginn der Bremsung stärker ansteigt als an der Vorderachse. Im **Bild 1** wird dies für ein beladenes und unbeladenes Fahrzeug gezeigt. Im beladenen Zustand sind die Radaufstandskräfte größer und ermöglichen dadurch auch stärkere Bremskräfte, die durch die höheren Bremsdrücke in den Radbremszylindern erzeugt werden.

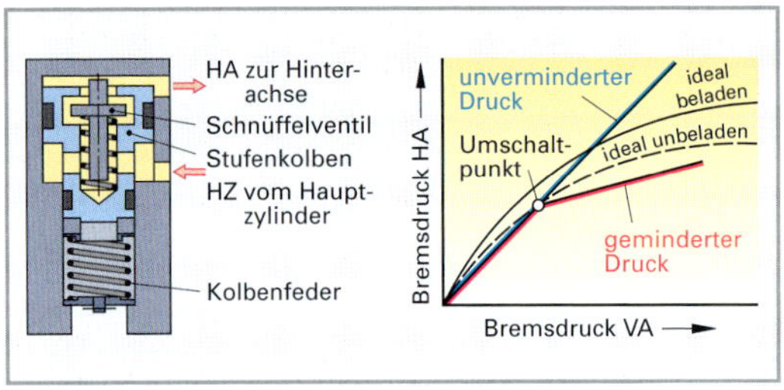

Bild 1: Bremsdruckminderer

Lastabhängiger Bremsdruckminderer (Bild 2). Er wirkt wie der normale Bremsdruckminderer, jedoch wird ab dem Umschaltpunkt in Abhängigkeit von der Belastung und der Achslastverlagerung der Bremsdruck beim Bremsen gesteuert.

Durch die lastabhängige Verschiebung des Umschaltdruckes passt sich der Bremsdruck innerhalb des Regelbereiches immer an den idealen Druck an.

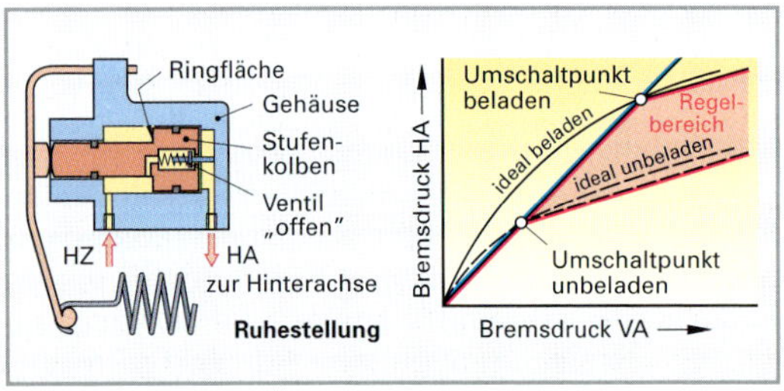

Bild 2: Lastabhängiger Bremsdruckminderer

18.10.11 Mechanisch betätigte Bremse

Mechanisch betätigte Bremsen werden meist nur noch als Feststellbremse in Fahrzeugen mit hydraulischer Betriebsbremsanlage sowie als Betriebsbremse in Kleinkrafträdern und Einachsanhängern verwendet.

Der Wirkungsgrad der mechanischen Kraftübertragung ist gering (je nach Wartungszustand nur noch ~ 50 %). Im Winter können bei Nässe und Frost Bauteile der Kraftübertragung unter Umständen festfrieren.

Bremsseile. Es sind Stahlseile, die über Rollen in Rohren oder Metallschläuchen (Bowdenzüge) geführt werden. Zur Verringerung der Reibung und zum Schutz vor Vereisung und Korrosion sind diese mit Kunststoff überzogen. Zum Einstellen der Bremsseile sind Spannschrauben angebracht.

Bremsausgleich (Bild 3). Er wird benötigt, damit an den Rädern einer Achse die gleichen Kräfte wirken.

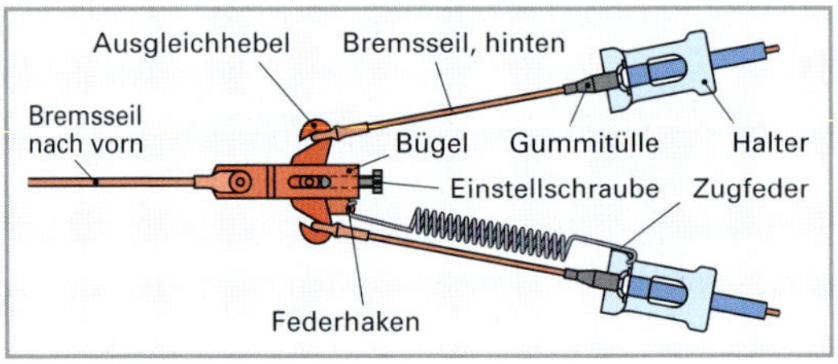

Bild 3: Bremsausgleich

Auflaufbremse (Bild 4). Sie wird bei Anhängern verwendet. Beim Abbremsen des Zugfahrzeugs läuft der Anhänger auf das Zugfahrzeug auf. Durch die Schubkraft des Anhängers wird die Zugstange mit einer Druckfeder zusammengedrückt. Die entstehende Bewegung wirkt über einen Umlenkhebel und einen Seilzug auf ein Spreizschloss, das eine Spannkraft an der Bremse erzeugt.

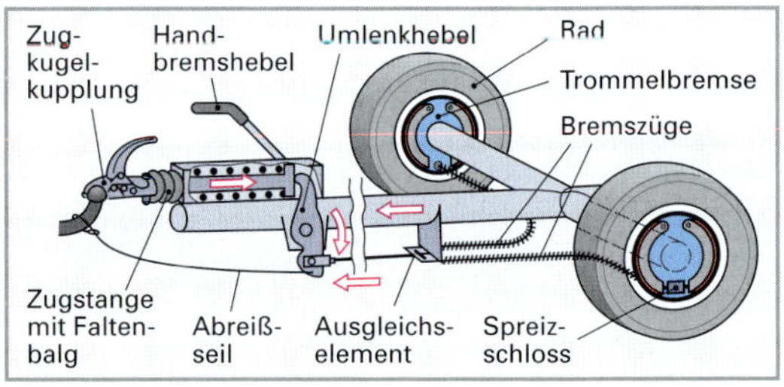

Bild 4: Auflaufbremse

Wiederholungsfragen

1. **Welche Arten von Bremskraftverstärkern verwendet man bei hydraulischen Bremsen?**
2. **Welche Druckdifferenz wird beim Unterdruck-Bremskraftverstärker genutzt?**
3. **Wie wirkt der Unterdruck-Bremskraftverstärker bei einer Vollbremsung?**
4. **Aus welchen Bauteilen besteht die Anlage eines hydraulischen Bremskraftverstärkers?**
5. **Was versteht man unter dynamischer Achslastverschiebung beim Bremsen?**
6. **Welche grundsätzlichen Arten von Bremsdruckminderern werden verwendet?**
7. **Wie wirkt der Bremsdruckminderer?**

18

18.10.12 Grundlagen elektronischer Fahrwerk-Regelsysteme

Elektronische Regelsysteme sollen ein sicheres Führen eines Kraftfahrzeugs beim Bremsen, Beschleunigen und Lenken gewährleisten.

Folgende Regelsysteme finden Anwendung:

- **ABS** (Anti-Blockier-System), verhindert Blockieren der Räder beim Bremsen.
- **BAS** (Brems-Assistent), erkennt Notsituationen und bewirkt kürzere Bremswege.
- **SBC** (Sensotronic Brake Control), verkürzt Bremswege und erhöht die Fahrstabilität beim Bremsen in Kurven.
- **ASR** bzw. **ASC** (Antriebs-Schlupf-Regelung), **ESD** (Elektronisches Sperrdifferenzial), verhindert Durchdrehen der Räder beim Anfahren und Beschleunigen.
- **FDR** (Fahr-Dynamik-Regelung wie **ESP** bzw. **DSC**), verhindert Schleudern des Fahrzeugs.

Jede Bewegung oder Bewegungsänderung des Fahrzeugs lässt sich nur über Kräfte am Reifen erreichen. Dies sind:

- Umfangskraft als Antriebs- bzw. Bremskraft. Sie wirkt in Längsrichtung des Reifens.
- Seitenkraft, z.B. durch die Lenkung oder äußere Störeinflüsse wie Seitenwind.
- Normalkraft durch Fahrzeuggewicht. Sie wirkt senkrecht zur Fahrbahnebene.

Wie stark diese Kräfte wirken, hängt ab von Fahrbahnbelag, Reifenzustand/-typ und Witterungseinflüssen.

Die mögliche Kraftübertragung zwischen Reifen und Fahrbahn wird durch die Reibungskraft bestimmt. Nur bei Haftreibung zwischen Reifen und Fahrbahn können Kräfte optimal übertragen werden. Die elektronischen Regelsysteme nützen die Haftreibung optimal aus.

Die Umfangskraft wird über die Haftreibung als Antriebs- (F_A) oder Bremskraft (F_B) auf die Fahrbahn übertragen.
Ihre Größe ist gleich der Normalkraft F_N mal der Haftreibungszahl μ_H ($\mu_{Eis} = 0{,}1$ bis $\mu_{Trocken} = 0{,}9$).

$$F_{A,B} = \mu_H \cdot F_N$$

$F_{A,B}$ Antriebs-, Bremskraft
F_N Normalkraft
μ_H Haftreibungszahl

Die Haftreibungszahl μ_H (Kraftschlussbeiwert) wird bestimmt durch:

- Materialpaarung, Reifen und Fahrbahn
- Auftretende Witterungseinflüsse

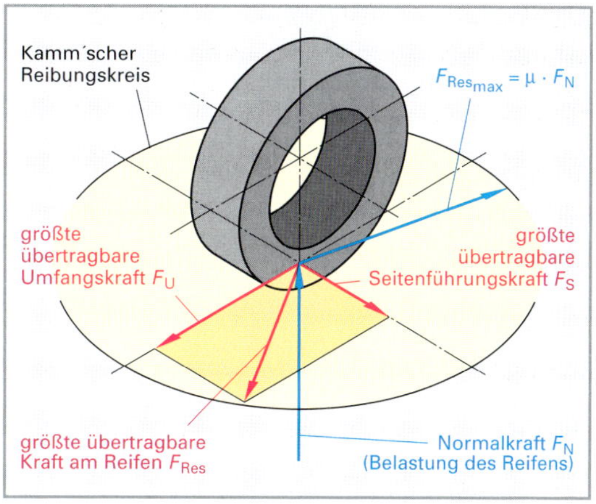

Bild 1: Kräfte am Rad, Kamm'scher Reibkreis

Kamm'scher Reibkreis (Bild 1). Die größte auf die Straße übertragbare Kraft ($F_{max} = F_N \cdot \mu_H$) wird als Kreis dargestellt. Für einen stabilen Fahrzustand muss die Resultierende F_{Res} aus Umfangskraft F_U und Seitenführungskraft F_S innerhalb des Kreises liegen und somit kleiner als F_{max} sein.

Erreicht die **Umfangskraft F_U** durch durchdrehende oder blockierende Räder ihr Maximum, kann keine Seitenführungskraft F_S übertragen werden. Das Fahrzeug ist dann nicht mehr lenkbar.

Ist bei einer Kurvenfahrt mit maximaler Kurvengeschwindigkeit die **Seitenführungskraft F_S** maximal, kann das Fahrzeug weder abgebremst noch beschleunigt werden, da es sonst ausbrechen würde.

Schlupf (Bild 2). Während des Abrollens eines Reifens treten elastische Verformungen und Gleitvorgänge auf. Legt z.B. ein gebremstes Rad mit einem Abrollumfang von 2 m nur einen Weg von 2,2 m während einer Umdrehung zurück, so beträgt der Wegunterschied zwischen Reifenumfang und Bremsweg 0,2 m. Dies entspricht einem Schlupf von 10 %.

Blockiert ein Rad oder dreht es beim Antrieb durch, so beträgt der Schlupf 100 %.

Eine schlupflose Kraftübertragung zwischen Reifen und Fahrbahn ist nicht möglich, da der Reifen nicht mit der Fahrbahn verzahnt ist und beim Antrieb oder Bremsen immer etwas gleitet.

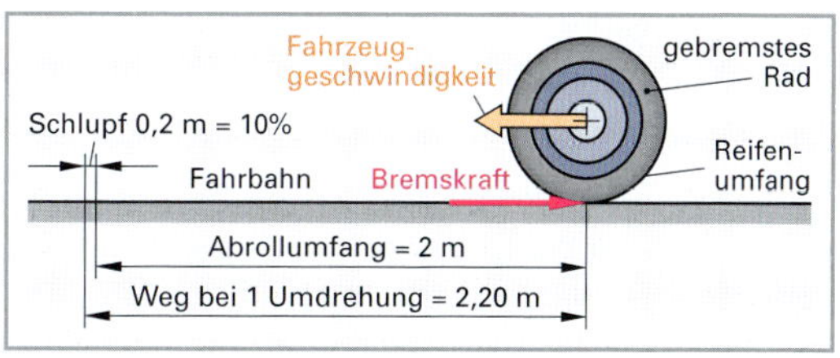

Bild 2: Schlupf am gebremsten Rad

18

Zusammenhang von Kräften am Rad und Schlupf

Der Zusammenhang zwischen Antriebs-, Brems-, Seitenführungskraft und Schlupf bei Geradeausfahrt wird in **Bild 1** vereinfacht dargestellt. Schon bei geringen Schlupfwerten steigt die Bremskraft bis zu ihrem Höchstwert steil an. Danach fällt sie bei weiter steigenden Schlupfwerten wieder etwas ab. Verlauf und Höchstwert der Antriebs- bzw. Bremskraftkurve hängen vom Reibwert des Reifens auf der Fahrbahn ab. Der Höchstwert liegt zwischen 8% bis 35% Schlupf. Man nennt den ersten Bereich der Kurve den stabilen Bereich, weil das Rad fahrstabil und lenkbar bleibt. Hier hat das Rad die beste Kraftübertragung. Elektronische Regelsysteme arbeiten deshalb in diesem Regelbereich. Bei größeren Schlupfwerten nimmt die Seitenführungskraft stark ab, das Fahrzeug ist nicht mehr lenkbar und das Fahrverhalten wird instabil. Die Regelsysteme im Fahrzeug verhindern, dass der stabile Bereich verlassen wird.

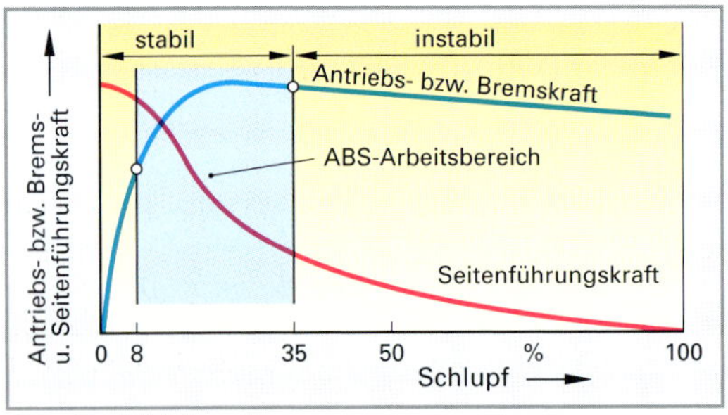

Bild 1: Kräfte am Rad in Abhängigkeit vom Schlupf

18.10.13 Anti-Blockier-System (ABS)

Anti-Blockier-Systeme (ABS), auch Automatische-Blockier-Verhinderer (ABV) genannt, werden in hydraulischen Bremsanlagen und Druckluftbremsanlagen zur Bremskraftregelung verwendet.

> ABS-Systeme regeln beim Bremsen den Bremsdruck eines Rades entsprechend seiner Haftfähigkeit auf der Fahrbahn so, dass ein Blockieren des Rades verhindert wird.
>
> Nur rollende Räder sind lenkbar und können Seitenführungskräfte übertragen.

Aufbau

Ein ABS besteht aus folgenden Komponenten:

- Radsensoren mit Impulsringen
- Elektronisches Steuergerät
- Hydroaggregat mit Magnetventilen

Die Magnetventile werden vom elektronischen Steuergerät in drei Regelphasen **Druckaufbau, Druckhalten** und **Druckabbau** geschaltet. Sie verhindern ein Blockieren der Räder.

ABS-Systeme haben folgende Eigenschaften

- Seitenführungskräfte und Fahrstabilität bleiben erhalten, wodurch die Schleudergefahr verringert wird.
- Fahrzeug bleibt lenkbar, dadurch kann man Hindernissen ausweichen.
- Erreichen eines optimalen Bremsweges auf normalen Straßen (kein Schotter, Schnee).
- „Bremsplatten" an den Reifen werden verhindert, da kein Rad blockiert.

Antiblockiersysteme. Sie können nach **Zahl der Regelkanäle bzw. Sensoren,** und nach **Art der Regelung** unterschieden werden in

4-Kanal-System mit 4 Sensoren und X (diagonal) oder II (schwarz-weiß, TT) Bremskreisaufteilung. Jedes Rad wird einzeln (individuell) angesteuert.

3-Kanal-System mit 3 oder 4 Sensoren und X (diagonal) Bremskreisaufteilung. Hier werden die Vorderräder einzeln (individuell), die Hinterräder immer gemeinsam geregelt.

Individualregelung (IR). Hier wird bei jedem Rad der größtmögliche Bremsdruck eingeregelt. Die Bremskraft wird hierdurch maximal. Da die Räder einer Achse aber unterschiedlich stark gebremst werden können, z.B. durch eine einseitig vereiste Fahrbahn, entsteht ein Drehmoment des Fahrzeugs um die Hochachse (Giermoment).

Select-low-Regelung (SLR). Bei SLR bestimmt das Rad mit der geringeren Bodenhaftung den gemeinsamen Bremsdruck einer Achse. Das Giermoment beim Bremsen auf Fahrbahnen mit unterschiedlicher Bodenhaftung wird geringer, da die Bremskräfte der Hinterräder etwa gleich sind.

> Vorderräder werden meist individuell, Hinterräder häufig nach dem Select-low-Prinzip geregelt.

Wirkungsweise

Die meisten Bremsvorgänge spielen sich bei nur geringem Schlupf ab. Das ABS ist dabei nicht wirksam. Erst bei einer starken Bremsung, bei der größerer Schlupf auftritt, wird der ABS-Regelkreis **(Tabelle 1, Seite 493)** aktiviert und das Blockieren der Räder verhindert. Der Regelbereich des ABS liegt zwischen 8 % ... 35 % Schlupf. Unter ca. 6 km/h schaltet das ABS generell ab, damit das Fahrzeug zum Stehen kommt.

An jedem Rad läuft ein gezahnter Impulsring um, der durch Induktion in einem Drehzahlsensor eine Wechselspannung erzeugt. Die Frequenz der Wechselspannung ist ein Maß für die Raddrehzahl. Daraus ermittelt das Steuergerät die Beschleunigung oder Verzögerung an jedem Rad.

Tabelle 1: ABS-Regelkreis

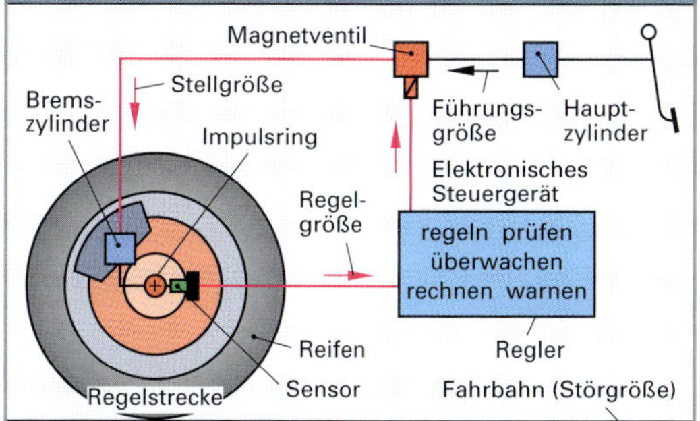

Regel-strecke	Reibpaarung von Reifen und Fahrbahn, Radaufstandskraft (Radlast)
Stör-größen	Fahrbahnverhältnisse, Zustand der Bremsen, Gewichtsverteilung des Fahrzeugs, Reifenzustand (Luftdruck, Profil)
Regler	im ABS-Steuergerät (Soll-Istwertvergleich)
Regel-größen	Drehzahl bzw. Drehzahländerung des Rades
Führungs-größe	über Pedalkraft vorgegebener Bremsdruck
Stellgröße	Bremsdruck im Bremszylinder

Druckaufbau. Der im Hauptzylinder erzeugte Druck wird an die Radzylinder weitergeleitet.

Druckhalten. Neigt ein Rad beim Bremsen zum Blockieren und überschreitet einen vorgegebenen Schlupf, so wird dies vom Steuergerät erkannt. Es schaltet das Magnetventil des Rades auf Druckhalten. Die Verbindung Hauptzylinder – Radzylinder ist unterbrochen. Der Bremsdruck bleibt gleich.

Druckabbau. Nimmt der Schlupf und damit die Blockierneigung weiter zu, so wird auf Druckabbau geschaltet. Dabei wird eine Verbindung vom Radzylinder über die Rückförderpumpe zum Hauptzylinder hergestellt. Der Schlupf nimmt ab. Unterschreitet der Schlupf eine bestimmte Schwelle, so schaltet das Steuergerät das Magnetventil wieder auf Druckaufbau. Der Regelzyklus wiederholt sich so lange (4 ... 10-mal pro Sekunde), wie die Bremse betätigt wird.

ABS mit Rückförderung im geschlossenen Kreis.

Bei Druckabbau wird Bremsflüssigkeit von einem Druckspeicher aufgenommen. Die Rückförderpumpe pumpt sie gleichzeitig wieder in den jeweiligen Hauptzylinder-Bremskreis zurück.

Aufbau (Bild 1). Bei diesem ABS kommen zum herkömmlichen Bremssystem folgende Komponenten hinzu:

- Radsensoren
- Hydroaggregat
- Elektronisches Steuergerät
- Warnleuchte

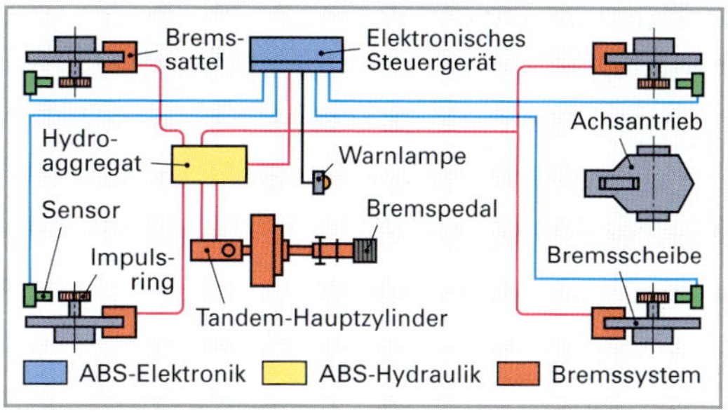

Bild 1: ABS mit Rückförderung im geschlossenen Kreis (Schemadarstellung)

Elektronisches Steuergerät. Es verarbeitet die eingehenden Signale der Sensoren und steuert die entsprechenden Magnetventile an. Durch Eigendiagnose wird die Funktion des ABS-Systems ständig überwacht.

Warnleuchte. Sie signalisiert beim Starten Funktionsbereitschaft des ABS. Bei Ausfall der ABS-Regelung leuchtet sie auf. Das Fahrzeug bleibt trotzdem voll bremsfähig, jedoch ohne ABS-Regelung.

Hydroaggregat mit Rückförderpumpe. Es enthält Magnetventile zur Steuerung, Niederdruckspeicher für Bremsflüssigkeit und eine elektrisch angetriebene Rückförderpumpe. Sie wird über ein Relais angesteuert und läuft während der ABS-Regelung immer mit.

Radsensoren (Drehzahlfühler) **(Bild 2).** Sie sitzen an jedem Rad. Zu jedem Sensor gehört ein mit dem Rad umlaufender Impulsring oder Magnetring. Es werden passive oder aktive Drehzahlfühler verbaut.

Passive Drehzahlfühler. Dies sind induktive Drehzahlsensoren. Sie werden passiv genannt, weil der Sensor über keine Spannungsversorgung verfügt. Je nach Fahrgeschwindigkeit liefert der Sensor ein Wechselspannungssignal zwischen 30 mV und etwa 100 Volt **(Bild 1 Seite 494).** Die Information über die Drehzahl wird über die Frequenz des Spannungssignals ermittelt. Induktive Drehzahlfühler können durch eine Widerstands- und Spannungsmessung auf ihre Funktion überprüft werden.

18

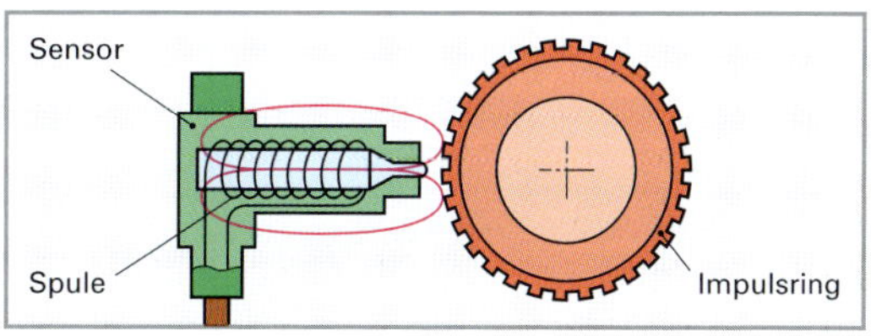

Bild 2: Induktiver Radsensor (Drehzahlfühler)

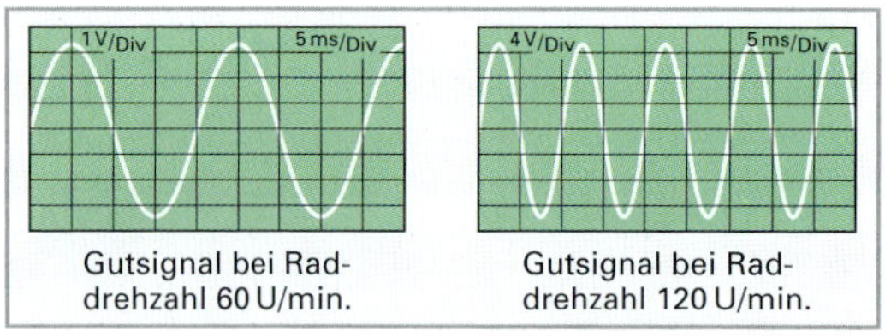

Bild 1: Signalbilder von Induktiven Drehzahlsensoren

Aktive Drehzahlfühler. Dies sind Hallsensoren. Sie werden aktive Sensoren genannt, weil sie über eine eigene Spannungsversorgung verfügen. Man unterscheidet zwischen reinen Drehzahlfühlern, die drehzahlabhängig eine Rechteckspannung mit veränderlicher Frequenz als Signalspannung liefern, und Hallsensoren mit erweitertem Funktionsumfang.

Multipolring. Dieser Ist magnetisch und abwechselnd mit Nord- und Südpolen versehen. Die Erzeugung der Hallspannung erfolgt bei beiden Bauarten durch einen z.B. im Radlager verbauten rotierenden Multipolring.

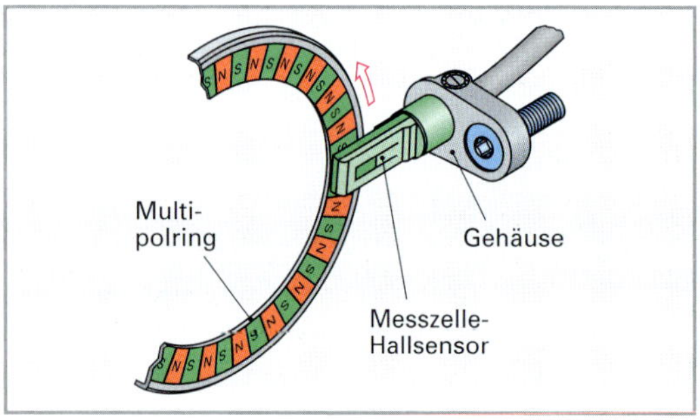

Bild 2: Hallsensor mit erweitertem Funktionsumfang

Werkstatthinweis

Überprüfen der Multipolringe

Die Segmente der Multipolringe müssen vor dem Einbau z.B. mittels einer Magnetkarte überprüft werden. Beim Bruch eines Magneten entstehen immer zwei neue Magnete. Dadurch kommt es bei defekten Multipolringen zu fehlerhaften Signalen.

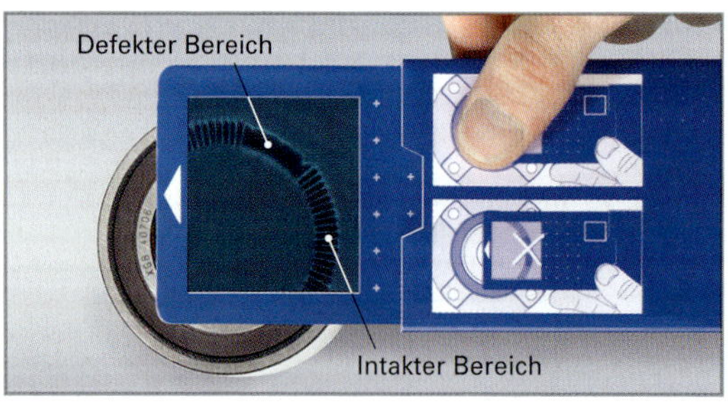

Bild 3: Radlager mit defektem Multipolring

Hallsensoren mit erweitertem Funktionsumfang. Bei diesen Sensoren wird ein pulsweitenmoduliertes Stromsignal über zwei Anschlussleitungen zum Steuergerät übertragen.

Die Drehzahl ergibt sich aus der Frequenz des Signals.

Weitere Informationen wie Drehrichtung und Stillstand eines Rades sowie Eigendiagnose werden über die veränderliche Pulsweite des Stromsignals geliefert **(Bild 4).**

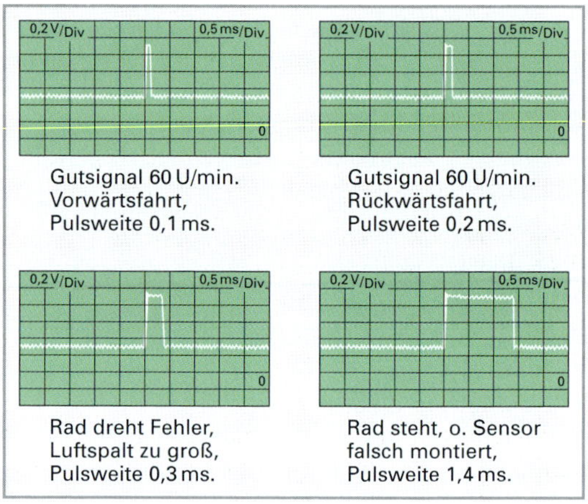

Bild 4: Signalbilder

Die Darstellung der Stromsignale kann mit einem Oszilloskop erfolgen. Hierzu muss aber gemäß **Bild 5** ein Messwiderstand (Shunt) in die Plusleitung des Sensors verbaut werden. Am Shunt fällt eine Spannung ab, die dann am Oszilloskop dargestellt werden kann.

Der Spannungsabfall ist von der Größe des Shunt, z.B. 75 Ω, abhängig.

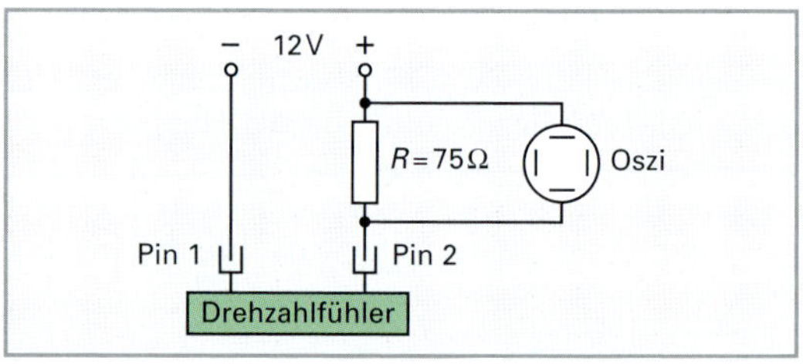

Bild 5: Messschaltung zur Signaldarstellung

In der Messzelle des Sensors befinden sich mehrere Hallelemente. Dadurch wird eine Drehrichtungserkennung möglich. Befinden sich zwei Hallelemente gleichzeitig im Bereich z.B. eines Nordpoles **(Bild 1, Seite 495)** so ergibt sich die Drehrichtung daraus, welches der beiden Elemente zuerst eine veränderte Hallspannung registriert. Dreht der Multipolring z.B. nach rechts, so nimmt die Hallzelle 1 zuerst eine veränderte Spannung auf.

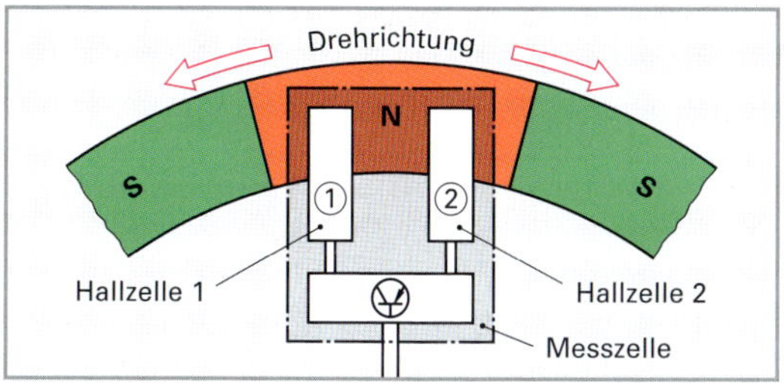

Bild 1: Messzelle eines Hallsensors mit erweitertem Funktionsumfang

Wirkungsweise mit 2/2-Magnetventilen (Bild 2)

Bei diesem System ist das Hydroaggregat mit kleineren, leichteren und schneller schaltenden 2/2-Magnetventilen ausgestattet. Jeder Regelkanal erfordert jetzt ein Einlass- und ein Auslassventil.

Das Steuergerät schaltet die Magnetventile in den Regelphasen wie folgt:

- **Druckaufbau.** Einlassventil (EV) geöffnet, Auslassventil (AV) geschlossen.
- **Druckhalten.** Beide Ventile geschlossen.
- **Druckabbau.** Einlassventil geschlossen und Auslassventil geöffnet. Die laufende Rückförderpumpe fördert die überschüssige Bremsflüssigkeit aus dem Speicher zurück in den zugehörigen Bremskreis.

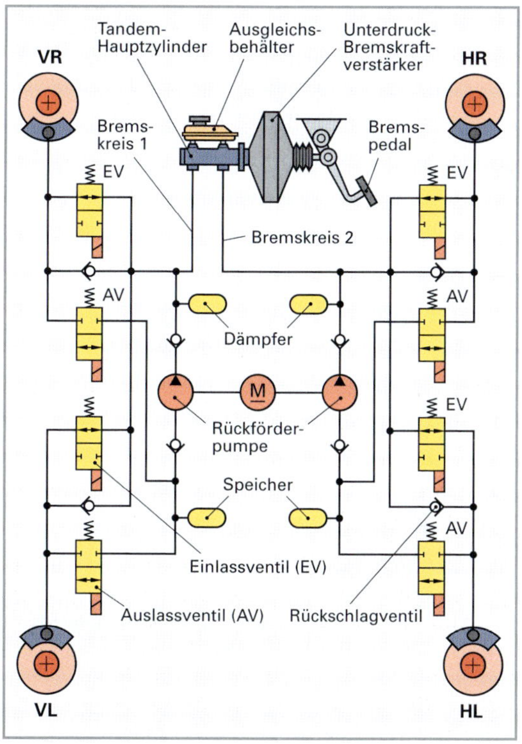

Bild 2: ABS mit geschlossenem Kreis und 2/2-Magnetventilen (Hydraulikschaltung)

ABS mit Rückförderung im offenen Kreis und 2/2-Magnetventilen (Bild 3)

Bei einem Regelvorgang fließt die überschüssige Bremsflüssigkeit drucklos in den Ausgleichsbehälter zurück. Die Hydraulikpumpe wird vom Steuergerät über die Stellung des Pedalwegsensors geschaltet. Sie pumpt das fehlende Volumen an Bremsflüssigkeit aus dem Ausgleichsbehälter mit hohem Druck wieder in den jeweiligen Bremskreis zurück und bringt das Bremspedal dadurch in seine Ausgangsstellung. Dann wird die Pumpe abgeschaltet.

Aufbau

Das System besteht aus:

- Elektronischem Steuergerät
- Radsensoren
- Betätigungseinheit
- Hydraulik-Einheit
- Warnleuchte

Elektronisches Steuergerät. Es bereitet die Sensorsignale auf und gibt sie als Regelsignale weiter an die Magnetventile. Die Signale des Wegsensors steuern bei der ABS-Regelung die Hydraulikpumpe. Fehler und Störungen werden vom Steuergerät erkannt, das ABS ausgeschaltet und die ABS-Warnleuchte eingeschaltet.

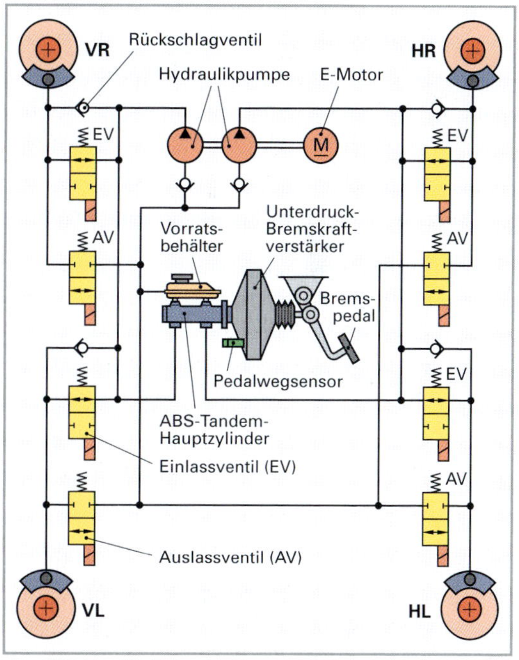

Bild 3: ABS mit offenem Kreis (Hydraulikschaltung)

Radsensoren. Sie sitzen an jedem Rad und übermitteln die Raddrehzahl.

Betätigungseinheit. Sie besteht aus einem Unterdruck-Bremskraftverstärker, in dem ein Pedalweggeber (Wegsensor) integriert ist und dem ABS-Tandem-

Hauptzylinder mit Ausgleichsbehälter. Der Pedalwegsensor meldet die Stellung des Bremspedals an das Steuergerät.

Hydraulik-Einheit. Sie enthält als **Motor-Pumpen-Aggregat** eine zweikreisige elektrisch angetriebene Hydraulikpumpe und den **Ventilblock.** Dieser enthält für jeden Regelkreis zwei 2/2-Magnetventile. Ein Einlassventil (EV) und ein Auslassventil (AV) mit einem parallel geschalteten Rückschlagventil.

Wirkungsweise des Steuergerätes

Erkennt das Steuergerät eine Blockiertendenz, z.B. am Rad vorne links, so schließt das Einlassventil und öffnet das Auslassventil. Die Bremsflüssigkeit fließt nun drucklos in den Ausgleichsbehälter zurück. Beim Schalten auf Druckaufbau schließt das Auslassventil und das Einlassventil öffnet. Die im Bremszylinder fehlende Bremsflüssigkeit wird vom Hauptzylinderkolben ergänzt. Der Hauptzylinderkolben und das Bremspedal verschieben sich dadurch etwas. Der Wegsensor informiert das Steuergerät. Dieses schaltet die Hydraulikpumpe ein. Sie pumpt solange Flüssigkeit zurück, bis die ursprüngliche Pedalstellung wieder erreicht ist.

Elektrische Schaltung eines ABS

Der Stromlaufplan **(Bild 1)** zeigt ein 4-Kanal-ABS mit Rückförderung im geschlossenen Kreis mit acht 2/2-Magnetventilen und 4 Sensoren.

Beim Einschalten des Fahrtschalters erhält die Steuerspule im Elektronik-Schutzrelais von Kl. 15 Spannung, schaltet und legt das Steuergerät über Pin 1 (Steckverbindung am Steuergerät) an Kl. 30 (Plus). Gleichzeitig leuchtet die Warnleuchte auf, da sie an Kl. 15 an Plus und über Kl. L1 am Ventilrelais und über die Diode an Masse liegt. Das Steuergerät überprüft nun das ABS auf Fehler. Wenn alles „OK" ist, legt es Pin 27 und damit die Steuerspule im Ventilrelais an Masse. Das Ventilrelais schaltet um. Pin 32 am Steuergerät erhält Plus von Kl. 30, gleichzeitig auch die Kathode der Diode. Die Warnleuchte erlischt. Nun liegen die Magnetventile an Plus an.

Erkennt das Steuergerät Blockiergefahr VR, so legt es an Pin 28 Masse an. Das Motorrelais schaltet die Rückförderpumpe ein. VR kann jetzt durch Anlegen von Masse an Pin 35 bzw. 37 in den Regelphasen geschaltet werden.

WERKSTATTHINWEISE

Überprüfen der elektrischen Anlage

Sie kann erfolgen mit einem Spannungs- bzw. Widerstandsmesser, einer Prüfdiode oder mit einem speziellen Prüfgerät.

> Vor Abziehen des Steckers vom Steuergerät muss unbedingt die Zündung ausgeschaltet werden.

1. **Prüfung. Spannungsversorgung Steuergerät:** Zündung „Ein"; zwischen Pin 1 und Masse, $U > 10$ V.
2. **Ventilrelais Funktion:** Pin 27 an Masse, Zündung „Ein"; Schalten am Relais erfühlen, bzw. zwischen Pin 32 und Masse, $U > 10$ V.
   Stromkreis Steuerspule: Zündung „Aus", Widerstandsmesser zwischen Pin 1 und 27, $R \approx 80\ \Omega$.
3. **Drehzahlfühler VR Widerstand:** Zündung „Aus", zwischen Pin 11 und 21, $R = 750\ \Omega \ldots 1{,}6$ kΩ.
   Funktion: Rad drehen, zwischen Pin 11 und 21 z.B. bei 1 Radumdrehung/Sekunde $U >$ 30 mV Wechselspannung.
4. **Motorrelais Funktion:** Zündung „Ein", Pin 28 an Masse, Schaltfunktion erfühlen, bzw. zwischen Pin 14 und Masse, $U > 10$ V, Rückförderpumpe läuft (Geräusch).

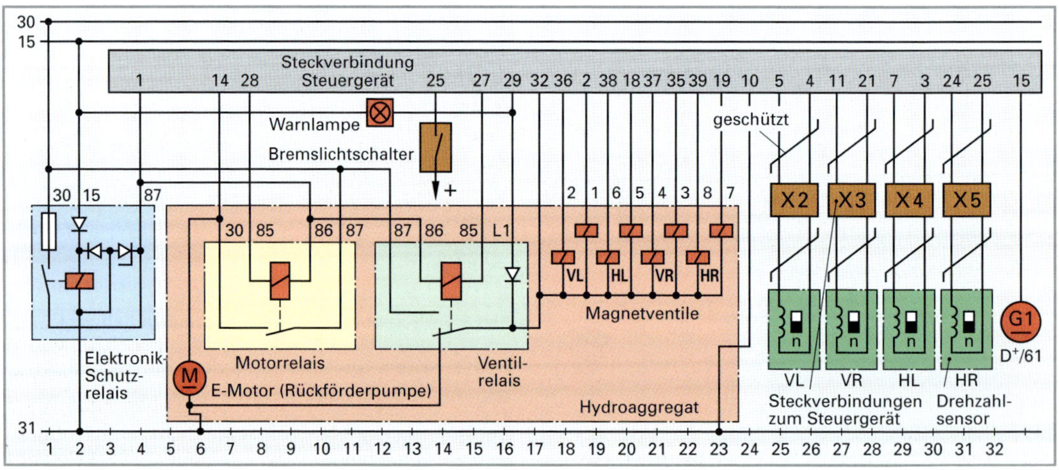

Bild 1: Stromlaufplan für ein 4-Kanal ABS

18.10.14 Bremsassistent (BAS)

Der Bremsassistent sorgt im Fall einer Panikbremsung sofort für die maximale Bremskraftverstärkung, wodurch der Bremsweg erheblich verkürzt wird.

Viele Fahrer bremsen in kritischen Situationen zwar schnell, treten aber nicht stark genug auf das Bremspedal. Der Bremsweg wird daher länger und es kann zu Auffahrunfällen kommen.

Aufbau

Der Bremsassistent **(Bild 1)** besteht aus folgenden Komponenten:

- BAS-Steuergerät
- Weg-/Pedalsensor
- Schaltmagnet
- Löseschalter

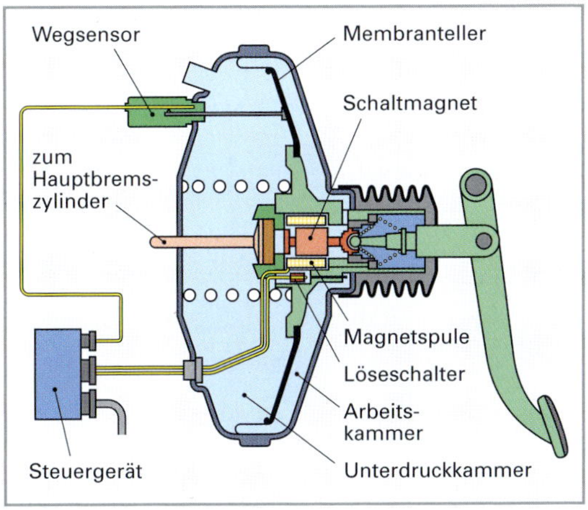

Bild 1: Bremsassistent

Wirkungsweise

Durch die Pedalbewegung ergibt sich eine Widerstandsänderung im Pedalwegsensor. Diese wird an das BAS-Steuergerät gemeldet. Erkennt das Steuergerät eine hohe Betätigungsgeschwindigkeit, wie z.B. bei einer Notbremsung, dann wird der Schaltmagnet betätigt. Dieser belüftet die Arbeitskammer des Bremskraftverstärkers, wodurch sich die volle Verstärkerkraft aufbaut. Es kommt zur Vollbremsung. Das ABS verhindert ein Blockieren der Räder. Erst nach Lösen der Bremse, wenn das Bremspedal wieder seine Ruhestellung erreicht, wird der Schaltmagnet durch den Löseschalter abgeschaltet.

Zum Datenaustausch ist das BAS-Steuergerät mit den Steuergeräten anderer elektronischer Fahrwerk-Regelsysteme wie z. B. ABS, ASR, ESP über CAN-Bus verbunden.

Erkennt das Steuergerät Fehler, wird der Bremsassistent abgeschaltet. Der Ausfall wird durch eine gelbe Warnleuchte angezeigt.

Wiederholungsfragen

1. **Welche elektronischen Fahrwerks-Regelsysteme werden verwendet?**
2. **Welche Kräfte wirken am Fahrzeugrad?**
3. **Was versteht man unter Schlupf?**
4. **In welchem Schlupfbereich bleibt das Fahrzeug lenkbar und fahrstabil?**
5. **Welche Aufgaben hat ein ABS?**
6. **Nennen Sie die Komponenten eines ABS.**
7. **Nennen und erklären Sie die Begriffe des ABS-Regelkreises.**
8. **Nennen Sie die Regelphasen beim ABS.**
9. **Wodurch unterscheiden sich im Wesentlichen die Hydraulik-ABS-Konzepte?**
10. **Wie arbeitet der Bremsassistent?**

18.10.15 Antriebsschlupf-Regelung (ASR)

Das ASR-System verhindert ein Durchdrehen der Antriebsräder beim Anfahren und Beschleunigen sowie ein Blockieren der Räder im Schiebebetrieb beim Gaswegnehmen.

Dadurch wird das Fahrzeug in Längsrichtung um die Hochachse stabilisiert, die Seitenführung bleibt erhalten und ein Ausbrechen des Fahrzeugs an der Antriebsachse wird verhindert.

ASR ist eine Erweiterung von ABS. Beide Systeme nutzen gemeinsame Sensoren und Aktoren und besitzen häufig ein gemeinsames Steuergerät, wobei der Datenaustausch üblicherweise über einen CAN-Bus erfolgt. Bei Fahrten mit Schneeketten kann ASR ausgeschaltet werden, da in dieser Situation ein gewisser Schlupf nötig ist.

Vorteile

- Verbesserung der Traktion beim Anfahren oder Beschleunigen
- Erhöhung der Fahrsicherheit bei hoher Antriebskraft
- Automatische Anpassung des Motormoments an die Haftverhältnisse
- Information des Fahrers über das Erreichen der fahrdynamischen Grenzen.

ASR mit Motor- und Bremseneingriff

Das System arbeitet je nach Fahrsituation mit Motor und/oder Bremseneingriff. Das Blockschaubild **Bild 1, Seite 498** zeigt das Zusammenwirken von Motor- und Bremseneingriff, um einen unzulässigen Radschlupf beim Anfahren (ASR-Betrieb) oder beim Schiebebetrieb (Motorschleppmomentregelung, MSR-Betrieb) zu vermeiden.

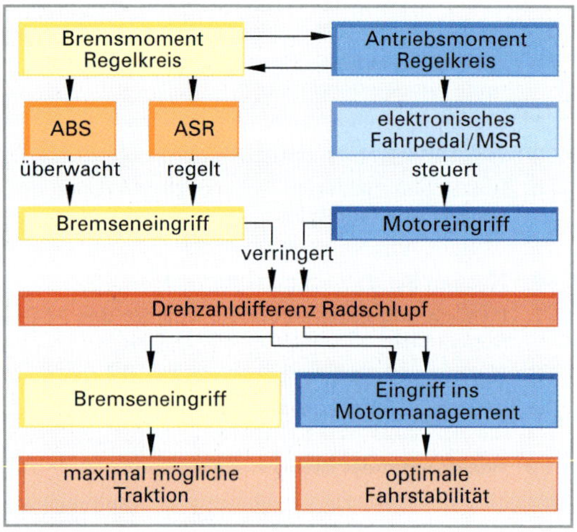

Bild 1: ASR-Blockschaltbild

Aufbau (Bild 2). Das System besteht aus folgenden Komponenten:

- ABS/ASR-MSR-Steuergerät
- ABS/ASR-Hydraulikeinheit
- Elektronisches Fahrpedal mit Steuergerät
- Sollwertgeber, Stellmotor und Drosselklappe.

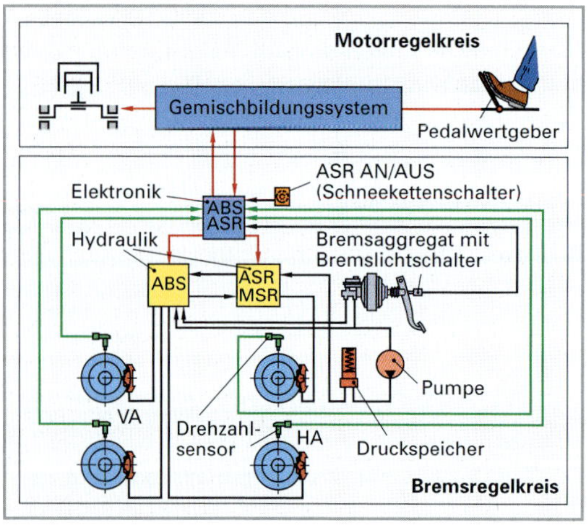

Bild 2: ASR-Systemübersicht

Wirkungsweise (Bild 3)

Im ABS/ASR-Steuergerät werden alle Raddrehzahlen erfasst und verarbeitet. Neigen ein oder zwei Räder zum Durchdrehen, so beginnt die ASR-Regelung.

Regelung beim Anfahren

Neigt ein Rad zum Durchdrehen, so arbeitet vorrangig die Bremsmomentregelung, da auf höchste Traktion Wert gelegt wird. Dreht z.B. das hintere rechte Rad (HR) durch, so wird über das Steuergerät die Pumpe P1 angesteuert. Das Ansaugmagnetventil Y15 wird geöffnet, das Umschaltventil Y5 und das Magnetventil Y10 (HL) hinten links werden geschlossen. Somit bremst der Pumpendruck das Rad (HR) ab. Über die Magnetventile Y12 und Y13 der Hydraulikeinheit kann durch Druckaufbau, -abbau und Druckhalten das Bremsmoment geregelt werden.

Regelung bei Fahrbetrieb

Neigen z.B. beide Räder zum Durchdrehen, so arbeitet vorrangig die Antriebsmomentregelung, um eine optimale Traktion zu erzielen. Hierbei wird die Gemischaufbereitung beeinflusst und so das Motordrehmoment reduziert.

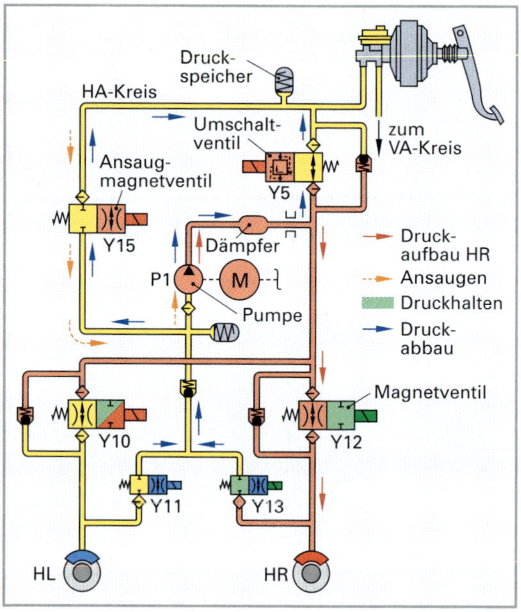

Bild 3: Hydraulikschaltplan eines Bremskreises

Drehen die Räder trotzdem durch, wird zusätzlich die Bremsmomentregelung aktiviert, indem Bremsdruck von der Pumpe P1 über die Magnetventile Y10 und Y12 zu den Hinterrädern geleitet wird, bis die Räder nicht mehr durchdrehen. Die Fahrstabilität wird erhöht.

Motorschleppmoment-Regelung MSR im Schiebebetrieb

Tritt beim plötzlichen Gaswegnehmen durch die Bremswirkung des Motors an den Antriebsrädern Schlupf auf, er erkennt dies das Steuergerät und aktiviert die Motorschleppmoment-Regelung MSR. Hierbei wird die Gemischaufbereitung des Motors beeinflusst und so die Motordrehzahl soweit erhöht, dass an den Antriebsrädern kein Schlupf mehr auftritt.

ASR-Warnleuchte. Sie informiert den Fahrer bei ASR-Regelbetrieb und bei Ausfall des Systems.

18.10.16 Fahrdynamik-Regelung ESP, FDR

Durch gezieltes Abbremsen einzelner Räder und ggf. Lenkeingriff erreicht man eine Quer- und Längsstabilisierung. Ein Schleudern des Fahrzeugs um die Hochachse wird dadurch verhindert.

Man unterscheidet zwischen ESP-Systemen mit Bremseneingriff (ESP I) und mit Bremsen- und Lenkeingriff (ESP II oder ESP plus).

Elektronisches-Stabilitäts-Programm (ESP I) (Bild 1). Es wirken folgende Systeme zusammen:

- Antiblockiersystem **(ABS)**
- Automatische Bremskraftverteilung **(ABV)**
- Antriebsschlupfregelung **(ASR)** mit Motorschleppmoment-Regelung **(MSR)**
- Giermomentregelung **(GMR)**.

Über einen Datenbus vernetzt regeln die Systeme abhängig von Raddrehzahl, Bremsdruck, Gierrate, Lenkwinkel, Querbeschleunigung und hinterlegten Kennfeldern den Bremseneingriff.

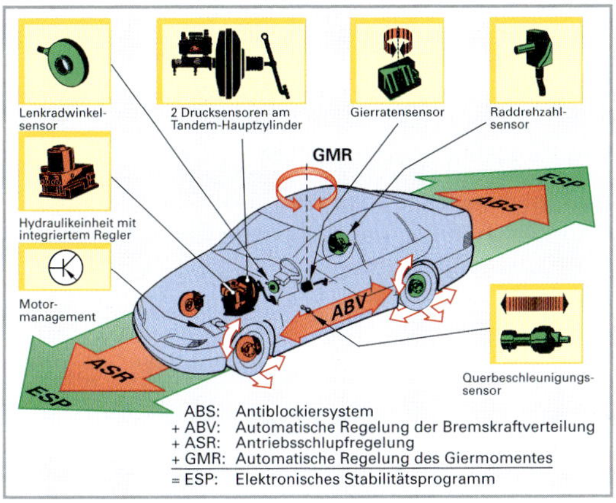

Bild 1: Komponenten des ESP-Systems

Wirkungsweise

Die über die Sensoren erfassten Signale, wie z.B. Raddrehzahl, Lenkbewegung und Querbeschleunigung werden vom Steuergerät als Istwerte aufgenommen und mit gespeicherten Sollwerten verglichen. Weichen die Istwerte vom gewünschten und tatsächlichen Kurs (Sollwert) ab, so wird ein Rad gezielt gebremst, so dass sich das Fahrzeug stabil verhält.

Das ESP-System entscheidet ...

- ... welches Rad wie stark abgebremst wird.
- ... ob das Motormoment herabgesetzt wird.

Untersteuern. Hat das Fahrzeug bei Kurvenfahrt oder einem Ausweichmanöver untersteuernde Tendenzen **(Bild 2)**, so würde es über die Vorderachse geradeaus geschoben. Das ESP-System steuert über eine Vorförderpumpe **(Bild 1, Seite 500)** Bremsdruck an das kurveninnere Hinterrad ein. Das dadurch erzeugte Giermoment verdreht das Fahrzeug um die Hochachse und wirkt dem Untersteuern entgegen.

Übersteuern. Neigt das Fahrzeug zum Übersteuern **(Bild 2)**, so wird z.B. das vordere kurvenäußere Rad über das System gebremst und damit das Fahrzeug stabilisiert.

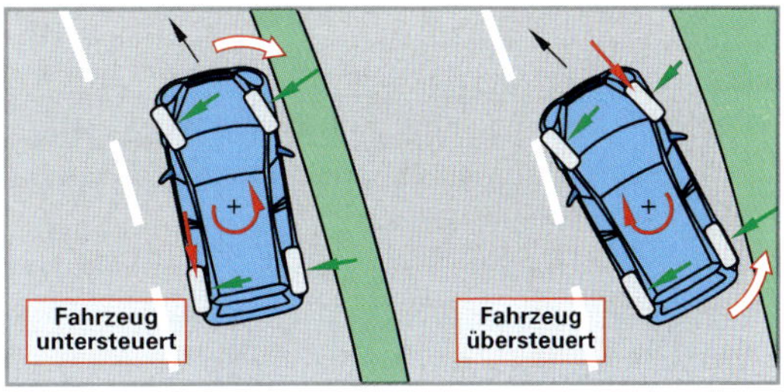

Bild 2: Unter- und Übersteuerndes Fahrzeug

Hydraulik-Schaltplan (Bild 3)

Es ist der Bremskreis eines Rades dargestellt.

Druckaufbau

Nimmt das ESP einen Regeleingriff vor, saugt P1 die Bremsflüssigkeit vom Vorratsbehälter an und führt sie der Pumpe P2 zu. Bei neueren ESP-Anlagen ist die Saugleistung von P2 so groß, dass P1 entfallen kann. Dadurch wird gewährleistet, dass das System auch bei niedrigen Temperaturen im Bremskreis schnell Bremsdruck aufbaut. Die Rückförderpumpe P2 läuft ebenfalls, erhöht den Bremsdruck weiter, bis das Rad abgebremst wird. Hierbei sind das Hochdruckschaltventil Y1 und das Einlassventil Y2 geöffnet. Das Auslassventil Y3 ist geschlossen und das Schaltventil Y4 sperrt.

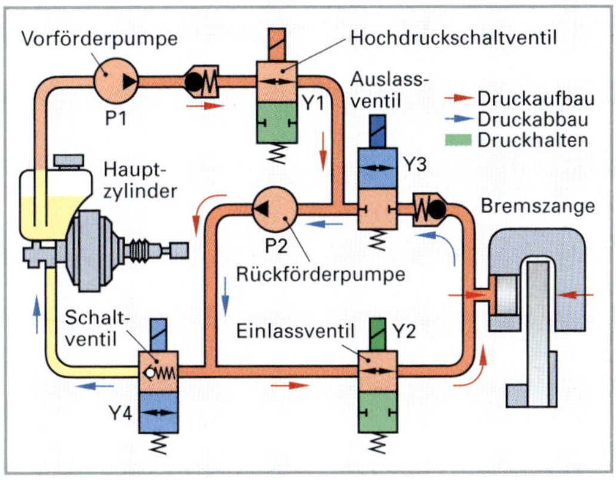

Bild 3: Hydraulik-Schaltplan ESP-System

Druckhalten

In dieser Regelphase schließt das Hochdruckschaltventil Y1 und das Einlassventil Y2. Der Bremsdruck bleibt konstant.

18

Druckabbau. (Bild 3, Seite 499)
In dieser Phase wird das Auslassventil Y3 geöffnet und die Bremsflüssigkeit kann über das Schaltventil Y4 zum Vorratsbehälter des Hauptzylinders zurückfließen.

Elektronisches-Stabilitäts-Programm (ESP II, ESP plus) (Bild 1).
Zusätzlich zum Bremseneingriff erfolgt bei diesen Systemen ein Lenkeingriff über ein aktives Lenkregelsystem ALR. Sind im Fahrzeug elektronisch verstellbare Dämpfersysteme verbaut, so können auch diese in die ESP-Regelung einbezogen werden AFR.

Hierdurch ergeben sich folgende Vorteile:

- erhöhter Regelungskomfort,
- verbesserte Anhängerstabilisierung
- geringerer Bremsweg bei seitenweise unterschiedlichen Reibbedingungen (y-Split).

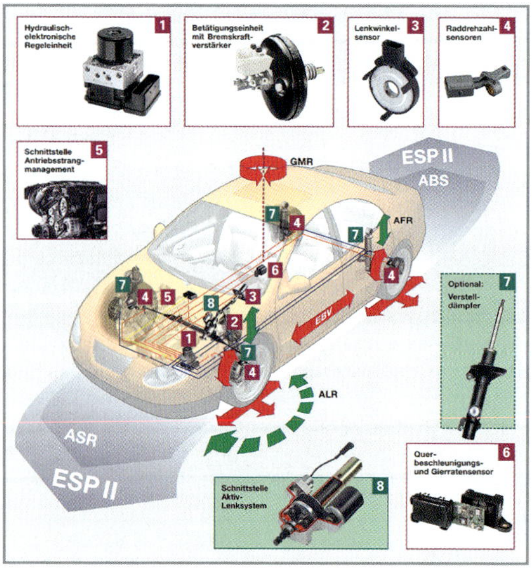

Bild 1: ESP II mit Lenkeingriff

18.10.17 Sensotronic Brake Control (SBC)

Die elektrohydraulische Bremse SBC (auch EHB genannt) ist ein „Brake by Wire"-System. Dies bedeutet, dass der Bremswunsch des Fahrers über eine elektrische Leitung übertragen wird. Das System vereinigt die Funktionen von ABS, ASR, BAS und ESP.

Aufbau

Das SBC-System **(Bild 2)** besteht im Wesentlichen aus Hydraulikeinheit mit Druckspeicher, Betätigungseinheit, Steuergerät sowie Drehzahl- bzw. Gierwinkelsensoren.

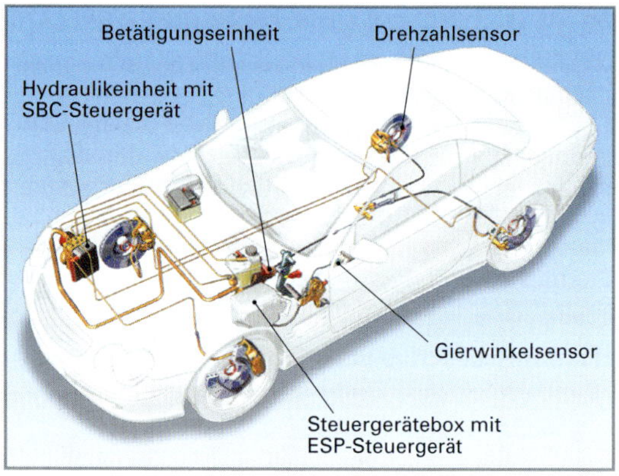

Bild 2: Komponenten des SBC-Systems

Im Gegensatz zu einem konventionellen Bremssystem, bei dem zuerst an allen Rädern möglichst schnell ein hoher Bremsdruck und anschließend eine Druckregelung erfolgt, wird bei SBC der Bremsdruck der einzelnen Räder einzeln gesteuert. Sensoren ermitteln die aktuelle Fahrsituation und das Steuergerät berechnet hieraus den für jedes Rad optimalen Bremsdruck. Hierdurch ist es möglich die z.B. bei einer Rechtskurve stärker belasteten linken Räder stärker abzubremsen. Beim Bremsen in Kurven ergibt sich dadurch eine optimale Abbremsung und ein stabiles Fahrverhalten.

Zusätzlich zu den Aufgaben einer konventionellen hydraulischen Bremsanlage kann SBC z.B. folgende Funktionen übernehmen:

- Halten des Fahrzeugs in einem Gefälle (Anfahren am Berg).
- Trockenbremsen der Bremsscheiben bei Nässe.
- Softstop zur Vermeidung von Bremsnicken.
- Vorfüllen der Leitungen beim Erkennen einer schnellen Gaswegnahme, dadurch schnellerer Druckaufbau bei einer Notfallbremsung.
- Automatische adaptive Geschwindigkeits- und Abstandsregelung (ACC).

Das System benötigt keinen Bremskraftverstärker. Für den Fall eines Ausfalles der Elektronik kann das Bremsen in eingeschränktem Umfang über eine Nothydraulikverbindung erfolgen.

Funktion

Bild 1, Seite 501, zeigt den Aufbau der SBC-Hydraulik. Der Fahrer betätigt das Bremspedal und erzeugt so einen Bremsdruck in beiden Bremskreisen des Hauptzylinders. Der Druck wird vom Drucksensor b1 registriert.

SBC-Normalbremsung
Das Steuergerät schließt durch Bestromen der beiden Trennventile y1, y2 die hydraulische Verbindung zur Vorderachse.

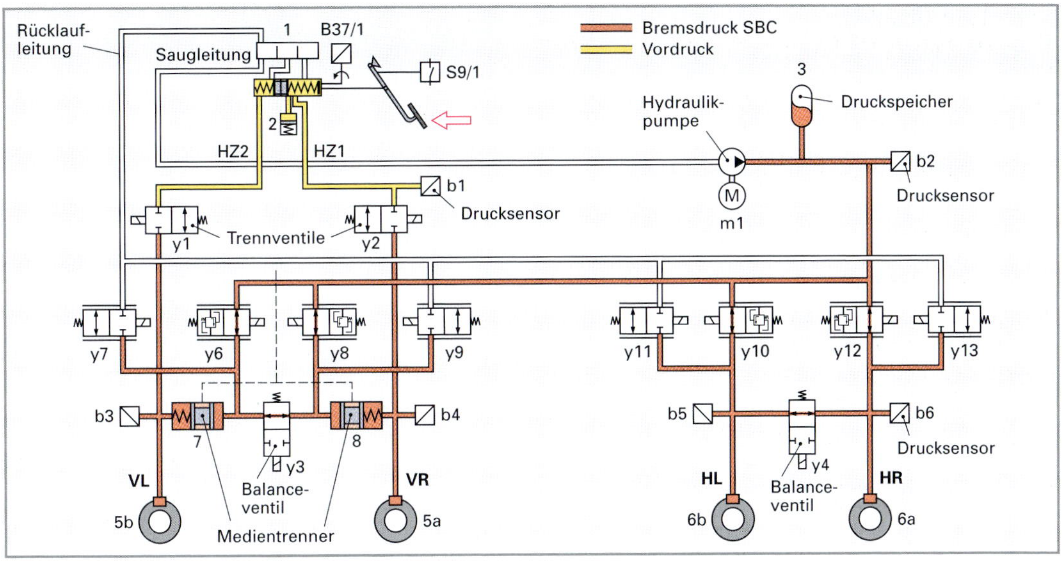

Bild 1: Hydraulikplan SBC, Normalbremsung

Die Druckversorgung der Bremsanlage erfolgt nun durch den Druckspeicher 3. Der Speicherdruck wird durch die elektrisch angetriebene Hydraulikpumpe m1 erzeugt und vom Drucksensor b2 gemessen. Er beträgt bis zu 150 bar. Sinkt der Speicherdruck unter einen bestimmten Wert ab, so wird die Hydraulikpumpe erneut angesteuert.

Das Steuergerät berechnet für jedes Rad den optimalen Bremsdruck und regelt ihn durch die Einlassventile y6, y8, y10, y12 und Auslassventile y7, y9, y11, y13 entsprechend. Die Drucksensoren b3, b4, b5, b6 melden die Ist-Drücke der einzelnen Radbremszylinder ans Steuergerät.

Die Balanceventile y3, y4 sorgen bei einer Bremsung für den Druckausgleich an den Rädern einer Achse. Bei Kurvenbremsungen und Fahrdynamikregelung werden sie angesteuert und geschlossen. Jetzt ist für jedes Rad eine individuelle Bremsdruckregelung möglich.

Durch die beiden Medientrenner 7, 8 soll das Eindringen von Stickstoff aus einem undichten Druckspeicher 3 in den Hauptzylinder 1 verhindert werden.

Notfallbremsung bei Ausfall der SBC

Die beiden Trennventile y1, y2 bleiben unbestromt und somit offen **(Bild 2)**.

Der vom Fahrer im Hauptzylinder erzeugte Bremsdruck wird an die Bremszylinder der Vorderachse geleitet. Die Hinterachse ist, ungebremst. Da kein Bremskraftverstärker vorhanden ist, bleibt die Bremswirkung gering. Die Fahrzeuggeschwindigkeit wird vom Motorsteuergerät deshalb auf maximal 90 km/h beschränkt.

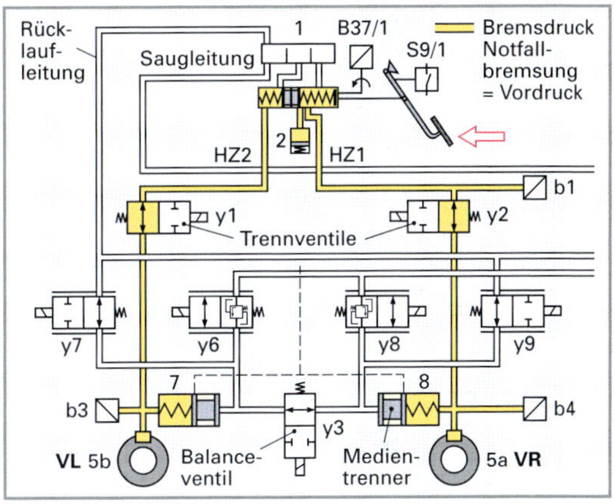

Bild 2: Hydraulikplan SBC, Notfallbremsung

18

Wiederholungsfragen

1. **Was versteht man unter einem Antriebsschlupfregelsystem?**
2. **Welche Vorteile haben Antriebsschlupfregelsysteme?**
3. **Welche Bauteile sind im ASR-System für den Bremsmomentregelkreis erforderlich?**
4. **Beschreiben Sie die Funktion des ASR-Systems mit Motor- und Bremseneingriff.**
5. **Welche Vorteile hat ein Elektronisches Stabilitäts-Programm?**
6. **Wie wirkt das ESP/FDR-System bei übersteuerndem Fahrzeug?**
7. **Über welche zusätzlichen Funktionen verfügt eine SBC gegenüber einer hydraulischen Bremsanlage.**
8. **Erklären sie die Funktion einer SBC.**

19 Elektrotechnik

19.1 Grundlagen der Elektrotechnik

Die Elektrizität ist eine Energieform: Sie hat gegenüber anderen Energieformen wie Wärme, Licht, mechanischer und chemischer Energie folgende Vorteile:

- Große Energiemengen können über weite Strecken durch Überlandleitungen in entlegenste Gebiete transportiert werden.
- Sie ist leicht in andere Energieformen umzuwandeln, z.B. Wärme in Vorglühanlagen, Licht in Glühlampen, mechanische Energie in Elektromotoren, chemische Energie beim Laden von Starterbatterien.
- Die Umwandlung von elektrischer Energie in andere Energieformen ist weitgehend umweltfreundlich.

Grundlage für das Verständnis von elektrischen Vorgängen ist das Bohrsche Atommodell **(Bild 1)**. Ein Atom ist das kleinste, chemisch nicht mehr aufspaltbare Teilchen eines Grundstoffes.

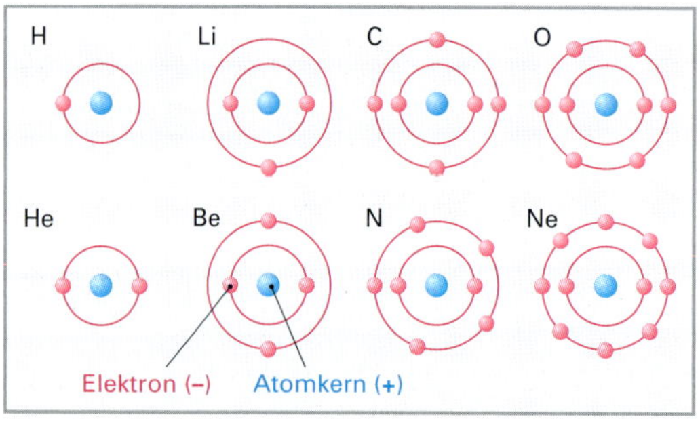

Bild 1: Aufbau von Atomen

Die wesentlichen Bestandteile eines Atoms sind der Atomkern und die Elektronen. Der Atomkern wird aus Protonen und Neutronen gebildet.

Protonen sind positiv geladene Masseteilchen. Ein Wasserstoffkern besteht z.B. nur aus einem Proton. Es hat die kleinste positive Ladungsmenge, die Elementarladung.

Neutronen sind Masseteilchen, die keine Ladung aufweisen.

Elektronen sind negativ geladene Masseteilchen. Ein einzelnes Elektron hat die kleinste negative Ladungsmenge, die Elementarladung.

> Elektronen sind die Träger der negativen, Protonen die der positiven Elementarladungen. Die jeweiligen Elementarladungen sind gleich groß.

Die Elektronen bewegen sich mit großer Geschwindigkeit (etwa 2200 km/s) auf kreisförmigen bzw. elliptischen Bahnen um den Atomkern **(Bild 2)**. Die Fliehkräfte, die dabei an den negativ geladenen Elektronen entstehen, werden durch die Anziehungskraft der positiv geladenen Protonen ausgeglichen.

> Ungleichnamig elektrisch geladene Masseteilchen ziehen sich an, gleichnamig elektrisch geladene stoßen sich ab.

Enthält der Kern eines Atoms so viele Protonen, wie Elektronen ihn umkreisen, so ist das Atom nach außen elektrisch neutral.

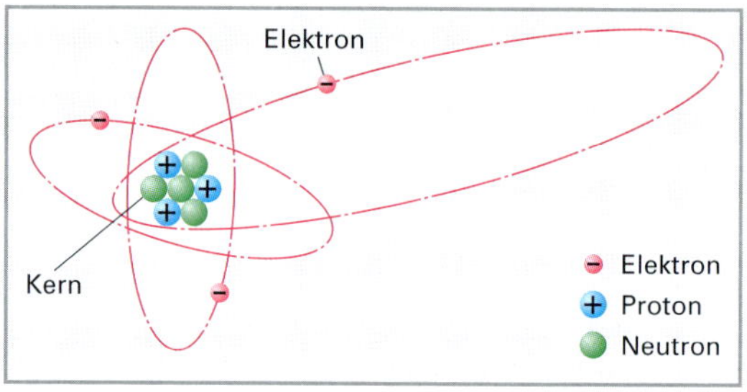

Bild 2: Aufbau des Lithiumatoms

Außer den an den Atomkern fest gebundenen Elektronen gibt es in allen Stoffen auch noch Elektronen, die sich vom Atom zeitweilig loslösen und frei zwischen den Atomen bewegen können. Man bezeichnet diese Elektronen auch als „freie“ Elektronen. Solange dem Stoff von außen keine Energie zugeführt wird, bewegen sich die freien Elektronen ungerichtet, d.h. es lässt sich keine bevorzugte Bewegungsrichtung erkennen **(Bild 3)**.

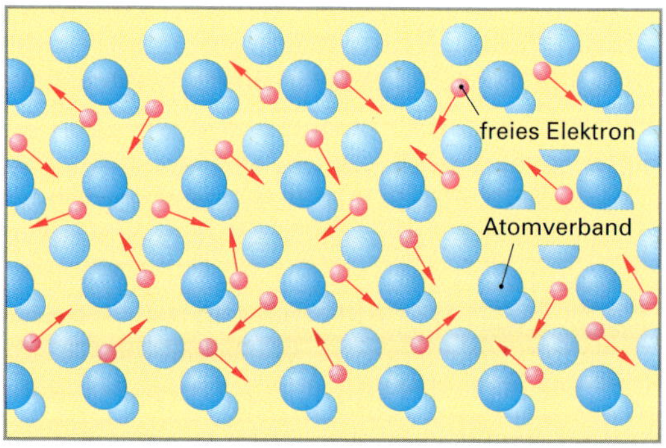

Bild 3: Ungerichtete Bewegung von freien Elektronen

> Elektrische Vorgänge beruhen auf dem Vorhandensein und der Beweglichkeit freier Elektronen. Elektrizität wird nicht erzeugt, sie ist in jedem Stoff vorhanden.

19

19.1.1 Elektrische Spannung

Elektrische Spannung ist vorhanden, wenn zwischen zwei Punkten, z.B. den Polen einer Batterie, ein Unterschied in der Menge der Elektronen vorhanden ist. Die Höhe der Spannung ist von der Größe des Elektronenunterschiedes abhängig. Die Erzeugung der elektrischen Spannung erfolgt durch Ladungstrennung in der Spannungsquelle **(Bild 1)**.

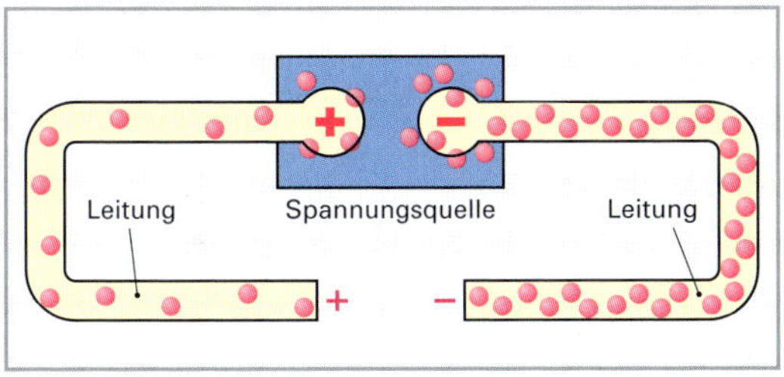

Bild 1: Spannungserzeugung durch Ladungstrennung

> Am Minuspol herrscht Elektronenüberschuss, am Pluspol Elektronenmangel.

Zwischen dem Minuspol und dem Pluspol herrscht ein Ausgleichsbestreben der Elektronen, d.h. bei der Verbindung der beiden Pole fließen Elektronen vom Minuspol über den Verbraucher zum Pluspol und verrichten dabei elektrische Arbeit **(Bild 2)**.

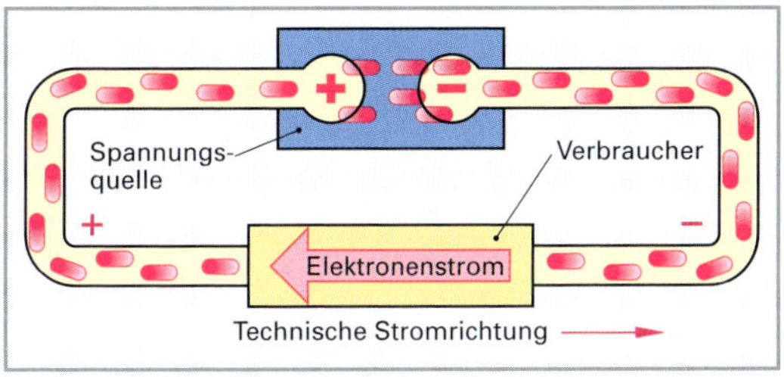

Bild 2: Elektronenfluss im Stromkreis

> Die elektrische Spannung ist das Ausgleichsbestreben unterschiedlicher Ladungsmengen. Sie ist die Ursache für das Fließen des elektrischen Stromes.

Im Generator sind die Anschlussklemmen im Ruhezustand ohne Spannung, d. h. die freien Elektronen in den Wicklungen sind gleichmäßig verteilt und damit sind die Wicklungen elektrisch neutral. Wird der Generator in Bewegung gesetzt, so werden die freien Elektronen zum Minuspol hin bewegt; am Minuspol entsteht gegenüber dem Pluspol ein Elektronenüberschuss und damit elektrische Spannung.

> Die Einheit der Spannung *U* ist das Volt (V).

19.1.2 Elektrischer Strom

Ursache des elektrischen Stromes ist die elektrische Spannung.

> Der elektrische Strom ist die gerichtete Bewegung von freien Elektronen.

Elektrischer Stromkreis (Bild 3). Elektrischer Strom kann nur im geschlossenen Stromkreis fließen. Ein Stromkreis besteht mindestens aus dem Spannungserzeuger, dem Verbraucher und den Leitungen. Mit einem Schalter kann der Stromkreis geschlossen bzw. unterbrochen werden. In Schaltplänen sind Schalter meistens in unbetätigtem Zustand gezeichnet.

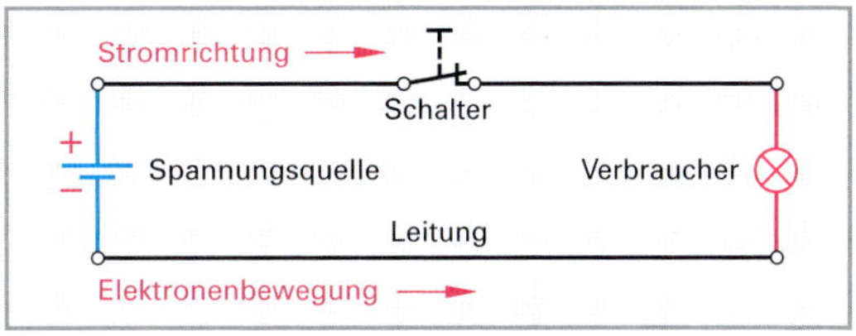

Bild 3: Stromkreis

Sicherungen (Bild 4). Sie sind in den Stromkreis geschaltet. **Leitungsschutzsicherungen** schützen Leitungen vor Überlastung und Kurzschluss. **Geräteschutzsicherungen** schützen einzelne Geräte, z.B. Steuergeräte, Rundfunkgeräte, bei Defekten.

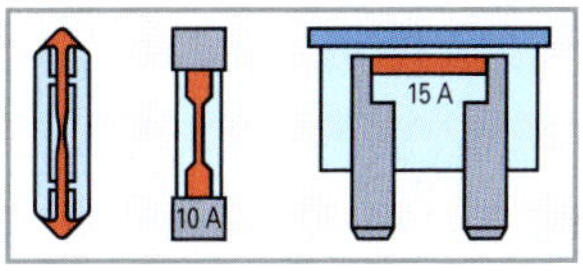

Bild 4: Schmelzsicherungen im Kraftfahrzeug

Elektronenleitung (Bild 5). Sie erfolgt in allen elektrischen Leitern, die aus einem metallischen Werkstoff bestehen. Die Metallatome geben Elektronen ab. Diese „freien" Elektronen lassen sich leicht zwischen den fest verankerten Metallatomen des Metallgitters verschieben. Wird der Stromkreis geschlossen, so werden aufgrund der angelegten Spannung alle freien Elektronen des Leiters und des Verbrauchers gleichzeitig zu einer gerichteten Bewegung gezwungen. Es fließt ein elektrischer Strom.

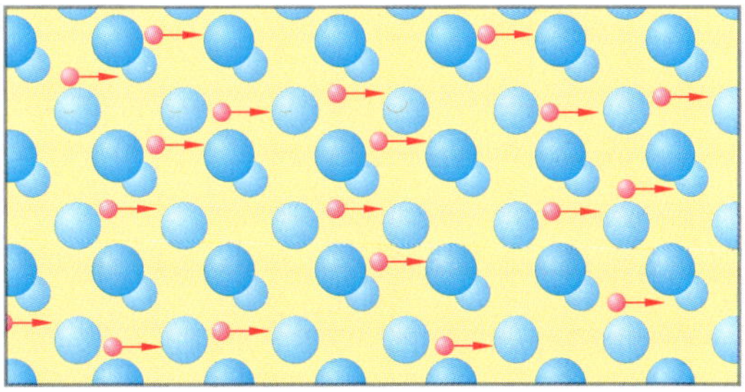

Bild 5: Gerichtete Bewegung von freien Elektronen

Ionenleitung (Bild 1). Sie ermöglicht den Transport von Strom durch die gerichtete Bewegung von geladenen Materialteilchen (Ionen). Dabei werden die positiven Ionen als Kationen bezeichnet, weil sie sich zur negativen Elektrode, zur Katode, bewegen. Die negativen Ionen werden als Anionen bezeichnet, weil sie sich zur positiven Elektrode, der Anode, bewegen.

> Ionenleiter sind chemische Verbindungen, die sich in positive und negative Bestandteile aufspalten.

Die Aufspaltung von Gasen in negative und positive Materialteilchen wird als **Ionisation** bezeichnet. Sie kann durch Bestrahlung, Erwärmung oder elektrische Felder hervorgerufen werden.

Wird das Kraftstoff-Luft-Gemisch im Luftspalt zwischen den Elektroden einer Zündkerze durch das starke elektrische Feld ionisiert, wird es elektrisch leitend und der Funke schlägt über **(Bild 1).**

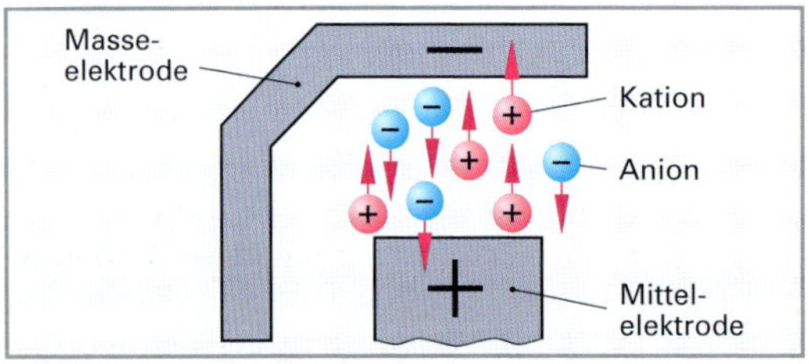

Bild 1: Ionisierung an der Zündkerze

Stromrichtung

Elektronenstromrichtung. An der Spannungsquelle herrschen am Minuspol Elektronenüberschuss und am Pluspol Elektronenmangel. Wird der Minuspol über einen Verbraucher mit dem Pluspol der Spannungsquelle verbunden, so fließen im äußeren Stromkreis Elektronen vom Minuspol über den Verbraucher zum Pluspol der Spannungsquelle **(Bild 2).**

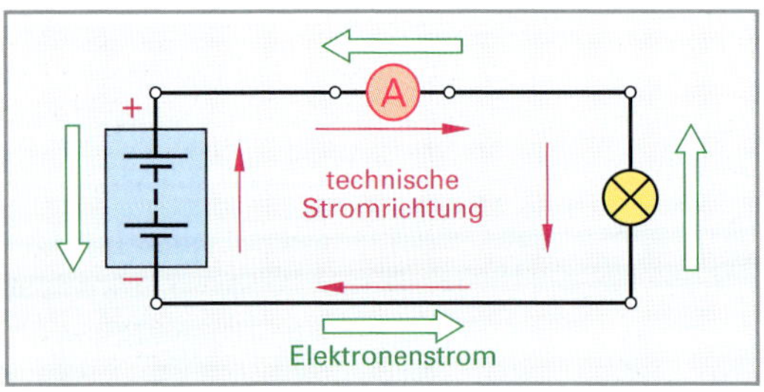

Bild 2: Batterie als Elektronenpumpe

Technische Stromrichtung. Aus Unkenntnis der Elektronenstromrichtung wurde in der Elektrotechnik die Stromrichtung vom Plus- zum Minuspol festgelegt **(Bild 2).**

Stromstärke I. Man versteht darunter die Anzahl der Elektronen, die je Sekunde durch die Leiterquerschnittsfläche fließen.

> Die Einheit der Stromstärke I ist das Ampere (A).

Stromdichte J. Man versteht darunter den Strom I, der je Quadratmillimeter der Leiterquerschnittsfläche A fließt.

$$J = \frac{I}{A}$$

> Die Einheit der Stromdichte J ist das Ampere je Quadratmillimeter (A/mm^2).

Die zulässige Stromdichte in Leitungen ist insbesondere von der Kühlungsmöglichkeit der Leiteroberfläche abhängig **(Tabelle 1).** Dünne Drähte haben im Verhältnis zur Leiterquerschnittsfläche eine größere Oberfläche als dicke Drähte und können somit mehr Strom je mm² Leiterquerschnittsfläche führen.

Tabelle 1: Belastbarkeit von Cu-Leitungen

A in mm²	I_{max} in A	J in A/mm^2
1,0	20	20,0
2,5	34	13,6
6,0	57	9,5
16,0	104	6,5

Stromarten

Gleichstrom (DC[1]), Zeichen –). In einem Stromkreis, in dem Spannung und Widerstand konstant sind, fließt ein Gleichstrom, wenn sich je Sekunde gleich viele Elektronen in gleicher Richtung bewegen **(Bild 3).**

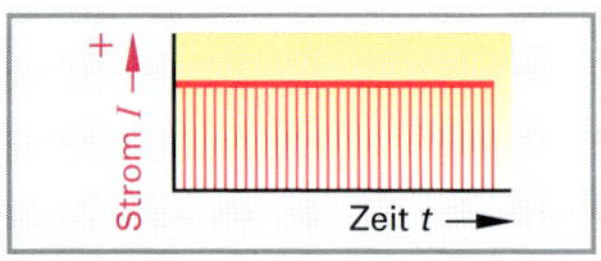

Bild 3: Gleichstrom

Wechselstrom (AC[2]), Zeichen ~). In einem Stromkreis, in dem Spannung und Widerstand konstant sind, fließt ein Wechselstrom, wenn die freien Elektronen sich ständig in beide Richtungen gleich weit hin und her bewegen **(Bild 4).**

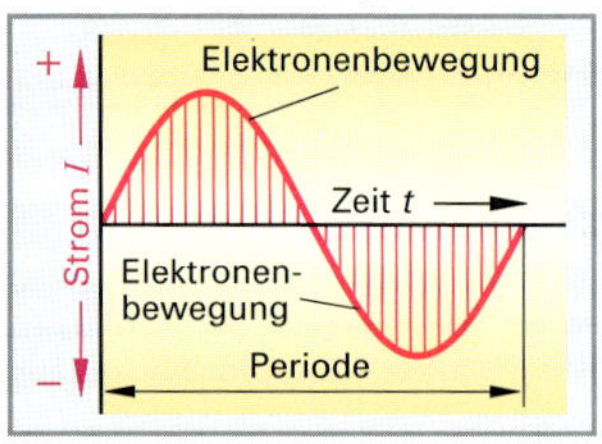

Bild 4: Wechselstrom

[1] DC von Direct Current (engl.) = Gleichstrom
[2] AC von Alternating Current (engl.) = Wechselstrom

19.1.3 Elektrischer Widerstand

Der Begriff „elektrischer Widerstand" hat in der Elektrotechnik zwei Bedeutungen:

- Physikalische Eigenschaften für die Stromleitung in Stoffen
- Bauteil in der Elektrotechnik und Elektronik

19.1.3.1 Elektrischer Widerstand von Stoffen

Wird an einen elektrischen Leiter eine Spannung angelegt, so können die Elektronen nicht ungehemmt fließen. Die Hemmung des Elektronenflusses bezeichnet man als den elektrischen Widerstand *R*.

> Der elektrische Widerstand *R* ist die Hemmung des elektrischen Stromes in einem Leiter. Er wird in Ohm (Ω) angegeben.

Spezifischer elektrischer Widerstand ϱ. Jeder Leiterwerkstoff hat einen für ihn typischen spezifischen elektrischen Widerstand ϱ[1]. So hat z.B. Kupfer bei 1 m Leiterlänge und 1 mm² Leiterquerschnittsfläche einen Widerstand von 0,0178 Ω.

> Der spezifische elektrische Widerstand ϱ ist der Widerstand eines Leiters von 1 mm² Leiterquerschnittsfläche und 1 m Leiterlänge.

In der Elektrotechnik wird oftmals statt des spezifischen elektrischen Widerstandes ϱ die elektrische Leitfähigkeit $\varkappa$[2] angegeben. Sie ist der Kehrwert des spezifischen elektrischen Widerstandes.

$$\varkappa = \frac{1}{\varrho}$$

Einheit: $\frac{\text{m}}{\Omega \cdot \text{mm}^2}$

So ist der Zahlenwert für die elektrische Leitfähigkeit von Kupfer 56, der von Aluminium 36. Dies bedeutet, dass bei gleichen Abmessungen des Leiters Kupfer den elektrischen Strom etwa 1,5 mal besser leitet als Aluminium (56 : 36 ≈ 1,5).

Leiterwiderstand *R*. Der Widerstand *R* eines Leiters wird umso größer, je größer der spezifische elektrische Widerstand und die Leiterlänge sind und je kleiner die Leiterquerschnittsfläche *A* ist.

$$R = \frac{\varrho \cdot l}{A}$$

Die Einheit des Widerstandes *R* ist das Ohm (Ω).

[1] ϱ (rho, griechischer Buchstabe)
[2] $\varkappa$ (kappa, griechischer Buchstabe)

Widerstand und Temperatur

Der Widerstandswert eines Leiterwerkstoffes ist temperaturabhängig. In Abhängigkeit von seiner Zusammensetzung kann der Widerstandswert bei Temperaturzunahme sowohl zunehmen **(Kaltleiter)** als auch abnehmen **(Warmleiter)**.

Kaltleiter. Sie leiten den elektrischen Strom in kaltem Zustand besser als in warmem, d. h. bei Temperaturzunahme vergrößern sie ihren Widerstand. Diese Werkstoffe bezeichnet man als PTC - Widerstände, da sie einen positiven Temperaturkoeffizienten (PTC)[3] besitzen **(Bild 1)**. Die meisten Metalle sind Kaltleiter.

> Der Widerstand von Kaltleitern nimmt bei steigender Temperatur zu.

Die Ursache für die Widerstandszunahme bei Kaltleitern ist die Zunahme der Wärmeschwingungen der Atome und Moleküle im Leiterwerkstoff. Dabei wird die Leitfähigkeit des Werkstoffes verringert, d.h. das Strömen der Elektronen wird behindert.

Heißleiter. Sie leiten den elektrischen Strom bei Temperaturzunahme besser als bei Temperaturabnahme. Diese Werkstoffe bezeichnet man als NTC-Widerstände, da sie einen negativen Temperaturkoeffizienten (NTC)[4] besitzen **(Bild 1)**. Kohle, einige Metalllegierungen und die meisten Halbleiterwerkstoffe sind Heißleiter.

> Der Widerstand von Heißleitern nimmt bei steigender Temperatur ab.

Die Ursache für die Widerstandsabnahme bei Heißleitern ist die vermehrte Herauslösung von Elektronen aus ihren Bindungen in Atomen und Molekülen. Es stehen mehr freie Elektronen zur Stromleitung zu Verfügung. Dabei wird die Leitfähigkeit des Werkstoffes vergrößert, d.h. das Strömen der Elektronen wird weniger gehemmt.

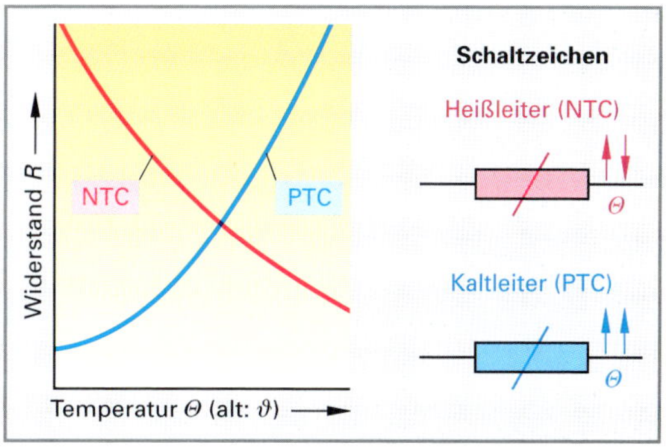

Bild 1: Temperaturabhängigkeit von Widerständen

[3] PTC = **P**ositive **T**emperature **C**oefficient (engl.)
[4] NTC = **N**egative **T**emperature **C**oefficient (engl.)

19

19.1.3.2 Widerstände als Bauteile

Man unterscheidet **Festwiderstände** und **veränderbare Widerstände.** Für die wichtigsten Bauformen von Widerständen sind die Schaltzeichen in **Bild 1** dargestellt.

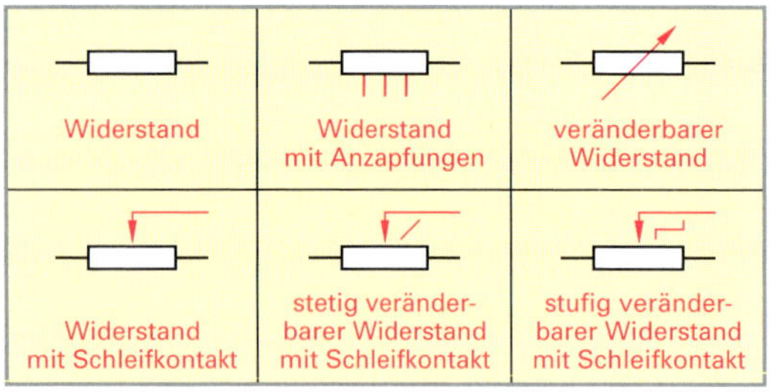

Bild 1: Schaltzeichen von Widerständen

Festwiderstände. Ihr Widerstandswert ist durch die Fertigung festgelegt. Abweichende Widerstandswerte kann man durch Kombination von verschiedenen Widerständen in Reihen-, Parallel- oder gemischter Schaltung erhalten.

Veränderbare Widerstände. Ihr jeweiliger Widerstandswert kann über Schleifer oder Abgriffe eingestellt werden. Sie werden häufig in Reihe zum Verbraucher geschaltet, um die Betriebsspannung anzupassen.

Potentiometer (Bild 2). Der gesamte Widerstand der Schleifbahn liegt zwischen den Anschlüsse A (Anfang) und Ende (E) an. Mit dem Schleifkontakt (Anschluss S) kann der Widerstandswert zwischen den Anschlusspunkten S und E zwischen Null und dem Gesamtwiderstand stufenlos verändert werden.

Wird eine Spannung U an die Anschlusspunkte A und E gelegt, so kann zwischen den Anschlusspunkten S und E die Spannung U_2 abgegriffen werden. Über den Schleifkontakt lässt sich die Spannung U_2 stufenlos zwischen Null und der angelegten Spannung U einstellen.

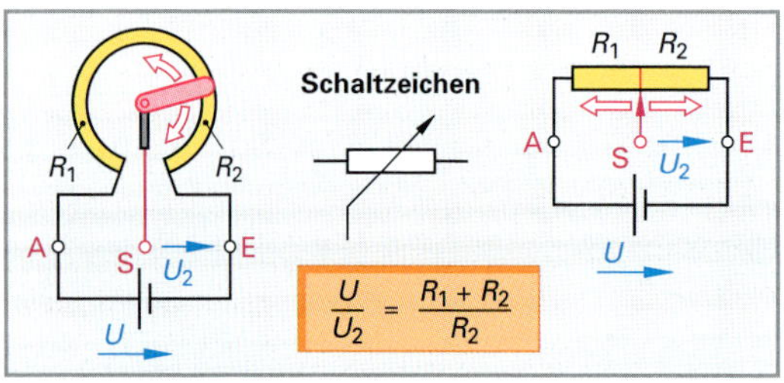

Bild 2: Potentiometer

Die Gesamtspannung U verhält sich zu U_2 wie der Gesamtwiderstand ($R_1 + R_2$) zum Teilwiderstand R_2.

In der Kfz-Technik werden Potentiometer häufig zur Erfassung von Drehwinkeln an mechanischen Bauteilen verwendet, z.B. elektronisches Gaspedal, Potentiometer an der Drosselklappe (Drosselklappenpotentiometer). Dabei wird der Drehwinkel des Schleifers in einen Spannungswert umgewandelt und dem Steuergerät zugeführt.

19.1.3.3 Elektrisches Verhalten von Werkstoffen

Die Einteilung der Werkstoffe bezüglich ihres elektrischen Verhaltens kann erfolgen in:

- Leiterwerkstoffe, z.B. Kupfer, Aluminium
- Isolierstoffe, z.B. Kunststoffe, Porzellan
- Halbleiterwerkstoffe, z.B. Silicium, Selen

Metallische Leiterwerkstoffe. Sie leiten den elektrischen Strom sehr gut, da sie sehr viele freie Elektronen enthalten. Sie setzen dem Stromfluss nur einen geringen Widerstand entgegen.

Isolierstoffe. Es sind Stoffe, die den elektrischen Strom fast nicht leiten. Sie setzen dem elektrischen Strom einen sehr großen Widerstand entgegen, d.h. sie haben eine elektrische Leitfähigkeit, die gegen Null geht. Kenngrößen für die Isolationsfähigkeit eines Stoffes sind:

- Durchgangswiderstand (Isolationswiderstand)
- Durchschlagsfestigkeit

Halbleiterwerkstoffe. Sie haben eine Leitfähigkeit, die wesentlich geringer ist als die von elektrischen Leitern, aber wesentlich größer als die der Nichtleiter. Bei tiefen Temperaturen haben sie Eigenschaften von Isolierstoffen. Bei Temperaturen oberhalb der Raumtemperatur nimmt ihr elektrischer Widerstand stark ab.

WIEDERHOLUNGSFRAGEN

1. **Nennen Sie Formelzeichen und Einheit für Spannung, Strom und Stromdichte!**
2. **Was versteht man unter der elektrischen Spannung?**
3. **Wodurch unterscheidet sich Gleichstrom von Wechselstrom?**
4. **Welche Aufgaben haben Sicherungen?**
5. **Was versteht man unter der Stromdichte?**
6. **Welche Folgen hat eine zu hohe Stromdichte in einer elektrischen Leitung?**
7. **Wie ist der spezifische elektrische Widerstand definiert?**
8. **Wie ändert sich der Widerstand von Kaltleitern bei Temperaturzunahme?**

19.1.4 Ohmsches Gesetz

Im geschlossenen Stromkreis bewirkt die angelegte Spannung U einen Strom I durch den Widerstand R **(Bild 1)**. Das Verhältnis der Spannung U in Volt und des Stroms I in Ampere ergibt den Widerstand R in Ohm. Diese Gesetzmäßigkeit bezeichnet man als **Ohmsches Gesetz.**

$$I = \frac{U}{R}$$ Einheit: $A = \frac{V}{\Omega}$

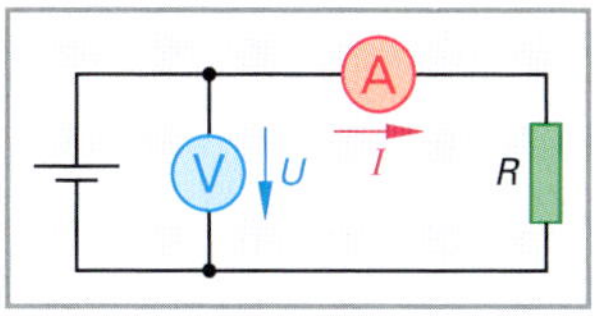

Bild 1: Messgrößen im elektrischen Stromkreis

Tabelle 1. Legt man an die Widerstände $R_1 = 2\ \Omega$ und $R_2 = 1\ \Omega$ eine variable Gleichspannung U, so erhält man für jeden Widerstand bei jeweils gleicher Spannung U unterschiedliche Stromwerte I_1 und I_2.

Tabelle 1: Strom in Abhängigkeit von der Spannung

Widerstand	U in V	0	2	4	6	8	10
$R_1 = 2\ \Omega$	I_1 in A	0	1	2	3	4	5
$R_2 = 1\ \Omega$	I_2 in A	0	2	4	6	8	10

Trägt man die Ströme I_1 und I_2 über der Spannung U auf, so erhält man zwei Geraden mit unterschiedlicher Steigung **(Bild 2)**. Aus dem Diagramm ist ersichtlich:

- Der Strom I ist proportional zur Spannung U ($I \sim U$).
- Ein kleinerer Widerstand hat bei gleicher Spannung U einen größeren Strom I zur Folge; d.h. der Stromanstieg verläuft steiler.

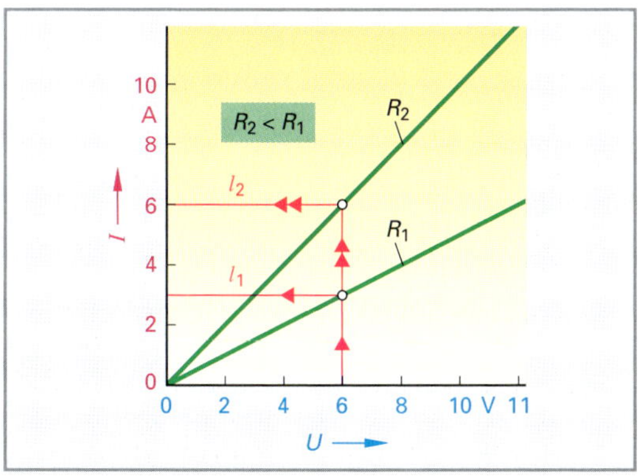

Bild 2: I als Funktion von U

(Tabelle 2). Legt man an die variablen Widerstände R_1 und R_2 eine jeweils konstante Gleichspannung von $U_1 = 5$ V bzw. $U_2 = 10$ V, so erhält man bei jeweils gleich großen Widerstandswerten von R_1 bzw. R_2 unterschiedliche Stromwerte I_1 und I_2.

Tabelle 2: Strom in Abhängigkeit vom Widerstand

Spannung	R in Ω	0	2	4	6	8	10
$U_1 = 5\ V$	I_1 in A	Kurzschluss	2,5	1,25	0,83	0,675	0,5
$U_2 = 10\ V$	I_2 in A	Kurzschluss	5	2,5	1,66	1,35	1,0

Trägt man die Ströme I_1 und I_2 in Abhängigkeit vom Widerstand R auf, so erhält man zwei Hyperbeln **(Bild 3)**. Aus dem Diagramm ist ersichtlich:

- Je größer der Widerstand R bei konstanter Spannung U wird, desto kleiner wird der Strom I.
- Der Strom I ist umgekehrt proportional zum Widerstand R ($I \sim 1/R$).

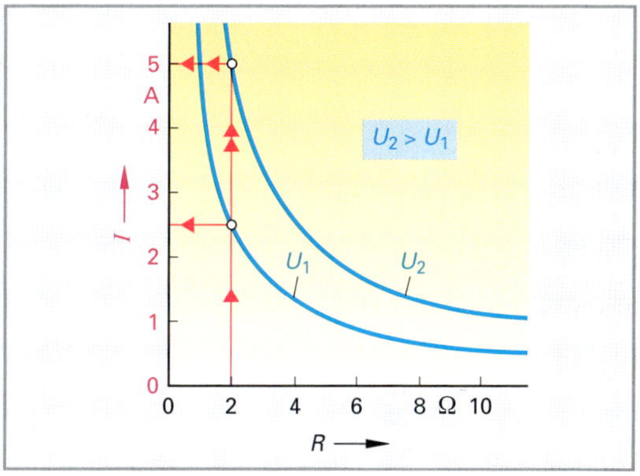

Bild 3: I als Funktion von R

19.1.5 Leistung, Arbeit, Wirkungsgrad

Elektrische Leistung bei Gleichstrom

Die elektrische Leistung P ist das Produkt aus Spannung U und Strom I.

$$P = U \cdot I$$

Die Einheit der elektrischen Leistung ist das Watt (W).

1 Watt ist die Leistung eines Stromes von 1 A bei einer Spannung von 1 V.

$$1\ W = 1\ V \cdot 1\ A = 1\ J/s = 1\ Nm/s$$

19

Elektrische Arbeit bei Gleichstrom

Die elektrische Arbeit W ist das Produkt aus der elektrischen Leistung P und der Zeit t, in der die Leistung P erbracht wird.

$$W = P \cdot t$$
$$W = U \cdot I \cdot t$$

Die Einheit der elektrischen Arbeit W ist die Wattsekunde (Ws).

1 Wattsekunde ist die Arbeit, die bei einer Leistung von 1 W während der Betriebszeit von 1 s erbracht wird. 3 600 000 Ws entsprechen 1 kWh.

$$1\ \text{Ws} = 1\ \text{V} \cdot 1\ \text{A} \cdot 1\ \text{s} = 1\ \text{J} = 1\ \text{Nm}$$

Wirkungsgrad

Der Wirkungsgrad η ist das Verhältnis von abgegebener Leistung P_{ab} zur zugeführten Leistung P_{zu}.

$$\eta = \frac{P_{ab}}{P_{zu}}$$

$$P_v = P_{zu} - P_{ab}$$

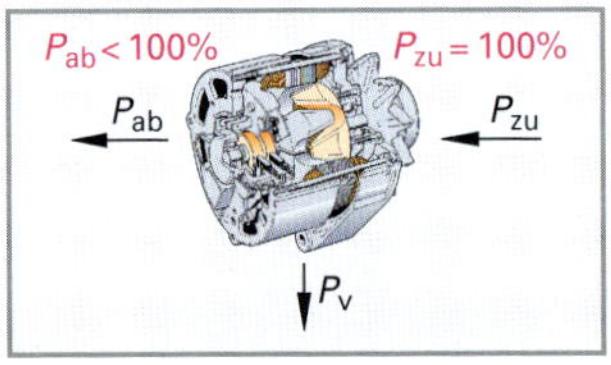

Da die zugeführte Leistung P_{zu} immer größer ist als die abgegebene Leistung P_{ab}, ist der Wirkungsgrad η immer kleiner 1 oder kleiner 100 %. Dies ist durch die Verluste P_v bedingt, die bei jeder Energiewandlung entstehen.

19.1.6 Schaltung von Widerständen

Reihenschaltung von Widerständen (Bild 1)

Reihenschaltungen dienen der Spannungsteilung. Bauelemente werden z.B. in Reihe geschaltet, wenn die zulässige Betriebsspannung eines einzelnen Bauelements kleiner ist als die Gesamtspannung. So erhalten z.B. Leuchtdioden einen Vorwiderstand, um sie bei einer Nennspannung von z.B. 2,4 V auch im 12 V-Bordnetz eines Fahrzeugs betreiben zu können.

19

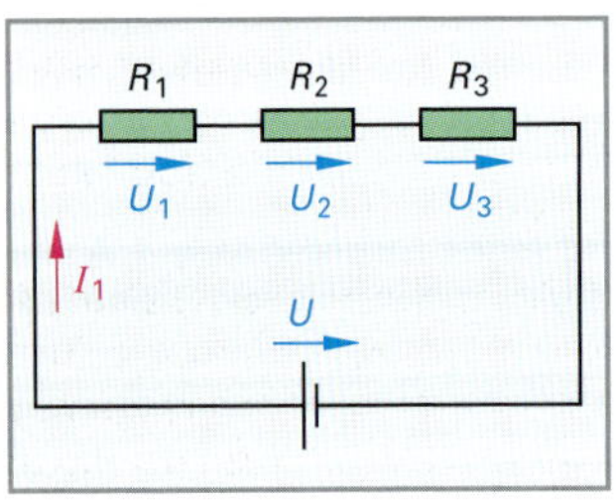

Bild 1: Reihenschaltung

In einer Reihenschaltung gelten folgende Gesetzmäßigkeiten:

Alle Widerstände werden vom gleichen Strom durchflossen.

$$I = I_1 = I_2 = I_3 = \ldots$$

Die Gesamtspannung ist gleich der Summe der Teilspannungen.

$$U = U_1 + U_2 + U_3 + \ldots$$

Die Teilspannungen verhalten sich wie die Teilwiderstände (Spannungsteilung).

$$U_1 : U_2 : U_3 = R_1 : R_2 : R_3$$

Der Gesamtwiderstand ist gleich der Summe der Teilwiderstände.

$$R = R_1 + R_2 + R_3 + \ldots$$

Parallelschaltung von Widerständen (Bild 2)

Parallelschaltungen dienen der Stromteilung. Alle Verbraucher liegen an der gleichen Spannung. Der Gesamtstrom I aus der Spannungsquelle verzweigt sich dann entsprechend der Größe der Widerstände, d.h. im kleinen Widerstand fließt ein großer Strom, im großen Widerstand ein kleiner Strom.

Im Kraftfahrzeug liegen üblicherweise alle Verbraucher parallel zur Spannungsquelle, z.B. die Lampen der Beleuchtungsanlage.

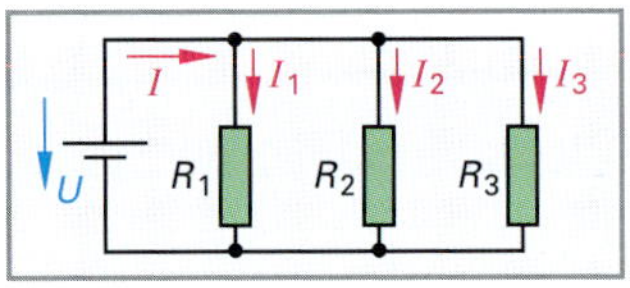

Bild 2: Parallelschaltung

In einer Parallelschaltung gelten folgende Gesetzmäßigkeiten:

Alle Widerstände liegen an der gleichen Spannungsquelle.

$$U = U_1 = U_2 = U_3 = \ldots$$

Der Gesamtstrom ist gleich der Summe aller Teilströme (Stromverzweigung).

$$I = I_1 + I_2 + I_3 + \ldots$$

Der Kehrwert des Gesamtwiderstandes ist gleich der Summe der Kehrwerte der Teilwiderstände.

$$\frac{1}{R} = \frac{1}{R_1} + \frac{1}{R_2} + \frac{1}{R_3} + \ldots$$

Der Gesamtwiderstand ist immer kleiner als der kleinste Teilwiderstand.

Gemischte Schaltung von Widerständen (Bild 1)

Eine Schaltung, in der die Widerstände sowohl in Reihe als auch parallel geschaltet sind, bezeichnet man als gemischte Schaltung oder Gruppenschaltung von Widerständen.

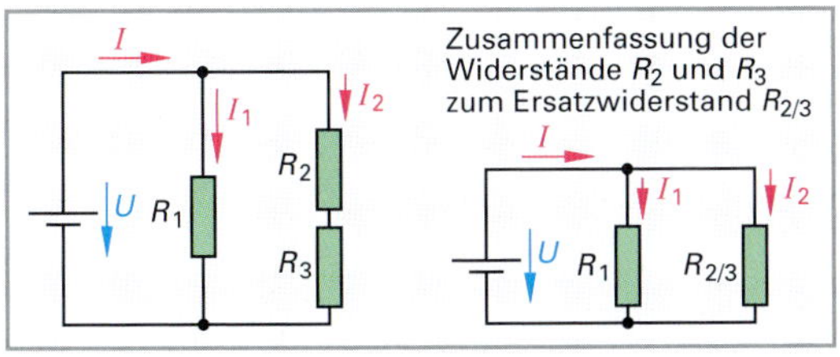

Bild 1: Gemischte Schaltung von Widerständen

In gemischten Schaltungen gelten die Gesetzmäßigkeiten der Reihen- und Parallelschaltung.

Für die Berechnung von Netzwerken muss die Schaltung schrittweise vereinfacht werden. Dazu müssen die parallel oder in Reihe geschalteten Widerstände zu sog. Ersatzwiderständen zusammengefasst werden.

19.1.7 Messungen im elektrischen Stromkreis

Messen der elektrischen Spannung (Bild 2)

Die elektrische Spannung wird mit dem Spannungsmesser (Voltmeter) gemessen. Dazu wird der Spannungsmesser unter Beachtung der Polung parallel zur Spannungsquelle geschaltet.

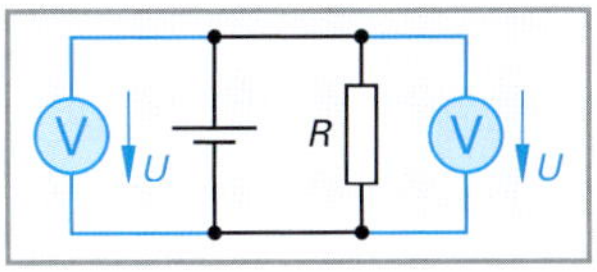

Bild 2: Spannungsmessung

Messen der elektrischen Stromstärke (Bild 3)

Der elektrische Strom wird mit dem Strommesser (Amperemeter) gemessen. Dazu wird er in den Stromkreis geschaltet, d.h. er wird in Reihe zum Verbraucher entweder in der Hin- oder Rückleitung geschaltet. Der Plus-Anschluss des Amperemeters ist an den Plus-Pol der Spannungsquelle zu legen.

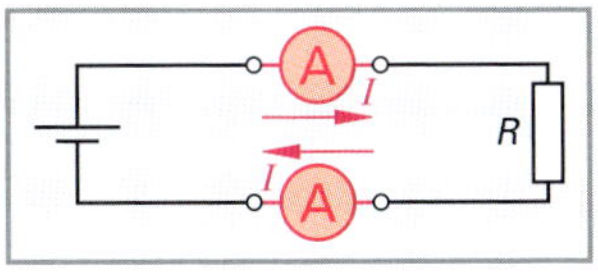

Bild 3: Strommessung

Bei versehentlicher Schaltung eines Strommessers als Spannungsmesser tritt wegen des geringen Innenwiderstandes des Messwerkes ein Kurzschluss auf. Dabei können das Messgerät sowie elektrische und elektronische Bauteile, an denen Messungen durchgeführt werden, zerstört werden.

Messen des elektrischen Widerstands

Der Widerstandswert kann durch direkte Messung oder indirekte Messung bestimmt werden.

Direkte Messung mit dem Ohmmeter. Bei der direkten Messung eines Widerstandswertes muss das Bauteil von der Spannungsquelle getrennt werden und das Ohmmeter parallel zum Widerstand angeschlossen werden **(Bild 4).** Die Nichtbeachtung kann zur Zerstörung des Messgerätes führen.

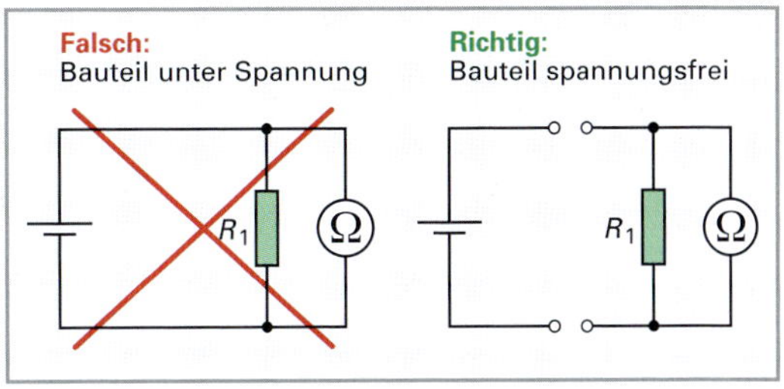

Bild 4: Direkte Messung eines Widerstandes (Beachtung der Spannungsfreiheit)

Für den Fall, dass der zu messende Widerstand parallel zu einem zweiten Widerstand geschaltet ist, muss der zu messende Widerstand von dem Stromkreis getrennt werden **(Bild 5).** Die Nichtbeachtung führt zu einem falschen Messwert.

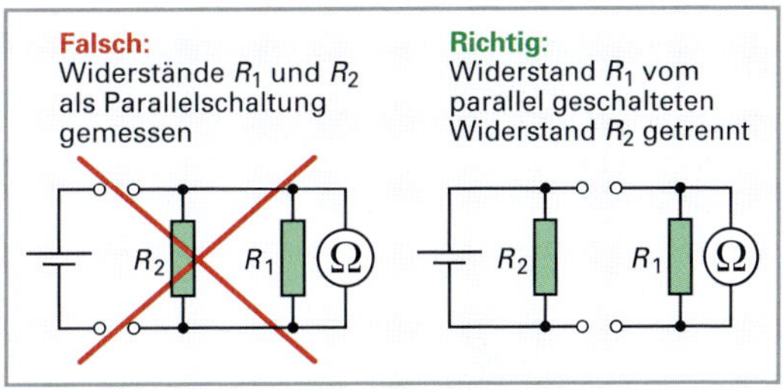

Bild 5: Direkte Messung eines Widerstandes (Beachtung der Parallelschaltung)

> Die direkte Messung ist bei kleinen Widerständen sehr ungenau, da der parallel geschaltete Innenwiderstand des Messgerätes die Messung verfälscht.

Indirekte Messung. Sie erfolgt durch Spannungs- und Strommessung am Widerstand. Aus den Messwerten wird nach dem Ohmschen Gesetz der Widerstand berechnet. Zur indirekten Widerstandsbestimmung mit einer Strom- und Spannungsmessung sind zwei Schaltungen möglich: die Spannungsfehlerschaltung **(Bild 1, Seite 510)** und die Stromfehlerschaltung **(Bild 2, Seite 510).**

Bei der **Spannungsfehlerschaltung (Bild 1, Seite 510)** misst der Strommesser den Strom, der tatsächlich durch den Widerstand *R* fließt. Der Spannungsmesser zeigt aber eine Spannung *U* an, die um den Span-

19

nungsabfall U_{iA} am Strommesser zu groß ist. Bei der Widerstandsberechnung nach dem Ohmschen Gesetz erhält man daher einen zu großen Wert.

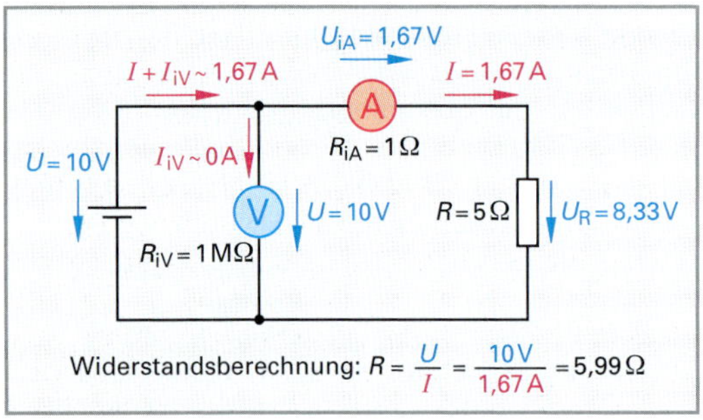

Bild 1: Spannungsfehlerschaltung

Ist der zu messende Widerstand R wesentlich größer als der Innenwiderstand R_{iA} des Strommessers, so braucht man diesen Innenwiderstand nicht zu berücksichtigen.

Mit der Spannungsfehlerschaltung können große Widerstände genau ermittelt werden.

Bei der **Stromfehlerschaltung (Bild 2)** misst der Spannungsmesser die Spannung, die tatsächlich am Widerstand liegt. Der Strommesser zeigt jedoch einen Strom I an, der um den Strom I_{iV} durch den Spannungsmesser zu groß ist. Bei der Widerstandsberechnung nach dem Ohmschen Gesetz erhält man demnach einen zu kleinen Widerstandswert.

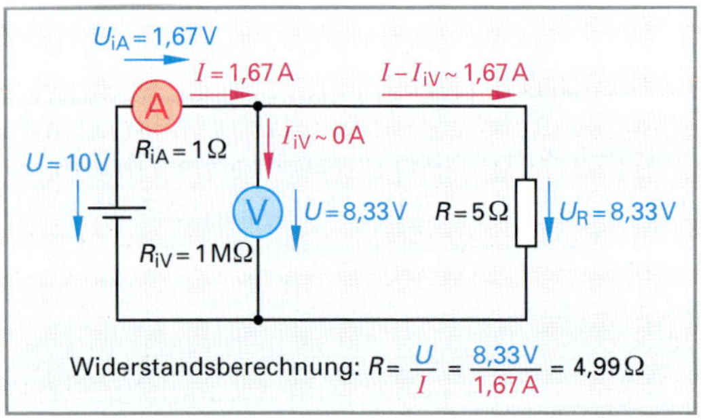

Bild 2: Stromfehlerschaltung

Ist der Strom durch den Spannungsmesser wesentlich kleiner als der Strom durch den zu messenden Widerstand, z.B. bei digitalen Spannungsmessern, so braucht man den Strom durch den Spannungsmesser nicht zu berücksichtigen. Durch den Spannungsmesser fließt nur ein kleiner Teil des Stromes, wenn der Widerstand R viel kleiner als der Innenwiderstand R_{iV} des Spannungsmessers ist. Der Stromfehler kann in diesem Fall vernachlässigt werden.

Mit der Stromfehlerschaltung können kleine Widerstände genau ermittelt werden.

19.1.7.1 Analog anzeigende Messgeräte

Die zu erfassenden Messwerte einer Messgröße, z.B. elektrische Spannung, werden in einen entsprechenden, d.h. analogen[1] Zeigerausschlag des Messinstrumentes umgewandelt. Ein Zeiger zeigt auf einer Skala den Messwert an **(Bild 3)**.

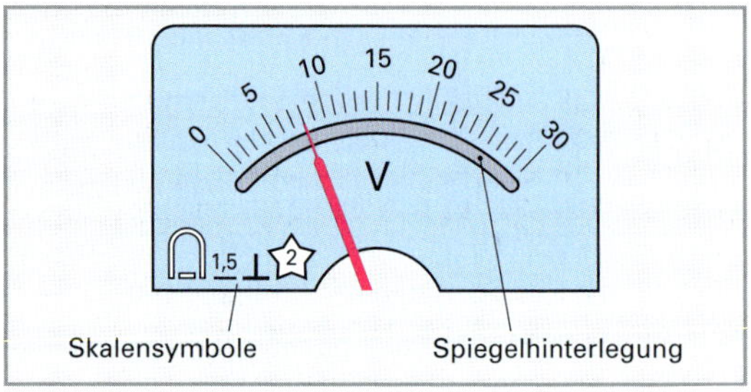

Bild 3: Analoge Messwertanzeige

Der Beobachter des Zeigerausschlages wandelt den analogen Zeigerausschlag in eine zahlenmäßige, d.h. digitale Darstellung um, es erfolgt dabei eine geistige Analog-Digital-Umwandlung.

Zeigermessgeräte und Oszilloskope sind analog anzeigende Messgeräte.

Kennzeichnung von Messgeräten

Analog anzeigende Messgeräte tragen auf der Skala neben der Skalenteilung noch weitere Informationen über das Messwerk, z.B. Arbeitsweise, Genauigkeitsklasse, Stromartzeichen, Lagezeichen und Prüfspannungszeichen. Diese Zusatzinformationen werden durch Symbole und Zahlen dargestellt **(Tabelle 1)**.

Tabelle 1: Sinnbilder auf der Skala

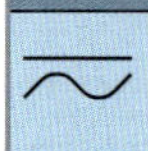	Für Gleichstrom und Wechselstrom	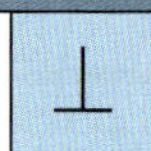	Senkrechte Nennlage
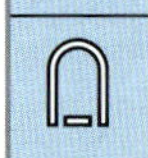	Drehspulmesswerk mit Dauermagnet, allgemein	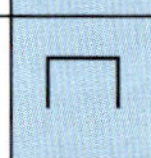	Waagerechte Nennlage
	Drehspulmesswerk mit Gleichrichter	1,5	Klassenzeichen, bezogen auf den Messbereichsendwert
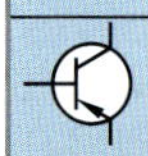	Messgerät mit Verstärker		Prüfspannungszeichen: Die Ziffer im Stern bedeutet die Prüfspannung in kV (Stern ohne Ziffer 500 V Prüfspannung)
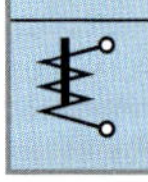	Dreheisenmesswerk		

In der Kfz-Technik werden bei Verwendung eines analog anzeigenden Messgerätes üblicherweise nur Drehspulmesswerke verwendet. Diese sind nur zur Messung von Gleichspannung oder Gleichstrom geeignet. Sollen Wechselgrößen gemessen werden, so muss das Drehspulmesswerk mit einer Gleichrichterschaltung versehen werden.

[1] analog = entsprechend, gleichartig

19

Genauigkeitsklasse. Sie wird durch das Klassenzeichen gekennzeichnet und gibt an, bis zu welcher Fehlergrenze der angezeigte Messwert vom tatsächlichen Messwert abweichen darf. Die Einteilung erfolgt in sieben Genauigkeitsklassen:

0,1	0,2	0,5	1	1,5	2,5	5

Die Ziffern geben die zulässigen Fehlergrenzen an. Die Fehlergrenze 1,5 bedeutet, dass der Fehler ± 1,5 % des Messbereichsendwertes (Skalenendwert) betragen darf, z.B. bei einem Messbereichsendwert 100 V liegt der zulässige Anzeigefehler bei ± 1,5 V, d.h. die Anzeige darf bei einer Messspannung von 10 V zwischen 8,5 V und 11,5 V liegen.

Bei einem Messbereichsendwert von 100 V und einer Messspannung von 100 V darf die Anzeige zwischen 98,5 und 101,5 V liegen.

Der absolute prozentuale Fehler würde bei einer Messspannung von 10 V ± 15%, bei einer Messspannung von 100 V ±1,5 % betragen.

Um den Anzeigefehler möglichst klein zu halten, sollte daher bei Vielfachmessgeräten der Messbereich so gewählt werden, dass die Messwertanzeige im oberen Drittel der Skala liegt.

Würde man für die gleiche Messung ein Messwerk der Genauigkeitsklasse 0,2 einsetzen, so wären die entsprechenden Anzeigewerte 9,8 V / 10,2 V bzw. 99,8 V / 100,2 V. Die absoluten prozentualen Fehler wären dann ± 2 % bzw. ± 0,2 %.

19.1.7.2 Digital anzeigende Messgeräte

Die zu erfassenden Messwerte einer Messgröße (z.B. elektrischer Strom) werden direkt als Ziffernfolge angegeben **(Bild 1)**. Die Umwandlung der analogen Messgröße in eine zahlenmäßige, d.h. digitale Darstellung, erfolgt dabei durch einen im Messgerät eingebauten Analog-Digital-Wandler (AD-Wandler).

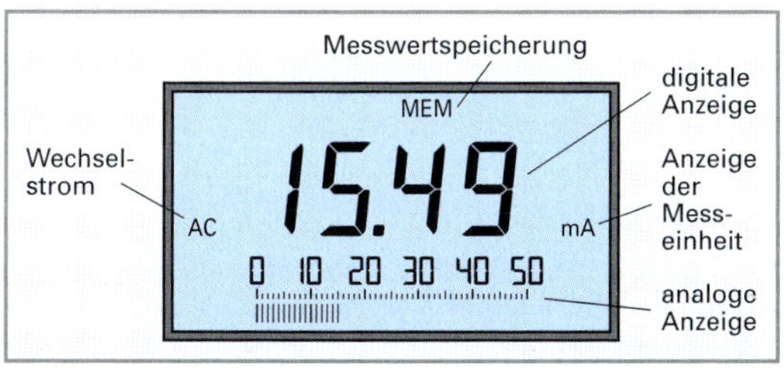

Bild 1: Digitale Anzeige mit zusätzlicher analoger Linearanzeige

Durch die digitale Darstellung des Messwertes wird ein leichteres Ablesen erreicht. Weiterhin ist die Auflösung gegenüber einer analogen Darstellung auf einer Skale größer, d.h. es muss nicht mehr der Messwert zwischen zwei Skalenstrichen abgeschätzt werden.

Bei digital anzeigenden Messgeräten werden üblicherweise zwei Messungen je Sekunde durchgeführt. Der Messwert wird dabei nur während Bruchteilen einer Sekunde erfasst und zwischengespeichert. Angezeigt wird der Mittelwert beider Messungen. Da der Messwert üblicherweise nicht absolut konstant ist, würde ein kontinuierliches Messen und Anzeigen zum Flackern der letzten Ziffer führen.

Andererseits können schnelle Änderungen der Messgröße und die Breite ihrer Schwankung nicht erfasst werden. Für manche Messungen ist jedoch die Erfassung der Schwankungsbreite der Messgröße erforderlich. In diesem Fall muss ein analoges Messgerät oder ein digitales Messgerät mit einer zusätzlichen analogen Anzeige eingesetzt werden.

Die zusätzliche analoge Anzeige **(Bild 1)** erscheint im Anzeigefeld z.B. als schwarzer Balken, der analog zum Messwert seine Länge verändert. In diesem Fall werden 25 und mehr Messungen je Sekunde durchgeführt und angezeigt. Beim Beobachter entsteht der Eindruck, dass ein kontinuierlicher Messvorgang stattfindet.

Messabweichung. Digital anzeigende Messgeräte täuschen durch ihre Ziffernanzeige oftmals eine Genauigkeit vor, die nicht vorhanden ist. Deswegen muss die zulässige Messabweichung, die vom Hersteller des Messgerätes festgelegt wurde, berücksichtigt werden. Diese wird als Prozentwert, bezogen auf den Messbereichsendwert, z. B. ± 0,5 % von 19,99 V angegeben. Zusätzlich kann die letzte angezeigte Ziffer um 1 Digit (Digit bedeutet Ziffer) differieren.

Auflösung und Stellenzahl. Digitale Messgeräte haben in einfacher Ausführung 3 1/2 Stellen, bei höherwertigen Geräten 6 1/2 Stellen. Eine 3 1/2-stellige Anzeige zeigt 4 Ziffern an, jedoch geht die Ziffernfolge der ersten anzeigenden Stelle nicht bis 9.

Für die erste Stelle ist nur ein eingeschränkter Ziffernbereich vorhanden, z. B. 0 bis 1 oder 0 bis 3; somit können im jeweiligen Fall folgende Ziffernfolgen als maximaler Anzeigewert auftreten: 1999 oder 3999.

Bei Überschreiten dieser Werte wird der Messbereich meistens automatisch umgeschaltet.

19.1.7.3 Vielfachmessgeräte

Analogmultimeter (Bild 1)

Sie sind sowohl für Spannungs- als auch für Strommessungen bei Gleich- und Wechselspannung geeignet. Widerstandswerte können nur indirekt über eine Spannungs- und Strommessung ermittelt werden; deswegen ist zur Spannungsversorgung eine Batterie erforderlich.

Gemessen wird der Strom I, der durch den Widerstand R fließt. Aufgrund der Gesetzmäßigkeiten im Ohmschen Gesetz ist $I \sim 1/R$. Die Skala für den Widerstandswert ist entsprechend dieser Gesetzmäßigkeit ausgeführt, was zur Folge hat, dass die Skale nicht linear verläuft. Bei unendlich großem Widerstand erfolgt kein Ausschlag, beim Widerstandswert Null erfolgt Vollausschlag.

Den Messwert erhält man, indem man die abgelesene Anzahl der Skalenteile durch den Skalenendwert dividiert und mit dem am Bereichsschalter angegebenen Faktor nebst Einheit multipliziert, z.B. angezeigte Skalenteile 33 **(Bild 1)**, Messbereich 0,5 V, Skalenendwert 50. Dies ergibt einen angezeigten Messwert von (33 : 50) · 0,5 V = **0,33 V.**

$$\text{Messwert} = \frac{\text{angezeigte Skalenteile} \times \text{Messbereich}}{\text{gesamte Skalenteile (Skalenendwert)}}$$

Digitalmultimeter (Bild 2)

Ihre Einsatzmöglichkeiten entsprechen denen von Analogmultimetern. Von Vorteil ist, dass sie trotz hoher Genauigkeit relativ robust und preiswert hergestellt werden können.

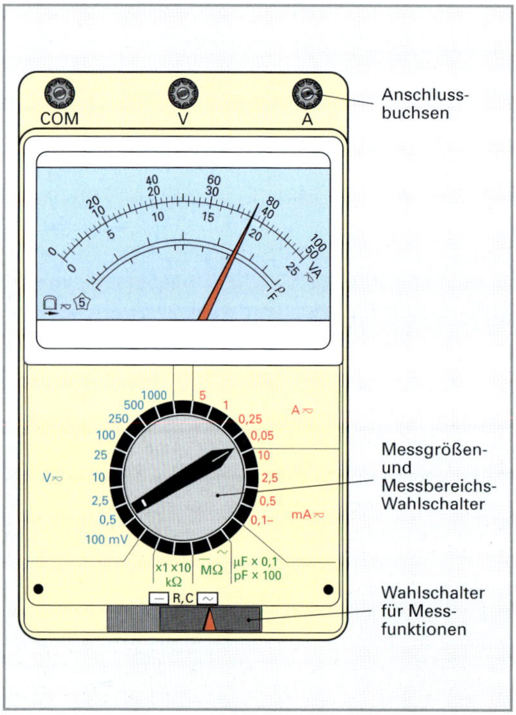

Bild 1: Analogmultimeter

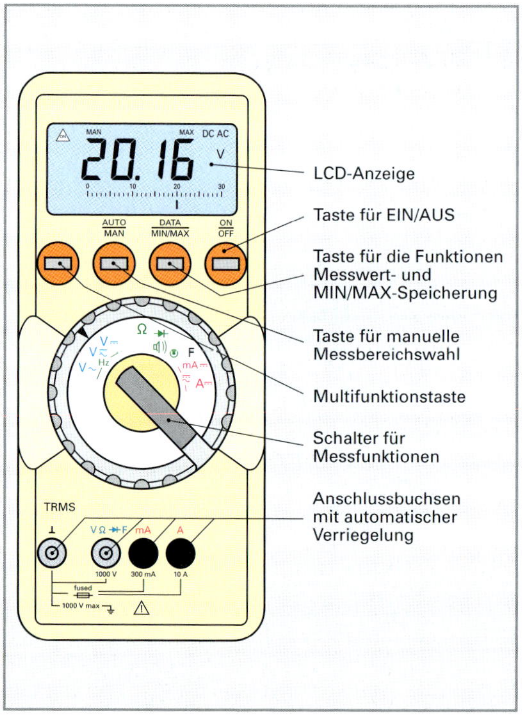

Bild 2: Digitalmultimeter

Der Messbereich hat oftmals noch Erweiterungsmöglichkeiten mit dem Faktor 1000, so können dann Widerstandswerte im Ω-, kΩ- und MΩ-Bereich gemessen werden.

Beim Messen einer unbekannten Messgröße ist zuerst immer der größte Messbereich zu wählen, um dann den Messbereichswahlschalter auf den Messbereich zu stellen, bei dem die Anzeige im oberen Drittel der Skala liegt.

Mit einem Zentralschalter können Messbereich und Funktion, z. B. Diodenprüfung angesteuert werden. Bei höherwertigen Geräten erfolgt die Umschaltung des Messbereiches oftmals automatisch.

Elektronische Sicherungen können den Überlastungsschutz des Gerätes übernehmen. Außerdem können evtl. Messwerte abgespeichert werden. Bei Vorhandensein einer entsprechenden Schnittstelle kann auch z.B. ein Computer (PC) zur weiteren Verarbeitung der Messdaten angeschlossen werden.

19.1.7.4 Oszilloskop

Das Oszilloskop ist ein analog anzeigendes Messgerät, das schnell verlaufende, periodisch wiederkehrende elektrische Vorgänge, wie z.B. Sensorsignale oder den Verlauf der Zündspannung, messen und grafisch darstellen kann. Die Anzeige erfolgt auf dem Bildschirm einer Elektronenstrahlröhre **(Bild 1)**. Ein Oszilloskop, das gleichzeitig zwei Vorgänge darstellen kann, ist, je nach Bauweise, ein Zweikanal- oder ein Zweistrahloszilloskop.

Sollen einmalige Vorgänge dargestellt werden, so muss ein Speicheroszilloskop verwendet werden. Dabei wird der Messvorgang gespeichert und kann später als Standbild wieder abgerufen werden.

Aufbau und Wirkungsweise

Ein Elektronenstrahloszilloskop enthält im Wesentlichen vier Baugruppen **(Bild 1)**:

- Oszilloskopbildröhre (Elektronenstrahlröhre)
- Vertikalverstärker (Y-Verstärker; Y_1 Y_2)
- Zeitablenkgenerator mit Synchronisiereinrichtung (X-Verstärker; X_1 X_2)
- Netzteil für Spannungsversorgung

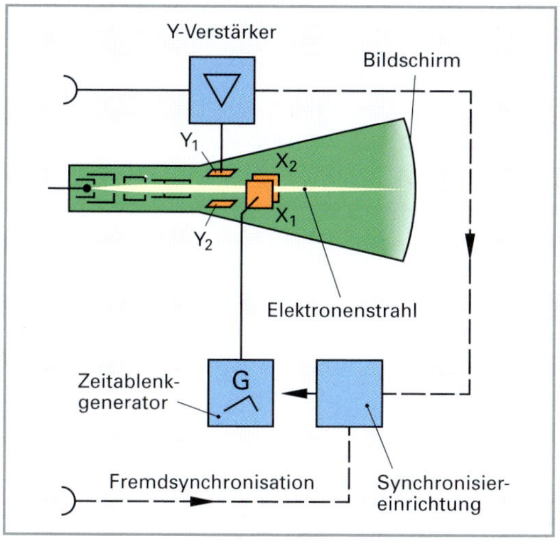

Bild 1: Blockschaltbild eines Elektronenstrahl-Oszilloskops

In der Elektronenstrahlröhre, ähnlich einer Fernsehröhre, wird ein scharf gebündelter, im Vakuum verlaufender Elektronenstrahl erzeugt, der auf einem mit Leuchtstoff versehenen Bildschirm einen Punkt in der Mitte der Bildröhre hervorruft.

Der Elektronenstrahl kann sowohl in vertikaler Richtung **(Bild 2)** über das Plattenpaar Y_1 Y_2 als auch in horizontaler Richtung **(Bild 3)** über das Plattenpaar X_1 X_2 ausgelenkt werden.

Legt man an die vertikale Ablenkung Y_1 Y_2 eine Gleichspannung an, so wandert der Leuchtpunkt aus der Mitte, bei positiver Spannung nach oben, bei negativer Spannung nach unten und bleibt dort weiterhin als Punkt abgebildet. Wird anstelle der Gleichspannung eine Wechselspannung angelegt, so entsteht ein senkrechter Strich **(Bild 2)**.

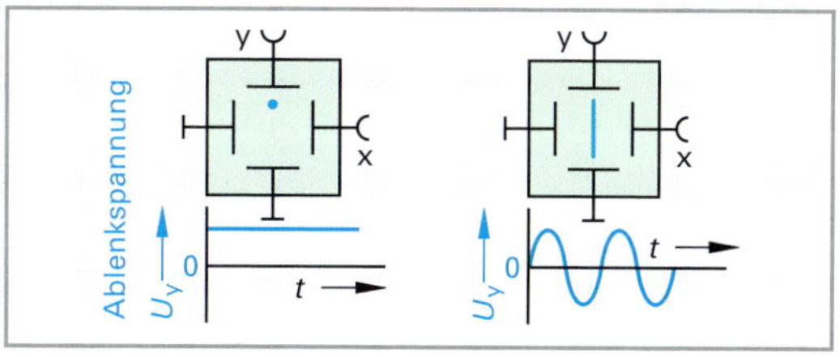

Bild 2: Vertikalablenkung Y_1 Y_2

Legt man an die horizontale Ablenkung X_1 X_2 eine Gleichspannung an, so wandert der Leuchtpunkt, je nach Polarität der Spannung, nach links oder rechts auf dem Bildschirm und bleibt dort weiterhin als Punkt abgebildet. Wird anstelle der Gleichspannung eine gleichförmige sich verändernde Spannung, z.B. Sägezahnspannung, angelegt, so entsteht ein waagerechter Strich **(Bild 3)**.

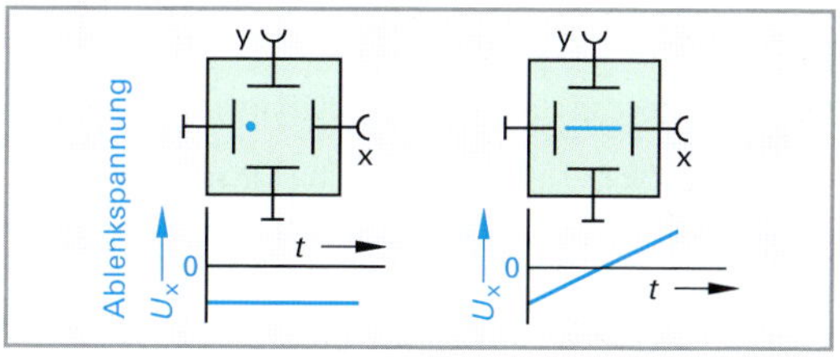

Bild 3: Horizontalablenkung X_1 X_2

Wird nun gleichzeitig an das vertikale Plattenpaar Y_1 Y_2 die Messspannung und an das horizontale Plattenpaar X_1 X_2 eine Sägezahnspannung als Zeilenablenkspannung gelegt, so wird auf dem Bildschirm der tatsächliche zeitliche Verlauf der Messspannung sichtbar **(Bild 1)**.

Triggerung. Die Zeitablenkung muss immer beim gleichen Wert der Messspannung (Signalspannung) beginnen, damit auf dem Bildschirm des Oszilloskops ein stehendes Bild entsteht. Die Auslösung der Zeitablenkung erfolgt durch einen Triggerimpuls. Die Zeitablenkung erzeugt einen Sägezahn, d.h. der Elektronenstrahl läuft einmal während einer Periode über den Bildschirm und wieder zurück. Der Triggerimpuls kann entweder im Zeitablenkgenerator selbst erzeugt werden (intern) oder er wird von außen als Spannungsimpuls (extern) zugeführt.

Unter Triggerung versteht man das Auslösen der Zeitablenkung durch einen Auslöseimpuls.

Bedienungselemente eines Oszilloskops

Die Bezeichnungen am Bedienerfeld eines Oszilloskops sind aus dem Englischen abgeleitet, sie sind weitgehend standardisiert **(Bild 1)**.

Das dargestellte Bedienerfeld mit den einzelnen Bedienungselementen enthält exemplarisch alle wichtigen Anschluss- und Einstellvorrichtungen, die zum Betrieb eines Zweistrahl- bzw. Zweikanaloszilloskops erforderlich sind.

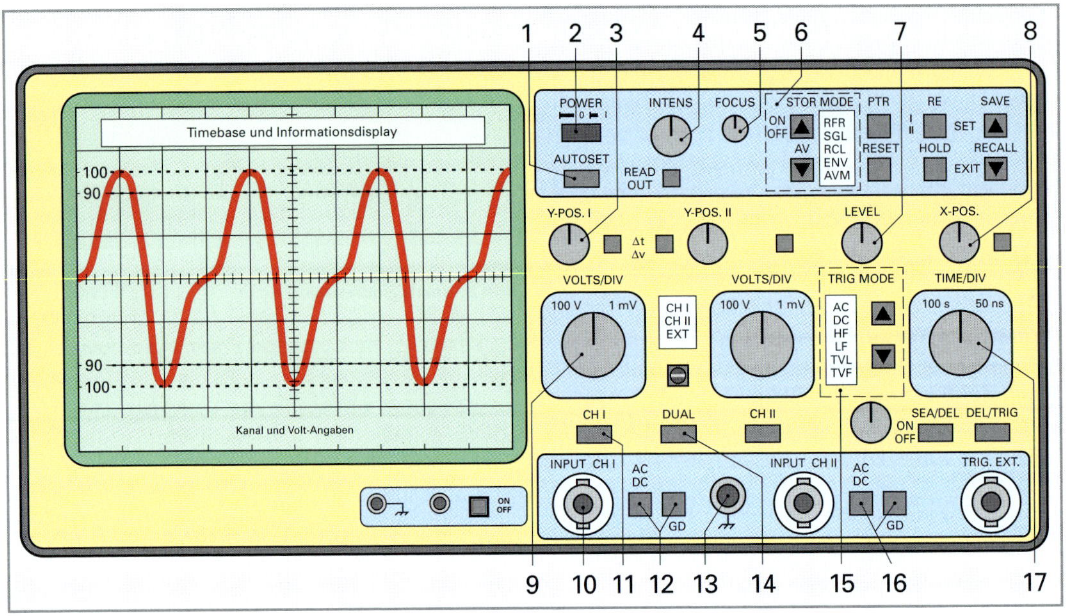

Bild 1: Oszilloskop zur gleichzeitigen Darstellung von zwei Vorgängen (Zweikanaloszilloskop)

1	**AUTO SET**	Automatische Einstellung
2	**POWER**	Netzschalter
3	**Y-POS: I**	Vertikale Verschiebung Kanal I
4	**INTENS**	Helligkeitseinstellung
5	**FOCUS**	Schärfeeinstellung
6	**STORE MODE**	Speicherbetrieb
7	**LEVEL**	Bestimmung des Triggerpunktes
8	**X-POS.**	Horizontale Strahlverschiebung
9	**VOLTS/DIV.**	Amplitudeneinsteller für Kanal I
10	**INP. CH I**	Signaleingang Kanal I
11	**CH I**	Triggerumschaltung
12	**AC / DC**	Eingangssignalkoppelung Kanal I
13	**GD**	Massebuchse
14	**DUAL**	Ein- bzw. Zweikanalbetrieb
15	**TRIG. MODE**	Art der Triggerung
16	**AC/DC**	Eingangssignalkopplung Kanal II
17	**TIME/DIV**	Zeitablenkgeschwindigkeit Horizontal

19

Messen mit dem Oszilloskop

Das Oszilloskop misst grundsätzlich nur Spannungen.

Bei Messungen mit dem Oszilloskop sind die folgenden Punkte zu beachten:

- Zur Messung muss eine Verbindung vom Messobjekt zur Massebuchse und zum Signaleingang Kanal I oder II des Oszilloskops hergestellt werden.
- Die Null-Linie des Anzeigebildes ist auf dem Schirm mit dem Drehknopf **(Bild 1, Pos. 3)** entsprechend des Signals so einzustellen, dass das ganze Signal sichtbar ist. Für diese Einstellung sollte der Eingangswahlschalter auf Massepotenzial (GD) gestellt sein.
- Danach wird ein hoher Ablenkfaktor **(Bild 1, Pos. 9)**, z.B. 100 V/cm, eingestellt.
- Anschließend wird die horizontale Zeitablenkgeschwindigkeit so weit verändert, bis das Signalbild steht (**Bild 1, Pos. 17**).

Das Oszilloskopgehäuse ist bei vielen Ausführungen mit dem Schutzleiter des Versorgungsnetzes verbunden. Falls das Messobjekt dann mit einer Wechselspannung von mehr als 50 V betrieben wird muss aus Sicherheitsgründen ein Netzgerät oder ein Trenntransformator verwendet werden.

Tabelle 1: Messen mit dem Oszilloskop (Beispiele)

Schaltungsaufbau	Anzeige und Einstellungen	Auswertung
Messen einer Gleichspannung U		
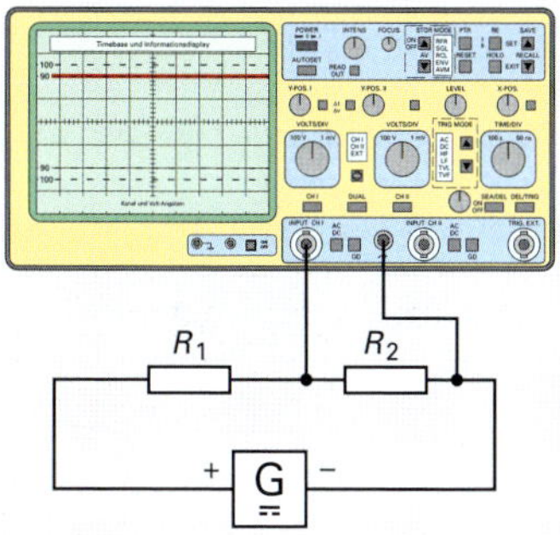	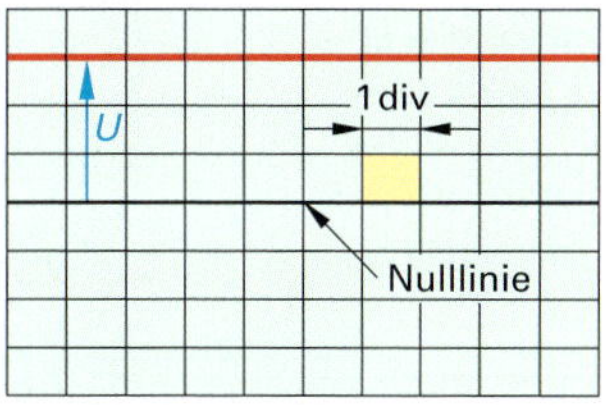 Einstellung Oszilloskop: 5 V / div[1] [1] div: Abk. für divit (Teil), Rastereinheit des Bildschirms	Gleichspannungen werden mit der Einstellung DC gemessen. Beispiel: Gleichspannung U: $U = \frac{5\ \text{V}}{\text{div}} \cdot 3\ \text{div} = 15\ \text{V}$
Messen von Wechselströmen und Periodendauer		
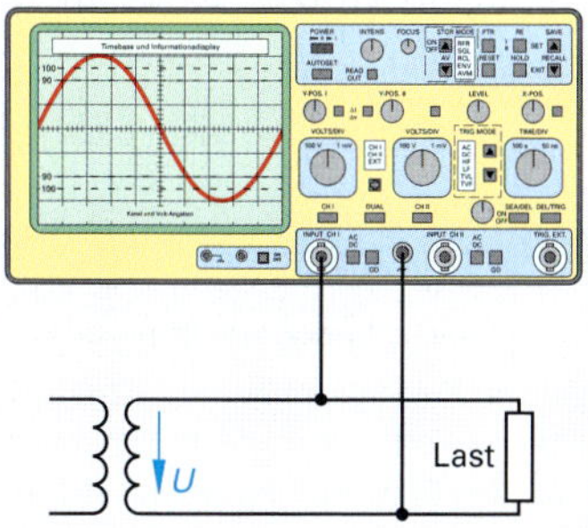	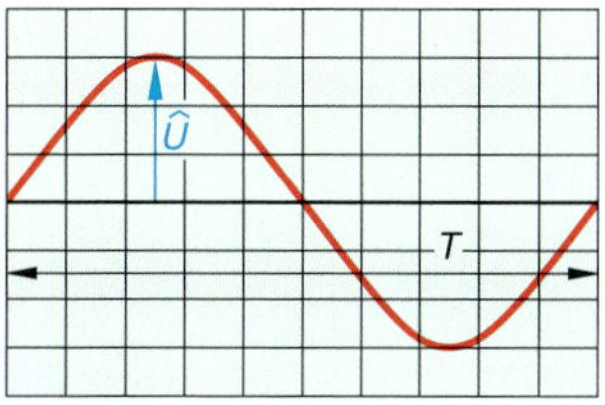 Einstellung Oszilloskop: – Amplitude I: 2 V / div – Time Base: 2 ms / div	Wechselspannungen werden in der Einstellung AC gemessen. Beispiel: $\hat{U} = \frac{2\ \text{V}}{\text{div}} \cdot 3\ \text{div} = 6\ \text{V}$ $U = \frac{\hat{U}}{\sqrt{2}} = \frac{6\ \text{V}}{\sqrt{2}} = 4{,}2\ \text{V}$ $T = \frac{2\ \text{ms}}{\text{div}} \cdot 10\ \text{div} = 20\ \text{ms}$ $f = \frac{1}{T} = \frac{1}{20\ \text{ms}} = 50\ \text{Hz}$
Messen von Strömen (indirekte Messung)		
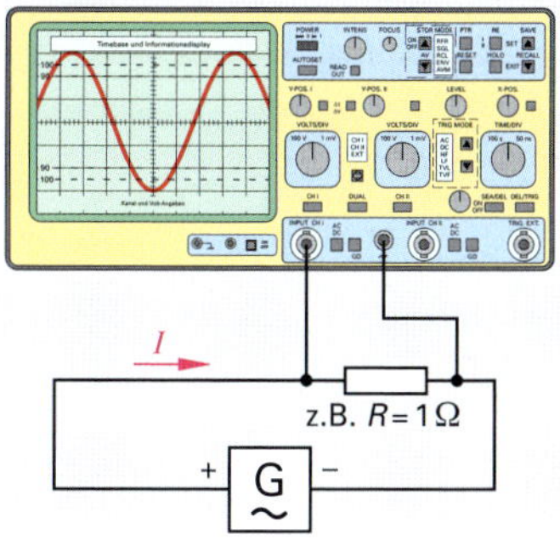	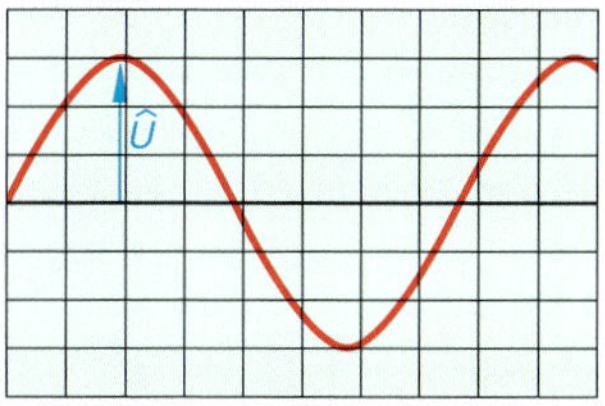 Einstellung Oszilloskop: 50 V / div	Die Stromstärke wird bestimmt, indem man die Spannung U an einem bekannten Widerstand, z.B. 1 Ω misst und den Strom I mit Hilfe des Ohmschen Gesetzes berechnet. Beispiel: $\hat{U} = \frac{50\ \text{mV}}{\text{div}} \cdot 3\ \text{div} = 0{,}15\ \text{V}$ $U = \frac{\hat{U}}{\sqrt{2}} = \frac{0{,}15\ \text{V}}{\sqrt{2}} = 0{,}1\ \text{V}$ $I = \frac{U}{R} = \frac{0{,}1\ \text{V}}{1} = 0{,}1\ \text{A}$

WIEDERHOLUNGSFRAGEN

1 **Was versteht man unter der indirekten Widerstandmessung?**

2 **Wie wird ein Amperemeter geschaltet?**

3 **Welche elektrischen Messgeräte sind analog anzeigende Geräte?**

4 **Worauf ist beim Messen von Wechselspannungen mit dem Drehspulmesswerk zu achten?**

5 **Welche Aussage macht die Genauigkeitsklasse 1,5?**

6 **Welchen Nachteil haben digital anzeigende Geräte bei schwankenden Messgrößen?**

7 **Welche Regel besteht beim Einsatz von Analogmultimetern?**

8 **Welche Spannung wird an die Vertikal- bzw. Horizontalablenkung gelegt?**

9 **Was versteht man unter Triggerung?**

10 **Beschreiben Sie die Bewegung des Elektronenstrahls auf dem Bildschirm, wenn nur die Zeitablenkung eingeschaltet ist.**

19.1.7.5 Brückenschaltung von Widerständen

Die Brückenschaltung **(Bild 1)** besteht aus zwei Reihenschaltungen von jeweils zwei Widerständen, die parallel an einer gemeinsamen Spannungsquelle angeschlossen sind. Der Gesamtstrom I_G verzweigt sich im Punkt A in die Teilströme I_1 (über die Widerstände R_1 und R_2) und I_2 (über die Widerstände (R_3 und R_4). Die Widerstände R_1 ... R_4 arbeiten als Spannungsteiler.

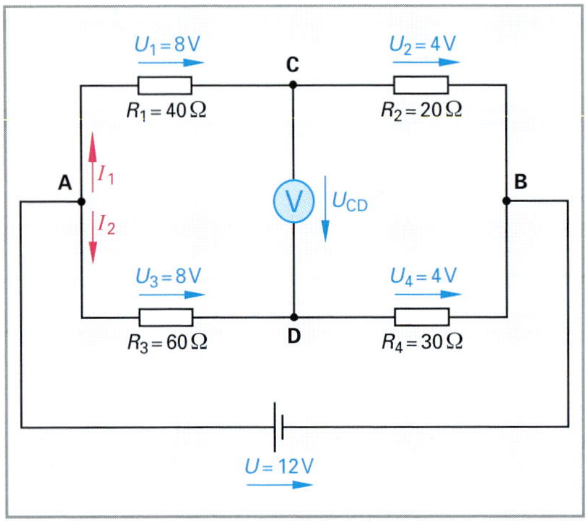

Bild 1: Brückenschaltung von Widerständen

Teilt der Spannungsteiler R_1-R_2 die Spannung des Spannungserzeugers im gleichen Verhältnis auf wie der Spannungsteiler R_3-R_4 besteht zwischen den Punkten C und D keine Spannung (Nullpunktmethode). Damit stehen die Widerstände R_1 und R_2 im gleichen Verhältnis zueinander wie die Widerstände R_3 und R_4.

Eine Brückenschaltung ist abgeglichen, wenn in der Brückendiagonalen C-D kein Strom fließt, d.h. wenn das Widerstandsverhältnis in beiden Spannungsteilern gleich ist.

$$\frac{R_1}{R_2} = \frac{R_3}{R_4} \Rightarrow \frac{U_1}{U_2} = \frac{U_3}{U_4}$$

Mithilfe einer Brückenschaltung werden Widerstandsmessungen durchgeführt. Dabei werden die Widerstände R_1 durch den zu messenden Widerstand R_x und R_2 durch den veränderbaren Widerstand R_n ersetzt.

Die Brückenschaltung zur Messung von Widerständen wird als Wheatstonesche Messbrücke bezeichnet **(Bild 2)**.

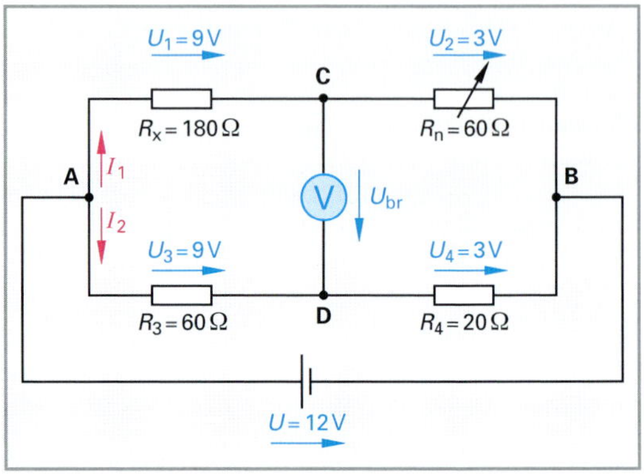

Bild 2: Wheatstonesche Messbrücke

In einer abgeglichenen Messbrücke genügt zur Berechnung von R_x die Kenntnis von R_n und dem Verhältnis von R_3 zu R_4.

$$\frac{R_x}{R_n} = \frac{R_3}{R_4} \Rightarrow R_x = R_n \cdot \frac{R_3}{R_4}$$

Der Vergleichswiderstand Widerstände R_2 bzw. R_n ist in der Regel verstellbar. Damit kann man erreichen, dass sein Wert nicht zu stark vom Wert des unbekannten Widerstandes R_1 bzw. R_x abweicht. Dadurch werden Messfehler verringert.

Die Widerstände R_3 und R_4 können durch einen stufenlos einstellbaren Widerstand (Drehwiderstand oder Schleifdraht mit Schleifer) ersetzt werden **(Bild 3)**.

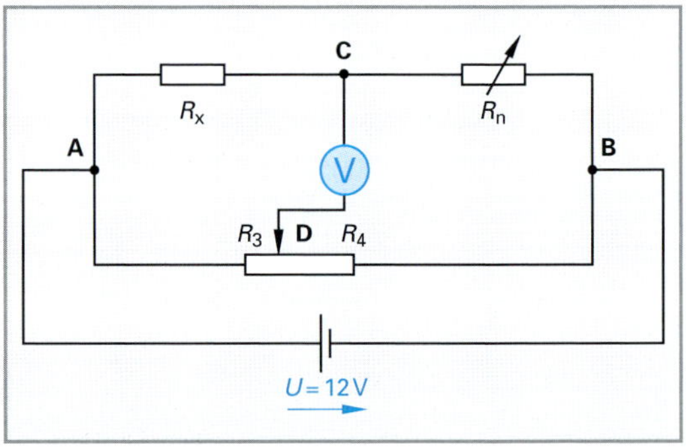

Bild 3: Schleifdraht-Messbrücke

Mit Hilfe der Widerstandsmessbrücke können Widerstände sehr genau gemessen werden. Das Ergebnis der Messung ist unabhängig von der Höhe der Versorgungsspannung.

Die Messbrücke wird im Kraftfahrzeug z.B. im Luftmassenmesser eingesetzt.

19.1.8 Wirkungen des elektrischen Stromes

Wärmewirkung

Fließt in einem metallischen Leiter Strom, so bewegen sich die Elektronen zwischen den einzelnen Atomen hindurch. Die Bewegungsenergie der Elektronen wird auf die Atome übertragen. Diese geraten in Schwingungen und erzeugen dadurch Wärme **(Bild 1)**. Ein Maß für die „Wärmeschwingungen“ ist die Temperatur das Leiters.

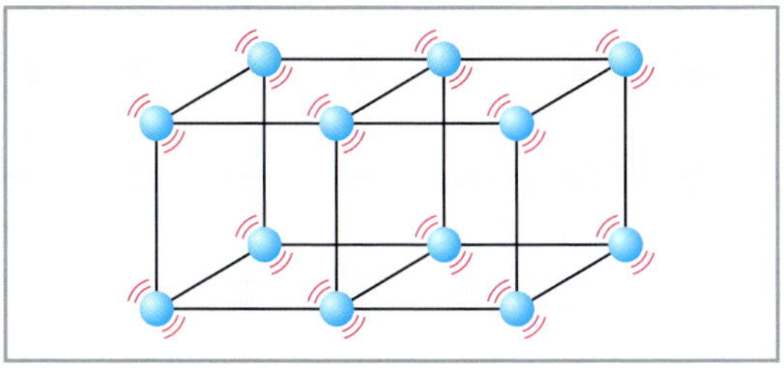

Bild 1: Wärmeschwingung der Moleküle

> In jedem stromdurchflossenen Leiter wird Wärme erzeugt.

Lichtwirkung

Dünne Drähte aus einem Metall werden durch den elektrischen Strom so stark erwärmt, dass sie glühen. Die Ausbeute an Licht ist um so größer, je höher die Temperatur der Glühwendel ist. Deswegen verwendet man Metalle mit einem hohen Schmelzpunkt, z.B. Wolfram. Damit die Glühwendel nicht oxidiert, lässt man sie im luftleeren Raum oder in einer Schutzgasfüllung (z.B. Stickstoff, Krypton) glühen. Glühlampen sind Temperaturstrahler.

> Beim Stromdurchgang durch Gase wird durch den Zusammenstoß geladener Gasteilchen Licht erzeugt.

Gasentladungslampen, z.B. Leuchtstofflampen **(Bild 2)**, haben einen besseren Wirkungsgrad als Glühlampen, da sie weniger Verlustwärme erzeugen. Gasentladungslampen sind Kaltstrahler.

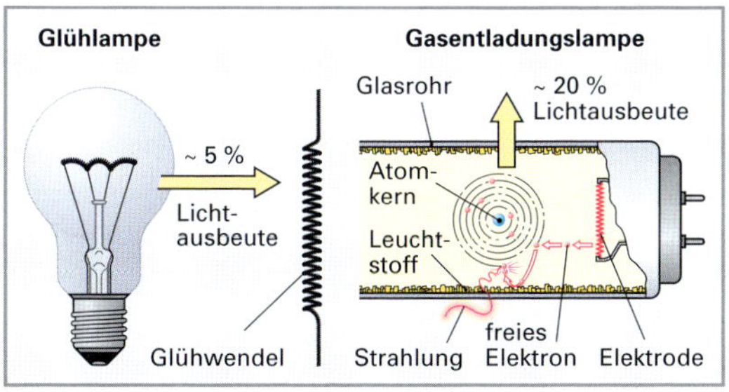

Bild 2: Lichtwirkung

Chemische Wirkung

> Stromleitende Flüssigkeiten bezeichnet man als Elektrolyte. Diese werden beim Stromdurchgang in ihre Hauptbestandteile zerlegt. Den Vorgang nennt man Elektrolyse.

Elektrolyte sind Säuren, Basen, Salze und Metalloxide in wässriger Lösung oder in geschmolzenem Zustand. Die beim Stromdurchgang durch Zerlegung entstehenden Hauptbestandteile wandern zu den Stromzuführungen (Elektroden) und werden dort abgeschieden. Diese Wirkung des elektrischen Stromes wird z.B. beim Verkupfern angewendet **(Bild 3)**. Diesen Vorgang nennt man Galvanisieren.

Magnetische Wirkung

> In jedem stromdurchflossenen Leiter entsteht ein Magnetfeld.

Ein stromdurchflossener Leiter kann eine Magnetnadel aus ihrer Nord-Süd-Richtung auslenken, d.h. von einem stromdurchflossenen Leiter geht eine magnetische Kraftwirkung aus **(Bild 4)**. Die Richtung dieser Kraftwirkung ist von der Stromrichtung im Leiter abhängig. Diese elektromagnetische Erscheinung wird u.a. bei elektrischen Maschinen angewendet.

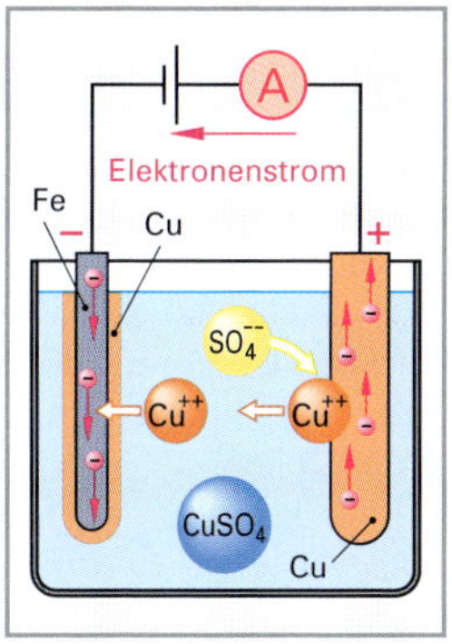

Bild 3: Chemische Wirkung

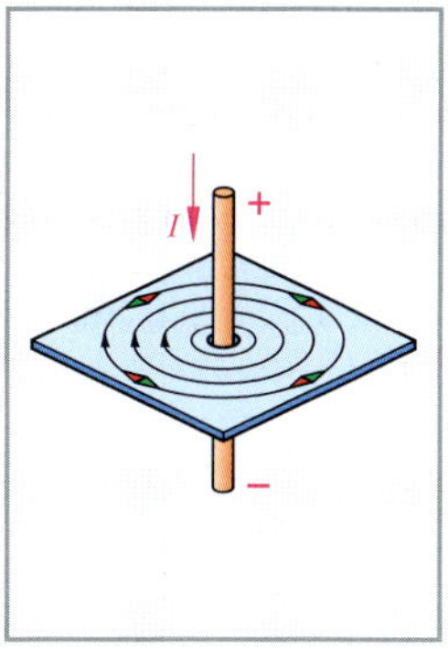

Bild 4: Magnetische Wirkung

19

Physiologische Wirkung

> Unter der physiologischen Wirkung des elektrischen Stroms versteht man dessen Auswirkungen auf Lebewesen.

Beim Berühren von Spannungsquellen kann ein Strom durch den menschlichen Körper fließen. Der elektrische Strom „elektrisiert“, man erhält einen „elektrischen Schlag“. Diese Stromwirkung wird u.a. in Marderabschreckeinrichtungen eingesetzt.

19.1.9 Schutz vor den Gefahren des elektrischen Stromes

Der elektrische Strom ist für Menschen und Tiere lebensgefährlich.

Wenn Stromstärken von mehr als 50 mA durch den menschlichen Körper fließen, kann dies bereits zum Tode führen. Wechselspannungen über 50 V können bereits lebensgefährliche Ströme im menschlichen Körper erzeugen.

Fehlerarten (Bild 1). In elektrischen Anlagen können Körperschluss, Kurzschluss, Leiterschluss und Erdschluss auftreten.

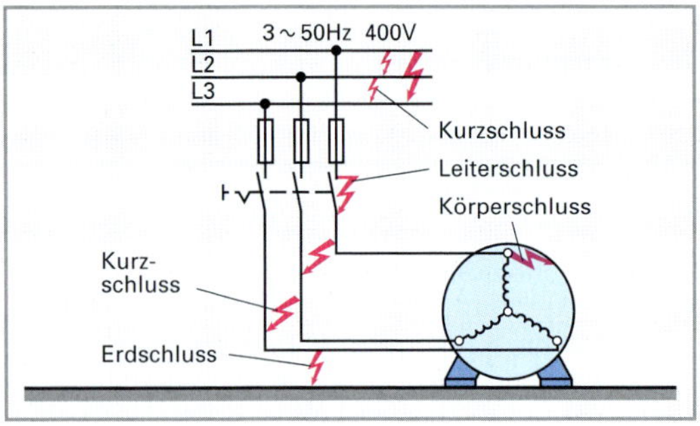

Bild 1: Fehlerarten

Direktes und indirektes Berühren

Direktes Berühren (Bild 2) liegt vor, wenn unter Spannung stehende Geräte und Leitungen direkt berührt werden können. Um dies zu verhindern, müssen spannungsführende Teile mit Isolierungen und Abdeckungen versehen werden.

Schutzmaßnahmen gegen direktes Berühren verhindern das Berühren von unter Spannung stehenden elektrischen Leitern und Teilen.

Indirektes Berühren (Bild 3) liegt vor, wenn aufgrund eines Fehlers Teile von Geräten, die keine Spannung führen dürfen, unter Spannung stehen und berührt werden. Das kann der Fall sein, wenn z.B. durch einen Isolationsfehler das Gehäuse eines Gerätes unter Spannung steht.

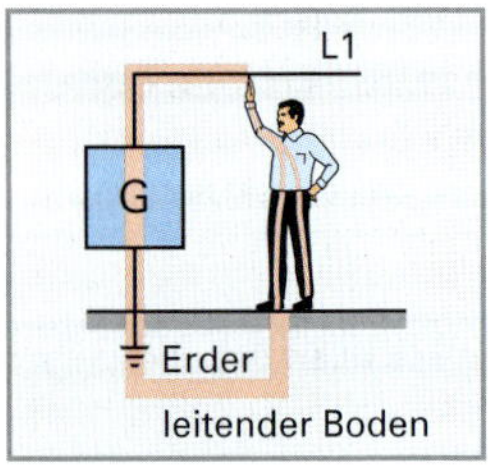

Bild 2: Direktes Berühren

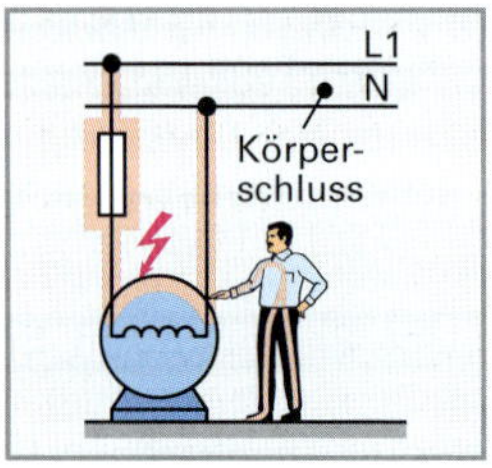

Bild 3: Indirektes Berühren

Schutzmaßnahmen gegen indirektes Berühren verhindern, dass an Geräteteilen unzulässig große Fehlerspannungen auftreten können.

Netzunabhängige Schutzmaßnahmen

Im Fehlerfall wird das Gerät nicht abgeschaltet; die Schutzmaßnahmen wirken ohne Schutzleiter. Zu den netzunabhängigen Schutzmaßnahmen gehören Schutzisolierung, Schutzkleinspannung und Schutztrennung.

Schutzisolierung (Bild 4). Alle Teile, die im Fehlerfall Spannung gegen Erde annehmen können, werden zusätzlich zu ihrer Grundisolierung noch mit einer Isolierung umgeben oder durch Isolierstücke vom leitungsfähigen Teil des Gerätes getrennt.

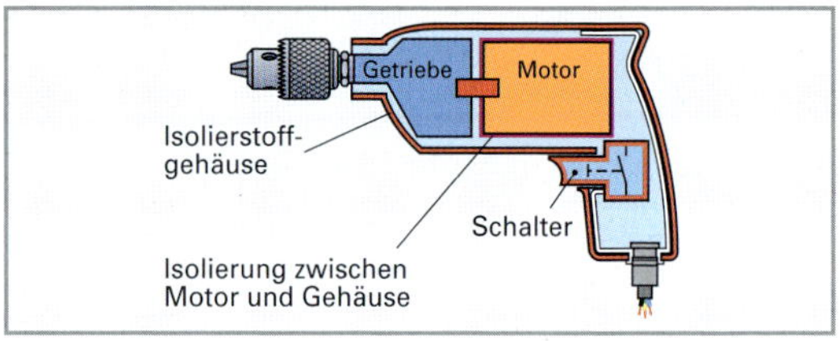

Bild 4: Schutzisolierung

Schutzkleinspannung (Bild 5). Schutzkleinspannungen sind Wechselspannungen bis 50 V. Sie müssen in Transformatoren oder umlaufenden Umformern erzeugt werden, wobei die Kleinspannungsseite keine leitende Verbindung mit dem speisenden Netz haben darf.

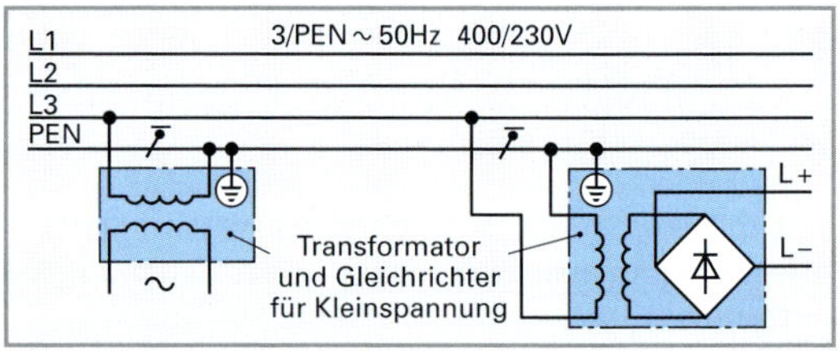

Bild 5: Schutzkleinspannung

Schutztrennung (Bild 6). Zwischen speisendem Netz und Verbraucher wird ein Transformator geschaltet, dessen Ausgangsseite keine Verbindung zur Erde hat, d. h. im Fehlerfall besteht zwischen Gerät und Erde auch keine Spannung. Der Trenntransformator hat meistens ein Übersetzungsverhältnis von 1 : 1, d.h. er verändert nicht die Spannungshöhe.

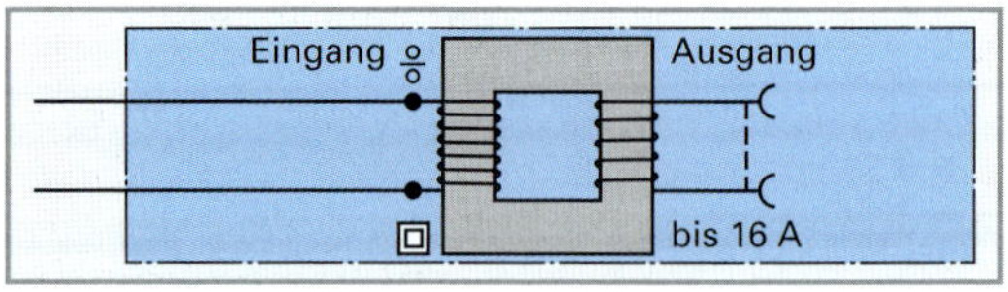

Bild 6: Schutztrennung

19

Netzabhängige Schutzmaßnahmen

Diese Schutzmaßnahmen wirken nur mit einem Schutzleiter PE (Protection Earth). Als Schutz werden Überstrom-Schutzeinrichtungen (Sicherungen, Leitungsschutzschalter) und Fehlerstromschutzschalter (FI-Schutzschalter) verwendet, die im Fehlerfall das Gerät vom Netz trennen.

Schutz durch Überstrom-Schutzeinrichtungen

Die Schutzart wurde früher mit „Nullung" bezeichnet. Der Spannungserzeuger ist direkt geerdet. Die leitenden Gehäuse- bzw. Geräteteile sind über den Schutzleiter PE (grün/gelbe Farbe der Isolierung) mit der Erde des Spannungserzeugers verbunden. Im Fehlerfall führt der Körperschluss zu einem Kurzschluss, der die Überstrom-Schutzeinrichtungen (z.B. Sicherungen, Leitungsschutzschalter) in der vorgegebenen Zeit ansprechen lässt und das Gerät vom Netz trennt **(Bild 1)**.

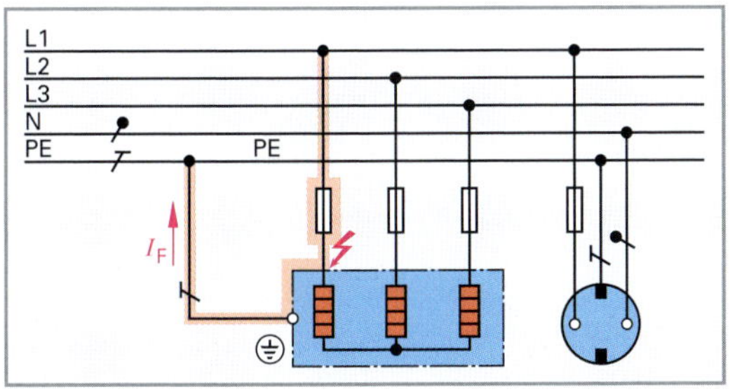

Bild 1: Überstromschutzeinrichtungen

Bei ortsveränderlichen Geräten, bei denen die elektrische Energie über eine Steckverbindung zugeführt wird, muss der Schutzleiter PE mit entsprechenden Schutzkontakten am Stecker bzw. der Steckdose verbunden werden **(Bild 2)**.

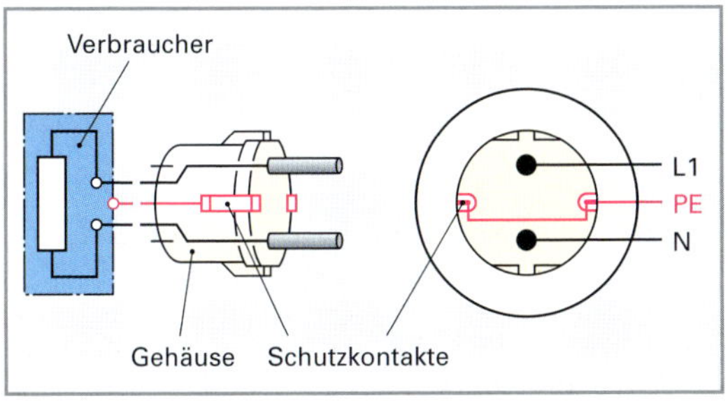

Bild 2: Ortsveränderlicher Verbraucher mit Schutzleiter

Fehlerstrom-(FI)-Schutzeinrichtungen (Bild 3). Sie haben die Aufgabe, im Fehlerfall die Verbraucher innerhalb von 0,2 s allpolig abzuschalten. Alle Leiter (z.B. L1, N), die vom Netz in das zu schützende Gerät führen, werden durch einen Summenstromwandler geführt. Der Schutzleiter PE wird nicht durch den Summenstromwandler geführt.

Solange kein Fehler vorliegt, ist der zufließende Strom (I_L) gleich dem abfließenden Strom (I_N), d. h. die in den stromdurchflossenen Spulen entstehenden Magnetfelder im Summenstromwandler heben sich in ihrer Wirkung gegenseitig auf.

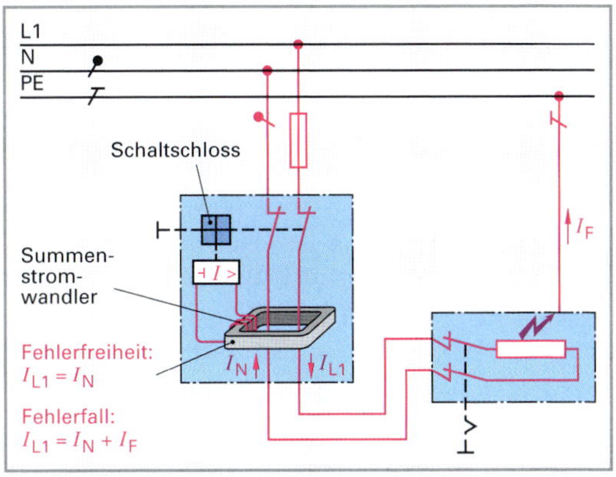

Bild 3: Fehlerstromschutzschalter

Im Fehlerfall fließt ein Teilstrom (Fehlerstrom I_F) über den Schutzleiter PE, d.h. die Ströme im Summenstromwandler (I_L, I_N) sind ungleich groß.

Die in den stromdurchflossenen Spulen entstehenden Magnetfelder heben sich in ihrer Wirkung nicht mehr auf. In der Ausgangswicklung des Summenstromwandlers wird eine Spannung induziert, die den Auslöser im Schaltschloss betätigt und die Zuleitungen zu den Verbrauchern allpolig vom Netz trennt. Mit der Prüftaste P kann die Funktionstüchtigkeit des FI-Schutzschalters überprüft werden.

Wiederholungsfragen

1. **Welche Beziehung im elektrischen Stromkreis beschreibt das Ohmsche Gesetz?**
2. **Von welchen Größen hängt die elektrische Leistung ab?**
3. **Von welchen Größen hängt die elektrische Arbeit ab?**
4. **Welche Einheiten werden für die elektrische Arbeit verwendet?**
5. **Was versteht man unter dem Wirkungsgrad?**
6. **Warum ist der Wirkungsgrad immer < 1?**
7. **Wie verhalten sich in einer Reihenschaltung Spannungen und Ströme?**
8. **Wie verhalten sich in einer Parallelschaltung Gesamtwiderstand und Teilwiderstände zueinander?**
9. **Welche Wirkungen des elektrischen Stromes können auftreten?**
10. **Welche Fehlerarten können in elektrischen Anlagen auftreten?**

19.1.10 Spannungserzeugung

Spannungserzeugung durch Induktion

Unter Induktion versteht man die Erzeugung von elektrischer Spannung durch Ändern des magnetischen Flusses, der eine Leiterschleife oder Spule durchsetzt.

Wird ein Dauermagnet in einer Spule hin- und herbewegt, so entsteht in der Spule eine Wechselspannung **(Bild 1, links)**.

Wird eine Leiterschleife in einem Magnetfeld hin- und herbewegt, so entsteht in der Leiterschleife eine Wechselspannung **(Bild 1, rechts)**.

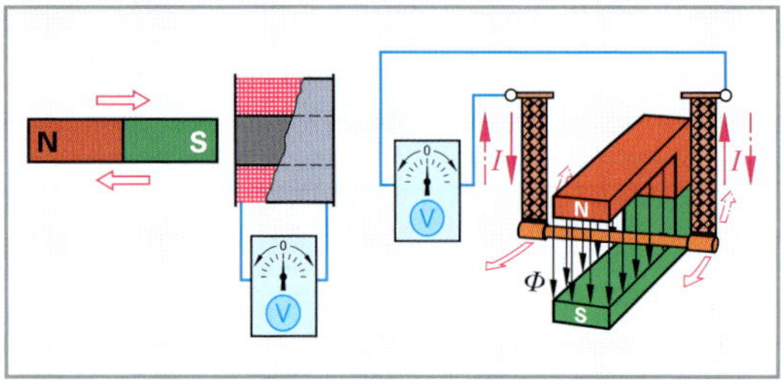

Bild 1: Induktion der Bewegung

Man bezeichnet diesen Vorgang der Spannungserzeugung als Induktion der Bewegung. Eine Spannung wird dabei nur so lange induziert, wie sich der magnetische Fluss in der Spule bzw. Leiterschleife ändert. Unter dem magnetischen Fluss versteht man die Gesamtzahl der magnetischen Feldlinien, die von der Spule bzw. Leiterschleife umfasst werden.

Die Höhe der induzierten Spannung ist verhältnisgleich der Änderungsgeschwindigkeit des von der Spule umfassten magnetischen Flusses (Zu- oder Abnahme je Zeiteinheit) und der Windungszahl.

In welcher Weise sich der magnetische Fluss in der Spule ändert, ist ohne Einfluss auf die Entstehung der Induktionsspannung.

Die Änderung des magnetischen Flusses kann erfolgen durch:

- Bewegen oder Drehen einer Spule im Magnetfeld.
- Ein- und Ausschalten des Stromes in einer Wicklung, z.B. Erregerstrom in der Erregerwicklung eines Generators.
- Periodische Änderung der Stromstärke, z B. in der Primärwicklung eines Transformators.

Die Richtung der induzierten Spannung hängt von der Richtung der Bewegung und von der Richtung des Magnetfeldes ab **(Bild 1, links)**.

Die Richtung des Stromes kann mit der Generatorregel bestimmt werden **(Bild 2)**.

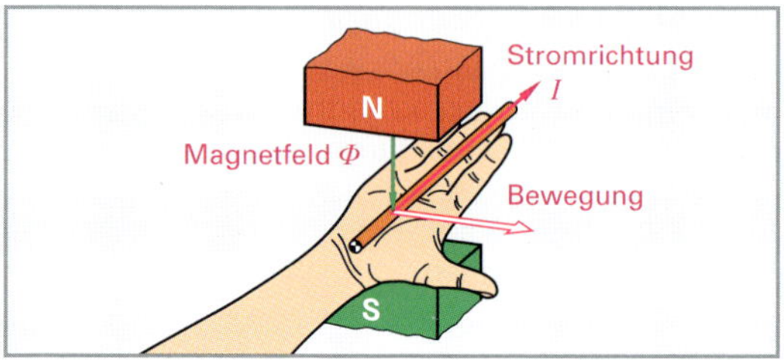

Bild 2: Generatorregel

Die Spannungserzeugung durch Induktion ist zur Grundlage für die Erzeugung elektrischer Energie im Großen geworden. Ein Läufer (Rotor) mit Erregerfeld erzeugt in der feststehenden Induktionswicklung (Ständerwicklung) eine Spannung **(Bild 3)**.

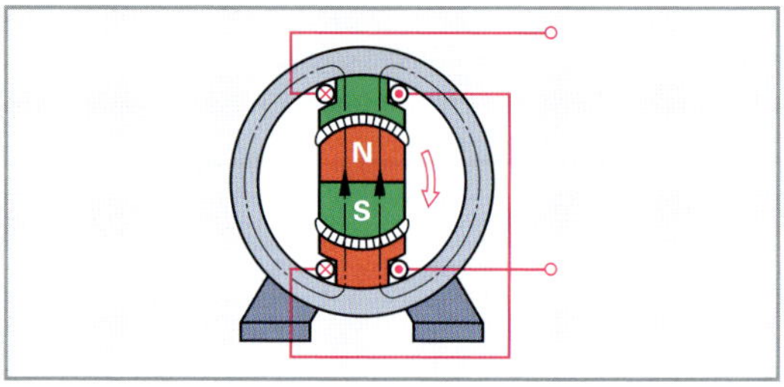

Bild 3: Wechselstromgenerator

Transformatoren

Ein Transformator besteht aus zwei Spulen, die auf einem gemeinsamen Eisenkern sitzen **(Bild 4)**. Die Eingangswicklung (Primärwicklung) nimmt elektrische Energie aus dem Wechselstromnetz auf. Der von der Primärwicklung aufgenommene Wechselstrom erzeugt ein magnetisches Wechselfeld, das an den Eisenkern weitergegeben und von da auf die Ausgangswicklung (Sekundärwicklung) übertragen wird und diese durchsetzt. Das magnetische Wechselfeld induziert in der Sekundärwicklung eine Spannung.

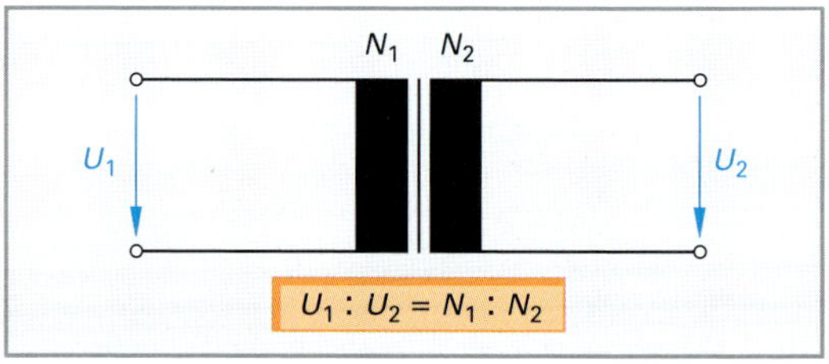

Bild 4: Transformator

Für den Transformator gilt:

Die Primärspannung U_1 verhält sich zur Sekundärspannung U_2 wie die Windungszahl der Primärwicklung N_1 zur Windungszahl der Sekundärwicklung N_2.

Spannungserzeugung durch elektrochemische Vorgänge

Galvanisches Element (Bild 1). Taucht man zwei verschiedene Metalle in einen Elektrolyten (Säure, Lauge oder Salzlösung), so entsteht ein galvanisches Element; zwischen den beiden metallischen Elektroden (Polen) ist eine Gleichspannung vorhanden **(Bild 1).** Anstelle eines Metalls kann auch Kohle verwendet werden.

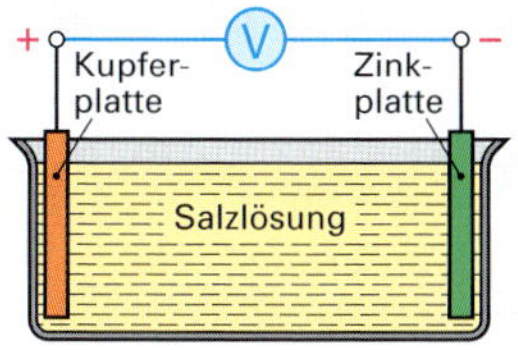

Bild 1: Galvanisches Element

> Die Höhe der Spannung eines galvanischen Elementes ist von der Stellung der Elektrodenwerkstoffe innerhalb der elektrochemischen Spannungsreihe abhängig.

Werden mehrere galvanische Elemente zur Vervielfachung der Spannung hintereinander geschaltet, entsteht eine Batterie.

Bei der Stromentnahme fließt der Strom auch im Inneren des galvanischen Elementes, und zwar hier vom Minuspol zum Pluspol. Der Elektrolyt wird zersetzt, das Minuspol-Metall aufgelöst oder chemisch umgewandelt. Der am Pluspol auftretende Wasserstoff muss chemisch gebunden werden, damit die Spannung während der Stromentnahme nicht absinkt. Dies geschieht beim Zink-Kohle-Element **(Bild 2)** durch Ummantelung des Pluspoles mit Stoffen, die eine Verbindung mit dem Wasserstoff eingehen, z.B. Braunstein ($Mn0_2$). Die Stromlieferung hört auf, wenn der Elektrolyt verbraucht oder das Minuspol-Metall chemisch umgewandelt ist.

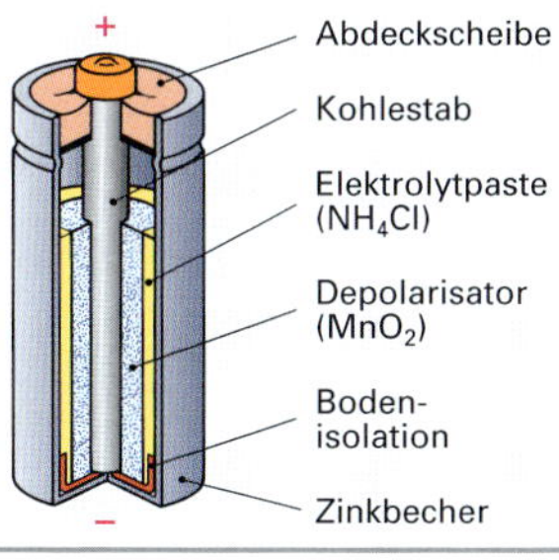

Bild 2: Zink-Salmiak-Braunstein-Zelle

Galvanische Elemente, bei denen die elektrochemische Umwandlung durch Stromzuführung wieder rückgängig gemacht werden kann, nennt man Akkumulatoren.

Spannungserzeugung durch Wärme

Thermoelement (Bild 3). Werden zwei Drähte aus verschiedenen metallischen Werkstoffen miteinander verbunden und wird die Verbindungsstelle erwärmt, so entsteht zwischen den freien Drahtenden eine Gleichspannung, deren Höhe von der Kombination der metallischen Drähte und der Temperatur abhängt. Ein angeschlossener Spannungsmesser kann zur Temperaturanzeige in °C geeicht werden. Thermoelemente werden z.B. zur Steuerung elektrischer Lüfter verwendet.

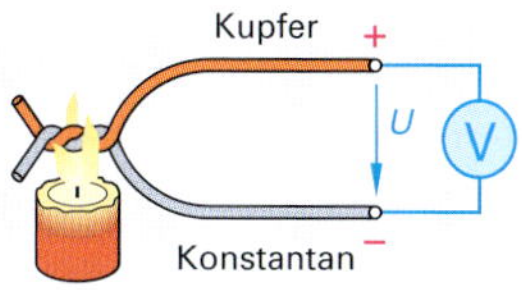

Bild 3: Thermoelement

Spannungserzeugung durch Licht

Fotoelement (Bild 4). Es besteht meistens aus einer metallischen Grundplatte, auf die eine Halbleiterschicht, z.B. Selen, aufgebracht ist. Die Halbleiterschicht ist mit einem Kontaktring verbunden. Bei Lichteinfall entsteht zwischen dem Kontaktring und der Grundplatte eine Gleichspannung. Fotoelemente verwendet man z.B. als Dämmerungsschalter.

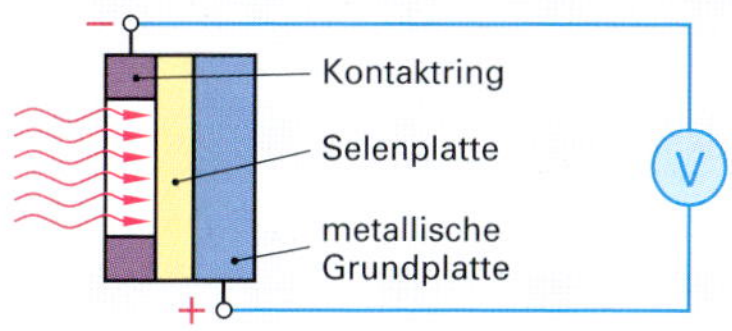

Bild 4: Fotoelement

Spannungserzeugung durch Kristallverformung

Piezoelement (Bild 5). Es besteht aus einem Kristall (z.B. Siliciumdioxid). Bei Druckwechsel entsteht eine Wechselspannung, die über leitende Beläge abgeleitet wird. Piezoelektrische[1] Spannungserzeuger werden als Sensoren bei schnell sich ändernden Druckvorgängen, z.B. als Klopfsensoren bei Verbrennungsmotoren, eingesetzt.

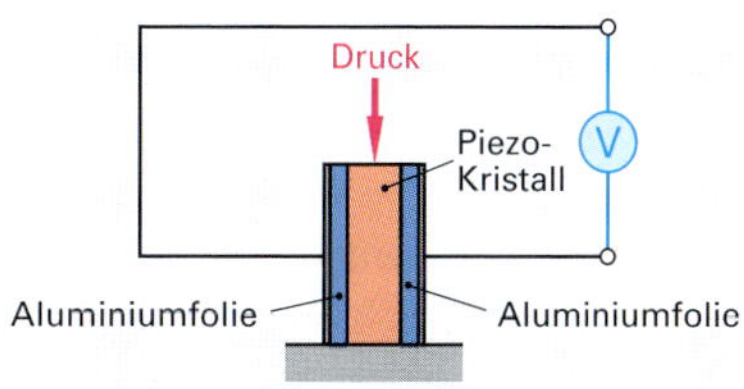

Bild 5: Piezoelement

[1] von piedein (griech.) = drücken

Schaltung von Spannungserzeugern

Spannungserzeuger können sowohl in Reihen- als auch in Parallelschaltung betrieben werden.

Reihenschaltung (Bild 1). Es gelten die Gesetzmäßigkeiten der Reihenschaltung von Widerständen. Dabei addieren sich sowohl die Innenwiderstände als auch die Leerlaufspannungen. Die Gesamtstromstärke ist so groß wie die Stromstärke des einzelnen Spannungserzeugers. Die Kapazität einer Reihenschaltung von gleichen Starterbatterien hat die gleiche Kapazität wie die einzelne Batterie (keine Kapazitätsvergrößerung), jedoch vervielfacht sich entsprechend die Spannung.

> Spannungsquellen werden in Reihe geschaltet, um eine höhere Betriebsspannung zu erhalten.

In der Reihenschaltung von Spannungserzeugern wird der Pluspol der einen Batterie mit dem Minuspol der nächsten verbunden.

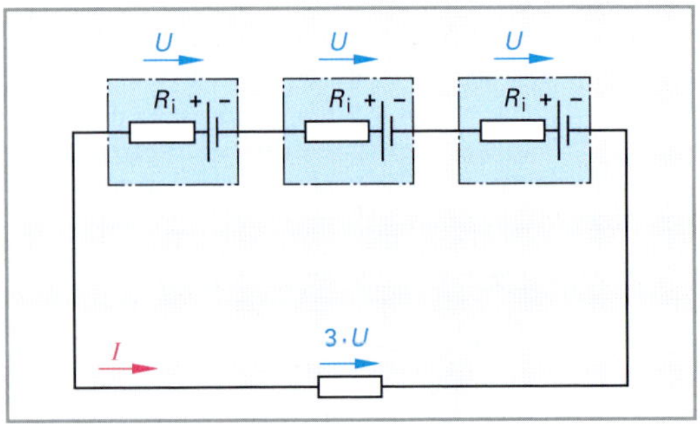

Bild 1: Reihenschaltung von Spannungserzeugern

Parallelschaltung (Bild 2). Es gelten die Gesetzmäßigkeiten der Parallelschaltung von Widerständen. Dabei addieren sich sowohl die Ströme als auch die Leitwerte. Es dürfen nur Spannungsquellen mit gleicher Nennspannung parallel geschaltet werden. Werden Batterien mit unterschiedlicher Spannung parallel geschaltet, so fließt ein großer Ausgleichsstrom von der Batterie mit höherer Spannung zu der mit niedrigerer Spannung. Beide Batterien können zerstört werden.

Die Spannung einer Parallelschaltung von gleichen Starterbatterien hat den gleichen Wert wie eine einzelne Batterie, jedoch vervielfacht sich entsprechend die Kapazität bzw. der entnehmbare Strom.

> Spannungsquellen werden parallel geschaltet, um einen größeren Strom entnehmen zu können.

In einer Parallelschaltung von Spannungserzeugern müssen alle Pluspole bzw. Minuspole miteinander verbunden werden.

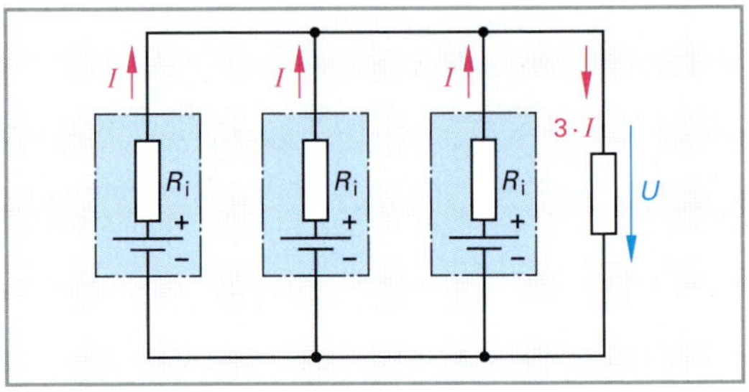

Bild 2: Parallelschaltung von Spannungserzeugern

19.1.11 Wechselspannung und Wechselstrom

In der Energietechnik werden überwiegend sinusförmige Wechselspannungen verwendet. Sie lassen sich einfach in Generatoren erzeugen, mit Hilfe von Transformatoren in ihrer Höhe verändern und über weite Strecken transportieren.

Bei gleichförmiger Drehung einer Leiterschleife im Magnetfeld entsteht durch Induktion eine sinusförmige Spannung. Sie ändert in jedem Augenblick ihre Größe und periodisch ihre Richtung **(Bild 3).**

Eine vollständige Schwingung nennt man eine Periode. Die Zeit dafür ist die Periodendauer T. Die Anzahl der Perioden in einer Sekunde ist die Frequenz f. Die Einheit der Frequenz ist das Hertz (Hz).

Die Frequenz f der Wechselspannung ist von der Drehzahl n und der Polpaarzahl p des Generators abhängig ($f = p \cdot n$). Dreht sich ein zweipoliger Läufer (ein Polpaar) eines Generators mit einer Drehzahl von 3000 1/min = 50 1/s, so hat die induzierte Wechselspannung eine Frequenz von 50 Hz.

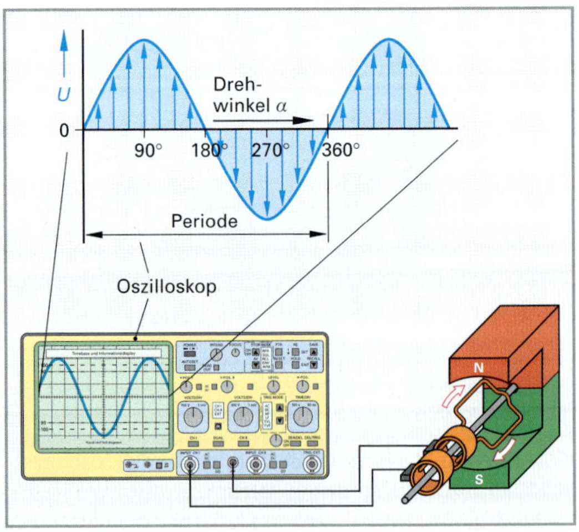

Bild 3: Wechselstromgenerator

19.1.12 Dreiphasenwechselspannung und Drehstrom

Der Drehstromgenerator hat im Ständer drei Wicklungen ($U_1 - U_2$, $V_1 - V_2$, $W_1 - W_2$), die räumlich um 120° versetzt sind **(Bild 3)**. Bei der Drehung des Polrades bzw. des Läufers (Spule mit Gleichstromererregung) um 360° entstehen in den Wicklungen drei Wechselspannungen bzw. Wechselströme, die jeweils um 120° zueinander phasenverschoben sind **(Bild 1)**.

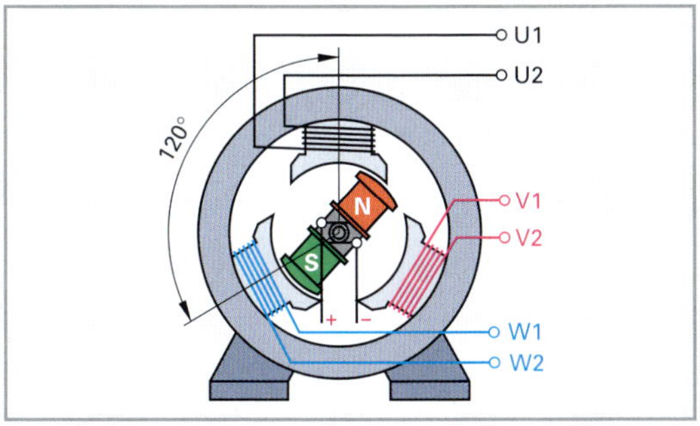

Bild 1: Drehstromgenerator

Im Linienbild der drei Wechselströme **(Bild 2)** hat im Zeitpunkt 1 (Polradstellung 90°) der Strom I_1, der in der Spule $U_1 - U_2$ fließt, seinen Höchstwert. Der Strom I_2 in der Spule $V_1 - V_2$ und der Strom I_3 in der Spule $W_1 - W_2$ ist jeweils halb so groß wie I_1. Die Ströme I_2 und I_3 sind außerdem dem Strom I_1 entgegengerichtet.

> Die Summe der Ströme I_1, I_2, I_3 ist in jedem Augenblick Null.

Dies gilt für jede Stellung des Polrades **(Bild 2)**.

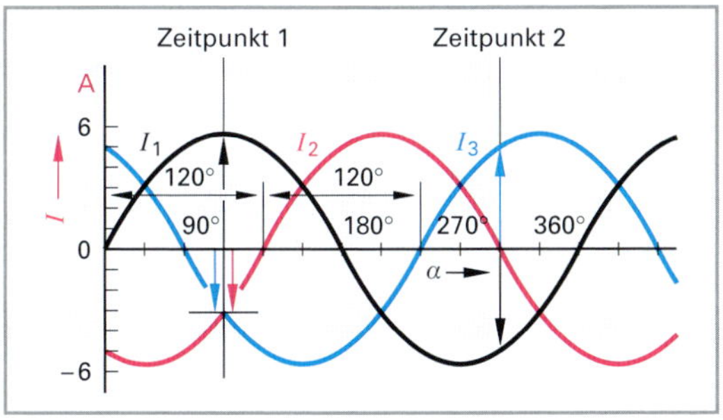

Bild 2: Linienbild des Drehstromgenerators

Für die Fortleitung dieser drei Wechselströme müssten eigentlich sechs Leiter (je ein Hin- und Rückleiter) zur Verfügung stehen. Man kommt jedoch durch entsprechendes Verbinden (Verketten) der drei Spulen mit nur drei Leitern aus, weil diese durch die zeitliche Verschiebung der drei Wechselströme abwechselnd „Hinleiter" und „Rückleiter" sind.

Sternschaltung (Bild 3). Man erhält sie, wenn die Enden der 3 Wicklungen U_2, V_2, W_2 miteinander im Sternpunkt verbunden werden. Die Anfänge der Wicklungen U_1, V_1, W_1 werden mit den Außenleitern L_1, L_2, L_3 des Netzes verbunden.

Dreieckschaltung (Bild 4). Man erhält sie, wenn jeweils das Ende einer Wicklung mit dem Anfang der nächsten Wicklung verbunden wird, z.B. U_1 mit W_2, W_1 mit V_2, V_1 mit U_2. Die Verbindungspunkte werden mit den Außenleitern des Netzes L_1, L_2, L_3 verbunden.

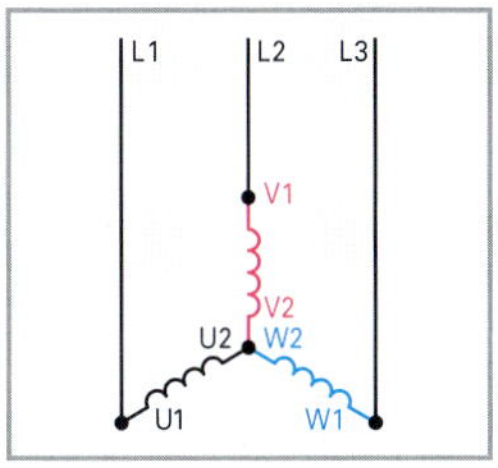

Bild 3: Sternschaltung

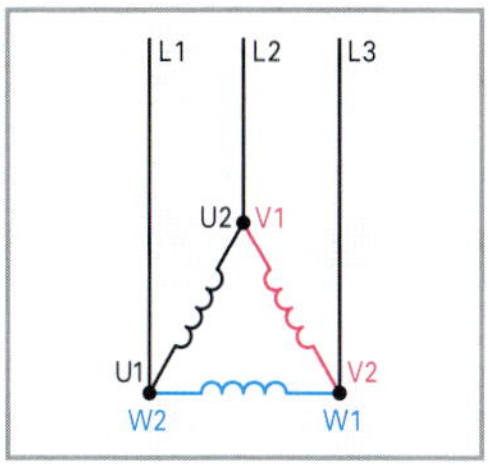

Bild 4: Dreieckschaltung

Das Zusammenschalten zur Stern- oder zur Dreieckschaltung nennt man Verketten.

19.1.13 Magnetismus

19.1.13.1 Dauermagnetismus

Magnete ziehen Eisen, Nickel und Kobalt an. Die Stellen der stärksten Anziehung sind die Pole des Magneten. Jeder Magnet hat einen Nord- und einen Südpol.

> Ungleichnamige Pole zweier Magneten ziehen sich an, gleichnamige Pole stoßen sich ab.

Wird ein Stabmagnet beweglich gelagert, so stellt er sich in Nord-Süd-Richtung ein. Der Pol, der nach Norden zeigt, ist der Nordpol des Magnets, der gegenüberliegende Pol ist der Südpol. In der Umgebung des Magnets ist ein magnetisches Feld vorhanden. Die Feldlinien sind gedachte Linien, die jeweils die Richtung der magnetischen Kraft angeben. Sie sind immer in sich geschlossen und verlaufen außerhalb des Magneten vom Nord- zum Südpol, innerhalb des Magneten vom Süd- zum Nordpol **(Bild 5)**.

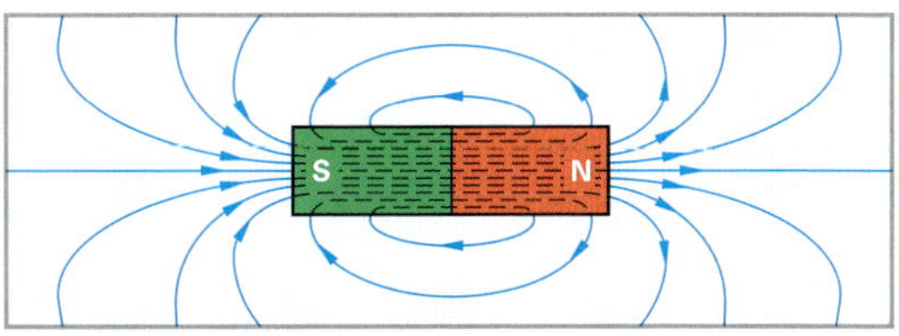

Bild 5: Feld eines Stabmagneten

19

19.1.13.2 Elektromagnetismus

Um einen vom Strom durchflossenen Leiter entsteht ein Magnetfeld. Die Feldlinien haben die Form konzentrischer Kreise.

Die Richtung der Feldlinien um einen stromdurchflossenen Leiter kann man mit der Schraubenregel bestimmen. Denkt man sich eine Schraube mit Rechtsgewinde in Richtung des Stromes in einen Leiter hineingeschraubt, so gibt die Drehrichtung die Richtung der Feldlinien an **(Bild 1)**.

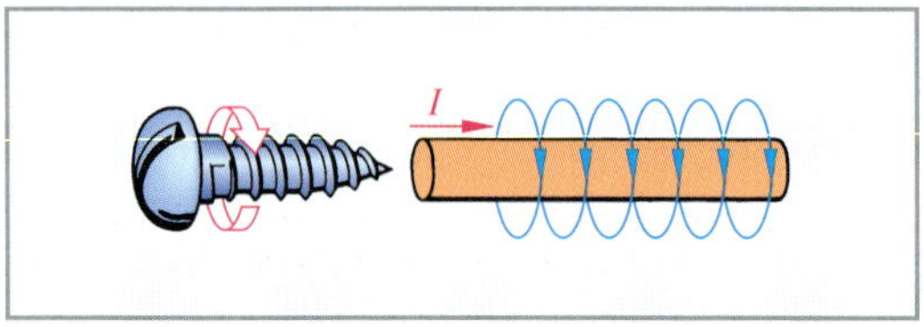

Bild 1: Magnetfeld des stromdurchflossenen Leiters

Als Symbol für einen in den Leiter eintretenden Strom wird das Zeichen ⊗, für einen aus dem Leiter austretenden Strom das Zeichen ⊙ verwendet.

Wickelt man den Leiter zu einer Spule auf, so werden die magnetischen Feldlinien im Inneren der Spule gebündelt. Sie verlaufen dort parallel und in gleicher Dichte; man spricht von einem homogenen magnetischen Feld. An der Austrittsstelle der Feldlinien entsteht ein Nordpol, an der Eintrittsstelle ein Südpol **(Bild 2)**.

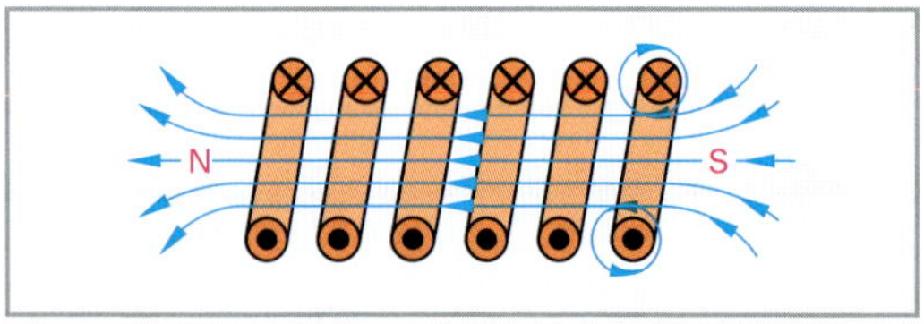

Bild 2: Magnetfeld einer Spule

Kraftwirkung zwischen stromdurchflossenen Leitern. Zwei stromdurchflossene Leiter üben aufgrund ihrer magnetischen Felder Kräfte aufeinander aus **(Bild 3)**.

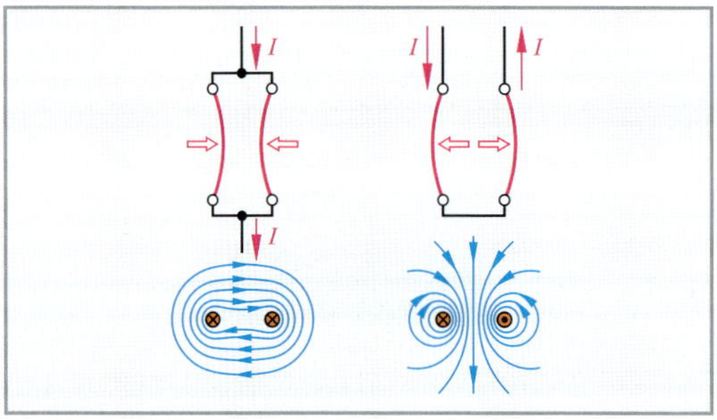

Bild 3: Stromdurchflossene Leiter

Gleichsinnig stromdurchflossene Leiter ziehen sich an, gegensinnig stromdurchflossene Leiter stoßen sich ab.

Stromdurchflossene Leiter im Magnetfeld. Eine drehbar gelagerte Spule im Magnetfeld, die von einem Strom durchflossen wird, wird in eine bestimmte Stellung gedreht, bis das von ihr erzeugte Feld die gleiche Richtung hat wie das feststehende Feld. Eine fortlaufende Drehung kann erreicht werden, wenn man an der Drehspule einen Stromwender (Kollektor) anbringt, der jeweils kurz vor Erreichen der Endstellung die Stromrichtung in der Spule umschaltet **(Bild 4)**.

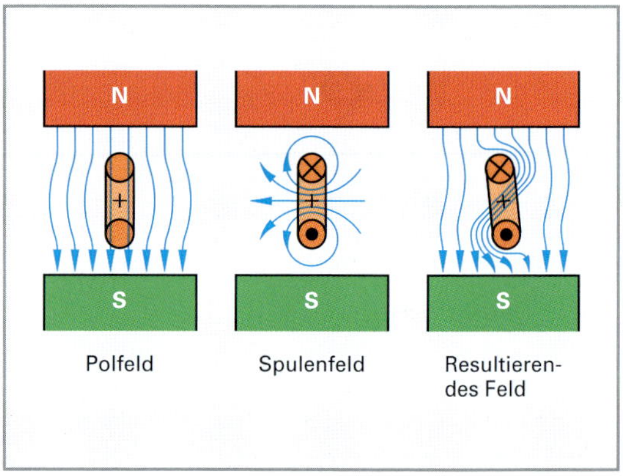

Bild 4: Leiter und Spule im Magnetfeld

Auf einen stromdurchflossenen Leiter wird im Magnetfeld eine Kraft ausgeübt, die ihn aus seiner Ruhelage bewegen will.

Eisen im Magnetfeld. Den in sich geschlossenen Weg der magnetischen Feldlinien nennt man magnetischen Kreis; er lässt sich mit dem elektrischen Stromkreis vergleichen.

Ist ein Luftspalt im magnetischen Kreis, z.B. zwischen Ständer und Läufer von Generatoren bzw. Elektromotoren, so müssen die magnetischen Feldlinien einen großen magnetischen Widerstand überwinden. Der magnetische Widerstand kann verringert werden, indem man den Luftspalt verkleinert oder bei einer Magnetspule einen Kern aus weichmagnetischem Werkstoff in den Spulenhohlraum einbringt.

Eisen verstärkt den magnetischen Fluss Φ einer Spule.

Die Ursache dafür ist das Ausrichten der Elementarmagnete im Eisen, die zusätzlich magnetische Feldlinien bewirken.

19.1.14 Selbstinduktion

Sie tritt an stromdurchflossenen Spulen auf, wenn sich der Spulenstrom ändert. Diese Stromänderung bewirkt in der Spule eine Magnetfeldänderung, d.h. die Größe des magnetischen Flusses in der Spule ändert sich. Dies führt zur Induktion einer Spannung, der **Selbstinduktionsspannung**.

Versuch 1 (Bild 1). Eine Spule mit Eisenkern (N = 1200 Windungen) und ein einstellbarer Widerstand werden jeweils mit einer Glühlampe (1,5 V/3 W) in Reihe geschaltet und an eine Spannung von 6 V gelegt. Der Stellwiderstand wird so abgeglichen, dass beide Glühlampen gleich hell leuchten.

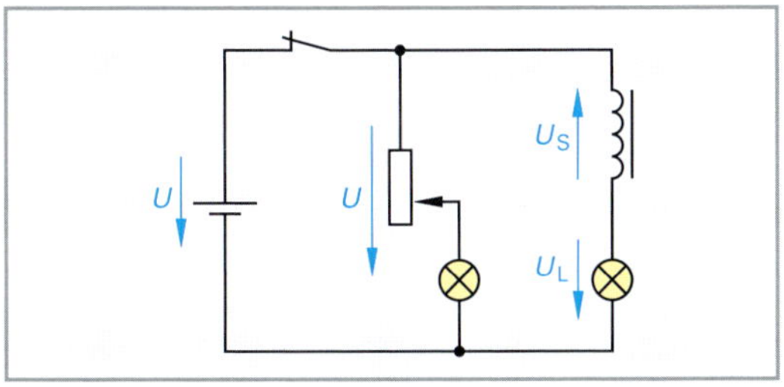

Bild 1: Einschalten einer Spule

Beobachtung. Beim Schließen des Stromkreises leuchtet die mit der Spule in Reihe geschaltete Glühlampe verspätet auf.

Der in der Spule fließende Strom baut ein Magnetfeld auf. Das sich aufbauende Magnetfeld bewirkt in der Spule eine magnetische Flussänderung, die in der Spule wiederum eine Spannung U_S induziert, die der angelegten Spannung entgegengerichtet ist. Dadurch kommt die angelegte Spannung erst allmählich zur vollen Wirkung **(Bild 3)**

> Beim Einschalten einer Spule bewirkt die Selbstinduktion eine Verzögerung des Strom- und Magnetfeldaufbaus.

Versuch 2 (Bild 2). Eine Spule mit Eisenkern (N = 1200 Windungen) und eine Glimmlampe mit einer Zündspannung von etwa 150 V werden parallel geschaltet und an eine Spannung von 6 V gelegt.

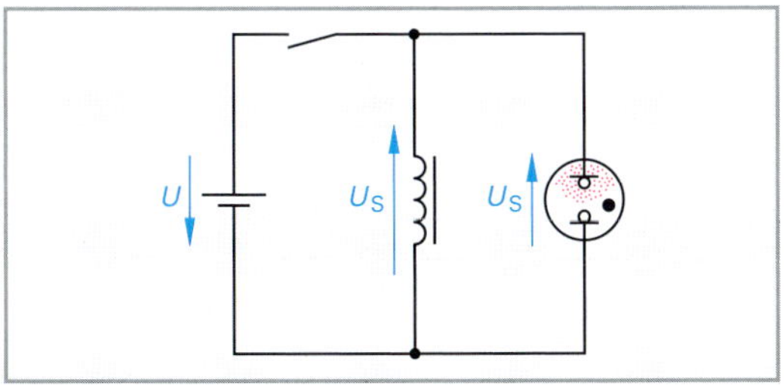

Bild 2: Abschalten einer Spule

Beobachtung. Beim Öffnen des Stromkreises leuchtet die zur Spule parallel geschaltete Glimmlampe sofort kurzzeitig auf.

Nach dem Abschalten der Spannungsquelle fließt kein Strom mehr in der Spule. Das zuvor aufgebaute Magnetfeld baut sich sehr rasch ab, d.h. es ändert seine Richtung gegenüber der Aufbauphase; in der Spule wird eine sehr hohe Spannung induziert (Selbstinduktionsspannung, **Bild 3**).

> Beim Abschalten des Stromes in einer Spule bewirkt die Selbstinduktion eine Verzögerung des Strom- und Magnetfeldabbaus.

Diese induzierte Spannung (Selbstinduktionsspannung) ist der zuvor angelegten Spannung gleichgerichtet. Sie hält noch für kurze Zeit einen Stromfluss in der Spule aufrecht, der den schlagartigen Abbau des Magnetfeldes verhindert **(Bild 3)**.

> Die Selbstinduktionsspannung ist stets so gerichtet, dass sie der Änderung des Stromes entgegenwirkt.

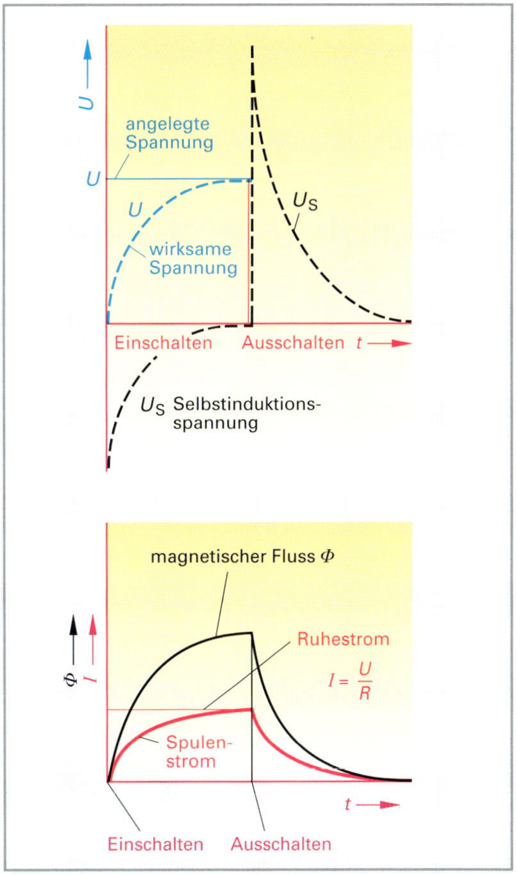

Bild 3: Spannungs- und Stromverläufe

Da die beim Abschalten einer Spule entstehende hohe Selbstinduktionsspannung die gleiche Richtung hat wie die zuvor angelegte Spannung, entsteht schon bei geringfügigem Öffnen des Kontaktes ein Lichtbogen.

Legt man eine Spule an Wechselspannung wird mit zunehmender Frequenz die Selbstinduktionsspannung größer, so dass der Mittelwert des Stromes je Zeiteinheit kleiner wird. Dadurch wird der Strom in der Spule kleiner, d.h. der Widerstand der Spule wird scheinbar größer **(induktiver Blindwiderstand) (Bild 1).**

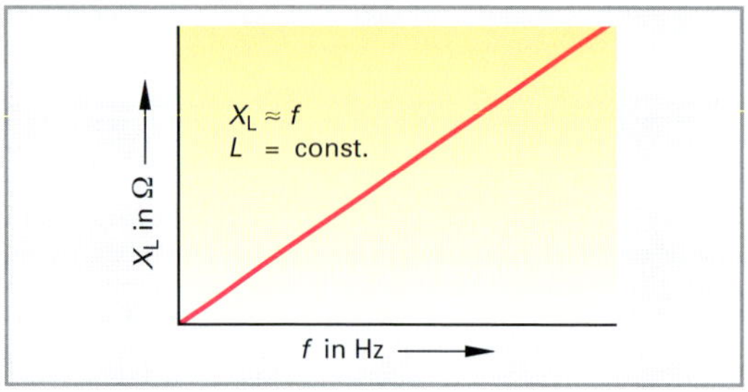

Bild 1: Blindwiderstand einer Spule

19.1.15 Kondensator

Ein Kondensator besteht aus zwei metallischen Leitern, zwischen denen sich ein Isolator befindet **(Bild 2).**

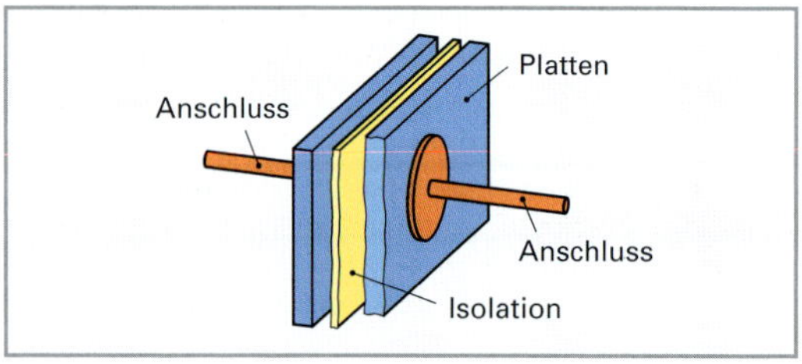

Bild 2: Aufbau eines Kondensators

Wird an einen Kondensator Gleichspannung angelegt, so fließt kurzzeitig ein Ladestrom. Dann sperrt der Kondensator den Gleichstrom. Wird der Kondensator kurzgeschlossen, dann fließt in entgegengesetzter Richtung ein Entladestrom **(Bild 3).** Beim Laden saugt die Spannungsquelle von der einen Kondensatorplatte Elektronen ab und drückt sie auf die andere, d.h. es entsteht auf der einen Seite Elektronenmangel und auf der anderen Elektronenüberschuss.

Nach dem Trennen des Kondensators von der Spannungsquelle bleibt dieser Elektronenunterschied erhalten, d.h. der Kondensator ist geladen. Das Speichervermögen des Kondensators bezeichnet man als Kapazität *C*. Ihre Einheit ist das Farad (*F*).

Legt man einen Kondensator an Wechselspannung wird mit zunehmender Frequenz die Anzahl der Lade- und Entladevorgänge größer, so dass der Mittelwert des Stromes je Zeiteinheit ebenfalls zunimmt. Dadurch wird der Strom im Kondensator größer, d.h. der Widerstand des Kondensators wird scheinbar kleiner (kapazitiver Blindwiderstand).

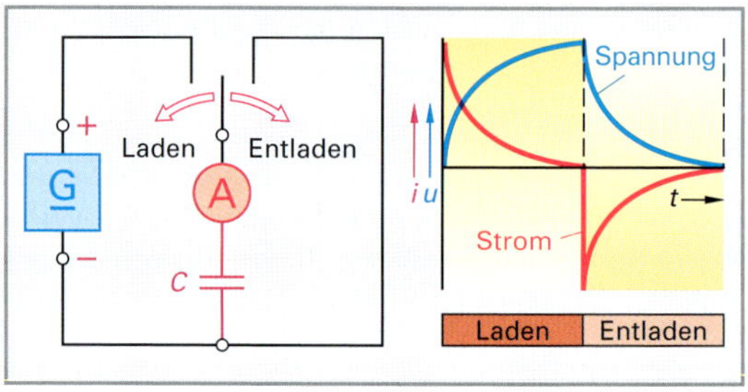

Bild 3: Lade- und Entladeverhalten eines Kondensators

19.1.16 Elektrochemie

Stromleitung in Flüssigkeiten

Chemisch reines Wasser ist für den elektrischen Strom ein Nichtleiter. Wird dem chemisch reinen Wasser eine Säure oder eine Lauge oder ein Salz zugesetzt, so wird es leitend.

Elektrisch leitende Flüssigkeiten sind Elektrolyte.

In einem Elektrolyten, z.B. H_2SO_4, ist ein bestimmter Anteil der Moleküle in seine Hauptbestandteile 2 H^+ und SO_4^- aufgespalten. Diesen Vorgang nennt man Dissoziation. Diese Hauptbestandteile, Atome und Moleküle, haben unterschiedliche elektrische Ladungen; sie werden als Ionen[1)] bezeichnet.

Beim Anlegen einer Spannung an den Elektrolyten werden die Ionen unter dem Einfluss des elektrischen Feldes bewegt **(Bild 4).**

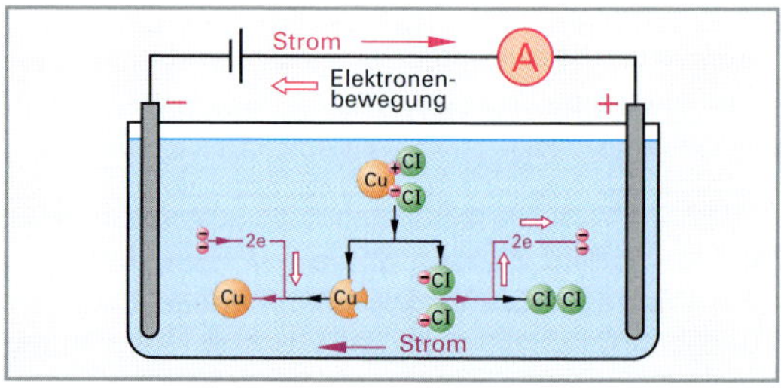

Bild 4: Elektrolyse von Kupferchlorid

Positiv geladene Ionen wandern dabei zur Katode (Minuspol). Sie nehmen dort die fehlenden Elektronen auf, werden elektrisch neutral und setzen sich an der Katode ab.

Negativ geladene Ionen wandern zur Anode (Pluspol). Sie geben dort ihre überschüssigen Elektronen ab, werden elektrisch neutral und setzen sich an der Anode ab.

1) Ion (griech.) = wandernd

Elektrolyse

> Bei der Elektrolyse werden beim Durchgang von Gleichstrom Elektrolyte in ihre Hauptbestandteile zerlegt. Diesen Vorgang nennt man Elektrolyse.

Die Hauptbestandteile scheiden sich an den Stromzuführungen (Elektroden) ab und können mit diesen eine Verbindung eingehen.

Galvanisieren. Auf elektrolytischem Wege kann man Werkstücke mit dünnen Metallüberzügen versehen, z.B. zum Schutz gegen Korrosion oder zur Herstellung von elektrisch leitenden Oberflächen auf Kunststoffen (Leiterplatten).

Wird in der Versuchsanordnung **(Bild 1)** eine Gleichspannung angelegt, so wandern die positiv geladenen Kupferionen (Cu^{++}) zur negativen Elektrode und geben dort ihre Ladung ab; das Kupfer setzt sich an der negativen Elektrode (Katode) ab und bildet einen Überzug.

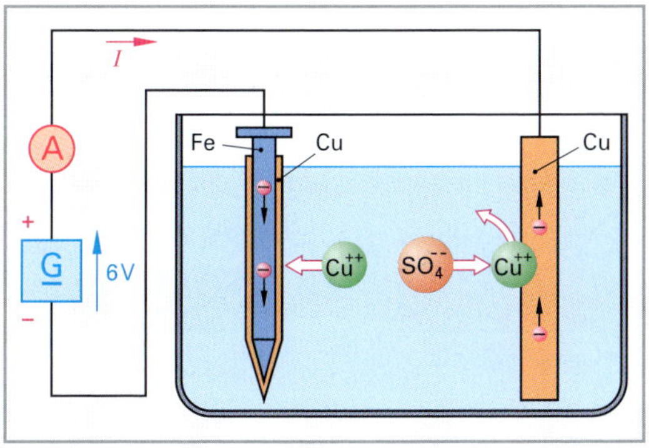

Bild 1: Galvanisieren

Die negativ geladenen Säurerestionen (SO_4^{--}) wandern zur positiven Kupferelektrode (Anode) und geben dort ihre Ladung (Elektronen) ab. Dabei entsteht ein Kupfersulfatmolekül ($CuSO_4$). Dies kann wiederum dissoziieren. Dieser Vorgang setzt sich so lange fort, bis die Kupferanode verbraucht ist. Dabei wird an der Katode (–Pol) reines Kupfer abgeschieden. Dieses Verfahren wird zur Herstellung von Nichteisen-Metallen mit einem hohen Reinheitsgrad verwendet, z.B. Elektrolytkupfer 99,98 %.

Bei Karosserieblech kann auf elektrolytischem Weg eine Zinkschicht von genau definierter Dicke aufgetragen werden.

Galvanische Elemente

> Sie bestehen aus zwei unterschiedlichen Metallelektroden oder einer Metall- und einer Kohleelektrode sowie einem Elektrolyten.

Die elektrische Spannung entsteht durch elektrochemische Vorgänge zwischen den Elektroden.

Die entstehende Spannung hängt von der Stellung der Elektroden innerhalb der elektrochemischen Spannungsreihe **(Bild 2)** sowie der Art und der Konzentration des Elektrolyten ab.

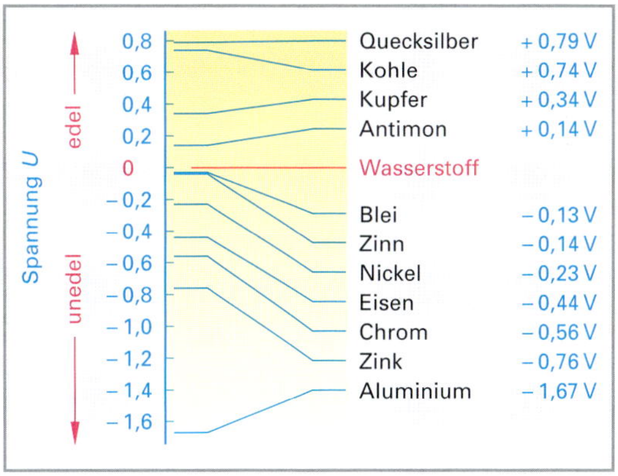

Bild 2: Elektrochemische Spannungsreihe

Galvanische Elemente werden unterteilt in **Primärelemente** und **Sekundärelemente.**

Primärelemente. Die bei der Energiewandlung auftretenden elektrochemischen Prozesse sind nicht mehr umkehrbar. Der Minuspol, der immer aus dem unedleren Metall besteht, wird zerstört; der Elektrolyt kann austrocknen oder auslaufen.

Sekundärelemente. Bei ihnen ist eine Umkehr der elektrochemischen Vorgänge durch Laden mit Gleichstrom möglich, z.B. bei Starterbatterien. Beim Ladevorgang wird die elektrische Energie in Form von chemischer Energie gespeichert, beim Entladevorgang wird diese wieder in elektrische Energie umgewandelt.

> Alle elektrolytischen Elemente besitzen umweltschädliche Stoffe, wie z. B. Säuren, Laugen, Blei und andere Schwermetalle. Sie müssen gezielt entsorgt werden und dürfen nicht dem Hausmüll zugesetzt werden.

Wiederholungsfragen

1. **Wie wirken die Pole zweier Magnete aufeinander?**
2. **Welchen Einfluss hat ein Eisenkern in einer stromdurchflossenen Spule?**
3. **Wie verhalten sich zwei stromdurchflossene Leiter, wenn sie gleichsinnig bzw. gegensinnig vom Strom durchflossen werden?**
4. **Was versteht man unter Selbstinduktion?**
5. **Wie verhält sich ein Kondensator an einer Wechselspannung, deren Frequenz steigt?**
6. **Wie läuft ein Galvanisiervorgang ab?**

19.1.17 Elektronische Bauelemente

Bei der Herstellung von elektronischen Bauelementen, z.B. Dioden, Transistoren, werden Halbleiterwerkstoffe verwendet. Diese Werkstoffe verhalten sich in der Nähe des absoluten Nullpunktes (– 273 °C ≙ 0 K) wie elektrische Isolatoren, d.h. sie besitzen einen großen spezifischen elektrischen Widerstand.

Bei Raumtemperatur liegt der spezifische elektrische Widerstand von Halbleiterwerkstoffen zwischen dem von Isolierstoffen und metallischen Leitern **(Bild 1)**.

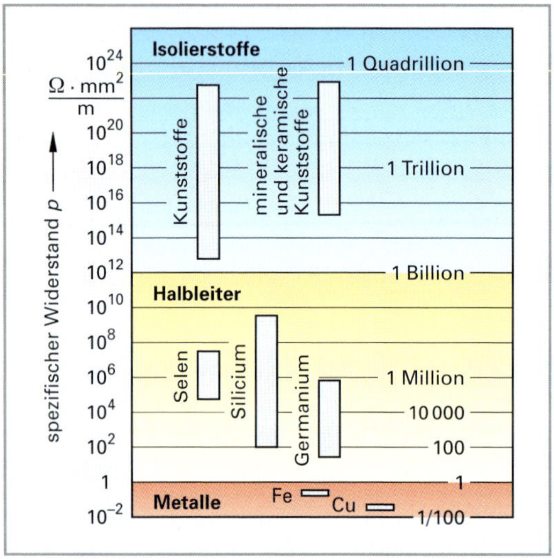

Bild 1: Spezifischer elektrischer Widerstand von Werkstoffen bei Raumtemperatur

> Der Widerstand von Halbleiterwerkstoffen nimmt bei Temperaturerhöhung ab, ihre Leitfähigkeit nimmt zu.

Halbleiterwerkstoffe sind stark temperaturabhängig. Dieses Verhalten wird z.B. bei Thermistoren ausgenützt. Nimmt bei Temperaturerhöhung der Widerstand von Halbleiterwerkstoffen ab, so zeigen diese ein NTC-Verhalten. Bei erhöhter Temperatur kommt es bei gleicher Spannung deshalb zu einem stärkeren Stromfluss, wobei Halbleiterbauelemente zerstört werden können. Deshalb werden Halbleiterbauelemente oftmals auf ein Kühlblech aufgebaut. Im Kraftfahrzeug müssen z.B. elektronische Steuergeräte so eingebaut werden, dass sie keiner intensiven Wärmestrahlung ausgesetzt sind.

Der Widerstandswert von Halbleiterwerkstoffen kann auch z.B. von der angelegten Spannung, vom auftreffenden Licht, vom einwirkenden mechanischen Druck oder von der Stärke des auftreffenden magnetischen Feldes abhängen. Weiterhin wird das Widerstandsverhalten durch stoffliche Zusätze (Dotierung) beeinflusst.

In **Tabelle 1** sind häufig verwendete Halbleiterwerkstoffe und ihre Anwendung aufgelistet.

Tabelle 1: Halbleiter-Werkstoffe

Benennung		Verwendung
Silicium Germanium	Si Ge	Gleichrichterdioden Transistoren Fotodioden Fototransistoren
Selen	Se	Gleichrichterdioden Fotoelemente
Galliumsarsenid	GaAs	Fotodioden

N-Leiter und P-Leiter

Durch eine geringfügige „Verunreinigung" mit Fremdatomen lässt sich die Leitfähigkeit von reinstem Silicium stark vergrößern. Je nach Werkstoff, den man z.B. in das Kristallgitter des Siliciumgrundwerkstoffes einbaut (dotiert), erhält man N-leitende Halbleiterwerkstoffe oder P-leitende Halbleiterwerkstoffe **(Bild 2)**.

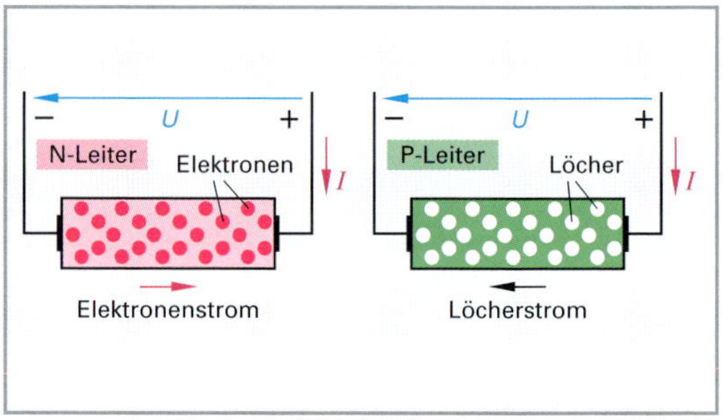

Bild 2: N-Leiter und P-Leiter (Systembild)

N-Leiter (N von Negativ). Sie sind Halbleiterwerkstoffe, die einen Elektronenüberschuss besitzen. Wird eine Spannung an einen N-Leiter angelegt, so bewegen sich die freien Elektronen wie in einem metallischen Leiter.

> N-Leiter haben Elektronen als Ladungsträger.

P-Leiter (P von Positiv). Sie sind Halbleiterwerkstoffe, die einen Elektronenmangel aufweisen. An den Fehlstellen der Elektronen herrscht Elektronenmangel, d.h. der Halbleiterwerkstoff hat eine positive Ladung. Die Fehlstelle wird auch als Loch bezeichnet. Wird eine Spannung an den P-Leiter angelegt, so kann ein benachbartes freies Elektron in das Loch springen. Das Loch jedoch ist zu dem Atom gewandert, das ein Elektron abgegeben hat.

> P-Leiter haben Löcher als Ladungsträger.

PN-Übergang. Grenzen ein P-Leiter und ein N-Leiter aneinander, so entsteht ein PN-Übergang. Die freien Elektronen des N-Leiters wandern in der Grenzschicht in die Löcher des P-Leiters. Dadurch befinden sich in der Grenzschicht fast keine freien Ladungsträger (Elektronen und Löcher) mehr **(Bild 1).**

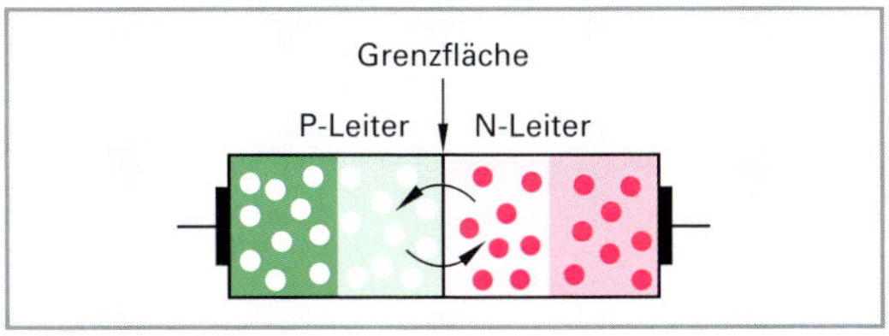

Bild 1: PN-Übergang

Am PN-Übergang von Halbleitern entsteht eine Sperrschicht.

19.1.17.1 Dioden

Sie sind Halbleiterbauelemente, die aus einem P-Leiter und einem N-Leiter bestehen; diese bilden einen PN-Übergang. Sie haben zwei Anschlüsse.

Wird die Diode in einen Stromkreis eingebaut, so unterscheidet man, je nach Polung, die Betriebszustände Durchlassen und Sperren **(Bild 2).**

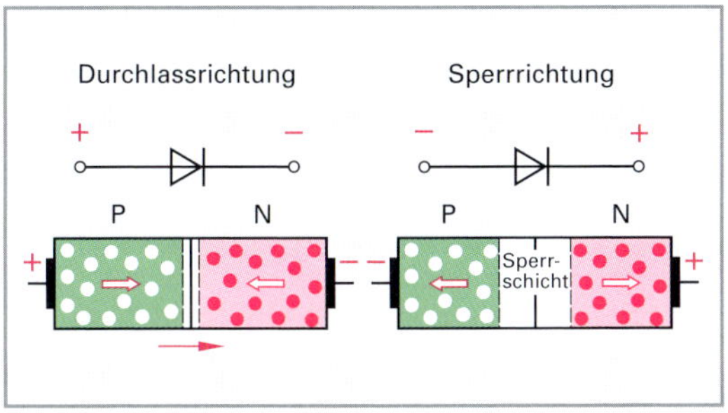

Bild 2: Schaltung von Dioden

Dioden lassen den Strom nur in einer Richtung durch und sperren ihn in der Gegenrichtung. Sie haben eine Ventilwirkung.

Durchlassbereich (Bild 3 und 4). Bei in Durchlassrichtung (Vorwärtsrichtung +▷|−) betriebenen Dioden steigt mit zunehmender Spannung U_F, oberhalb der Schleusenspannung der Durchlassstrom I_F stark an. Die Schleusenspannung beträgt bei Germaniumdioden etwa 0,3 V, bei Siliciumdioden etwa 0,7 V.

Im Durchlassbereich betrieben ist eine Diode unterhalb der Schleusenspannung hochohmig, oberhalb der Schleusenspannung niederohmig.

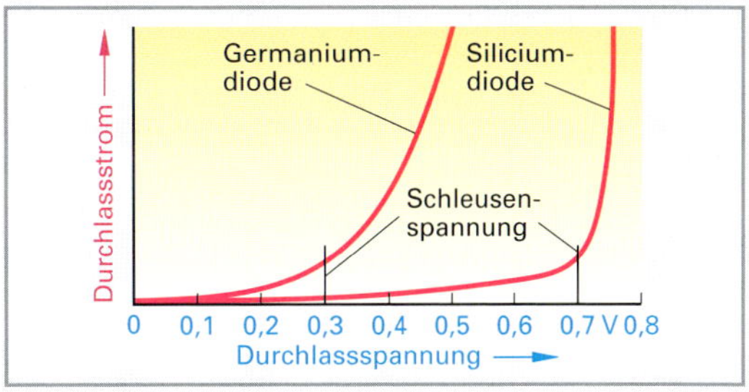

Bild 3: Durchlassbereich von Dioden

Sperrbereich (Bild 4). Bei in Sperrrichtung (Rückwärtsrichtung −▷|+) betriebenen Dioden fließt auch bei steigender Sperrspannung U_R nur ein geringer Sperrstrom I_R.

Durchbruchbereich (Bild 4). Wird die Sperrspannung weiter vergrößert, so wird die Diode leitend; der jetzt schlagartig stark ansteigende Sperrstrom wird zum Durchbruchstrom, der die Diode zerstören kann.

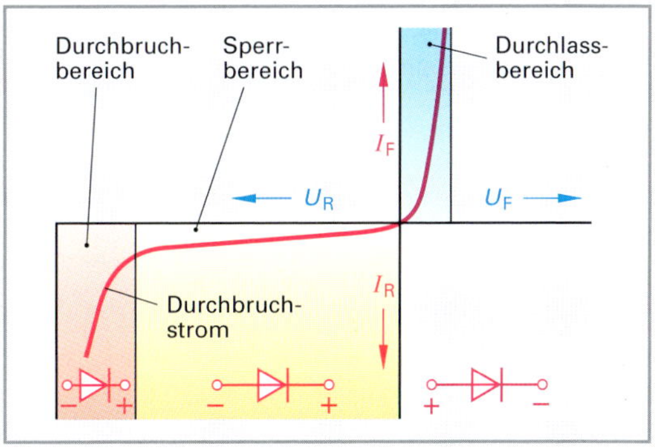

Bild 4: Kennlinie einer Diode

Gleichrichterschaltungen

Dioden werden zur Gleichrichtung von Wechselspannungen eingesetzt.

Einpulsschaltung (Bild 5). Liegt an der Klemme 1 des Generators gerade die positive Halbwelle an, so ist die Diode in Durchlassrichtung geschaltet; die positive Halbwelle wird von der Diode durchgelassen. Liegt die negative Halbwelle an, so ist die Diode in Sperrrichtung geschaltet, die negative Halbwelle wird unterdrückt und die Spannung ist während dieser Zeit Null.

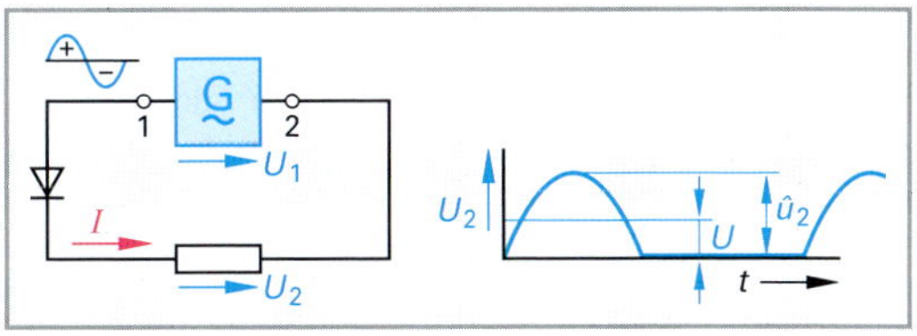

Bild 5: Einpulsschaltung

19

Zweipulsschaltungen (Bild 1). Die Dioden sind so geschaltet, dass sowohl die positive als auch die negative Halbwelle zur Gleichrichtung herangezogen werden kann. Die Wirkungsweise der Gleichrichtung kann dem Schaltbild **(Bild 1)** entnommen werden.

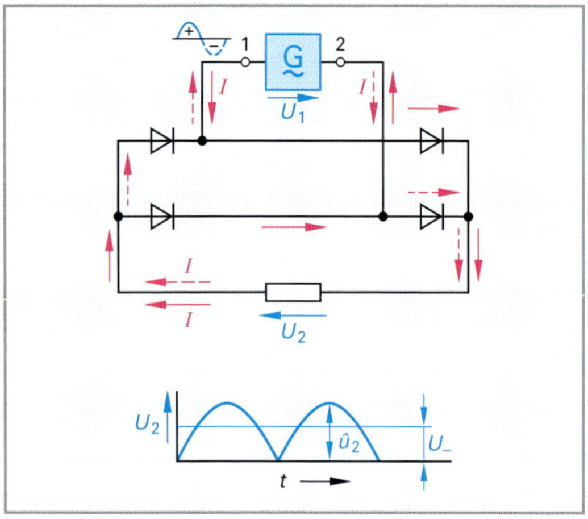

Bild 1: Zweipulsschaltung

Liegt an der Klemme 1 des Generators gerade die positive Halbwelle an, so fließt der Strom über die Dioden und den Verbraucher zur Klemme 2 (roter Pfeil).

Liegt an der Klemme 1 des Generators gerade die negative Halbwelle an, so fließt der Strom jetzt von Klemme 2 aus über die Dioden und den Verbraucher zur Klemme 1 (gestrichelter roter Pfeil).

Betrachtet man die Stromrichtung im Verbraucherwiderstand R, so ist sie in beiden Fällen gleich. Für die Gleichrichtung werden also beide Halbwellen ausgenutzt. Die entstehende Gleichspannung wird gleichmäßiger als bei der Einpulsschaltung **(Bild 1)**.

Z-Diode

Z-Dioden (Zener[1]-Dioden) werden meist in Rückwärtsrichtung betrieben, d.h. sie sind in Sperrrichtung angeschlossen. Ihre Kennlinie weist im Übergang vom Sperrbereich in den Durchbruchbereich einen scharfen Knick auf. Dabei steigt der Durchbruchstrom (Zenerstrom I_Z) stark an **(Bild 2)**.

> Der Arbeitsbereich der Z-Dioden ist der Durchbruchbereich.

Im Durchbruchbereich wirken Z-Dioden wie Schalter oder Ventile. In elektronischen Schaltungen können sie z.B. zur Spannungsstabilisierung, Spannungsbegrenzung oder als Sollwertgeber eingesetzt werden.

[1] G.M. Zener, amerikanischer Physiker

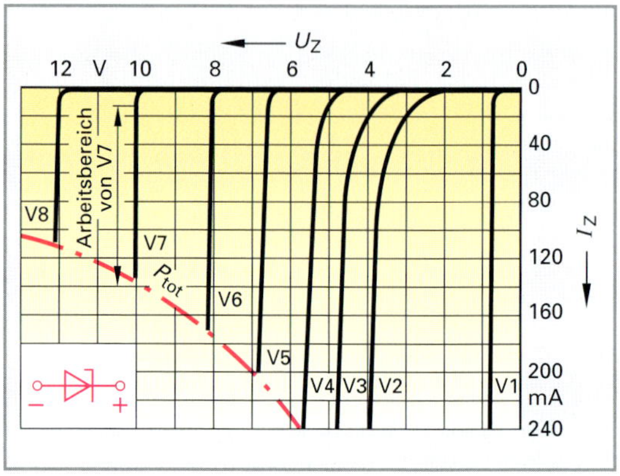

Bild 2: Arbeitskennlinien von Z-Dioden

Die Z-Diode z.B. vom Typ V6 **(Bild 2)** wird bei einer Zenerspannung U_Z zwischen 8,0 V und 8,1 V leitend. Der maximal zulässige Strom I_Z durch diese Zenerdiode beträgt etwa 170 mA. Bei einem größeren Strom würde sie thermisch überlastet und zerstört werden.

> Jede Zener-Diode benötigt zur Strombegrenzung einen Vorwiderstand.

Spannungsstabilisierung (Bild 3). Ist an der Zener-Diode die Zenerspannung noch nicht erreicht, so ist der Widerstand der Zener-Diode R_Z wesentlich größer als der des Vorwiderstandes R_1. Die gesamte Betriebsspannung U_1 liegt praktisch an der Zener-Diode und damit auch gleichzeitig am Lastwiderstand R_L.

Überschreitet die Betriebsspannung U_1 die Zenerspannung U_Z, so verringert sich der Widerstand der Zener-Diode R_Z sehr stark. Dadurch fließt der Zenerstrom zusätzlich durch den Vorwiderstand R_1, so dass der Spannungsabfall U_a am Vorwiderstand R_1 ansteigt.

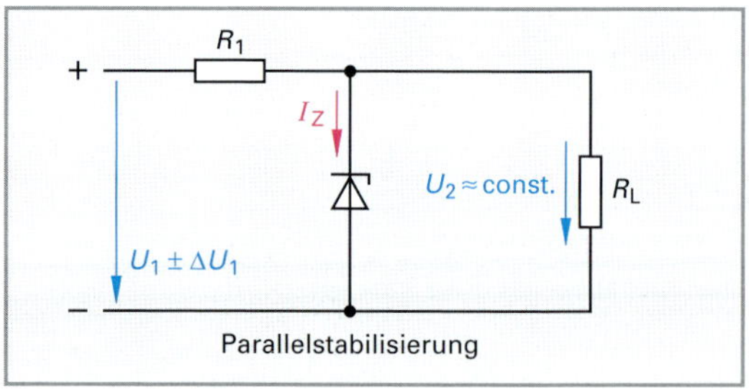

Bild 3: Spannungsstabilisierung

> Bei einer Spannungsstabilisierung mittels Zener-Diode wird durch den Spannungsabfall U_a am Vorwiderstand R_1 eine annähernd konstante Ausgangsspannung U_2 erzielt.

19.1.17.2 Transistoren

Sie bestehen aus drei übereinander liegenden Halbleiterschichten, die jeweils einen elektrischen Anschluss haben. In der Abfolge der Halbleiterschichten kann der Transistor mit zwei gegeneinander verschalteten Dioden verglichen werden. Je nach Anordnung der Halbleiterschichten unterscheidet man **PNP**-Transistoren und **NPN**-Transistoren. Die Halbleiterschichten mit ihren Anschlüssen bezeichnet man als Emitter **E**, Kollektor **C** und Basis **B** **(Tabelle 1)**.

Tabelle 1: Transistoren

Halbleiterschichten	Vergleich mit Dioden	Schaltzeichen
PNP P – Kollektor N – Basis P – Emitter	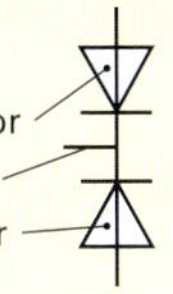	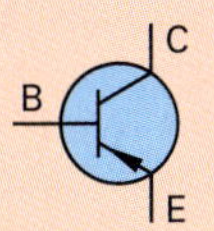
NPN N – Kollektor P – Basis N – Emitter	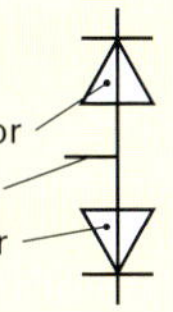	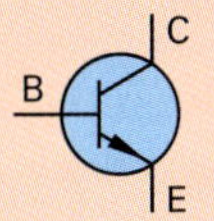

Transistoren können als Schalter mit Relaisfunktion, Verstärker und als steuerbare Widerstände verwendet werden.

Transistor als Schalter (Bild 1)

Er ermöglicht kontaktloses Schalten eines großen Arbeitsstromes bei kleinem Steuerstrom; da keine mechanisch bewegten Teile vorhanden sind, arbeitet er verschleißfrei, geräuschlos und ohne Funkenstrecke. Die Schaltvorgänge erfolgen verzögerungsfrei im Bereich von Mikrosekunden. Der Transistor hat hier eine Relaisfunktion.

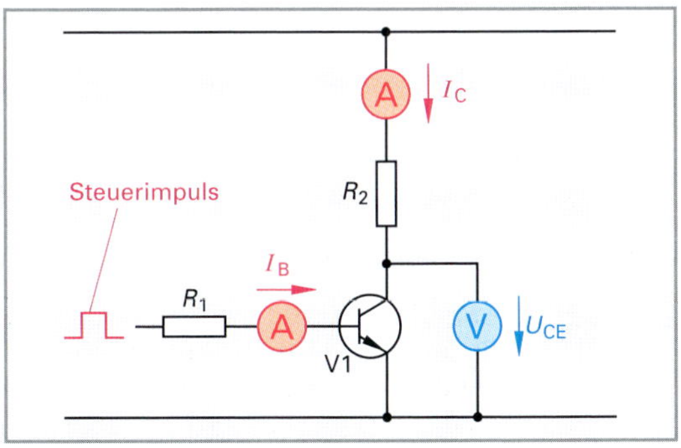

Bild 1: Transistor als Schalter (Prinzip)

PNP-Transistor als Schalter (Bild 2)

Schaltzustand „Ein". Beim Betrieb eines PNP-Transistors sind Basis und Kollektor immer negativ gegenüber dem Emitter gepolt **(Bild 2)**. Wird zwischen Emitter E und Basis B eine Gleichspannung angelegt, so fließt ein kleiner Basisstrom I_B (Steuerstrom), der den Transistor durchschaltet: es kann jetzt ein großer Emitter-Kollektor-Strom I_C (Arbeitsstrom) über den zu schaltenden Verbraucher (Glühlampe) fließen. Der Basisstrom I_B wird dabei durch einen Widerstand begrenzt.

Schaltzustand „Aus". Wird der Basisstrom I_B unterbrochen, so wird auch der Kollektorstrom I_C unterbrochen, d.h. der Transistor sperrt den Arbeitsstrom. Eine Unterbrechung des Kollektorstromes erfolgt ebenfalls, wenn die Basis positiv gepolt wird **(Bild 2)**.

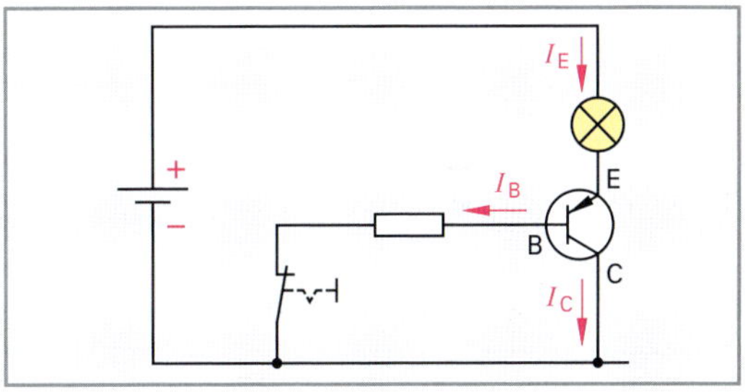

Bild 2: PNP-Transistor als Schalter

NPN-Transistor als Schalter (Bild 3)

Schaltzustand „Ein". Beim Betrieb eines NPN-Transistors sind Basis und Kollektor immer positiv gegenüber dem Emitter gepolt **(Bild 3)**.

Schaltzustand „Aus". Die Unterbrechung des Kollektorstromes erfolgt durch Unterbrechen des Basisstromes bzw. durch negative Polung der Basis. Alle übrigen Vorgänge verlaufen wie beim PNP-Transistor.

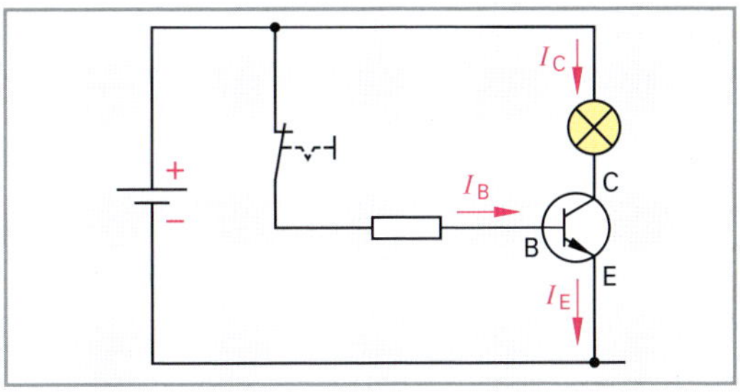

Bild 3: NPN-Transistor als Schalter

Ein kleiner Steuerstrom zwischen Emitter und Basis (Basisstrom) bewirkt einen großen Arbeitsstrom zwischen Emitter E und Kollektor C (Emitter-Kollektor-Strom).

Transistor als Verstärker (Bild 1)

Der Lastwiderstand R_L und der Kollektor-Emitter-Widerstand des Transistors R_{CE} bilden einen Spannungsteiler. Ändert man den Widerstand des Transistors, so ändert sich das Verhältnis der Spannungsaufteilung $U_L : U_{CE}$.

Wird die Spannung U_{BE} erhöht, so verringert sich der Widerstand des Transistors. Im Spannungsteiler fließt ein höherer Strom. Die Spannungsaufteilung im Spannungsteiler verändert sich; am Lastwiderstand R_L entsteht ein höherer Spannungsabfall U_L.

Eine kleine Veränderung der Basis-Emitter-Spannung U_{BE} bewirkt eine große Erhöhung der Spannung U_L am Lastwiderstand R_L. Diesen Vorgang nennt man Spannungsverstärkung.

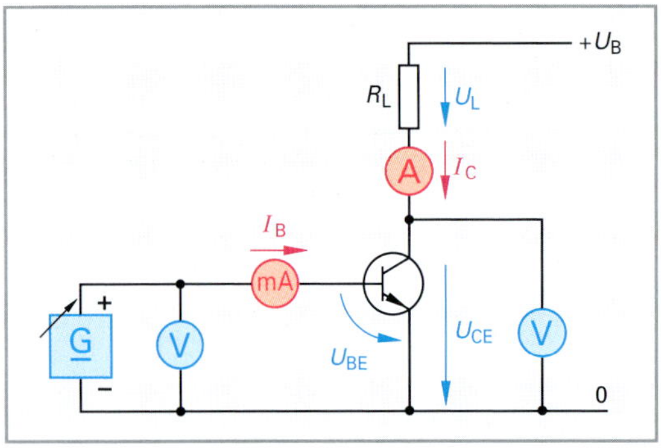

Bild 1: Transistor als Verstärker (Versuchsschaltung)

Wird die Spannung U_{BE} geringfügig erhöht, so erhöht sich auch der Basisstrom I_B. Die dadurch eintretende starke Verkleinerung des Transistorwiderstandes R_{CE} führt zu einer starken Erhöhung des Kollektorstromes I_C. Diesen Vorgang nennt man Stromverstärkung.

Transistor als variabler Widerstand. Die Wirkungsweise ist die gleiche wie beim Einsatz des Transistors als Verstärker **(Bild 1)**. Es ist jedoch darauf zu achten, dass die im „Widerstand Transistor" auftretenden Wärmeverluste nicht den Transistor zerstören.

19

Feldeffekttransistoren (FET)

Feldeffekttransistoren steuern den Laststrom mit Hilfe eines elektrischen Feldes. Dieses wird durch eine angelegte Steuerspannung erzeugt.

Sperrschicht-Feldeffekttransistor (J-FET[1]) (Bild 2). Er besteht aus einem n- oder p-leitenden Kanal zwischen den Anschlüssen Drain **(D)** und Source **(S)**. Der Stromfluss am Drain-Source-Kanal wird durch die Steuerspannung über den Anschluss Gate **(G)** gesteuert.

[1] junction (engl.) = Sperrschicht

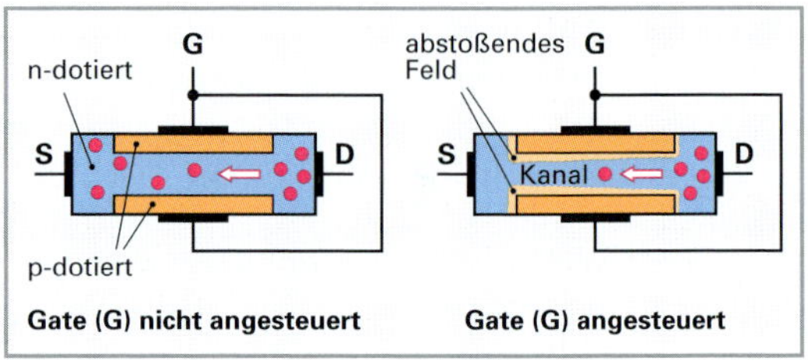

Bild 2: n-dotierter Sperrschicht-Feldeffekttransistor

Funktion. Bei Feldeffekttransistoren bewegen sich die Ladungsträger durch einen Halbleiter zwischen den Anschlüssen Drain **(D)** und Source **(S)**. Die am Gate angelegte Spannung erzeugt ein elektrisches Feld. Dieses kann die Stromleitung je nach Bauart unterbinden oder fördern. Beim n-dotierten Sperrschicht-Feldeffekttransistor bestehen die Gates aus p-dotierten Bereichen. Der Kanal (Sperrschicht) ist n-dotiert. Wird am Gate eine im Vergleich zur Source negative Spannung angelegt, bildet sich ein abstoßendes elektrisches Feld aus. Es drängt die durch den Drain-Source-Kanal fließenden Elektronen ab und verengt so den Querschnitt. Da bei der Ansteuerung des Gates kein Steuerstrom fließt, arbeitet der Feldeffekttransistor leistungslos.

Isolierschicht-Feldeffekttransistor (IG-FET[2]). Er ist in der Regel als **MOSFET** (**M**etal **O**xide **S**emiconductor **F**ield **E**ffect **T**ransistor) ausgeführt **(Bild 3)**. Dabei wird das Gate nicht durch einen p-dotierten Bereich gebildet, sondern durch eine metallische Gate-Elektrode. Diese ist durch die Oxidschicht vom Kanal isoliert.

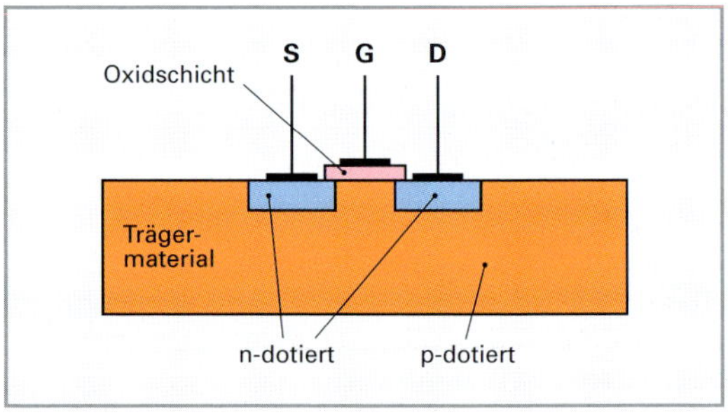

Bild 3: MOSFET

Isolierschicht-Feldeffekttransistoren (IG-FET) lassen sich in zwei Gruppen unterteilen.

1. Selbstsperrende FET („Anreicherungstyp"):
Beim Anreicherungstyp fließt bei einer Spannung von 0 V zwischen Gate und Source kein Strom zwischen Drain und Source.

2. Selbstleitende FET („Verarmungstyp"):
Beim Verarmungstyp fließt bei einer Spannung von 0 V zwischen Gate und Source ein Strom zwischen Drain und Source.

[2] IG von Isolate Gate (engl.) = isoliertes Tor

Tabelle 1 stellt eine Übersicht über die verschiedenen Typen von Feldeffekttransistoren dar.

Tabelle 1: Feldeffekttransistoren

Halbleiter-element	Kanal-Typ	Ladungs-träger	Schalt-zeichen
J-FET Sperrschicht-FET	N-Kanal	Verarmung	G S D
	P-Kanal	Verarmung	G S D
IG-FET MOS-FET	N-Kanal	Anreicherung	G S D
		Verarmung	G S D
	P-Kanal	Verarmung	G S D
		Anreicherung	G S D

Feldeffekttransistoren haben gegenüber herkömmlichen (bipolaren) Transistoren insbesondere Vorteile in Bezug auf die Ausschaltzeit und die Grenzfrequenz **(Tabelle 2)**.

Tabelle 2: Vergleich herkömmlicher (bipolarer) und unipolarer Transistor (FET)

	bipolar	**FET**
Eingangswiderstand	klein	groß
Steuerung	Strom, Verlustleistung	Spannung, leistungslos
Einschaltzeit	50 ... 500 ns	10 ... 600 ns
Ausschaltzeit	500 ... 2000 ns	10 ... 600 ns
Grenzfrequenz	100 MHz	mehrere GHz
Überlastbarkeit	gering	gut
Thermische Stabilisierung	erforderlich	nicht erforderlich

Feldeffekttransistoren können wie herkömmliche Transistoren als Schalter und in Verstärkerschaltungen verwendet werden.

19.1.17.3 Thyristoren

Der Thyristor ist ein steuerbarer elektronischer Schalter mit Gleichrichtereigenschaft. Er besteht aus vier in Reihe geschalteten Halbleiterschichten. Drei dieser Halbleiterschichten sind mit Anschlüssen versehen **(Bild 1)**:

- Anode **(A)**
- Katode **(K)**
- Gate **(G)**

Das Gate, auch Tor genannt, ist die Steuerelektrode. Je nach Anordnung der Halbleiterschichten unterscheidet man P-Gate-Thyristoren und N-Gate-Thyristoren. Der gebräuchlichste Thyristortyp ist ein PNPN-Halbleiter Bauelement mit P-Gate.

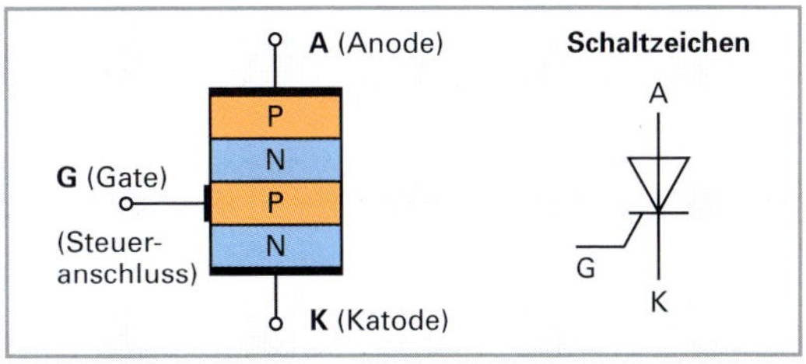

Bild 1: Grundaufbau eines P-gesteuerten Thyristors und Schaltzeichen

Thyristor leitet. Beim P-Gate-Thyristor erfolgt die Ansteuerung (Zündung), d.h. das Leitendmachen der vier Halbleiterschichten, durch einen kurzen positiven Spannungsimpuls, der auf das Gate gegeben wird **(Bild 2)**. Nach dem Zünden bleibt der Thyristor leitend, solange zwischen Anode (A) und Katode (K) eine geringe Spannungsdifferenz vorhanden ist. Dies ist der Fall, wenn ein Mindestarbeitsstrom (Haltestrom) fließt. Im Gegensatz zum Transistor ist der Arbeitsstrom am Thyristor selbst nicht einstellbar.

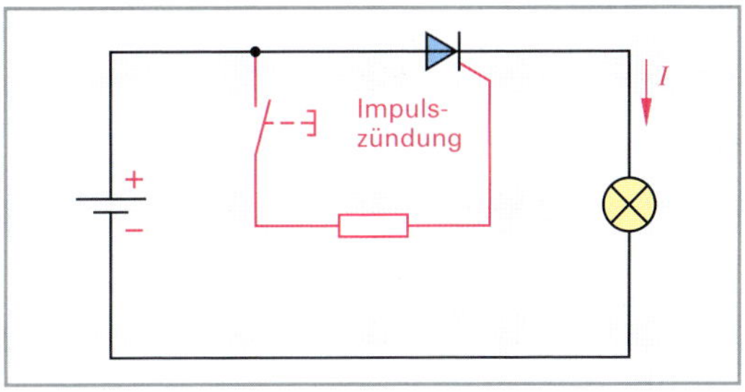

Bild 2: Thyristor als Schalter

Ein Thyristor wirkt nach dem Zünden wie eine Diode.

Thyristor sperrt. Soll ein Thyristor sperren, d.h. den Stromfluss unterbrechen, so kann dies auf folgende Weise geschehen:

- Der Laststrom wird kurzzeitig unterbrochen. Dies ist bei großen Lastströmen praktisch unmöglich.
- Beim Fließen des Haltestromes wird dieser für Bruchteile von Sekunden unterdrückt, indem man auf die Anode (A) einen kurzen negativen Impuls gibt.
- Bei Richtungsumkehr des Laststromes, wie es bei Wechselstrom beim Nulldurchgang der Fall ist. Danach muss er nach jedem Nulldurchgang erneut gezündet werden.

Thyristoren können in folgenden Bereichen eingesetzt werden:

- Gleichrichtung (Wechselspannung in Gleichspannung), z.B. bei großen Generatoren in Bussen.
- Umrichtung (Gleichspannung in Wechselspannung, z.B. bei Umformern).
- Einstellbare Gleichrichtung. Die Gleichspannung kann in ihrer Höhe gesteuert bzw. geregelt werden.
- Wechselstromsteller z.B. Dimmer. Die Höhe der Spannung kann eingestellt werden.
- Frequenzumrichter. Die Frequenz der aus Gleichspannung erzeugten Wechselspannung kann verändert werden. Damit kann eine Drehzahlsteuerung von Wechselstrommotoren erfolgen.
- In der Leistungselektronik bei Nennsperrspannungen von 50 V bis 8 000 V und Nennströmen von 0,4 A bis 4 500 A.

19.1.17.4 Halbleiterwiderstände

Sie sind Bauelemente mit zwei Anschlüssen, die im elektrischen Stromkreis immer eine Spannungsversorgung benötigen.

Varistor (VDR)
Voltage **D**ependent **R**esistor

Sie sind spannungsabhängige Widerstände. Mit zunehmender Spannung nimmt ihr Widerstand plötzlich ab, d. h. der Strom im Varistor steigt dann stark an. Ihr Kennlinienverlauf ist ähnlich dem einer Z-Diode, jedoch ist der Verlauf der Varistor-Kennlinie von der Stromrichtung (Polarisierung) unabhängig.

Varistoren (VDR) haben bei niedriger Spannung einen großen Widerstand, bei hohen Spannungen einen kleinen Widerstand.

Verwendung. Sie werden zur Verhinderung hoher Überspannungen, z.B. an elektronischen Bauelementen eingesetzt. Solche Überspannungen treten auf, wenn in Spulen der Strom sich schnell ändert. Dabei können hohe Selbstinduktionsspannungen auftreten.

Zum Schutz des elektronischen Bauteils muss der Varistor parallel zur Spannungsquelle, die die hohe Spannungsspitze erzeugt (Spule), geschaltet werden **(Bild 1)**. Beim Auftreten der Spannungsspitze schließt er die Spule kurz.

Ferner werden VDR-Widerstände zur Spannungsstabilisierung verwendet. Sie übernehmen in der Schaltung die Funktion einer Z-Diode.

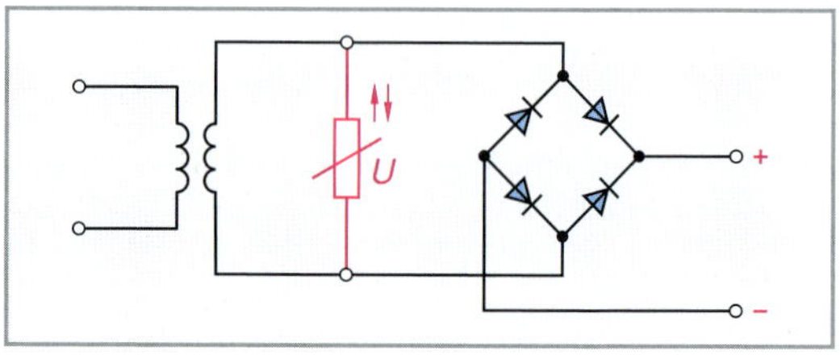

Bild 1: Schutzbeschaltung mit Varistor

Heißleiter (NTC)
Negative **T**emperature **C**oefficient

Sie werden auch als NTC-Widerstände oder NTC-Thermistoren bezeichnet.

NTC-Widerstände haben bei niedrigen Temperaturen einen großen Widerstand, bei hohen Temperaturen einen kleinen Widerstand.

Ihr Temperaturkoeffizient ist negativ. Bei einer Temperaturerhöhung nimmt der Widerstand ab **(Bild 2)**. Die Widerstandsänderung verläuft nicht linear mit der Temperaturänderung.

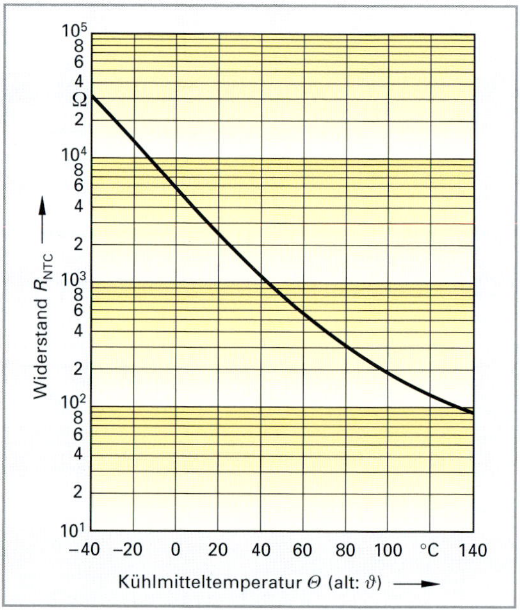

Bild 2: Widerstands-/Temperaturverhalten eines NTC-Widerstandes

Verwendung. Sie werden als Messwertgeber bei Anlagen eingesetzt, in denen ein Temperaturwert erfasst werden muss.

Dabei wird die Temperaturinformation in einen Spannungswert umgesetzt, der dann zur Anzeige der Temperatur oder zum Steuern und Regeln verwendet wird.

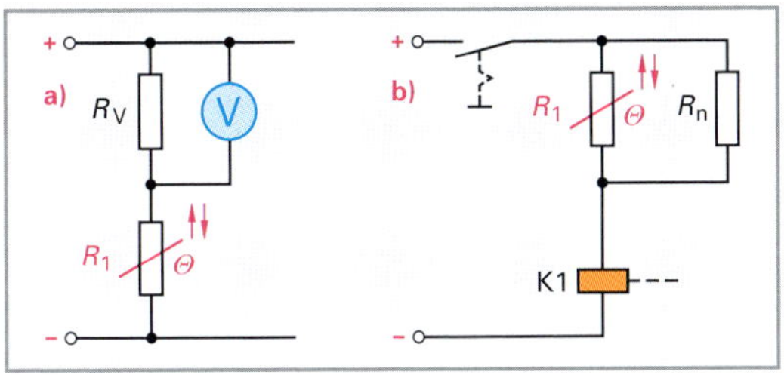

Bild 1: Anwendungsbeispiele für NTC-Widerstände

Temperaturerfassung (Bild 1a). Bei steigender Temperatur wird der Widerstandswert des NTC (R_1) kleiner. Im Spannungsteiler wird der Spannungsabfall am Widerstand R_v größer. Die angezeigte Spannung U_v kann in °C geeicht werden.

Anzugsverzögerung (Bild 1b). Beim Einschalten ist der Widerstandswert des NTC (R_1) groß, der parallelgeschaltete Widerstand R_n ist ebenfalls so groß, dass im Relais K_1 der Anzugstrom nicht erreicht wird. Durch den Stromfluss wird der NTC erwärmt, sein Widerstand nimmt ab. Der Strom wird größer, bis der Anzugstrom erreicht wird und das Relais K_1 schaltet. Über die Relaiskontakte kann z.B. ein Gebläsemotor geschaltet werden.

Kaltleiter (PTC)
Positive **T**emperature **C**oefficient

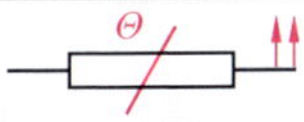

Sie werden auch als PTC-Widerstände oder PTC-Thermistoren bezeichnet.

PTC-Widerstände haben bei niedrigen Temperaturen einen kleinen Widerstand, bei hohen Temperaturen einen großen Widerstand.

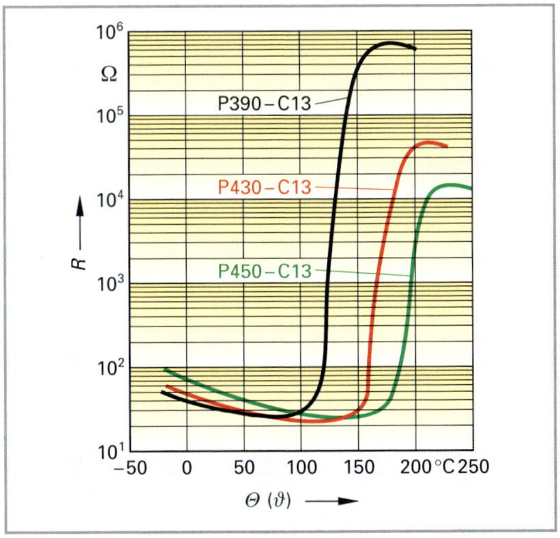

Bild 2: Widerstands-/Temperaturverhalten eines PTC-Widerstandes

Ihr Temperaturkoeffizient ist positiv. Bei einer Temperaturerhöhung nimmt der Widerstand zu **(Bild 2)**. Die Widerstandsänderung verläuft nicht linear mit der Temperaturänderung.

Verwendung. Die Anwendungsgebiete für PTC-Widerstände sind die gleichen, wie die von NTC-Widerständen. Jedoch ist beim Schaltungsaufbau darauf zu achten, dass das Widerstands-/Temperaturverhalten umgekehrt verläuft.

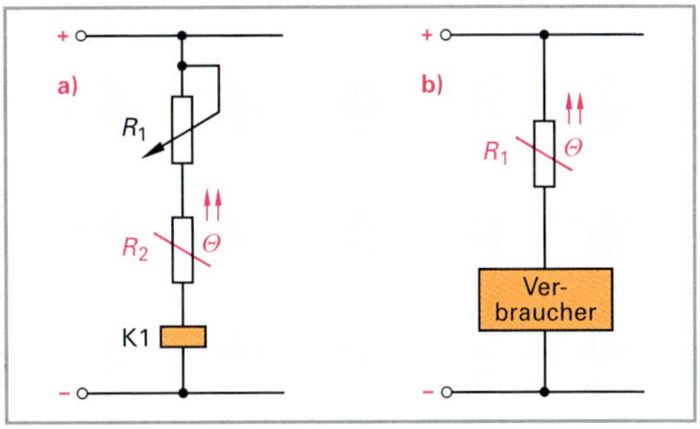

Bild 3: Anwendungsbeispiele für PTC-Widerstände

Temperaturabhängige Steuerung (Bild 3a). In einem Schaltkreis wird mittels des Stellwiderstandes der Haltestrom des Relais bei einer bestimmten Temperatur eingestellt, z.B. beim Vereisungsschutz von Klimaanlagen. Wird diese voreingestellte Temperatur überschritten, so steigt der Widerstand des PTC-Widerstandes R_2 stark an, das Relais wird stromlos. Über die Relaiskontakte wird der gewünschte Schaltvorgang ausgelöst.

Überlastungsschutz (Bild 3b). In den Stromkreis des Verbrauchers wird ein PTC-Widerstand eingebaut. Übersteigt der Strom einen zulässigen Wert, so erwärmt sich der PTC-Widerstand. Er erhöht seinen Widerstandswert und begrenzt so den Strom auf einen zulässigen Wert, z.B. bei einer Außenspiegelbeheizung.

19.1.17.5 Optoelektronik

Fotowiderstand (LDR)
Light **D**epending **R**esistor

Sie sind lichtabhängige Widerstände. Sie verringern ihren Widerstandswert mit zunehmender Beleuchtungsstärke.

Fotowiderstände werden als Flammwächter in Heizanlagen und Alarmanlagen, in Dämmerungsschaltern und in Lichtschranken (z.B. Autowaschanlagen, Zündgeber) eingesetzt.

19

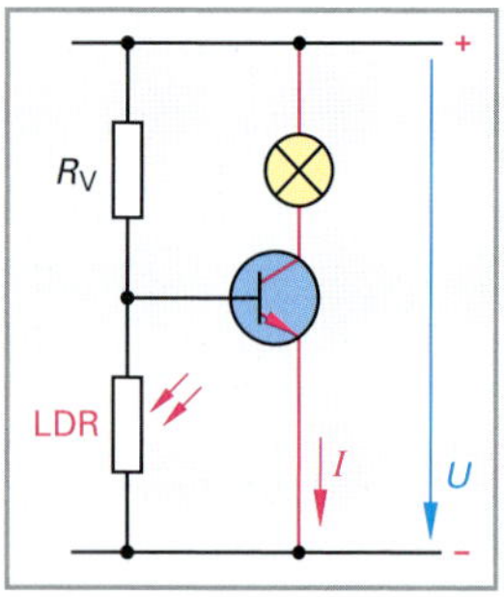

Bild 1: Helligkeitsabhängige Steuerung

Helligkeitsabhängige Steuerung (Bild 1). Wird der Widerstandswert R_1 des LDR bei Dunkelheit erhöht, so wird aufgrund der Spannungsteilung zwischen den Widerständen R_1 und R_v die Basis B des Transistors positiv. Der Transistor schaltet durch, die Glühlampe leuchtet auf.

Fotodioden. Sie sind Halbleiterbauelemente, die ...

- ... mit Hilfe einer Spannungsquelle als lichtabhängiger Widerstand arbeiten **(Bild 2).**
- ... ohne Spannungsquelle wie ein Fotoelement wirken **(Bild 3).**

Fotodioden können sehr klein gebaut werden und lassen sich als lichtelektrische Wandler in Steuerketten und Regelkreisen einsetzen.

Fotodiode als lichtabhängiger Widerstand

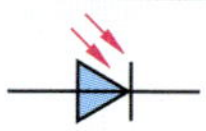

Fällt auf die Fotodiode Licht, so sinkt ihr Widerstand mit zunehmender Beleuchtungsstärke. Ein Stromdurchgang durch die Fotodiode wird möglich und das Relais K_1 spricht an. Der gewünschte Schaltvorgang wird ausgelöst. Fotodioden werden in Sperrrichtung (Rückwärtsrichtung) betrieben **(Bild 2).**

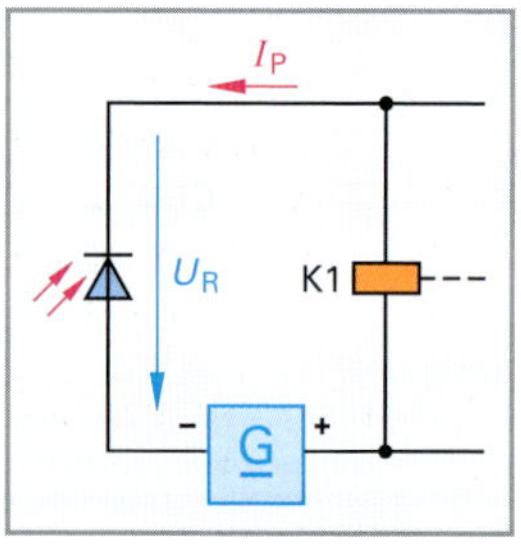

Bild 2: Prinzipschaltung einer Fotodiode

Fotodiode als Fotoelement

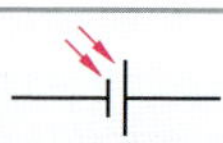

Fotoelemente geben beim Auftreffen von Licht eine Spannung ab, die vom Halbleiterwerkstoff und der Beleuchtungsstärke abhängt. Sie werden z.B. in Uhren, Taschenrechnern und Beleuchtungsstärkemessern als Spannungsquelle eingesetzt.

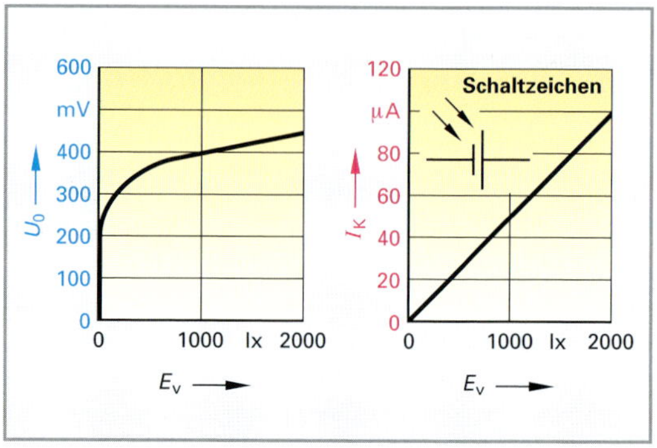

Bild 3: Kennlinien eines Fotoelements

Kenngrößen eines Fotoelements sind die Leerlaufspannung U_0 und der Kurzschlussstrom I_k **(Bild 3).** Bei Si-Fotoelementen beträgt die Leerlaufspannung bei 1 000 lx etwa 0,4 V, bei Selen etwa 0,3 V. Die Beleuchtungsstärke E_v wird in Lux (lx) angegeben.

> Fotoelemente geben bei Beleuchtung eine Spannung ab, die vom Halbleiterwerkstoff und der Beleuchtungsstärke abhängt.

Verwendung. Großflächig zusammengeschaltete Silicium-Fotoelemente können zur Nutzung der Sonnenenergie herangezogen werden (Solarzellen). Sie haben einen Wirkungsgrad von etwa 20 %, d.h. sie wandeln 20 % der Lichtenergie in elektrische Energie um. Sie arbeiten als Spannungserzeuger in Fotovoltaik-Anlagen, insbesondere zur Stromversorgung von Parkautomaten, Berghütten, Sendern und Satelliten.

Lumineszenzdioden (LED)
Light **E**mitting **D**iode

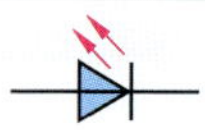

Bei Anlegen einer Spannung leuchten diese Dioden, je nach Diodenwerkstoff, in den Farben grün, gelb, orange, rot und blau. Die Betriebsspannung liegt zwischen 1,5 V und 3 V. Beim Betrieb mit anderen Spannungen muss zur Strombegrenzung ein Schutzwiderstand eingebaut werden **(Bild 4).**

Im Kraftfahrzeug werden sie wegen ihres geringen Eigenverbrauchs von nur einigen mW als Anzeige- und Kontrollleuchten eingesetzt.

Lumineszenzdioden werden in Durchlassrichtung (Vorwärtsrichtung) betrieben.

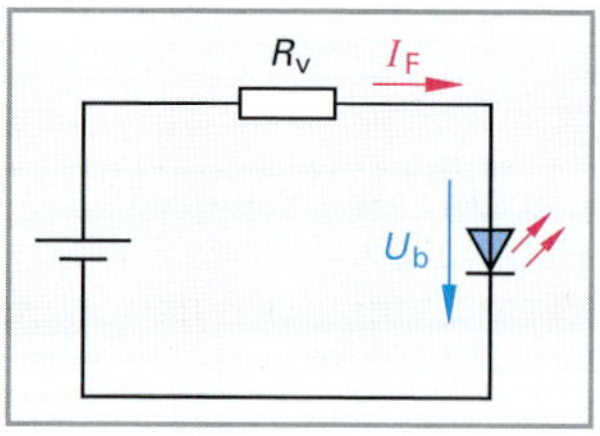

Bild 4: Leuchtdiode mit Vorwiderstand

Fototransistor
(Licht- und Infrarotstrahlung)

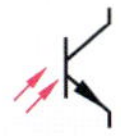

Ein Transistor wird üblicherweise über die Basis mit einer positiven oder negativen Spannung angesteuert.

Beim Fototransistor gelangt über ein Lichtfenster oder eine optische Linse Licht oder IR-Strahlung (Infrarotstrahlung) in die Kollektor-Basis-Sperrschicht und erzeugt dort einen Fotostrom I_p, der im gleichen Verhältnis mit der Beleuchtungsstärke E_v steigt **(Bild 1)**. Er wirkt als Basisstrom.

Der Kollektorstrom eines Fototransistors steigt mit der Beleuchtungsstärke.

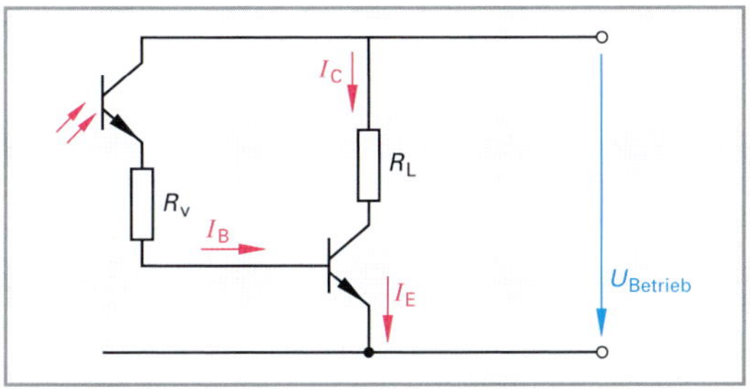

Bild 1: Fototransistor mit Verstärkertransistor

Verwendung. Sie werden in der Kraftfahrzeugtechnik bei lichtabhängigen Steuerungen eingesetzt, z.B. Abblendsteuerung von Innenspiegeln, optoelektronische Koppler.

Optoelektronische Koppler. Sie bestehen aus einem Strahlungssender und einem Strahlungsempfänger, die beide in ein gemeinsames, lichtdichtes Gehäuse eingebaut sind, so dass der Empfänger nur Strahlung vom Sender empfängt **(Bild 2)**. Als Strahlungssender werden bevorzugt Infrarot-Lumineszenzdioden verwendet.
Als Strahlungsempfänger (Detektoren) dienen, je nach Anwendungsbereich, Fotodioden, Fototransistoren oder Fotothyristoren.

Optokoppler koppeln zwei Stromkreise meist durch Infrarotstrahlung und trennen sie galvanisch voneinander.

Die ausgangsseitige Spannung liegt auf der 5 V-Ebene, d.h. alle Signale, die in den Optokoppler eingehen, werden umgewandelt und liegen am Ausgang zwischen 0 V und 5 V. Sie werden den entsprechenden Steuergeräten im Kraftfahrzeug als Eingangssignal zur Verarbeitung zugeführt.

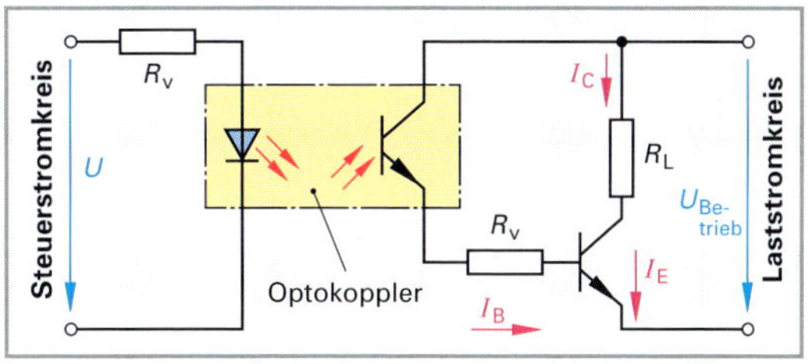

Bild 2: Optoelektronischer Koppler mit Fotodiode und Fototransistor

19.1.17.6 Magnetfeldbeeinflusste Halbleiterbauelemente

Hall-Generator

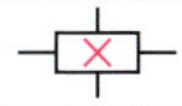

Der Halleffekt tritt an einer vom Versorgungsstrom I_v durchflossenen Halbleiterschicht auf **(Bild 3)**. Ist senkrecht zur Halbleiterschicht ein Magnetfeld vorhanden, so entsteht zwischen den Kontaktflächen A die Hallspannung U_H. Ihre Höhe ist von der Stärke des Magnetfeldes abhängig.

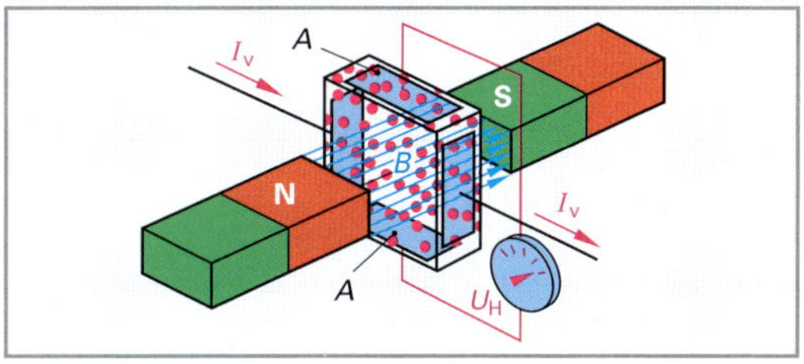

Bild 3: Halleffekt

19.1.17.7 Druckbeeinflusste Halbleiterbauelemente

Piezo-Element

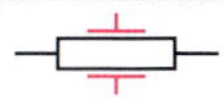

Piezoelektrische Sensoren erzeugen bei Belastung durch Zugkräfte, Druckkräfte oder Schubkräfte eine Verschiebung der elektrischen Ladungen und damit an den Anschlusselektroden eine elektrische Spannung. Dieser Piezoeffekt lässt sich z.B. an Quarzkristallen (SiO_2) feststellen **(Bild 4)**.
Im Kraftfahrzeug werden Piezo-Elemente z.B. als Drucksensoren, Klopfsensoren verwendet.

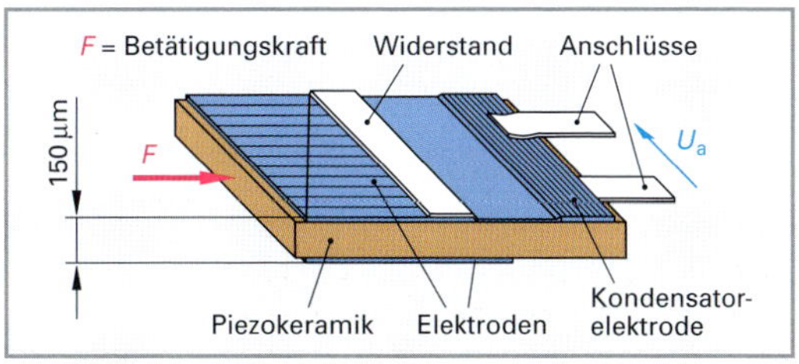

Bild 4: Piezoelektrischer Sensor

19

19.1.17.8 Integrierte Schaltungen

Durch die Planartechnik ist es möglich, alle Komponenten einer Schaltung (Widerstände, Kondensatoren, Dioden, Transistoren, Thyristoren) einschließlich der leitenden Verbindungen in einem gemeinsamen Fertigungsprozess auf einem einzigen (monolithischen)[1] Siliciumplättchen (Chip)[2] herzustellen.

Dabei werden einzelne integrierte Schaltkreise, sogenannte ICs[3] (Integrated Circuits), zu monolithisch integrierten Schaltungen zusammengefasst **(Bild 1)**.

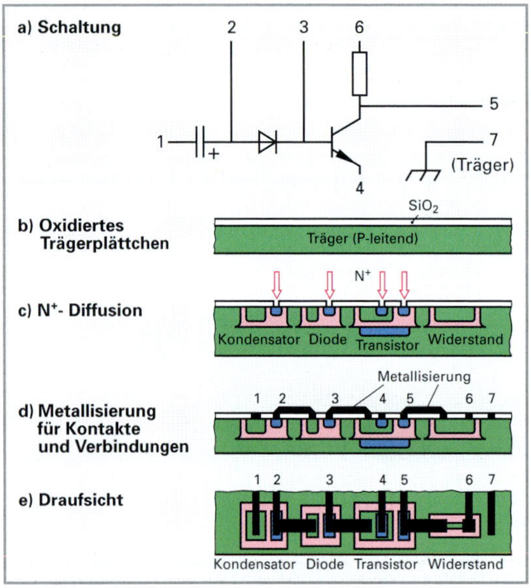

Bild 1: Beispiel einer integrierten Schaltung in Monolithtechnik (Auswahl von Fertigungsstufen)

Da man in einem **IC** keine „selbstständigen" Bauelemente mehr hat (Bauelemente haben äußere Anschlüsse), spricht man von Schaltelementen oder Funktionselementen.

Planartechnik. Man versteht darunter ein Verfahren in der Halbleitertechnik zur Herstellung von Halbleiterbauelementen und Chips. Dabei werden in aufeinanderfolgenden Arbeitsgängen jeweils voneinander isolierte Schichten, die die Bauelemente nebst Verbindungsleitungen und Anschlüssen enthalten, aufgebracht. Dies kann durch Siebdruck in Dickschichttechnik oder durch Aufdampfen in Dünnschichttechnik erfolgen. So können in einem Chip mehr als 100 000 aktive Funktionen. (z.B. Transistoren, Dioden) und passive Funktionen (z.B. Widerstände, Kondensatoren) enthalten sein.

[1] monolithisch (griech.) = aus einem Stein
[2] Chip (engl.) = Marke, Stein
[3] Integrated Circuits (engl.) = integrierte Schaltkreise

Hybridschaltungen. Sie sind eine Kombination von integrierten Schaltkreisen und Einzelbauteilen **(Bild 2)**. Diese werden auf einer Trägerplatine durch Stecken, Löten oder andere Verfahren miteinander verbunden. Dadurch lassen sich gezielt Schaltungen mit speziellen Eigenschaften, z.B. Zündsteuergerät, herstellen.

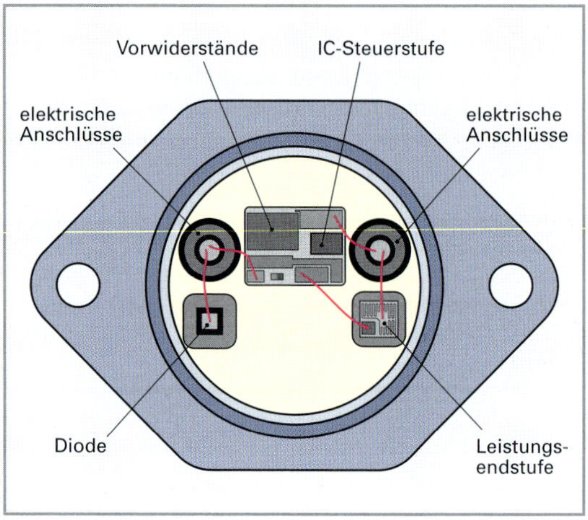

Bild 2: Generatorregler in Hybrid-Technik

Wiederholungsfragen

1 **Welche Ladungsträger besitzen N-Leiter bzw. P-Leiter?**

2 **Wie muss man einen PN-Übergang polen, damit ein Durchlassstrom fließt?**

3 **Was versteht man unter der Schleusenspannung?**

4 **Welcher Teil der Kennlinie einer Z-Diode wird für die Spannungsstabilisierung ausgenutzt?**

5 **Was versteht man unter einer Einpulsschaltung?**

6 **Wie ist ein NPN-Transistor aufgebaut?**

7 **Wie heißen die Elektrodenanschlüsse eines Transistors?**

8 **Wie muss ein NPN-Transistor gepolt sein, damit er leitend ist?**

9 **Wie verhält sich ein Heißleiter bei Erwärmung?**

10 **Wie ändert sich der Widerstand eines Varistors bei zunehmender Spannung?**

11 **Wie verhält sich ein LDR-Widerstand beim Auftreffen von Licht?**

12 **Was versteht man unter einer LED?**

13 **Welche Aufgaben haben optoelektronische Koppler?**

14 **Wie sind Hybridschaltungen aufgebaut?**

19.2 Anwendungen der Elektrotechnik

19.2.1 Schaltpläne

Einteilung der Schaltpläne

Ein Schaltplan ist die zeichnerische Darstellung elektrischer Betriebsmittel durch Schaltzeichen, durch Abbildungen oder vereinfachte Konstruktionszeichnungen.

Der Schaltplan zeigt, wie verschiedene elektrische Bauteile zueinander in Beziehung stehen und miteinander verbunden sind.

In der Kraftfahrzeugelektrik werden, je nach Aufgabe, folgende Schaltplanarten verwendet:

- Übersichtsschaltpläne
- Anschlusspläne
- Stromlaufpläne

Übersichtsschaltplan (Bild 1). Er ist die vereinfachte Darstellung einer Schaltung, wobei nur die wesentlichen Teile berücksichtigt werden. Er zeigt die Arbeitweise und Gliederung einer elektrischen Anlage. Die Geräte werden durch Quadrate oder Rechtecke mit eingezeichneten Kennzeichen oder durch Schaltzeichen oder Bezeichnungen dargestellt.

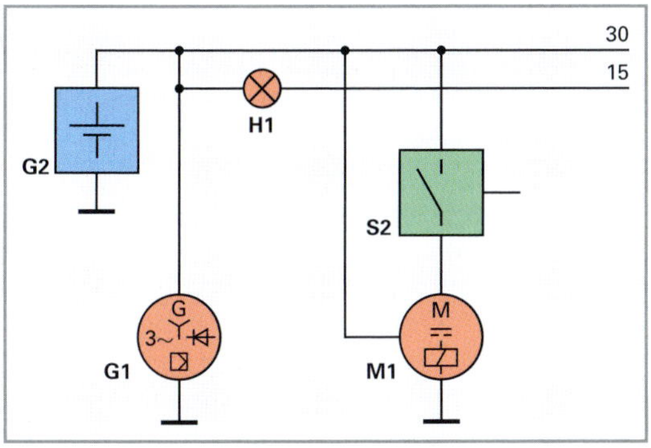

Bild 1: Übersichtsschaltplan

Anschlusspläne

Man unterscheidet:

- Anschlusspläne in zusammenhängender Darstellung
- Anschlusspläne in aufgelöster Darstellung

Anschlussplan in zusammenhängender Darstellung (Bild 2). Er zeigt die Anschlusspunkte einer elektrischen Einrichtung und die daran angeschlossenen inneren und äußeren leitenden Verbindungen. Zu diesem Zweck werden die einzelnen Bauteile mit der Leitungsführung, sämtlichen Anschlusspunkten und Klemmenbezeichnungen meist lagegerecht dargestellt.

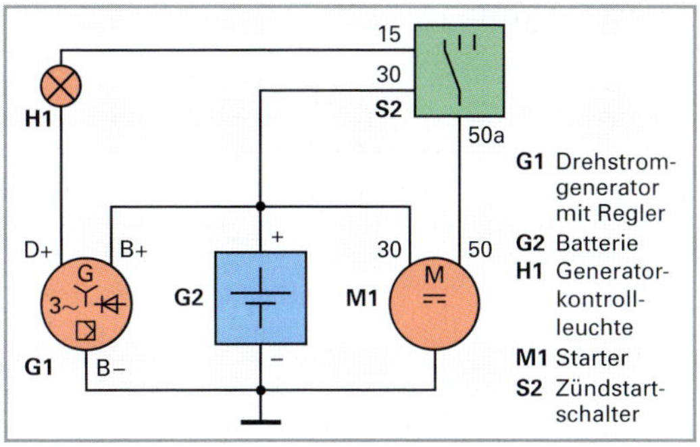

Bild 2: Anschlussplan (zusammenhängende Darstellung)

Anschlussplan in aufgelöster Darstellung **(Bild 3).** Bei der aufgelösten Darstellung entfallen die durchgehenden Verbindungslinien (Leitungen) von Gerät zu Gerät.

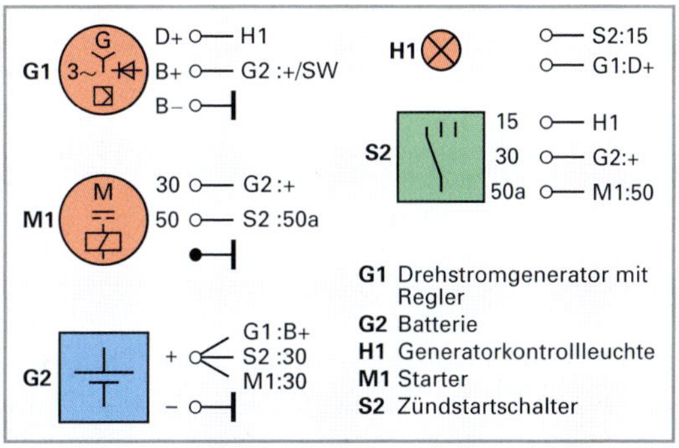

Bild 3: Anschlussplan (aufgelöste Darstellung)

Gerätekennzeichnung. Zur leichteren Erkennung werden die Schaltzeichen noch mit einer Gerätekennzeichnung versehen. Sie besteht aus einer Folge von festgelegten Vorzeichen, Buchstaben und Zahlen, z.B. G1 für den Generator.

Zielhinweise. Alle vom Gerät abgehenden Leitungen erhalten einen Zielhinweis **(Bild 3),** bestehend aus:

- Der Klemmenbezeichnung, von der die Leitung ausgeht, z.B. am Generator B+.
- Dem Leitungssymbol o—.
- Dem Zielgerät, zu dem die Leitung hinführt, z.B. G2 für die Starterbatterie.
- Der Klemmenbezeichnung am Zielgerät, zu der die Leitung führt. Sie ist immer durch einen Doppelpunkt (:) von der Gerätekennzeichnung des Zielgerätes getrennt, z.B. G2:+ bedeutet, dass die Leitung zum Pluspol der Starterbatterie führt.
- Der Leitungsfarbe, falls vorgeschrieben. Die Farbkennzeichnung ist immer durch einen Schrägstrich (/) von der Klemmenbezeichnung am Zielgerät getrennt, z.B. :+/sw bedeutet, dass die Verbindungsleitung in schwarzer Farbe ausgeführt ist.

Stromlaufplan eines Pkw in aufgelöster Darstellung

Kennzeichen	Gerät
A1	Glühzeitsteuergerät
A2	Autoalarm-Steuergerät
A3	Autoradio
B1	Lautsprecher
B2	Temperaturregler
B3	Signalhorn
B4	Starktonhorn, Fanfare
B13	Drehzahlgeber
B16	Temperaturschalter
E3	Innenleuchte mit Schalter
E4	Heckscheibenheizung
E5	Rückfahrleuchte L und R
E7	Instrumentenbeleuchtung
E9	Kennzeichenleuchte L
E10	Kennzeichenleuchte R
E11	Begrenzungsleuchte L
E12	Schlussleuchte L
E13	Begrenzungsleuchte R
E14	Schlussleuchte R
E15	Fern-Abblend-Scheinwerfer L
E16	Fern-Abblend-Scheinwerfer R
E17	Nebelscheinwerfer L
E18	Nebelscheinwerfer R
E19	Nebelschlussleuchte L
E20	Nebelschlussleuchte R
F2 … 26	Sicherungen
G1	Generator (mit Regler)
G2	Batterie
H1	Generatorkontrollleuchte
H2	Anzeigeleuchte für Heckscheibenheizung
H3	Öldruckwarnleuchte
H4	Warnlicht-Anzeigeleuchte
H5	Blinkkontroll-Anzeigenleuchte
H6	Blinkleuchte LV
H7	Blinkleuchte LH
H8	Blinkleuchte RV
H9	Blinkleuchte RH
H10	Bremsleuchte L
H11	Bremsleuchte R
H12	Fernlicht-Anzeigeleuchte
H13	Nebelschlusslicht-Anzeigeleuchte
H14	Startbereitschafts-Anzeigeleuchte
K1	Relais, Entlastung Kl. 15
K2	Wischintervallrelais
K3	Hornrelais
K4	Warnblinkgeber
K5	Nebelleuchten-Relais mit Diode

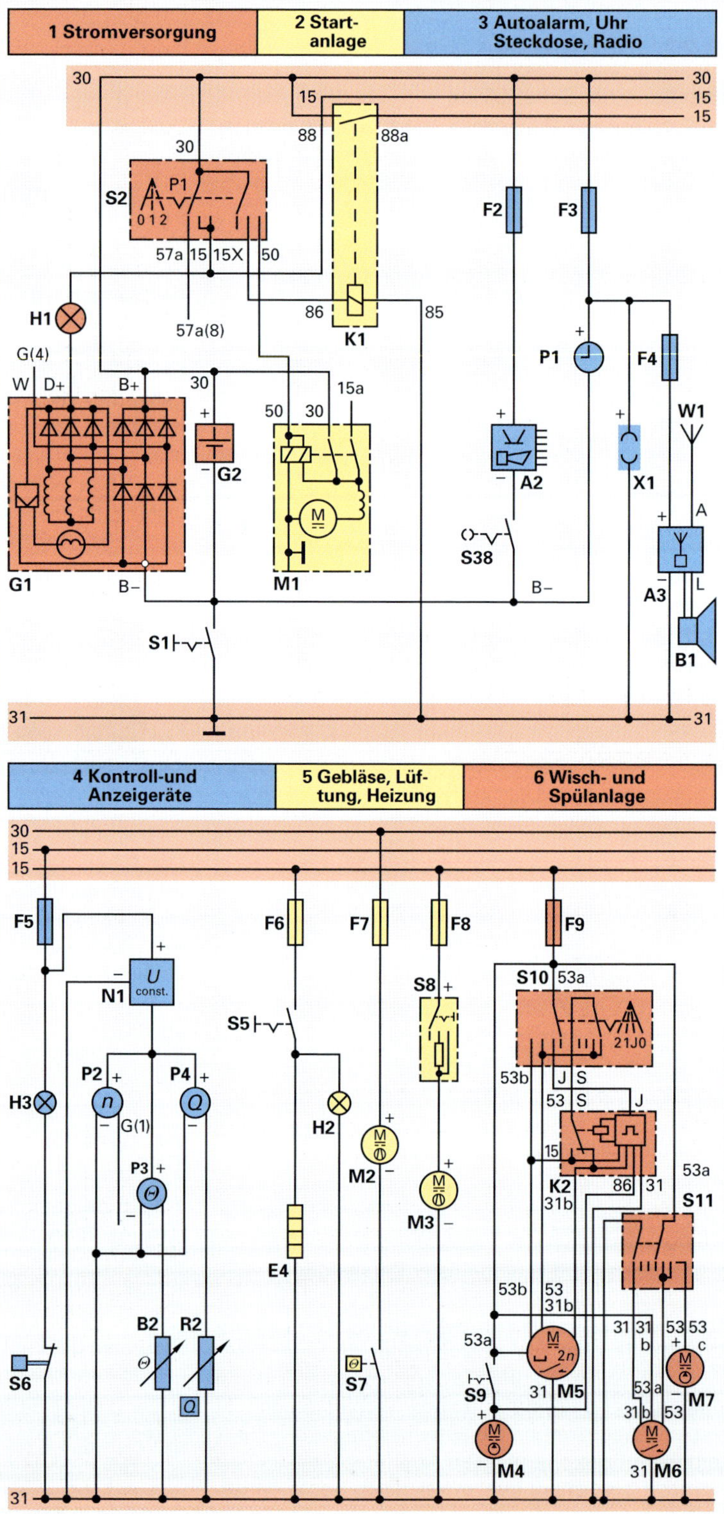

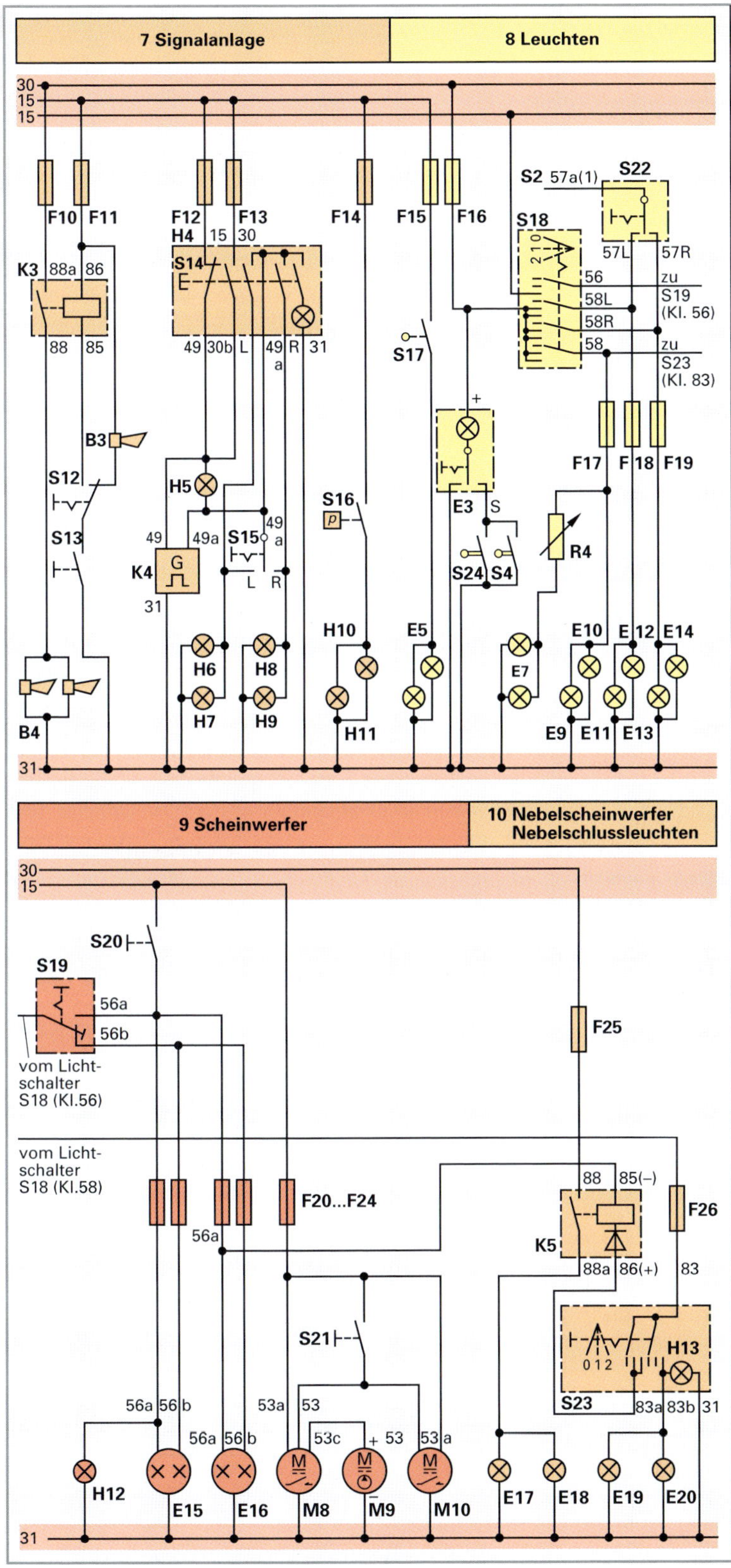

Kennzeichen	Gerät
M1	Startermotor
M2	Kühlgebläsemotor
M3	Frischluftgebläsemotor
M4	Scheibenspülermotor
M5	Wischermotor
M6	Heckwischermotor
M7	Heckscheiben-Spülermotor
M8	Lichtwischermotor mit Pumpensteuerung
M9	Spülermotor für M8 und M10
M10	Lichtwischermotor
N1	Spannungskonstant-halter
P1	Zeituhr
P2	Drehzahlmesser
P3	Kühlwassertemperatur-anzeige
P4	Kraftstoffstandanzeige
R2	Kraftstoffstandgeber
R4	Regelwiderstand für E7
S1	Batterieschalter (mech.)
S2	Zündstartschalter (Fahrt-Startschalter)
S4	Türkontaktschalter für E3, R
S5	Heckscheibenheizungs-schalter
S6	Öldruckwarnschalter
S7	Temperaturschalter (Kühlung)
S8	Lüfterschalter
S9	Spüler-(Wascher-) Schalter
S10	Wischerschalter
S11	Heckwischer-Spüler-schalter
S12	Hornumschalter
S13	Horntaster
S14	Warnlichtschalter
S15	Blinkerschalter
S16	Bremslichtschalter
S17	Rückfahrlichtschalter
S18	Lichtschalter
S19	Abblendschalter
S20	Lichthupentaster
S21	Lichtwischertaster
S22	Parklichtschalter
S23	Nebellichtschalter
S24	Türkontaktschalter für E3, L
S38	Autoalarmschalter
W1	Autoantenne
X1	Steckdose (innen)

Am Beispiel nach **Bild 3, Seite 539** bedeutet die Kennzeichnung am Generator G1, dass folgende Verbindungen zum Generator ausgehen:

D+ ○— H1	Die Klemme D+ ist mit der Generatorkontrollleuchte H1 verbunden.
B+ ○— G2:+/sw	Die Klemme B+ ist mit dem Pluspol der Starterbatterie G2 verbunden. Leitung schwarz.
B– ○⊣	Die Klemme B– ist mit Masse verbunden.

Der Verlauf der oben beschriebenen Verbindungsleitungen kann auch dem Anschlussplan in zusammenhängender Darstellung entnommen werden. **(Bild 2, Seite 539).**

Stromlaufpläne

Sie sind ausführliche Darstellungen von Schaltungen in ihren Einzelteilen. Sie zeigen durch übersichtliche Darstellung der einzelnen Stromkreise die Wirkungsweise der elektrischen Schaltung. Ein Stromlaufplan enthält die elektrische Schaltung, die Gerätekennzeichnung und die Anschlussbezeichnung.

Aufgrund der Schaltzeichenanordnung unterscheidet man:

- Stromlaufpläne in zusammenhängender Darstellung
- Stromlaufpläne in aufgelöster Darstellung

Stromlaufplan in zusammenhängender Darstellung (Bild 1). Alle Bauteile, die in einem Schaltplan enthalten sind, werden unmittelbar beieinander zusammenhängend dargestellt. Auf die räumliche Lage der einzelnen Bauteile und ihre Anschlussstellen braucht keine Rücksicht genommen werden. Mechanische Verbindungen werden durch unterbrochene Verbindungslinien gekennzeichnet.

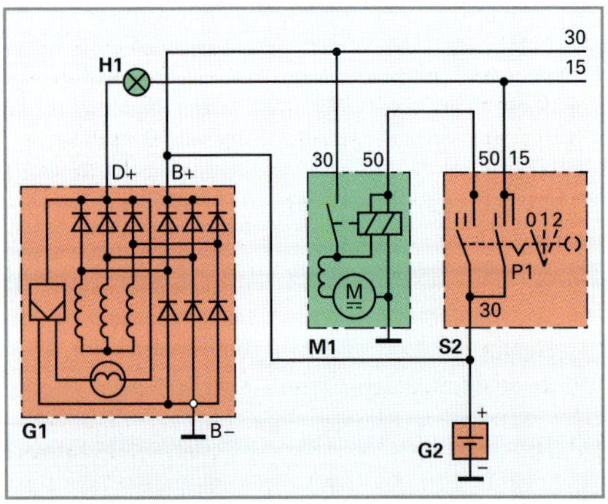

Bild 1: Stromlaufplan in zusammenhängender Darstellung

Stromlaufplan in aufgelöster Darstellung (Bild 2). Die Schaltzeichen der elektrischen Bauteile werden so angeordnet, das die einzelnen Stromwege möglichst einfach zu verfolgen sind, wobei auf die räumliche Zusammengehörigkeit und den mechanischen Zusammenhang der einzelnen Bauteile und Baugruppen keine Rücksicht genommen wird.

Eine klare, geradlinige, kreuzungsfreie Anordnung der einzelnen Stromkreise hat Vorrang. Üblicherweise werden die Plus- und Minusleitungen als horizontal liegende Parallelen gezeichnet. Die einzelnen Strompfade verlaufen dann von Plus nach Minus, d.h. von oben nach unten. Falls unvermeidlich, können Teile eines Strompfades auch waagerecht gezeichnet werden.

Zum einfachen Auffinden von Schaltungsstellen dient die am oberen Rand des Schaltplanes angebrachte Abschnittskennzeichnung **(Bild 2).** Dafür gibt es drei Möglichkeiten der Darstellung:

- Fortlaufende Zahlen (1, 2, 3, ...) in gleichen Abständen von links nach rechts.
- Bezeichnung der Schaltungsabschnitte, z.B. Stromversorgung.
- Kombination aus fortlaufenden Zahlen und bezeichneten Schaltungsabschnitten.

Der Stromlaufplan kann in vereinfachter Form oder in ausführlicher Form mit Innenschaltung dargestellt werden.

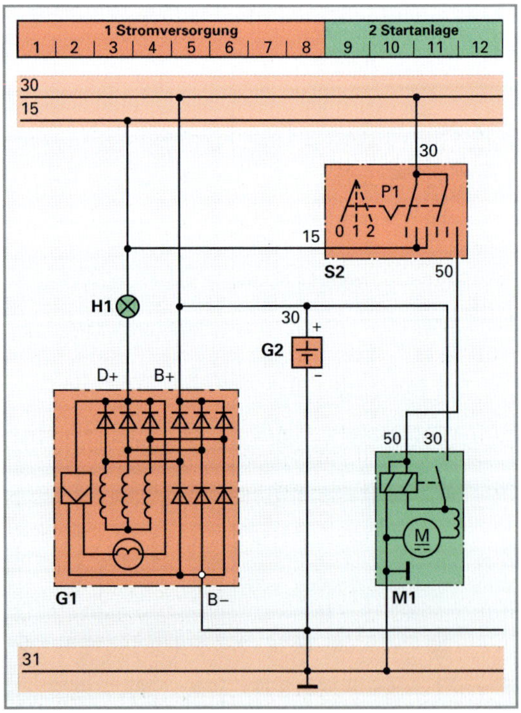

Bild 2: Stromlaufplan in aufgelöster Darstellung

Teilstromlaufpläne

19.2.1.1 Wisch- und Spülanlage

Sie besteht aus Scheibenwischern und den dazugehörigen Spülanlagen für Front- und Heckscheibe. Im Gesamtschaltplan ist sie mit der Abschnittskennzeichnung 6 versehen.

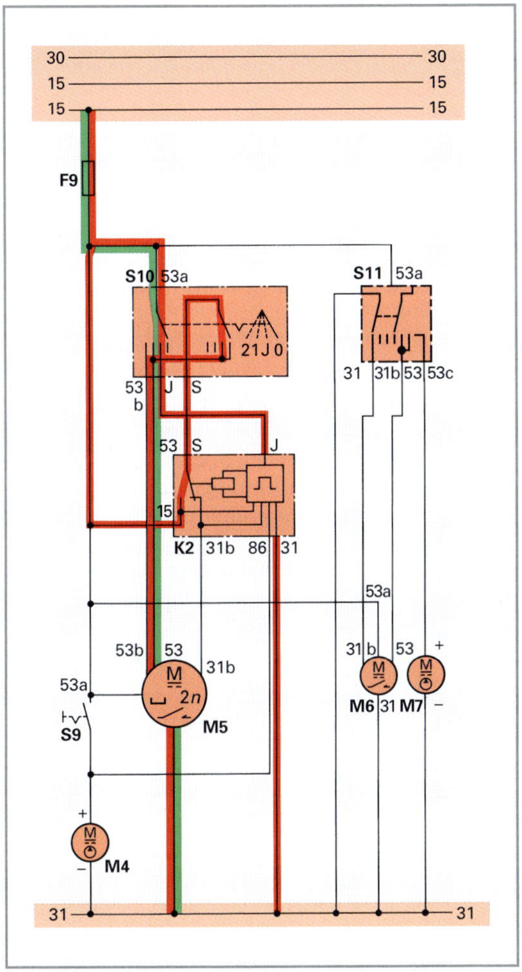

Bild 1: Wisch- und Spülanlage

> Die Wischermotoren M5, M6 sind so geschaltet, dass nach dem Abschalten ein Rücklauf in die Ausgangsstellung erfolgt.

Die gesamte Wisch- und Spülanlage wird über die Sicherung F9 abgesichert.

Wischanlage. Im dargestellten Plan erfolgt die Schaltung des Wischers der Frontscheibe über den Wischerschalter S10. Je nach Schalterstellung können verschiedene Wischgeschwindigkeiten geschaltet werden.

Schalterstellung J (Intervallschaltung) **(Bild 1).**

Der Wischermotor M5 der Frontscheibe wird über das Wischerintervallrelais K2 angesteuert. Von Klemme 15 fließt der Strom über die Sicherung F9 zur Klemme 53a des Wischerschalters S10. Zwischen Klemme J und Klemme 31 liegt eine Spannung für das Wischerintervallrelais K2 an.

Das Relais K2 schaltet kurzzeitig von Klemme 15 über Klemme S den Strom zum Eingang des Wischermotors (Klemme 53). Der Motor führt eine Wischbewegung aus.

Für den Rücklauf des Wischers in die Endstellung ist Spannungsversorgung über den Kontakt 53a nötig. Dieser Kontakt liefert in allen Stellungen des Wischers die zum Rücklauf notwendige Stromversorgung. In der Endstellung wird der Motor über 53a nicht mehr mit Spannung versorgt, da der Wischer sonst über diese Stellung hinaus weiterlaufen würde.

In der Endstellung muss der Motor schlagartig stehen bleiben. Dies wird durch eine elektrische Bremse erreicht. Im noch rotierenden Anker wird der Strom umgepolt und der Anker abgebremst.

Schalterstellung 1 (Bild 1).

Der Motor wird über Klemme 53 (Dauerbetrieb) mit Strom versorgt.

Schalterstellung 2.
Der Motor wird über Klemme 53b (Dauerbetrieb Schnelllauf) mit Strom versorgt. Die schnellere Wischgeschwindigkeit wird dadurch erreicht, dass der Wischermotor über die Nebenschlusswicklung betrieben wird.

Spülanlage.
Beim Betätigen des Spülerschalters S9 ist der Stromkreis für den Scheibenspülermotor M4 geschlossen. Der Strom fließt von Klemme 15 über Sicherung F9 zum Motor M4 auf Masse 31. Die Pumpe fördert Scheibenreiniger. Gleichzeitig wird über die Klemme 86 das Intervallrelais angesteuert und der Wischermotor schaltet solange auf Intervallbetrieb wie der Spülerschalter betätigt wird.

Heckscheibenreinigungsanlage.
Sie besteht aus dem Heckwischer-Spülerschalter S11, dem Heckwischermotor M6 und dem Heckscheiben-Spülermotor M7. Der Schalter S11 ermöglicht den Dauerbetrieb des Heckwischers (W) und zusätzlich mittels einer Tastfunktion (S) den zeitweiligen Betrieb der Pumpe.

19.2.1.2 Signalanlage

Sie wird im Gesamtstromlaufplan mit der Abschnittskennzeichnung 7 bezeichnet.

> Die Signalanlage besteht aus verschiedenen Geräten, die hörbare (akustische) und sichtbare (optische) Signale abgeben.

Diese Geräte übernehmen im Straßenverkehr wichtige Warn- und Informationsaufgaben für andere Verkehrsteilnehmer und stellen einen wesentlichen Beitrag zur Verkehrssicherheit dar.

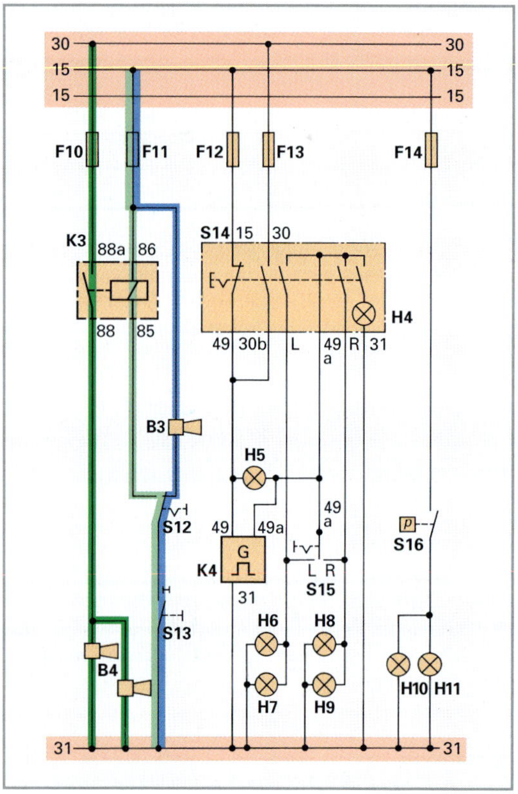

Bild 1: Signalanlage

Akustische Signalgeber. Hierzu gehören Hörner und Fanfaren. Der Fahrer kann in der dargestellten Schaltung wahlweise das Signalhorn B3 oder die Fanfare B4 betätigen.

Da ein gleichzeitiger Betrieb beider Signalgeber nach den Vorschriften der StVZO (vgl. § 55) nicht zulässig ist, wird der Hornumschalter S12 eingebaut.

Signalhorn B3. Bei Betätigung des Horntasters S13 fließt der Strom (blaue Hinterlegung) von Klemme 15 über die Sicherung F11 zum Signalhorn B3 zur Masse 31.

Fanfare B4. Der Hornumschalter S12 wird umgelegt. Bei Betätigung von S13 fließt der Steuerstrom von Klemme 15 über F11 zum Relais K3. Das Relais schaltet den Arbeitsstrom von Klemme 30 über F10 zu den Fanfaren B4 auf Masse 31.

Diese Schaltung ist notwendig, da die Ströme bei einer Fanfare höher sind als beim Signalhorn.

Im Schaltplan ist der Steuerstromkreis der Fanfare hellgrün und der Arbeitsstrom dunkelgrün hinterlegt.

Optische Signalgeber. Hierzu gehören Bremsleuchten, Blinkleuchten der Fahrtrichtungsanzeiger und die Warnblinkanlage.

Bremsleuchten H10, H11. Beim Betätigen des Bremspedals wird der Bremslichtschalter S16 geschlossen. Der Strom fließt von Klemme 15 über F14 zu den Bremsleuchten auf Masse 31. Neufahrzeuge müssen über eine dritte Bremsleuchte verfügen. Bremsleuchten zeigen dem rückwärtigen Verkehr die Betätigung der Betriebsbremse an.

Blinkleuchten als Fahrtrichtungsanzeiger. Der Blinkvorgang wird vom Fahrer über den Blinkerschalter S15 geschaltet und durch den Blinkgeber K4 getaktet. Die Funktion der Blinker wird dem Fahrer über die Blinkkontrollanzeigeleuchte H5 angezeigt.

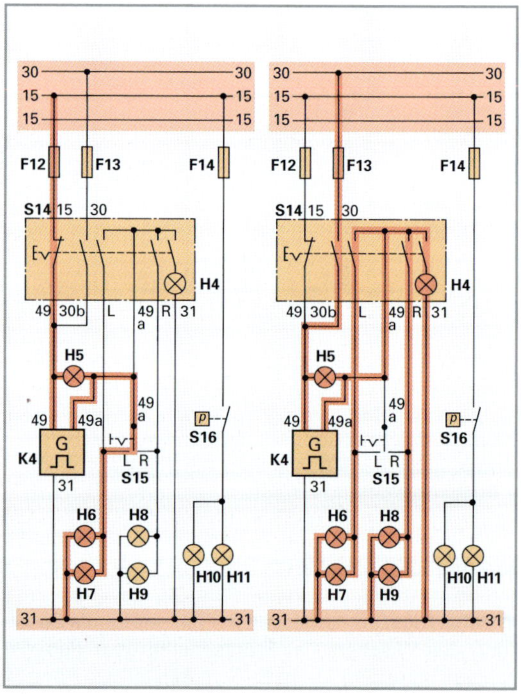

Bild 2: Stromfluss beim Blinkvorgang und beim Warnblinkvorgang

Wird der Blinkerschalter S15L betätigt, so fließt der Strom von Klemme 15 über die Sicherung F12 durch den geschlossenen Kontakt im Warnlichtschalter S14 über Klemme 49 zum Blinkgeber K4 auf Masse. Der Ausgang 49a des Blinkgebers K4 führt zum Blinkschalter S15. Der Stromkreis der Fahrtrichtungsanzeiger H6, H7 ist über die Klemme 31 geschlossen **(Bild 2, Seite 517)**. Die zwischen den Klemmen 49 und 49a angeschlossene Kontrollleuchte leuchtet im Wechsel mit den Blinkern auf.

Der Ausfall einer Blinkleuchte wird entweder durch eine erhöhte Blinkfrequenz oder durch Erlöschen der Kontrollleuchte angezeigt.

Blinkleuchten der Warnblinkanlage. Mehrspurige Fahrzeuge benötigen eine Warnblinkanlage. Sie muss von der Blinkanlage unabhängig und gesondert ein- und ausschaltbar sein. Damit die Funktion der Warnblinkanlage auch bei ausgeschalteter Zündung gewährleistet ist, wird sie über die Sicherung F13 direkt an Klemme 30 angeschlossen. Dem Fahrer muss die Funktion aller Blinkleuchten durch eine rote Warnlichtanzeigeleuchte H4 angezeigt werden.

Wird der Warnblinkschalter S14 betätigt, so fließt von Klemme 30 über F13 Strom auf Klemme 49 des Blinkgebers K4. Über Klemme 49a werden alle vier Blinkleuchten und die Kontrollleuchte H4 mit Strom versorgt **(Bild 2, Seite 517)**.

19.2.1.3 Beleuchtungsanlage

Zur Beleuchtungsanlage des dargestellten Stromlaufplanes gehören die folgenden Schaltungsabschnitte:

8 Leuchten
9 Scheinwerfer
10 Nebelscheinwerfer und Nebelschlussleuchten

Leuchten (Bild 1). Im Schaltungsabschnitt 8 sind Rückfahr- und Innenleuchten, Instrumentenbeleuchtung, Kennzeichen-, Begrenzungs- und Schlussleuchten dargestellt.

Rückfahrleuchten E5. Beim Einlegen des Rückwärtsganges wird von Klemme 15 über F15 der Strom zu den Rückfahrleuchten E5 auf Masse geleitet.

Innenleuchte E3. Sie kann über einen integrierten Schalter oder über die Türkontakte S24 bzw. S4 ein- und ausgeschaltet werden. Beim Öffnen der Tür wird über S24 oder S4 eine Verbindung zwischen S und Masse hergestellt. Damit die Innenleuchte unabhängig vom Zündstartschalter betätigt werden kann, wird sie über Klemme 30 mit Spannung versorgt. Die Absicherung erfolgt über F16.

Instrumentenbeleuchtung E7. Befindet sich der Lichtschalter S18 in Stellung 1 oder 2, so fließt der Strom von Klemme 30 über 58, F17 und den Regelwiderstand R4 über E7 zur Masse. Durch den Regelwiderstand lässt sich die Spannung an E7 verändern, dadurch kann die Helligkeit der Instrumentenbeleuchtung geändert werden.

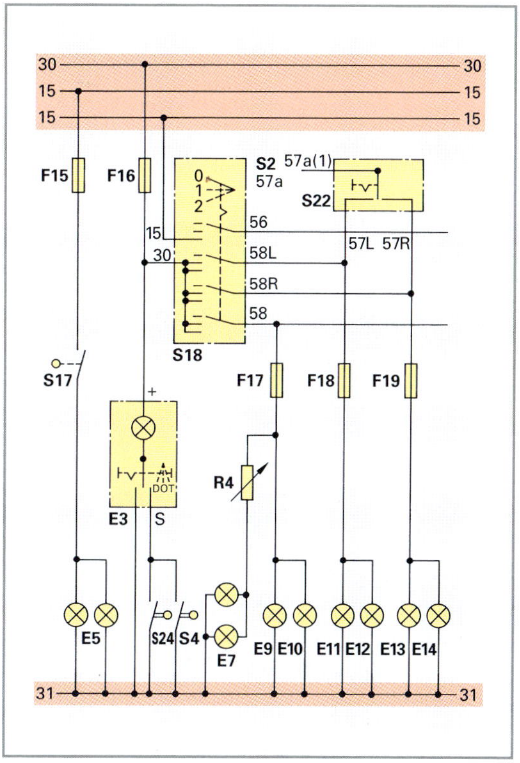

Bild 1: Leuchten

Kennzeichen- E9, E10, Begrenzungs- E11, E12, Schlussleuchten E13, E14. Sie sind über die Sicherungen F17, F18 bzw. F19 abgesichert und werden in der Schalterstellung 1 und 2 des Lichtschalters über die Klemmen 58L, 58R und 58 mit Spannung versorgt.

Parklichtschaltung. Die Schluss- und Begrenzungsleuchten E11/E12 bzw. E13/E14 können durch den Parklichtschalter S22 wahlweise über die Stellung 57L oder 57R eingeschaltet werden. Die Spannungsversorgung der Klemme 57a erfolgt über den Zündstartschalter S2 in Schalterstellung 0.

Scheinwerfer. Im Abschnitt 9 des Gesamtstromlaufplans sind Fern- und Abblendschweinwerfer dargestellt.

Zusatzangaben und Kennzeichnungsmöglichkeiten

Je nach Fahrzeughersteller unterscheiden sich die Darstellungen von Stromlaufplänen. Diese können mit verschiedenen Zusatzangaben versehen werden **(Bild 1)**.

Stromlaufpläne können zur Fehlersuche an der elektrischen Anlage von Kraftfahrzeugen und im Rahmen der Nachrüstung von Zusatzeinrichtungen, z.B. Standheizungen, Navigationssystemen oder Mobiltelefonen verwendet werden.

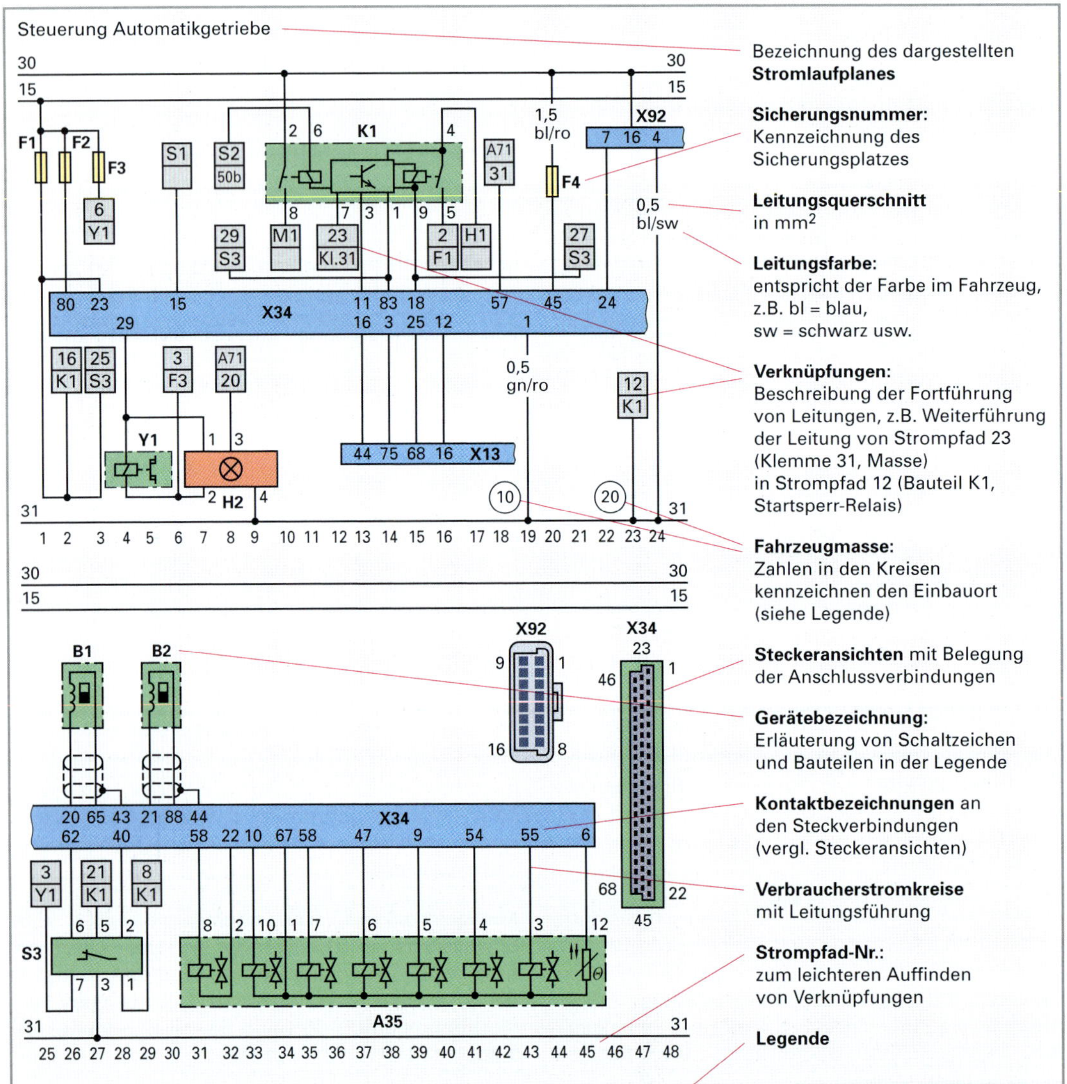

A35	Getriebe-Einheit, elektrisch	F4	Sicherung (5 A)	X13	Steuergerätestecker Motorsteuerung
A71	Kombi-Instrument	H1	Bremslicht	X34	Steuergerätestecker Getriebesteuerung
B1	Fahrgeschwindigkeitssensor	H2	Wählhebel-Beleuchtung	X92	Diagnoseanschluss
B2	Getriebeeingangs-Drehzahlsensor	K1	Startsperr-Relais	Y1	Magnet Wählhebelsperre
F1	Sicherung (20 A)	M1	Starter	(10)	Massepunkt Relaisplatte
F2	Sicherung (10 A)	S1	Bremslichtschalter	(20)	Massepunkt Leitungsstrang
F3	Sicherung (10 A)	S2	Zündstart-Schalter		
		S3	Multifunktionsschalter		

Bild 1: Zusatzangaben und Kennzeichnungsmöglichkeiten in Stromlaufplänen

Verwendung von Stromlaufplänen

Stromlaufpläne werden im Rahmen der Fehlersuche im elektrischen Bordnetz bzw. an elektrischen Bauteilen verwendet. Das Beispiel **(Bild 1)** zeigt den Ablauf einer Fehlersuche an der elektrischen Getriebesteuerung mit Hife eines Stromlaufplans.

Bei der Fehlersuche sind in jedem Fall die Angaben des Herstellers zu beachten!

1. **Auslesen des Fehlerspeichers:**
   Der Fehlercode gibt einen Hinweis auf einen Defekt am Bauteil bzw. an den Leitungen zwischen Bauteil und Steuergerät.

2. **Trennen des Steuergerätesteckers vom Steuergerät:**
   Die Prüfung von Bauteilen bzw. der Leitungen zwischen Bauteil und Steuergerät erfolgt häufig durch eine Widerstandsmessung. Dazu muss der Stecker vom Steuergerät abgezogen werden.
   Achtung: Vorher Zündung ausschalten!
   Im Stromlaufplan ist der abgezogene Stecker durch die unterbrochenen Leitungen zum Steuergerät kenntlich gemacht.

3. **Bestimmung der Prüfpunkte:**
   Mit Hilfe des Stromlaufplans müssen anschließend die Prüfpunkte für die Widerstandsmessung im Steuergerätestecker bestimmt werden.
   Hier: Messung des Leiter- und Spulenwiderstandes zwischen Kontaktnummer 22 und 58 mit einem Ohmmeter.
   Bei Verwendung einer Prüfbox ist zu beachten, dass in der Regel die Kontaktnummern des Steckers den Kontaktnummern der Prüfbox entsprechen.
   Achtung: Herstellerangaben beachten!

4. **Soll-Ist-Vergleich:**
   Wird der vorgegebene Soll-Wert des Herstellers nicht erreicht, muss durch eine Widerstandsmessung der Leitung zwischen Bauteil und Steuergerät ein Leitungsfehler ausgeschlossen werden. Ist der Widerstandswert der Leitung und der Leitungskontakte in Ordnung, ist das Bauteil defekt.

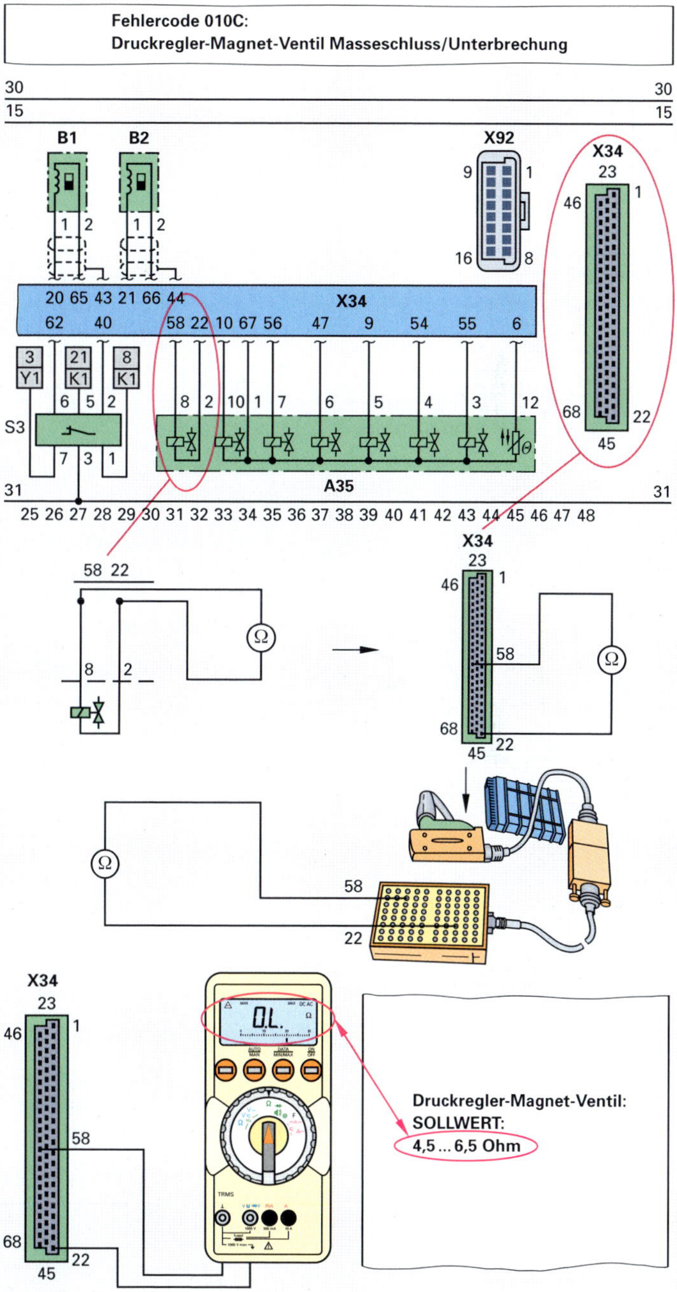

Bild 1: Fehlersuche mit Stromlaufplan an der elektrischen Getriebesteuerung

Befindet sich der Lichtschalter S18 in Stellung 2, so liegt bei eingeschalteter Zündung an Klemme 56 des Abblendschalters S19 Spannung an.

Abblendlicht (Bild 1, rote Hinterlegung). Ist S19 auf Klemme 56b gestellt, so leuchtet, abgesichert über F21/F23 das Abblendlicht.

Fernlicht (Bild 1, blaue Hinterlegung). Ist S19 auf Klemme 56a gestellt, so leuchtet, abgesichert über F22/F24 das Fernlicht. Gleichzeitig leuchtet die blaue Kontrollleuchte H12.

Lichthupe. Wird der Lichthupentaster S20 betätigt, so liegt an den Fernscheinwerfern Spannung an, und sie leuchten auf.

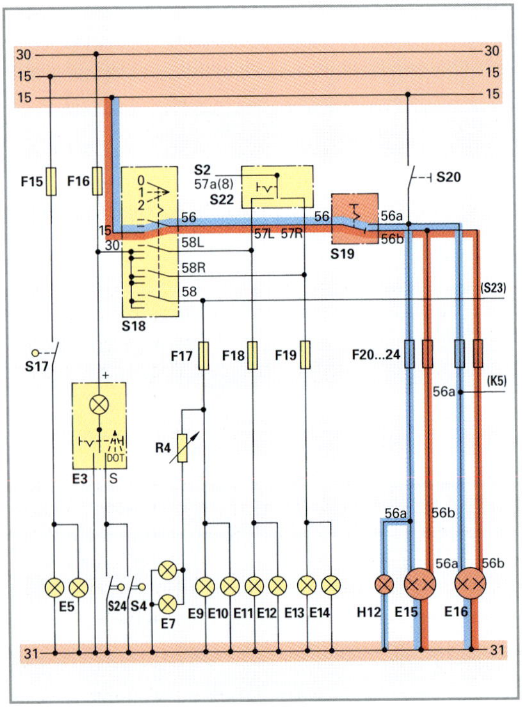

Bild 1: Stromfluss bei Schalterstellung 2 des Lichtschalters

19

Nebelscheinwerfer, Nebelschlussleuchten. Sie sind im Abschnitt 10 des Gesamtstromlaufplans dargestellt.

Nebelscheinwerfer E17/E18. An Klemme 83 des Nebellichtschalters S23 liegt Spannung an, wenn sich der Lichtschalter S18 in Stellung 1 oder 2 befindet.

In Stellung 1 des Nebellichtschalters fließt bei ausgeschaltetem Fernlicht der Strom von 83a über die Steuerspule des Nebellichtrelais K5 zur Klemme 56a und E16 auf Masse 31. Das Relais zieht an und die Nebelscheinwerfer werden von Klemme 30 mit Strom versorgt.

Im Schaltplan **(Bild 2)** ist der Steuerstromkreis des Nebellichtrelais K5 hellgrün und der Arbeitsstrom dunkelgrün hinterlegt.

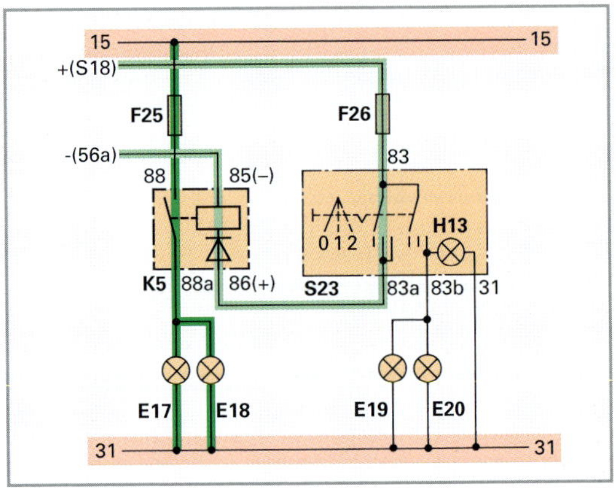

Bild 2: Nebelscheinwerfer, Nebelschlussleuchten

Wird das Fernlicht eingeschaltet, so liegt an der Klemme 56a Plus an. Am Nebellichtrelais liegt zwischen den Klemmen 85 und 86 somit keine Spannung mehr an und das Magnetfeld der Spule bricht zusammen. Der Schalter im Nebellichtrelais wird geöffnet und schaltet das Nebellicht aus.

Nebelschlussleuchten S23. In Stellung 2 des Nebellichtschalters S23 werden die Nebelschlussleuchten E19, E20 und die Kontrollleuchte H13 über Klemme 58 des Lichtschalters S18 mit Spannung versorgt.

Scheinwerferreinigungsanlage (Bild 3). Über den Taster S21 werden die Motoren der Scheinwerferreinigungsanlage M8, M9, M10 bei eingeschalteter Zündung von Klemme 15 mit Strom versorgt. Das Rücklaufen der Wischer in die Ausgangsstellung erfolgt über Klemme 53a. Siehe Wisch- und Spülanlage.

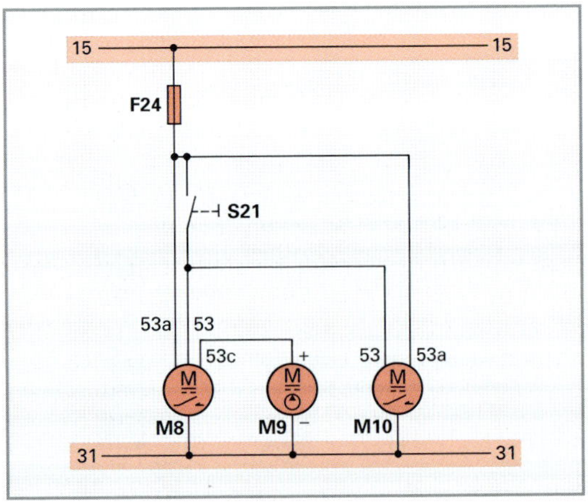

Bild 3: Scheinwerferreinigungsanlage

19.2.2 Signalgeber

Signalgeber haben die Aufgabe, andere Verkehrsteilnehmer zu warnen (Signalhorn, Lichthupe), das Abbremsen des Fahrzeugs erkennbar zu machen (Bremsleuchten), Änderungen der Fahrtrichtung anzuzeigen und das Fahrzeug in Gefahrensituationen kenntlich zu machen (Blinkleuchten).

Signalhorn. Kraftfahrzeuge müssen nach § 55 StVZO über eine Signalhornanlage verfügen. Als Signalhorn (Hupe) werden Aufschlaghörner (Normalhörner) und/oder Fanfarenhörner verwendet.

Aufschlaghorn. Es besteht aus einem Elektromagneten, einer schwingungsfähigen Ankerplatte mit Membran, Schwingungsteller, Membran und einem von der Ankerplatte betätigten Unterbrecher **(Bild 1).**

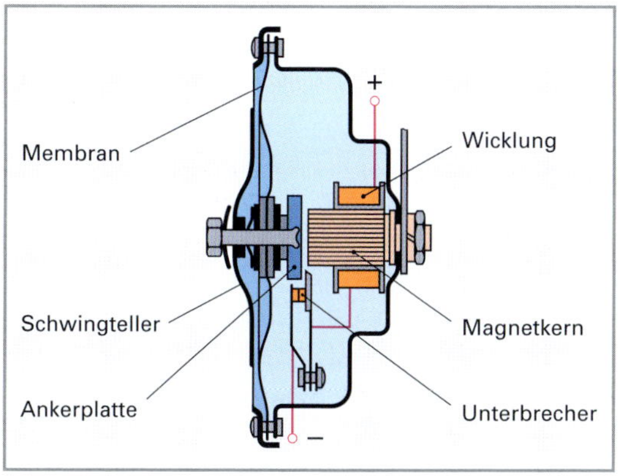

Bild 1: Aufbau des Aufschlaghorns

Beim Einschalten des Signalhorns wird die Ankerplatte mit Membran vom Elektromagneten angezogen. Kurz vor dem Aufschlagen des Ankers auf den Magnetkern öffnet der Unterbrecher den Stromkreis. Die Ankerplatte federt wieder zurück, wodurch der Unterbrecherkontakt schließt. Der Vorgang wiederholt sich so lange, wie das Signalhorn eingeschaltet ist. Durch das Aufschlagen der Ankerplatte auf den Magnetkern (Aufschlaghorn) gerät der mit der Membran verbundene Schwingungsteller in Schwingungen. Die Luftsäule vor dem Schwingungsteller beginnt ebenfalls zu schwingen und erzeugt einen gleichbleibenden Signalton.

Starktonhorn. Es verfügt im Gegensatz zum Normalhorn über eine größere Leistung. Da es nur außerhalb geschlossener Ortschaften verwendet werden darf, muss die Signalhornanlage auch über ein Normalhorn verfügen. Der Fahrer kann über einen Schalter zwischen Normal- und Starktonhorn wählen (siehe Abschnitt Signalanlage).

Fanfarenhorn. Es kann statt des Starktonhorns verwendet werden. In diesem wird wie beim Aufschlaghorn eine Membran durch einen Elektromagneten in Schwingungen versetzt. Die Schwingungen der Luftsäule im Schneckentrichter erzeugen den charakteristischen Fanfarenklang **(Bild 2).**

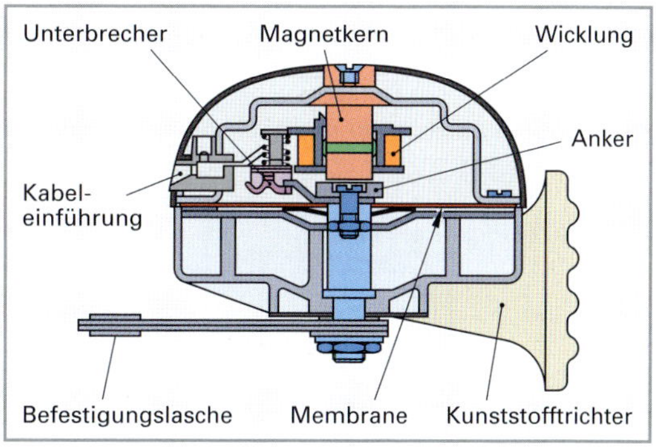

Bild 2: Aufbau des Fanfarenhorns

Kompressorfanfaren. Sie sind Fanfarenhörner, welche durch Luftdruck betrieben werden (Drucklufthörner). Ein elektrisch betriebener Kompressor erzeugt die Druckluft, welche auf den Luftauslass vor dem Trichter geschaltet wird.

Lichthupe. Mit der Lichthupe (§ 16 StVO) darf der Fahrer Leuchtzeichen durch kurzes Aufleuchten des Fernlichts geben, wenn er außerhalb geschlossener Ortschaften überholen will bzw. sich oder andere gefährdet sieht. Die Betätigung erfolgt über den Lichthupentaster (siehe Abschnitt Beleuchtungsanlage).

Bremsleuchten. Sie müssen bei Betätigung der Betriebsbremse (Fußbremse) aufleuchten. Vorgeschrieben sind Bremsleuchten mit rot abstrahlendem Licht. Sie müssen wesentlich heller leuchten als die übrigen rückwärtsgerichteten Beleuchtungseinrichtungen mit Ausnahme der Nebelschlussleuchte.

Blinkleuchten. Sie werden für den Betrieb des Fahrtrichtungsanzeigers bzw. der Warnblinkanlage verwendet (siehe Abschnitt Signalanlage). Vorgeschrieben sind Blinkleuchten mit gelb abstrahlendem Licht an der Vorder- und Rückseite.

Fahrtrichtungsanzeiger. Zum Betrieb der Blinkleuchten werden elektronische Blinkgeber verwendet. Die Blinkfrequenz muss 90 +/– 30 Impulse pro Minute betragen.

Warnblinkanlage. Sie ist für mehrspurige Kraftfahrzeuge vorgeschrieben. Die Warnblinkanlage muss von der Lichtanlage des Fahrzeugs unabhängig und stets in betriebsbereitem Zustand sein. Dazu werden alles Blinkleuchten parallel geschaltet. Das Einschalten muss durch eine rote Kontrollleuchte angezeigt werden.

19.2.3 Relais

Es ist ein elektromagnetisch betätigter Schalter, bei dem die Relaiskontakte durch eine Magnetspule betätigt werden.

Aufbau (Bild 1). Ein Relais besteht aus einer Relaisspule, einem Relaisanker mit Rückstellfeder und den Relaiskontakten.

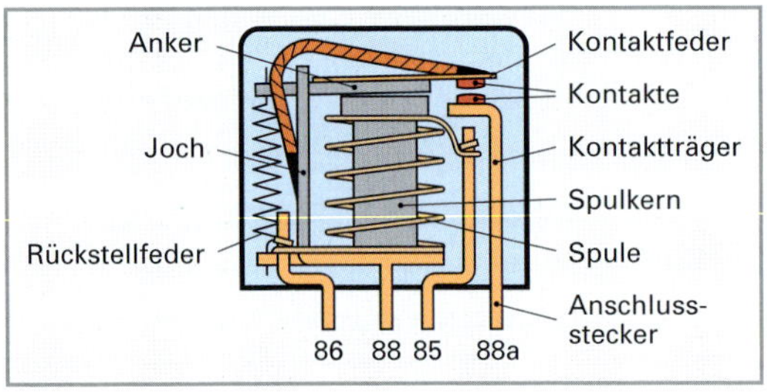

Bild 1: Aufbau eines Relais (Schließer)

Relaisarten. Je nach Art und Anordnung der Schaltkontakte unterscheidet man zwischen Schließer-, Öffner- und Wechsler-Relais.

Schließer-Relais (Bild 2). Es schließt den Schaltkreis zwischen Spannungsquelle und Verbraucher, d.h. der Verbraucher wird eingeschaltet. Der Steuerstrom durch den Elektromagneten (Anschlussklemmen 85 und 86) bewirkt, dass der Schaltanker angezogen wird. Dieser schließt den Schaltkontakt. Dadurch wird der Arbeitsstromkreis (Anschlussklemmen 88 und 88a) geschaltet. Für das Schalten des Arbeitsstromkreises genügt ein vergleichsweise kleiner Steuerstrom.

Verwendung: Z.B. Haupt- und Zusatzscheinwerfer, Signalhorn, Lüftermotor, Fensterheber.

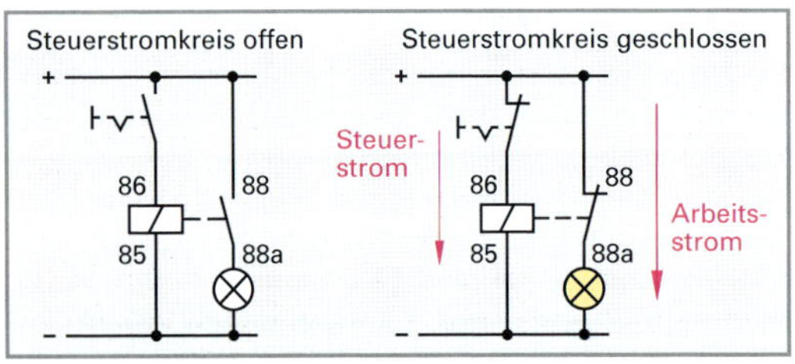

Bild 2: Schließer-Relais mit offenem und geschlossenem Steuerstromkreis

Öffner-Relais (Bild 3). Es öffnet den Schaltkreis zwischen Spannungsquelle und Verbraucher, d.h. der Verbraucher wird abgeschaltet.

Verwendung: Z.B. Unterbrechung der Stromkreise von Verbrauchern während des Startvorgangs, z.B. Hauptscheinwerfer, Heckscheibenheizung, Radio u.a.

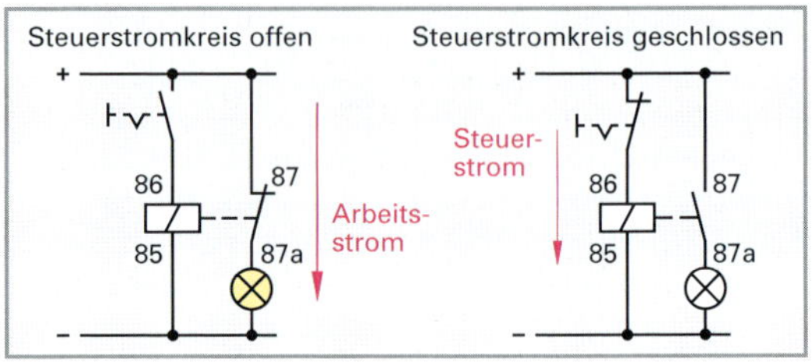

Bild 3: Öffner-Relais mit offenem und geschlossenem Steuerstromkreis

Wechsler-Relais (Bild 4). Es ist eine Kombination aus einem Schließer- und Öffner-Relais, d.h. es betätigt gleichzeitig zwei Schaltkreise. Das Relais wechselt den Stromverlauf von einem Verbraucher auf den anderen, indem der Öffnerkontakt des einen Stromkreises zum Schließerkontakt des anderen Stromkreises wird.

Verwendung: Z. B. Umschalten zwischen zwei Verbrauchern (Glühlampen).

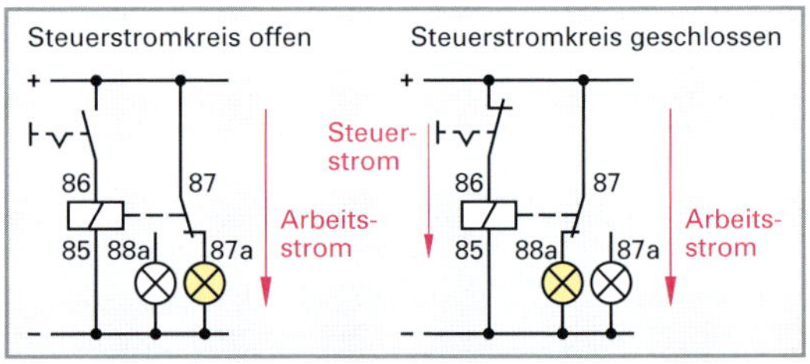

Bild 4: Wechsler-Relais mit offenem und geschlossenem Steuerstromkreis

Das Relais erfüllt die folgenden Aufgaben:

- Durch einen kleinen Steuerstrom (etwa 0,15 A bis 1 A) werden große Lastströme (z.B. bis 2000 A in Startern) geschaltet.
- Die Leitung für den Arbeitsstromkreis zwischen Spannungsquelle und Verbraucher kann kurz gehalten werden. Dadurch wird der Spannungsabfall verringert. Die gering belastete Steuerleitung über den Schalter zur Relaisspule kann entsprechend lang sein. Da die Steuerleitung im Gegensatz zur Arbeitsstromleitung einen wesentlich kleineren Leiterquerschnitt benötigt, werden Kosten und Gewicht gespart.
- Die Kontakte des Schalters für den Steuerstrom werden nur gering belastet. Dadurch können Verbraucher mit großer Anfangsstrombelastung, z.B. Glühlampen und Starter, problemlos geschaltet werden.

Klemmenbezeichnungen am Relais. Sie sind nach DIN 72552 genormt **(Tabelle 1, Seite 551).** In der Praxis werden die alten Klemmenbezeichnungen vielfach noch verwendet. Einige Hersteller verwenden zudem ein eigenes System.

Tabelle 1: Klemmenbezeichnungen am Relais nach DIN 72552

Klemmen-bezeich-nung	Bedeutung	Klemmen-bezeich-nung (alt)
85	Steuerstromkreis (–) Wicklungsende der Spule	85
86	Steuerstromkreis (+) Wicklungsanfang der Spule	86
87	Eingangsklemme Arbeitsstromkreis (Öffner und Wechsler)	30 / 51
87a	Ausgangsklemme Arbeitsstromkreis Öffnerseite	87a
88	Eingangsklemme Arbeitsstromkreis (Schließer)	30 / 51
88a	Ausgangsklemme Arbeitsstromkreis	87

Schutzeinrichtungen im Relais. In Relaiswicklungen entstehen bei Unterbrechung des Stromkreises hohe Induktionsspannungen, die elektronische Bauteile im Stromkreis schädigen können. Die entsprechende Verwendung von Dioden verhindert eine Schädigung **(Bild 2).**

Freilauf- oder Löschdiode (Bild 1). Sie hat die Aufgabe den Stromfluss, der durch die Selbstinduktionsspannung der Spule entsteht, in die Spule zurückfließen zu lassen. Da die Selbstinduktionsspannung der angelegten Spannung entgegengerichtet ist, ist die Diode im Abschaltaugenblick in Durchlassrichtung geschaltet.

Verpolungsschutzdiode (Bild 1). Sie hat die Aufgabe die Freilaufdiode vor Verpolung und damit vor Zerstörung zu schützen. Ohne Verpolungsschutzdiode und bei falscher Polung (Klemme 85 (+) und 86 (–)) liegt die Freilaufdiode an voller Spannung und kann durch den Kurzschlussstrom zerstört werden.

Löschwiderstand (Bild 1). Er kann an Stelle einer Freilauf- bzw. Löschdiode verwendet werden. In diesen Fall ist keine Verpolungsschutzdiode notwendig. Nachteilig ist die im Betrieb entstehende Verlustleistung.

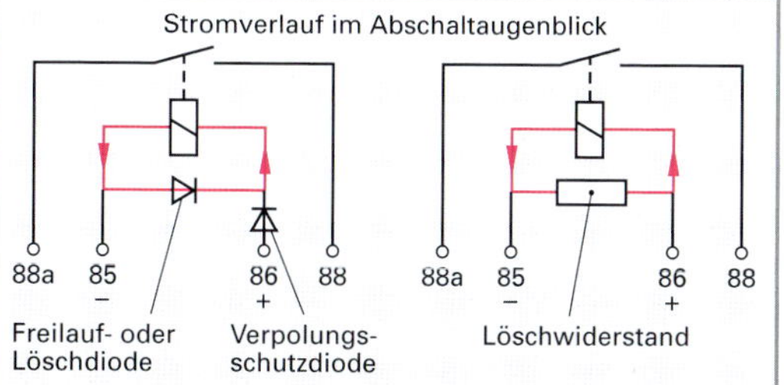

Bild 1: Schließer-Relais mit Freilauf- und Verpolungsschutzdiode

Überspannungsschutzrelais. Es hat die Aufgabe, elektronische Steuergeräte mit Spannung zu versorgen und diese vor Überspannungen zu schützen.

Wirkungsweise (Bild 2). Beim Einschalten der Zündung (Klemme 15) wird der Steuerstromkreis für das Relais geschlossen und dessen Kontakt betätigt. Über den geschlossenen Kontakt wird das Steuergerät mit Spannung versorgt (Pluspotential von Klemme 30 an Klemme 87). Die Z-Diode wird in diesem Zustand im Sperrbereich betrieben und hat keinen Einfluss auf die Schaltung. Überschreitet die Betriebsspannung die Zenerspannung, verringert sich der Widerstand der Z-Diode und die Spannungsspitzen werden direkt an Klemme 31/Masse geleitet. Die Stromstärke steigt an und die Sicherung unterbricht die Spannungsversorgung für das Steuergerät.

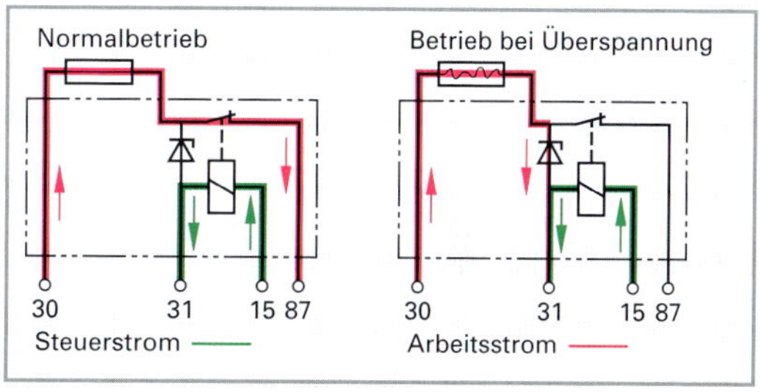

Bild 2: Überspannungsschutzrelais

Reedrelais (Bild 3). Das Reedrelais besteht aus einem schutzgasgefüllten Glasröhrchen, in dem zwei Kontaktzungen (Kontaktpaar) eingebaut sind. Um das Glasröhrchen ist eine Spule aus wenigen Windungen dicken Drahtes gewickelt.

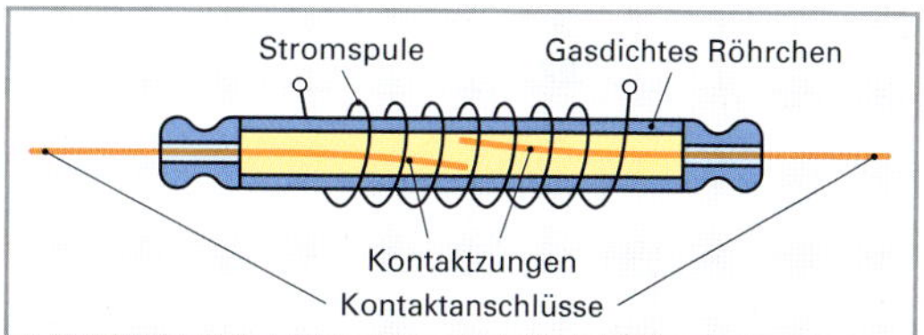

Bild 3: Reedrelais

Wirkungsweise. Wird die Spule von einem Strom durchflossen, bildet sich ein Magnetfeld aus. Dieses wird in den Kontaktzungen, die vergleichbar mit dem Spulenkern sind, gebündelt. Die Feldlinien versuchen sich zu verkürzen und schließen dabei die Kontaktzungen. Wird der Stromfluss unterbrochen, bricht das Magnetfeld zusammen und die Federwirkung der Kontakte öffnet die Kontaktzungen, z.B. bei der Lampenstromüberwachung.

Neben der Betätigung durch das Magnetfeld einer stromdurchflossenen Spule kann das Reedrelais auch durch die Feldlinien eines Dauermagneten betätigt werden, z.B. bei der Füllstandüberwachung.

19.2.4 Beleuchtung im Kfz

Die Aufgaben der lichttechnischen Einrichtungen am Kraftfahrzeug sind:

- Die Ausleuchtung der Fahrbahn, z.B. durch Fernscheinwerfer, Abblendscheinwerfer.
- Die Konturen des Fahrzeugs bei Dunkelheit sichtbar zu machen, z.B. durch Begrenzungs- und Parkleuchten, Rückstrahler.
- Anderen Verkehrsteilnehmern die Bewegungsabsichten des Fahrzeugsführers anzuzeigen, z.B. durch Blinkleuchten, Bremsleuchten.
- Andere Verkehrsteilnehmer zu warnen, z.B. durch Warnblinkanlage.
- Den Fahrzeugführer auf bestimmte Schaltzustände der lichttechnischen Anlage aufmerksam zu machen, z.B. durch die Fernlichtkontrollleuchte.

Die gesetzlichen Vorschriften unterscheiden bei lichttechnischen Einrichtungen zwischen Scheinwerfern, Leuchten und rückstrahlenden Mitteln, z.B. Rückstrahlern **(Bild 1)**.

Scheinwerfer. Sie dienen der Ausleuchtung der Fahrbahn.

Leuchten. Sie sollen es ermöglichen, dass das Fahrzeug erkannt wird und die Absichten des Fahrzeugführers bezüglich seines Fahrverhaltens signalisiert werden.

> An Kraftfahrzeugen müssen die vorgeschriebenen und dürfen zusätzliche, für zulässig erklärte lichttechnische Einrichtungen vorhanden sein.

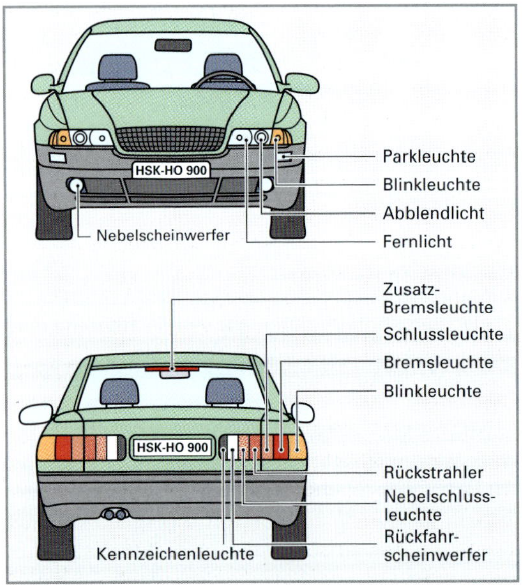

Bild 1: Lichttechnische Einrichtungen

Anordnungsmöglichkeiten von Scheinwerfern für Fern- und Abblendlicht (Bild 2).

Zwei-Scheinwerfersystem. Abblend- und Fernlicht werden in einem gemeinsamen Reflektor abgestrahlt. Das Licht wird von Lampen mit zwei Glühfäden erzeugt, die einen gemeinsamen Reflektor benutzen (Biluxlampe, H4-Halogenlampe).

Vier-Scheinwerfersystem. Ein Scheinwerferpaar wird entweder für Abblend- und Fernlicht oder nur für Abblendlicht ausgelegt. Das zweite Scheinwerferpaar ist ausschließlich für Fernlicht ausgelegt.

Sechs-Scheinwerfersystem. Zusätzlich zum Vier-Scheinwerfersystem darf, je nach Scheinwerferanordnung, noch ein Scheinwerferpaar für Nebel- oder Fernlicht vorhanden sein.

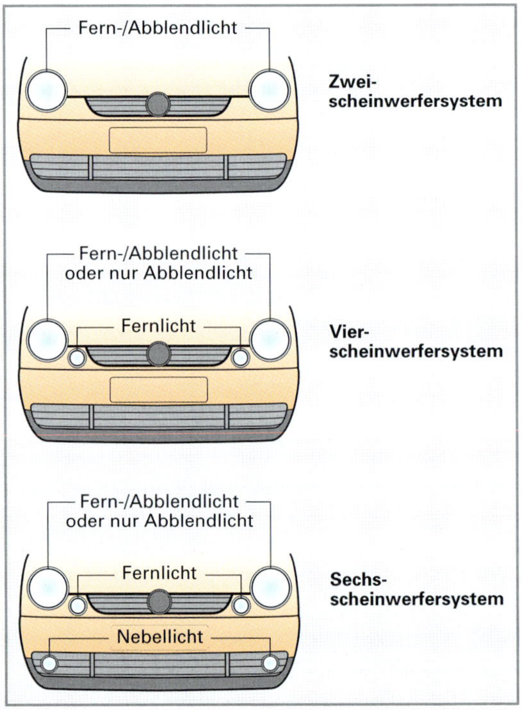

Bild 2: Scheinwerfersysteme

Lichttechnische Einrichtungen müssen ...

- ... fest angebracht sein (außer Klappscheinwerfer).
- ... so angebracht sein, dass sie sich gegenseitig nicht beeinflussen.
- ... ständig betriebsbereit sein.

Paarweise vorhandene Lichttechnische Einrichtungen müssen ...

- ... symmetrisch angebracht sein.
- ... gleichzeitig und gemeinsam einschaltbar sein.
- ... gleiche Farbe und Helligkeit aufweisen.

19.2.4.1 Leuchtmittel

Im Kfz können in Scheinwerfern und Leuchten folgende Lampenarten verwendet werden:

- Metalldrahtlampen
- Neonentladungslampen
- Halogenlampen
- Gasentladungslampen
- Leuchtdioden

Metalldrahtlampen. Der Leuchtkörper (Glühdraht, Wendel) besteht aus Wolfram, das einen Schmelzpunkt von etwa 3400 °C hat. Die Wendel selbst kann Temperaturen bis zu 3000 °C erreichen. Um bei diesen hohen Temperaturen eine Oxidation (Verbrennung) zu verhindern und die entstehende Wärme leichter ableiten zu können, wird der Glaskolben zunächst evakuiert und mit geringen Mengen von Stickstoff und Krypton gefüllt.

Wolfram ist ein Kaltleiter, d.h. es hat in kaltem Zustand einen kleineren Widerstand als in warmem Zustand. Beim Einschalten entsteht deswegen kurzzeitig ein hoher Stromstoß, der zur Zerstörung der Wendel führen kann. Bei den hohen Wendeltemperaturen kann Wolfram abdampfen und den Glaskolben von Innen schwärzen. Dadurch wird die Lichtausbeute vermindert.

Halogenlampen (Bild 1). Es sind Glühlampen, die ein Füllgas mit Halogenzusätzen (Brom, Jod) enthalten. Halogenlampen unterscheiden sich im Betriebsverhalten von Metalldrahtlampen durch …

- … höhere Temperatur des Glühdrahtes und des Glaskolbens.
- … höheren Innendruck der Gasfüllung (bis etwa 40 bar).
- … größere Lichtausbeute wegen der höheren Temperatur des Glühdrahtes.

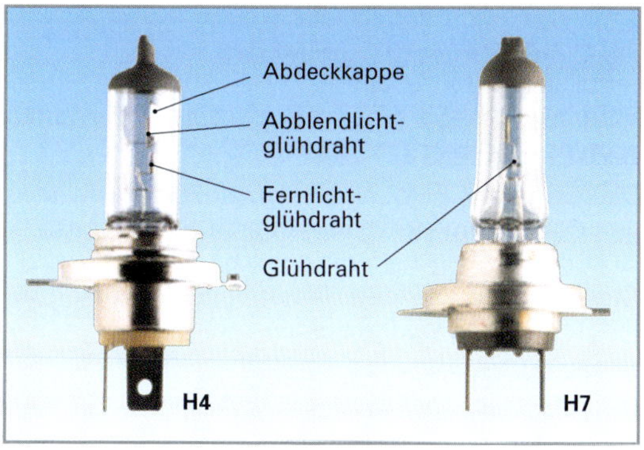

Bild 1: Halogenlampen Typ H4 und H7

Der Kolben der Halogenlampe besteht aus Quarzglas. Er hat sehr kleine Abmessungen, damit er sich im Betrieb bis auf etwa 300 °C erwärmen kann. Die verdampften Wolframpartikel durchlaufen einen chemischen Prozess und setzen sich wieder auf der heißesten Stelle des Glühdrahtes ab (Kreisprozess).

Bei Halogenlampen bleibt der Glaskolben klar, da sich wegen des Kreisprozesses an dieser Stelle kein verdampftes Wolfram absetzen kann.

Gasentladungslampen. Zwischen zwei Elektroden, die sich in einem kleinen, kugelförmigen Glaskolben befinden, wird in einer Xenon-Gas-Atmosphäre durch einen Hochspannungsimpuls ein Lichtbogen gezündet. Die Metallsalze innerhalb des Glaskolbens verdampfen und ionisieren die Funkenstrecke. Dabei senden sie Licht aus und verhindern den Verschleiß der Elektroden.

Im Gegensatz zu den Gasentladungslampen für Reflexionssysteme besitzen die Lampen für Projektionssysteme **(Bild 2)** keine Abschattung auf dem Glaskolben. Die Gasentladungslampen für Reflexionssysteme benötigen die Abschattung zur Erzeugung der Hell-Dunkel-Grenze.

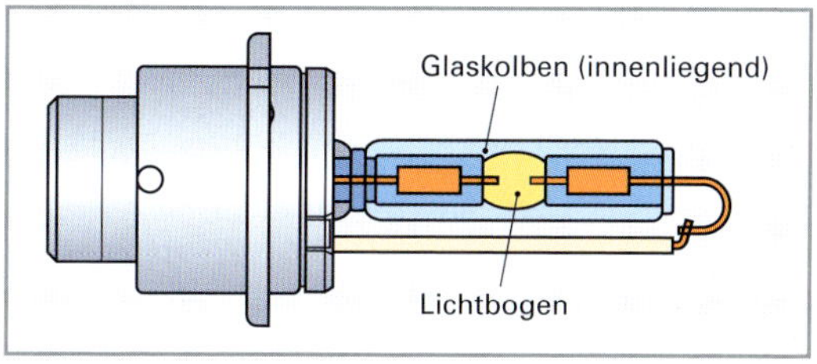

Bild 2: Gasentladungslampe für Projektionssysteme

Gegenüber der Halogenlampe hat die Gasentladungslampe den Nachteil, dass sie zum Erreichen der vollen Beleuchtungsstärke ca. 5 s benötigt. Die Zeit bei der Halogenlampe beträgt lediglich 0,2 s. Um möglichst schnell den erwünschten Betriebszustand zu erreichen erhöht das der Gasentladungslampe vorgeschaltete Steuergerät in der Anlaufphase den Lampenstrom.

Die Vorteile der Gasentladungslampe gegenüber der Halogenlampe sind:

- Bessere Straßenausleuchtung
- Geringerer Stromverbrauch
- Eine von der Bordspannung unabhängige Lichtleistung
- Geringere Wärmeentwicklung
- Höhere Lebensdauer
- Erzeugung einer tageslichtähnlichen Lichtfarbe

Elektronisches Vorschaltgerät (Bild 1, Seite 554). Es ist zum Betrieb von Gasentladungslampen erforderlich. Es zündet die Lampe mit einem Hochspannungsimpuls von bis zu 24 kV, durch den ein Funke zwischen den Elektroden der Lampe überschlägt. Nach dem Lampenstart wird die Lampenleistung konstant auf 35 W bei einer Brennspannung von ca. 85 V geregelt (300-Hz-Wechselspannung).

Wegen der auftretenden Hochspannungen beim Zünden und der hohen Betriebspannung besteht bei unsachgemäßer Wartung bzw. Beschädigung des Scheinwerfers Lebensgefahr.
Sicherheitsvorschriften sind zu beachten!

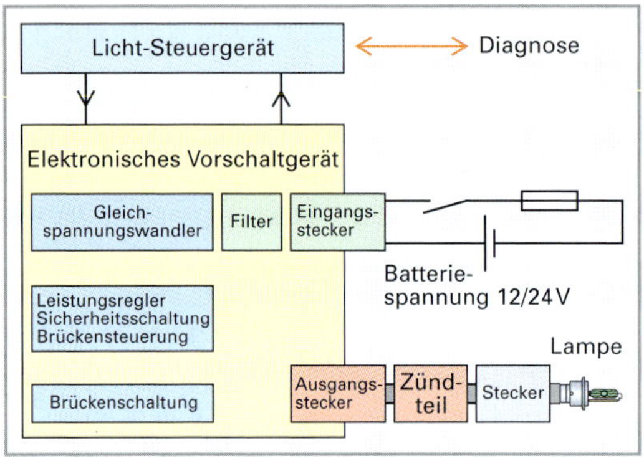

Bild 1: Elektronisches Vorschaltgerät

Kontroll- und Sicherheitsschaltungen. Das Vorschaltgerät ist in der Lage, ein Abreißen des Lichtbogens der Gasentladungslampe beim Zünden und im Betrieb zu erkennen. In diesem Fall unternimmt es zunächst mehrere Versuche zum Nachzünden. Falls diese aufgrund eines Lampen- oder Leitungsdefekts nicht gelingen, wird die Spannung abgeschaltet. Bei diagnosefähigen Systemen wird ein Eintrag im Fehlerspeicher des Steuergerätes vorgenommen. Durch Defekte am Scheinwerfersystem kann es zu Fehlerströmen kommen. Betragen diese mehr als 20 mA unterbricht das Vorschaltgerät die Versorgungsspannung der Lampe.

Neonentladungslampen. Sie sind Gasentladungslampen, die in etwa 0,2 ms die volle Leuchtstärke erreichen. Deswegen werden sie überwiegend in Zusatzbremsleuchten verwendet.

Leuchtdioden (LED). Entsprechend der erforderlichen Beleuchtungsstärke und der gewünschten Lichtfarbe wird eine bestimmte Anzahl von Dioden zu einer Baueinheit zusammengeschaltet. Durch die Mehrfachbestückung wird die Ausfallwahrscheinlichkeit der Gesamtfunktion reduziert. Leuchtdioden haben eine Lebensdauer von ca. 10000 h. Sie werden insbesondere für Bremsleuchten verwendet, da sie im Gegensatz zu den Metalldraht- bzw. Halogenlampen in wesentlich kürzerer Zeit (ca. 2 ms) ihre maximale Leuchtkraft erreichen **(Bild 2)**.

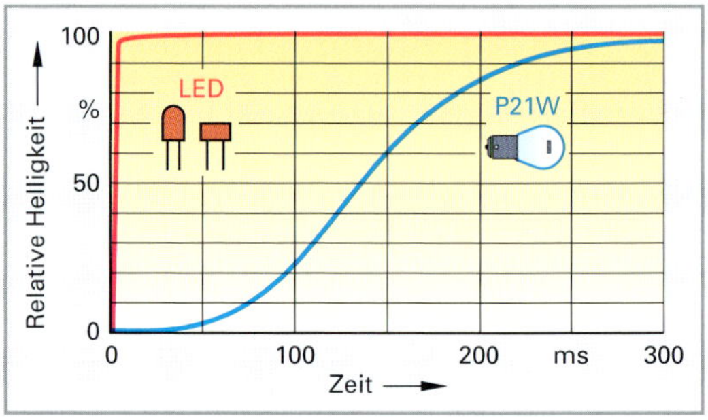

Bild 2: Einschaltverhalten von Leuchtdioden

19.2.4.2 Scheinwerfersysteme mit Halogenlampen (Bild 3)

Sie bestehen im wesentlichen aus:

- **Gehäuse.** Es nimmt den Reflektor mit Streu- bzw. Abschlussscheibe, die Lichtquelle und die Scheinwerfereinstellvorrichtung auf.
- **Reflektor.** Er reflektiert und bündelt das Licht der Glühlampe. Man verwendet paraboloidförmige, ellipsoidförmige oder Freiformreflektoren.

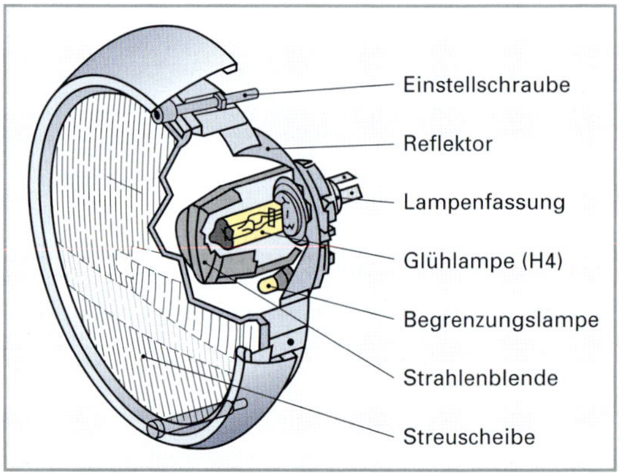

Bild 3: Aufbau eines H4-Scheinwerfers

Scheinwerfersysteme mit paraboloidförmigen Reflektoren (Bild 4)

Die Form eines Paraboloiden entsteht dadurch, dass eine Parabel um ihre Achse rotiert. Die Rotationsachse ist gleichzeitig auch die optische Achse. Es ist ein Brennpunkt vorhanden. Diese Reflektoren sind für Eindraht- und Zweidrahtlampen geeignet.

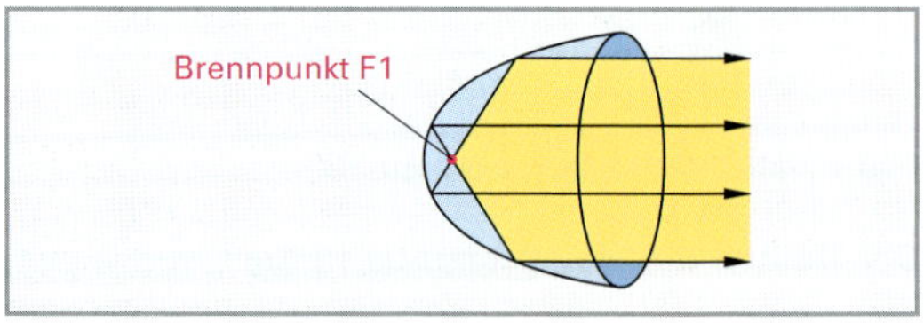

Bild 4: Paraboloidförmiger Reflektor

Anwendung. Diese Scheinwerfersysteme werden in Verbindung mit H4-Zweidrahtlampen für die Erzeugung von Fern- und Abblendlicht eingesetzt.

Fernlicht (Bild 1). Es leuchtet der Fernlichtleuchtdraht, der genau im Brennpunkt des paraboloidförmigen Reflektors liegt. Das Licht wird so reflektiert und gebündelt, dass es parallel zur Scheinwerferachse austritt. Durch die Bündelung erhöht sich die Lichtstärke im Strahlbereich um etwa das Tausendfache gegenüber einer Glühlampe ohne Reflektor.

Abblendlicht (Bild 1). Es leuchtet der Abblendlichtleuchtdraht, der vor dem Brennpunkt des paraboloidförmigen Reflektors liegt. Dadurch erfahren die Lichtstrahlen eine Neigung zur Spiegelachse hin.

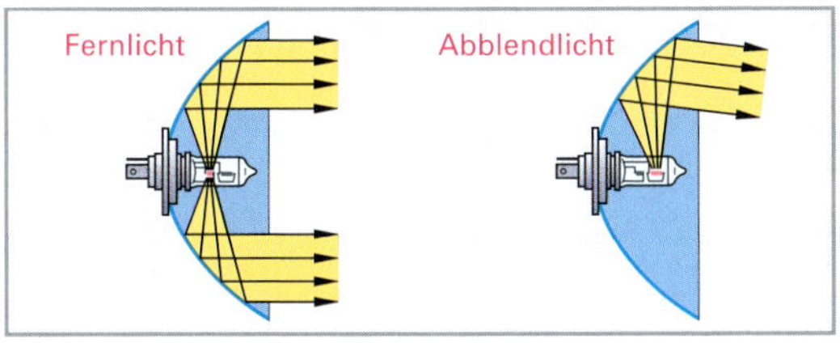

Bild 1: Fern- und Abblendlicht

Damit kein Licht nach unten austritt, ist eine Abdeckkappe unter dem Abblendlichtleuchtdraht angebracht **(Bild 2)**. Dieser verhindert, dass Lichtstrahlen auf die untere Reflektorhälfte auftreffen und nach oben abgestrahlt werden. Außerdem bewirkt sie bei Abblendlicht eine scharfe Abgrenzung des Strahlengangs; es entsteht die Hell-Dunkel-Grenze **(Bild 3)**.

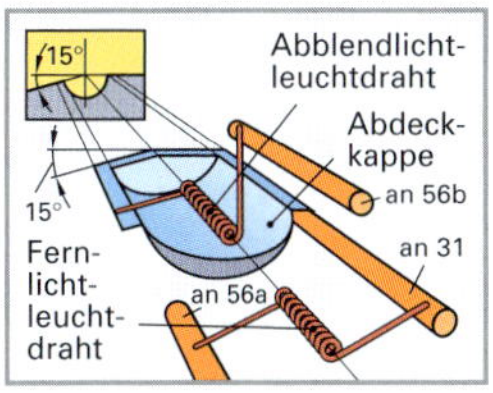

Bild 2: Abdeckkappe für Abblendlicht

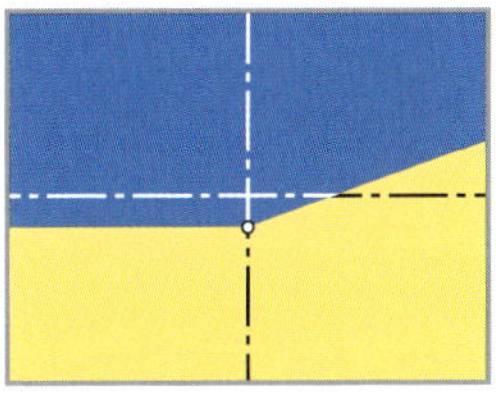

Bild 3: Hell-Dunkel-Grenze

Stufenreflektor (Bild 4). Die Reflektorfläche ist aus mehreren paraboloidförmigen Teilreflektoren verschiedener Brennweite zusammengesetzt (Multifocus-Reflektor).

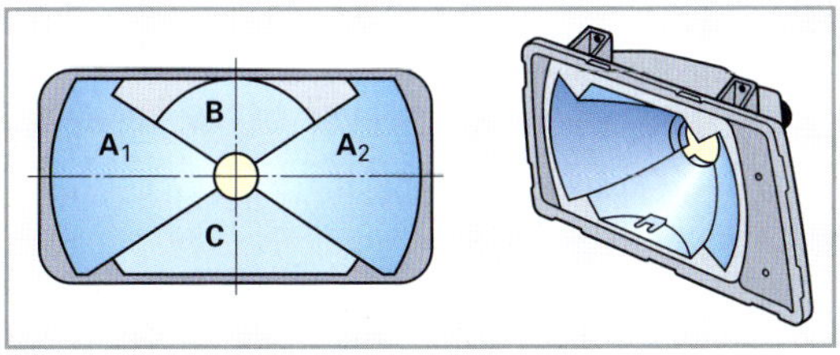

Bild 4: Stufenreflektor

Mit dem Stufenreflektor wird eine höhere Lichtausbeute und bessere Ausleuchtung der Fahrbahn erzielt.

Scheinwerfersysteme mit ellipsoidförmigen Reflektoren (Bild 5).

Die Form des Reflektors entsteht dadurch, dass eine Ellipse um ihre Achse rotiert. Diese ist auch die optische Achse. Es sind zwei Brennpunkte vorhanden.

Anwendung. Diese Reflektoren sind für Abblendlicht bzw. Nebellicht mit Eindrahtlampen geeignet.

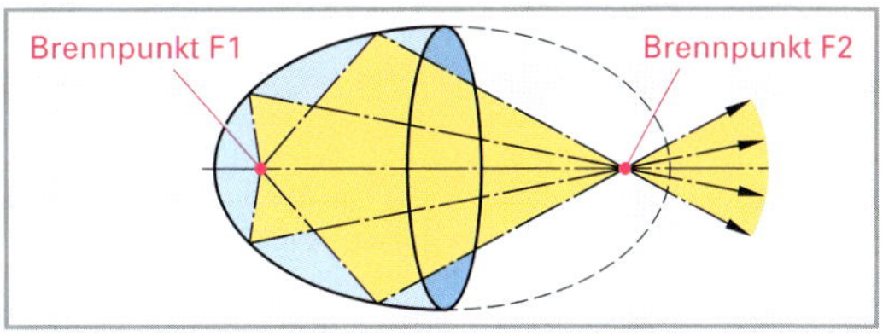

Bild 5: Ellipsoidförmiger Reflektor

Ein Scheinwerfersystem mit Ellipsoid-Reflektor **(Bild 6)** besteht aus:

- Ellipsoidförmigem Reflektor
- Blende
- Streuoptik
- Sammellinse

Im Brennpunkt F1 befindet sich eine Halogen-Eindrahtlampe. Die Lichtstrahlen, die von F1 ausgehen, werden vom Reflektor zum Brennpunkt F2 reflektiert und von dort zur Sammellinse abgestrahlt. Die Sammellinse bündelt das Licht zu einem nahezu parallelen Lichtband.

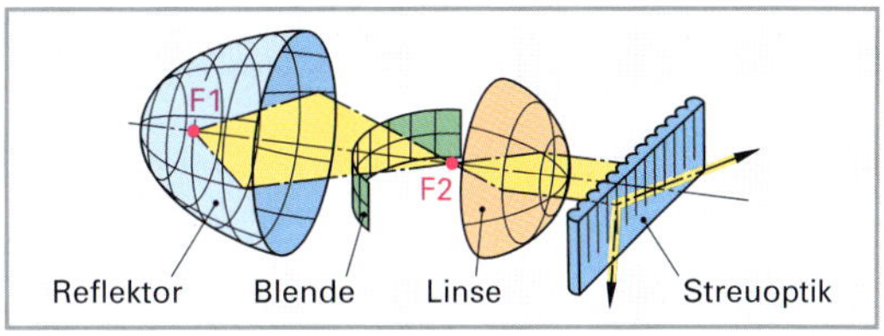

Bild 6: Ellipsoid-Reflektor mit Optik

Die Blende vor dem Brennpunkt F2 bewirkt eine scharfe Hell-Dunkel-Grenze. Die Streuoptik bewirkt eine gleichmäßige Lichtverteilung. Gegenüber paraboloidförmigen Reflektoren wird eine höhere Lichtausbeute erzielt.

Mehrachs-Ellipsoid-Reflektor (Bild 1, Seite 556). Es ist ein Reflektor, dessen Grundform zwei Ellipsen mit gemeinsamem Scheitelpunkt, gemeinsamer Hauptachse und unterschiedlichen Nebenachsen bilden (Herstellerbezeichnungen: DE-Reflektor = Dreiachs-Ellipsoid-Reflektor; PES-Reflektor = Poly-Ellipsoid-Reflektor). Sie bestehen aus dem Reflektor, der Blende und der Sammellinse. Der Reflektor ist wegen seiner komplizierten Form aus Kunststoff hergestellt.

Aufgrund ihrer geometrischen Konstruktion haben diese Reflektoren eine sehr hohe Lichtausbeute mit wenig Streulicht. Die Blende vor dem Brennpunkt bewirkt eine scharfe Hell-Dunkel-Grenze. Die Streuoptik sorgt für eine gleichmäßige Lichtverteilung.

Anwendung. Sie sind für Abblendlicht oder Nebellicht mit Eindraht- bzw. Gasentladungslampen geeignet.

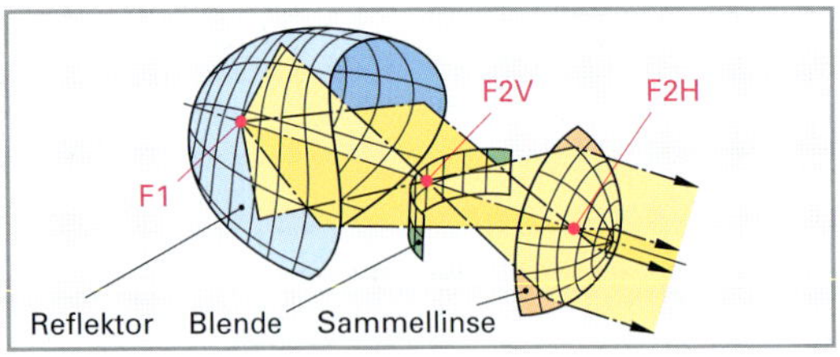

Bild 1: Mehrachs-Ellipsoid-Reflektor mit Optik

Scheinwerfersysteme mit Freiformreflektoren.

Sie sind Reflektoren mit stufenlos variablem Brennpunkt (Fokus). Der Reflektor ist frei im Raum geformt. Jedem Punkt des frei berechneten Reflektors wird dabei ein bestimmter Teil der Straße zur Ausleuchtung zugeordnet **(Bild 2)**.

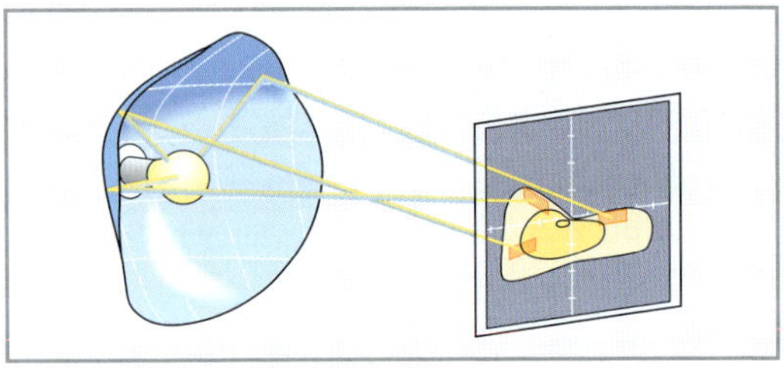

Bild 2: Freiformreflektor

Durch diese Auslegung können nahezu alle Reflektorflächen für Abblendlicht genutzt werden. Diese sind so ausgerichtet, dass das Licht von allen Reflektorsegmenten nach unten auf die Straße reflektiert wird.

Herstellerbezeichnungen sind:

- Freiflächen Reflektor (FF-Reflektor)
- Variabler Fokus Reflektor (VF-Reflektor)
- Homogeneous Numerically calculated Surface (HNS)

Die Gestaltung der Reflektoroberfläche ergibt sich aufgrund der Anforderungen des Fahrzeugherstellers an die Lichtverteilung und Ausleuchtung der Fahrbahn **(Bild 3)**. Dabei kommen den einzelnen Zonen folgende Aufgaben zu:

- **Zone I:** Asymmetrischer Sektor; Ausleuchtung der entfernten Zone der rechten Straßenseite.
- **Zone II:** Symmetrischer Sektor; Ausleuchtung der Zone direkt unter der Hell-Dunkel-Grenze.
- **Zone III:** Nahfeldsektor; primär zur Fahrbahnausleuchtung.
- **Zone IV:** Nahfeldsektor; primär zur Kulissenausleuchtung (Randausleuchtung).

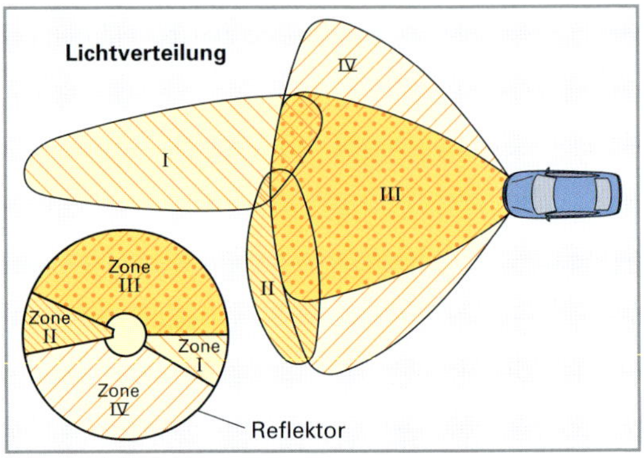

Bild 3: Freiformreflektor – Lichtverteilung

Anwendung. Freiformreflektoren können für alle Arten von Scheinwerfern mit Eindrahtlampen bzw. Gasentladungslampen eingesetzt werden. Beim Abblendlicht kann in der Lampe die Abdeckkappe entfallen. Das gesamte erzeugte Licht steht für die Ausleuchtung der Fahrbahn zur Verfügung.

Weiterhin können die Lichtbrechungselemente in der Streuscheibe entfallen. Die Abdeckung des Reflektors kann mit einer unprofilierten Glas- bzw. Kunststoffscheibe erfolgen.

Scheinwerfersysteme mit Freiformreflektoren und Projektionslinse (Bild 4).

Die Reflektorflächen werden mit Hilfe der Freiflächentechnologie ausgelegt. Das vom Reflektor erfasste Licht wird so gerichtet, dass möglichst viel davon über eine Blende und dann auf die Linse fällt.

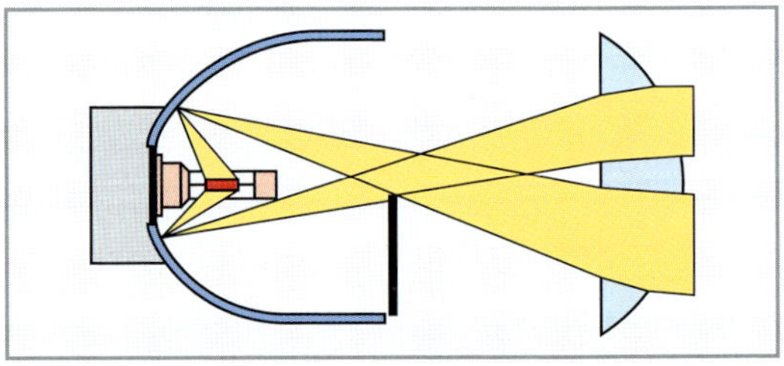

Bild 4: Freiformreflektor mit Projektionslinse

Das Licht wird mit dem Reflektor so gerichtet, dass in Höhe der Blende die Lichtverteilung entsteht, die die Linse auf die Straße projiziert (Herstellerbezeichnung: Super DE). Diese Technik ermöglicht große Streubreiten und bessere Beleuchtung der Straßenseiten. Das Licht lässt sich dicht an der Hell-Dunkel-Grenze konzentrieren.

Anwendung. Das System kann für Scheinwerfer für Abblendlicht mit Eindrahtlampen und für Gasentladungslampen eingesetzt werden.

19.2.4.3 Scheinwerfersysteme mit Gasentladungslampen

Kraftfahrzeuge mit Scheinwerfern für Abblendlicht, die mit Gasentladungslampen ausgestattet sind, müssen über die folgenden technischen Merkmale verfügen:

- Automatische Leuchtweiteregelung
- Scheinwerferreinigungsanlage
- Automatischer Betrieb des Abblendlichts bei eingeschaltetem Fernlicht

Die automatische Leuchtweiteregelung und die Scheinwerferreinigungsanlage verhindern die Blendung des Gegenverkehrs.

Der Scheinwerfer kann als Reflexions- oder als Projektionssystem ausgeführt sein. Bei Projektions-Systemen werden die Reflektoren in der Regel mit Hilfe der Freiflächentechnik hergestellt.

Automatische Leuchtweiteregelung. Sie bewirkt, dass die Scheinwerfer unabhängig vom Beladungszustand des Fahrzeugs automatisch immer richtig eingestellt sind. Achssensoren an der Hinterachse messen die unterschiedliche Einfederung, z.B. durch Beladung. Ein Stellmotor stellt den Scheinwerfer auf die richtige Neigung ein.

Dynamische Leuchtweiteregelung (Bild 1). Sie registriert zusätzlich die Fahrzeuggeschwindigkeit und verarbeitet die Signale der Achssensoren an Vorder- und Hinterachse. Ein Steuergerät stellt mit Hilfe von Schrittmotoren die Neigung der Scheinwerfer ein. Dadurch können schnelle Änderungen der Fahrzeugneigung durch Brems- oder Beschleunigungsvorgänge ausgeglichen werden.

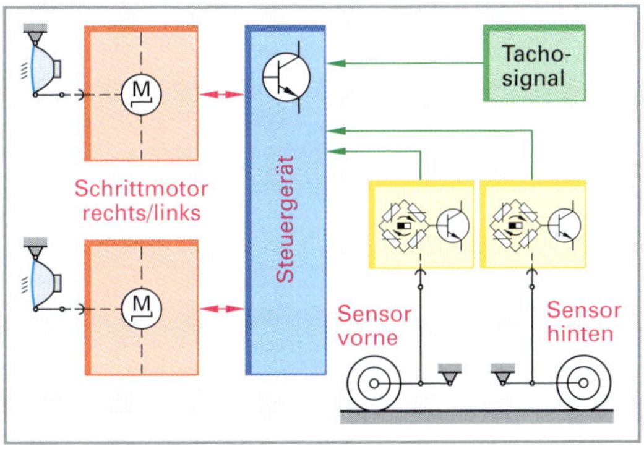

Bild 1: Dynamische Leuchtweiteregelung

Scheinwerfersysteme mit Gasentladungslampen, die sowohl Fernlicht als auch Abblendlicht erzeugen (Herstellerbezeichnung: Bi-Xenon, Bi-Litronic), verfügen neben der Scheinwerfereinheit mit Gasentladungslampe in der Regel über ein zusätzliches Fernlicht, z.B. mit einer H7-Lampe.

Die Umschaltung zwischen Fern- und Abblendlicht erfolgt im Bi-Xenon-Scheinwerfermodul mit Hilfe einer mechanischen Blende (Shutter). Diese wird mit Hilfe eines Elektromagneten verstellt **(Bild 2)**.

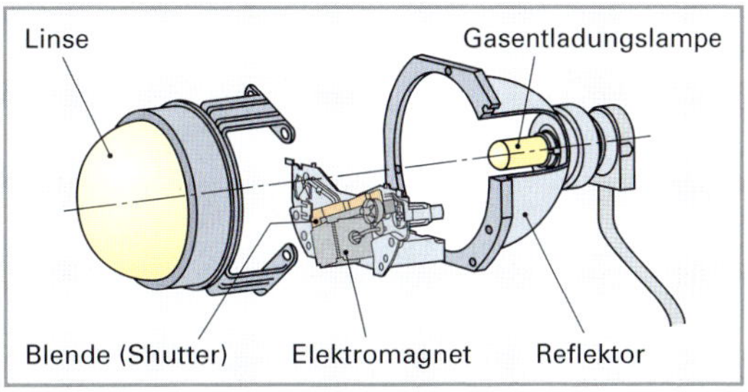

Bild 2: Bi-Xenon-Scheinwerfermodul

Durch die Blende wird für das Abblendlicht ein Teil des in der Lampe erzeugten Lichts abgeschirmt und damit die erforderliche Hell-Dunkel-Grenze erzeugt. Bei der Fernlichtstellung der Mechanik wird das ganze in der Lampe erzeugte Licht durchgelassen **(Bild 3)**.

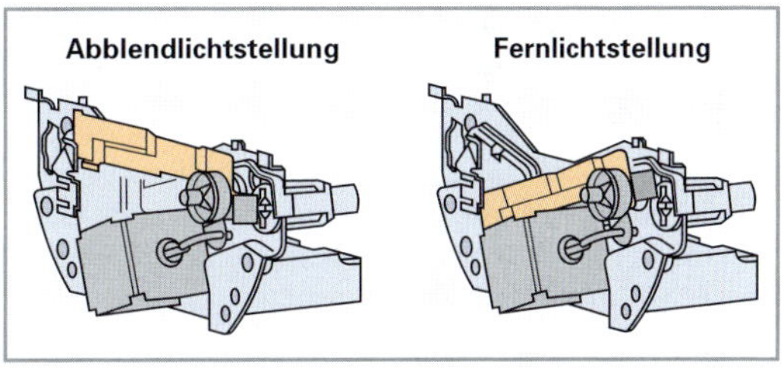

Bild 3: Mechanische Blende (Shutter)

19.2.4.4 Adaptive Scheinwerfersysteme

Adaptive Scheinwerfersysteme sind in der Lage, sich verschiedenen Fahr-, Licht- und Wettersituationen anzupassen.

Dynamisches Kurvenlicht. Es ermöglicht die Anpassung des Scheinwerfers bei Kurvenfahrt. In Abhängigkeit vom gerade gefahrenen Kurvenradius werden die Scheinwerfer um die Hochachse geschwenkt.

Statisches Kurvenlicht (Abbiegelicht). In sehr engen Kurven, z.B. Kreuzungen, wird zur Hauptlichtfunktion ein Zusatzscheinwerfer zugeschaltet, der den Bereich neben dem Fahrzeug ausleuchtet **(Bild 4)**.

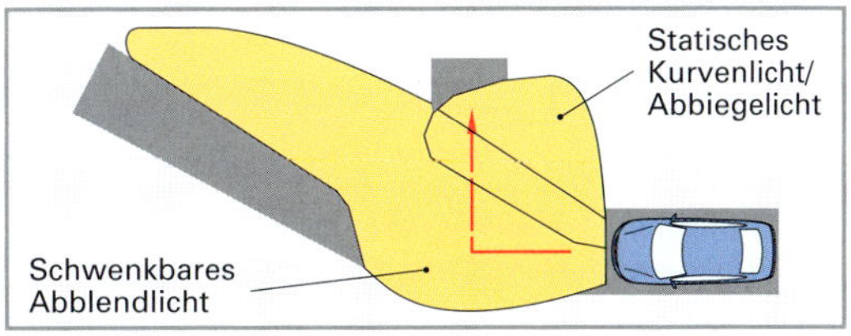

Bild 4: Kurvenlicht

19

Aufbau. Das Scheinwerfersystem besteht aus einem Zusatzscheinwerfer mit Halogenlampe und einem Projektormodul mit Schwenkvorrichtung **(Bild 1)**.

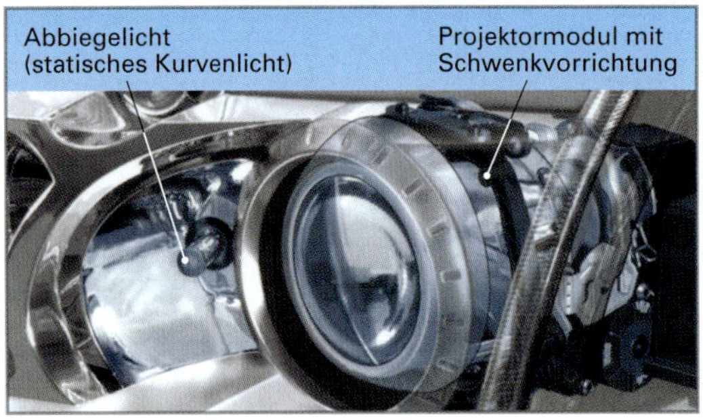

Bild 1: Scheinwerfersystem mit dynamischem Kurvenlicht

Wirkungsweise. Das Projektormodul verfügt als Bi-Xenon-System über eine bewegliche Blende zum Umschalten zwischen Fern- und Abblendlicht. Für das Kurvenlicht wird der Projektor über ein Schneckengetriebe mit Schrittmotor entsprechend dem Kurvenradius um die senkrechte Achse geschwenkt **(Bild 2)**. Die Erkennung des Kurvenradius erfolgt mit Hilfe von Sensoren, welche entweder den Einschlagwinkel des Lenkrades oder die Drehung des Fahrzeugs um die Hochachse messen. Ein Steuergerät verarbeitet die Sensorsignale und betätigt den Schrittmotor für die Schwenkvorrichtung.

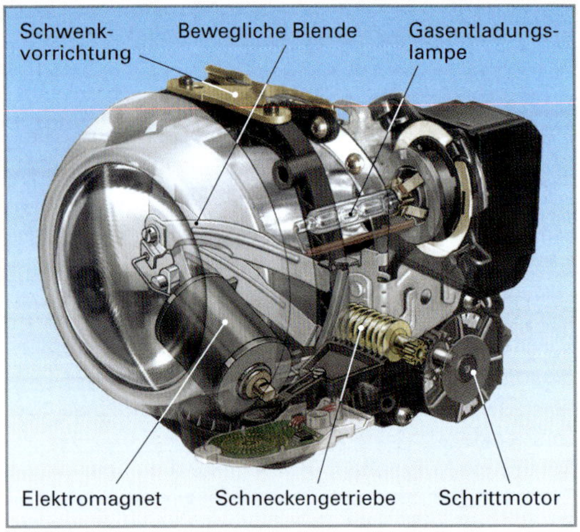

Bild 2: Projektormodul mit Schwenkvorrichtung

Das Abbiegelicht wird eingeschaltet, sobald das Steuergerät einen Abbiegevorgang erkennt, d.h. wenn das Fahrzeug einen entsprechend kleinen Kurvenradius durchfährt.

Bei modernen Bi-Xenon-Lichtsystemen wird die Variabilität der Lichtverteilung vergrößert, indem das Projektormodul mit einer elektrisch angetriebenen Blendenwalze ausgestattet wird **(Bild 3)**.

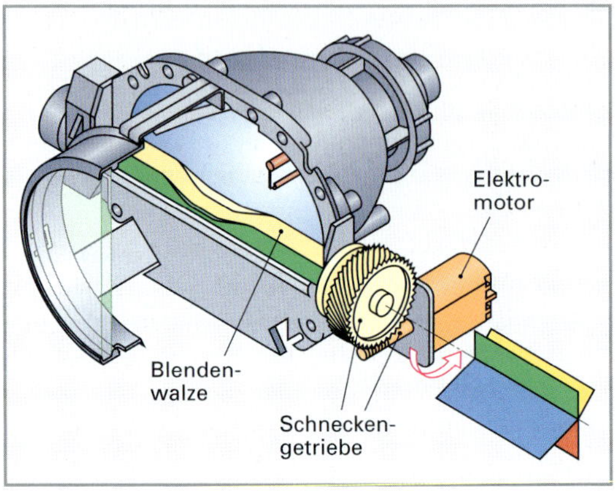

Bild 3: Blendenwalze

Durch Drehungen der Blendenwalze lassen sich in Verbindung mit der Schwenkvorrichtung verschiedene Lichtfunktionen verwirklichen.

Mit Hilfe einer automatischen Fahrtlichtsteuerung werden entsprechend den aktuellen Lichtverhältnissen und Fahrzuständen zusätzliche Lichtfunktionen geschaltet.

Beispiele für zusätzliche Lichtfunktionen sind:

- Basislicht
- Führungsnebellicht
- Stadtlicht
- Autobahnlicht
- Spielstraßenlicht

Der Funktionsumfang des Kurvenlichts bzw. Abbiegelichts bleibt erhalten.

Automatische Fahrlichtsteuerung. Sensoren im Bereich der Windschutzscheibe erfassen die Lichtverhältnisse und geben die Information an das Steuergerät weiter. Das Steuergerät erhält außerdem Informationen über die Geschwindigkeit und den Lenkwinkel des Fahrzeugs. Die Blendenwalze und die Schwenkvorrichtung des Scheinwerfermoduls werden daraufhin in die entsprechende Stellung gedreht.

Fernlichtassistent. Die automatische Fahrlichtsteuerung kann um den Fernlichtassistenten erweitert werden. Er optimiert den Einsatz des Fernlichts auf jene Fahrsituationen, in welchen Fernlicht erlaubt und erwünscht ist. Dadurch erhöht sich insgesamt die Zeit, in der das Fernlicht eingeschaltet ist. Der Fahrer wird durch das automatische Aktivieren und Deaktivieren des Fernlichts entlastet. Die unbeabsichtigte Blendung des Gegenverkehrs wird verhindert.

Eine Kamera an der Vorderseite des Innenspiegels erfasst die Lichtverhältnisse und steuert das automatische Ein- und Ausschalten des Fernlichts.

Der Fernlichtassistent schaltet das Fernlicht automatisch aus, sobald Gegenverkehr oder vorausfahrender Verkehr in Sicht ist. Das Fernlicht wird ebenfalls ausgeschaltet, wenn das System eine ausreichende Beleuchtung, z.B. in geschlossenen Ortschaften, erkennt sowie bei niedrigen Geschwindigkeiten, z.B. unterhalb von 60 km/h.

Basislicht (Abblendlicht bzw. Landstraßenlicht). Gegenüber dem herkömmlichen Abblendlicht wird der linke und rechte Fahrbahnrand heller und weiträumiger als bisher ausgeleuchtet. Es wird zwischen 50 und 100 km/h aktiviert.

Stadtlicht. Im Stadtlichtmodus wird bei einer Geschwindigkeit unterhalb von 50 km/h mit einer gegenüber dem Basislicht reduzierten Reichweite und breiteren Lichtverteilung gefahren.

Spielstraßenlicht. Bei Geschwindigkeiten zwischen 5 und 30 km/h werden die Lichtkegel beider Scheinwerfer um jeweils acht Grad zum Straßenrand hin geschwenkt.

Führungsnebellicht. Es unterstützt das herkömmliche Nebellicht. Dazu werden die Randbereiche der Fahrbahn zusätzlich ausgeleuchtet. Der Fahrer erkennt dadurch den Straßenrand sowie die Leitpfosten und Fahrbahnmarkierungen besser. Dazu werden beide Scheinwerfer nach außen geschwenkt und gleichzeitig abgesenkt. Das Führungsnebellicht wird automatisch aktiviert, sobald die Nebelschlussleuchte eingeschaltet ist und das Fahrzeug mit einer Geschwindigkeit von mehr als 70 km/h fährt. Ab 100 km/h wird es automatisch ausgeschaltet.

Schlechtwetterlicht. Es wird aktiviert, wenn der Regensensor Niederschlag feststellt oder der Scheibenwischer läuft. Dazu wird der Lichtkegel auf der linken Seite verkürzt und gleichzeitig die Lichtleistung von 35 auf 32 Watt verringert. Dadurch werden die Lichtreflexionen auf nasser bzw. spiegelnder Fahrbahn verringert. Die Leistung des rechten Scheinwerfers wird von 35 auf 38 Watt erhöht, damit die Sicht am Fahrbahnrand verbessert wird.

Autobahnlicht. Ab einer Geschwindigkeit von 100 km/h wird die Fahrbahn weiter ausgeleuchtet und die Lichtleistung der Scheinwerfer erhöht.

Fernlicht. Gegenüber herkömmlichen Lichtsystemen wird die Lichtleistung der Scheinwerfer von 35 auf 38 Watt erhöht.

WERKSTATTHINWEISE

Fehlerbeseitigung an der Beleuchtungsanlage (Glühlampen)

Beanstandung: Glühlampe leuchtet nicht

Mögliche Ursache	Prüfung	Fehlerbehebung
Glühdraht durchgebrannt	Widerstands- bzw. Sichtprüfung	Glühlampe ersetzen
Sicherung defekt	Widerstands- bzw. Sichtprüfung	Sicherung ersetzen
Leitungsunterbrechung	Widerstands- bzw. Spannungsmessung	Leitung instandsetzen

Beanstandung: Glühlampe leuchtet schwach

Mögliche Ursache	Prüfung	Fehlerbehebung
Übergangswiderstand in Leitungen bzw. an Kontakten	Widerstands- bzw. Spannungsmessung	Übergangswiderstand beseitigen
Batterie nicht voll geladen	Prüfung der Batteriespannung	Batterie laden bzw. ersetzen
falsche Glühlampe verwendet (24V-Glühlampe in 12V-Anlage)	Sichtprüfung	Glühlampe ersetzen

Einstellung von Scheinwerfern mit automatischer Leuchtweiteregelung

Bei Fahrzeugen mit automatischer Leuchtweiteregelung erfolgt die Grundeinstellung der Scheinwerfer mit Hilfe von Diagnosegeräten im Einstellmodus. Dazu muss das Fahrzeug wie bei der Einstellung von herkömmlichen Scheinwerfersystemen vorbereitet sein. Über das Diagnosegerät wird die Regellage der Scheinwerfer eingelernt. Diese Arbeit muss z.B. nach dem Austausch von Scheinwerfersystemen durchgeführt werden. Eine nicht oder falsch durchgeführte Grundeinstellung kann die Ursache für eine fehlerhaft arbeitende Leuchtweiteregelung sein.

Weitere mögliche Ursachen sind:

- Stellmotor am Scheinwerfer defekt
- Verkabelung beschädigt / Stecker korrodiert
- Sensoren für Fahrzeugniveau defekt
- Koppelstangen zwischen Sensoren und Fahrwerk verbogen oder beschädigt
- Steuergerät für Leuchtweiteregelung defekt

Scheinwerfersysteme in LED-Technik

Scheinwerfersysteme in LED-Technik erzeugen eine dem Tageslicht ähnliche Lichtfarbe.

Weiße LEDs haben eine Farbtemperatur von ungefähr 5500 Kelvin (Tageslicht: ca. 6000 Kelvin). Bei Xenon-Scheinwerfersystemen beträgt die Farbtemperatur lediglich ca. 4000 Kelvin.

Weitere Vorteile von Scheinwerfersystemen in LED-Technik gegenüber herkömmlichen Systemen sind:

- Die kompakten Abmessungen der LED-Systeme erlauben eine große Designfreiheit.
- Scheinwerfersysteme mit LED-Technik haben gegenüber Scheinwerfersystemen mit Glühlampen einen niedrigeren Energieverbrauch.
- LEDs sind verschleißfrei.

Aufbau. Ein LED-Scheinwerfersystem setzt sich aus mehreren LED-Einheiten (sog. Arrays) zusammen. Diese bestehen aus dem LED-Chip inkl. Kühlkörper und ggf. Reflektoren sowie einer Freiformlinse **(Bild 1)**. Die einzelnen LED-Einheiten werden über eine Steuerelektronik geschaltet.

Bild 1: LED-Einheit

19

Funktion. Die Lichtverteilung auf der Fahrbahn wird entsprechend den einzelnen Schaltstufen durch gruppierte LED-Einheiten erzeugt **(Bild 2)**. Dazu werden je nach Schaltstufe die jeweiligen LED-Einheiten an- bzw. ausgeschaltet. Für die Schaltung des Tagfahrlichts können einzelne LED-Einheiten mit einer reduzierten Leistung geschaltet werden.

Die Kühlung der LED-Einheiten erfolgt durch Kühlkörper. In einigen Systemen sorgen im Lichtmodul verbaute Lüfter für die Zirkulation der Luft zur Abdeckscheibe und damit für eine zusätzliche Kühlung.

Mit LED-Scheinwerfersystemen lassen sich grundsätzlich alle Funktionen der adaptiven Scheinwerfersysteme darstellen.

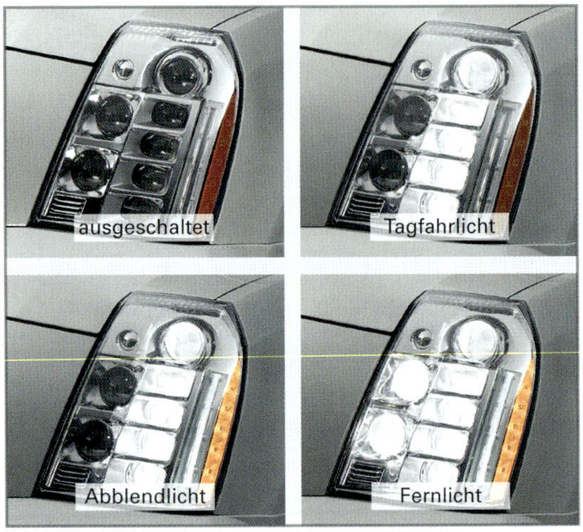

Bild 2: Schaltstufen des Fahrlichts

19.2.4.5 Nachtsichtsysteme

Nachtsichtsysteme ergänzen die herkömmlichen Scheinwerfersysteme in Kraftfahrzeugen, indem sie Wärme abstrahlende Objekte, z.B. Menschen oder Tiere, für den Fahrer bis zu einer Entfernung von 300 Metern erkennbar machen.

Aufbau. Das System besteht aus einer Wärmebildkamera und einem Display für die Bilddarstellung. Einige Systeme arbeiten zusätzlich mit einem Infrarotscheinwerfer. Dadurch wird die Sichtbarkeit und Darstellung der Objekte verbessert.

Funktion. Wenn der Fahrer das Nachtsichtsystem aktiviert hat, erfasst die Wärmebildkamera die Objekte vor dem Fahrzeug. Auf einem Display, z.B. des Navigationssystems, wird der Bereich vor dem Fahrzeug so dargestellt, dass Wärme abstrahlende Objekte weiß hervorgehoben werden **(Bild 3)**. Der Fahrer hat die Möglichkeit, den Kontrast und die Helligkeit der Darstellung anzupassen.

Bild 3: Darstellung auf dem Display des Navigationssystems

19.2.5 Spannungsversorgung und Bordnetz

Zur sicheren Versorgung der elektrischen Anlage des Kraftfahrzeuges mit elektrischer Energie dient ein System aus Spannungserzeugung, Spannungsregelung und Ladungsspeicherung.

Bei laufendem Motor versorgt der Generator das Bordnetz mit elektrischer Energie und lädt die Batterie auf. Der Generator erzeugt einen Drehstrom, der gleichgerichtet wird und die elektrischen Verbraucher versorgt **(Bild 1)**.

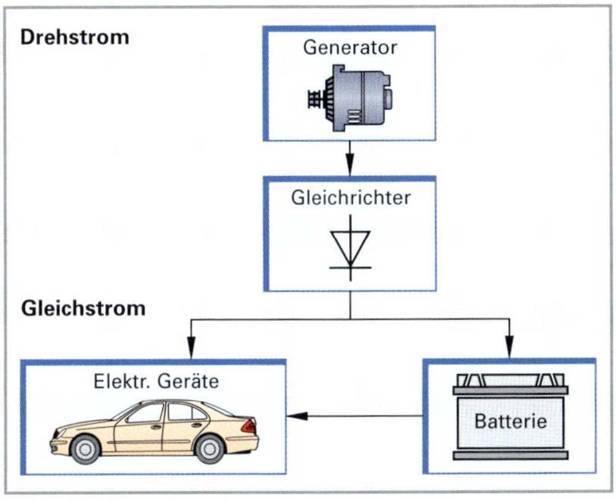

Bild 1: Elektrisches Bordnetz

Bei Leerlauf und gegebenenfalls bei Stillstand des Motors übernimmt die Batterie die Versorgung des Bordnetzes. Beim Start liefert die Batterie zusätzlich die gesamte Energie für den Anlassvorgang.

Der Bedarf an elektrischer Energie hat bei Kraftfahrzeugen stark zugenommen. Mit dem Drehstromgenerator wird derzeit ein elektrischer Leistungsbedarf bis ca. 2000 W abdeckt.

Dieser Bedarf entsteht durch zunehmende elektronische Regelungen sowie Sicherheits- und Komfortelektronik wie zum Beispiel

- Elektronische Zünd- und Einspritzsysteme
- Eigenüberwachung
- Sitz- und Standheizung
- Fenster- und Spiegelbeheizung
- Elektrisch angetriebene Lüfter
- Klimaanlagen mit bis zu 10 Elektromotoren
- ABS, ESP

Der durchschnittliche Wirkungsgrad eines Generators im Kraftfahrzeug beträgt ca. 60 %. Gibt er bei diesen Bedingungen eine Stunde lang eine Leistung von 2000 W ab, so verbraucht er zur Erzeugung dieser Energie etwa 1 Liter Kraftstoff.

19.2.5.1 Starterbatterie

Die Starterbatterie liefert und speichert die Energie für die elektrischen Systeme in einem Kraftfahrzeug. Da sie wiederaufladbar ist wird sie auch als Akkumulator bezeichnet.

Aufbau (Bild 2)

Batteriezelle. Die Starterbatterie besteht aus mehreren Zellen. Eine Zelle besteht aus den positiven und negativen Bleiplatten. Um Berührung und Kurzschluss zu vermeiden sind sie durch Separatoren getrennt. Damit ein hoher Strom fließen kann, muss eine große Plattenoberfläche vorhanden sein. Deshalb sind die Zellen mit möglichst vielen dünnen Elektrodenplatten bestückt. Die Zellen werden zu Blöcken zusammengefasst. Eine Zelle liefert eine Nennspannung von 2 Volt. Durch Verbinden der Zellen in Reihenschaltung ergeben sich je nach Anzahl der Zellen 6 Volt oder 12 Volt.

Elektrolyt. Er füllt den Raum zwischen den Bleiplatten und dem Separator aus. Über den Plattensätzen befindet sich der Elektrolytvorratsraum. Unter den Platten ist ein Schlammraum, der abgelöstes Blei aufnimmt.

Gehäuse. Ein Blockkasten umschließt die Zellen. Mit dem Blockdeckel, der die Verschluss- und Einfüllstopfen enthält, wird die Batterie geschlossen. Um eine Befestigung an der Fahrzeugkarosserie zu ermöglichen ist eine Leiste seitlich am Boden angegossen.

Pole. Über sie wird die Gesamtspannung (Klemmenspannung) abgenommen und die Batterie mit dem Bordnetz verbunden. Die Pole sind mit + und – gekennzeichnet. Um sie gegen Vertauschen zu sichern hat der Pluspol einen größeren Durchmesser **(Bild 2)**.

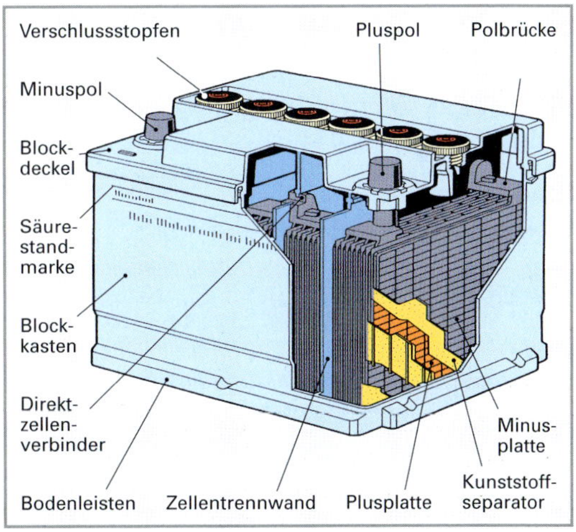

Bild 2: Starterbatterie

19

Elektrochemische Vorgänge

Geladener Zustand (Bild 1a)

Die aktive Masse der positiven Platten besteht aus braunem Bleidioxid (PbO_2), die der negativen Platten aus grauem Blei (Pb). Der Elektrolyt ist verdünnte Schwefelsäure (H_2SO_4) mit einer Konzentration von 37 % und einer Dichte von ϱ = 1,28 g/cm³.

Entladevorgang (Bild 1b)

Die Stromentnahme bewirkt in der Zelle eine elektrochemische Reaktion. Das braune Bleidioxid der Plusplatten und das graue Blei (Pb) der Minusplatten wird in weißes Bleisulfat ($PbSO_4$) umgewandelt. Dabei wird Schwefelsäure (H_2SO_4) umgesetzt. Es entsteht Wasser (H_2O) und die Säuredichte verringert sich **(Bild 1c)**.

$$PbO_2 + 2\,H_2SO_4 + Pb \Rightarrow PbSO_4 + 2\,H_2O + PbSO_4$$

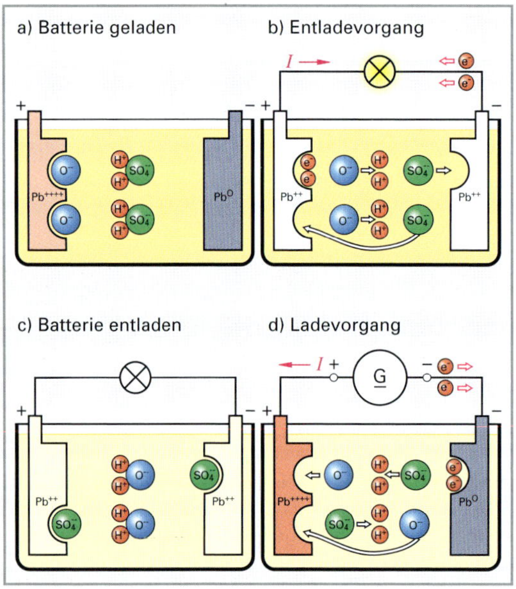

Bild 1: Elektrochemische Vorgänge beim Laden und Entladen

Entladener Zustand (Bild 1c)

Beide Platten haben sich zu Bleisulfat ($PbSO_4$) umgebildet. Die Säuredichte ist auf etwa 1,12 g/cm³ gesunken, die Säurekonzentration auf 12 %.

Ladevorgang (Bild 1d)

Unter Stromzuführung kehrt sich die elektrochemische Reaktion um. Das weiße Bleisulfat ($PbSO_4$) der Plusplatten wird in braunes Bleidioxid (PbO_2), und das der Minusplatten in graues Blei (Pb) umgewandelt. Dabei wird Wasser (H_2O) umgesetzt. Es entsteht Schwefelsäure (H_2SO_4). Die Säuredichte erhöht sich **(Bild 1a)**.

$$PbSO_4 + 2\,H_2O + PbSO_4 \Rightarrow PbO_2 + 2\,H_2SO_4 + Pb$$

Batterie-Kennzeichnung

Um die Starterbatterien verschiedener Hersteller vergleichen und austauschen zu können, ist eine Typbezeichnung auf dem Batteriegehäuse nach europäischer Norm (EN 60095-1) vorgeschrieben.

Die Kennzeichnung **(Bild 2)** setzt sich aus der neunstelligen europäischen Typnummer ETN (z.B. **544 105 045**) zusammen. Diese enthält

- die Nennspannung, z.B. Kennziffer 5: 12 V,
- die Nennkapazität, z.B. Kennziffer 44: 44 Ah,
- Informationen über die Form der Batterie und Befestigung im Fahrzeug, Kennziffer 105, sowie
- den Kälteprüfstrom, z.B. Kennziffer 045: 450 A.

In Deutschland ist zusätzlich die Typbezeichnung nach DIN 72310 angegeben.

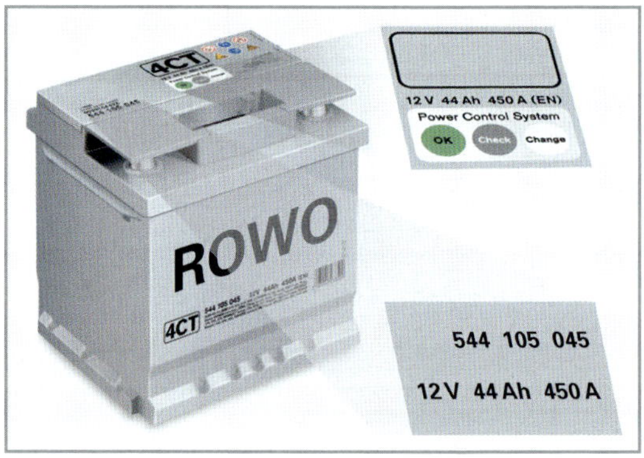

Bild 2: Kennzeichnung von Starterbatterien

Nennspannung. Sie ist mit 2,0 V je Zelle festgelegt (DIN 40729). Die Nennspannung der gesamten Starterbatterie ergibt sich aus der Anzahl der in Reihe geschalteten Zellen. Sie beträgt 12 V bei 6 Zellen.

Kapazität. Unter der Kapazität $K = I \cdot t$ versteht man die gespeicherte elektrische Energie in Amperestunden (Ah), die einer Starterbatterie zugeführt oder entnommen werden kann **(Bild 2)**.

Sie ist abhängig von ...

- ... der Höhe des Entladestromes.
- ... der Dichte und Temperatur des Elektrolyten.
- ... dem Ladezustand der Batterie.
- ... dem Alter der Batterie.

Nennkapazität K20. Sie ist die Kapazität, die eine Starterbatterie bei 20-stündiger Entladung mit einem Entladestrom von 1/20 des Zahlenwertes der Nennkapazität abgeben kann. Dabei darf die Entladeschlussspannung von 10,5 V nicht unterschritten werden.

Die Temperatur des Elektrolyten muss dabei ca. + 25 °C betragen. Bei höheren Temperaturen steigt die Entladekapazität gegenüber der Nennkapazität **(Bild 1)**. Diese Abhängigkeit der Kapazität von der Temperatur ist darauf zurückzuführen, dass die elektrochemischen Vorgänge bei niedrigen Temperaturen langsamer ablaufen.

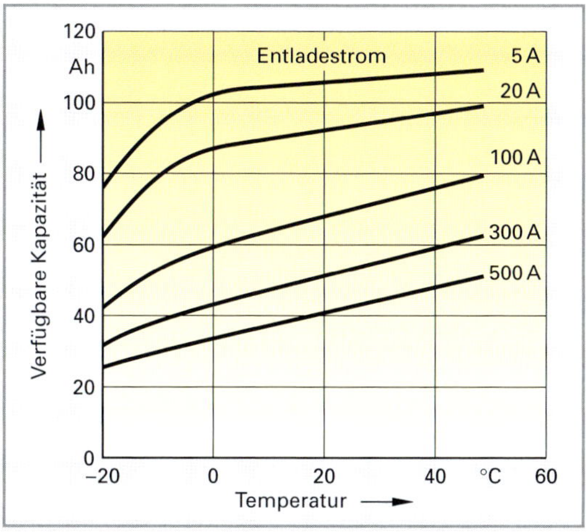

Bild 1: Abhängigkeit der Entladekapazität vom Entladestrom und der Elektrolyttemperatur

Kälteprüfstrom. Er ist die Stromstärke, die eine voll geladene Starterbatterie bei – 18 °C für die Dauer von 10 s abgeben muss, ohne dass die Klemmenspannung 7,5 V unterschreitet.

Mit dem Kälteprüfstrom wird das Startverhalten bei tiefen Temperaturen beurteilt. Werden die angegebenen Spannungswerte unterschritten, so erbringt die Starterbatterie nicht mehr die volle Leistung.

Weitere Batterie-Kennwerte

Ruhespannung U_0 (Leerlaufspannung). Sie wird an der unbelasteten Starterbatterie zwischen den Batterieklemmen gemessen. Sie ist abhängig vom Ladezustand und der Elektrolyttemperatur. Sie kann als erster Anhaltspunkt für eine Kapazitätsprüfung herangezogen werden. Eine voll geladene Batterie hat bei ca 25 °C eine Ruhespannung von ca. 12,8 V, die einer entladenen Batterie ca. 12,0 V **(Tabelle 1)**. Aufschluss gibt nur eine Prüfung unter Belastung mit Verbrauchern.

Tabelle 1: Ruhespannung – Ladezustand

Ruhespannung	Ladezustand
kleiner 12,2 V	entladen
12,2 V – 12,5 V	halb geladen
12,5 V – 12,8 V	geladen

Klemmenspannung (U_K). Sie ist die Spannung zwischen den Batterieklemmen unter Belastung. Die Klemmenspannung ist geringer als die Ruhespannung (U_0), weil im Inneren der Batterie ein Spannungsabfall (U_i) stattfindet. Fließt ein Strom (I_E) durch die Batterie wirkt in ihrem Inneren ein Innenwiderstand (R_i) **(Bild 2)**.
Dieser Widerstand ist in Reihe geschaltet mit den Widerständen der Verbraucher (R_v). Die an diesem Widerstand abfallende Spannung (U_i), steht für die Spannungsversorgung dann nicht mehr zur Verfügung. Dieser innere Widerstand ist stark abhängig von der Temperatur des Elektrolyten. Bei tiefen Temperaturen läuft die elektrochemische Reaktion unter höheren Verlusten ab, als bei höheren Temperaturen. Der Spannungsabfall ist auch stark abhängig vom Ladezustand. Je geringer der Ladezustand umso höher der innere Widerstand.

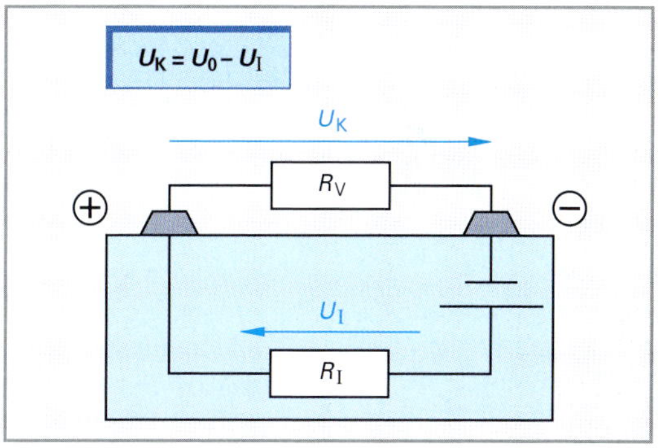

Bild 2: Klemmenspannung einer belasteten Starterbatterie

Ladespannung. Sie ist die Spannung mit der eine Batterie vom Generator oder einem externen Ladegerät aufgeladen wird. Hat eine Batterie beim Laden eine Spannung von etwa 14,4 V erreicht, fängt sie bei weiterem Laden stark zu gasen an **(Gasungsspannung)**. Dieser Vorgang führt zu Wasserverlusten in der Batterie. Ein Teil des Wassers wird in Wasserstoff und Sauerstoff zerlegt. Es entsteht hochexplosives Knallgas. Deshalb wird die Ladespannung beim Laden durch den Generator und durch entsprechende Ladegeräte (I_U-Kennlinie) geregelt und unterhalb der Gasungsspannung gehalten. Die Gasungsspannung ist von der Temperatur des Elektrolyten abhängig. Mit zunehmender Elektrolyttemperatur nimmt die Gasungsspannung und damit die maximale Ladespannung ab. Eine Vollladung ist dann erreicht, wenn am Ende des Ladevorgangs die Säuredichte nicht mehr ansteigt.

Entladespannung. Eine Starterbatterie ist entladen, wenn die Zellenspannung bis auf die **Entladeschlussspannung** von 1,75 V absinkt. Die Säuredichte sinkt dabei auf etwa 1,12 g/cm³.

Starterstrom. Beim Starten eines PKW-Motors wird von der Batterie für kurze Zeit ein sehr hoher Strom von bis zu 400 A abgegeben. Dabei wird ca. 1 % der Nennkapazität benötigt.

Kurzschlussstrom. Er ist der größtmögliche Stromfluss, den die Batterie abgeben kann. Er ist abhängig von der Plattenoberfläche. Eine Batterie darf mit dem Kurzschlussstrom maximal 2 Sekunden belastet werden.

Alterungsprozesse

Selbstentladung. Sie erfolgt im Inneren der Batterie, ohne dass der äußere Stromkreis geschlossen ist. Die Batterie ist nach einer bestimmten Zeit auch ohne äußere Verbraucher entladen. Wärme und Verunreinigungen des Elektrolyten beschleunigen diesen Vorgang. Durch die Selbstentladung kommt es auch zu einem Gasen, wodurch Wasser verbraucht und der Elektrolytstand verringert wird. Die Selbstentladung kann je nach Bauart täglich bis zu 1% der Nennkapazität betragen. Sie hängt ab von ...

- ... der Säurekonzentration.
- ... dem Säurestand.
- ... der Elektrolyttemperatur.
- ... dem Alter und dem äußeren Zustand der Batterie.

Neuwertige wartungsfreie Starterbatterien in gefülltem Zustand haben nach ca. 2–3 Monaten Standzeit bei Raumtemperatur einen Ladezustand von unter 40 %. Gebrauchte Batterien erreichen diesen Wert entsprechend früher.

Kapazitätsverlust und Zellenschluss. Sie können durch bestimmte Belastungen der Batterie entstehen, wie z.B.

- **Sulfation**
- **Zyklische Entladungen**
- **Tiefentladungen**

Es kommt zu einem starken Verschleiß der dünnen Plusplatten durch Lockerung der aktiven Masse. Die Kapazität sinkt ab und die Starterbatterie wird gegebenenfalls schlagartig unbrauchbar, wenn der angehäufte Bleischlamm zu einem Kurzschluss führt.

19

Sulfation (Sulfatierung). Sulfation kann auftreten, wenn die Starterbatterie längere Zeit in entladenem Zustand steht. Dabei wird das feinkristalline Bleisulfat in grobkristallines Bleisulfat umgewandelt. Ist der Umwandlungsprozess noch nicht weit fortgeschritten, kann er durch Laden mit kleiner Stromstärke von ca. 0,2 A rückgängig gemacht werden.

Zyklische Entladungen sind häufig sich wiederholende Entladungen von 60 bis 80 % der Nennkapazität. Starterbatterien sind deshalb für diese Beanspruchung nicht zu verwenden.

Tiefentladungen. Dies sind Entladungen von über 80 % der Nennkapazität.

Bauarten

Wartungsfreie Starterbatterie (nach EN)

> Unter Normalbedingung soll sich der Elektrolytstand nur soweit verringern, dass innerhalb von 2 Jahren nicht nachgefüllt werden muss.

Sie haben Einfüllstopfen zum Einfüllen der Batteriesäure und zum Auffüllen des Säurestandes mit destilliertem Wasser. Die Bleigitterplatten dieser Bleibatterien enthalten Antimon, wodurch diese die erforderliche Festigkeit erlangen. Jedoch führt das Antimon zur Selbstentladung und damit zum Gasen und einem entsprechend hohen Wasserverbrauch. Im Neuzustand wird diese Batterie deshalb trocken gelagert. Ihre Erstbefüllung hat mit 37 %iger Schwefelsäure mindestens 20 Minuten vor Inbetriebnahme zu erfolgen.

Absolut wartungsfreie Starterbatterie

> Sie ist dicht verschlossen und erfordert kein Nachfüllen des Säurestandes. Ein Neigungswinkel der Batterie von 70 Grad ist zulässig.

Diese Batterien haben keine Einfüllstopfen und werden befüllt gelagert Die Bleigitterplatten enthalten Kalzium statt Antimon, wodurch die Selbstentladung und Wasserzersetzung stark reduziert ist. Dadurch reicht der Elektrolytvorrat über den Platten für die gesamte Lebensdauer der Batterie und sie eignen sich für Fahrzeuge mit längeren Standzeiten. Sie hat lediglich Entgasungsöffnungen, die mit Sicherheitslabyrinthsystem einen Neigungswinkel zulassen. Der Ladezustand kann mittels Säuredichteprüfung nicht mehr ermittelt werden. Deshalb besitzen viele dieser Batterien integrierte Kontrollanzeigen, die einen Anhaltspunkt über den Ladezustand der Starterbatterie geben, z.B.

- Grün: in Ordnung (OK)
- Grau: Nachladen (Check)
- Weiß: Austauschen (Change)

Heavy Duty Batterien

> Es sind Batterien mit einer erhöhten Lebensdauer, die eine extra hohe Rüttel- und Zyklenfestigkeit aufweisen.

Separatoren mit einer Glasfasermatte stützen die Plusplatte ab und vermindern das Abschlammen. Eine Fixierung mit Gießharz oder Kunststoff verhindert die Lockerung der Plattenblöcke. Diese Batterien sind besonders für Baumaschinen geeignet.

Batterien mit gebundenem Elektrolyten.

Diese Batteriebauart ist völlig auslaufsicher und kann in jeder beliebigen Lage eingebaut werden. Sie verfügt über eine erhöhte Zyklenfestigkeit und lässt eine vollständige Entladung zu.

Der Elektrolyt ist nicht mehr flüssig. Er kann im Gel oder in Fasern gebunden sein. Der Abstand zwischen den Plus- und Minusplatten ist geringer, was den inneren Widerstand herabsetzt. Eine chemische Reaktion verhindert die Gasung durch eine interne Sauerstoff-Rekombination. Das heißt die Gase werden innerhalb der Zelle wieder zu Wasser rückgewandelt. Merkmale sind:

- Sehr geringe Selbstentladung.
- Kompakte Bauweise da Elektrolytvorratsraum entfällt.
- Hoher Kurzschlussstrom.
- Bei Überladung öffnet ein Sicherheitsventil.

Diese Batterien eignen sich für Fahrzeuge mit langen Standzeiten und können auch als Versorgungsbatterien eingesetzt werden. Man unterscheidet Gel- und Vlies-Technologie-Batterien.

Gel-Batterien. Bei ihnen ist die Säure in einem festen Mehrkomponenten-Gel gebunden. Durch die Zugabe von Kieselsäure zur Schwefelsäure entsteht eine gelartige Masse, in der die elektrochemische Reaktion abläuft.

Vlies-Technologie. Bei dieser Bauart umfassen und binden Zwischenlagen aus Glasfaservlies die Säure. Aufgrund der Kapillarwirkung und der Benetzung wird die Elektrolytflüssigkeit in den vernetzten Mikrofasern absorbiert (AGM, Absorbing Glas Mat). Diese bilden gleichzeitig den Separator und üben einen gleichmäßigen und hohen Anpressdruck auf die Plattenoberfläche aus. Das Aktivmaterial ist so fest zwischen dem Vlies eingebunden. Ein Ausbrechen der aktiven Masse wird verhindert und gleichzeitig durch die Stützmaßnahmen die Rüttelfestigkeit verbessert. In einer Sonderbauform werden die Bleiplatten und das Glasfaservlies aufgewickelt. Dies führt zu einer nochmals erhöhten Packungsdichte.

Batteriesensor

Er ermöglicht einen dauerhaft hohen Ladezustand der Batterie durch eine temperatur- und ladezustandsabhängige Regelung der Ladespannung.

Ein kleines Steuergerät, das im Batteriesensor integriert ist, ermittelt den optimalen Ladespannungssollwert aus der aktuell gemessenen Batterietemperatur und dem Ladezustand. Zur Berechnung des Batterieladezustandes SoC (State of Charge) werden Lade- und Entladestrom, Klemmenspannung sowie Elektrolyttemperatur bei jedem Betriebszustandes des Fahrzeuges aufgenommen und gespeichert. Der Sensor ist in der Pol-Nische der Batterieminusleitung integriert **(Bild 1)**.

Bild 1: Batteriesensor

Sicherheitsbatterieklemme

Sie trennt bei Unfällen innerhalb von Millisekunden das Starter/Generatorkabel von der Batterie.

Durch die Abtrennung wird verhindert, dass das Starterkabel in elektrisch leitfähige Karosserieteile eingeklemmt wird und einen Kurzschluss verursacht. Die Sicherheitsklemme ist mit dem Pluspol der Batterie verschraubt. In der mit der Klemme kombinierten Kontaktbuchse befindet sich ein pyrotechnisches Zündelement. Bei der Auslösung wird die Starterleitung von diesem aus der Buchse gesprengt **(Bild 2)**. Die übrige Bordnetzversorgung bleibt von der Unterbrechung ausgenommen.

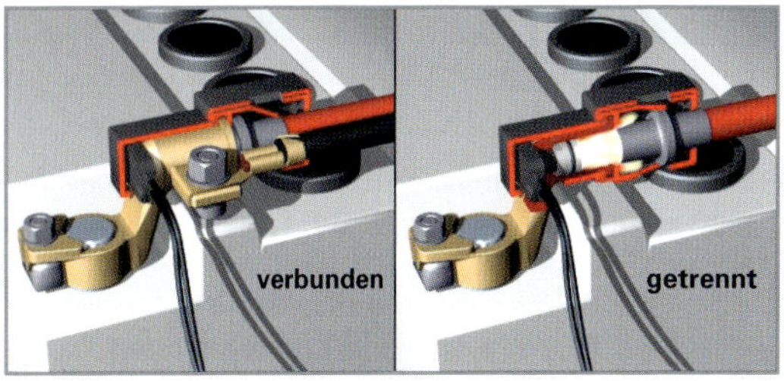

Bild 2: Absprengung der Starterleitung

Entsorgung

Verbrauchte oder defekte Starterbatterien sind überwachungsbedürftige Abfälle zur Verwertung.

Starterbatterien müssen dem Wertstoffkreislauf wieder zugeführt werden (Recycling) und sind deshalb mit dem ISO 7000 Zeichen gekennzeichnet. In den Werkstätten und den Verkaufsstellen werden die Batterien gesammelt und in speziellen Wertstoffcontainern gelagert.

WERKSTATTHINWEISE

Wartungsfreie Batterien (nach EN).

Bei Starterbatterien mit Einfüllstopfen kann man den Säurestand kontrollieren und den Ladezustand über die Säure ermitteln.

Säurestand. Er soll etwa 10 mm bis 15 mm über der Plattenoberkante liegen. Bei Wasserverlust darf nur destilliertes oder entmineralisiertes Wasser (keine Säure) nachgefüllt werden.

Ladezustand. Mit einem Säureheber (Aräometer) **(Bild 1)** kann die Säuredichte geprüft werden. Sie soll bei voll geladener Batterie und einer Temperatur um + 25 °C etwa 1,28 g/cm³ betragen, bei entladener Batterie etwa 1,12 g/cm³. Zwischen der Säuredichte und der Ruhespannung U_0 besteht eine näherungsweise Beziehung **(Bild 1).**

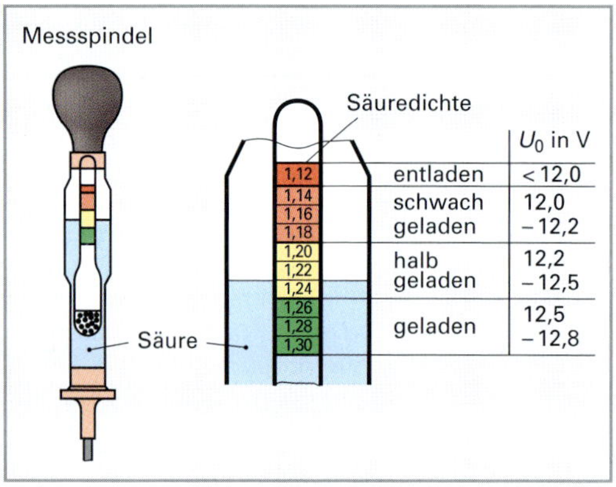

Bild 1: Säureheber (Aräometer)

Batteriebauarten ohne Einfüllstopfen

Ladezustand. Er kann durch Messen der Ruhespannung mit dem Multimeter näherungsweise bestimmt werden.

Leistungsprüfung. Die Batterie wird etwa 5 s mit einem Strom, der annähernd dem Kaltstartstrom des Starters entspricht, belastet. Dabei darf die durchschnittliche Zellenspannung nicht unter 1,1 V absinken. Diese Leistungsüberprüfung kann durch elektronische Batterietester vorgenommen werden. Sie werden mit entsprechenden Kabeln über isolierte Zangen an die zu prüfende Batterie angeschlossen, wobei diese im Fahrzeug eingebaut bleiben kann. Der gesamte Prüfvorgang läuft automatisch ab, und die Ergebnisse des jeweiligen Einzeltests erscheinen auf einem ablesbaren Display. Üblich sind folgende Anzeigen:

- Die Höhe der Batteriespannung
- Der Ladungszustand in Prozent
- Das Startvermögen in Prozent
- Der qualitative Batteriezustand

Starthilfe mit Starthilfekabel

Starthilfe können auch Fremdfahrzeuge geben. Dieses Verfahren darf nur bei beiderseits eingebauter Batterie und unter Beachtung der Herstellervorschriften angewendet werden. Um wirksame Starthilfe zu geben, sollten nur genormte Starthilfekabel (DIN 72 553) mit einem Leiterquerschnitt von mindestens 16 mm² bei Otto- und 25 mm² bei Dieselmotoren verwendet werden. Beide Batterien müssen die gleiche Nennspannung haben.

Folgende Arbeitsschritte sind notwendig:

- Pluspol der entladenen Batterie an den Pluspol der Fremdstromquelle anschließen.
- Minuspol der Fremdstromquelle mit einem von der Batterie entfernt liegenden, geeignetem und zulässigen Massepunkt des nicht startenden Fahrzeugs verbinden. In Batterienähe kann es bei Funkenbildung zu einer Knallgasverpuffung kommen.
- Kontaktstellen der Starthilfekabel auf festen Sitz und guten Kontakt prüfen.
- Starten des Fahrzeugs mit der intakten Batterie. Nach kurzer Pause das nicht fahrbereite Fahrzeug starten.
- Nach erfolgter Starthilfe die Kabel in umgekehrter Reihenfolge wieder trennen.

Laden von Starterbatterien

Man unterscheidet folgende Ladearten: **Normalladung, Schnellladung, Erhaltungsladung.**

- **Normalladung.** Der Ladestrom beträgt etwa 10 % des Zahlenwertes der Nennkapazität.
- **Schnellladung.** Der Ladestrom beträgt maximal 80 % des Zahlenwertes der Nennkapazität. Die Schnellladung darf jedoch nur bis zum Erreichen der Gasungsspannung durchgeführt werden. Dabei darf die Elektrolyttemperatur 55° C nicht überschreiten.
- **Erhaltungsladung.** Stillgesetzte Starterbatterien entladen sich selbstständig. Die Erhaltungsladestromstärke beträgt etwa 0,1 % des Zahlenwertes der Nennkapazität. Ist keine Erhaltungsladung möglich, so ist in Abständen von etwa zwei Monaten eine Normalladung erforderlich.

Einsatz von Ladegeräten

Ladegeräte werden nach ihren Kennlinien, die auch in einem Gerät kombiniert werden können, unterschieden.

- *W*-Kennlinie — Widerstandskennlinie
- *U*-Kennlinie — Konstantspannungskennlinie
- *I*-Kennlinie — Konstantstromkennlinie

Ungeregeltes Ladegerät mit W-Kennlinie

Es gibt im Betrieb eine ungeregelte Spannung ab. Mit zunehmender Ladedauer nimmt der Innenwiderstand der Batterie zu. Dies hat ein Abfallen des Ladestromes zur Folge. Die Ladespannung U_L der Batterie hingegen nimmt bis in den Gasungsspannungsbereich hinein zu **(Bild 1)**. Deshalb kann es zu einem Überladen mit der Bildung von Knallgas kommen. Dies ist durch sorgfältige Beobachtung des Ladevorgangs zu vermeiden. Bildung von Gas oder eine Temperatur des Elektrolyten über 55 °C (Batteriegehäuse mehr als handwarm) sind Anzeichen für eine Überladung.

Absolut wartungsfreie Batterien und Batterien mit gebundenem Elektrolyten dürfen nicht an diese Ladegeräte angeschlossen werden. Geräte dieser Bauart sind üblicherweise einfache Werkstatt- oder auch Kleinladegeräte.

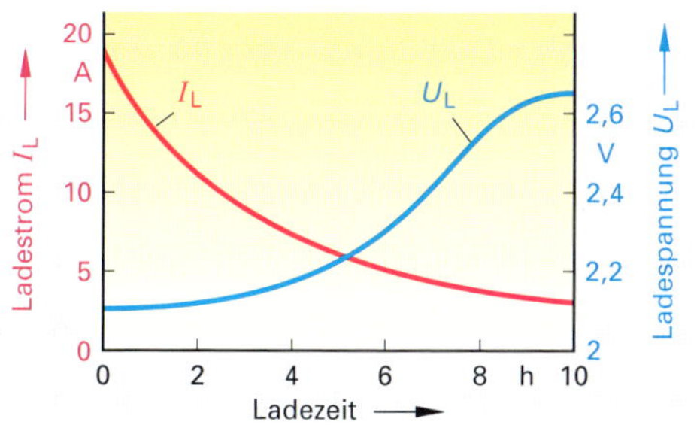

Bild 1: W-Kennlinie

Geregeltes Ladegerät mit IU-Kennlinie

Bis zum Erreichen der Grenzspannung, die unter der Gasungsspannung liegt, wird der Ladestrom I_L durch Regeln der Gerätespannung konstant gehalten.

Bei Erreichen der Grenzspannung wird durch Verändern des Widerstandes im Ladegerät die Ladespannung U_L konstant gehalten. Der Ladestrom I_L sinkt dann entsprechend der W-Kennlinie stark ab. Geräte dieser Bauart eignen sich auch zum Laden von absolut wartungsfreien Starterbatterien, da sichergestellt ist, dass innerhalb des Gasungsbereichs nicht geladen werden kann **(Bild 2)**.

Für Batterien mit gebundenen Elektrolyten dürfen nur spezielle Geräte verwendet werden, bei denen die Grenzspannung kleiner als 13,2 V bzw. 2,2 V pro Zelle ist.

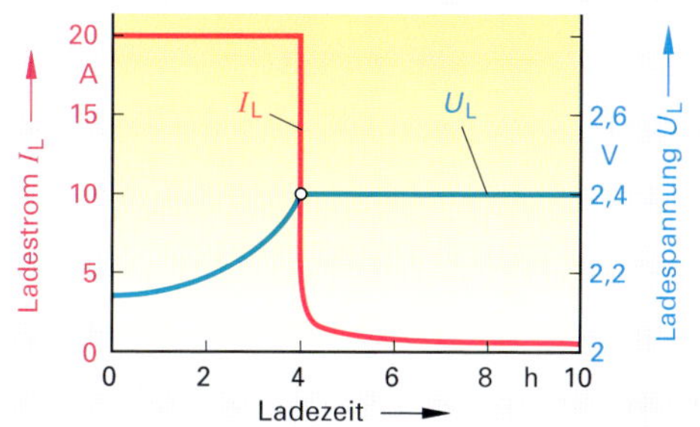

Bild 2: IU-Kennlinie

Sicherheitshinweise

Vor dem Ausbau der Batterie, sind alle Verbraucher abzuschalten. Danach ist zuerst das Massekabel zu lösen, da Kurzschlüsse (z.B. mit dem Werkzeug) Funken erzeugen und Verbrennungen verursachen können.

Besondere Vorsicht ist beim An- und Abklemmen eines Lade- oder Starthilfekabels geboten, um einen Kurzschluss zu vermeiden.

Es sollen folgende, die Sicherheit betreffende Grundsätze beim Arbeiten mit Batterien eingehalten werden:

- Beim Umgang mit Schwefelsäure bzw. beim Nachfüllen von Wasser Schutzbrille und Gummihandschuhe tragen.
- Säure nicht über Max-Marke einfüllen.
- Batterie nicht stark und lang anhaltend kippen.
- Wegen der Gefahr einer Knallgasverpuffung beim Laden sowohl offenes Feuer und Rauchen, als auch Funkenbildung vermeiden (An- und Abklemmen in festgelegter Reihenfolge bei abgeschaltetem Ladegerät).
- Batterieladeräume gut belüften.

Wiederholungsfragen

1 **Welche Vorgänge spielen sich beim Laden bzw. Entladen einer Starterbatterie ab?**

2 **Wie groß ist die Elektrolytdichte bei einer voll geladenen bzw. entladenen Starterbatterie?**

3 **Welches sind die wichtigsten Kenndaten einer Starterbatterie?**

4 **Was versteht man unter dem Kälteprüfstrom und wie ist er festgelegt?**

5 **Warum muss die Ladespannung immer unterhalb der Gasungsspannung liegen?**

6 **Welchen Vorteil haben Batterien mit gebundenem Elekrtolyt?**

7 **Welchen Alterungsprozessen unterliegen Starterbatterien?**

19.2.6 Drehstromgenerator

Er versorgt während des Betriebes des Kraftfahrzeuges die elektrischen Verbraucher mit Energie und lädt die Starterbatterie auf.

In Kraftfahrzeugen finden fast ausschließlich Drehstromgeneratoren mit Klauenpolläufer **(Bild 1)** in Kompaktbauweise Anwendung.

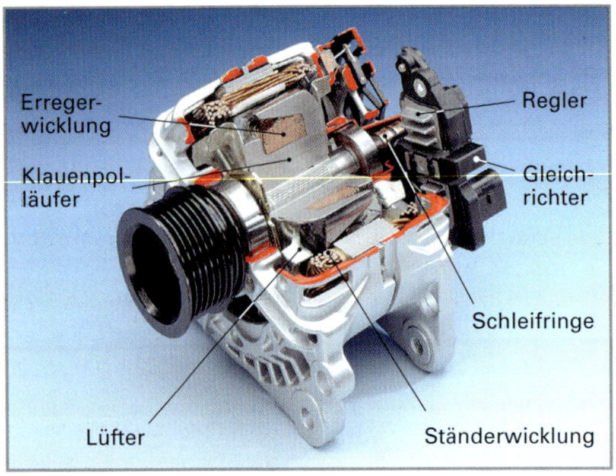

Bild 1: Drehstromgenerator

Aufbau (Bild 2)

Ein Drehstromgenerator besteht aus:

- Ständer (Gehäuse) mit dreiphasiger Ständerwicklung als Induktionsspulen
- Diodenplatte mit 6 Leistungsdioden und 3 Erregerdioden zur Gleichrichtung der Spannung
- 12 poligem rotierendem Klauenpolläufer mit Erregerwicklung zur Erzeugung des Magnetfeldes sowie Schleifringen und Kohlebürsten zur Stromzuführung
- Lüfter zur Kühlung
- Spannungsregler für konstante Betriebsspannung
- Anschlüsse B+/B– zur Spannungsabnahme
- Riemenscheibe zum Antrieb des Generators mit dem 2- bis 3-fachen Wert der Motordrehzahl

19

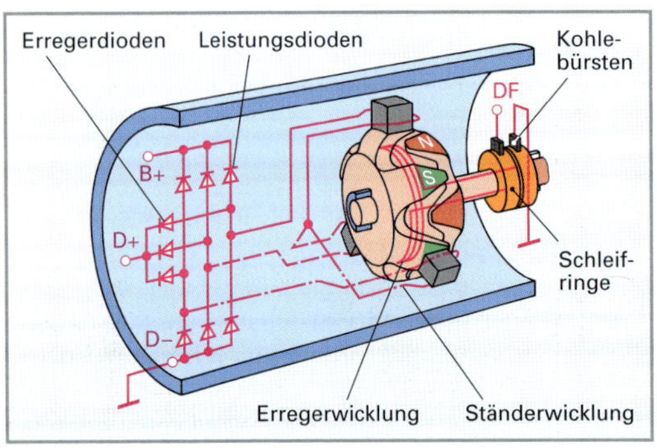

Bild 2: Drehstromgenerator (Prinzipbild)

Wirkungsweise.

Die Spannungserzeugung im Drehstromgenerator beruht auf dem Prinzip der Induktion. Ändert sich in einer Leiterschleife (Spule oder Wicklung) ein Magnetfeld wird in der Leiterschleife eine elektrische Spannung erzeugt. Wird eine Spule von einem drehenden magnetischen Feld mit einem Nord- und Südpol durchlaufen entsteht eine sinusförmige Wechselspannung **(Bild 3).**

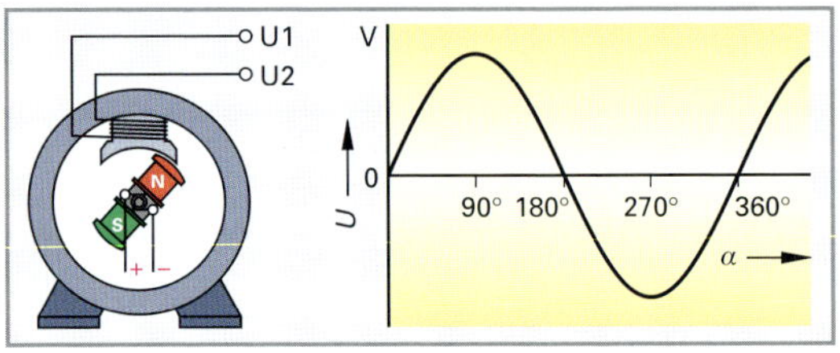

Bild 3: Sinusförmige Wechselspannung

Werden drei Spulen von diesem drehenden Magnetfeld durchlaufen entstehen drei sinusförmige Wechselspannungen. Bei einer Anordnung von 120° zueinander sind die 3 Wechselspannungen um 120° phasenverschoben **(Bild 4).** Zu jedem Zeitpunkt werden 3 Phasenspannungen (U_P) erzeugt. In **Bild 4** beim Drehwinkel 90° und 300° dargestellt.

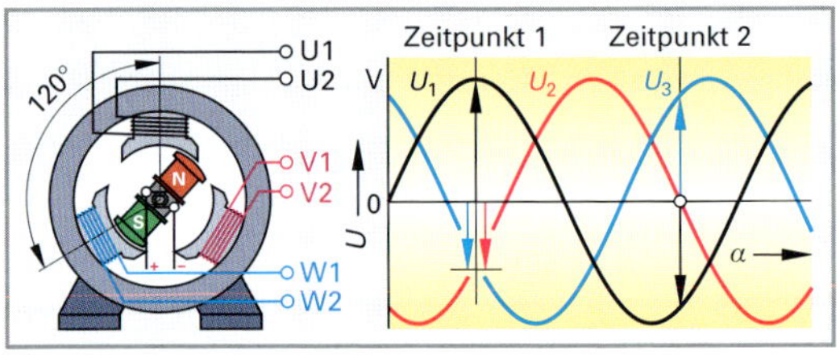

Bild 4: Dreiphasen-Wechselspannung

Gleichrichtung.

Eine Wechselspannung ist für das Laden der Batterie ungeeignet und auch das Kraftfahrzeug-Bordnetz benötigt Gleichspannung zur Versorgung der Verbraucher.

Es erfolgt eine Gleichrichtung des Stromes mit Dioden nach der Zweipulsschaltung (Beschreibung siehe **S. 530).** Die negativen Halbwellen werden zu positiven Halbwellen umgeformt und ihre Energie wird für die Spannungsversorgung genutzt. Eine Einzelgleichrichtung der drei Wechselspannungen erfordert einen erheblichen Bauaufwand mit 12 Dioden und 6 Leitungen (Phasen). Die drei Wicklungen werden deshalb in einer Brückenschaltung miteinander verbunden.

Die Gleichrichtung des Drehstromes erfolgt durch 6 Leistungsdioden und 3 Phasen. Es wird dabei in jede Phase je eine Diode an der Plusseite (Plusdiode) und eine an der Minusseite (Minusdiode) angeordnet **(Bild 1, Seite 569).** Jede Phase ist je nach Stellung des

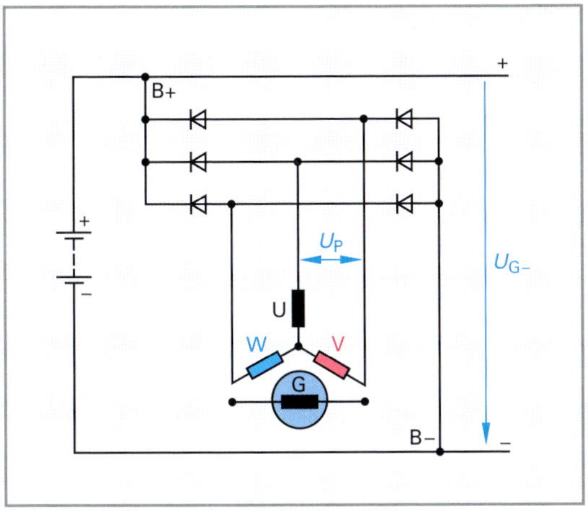

Bild 1: Gleichrichtung mit Sternschaltung

Magnetfeldes einmal Hin- und Rückleitung des Stromes. Die in den drei Wicklungssträngen entstehenden positiven Halbwellen werden von den Plusdioden, die negativen Halbwellen von den Minusdioden durchgelassen. Die Resultierende ergibt sich aus einer Addition der positiven und negativen Hüllkurve. Sie besitzt noch eine leichte Restwelligkeit.

Tabelle 1 zeigt die Entstehung der Hüllkurven bei den Drehwinkeln 90° und 300° des Magnetfeldes. Zur Vereinfachung wird eine Phasenspannung $U_P = 1$ V, ein Widerstand $R = 1\ \Omega$ und ein Strom von 1 A angenommen. Beim Drehwinkel von 90° erzeugen die einzelnen Spulen die Spannung von $U_U = 1$ V, $U_V = 0{,}5$ V und $U_W = 0{,}5$ V. Entsprechend fließen die Phasenströme $I_U = 1$ A, $I_V = 0{,}5$ A und $I_W = 0{,}5$ A.

Sternschaltung. Bei ihr erfolgt entsprechend dem Ersatzschaltbild eine Addition der Phasenspannungen. $U_G = U_U + U_V = 1\text{ V} + 0{,}5\text{ V} = 1{,}5$ V. U_W wird nicht addiert, da sie parallel zu U_V ist und der Stromfluss von der Diodenschaltung gesperrt wird. Es kommt zu einer Verstärkung der Generatorspannung (U_G) gegenüber der Phasenspannung (U_P).
Bei 300° ist $U_G = U_U + U_W = 0{,}86\text{ V} + 0{,}86\text{ V} = 1{,}72$ V.

Dreieckschaltung. Bei ihr erfolgt entsprechend dem Ersatzschaltbild eine Addition der Ströme.
$I_G = I_U + I_V = 1\text{ A} + 0{,}5\text{ A} = 1{,}5$ A. I_W wird nicht addiert, da er in Reihe mit I_V liegt. Es kommt zu einer Verstärkung des Generatorstromes (I_G) gegenüber dem Phasenstrom (I_P).
Bei 300° ist $I_G = I_U + I_W = 0{,}86\text{ A} + 0{,}86\text{ A} = 1{,}72$ A.
Diese Schaltung wird bei Generatoren mit hohen Strömen eingesetzt.

Tabelle 1: Entstehung der Generatorspannung und des Generatorstromes

	Sternschaltung		**Dreieckschaltung**	
$U_{p\,max} = 1$ V $R = 1\ \Omega$ $I_{p\,max} = 1$ A	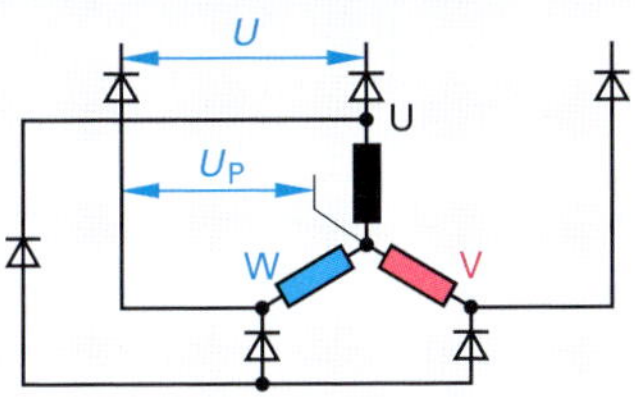		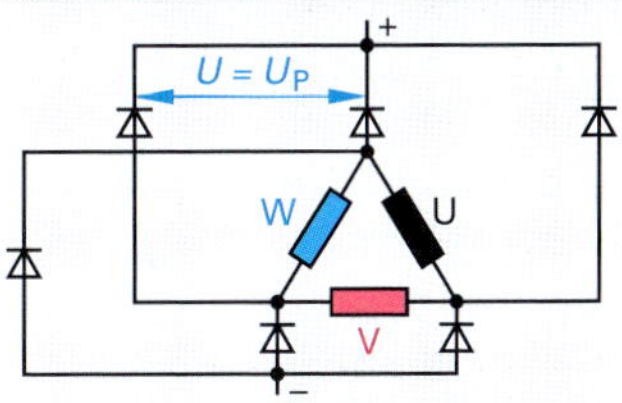	
Resultierende Phasen-spannungen und -ströme	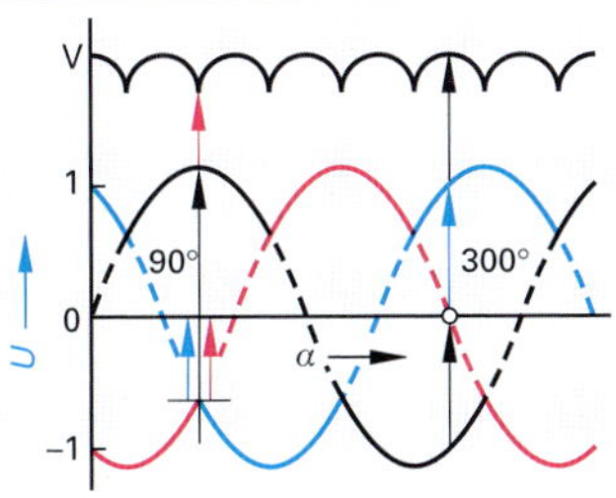		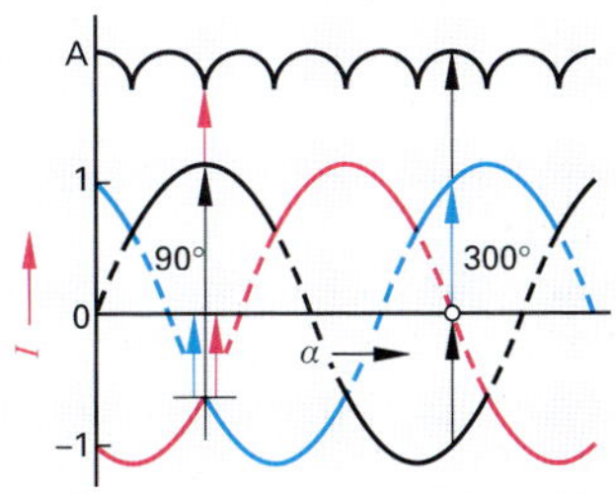	
Ersatz-Schaltbild: In den einzelnen Wicklungen U, V, W induzierte Phasenspan-nungen und -ströme	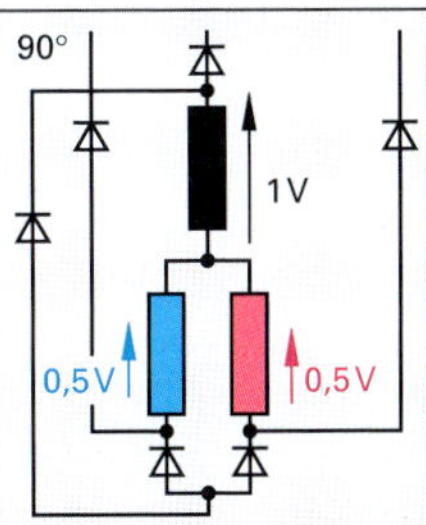	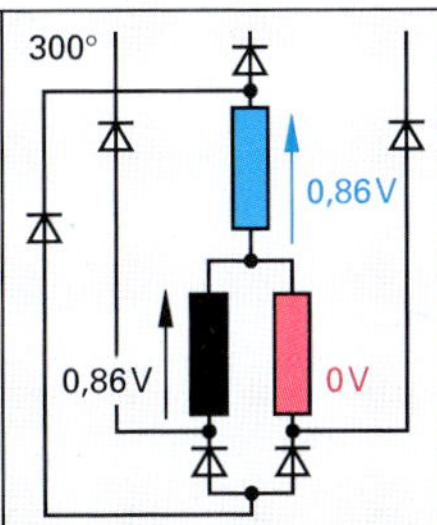	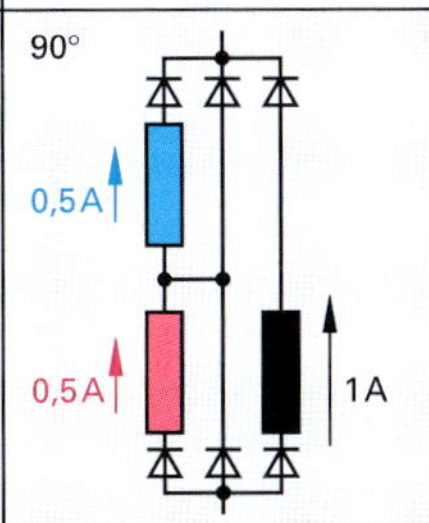	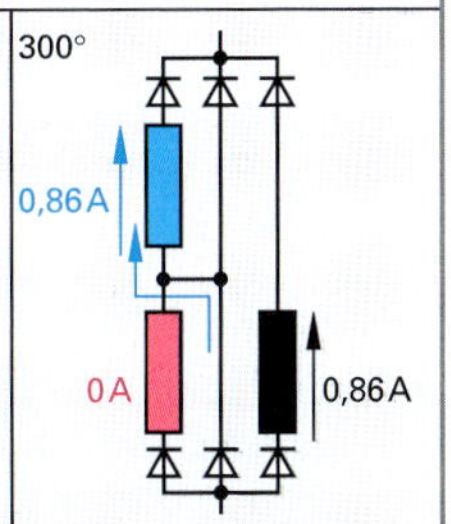
U_G / I_G	1,5 V / 1 A	1,72 V / 0,86 A	1 V / 1,5 A	0,86 V / 1,72 A

Spannungserzeugung mit Klauenpolläufer

Anstelle eines Magneten mit einem Nord- und einem Südpol wird ein Klauenpolläufer mit 6 Nord- und 6 Südpolen **(Bild 2, S. 539)** verwendet. Die räumliche Anordnung der Ständerspulen wird diesem angepasst. Es entstehen dadurch bei jeder Umdrehung des Läufers anstelle von 6 Halbwellen (2 Pole × 3 Stränge), 36 Halbwellen (12 Pole × 3 Stränge) **(Bild 1)**. Die größere Anzahl von Polen führt nach der Gleichrichtung zu einer Ausgangsspannung mit geringerer Restwelligkeit. Sie kann durch einen Glättungskondensator, der parallel zur Gleichrichterschaltung liegt, weiter geglättet werden.

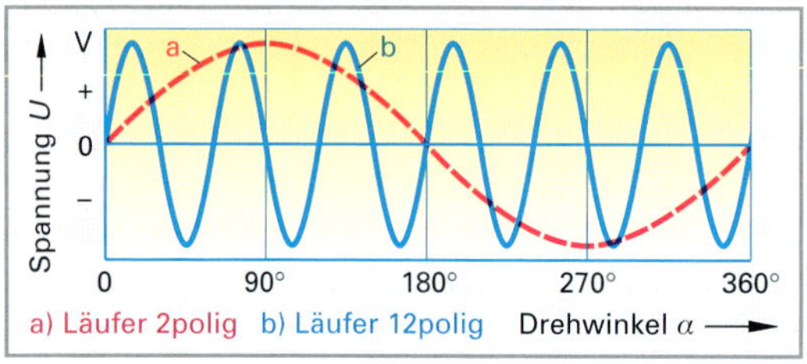

Bild 1: Induzierte Spannung einer Wicklung

Die Phasenspannung (U_P) und damit die Ausgangsspannung (U_G) des Generators wird von 3 Faktoren bestimmt:

- Drehzahl des Magnetfeldes
- Magnetfeldstärke
- Wicklungszahl der Spule

Diodenausführung. Die Dioden sind auf einer Diodenplatte angebracht. Es werden Siliciumdioden verwendet. Sie lassen den Strom ab der Schwellspannung in eine Richtung fließen. Sind die Dioden in Durchlassrichtung geschaltet, entsteht in jeder Diode ein Spannungsabfall von etwa 0,7 V. Die dabei entstehende Verlustwärme wird durch Kühlbleche abgeführt.

Rückstromsperre. Der Strom darf nur vom Generator zur Batterie fließen. Die Plusdioden verhindern einen Stromfluss von der Batterie in den Generator und unterbinden damit ein Entladen der Batterie. Dies wäre der Fall, wenn die Generatorspannung kleiner als die Batteriespannung ist.

19

Überspannungsschutz. Als Leistungsdioden werden in heutigen Generatoren Z-Dioden verwendet. Sie begrenzen auftretende energiereiche Spannungsspitzen, die z.B. durch Reglerausfall, Abschalten von Induktionsströmen oder Leitungsunterbrechung entstehen. Dadurch bieten sie einen zentralen Überspannungsschutz für den Gleichrichter selbst und das gesamte Bordnetz. Die Z-Dioden werden im Gegensatz zur üblichen Schaltung in Durchlassrichtung eingebaut **(Bild 4, Seite 572)**.

Spannungsregelung

> Die Generatorspannung wird durch einen Regler bei allen Drehzahlen und Belastungsfällen auf der erforderlichen Höhe gehalten.

Die elektrischen Verbraucher dürfen nicht zu hohen Spannungsschwankungen ausgesetzt sein. Der Regler ist so abgestimmt, dass er in 12-V-Anlagen die Generatorspannung auf annähernd konstanten 14 V, in 24 V-Anlagen auf annähernd 28 V einregelt. Die Generatorspannung liegt dabei knapp unterhalb der Gasungsspannung der Starterbatterie. Damit wird ein ausreichendes Laden gewährleistet und ein Schädigen durch Überladung verhindert.

Regelvorgang. Die Höhe der im Generator induzierten Spannung ist von der Generatordrehzahl und der Stärke des Magnetfeldes bzw. dem Erregerstrom I_E abhängig. Da sich die Generatordrehzahl wegen der unterschiedlichen Fahrbedingungen laufend ändert, kann die Spannungsregelung nur über ein Verändern des Erregerfeldes bzw. des Erregerstromes erfolgen. Die Höhe des erforderlichen Erregerstromes ist von der augenblicklichen Belastung und der Generatordrehzahl abhängig **(Bild 2)**.

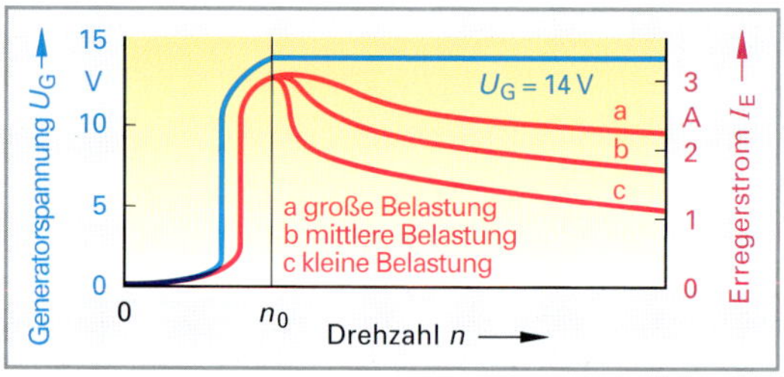

Bild 2: Erregerstrom I_E bei unterschiedlichen Belastungen

Der Regler verändert durch dauerndes Ein- und Ausschalten (Einschaltdauer t_E, Ausschaltdauer t_A) die Höhe des mittleren Erregerstromes I_E. Dies hat ein Verstärken bzw. Schwächen des Erregerfeldes und damit ein Verändern der induzierten Spannung zur Folge **(Bild 3)**.

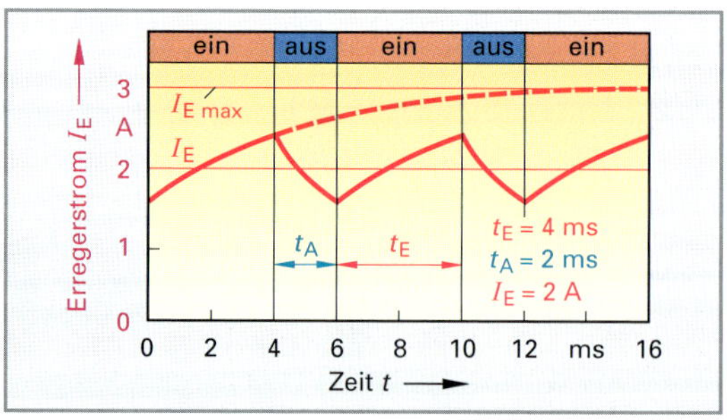

Bild 3: Erregerstrom I_E in Abhängigkeit von t_E/t_A

Elektrische Innenschaltung und Stromkreise (Bild 1)

Beim Drehstromgenerator unterscheidet man die drei Stromkreise: **Vorerregerstromkreis, Erregerstromkreis und Ladestromkreis.**

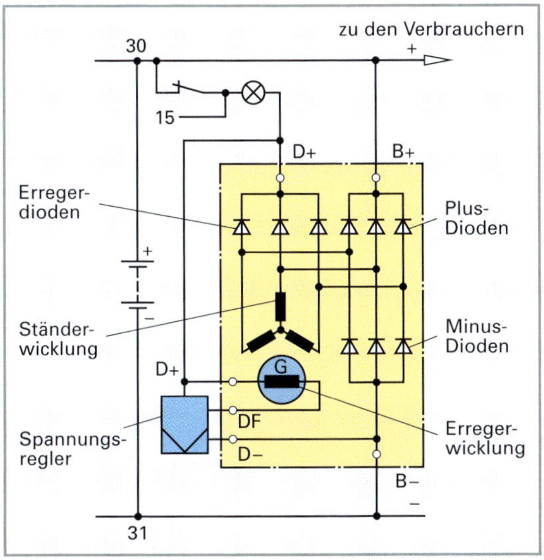

Bild 1: Elektrische Innenschaltung

Vorerregerstromkreis (Bild 2a). Der Vorerregerstromkreis baut nach dem Einschalten des Fahrtschalters ein Magnetfeld in der Erregerwicklung auf, bis der Erregerstrom fließt. Dazu muss die Schwellspannung (2 × 0,7 V = 1,4 V) der Plus- und Minusdioden überschritten werden.

Nach dem Starten des Motors erregt sich der Generator selbst. Der Erregerstrom fließt und die Generatorlampe erlischt, weil an ihren beiden Enden das gleiche Potenzial anliegt.

Der Vorerregerstromkreis verläuft über die Starterbatterie +/30 → Fahrtschalter → Kontrolllampe → D+ → Erregerwicklung → Regler DF → Masse D–/B → zur Starterbatterie –/31.

Bei defekter Generatorkontrolllampe kommt es zu keiner Vorerregung, weil der Vorerregerstromkreis unterbrochen ist.

Erregerstromkreis (Bild 2b). Der Erregerstrom baut das Magnetfeld in der Erregerwicklung des Läufers auf. Über den Regler wird der jeweils erforderliche Erregerstrom zugeführt.

Wird die Drehstrombrückenschaltung auch zur Gleichrichtung des Erregerstromes verwendet, sind drei besondere Erregerdioden auf der Plusseite vorhanden. Auf der Minusseite erfolgt die Gleichrichtung über die Minusdioden.

Der Erregerstrom verläuft von der Ständerwicklung → Erregerdioden → Klemme D+ → Erregerwicklung → Regler DF → Regler D– → Minusdioden → Ständerwicklung.

Ladestromkreis (Hauptstromkreis Bild 2c). Der Ladestrom versorgt das Bordnetz mit elektrischer Energie. Er verläuft von der Ständerwicklung → Plusdioden → Klemme B+ → Batterie/Verbraucher → Masse B– → Minusdioden → Ständerwicklung.

Ein Teil des vom Drehstromgenerator erzeugten Stromes fließt über die Erregerdioden und den Spannungsregler zur Erregerwicklung, um das zur Induktion erforderliche Magnetfeld zu erzeugen.

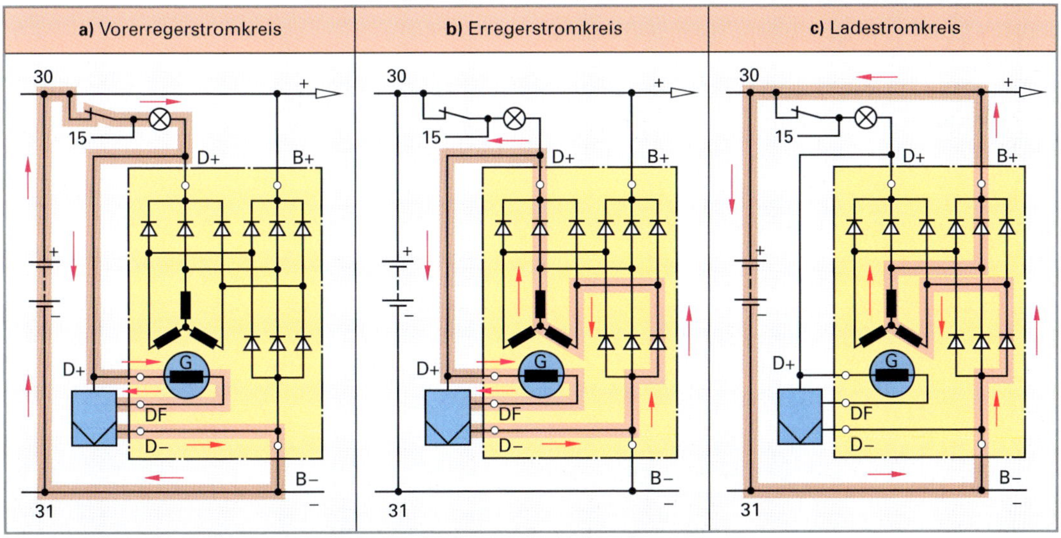

Bild 2: Vorerreger- , Erreger-, Ladestromkreis

Bauarten von Spannungsreglern

Hybridregler (Transistorregler)

Merkmale:

- Alle Schaltkreise (IC) in gekapseltem Gehäuse
- Meist direkt am Generator montiert
- Temperaturabhängige Ladespannung. Mit steigender Temperatur des Generators sinkt die Generatorsollspannung
- Der Erregerstrom wird abhängig von der Generatorsollspannung „Ein" und „Aus" geschaltet
- Plus- oder minusseitig gesteuerte Regler

Wirkungsweise

Schaltzustand „Ein" (Bild 1). Liegt der Istwert der Generatorspannung unter dem Sollwert von z.B. 14,2 V, sperrt die Z-Diode den Transistor T2. Dadurch liegt die Basis B von T1 über dem Widerstand R3 an D+. T1 schaltet. Der Erregerstrom wird über Emitter E und Kollektor C von T1 zur Erregerwicklung geführt.

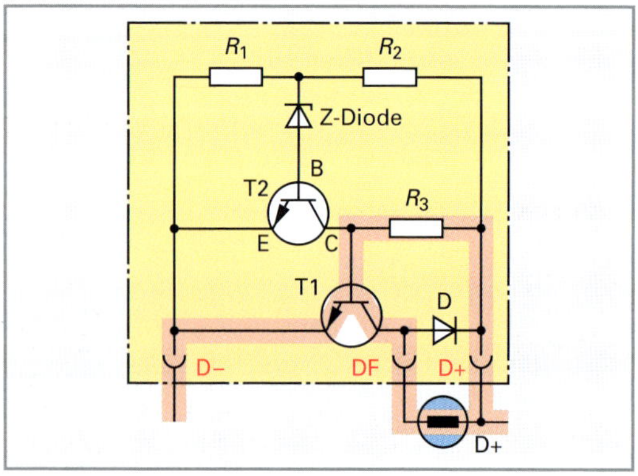

Bild 1: Schaltzustand „Ein" des Reglers

Schaltzustand „Aus" (Bild 2). Überschreitet die Generatorspannung den vorgeschriebenen Sollwert, wird die Z-Diode in Sperrrichtung leitend. Die Basis B des Transistors T2 wird positiv. T2 schaltet durch. Die Basis B von T1 erhält eine negative Spannung. T1 sperrt den Erregerstrom.

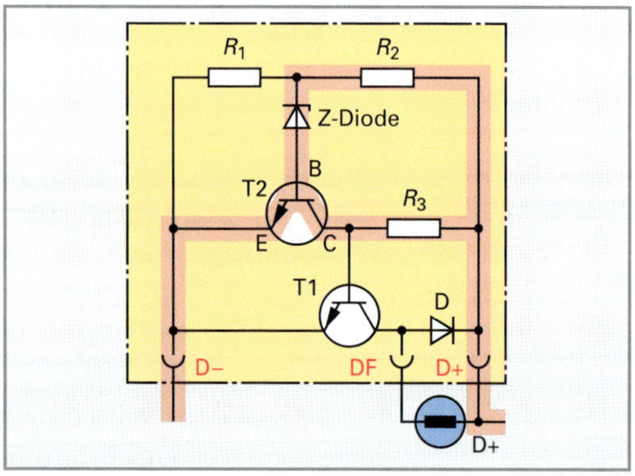

Bild 2: Schaltzustand „Aus" des Reglers

Multifunktionsregler (MFR)

Merkmale:

- Alle Funktionen sind auf einem Chip untergebracht (Monolithregler)
- Der Erregerstrom wird direkt vom Anschluss B+ bezogen (keine Erregerdioden)
- Ladespannung ist temperaturgesteuert
- Schutz gegen Überlastung und Kurzschluss
- Auslastungsüberwachung
- Fehlerdiagnose
- Gesteuerte Vorerregung
- Batterieüberwachung
- Unterstützung des Motormanagements

Aufbau (Bild 3).

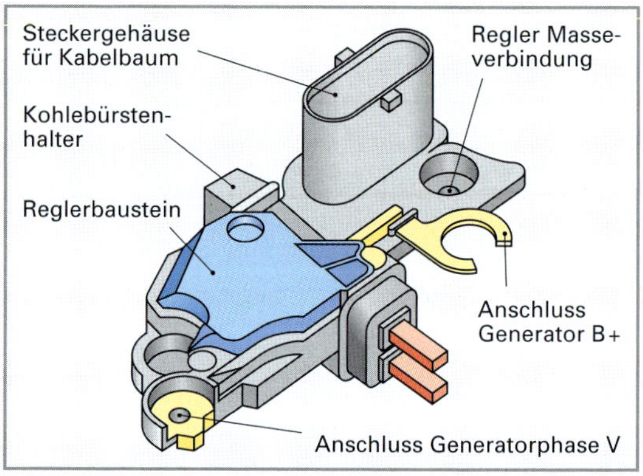

Bild 3: Aufbau des MFR

Anschlüsse am MFR (Bild 1 Seite 573).

- **Anschluss Dynamo-Feld-Monitor (DFM) (Im Schaltplan hellblau).**

An ihm entnimmt das Bordnetzsteuergerät das PWM-Signal des Erregerstromes **(Bild 4).**

Die Einschaltdauer des Erregerstromes ist umso größer, je höher der erforderliche Generatorstrom ist. Im Bild 4a ist der Erregerstrom kurze Zeit eingeschaltet, da der Generator gering belastet ist. Im Bild 4b ist die Einschaltdauer größer. Der Generator ist z.B. durch viele Verbraucher stark belastet.

Verwendung des Signals.

Aus dem Verhältnis zwischen Ein- und Ausschaltdauer wird die Auslastung des Generators ermittelt. Bei hoher Auslastung kann z.B. die Motorleerlaufdrehzahl erhöht oder einzelne Verbraucher abgeschaltet werden.

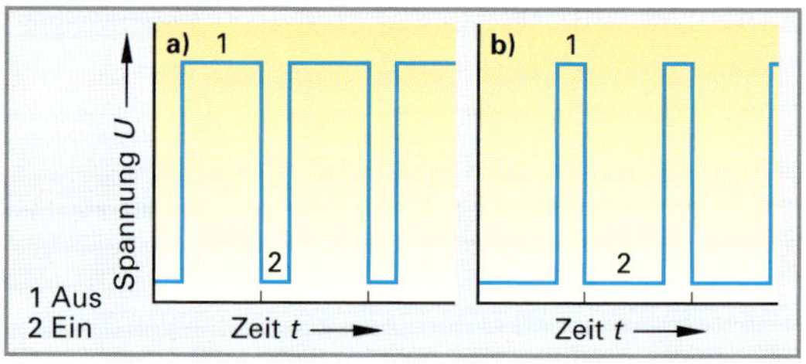

Bild 4: Ein- und Ausschaltdauer des Erregerstromes

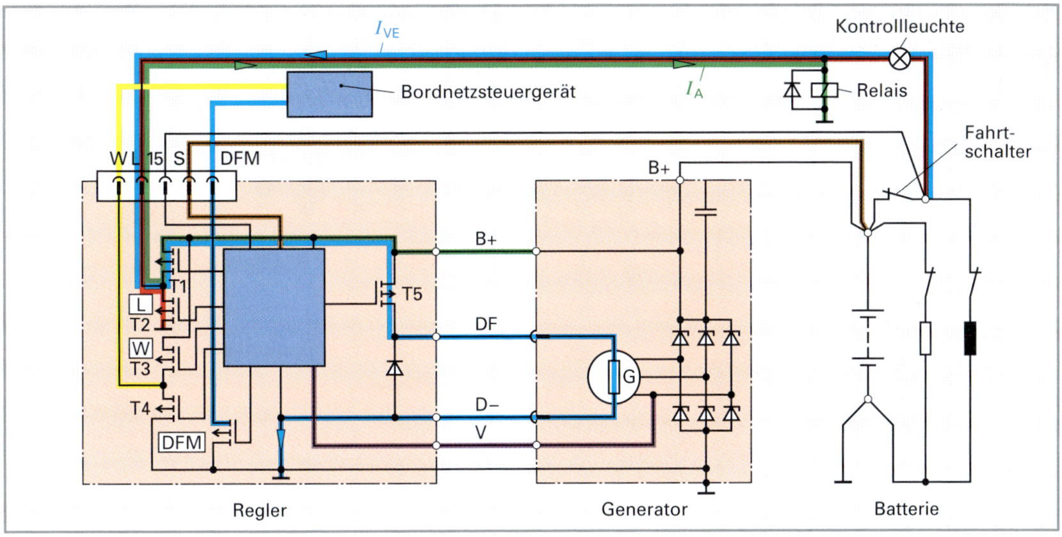

Bild 1: Generatorschaltung mit MFR

- **Anschluss Lampen-und Relaisendstufe (L)**

Gesteuerte Vorerregung (im Schaltplan blau). Sie wird vom Regler nach dem Start durchgeführt. Nach Einschalten des Zündschalters und Drehen des Generators beginnt das Reglersteuergerät über den Transistor T1 und T5 den Vorerregerstrom zu schalten. Das Tastverhältnis wird über ein PWM-Signal so gewählt, dass der Generator bei möglichst niedriger Drehzahl mit der Eigenerregung beginnt. Die Kontrolllampe leuchtet bis zum Ende der Vorerregung. Der Strom I_{VE} fließt in den Regler hinein.

Ausgangsspannung + (im Schaltplan grün). Ist der Generatorbetrieb fehlerfrei, liefert der Anschluss L eine Ausgangsspannung, mit der über ein Relais weitere Verbraucher zugeschaltet werden. Der Strom I_A fließt aus dem Regler hinaus.

Fehlerdiagnose (im Schaltplan rot). Während des gesamten Generatorbetriebs werden vom Regler Signale ausgewertet und mögliche Fehler erkannt. Es werden Generator-, Regler- und Bordnetzfehler unterschieden. Bei einem Fehler wird der Ausgang L über den Transistor T2 mit Masse belegt, die Kontrollleuchte erhält Masse. Sie leuchtet, da von der anderen Seite B+ anliegt. Das Relais öffnet, da an beiden Seiten Masse anliegt. Verbraucher werden abgeschaltet.

- **Anschluss Sense (S) (im Schaltplan braun)**

Die Ladespannung wird direkt an der Batterie gemessen. Dadurch kann der Spannungsabfall in der Ladeleitung ermittelt werden. Die Ladespannung der Batterie wird optimiert.

- **Anschluss W (im Schaltplan gelb)**

Hier liegt z.B. das Drehzahlsignal des Generators an. Abhängig davon wird der Vorerregerstrom gesteuert. Durch Vergleich mit der Motordrehzahl wird Schlupf am Riemen erkannt.

- **Anschluss V (im Schaltplan lila)**

Über diesen Anschluss erkennt der Regler durch die **Phasenspannung,** ob sich der Generator dreht. Wird bei drehendem Generator kein Ladestrom erzeugt, stellt das Reglersteuergerät einen Fehler fest. Bei Unterbrechung der Leitung L ist beim Start keine Vorerregung möglich. Das Reglersteuergerät entnimmt den Vorerregerstrom direkt der Batterie. Er fließt über der Klemme B+, den Transistor T5 und DF zur Erregerwicklung.

Unterstützung des Motormanagements

Load-Response-Start. Beim Startvorgang wird die Belastung des Generators verzögert zugeschaltet. Dadurch wird der Motorstart nicht durch das bremsende Moment des Generators erschwert **(Bild 2a).**

Load-Response-Fahrt. Wird während der Fahrt ein starker Verbraucher z.B. Heckscheibenheizung zugeschaltet, erhöht sich der Drehmomentbedarf des Generators schlagartig. Um dies zu verhindern, wird die Belastung verzögert zugeschaltet **(Bild 2b).**

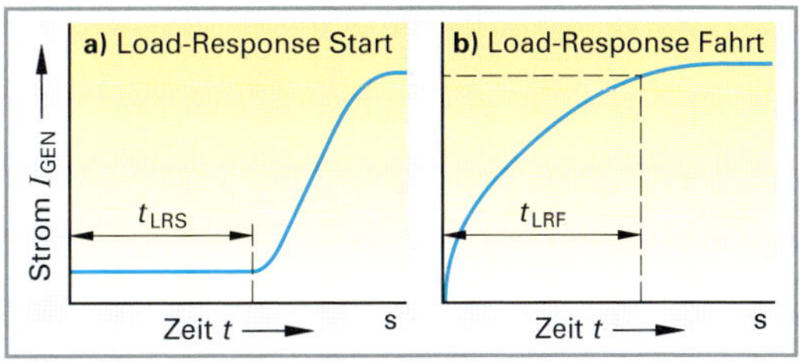

Bild 2: LRS und LRF

19

Generator-Kennzeichnung

Auf dem Typenschild **(Bild 1)** sind folgende technische Daten vermerkt:

- Bauweise z.B. C für Kompaktgenerator
- Drehrichtung z.B. rechts
- Generatornennspannung z.B. 14 V
- Strom bei Leerlaufdrehzahl des Motors z.B. 70 A
- Nennstrom bei Generator-Nenndrehzahl (6000 1/min) z.B. 140 A

Bild 1: Generator-Typschild

Generatoren mit Leitstückläufer

> Dieser Generator enthält eine feststehende Erregerwicklung, keine Bürsten und keine Schleifringe. Er ist verschleißfrei.

Bei diesen Generatoren ist ein nichtdrehender Leitstückläufer integriert, der die Erregerwicklung beinhaltet. Sie gehört neben dem Gehäuse mit dem Ständerpaket, den Kühlblechen mit den Leistungsdioden und dem angebauten Transistorregler zum feststehenden Teil des Generators. Das drehende Teil besteht lediglich aus dem Läufer mit Polrad und Leitstück. Dadurch entfallen die Schleifringe und die Bürsten. Der Erregerstrom wird über feststehende Anschlüsse zugeführt.

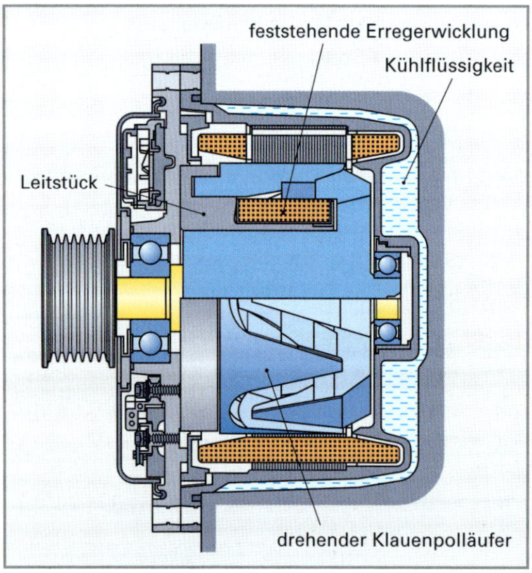

Bild 2: Flüssigkeitsgekühlter Generator mit Leitstückläufer

Leitstück-Generator mit Flüssigkeitskühlung

> Bei diesem Generator erfolgt die Abfuhr der Wärme über die Kühlflüssigkeit des Motors.

Der Generator ist von einem Kühlflüssigkeitsmantel umgeben. Die anfallende Wärme, die bei hoher Stromabgabe bis 200 Ampere entsteht, kann so durch die Kühlflüssigkeit abgeführt werden. Zusätzlich wird durch den Flüssigkeitsmantel das Laufgeräusch des Generators reduziert.

Generator mit Flachpaketwicklung

> Dieser Generator erzeugt eine Spannung von 14 V, 28 V oder wahlweise 42 V, bei einer maximalen Leistungsabgabe von 4 kW.

Bei dieser Bauart wird der Ständer im flachen, gestreckten Zustand (Flatpack) mit den Kupferdrähten bestückt und danach zu einem Ring geschlossen **(Bild 3)**. Die Anzahl der mit Wicklungsdrähten bestückten Nuten steigt von 36 auf 48 an. Dies erhöht die Anzahl der Kupferdrähte in der Ständerwicklung. Die induzierte Wechselspannung steigt. Dies ermöglicht:

- Höhere Leistungsabgabe
- Geringere Generatordrehzahl
- Geringeres Geräusch
- Geringere Baugröße
- Höheren Wirkungsgrad

Der Generator besitzt einen Multifunktionsregler und einen Gleichrichter mit Dreieckschaltung.

Bild 3: Generator mit Flachpaketwicklung

Schaltungsvarianten

Je nach Anforderungen ergeben sich verschiedene Schaltungsausführungen des Gleichrichters:

- Parallel geschaltete Leistungsdioden bei hoher Leistungsabgabe.
- Zusatzdioden zwischen dem Sternpunkt und der Plus- sowie Minusklemme um die Verlustleistung bei hoher Generatordrehzahl zu mindern.

Bordnetze

Ein-Batterie-Bordnetz. Dieses Bordnetz mit einem Generator und einer Batterie befindet sich in den meisten PKW.

Zwei-Batterien-Bordnetz. Bei Fahrzeugen mit hohem Energiebedarf können serienmäßig Bordnetze mit 2 Batterien eingesetzt werden. Der hohe Energiebedarf ergibt sich durch Fahrbetriebsmanagement, Sicherheitssysteme, Komfortelektronik und Infotainmentsysteme. Um einen sicheren Kaltstart zu gewährleisten, wird die Aufgabe des Fahrzeugstarts von einer separaten Starterbatterie übernommen. Die Bordnetzbatterie versorgt sämtliche elektrischen Verbraucher mit Energie. Ein Batterie-Management überwacht und regelt den optimalen Ladungszustand der Batterien.

Bei Kaltstart oder geringem Ladungszustand der Starterbatterie kann zusätzlich über ein Hochlastrelais eine Parallelschaltung der Batterien vorgenommen werden, um die Startleistung zu erhöhen.

Eine zweite Batterie zur Versorgung von Verbrauchern kann auch nachträglich eingebaut werden. Sie muss zur ersten Batterie parallel geschaltet sein. Um Ausgleichsströme zwischen den beiden Batterien zu verhindern muss ein Trennrelais dazwischen geschaltet werden **(Bild 1)**.

Die Batterien sollten die gleiche Nennkapazität aufweisen. Wird die Versorgungsbatterie im Fahrgastraum verbaut, sollte eine nicht gasende Batterie (Gel- oder Glasvliestechnologie) verwendet werden.

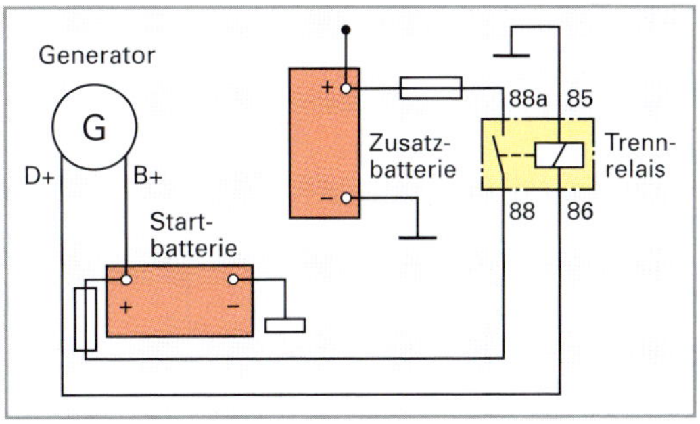

Bild 1: Batterien mit Trennrelais

Zwei-Spannungs-Bordnetz. Es besteht aus zwei getrennten Spannungsnetzen mit 42 V und 14 V Spannung. Der Generator versorgt die 42 V Leistungsverbraucher direkt und das 14-V-Netz über einen Gleichspannungswandler. Das elektronische Energie-Management regelt den gesamten Energiehaushalt und steuert die entsprechenden Funktionen.

Die 42 V Versorgung ermöglicht auch den Betrieb eines Integrierten Startergenerators (ISG, ISAD). Er ist Generator und Starter in einem.

Werkstatthinweise

Prüfen des Generators durch Beobachtung der Generatorkontrolllampe

Fehler	Fehlerursache	Abhilfe
Generatorkontrolllampe brennt nicht bei Stillstand des Motors und eingeschaltetem Fahrtschalter	Kontrolllampe durchgebrannt	Kontrolllampe erneuern
	Batterie entladen	Batterie aufladen
	Batterie schadhaft	Batterie austauschen
	Leitungen gelöst oder schadhaft	Leitungen ersetzen
	Regler schadhaft	Regler ersetzen
	Kurzschluss einer Plusdiode	Ladeleitung abklemmen, Generator instandsetzen
	Kohlebürsten abgenützt	Kohlebürsten austauschen
	Oxidschicht auf Schleifringen, Unterbrechung der Läuferwicklung	Generator instandsetzen
Generatorkontrolllampe brennt bei höheren Generatordrehzahlen unverändert hell	Leitung D+ /61 hat Masseschluss	Leitung ersetzen
	Regler schadhaft	Regler ersetzen
	Dioden schadhaft, Schleifringe verschmutzt, Masseschluss in der Leitung DF bzw. Läuferwicklung	Generator instandsetzen, bzw. Leitung DF erneuern
Bei stehendem Motor und eingeschaltenem Fahrtschalter brennt Generatorkontrolllampe hell, glimmt jedoch bei laufendem Motor	Übergangswiderstände im Ladestromkreis oder in Leitung zur Lampe	Leitungen ersetzen, Anschlüsse reinigen und festziehen
	Regler schadhaft	Regler austauschen
	Generator schadhaft	Generator instandsetzen

WERKSTATTHINWEISE

Fehlersuche mit dem Oszilloskop

Aus der Form des Spannungsverlaufes lassen sich Rückschlüsse auf den Zustand des Generators und der eingebauten Dioden ziehen **(Bild 1)**.

Zur Beurteilung wird die an Klemme D+/61 auftretende Spannung mit dem Oszilloskop dargestellt.

Der Generator wird mit ca. 15 A belastet und die Motordrehzahl auf ca. 2500 1/min gehalten.

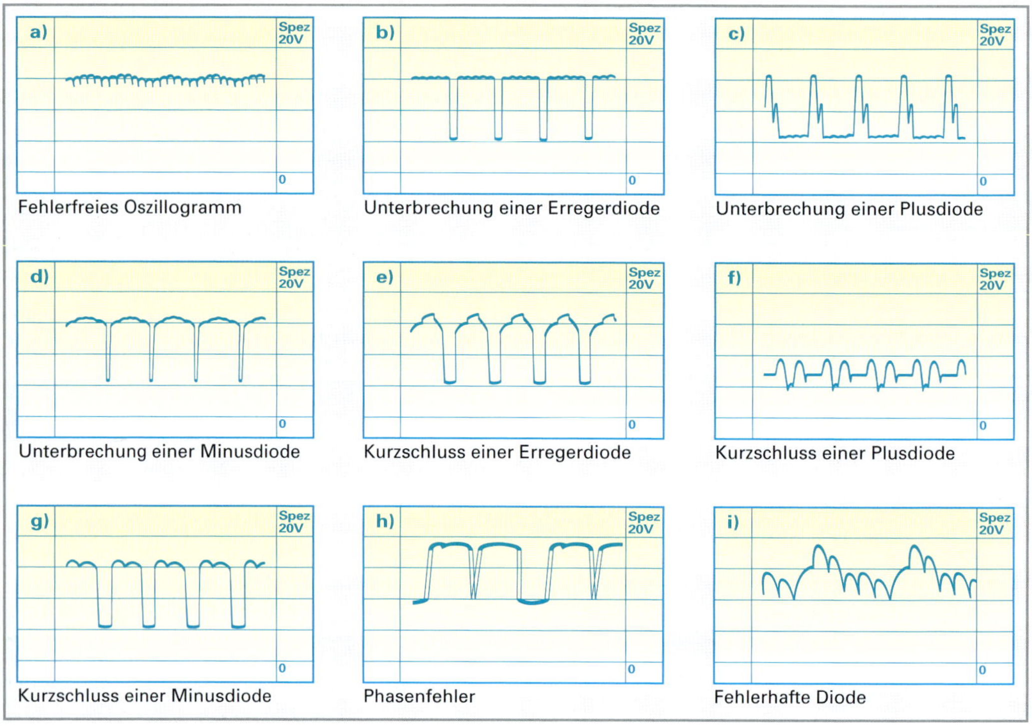

Bild 1: Oszillogramm eines Drehstromgenerators

Messungen mit dem Multimeter. Die Generatorspannung wird direkt an den Generatorklemmen B+ und D– gemessen.

Regulierspannung:

- Motor starten.
- Motordrehzahl zwischen 3500 und 4000 1/min.
- Prüfwerte ablesen.
- Werte müssen je nach Generatortyp und Temperatur zwischen 13,7 und 14,7 V liegen.

Generatorspannung bei Belastung:

- Motor starten.
- Motordrehzahl zwischen 1800 und 2200 1/min.
- Nach Möglichkeit alle Verbraucher einschalten.
- Die Spannungswerte dürfen je nach Generatortyp und Temperatur 13,0 bis 13,5 V nicht unterschreiten.

Ruhestrom:

- Motor abstellen.
- Amperemeter zwischen Batterie-Minuspol und Masseband schalten.
- Es darf je nach Fahrzeugtyp nur ein geringer Strom bis ca. 60 mA von der Batterie in den Generator fließen.
- Fließt ein größerer Strom, liegt ein Defekt vor.

19

WIEDERHOLUNGSFRAGEN

1 **Wie ist der Generator aufgebaut?**
2 **Wie ist die Wirkungsweise des Generators?**
3 **Welche zusätzliche Aufgabe hat die Plusdiode?**
4 **Wie erfolgt die Gleichrichtung des Stromes?**
5 **Worin unterscheiden sich Stern- und Dreieckschaltung?**
6 **Wovon ist die Ausgangsspannung des Generators abhängig?**
7 **Wie erfolgt die Regelung der Generatorspannung?**
8 **Welche Funktionen sind mit einem Multifunktionsregler möglich?**
9 **Worauf ist beim Einbau einer Zusatzbatterie für Versorgungszwecke zu achten?**

19.2.7 Elektrische Motoren

In Kraftfahrzeugen werden Gleichstrommotoren als Starter und als Hilfsantriebe, z.B. bei Ventilatoren, Scheibenwischern, Sitzverstellungen verwendet.

Sollen Einrichtungen im Kraftfahrzeug um genau definierte Strecken bzw. Winkelgrade verstellt werden, z.B. beim Leerlauffüllungsregler, so können Schrittmotoren eingesetzt werden.

Im Bereich der elektrischen Fahrzeugantriebe werden neben Gleichstrommotoren auch noch Drehstromasynchronmotoren und Synchronmotoren verwendet.

19.2.7.1 Gleichstrommotoren

Wirkungsweise. Das Prinzip des Gleichstrommotors beruht auf der Tatsache, dass auf einen stromdurchflossenen Leiter im Magnetfeld eine Kraft ausgeübt wird.

Diese Kraft ist abhängig von ...

- ... der Stärke des elektrischen Stromes im Leiter.
- ... der Stärke des Magnetfeldes (magnetische Flussdichte).
- ... der wirksamen Leiterlänge (Windungszahl).

Beim Gleichstrommotor befindet sich in einem magnetischen Polfeld mit ausgeprägtem Nord- und Südpol eine drehbar gelagerte Spule **(Bild 1)**.

Wird an die Spule eine Spannung gelegt, so bewirkt der fließende Strom in der Spule ein Magnetfeld (Spulenfeld), das senkrecht zu den Windungsflächen verläuft **(Bild 2)**.

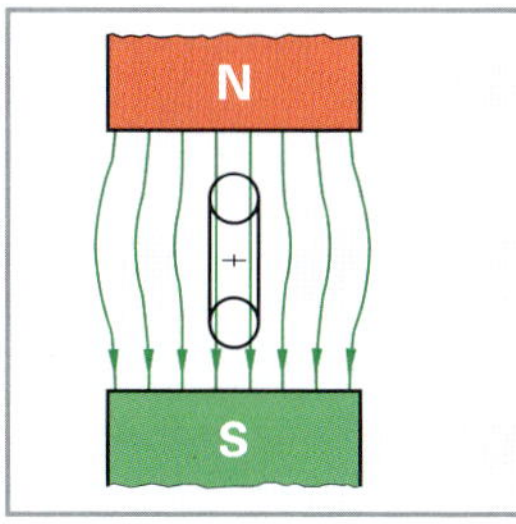

Bild 1: Polfeld

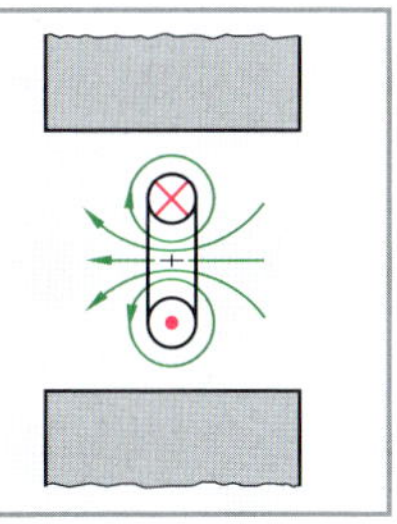

Bild 2: Spulenfeld

Das Polfeld (Hauptfeld) und das Spulenfeld (Ankerfeld) ergeben ein resultierendes Magnetfeld. Je nach der Stromrichtung in der Leiterschleife entsteht ein links- bzw. rechtsdrehendes Moment **(Bild 3)**. Die Spule dreht sich so weit, bis das Spulenfeld die gleiche Richtung hat wie das Polfeld, dann bleibt sie in der sogenannten neutralen Zone des Polfeldes stehen.

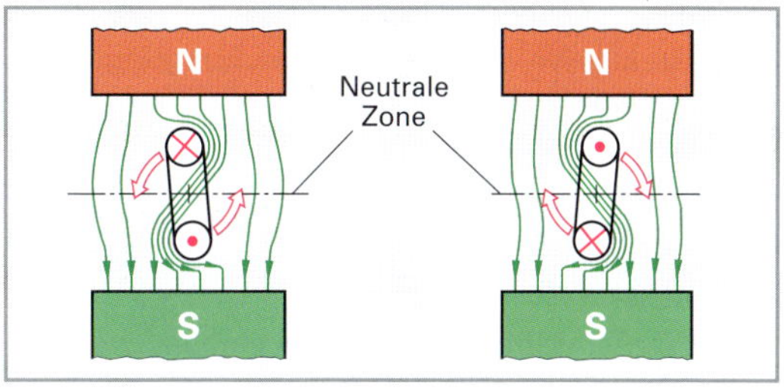

Bild 3: Resultierendes Feld und Drehbewegung

Stromwendung (Kommutation). Soll eine fortlaufende Drehbewegung entstehen, so muss die Stromrichtung in der Ankerspule geändert werden, wenn sie sich in der neutralen Zone befindet. Die Umschaltung der Stromrichtung erfolgt durch einen Stromwender (Kommutator). An diesem sind die Spulenanfänge bzw. Spulenenden angeschlossen. Dies hat zur Folge, dass der Strom in den Spulenseiten unter einem bestimmten Pol immer die gleiche Stromrichtung hat **(Bild 4)**. Die Stromzuführung erfolgt über zwei feststehende Kohlebürsten, die mit dem Stromwender (Kommutator) einen schleifenden Kontakt bilden.

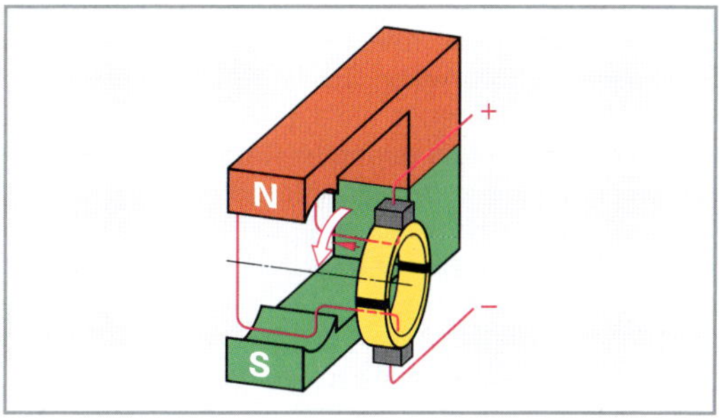

Bild 4: Stromwender (Kommutator)

Der Anker besitzt üblicherweise mehrere Spulen. Dadurch entsteht am gesamten Ankerumfang eine Drehkraft und das entstehende Drehmoment wird bei einer Drehung um 360° gleichmäßiger.

Wird statt einer Ankerspule eine mehrspulige Ankerwicklung verwendet, so erfolgt die Stromwendung ebenfalls so, dass der Strom in den Spulenseiten unter einem bestimmten Pol immer die gleiche Richtung hat **(Bild 5)**.

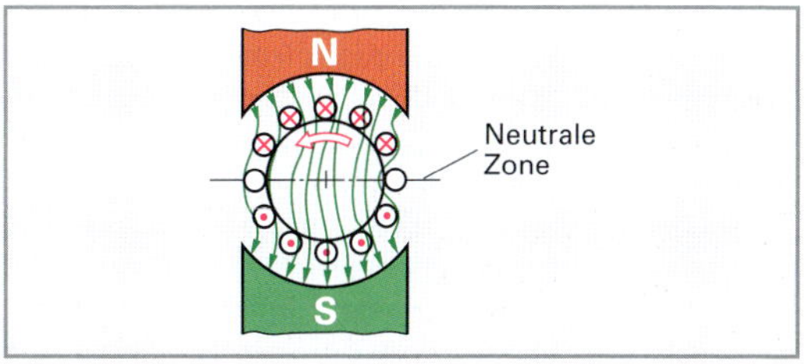

Bild 5: Mehrere Spulen in einem Anker

Einteilung von Gleichstrommotoren. Gleichstrommotoren können nach der Art der Erregung unterschieden werden in:

- Nebenschlussmotoren
- Permanenterregte Motoren
- Reihenschlussmotoren
- Doppelschlussmotoren

Jeder dieser Motoren hat eine eigene Drehzahl-Drehmoment-Charakteristik **(Bild 1)**.

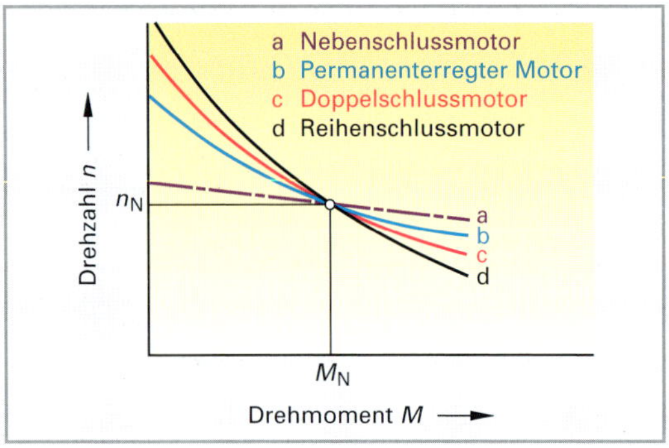

Bild 1: Drehzahl-Drehmoment-Charakteristik

Nebenschlussmotor (Bild 2). Die Erregerwicklung liegt parallel zum Anker. Sie liegt an der Betriebsspannung und erzeugt ein konstantes Erregerfeld (Polfeld). Wegen des geringen Anzugsdrehmomentes und der geringen Drehzahlerhöhung bei Entlastung ist der Nebenschlussmotor als Startermotor weniger geeignet **(Bild 1a)**.

Permamenterregter Motor (Bild 3). Das Erregerfeld wird durch starke Dauermagnete erzeugt. Es ergibt sich eine Drehzahl-Drehmoment-Charakteristik, die zwischen der des Nebenschluss- und des Reihenschlussmotors liegt **(Bild 1b)**.

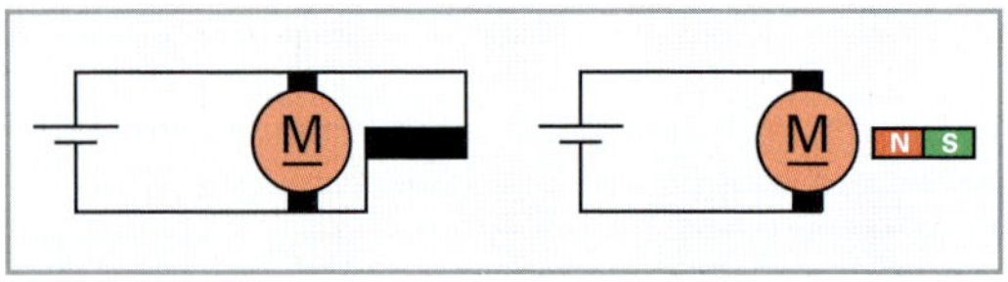

Bild 2: Nebenschlussmotor

Bild 3: Permanenterregter Motor

Reihenschlussmotor (Bild 4). Die Erreger- und Ankerwicklung sind in Reihe (hintereinander) geschaltet. Im blockierten Zustand des Ankers ist sowohl der Ankerstrom als auch der Erregerstrom am größten, d.h. die Drehkraft und das Drehmoment (Losbrechmoment) sind sehr groß. Mit zunehmender Drehzahl wird die Gegenspannung im Anker größer. Dadurch nimmt sowohl der Ankerstrom als auch der Erregerstrom ab. Demzufolge wird das Erregerfeld kleiner. Die Verringerung des Erregerfeldes hat ein starkes Ansteigen der Drehzahl bei Entlastung zur Folge **(Bild 1d)**. Diese Drehzahl-Drehmoment-Charakteristik ist bei Startermotoren vorteilhaft, weil durch das rasche Hochdrehen die Starterdrehzahl schnell errreicht wird.

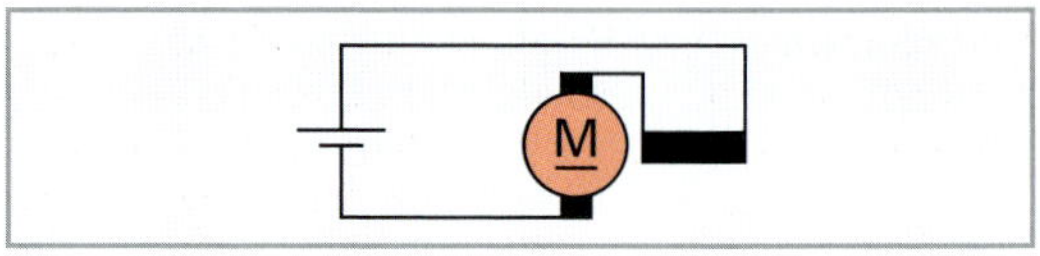

Bild 4: Reihenschlussmotor

Doppelschlussmotor (Bild 5). Er besitzt sowohl eine Reihenschlusswicklung als auch eine Nebenschlusswicklung. Wegen des großen Wicklungsaufwandes wird er nur bei großen Startern eingesetzt. Die Nebenschlusswicklung verstärkt das Drehmoment der Reihenschlusswicklung, vermindert jedoch das unzulässig starke Hochdrehen des Ankers bei Entlastung **(Bild 1c)**.

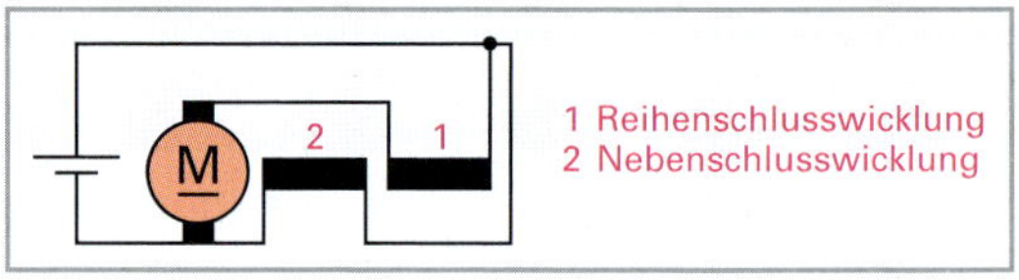

Bild 5: Doppelschlussmotor

19.2.7.2 Schrittmotoren

Beim Schrittmotor wird der Läufer und damit die Antriebswelle jeweils um einen bestimmten Winkel oder Schritt weitergedreht. Je nach Auslegung des Schrittmotors können kleine Winkelschritte bis 1,5° erreicht werden.

Aufbau. Der Läufer eines Schrittmotors ist ein Zahnläufer aus einem Dauermagneten, wobei die Zähne in axialer Richtung magnetisiert werden. Dabei wechseln die Zähne fortlaufend zwischen Nord- und Südpol **(Bild 6)**. Zwischen zwei Zähnen ist z.B. eine Lücke von einer halben Zahnbreite.

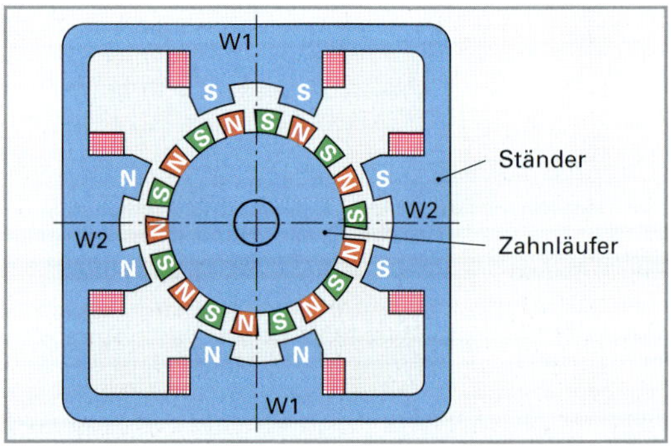

Bild 6: Schrittmotor – Prinzipieller Aufbau

Im geblechten Ständer befinden sich im Beispiel nach **Bild 6** zwei Erregerwicklungen W1 und W2 (Phasen).

Sie bilden die beiden Ständerpolpaare, wobei Nord- und Südpol eines Polpaares sich jeweils gegenüber liegen. Die Zahnteilung des Ständers entspricht der des Polrades.

Wirkungsweise. Das Polrad stellt sich immer so ein, dass z.B. einem Nordpol des Zahnläufers ein Südpol des Ständers gegenüber steht **(Bild 1a)**. Beim Umpolen des Stromes in der Wicklung W1 ändert sich die Polarität im senkrecht stehenden Polpaar **(Bild 1b)**, im horizontalen Polpaar bleibt sie erhalten. Der Läufer dreht sich um eine halbe Zahnteilung.

Die nächste Umpolung erfolgt an der Wicklung W2, wobei sich die Polarität im horizontalen Polpaar ändert. Der Läufer dreht sich um eine weitere Zahnteilung **(Bild 1c)**. Jede weitere Umpolung in der Reihenfolge W1, W2, W1 ... bewirkt eine weitere Drehung.

Durch entsprechende Polung der Ständerwicklungen W1 und W2 kann eine Drehrichtungsumkehr erfolgen **(Bild 1d)**.

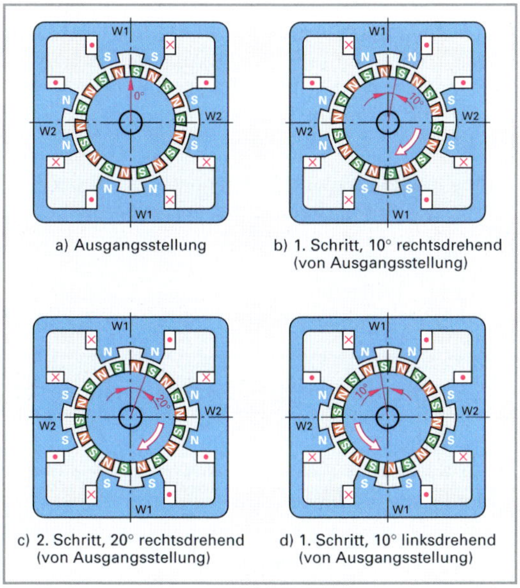

Bild 1: Schrittmotor – Wirkungsweise

Aufgrund von Sensorinformationen über die erforderliche Verstellung werden im Steuergerät folgende Größen festgelegt:

- Zahl der Schritte (entspricht Drehwinkel)
- Erforderliche Drehrichtung
- Dreh- bzw. Verstellgeschwindigkeit

Ist die Ständerwicklung stromlos, so bleibt der Läufer aufgrund der magnetischen Wirkung zwischen dem magnetischen Polrad und dem geblechten Ständer in seiner letzten Position stehen (Rastwirkung).

Ein Schrittmotor kann eine beliebige Anzahl von Schritten in beide Richtungen ausführen.

Schrittmotoren werden z.B. verwendet bei:

- Automatischer Drosselklappenverstellung
- Lüfterklappenverstellung bei Klimaanlagen
- Elektrischer Außenspiegelverstellung
- Sitzverstellung mit Memoryeffekt

Schrittmotoren können auch mit einem Schneckengetriebe versehen sein, dessen Übersetzung ins „Langsame" ($i > 1$) geht. Dadurch kann der Läufer bei jedem Steuerungs- bzw. Regelvorgang eine große Anzahl von Schritten ausführen, wobei der Aktor, z.B. Drosselklappe, nur um einen kleinen, genau definierten Winkel ausgelenkt wird.

Bei schneller Impulsfolge arbeitet der Schrittmotor als Synchronmotor. Der Anker dreht gleichlaufend (synchron) mit dem Ständermagnetfeld.

19.2.7.3 Bürstenlose Motoren

Diese Bauart kehrt das Konstruktionsprinzip des mechanisch kommutierten Motors um. Bei dem bürstenlosen Motor sind die Wicklungen am Stator angebracht und der Rotor verfügt über die umlaufenden Dauermagnete **(Bild 2)**.

Eine elektronische Kommutierungseinrichtung bestromt die Wicklungen drehwinkelabhängig und bewirkt damit die Drehung des Rotors.

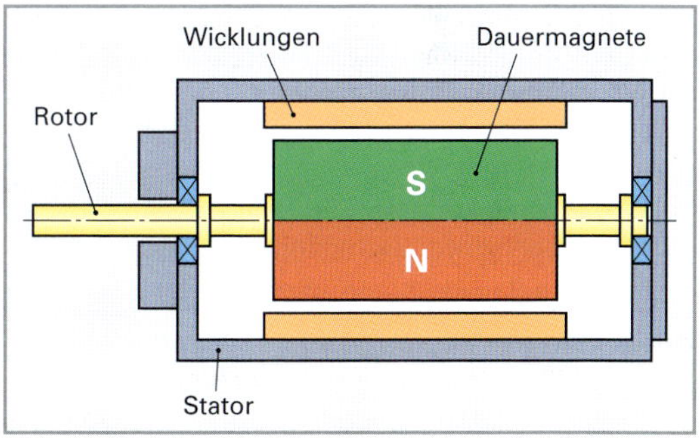

Bild 2: Bürstenloser Motor (Prinzip)

Außenläufermotor. Bei diesem Motor sind die feststehenden Statorwicklungen im Innern angebracht und die umlaufende Rotorglocke umschließt die Wicklungen.

Innenläufermotor. Bei diesem Motor befindet sich der Magnetrotor im Inneren des Motors und der Stator umschließt den Rotor.

Elektronische Kommutierung. Bei bürstenlosen Motoren wird das Ein- und Ausschalten der einzelnen Wicklungen mit Hilfe einer Steuerungselektronik durchgeführt. Diese erhält vom Rotorlagegeber, z.B. einem Hallsensor, die Information über die Position des Rotors und schaltet die entsprechenden Wicklungen am Stator ein oder aus **(Bild 1)**. Die Drehzahl des Motors ist von der Umschaltfrequenz der Kommutierungseinrichtung abhängig. Elektronisch kommutierte Gleichstrommotoren verfügen in der Regel über drei oder mehr Wicklungsstränge.

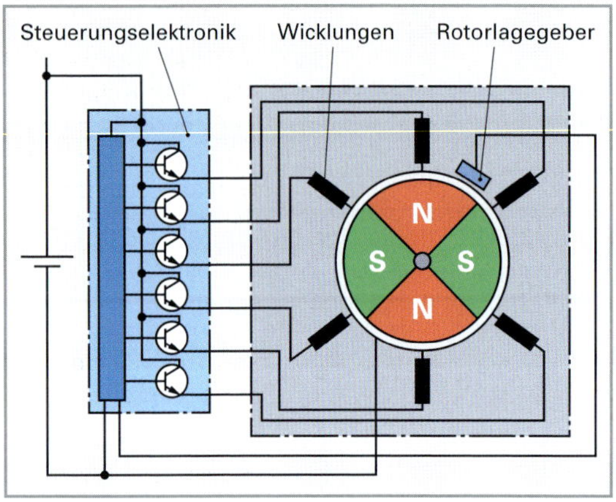

Bild 1: Elektronische Kommutierung (Prinzip)

Vorteile bürstenloser Motoren gegenüber mechanisch kommutierten Motoren:

- Ermöglichung hoher Drehzahlen, da die Höchstdrehzahl des Motors ausschließlich von der Lagerung und den auf die Magnetbefestigung wirkenden Fliehkräften abhängt.
- Regelung der Motordrehzahl über die Messung der Drehzahl durch den Rotorlagegeber.
- Geräuscharmer Betrieb, gute elektromagnetische Verträglichkeit und Wartungsfreiheit durch den Wegfall der Bürsten.
- Diagnosefähigkeit der Steuerungselektronik und der mechanischen Leichtgängigkeit.
- Kompakte Bauweise und geringes Gewicht.

19

Verwendung. Bürstenlose Motoren werden im Kraftfahrzeug z.B. für Motorkühlgebläse und als Gebläsemotoren in Klimaanlagen eingesetzt.

19.2.7.4 Starter

Verbrennungsmotoren müssen mit fremder Energie gestartet werden. Beim Starten sind die Massenträgheit, die Reibungs- und Verdichtungswiderstände des Motors zu überwinden.

Aufbau des Starters

Ein Starter **(Bild 2)** besteht in der Regel aus:

- Startermotor (Elektromotor)
- Einrückrelais (Relais, Einrückmagnet)
- Einspurgetriebe (Ritzel, Rollenfreilauf)

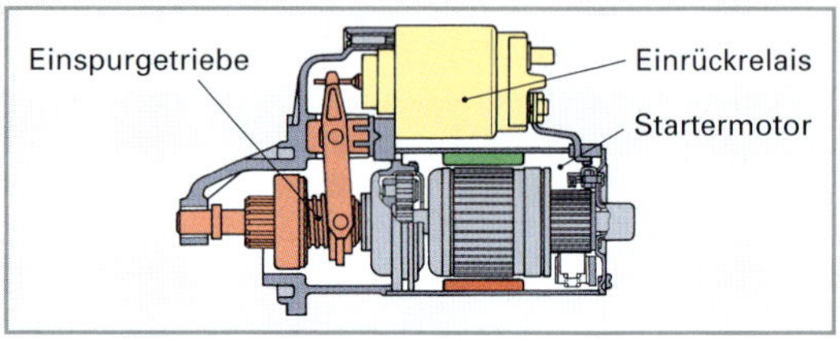

Bild 2: Baugruppen eines Starters

Startermotor. Das Polgehäuse besteht aus einem Rohr, in dem die Polschuhe mit den Erregerwicklungen oder Dauermagnete angebracht sind. Es dient außerdem zum Rückschluss der magnetischen Feldlinien und ist daher aus einem magnetisch gut leitenden Stahl hergestellt.

Der Anker nimmt die Ankerwicklungen auf. Durch das dauernde Wechseln der Stromrichtungen in den Ankerspulen entsteht ein magnetisches Wechselfeld, das in einem massiven Eisenkern Wirbelströme hervorrufen würde, die zu einer unzulässig starken Erwärmung des Ankers führen könnten. Er besteht deswegen aus einzelnen Blechen, die gegeneinander isoliert sind.

In die Ankerbleche sind Nuten gestanzt, die der Aufnahme der Ankerwicklung dienen. Außerdem dient der Anker zur besseren Leitung der vom Nordpol zum Südpol verlaufenden magnetischen Feldlinien des Polfeldes. Deswegen muss auch der Luftspalt zwischen Polschuhen und Anker möglichst klein sein.

Einrückrelais (Magnetschalter) (Bild 3). Es ist eine Kombination aus Relais und Einrückmagnet. Es hat die Aufgaben

- das Ritzel zum Einspuren in den Zahnkranz des Motors vorzuschieben sowie
- die Kontaktbrücke zum Einschalten des Starterhauptstromes zu schließen.

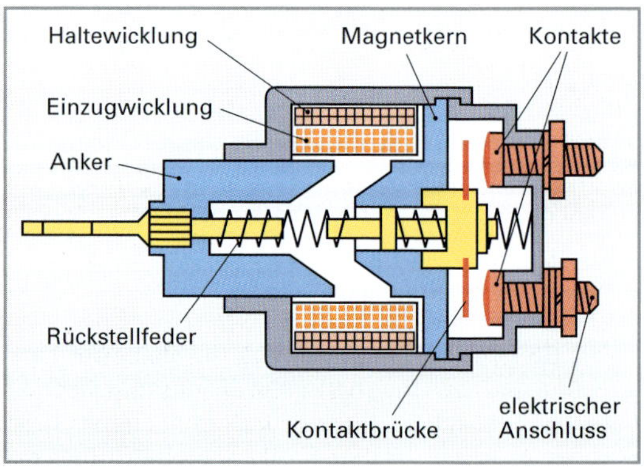

Bild 3: Einrückrelais (Magnetschalter)

Einspurgetriebe (Bild 1). Es besteht im Wesentlichen aus:

- Ritzel zur Kraftübertragung sowie Drehzahl- und Momentenwandlung.
- Freilauf als Überholkupplung nach dem Starten.
- Einrückhebel für den Einspurhub.
- Einspurfeder, ermöglicht das Einspuren bei der Stellung Zahn auf Zahn.

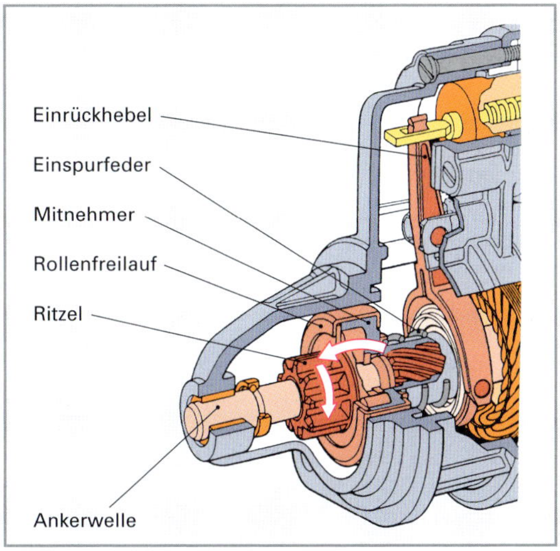

Bild 1: Einspurgetriebe eines Schub-Schraubtrieb-

Das Ritzel spurt während des Startvorgangs in den Zahnkranz ein. Dieser befindet sich auf dem Schwungrad. Das Übersetzungsverhältnis liegt im Bereich zwischen 10 und 15. Dadurch wird das am Schwungrad wirkende Drehmoment erhöht. Das Ritzel wird während des Einspurvorgangs und Betriebs mechanisch stark beansprucht.

Der Freilauf hat die Aufgabe, während des Startvorgangs das Antriebsmoment des Startermotors kraftschlüssig auf das Ritzel zu übertragen. Springt der Motor an, d.h. wird der Anker vom Motor her angetrieben, so muss er das noch eingespurte Ritzel vom Startermotor trennen. Dadurch wird ein unzulässig starkes Hochdrehen und damit ein Zerstören des Ankers verhindert.

Man unterscheidet:

- Rollenfreilauf. Er wird bei kleineren Startern für Pkw und leichtere Lkw eingesetzt.
- Lamellenfreilauf. Er wird bei größeren Startern für Lkw eingesetzt.

Der Rollenfreilauf besteht aus dem Freilaufring mit den Rollengleitkurven, den Rollen und den Schraubenfedern **(Bild 2)**. Die Rollen gleiten auf dem Ritzelschaft. Die Rollengleitkurven verengen sich in einer Richtung.

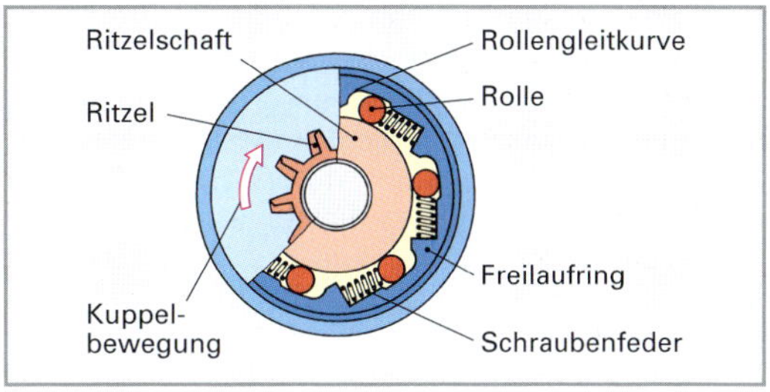

Bild 2: Rollenfreilauf

Wird der Freilaufring vom Startermotor angetrieben, so werden die Rollen in den sich verengenden Teil der Rollengleitkurven gedrückt. Der Ritzelschaft wird dadurch mit dem Startermotor gekuppelt. Nach dem Anspringen des Motors werden die Rollen vom überholenden Ritzel, das jetzt vom Motor angetrieben wird, in den weiteren Teil der Rollengleitkurven gedrückt; der Kraftschluss wird gelöst.

Schub-Schraubtrieb-Starter

Beim Einspuren bewegt sich der mit dem Ritzel über einen Rollenfreilauf gekuppelte Mitnehmer auf dem Steilgewinde der Ankerwelle **(Bild 3)**.

Der Mitnehmer wird federnd durch den vom Magnetschalter bewegten Einrückhebel vorgeschoben und durch das Steilgewinde in Drehung versetzt. Gelangt das Ritzel mit einem Zahn vor die Zahnlücke, so spurt es sofort ein. Stößt Zahn auf Zahn, so wird die Einspurfeder so weit zusammengedrückt, bis der Magnetschalter den Hauptstrom einschaltet. Der Anker dreht sich und das Ritzel schiebt sich auf der Stirnfläche des Zahnrades weiter, bis es einspuren kann.

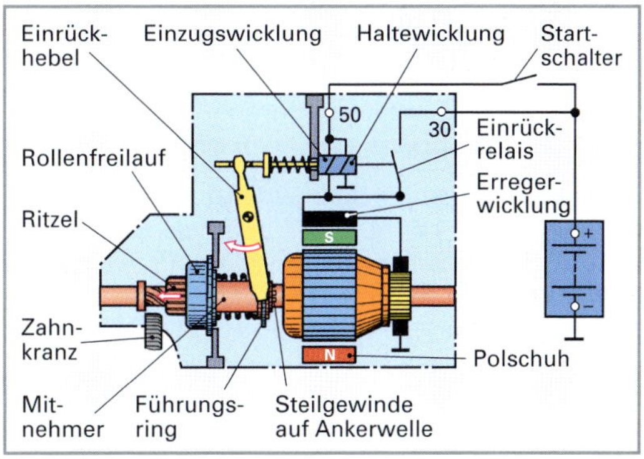

Bild 3: Schub-Schraubtrieb-Starter

Der Magnetschalter hat zwei Wicklungen, eine Einzugswicklung und eine Haltewicklung. Zum Einziehen wirken beide Wicklungen zusammen. Mit dem Einschalten des Starterstromes wird die Einzugswicklung kurzgeschlossen. Die Wicklung erhält von beiden Seiten plus. Der Magnetschalter wird nur noch durch die Haltewicklung gehalten **(Bild 1, Seite 582)**.

Nach dem Anspringen des Motors läuft das Ritzel wegen des Rollenfreilaufs frei, es bleibt jedoch mit dem Zahnkranz im Eingriff solange der Startschalter betätigt ist. Erst nachdem die Haltewicklung stromlos wurde, spurt das Ritzel aus, da der Einrückhebel in die Ausgangsstellung zurückgeht.

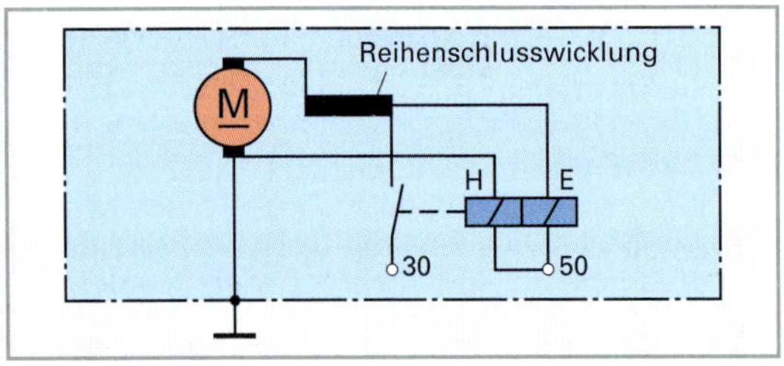

Bild 1: Innenschaltung eines Schub-Schraubtrieb-Starters

Schub-Schraubtrieb-Starter mit Permanentfeld und Vorgelege

Bei diesem Startertyp wird die Erregerwicklung durch Permanentmagneten **(Bild 2)** ersetzt.

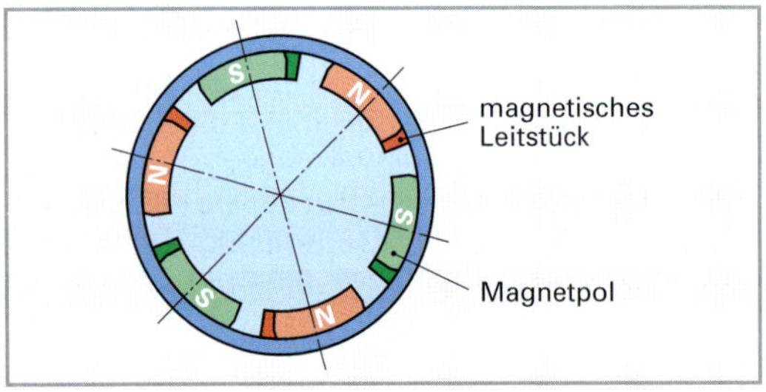

Bild 2: Polgehäuse mit Permanentmagneten

Die Dauermagnete sind in einem dünnwandigen Rohr befestigt. Dieses dient gleichzeitig auch als Startergehäuse. Bei gleicher Leistung kann gegenüber dem Schub-Schraubtrieb-Starter mit Erregerwicklung eine Gewichtseinsparung von bis zu 20 % erzielt und die Abmessungen verkleinert werden.

Einrückrelais und Einspurgetriebe sowie die Arbeitsweise sind bei beiden Startertypen gleich. Lediglich die elektrische Innenschaltung weicht ab **(Bild 3)**. Beim Schalten des Starterstromkreises fließt der Strom direkt zu den Kohlebürsten und dem Anker.

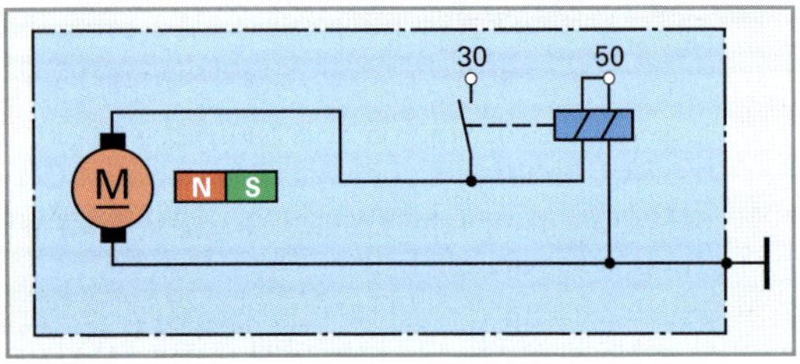

Bild 3: Innenschaltung eines Starters mit Permanenterregung

Schub-Schraubtrieb-Starter mit Permanentfeld haben eine Nebenschlusscharakteristik.

Da das Losbrechmoment bei Motoren mit Nebenschlusscharakteristik verhältnismäßig gering ist, werden sie mit einem Planetengetriebe, das als Vorgelege dient, versehen.

Einspur-, Ausspur- und Überholvorgang entsprechen denen des Schub-Schraubtrieb-Starters.

Das zwischen dem Startermotor und Ritzel zusätzlich als Vorgelege eingebaute Planetengetriebe hat die Aufgabe, die hohe Drehzahl des Starters zu verringern und gleichzeitig das Drehmoment am Ritzel zu erhöhen **(Bild 4)**.

Einspur-, Ausspur- und Überholvorgang entsprechen denen des Schub-Schraubtrieb-Starters.

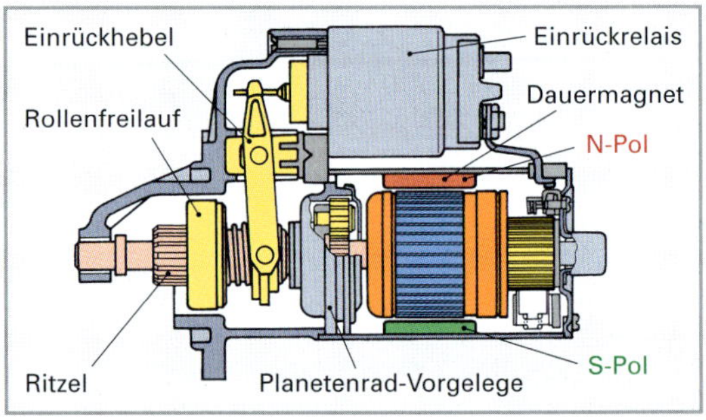

Bild 4: Vorgelegestarter

Das Planentenrad-Vorgelege besteht aus dem Hohlrad, den Planetenrädern mit Planetenradträgern und dem Sonnenrad **(Bild 5)**.

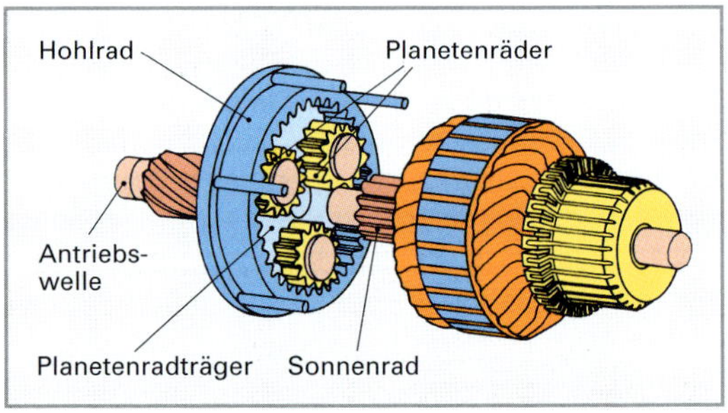

Bild 5: Anker mit Planetenrad-Vorgelege

Das **Sonnenrad** sitzt auf der Ankerwelle und bildet das Antriebsrad des Planetenrad-Vorgeleges.

Die **Planetenräder** sind auf dem Planetenradträger gelagert. Dieser ist mit der Antriebswelle verbunden, die mit einem Steilgewinde versehen ist, auf dem das Ritzel verschiebbar gelagert ist.

Das **Hohlrad** ist im Startergehäuse befestigt und wird aus Kunststoff hergestellt.

Werkstatthinweise

In Kraftfahrzeugen mit Schaltgetriebe kann eine Kurzschlussprüfung des Starters durchgeführt werden. Dabei wird der Anker des Starters blockiert und die Aufnahme des Kurzschlussstromes mit Hilfe einer Stromzange gemessen.

Die Höhe des Kurzschlusstromes ist von der Kapazität und dem Ladezustand der Batterie sowie der Höhe der Leistungsaufnahme des Starters abhängig.

Kurzschlussprüfung

- Einen Strom- und zwei Spannungsmesser nach **Bild 1** schalten, den größten Gang einlegen, Handbremse anziehen und Fußbremse betätigen.

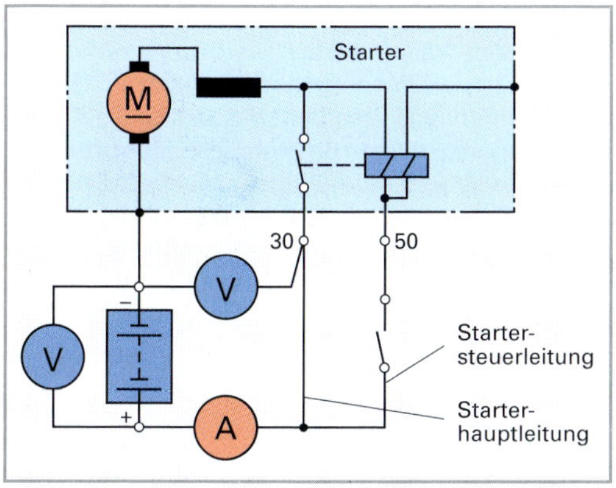

Bild 1: Prüfschaltung für Starter mit Magnetschalter

- Starter kurz betätigen (max. 5 sec.).
- Beim Starten nach Möglichkeit alle anderen elektrischen Verbraucher ausschalten.
- Kurzschlussstrom, Klemmenspannung an der Batterie und Spannung am Starter ablesen.
- Differenz zwischen der Spannung an der Batterie und der Spannung am Starter ist der Spannungsabfall in der Starterhauptleitung.
  Zulässiger Spannungsabfall: 0,25 V in 6 V-Anlagen, 0,5 V in 12 V-Anlagen, 1 V in 24 V-Anlagen.
- Die Klemmenspannung der Batterie darf bei Belastung mit dem zulässigen Kurzschlussstrom bei 6 V-Anlagen 3,5 V, bei 12 V-Anlagen 7 V und bei 24 V-Anlagen 14 V nicht unterschreiten.

Diagnose

- Ist der Kurzschlussstrom bei richtiger Klemmenspannung der Batterie kleiner als vorgeschrieben, dann befinden sich im Stromkreis zusätzliche Widerstände, z.B. vergrößerter Übergangswiderstand am Pluspolkopf, Querschnittsverringerung in der Starterhauptleitung bzw. Masseleitung.
- Erreicht der Starter nicht den vorgeschriebenen Kurzschlussstrom, obwohl die Batteriespannung und die Spannungsabfälle sich in den zulässigen Grenzen bewegen, dann ist der Starter defekt.
- Erreicht der Starter nicht den vorgeschriebenen Kurzschlussstrom und sinkt die Batteriespannung unter die zulässige Untergrenze, obwohl sich die Spannungsabfälle innerhalb der zulässigen Grenzen bewegen, so kann der Fehler sowohl im Starter als auch in der Batterie liegen.

Wartungshinweise

- Oxidierte Polklemmen der Batterie, lose Anschlussklemmen, verschmorte Schalterkontakte und schadhafte Leitungen erhöhen den Leitungswiderstand. Oxidschichten entfernen, Anschlüsse festziehen, Bauteile mit verschmorten Kontakten auswechseln. Klemmanschlüsse durch geeignetes Fett vor Korrosion schützen.

Wiederholungsfragen

1 **Aus welchen Hauptteilen ist ein Gleichstrommotor aufgebaut?**

2 **Wie kann man Gleichstrommotoren nach der Art der Erregung einteilen?**

3 **Welche Aufgabe hat der Stromwender (Kommutator) in einem Gleichstrommotor?**

4 **Beschreiben Sie Aufgaben und Wirkungsweise eines Schrittmotors.**

5 **Wie ist ein bürstenloser Gleichstrommotor aufgebaut?**

6 **Erläutern Sie die elektronische Kommutierung des bürstenlosen Gleichstrommotors.**

7 **Aus welchen Hauptteilen besteht ein Starter?**

8 **Beschreiben Sie Aufgabe und Wirkungsweise eines Rollenfreilaufs.**

9 **Wie erfolgt der Einspurvorgang bei einem Schub-Schraubtrieb-Starter?**

10 **Welche Vorteile bieten Starter mit einem Planetenrad-Vorgelege gegenüber solchen ohne Vorgelege?**

19.2.8 Zündanlagen

Die Zündanlage hat die Aufgabe, das Gemisch
- zum richtigen Zeitpunkt (Zündzeitpunkt)
- mit der nötigen Zündenergie

so zu entzünden, dass eine vollständige Verbrennung des Kraftstoff-Luft-Gemisches erfolgt.

Dadurch können folgende Ziele erreicht werden:
- Maximales Drehmoment,
- maximale Leistung bei
- minimalem Kraftstoffverbrauch und
- geringen Abgaswerten.

19.2.8.1 Erzeugung des Zündfunkens

Ein elektrischer Zündfunke kann durch einen einfachen Aufbau erzeugt werden **(Bild 1).**

Eine Batterie (Spannungsquelle) stellt die zur Erzeugung des Zündfunkens nötige Energie bereit. Ist sowohl der Fahrschalter, als auch der Zündschalter z.B. Unterbrecher, geschlossen, wird elektrische Energie in den Spulen der Zündspule (Transformator) gespeichert. Wird der Zündschalter geöffnet, entsteht an den beiden Elektroden der Zündkerze kurzzeitig ein Zündfunke.

In Fahrzeugen wurde dieser Aufbau in einer einfachen Batterie-Spulen-Zündanlage **(Bild 1)** verwirklicht. Für Mehr-Zylinder-Motoren wurde ein Verteiler ergänzt. Dieser hat die Aufgabe, die Zündenergie den Zylindern zuzuleiten, deren Kolben jeweils kurz vor Zünd-OT stehen.

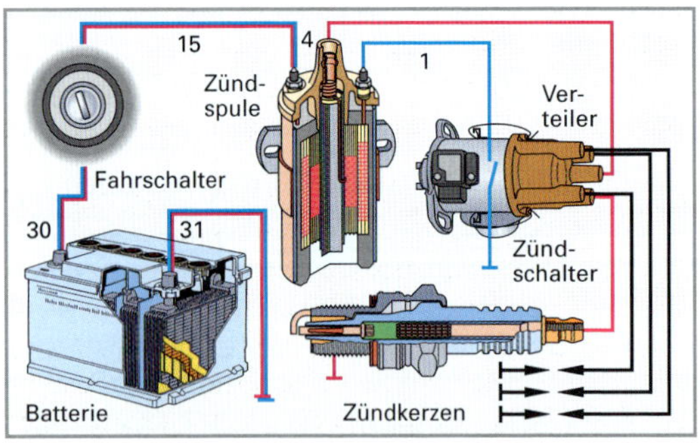

Bild 1: Aufbau einer Batteriespulenzündanlage

Physikalische Vorgänge bei der Erzeugung des Zündfunkens

In allen Spulenzündanlagen wird die elektrische Energie in Form eines Magnetfeldes gespeichert. Dieses wird durch Stromfluss in der Primärwicklung der Zündspule aufgebaut und durch den Eisenkern der Zündspule verstärkt.

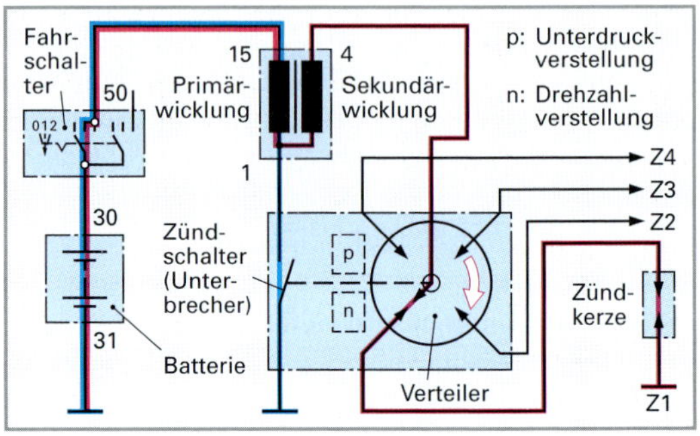

Bild 2: Schaltplan einer Batteriespulenzündanlage

Vorgänge im Primärstromkreis

Stromverlauf im Primärstromkreis: Masse – Klemme 31 – Batterie – Klemme 30 – Fahrschalter – Klemme 15 – Primärwicklung der Zündspule – Klemme 1 – Zündschalter – Klemme 31 – Masse **(Bild 2).**

Aufbau des Magnetfeldes. Wird der Primärstromkreis durch den Zündschalter geschlossen, fließt auf Grund der anliegenden Batteriespannung ein Strom. Dieser bewirkt, dass in der Primärwicklung der Zündspule ein Magnetfeld aufgebaut wird. Durch die während des Aufbaus erzeugte Magnetfeldänderung wird in der Primärwicklung eine Spannung induziert, die der anliegenden Batteriespannung entgegenwirkt (Gegeninduktion).

Dies hat zur Folge, dass während des Magnetfeldaufbaus die Batteriespannung durch die induzierte Spannung in ihrer Wirkung verringert wird. Die damit kleinere effektiv wirksame Spannung lässt nur einen verringerten Stromfluss zu. Das Magnetfeld wird dadurch verzögert aufgebaut.

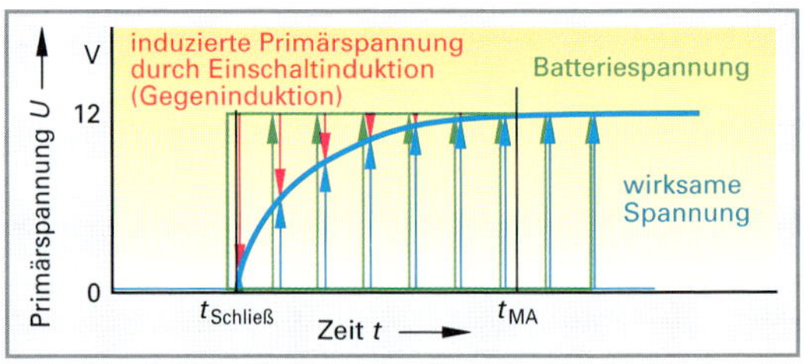

Bild 3: Wirksame Spannung im Primärkreis beim Schließen des Stromkreises

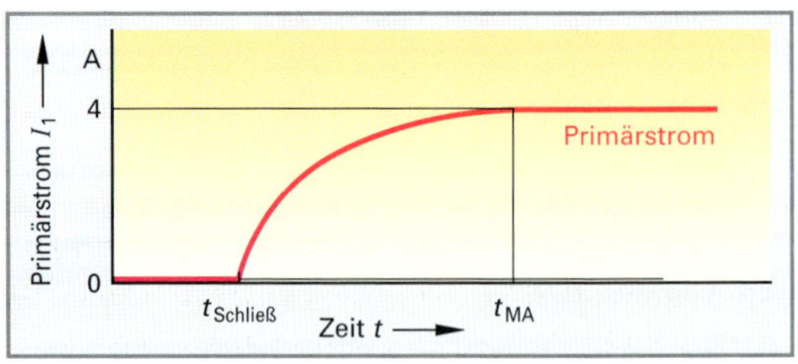

Bild 4: Primärstromverlauf beim Schließen des Stromkreises

Ist der Magnetfeldaufbau zur Zeit t_{MA} beendet und die Magnetfeldänderung damit Null, wirkt keine Gegeninduktion mehr. Der Stromfluss wird jetzt nur durch den ohmschen Widerstand der Spule und durch die anliegende Batteriespannung bestimmt. z.B. $U = 12$ V; $R = 2\ \Omega$; $I = 6$ A.

Abbau des Magnetfeldes. Durch Öffnen des Zündschalters zum Zeitpunkt $t_{Öffnen}$ wird der Stromfluss im Primärstromkreis unterbrochen. Das in der Wicklung gespeicherte Magnetfeld bricht dabei schlagartig zusammen. Durch die große Magnetfeldänderung in sehr kurzer Zeit wird eine hohe Spannung induziert. Je schneller dabei der Magnetfeldabbau geschieht, desto höher ist die induzierte Spannung. Je nach Art und Auslegung der Zündspule kann sie bis zu 400 V betragen.

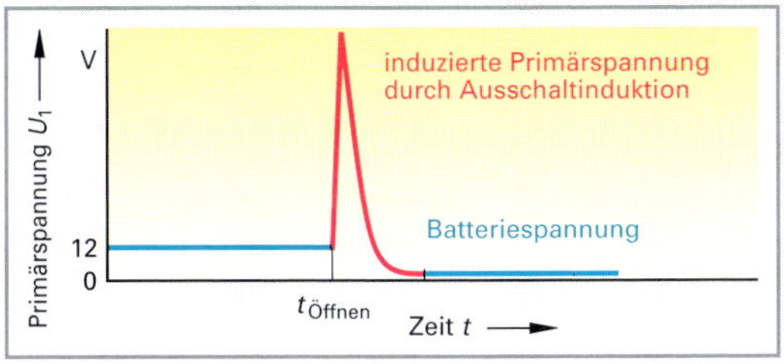

Bild 1: Spannung im Primärkreis beim Öffnen des Stromkreises

Vorgänge im Sekundärkreis (Zündschalter geschlossen)

Masse – Klemme 31 – Zündschalter – Klemme 1 – Sekundärwicklung der Zündspule – Klemme 4 – Zündverteiler – Plus-Elektrode – Minus-Elektrode – Klemme 31 – Masse **(Bild 2, Seite 584).**

Die im Primärkreis beschriebenen Vorgänge werden auf den Sekundärkreis transformiert. Die Zündspule ist so ausgelegt, dass sie, abgesehen von inneren Verlusten, die Spannung im Sekundärkreis in gleichem Maße verstärkt, wie sie die Stromstärke verringert. Es gilt die Transformatorgleichung:

$$n = \frac{U_1}{U_2} = \frac{I_2}{I_1} = \frac{N_1}{N_2}$$

n Übersetzungsverhältnis
U_1 Primärspannung
U_2 Sekundärspannung
I_1 Primärstrom
I_2 Sekundärstrom
N_1 Anzahl der Primärwindungen
N_2 Anzahl der Sekundärwindungen

Magnetfeldaufbau beim Schließen des Primärstromkreises (Bild 2). Durch die primärseitig wirkende Gegeninduktionsspannung wird in der Sekundärwicklung eine Spannung erzeugt, die entsprechend dem Übersetzungsverhältnis der Wicklungen verstärkt wird. Bei einem Übersetzungsverhältnis von z.B. $n = 150$ und $U_{Bat} = 13{,}5$ V kann damit die Sekundärspannung Werte von bis zu 2000 V erreichen. Mit vollendetem Magnetfeldaufbau zum Zeitpunkt t_{MA} wird diese Spannung Null. Da die erzeugte Spannung keinen Funken auslöst, ist der Sekundärkreis auf Grund der Luftstrecke der Zündkerze elektrisch nicht geschlossen. Es fließt kein Strom. Die in der Spule vorhandene Energie baut sich in Form gedämpfter Schwingungen ab.

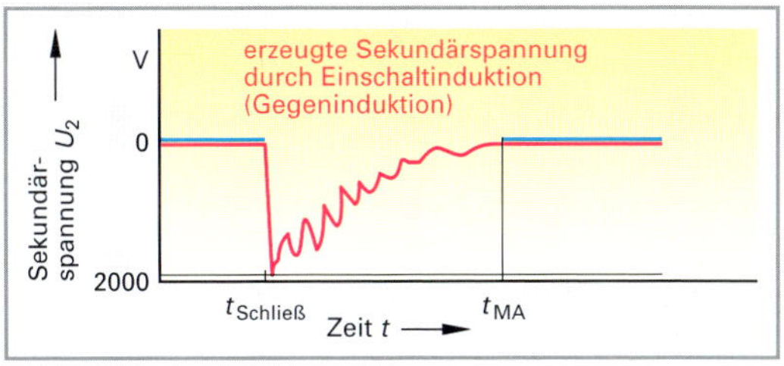

Bild 2: Spannung im Sekundärkreis beim Schließen des Stromkreises

Magnetfeldabbau (unterbrechen des Primärstromkreises durch Öffnen des Zündschalters). Durch das sehr schnell zusammenbrechende Magnetfeld entsteht eine hohe Induktionsspannung. Diese wird durch die als Transformator wirkende Zündspule auf das dem Übersetzungsverhältnis n entsprechende erhöht. Dabei können Werte von bis zu 40 000 V erreicht werden.

Die erzeugte Hochspannung ionisiert die Gaswolke zwischen den Elektroden der Zündkerze. Die bisher als Isolator wirkenden Gasmoleküle werden zumindest teilweise elektrisch leitend. Ein Funke springt über. Dadurch wird der Stromkreis über den Verteiler, die Wicklungen der Zündspule und die Batterie geschlossen. Es fließt ein Strom.

Die durch den Funkenüberschlag frei werdende Energie entzündet das im Luftspalt befindliche Gemisch. Durch die vorherige Ionisierung sinkt die Spannung während des Funkenüberschlags (Brennspannung) gegenüber der Überschlagsspannung (Zündspannung). Nach ca 1 ms ... 2,5 ms ist die in der Zündspule gespeicherte Energie so weit abgebaut, dass der Zündfunke zum Zeitpunkt t_{BE} abreißt. Die noch in der Zündspule vorhandene Restenergie baut sich in Form gedämpfter Schwingungen ab (Ausschwingvorgang).

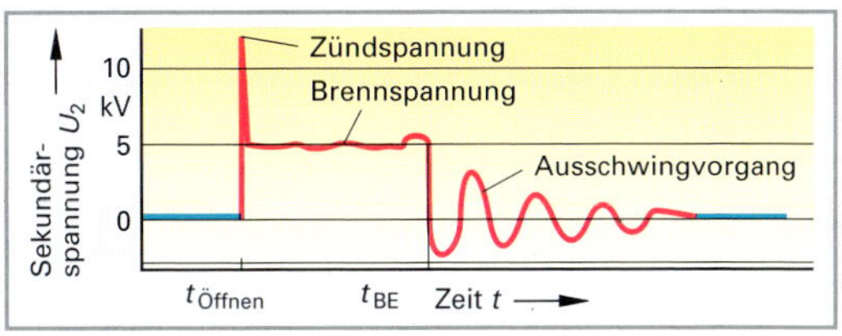

Bild 3: Sekundärspannungsverlauf beim Öffnen des Stromkreises

19

19.2.8.2 Normaloszillogramme

In Zündoszillogrammen sind die Spannungsverläufe bei geschlossenem und geöffnetem Zündschalter dargestellt. Sie werden in der Werkstattpraxis benötigt, auftretende Fehler zu diagnostizieren. Um die Oszillogramme eindeutig beurteilen und auswerten zu können, müssen die Normaloszillogramme einer einwandfrei arbeitenden Zündanlage bekannt sein. Diese besitzen alle in etwa den gleichen Aufbau, weisen aber je nach Zündanlage spezifische Unterschiede auf (siehe auch **S. 600**).

Folgende Begriffe und Kennwerte können Normaloszillogrammen entnommen werden **(Bilder 1, 2)**.

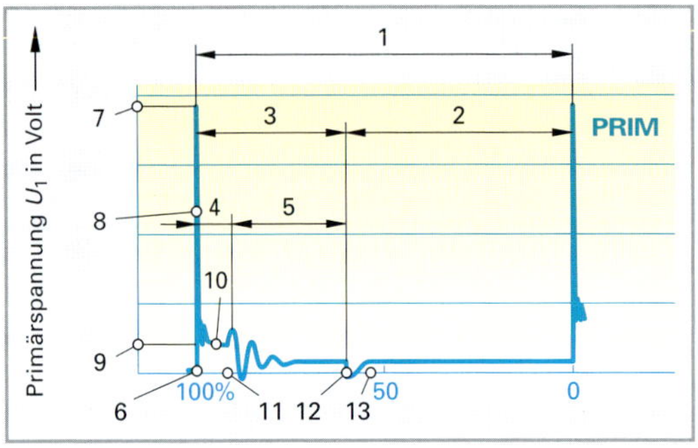

Bild1: Normaloszillogramm des Primärkreises

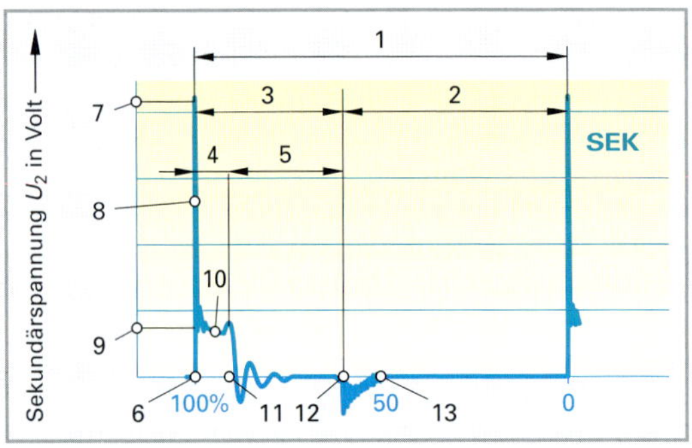

Bild 2: Normaloszillogramm des Sekundärkreises

1 Zündabstand γ. Er ist der Drehwinkel der Kurbelwelle, der zwischen zwei Zündfunken zurückgelegt wird. Er wird berechnet mit Hilfe der Formel:

$$\gamma = \frac{720\ °\text{KW}}{\text{Zylinderzahl}}$$

Der Zündabstand setzt sich zusammen aus Schließwinkel α und Öffnungswinkel β.

$$\gamma = \alpha + \beta$$

2 Schließwinkel α **(Schließabschnitt).** Er ist der Drehwinkel der Kurbelwelle, in der der Primärstromkreis geschlossen ist und das Magnetfeld aufgebaut werden kann. Er wird angegeben in °KW oder in % des Zündabstandes γ, wobei der Wert von γ 100 % entspricht.

z.B.: 4-Zylinder-Otto-4-Takt-Motor, $\alpha = 55\ \%$

Zündabstand: $\gamma = 720\ °\text{KW}/4 = 180\ °\text{KW}$

Schließwinkel α in %: $100\ \% = 180°\ \text{KW}$

$$55\ \% = \frac{180° \cdot 55}{100} = 99\ °\text{KW}$$

3 Öffnungswinkel β **(Öffnungsabschnitt).** Er ist der Drehwinkel der Kurbelwelle, in der der Primärstromkreis geöffnet ist. Er setzt sich zusammen aus der Brenndauer und dem Ausschwingvorgang.

4 Brenndauer (Funkendauer). Sie gibt an, wie lange ein stehender Zündfunke an den Elektroden der Zündkerze vorhanden ist (ca. 1 ms)

5 Ausschwingvorgang. Die in der Anlage verbliebene Restenergie wird in Form einer gedämpften Schwingung abgebaut.

6 Zündzeitpunkt (ZZP, $t_{\text{Öffnen}}$).

Die Zündung wird durch Unterbrechung des Primärstromkreises ausgelöst. Der Zündzeitpunkt wird auf OT bezogen und in °KW angegeben.

7 Zündspannung (8 Spannungsnadel). Sie stellt die Spannung dar, die notwendig ist, einen Funkenüberschlag auszulösen. Die Zündanlage muss unter allen Umständen eine so große Spannung erzeugen, dass der Zündfunke überspringt. Hat ein Funkenüberschlag stattgefunden, sinkt die Spannung auf die Brennspannung.

9 Brennspannung (10 Brennspannungslinie). Sie zeigt den Spannungsbedarf, der nötig ist, den Zündfunken aufrecht zu erhalten. Auf Grund der ionisierten Gaswolke zwischen den Elektroden der Zündkerze ist diese Spannung kleiner als die Zündspannung.

11 Brennende (t_{BE}). Zu diesem Zeitpunkt ist die im Magnetfeld der Zündspule gespeicherte Energie so weit abgebaut, dass der Zündfunke abreißt. Es beginnt der Ausschwingvorgang.

12 Schließzeitpunkt ($t_{\text{Schließ}}$). Der Primärstromkreis wird geschlossen. Das Magnetfeld wird aufgebaut.

13 Ende des Magnetfeldaufbaus (t_{MA}). Die Sekundärspannung wird auf Grund der im Primärstromkreis fehlenden Magnetfeldänderung Null. Die Primärspannung beträgt 12 V.

19.2.8.3 Zündspulen

> Sie haben die Aufgabe, Energie in Form eines Magnetfeldes zu speichern und die beim Zusammenbruch des Magnetfeldes erzeugte Induktionsspannung auf die Zündspannung zu transformieren.

Zündspulen sind Transformatoren mit einem Übersetzungsverhältnis *n* von 60 ... 150 **(Bild 2)**. Ihre wesentlichen Bestandteile sind die Primärwicklung, die Sekundärwicklung, die elektrischen Anschlüsse und der Eisenkern. Dieser wird aus mehreren Lagen dünnen Eisenbleches gebildet und hat die Aufgabe, das aufgebaute Magnetfeld zu verstärken.

Primärwicklung. Sie besteht aus einem dicken isolierten Kupferdraht mit sehr wenig Windungen (N_1 = 100 ... 500). Durch die niedrige Windungszahl wird die Induktivität der Spule verringert. Die kurze Leiterlänge und der große Leitungsquerschnitt bewirken einen kleinen ohmschen Widerstand (R = 0,3 Ω ... 2,5 Ω), so dass ein hoher Strom durch die Wicklung fließen kann. Geringe Induktivität und kleiner ohmscher Widerstand ergeben einen schnellen Magnetfeldaufbau und eine hohe Energiedichte in der Primärwicklung **(Bild 1)**.

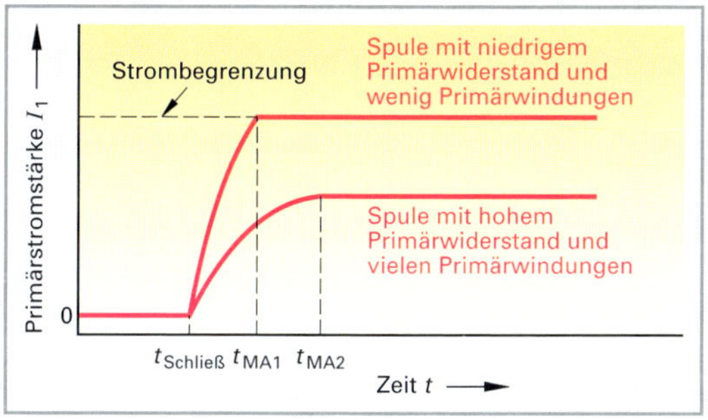

Bild 1: Stromfluss und Magnetfeldaufbau verschiedener Zündspulen

Sekundärwicklung. Sie besteht aus einem sehr dünnen isolierten Kupferdraht mit N_2 = 15 000 ... 30 000 Wicklungen. Der Ohmsche Widerstand beträgt dabei je nach Art der Zündspule 5 kΩ ... 20 kΩ.

Um eine sichere Entflammung des Gemisches zu gewährleisten, ist eine Zündenergie von mindestens 6 mWs nötig. Tatsächlich werden Zündspulen aber für eine Gesamtenergie von bis zu 120 mWs ausgelegt. Dies ist nötig, weil nur ein Bruchteil der gespeicherten Energie für die Entzündung des Kraftstoff-Luft-Gemisches genutzt werden kann. Außerdem muss eine Entzündung des Kraftstoff-Luft-Gemisches unter allen Umständen, also auch bei einer schlecht gewarteten Zündanlage, gewährleistet sein. Das Hochspannungsangebot beträgt dabei je nach Anlage 25 000 V ... 40 000 V.

Zylinderzündspule (Bild 2)
Sie wird für Zündanlagen mit rotierender Hochspannungsverteilung (Verteiler) verwendet.

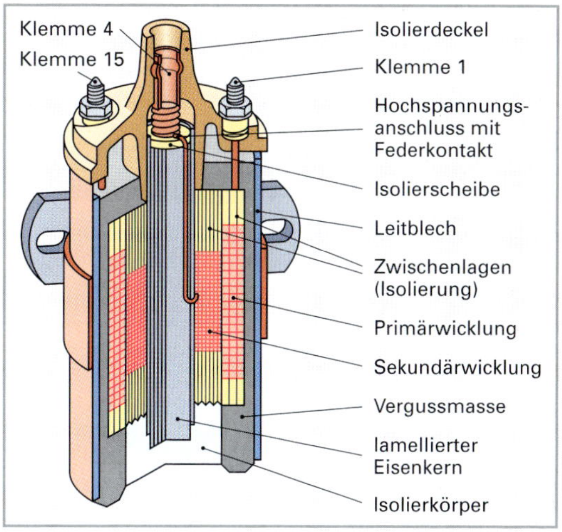

Bild 2: Zylinderzündspule

Sparschaltung. Diese Zündspulen sind in Sparschaltung ausgeführt. D.h. dass die Primär- und die Sekundärwicklung einen gemeinsamen Wicklungsanschluss besitzen. Dieser ist mit dem Zündschalter (Klemme 1) verbunden. Die primärseitige Plusversorgung erfolgt über Klemme 15; der Hochspannungsanschluss liegt an Klemme 4 **(Bild 3)**.

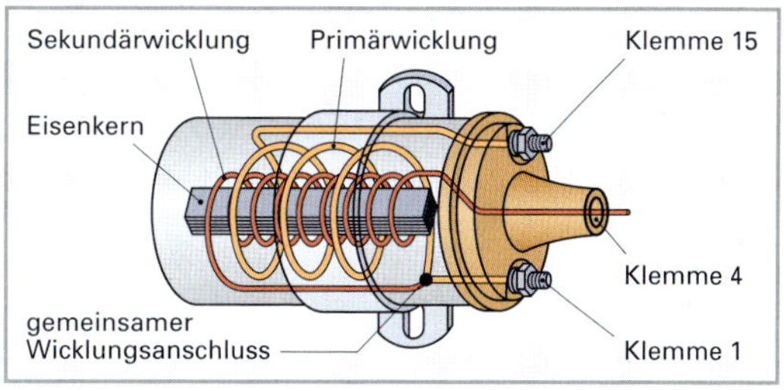

Bild 3: Innenschaltung einer Zylinderzündspule

Bei Motoren mit hoher Drehzahl und vielen Zylindern kann es bei der Verwendung von Zylinderzündspulen zu Zündproblemen kommen. Bei hoher Funkenzahl wird die Schließzeit zu kurz; der Magnetfeldaufbau ist nicht vollständig, wodurch die gespeicherte Energie zu gering ist. Ist eine ausreichende Schließzeit vorhanden, so kann ein Magnetfeld vollständig aufgebaut werden. Eine ausreichende Zündleistung mit genügend hoher Zündspannung wird gewährleistet.

Eine Maßnahme gegen die Bildung von Zündfunken beim Schließen des Primärstromkreises ist nicht notwendig, da der Verteilerläufer zum Schließzeitpunkt zwischen den Kontakten in der Verteilerkappe steht. Damit ist die Funkenstrecke zu groß, um einen Funkenüberschlag zuzulassen.

Einzelfunkenzündspulen (Bild 1)
Jeder einzelne Zylinder hat seine eigene Zündspule mit Primär- und Sekundärwicklung. Die Spulen werden meist direkt auf die Zündkerze aufgesetzt.

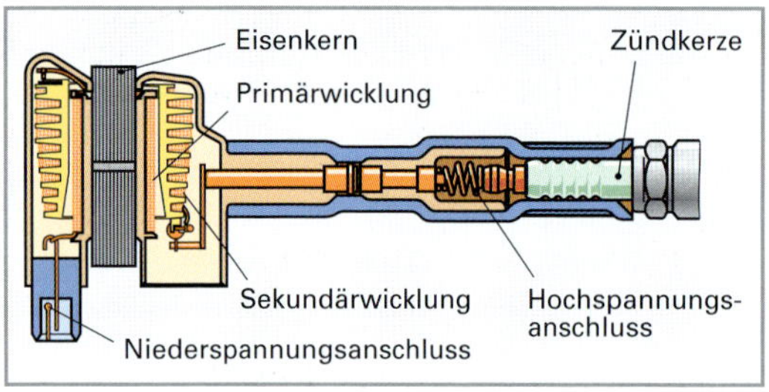

Bild 1: Einzelfunkenzündspule

Auch diese Zündspulen besitzen die Anschlüsse Klemme 1 (Zündschalter), Klemme 15 (Spannungsversorgung) und Klemme 4 (Zündkerze). Bei Zündspulen mit einem zusätzlichen 4. Anschluss wird dieser als Klemme 4b bezeichnet. Er dient der Überwachung von Zündaussetzern. Klemme 4 wird dann zu Klemme 4a umbenannt **(Bild 2)**.

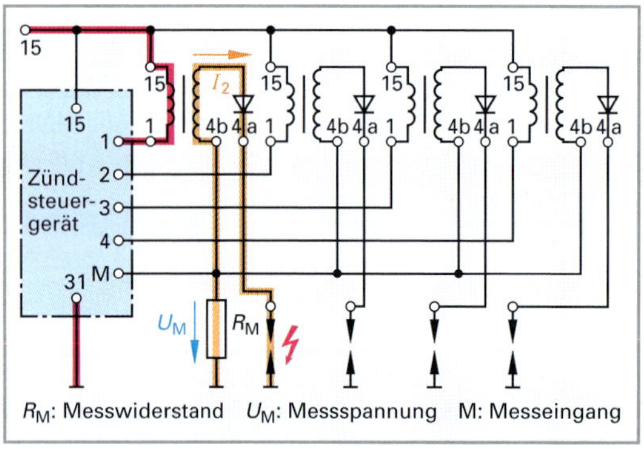

Bild 2: Schaltung von Einzelfunkenzündspulen

Die Auslösung des Zündfunkens erfolgt niederspannungsseitig durch ein Leistungsmodul mit Verteilerlogik. Dieses schaltet auf Grund des Bezugsmarkensignals von Kurbelwelle und Nockenwelle, das eindeutig angibt, welcher Zylinder bei Zünd-OT steht, den Primärstrom der betreffenden Zündspule.

Auf Grund ihrer elektrischen Auslegung bauen diese Zündspulen sehr schnell ein Magnetfeld auf. Dies kann bereits beim Magnetfeldaufbau zu einem ungewollten Funkenüberschlag am Ende des Ansaugtaktes bzw. zu Beginn des Verdichtungstaktes führen. Mit Hilfe der in den Sekundärkreis geschalteten Diodenkaskade, dabei handelt es sich um eine Gruppe mehrerer Dioden, kann dieser Funkenüberschlag unterdrückt werden. Die Dioden sperren, da der durch die Einschaltinduktion erzeugte Stromfluss entgegengesetzt zu dem durch die Ausschaltinduktion erzeugten Stromfluss I_2 verläuft.

Doppelfunkenzündspulen (Bild 3)
Sie können nur bei Motoren mit gerader Zylinderzahl verwendet werden. Jeweils zwei Zündkerzen werden von ihnen mit Hochspannung versorgt.

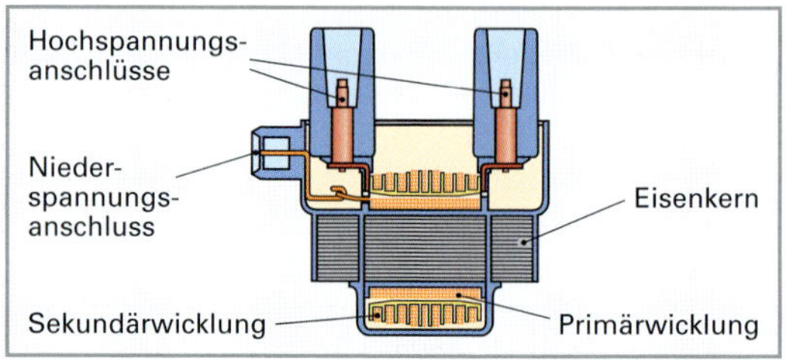

Bild 3: Doppelfunkenzündspule

Doppelfunkenzündspulen besitzen eine Sekundär- und eine Primärwicklung mit jeweils zwei Anschlüssen. Für die Primärwicklung sind dies Klemme 15 (Spannungsversorgung +) und Klemme 1 (Verbindung zum Zündschaltgerät). Am Sekundärkreis sind an beiden Ausgängen jeweils eine Zündkerze angeschlossen **(Bilder 3, 4)**.

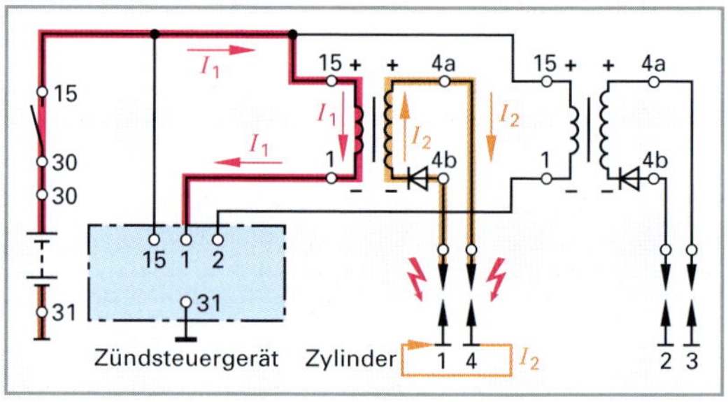

Bild 4: Schaltung von Doppelfunkenzündspulen

Diese Zündspulen erzeugen bei jeder Kurbelwellenumdrehung an zwei Zündkerzen gleichzeitig jeweils einen Zündfunken. Bei einem Motor mit der Zündreihenfolge 1-3-4-2 leitet der eine Funke z.B. in Zylinder 1 am Ende des Verdichtungstaktes die Verbrennung ein (Hauptfunke). Der andere Funke (Stützfunke) verpufft am Ende des Ausstoßtaktes in dem um 360 °KW versetzten Zylinder 4. Nach einer Umdrehung der Kurbelwelle wird Zylinder 4 gezündet während in Zylinder 1 der Stützfunke verpufft. Dies kann im Sekundär-Oszillogram sichtbar gemacht werden **(Bild 1, Seite 589)**.

Hierbei ist zu sehen, dass die Zündspannung am Stützfunken deutlich niedriger ausfällt als am Hauptfunken. Der Grund dafür ist, dass sich am Ende des Verdichtungstaktes (Hauptfunke) wesentlich mehr isolierende Gasmoleküle zwischen den Elektroden der Zündkerze befinden als im Ausstoßtakt (Stützfunke). Deshalb ist eine höhere Spannung zur Erzeugung des Zündfunkens nötig.

Weiterhin ist sichtbar, dass die Spannungen von Zylinder 1 und Zylinder 4 gegenläufig sind. Durch die vorgegebene Stromrichtung in der Sekundärwick-

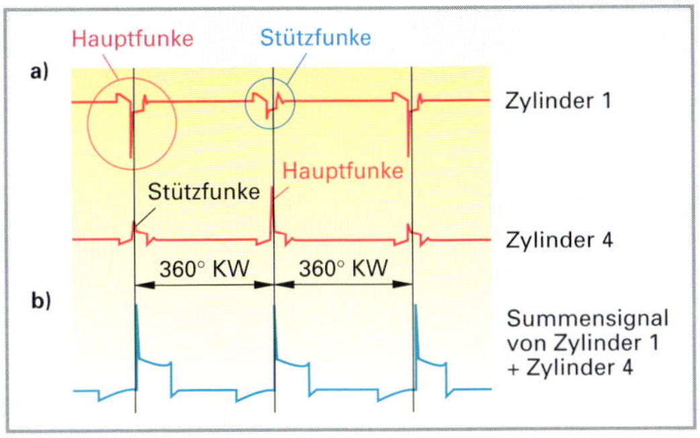

Bild 1: Sekundäroszillogramm einer Doppelfunkenündspule

lung springt deshalb an der einen Zündkerze der Zündfunke von der Mittelelektrode zur Masseelektrode; an der anderen Zündkerze von der Masseelektrode zur Mittelelektrode.

Je nach Auslegung der Spulen, können bei diesen Zündanlagen Maßnahmen zur Unterdrückung der Funkenbildung durch die Einschaltinduktion nötig sein.

Doppelzündung. Bei diesen Zündanlagen werden je Zylinder 2 Zündkerzen verwendet. Beim Einsatz von Doppelfunkenzündspulen zünden die an einer Zündspule angeschlossenen Zündkerzen in zwei verschiedenen Zylindern, deren Zündzeitpunkte um 360 °KW versetzt sind. Bei Zündreihenfolge 1 – 3 – 4 – 2 erzeugen z.B. Zündspule 1 und Zündspule 4 jeweils einen Hauptfunken in Zylinder 1 und die Stützfunken in Zylinder 4. 360 °KW später erzeugen beide Zündspulen in Zylinder 4 die Hauptfunken und in Zylinder 1 die Stützfunken. Dabei können die beiden Zündspulen last- und drehzahlabhängig um 3 °KW ... 15 °KW versetzt angesteuert werden.

Durch die Doppelzündung erreicht man eine saubere und schnellere Verbrennung und damit weniger schädliche Abgase.

Vierfunkenzündspulen (Bild 2)
Sie wurden für den Einsatz bei 4-Zylinder-Motoren entwickelt und ersetzen 2 Doppelfunkenzündspulen.

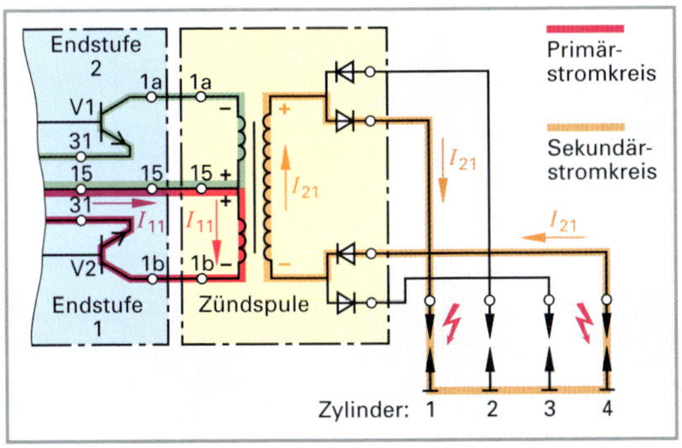

Bild 2: Schaltung einer Vierfunkenzündspule

Wie bei diesen wird auch hier gleichzeitig in zwei Zylindern, deren Zündzeitpunkte um 360 °KW versetzt sind, jeweils ein Zündfunke erzeugt.

Die Vierfunkenzündspule besteht aus zwei Primärwicklungen, die von jeweils einer Endstufe angesteuert werden. Im Sekundärstromkreis ist nur eine Wicklung vorhanden. An den zwei Ausgängen der Wicklung befinden sich wiederum jeweils zwei Anschlüsse, die mit Diodenkaskaden versehen sind und entgegengesetzt geschaltet sind. Diese bilden die Anschlüsse für die vier Zündkerzen

19.2.8.4 Schaltung des Primärstromes

> Zur Erzeugung des Zündfunkens muss der Primärstromkreis unterbrochen werden, um eine Hochspannung zu induzieren.

In den ersten **kontaktgesteuerten Batterie-Spulenzündanlagen** wurde der Primärstrom durch mechanisch betätigte **Unterbrecher (Bild 3)** geschaltet. Diese wurden ersetzt, weil sie ...

- ... nur Primärströme bis max. 5 A schalten können.
- ... hohem Verschleiß (Abbrand) unterworfen sind.
- ... auf Grund der Mechanik zu träge sind, die geforderte Anzahl von Schaltvorgängen zu tätigen.
- ... die Schaltzeitpunkte nicht genau genug einhalten können.

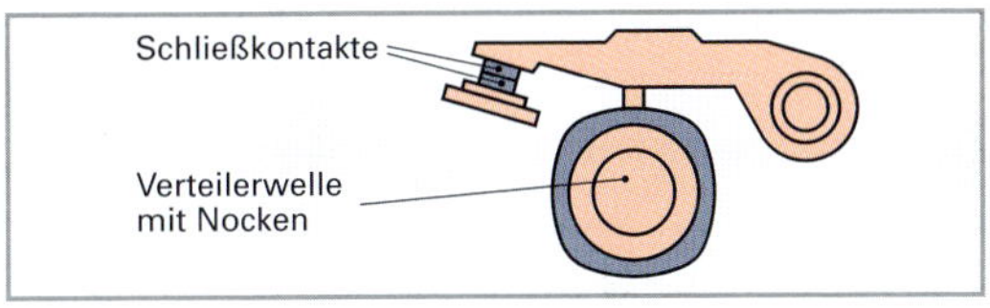

Bild 3: Unterbrecher

In **Transistor-Spulenzündanlagen** wurden Unterbrecher durch elektronische Schaltgeräte ersetzt. Diese bestanden ursprünglich im Wesentlichen aus einer relativ einfachen Transistorschaltung, die durch einen Induktionsgeber oder Hallgeber angesteuert wurde.

Transistorzündanlagen (TSZ-i, TZ-i) mit Induktionsgeber (Bild 4) verwenden einen im Verteiler untergebrachten Induktionsgeber zur Ansteuerung der Tran-

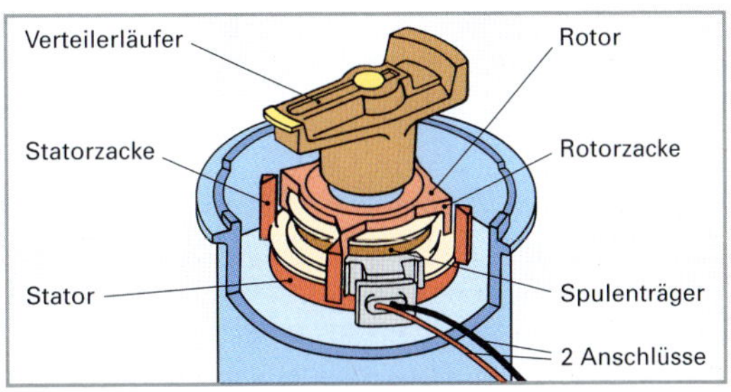

Bild 4: Induktionsgeber im Verteiler

sistorschaltung und damit zur Zündauslösung. Der Induktionsgeber erzeugt ein Wechselspannungssignal U_i nach dem Generatorprinzip **(Bild 1)**.

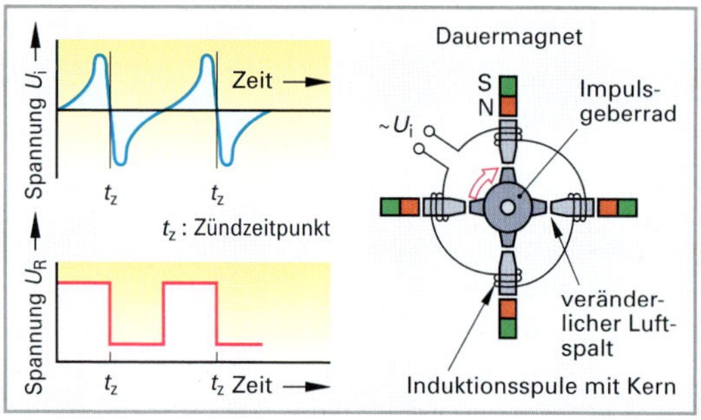

Bild 1: Gebersignal und Zündzeitpunkt

Das vom Geber erzeugte Signal wird über die Klemmen **0** und **–** an die Klemmen **7** und **31d** am Schaltgerät übertragen und zur Ansteuerung des Transistors verwendet **(Bild 2)**.

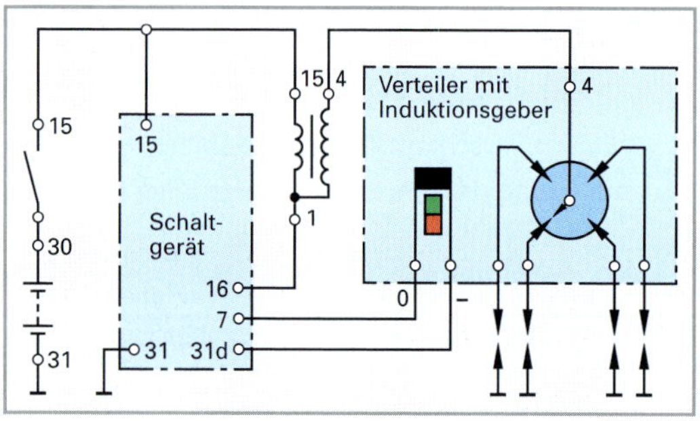

Bild 2: Transistorzündanlage mit Induktionsgeber

Transistorzündanlagen (TSZ-h, TZ-h) mit Hallgeber **(Bild 3)** verwenden einen im Verteiler untergebrachten Hallgeber zur Ansteuerung der Transistorschaltung und damit zur Zündauslösung.

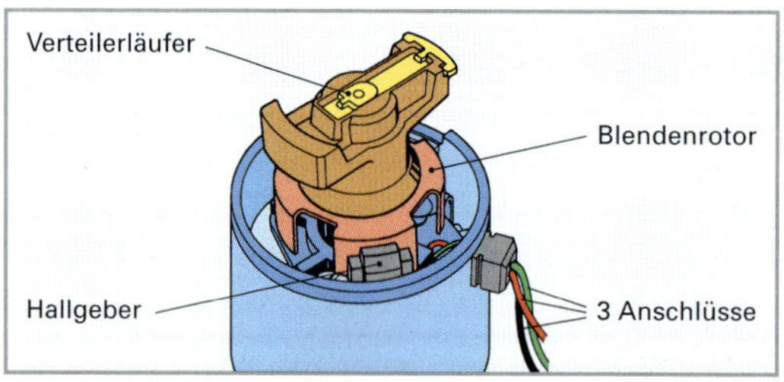

Bild 3: Hallgeber im Verteiler

Die vom Hallgeber erzeugte Hallspannung U_H wird in ein Gebersignal U_G umgewandelt und zur Schaltung des Transistors im Primärstromkreis verwendet **(Bild 4)**.

Der Geber ist über die Klemmen **0**, **+** und **–** mit den Klemmen **7**, **8h** und **31d** des Schaltgerätes verbunden **(Bild 5)**.

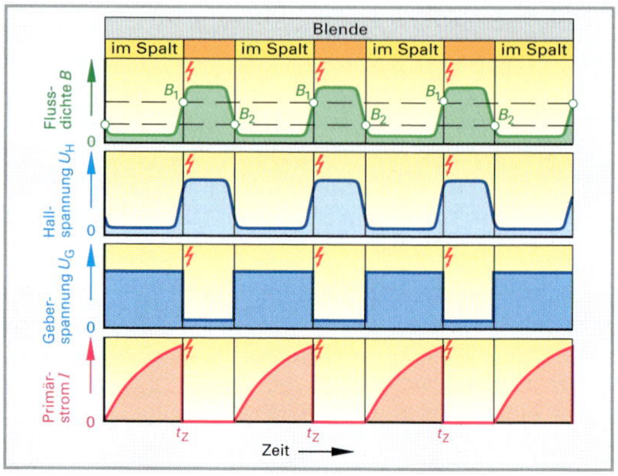

Bild 4: Gebersignal und Zündzeitpunkt

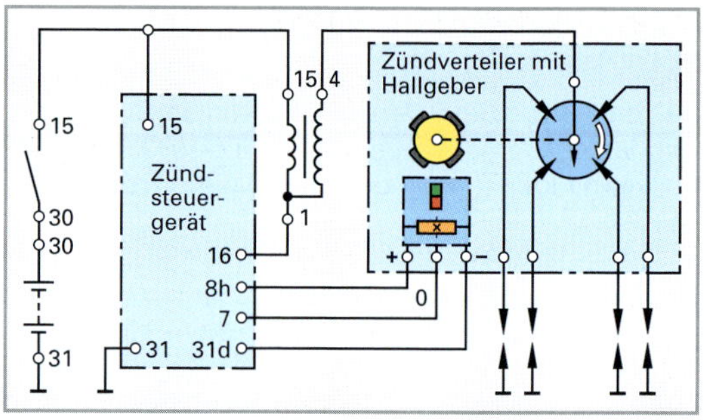

Bild 5: Transistorzündanlage mit Hallgeber

Mit fortlaufender Entwicklung erhielten diese Schaltgeräte immer mehr zusätzliche Funktionen, so dass aus den ursprünglich einfachen Schaltgeräten komplexe Steuergeräte entstanden.

Mit Einführung der **Motronic** wird heute die Gemischbildung und die Zündung durch **ein gemeinsames Motorsteuergerät** geregelt. Dieses schaltet den Primärstromkreis über Endstufen. Darunter versteht man Transistor-Schaltgeräte, die von einem Steuergerät angesteuert werden. Bei Zündanlagen sind sie entweder im Steuergerät selbst, meist jedoch wegen der großen Wärmeentwicklung außerhalb des Steuergerätes an den Zündspulen angebracht **(Bild 6)**.

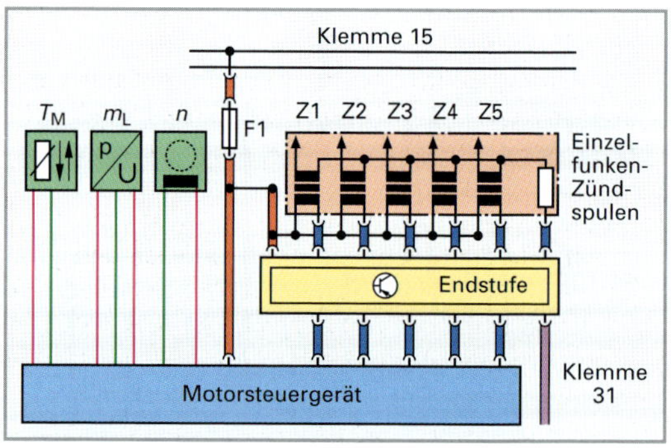

Bild 6: Durch Motronic geschaltete Zündspulen

19.2.8.5 Anpassung des Zündzeitpunktes

Die Zündung des Gemisches muss so erfolgen, dass der Verbrennungshöchstdruck kurz (10 °KW ... 20 °KW) nach OT entsteht.

Zwischen dem Auslösen der Zündung und dem Durchbrennen eines stöchiometrischen Kraftstoff-Luft-Gemisches und somit dem Erreichen des Verbrennungshöchstdruckes liegt eine Zeitspanne von 1 ms ... 2 ms. Diese Zeitdauer ist bei konstanter Füllung immer gleich groß. Da sich der Kolben in dieser Zeitspanne in Richtung UT bewegt, muss bereits vor OT gezündet werden, damit der Verbrennungshöchstdruck schon kurz nach OT den Kolben erreicht **(Bild 1)**. Je früher dabei gezündet wird, desto höher ist die abgegebene Leistung des Motors.

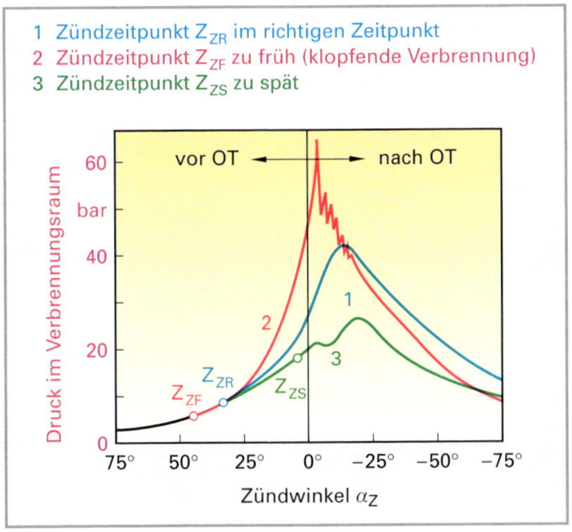

Bild 1: Druckverlauf in Abhängigkeit vom Zündzeitpunkt

Bei **zu frühem Zündzeitpunkt** allerdings entstehen unkontrollierte Verbrennungsvorgänge mit hohen Druck- und Temperaturspitzen. Dabei kann eine klopfende Verbrennung durch Selbstentzündung des Kraftstoff-Luft-Gemisches auftreten. Diese führt zur Zerstörung des Motors, zumindest aber zu starkem Leistungsverlust und verschlechterten Abgaswerten.

Bei **zu spätem Zündzeitpunkt** hat sich der Kolben bereits weit nach UT bewegt, bevor das Kraftstoff-Luft-Gemisch verbrannt ist. Der Brennraum ist vergrößert, wodurch der auf den Kolben wirkende Druck und die dadurch entstehende Kolbenkraft klein sind. Deshalb wird der Kolben nur noch schwach und kurzzeitig auf seinem Restweg nach UT beschleunigt. Die Folgen sind Leistungsverlust, erhöhter Kraftstoffverbrauch, erhöhte Abgaswerte und eine verstärkte thermische Belastung des Motors.
Somit ist es wichtig, den optimalen Zündzeitpunkt genau einzuhalten.

Bei verschiedenen Lastzuständen ändert sich aber der optimale Zündzeitpunkt. Ebenso muss bei zunehmender Drehzahl immer früher gezündet werden, da der Zündwinkel immer schneller durchlaufen wird, die Brenndauer aber nahezu gleichbleibt. Aus diesen Gründen muss der Zündzeitpunkt an Last und Drehzahl angepasst werden.

Fliehkraft- und Unterdruckversteller. Bei **TSZ und TZ-Anlagen** geschieht dies mechanisch durch die beiden abgebildeten Systeme, die unabhängig voneinander wirken. Die Wirkung des Fliehkraftverstellers beruht darauf, dass mit steigender Drehzahl die Fliehgewichte entgegen der Federkraft nach außen wandern und dabei den Mitnehmer gegenüber der Trägerplatte verdrehen **(Bild 2)**.

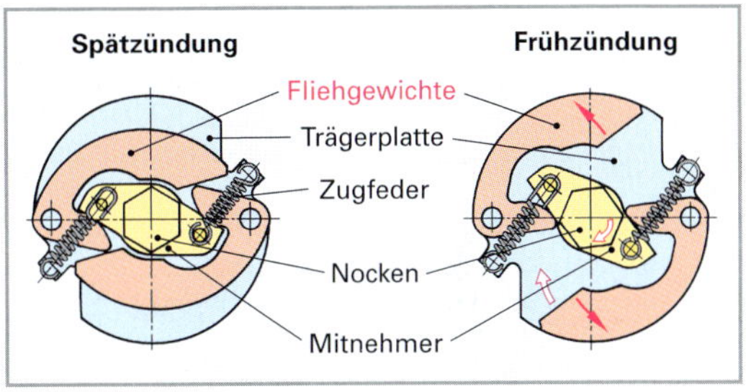

Bild 2: Fliehkraftversteller

Beim Unterdruckversteller wird über eine Membran und eine Zugstange durch Unterdruck die Unterbrecherplatte verdreht **(Bild 3)**.

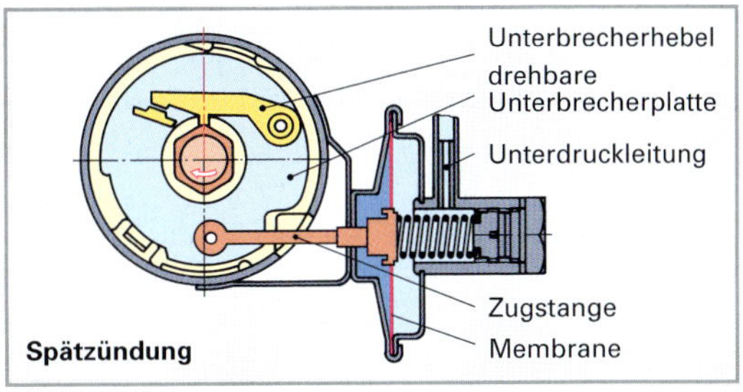

Bild 3: Unterdruckversteller

Kennfeld. Im Gegensatz dazu werden bei **EZ und VZ-Anlagen** die optimalen Zündzeitpunkte in Abhängigkeit von Last und Drehzahl auf einem Prüfstand ermittelt und in einem Kennfeld **(Bild 4)** im Steuergerät gespeichert.

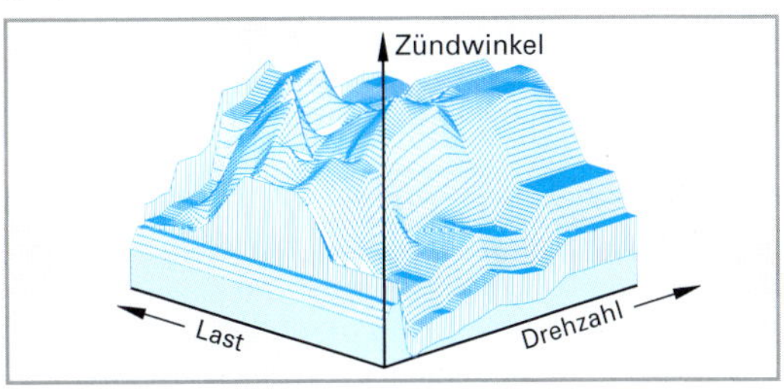

Bild 4: Zünd-Kennfeld

19

Erhält das Steuergerät das Bezugsmarkensignal von Kurbelwelle und/oder Nockenwelle, wird mit den Werten von Drehzahl (vom Motordrehzahlgeber) und Last (vom Luftmassenmesser oder Drosselklappenpotentiometer) der Wert für den optimalen Zündzeitpunkt dem Kennfeld entnommen. Beim Erreichen der entsprechenden Kurbelwellenposition steuert das Steuergerät die Zündungs-Endstufe an. Diese unterbricht dann den Primärstromkreis, wodurch die Zündung ausgelöst wird.

Klopfregelung bei EZ- oder VZ-Anlagen

Die Klopfregelung hat einerseits die Aufgabe, eine klopfende Verbrennung des Kraftstoff-Luft-Gemisches im Motor zu erkennen und sie durch Verstellen des Zündzeitpunktes in Richtung spät zu verhindern. Andererseits soll sie den Zündzeitpunkt möglichst weit in Richtung früh stellen, um eine hohe Leistung des Motors zu ermöglichen.

Eine klopfende Verbrennung des Kraftstoff-Luft-Gemisches kann ausgelöst werden durch:

- Zu frühen Zündzeitpunkt
- Kraftstoff mit zu geringer Oktanzahl
- Überhitzung des Motors
- Ein zu hohes Verdichtungsverhältnis
- Falsche Gemischzusammensetzung
- Überlastung des Motors

Tritt im Zylinder eine klopfende Verbrennung auf, entstehen starke Druckschwankungen im Brennraum, die den Motorblock in Schwingungen versetzen. Diese werden von einem am Motorblock befestigten Klopfsensor **(Bild 1)** erfasst.

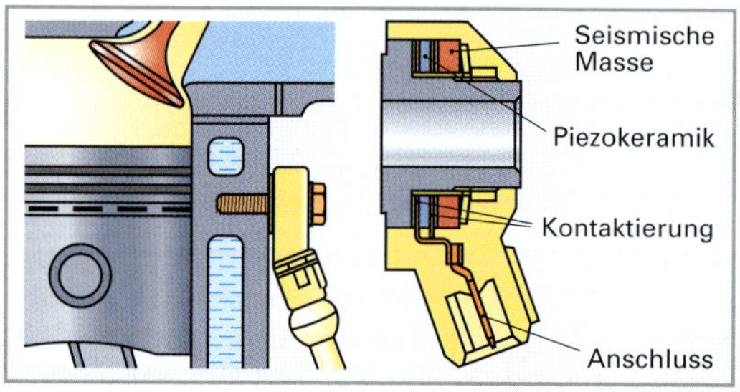

Bild 1: Klopfsensor

Die Piezokeramik des Sensors wird durch eine seismische (durch Schwingungen angeregte) Masse mit Druck beaufschlagt. Dadurch erzeugt der Piezokristall elektrische Spannungen, die der Auswerteschaltung übermittelt werden. Werden bestimmte Werte überschritten, wird dadurch eine klopfende Verbrennung signalisiert **(Bild 2)**. Tritt eine klopfende Verbrennung mehrfach auf, wird der Zündzeitpunkt gegenüber dem Kennfeldwert um z.B. 3 °KW in Richtung spät verstellt.

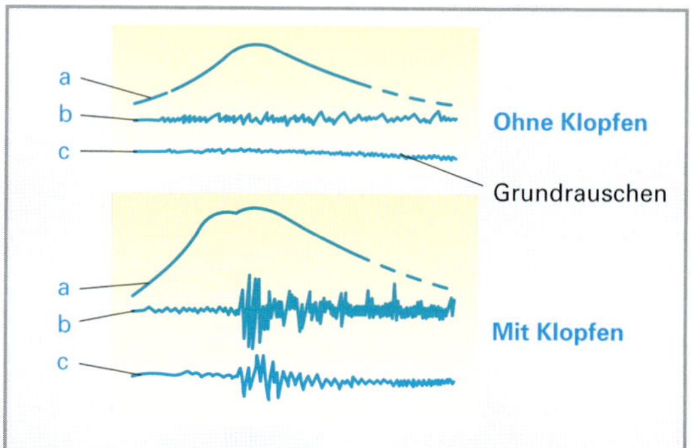

a) Druckverlauf im Zylinder, b) Signal des Klopfsensors, c) gefiltertes Drucksignal

Bild 2: Klopfsensorsignale

Tritt für diesen Arbeitspunkt weiterhin klopfende Verbrennung auf, wird der Zündzeitpunkt solange immer wieder um weitere 3 °KW in Richtung spät verstellt, bis keine klopfende Verbrennung mehr auftritt oder der Regelanschlag erreicht wird. Wird keine klopfende Verbrennung mehr registriert, versucht das Steuergerät in kleinen Schritten den Zündzeitpunkt in Richtung früh zu verstellen, bis der gespeicherte Kennfeldwert erreicht ist **(Bild 3)**.

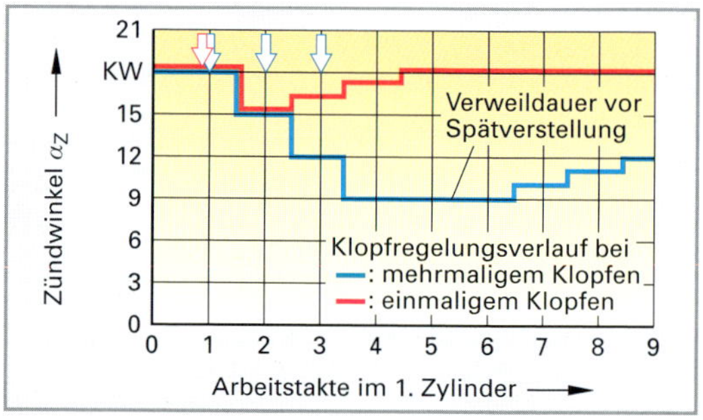

Bild 3: Verstellung des ZZP durch die Klopfregelung

Registriert das Steuergerät durch den Klopfsensor immer wieder klopfende Verbrennung, wird auf ein zweites gespeichertes Kennfeld umgeschaltet. Dieses wurde für den Betrieb mit niederoktanigem Kraftstoff ermittelt. Allerdings treten durch den dann späteren Zündzeitpunkt des zweiten Kennfeldes Leistungsverlust und höherer Kraftstoffverbrauch auf. Die Klopfregelung macht es damit möglich, dass Motore, die z.B. für den Betrieb mit Super Plus von 98 ROZ ausgelegt wurden, mit Super Benzin von 95 ROZ betrieben werden können.

Bei einer erkannten Störung des Systems, z.B. bei Ausfall des Grundrauschens, schaltet das System in die Notlauffunktion. Der Zündzeitpunkt wird auf einen extremen Spätwert gestellt, um eine klopfende Verbrennung unter allen Umständen zu vermeiden.

Ursprünglich erfolgte die Verstellung des Zündzeitpunktes für alle Zylinder, auch wenn nur bei einem Zylinder eine klopfende Verbrennung auftrat.

Zylinderselektive Klopfregelung. Bei ihr wird der Zündzeitpunkt nur des Zylinders verstellt, bei dem tatsächlich eine klopfende Verbrennung registriert wird. Dazu ist es notwendig, dass das Steuergerät das Auftreten der klopfenden Verbrennung eindeutig einem bestimmten Zylinder zuordnen kann. Diese Zuordnung erfolgt durch zeitlichen Vergleich der Zündzeitpunkte der einzelnen Zylinder über das Bezugsmarkensignal mit dem Auftreten der Klopfsignale.

19.2.8.6 Anpassung des Primärstromes

Die Höhe des Primärstromes bestimmt wesentlich die Zeit für den Aufbau des Magnetfeldes in der Zündspule und die durch den Zündfunken übertragbare Energie.

Aus diesen Gründen ist einerseits eine möglichst hohe Stromstärke anzustreben. Andererseits darf der Stromfluss nicht zu groß werden, weil sich dann die Zündspule eventuell so stark erwärmt, dass sie thermisch zerstört wird. Diese Gefahr besteht besonders bei niedriger Drehzahl und großem Schließwinkel. Deshalb wurden verschiedene Mechanismen zur Anpassung des Primärstromes entwickelt.

Begrenzung des Zündstromes durch einen Vorwiderstand. Bei Batteriespulen- und Transistorzündanlagen wird der Stromfluss in der Primärwicklung durch einen Vorwiderstand begrenzt. Dieser kann beim Starten des Motors überbrückt werden, um dadurch den Spannungsabfall durch die übermäßig starke Belastung des Bordnetzes seitens des Starters auszugleichen (Startanhebung).

Elektronische Primärstrombegrenzung. Um einen möglichst schnellen Anstieg des Primärstromes und damit verbunden auch einen möglichst schnellen Aufbau des Magnetfeldes zu erhalten, ist die Primärwicklung so ausgelegt, dass sich ihr Ruhestrom bei ca. 30 A einstellen würde. Diese Stromstärke darf jedoch nicht erreicht werden, da sowohl die Zündstufe als auch der Leistungstransistor thermisch zerstört würden.

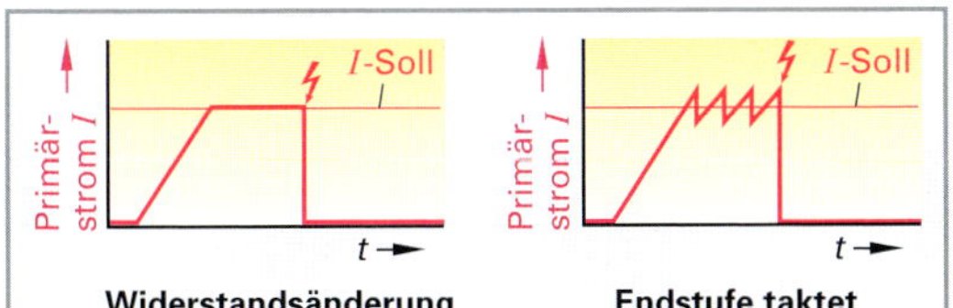

Bild 1: Arten der Primärstrombegrenzung

Wenn auf Grund des vorgegebenen Schließwinkels der Soll-Primärstrom von 10 A ... 15 A erreicht ist, setzt die Regelung des Strombegrenzungssystems ein **(Bild 1)**. Die Begrenzung kann dadurch erfolgen, dass die Endstufe (Leistungstransistor) im Steuergerät ...

- ... ihren Widerstand erhöht.
- ... den Primärstrom taktet.

Eine getaktete Primärstrombegrenzung ist im Sekundärschaubild bei sehr niederen Drehzahlen sichtbar **(Bild 2)**. Durch die Antaktung der Primärspule entsteht in der Primärwicklung eine kleine Magnetfeldänderung, die auf die Sekundärseite transformiert wird.

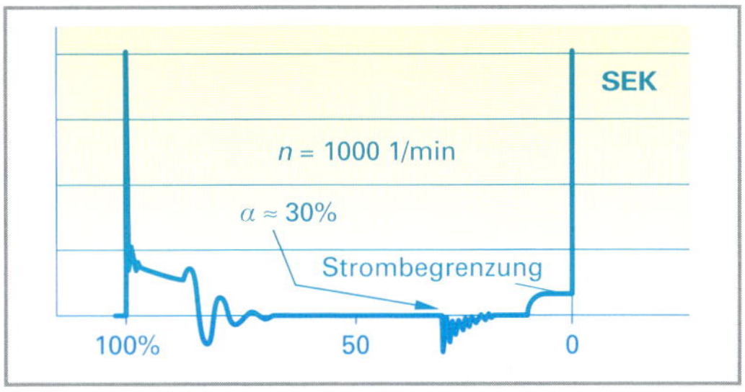

Bild 2: Sekundärschaubild bei 1000 1/min und getakteter Primärstrombegrenzung

Ruhestromabschaltung. Um bei stehendem Motor und eingeschalteter Zündung die Zündspule thermisch nicht zu überlasten, wird nach etwa einer Sekunde der Primärstrom abgeschaltet, wenn das Steuergerät keinen Drehzahlimpuls erhält.

Schließwinkelsteuerung. Im Steuergerät wird ein Schließwinkelkennfeld zur Bestimmung des Schließzeitpunktes gespeichert. Dieser hängt ab von der jeweiligen Batteriespannung und der momentanen Motordrehzahl. Um bei kleiner Spannung und hoher Drehzahl eine ausreichende Primärstromstärke zu erreichen, muss der Schließwinkel vergrößert werden. Bei hoher Spannung und niedriger Drehzahl wird der Schließwinkel verkleinert, um eine thermische Überlastung der Zündspule zu vermeiden **(Bild 3)**.

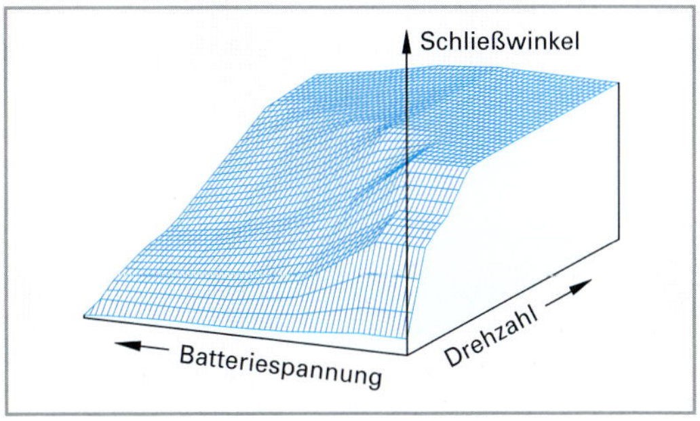

Bild 3: Schließwinkelkennfeld

Schließwinkelregelung. Sie arbeitet wie die Schließwinkelsteuerung durch Bestimmung des Einschaltzeitpunktes des Primärstromes. Dieser muss so gelegt werden, dass die Schließzeit (Zeit vom Schließen bis zur Unterbrechung des Primärstromkreises) ausreicht, die geforderte Primärstromstärke zu erreichen **(Bild 1a)**.

Wird die geforderte Primärstromstärke nicht erreicht, muss der Schließwinkel vergrößert werden, was durch eine Vorverlegung des Schließzeitpunktes geschieht **(Bild 1b)**. Muss der Primärstrom zu lange in seiner Höhe begrenzt werden, wird der Schließwinkel verkleinert. Der Schließzeitpunkt wird später gelegt **(Bild 1c)**.

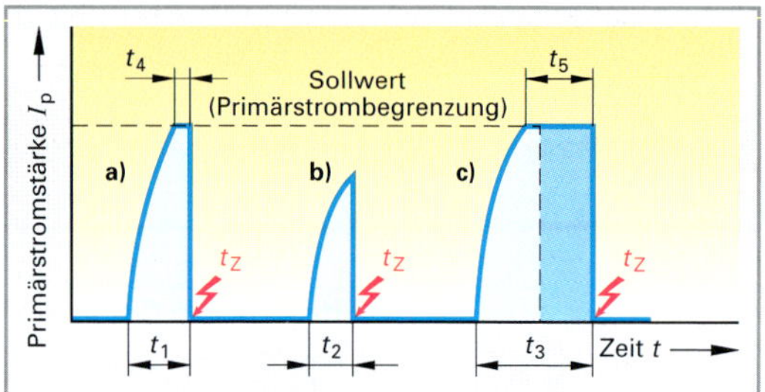

t_1: Schließzeit bzw. Schließwinkel in Ordnung
t_2: Schließzeit bzw. Schließwinkel zu klein
t_3: Schließzeit bzw. Schließwinkel zu groß
t_4: Strombegrenzungszeit in Ordnung
t_5: Strombegrenzungszeit zu groß
t_Z: Zündzeitpunkt

Bild 1: Primärstromverlauf in Abhängigkeit vom Schließwinkel

19.2.8.7 Erkennung von Zündaussetzern

Die Erkennung von Zündaussetzern ist im Rahmen der On-Board-Diagnose (OBD) vorgeschrieben, weil durch Zündaussetzer der Katalysator zerstört werden kann.

Erkennt das System eine bestimmte Anzahl von Zündaussetzern, wird das Einspritzventil des entsprechenden Zylinders abgeschaltet, damit nicht unverbrannter Kraftstoff in den Katalysator gelangt und ihn zerstört.

19

Zündaussetzererkennung durch Messung der Sekundärstromstärke. Bei diesem System wird in den Sekundärstromkreis ein Messwiderstand von ca. 240 Ω geschaltet. Das Steuergerät bestimmt die am Widerstand abfallende Spannung. Wird ein bestimmter Spannungsgrenzwert nicht erreicht, war der fließende Primärstrom zu klein. Das zugehörige Einspritzventil wird abgeschaltet, um den Katalysator nicht zu schädigen.

Zündaussetzererkennung durch Messung der Drehzahlschwankungen. Die Kurbelwelle wird zu Beginn jedes Arbeitstaktes durch den einsetzenden Verbrennungsdruck beschleunigt. Die dadurch momentan höhere Drehzahl erzeugt eine höhere Spannung mit höherer Frequenz im Drehzahlsignal des Motordrehzahlfühlers. Wird ein Zylinder nicht gezündet verringert sich die Momentangeschwindigkeit der Kurbelwelle, wodurch Amplitude und Frequenz des Drehzahlsignals momentan kleiner werden **(Bild 2)**. Diese Spannungsunterschiede werden vom Steuergerät ausgewertet. Der Zylinder, der die Kurbelwelle auf Grund der aussetzenden Zündung nicht beschleunigte, wird abgeschaltet.

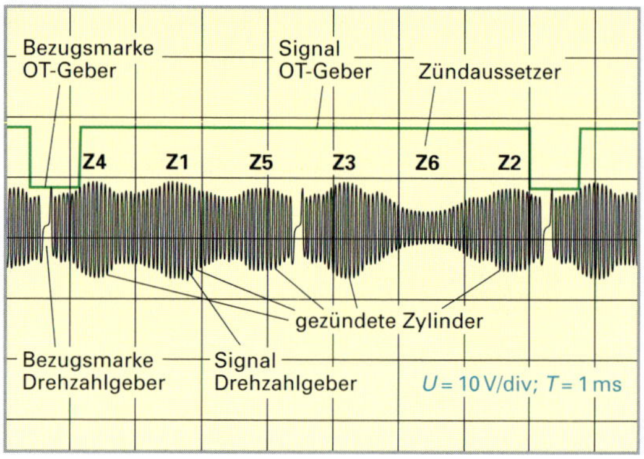

Bild 2: Drehzahlsignal bei Zündaussetzer

19.2.8.8 Mehrfachzündung

Unter Mehrfachzündung versteht man, dass an einer Zündkerze am Ende des Verdichtungstaktes mehrmals hintereinander ein Funke erzeugt wird. Diese Zündvariante wird speziell beim Start und bei sehr niederen Drehzahlen angewandt. Dadurch sollen auch schwer entflammbare Kraftstoff-Luft-Gemische, wie sie z.B. bei Kaltstart auftreten, zuverlässig gezündet und möglichst rückstandsfrei verbrannt werden.

Eine Mehrfachzündung mit bis zu sieben aufeinander folgenden Zündfunken ist möglich, weil ...

- ... durch die niederen Drehzahlen, z.B. bis 1300 1/min., genügend Zeit für den mehrfachen Aufbau des Magnetfeldes zur Verfügung steht.
- ... die verwendeten Zündspulen eine geringe Gegeninduktion aufweisen und damit einen schnellen Magnetfeldaufbau zulassen.
- ... die Primärwicklungen einen sehr hohen Primärstrom zulassen.
- ... die Brenndauer pro Zündfunke im Bereich von 0,1 ms ... 0,2 ms liegt.
- ... die Zündfunken bis zu 20 °KW nach OT erzeugt werden.

Wie viele Funken tatsächlich erzeugt werden, hängt wesentlich von der Batteriespannung ab. Je höher die Spannung, desto schneller erfolgt der Aufbau des Magnetfeldes und desto mehr Funken können erzeugt werden.

19.2.8.9 Zündverteilung

Die Zündverteilung soll die erzeugte Hochspannung von der Zündspule zur Zündkerze des zu zündenden Zylinders übertragen.

Bauteile der Zündverteilung sind **(Bild 1)**:

- Zündkerzenstecker
- Hochspannungsleitungen
- Verteiler mit Verteilerläufer und Kontakten
- Schutzkappen, die das Eindringen von Wasser und Schmutz verhindern sollen

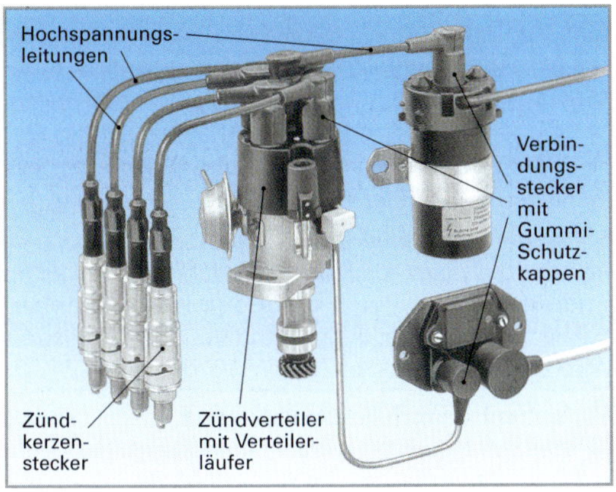

Bild 1: Zündverteilung

ROV. Die in **Bild 1** dargestellte Art der Hochspannungsverteilung wird auch als **Rotierende Hochspannungsverteilung** bezeichnet.

Die in der Zündspule erzeugte Hochspannung wird über ein Hochspannungskabel an den Verteiler weitergeleitet. Der auf der Verteilerwelle angebrachte Verteilerläufer dreht mit halber Kurbelwellendrehzahl = Nockenwellendrehzahl. Die Positionierung des Läufers ist so abgestimmt, dass sich zum Zündzeitpunkt der Kontakt des Läufers genau gegenüber dem Leitungskontakt befindet, der zur Zündkerze des zu zündenden Zylinders führt.

RUV. Bei Anlagen mit Mehrfachfunken-Zündspulen sind lediglich Hochspannungsleitungen von der Zündspule zur entsprechenden Zündkerze und die dazugehörigen Stecker nötig. Man spricht dann von einer **Ruhenden Hochspannungsverteilung.** Bei Einzelfunken-Zündspulen sitzen die Zündspulen meist direkt auf den Zündkerzen, so dass keine sonstigen Verbindungsbauteile nötig sind.

Da bei einer ruhenden Hochspannungsverteilung keinerlei bewegte, mechanische Teile benötigt werden, sind derartige Anlagen verschleißfrei und störungssicher. Allerdings muss das Steuergerät in der Lage sein zu erkennen, welcher Zylinder gezündet werden soll, um die entsprechende Zündspule ansteuern zu können.

19.2.8.10 Zündkerzen

Zündkerzen haben die Aufgabe, das Kraftstoff-Luft-Gemisch durch einen Hochspannungsimpuls zu entzünden. Dazu findet nach Erreichen der Zündspannung zwischen den Elektroden der Zündkerze ein Funkenüberschlag statt.

Dabei ist eine Zündkerze vielfältigen Beanspruchungen ausgesetzt:

- Druckschwankungen zwischen Ansaug- und Arbeitstakt von etwa 0,9 bar und 60 bar.
- Temperaturschwankungen zwischen Ansaug- und Arbeitstakt von etwa 100 °C auf 2500 °C.
- Bis zu 4000 Funkenüberschläge/Minute bzw. bis zu 66 Funkenüberschläge/Sekunde bei einer Motordrehzahl von 8000 1/min.
- Zündspannungen bis zu 40 kV bei kurzzeitigen Stromspitzen bis zu 300 A im Funkenkopf, die zur Erosion der Elektroden führen.
- Chemischen Prozessen, die die Eigenschaften der Zündkerzenwerkstoffe verändern und eine Korrosion begünstigen.

Aufbau von Zündkerzen

Die Werkstoffe, die für die Herstellung von Zündkerzen verwendet werden, sind Metall, Keramik und Glas. Der Aufbau einer Zündkerze ist in **Bild 2** dargestellt.

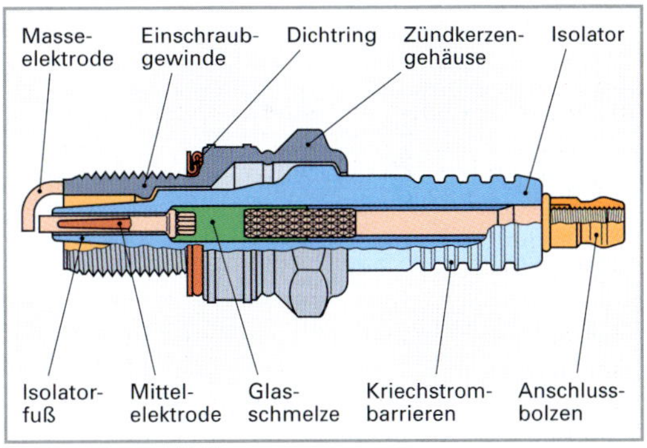

Bild 2: Aufbau einer Zündkerze

Isolator (Bild 2). Für den Isolatorkörper wird eine Spezialkeramik aus Aluminiumoxid verwendet. Um die Kriechstromfestigkeit zu erhöhen, ist der Isolator außerhalb des Gehäuses glasiert und mit Kriechstrombarrieren versehen.

Dichtsitz (Bild 1, Seite 596). Je nach Motorbauart erfolgt die Abdichtung zwischen Zylinderkopf und Zündkerze über einen

- Flachdichtsitz mit Dichtring **(Bild 1a, Seite 596)**
- Kegeldichtsitz mit kegeliger Fläche als Dichtelement, ohne Dichtring **(Bild 1b, Seite 596)**.

19

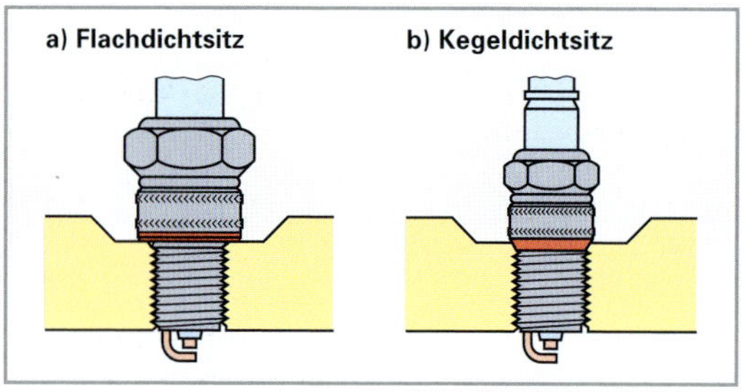

Bild 1: Dichtsitz

Elektroden (Bild 2). Zündkerzen haben eine Mittelelektrode (Plus) und eine oder mehrere Masseelektroden.

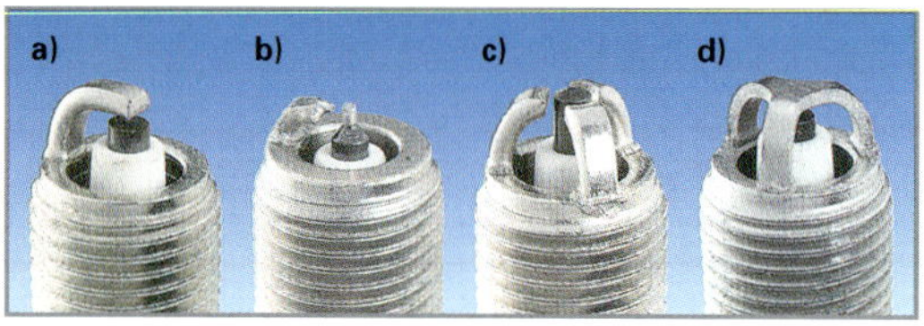

Bild 2: Elektrodenformen

Masseelektroden. Sie sind am Gehäuse befestigt. Je nach Bauform der Zündkerze können sie verschieden ausgebildet sein, z.B.

- Dachelektrode **(Bild 2a)**
- Seitenelektrode einer Platinzündkerze **(Bild 2b)**
- Mehrpolige Seitenelektrode **(Bild 2c)**
- Dreiecks-Masseelektrode **(Bild 2d)**

Mittelelektrode. Die zylindrische Mittelelektrode ragt aus dem Isolatorfuß heraus. Sie besteht entweder aus einem Verbundwerkstoff (Kupferkern, der von einer Nickellegierung ummantelt ist), oder einem Edelmetall, z.B. Platin.

Funkenlage (Bild 3). Sie ist die Anordnung der Funkenstrecke im Verbrennungsraum. Der elektrische Funke soll dort überspringen, wo die Strömungsverhältnisse des Kraftstoff-Luft-Gemisches besonders günstig sind. Je nach Motor gibt es Zündkerzen mit

- normaler Funkenlage **(Bild 3a),**
- vorgezogener Funkenlage **(Bild 3b)** und
- zurückgezogener Funkenlage **(Bild 3c).**

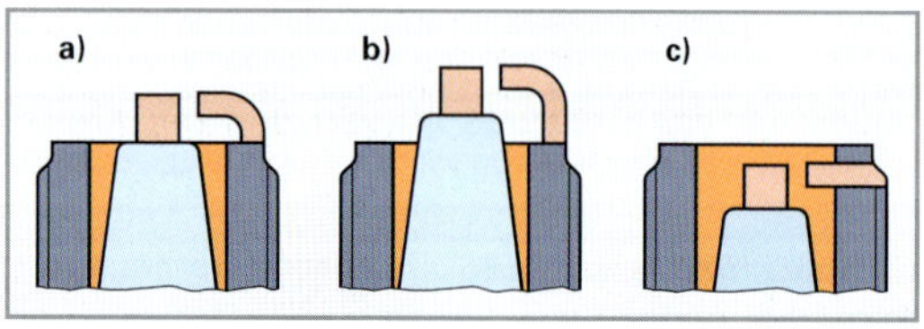

Bild 3: Funkenlagen

Funkenstrecke (Bild 4). Der Funke springt normalerweise direkt von Elektrode zu Elektrode (Luftfunke, **Bild 4a**).

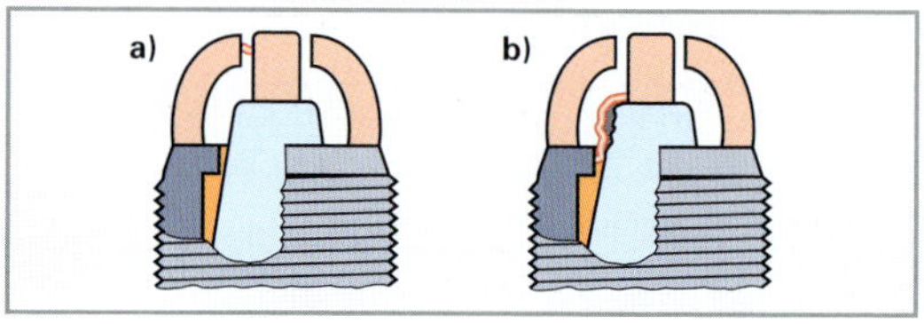

Bild 4: Funkenstrecke

Hat sich jedoch auf dem Isolatorfuß durch Verbrennungsrückstände ein leitfähiger Rußbelag gebildet, so ist der Widerstand über den engen Luftspalt und den Isolatorfuß kleiner als der der Luftstrecke. Der Funke gleitet über die Isolatorfußspitze **(Gleitfunke, Bild 4b).** Dabei brennt er sie von Ablagerungen frei. Die gereinigte Zündkerze arbeitet wieder als Luftfunkenkerze.

Wärmewert. Er wird wesentlich durch die Form des Isolatorfußes bestimmt.

Ein **langer Isolatorfuß (Bild 5a)** hat zur Folge, dass einerseits die Wärme schlecht abgeführt werden kann. Andrerseits wird durch die große Isolatorfußoberfläche viel Wärme aufgenommen. Die Zündkerze wird heiß. Sie hat einen hohen Wärmewert.

Ein **kurzer Isolatorfuß (Bild 5b)** hat zur Folge, dass die Wärme gut abgeführt werden kann. Durch die kleine Isolatorfußoberfläche wird wenig Wärme aufgenommen. Die Kerze bleibt kalt. Sie hat einen niederen Wärmewert.

Der **richtige Wärmewer**t ist gewählt, wenn die Zündkerze im Betrieb sehr schnell ihre Selbstreinigungstemperatur von mehr als 450 °C erreicht und bei Volllast eine Temperatur von 850 °C nicht überschreitet. Erreicht die Zündkerze ihre Selbstreinigungstemperatur, verbrennen Rückstände wie z.B. Ölkohle.

Der **Wärmewert ist zu hoch,** wenn der Isoatorfuß Temperaturen von mehr als 850 °C erreicht. Dann können Glühzündungen unkontrollierte Verbrennungen auslösen, die zur Zerstörung des Motors führen.

Bei einem **zu kleinen Wärmewert** bleibt die Zündkerze zu kalt, um sich selbst zu reinigen. Der Isolatorfuß verschmutzt und es entsteht kein oder ein nur sehr schwacher Zündfunke.

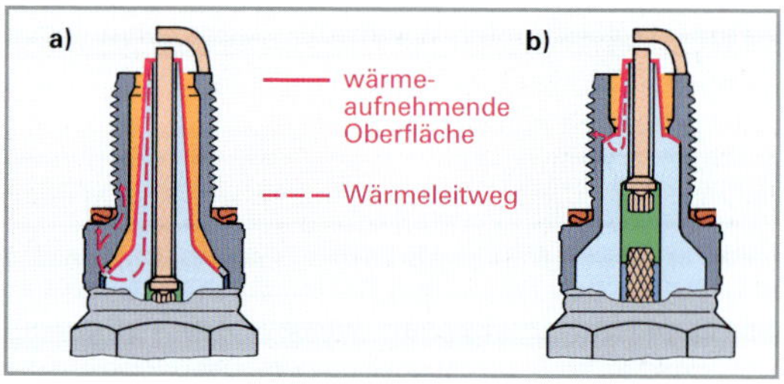

Bild 5: Wärmeleitung am Isolatorfuß

19.2.8.10 Überblick über gebräuchliche Zündanlagen

Anlage / Merkmale	Transistor-ZA TZ	Elektronische ZA (Kennfeldzündung) EZ	Vollelektronische ZA VZ
Einführung der Anlage ab ca.	1976	1987	1988
Sichtbares Merkmal zur Erkennung der Anlage	Verteiler mit Unterdruckdose, Zündgeber im Verteiler	Verteiler ohne Unterdruckdose, reine Verteilerfunktion	• Einzelfunken-Zündsp. • Doppelfunken-Zünsp.
Art der verwendeten Zündspulen	Zylinderzündspule	Zylinderzündspule	• Einzelfunken-Zündsp. • Doppelfunken-Zünsp.
Sekundär-Spannungsschaubild	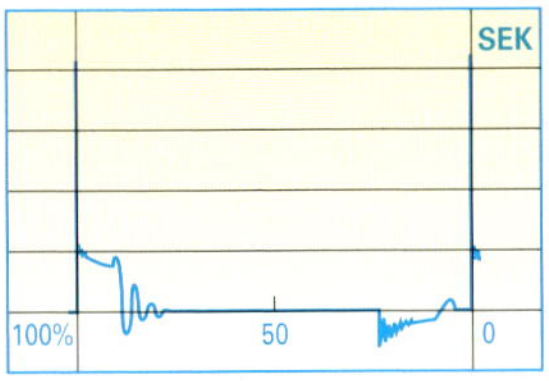	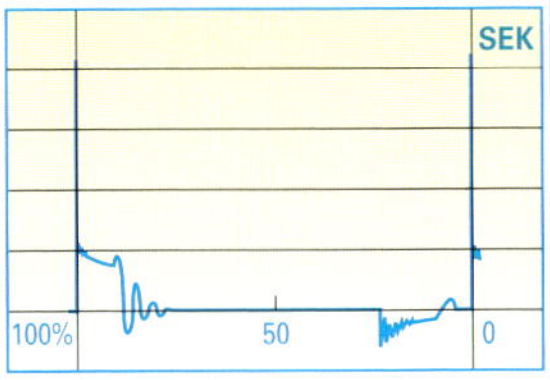	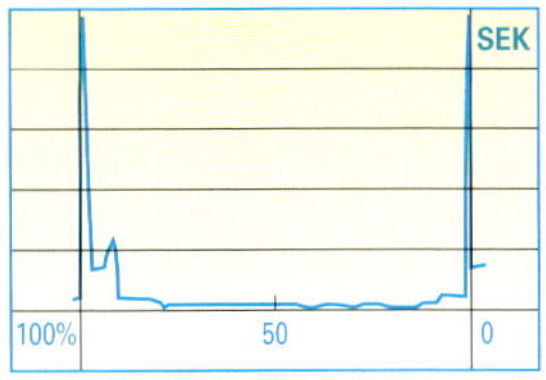
Widerstandswerte der Zündspulen (primär, sekundär)	0,5 Ω … 2,0 Ω 8 kΩ … 19 kΩ	0,5 Ω … 2,0 Ω 8 kΩ … 19 kΩ	0,3 Ω … 1 Ω 8 kΩ … 15 kΩ
Schaltung des Primärstromes durch	Schaltgerät/Zündungssteuergerät mit Ansteuerung durch Induktions- oder Hallgeber	Motronic-Steuergerät	Motronic-Steuergerät
Anpassung des Zündzeitpunktes durch	Fliehkraftverstellung (Drehzahl) und Unterdruckverstellung (Last)	Kennfeld in Abhängigkeit von Drehzahl und Last	Kennfeld in Abhängigkeit von Drehzahl und Last
Art der Klopfregelung	Keine	Einfache Klopfregelung	Zylinderselektive Klopfregelung
Anpassung an schlechtere Kraftstoffqualität	Umschaltung von Hand durch Codierstecker	Automatische Umschaltung auf zweites gespeichertes Kennfeld	Automatische Umschaltung auf zweites gespeichertes Kennfeld
Anpassung des Primärstomes	Primärstrombegrenzung Ruhestromabschaltung Schließwinkelsteuerung / Schließwinkelregelung	Primärstrombegrenzung Ruhestromabschaltung Schließwinkelregelung in Abhängigkeit von Spannung und Last	Primärstrombegrenzung Ruhestromabschaltung Schließwinkelregelung in Abhängigkeit von Spannung und Last
Erkennung von Zünd- oder Verbrennungsaussetzern durch	Keine	Keine	Messung des Sekundärstromes oder Messung der Drehzahlschwankungen
Funkenverteilung	Rotierende Hochspannungsverteilung durch Verteiler und Hochspannungsleitungen	Rotierende Hochspannungsverteilung durch Verteiler und Hochspannungsleitungen	Ruhende Hochspannungsverteilung durch Verwendung von Einzel- oder Mehrfunken-Zündspulen

Wiederholungsfragen

1 Welche Aufgabe hat die Zündanlage?

2 Aus welchen prinzipiellen Bauteilen besteht jede Spulenzündanlage?

3 Was geschieht im Primärkreis einer Spulenzündanlage beim Öffnen und Schließen des Stromkreises?

4 Was versteht man unter dem Schließwinkel? Wie groß ist er bei einem Sechszylindermotor in %, wenn er in Grad 60 °KW beträgt?

5 Welche Aufgabe hat die Zündspule?

6 Welche Bauarten von Zündspulen werden verwendet und welche Besonderheiten besitzen sie jeweils?

7 Skizzieren Sie Primär- und Sekundärkreis einer VZ-Anlage bei Verwendung von Einzelfunken- und Doppelfunkenzündspulen.

8 Durch welche Bauteile wird der Primärstrom bei den heute üblichen Zündanlagen jeweils geschaltet?

9 Welche Größen bestimmen den Zündzeitpunkt?

10 Beschreiben Sie die Wirkungsweise einer Zylinderselektiven Klopfregelung.

11 Welche Merkmale besitzt eine VZ Anlage?

Werkstatthinweise

Unfallverhütung

Elektronische Zündanlagen arbeiten in einem Leistungsbereich, der für den Menschen bei Kontakt mit spannungsführenden Teilen lebensgefährlich ist. Dies gilt sowohl für den Primär- als auch für den Sekundärkreis. Gefährliche Spannungen können dabei nicht nur an Bauteilen der Zündanlage, sondern auch an z.B. Kabelbäumen und Steckverbindungen entstehen.

Sicherheitsmaßnahmen

- Zündleitungen bei laufendem Motor bzw. bei Anlassdrehzahl nicht berühren bzw. abziehen.
- Leitungen der Zündanlage nur bei ausgeschalteter Zündung an- und abklemmen.
- Wenn der Motor mit Anlasserdrehzahl betrieben werden soll, ohne dass der Motor anspringt, z.B. bei der Kompressionsdruckmessung, Stecker von den Zündspulen und Einspritzventilen abziehen. Nach Durchführung der Arbeit Fehlerspeicher abfragen und löschen.
- Motorwäsche nur bei ausgeschalteter Zündung durchführen.
- Das An- und Abklemmen der Batterie darf nur bei ausgeschalteter Zündung erfolgen, da sonst das Motorsteuergerät beschädigt werden kann.

Sichtprüfung der Zündanlage

- Alle Bauteile der Zündanlage sind auf Sauberkeit zu überprüfen. Verschmutzungen und Nässe können Kriechströme verursachen, was zu Zündaussetzern führen kann.
- Anschlüsse, Stecker und Leitungen sind auf einwandfreien Zustand zu überprüfen. Beschädigungen können zu Funkenüberschlägen führen oder erhöhte Widerstände bewirken.
- Bei Zündanlagen mit Verteilern sind Verteilerkappen innen und außen zu reinigen. Sie sind auf Risse und Beschädigungen zu prüfen.

Zündkerzen

- Zündkerzen sind in regelmäßigen Abständen nach Herstellervorschrift zu wechseln (meist nach 60 000 km ... 100 000 km).

  Dabei sind die vom Fahrzeughersteller vorgeschriebenen Zündkerzen einzusetzen.

  Ein Vergleich verschiedener Zündkerzenfabrikate ist mittels Vergleichstabelle möglich.
- Ein Wechsel der Zündkerzen darf nur bei kaltem Motor vorgenommen werden. Bei heißem Motor besteht die Gefahr, dass die Zündkerzen einschrumpfen.
- Nach dem Lösen der Zündkerze ist vor dem Ausbau eventuell vorhandener Schmutz auszublasen, um Verunreinigungen im Brennraum zu vermeiden.
- Zündkerzenbilder **(Tabelle 2, Seite 599)** sind zylinderzugeordnet zu prüfen, um Rückschlüsse auf vorhandene Fehler treffen zu können.
- Bei Wiederverwendung der Zündkerzen ist der Elektrodenabstand zu prüfen und eventuell mit einer Zündkerzenlehre einzustellen.
- Beim Einbau der Zündkerzen darf kein Fett oder Öl verwendet werden, da die Gefahr des Festbrennens im Zylinderkopf besteht.
- Die Kerze muss sich leicht einschrauben lassen. Bei Schwergängigkeit besteht die Gefahr, dass die Kerze verkantet eingesetzt wurde und das Gewinde beschädigt wird.
- Der Einbau darf nur mit vorgeschriebenem Anzugsdrehmoment bzw. mit vorgeschriebenem Anzugswinkel erfolgen **(Tabelle 1, Seite 599)**.

Tabelle 1: Anzugdrehmomente von Zündkerzen

	Gewinde	Leichtmetall	Grauguss
Flachdichtsitz	M 10 · 1	10 … 15 Nm	10 … 15 Nm
	M 12 · 1,25	15 … 25 Nm	15 … 25 Nm
	M 14 · 1,25	20 … 40 Nm	20 … 30 Nm
	M 18 · 1,5	30 … 45 Nm	20 … 35 Nm
	oder: nach Drehhemmung weiterdrehen um 90° bei neuen Zündkerzen um 30° bei gebrauchten Zündkerzen		
Kegeldichtsitz	M 14 · 1,25	20 … 25 Nm	15 … 25 Nm
	M 18 · 1,5	20 … 30 Nm	15 … 23 Nm
	oder: nach Hemmung um 15° weiterdrehen		

Achtung: Herstellerangaben beachten!

Fehlersuche mit dem Motortester

Bei der Fehlersuche an Zündanlagen mit Hilfe eines Motortesters ist immer zuerst der Fehlerspeicher auszulesen. In ihm finden sich Einträge, wenn z. B. Sensoren, wie der Luftmassenmesser oder der Klopfsensor keine oder unplausible Signale dem Steuergerät übermitteln. Die eingetragenen Fehler sind in der Anlage zu überprüfen und zu beheben. Anschließend ist der Fehlerspeicher zu löschen. Nach dem Betrieb des Motors ist der Fehlerspeicher erneut auszulesen. Es dürfen keine neuen Einträge mehr vorhanden sein.

Keine Fehleranzeige. Geht die Störung in der Zündanlage auf einen zwar plausiblen, aber dennoch falschen Sensorwert zurück, findet sich kein Fehler im Fehlerspeicher. Beispiel: Durch einen erhöhten Übergangwiderstand am Steckkontakt des Luftmassenmessers erhält das Steuergerät einen falschen Wert für die Luftmasse signalisiert. In einem solchen Fall müssen die Sensorsignale mit dem Tester ausgelesen bzw. am Oszilloskop dargestellt und überprüft werden. Die Ergebnisse sind mit den entsprechenden Herstellerangaben zu vergleichen.

Fehler auf der Sekundärseite. Liegen die Fehler auf der Sekundärseite der Zündanlage, kann häufig die Darstellung des Sekundär-Spannungsverlaufs einen Hinweis auf den vorliegenden Fehler geben. Allerdings ist hierfür eine genaue Kenntnis des Normaloszillogramms der jeweiligen Zündanlage Voraussetzung. Auf Grund der Abweichung des Ist-Bildes vom Soll-Bild kann auf den Fehler geschlossen werden. In der Praxis zeigt es sich, dass manche vorhandene Fehler nur durch äußerst genaue Beobachtung, ein großes Detailwissen und viel Erfahrung erkannt werden können **(siehe Tab. 2, Seite 600)**.

Fehlersuche an der Zündanlage durch Überprüfung der elektrischen Widerstände

Häufig sind fehlerhafte elektrische Widerstände die Ursache für Störungen an der Zündanlage. Bei der Widerstandsmessung gelten folgende Richtwerte (Herstellerangaben beachten):

Hochspannungsleitung	ca. 5 kΩ /m … 6 kΩ/m
Zündkerzenstecker	ca. 5 kΩ
Verteilerläufer	ca. 3 kΩ … 5 kΩ
Zylinderzündspule	< 2,0 Ω (Primär) < 19 kΩ (Sekundär)
EF- u. DF-Zündspulen	< 1,0 Ω (Primär) < 15 kΩ (Sekundär)

Eine Widerstandsmessung der Sekundärwicklung ist nicht möglich, wenn Dioden zur Funkenunterdrückung durch die Einschaltinduktion integriert sind!

Motor-Diagnose und Fehlersuche mit Hilfe von Zündkerzengesichtern (Tabelle 2)

Durch die Ausbildung des Zündkerzengesichtes können Rückschlüsse auf den Zustand des Motors und damit auf eventuell vorhandene Fehler gezogen werden.

Tabelle 2: Zündkerzengesichter

Normal	Verrußt	Verölt	Mittelelektrode angeschmolzen	Starker Verschleiß der Masseelektrode

Isolatorfuß in grau-weißer grau-gelber Farbe	**Ursachen:** Gemisch zu fett, überwiegender Einsatz im Kurzstreckenverkehr	**Ursachen:** Ölstand zu hoch, stark verschlissene Kolbenringe, bzw. Ventilführungen	**Ursachen:** Thermische Überlastung durch Glühzündungen	**Ursachen:** z.B. Motorklopfen

19

Tabelle 1: Fehlersuche

Störung \ Prüfschritte	Zündzeitpunkt	Zündfolge	Zündkerze	Hochspannungskabel	Verteilerkappe	Verteilerläufer	Verteiler	Zündspule	Zündgeber	Leitungen und Stecker	Schaltgerät	Motordrehzahlgeber	OT-Geber	Klopfsensor	Motortemperaturfühler	Lufttemperaturfühler	Lastgeber
Motor springt nicht an	●	●	●	●	●	●	●	●	●	●	●	●	●				
Motor stirbt nach dem Starten ab	●							●		●	●	●			●		●
Motor springt heiß nicht an			●	●				●		●	●						
Motor springt heiß schlecht an			●	●				●		●	●				●	●	●
Motor springt kalt nicht an			●	●				●		●	●						
Motor springt kalt schlecht an			●	●				●		●	●				●	●	●
Motor bleibt heiß stehen			●	●				●		●	●				●	●	
Motor dieselt nach	●		●														
Motor klopft	●		●											●			
Motor wird zu heiß	●			●													
Unregelmäßiger Leerlauf	●		●	●	●	●	●	●		●	●	●			●	●	●
Kraftstoffverbrauch zu hoch	●		●										●		●	●	●

Tabelle 2: Fehler-Oszillogramme (Sekundär-Spannung)

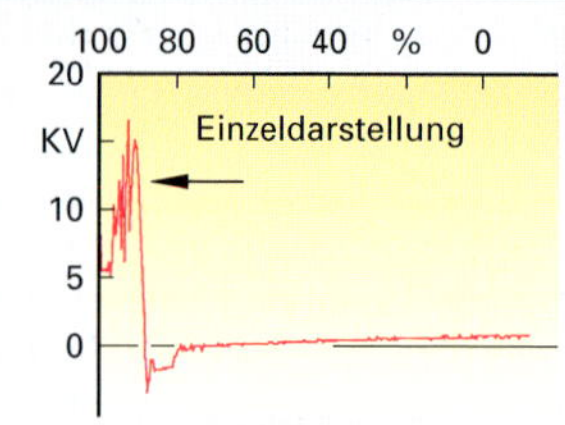

Anlage: Transistorzündung TZ
Fehler: Starke Verformung der Brennspannungslinie, z.B. gebrochener Anschluss an der Verteilerkappe

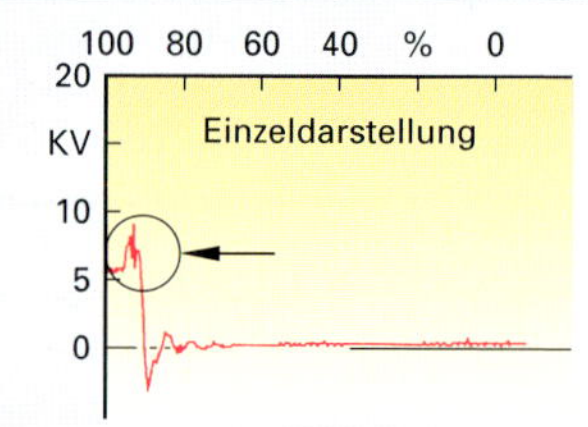

Anlage: Transistorzündung TZ
Fehler: Verformung der Brennspannungslinie, Fehler im Sekundärkreis, z.B. Korrosion

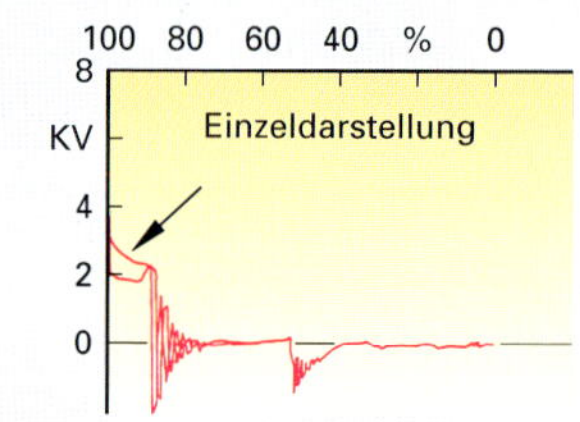

Anlage: Transistorzündung TZ
Fehler: Brennspannungslinie springt durch z.B. verschmutzte Zündkerze

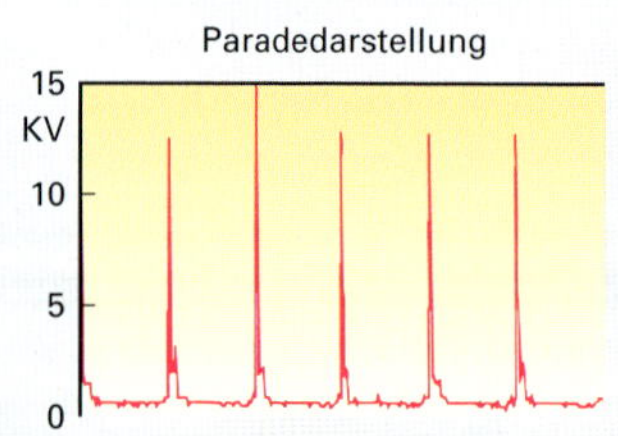

Anlage: VZ mit Einzelfunkenspule
Fehler: Erhöhte Zündspannung an Zylinder 3 durch z.B. zu großen Elektrodenabstand

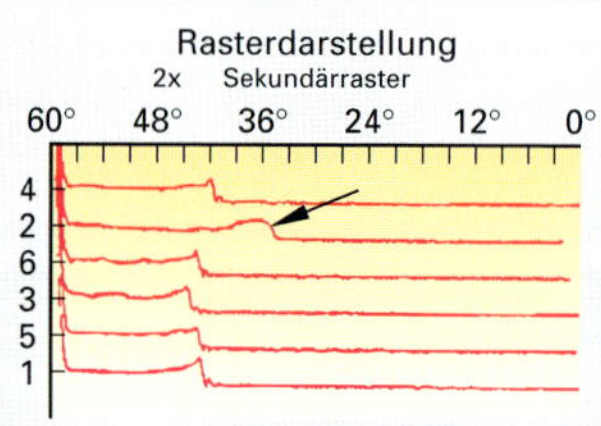

Anlage: VZ mit Einzelfunkenspule
Fehler: Verlängerte Brennspannungslinie durch z.B. Elektrodenfehler an der Zündkerze

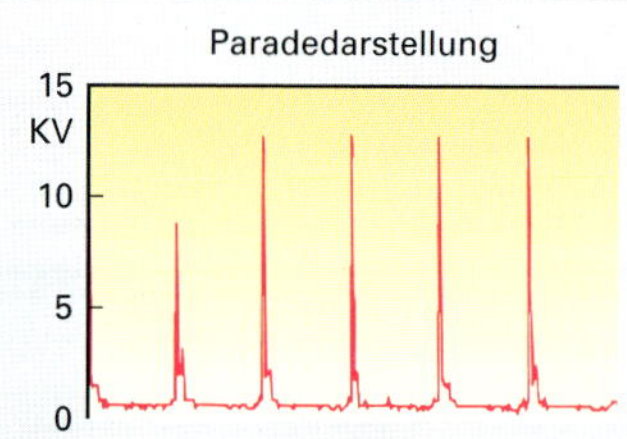

Anlage: VZ mit Einzelfunkenspule
Fehler: Verringerte Zündspannung an Zylinder 5 durch z.B. zu geringe Kompression

19

19.2.9 Sensoren

Sensoren haben die Aufgabe, in elektronisch geregelten Systemen die Betriebszustände zu erfassen und sie in elektrische Signalgrößen umzuwandeln.

19.2.9.1 Einteilung von Sensoren

Sensoren werden unterschieden nach:

- Aufgabe (z.B. Ermittlung von Drehzahlen, Temperaturen, Drücken),
- Art des Ausgangssignals (z.B. analog, binär, digital),
- Kennlinienart (z.B. stetig linear, stetig nicht linear, nicht stetig),
- physikalischer Wirkungsweise (z.B. induktiv, kapazitiv, optisch, thermisch),
- Anzahl der Integrationsstufen **(Bild 1)**,
- aktiv oder passiv.

Integrationsstufen. Darunter versteht man, dass mehrere Schritte, die bis zur Verwertung des Signals im Steuergerät notwendig sind, bereits innerhalb des Sensorgehäuses durchgeführt werden. Bei Sensoren der 3. Integrationsstufe wird beispielsweise die Information vom Sensor erfasst und in eine elektrische Spannung umgewandelt. Diese wird aufbereitet, z.B. verstärkt und anschließend digitalisiert. Dann wird das Signal in einer Auswerteelektronik so weit bearbeitet, dass es im Steuergerät direkt verwendet werden kann. Ein hoher Integrationsgrad ergibt folgende **Vorteile:**

- Der Sensor kann durch Übertragung des Signals über ein Bussystem mehrere Steuergeräte bedienen.
- Das Signal muss zur Verwendung in mehreren Steuergeräten nur einmal aufbereitet werden.
- Das Signal ist durch die Digitalisierung relativ störsicher.
- Steuergeräte können an verschiedene Sensoren leichter angepasst werden, da die Aufbereitung des Signals bereits im Sensor geschieht.
- Die Information des Sensorsignals kann bei Bedarf durch das Steuergerät abgerufen werden.

Nachteil: Sensoren der 2. und 3. Integrationsstufe können mit herkömmlichen Werkstattmitteln wie Multimeter oder Oszilloskop nicht mehr überprüft werden. Die Prüfung kann nur mittels eines Motortesters erfolgen.

Aktive Sensoren. Darunter versteht man Sensoren, die zur Erfassung der physikalischen Größen eine eigene Spannungsversorgung benötigen. Beispiele für aktive Sensoren: Heißfilm-Luftmassenmesser, Saugrohrdruckfühler, Hallgeber.

Passive Sensoren. Sie benötigen im Gegensatz zu Aktiven Sensoren keine eigene Spannungsversorgung. Beispiele für passive Sensoren: NTCs, Potentiometer, Klopfsensoren.

19.2.9.2 Beispiele für konventionelle Sensoren

Schalter

Die einfachste Form von Sensoren sind Schalter. Sie können mechanisch, z.B. Drosselklappenschalter, **(Bild 1, Seite 602)**, pneumatisch, z.B. Warndruckschalter bei Druckluftbremsen, hydraulisch, z.B. Öldruckschalter, thermisch, z.B. Thermoschalter oder elektrisch, z.B. Relais, betätigt werden. Schalter können dem Steuergerät zwei Zustände mitteilen, nämlich Schalter geschlossen oder Schalter geöffnet. Die Information erfolgt durch den Spannungsabfall am Schalter **(Bild 2, Seite 602)**.

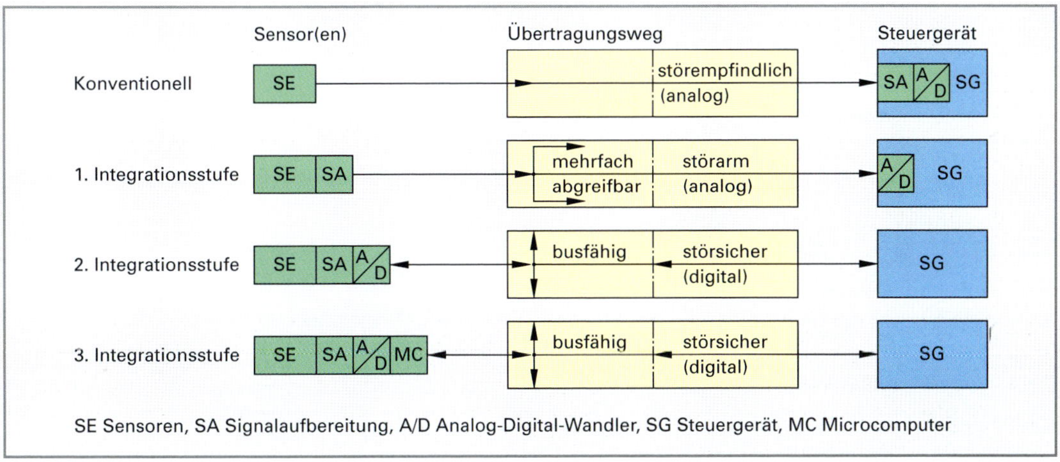

Bild 1: Integrationsstufen von Sensoren

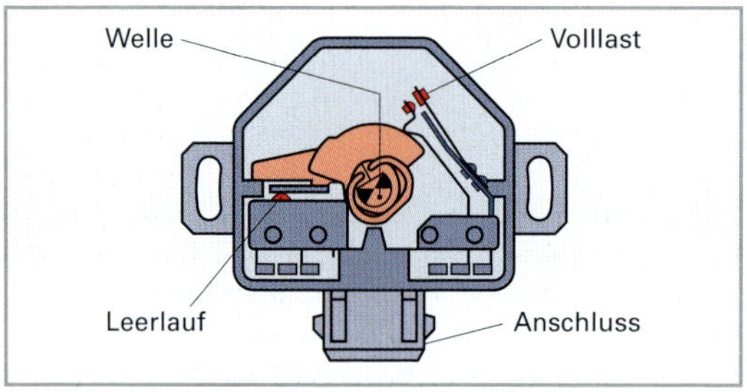

Bild 1: Drosselklappenschalter

Bei geöffnetem Schalter zeigt das Messgerät (Voltmeter oder Oszilloskop) eine Spannung von z.B. 5 V an, wenn es an PIN 4 (Masse) und PIN 5 (Plus) angeschlossen ist. Wird der Schalter geschlossen, sinkt die Spannung auf 0 V ab. Die Logikeinheit LE im Steuergerät erhält die gleichen Werte und „erkennt" z.B. dadurch ob der Motor im Leerlauf betrieben wird oder nicht.

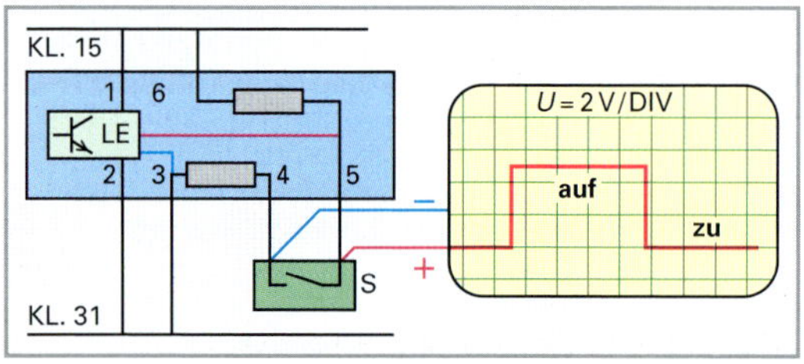

Bild 2: Signaldarstellung am Schalter

Potentiometer

Sie werden dazu verwendet, dem Steuergerät die Winkelstellung bzw. die Position von Wellen oder Klappen zu signalisieren. Im Fahrzeug werden sie z.B. als Drosselklappenpotentiometer **(Bild 3),** Potentiometer an Fahrpedal- oder an Tankfüllstandsgebern eingesetzt. Potentiometer funktionieren als Spannungsteiler. Dazu tastet ein von einer Welle betätigter Schleifer Widerstandsbahnen ab. Durch die sich verändernde Länge der Widerstandsbahn verändert sich der Widerstand und damit der Spannungsabfall am Widerstand.

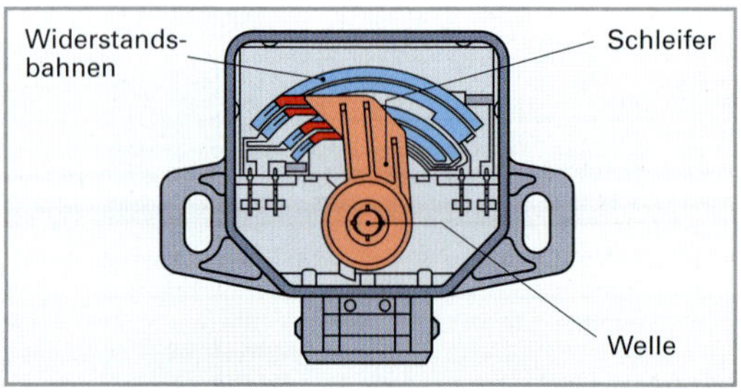

Bild 3: Drosselklappenpotentiometer

Das Potentiometer **(Bild 4)** erhält über PIN 4 des Steuergerätes eine Versorgungsspannung von z.B. 5 V. Befindet sich die Welle bzw. der Schleifkontakt in der Ausgangsstellung, liegt an PIN 3 eine Spannung von z.B. 4,2 V an. Wird die Welle bis zum Anschlag bewegt, nimmt die Ausgangsspannung kontinuierlich bis auf z.B. 0,7 V ab. Der Spannungsabfall an PIN 3 gegenüber Masse wird von der Logikeinheit LE im Steuergerät ausgewertet. Jeder auftretenden Spannung kann eine ganz bestimmte Stellung der Welle bzw. der damit verbundenen Klappe zugeordnet werden. Bei der Überprüfung des Signals ist wichtig, dass der Spannungsverlauf stetig und ohne Einbrüche erfolgt (Rauschprüfung).

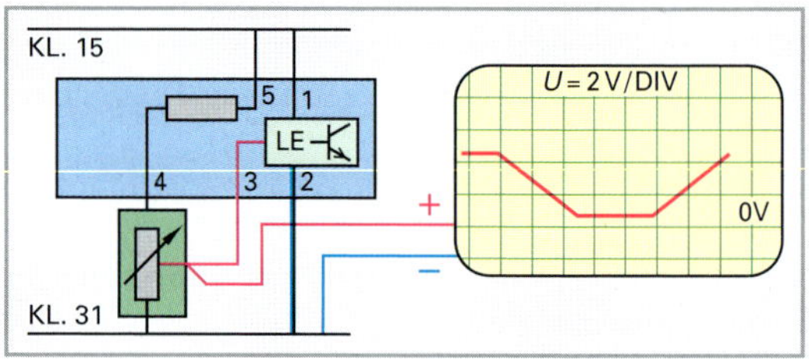

Bild 4: Signaldarstellung am Potentiometer

Temperaturfühler

Sie werden eingesetzt, um Temperaturen elektronisch zu erfassen. Im Fahrzeug findet man sie z.B. als Motor- **(Bild 5),** Luft- oder Kraftstofftemperaturfühler. Im Sensorgehäuse ist ein Messwiderstand aus Halbleitermaterial untergebracht. Dabei handelt es sich um einen NTC (Negative-Temperature-Coefficient). D.h., dass sich mit zunehmender Temperatur der Widerstand verringert.

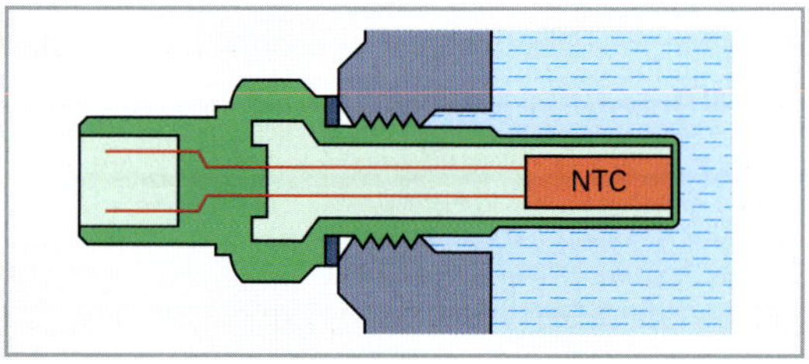

Bild 5: Motortemperaturfühler

Analog zum Widerstand wird der Spannungsabfall am NTC mit zunehmender Temperatur kleiner. Er kann mit einem Multimeter überprüft werden **(Bild 6).** Legt das Steuergerät auf PIN 5 z.B. eine Versorgungsspannung von 5 Volt, so muss das Messgerät mit steigender Temperatur eine sinkende Span-

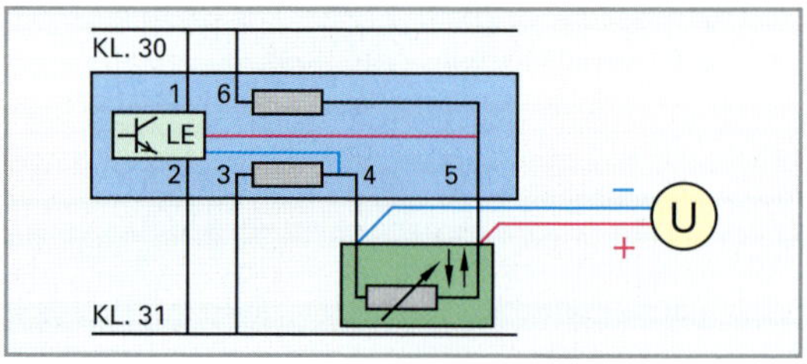

Bild 6: Spannungsabfall beim Widerstand

nug kleiner 5 V anzeigen. Bei sehr hohen Temperaturen geht der Widerstand des NTCs gegen Null. Damit wird mit dem Messgerät ein Wert knapp über 0 V ermittelt.

Soll anstatt des Spannungsabfalls der Widerstand gemessen werden, so ist die Steckverbindung zum Steuergerät zu lösen. Die gemessenen Widerstandswerte sind mit den durch den Hersteller vorgegebenen Werten zu vergleichen. Üblicherweise wird das Temperatur-Widerstandsverhalten des NTC's als Kennlinie dargestellt **(Bild 1)**.

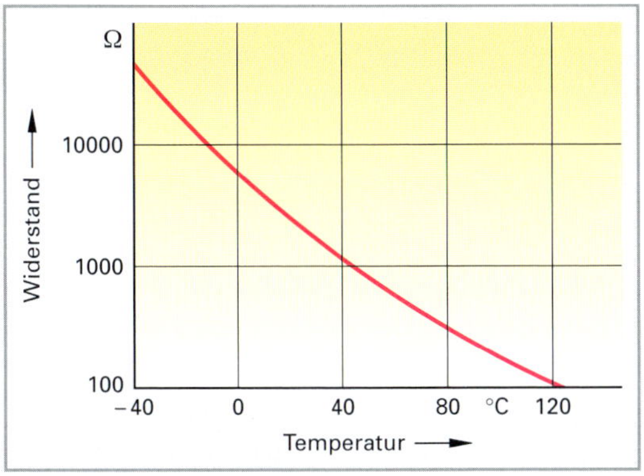

Bild 1: Kennlinie eines NTCs

19.2.9.3 Beispiele für Sensoren der 2. oder 3. Integrationsstufe

Winkelsensoren

Sie werden eingesetzt, um den Verdrehwinkel von Wellen zu bestimmen. Dazu wird meist das Hall-Prinzip verwendet. Ein oder mehrere Hall IC's sind so angebracht, dass sie bei der Drehung der Welle von entsprechenden Magnetfeldern durchdrungen werden. Aus den erzeugten Hall-Spannungen berechnet der im Sensor integrierte Mikroprozessor den Drehwinkel und bereitet das Signal für die Übergabe an den CAN-Bus auf. Anwendung findet dieses Prinzip bei Fahrpedalgebern von Motronic-Anlagen **(Bild 2)**, bei Lenkwinkelsensoren für das ESP und bei Achssensoren für die dynamische Leuchtweitenregulierung.

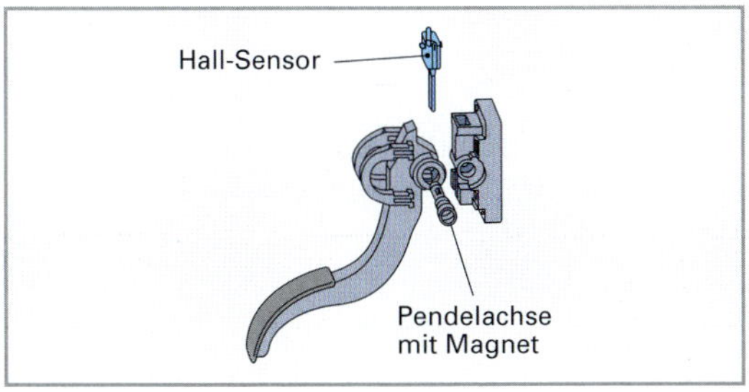

Bild 2: Pedalwertgeber

Ultraschallsensoren

Mit ihrer Hilfe sollen Abstände zu Hindernissen und Räumen überwacht werden. Ein Sensor besteht aus einer Auswerteelektronik und einer Sende-Empfangseinheit, die Ultraschallwellen aussendet und die reflektierten Wellen wieder empfängt **(Bild 3)**. Bei der Einparkhilfe kann durch Verwendung von z.B. 4 ... 6 Sensoren im Stoßfänger eines Pkws der Raum vor bzw. hinter dem Fahrzeug im Abstand von ca. 0,25 m ... 1,5 m überwacht werden. Bei der Innenraumüberwachung werden die Sensoren im Fahrgastraum angebracht, um ein unberechtigtes Eindringen in das Fahrzeug zu erkennen.

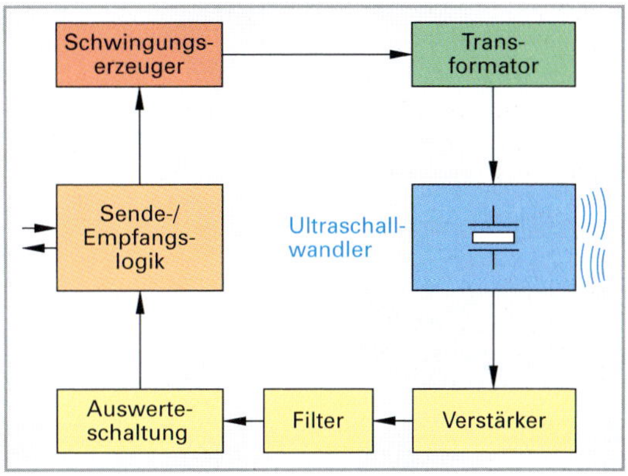

Bild 3: Baugruppen eines Ultraschallsensors

Drehratensensoren

Diese Sensoren arbeiten entweder piezo-elektrisch oder kapazitiv **(Bild 4)**. Sie dienen dazu, die Drehbewegung des Fahrzeugs um seine Hochachse zu bestimmen. Die Sensoren sind in der Lage, die bei Kurvenfahrt oder Schleudern auftretenden Giermomente zu erfassen. Sie werden als Giersensoren für das ESP und in Navigationssystemen verwendet.

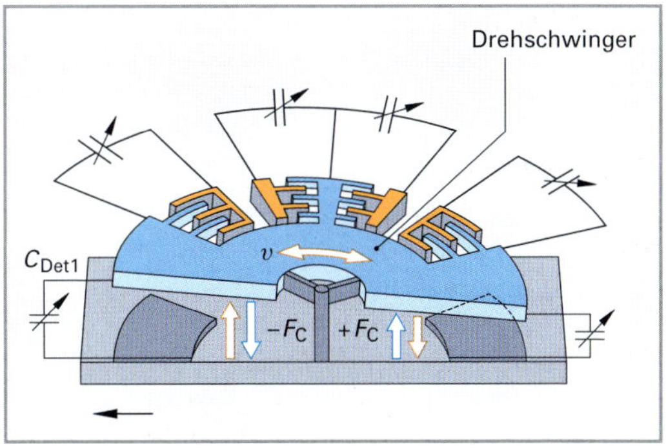

Bild 4: Drehratensensor

Beschleunigungssensoren

Sie sollen die Beschleunigungen beim Aufprall eines Fahrzeugs erfassen und über das Steuergerät die Insassenrückhaltesysteme auslösen. Dazu wird eine seismische (frei schwingende) Masse beim Aufprall verschoben, wodurch sich eine kapazitive Änderung ergibt Diese wird von der Auswerteelektronik verstärkt, gefiltert und für die Verarbeitung im Steuergerät digitalisiert. Andere Bauarten nutzen einen einseitig eingespannten piezo-elektrischen seismischen Körper. Benötigt werden diese Sensoren z.B. zur Auslösung von Gurtstraffern, Airbags oder Überrollbügel.

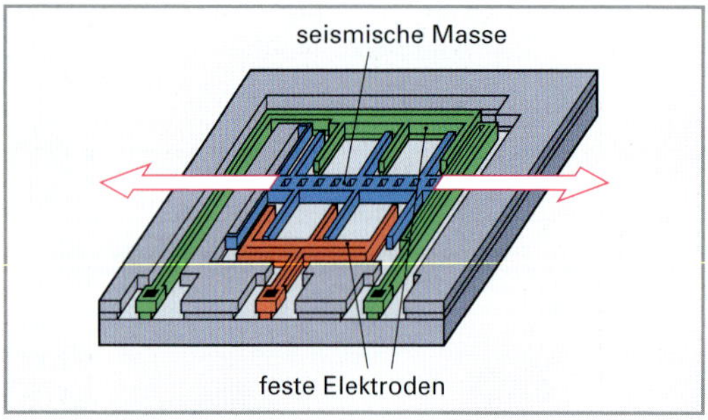

Bild 1: Beschleunigungssensor

Gassensoren

Mit ihrer Hilfe sollen NO_x-, CO-Konzentrationen und die Luftfeuchte überwacht werden. Sie bestehen aus Dickschichtwiderständen, die Zinnoxid enthalten. Lagern sich die zu messenden Stoffe reversibel an, ändern sich die Widerstände. Diese Sensoren werden zur Überwachung der Feuchtigkeit und derLuftgüte in Klimaanlagen eingesetzt. Außerdem werden sie als NO_x-Sensoren bei Fahrzeugen mit Benzin-Direkteinspritzung verwendet.

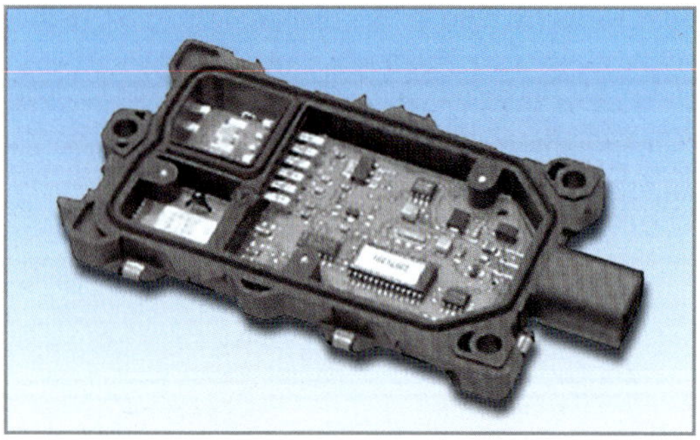

Bild 2: Luftgütesensor

19

Optische Sensoren

Sie bestehen aus Leuchtdioden, die Licht aussenden und Fotodioden, die Licht empfangen. Aufgrund veränderter Reflexion erkennt das Steuergerät durch verringerten Lichtempfang der Fotodioden eine Verschmutzung der Scheinwerfer, Glasbruch oder Regentropfen auf der Windschutzscheibe. Anwendung finden diese Sensoren z.B. als Regensensor **(Bild 3)** zur automatischen Betätigung der Scheibenwischer oder als Schmutzsensor zur automatischen Reinigung der Abdeckscheiben bei Xenon-Scheinwerfern.

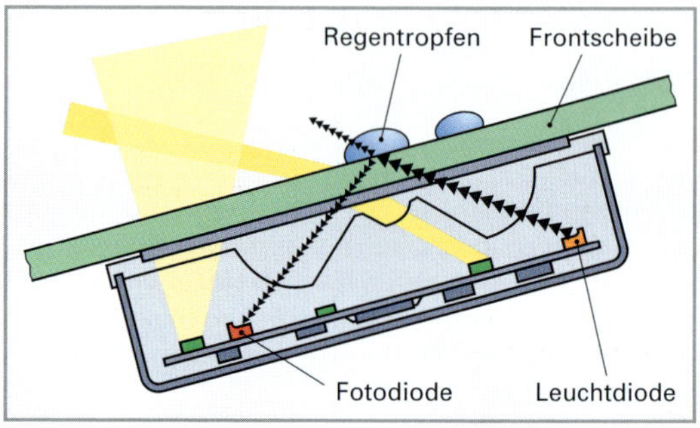

Bild 3: Regensensor

Kraftsensoren

Druckabhängige Widerstandselemente werden zu einer Sensormatte **(Bild 4)** verbunden. Aus der Druckverteilung auf die Matte kann das Steuergerät z.B. Gewicht, Position und Bewegung des Insassen berechnen und die Rückhaltesysteme im Fahrzeug im Crash-Fall gezielt auslösen. Damit bilden diese Sensoren die Grundlage für eine intelligente Airbagauslösung. Eine Kindersitzerkennung ist in das System integriert.

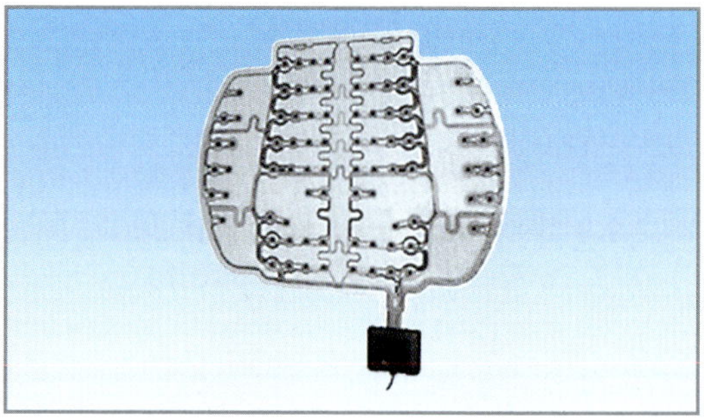

Bild 4: Sensormatte für Insassenklassifizierung

Ölsensor (Bild 5)

Der Sensor ist in der Lage sowohl Qualität (Alterung) und Temperatur als auch die Menge des vorhandenen Motoröles zu erfassen. Neben der üblichen Temperaturmessung durch NTC's wird dazu die Leitfähigkeit des Motoröles ausgewertet. Dadurch kann der technische Zustand des Fahrzeugs genau überwacht werden, was die Einführung flexibler Inspektionsintervalle ermöglicht.

Bild 5: Ölsensor

19.2.10 Hochfrequenztechnik

Aufgaben

Die Hochfrequenztechnik ermöglicht den Austausch von Informationen in Form von Tönen, Bildern und Daten ohne eine Leitungsverbindung (drahtlos).

Anwendungen (Bild 1)

Tonübertragung:

- Rundfunk, Fernsehen, Telefon

Bildübertragung:

- Fernsehen

Datenübertragung:

- Internet, Telematik (z.B. Notruf, Verkehrsinformationen)
- Fahrzeuginterne Systeme wie Reifendruckkontrolle, Funkfernbedienungen, drahtloser Telefonhörer
- Ortungssystem **G**lobal **P**ositioning **S**ystem (GPS) für Navigationssysteme

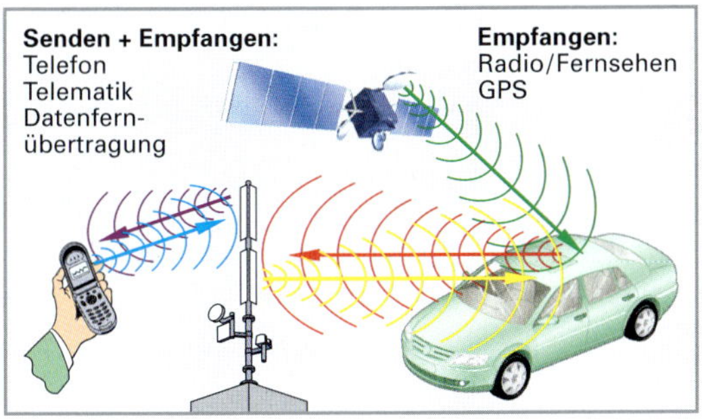

Bild 1: HF-Technik im modernen Kraftfahrzeug

Die Informationen sind in ihrer ursprünglichen Form (z.B. hörbare Töne mit einer Frequenz von 16 – 20 000 Hz) nur mit Hilfe von Schallwellen oder elektrischen Leitungen übertragbar. Diesen Frequenzbereich nennt man Niederfrequenz (NF).

Die Hochfrequenztechnik nutzt zur Übertragung der Informationen die Abstrahlung und den Empfang von elektromagnetischen Wellen mit Frequenzen über 30 kHz. Diesen Frequenzbereich bezeichnet man als Hochfrequenz (HF) – Bereich. **Bild 2** zeigt die im Kraftfahrzeug verwendeten Frequenzbereiche und deren Anwendungen.

Aufbau Sende- oder Empfangsanlage

Sie besteht aus dem Sender oder Empfänger, der Antennenleitung und der Antenne.

Um elektromagnetische Wellen abstrahlen oder empfangen zu können benötigt die HF – Technik eine

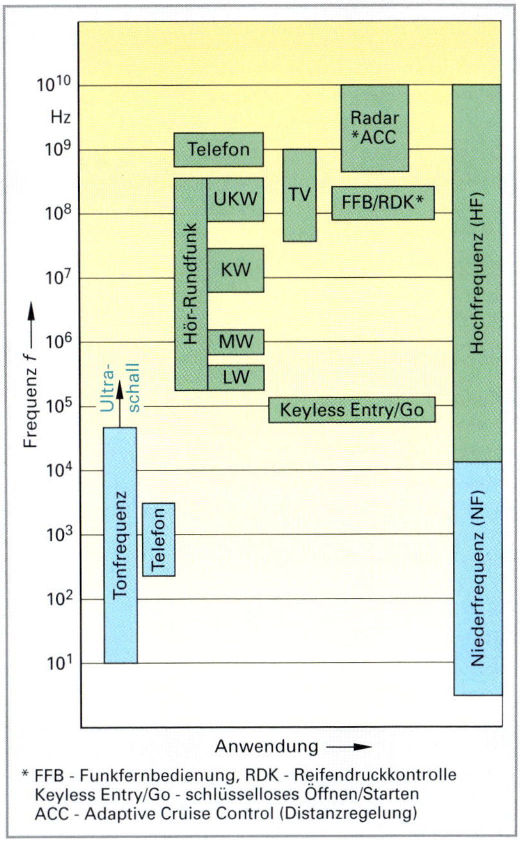

Bild 2: Frequenzbereiche im Kraftfahrzeug

Antenne. Sie ist bei kleinen Geräten z.B. Handy, Funkfernbedienung im Gehäuse eingebaut. Bei Telefonanlagen, Radio und Navigationssystemen ist die Antenne als zusätzliches Bauteil ausgeführt, welches durch die Antennenleitung mit dem Sender bzw. Empfänger verbunden ist. **Bild 3** zeigt als Beispiel einer Sende-/Empfangsanlage den Aufbau eines Autotelefons.

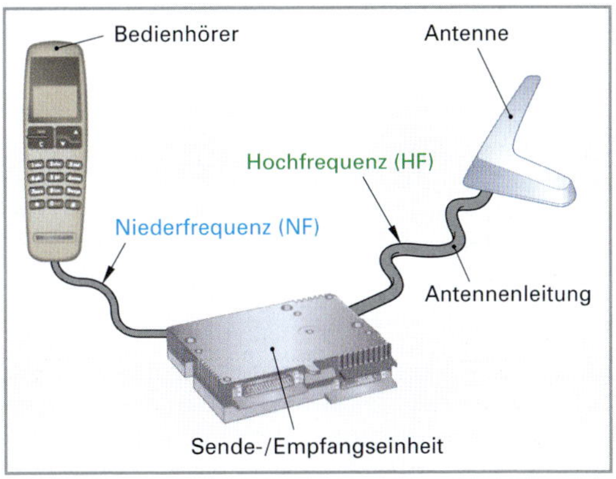

Bild 3: Aufbau eines Autotelefons

19

Sender

Er hat die Aufgabe, eine sinusförmige Wechselspannung (Trägerfrequenz) zu erzeugen und das Nutzsignal auf diese zu übertragen.

Der Sender erzeugt mit Hilfe eines Frequenzgenerators eine sinusförmige Wechselspannung mit einer Frequenz im HF-Bereich. Sie bezeichnet man als Trägerfrequenz. Das Nutzsignal (z.B. beim Telefon das Tonsignal vom Mikrofon im Bedienhörer) wird vom Sender mit Hilfe der Modulation auf die Trägerfrequenz übertragen.

Amplitudenmodulation (AM). Bei ihr verändert der Sender die Amplitude der Trägerfrequenz im Verlauf der Nutzfrequenz **(Bild 1).** Sie wird bei der Übertragung der Radiosignale im Langwellen (LW)-, Kurzwellen (KW)- und Mittelwellen (MW)-Bereich angewendet.

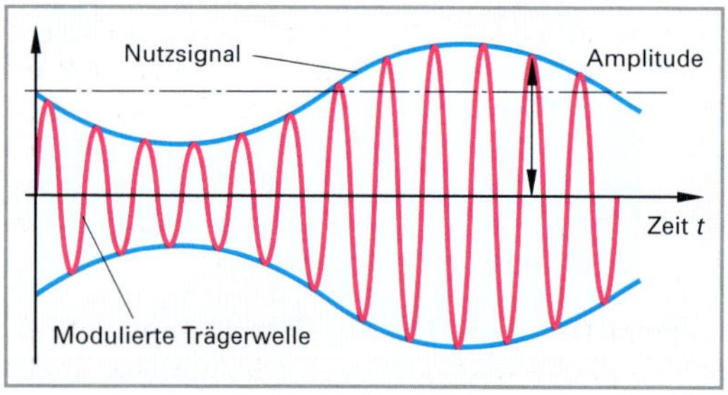

Bild 1: Amplitudenmodulation (AM)

Weitere Modulationsarten sind die **Frequenzmodulation (FM),** sie wird im Ultrakurzwellen-(UKW) Bereich angewendet, und die **Phasenmodulation,** welche bei der Übertragung digitaler Signale verwendet wird (z.B. Telefon, Navigation).

Antenne

Sie hat die Aufgabe, beim Senden die vom Sender erzeugte, modulierte Wechselspannung als elektromagnetische Wellen an die Umwelt abzustrahlen. Beim Empfangen wandelt die Antenne die elektromagnetischen Wellen in eine Wechselspannung um, die vom Empfänger ausgewertet wird.

Aufbau (Bild 2). Im Kraftfahrzeug werden vorwiegend Stabantennen eingebaut. Sie bestehen aus dem Antennenfuß und dem Antennenstab mit der Antennenspitze.

In heutigen Fahrzeugen kommen zunehmend Scheibenantennen zum Einsatz. Sie nutzen die Heizleiter der Heckscheibenheizung oder zusätzlich aufgebrachte Antennenleiter in Heck-, Seiten- oder Frontscheibe. Hauptbestandteil ist das Antennenmodul mit Antennenverstärker, welches die Verbindung zwischen den Antennenleitern auf der Scheibe und der Antennenleitung herstellt. Die Stromversorgung des Antennenverstärkers erfolgt über die Antennenleitung.

Die grundsätzliche Funktionsweise der Scheibenantenne entspricht der einer Stabantenne.

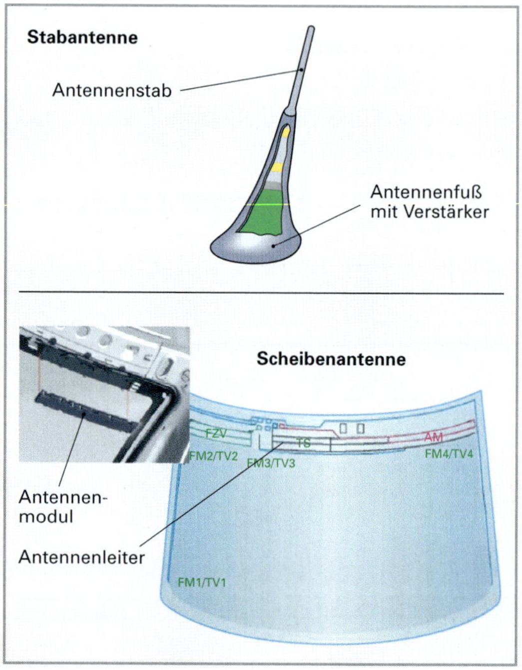

Bild 2: Aufbau Stab- und Scheibenantenne

Funktionsweise Sendeantenne (Bild 1, Seite 607)

Die Spannung erzeugt an der Antenne ein elektrisches, der Strom ein magnetisches Feld.

Die Antennenspitze wirkt zusammen mit dem Antennenfuß wie ein Kondensator mit weit auseinander liegenden Platten. Liegt eine elektrische Spannung zwischen der Antennenspitze und dem Antennenfuß an, entsteht ein **elektrisches Feld.** Die elektrischen Feldlinien werden parallel zum Antennenstab abgestrahlt.

Steigt oder sinkt die Spannung während der Wechselspannungsperiode, fließt durch den Antennenstab ein Strom. Der Antennenstab wirkt wie eine Spule und erzeugt ein **magnetisches Feld.** Die magnetischen Feldlinien sind ringförmig um den Antennenstab angeordnet.

Die elektrischen und magnetischen Felder wechseln einander ab und werden senkrecht zueinander von der Sendeantenne abgestrahlt. Zusammen bezeichnet man sie als **elektromagnetische Wellen.**

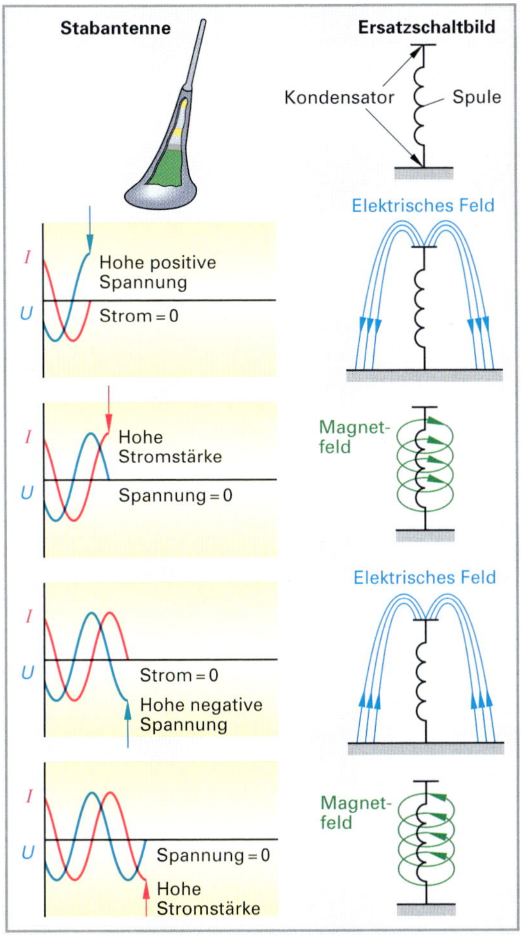

Bild 1: Funktionsweise Sendeantenne

Empfangsantenne

Hochfrequente Wechselspannung wird erzeugt:
- Bei der Stabantenne durch das elektrische Feld,
- bei der Spulenantenne durch das magnetische Feld.

Stabantenne (Bild 2). Gelangt die elektromagnetische Welle einer senkrechten Sendeantenne zu einer ebenfalls senkrechten Empfangsstabantenne, so erzeugt das elektrische Feld in ihr eine hochfrequente Wechselspannung.

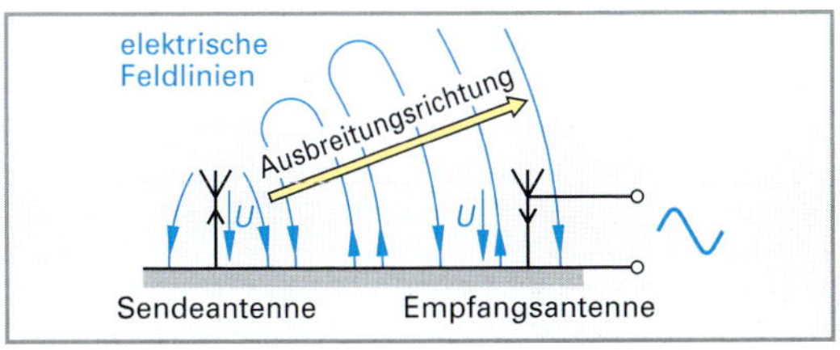

Bild 2: Empfangsvorgang bei einer Stabantenne

Spulenantenne. Sie nimmt die magnetischen Wellen eines Funksignales auf und erzeugt eine hochfrequente Wechselspannung. Da sie eine Richtwirkung hat, ist sie für den Einsatz als Empfangsantenne im Kraftfahrzeug nicht geeignet. Sie wird in Sonderfällen als Sendeantenne (z.B. schlüssellose Zentralverriegelung) eingesetzt.

Abgestimmte Antenne (Bild 3)

Die Länge der Antenne muss auf die Wellenlänge der Trägerwelle abgestimmt sein. Beträgt die Länge der Antenne ein Viertel der Wellenlänge (λ) spricht man von einer abgestimmten Antenne.

Optimale Antenne (Bild 3a). Bei ihr entsteht an der Antennenspitze die höchste Spannung. Am Antennenfußpunkt fließt der größte Strom. Sie befindet sich mit der Empfangsfrequenz in Resonanz. Somit hat sie die größte Empfangsleistung.

Antenne zu kurz (Bild 3b). In der Antennenspitze entsteht eine niedrigere Spannung. Daraus folgt ein niedrigerer Strom im Antennenfuß. Die Empfangsleistung ist reduziert. In heutigen Fahrzeugen sind aus Gründen des Designs verkürzte Antennen eingebaut. Dies macht Antennenverstärker im Antennenfuß oder Antennenmodul notwendig.

Antenne zu lang (Bild 3c). Bei einer längeren Antenne nimmt die Spannung an der Antennenspitze wieder ab. Die Empfangsleistung ist ebenfalls reduziert.

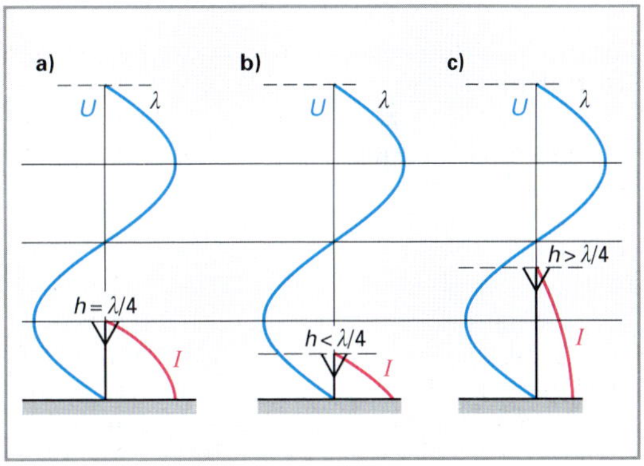

Bild 3: Strom- und Spannungsverteilung auf Antennen verschiedener Längen

Wellenlänge.

Die Wellenlänge λ gibt den zurückgelegten Weg eines Wechselspannungssignals während einer Periode an. Sie wird umso kleiner je größer die Frequenz f ist.

Sie errechnet sich aus der Ausbreitungsgeschwindigkeit der Wellen (c) und der Frequenz (f) und wird in

Metern angegeben. Elektromagnetische Wellen breiten sich in der Luft nahezu mit Lichtgeschwindigkeit aus.

$$\lambda = \frac{c}{f}$$ Einheit: m

Beispiel für die Berechnung einer abgestimmten Antenne für UKW-Radioempfang

Ausbreitungsgeschwindigkeit $c = 300 \cdot 10^6$ m/s
Frequenz $f = 100$ MHz (UKW)
Länge Antenne = h

$$\lambda = \frac{c}{f} = \frac{300 \cdot 10^6 \text{ m/s}}{100 \cdot 10^6 \text{ 1/s}} = 3 \text{ m}$$

$h = \lambda/4 = 3 \text{ m} / 4 = \mathbf{0{,}75\ m}$

Antennenleitung (Bild 1)

Sie hat die Aufgabe bei einer Sendeanlage die Wechselspannung zur Antenne zu übertragen.

Aufbau (Bild 1). Die Antennenleitung ist als Koaxialleitung ausgeführt und durch eine mit der Fahrzeugmasse verbundenen Abschirmung vor elektromagnetischen Störungen geschützt. Die Koaxialleitung setzt dem Wechselstrom einen **Wellenwiderstand** entgegen und beeinflusst so die Sende- und Empfangsleistung.

Wellenwiderstand. Fließt durch eine Koaxialleitung ein hochfrequenter Wechselstrom, so wirkt sie wie ein Schaltkreis mit in Reihe geschalteten Spulen und parallel geschalteten Kondensatoren.

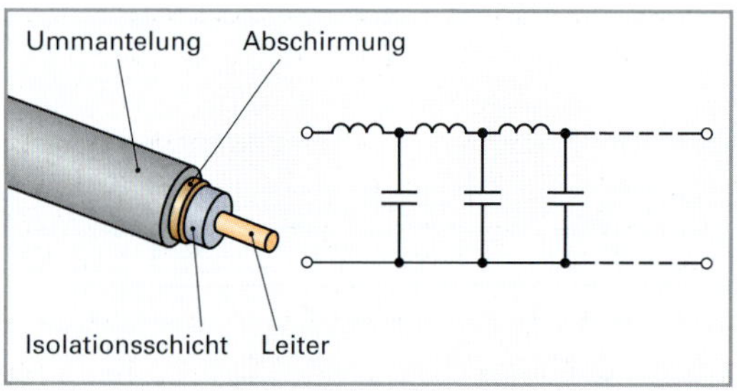

Bild 1: Aufbau und Ersatzschaltbild Antennenleitung

Der Wellenwiderstand setzt sich aus dem ohmschen Widerstand des Leiters, dem kapazitiven und induktiven Blindwiderstand zusammen. Der Wellenwiderstand ist entscheidend für die Sende- bzw. Empfangsqualität.

Abgestimmte Antennenanlage. Bei ihr ist der Wellenwiderstand der Antennenleitung gleich dem Fußpunktwiderstand der Antenne. Bei der Entwicklung von Sende- und Empfangsanlagen werden die Komponenten aufeinander abgestimmt. Deshalb dürfen bei der Instandsetzung nur die vom Hersteller freigegebenen Ersatzteile eingebaut werden.

Stehende Wellen (Bild 2). Sie entstehen durch die fehlerhafte Abstimmung einer Sendeanlage. Dadurch strahlt die Antenne nicht die gesamte Energie ab. Ein Teil der Wellen wird am Übergang von der Antennenleitung zur Antenne reflektiert. Es überlagern sich die hin- und rücklaufenden Wellen.

Die überlagernden Wellen bilden in der Antennenleitung in regelmäßigen Abständen ($\lambda/2$) Wellen mit erhöhter Amplitude, Wellenberge ($U_h + U_r$) und verringerter Amplitude, Wellentäler ($U_h - U_r$). Man bezeichnet sie als stehende Wellen. Sie reduzieren die Sendeleistung.

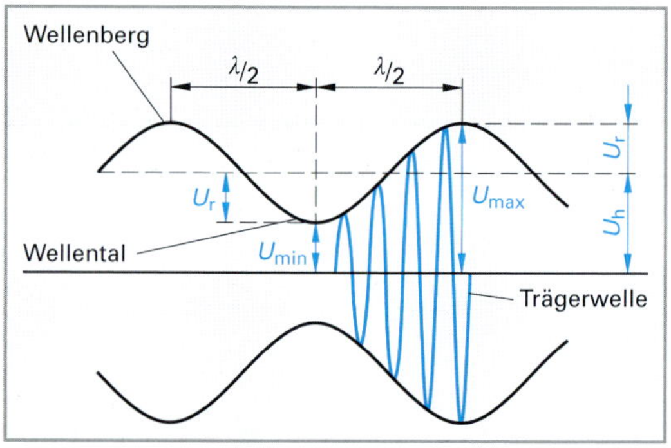

Bild 2: Stehende Wellen

Stehwellenverhältnis (SWR*). Es ist die Messgröße zur Abstimmung von Sendeanlagen. Es errechnet sich aus dem Verhältnis zwischen dem Wellenberg ($U_h + U_r$) und dem Wellental ($U_h - U_r$).

$$\text{SWR} = \frac{U_h + U_r}{U_h - U_r}$$

Bei einer perfekt abgestimmten Sendeanlage entstehen keine Wellenberge und -täler. Die Spannung ur ist somit 0.

Daraus errechnet sich:

$$\text{SWR} = \frac{U_h + 0\text{ V}}{U_h - 0\text{ V}} = 1$$

Das bedeutet das optimale Stehwellenverhältnis hat den Wert 1.

In der Werkstattpraxis werden SWR-Messgeräte zur Fehlersuche an Sendeanlagen (z.B. Funk, Telefon) eingesetzt.

* SWR = Standing Wave Ratio

Empfänger

Der Empfänger hat die Aufgabe, die von der Antenne erzeugte hochfrequente Wechselspannung auszuwerten, daraus das Nutzsignal (Töne, Bilder, Daten) zu gewinnen und damit Aktoren (Lautsprecher, Bildschirme usw.) anzusteuern.

Der Empfänger nimmt die Wechselspannung der Antenne auf und trennt mit Hilfe der Demodulation das Nutzsignal von der Trägerfrequenz. Das gewonnene Nutzsignal wird dann zur Ansteuerung von Aktoren wie Lautsprecher, Bildschirmen, Motoren usw. verwendet.

Wellenausbreitung (Bild 1)

Die Funkwellen breiten sich, abhängig von ihrer Frequenz, unterschiedlich aus. Dabei unterscheidet man zwischen Boden- und Raumwellen.

Bodenwellen. Sie breiten sich entlang der Erdoberfläche aus. Im Langwellen (LW)-Bereich können sich die Bodenwellen bis zu 1000 km ausbreiten. Bei zunehmender Frequenz steigen jedoch die Verluste entlang der Erdoberfläche. So sinken die Reichweiten der Bodenwellen im Kurzwellen (KW)-Bereich auf etwa 100 km.

Raumwellen. Sie breiten sich geradlinig aus und müssten demnach den Bereich unserer Erde verlassen. In bestimmten Frequenzbereichen reflektieren jedoch leitende Schichten der Erdatmosphäre in 50 bis 300 km Höhe die Raumwellen zurück zur Erdoberfläche. Das Reflexionsvermögen ist abhängig von der Wellenlänge und der Tageszeit. So erhöht die Reflexion der Raumwellen die Reichweiten der Mittel-(MW) und Kurzwellen (KW).

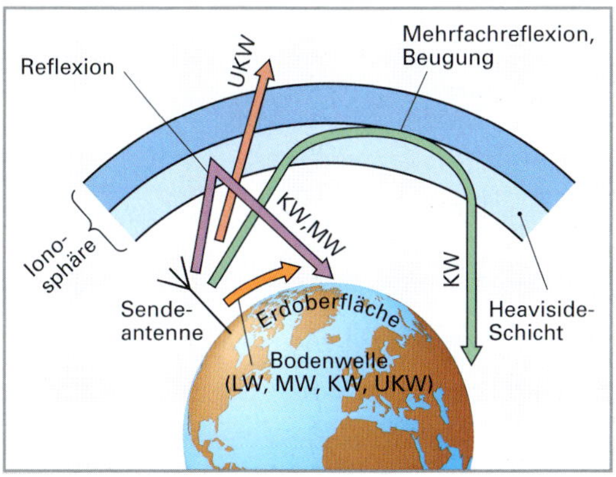

Bild 1: Ausbreitung von Funkwellen

Im Ultrakurzwellen (UKW)- und Fernseh-Bereich breiten sich die Wellen fast geradlinig aus. Die besten Empfangsverhältnisse liegen vor, wenn zwischen Sender und Empfänger eine Sichtverbindung besteht. Ultrakurzwellen ermöglichen durch das Durchdringen der Ionosphäre den Funkverkehr zu Raumschiffen und Satelliten.

Polarisationsrichtung

Sie bezeichnet die Richtung des elektrischen Feldes einer Sendeantenne zur Fortpflanzungsrichtung und bestimmt so die Einbaulage einer optimalen Empfangsantenne.

Eine senkrechte Sendeantenne strahlt ein elektromagnetisches Feld ab, dessen elektrische Feldrichtung senkrecht zur Fortpflanzungsrichtung und dessen magnetische Feldrichtung waagerecht dazu verlaufen. Sie bezeichnet man als **vertikale Polarisation.** Entsprechend gibt es bei einer waagerecht angeordneten Sendeantenne eine **horizontale Polarisation.** Beide nennt man **lineare Polarisationen. Bild 2** zeigt die vertikale Polarisation.

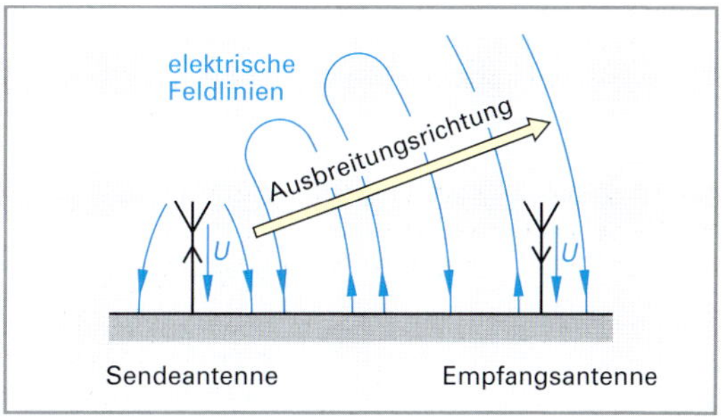

Bild 2: Vertikale Polarisation

Zirkular polarisierte Welle. Sie besteht aus zwei Wellen mit jeweils linearer Polarisation in zueinander senkrechten Ebenen, die gegeneinander eine Phasenverschiebung von 90° haben. Je nach Richtung dieser Phasenverschiebung ist die resultierende Welle links- oder rechtsdrehend. Diese Technik wendet man überwiegend im Satellitenfunk (z.B. GPS) an.

Beugung der Funkwellen durch die Fahrzeugkarosserie (Seite 610, Bild 1)

UKW-Signale werden in Europa mit horizontaler Polarisation abgestrahlt. Erst die Feldbeeinflussung durch die Metallhaut der Fahrzeugkarosserie ermöglicht den UKW-Empfang mit Hilfe einer üblicherweise vertikal montierten Stabantenne.

Zusätzlich bilden sich an der Fahrzeugkarosserie Stellen mit unterschiedlicher Konzentration der elektromagnetischen Felder. An dem dargestellten Fahrzeug treten an der vorderen und hinteren Dachkante die höchsten Konzentrationen der Felder auf. Sie sind die optimalen Einbauorte für eine Empfangsantenne.

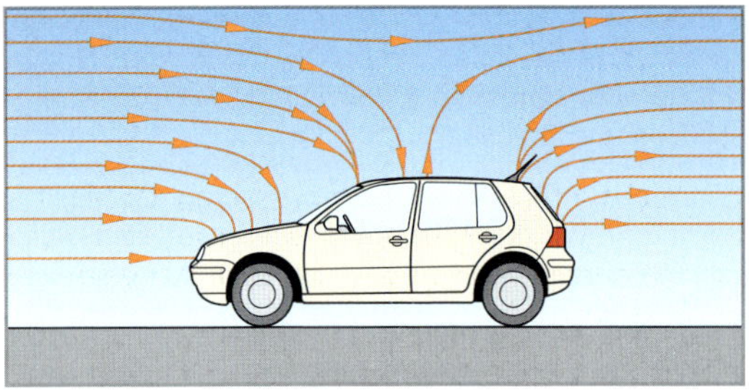

Bild 1: Beugung durch Fahrzeugkarosserie

Ursachen von Empfangsstörungen

Funkschatten (Bild 2)

Er tritt auf, wenn die „Sichtverbindung" zwischen Sender und Empfänger durch Hindernisse unterbrochen ist.

Hindernisse wie Berge und Gebäude können von den Funkwellen nicht durchdrungen werden. Die Empfangsleistung verringert sich.

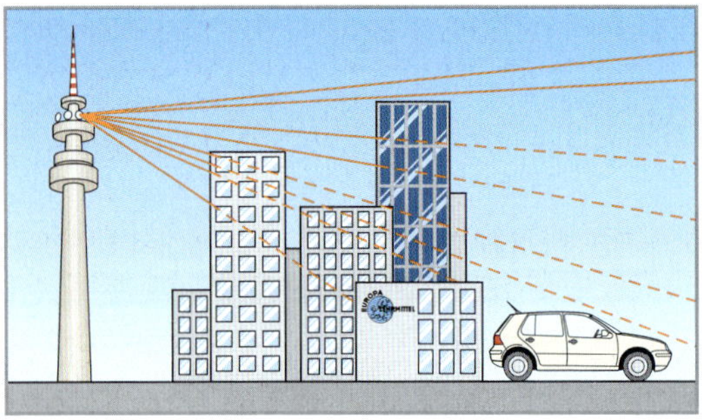

Bild 2: Funkschatten

Mehrwegeempfang, Multipath (Bild 3)

Er tritt auf, wenn ein Funksignal direkt und ein- oder mehrmals reflektiert auf die Empfangsantenne trifft.

Das reflektierte Signal trifft zu einem späteren Zeitpunkt, also mit einer Phasenverschiebung auf die Antenne. Die Signale heben sich gegenseitig teilweise auf und reduzieren die Empfangsleistung.

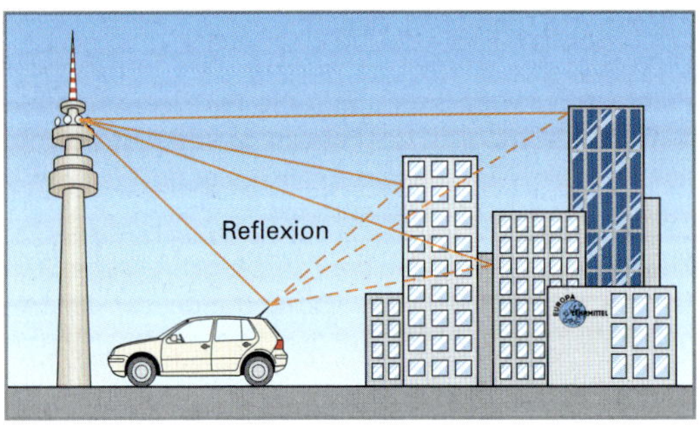

Bild 3: Mehrwegeempfang, Multipath

Störquellen im Kraftfahrzeug

Schaltende und schleifende Kontakte im Kraftfahrzeug erzeugen elektromagnetische Wellen, die Funksysteme stören.

Störquellen im Kraftfahrzeug sind insbesondere:

- Zündanlage
- Wackelkontakte in stromdurchflossenen Leitungen oder deren Anschlüssen
- Generator
- Starter
- Elektromotoren
- Elektrostatische Aufladungen (z.B. Reifen)
- Schlechte oder wechselnde metallische Berührung größerer Metallteile des Fahrzeugs (z.B. Motorhaube)

19.2.11 Elektromagnetische Verträglichkeit (EMV)

Sie bezeichnet die Fähigkeit einer elektrischen oder elektronischen Einrichtung in ihrer elektromagnetischen Umgebung bestimmungsgemäß zu funktionieren **(Störfestigkeit)** und gleichzeitig dabei andere Einrichtungen nicht störend zu beeinflussen **(Störaussendung, Bild 4)**.

Die im Kraftfahrzeug eingebauten Systeme wie Zündanlage, Einspritzsystem, Antiblockiersystem, Mobiltelefon u.a. dürfen sich nicht gegenseitig beeinflussen. Weiterhin müssen sich die Systeme neutral gegenüber der Umwelt verhalten.

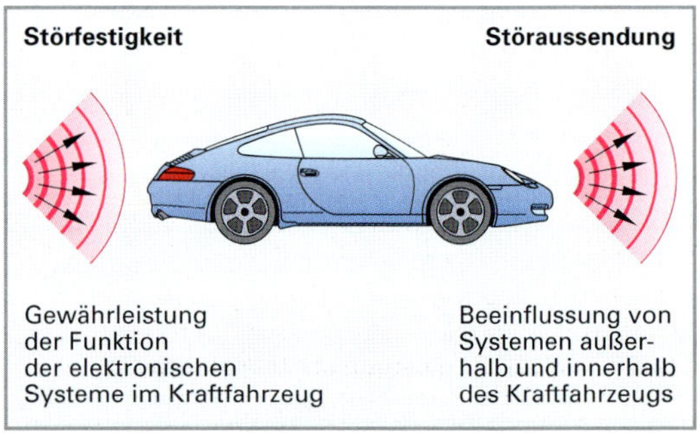

Bild 4: Störfestigkeit und Störaussendung

Geeignete Maßnahmen zum Erreichen einer guten EMV sind der Einbau von:

- Entstörkondensatoren
- Drosselspulen
- Abgeschirmten Leitungen
- Abschirmungen aus Stahlblech
- Verdrillten Leitungen

WERKSTATTHINWEISE

Diagnose an Empfangsanlagen

Feldstärkemessung (Pegelmessung)

Sie erfolgt zur Fehlersuche an Empfangsanlagen. Die Messung der in der Antenne erzeugten sinusförmigen Spannungsveränderung erfolgt mit Hilfe von Feldstärke- bzw. Pegelmessgeräten.

Die Maßeinheit ist Dezibel Mikrovolt (db µV).

Feldstärkemessgeräte werden im Autohaus selten eingesetzt.

Die Überprüfung der Feldstärke kann mit Hilfe des Diagnosetesters im Rahmen der Eigendiagnose durchgeführt werden.

Die Feldstärke hängt stark von äußeren Einflüssen ab. Dadurch ist die Festlegung eines Sollwertes nicht möglich. Zur Fehlersuche wendet man das Verfahren der Vergleichsmessung mit Fahrzeugen ohne Beanstandung an. Dabei wird an einem funktionsfähigen Fahrzeug die Feldstärke gemessen und mit dem Messwert des beanstandeten Fahrzeugs verglichen.

Es müssen folgende Bedingungen beachtet werden:

- Feldstärkemessungen sind grundsätzlich nur im Freien durchzuführen.
- Beide Fahrzeuge müssen vom gleichen Typ und Ausstattung sein.
- Es ist bei beiden Fahrzeugen die gleiche Frequenz einzustellen.
- Beide Fahrzeuge müssen nacheinander an der gleichen Stelle und in der gleichen Richtung stehen.

Wird bei der Messung eine Abweichung der Messwerte zum Vergleichsfahrzeug festgestellt kann mit Hilfe weiterer Prüfschritte die Fehlerursache ermittelt werden.

- Durchgang der Antennenleitung prüfen.
- Masseverbindung der Antenne prüfen.
- Versorgungsspannung und Stromaufnahme des Antennenverstärkers messen.
- Probetausch von Komponenten der Empfangsanlage (z.B. Antenne, Antennenverstärker, Antennenleitung, Empfänger) und Wiederholung der Feldstärkemessung durchführen.

In Empfangsanlagen der neuen Generation erfolgt die Spannungsversorgung des Antennenverstärkers mit Hilfe der Antennenleitung. Die Eigendiagnose der Empfangsanlage überwacht mit Hilfe der vom Antennenverstärker aufgenommenen Stromstärke die Leitungsverbindung und Stromaufnahme des Verstärkers. Kommt es zu Abweichungen gegenüber den Sollwerten erfolgen Fehlerspeichereinträge. Sie können mit Hilfe des Diagnosetesters ausgelesen und behoben werden.

Zusätzlich kann die Stromaufnahme des Antennenverstärkers mit dem Diagnosetester geprüft werden.

a) Anzeige fehlerfreies Fahrzeug

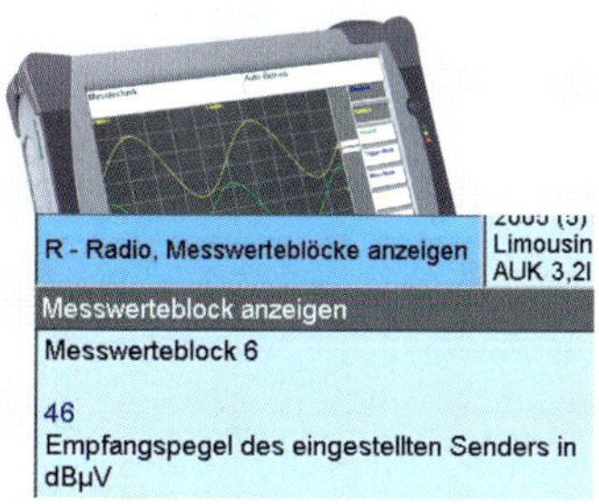

Bild 1: Feldstärkenmessung mit Diagnosetester

b) Anzeige Fahrzeug mit geknickter Antennenleitung

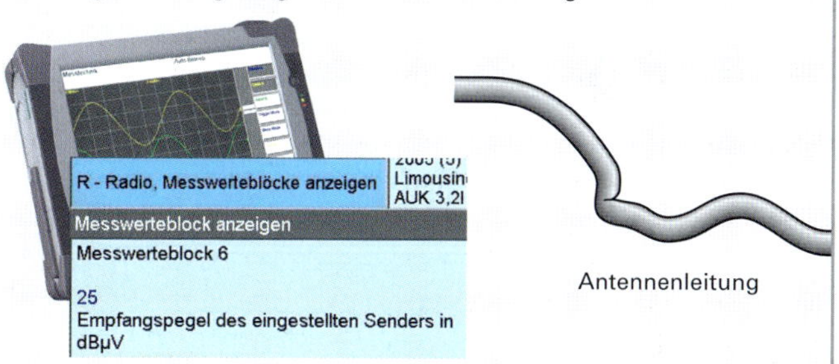

Bild 2: Anzeige geknickte Antennenleitung

WIEDERHOLUNGSFRAGEN

1 **Woraus besteht eine Sendeanlage?**

2 **Welches Feld strahlt eine von Strom durchflossene Sendeantenne ab?**

3 **Welche Aufgabe hat die Empfangsantenne?**

4 **Wann tritt der Funkschatten auf?**

5 **Wie wirkt sich der Mehrwegeempfang aus?**

6 **Wie lang ist eine abgestimmte Empfangsantenne?**

7 **Was sind die Störquellen im Kraftfahrzeug?**

8 **Was versteht man unter Stehwellenverhältniss?**

9 **Was versteht man unter Elektromagnetische Verträglichkeit?**

10 **Wie erfolgt die Messung der Feldstärke bei Empfangsanlagen?**

11 **Was versteht man unter der Polarisation?**

19.2.12 Datenübertragung im Kraftfahrzeug

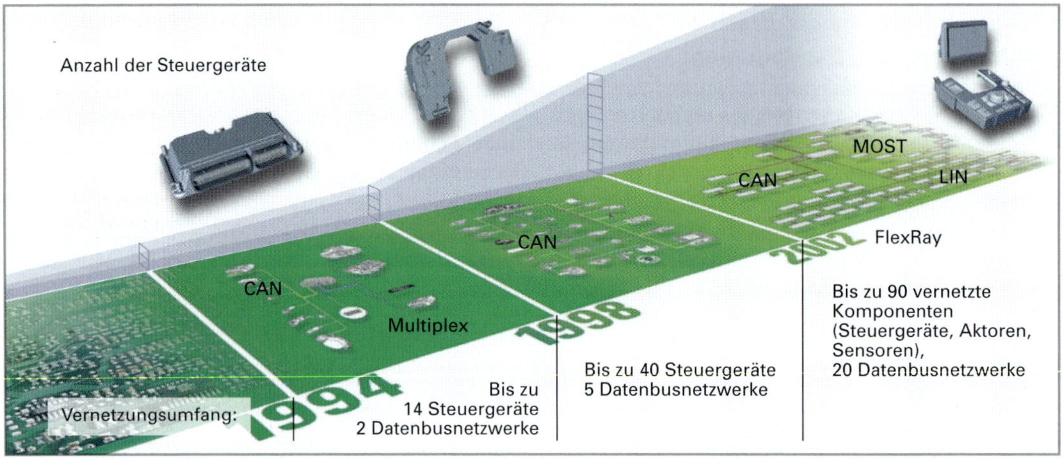

Bild 1: Entwicklung des Vernetzungsumfangs im Kraftfahrzeug in den letzten 10 Jahren

Sie ermöglicht zwischen den elektronischen Bauteilen den Transport und Austausch von Informationen in Form von Daten und Signalen.

Herkömmliche Datenübertragung (Bild 2). Bei ihr werden für jede Information, z.B. Luftmassenmesser, Hallgeber, mindestens zwei Leitungen benötigt. Die gestiegenen Anforderungen an die Fahrzeugelektronik in den Bereichen Fahrzeugsicherheit, Komfort, Kommunikation, Kraftstoffverbrauch, Abgasreduzierung und Diagnose erfordern die Vernetzung der Systeme, um den Austausch von vielen Informationen in kurzer Zeit zu ermöglichen. Die genannten Anforderungen lassen sich mit der herkömmlichen Datenübertragung nicht erfüllen, da zu viele Leitungen notwendig sind, der Bauraum begrenzt ist und die Reduzierung des Fahrzeuggewichts angestrebt wird. Aus diesem Grund werden zunehmend Datenbussysteme in Kraftfahrzeuge eingebaut.

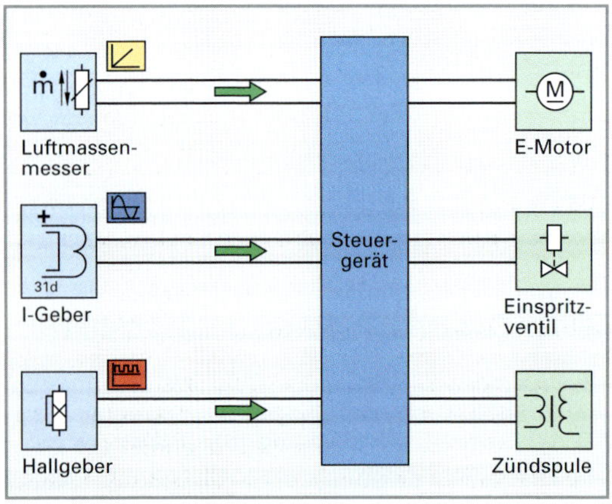

Bild 2: Herkömmliche Datenübertragung

Datenbussysteme (Tabelle 1, Seite 583)

Sie übertragen die Informationen mit Hilfe von Informationseinheiten (Bits). Diese sind zu Datenpaketen zusammengefasst.

Vorteile der Datenbussysteme gegenüber der herkömmlichen Datenübertragungstechnik:

- Gemeinsame Nutzung von Sensoren und berechneten, physikalischen Werten (z.B. Außentemperatur, Motordrehzahl) durch mehrere Steuergeräte.
- Erweiterte elektronische Diagnosefähigkeit von Stellgliedern.
- Weniger elektrische Leitungen.
- Weniger Platzbedarf für Leitungssätze.
- Kleinere Steckergehäuse und Steckerleisten, dadurch kleinere Steuergeräte.

Die Übertragungsart ist vom Datenbussystem abhängig. Man unterscheidet:

- Elektrische Einleiter – Datenbussysteme
- Elektrische Zweileiter – Datenbussysteme
- Optische Datenbussysteme
- Drahtlose Datenbussysteme

Die Anwendung der unterschiedlichen Datenbussysteme richtet sich nach Eigenschaften und Anforderungen wie

- Datenübertragungsgeschwindigkeit, die mit der Einheit Baud (bd)*, Bits pro Sekunde, angegeben wird

* Baud (bd): Benannt nach Jean Baudot (Fernmeldeingenieur, Frankreich 1845 – 1903

19

Tabelle 1: Übersicht der wichtigsten Datenbussysteme

Übertragungsart	Bussystem	Max. Übertragungsgeschwindigkeit	Anwendung	Ablauf Datenübertragung	Systemstruktur
Elektrisch Einleiter	Multiplex	100 kbd	Einfachste Steuerung	Asynchron	Busstruktur
	Local Interconnect Network (LIN)	19,2 kbd		Asynchron	Busstruktur
Elektrisch Zweileiter	Controller Area Network (CAN)	1 Mbd	Antrieb und Komfort	Asynchron	Busstruktur oder passive Sternstruktur
	FlexRay	10 Mbd	Fahrdynamiksysteme, Drive-by-Wire-Systeme	Synchron	Aktive Sternstruktur, Daisy-Chain-Struktur
Lichtimpulse	Domestic Digital Bus (D^2B)	5,6 Mbd	Information, Kommunikation, Unterhaltung	Synchron	Ringstruktur
	Media Oriented System Transport (MOST)	21,2 Mbd	Information, Kommunikation, Unterhaltung	Synchron	Ring- oder aktive Sternstruktur
Lichtimpulse oder Funkwellen	Byteflight	100 Mbd	Sicherheit, Information, Unterhaltung	Synchron	Ring-, Baum-, Sternstruktur
Drahtlos	Bluetooth™	1 Mbd	Kommunikation	Asynchron	

- Elektromagnetische Verträglichkeit (EMV)
- Echtzeitfähigkeit
- Synchrone oder Asynchrone Datenübertragung
- Aufwand und Kosten

Echtzeitfähigkeit.
Sie ist die Fähigkeit eines elektronischen Systems Vorgänge in der gleichen Zeit zu berechnen oder zu übertragen wie sie in der realen Welt ablaufen. Das bedeutet zum Beispiel, dass man ein sehr schnell rechnendes System zur Steuerung der Verbrennung im Motor benötigt, da dort die Vorgänge in kürzester Zeit ablaufen. Dagegen reicht zur Steuerung des elektrischen Fensterhebers ein langsameres Rechensystem aus.

Synchrone, zeitgesteuerte Datenübertragung (Bild 1a)
Bei ihr werden die Daten in festen Zeitabständen übermittelt. Sie wird auch als zeitgesteuerte Datenübertragung bezeichnet.

Beispiel A, B und C sind Botschaften, die in einer festgelegten Reihenfolge gesendet werden. In bestimmten zeitlichen Abständen wird jeweils eine Botschaft übermittelt, z.B. Öltemperatur, Motordrehzahl. Da die Motordrehzahl häufigeren zeitlichen Schwankungen unterworfen ist als die Öltemperatur, wird sie in kürzeren Zeitabständen auf den Datenbus übertragen.

Asynchrone, ereignisgesteuerte Datenübertragung (Bild 1b)
Bei ihr werden die Botschaften nach Eintreten von Ereignissen auf den Datenbus übertragen, wenn der Datenbus frei ist. Wollen mehrere Steuergeräte gleichzeitig auf den Datenbus senden, wird die wichtigste Botschaft zuerst übertragen.

Beispiel: Die Botschaften für die Steuerung eines Bremseneingriffs zur Stabilisierung des Fahrzeugs durch das ESP-System werden vorrangig gegenüber den Botschaften zur Steuerung der Innenraumklimatisierung übertragen.

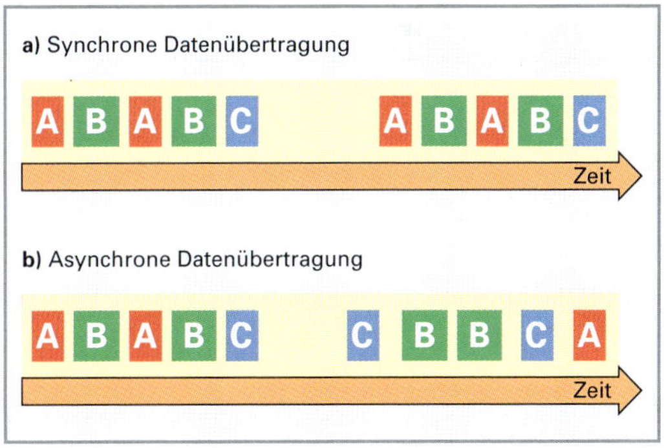

Bild 1: Synchrone und Asynchrone Datenübertragung

Serielle Datenübertragung

Bei den derzeit verwendeten Bussystemen werden die Daten seriell übertragen. Darunter versteht man, dass die Bits nacheinander auf das Übertragungsmedium (elektrische Leitung, Lichtwellenleiter, Funkwellen) übertragen werden.

Die Informationsübertragung kann folgendermaßen erfolgen:

- In elektrischen Datenbussystemen durch Spannungsänderung auf der Übertragungsleitung.
- In optischen Datenbussystemen durch Veränderung der Lichtwellen, Lichtwellenmodulation.
- In drahtlosen Datenbussystemen durch Veränderung der Funkwellen, Puls-, Frequenzmodulation.

Damit die Steuergeräte miteinander kommunizieren können, ist jedem Bit ein fester Zeitwert zugeordnet (Taktung). Diese Zeit ist die Bitzeit t_{bit}.

Betriebszustände: Sleep- und Wake-up-Modus

Sleep-Modus. Er verringert den Stromverbrauch durch Abschaltung der Kommunikation, wenn kein Datenaustausch notwendig ist.

> Ist die Kommunikation auf einem Datenbussystem nicht notwendig, wechselt es in den „Schlaf" (engl. to sleep)-Modus.

Wake-up-Modus. Er wird benötigt, um die Kommunikation auf dem Datenbussystem nach dem Wechsel in den Sleep-Modus wieder zu aktivieren.

Es werden in den Datenbussystemen unterschiedliche Verfahren zur Steuerung des Sleep- und Wake-up-Modus angewendet. Diese Verfahren werden häufig vom Hersteller festgelegt. Beachten Sie hierzu die Herstellerinformationen.

> **Werkstatthinweis**
> Sind Datenbussysteme aktiv, so erhöhen sie den Ruhestrom! Bei einer erhöhten Entladung der Starterbatterie ist zuerst die Funktion des Sleep- und Wake-up-Modus zu überprüfen.

Hierzu steht zum Beispiel eine Liste der schlafbereiten Knoten in der Anzeige der Istwerte im Diagnosetester zur Verfügung.

19.2.12.1 Elektrische Datenbussysteme

Aufbau (Bild 1). Elektrische Datenbussysteme bestehen aus mindestens zwei Knoten, Busteilnehmern (z.B. Steuergerät ABS, Motorsteuergerät) mit eigener Spannungsversorgung und einer oder zwei Busleitungen, auf denen die Daten übertragen werden.

Knoten, Busteilnehmer
Sie bestehen aus

- der Auswerteelektronik der Sensorsignale,
- der Steuerelektronik für die Aktoren,
- dem Mikroprozessor zur Berechnung der Funktionen,
- dem Controller zur Steuerung der Datenbuskommunikation sowie
- dem Transceiver zur Übertragung der Daten auf die Busleitung.

Transceiver. Er ist ein elektronisches Bauteil im Knoten und führt zwei Funktionen aus. Er sendet (engl. to transmit) und empfängt (engl. to receive) die Daten auf der Busleitung. Er erhält die zu sendenden Daten vom Controller. Die empfangenen Daten leitet er an den Controller weiter.

Controller. Er bereitet die vom Microprozessor errechneten Daten so auf, dass sie der Transceiver auf die Datenleitung senden kann. Sendet ein anderer Knoten Daten auf die Datenbusleitung, übermittelt der Transceiver alle Daten an den Controller. Er filtert die für das Steuergerät notwendigen Daten aus und übermittelt sie an den Mikroprozessor.

> Es werden immer alle auf der Busleitung übermittelten Daten von jedem Knoten empfangen. Jeder Knoten entscheidet im Controller über die Verwendung der einzelnen Daten.

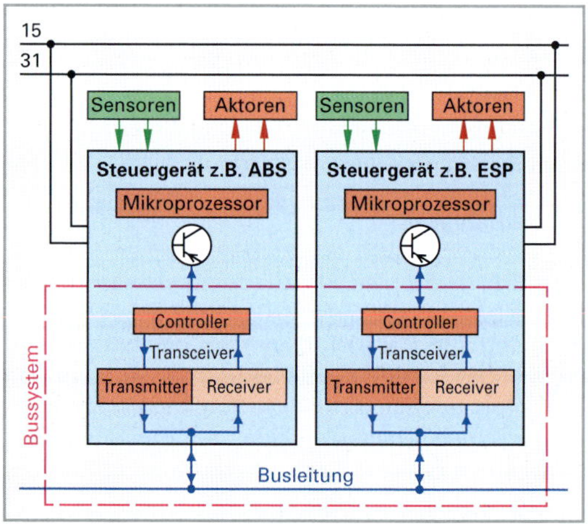

Bild 1: Aufbau eines elektrischen Datenbussystems

Multiplexverfahren (Bild 1, Seite 615)

> Multiplexer sind elektronische Schaltungen, die verschiedene Eingangssignale erfassen und diese zeitlich oder mit unterschiedlicher Frequenz versetzt über eine Leitung übertragen.

Nach der Übertragung werden die Signale durch eine weitere elektronische Schaltung, dem Demultiplexer, getrennt und ihren Empfängern zugestellt. Es können mehrere Eingangssignale mit Hilfe einer Leitung zum Steuergerät übertragen werden. Die Form (Protokoll) der digitalen Informationen ist von den Systemherstellern nicht einheitlich festgelegt. Es werden unterschiedliche Signalpegel und Protokolle verwendet.

Anwendungen. Multiplexsysteme werden z.B. im hydroaktiven Fahrwerksystem angewendet.

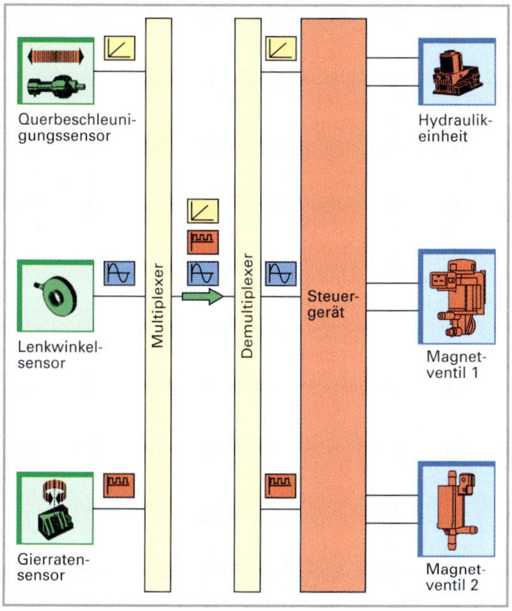

Bild 1: Prinzip des Multiplexverfahrens

Lokal Interconnect Network (LIN)

Es wird vorwiegend zum Datentransport zwischen Steuergerät und aktiven Sensoren und Aktoren verwendet. Es arbeitet nach dem Master-Slave-Prinzip. Die Signalform und das Protokoll sind einheitlich festgelegt.

Aktive Sensoren, Aktoren. Sie sind Bauteile mit eigener Spannungsversorgung und Auswerte- oder Steuerelektronik.

Aktive Sensoren erzeugen erst nach dem Anlegen einer Versorgungsspannung ein Signal. Die Auswerteelektronik verstärkt das gemessene Signal oder wandelt es in ein Datensignal um. Dadurch erhöht sich die Störsicherheit. Der Aufbau des Steuergeräts wird vereinfacht.

Aktive Aktoren benötigen zur Ausführung von Funktionen zusätzlich zum Ausgangssignal des Steuergerätes eine Versorgungsspannung. Hohe Betriebsströme des Aktors werden nicht vom Steuergerät geschaltet. Dadurch kann im Steuergerät zum Beispiel auf Leistungstransistoren verzichtet werden.

Merkmale des LIN-Bussystems:

- Max. Datenübertragungsgeschwindigkeit 19,2 kbd
- Datenübertragung über eine Leitung
- Adressorientierte Datenübertragung

Adressorientierte Datenübertragung. Bei ihr wird die Kennzeichung des Empfängers in die Botschaft eingefügt.

Datenfestlegung. Die einheitliche Festlegung der Datenübertragung ermöglicht im Unterschied zum Multiplexsystem die Verwendung der LIN-Bauteile von vielen System- und Fahrzeugherstellern, die Verwendung von einheitlichen Diagnosewerkzeugen, -software und die Vereinfachung der Fehlerdiagnose.

LIN-Datenbussysteme verbinden ein Master-Steuergerät mit bis zu 16 Slave-Steuergeräten (Master-Slave Prinzip).

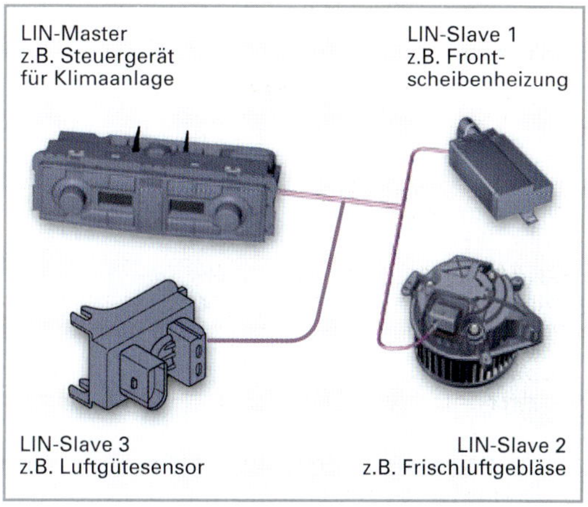

Bild 2: Aufbau eines LIN-Datenbussystems

Aufbau (Bild 2)

Master-Steuergerät. Es sendet den Botschaftskopf (Header) auf die Datenbusleitung und ist die Schnittstelle zu anderen Datenbussystemen. Es synchronisiert über die Bitzeit die restlichen Busteilnehmer (Slaves) und ist die Diagnoseschnittstelle zwischen dem Diagnosetester und den Slave-Steuergeräten.

Header (Bild 1, Seite 616). Er enthält Daten wie

- **Startbits.** Sie signalisieren allen Slave-Steuergeräten den Beginn einer neuen Botschaft.
- **Synchronisation.** Sie ist eine Bitfolge zur Einstellung der Bitzeit damit die Botschaft gelesen werden kann.
- **Botschaftskennzeichnung (Identifier).** Sie enthält die Empfängeradresse und eine erste Anweisung des Masters an den Slave, z.B. „sende Ist-Drehzahl“ oder „stelle Soll-Drehzahl ein“.

19

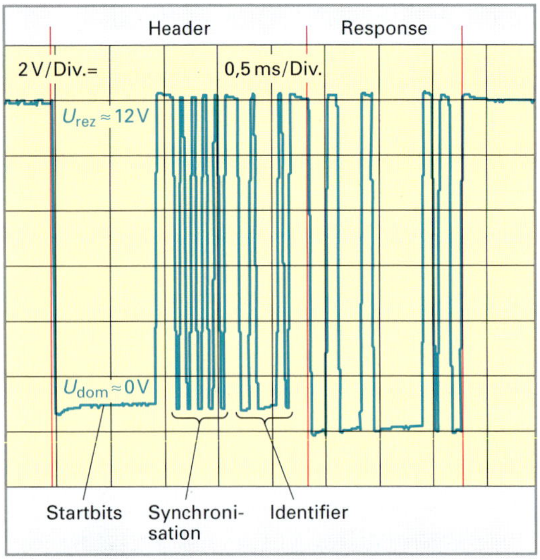

Bild 1: Oszillogramm der Spannungspegel auf der LIN-Busleitung

Spannungspegel im LIN-Bus (Bild 1, Bild 2)

Zur Übertragung der Daten schalten die Steuergeräte den rezessiven, logischer Bitwert = 1, oder den dominanten Pegel, logischer Bitwert = 0, auf die LIN-Busleitung.

Rezessiver Pegel, U_{rez} (Bild 2a). Er liegt auf den Datenbusleitungen an wenn kein Bit gesendet wird. Der Transistor T1 im Transceiver ist nicht leitend. Da kein Strom fließt, fällt an dem Widerstand R keine Spannung ab. An der Busleitung liegt Batteriespannung (ca. 12 V) an.

Dominanter Pegel. U_{dom} (Bild 2b). Er liegt an wenn ein Knoten den Transistor T leitend schaltet und dadurch auf den Bus sendet. Der Transistor verbindet die Busleitung mit Masse. Die Spannung auf der Busleitung beträgt 0 V. Die Spannungspegel können mit Hilfe eines Oszilloskops dargestellt und geprüft werden.

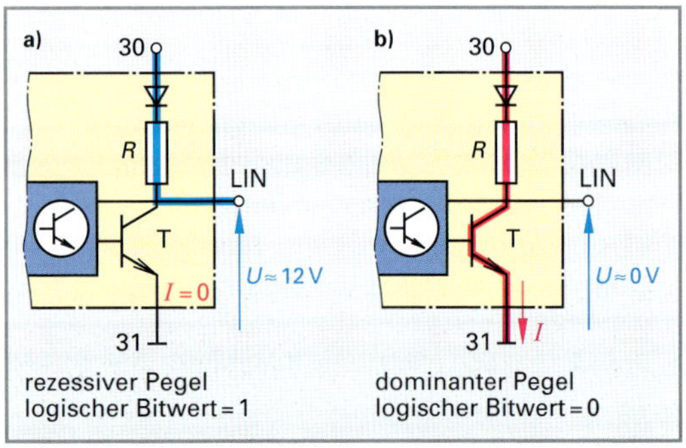

Bild 2: Funktionsweise des LIN-Transceivers

Slave-Steuergeräte

Sie führen die vom Master-Steuergerät gesendeten Anweisungen aus. Bei einer Anfrage des Masters senden sie eine Antwort (Response) zurück. Bei einem Funktionsbefehl führen sie diesen aus, ohne einen Response zu senden.

Response. Sie wird bei einer Anfrage nach Ist-Werten oder Diagnosedaten von dem angesprochenen Slave gesendet. Bei einer Anweisung zur Durchführung von Funktionen sendet das Master-Steuergerät die Response.

Dabei enthält die Response die genauen Anweisungen zur Durchführung der Funktion wie zum Beispiel die Sollwerte (Drehzahl, Winkel usw.). Die Slaves senden in diesen Botschaften keine Daten.

Beispiel für eine LIN-Kommunikation

Das Klimasteuergerät ist der LIN-Master. Das Frischluftgebläse der LIN-Slave. Das Klimasteuergerät sendet einen Header mit dem Identifier des Frischluftgebläses und der Anfrage „sende Ist-Drehzahl". Das Frischluftgebläse sendet sofort nach Ende des Headers die Antwort (Response) mit der Information „Ist-Drehzahl = 200/min".

Soll die Frischluftgebläsedrehzahl verändert werden, sendet das Klimasteuergerät einen Header mit dem Identifier des Frischluftgebläses und der Anweisung „stelle Solldrehzahl ein". Jetzt sendet jedoch das Klimasteuergerät die Response weiter, mit der Information „Soll-Drehzahl = 500 1/min". Das Frischluftgebläse erhöht daraufhin die Drehzahl auf 500 1/min. Um den Regelkreis zu schließen, erfolgt eine weitere Abfrage der Frischluftgebläsedrehzahl wie zuvor beschrieben durch das Klimasteuergerät.

WERKSTATTHINWEISE

Fehlfunkionen des LIN-Datenbusses führen zu Einträgen im Datenspeicher des Masters.

Zur Ermittlung der Fehlerursache sind die in den Diagnosetestern vorgegebenen Fehlersuchprogramme anzuwenden.

Steht kein Fehlersuchprogramm zur Verfügung, können mit Hilfe eines Mulitmeters und eines Oszilloskops physikalische Fehlerursachen (Leitungsunterbrechungen, fehlerhafte Steckverbindungen usw.) ermittelt werden.

Fehlersuchpläne zu Fehlern am LIN-Bussystem sowie Oszilloskop-Fehlerbilder finden Sie in der 16. Auflage des Tabellenbuchs Kraftfahrzeugtechnik vom VERLAG EUROPA LEHRMITTEL.

Controller Area Network (CAN)

Der CAN-Datenbus wird überwiegend zur Datenübertragung zwischen den Steuergeräten von Systemen zur Fahrzeugsicherheit, Komfort, und zur Steuerung von Informations-, Kommunikations- und Unterhaltungssystemen verwendet. Er überträgt die Daten mit Hilfe von zwei Datenleitungen die entweder durch eine Ummantelung abgeschirmt oder miteinander verdrillt sind. Er arbeitet nach dem Multimaster-Prinzip.

Merkmale des CAN-Datenbus

- Es wird zwischen CAN-Datenbus Class B und Class C unterschieden.
- Die maximale Datenübertragungsrate beträgt beim CAN-Class B 125 kbd, beim CAN Class C 1 Mbd.
- Die CAN-Datenbussysteme übertragen die Daten mit Hilfe von zwei Leitungen.
- Der CAN-Class C ist nicht eindrahtfähig.
- Der CAN-Class B ist eindrahtfähig.

Eindrahtfähigkeit. Sie ist gegeben, wenn das Datenbussystem die Kommunikation auch dann noch aufrecht erhält, wenn eine Busleitung ausfällt, z.B. Unterbrechung oder Kurzschluss. Befindet sich das Bussystem im Eindrahtbetrieb ist jedoch die Störsicherheit nicht mehr vorhanden. Es kann zu zeitweisen Funktionsstörungen kommen.

Aufbau (Bild 1). CAN Datenbussysteme bestehen aus mindestens zwei Knoten, der CAN-low Leitung, der CAN-high Leitung und mindestens zwei Abschlusswiderständen.

Knoten. Ihr innerer Aufbau ist identisch mit dem Aufbau der LIN-Busknoten. Um die höhere Datenübertragungsrate und die zum LIN-Datenbus unterschiedlichen Spannungspegel auf den Busleitungen senden zu können sind höherwertige Controller und Transceiver eingebaut.

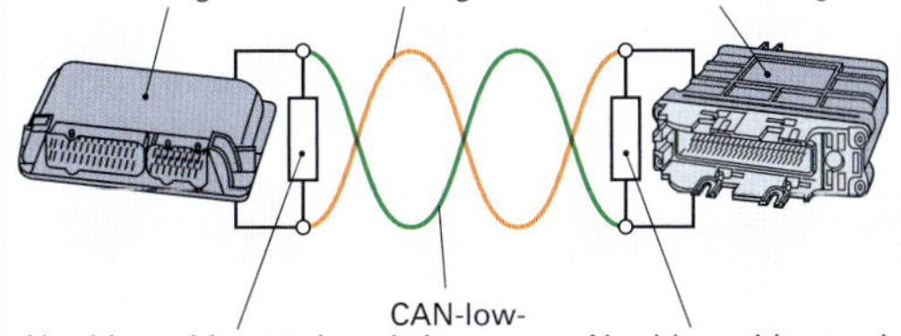

Bild 1: Aufbau CAN-Datenbus

Busleitungen, CAN-high, CAN-low (Tabelle 1).

Wird durch einen Transceiver eines Knotens auf der CAN-high Leitung ein dominanter Pegel (U_{dom}) angelegt steigt die Spannung auf dieser Leitung an. Zeitgleich wird die Spannung auf der CAN-low Leitung verringert. Die beiden Leitungen sind entweder miteinander verdrillt oder durch ein Drahtgeflecht abgeschirmt.

Durch die gegensätzliche Spannungsänderung heben sich die bei jeder Umschaltung entstehenden Magnetfelder beider CAN-Busleitungen gegenseitig auf. Die Leitungen sind nach außen elektromagnetisch neutral und verursachen keine Störungen, die Störsicherheit ist gewährleistet.

Tabelle 1: Spannungspegel auf den Busleitungen

Logische Werte	LIN	CAN Class B		CAN Class C	
0	0 V	low	1 V	low	1,5 V
		high	4 V	high	3,5 V
1	ca. 12 V	low	5 V	low	2,5 V
		high	0 V	high	2,5 V

rot = dominanter Pegel / blau = rezessiver Pegel

Abschlusswiderstände. Sie schließen den Stromkreis zwischen der CAN-high und CAN-low Leitung. Dadurch werden Reflexionen in den CAN-Busleitungen verhindert. Sie sind überwiegend in den Knoten eingebaut.

WERKSTATTHINWEIS

CAN-Busleitungen ohne Abschlusswiderstand können besonders bei CAN Class C-Systemen Funktionsausfälle verursachen. Bei Störungen sind deshalb die Abschlusswiderstände zu überprüfen.

Funktionsweise

Multimaster-Prinzip. Bei ihm kann jeder Knoten eine Botschaft auf die Datenbusleitungen senden wenn diese frei ist. Wollen mehrere Steuergeräte gleichzeitig eine Botschaft senden, wird die wichtigste Botschaft durch die Arbitrierung zuerst gesendet.

Arbitrierung. Sie steuert den Zugriff auf die Datenbusleitung wenn mehrere Knoten gleichzeitig eine Botschaft senden wollen. Die Wichtigkeit, Priorität, einer Botschaft wird durch den Identifier, Botschaftskennzeichnung, festgelegt. Je niedriger der Identifier, umso höher ist die Priorität.

Aufbau des Datenprotokolls (Bild 1)

Das Datenprotokoll bestimmt den Aufbau der Datenbotschaft und ist einheitlich festgelegt.

Im CAN-Datenbus beträgt die Länge einer Botschaft bis zu 128 Bits. Sie sind in aufeinander folgende Felder eingeteilt.

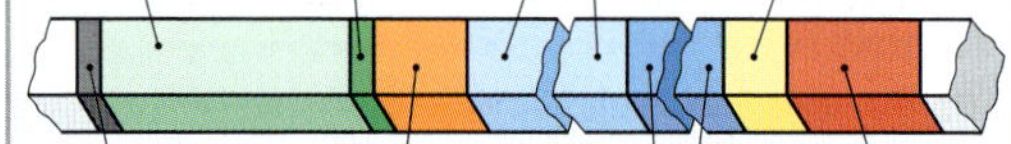

Bild 1: Aufbau der CAN-Botschaft

Anfangsfeld. Es kennzeichnet den Beginn einer Botschaft und informiert alle Knoten über den Beginn der Übertragung einer Botschaft.

Statusfeld. Es besteht aus dem Identifier (Botschaftskennzeichnung). Anhand des Identifiers erkennen die Knoten den Inhalt der Botschaft. Zusätzlich wird die Arbitrierung anhand des Identifiers durchgeführt. Je niedriger der Wert des Identifiers ist, umso höher ist die Priorität der Botschaft.

Kontroll-, Sicherungs- und Bestätigungsfeld. Sie dienen der Sicherung der Datenübertragung. Der Sender der Botschaft erkennt mit Hilfe des Bestätigungsfeldes, ob die Botschaft von den Empfängern richtig gelesen wurde. Ist dies nicht der Fall, wiederholt er die Botschaft. Wird der Empfang nach mehreren Wiederholungen nicht bestätigt, beendet der Sender das Senden der Botschaften. Dies verhindert den Ausfall des gesamten Bussystems bei einem fehlerhaften Knoten.

Die anderen Knoten kommunizieren weiterhin miteinander. Die Knoten, welche die Daten des defekten Knotens benötigen, speichern entsprechende Einträge im Ereignisspeicher. Sie können mit Hilfe des Diagnosetesters ausgelesen werden.

Datenfeld. Es enthält die Nutzdaten der Botschaft, z.B. Motordrehzahl, Kühlmitteltemperatur. In jeder Botschaft können bis zu 64 Bits übertragen werden.

Endefeld. Es markiert das Ende der Botschaft und gibt den Bus für die nächste Botschaft frei.

WERKSTATTHINWEISE

Fehler im Bereich der Kommunikation über den CAN-Datenbus führen zu Einträgen in den Datenspeichern der an der Kommunikation beteiligten Knoten.

Mögliche Fehlerursachen:

- Unterbrechung einer oder beider CAN-Leitungen zu einem oder mehreren Knoten (abhängig von der Datenbusstruktur)
- Kurzschluss einer Leitung gegen Masse
- Kurzschluss einer Leitung gegen eine spannungsführende Leitung
- Kurzschluss beider Leitungen untereinander
- Unzureichende Spannungsversorgung eines Knotens
- Softwarefehler in einem oder mehreren Knoten
- Defekter Knoten

Zur Ermittlung der Fehlerursache sind die in den Diagnosetestern vorgegebenen Fehlersuchprogramme anzuwenden.

Steht kein Fehlersuchprogramm zur Verfügung, können mit Hilfe eines Mulitmeters und eines Oszilloskops physikalische Fehlerursachen (Leitungsunterbrechungen, fehlerhafte Steckverbindungen usw.) ermittelt werden.

Einen entsprechenden Fehlersuchplan finden Sie in der 16. Auflage des Tabellenbuchs vom VERLAG EUROPA LEHRMITTEL.

Softwarefehler können mit den in der Werkstatt vorhandenen Messmitteln nicht festgestellt werden. Es besteht die Möglichkeit, die Version der im Knoten installierten Software zu prüfen. Die Versionsnummer wird meist in der Anzeige der Identifikation des Knotens im Diagnosetester aufgeführt. Sie ist mit den Herstellerangaben zu vergleichen.

Ist die falsche Softwareversion installiert, kann ggf. an dem Knoten ein Softwareupdate durchgeführt werden oder der Knoten ist zu ersetzen.

WERKSTATTHINWEISE

Oszillogramme von CAN-Datenbussignalen

Sie können zur Erkennung von Fehlerursachen an CAN-Datenleitungen angewendet werden.

Oszillogramme CAN Class B

Fehlerfreies Signal (Bild 1)

Bei der Überprüfung sind folgende Punkte zu beachten:

- Die Spannungspegel auf beiden Leitungen sind zu vergleichen. CAN-high geht von 0,2 … 3,8 V; CAN-low geht von 5,0 … 1,0 V.
- Die zeitlichen Verläufe der Spannungsänderungen müssen zeitgleich (synchron) verlaufen.

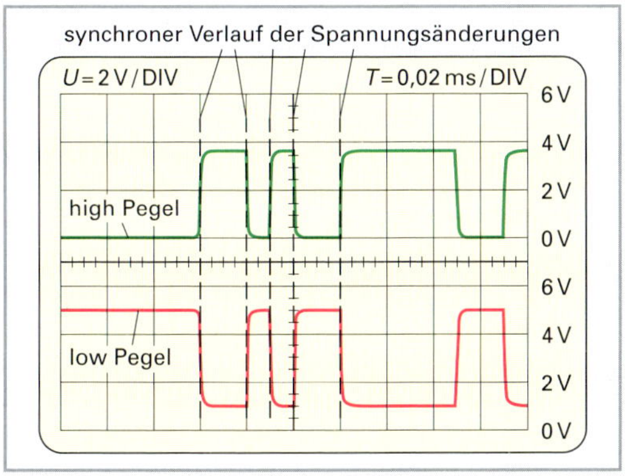

Bild 1: Oszillogramm fehlerfreies Signal CAN Class B

CAN Class B-Systeme übertragen die Informationen auch dann, wenn eine der beiden Datenbusleitungen ausfällt. Man bezeichnet diesen Zustand als Eindrahtbetrieb. Ursachen für den Eindrahtbetrieb können sein:

- Unterbrechung einer CAN-Leitung zu einem oder mehreren Knoten (Steuergeräte). Sie kann mit dem Oszilloskop nicht eindeutig dargestellt werden. In den Messwerteblöcken werden der oder die Knoten, die im Eindrahtbetrieb arbeiten, im Rahmen der Eigendiagnose angezeigt. Um die Ursache zu ermitteln, müssen mit Hilfe eines Widerstandsmessgerätes die CAN-Leitungen überprüft werden.
- Kurzschluss einer CAN-Leitung nach Masse **(Bild 2)**. Bei dieser Messung ist zum Beispiel an Stelle des Signalverlaufs auf der CAN-low-Leitung im Oszillogramm eine durchgezogene Linie bei 0 Volt sichtbar. Das high-Signal bleibt erhalten.

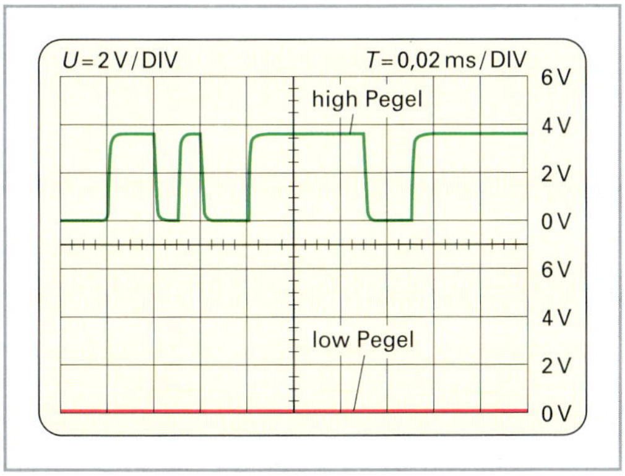

Bild 2: Beispiel Kurzschluss CAN-low-Leitung nach Masse

- Kurzschluss nach Batterie Plus einer CAN-high-Leitung **(Bild 3)**. In diesem Oszillogramm ist z.B der fehlerhafte Spannungspegel in Höhe der Batteriespannung, ca. 12 bis 14 Volt, auf der CAN-high-Leitung zu erkennen. Das low-Signal bleibt erhalten.

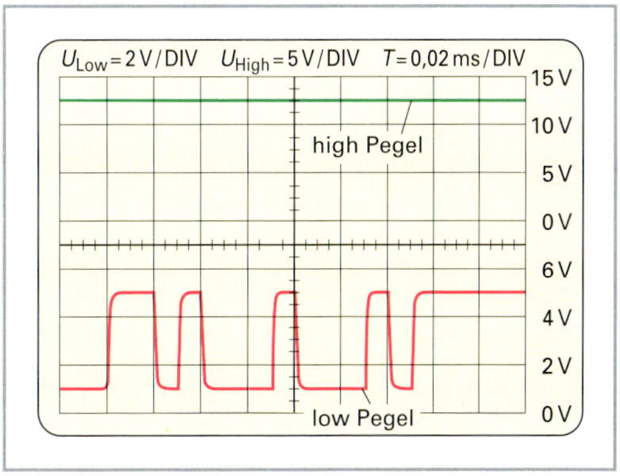

Bild 3: Beispiel Kurzschluss CAN-high-Leitung auf Batterie Plus

- Kurzschluss zwischen den CAN-Leitungen **(Bild 4)**. Der CAN-low- und CAN-high-Spannungsverlauf sind gleich. Das high-Signal bleibt, das low-Signal wird invertiert (umgekehrt). Dieses high-Signal wird von beiden Leitungen übertragen.

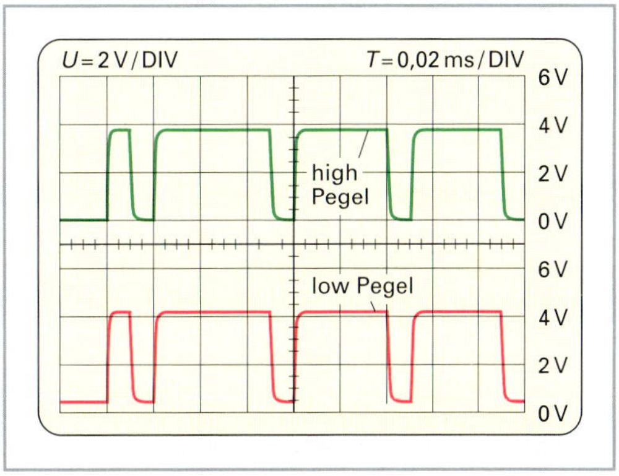

Bild 4: Kurzschluss CAN-high-Leitung zu CAN-low-Leitung

FlexRay-Datenbus

Er wird vorwiegend zum Datentransport zwischen Steuergeräten verwendet, deren Funktionen eine hohe Datenübertragungsgeschwindigkeit und Datensicherheit benötigen, z.B. elektrische Bremsen, Fahrwerkregelsysteme, elektrische Lenkung.

Merkmale des FlexRay-Datenbus

- Die Datenübertragung kann über zwei Kanäle erfolgen.
- Die Datenübertragung erfolgt bei beiden Kanälen mit Hilfe von zwei Leitungen, Bus-Plus (BP) und Bus-Minus (BM).
- Die maximale Datenübertragungsrate beträgt max. 10 Mbd pro Kanal bei einer Nutzdatenrate von bis zu 75 %.
- Die Datensicherheit wird durch gleichzeitiges Übertragen auf zwei Kanälen auf ein Vielfaches erhöht.
- Die flexiblen Konfigurationsmöglichkeiten ermöglichen den Einsatz von FlexRay in vielen Anwendungsgebieten, z.B. bei Antriebs- und Fahrdynamiksystemen.
- Die Datenübertragung erfolgt synchron (zeitgesteuert).
- Eine Echtzeitfähigkeit ist bei entsprechender Konfiguration möglich.

Aufbau von FlexRay-Datenbussystemen

Die hohe Datenübertragungsrate erfordert zur Vermeidung von Reflexionen den Aufbau der Datenbusstrukur in Punkt-zu-Punkt-Verbindungen. Deshalb werden FlexRay-Datenbussysteme vorwiegend in gemischten Punkt-zu-Punkt-, Daisy Chain- und aktiven Stern-Strukturen eingebaut **(Bild 1)**.

Aufbau der FlexRay-Knoten

Der innere Aufbau der FlexRay-Knoten entspricht im Wesentlichen dem der CAN-Knoten mit den Komponenten CPU, Controller und Transceiver.

Im Unterschied zu den CAN-Knoten sind die Komponenten doppelt für zwei getrennte Übertragungskanäle, Kanal A und B, eingebaut. Dies ermöglicht die gleichzeitige Datenübertragung auf zwei unabhängigen Leitungspaaren. Ein Ausfall der Datenübertragung auf einem Kanal wirkt sich nicht auf die Funktion aus (Redundanz). Der Ausfall wird jedoch von der Eigendiagnose erkannt. Der Fahrer wird durch eine Warnmeldung gewarnt, damit eine Instandsetzungsmaßnahme eingeleitet wird.

Die hohe Datensicherheit ermöglicht es, das FlexRay-Datenbussystem zur Steuerung von sensiblen Fahrsicherheitssystemen einzusetzen, z.B. elektrische Bremse.

Spannungspegel auf den FlexRay-Leitungen (Bild 2)

Die Datenübertragung erfolgt bei jedem Kanal über die beiden Leitungen BP und BM.

Erfolgt keine Datenübertragung auf den Datenleitungen (Idle), beträgt die Spannung auf beiden Leitungen ca. 2,5 V.

BP-Leitung. Wird auf ihr ein Bit mit dem Wert 1 übertragen, steigt die Spannung auf ca. 3,0 V bis 3,5 V an. Wird auf derselben Leitung ein Bit mit dem Wert 0 übertragen, sinkt die Spannung auf ca. 1,5 V bis 2,0 V.

BM-Leitung. Wird auf ihr ein Bit mit dem Wert 1 übertragen, sinkt die Spannung auf ca. 1,5 V bis 2,0 V. Wird auf derselben Leitung ein Bit mit dem Wert 0 übertragen, steigt die Spannung auf ca. 3,0 V bis 3,5 V an.

Aufbau des FlexRay-Datenprotokolls (Bild 1)

Die Daten werden in sich ständig wiederholenden Zyklen (Communication Cycle) übertragen.

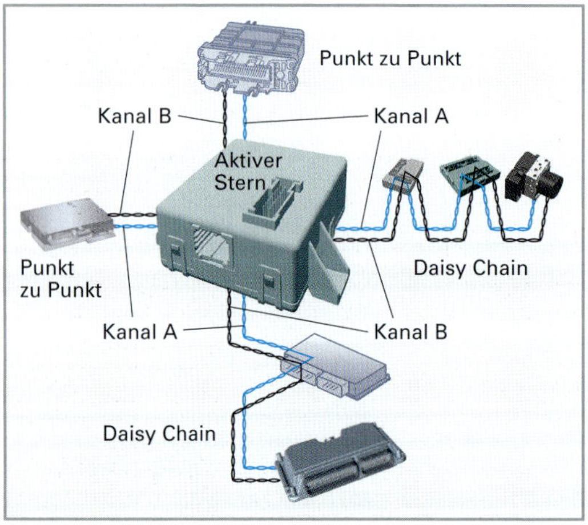

Bild 1: Beispiel gemischte Busstruktur

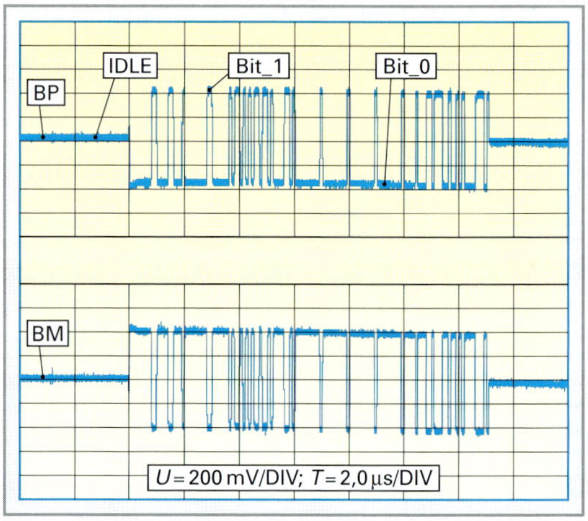

Bild 2: Spannungspegel auf den FlexRay-Leitungen

Die Communication Cycle bestehen aus dem Static Segment, dem Dynamic Segment, dem Symbol Window und der Network Idle Time.

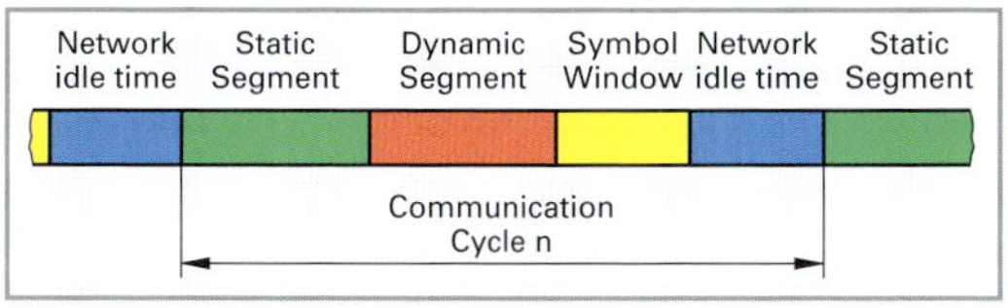

Bild 1: FlexRay-Datenprotokoll

Static Segment (Bild 2). Es ist unterteilt in mehrere Slots. Die Anzahl ist von der Festlegung des Herstellers abhängig, max. 1023. Das Slot ist ein Zeitfenster, in dem der Knoten, welchem dieser Slot zugeteilt ist, seine Daten senden kann. Im Static Segment werden überwiegend sicherheitskritische Daten gesendet. Stellt der Knoten keine neuen Daten zur Verfügung, sendet er die alten Daten. Werden keine Daten gesendet, bedeutet das, mit Ausnahme der Startphase, einen fehlerhaften Knoten.

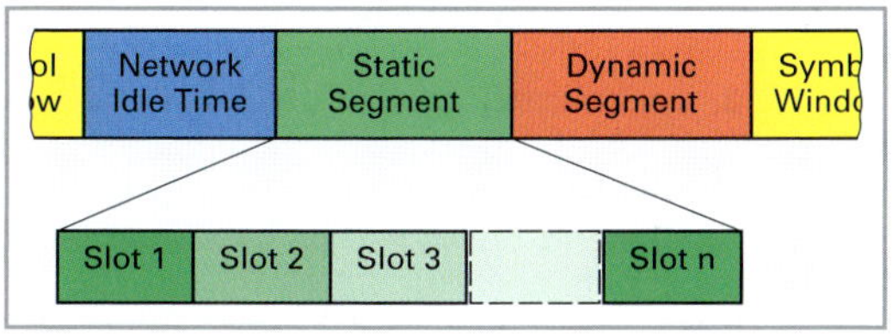

Bild 2: Static Segment

Dynamic Segment (Bild 3). Es ist unterteilt in Minislots. Diese werden fortlaufend zu den statischen Slots nummeriert und den Knoten fest zugeordnet. Im Unterschied zu den statischen Slots werden die Minislots nur bei Bedarf gesendet, zum Beispiel zur Übertragung von Diagnosedaten. Ist die Zeitgrenze des Dynamic Segment erreicht, wird das Senden der Minislots beendet und die noch nicht gesendeten Minislots werden im nächsten Communication Cycle gesendet.

Symbol Window. Es enthält zu Testzwecken festgelegte Bitfolgen (Symbols). Das Symbol Window ist von der Konfiguration abhängig und wird nicht immer verwendet.

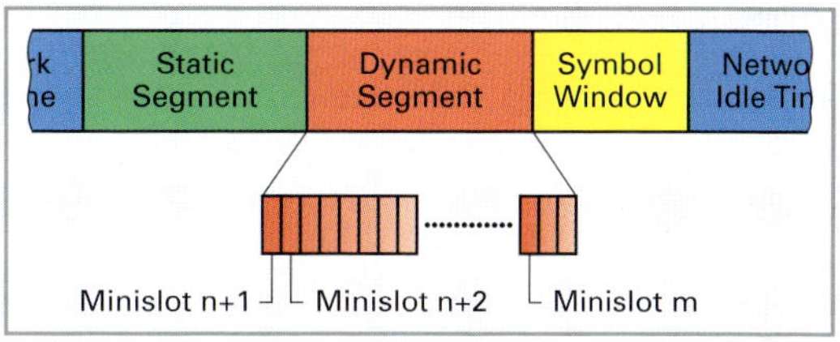

Bild 3: Dynamic Segment

Network Idle Time. Sie wird auch als Busruhe bezeichnet. Während dieser Zeit hat der Controller die Möglichkeit Synchronisationsvorgänge durchzuführen, so können zum Beispiel Zeitverschiebungen in der Network Idle Time berechnet und ausgeglichen werden (Offsetkorrektur).

FlexRay-Startphase (Start-up, Bild 4)

Bei zeitgesteuerten Bussystemen ist die Startphase zum Aufbau der Kommunikation von erheblicher Bedeutung. Alle Knoten müssen synchron zueinander die Daten senden und die empfangenen Daten verarbeiten. Im FlexRay-Datenbussystem haben mind. zwei Knoten die Aufgabe, die Kommunikation zu starten. Sie werden als Coldstarter bezeichnet.

Es werden die Coldstarter in Leading (beginnender) Coldstarter, Following (folgender) Coldstarter und None Coldstarter unterschieden.

Leading Coldstarter. Er beginnt mit der Datenübertragung auf den Busleitungen durch Senden der Communication Cycles auf Basis der eigenen Zeituhr.

Following Coldstarter. Er versucht sich auf den Datenstrom des Leading Coldstarters aufzusynchronisieren.

None Coldstarter. Sie unterstützen anschließend die Synchronisation in der Startphase.

Ist die Aufsynchronisation erfolgreich, folgen die weiteren Knoten und synchronisieren sich ebenfalls auf den Datenstrom auf. Die Kommunikation ist gestartet.

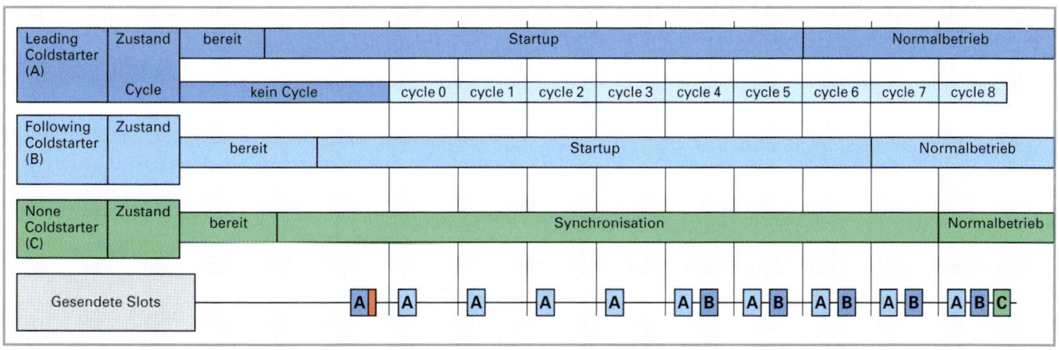

Bild 4: Start-up-Phase

Werkstatthinweise

Findet der Leading Coldstarter nach einer vom Hersteller festgelegten Anzahl von Communication Cycles keinen Partner, wird nach einer kurzen Pause ein erneuter Versuch die Kommunikation zu starten durchgeführt. Bleibt dies über mehrere Versuche erfolglos, wird der Startversuch beendet. Es erfolgen Fehlerspeichereinträge.

Die möglichen Fehlerursachen entsprechen denen des CAN-Bussystems **(Seite 618)**.

Zur Ermittlung der Fehlerursache sind die in den Diagnosetestern vorgegebenen Fehlersuchprogramme anzuwenden.

Prüfen und Instandsetzen von FlexRay-Leitungen

Der für eine fehlerfreie Übertragung wichtige Wellenwiderstand der Datenleitungen ist vom Hersteller optimiert und darf nicht verändert werden. Deshalb sind bei Spannungsmessungen an den FlexRay-Leitungen nur die vom Hersteller vorgegebenen Messgeräte und Messverfahren anzuwenden.

Bei Instandsetzungen von FlexRay-Leitungen ist Folgendes zu beachten.

- Die Leitungslänge darf nicht verändert werden.
- Bei geschirmten Leitungen darf der ungeschirmte Teil an Steckkupplungen ein vom Hersteller festgelegtes Maß nicht überschreiten **(Bild 1)**.
- Bei verdrillten Leitungen darf der unverdrillte Teil an Steckkupplungen ein vom Hersteller vorgegebenes Maß nicht überschreiten **(Bild 2)**.

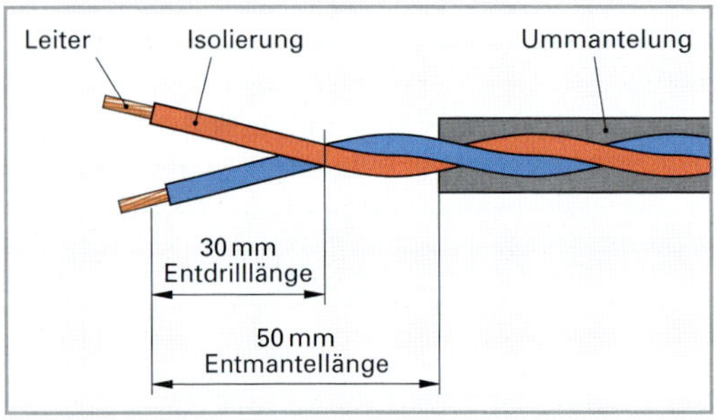

Bild 1: Verdrillte Leitung

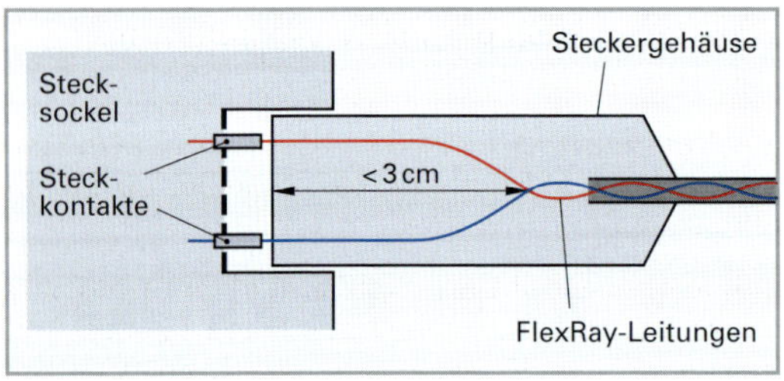

Bild 2: Beispiel Steckkupplung

19.2.12.2 Optische Datenbussysteme (D²B, MOST)

Sie werden in Informations-, Kommunikations- und Unterhaltungssystemen (z.B. Radio, Navigation) verwendet. Sie ermöglichen mit Hilfe von Lichtwellen die Übertragung von großen Datenmengen, die zum Transport und Austausch von bewegten Bildern (Video) und Tönen benötigt werden.

Merkmale von optischen Datenbussystemen

- Hohe Datenübertragungsrate, Digital Domestic Bus (D^2B) 5,6 Mbd, Media Oriented Systems Transport (MOST) 21,2 Mbd.
- Ringstruktur oder aktive Sternstruktur.
- Übertragung der Lichtwellen mit Hilfe von Kunststoffleitern, Plastic Optical Fibre (POF).
- Hohe Störsicherheit.

Zur digitalen Übertragung eines Stereo-Tonsignals benötigt man die Datenübertragungsrate von 1,54 Mbd, die Übertragung eines MPEG-Videos erfordert sogar 4,4 Mbd. Da die Übertragungsrate elektrischer Datenbussysteme max. 1 Mbaud beträgt, werden zunehmend optische Datenbussysteme im Kraftfahrzeug eingebaut.

Die optischen Datenbussysteme bieten zusätzlich die Möglichkeit der synchronen Datenübertragung, die für Musik- und Videodaten notwendig ist.

Störsicherheit. Durch die Übertragung der Daten mit Hilfe von Lichtwellen senden die optischen Datenbussysteme keine elektromagnetischen Störwellen aus. Optische Datenbussysteme sind gleichzeitig unempfindlich gegen elektromagnetische Störwellen.

Aufbau optischer Datenbussysteme (Bild 1, Seite 623)

Die Knoten optischer Datenbussysteme sind überwiegend in Ringstruktur angeordnet.

Die Lichtwellen werden von einem Knoten zum nächsten gesendet. Dabei wird der Informationsinhalt des Lichts von jedem Knoten geprüft und ausgewertet. Die Botschaft kann gegebenenfalls vom Knoten mit zusätzlichen Inhalten gefüllt werden und wird als neues Lichtsignal zum nächsten Steuergerät weitergegeben. Die Störsicherheit wird erhöht, weil durch die Aufbereitung die Dämpfung der Lichtwellen im gesamten Ring verringert wird.

Die Erweiterung des Systems ist durch Einfügen eines weiteren Knotens in den Ring möglich. Dabei muss der Knoten auf die Konfiguration des Systems

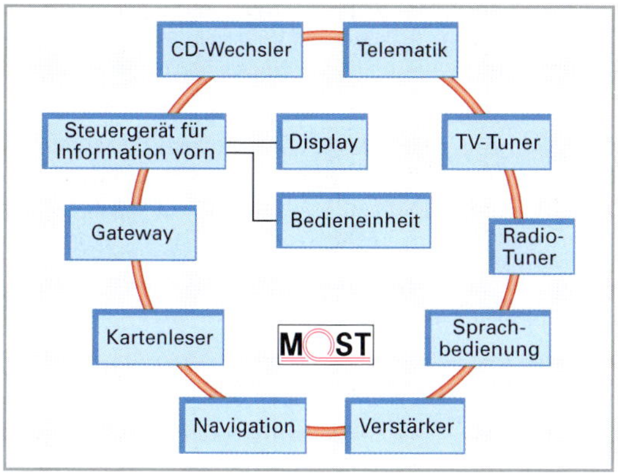

Bild 1: Ringstruktur MOST -Bus

abgestimmt sein. Kommt es jedoch zum Ausfall der Datenübertragung zwischen zwei Knoten erliegt die gesamte Buskommunikation.

Aufbau eines Knotens im optischen Datenbus (Bild 2)

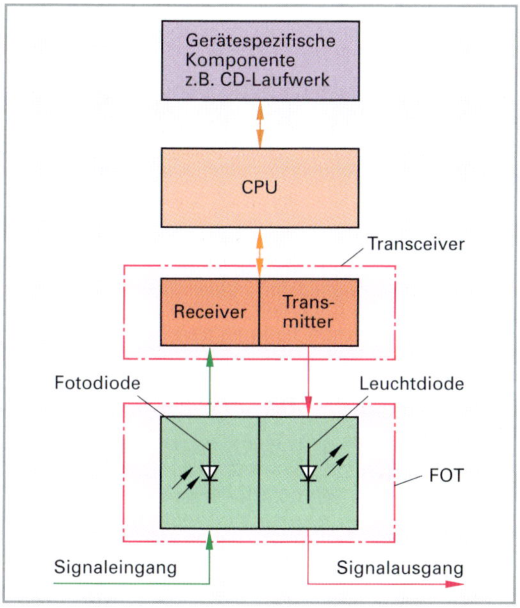

Bild 2: Aufbau des Steuergeräts im optischen Datenbus

Gerätespezifische Bauteile (z.B. CD-Laufwerk, Radiomodul). Sie werden vom Mikrocontroller angesteuert und führen die dem Knoten zugeordneten Funktionen aus.

Microcontroller (CPU). Die Central Processing Unit (CPU) ist die zentrale Rechnereinheit. Sie steuert alle wesentlichen Funktionen des Steuergerätes.

Transceiver-Baustein. Er empfängt die Botschaften vom Fibre Optical Transceiver (FOT) und leitet benötigte Botschaftsinhalte an die CPU weiter. Er füllt die Informationen, die gesendet werden sollen in die Botschaften und übermittelt sie dem FOT.

Fibre Optical Transceiver (FOT). Er besteht aus einer Leuchtdiode und einer Fotodiode. Er sendet und empfängt die Lichtwellensignale.

Die Leuchtdiode im FOT sendet die Lichtwellen. Die Fotodiode im FOT wandelt die empfangenen Lichtwellen in elektrische Signale um. Sie werden im Knoten verarbeitet.

Lichtwellenleiter, Plastic Optical Fibre (LWL, POF)

Er hat die Aufgabe, die Lichtwellen mit geringsten Verlusten vom Sender zum Empfänger zu leiten.

Aufbau (Bild 3)

Der Lichtwellenleiter besteht aus

- dem äußeren Mantel zur farblichen Kennzeichnung und zum Schutz vor Beschädigungen,
- dem schwarzen, inneren Mantel zum Schutz vor äußerer Lichteinstrahlung,
- dem Kern aus transparentem Kunststoff zum Transport der Lichtwellen sowie
- der transparenten Beschichtung zur Unterstützung des Lichtwellentransports.

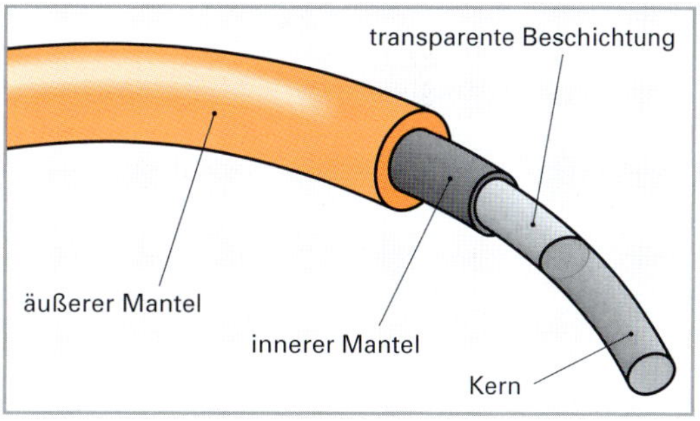

Bild 3: Aufbau des Lichtwellenleiters

Funktionsprinzip der Lichtwellenübertragung (Bild 3)

Totalreflexion. Das Funktionsprinzip des Lichtwellenleiters basiert auf dem physikalischen Prinzip der Totalreflexion.

Trifft ein Lichtstrahl in einem flachen Winkel auf eine Grenzschicht zwischen einem optisch dichten und einem optisch dünneren Material, dann wird der Strahl nahezu verlustfrei reflektiert (Totalreflexion).

Der Kern ist im Lichtwellenleiter das optisch dichtere, die transparente Beschichtung das optisch dünnere Material. Somit erfolgt die Totalreflexion an der Grenzfläche zwischen Kern und Beschichtung im Inneren des Kerns. Die Lichtwellen werden im Inneren des Kerns weitergeleitet.

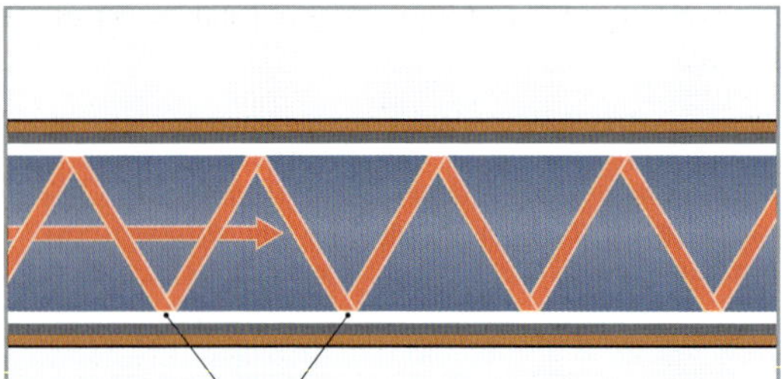

Bild 1: Transport der Lichtwellen durch Totalreflexion

Ursachen erhöhter Dämpfung des Lichtwellenleiters

Die Totalreflexion ist vom Winkel der von innen auf die Grenzfläche treffenden Lichtwellen abhängig. Wird dieser Winkel zu steil, treten die Lichtwellen aus dem Kern aus. Es kommt zu höheren Verlusten also zu einer erhöhten Dämpfung der Lichtwellen. Dieser Zusammenhang tritt auf, wenn man den Lichtwellenleiter zu stark biegt oder knickt **(Bild 3)**.

Der Lichtwellenleiter wird zur Vermeidung von geringen Biegeradien in einem Wellrohr verlegt.

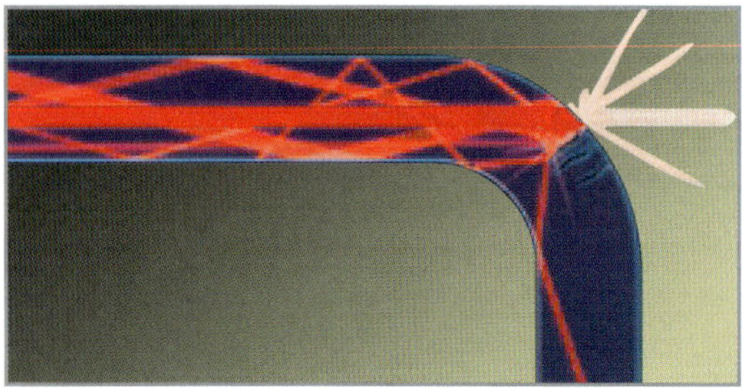

Bild 2: Austritt der Lichtwellen bei zu geringem Biegeradius

Weitere Ursachen erhöhter Dämpfung sind **(Bild 3)**:

- Geknickter Lichtwellenleiter
- Beschädigung der Ummantelung
- Zerkratzte Stirnfläche des Lichtwellenleiters
- Verschmutzung der Stirnfläche
- Versetzte Ankopplung des Lichtwellenleiters in der Steckkupplung
- Schräge Ankopplung
- Luftspalt zwischen Lichtwellenleiter und dem Plastic Optikal Transceiver (POT)
- Falsch montierte Crimphülse

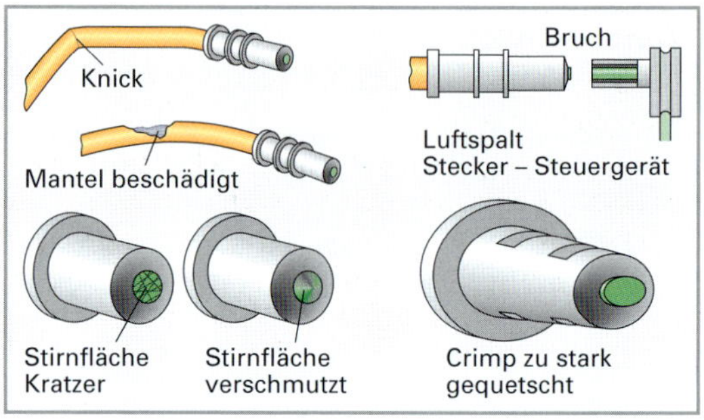

Bild 3: Ursachen erhöhter Dämpfung des Lichtwellenleiters

WERKSTATTHINWEISE

Eigendiagnose der Datenbus-Knoten

Übertragung der Diagnosedaten

Sie erfolgt bei vernetzten Fahrzeugen nicht mit Hilfe einer Diagnoseleitung, die mit jedem Steuergerät verbunden ist, sondern über den entsprechenden Datenbus. Der Diagnosetester wird durch den Diagnosestecker mit einem Knoten des Netzwerkes im Fahrzeug verbunden, dem Gateway.

Gateway

Es hat die Aufgabe die Verbindung zwischen den Bussystemen herzustellen um den Austausch von Daten zwischen den unterschiedlichen Bussystemen zu ermöglichen. Weiterhin stellt es die Verbindung vom Diagnosetester zu den Knoten her.

Fehlerspeichereinträge

Sie werden im Fehlerspeicher gespeichert, wenn der Knoten die Botschaften eines oder mehrerer Knoten über einen festgelegten Zeitraum nicht empfängt.

Messwerteblöcke

Sie ermöglichen dem Techniker den aktuellen Zustand der Datenbuskommunikation zu überprüfen. Es können Betriebszustände angezeigt werden wie:

- Der gesamte Datenbus ist aktiv oder nicht aktiv.
- Die Kommunikation zu einem Knoten ist aktiv oder nicht aktiv.
- Der gesamte Bus oder einzelne Knoten sind bereit in den Sleep-Modus zu schalten, Schlafbereitschaft.
- Der gesamte Bus ist im Eindrahtbetrieb.
- Ein einzelner Knoten ist im Eindrahtbetrieb.

Weiterhin können die übertragenen Nutzdaten mit Hilfe der Messwerteblöcke angezeigt werden.

Werkstatthinweise

Ringbruchdiagnose in optischen Datenbussystemen

Sie hat die Aufgabe die Fehlersuche nach der Ursache für einen Ringbruch zu unterstützen.

Die Eigendiagnose der Knoten im optischen Bussystem kann nicht genutzt werden, da die Übertragung der Diagnosedaten von den Knoten zum Diagnosetester bei einem Ringbruch ebenfalls ausfällt.

Die Ringbruchdiagnose führt eine elektrische und eine optische Prüfung durch.

Elektrische Prüfung. Bei ihr prüfen die Knoten ihre inneren elektrischen Funktionen, die im Zusammenhang mit der MOST-Kommunikation stehen.

Ursachen für eine Fehlermeldung nach der elektrischen Prüfung:

- Spannungsversorgung des angezeigten Knotens unzureichend
- Unterbrechung der Ringbruchdiagnoseleitung zum angezeigten Knoten
- Konfigurationsfehler im Gateway, ein nicht eingebauter Knoten ist in der Konfiguration eingetragen
- Knoten defekt

Ringbruchdiagnoseleitung

Sie stellt eine elektrische Verbindung zwischen dem Gateway und den Knoten her.

Die Ringbruchdiagnose wird vom Techniker mit Hilfe des Diagnosetesters aktiviert.

Das Gateway sendet ein Startsignal über die Ringbruchdiagnoseleitung an die Knoten. Daraufhin schalten alle Knoten ihre Leuchtdioden in ihrem Fibre Optical Transceiver ein.

Weiterhin überprüfen sie ob das Lichtsignal des Vorgängers über den Lichtwellenleiter an der Fotodiode ankommt. Ist dies der Fall sendet jeder Knoten die Information „optisch in Ordnung" auf die Ringbruchdiagnoseleitung.

Der Diagnosetester zeigt anschließend das Ergebnis der Prüfung in Form einer Liste der Knoten an.

Anhand der Liste erkennt der Techniker zwischen welchen Knoten die Lichtwellenverbindung unterbrochen ist.

Optische Prüfung. Bei ihr prüfen die Knoten, ob die Lichtwellen am Fibre Optical Transceiver FOT empfangen werden. Eine Fehlermeldung bedeutet, dass die Lichtwellenverbindung zu diesem Knoten unterbrochen ist.

Werkstatthinweise

Ursachen einer unterbrochenen Lichtwellenverbindung:

- Lichtwellenleiter hat eine zu hohe Dämpfung
- Knoten, der die Lichtwellen sendet, ist defekt
- Knoten, der die Lichtwellen empfängt, ist defekt.

Zur Ermittlung der Fehlerursache ist das Prüfprogramm im Diagnosetester zu verwenden.

Sollte kein Prüfprogramm vorhanden sein, kann mit Hilfe eines Ersatzsteuergeräts, welches anstelle der Knoten in den MOST-Datenbus eingebaut wird, die Fehlerursache ermittelt werden **(Bild 1)**.

Einen entsprechenden Fehlersuchplan finden Sie in der 16. Auflage des Tabellenbuchs vom VERLAG EUROPA LEHRMITTEL.

Bild 1: Ersatzsteuergerät für MOST-Bus

Wiederholungsfragen

1 **Welche Vorteile hat die Datenbusübertragung gegenüber der herkömmlichen?**

2 **Wie groß sind die Spannungen der rezessiven Pegel auf den Leitungen eines CAN Class B Datenbussystems?**

3 **Welche Ursachen gibt es für eine erhöhte Dämpfung des Lichtwellenleiters?**

4 **Welche Struktur wird überwiegend beim Aufbau optischer Datenbussysteme verwendet?**

5 **Wo werden überwiegend LIN-Datenbussysteme angewendet?**

6 **Was versteht man unter dem Begriff „Sleep-Modus"?**

7 **Welche Aufgaben hat das Gateway?**

8 **Welche Merkmale haben optische Datenbussysteme?**

9 **Woraus besteht ein Communication Cycle bei der Datenübertragung im FlexRay-Datenbussystem?**

19.2.13 Messen, Testen, Diagnose

Kraftfahrzeuge bestehen aus Teilsystemen, wie z.B. Motor, Getriebe und Fahrwerk. In ihnen wirken die verschiedenen Bereiche der Technik, wie z.B. Mechanik, Hydraulik, Elektrik und Elektronik zusammen. Treten Fehler auf, müssen durch geeignete Mess- und Testverfahren ihre Ursachen erkannt werden. Man unterscheidet zwei Arten von Fehlern:

- **Dauerhafte Fehler.** Sie sind Fehler, die solange vorhanden sind, bis sie behoben werden
- **Sporadische Fehler.** Sie sind Fehler, die nur unter bestimmten Betriebsbedingungen auftreten, im Tester nicht oder falsch angezeigt werden, oder sich nicht über ein eindeutiges Symptom identifizieren lassen. Sie sind schwer zu erkennen.

Systematische Fehlersuche. Um den Fehler schnell und kostengünstig zu finden muss eine systematische Fehlersuche durchgeführt werden:

- **Fahrzeugdaten.** Anhand des KFZ-Scheines müssen die Daten des Fahrzeuges wie z.B Fahrgestellnummer oder Erstzulassung aufgenommen werden.
- **Kundenangaben.** Durch eine Fehlerbeschreibung des Kunden und durch gezielte Befragung muss der Fehler eingrenzt werden. Z.B. unter welchen Bedingungen und wann der Fehler auftritt.
- **Sicht- und Geräuschprüfung.** Optischer Eindruck fehlerrelevanter Merkmale und Bauteile wie z.B. Austritt von Flüssigkeiten oder Fett, lose Gestänge, gebrochene Kabel oder Stecker. Klappergeräusche müssen geortet werden.
- **Probefahrt.** Sie muss gegebenenfalls mit dem Kunden vorgenommen werden.
- **Fehlerspeicher auslesen.** Bei Systemen mit Eigendiagnose muss der Fehlerspeicher ausgelesen werden.
- **Weitere Fehlersuche.** Durch Demontage von Teilen oder durch elektrische Messungen muss eine weitere Fehlersuche durchgeführt werden, falls das eigendiagnosefähige System den Fehler nicht anzeigt oder das System nicht eigendiagnosefähig ist.

19

Prüfverfahren

Um die Funktion der Teilsysteme oder ihrer Komponenten testen zu können, müssen Einstellwerte geprüft und falls erforderlich nachgestellt oder Komponenten ersetzt werden. Aus den gemessenen Werten können Schlüsse für eine Diagnose und Instandsetzung gezogen werden. Dazu sind z.B. Übersichtspläne zur Lagebestimmung der Bauteile, Funktionspläne zum Verständnis, Herstellervorschriften und -angaben, Schaltpläne und geeignete Mess- und Prüfgeräte erforderlich. Hier unterscheidet man zwischen mechanischen oder elektrischen Mess- und Prüfverfahren.

Mechanische Mess- und Prüfverfahren. Sie werden bei Fehlern eingesetzt, die in den mechanischen Systemen des Kraftfahrzeugs, wie Motor, Getriebe, Fahrwerk oder Karosserie auftreten **(Tabelle 1)**. Die Ursachen können z.B. Risse, Bruch oder Verbiegung von Teilen sein. Sie entstehen u.a. durch Verschleiß, zu hohe mechanische Belastung, Materialermüdung, Fehler im Werkstoff oder Überhitzung.

Tabelle 1: Prüfungen und Tests mit mechanischen Prüfgeräten

Mess- und Prüfgerät	Einsatz
Innenmessgerät mit Messuhr	Zylinder-verschleißprüfung
Lehre	Ventilspiel prüfen
Messuhr	Rundlauf prüfen
Kompressionsdruck-prüfer	Kompressionsdruck-prüfung
Manometer	Öldruck prüfen

Elektrische Mess- und Prüfverfahren. Die Fehler treten in den elektrischen und elektronischen Systemen des Kraftfahrzeugs wie Beleuchtungsanlage, Komfortsysteme, Motor- oder Getriebemanagement auf. Sie entstehen u.a. durch Kabelbrüche, Ausfall von elektrischen Bauteilen oder Korrosion. Bei ihnen werden elektrisch und elektronisch arbeitende Mess- und Prüfgeräte verwendet, wie z.B.

- Diodenlampe
- Multimeter (Vielfachmessgerät)
- Oszilloskop
- Diagnose-Tester (Fahrzeugsystemtester)

Diodenlampe.

> Sie ermöglicht eine schnelle Prüfung der Spannung (ab 4 Volt) und Polarität von Leitungen oder Steckverbindungen.

Aufgrund der geringen Stromaufnahme werden Schäden an elektronischen Bauteilen vermieden.

Multimeter (Bild 1 und Bild 2, Seite 512).

> Mit ihm werden im Kraftfahrzeug meist Spannungen U, Ströme I und Widerstände R gemessen.

Spannungsmessung. Eine der häufigsten Ursachen (bis zu 60 %) für den Ausfall von elektrischen und elektronischen Systemen sind fehlerhafte Steckverbindungen. Mit Hilfe der Spannungsmessung kann z.B. festgestellt werden, ob eine Steckverbindung korrodiert ist. Dabei wird der Spannungsabfall an der Steckverbindung gemessen. Beträgt er ca. 0 Volt, ist die Steckverbindung in Ordnung. Ist der Spannungsabfall größer 0 Volt, so ist die Steckverbindung korrodiert und muss erneuert werden.

Beispiel: Korrodierte Steckverbindungen im Stromkreis eines Scheibenwischermotors. Der Leistungsverlust an der Steckverbindung von z.B. 11,5 W wird in Wärme umgewandelt und kann zu Kabelbränden führen. Außerdem ist durch den Leistungsverlust die Funktion des Scheibenwischermotors stark beeinträchtigt **(Bild 1)**. Aufgrund des erhöhten Übergangswiderstandes fließt ein geringerer Strom.

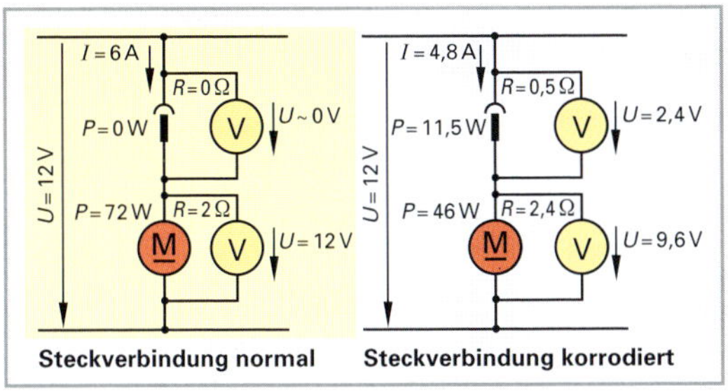

Bild 1: Spannungsmessung an Steckverbindungen

Widerstandsmessung. Häufig sind fehlerhafte, elektrische Widerstände die Ursache für Störungen. Der Widerstand elektrischer Bauteile, wie z.B. Zündspule, Induktivgeber, Einspritzventil, Relais wird gemessen. Ist der gemessene Widerstandswert deutlich höher als der vom Hersteller angegebene Wert, liegt eine Unterbrechung vor. Ist er niedriger, liegt ein Windungsschluss vor.

Beispiel: Die Widerstandswerte einer Zündspule werden für die Primärwicktung zwischen Kl. 1 und Kl. 15, für die Sekundärwicklung zwischen Kl. 1 und Kl. 4 gemessen **(Bild 2)**.

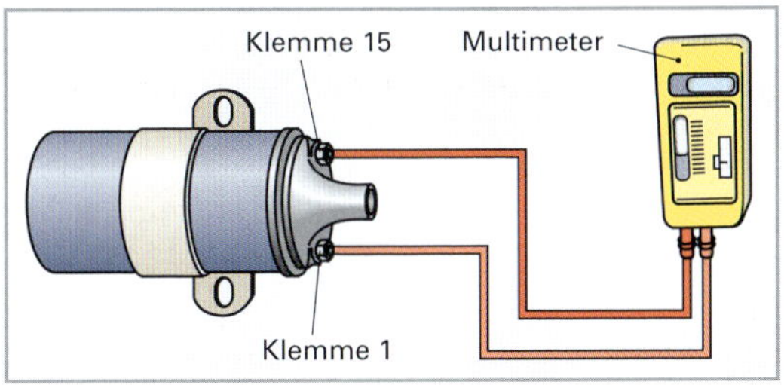

Bild 2: Widerstandsmessung an einer Zündspule

Strommessung. Sie erfolgt durch ein in Reihe geschaltetes Strommessgerät oder meist durch eine Stromzange am Kabel ohne Leitungsunterbrechung.

Beispiel. Zur Überprüfung des Generators kann der Batterieladestrom mit einer Stromzange an der Leitung B + gemessen werden **(Bild 3)**. Beim Ansetzen der Stromzange muss der Pfeil auf der Stromzange in die Stromrichtung zeigen.

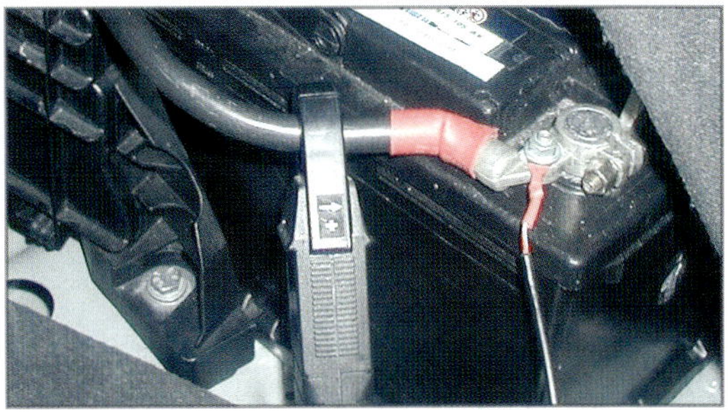

Bild 3: Messen des Ladestromes mit einer Stromzange

Oszilloskop

Mit ihm werden vorwiegend Spannungen, Signale und Frequenzen auf einem Bildschirm grafisch dargestellt.

Messen von Signalen. Bei der Prüfung des Zündsystems eines Otto-Viertaktmotors, kann z.B. das Signal eines Hallgebers auf dem Bildschirm des Oszilloskops dargestellt werden.

Messvorgang. Mit Hilfe einer geeigneten Messschaltung **(Bild 4)** wird das Signal auf dem Bildschirm des Oszilloskops dargestellt.

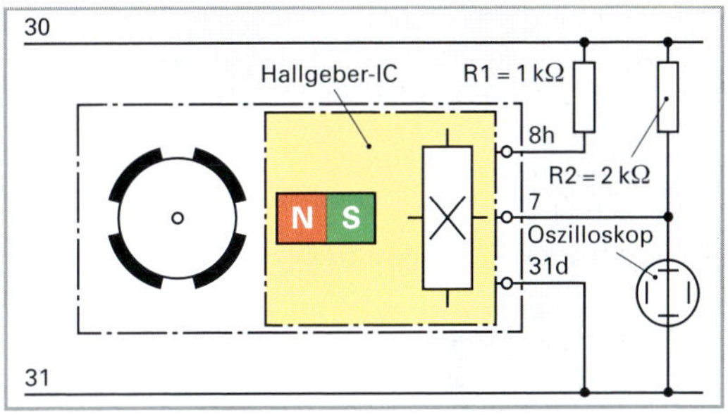

Bild 4: Schaltung zur Aufnahme eines Hall-Signals

Messergebnis (Bild 5). Auf dem Bildschirm des Oszilloskops lassen sich Informationen über Öffnungszeit, Schließzeit, Zündabstand und Spannungshöhe ablesen. Bei dieser Messung beträgt die Öffnungszeit 0,8 ms, die Schließzeit 1,8 ms, der Zündabstand 2,6 ms, die Spannung am Hall-IC 12 V.

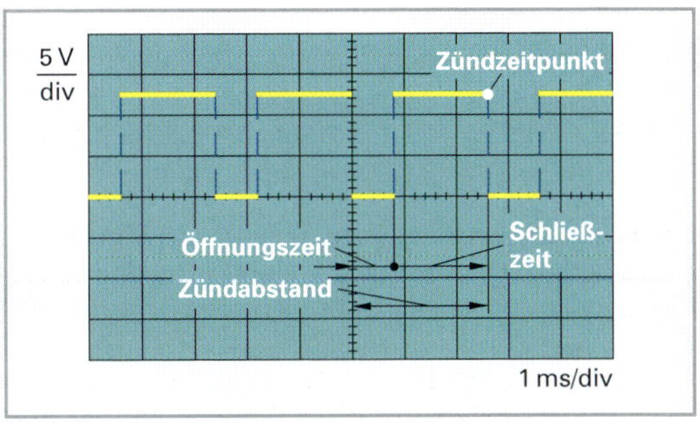

Bild 5: Hall-Signal auf dem Oszilloskop

19

Pinbox (Prüfbox). Sie ermöglicht den Zugriff von Messgeräten auf Signal- und Spannungsleitungen, ohne diese zu beschädigen.

Adapterkabel. Sie verbinden je nach Ausführung die Pinbox mit:

a) dem Steuergerät und dem Steuergerätestecker (Kabelbaum von Sensoren und Aktoren) (Y-Kabel),
b) nur dem Steuergerätestecker (I-Kabel),
c) nur dem Steuergerät (Y-Kabel mit dem Anschluss Steuergerätestecker nicht gesteckt).

Ausführung a (Bild 1a): Sie ermöglicht Spannungsmessungen und Signalaufnahmen der Sensoren und Aktoren während des Betriebes.

Ausführung b (Bild 1b): Mit ihr können die Versorgungsspannung des Steuergerätes und die Widerstände der Sensoren und Aktoren gemessen werden.

Ausführung c (Bild 1c): Sie stellt einen besonderen Anwendungsfall dar. Mit ihr wird z.B. der Abschlusswiderstand des CAN-Busses gemessen.

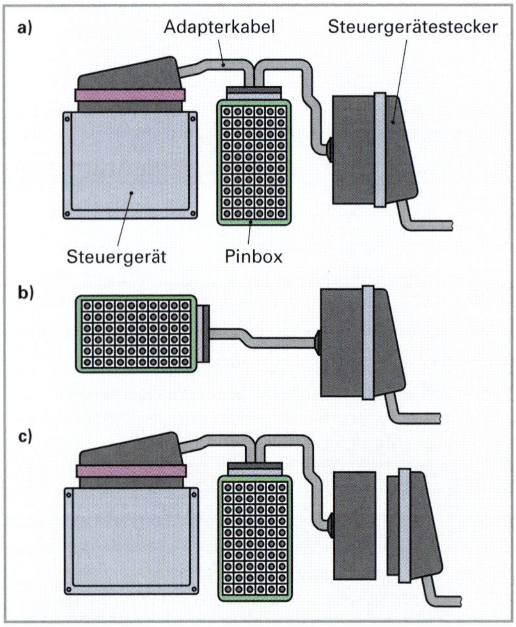

Bild 1: Anschluss der Pinbox mit verschiedenen Ausführungen der Adapterkabel

Diagnose-Tester (Fahrzeugsystemtester)

> Er unterstützt bei der Fehlersuche und liefert Informationen über Bauteile, technische Daten und Einstellwerte, elektrische Schaltpläne, Servicepläne und Systembeschreibungen.

Der Fahrzeugsystemtester ist ein Computer mit Bildschirm, DVD-ROM-Laufwerk, Diskettenlaufwerk, eventuell Infrarotschnittstelle zur Datenübertragung an Peripheriegeräte, wie Drucker und Anschluss an das EDV-Netzwerk des Betriebes. Er enthält die gesamte Messtechnik, wie Multimeter, digitales Speicher-Oszilloskop und kann in Verbindung mit geeigneter Software folgende Arbeiten durchführen:

- Auswerten der Eigendiagnose
- Fehlerspeicher auslesen (Fehlercodeauslese) und löschen
- Geführte Fehlersuche
- Inspektionsintervalle rücksetzen
- Zugriff auf Kundendaten
- Soll-/Istwertvergleich
- Stellglieddiagnose
- Codieren von Steuergeräten
- Fahrzeugidentifizierung
- Lernprogramme
- Zugriff auf Herstellerdatenbank
- Messwertblöcke auslesen

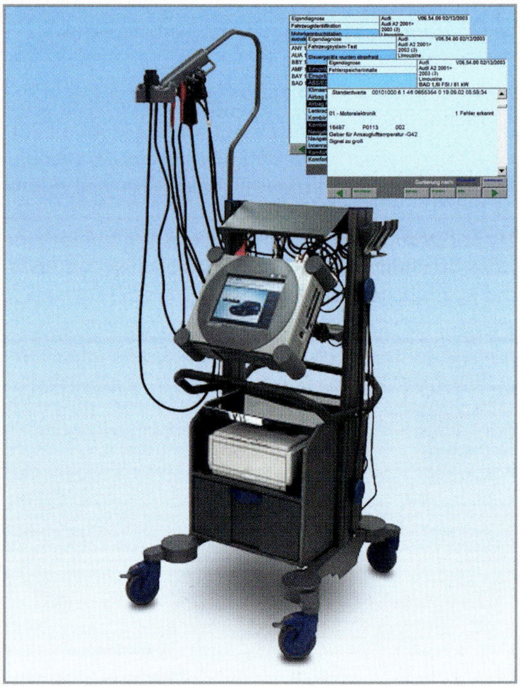

Bild 2: Fahrzeugsystemtester

Diagnose. Zur Fehlersuche muss das Fahrzeug an den Tester angeschlossen werden und durch eine systematische Abfrage z.B. nach Fahrzeugtyp, Modelljahr und Motorkennbuchstabe identifiziert werden **(Bild 2).** Damit ist eine eindeutige Zuordnung aller Dokumente und Prüfwerte gewährleistet.

Fehlerspeicher auslesen. Das Auslesen des Fehlerspeichers liefert Informationen über Fehler, die im betreffenden System wie Motor, Karosserie, Fahrwerk oder Komfort aufgetreten sind. Der im Fehlerspeicher abgelegte Fehler kann in Form eines Codes oder im Klartext ausgegeben werden. Während der Abfrage der einzelnen Steuergeräte werden alle festgestellten Fehler nacheinander angezeigt: z.B. der Motortemperaturfühler oder der Drehzahlgeber übermitteln keine oder unplausible Signale. Die eingetragenen Fehler sind zu überprüfen und zu beheben. Dabei kann der Anwender durch eine geführte Fehlersuche des Testers unterstützt werden. Anschließend ist der Fehlerspeicher zu löschen. Nach dem Betrieb des Motors ist der Fehlerspeicher erneut auszulesen. Es dürfen keine neuen Einträge mehr vorhanden sein.

Geführte Fehlersuche. Sie ermöglicht das Auffinden eines Fehlers in vom Tester vorgegebenen Arbeitsschritten. Ausgehend von einem Fehlerspeichereintrag, z.B. Ansauglufttemperaturfühler, wählt der Tester ein Prüfprogramm aus. Der Anwender wird im Dialog geführt bis der Fehler gefunden ist. Es werden alle bis zur Behebung des Fehlers notwendigen Prüfvoraussetzungen und Prüfschritte sowie die für Einzelprüfungen notwendigen Prüfmittel und Tätigkeiten vorgegeben und am Bildschirm angezeigt. Z.B.:

- Prüfung der Leitung auf Unterbrechung
- Spannungsmessung durchführen
- Messleitung + an Prüfbox Buchse 35
- Messleitung - an Prüfbox Buchse 19
- Sollwert muss zwischen 10 und 15 V liegen.

Ist die Störung auf einen zwar plausiblen, aber dennoch falschen Sensorwert (z.B. durch einen erhöhten Übergangwiderstand) zurückzuführen wird kein Fehler im Fehlerspeicher angezeigt. Der Anwender kann jetzt mit Hilfe eines Menüs eine formulierte Beanstandung auswählen. Z.B. Motorruckeln zwischen 1500 und 3000 1/min. Aufgrund der Auswahl führt der Tester das geeignete Prüfprogramm durch.

Inspektionsintervalle rücksetzen. Führt die Werkstatt eine Inspektion am Fahrzeug durch, setzt sie die Inspektionsintervallanzeige im Kombi-Instrument zurück.

Stellgliedtest. Durch definiertes Ansteuern der Stellglieder durch den Tester kann deren Funktion geprüft werden. Z.B. Einspritzventile, Leerlaufsteller, ABS-Magnetventile, Tankentlüftungsventil, Türschlösser, Stellmotoren in Sitzen.

Soll-Istwertvergleich. Mit ihm werden die Istwerte gemessen und mit den vorgegebenen Sollwerten verglichen. Beispiele sind Spannungsversorgung, Luftmengen-/Luftmassensignal, Lambdasondenspannung. Weicht der Istwert vom vorgegebenen Sollwert ab, liegt ein Fehler vor.

Messwertblöcke auslesen. In Verbindung mit diagnosefähigen Steuergeräten werden aktuelle Daten in den Tester übertragen. Es können die Signale von mehreren Komponenten gleichzeitig überwacht und aufgezeichnet werden **(Bild 1).**

Beispiel: Überprüfung der Schubabschaltung im Fahrbetrieb

- Drosselklappen-Winkel geht auf kleinsten Wert
- Einspritzzeit muss auf Null gehen
- Drehzahl fällt ab
- Sondenspannung < 100 mV
- Schubabschaltung „Aktiv“

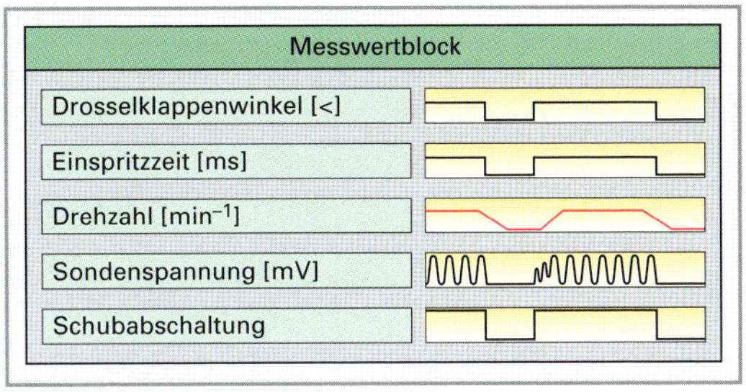

Bild 1: Messwerteblock

Software-Update (Flashen). Darunter versteht man den Austausch von Daten im Steuergerät.

Anwendungsfälle:

- Anpassung von Steuergeräten an Ausstattungsvarianten und Länderausführungen.
- Aktivierung/Deaktivierung von Zusatzfunktionen (Upgrade/Downgrade).
- Beheben von Softwarefehlern.

WERKSTATTHINWEISE

Der Datenfluss darf während des Software-Updates nicht unterbrochen werden.

Die Spannungsversorgung des Fahrzeugs ist durch Anschluss einer Fremdspannungsquelle sicherzustellen.

Die Spannungsversorgung des Gerätes zur Durchführung des Software-Updates (z.B. Diagnosetester) ist sicherzustellen.

Während des Software-Updates dürfen keine anderen elektrischen Funktionen am Fahrzeug aktiviert werden.

Weitere Hinweise des Herstellers sind zu beachten.

WIEDERHOLUNGSFRAGEN

1. **Welche Möglichkeiten des Messens und Prüfens gibt es?**
2. **Welche Messungen können mit einem Multimeter vorgenommen werden?**
3. **Beschreibe die Vorgehensweise bei einer geführten Fehlersuche.**

20 Komforttechnik

20.1 Belüftung, Heizung, Klimatisierung

Leistungsfähigkeit und Aufmerksamkeit der Menschen sind stark von der Temperatur und der Beschaffenheit der Umgebungsluft abhängig. Es ist deshalb erforderlich, den Fahrgastraum mit gefilterter Frischluft zu versorgen, die je nach Außentemperatur beheizt oder gekühlt werden muss.

Belüftungseinrichtung

Sie sollte so beschaffen sein, dass ...

- ... für alle Fahrgäste genügend (auch beheizte) Frischluft zur Verfügung steht.
- ... die verbrauchte Luft durch Austrittsöffnungen beseitigt wird.
- ... kein Staub und Wasser in das Fahrzeuginnere gelangt.
- ... die Luft so gelenkt wird, dass die Fenster nicht beschlagen.
- ... sich nirgends Kaltluft festsetzt.
- ... der Luftaustausch möglichst zugfrei erfolgt.

Das selbsttätige Einströmen von Frischluft in das Fahrzeug erfolgt erst ab einer Fahrgeschwindigkeit von etwa 60 km/h. Bei geringeren Fahrgeschwindigkeiten muss die Frischluftförderung von einem Gebläse übernommen werden. Der Lufteintritt sollte möglichst hoch in der schmutz- und abgasärmeren Zone liegen. Im Fahrzeuginneren ist ein geringer Luftüberdruck vorteilhaft. Geöffnete Fenster erzeugen gewöhnlich einen Unterdruck; hierdurch können vermehrt Auspuffgase, Staub und Insekten in den Fahrzeuginnenraum eindringen. Außerdem werden die Fahrgeräusche stärker hörbar.

Beheizung des Innenraums

Bei luftgekühlten Motoren. Sie erfolgt durch eine Abgas-Frischluft-Heizung. Dabei wird ein Teil der Gebläseluft abgezweigt, über in den Auspuffleitungen eingebauten Wärmetauscher erwärmt und zur Innenraumbeheizung verwendet. Es dürfen mit der Heißluft keine Abgase in das Fahrzeuginnere gelangen.

20

Bei flüssigkeitsgekühlten Motoren. Es wird die Wärme der Kühlflüssigkeit zur Heizung verwendet. Folgende drei Arten der Heiztemperaturänderung können unterschieden werden:

- Kühlwassermengensteuerung (wasserseitig)
- Frischluftmengensteuerung (luftseitig)
- Elektronisch geregelte Heizung

Heiztemperaturänderung durch Kühlwassermengensteuerung (Bild 1). Die Kühlflüssigkeitsmenge, die den Wärmetauscher durchfließt, kann durch ein Kühlwasserventil verändert werden. Sie bestimmt die Temperatur der Heizluft.

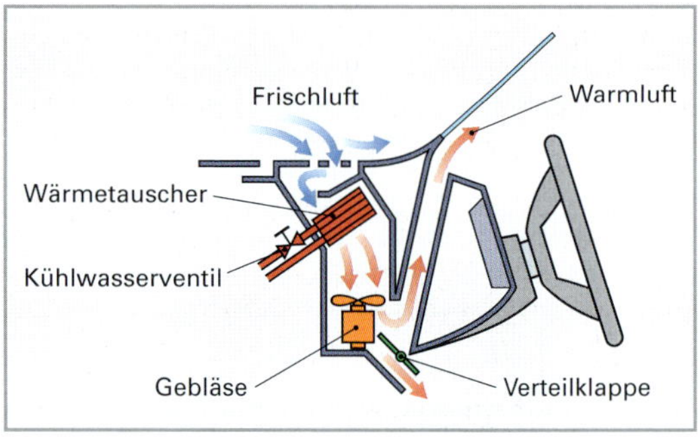

Bild 1: Heiztemperaturänderung durch Kühlwassermengensteuerung (wasserseitig)

Heiztemperaturänderung durch Frischluftmengensteuerung (Bild 2). Die Menge der Frischluft, die sich am mit Kühlflüssigkeit durchströmten Wärmetauscher erwärmt, kann über eine Temperaturklappe gesteuert werden. Sie bestimmt die Heiztemperatur.

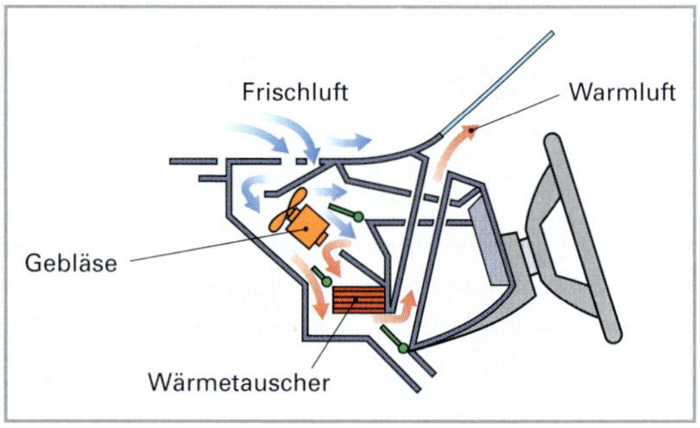

Bild 2: Heiztemperaturänderung durch Frischluftmengensteuerung (luftseitig)

Bei beiden Systemen kann durch Klappenstellungen Frischluft über den Wärmetauscher geleitet und als Heizluft zur Windschutzscheibe, zu den vorderen Seitenscheiben oder in den Fußraum gelenkt werden. Reicht der Fahrtwind für die Luftförderung nicht aus, so kann ein Gebläse eingeschaltet werden. Bleibt der Wärmetauscher, z.B. im Sommer, abgeschaltet, so wird die Frischluft direkt in den Innenraum bzw. zur Windschutzscheibe geleitet.

Elektronisch geregelte Heizung. Durch einen Drehschalter kann eine Temperatur im Innenraum des Kraftfahrzeugs eingestellt werden. Mit Hilfe von Temperaturfühlern wird die eingestellte Temperatur (Istwert) erfasst und in einem Steuergerät mit dem eingestellten Wert (Sollwert) verglichen. Stimmen die beiden Werte nicht überein, regelt das System die Heiztemperatur nach. Bei Kühlwassermengensteuerung wird ein Kühlwasserventil (Magnetventil), bei Frischluftmengensteuerung die Frischluftklappe elektromechanisch betätigt.

Zusatzheizsysteme

Standheizung (Bild 1). Sie ist eine Zusatzheizung, die bei abgestelltem Motor für die Erwärmung des Innenraums sorgt. Es werden dabei Benzin, Dieselkraftstoff, Heizöl oder Gas in einem Gebläsebrenner verbrannt. Die erzeugte Wärme wird in einem Wärmetauscher auf einen Frischluftstrom für die Beheizung des Innenraums übertragen.

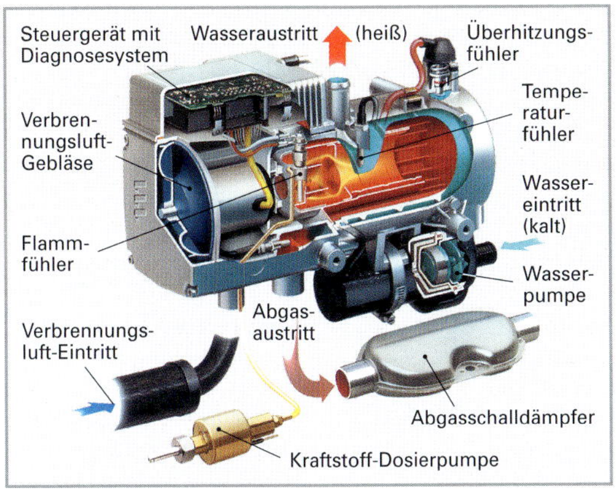

Bild 1: Standheizgerät

Bei Motoren mit geringem Kraftstoffverbrauch, z.B. direkteinspritzende Dieselmotoren, ist die in die Kühlflüssigkeit übertragene Verbrennungswärme gering. Eine in allen Betriebszuständen ausreichende Beheizung des Fahrzeuginnenraums ist nicht gewährleistet. Zur Verbesserung der Heizleistung können folgende zusätzliche Heizsysteme im Kraftfahrzeug verwendet werden:

- Brennstoff-Zuheizer
- Abgas-Wärmeübertrager
- PTC-Heizung
- Elektrische Zuheizer

Brennstoff-Zuheizer. In ihm wird Kraftstoff in einer Brennkammer verbrannt, die von der Kühlflüssigkeit des Motors umströmt wird. Die erwärmte Kühlflüssigkeit durchströmt den Wärmetauscher der Heizung. Die Zuluft für den Fahrzeuginnenraum erwärmt sich an dessen Kühlrippen, außerdem kann die Kühlflüssigkeit vorgewärmt werden. Der Brennstoffzuheizer kann im Kühlflüssigkeitskühler des Fahrzeugs untergebracht sein.

Elektrischer Zuheizer. Er kann z.B. aus sechs glühstiftähnlichen Heizkörpern bestehen, die in den Kühlflüssigkeitskreislauf eingebaut sind. Während der Warmlaufphase erwärmen diese Heizkörper die Kühlflüssigkeit, so dass nicht nur die Betriebstemperatur schnell erreicht wird, sondern auch der Fahrzeuginnenraum sofort erwärmt werden kann.

PTC-Heizung (Bild 2). Sie ist meist nach dem Wärmetauscher einer Klimaanlage eingebaut. In ihr wird elektrische Energie aus dem Gleichspannungsnetz des Fahrzeugs in Wärme umgewandelt.

Aufbau und Wirkungsweise. Die PTC-Heizung besteht aus einzelnen keramischen Halbleiterwiderständen, den PTC-Steinen (Kaltleiter). Sie werden über Kontaktschienen aus Aluminium mit elektrischer Energie versorgt. Die Kontaktschienen übertragen gleichzeitig die Wärme vom PTC-Baustein zu den Wellrippen der PTC-Heizung. Fließt durch die PTC-Bausteine elektrischer Strom, heizen sie sich auf ca. 120 °C auf. Die entstehende Wärme wird über die Kontaktschienen und Wellrippen an die in den Innenraum strömende Luft abgegeben. Eine Überhitzung der PTC-Bausteine wird dadurch verhindert, dass mit steigender Temperatur ihr elektrischer Widerstand steigt und dadurch der durchfließende elektrische Strom sinkt.

Bild 2: PTC-Zuheizer

Das Motorsteuergerät schaltet bei folgenden Bedingungen die PTC-Heizung zu:

- Klimaanlage ausgeschaltet
- Außenlufttemperatur unter 5 °C
- Kühlflüssigkeitstemperatur ist kleiner als 80 °C
- Motor läuft

Abgas-Wärmetauscher (Bild 3). Er überträgt die Abgaswärme auf die Kühlflüssigkeit. Dadurch wird ein Teil der Abgasenergie zurückgewonnen und kann zur Beheizung des Fahrzeuginnenraums verwendet werden.

Bild 3: Abgas-Wärmetauscher

Klimatisierung von Kraftfahrzeugen

An das Klimatisierungssystem für den Innenraum eines Kraftfahrzeugs werden bestimmte Anforderungen gestellt, z.B.

- Die Fahrgastzelle schnell auf eine angenehme Temperatur erwärmen oder abkühlen.
- Eine angenehme Temperatur bei jeder äußeren Witterung aufrechterhalten.
- Für jeden Insassen eine angenehme Luftströmung und Lufttemperatur erzeugen.
- Die Luftqualität verbessern.
- Eine einfache Bedienung ermöglichen.
- Keine Belästigung durch ausströmende Luft erzeugen.

Damit die oben genannten Anforderungen erfüllt werden können, muss die Klimaanlage folgende Aufgaben erfüllen: Sie muss die Luft

- zuführen und reinigen,
- erwärmen oder abkühlen sowie
- entfeuchten.

Bauarten von Klimaanlagen

Man unterscheidet verschiedene Bauarten von Klimaanlagen:

- Manuelle Klimaanlagen
- Temperaturgeregelte Klimaanlagen
- Vollautomatische Klimaanlagen

Manuelle Klimaanlagen. Temperatur, Luftverteilung und Gebläsestärke werden von Hand eingestellt.

Temperaturgeregelte Klimaanlagen. Die einmal gewählte Temperatur wird im Fahrzeuginnern konstant gehalten, während Luftverteilung und Gebläsestärke manuell eingestellt werden können.

Vollautomatische Klimaanlagen (Klimatisierungsautomaten). Die vorgewählte Temperatur im Fahrzeuginnenraum wird konstant gehalten. Sie wird ständig durch mehrere Temperaturfühler überprüft, während die Luftverteilung und Gebläsestärke vollautomatisch so geregelt wird, dass eine optimale Temperaturverteilung entsteht, z.B. Kopfraum 23 °C, Brustraum 24 °C, Fußraum 28 °C. Bei der Mehrzonenklimatisierung kann die Temperatur für jeden Platz getrennt eingestellt werden **(Bild 1)**.

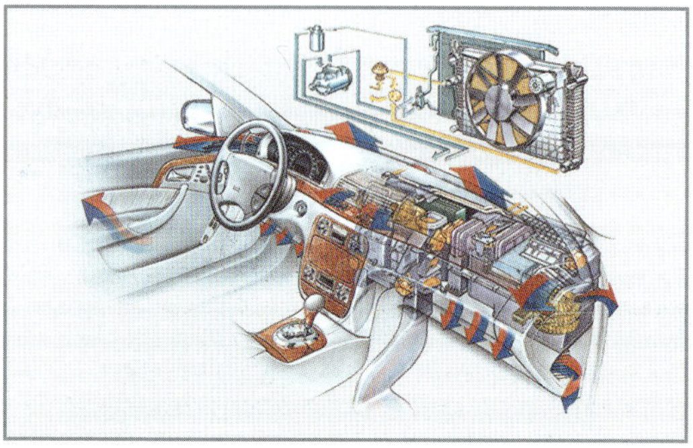

Bild 1: Mehrzonenklimatisierung

Komponenten einer Klimaanlage

Eine Klimaanlage besteht aus drei Bereichen:

- Luftführung im Kraftfahrzeug mit Heizmöglichkeit
- Kältemittelkreislauf
- Temperaturregelung

Luftführung im Kraftfahrzeug. Es können zwei Betriebszustände unterschieden werden:

- Frischluftbetrieb
- Umluftbetrieb

Frischluftbetrieb (Bild 2). Die Außenluft wird vom Gebläse über die Frischluftklappe angesaugt. Von dort gelangt sie zum Staubfilter, in dem Verunreinigungen der Luft, z.B. Staub, Pollen usw. entfernt werden. Am Verdampfer wird die Luft abgekühlt, das in ihr enthaltene Wasser kondensiert und fällt aus. Das Kondenswasser wird über Ablaufschläuche ins Freie abgeführt. Die trockene, kühle Luft erwärmt sich am Wärmetauscher auf die gewählte Temperatur. Von dort wird sie über Klappen und Düsen an die gewünschten Stellen im Fahrzeuginneren geleitet.

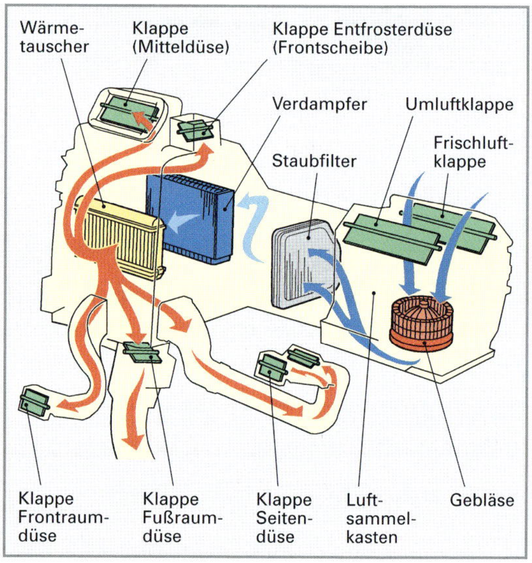

Bild 2: Luftführung im Frischluftbetrieb

Umluftbetrieb. Bei ihm wird die Luft aus dem Wageninneren angesaugt, im Staubfilter gereinigt, am Verdampfer erwärmt und anschließend wieder ins Wageninnere geleitet. Der Umluftbetrieb kann auf Fahrerwunsch, z.B. im Stau, über einen Schalter aktiviert werden.

Luftgütesensor. Er misst die Schadstoffkonzentration, z.B. unverbrannte Kohlenwasserstoffe der Außenluft im Luftsammelkasten. Mit zunehmender Schadstoffkonzentration verringert sich der Widerstand des Sensors. Der Stromanstieg im Sensor ist ein Maß für die Schadstoffkonzentration. Im Innenraum wird eine mittlere Luftgüte angenommen. Ist die Schadstoffkonzentration der Frischluft deutlich höher als die angenommene Innenraumluftgüte, schaltet die Klimatisierungsautomatik auf 100 % Umluftbetrieb um.

Ab diesem Zeitpunkt wird eine stetige Luftgüteverschlechterung der Innenraumluft durch die Elektronik des Steuergeräts der Klimatisierungsautomatik angenommen. Ist die ermittelte Innenraumluftgüte schlechter als die gemessene Außenluftgüte, schaltet die Klimatisierungsautomatik auf 100 % Frischluftbetrieb.

Kältemittelkreislauf

In ihm wird gasförmiges Kältemittel komprimiert, abgekühlt und verflüssigt, am Expansionsorgan gedrosselt, unter Wärmeaufnahme verdampft und anschließend wieder komprimiert **(Bild 1)**.

Der Kältemittelkreislauf besteht aus folgenden Komponenten:

- Verdichter (Kompressor)
- Kondensator (Verflüssiger)
- Expansionsorgan (Expansionsventil oder Drossel)
- Verdampfer
- Flüssigkeitsbehälter mit Trocknereinsatz (Trockner und Sammler)
- Sicherheitseinrichtungen (Druckschalter bzw. Hochdruckgeber und Temperaturfühler)
- Regel- und Steuereinrichtungen
- Schlauch und Rohrleitungen
- Kältemittel

Verdichter (Kompressor). Er bewirkt den Umlauf des Kältemittels. Dazu saugt der Kompressor kaltes, gasförmiges Kältemittel an und verdichtet es. Das durch den Verdichtungsvorgang heiß gewordene gasförmige Kältemittel wird mit einem Druck von ca. 16 bar zum Kondensator gedrückt.

Der Kolbenhub wird durch eine Taumelscheibe erzeugt, die je nach Bauart 3 bis 10 Kolben betätigt. Wird der Anstellwinkel der Taumelscheibe verändert, ändert sich die Hublänge und mit ihr die Fördermenge des Kompressors (Volumenregelung).

Mit der Fördermenge wird die Kälteleistung des Kompressors beeinflusst. Sie wird von folgenden Größen bestimmt:

- Wunschtemperatur des Fahrers
- Außen- und Innentemperatur
- Verdampfertemperatur
- Kältemitteldruck, Kältemitteltemperatur

Der Kompressor arbeitet nur, wenn der Motor läuft und die Klimaanlage eingeschaltet ist. Es darf nur gasförmiges Kältemittel angesaugt werden. Beim Ansaugen von flüssigem Kältemittel, würde der Kompressor zerstört, da sich Flüssigkeiten nicht komprimieren lassen (Flüssigkeitsschlag). Zur Schmierung der Kompressoren wird dem Kältemittel Kälteöl zugegeben.

Die für die Klimatisierung in Kraftfahrzeugen eingesetzten Hubkolben- oder Taumelscheibenverdichter können nach der Art der Regelung in intern geregelte Kompressoren und extern geregelte Kompressoren unterschieden werden.

Intern geregelter Kältemittelkompressor (Bild 1, Seite 634). Er wird über einen Keilrippen-Riementrieb angetrieben. In der Riemenscheibe ist eine Magnetkupplung integriert, mit der der Kompressor bei Bedarf zu- oder abgeschaltet werden kann. Die Stellung der Taumelscheibe und damit die Fördermenge des Kältemittels, wird durch die Druckverhältnisse innerhalb des Kompressors bestimmt.

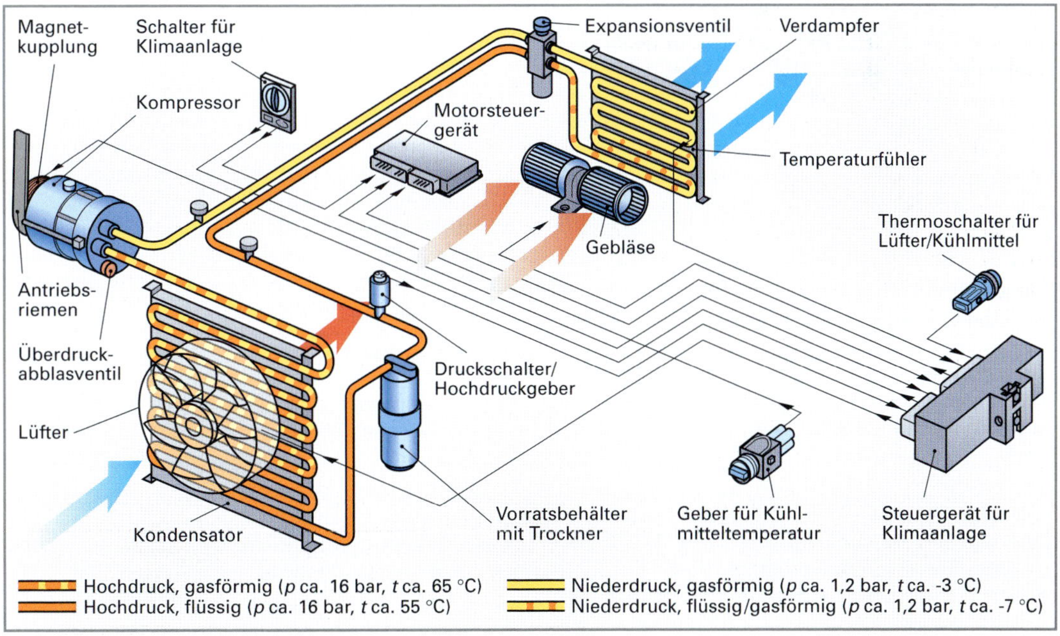

Bild 1: Kältemittelkreislauf mit Expansionsventil

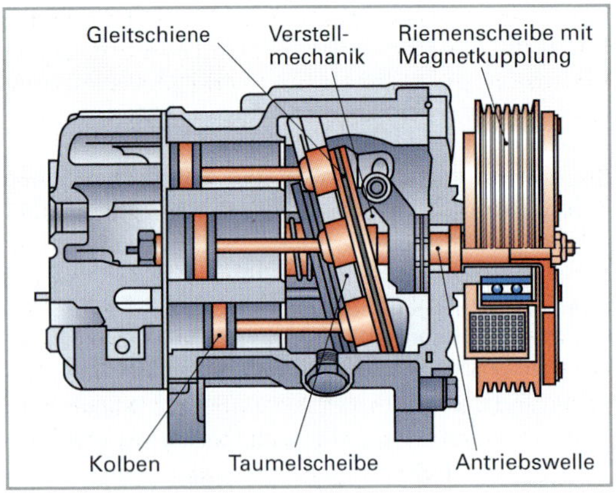

Bild 1: Intern geregelter Kältemittelkompressor

Extern geregelter Kältemittelkompressor (Bild 2). In der Riemenscheibe des Kompressors ist ein Überlastschutz integriert. Er besitzt keine Magnetkupplung und läuft auch bei ausgeschalteter Kühlfunktion weiter. Dabei wird das Fördervolumen des Kältemittels auf unter 2 % begrenzt. Die Druckverhältnisse im Innern des Kompressors werden über ein Regelventil, das vom Klimasteuergerät angesteuert wird, bestimmt. Damit kann die Stellung der Taumelscheibe und mit ihr die Fördermenge des Kältemittels beeinflusst werden.

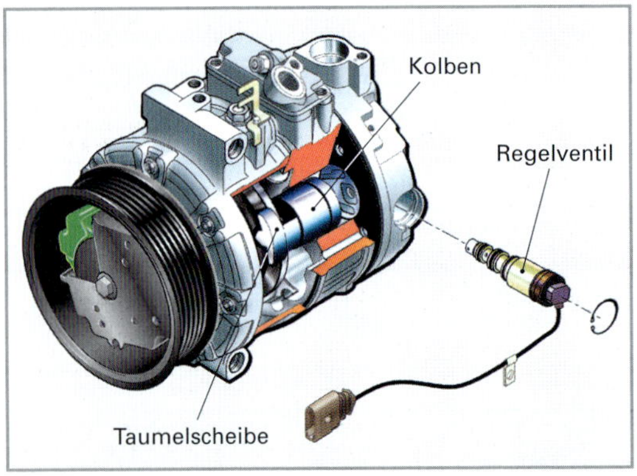

Bild 2: Extern geregelter Kältemittelkompressor

Kondensator (Verflüssiger). In ihm wird das 60 °C bis 100 °C heiße Kältemittelgas schnell abgekühlt. Dabei geht es vom gasförmigen Zustand in den flüssigen Zustand über – es kondensiert. Das schnelle Abkühlen wird dadurch erreicht, dass die Wärme von den Rohren und Lamellen des Kondensators, vom Fahrtwind und von der Luftströmung des Zusatzgebläses aufgenommen wird.

20

Expansionsorgan. Es reguliert die Kältemittelmenge, die in den Verdampfer eingespritzt wird. Die optimale Kältemittelmenge ist die Menge, die im Verdampfer je nach Betriebszustand vergast werden kann. Sie ist vom Saugdruck bzw. der Temperatur des Kältemittels nach dem Verdampfer abhängig.

Folgende Expansionsorgane können unterschieden werden:

- Expansionsventil
- Drossel

Expansionsventil. Mit ihm lässt sich die Menge des Kältemittels, das im Verdampfer in den gasförmigen Zustand übergeht, genau an den jeweiligen Betriebszustand anpassen. Dadurch ist die Kühlleistung des Kältemittelkreislaufs in jedem Betriebspunkt optimal. Der Vorratsbehälter (Akkumulator) befindet sich im Hochdruckteil des Kältemittelkreislaufes **(Bild 1, Seite 633)**.

Drossel. Sie sprüht das flüssige Kältemittel in den Verdampfer. Die kalibrierte Bohrung der Drossel bestimmt die Durchflussmenge des Kältemittels für einen vom Hersteller festgelegten Betriebstriebszustand. In diesem Betriebszustand arbeitet der Kältemittelkreislauf optimal. Der Vorratsbehälter (Akkumulator) befindet sich im Niederdruckteil des Kältemittelkreislaufs **(Bild 3)**.

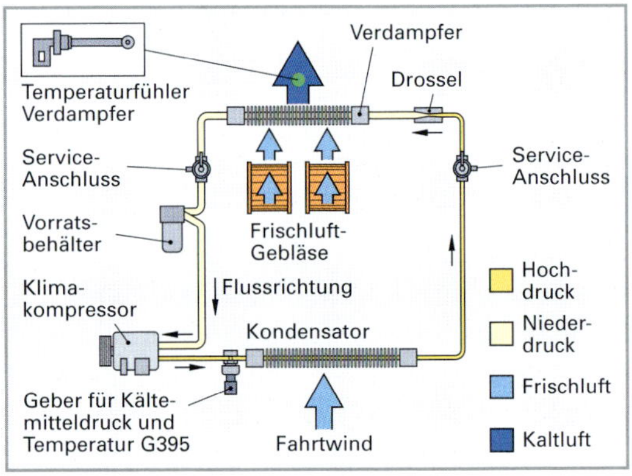

Bild 3: Kältemittelkreis mit Drossel

Verdampfer. In ihm wird das unter hohem Druck stehende flüssige Kältemittel in den gasförmigen Zustand bei niedrigem Druck überführt. Bei diesem Vorgang entzieht das Kältemittel seiner Umgebung die Wärmemenge, die es zum Verdampfen benötigt. Die erforderliche Wärmemenge wird der Luft entzogen, die ein Gebläse je nach Betriebsart – im Frischluft- oder Umluftbetrieb – über die Verdampferoberfläche leitet. Dabei wird die Luft abgekühlt.

Vorratsbehälter mit Trocknereinsatz. Er dient als Ausgleichsgefäß und Vorratsbehälter. Die Menge des Kältemittels, die im Kältemittelkreislauf benötigt wird, hängt von Betriebsbedingungen, wie z.B. Wärmebelastung von Verdampfer und Kondensator und der Drehzahl des Verdichters ab.

Durch die hygroskopische Eigenschaft des Kältemittels und durch Undichtheiten im System, kann Wasser in den Kältemittelkreislauf gelangen. Der Trocknereinsatz kann Wasser und Verunreinigungen des Kältemittels aufnehmen. Je nach Ausführung können zwischen 6 g und 12 g Wasser gespeichert werden.

Sicherheitseinrichtungen. Sie bestehen aus Hochdruckgeber und Temperaturfühler. Der Mikroprozessor des Hochdruckgebers liefert an das Steuergerät der Klimaanlage ein getaktetes Signal. Die Größe der Pulsweite ist abhängig vom Druck: Kleiner Druck, kleine Pulsweite; großer Druck, große Pulsweite. Die Steuerlogik der Klimaanlage wertet diese Informationen aus und schaltet je nach Druck im Kältemittel den Kompressor ein oder aus. Z.B. wird der Kompressor abgeschaltet, wenn der Druck im Kältemittel auf ca. 30 bar steigt, um eine Zerstörung der Klimaanlage zu verhindern oder bei Drücken unter 2 bar, da davon ausgegangen wird, dass im Leitungssystem ein Leck aufgetreten ist. Der Temperaturfühler bewirkt, dass bei einer zu hohen Temperatur des Kältemittels (über 60 °C) der Zusatzlüfter am Kondensator eingeschaltet wird.

Bei Anlagen mit zwei Druckschaltern werden die Drücke mit einem Hochdruck- und einem Niederdruckschalter überwacht. Ein Überdruckabblasventil am Kompressor **(Bild 1, Seite 634),** lässt bei einem Überdruck von 40 bar aus Sicherheitsgründen Kältemittel ab.

Schlauch- und Rohrleitungen. Hochdruckleitungen besitzen einen kleinen Leitungsquerschnitt und erwärmen sich beim Betrieb der Klimaanlage.

Niederdruckleitungen besitzen einen großen Leitungsquerschnitt und kühlen sich beim Betrieb der Klimaanlage ab.

Kältemittel. Es zirkuliert in einem geschlossenen Kreislauf im Leitungssystem der Klimaanlage und transportiert Wärme aus dem Fahrzeuginnenraum nach außen. Dabei wechselt es ständig zwischen flüssigem und gasförmigem Zustand. In heutigen Klimaanlagen wird ausschließlich das Kältemittel R134a verwendet. Die Befüllung von Klimaanlagen mit dem Kältemittel R12 ist verboten (siehe auch **Seite 39).**

Regel- und Steuereinrichtungen. Sie sind die Bedienungselemente im Fahrzeuginnenraum, mit denen die gewünschten klimatischen Verhältnisse im Kraftfahrzeug eingestellt werden können.

Temperaturregelung (Bild 1, Bild 2). Sie steuert den Temperaturregelkreis für den Innenraum des Kraftfahrzeugs und beeinflusst auch den Kreislauf des Kältemittels. Das Steuergerät Klimaanlage (X4) erfasst über verschiedene Temperatursensoren wie Verdampfertemperatursensor (B2), Lufttemperatursensor (B3) und Innenfühler (B4) alle wichtigen Temperaturen und Störgrößen. Mit dem Sollwertsteller wird dem Steuergerät die von den Insassen gewählte Temperatur vorgegeben. Die Solltemperatur wird mit der Isttemperatur verglichen. Die festgestellte Differenz erzeugt im Steuergerät Führungsgrößen für die Heizungsregelung (Wärmetauscher, Magnetventil), Kühlungsregelung (Verdampfer, Kompressor), Luftmengenregelung (Gebläse, M3) und der Luftverteilungsregelung (Klappenstellung für Frischluft, Umluft, Entfrostung, Bypass, Fußraum). Alle Regelkreise lassen sich durch Handeingabe beeinflussen.

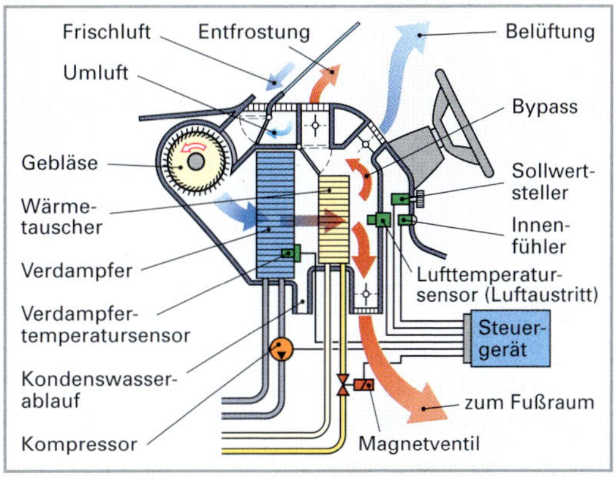

Bild 1: Elektronisch geregelte Klimaanlage

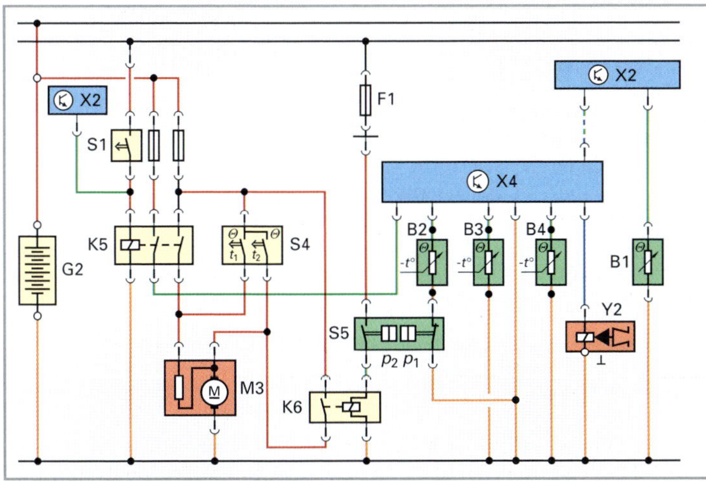

G2 Batterie
S1 Schalter für Klimaanlage
S4 Thermoschalter für Lüfter für Kühlmittel t_1 = 95 °C, t_2 = 103 °C
S5 Hochdruckgeber (G65) p_1 = 2 bar / 32 bar; p_2 = 16 bar
B1 Kühlmitteltemperatursensor
B2 Verdampfertemperatursensor
B3 Lufttemperatursensor
B4 Innentemperaturfühler
K5 Relais für Klimaanlage
K6 Relais für 2. Stufe Lüfter für Kühlmittel
X2 Steuergerät Motronic
X4 Steuergerät Klimaanlage mit Bedien- und Anzeigeeinheit
Y2 Magnetkupplung Kompressor
M3 Lüfter für Kühlmittel
F1 Sicherung

Bild 2: Schaltplan einer Klimaanlage

Die Luftmengeneinstellung kann über Gebläsestufen oder stufenlos erfolgen ohne Istwert-Abfrage. Bei höheren Fahrgeschwindigkeiten erhöht jedoch der auftretende Staudruck die Fördermenge des Gebläses. Mit einer speziellen Steuerung kann die Gebläsedrehzahl mit zunehmender Fahrgeschwindigkeit verringert werden, um den Luftstrom konstant zu halten.

Der Entfrostungsbetrieb (Einstellung DEF) ermöglicht es, beschlagene oder vereiste Scheiben schnell frei zu bekommen. Dazu muss der Temperaturregler auf volle Heizleistung, das Gebläse auf höchste Drehzahl und die Luftverteilung nach oben verstellt werden. Bei Klimatisierungsautomaten geschieht dies durch einen Tastendruck.

Im Winter oder bei niederen Außentemperaturen wird bei Kaltstart, um Zugerscheinungen durch die noch unbeheizte Luft zu vermeiden, das Gebläse durch das Steuergerät angehalten, bis eine mittlere Kühlmitteltemperatur erreicht ist. Wird jedoch entfrostet, gilt diese Einstellung nicht.

WERKSTATTHINWEISE

- Allgemeine Arbeiten am Fahrzeug sind so vorzubereiten und durchzuführen, dass der Kältemittelkreislauf des Fahrzeugs nicht geöffnet wird wie z.B. Kühlerausbau, Motorenausbau.
- Ersatzteile von Klimaanlagen trocken und verschlossen lagern.
- Bei Eingriff in den Kältemittelkreislauf der Klimaanlage sämtliche Öffnungen sofort verschließen (Kältemittel sind hygroskopisch).
- Das Expansionsventil kann nicht eingestellt und darf nicht repariert werden.
- Dichtungen müssen nach dem Lösen der Rohr- und Schlauchleitungen erneuert werden.
- An Rohrleitungen darf nicht gelötet oder geschweißt werden.
- Zum Prüfen, Absaugen, Evakuieren, Befüllen des Kältemittelkreislaufs ausschließlich Kältemittelgeräte verwenden.
- Kein Kältemittel aus der Klimaanlage in die Füllflasche zurückpumpen.
- Übermäßig stark verschmutztes Kältemittel wird in separate Recyclingflaschen abgesaugt und der umweltverträglichen Entsorgung zugeführt.
- Leere Kältemittelflaschen stets verschlossen halten.
- Sicherheitsvorschriften im Umgang mit Kältemittel beachten.

Fehlerdiagnose durch Druckprüfung

Die Druckprüfung erfolgt bei eingeschalteter Klimaanlage. Anhand der Druckwerte auf der Hochdruckseite und der Niederdruckseite wird erkannt, ob die Klimaanlage einwandfrei arbeitet. Die Druckwerte müssen in den Toleranzbereichen **(Bild 1)** liegen. Liegen die Drücke außerhalb des Toleranzbereichs, sind die Ursachen zu suchen und die Fehler zu beseitigen. **Tabelle 1** zeigt mögliche Ursachen.

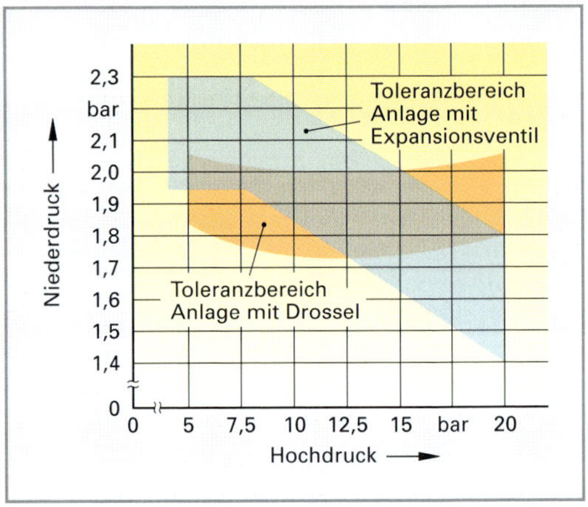

Bild 1: Toleranzbereiche bei der Druckprüfung

Tabelle1: Mögliche Fehlerursachen

Niederdruck und/oder Hochdruck	
zu hoch	zu niedrig
• Plattenventil des Verdichters defekt • Kolbenspiel zu groß oder Kolbenring defekt • Expansionsventil defekt • Fühler des Expansionsventil lose oder schlecht isoliert • Zuviel Kältemittel im System • Verflüssiger verschmutzt oder Zusatzlüfter defekt	• Feuchtigkeit oder Schmutz im System, dadurch Expansionsventil verstopft • Zu wenig Kältemittel im System • Verdampfer vereist oder verschmutzt oder Filter verschmutzt • Verstopfung im Verflüssiger oder in der Kältemittelleitung

WIEDERHOLUNGSFRAGEN

1. **Welche Anforderungen werden an Klimaanlagen gestellt?**
2. **In welche drei Bereiche lassen sich Klimaanlagen einteilen?**
3. **Erklären Sie den Frischluftbetrieb.**
4. **Aus welchen Komponenten besteht der Kältemittelkreislauf?**
5. **Welche Aufgaben hat das Kältemittel?**
6. **Warum darf der Kompressor nur gasförmiges Kältemittel ansaugen und verdichten?**
7. **Erklären Sie die elektronische Regelung der Innenraumtemperatur bei Änderung der Solltemperatur am Sollwertgeber.**

20.2 Diebstahlschutzsysteme

Zu ihnen gehören alle Baugruppen, die dem Schutz von Fahrzeugen und Fahrzeugteilen vor Diebstahl und unbefugter Benutzung dienen.

Dies sind z.B.

- Zentralverriegelung
- Wegfahrsperre
- Alarmanlage

20.2.1 Zentralverriegelung

Sie ermöglicht das Verriegeln, Entriegeln und Sichern aller Türen, der Heck- und Tankklappe des Fahrzeuges.

Dies kann immer von einem Schließpunkt aus, z.B. der Fahrertür, Beifahrertür oder der Heckklappe erfolgen.

Je nach Komfort- und Sicherheitseinrichtungen am Kraftfahrzeug ermöglicht die Zentralverriegelung, dass auch nach abgezogenem Fahrzeugschlüssel die Funktion von Schiebedach und Fensterheber noch für einige Zeit, z.B. 60 Sekunden, erhalten bleibt.

Damit die Schlösser in den Türen, der Heck- und der Tankklappe verriegelt bzw. entriegelt werden können, sind Stellelemente notwendig.

Je nach Betätigung unterscheidet man:

- Elektrische Zentralverriegelung
- Elektropneumatische Zentralverriegelung

Elektrische Zentralverriegelung

Mit ihr werden die grundsätzlichen Funktionen Entriegeln und Verriegeln, z.B. der Fahrzeugtüren durch das Ansteuern von Stellmotoren in elektrisch betätigten Stellelementen durchgeführt. Die Ansteuerung erfolgt meist mit zwei Wechslern, wobei sich einer im Türschloss, der andere im Stellelement befindet.

Der vereinfachte Schaltplan in **Bild 1** zeigt das Zusammenwirken. Beim Drehen des Schlüssels werden das Schloss und der Wechsler S1 mechanisch betätigt. Er befindet sich an den jeweiligen Schließpunkten z.B. an Fahrer- und Beifahrertür. Dadurch können über das Steuergerät alle Stellmotoren, die Bestandteil der Zentralverriegelung sind, angesteuert werden. Der Wechsler S1 besitzt zwei Schaltstellungen: Verriegeln (V) und Entriegeln (E). Der Wechsler S2 ist meist im Stellelement integriert und wird über ein Schaltgestänge oder ein Getriebe vom Stellmotor betätigt. Der Wechsler schaltet als Endlagenschalter mit zwei Schaltstellungen den Stellmotor ein oder aus. Die Steuersignale werden über Verkabelung oder ein Bussystem (CAN-Bus, Multiplexer) an ein Steuergerät übertragen.

Wirkungsweise Verriegeln (Bild 1). Durch eine Schlüsseldrehung werden im Wechsler S1 die Klemme Kl. 30 und die Kl. V verbunden. Dieser Steuerimpuls veranlasst das Steuergerät, Kl. 83a mit Spannung zu versorgen. Der Stellmotor M1 läuft. Im Wechsler S2 bleiben die Kl. 83a und 83 solange verbunden, bis die Verriegelung ihre Endlage erreicht hat und die Verbindung 83a und 83 durch den Stellmotor M1 unterbrochen wird. Der Stellmotor bleibt stehen.

Wirkungsweise Entriegeln. Durch eine entgegengesetzte Schlüsseldrehung werden im Wechsler S1 die Kl. 30 und die Kl. E verbunden. Dieser Steuerimpuls veranlasst das Steuergerät, Kl. 83b mit Spannung zu versorgen. Der Stellmotor M1 läuft jetzt in entgegengesetzter Richtung. Im Wechsler S2 bleiben die Klemmen 83b und 83 solange verbunden, bis die Entriegelung ihre Endlage erreicht hat und die Verbindung 83b und 83 durch den Stellmotor M1 unterbrochen wird. Er bleibt stehen.

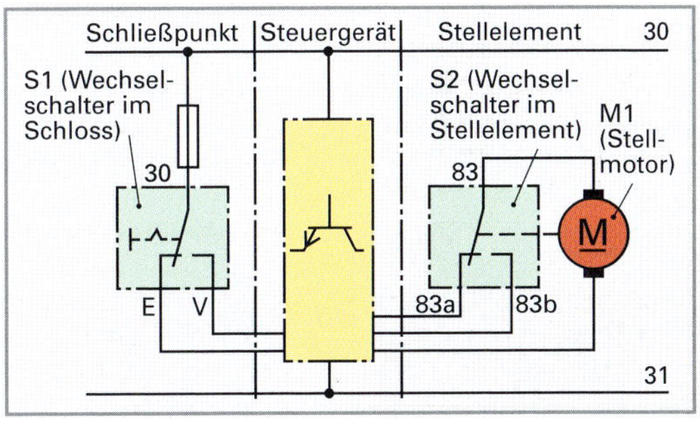

Bild 1: Vereinfachter Schaltplan eines Stellmotors mit zwei Wechslern

Elektrisch betätigtes Stellelement (Bild 2). Es betätigt die Verriegelung und Entriegelung. Das Ritzel des Stellmotors ist über ein Getriebe mit dem Antriebsritzel der Zahnstange mechanisch verbunden. Wird das Schloss im Schließpunkt einer ZV mit dem Schlüssel mechanisch betätigt, z.B. entriegelt, überträgt die Zug-Druckstange die Bewegung über Zahnstange und mehrere Zahnräder im Stellelement. Dabei wird der Wechselschalter (S2) mechanisch auf Endlage Entriegeln gestellt. Der Stellmotor bleibt stromlos.

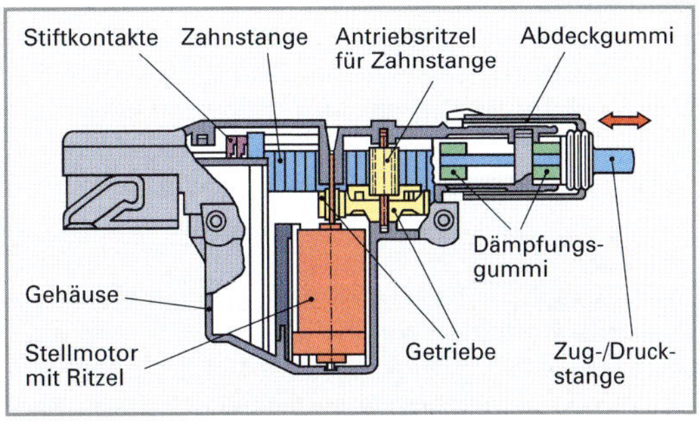

Bild 2: Elektrisch betätigtes Stellelement

Über die Stiftkontakte wird der Steuerimpuls Entriegeln an das Steuergerät weitergegeben. Die Stellmotoren aller übrigen Stellelemente werden mit Strom versorgt und führen den Entriegelungsvorgang aus.

Elektropneumatische Zentralverriegelung

Sie besteht aus einem elektrischen Steuerstromkreis und einem pneumatischen Einleitungs-Arbeitskreis **(Bild 1)**.

Elektrischer Steuerstromkreis. Er steuert den pneumatischen Einleitungs-Arbeitskreis. Beim Drehen des Schlüssels im Türschloss wird ein Mikroschalter betätigt. Das Steuergerät erhält dieses Signal und veranlasst die pneumatische Steuereinheit alle anderen Schlösser zu betätigen (Elektropneumatischer Arbeitskreis).

Pneumatischer Einleitungs-Arbeitskreis. Er betätigt die Stellelemente durch Unterdruck oder Überdruck in einer Leitung. Wird z.B. das Fahrzeug entriegelt, herrscht in der Leitung Überdruck, wird das Fahrzeug verriegelt, herrscht Unterdruck.

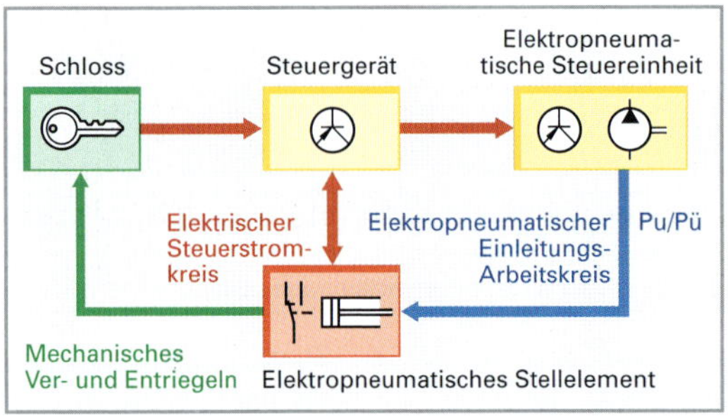

Bild 1: Schema Elektro-Pneumatische Zentralverriegelung

Elektropneumatisches Stellelement (Bild 2). Es soll den Schließvorgang durchführen und ist an jeder zu schließenden Tür vorhanden. Wird von der pneumatischen Steuereinheit je nach Schließvorgang Unterdruck bzw. Überdruck erzeugt, wirkt dieser auf die Membrane in der Unter- bzw. Überdruckkammer des Stellelements. Die Membrane und das Schloss sind mit der Zug-Druckstange verbunden. Dadurch kann der Schließvorgang mit dem Schlüssel über das Gestänge oder pneumatisch durchgeführt werden. Der Mikroschalter im Stellelement liefert bei verschlossenem Fahrzeug ein Massesignal an das Steuergerät. Bei einem Einbruchversuch wird über den entsprechenden Mikroschalter im Stellelement ein Plussignal zum Steuergerät geschaltet. Das Steuergerät reagiert. In der Safespule wird ein Magnetfeld aufgebaut und der Bolzen fährt in die Aussparung der Zug-Druckstange ein. Gleichzeitig wird in der pneumatischen Steuereinheit die Unterdruckförderung eingeschaltet. Das Schloss bleibt verriegelt.

20

Wirkungsweise (Bild 2)

Pneumatisch entriegeln. Der Überdruck wirkt auf die Membrane und drückt dadurch die Zug-Druckstange nach oben. Dadurch wird über ein Gestänge das Schloss mechanisch entriegelt.

Pneumatisch verriegeln. Der Unterdruck wirkt auf die Membrane und zieht die Zug-Druckstange nach unten. Das Schloss wird über das Gestänge mechanisch verriegelt.

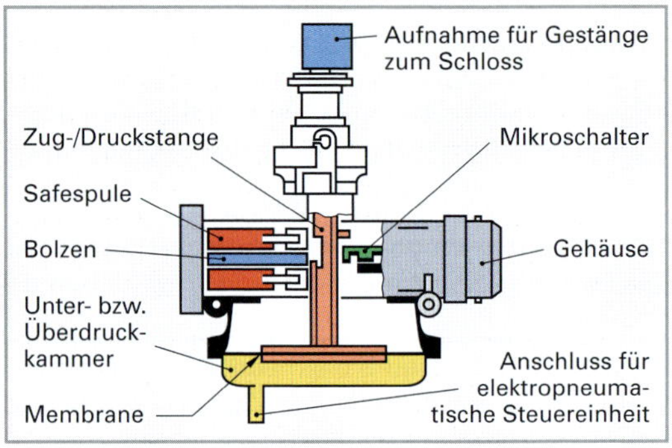

Bild 2: Elektro-Pneumatisches Stellelement

Pneumatische Steuereinheit. Sie besteht aus einer elektronischen Schaltung (Schnittstelle) und einer Bidruckpumpe. Die elektronische Schaltung empfängt die Befehle des Steuergerätes und gibt sie an die Bidruckpumpe weiter.

Bidruckpumpe. Sie ist eine Flügelzellenpumpe, die Über- oder Unterdruck durch Drehrichtungsänderung des Flügelrades erzeugt. Linkslauf bewirkt z.B. Überdruck und Rechtslauf Unterdruck.

Bedienung der Zentralverriegelungssysteme

Bei der Bedienung der Zentralverriegelung werden vier Systeme unterschieden:

- Mechanisches Schlüsselsystem
- Infrarot-Fernbedienungssystem
- Funk-Fernbedienungssystem
- Funk-Fernbedienungssystem mit Selbstauslösung (Keyless-go)

Mechanisches Schlüsselsystem. Bei diesem System wird von einem Schließpunkt aus (meist Vordertüren und Heckklappe) durch Drehen des Schlüssels im Schließzylinder der jeweilige Schließpunkt mechanisch ver- bzw. entriegelt. Gleichzeitig liefert ein elektrischer Schalter das Steuersignal für die Stellmotoren bzw. pneumatischen Stellelemente. Sie ver- bzw. entriegeln die anderen Fahrzeugöffnungsstellen.

Infrarot-Fernbedienungssystem. Hier kann zusätzlich der Schließ- und Öffnungsvorgang über ein Infrarotsignal bis zu einer Entfernung von ca. 6 Metern eingeleitet werden.

Das System **(Bild 1)** kann aus folgenden Komponenten bestehen:

- Sendeschlüssel
- Infrarot-Steuergerät
- Steuergerät mit Kombifunktionen
- Relais für die Schließrückmeldung
- Empfängereinheit, z.B. im Innenspiegel
- Pneumatische Steuereinheit
- Stellelemente

Wirkungsweise. Der Infrarotsender z.B. im Schlüssel sendet Lichtsignale im Infrarotbereich zum Empfänger. Er ist mit dem Infrarot-Steuergerät verbunden. Es erkennt über das Relais Schließrückmeldung, ob die Fahrzeugtüren verriegelt oder entriegelt sind. Wird das Fahrzeug verriegelt, wird dies dem Fahrer z.B. über einen Blinkcode mit den Blinkleuchten mitgeteilt.

Diese Informationen werden außerdem an das eigentliche Steuergerät mit Kombifunktionen weitergeleitet. Es ist über CAN-Bus mit der pneumatischen Steuereinheit verbunden. Sie erzeugt bei der elektropneumatischen Zentralverriegelung den erforderlichen Über- oder Unterdruck, um die Schließvorgänge zu ermöglichen.

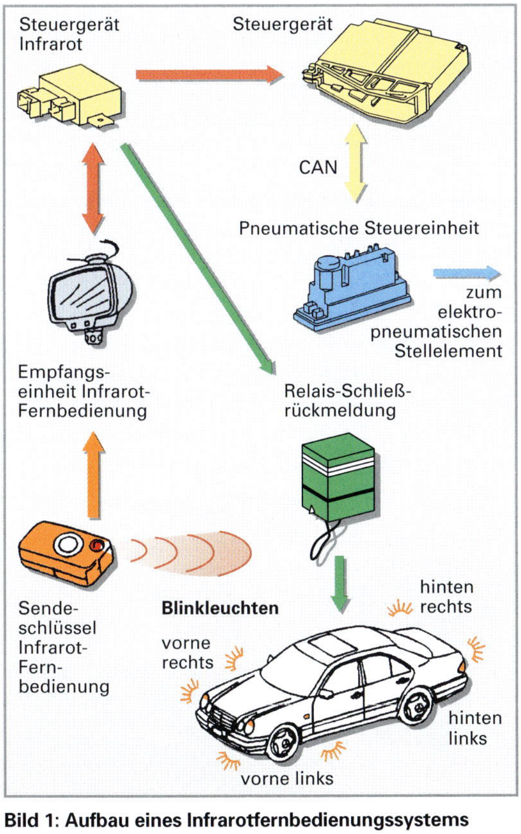

Bild 1: Aufbau eines Infrarotfernbedienungssystems

Funk-Fernbedienungssystem. Zur Betätigung der Stellelemente kann auch ein Funkwellensystem eingesetzt werden. Bei Funkwellen muss der Sender nicht auf den Empfänger gerichtet werden. Die Einleitung des Schließvorgangs und das Schärfen der Alarmanlage kann verdeckt durchgeführt werden. Funkwellen bieten einen hohen Schutz gegen Decodierung des Signals von Unbefugten. Auch der Code selbst kann komplizierter aufgebaut sein.

Funkfernbedienung mit Selbstauslösung (Keyless-go). Der Fahrer muss vor dem Einsteigen keinen Schlüssel in die Hand nehmen. Es genügt, wenn er den elektronischen Schlüssel bei sich hat und er einen der Türgriffe umfasst. Der kapazitive Sensor im Türgriff erkennt den Zutrittswunsch zum Fahrzeug und sendet ein Signal an das Steuergerät für Zugangs- und Startberechtigung **(Bild 2).** Dieses startet eine induktive Abfrage des Transponders im elektronischen Schlüssel. Bei erkannter Zugangsberechtigung wird das Fahrzeug geöffnet. Der Verriegelungsvorgang wird durch den Druck auf den Verriegelungstaster ausgelöst.

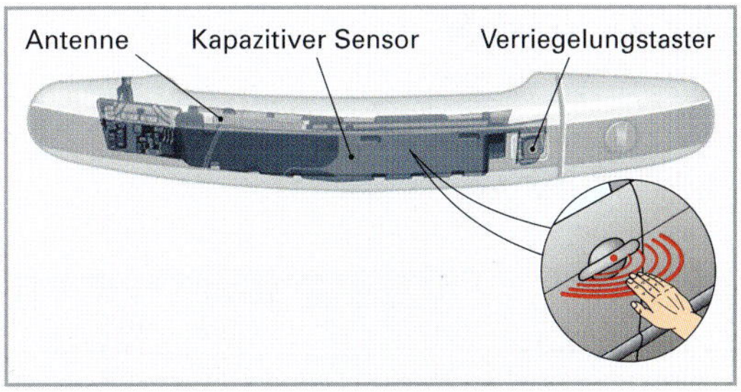

Bild 2: Entriegelung durch Türgriffberührung

20.2.2 Wegfahrsperre

> Sie ist ein elektronisches System, das verhindert, dass unberechtigte Personen das Fahrzeug in Betrieb setzen können.

Bei Fahrzeugen ab dem Zulassungsdatum 1.1.1995 fordert der Gesetzgeber zusätzlich zur Verriegelung eine Wegfahrsperre. Dies ist u. a. in § 38a StVZO und der EU-Richtlinie ECE-R18 festgelegt.

Aktivierung

Verriegelung mit dem Fahrzeugschlüssel. Das Steuergerät erhält über den Türkontaktschalter die Information zum Aktivieren des Diebstahlschutzsystems.

Verriegelung mit Fernbedienung. Der Empfänger wandelt das Infrarot- oder Funksignal des Senders in ein elektrisches Signal um und leitet es an das Steuergerät weiter, welches das Diebstahlschutzsystem aktiviert.

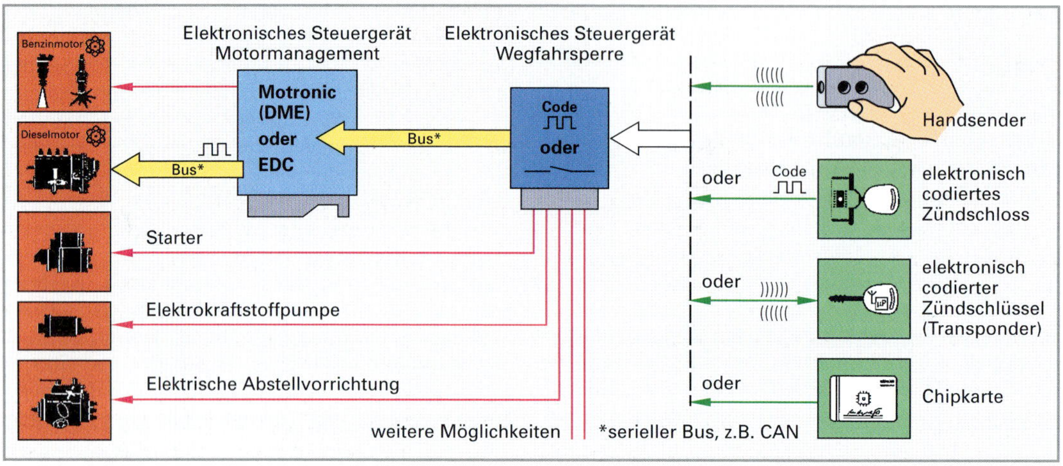

Bild 1: Systemübersicht Wegfahrsperre

Aufbau (Bild 1)
Die Wegfahrsperre besteht aus einem Steuergerät und je nach Hersteller entweder aus einem Handsender oder Transponder. Dieser kann in einem elektronischen Schlüssel oder einer Chipkarte integriert sein.

Transponder (engl. Übertrager, Bild 2). Er besteht aus einem Mikrochip, der in einem Glaskörper gekapselt ist und einer Induktionsspule.

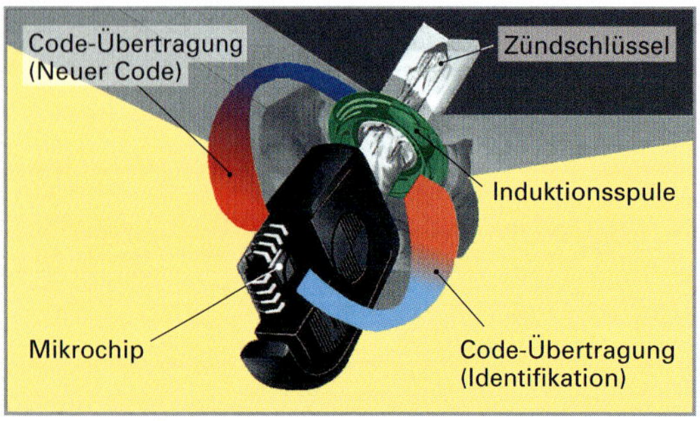

Bild 2: Transponder

Diese wird von einer Induktionsspule im Zündschloss mit Energie versorgt. Bei der Fertigung wird dem Mikrochip eine einmalige nicht löschbare Codenummer (Identifikationscode, ID-Code) zugewiesen. Gleichzeitig wird ein nachträglich programmierbarer Speicherbereich (EEPROM-Speicherbereich) für das Wechselcode-Verfahren reserviert.

Wirkungsweise. Beim Drehen des Schlüssels im Zündschloss wird die Energie übertragen und der Abfragevorgang vom Steuergerät Wegfahrsperre **(Bild 2)** eingeleitet. Der Transponder erkennt das Abfragesignal und übergibt seinen Identifikationscode. Dieser Code wird mit dem gespeicherten Code verglichen.

Ist der Code gültig, gibt das Steuergerät Wegfahrsperre z.B. über einen CAN-Bus an das Steuergerät Motorelektronik ein codiertes digitales Signal weiter. Wird dieses Signal vom Steuergerät DME akzeptiert, kann der Motor gestartet werden.

Ist der Code ungültig startet der Motor nicht.

Gleichzeitig erzeugt das Steuergerät der Wegfahrsperre nach dem Zufallsprinzip einen neuen Code, der in den programmierbaren Teil des Transponderspeichers geschrieben wird (Wechselcode-Verfahren). Dadurch wird gewährleistet, dass bei jedem Startvorgang ein neuer gültiger Code im Schlüssel gespeichert ist, der alte Code ist ungültig.

Keyless-Go. Bei diesem System muss ein elektronischer Zündschlüssel z.B Schlüssel oder Chipkarte mit Transponder und Funkfernbedienung mitgeführt, aber nicht mehr betätigt werden **(Bild 2).**

Folgende Funktionen lassen sich ohne aktive Betätigung des Zündschlüssels ausführen:

- Öffnen und Verriegelung des Fahrzeuges
- Starten und Abstellen des Motors mittels eines Start/Stopp- Tasters
- Ver- und Entriegelung der Lenksäulensperre

Bild 3: Chipkarte und Start/Stopp-Taster

Wirkungsweise

Detektion. Darunter versteht man die Erkennung des Zündschlüssels mit Zugangsberechtigung. Hierzu dienen Antennen im Innen- und Außenbereich des Fahrzeuges **(Bild 1)**.

Sie senden ein Funksignal mit Identifikationsnummer und codierter Identifizierungsaufforderung an den Transponder. Ist die Identifikation erfolgt, werden z.B. die Türen entriegelt.

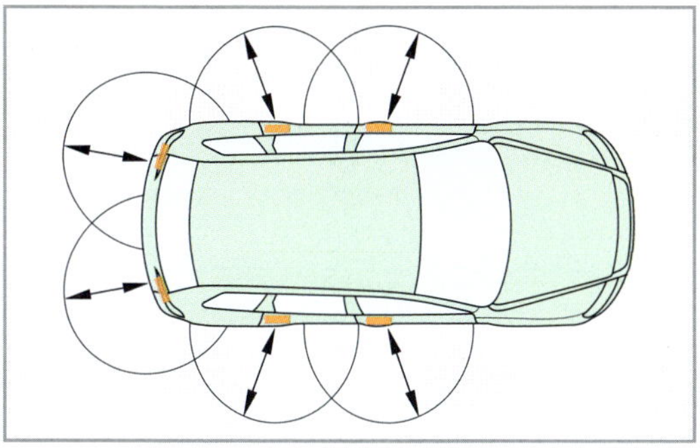

Bild 1: Innen und Außenbereich der Detektions-Antennen

Außenbereich. Er ist zuständig für die Dedektion beim Ver- und Entriegelungsvorgang. Er kann nur durchgeführt werden, wenn sich der Schlüssel in diesem Bereich befindet.

Innenbereich. Er ist zuständig für Startvorgang und Fahrbetrieb. Für diese Funktion kann der Zündschlüssel mit berechtigtem Transponder in den Schlitz für Zugangs- und Startberechtigung gesteckt werden. Es genügt jedoch dass er sich im Fahrzeuginnenraum befindet, damit bei Betätigen des Start-Tasters eine induktive Abfrage über die Innenraumantennen eingeleitet werden kann. Erfolgt eine positive Identifizierung, wird der Motor gestartet. Sobald der Motor anspringt gibt die elektrische Lenksäulenverriegelung die Lenkung frei. Der Fahrer muss beim Starten das Brems- oder Kupplungspedal gedrückt halten.

20.2.3 Alarmanlage

Eine Alarmanlage löst bei unbefugtem Eingriff oder Anstoß optische und akustische Warnsignale aus.

Sie besteht aus folgenden Komponenten **(Bild 2)**:

- Fernbedienung
- Steuergerät mit Spannungsversorgung
- Kontaktschalter für z.B. Türen, Motorhaube, Heckklappe, Kofferraum oder Handschuhfach
- Infrarotsensor oder Ultraschall-Sender- und Empfängereinheit für Innenraumüberwachung
- Lagesensor für Rad- und Abschleppschutz
- Statusanzeige
- Signalhorn
- Startanlage

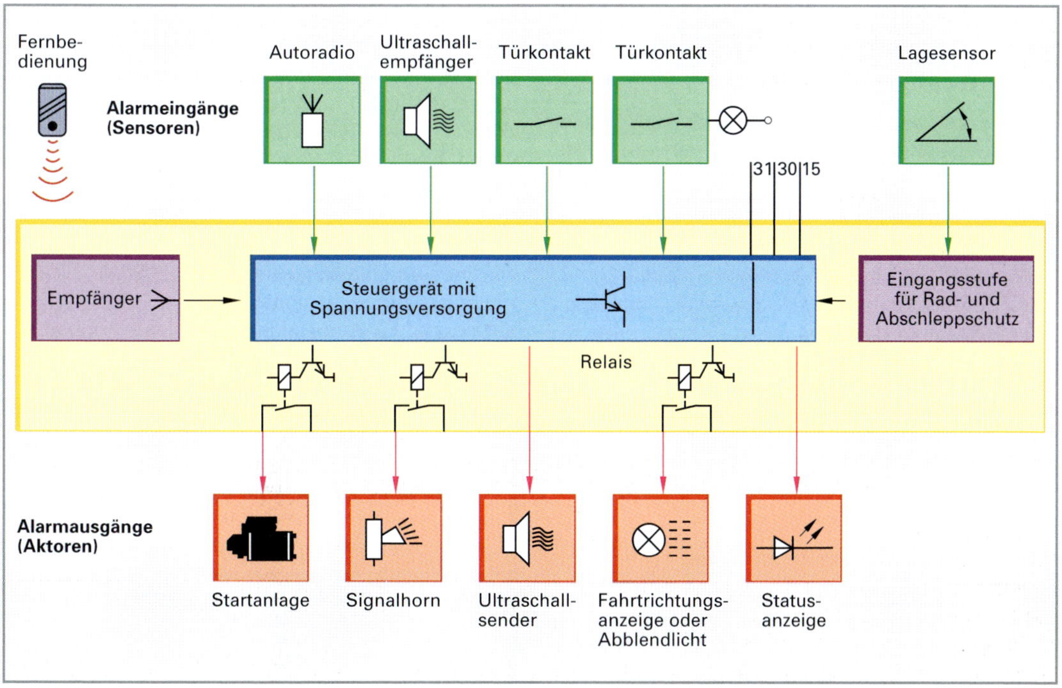

Bild 2: Systembild einer Alarmanlage

Wirkungsweise. Ist die Alarmanlage aktiviert, überprüft das Steuergerät über Kontaktschalter, ob Türen, Fenster, Schiebedach, Motorhaube und Heckklappe bzw. Kofferraumdeckel verschlossen sind. Sind alle Voraussetzungen für den Verriegelungszustand erfüllt, kann nach einer Zeitverzögerung von 10 bis 20 Sekunden Alarm ausgelöst werden. Die Alarmbereitschaft wird z.B. über blinkende LED angezeigt.

Alarm kann ausgelöst werden durch:
- Unbefugtes Öffnen von Türen, Heckklappe, Kofferraumdeckel oder Motorhaube
- Eindringen in den Innenraum
- Unbefugtes Einschalten der Zündung
- Schlüssel mit ungültigem Transpondercode im Zündschloss
- Demontage des Innenraumsensors
- Ausbau des Radios
- Öffnen des Ablagefachs in der Mittelkonsole
- Demontage des Alarmhorns
- Zeitweise Unterbrechung der Spannungsversorgung am Steuergerät
- Verändern der Fahrzeuglage

Bei aktivem System kann der Alarm über das zusätzlich eingebaute Signalhorn, über Blinksignale der Warnblinkanlage und der Innenraumbeleuchtung ausgegeben werden. Die Alarmzeit wird durch Vorgaben der einzelnen Länder bestimmt. Z.B. kann das Signalhorn ein akustisches Signal von 30 Sekunden und die Blinkanlage mit dem Abblendlicht Blinksignale über 30 Sekunden erzeugen. Gleichzeitig verhindert die heute üblicherweise eingebaute Wegfahrsperre das Starten des Motors.

Das Diebstahlschutzsystem wird durch das Betätigen der Entriegelungstaste mit der Fernbedienung abgeschaltet.

Bei einer Notöffnung durch mechanisches Entriegeln des Schließzylinder muss nach einer bestimmten Zeit, z.B. 15 Sekunden der Schlüssel in das Zündschloss eingesteckt werden, da sonst der Alarm ausgelöst wird.

20

Innenraumüberwachung. Mit dem Aktivieren der Alarmanlage, wird auch deren Überwachungssensor aktiviert.

Man unterscheidet:
- Infrarot-Innenraumüberwachung
- Ultraschall-Innenraumüberwachung

Infrarot-Innenraumüberwachung. Bei ihr erfolgt die Überwachung des Innenraums durch einen Infrarotsensor. Er reagiert auf sich bewegende Wärmequellen, z.B. Personen und löst Alarm aus.

Ultraschall-Innenraumüberwachung (Bild 1). Ein Ultraschallsender erzeugt im Innenraum des Fahrzeugs ein Ultraschallfeld mit einer Frequenz von ca. 20 kHz. Ändert sich dieses Feld z.B. durch Hineingreifen oder Einschlagen einer Scheibe, so erkennt dies der Ultraschalldetektor anhand der Druckschwankungen im Feld. Die Auswerteelektronik löst Alarm aus.

Beim Einbau einer Standheizung muss die Empfindlichkeit der Anlage neu angepasst werden, da der warme Luftstrom ausreicht um einen Alarm auszulösen.

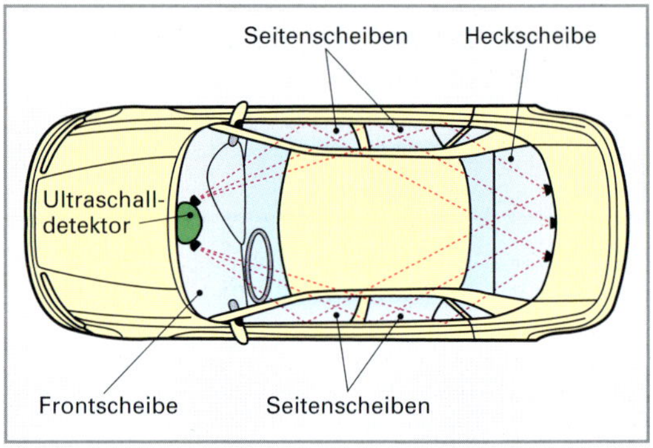

Bild 1: Ultraschallfeld im Fahrzeuginnenraum

Rad und Abschleppschutz. Er besteht aus Neigungssensoren und einer Auswerteinheit. Die Lage des Fahrzeuges beim Abstellen wird mit dem Einschalten der Alarmanlage als Nulllage einprogrammiert. Eine Veränderung führt zur Alarmauslösung. Normale Lageänderungen (z.B. Luftverlust in den Reifen, Schaukeln des Fahrzeuges, aufweichender Untergrund) lösen keinen Alarm aus.

Komponentenschutz

Nach unbefugtem Ausbau steht das Bauteil, z.B. Motorsteuergerät nicht mehr mit allen Funktionen zur Verfügung. Es ist für einen neuerlichen Einbau unbrauchbar.

Werkstatthinweise

Die Systeme sind eigendiagnosefähig und können nur mit Hilfe herstellerspezifischer Mess- und Diagnosegeräte überprüft, repariert oder neu angelernt werden.

Bei Wartung, Anpassungszwecken oder Reparaturarbeiten einer Diebstahlschutzanlage müssen je nach Bauart bestimmte Herstellervorschriften und Sicherheitsstandards, sowie erhöhte Sorgfalt eingehalten werden:

Fortsetzung von Seite 642

- Müssen bei einem Fahrzeug z.B. Schlüssel, Schließzylinder oder ein Motorsteuergerät ersetzt werden, muss zur Bestellung der Personalausweis des Käufers und der Fahrzeugschein kopiert werden. Der Vorgang wird genau dokumentiert und die Unterlagen müssen mit Datum in einer Nachweiskarte aufbewahrt werden.
- Nach dem Einbau des Ersatzteiles muss mit Hilfe des Diagnose-Testers das System neu in Betrieb genommen werden (Freischalten bzw. Anlernen.) Bei Fahrzeugen der neueren Generation ist auch die Freischaltung der anderen Steuergeräte mit einer neuen elektronische Identität notwendig. Zusätzlich sind alle Fahrzeugschlüssel zu ersetzen und anzulernen.
- Je nach Fahrzeugtyp benötigt der Mechaniker eine PIN-Nummer vom Hersteller oder eine Onlineverbindung während der Reparatur zum Hersteller.
- **PIN-Nummer.** Sie ist eine Geheimnummer, die eine Händlerkennung sowie das Datum enthält. Sie muss von der Werkstatt beim Hersteller z.B. per Fax oder Internet angefordert werden. Sie ist nur für diese Werkstatt und nur für eine bestimmte Zeit z.B. 24 Stunden gültig.
- Online-Freischaltung. Sie erfolgt nur wenn das Fahrzeug über den Diagnose-Tester mit dem Hersteller online verbunden ist.
- Der Mechaniker, der die Onlineabfrage durchführt, muss über eine persönliche Benutzerkennung samt Passwort verfügen. Das Fahrzeug und das eingebaute Ersatzteil identifizieren sich über den Diagnose-Tester beim Hersteller. Zusätzlich muss der Kundenname und die Ausweisnummer mit der Staatsangehörigkeit eingegeben werden.
- Die Freischaltung wird durchgeführt und nach Beendigung im Diagnose-Tester bestätigt.
- Dabei müssen alle Schlüssel durch Einstecken in das Zündschloss und Einschalten der Zündung neu angelernt werden.
- Durch die Freischaltung können auch zusätzliche Schlüssel angepasst werden.
- Benötigt man neue Fahrzeugschlüssel, werden die nachbestellten Schlüssel bereits ab Werk mechanisch (Fräsen des Innenbahnschlüssels) und elektronisch auf das jeweilige Fahrzeug vorcodiert. Die neuen Schlüssel lassen sich nur auf diesem Fahrzeug freischalten.

Wiederholungsfragen

1. **Welche zwei Systeme werden bei Zentralverriegelung unterschieden?**
2. **Welche Aufgaben haben die Stellelemente bei Zentralverriegelungen?**
3. **Welchen Vorteil hat die Funk-Fernbedienung gegenüber einer Infrarot-Fernbedienung?**
4. **Aus welchen Baugruppen können Diebstahlalarmsysteme bestehen?**
5. **Was ist ein Transponder?**
6. **Welche Komponenten eines Diebstalschutzsystems können Alarm auslösen?**
7. **Welche Möglichkeiten der Innenraumüberwachung gibt es?**
8. **Erklären Sie die Funktion einer Wegfahrsperre.**
9. **Welche Funktionen lassen sich bei Keyless-go ohne Betätigung des Zündschlüssels ausführen?**

20.3 Komfortsysteme

20.3.1 Elektrische Fensterheber

Sie ermöglichen ein elektrisches Öffnen und Schließen der Fenster und gegebenenfalls des Schiebedachs über einen Wippschalter (Tastschalter).

Als Fensterantrieb dient hauptsächlich ein Seilzugantrieb **(Bild 1)**. Der Antriebsmotor betätigt über ein Schneckengetriebe einen Seilzug, der je nach Drehrichtung des Motors das Fenster öffnet oder schließt. Die selbsthemmende Wirkung des Schneckengetriebes verhindert ein gewaltsames Öffnen der Fenster.

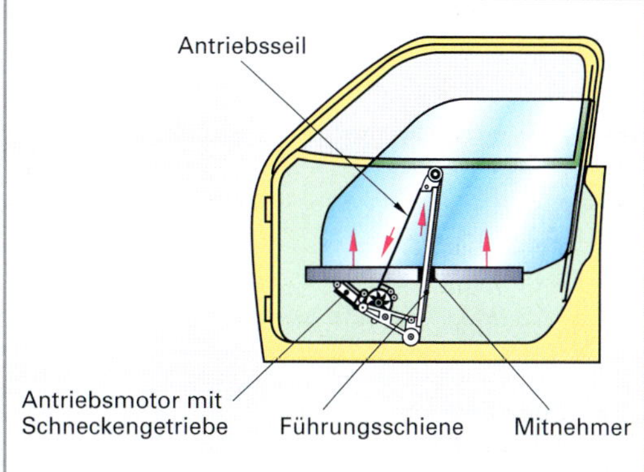

Bild 1: Seilzugantrieb

20

Elektrische Betätigung der Fenster. Sie kann erfolgen durch

- Wippschalter (manuelle Betätigung)
- Steuerelektronik kombiniert mit Wippschalter

Betätigung mit Wippschalter. Über den jeweiligen Wippschalter, der dem Fensterhebermotor zugeordnet ist, kann das Fenster geschlossen oder geöffnet werden. Bei Zentralverriegelung können auch alle Fenster gleichzeitig schließen **(Bild 1).**

Wirkungsweise (Bild 1). Bei eingeschaltetem Fahrtschalter wird über Klemme 15 das Hauptrelais angesteuert. Es zieht an, verbindet Kl. 30 mit Kl. 87 und legt Spannung an Kl. d von Schalter S1 und S2. Mit Hilfe des Schalters S5, der in Schalter S 1 des Fahrers integriert ist, können die Schalter S3 und S4 für die hinteren Türen mit Spannung versorgt bzw. die Spannungsversorgung abgeschaltet werden.

Schalterstellung: Fenster öffnen (Bild 2). Bei Betätigung eines Wippschalters (S1, S2, S3, S4) wird Kl. d (+) mit Kl. b und Kl. c (–) mit Kl. a verbunden. Der Fensterantrieb senkt das jeweilige Fenster ab.

Schalterstellung: Fenster schließen (Bild 2). Soll das Fenster geschlossen werden, wird im Wippschalter Kl. d (+) mit Kl. a und Kl. e (–) mit Kl. b verbunden. Die Drehrichtung des Antriebsmotors wird umgekehrt, da die Klemmen a und b umgepolt werden. Das Fenster schließt.

Schließen der Fenster bei Zentralverriegelung. Das Steuergerät für die Zentralverriegelung legt die Steuerspule des Steuerrelais Kl. 85 an Masse. Dadurch werden im Relais die Kl. 87 und die Kl. 30 verbunden. Die Schalterklemme a wird über die Kl. c an Plus gelegt. Über Kl. b und Kl. e wird die Verbindung zur Masse hergestellt. Die Fenster werden geschlossen.

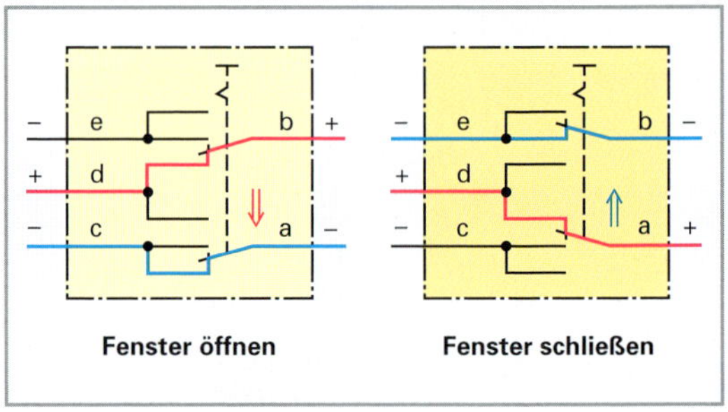

Bild 2: Schaltstellungen zur Fensterbetätigung mit Wippschalter

Kombination von Fensterverstellung durch Wippschalter und Steuerelektronik. Dabei kann die Steuerelektronik zentral in einem Steuergerät untergebracht sein. Um den Kabelaufwand möglichst gering zu halten kann es im jeweiligen Fensterhebermotor integriert sein. Wird der jeweilige Bedienungsschalter des Fensterhebermotors kurz angetippt, veranlasst die Steuerelektronik, dass das Fenster geschlossen wird. Betätigt man den Tastschalter länger, kann das Fenster in jede beliebige Position gefahren werden. Wird das Fahrzeug über die Zentralverriegelung abgeschlossen, schließen alle Fenster gleichzeitig bzw. werden sie in eine Lüftungsstellung gefahren.

Einklemmschutz. Um ein gefährliches Einklemmen von Körperteilen, wie z.B. Hände, Arme zu verhindern, darf die Schließkraft der Fenster einen bestimmten Höchstwert nicht überschreiten. Der Klemmschutz wirkt elektrisch, durch Abschalten des Elektromotors ab einer bestimmten Stromstärke oder mechanisch durch Lastkupplungen im Antrieb.

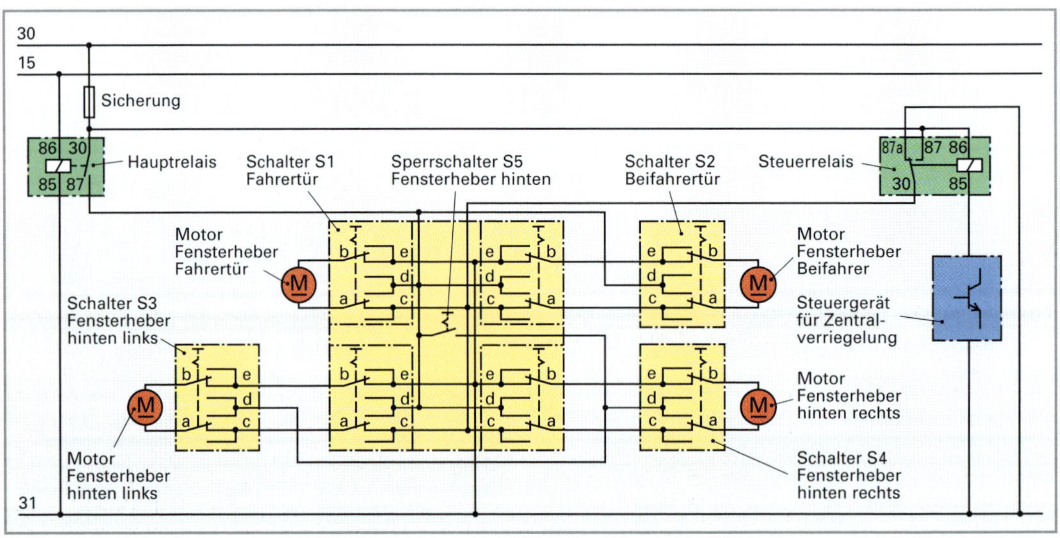

Bild 1: Schaltplan für die Betätigung mit Wippschalter

20.3.2 Verdeckbetätigung

Sie ermöglicht ein elektrisches Öffnen und Schließen des Verdeckes über einen Tastschalter.

Bei der im **Bild 1** dargestellten Verdeckbetätigung handelt es sich um ein elektrohydraulisches System. Über einen Schalter wird ein Elektromotor eingeschaltet, der eine Rotorpumpe in Gang setzt. Diese baut Druck auf. Über doppelt wirkende Hydraulikzylinder wird das Verdeck geöffnet bzw. geschlossen.

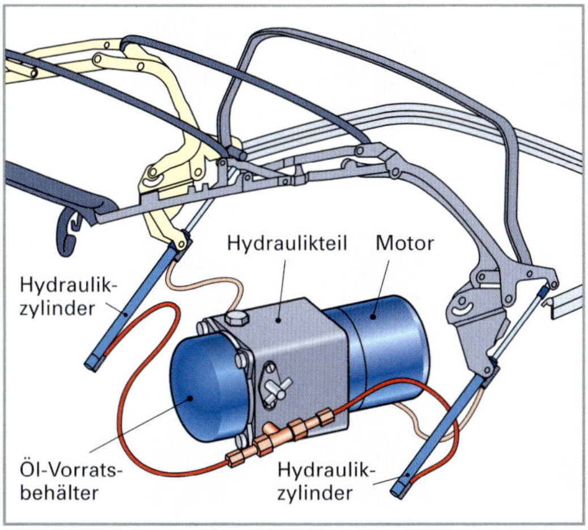

Bild 1: Verdeckbetätigung

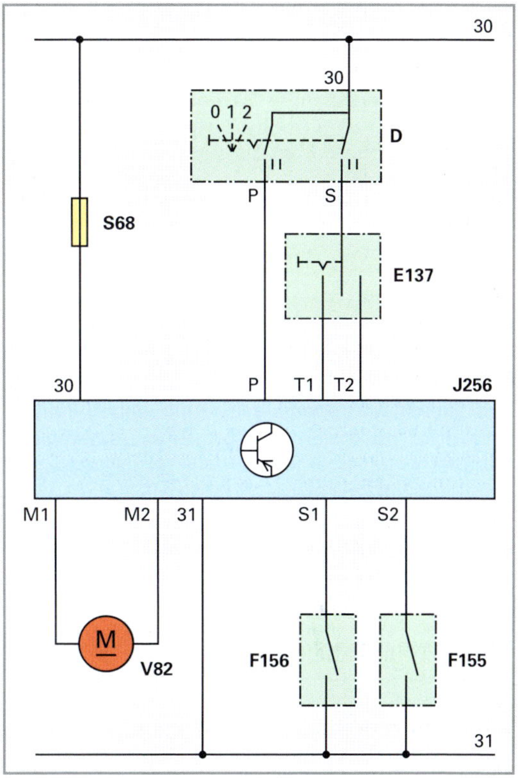

Bild 2: Stromlaufplan der Verdeckbetätigung

Hydraulische Einrichtung

Sie besteht aus:

- Ölvorratsbehälter
- Elektrisch angetriebener Hydraulik-Rotorpumpe
- Hydraulischer Steuereinheit
- 2 doppelt wirkenden Hydraulikzylinder

Elektrische Einrichtung (Bild 2)

Sie enthält folgende Hauptkomponenten:

- Verdecktaster (E 137)
- Steuergerät (J256)
- Motor für Hydraulikpumpe (V82)
- Zünd-Start-Schalter (D)
- Thermosicherung (S68)
- Kontakte für montierte Verdeckhülle (F155, F156)

Wirkungsweise Verdeck öffnen

Nach der manuellen Entriegelung lässt sich das elektrisch-hydraulische Verdeck aus Sicherheitsgründen nur bei eingestecktem Zündschlüssel und ausgeschalteter Zündung betätigen.

Hierbei legt PIN S des Zünd-Start-Schalters D Spannung an den Verdecktaster E137. Wird dieser betätigt, erhält das Steuergerät J256 Spannung an PIN T1. Ebenso erhält es Spannung vom Zünd-Start-Schalter D über PIN P.

Die Arbeitsstromversorgung des Systems erfolgt über die Thermosicherung S68 von Klemme 30 auf PIN 30 des Steuergeräts J256.

Weil an PIN T1 des Steuergerätes J256 Spannung anliegt, steuert das Steuergerät die Drehrichtung des Elektromotors V82 für die Hydraulikpumpe so, dass die Kolbenstange des Hydraulikzylinders einfährt. Das Verdeck wird geöffnet.

Verdeck schließen

Soll das Verdeck geschlossen werden, erhält das Steuergerät J256 Spannung vom Verdecktaster E137 an PIN T2. Es steuert den Elektromotor der Hydraulikpumpe V82 so an, dass die Kolbenstange des Hydraulikzylinders ausfährt. Das Verdeck wird geschlossen.

Damit bei montierter Verdeckhülle das Verdeck nicht betätigt werden kann, sind Sicherheitsschalter eingebaut. Die Schalter F155 und F156 sind Reed-Kontaktschalter, die berührungslos durch Magnete an den Verschlussknöpfen der Verdeckhülle geschaltet werden. Die Schalter F155 und F156 legen Masse an PIN S2 bzw. PIN S1 des Steuergerätes J256, wenn ein Verschlussknopf der Verdeckhülle gesteckt ist. Das Steuergerät J256 steuert den Elektromotor V82 jetzt nicht mehr an.

20.3.3 Elektrisch verstellbare Sitze

Um Menschen jeglicher Statur eine verkehrsgerechte und entspannte Sitzhaltung zu ermöglichen lassen sich Sitzhöhe, Neigung, Lehnenstellung und Sitzkontur an die persönlichen Bedürfnisse anpassen.

Grundaufbau. Der Sitz beseht aus einem Stahlrahmen mit Kunststoff-Formteilen und Baugruppen für die verschiedenen Funktionen. Unter dem gepolsterten Sitzbezug sorgt ein durchlässiges Belüftungsgewebe für Luftzirkulation. Gummihaarmatten stützen den Verbund gegen die Rückenlehne und den Sitz ab. Eine individuell regelbare Heizung und Belüftung sorgen für optimalen Komfort. Eine Lendenwirbel (Lordosen)-Stütze gegebenenfalls mit Massagesystem unterstützt ein aktives Sitzen.

Individuelle Sitzeinstellung. Sie erfolgt durch Elektromotoren und elektronische Steuergeräte. Durch Bewegen der Sitzabschnitte in die gewünschte Richtung kann so die individuelle Sitzposition gefunden werden. Persönliche Einstellungen können per Memory-Taste gespeichert werden. In diesem Fall werden die Elektromotoren vom Steuergerät angesteuert. Eine Lagerückmeldung erfolgt über Sensoren oder Potentiometer. Meist ist damit auch das Einstellen der Außenspiegel verbunden.

Aktives Sitzen. Bei längerer starrer Sitzhaltung wird die Wirbelsäule durch ständiges minimales Verändern der Sitzhaltung vor schmerzhaften Verspannungen geschützt. Eine variable Lordosenstütze unterstützt diesen Vorgang durch eine pulsierende Luftkammer **(Bild 1)**.

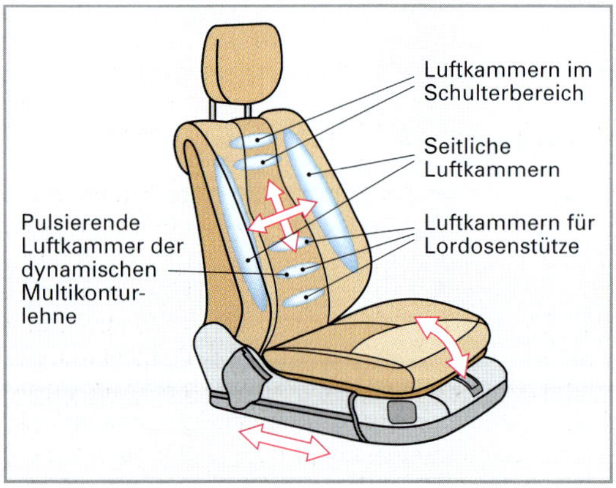

Bild 1: Sitz für individuelles und aktives Sitzen

Sitzheizung. Im Sitz sorgen zentrale Heizfelder im Winter für eine schnelle Erwärmung im Mittelbereich. Die Randbereiche werden langsam nachgeregelt.

Belüftung. Von der Sonne aufgeheizte Sitzflächen werden im Sommer mittels kleiner, unter der Oberfläche eingebauter Miniventilatoren gekühlt und zugleich belüftet.

Dynamische Sitzverstellung. Aufblasbare Luftkammern in den Seitenwangen verstärken bei Kurvenfahrt den Seitenhalt **(Bild 1)**.

Belegungserkennung. Im Sitz ist eine Sensormatte integriert, die eine Insassenklassifizierung, z.B. Kindersitzerkennung anhand der Sitzflächenbelastung ermöglicht. Danach wird entschieden, ob beim Unfall der Airbag ausgelöst wird.

Aktive Kopfstütze (Bild 2). Bei einem Heckaufprall gehen die Kopfstützen nach vorne. Der Abstand zum Kopf wird verringert. Die Gefahr einer Halswirbelverletzung wird geringer.

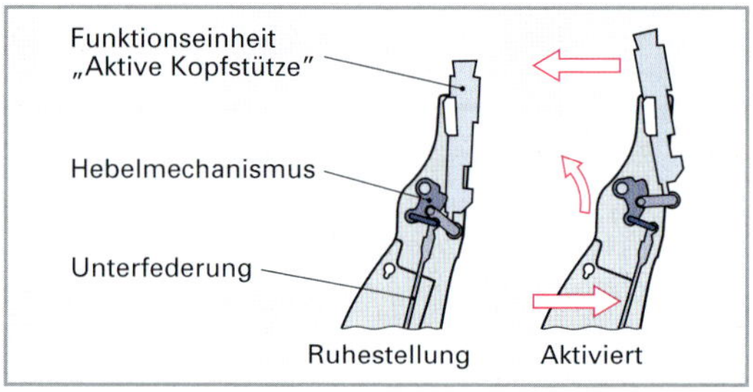

Bild 2: Aktive Kopfstütze

20.3.4 Elektronische Scheibenwischer

Sie ermöglichen eine elektronische Regelung der Wischbewegung und eine gegenläufige Laufrichtung der Wischerarme.

Aufbau. Die elektronische Scheibenwischeranlage besteht aus ein oder zwei reversierenden Gleichstrom-Motoren mit kleinem Kurbeltrieb ohne Wischerumlenkgestänge **(Bild 3)**. Die Steuerelektronik ist im Getriebedeckel des Wischermotors integriert.

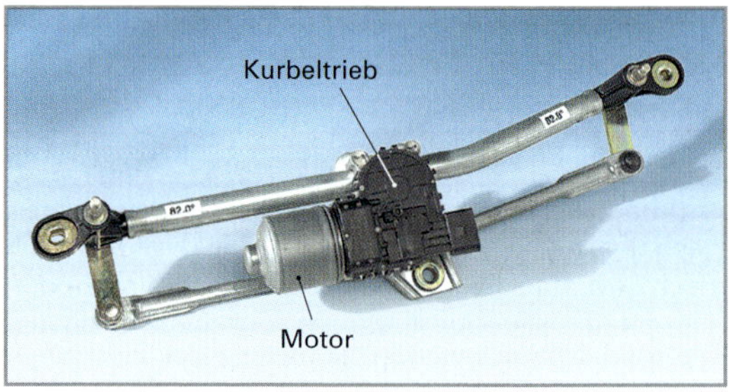

Bild 3: Elektronische Scheibenwischer

Wirkungsweise. Die Auf- und Abwärtsbewegung der Wischarme erfolgt durch Drehrichtungsänderung des Zwei-Bürsten-Wischermotors (Reversieren). Die an den Bürsten angelegte Spannung wird in den Umkehrlagen der Wischarme elektronisch umgepolt **(Bild 1)**. Zur Erkennung der Lage und der Drehzahl sind Hall-Sensoren am Wischermotor und -getriebe angebracht.

Rechtslauf. Die Transistoren T1 und T4 werden von der Endstufe über Pin 5 und Pin 8 angesteuert und geschaltet. Der Arbeitsstrom fließt von + über T1 zum Motor und über T4 zur Masse.

Linkslauf. Hier werden die Transistoren T2 und T3 von der Endstufe über Pin 6 und Pin 7 angesteuert und geschaltet. Der Arbeitsstrom fließt von + über T2 zum Motor und über T3 zur Masse.

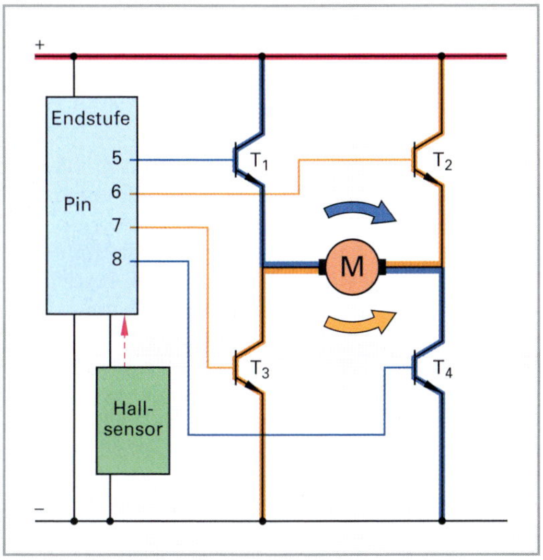

Bild 1: Prinzipschaltung der Drehrichtungsumkehr

Der Wischermotor erhält die Wischanforderungen über eine CAN-Schnittstelle. Ist ein zweiter Motor (Slave) verbaut, erhält dieser die Wischanforderung über eine serielle Eindraht-Schnittstelle vom ersten Motor (Master).

Es ergeben sich folgende Vorteile:

- Platzsparende Bauweise
- Erweitertes Sichtfeld (Wischwinkel ca. 150°)
- Abgesenkte Parkposition der Wischerarme außerhalb des Sichtfeldes im beheizten Bereich in Abhängigkeit von der Fahrgeschwindigkeit
- Geringe Umlegegeräusche der Wischergummis in den Wendelagen durch Drehzahlsenkung des Wischermotors
- Wechselnde Ablageposition in Auf- und Abwärtsrichtung
- Blockierschutz mit Schneelastsicherung

> Um einen Wischerwechsel durchzuführen, müssen die Wischerarme über die zentrale Bedieneinheit in eine senkrechte Lage gefahren werden! Die Wischer niemals selbsttätig herausnehmen!

20.3.5 Elektrisch verstellbare Außenspiegel

> Sie werden durch einen Tastschalter im Fahrzeuginnenraum in die optimale Position gebracht.

Aufbau. Betätigt der Fahrer den Verstellschalter zum Verstellen des Spiegels geht die Information zum Türsteuergerät. Dieses steuert zwei Gleichstrommotoren mit Rechts- und Linkslauf an. Sie verstellen über Schneckenräder und Stellschrauben den Spiegel in je eine der vier Bewegungsrichtungen. Über einen Auswahlschalter kann der Außenspiegel der Fahrer- oder Beifahrerseite gewählt werden. Meist ist noch eine Spiegelheizung zum Enteisen integriert **(Bild 2)**.

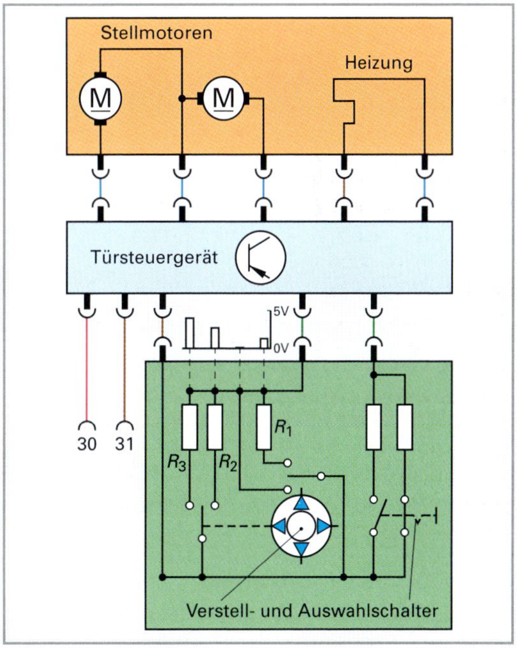

Bild 2: Schaltplan zur Steuerung des Außenspiegels

Wirkungsweise. Die Ansteuerung des Türsteuergerätes erfolgt häufig über eine Spannungscodierung. Durch den Verstellschalter wird je einer der vier parallel geschalteten Schließer betätigt. Er schließt den Stromkreis zum Türsteuergerät. Jeder Stromkreis hat einen Widerstand unterschiedlicher Größe (nur Leitung, R1, R2, R3). Sie bewirken in jedem Stromkreis einen anderen Spannungsabfall von z.B. 0 V bei widerstandsfreier Leitung, 1,3 V bei R1, 2,7 V bei R2 und 4 V bei R3. Das Türsteuergerät erkennt anhand der anliegenden Spannung die gewünschte Bewegungsrichtung und schaltet dementsprechend den Arbeitsstrom zum betreffenden Stellmotor. Er läuft solange der Verstellschalter gedrückt bleibt. Vom Verstellschalter zum Türsteuergerät wird nur eine Plusleitung benötigt.

20.4 Fahrerassistenzsysteme

20.4.1 Tempomat

Er hält das Fahrzeug automatisch auf der vom Fahrer eingestellten Geschwindigkeit.

Aufbau. Der Tempomat besteht aus:

- Geschwindigkeitsgeber
- Drosselklappe mit Stellmotor
- Regler
- Eingabeteil

Wirkungsweise. Der Fahrer gibt die gewünschte Geschwindigkeit durch Antippen des Einstellhebels vor. Die erforderliche Gemischmenge wird dem Motor über die Drosselklappe zugeführt. Ändert sich die Geschwindigkeit empfängt der Regler das entsprechende Signal. Er verändert über den Stellmotor den Drosselklappenwinkel und damit die Gemischmenge **(Bild 3, Seite 76)**. Das Fahrzeug wird beschleunigt oder verzögert. Ein automatischer Bremseneingriff erfolgt nicht. Bei Berührung von Kupplungs- oder Bremspedal schaltet die Regelung sofort ab.

20.4.2 Adaptive Fahrgeschwindigkeitsregelung (Adaptive Cruise Control ACC)

ACC ist ein automatisches Geschwindigkeits- und Abstandsregelungssystem. Es arbeitet im Geschwindigkeitsbereich von 30 km/h bis ca. 200 km/h. Es dient zur Fahrerentlastung im fließenden Verkehr.

Aufbau. Das System besteht aus:

- Radar-, Gierraten-, Querbeschleunigungs-, Raddrehzahl- und Lenkwinkelsensor
- Kontrolleinheit zur Erkennung der eigenen Fahrzeugbewegung
- Objekterkennung und Zuordnung
- Abstandsregelung
- Steuergeräte für Motor, Getriebe und ESP mit Aktoren

Wirkungsweise. Mit Hilfe des Radarsensors werden vorausfahrende Fahrzeuge und deren Geschwindigkeit bis auf eine Entfernung von ca. 100 m erfasst. ACC unterscheidet die zwei Betriebzustände Freifahrt und Folgefahrt **(Bild 1)**.

Freifahrt. Ist die Fahrbahn frei, arbeitet es als Tempomat.

Folgefahrt. Erkennt das ACC ein Fahrzeug in der eigenen Spur passt es die Geschwindigkeit an das vorausfahrende Fahrzeug an. Es hält den vom Fahrer vorgegebenen Abstand, durch selbsttätiges Bremsen und Beschleunigen. ACC verringert die Geschwindigkeit des Fahrzeug durch Zurücknahme des Motordrehmoments und gegebenenfalls eine Bremsung Beim Berühren des Bremspedals schaltet das System sofort ab.

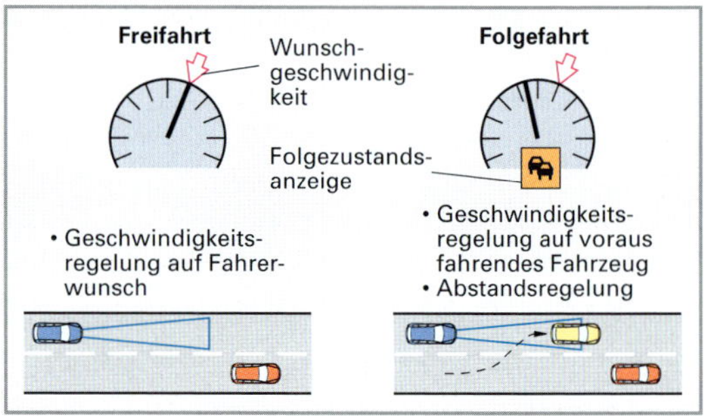

Bild 1: Frei- und Folgefahrt bei ACC

Objekterkennung (Bild 2). Zur Ortung der vorausfahrenden Fahrzeuge sitzt ein Radarsensor in der Kühlermaske. Er enthält drei Sende- und Empfangseinheiten, die mit einem Öffnungswinkel von jeweils drei Grad auf rund 100 Meter Entfernung die gesamte Breite einer dreispurigen Autobahn erfassen und die vorausfahrenden Autos erkennen. Sie reflektieren die Radarimpulse (77 Ghz). Aus der Laufzeit der Signale wird der Abstand und die Relativgeschwindigkeit der beiden Fahrzeuge berechnet. Kurvenfahrt wird mit Hilfe der ESP-Sensoren festgestellt und das auf der eigenen Spur fahrende relevante Fahrzeug erkannt.

Bild 2: Objekterkennung des vorausfahrenden Fahrzeuges

WERKSTATTHINWEISE

Werden am Fahrzeug Reparaturen oder Einstellung (z.B. Fahrwerk, Querträger) vorgenommen, die ein Lageänderung des Radarsensors zur Folge haben können, muss der Radarsensor neu justiert werden. Eine Neueinstellung ist zwingend durchzuführen, wenn Eingriffe am Fahrzeug vorgenommen wurden.

20.4.3 Einparkhilfe

Sie zeigen dem Fahrer beim Einparken oder Rückwärtsfahren den Abstand zu einem Hindernis an. Außerdem warnen sie akustisch und optisch.

Aufbau

- Ultraschallsensoren am Heck und an der Front des Fahrzeuges.
- Optische und akustische Warnsignale.
- Steuergerät.

Wirkungsweise. Die Ultraschallsensoren arbeiten nach dem Echolotverfahren. Sie werden periodisch reihum angesteuert und senden dann 30-kHz-Ultraschallsignale aus. Anschließend schalten alle Sensoren auf Empfang um und nehmen die von Hindernissen reflektierten Schallwellen auf. Aus den Laufzeiten der Echosignale lassen sich der Abstand zum Hindernis und dessen örtliche Lage berechnen. Bei zu geringem Abstand warnen sie den Fahrer und zeigen den Abstand zum Hindernis an **(Bild 1)**. Anhand der Signalfrequenz ist unterscheidbar, ob das Hindernis vorne oder hinten erkannt wurde.

Systeme mit optischer Darstellung zeigen dem Fahrer zusätzlich im Display ein schematisches Bild, sodass er erkennen kann, an welcher Stelle sich das Hindernis genau befindet.

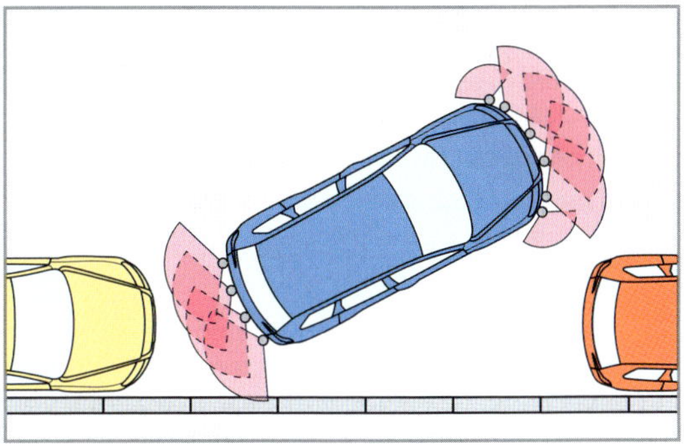

Bild 1: Einparkhilfe mit Ultraschallsignalen

20.4.4 Parkassistent

Sie messen die Länge der Parklücke, zeigen an ob Parken möglich ist, und unterstützen gegebenenfalls den Parkvorgang.

Aufbau

- Ultraschallsensoren am Heck, an der Front und an der Seite des Fahrzeuges.
- Optische und akustische Warnsignale
- Elektromechanische Lenkanlage
- Steuergerät.

Die seitlich angebrachten Sensoren vermessen die Parklücke. Dazu muss diese möglichst parallel im Abstand von 30 cm bis 1,5 m angefahren werden. Die Fahrzeuggeschwindigkeit muss geringerer als 30 km/h sein **(Bild 2)**.

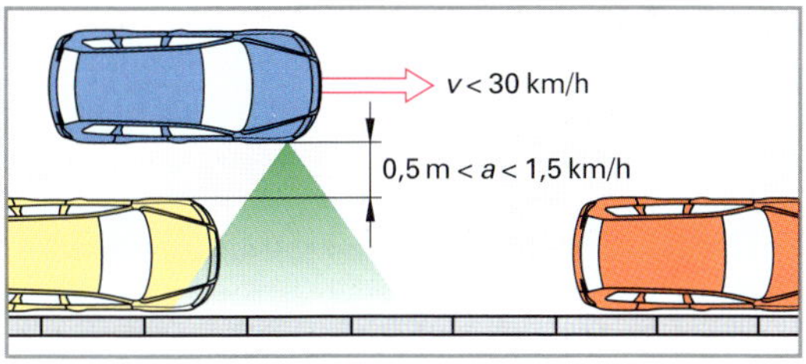

Bild 2: Parklückenvermessung

Ist Parken möglich, wird der Weg, den der Fahrer einschlagen und fahren soll auf dem Display angezeigt.

Bei aktiven Systemen übernimmt der Parkassistent die Drehung des Lenkrades durch Ansteuern des Elektromotors an der elektromechanischen Lenkanlage. Der Fahrer wird per Anzeige zum Schalten, Gasgeben und Bremsen aufgefordert.

20.4.5 Spurwechselassistent

Das System warnt den Fahrer bei einem beabsichtigten Spurwechsel vor Fahrzeugen, die sich versetzt hinter ihm befinden.

Aufbau

- Radarsensoren mit ca. 25 GHz und einer Reichweite von 50 m.
- Optische und akustische Warnsignale.
- Steuergeräte.

Wirkungsweise. Radarsensoren überwachen den Bereich, der vom Fahrer im Rückspiegel nicht zu sehen ist (Toter Winkel) **(Bild 3)**. Registrieren die Sensoren in diesem Bereich ein sich näherndes Fahrzeug, leuchtet z.B. am Außenspiegel eine Kontrollleuchte. Wird der Blinker betätigt, beginnt die Kontrollleuchte zu blinken und ein Warnton ertönt. Ein Eingriff in die Lenkung des Fahrzeuges erfolgt nicht.

Das System unterscheidet zwei Fahrsituationen.

- Fahrzeug wird überholt. Die Warnleuchte des linken Außenspiegels wird aktiviert.
- Fahrzeug überholt mit geringerer Geschwindigkeit als 15 km/h. Die Warnleuchte des rechten Außenspiegels wird aktiviert.

20

Bild 3: Toter-Winkel-Überwachung

20.4.6 Spurhalteassistent

Er warnt bei nicht beabsichtigtem Spurwechsel auf Schnellstraßen und Autobahnen.

Aufbau
- Infrarotsensoren mit 30 MHz oder Kameras.
- Steuergerät
- Aktivierungsschalter mit Kontrollleuchten
- Vibratoren im Fahrersitz oder Lenkrad

Wirkungsweise. Das System bemerkt das unbeabsichtigte Überfahren der seitlichen Streifen auf der Fahrbahn. Wird eine durchgezogene oder unterbrochene weiße Linie überfahren, erkennen dies die Infrarotsender/Empfänger oder Kameras und senden ein Signal an das Steuergerät. Wurde vorher kein Fahrtrichtungsanzeiger betätigt, wird der Fahrer durch die im Fahrersitz oder im Lenkrad angeordneten Vibratoren gewarnt.

Je nach Systemauslegung erfolgt die Korrektur durch den Fahrer oder durch das ESP, indem einzelne Räder gezielt abgebremst werden **(Bild 1)**. Gegebenenfalls kann durch Regelung der Lenkunterstützung das Lenken über die Fahrbahnmarkierung erschwert werden.

Bild 1: Spurwechselassistent

20.5 Infotainmentsystem

Man versteht darunter die Bereiche **Info**rmation (Datenübermittlung), Kommunikation und Enter**tainment** (Unterhaltung). Sie können mit einer zentralen Einheit bedient werden oder unabhängig voneinander im Fahrzeug verbaut sein.

Infotainmentsysteme bieten Zugriff auf:
- Betriebs- und Fahrdatenanzeige
- Navigation mit Telemetrie
- Fahrwerkseinstellungen und Servicefunktionen
- Mobiltelefon und Internet
- Audio/TV

Es besteht beispielsweise aus:
- Kombiinstrument
- Anzeige- und Bedieneinheiten
- Multifunktionslenkrad
- Navigationssystem
- Mobiltelefon mit Antennen und Mikrofon
- TV- Radiotuner und CD-Player

20.5.1 Betriebs- und Fahrdatenanzeige

Im Kombiinstrument werden die für den Fahrer wichtigsten Informationen angezeigt.

Diese sind z.B. Geschwindigkeit, Motordrehzahl, Motortemperatur, Öldruck, Generatorkontrollleuchte oder Beleuchtung sowie Fehlermeldung der Eigendiagnose. Das Kombiinstrument ist im zentralen Sichtfeld des Fahrers. Über einen Bordcomputer, der Daten und Sensorsignale auswertet und mit anderen Steuergeräten (z.B. Motor, Getriebe, ABS) kommuniziert, können weitere Informationen angezeigt werden. Dies sind z.B.:
- Fahrdaten wie z.B. durchschnittlicher Kraftstoffverbrauch oder Reichweite
- Inspektion oder Wechselintervalle
- Verschleißgrenze wie z.B. Bremsbeläge
- Flüssigkeitsstände von z.B. Kraftstoff oder Öl
- Lampenfunktionskontrolle

20.5.2 Navigationssysteme

Sie bieten Hilfe bei der Suche nach der richtigen Strecke zum Zielort und bei der Orientierung in unbekannten Gegenden.

Navigationssysteme können folgende Aufgaben übernehmen:
- Eigenpositionsbestimmung
- Positionsübermittlung
- Berechnung der optimalen Streckenführung unter Berücksichtigung der aktuellen Verkehrssituation
- Zielführung durch Fahrtrichtungsempfehlungen

In **Bild 2** sind alle beteiligten Komponenten und Teilsysteme dargestellt. Die Eingangssignale werden vom Navigationsrechner verarbeitet. Die Ausgabe erfolgt optisch auf dem Display und durch Sprache.

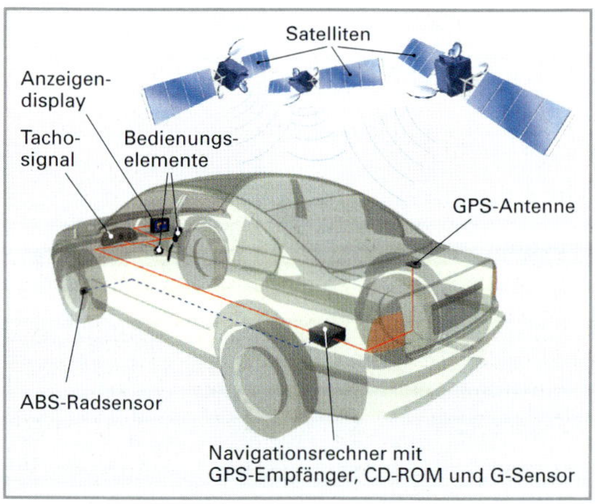

Bild 2: Komponenten eines Navigationssystems

Eigenpositionsbestimmung. Sie bildet die Grundlage für die Berechnung einer Fahrtroute. Mit Hilfe von Global Positioning System (GPS) kann die aktuelle Position des Kraftfahrzeugs bestimmt werden. GPS besteht aus 24 geostationären Satelliten, die sich auf verschiedenen Umlaufbahnen um die Erde befinden. Diese senden in gleichen Zeitabständen Identifikations-, Zeit- und Positionssignale aus. Für die Bestimmung der eigenen Position durch den Navigationsrechner im Kraftfahrzeug sind die Signale von mindestens drei Satelliten erforderlich. Die Position kann mit den Daten von GPS auf etwa 10 Meter genau bestimmt werden. Um die Genauigkeit zu steigern werden die Fahrzeugbewegungen durch das Tachosignal und die Signale eines Drehraten-Sensors ergänzt. So können z.B. Entfernungen gemessen werden und zwischen Geradeausfahrt und Kurvenfahrt unterschieden werden. Eventuell erforderliche Korrekturen des Ortungsergebnisses, die durch äußere Einflüsse wie z.B. Fahrt durch einen Tunnel, Brücken usw. erforderlich sind, werden vom Navigationsrechner durchgeführt.

Positionsübermittlung. Sie dient dazu, um bei einem Notfall oder einem Fahrzeugdefekt den Rettungsdiensten oder Pannenhilfen den Standort des Kraftfahrzeugs zu übermitteln. Außerdem kann bei einem Fahrzeugdiebstahl das gestohlene Fahrzeug schneller gefunden werden.

Berechnung der optimalen Streckenführung. Gibt der Fahrer über die Bedienungselemente oder durch Sprache sein Fahrziel ein, bestimmt die Navigationseinrichtung seinen Standort. Von hier aus berechnet der Navigationsrechner die optimale Streckenführung zum Zielort anhand der Daten des Straßenplanspeichers. Mit den Werten von Tachometersignal und Drehraten-Sensor, können die Längen und die Krümmungswinkel von Kurvenabschnitten vom Navigationsrechner ermittelt werden. Die von den Sensoren aufgenommenen Daten aus der gefahrenen Strecke werden mit den Daten der CD-Rom, DVD oder Software des Straßenplanspeichers verglichen und gegebenenfalls korrigiert (Map-Matching). Dadurch kann die momentane Position des Fahrzeugs auf der eingeschlagenen Route genau bestimmt werden. Steht außerdem das GPS-Signal zur Verfügung, kann die Position zusätzlich geprüft werden.

Dynamische Zielführung. Aktuelle Verkehrssituationen wie z.B. Stau, Baustellen, Straßensperren können durch Kommunikationseinrichtungen wie z.B. TIM (Traffic Information System), RDS (Radio Data System) oder über das Internet in der Streckenberechnung berücksichtigt werden.

Zielführung durch Fahrtrichtungsempfehlungen. Das Navigationssystem führt das Fahrzeug durch Fahrrichtungsempfehlung auf der berechneten Strecke zum Zielort. Meist erfolgen sie über Sprachausgabe um keine Ablenkung des Fahrers zu erzeugen. Eine Routenkarte **(Bild 1)** oder Fahrtrichtungspfeile auf einem Anzeigendisplay können zur Unterstützung angezeigt werden. Falsche Richtungsänderungen werden sofort durch eine alternative Routenführung korrigiert.

Bauarten. Man unterscheidet folgende Systeme:

- Navigationssystem mit fest eingebautem Monitor
- Autoradio-Navigationssysteme
- Navigationsystem mit PDA

Navigationssystem mit fest eingebautem Monitor (Bild 1a). Es bietet den vollen Funktionsumfang wie vorgehend beschrieben. Es wird meist bei der Zusatzausstattung von Neuwagen angeboten.

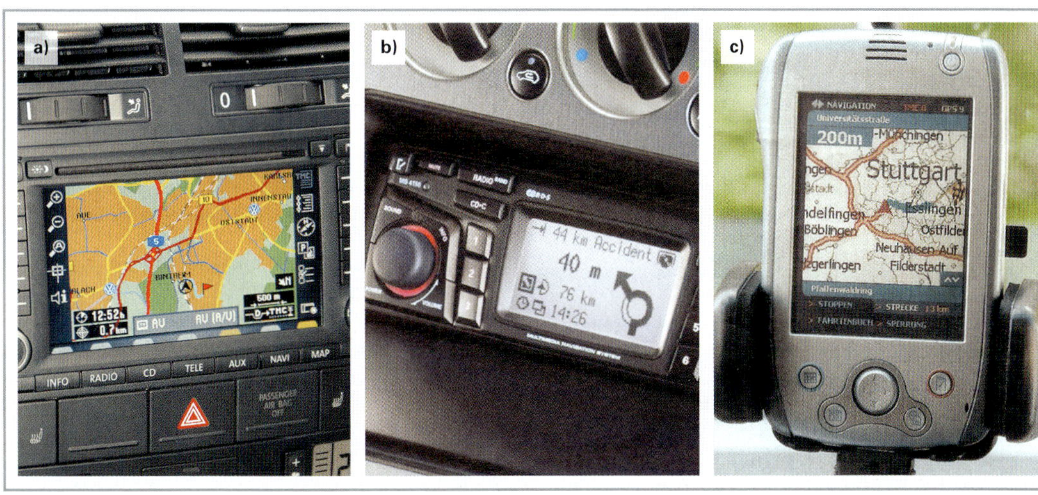

Bild 1: Bauarten von Navigationssystemen: a) mit fest eingebautem Monitor, b) mit Autoradio, c) mit PDA-System

Autoradio-Navigationssysteme (Bild 1b, Seite 651). Eine Kartendarstellung ist aufgrund der kleinen Anzeigen nicht möglich. Die Anweisungen zur errechneten Route erfolgen bei diesen Geräten durch akustische Führung und Pfeildarstellung. Die Systeme nutzen zur Berechnung das GPS- sowie Tacho- und Drehratensensor-Signal.

PDA-Navigationssystem (Bild 1c, Seite 651). Bei diesem System wird ein kleiner Taschencomputer (Personal Digital Assistent) im Fahrzeug angebracht. Sein Display dient als Anzeigefeld. Der Rechner erhält das Signal einer GPS-Antenne. Das Kartenmaterial wird über einen PC aufgespielt. PDA-Systeme sind nicht so präzise, da sie sich nur auf das GPS-Signal stützen.

Zusatzfunktionen. Mit dem Navigationssystem lässt sich gleichzeitig ein elektronisches Fahrtenbuch führen. Als Optionen stehen Features wie Sprachführung, Sprachinfo, versenkbare Monitore, Touchscreen oder die Information über das Tempolimit der gerade befahrenen Straße zur Verfügung.

20.5.3 Mobiltelefone

Sie ermöglichen das Telefonieren im Fahrzeug.

Festeinbautelefone. Sie bestehen aus einem Sende-Empfangsteil (bis 8 W) und einem Bedienhörer sowie einer Freisprecheinrichtung mit Mikrofon und Lautsprecher. Bei Freisprecheinrichtungen kann es zu Rückkoppelungen kommen, wenn die Echos der Sprache, die über das Telefon zurückkommen, nicht unterdrückt werden. Deshalb müssen aufwändige, echokompensierende Lösungen realisiert werden, die das gleichzeitige Sprechen und Hören des nahen und fernen Sprechers erlauben. Dies geschieht auf der Basis von digitalen Signalprozessoren. Dazu kommen Maßnahmen, die das Fahrgeräusch im Mikrofonsignal unterdrücken.

Handys. Es sind tragbare Geräte, die primär nicht für den Einsatz im Auto entwickelt sind. Die wesentlichen Komponenten eines GSM-Handys sind ein 2 Watt Sende- und Empfangsteil, eine digitale Signalverarbeitungseinheit für die Kanal- und Sprachcodierung und ein Steuerteil, welches das Zusammenspiel mit dem restlichen Netz koordiniert. Dazu kommen Mikrofon, Lautsprecher, Antenne, Tastatur, Anzeige, Akku und SIM -Kartenleser.

Einbausätze für das Fahrzeug bestehen aus Halterung mit Stromversorgung, Mikrofon- und Antennenanschluss **(Bild 1).** Da Telefonieren während der Fahrt verboten ist enthalten sie meist Freisprecheinrichtungen oder Headphones. Da ein Fahrzeuginnenraum als Faradayscher Käfig wirkt, wird ein abgeschirmtes Kabel zu einer außerhalb des Fahrzeugs angebrachten Antenne geleitet.

Bild 1: Handy im Fahrzeug

Internet. Mit Hilfe eines Mobiltelefons (UMTS) oder einem PDA mit integriertem Mobiltelefon (GPRS) lässt sich eine drahtlose Verbindung zum Internet herstellen. Mit der Bluetooth-Technik ist das Vernetzen dieser mobilen Geräte mit Kommunikationssystemen wie z.B. Personal Digital Assistant (PDA), Autoradio, CD-Wechsler oder Navigationssystem im Auto möglich. Jedes bluetoothfähige Gerät ist mit einer einmalig vergebenen Geräteerkennung ausgestattet, wodurch zwischen verschiedenen Geräten eindeutig unterschieden werden kann.

Zusätzliche tragbare Geräte wie Computer, Notebook, PDA können dadurch ohne großen Konfigurierungsaufwand kabellos miteinander verbunden werden. Dies eröffnet eine breite Palette an Anwendungen wie z.B. das Überspielen von Adressen und Straßenkarten ins Navigationssystem oder das Herunterladen von Musikstücken oder Videos aus dem Internet.

Wiederholungsfragen

1. **Warum ist ein Einklemmschutz bei elektrischen Fensterhebern erforderlich?**
2. **Wie erfolgt die Schließung der Fenster bei Zentralverriegelung?**
3. **Welche Aufgabe hat die Belegungserkennung bei den Sitzen?**
4. **Wie erfolgt die Drehrichtungsumkehr bei elektronischen Scheibenwischern?**
5. **Welche zwei Betriebszustände hat die adaptive Geschwindigkeitsregelung?**
6. **Beschreiben Sie die Wirkungsweise der Einparkhilfe.**
7. **Welche Informationen erhält der Fahrer durch die Betriebs- und Fahrdatenanzeige?**
8. **Beschreiben Sie die Wirkungsweise eines Navigationssystems.**

21 Zweiradtechnik

21.1 Krafträdarten

Krafträder sind einspurige Fahrzeuge mit zwei Rädern. Man darf mit ihnen auch Anhänger ziehen. Sie können Beiwagen mitführen, wobei die Eigenschaft als Kraftrad erhalten bleibt.

Krafträder müssen mit Sturzhelm gefahren werden.

Man unterscheidet:
- Fahrräder mit Hilfsmotor (Mofa, Moped)
- Kleinkrafträder (z. B. Mokick)
- Leichtkrafträder
- Motorroller
- Motorräder, Motorräder mit Beiwagen

21.1.1 Fahrräder mit Hilfsmotor

Es sind einspurige, einsitzige Fahrzeuge, dessen Motorhubraum 50 cm^3 nicht überschreiten darf. Die bauartbedingte Höchstgeschwindigkeit ist auf 25 km/h festgelegt. Das Mofa **(Bild 1)** kann sowohl durch den Motor als auch mit Tretkurbeln angetrieben werden.

Mofas, Mopeds, Mokicks dürfen ...
- ... Autobahnen nicht befahren.
- ... nur betrieben werden, wenn sie für das laufende Jahr (1. 3. bis 29. 2.) ein Versicherungskennzeichen besitzen.

Im Handel werden diese Fahrzeuge auch als City-Bike, Fun-Bike, Naked-Bike oder Enduro verkauft.

Bild 1: Mofa (City-Bike)

Das Mofa ist betriebserlaubnispflichtig, jedoch zulassungsfrei und somit auch steuerfrei. Ein Führerschein ist nicht erforderlich. Es kann nach Vollendung des 15. Lebensjahres gefahren werden. Jedoch müssen die Benutzer, die nach dem 1. 4. 1980 das 15. Lebensjahr vollendet haben, eine Prüfbescheinigung mitführen. Motorroller mit Hubraum unter 50 cm^3 können durch Reduktion der Sitzbank auf einen Sitzplatz und durch ein geändertes Zündsteuergerät, welches die Geschwindigkeit begrenzt, zum führerscheinfreien Fahrzeug umgerüstet werden. Jedoch muss diese Änderung von einem anerkannten Sachverständigen abgenommen und in der Betriebserlaubnis eingetragen werden.

Motoren. Man verwendet vorwiegend gedrosselte 1-Zylinder-Zweitakt-Hubkolbenmotoren. Hierbei sind Leistungen von 0,5 kW bis 3,7 kW bei Drehzahlen bis 4000 1/min üblich. Die Kraftübertragung erfolgt entweder über eine Ein- bzw. Zweigang-Automatik oder durch ein Schaltgetriebe mit 2- bzw. 3-Gang Hand- oder Fußschaltung. Im **Bild 2** ist ein Einzylinder-Kleinkraftradmotor für Mofas mit integriertem Schaltgetriebe dargestellt.

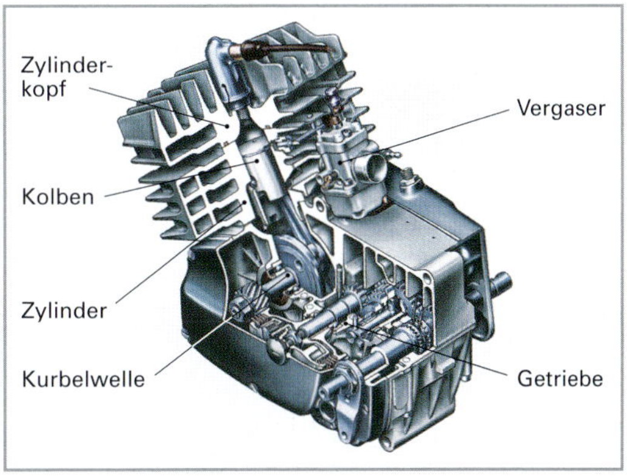

Bild 2: Mofa-Motor mit Getriebe

Moped. Es ist ein Fahrrad mit Hilfsmotor, dessen Motorhubraum auf 45 cm^3 beschränkt ist. Seine bauartbedingte Höchstgeschwindigkeit darf 50 km/h nicht überschreiten. Es ist mit Tretkurbeln als zusätzlichem Antrieb ausgerüstet.

21.1.2 Kleinkrafträder

Als Mokick haben sie Fußrasten, als Motorroller ein Trittbrett, Kickstarter und Elektrostarter. Sie haben einen Hubraum von 50 cm^3 und ihre Höchstgeschwindigkeit ist auf 45 km/h beschränkt. Diese Zweiräder sind betriebserlaubnispflichtig, aber steuerfrei und zulassungsfrei. Der Fahrer muss eine Fahrerlaubnis der Klasse M bzw. der alten Klasse 4 nach EG besitzen. Sie kann nach Vollendung des 16. Lebensjahres erteilt werden.

Motoren. Man verwendet für diese Fahrzeuge vorwiegend 1-Zylinder-Zwei- oder Viertakt-Hubkolbenmotoren. Hierbei sind Leistungen bis 3,2 kW bei Drehzahlen bis 7500 1/min üblich. Die Kraftübertragung erfolgt über Kettenantrieb vom 2 bis 3-Gang hand- oder fußgeschalteten Getriebe auf das Hinterrad. Auch Automatikgetriebe (Zweigang oder stufenlos) werden eingebaut.

21.1.3 Leichtkrafträder

Sie werden als Motorräder oder Motorroller, die einen Hubraum von mehr als 50 cm^3 und nicht mehr als 125 cm^3 haben, gebaut. Ihre Nennleistung darf 11 kW nicht überschreiten. Diese Fahrzeuge sind betriebserlaubnispflichtig, jedoch zulassungsfrei und somit auch steuerfrei. Sie müssen ein amtliches Kennzeichen führen und deshalb regelmäßig zur Hauptuntersuchung (HU) vorgeführt werden. Der Fahrer muss eine Fahrerlaubnis der Klasse A1 bzw. der alten Klasse 1b besitzen. Diese kann ab dem vollendeten 16. Lebensjahr erteilt werden. Für Fahrer unter 18 Jahren ist die bauartbedingte Höchstgeschwindigkeit auf 80 km/h begrenzt.

21.1.4 Motorroller (Bild 1)

Sie sind eine Sonderbauart von Krafträdern, die ohne Knieschluss gefahren werden. Sie haben kleinere Räder, keine Tretkurbeln und weisen einen geringeren Radstand auf. Das Triebwerk ist verkleidet und befindet sich im hinteren Teil des Fahrzeugs oder in dem als Antriebsschwinge ausgeführten Motorgehäuse. Im Handel werden die Motorroller je nach Verkleidung und Ausführung als City-, Fun-, Sport-, Klassik-, Allround- oder Komfortroller angeboten.

Bild 1: Motorroller (Sportroller, 49 cm^3, 3,2 kW)

Motoren. Für die Motorroller werden vorwiegend gedrosselte Einzylinder Zweitakt- oder Viertakt-Hubkolbenmotoren verwendet. Motordaten:

Hubraum	Leistung	Drehzahl
49 cm^3	bis 3,9 kW	7500 1/min
bis 125 cm^3	bis 14 kW	8500 1/min
bis 250 cm^3	bis 15,5 kW	7500 1/min
bis 500 cm^3	bis 29,4 kW	7250 1/min

Als Alternativantriebe werden auch Gleichstrom-Elektromotoren mit bis zu 4,8 kW Leistung verwendet. Die Energie erhalten sie aus vier 12-Volt-Blei-Vlies-Akkus. Mit dieser elektrisch gespeicherten Energie kann eine Höchstgeschwindigkeit von 50 km/h gefahren und eine Reichweite von ca. 40 bis 60 km erzielt werden.

Antriebsstrang. Die Kraftübertragung erfolgt bei den heutigen Motorrollern meist in einer kompakten Triebsatzschwinge bestehend aus:

- Motor
- Variator
- Kupplung
- Hinterradgetriebe

Triebsatzschwinge (Bild 2). Sie ist meist als zweiteiliges Motor-und Antriebsgehäuse ausgeführt und ist im Rahmen schwenkbar gelagert. Sie dient gleichzeitig als Schwinge zur Führung des Hinterrades. Der Antrieb erfolgt meist durch einen Einzylindermotor. Die Kurbelwelle ist mit dem treibenden Riemenscheibenpaar, auch Variator genannt, verbunden.

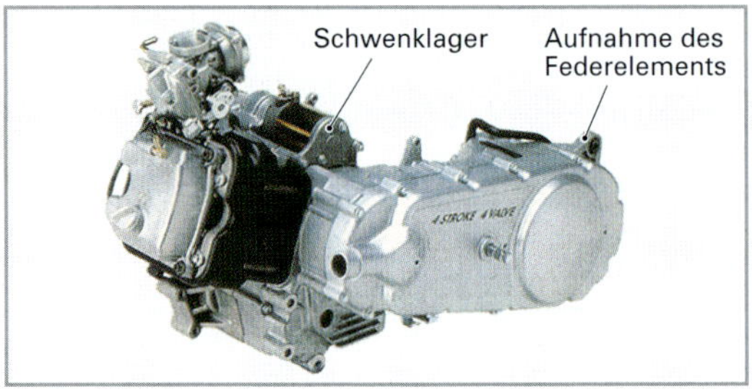

Bild 2: Triebsatzschwinge

Variator. (Bild 3). Er besteht aus einem treibenden und getriebenen Riemenscheibenpaar. Die verschiedenen stufenlosen Übersetzungen ergeben sich durch Veränderung der wirksamen Antriebs-und Abtriebsdurchmesser der Riemenscheiben.

Wirkungsweise. Beim Anfahren hat das Antriebsscheibenpaar wegen geringer Fliehkräfte einen kleinen wirksamen Scheibendurchmesser. Dadurch entsteht eine große Übersetzung ins Langsame.
Steigt die Antriebsdrehzahl, drückt die zunehmende Fliehkraft die Rollen nach außen und der wirksame Durchmesser am Antriebsscheibenpaar wird vergrößert. Gleichzeitig ergibt sich am Abtriebsscheibenpaar ein kleinerer Durchmesser. Dadurch wird die Übersetzung kleiner, die Abtriebsdrehzahl steigt.

Anfahrkupplung. Sie ist als Fliehkraftkupplung ausgeführt und sitzt auf der Abtriebswelle.

Hinterradgetriebe. Es befindet sich auf der Abtriebswelle und übersetzt die Antriebskraft über ein Zahnradgetriebe mit Stirnradverzahnung ins Langsame.

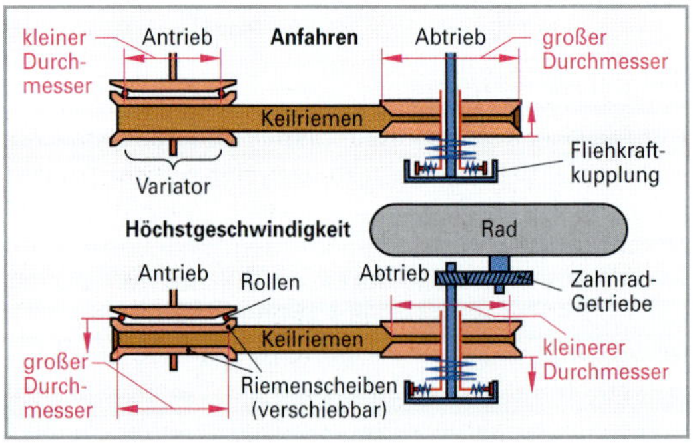

Bild 3: Übersetzungen beim Anfahrvorgang

21

Rahmen (Bild 1). Es ist meist ein gebogener Rohrrahmen mit Befestigungselementen, an denen die Triebsatzschwinge mit Monostoßdämpfer, die Teleskopgabel und die Verkleidungselemente befestigt werden können.

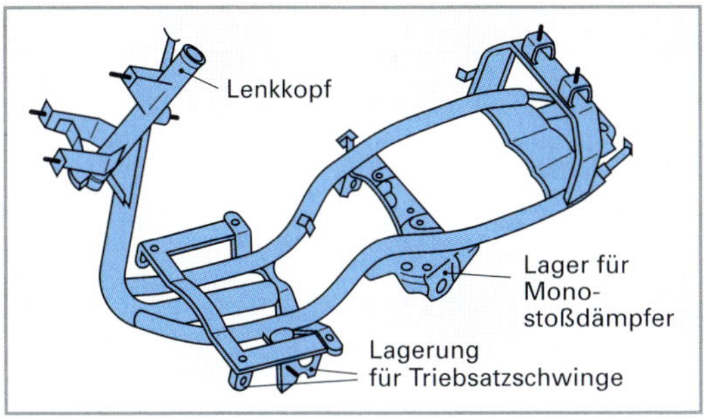

Bild 1: Rohrrahmen für Motorroller

Federung. Das Vorderrad wird meist durch eine Upside-Down-Teleskopgabel gefedert. Die Hauptlast der Motorroller wird am Hinterrad über einen Monostoßdämpfer mit außenliegender Schraubenfeder gefedert. Dieser ist zwischen Rahmen und Triebwerksschwinge angebracht.

Bremsen. Meist werden die Motorroller am Vorderrad mit einer oder zwei Scheibenbremsen, die hydraulisch betätigt sind, abgebremst. Das Hinterrad kann bei kleineren Motorrollern mit einem Fußhebel durch Trommelbremsen, bei höherer Leistung durch Scheibenbremsen verzögert werden.

21.1.5 Motorräder

Es sind Krafträder, die mit Knieschluss gefahren werden. Der Motorhubraum beträgt über 50 cm³ und die bauartbedingte Höchstgeschwindigkeit liegt über 45 km/h. Sie sind betriebserlaubnis-, zulassungs- und steuerpflichtig und müssen ein amtliches Kennzeichen führen. Der Fahrer muss das 18. Lebensjahr vollendet haben und kann zunächst nur die Fahrerlaubnis der Klasse A1 (1a) erwerben. Sie ermöglicht das Führen von Motorrädern mit einer Motorleistung bis zu 25 kW. Hierbei darf das Verhältnis von Leistung zu Gewicht 0,16 kW/kg nicht überschreiten. Erst nach zweijähriger Fahrpraxis kann auf Antrag ohne weitere Ausbildung und Prüfung diese Begrenzung aufgehoben werden. Der Fahrer erhält dann die uneingeschränkte Fahrerlaubnis der Klasse A nach EG bzw. der alten Klasse 1, die ihn berechtigt, alle Krafträder zu führen.
Man unterscheidet leichte, mittelschwere und schwere Motorräder, wobei man sie auch nach der Art ihres Einsatzes unterscheiden kann.
Im Handel werden Enduro- oder Cross-Maschinen, Chopper oder Cruiser, Touren-Maschinen und Sport-Maschinen angeboten.

Enduro-, Cross-Maschine (Bild 2). Sie haben viel Bodenfreiheit, große Federwege, eine hochgelegte Auspuffanlage und die Reifen haben ein grobes Stollenprofil. Sie werden meist durch Einzylinder Zwei- oder Viertakt-Motoren, die einen Hubraum bis 650 cm³ haben, angetrieben. Die Motoren geben Leistungen bis 47 kW bei Drehzahlen bis 9000 1/min ab.

Bild 2: Enduro-Cross-Maschine

Chopper, Cruiser (Bild 3). Sie haben einen hohen Lenker, der weit zurückgezogen ist, wobei die Vorderradgabel sehr schräg und weit vorgezogen sein kann. Die Sitzbank ist als Stufensitzbank ausgeführt. Die Aggregate und Bauteile sind frei sichtbar und verchromt. Das Hinterrad ist meist dicker. Die Motoren haben einen Hubraum bis 1 450 cm³ und geben eine Leistung bis 54 kW bei Motordrehzahlen bis 5500 1/min ab.

Bild 3: Motorrad (Chopper)

Touren-Maschine (Bild 1, Seite 656). Sie haben hohe Lenker und eine komfortable Sitzbank für Beifahrer und Sozius. Das Motorrad ist meist mit einer Teil- oder Vollverkleidung versehen, die als Wind- und Wetterschutz dienen soll. Für das Gepäck sind Gepäcktaschen und Gepäckträger vorhanden. Der Motorhubraum geht bis 1 800 cm³ bei Motorleistungen bis 112 kW und Drehzahlen bis 10000 1/min.

Bild 1: Touren-Maschine

Sport-Maschine (Bild 2). Sie besitzt einen flachen Lenker, oft auch nur eine Einzelsitzbank und ist mit einer aerodynamischen Vollverkleidung versehen. Sie soll dem Fahrer bei hohen Geschwindigkeiten als Windschutz dienen und vor allem einen sehr geringen Luftwiderstandsbeiwert (c_w-Wert) des Motorrads ermöglichen. Die Motoren haben Hubräume bis 1300 cm³ und geben bis 130 kW Leistung ab, bei Drehzahlen bis zu 12500 1/min.

Bild 2: Sport-Maschine

21.2 Kraftradmotoren

Man verwendet für kleinere Hubräume bis etwa 650 cm³ meist Ein- oder Zwei-Zylinder Zweitakt- oder Viertaktmotoren. Bei Motoren mit größerem Hubraum sind Mehrzylindermotoren mit 2, 3 oder 4 Zylindern gebräuchlich. Sie werden sowohl als Reihen-, Boxer- oder V-Motoren gebaut. Das Kurbelgehäuse des im **Bild 3** dargestellten Motorradmotors ist aus einer Leichtmetall-Aluminium-Druckgusslegierung gefertigt. Die Zylinderlaufbahnen haben eine hochabriebfeste reibungsarme Nickelsiliciumkarbid-Dispersionsschicht. Die Kurbelwelle ist aus legiertem Vergütungsstahl geschmiedet und fünffach im Kurbelgehäuse in Dreistofflagern gelagert. Vom Kurbeltrieb aus wird das Drehmoment über einen schrägverzahnten Primärantrieb auf die Kupplung übertragen.

Der Gaswechsel erfolgt über zwei obenliegende Nockenwellen, die mit einer Steuerkette angetrieben werden. Diese sind im einteiligen Leichtmetallzylinderkopf fünffach gelagert und aus Schalenhartguss gefertigt. Sie betätigen die V-förmig angeordneten Ventile über Tassenstößel. Zur Verbesserung der Füllung werden pro Zylinder vier Ventile verwendet. Durch die Schrägstellung ergibt sich ein kompakter, dachförmiger Verbrennungsraum, wobei die Zündkerze zentral platziert wurde. Ventilführungen und -sitzringe sind aus Sintermetall hergestellt und eingeschrumpft.

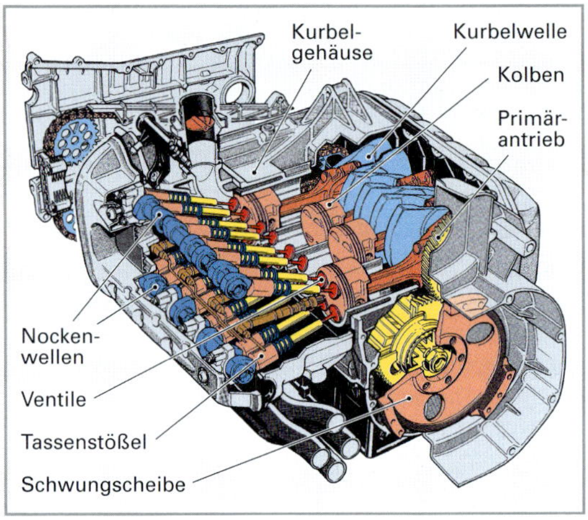

Bild 3: Vierzylinder-Reihenmotor 1200 cm³

21.3 Auspuffanlage

Besonders bei Zweitakt-Motoren sind Auspuffleitung mit Schalldämpfer und die Ansaugleitung mit dem Luftfilter genau aufeinander abgestimmt. Veränderungen führen zum Erlöschen der Betriebserlaubnis und bewirken eine Leistungseinbuße bei bestimmten Drehzahlbereichen.

Die Auspuffanlagen sind aus lackiertem oder verchromtem Stahlblech, seltener aus Edelstahl hergestellt. Liegt der Auspuff in der Nähe von Fußrasten, so wird er mit einem Hitzeschild versehen. Die im **Bild 4** dargestellte zweistufige Motorroller-Rennauspuffanlage besteht aus einem Vorschalldämpfer und einem abschraubbaren Kohlefaserenddämpfer.

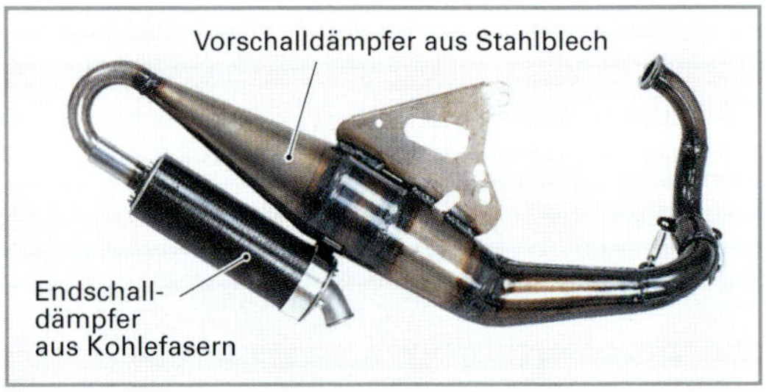

Bild 4: Rennauspuffanlage für Motorroller

Zur Schadstoffreduzierung werden in der Auspuffanlage ungeregelte oder geregelte Metallträger 3-Wege-Katalysatoren verbaut. Bei Motoren mit geregeltem Katalysator, erfasst die beheizte λ-Sonde den Restsauerstoffgehalt und das Steuergerät regelt davon abhängig die Gemischzusammensetzung so, dass ein stöchiometrisches Gemisch von $\lambda = 1$ vorhanden ist. Somit ist gewährleistet, dass eine optimale Konvertierungsrate (Umsetzungsrate) erfolgt.

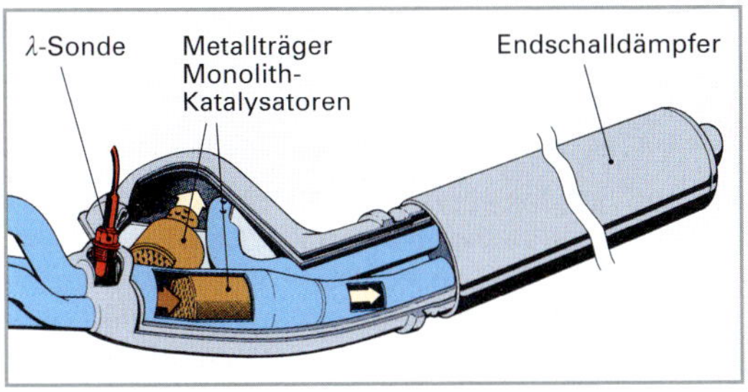

Bild 1: Auspuffanlage mit 3-Wege-Katalysator

21.4 Gemischbildung

Bei Zweirädern werden je nach Motorhubraum folgende Gemischbildungssysteme verwendet:

- **Ein- oder Mehrvergaseranlagen** mit Sekundärluftsystem oder ungeregeltem Katalysator
- **Einspritzanlagen** (Motormanagementsysteme)

Es werden folgende Kraftradvergaser verwendet:

- **Flachstrom-** und **Schrägstromvergaser**
- **Schiebervergaser** mit
  - mechanischer Betätigung des Gasschiebers
  - pneumatischer Betätigung des Kolbens

Flachstrom-Einschieber-Vergaser (Bild 2)

Wirkungsweise.
Im Leerlauf wird bei untenstehendem Kolben der Kraftstoff über die Leerlaufdüse angesaugt und im Saugrohr mit Luft gemischt. Beim Gasgeben wird der Kolben durch den Gaszug angehoben und der Kraftstoff wird durch den herrschenden Unterdruck über die Nadeldüse angesaugt. Die konische Düsennadel gibt je nach Gasschieberstellung einen entsprechenden Ringspalt frei, wodurch die Kraftstoffzufuhr der angesaugten Luftmenge angepasst wird. Im Teillastbereich wird durch die Kontur der Nadeldüse der Kraftstoffzufluss etwas gedrosselt, da weniger Kraftstoff benötigt wird als bei Volllast.

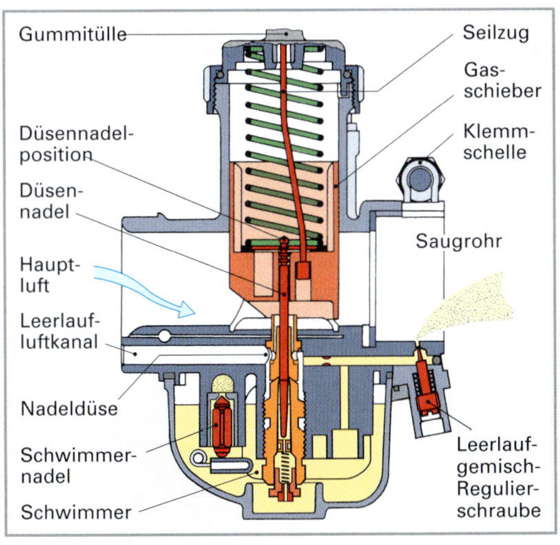

Bild 2: Flachstrom-Einschieber-Vergaser

Beschleunigungseinrichtung. Beim Beschleunigen wird die Düsennadel zusammen mit dem Gasschieber angehoben. Der kleine Kolben, der sich im Düsenstock befindet, wird durch die Feder nach oben gedrückt. Somit wird der über dem Kolben befindliche Kraftstoff durch den Ringspalt gepresst. Dadurch ergibt sich eine Anfettung.

Kaltstart. Die Gemischanfettung erfolgt folgendermaßen:

- Mechanisch über Seilzug und Schieber. Hierbei wird durch Betätigen des Luftschiebers der Ansaugquerschnitt des Vergasers verkleinert und ein höherer Unterdruck am Düsenstock erzeugt.
- Elektro-hydraulisch durch ein Kaltstartventil. Es öffnet bei kaltem Motor einen Bypasskanal der hinter dem Schieber zusätzliches Gemisch zuführt.

Werkstatthinweise

Fahrzeug springt nicht an.

Wenn der Motor nach längerer Standzeit nicht anspringt, so kann die Ursache am nicht zündfähigen Gemisch liegen, da leicht siedende Bestandteile des Kraftstoffes verdunstet sind.

Folgende Arbeiten sind dann vorzunehmen:

- Vergaser ausbauen und zerlegen.
- Sichtprüfung der Düsen, des Düsensitzes und der Schwimmerkammer auf Ablagerungen.
- Sichtprüfung der beweglichen Teile auf mechanischen Verschleiß.
- Reinigung der Leerlauf-Hauptdüse und des Düsensitzes ggf. im Ultraschallbad.
- Schwimmerstand prüfen und ggf. einstellen.
- Vergaser mit neuem Dichtungssatz zusammenbauen und in richtiger Lage einbauen.
- Grundeinstellung der Leerlaufdüse: Leerlaufdüse bis zum Anschlag reindrehen und 2 bis 2,5 Umdrehungen wieder rausdrehen.
- Motor starten und Leerlaufdrehzahl bei eingeschaltetem Licht einstellen (800 bis 1200 1/min). Dies erfolgt durch Anheben des Gasschiebers mittels Leerlaufschraube oder Gaszug.
- Einstellung des CO-Gehaltes mittels Gemischregulierschraube je nach Hersteller zwischen 1,5 bis 4% CO-Gehalt. Leerlaufdrehzahl ggf. korrigieren.

Motronic-Anlage (Bild 1)

Bei Motorrädern mit großem Motorhubraum werden zur Steuerung der Zündung und der Einspritzanlage die Digitale Motor-Elektronik **(DME)** eingebaut. Das Steuergerät erhält folgende **Eingangssignale:**

- Motordrehzahl
- Luft- und Kühlmitteltemperatur
- λ-Signal

Das Steuergerät errechnet die Einspritzmenge und regelt das Gemisch im λ-1-Bereich. Folgende **Aktoren** werden angesteuert:

- Kraftstoffpumpe
- Kaltstartautomatik
- Elektrolüfter
- Einspritzventile
- Zündanlage

Kraftstoffpumpe. Sie stellt den konstanten Kraftstoffsystemdruck von 3,5 bar bereit.

Einspritzventile. Sie werden masseseitig angesteuert und spritzen einmal pro Kurbelwellenumdrehung die halbe Kraftstoffmenge ein. Bei Kaltstart wird zweimal eingespritzt.

Kaltstartautomatik. Sie arbeitet elektronisch geregelt, indem sie mit einem Stellmotor mit Schneckengetriebe die Drosselklappenleiste entsprechend anstellt. Somit wird bei allen Betriebszuständen eine stabile Leerlaufdrehzahl eingestellt.

Zündanlage. Das Steuergerät unterbricht den Primärstrom, wodurch der Zündfunken ausgelöst wird.

Notlauf. Fällt ein Eingangssignal aus, wird dies durch das Steuergerät erkannt, im Fehlerspeicher abgelegt und ein Ersatzwert bereitgestellt. Fällt das Drehzahlsignal aus, kann es nicht mehr ersetzt werden und der Motor läuft nicht mehr.

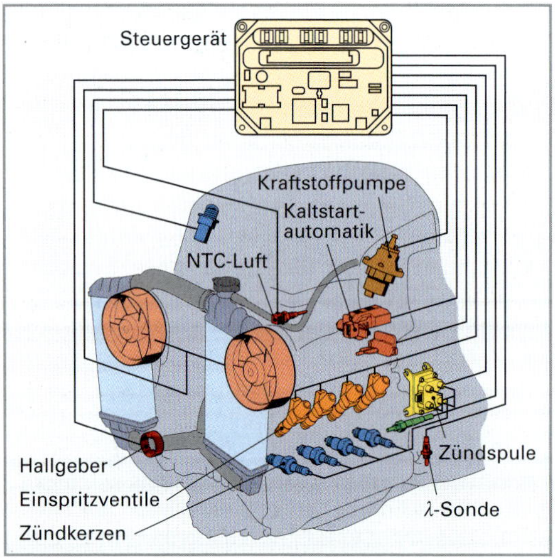

Bild 1: Digitale Motor-Elektronik (Motorradmotor)

WERKSTATTHINWEISE

Eigendiagnose. Treten Fehler z.B. in der Lambda-Regelung, bei Sensoren oder Aktoren auf, so werden sie im Fehlerspeicher des Steuergeräts abgelegt. Über den Diagnoseanschluss können mit Hilfe eines Fehlerauslesegerätes die Fehler abgefragt werden. Nach der Fehlerbehebung muss der Fehlerspeicher gelöscht werden.

Stelldiagnose. Mit ihr können Bauteile angesteuert und auf Funktion geprüft werden.

21.5 Motorkühlung

Kraftradmotoren mit bis etwa 800 cm^3 sind meist luftgekühlt. Die Kühlung erfolgt durch die offen im Fahrtwind liegenden Zylinder. Diese sind aus Aluminiumlegierungen hergestellt und haben große Kühlrippen zur guten Wärmeabfuhr. Bei Motorrädern und Motorrollern, bei denen die Motoren verkleidet sind, verwendet man meist eine Gebläseluftkühlung. Flüssigkeitsgekühlte Motoren werden in allen Hubraumklassen gebaut. Diese Motoren sind wesentlich geräuschärmer und hinsichtlich der Wärmebelastung unempflindlicher. Bei großvolumigen Motorrädern mit hoher Motorleistung werden Pumpenumlaufkühlsysteme mit Wasserkühler, Elektrozusatzlüfter, Thermostatregelung und Ausgleichsbehälter verwendet.

21.6 Motorschmierung

Mischungsschmierung. Sie wird meist noch bei kleineren Zweitaktmotoren angewandt. Dem Kraftstoff wird beim Tanken ein selbstmischendes Zweitaktöl beigemischt. Mischungsverhältnis 1 : 20 bis 1 : 100.

Druckumlaufschmierung (Bild 2). Sie wird bei großen Viertakt-Motoren verwendet und ist ähnlich aufgebaut, wie bei Pkw-Motoren. Eine Ölpumpe saugt das Öl aus der Ölwanne an und pumpt es über den Ölfilter zu den Lagerstellen. Ein Öldruckschalter informiert über eine Warnleuchte im Cockpit den Fahrer über Störungen im System.

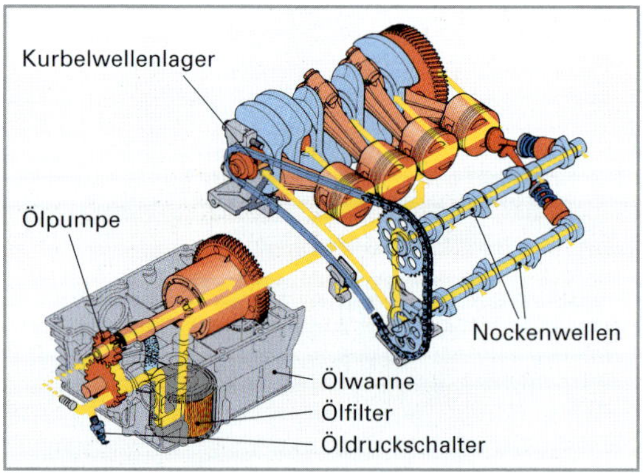

Bild 2: Druckumlaufschmierung, Ölkreislauf

21.7 Kupplung

Sie dient zur Kraftübertragung und zum Anfahren. Mofas und Mopeds haben meist eine selbsttätige Anfahrkupplung (Ein-Gang-Automatik) **(Bild 1).** Wird die Drehzahl erhöht, so gehen die Fliehgewichte nach außen und der Antriebsträger wird mit der Kupplungstrommel, die mit der Abtriebswelle verbunden ist, kraftschlüssig.

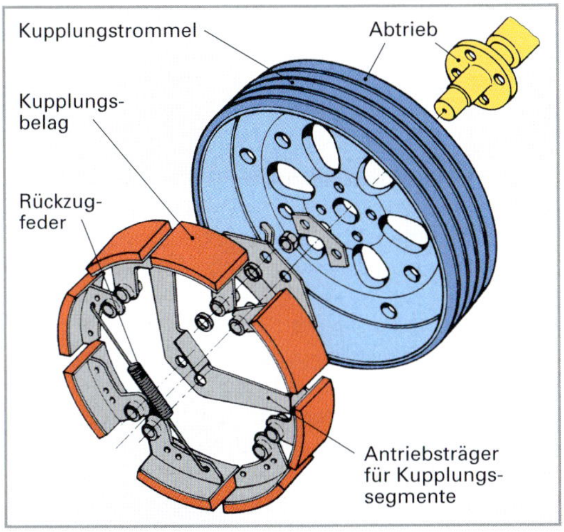

Bild 1: Fliehkraftkupplung

Lamellenkupplung (Bild 2). Diese Kupplungsbauart wird bei Krafträdern meistens verwendet. Sie besteht aus mehreren hintereinander im Wechsel angeordneten Kupplungsreiblamellen mit Außenverzahnung und Stahllamellen mit Innenverzahnung. Im eingekuppelten Zustand verbinden diese Lamellen den Antriebskupplungskorb mit der Kupplungsnabe. Die Reiblamellen laufen im Kupplungsgehäuse im Ölbad, seltener trocken.

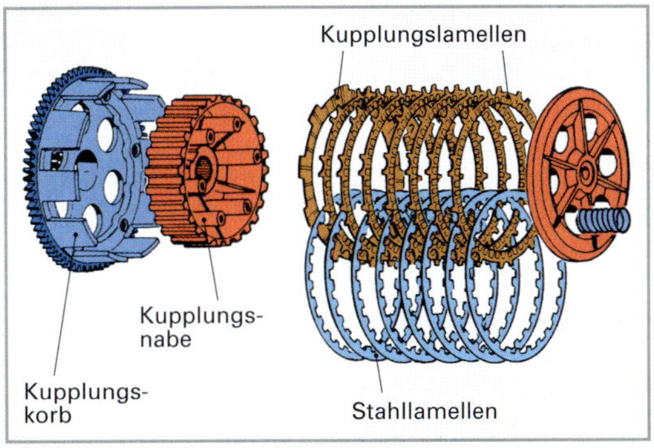

Bild 2: Lamellenkupplung

Einscheibenkupplung mit hydraulischer Betätigung (Bild 3). Sie wird bei Motorrädern mit hoher Leistung und großem Hubraum eingebaut. Sie ist ähnlich wie bei Personenkraftwagen ausgeführt. Die Betätigung erfolgt über ein selbstnachstellendes Hydrauliksystem. Durch den Handhebel wird der Geberzylinder betätigt und der Druck wirkt auf den Nehmerzylinder. Dieser drückt die Druckstange gegen die Membranfeder. Die Druckplatte wird entlastet und die Kupplung ist gelöst.

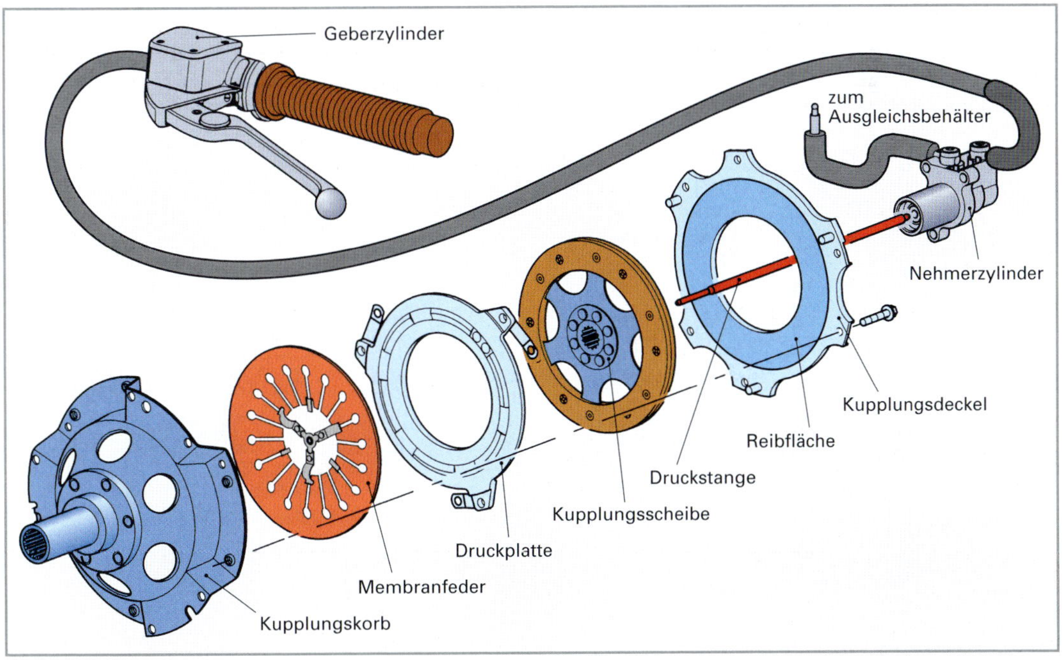

Bild 3: Einscheibenkupplung mit hydraulischer Betätigung

21.8 Antriebsstrang

Das vom Motor erzeugte Drehmoment wird vom **Primärantrieb (Bild 1)** auf die Kupplung übertragen. Er besteht aus einer Zahnradpaarung oder einer Zahnkette, welche das Drehmoment und die Drehzahl übersetzt. Im 4-Gang-Getriebe mit Fußschaltung erfolgt eine weitere Übersetzung.

Sekundärantrieb (Bild 1). Er überträgt die Antriebskraft vom Getriebe auf das Hinterrad. Es werden Kettentriebe, Kardanantriebe **(Bild 3)** oder Zahnriementriebe verwendet.

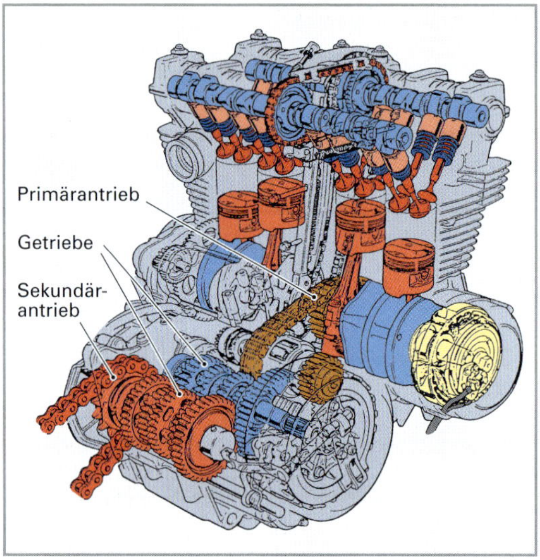

Bild 1: Motorradmotor mit Primärantrieb

Kettenantrieb (Bild 2). Bei dieser Antriebsart werden meist Rollenketten mit O-Ringen oder mit Hülsen verwendet. Es kommen endlose Ketten oder geteilte Ketten mit Kettenschloss zum Einsatz.
In den Rollen befindet sich eine dauerhafte Schmiermittelfüllung. Die O-Ringe zwischen Rolle und Außenlasche sollen das Austreten des Schmiermittels vermindern. Diese werden bei Straßenmotorrädern verwendet. Bei Off-Road- oder Cross-Maschinen werden Hülsenketten eingesetzt.

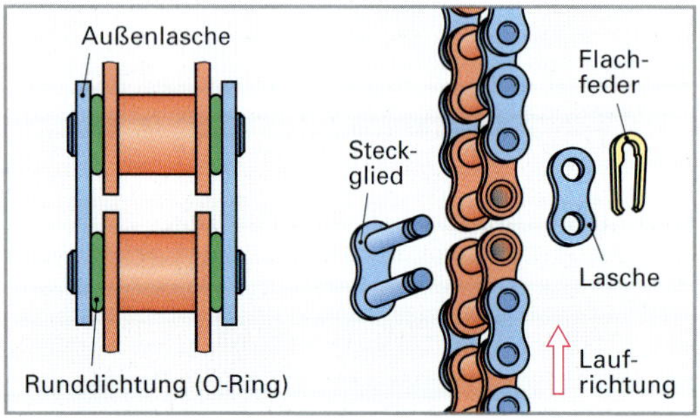

Bild 2: O-Ring Rollenkette und Kettenschloss

Kardanantrieb. Diese Antriebsart wird vorwiegend bei Motorrädern mit höherer Motorleistung angewendet. Die Antriebskraft wird vom Getriebe über eine Kardanwelle vom Antriebsritzel auf das Tellerrad übertragen. Die Übersetzung auf das Hinterrad beträgt meist $i \approx 3{,}0$. Diese Bauart hat trotz hohen Bauaufwandes folgende Vorteile:

- Wartungsfreiheit
- Hohe Betriebssicherheit
- Geräuscharmer Lauf
- Schmutzunempfindlich

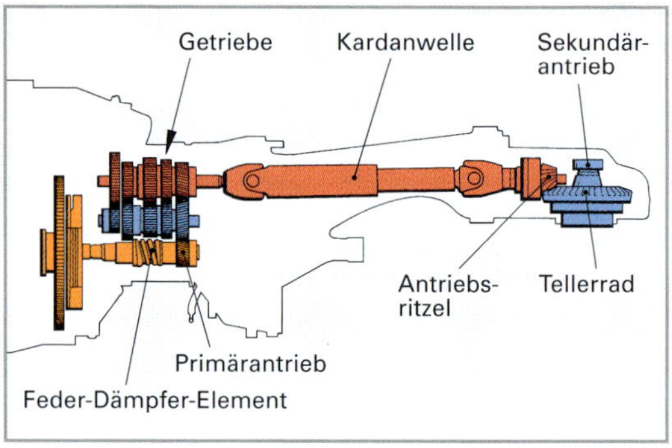

Bild 3: Antrieb mit Kardanwelle

Getriebe (Bild 4). Motorräder haben meist geradeverzahnte fußgeschaltete Schaltklauengetriebe. Die Antriebswelle, die mit einem Anfahrdämpfer (Feder-Dämpfer-Element) **(Bild 3)** versehen ist, treibt die Nebenwelle an. Auf der Nebenwelle und der Abtriebswelle sitzen die über die Schaltgabeln betätigten Schalträder. Der Fahrer betätigt beim Schalten über den Fußhebel die Schaltklinke. Diese wiederum verdreht die Schaltwalze und verschiebt über die Schaltkulissen die Schaltgabeln und Schalträder. Die Gänge werden durch Anheben hoch- oder durch Drücken des Fußhebels heruntergeschaltet (sequentielle Schaltung).

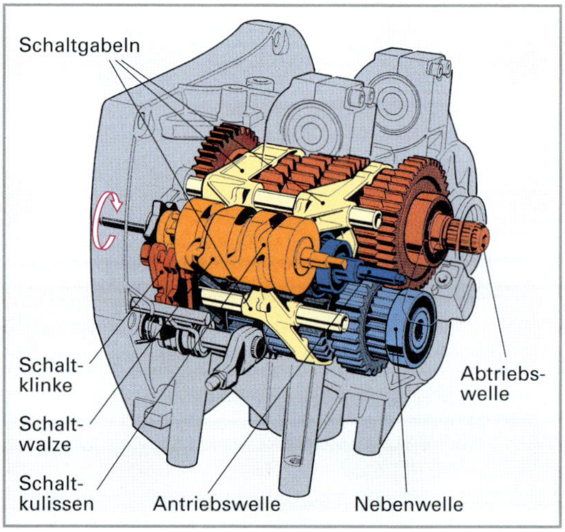

Bild 4: 6-Gang Motorradgetriebe

5-Gang-Schaltklauengetriebe

Das dargestellte 5-Ganggetriebe **(Bild 1)** ist gleichachsig und besteht im Wesentlichen aus folgenden Bauteilen:

- Antriebswelle
- Abtriebswelle (Hauptwelle)
- Vorgelegewelle
- Zahnräder

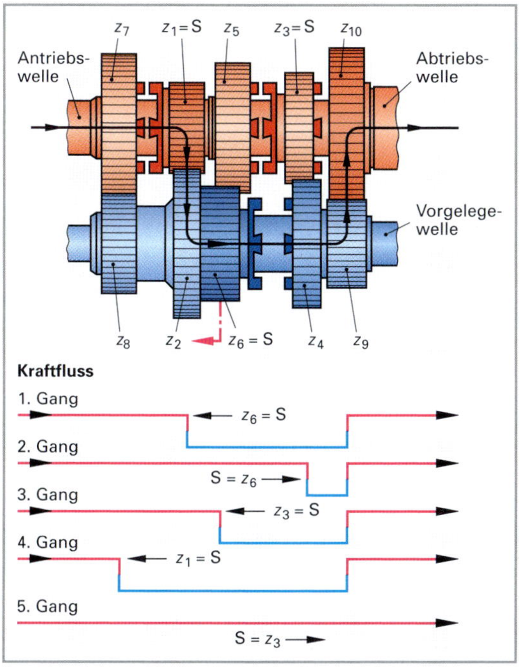

Bild 1: 5-Gang-Schaltklauengetriebe (1. Gang geschaltet)

Wirkungsweise. Die Drehmoment- und Drehzahlwandlung wird durch das paarweise Zusammenwirken von Zahnrädern bewirkt, von denen ein Gangrad auf der Abtriebswelle (Hauptwelle), das andere auf der Vorgelegewelle gelagert ist.

Da alle Zahnräder ständig im Eingriff sind, muss bei jedem Gangradpaar ein Zahnrad frei drehbar auf seiner Welle laufen.

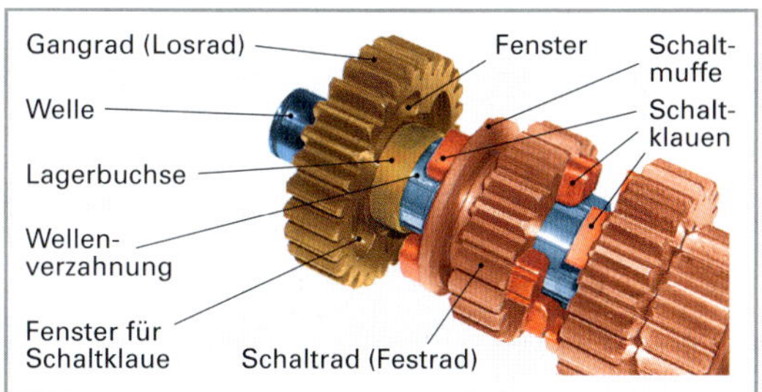

Bild 2: Welle, Fest- und Losräder, Schaltklauen

Die Drehmomentübertragung z.B. von der Hauptwelle zur Vorgelegewelle findet erst statt, wenn ein lose laufendes Gangrad (Losrad) über ein Schaltrad S (z.B. z_6) drehfest mit seiner Welle verbunden wird. Dazu wird ein Schaltrad S nach rechts oder links verschoben und greift mit seinen stirnseitigen Schaltklauen in die Fenster des Losrades ein.

Kraftfluss, z.B. im 1. Gang:
Antriebswelle → Festrad z_1 → Losrad z_2 → Schaltrad $z_6 = S$ → Vorgelegewelle → Festrad z_9 → Festrad z_{10} → Abtriebswelle.

Festräder sind: $z_1, z_3, z_6, z_8, z_9, z_{10}$.
Losräder sind: z_2, z_4, z_5, z_7.

Die Gangräder z_9 und z_{10} bilden die eine konstante Teilübersetzung ($i_1 = z_{10}/z_9$). Sie ist, außer im 5. Gang, immer wirksam.

Automatische Getriebe

Sie werden vorwiegend bei Kleinkrafträdern verwendet. Die in **Bild 3** dargestellte 2-Gang-Automatik besteht im Wesentlichen aus:

- Planetengeriebe mit Sonnenrad, Hohlrad, Planetenrädern, Planetenradträger
- Fliehkraftkupplung mit Fliehgewichten
- Freilauf und Riemenscheibe

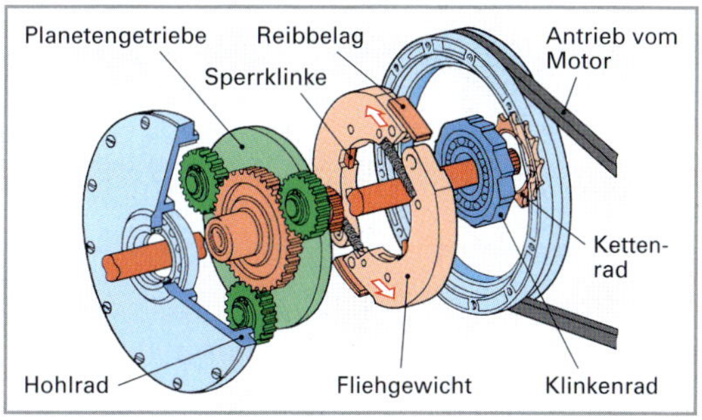

Bild 3: 2-Gang-Automatik

Planetengetriebe: Hier wird die Drehzahl- und Drehmomentwandlung durchgeführt. Es werden 2 Gänge automatisch geschaltet.

Hohlrad. Es ist drehfest mit der Riemenscheibe verbunden und dreht mit Motordrehzahl.

Sonnenrad. Es ist über den Freilauf mit der Tretlagerwelle verbunden. Der Freilauf sperrt eine Drehrichtung des Sonnenrades.

Planetenradträger. Er ist Abtrieb zum Kettenrad.

Wirkungsweise. Beim Anfahren wird das Hohlrad angetrieben, das Sonnenrad in dieser Drehrichtung durch den Freilauf festgehalten. Dadurch drehen sich die Planetenräder um das Sonnenrad und bewirken das Drehen des Planetenradträgers. Über diesen erfolgt der Abtrieb zum Kettenrad. Es wird eine Übersetzung ins Langsame (1. Gang) erreicht.
Steigt die Fahrgeschwindigkeit und somit die Abtriebsdrehzahl, so gehen die Fliehgewichte, die am Planetenradträger befestigt sind, nach außen.
Dadurch werden Planetenradträger und Hohlrad miteinander verblockt. Es wird eine direkte Übersetzung 1:1 erreicht, der 2. Gang ist geschaltet.

21

21.9 Elektrische Anlage

Sie besteht bei Motorrädern meist aus folgenden Hauptbestandteilen:

- Cockpit
- Startanlage
- Zündsystem
- Zentralelektrik
- Generator
- Scheinwerfersystem

Cockpit (Bild 1). Es informiert den Fahrer über fast alle wesentlichen Funktionen am Fahrzeug wie z.B.: Geschwindigkeit, Motordrehzahl, Öldruck, Tankinhalt, Ladeeinrichtung, ABS-Anlage, Blinkanlage, Lichtanlage.

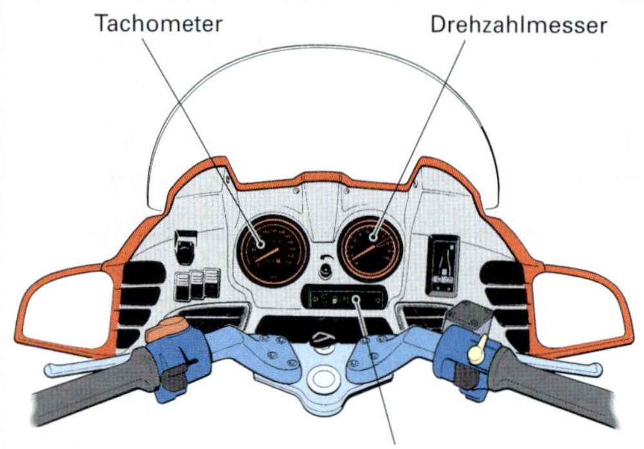

Bild 1: Motorradcockpit

Zentralelektrik. Sie ist in einem Gehäuse untergebracht. Dort befinden sich Sicherungen und Relais für z.B. folgende Einrichtungen: Starter, Benzinpumpe, Hupe, Blink-, Motronic-, ABS-Anlage.

Startanlage (Bild 2). Neben der mechanischen Kickstartanlage, die in den meisten Fahrzeugen noch eingebaut ist, verwendet man heute vorwiegend Elektrostartanlagen. Sie besteht aus einem Elektromotor, der mit einem Übersetzungsgetriebe und einem Ritzel mit Freilaufeinrichtung versehen ist. Bei größeren Motorrädern werden auch Vorgelegestarter, ähnlich wie bei Personenkraftwagen, verwendet.

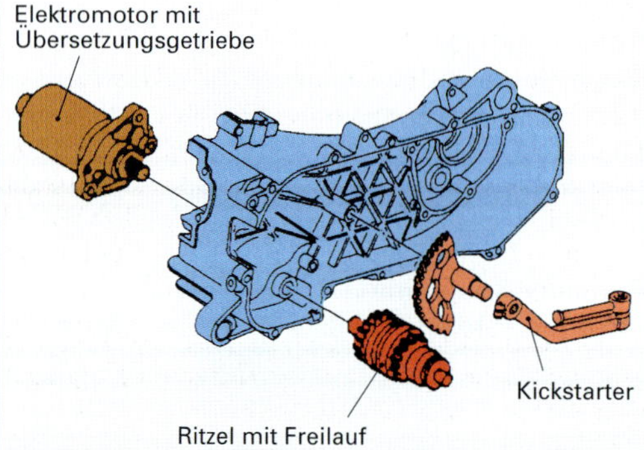

Bild 2: Starter eines Motorrollers

Spannungserzeugung (Bild 3). Bei Kleinmotoren werden meist Generatoranlagen in Kombination mit Magnetzündanlagen verwendet. Das Polrad mit Dauermagneten sitzt fest verschraubt, über einen Keil drehfest gesichert, auf der Kurbelwelle und dreht sich mit ihr. In den mit dem Motorgehäuse fest verschraubten Spulen wird eine Wechselspannung erzeugt, die gleichgerichtet wird. Mit dieser Spannung wird die Zünd- und Lichtanlage betrieben, bzw. eine vorhandene Batterie geladen.

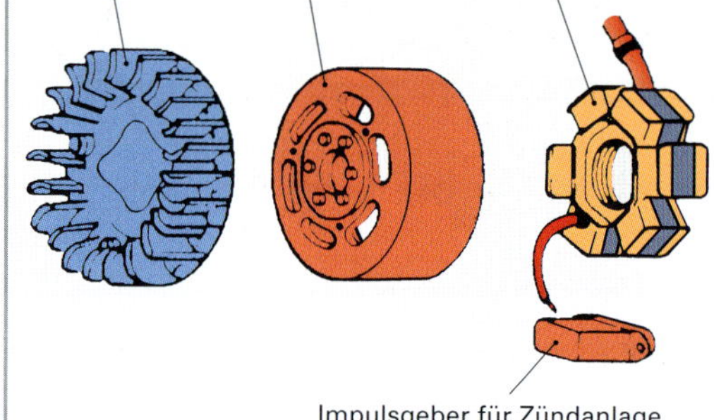

Bild 3: Generatoranlage eines Motorrollers

Bei größeren Motorrädern kommen heute fast ausschließlich folgende Drehstromgeneratoren zum Einsatz. Drehstromgeneratoren mit

- Permanenterregung
- elektromagnetischen Klauenpolläufern.

Drehstromgeneratoren mit Permanenterregung (Bild 4). Bei dieser Ausführung wird der Permanentmagnetrotor von der Kurbelwelle angetrieben. In der feststehenden Dreiphasen-Ständer-Wicklung wird Drehstrom erzeugt. Dieser wird außerhalb in einer elektronischen Baugruppe gleichgerichtet, wobei die Ladespannung auf 14 V begrenzt wird. Es werden Leistungen bis etwa 300 W erreicht.

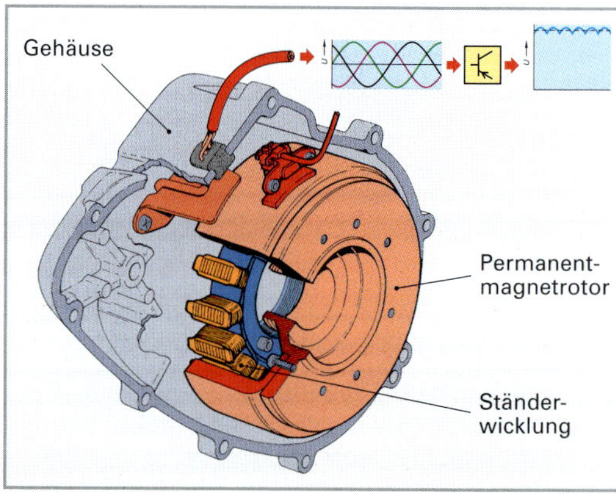

Bild 4: Drehstromgenerator mit Permanenterregung

Regelung (Bild 1). Unterhalb der Regelspannung lädt die erzeugte und gleichgerichtete Spannung die Batterie und versorgt die Verbraucher. Ist die Abregelspannung erreicht, so steuert der elektronische Regler die Thyristoren an, wodurch die Ständerwicklungen auf Masse kurzgeschlossen werden und somit keine Spannung mehr abgeben.

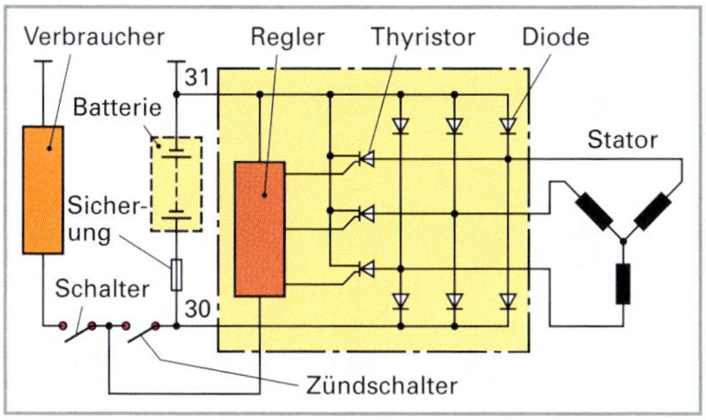

Bild 1: Schaltplan des Drehstromgenerators mit Permanenterregung

Drehstromgeneratoren mit Klauenpolläufer (Bild 2). Der Klauenpolläufer ist mit der Kurbelwelle verschraubt und induziert in der Dreiphasen-Ständer-Wicklung Drehstrom. Dieser wird wie bei Pkw-Generatoren über eine Transistor-Brückenschaltung gleichgerichtet. Über einen Regler wird der Erregerstrom spannungsgeregelt. Es wird eine Ladespannung von 14 Volt bei Leistungen bis 850 Watt abgegeben.

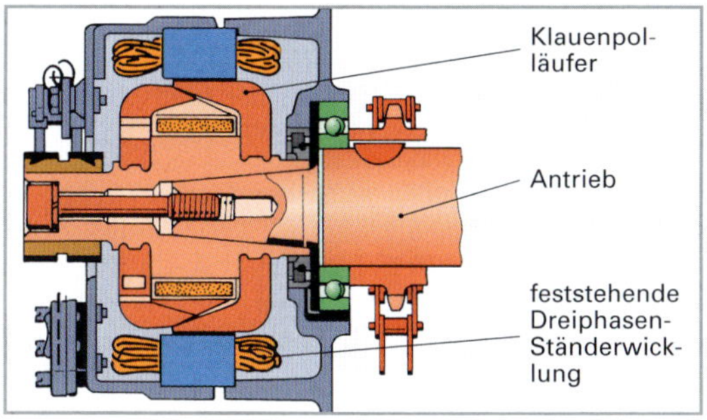

Bild 2: Klauenpolläufer

Zündsysteme. Bei den Krafträdern werden heute vorwiegend elektronisch gesteuerte Zündsysteme verwendet. Man kann sie nach ihrer Funktion in zwei Gruppen einteilen:

- Hochspannungs-Kondensatorzündung ohne oder mit Batterie
- Transistorzündsysteme

Diese Systeme haben folgende **Vorteile**:

- Kein mechanischer Verschleiß
- Wartungsfrei
- Hohe Sekundärspannung bei hoher Drehzahl
- Unempfindlich gegen Kerzenverschmutzung

Hochspannungs-Kondensatorentladungszündung (Bild 3). Sie werden auch als Capacitive Discharge Ignition **(CDI)** bezeichnet.

Funktionsweise. Diese Anlage besitzt eine Kondensatorentladungsspule und einen Zündimpulsgeber. Dreht sich das Polrad mit dem Dauermagneten, so wird in der Kondensatorladespule eine Spannung von 100 V bis 400 V induziert. Diese Spannung wird gleichgerichtet und lädt den Kondensator. Durch die Zündimpulsgeberspule wird im Zündzeitpunkt der Thyristor am Gate angesteuert. Er schaltet durch und wird leitend. Der Kondensator, der in Reihe zur Primärwicklung geschaltet ist, entlädt sich schlagartig und bewirkt sekundärseitig eine hohe Zündspannung. Die Zündverstellung erfolgt drehzahlabhängig und wird über das CDI-Steuergerät gesteuert.

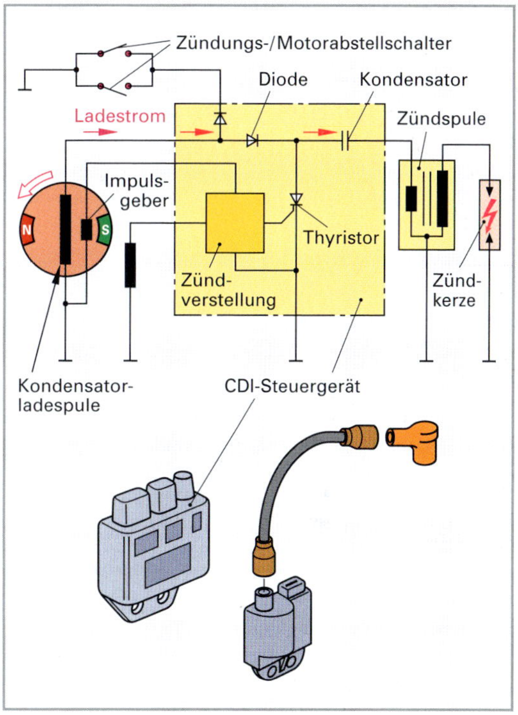

Bild 3: Hochspannungs-Kondensatorzündung

Gleichstrom-CDI-Zündsystem. Bei ihm wird eine Batterie zur Aufladung des Kondensators verwendet. Ein Spannungswandler im Steuergerät verstärkt die Batteriespannung auf 220 V, welche im Kondensator gespeichert wird. Dieses System bietet den Vorteil, dass auch bei niedrigen Drehzahlen eine hohe Zündspannung erzeugt wird.

Transistorzündsysteme. Diese Bauart wird vorwiegend bei Motoren mit großem Hubraum eingebaut. Man unterscheidet zwei Systeme:

- Transistorzündsysteme mit Impulsgeber
- Digital gesteuerte Transistorzündsysteme

Transistorzündsysteme mit Impulsgeber (Bild 1)

Funktionsweise. Bei dieser Anlage wird die Basis des Transistors vom Impulsgeber angesteuert und der Primärstrom kann fließen. Wird der Basisstrom des Transistors unterbrochen, so wird der Primärstrom abgeschaltet und sekundärseitig wird in der Zündspule Hochspannung induziert. Eine Zündverstelleinrichtung im Steuergerät steuert den Zündzeitpunkt. Über eine Schließwinkelregelung wird die Dauer des Primärstroms bestimmt.

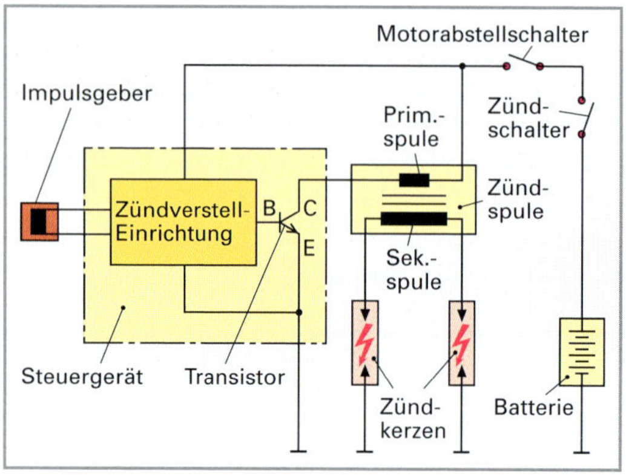

Bild 1: Transistorzündanlage

Digital gesteuerte Transistorzündsysteme.

Aufbau. Sie bestehen aus einem oder zwei Impulsgebern, Zündsteuergerät, Zündspule(n) und Zündkerze(n).

Funktion. Ein Impulsgeber informiert das Steuergerät über Motordrehzahl und Kurbelwellenposition. Aufgrund dieser Information ermittelt das Steuergerät den optimalen Zündzeitpunkt aus abgespeicherten Zündkennfeldern.

Werkstatthinweise

- **Funkenprobe.** Damit kann geprüft werden, ob ein Zündfunke an der Zündkerze überspringt. Hierbei ist die ausgebaute Zündkerze, die mit dem Kerzenstecker verbunden ist, auf Masse zu klemmen **(Bild 2)**.
- **Zündzeitpunkt-Zündverstellungsprüfung (Bild 3).** Mit Hilfe einer Stroboskoplampe ist z. B. bei Leerlaufdrehzahl und vom Hersteller festgelegter Drehzahl die Markierung anzublitzen. Stimmen die Markierungen mit den Sollwerten für Leerlauf bzw. Frühzündung überein, so ist die Zündverstellung in Ordnung.
- **Primär- und Sekundärspannungsmessung** an der Zündspule mit einem für Hochspannung geeigneten Messgerät (Spitzenspannungsmessgerät) **(Bild 4)**.
- **Spannungsmessung** an der Erregerspule und dem Impulsgeber **(Bild 5)**.
- **Widerstandsmessung Soll-Istwertvergleich** an der Primär- und Sekundärwicklung der Zündspule **(Bild 6)**.

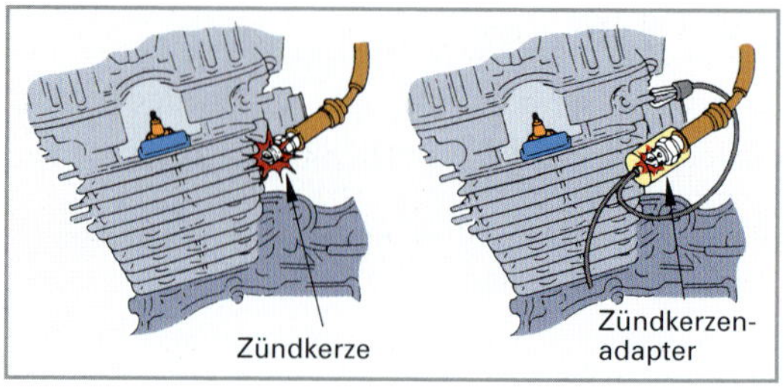

Bild 2: Funkenprobe

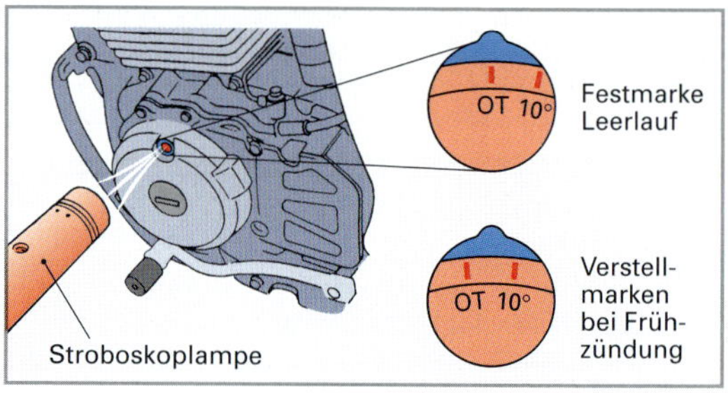

Bild 3: Prüfen des Zündzeitpunktes

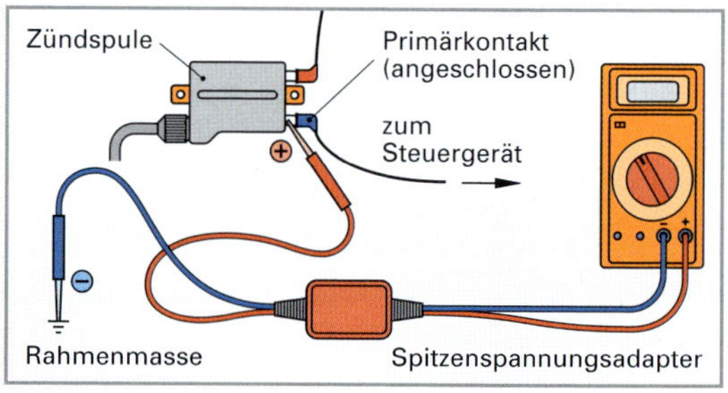

Bild 4: Messen des Primärstromes der Zündspule mit einem Spitzenspannungsadapter

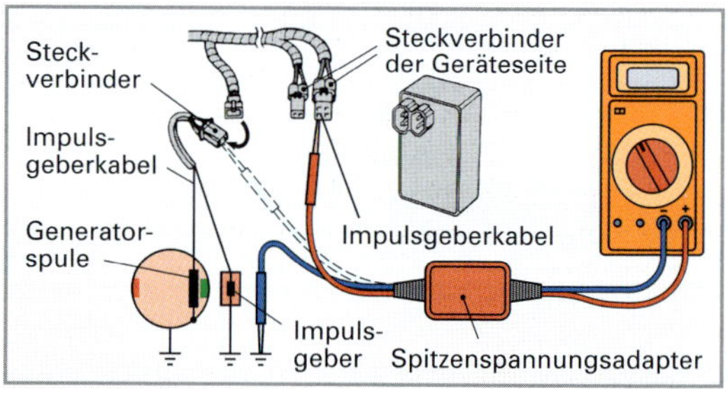

Bild 5: Messung von Impulsgeber und Generatorspule

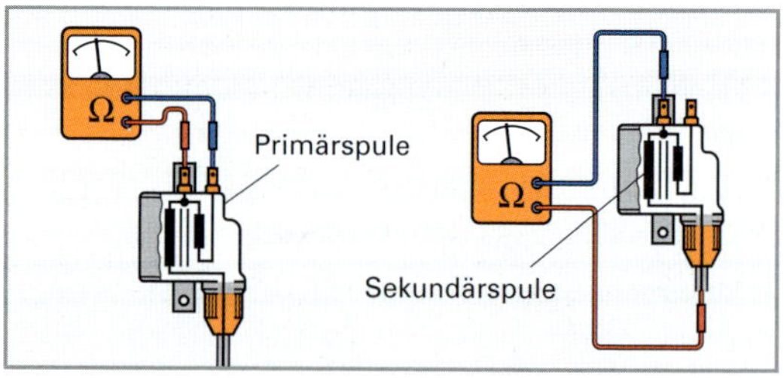

Bild 6: Widerstandsmessung von Primär- und Sekundärspule

21.10 Fahrdynamik

Stabilisierung durch Kreiselpräzision

Einspurige Fahrzeuge sind im Stand instabil, sie kippen um. Mit zunehmender Geschwindigkeit wirken am Rad Kreiselkräfte, die das Fahrzeug bei Geradeausfahrt stabilisieren.

Versuch (Bild 1): Kippt man ein sich drehendes Rad z.B. nach links, so wird durch die Kreiselkräfte das Rad um die Hochachse nach rechts geschwenkt bis es sich wieder im Gleichgewicht befindet. Wird das Rad um die Hochachse nach rechts gedreht, so kippt es durch die Kreiselpräzision nach links. Diese Wirkung kann der Fahrer beim Befahren einer Kurve ausnutzen, indem er durch leichtes Gegenlenken das Einkippen des Fahrzeugs in die Kurvenlage unterstützt. Durch Gewichtsverlagerung bringt der Fahrer dann die wirkenden Flieh-, Gewichts- und Kreiselkräfte in ein stabiles Gleichgewicht.

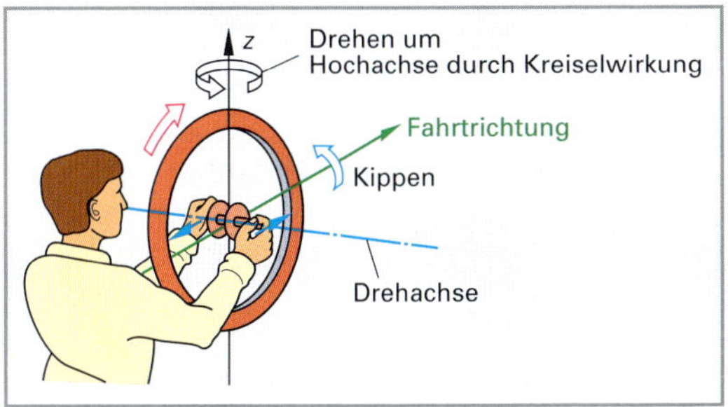

Bild 1: Kreiselpräzision

Wirkung des Nachlaufes (Bild 2). Der Nachlauf ist der Abstand des Durchstoßpunktes der Lenkachse zum Radaufstandspunkt auf der Fahrbahn. Durch Reibungskräfte oder Bremskräfte, die am Radaufstandspunkt wirken, entsteht z. B. am eingeschlagenen Rad ein Rückstellmoment M_R. Es ist umso größer, je größer der Nachlauf oder je größer der Einschlagwinkel ist. Es zieht das Rad in Geradeausstellung und stabilisiert das Fahrzeug. Eine geringe Flatterneigung, Lenkrückstellung und ein guter Geradeauslauf wird erreicht.

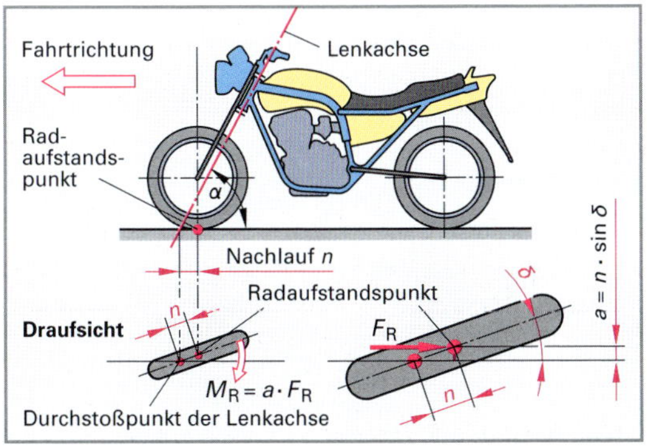

Bild 2: Nachlauf beim Motorrad

Kurvenfahrt. Beim Motorradfahren wird bei schneller Fahrt die Kurvenfahrt durch einen geringen Lenkeinschlag eingeleitet. Soll z. B. eine Kurve nach links gefahren werden, so wird kurz nach rechts gelenkt und das Fahrzeug kippt durch die Kreiselpräzession nach links. Die Stabilisierung bei idealer Kurvenfahrt erfolgt am Motorrad durch folgendes Momentengleichgewicht **(Bild 3)**.

$$G \times l_1 = F_z \times h_S$$

Das Moment, gebildet aus Gewichtskraft und Schwerpunktabstand ist gleich mit dem Moment aus Zentrifugalkraft und Schwerpunktshöhe.

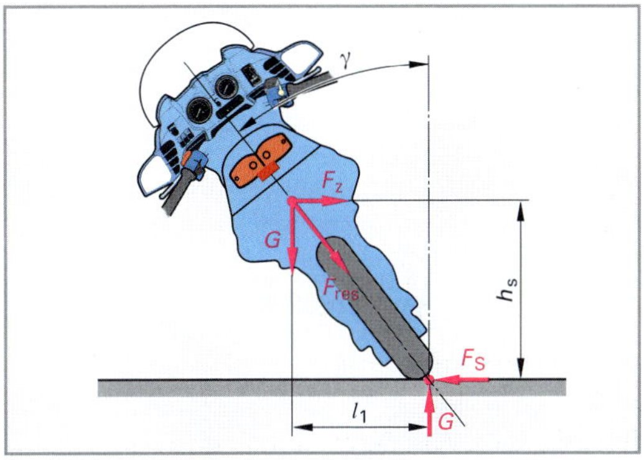

Bild 3: Momentengleichgewicht bei Kurvenfahrt

Da jedoch der Reifenaufstandspunkt beim realen breiten Reifen nicht in der Mitte liegt, wie im **Bild 3** gekennzeichnet, sondern weiter innen, ergibt sich ein kleineres Moment $G \times l_2$ **(Bild 4)**, weil l_2 kleiner ist als l_1. Damit das Gleichgewicht wieder hergestellt ist, muss das Motorrad mit mehr Schräglage gefahren werden.

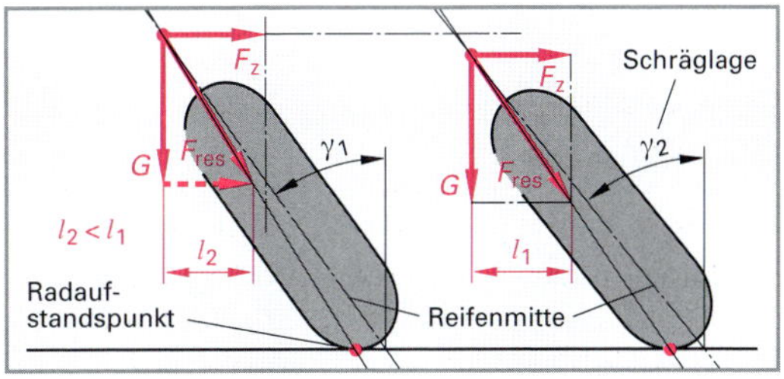

Bild 4: Reale Kurvenfahrt

Wiederholungsfragen

1. **Welche Kraftradarten gibt es?**
2. **Wie ist eine Lamellenkupplung aufgebaut?**
3. **Wie funktioniert die Frischölschmierung?**
4. **Erklären Sie Aufbau und Wirkungsweise einer Hochspannungskondensator-Zündanlage.**
5. **Was versteht man unter dem Primär- und dem Sekundärantrieb?**
6. **Welche Vorteile haben O-Ring-Rollenketten?**

21.11 Motorradrahmen

Er ist das tragende Element des Kraftrades und soll eine verwindungssteife Verbindung zwischen dem Vorderrad und der Hinterradaufhängung herstellen.

Anforderungen an den Rahmen:

- Geringes Gewicht
- Hohe Tragfähigkeit
- Verwindungssteif
- Hohe Bruchdehnung
- Schwingungsarme Aufnahme des Motors
- Ansprechendes Design

Man unterscheidet Rohr-, Pressstahl-, Leichtmetall-Druckguss-Rahmen und Leichtmetall-Rahmen in Profilbauweise.

Rahmenbauarten. In Motorrädern werden je nach Anforderungen die unterschiedlichsten Rahmen verbaut. Der im **(Bild 1)** dargestellte Einschleifen-Rohrrahmen ist aus Vierkantstahlrohr gefertigt. Der Motor ist als mittragendes Element integriert. Ein zusätzlicher Rahmenunterzug versteift die Konstruktion.

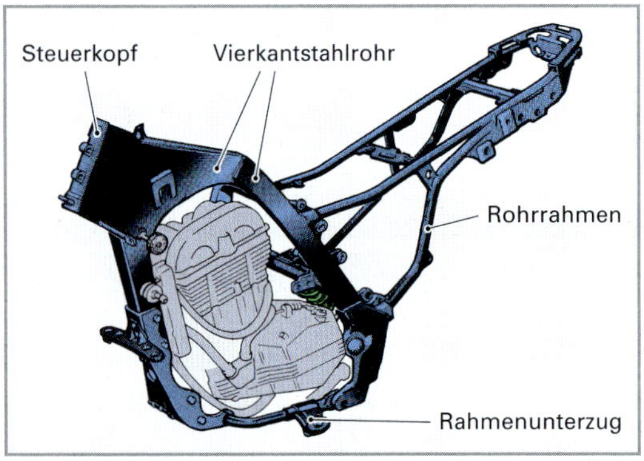

Bild 1: Einschleifen-Rohrrahmen

Doppelschleifen-Rahmen (Bild 2). Er ist aus Stahlrohren und Stahlschmiedeteilen zusammengeschweißt und bietet eine höhere Stabilität als Einschleifen-Rahmen.

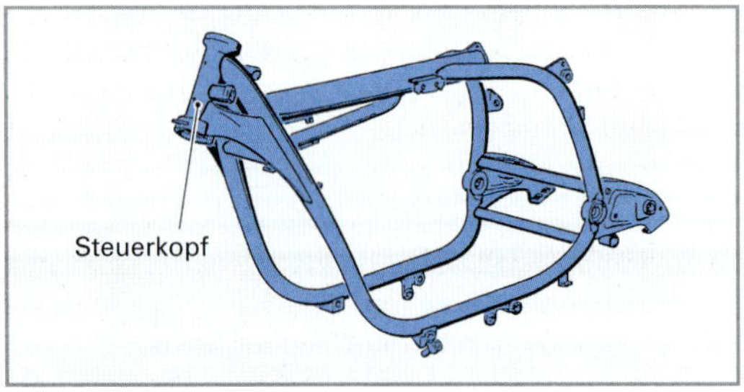

Bild 2: Doppelschleifen-Rahmen

Brücken-Rohrrahmen (Bild 3). Er ist aus Stahlrohren geschweißt und wird auch als offener Rahmen bezeichnet. Die Entkopplung von Motorschwingungen ist schwierig durchzuführen.

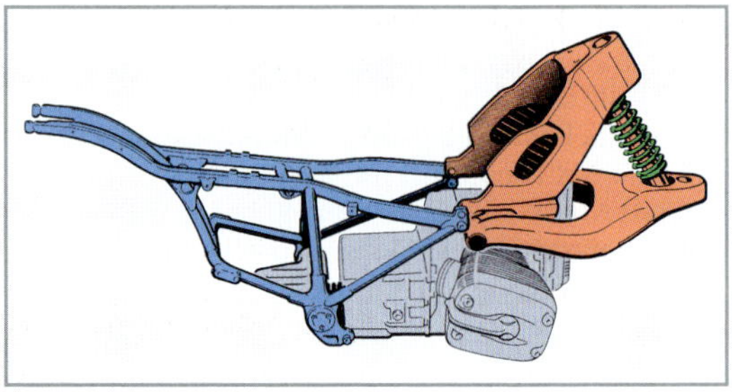

Bild 3: Brücken-Rohrrahmen

Brückenrahmen mit Kastenprofilen (Bild 4). Diese sehr biege- und verwindungssteife Bauform besteht aus einer Aluminium-Schweiß-Gusskonstuktion in Wabenform mit Stegen und Hohlräumen. Dadurch wird höchste Steifigkeit auf kleinstem Raum erreicht.

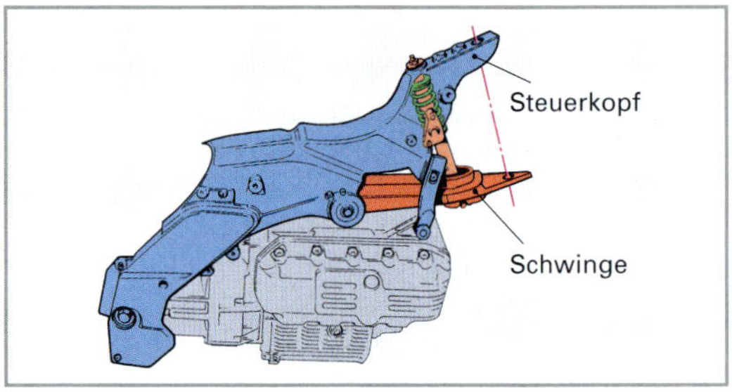

Bild 4: Brückenrahmen mit Kastenprofilen

Aluminium-Rahmen in Profilbauweise (Delta-Box-Rahmen) (Bild 5). Diese Bauart ist auf Gewicht und Steifigkeit optimiert. Durch die Profilgestaltung kann der Rahmen optimal angepasst werden.

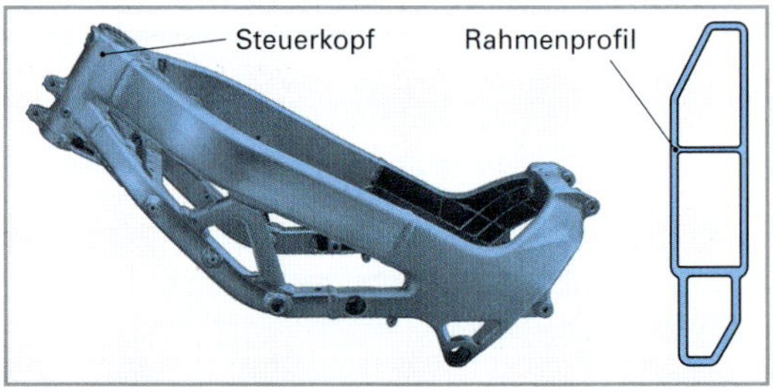

Bild 5: Aluminium-Rahmen

Gitterrohrrahmen (Bild 6). Er ist ein geschweißtes Tragwerk aus Stahlrohren und damit eine sehr verwindungssteife Konstruktion.

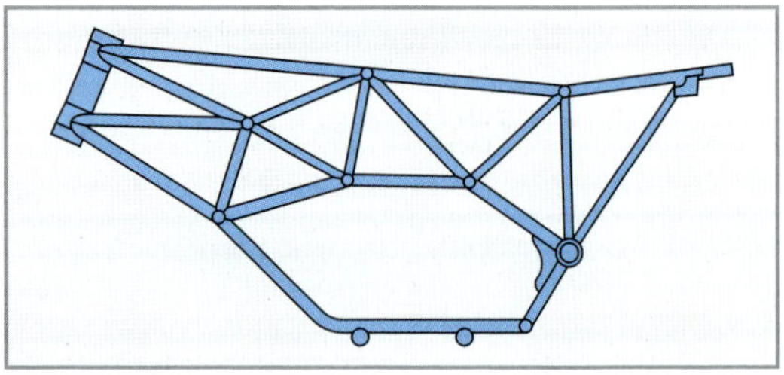

Bild 6: Gitterrohrrahmen

21.12 Radführung, Federung und Dämpfung

Von ihrer konstruktiven Gestaltung hängen Fahrverhalten und Fahrkomfort ab.

Aufgaben
- Fahrbahnstöße mindern und dämpfen
- Radführung übernehmen
- Brems- und Beschleunigungskräfte auf den Rahmen übertragen

Vorderradführung. Folgende Bauarten werden angewendet:
- Teleskopgabeln
- Telelever-System
- Upside-Down-Gabel
- Achsschenkellenkung

Teleskopgabel (Bild 1). Das Lenkrohr ist im Steuerkopf des Rahmens gelagert. Durch die Gabelbrücken und die geklemmte Achse erhält diese Gabel eine hohe Steifigkeit. Die zwei teleskopartig ineinander gleitenden Rohre (Standrohr und Gleitrohr) werden durch eine integrierte Feder gefedert. Eine kleine Feder oder eine Gummifeder oberhalb der Dämpfungsstange begrenzt das Ausfedern. Das oberhalb des Kolbens befindliche Luftpolster wird beim Einfedern zusammengedrückt und ergibt eine progressive Federkennung. Die hydraulische Dämpfereinheit befindet sich im unteren Teil der Gabel. Beim Einfedern wird das Dämpferöl im unteren Raum verdrängt und strömt durch die Bohrungen der Ventileinheit. Diese hat in der Druckstufe eine geringe Dämpfwirkung, damit das Rad leicht und stoßfrei einfedert. Beim Ausfedern muss das Öl wieder zurückströmen. Dies wird aber durch Dämpferventile erschwert, wodurch die Zugstufe härter wird. Dadurch wird eine gute Dämpfwirkung und ein feinfühliges Ansprechen erzielt.

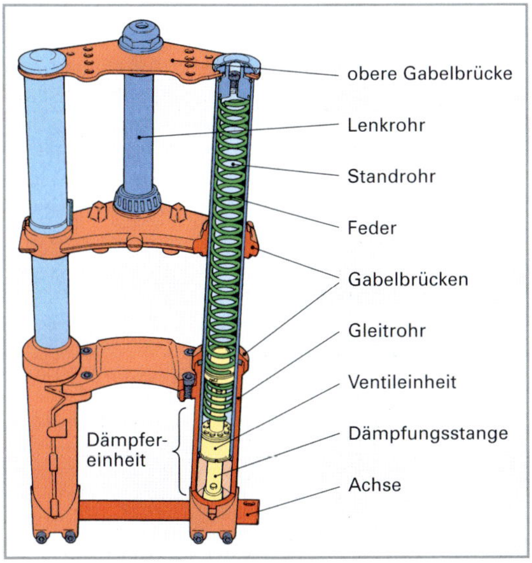

Bild 1: Teleskopgabel

Upside-Down-Gabel. Bei dieser Bauart ist das Bauprinzip genau umgekehrt. Das stabilere Außenrohr ist als Standrohr ausgeführt. Das Gleitrohr, an dem die Achse befestigt ist, federt bei dieser Ausführung ein. Sie wird bei Motorrollern, Cross- und Sportmotorräder eingesetzt. Sie hat eine hohe Biegefestigkeit und Steifigkeit aber eine deutlich geringere ungefederte Masse.

Telelever-System (Bild 2). Bei diesem System ist die Gabelbrücke oben in einem Kugelgelenk im Rahmen gelagert. Der schwenkbar gelagerte Längslenker übernimmt die Führung des Vorderrades. Er wird durch ein gedämpftes Federbein gefedert. Das System hat folgende Vorteile:
- Feinfühliges Ansprechverhalten durch geringe Reibung
- Hohe Fahrstabilität beim Einfedern durch Nachlaufvergrößerung
- Anti-Dive-Effekt beim Bremsen

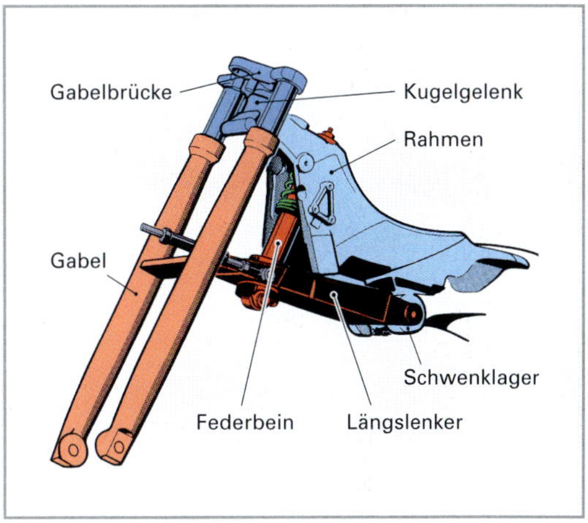

Bild 2: Telelever-System

Achsschenkellenkung. Bei dieser Ausführung wird das Rad durch zwei Schwingen geführt. Die Federung und Dämpfung erfolgt in ähnlicher Weise wie beim Telelever-System über ein zentrales Federbein. Beim Einfedern vergrößert sich der Nachlauf und die Lenkstabilität nimmt zu.

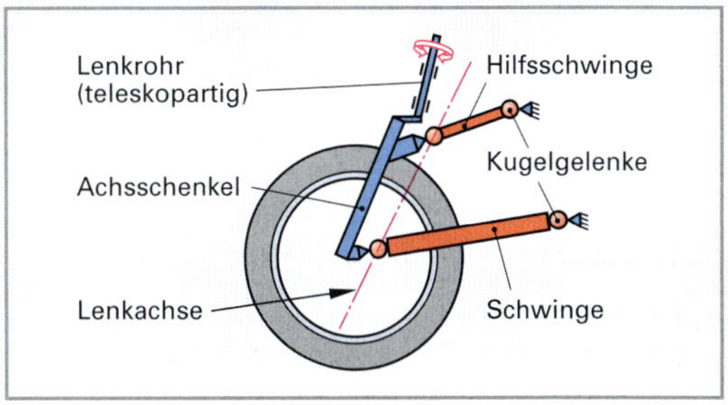

Bild 3: Achsschenkellenkung

21

Hinterradführung. Die Räder können durch folgende Systeme geführt werden:

- Zweiarmschwinge
- Einarmschwinge
- Cantilever-Federung
- Schwinge mit Hebel

Die Schwingen stützen sich über Federbeine gegen den Rahmen ab. Durch die entsprechende Anlenkung der Federbeine und Hebel wird das Federungsverhalten, der Fahrkomfort und die Straßenlage beeinflusst.

Zweiarmschwinge (Bild 1). Diese Bauart kann als geschweißte Rohrkonstruktion aus Stahlrohren oder heute meist aus Aluminium in Kastenprofilbauweise hergestellt sein. Sie wird über eine drehbare Achse im Rahmen gelagert und nimmt zentral an der Querstrebe das Federbein und im hinteren Teil das Rad auf. Diese Konstruktion hat eine hohe Steifigkeit, der Radausbau ist aber aufwendiger im Vergleich zu Einarmschwingen.

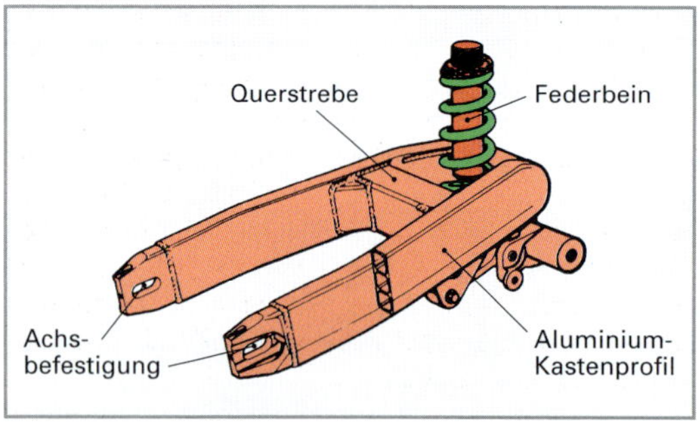

Bild 1: Zweiarmschwinge

Einarmschwingen. Die asymetrisch ausgeführte Schwinge in Aluminium-Kastenprofilbauweise wird im Rahmen oder am Motor drehbar gelagert und über ein zentrales Federbein gefedert. Das Rad wird durch eine Zentralverschraubung befestigt. Deshalb ist ein Radwechsel einfacher durchzuführen.

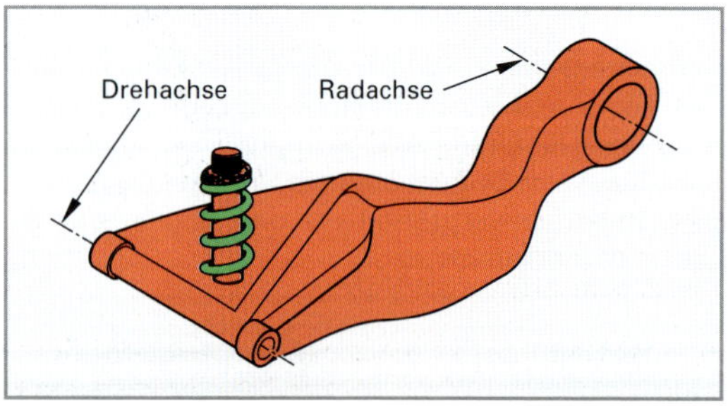

Bild 2: Einarmschwinge

Paralever-System (Bild 3). Es besteht aus einer Einarmschwinge und einer Schubstange. Die Schwinge führt das Rad und die Schubstange beeinflusst positiv das Federungsverhalten bei Lastwechsel. Große Aufstellmomente werden verhindert. Ein zentrales Federbein kann in der Federkennung und Dämpfung stufenlos eingestellt werden.

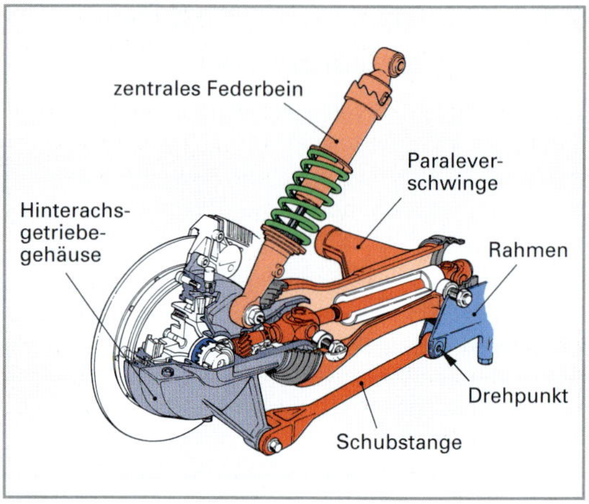

Bild 3: Paralever-System

Pro-Link-System (Bild 4). Die Schwinge dieser Federung ist im Rahmen gelagert. Das Federbein stützt sie über ein Hebelsystem ab. Federt das Rad ein, so ergibt sich ein kleiner Federweg auf das Federbeinlager. Bei weiterer Einfederung streckt sich das Hebelsystem und die Auslenkung und die Federkennung nimmt somit progressiv zu.

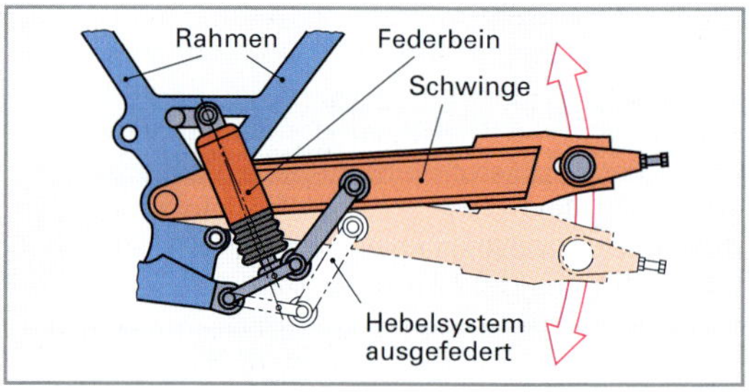

Bild 4: Pro-Link-System

Cantilever-Federung (Bild 5). Sie ist eine Hinterradfederung mit Winkelschwinge und einem im Tanktunnel zentral angeordneten Federbein. Bei diesem System sind große Federwege möglich und gute Dämpfung der Fahrbahnstöße erzielbar. Die steife Hinterradschwinge bewirkt eine stabile Führung des Motorrads.

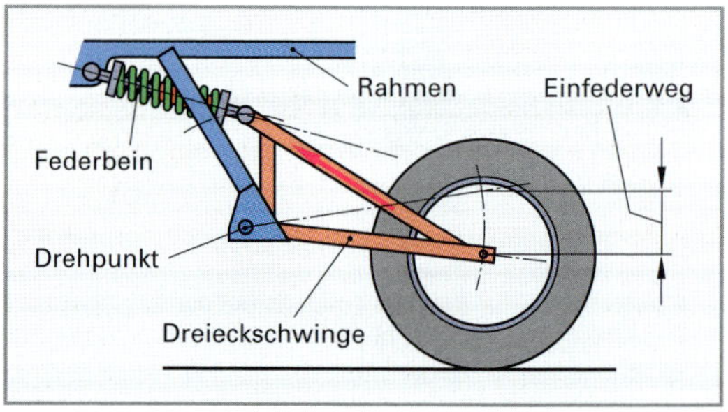

Bild 5: Cantilever-Federung

Dämpfungsverhalten bei Vorderradgabeln. Das Feder- und Dämpfungsverhalten wird durch folgende Komponenten beeinflusst:

- Federlänge
- Dämpferöl
- Federkennlinie
- Ungefederte Masse von Rad und Reifen

Je länger die Feder z.B. bei einer Federgabel ist, desto weicher ist die Federung. Das Federverhalten wird vom Hersteller so eingestellt, z.B. durch unterschiedliche Windungsabstände, dass sich eine progressive Kennlinie ergibt. Man kann auch durch Erhöhen der Ölfüllmenge das Luftkammervolumen in der Vorderradgabel verringern und erhält dadurch eine härtere Kennlinie.

WERKSTATTHINWEISE

- Gabelöl nach Herstellervorschrift wechseln, damit Verschleiß und Dämpferwirkung erhalten bleibt.
- Richtige Ölmenge einfüllen, denn zu viel Öl bewirkt hartes Federverhalten.
- Gabeldichtringe auf Dichtheit prüfen.

Dämpfungsverhalten bei hinteren Federbeinen. Das Dämpfungs- und Federungsverhalten kann zusätzlich durch folgende Faktoren beeinflusst werden:

- Einstellung der Federvorspannung
- Einstellung von Zug- und Druckstufe

Bei Motorrädern werden vorwiegend Einrohrgasdruckstoßdämpfer oder Einrohrdämpfer mit Ausgleichsbehälter **(Bild 1)** verwendet.

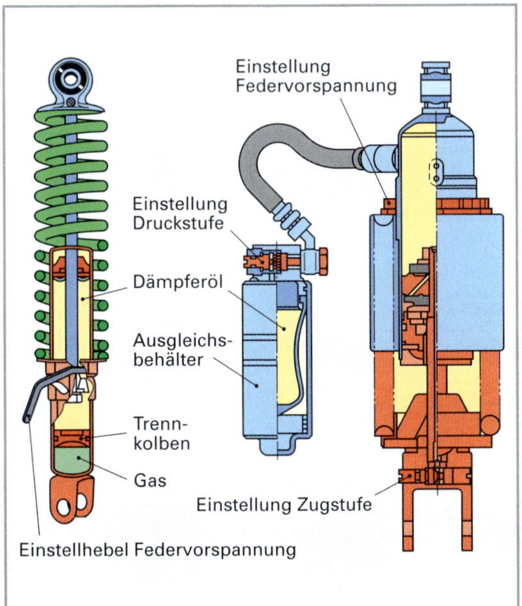

Bild 1: Einrohr- und Gasdruckdämpfer

Einrohrdämpfer. Bei ihnen kann nur die Druckstufe des Dämpfers verstellt werden. Beim Einrohrdämpfer mit Ausgleichsbehälter kann die Druck- und die Zugstufe verstellt werden. Durch die Druckstufe wird das Einfederverhalten, durch die Zugstufe das Ausfederverhalten bestimmt.

21.13 Bremsen

Scheibenbremsen (Bild 1). Sie werden heute überwiegend bei Motorrädern und Motorrollern sowohl an Vorderrädern als auch an Hinterrädern verwendet. Die Handbremse wirkt meist auf das Vorderrad, die Fußbremse auf das Hinterrad. Die Betätigung erfolgt hydraulisch.

Bremsscheiben. Sie sind aus Edelstahl gefertigt und sind bei größeren Motorrädern schwimmend gelagert. Sie sind geschlitzt oder spiralförmig gelocht. Dadurch wird ein rasches gleichmäßiges Ansprechen bei Nässe erzielt, weil Wasser und Schmutz schnell von der Scheibenoberfläche verdrängt werden können. Je nach Motorleistung werden an den Vorderrädern eine oder zwei Bremsscheiben verwendet. Diese können durch Zwei- oder durch Vierkolben-Festsattelbremsen betätigt werden. An den Hinterrädern ist meist nur eine Scheibe vorhanden, die durch eine Ein- oder Zwei-Kolben-Schwimmsattelbremse betätigt wird.

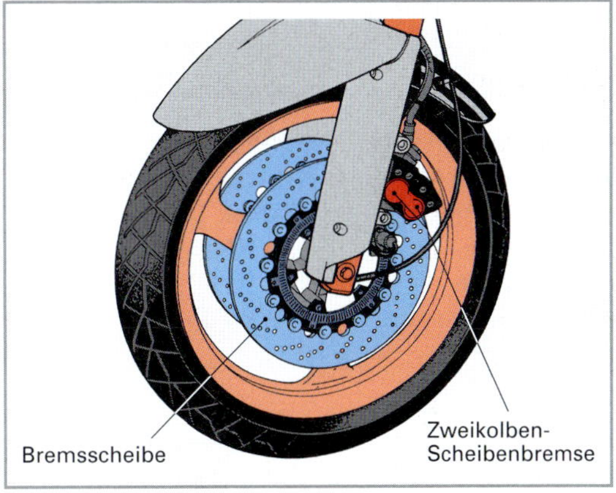

Bild 2: Scheibenbremse am Vorderrad

Bremsbeläge. Sie sind aus Sintermetall oder Semimetall gefertigt. Diese Materialien besitzen einen gleichbleibend hohen Reibwert in allen Betriebszuständen.

Trommelbremsen. Sie sind als Innenbackenbremsen bei Mofas an Vorder- und Hinterrädern noch gebräuchlich. Der mechanisch betätigte Bremshebel verdreht den Bremsnocken, wodurch die Bremsbacken gegen die Innenseiten der Bremstrommel gepresst werden.

Bremskraftgesteuertes Servomechanik-Bremssystem CBS (Combined Brake System) mit **Antriebsschlupfsystem TCS** (Traction Control System).

Dieses kombiniert gebaute **CBS-TCS-System (Bild 1)** wird in Motorräder mit hoher Motorleistung eingebaut und ergibt optimale Fahrsicherheit und Fahrstabilität beim Bremsen und Beschleunigen.

- **CBS-System** passt die Bremskraftverteilung auf Vorder- und Hinterrad optimal auf den Fahr- und Beladungszustand an.
- **ABS-System** verhindert das Blockieren der Räder beim Bremsen.
- **TCS-System** soll das Durchdrehen des Antriebsrades beim Beschleunigen verhindern.

CBS-System. Es ist eine servo-mechanische Einrichtung, die keinerlei elektrische Komponenten besitzt. Der kurze Radstand und die hohe Schwerpunktslage des Motorrads bewirken beim Bremsen aus hohen Geschwindigkeiten eine starke dynamische Radlastverteilung. Deshalb wird über ein ausgeklügeltes servomechanisches System der Bremsdruck entsprechend der Radlast auf Vorder- und Hinterrad verteilt. Der Bremsdruck wird so dosiert, dass ein gleichförmiges Ansprechverhalten erzielt wird. Der Fahrer kann das Motorrad über Hand- und/oder Fußhebel abbremsen. Die vom System bewirkte Bremsdruckverteilung ist abhängig von

- Geschwindigkeit
- Fahrbahnbeschaffenheit
- Fahrzeuggewicht
- Schwerpunktshöhe

Das System bietet folgende **Vorteile:**

- Zwei voneinander unabhängige Bremskreise
- Gleiche einfache Bedienung der Bremse
- Keine gegenläufigen Störeinflüsse von Hand- und Fußbremse
- Bremsgefühl an Hand- und Fußbremse bleibt erhalten

Wirkungsweise

Bremsen nur mit dem Handhebel. Der Bremsdruck wirkt auf die beiden äußeren Bremskolben der Vorderradbremse. Dabei überträgt eine ausgeklügelte Mechanik einen Teil der Bremskraft auf den Sekundärhauptzylinder. Dieser erzeugt dann einen Druck, der über das zwischengeschaltete Proportionalventil auf die beiden äußeren Kolben der Hinterradbremse wirkt. Das Ventil kann eine 3-stufige Bremskraftverteilung durchführen.

Bremsen nur mit dem Fußhebel. Der Bremsdruck wirkt auf den mittleren Kolben des Hinterrades und in der ersten Phase über das Verzögerungsventil nur auf den linken mittleren Kolben des Vorderrades. Dadurch ergibt sich ein sanftes Ansprechen der Bremse, da der Druck am Vorderrad um etwa 50 % reduziert wird. Mit steigendem Bremsdruck steuert das Verzögerungsventil Druck auf die rechte Vorderradbremszange ein. Der typische Bremsnickeffekt, der beim Bremsen mit der Vorderradbremse auftreten kann, wird durch diese Maßnahme stark reduziert.

ABS-TCS-System. Es besteht aus folgenden Baugruppen:

- Drehzahlsensoren
- Druckmodulatoren
- Driver-Einheit
- Steuergerät

Wirkungsweise. Beim Einschalten der Zündung erfolgt eine Selbstdiagnose durch das Steuergerät. Bei Defekten wird das System ausgeschaltet und der Fahrer durch eine Warnleuchte informiert. Werden Antriebsschlupf oder Blockiertendenzen vom Steuergerät festgestellt, so wird über die Driver-Einheit der Druckmodulator angesteuert. Ein integrierter Elektromotor betätigt bei Blockierneigung einen Steuerkolben, der den Bremsdruck so regelt, dass ein Blockieren vermieden wird. Neigt das Hinterrad beim Beschleunigen zum Durchdrehen, so greift das TCS-System ein und das Steuergerät nimmt die Zündung zurück, bis die Schlupfneigung nicht mehr vorhanden ist. Eine Betriebsleuchte informiert hierbei den Fahrer.

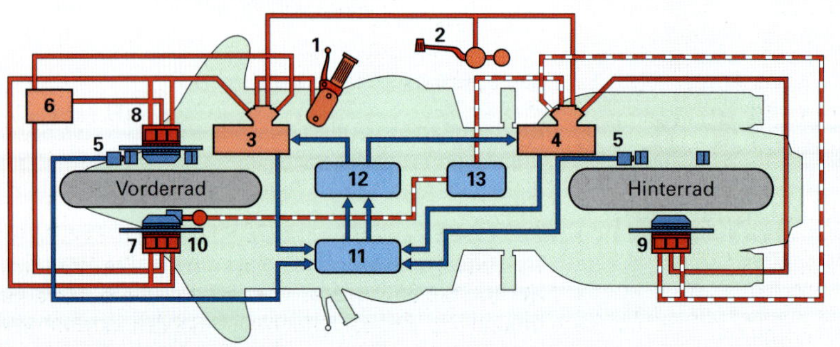

1. Handbremshebel
2. Bremspedal
3. Modulator vorn
4. Modulator hinten
5. Drehzahlsensoren
6. Verzögerungsventil
7. Bremszange links, vorn
8. Bremszange rechts, vorn
9. Bremszange hinten
10. Sekundärhauptzylinder
11. Elektron. Steuergerät
12. Driver-Einheit
13. Proportionalventil

Bild 1: CBS-ABS-TCS-System

Antiblockiersystem (Bild 1)

Es wird zusätzlich zur hydraulischen Bremsanlage in Motorräder mit höherer Motorleistung eingebaut, um die Fahrstabilität beim Bremsen zu erhöhen.

Aufbau: Das System besteht aus den im **Bild 1** dargestellten elektrischen und hydraulischen Komponenten.

Funktionsweise. Beim Drehen des Fahrtschalters wird zuerst ein Selbsttest durchgeführt. Sind alle Komponenten intakt, so ist das System betriebsbereit. Die Drehzahlsensoren erfassen die Raddrehzahl und das Steuergerät errechnet den Schlupf. Beim Bremsen ohne Blockierneigung lässt das ABS die beiden Bremskreise (Vorder- und Hinterradkreis) unbeeinflusst. Der jeweilige vom Fahrer erzeugte Bremsdruck wirkt auf die beiden Bremszangen. Beim Bremsen mit Blockierneigung wird der Elektromagnet im betreffenden Druckmodulator vom elektronischen Steuergerät angesteuert. Der Regelkolben wird nach unten gezogen und das Kugelventil schließt den Durchgang zur Bremszange. Durch den weiter nach unten gehenden Regelkolben ergibt sich eine Volumenvergrößerung und somit ein rascher Druckabbau im Bremskreis. Das Rad wird wieder beschleunigt. Dieser Regelvorgang wiederholt sich so lange, bis keine Blockierneigung mehr auftritt. Dann wird der Druckmodulator vom Steuergerät wieder auf Durchgang umgeschaltet.

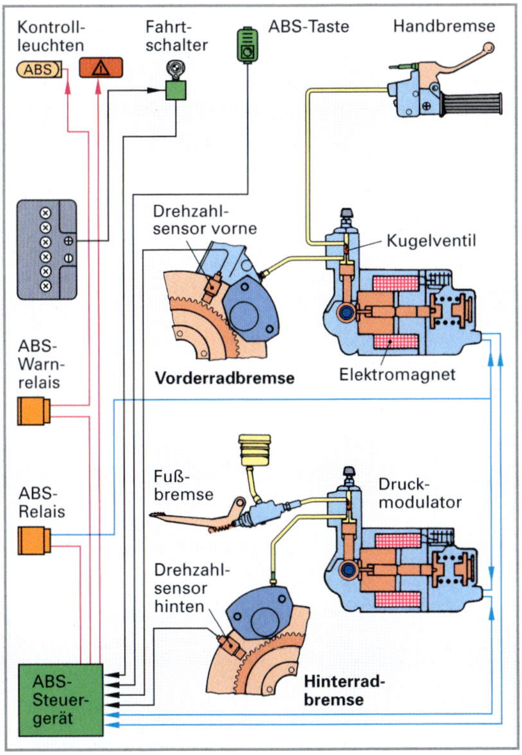

Bild 1: Antiblockiersystem

21.14 Räder, Reifen

Räder

Sie sollen den Reifen aufnehmen und Brems- und Beschleunigungskräfte übertragen. Hierbei werden an sie folgende Anforderungen gestellt:

- Geringe Masse
- Hohe Formfestigkeit und Elastizität
- Guter Rundlauf

Bei Zweirädern werden folgende Bauarten verwendet:

Drahtspeichenräder (Bild 2). Die Felge ist aus Stahl oder Aluminium, die Drahtspeichen sind aus Stahl gefertigt. Man kann je nach Bauausführung Reifen mit Schlauch oder auch Schlauchlosreifen montieren. Diese Räder werden heute vorwiegend bei Geländemaschinen verwendet, da sie eine hohe Elastizität bei geringem Gewicht besitzen.

Leichtmetallräder (Bild 3). Sie werden als einteilige Räder aus Aluminiumdruckguss meist für Schlauchlosreifen hergestellt und bei Mofas, Rollern und Motorrädern verwendet.

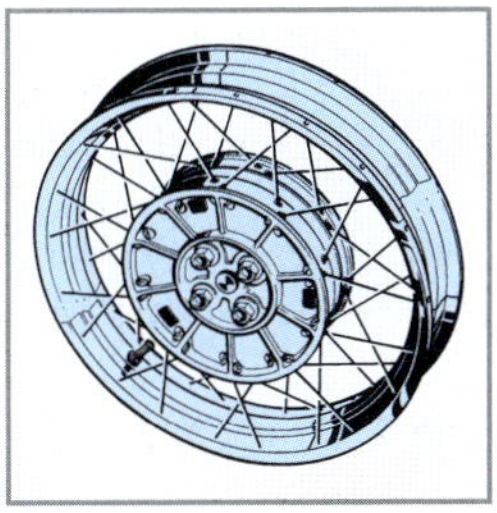

Bild 2: Drahtspeichenrad

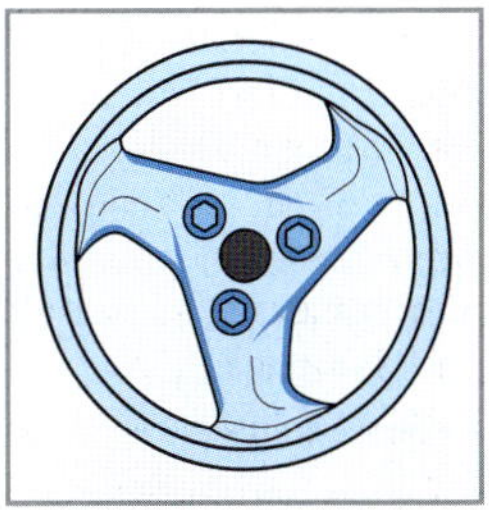

Bild 3: Gegossenes Rad

Verbundräder. Sie sind aus Aluminiumdruckguss gefertigt, besitzen gute Rundlaufeigenschaften und sind sehr formstabil. Sie können aus 2 oder 3 Teilen bestehen: Der Felge, den Speichen und der Nabe.

Felgenbezeichnung. Sie ist ähnlich aufgebaut, wie bei Pkw-Felgen. Es bedeutet z.B.

3.50 × 17 MT H2

3.50	= Maulweite in Zoll
×	= ungeteilte Felge
17	= Felgendurchmesser in Zoll
MT	= Kennzeichnung für Motorradfelge
H 2	= Zwei Humps

Reifen

Bei Zweirädern ist die Aufstandsfläche der Reifen wesentlich kleiner als bei Pkw-Reifen. Sie ist jedoch für die Radführung des Motorrades von besonderer Bedeutung und beeinflusst maßgeblich das Fahrverhalten und die Sicherheit des Fahrzeugs. Aus diesen Gründen legen die Hersteller die Reifendimensionen, die montiert werden dürfen, fest und schreiben sogar eventuell Reifenfabrikate vor. Es werden meist unterschiedliche Reifengrößen und Profilierungen an Vorder- und Hinterrädern verwendet. Das Vorderrad muss vorwiegend Lenk- und Seitenführungskräfte übertragen, deshalb werden die ungefederten Massen möglichst gering gehalten. Das Hinterrad ist wegen der hohen Antriebs- und Seitenführungskräfte wesentlich breiter. Die Profilierung von Motorradreifen ist im **Bild 1** dargestellt.

Das Profil des Vorderrades ist meist in Form von Längsrillen oder es ist in Laufrichtung pfeilförmig orientiert Diese Profilierung wirkt einer Schuppenbildung bei Verschleiß entgegen. Bei den Hinterradreifen geht die Tendenz bei leistungsstarken Motorrädern für die Straße zu Breitreifen. Die Kontur **(Bild 1)** dieser Reifen wird so ausgelegt, dass sich die Aufstandsfläche und somit die Haftfähigkeit mit zunehmender Schräglage erhöht. Das Profil des Hinterrades ist pfeilparabolisch ausgeführt, wodurch eine Stufenbildung auch nach hohen Laufzeiten vermieden wird. Speziell aus dem Rennsport entwickelte Gummimischungen erhöhen im Grenzbereich die Haftfähigkeit des Reifens.

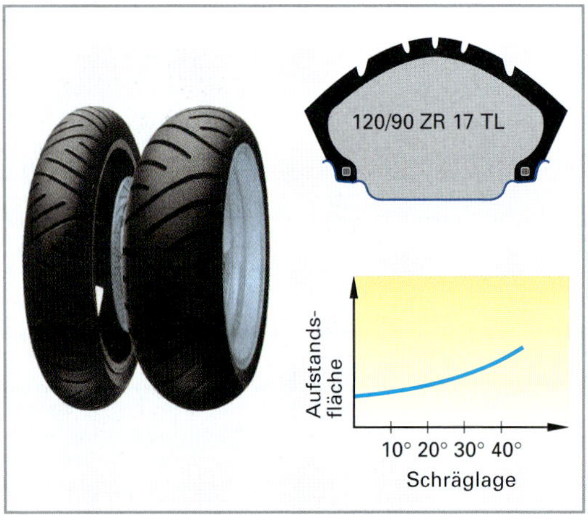

Bild 1: Motorradreifen und Reifenkontur

Motorradreifen sollen folgende Eigenschaften besitzen:

- Gute Haftfähigkeit unabhängig von der Profiltiefe.
- Hohe Seitenstabilität und Seitenführung.
- Guter Geradeauslauf.
- Gute Straßentauglichkeit oder gute Geländetauglichkeit je nach Einsatzart.

Reifenbauarten. Es werden vier Motorradreifenbauarten angeboten:

- Diagonalreifen
- Gürtelreifen mit Diagonalkarkasse
- Radialreifen mit Diagonalgürtel
- Radialreifen mit 0° Stahlgürtel

Diagonalreifen (Bild 2). Bei dieser Bauart sind die 4 Nylon- oder Polyamidkarkassenlagen unter einem Winkel von etwa 45° diagonal aufeinander gelegt und um die Wulstdrähte aus Stahl gewickelt. Je nach Höhe der umgeschlagenen Seitenkarkassen können die Seitenführungskräfte entsprechend besser aufgenommen werden.

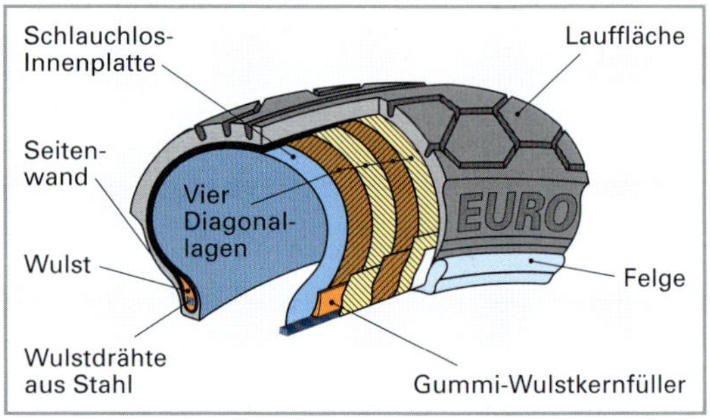

Bild 2: Diagonalreifen

Gürtelreifen mit Diagonalkarkasse (Bild 3). Der Gewebeunterbau besteht aus zwei diagonal übereinander gelegten Karkassenlagen und aus 2 Gürtellagen z. B. aus Kevlarfasern. Der Reifen besitzt dadurch guten Rundlauf und gute Seitenführung.

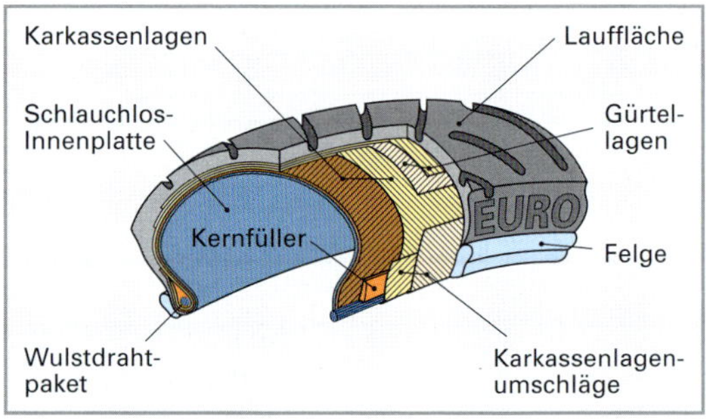

Bild 3: Gürtelreifen mit Diagonalkarkasse

Radialreifen mit Diagonalgürtel (Bild 4). Diese Bauform hat eine einlagige 90° Radialkarkasse und einen zweilagig diagonal angeordneten Gürtel aus Aramidfasern.

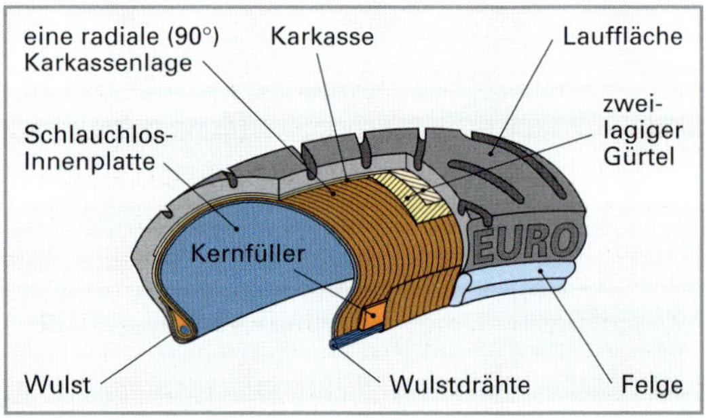

Bild 4: Radialreifen mit Diagonalgürtel

Radialreifen mit 0° Stahlgürtel (Bild 1). Bei dieser Ausführung liegt über der einlagigen Radialkarkassenlage ein einlagiger 0°-Stahlgürtel. Diese Bauart ist für hohe Geschwindigkeiten besonders geeignet, da die Kontur sehr stabil bleibt.

Gummimischungen. Im Handel sind Reifen mit bis zu 3 verschiedenen Gummimischungen von hart bis weich erhältlich. Somit kann für jeden Einsatz der optimale Reifen aufgezogen werden.

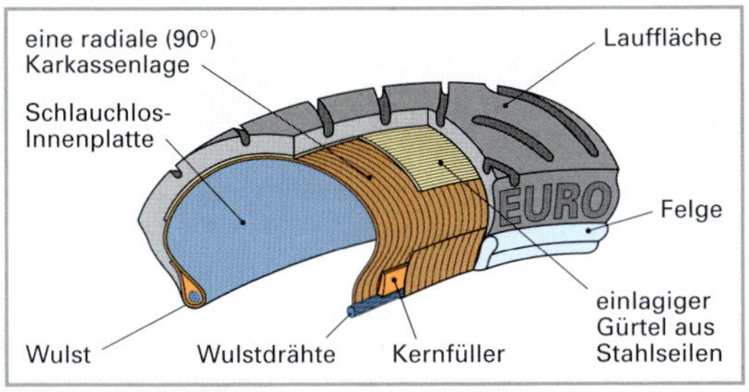

Bild 1: Radialreifen mit 0° Stahlgürtel

Reifenbezeichnungen.

Diagonalreifen: 4.10 – 18 60 P

4.10 = Reifenbreite in Zoll
18 = Felgendurchmesser in Zoll
60 = Kennziffer für die Reifentragfähigkeit
P = max. Höchstgeschwindigkeit 150 km/h

Niederquerschnittsreifen: 120/50 ZR 17TL

120 = Reifenbreite in mm
50 = Höhen/Breitenverhältnis 50 %
Z = max. Höchstgeschwindigkeit beträgt über 240 km/h
R = Radialreifen
17 = Felgendurchmesser in Zoll
TL = Tubeless (Schlauchlosreifen)

Reifeneintragung

Die im Fahrzeugbrief bzw. -schein eingetragenen Reifengrößen müssen eingehalten werden. Bei vielen Motorrädern besteht die Möglichkeit, Alternativbereifungen aufzuziehen. Jedoch ist zu beachten, dass eine Freigabebescheinigung vorhanden ist.

Auf dieser kann stehen:

- **Anbauabnahme und Eintragung ist nicht notwendig.** Der Fahrer muss die Freigabebescheinigung mitführen.
- **Anbauabnahme ist durch amtlichen Sachverständigen durchzuführen.** Anbaubescheinigung ist mitzuführen.
- **Anbauabnahme ist durch amtlichen Sachverständigen durchzuführen und eine Eintragung in die Fahrzeugpapiere ist zu bestätigen.**

Werkstatthinweise

- Reifen nur auf einwandfreie, korrosionsfreie, unbeschädigte Felgen montieren.
- Laufrichtungspfeile beim Montieren, falls vorhanden, beachten.
- Beim Reifenwechsel von Schlauchreifen wegen Faltenbildung immer neue Schläuche verwenden.
- Bei Speichenrädern immer neue Felgenbänder einziehen.
- Bei Schlauchlosreifen immer neue Gummiventile einziehen.
- Reifen auf den 1,5-fachen Wert des Betriebsdruckes aufpumpen, damit Reifen richtig im Wulst sitzt.
- Luftdruck richtigstellen.
- Rad und Reifen auswuchten.
- Ab 2,5er Felgenbreite mit Wuchtmaschine dynamisch auswuchten.
- Reifen muss wegen des Aufrauhens durch den Fahrbetrieb etwa 200 km in gemäßigter Weise eingefahren werden, damit er optimale Haftfähigkeit erhält.

Wiederholungsfragen

1 **Welche Anforderungen werden an Motorradrahmen gestellt?**
2 **Welche Aufgaben hat die Radführung bei Motorrädern?**
3 **Welche Vorderrad- und Hinterradführungen gibt es bei Motorrädern?**
4 **Wovon hängt das Dämpfungsverhalten von Vorderradgabeln ab?**
5 **Erklären Sie das CBS-, ABS-, und TCS-System bei Motorrädern.**
6 **Erklären Sie die Felgenbezeichnung 3.25-17 MT-H2.**
7 **Welche Eigenschaften sollten Motorradreifen besitzen?**
8 **Welche Motorradreifenbauarten gibt es?**
9 **Erklären Sie die Reifenbezeichnung 160/60 ZR 18 TL.**

22 Nutzfahrzeugtechnik

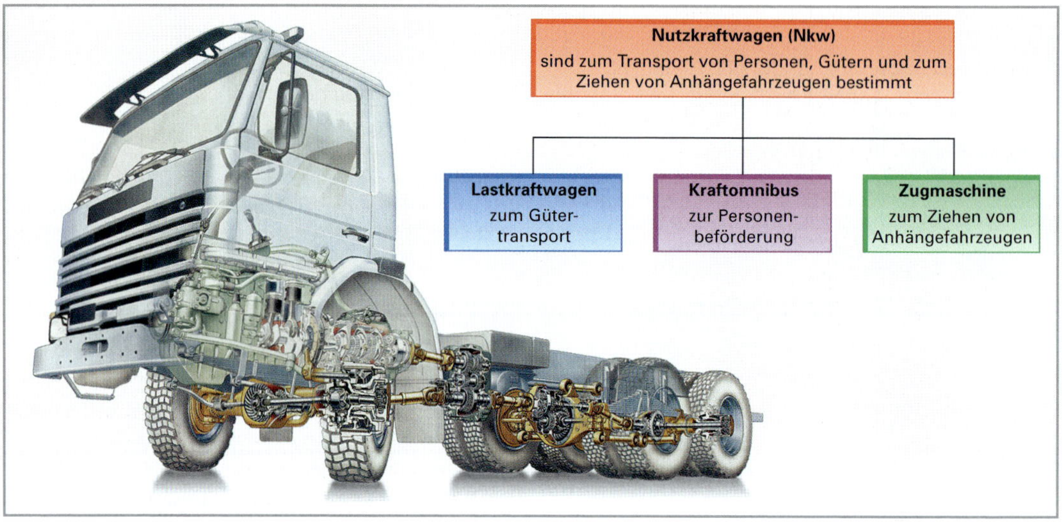

Bild 1: Einteilung der Nutzkraftwagen

22.1 Einteilung

Bei Nutzfahrzeugen unterscheidet man folgende Hauptbaugruppen:

- **Motor,** mit Kraftstoffanlage und Einspritzeinrichtung
- **Kraftübertragung,** mit Kupplung, Getriebe und Achsantrieb
- **Fahrwerk,** mit Rahmen, Aufbauten, Federung, Räder, Bereifung, Lenkung und Bremsanlage
- **Fahrzeugelektrik,** mit Batterien, Generator, Startanlage, Zusatzeinrichtung

Unterscheidung von Nutzkraftwagen nach ihrem Verwendungszweck:

Vielzwecklastkraftwagen (Bild 2). Mit ihm können Güter auf einem offenen Aufbau z.B. Pritsche oder geschlossenem Aufbau z.B. Kasten, transportiert werden.

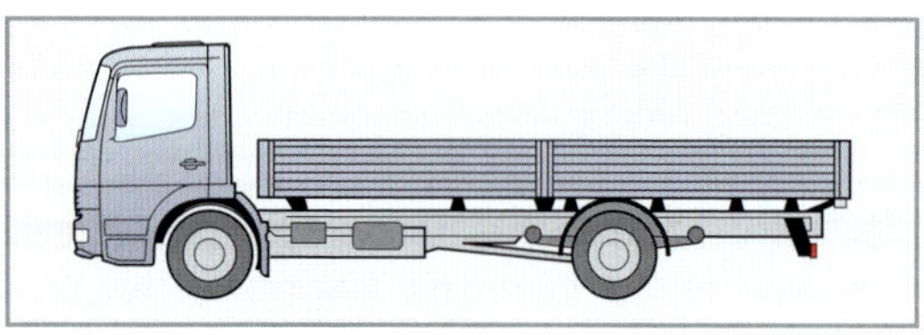

Bild 2: Vielzwecklastkraftwagen

Speziallastkraftwagen (Bild 3). Diese Fahrzeuge haben einen besonderen Aufbau. Weiter können auch spezielle Einrichtungen oder Ausrüstungen vorhanden sein, die vom Einsatzzweck bestimmt werden; z.B. Tank- oder Silowagen, Müllfahrzeug usw.

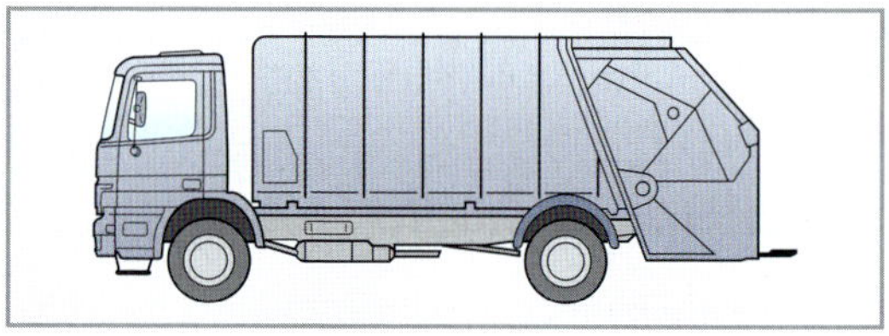

Bild 3: Speziallastkraftwagen

Kraftomnibus (Bild 4). Je nach Ausführung kann er als Reisebus, Linien- oder Spezialbus verwendet werden.

Bild 4: Reisebus

Zugmaschinen (Bild 5). Sattelzugmaschinen sind mit Sattelkupplung zur Aufnahme eines Sattelanhängers ausgerüstet. Beide zusammen bilden das Sattelkraftfahrzeug. Zugmaschinen werden nur zum Ziehen von Anhängefahrzeugen verwendet.

Bild 5: Zugmaschinen

22.2 Motoren

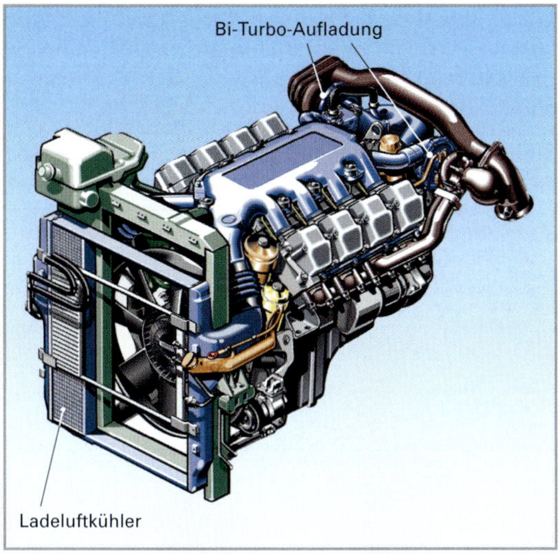

Bild 1: Motor für schweres Nutzkraftfahrzeug

Nutzkraftwagen werden überwiegend mit direkt einspritzenden Dieselmotoren ausgerüstet. Sie werden meist mit Abgasturboladern **(Bild 4, Seite 249)** aufgeladen. Je nach zulässigem Gesamtgewicht und Einsatz des Fahrzeugs werden Motoren zwischen etwa 3 l Hubraum bis zu etwa 16 l Hubraum eingesetzt. Ihre Zylinderhubräume sind meist größer als 600 cm³. Die Leistung je Zylinder liegt dabei in der Regel über 25 kW. Es werden Motoren mit bis zu 16 Zylinder eingebaut. Häufig haben die Motoren 6 bis 8 Zylinder **(Bild 1)**. Leichte Nutzkraftwagen haben etwa 70 kW, schwere Nutzkraftwagen, Sattelzugmaschinen bzw. Omnibusse bis etwa 450 kW.

Als Mindestmotorleistung müssen, auf Grund gesetzlicher Vorschriften, bei Lastkraftwagen, Kraftomnibussen und Sattelkraftfahrzeugen mindestens 4,4 kW je Tonne des zulässigen Gesamtgewichts des Kraftfahrzeugs und der jeweiligen Anhängelast vorhanden sein.

Das Höchstdrehmoment großer Nutzfahrzeug-Dieselmotoren liegt im Bereich zwischen 1500 Nm und 3000 Nm. Dabei arbeiten diese Motoren meist in einem Drehzahlband zwischen etwa 1200 1/min und 2400 1/min. Das Motordrehmoment bleibt über ein breites Drehzahlband nahezu konstant hoch **(Bild 2)**.

Moderne Nutzfahrzeug-Dieselmotoren arbeiten sehr verbrauchsgünstig mit Volllastbestwerten des spezifischen Kraftstoffverbrauchs unter 200 g/kWh. Lastzüge und Sattelkraftfahrzeuge haben bei 40 t Gesamtgewicht mittlere Kraftstoff-Streckenverbräuche von etwa 32 l/100 km bis etwa 40 l/100 km bei Laufleistungen von über 1000000 km ohne größere Instandsetzungen.

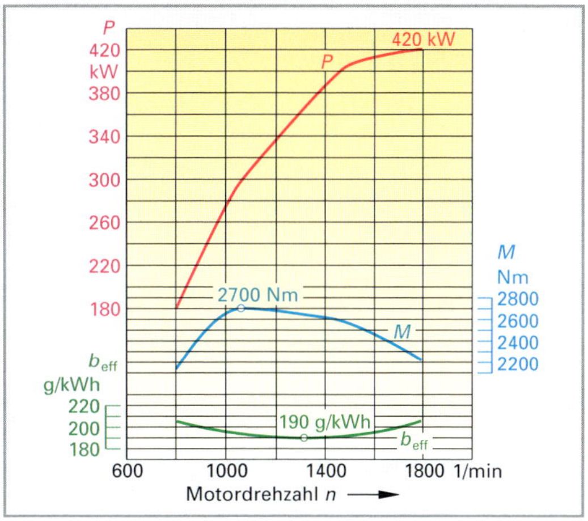

Bild 2: Motorkenndaten und Motorkennlinien

Bild 2 zeigt die Motorkennlinie eines 8-Zylinder-Motors mit Pumpe-Leitung-Düse-Einspritzung **(PLD)** und Abgasturboaufladung mit 2 Einlassventilen und 2 Auslassventilen je Zylinder.

Motorkenndaten: V_H = 15928 cm³; d = 130 mm; s = 150 mm; ε = 17,25. P_{eff} = 420 kW bei n = 1800 1/min; M_{max} = 2700 Nm bei n = 1080 1/min; b_{eff} = 190 g/kWh bei 1300 1/min.

22.3 Einspritzanlagen für Nfz-Dieselmotoren

Nfz-Einspritzanlagen haben folgende Aufgaben:
- Den erforderlichen Einspritzdruck bereitzustellen.
- Die erforderliche Kraftstoffmenge einzuspritzen (Mengenregelung).
- Den erforderlichen Einspritzbeginn einzustellen

Wie im Pkw-Bereich, sind auch im Lkw-Bereich die mechanisch geregelten Reihen- und Verteilereinspritzpumpen von kennfeldgeregelten Einspritzsystemen fast völlig verdrängt. Sie spritzen mit immer höheren Drücken und immer präziser ein und erreichen somit die Einhaltung von schärferen Emissionsgrenzwerten. Mechanisch geregelte Einspritzpumpen können die gestellten Anforderungen nicht erfüllen.

Folgende Einspritzsysteme werden unterschieden:
- Reiheneinspritzpumpen **(REP)**
- Verteilereinspritzpumpen als Hubkolben- oder Radialkolben-Verteilereinspritzpumpen mit Magnetventilsteuerung **(VE, vgl. S. 307)**
- Pumpe-Düse-Elemente mit Magnetventilsteuerung **(PDE, vgl. S. 310)**
- Pumpe-Leitung-Düse-Systeme mit magnetventilgesteuerten Injektoren **(PLD, vgl. S. 682)**
- Common-Rail-Einspritzungen mit magnetventilgesteuerten Injektoren **(CR, vgl. S. 312)**

22.3.1 Einspritzanlage mit Reiheneinspritzpumpe

Zu einer Kraftstoffanlage mit Reiheneinspritzpumpe gehören die Kraftstoffvorförderpumpe, die Kraftstofffilter ggf. mit einer Kraftstoffvorwärmeinrichtung und die Hochdruckausrüstung. Diese besteht aus der Einspritzpumpe, den Hochdruckeinspritzleitungen, den Düsenhaltern mit den Einspritzdüsen sowie der Rückströmleitung **(Bild 1)**.

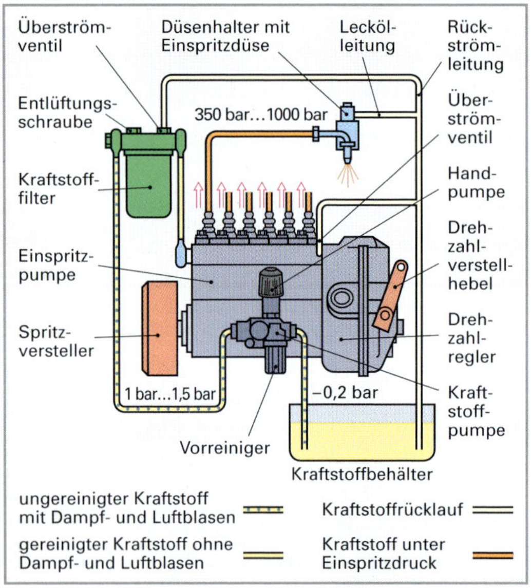

Bild 1: Kraftstoffumlauf einer Reiheneinspritzpumpe

Kraftstoffvorförderpumpe.

Sie ist meist unmittelbar an die Einspritzpumpe angeflanscht und wird von der Nockenwelle der Einspritzpumpe über eine Exzenterscheibe angetrieben **(Bild 2)**.

> Die Kraftstoffvorförderpumpe fördert den Kraftstoff mit ca. 1 ... 1,5 bar Überdruck zur Reiheneinspritzpumpe.

Der Kraftstoff wird aus dem Kraftstoffbehälter von der Kraftstoffvorförderpumpe angesaugt und über den Kraftstofffilter zur Hochdruckpumpe gefördert. Zur Kühlung und zur Schmierung der Reiheneinspritzpumpe dient ca. 1/4 der Kraftstoffmenge. Er durchströmt die Pumpe und fließt über das Überströmventil und die Rückströmleitung zum Kraftstoffbehälter zurück. Um sowohl die erforderliche Einspritzmenge, als auch die erforderliche Kraftstoffmenge zum Kühlen der Reiheneinspritzpumpe umzupumpen, haben die Vorförderpumpen Förderleistungen von 150 ... 200 l/h. Häufig müssen dabei auch noch große Förderstrecken bewältigt werden. Ist der Tank zu weit entfernt, sind meist zusätzlich elektrische Kraftstoffpumpen montiert.

Zum Entlüften der Einspritzanlage, z. B. nach einem Filterwechsel, ist die Kraftstoffpumpe häufig mit einer Handpumpe ausgerüstet. Diese kann nach dem Lösen des Griffs betätigt werden. Nach Benutzung der Handpumpe ist es notwendig, den Griff wieder fest zu verschrauben.

Siebvorfilter. Er hält grobe Verunreinigungen und Wasser zurück.

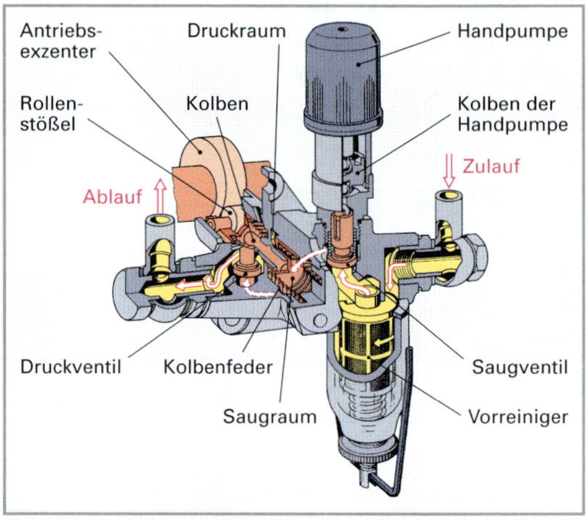

Bild 2: Kraftstoffvorförderpumpe

Funktion. Wie in **Bild 3** dargestellt, laufen Förderhub und die Befüllung des Saugraums (Saughub) gleichzeitig ab. Der Druckraum wird während des Zwischenhubs gefüllt.

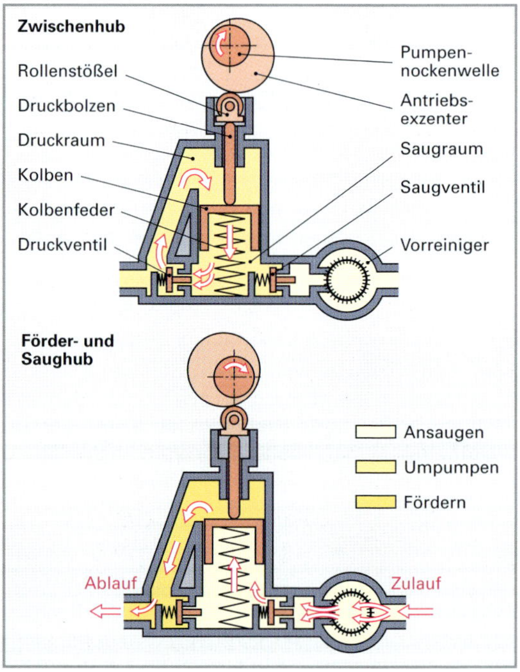

Bild 3: Funktion der Kraftstoffvorförderpumpe

Zwischenhub. Dabei schiebt der Exzenter über den Rollenstößel und Druckbolzen den Kolben vorwärts. Der Kraftstoff wird dadurch bei geschlossenem Saugventil über das Druckventil zum Druckraum gefördert. Die Kolbenfeder wird dabei zusammengedrückt und das federbelastete Druckventil schließt sich am Ende des Hubes.

Förder- und Saughub. Nachdem der Exzenter seinen größten Hub durchlaufen hat, drückt die Kolbenfeder den Kolben und die lose daran anliegenden Teile, Druckbolzen und Rollenstößel, wieder zurück. Dabei wird ein Teil des Kraftstoffs aus dem Druckraum über den Kraftstofffilter zur Einspritzpumpe gefördert. Während dieses Förderhubs wird gleichzeitig aus dem Kraftstoffbehälter Kraftstoff über Vorfilter und Saugventil in den Saugraum gesaugt.

Nur jeder 2. Hub des Kolbens ist ein Förderhub.

Elastische Förderung. Übersteigt der Druck in der Förderleitung einen bestimmten Wert, so kann die Kolbenfeder den Kolben nur teilweise zurück drücken. Damit verkleinert sich der Förderhub und die Fördermenge. Man spricht von einer „elastischen" Förderung. Dadurch werden Leitungen und Filter vor zu hohen Drücken geschützt.

Nutzfahrzeug-Kraftstofffilter

Sie haben die Aufgabe aus dem Kraftstoff Schmutz, z.B. Feinstaubpartikel und Wasser abzuscheiden.

Man unterscheidet zwei Filterbauarten:

- Stufenfilter
- Parallelfilter

Kraftstoff-Stufenfilter (Bild 1). Bei ihm fließt der Kraftstoff nach der Filterung in einem Grobfilter (1. Filtergehäuse) weiter durch einen Feinfilter (2. Filtergehäuse).

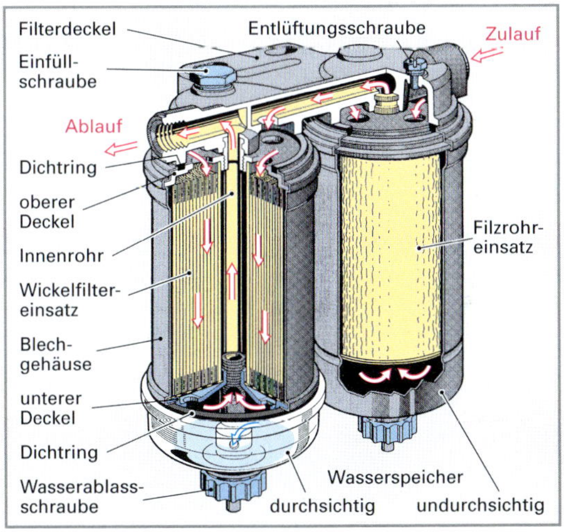

Bild 1: Stufen-Boxfilter mit Wasserabscheider

Kraftstoff-Parallelfilter. Sie werden für größere Dieselmotoren verwendet. Sie unterscheiden sich äußerlich nicht von den Kraftstoff-Stufenfiltern. Jedoch wird im Filterdeckel der zufließende Kraftstoff so aufgeteilt, dass jede der beiden mit Feinfiltereinsatz ausgerüsteten Filterboxen gleichzeitig durchströmt wird. Auf diese Weise wird die wirksame Filterfläche verdoppelt und somit der mögliche Kraftstoffdurchsatz erhöht.

Kraftstoffvorwärmeinrichtungen. Sie werden häufig, meist unmittelbar vor dem Kraftstofffilter, in die Kraftstoffanlage eingebaut. Sie verhindern ein Verstopfen des Filtereinsatzes durch Paraffinausscheidung bei niederen Außentemperaturen. Bei „Sommer-Dieselkraftstoff" (ohne Additive) scheiden sich ab einer Kraftstofftemperatur unter etwa 4 °C wachsartige Schuppen (Paraffine) aus dem Kraftstoff aus. Diese können die Filterpatronen verstopfen. Um dies zu vermeiden wird der Kraftstoff erwärmt.

Man unterscheidet zwei Vorwärmarten.

- Kühlwasser im Wärmetauscher
- Elektrische Heizelemente

Kraftstoffvorwärmung durch Wärmetauscher. Ein Thermostat mit Dehnstoffelement regelt die Kraftstoffmenge zum Wärmetauscher. Ist der Kraftstoff kalt, fließt die gesamte Kraftstoffmenge über den Wärmetauscher. Mit zunehmender Temperatur wird die Zuleitung zum Wärmetauscher verschlossen **(Bild 2)**.

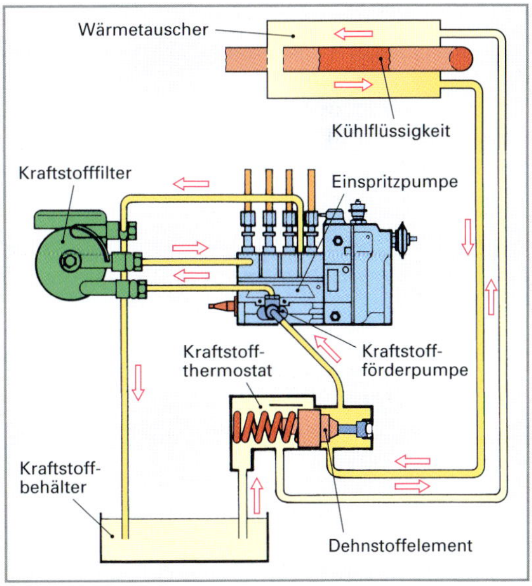

Bild 2: Kraftstoffvorwärmung durch Wärmetauscher

Elektrische Heizelemente. Vorzugweise werden selbstregelnde PTC-Widerstände als Heizelemente eingesetzt. Sie befindet sich z.B. im Zwischenflansch zwischen Filterdeckel und Filterbox **(Bild 1, S. 22)**.

Standard-Reiheneinspritzpumpe (Bild1)

Aufgaben. Reiheneinspritzpumpen sollen ...

- ... den erforderlichen Einspritzdruck erzeugen.
- ... die Einspritzmenge entsprechend der Fahrpedalstellung genau bemessen.
- ... den Einspritzzeitpunkt der Motordrehzahl anpassen.
- ... Leerlauf und Höchstdrehzahl regeln.

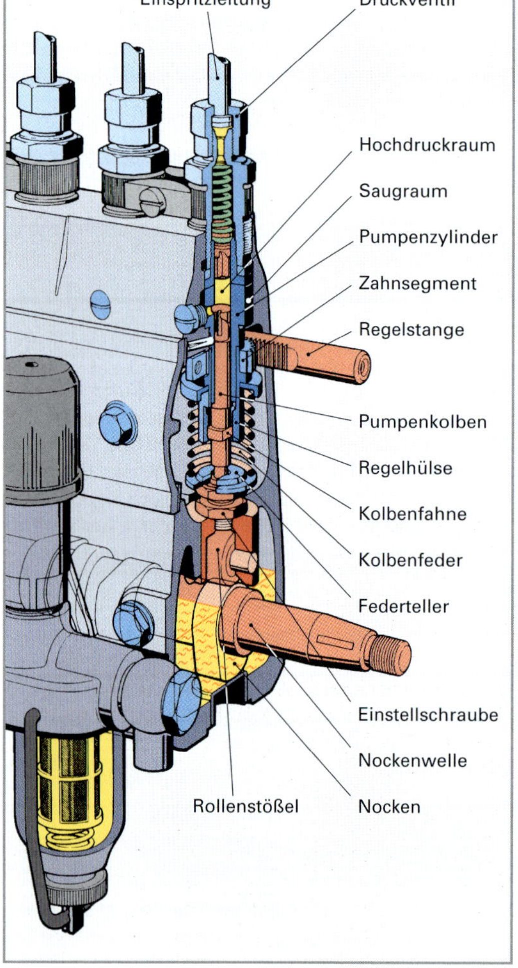

Bild 1: Reiheneinspritzpumpe (im Schnitt)

Aufbau und Wirkungsweise.

> Die Reiheneinspritzpumpe **(Bild 1)** ist eine Kolbenpumpe mit je einem Pumpenelement für jeden Motorzylinder. Jedes Pumpenelement **(Bild 2)** besteht aus einem Pumpenzylinder und einem Pumpenkolben.

Die einzelnen Pumpenelemente werden von einer im Pumpengehäuse eingebauten Nockenwelle über Rollenstößel angetrieben. Die Kolbenfeder drückt den Rollenstößel gegen den Nocken. Der Pumpenkolben ist so fein in den Pumpenzylinder eingepasst, dass er auch bei sehr hohen Drücken und niedrigen Drehzahlen abdichtet. Dieses sehr geringe Spiel (2 µm ... 3 µm), das wegen der auftretenden hohen Drücke erforderlich ist, lässt nur einen gemeinsamen Austausch von Pumpenzylinder und Pumpenkolben zu. Dieselkraftstoff schmiert und kühlt das Pumpenelement und sorgt für die Feinstabdichtung. Im unteren Teil der Pumpe sorgt Motorenöl für die Schmierung von Nockenwelle und Rollenstößel.

Kraftstoffzumessung (Mengenregelung, Bild 2). Der Mantel des Pumpenkolbens hat außer einer Längsnut und einer Ringnut, eine schraubenlinienförmig verlaufende Ausfräsung. Sie bildet die Steuerkante. Mit deren Hilfe kann man die Fördermenge regeln. Durch die Zulaufbohrung fließt Kraftstoff mit einem Druck von etwa 1 bar... 1,5 bar in den Hochdruckraum.

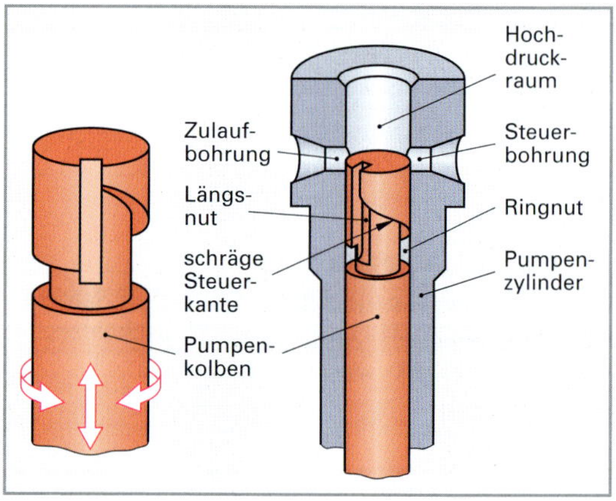

Bild 2: Pumpenelement

Kraftstoffzulauf (Vorhub). Aus dem Saugraum strömt Kraftstoff über die Zulaufbohrung in den Hochdruckraum des Pumpenzylinders. Sobald die Kolbenoberkante die Zulaufbohrung frei gibt **(Bild 3),** strömt der unter Vorförderdruck stehende Kraftstoff in den Hochdruckraum über dem Pumpenkolben.

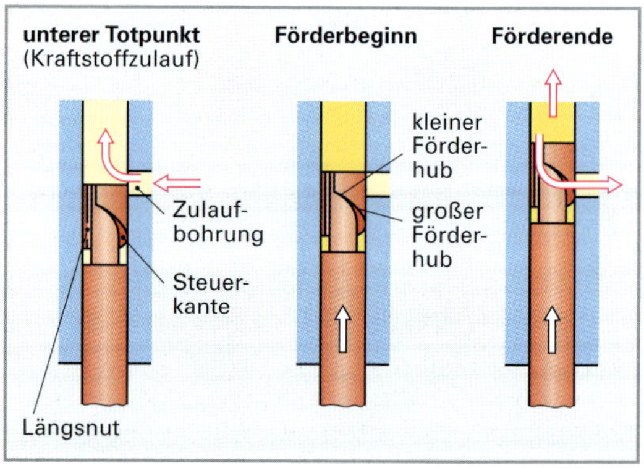

Bild 3: Kraftstoffförderung im Pumpenelement

Förderbeginn. Beim Aufwärtsgehen des Pumpenkolbens verschließt die Kolbenoberkante die Zulaufbohrung, der Förderhub beginnt. Der Druck baut sich im Pumpenelement über das Druckventil in der Hochdruckeinspritzleitung und im Düsenhalter bis zum Einspritzventil vor der Einspritzdüse auf. Wird ein bestimmter Druck überschritten, so öffnet das Einspritzventil und der Kraftstoff wird unter hohem Druck (bis etwa 1200 bar) durch die Düse in den Verbrennungsraum eingespritzt.

Förderende. Es ist erreicht, sobald die Steuerkante die Zulaufbohrung freigibt. Von diesem Augenblick an steht der Hochdruckraum des Pumpenzylinders über die Längs- und Ringnut mit dem Saugraum in Verbindung. Der Druck fällt ab, das Einspritzventil und das Druckventil schließen. Der weiterhin nach oben gehende Kolben drückt den Kraftstoff über die Längs- und die Ringnut aus dem Druckraum durch die Zulaufbohrung in den Saugraum zurück.

Veränderung der Fördermenge. Je nach Stellung der Steuerkante ergibt sich zwischen Kolbenoberkante und Steuerkante ein unterschiedlich langer Förderhub und somit eine unterschiedliche Fördermenge.

Durch Verdrehen des Pumpenkolbens über die Regelstange und das Zahnsegment der Regelhülse, wird der Förderhub (Einspritzmenge) gesteuert **(Bild 1, S. 678)**. Der Hub des Pumpenkolbens bleibt dabei immer gleich.

In den Endstellungen der Kolbendrehung findet entweder **Vollförderung** oder **Nullförderung** statt.

Nullförderung. Sie ist notwendig um den Motor abzustellen. Die Regelstange wird auf „Stop" gezogen, somit steht die Längsnut der Steuerbohrung gegenüber. Der Hochdruckraum kann nicht mehr geschlossen werden.

Druckventil (Bild 1). Es befindet sich in den Anschlussstücken der Druckleitungen und hat folgende Aufgaben:

- Einspritzleitung beim Förderende entlasten, um ein rasches Schließen des Einspritzventils zu gewährleisten.
- Restdruck in der Einspritzleitung aufrecht halten.
- Nachtropfen bzw. Nachspritzen der Einspritzdüse verhindern.

Funktion. Bei Einspritzende taucht der Entlastungskolben in die Ventilführung ein und schließt die Druckleitung gegen das Hochdruckelement ab. Bis der Ventilkegel seinen Sitz erreicht, vergrößert sich das Volumen in der Kraftstoffleitung um das Entlastungsvolumen. Dies bewirkt einen raschen Druckabfall in der Leitung und somit ein rasches Schließen der Einspritzdüse. Emissionsschädliches Nachtropfen wird somit verhindert.

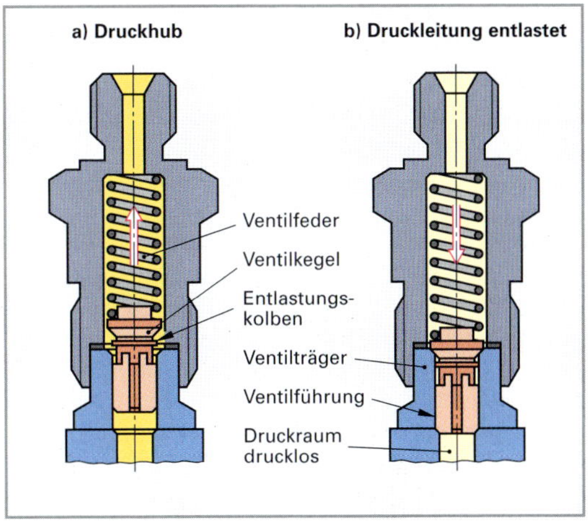

Bild 1: Druckventil mit Entlastungskolben

Drehzahlregler (Bild 2). Er ist als Fliehkraftregler ausgeführt. Dieser arbeitet abhängig von der Motordrehzahl und verändert die von der Einspritzpumpe einzuspritzende Kraftstoffmenge. Bei der Reiheneinspritzpumpe für Nfz wird meist ein Zweipunktregler als Leerlauf-Enddrehzahlregler verwendet.

Der Drehzahlregler hält die Leerlaufdrehzahl konstant und begrenzt die Höchstdrehzahl.

Die Leerlaufdrehzahl muss konstant gehalten werden, damit der Motor auf Grund der minimalen Einspritzmengen nicht unrund läuft oder gar abstirbt. Die Höchstdrehzahl muss begrenzt werden, um zu verhindern, dass der Motor überdreht „durchgeht", was eine Zerstörung des Motors bewirken könnte.

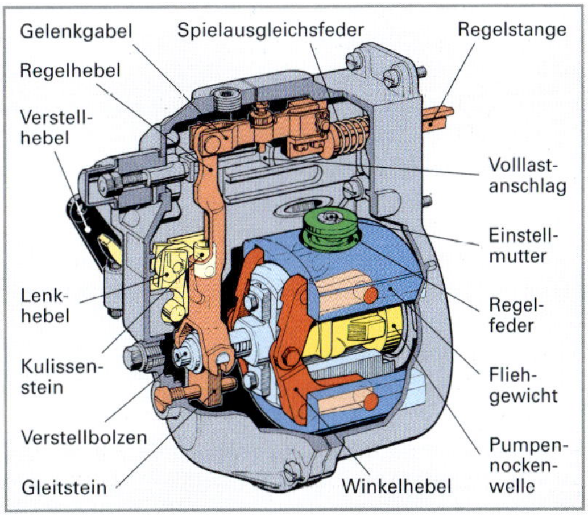

Bild 2: Drehzahlregler

Im Bereich zwischen Leerlauf und Enddrehzahl (höchste zulässige Drehzahl) ist eine Regelung nicht erforderlich, da in diesem Bereich der Fahrer über das Fahrpedal die Regelstange betätigt und somit den Lastzustand einstellt. Dadurch wird die Einspritzmenge und somit das erforderliche Drehmoment des Motors bestimmt.

Funktion. Der Regler ist mit zwei Fliehgewichten ausgerüstet und wird von der Nockenwelle der Einspritzpumpe angetrieben. In jedem Fliehgewicht sind eine Leerlauf- und zwei Endregelfedern untergebracht. Die radialen Wege der Fliehgewichte wandeln zwei Paar Winkelhebel in axiale Bewegungen des Verstellbolzens um. Dieser überträgt sie auf einen Gleitstein. Der Gleitstein, in dem das untere Ende des Regelhebels gelagert ist, wird durch den Führungsbolzen geradlinig geführt und stellt über den Regelhebel und die Gelenkgabel die Verbindung mit der Regelstange her. Da der Regelhebel **(Bild 1)** einen verschiebbaren Drehpunkt hat, kann sich das Übersetzungsverhältnis des Hebels ändern.

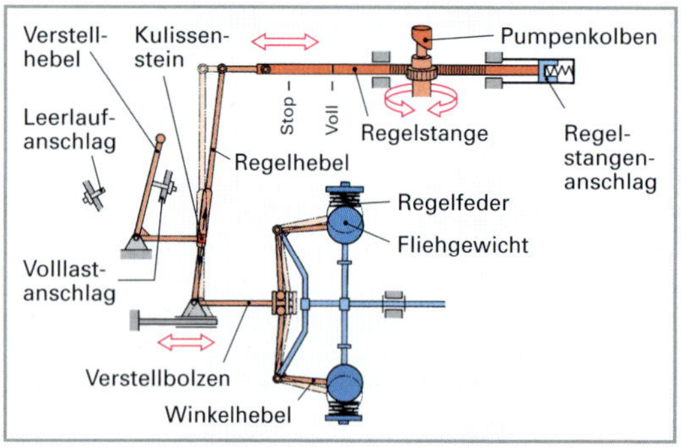

Bild 1: Regler bei Enddrehzahl

Regelstangenanschlag. Es gibt für den minimalen und den maximalen Verstellhebelwinkel je einen Anschlag. Einen Anschlag für die Leerlauf-, einen für die Vollastmenge bzw. Nenndrehzahl. Diese Anschläge sind plombiert und dürfen nur von geschulten Fachleuten verstellt werden.

Federnder Regelstangenanschlag. Er kommt bei Nfz-Motoren zum Einsatz, die eine größere Kraftstoffmenge zum Starten benötigen, als für den Volllastbetrieb.

Mechanischer Spitzversteller (Einspritzbeginnregelung) (Bild 2). Der automatische Spritzversteller besteht aus dem Gehäuse mit den Fliehgewichten und dem drehbar im Gehäuse gelagerten Verstelltopf. Die Verstellscheibe mit der die Nabe verbunden ist benutzt zum Verstellen die Fliehkraft und arbeitet somit drehzahlabhängig.

Steigt die Drehzahl an, so überwinden die zwei Fliehgewichte die Federkräfte und wandern nach außen und bewirken, dass der Spritzbeginn nach „Früh" verstellt wird.

Je weiter sich die Fliehgewichte auseinander bewegen, desto mehr wird die Verstellscheibe und somit die Pumpennockenwelle in Drehrichtung verdreht. Der Pumpenkolben wird früher aufwärts bewegt und verschließt früher die Zulaufbohrung. Der Förderbeginn ist vorverlegt.

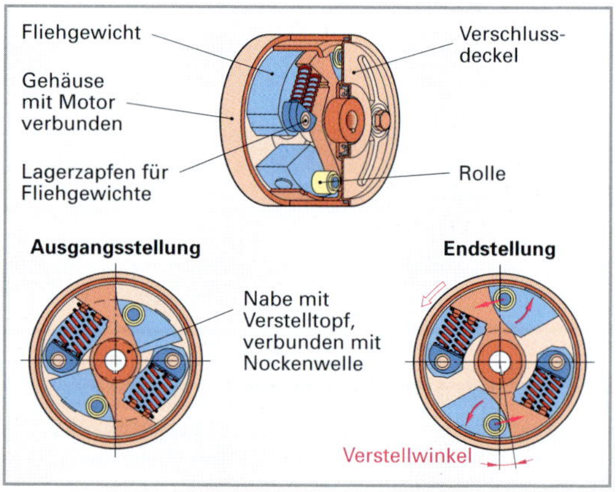

Bild 2: Mechanischer Spritzversteller

Werkstatthinweise

Pumpenölstandskontrolle. Wartungsfreie Reiheneinspritzpumpen sind an den Schmierölkreislauf des Motors angeschlossen. Pumpen ohne diese Verbindung müssen bis zur vorgeschriebenen Kontrollmarke mit Motoröl befüllt sein. Dies muss in vorgeschriebenen Intervallen kontrolliert und ggf. nachgefüllt werden.

Entlüften der Reiheneinspritzpumpe. Nach allen Arbeiten, bei denen Luft in die Anlage gelangt ist, z.B. Filter- oder Düsenwechsel, muss die Pumpe manuell entlüftet werden. Dazu löst man die Entlüftungsschraube am Filtergehäuse und pumpt mit der Handpumpe so lange, bis blasenfrei Kraftstoff austritt. Entlüftungsschraube wieder festziehen. Nun die Entlüftungsschraube an der Einspritzpumpe lösen und den gleichen Vorgang durchführen. Bei Anlagen mit Überströmventil an der Einspritzpumpe wird so lange die Handpumpe betätigt, bis das Überströmventil öffnet (schnarrendes Geräusch). Unter Umständen muss an den Einspritzdüsen ebenfalls entlüftet werden. Es sind dann die Überwurfmuttern zu lösen. Bei Motorlauf sind alle Anschlüsse auf Dichtheit zu prüfen.

Prüfung und Einstellarbeiten. Man unterscheidet Einstellarbeiten, die am Motor ausgeführt werden z. B. statische und dynamische Spritzbeginneinstellung, Kontrolle der Leerlauf- und Enddrehzahl und Prüfstandsarbeiten wie z.B. Vergleichsmengenmessung, dynamische Spritzbeginnverstellung. Diese Arbeiten sollten nur von speziell geschulten Fachleuten durchgeführt werden.

22.3.2 Hubschieber-Reiheneinspritzpumpe

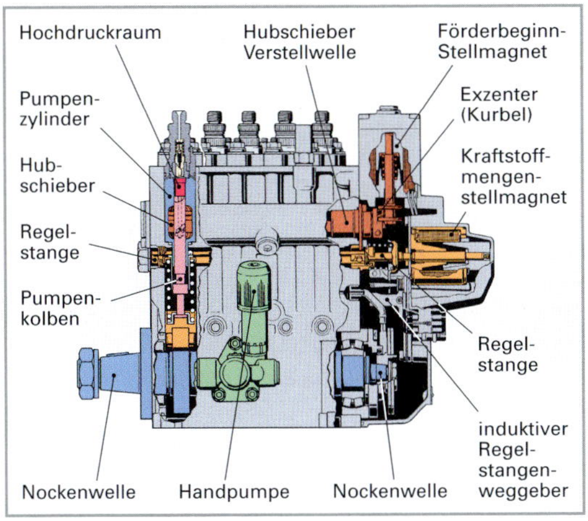

Bild 1: Hubschieber-Reiheneinspritzpumpe

Die Hubschieber-Reiheneinspritzpumpe **(Bild 1)** unterscheidet sich von der mechanisch geregelten Reiheneinspritzpumpe im Wesentlichen durch eine kennfeldgeregelte Einspritzmengen- und Spritzbeginnregelung (EDC). Sie erreicht Einspritzdrücke bis 1350 bar.

Einspritzmengenregelung. Aus den Hauptsteuergrößen (Fahrerwunsch und Motordrehzahl) und den Korrektursteuergrößen z.B. Motor-, Ansaugluft-, Kraftstofftemperatur, Ladedruck errechnet das Steuergerät den für die Solleinspritzmenge erforderlichen Regelstangenweg. Der vom Steuergerät angetaktete **Kraftstoffmengen-Stellmagnet (Bild 1)** verschiebt die Regelstange und bewirkt durch Drehung der Pumpenelemente eine Veränderung der Einspritzmenge. Der induktive Weggeber meldet die jeweilige Regelstangenstellung dem Steuergerät. Dieses regelt ggf. nach. Bei Signalausfall drückt die Rückstellfeder die Regelstange auf Nullförderung.

Einspritzbeginnregelung. Der Einspritzbeginn wird über die Hubschieber verändert **(Bild 2)**. Sie werden durch einen Förderbeginn-Stellmagneten über einen Exzenter und die Verstellwelle gleichzeitig bewegt. Je früher der Einspritzbeginn, desto früher verschließt die Unterkante des Hubschiebers die Steuerbohrung.

Eine Verstellung des Hubschiebers in Richtung UT bedeutet einen kleinen Vorhub und damit einen früheren Einspritzbeginn und umgekehrt.

Der tatsächliche Einspritzbeginn wird von einem Nadelbewegungsfühler an das Steuergerät übertragen. Dieses regelt so lange nach bis Soll- und Ist-Wert übereinstimmen.

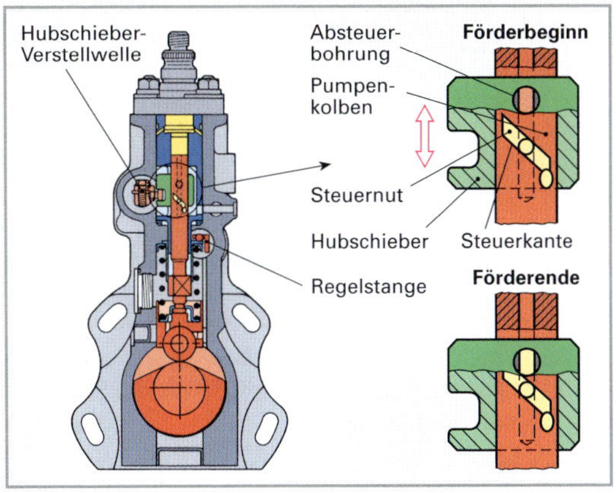

Bild 2: Einspritzbeginnregelung mittels Hubschieber

22.3.3 Pumpe-Leitung-Düse-Systeme

Man unterscheidet zwei Systeme:

- Mechanisch gesteuerte Einzeleinspritzpumpen
- Magnetventil gesteuerte Pumpe-Leitung-Düse-Elemente

Einzeleinspritzpumpen (Bild 3).
Sie kommen in Nfz, Lokomotiven, Land- und Baumaschinen sowie in Stationär- und Schiffsmotoren zum Einsatz. Sie erreichen Einspritzdrücke bis 1500 bar und zeichnen sich durch ihre Robustheit und Wartungsfreundlichkeit, sowie ihre besonders große max. Einspritzmenge bis 18000 mm³ pro Zylinder aus. Dabei werden max. Zylinderleistungen bis zu 1000 kW erreicht.

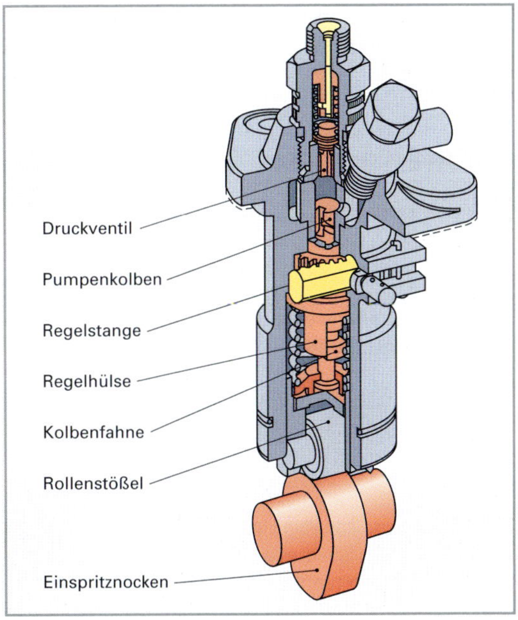

Bild 3: Einzeleinspritzpumpen

Für jeden Motorzylinder ist eine Pumpe in den Motor, auf die untenliegende Motornockenwelle eingesteckt. Deshalb werden sie auch als „Steckpumpen" bezeichnet. Über eine Hochdruckleitung ist die Einspritzdüse mit der Pumpe verbunden.

Funktion. Sie haben die gleiche Arbeitsweise wie die Standard-Reiheneinspritzpumpe. Nur der Antrieb erfolgt nicht über eine im Pumpengehäuse integrierte Nockenwelle, sondern über die Nockenwelle des Dieselmotors. Sie benötigt somit je Motorzylinder einen Zusatzeinspritznocken.

Einspritzbeginnregelung. Da der Antriebsnocken der Einzeleinspritzpumpe auf der Motornockenwelle sitzt und diese ebenfalls die Ventilsteuerung des Motors übernimmt, kann sie zur Spritzbeginnverstellung nicht einfach verdreht werden. Durch die Verstellung eines Zwischenglieds, z.B. eines exzentrisch gelagerten Schwinghebels **(Bild 1)**, kann ein Verstellwinkel von einigen Grad realisiert werden.

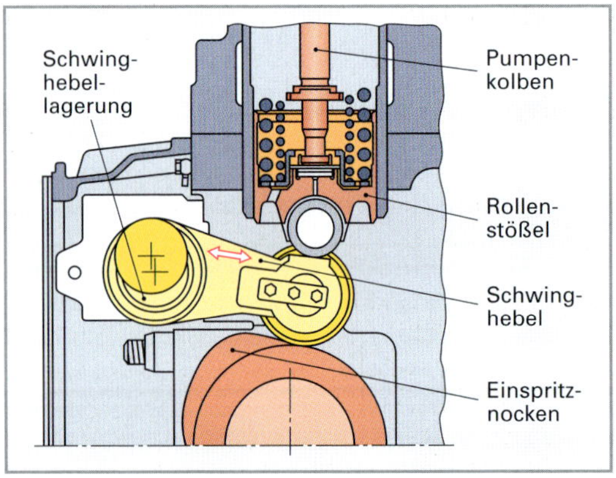

Bild 1: Spritzverstellung Einzeleinspritzpumpe

Einspritzmengenregelung. Sie erfolgt durch Verdrehen des Pumpenkolbens über die Regelhülse **(vgl. Reiheneinspritzpumpe Seite 678 und 679)**.

Pumpe-Leitung-Düse-Einheit (Bild 2)

Es ist ein elektronisch geregeltes Einspritzsystem. Jeder Motorzylinder verfügt über eine Einsteckpumpe mit Magnetventilsteuerung. Sie versorgt über eine Leitung die Einspritzdüse mit Kraftstoff. Es werden max. Einspritzdrücke von 1800 bar erreicht.

Aufbau. Sie stellt eine Weiterentwicklung der Einzeleinspritzpumpe dar. Die Hochdruckerzeugung in der Pumpeneinheit ist durch ein kennfeldgesteuertes Hochdruckmagnetventil ergänzt. Eine kurze Hochdruckleitung verbindet sie mit der Einspritzdüse im Zylinderkopf.

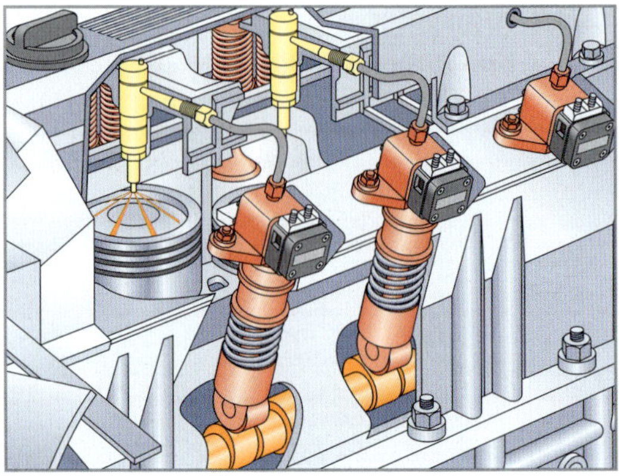

Bild 2: Pumpe-Leitung-Düse-Element (PLD)

Arbeitsweise. Sie wird durch 4 nacheinander ablaufende Förderphasen bestimmt:

1. Saughubphase
2. Vorhubphase
3. Förderhubphase
4. Resthubphase

Saughubphase (Bild 3/1). Der Pumpenkolben bewegt sich durch die ablaufende Nockenflanke abwärts in Richtung UT-Position. Dabei befüllt sich der Hochdruckraum über das geöffnete Magnetventil (unbestromt) mit Kraftstoff.

Vorhubphase (Bild 3/2). Läuft der Rollenstößel auf die auflaufende Nockenflanke auf, wird der Pumpenkolben in Richtung OT gedrückt. Der Kraftstoff wird aus dem Hochdruckraum verdrängt und fließt über das geöffnete Ventil zum Kraftstoffrücklauf.

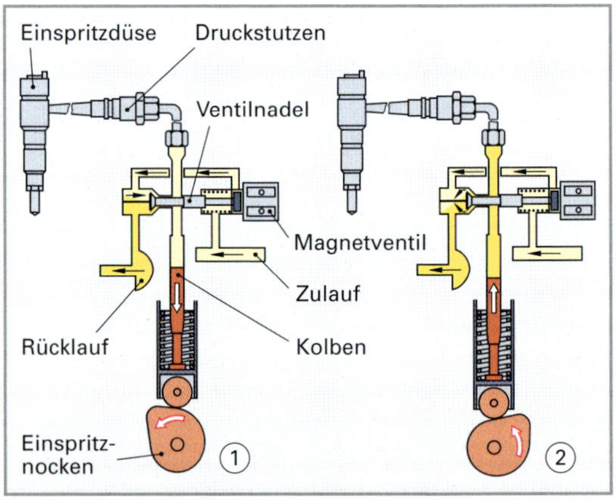

Bild 3: Saug- und Vorhubphase der PLD

Förderhubphase (Bild 1/3, S. 683). Das Magnetventil wird bestromt, somit schließt die Ventilnadel. Der Pumpenkolben bewegt sich weiter durch den auflaufenden Rollenstößel in Richtung OT. Der Kraftstoff wird im Hochdruckraum unter Druck gesetzt. Übersteigt dieser den Öffnungsdruck des Düsenhalters, wird eingespritzt.

Einspritzbeginn und **Einspritzdauer** (Einspritzmenge) werden für jeden Zylinder einzeln von der EDC bestimmt. Der Spannungsimpuls am Magnetventil bewirkt den Einspritzbeginn. Spannungsunterbrechung bewirkt das Einspritzende.

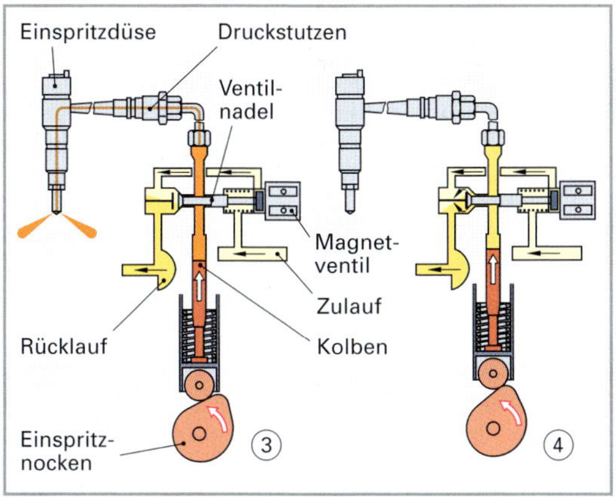

Bild 1: Förder- und Resthubphase der PLD

Resthubphase (Bild 1/4). Bis zum Erreichen des oberen Totpunktes strömt der verdrängte Kraftstoff durch das geöffnete Magnetventil in die Rücklaufleitung. Der Pumpenkolben bewegt sich wieder abwärts und leitet erneut die Saughubphase ein.

Voreinspritzung. Sie kann bei diesem System nur mit Hilfe eines Zweifeder-Düsenhalters **(vgl. S. 300)** realisiert werden.

Bild 2 zeigt den Verlauf von Spannung, Strom am Magnetventil, sowie des Drucks an der Einspritzdüse und deren Düsennadelhub.

Um eine möglichst kurze Ansprechzeit und schnelles Schließen der Magnetventile zu erreichen, werden sie von der Endstufe des Steuergeräts mit einer Spannung von 70 V angesteuert. Dabei fließen Einschaltströme von bis zu 18 A. Schlägt das Magnetventil in den Sitz, d.h. es ist geschlossen, regelt das Steuergerät auf einen Haltestrom von ca. 12 A. Damit wird die Verlustleistung und somit die Erwärmung der Magnetventile so gering wie möglich gehalten.

Der Förderbeginn des Pumpenelements wird mit dem Schließen des Magnetventils eingeleitet.

Die Haltezeit des Magnetventils bestimmt die Einspritzmenge. Der Nutzhub ist beendet, wenn das Magnetventil öffnet. Die Einspritzdüse schließt. Im Resthub fließt der vom Pumpenkolben geförderte Kraftstoff in den Rücklauf. Mit dem Drehzahlsignal des Kurbelwellengebers errechnet das Steuergerät den Einspritzbeginn. Mit dem Positionsgeber der Nockenwelle stellt es die Zylinderzuordnung her (Einspritzsequenz).

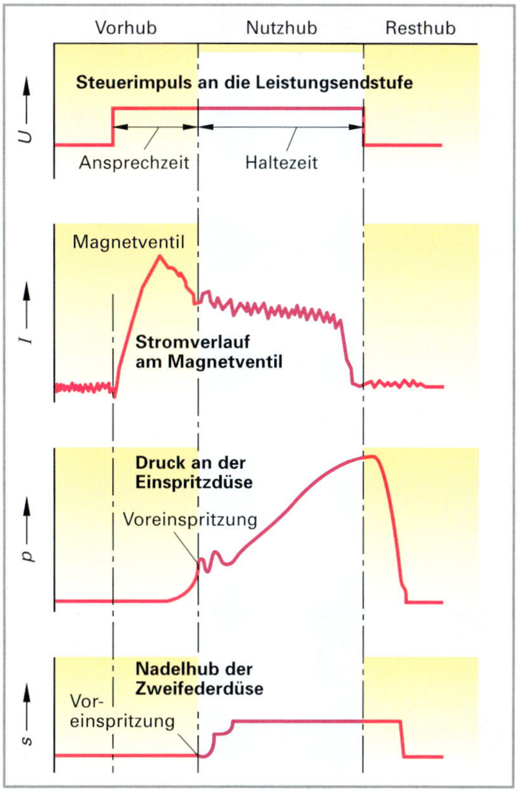

Bild 2: Magnetventilansteuerung der PLD

22.3.4 Starthilfsanlagen

Sie haben die Aufgabe das Anspringen des kalten Dieselaggregats zu erleichtern, für einen runden und stabilen Motorlauf zu sorgen und die Schadstoffemission zu senken.

Bei Nfz kommen wie im Pkw Glühstiftkerzen **(vgl. S. 298)**, sowie Flammstartanlagen zum Einsatz.

Flammstartanlage. Sie ist im Ladeluftgehäuse des Motors eingebaut. Sie besteht aus Brennkammer, Düse, Magnetventil und einer Glühstiftkerze **(Bild 3)**.

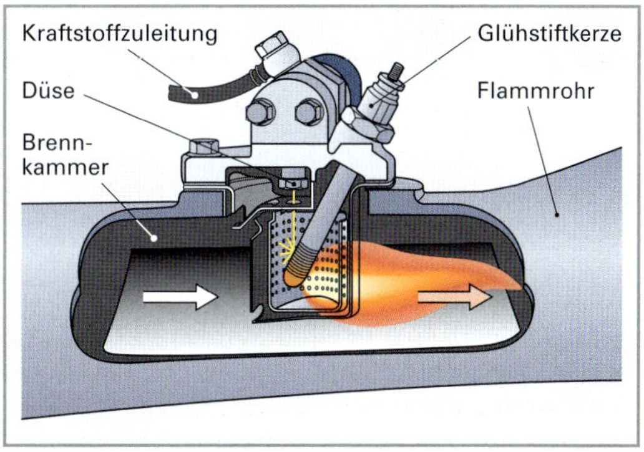

Bild 3: Flammstartanlage

Der Einsatz der Flammstartanlage ist nur für Kaltstart bei extremer Kälte unter – 15 °C erforderlich.

Funktion. Ist die Kühlmitteltemperatur unter – 4° C abgesunken, wird die Flammstartanlage automatisch mit der Drehung am Zündschlüssel auf „Fahrtstellung" eingeschaltet. Nach Ablauf der spannungsabhängigen Vorglühphase von 20...25 s ist sie betriebsbereit und der Motor kann gestartet werden. Über die Vorförderpumpe wird die Flammstartanlage mit gefiltertem Kraftstoff versorgt. Der in die Brennkammer eingespritzte Kraftstoff, entzündet sich an der heißen Glühstiftkerze. Somit erwärmt sich die an der Brennkammer vorbeiströmende Luft kurzfristig auf bis zu 800 °C. Damit werden die Zündbedingungen in allen Zylindern verbessert. Zur Steuerung des Kraftstoffzulaufs ist in der Kraftstoffzuleitung vor der Flammkerze ein vom Glühsteuergerät geschaltetes Magnetventil eingebaut.

Unterbrochen wird der Kraftstoffzufluss wenn ...

- ... die Kühlmitteltemperatur bei laufendem Motor ca. 0 °C erreicht.
- ... wenn der Motor nicht innerhalb von 30 s nach Erlöschen der Kontrollleuchte gestartet wird.

Diagnose. Das Glühsteuergerät überwacht die Glühstiftkerze, das Magnetventil sowie die Kabelverbindungen. Tritt ein Fehler auf, wird dies dem Fahrer über das Display mit einem Fehlercode, z.B. **„FLA"** angezeigt.

22.3.5 Schadstoffminderung bei Diesel-Nfz-Motoren

Nutzfahrzeuge müssen zunehmend verschärfte Abgasgrenzwerte erfüllen. In Europa werden die Grenzwerte für Nfz stufenweise nach 91/542/EWG gesenkt **(Tabelle 1).**

Tabelle 1: Grenzwerte für schwere NKW (m_{zu} > 3,5 to)

Norm	Jahr	CO	HC	NO_x	Partikel	Rauchstoß
Euro 0	1988	12,3	2,6	15,8	–	–
Euro 1	1992 < 85 kW > 86 kW	4,5 4,5	1,1 1,1	8,0 8,0	0,612 0,36	– –
Euro 2	1996	4,0	1,1	7,0	0,25	–
	1998	4,0	1,1	7,0	0,15	–
Euro 3	2000	2,1	0,66	5,0	0,20/0,13	0,8
Euro 4	2005	1,5	0,46	3,5	0,02	0,5
Euro 5	2008	1,5	0,46	2,0	0,02	0,5

Um die verschärften Abgasgrenzwerte zu erfüllen müssen innermotorische und außermotorische Maßnahmen optimal aufeinander abgestimmt werden. Dazu ist der Einsatz von elektronischen Einspritzsystemen unerlässlich.

Außermotorische Maßnahmen

Zur Emissionsminderung bei Nutzfahrzeugen kommen folgende Systeme zum Einsatz:

- Oxidationskatalysator
- Abgasrückführung
- Partikelfilter
- SCR-Katalysator

Oxidationskatalysator (vgl. S. 336).

Er kann aufgrund des Luftüberschusses im Dieselabgas nur die HC- und CO-Emissionen durch Oxidation verringern. Eine Reduktion der NO_x-Emission kann nicht erfolgen.

Abgasrückführung (vgl. S. 337).

Eine NO_x arme motorische Verbrennung entsteht bei niederen Brennraumtemperaturen und geringen Flammgeschwindigkeiten. Bei gekühlten AGR-Systemen können dem Frischgas bis zu 40 Vol.-% beigemischt werden. Der damit verbundene erhöhte Kraftstoffverbrauch von 1...2% aufgrund der verminderten Leistung macht das System nur für Nutzfahrzeuge mit geringer Jahreslaufleistung sinnvoll.

SCR-Verfahren (Bild 1, S. 685).

Beim SCR-Verfahren (**S**electiv **C**atalytic **R**eduction) wird mit Hilfe von Ammoniak, an der Katalysatoroberfläche, Stickstoffoxid zu Stickstoff und Wasser umgewandelt. Damit kann der Stickoxidaustoß um bis zu 80% gesenkt werden. Der Partikelausstoß wird dabei geringfügig reduziert.

Aufbau. Bild 1, S. 685 zeigt den Aufbau einer SCR-Anlage. Er besteht aus einer Kombination aus Oxidationskatalysator und SCR-Katalysator sowie einer Dosiereinrichtung. Der SCR-Katalysator wird hinter dem Oxikatalysator montiert. Die Dosiereinrichtung spritzt das Reduktionsmittel entsprechend der Motorbelastung mittels Druckluft vor den SCR-Katalysator ein. Die Funktion der Anlage wird von einem Abgassensor (Breitbandlambdasonde **vgl. S. 330)** überwacht.

SCR-Katalysator. Der Washcoat ist mit einer Beschichtung aus Titan, Wolfram und Vanadium versehen. Diese Edelmetallverbindungen sind zusammen mit Ammoniak (NH_3) geeignet, bevorzugt (selektiv) eine Reduktion des Stickstoffoxids (NO_x) zu Stickstoff (N_2) und Wasser (H_2O) herbeizuführen.

Reduktionsmittel. Es besteht aus einer wässrigen Harnstofflösung mit einer Konzentration von 32,5 Vol.-%. An der Katalysatoroberfläche wird aus der ungefährlichen Harnstofflösung giftiges Ammoniak. Die Berechnung der eingespritzten Harnstofflösung muss deshalb sehr genau erfolgen, damit ein Austritt des giftigen Ammoniaks an die Umgebung verhindert wird.

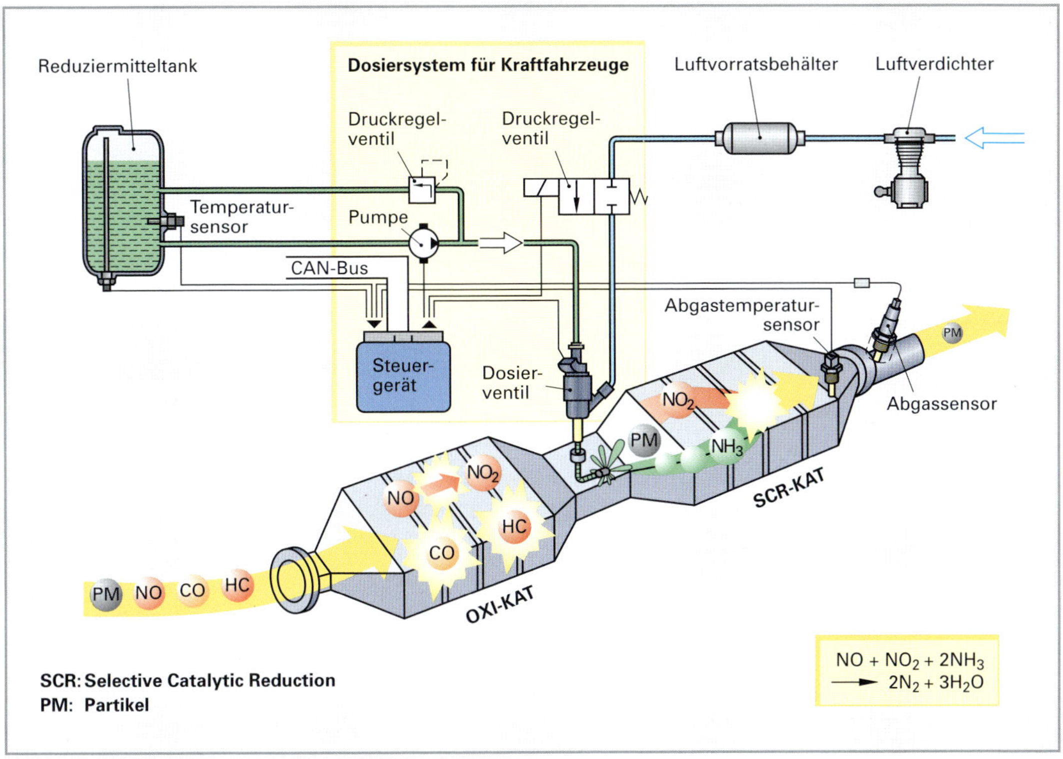

Bild 1: Aufbau einer SCR-Anlage mit Harnstoff-Dosiereinrichtung

Das Amoniak reagiert im SCR-Katalysator mit NO_x zu N_2 und H_2O.

Kraftstoffersparnis. Durch die SCR-Anlage wird der NO_x-Anteil stark reduziert. Aus diesem Grund kann der Einspritzbeginn in Richtung „Früh" verlegt werden, wodurch der Kraftstoffverbrauch um ca. 6 % gesenkt werden kann. Der dabei entstehende höhere NO_x-Anteil wird anschließend in der SCR-Anlage reduziert.

Wiederholungsfragen

1 **Welche Dieseleinspritzsysteme werden in Nfz überwiegend eingesetzt?**

2 **Beschreiben Sie den Weg des Kraftstoffs vom Kraftstoffbehälter zum Verbrennungsraum.**

3 **Beschreiben Sie die Wirkungsweise der Kraftstoffförderpumpe einer Reiheneinspritzpumpe.**

4 **Nach dem Filterwechsel müssen sie die Kraftstoffanlage einer Reiheneinspritzpumpe entlüften. Beschreiben Sie die Arbeitsschritte.**

5 **In welche Phasen wird der Gesamthub eines Pumpenelements einer Reiheneinspritzpumpe unterteilt?**

6 **Welche Aufgaben hat das Druckventil?**

7 **Für welche Motoren werden Reiheneinspritzpumpen mit federndem Regelstangenanschlag eingesetzt?**

8 **Erklären Sie die Spritzverstellung einer Standard-Reiheneinspritzpumpe.**

9 **Beschreiben Sie den Vorgang der Fördermengenänderung durch Verstellen der Pumpenelemente einer Reiheneinspritzpumpe.**

10 **Wie unterscheiden sich Hubschieber-Reiheneinspritzpumpen und Standard-Reiheneinspritzpumpen?**

11 **Beschreiben Sie die Wirkungsweise der Drehzahlregelung der Hubschieber-Reiheneinspritzpumpe.**

12 **Welche Auswirkungen hat die Verstellung des Hubschiebers nach oben?**

13 **Wie unterscheidet sich die Einzeleinspritzpumpe vom Pumpe-Leitung-Düse-System?**

14 **Erläutern Sie die Einspritzbeginnverstellung einer Einzeleinspritzpumpe.**

15 **Wie wird beim Pumpe-Leitung-Düse-System eine Voreinspritzung realisiert?**

16 **Beschreiben Sie die Einspritzbeginn- sowie die Einspritzmengenregelung des Pumpe-Leitung-Düse-Systems.**

17 **Erklären Sie die Funktionsweise einer Flammstartanlage.**

18 **Mit welchen Verfahren kann die Stickoxidemission im Abgas gesenkt werden?**

19 **Beschreiben Sie die Funktionsweise des SCR-Verfahrens.**

22.4 Antriebsstrang

22.4.1 Antriebskonzepte

Sie werden entsprechend der angetriebenen und nicht angetriebenen Achsen nach folgendem Schema bestimmt:

- Erste Zahl: Gesamtzahl der Räder
- Zweite Zahl: Anzahl der angetriebenen Räder

Ein Fahrzeug, welches die Bezeichnung 4×2 hat, besitzt vier Räder (evtl. Zwillingsbereifung) und es werden zwei Räder angetrieben.

22.4.2 Antriebsarten

Man unterscheidet folgende Bauarten:

- Hinterradantrieb mit einer Antriebsachse
- Hinterradantrieb mit Nachlaufachse **(Bild 1)** oder mit Vorlaufachse
- Hinterradantrieb mit zwei angetriebenen Achsen
- Allradantrieb

Das im **(Bild 1)** dargestellte Fahrzeug wird mit 6×2 bezeichnet. Es hat 6 Räder, wobei 2 angetrieben werden.

Bei leerem oder teilbeladenem Fahrzeug kann die als Liftachse ausgeführte Nach- oder Vorlaufachse zur Verringerung des Rollwiderstandes und des Reifenverschleißes angehoben werden.

Bei Beladung kann sie bis zu 10 t Last aufnehmen, um die Antriebsachse zu entlasten. Zum Anfahren kann sie abgehoben werden, um der Antriebsachse mehr Belastung und somit mehr Traktion zu geben.

Bild 1: Dreiachsfahrzeug 6 x 2

Allradantriebe (Bild 2). Bei dieser 6×6 Anordnung wird ein Verteilergetriebe benötigt. Die erste Antriebsachse hat einen Durchtrieb zur zweiten angetriebenen Achse.

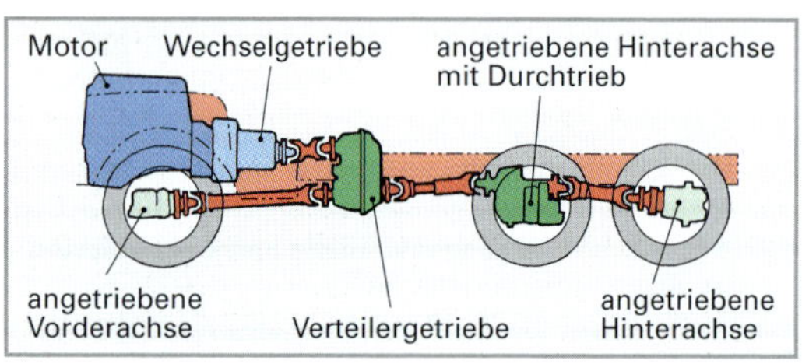

Bild 2: Allradantrieb

22.4.3 Lenkachsen

Nicht angetriebene Lenkachsen. Sie werden in Nutzkraftfahrzeugen verbaut als

- Faustachse **(Bild 3)**
- Gabelachse **(Bild 4)**

Der Achskörper ist faust- oder gabelförmig ausgeführt. Der Achsschenkel verbindet den Achskörper mit der schwenkbar gelagerten Nabe.

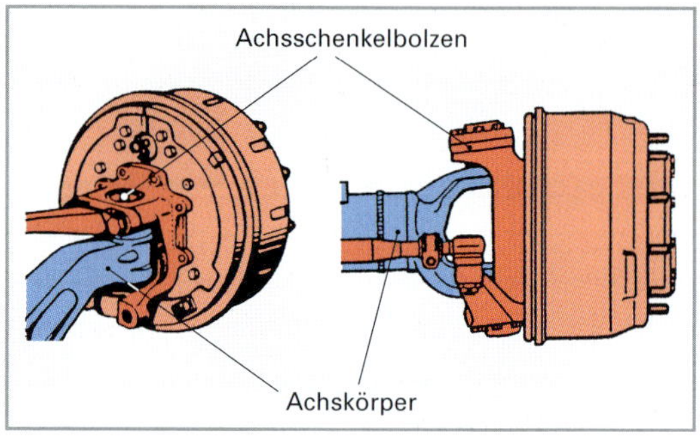

Bild 3: Faustachse **Bild 4: Gabelachse**

Angetriebene Lenkachsen. (Bild 5). Die dargestellte lenkbare Antriebsachse hat einen Durchtrieb z.B. für einen 8×8 Antrieb. Die Antriebskraft wird durch die Antriebswelle zur vorderen Achse weitergeleitet. Ein darauf sitzendes Stirnradvorgelege übersetzt die Antriebskraft auf das Kegelradgetriebe mit Ausgleich. Die Achswellen treiben über Doppelkreuzgelenke die Radnabe an. In dieser sitzt ein Planetenradsatz, der die Drehzahl ins Langsame übersetzt und dadurch das Antriebsdrehmoment erhöht.

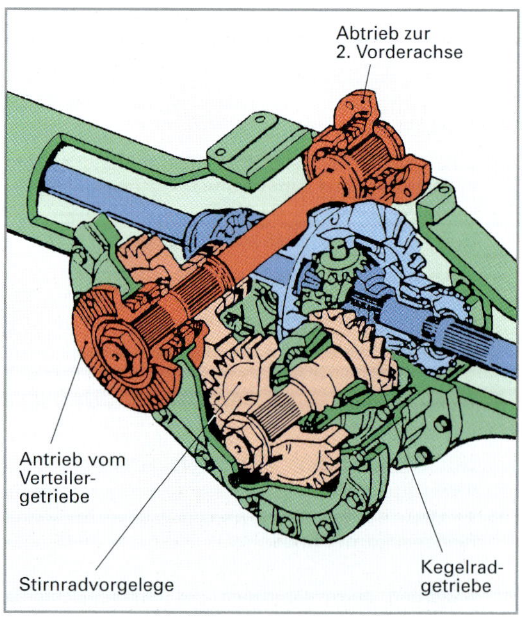

Bild 5: Angetriebene Vorderachse mit Durchtrieb

22.4.4 Antriebsachsen

Sie werden als Hypoidantrieb mit Kegel- und Tellerrad und als Außenplanetenachsen mit Kegelradantrieb und Planetengetriebe ausgeführt. (Verwendung bei Baustellenfahrzeugen).

Außenplanetenachse mit Hypoidantrieb. Sie läuft sehr leise, hat eine große Achsübersetzung von i = 6,0 bis 8,0 und besitzt dadurch ein großes Achsgehäuse mit geringer Bodenfreiheit.

Antriebsachse mit Außenplanetengetriebe (Bild 1). Durch die kleine Übersetzung von i = 1,1 bis 1,3 im Kegelradantrieb ergibt sich ein kleines Achsgehäuse. Weiter können die Antriebswellen wegen des geringeren Antriebsmoments kleiner dimensioniert werden. Die äußeren Planetengetriebe in der Radnabe übersetzen das Drehmoment um das 5- bis 6-Fache.

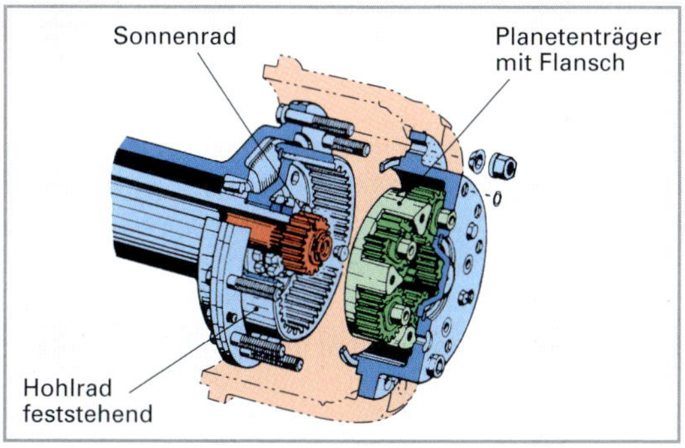

Bild 1: Außenplanetenachse

22.4.5 Verteilergetriebe

Aufbau. Es ist als 3-Wellengetriebe **(Bild 2)** ausgeführt und hat zwei Übersetzungsstufen für das Fahren auf der Straße oder im Gelände. Ein Planetengetriebe im Abtriebsstrang dient als Ausgleichsgetriebe. Es verteilt das Drehmoment z.B. zu 65 % an die Hinter- und zu 35 % an die Vorderachse. Bei Bedarf kann es im Geländegang längs gesperrt werden.

Nebenantriebe. Sie werden zum Antrieb von Nebenaggregaten wie z.B. Hydraulikpumpen, Seilwinden usw. verwendet.

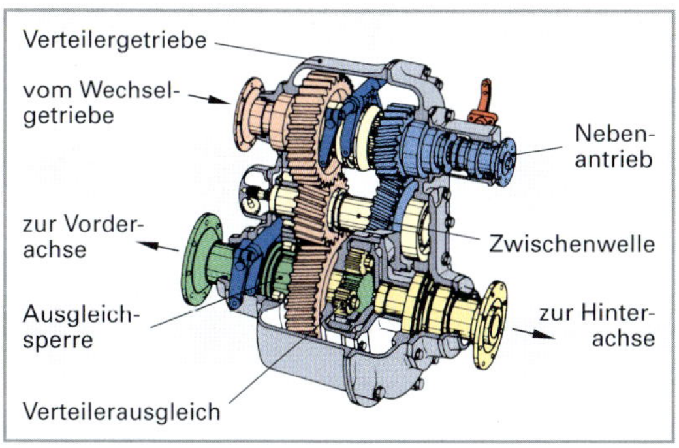

Bild 2: Verteilergetriebe mit Ausgleich

Wirkungsweise (Bild 3).

Straßengang. Die Antriebskraft wird über das Eingangskonstantradpaar auf den Planetenradträger übertragen. Das Sonnenrad treibt die Vorderachse, das Hohlrad die Hinterachse an.

Geländegang. Mit der oberen Schaltmuffe wird die Antriebskraft über das rechte Zahnradpaar mit z.B. i = 1,44 ins Langsame übersetzt. Zusätzlich kann mit der unteren Schaltmuffe der Planetenradsatz blockiert und somit längs gesperrt werden.

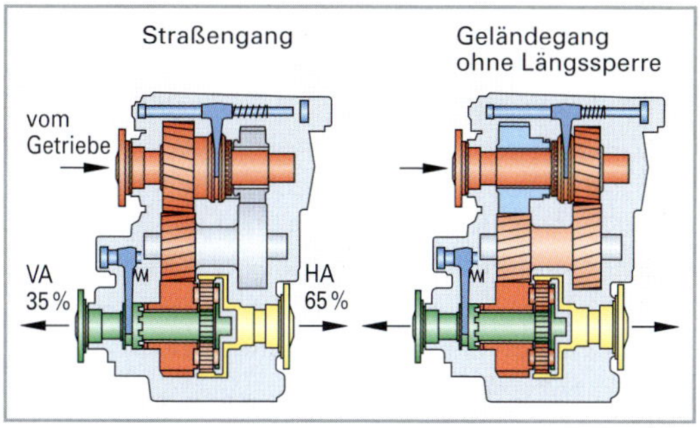

Bild 3: Verteilergetriebe Kraftfluss

22.4.6 Gruppengetriebe (Bild 3)

Sie sind im Antriebsstrang nach dem Motor eingebaut. Mit ihm kann der Motor sowohl im günstigsten Verbrauchsbereich, als auch im obersten Leistungsbereich betrieben werden.

Beim **Vorschaltgruppengetriebe** (Splitgruppen) ergeben sich feinere Abstufungen der Gänge und kleinere Übersetzungssprünge.

Beim **Nachschaltgruppengetriebe** (Bereichsgruppen) wird der Übersetzungsbereich und somit die Anzahl der Gänge erweitert.

22.4.7 Wechselgetriebe

Sie sind meist als gleichachsiges Dreiwellengetriebe ausgeführt und können eine Vorschaltgruppe und eine Nachschaltgruppe **(Bild 4)** eingebaut haben.

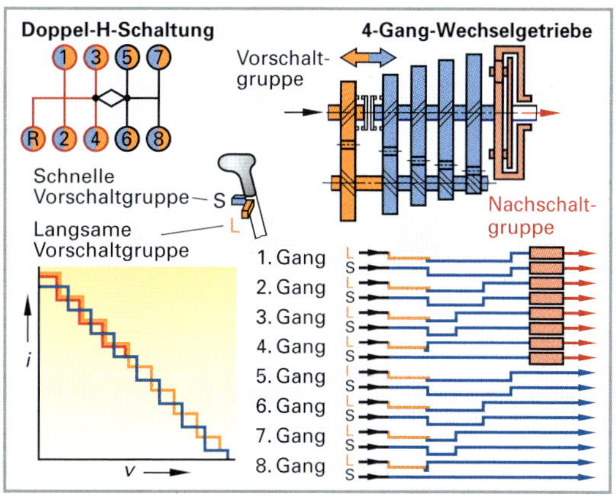

Bild 4: Wechselgetriebe mit Vor- und Nachschaltgruppe

22.4.8 Elektro-pneumatische Getriebesteuerung (Bild 2)

Bei diesem System wird der jeweils richtige Gang abhängig von Fahrgeschwindigkeit, Last und Beladungszustand automatisch oder manuell von elektro-pneumatischen Schaltzylindern eingelegt.

Aufbau

Eine EPS-Getriebesteuerung besteht aus folgenden Bauteilen:

- Mechanische Kupplung, pneumatisch über den Kupplungsaktor betätigt.
- Mechanisches synchronisiertes 4-Wellengetriebe mit angebauten pneumatischen Schaltzylindern und Magnetventilen zum Einlegen der Gänge.
- Gebergerät zur Erfassung des Fahrerwunsches.
- Getriebesteuergerät mit Kennfeld zur Ermittlung des richtigen Ganges und Ansteuerung der Magnetventile und Schaltzylinder.
- Sensoren für Werteerfassung.
- Multifunktionsdisplay zur Ganganzeige.

Wirkungsweise

Bedieneinheit (Bild 1). Sie besitzt einen zusätzlichen Wahlschalter für die manuelle oder die automatische Betriebsart.

Manueller Betrieb. Der Gangwechsel erfolgt durch den Fahrer. Mit der Halbgangwippe **(HW)** kann durch Anheben um einen halben Gang nach oben und durch Drücken um einen halben Gang zurückgeschaltet werden. Wird die Funktionstaste **(FT)** betätigt und dabei der Schalthebel nach vorne gedrückt, so wird um einen Gang hochgeschaltet. Beim Ziehen des Schalthebels wird um einen Gang zurückgeschaltet. Betätigt man die Neutraltaste **(N)**, so schaltet das Getriebe in Leerlaufstellung. Beim Anhalten kuppelt das System kurz vor Erreichen der Leerlaufdrehzahl aus, der eingelegte Gang bleibt geschaltet.

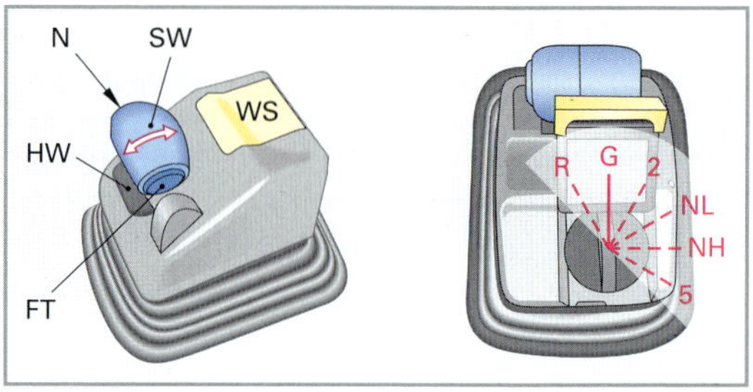

Bild 1: Gebergerät für Gangwechsel

Automatischer Betrieb. Alle Anfahr-, Rangier- und Schaltvorgänge werden automatisiert durchgeführt. In Abhängigkeit von Fahrzustand, Fahrpedalstellung und Motorbetriebszustand wird der jeweils optimale Gang ermittelt und geschaltet. Die Kupplungsbetätigung wird ebenfalls vollautomatisch gesteuert.

Multifunktionsdisplay. Es informiert den Fahrer über die geschaltete oder vorgewählte Gangstufe und Splitgruppe.

Warnsummer. Er meldet dem Fahrer, dass nicht zurückgeschaltet werden kann, da die zulässige Motordrehzahl überschritten wird.

Man unterscheidet 2 Notlauffunktionen:

- **Notbetrieb**
- **Schalten mit Notschalter**

Notbetrieb. Liegt ein Fehler im System vor, so wird der Fahrer über den Warnsummer und über das Display informiert, dass er das Kupplungspedal ausklappen soll. Jetzt kann mechanisch gekuppelt und die Gänge geschaltet werden.

Schalten mit Notschalter. Wird vom Steuergerät ein Fehler erkannt, der die Weiterfahrt nur mit Notschaltung erlaubt, werden alle automatischen Schaltungen gesperrt. Eine Notschaltung kann nur bei stehendem Fahrzeug durchgeführt werden. Es kann mit dem Notschalter der 2. und 5.Gang, der Rückwärtsgang und die Nachschaltgruppe betätigt werden. Bei diesem Fahrzustand muss der Fahrer die Kupplung mechanisch betätigen.

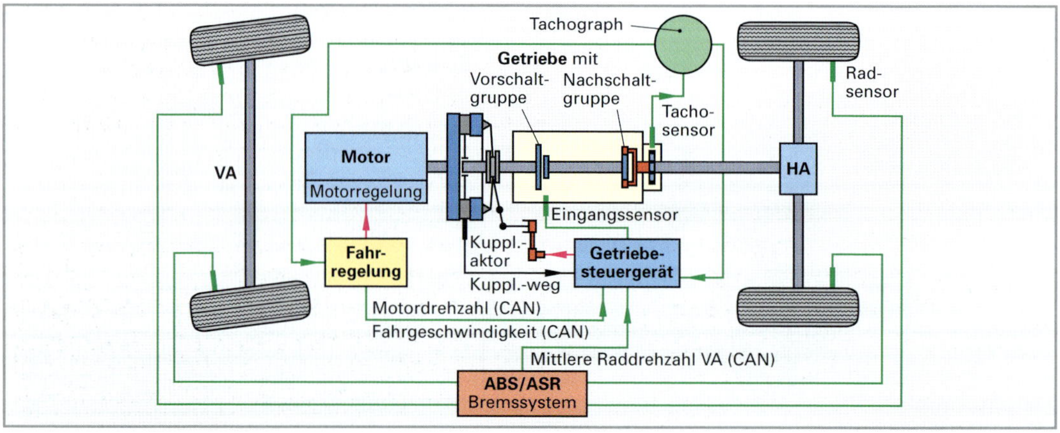

Bild 2: Elektro-pneumatische Getriebesteuerung

22.5 Fahrwerk

22.5.1 Federung

Im Nutzfahrzeugbau werden als Stahlfedern überwiegend **Blattfedern,** seltener Schraubenfedern eingebaut. Besonders im Omnibus ist die **Luftfederung** weit verbreitet.

Blattfeder

Sie ist eine Biegungsfeder und wird als geschichtete Blattfeder verwendet. Bauarten:

- Halbelliptikfeder oder Trapezfeder
- Parabelfeder

Halbelliptikfeder. Sie besteht aus Flachstahl, der die Form einer halben Ellipse hat. Mehrere Federblätter werden zu einem Paket zusammengefasst, das dann die Form eines Trapezes annimmt **(Bild 1).**

Die Federblätter sind in der Mitte durchbohrt und werden durch die Federschraube (Herzschraube) zusammengehalten, die gleichzeitig ein Verschieben der einzelnen Blätter in Längsrichtung verhindert. Gegen seitliches Verschieben schützen die Federklammern.

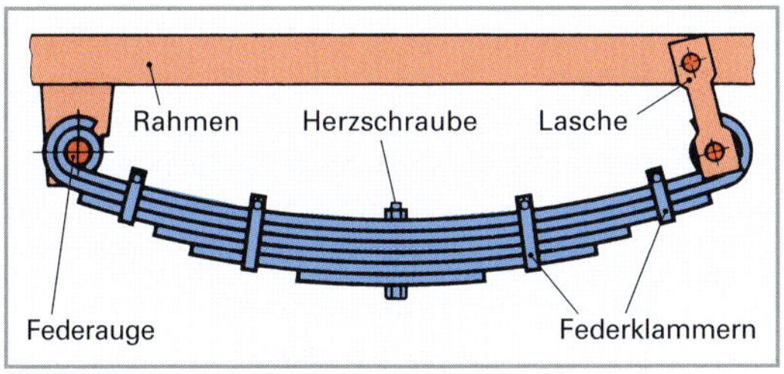

Bild 1: Halbelliptikfeder, Trapezfeder

> Trapezfedern sind harte Federn. Sie sind umso härter, je dicker die Federblätter sind und je mehr Federblätter aufeinander liegen.

Damit die Feder bei Leerfahrten nicht zu hart ist und die Achsen dadurch zum Trampeln neigen, wird oft ein zweites Federpaket zusätzlich eingebaut, das erst ab einer bestimmten Zuladung wirksam wird, d.h. die Blattfeder ist progressiv **(Bild 2).**

Bild 2: Doppelte Trapezfeder

Durch die Reibung der einzelnen Federblätter aufeinander beim Ein- und Ausfedern tritt eine starke Eigendämpfung auf, wodurch die Schwingungsdämpfung unterstützt wird. Zwischen den Federblättern darf sich kein Rost ansetzen, es soll stets eine Schmiermittelschicht vorhanden sein.

Blattfedern können Brems- und Beschleunigungskräfte sowie Seitenkräfte übertragen. Die Bauteile für die Federbefestigung an Rahmen oder Karosserie wie Federbügel, Bolzen, Buchsen und Federaugen werden dabei hoch beansprucht. Um bei Bruch des obersten Federblattes ein Lösen der Achse vom Rahmen zu verhindern, wird das vordere Ende des zweiten Federblattes ebenfalls um den Federbolzen gebogen. Das hintere Federauge hat eine Laschenaufhängung, die die Längung beim Durchfedern ausgleichen kann.

Parabelfeder. Die einzelnen Federblätter verjüngen sich von der Mitte ausgehend zu den beiden Enden parabelförmig.

Die Parabelfeder besteht nur aus wenigen kräftigen Federblättern mit Zwischenlagen aus Kunststoff, damit die Federblätter nicht aufeinander reiben können **(Bild 3).** Wegen der längeren Federungsbewegung und der geringeren inneren Reibung arbeitet die Parabelfeder weicher und bietet mehr Komfort.

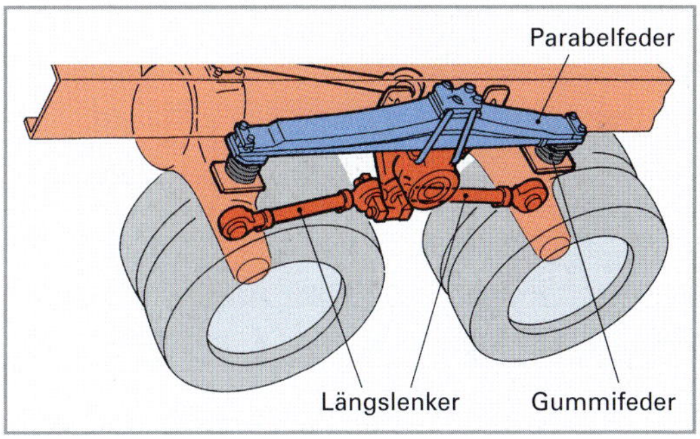

Bild 3: Parabelfeder

WERKSTATTHINWEISE

Beim Austausch von Blattfedern ist darauf zu achten, dass die auf dem ALB-Schild angegebene Blattfeder wieder verbaut wird **(Bild 4).** Ansonsten stimmen die Ausgangsdrücke des ALB-Reglers im Verhältnis zur Achslast nicht.

Die Nummer der Blattfeder befindet sich in der Regel auf der zweiten Blattfederlage.

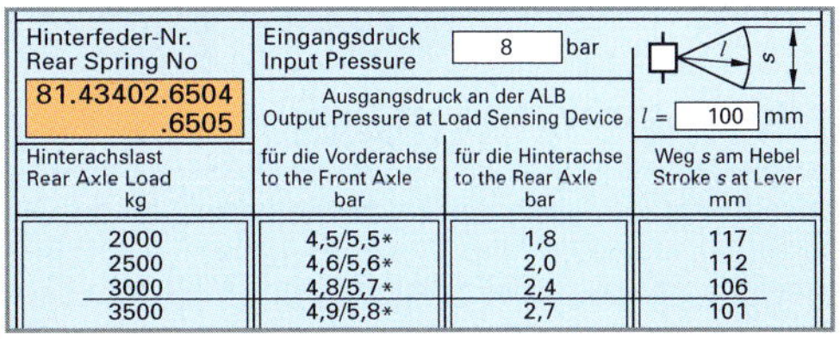

Hinterfeder-Nr. Rear Spring No	Eingangsdruck Input Pressure 8 bar		l = 100 mm
81.43402.6504 .6505	Ausgangsdruck an der ALB Output Pressure at Load Sensing Device		
Hinterachslast Rear Axle Load kg	für die Vorderachse to the Front Axle bar	für die Hinterachse to the Rear Axle bar	Weg s am Hebel Stroke s at Lever mm
2000	4,5/5,5*	1,8	117
2500	4,6/5,6*	2,0	112
3000	4,8/5,7*	2,4	106
3500	4,9/5,8*	2,7	101

Bild 4: Ausschnitt ALB-Schild

22

Luftfederung

> Sie wird vorwiegend bei Omnibussen, Nutzkraftwagen und Anhängern angewendet. Dabei wird die Kompressibilität von Gasen zur Federung ausgenützt.

Die Luftfederung hat gegenüber der Blattfederung folgende Merkmale:

- Erhöhung des Fahrkomforts und Schonung des Ladeguts durch kleinere Federrate und niedrigere Eigenfrequenz.
- Keine Eigendämpfung.
- Progressive Federkennlinie.
- Konstante Fahrzeughöhe unabhängig von der Beladung.
- Niveauverstellung, z.B. bei Laderampenbetrieb möglich.
- Steuerung von Liftachsen, z.B. als Anfahrhilfe oder Überlastschutz auf einfache Weise durchführbar.
- Sie kann keine Radführungskräfte übernehmen.

Aufbau. Als Federelemente verwendet man Falten- oder Rollbälge, die aus Gummi mit Gewebeeinlage hergestellt sind **(Bild 1).** Eine Gummihohlfeder begrenzt den Federanschlag und ermöglicht bei totalem Luftverlust die Manövrierfähigkeit des Fahrzeugs in Schrittgeschwindigkeit.

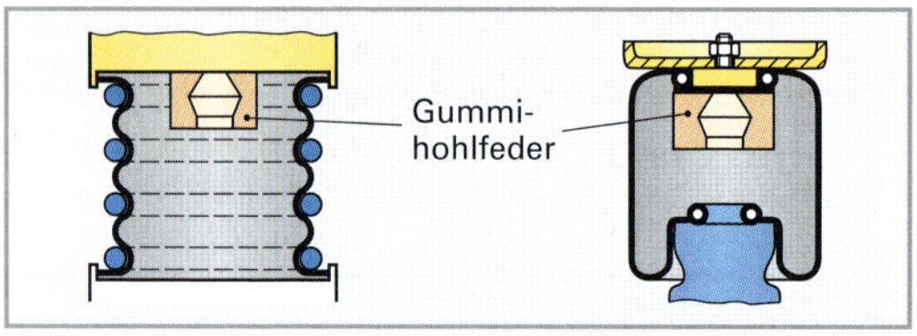

Bild 1: a) Faltenbalg b) Rollbalg

Radführung (Bild 2). Sie wird von Längs- und Querlenkern oder Stabilenkern übernommen. Die Schwingungsdämpfung erfolgt durch Stoßdämpfer.

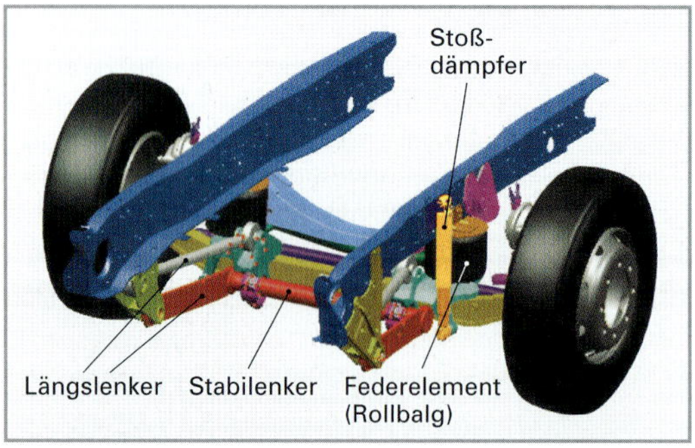

Bild 2: Radaufhängung einer luftgefederten Vorderachse

Elektronisch geregelte Luftfederungssysteme. Durch sie können eine Reihe von Funktionen erfüllt werden, wie z. B. Niveauregulierung, Niveauverstellung, Höhenbegrenzung, Liftachsensteuerung, Druckregelung, Fehlererkennung und -speicherung.

Soll-Niveauregulierung (Bild 3). Mit dem Fahrzeugrahmen verbundene Wegsensoren erfassen ständig die Höhenlage des Fahrzeugs und melden sie an die Steuerelektronik. Werden Abweichungen vom Sollniveau festgestellt, so werden die Magnetventile der Vorderachse und der Hinterachse angesteuert. Durch Be- und Entlüftung des Luftfederbalgs wird das Istniveau des Fahrzeugs innerhalb bestimmter Toleranzgrenzen dem Sollniveau angeglichen. Je nach Anzahl der Wegsensoren unterscheidet man dabei zwischen der Zwei-, Drei- und Vierpunktregelung. Häufig wird die Dreipunktregelung angewendet. Dabei werden z.B. zwei Wegsensoren für die Lenkachse und ein Wegsensor für die Antriebsachse verwendet.

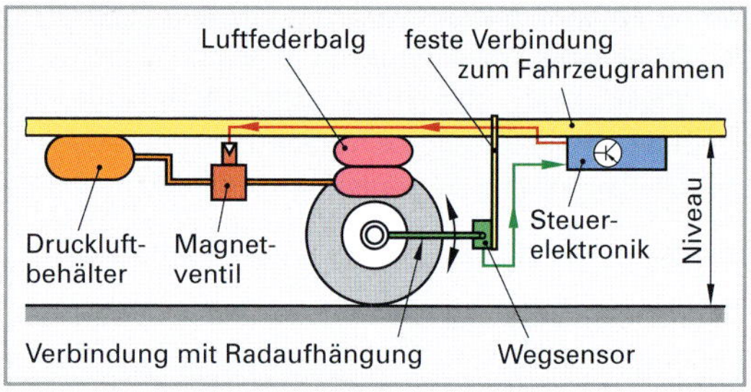

Bild 3: Prinzipbild zur elektronischen Niveauregulierung

Niveauverstellung durch Schalter. Dabei können fest programmierte Fahrzeughöhen durch einen Schalter angewählt werden, z.B. Absenken und Anheben des Fahrzeugniveaus bei Wechselaufbauten, wie Containern.

Höhenbegrenzung. Wird der obere oder untere Höhengrenzwert (Gummihohlfederanschlag) erreicht, wird die Höhenverstellung beendet.

Liftachsensteuerung, -regelung. Die Liftachsen können über einen Schalter, z.B. zur Traktionsverbesserung der Antriebsachse angehoben werden. Ab einer bestimmten Achslast, z.B. 11 t, senkt sich die Liftachse selbsttätig ab.

Druckregelung. Um den aktuellen Luftfederdruck zu messen und den Druck innerhalb bestimmter Grenzen zu halten werden Drucksensoren mit den Luftfederelementen verbunden. Diese wandeln den gemessenen Druckwert in ein Spannungssignal um. Das Spannungssignal geht zu einem Steuergerät, welches in Grenzfällen (Höchstdruck; Mindestdruck) Magnetventile entsprechend ansteuert.

Fehlererkennung und Fehlerspeicherung. Bei Fehlererkennung wird eine Warnlampe im Fahrzeuginnenraum aktiviert. Zugleich wird der Fehler im Steuergerät gespeichert. Das Fahrzeug kann unter Einhaltung des vorgegebenen Niveaus weitergefahren werden.

Elektronisch geregelte Luftfederanlage (Bild 1)

Aufbau. Bei der dargestellten Luftfederanlage handelt es sich um einen voll-luftgefederten Lkw mit Liftachse. Drei Wegsensoren **(3)** melden ständig bei eingeschalteter Zündung die Höhenlage des Fahrzeugs an das Steuergerät. Das Be- und Entlüften der Luftfederbälge erfolgt über 3/2- und 2/2-Magnetventile. Drucksensoren überwachen die Drücke in den Federbälgen. Über den Anfahrhilfetaster **(7)** werden die Liftachsbälge kurzeitig entlüftet, um die Traktion der Antriebsachse zu verbessern. Über den Taster „Liften" **(8)** bzw. „Senken" **(9)** kann der Fahrer die Liftachse manuell steuern. Ist die zulässige Einzel-Achslast überschritten verhindert die Elektronik, dass die Liftachse angehoben wird. Ein Druckschalter **(5)** überwacht den Anlagendruck. Bei Unterschreiten des erforderlichen Anlagendrucks wird die **Warnlampe 4a** aktiviert. Die **Fehlerlampe 4b** zeigt auftretende Fehler in der Elektrik/Elektronik an. Diese Fehler werden in der Elektronik gespeichert. Über eine Fernbedienung **(2)** kann das Sollniveau des Fahrzeugs, z.B. bei Rampenbetrieb, verändert werden. Dies ist jedoch nur unterhalb einer vom Hersteller festgelegten Geschwindigkeitsschwelle möglich.

Funktionsweise

Luftversorgung. Über den bei Nutzfahrzeugen vorhandenen Kompressor wird die Luftfederanlage mit Druckluft mit einem Druck von bis zu 12,5 bar versorgt. Die Druckluft wird entweder am Nebenverbraucheranschluss des Vierkreisschutzventils 23 oder 24 entnommen oder hinter dem Druckregler.

Soll-Niveauregelung. Die von den Wegsensoren gelieferten Istwerte werden mit den eingespeicherten Sollwerten verglichen. Ergeben sich Abweichungen vom Sollniveau über ein festgelegtes Toleranzband hinaus, werden vom Steuergerät die entsprechenden Magnetventile so angesteuert, dass durch Be- oder Entlüften der Luftbälge, die notwendige Niveauänderung an Vorder- und Antriebsachse erreicht wird. Im Fahrzeugstillstand erfolgt die Regelung im Sekundenbereich. Kurzzeitige Achsschwingungen während der Fahrt, z.B. durch Fahrbahnunebenheiten, werden nicht ausgeglichen, da die Regelung erst nach einer festgelegten Zeitverzögerung eintritt.

Belüften der Luftfederbälge an Vorder- und Antriebsachse. Dazu werden die Magnetventile **a, b, c** und **d** elektrisch angesteuert. Magnetventil **c** schaltet auf Druckaufbau. Die Magnetventile **a, b, d** schalten auf Durchlass. Ist das Sollniveau erreicht schalten die Magnetventile wieder in die Ausgangsstellung.

Entlüften der Luftfederbälge an Vorder- und Antriebsachse. Die Magnetventile **a, b** und **d** werden elektrisch angesteuert und auf Durchlass geschaltet. Die Federbälge entlüften über Magnetventil **c** über einen Schalldämpfer solange ins Freie bis wieder das Sollniveau erreicht ist.

Liftachsensteuerung. Durch Drucksensoren **(6)** an der Antriebsachse kann eine automatische Liftachsenabsenkung durchgeführt werden. Überschreitet der Balgdruck in der Antriebsachse aufgrund von Beladung einen bestimmten Wert, z.B. 5,3 bar, wird die Liftachse automatisch abgesenkt. Ein automatisches Absenken der Liftachse während der Fahrt durch auftretende Druckspitzen erfolgt nicht.

Absenken Druckluftversorgung der Liftachse. Dazu wird Magnetventil **f** elektrisch angesteuert, der Liftbalg wird über Magnetventil **c** entlüftet, die Achse senkt sich. Um die Luftfederbälge der Liftachse mit Druckluft zu versorgen, werden die Magnetventile **c, e** und **g** elektrisch angesteuert. Magnetventil **c** schaltet auf Druckaufbau, die Magnetventile **e** und **g** schalten auf Durchlass. Ist das Sollniveau erreicht schalten die Magnetventile **e** und **g** auf sperren. Magnetventil **c** schaltet in die Ausgangsstellung zurück.

Wiederholungsfragen

1. **Welche Vor- und Nachteile hat die Luftfederung bei Nutzfahrzeugen gegenüber der Blattfederung?**
2. **Wie erfolgt die Soll-Niveauregelung bei einer Luftfederung?**
3. **Wie sind die Magnetventile entsprechend Bild 1 zu schalten, damit die Liftachse angehoben wird?**

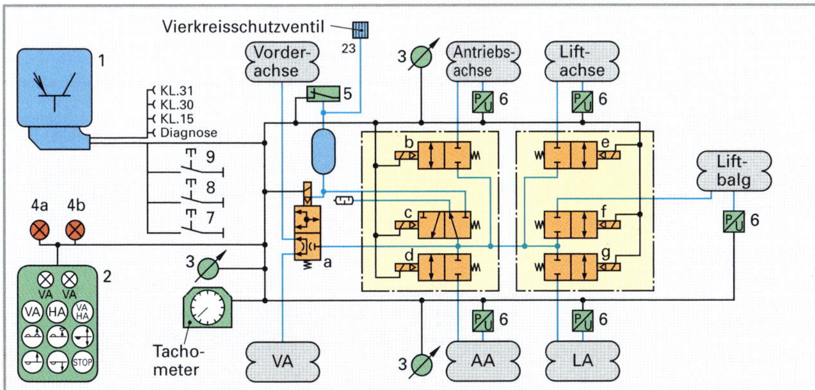

1	Steuergerät
2	Fernbedienung
3	Wegsensoren
4a	Warnlampe Anlagendruck
4b	Fehlerlampe Elektrik/Elektronik
5	Druckschalter
6	Drucksensoren
7	Taster Anfahrhilfe
8	Taster Liften (LA)
9	Taster Senken (LA)
a	Magnetventil VA
b, c, d	Magnetventile AA
e, f,g	Magnetventile LA

Bild 1: Funktionsschema einer Luftfederanlage eines voll- luftgefederten 6×2 Lkw

22.5.2 Räder und Bereifung

Reifen

Um bei Nutzkraftwagenreifen geringen Verschleiß, gute Traktion, hohe Traglasten und große Radinnendurchmesser zu erreichen, finden fast ausschließlich, Niederquerschnitt-Gürtelreifen in Radialbauweise Verwendung **(Bild 1).** Dabei sind Karkasse und Gürtel wegen der bei Nkw geforderten hohen Tragfähigkeit überwiegend aus Stahlcord gefertigt.

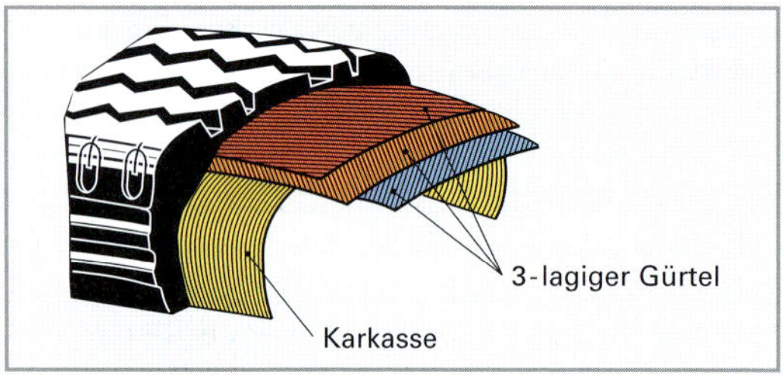

Bild 1: Gürtelaufbau eines Lkw-Radialreifens

Kennzeichnungen am Reifen **(Tabelle 1, Bild 2).**

Tabelle 1: Reifenkennzeichnung

Beispiel: 315/80 R 22.5 154/150M (156/150 L) ...	
315 80 R 22.5	Reifenbreite in mm Reifenhöhe ≙ 80 % der Reifenbreite Radialbauweise Reifeninnendurchmesser in Zoll
154/150 M	Tragfähigkeitskennzahl für Einzel- und Zwillingsbereifung bei Geschwindigkeit entsprechend dem Speed-Index M (v_{max} = 130 km/h) und einem vom Reifenhersteller vorgegebenen Luftdruck, z.B. 8,5 bar.
156/150 L	Zusatzbetriebskennung für Einzel- und Zwillingsbereifung bei niedrigeren Geschwindigkeiten (L: v_{max} = 120 km/h).
Regroovable	Reifen sind entsprechend Herstellervorschrift durch Fachleute nachschneidbar.
Tread: 3 Steel 1 Steel	Unter der Lauffläche befinden sich vier Stahlcordlagen. Drei Stahlcord-Gürtellagen und eine Stahlcord-Karkasslage.
Seidewall 1 Steel	In der Seitenwand befindet sich eine Lage Stahlcord (Karkasslage).
Single 8265 LBS. AT 120 P.S.I	Einzelbereifung, Last- und Druckkennzeichnung für USA-Kanada 1 LBS (pound) = 0,4536 kg; 1 P.S.I. (pound per square inch) = 0.06897 bar).

Reifensicherheit und Reifenlebensdauer sind abhängig von Last, Luftdruck und Geschwindigkeit. Es ist deshalb stets der vom Hersteller vorgegebene Luftdruck einzuhalten. Genauer Luftdruckwerte können aus Tabellen entnommen werden.

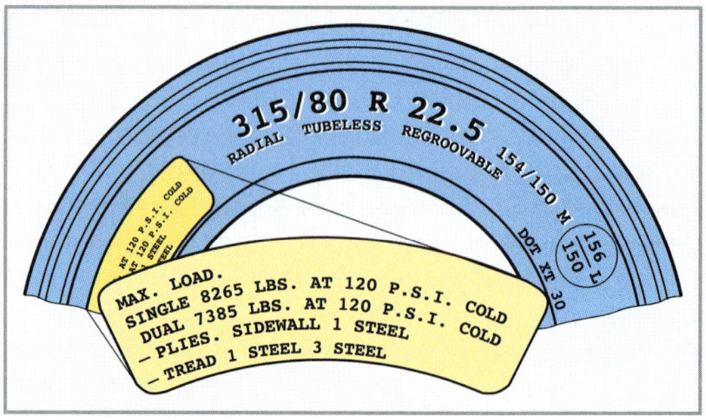

Bild 2: Reifenmaße und Zusatzkennzeichnungen

Räder

Die Räder bestehen aus der Felge zur Reifenaufnahme und der Radscheibe zur Befestigung des Rades an der Nabe. Bei Nutzkraftwagen werden vorwiegend folgende Felgenarten verwendet:

Ungeteilte Steilschulterfelgen (Bild 3). Diese sind an der Kennzeichnung **„.5"** am Felgendurchmesser erkennbar, z.B. 22.5.

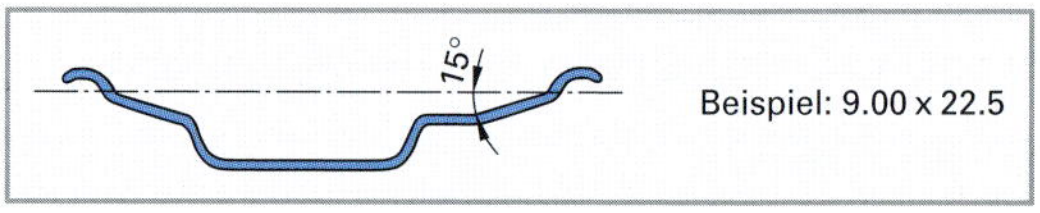

Bild 3: 15° Steilschulterfelge

Längsgeteilte Schrägschulterfelgen (Bild 4) und **Halbtiefbettfelgen** (SDC-Felgen = Semi-drop-center-Felgen; H – Kennbuchstabe für Felgenhornmaße) **(Bild 5).** Geteilte Felgen sind am Bindestrich „–" zwischen den Maßangaben zur Felgenmaulweite und zum Felgendurchmesser erkennbar.

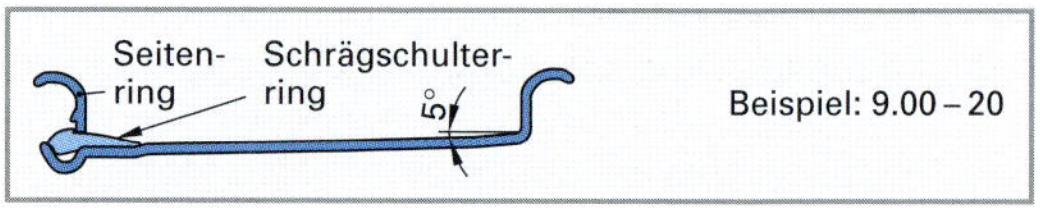

Bild 4: Schrägschulterfelge

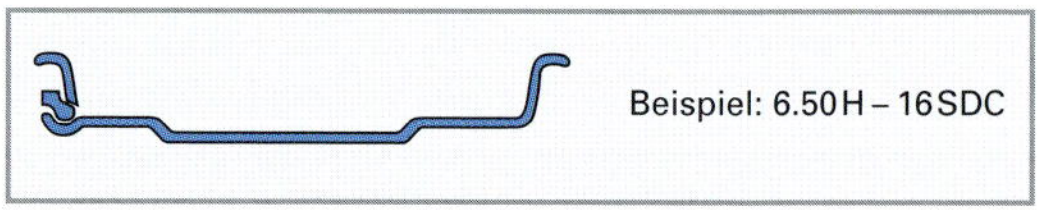

Bild 5: Halbtiefbettfelge

Werkstatthinweise

- Seiten- und Verschlussringe müssen bei geteilten Felgen maßlich zur Felge passen.
- Felgen müssen sauber und rostfrei sein.
- Bei Neureifen sind neue Ventile bzw. Schläuche und Wulstbänder zu verwenden.
- Beim Aufpumpen von Nkw-Reifen dürfen 150 % des Normluftdruckes nicht überschritten werden. **Höchstens jedoch 10 bar!**
- Bei Zwillingsbereifung ist der Reifen mit dem größeren Durchmesser innen zu montieren.

22.5.3 Druckluftbremsanlage (Fremdkraftbremsanlage)

Die Druckluftbremsanlage wird in mittleren und schweren Nutzfahrzeugen verwendet. Es ist eine Fremdkraftbremsanlage, bei der der Fahrer nur das Bremsventil betätigt und die Fremdkraft, z.B. Druckluft mit 8 bar bis 10 bar Druck, die Spannkräfte an den Radbremsen aufbringt. In leichten und mittelschweren Nutzfahrzeugen werden häufig kombinierte Druckluft-Hydraulik-Bremsanlagen eingebaut.

Darstellung von Druckluftbremsanlagen

Für die Geräte können zur genormten Darstellung grafische Symbole und für die Geräteanschlüsse Kennziffern verwendet werden.

Geräteanschlüsse

Ihre Kennzeichnung erfolgt durch ein- oder zweistellige Zahlen. Die erste Ziffer bedeutet

0 Ansauganschluss	5 Nicht belegt
1 Energiezufuhr	6 Nicht belegt
2 Energieabfluss (nicht zur Atmosphäre)	7 Gefrierschutzmittelanschluss
3 Entlüftung, Atmosphäre	8 Schmierölanschluss
4 Steueranschluss	9 Kühlwasseranschluss

Sind mehrere gleichartige Anschlüsse, z.B. bei Mehrkreisigkeit, vorhanden, so wird noch eine zweite Ziffer vorgesehen. Diese ist beginnend mit 1 lückenlos zu wählen, z.B. 21, 22, 23. Mehrere gleiche Anschlüsse aus einer Kammer erhalten die gleiche Kennzeichnung.

Anwendungsbeispiel

In **Bild 1** bedeutet

1 Energiezufluss vom Kompressor
1-2 Befüllanschluss z.B. durch Fremdkompressor Verwendung als Reifenfüllanschluss
3 Entlüftung zur Atmosphäre
21 Energieabfluss (erster Anschluss)
22 Energieabfluss (zweiter Anschluss, Schaltanschluss)

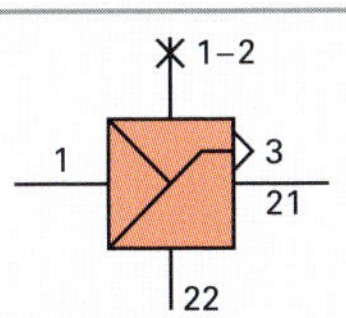

Bild 1: Druckregler

22.5.3.1 Zweikreis-Zweileitungs-Druckluftbremsanlage

Das **Bild 1, Seite 660** zeigt die Darstellung einer Zweikreis-Zweileitungs-Druckluftbremsanlage entsprechend der EG-Richtlinie „Bremsanlagen". Die Geräte gleicher Gerätegruppen sind farblich gekennzeichnet.

Gerätegruppen

- **Druckluftversorgungsanlage** (Energieversorgung) mit Kompressor, Druckregler, Lufttrockner, Regenerationsbehälter bzw. Frostschutzpumpe, Vierkreis-Schutzventil, 3 Luftbehältern mit Entwässerungsventil, Druckanzeigegeräte und Warndruckanlage.
- **Zweikreis-Betriebsbremsanlage für das Zugfahrzeug** mit Betriebsbremsventil mit Druckverhältnisventil, automatisch lastabhängigem Bremskraftregler (ALB) mit Relaisventil, Kombibremszylinder mit Membranteil für die Hinterachse, Membranzylinder für die Vorderachse.
- **Feststell- und Hilfsbremsanlage** mit Feststellbremsventil, Relaisventil mit Überlastschutz, Kombibremszylinder mit Federspeicherteil für die Hinterachse.
- **Anhängersteueranlage** mit Anhängersteuerventil, Kupplungsköpfe „Vorrat" und „Bremse".
- **Zweileitungs-Anhängerbremsanlage** mit Vorrats- und Bremsleitung, Anhängerbremsventil, automatisch lastabhängiger Bremskraftregler (ALB), Bremszylinder.
- Dauerbremsanlage mit Schaltventil, Arbeitszylinder mit Auspuffklappen- und Regelstangen-Betätigung.
- Feststellbremsanlage-Anhänger (mechanisch wirkend) mit Handbremshebel, Gestänge, Bremshebel an den Radbremsen.

Grundsätzliche Arbeitsweise der Druckluftbremsanlage (Bild 1, Seite 695)

Druckluftversorgungsanlage

Der Kompressor saugt über einen Luftfilter Außenluft an, verdichtet sie und drückt sie über den Druckregler zu den Geräten der Lufttrocknung. Der Druckregler regelt automatisch den Druck in einem Bereich zwischen z.B. 7 bar und 8,1 bar. Der Lufttrockner reinigt durch einen Filter die geförderte Druckluft und entzieht ihr ihre Wasserdampfmenge. Dazu wird sie durch ein Trockenmittel geleitet, an dessen Oberfläche ihre Feuchtigkeit haften bleibt. Die trockene Luft strömt dann zum Teil in den Regenerationsbehälter und zum Vierkreis-Schutzventil. Dieses verteilt die Druckluft auf vier Vorratskreise und sichert diese gegeneinander ab. Es sind:

- Kreis I (21) (Betriebsbremse – Hinterachse)
- Kreis II (22) (Betriebsbremse – Vorderachse)
- Kreis III (23) (Feststellbremse, Anhänger)
- Kreis IV (24) (Dauerbremse, Nebenverbraucher)

Nach Erreichen des Abschaltdruckes leitet der Druckregler die Luft ins Freie, das Rückschlagventil schließt und sichert den Druck in der Anlage. Die trockene, im Regenerationsbehälter gespeicherte Luft strömt über das Trockenmittel zurück ins Freie. Dadurch wird die

Feuchtigkeit mitgerissen und das Trockenmittel wird für den nächsten Füllvorgang getrocknet und regeneriert. Ein Heizelement im Bereich des Abschaltkolbens verhindert ein Einfrieren der ausströmenden feuchten Luft und schützt somit vor Funktionsstörungen. Ein Doppeldruckmanometer zeigt dem Fahrer den Vorratsdruck in den beiden Betriebsbremskreisen an. Fällt der Druck unter den Warndruck von etwa 5,5 bar ab, so leuchtet die Kontrollleuchte auf.

Druckluftversorgungsanlage ohne Lufttrockner. Bei dieser Variante ist nach dem Druckregler eine Frostschutzpumpe eingebaut. Diese spritzt Frostschutzmittel beim Füllvorgang in die Anlage.

Betriebsbremsanlage im Zugfahrzeug (Bild 1, Seite 695)

Sie enthält ein Betriebsbremsventil mit integriertem Druckverhältnisventil zur lastabhängigen Vorderachsregelung. Diese erfolgt über den Steueranschluss 4, der vom ALB-Regler der Hinterachse angesteuert wird. Der ALB-Regler passt den Bremsdruck der Hinterachse der Beladung an. Der Bremsdruck der Vorderachse (Anschluss 22) wird in Abhängigkeit vom Druck des ALB-Reglers durch das Betriebsbremsventil ebenfalls lastabhängig geregelt. Bei leerem Fahrzeug ist der ausgesteuerte Druck kleiner als der Druck, der sonst der Bremsstellung des Betriebsbremsventils entspricht. Erst bei voller Beladung wird der ausgesteuerte Bremsdruck nicht mehr reduziert.

Fahrtstellung (Lösestellung). In beiden Kreisen des Betriebsbremsventils (Anschlüsse 21, 22) ist der Einlass geschlossen und der Auslass geöffnet. Die Bremszylinder der Vorderachse sowie die Steuerleitungen zum Relaisventil mit Überlastschutz (Anschlüsse 41, 42) und zum ALB-Regler (Steueranschluss 4) sind über ihre offenen Auslässe ins Freie entlüftet. Ferner sind über das Relaisventil mit Überlastschutz die Federspeicher der Kombibremszylinder (Anschlüsse 12) belüftet. Die Federn sind gespannt und alle Bremsen des Motorwagens sind gelöst.

Bremsstellung. Im Betriebsbremsventil werden die Auslässe geschlossen und die Einlässe (Anschlüsse 11 und 12) geöffnet. Durch die Pedalkraft wird die Druckluft nun dosiert vom Betriebsbremsventil in die Steuerleitung zum ALB-Regler (Anschluss 21 nach 4) für die Hinterachse eingesteuert. Der ALB-Regler steuert sein Relaisventil an und dieses belüftet entsprechend der Stärke der Bremsung und in Abhängigkeit vom Beladungszustand die Membranzylinder der Hinterachse (Anschluss 2 nach 11) mit Vorratsdruck. Die Vorderachse erhält ihren Bremsdruck vom Betriebsbremsventil (Anschluss 22). Dies passt den Bremsdruck mit dem integrierten Druckverhältnisventil proportional der Fahrzeugbeladung an. Ferner steuern zwei Steuerleitungen vom Betriebsbremsventil (Anschluss 21 nach 41 und 22 nach 42) das Anhängersteuerventil an. Bei gekuppeltem Anhänger wird die Anhängerbremsleitung jetzt dosiert belüftet und über das Anhängersteuerventil werden die Anhängerbremsen betätigt.

Bei Bremsanlagen mit einem Betriebsbremsventil ohne integriertes Druckverhältnisventil wird zur lastabhängigen Regelung des Vorderachsbremsdruckes ein gesondertes Druckverhältnisventil eingebaut **(Bild 1).**

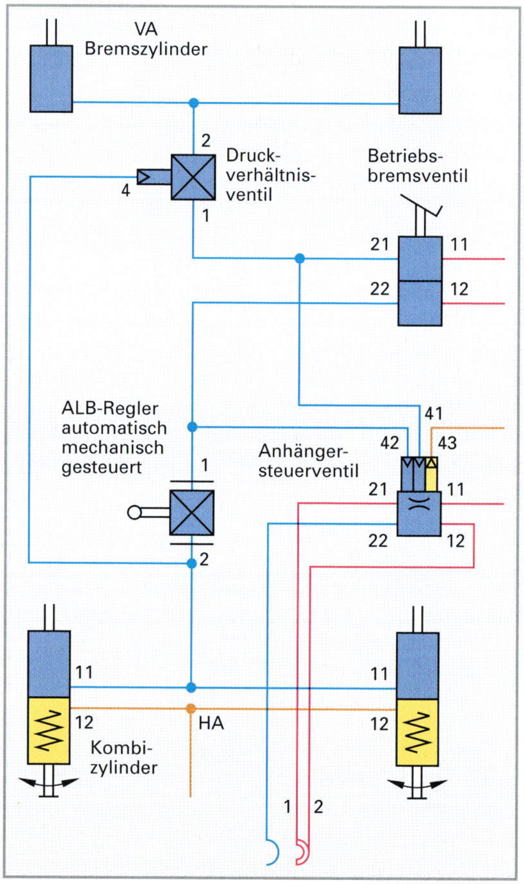

Bild 1: Betriebsbremsanlage mit Druckverhältnisventil

Feststell- und Hilfsbremsanlage

Vom Feststellbremsventil geht eine Steuerleitung zum Relaisventil mit Überlastschutz (Anschluss 21 nach 42) und eine zweite zum Anhängersteuerventil (Anschluss 22 nach 43). Durch sie können im Motorwagen die Federspeicher an der Hinterachse und im Anhänger die Betriebsbremse als Hilfs- oder Feststellbremse dosiert betätigt werden. Der Feststellbremskreis wird durch ein Rückschlagventil gegen Druckverlust im Vorratskreis III abgesichert.

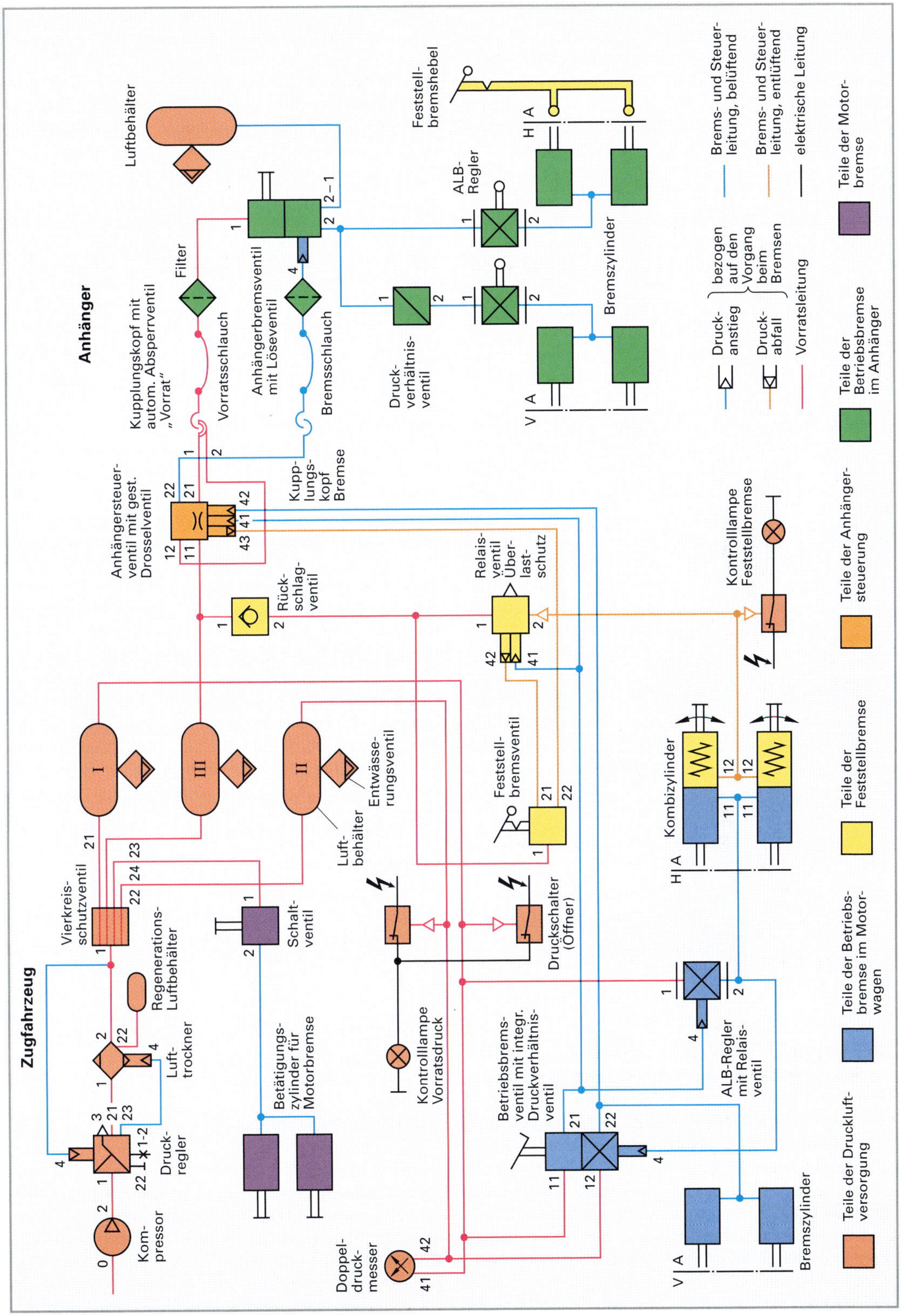

Bild 1: Zweikreis-Zweileitungs-Druckluftbremsanlage für einen Lastkraftwagenzug

Kontrollstellung. Nach Vorschrift muss die Feststellbremse des Motorwagens den gesamten Lastzug auch bei gelöster Anhängerbremse an einem Gefälle halten können. Zur Funktionsprüfung hat das Feststellbremsventil eine Kontrollstellung, bei der die Federspeicherbremse betätigt und die Anhängerbremse gelöst ist.

Fahrtstellung. Das Feststellbremsventil belüftet die Steuerleitung zum Relaisventil (Anschluss 21 nach 42). Dieses schaltet um und die Federspeicher (Anschluss 2 nach 12) werden mit Vorratsdruck beaufschlagt. Die Federn werden gespannt und die Bremsen gelöst. Gleichzeitig wird die Steuerleitung zum Anhängersteuerventil (Anschluss 22 nach 43) belüftet. Die Bremsleitung (Anschluss 22) wird nun drucklos. Die Anhängerbremsen sind daher gelöst.

Bremsstellung. Durch Betätigung des Feststellbremsventils kann man die Steuerleitungen zum Relaisventil (Anschluss 21 nach 42) und zum Anhängersteuerventil (Anschluss 22 nach 43) dosiert entlüften. Das Relaisventil schaltet um und in den Kombibremszylindern werden die Federspeicher entlüftet und die Bremsen durch die Federn angelegt. Das Anhängersteuerventil gibt am Anschluss 22 dosiert Vorratsluft über die Bremsleitung zum Anhängerbremsventil. Dieses bremst nun den Anhänger entsprechend ab.

Überlastschutz. Er wirkt, wenn z.B. bei betätigter Feststellbremse zusätzlich die Betriebsbremse betätigt wird. Die Feststellbremse wird dann nur soviel belüftet und gelöst, wie der Druck beträgt, der in der Betriebsbremse ansteigt. Es können deshalb nicht gleichzeitig die vollen Kräfte im Membran- und Federspeicherzylinder wirksam werden, wodurch Teile der Bremse überlastet werden könnten.

Dauerbremsanlage. Betätigt der Fahrer das Schaltventil, so strömt Druckluft vom Anschluss 43 des Vierkreisschutzventils zum Arbeitszylinder, der die Motorbremse (Auspuffklappe) betätigt.

Anhängerbremsanlage

Vorratsleitung. Ein roter Kupplungskopf am Motorwagen mit automatischem Absperrglied versorgt über einen Verbindungsschlauch und Leitungsfilter vom Kreis 3 den Anhänger. Erst wenn angekuppelt wird öffnet das Ventil im Anhängerbremsventil und füllt den Luftbehälter.

Bremsleitung. Der gelbe Kupplungskopf versorgt beim Bremsen den Anhänger mit dem im Betriebsbremskreis eingesteuerten Bremsdruck.

Lösestellung. Durch das Anhängersteuerventil ist über Anschluss 22 die Bremsleitung entlüftet. Das Anhängerbremsventil hat dadurch die Anhängerbremsen ebenfalls entlüftet und gelöst.

Bremsstellung. Das Anhängersteuerventil wird vom Betriebsbremsventil über die Anschlüsse 41 und 42 mit Druckluft dosiert angesteuert. Es belüftet über Anschluss 22 die Bremsleitung. Durch deren Druckanstieg wird das Anhängerbremsventil dosiert betätigt und gibt Druckluft aus dem Vorratsbehälter im Anhänger an die beiden ALB-Regler der Anhängerachsen. Diese regeln nun den Bremsdruck für die Bremszylinder in Abhängigkeit von der Achslast. Ein Druckverhältnisventil reduziert die Bremskraft der Vorderachse bei leerem oder teilbeladenem Fahrzeug, um ein Überbremsen zu verhindern. Der Anhänger wird somit entsprechend der Stärke der Bremsung und der Beladung abgebremst.

Abriss der Vorratsleitung. Der Druck in der Vorratsleitung fällt ab. Das Anhängerbremsventil löst dadurch eine Vollbremsung des Anhängers aus. Dies ist auch der Fall beim Abkuppeln. Zum Bewegen des abgekuppelten Anhängers muss dann das Löseventil am Anhängerbremsventil betätigt werden.

Defekt in der Bremsleitung. Zunächst bleiben die Bremsen gelöst. Erst beim Betätigen einer Bremse im Motorwagen entweicht die Vorratsluft über die defekte Bremsleitung und den Anschluss 22 am Anhängersteuerventil. Dieser steht über Anschluss 12 mit Anschluss 2 am Kupplungskopf „Vorrat" in Verbindung. Der Druck in der Vorratsleitung fällt ab und das Anhängerbremsventil löst eine Vollbremsung des Anhängers aus. Nach dem Lösen der Bremse im Motorwagen wird auch die Anhängerbremse wieder frei.

Feststellbremse im Anhänger

Sie arbeitet rein mechanisch. Bei Betätigung des Feststellbremshebels werden über Gestänge und Hebel die Hinterachsbremsen des Anhängers angelegt.

22.5.3.2 Bauteile der Druckluftbremsanlage

Kompressor (Bild 1, Seite 697)

Aufgabe

- Bremsanlage mit Druckluft versorgen

Wirkungsweise. Der Kompressor ist ein Ein- oder Zweizylinder-Kolbenverdichter, der vom Motor angetrieben wird und ständig mitläuft. Beim Saughub saugt er über einen Luftfilter Frischluft an und verdichtet sie. Die im Zylinderkopf sitzenden Flatterventile steuern den Luftein- und -austritt. Die Schmierung erfolgt meist durch die Druckumlaufschmierung des Motors.

22

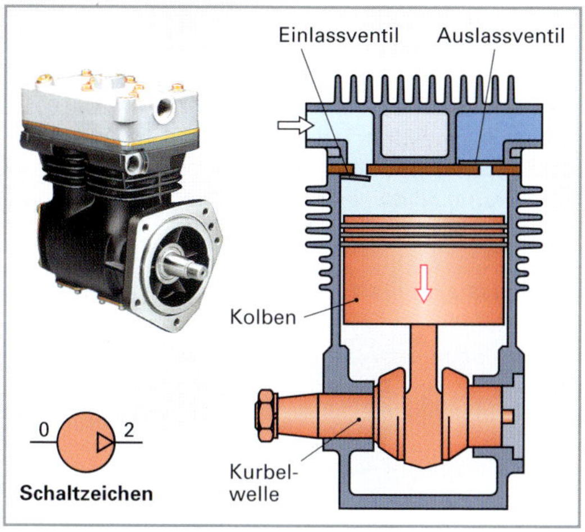

Bild 1: Kompressor

Druckregler (Bild 2)

Aufgaben

- Den Betriebsdruck zwischen Abschalt- und Einschaltdruck selbsttätig regeln.
- Sicherung der Anlage vor Schmutz (Filter).
- Entnahme von Druckluft am Reifenfüllanschluss, z.B. zum Reifenfüllen oder Zuführung derselben, z.B. zum Füllen der Anlage von außen.
- Anlage vor Überdruck schützen (Leerlaufventil wirkt als Sicherheitsventil).
- Lufttrockner bzw. Frostschützer steuern.

Wirkungsweise

Füllstellung. Die vom Kompressor kommende Druckluft strömt vom Anschluss 1 zum Anschluss 21 in die Anlage. Dieser Druck steht auch am Anschluss 4 an und wirkt von unten auf den Steuerkolben. Ist der Abschaltdruck erreicht (z.B. 8,1 bar), wird dieser gegen die Federkraft der Regelfeder nach oben gedrückt. Das Auslassventil schließt und das Einlassventil öffnet. Die Druckluft drückt nun den Abschaltkolben nach unten und öffnet das Leerlaufventil. Der Kompressor fördert nun die Luft von 1 → 3 ins Freie. Das Rückschlagventil sichert den Druck in der Anlage.

Leerlaufstellung. Sinkt durch Luftentnahme der Vorratsdruck um die Schaltspanne auf den Einschaltdruck, so drückt die Regelfeder den Steuerkolben herunter. Der Einlass schließt und der Auslass öffnet. Der Abschaltkolben ist jetzt druckentlastet und wird durch seine Feder hochgedrückt. Das Leerlaufventil schließt und die Luftbehälter werden wieder aufgefüllt.

Reifenfüllanschluss. Der Reifenfüllschlauch verschiebt beim Anschließen den Ventilkörper im Reifenfüllanschluss und sperrt den Anschluss 2. Der Anlage kann jetzt Druckluft entnommen oder zugeführt werden.

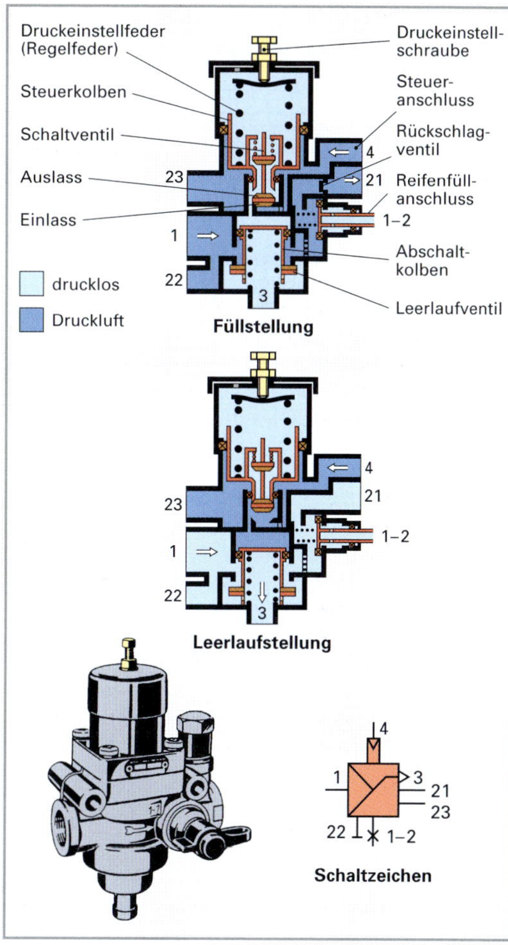

Bild 2: Druckregler

Vierkreisschutzventil (Bild 1, Seite 698)

Aufgaben

- Verteilung der Druckluft auf die vier Bremskreise.
- Drucksicherung der intakten Kreise bei Druckabfall in einem oder mehreren Bremskreisen.
- Eventuell vorrangige Belüftung der Betriebsbremskreise.

Wirkungsweise

Die Druckluft strömt vom Kompressor über Anschluss 1 zu. Bei Erreichen des Öffnungsdruckes von z.B. 7 bar öffnen die beiden Überströmventile zu den Anschlüssen der Betriebsbremskreise 21 und 22. Die Luft kann nun in die angeschlossenen Behälter einströmen. Gleichzeitig steht die Druckluft über die Rückschlagventile an den Überströmventilen zu den Anschlüssen der Kreise 23 und 24 an. Erreicht der Druck z. B. 7,5 bar, so öffnen die Überströmventile. Die Luftbehälter der Betriebsbremse sind bereits weitgehend gefüllt. Diese beiden Kreise werden nun auch gefüllt.

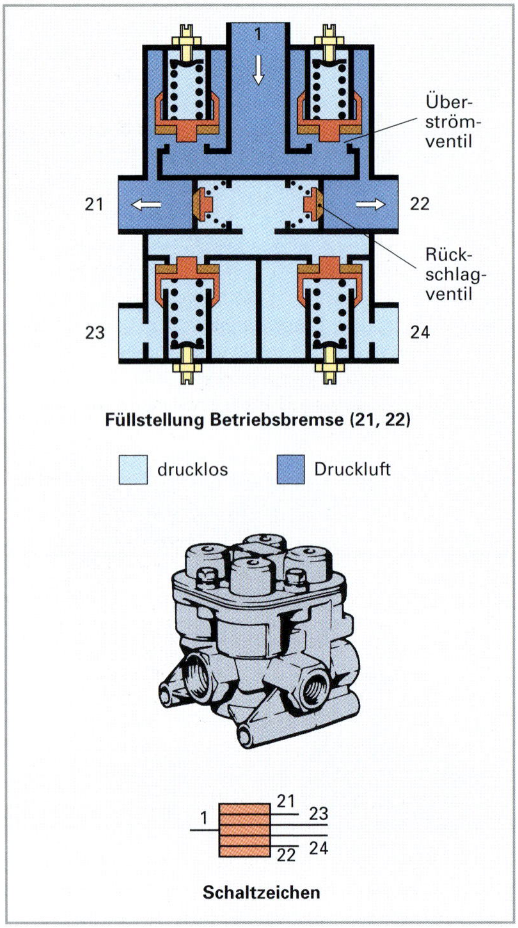

Bild 1: Vierkreisschutzventil

Schutzwirkung

Tritt z.B. im Kreis 21 ein Leck auf, so strömt Luft ab. Der Druck und auch der in Kreis 22 fallen bis auf den Schließdruck von ca. 5,5 bar ab. Das Überströmventil von Kreis 21 schließt. Der Kompressor füllt dann wieder Kreis 22 bis zum Erreichen des Öffnungsdruckes des Überströmventils von Kreis 21 (z.B. 7 bar) auf. Der Druck in den Kreisen 23 und 24 bleibt gesichert, da die Rückschlagventile ein Entweichen der Luft über die Leckstelle verhindern. Die Feststellbremse (Kreis 23) bleibt daher weiterhin gelöst.

Betriebsbremsventil mit Druckverhältnisventil

Aufgaben

- Feinfühlig dosiertes Be- und Entlüften der Zweikreis-Betriebsbremsanlage im Zugfahrzeug.
- Steuerung des Anhängersteuerventils.
- Evtl. mit Druckverhältnisventil (DVV) zur ladungsabhängigen Steuerung des Vorderachsbremsdruckes.

Wirkungsweise

Die Betätigungseinrichtung, z.B. Trittplatte oder Bremspedal, wirkt auf zwei hintereinander angeordnete Ventile.

Fahrtstellung (Bild 2). Der Einlass an den Anschlüssen 11 und 12 ist geschlossen. Die Betriebsbremskreise erhalten keine Vorratsluft. Der Auslass der Anschlüsse 21 und 22 ist geöffnet. Sie sind über Anschluss 3 ins Freie entlüftet.

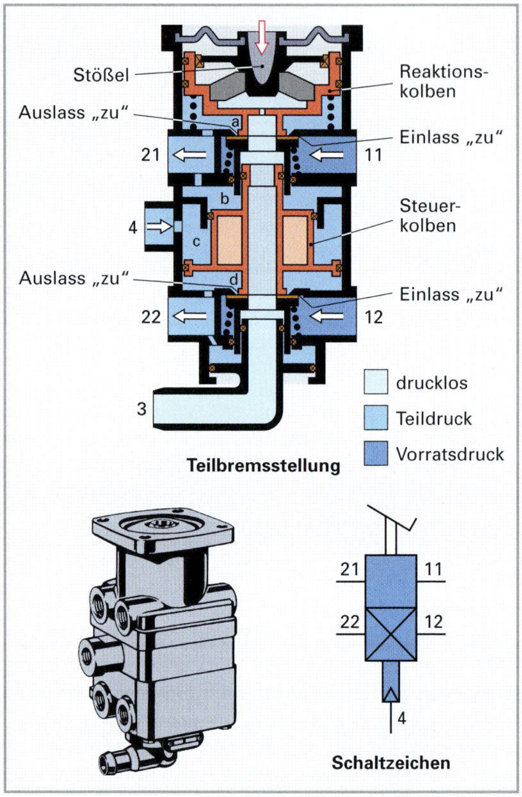

Bild 2: Betriebsbremsventil mit Druckverhältnisventil – Teilbremsstellung

Teilbremsstellung. Beim Betätigen der Bremse wird über den Reaktionskolben der Einlass geöffnet. Druckluft strömt ein und wirkt auf den Steuerkolben. Dadurch wird der untere Einlass geöffnet. Die Bremsabschlussstellung ist erreicht, wenn der im Raum a auf den Reaktionskolben wirkende Druck ihn nach oben bewegt, bis sich beide Kräfte ausgeglichen haben. Nun sind die Auslassventile geschlossen. In die Betriebsbremskreise 21 und 22 ist Teildruck eingesteuert.

Vollbremsung. Hierbei wird das Bremspedal voll durchgetreten und der Reaktionskolben wird dadurch in Endstellung bewegt. Somit sind beide Einlassventile voll geöffnet. Der maximale Betriebsdruck wirkt in den Bremskreisen.

Feststell- und Hilfsbremsventil (Bild 1)

Aufgaben

- Dosiertes Betätigen der Feststell- und Hilfsbremse mit den Federspeicherzylindern.
- Kontrollstellung zur Prüfung der Wirkung der Feststellbremse im Zugfahrzeug.

Fahrtstellung. Federspeicher der Kombizylinder und Steuerleitung zum Anhängersteuerventil sind belüftet. Die Federn sind gespannt.

Feststellbremsstellung. Federspeicher und Steuerleitung zum Anhängersteuerventil sind entlüftet. Bremsen der Federspeicher und die im Anhänger sind gebremst.

Kontrollstellung. Die Hinterachse des Zugfahrzeugs ist durch die entlüfteten Federspeicher gebremst, über das Anhängersteuerventil sind die Anhängerbremsen gelöst. Der ganze Zug muss jetzt bei 12 % Gefälle mit den Feststellbremsen des Zugfahrzeugs gehalten werden können.

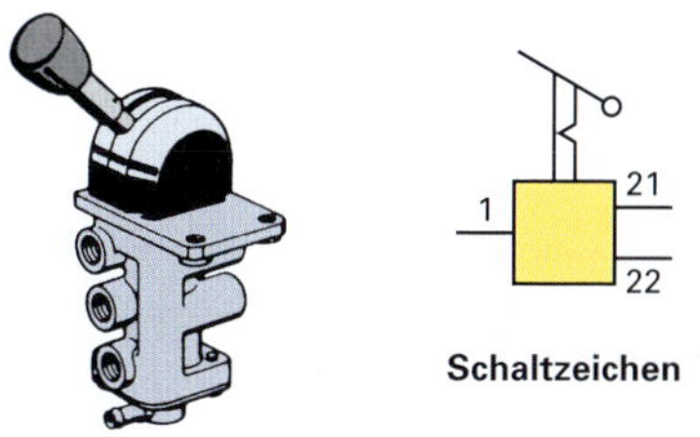

Bild 1: Feststellbremsventil

Automatisch-lastabhängiger-Bremskraftregler mit Relaisventil (ALB, Bild 2).

Aufgaben

- Automatische Regelung der Bremskraft in Abhängigkeit von der Beladung.
- Steuerung in luftgefederten Fahrzeugen durch den Druck im Federbalg, in mechanisch gefederten durch den Federweg.
- Relaisventil zum schnellen Be- und Entlüften.

Bei entladenem Zustand wird der Bremsdruck z.B. etwa 5:1 vermindert, d.h. bei 6 bar Bremsdruck wirkt an den Radzylindern nur 1,2 bar, bei voller Beladung wirken 6 bar.

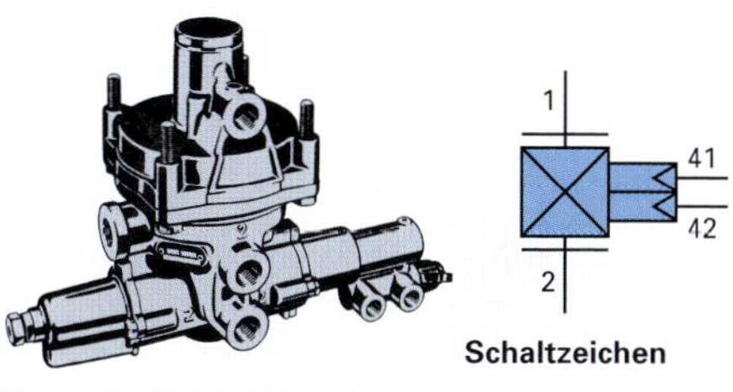

Bild 2: ALB mit Relaisventil mit Luftfederung

Bremszylinder (Bild 3)

Aufgaben

- Membranzylinder erzeugen die Spannkraft bei der Betriebsbremse.
- Federspeicherzylinder erzeugen die Spannkraft bei der Feststell- und Hilfsbremse.

Membranzylinder werden an der Vorderachse eingesetzt. An der Hinterachse verwendet man Kombizylinder. Es ist die Kombination aus einem Membranteil für die Betriebsbremse und einem Federspeicherteil für die Feststell- und Hilfsbremse. Bei Ausfall der Druckluft kann ein gebremstes Fahrzeug durch eine Lösevorrichtung an den Federspeichern schleppfähig gemacht werden. Man verwendet z.B. eine Sechskantschraube, mit der die Federn gespannt und so die Bremsen gelöst werden können **(Bild 3)**.

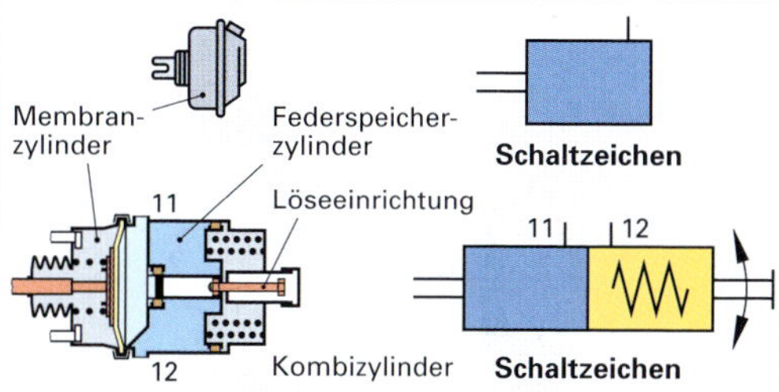

Bild 3: Bremszylinder

Anhängersteuerventil (Bild 4)

Aufgaben

- Steuerung der Anhängerbremsanlage über die Betriebsbremsanlage des Motorwagens.
- Steuerung der Anhängerbremsanlage über das Feststell- und Hilfsbremsventil.
- Versorgung der Anhängerbremsanlage mit Druckluft.

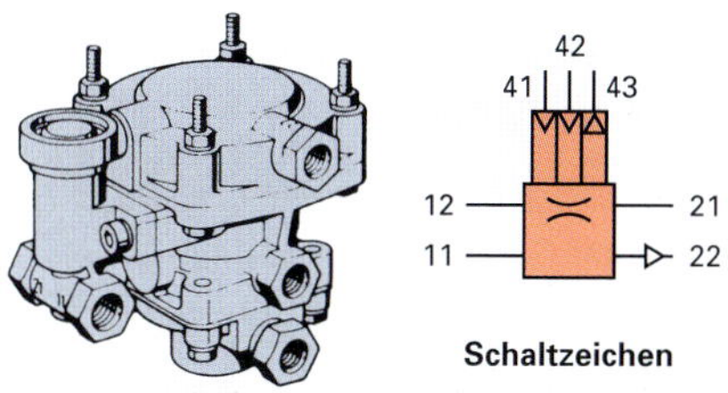

Bild 4: Anhängersteuerventil mit Drosselventil

Fahrtstellung. Anschluss 41 und Anschluss 42 sind drucklos. Anschluss 43 hat Vorratsdruck. Der Ausgang 22 ist ebenfalls drucklos.

Bremsstellung. Wird vom Betriebsbremsventil 41 Bremsdruck eingesteuert, so wird die Bremsleitung zum Anhänger entsprechend belüftet.
Wird die Handbremse betätigt, so wird Anschluss 43 drucklos und am Anschluss 21 wird Betriebsdruck eingesteuert.

Radbremsen

Es sind Reibungsbremsen, die durch Reibung die Bremskraft in Wärme umwandeln.

Bei Omnibussen und vielfach auch bei Lastkraftwagen werden an allen Rädern Scheibenbremsen eingesetzt. Zum Teil werden noch Trommelbremsen verwendet, z.B. bei Baustellenfahrzeugen oder an den Hinterachsen.

Trommelbremsen (Bild 1). Es werden meist Simplexbremsen verwendet, die mit S-Nocken oder Spreizkeil betätigt werden. Der Spreizkeil wird vom Membranzylinder direkt betätigt. Bremshebel und Bremswelle entfallen. Eine automatische Nachstellung des Belags bei Verschleiß ist meist integriert. Die Spreizkeilbremse hat die S-Nockenbremse meist abgelöst.

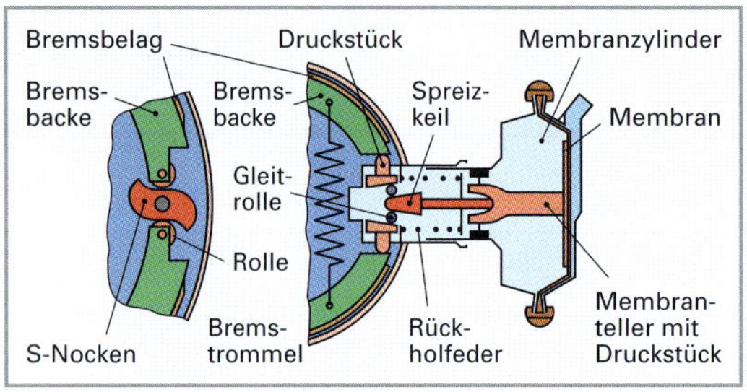

Bild 1: S-Nockenbremse und Spreizkeilbremse

Scheibenbremsen (Bild 2). Sie haben sich vielfach durchgesetzt wegen

- guter Dosierbarkeit,
- guter Wärmeableitung,
- guter Schmutzabweisung,
- geringem Fading und
- gleichmäßiger Bremswirkung.

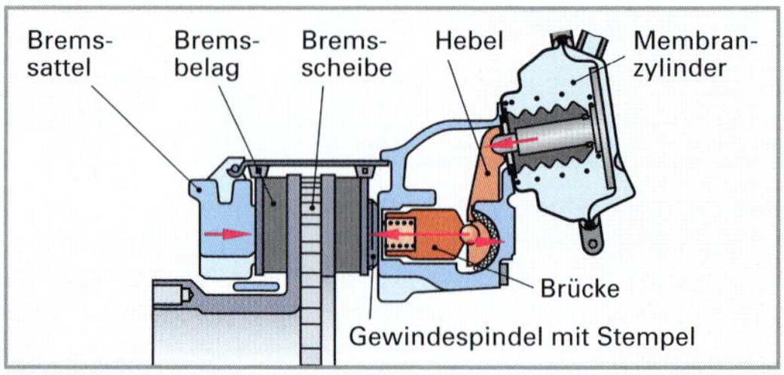

Bild 2: Pneumatisch betätigte Scheibenbremse

22.5.3.3 Kombinierte Druckluft-Hydraulik-Bremsanlage (Bild 3)

Solche Bremsanlagen verwendet man in mittelschweren Lastkraftwagen und Omnibussen (6 t bis 13 t zul. Gesamtgewicht) ohne Anhängerbetrieb.

Vorteile durch die hydraulische Übertragung der Bremskräfte:

- Hohe Bremsdrücke bei kleinen Bauteilen.
- Kurze Schwellzeiten und direkteres Ansprechen der Bremsen.

Aufbau

- Druckluftversorgungsanlage wie bei einer Druckluftbremsanlage mit vier Vorratskreisen, aber nur mit zwei Luftbehältern.
- Ein Betriebsbremsventil steuert mit zwei Kreisen pneumatisch den Vorspannzylinder des Tandem-Hauptzylinders. Dieser betätigt hydraulisch über einen ALB die Radzylinder.
- Ein Feststell- und Hilfsbremsventil steuert gestängelos und pneumatisch die Federspeicher an der Hinterachse.

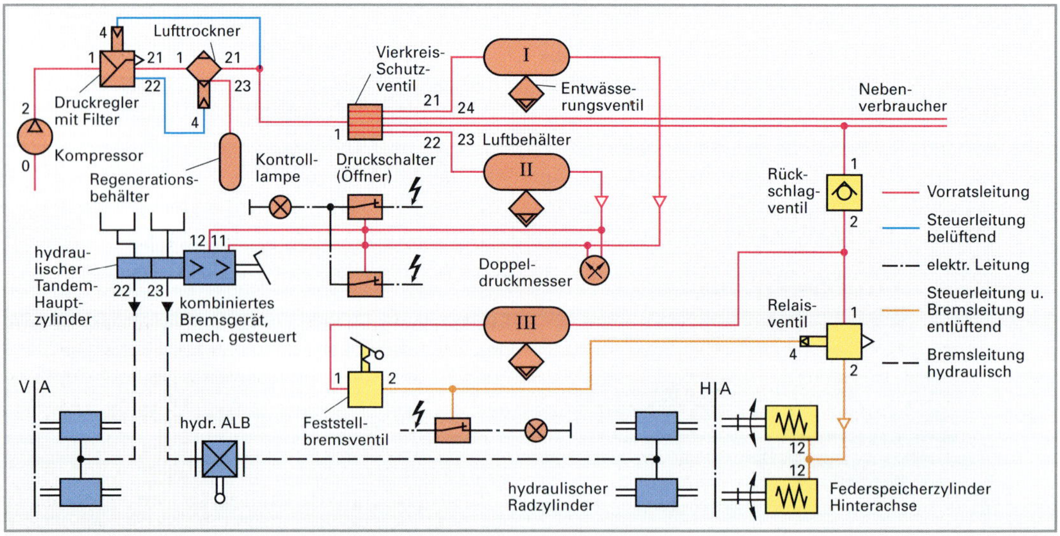

Bild 3: Kombinierte Druckluft-Hydraulik-Bremsanlage (schematische Darstellung)

22.5.3.4 Dauerbremsanlagen

Dauerbremsen sind verschleißlose Bremsen und arbeiten solange das Fahrzeug rollt. Sie dienen vor allem zum Abbremsen an langen Gefällestrecken.

Dadurch wird die Betriebsbremse entlastet und geschont. Sie werden im Fahrbetrieb häufig auch zur normalen Verzögerung verwendet. Bei der Betätigung dürfen auch die Bremsleuchten aufleuchten.

Motorbremse

Sie wird über einen Handhebel betätigt und es können 2 Motorbremsstufen gewählt werden.

Stufe 1: Beim Betätigen wird die Konstantdrossel, die sich im Verdichtungsraum befindet, pneumatisch geöffnet. Es entweicht beim Kompressionstakt nur wenig Luft über ein zusätzliches Ventil in den Auslasskanal. Somit wird Verdichtungsarbeit und Motorbremsleistung geleistet. Der verbleibende Restdruck entweicht in OT und es wirkt keine beschleunigende Kraft durch komprimierte Luft auf den Kolben.

Stufe 2: Konstantdrossel und Auspuffklappenbremse. Hierbei wird zusätzlich eine Klappe im Auspuffkanal geschlossen, wodurch durch den Staudruck der Abgase eine zusätzliche Bremsleistung erzielt wird. Gleichzeitig wird beim Betätigen der Motorbremse die Kraftstoffzufuhr unterbrochen.

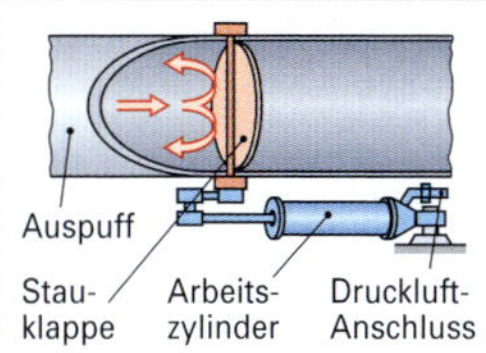

Bild 1: Motorbremse

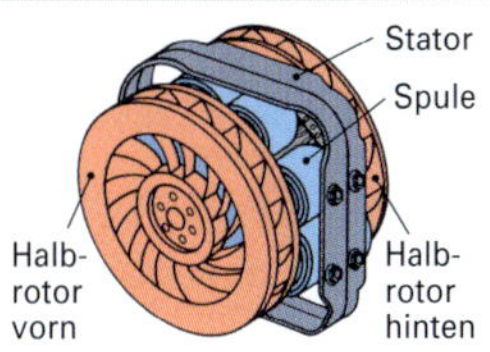

Bild 2: Wirbelstrombremse

Wirbelstrombremse

Die luftgekühlte elektrische Wirbelstrombremse **(Bild 2)** besteht aus einer Weicheisenscheibe, die von Halbrotoren gebildet wird. Diese drehen sich in einem von der Batterie erzeugten, regelbaren Magnetfeld (Spulen). Durch die entstehenden Wirbelströme wird die Scheibe abgebremst. Die durch die Wirbelströme in den Halbrotoren entstehende Wärme führt der Fahrtwind ab. Die Bremsregelung erfolgt durch Änderung des der Batterie entnommenen Erregerstromes.

Die Wirbelstrombremse wird zwischen Getriebe und Ausgleichsgetriebe eingebaut.

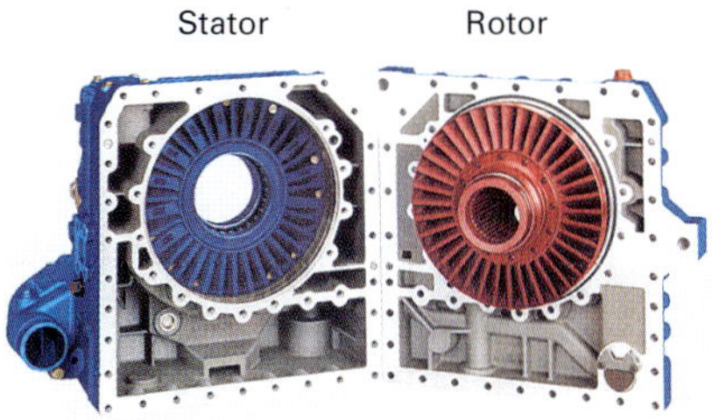

Bild 3: Retarder

Strömungsbremse (Retarder)

Sie wandelt die Bremsenergie durch Flüssigkeitsreibung in Wärme um. Die Bremse besteht aus dem feststehenden Stator und dem vom Ausgleichsgetriebe angetriebenen Rotor. Beide haben ähnlich wie eine hydrodynamische Kupplung Schaufeln, zwischen denen Hydrauliköl vom Rotor beschleunigt und vom Stator verzögert wird. Die Regelung erfolgt durch eine Pumpe. Durch diese kann man die Ölmenge ändern. Die entstehende Wärme führt das Hydrauliköl über einen Wärmetauscher an die Kühlflüssigkeit des Motors ab.

22.5.3.5 ABS für Druckluftbremsanlagen (Bild 1, Seite 702)

Schwere Lastkraftwagen, Sattelzugmaschinen $N_{2/3}$, Anhänger und Omnibusse $M_{2/3}$ müssen mit einer Druckluft-ABS-Anlage ausgerüstet sein.

Vorteile des Druckluft-ABS:

- Fahrzeug bleibt richtungsstabil durch Giermomentverzögerung (GMV).
- Fahrzeug bleibt lenkbar.
- Anhänger einer Fahrzeugkombination bricht nicht aus.
- Optimale Verzögerungen lassen sich erreichen.
- Fahrer muss nicht gegenlenken bei einseitig glatter Fahrbahn.

Komponenten des Druckluft-ABS:

- Radsensoren mit Impulsringen an den Rädern
- Elektronisches Steuergerät
- Drucksteuerventile
- ABS-Warnleuchte
- Elektronisches Schaltgerät für Anhängerkennung
- ABS-Steckverbindung zum Anhänger

Radsensoren erfassen die Raddrehzahlen.

Elektronisches Steuergerät. Es wirkt als zentrale Regeleinheit und umfasst wie beim Hydraulik-ABS vier Funktionsbereiche: Eingangsverstärker, Computereinheit, Leistungsendstufe und Überwachungsschaltung.

Drucksteuerventile. Meist werden Einkanal-Drucksteuerventile verwendet. Jedem geregelten Rad ist ein Ventil zugeordnet. Beim ABS-Regelfall schaltet das Steuergerät die zwei Magnetventile des Drucksteuerventils und regelt den Druck in der Radbremse so, dass kein Blockieren eintritt.

ABS-Warnleuchte. Sie wird vom Steuergerät angesteuert und erlischt, wenn das Fahrzeug etwa 7 km/h Geschwindigkeit überschritten hat. Bei Störungen des ABS leuchtet sie auf.

Elektronisches Schaltgerät für Anhängerkennung. Im Zugfahrzeug befinden sich eine rote Warnleuchte und eine gelbe Informationsleuchte.

Sie informieren den Fahrer wie folgt:

- Aufleuchten der Leuchten rot und gelb: Störungen im Anhänger-ABS
- Aufleuchten der gelben Informationsleuchte: Der mitgeführte Anhänger hat kein ABS

ABS-Steckverbindung zum Anhänger. Das Zugfahrzeug besitzt eine fünfpolige ABS-Steckdose zum Anschluss der ABS-Leitung für den Anhänger. Beim Sattelzugfahrzeug sitzt die ABS-Steckdose im Sattelanhänger.

22.5.3.6 ASR (Antriebs-Schlupf-Regelung) für Druckluftbremsanlagen (Bild 1)

Beim Anfahren auf ein- oder beidseitig glatten Fahrbahnen oder beim Beschleunigen in Kurven können durchdrehende Räder schlupfabhängig geringe bzw. keine Seitenführungskräfte übertragen. Es ergibt sich dadurch ein instabiles Fahrverhalten. Ferner kann es bei durchdrehenden Rädern zu hohem Verschleiß an Reifen und am Ausgleichsgetriebe kommen. ASR erhöht die Traktion und stellt die Spurtreue des Fahrzeuges sicher.

ASR-Regelkreise. Man unterscheidet:

- ASR-Bremsregelkreis
- ASR-Motorregelkreis

ASR-Bremsregelkreis. Er besteht aus:

- ABS-Komponenten der Hinterachse
- ABS/ASR-Steuergerät
- Zweiwegewechselventile
- ASR-Magnetventil

Wirkungsweise

Neigt ein Rad beim Anfahren zum Durchdrehen, so wird es über das Steuergerät moduliert abgebremst. Das ASR wirkt so als automatische Ausgleichssperre. Gleichzeitig nimmt das Steuergerät durch den Motorregelkreis das Drehmoment des Motors auf einen optimalen Wert für das Gesamtantriebsmoment zurück. Der Bremsregelkreis wirkt bis zu einer Geschwindigkeit von etwa 30 km/h. Darüber wird z.B. nur noch das Motordrehmoment vom Motorregelkreis zurückgenommen.

ASR-Motorregelkreis. Er kann aus einem der folgenden Systeme bestehen:

- Elektronische Motorleistungssteuerung (EMS)
- Elektronische Dieselregelung (EDC)
- Proportionalventil mit Stellzylinder (P)
- Stellmotor und Linearsteller (M)

Die Motormanagementsysteme EMS oder EDC beeinflussen das Motordrehmoment. Beim Stellsystem **P** reduziert das Steuergerät über ein Ventil mit Stellzylinder und beim System **M** über einen Stellmotor direkt die Einspritzmenge und somit das Motordrehmoment.

Die ASR-Informationsleuchte meldet das Arbeiten des ASR und dient als Schlupfanzeige.

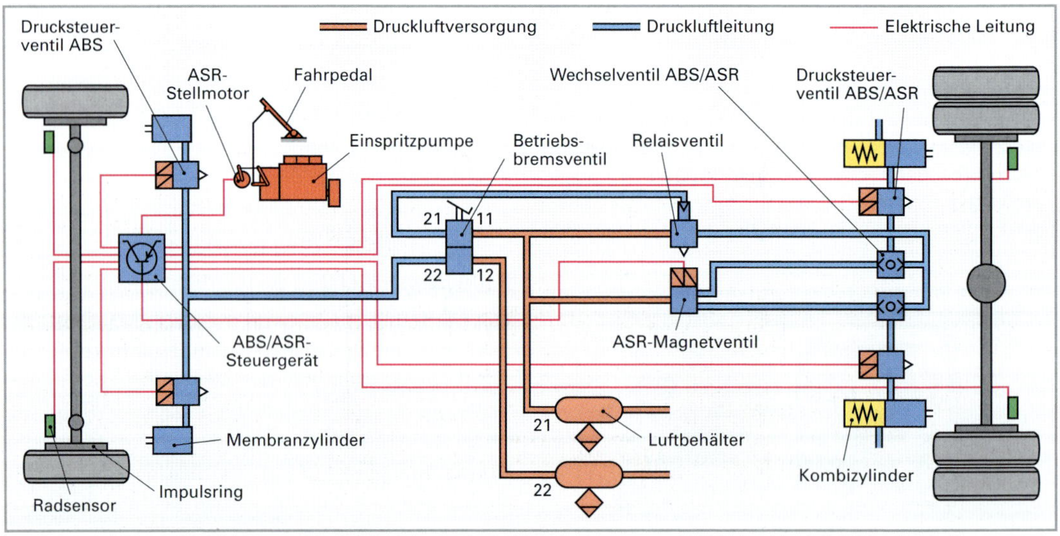

Bild 1: Druckluft ABS/ASR-Anlage

22.5.3.7 EBS mit ESP (Elektronisches Bremssystem mit Elektronischem Stabilitätsprogramm)

Das Elektronische Bremssystem **EBS (Bild 1)** ist eine Weiterentwicklung der elektropneumatischen Druckluftbremsanlage. Durch die einzelnen elektronischen und elektro-pneumatischen Bauelemente kann das System folgende Teilfunktionen erfüllen:

- **Elektronisch geregeltes Bremsen.** Es ergeben sich kürzere Bremswege und hohe Belagstandzeiten.
- **Integrierte Koppelkraftregelung.** Sie verändert die Bremswirkung des Anhängers so, dass Koppelkräfte beim Bremsen zwischen Anhänger und Motorwagen annähernd null sind.
- **Bremsen mit ABS-Regelung.** Der Zug bleibt lenkbar und fahrstabil.
- **Anfahren mit ASR-Regelung.** Die Traktion bei einseitig oder beidseitig glatter Fahrbahn wird erhöht.
- **Spurstabilisierung mit ESP.** Das System erkennt instabile Fahrzustände und bewirkt, dass das Fahrzeug in kritischen Situationen beherrschbar bleibt.
- **Adaptive Cruise Control (ACC).** Es hält den Sicherheitsabstand zum vorausfahrenden Fahrzeug, abhängig von der Fahrgeschwindigkeit konstant.

Elektronisches Bremssystem (Bild 1 und 2)

Aufbau. Es ist eine Druckluftbremsanlage, die elektropneumatisch gesteuert wird. Sie besteht aus zwei Betriebsbremskreisen für Vorderachse **(VA)** und Hinterachse **(HA)** und einem Feststellbremskreis **(FB)**.

Wirkungsweise

EBS-Bremsung. Betätigt der Fahrer das Bremspedal, so wird über das Fußbremsmodul, das mit Wegsensoren ausgestattet ist, der Bremswunsch dem Zentralsteuergerät mitgeteilt. Über CAN werden die EBS/ABS-Modulatoren und der Anhänger angesteuert. Der Bremsdruck in den Bremszylindern wird vom Zentralsteuergerät durch die Magnetventile entsprechend dem Fahrerwunsch geregelt. Die Drehzahlsensoren ermitteln die Verzögerung. Durch Belagsensoren wird der Belagverschleiß erfasst. Über das Anhängersteuermodul wird die Bremsanlage des Anhängers angesteuert.

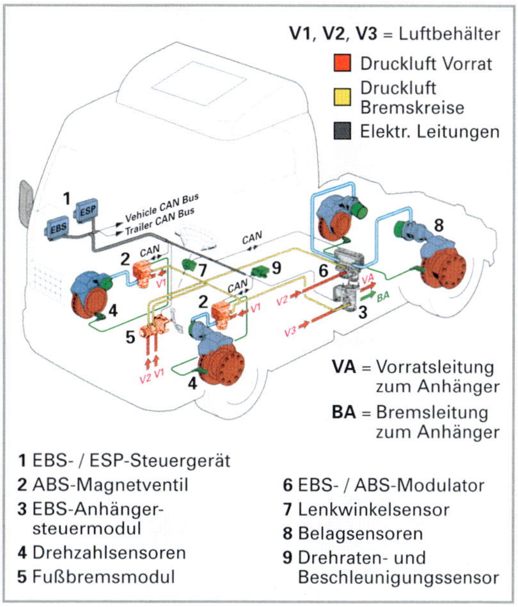

Bild 1: Systembild Elektronisches Bremssystem

Vorteile

- Schneller und zeitgleicher Druckaufbau in allen Bremszylindern, dadurch verkürzter Bremsweg.
- Hoher Bremskomfort durch gute Dosierbarkeit.
- Genaue Abstimmung der Bremskräfte des Zugfahrzeugs und Anhängers aufeinander.
- Gleichmäßiger Belagverschleiß am gesamten Zug.

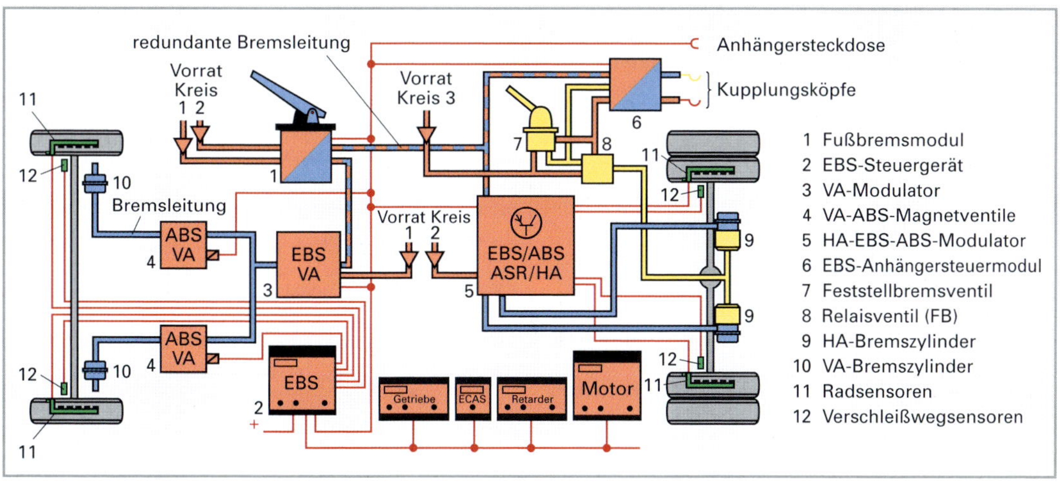

Bild 2: Elektronisches Bremssystem

- Höhere Standzeit der Bremsbeläge durch vollautomatischen Einsatz des Retarders und der Motorbremse.
- Bei Ausfall der EBS kann mit den zwei Betriebsbremskreisen ersatzweise pneumatisch gebremst werden (Hilfsbremsfunktion).

Integrierte Koppelkraftregelung. Beim Bremsen des Zuges wird der Bremsdruck am Zugfahrzeug und Anhänger so optimiert, dass kaum Koppelkräfte zwischen Anhänger und Zugwagen entstehen. Dazu ist es notwendig die Gesamtmasse und die Lastverteilung des Zuges zu kennen. Zur Bestimmung der Gesamtmasse wird das Beschleunigungsverhalten ausgewertet. Die Lastverteilung wird aus dem Bremsverhalten von Zugfahrzeug und Anhänger ermittelt. Diese Werte werden gespeichert und als Basis für nachfolgende Bremsungen verwendet. Wird die berechnete Verzögerung nicht erreicht, so wird der Bremsdruck schrittweise gesteigert. Dieser Vorgang wird gespeichert und für nachfolgende Bremsungen wieder angewendet .

ABS-Bremsung. Besteht beim Bremsen Blockierneigung, so wird dies über die Drehzahlfühler erkannt und es werden die ABS-Magnetventile der VA und des ABS-Modulators angesteuert. Wie beim Pkw-ABS werden die Regelphasen Druckaufbau, Druckabbau und Druckhalten durchgeführt. Bei Druckabbau wird die Druckluft moduliert ins Freie abgelassen, bis keine Blockiergefahr mehr besteht.

ASR-Anfahrregelung. Die ASR-Regelung kann durch Bremsen- und durch Motoreingriff erfolgen.

ASR-Bremsregelung. Dreht beim Anfahren und Beschleunigen bei Geschwindigkeiten unter 40 km/h ein Rad durch, wird das durchdrehende Rad dosiert abgebremst bis es gleichschnell wie das andere Rad dreht. Der Drucksensor und der Drehzahlsensor gibt dem Steuergerät die notwendigen Informationen hierzu.

ASR-Motorregelung. Drehen beim Beschleunigen beide Räder durch, so wird das Motordrehmoment soweit verringert, bis die aus der Drehzahl der Räder ermittelte Umfangsgeschwindigkeit geringfügig über der Fahrgeschwindigkeit liegt. Die ASR-Motorregelung ist in allen Geschwindigkeitsbereichen wirksam.

Off Road ASR. Mit Hilfe eines Schalters z.B. zum Fahren mit Schneeketten oder im Gelände kann das ASR zum Freischaukeln ausgeschaltet werden.

ESP-Regelung mit Motor- und Bremseneingriff. Das System arbeitet in zwei Funktionen:

- Bei niederem und mittlerem Reibwert wirkt es dem Über- und Untersteuern und dem Einknicken des Sattelzuges entgegen.
- Bei mittlerem und hohem Reibwert wirkt es dem Umkippen entgegen.

Regelung bei Übersteuern. Neigt z.B. ein Sattelkraftfahrzeug bei Kurvenfahrt oder Lenkmanöver **(Bild 1)** zum Übersteuern oder zum Einknicken so bremst das ESP z.B. das kurvenäußere Vorderrad ab, wodurch das entstehende Giermoment das Fahrzeug stabilisiert. Um dem Einknicken des Fahrzeugs entgegenzuwirken wird in bestimmten Situationen der Anhänger zusätzlich gebremst. Dadurch wird ein Aufschwingen oder Schleudern des Anhängers vermieden. Für diese ESP-Funktion ist ein Anhänger mit ABS-Anlage notwendig.

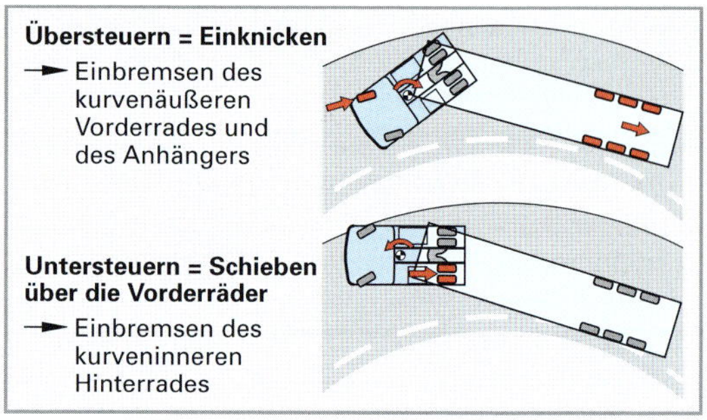

Bild 1: EPS-Regelung beim Über- und Untersteuern

Regelung bei Untersteuern. Neigt ein Fahrzeug zum Untersteuern, so versucht die ESP-Regelung durch Bremsen mehrerer Räder am Zugfahrzeug und durch getakteten periodischen Bremseneingriff am Anhänger einem Schleudern oder Aufschwingen entgegenzuwirken. Es wird z.B. beim Befahren einer Linkskurve das kurveninnere Hinterrad gebremst, damit ein entgegengesetztes Giermoment entsteht, welches das Fahrzeug stabilisieren soll.

Damit das Steuergerät die individuellen Bremsdrücke, mit denen das ESP eingreifen soll, berechnen kann, benötigt es verschiedene Eingangsgrößen wie z.B. Reibwert, Beladungszustand, Lenkwinkel und Gierneigung. In bestimmten Situationen wird über Motoreingriff auch die Motorleistung reduziert, um den Schlupf an der Antriebsachse zu kontrollieren.

ROP (Roll-Over-Protection). Durch diese Funktion soll das Umkippen des Fahrzeugs bei hohen und mittleren Reibwerten vermieden werden. Dazu wird zuerst die Fahrzeuggeschwindigkeit reduziert und es erfolgt ggf. ein Bremsen, bis keine kritische Kippneigung mehr herrscht.

WIEDERHOLUNGSFRAGEN

1. **Aus welchen Bauteilen besteht eine Zweikreis-Druckluftbremsanlage ?**
2. **Erklären Sie die Funktion einer Druckluft-ABS-Anlage für Nutzkraftfahrzeuge.**
3. **Welche Teilfunktionen kann eine EBS-Anlage mit ESP-Regelung erfüllen?**
4. **Welche Vorteile hat das EBS-System?**

22.6 Startanlagen für Nutzfahrzeuge

Startanlagen bei Motoren bis etwa 12 l Hubraum können für 12 V oder 24 V ausgelegt sein. Größere Starter, die für Hubräume bis 24 l eingesetzt werden, sind immer für eine Spannung von 24 V ausgelegt. Der Grund dafür ist, dass bei gleich großer Leistung von zwei Startern bei 24 V-Anlagen nur der halbe Strom gegenüber 12 V-Anlagen fließt ($P = U \cdot I$). Bei höherer Spannung kann die Starterhauptleitung kleiner dimensioniert werden. Da Leitungen mit einem kleinen Querschnitt wegen ihrer verhältnismäßig großen Oberfläche die Wärme besser abführen können als solche mit einem großen Querschnitt, kommt es somit zu einer geringeren Widerstandsänderung durch Erwärmung bei Belastung. Der Spannungsabfall auf der Starterhauptleitung kann somit besser beherrscht werden. Jedoch ist bei 24 V-Anlagen die Gefahr der Kontaktkorrosion erhöht.

22.6.1 Startertypen

In leichten Nutzkraftfahrzeugen werden im Allgemeinen wie in Personenkraftwagen **Schub-Schraubtrieb-Starter** eingesetzt. Bei schweren Nutzkraftfahrzeugen werden überwiegend zweistufige Schubtrieb-Starter **(Bild 1 und 2)** in den verschiedensten Bauformen, z.B. mit Reihenschluss- oder Doppelschlussmotor, verwendet.

Das Schnittbild **(Bild 1)** zeigt den Aufbau eines zweistufigen Schubtrieb-Starters mit Doppelschlussmotor.

Die Ankerwelle ist als Hohlwelle ausgeführt, die zur Ritzelseite hin zu einem Mitnehmerflansch ausgebildet ist. Dieser nimmt den Lamellenfreilauf auf.

Auf der Kollektorseite sind Einrückmagnet und ein Steuerrelais angebracht.

Einrückmagnet und Steuerrelais. Wegen der baulichen Anordnung des Einrückmagneten muss das Ritzel über eine Einrückstange, die durch die als Hohlwelle ausgebildete Ankerwelle führt, in axialer Richtung zum Zahnkranz hin verschoben werden.

Außerdem betätigt der Einrückmagnet über Auslösehebel, Sperrklinke und Anschlagplatte die Kontaktbrücke des Steuerrelais. Das Steuerrelais schaltet in zwei Stufen den Startermotor ein.

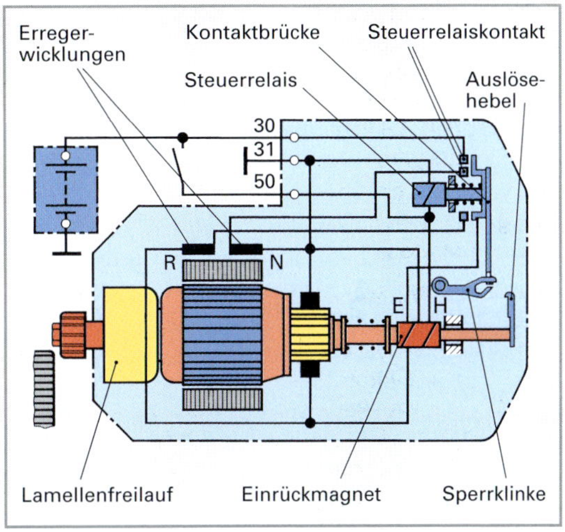

Bild 2: Schubtrieb-Starter (Ruhestellung)

Einspurgetriebe. Der Lammellenfreilauf sitzt auf dem Steilgewinde der Getriebespindel. Der Lamellenfreilauf kann auf dem Steilgewinde zusammengepresst werden und stellt den Kraftfluss zwischen Starteranker und Ritzel her.

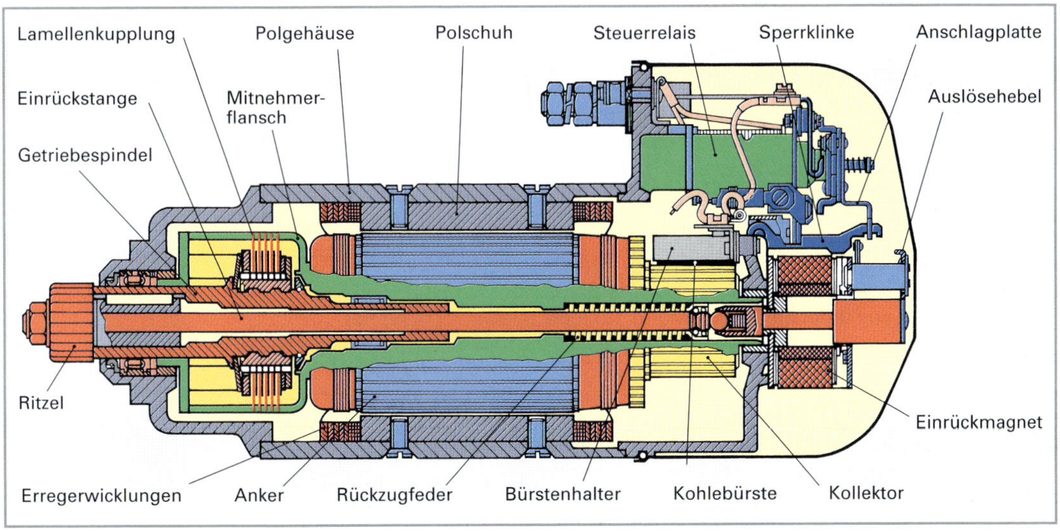

Bild 1: Zweistufiger Schubtrieb-Starter

1. Schaltstufe – Vorstufe (Bild 1). Beim Betätigen des Startschalters wird die Magnetspule des Steuerrelais und die Haltewicklung (H) des Einrückmagneten angesteuert. Über den Steuerrelaiskontakt (K) erhält auch die Einzugswicklung (E) des Einrückmagneten Spannung. Durch die im Einrückmagneten entstehende magnetische Kraftwirkung wird nun die Einrückstange axial verschoben, wobei das Ritzel in Richtung Zahnkranz gedrückt wird.

Die Nebenschlusswicklung (N) des Startermotors ist zunächst mit dem Starteranker in Reihe geschaltet. In ihr wird ein schwaches Magnetfeld aufgebaut, das ein geringes Drehmoment erzeugt. Der Startermotor dreht sich langsam.

In der 1. Schaltstufe wird das Starterritzel unter langsamem Drehen axial verschoben, um ein sanftes Einspuren zu ermöglichen.

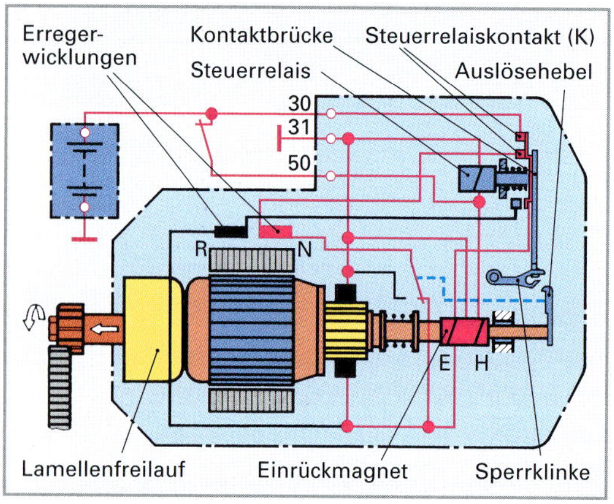

Bild 1: Schubtrieb-Starter (Schaltstufe 1)

2. Schaltstufe – Hauptstufe (Bild 2). Unmittelbar vor dem Ende des Einspurvorgangs des Ritzels wird die Sperrklinke am Steuerrelais angehoben, wobei die Kontaktbrücke im Steuerrelais schließt. Die Reihenschlusswicklung wird zugeschaltet, der Startermotor nimmt jetzt den vollen Strom auf und gibt sein Antriebsdrehmoment über den kraftschlüssig gewordenen Lamellenfreilauf an das Ritzel weiter.

Während des Umschaltvorgangs im Steuerrelais wird die Nebenschlusswicklung (N) auf Masse geschaltet. Das Drehmoment wird erhöht. Die zuvor in Reihe zu ihr liegende Einzugswicklung (E) des Einrückmagneten wird stromlos, weil beide Anschlüsse an Plus (+) liegen. Dieser Schaltvorgang bewirkt, dass ...

- ... der Reihenschlussmotor zum Doppelschlussmotor wird
- ... in der Nebenschlusswicklung ein starkes Magnetfeld erzeugt wird und somit das Drehmoment erhöht wird
- ... bei Entlastung des Startermotors die Drehzahl des Ankers begrenzt wird und er somit keine unzulässig hohen Drehzahlen erreicht.

In der 2. Schaltstufe wird durch Umschaltung aus dem Reihenschlussmotor ein Doppelschlussmotor mit erhöhtem Drehmoment sowie Drehzahlbegrenzung bei Entlastung.

Sobald das Losbrechmoment des Verbrennungsmotors überwunden ist, beginnt der Startermotor zu drehen; dies geschieht mit der Drehzahl-Drehmoment-Charakteristik eines Reihenschlussmotors, d.h. bei Drehmomententlastung steigt seine Drehzahl stark an.

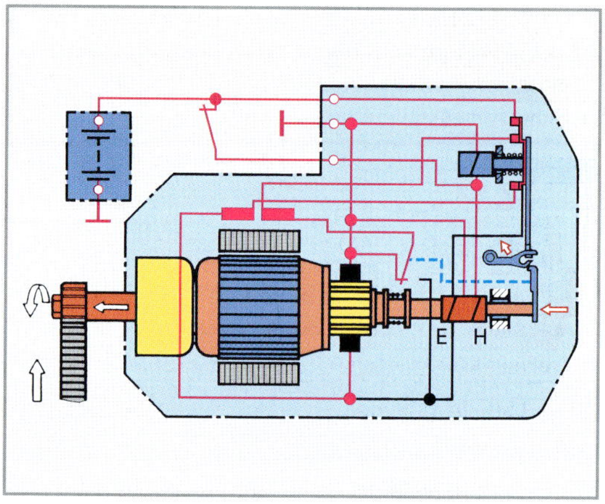

Bild 2: Schubtrieb-Starter (Schaltstufe 2)

Überholvorgang. Durch die Umkehr der Kraftrichtung wird der Kraftschluss im Lamellenfreilauf gelöst; Startermotor und Verbrennungsmotor sind nicht mehr kraftschlüssig verbunden.

Ausspurvorgang (Bild 2, Seite 705). Wird das Steuerrelais stromlos, so wird auch der Einrückmagnet stromlos. Die Rückzugfeder **(Bild 1, Seite 705)** in der Hohlwelle drückt über die Einrückstange das Ritzel aus dem Zahnkranz heraus; im stromlosen Zustand des Starters sorgt sie dafür, dass das Ritzel aufgrund von mechanischen Erschütterungen nicht in den drehenden Zahnkranz einspurt.

Lamellenfreilauf

Aufgaben. Während des Startvorgangs ...

- ... das Ritzel kraftschlüssig mit dem Startermotor verbinden.
- ... den Kraftfluss bei eingespurtem Ritzel unterbrechen, wenn der Motor angesprungen ist.
- ... das vom Ritzel auf den Zahnkranz übertragene Drehmoment begrenzen, wenn der Verbrennungsmotor blockiert (Überlastschutz).

Aufbau (Bild 1). Er ist eine Art Kupplung, die im Wesentlichen aus den metallischen Außen- und Innenlamellen besteht. Zur Übertragung des Antriebsmomentes werden diese kraftschlüssig zusammengepresst. Die Außenlamellen sind mit dem Mitnehmerflansch, die Innenlamellen mit dem Kuppelteil drehfest in Verbindung; sie können jedoch geringfügig beim Zusammenpressen axial verschoben werden. Der außenliegende Kuppelteil sitzt auf dem Steilgewinde, das auf der Getriebespindel aufgebracht ist.

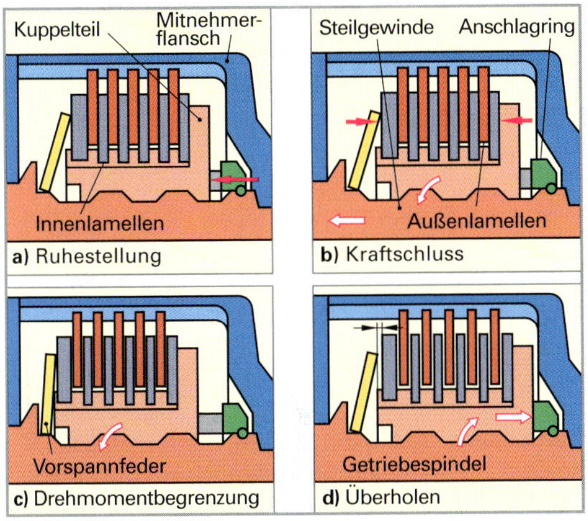

Bild 1: Lamellenfreilauf

Ruhestellung (Bild 1a). Die Außen- und Innenlamellen liegen unter geringer Vorspannung. Damit wird gesichert, dass das Kuppelteil beim Einspuren mitgenommen wird.

Kraftschluss (Bild 1b). Ist das Ritzel eingespurt und wird es dabei vom Zahnkranz festgehalten, so werden die Innenlamellen über das Kuppelteil, das auf dem Steilgewinde verschoben wird, mit den Außenlamellen stärker zusammengepresst. Die Pressung wird so weit fortgesetzt, bis das zum Starten erforderliche Startdrehmoment (Losbrechmoment) übertragen werden kann.

Drehmomentbegrenzung (Bild 1c). Um den Starter, das Ritzel und den Zahnkranz keinen unzulässig großen Belastungen auszusetzen, ist die Kupplung so ausgelegt, dass sie nach Erreichen eines maximal zulässigen Drehmomentes durchrutscht (Überlastkupplung).

Überholen (Bild 1d). Dreht nach dem Startvorgang der Zahnkranz schneller als das Ritzel, so werden die Innenlamellen über die Pressmutter vom Druck entlastet, die Lamellenkupplung löst sich. Sie wirkt dabei wie ein Freilauf. Dadurch können nach dem Starten des Motors keine gefährlichen Beschleunigungskräfte auf den Anker übertragen werden.

22.6.2 Zusatzrelais in Startanlagen

Sie werden hauptsächlich in Startanlagen von Nutzkraftfahrzeugen eingesetzt. Es gibt Zusatzrelais für folgende wichtigen Aufgabenbereiche:

- Batterieumschaltrelais
- Startwiederholrelais
- Starsperrrelais
- Batterierelais

Batterieumschaltrelais

Es wird eingesetzt in Startanlagen, wenn die Bordspannung 12 V, die Starterspannung aus Gründen der Stromverringerung beim Startvorgang 24 V beträgt. Die Anlage besitzt grundsätzlich zwei gleich große Starterbatterien, die entweder parallel oder in Reihe geschaltet werden **(Bild 2).**

Grundstellung (Bild 2). Die beiden Starterbatterien sind parallel geschaltet. Das Bordnetz und die Generatorspannung betragen 12 V.

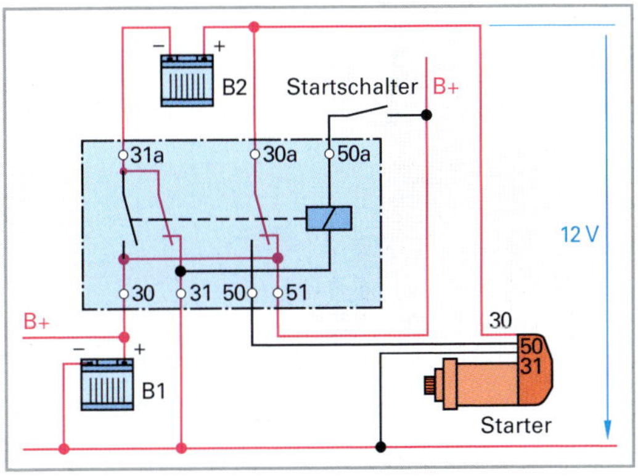

Bild 2: Batterieumschaltrelais-Grundstellung

Startstellung (Bild 3). Während des Startvorgangs werden die beiden Starterbatterien in Reihe geschaltet. Der Starter liegt nun an 24 V, im Bordnetz ist weiterhin 12 V vorhanden.

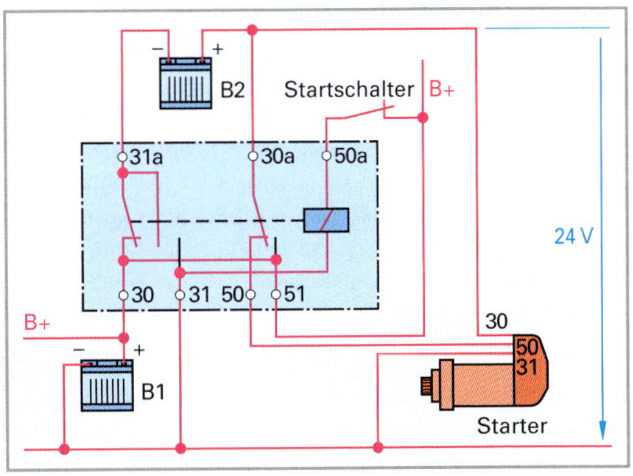

Bild 3: Batterieumschaltrelais-Startstellung

Startsperrrelais

Es wird dann eingesetzt, wenn der Startvorgang nicht unmittelbar wahrgenommen werden kann.

Dies ist z.B. der Fall bei:

- Fahrzeugen mit Unterflur- oder Heckmotor
- Startanlagen mit Fernbedienung
- Vollautomatischen Startanlagen

Folgende Funktionen bezüglich des Starters müssen erfüllt werden:

- Abschalten nach erfolgtem Start
- Startsperre bei laufendem Motor
- Startsperre bei auslaufendem Motor
- Startsperre nach Fehlstart

Das Startsperrrelais **(Bild 1)** verbindet nur dann Kl. 30 mit Kl. 50f, wenn an Klemme D+ keine Spannung vorhanden ist. Weiterhin ist im elektronischen Bauteil eine Zeitsperre integriert, die eine Startwiederholung erst nach einigen Sekunden zulässt.

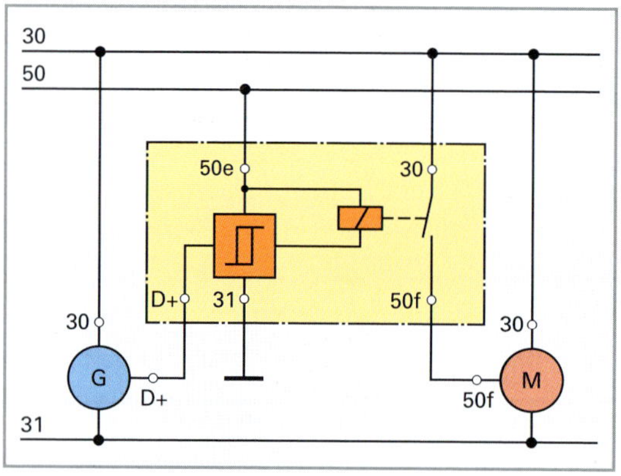

Bild 1: Startsperrrelais

Startwiederholrelais

Es wird ausschließlich bei schweren Nutzkraftfahrzeugen eingesetzt, die mit zweistufigen Schubtrieb-Startern ausgerüstet sind und bei denen der Startvorgang nicht unmittelbar wahrnehmbar ist. Der Einsatz des Startwiederholrelais ist nur möglich, wenn der Starter die Kl. 48 aufweist **(Bild 2)**.

Bei normalem Startvorgang spricht das Relais nicht an. Trifft jedoch Zahn auf Zahn, d.h. der Ritzelzahn kann nicht in eine Lücke des Zahnkranzes gleiten, erfolgt, trotz betätigtem Einrückrelais, keine Kontaktfreigabe für den Hauptstromkreis, da bei blockiertem Starter das Einrückrelais bei zu langer Betätigung thermisch überlastet werden kann.

Mit Hilfe eines verzögerten Öffnerrelais wird das Einrückrelais abgeschaltet und dann wieder eingeschaltet. Dieser Vorgang erfolgt so lange, bis das Ritzel einspurt und der Hauptstromkreis geschlossen wird.

Beim Startversuch unterbricht das Relais die Verbindung zwischen Kl. 50g und 50h, wenn nach wenigen Sekunden an der Starterklemme 48 nicht mindestens 20 V anliegen. Dies ist dann der Fall, wenn das Ritzel nicht einspuren und das Steuerrelais dabei den Hauptstromkreis (Kl. 30) nicht schließen kann.

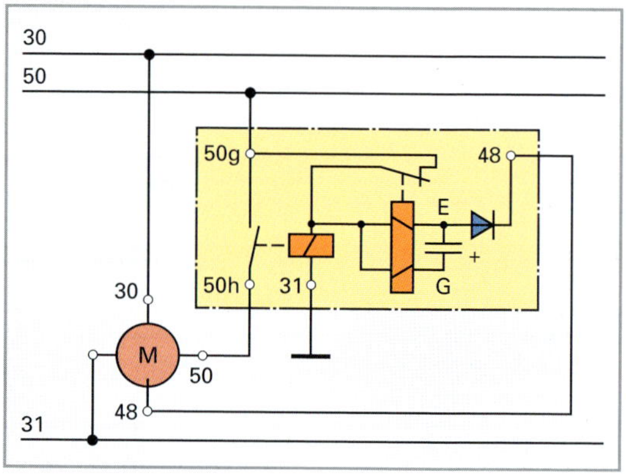

Bild 2: Startwiederholrelais

Kombinierte Anlagen. Es gibt Starteranlagen, die sowohl ein Startsperrrelais als auch ein Startwiederholrelais aufweisen. Dabei ist dem Startsperrrelais ein Startwiederholrelais nachgeschaltet.

Die Kl. 50f des Startsperrrelais steuert die Kl. 50g des Startwiederholrelais an (s. Bilder 1 und 2). Die Einzelfunktionen beider Relais bleiben voll erhalten.

Batterierelais (Batteriehauptschalter)

Für elektrische Anlagen in Omnibussen und Tankwagen ist ein Batteriehauptschalter vorgeschrieben, mit dem das Bordnetz von den Batterien getrennt werden kann. Dadurch wird die Gefahr von Kurzschlüssen und Bränden bei Arbeiten am Fahrzeug und bei Unfällen verringert.

Im Stillstand lässt sich durch Abschalten des Bordnetzes, insbesondere bei 24 V-Anlagen, die elektrochemische Korrosion an spannungsführenden Teilen, die im Winterbetrieb salzhaltigem Spritzwasser ausgesetzt sind, verringern.

Wiederholungsfragen

1. **Welche Vorgänge laufen in der 1. und 2. Schaltstufe ab?**
2. **Welche Aufgaben hat der Lamellenfreilauf?**
3. **Welche Vorteile bietet ein Batterieumschaltrelais?**
4. **Welche Funktionen übernimmt ein Startsperrrelais?**

23 Englische Begriffe

A

Abblendscheinwerfer – low-beam headlamp
Abgasnachbehandlung – exhaust-gas treatment
Abgasturbolader – exhaust-gas turbochager
ABS – anti-lock-braking system
Abschleppen – towing
Achskräfte – axle forces
Achsvermessung – axle alignement
Aktoren – actuators
Allradantrieb – all-wheel drive
Altautoverordnung – decree concerning car wreck disposal
Amtliche Kennzeichen – license numbers
Anhänger – trailer
Ansaugrohr – induction pipe
Antriebsarten – types of drive
Antriebswelle – drive shaft
Aufladesysteme – supercharging systems
Auflagerkräfte – bearing forces
Ausgleichsgetriebe – differential gear
Äußere Gemischbildung – exterior mixture preparation
Automatikgetriebe – automatic gearbox
Automatische Blockierverhinderer – automatic anti-lock system

B

Begrenzungsleuchten – clearence lights
Beleuchtungseinrichtungen – lighting equipment
Beschleunigung – acceleration
Beschleunigungssystem – acceleration system
Betriebsbremsanlage – service brake system
Betriebserlaubnis – type approval
Blattfeder – leaf spring
Blechschraube – sheet-metal screw
Blindniet – blind rivet
Blockschaltplan – block diagramme
Brandschutz – fire protection
Bremse – brake
Bremsenprüfung – brake test
Bremskraft – brake power
Bremskraftverstärker – brake power assist unit
Bremsleuchte – stop lamp
Bremsscheibe – brake disc
Bremsschlauch – brake hose
Bremstrommel – brake drum
Bremsweg – braking distance
Brennstoffzelle – fuel cell

C

Cetanzahl – cetane number
Chemische Korrosion – chemical corrosion

D

Dauerbremsanlage – continuous service brake system
Diagonalreifen – crossply tyres
Diebstahlschutzsystem – anti-theft systen
Dieselmotor – diesel engine
Direkte Einspritzung – direct injection
Drehmoment – torque
Drehsteller – rotatary actuator
Drehstrom – three- phase current
Drehstromgenerator – alternator
Drehzahl – rotational speed
Drehzahlgeber – speed sensor
Drosselklappenpotentiometer – throttle-value potentiometer
Druck – pressure
Druckbeanspruchung – compression stress
Druckluftbremsanlage – air brake system
Drucksensor – pressure sensor
Düsenhalter – nozzle holder
Düsennadel – nozzle pin
Dynamische Aufladung – dynamic supercharging

E

Eigendiagnose – self-diagnosis
Eingabegeräte – input devices
Einspritzanlage – injection system
Einspritzdüsen – injection valves
Einspritzmenge – injection quantity
Einspritzventil – injection valve
Elektrochemische Korrosion – electrochemical corrosion
Elektronisches Bauelement – electronic component
Elektronisches Fahrpedal – electronic throttle control
Erdgasantrieb – natural gas drive
Erste Hilfe – first aid

F

Fahrerlaubnis – driving permit
Fahrtrichtungsanzeiger – direction indicator
Fahrzeugbetriebserlaubnis – vehicle type approval
Fahrzeugsicherheit – vehicle safety
Fahrzeugüberwachung – vehicle monitoring
Fahrzeugzulassung – vehicle registration
Faustsattel – floating brake
Federkennlinien – spring characteristics
Federrate – spring rate
Federung – suspension
Fehlercode – error-code
Fehlerspeicher auslesen – fault-storage readout
Fehlertypen – failure mode
Felgen – rim
Fensterheber, elektrisch – window regulator, electrical
Fernlichtscheinwerfer – main-beam headlamp
Fliehkraft – centrifugal force
Flüssigkeitskühlung – liquid agent cooling
Fremdaufladung – external charger equipment
Fremdzündung – externally supplied ignition
Frontmotor – front engine
Führerschein – driving licence

G

Gaswechselsteuerung – gas exchange control
Gefrierschutzmittel – anti-freeze
Gelenke – joints
Gelenkwellen – propeller shafts
Gemischbildung – mixture formation
Geschwindigkeit – speed
Getriebeöl – gearbox oil
Gewinde – thread
Gitterrahmen – space frame
Glas – glass
Gleichlaufgelenk – homokinetic joint
Gleitlager – friction bearing
Gleitreibung – sliding friction
Glühen – annealing
Gurt – belt
Gurtstraffer – belt tensioning system

H

Haftreibung – static friction
Hallgeber – hall generator
Hauptbrennraum – main combustion chamber
Hauptzylinder – master cylinder
Hebel – levers
Heckmotor – rear engine
Heißfilm-Luftmassenmesser – hot-film air-mass meter
Heißleiter – NTC resistor
Heizungssystem – heater system
Hinterradantrieb – rear-wheel drive
Hochdruckpumpe – high-pressure pump
Hubkolbenmotor – reciprocating engine
Hubraum – displacement

I

Impulsgeberrad – trigger wheel
Indirekte Einspritzung – indirect injection
Induktiver Drehzahlsensor – inductive speed sensor
Induktivgeber – induction-type pulse-generator
Innere Gemischbildung – interior mixture formation

K

Kältemittel – refrigerant
Karosserie – body
Karosserieblech – body sheet
Karosserievermessung – body measuring
Katalysatoren – catalysts

Kette – chain
Kleinkraftrad – light motorcycle
Klimaautomatik – automatic climate control
Klimatisierung – air conditioning
Klopfsensor – knock sensor
Kolben – piston
Kolbenbolzen – piston pin
Kolbengeschwindigkeit – piston speed
Kolbenringe – piston rings
Korrosionsschutz – corrosion prevention
Kraftrad - Motorrad – motorcycle
Kraftstoffbehälter – fuel tank
Kraftstoffdruckregler – fuel pressure regulator
Kraftstofffilter – fuel filter
Kraftstoffförderpumpe – fuel-supply pump
Kraftstoffverbrauch – fuel consumption
Kreis – circle
Kreuzgelenk – cardan joint
Kugelgelenk – ball joint
Kundenzufriedenheit – customer satisfaction
Kupplung – clutch
Kurbelwelle – crankshaft

L

Lacke – paints, lacquers, enamels
Lackierverfahren – painting technique
Ladedruckregelung – boost-pressure control
Lambda-Regelung – lambda control
Lambdasonde – lambda sensor
Leerlaufeinrichtung – idle control
Leistung – power
Luftkühlung – air cooling
Luftverhältnis – air-fuel ratio

M

Magnetventil – solenoid valve
Masse – mass
Maßstäbe – scales
Mengenstellwerk – fuel quantity actuator
Mischungsverhältnis – mixture ratio
Motoröl – engine oil
Motorschmierung – engine lubrication
Mutter – nut

N

Nadelbewegungssensor – needle-motion sensor
Nebelscheinwerfer – fog lamp
Nebelschlussleuchte – fog warning lamp
Niveauregulierung – level control system
Nockenwelle – camshaft
Nockenwellenverstellung – camshaft control
Nutzkraftwagen – commercial vehicle
Nutzleistung – effective power

O

Öffnungswinkel – opening angle
Ottomotor – spark-ignition engine

P

Partikelfilter – particulate filter
Personenkraftwagen – passenger car
Planetengetriebe – planetary gear
Pleuelstange – connecting rod
Pneumatik – pneumatic
Potentiometer – potentiometer

R

Rad – wheel
Radialreifen – radial ply tyre
Radialwellendichtring – radial shaft seal
Rahmen – frame
Reibungszahlen – friction coefficients
Reifen – tyre
Riementrieb – belt drive
Rollreibung – rolling friction
Rückstrahler – reflex reflector

S

Sauerstoff – oxygen
Saugrohrsensor – intake-manifold sensor
Saugrohrsysteme – intake-manifold systems
Schalter – switch
Scheinwerfer – head lamp
Scherbeanspruchung – shearing stress
Schließwinkel – dwell angle
Schlussleuchte – tail lamp
Schmierfett – lubrication grease
Schmieröl – lubricating oil
Schnellarbeitsstahl – high-speed-steel
Schräglaufwinkel – slip angle
Schraube – screw
Schraubendreher – screw driver
Schraubenfeder – coil spring
Schraubensicherung – screw locking device
Schutzgasschweißen – inert gas shielded arc welding
Schweißen – welding
Schweißnähte – weld seams
Schwimmwinkel – attitude angle
Schwingsaugrohraufladung – ram-effect supercharging
Sechskantschraube – hexagon screw
Sekundärluftsystem – secondary-air system
Selbstzündung – auto-ignition
Sensoren – sensors
Servolenkung – power steering
Sicherheitsglas – safety glass
Sicherheitsvorschriften – safety regulations
Signalarten – type of signal
Sitzverstellung – seat adjustment
Spannungssprungsonde – voltage-jump probe – voltage-jump sensor
Splint – split pin
Spreizung – spreading
Spritzversteller – timing device
Spur – trace
Starter – starter
Starterbatterie – starter battery
Steuerdiagramm – timing diagramme
Streuscheibe – lens
Stromlaufplan – schematic diagramme
Sturz – wheel camber

T

Transitor – transistor

U

Überholen – overtake
Übersetzung – transmission ratio
Übersteuern – oversteering
Untersteuern – understeering

V

Variable Ventilöffnungszeiten – variable valve opening time
Ventile – valves
Verbrennungsverfahren – combustion principle
Vergaser – carburetter
Verteilereinspritzpumpe – distributor injection pump
Verteilergetriebe – transfer box
Verzögerung – deceleration
Viertaktverfahren – four-stroke principle
Vorderradantrieb – front-wheel drive
Vorkammer – precombustion chamber
Vorschriften – regulations
Vorspur – toe-in
Vulkanisieren – vulcanise

W

Wälzlager – antifriction bearing
Wärme – heat
Warnblinkanlage – hazard warning system
Wasserstoff – hydrogen
Wechselstrom – alternating current
Widerstandsmoment – section modulus
Widerstandssprungsonde – resistance-jump probe
Wirbelkammer – turbulence chamber
Wirkungsgrad – efficiency

Z

Zahnräder, Darstellung, Sinnbilder – gear-wheels, representation
Zahnradtrieb – gear drive
Zapfendüse – pintle nozzle
Zentralverriegelung – central locking system
Zündanlagen – ignition systems
Zündkennfeld – ignition map
Zündkerze – spark plug
Zündspule – ignition coil
Zündvorgang – ignition process
Zweitaktverfahren – two-stroke principle
Zylinder – cylinder

24 Sachwortverzeichnis

A

B

C

D

M

N

O

P

Q

R

S

T

U

V